拉汉英 昆虫 蜱螨 蜘蛛 线虫 名称

萧刚柔　主编

U0390973

中国林业出版社

图书在版编目(CIP)数据

拉汉英昆虫·蜱螨·蜘蛛·线虫名称/萧刚柔主编. – 北京:
中国林业出版社, 1997.9

ISBN 7-5038-1921-9

Ⅰ.拉... Ⅱ.萧... Ⅲ.①昆虫-名词术语-拉、汉、英②蜱螨
目-名词术语-拉、汉、英 Ⅳ.Q96-61

中国版本图书馆 CIP 数据核字(97)第 19635 号

出版者:中国林业出版社
　　　　(100009, 北京市西城区刘海胡同 7 号)
印刷者:北京地质印刷厂
发行者:新华书店北京发行所
版　次:1997 年 9 月第一版
　　　　1997 年 9 月第一次印刷
开　本:787mm×1092m, 1/16
字　数:2100 千字
印　数:3000 册

ISBN 7-5038-1921-9

ISBN 7-5038-1921-9/S·1100
定价: 160.00 元

9 787503 819216 >

LATIN-CHINESE-ENGLISH NAMES OF INSECTS, TICKS, MITES, SPIDERS AND NEMATODES

Editor in Chief: Xiao Gangrou

CHINA FORESTRY PUBLISHING HOUSE

LATIN-CHINESE-ENGLISH NAMES OF INSECTS, TICKS, MITES, SPIDERS AND NEMATODES

Editor in Chief: Xiao Gangrou

CHINA FORESTRY PUBLISHING HOUSE

编 辑 委 员 会

编 写 者 通 讯 地 址

萧刚柔　中国林业科学研究院森林保护研究所（北京，颐和园后，100091）

吴　坚　中国林业科学研究院森林保护研究所（北京，颐和园后，100091）

杨秀元　中国林业科学研究院森林保护研究所（北京，颐和园后，100091）

杨宝君　中国林业科学研究院森林保护研究所（北京，颐和园后，100091）

王鸿斌　中国林业科学研究院森林保护研究所（北京，颐和园后，100091）

王福贵　中国林业科学研究院森林保护研究所（北京，颐和园后，100091）

吴钜文　北京市农林科学院植保环保所（北京，2449信箱，100081）

方承莱　中国科学院动物研究所（北京，中关村路，100080）

陈一心　中国科学院动物研究所（北京，中关村路，100080）

章有为　中国科学院动物研究所（北京，中关村路，100080）

薛大勇　中国科学院动物研究所（北京，中关村路，100080）

张润志　中国科学院动物研究所（北京，中关村路，100080）

袁德成　中国科学院动物研究所（北京，中关村路，100080）

李枢强　中国科学院动物研究所（北京，中关村路，100080）

叶宗茂　军事医学科学院微生物流行病研究所（北京，丰台东大街20号，100071）

虞以新　军事医学科学院微生物流行病研究所（北京，丰台东大街20号，100071）

安继尧　军事医学科学院微生物流行病研究所（北京，丰台东大街20号，100071）

许荣满　军事医学科学院微生物流行病研究所（北京，丰台东大街20号，100071）

刘　泉　军事医学科学院微生物流行病研究所（北京，丰台东大街20号，100071）

吴厚永　军事医学科学院微生物流行病研究所（北京，丰台东大街20号，100071）

姜在阶　北京师范大学生物系（北京，新街口外大街，100875）

陈　健　湖北大学生态学研究所（武汉，武昌，430062）

汤祊德　山西农业大学蚧虫研究中心（山西，太谷，030810）

武三安　山西农业大学蚧虫研究中心（山西，太谷，030810）

谢映平　山西农业大学蚧虫研究中心（山西，太谷，030810）

李惠平　山西农业大学蚧虫研究中心（山西，太谷，030810）

彭忠亮　江西省森林病虫害防治站（江西，南昌，二七北路330006）

田立新　南京农业大学植物保护系（江苏，南京，卫岗，210095）

杨莲芳　南京农业大学植物保护系（江苏，南京，卫岗，210095）

孙长海　南京农业大学植物保护系（江苏，南京，卫岗，210095）

前　言

随着我国农业、林业、医药业、园林花卉业的发展及其产品国际交流的日益频繁，科学研究、科技信息的国际交流日益增多，以及动植物检疫工作的需要，人们愈来愈强烈地意识到在新的形势下，需要有一本能够较全面、准确地反映近年来昆虫、蜱螨、蜘蛛和线虫发展水平的名称工具书，以便科研，教学、生产、新闻出版、对外经贸等各个部门的人员参考应用。有鉴于此，我们特组织编写了这本书。

本书所列名称包括森林昆虫、农业昆虫、医学昆虫、蜱螨、蜘蛛和线虫六大类，共计五万余条。中国林业科学研究院萧刚柔教授主持全书的编写工作，吴坚研究员、杨秀元副研究员协助主持全书的编写工作。在各编委的通力合作下，使这部大型工具书能够按计划顺利完成。

在我国，80 年代初也曾出版过类似的工具书，但与之比较，本书有以下几个特点：

1.本书首次把昆虫、蜱螨、蜘蛛、线虫名称共同编辑在一起，共计五万余条，远远超过以前出版的相关工具书的条目。

2.本书较系统地收集了 1996 年底前已发表的有关类群和种类，材料之新是显而易见的。

3.对于国内有多位著名专家研究的类群，我们邀请其中一人为主进行该类群的订正，较好地解决了有关类群名称较为混乱的情况。

4.为便于读者使用，在中文名称索引之前附有中文名称索引拼音检索和中文名称索引笔画检索；并在正文书眉上设立每面的第一个和最后一个拉丁词条。

在编写本书过程中，主要参考了以下几方面的资料：一是国内近十年来与昆虫、蜱螨、蜘蛛、线虫有关的重要学术刊物，主要有《昆虫学报》、《动物分类学报》、《动物学研究》、《昆虫分类学报》、《植物检疫》、《林业科学》、《林业科学研究》、《植物保护学报》、《寄生虫与医学昆虫学报》等期刊；二是国内已出版的各类动物志和经济昆虫志等；三是科学出版社、中国农业出版社、中国林业出版社、天则出版社及其他有关出版社出版的重要专著；四是北美、英联邦国家、非洲、亚洲有关的重要的学术专著和名录。

西北农业大学张雅林博士在叶蝉科名称上曾提供了宝贵意见；中国林业科学研究院森林保护研究所杨忠歧研究员对小蜂名称作了校正工作；中山医科大学黎家灿教授复核了恙螨部分，特在此致谢。

本书自始至终得到了中国林业出版社各个部门的大力支持，特别是出版社总编和责任编辑积极与编写者沟通，组织大量的人力和物力，保障了这本工具书的顺利出版。本书的顺利完成还应感谢中国林业科学研究院森林保护研究所为本书编写提供的工作方便以及北京碧海林业新技术开发公司为书稿制作所做出的贡献。

本书篇幅巨大，内容涉及面广，在有些分类阶元名称和同物异名的处理上可能会出现一些问题或错误。敬请读者在使用过程中，对所发现的问题或错误随时指出，以便再版时修订。

编委会

1997 年 8 月

编辑说明

一、本书共分为三部分：第一部分为正文，即拉汉英名称；第二部分为中文名称索引；第三部分为英文名称索引。

二、拉汉英名称及英文名称索引，按拉丁字母顺序排列，中文名称索引按笔画顺序排列。

三、拉丁名称的同物异名采用异名见正名的方式，如

Dacus oleae (Gmelin) 见 *Bactrocera oleae*

即表示 *Dacus oleae* 为异名，*Bactrocera oleae* 为正名。

中文名称的同物异名均放在正名后，并用括号括起。有二个及二个以上异名，则用逗号分开，如

柑橘绿绵蚧（橘绿绵蜡蚧，橘绵蚧)

英文名称不分正名、异名，一个词条有多个英文名称的，则用逗号分隔，如

black cutworm, dark sword grass moth

四、中文名称索引前所附中文名称索引拼音检索和中文名称笔画索引是为便于检索中文名称索引而设立的。其后所标数码为图书页码。

五、为了规范文字，本书没有采用一些废弃或不常用的汉字，而采用通用汉字，如"蚺"字采用"跳虫"，"螗"字多采用"捻翅虫"，"蚾"字采用"金龟"，"蚚"字采用"石蛾"，"蟥"字采用"石蝇"，"蟛"字采用"啮虫"等名。

六、本书所列英名全部来源于国外专著和名录或国内正式出版并沿用多年的英文普通名。

七、本书所列属名和种名定名人均用正体表明，定名人超过三人的用"*et al.*"表示。极少数属、种缺定名人，为了便于读者使用，也将其保留下来。

目　录

CONTENTS

Foreword

Editor's Notes

A

Aanthribus lajievorus Chao 蜡蚧长角象
Abacarus Keifer 畸瘿螨属
Abacarus bambusae Kuang et Zhou 竹畸瘿螨
Abacarus diospyris Kuang et Hong 柿畸瘿螨
Abacarus fujianensis Xin et Ding 福建畸瘿螨
Abacarus hystrix Nalepa 多刺畸瘿螨 grain rust mite
Abacarus oplismeni Kuang et Gong 球米草畸瘿螨
Abacarus panticis Keifer 全刺畸瘿螨
Abacarus sacchari Wei et Feng 斑芒畸瘿螨
Abacarus wuyinensis Kuang et Zhuo 武夷畸瘿螨
Abaciscus Butler 矶尺蛾属
Abacoptes Keifer 畸刺瘿螨属
Abantiades labyrinthicus Donovan 桉蝙蝠蛾
Abathymermis Rubzov 异深索线虫属
Abathymermis acuticauda Rubzov 尖尾异深索线虫
Abathymermis adventitia Rubzov et Kokordak 外结膜异深索线虫
Abathymermis arenaria (Coman) 沙地异深索线虫
Abathymermis bissacea Rubzov 双囊异深索线虫
Abathymermis bissoidea Rubzov 比索伊德异深索线虫
Abathymermis brevicauda Rubzov 短尾异深索线虫
Abathymermis ivaschkini Gafurov 伊氏异深索线虫
Abathymermis jugulata (Coman) 凶猛异深索线虫
Abathymermis microamphidis Rubzov 小侧器异深索线虫
Abathymermis oxycerca (Steiner) 尖针异深索线虫
Abathymermis parva Rubzov 微细异深索线虫
Abathymermis parvula Rubzov 小异深索线虫
Abathymermis paucipapila (Coman) 少乳突异深索线虫
Abathymermis tenuicauda (Rubzov) 窄尾异深索线虫
Abdastartus Distant 蔗网蝽属
Abdastartus sacchari Drake 蔗网蝽
Abebaea cervella Walsingham 栎卷叶巢蛾
Abeleses Enslin 长足叶蜂属
Abeleses coerleus Rohwer 暗蓝长足叶蜂
Abeleses formosanus Enslin 蓬莱长足叶蜂
Aberoptinae 畸羽瘿螨亚科
Aberoptus Keifer 畸羽瘿螨属
Abgrallaspis Balachowsky 黯圆盾蚧属
Abgrallaspis cyanophylli (Signoret) 灰黯圆盾蚧 cyanophllum scale, India yellowbrown scale, hemp palm scale
Abgrallaspis degeneratus (Leon.) 山茶黯圆盾蚧 degenerate scale, Japanese camellia scale
Abgrallaspis ithaceae (Ferris) 绮色佳黯圆盾蚧 hemlock scale
Abgrallaspis momicola Takagi 冷杉黯圆盾蚧
Abgrallaspis palmae (Ckll.) 见 Borchseniaspis palmae

Abgrallaspis pseudomyeri (Kuw.) 见 Tsugaspidiotus pseudomyeri
Abgrallaspis sinensis (Ferris) 中国黯圆盾蚧
Abia Leach 阿锤角叶蜂属
Abia berezovskii Semenov 别氏阿锤角叶蜂
Abia formosa Takeuchi 美丽阿锤角叶蜂
Abia gyirongensis Xiao et Zhou 吉隆阿锤角叶蜂
Abia imperialis Kirby 蓝紫阿锤角叶蜂
Abia infernalis Semenov 阴阿锤角叶蜂
Abia iridescens Marlatt 虹阿锤角叶蜂
Abia lonicerae (L.) 忍冬阿锤角叶蜂
Abia pulcherrima Malloch 最美阿锤角叶蜂
Abia sericea L. 丝兰阿锤角叶蜂
Abidama Distant 长头沫蝉属
Abidama rufescens Metcalf et Horton 赤褐长头沫蝉
Abiromorphus Pic 皱背叶甲属
Abiromorphus anceyi Pic 皱背叶甲
Abirus Chapuis 皱鞘叶甲属
Abirus fortunei (Baly) 桑皱鞘叶甲
Abisara Felder et Felder 褐蚬蝶属
Abisara abnormis Moore 曲带褐蚬蝶
Abisara burnii (de Nicéville) 白点褐蚬蝶
Abisara echerius (Stoll) 蛇目褐蚬蝶
Abisara freda Bennet 方裙褐蚬蝶
Abisara fylla Westwood 黄带褐蚬蝶
Abisara fylloides (Moore) 白带褐蚬蝶
Abisara neophron (Hewitson) 长尾褐蚬蝶
Abisara saturata (Moore) 梯翅褐蚬蝶
Ablerus Howard 阿蚜小蜂属
Ablerus macrochaeta Silvestri 长毛阿蚜小蜂
Abraeinae 光鞘阎虫亚科 hister beetles, steel beetles
Abraxaphantes Warren 琴纹尺蛾属
Abraxas Leach 金星尺蛾属
Abraxas harutai Inoue 哈金星尺蛾
Abraxas kanoi Inoue 卡金星尺蛾
Abraxas miranda Butler 卫矛金星尺蛾 magpie moth
Abraxas neomartaria Inoue 新金星尺蛾
Abraxas plumbeata Cockerell 铅灰金星尺蛾
Abraxas sinilluminata Wehrli 新图金星尺蛾
Abraxas suspecta Warren 丝棉木金星尺蛾
Abraximorpha Elwes et Edwards 白弄蝶属
Abraximorpha davidii (Mabille) 白弄蝶
Abraximorpha heringi Mell 黑脉白弄蝶
Abraximorpha pieridoides Liu et Gu 粉白弄蝶
Abrolophus Berlese 丽颈赤螨
Abrolophus quinquesetum (Scgweizer et Bader) 五毛丽颈赤螨
Abrota Moore 婀蛱蝶属

Abrota ganga Moore　婀蛱蝶

Abryma coenosa Newman　群肖吉丁天牛

Abryma regispetri Paiva　三带肖吉丁天牛

Absentia abatae Togashi　缺脊叶蜂

Abura Matsumura　长足蚜属

Abura momocola Matsumura　桃长足蚜　peach long-legged aphid

Abusarbia formosibia Malaise　雾社蕨叶蜂

Acadicrus Keifer　尖叉瘿螨属

Acaenitinae　犁姬蜂亚科

Acalitus Keifer　下毛瘿螨属

Acalitus essigi (Hassan)　埃氏下毛瘿螨　redberry mite

Acalitus gossypii (Banks)棉下毛瘿螨cotton blister mite

Acalitus ledi Keifer　杜香下毛瘿螨

Acalitus persicae Luo *et* Jiang　桃下毛瘿螨

Acalitus phloeocoptes (Nalepa)　梅下毛瘿螨　almond gall mite, plum bud gall mite

Acalitus sageretiae Kuang　雀梅下毛瘿螨

Acalitus vaccinii (Keifer)　越橘下毛瘿螨

Acalolepta Pascoe　锦天牛属

Acalolepta albosparsuta Breuning　白点锦天牛

Acalolepta basicornis (Gahan)　肿柄锦天牛

Acalolepta basiplagiata (Breuning)　绒锦天牛

Acalolepta cervinus (Hope)　咖啡锦天牛

Acalolepta degener (Bates)　栗灰锦天牛

Acalolepta elongatus (Breuning)　长锦天牛

Acalolepta floculata (Gressitt)　白芒锦天牛

Acalolepta floculata pausisetosus (Gressitt)无芒锦天牛

Acalolepta griseipennis (Thomson)　灰绿锦天牛

Acalolepta holosericea Breuning　云锦天牛

Acalolepta laevicollis Breuning　截尾锦天牛

Acalolepta luxuriosa (Bates)　灰黄锦天牛

Acalolepta permutans (Pascoe)　金绒锦天牛

Acalolepta pseudospeciosa Breuning　大理纹锦天牛

Acalolepta rusticator (Fabricius)　灰毛锦天牛

Acalolepta semisericea (Pic)　丝光锦天牛

Acalolepta sericeipennis Breuning　光胸锦天牛

Acalolepta speciosa (Gahan)　南方锦天牛

Acalolepta subaequalis Breuning　圆尾锦天牛

Acalolepta sublusca (Thomson)　双斑锦天牛

Acalolepta subsulphurifer Breuning　黄绒锦天牛

Acalolepta subunicolor Breuning　净色锦天牛

Acalolepta vitalisi (Pic)　丝锦天牛

Acalox Keifer　斜刺瘿螨属

Acalypta Westwood　狭膜网蝽属

Acalypta costata Zheng　宽缘狭膜网蝽

Acalypta spinifrousa Jing　狭膜网蝽

Acalyptococcus Lamb. *et* Koszt.　秃毡蚧属

Acalyptococcus eugeniae Lambdin *et* Kosztarab　丁子香秃毡蚧

Acalyptonotidae　无盖背水螨科

Acamina Keifer　针角瘿螨属

Acampsis Wesmael　三节茧蜂属

Acampsis chinensis Chen *et* He　中华三节茧蜂

Acampsis hunanensis Chen *et* He　湖南三节茧蜂

Acanaloniidae (Amphiscepidae)　峻翅蜡蝉科

Acanthacorydalis Weele　巨齿蛉属

Acanthacorydalis orientalis (McLachlan)　东方巨齿蛉

Acanthaspidiotus borchseni Takagi　见 *Oceanaspidiotus spinosus*

Acanthaspis Amyot *et* Serville　荆猎蝽属

Acanthaspis cincticrus Stål　淡带荆猎蝽

Acanthaspis collaris Hsiao　四斑荆猎蝽

Acanthaspis fuscinervis Hsiao　槽斑荆猎蝽

Acanthaspis geniculata Hsiao　圆斑荆猎蝽

Acanthaspis immodesta Bergroth　红足荆猎蝽

Acanthaspis picta Hsiao　连斑荆猎蝽

Acanthaspis quinquespinosa (Fabricius)　黑荆猎蝽

Acanthaspis ruficeps Hsiao　红荆猎蝽

Acanthaspis subnermis Hsiao　异斑荆猎蝽

Acanthaspis tenebrosa Stål　圆肩荆猎蝽

Acanthaspis westermanni Reuter　黄革荆猎蝽

Acanthobemisia Takahashi　长刺粉虱属

Acanthobemisia distylii Takahashi　蚊母树长刺粉虱　distylium whitefly

Acanthochela Ewing　棘钳螨属

Acanthocheminae　钩胫虫虻亚科

Acanthochermes Kollar　棘矮蚜属

Acanthochermes quercus Kollar　栎棘矮蚜

Acanthocinus Guérin-Méneville　长角天牛属

Acanthocinus aedilis (L.)　灰长角天牛

Acanthocinus griseus (Fabricius)　小灰长角天牛

Acanthocinus nodosus (F.)　结节长角天牛

Acanthocinus princeps (Walker)　黄松长角天牛　ponderosa pine bark borer

Acanthocinus sinensis Pic　中华长角天牛

Acanthococcus abaii Danzig　见 *Rhizococcus abaii*

Acanthococcus aceris Sign.　见 *Eriococcus aceris*

Acanthococcus altaicus Matesova见*Eriococcus altaicus*

Acanthococcus artemisiarum Matesova　见 *Eriococcus artemisiarum*

Acanthococcus arthrophyti Borchs.　见 *Eriococcus arthrophyti*

Acanthococcus baldonensis Rasina　见 *Eriococcus baldonensis*

Acanthococcus borchsenii Danzig　见 *Eriococcus borchsenii*

Acanthococcus cingulatus orientalis Danzig　见 *Rhizococcus orientalis*

Acanthococcus cingulatus terrestris Danzig　见 *Rhizococcus terrestris*

Acanthococcus coronillae Terezn.　见 *Eriococcus coronillae*

Acanthococcus costatus Danzig　见*Eriococcus costatus*

Acanthococcus crassispinus Borchs. 见 *Eriococcus crassispinus*

Acanthococcus desertus Matesova 见 *Eriococcus desertus*

Acanthococcus desertus Tang 见 *Eriococcus crassispinus*

Acanthococcus devonensis (Green) 见 *Eriococcus ericae*

Acanthococcus erinaceus (Kir.) 见 *Eriococcus erinaceus*

Acanthococcus gracilispinus Borchs. *et* Mate. 见 *Eriococcus gracilispinus*

Acanthococcus greeni (Newst.) 见 *Eriococcus greeni*

Acanthococcus hassanicus Danzig 见 *Eriococcus hassanicus*

Acanthococcus herbaceus (Danzig) 见 *Rhizococcus herbaceus*

Acanthococcus isacanthus Danzig 见 *Eriococcus isacanthus*

Acanthococcus kaschgariae Danzig 见 *Eriococcus kaschgariae*

Acanthococcus lactucae Borchs. 见 *Eriococcus lactucae*

Acanthococcus lagerostroemiae (Kuw.) 见 *Eriococcus lagerostroemiae*

Acanthococcus marginalis Borchs. 见 *Eriococcus marginalis*

Acanthococcus micracanthus Danzig 见 *Eriococcus micracanthus*

Acanthococcus minimus Tang 见 *Rhizococcus minimus*

Acanthococcus multispinosus Matesova 见 *Eriococcus multispinosus*

Acanthococcus munroi Boratynski 见 *Eriococcus munroi*

Acanthococcus notabilis Borchs. 见 *Eriococcus notalilis*

Acanthococcus orbiculus Mate. 见 *Eriococcus orbiculus*

Acanthococcus oxyacantha Danzig 见 *Rhizococcus oxyacantha*

Acanthococcus pamiricus Bazarov 见 *Eriococcus pamiricus*

Acanthococcus populi Matesova 见 *Eriococcus populi*

Acanthococcus ribesiae Borchs. 见 *Eriococcus ribesiae*

Acanthococcus robris (Goux) 见 *Eriococcus robris*

Acanthococcus salicis (Borchs.) 见 *Eriococcus salicis*

Acanthococcus sasae Danzig 见 *Eriococcus sasae*

Acanthococcus saxatilis (Kir.) 见 *Eriococcus saxatilis*

Acanthococcus saxidesertus (Borchs.) 见 *Eriococcus saxidesertus*

Acanthococcus siakwanensis Borchs. 见 *Eriococcus siakwanensis*

Acanthococcus spiniferus Borchs. 见 *Eriococcus spiniferus*

Acanthococcus spiraeae (Borchs.) 见 *Eriococcus spiraeae*

Acanthococcus turanicus Mate. 见 *Eriococcus turanicus*

Acanthococcus turkmenicus (Arch.) 见 *Eriococcus turkmenicus*

Acanthococcus ulmarius Danzig 见 *Eriococcus ulmarius*

Acanthococcus uvae-ursi (L.) 见 *Eriococcus uvae-ursi*

Acanthocoris Amyot *et* Servile 瘤缘蝽属

Acanthocoris scaber (Linnaeus) 瘤缘蝽

Acanthocoris sordidus Thunberg 樱桃瘤缘蝽 winter cherry bug

Acanthocrompus Scudder 齿胸长蝽属

Acanthocrompus chinensis Zheng, Zou *et* Hsiao 齿胸长蝽

Acanthoderes Serville 鼓角天牛属

Acanthoderes clavipes (Schrank) 黑带鼓角天牛

Acanthoecia bipars Walker 碧皑袋蛾

Acantholecanium Borchs. 背刺蚧属

Acantholecanium haloxyloni Hall 梭梭背刺蚧

Acantholepis Mayr 刺结蚁属

Acantholepis capensis Mayr 开普刺结蚁

Acantholepis pulchella Forel 稍美刺结蚁

Acantholepis xichangensis Wu *et* Wang 西昌刺结蚁

Acantholipes Lederer 钝夜蛾属

Acantholipes trajecta (Walker) 横带钝夜蛾

Acantholyda Costa 阿扁叶蜂属

Acantholyda albomarginata (Cresson) 白边阿扁叶蜂

Acantholyda atrata (Cresson) 深色阿扁叶蜂

Acantholyda balanata (MacGillivray) 黄杉阿扁叶蜂

Acantholyda brunnicans (Norton) 暗褐阿扁叶蜂

Acantholyda bucephala (Cresson) 牛头阿扁叶蜂

Acantholyda burkei Middlekauff 布氏阿扁叶蜂

Acantholyda dimorpha Maa 异耦阿扁叶蜂

Acantholyda erythrocephala (Linnaeus) 红头阿扁叶蜂 steel-blue sawfly, pine false webworm

Acantholyda flavalbimarginata Xiao 黄白缘阿扁叶蜂

Acantholyda flavomarginata Maa 黄缘阿扁叶蜂

Acantholyda intermedia Maa 赤腰阿扁叶蜂

Acantholyda laricis Giraud 落叶松阿扁叶蜂

Acantholyda nipponica Yano *et* Sato 日本阿扁叶蜂

Acantholyda peiyingaopaoa Hsiao 白音阿扁叶蜂

Acantholyda piceacola Xiao *et* Zhou 云杉阿扁叶蜂

Acantholyda posticalis Matsumura 松阿扁叶蜂 pine sawfly

Acantholyda pseudodimorpha Xiao 拟异耦阿扁叶蜂

Acantholyda verticalis (Cresson) 头顶阿扁叶蜂

Acantholyda zappei (Rohwer) 扎普阿扁叶蜂 nesting-pine sawfly

Acanthomyrmex Emery 刺切叶蚁属

Acanthomyrmex crassispina Wheeler 厚刺切叶蚁

Acanthomytilus Borchsenius 须蛎盾蚧属

Acanthomytilus chui Takagi 周氏须蛎盾蚧

Acanthomytilus cypericola Borchsenius 莎草须蛎盾蚧

Acanthomytilus graminicola (Takahashi) 拟禾须蛎盾蚧

Acanthomytilus graminis Young *et* Hu 禾须蛎盾蚧

Acanthomytilus imperatae (Kuwana) 茅须蛎盾蚧

menicus

Acanthomytilus miscanthi Tak. 芒须蛎盾蚧
Acanthomytilus sacchari (Hall) 甘蔗须蛎盾蚧
Acanthomytilus vermiformis (Takahashi) 竹须蛎盾蚧
Acanthomytilus yunnanensis Tong *et* Hu 云南须蛎盾蚧
Acanthonychus Wang 刺爪螨属
Acanthonychus jianfengensis Wang 尖峰刺爪螨
Acanthophorus spinicornis Fabricius 热非柏天牛
Acanthoplistus Saussure 甲蟋属
Acanthoplistus birmanus Saussure 缅甸甲蟋
Acanthoplistus nigritibia Zheng *et* Woo 黑胫甲蟋
Acanthoplistus testaceus Zheng *et* Woo 赤褐甲蟋
Acanthopsyche Heylaerts 桉袋蛾属
Acanthopsyche aethiops Hampson 见 *Manatha aethiops*
Acanthopsyche junodi Heylaerts 见 *Cryptothelea junodi*
Acanthopsyche moorei Heylaerts 见 *Kophene moorei*
Acanthopsyche nigraplaga Wileman 刺槐袋蛾
Acanthopsyche postica Sonan 裹白小袋蛾
Acanthopsyche reimeri Gaede 赖氏袋蛾
Acanthopsyche sierricola White 见 *Oiketicoides sierricola*
Acanthopsyche snelleni Heylaerts 见 *Kophene snelleni*
Acanthopsyche subferalbata Hampson 桉袋蛾
Acanthopsyche taiwana Sonan 白脚小袋蛾
Acanthopulvinaria Borchs. 刺绵蚧属
Acanthopulvinaria discoidalis (Hall) 梭梭刺绵蚧
Acanthopulvinaria orientalis (Nass.) 东方刺绵蚧
Acanthoscelides Schilsky 菜豆象属
Acanthoscelides obtectus (Sag) 菜豆象 bean weevil, bean bruchid, pea weevil,dried bean beetle
Acanthoscelides pallidipennis Motschulsky 紫穗槐豆象
Acanthoscelides plagiatus Reiche *et* Saulcy 窃豆象
Acanthosoma Curtis 同蝽属
Acanthosoma angulatum Jakovlev 壮角同蝽
Acanthosoma chinanum Kiritschenko 聂拉木同蝽
Acanthosoma crassicauda Jakovlev 粗齿同蝽
Acanthosoma denticauda Jakovlev 细齿同蝽
Acanthosoma distinctum Dallas 显同蝽
Acanthosoma expansum Horváth 伸展同蝽
Acanthosoma forcipatum Eeuter 铗同蝽
Acanthosoma forficula Jakovlev 细铗同蝽
Acanthosoma haemorrhoidale (Linnaeus) 原同蝽
Acanthosoma labiduroides Jakovlev 宽铗同蝽
Acanthosoma nigrodorsum Hsiao *et* Liu 黑背同蝽
Acanthosoma nigrospina Hsiao *et* Liu 黑刺同蝽
Acanthosoma ouchii Ishihara 天目同蝽
Acanthosoma shensiensis Hsiao *et* Liu 陕西同蝽
Acanthosoma spinicolle Jakovlev 泛刺同蝽
Acanthosoma zanthoxylum Hsiao *et* Liu 花椒同蝽
Acanthosomatidae 同蝽科 stink bugs
Acanthotomicus Blandford 刺小蠹属
Acanthotomicus spinosus Blandford 栎刺小蠹 oak bark beetle
Acanthoxyla intermedia Salmon 中刺长节叶蜂
Acanthurus Kirby 见 *Valgus* Scriba
Acaphylla Keifer 尖叶瘿螨属
Acaphylla indiae Keifer 印度尖叶瘿螨
Acaphylla steinwedeni Keifer 斯氏尖叶瘿螨 orange camellia rust mite
Acaphylla theae (Watt) 茶尖叶瘿螨 pink tea rust mite
Acaphyllisa Keifer 似尖叶螨瘿属
Acaralox Keifer 斜瘿螨属
Acarapis Hirst 蜂跗线螨属
Acarapis dorsalis Morgenthaler 背蜂跗线螨
Acarapis externus Morgenthaler 外蜂跗线螨 external bee mite
Acarapis vagans Schneider 迷走蜂跗线螨
Acarapis woodi (Rennie) 伍氏蜂跗线螨 acarine disease mite, tracheal mite
Acarelliptus Keifer 椭圆瘿螨属
Acarhis Keifer 尖喙瘿螨属
Acarhynchus Keifer 尖嘴瘿螨属
Acarhynchus dendrocalami Kuang 巨竹尖嘴瘿螨
Acarhynchus filamentus Keifer 丝尖嘴瘿螨
Acari 蜱螨亚纲 ticks and mites
Acaria pteridii Kuang *et* Gong 蕨瘤瘿螨
Acaricalus Keifer 小丽瘿螨属
Acaridae 粉螨科flour mites, ham mites, meal mites, cheese mites
Acaridida 粉螨目
Acariformes 真螨目
Acarina 蜱螨目(螨目)
Acarinae 粉螨亚科
Acaroidea 粉螨总科
Acaronemus Lindqiust *et* Smiley 食螨螨属
Acaronemus destructor Smiley *et* Landwehr 破坏食螨螨
Acarophaenacidae 小首螨科
Acarophenax Newstead *et* Duvall 小首螨属
Acarophenax dermestidarum 皮蠹小首螨
Acarophenax mahunkai Gao *et* Zou 麦氏小首螨
Acarophenax triboli Newstead *et* Duvall 特氏小首螨,拟谷盗小首螨
Acaropsella Volgin 平单梳螨属
Acaropsella konoi Tseng 凯氏平单梳螨
Acaropsis Moquin-Tandon 单梳螨属
Acaropsis sollers Rohdendorf 阳罩单梳螨
Acaroptidae 粉痒螨科
Acarus Linnaeus 粉螨属
Acarus bomensis Wang 波密粉螨
Acarus calcarabellus Griffiths 匀刺粉螨
Acarus chaetoxysilos Griffiths 滑毛粉螨
Acarus farris (Oudemans) 褐足粉螨
Acarus gracilis Hughes 薄粉螨
Acarus immobilis Griffiths 静粉螨
Acarus lushanensis Jiang 庐山粉螨

Acarus macrocoryne Griffiths 巨棒粉螨

Acarus mirabilis Volgin 丽粉螨

Acarus nidicolous Griffiths 巢粉螨

Acarus siro Linnaeus 粗脚粉螨 grain mite, flour mite

Acasis Duponchel 沼尺蛾属

Acasis exviretata Inoue 灰沼尺蛾

Acasis viretata (Hübner) 沼尺蛾

Acatapaustus basifusca Bethune-Baker 基褐桉灯蛾

Acathrix Keifer 针毛瘿螨属

Acaudaleyrodes rachipora Singh 腊肠树粉虱

Aceodrominae 裂走螨亚科

Aceodromus Muma 裂走螨属

Aceosejidae 裂胸螨科

Aceosejus Sellnick 裂胸螨属

Aceraius cantori Percheron 凯畸黑蜣

Aceraius grandis (Burmeister) 大畸黑蜣

Aceraius helferi Kuwert 海畸黑蜣

Acerataspis Uchida 方盾姬蜂属

Acerataspis clavata (Uchida) 棒腹方盾姬蜂

Acerataspis sinensis Michener 中华方盾姬蜂

Acerellidae 囊腺蚖科

Acerentomidae 无管蚖科

Acerentominae 蚖亚科

Acerentomon Silvestri 蚖属

Acerentomon dodoroi Silvestri 蚖

Acerentulus Berlese 小蚖属

Acerentulus shensiensis Chou *et* Yang 陕西小蚖

Aceria Keifer 瘿螨属

Aceria abalis (Keifer) 离瘿螨

Aceria acroptilon Kovalev *et* Shevtchenko 矢车菊瘿螨

Aceria artemisia (Xin *et* Dong) 野蒿瘿螨

Aceria avenae Kuang *et* Zhang 燕麦瘿螨

Aceria brevitarsa Fockeu 桤木瘿螨 alder gall mite

Aceria bromi (Kuang *et* Zhang) 雀麦瘿螨

Aceria caryae (Keifer) 胡桃瘿螨 pecan leafroll mite

Aceria chondriphora (Keifer) 软瘿螨

Aceria clianthi Lamb 耀花豆瘿螨

Aceria dendranthemae Zhao *et* Kuang 菊花菜瘿螨

Aceria erinea (Nalepa) 野无花果瘿螨

Aceria ficus (Cotte) 无花果瘿螨 fig mite

Aceria fraxinicola (Nalepa) 白蜡树瘿螨

Aceria gei Kuang *et* Lu 路边瘿螨

Aceria granati (Canestrini *et* Masalongo) 石榴瘿螨

Aceria guanxiensis Kuang *et* Lu 广西瘿螨

Aceria hupehensis Kuang *et* Hong 湖北瘿螨

Aceria indigofera (Nalepa) 马棘瘿螨

Aceria japonica Huang 日本瘿螨

Aceria jiangsuensis Kuang 江苏瘿螨

Aceria kuko (Kishida) 枸杞瘿螨

Aceria kunminensis Kuang *et* Hong 昆明瘿螨

Aceria lagerstroemiae Kuang *et* Yang 紫薇瘿螨

Aceria litchii (Keifer) 荔枝瘿螨

Aceria lycopersici (Wolffenstein) 番茄瘿螨 tomato russet mite

Aceria macrochela Nalepa 栓皮槭叶瘿螨 plane leaf gall mite

Aceria macrodonis (Keifer) 大瘿螨

Aceria macrorrhyncha Nalepa 欧亚槭叶瘿螨 plane leaf gall mite

Aceria meliae (Dong *et* Xin) 楝瘿螨

Aceria milii Xin *et* Dong 黍瘿螨

Aceria nanjingensis Kuang 南京瘿螨

Aceria neosalicina (Dong *et* Xin) 新柳瘿螨

Aceria osmanthis Kuang 木樨瘿螨

Aceria pallida Keifer 白枸杞瘿螨

Aceria paradianthi (Keifer) 石竹瘿螨 carnation bud mite

Aceria paramacrodonis Kuang 拟大瘿螨

Aceria parapopuli Kiefer 杨芽瘿螨 poplar bud gall mite

Aceria paratulipae (Xin *et* Dong) 拟郁金香瘿螨

Aceria parawagnoni (Kuang) 拟华氏瘿螨

Aceria pterocaryae Kuang *et* Gong 枫杨瘿螨

Aceria quadrimarginis (Dong *et* Xin) 方缘瘿螨

Aceria sheldoni (Ewing) 柑橘瘿螨 citrus bud mite

Aceria sheldoni chinensis Kuang *et* Hong 中华柑橘瘿螨

Aceria tjyingi (Manson) 金氏瘿螨

Aceria tristriata Nalepa 核桃瘿螨 walnut blister mite

Aceria tulipae (Keifer) 郁金香瘿螨 wheat curl mite

Aceria ulmi (Garman) 榆瘿螨 elm mite

Aceria wuzhouensis Kuang *et* Yang 梧州瘿螨

Aceria zhejiangensis Zhao *et* Kuang 浙江瘿螨

Acerimina Keifer 小瘿螨属

Acerimina cedrelae Keifer 洋椿小瘿螨

Acerimina cinnamoni Kuang 樟小瘿螨

Acestra Dallas 锥缘蝽属

Acestra sinica Dallas 毛锥缘蝽

Acestra yunnana Hsiao 光锥缘蝽

Achaea Hübner 阿夜蛾属

Achaea catella Guenée 南非阿夜蛾

Achaea faber Holland 桉阿夜蛾

Achaea janata Linnaes 见 *Ophiusa janata*

Achaea lienardi Boisduval 杧果阿夜蛾 wattle looper

Achaea melicerta (Drury) 阿夜蛾

Achaea serva (Fabricius) 人心果阿夜蛾

Achaearanea Strand 希蛛属

Achaearanea angulithorax (Boes. *et* Str.) 横带希蛛

Achaearanea asiatica (Boes. *et* Str.) 亚洲希蛛

Achaearanea campanulata Chen 钟希蛛

Achaearanea culicivora (Boes. *et* Str.) 食蚊希蛛

Achaearanea ferrumequina (Boes. *et* Str.) 铁希蛛

Achaearanea galeiforma Zhu *et al.* 笠腹希蛛

Achaearanea japonica (Boes. *et* Str.) 日本希蛛

Achaearanea kompirense (Bose. *et* Str.) 三点希蛛

Achaearanea liaoyuanensis Zhu *et* Yu 辽源希蛛

Achaearanea riparia (Blackwall) 沟岸希蛛

Achaearanea rostra Zhu *et* Zhang 喙突希蛛

Achaearanea tabulata Levi 板突希蛛

Achaearanea tepidariorum (C.L. Koch) 温室希蛛

Achaearanea xinjiangensis Hu *et* Wu 新疆希蛛

Achaeta janata Linnaeus 三点粗脚夜蛾

Achaetocoptes Farkas 无鬃刺瘿螨属

Achanthiptera Rondani 毛脉蝇属

Achanthiptera rohrelliformis (R.-D.) 毛脉蝇

Achanthipterinae 毛脉蝇亚科

Acherontacarinae 冥溪螨亚科

Acherontacarus Viets 冥溪螨属

Acherontia Laspeyres 面形天蛾属

Acherontia lachesis (Fabricius) 鬼脸天蛾 Death's head moth

Acherontia styx Westwood 芝麻鬼脸天蛾

Acherontiinae 面形天蛾亚科

Acheta domestica Linnaeus 见 *Gryllus domestica*

Acheta postica Walker 见 *Gryllus posticus*

Achetidae 见 Gryllidae

Achilidae 颖蜡蝉科

Achilixiidae 仄腹蜡蝉科

Achionaspis Takagi 齐盾蚧属

Achionaspis kanoi Takagi 柃木齐盾蚧

Achipteria Berlese 角翼甲螨属

Achipteria curta Aoki 短角翼甲螨

Achipteriidae 角翼甲螨科

Achoetandrus Bezzi 裸金蝇属

Achoetandrus rufifacies (Macq.) 绯颜裸金蝇

Achoetandrus villeneuvii (Patton) 粗足裸金蝇

Acholla multispinosa (DeG.) 多刺猎蝽

Achopera araucariae Marshall 南洋杉象

Achorocephalus Kriechbaumer 屑头姬蜂属

Achorocephalus polisa nigricoxa He 毛屑头姬蜂黑基亚种

Achorocephalus yunnanensis He 云南屑头姬蜂

Achorutes Templetom 亚跳虫属 mushroom springtails

Achroia Hübner 小蜡螟属

Achroia grisella Fabricius 小蜡螟 lesser wax moth

Achroia innotata obscurevittella Ragonot 隐条无斑小蜡螟

Acia McAtee 尖小叶蝉属

Acia bawangensis Zhang *et* Chou 坝王尖小叶蝉

Acia exsultans (McAtee) 尖小叶蝉

Acia pocsi Dworakowska 波氏尖小叶蝉

Acia stilleri Dworakowska 斯蒂尖小叶蝉

Aciagrion hisopa (Selys) 沼狭翅蟌

Aciagrion olympicum Laidlaw 蓝尾狭翅蟌

Aciagrion pallidum Selys 森狭翅蟌

Acicazira Hsiao *et* Cheng 峰蝽属

Acicazira gibbosa Hsiao *et* Cheng 峰蝽

Aciota Keifer 锐缘瘿螨属

Acisoma panorpoides Rambur 锥腹蜻

Acklandia Hennig 球喙花蝇属

Acklandia aculeata (Ringdahl) 翘尾球喙花蝇

Acklandia aculeatoides Cui *et* Fan 直叶球喙花蝇

Acklandia curvata Cui *et* Fan 曲叶球喙花蝇

Acklandia subgrisea (Ringdahl) 肥叶球喙花蝇

Aclastus Förster 光背姬蜂属

Aclastus etorofuensis (Uchida) 择捉光背姬蜂

Aclees Schoenherr 二节象属

Aclees cribratus Gyllenhyl 筛孔二节象

Aclerda Signoret 仁蚧属

Aclerda acuta Borchsenius 尖仁蚧

Aclerda longiseta Borchsenius 长毛仁蚧

Aclerda sasae Borchsenius 赤竹仁蚧

Aclerda takahashii Kuwana 高桥仁蚧

Aclerda tokionis (Cockerell) 东京仁蚧 Japanese bamboo aclerdid

Aclerda yunnanensis Ferris 云南仁蚧

Aclerdidae 仁蚧科(尾蚧科) flat grass scale

Acleris Hübner 长翅卷蛾属

Acleris alnivora Oku 榆黑长翅卷蛾

Acleris boscana Fabricius 波氏长翅卷蛾 Bosc's button moth

Acleris boscana ulmicola Meyrick 日榆长翅卷蛾 Japanese elm leafroller

Acleris chalybeana (Fern.) 钢灰长翅卷蛾

Acleris comariana Zeller 草莓长翅卷蛾 strawberry tortricid

Acleris cristana (Schiffermüller *et* Denis) 鹅耳枥长翅卷蛾

Acleris delicatana (Christoph) 毛榛子长翅卷蛾

Acleris emargana (Fabricius) 柳凹长翅卷蛾

Acleris epidesma Lower 长叶暗罗长翅卷蛾

Acleris ferrugana Schiffermüller 锈色长翅卷蛾 rusty button moth

Acleris fimbriana Thunberg 黄斑长翅卷蛾

Acleris gloverana (Walsingham) 西黑头长翅卷蛾 western blackheaded budworm

Acleris hastiana Linnaeus 黑氏长翅卷蛾 Hast's button moth

Acleris issikii Oku 杨凹长翅卷蛾

Acleris latifasciana (Haworth) 杜鹃长翅卷蛾

Acleris literana Linnaeus 绿枝长翅卷蛾 sprigged green button moth

Acleris perfundana Kuznetzov 栎长翅卷蛾

Acleris rufana Schiffermüller 双弯纹长翅卷蛾 double bay-streaked moth

Acleris shepherdana (Stephens) 蚊子草长翅卷蛾

Acleris submaccana (Filipiev) 毛赤杨长翅卷蛾

Acleris ulmicola (Meyrick) 榆白长翅卷蛾

Acleris variana (Fern.) 黑头长翅卷蛾 black-headed budworm

Aclypea Reitter 异域埋葬虫属

Aclypea turkestanica Ball. 土耳其斯坦埋葬虫

Acmaeodera aurifera Laporte *et* Gory 具耳花颈吉丁

Acmaeodera bipunctata Olivier 双斑花颈吉丁

Acmaeodera dermestoides Linnaeus 拟皮花颈吉丁

Acmaeodera pulchella (Hast.) 扁头柏木花颈吉丁 flat-headed bald cypress sapwood borer

Acmaeodera quadrizonata Abeille 四区花颈吉丁

Acmaeodera stictipennis Laporte *et* Gory 小柳安花颈吉丁 small sal buprestid

Acmaeodera yunnana Fairmaire 云南花颈吉丁

Acmaeops LeConte 眼花天牛属

Acmaeops collaris (Linnaeus) 红胸眼花天牛

Acmaeops minuta (Gebler) 小眼花天牛

Acmaeops septentrionis (Thomson) 松眼花天牛

Acmenychus inermis (Zoubkoff) 齿鞘钝爪铁甲

Acmeshachia Matsumura 垠舟蛾属

Acmeshachia albifascia (Moore) 双带垠舟蛾

Acnthaspidiotus Borchs. *et* Will. 棘圆盾蚧属

Acolutha Warren 虹尺蛾属

Acolutha pictaria (Moore) 虹尺蛾

Acolutha pulchella (Hampson) 霓虹尺蛾

Acompus Fieber 点胸长蝽属

Acompus rufipes (Wolff) 红足点胸长蝽

Aconchus Horváth 南网蝽属

Aconchus urbanus (Horváth) 南网蝽

Aconopsylla sterculiae (Froggatt) 澳瓶木木虱

Acontia Hübner 见 *Xanthodes* Guenée

Acontia Ocshenheimer 绮夜蛾属

Acontia bicolora Leech 两色绮夜蛾

Acontia crocata Guenée 黄绮夜蛾

Acontia disrupta (Warren) 迭绮夜蛾

Acontia lucida (Hüfnagel) 绮夜蛾

Acontia luctuosa (Denis *et* Schiffermüller) 白带绮夜蛾

Acontia marmoralis (Fabricius) 大理石绮夜蛾

Acontia nitidula (Fabricius) 秉绮夜蛾

Acontistinae 矛螳螂亚科

Acorynus Schoenherr 细棒长角象属

Acosmerycoides Mell 灰天蛾属

Acosmerycoides leucocraspis (Hampson) 灰天蛾

Acosmeryx Boisduval 缺角天蛾属

Acosmeryx cacthschild Rothschild *et* Jordan 窗翅缺角天蛾

Acosmeryx castanea Rothschild *et* Jordan 缺角天蛾 grape horn worm

Acosmeryx miskini (Murray) 黄点缺角天蛾

Acosmeryx naga (Moore) 葡萄缺角天蛾

Acosmeryx sericeus (Walker) 赭绒缺角天蛾

Acosmeryx tibetana Chu *et* Wang 白斑缺角天蛾

Acossus centerensis (Lint.) 杨木蠹蛾 aspen carpenter worm

Acossus populi (Walker) 海岸杨木蠹蛾 aspen carpenter worm

Acotyledon Oudemans 景天螨属

Acotyledon absoloni Samsinak 阿氏景天螨

Acotyledon batsylevi Zachvatkin 拔氏景天螨

Acotyledon lishihmii Samsinak 李氏景天螨

Acraea Fabricius 珍蝶属

Acraea acerata Hew. 甘薯珍蝶 sweet potato butterfly

Acraea bonasia Fabricius 野牛珍蝶

Acraea issoria (Hübner) 苎麻珍蝶

Acraea pharsalus Ward 柚木珍蝶

Acraea violae Fabricius 斑珍蝶

Acraeidae 珍蝶科

Acrapinae 蜂跗线螨亚科

Acreioptera 海獭甲科

Acria ceramitis Meyrick 苹凹木蛾

Acria emarginella Donovan 桑凹木蛾

Acrias Walker 尖头姬小蜂属

Acrias tauricornis Yang 奇尖头姬小蜂

Acrida L. 蚱蜢属(剑角蝗属)

Acrida antennata Liang 宽角蚱蜢

Acrida cinerea Thunb. 中华蚱蜢

Acrida curticnema Huang 短膝蚱蜢

Acrida exaltata (Walk.) 暗翅蚱蜢

Acrida incallida Mistsh. 弯尾蚱蜢

Acrida kozlovi Mistsh. 科氏蚱蜢

Acrida lineata (Thunb.) 线蚱蜢

Acrida oxycephala (Pall.) 荒地蚱蜢

Acrida turrita Linnaeus 塔螺蚱蜢

Acrida willemsei Dirsh 威廉蚱蜢

Acrididae 剑角蝗科

Acridoidea 蝗总科

Acridomyia Stackelberg 蝗蝇属

Acridomyia sacharovi Stackelberg 古北蝗蝇

Acritonotus Keifer 背无序瘿螨属

Acrobasis Zeller 峰斑螟属

Acrobasis betulella Hulst 桦峰斑螟 birch tube maker

Acrobasis carobasis caryae Grot 山核桃果峰斑螟 pecan nut casebearer

Acrobasis caryivorella Ragonot 山核桃峰斑螟

Acrobasis consociella Hübner 宽纹峰斑螟 broad-barred knot-horn moth

Acrobasis juglandis (LeBaron) 核桃峰斑螟 pecan leaf casebearer

Acrobasis rubrifasciella Packard 桤木峰斑螟 alder tube-maker

Acrobasis sodalella Zeller 卷叶峰斑螟 camarade knot-horn moth

Acrobasis tokiella Ragonot 果叶峰斑螟

Acrobasis trigonalis Wileman 苹叶峰斑螟 apple leaf

casebearer

Acrobasis tumidana Schiffermüller 栎峰斑螟 bushy knot-horn moth

Acrobasis tumidella Zincken 疣峰斑螟 warted knot-horn moth

Acrocercops Wallengren 皮细蛾属

Acrocercops allactopa Meyrick 海南蒲桃皮细蛾

Acrocercops anthracuris Meyrick 水黄皮皮细蛾

Acrocercops auricilla Stainton 桃花心木皮细蛾

Acrocercops brongniardella Fabricius 茅屋顶皮细蛾 thatch slender moth

Acrocercops calycophthalma Meyrick 丽榄仁皮细蛾

Acrocercops cathedraea Meyrick 杧果叶皮细蛾 mango leaf-miner

Acrocercops chrysophila Meyrick 喜金皮细蛾

Acrocercops chrysoplitis Meyrick 壮娑罗双皮细蛾

Acrocercops cremerella Snell 爻纹皮细蛾

Acrocercops diacentrota Meyrick 黄兰皮细蛾

Acrocercops erioplaca Meyrick 印榄仁树皮细蛾

Acrocercops euthycolona Meyrick 宽叶马胡卡皮细蛾

Acrocercops gemoniella Stainton 蔗皮细蛾

Acrocercops hoplocala Meyrick 尚武皮细蛾

Acrocercops hormista Meyrick 纤香椿皮细蛾

Acrocercops laciniella Meyrick 桉皮细蛾 eucalyptus leaf-miner

Acrocercops loxias Meyrick 斜皮细蛾

Acrocercops lsonoma Meyrick 杧果皮细蛾

Acrocercops ordinatella Meyrick 樟皮细蛾

Acrocercops pentalocha Meyrick 五群皮细蛾

Acrocercops phaeospora Meyrick 偏叶紫荆木皮细蛾

Acrocercops phractopa Meyrick 圆纹伪皮细蛾

Acrocercops plebeia Turner 金合欢皮细蛾

Acrocercops resplendens Stainton 闪光皮细蛾

Acrocercops strigifitella Clemens 栎水青冈皮细蛾

Acrocercops supplex Meyrick 恳求皮细蛾

Acrocercops syngramma Meyrick 腰果皮细蛾

Acrocercops telestis Meyrick 云南石梓皮细蛾

Acrocercops tenera Meyrick 久树皮细蛾

Acrocercops terminaliae Stainton 榄仁树皮细蛾 terminalia leaf-miner

Acrocercops ustulatella Stainton 乌木皮细蛾 ebony leaf-miner

Acrocercops vanula Meyrick 毛榄仁树皮细蛾

Acroceridae 小头虻科 inflate latreilles

Acrocerinae 小头虻亚科

Acrocinus longimanus Linnaeus 全缘桂木天牛 harlequin beetle, jak-tree borer, mouche bagasse

Acroclita Lederer 剑小卷蛾属

Acroclita aestuosa Meyrick 栗绿剑小卷蛾 greenish chestnut moth

Acroclita cheradota Meyrick 榕剑小卷蛾 fig-tree leaf-roller

Acrocormus Thomson 痣斑金小蜂属

Acrocormus ulmi Yang 榆痣斑金小蜂

Acrocormus wuyingensis Yang 五营痣斑金小蜂

Acrocyrtidus argenteofasciatus (Pic) 银带长丽天牛

Acrocyrtidus argenteus Gressitt *et* Rondon 银翅长丽天牛

Acrocyrtidus attenuatus (Pic) 越南长丽天牛

Acrocyrtidus aurescens Gressitt *et* Rondon 金翅长丽天牛

Acrocyrtidus diversinotatus (Pic) 银斑长丽天牛

Acrocyrtidus elegantulus (Matsushita) 台湾长丽天牛

Acrocyrtidus fasciatus Jordan 黑缝长丽天牛

Acrocyrtidus fulvus Gressitt *et* Rondon 黑尾长丽天牛

Acrocyrtidus longipes (Matsushita) 长丽天牛

Acrocyrtidus simianshanensis Chiang *et* Chen 四面山艳天牛

Acrodactyla Haliday 锤跗姬蜂属

Acrodactyla orientalis (Cushman) 东方锤跗姬蜂

Acrodactyla quadrisculpta (Gravenhorst) 四雕锤跗姬蜂

Acrodactyla takewakii (Uchida) 黄胸锤跗姬蜂

Acrodontis Wehrli 极尺蛾属

Acrodontis hunana Wehrli 湖南极尺蛾

Acrolepia Curtis 邻菜蛾属

Acrolepia assectella Zeller 葱邻菜蛾 leek moth, onion moth

Acrolepiidae 邻菜蛾科 acrolepiids, acrolepiid moths

Acrolepiopsis sapporensis Matsumura 葱潜叶蛾 allium leafminer

Acrolepiopsis suzukiella Matsumura 铃木潜叶蛾 yam leafminer

Acrolophidae 毛蛾科 noctuid-like moths

Acromantis Saussure 姬螳属

Acromantis dyaka Hebard 黛姬螳

Acromantis hesione Stål 海南姬螳

Acromantis indica Giglio-Tos 印度姬螳

Acromantis japonica Westwood 日本姬螳

Acroneuria stigmatica Klapalek 斑极脉珠光石蝇

Acronicta Ochsenheimer 剑纹夜蛾属

Acronicta aceris (Linnaeus) 锐剑纹夜蛾

Acronicta adaucta Warren 樱桃剑纹夜蛾 cherry dagger moth

Acronicta agnata Draudt 封剑纹夜蛾

Acronicta alni (Linnaeus) 桦剑纹夜蛾

Acronicta americana (Harris) 北美剑纹夜蛾 American dagger moth

Acronicta catocaloida Graeser 白斑剑纹夜蛾

Acronicta digna (Butler) 威剑纹夜蛾

Acronicta distans Grot 黑樱桃剑纹夜蛾

Acronicta edolatina Draudt 意剑纹夜蛾

Acronicta euphorbiae (Denis *et* Schiffermüller) 戟剑纹夜蛾

Acronicta geminata Draudt 复剑纹夜蛾

Acronicta hemileuca Püngeler 涵剑纹夜蛾

Acronicta hercules Felder *et* Rogenhofer 榆剑纹夜蛾

Acronicta impressa Walker 凹剑纹夜蛾

Acronicta intermedia Warren 桃剑纹夜蛾 apple dagger moth

Acronicta jozana Matsumura 拙剑纹夜蛾

Acronicta leporina (Linnaeus) 剑纹夜蛾

Acronicta lepusculina Guenée 杨剑纹夜蛾 cottonwood dagger moth

Acronicta major Bremer 桑剑纹夜蛾

Acronicta maxima Moore Himalayan 喜马拉雅剑纹夜蛾 dagger moth

Acronicta megacephala (Denis *et* Schiffermüller) 首剑纹夜蛾

Acronicta metaxantha Hampson 丝剑纹夜蛾

Acronicta nubilata Hampson 云剑纹夜蛾

Acronicta oblinita (J. E. Smith) 污迹剑纹夜蛾 smeared dagger moth

Acronicta omorii Matsumura 小剑纹夜蛾

Acronicta pruinosa Guenée 霜剑纹夜蛾

Acronicta psi Linnaeus 赛剑纹夜蛾

Acronicta pulverosa Hampson 尘剑纹夜蛾

Acronicta raphael Oberhthuer 苏剑纹夜蛾

Acronicta regifica Draudt 独剑纹夜蛾

Acronicta rubiginosa Walker 干果榄仁剑纹夜蛾

Acronicta rumicis (Linnaeus) 梨剑纹夜蛾 sorrel cutworm

Acronicta strigosa (Denis *et* Schiffermüller) 果剑纹夜蛾

Acronicta succedens Draudt 承剑纹夜蛾

Acropimpla Townes 顶姬蜂属

Acropimpla hapaliae (Rao) 间条顶姬蜂

Acropimpla leucostoma (Cameron) 白口顶姬蜂

Acropimpla persimilis (Ashmead) 螟虫顶姬蜂

Acropimpla pictipes (Gravenhorst) 斑足顶姬蜂

Acropimpla poorva Gupta *et* Tikar 普尔顶姬蜂

Acropimpla uchidai (Cushman) 内田顶姬蜂

Acropolis Hemming 颠眼蝶属

Acropolis thalia (Leech) 颠眼蝶

Acropolitis rudisana Walker 见 *Thrincophora rudisana*

Acropolitis signigerana Meyrick 见 *Thrincophora rudisana*

Acropona walkeri Kirkaldy 南印檀香叶蝉

Acropsylla Rothschild 端蚤属

Acropsylla episema girshami Traub. 穗缘端蚤中缅亚种

Acropteris iphiata Guenée 斜线燕蛾

Acropyga Roger 尖尾蚁属

Acropyga baodaoensis Terayama 宝岛尖尾蚁

Acropyga jiangxiensis Wang *et* Wu 江西尖尾蚁

Acropyga sauteri Forel 邵氏尖尾蚁

Acroricnus Ratzeburg 巢姬蜂属

Acroricnus ambulator ambulator (Smith) 游走巢姬蜂指名亚种

Acroricnus ambulator chinensis Uchida 游走巢姬蜂中华亚种

Acroricnus ambulator rufiabdominalis Uchida 游走巢姬蜂红腹亚种

Acroricnus nigriscutellatus Uchida 黑盾巢姬蜂

Acrostilpna Ringdahl 闪花蝇属

Acrostilpna latipennis (Zetterstedt) 宽翅闪花蝇

Acrostilpna montana Ma 山闪花蝇

Acrothinium Marshall 丽叶甲属

Acrothinium cupricolle Jacoby 红胸丽叶甲

Acrothinium gaschkevitschii (Motschulsky) 葡萄丽叶甲

Acrotocepheus Aoki 顶头甲螨属

Acrotocepheus emeiensis Wen 峨眉顶头甲螨

Acrotocepheus gracilis Aoki 纤细顶头甲螨

Acrotrichis Motschulsky 缨甲属

Acrotrichis grandicollis Mannerhein 巨胸缨甲

Acrotylus Fieb. 圆顶蝗属

Acrotylus insubricus inficitus (Walker) 狭纹圆顶蝗

Acrotylus insubricus innotatus Uv. 暗圆顶蝗

Acrotylus longipes subfasciatus B.-Bienko 长足圆顶蝗

Acryptorrhynchus Heller 杧果象属

Acryptorrhynchus frigidus (Fabricius) 果肉杧果象

Acryptorrhynchus olivieri (Faust) 杧果象

Actacarus Schulze 辐海螨属

Actaletidae 滨跳虫科 seashore springtails

Actaletoidea 滨跳虫总科

Actebia fennica (Tauscher) 见 *Ochropleura fennica*

Actenicerus pruinosus Motschulsky 白粉黍叩甲

Actia Robineau-Desvoidy 阿克寄蝇属

Actia nigroscutellata Lunndbeck 黑盾阿克寄蝇

Actias Leach 尾大蚕蛾属

Actias artemis aliena (Butler) 曲缘尾大蚕蛾 longtailed silk moth

Actias artemis artemis (Bremer *et* Gray) 短尾大蚕蛾

Actias dubernardi (Oberthür) 长尾大蚕蛾

Actias heterogyna Mell 黄尾大蚕蛾

Actias kongjiaria Chu *et* Wang 贡夏绿尾大蚕蛾

Actias luna (L.) 月尾大蚕蛾 luna moth

Actias maenas Dubernard 大尾大蚕蛾

Actias maenas isis South 巨尾大蚕蛾

Actias rhodopneuma Rober 红尾大蚕蛾

Actias selene ningpoana Felder 绿尾大蚕蛾

Actias sinensis Walker 华尾大蚕蛾

Actinedida 辐螨亚目

Actinotia Hübner 炫夜蛾属

Actinotia polyodon (Clerck) 炫夜蛾

Aculeococcus Lepage 刺毡蚧属

Aculeococcus yongpingensis Tang *et* Hao 云南刺毡蚧

Aculepeira Chamberlin *et* Ivie 尖腹蛛属

Aculepeira armida (Audouin) 装备尖腹蛛

Aculepeira ceropegia (Walckenaer) 塞若尖腹蛛

Aculepeira luosangensis Yin *et* Wang 洛桑尖腹蛛

Aculepeira packardi Thorell 帕氏尖腹蛛

Aculepeira taibaishanensis Zhu *et* Wang 太白尖腹蛛

Aculodes Keifer 刺子瘿螨属

Aculognathidae 针颚甲科

Aculops Keifer 刺皮瘿螨属

Aculops atypta Hall *et* Keifer 柳刺皮瘿螨

Aculops benakii (Hatzinikolis) 橄榄刺皮瘿螨

Aculops chinonei Huang 陈氏刺皮瘿螨

Aculops jambosae Kuang 丁香刺皮瘿螨

Aculops laevigatae (Hassan) 光滑柳刺皮瘿螨

Aculops longispinosus Kuang *et* Hong 长毛刺皮瘿螨

Aculops lycii Kuang 枸杞刺皮瘿螨

Aculops lycopersici (Massee) 番茄刺皮瘿螨

Aculops lysimachiae Kuang *et* Hong 珍珠菜刺皮瘿螨

Aculops mumis Kuang *et* Gong 梅刺皮瘿螨

Aculops niphocladae Keifer 呢柳刺皮瘿螨

Aculops palekassi Keifer 橘刺皮瘿螨

Aculops sophorae Kuang 蟠槐刺皮瘿螨

Aculops suzhouensis Xin *et* Ding 苏州刺皮瘿螨

Aculops tetanthrix (Nalepa) 硬毛刺皮瘿螨

Aculus Keifer 针刺瘿螨属

Aculus acericola Nalepa 悬铃木针刺瘿螨 sycamore gall mite

Aculus atlantazaleae Keifer 杜鹃针刺瘿螨 azalea red mite

Aculus bambusae Kuang 竹针刺瘿螨

Aculus cayratiae Kuang 乌蔹莓针刺瘿螨

Aculus comatus (Nalepa) 榛针刺瘿螨 filbert rust mite

Aculus cornutus (Banks) 角针刺瘿螨 peach silver mite

Aculus fockeui Nalepa *et* Trouessart 福氏针刺瘿螨 plum rust mite

Aculus hycoopersici (Massee) 赤褐针刺瘿螨

Aculus ligustri (Keifer) 女贞针刺瘿螨

Aculus meliae Kuang *et* Zhuo 楝针刺瘿螨

Aculus salicina Luo, Liu *et* Kuang 柳针刺瘿螨

Aculus schlechtendali (Nalepa) 斯氏针刺瘿螨 apple rust mite

Acunda Keifer 碎土瘿螨属

Acusilas Simon 阿丘蛛属

Acusilas coccineus Simon 猩红阿丘蛛

Acutaspis Ferris 盾蚧属

Acutaspis agavis Townsend *et* Cockerell 雪松盾蚧 black cedar scale

Acutaspis perseae Comstock 百慕大盾蚧 black cedar scale

Acyrthosiphon Mordvilko 无网长管蚜属

Acyrthosiphon artibreve Zhang 短肢无网长管蚜

Acyrthosiphon dirhodum (Walker) 见 *Metopolophium dirhodum*

Acyrthosiphon gossypii Mordvilko 棉长管蚜

Acyrthosiphon kondoi Shinji 苜蓿无网蚜 blue alfalfa aphid

Acyrthosiphon myriopteroni Zhang 鸡矢藤无网蚜

Acyrthosiphon pareuphorbiae Zhang 猫眼无网蚜

Acyrthosiphon pisivorum Zhang 京豌豆蚜

Acyrthosiphon pisum (Harris) 豌豆蚜 pea aphid

Acyrthosiphon rubiformosanum (Takahashi) 悬钩子无网蚜

Acyrthosiphon solani (Kaltenbach) 茄无网蚜

Acytolepis Toxopeus 钮灰蝶属

Acytolepis puspa (Horsfield) 钮灰蝶

Adalia Mulsant 大丽瓢虫属

Adalia bipunctata (Linnaeus) 二星瓢虫 two-spotted lady beetle

Adamystidae 阿德螨科

Addaea trimeronalis Walker 毛榄仁窗蛾

Adelges Vallot *et* Pineus Shimer 球蚜属

Adelges abietis (L.) 见 *Sacchiphantes abietis*

Adelges abietispiceae Stebbing 云冷杉球蚜 Himalayan spruce-fir chermes

Adelges cooleyi Gillette 黄杉球蚜 Douglas fir chermes, spruce gall aphid

Adelges japonicus Monzen 鱼鳞松球蚜

Adelges lariciatus Patch 美洲落叶松球蚜 larch chermes, spruce gall aphid

Adelges laricis Vallot 落叶松球蚜 woolly larch aphid, larch adelges

Adelges merkeri Eichhorn 莫冷球蚜 fir chermes

Adelges nordmannianae (Eckstein) 冷杉迁移球蚜 spruce-fir chermes

Adelges nuesslini Börner 见 *Adelges nordmannianae*

Adelges oregonensis Annand 西方落叶松球蚜 western larch gall aphid, western larch woolly aphid

Adelges piceae (Ratzeburg) 冷杉球蚜(冷杉皮球蚜) balsam woolly aphid, silver fir chermes

Adelges pini Gmelin 见 *Pineus pini*

Adelges pinicorticis Fitch 见 *Pineus strobus*

Adelges segregis Steffan 欧洲落叶松球蚜 larch chermes

Adelges strobilobius (Kaltenbach) 见 *Adelges laricis*

Adelges strobus Hartig 见 *Pineus strobus*

Adelges tsugae Annand 见 *Aphrastasia funitecta*

Adelges viridis (Ratzburg) 见 *Sacchiplantes viridis*

Adelgidae 球蚜科 adelgids

Adelgoidea 球蚜总科

Adelidae 长角蛾科

Adelocera fuliginosa Candeze 煤色叩甲

Adelosoma Borchs. 芦粉蚧属

Adelosoma phragmitidis Borchs. 中亚芦粉蚧

Adelphacaridae 李甲螨科

Adelphocoris fasiaticollis Reuter 三点盲蝽

Adelphocoris lineolatus (Goeze) 苜蓿盲蝽 alfalfa plant bug, lucerne plant bug

Adelphocoris quadripunctatus (Fabricius) 四斑苜蓿盲蝽

Adelphocoris relatum Distant 见 *Megacoelum relatum*

Adelphocoris suturalis Jakovlev　中黑盲蝽

Adelphocoris triannulatus Stål　三环盲蝽

Adelurola Strand　隐尾反颚茧蜂属

Adelurola eurys Chen et Wu　广背反颚茧蜂

Ademula McAtee *et* Malloch　三节蚊猎蝽属

Ademula nubecula McAtee *et* Malloch　淡三节蚊猎蝽

Adenoptus Mitrofanov　腺瘿螨属

Adephaga　肉食亚目　predaceous beetles

Aderidae　木甲科

Adia Robineau-Desvoidy　粪种蝇属

Adia alatavensis (Hennig)　天山粪种蝇

Adia cinerella (Fallén)　粪种蝇

Adia danieli (Gregor)　单叶粪种蝇

Adia grisella asiatica Fan　中亚灰粪种蝇

Adiscus Gistl　隐盾叶甲属

Adiscus anulatus (Pic)　红斑隐盾叶甲

Adiscus laetus (Weise)　光背隐盾叶甲

Adiscus maculatus (Weise)　黑斑隐盾叶甲

Adiscus nigripennis (Jacoby)　黑鞘隐盾叶甲

Adiscus sauteri Chûj　台湾隐盾叶甲

Adiscus variabilis (Jacoby)　小隐盾叶甲

Adisura Moore　曙夜蛾属

Adisura atkinsoni Moore　曙夜蛾

Adisura straminea Hampson　黄曙夜蛾

Adonia Mulsant　多异瓢虫属

Adonia variegata (Goeze)　多异瓢虫

Adoretinae　喙丽金龟亚科

Adoretus Latorte　喙丽金龟属

Adoretus bicaudatus Arrow　双尾喙丽金龟

Adoretus bimarginatus Ohaus　双边喙丽金龟

Adoretus caliginosus Burmeister　黑暗喙丽金龟

Adoretus compressus Wiedemann　扁喙丽金龟

Adoretus cribratus White　筛喙丽金龟

Adoretus duvauceli Blanchard　杜五海牛丽金龟

Adoretus formosanus Ohaus　台湾茶色金龟

Adoretus hirsutus Ohaus　毛喙丽金龟

Adoretus lasiopygus Burmeister　毛臀喙丽金龟

Adoretus latirostris Ohaus　侧喙丽金龟

Adoretus nephriticus Ohaus　肾喙丽金龟

Adoretus nigrifrons Steven　黑额喙丽金龟

Adoretus pallens Blanchard　苍白丽金龟

Adoretus puberulus Motschulsky　茸喙丽金龟

Adoretus sinicus Burmeister　中华喙丽金龟　Chinese rose
　beetle

Adoretus tenuimaculatus Waterhouse　斑喙丽金龟

Adoretus testaceus Hope　锯胫喙丽金龟

Adoretus tonkinensis Ohaus　小喙丽金龟

Adoretus versutus Harold　顽喙丽金龟

Adosomus Faust　大粒象属

Adosomus parallelocollis Heller　平行大粒象

Adoxophyes Meyrich　褐带卷蛾属

Adoxophyes furcatana (Wlk.)　叉褐带卷蛾

Adoxophyes neguundana McDunnough　见 *Homona
　negundana*

Adoxophyes orana (Fischer von Röslerstamm)　棉褐带卷
　蛾　summer fruit tortrix moth

Adoxophyes privatana Walker　见 *Adoxophyes orana*

Adrama Walker　狭腹实蝇属

Adrama apicalis Shiralki　茶狭腹实蝇

Adraminae　狭腹实蝇亚科

Adrapsa Walker　疖夜蛾属

Adrapsa ablualis Walker　疖夜蛾

Adrapsa albirenalis (Moore)　白肾疖夜蛾

Adrapsa ereboides (Walker)　爆夜蛾

Adrapsa rivulata Leech　双锯疖夜蛾

Adrapsa simplex (Butler)　点疖夜蛾

Adrepsa stilbioidea Moore　辉苔蛾

Adris Moore　枯叶夜蛾属

Adris amurensis Staudinger　阿穆尔枯叶夜蛾　fruit-
　piercing moth

Adrisa Amyot *et* Serville　鳖土蝽属

Adrisa magna Uhler　大鳖土蝽

Adrisa nigra Amyot *et* Serville　黑鳖土蝽

Aechmura Pascoe　尖尾象属

Aechmura subtuberculata Voss　黑点尖尾象

Aedes Meigen　伊蚊属　aedes mosquitoes

Aedes aegypti (Linnaeus)　埃及伊蚊　yellowfever mos-
　quito, tiger mosquito

Aedes africanus (Theobald)　非洲伊蚊

Aedes albocinctus (Barraud)　白条伊蚊

Aedes albolateralis (Theobald)　侧白伊蚊

Aedes albolineatus (Theobald)　白线伊蚊

Aedes alboniveusc Barraud)　银雪伊蚊

Aedes albopictus (Skuse)　白纹伊蚊

Aedes alboscutellatus (Theobald)　白盏伊蚊

Aedes albotaeniatus mikiranus Edwards　白带伊蚊米基
　尔亚种

Aedes alcasidi Huang　吕宋伊蚊

Aedes alektorovi Stackelberg　阿氏伊蚊

Aedes annandalei (Theobald)　圆斑伊蚊

Aedes antuensis Su, Wang *et* Li　安图伊蚊

Aedes assamensis (Theobald)　阿萨姆伊蚊

Aedes aureostriatus (Doleschall)　金条伊蚊

Aedes beklemishevi Denisova　别科伊蚊

Aedes caecus (Theobald)　刺管伊蚊

Aedes canadensis (Theobald)　加拿大伊蚊

Aedes caspius (Pallas)　里海伊蚊

Aedes cataphuylla Dyar　丛林伊蚊

Aedes chemulpoensis Yamada　仁川伊蚊

Aedes christophersi Edwards　克氏伊蚊

Aedes chrysolineatus (Theobald)　金线伊蚊

Aedes chungi Lien　钟氏伊蚊

Aedes cinereus Meigen　灰色伊蚊

Aedes communis (De Geer)　普通伊蚊

Aedes craggi (Barraud) 尖斑伊蚊

Aedes cretatus Definado 克里特伊蚊

Aedes crossi Lien 黄线伊蚊

Aedes cyprius Ludlow 黑海伊蚊

Aedes desmotes (Giles) 环胫伊蚊

Aedes detritus (Haliday) 屑皮伊蚊

Aedes diantaeus Howard, Dyar *et* Knab 橙色伊蚊

Aedes dissimilis (Leicester) 异形伊蚊

Aedes dorsalis (Meigen) 背点伊蚊

Aedes dux Dyar *et* Shannon 主帅伊蚊

Aedes eldridgei Reinert 爱氏伊蚊

Aedes elsiae (Barraud) 棘刺伊蚊

Aedes esoensis Yamada 北海道伊蚊

Aedes euedes Howard, Dyar *et* Knab 真憎伊蚊

Aedes excrucians (Walker) 刺痛伊蚊

Aedes fengi Edwardss 冯氏伊蚊

Aedes flavescens (Müller) 黄色伊蚊

Aedes flavidorsalis Luh *et* Lee 黄背伊蚊

Aedes flavopictus Yamada 黄斑伊蚊

Aedes formosensss Yamada 台湾伊蚊

Aedes galloisi Yamada 缘纹伊蚊

Aedes galloisioides Liu *et* Lu 类缘纹伊蚊

Aedes gardnerii imitator (Leicestor) 股点模伊蚊拟亚种

Aedes gilli (Barraud) 金背伊蚊

Aedes gonguoensis Gong *et* Lu 功果伊蚊

Aedes harveyi (Barraud) 哈维伊蚊

Aedes hatorii Yamada 羽鸟伊蚊

Aedes hurlbuti Lien 金肩伊蚊

Aedes ibis Barraud 白背伊蚊

Aedes implicatus Vockeroth 撮毛伊蚊

Aedes imprimens (Walker) 安汶伊蚊

Aedes intrudens Dyar 侵袭伊蚊

Aedes japonicus (Theobald) 日本伊蚊

Aedes kasachstanicus Gutsevich 哈萨克斯坦伊蚊

Aedes khazani Edwards 竖鳞伊蚊

Aedes koreicoides Sasa, Kano *et* Hayash 类朝鲜伊蚊

Aedes koreicus (Edwards) 朝鲜伊蚊

Aedes lasaensis gyirongensis Ma 拉萨伊蚊吉隆亚种

Aedes lasaensis Meng 拉萨伊蚊

Aedes leucomelas (Meigen) 白黑伊蚊

Aedes lineatopennis (Ludlow) 窄翅伊蚊

Aedes lineatopennis aureus Gutzevich 窄翅伊蚊黄边亚种

Aedes logoi (Theobald) 东乡伊蚊

Aedes loi Lien 罗氏伊蚊

Aedes macfarlanei (Edwards) 乳点伊蚊

Aedes malayensis Colless 马来伊蚊

Aedes malikuli Huang 马立伊蚊

Aedes mediolineatus (Theobald) 中线伊蚊

Aedes mediopunctatus (Theobald) 中点伊蚊

Aedes melanopterus (Giles) 黑翅伊蚊

Aedes mercurator Dyar 长柄伊蚊

Aedes mubiensis Luh *et* Shin 那坡伊蚊

Aedes nipponicus LaCasse *et* Yamaguti 东瀛伊蚊

Aedes niveoides Barraud 类雪伊蚊

Aedes novalbopictus Barraud 新白伊蚊

Aedes novoniveus Barraud 新雪伊蚊

Aedes omorii Lien 大森伊蚊

Aedes oreophilus (Edwards) 金叶伊蚊

Aedes pallidostriatus (Theobald) 条足伊蚊

Aedes patriciae Mattingly 类黄伊蚊

Aedes peipingensis Feng 北京伊蚊

Aedes penghuensis Lien 澎湖伊蚊

Aedes perplexus (Leicester) 叶抱伊蚊

Aedes peytoni Reinart 佩氏伊蚊

Aedes pingpaensis Chang 平坝伊蚊

Aedes pionips Dyar 肥大伊蚊

Aedes popicilius (Theobald) 斑翅伊蚊

Aedes prominens (Barraud) 显著伊蚊

Aedes pseudalbopictus (Borel) 伪白纹伊蚊

Aedes pulchriventer (Giles) 美腹伊蚊

Aedes pullatus (Coquillett) 黑头伊蚊

Aedes punctor (Kirby) 刺鳌伊蚊

Aedes reinerti Rattanarithikul *et* Harrison 赖氏伊蚊

Aedes riparius Dyar *et* Knab 溪边伊蚊

Aedes sasai Tanaka, Mizusawa *et* Saugstad 佐佐伊蚊

Aedes saxicola Edwards 石穴伊蚊

Aedes scatophagoides (Theobald) 类霉伊蚊

Aedes seoulensis Yamada 汉城伊蚊

Aedes sergievi Danilov, Markovich *et* Proskuryakova 短柄伊蚊

Aedes serratus (Theobald) 锯齿伊蚊

Aedes shortti (Barraud) 单棘伊蚊

Aedes sibiricus Danilov *et* Filippova 西伯利亚伊蚊

Aedes sinkiangensis (Hsiao) 新疆伊蚊

Aedes sintoni (Barraud) 辛东伊蚊

Aedes squamiger (Coquillett) 鳞状伊蚊 California saltmarsh mosquito

Aedes sticticus (Meigen) 叮刺伊蚊 floodwater mosquito

Aedes subalbopictus Barraud 亚白纹伊蚊

Aedes subsimilis (Barraud) 亚同伊蚊

Aedes tonkinensis Galliard *et* Ngu 北部伊蚊

Aedes vexans (Meigen) 刺扰伊蚊

Aedes vigilax (Skuse) 警觉伊蚊

Aedes vittatus (Bigot) 白点伊蚊

Aedes yunnanensis (Gaschen) 云南伊蚊

Aedia Hübner 烦夜蛾属

Aedia leucomelas (Linnaeus) 烦夜蛾 sweetpotato leaf worm

Aednus Dallas 裙蝽属

Aednus obscurus Dallas 暗裙蝽

Aednus ventralis Dallas 裙蝽

Aegeria apiformis (Clerck) 杨大透翅蛾 hornet moth

Aegeria ommatiaeformis Moore 眼形透翅蛾

Aegeria tibialis Harris 见 *Sphecia tibialis*

Aegeriidae 见 Sesiidae

Aegus Macleay 眼锹甲属

Aegus labilis Westwood 变眼锹甲

Aegus parallelus Hope *et* Westwood 平行眼锹甲

Aegyptobia Sayed 埃须螨属

Aegyptobia acacia Baker *et* Tuttle 金合欢埃须螨

Aegyptobia albizziae Meyer 合欢埃须螨

Aegyptobia aletes (Pritchard *et* Baker) 柏埃须螨

Aegyptobia ambrosiae Baker *et* Tuttle 豚草埃须螨

Aegyptobia cactaceae Baker *et* Tuttle 仙人掌埃须螨

Aegyptobia ephedrae Baker *et* Tuttle 麻黄埃须螨

Aegyptobia hefeiensis Ma *et* Yuan 合肥埃须螨

Aegyptobia macswaini (Pritchard *et* Baker) 马氏埃须螨

Aegyptobia pavlovskii (Reck) 巴氏埃须螨

Aegyptobia rosae (Mitrofanov *et* Strunkova) 玫瑰埃须螨

Aegyptobia salix Zaher *et* Yousef 柳埃须螨

Aegyptobia thujae Baker *et* Tuttle 岩柏埃须螨

Aegyptobia trägårdhi Sayed 特氏埃须螨

Aegyptobia xinjiangensis Li *et* Ma 新疆埃须螨

Aegyptobia zaitzevi (Reck) 宰氏埃须螨

Aeipeplus Drake *et* Ruhoff 卷脊网蝽属

Aeipeplus kainus Drake *et* Ruhoff 卷脊网蝽

Aelia Fabricius 麦蝽属

Aelia acuminata (Linnaeus) 尖头麦蝽

Aelia bifida Hsiao *et* Cheng 叉头麦蝽

Aelia fieberi Scott 弗氏尖头麦蝽 false rice stink bug

Aelia nasuta Wagner 华麦蝽

Aelia sibirica Reuter 西北麦蝽

Aelurillus Simon 豹跳蛛属

Aelurillus m-nigrum (Kulczynski) 黑豹跳蛛

Aelurillus v-insignitus (Clerck) V纹豹跳蛛

Aemona Hewitson 纹环蝶属

Aemona amathusia Hewitson 纹环蝶

Aemona lena Atkinson 尖翅纹环蝶

Aenaria Stål 伊蝽属

Aenaria lewisi (Scott) 伊蝽

Aenaria pinchii Yang 宽缘伊蝽

Aenaria zhangi Chen 直缘伊蝽

Aenetus Herrich-Schäffer 铜蝠蛾属

Aenetus paradiseus Tindale 贫花幼桉蝠蛾

Aenetus virescens Doubleday 鬼魂蝙蝠蛾 ghost moth

Aenictequoidae 谜蚁科

Aenictinae 双节行军蚁亚科

Aenictus Shuckard 双节行军蚁属

Aenictus aratus Forel 艾氏行军蚁

Aenictus binghami Forel 宾氏行军蚁

Aenictus camposi Wheeler *et* Chapman 卡氏行军蚁

Aenictus ceylonicus (Mayr) 锡兰行军蚁

Aenictus fergussoni Forel 弗氏行军蚁

Aenictus laeviceps (Smith) 光柄行军蚁

Aenictus lifuiae Terayama 李氏行军蚁

Aenictus punctiventris Emery 点腹行军蚁

Aenictus punensis Forel 红褐行军蚁

Aenictus satoi Santschi 佐藤行军蚁

Aenictus sauteri Forel 广肩行军蚁

Aenictus taivanae Forel 台湾行军蚁

Aenigmopsylla Ioff 谜蚤属

Aenigmopsylla grodekovi Sychevsky 倒足谜蚤

Aeolanthes sagulata Meyrick 四子柳木蛾

Aeolesthes Gahan 闪光天牛属

Aeolesthes aureopilosa Gressitt *et* Rondon 金毛闪光天牛

Aeolesthes aurifaber (White) 木棉闪光天牛

Aeolesthes aurosignatus Pic 金黄闪光天牛

Aeolesthes chrysophanes Gressitt *et* Rondon 暗缝闪光天牛

Aeolesthes holosericea (Fabricius) 皱胸闪光天牛

Aeolesthes induta (Newman) 楝闪光天牛

Aeolesthes laosensis Gressitt *et* Rondon 老挝闪光天牛

Aeolesthes ningshaanensis Chiang 红绒闪光天牛

Aeolesthes pericalles Gressitt *et* Rondon 金斑闪光天牛

Aeolesthes psedothrix Gressitt *et* Rondon 纵蠕闪光天牛

Aeolesthes rufimembris Pic 金红闪光天牛

Aeolesthes sarta Solsky 杨柳闪光天牛

Aeolesthes sinensis Gahan 中华闪光天牛

Aeolothripidae 纹蓟马科

Aeolothrips Haliday 纹蓟马属

Aeolothrips fasciatus (Linnaeus) 横纹蓟马 striped thrips

Aeolothrips xizangensis Han 西藏纹蓟马

Aeolothrips yunnanensis Han 云南纹蓟马

Aepophilidae 滨蝽科

Aepophilinae 滨蝽亚科

Aequipalpia 等须亚目

Aeroglyphinae 嗜湿螨亚科

Aeroglyphus Zachvatkin 嗜湿螨属

Aeroglyphus peregrinans (Berlese) 异嗜湿螨

Aeroglyphus robustus (Banks) 壮嗜湿螨

Aeromachus de Nicéville 锷弄蝶属

Aeromachus dubius Elwes *et* Edwards 疑锷弄蝶

Aeromachus inachus Ménétriès 河伯锷弄蝶

Aeromachus piceus Leech 黑锷弄蝶

Aeromachus stigmatus (Moore) 标锷弄蝶

Aeropedelloides Liu 拟蛛蝗属

Aeropedelloides altissimus Liu 高原拟蛛蝗

Aeropedelloides nigrocaudus Liu 黑尾拟蛛蝗

Aeropedelloides tibetanus (Uv.) 西藏拟蛛蝗

Aeropedellus Heb. 蛛蝗属

Aeropedellus albilineatus Zheng *et* Ding 白条蛛蝗

Aeropedellus ampliseptus Liang *et* Jia 宽隔蛛蝗

Aeropedellus changtunensis (Yin) 昌都蛛蝗

Aeropedellus gaolanshanensis Zheng 皋兰山蛛蝗

Aeropedellus helanshanensis Zheng 贺兰山蛛蝗

Aeropedellus liupanshanensis Zheng 六盘山蛛蝗

Aeropedellus longdensis Zheng *et* He　隆德蛛蝗

Aeropedellus longipennis Zheng　长翅蛛蝗

Aeropedellus mahuangshanensis Zheng　麻黄山蛛蝗

Aeropedellus nigrepiproctus Kang *et* Chen　黑肛蛛蝗

Aeropedellus nigrolineatues Zheng　黑条蛛蝗

Aeropedellus ningxiaensis Zheng　宁夏蛛蝗

Aeropedellus prominemarginis Zheng　突缘蛛蝗

Aeropedellus ruteri (Mir.)　蛛蝗

Aeropedellus variegatus minutus Mistsh.　异蛛蝗

Aeropedellus xilinensis Liu *et* Xi　锡林蛛蝗

Aeropedellus zadoensis (Yin)　杂多蛛蝗

Aeschna Illiger　蜓属

Aeschna melanictera Selys　蓝面蜓

Aeschna ornithocephala McLachlan　黄面蜓

Aeschnidae　蜓科

Aeschnophlebia　绿蜓属

Aeschnophlebia anisoptera Selys　长痣绿蜓

Aeschrocoris Bergroth　枝蝽属

Aeschrocoris ceylonicus Distant　枝蝽

Aeschrocoris obscurus (Dallas)　大枝蝽

Aeschynteles maculatus Fieber　斑姬缘蝽　carrot bug

Aeschyntelus Stål　伊缘蝽属

Aeschyntelus angularis Reuter　大伊缘蝽

Aeschyntelus bicolor Hsiao　二色伊缘蝽

Aeschyntelus chinensis Dallas　黄伊缘蝽

Aeschyntelus nigricornis Hsiao　黑角伊缘蝽

Aeschyntelus notatus Hsiao　点伊缘蝽

Aeschyntelus sapporensis (Matsumura)　札幌伊缘蝽

Aeschyntelus sparsus Blöte　褐伊缘蝽

Aeshna juncea (Linnaeus)　灯心草状蜓

Aesiotes Pascoe　皮象属

Aesiotes leucurus Pascoe　点纹皮象　mottled pine weevil

Aesiotes notabilis Pascoe　南洋杉树皮象　hoop pine bark
　weevil

Aesopida malasiaca Thomson　短鹰象天牛

Aesthetydeus　感镰螯螨属

Aethalodes Gahan　棘天牛属

Aethalodes verrucosus Gahan　黑棘天牛

Aethalotus Stål　柄眼长蝽属

Aethalotus nigriventris Horváth　黑头柄眼长蝽

Aethalotus tonkinensis Scudder　黄柄眼长蝽

Aethalotus yunnanensis Zou *et* Zheng　云南柄眼长蝽

Aetheomorpha Lacordaire　光额叶甲属

Aetheomorpha decemnotata Jacoby　十斑光额叶甲

Aetheomorpha nigropicra Lefèvre　西藏长叶松象

Aethes furvescens Bai, Guo *et* Guo　褐双纹蛾

Aethes rutilana (Hübner)　刺柏牛蒡细卷蛾　juniper
　webworm

Aethialionidae　犁胸叶蝉科

Aetholix flavibasalis Guenée　杧果黄中脉螟蛾

Aethus Dallas　伊土蝽属

Aethus indicus (Westwood)　印度伊土蝽

Aethus laeviceps Kerzhner　光头伊土蝽

Aethus nigritus (Fabricius)　黑伊土蝽

Aethus varians (Fabricius)　变伊土蝽

Aethus yunnanus Hsiao　云南伊土蝽

Afenestrata Baldwin *et* Bell　无窗异皮线虫属

Afenestrata africana (Luc, Germani *et* Netscher)　非洲无
　窗异皮线虫

Afenestrata axonopi Souza　地毯草无窗异皮线虫

Afenestrata orientalis Kazachenko　东方无窗异皮线虫

Afenestrata sacchari Kaushal *et* Swarup　甘蔗无窗异皮
　线虫

Afidenta Dieke　崎齿瓢虫属

Afidenta misera (Weise)　大豆瓢虫

Afidenta siamensis (Dieke)　十四星崎齿瓢虫

Afidentula Kapur　小崎齿瓢虫属

Afidentula bisquadripunctata (Gyllenhal)　双四星崎齿瓢
　虫

Afidentula decimaculata Cao *et* Wang　十斑小崎齿瓢虫

Afidentula himalayana Kapur　喜马拉雅崎齿瓢虫

Afidentula manderstjernae (Mulsant)　小崎齿瓢虫

Afidentula quinquedecemguttata (Dieke)　十五斑崎齿瓢
　虫

Afiorinia Takagi　异蜕蚧属

Afiorinia hirashimai Takagi　台湾异蜕蚧

Afissula Kapur　长崎齿瓢虫属

Afissula expansa (Dieke)　球端崎齿瓢虫

Afissula hydrangeae Pang *et* Mao　八仙花崎齿瓢虫

Afissula kambaitana (Bielawski)　环管崎齿瓢虫

Afissula mysticoides (Sicard)　刀叶崎齿瓢虫

Afissula rana Kapur　长崎齿瓢虫

Afissula sanscrita (Crotch)　角管崎齿瓢虫

Afissula spatulata Cao *et* Xiao　匙管崎齿瓢虫

Afissula uniformis Pang *et* Mao　钩管崎齿瓢虫

Afissula yunnanica Cao *et* Wang　云南长崎齿瓢虫

Afrephialtes Benoit　非姬蜂属

Afrephialtes latiannulatus (Cameron)　窄环非姬蜂

Afriberina nobilitaria (Staudinger)　舒尺蛾

Africasia Viets　亚非雄尾螨属

Africasiinae　亚非雄尾螨亚科

Afromerus Meyer　非洲真瘿螨属

Afronurus Lestage　亚非蜉属

Afronurus yadongxiasimaensis You　亚东下司马亚非蜉

Afronychus Meyer　非须螨属

Afronychus amnicus Meyer　栖沙非须螨

Afronychus cliffortiae Meyer　悬崖非须螨

Agaeus mimus Distant　格艳蝽

Agaeus pavimentatus Distant　云南石梓蝽

Agaeus tssellatus Dallas　格纹艳蝽

Agalenatea Archer　阿嘎蛛属

Agalenatea angulopictus (Schenkel)　角斑阿嘎蛛

Agalenatea redii (Scopoli)　雷氏阿嘎蛛

Agalliidae　圆痕叶蝉科

Agalope Walker 透翅锦斑蛾属

Agalope davidi Oberthür 黄基透翅锦斑蛾

Agalope eronoides diluta Jordan 白斑透翅锦斑蛾

Agalope hyalina Kollar 透翅锦斑蛾

Agalope immaculata Leech 无斑透翅锦斑蛾

Agalope labasi Oberthür 玫光透翅锦斑蛾

Agamermis Cobb, Steiner *et* Christie 多索线虫属

Agamermis angusticephala Steiner 小头多索线虫

Agamermis catadecaudata Baker *et* Poinar 下脱尾多索线虫

Agamermis chengshaensis Bao, Luo *et* Luo 长沙多索线虫

Agamermis cobbi Schuurmans-Stekhoven *et* Mawson 柯氏多索线虫

Agamermis decaudata Cobb, Steiner *et* Christie 脱尾多索线虫

Agamermis dubia Steiner 不定多索线虫

Agamermis elongata Rubzov 细长多索线虫

Agamermis hangaica Rubzov 汉盖克多索线虫

Agamermis pachycephala Steiner 粗头多索线虫

Agamermis paradecaudata Steiner 拟脱尾多索线虫

Agamermis paraguayensis Chitwood *et* Chitwood 巴拉圭多索线虫

Agamermis sialidis Linstow 泥蛉多索线虫

Agamermis sigarae Rubzov 西加拉多索线虫

Agamermis unka Kaburaki *et* Imamura 翁卡多索线虫

Aganais ficus Fabricius 榕属拟灯蛾

Aganais speciosa Drury 灿烂拟灯蛾

Agaonidae 无花果小蜂科

Agapanthia Serville 多节天牛属

Agapanthia amurensis Kraatz 苜蓿多节天牛

Agapanthia daurica Ganglbauer 大麻多节天牛

Agapanthia pilicornis (Fabricius) 毛角多节天牛

Agape chloropyga Walker 黄绿安拟灯蛾

Agapetus chinensis (Mosely) 中华魔舌石蛾

Agapetus hamatus Ross 具钩魔舌石蛾

Agaristidae 虎蛾科

Agasta Hope 丽斑叶甲属

Agasta formosa Hope 黄丽斑叶甲

Agasthenes Förster 权姬蜂属

Agasthenes swezeyi (Cushman) 蛛卵权姬蜂

Agathia Guenée 艳青尺蛾属

Agathia antitheta Prout 纳艳青尺蛾

Agathia carissima Butler 艳青尺蛾

Agathia gemma Swinhoe 宝艳青尺蛾

Agathia lycaenaria Kollar 台湾艳青尺蛾

Agathidinae 长须茧蜂亚科

Agathodes Guenée 丽野螟属

Agathodes ostentalis Hübner 华丽野螟

Agdistidae 金羽蛾科 plum moths

Agdistis tamaricis Zeller 瓔柽柳羽蛾

Agehana Matsumura 宽尾凤蝶属

Agehana elwesi (Leech) 宽尾凤蝶

Agehana maraho (Shiraki *et* Sonan) 台湾宽尾凤蝶

Agelasa Motschulsky 桃柱萤叶甲属

Agelasa nigriceps Motschulsky 猕猴桃柱萤叶甲

Agelasta balteata Pascoe 肩带拟象天牛

Agelasta bifasciana White 双带拟象天牛

Agelasta birmanica (Breuning) 缅甸拟象天牛

Agelasta catenata Pascoe 黑点拟象天牛

Agelasta densemarmorata Breuning 大理纹拟象天牛

Agelasta elongata Breuning 黑斑拟象天牛

Agelasta laosensis (Pic) 老挝拟象天牛

Agelasta mouhoti Pascoe 莫氏拟象天牛

Agelasta nigrolineata Breuning 黑线拟象天牛

Agelasta tonkinea Pic 黑带拟象天牛

Agelastica Chevrolat 臀萤叶甲属

Agelastica alni orientalis Baly 蓝毛臀萤叶甲东方亚种

Agelastica coerulea Baly 等节臀萤叶甲

Agelena Walckenaer 漏斗蛛属

Agelena bistriata Grube 双纹漏斗蛛

Agelena cymviforma Wang 船形漏斗蛛

Agelena difficilis Fox 机敏漏斗蛛

Agelena injuria Fox 怒漏斗蛛

Agelena labyrinthica (Clerck) 迷宫漏斗蛛

Agelena limbata (Thorell) 缘漏斗蛛

Agelena micropunctulata Wang 小斑漏斗蛛

Agelena opulenta L. Koch 华丽漏斗蛛

Agelena otiforma Wang 耳形漏斗蛛

Agelena poliosata Wang 灰色漏斗蛛

Agelena sangzhiensis Wang 桑植漏斗蛛

Agelena scopulata Wang 帚状漏斗蛛

Agelena secsuensis (Lendl) 四川漏斗蛛

Agelena similis Keyserling 类漏斗蛛

Agelena sublimbata Wang 拟缘漏斗蛛

Agelenidae 漏斗蛛科

Ageniaspis Dahlbom 阿根多胚跳小蜂属

Ageniaspis fuscicollis (Dalman) 巢蛾多胚跳小蜂

Agenocimbex Rohwer 少锤角叶蜂属

Agenocimbex jucunda Mocsary 朴少锤角叶蜂

Agenocimbex ulmusvora Yang 榆少锤角叶蜂

Agestrata Eschscholtz 奇花金龟属

Agestrata orichalca (Linnaeus) 绿奇花金龟

Agetocera Hoper 殊角萤叶甲属

Agetocera deformicornis Laboissière 钩殊角萤叶甲

Agetocera filicornis Laboissière 丝殊角萤叶甲

Agetocera hopei Baly 紫殊角萤叶甲

Agetocera mirabilis (Hope) 茶殊角萤叶甲

Agiommatus Crawford 偏眼金小蜂属

Agiommatus erionotus Huang 弄蝶偏眼金小蜂

Agiommatus jiahuanae Yang 蛱蝶偏眼金小蜂

Agistemus Summers 神蕊螨属

Agistemus africanus Gonzalez 非洲神蕊螨

Agistemus arcypautus Gonzalez 网雀神蕊螨

Agistemus citri Ehara　橙色神蕊螨

Agistemus cycloblanopsis Hu *et* Chen　青冈神蕊螨

Agistemus denotatus Gonzalez　不显神蕊螨

Agistemus exsertus Gonzalez-Rodriguez　具瘤神蕊螨

Agistemus fanari Dosse　费氏神蕊螨

Agistemus fleschneri Summers　弗氏神蕊螨

Agistemus floridanus Gonzalez　佛罗里达神蕊螨

Agistemus juniperus Hu *et* Chen　刺柏神蕊螨

Agistemus lichanensis Hu *et* Chen　黎川神蕊螨

Agistemus longisetus Gonzalez　长毛神蕊螨

Agistemus phyllanthus Chen *et* Hu　叶下珠神蕊螨

Agistemus terminalis (Quayle)　细毛神蕊螨

Aglais Dalman　麻蛱蝶属

Aglais urticae (Linnaeus)　荨麻蛱蝶

Aglaomorpha histrio (Walker)　大丽灯蛾

Aglaosoma variegata Walker　金合欢杂色列行毛虫

Aglaostigma aucupariae Klug　黑胸尖腹叶蜂

Aglaostigma birmanica Malaise　缅甸尖腹叶蜂

Aglaostigma karenkonis (Takeuchi)　花莲尖腹叶蜂

Aglaostigma occipitosa Malaise　当归尖腹叶蜂

Aglia Ochsenheimer　丁目大蚕蛾属

Aglia tau amurensis Jordan　丁目大蚕蛾

Aglia tau ferenigra Th. Mieg　锈丁目大蚕蛾

Aglossa Latreille　缟螟属

Aglossa dimidiata Haworth　米缟螟(米黑虫) black rice
worm

Aglossa ocellalis Lederer　桉缟螟

Aglycyderidae　方胸象科

Agnesiella Dworakowska　带小叶蝉属

Agnesiella juglandis Chou *et* Ma　核桃带小叶蝉

Agnibesa Moore　异序尺蛾属

Agnibesa pictaria (Moore)　异序尺蛾

Agnibesa pleopictaria Xue　丰异序尺蛾

Agnibesa plumbeolineata (Hampson)　带异序尺蛾

Agnibesa punctilinearia (Leech)　点线异序尺蛾

Agnibesa recurvilineata Moore　银白异序尺蛾

Agnibesa venusta Warren　雅异序尺蛾

Agnidra Moore　距钩蛾属

Agnidra argypha Chu *et* Wang　银距钩蛾

Agnidra ataxia Chu *et* Wang　模距钩蛾

Agnidra corticata francki Watson　树皮距钩蛾

Agnidra discispilaria Moore　丫纹距钩蛾

Agnidra fenestra (Leech)　窗距钩蛾

Agnidra fulvior Watson　淡褐距钩蛾

Agnidra furva Watson　褐距钩蛾

Agnidra hönei Watson　宏距钩蛾

Agnidra scabiosa fixseni (Bryk)　栎距钩蛾

Agnidra specularia (Walker)　花距钩蛾

Agnidra specularia xizanga Chu *et* Wang　西藏花距钩蛾

Agnidra tanyospinosa Chu *et* Wang　长刺距钩蛾

Agnidra tigrina Chu *et* Wang　虎纹距钩蛾

Agnidra yunnanensis Chou *et* Xiang　云南距钩蛾

Agoniella sonani (Chûj)　凹胸双脊甲

Agonita apicata Chen *et* Sun　红黑三脊甲

Agonita carbunculus (Maulik)　疏点三脊甲

Agonita castanea (Tan *et* Sun)　棕栗三脊甲

Agonita chinensis (Weise)　中华三脊甲

Agonita discrepans Uhmann　梯胸三脊甲

Agonita immaculata (Gestro)　朱红三脊甲

Agonita indenticulata (Pic)　无齿三脊甲

Agonita kunminensis Tan *et* Sun　连洼三脊甲

Agonita laticpes (Gressitt)　黑鞘三脊甲

Agonita metasternalis (Tan *et* Sun)　斑鞘三脊甲

Agonita nanpinensis Chen *et* Sun　粗胸三脊甲

Agonita nigra (Tan *et* Sun)　黑色三脊甲

Agonita omeia Chen *et* Sun　峨眉三脊甲

Agonita picea Gressitt　褐腹三脊甲

Agonita pictipes Chen *et* Sun　斑足三脊甲

Agonita pilipes (Chen *et* Sun)　毛足三脊甲

Agonita ruficollis Chen *et* Sun　红胸三脊甲

Agonita sculpturata Gressitt　雕胸三脊甲

Agonita seminigra (Tan *et* Sun)　大三脊甲

Agonita tricolor Chûj　三色三脊甲

Agonita tristis (Chen *et* Sun)　刺胫三脊甲

Agonita unicolor Chûj　单色三脊甲

Agonoscelis Spinola　云蝽属

Agonoscelis femoralis Walker　红云蝽

Agonoscelis nubilis (Fabricius)　云蝽

Agonoscelis versicolor Fabricius　小米云蝽　millet bug

Agonoscena xanthoceratis Li　文冠果隆脉木虱

Agonoxena Meyrick　椰子蛾属

Agonoxena argaula Meyrick　棕椰子蛾　leafminer moth,
coconut flat moth

Agonoxenidae　椰子蛾科

Agramma Stephens　小网蝽属

Agramma formosanum (Matsumura)　台湾小网蝽

Agramma gibbum Fieber　小网蝽

Agramma hupehanum Drake *et* Maa　湖小网蝽

Agramma nexile (Drake)　褐小网蝽

Agramma yunnanum Jing　长小网蝽

Agraphogus Stål　猎缘蝽属

Agraphogus yunnanus Hsiao　滇猎缘蝽

Agraptocorixa hyalinipennis (Fabricius)　壮划蝽

Agria Robineau-Desvoidy　野蝇属

Agria punctata Robineau-Desvoidy　普野蝇

Agria xiangchengensis Chao *et* Zhang　乡城野蝇

Agriella Villeneuve　野折麻蝇属

Agriella gobica (Rohdendorf)　戈壁野折麻蝇

Agriidae　色蟌科　damselflies

Agrilus Dahl　窄吉丁属

Agrilus acutipennis Mann.　尖羽窄吉丁

Agrilus alesi Obenberger　橘扁头窄吉丁　flatheaded cit-
rus borer

Agrilus angelicus Horn　栎和平窄吉丁　Pacific oak twig

girdler

Agrilus anxius Gory 桦铜窄吉丁 bronze birch borer

Agrilus arbuti Fisher 优材草莓树窄吉丁

Agrilus arcuatus torquatus LeC. 山核桃窄吉丁 hickory spiral borer

Agrilus auriventries Saunders 柑橘窄吉丁 flatheaded citrus borer

Agrilus australasiae Laporte *et* Gory 澳洲窄吉丁

Agrilus bilineatus (Web.) 栗双线窄吉丁 two-lined chestnut borer

Agrilus burkei Fisher 布氏窄吉丁

Agrilus cyaneoniger Saunders 泡桐窄吉丁

Agrilus discallis E. Saunders 朴窄吉丁

Agrilus fulminans Fisher 柳栎窄吉丁

Agrilus granulatus Say 粒窄吉丁 poplar borer

Agrilus horni Kerr 响叶杨窄吉丁

Agrilus inamoenus Kerremans 缠皮窄吉丁

Agrilus komareki Obenberger 桑扁头窄吉丁 flatheaded mulberry borer

Agrilus liragus Barter *et* Brown 杨铜窄吉丁 bronze poplar borer

Agrilus marcopoli Obenberger 花曲柳窄吉丁

Agrilus marginicollis E. Saunders 葡萄扁头窄吉丁 flatheaded grape borer

Agrilus moerens E. Saunders 悲窄吉丁

Agrilus politus (Say) 磨光窄吉丁

Agrilus populi Fisher 杨窄吉丁

Agrilus quercicola Fisher 栎窄吉丁

Agrilus roscidus Kiesenwetter 湿窄吉丁

Agrilus sinensis Thomson 中华窄吉丁

Agrilus spinipennis Lewis 榉扁头窄吉丁 flatheaded zelkova borer

Agrilus viridis Linnaeus 山毛榉窄吉丁 beech agrilus

Agriocnemis dabreui Fraser 眼斑小螅

Agriocnemis femina (Brauer) 杯斑小螅

Agriocnemis lacteola Selys 白腹小螅

Agriocnemis naia Fraser 黑尾小螅

Agriocnemis pygmaea Selys 黄足小螅

Agrion atratum Selys 黑色螅

Agrion grahami Needham 透顶色螅

Agrion splendens Harris 巨带色螅

Agrionidae 螅科 stalk-winged damsel-flies

Agriophara confertella Walker 桉红胶木木蛾

Agriosphodrus Stål 暴猎蝽属

Agriosphodrus dohrni (Signoret) 暴猎蝽

Agriotes fuscicollis Miwa 大麦叩甲(细胸叩甲) barley wireworm

Agriotes lineatus (Linnaeus) 直条叩甲 lined click beetle

Agriotes mancus Say 小麦叩甲(麦金针虫) wheat wireworm

Agriotes obscurus Linnaeus 暗叩甲 obscure wireworm

Agriotes persimilis Lewis 大褐叩甲 larger brown click

beetle

Agriotes sericeus Candeze 柔软叩甲 Japanese wheat wireworm

Agriotes subvittaus Motschulsky 细胸叩甲 narrow-necked click beetle, barley wire-worm

Agripnia picta Kol. 丽疏石蛾

Agrisius Walker 滴苔蛾属

Agrisius fuliginosus albida Daniel 煤色滴苔蛾白色亚种

Agrisius fuliginosus Moore 煤色滴苔蛾

Agrisius guttivitta Walker 滴苔蛾

Agrisius similis Fang 肖滴苔蛾

Agrius convolvuli (Linnaeus) 甘薯天蛾 sweetpotato horn worm, sweet potato moth

Agroeca Westring 田野蛛属

Agroeca mongolica Schenkel 蒙古田野蛛

Agroeca montata Hayashi 山田野蛛

Agromyza Fallén 潜蝇属

Agromyza albipennis Meigen 白毛潜蝇 barley leafminer

Agromyza ambygua yanonis Matsumura 见 *Agromyza yanonis*

Agromyza betulae Sasakawa 桦潜蝇 betula leafminer

Agromyza carbonaria Zetterstedt 见 *Dizygomyza carbonaria*

Agromyza clara Mel. 梓叶潜蝇 catalpa leafminer

Agromyza destructor Malloch 见 *Ophiomyia phaseoli*

Agromyza dolichostigma de Meijere 大豆长痣潜蝇 soybean fly

Agromyza frontella (Rohdani) 苜蓿斑潜蝇 alfalfa blotch leafminer

Agromyza morivora Sasakawa *et* Fukuhara 桑潜蝇 mulberry leafminer

Agromyza oryzae Munakata 日本稻潜蝇 rice leafminer

Agromyza oryzella Yuasa *et* Koyama 见 *Agromyza oryzae*

Agromyza parvicornis Löw 玉米斑潜蝇 corn blotch leafminer

Agromyza phaseoli Coquillett 见 *Ophiomyia phaseoli*

Agromyza spiraeae Kaltenbach 玫瑰潜蝇 rose leafminer

Agromyza tiliae Coud 椴枝潜蝇 linden bark gall fly

Agromyza ulmi Frost 榆叶潜蝇 two-winged elm leafminer

Agromyza wistariae Sasakawa 威潜蝇 wistaria leafminer

Agromyza yanonis Matsumura 大麦潜蝇 barley leafminer

Agromyzidae 潜蝇科 leaf miners

Agrosteomela Gistl 柱胸叶甲属

Agrosteomela chinensis (Weise) 中华柱胸叶甲

Agrosteomela indica indica (Hope) 柱胸叶甲

Agrotera Schrank 角须野螟属

Agrotera basinotata Hampson 基背角须野螟

Agrotera nemoralis Scopoli 白桦角须野螟

Agrotera scissalis Walker 褐角须野螟

Agrothereutes Förster 田猎姬蜂属

Agrothereutes minousubae Nakanishi 黄杨斑蛾田猎姬蜂

Agrothereutes tricolor (Uchida) 三色田猎姬蜂

Agrotis Ochsenheimer 地夜蛾属

Agrotis atridiscata (Hampson) 屏地夜蛾

Agrotis biconica Kollar 小双剑地夜蛾

Agrotis c-nigrum Linnaeus 见 *Amathes c-nigrum*

Agrotis corticea (Schiffermüller) 皱地夜蛾

Agrotis defuncta Staudinger 见 *Agrotis degeniata*

Agrotis degeniata Christoph 狭三角地夜蛾

Agrotis exclamationis (Linnaeus) 警纹地夜蛾 heart and dart moth

Agrotis flammatra Schiffermüller 见 *Ochropleura flammatra*

Agrotis informis Leech 庭园地夜蛾 garden cutworm

Agrotis infusa Boisduval 澳地夜蛾 Bugong moth

Agrotis ipsilon (Hüfnagel) 见 *Agrotis ypsilon*

Agrotis karafutonis Matsumura 库页岛地夜蛾 Saghalien cutworm

Agrotis malefida Guenée 灰缘地夜蛾 palesided cutworm

Agrotis munda Walker 见 *Euxoa radians*

Agrotis ripae (Hübner) 浦地夜蛾

Agrotis segetum (Denis *et* Schiffermüller) 黄地老虎 cutworm, turnip moth

Agrotis spinifera (Hübner) 小剑地夜蛾

Agrotis tokionis Butler 大地老虎 giant cutworm

Agrotis trifurca Eversmann 三叉地老虎

Agrotis ypsilon (Rottemberg) 小地老虎 black cutworm, dark sword grass moth

Agrypina Curtis 单脉石蛾属

Agrypina picta Kol. 西藏单脉石蛾

Agrypnus binodulus Motschulsky 双瘤叩甲

Agrypon Förster 阿格姬蜂属

Agrypon japonicum Uchida 稻苞虫阿格姬蜂

Agulla occidentis Carpenter 绿色卷蛾蛇蛉

Agulla xiyue Yang *et* Chou 西岳蛇蛉

Aguriahana Distant 辜小叶蝉属

Aguriahana aptera Dworakowska 姻辜小叶蝉

Aguriahana daliensis Chou *et* Ma 大理辜小叶蝉

Aguriahana dissimilis Chou *et* Ma 核桃异辜小叶蝉

Aguriahana fuscovittata Zhang, Chou *et* Huang 褐带辜小叶蝉

Aguriahana juglandis Chou *et* Ma 核桃辜小叶蝉

Aguriahana quadridens Dworakowska 四齿辜小叶蝉

Aguriahana quercus Matsumura 栎辜小叶蝉 oak leafhopper

Aguriahana rubra Chou *et* Ma 核桃红辜小叶蝉

Aguriahana serrata Zhang, Chou *et* Huang 齿茎辜小叶蝉

Aguriahana shaanxiensis Chou *et* Ma 陕西辜小叶蝉

Aguriahana sichuanensis Chou *et* Ma 四川辜小叶蝉

Aguriahana sinica Zhang, Chou *et* Huang 华辜小叶蝉

Aguriahana stellulata (Burmeister) 白辜小叶蝉

Aguriahana triangularis (Matsumura) 三角辜小叶蝉

Aguriahana unicornis Zhang, Chou *et* Huang 单突辜小叶蝉

Aguriahana yangi Zhang, Chou *et* Huang 杨氏辜小叶蝉

Aguriahana yunnanensis Chou *et* Ma 云南辜小叶蝉

Agylla beema (Moore) 异色华苔蛾

Agylla postfusca (Hampson) 后灰华苔蛾

Agylla ramelana (Moore) 白黑华苔蛾

Agyneta Hull 丘皿蛛属

Agyneta subtilis (Cambridge) 细丘皿蛛

Agyrostagma niobe Weymer 黑荆树毒蛾

Ahasverus advena (Waltl) 米扁虫 foreign grain beetle

Ahlbergia Bryx 梳灰蝶属

Ahlbergia chalcidis Chou *et* Li 金梳灰蝶

Ahlbergia frivaldszkyi (Lederer) 东北梳灰蝶

Ahlbergia nicevillei (Leech) 尼采梳灰蝶

Ahmaditermes crassinasus Li 粗鼻钝颚白蚁

Ahmaditermes deltocephalus (Tsai *et* Chen) 角头钝颚白蚁

Ahmaditermes guizhouensis Li *et* Ping 贵州钝颚白蚁

Ahmaditermes pyrcephalus Akhtar 梨头钝颚白蚁

Ahmaditermes sichuanensis Xia et al. 四川钝颚白蚁

Ahmaditermes sinensis Tsai *et* Huang 中国钝颚白蚁

Ahmaditermes sinuosus (Tsai *et* Chen) 丘额钝颚白蚁

Ahtacris Keifer 直瘿螨属

Aiceona Takahashi 伪短痣蚜属

Aiceona actinodaphis Takahashi 木姜子伪短痣蚜

Aiolocaria Crotch 异斑瓢虫属

Aiolocaria hexaspilota (Hope) 六点异斑瓢虫

Aiolocaria mirabilis (Motschulsky) 奇变异斑瓢虫

Aiolomorphus Walker 竹瘿广肩小蜂属

Aiolomorphus rhopaloides Walker 竹瘿广肩小蜂 bamboo gall chalcid

Aiolopus Fieber 绿纹蝗属

Aiolopus markamensis Yin 芒康绿纹蝗

Aiolopus tamulus (Fabr.) 花胫绿纹蝗

Aiolopus thalassinus (Fabr.) 绿纹蝗

Aischrocrania brevimedia Wang 短带偶角实蝇

Aiteta apriformis Walker 美丽榄仁夜蛾

Ajmonia Caporiacco 阿卷叶蛛属

Ajmonia aurita Song *et* Lu 耳阿卷叶蛛

Ajmonia capucina (Schenkel) 巾阿卷叶蛛

Ajmonia procera (Kulczynski) 大阿卷叶蛛

Ajmonia psittacea (Schenkel) 鹦阿卷叶蛛

Ajmonia velifera (Simon) 韦阿卷叶蛛

Alabidocarpus Ewing 翼腕螨属

Alamis Hübner 金合欢夜蛾属

Alamis umbrina Guenée 赭金合欢夜蛾

Alassomyia thompsoni Mohn 汤氏刺柏瘿蚊

Alaus Eschscholtz 眼斑叩甲属

Alaus oculatus (L.) 眼斑叩甲 eyed click beetle

Albara Walker 紫线钩蛾属

Albara reversaria opalescens Warren 紫线钩蛾中国亚种

Albara reversaria Walker 紫线钩蛾

Albara scabiosa Butler 栎紫线钩蛾 oak drepanid

Albara soluma Chu *et* Wang 土一线钩蛾

Albara violinea Chu *et* Wang 新紫线钩蛾

Albaxona Szalay 伴平盔螨属

Albia Thon 易白水螨属

Albia rectifrons Viets 直额易白水螨

Albiinae 易白水螨亚科

Albulina Tutt 婀灰蝶属

Albulina orbitula (Prunner) 婀灰蝶

Alcides Schoenherr 见 *Alcidodes* Marshall

Alcidodes Marshall 长足象属

Alcidodes affaber Aurivillius 棉长足象

Alcidodes biangulatus Marshall 柚木嫩梢长足象

Alcidodes cinchonae Marshall 金鸡纳枝长足象

Alcidodes cylindricus Kolbe 见 *Alcidodes subvillosus*

Alcidodes dentipes (Oliver) 甘薯条纹长足象 striped sweet potato weevil

Alcidodes erro (Pascoe) 乌桕长足象

Alcidodes frenatus Faust 杧果长足象

Alcidodes gmelinae Marshall 见 *Alcidodes ludificator*

Alcidodes haemopterus Boheman 桉苗嫩梢长足象

Alcidodes juglans Chao 核桃长足象

Alcidodes ludificator Faust 云南石梓长足象

Alcidodes nudiusculus Haaf 胶木种子长足象

Alcidodes obsoletus Gerstaecker 伞形桉叶长足象

Alcidodes porrectirostris Marshall 核桃果芽长足象

Alcidodes sauteri (Heller) 花椒长足象

Alcidodes scenicus (Faust) 铜光长足象

Alcidodes subvillosus Fåhraeus 桉白蜡皮长足象

Alcidodes trifidus (Pascoe) 短胸长足象

Alcidodes waltoni (Boheman) 甘薯长足象

Alcidodinae 长足象亚科

Alcimochthes Simon 弓蟹蛛属

Alcimochthes limbatus Simon 缘弓蟹蛛

Alcimocoris Bergroth 羚蝽属

Alcimocoris coronatus (Stål) 黑角羚蝽

Alcimocoris flavicornis Distant 黄角羚蝽

Alcimocoris japonensis (Scott) 日本羚蝽

Alcis Curtis 鹿尺蛾属

Alcis betulariia Warren 小四目枝尺蛾

Alcis diprosopa (Wehrli) 白鹿尺蛾

Alcis opisagna (Wehrli) 胜鹿尺蛾

Alcis perfurcana (Wehrli) 鲜鹿尺蛾

Alcis postcandida (Wehrli) 马鹿尺蛾

Alcis semiclarata (Walker) 黄鹿尺蛾

Alcis verrillata Dyar 见 *Itame ochrifascia*

Alcochera albicervicalis Sheng *et* Fan 白颈扇脊姬蜂

Aldania Moore 伞蛱蝶属

Aldania imitans (Oberthür) 仿斑伞蛱蝶

Aldania raddei (Bremer) 黑条伞蛱蝶

Aldrichina Townsend 阿丽蝇属

Aldrichina grahami (Aldrich) 巨尾阿丽蝇

Alebra Fieber 眼小叶蝉属

Alebra pallida Dworakowska 淡色眼小叶蝉

Alebroides Matsumura 长柄叶蝉属

Alebroides dinghuensis Chou *et* Zhang 鼎湖长柄叶蝉

Alebroides discretus Chou *et* Zhang 异长柄叶蝉

Alebroides dworakowskae Chou *et* Zhang 德氏长柄叶蝉

Alebroides hachijonis Matsumura 哈地长柄叶蝉

Alebroides nigroscutellatus (Distant) 黑盾长柄叶蝉

Alebroides qinlinganus Chou *et* Zhang 秦岭长柄叶蝉

Alebroides salicis (Vilbaste) 柳长柄叶蝉

Alebroides shaanxiensis Chou *et* Zhang 陕西长柄叶蝉

Alebroides similis Dworakowska 叉突长柄叶蝉

Alebroides taibaiensis Chou *et* Zhang 太白长柄叶蝉

Alebroides yanglinginus Chou *et* Zhang 杨陵长柄叶蝉

Alecanium Morrison 怪异蚧属

Alecanium hirsutum Morrison 多毛怪异蚧

Aleiodes aglaurus Chen *et* He 华脊茧蜂

Aleiodes alternator (Nees) 夹色脊茧蜂

Aleiodes coronarius Chen *et* He 环角脊茧蜂

Aleiodes eurinus (Telenga) 东风脊茧蜂

Aleiodes fahringeri (Telenga) 法氏脊茧蜂

Aleiodes ferrugiteli (Shenefelt) 黄褐脊茧蜂

Aleiodes fuscus Chen *et* He 暗脊茧蜂

Aleiodes gracilipes (Telenga) 细足脊茧蜂

Aleiodes latericarinis Chen *et* He 侧脊茧蜂

Aleiodes mongolicus (Telenga) 蒙古脊茧蜂

Aleiodes nitidus Chen *et* He 俏脊茧蜂

Aleiodes oyeyamensis (Watanabe) 本州脊茧蜂

Aleiodes pulchricorpus Chen *et* He 秀脊茧蜂

Aleiodes rufipes (Thomson) 红足脊茧蜂

Aleiodes shestakovi (Shenefelt) 谢氏脊茧蜂

Aleiodes spretus (Telenga) 红颈脊茧蜂

Aleiodes unifasciata Chen *et* He 单带脊茧蜂

Aleiodes unipunctator (Thunberg) 单点脊茧蜂

Aleiodes ussuriensis (Telenga) 乌苏里脊茧蜂

Aleocharinae 前角隐翅虫亚科

Aletia Hübner 寡夜蛾属

Aletia albicosta (Moore) 白缘寡夜蛾

Aletia conigera (Denis *et* Schiffermüller) 角线寡夜蛾

Aletia consanguis (Guenée) 暗灰寡夜蛾

Aletia flavostigma (Bremer) 黄斑寡夜蛾

Aletia l-album (Linnaeus) 见 *Leucania l-album*

Aletia pallens (Linnaeus) 模寡夜蛾

Aletia placida (Butler) 柔寡夜蛾

Aletia pryeri (Leech) 祝寡夜蛾

Aleucanitis causasica Kollar 见 *Drasteria caucasica*

Aleucaspis Takagi 桥片盾蚧属

Aleucaspis salla Takagi 尼泊尔桥片盾蚧

Aleurocanthus Quaintance *et* Baker 刺粉虱属

Aleurocanthus cheni Young 见 *Aleurocanthus spiniferus*

Aleurocanthus cinnamomi Takahashi 樟刺粉虱

Aleurocanthus mangiferae Quaintance *et* Baker 杧果刺粉虱 mango whitefly

Aleurocanthus spiniferus Quaintance 橘刺粉虱 citrus spiny whitefly

Aleurocanthus spinosus (Kuwana) 黄刺粉虱 cape jasmine spiny whitefly

Aleurocanthus woglumi Ashby 橘黑刺粉虱 citrus blackfly, oriental whitefly

Aleuroclava eucalypti Dumbleton 桉粉虱 eucalyptus whitefly

Aleurodaphis van der Goot 粉虱蚜属

Aleurodaphis sinisalicis Zhang 柳粉虱蚜

Aleuroglyphus Zachvatkin 嗜粉螨属

Aleuroglyphus ovatus Troupeau 椭圆嗜粉螨

Aleurolobus Quaintance *et* Baker 裂粉虱属

Aleurolobus barodensis (Maskell) 蔗裂粉虱 sugarcane whitefly

Aleurolobus marlatti Quaintance Marlatt 马氏粉虱 whitefly

Aleurolobus olivinus Silvestri 油橄榄粉虱 olive whitefly

Aleurolobus philippinensis Quaintance *et* Baker 菲岛粉虱 Philippines whitefly

Aleurolobus simulus Peal 木棉粉虱

Aleurolobus szechwanensis Young 见 *Aleurolobus marlatti*

Aleurolobus taonabae Kuwana 日本葡萄粉虱 grape whitefly

Aleuroplatus Quaintance *et* Baker 扁粉虱属

Aleuroplatus alcocki Peal 阿氏扁粉虱

Aleuroplatus coronatus (Quaintance) 冠扁粉虱 crown whitefly

Aleuroplatus pectiniferus Quaintance *et* Baker 桑扁粉虱 mulberry whitefly

Aleurostictus Kizby 见 *Gnorimus* Serville

Aleurothrixus flooccoosus (Maskell) 软毛粉虱 woolly whitefly

Aleurothrixus howardi (Quaintance) 郝绵粉虱

Aleurothrixus indicus Singh 印度绵粉虱

Aleurotrachelus Quaintance *et* Baker 颈粉虱属

Aleurotrachelus caerulescens Singh 橄榄红粉虱

Aleurotrachelus camelliae Kuwana 油茶绵粉虱 camellia whitefly

Aleurotrachelus ishigakiensis Takahashi 日本绵粉虱

Aleurotrachelus rachipora Singh 见 *Acaudaleyrodes rachipora*

Aleurotuberculatus aucubae Kuwana 珊瑚绵粉虱 au-

cuba whitefly

Aleurotuberculatus euryae Kuwana 阔绵粉虱

Aleurotuberculatus hikosanensis Takahashi 冬青绵粉虱 holly whitefly

Aleurotuberculatus similis Takahashi 类绵粉虱

Aleurotulus Quaintance *et* Baker 蕨粉虱属

Aleurotulus arundinacea Singh 印度箣竹粉虱

Aleurotulus nephrolepidis (Quaintance) 蕨粉虱 fern whitefly

Aleximyia Rohdendorf 阿蜂麻蝇属

Aleximyia albifrons Chao *et* Zhang 白头阿蜂麻蝇

Aleyrodidae 粉虱科 whiteflies

Algedonia Lederer 织叶野螟属

Algedonia coclesalis Walker 竹织叶野螟

Algedonia luctualis Hübner 黑翅织叶野螟

Aliboron laosense Breuning 老挝柄刷天牛

Alicorhagiidae 无爪螨科

Alidus biplagiatus Gahan 二斑壮天牛

Alikangiella Villeneuve 阿里彩蝇属

Alikangiella flava Villeneuve 黄阿里彩蝇

Alikangiella vittata (Peris) 三条阿里彩蝇

Alioranus Simon 翼蛛属

Alioranus avanturus Andreeva *et* Tystshenko 前翼蛛

Alissonotum Arrow 蔗犀金龟属(蔗龟属)

Alissonotum amploides (Endrodi) 宽蔗犀金龟

Alissonotum crassum Arrow 厚蔗犀金龟(厚蔗龟)

Alissonotum impressicolle Arrow 突背蔗犀金龟(突背蔗龟)

Alissonotum parvum Chang 小蔗犀金龟(小蔗龟)

Alissonotum pauper (Burmeister) 光背蔗犀金龟(光背蔗龟)

Alissonotum piceum Fabricius 黑蔗犀金龟(黑蔗龟)

Allactuneura guiana Yang *et* Wang 贵折翅菌蚊

Allaeocranum Stål 跃猎蝽属

Allantinae 粗角叶蜂亚科

Allantus Panzer 黑叶蜂属

Allantus albicinctus Matsumura 草莓黑叶蜂 strawberry sawfly

Allantus basalis Konow 玫瑰黑叶蜂

Allantus calceatus Klug 半蓬草黑叶蜂

Allantus cinctus Linnaeus 蔷薇黑叶蜂

Allantus fuscipennis Smith 甜菜黑叶蜂

Allantus leucocoxus (Rohwer) 白基黑叶蜂

Allantus luctifer (Smith) 黑翅黑叶蜂

Allantus meridionalis Takeuchi 南方黑叶蜂

Allantus nakabusensis Takeuchi 樱桃黑叶蜂 cherry sawfly

Allantus nigrocaeruleus (Smith) 蓼黑叶蜂

Allantus taiwanus (Takeuchi) 台湾黑叶蜂

Allantus truncatus Klug 白环黑叶蜂

Allata Walker 奇舟蛾属

Allata argyropeza (Oberthür) 银刀奇舟蛾

Allata laticostalis (Hampson) 半明奇舟蛾

Alledoya vespertina (Boheman) 山楂肋龟甲

Allemerobius Banks 镰褐蛉属

Allemerobius flaveolus Banks 黄镰褐蛉

Alliea Yunker 阿利螨属

Alliopsis Schnabl *et* Dziedzicki 毛眼花蝇属

Alliopsis ctenostylata Li *et* Deng 栉叶毛眼花蝇

Alliopsis curvifemoralis Fan *et* Wu 弯股毛眼花蝇

Alliopsis dentilamella Fan *et* Wu 齿叶毛眼花蝇

Alliopsis fruticosa Fan 丛毛毛眼花蝇

Alliopsis gigantosternita Fan 巨腹毛眼花蝇

Alliopsis hemiliostylata Fan *et* Wu 半裸毛眼花蝇

Alliopsis heterochaeta Fan *et* Wu 异毛毛眼花蝇

Alliopsis heterochaetoides Jin *et* Fan 拟异毛毛眼花蝇

Alliopsis heterophalla Fan 异阳毛眼花蝇

Alliopsis latifrons Fan *et* Wu 宽额毛眼花蝇

Alliopsis problella Fan *et* Wu 小突毛眼花蝇

Alliopsis rectiforceps Fan 直叶毛眼花蝇

Alliopsis ventripalmata Fan *et* Wu 掌叶毛眼花蝇

Alliphis Halbert 异伊螨属

Alliphis longicornis Gu *et* Liu 长角异伊螨

Alliphis longirivulus Gu *et* Liu 长沟异伊螨

Alliphis necrophilus Christie 喜尸异伊螨

Alliphis rotundianalis Masan 圆肛异伊螨

Alliphis sinicus Gu *et* Bai 中华异伊螨

Alliphis stenosternus Gu *et* Liu 狭胸异伊螨

Allissonotum Arrow 见 *Alissonotum* Arrow

Allobremeria plurilineata Alberti 黄纹竹斑蛾

Allochaetophora McGregor 异毛螨属

Allochaetophora californica McGregor 加州异毛螨

Allochaetophoridae 异毛螨科

Allococcus Ezzat *et* McConnell 奥粉蚧属

Allococcus burrnerae (Brain) 非洲奥粉蚧

Allococcus eastopi (Williams) 甘蔗奥粉蚧

Allococcus ilu (Williams) 水稻奥粉蚧

Allococcus morrisoni Ezzat *et* McConnell 摩氏奥粉蚧

Allococcus vovae (Nasonov) 桧松奥粉蚧 Nassonov's mealybug

Allocoryninae 曲股象亚科

Allocotesia Wehrli 窗尺蛾属

Allocreadiidae 异肉螨科

Allocricellius Yang 梢小蠹金小蜂属

Allocricellius armandii Yang 华山松梢小蠹金小蜂

Allocricellius massonianae Yang 马尾松梢小蠹金小蜂

Allocricellius tabulaeformisi Yang 油松梢小蠹金小蜂

Allodahlia macropyga (Westwood) 巨臀异球螋

Allodahlia scabriuscula Serville 异球螋

Allodamaeus Banks 细珠甲螨属

Allodamaeus haradai Aoki 原田细珠甲螨

Allodamaeus polygramus Wen 多纹细珠甲螨

Allodamaeus striatus Aoki 条纹细珠甲螨

Allodamaeus tectortius Wen 顶盖细珠甲螨

Allodape Lepeletier 小芦蜂属

Allodape marginata Smith 绿小芦蜂

Allodermanyssus Ewing 异皮螨属

Allodermanyssus sanguineus (Hirst) 血红异皮螨 house mouse mite

Allodonta (Staudinger) 异齿舟蛾属

Allodonta argillacea Kiriakoff 灰颈异齿舟蛾

Allodonta sikkima leucodera (Staudinger) 明白颈异齿舟蛾

Allodonta sikkima sikkima (Moore) 白颈异齿舟蛾

Allodontermes morogorensis Harris 桉苗白蚁

Alloea Haliday 长齿反颚茧蜂属

Alloea ampla Wharton *et* Chou 宽鞭反颚茧蜂

Alloea artus Chen *et* Wu 细窄反颚茧蜂

Alloea lineata Wharton *et* Chou 长痣反颚茧蜂

Alloea lonchopterae Fischer 矛翅反颚茧蜂

Alloea mesostenos Chen *et* Wu 中窄反颚茧蜂

Alloea sparsa Wharton *et* Chou 疏毛反颚茧蜂

Alloea striata Wharton *et* Chou 条柄反颚茧蜂

Alloeorhynchus Fieber 异姬蝽属

Alloeorhynchus corallinus Stål 裸异姬蝽

Alloeorhynchus flavoceps Hsiao 黄头异姬蝽

Alloeorhynchus vinulus Stål 黑头异姬蝽

Alloeostylus Schnabl 异突蝇属

Alloeostylus lividiventris (Zetterstedt) 铜腹异突蝇

Alloeostylus lividiventris plumbea Hennig 铅色异突蝇

Alloeostylus rufisquama (Schnabl) 绯瓣异突蝇

Alloeotomus Fieber 点盾盲蝽属

Alloeotomus gothicus (Fallén) 淡点盾盲蝽

Alloeotomus kerzhneri Qi *et* Nonnaiab 克氏点盾盲蝽

Allogammasellus Athias-Henriot 异革螨属

Allograpta Osten-Sack 异食蚜蝇属

Alloharpina Wehrli 坚尺蛾属

Allomengea Strand 皿盖蛛属

Allomengea dentisetis (Grube) 斑皿盖蛛

Allomermis Steiner 异索线虫属

Allomermis lasiusi Rubzov 蚂蚁异索线虫

Allomermis myrmecophila Crawley *et* Baylis 嗜蚁异索线虫

Allomermis trichotopson Steiner 特里乔托普森异索线虫

Allomycobates Aoki 异菌板鳃甲螨属

Allomycobates lichenis Aoki 地衣异菌板鳃甲螨

Allomyrina Arrow 叉犀金龟属(独角仙属)

Allomyrina davidis (Deyrolle *et* Fairmaire) 戴叉犀金龟

Allomyrina dichotoma (Linnaeus) 双叉犀金龟(独角仙)

Allomyrmococcus Tak. 泰粉蚧属

Allomyrmococcus acariformis Tak. 蛛形泰粉蚧

Alloneda dodecastigma (Hope) 十二斑奇瓢虫

Allonothrus Hammen 异懒甲螨属

Allonothrus schuilingi Hammen 斯氏异懒甲螨

Allonothrus sinicus Wang *et* Norton 中华异懒甲螨

Allonychus Pritchard *et* Baker 异爪螨属

Allonychus bambusae Lo 竹异爪螨

Allonychus braziliensis McGregor 巴西异爪螨

Allonychus wuyinicus Gao *et* Zou 武夷异爪螨

Alloperla Banks 异石蝇属

Alloperla longistyla Wu 长突异石蝇

Allophaea 黄翅溪蟌属

Allophaea ochracea (Selys) 黄翅溪蟌

Allophatnus Cameron 菲姬蜂属

Allophatnus fulvitergus (Tosquinet) 褐黄菲姬蜂

Allophyes Tams 背巨冬夜蛾属

Allophyes albithorax (Draudt) 白背巨冬夜蛾

Alloptidae 异羽螨科

Allopygmephorus Cross 奇矮螨属

Allopygmephorus baoshanensis Gao, Zou *et* Ma 宝山奇矮螨

Allopygmephorus chinensis Mahunka 中国奇矮螨

Allopygmephorus nanhuiensis Gao, Zou *et* Ma 南汇奇矮螨

Allorhynchium van der Vecht 异喙蜾蠃属

Allorhynchium argentatum (Fabricius) 黑异喙蜾蠃

Allorhynchium chinense (Saussure) 中华异喙蜾蠃

Alloscutobelba Moritz 异盾珠甲螨属

Alloscutobelba bidentata Wen 双齿异盾珠甲螨

Alloscutobelba grandis (Paoli) 大异盾珠甲螨

Alloscutobelba huangshanensis Wen 黄山异盾珠甲螨

Allostethidae 异胸鳔科

Allothrombiinae 异绒螨亚科

Allothrombium Berlese 异绒螨属

Allothrombium aphids (Geer) 蚜异绒螨

Allothrombium fuliginosum (Hermann) 烟色异绒螨 velvet mite

Allothrombium ignotum Willmans 无视异绒螨

Allothrombium lerouxi Moss 红异绒螨

Allothrombium mitchelli Davis 米氏异绒螨

Allothrombium neopolitanum Oudemans 内亚波利斯异绒螨

Allothrombium pulvinum Ewing 小枕异绒螨

Allothyridae 异巨螨科

Allotinus Felder *et* Felder 锉灰蝶属

Allotinus drumila Moore 锉灰蝶

Allotraeus Bates 缨天牛属

Allotraeus grahami Gressitt 红足缨天牛

Allotraeus rubriventris Gressitt 黑足缨天牛

Allotrichodorus Rodriguez 异毛刺线虫属

Allotrichodorus brasiliensis Rashid, Waele *et* Coomans 巴西利亚异毛刺线虫

Allotrichodorus campanullatus Rodriguez, Sher *et* Siddiqi 钟形异毛刺线虫

Allotrichodorus longispiculis Rashid, Waele *et* Coomans 长刺异毛刺线虫

Allotrichodorus loofi Rashid, Waele *et* Coomans 卢氏异毛刺线虫

Allotrichodorus sharmai Rashid, Waele *et* Coomans 沙氏异毛刺线虫

Allotrichodorus vangundyi Rodriguez 万氏异毛刺线虫

Allotrichodorus westindicus (Rodriguez, Sher *et* Siddiqi) 西印度异毛刺线虫

Allotrichosiphum kashicola Kurisaki 喀什方枝柏配粉虱

Allotrionymus Tak. 配粉蚧属

Allotrionymus boninensis Kawai 小笠原配粉蚧

Allotrionymus chichijimensis Kawai 龙爪茅配粉蚧

Allotrionymus elongatus Tak. 细长配粉蚧

Allotrionymus multipori Kawai 多孔配粉蚧

Allotrionymus plurostiolatus (Borchs.) 云南配粉蚧

Allotrionymus rostellum (Hoke) 广布配粉蚧

Allozercon Vitzthum 别蚧螨属

Alluauddomyia longzhouensis Hao *et* Yu 龙州阿蠓

Alluauddomyia xanthocoma (Kieffer) 淡黄阿蠓

Alniphagus Swaine 胸刺小蠹属

Alniphagus alni Niijima 桤木胸刺小蠹 alder bark beetle

Alniphagus aspericollis (LeConte) 美胸刺小蠹 alder bark beetle

Aloa lactinea (Cramer) 红缘灯蛾

Alompra ferruginea Moore 六点枯叶蛾

Alopecosa Simon 舞蛛属

Alopecosa aculeata (Clerck) 刺舞蛛

Alopecosa albostriata (Grube) 白纹舞蛛

Alopecosa argenteopilosa (Schenkel) 银毛舞蛛

Alopecosa auripilosa (Schenkel) 气舞蛛

Alopecosa chagyabensis Hu *et* Li 察雅舞蛛

Alopecosa cinnameopilosa (Schenkel) 细纹舞蛛

Alopecosa cuneata (Clerck) 楔形舞蛛

Alopecosa cursor (Hahn) 疾行舞蛛

Alopecosa curtohirta Tang et al. 弯毛舞蛛

Alopecosa eruditoides (Schenkel) 艾偌舞蛛

Alopecosa fabrilis (Clerck) 法布里舞蛛

Alopecosa hamata (Schenkel) 钩舞蛛

Alopecosa hingganica Tang et al. 兴安舞蛛

Alopecosa hokkaidensis Tanaka 北海道舞蛛

Alopecosa hsinglungshanensis Saito 兴龙山舞蛛

Alopecosa kratochvili (Schenkel) 克拉舞蛛

Alopecosa licenti (Schenkel) 双窗舞蛛

Alopecosa mariae (Dahl) 玛利舞蛛

Alopecosa parasibirica (Schenkel) 近西伯利亚舞蛛

Alopecosa pinetorum Thorell 松舞蛛

Alopecosa pinnata (Kulczynski) 羽状舞蛛

Alopecosa potanini (Schenkel) 波氏舞蛛

Alopecosa pseudocuneata (Schenkel) 拟楔形舞蛛

Alopecosa pseudohirta (Schenkel) 拟毛舞蛛

Alopecosa pulverlenta (Clerck) 粉舞蛛

Alopecosa schenkeliana Brignoli 棕色舞蛛

Alopecosa schmidti (Hahn) 斯米舞蛛

Alopecosa spinata Yu *et* Song 针舞蛛

Alopecosa subrufa (Schenkel) 淡红舞蛛

Alopecosa sulzeri (Pavesi) 苏氏舞蛛

Alopecosa swatowensis (Strand) 汕头舞蛛

Alopecosa xinjiangensis Hu *et* Wu 新疆舞蛛

Alphaea anopuncta (Oberthür) 网斑粉灯蛾

Alphaea fulvohirta Walker 粉灯蛾

Alphaea hongfenna Fang 红粉灯蛾

Alphaea imbuta (Walker) 橘脉粉灯蛾

Alphaea impleta (Walker) 漫粉灯蛾

Alphaea khasiana (Rothschild) 雅粉灯蛾

Alphaea phasma (Leech) 褐点粉灯蛾

Alphalaelaptinae 阿厉螨亚科

Alphitobius Stephens 粉虫属

Alphitobius diaperinus Panzer 黑粉虫 lesser mealworm beetle, lesser mealworm

Alphitobius laevigatus Fabricius 小粉虫 black fungus beetle

Alphitophagus Stephens 菌虫属

Alphitophagus bifasciatus Say 二带黑菌虫 waste grain beetle, twobanded fungus beetle

Alsophila Hübner 林尺蛾属

Alsophila japonensis Warren 日本林尺蛾 pear fall cankerworm

Alsophila pometaria (Harris) 波林尺蛾 fall cankerworm

Altha Walker 丽刺蛾属

Altha adala (Moore) 四痣丽刺蛾

Altha lacteola melanopsis Strand 橘白丽刺蛾

Altha nivea Walker 雪丽刺蛾

Altica Fabricius 跳甲属

Altica ambiens alni Harr. 桤木蓝跳甲 alder flea beetle

Altica ambiens LeConte 赤杨跳甲(桤木跳甲) alder flea beetle

Altica bimarginata Say 双边跳甲

Altica caerulescens (Baly) 朴草跳甲

Altica carinata Germar 榆跳甲 elm flea beetle

Altica chalybea (Illiger) 葡萄跳甲 grape flea beetle

Altica cirsicola Ohno 蓟跳甲

Altica coerulea Olivier 杧果跳甲 mango flea beetle

Altica corusca Erichson 闪耀跳甲

Altica cyanea (Weber) 见 *Haltica cyanea*

Altica fragariae Nakane 蛇莓跳甲

Altica himalayensis Chen 喜马拉雅跳甲

Altica oleracea (Linnaeus) 月见草跳甲

Altica populi Brown 杨跳甲 poplar flea beetle

Altica sanguisobae Ohno 地榆跳甲

Altica ulmi Woods 见 *Altica carinata*

Altica viridicyanca (Baly) 老鹳草跳甲

Altica weisei Jacobson 柳苗跳甲

Altica zangana Chen *et* Wang 西藏跳甲

Alticinae 见 Halticinae

Alucita Fabricius 白羽蛾属

Alucita niveodactyla Pagenstecher 甘薯白羽蛾

Alulacris Zheng 小翅蝗属

Alulacris shilinensis (Cheng) 石林小翅蝗

Alulatettix Liang 微翅蚱属

Alulatettix yunnanensis Liang 云南微翅蚱

Alydidae 蛛缘蝽科

Alydinae 蛛缘蝽亚科

Alydus Fabricius 蛛缘蝽属

Alydus angulus Hsiao 角蛛缘蝽

Alydus calcaratus (Linnaeus) 欧蛛缘蝽

Alydus zichyi Horváth 亚蛛缘蝽

Alysia Latreille 反颚茧蜂属

Alysia frigida Haliday 宽脸反颚茧蜂

Alysia macrops Wharton 大眼反颚茧蜂

Alysia manducator (Panzer) 大径反颚茧蜂

Alysia masneri Wharton 马氏反颚茧蜂

Alysia nigritarsis Thomson 暗跗反颚茧蜂

Alysonidae 瘤腿泥蜂科

Alysson Panzer 瘤腿泥蜂属

Alysson attenuatus Wu *et* Zhou 角瘤腿泥蜂

Alysson caeruleus Wu *et* Zhou 蓝光瘤腿泥蜂

Alysson carinatus Wu *et* Zhou 脊胸瘤腿泥蜂

Alysson formosanus Tsuneki 丽瘤腿泥蜂

Alysson harbinensis Tsuneki 红腰瘤腿泥蜂

Alysson nigrilabius Wu *et* Zhou 黑唇瘤腿泥蜂

Alysson ratzeburgi Dahlbom 褐足瘤腿泥蜂

Alysson sichuanensis Wu *et* Zhou 四川瘤腿泥蜂

Alysson spinosus (Panzer) 对斑瘤腿泥蜂

Alysson taiwanus Sonan 台湾瘤腿泥蜂

Alysson tridentatus Wu *et* Zhou 三齿瘤腿泥蜂

Alysson verhoeffi Tsuneki 弗瘤腿泥蜂

Alysson yunnanensis Wu *et* Zhou 云南瘤腿泥蜂

Amantis Giglio-Tos 异跳螳属

Amantis hainanensis Tinkham 海南异跳螳

Amantis indica Giglio-Tos 印度异跳螳

Amantis lofaoshanensis Tinkham 罗浮异跳螳

Amantis nawai (Shiraki) 名和异跳螳

Amantis reticulata Giglio-Tos 网异跳螳

Amarysius altajensis (Laxmann) 中黑肖亚天牛

Amasa truncata Erichson 见 *Xyleborus truncatus*

Amathes agalma (Püngeler) 见 *Xestia agalma*

Amathes c-nigrum (Linnaeus) 见 *Xestia c-nigrum*

Amathes costaestriga (Staudinger) 见 *Xestia costaestriga*

Amathes mandarina (Leech) 见 *Xestia mandarina*

Amathes patricia (Staudinger) 见 *Xestia patricia*

Amathes pseudaccipiter Boursin 见 *Xestia pseudaccipiter*

Amathes renalis (Moore) 见 *Xestia renalis*

Amathes semiherbida Walker 见 *Xestia seminerbida*

Amathes stupenda Butler 见 *Xestia stupenda*

Amathes triangulum (Hüfnagel) 三角鲁夜蛾

Amathusiidae 环蝶科

Amathusiinae 环蝶亚科

Amathuxidia Staudinger 交脉环蝶属

Amathuxidia morishitai Chou *et* Gu 森下交脉环蝶

Amatidae 见 Ctenuchidae

Amaurobiidae 暗蛛科

Amaurobius C.L. Koch 暗蛛属

Amaurobius chinensicus Strand 中华暗蛛

Amaurobius qiemuensis Hu *et* Wu 且末暗蛛

Amauromorpha Ashmead 黑胸姬蜂属

Amauromorpha accepta schoenobii (Viereck) 三化螟沟姬蜂

Amauronematus Konow 暗丝角叶蜂属

Amauronematus amplus Konow 桦暗丝角叶蜂 birch sawfly

Amauronematus fallax Lepeletier 假丝角叶蜂 willow sawfly

Amauronematus histrio Lepeletier 柳暗丝角叶蜂 willow sawfly

Amauronematus leucolaenus Zaddach 白蓬暗丝角叶蜂 willow sawfly

Amauronematus miltonotus Zaddach 红背暗丝角叶蜂 willow sawfly

Amauronematus puniceus Christ 颤杨暗丝角叶蜂 aspen sawfly

Amauronematus sagmarius Konow 鞍暗丝角叶蜂 willow sawfly

Amauronematus semilacteus Zaddach 半乳暗丝角叶蜂 willow sawfly

Amauronematus taeniatus Lepeletier 具纹暗丝角叶蜂 willow sawfly

Amauronematus tillbergi Malaise 蒂氏暗丝角叶蜂 willow sawfly

Amauronematus tunicatus Zaddach 紧衣暗丝角叶蜂 willow sawfly

Amauronematus viduatus (Zetterstedt) 夺暗丝角叶蜂 willow sawfly

Ambeodontus Lacordaire 锯齿天牛属

Ambeodontus tristis Fabricius 柏锯齿天牛 thuja borer, two-toothed longhorn beetle

Ambiorix Stål 戟蝽属

Ambiorix aenescens Stål 戟蝽

Ambivia Stål 脊背螳属

Ambivia parapopa Wang 拟圆脊背螳

Ambivia popa Stål 圆脊背螳

Amblopala Leech 丫灰蝶属

Amblopala avidiena (Hewitson) 丫灰蝶

Amblycerinae 粗颈豆象亚科

Amblycerus robiniae (F.) 刺槐粗颈豆象

Amblychia Guenée 鲁尺蛾属

Amblydromella Muma 小钝走螨属

Amblydromus Muma 钝走螨属

Amblygamasus Berlese 钝革螨属

Amblyjoppa Cameron 钝杂姬蜂属

Amblyjoppa annulitarsis horishanus (Matsumura) 环跗钝杂姬蜂台湾亚种

Amblyomma Koch 花蜱属

Amblyomma americaum (Linnaeus) 美洲花蜱 lone star tick

Amblyomma cyprium Neumann 铜色花蜱

Amblyomma formosanum Schulze 台湾花蜱

Amblyomma geoemydae (Cantor) 嗜龟花蜱

Amblyomma hainanense Teng 海南花蜱

Amblyomma javanense (Supino) 爪哇花蜱

Amblyomma maculatum Koch 有斑花蜱 gulf coast tick

Amblyomma testudinarium Koch 龟形花蜱

Amblyomma variegatum (Fabricus) 彩饰花蜱

Amblyomma yajimai Kishida 矢岛花蜱

Amblyomminae 花蜱亚科

Amblyopone Erichson 钝猛蚁属

Amblyopone bruni (Forel) 布农钝猛蚁

Amblyopone rubiginous Wu *et* Wang 褐红钝猛蚁

Amblyopone sakaii Terayama 酒井钝猛蚁

Amblyopone silvestrii (Wheeler) 西氏钝猛蚁

Amblypodia Horsfield 见 *Arhopala* Boisduval

Amblyrhinus poricollis Schoenherr 木橘象甲

Amblyscutus Muma 钝盾螨属

Amblyseiella Muma 小钝绥螨属

Amblyseiinae 钝绥螨亚科

Amblyseiulella Muma 小钝伦螨属

Amblyseiulus Muma 钝伦螨属

Amblyseius Berlese 钝绥螨属

Amblyseius abbsaovae Wainstein *et* Begljarov 阿氏钝绥螨

Amblyseius ainu Ehara 虾夷钝绥螨

Amblyseius aizawei Ehara *et* Bhandhufalck 爱泽钝绥螨

Amblyseius alangii Liang *et* Ke 八角枫钝绥螨

Amblyseius alpigenus Wu 高山钝绥螨

Amblyseius alpinia Tseng 月桃钝绥螨

Amblyseius altiplanumi Ke *et* Liang 高原钝绥螨

Amblyseius ampullosus Wu *et* Lan 膨胀钝绥螨

Amblyseius anuwati Ehara *et* Bhandhufalck 恩氏钝绥螨

Amblyseius asetus (Chant) 少毛钝绥螨

Amblyseius asiaticus (Evans) 亚洲钝绥螨

Amblyseius astutus (Begljarov) 灵敏钝绥螨

Amblyseius australis Wu *et* Li 南方钝绥螨

Amblyseius baiyunensis Wu 白云钝绥螨

Amblyseius baraki Athais-Henriot 贝氏钝绥螨

Amblyseius barkeri (Hughes) 巴氏钝绥螨

Amblyseius bellatulus Tseng 艳丽钝绥螨

Amblyseius bicaudus Wainstein 双钩钝绥螨

Amblyseius brevicervix Wu *et* Li 短颈钝绥螨

Amblyseius cantonensis Schicha 广东钝绥螨

Amblyseius changbaiensis Wu 长白钝绥螨

Amblyseius cinctus Corpuz *et* Rimando 隘腰钝绥螨

Amblyseius circellatus Wu *et* Li 环形钝绥螨

Amblyseius clinopodii Ke et Xin　风轮钝绥螨

Amblyseius compressus Wu et Li　直钝绥螨

Amblyseius cracentis Corpuz et Rimando　纤细钝绥螨

Amblyseius crataegi Wang et Xu　山楂钝绥螨

Amblyseius cryptomeriae Zhu et Chen　柳杉钝绥螨

Amblyseius curvus Wu et Li　曲线钝绥螨

Amblyseius daliensis Linag et Ke　大理钝绥螨

Amblyseius deleoni Muma et Denmark　德氏钝绥螨

Amblyseius densus Wu　细密钝绥螨

Amblyseius eharai Amitai et Swirski　江原钝绥螨

Amblyseius ezoensis Ehara　伊东钝绥螨

Amblyseius fallacis (Garman)　伪钝绥螨

Amblyseius finlandicus (Oudemans)　芬兰钝绥螨

Amblyseius floridanus (Muma)　佛罗里达钝绥螨

Amblyseius gansuensis Wu et Lan　甘肃钝绥螨

Amblyseius gramineous Wu, Lan et Zhang　杂草钝绥螨

Amblyseius guangxiensis Wu　广西钝绥螨

Amblyseius hainanensis Wu　海南钝绥螨

Amblyseius helanensis Wu et Lan　贺兰钝绥螨

Amblyseius herbicolus (Chant)　草栖钝绥螨

Amblyseius heterochaetus Liang et Ke　异毛钝绥螨

Amblyseius heveae (Oudemans)　三叶胶钝绥螨

Amblyseius hidakai Ehara et Bhandhuflack　海氏钝绥螨

Amblyseius huanggangensis Wu　黄岗钝绥螨

Amblyseius huapingensis Wu et Li　花坪钝绥螨

Amblyseius hyalinus Tseng　透明钝绥螨

Amblyseius imbricatus Corpuz et Rimando　鳞纹钝绥螨

Amblyseius indocalami Zhu et Chen　箬竹钝绥螨

Amblyseius jiangxiensis Zhu et Chen　江西钝绥螨

Amblyseius jianyangensis Wu　建阳钝绥螨

Amblyseius jilinensis Wu　吉林钝绥螨

Amblyseius juglandis Wang et Xu　核桃楸钝绥螨

Amblyseius kaguya Ehara　香山钝绥螨

Amblyseius koyamanus Ehara et Yokogawa　古山钝绥螨

Amblyseius largoensis (Muma)　拉哥钝绥螨

Amblyseius leigongshanensis Wu et Lan　雷公山钝绥螨

Amblyseius lianshanus Chu et Chen　连山钝绥螨

Amblyseius lineatus Wu et Lan　线纹钝绥螨

Amblyseius longicervix Liang et Ke　长颈钝绥螨

Amblyseius longimedius Wang et Xu　长中毛钝绥螨

Amblyseius longisaccatus Wu et Liu　长囊钝绥螨

Amblyseius longisiphonulus Wu et Lan　长管钝绥螨

Amblyseius longispinosus (Evans)　长毛钝绥螨

Amblyseius longiverticalis Liang et Ke　长顶毛钝绥螨

Amblyseius luppovae Wainstein　罗氏钝绥螨

Amblyseius lushanensis Zhu et Chen　庐山钝绥螨

Amblyseius maai Tseng　马氏钝绥螨

Amblyseius magnus Wu　大螯钝绥螨

Amblyseius makuwa Ehara　真桑钝绥螨

Amblyseius maritimus Ehara　海岸钝绥螨

Amblyseius monomacrocraseta Tseng　单大毛钝绥螨

Amblyseius multidentatus Swirski et Schechter　多齿钝绥螨

螨

Amblyseius multiporus Wu et Li　多孔钝绥螨

Amblyseius neofijiensis Wu, Lan et Liu　新菲济钝绥螨

Amblyseius neoparaki Ehara　赤竹钝绥螨

Amblyseius neoreticuloides Liang et Hu　新小皱钝绥螨

Amblyseius newsami (Evans)　纽氏钝绥螨

Amblyseius nicholsi Ehara et Lee　尼氏钝绥螨

Amblyseius obtuserellus Wainstein et Begljarov　钝毛钝绥螨

Amblyseius ochii Ehara et Yokogawa　峰木钝绥螨

Amblyseius oguroi Ehara　大黑钝绥螨

Amblyseius okanagensis (Chant)　光滑钝绥螨

Amblyseius okinawanus Ehara　冲绳钝绥螨

Amblyseius omei Wu et Li　峨嵋钝绥螨

Amblyseius orientalis Ehara　东方钝绥螨

Amblyseius ornatus Liang et Ke　装饰钝绥螨

Amblyseius ovalis (Evans)　卵形钝绥螨

Amblyseius parapeltatus Wu et Chou　拟盾钝绥螨

Amblyseius pascalis Tseng　牧草钝绥螨

Amblyseius peltatus van der Merwe　盾钝绥螨

Amblyseius pentagonus Wu et Lan　五边钝绥螨

Amblyseius prunii Liang et Ke　樱桃钝绥螨

Amblyseius pseudolongispinosus Xin, Liang et Ke　拟长毛钝绥螨

Amblyseius pubes Tseng　软毛钝绥螨

Amblyseius putmani (Chant)　卜氏钝绥螨

Amblyseius qinghaiensis Wang et Xu　青海钝绥螨

Amblyseius quaesitus Wainstein et Begljarov　柞钝绥螨

Amblyseius querci Liang et Ke　栎钝绥螨

Amblyseius rademacheri Dosse　拉氏钝绥螨

Amblyseius repletus Wu et Li　充满钝绥螨

Amblyseius reticulatus (Oudemans)　网纹钝绥螨

Amblyseius ruiliensis Wu et Li　瑞丽钝绥螨

Amblyseius saacharus Wu　芒草钝绥螨

Amblyseius saccharii Liang et Ke　甘蔗钝绥螨

Amblyseius salebrosus (Chant)　粗糙钝绥螨

Amblyseius sangangensis Zhu et Chen　三港钝绥螨

Amblyseius shiheziensis Wu et Li　石河子钝绥螨

Amblyseius shukuis Chen et Zhu　蜀葵钝绥螨

Amblyseius siaki Ehara et Lee　赛氏钝绥螨

Amblyseius sichuanensis Wu et Li　四川钝绥螨

Amblyseius similiovalia Liang et Ke　类卵钝绥螨

Amblyseius sinuatus Zhu et Chen　合欢钝绥螨

Amblyseius spineus Tseng　刺钝绥螨

Amblyseius striatus Wu　条纹钝绥螨

Amblyseius strobocorycus Wu et Lan　钩囊钝绥螨

Amblyseius subpassiflorae Wu et Lan　拟链钝绥螨

Amblyseius subplebeius Wu et Li　拟普通钝绥螨

Amblyseius subreticulatus Wu　拟网纹钝绥螨

Amblyseius subrotundus Wu et Lan　拟圆钝绥螨

Amblyseius subtropicus Tseng　亚热钝绥螨

Amblyseius syzygii Gupta　丁香钝绥螨

Amblyseius taiwanicus Ehara　台湾钝绥螨

Amblyseius tauricus Livschitz et Kuznetzov　隘颈钝绥螨

Amblyseius theae Wu　茶钝绥螨

Amblyseius tianmuensis Liang et Lao　天目钝绥螨

Amblyseius tibetagramins Wu　藏草钝绥螨

Amblyseius tibetapinus Wu　藏松钝绥螨

Amblyseius tibetasalicis Wu　藏柳钝绥螨

Amblyseius tienhsainensis Tseng　格纹钝绥螨

Amblyseius trisetosus Tseng　三毛钝绥螨

Amblyseius tsugawai Ehara　津川钝绥螨

Amblyseius utilis Liang et Ke　有益钝绥螨

Amblyseius vestificus Tseng　罩钝绥螨

Amblyseius vignae Liang et Ke　豇豆钝绥螨

Amblyseius vineaticus Wainstein　山葡萄钝绥螨

Amblyseius vulgaris Liang et Ke　普通钝绥螨

Amblyseius wuyiensis Wu et Li　武夷山钝绥螨

Amblyseius xizangensis Zhu et Chen　西藏钝绥螨

Amblyseius yadongensis Wu　亚东钝绥螨

Amblyseius yunnanensis Wu　云南钝绥螨

Amblysiopsis Garman　拟钝绥螨属

Amblyteles Wesmael　钝姬蜂属

Amblyteles armatorius (Förster)　棘钝姬蜂

Amblythyreus Westwood　菱瘤蝽属

Amblythyreus angustus Westwood　锐菱瘤蝽

Amblythyreus chapa Kormilev　硕菱瘤蝽

Amblythyreus esakii Maa et Lin　山菱瘤蝽

Amblythyreus fasciatus (Dudich)　带菱瘤蝽

Amblythyreus gestroi Handlirsch　钝菱瘤蝽

Amblythyreus izzardi Kormilev　察隅菱瘤蝽

Amblythyreus martini Handlirsch　短角菱瘤蝽

Amblythyreus oberthuri Handlirsch　长角菱瘤蝽

Amblythyreus potaninae (Bianchi)　小菱瘤蝽

Amblythyreus rectus Maa et Lin　直缘菱瘤蝽

Amblythyreus taiwanus Sonan　台湾菱瘤蝽

Ambrosiodmus lecontei Hopk.　亚洲栗小蠹

Ambrostoma Motschulsky　榆叶甲属

Ambrostoma fortunei (Baly)　琉璃榆叶甲

Ambrostoma leigongshana Wang　雷公山榆叶甲

Ambrostoma quadriimpressum (Motschulsky)　榆紫叶甲

Ambrysinae　毛腹潜蝽亚科

Ambulicinae　云纹天蛾亚科

Amcortarasonemus Fain　美蝽跗线螨属

Amegilla 4-fasciata (Villers)　四条无垫蜂

Amegilla Friese　无垫蜂属

Amegilla bombiomorpha Wu　熊无垫蜂

Amegilla fimbriata (Smith)　灰胸无垫蜂

Amegilla mesopyrrha (Cockerell)　褐胸无垫蜂

Amegilla yunnanensis Wu　云南无垫蜂

Amegilla zonata (Linnaeus)　绿条无垫蜂

Ameniinae　迷蝇亚科

Ameridae　无领甲螨科

Amerila astreus (Drury)　闪光玫灯蛾

Amerila eugenia (Fabricius)　佳玫灯蛾

Amerila omissa (Rothschild)　毛玫灯蛾

Amerioppia Hammer　美奥甲螨属

Amerioppia interrogata Mahunka　间美奥甲螨

Ameronothridae　美背甲螨科

Ameronothroidea　美背甲螨总科

Ameroseiidae　美绥螨科

Ameroseius Berlese　美绥螨属

Ameroseius crassisetosus Ye et Ma　粗毛美绥螨

Ameroseius cuiqishengi Ma　崔氏美绥螨

Ameroseius curvatus Gu, Wang et Bai　曲美绥螨

Ameroseius denticulatus Gu, Wang et Guo　具齿美绥螨

Ameroseius lanceosetosus Livshitz et Mitrofanov　矛形美绥螨

Ameroseius longisetosus Ye et Ma　长毛美绥螨

Ameroseius megasetosa Ishikawa　巨毛美绥螨

Ameroseius multus Gu, Wang et Bai　众美绥螨

Ameroseius pavidus (C. L. Koch)　畏惧美绥螨

Ameroseius pinicola Ishikasa　松美绥螨

Ameroseius taoerhensis Ma　洮儿河美绥螨

Amesia sanguiflua Drury　釉锦斑蛾

Ametastegia A. Costa　巨顶叶蜂属

Ametastegia formosana (Rohwer)　大林巨顶叶蜂

Ametastegia glabrata Fallén　红足巨顶叶蜂

Ametastegia sauteri (Rohwer)　邵氏巨顶叶蜂

Ametastegia tener Fallén　酸模巨顶叶蜂

Ametrodiplosis acutissima Monzen　栎瘿蚊　quercus gall midge

Ametropodidae　巨足蜉蝣科　mayflies, ephemerids

Amiota Löw　纵眼果蝇属

Amiotinae　纵眼果蝇亚科

Amitermes evuncifer Silvestri　热非柚木白蚁

Amitermes minor Holmgren　小弓白蚁

Ammatomus Costa　瘤滑胸泥蜂属

Ammatomus alipes (Bingham)　黄唇瘤滑胸泥蜂

Ammianus Distant　硕扁网蝽属

Ammianus erosus Fieber　硕扁网蝽

Ammianus quadrangulatus Jing　褐硕扁网蝽

Ammianus toi (Drake)　栗硕扁网蝽

Ammobatoides melectoides Radozkovskyi　拟砂斑蜂

Ammophila Kirby　沙泥蜂属

Ammophila atripes atripes Smith　皱胸沙泥蜂皱胸亚种

Ammophila campestris Latreille　平原沙泥蜂

Ammophila gegen Tsuneki　细皱沙泥蜂

Ammophila gracillima Taschenberg　细沙泥蜂

Ammophila laevigata Smith　光滑沙泥蜂

Ammophila pubescens Curtis　柔毛沙泥蜂

Ammophila sabulosa nipponica Tsuneki　沙泥蜂北方亚种

Ammophila sabulosa vagabunda Smith　沙泥蜂南方亚种

Ammophila sickmanni sickmanni Kohl　赛氏沙泥蜂赛氏亚种

Amnesicoma Warren 帷尺蛾属

Amnesicoma adornata (Staudinger) 预帷尺蛾

Amnesicoma entepharia Xue 石帷尺蛾

Amnesicoma neoundulosa Xue 新波帷尺蛾

Amnesicoma nuncupata (Püngeler) 云纹帷尺蛾

Amnesicoma paraundulosa Xue 异波帷尺蛾

Amnesicoma pulchrata (Alphéraky) 华美帷尺蛾

Amnesicoma simplex Warren 简帷尺蛾

Amnesicoma vacuimargo (Prout) 三带帷尺蛾

Amnesicoma vicina Djakonov 邻帷尺蛾

Amobia Robineau-Desvoiddy 摩蜂麻蝇属

Amobia distorta (Allen) 长突摩蜂麻蝇

Amobia signata (Meigen) 斑摩蜂麻蝇

Amonostherium Morr. *et* Morr. 兰粉蚧属(锯背粉蚧属)

Amonostherium arabicum Ezzat 埃及兰粉蚧

Amonostherium prionodes Wang 西藏兰粉蚧(锯背粉蚧)

Amorbia Clemens 西卷蛾属

Amorbia emigratella Busck 墨西哥西卷蛾 Mexican leafroller

Amorbia humerosana Clemens 短叶松西卷蛾

Amorpha Hübner 黄脉天蛾属

Amorpha amurensis Staudinger 黄脉天蛾

Amorpha populi Linnaeus 杨黄脉天蛾 poplar hawk moth

Amorpha sinica Rothschild *et* Jordan 中国天蛾

Amorphococcus Green 瘿链蚧属

Amorphococcus mesuae Green 藤黄瘿链蚧

Amorphoscelidae 怪足螳科

Amorphoscelioidea 怪足螳总科

Amorphoscelis Stål 怪足螳属

Amorphoscelis annulicornis Stål 环角怪足螳

Amorphoscelis chinensis Tinkham 中华怪足螳

Ampelophaga Bremer *et* Grer 葡萄天蛾属

Ampelophaga rubiginosa Bremer *et* Grey 葡萄天蛾 grape horn worm

Amphalius Jordan 倍蚤属

Amphalius clarus clarus (Jordan *et* Rothschild) 哗倍蚤指名亚种

Amphalius clarus kunlunensis Yu *et* Wang 哗倍蚤昆仑亚种

Amphalius clarus tianshanensis Yu, Ye *et* Xie 哗倍蚤天山亚种

Amphalius runatus (Jordan *et* Rofhschild) 鼠兔倍蚤

Amphalius spirataenius badonensis Ji, Chen *et* Wang 卷带倍蚤巴东亚种

Amphalius spirataenius heishuiensis Wang, Chen *et* Zhai 卷带倍蚤黑水亚种

Amphalius spirataenius manosus Li 卷带倍蚤宽亚种

Amphalius spirataenius spirataenius Liu, Wu *et* Wu 卷带倍蚤指名亚种

Amphekes Collenette 阿毒蛾属

Amphekes gymna Collenette 阿毒蛾

Amphiareus obscuriceps (Poppius) 黑头叉胸花蝽

Amphibiomermis Artyukhovsky 两栖索线虫属

Amphibiomermis ghilarovi Pologenzev *et* Artyukhovsky 吉氏两栖索线虫

Amphibiomermis kirjanovae Pologenzev *et* Artyukhovsky 基氏两栖索线虫

Amphibiomermis paramonovi (Pologenzev *et* Artyukhovsky) 帕氏两栖索线虫

Amphibiomermis poycentrus Rubzov 多中心两栖索线虫

Amphibiomermis rivalis Artyukhovsky *et* Khartschenko 溪涧两栖索线虫

Amphibolips confluenta (Harr.) 栎大苹瘿蜂 large oak-apple gall

Amphicercidus Oestlund 忍冬圆尾蚜属

Amphicercidus sinilonicericola Zhang 中华忍冬圆尾蚜

Amphicerus bicaudatus (Say) 苹果蛀梢长蠹 apple twig borer

Amphicerus cornutus (Pallas) 牧豆树长蠹

Amphicerus hamatus (Fabricius) 苹果长蠹 apple twig borer

Amphicerus simplex (Horn) 扁柚木长蠹

Amphicoma Reitter 双绒毛金龟属

Amphicoma bombyliformis (Pallas) 熊蜂双绒毛金龟

Amphicoma vulpes (Fabricius) 蓬毛双绒金龟

Amphidasis Treischike 疑毛尺蛾属

Amphidasis cognataria Guenée 裂头疑毛尺蛾 cleft-headed spanworm, pepper and salt moth

Amphidomermis Filipjev 侧器索线虫属

Amphidomermis aleinikovae Khartschenko 阿氏侧器索线虫

Amphidomermis skrjabini Khartschenko 斯氏侧器索线虫

Amphidomermis tenuis (Hagmeier) 细侧器索线虫

Amphientomidae 蛾啮虫科

Amphigomphus Chao 安蜓蜓属

Amphigomphus hansoni Chao 汉森安蜓蜓

Amphimalla Stephen 见 *Amphimallon* Berthold

Amphimallon Berthold 双绺鳃金龟属

Amphimallon majalis (Raz.) 欧洲双绺鳃金龟 European chafer

Amphimallon solstitialis (Linnaeus) 马铃薯鳃金龟 June beetles, summer chafer

Amphimallon solstitialis mesasiaticus Medvedev 马铃薯鳃金龟中亚亚种

Amphimallon solstitialis sibiricus Reitter 马铃薯鳃金龟东亚亚种

Amphimermis Kaburaki *et* Imamura 两索线虫属

Amphimermis acridiorum Baker *et* Poinar 蝗虫两索线虫

Amphimermis artyukhovskii Baker *et* Poinar 阿氏两索线虫

Amphimermis avoluta Rubzov *et* Koval 无卷两索线虫

Amphimermis bogongae Welch 博贡两索线虫

Amphimermis buraki Baker *et* Poinar 布拉克两索线虫

Amphimermis chinensis Tang, Tang *et* Cui 中华两索线虫

Amphimermis dolycoris Rubzov 斑须蝽两索线虫

Amphimermis elegans (Hagmeier) 华美两索线虫

Amphimermis ghilarovi Pologenzev *et* Artyukhovsky 吉氏两索线虫

Amphimermis lagidzae Rubzov 吉拉泽两索线虫

Amphimermis litoralis Artyukhovsky *et* Khartschenko 海边两索线虫

Amphimermis maritima Rubzov 海洋两索线虫

Amphimermis mongolica Rubzov 蒙古两索线虫

Amphimermis volubilis Rubzov *et* Koval 搓两索线虫

Amphimermis zuimushi Kaburaki *et* Imamura 祖氏两索线虫

Amphinemura sagittata Okamoto 箭丝尾石蛾

Amphipoea Billbery 央夜蛾属

Amphipoea asiatica (Burrows) 亚央夜蛾

Amphipoea burrowi (Chapman) 波央夜蛾

Amphipoea distincta (Warren) 明央夜蛾

Amphipoea fucosa (Freyer) 麦央夜蛾

Amphipoea ussuriensis (Petersen) 北央夜蛾

Amphipsyche proluta MacLachlan 兼长角纹石蛾

Amphipsylla Wagner 双蚤属

Amphipsylla anceps Wagner 短须双蚤

Amphipsylla apiciflata Liu, Xu *et* Li 端平双蚤

Amphipsylla asiatica Ioff 亚洲双蚤

Amphipsylla aspalacis Jordan 鼢双蚤

Amphipsylla casis Jordan *et* Rothschild 尖指双蚤

Amphipsylla daea (Dampf) 凶双蚤

Amphipsylla desispina Chen *et* Wei 缺棘双蚤

Amphipsylla dumalis Jordan *et* Rothschild 棘丛双蚤

Amphipsylla jingtieshanensis Ma, Zhang *et* Wang 镜铁山双蚤

Amphipsylla kalabukhovi Ioff *et* Tiflov 亚矩指双蚤

Amphipsylla kuznetzovi deminuta Ioff *et* Tiflov 内刺双蚤小头亚种

Amphipsylla kuznetzovi kuznetzovi Wagner 内刺双蚤指名亚种

Amphipsylla longispina gongheensis Zhang *et* Ma 长刺双蚤共和亚种

Amphipsylla longispina Scalon 长鬃双蚤

Amphipsylla marikovskii marikovskii Ioff *et* Tiflov 长方双蚤指名亚种

Amphipsylla orthogonia Liu, Tsai *et* Wu 矩形双蚤

Amphipsylla phaiomydis iskul Schwarz 田鼠双蚤伊塞克亚种

Amphipsylla phaiomydis phaiomydis Ioff 田鼠双蚤指名亚种

Amphipsylla polyspina Liu, Wu *et* Li 多刺双蚤

Amphipsylla postsinusa Liu, Guo *et* Wu 后凹双蚤

Amphipsylla primaris beigiangensis Yu, Wu *et* Liu 原双蚤北疆亚种

Amphipsylla primaris mitis Jordan 原双蚤田野亚种

Amphipsylla primaris primaris Jordan *et* Rothschild 原双蚤指名亚种

Amphipsylla qinghaiensis Ren *et* Ji 青海双蚤

Amphipsylla quadratedigita Liu Wu *et* Wu 方指双蚤

Amphipsylla quadratoides huangnanensis Ni, Wu *et* Huang 似方双蚤黄南亚种

Amphipsylla quadratoides quadratoides Liu, Tsai *et* Wu 似方双蚤指名亚种

Amphipsylla quadratoides zhongdianensis Jie, Yang *et* Li 似方双蚤中甸亚种

Amphipsylla rossica Wagner 俄双蚤

Amphipsylla schelkovnikovi Wagner 矩凹双蚤

Amphipsylla sibirica sibirica (Wagner) 西伯双蚤指名亚种

Amphipsylla tenuihama. Wu Liu *et* Ma 细钩双蚤

Amphipsylla tuta chaliensis Jie, Yang *et* Li 直缘双蚤察里亚种

Amphipsylla tuta deqinensis Jie, Yang *et* Li 直缘双蚤德坎亚种

Amphipsylla tuta tuta Wagner 直缘双蚤指名亚种

Amphipsylla tutatoides Liu, Guo *et* Wu 似直缘双蚤

Amphipsylla vinogradovi gansuensis Wu, Liu *et* Ma 丛鬃双蚤甘肃亚种

Amphipsylla vinogradovi vinogradovi Ioff 丛鬃双蚤指名亚种

Amphipsylla weiningensis Li 威宁双蚤

Amphipsylla yadongensis Wang *et* Wang 亚东双蚤

Amphipsyllinae 双蚤亚科

Amphipterygidae 丽蟌科

Amphipyra Ochsenheimer 杂夜蛾属

Amphipyra acheron Draudt 冥杂夜蛾

Amphipyra erebina Butler 暗杂夜蛾

Amphipyra livida (Denis *et* Schiffermüller) 紫黑杂夜蛾

Amphipyra livida corvina Motschulsky 鸦紫黑杂夜蛾

Amphipyra monolitha Guenée 大红裙杂夜蛾

Amphipyra perflua (Fabricius) 蔷薇杂夜蛾

Amphipyra pyramidea (Linnaeus) 果杂夜蛾

Amphipyra schrenkii Ménétriès 桦杂夜蛾

Amphipyra sergei (Staudinger) 丝杂夜蛾

Amphipyra tripartita Butler 勾杂夜蛾

Amphitheridae 印麦蛾科

Amphorophora Buckton 膨管蚜属

Amphorophora ichigo Shinji 悬钩子膨管蚜 rubus hairy aphid

Amphorophora rubi idaei Börner 莓膨管蚜 raspberry aphid

Ampittia Moore 黄斑弄蝶属

Ampittia dioscorides (Fabricius) 黄斑弄蝶

Ampittia nana (Leech) 小黄斑弄蝶

Ampittia virgata Leech 钩形黄斑弄蝶

Amplimerlinius Siddiqi 宽默林线虫属

Amplimerlinius amplus Siddiqi 大宽默林线虫

Amplimerlinius dubius (Steiner) 不定宽默林线虫

Amplimerlinius globigerus Siddiqi 具球宽默林线虫

Amplimerlinius hornensis Bello, Mahajan *et* Zancada 合恩宽默林线虫

Amplimerlinius icarus (Wallace *et* Greet) 伊卡洛斯宽默林线虫

Amplimerlinius intermedius (Bravo) 间型宽默林线虫

Amplimerlinius longicauda Castillo, Siddiqi *et* Barcina 长尾宽默林线虫

Amplimerlinius macrurus (Goodey) 大尾宽默林线虫

Amplimerlinius nectolineatus Siddiqi 束线宽默林线虫

Amplimerlinius paraglobigerus Castillo, Siddiqi *et* Barcina 异具球宽默林线虫

Amplimerlinius parbati Zarina *et* Maqbool 巴尔伯蒂宽默林线虫

Amplimerlinius sheri (Robbins) 谢氏宽默林线虫

Amplimerlinius siddiqi Mancini, Cotrineo *et* Moretti 西氏宽默林线虫

Amplimerlinius socialis (Andrássy) 群居宽默林线虫

Amplimerlinius umbonatus Ivanova 盾宽默林线虫

Amplimerlinius viciae (Salturoglu) 巢菜宽默林线虫

Amplimerlinius clavicaudatus (Choi *et* Geraert) 棒尾宽默林线虫

Ampulex Jurine 长背泥蜂属

Ampulex compressa (Fabricius) 绿长背泥蜂

Ampulex dentata Matsumura *et* Uchida 齿长背泥蜂

Ampulex dissector (Thunberg) 疏长背泥蜂

Ampulex kurarensi Yasumatsu 钝齿长背泥蜂

Ampulex longiabdominalis Wu *et* Chou 长腹长背泥蜂

Ampulex longiclypeus Wu *et* Chou 长唇长背泥蜂

Ampulex quadraticollar Wu *et* Chou 方胸长背泥蜂

Ampulex rotundioculus Wu *et* Chou 圆眼长背泥蜂

Ampulex seitzii (Kohl) 塞长背泥蜂

Ampulex takeuchii Yasumatsu 猛长背泥蜂

Ampulex yunnanensis Wu *et* Chou 云南长背泥蜂

Ampulicidae 长背泥蜂科 bee-like wasps

Ampulicinae 长背泥蜂亚科

Amradiplosis amraemyia Rao 杧果瘿蚊

Amradiplosis brunneigallicola Rao 印度杧果瘿蚊

Amradiplosis echinogalliperda Rao 次雅杧果瘿蚊 mango midge

Amradiplosis keshopurensis Rao 克杧果瘿蚊

Amradiplosis viridigallicola Rao 绿瘿杧果瘿蚊 mango midge

Amraemyia amraemyia Rap 见 *Amradiplosis amraemyia*

Amraemyia brunneigallicola Rap 见 *Amradiplosis brunneigallicola*

Amraemyia viridigallicola Rap 见 *Amradiplosis viridigallicola*

Amraica Moore 掌尺蛾属

Amraica superans (Butler) 掌尺蛾

Amrasca Ghauri 杧果叶蝉属

Amrasca bigutula (Ishida) 棉叶蝉

Amrasca splendens Ghauri 丽杧果叶蝉

Amsacta Walker 缘灯蛾属

Amsacta lactinea Cramer 红绿灯蛾

Amsactoides solitaria (Wileman) 阳异灯蛾

Amulius Stål 粘猎蝽属

Amulius malayus Stål 马来粘猎蝽

Amurilla subpurpurea Butler 稠李毛虫

Amurilla subpurpurea flavopurpura Bang-Hasa 会理枯叶蛾

Amurrhyparia leopardinula (Strand) 黑纹北灯蛾

Amyciaea Simon 蚁蟹蛛属

Amyciaea forticeps (O.P.-Cambridge) 大头蚁蟹蛛

Amydriidae 扁毛蛾科

Amyna Guenée 坑翅夜蛾属

Amyna natalis (Walker) 降坑翅夜蛾

Amyna octo (Guenée) 坑翅夜蛾

Amyna punctum (Fabricius) 斑坑翅夜蛾

Amyna renalis (Moore) 肾坑翅夜蛾

Amyna stellata Butler 星坑翅夜蛾

Amyntor Stål 长叶蝽属

Amyntor obscurus (Dallas) 长叶蝽

Amyotea Ellenrieder 丹蝽属

Amyotea malabarica (Fabricius) 丹蝽

Amystax Roelofs 葫形象属

Amystax fasciatus Roelofs 白纹葫形象

Amystax satanus Nakane 撒旦葫形象

Anabrus simplex Haldeman 摩门螽 Mormon cricket

Anaca Bergroth 翠蝽属

Anaca fasciata (Distant) 翠蝽

Anaca florens (Walker) 黑角翠蝽

Anacallocleonymus Yang 长体刺角金小蜂属

Anacallocleonymus gracilis Yang 柏蠹长体刺角金小蜂

Anacampsis innocuella (Zeller) 颤杨麦蛾 aspen leaf-roller

Anacampsis niveopulvella (Chambers) 白粉麦蛾

Anacampsis populella Clerck 杨麦蛾 poplar sober moth

Anacampsis rivalis Meyrick 红果榄仁麦蛾

Anacamptodes clivinaria profanata (Barnes *et* McDunnough) 山桃花心木尺蛾 mountain mahogany looper

Anacamptodes ephyraria (Walker) 糖槭尺蛾

Anacamptodes vellivolata Hulst 松弯灰尺蛾 grey pine looper

Anacanthocoris concoloratus 见 *Homoeocerus concoloratus*

Anacanthocoris striicornis 见 *Homoeocerus striicornis*

Anacanthotermes macrocephalus Desneux 大头草白蚁

Anacestra Hsiao 钝缘蝽属

Anacestra hirticornis Hsiao 钝缘蝽

Anacestra spiniger Hsiao 刺钝缘蝽

Anacharitidae 柄腹瘿蜂科

Anachauliodes Kimmins 臀鱼蛉属

Anachauliodes tonkinicus Kimmins 越南臀鱼蛉

Anachipteria Grandjean 无前翼甲螨属

Anachipteria grandis Aoki 大无前翼甲螨

Anachipteria mahunkai Aoki 马氏无前翼甲螨

Anacridium Uvarov 树蝗属

Anacridium melanorhodon Walker 树蝗 tree locust

Anadastus Gorham 安拟叩甲属

Anadastus filiformis Fabricius 红拟叩甲

Anadevidia Kostrowicki 葫芦夜蛾属

Anadevidia peponis (Fabricius) 葫芦夜蛾

Anaemerus tomentosus Fabricius 黄灰知喙象

Anaesthetobrium Pic 微天牛属

Anaesthetobrium luteipenne Pic 桑小天牛

Anafunusa acericola (Xiao) 元宝槭潜叶叶蜂

Anagastra Heinrich 海斑螟属

Anagastra kühniella (Zeller) 地中海斑螟 Mediterranean flour moth

Anagelasta apicalis (Pic) 纵线脊象天牛

Anagelasta transversevittata Breuning 长柄脊象天牛

Anagensia Eaton 禽基蜉属

Anagensia yangi Hsu 杨氏禽基蜉

Anaglyptus Mulsant 纹虎天牛属

Anaglyptus apicicornis (Gressitt) 白角纹虎天牛

Anaglyptus hirsutus Gressitt *et* Rondon 多毛纹虎天牛

Anaglyptus ochrocaudus Gressitt 赭尾纹虎天牛

Anaglyptus subfasciatus Pic 柳杉纹虎天牛 cryptomeria twig borer

Anagonalia Young 平大叶蝉属

Anagonalia melichari (Distant) 红纹平大叶蝉

Anagotus helmsi Sharp 新西兰辐射松象

Anagyrus Howard 长索跳小蜂属

Anagyrus dactylopii (Howard) 粉蚧长索跳小蜂

Anagyrus quadrimaculatus Xu *et* He 四斑长索跳小蜂

Anahita Karsch 安蛛属

Anahita fauna Karsch 田野安蛛

Anahita multidentata Schenkel 多齿安蛛

Anajapyx Silvestri 后铁虮属

Anajapyx vesiculosus Silvestri 后铁虮

Analcocerinae 南美水虻亚科

Analeptes trifasciata Fabricius 吉贝天牛 longhorn borer of Bombacaceae

Analgesidae 羽螨科

Analgesoidea 羽螨总科

Anamera alboguttata Thomson 白斑真凹唇天牛

Anamera concolor Lacordaire 粒肩真凹唇天牛

Anamera densemaculata Breuning 密斑真凹唇天牛

Anamera harnmandi Pic 黄点真凹唇天牛

Anamera obesa Pic 胖真凹唇天牛

Anamera similis Breuning 相似真凹唇天牛

Anameromorpha metallica Pic 肖安天牛

Anandra albomarginata (Pic) 白缘狭肩天牛

Anania Hübner 棘趾野螟属

Anania assimilis Butler 八目棘趾野螟

Anania verbascalis Schiffermüller *et* Denis 元参棘趾野螟

Anaparaputo Borchs. 云粉蚧属(安粉蚧属)

Anaparaputo liui Borchs. 刘氏云粉蚧(安粉蚧,榕安粉蚧)

Anaphe venata Butler 非洲梧桐舟蛾

Anaphes Haliday 长缘缨小蜂属

Anaphes nipponicus Kuwayama 负泥虫缨小蜂

Anaphothrips Uzel 呆蓟马属

Anaphothrips floralis Karny 菜呆蓟马

Anaphothrips obscurus (Müller) 玉米黄呆蓟马 grass-thrips

Anaphothrips populi Zhang *et* Tong 杨呆蓟马

Anaphothrips sudanensis Trybom 苏丹呆蓟马

Anaplectoides McDunnough 组夜蛾属

Anaplectoides perviridis (Warren) 透绿组夜蛾

Anaplectoides prasina (Denis *et* Schiffermüller) 绿组夜蛾

Anaplectoides virens (Butler) 黄绿组夜蛾

Anapodisma Dov.-Zap. 瑗秃蝗属

Anapodisma miramae Dov.-Zap. 玛安秃蝗

Anapodisma rufupenna Zheng 红翅秃蝗

Anaptygus Mistsh. 缺背蝗属

Anaptygus furculus Huo *et* Zheng 具尾缺背蝗

Anaptygus qinghaiensis Yin 青海缺背蝗

Anaptygus uvarovi (Chang) 尤氏缺背蝗

Anapulvinaria Borchs. 尾绵蚧属

Anapulvinaria loralaiensis (Rao) 南亚尾绵蚧

Anapulvinaria pistaciae (Bodenheimer) 柽柳尾绵蚧

Anarete johnsoni (Felt) 约氏短角瘿蚊

Anarsia Zeller 条麦蛾属

Anarsia epotias Meyrick 腰果嫩梢条麦蛾

Anarsia idioptila Meyrick 腊肠树条麦蛾

Anarsia lineatella Zeller 桃条麦蛾

Anarsia melanoplecta Meyrick 杧果条麦蛾

Anarsia patulella Walker 四点黄翅条麦蛾

Anarsia sagittaria Meyrick 滇刺枣条麦蛾

Anarsia triglypta Meyrick 儿茶条麦蛾

Anarta Ochsenheimer 窄眼夜蛾属

Anarta fasciata Chen 暗带窄眼夜蛾

Anarta myrtilli (Linnaeus) 窄眼夜蛾

Anartomorpha Alphéraky 风夜蛾属

Anartomorpha albistigma Chen 白点风夜蛾

Anartomorpha brunnea Chen 褐风夜蛾

Anartomorpha conjugata Chen 连纹风夜蛾

Anartomorpha potanini Alphéraky 带风夜蛾

Anasa Amyot *et* Serville 鸭缘蝽属

Anasa armigera (Say) 斑角南瓜缘蝽 horned squash bug

Anastathes Gahan 连突天牛属

Anastathes biplagiata Gahan 斑翅连突天牛

Anastathes nigrocornis (Thomson) 黑角连突天牛

Anastathes parva hainana Gressitt 山茶连突天牛

Anastathes robusta Gressitt 宽翅连突天牛

Anastatus Motschulsky 平腹小蜂属

Anastatus acherontiae Narayanan *et al.* 天蛾卵平腹小蜂

Anastatus albitarsis Ashmead 白跗平腹小蜂

Anastatus disparis Ruschka 舞毒蛾卵平腹小蜂

Anastatus japonicus Ashmead 日本平腹小蜂

Anastoechus Osten-Sacken 安蜂虻属

Anastrepha Schiner 按实蝇属

Anastrepha fraterculus (Wiedemann) 南美按实蝇 South American fruit fly

Anastrepha grandis (Macquart) 瓜按实蝇 South American cucurbit fruit fly

Anastrepha ludens (Löw) 墨西哥按实蝇 Mexican fruit fly,Mexican orange maggot

Anastrepha mombinpraeptans Sein 见 *Anastrepha obliqua*

Anastrepha obliqua (Macquart) 西印度按实蝇 West Indian fruit fly, Antillean fruit fly

Anastrepha serpentina (Wiedemann) 山榄按实蝇 Sapote fruit fly, Serpentine fruit fly

Anastrepha striata Schiner 中美按实蝇 Central American fruit fly, Guava fruit fly

Anastrepha suspensa (Löw) 加勒比按实蝇 Caribbean fruit fly, greater Antillean fruit fly

Anatellidae 缺翅蝼科

Anatis Mulsant 眼斑瓢虫属

Anatis ocellata (Linnaeus) 灰眼斑瓢虫

Anatkina Young 腔大叶蝉属

Anatkina annulata Kuoh *et* Zhang 环斑大叶蝉

Anatkina atttenuata (Walker) 齿茎腔大叶蝉

Anatkina fumosa Kuoh *et* Zhang 烟膜斑大叶蝉

Anatkina illustris (Distant) 点翅大叶蝉

Anatkina nigriventris Li 黑腹斑大叶蝉

Anatkina rubromaculata Kuoh *et* Zhang 红斑大叶蝉

Anatkina vespertinula (Breddin) 金翅大叶蝉

Anatolica Eschsch. 东方鳖甲属

Anatolica cellicola Fald. 东方鳖甲

Anax Leach 伟蜓属

Anax goliathus Fraser 黄额伟蜓

Anax nigrofasciatus Oguma 黑纹伟蜓

Anax parthenope julius Brauer 碧伟蜓

Anax parthenope Selys 女神伟蜓

Anaxandra Stål 翘同蝽属

Anaxandra cornuta (Dallas) 角翘同蝽

Anaxandra giganteum (Matsumura) 大翘同蝽

Anaxandra laticollis Hsiao *et* Liu 宽翼翘同蝽

Anaxandra levicornis Dallas 光角翘同蝽

Anaxandra pteridis Hsiao *et* Liu 翩翼翘同蝽

Anaxandra sigillata Stål 小斑翘同蝽

Anaxandra taurina Kirkaldy 大理翘同蝽

Anaxandra yunnana Hsiao *et* Liu 滇翘同蝽

Anaxarcha Stål 原螳属

Anaxarcha acuta Beier 尖原螳

Anaxarcha gramica Stål 小原螳

Anaxarcha hyalina Zhang 浅色原螳

Anaxarcha limbata Giglio-Tos 褐缘原螳

Anaxarcha sinensis Beier 中华原螳

Anaxarcha tianmushanensis Zheng 天目山原螳

Ancema Eliot 安灰蝶属

Ancema blanka de Nicéville 白衬安灰蝶

Ancema ctesia (Hewitson) 安灰蝶

Anchiphytoptus Keifer 近植瘿螨属

Anchonoma Meyrick 米织蛾属

Anchonoma xeraula Meyrick 米织蛾 grain worm

Anchylopera Stephens 锯缘卷蛾属

Anchylopera discigerana Walker 桦叶卷蛾 birch leaf-folder

Anchylopera plantanana Clemens 植卷蛾

Ancistrocerus Wesmael 沟蜾蠃属

Ancistrocerus parietinus (Linnaeus) 墙沟蜾蠃

Ancistrocerus parietum (Linnaeus) 川沟蜾蠃

Ancistrocerus waltoni (Meade-waldo) 高原沟蜾蠃

Ancistrocheles (Krantz) 钩螯螨属

Ancistrogastridae 钩腹蚴科

Ancistroides Butler 钩弄蝶属

Ancistroides nigrita (Latreille) 黑色钩弄蝶

Ancistrotermes amphidon Sjocstedt 白格钩白蚁

Ancistrotermes cavithorax (Sjostedt) 穴胸钩白蚁

Ancistrotermes crassiceps Zhu *et* Wang 厚头钩白蚁

Ancistrotermes ganlanbaensis Zhu *et* Huang 橄榄坝钩白蚁

Ancistrotermes latinotus Holmgren 桉钩白蚁

Ancistrotermes xiai Zhu *et* Huang 夏氏钩白蚁

Ancita crocogaster Boisduval 金合欢天牛

Ancita marginicollis Boisduval 边金合欢天牛 white-cheeked longicorn

Ancylis Hübner 镰翅小卷蛾属

Ancylis comptana (Frölich) 草莓镰翅小卷蛾

Ancylis cyanostoma Meyrick 滇刺枣镰翅小卷蛾

Ancylis geminana (Donovan) 柳镰翅小卷蛾

Ancylis glyciphaga Meyrick 蛾蜡蝉镰翅小卷蛾

Ancylis laetana Fabricius 钩大理石镰翅小卷蛾 hooked marble roller moth

Ancylis lutescens Meyrick 滇刺枣果叶镰翅小卷蛾

Ancylis mitterbacheriana Denist *et* Schiffermüller 栎镰翅小卷蛾 red roller-moth

Ancylis paludana (Barrett) 豆镰翅小卷蛾

Ancylis sativa Liu 枣镰翅小卷蛾

Ancylis selenana (Guenée) 苹镰翅小卷蛾

Ancylis upupana Treitschke 桦榆镰翅小卷蛾 dark roller moth

Ancylolomia Hübner 巢草螟属

Ancylolomia aduncella Wang *et* Sung 曲钩巢草螟

Ancylolomia bitubirosella Amsel 双管巢草螟

Ancylolomia carcinella Wang *et* Sung 壳形巢草螟

Ancylolomia chrysographella (Kollar) 金纹稻巢螟

Ancylolomia hamatella Wang *et* Sung 小钩巢草螟

Ancylolomia indica Felder *et* Rogenhofer 印稻巢螟

Ancylolomia intricata Bleszynski 垂扑巢草螟

Ancylolomia japonica Zeller 稻巢草螟 lawn webworm

Ancylolomia locupletella (Kollar) 喜马拉雅巢草螟

Ancylolomia palpella (Denis *et* Schiffermüller) 长须巢草螟

Ancylolomia umbonella Wang *et* Sung 盾环巢草螟

Ancylolomiinae 苞螟亚科

Ancylonucha Dej. 见 *Phyllophaga* Harris

Ancylonycha brevicollis Blanchard 见 *Phyllophaga anxiza*

Ancylonycha crassissima Blanchard 见 *Phyllophaga crassissima*

Ancylonycha fimbriata Burmeister 见 *Phyllophaga ilicis*

Ancyra White 旌翅颜蜡蝉属

Ancyra annamensis Schmidt 漆点旌翅颜蜡蝉

Ancystropus Kolenati 距螨属

Ancystropus zcleborii Kolenati 泽距螨

Andaspis MacGillivray 安盾蚧属

Andaspis citricola Young *et* Hu 柑橘安盾蚧

Andaspis crawii (Cockerell) 潜安盾蚧

Andaspis ficicola Young *et* Hu 榕安盾蚧

Andaspis hawaiiensis (Maskell) 夏威夷安盾蚧 burrowing scale

Andaspis indica (Borchsenius) 印度安盾蚧

Andaspis kashicola (Tak.) 柞安盾蚧

Andaspis micropori Borchsenius 小孔安盾蚧

Andaspis mori Ferris 桑安盾蚧

Andaspis naracola Takagi 日本安盾蚧

Andaspis piceae Takagi *et* Kawai 云杉安盾蚧

Andaspis quercicola (Borchsenius) 栎安盾蚧

Andaspis raoi (Borchsenius) 昆明安盾蚧

Andaspis recurrens Takagi *et* Kawai 栗安盾蚧

Andaspis rutae Tang 芸香安盾蚧

Andaspis schimae Tang 木荷安盾蚧

Andaspis tokyoensis Takagi *et* Kawai 东京安盾蚧

Andaspis viticis Takagi 葡萄安盾蚧

Andaspis xishuanbanae Young *et* Hu 西双安盾蚧

Andaspis yunnanensis Ferris 云南安盾蚧

Anderemaeus Hammer 安沙甲螨属

Anderemaeus moticola Hammer 迁安沙甲螨

Andes Stål 安菱蜡蝉属

Andes marmorata (Uhler) 云斑安菱蜡蝉

Andraca Walker 茶蚕蛾属

Andraca bipunctata Walker 三线茶蚕蛾

Andraca gracilis Butler 宽黑腰茶蚕蛾

Andraca hedra Chu *et* Wang 狭黑腰茶蚕蛾

Andraca henosa Chu *et* Wang 伯三线茶蚕蛾

Andrallus Bergroth 侧刺蝽属

Andrallus spinidens (Fabricius) 侧刺蝽

Andreacarus Radford 安卡螨属

Andrena Fabricius 地蜂属

Andrena carbonaria Linnaeus 黑地蜂

Andrena crassipunctata Cockerell 中地蜂

Andrena haemorrhoa Fabricius 红足地蜂

Andrena labiata Fabricius 唇地蜂

Andrena lebedevi Popov 鳞地蜂

Andrena parvula Kirby 小地蜂

Andrena speculella Cockerell 细地蜂

Andrena thoracica Fabricius 黄胸地蜂

Andrenidae 地蜂科

Andreninae 地蜂亚科

Andricus Hartig 安堆瘿蜂属

Andricus albopunctatus Schlechtendal 栎芽瘿蜂 oak bud gall wasp

Andricus californicus Ashmead 加州瘿蜂

Andricus callidoma Hartig 栎柄瘿蜂 oak bud gall wasp, oak catkin gall wasp

Andricus curvator Hartig 栎扭叶瘿蜂 leaf-twisting gall wasp, oak bud gall wasp

Andricus fecundator Hartig 夏栎瘿蜂 artichoke gall wasp, hop gall wasp

Andricus giraudi Wachtl 见 *Andricus callidoma*

Andricus glandulae Schenck 栎序无柄瘿蜂 oak bud gall wasp, oak catkin gall wasp

Andricus inflator Hartig 栎枝瘿蜂 oak bud gall wasp, oak twig gall wasp

Andricus kollari Hartig 栎云石纹瘿蜂 marble gall wasp, oak bud gall wasp

Andricus mukaigawae Mukaigawa 向川栎瘿蜂 quercus gall wasp

Andricus nudus Adler 欧栎芽瘿蜂 oak bud gall wasp, oak catkin gall wasp

Andricus ostreus Hartig 栎叶瘿蜂 oak bud gall wasp, oak leaf gall wasp

Andricus quadrilineatus Hartig 四纹栎瘿蜂 oak catkin gall wasp

Andricus quercuscorticis Linnaeus 栎皮瘿蜂 oak bark gall wasp, oak bud gall wasp

Andricus quercusradicis Fabricius 栎根瘿蜂 oak root gall wasp, oak twig gall wasp

Andricus quercusramuli Linnaeus 栎棉瘿蜂 cotton gall wasp, oak bud gall wasp

Andricus seminationis Giraud 古北栎林瘿蜂 oak catkin gall wasp

Andricus solitarius Boyer de Fonscolombe 栎独居瘿蜂 oak bud gall wasp, oak catkin gall wasp

Andricus testaceipes Hartig 栎壳瘿蜂 oak bud gall wasp,

oak leaf gall wasp

Androceras Jordan 扁角长角象属

Androdes hypochalcis Turner 辐射松夜蛾

Androeme plagiata Aurivillius 柏木天牛

Androlaelaps Berlese 阳厉螨属

Androlaelaps casalis casalis (Berlese) 茅舍阳厉螨

Androlaelaps euryplatamus Yang *et* Li 宽板阳厉螨

Androlaelaps hsui Wang *et* Li 徐氏阳厉螨

Androlaelaps karawaiewi Berlese 卡拉叹阳厉螨

Androlaelaps parasingularis Gu, Wang *et* Fang 副单阳厉螨

Androlaelaps pavlovskii Bregetova 巴氏阳厉螨

Androlaelaps sardous Berlese 沙阳厉螨

Androlaelaps singularis Wang *et* Li 单阳厉螨

Androlaelaps singuloides Gu *et* Duan 拟单阳厉螨

Androlaelaps trifurcatus Wang *et* Li 三叉阳厉螨

Anechura Scudder 张球蠼属

Anechura asiatica Semenov 橡胶张球蠼

Anechura huangi Zhang *et* Yang 黄氏张球蠼

Anechura japonica (Bormans) 日本小翅张球蠼 Japanese earwig

Anechura jewisi Burmeister 勒威斯氏张球蠼 Lewis earwig

Anechura torquata Burr 环张球蠼

Anechuridae 张球蠼科

Anechurinae 张球蠼亚科

Aneflormorpha subpubescens (LeC.) 栎干天牛 oak-stem borer

Aneflus protensus LeC. 牧豆树天牛

Anelastes druryi Kirby 腐木叩甲

Anelosimus Simon 阿内蛛属

Anelosimus crassipes (Boes. *et* Str.) 厚阿内蛛

Anepia christophi (Möschler) 克梳跗夜蛾

Anepipodisma Huang 珂蝗属

Anepipodisma punctata Huang 点珂蝗

Anepsion Strand 阿园蛛属

Anepsion maritatum (O.P.-Cambridge) 秃头阿园蛛

Anepsion roeweri Chrysanthus 罗氏阿园蛛

Anerastiinae 拟斑螟亚科

Aneristus Howard 斑翅蚜小蜂属

Aneristus ceroplastae Howard 蜡蚧斑翅蚜小蜂

Aneugmenus Hartig 缺柄叶蜂属

Aneugmenus babai Togashi 马场缺柄叶蜂

Aneugmenus gressitti Takeuchi 嘉氏缺柄叶蜂

Aneugmenus japonicus Rohwer 黄腹缺柄叶蜂

Aneugmenus pteridii Malaise 羊齿缺柄叶蜂

Aneurinae 无脉扁蝽亚科

Aneurus Curtis 无脉扁蝽属

Aneurus elongatus Liu 长无脉扁蝽

Aneurus hainanensis Kormilev 琼无脉扁蝽

Aneurus hubeiensis Liu 鄂无脉扁蝽

Aneurus insularis Kormilev 岛无脉扁蝽

Aneurus nitidulus Kormilev 光无脉扁蝽

Aneurus similis Liu 拟无脉扁蝽

Aneurus sinensis Kiritshenko 华无脉扁蝽

Aneurus sinuatipennis Bergroth 曲无脉扁蝽

Aneurus sublobatus Kormilev 粤无脉扁蝽

Aneurus yunnanensis Hsiao 滇无脉扁蝽

Angaracris B.-Bienko 皱膝蝗属

Angaracris acrohylina Bi 端亮皱膝蝗

Angaracris morulimarginis Huang 暗边皱膝蝗

Angaracris morulipennis Zheng *et* Ren 暗翅皱膝蝗

Angaracris nigrimarginis Zheng *et* Ren 黑边皱膝蝗

Angaracris nigripennis Lian *et* Zheng 黑翅皱膝蝗

Angaracris rhodopa (F.-W.) 红翅皱膝蝗

Angaracris ulashanicus Li 乌拉皱膝蝗

Angarcris barabensis (Pall.) 鼓翅皱膝蝗

Angelica tyrrhea Cramer 柳大蚕蛾 willow emperor moth

Angelothrombium 角绒螨属

Angerona Duponchel 李尺蛾属

Angerona prunaria Linnaeus 李尺蛾 plum cankerworm

Angiometopa Brauer *et* Bergenstamm 长肛野蝇属

Angiometopa ruralis (Fallén) 茹长肛野蝇

Angonyx Boisduval 绒绿天蛾属

Angonyx menghaiensis Meng 勐海绒绿天蛾

Angonyx testacea (Walker) 绒绿天蛾

Anguina Scopoli 鳗线虫属(瘿线虫属) leaf and seed gall nematodes

Anguina agropyronifloris Norton 冰草鳗线虫

Anguina agrostis (Steibbuch) 剪股颖鳗线虫 grass nematode, bent grass nematode

Anguina australis Steiner 澳大利亚鳗线虫

Anguina calamagrostis Wu 拂子茅鳗线虫

Anguina funesta Price, Fisher *et* Kerr 黑麦草鳗线虫

Anguina graminis (Hardy) 禾草鳗线虫 fescue leaf gall nematode

Anguina klebahni Goffart 报春花鳗线虫

Anguina microlaenae (Fawcett) 小芳蕨鳗线虫

Anguina pacificae Cid del Prado Vera *et* Maggenti 太平洋鳗线虫

Anguina poophila Kirjanova 草甸鳗线虫

Anguina pustulicola (Thorne) 小瘤鳗线虫

Anguina spermophaga Steiner 牧草鳗线虫

Anguina tridomina Kirjanova 三宿鳗线虫

Anguina tritici (Steinbuch) 小麦粒瘿线虫 wheat gall nematode, wheat nematode

Anguinidae 鳗线虫科

Angustibracon Quicke 窄腹茧蜂属

Angustibracon maculiabdominis Zhou *et* You 斑腹窄腹茧蜂

Anhomoeus Hsiao 梭缘蝽属

Anhomoeus fusiformis Hsiao 梭缘蝽

Anicetus Howard 扁角跳小蜂属

Anicetus annulatus Timberlake 软蚧扁角跳小蜂

Anicetus benificus Ishii *et* Yasumatsu 红蜡蚧扁角跳小蜂

Anicetus ceroplastis Ishii 蜡蚧扁角跳小蜂

Anicetus ohgushii Tachikawa 红帽蜡蚧扁角跳小蜂

Anicetus zhejiangensis Xu *et* Li 浙江扁角跳小蜂

Anigrus Stål 阿脉蜡蝉属

Anigrus formosanus (Matsumura) 台湾阿脉蜡蝉

Anigrus frequens (Matsumura) 脊颜阿脉蜡蝉

Anigrus metalces Fennah 美脊颜阿脉蜡蝉

Anigrus nudifrons Fennah 凹颜阿脉蜡蝉

Animula herrichii Westwood 白条袋蛾 white-ribbed case moth

Anipocregyes laosensis Breuning 老挝中脊天牛

Anisandrus Ferrari 见 *Xyleborus* Eichhoff

Anisandrus dispar Fabricius 见 *Xyleborus disper*

Anisitsiellidae 小八角水螨科

Anisitsiellinae 小八角水螨亚科

Anisocentropus maculatus Ulmer 多斑枝石蛾

Anisochrysa alarconi (Navás) 西班牙不等草蛉

Anisochrysa ariadne Hölzel 栎槭不等草蛉

Anisochrysa atrosparsa (Tjeder) 东开普省不等草蛉

Anisochrysa baronissa (Navás) 高纬度林不等草蛉

Anisochrysa boninensis (Okamoto) 小笠原不等草蛉

Anisochrysa burgeonina (Navás) 市庭园不等草蛉

Anisochrysa chloris (Schneider) 近水不等草蛉

Anisochrysa clathrata (Schneider) 西土不等草蛉

Anisochrysa flavifrons (Brauer) 黄额不等草蛉

Anisochrysa formosana (Matsumura) 台湾不等草蛉

Anisochrysa genei (Rambur) 吉恩不等草蛉

Anisochrysa granadensis (Pictet) 格拉纳达不等草蛉

Anisochrysa handschini (Navás) 低纬度林不等草蛉

Anisochrysa iberica (Navás) 草莓树不等草蛉

Anisochrysa incrassata (Tjeder) 高冬雨不等草蛉

Anisochrysa inornata (Navás) 栎不等草蛉

Anisochrysa pictetei (McLachlan) 地中海不等草蛉

Anisochrysa prasina (Burmeister) 夏栎不等草蛉

Anisochrysa spissinervis (Tjeder) 南非不等草蛉

Anisochrysa subcostalis (McLachlan) 针叶树不等草蛉

Anisochrysa subcubitalis (Navás) 柽柳不等草蛉

Anisochrysa tacta (Navás) 金合欢河岸不等草蛉

Anisochrysa venosa (Rambur) 罗纳谷西不等草蛉

Anisochrysa ventralis (Curtis) 腹不等草蛉

Anisochrysa zelleri (Schneider) 果园不等草蛉

Anisodera fraterna Baly 断脊潜甲

Anisodera guerinii Baly 隆额潜甲

Anisodera propinqua Baly 毛角潜甲

Anisodera rugulosa Chen *et* Yu 皱腹潜甲

Anisodes Guenée 环姬尺蛾属

Anisogomphus Selys 异春蜓属

Anisogomphus anderi Lieftinck 安氏异春蜓(Z纹异箭蜓)

Anisogomphus bivittatus flavifacies (Klots) 双条异春蜓

黄脸亚种

Anisogomphus forresti (Morton) 福氏异春蜓

Anisogomphus koxingai Chao 国姓异春蜓

Anisogomphus maacki (Selys) 马奇异春蜓

Anisogomphus wuzhishanus Chao 五指异春蜓

Anisolabidae 肥螋科

Anisolabis annulipes (Lucas) 环纹肥螋

Anisolabis burri Zacher 布肥螋

Anisolabis maritima (Gene) 海肥螋

Anisolabis stali (Dohrn) 袋肥螋

Anisolemnia Crotch 大瓢虫属

Anisolemnia dilatata (Fabricius) 十斑大瓢虫

Anisolemnia pearsoni Crotch 萍斑大瓢虫

Anisomorpha Gray 缺翅蜻属

Anisomorpha buprestoides (Stoll.) 双带缺翅蜻 two-striped walkingsticks

Anisomorphinae 缺翅蜻亚科

Anisoneura Guenée 乱纹夜蛾属

Anisoneura aluco (Fabricius) 锐声枭乱纹夜蛾

Anisoneura hypocyanea Guenée 树皮乱纹夜蛾

Anisopleura 斑溪螅属

Anisopleura furcata Selys 蓝斑溪螅

Anisoplia Serville 塞丽金龟属

Anisoplia agricola (Poda) 锚纹塞丽金龟

Anisoplia austriaca (Herbst) 奥地利塞丽金龟

Anisoplia campicola Ménétriès 平原塞丽金龟

Anisoplia crucifera Herbst 见 *Anisoplia agricola*

Anisoplia cyathigera Scopoli 见 *Anisoplia agricola*

Anisoplia fruticola Olivier 见 *Anisoplia austriaca*

Anisoplia hauseri Reitter 见 *Anisoplia campicola*

Anisoplia lata Erichson 宽塞丽金龟

Anisoplia macedonica Apfelbeck 见 *Anisoplia lata*

Anisoplia segetum Herbst 玉米塞丽金龟

Anisops fieberi Kirkaldy 小仰蝽

Anisops kuroiwai Matsumura 直角小仰蝽

Anisoptera 差翅亚目

Anisostephus betulinum (Kieffer) 孤食桦瘿蚊 birch gall midge

Anisosticta Dejean 异点瓢虫属

Anisosticta novemdecimpunctata (Linnaeus) 十九星瓢虫

Anisota Hübner 茴大蚕蛾属

Anisota manitobensis McDunnough 曼尼托巴大蚕蛾

Anisota rubicunda (Fabricius) 槭绿条大蚕蛾 green-striped mapleworm

Anisota senatoria Abbott *et* Smith 栎黄条大蚕蛾 orange-striped oakworm

Anisota stigma (F.) 栎痣大蚕蛾 spiny oakworm

Anisota virginiensis Drury 栎红条大蚕蛾 brown anisota, pink-striped oakworm

Ankelothyadinae 螳足水螨亚科

Ankylopteryx Brauer 绢草蛉属

Ankylopteryx neavei (Navás) 尼夫绢草蛉

Ankylopteryx octopunctata (Fabricius) 八斑绢草蛉

Ankylopteryx verdcourti Kimmins 维德绢草蛉

Annamanum Pic 安天牛属

Annamanum albisparsum (Gahan) 灰斑安天牛

Annamanum chebanum (Gahan) 滇安天牛

Annamanum mediomaculatum Breuning 老挝安天牛

Annamanum rondoni Breuning 瘦安天牛

Annamanum thoracicum (Gahan) 斑柄安天牛

Annamanum versteegi (Ritsema) 灰安天牛

Annectacarus Grandjean 连甲螨属

Annectacarus hainanensis Hu et Wang 海南连甲螨

Annulipalpia 环须亚目

Anobiidae 窃蠹科 deathwatch, drugstore beetles

Anobium Fabricius 窃蠹属

Anobium pertinax Linnaeus 顽固窃蠹

Anobium punctatum (De Geer) 家具窃蠹 furniture beetle

Anocentor Schulze 暗眼蜱属

Anochetus Mayr 钩猛蚁属

Anochetus risi Forel 里氏钩猛蚁

Anochetus subcoecus Forel 甲仙钩猛蚁

Anochetus taiwaniensis Terayama 台湾钩猛蚁

Anoecia Koch 短痣蚜属

Anoecia corni (Fabricius) 瑞木短痣蚜 Japanese dog-
wood aphid

Anoecia fulviabdominalis Sasaki 黄褐腹短痣蚜

Anoecia krizusi (Börner) 柯短痣蚜

Anoeciidae 短痣蚜科

Anoetidae 食菌螨科

Anoetoidea 食菌螨总科

Anoetus Dujardin 食菌螨属

Anoetus laboratorium Hughes 实验室食菌螨

Anomala Samouelle 异丽金龟属

Anomala aenea Degeer 见 *Anomala dubia*

Anomala aerea Perty 见 *Anomala antiqua*

Anomala albopilosa Hope 白毛绿异丽金龟

Anomala amychodes Ohaus 腹毛异丽金龟

Anomala antiqua (Gyllenhal) 桐黑异丽金龟

Anomala aulax (Wiedemann) 脊绿异丽金龟

Anomala auracoides Ohaus 台湾条异丽金龟

Anomala aurora Arrow 黎明异丽金龟

Anomala badia Ohaus 淡棕异丽金龟

Anomala bengalensis Blanchard 孟加拉湾异丽金龟

Anomala bilunata Fairmaire 月斑异丽金龟

Anomala chaemeleon Fairmaire 多色异丽金龟

Anomala conspurcata Harold 乱点异丽金龟

Anomala corpulenta Motschulsky 铜绿异丽金龟

Anomala cuprea Hope 古铜异丽金龟 cupreous chafer

Anomala cupripes Hope 红脚异丽金龟 June beetle

Anomala daimiana Harold 樱桃绿异丽金龟

Anomala dalbergiae Arrow 印度黄檀异丽金龟

Anomala daurica Mannerheim 见 *Anomala luculenta*

Anomala dimidiata (Hope) 葡萄异丽金龟

Anomala diversa Waterhouse 裂异丽金龟

Anomala dubia Scopoli 疑异丽金龟

Anomala dussumieri Blanchard 圆腹异丽金龟

Anomala ebenina Fairmaire 漆黑异丽金龟

Anomala exoleta Faldermann 黄褐异丽金龟

Anomala expansa Bates 膨翅异丽金龟

Anomala flavipes Arrow 樱桃异丽金龟

Anomala flaviventris Arrow 黄腹异丽金龟

Anomala geniculata Motschulsky 樱桃小异丽金龟

Anomala glabra Lin 褐亮异丽金龟

Anomala gottschei Koble 见 *Anomala corpulenta*

Anomala grandis Hope 尼泊尔桤木异丽金龟

Anomala herbea Lin 草绿异丽金龟

Anomala heydeni Frivaldszky 深绿异丽金龟

Anomala hirsutula Nonfried 毛异丽金龟

Anomala japonica Arrow 见 *Anomala viridana*

Anomala kambaitina Ohaus 侧皱异丽金龟

Anomala latiungula Lin 宽爪异丽金龟

Anomala lineatopennis Blanchard 雪松苗异丽金龟

Anomala lucens Ballion 光亮异丽金龟

Anomala luculenta Erichson 侧斑异丽金龟

Anomala lugubris Wiedemann 见 *Anomala antiqua*

Anomala marginalis Newman 见 *Anomala aulax*

Anomala mongolica Motschulsky 见 *Anomala luculenta*

Anomala mongolica Faldermann 蒙异丽金龟

Anomala octiescostata Burmeister 扁绿异丽金龟

Anomala octocostata Motsch. 见 *Anomala sieversi*

Anomala orientalis Waterhouse 东方异丽金龟 oriental
beetle

Anomala osakana Sawada 大阪异丽金龟

Anomala picina Lin 大黑异丽金龟

Anomala picticollis Ballion 见 *Anomala vittata*

Anomala piliscutella Lin 毛盾异丽金龟

Anomala polita Blanchard 滑异丽金龟

Anomala puncticollis Harold 刺颈异丽金龟

Anomala rufithorax Ohaus 红背异丽金龟

Anomala rufiventris Redtenbacher 红腹异丽金龟

Anomala rufocuprea Motsch. 见 *Anomala chaemeleon*

Anomala rugosa Arrow 多皱异丽金龟

Anomala schoenfeldti Ohaus 舍恩菲尔德异丽金龟

Anomala semicastanea Fairmaire 背棕异丽金龟

Anomala siamensis Nofried 泰褐异丽金龟

Anomala sieversi Heyden 苹绿异丽金龟

Anomala smaragdina Ohaus 见 *Anomala chaemeleon*

Anomala spiloptera Burmaister 斑翅异丽金龟

Anomala sulcipennis (Faldermann) 弱脊异丽金龟

Anomala tenella Blanchard 娇异丽金龟

Anomala tenuipes Lin 细胫异丽金龟

Anomala testaceipes Motschulsky 柳杉黄褐异丽金龟

Anomala trachyyga Bates 棉异丽金龟

Anomala tristis Arrow 暗色异丽金龟

Anomala trivirgata Fairmaire 三带异丽金龟

Anomala varicolor (Gyllenhal) 变棕异丽金龟

Anomala viridana Kolbe 绿异丽金龟

Anomala vittata Gebler 黑条异丽金龟

Anomala xantholoma Lin 黄边异丽金龟

Anomala xanthopleura Arrow 黄侧异丽金龟

Anomalinae 异丽金龟亚科

Anomalocera Westwood 纹花金龟属

Anomalocera olivacea (Janson) 榄纹花金龟

Anomalocera parryi Westwood 赤纹花金龟

Anomalochrysa frater Perkins 弟兄无柄卵草蛉

Anomalococcus Green 畸链蚧属

Anomalococcus cremastogastri Green 锡兰畸链蚧

Anomalococcus indicus Ramakrishna 印度畸链蚧

Anomalohimalaya Hoogstraal, Kaiser *et* Mitchell 异扇蜱属

Anomalohimalaya cricetuli Teng *et* Huang 仓鼠异扇蜱

Anomalohimalaya lama Hoogstraal, Kaiser *et* Mitchell 喇嘛异扇蜱

Anomalon Panzer 肿跗姬蜂属

Anomalon flosmaculus Wang 花斑肿跗姬蜂

Anomalon kozlovi (Kokujev) 泡胫肿跗姬蜂

Anomalon nigribase Cushman 黑基肿跗姬蜂

Anomalon victorovi Momoi 纵皱肿跗姬蜂

Anomaloninae 肿跗姬蜂亚科

Anomalophylla Reitter 异节绢金龟属

Anomalophylla moupinea Fairmaire 宝兴异节绢金龟

Anomiopsyllinae 少毛蚤亚科

Anomis Hübner 桥夜蛾属

Anomis commoda Butler 木槿桥夜蛾 hibiscus leaf caterpillar

Anomis erosa Hübner 见 *Anomis flava*

Anomis flava (Fabricius) 小造桥夜蛾 cotton leaf caterpillar, cotton looper, cotton semi-looper

Anomis fulvida Guenée 见 *Rusicada fulvida*

Anomis indica Guenée 见 *Anomis flava*

Anomis leona Schaus 杧果实桥夜蛾

Anomis mesogona (Walker) 桥夜蛾 hibiscus looper, anomis fruit moth

Anomis sabulifera (Guenée) 黄麻桥夜蛾 jute semi-looper

Anomologidae 长跗蛾科

Anomoneura mori Schwarz 桑木虱 mulberry sucker, mulberry psylla

Anomophysis Quentin *et* Villiers 异胸天牛属

Anomophysis hainana (Gressitt) 海南异胸天牛

Anonychia Warren 宽带尺蛾属

Anopheles Meigen 按蚊属(疟蚊属)

Anopheles aconitus Doenitz 乌头按蚊

Anopheles aitkenii James 艾氏按蚊

Anopheles annularis van der Wulp 环纹按蚊

Anopheles anthropohagus Xu *et* Feng 嗜人按蚊

Anopheles argyropus (Swellengrebel) 银足按蚊

Anopheles atroparvus van Thiel 小五斑按蚊

Anopheles barbirostris van der Wulp 须喙按蚊

Anopheles barbumbrosus Strickland *et* Chowdhury 须荫按蚊

Anopheles bengalensis Puri 孟加拉按蚊

Anopheles campestris Reid 平原按蚊

Anopheles changfus Ma 长浮按蚊

Anopheles claviger (Meigen) 带棒按蚊

Anopheles crawfordi Reid 克劳按蚊

Anopheles culicifacies Giles 库态按蚊

Anopheles dazhaius Ma 大窄按蚊

Anopheles dirus Peyton *et* harrison 大劣按蚊

Anopheles fluviatilis James 溪流按蚊

Anopheles freyi Meng 傅氏按蚊

Anopheles gambiae Giles 刚比亚按蚊

Anopheles gigas baileyi Edwards 巨型按蚊贝氏亚种

Anopheles gigas simlensis (James) 巨型按蚊西姆拉亚种

Anopheles heiheensis Ma 黑河按蚊

Anopheles hyrcanus (Pallas) 赫坎按蚊

Anopheles indefinitus (Ludlow) 无定按蚊

Anopheles insulaeflorum (Swellengrebel *et* Swellengrevel de Graaf) 花岛按蚊

Anopheles interruptus Puri 簇足按蚊

Anopheles jamesii Theobald 詹氏按蚊

Anopheles jeyporiensis James 杰普尔按蚊

Anopheles karwari (James) 卡瓦按蚊

Anopheles kochi Doenitz 簇腹按蚊

Anopheles koreicus Yamada *et* Watanabe 朝鲜按蚊

Anopheles kunmingensis Dong *et* Wang 昆明按蚊

Anopheles kweiyangensis Yao *et* Wu 贵阳按蚊

Anopheles liangshanensis Kang,Tan *et* Cao 凉山按蚊

Anopheles lindesayi Giles 林氏按蚊

Anopheles ludlowae (Theobald) 劳氏按蚊

Anopheles maculatus Theobald 多斑按蚊

Anopheles maculipennis Meigen 五斑按蚊 common anopheles mosquito

Anopheles menglangensis Ma 勐朗按蚊

Anopheles messeae Falleroni 米赛按蚊

Anopheles minimus Theobald 微小按蚊

Anopheles nigerrimus Giles 最黑按蚊

Anopheles nitidus Harrison, Scanlon *et* Reid 小洁按蚊

Anopheles palmatus (Rodenwaldt) 棕毛按蚊

Anopheles pattoni Christophers 帕氏按蚊

Anopheles peditaeniatus (Leicester) 带足按蚊

Anopheles philippinensis Ludlow 菲律宾按蚊

Anopheles quadrimacalatus Say 四斑按蚊 common malaria mosquito

Anopheles ramsayi Covell 阔鳞按蚊

Anopheles sachrovi Favre 萨氏按蚊

Anopheles sinensis Wiedemann 中华按蚊

Anopheles sineroides Yamada 类中华按蚊

Anopheles sintonoides Ho 宽鳞按蚊

Anopheles splendidus Koidzumi 美彩按蚊

Anopheles stephensi Liston 斯氏按蚊

Anopheles subpictus Grassi 浅色按蚊

Anopheles takasagoensis Morishita 高砂按蚊

Anopheles tessellatus Theobald 棋斑按蚊

Anopheles vagus Doenitz 迷走按蚊

Anopheles varuna Iyengar 瓦溶按蚊

Anopheles xiankuanus Ma 小宽按蚊

Anopheles yatsushiroensis Miyazaki 八代按蚊

Anophelinae 按蚊亚科

Anophia leucomelas Linnaeus 见 *Aedia leucomelas*

Anophococcus goux Bala. 见 *Greenisca goux*

Anophococcus inermis (Green) 见 *Rhizococcus innermis*

Anoplocnemis Stål 安缘蝽属

Anoplocnemis binotata (Distant) 斑背安缘蝽

Anoplocnemis curvipes Fabricius 非洲安缘蝽 bow-legged bug

Anoplocnemis phasiana (Fabricius) 红背安缘蝽

Anoplocnemis tristator Fabricius 铁刀木安缘蝽

Anoplodera Mulsant 缘花天牛属

Anoplodera canadensis (Oliv.) 加拿大缘花天牛

Anoplodera chrysocoma (Kirby) 隐眠缘花天牛

Anoplodera cyanea cyanea (Gebler) 蓝缘花天牛

Anoplodera excavata (Bates) 粗点缘花天牛

Anoplodera livida (Fabricius) 小缘花天牛

Anoplodera nitens (Forst.) 栗缘花天牛 chestnut-bark borer

Anoplodera rubra dichroa (Blanth.) 赤杨褐天牛

Anoplodera sequensi (Reitter) 黑缘花天牛

Anoplodera sexmaculata (Linnaeus) 六斑缘花天牛

Anoplodera variicornis (Dalman) 斑角花天牛

Anoplodera virens (Linnaeus) 绿毛缘花天牛

Anoploderomorpha sepulchralis (Fairmaire) 灰角突肩花天牛

Anoplognathus flavipennis Boisduval 黑荆树金龟

Anoplolepis Santschi 捷蚁属

Anoplolepis longipes (Jerdon) 长角捷蚁

Anoplonyx Marlatt 落叶松叶蜂属

Anoplonyx canadensis Harrington 小落叶松叶蜂 small larch sawfly

Anoplonyx destructor Benson 本生落叶松叶蜂 Benson's larch sawfly

Anoplonyx laricis Marlatt 马氏落叶松叶蜂 Marlatt's larch sawfly

Anoplonyx laricivorus (Rohwer *et* Middleton) 双条落叶松叶蜂 twolined larch sawfly

Anoplonyx luteipes Cresson 黄足落叶松叶蜂 yellow-legged larch sawfly

Anoplonyx occidens Ross 美西落叶松叶蜂 western larch sawfly

Anoplophora Hope 星天牛属

Anoplophora beryllina (Hope) 绿绒星天牛

Anoplophora chiangi Hua *et* Zhang 蒋氏星天牛

Anoplophora chinensis (Förster) 星天牛

Anoplophora chinensis macularia (Thoms.) 星天牛胸斑亚种

Anoplophora chinensis vitalisi (Pic) 星天牛蓝斑亚种

Anoplophora elegans Gahan 丽星天牛

Anoplophora glabripennis (Motsch.) 光肩星天牛

Anoplophora horsfieldi (Hope) 楝星天牛

Anoplophora imitatrix (White) 拟星天牛

Anoplophora leechi (Gahan) 黑星天牛

Anoplophora longehirsuta Breuning 长毛星天牛

Anoplophora lurida (Pascoe) 槐星天牛

Anoplophora malasiaca Thomson 白斑星天牛 whitespotted longicorn beetle

Anoplophora nobilis Ganglbauer 黄斑星天牛

Anoplophora parelegans Chiang 肖丽星天牛

Anoplophora subberyllina Breuning 宽点星天牛

Anoplophora versteegi (Ritsema) 灰星天牛

Anoplophora zonatrix (Thomson) 老挝星天牛

Anoplophora zonatrix major Breuning 粒肩星天牛

Anoplura 虱目 sucking lice, true lice, lice

Anormenis septentrionalis (Spin.) 北方蛾蜡蝉

Anosimus Roelofs 角喙象属

Anosimus decoratus Roelofs 华美角喙象

Anosimus klapperichi Voss 中国角喙象

Anostostomatinae 丑螽亚科

Anostostominae 瘤额螽亚科

Anothopoda Keifer 无伪足瘿螨属

Anothopoda cinnamoni Kuang *et* Feng 樟无伪足瘿螨

Anothopoda johnstoni Keifer 琼氏无伪足瘿螨

Anotogaster Selys 圆臀大蜓属

Anotogaster kuchenbeiseri Förster 双斑圆臀大蜓

Anotogaster sieboldii Selys 巨圆臀大蜓

Anoxia Castelnau 害鳃金龟属

Anoxia maculiventris Reitter 斑腹害鳃金龟

Anoxia orientalis (Krynicky) 东方害鳃金龟 oriental down beetle

Anoxia pilosa Fabricius 毛害鳃金龟

Anoxia villosa Fabricius 长毛害鳃金龟

Antennomegistus Berlese 角巨螨属

Antennophoridae 角螨科

Antennophorinae 角螨亚科

Antennophoroidea 角螨亚总科

Antennophorus foreli Wasmann 弗氏角螨

Antennophorus grandis Berlese 大角螨

Antennophorus pubesces Wasmann 柔毛角螨

Antennophorus uhlmanni Haller 乌氏角螨

Antennoseius Berlese 角绥螨属

Antenohyllisia rondoni Breuning 环毛天牛

Antepipona Saussure 啄蜾蠃属

Antepipona biguttata (Fabricius) 椭圆啄蜾蠃

Antepipona deflenda deflenda (Saunders) 巧啄蜾蠃

Antepipona deflenda lepeletieri (Blüthgen) 平啄蜾蠃

Antepipona fragilis (Smith) 脆啄蜾蠃

Anterhynchium Saussure 缘蜾蠃属

Anterhynchium flavomarginatum (Smith) 黄缘蜾蠃

Antestia Stål 丽蝽属

Antestia anchora (Thunberg) 丽蝽

Antestia cruciata (Fabricius) 十字丽蝽

Antestia modificata Distant 六纹丽蝽

Antestia pulchra Dallas 花丽蝽

Antestiopsis cruciata Fabricius 杧果蝽 mango stink bug

Anthaxia Barr 白纹吉丁属

Anthaxia aeneogastr Laporte *et* Gory 铜光胃细纹吉丁

Anthaxia carinthia Reiche 地中海细纹吉丁

Anthaxia chinensis Kerremans 中华细纹吉丁

Anthaxia cichorii A. Olivier 菊细纹吉丁

Anthaxia expansa LeConte 胀细纹吉丁

Anthaxia hungaricus Schoenherr 匈牙利细纹吉丁

Anthaxia polychlors Kuznetzovi 库氏栎细纹吉丁

Anthaxia praeclara Mannerheim 阿勒颇松细纹吉丁

Anthaxia quadripunctata L. 松四点细纹吉丁

Anthaxia sinicus Bily 中国细纹吉丁

Anthaxia subviolacea Kerremans 褐色细纹吉丁

Anthela excellens Walker 辐射松软羽澳蛾

Anthela nicothoe Boisduval 白粉金合欢软羽澳蛾

Anthela ocellata Walker 小眼斑软羽澳蛾

Anthelidae 澳蛾科

Antheminia Mulsant *et* Rey 实蝽属

Antheminia pusio (Kolenati) 实蝽

Antheminia varicornis (Jakovlev) 多毛实蝽

Anthene Doubleday 尖角灰蝶属

Anthene emolus (Godart) 尖角灰蝶

Antheraea Hübner 柞蚕属

Antheraea assamensis Helfer 钩翅大蚕

Antheraea crypta Chu *et* Wang 明眸大蚕

Antheraea eucalypti Scott 见 *Austrocaligula eucalypti*

Antheraea frithi javanensis Bouvier 明目大蚕

Antheraea paphia Linnaeus 意大利大蚕 tassar silkworm

Antheraea pernyi Guèrin-Méneville 柞蚕

Antheraea pernyi yunnanensis Chu *et* Wang 柞蚕云南亚种

Antheraea polyphemus (Cramer) 多声大蚕 polyphemus moth

Antheraea roylei Moore 罗氏大蚕

Antheraea yamamai Guèrin-Méneville 半目大蚕 Japanese silk moth

Anthicidae 蚁形甲科

Anthicus Paykull 蚁形甲属

Anthidium Fabricius 黄斑蜂属

Anthidium florentinum Fabricius 花黄斑蜂

Anthidium septemspinosum Lepeletier 七黄斑蜂

Anthobium Stephen 安隐翅虫属

Anthoboscidae 悬角土蜂科

Anthocharis Boisduval 襟粉蝶属

Anthocharis bambusarum Oberthür 橙翅襟粉蝶

Anthocharis bieti Oberthür 皮氏尖襟粉蝶

Anthocharis cardamines (Linnaeus) 红襟粉蝶

Anthocharis scolymus Butler 黄尖襟粉蝶

Anthocoptes Nalepa 花刺瘿螨属

Anthocoridae 花蝽科 flower bugs, minute pirate bugs

Anthocoris Fallén 原花蝽属

Anthocoris expansus Bu 阔原花蝽

Anthocoris musculus (Say) 肌原花蝽

Anthocoris pilosus (Jakovlev) 蒙新原花蝽

Anthomyia Meigen 花蝇属

Anthomyia illocata Walker 横带花蝇

Anthomyia imbrida Rondani 七星花蝇

Anthomyia koreana Suh *et* Kwon 朝鲜花蝇

Anthomyia plumiseta Stein 羽芒花蝇

Anthomyia pluvialis (Linnaeus) 雨兆花蝇

Anthomyia procellaris Rondani 骚花蝇

Anthomyiidae 花蝇科

Anthomyiinae 花蝇亚科

Anthomyzidae 小花蝇科

Anthonomus Germar 花象属 flower weevils

Anthonomus bifasciatus Matsumura 二带花象 two-banded fruit weevil

Anthonomus bisignifer Schenkling 双号象

Anthonomus eugenii Cano 胡椒花象 pepper weevil

Anthonomus grandis Boheman 棉铃象 cotton boll weevil

Anthonomus pomorum Linnaeus 苹花象 apple blossom weevil

Anthophila Haworth 苹果雕蛾属

Anthophila aegyptiaca Zeller 埃及苹果雕蛾

Anthophila pariana Clerck 苹果雕蛾 apple-and-thorn skeletonizer

Anthophora Latreille 条蜂属

Anthophora acervorum villosela Smith 毛跗黑条蜂

Anthophora antennalis Wu 角条蜂

Anthophora ferreola Cockerell 红条蜂

Anthophora florea Smith 花条蜂

Anthophora melanognatha Cockerell 黑颚条蜂

Anthophoridae 条蜂科 anthophorids

Anthophorinae 条蜂亚科

Anthoseius De Leon 花绥螨属

Anthracinae 炭角蜂虻亚科

Anthracophora Burmeister 锈花金龟属

Anthracophora dalmanni (Hope) 宽边锈花金龟

Anthracophora rusticola Burmeister 褐锈花金龟

Anthracophora siamensis Kraatz 黑锈花金龟

Anthreninae 圆皮蠹亚科

Anthrenus Fabricius 圆皮蠹属

Anthrenus coreanus Mroczkowski 朝鲜圆皮蠹

Anthrenus maculifer Reitter 多斑圆皮蠹

Anthrenus museorum Linnaeus 标本皮蠹 museum beetle

Anthrenus oceanicus Fauvel 拟白带圆皮蠹

Anthrenus picturatus hintoni Mroczkowsky 红圆皮蠹

Anthrenus pimpinellae latefasciatus Reitter 白带圆皮蠹

Anthrenus sinensis Arrow 中华圆皮蠹

Anthrenus verbasci (Linnaeus) 小圆皮蠹 varied carpet beetle, variegated carpet beetle

Anthribidae 长角象科 fungus weevils

Anthribus Förster 长角象属

Anthribus lajievorus Chao 白蜡蚧长角象

Anthyperythra Swinhoe 媚尺蛾属

Anthyperythra hermearia Swinhoe 媚尺蛾

Antiblemma Hübner 黑夜蛾属

Antiblemma cinerea (Butler) 灰黑夜蛾

Anticarsia Hübner 干煞夜蛾属

Anticarsia gemmatalis Hübner 大豆夜蛾 soybean caterpillar

Anticarsia irrorata (Fabricius) 干煞夜蛾

Anticlea Stephens 安尺蛾属

Anticlea canaliculata Warren 安尺蛾

Anticrates tridelta Meyrick 黄斑巢蛾

Anticypella Meyrick 黑尺蛾属

Antigastra Lederer 荚野螟属

Antigastra catalaunalis Duponchel 芝麻荚野螟 simsim webworm

Antigius Sibatani *et* Ito 青灰蝶属

Antigius attilia (Bremer) 青灰蝶

Antilochus Stål 颈红蝽属

Antilochus conquebertii (Fabricius) 颈红蝽

Antilochus nigripes (Burmeister) 黑足颈红蝽

Antilochus russus Stål 朱颈红蝽

Antilycauges Prout 栉岩尺蛾属

Antiopinae 长角蚜蝇亚科

Antispila Hübner 日蛾属

Antispila anna Meyrick 海南蒲桃日蛾

Antispila nyssaefoliella Clem. 山茱萸日蛾 tupelo leaf miner

Antispila riillei Staint 葡萄日蛾

Antissinae 刺水虻亚科

Antitrygodes Warren 蟹尺蛾属

Antodynerus Saussure 代盾蜾蠃属

Antodynerus limbatum (Saussure) 缘代盾蜾蠃

Antonina Signoret 安粉蚧属(竹粉蚧属,白尾粉蚧属)

Antonina crawii Cockerell 白尾安粉蚧(鞘竹粉蚧,竹白尾粉蚧) white-tailed bamboo scale bamboo scale, cottony bamboo scale

Antonina elongta Tang 长型安粉蚧

Antonina graminis (Maskell) 九龙安粉蚧(草竹粉蚧,禾白尾粉蚧) Burmda grass scale

Antonina indica Green 见 *Antonina graminis*

Antonina maritima Green 莎草安粉蚧

Antonina natalensis Brain 中亚安粉蚧

Antonina pretiosa Ferris 巨竹安粉蚧(盾竹粉蚧,美洲白尾粉蚧)

Antonina tesquorum Danzig 远东安粉蚧

Antonina thaiensis Tak. 泰国安粉蚧

Antonina vera Borchs. 朝鲜安粉蚧

Antonina zonata Green 见 *Chaetococcus zonatus*

Antoninella Kir. 白粉蚧属

Antoninella inaudita Kir. 冰草白粉蚧

Antricola Cooley *et* Kohls 匙喙蜱属

Anua Walker 安纽夜蛾属

Anua mejanesi Guenée 侧叶榆绿木安纽夜蛾

Anua purpurascens Strand 见 *Anua mejanesi*

Anua subdiversa Prout 非洲梧桐安纽夜蛾

Anua tirhaca Cramer 见 *Ophiusa tirhaca*

Anua trapezium (Guenée) 直安钮夜蛾

Anua triphaenoides (Walker) 安纽夜蛾

Anubis Thomson 灿天牛属

Anubis bipustulatus Thomoson 黄斑灿天牛

Anubis cyaneus Pic 越南灿天牛

Anubis inermis (White) 黄带灿天牛

Anubis leptissimus Gressitt *et* Rondon 瘦灿天牛

Anubis rostratus Bates 长额灿天牛

Anubis unifasciatus Bates 筒胸灿天牛

Anuga Guenée 殿尾夜蛾属

Anuga lunulata Moore 月殿尾夜蛾

Anuga multiplicans (Walker) 折纹殿尾夜蛾

Anumeta Walker 漠夜蛾属

Anumeta cestis (Ménétriès) 绣漠夜蛾

Anumeta fractistrigata (Alphéraky) 碎纹漠夜蛾

Anuraphis Del Guercio 圆尾蚜属

Anuraphis dauci Fabricius 胡萝卜圆尾蚜 carrot aphid

Anurida Laboulbene 见 *Achorutes* Templeton

Anurida trioculata Kinoshita 三眼亚跳虫

Anurogryllus muticus (DeG.) 短尾蟋 short-tailed cricket

Anurophorus changjiensis Hao *et* Huang 昌吉缺弹跳虫

Anydrelia Prout 迷翅尺蛾属

Anydrelia distorta (Hampson) 细线迷翅尺蛾

Anydrelia plicataria (Leech) 迷翅尺蛾

Anydrophila John 安尼夜蛾属

Anydrophila imitatrix (Christoph) 比安尼夜蛾

Anyphaena Sundevall 近管蛛属

Anyphaena mogan Song *et* Chen 莫干近管蛛

Anyphaena xiushanensis Song *et* Zhu 修山近管蛛

Anyphaenidae 近管蛛科

Anysis Howard 安金小蜂属

Anysis saissetiae (Ashmead) 黑盔蚧长盾金小蜂

Anystidae 大赤螨科

Anystipalpus Berlese 捏须螨属

Anystis v. Heyden 大赤螨属

Anystis agilis Banks 敏捷大赤螨

Anystis baccarum (Linnaeus) 圆果大赤螨

Anystoidea 大赤螨总科

Aola scitula Distant　檀香蝉

Aonidia Targ.　囡圆盾蚧属

Aonidia elaeagna Mask.　日本囡圆盾蚧

Aonidia shastae (Coleman)　北美红杉囡圆盾蚧　redwood scale

Aonidiella Berlese *et* Leonardi　肾圆盾蚧属

Aonidiella aurantii (Maskell)　红肾圆盾蚧　California red scale, red scale, red orange scale, orange scale

Aonidiella citrina (Coquillett)　黄肾圆盾蚧　yellow scale

Aonidiella comperei McKenzie　癭肾圆盾蚧

Aonidiella inornata McKenzie　桐肾圆盾蚧

Aonidiella messengeri McKenzie　台湾肾圆盾蚧

Aonidiella orientalis (Newstead)　东方肾圆盾蚧

Aonidiella simplex (Grandpre *et* Charmoy)　香蕉肾圆盾蚧

Aonidiella sotetsu (Takahashi)　棕肾圆盾蚧

Aonidiella taxus Leonardi　红豆杉肾圆盾蚧　Asiatic red scale

Aonidiella tsugae Takagi　铁杉肾圆盾蚧

Aonidomytilus Leonardi　白蛎盾蚧属

Aonidomytilus albus (Cockerell)　木薯白蛎盾蚧　cassava scale, tapioca scale, white mussel scale

Aoplocnemis guttigera Pascoe　辐射松象

Aoplocnemis rufipes Boheman　展叶松象

Aoria Baly　厚缘叶甲属

Aoria bowringii Baly　黑斑厚缘叶甲

Aoria nucea (Fairmaire)　栗厚缘叶甲

Aoria rufotestacea Fairmaire　棕红厚缘叶甲

Aoria scutellaris Pic　盾厚缘叶甲

Aoria thibetana Pic　西藏厚缘叶甲

Apalacris Walker　胸斑蝗属

Apalacris antennata Liang　长角胸斑蝗

Apalacris hyalina Will.　透翅胸斑蝗

Apalacris nigrogeniculata Bi　黑膝胸斑蝗

Apalacris tonkinensis Ramme　越北胸斑蝗

Apalacris varicornis Walker　异角胸斑蝗

Apalacris viridis Huang *et* Xia　绿胸斑蝗

Apalacris xizangensis Bi　西藏胸斑蝗

Apamea Ochsenheimer　秀夜蛾属

Apamea apameoides (Draudt)　笋秀夜蛾

Apamea crenata (Hüfnagel)　痕秀夜蛾

Apamea rurea Fabricius　旋秀夜蛾

Apamea sodalis (Butler)　朋秀夜蛾

Apamea sordens (Hüfnagel)　秀夜蛾　wheat earworm, wheat cutworm

Apamea veterina (Lederer)　负秀夜蛾

Apanteles Förster　绒茧蜂属

Apanteles belippicola Liu *et* You　背刺蛾绒茧蜂

Apanteles californicus Muesebeck　加州绒茧蜂

Apanteles chiloniponellae You *et* Wang　棘禾草螟绒茧蜂

Apanteles colemani Viereck　喜湿黄毒蛾绒茧蜂

Apanteles compressiabdominis You *et* Tong　扁腹绒茧蜂

Apanteles corbetti Wilkinson　科氏绒茧蜂

Apanteles fumiferanae Viereck　烟绒茧蜂

Apanteles hyblaeae Wilkinson　全须夜蛾绒茧蜂

Apanteles lacteicolor Vier.　毒蛾绒茧蜂

Apanteles longicaudatus You *et* Zhou　长尾绒茧蜂

Apanteles melanoscelus (Ratz.)　黑足绒茧蜂

Apanteles okamotoi Watanabe　二尾舟蛾绒茧蜂

Apanteles papilionis Viereck　凤蝶绒茧蜂

Apanteles phragmataeciae You *et* Zhou　芦苇豹蠹蛾绒茧蜂

Apanteles pieridis (Bouch)　豆粉蝶绒茧蜂

Apanteles solitarius (Ratzeburg)　孤绒茧蜂

Apatania tridigitulus Hwang　三指埃沼石蛾

Apate Fabricius　黑长蠹属

Apate indistincta Murray　黑荆树长蠹

Apate monachus Fabricius　咖啡黑长蠹

Apate terebrans Pallas　烟洋椿长蠹

Apatelodes angelica (Grot)　白蜡树小钟蛾

Apatelodes torrefacta (J. E. Smith)　果灌木小钟蛾

Apatelodidae　小钟蛾科

Apatidelia martynovi Mosely　马氏侧突沼石蛾

Apatides fortis (LeConte)　牧豆树强长蠹

Apatophysis Chevrolat　锯花天牛属

Apatophysis baeckmanniana Semenov　新疆锯花天牛

Apatophysis centralis (Semenov-Tian-Shanskij)　中亚锯花天牛

Apatophysis kashmiriana Semenov-Tian-Shanskij　克什锯花天牛

Apatophysis laosensis Geressitt *et* Rondon　老挝锯花天牛

Apatophysis sericea Gressitt *et* Rondon　丝光锯花天牛

Apatophysis sinica (Semenov-Tian-Shanskij)　中华锯花天牛

Apatophysis substriata Gressitt *et* Rondon　柄齿锯花天牛

Apatura Fabricius　闪蛱蝶属

Apatura ilia (Denis *et* Schiffermüller)　柳紫闪蛱蝶

Apatura iris (Linnaeus)　紫闪蛱蝶

Apatura laverna Leech　曲带闪蛱蝶

Apatura metis Freyer　细带闪蛱蝶

Apaturinae　闪蛱蝶亚科

Apechthis ontario (Cresson)　云杉色卷蛾姬蜂

Apechtia Reuter　争猎蝽属

Apechtia tofaikwongi China　争猎蝽

Apeira Gistl　妖尺蛾属

Apeira crenularia crenularia Leech　凹口妖尺蛾指名亚种

Apeira syringaria (Linnaeus)　管妖尺蛾

Apeltonsperchontinae　软刺触螨亚科

Aperitmetus brunneus (Hust.)　茶根象　tea root weevil

Apethymus Benson　卵冬粗角叶蜂属

Apethymus abdominalis Lepeletier　栎卵冬粗角叶蜂　oak

sawfly

Apethymus bracatus Gmelin 欧栎卵冬粗角叶蜂 oak sawfly

Apethymus kuri Takeuchi 栗卵冬粗角叶蜂 chestnut sawfly

Apha Walker 斑带蛾属

Apha floralis Butler 紫斑带蛾

Apha subdives Walker 褐斑带蛾

Apha yunnanensis Mell 云斑带蛾

Aphaena Guèrin-Méneville 梵蜡蝉属

Aphaena decolorata Chou *et* Wang 纯翅梵蜡蝉

Aphaenogaster Mayr 盘腹蚁属

Aphaenogaster angulata Viehmeyer 具角盘腹蚁

Aphaenogaster beccarii (Emery) 贝卡氏盘腹蚁

Aphaenogaster caeclliae Viehmeyer 暗黑盘腹蚁

Aphaenogaster exasperata Wheeler 雕刻盘腹蚁

Aphaenogaster famelica (Smith) 家盘腹蚁

Aphaenogaster geei Wheeler 大吉盘腹蚁

Aphaenogaster hunanensis Wu *et* Wang 湖南盘腹蚁

Aphaenogaster japonica Forel 中日盘腹蚁

Aphaenogaster lepida Wheeler 西氏盘腹蚁

Aphaenogaster rothneyi Forel 罗氏盘腹蚁

Aphaenogaster schurri Forel 舒尔氏盘腹蚁

Aphaenogaster smythiesi Forel 史氏盘腹蚁

Aphaenogaster smythiesi sinensis Wheeler 见 *Aphaenogaster japonica*

Aphaenogaster takahashii Wheeler 高桥盘腹蚁

Aphaenogaster tipuna Forel 大林盘腹蚁

Aphaereta Förster 缺肘反颚茧蜂属

Aphaereta major Thomson 原反颚茧蜂

Aphaereta rubicunda Tobias 红棕反颚茧蜂

Aphalara Förster 平头木虱属

Aphanoneura Stein 短脉秽蝇属

Aphanoneura echinata (Stein) 鬃股短脉秽蝇

Aphanostigma Börner 梨矮蚜属

Aphanostigma jakusuiensis (Kishida) 梨黄粉蚜

Aphantaulax Simon 秘蛛属

Aphantaulax seminigra Simon 警秘蛛

Aphantopus Wallengren 阿芬眼蝶属

Aphantopus deqenensis Li 德钦阿芬眼蝶

Aphantopus hyperantus (Linnaeus) 阿芬眼蝶

Apharitis Riley 富丽灰蝶属

Apharitis acamas (Kluk) 富丽灰蝶

Aphaulimia Morimoto 浅窝长角象属

Aphelacaridae 滑甲螨科

Aphelenchoides Fischer 滑刃线虫属 bud and leaf nematodes

Aphelenchoides absari Hasain *et* Khan 阿布萨滑刃线虫

Aphelenchoides abyssinicus (Filipjev) 深居滑刃线虫

Aphelenchoides acroposthoin Steiner 顶鞘滑刃线虫

Aphelenchoides africanus Dassonville *et* Heyns 非洲滑刃线虫

Aphelenchoides agarici Seth *et* Sharma 伞菌滑刃线虫

Aphelenchoides aligarhiensis Siddiqi, Husain *et* Khan 阿利加尔滑刃线虫

Aphelenchoides alni Steiner 赤杨滑刃线虫

Aphelenchoides amitini (Fuchs) 阿米登滑刃线虫

Aphelenchoides andrassyi Husain *et* Khan 恩氏滑刃线虫

Aphelenchoides angusticandatus Eroshenko 细尾滑刃线虫

Aphelenchoides appendurus Singh 附器滑刃线虫

Aphelenchoides arachidis Bos 花生滑刃线虫

Aphelenchoides asterocaudatus Das 星尾滑刃线虫

Aphelenchoides asteromucronatus Eroshenko 星尖滑刃线虫

Aphelenchoides autographi (Fuchs) 丫纹夜蛾滑刃线虫

Aphelenchoides besseyi Christie 水稻干尖线虫 rice white tip nematode

Aphelenchoides bicaudatus (Imamura) 双尾滑刃线虫

Aphelenchoides bimucronatus Nesterov 双尖滑刃线虫

Aphelenchoides blastophthorus Franklin 毁芽滑刃线虫

Aphelenchoides brachycephalus Thorne 短头滑刃线虫

Aphelenchoides brassicae Edward *et* Misra 甘蓝滑刃线虫

Aphelenchoides brevicaudatus Das 短尾滑刃线虫

Aphelenchoides brevionchus Das 短突起滑刃线虫

Aphelenchoides brevistylus Jain *et* Singh 短针滑刃线虫

Aphelenchoides breviuteralis Eroshenko 短子宫滑刃线虫

Aphelenchoides caprifici (Gasparrini) 卷曲滑刃线虫

Aphelenchoides capsuloplanus (Haque) 迅速滑刃线虫

Aphelenchoides centralis Thorne *et* Malek 中心滑刃线虫

Aphelenchoides chalonus (Chawla *et al.*) 柔软滑刃线虫

Aphelenchoides chamelocephalus (Steiner) 缠头滑刃线虫

Aphelenchoides chauhani Tundon *et* Singh 乔哈尼滑刃线虫

Aphelenchoides chinensis Husain *et* Khan 中华滑刃线虫

Aphelenchoides cibolensis Riffle 锡博尔滑刃线虫

Aphelenchoides citri Andrássy 枸橼滑刃线虫

Aphelenchoides clarolineatus Baranovskaya 亮线滑刃线虫

Aphelenchoides clarus Thorne *et* Malek 清亮滑刃线虫

Aphelenchoides coffeae (Zimmermann) 咖啡滑刃线虫

Aphelenchoides composticola Franklin 蘑菇滑刃线虫 mushroom nematode

Aphelenchoides confusus Thorne *et* Malek 扰乱滑刃线虫

Aphelenchoides conophthori Massey 松果小蠹滑刃线虫

Aphelenchoides curiolis Gritsenko 弯刺滑刃线虫

Aphelenchoides curvidentis (Fuchs) 弯齿滑刃线虫

Aphelenchoides cyrtus Paesler 弓形滑刃线虫

Aphelenchoides dactylocercus Hooper 指尾滑刃线虫

Aphelenchoides daubichaensis Eroshenko 陶比恰滑刃线

虫

Aphelenchoides delhiensis Chawla *et* al. 德里滑刃线虫

Aphelenchoides demani (Goodey) 德氏滑刃线虫

Aphelenchoides diversus Paesler 分叉滑刃线虫

Aphelenchoides dubius (Fuchs) 可疑滑刃线虫

Aphelenchoides echinocaudatus Haque 刺尾滑刃线虫

Aphelenchoides editocaputis Shavrov 高头滑刃线虫

Aphelenchoides elmiraensis van der Linde 艾尔米尔滑刃线虫

Aphelenchoides elongatus Schuurmans Stekhoven 长形滑刃线虫

Aphelenchoides eltayebi Zeidan *et* Geraert 埃尔泰布滑刃线虫

Aphelenchoides emiliae Romaniko 一点红滑刃线虫

Aphelenchoides eradicatus Eroshenko 叉棘滑刃线虫

Aphelenchoides ferrandini Meyl 费仁丁滑刃线虫

Aphelenchoides fluviatilis Andrássy 河流滑刃线虫

Aphelenchoides fragariae (Ritzema-Bos) 草莓滑刃线虫 strawberry nematode, begonia leaf nematode

Aphelenchoides franklini Singh 福氏滑刃线虫

Aphelenchoides gallagheri Massey 加氏滑刃线虫

Aphelenchoides goeldii (Steiner) 高氏滑刃线虫

Aphelenchoides goldeni Suryawanshi 戈氏滑刃线虫

Aphelenchoides goodeyi Siddiqi *et* Franklin 古氏滑刃线虫

Aphelenchoides graminis Baranovskaya *et* Haque 禾草滑刃线虫

Aphelenchoides gynotylurus Timm *et* Franklin 雌钝尾滑刃线虫

Aphelenchoides hainanensis (Rühm) 海南滑刃线虫

Aphelenchoides hamatus Thorne *et* Malek 具钩滑刃线虫

Aphelenchoides haquei Maslen 哈克滑刃线虫

Aphelenchoides helicosoma Maslon 绕体滑刃线虫

Aphelenchoides helicus Heyns 螺旋滑刃线虫

Aphelenchoides helophilus (de Man) 沼泽滑刃线虫

Aphelenchoides hessei (Rühm) 赫氏滑刃线虫

Aphelenchoides heterophallus Steiner 异鬼笔滑刃线虫

Aphelenchoides hodsoni Goodey 霍氏滑刃线虫

Aphelenchoides hunti Steiner 亨氏滑刃线虫

Aphelenchoides hyderabadensis Das 海德拉巴滑刃线虫

Aphelenchoides hylurgi Massey 干小蠹滑刃线虫

Aphelenchoides indicus Chawla *et* al. 印度滑刃线虫

Aphelenchoides involutus Minagawa 错杂滑刃线虫

Aphelenchoides ipidicola Rühm 毛小蠹滑刃线虫

Aphelenchoides jacobi Husain *et* Khan 雅氏滑刃线虫

Aphelenchoides jodhpurensis Tikyani, Khera *et* Bhatnagar 乔德普尔滑刃线虫

Aphelenchoides jonesi Singh 琼氏滑刃线虫

Aphelenchoides kuehnii Fischer 库氏滑刃线虫

Aphelenchoides kungradensis Karimova 孔格勒滑刃线虫

Aphelenchoides lagenoferrus Baranovskaya 铁葫芦滑刃

线虫

Aphelenchoides lanceolatus Tandon *et* Singh 矛形滑刃线虫

Aphelenchoides latus Thorne 边侧滑刃线虫

Aphelenchoides lichenicola Siddiqi *et* Hawksworth 地衣滑刃线虫

Aphelenchoides ligniperdae (Fuchs) 毁木滑刃线虫

Aphelenchoides lilium Yokoo 百合滑刃线虫

Aphelenchoides linberi Steiner 林伯滑刃线虫

Aphelenchoides longicaudatus (Cobb) 长尾滑刃线虫

Aphelenchoides longicollis Filipjev 长颈滑刃线虫

Aphelenchoides longiurus Das 长腹滑刃线虫

Aphelenchoides longiuteralis Eroshenko 长宫滑刃线虫

Aphelenchoides loofi Kumar 卢氏滑刃线虫

Aphelenchoides lucknowensis Tandon *et* Singh 勒克瑙滑刃线虫

Aphelenchoides macrobulbosus Rühm 大球滑刃线虫

Aphelenchoides macrogaster (Fuchs) 大胃滑刃线虫

Aphelenchoides macromucrons Slankis 大尖滑刃线虫

Aphelenchoides macronatus Paester 尖突滑刃线虫

Aphelenchoides macronucleatus Baranovskaya 大核滑刃线虫

Aphelenchoides mali (Fuchs) 苹果滑刃线虫

Aphelenchoides malpighius (Fuchs) 金虎尾滑刃线虫

Aphelenchoides marinus Timm *et* Franklin 海洋滑刃线虫

Aphelenchoides martinii Rühm 马氏滑刃线虫

Aphelenchoides megadorus Allen 大囊滑刃线虫

Aphelenchoides menthae Lisetzkaya 薄荷滑刃线虫

Aphelenchoides minimus Meyl 最小滑刃线虫

Aphelenchoides minor Seth *et* Sharma 微小滑刃线虫

Aphelenchoides montanus Singh 高山滑刃线虫

Aphelenchoides moro (Fuchs) 摩洛滑刃线虫

Aphelenchoides myceliophagus Seth *et* Sharma 食菌滑刃线虫

Aphelenchoides naticochensis (Steiner) 纳提柯查滑刃线虫

Aphelenchoides neocomposticola Seth *et* Sharma 类蘑菇滑刃线虫

Aphelenchoides nonveilleri Andrássy 农维勒滑刃线虫

Aphelenchoides oahueensis Christie 奥阿胡滑刃线虫

Aphelenchoides obtusicaudatus Eroshenko 圆尾滑刃线虫

Aphelenchoides olesistus (Ritzema-Bos) 破坏滑刃线虫 salvia leaf nematode

Aphelenchoides oliverirae Christie 齐墩果滑刃线虫

Aphelenchoides oregonensis Steiner 俄勒冈滑刃线虫

Aphelenchoides orientalis Eroshenko 东方滑刃线虫

Aphelenchoides ormerodis (Ritzema-Bos) 奥梅滑刃线虫

Aphelenchoides oswegoensis van der Linde 奥斯维格滑刃线虫

Aphelenchoides oxurus Paesler 锐尾滑刃线虫

Aphelenchoides panaxi Skarbilovich *et* Potekhina 人参滑刃线虫

Aphelenchoides pannocaudatus (Massey) 毛状尾滑刃线虫

Aphelenchoides papillatus (Fuchs) 具乳突滑刃线虫

Aphelenchoides parabicaudatus Shavrov 异双尾滑刃线虫

Aphelenchoides parasaprophilus Sauwal 异腐生滑刃线虫

Aphelenchoides parascalacautus Chawla *et al.* 异梯尾滑刃线虫

Aphelenchoides parasexlineatus Kulinich 异六纹滑刃线虫

Aphelenchoides parasubtenuis Shavrov 异微细滑刃线虫

Aphelenchoides parietinus (Bastian) 墙草滑刃线虫

Aphelenchoides penardi (Steiner) 佩纳得滑刃线虫

Aphelenchoides petersi Tandon *et* Singh 彼氏滑刃线虫

Aphelenchoides phloecsini (Massey) 肤小蠹滑刃线虫

Aphelenchoides piniperdae (Fuchs) 松滑刃线虫

Aphelenchoides pissodis notati (Fuchs) 变色滑刃线虫

Aphelenchoides pissodis piceae (Fuchs) 云杉变色滑刃线虫

Aphelenchoides pityokteini Massey 钩小蠹滑刃线虫

Aphelenchoides platycephalus Eroshenko 扁头滑刃线虫

Aphelenchoides polygraphi Massey 四眼小蠹滑刃线虫

Aphelenchoides pseudolesistus (Goodey) 假蕨类滑刃线虫

Aphelenchoides pusillus (Thorne) 极小滑刃线虫

Aphelenchoides pygmaeus (Fuchs) 短小滑刃线虫

Aphelenchoides rarus Eroshenko 稀少滑刃线虫

Aphelenchoides resinosi Kaisa, Harman *et* Harman 多脂松滑刃线虫

Aphelenchoides retusus (Cobb) 钝滑刃线虫

Aphelenchoides rhenanus (Fuchs) 来因滑刃线虫

Aphelenchoides rhytium Massey 皱纹滑刃线虫

Aphelenchoides ribes (Taylor) 茶藨子滑刃线虫

Aphelenchoides richtersi (Steiner) 富吉滑刃线虫

Aphelenchoides ritzemabosi (Schwartz) 菊叶芽滑刃线虫 chrysanthemum foliar nematode, black currant nematode

Aphelenchoides rosei Dmitrenko 玫瑰滑刃线虫

Aphelenchoides rutgersi Hooper *et* Myers 拉氏滑刃线虫

Aphelenchoides sacchari Hooper 甘蔗滑刃线虫

Aphelenchoides sanwali Chaturvedi *et* Khera 桑沃滑刃线虫

Aphelenchoides saprophilus Franklin 腐生滑刃线虫

Aphelenchoides scalacaudatus Sudakova 梯尾滑刃线虫

Aphelenchoides seiachicus Nesterov 塞奇滑刃线虫

Aphelenchoides sexdentati Rühm 六齿滑刃线虫

Aphelenchoides sexlineatus Eroshenko 六纹滑刃线虫

Aphelenchoides shamimi Khera 沙米姆滑刃线虫

Aphelenchoides siddiqii Fortuner 西氏滑刃线虫

Aphelenchoides silvester Andrássy 森林滑刃线虫

Aphelenchoides sinensis (Wu *et* Hoeppli) 中国滑刃线虫

Aphelenchoides singhi Das 辛氏滑刃线虫

Aphelenchoides sinodendroni Rühm 拟锹甲滑刃线虫

Aphelenchoides solani Steiner 茄滑刃线虫

Aphelenchoides spasskii Eroshenko 斯帕斯克滑刃线虫

Aphelenchoides speciosus Andrássy 美丽滑刃线虫

Aphelenchoides sphaerocephalus Goodey 球头滑刃线虫

Aphelenchoides spicomucronatus Truskova 钉尖滑刃线虫

Aphelenchoides spinocaudatus Skarbilovich 针尾滑刃线虫

Aphelenchoides spinosus Paesler 多棘滑刃线虫

Aphelenchoides stammeri Korner 斯达默滑刃线虫

Aphelenchoides submersus Truskova 水生滑刃线虫

Aphelenchoides subparietinus Sanwal 次墙草滑刃线虫

Aphelenchoides subtenuis (Cobb) 微细滑刃线虫

Aphelenchoides suipingensis Feng *et* Li 遂平滑刃线虫

Aphelenchoides swarupi Seth *et* Sharma 斯瓦茹甫滑刃线虫

Aphelenchoides tagetae Steiner 万寿菊滑刃线虫

Aphelenchoides taraii Edward *et* Misra 塔雷滑刃线虫

Aphelenchoides tenuicaudatus (de Man) 窄尾滑刃线虫

Aphelenchoides tenuidens Thorne 瘦小滑刃线虫

Aphelenchoides teres (Schneider) 华美滑刃线虫

Aphelenchoides trivialis Franklin *et* Siddiqi 三纹滑刃线虫

Aphelenchoides tumulicaudatus Truskova 坡形尾滑刃线虫

Aphelenchoides tuzeti B'Chir 图佐特滑刃线虫

Aphelenchoides uncinatus (Fuchs) 有钩滑刃线虫

Aphelenchoides uncinatus ateri (Fuchs) 欧洲根小蠹有钩滑刃线虫

Aphelenchoides uncinatus poligraphi (Fuchs) 四眼小蠹有钩滑刃线虫

Aphelenchoides uncinatus sexdentati (Fuchs) 十二齿蠹有钩滑刃线虫

Aphelenchoides unisexus Jain *et* Singh 单性滑刃线虫

Aphelenchoides varicaudatus Ibrahim *et* Hooper 变尾滑刃线虫

Aphelenchoides vaughani Masler 沃氏滑刃线虫

Aphelenchoides vigor Thorne *et* Malek 健壮滑刃线虫

Aphelenchoides viktoris (Fuchs) 维克多滑刃线虫

Aphelenchoides wallacei Singh 华氏滑刃线虫

Aphelenchoides winchesi (Goodey) 温氏滑刃线虫

Aphelenchoides zeravschanicus Tulaganov 卡尼克滑刃线虫

Aphelenchoididae 滑刃线虫科

Aphelia Hübner 光卷蛾属

Aphelia albidula Bai 白光卷蛾

Aphelia alleniana (Fern.) 松光卷蛾

Aphelia cinerarialis Bai 灰光卷蛾

Aphelia fuscialis Bai 棕光卷蛾

Aphelia paleana (Hübner) 金光卷蛾

Aphelia pallorana Robson 白云杉光卷蛾

Aphelia viburnana Fabricius 荚蒾光卷蛾 bilberry tortrix moth

Aphelinidae 蚜小蜂科

Aphelinoidea Girault 光脉赤眼蜂属

Aphelinoidea gwaliorensis Yousuf *et* Shafee 长盾光脉赤眼蜂

Aphelinoidea retiruga Lin 纹胸光脉赤眼蜂

Aphelinus Dalman 蚜小蜂属

Aphelinus ceratovacunae Liao 甘蔗绵蚜蚜小蜂

Aphelinus curvifasciatus Huang 弯带蚜小蜂

Aphelinus hyalopteraphidis Pan 桃粉蚜蚜小蜂

Aphelinus maidis Timberlake 迈迪蚜小蜂

Aphelinus mali (Haldeman) 苹果绵蚜蚜小蜂

Aphelinus nikolskajae Jasnosh 白杨瘤蚜蚜小蜂

Apheliona Kirkaldy 光小叶蝉属

Apheliona ferruginea (Matsumura) 锈光小叶蝉 citrus leafhopper

Aphelochirinae 长喙潜蝽亚科

Aphelonyx Mayr 阿菲瘿蜂属

Aphelosoma Nikolskaja 扁蚜小蜂属

Aphelosoma plana Nikolskaja 竹蚧扁蚜小蜂

Aphelotingis Drake 箬网蝽属

Aphelotingis muiri Drake 箬网蝽

Aphidencyrtus Ashmead 蚜虫跳小蜂属

Aphidencyrtus aphidivorus (Mayr) 蚜虫跳小蜂

Aphididae 蚜科 aphids, plant lice

Aphidinae 蚜亚科

Aphidius Nees 蚜茧蜂属

Aphidius cupressi Wang *et* Dong 柏蚜茧蜂

Aphidius dianensis Dong *et* Wang 滇蚜茧蜂

Aphidoidea 蚜总科

Aphidounguis mali Takahashi 苹蚜

Aphis Linnaeus 蚜属

Aphis abietina Walker 见 *Elatobium abietinum*

Aphis acanthopanaci Matsumura 棘全蚜

Aphis asclepiadis Fitch 萝藦蚜

Aphis atrata Zhang 棉黑蚜

Aphis bambusae Fullaway 竹蚜 bamboo aphid

Aphis citricola van der Goot 绣线菊蚜

Aphis clerodendri Matsumura 常山蚜

Aphis commelinae Shinji 鸭趾草蚜

Aphis craccivora Koch 豆蚜 cowpea aphid, groundnut aphid

Aphis craccivora usuana Zhang 乌苏黑蚜

Aphis cytisorum Hartig 金雀花黑蚜 black broom aphid

Aphis euonymi Fabricius 卫矛蚜

Aphis euphorbiae Kaltenbach 大戟蚜

Aphis fabae Scopoli 豆卫矛蚜 black bean aphid, bean aphid

Aphis farinosa Gmelin 柳蚜 willow aphid, small willow-aphid

Aphis foeniculivora Zhang 茴香蚜

Aphis forbesi Weed 草莓根蚜 strawberry root aphid

Aphis fukii Shinji 蜂斗叶蚜

Aphis glycines Matsmura 大豆蚜

Aphis gossypii Glover 棉蚜 cotton aphid, melon aphid

Aphis helianthemi obscura Bozhko 半日花蚜

Aphis horii Takahashi 东亚接骨木蚜

Aphis kurosawai Takahashi 艾蚜

Aphis lhasaensis Zhang 拉萨豆蚜

Aphis lhasartemisiae Zhang 拉萨蒿蚜

Aphis nerii Boyer de Fonscolombe 夹竹桃蚜 oleander aphid

Aphis odinae v. d. Goot 见 *Toxoptera odinae*

Aphis periplocophila Zhang 杠柳蚜

Aphis pomi De Geer 苹果蚜 apple aphid

Aphis robiniae canavaliae Zhang 刀豆黑蚜

Aphis robiniae Macchiati 刺槐蚜

Aphis rumicis Linnaeus 酸模蚜 dock aphid

Aphis saliceti Kaltenbach 见 *Aphis farinosa*

Aphis sambuci Linnaeus 接骨木蚜 elder aphid

Aphis sanguisorbicola Takahashi 地榆蚜

Aphis smilacifoliae Takahashi 菝葜蚜

Aphis smilacisina Zhang 浙菝葜蚜

Aphis sophoricola Zhang 槐蚜

Aphis spiraecola Patch 异绣线菊蚜 spiraea aphid, apple aphid

Aphis sumire Moritsu 堇菜蚜

Aphis taraxacicola (Boner) 蒲公英蚜

Aphis utilis Zhang 冻绿蚜

Aphis yangbajaingana Zhang 羊八井蚜

Aphithrombium 蚜绒螨属

Aphithrombium mali Childes *et* al. 苹果蚜绒螨

Aphithrombium ovatus Chang *et* Xin 卵形蚜绒螨

Aphodiidae 蜉金龟科

Aphodius Illiger 蜉金龟属

Aphodius elegans Allibert 两斑蜉金龟(雅蜉金龟)

Aphodius holdereri Reitter 双顶蜉金龟

Aphodius howitti Hope 好韦特蜉金龟

Aphodius pseudotasmaniae Given 拟塔岛蜉金龟

Aphodius rectus Motschulsky 直蜉金龟

Aphodius sorex Fabricius 骚蜉金龟

Aphodius subterraneus Linnaeus 马粪蜉金龟

Aphomia Hübner 谷螟属

Aphomia sapozhnikovi Krulikowski 甜菜谷螟 sugarbeet aphomia

Aphomia zelleri de Joannis 二点谷螟

Aphotistus aeneus (L.) 见 *Selatosomus aeneus*

Aphotistus latus (F.) 见 *Selatosomus latus*

Aphrastasia funitecta Dreyfus 铁杉球蚜

Aphrastasia pectinatae (Cholodkovsky) 冷杉异球蚜

Aphrastasia tsugae Annand 铁杉云杉球蚜 hemlock spruce woolly aphid

Aphrodes Curtis 脊冠叶蝉属

Aphrodes bicincta (Shrank) 横带脊冠叶蝉

Aphrodes bifasciata (Linn) 双带脊冠叶蝉

Aphrodes daiwenicus Kouh 带纹脊冠叶蝉

Aphrodidae 脊冠叶蝉科

Aphrodinae 脊冠叶蝉亚科

Aphrodisium Thomson 柄天牛属

Aphrodisium cantori (Hope) 紫颈柄天牛

Aphrodisium convexcolle Gressitt *et* Rondon 凸胸柄天牛

Aphrodisium crassum Gressitt 铜绿柄天牛

Aphrodisium cribricolle Poll 粗点柄天牛

Aphrodisium faldermannii (Saunders) 黄颈柄天牛

Aphrodisium faldermannii rufiventris Gressitt 红腹柄天牛

Aphrodisium gibbicolle (White) 皱绿柄天牛

Aphrodisium hardwickianum White 哈柄天牛

Aphrodisium implicatum major Gressitt *et* Rondon 无褶柄天牛

Aphrodisium laosense Gressitt *et* Rondon 老挝柄天牛

Aphrodisium metallicollis Gressitt 紫柄天牛

Aphrodisium neoxenum (White) 纹胸柄天牛

Aphrodisium provosti (Fairmaire) 榆绿柄天牛

Aphrodisium rufofemoratum Gressitt *et* Rondon 红腿柄天牛

Aphrodisium saxosicolle Fairmaire 云南柄天牛

Aphrodisium semipurpureum Pic 紫胸柄天牛

Aphrodisium sinicum (White) 中华柄天牛

Aphrodisium subplicatum (Pic) 褶柄天牛

Aphrodisium tonkinea Pic 河内柄天牛

Aphrodisium tricoloripes Pic 越南柄天牛

Aphrophora Germar 尖胸沫蝉属

Aphrophora canadensis Walley 加拿大尖胸沫蝉

Aphrophora costalis Matsumura 柳肋尖胸沫蝉 willow froghopper

Aphrophora flavipes Uhler 松尖胸沫蝉 pine froghopper

Aphrophora flavomaculata Matsumura 黄斑尖胸沫蝉

Aphrophora horizontalis Kato 竹尖胸沫蝉

Aphrophora intermedia Uhler 白带尖胸沫蝉 common spittlebug

Aphrophora maritima Matsumura 海尖胸沫蝉

Aphrophora parallela (Say) 松并行尖胸沫蝉 pine spittlebug

Aphrophora permutata Uhler 大黄尖胸沫蝉 western pine spittle-bug

Aphrophora rugosa Matsumura 皱纹尖胸沫蝉

Aphrophora salicis De Geer 柳尖胸沫蝉

Aphrophora saratogensis (Fitch) 萨拉托加尖胸沫蝉 Saratoga spittlebug

Aphrophora stictica Matsumura 具斑尖胸沫蝉

Aphrophora vitis Matsumura 葡萄尖胸沫蝉 grape spittlebug

Aphrophoridae 见 Cercopidae

Aphthona Chevrolat 侧刺跳甲属

Aphthona chinchihi Chen 大戟侧刺跳甲

Aphthona howenchuni (Chen) 隆基侧刺跳甲

Aphthona seriata Chen 点行侧刺跳甲

Aphthona splendida chayuana Chen *et* Yu 金绿侧刺跳甲察隅亚种

Aphthona splendida splendida Weise 金绿侧刺跳甲指名亚种

Aphthona strigosa Baly 细背侧刺跳甲

Aphthonoides Jacoby 刀刺跳甲属

Aphthonoides armipes Bryant 黑刀刺跳甲

Aphthonoides beccarii Jacoby 贝刀刺跳甲

Aphthonomorpha Chen 律点跳甲属

Aphthonomorpha collaris (Baly) 红胸律点跳甲

Aphytis Howard 黄金蚜小蜂属

Aphytis acalcaratus Ren 黄皮片蚧黄蚜小蜂

Aphytis africanus Quednau 非洲黄蚜小蜂

Aphytis angustus Compere 狭窄黄蚜小蜂

Aphytis antennalis Rosen *et* DeBach 香港黄蚜小蜂

Aphytis aonidiae (Mercet) 柑橘蚧黄蚜小蜂

Aphytis breviclavatus Huang 短棒黄蚜小蜂

Aphytis chionaspis Ren 樟雪蚧黄蚜小蜂

Aphytis chrysomphali (Mercet) 黄蚜小蜂

Aphytis comperei DeBach *et* Rosen 圆蚧黄蚜小蜂

Aphytis cornuaspis Huang 长牡蛎蚧黄蚜小蜂

Aphytis debachi Azim 狄氏黄蚜小蜂

Aphytis densiciliatus Huang 密毛黄蚜小蜂

Aphytis diaspidis (Howard) 蚧黄蚜小蜂

Aphytis elongatus Huang 长并胸黄蚜小蜂

Aphytis fisheri DeBach 红圆蚧黄蚜小蜂

Aphytis gordoni DeBach *et* Rosen 戈氏黄蚜小蜂

Aphytis hispanicus (Mercet) 糠片蚧黄蚜小蜂

Aphytis holoxanthus DeBach 褐圆蚧纯黄蚜小蜂

Aphytis huidongensis Huang 惠东黄金蚜小蜂

Aphytis immaculatus Compere 无斑黄金蚜小蜂

Aphytis lepidosaphes Compere 紫牡蛎蚧黄金蚜小蜂

Aphytis liangi Huang 梁氏黄金蚜小蜂

Aphytis lindingaspis Huang 费氏圆蚧黄金蚜小蜂

Aphytis lingnanensis Compere 岭南黄金蚜小蜂

Aphytis longicaudus Rosen *et* DeBach 长尾黄金蚜小蜂

Aphytis maculicornis (Masi) 斑突黄金蚜小蜂

Aphytis mazalae DeBach *et* Rosen 台湾黄金蚜小蜂

Aphytis melinus DeBach 印巴黄金蚜小蜂

Aphytis mytilaspidis (Le Baron) 糖片蚧黄金蚜小蜂

Aphytis proclia (Walker) 桑盾蚧黄金蚜小蜂

Aphytis transversus Huang 横盾黄金蚜小蜂

Aphytis unaspidis Ren *et* Wang 镞盾蚧黄金蚜小蜂

Aphytis unicus Huang 寡节黄金蚜小蜂

Aphytis vandenboschi DeBach *et* Rosen 范氏黄金蚜小蜂

Aphytis vittatus (Compere) 纵条黄金蚜小蜂

Aphytis yanonensis DeBach *et* Rosen 矢尖蚧黄金蚜小蜂
Apidae 蜜蜂科 bumble, carpenter, honey bees
Apines bisignata (Walker) 白斑阿蝽
Apioceratidae 棘虻科 flower-loving flies, apiocerids
Apioceratinae 棘虻亚科
Apiomorpha duplex (Schrader) 复澳毡蚧
Apiomorpha egeria Short 肖氏澳毡蚧
Apiomorpha munita (Schrader) 角澳毡蚧
Apiomorpha ovicola (Schrader) 卵形澳毡蚧
Apiomorpha sloanei (Froggatt) 弗氏澳毡蚧
Apion Herbst 长喙小象属
Apion abruptum Sharp 裂长喙小象
Apion collare Schilsky 豆长喙小象
Apion nithonomiodes (Voss) 哇哇果长喙小象 fruit borer on wawa
Apion simile Kirby 桦长喙小象
Apion soleatum Wagner 棉茎长喙小象 cotton stem weevil
Apionacaridae 梨螨科
Apionidae 小象虫科
Apioninae 梨象亚科
Apionoseius Berlese 远疾螨属
Apionoseius acuminatus (C. L. Koch) 尖远疾螨
Apirocalus cornutus Pascoe 巴布亚桉象
Apis L. 蜜蜂属
Apis cerana Fabricius 中华蜜蜂(中蜂) Chinese honey bee
Apis indica Fabricius 印度蜜蜂 Indian honey bee
Apis mellifera Linnaeus 意大利蜜蜂(意蜂) Italian honey bee
Apistosia subnigra (Leech) 点清苔蛾
Apithecia Prout 芹尺蛾属
Apithecia viridata (Moore) 绿芹尺蛾
Apivorinae 蜂蚜蝇亚科
Aplocera Stephens 锚尺蛾属
Aplocera poneformata (Staudinger) 锚尺蛾
Aplodontochiridae 河狸螨科
Aplomyia Robineau-Desvoidy 短尾寄蝇属
Aplomyia confinis Fallén 毛短尾寄蝇
Aplonobia Womersley 单头螨属
Aplonobia alkalisalinae Tan *et* Lu 盐碱地单头螨
Aplonobia histricina (Berlese) 肥单头螨
Aplonobia myops Pritchard *et* Baker 短毛单头螨
Aplosonyx Chevrolat 阿波萤叶甲属
Aplosonyx ancora Laboissière 锚阿波萤叶甲
Aplosonyx chalybaeus (Hope) 蓝翅阿波萤叶甲
Aplosonyx nigriceps Yang 黑头阿波萤叶甲
Aplosonyx pictus Chen 彩阿波萤叶甲
Aplosonyx tianpingshanensis Yang 天平山阿波萤叶甲
Aplotelia tripartita Semper 三明尾夜蛾
Apneusta 无管亚目
Apocalypsis Butler 黄线天蛾属
Apocalypsis velox Butler 黄线天蛾
Apocaucus Distant 冠绒猎蝽属
Apocaucus sinicus Hsiao 冠绒猎蝽
Apocheima Hübner 春尺蛾属
Apocheima cinerarius Erschoff 春尺蛾(沙枣尺蠖)
Apochima Agassiz 波褶翅尺蛾属
Apochrysidae 网蛉科 fragile lacewings
Apocolotois Wehrli 雅尺蛾属
Apoda dentatus Oberthür 锯纹歧刺蛾
Apodacra Macquart 柄蜂麻蝇属
Apodacra pulchra Egger 欣柄蜂麻蝇
Apoderus Olivier 卷象属
Apoderus bistriolatus Faust 核桃卷叶象 leaf-rolling weevil
Apoderus blandus Faust 榄仁树卷叶象 leaf-rolling weevil
Apoderus coryli Linnaeus 榛卷叶象 hazel leaf-roller
Apoderus erythrogaster Vollenhoven 红腹卷叶象
Apoderus jekelii Roelofs 杰克卷叶象
Apoderus sissu Marshall 印度黄檀卷叶象 shisham leaf-roller
Apoderus tranquebaricus Fabricius 腰果卷叶象 leaf-rolling weevil
Apodiptacus Keifer 蜡皮瘿螨属
Apogonia Kirby 阿鳃金龟属
Apogonia amida Lewis 大阿鳃金龟
Apogonia chinensis Moser 华阿鳃金龟
Apogonia coriacea Waterhouse 花皮桉阿鳃金龟
Apogonia cribricollis Burmeister 筛阿鳃金龟
Apogonia cupreoviridis Koble 黑阿鳃金龟
Apogonia ferruginea Fabricius 榕阿鳃金龟
Apogonia granum Burmeister 柚木阿鳃金龟
Apogonia nitidula Thomson 高林带阿鳃金龟
Apogonia pilifera Moser 毛阿鳃金龟
Apogonia villosella Blanchard 腊肠树阿鳃金龟
Apogurea grisescens (Daniel) 灰离苔蛾
Apoheterolocha Wehrli 离隐尺蛾属
Apoheterolocha patalata (Felder *et* Rogenhofer) 绿离隐尺蛾
Apoheterolocha quadraria (Leech) 四点离隐尺蛾
Apoidea 蜜蜂总科
Apolecta Pascoe 凹唇长角象属
Apolonia Torres *et* Braga 勃恙螨属
Apoloniinae 勃恙螨亚科
Apolorryia Andr 分罗里螨属
Apomecyna Latreille 瓜天牛属
Apomecyna alboguttata (Megerle) 横点瓜天牛
Apomecyna cretacea (Hope) 白星瓜天牛
Apomecyna flavovittata Chiang 黄星瓜天牛
Apomecyna histrio (Fabricius) 斜斑瓜天牛
Apomecyna leucostictica (Hope) 白点瓜天牛
Apomecyna longicollis Pic 小瓜天牛

Apomecyna saltator (Fabricius) 瓜藤天牛

Apomecyna tigrina Thomson 虎纹瓜天牛

Apona yunnanensis Mell 云线带蛾

Aponomma Neumann 盲花蜱属

Aponomma barbouri Anastos 巴氏盲花蜱

Aponomma crassipes Neumann 厚体盲花蜱

Aponomma lucasi Warburton 巨蜥盲花蜱

Aponomma pseudolaeve Schulze 伪钝盲花蜱

Aponsila Hsiao et Jen 异龟蝽属

Aponsila cycloceps Hsiao et Jen 圆头异龟蝽

Aponsila montana (Distant) 方头异龟蝽

Aponychus Rimando 缺爪螨属

Aponychus corpuzae Rimando 竹缺爪螨

Aponychus taishanicus Wang 泰山缺爪螨

Apopestes Hübner 仿爱夜蛾属

Apopestes spectrum (Esper) 仿爱夜蛾

Apopetelia Wehrli 灰尖尺蛾属

Apophyga Warren 逐尺蛾属

Apophyga sericea Warren 逐尺蛾

Apophylia Duponchel et Chevrolat 异跗萤叶甲属

Apophylia chloroptera Thomson 绿翅异跗萤叶甲

Apophylia elsholtziae alticola Chen 香薷异跗萤叶甲高居亚种

Apophylia elsholtziae Chen 香薷异跗萤叶甲

Apophylia flavovirens (Fairmaire) 旋心异跗萤叶甲

Apophylia nigricollis Allard 黑颈异跗萤叶甲

Apophylia sulcata Laboissière 云南石梓异跗萤叶甲

Apophylia thalassina (Faldermanna) 麦茎异跗萤叶甲

Apophylia thoracica Gressitt et Kimoto 胸斑异跗萤叶甲

Apophysius Cushman 多棘姬蜂属

Apophysius rufus Cushman 红多棘姬蜂

Apophysius unicolor Uchida 一色多棘姬蜂

Aporia Hübner 绢粉蝶属

Aporia acraea (Oberthür) 黑边绢粉蝶

Aporia agathon (Gray) 完善绢粉蝶

Aporia bieti Oberthür 暗色绢粉蝶

Aporia crataegi (Linnaeus) 绢粉蝶(山楂粉蝶)

Aporia crataegi adherbal Fruhstorfer 绢粉蝶北海道亚种 blackveined white

Aporia delavayi (Oberthür) 丫纹绢粉蝶

Aporia goutellei (Oberthür) 锯纹绢粉蝶

Aporia harrietae (de Nicedille) 利箭绢粉蝶

Aporia hastata (Oberthür) 猬形绢粉蝶

Aporia hippia (Bremer) 小蘖绢粉蝶

Aporia intercostata Bang-Haas 灰姑娘绢粉蝶

Aporia largeteaui (Oberthür) 大翅绢粉蝶

Aporia larraldei (Oberthür) 三黄绢粉蝶

Aporia leucodice (Eversmann) 中亚绢粉蝶

Aporia martineti (Oberthür) 马丁绢粉蝶

Aporia morishitai Chou 森下绢粉蝶

Aporia oberthueri (Leech) 奥倍绢粉蝶

Aporia potanini Alphéraky 酪色绢粉蝶

Aporia procris Leech 箭纹绢粉蝶

Apostictopterus Leech 窄翅弄蝶属

Apostictopterus fuliginosus Leech 窄翅弄蝶

Apostigmaeus Grandjean 后长须螨属

Apostigmaeus hangzhouensis Liang et Hu 杭州后长须螨

Apostigmaeus shanghaiensis Liang et Hu 上海后长须螨

Apotomis Hübner 斜纹小卷蛾属

Apotomis inundana (Denis et Schiffermüller) 杨斜纹小卷蛾

Apotomis lineana (Denis et Schiffermüller) 柳斜纹小卷蛾

Appias Hübner 尖粉蝶属

Appias albina (Boisduval) 白翅尖粉蝶

Appias indra (Moore) 雷震尖粉蝶

Appias lalage (Doubleday) 兰姬尖粉蝶

Appias lalasis Grose-Smith 兰西尖粉蝶

Appias libythea (Fabricius) 利比尖粉蝶

Appias lyncida (Cramer) 灵奇尖粉蝶

Appias nero (Fabricius) 红翅尖粉蝶

Appias paulina (Cramer) 宝玲尖粉蝶

Appias remedios Schroder et Treadaway 联眉尖粉蝶

Appolonius Distant 粗角长蝽属

Appolonius crassus (Distant) 粗角长蝽

Aprifrontalia Oi 吻额蛛属

Aprifrontalia afflata Ma et Zhu 膨大吻额蛛

Aprifrontalia mascula (Karsch) 壮吻额蛛

Apriona Chevrolat 粒肩天牛属

Apriona cinerea Chevrolat 灰粒肩天牛

Apriona germari (Hope) 粒肩天牛(桑天牛) mulberry borer

Apriona japonica Thomson 见 *Apriona germari*

Apriona swainsoni (Hope) 锈色粒肩天牛

Apriona swainsoni basicornis Fairmaire 灰绿粒肩天牛

Aproctonema Keilin 无肛线虫属

Aproctonema chapmani Nickle 查普曼无肛线虫

Aproctonema entomophagus Keilin 食虫无肛线虫

Aprosthema melanura Klug 黑翅槌三节叶蜂

Aprostocetus Westwood 长尾啮小蜂属

Aprostocetus albae Yang 小蠹黄色长尾啮小蜂

Aprostocetus blastophagusi Yang 切梢小蠹长尾啮小蜂

Aprostocetus crypturgus Yang 微小蠹长尾啮小蜂

Aprostocetus dendroctoni Yang 木蠹长尾啮小蜂

Aprostocetus fukutai Miwa et Sonan 天牛卵长尾啮小蜂

Aprostocetus massonianae Yang 梢小蠹长尾啮小蜂

Apsarasa Moore 辐射夜蛾属

Apsarasa radians (Westwood) 辐射夜蛾

Apsilochorema hwangi (Fischer) 黄氏竖毛螯石蛾

Apsilochorema unculatum Schmid 具钩毛脉石蛾

Apsylla Crawford 瘿小木虱属

Apsylla cistellata Buckton 杧果瘿小木虱 mango shoot gall louse

Apterococcus fraxini (Kalt.) 见 *Pseudochermes fraxini*

Apterogynidae 寡脉土蜂科

Apteromicrus Chen et Jiang 折缘萤叶甲属

Apteromicrus flavipes Chen et Jiang 黄足折缘萤叶甲

Apterygothrips brunneicornus Han 棕角无翅管蓟马

Aptesis basizonia (Grav.) 基带卷唇姬蜂

Aptinothrips Haliday 缺翅蓟马属

Aptinothrips stylifer Trybom 芒缺翅蓟马

Aptus Hahn 阿姬蝽属

Aptus kunmingus Hsiao 昆明阿姬蝽

Aptus mirmicoides (Costa) 阿姬蝽

Aquaemermis Rubzov 水索线虫属

Aquaemermis mirabilis Rubzov 奇异水索线虫

Aquaemermis viridipenis (Coman) 绿茎水索线虫

Aquariums paludum Fabricius 水龟

Aquarius Schellenberg 大龟蝽属

Arachnida 蛛形纲

Arachnographa micrastrella Meyrick 柏木织蛾

Arachnomermis Rubzov 蛛索线虫属

Arachnomermis araneosa Rubzov 圆蛛蛛索线虫

Arachnomermis dialaensis Rubzov 贾拉蛛索线虫

Arachnomermis pardosensis (Rubzov) 豹蛛蛛索线虫

Arachnura Vinson 尾园蛛属

Arachnura heptotubercula Yin et al. 七瘤尾园蛛

Arachnura higginsi (L. Koch) 希氏尾园蛛

Arachnura logio Yaginuma 瘤尾园蛛

Arachnura melanura Simon 黄色尾园蛛

Aradidae 扁蝽科 flat bugs

Aradinae 扁蝽亚科

Aradus Fabricius 扁蝽属

Aradus bergrothianus Kiritschenko 伯扁蝽

Aradus betulae (Linnaeus) 原扁蝽

Aradus bicristatus Blackburn 双冠毛扁蝽

Aradus cinnamomeus Panzer 松原扁蝽 pine flat bug

Aradus compar Kiritschenko 同扁蝽

Aradus crenatus Say 圆齿扁蝽

Aradus discompar Hsiao 异扁蝽

Aradus lugubris Fallén 暗扁蝽

Aradus lugubris nigricornis Reuter 黑须暗扁蝽

Aradus melas Jakovlev 黑扁蝽

Aradus omeiensis Hsiao 峨眉扁蝽

Aradus semilacer Kiritshenko 瘦扁蝽

Aradus sinensis Kormilev 中华扁蝽

Aradus spinicollis Jakovlev 刺扁蝽

Aradus turkestanicus Jakovlev 锯缘扁蝽

Aradus ussuriensis Jakovlev 乌苏里扁蝽

Aradus wuchisanensis Liu 五指山扁蝽

Araecerus Schoenherr 细角长角象属

Araecerus fasciculatus De-Geer 咖啡豆象 coffee bean weevil

Araecerus suturalis Boheman 金合欢细角长角象

Araeopsylla Jordan et Rothschild 窄蚤属

Araeopsylla elbeli Traub 长突窄蚤

Araeopsylla gestroi (Rothschild) 截端窄蚤

Araneida 蛛形目

Araneidae 园蛛科

Araneus Clerk 园蛛属

Araneus abscissus (Karsch) 平肩园蛛

Araneus affinis Zhu et al. 近亲园蛛

Araneus albomaculatus Yin et Wang 白斑园蛛

Araneus alternidens Schenkel 交迭园蛛

Araneus ancurus Zhu et al. 锚突园蛛

Araneus angulatus Clerck 有角园蛛

Araneus arcopictus Schenkel 弧斑园蛛

Araneus auriculatus Song et Zhu 耳状园蛛

Araneus badiofoliatus Schenkel 栗色园蛛

Araneus badongensis Song et Zhu 巴东园蛛

Araneus baotianmanensis Hu et al. 宝天曼园蛛

Araneus basalteus Schenkel 雪园蛛

Araneus beijiangensis Hu et Wu 北疆园蛛

Araneus biprominens Yin et al. 双肩园蛛

Araneus boesenbergi Fox 贝氏园蛛

Araneus borneri Strand 勃氏园蛛

Araneus cavaleriei Schenkel 卡氏园蛛

Araneus cercidius Yin et Wang 梭园蛛

Araneus chunhuaia Zhu et al. 春花园蛛

Araneus circellus Song et Zhu 小环园蛛

Araneus circumbasilaris Yin et Wang 轮基园蛛

Araneus colubrinus Song et Zhu 蛇园蛛

Araneus davidi Schenkel 大卫氏园蛛

Araneus dayongensis Yin et Wang 大庸园蛛

Araneus decentella Strand 丽花园蛛

Araneus dehaani (Doleschall) 三角园蛛

Araneus diadematoides Zhu et al. 拟十字园蛛

Araneus diadematus Clerck 十字园蛛

Araneus diffinis Zhu et al. 远亲园蛛

Araneus ejusmodi Boes. et Str. 黄斑园蛛

Araneus elongatus Yin et al. 长腹园蛛

Araneus flavidus Yin et Wang 金黄园蛛

Araneus fuscocoloratus (Boes. et Str.) 灰褐园蛛

Araneus gratiolus Yin et Wang 黔美园蛛

Araneus guandishanensis Zhu et al. 关帝园蛛

Araneus hetian Hu et Wu 和田园蛛

Araneus himalayaensis Tikader 喜马拉雅园蛛

Araneus holmi Schenkel 赫氏园蛛

Araneus inustus (L. Koch) 卵形园蛛

Araneus lacteus Saito 褐斑园蛛

Araneus laglaizai (Simon) 拖尾园蛛

Araneus leucaspis Schenkel 白点园蛛

Araneus licenti Schenkel 放荡园蛛

Araneus linshuensis Yin et Wang 临沭园蛛

Araneus mangarevoides Boes. et Str. 杧果园蛛

Araneus marmoreus Clerck 花岗园蛛

Araneus marmoroides (Schenkel) 拟花岗园蛛

Araneus menglunensis Yin et Wang 勐伦园蛛

Araneus metella Strand 伴侣园蛛

Araneus miquanensis Yin *et* Wang 米泉园蛛

Araneus mitificus (Simon) 丽园蛛

Araneus motuoensis Yin *et* Wang 墨脱园蛛

Araneus nanshanensis Yin *et* Wang 南山园蛛

Araneus nigromaculatus Schenkel 黑斑园蛛

Araneus nympha (Simon) 妮园蛛

Araneus octodentalis Song *et* Zhu 八齿园蛛

Araneus pahalgaonensis Tikader *et* Bal 九龙园蛛

Araneus paitaensis Schenkel 北京园蛛

Araneus pavlovi Schenkel 帕氏园蛛

Araneus pecuensis (Karsch) 哌园蛛

Araneus pentagrammica (Karsch) 五纹园蛛

Araneus piata (Chamberlin) 彼阿园蛛

Araneus pichoni Schenkel 皮氏园蛛

Araneus pineus Yin *et* Wang 松林园蛛

Araneus pinguis (Karsch) 肥胖园蛛

Araneus prominens Yin *et* al. 双隆园蛛

Araneus pseudocentrodes Boes. *et* Str. 白毛园蛛

Araneus pseudoconicus Schenkel 拟锥园蛛

Araneus pseudosturmii Yin *et* Wang 拟苏氏园蛛

Araneus pseudoventricosus Schenkel 拟大腹园蛛

Araneus quadratus Clerck 方园蛛

Araneus rotundicornis Yaginuma 圆角园蛛

Araneus rufofemorata (Simon) 褐色园蛛

Araneus scutellatus Schenkel 碟形园蛛

Araneus semilunaris (Karsch) 半月园蛛

Araneus shunhuangensis Yin *et* Wang 舜皇园蛛

Araneus taigunensis Zhu *et* al. 太谷园蛛

Araneus tenerius Yin *et* Wang 柔嫩园蛛

Araneus transversivittigera (Strand) 横形园蛛

Araneus triangula Fox 三星园蛛

Araneus tricoloratus Zhu *et* al. 三色园蛛

Araneus triguttatus (Fabricius) 弯指园蛛

Araneus tsuno Yaginuma 特苏园蛛

Araneus tubabdominus Zhu *et* Zhang 简腹园蛛

Araneus variegatus Yaginuma 杂黑斑园蛛

Araneus ventricosus (L. Koch) 大腹园蛛

Araneus viperifer Schenkel 蛇曲园蛛

Araneus virga Fox 细园蛛

Araneus viridiventris Yaginuma 浅绿园蛛

Araneus wulongensis Song *et* Zhu 武隆园蛛

Araneus xianfengensis Song *et* Zhu 咸丰园蛛

Araneus yuanminensis Yin *et* Wang 圆明园蛛

Araneus yunnanensis Yin *et* al. 云南园蛛

Araneus yuzhongensis Yin *et* Wang 榆中园蛛

Araniella Chamberlin *et* Ivie 阿冉蛛属

Araniella cucurbitina (Clerck) 八点阿冉蛛

Araniella displicata (Hentz) 六点阿冉蛛

Araniella inconspicuus (Simon) 匿阿冉蛛

Araragi Sibatani *et* Ito 癞灰蝶属

Araragi enthea (Janson) 癞灰蝶

Araragi sugiyamai Matsui 杉山癞灰蝶

Araschnia Hübner 蜘蛱蝶属

Araschnia burejana (Bremer) 布网纹蜘蛱蝶

Araschnia davidis Poujade 大卫蜘蛱蝶

Araschnia dohertyi Moore 断纹蜘蛱蝶

Araschnia doris Loech 曲纹蜘蛱蝶

Araschnia prorsoides (Blanchard) 直纹蜘蛱蝶

Araschnia zhangi Chou 张氏蜘蛱蝶

Arbanatus Kormilev 合扁蝽属

Arbanatus inermis Kormilev 合扁蝽

Arbanatus longiusculus Liu 广西合扁蝽

Arbanatus magnus (Hsiao) 大合扁蝽

Arbanatus majusculus (Hsiao) 翘角合扁蝽

Arbanatus rotundatus Liu 圆角合扁蝽

Arbela Stål 棒姬蝽属

Arbela nitidula Stål 光棒姬蝽

Arbela polita Stål 滑棒姬蝽

Arbela pulchella Hsiao 丽棒姬蝽

Arbela simplicipes (Poppius) 简足棒姬蝽

Arbela szechuana Hsiao 川棒姬蝽

Arbela yunnana Hsiao 云棒姬蝽

Arbelarosa rufotessellata (Moore) 艳刺蛾

Arbelidae 见 Metarbelidae

Arborichthonius Norton 树缝甲螨属

Arborichthonius styosetosus Norton 权毛树缝甲螨

Arboridia apicalis Nawa 葡萄叶蝉 grape leafhopper

Arboridia suzukii Matsumura 铃贺叶蝉

Arbudas flavimacula leucas Jordan 白点小锦斑蛾

Archaeobalbis Prout 始青尺蛾属

Archaeobalbis viridaria (Moore) 绿始青尺蛾

Archaeochrysa atlantica (McLachlan) 大西洋古草蛉

Archaeochrysa creedei (Carpenter) 克里德古草蛉

Archaeochrysa fracta (Cokerell) 破古草蛉

Archaeochrysa paranervis Adams 侧腺古草蛉

Archaeodictyna Caporiacco 古卷叶蛛属

Archaeodictyna consecuta (O.P.-Cambridge) 合古卷叶蛛

Archaeopsylla Dampf 昔蚤属

Archaeopsylla sinensis Jordan *et* Rothschild 中华昔蚤

Archanara Walker 锹额夜蛾属

Archanara aerata (Butler) 条锹额夜蛾

Archanara neurica (Hübner) 黑纹锹额夜蛾

Archanara phragmiticola (Staudinger) 苇锹额夜蛾

Archanara sparganii (Esper) 黑三棱锹额夜蛾

Archaraeoncus Tanasevitch 前延首蛛属

Archaraeoncus tianshanicus Hu *et* Wu 天山前延首蛛

Archegocepheus Aoki 原步甲螨属

Archegozetes Grandjean 原甲螨属

Archegozetes longisetosus Aoki 长毛原甲螨

Archenomus Howard 短索蚜小蜂属

Archenomus bicolor Howard 双色短索蚜小蜂

Archenomus calvus Viggiani *et* Ren 裸带短索蚜小蜂

Archenomus conifuniculatus Huang 并索短索蚜小蜂

Archenomus lauri Mercet 劳氏短索蚜小蜂

Archenomus leptocerus Huang 细角短索蚜小蜂

Archenomus longiclava (Girault) 条棒短索蚜小蜂

Archenomus maritimus (Nikol'skaja) 松突圆蚧短索蚜小蜂

Archenomus nudicellus Huang 裸斑短索蚜小蜂

Archenomus orientalis Silvestri 东方短索蚜小蜂

Archenomus processus Huang 突并胸短索蚜小蜂

Archenomus sparsiciliatus Huang 疏毛短索蚜小蜂

Archenomus stenopterus Huang 窄翅短索蚜小蜂

Archenomus sunae Huang 孙氏短索蚜小蜂

Archenomus xanthothoracalis Huang 黄胸短索蚜小蜂

Archeonothridae 懒古甲螨科

Archernis Meyrick 三纹野螟属

Archernis tropicalis Walker 栀子三纹野螟

Archiblattidae 原蠊科

Archilaphria jianfenglingensis Jiang 尖峰原毛虫虻

Archimanteinae 古螳螂亚科

Archippus (Freeman) 类黄卷蛾属

Archippus alberta (McDunnough) 美云杉类黄卷蛾 black spruce tortrix

Archippus breviplicanus Walsingham 亚细亚类黄卷蛾 Asiatic leafroller

Archippus oporana similis Butler 松类黄卷蛾 pine tortricid

Archippus packardianus (Fernald) 冷杉类黄卷蛾 fir tortrix

Archips Hübner 黄卷蛾属

Archips alberta Mc Dunnough 见 *Archippus alberta*

Archips argyrospilus (Wlkr.) 果树黄卷蛾 fruit-tree leaf roller

Archips breviplicana (Walsingham) 梨黄卷蛾

Archips capsigerana (Kennel) 槭黄卷蛾

Archips cerasivoranus (Fitch) 樱桃树黄卷蛾 cherry tree tortrix, uglynest caterpillar

Archips conflictanus Walker 见 *Choristoneura conflictana*

Archips crassifolianus Liu 青海云杉黄卷蛾

Archips crataegamus endoi Yasuda 延藤黄卷蛾

Archips crataeganus (Hübner) 山楂黄卷蛾 red-barred twist moth

Archips decretana (Treitschke) 桦黄卷蛾

Archips fervidanus (Clem.) 栎黄卷蛾 oak webworm

Archips fumiferanus Clemens 见 *Choristoneura fumiferana*

Archips fuscocuperanus Walsingham 苹果黄卷蛾 apple tortrix

Archips ingentana (Christoph) 苹黄卷蛾

Archips issikii Yasuda 一色黄卷蛾

Archips micaceanus Walker 拟后黄卷蛾

Archips negundanus (Dyar) 栲叶黄卷蛾 boxelder leaf-roller

Archips nigricaudanus Walsingham 黑尾黄卷蛾

Archips occidentalis Walsingham 桉黄卷蛾

Archips oporanus (Linnaeus) 云杉黄卷蛾

Archips piceanus Linnaeus 欧洲赤松黄卷蛾 pine hook-tipped twist moth

Archips pomivorus Meyrick 金合欢黄卷蛾

Archips rosaceanus Harris 见 *Choristoneura rosaceana*

Archips rosanus (L.) 玫瑰黄卷蛾 rose twist moth

Archips viola Falkovitsh 世俗黄卷蛾

Archips xylosteana (Linnaeus) 栎黄卷蛾 apple leafroller

Archipsocidae 古啮虫科

Archodontes melanopus (L.) 栎山核桃天牛

Archoplophora Hammen 直卷甲螨属

Archoplophora rostralis (Willmann) 吻直卷甲螨

Archoplophora villosa Aoki 毛直卷甲螨

Archostemata 原鞘亚目

Arcifrons Ding *et* Yang 突额飞虱属

Arcifrons arcifrontalis Ding *et* Yang 突额飞虱

Arcofacies Muir 梯顶飞虱属

Arcofacies fullawayi Muir 梯顶飞虱

Arcofacies maculatipennis Ding 花翅梯顶飞虱

Arcoppia Hammer 弓奥甲螨属

Arcoppia arcualia (Berlese) 弯弓奥甲螨

Arcoppia sinensis Mahunka 中华弓奥甲螨

Arcotermes tubus Fan 管鼻弧白蚁

Arctacaridae 狭螨科

Arcte Kollar 苎麻夜蛾属

Arcte coerula (Guenée) 苎麻夜蛾 Ramie caterpillar

Arctia Schrank 灯蛾属

Arctia caja (Linnaeus) 豹灯蛾 black woolly-bear

Arctia flavia (Füeessly) 砌石灯蛾

Arctiidae 灯蛾科 tiger moths and allies

Arctolamia Gestro 长毛天牛属

Arctolamia fasciata Gestro 双带长毛天牛

Arctolamia villosa Gestro 长毛天牛

Arctopsyche Maclachlan 斑石蛾属

Arctopsyche lobata Martynov 黄褐斑石蛾

Arctopsychidae 斑石蛾科

Arctornis Germar 白毒蛾属

Arctornis alba (Bremer) 茶白毒蛾

Arctornis bubalina Chao 淡黄白毒蛾

Arctornis ceconimena Collenette 点白毒蛾

Arctornis cloanges Collenette 轻白毒蛾

Arctornis gelasphora Collenette 绢白毒蛾

Arctornis hemilabda Collenette 须白毒蛾

Arctornis l-nigrum (Müller) 白毒蛾

Arctornis moorei (Leech) 黑足白毒蛾

Arctornis nivea Chao 雪白毒蛾

Arctornis obliquilineata Chao 斜纹白毒蛾

Arctornis xanthochila Collenette 莹白毒蛾

Arctosa C.L. Koch 熊蛛属

Arctosa amylaceoides Schenkel 阿米熊蛛

Arctosa binalis Yu *et* Song 双突熊蛛

Arctosa cervina Schenkel 鹿熊蛛

Arctosa khudiensis Tikader *et* Malhotra 熊蛛

Arctosa kiangsiensis (Schenkel) 江西熊蛛

Arctosa kwangreungnsis Paik *et* Tanaka 韩熊蛛

Arctosa laminata Yu *et* Song 片熊蛛

Arctosa meitanensis Yin *et al.* 湄潭熊蛛

Arctosa mittensa Yin *et al.* 指囊熊蛛

Arctosa pichoni Schenkel 皮氏熊蛛

Arctosa recurva Yu *et* Song 后凹熊蛛

Arctosa schensiensis Schenkel 陕西熊蛛

Arctosa serrulata Mao *et* Song 锯齿熊蛛

Arctosa springiosa Yin *et al.* 泉熊蛛

Arctosa stigmosa (Thorell) 多斑熊蛛

Arctosa vaginalis Yu *et* Song 鞘熊蛛

Arctosa xunyangensis Wang *et* Qiu 旬阳熊蛛

Arctoseiopsis Evans 拟北螨属

Arctoseius Thor 北绥螨属

Arctoseius butleri (Hughes) 伯氏北绥螨

Arcuphantes Chamberlin *et* Ivie 耳蛛属

Arcuphantes curvatus Sha *et* Zhu 弯曲耳蛛

Arcuphantes ramosus Li *et* Zhu 多枝耳蛛

Arcyptera Serv. 网翅蝗属

Arcyptera coreana Shir. 隆额网翅蝗

Arcyptera fusca albogeniculata Ikonn. 白膝网翅蝗

Arcyptera fusca fusca (Pall.) 网翅蝗

Arcypteridae 网翅蝗科

Ardis Konow 殊鞘叶蜂属

Ardis brunniventris Hartig 玫瑰殊鞘叶蜂 rose sawfly

Areas galactina (Hoeven) 乳白格灯蛾

Areas imperialis (Kollar) 黄条格灯蛾

Arectus Manson 无直缨螨属

Arenohydracaridae 沙水螨科

Areolaspis Tragardh 网隙盾螨属

Argas Latreille 锐缘蜱属

Argas assimilis Teng *et* Song 拟日锐缘蜱

Argas beijingensis Teng 北京锐缘蜱

Argas japonicus Yamaguti, Clifford *et* Tipton 日本锐缘蜱

Argas persicus (Oken) 波斯锐缘蜱 fowl tick

Argas reflexus (Fabricius) 翘缘锐缘蜱 pigeon tick

Argas robertsi Hoogstraal, Kaiser *et* Kohls 嗜鹭锐缘蜱

Argas vespertilionis Latreille 蝙蝠锐缘蜱

Argas vulgaris Filippova 普通锐缘蜱

Argasidae 软蜱科 soft ticks

Arge Schrank 三节叶蜂属

Arge accliviceps Konow 斜头三节叶蜂

Arge berezowskii Jakovlev 别列三节叶蜂

Arge captiva Smith 榆三节叶蜂

Arge carinicornis Konow 突角三节叶蜂

Arge chrysoplera Gussakovskij 金翅三节叶蜂

Arge clavicornis Fabricius 棒角柳三节叶蜂 willow arge

Arge coeruleipennis Retzius 柳三节叶蜂

Arge coerulescens Geoffroy 暗蓝三节叶蜂

Arge compar Konow 结合三节叶蜂

Arge corallina Gussakovskij 珊瑚红三节叶蜂

Arge coriacea Jakovlev 皮点三节叶蜂

Arge enodis Linnaeus 古北三节叶蜂

Arge excisa Cameron 阃割三节叶蜂

Arge flavicollis (Cameron) 榆黄颈三节叶蜂

Arge forficula Jakovlev 小剪三节叶蜂

Arge gracilicornis Klug 细角三节叶蜂

Arge jonasi Kirby 琼斯三节叶蜂

Arge kolthoffi Forsius 柯氏三节叶蜂

Arge mali Takahashi 苹果三节叶蜂 apple argid sawfly

Arge medogensis Xiao *et* Zhou 墨脱三节叶蜂

Arge nigrinodosa Motschulsky 黑节三节叶蜂 rose argid sawfly

Arge nigrovaginata Malaise 黑鞘三节叶蜂

Arge nipponensis Rohwer 日本三节叶蜂

Arge nokoensis Takeuchi 能高三节叶蜂

Arge nyingchiensis Xiao *et* Huang 林芝三节叶蜂

Arge pagana Panzer 玫瑰三节叶蜂

Arge pectoralis (Leach) 桦三节叶蜂 birch sawfly

Arge potanini Jakovlev 波氏三节叶蜂

Arge pullata (Zaddach) 红桦三节叶蜂

Arge rejecta Kirby 利佳三节叶蜂

Arge rufocincta Gussakovskij 红带三节叶蜂

Arge rustica Linnaeus 乡村三节叶蜂

Arge siluncula Knw 塌鼻三节叶蜂

Arge similis Vollenhoven 杜鹃三节叶蜂

Arge simillima Smith 类三节叶蜂

Arge sinensis Kirby 中国三节叶蜂

Arge subtilis Jakovlev 细微三节叶蜂

Arge suspicax Konow 黄翅三节叶蜂

Arge tsunekii Togashi 常木三节叶蜂

Arge victorina Kirby 广州蔷薇三节叶蜂

Arge vulnerata Mocsary 截三节叶蜂

Arge wolongensis Zhou 卧龙三节叶蜂

Arge xanthogaster Cameron 黄腹三节叶蜂

Arge zonata Jakovlev 带三节叶蜂

Argenna Thorell 婀蛛属

Argenna hingstoni (Hu *et* Li) 高山婀蛛

Argenna patula (Simon) 开展婀蛛

Argestina Riley 明眸眼蝶属

Argestina pomena Evans 苹色明眸眼蝶

Argidae 三节叶蜂科 argid sawflies

Argina astrea (Drury) 星散灯蛾

Arginia argus (Kollar) 纹散灯蛾

Argiocnemis 黑螅属

Argiocnemis rubescens Selys 蓝唇黑螅

Argiope Audouin 金蛛属

Argiope aemula (Walckenaer) 好胜金蛛

Argiope aetherea (Walckenaer) 太空金蛛

Argiope aetheroides Yin *et al.* 类高居金蛛

Argiope amoena L. Koch 悦目金蛛

Argiope boesenbergi Levi 贝氏金蛛

Argiope bruennichii (Scopoli) 横纹金蛛

Argiope caesarea Thorell 凯撒金蛛

Argiope catenulata (Doleschall) 链斑金蛛

Argiope davidi Schenkel 大卫氏金蛛

Argiope jinghongensis Yin *et al.* 景洪金蛛

Argiope keyserlingi Karsch 凯氏金蛛

Argiope lobata (Pallas) 叶金蛛

Argiope macrochoera Thorell 厚缘金蛛

Argiope manicata Thorell 狂金蛛

Argiope minuta Karsch 小悦目金蛛

Argiope ocula Fox 纵带金蛛

Argiope ohsumiensis Yaginuma 澳赫金蛛

Argiope perforata Schenkel 孔目金蛛

Argiope pulchelloides Yin *et* Chen 类丽金蛛

Argiope trifasciata (Forskal) 三带金蛛

Argiope versicolor (Doleschall) 多色金蛛

Argiope zabonica (Chamberlin) 杂金蛛

Argogorytes Ashmead 惰滑胸泥蜂属

Argogorytes mystaceus Linnaeus 唇髭惰滑胸泥蜂

Argogorytes tonkinensis (Yasumatsu) 越南惰滑胸泥蜂

Argopistes Motschulsky 瓢跳甲属

Argopistes biplagiatus Motschulsky 双斑瓢跳甲

Argopistes hönei Maulik 棕色瓢跳甲

Argopistes tsekooni Chen 女贞瓢跳甲

Argopus Fischer von Waldheim 凹唇跳甲属

Argopus nigrifrons Chen 黑额凹唇跳甲

Argopus nigritarsis (Gebler) 黑足凹唇跳甲

Arguda decurtata Moore 双线枯叶蛾

Arguda insulindiana Lajonquiere 棕脊枯叶蛾

Arguda pseudovinata Van Eecke 外曲线枯叶蛾

Arguda vinata Moore 三线枯叶蛾

Argyarctia flava Fang 腹黄银灯蛾

Argynninae 豹蛱蝶亚科

Argynnis Fabricius 豹蛱蝶属

Argynnis paphia (Linnaeus) 绿豹蛱蝶

Argyresthia Hübner 银蛾属

Argyresthia andereggiella Duponchel 山丁子银蛾

Argyresthia anthocephala Meyrick 柳杉芽银蛾 cryptomeria bud miner

Argyresthia assimilis Moriuti 西藏银蛾

Argyresthia atmoriella Bankes 见 *Argyresthia laevigatella*

Argyresthia aureoargentella Brower 崖柏叶银蛾 arborvitae leaf-miner

Argyresthia brockeella Hübner 桦银蛾

Argyresthia chamaecypariae Moriuti 柏木叶银蛾 cypress leafminer

Argyresthia conjugella Zeller 苹果银蛾 apple fruit moth, apple fruit miner

Argyresthia cupressella Walsingham 柏木梢尖银蛾 cypress tipminer

Argyresthia freyella Walsingham 东加崖柏叶银蛾 arborvitae leaf-miner

Argyresthia glabratella Zeller 欧洲云杉嫩梢银蛾 spruce shoot moth

Argyresthia goedartella Linnaeus 欧洲桤木银蛾

Argyresthia iopleura Meyrick 卢森堡松银蛾

Argyresthia laevigatella Herrich-Schäffer 欧洲落叶松银蛾 larch shoot moth

Argyresthia laricella Kearfott 美洲落叶松银蛾 larch shoot moth

Argyresthia pilatella Braun Monterey 辐射松针银蛾 pine needleminer

Argyresthia sabinae Moriuli 刺柏银蛾 juniper leafminer

Argyresthia thuiella (Pack.) 北美香柏叶银蛾 arborvitae leaf miner

Argyresthiidae 银蛾科 argyresthiids, argyresthiid moths

Argyreus Scopoli 斐豹蛱蝶属

Argyreus hyperbius (Linnaeus) 斐豹蛱蝶

Argyrodes Simon 银斑蛛属

Argyrodes argentatus O.P.-Cambridge 雪银斑蛛

Argyrodes argyrodes (Walckenaer) 银斑蛛

Argyrodes bonadea (Karsch) 白银斑蛛

Argyrodes ceraosus Zhu *et* Song 角银斑蛛

Argyrodes cylindrogaster (Simon) 蚓腹银斑蛛

Argyrodes fissifrons Cambridge 裂额银斑蛛

Argyrodes flagellum (Doleschall) 鞭银斑蛛

Argyrodes flavescens Cambridge 黄银斑蛛

Argyrodes fur Boes. *et* Str. 叉银斑蛛

Argyrodes hyrcana Logunov *et* Marusik 海银斑蛛

Argyrodes labiatus Zhu *et* Song 唇银斑蛛

Argyrodes levii Zhu *et* Song 列氏银斑蛛

Argyrodes menlunensis Zhu *et* Song 勐仑银斑蛛

Argyrodes miltosus Zhu *et* Song 拟红银斑蛛

Argyrodes miniaceus (Doleschall) 橘红银斑蛛

Argyrodes nipponicus Kumada 日银斑蛛

Argyrodes sagnaus (Donitz *et* Strand) 佐贺银斑蛛

Argyrodes sinicus Zhu *et* Song 华银斑蛛

Argyrodes zhui Zhu *et* Song 朱氏银斑蛛

Argyromatoides Chen 银白冬夜蛾属

Argyromatoides nitida Chen 银白冬夜蛾

Argyroneta Latreille 水蛛属

Argyroneta aquatica (Clerck) 水蛛

Argyronetidae 水蛛科

Argyronome Hübner 老豹蛱蝶属

Argyronome kuniga Chou *et* Tong 融斑老豹蛱蝶

Argyronome laodice (Pallas) 老豹蛱蝶

Argyronome ruslana (Motschulsky) 红老豹蛱蝶

Argyrophylax Brauer *et* Bergenstamm 银寄蝇属

Argyrophylax nigrotibialis Baranoff 黑胫银寄蝇

Argyrophylax phoeda Townsend 黄胫银寄蝇

Argyroploce Hübner 条小卷蛾属
Argyroploce dolosana Kennel 梅花条小卷蛾
Argyroploce ineptana Kennel 山槐条小卷蛾
Argyroploce lacunana (Denis *et* Schiffermüller) 白桦条小卷蛾
Argyroploce leucaspis Meyrick 荔枝前纹条小卷蛾
Argyroploce metallicana (Hübner) 越橘条小卷蛾
Argyroploce tonica Meyrick 台湾浪纹条小卷蛾
Argyrospila formosa Graeser 黑脉巫夜蛾
Argyrotaenia Stephens 带卷蛾属
Argyrotaenia citrana (Fernald) 橘带卷蛾 orange tortrix
Argyrotaenia dorsalana (Dyar) 恩格曼云杉带卷蛾
Argyrotaenia juglandana (Fern.) 山核桃带卷蛾 hickory leaf roller
Argyrotaenia mariana Fernald 灰带卷蛾 grey-banded leaf-roller
Argyrotaenia occultana Freeman 白云杉带蛾
Argyrotaenia pinatubana (Kearfott) 松带卷蛾 pine tube moth
Argyrotaenia provana (Kearfott) 黄杉带卷蛾
Argyrotaenia quercifoliana (Fitch) 栎带卷蛾 oak leaf-roller
Argyrotaenia tabulana Freeman 短叶松带卷蛾 pine tube moth, lodgepole needletier
Argyrotaenia velutinana (Wlk.) 红带卷蛾 red-banded leaf roller
Argyrotoxa Agessiz 白栎卷蛾属
Argyrotoxa albicomana Clemens 白栎卷蛾 oak leaf-tier
Argyrotoxa forskaleana Linnaeus 见 *Croesia forskaleana*
Argyrotoxa semipurpurana Kearfott 见 *Argyrotoxa albicomana*
Argyrotypidae 银蠹蛾科
Arhodeoporus Newell 显孔海螨属
Arhopala Boisduval 娆灰蝶属
Arhopala aida de Nicéville 婀伊娆灰蝶
Arhopala amantes Hewitson 爱娆灰蝶
Arhopala arvina (Hewitson) 无尾娆灰蝶
Arhopala atrax Hewitson 婆萝双娆灰蝶
Arhopala bazala (Hewitson) 百娆灰蝶
Arhopala centaurus Fabricius 紫薇娆灰蝶
Arhopala eumolphus (Stoll) 娥娆灰蝶
Arhopala hellenore (Doherty) 海蓝娆灰蝶
Arhopala hellenoroides Chou *et* Gu 翠袖娆灰蝶
Arhopala japonica (Murray) 日本娆灰蝶
Arhopala oenea (Hewitson) 酒娆灰蝶
Arhopala paramuta (de Nicéville) 小娆灰蝶
Arhopala pseudocentaurus (Doubleday) 银链娆灰蝶
Arhopala qiongdaoensis Chou *et* Gu 琼岛娆灰蝶
Arhopala rama (Kollar) 齿翅娆灰蝶
Arhopalus Serville 梗天牛属
Arhopalus angustus Gressitt 江苏梗天牛
Arhopalus asperatus (LeConte) 糙梗天牛
Arhopalus biarcuatus Pu 弧凹梗天牛
Arhopalus cavatus Pu 双坑梗天牛
Arhopalus exoticus (Sharp) 三脊梗天牛
Arhopalus foveatus Chiang 三穴梗天牛
Arhopalus oberthuri (Sharp) 凹胸梗天牛
Arhopalus productus (LeConte) 新屋梗天牛 newhouse borer
Arhopalus quadricostulatus Kraatz 隆纹梗天牛
Arhopalus rusticus (L.) 褐梗天牛
Arhopalus syriacus Reitter 辐射松梗天牛
Arhopalus tibetanus (Sharp) 西藏梗天牛
Arhopalus tristis (Fabricius) 暗梗天牛
Arhopalus unicolor (Gahan) 赤梗天牛
Ariadna Audouin 坦蛛属
Ariadna elaphros Wang 敏捷坦蛛
Ariadna insulicola Yaginuma 岛坦蛛
Ariadna lateralis (Karsch) 侧坦蛛
Ariadna pelios Wang 黑色坦蛛
Ariadne Horsfield 波蛱蝶属
Ariadne ariadne (Linnaeus) 波蛱蝶
Ariadne merione (Cramer) 细纹波蛱蝶
Ariathisa comma Walker 见 *Nitocris comma*
Arichanna Moore 弥尺蛾属
Arichanna albivertex Wehrli 黄额弥尺蛾
Arichanna jaguararia (Guenée) 侵星尺蛾
Arichanna jaguarinaria Oberthür 净弥尺蛾
Arichanna lapsariata (Walker) 巨弥尺蛾
Arichanna maculata Moore 格弥尺蛾
Arichanna marginata Warren 边弥尺蛾
Arichanna melanaria (Linnaeus) 黄星弥尺蛾
Arichanna olivina (Sterneck) 橄榄弥尺蛾
Arichanna plagifera (Walker) 密纹弥尺蛾
Arichanna ramosa (Walker) 枝弥尺蛾
Arichanna tientsuena Wehrli 天全弥尺蛾
Arichanna tramesata Moore 金叉弥尺蛾
Arichanna transfasciata Warren 双弧弥尺蛾
Aricia artaxerxes Fabricius 白斑爱灰蝶
Aricia mandschurica (Staudinger) 中华爱灰蝶
Aricia R. L. 爱灰蝶属
Arictus Stål 瘤扁蝽属
Arictus taiwanicus Kormilev 台瘤扁蝽
Arictus usingeri Kormilev 尤瘤扁蝽
Aridelus Marshall 蝽茧蜂属
Aridelus flavicans Chao 黄蝽茧蜂
Aridelus guizhouensis Liu 见 *Aridelus flavicans*
Aridelus miccus Wang 小蝽茧蜂
Aridelus rufiventris Luo *et* Chen 红腹蝽茧蜂
Aridelus rutilipes Papp 橙足蝽茧蜂
Aridelus sinensis Wang 中华蝽茧蜂
Aridelus ziyangensis Wang 紫阳蝽茧蜂
Arilus cristatus (L.) 齿背猎蝽 wheel bug

Arioa postfusca Gaede 褐色毒蛾

Ariola Butler 银卷蛾属

Ariola pulchra Butler 冷杉银卷蛾

Aristobia Thomson 簇天牛属

Aristobia approximator (Thomson) 橘斑簇天牛

Aristobia hispida (Saunders) 瘤胸天牛

Aristobia horridula (Hope) 毛簇天牛

Aristobia octofasciculata Aurivillius 檀香簇天牛

Aristobia testudo (Voet) 龟背天牛

Aristobia voeti Thomson 碎斑簇天牛

Aristotelia fragariae Busck 草莓麦蛾 strawberry crown-
  miner

Aristotelia ingravata Meyrick 柽柳麦蛾

Arixeniidae 蝠螋科 bat earwigs

Arixenina 蝠螋亚目

Arixenla Jordan 蝠螋属

Arma Hahn 蠋蝽属

Arma chinensis (Fallou) 蠋蝽

Arma custos (Fabricius) 见 Arma chinensis

Armascirus Den Heyer 刺瘤螨属

Armascirus taurus (Kramer) 金牛刺瘤螨

Armatacris Yin 卫蝗属

Armatacris xishaensis Yin 西沙卫蝗

Armatillus Distant 龟红蝽属

Armatillus verticalis Hsiao 云南龟红蝽

Armigeres Theobald 阿蚊属

Armigeres annulipalpis (Theobald) 环须阿蚊

Armigeres annulitarsis (Leicester) 环跗阿蚊

Armigeres aureolineatus (Leicester) 金线阿蚊

Armigeres baisasi Stone et Thurman 贝氏阿蚊

Armigeres digitatus (Edwards) 五指阿蚊

Armigeres durhami Barraud 达勒姆阿蚊

Armigeres flavus (Leicester) 黄色阿蚊

Armigeres inchoatus Barraud 白斑阿蚊

Armigeres longipalpis Leicester 长须阿蚊

Armigeres magnus (Theobald) 巨型阿蚊

Armigeres malayi (Theobald) 马来阿蚊

Armigeres omissus (Edwards) 多指阿蚊

Armigeres seticoxitus Lu et Li 毛抱阿蚊

Armigeres subalbatus (Coquillett) 骚扰阿蚊

Armigeres theobaldi Barraud 黄斑阿蚊

Armigeres yunnanensis Dong, Zhou et Dong 云南阿蚊

Aroa Walker 色毒蛾属

Aroa melanoleuca Hampson 黑白色毒蛾

Aroa ochripicta Moore 蔗色毒蛾

Aroa scytodes Collenette 墨色毒蛾

Aroa substrigosa Walker 珀色毒蛾

Aroa yunnana (Chao) 滇色毒蛾

Arocatus Spinola 肿鳃长蝽属

Arocatus aurantium Zou et Zheng 红肿鳃长蝽

Arocatus continctus Distant 显肿鳃长蝽

Arocatus fasciatus Jakovlev 黑盾肿鳃长蝽

Arocatus melanostomus Scott 韦肿鳃长蝽

Arocatus sericans (Stål) 丝肿鳃长蝽

Arochenothridae 直卷甲螨科

Aroga Busck 山艾麦蛾属

Aroga websteri Clarke 山艾麦蛾 sagebrush defoliator

Aromia bungii Fald. 桃红颈天牛

Aromia moschata (Linnaeus) 杨红颈天牛 musk beetle

Arotes albicinctus albicinctus Grov. 白带耕姬蜂

Arrenuridae 雄尾螨科

Arrenurinae 雄尾螨亚科

Arrenuroidea 雄尾螨总科

Arrenurus Duges 雄尾螨属

Arrenurus agrionicolus Uchida 小田雄尾螨

Arrenurus asiaticus Marshall 亚洲雄尾螨

Arrenurus athertoni Jin, Wiles et Li 艾氏雄尾螨

Arrenurus bicornicodulus Piersig 双角雄尾螨

Arrenurus bilobatus Jin et Li 二叶雄尾螨

Arrenurus bipetiolutus Jin et Wiles 双柄雄尾螨

Arrenurus cateniporus Jin 链孔雄尾螨

Arrenurus convexus Jin et Li 突板雄尾螨

Arrenurus corpuscularis Jin et Wiles 微小雄尾螨

Arrenurus curvidorsalis Jin 凹背雄尾螨

Arrenurus cyanipes (Lucas) 青足雄尾螨

Arrenurus dengi Jin et Wiles 邓氏雄尾螨

Arrenurus distinctus Marshall 杰出雄尾螨

Arrenurus forpicatoides Lundblad 铗尾雄尾螨

Arrenurus gibberifrons Piersig 弯额雄尾螨

Arrenurus huazhongensis Jin et Guo 华中雄尾螨

Arrenurus jiangi Jin et Wiles 姜氏雄尾螨

Arrenurus laticodulus Piersig 宽角雄尾螨

Arrenurus liberatus Lundblad 分柄雄尾螨

Arrenurus madaraszi Daday 马氏雄尾螨

Arrenurus madaraszianus Jin et Guo 拟马氏雄尾螨

Arrenurus micropetiolatus Jin et Wiles 微柄雄尾螨

Arrenurus pisciscaudapetiolatus Marshall 鱼尾雄尾螨

Arrenurus pseudoaffini Piersig 拟邻雄尾螨

Arrenurus rouxi Walter 罗西雄尾螨

Arrenurus soochowensis Marshall 苏州雄尾螨

Arrenurus veliserratus Jin et Wiles 齿帆雄尾螨

Arrenurus weigoldi Walter 伟氏雄尾螨

Arrenurus xini Jin et Wiles 忻氏雄尾螨

Arrhenodes minutus Drury 栎三锥象 oak timberworm

Arrhenothrips Hood 强蓟马属

Arrhenothrips ramakrishnae Hood 璎强蓟马 gall thrips

Arrhines Schoenherr 长翅象属

Arrhines hirtus Faust 扁平长翅象

Arrhines tutus Faust 隆翅长翅象

Arrhinidia Brauer et Bergenstamm 迷鼻彩蝇属

Arrhinidia aberrans (Schiner) 迷鼻彩蝇

Arsacia Walker 升夜蛾属

Arsacia rectalis (Walker) 升夜蛾

Artabanus Stål 乐扁蝽属

Artabanus bilobiceps (Lethierry) 双齿乐扁蝽

Artabanus excelsus Bergroth 方肩乐扁蝽

Artabanus hainanensis Liu 海南乐扁蝽

Artabanus halaszfyi Kormilev 福建乐扁蝽

Artacris Keifer 直蜂瘿螨属

Artacris cephaloneus (Nalepa) 低头直蜂瘿螨 maple bead gall mite

Artacris macrorhynclus (Nalepa) 大嘴直蜂瘿螨 maple bead gall mite

Artema Walckenaer 热带蛛属

Artema atlanta Walckenaer 二齿热带蛛

Artemicoccus Balachowsky 蒿粉蚧属

Artemicoccus bispinus Borchs. 双刺蒿粉蚧

Artemicoccus unispinus (Borchs.) 单刺蒿粉蚧

Artemidorus Distant 缢身长蝽属

Artemidorus pressus Distant 缢身长蝽

Artena dotata (Fabricius) 橘肖毛翅夜蛾 fruit-piercing moth

Artena rubida (Walker) 锈肖毛翅夜蛾

Artheneinae 侏长蝽亚科

Artheneis Spinola 侏长蝽属

Artheneis alutacea Fieber 红柳侏长蝽

Arthminotus Bi 并胸蝽属

Arthminotus sinensis Bi 中华并胸蝽

Arthroschista hilaralis Walker 团花顶芽野螟

Arthrotidea Chen 小胸萤叶甲属

Arthrotidea nepalensis (Kimoto) 黑颈阿萤叶甲

Arthrotidea rubrica Chen et Jiang 红阿萤叶甲

Arthrotidea ruficollis Chen 黄小胸萤叶甲

Arthrotus Motschulsky 阿萤叶甲属

Arthrotus chinensis (Baly) 中华阿萤叶甲

Arthrotus nigrofasciatus (Jacoby) 水杉阿萤叶甲

Arthrotus pallimembris Chen et Jiang 黄角阿萤叶甲

Arthula Cameron 双洼姬蜂属

Arthula brunneocornis Cameron 棕角双洼姬蜂

Arthula formosana (Uchida) 台湾双洼姬蜂

Artimpaza Thomson 露胸天牛属

Artimpaza argenteonotata Pic 银斑露胸天牛

Artimpaza coloata Gressitt et Rondon 绿翅露胸天牛

Artimpaza curtelineata (Pic) 白带露胸天牛

Artimpaza laosensis Gressitt et Rondon 老挝露胸天牛

Artimpaza lineata Pic 云南露胸天牛

Artimpaza metalica (Pic) 密点露胸天牛

Artimpaza obscura Gardner 印度露胸天牛

Artimpaza paksensis Gressitt et Rondon 银纹露胸天牛

Artimpaza pulchra Gressitt et Rondon 丽露胸天牛

Artimpaza setigera (Schwarzer) 黄条露胸天牛

Artipe Boisduval 绿灰蝶属

Artipe eryx (Linnaeus) 绿灰蝶

Artona funeralis Butler 竹小斑蛾 bamboo zygaenid

Artona gracilis Walker 伞形花小斑蛾

Artona octomaculata aegerioides Walker 透翅小斑蛾

Artona octomaculata Bremer 稻小斑蛾

Artona zebraica Butler 条纹小斑蛾

Artopoetes Chapman 精灰蝶属

Artopoetes pryeri (Murray) 精灰蝶

Arundaspis Borchs. 禾盾蚧属

Arundaspis secreta Borchsenius 塔萨克禾盾蚧

Arytaina ramakrishnai Crawford 见 *Peripsyllopsis ramakrishnai*

Arytrura John 大棱夜蛾属

Arytrura musculus (Ménétriès) 大棱夜蛾

Arytrura subfalcata (Ménétriès) 镰大棱夜蛾

Asactopholis Brenske 沙鳃金龟属

Asactopholis bituberculata Moser 双结沙鳃金龟

Asamangulia Maulik 异爪铁甲属

Asamangulia horni Uhmann 角异爪铁甲

Asamangulia longispina Gressitt U刺异爪铁甲

Asaperda Bates 伪楔天牛属

Asaperda meridiana Matsushita 凹顶伪楔天牛

Asaperda rufipes Bates 红足伪楔天牛

Asaphes Walker 阿金小蜂属

Asaphes vulgaris Walker 蚜茧蜂阿金小蜂

Asarkina Macquart 狭口食蚜蝇属

Asarkina porcina (Coquillet) 黑额狭口食蚜蝇

Asca v. Heyden 囊螨属

Asca aphidioides Linnaeus 似蚜囊螨

Asca nova Willmann 新囊螨

Asca plantaria Ma 植囊螨

Asca sinica Bai et Gu 中华囊螨

Ascalaphidae 蝶角蛉科 owl flies, ascalaphus flies, ascalaphids

Ascalenia antidesma Meyrick 儿茶尖蛾

Ascalenia gastrocoma Meyrick 腹睡尖蛾

Ascalenia pachnodes Meyrick 瘿柽柳绿茎尖蛾

Asceua Thorell 阿斯蛛属

Asceua japonica (Bose. et Str.) 日本阿斯蛛

Aschistonyx carpinicolus (Rubsaamen) 鹅耳枥瘿蚊

Aschistonyx eppoi Inouye 埃坡瘿蚊

Ascidae 囊螨科

Asclerobia sinensis (Caradja) 柠条坚荚斑螟

Ascopus Hsiao 华红蝽属

Ascopus rufus Hsiao 华红蝽

Ascoschoengastia Ewing 囊棒恙螨属

Ascoschoengastia aliena Wang et Liao 异样囊棒恙螨

Ascoschoengastia audyi (Womersley) 奥氏囊棒恙螨

Ascoschoengastia crassiclava Wen et Yao 粗棒囊棒恙螨

Ascoschoengastia gengmaensis Yu, Chen et Lin 耿马囊棒恙螨

Ascoschoengastia indica (Hirst) 印度囊棒恙螨

Ascoschoengastia latshevi Schluger 拉盾囊棒恙螨

Ascoschoengastia leechi (Domrow) 李氏囊棒恙螨

Ascoschoengastia lorius (Gunthor) 鹦鹉囊棒恙螨

Ascoschoengastia menghaiensis Yu et al. 勐海囊棒恙螨

Ascoschoengastia minheensis Yang 民和囊棒恙螨

Ascoschoengastia montana Yu et al. 山林囊棒恙螨

Ascoschoengastia nanjiangensis Zhou et al. 南江囊棒恙螨

Ascoschoengastia paishaeensis (Chen et al.) 白沙囊棒恙螨

Ascoschoengastia petauristae Yu et al. 鼯鼠囊棒恙螨

Ascoschoengastia qiaojiaensis Yu, Chen et Lin 巧家囊棒恙螨

Ascoschoengastia rattinorvegici Wen 褐鼠囊棒恙螨

Ascoschoengastia sifanga Wen et al. 四方囊棒恙螨

Ascoschoengastia spindalis Wen et Wu 梭形囊棒恙螨

Ascoschoengastia yunnanensis Yu et al. 云南囊棒恙螨

Ascoschoengastia yunwui Yu et al. 云鼯囊棒恙螨

Ascotis Hübner 造桥虫属

Ascotis acaciaria Boisduval 见 *Cleora acaciaria*

Ascotis reciprocaria Walker 见 *Ascotis selenaria reciprocaria*

Ascotis selenaria (Denis et Schaffmuller) 大造桥虫 mugwort looper

Ascotis selenaria reciprocaria (Walker) 大造桥虫相互亚种 giant looper

Ascouracaridae 囊管螨科

Aseminae 幽天牛亚科

Asemorhinus Sharp 灰长角象属

Asemum amurense Kraatz 松幽天牛

Asemum punctulatum Blessig 坦背幽天牛

Asemum striatum Linnaeus 脊鞘幽天牛 black spruce borer

Aserica cinnabarina Brenske 见 *Maladera cinnabarina*

Aserica orientalis (Motschulsky) 见 *Serica orientalis*

Aserratus Huang 无齿蝗属

Aserratus eminifrontus Huang 突额无齿蝗

Asetacus Keifer 无毛瘿螨属

Asetacus cunninghamiae Kuang 杉无毛瘿螨

Asetacus schimae Kuang 木荷无毛瘿螨

Asetacus syzygi Kuang et Feng 蒲桃无毛瘿螨

Asetadiptacus Karmona 无毛双羽瘿螨属

Asetilobus Manson 缺毛瘿螨属

Ashieldophyes 无盾瘿螨属

Ashieldophyidae 无盾瘿螨科

Asiacarposina cornusvora Yang 山茱萸蛀果蛾

Asiacornococcus Tang et Hao 白毡蚧属

Asiacornococcus exiguus (Mask.) 台湾白毡蚧(稀古绒蚧)

Asiacornococcus japonicus (Kuw.) 日本白毡蚧 Japanese eriococcus

Asiacornococcus kaki (Kuw.) 柿树白毡蚧

Asiagomphus Asahina 亚春蜓属

Asiagomphus cuneatus (Needham) 长角亚春蜓

Asiagomphus hainanensis (Chao) 海南亚春蜓

Asiagomphus hesperius (Chao) 西南亚春蜓

Asiagomphus motuoensis Liu et Chao 黑脱亚春蜓

Asiagomphus pacatus (Chao) 安定亚春蜓

Asiagomphus pacificus (Chao) 和平亚春蜓

Asiagomphus perlaetus (Chao) 三角亚春蜓

Asiagomphus septimus (Needham) 凹缘亚春蜓

Asiagomphus somnolens Needham 卧佛亚春蜓

Asiarcha Stål 方蝽属

Asiarcha angulosa Zia 方蝽

Asias ephippium (Stevens et Dalmann) 鞍背天牛

Asias halodendri (Pallas) 红缘天牛

Asiemphytus esakii (Takeuchi) 江崎粗角叶蜂

Asilidae 食虫虻科 robber flies

Asilinae 食虫虻亚科

Asiocortarsonemus Fain 亚蝽跗线螨属

Asiodidea Stackelberg 弯脉食蚜蝇属

Asiodidea nikkonensis (Matsumura) 日本弯脉食蚜蝇

Asiometopia Rohdendorf 亚蜂麻蝇属

Asiometopia kozlovi (Rohdendorf) 布亚蜂麻蝇

Asiometopia persa Rohdendorf 波斯亚蜂麻蝇

Asiorestia Jacobson 连瘤跳甲属

Asiorestia obscuritarsis (Motschulsky) 模跗连瘤跳甲

Asiotmethis Uvarov 波腿蝗属

Asiotmethis bifurcatus Liu et Bi 叉锥波腿蝗

Asiotmethis heptapotamicus heptapotamicus (Zubovsky) 黑翅波腿蝗

Asiotmethis heptapotamicus songoricus Shum. 准噶尔波腿蝗

Asiotmethis jubattus (Uv.) 蓝胫波腿蝗

Asiotmethis zacharjini (B.-Bienko) 红胫波腿蝗

Asiphum tremulae Linnaeus 西北欧山杨蚜 aspen aphid

Asiracinae 锥飞虱亚科

Asobara Förster 开臂反颚茧蜂属

Asobara aurea (Papp) 丽胸反颚茧蜂

Asobara bactrocerae (Gahan) 果蝇反颚茧蜂

Asobara formosae (Ashmead) 台湾反颚茧蜂

Asobara fungicola (Ashmead) 蕈蝇反颚茧蜂

Asobara leveri (Nixon) 长腹反颚茧蜂

Asobara obliqua (Papp) 侧斜反颚茧蜂

Asobara pleuralis (Ashmead) 侧齿反颚茧蜂

Asobara tabida (Nees) 缩基反颚茧蜂

Asobara tabida crenulata Fahringer 钝齿反颚茧蜂

Asobara tabidula (Tobias) 窄室反颚茧蜂

Asonus Yin 无声蝗属

Asonus brachypterus (Ying) 筱翅无声蝗

Asonus longisulcus Yin 长沟无声蝗

Asonus microfurculus Yin 小尾无声蝗

Asonus qinghaiensis Liu 青海无声蝗

Asopinae 益蝽亚科

Asota canaraica (Moore) 窄楔斑拟灯蛾

Asota caricae Fabricius 一点拟灯蛾

Asota egens Walker 橙拟灯蛾

Asota heliconia Linnaeus 圆端拟灯蛾

Asota paliura Swinhoe 楔斑拟灯蛾

Asota paphos (Fabricius) 白缘拟灯蛾

Asota plaginota Butler 方斑拟灯蛾

Asota producta (Butler) 延斑拟灯蛾

Asota tortuosa (Moore) 扭拟灯蛾

Asperoseius Chant 粗绥螨属

Asperpunctatus Wang 粗点姬蜂属

Asperpunctatus nigrus Wang 黑粗点姬蜂

Asperpunctatus pracerspiraculus Wang 凸孔粗点姬蜂

Asperthorax Oi 皱胸蛛属

Asperthorax granularis Gao et Zhu 粒突皱胸蛛

Asphondylia morivorella (Naito) 桑波瘿蚊

Asphondylia prosopidis Cockerell 腺牧豆树瘿蚊

Asphondylia sesami Felt 芝麻瘿蚊 simsim gall midge

Asphondylia trichocecidarum Mani 白韧金合欢眉瘿蚊

Aspiceridae 狭背瘿蜂科

Aspidestrophus morio Stål 小蟹蟒

Aspidiella Leonardi 小圆盾蚧属

Aspidiella dentata Borchsenius 锯臀小圆盾蚧

Aspidiella hartii (Ckll.) 热带小圆盾蚧

Aspidiella phragmitis (Tak.) 台湾小圆盾蚧

Aspidiella sacchari (Cockerell) 甘蔗小圆盾蚧 sugar-cane scale

Aspidiella zingiberi Mamet 泰国小圆盾蚧

Aspidimerinae 隐胫瓢虫亚科

Aspidimerus Mulsant 隐胫瓢虫属

Aspidimerus decemmaculatus Pang et Mao 十斑隐胫瓢虫

Aspidimerus esakii Sasaji 四斑隐胫瓢虫

Aspidimerus matsumurai Sasaji 双斑隐胫瓢虫

Aspidimerus ruficrus Gorham 红褐隐胫瓢虫

Aspidimerus sexmaculatus Pang et Mao 六斑隐胫瓢虫

Aspidiotiphagus Howard 长缨蚜小蜂属

Aspidiotiphagus citrinus (Craw) 盾蚧长缨蚜小蜂

Aspidiotus Bouch 圆盾蚧属

Aspidiotus anningensis Tang et Chu 安宁圆盾蚧

Aspidiotus borchsenii (Takagi et Kawai) 见 *Oceanaspidiotus spinosus*

Aspidiotus chinensis Kuwana et Muramatsu 中国圆盾蚧

Aspidiotus coryphae Ckll. et Rob. 棕榈圆盾蚧

Aspidiotus cryptomeriae Kuw. 柳杉圆盾蚧 round Japanese cedar scale

Aspidiotus destructor Signoret 椰圆盾蚧 coconut scale

Aspidiotus hederae Vall 常春藤圆盾蚧 oleander scale, ivy scale, orchid scale

Aspidiotus japonicus Takagi 日本圆盾蚧

Aspidiotus nerii Bouch 见 *Aspidiotus hederae*

Aspidiotus nothopanacis Ferris 梁王茶圆盾蚧

Aspidiotus ophiopagonus Kuw. et Mura. 沿阶草圆盾蚧

Aspidiotus philippinensis Vela 菲律宾圆盾蚧

Aspidiotus shakunagi Tak. 杜鹃圆盾蚧

Aspidiotus spinosus Comstock 见 *Oceanaspidiotus spinosus*

Aspidolopha Lacordaire 盾叶甲属

Aspidolopha bisignata Pic 双斑盾叶甲

Aspidolopha melanophthalma Lacordaire 黄盾叶甲

Aspidolopha spilota (Hope) 皱盾叶甲

Aspidomorpha Chev. 梳龟甲属

Aspidomorpha chandrika Maulik 尾斑梳龟甲

Aspidomorpha difformis (Motschulsky) 圆顶梳龟甲

Aspidomorpha dorsata (Fabricius) 阔边梳龟甲

Aspidomorpha furcata (Thunberg) 甘薯梳龟甲

Aspidomorpha fuscopunctata Boheman 褐刻梳龟甲

Aspidomorpha indica Boheman 印度梳龟甲

Aspidomorpha miliaris (Fabricius) 星斑梳龟甲

Aspidomorpha sanctaecrucis (Fabricius) 金梳龟甲

Aspidomorpha transparipennis (Motschulsky) 平顶梳龟甲

Aspidomorpha yunnana Chen et Zia 云南梳龟甲

Aspidophorodon Verma 盾疣蚜属

Aspidophorodon sinisalicis Zhang 柳盾疣蚜

Aspidoproctus Newstead 非绵蚧属

Aspidoproctus bifurcatus Thorpe 双叉非绵蚧

Aspidoproctus cinerea (Green) 见 *Hemaspidoproctus cinerea*

Aspidoproctus euphorbiae (Green) 见 *Hemaspisoproctus euphorbiae*

Aspidoproctus maximus Newstead 大非绵蚧 giant scale

Aspidoproctus pertinax (Newst.) 印度非绵蚧

Aspilaspis Stål 柽姬蟒属

Aspilaspis viridulus (Spinola) 柽姬蟒

Aspilocoryphus Stål 黑腺长蟒属

Aspilocoryphus mendicus (Fabricius) 宽边黑腺长蟒

Aspilocoryphus tibetus Zou 西藏黑腺长蟒

Aspilota Förster 巨穴反颚茧蜂属

Aspilota acutidentata (Fischer) 锐齿反颚茧蜂

Aspilota distracta (Nees) 窄颚反颚茧蜂

Aspilota elongatus Chen et Wu 细长反颚茧蜂

Aspilota globipes (Fischer) 圆腿反颚茧蜂

Aspilota intermediana Fischer 巨齿反颚茧蜂

Aspilota louiseae Achterberg 长腿反颚茧蜂

Aspilota mandibulata (Fischer) 长颚反颚茧蜂

Aspilota nitidula Masi 铲颚反颚茧蜂

Aspilota parvicornis (Thomson) 红柄反颚茧蜂

Aspitates Treitschke 沙黄尺蛾属

Aspongopus Laporte 兜蟒属

Aspongopus brunneus (Thunberg) 褐兜蟒

Aspongopus chinensis Dallas 九香虫

Aspongopus fuscus Westwood 棕兜蟒

Aspongopus nigriventris Westwood 黑腹兜蟒

Aspongopus sanguinolentus Westwood 红边兜蟒

Assamacris Uv. 阿萨姆蝗属

Assamacris curticerca (Huang) 短须阿萨姆蝗

Assamacris longicerca (Huang) 长须阿萨姆蝗

Assara hoeneella Roesler 松蛀果斑螟

Assara terebrella (Zincken) 云杉蛀果斑螟

Assiringia tibeta Shen et Zhang 西藏凹冠叶蝉

Astacocrotonidae 蟹鳃螨科

Astata Latreille 异色泥蜂属

Astata boops (Schrank) 鞭角异色泥蜂

Astata nigricans Cameron 黑腹异色泥蜂

Astathes Newman 重突天牛属

Astathes episcopalis Chevrolat 黄荆重突天牛

Astathes gibbicollis baudioni Breuning 包氏重突天牛

Astathes gibbicollis tenasserimensis Breuning 紫光重突
天牛

Astathes gibbicollis Thomson 红黄重突天牛

Astathes gibbicollis tibialis Pic 暗胫重突天牛

Astathes holorufa Breuning 红翅重突天牛

Astathes janthinipennis Fairmaire 紫翅重突天牛

Astathes laosensis (Pic) 老挝重突天牛

Astathes nigrofasciata Breuning 泰国重突天牛

Astathes violaceipennis Thomson 蓝翅重突天牛

Astatinae 异色泥蜂亚科

Astegistes Hull 阿斯甲螨属

Astegistes pilosus (Koch) 柔毛阿斯甲螨

Astegistidae 阿斯甲螨科

Astegopteryx Karsch 舞蚜属

Astegopteryx bambusifoliae (Takahashi) 竹舞蚜

Astegopteryx xinglongensis Zhang 兴隆舞蚜

Asternolaelaps Berlese 星厉螨属

Asternoseius Berlese 星绥螨属

Asterocampa clyton (Bdv. et LeC.) 朴蛱蝶

Asterococcus Borchs. 壶链蚧属

Asterococcus atratus Wang 黑瘤壶链蚧

Asterococcus muratae Kuw. 日本壶链蚧

Asterococcus oblatus Xue et Zhang 扁球壶链蚧

Asterococcus ovoides (Cockerell) 南非壶链蚧

Asterococcus pyri Borchsenius 见 Asterococcus muratae

Asterococcus quercicola Borchs. 栎类壶链蚧

Asterococcus ramakrishnai Lambdin 印度壶链蚧

Asterococcus schimae Borchs 柯瘤链蚧

Asterococcus scleroglutaeus Xue 硬臀壶链蚧

Asterococcus yunnanensis Borchs. 云南壶链蚧

Asterocooccus schimae Borchs. 木荷壶链蚧

Asterodiaspis Signoret 栎链蚧属

Asterodiaspis alba (Tak.) 白栎链蚧

Asterodiaspis bella (Russ.) 南欧栎链蚧 southern pit
scale

Asterodiaspis changbaishanensis Liu et Zhang 长白山栎
链蚧

Asterodiaspis glandulifera Liu et Shi 柽栎栎链蚧

Asterodiaspis hadzibeyliae Borchs. 中亚栎链蚧

Asterodiaspis ilicicola (Targ.) 欧洲栎链蚧

Asterodiaspis japonicus (Cockerell) 日本栎链蚧 oak

fringed scale

Asterodiaspis liui Borchs. 刘氏栎链蚧

Asterodiaspis luteola (Russ.) 团扇栎链蚧

Asterodiaspis minus (Ldgr.) 小型栎链蚧

Asterodiaspis multipora Liu et Shi 多腺栎链蚧

Asterodiaspis perplexa (Russ.) 圆形栎链蚧

Asterodiaspis quercicola (Bouch) 柞树栎链蚧 small pit
scale, golden pit scale

Asterodiaspis repugnans (Russ.) 希腊栎链蚧

Asterodiaspis roboris (Russ.) 无毛栎链蚧 oak pit scale

Asterodiaspis suishae (Russ.) 台湾栎链蚧

Asterodiaspis szetshuanensis Borchs. 四川栎链蚧

Asterodiaspis variabile (Russ.) 变异栎链蚧

Asterodiaspis variolosa (Ratz.) 光泽栎链蚧 golden oak
scale, pit-making oak scale

Asterodiaspis viennae (Russ.) 维也纳栎链蚧 Viennese
pit scale

Asterolecaniidae 链蚧科 pit scale

Asterolecanium Targioni-Tozzetti 链蚧属

Asterolecanium arabidis (Signoret) 见 Planchonia
arabidis

Asterolecanium bambusae (Boisduval) 竹缨链蚧 bam-
boo fringed scale, soft bamboo scale, bamboo scale

Asterolecanium cinnamomi Borchs. 香樟树链蚧

Asterolecanium coffeae Newstead 咖啡树链蚧 fringed
coffee scale

Asterolecanium corallinum Tak. 山榄树链蚧

Asterolecanium epidendri (Bouch) 杂食性链蚧

Asterolecanium garciniae Russ. 藤黄树链蚧

Asterolecanium grandiculum Russell 见 Planchonia
grandiculum

Asterolecanium javae Russ. 爪哇岛链蚧

Asterolecanium litseae Kuwana 木姜子链蚧

Asterolecanium loranthi Green 桑寄生链蚧

Asterolecanium luteolum Russell 黄栎链蚧 yellow oak
scale

Asterolecanium machili Russ. 桢楠树链蚧

Asterolecanium miliaris miliaris (Bdv.) 小米链蚧

Asterolecanium minus Lindinger 较小链蚧

Asterolecanium pasaniae Kuwana et Cockerell 柯链蚧

Asterolecanium psycchotriae Russ. 九节木链蚧

Asterolecanium pustulans (Ckll.) 夹竹桃链蚧 oleander
scale

Asterolecanium quercicola (Bouch) 栎链蚧

Asterolecanium russellae Lambdin 菲律宾链蚧

Asterolecanium theae Tang et Hao 茶灌木链蚧

Asterolecanium ungulatum Russ. 榴莲树链蚧

Asterolecanium variolosum (Ratzeburg) 栎凹点链蚧
golden oak scale, pit-making scale

Asteropetes noctuina Butler 葡萄小虎蛾

Asthena Hübner 白尺蛾属

Asthena albidaria (Leech) 大白尺蛾

Asthena albosignata (Moore) 麻白尺蛾

Asthena anseraria (Herrich-Schäffer) 四星白尺蛾

Asthena melanosticta Wehrli 黑星白尺蛾

Asthena nymphaeata (Staudinger) 睡莲白尺蛾

Asthena octomacularia Leech 二星白尺蛾

Asthena tchratchraria (Oberthür) 直纹白尺蛾

Asthena undulata (Wileman) 对白尺蛾

Asthenargus Simon et Fage 锐蛛属

Asthenargus edentulus Tanasevitch 无齿锐蛛

Astictopterus Felder et Felder 腌翅弄蝶属

Astictopterus fujiananus Chou et Huang 福建腌翅弄蝶

Astictopterus jama (Felder et Felder) 腌翅弄蝶

Astigmata 无气门亚目

Astiidae 寡脉蝇科 astiids

Astinus Stål 秀猎蝽属

Astinus siamensis Distant 秀猎蝽

Astomaspis Förster 棘腹姬蜂属

Astomaspis metathoracica jacobsoni (Szepligeti) 红胸棘
腹姬蜂稻田亚种

Astomaspis metathoracica metathoracica Ashmead 红胸
棘腹姬蜂指名亚种

Astomaspis persimilis (Cushman) 横条棘腹姬蜂

Astrapephora Alphéraky 电光尺蛾属

Astridiella Fain 快步螨属

Astycus Schönherr 见 Lepropus Schönherr

Asulconotoides Liu 拟缺沟蝗属

Asulconotoides sichuanensis Liu 四川拟缺沟蝗

Asulconotus Yin 缺沟蝗属

Asulconotus chinghaiensis Yin 青海缺沟蝗

Asulconotus kozlovi Mistsh. 科缺沟蝗

Asura Walker 艳苔蛾属

Asura calamaria (Moore) 芦艳苔蛾

Asura carnea (Poujade) 肉色艳苔蛾

Asura cervicalis Walker 澳榕苔蛾

Asura conferta Walker 澳檀香苔蛾

Asura conjunctana (Walker) 连纹艳苔蛾

Asura dasara (Moore) 粗艳苔蛾

Asura disnubifascia Fang 线云斑艳苔蛾

Asura esmia (Swinhoe) 褐脉艳苔蛾

Asura flavivenosa (Moore) 黄脉艳苔蛾

Asura frigida (Walker) 褐斑艳苔蛾

Asura fulguritis Hampson 闪艳苔蛾

Asura likangensis Daniel 丽江艳苔蛾

Asura melanoleuca (Hampson) 黑白艳苔蛾

Asura mentiens Fang 拟暗脉艳苔蛾

Asura modesta (Leech) 静艳苔蛾

Asura nebulosa (Moore) 烟影艳苔蛾

Asura nigrilineata Fang 黑端艳苔蛾

Asura nigrivena (Leech) 暗脉艳苔蛾

Asura nubifascia Walker 云斑艳苔蛾

Asura obsoleta (Moore) 昏艳苔蛾

Asura perihaemia Hampson 围红艳苔蛾

Asura reflexusa Fang 倒影艳苔蛾

Asura rubricosa (Moore) 端点艳苔蛾

Asura speciosa Fang 奇艳苔蛾

Asura strigipennis Herrich-Schäffer 条纹艳苔蛾

Asura tricolor (Wileman) 三色艳苔蛾

Asura undulosa (Walker) 波纹艳苔蛾

Asura unipuncta (Leech) 点艳苔蛾

Asuridia brevistriata Fang 短带绣苔蛾

Asuridia carnipicta (Butler) 绣苔蛾

Asuridia jinpingica Fang 金平绣苔蛾

Asuridia nigriradiata (Hampson) 射绣苔蛾

Asuridia obscura Fang 昏绣苔蛾

Asynacta Förster 异赤眼属

Asynacta ambrostomae Liao 榆紫叶甲异赤眼蜂

Asynacta ophriolae Lin 跳甲异赤眼蜂

Asynonychus cervinus Boheman 见 Pantomorus cervinus

Atabyria bucephala Snellen 菌谷蛾

Atacira chalybsa (Hampson) 灰尾夜蛾

Atacoseius Berlese 紊绥螨属

Atactogaster Faust 洞腹象属

Atactogaster inducens (Walker) 大豆洞腹象

Atactogaster orientalis Chevrolat 东方洞腹象

Atalodera Wouts et Sher 丽皮线虫属

Atalodera festucae Baldwin, Bernard et Mundo-Ocampo
羊茅丽皮线虫

Atalodera gibbosa Souza et Huang 凸圆丽皮线虫

Atalodera lonicerae (Wouts) 忍冬丽皮线虫

Atalodera trilineata Baldwin, Bernard et Mundo-Ocampo
三纹丽皮线虫

Atalodera ucri Wouts et Sher 乌克尔丽皮线虫

Ataloderidae 丽皮线虫科

Atanycolus anocomidis Cushman 天牛吉丁刻柄茧蜂

Atanycolus initiator Fabricius 始刻柄茧蜂

Atanycolus longifemoralis Shenefelt 长吉丁刻柄茧蜂

Atanyjoppa Cameron 长腹姬蜂属

Atanyjoppa comissator (Smith) 好长腹姬蜂

Atax Koch 阿泰水螨属

Atax affinis Piersig 邻近阿泰水螨

Atelocera raptoria Germar 柚木蝽

Atelocera stictica Westwood 金合欢蝽

Atelurinae 蛃蛃亚科

Atemelia torquatella Zeller 桦小巢蛾 northern little er-
mel moth

Aterpus griseatus Pascoe 桉嫩梢象

Atethymus kuri Takeuchi 栗叶蜂

Athalia Leach 菜叶蜂属

Athalia antennata Cameron 具角菜叶蜂

Athalia birmanica Benson 双鞘菜叶蜂

Athalia circularis (Klug) 环菜叶蜂

Athalia decorata Konow 花缘菜叶蜂

Athalia hummeli Benson 土菜叶蜂

Athalia japonica (Klug) 日本菜叶蜂 cabbage sawfly

Athalia kansuensis Benson 甘肃菜叶蜂

Athalia lugens infumata Marlatt 烟熏菜叶蜂 cabbage sawfly

Athalia lugens proxima (Klug) 黑翅菜叶蜂

Athalia nigromaculata nigromaculata Cameron 黑斑菜叶蜂

Athalia proxima (Klug) 近基菜叶蜂

Athalia rosae japonensis Rohwer 日本玫瑰菜叶蜂 cabbage sawfly

Athalia rosae rosae (Linnaeus) 新疆菜叶蜂

Athalia rosae ruficornis (Jakovlev) 黄翅菜叶蜂

Athalia scapulata Konow 红青菜叶蜂

Athalia scutellariae Cameron 黄芩菜叶蜂

Athalia tannaserrula Chu *et* Wang 锯隆齿菜叶蜂

Athaumasta Hampson 虚冬夜蛾属

Athaumasta cortex (AlpheraKy) 皮虚冬夜蛾

Athemus Lewis 阿森花萤属

Atherigona Rondani 芒蝇属

Atherigona atripalpis Malloch 黑须芒蝇

Atherigona atritergita Fan 黑背芒蝇

Atherigona bidens Hennig 双齿芒蝇

Atherigona biseta Karl 双毛芒蝇 German millet stem maggot

Atherigona boninensis Snyder 小笠原芒蝇

Atherigona crassibifurca Fan *et* Liu 钝突芒蝇

Atherigona eriochloae Malloch 野黍芒蝇

Atherigona exigua Stein 短柄芒蝇

Atherigona falcata (Thomson) 裸跗芒蝇

Atherigona laeta (Wiedemann) 扁跗芒蝇

Atherigona latibasis Fan *et* Liu 宽基芒蝇

Atherigona miliaceae Malloch 黍芒蝇

Atherigona nigritibiella Fan *et* Liu 黑胫芒蝇

Atherigona nudiseta megaloba Fan 小麦芒蝇 wheat stem maggot

Atherigona orbicularis Fan *et* Liu 圆叶芒蝇

Atherigona orientalis Schiner 东方芒蝇

Atherigona oryzae Malloch 稻芒蝇 rice shoot fly

Atherigona pulla (Wiedemann) 黄髭芒蝇

Atherigona punctata Karl 点芒蝇

Atherigona reversura Villeneuve 中华毛跗芒蝇

Atherigona scopula Fan *et* Liu 帚叶芒蝇

Atherigona shibuyai Pont 甘蔗芒蝇 sugarcane stem maggot

Atherigona simplex (Thomson) 双疣芒蝇

Atherigona sinobella Fan 百慕大草芒蝇 bermudagrass stem maggot

Atherigona soccata Rondani 高粱芒蝇 sorghum shoot fly

Atherigona tricolorifolia Fan *et* Liu 彩叶芒蝇

Atherigona tridens Malloch 三齿芒蝇

Atherigona triglomerata Fan 三珠芒蝇

Atherigona varia Meigen 四点芒蝇

Atherigona yiwulushan Mou 闾山芒蝇

Atherigoninae 芒蝇亚科

Athermantus Kirby 麦须三节叶蜂属

Athermantus imperialis Smith 黄翅麦须三节叶蜂

Athetis Hübner 委夜蛾属

Athetis delecta (Moore) 碎委夜蛾

Athetis fasciata (Moore) 条委夜蛾

Athetis furvula (Hübner) 委夜蛾

Athetis himaleyica (Kollar) 藏委夜蛾

Athetis lapidea Wileman 石委夜蛾

Athienemanniidae 短喙水螨科

Athlophorus Burmeister 劳叶蜂属

Athlophorus birmanicus Malaise 缅甸劳叶蜂

Athlophorus perplexus formosacola Rohwer 蓬莱劳叶蜂

Athlophorus perplexus pallidus Malaise 灰劳叶蜂

Athlophorus perplexus ruficornis Malaise 红角劳叶蜂

Athlophorus perplexus sauteri Enslin 邵氏劳叶蜂

Athlophorus terminatus Rohwer 尾劳叶蜂

Athripsodes tsudai (Akagi) 秀氏埃长角石蛾

Athylia pulcherrima laosensis (Breuning) 老挝凸额天牛

Athyma Westwood 带蛱蝶属

Athyma asura Moore 珠履带蛱蝶

Athyma cama Moore 双色带蛱蝶

Athyma fortuna Leech 幸福带蛱蝶

Athyma jina Moore 玉杵带蛱蝶

Athyma nefte Cramer 相思带蛱蝶

Athyma opalina (Kollar) 虬眉带蛱蝶

Athyma perius (Linnaeus) 玄珠带蛱蝶

Athyma pravara Moore 畸带蛱蝶

Athyma punctata Leech 六点带蛱蝶

Athyma ranga Moore 离斑带蛱蝶

Athyma recurva Leech 倒钩带蛱蝶

Athyma selenophora (Kollar) 新月带蛱蝶

Athyma zeroca Moore 孤斑带蛱蝶

Athymoris Meyrick 貂祝蛾属

Athymoris martialis Meyrick 貂祝蛾

Athymoris nectarus Wu 花貂祝蛾

Athymoris paramecola Wu 长貂祝蛾

Athysanopsis Matsumura 肖顶带叶蝉属

Athysanopsis salicis Matsumura 八字纹肖顶带叶蝉

Atimia Linsley 小幽天牛属

Atimia confusa (Say) 雪松小幽天牛 small cedar-bark borer

Atimia helenae Linsley 柏木小幽天牛

Atimia hoppingi Linsley 日本扁柏小幽天牛

Atimia huachucae Champlain *et* Knull 亚洲柏木小幽天牛

Atimia vandykei Linsley 圆柏小幽天牛

Atimura combreti Gardner 红豆原脊翅天牛

Atimura laosica Breuning 老挝原脊翅天牛

Atinella Jordan 宽额长角象属

Atkinsoniella Distant 安氏大叶蝉属

Atkinsoniella cyclops (Melichar) 短茎安大叶蝉

Atkinsoniella dormana Li 隐斑条大叶蝉

Atkinsoniella grahami Young 格氏安大叶蝉

Atkinsoniella heiyuana Li 黑缘条大叶蝉

Atkinsoniella lactea Kuoh *et* Cai 污黄条大叶蝉

Atkinsoniella malaisei Young 披纹条大叶蝉

Atkinsoniella nigra Kuoh *et* Cai 黑体条大叶蝉

Atkinsoniella nigricephala Li 黑头条大叶蝉

Atkinsoniella nigrisigna Li 黑纹条大叶蝉

Atkinsoniella nigrominiatula (Jacobi) 黑红安大叶蝉

Atkinsoniella opponens (Walker) 色安大叶蝉

Atkinsoniella rubra Kuoh *et* Cai 红斑条大叶蝉

Atkinsoniella sulphurata (Distan) 磺安大叶蝉

Atkinsoniella thalia (Distant) 隐纹大叶蝉

Atkinsoniella trimaculata Li 三斑条大叶蝉

Atkinsoniella xanthonota Kuoh 黄斑条大叶蝉

Atkinsoniella xanthovitta Kuoh 黄条大叶蝉

Atmetonychus peregrinus Olivier 杧果滇刺枣象

Atolmis albifascia Fang 白条文灯蛾

Atolmis rubricollis (Linnaeus) 红颈尾苔蛾

Atomophora flavidus Nonnaizab *et* Yang 黄驳翅盲蝽

Atomophora punctulatus Nonnaizab *et* Yang 褐斑驳翅盲
蝽

Atomorpha Staudinger 截胫尺蛾属

Atomoscelis anustus (Fieber) 藜斑腿盲蝽

Atomosiinae 小虫虻亚科

Atopochthoniidae 奇缝甲螨科

Atopochthonius Grandjean 奇缝甲螨属

Atopochthonius artiodactylus Grandjean 偶爪奇缝甲螨

Atopomelidae 奇迷螨科

Atopomyrmex Andr 奇异切叶蚁属

Atopomyrmex srilankensis Emery 斯里兰卡切叶蚁

Atopophysa Warren 窝尺蛾属

Atopophysa condidula Inoue 白光窝尺蛾

Atopophysa indistincta (Butler) 窝尺蛾

Atopophysa lividata (Bastelberger) 皂窝尺蛾

Atopophysa punicea Xue 紫窝尺蛾

Atoporhis Jordan 腹线长角象属

Atopotrophos Cushman 镰颈姬蜂属

Atopotrophos fukienensis Chao 福建镰颈姬蜂

Atopotrophos hunanensis He *et* Chen 湖南镰颈姬蜂

Atrachya Dejean 长刺萤叶甲属

Atrachya bipartita (Jacoby) 双色长刺萤叶甲

Atrachya menetriesi (Faldermann) 豆长刺萤叶甲 false
melon beetle

Atracis Stål 叶蛾蜡蝉属

Atracis himalayana Distant 喜马拉雅叶蛾蜡蝉

Atractideidae 箭形螨科

Atractides Koch 曲跗湿螨属

Atractides angulipalpisanus Jin 拟角须曲跗湿螨

Atractides arcusocellus Jin 突眼曲跗湿螨

Atractides binodipalpis Jin 双瘤须曲跗湿螨

Atractides gracilis Jin 瘦足曲跗湿螨

Atractides latisetus Jin 阔毛曲跗湿螨

Atractides menglaensis Jin 勐腊曲跗湿螨

Atractides nodipalpis (Thor) 瘤须曲跗湿螨

Atractides synglandulopilosus Jin 联毛曲跗湿螨

Atractoceridae 鳃须筒蠹科

Atractomorpha Sauss. 负蝗属

Atractomorpha burri Bol. 纺梭负蝗

Atractomorpha crenulata Fabricius 尖果苏木负蝗

Atractomorpha fuscipennis Liang 暗翅负蝗

Atractomorpha heteroptera B.-Bienko 异翅负蝗

Atractomorpha himalayica Bol. 喜马拉雅负蝗

Atractomorpha lata (Motschulsky) 长额负蝗

Atractomorpha melanostriga Bi 黑纹负蝗

Atractomorpha micropenna Zheng 小翅负蝗

Atractomorpha peregrina Bi *et* Xia 奇异负蝗

Atractomorpha psittacina (De Haan) 柳枝负蝗

Atractomorpha sagittaris Bi *et* Xia 令箭负蝗

Atractomorpha sinensis Bolivar 短额负蝗

Atractomorpha suzhouensis Bi *et* Xia 姑苏负蝗

Atractomorpha yunnanensis Bi *et* Xia 云南负蝗

Atractomorphinae 负蝗亚科

Atractothrombium dictyastracum Vercamman-Grndjean *et*
al. 网壁纺锤绒螨

Atrichmatus aeneicollis Broun 辐射松围孔叶甲

Atrichocera laosensis Breuning 老挝剪尾天牛

Atrichopogon bangqiensis Yan *et* Yu 邦崎裸蠓

Atrichopogon biangulus Yan *et* Yu 双角裸蠓

Atrichopogon kangnani Yan *et* Yu 康南裸蠓

Atrichopogon largipenis Yan *et* Yu 大尾裸蠓

Atrichopogon lassus Yan *et* Yu 无力裸蠓

Atrichosema aceris Kieffer 全皮槭叶柄瘿蚊

Atrijuglans hetauhei Yang 核桃举肢蛾

Atrococcus Goux 黑粉蚧属

Atrococcus achilleae (Kir.) 蓍草黑粉蚧 yarrow mealy-
bug

Atrococcus arakelianae (Ter-Grigorian) 高山黑粉蚧

Atrococcus bartangica Bazarov 黄岑黑粉蚧

Atrococcus beibienkoi Kozar *et* Danzig 贝氏黑粉蚧 Bei-
bienko's mealybug

Atrococcus cracens Williams 细长黑粉蚧 slender mea-
lybug

Atrococcus fuscus (Borchs.) 桑大黑粉蚧

Atrococcus herbaceus (Danzig) 库页岛黑粉蚧

Atrococcus indigens (Borchs.) 禾草黑粉蚧

Atrococcus innermongolius Tang 内蒙黑粉蚧

Atrococcus intutus (Borchs.) 蔗茅黑粉蚧

Atrococcus pacificus (Borchs.) 太平洋黑粉蚧

Atrococcus paludinus (Green) 鹤虱黑粉蚧 marsh mea-
lybug

Atrococcus parvulus (Borchs.) 桑小黑粉蚧

Atrococcus salviae Tranfaglia 鼠尾草黑粉蚧

Atrococcus saxatilis (Ter-Grigorian) 亚高山黑粉蚧

Atrophaneura Reakirt 曙凤蝶属

Atrophaneura aidonea (Doubleday) 暖曙凤蝶

Atrophaneura horishana (Matsumura) 曙凤蝶

Atrophaneura varuna (White) 瓦曙凤蝶

Atrophaneura zaleuca (Hewitson) 窄曙凤蝶

Atropidae 书啮虫科

Atropinota Heller 隆背花金龟属

Atropinota funkei Heller 黑褐隆背花金龟

Atropos pulsatoria Linnaeus 见 *Liposcelis divinatorius*

Atta sexdens (L.) 切叶蚁

Atta texana (Buckley) 得州切叶蚁 Texas leaf-cutting ant

Attacinae 巨大蚕蛾亚科

Attacus Linnaeus 大蚕蛾属

Attacus atlas (Linnaeus) 乌桕大蚕蛾 atlas moth

Attacus edwardsi White 冬青大蚕蛾

Attageninae 毛皮蠹亚科

Attagenus Latreille 毛皮蠹属

Attagenus arrowi Kalik 三带毛皮蠹

Attagenus birmanicus Arrow 缅甸毛皮蠹

Attagenus brunneus Faldermann 暗褐毛皮蠹

Attagenus cyphonoides Reitter 驼形毛皮蠹

Attagenus fasciatus (Thunberg) 横带毛皮蠹

Attagenus lynx (Mulsant et Rey) 猞猁毛皮蠹

Attagenus pellio (Linnaeus) 二星毛皮蠹

Attagenus piceus (Olivier) 黑皮蠹

Attagenus schaefferi (Herbst) 十节毛皮蠹

Attagenus undulatus (Motschulsky) 波纹毛皮蠹

Attagenus unicolor simulans Solskii 短角毛皮蠹 black carpet beetle

Attagenus vagepictus Fairmaire 月纹毛皮蠹

Attatha Moore 颠夜蛾属

Attatha regalis (Moore) 颠夜蛾

Attelabidae 卷象科

Attelabus L. 钳颚象属

Attelabus curculionoides Linnaeus 见 *Attelabus nitens*

Attelabus discolor Fåhraeus 见 *Henicolabus discolor*

Attelabus nitens Scopoli 栎卷象 oak leaf-rolling weevil

Atteva Walker 花巢蛾属

Atteva aurea (Fitch) 臭椿巢蛾 ailanthus webworm

Atteva fabriciella Swederus 乔椿巢蛾

Atteva pustulella Fabricius 具点巢蛾

Aturidae 阿土水螨科

Aturinae 阿土水螨亚科

Aturus Kramer 阿土水螨属

Atylotus Osten-Sacken 黄虻属

Atylotus agrestis (Wiedemann) 猎黄虻

Atylotus bivittateinus Takahasi 双斑黄虻

Atylotus chodukini Olsufjev 楚图黄虻

Atylotus fulvus (Meigen) 金黄黄虻

Atylotus horvathi (Szilady) 黄绿黄虻

Atylotus miser (Szilady) 骚扰黄虻(憎黄虻)

Atylotus pallitarsis (Olsufjev) 白跗黄虻(淡黄虻)

Atylotus pulchellus karybenthinus (Szilady) 斜纹黄虻

Atylotus pulchellus pulchellus (Löw) 短斜纹黄虻

Atylotus rusticus (Linnaeus) 黑胫黄虻(村黄虻)

Atylous quadrifarius (Leow) 四列黄虻(猎黄虻)

Atympanum Yin 缺耳蝗属

Atympanum antennatum Yin 长角缺耳蝗

Atympanum belonocercum (Liu) 尖尾须缺耳蝗

Atympanum carinotum (Yin) 断线缺耳蝗

Atympanum comainensis (Liu) 措美缺耳蝗

Atympanum nigrofasctatum (Yin) 暗纹缺耳蝗

Atypidae 地蛛科

Atypus Latreille 地蛛属

Atypus baotianmanensis Hu 宝天曼地蛛

Atypus formasensis Kishida 台湾地蛛

Atypus heterothecus Zhang 异囊地蛛

Atypus karschi Doenitz 卡氏地蛛

Atypus sinensis Schenkel 中华地蛛

Atypus suiningensis Zhang 绥宁地蛛

Atysa Baly 樟萤叶甲属

Atysa marginata (Hope) 黄缘樟萤叶甲

Auaxa Walker 娴尺蛾属

Auaxa cesadaria Walker 娴尺蛾

Auberteterus Diller 奥姬蜂属

Auberteterus alternecoloratus (Cushman) 夹色奥姬蜂

Aucha Walker 灿夜蛾属

Aucha dizyx Draudt 涤灿夜蛾

Aucha tienmushani Draudt 天目灿夜蛾

Aucha variegata (Oberthür) 异灿夜蛾

Auchenodes Horváth 毛顶长蝽属

Auchenodes gracilis Zheng, Zou et Hsiao 毛顶长蝽

Auchenorrhyncha 头喙亚目 free beaks, lanternflies

Auchmeromyia Brauer et Bergenstamm 塵蝇属

Auchmeromyia luteola (Fabricius) 黄塵蝇 Congo floor maggot

Audycoptidae 猿唇痒螨科

Augomonoctenus Rohwer 丽松叶蜂属

Augomonoctenus libocedrii Rohwer 北美翠柏丽松叶蜂

Augomonoctenus smithi Xiao et Wu 柏木丽松叶蜂

Augustsonia Southcott 大丽赤螨属

Aulacaspis Cockerell 白轮盾蚧属

Aulacaspis aceris Takahashi 槭白轮盾蚧

Aulacaspis actinidiae Takagi 猕猴桃白轮盾蚧

Aulacaspis actinodaphnes Takagi 姜子白轮盾蚧

Aulacaspis alisiana Takagi 阿里白轮盾蚧

Aulacaspis altiplagae Chen 高原白轮盾蚧

Aulacaspis amamiana Takagi 大缺白轮盾蚧

Aulacaspis citri Chen 柑橘白轮盾蚧

Aulacaspis crawii (Cockerell) 茶花白轮盾蚧 silver-berry scale

Aulacaspis difficilis (Cockerell) 胡颓子白轮盾蚧 false silver-berry scale

Aulacaspis divergens Takahashi 紊腺白轮盾蚧

Aulacaspis dystylii Takahashi 迪白轮盾蚧

Aulacaspis ferrisi Scott 费氏白轮盾蚧

Aulacaspis fuzhouensis Tang 福州白轮盾蚧

Aulacaspis greeni Takahashi 樟树白轮盾蚧

Aulacaspis guangdongensis Chen 广东白轮盾蚧

Aulacaspis ima Scott 钓樟白轮盾蚧

Aulacaspis intermedius Chen 锥腹白轮盾蚧

Aulacaspis latissima (Cockerell) 蚊母白轮盾蚧
distylium scale

Aulacaspis litseae Tang 木姜白轮盾蚧

Aulacaspis longanae Chen 龙眼白轮盾蚧

Aulacaspis madiunensis (Zehntner) 甘蔗白轮盾蚧 cane
round scale

Aulacaspis maesae Takagi 杜茎山白轮盾蚧

Aulacaspis megaloba Scott 大叶白轮盾蚧

Aulacaspis murrayae Takahashi 九里香白轮盾蚧

Aulacaspis neospinosa Tang 新刺白轮盾蚧

Aulacaspis nitida Scott 梁王茶白轮盾蚧

Aulacaspis phoebicola Takahashi 楠白轮盾蚧

Aulacaspis projecta Takagi 香椿白轮盾蚧

Aulacaspis pseudospinosa Chen 拟刺白轮盾蚧

Aulacaspis robusta Takahashi 紫金牛白轮盾蚧

Aulacaspis rosae (Bouch） 蔷薇白轮盾蚧 rose scale,
scurfy scale, blackberry scale

Aulacaspis rosarum Borchsenius 月季白轮盾蚧 Chinese
rose scale

Aulacaspis saigusai Takagi 莓白轮盾蚧

Aulacaspis sassafris Chen 檫木白轮盾蚧

Aulacaspis spinosa (Maskell) 菝葜白轮盾蚧 Smilax
scale

Aulacaspis takarai Takagi 高利白轮盾蚧

Aulacaspis tegalensis (Zehn.) 东洋甘蔗白轮盾蚧 sug-
arcane scale

Aulacaspis thoracica (Robinson) 乌桕白轮盾蚧

Aulacaspis trifolium Takagi 细胸白轮盾蚧 clover root
scale

Aulacaspis tubercularis (Newstead) 杧果白轮盾蚧

Aulacaspis wakayamensis (Kuw.) 见 *Aulacaspis madi-
unensis*

Aulacaspis yabbunikkei Kuwana 雅樟白轮盾蚧 Cinna-
momum scale

Aulacaspis yasumatsui Takagi 苏铁白轮盾蚧

Aulacobothrus Bol. 坳蝗属

Aulacobothrus luteipes (Walk.) 斑坳蝗

Aulacobothrus sichuanensis Ma 四川坳蝗

Aulacobothrus sinensis Uv. 中华坳蝗

Aulacobothrus sven-hedini Sjöst. 无斑坳蝗

Aulacocyclinae 圆黑蜣亚科

Aulacodes Guenée 斑水螟属

Aulacodes sinensis Hampson 华斑水螟

Aulacogastridae 角蛹蝇科·

Aulacogenia Stål 显颊猎蝽属

Aulacogenia corniculata Stål 显颊猎蝽

Aulaconotus Thomson 长额天牛属

Aulaconotus atronotatus Pic 绒脊长额天牛

Aulaconotus pachypezoides Thomson 条胸天牛

Aulaconotus varius Gressitt 异绒脊长额天牛

Aulacophora Chevrolat 守瓜属

Aulacophora almora Maulik 黑盾黄守瓜

Aulacophora bicolor (Weber) 斑翅红守瓜

Aulacophora carinicauda Chen *et* Kung 脊尾黑守瓜

Aulacophora coomani Laboissière 谷氏黑守瓜

Aulacophora femoralis (Motschulsky) 黄守瓜 cucurbit
leaf beetle

Aulacophora femoralis chinensis Weise 见 *Aulacophora
indica*

Aulacophora foveicollis Lucas 南瓜守瓜 red pumpkin
beetle

Aulacophora indica (Gmelin) 印度黄守瓜

Aulacophora lewisii Baly 柳氏黑守瓜

Aulacophora nigripennis Motschulsky 黑足守瓜

Aulacophoroides Tao 否蚜属

Aulacophoroides hoffmanni (Takahashi) 紫藤否蚜

Aulacorthum Mordwilko 沟无网蚜属

Aulacorthum circumflexum (Buckton) 见 *Neomyzus cir-
cumflexum*

Aulacorthum cirsicola (Takahashi) 蓟沟无网蚜 burdock
aphid

Aulacorthum magnoliae (Essig *et* Kuwana) 木兰沟无网
蚜

Aulacorthum perillae Shinji 紫苏沟无网蚜

Aulacorthum solani (Kaltenbach) 土豆沟无网蚜 potato
aphid, foxglove aphid, glasshouse-potato aphid

Aularches Stål 黄星蝗属

Aularches miliaris (Linnaeus) 黄星蝗 spotted locust

Aularches miliaris punctatus (Drury) 黑瘤黄星蝗

Auletobius fuliginosus Voss 干果榄仁象

Auletobius nigrinus Voss 灰白毛桸象

Auletobius uniformis Roelofs 一形象

Aulexis Baly 齿胸叶甲属

Aulexis cinnamoni Chen *et* Wang 樟齿胸叶甲

Aulexis sinensis Chen 华齿胸叶甲

Aulocera Butler 林眼蝶属

Aulocera brahminoides (Moore) 喜马林眼蝶

Aulocera loha Doherty 罗哈林眼蝶

Aulocera magica Oberthür 四射林眼蝶

Aulocera merlina Oberthür 细眉林眼蝶

Aulocera padma Kollar 大型林眼蝶

Aulocera sybillina Oberthür 小型林眼蝶

Aulosphora Siddiqi 具管线虫属

Aulosphora dahomensis (Germani *et* Luc) 答霍姆具管线
虫

Aulosphora indica (Siddiqi) 印度具管线虫

Aulosphora karachiensis Maqbool, Shahina *et* Zarina 卡拉奇具管线虫

Aulosphora oostenbrinki (Luc) 奥氏具管线虫

Aulosphora osmani (Das *et* Shivaswamy) 奥斯曼具管线虫

Aulosphora penetrans (Thorne) 穿刺具管线虫

Aurelianus yunnananus Xiong 云奥缘蝽

Aurilobulus Yin 小屏蝗属

Aurilobulus splendes Yin 丽色小屏蝗

Austracus Keifer 澳瘿螨属

Australiseiulus Muma 澳绥伦螨属

Australopalpus Smiley *et* Gerson 澳须螨属

Australopalpus alphitoniae Smiley *et* Gerson 朦胧木澳须螨

Australopsylla marmorata (Froggatt) 赤桉澳木虱

Australotydeus 澳镰螯螨属

Austrocaligula eucalypti Scott 桉大蚕蛾 gum emperor moth

Austroceratoppia Hammer 南角甲螨属

Austroceratoppia japonica (Aoki) 日本南角甲螨

Austrochipteriidae 南角翼甲螨科

Austrochirus Womersley 澳奇螨属

Austrogamasus Womersley 澳革螨属

Austroglycyphagus Fain *et* Lowry 澳食甜螨属

Austroglycyphagus geniculatus (Vitzthum) 膝澳食甜螨

Austrohancockia crista Liang 冠澳汉蚱

Austroperlidae 澳石蝇科

Austrophorocera Townsend 奥蜉寄蝇属

Austrophorocera hirsuta Mesnil 毛瓣奥蜉寄蝇

Austrothrombium Womersley 澳绒螨属

Austrotortrix postvittana Walker 见 *Epiphyas postvittana*

Autoba angulifera Moore 杧果花序夜蛾(杧果白虫)

Autoba silicula Swinhoe 单籽紫铆夜蛾(紫铆白虫)

Autogneta Hull 平脊甲螨属

Autogneta mashahitoi Aoki 日本平脊甲螨

Autognetidae 平脊甲螨科

Autographa nigrisigna (Walker) 黑点丫纹夜蛾

Autographa purpureofusa (Hampson) 紫丫纹夜蛾

Autographa y-minus Chou *et* Lu 小丫纹夜蛾

Automeris io (F.) 玉米大蚕蛾 io moth

Autophila Hübner 隘夜蛾属

Autophila cataphaena (Hübner) 清隘夜蛾

Autotropis Jordan 弓翅长角象属

Autotropis modesta Jordan 金合欢弓翅长角象

Auzakia Moore 奥蛱蝶属

Auzakia danava (Moore) 奥蛱蝶

Auzata Walker 豆斑钩蛾属

Auzata amaryssa Chu *et* Wang 闪豆斑钩蛾

Auzata chinensis chinensis Leech 中华豆斑钩蛾指名亚种

Auzata chinensis prolixa Watson 中华豆斑钩蛾浙江亚种

Auzata plana Chu *et* Wang 净豆斑钩蛾

Auzata semilucida Chu *et* Wang 透豆斑钩蛾

Auzata semipavonaria Walker 半豆斑钩蛾

Auzata superba (Butler) 短线豆斑钩蛾

Auzatella Strand 绢钩蛾属

Auzatella micronioides (Strand) 黄绢钩蛾

Auzatella pentesticha Chu *et* Wang 五线绢钩蛾

Avatha Walker 宇夜蛾属

Avatha noctuoides (Guenée) 暮宇夜蛾

Aventiola Staudinger 燕夜蛾属

Aventiola pusilla (Butler) 燕夜蛾

Avenzoariidae 麦羽螨科

Aviostivalius Traub 远棒蚤属

Aviostivalius hylomysus Li, Xie *et* Gong 毛猬远棒蚤

Aviostivalius klossi bispiniformis (Li *et* Wang) 近端远棒蚤二刺亚种

Avitta Walker 元夜蛾属

Avitta puncta Wileman 黑点元夜蛾

Axiagastus Dallas 牙蝽属

Axiagastus mitescens Distant 牙蝽

Axiagastus rosmaus Dallas 鲁牙蝽

Axiologa pura Lucas 桉辐射松毒蛾

Axonopsidae 盍孔水螨科

Axonopsinae 盍孔水螨亚科

Axonopsis Piersig 盍孔水螨属

Axonopsis paxillata Uchida *et* Imamura 木钉盍孔水螨

Axonopsoidea 盍孔水螨总科

Axylia Hübner 朽木夜蛾属

Axylia opacata Chen 阴朽木夜蛾

Axylia putris (Linnaeus) 朽木夜蛾

Axylia sicca Guenée 干朽木夜蛾

Azelia Robineau-Desvoidy 点蝇属

Azelia fengi Fan 冯氏点蝇

Azelia zetterstedti Rondani 丹麦点蝇

Azeliinae 点蝇亚科

Azotus Howard 花角蚜小蜂属

Azotus calvus Huang 裸带花角蚜小蜂

Azotus chionaspidis Howard 长蚧花角蚜小蜂

Azotus floccosus Huang 丛毛花角蚜小蜂

Azotus perspeciosus (Girault) 双带花角蚜小蜂

Azotus pexus Huang 多毛花角蚜小蜂

Azotus williamsi Annecke *et* Insley 威氏花角蚜小蜂

Azygophleps Hampson 弧蠹蛾属

Azygophleps albofasciata (Moore) 白条孤蠹蛾

Azygophleps scalaris (Fabricius) 梯孤蠹蛾

B

Baaora quadrimaculata Hu *et* Kuoh 四斑巴小叶蝉
Baccha Fabricius 巴食蚜蝇属
Baccha elongata (Fabricius) 短额巴食蚜蝇
Bacchinae 棍腹蚜蝇亚科
Bacchisa Pascoe 眼天牛属
Bacchisa atritarsis (Pic) 黑跗眼天牛
Bacchisa bicoloripennis Breuning 紫翅眼天牛
Bacchisa cyaneoapicalis dimidiata Gressitt 半蓝眼天牛
Bacchisa flavescens Breuning 宽眼额天牛
Bacchisa fortunei (Thomson) 梨眼天牛 pear borer
Bacchisa guerryi (Pic) 黄蓝眼天牛
Bacchisa medioviolacea Breuning 紫腰眼天牛
Bacchisa nigroantennata Breuning 黑角眼天牛
Bacchisa pallidiventris (Thomson) 突额眼天牛
Bacchisa partenigricornis Breuning 二色角眼天牛
Bacchisa pouangpethi Breuning 红角眼天牛
Bacchisa subannulicornis Breuning 黄节眼天牛
Bacchisa subpallidivestris Breuning 黄尾眼天牛
Bacchisa unicoloripennis Breuning 老挝眼天牛
Bacchisa violaceoapicalis Pic 蓝尾眼天牛
Bacculacus Boczek 珠洞瘿螨属
Bacillidae 杆䗛科 little sticks
Bacillinae 杆䗛亚科 little sticks
Bacteriidae 枝䗛科 small staffs
Bactra Stephens 尖翅小卷蛾属
Bactra furfurana Haworth 糠麸尖翅小卷蛾 mat rush worm
Bactra lanceolana (Hübner) 尖翅小卷蛾
Bactra phacopis Meyrick 莎草尖翅小卷蛾
Bactra truculento Meyrick 草尖翅小卷蛾 nutgrass moth
Bactrocera Macquart 果实蝇属
Bactrocera albistrigata (de Meijere) 蒲桃果实蝇
Bactrocera aquilonis (May) 番茄枝果实蝇
Bactrocera caudata (Fabricius) 普通果实蝇
Bactrocera correcta (Bezzi) 番石榴果实蝇 guava fruit fly
Bactrocera cucurbis (French) 黄瓜果实蝇 cucumber fruit fly
Bactrocera cucurbitae (Coqillett) 瓜实蝇 melon fruit fly, melon fly
Bactrocera decipiens (Drew) 新不列颠果实蝇
Bactrocera depressa (Shiraki) 南瓜果实蝇 pumpkin fruit fly
Bactrocera diversa (Coquillett) 异颜果实蝇
Bactrocera dorsalis (Hendel) 橘果实蝇 oriental fruit fly
Bactrocera facialis (Coquillett) 汤加果实蝇
Bactrocera frauenfeldi (Schiner) 单带果实蝇
Bactrocera jarvisi (Tryon) 澳洲果实蝇
Bactrocera kirki (Froggatt) 柯氏果实蝇
Bactrocera latifrons (Hendel) 辣椒果实蝇 solanum fruit fly
Bactrocera melanota (Coquillett) 库克果实蝇
Bactrocera minax (Enderlein) 橘大实蝇 Chinese citrus fly
Bactrocera musae (Tryon) 香蕉果实蝇 banana fruit fly
Bactrocera neohumeralis (Hardy) 褐肩果实蝇
Bactrocera occipitalis (Bezzi) 杧果实蝇
Bactrocera oleae (Gmelin) 油橄榄果实蝇 olive fruit fly, olive fly
Bactrocera passiflorae (Froggatt) 斐济果实蝇 Fijian fruit fly
Bactrocera psidii (Froggatt) 新喀里多尼亚果实蝇
Bactrocera tau (Walker) 南亚实蝇
Bactrocera trivialis (Drew) 巴布亚新几内亚果实蝇
Bactrocera tryoni (Froggatt) 昆士兰果实蝇 Queensland fruit fly
Bactrocera tsuneonis (Miyake) 蜜橘大实蝇 Japanese orange fly
Bactrocera tuberculata (Bezzi) 短尾果实蝇
Bactrocera umbrosa (Fabricius) 面包果实蝇
Bactrocera xanthodes (Broun) 黄条果实蝇
Bactrocera zonata (Saunders) 桃果实蝇 peach fruit fly
Bactrodinae 长猎蝽亚科
Bactromyia Brauer-Bergenstamm 小寄蝇属
Bactromyia aurulenta Meigen 金色小寄蝇
Bactrothrips brevitubus zhamanus Han *et* Zhang 樟木短管棒蓟马
Baculum Saussure 短肛䗛属
Baculum album Chen *et* He 白带短肛棒䗛
Baculum apicalis Chen *et* He 显尾短肛棒䗛
Baculum brachycerum Chen *et* He 小角短肛䗛
Baculum brunneum Chen *et* He 褐纹短肛棒䗛
Baculum chongxinense Chen *et* He 崇信短肛䗛
Baculum intersulcatum Chen *et* He 断沟短肛䗛
Baculum irregulariterdentatum Brunner von Wattenwyl 乱齿短肛䗛
Baculum luopingense Chen *et* Yin 罗平短肛䗛
Baculum minutidentatum Chen *et* He 小齿短肛棒䗛
Baculum obliquum Chen *et* He 歪角短肛棒䗛
Baculum paulum Chen *et* He 寡粒短肛棒䗛
Baculum pingliense Chen *et* He 平利短肛䗛
Baculum tianmushanense Chen *et* He 天目山短肛䗛
Bacunculidae 棒䗛亚科
Badamia Moore 尖翅弄蝶属
Badamia exclamationis (Fabricius) 尖翅弄蝶
Baeochila Drake *et* Poor 高冠网蝽属

Baeochila elongata (Distant) 高冠网蝽

Baeochila nexa (Distant) 宽高冠网蝽

Baeochila scitula Drake 台高冠网蝽

Baetidae 四节蜉科

Baetis Leach 四节蜉属

Baetis chinensis Ulmer 中国四节蜉

Baetis hainanensis You *et* Gui 海南四节蜉

Baetis pekingensis Ulmer 北京四节蜉

Baetiscidae 圆裳蜉科 very small mayflies

Baetoidea 四节蜉总科

Bagrada Stål 菘蝽属

Bagrada cruciferarum (L.) 萝卜菘蝽 bagrada bug

Bagrada hilaris (Burm.) 喜菘蝽 bagrada bug

Bagrada kaufmanni Oshanin 新疆菘蝽

Bagrada picta (Fabricius) 菘蝽

Baikalomermis Rubzov 贝加尔索线虫属

Baikalomermis acroporosa Rubzov 顶茧贝加尔索线虫

Baikalomermis hubsuguliensis Rubzov 库苏泊贝加尔索线虫

Baikalomermis obtusa Rubzov 钝贝加尔索线虫

Baikalomermis okunevae Rubzov 奥氏贝加尔索线虫

Baikalomermis parapusilla Rubzov 副小贝加尔索线虫

Baikalomermis pusilla Rubzov 小贝加尔索线虫

Baileyna Keifer 小得纳瘿螨属

Baizongia pistaciae Linnaeus 黄连木角瘿蚜 pistacia gall aphid

Baizongia yunlongensis Zhang *et* Zhong 云龙角瘿蚜

Bakerdania Sasa 贝矮螨属

Bakericheyla 贝鳌螨属

Bakericheyla chanayi Berlese *et* Trouessart 钱氏贝鳌螨

Bakeriella Chakrabrarti *et* Mondal 贝瘿螨属

Bakerina Chaudhri 贝叶螨属

Bakerina murrayae Gao *et* Ma 九里香贝叶螨

Bakerina nanchangensis Ma *et* Yuan 南昌贝叶螨

Balala Distant 片胫叶蝉属

Balala fulviventris (Walker) 片胫叶蝉

Balaninus Germar 见 *Curculio* Linnaeus

Balanobius Jekel 龟头瘿象属

Balanobius pictus Roelofs 双带龟头瘿象

Balanococcus Williams 平粉蚧属

Balanococcus alpinus (Matile-Ferrero) 瑞士平粉蚧

Balanococcus boratynskii Williams 英国平粉蚧 seashore mealybug

Balanococcus borchsenii Danzig 鲍氏平粉蚧

Balanococcus caucasicus Danzig 高加索平粉蚧

Balanococcus internodii (Hall) 埃及平粉蚧

Balanococcus mediterraneus Kozar 地中海平粉蚧

Balanococcus newsteadi (Green) 山毛榉平粉蚧

Balanococcus orientalis Danzig *et* Ivanova 东方平粉蚧

Balanococcus polyporus (Hall) 多孔平粉蚧

Balanococcus radicum (Newstead) 滨簪花平粉蚧

Balanococcus takahashii Mckenzie 高桥平粉蚧

Balanogastris Faust 蛀果象属

Balanogastris kolae Desbrochers 柯拉蛀果象 kola seed weevil

Balanotis Meyrick 见 *Orthaga* Walker

Balaustium Heyden 多室赤螨属

Balaustium aonidaphagus (Ebeling) 食蚧多室赤螨

Balaustium florae Grandjean 花多室赤螨

Balaustium murorum (Hermann) 墙多室赤螨

Balaustium putmani Smiley 普氏多室赤螨

Balclutha Kirkaldy 二室叶蝉属

Balclutha punctata Thunberg 淡绿二室叶蝉

Balclutha rubrinervis Matsumura 红绿二室叶蝉

Balclutha tiaowena Kuoh 条纹二室叶蝉

Balclutha viridis Matsumura 大青二室叶蝉

Balionebris bacteriota Meyrick 木麻黄尖细蛾

Baliosus Fabricius 木细蛾属

Baliosus ruber (Weber) 级木细蛾 basswood leaf miner

Baliothrips biformis Bagnall 稻蓟马 rice thrips

Baliothrips serratus Kobus 锯蓟马

Ballia Mulsant 斑瓢虫属

Ballia dianae Mulsant 环斑瓢虫

Ballia korschefskyi Mader 见 *Harmonia korschefskyi*

Ballia obscurosignata Liu 隐斑瓢虫

Ballia zephirinae Mulsant 墨斑瓢虫

Ballus C.L. Koch 巴蛛属

Ballus planus Schenkel 扁平巴蛛

Balsa Walker 洼夜蛾属

Balsa malana (Fitch) 洼夜蛾

Baltia (Moore) 侏粉蝶属

Baltia butleri Moore 侏粉蝶

Bambusana bambusae Matsumura 竹叶蝉 bamboo leafhopper

Bambusaspis Cockerell 竹链蚧属

Bambusaspis abiectus (Russ.) 菲岛竹链蚧

Bambusaspis acutulus (Russ.) 长锤竹链蚧

Bambusaspis amboinae (Russ.) 阿布竹链蚧

Bambusaspis bambusae (Boisd.) 广布竹链蚧 bamboo fringes scale

Bambusaspis bambusicola (Kuw.) 东瀛竹链蚧 bamboo striped scale

Bambusaspis brunetae (Russ.) 吕宋竹链蚧

Bambusaspis capitiosus (Russ.) 软壳竹链蚧

Bambusaspis caudatus (Green) 巴西竹链蚧

Bambusaspis chinae (Russ.) 中国竹链蚧

Bambusaspis circulare (Russ.) 圆形竹链蚧

Bambusaspis coronatus (Green) 锡兰竹链蚧

Bambusaspis delicatus (Green) 透体竹链蚧

Bambusaspis disiunctus (Russ.) 六爪竹链蚧

Bambusaspis exiguus (Green) 葫芦竹链蚧

Bambusaspis florus (Russ.) 两广竹链蚧

Bambusaspis fusus (Russ.) 细竹链蚧

Bambusaspis gemmae (Russ.) 罗竹竹链蚧

Bambusaspis hemisphaericus (Kuw.) 半球竹链蚧 globose bamboo fringed scale

Bambusaspis huichowensis Zhang 徽州竹链蚧

Bambusaspis jubatus Wu 安徽竹链蚧

Bambusaspis largus (Russ.) 大型竹链蚧

Bambusaspis longulus (Russ.) 条形竹链蚧

Bambusaspis longus (Green) 长丝竹链蚧

Bambusaspis marginalis Borchs. 缘腺竹链蚧

Bambusaspis masuii (Kuw.) 日本竹链蚧 Masui bamboo scale

Bambusaspis miliaris (Boisd.) 热带竹链蚧

Bambusaspis mimicus (Russ.) 扁刀竹链蚧

Bambusaspis minusculus (Russ.) 蒲扇竹链蚧

Bambusaspis minutus (Tak.) 小型竹链蚧 minute bamboo scale

Bambusaspis neojubatus Tang *et* Hao 郑州竹链蚧

Bambusaspis notabilis (Russ.) 广东竹链蚧

Bambusaspis oblongus (Russ.) 浙江竹链蚧

Bambusaspis ordinarius (Russ.) 常规竹链蚧

Bambusaspis parvus (Russ.) 海南竹链蚧

Bambusaspis penicillatus (Russ.) 长杆竹链蚧

Bambusaspis pseudolanceolatus (Tak.) 台湾竹链蚧

Bambusaspis pseudomiliaris (Green) 琵琶竹链蚧

Bambusaspis pseudominuscula Borchs. 西双竹链蚧

Bambusaspis pusillus (Russ.) 盘形竹链蚧

Bambusaspis radiatus (Russ.) 放射竹链蚧

Bambusaspis robusta (Green) 强健竹链蚧

Bambusaspis rubrocomatus (Green) 六脚竹链蚧

Bambusaspis sasae (Russ.) 箬竹链蚧

Bambusaspis solenophoroides (Green) 球拍竹链蚧

Bambusaspis sparus (Russ.) 长镖竹链蚧

Bambusaspis subdolus (Russ.) 亚镖竹链蚧

Bambusaspis tenuissimus (Green) 格氏竹链蚧

Bambusaspis udagamae (Green) 乌达竹链蚧

Bambusaspis vulgare (Russ.) 普通竹链蚧

Bambusiphaga Huang *et* Ding 竹飞虱属

Bambusiphaga citricolorata Huang *et* Tain 橘色竹飞虱

Bambusiphaga fascia Huang *et* Tian 带纹竹飞虱

Bambusiphaga furca Huang *et* Ding 叉突竹飞虱

Bambusiphaga jinghongensis Ding *et* Hu 景洪竹飞虱

Bambusiphaga lacticolorata Huang *et* Ding 乳黄竹飞虱

Bambusiphaga mirostylis Huang *et* Ding 奇突竹飞虱

Bambusiphaga nigripunctata Huang *et* Ding 黑斑竹飞虱

Bambusiphaga nigromarginata Huang *et* Tian 黑缘竹飞虱

Bambusiphaga similis Huang *et* Tain 类竹飞虱

Bambusiphaga zhonghei Kuoh 中黑竹飞虱

Bambusiphila vulgaris Butler 见 *Oligia vulgaris*

Banchinae 栉姬蜂亚科

Banchus Fabricius 栉姬蜂属

Banchus dilatatorius (Thunberg) 扩栉姬蜂

Banchus japonicus (Ashmead) 日本栉姬蜂

Banchus palpalis Ruthe 须栉姬蜂

Bandakia Thor 斑达水螨属

Banisia Walker 二星网蛾属

Banisia astro Chu *et* Wang 二星网蛾

Banisia iota Chu *et* Wang 小星网蛾

Banisia pityos Chu *et* Wang 马府油松二星网蛾

Banksinoma Oudemans 邦甲螨属

Banksinoma cincta Zhao *et* Wen 环毛邦甲螨

Banksinoma sinica Wen 中华邦甲螨

Banksinomidae 邦甲螨科

Bannacoris Hsiao 版纳异蝽属

Bannacoris arboreus Hsiao 树版纳异蝽

Bannacris Zheng 版纳蝗属

Bannacris punctonotus Zheng 点背版纳蝗

Bannania Hsiao 版纳猎蝽属

Bannania pulchella Hsiao 丽版纳猎蝽

Baoris Moore 刺胫弄蝶属

Baoris farri (Moore) 刺胫弄蝶

Baoris penicillata (Moore) 刷翅刺胫弄蝶

Baptria Hübner 光漆尺蛾属

Baptria tibiale (Esper) 白斑光漆尺蛾

Baradesa Moore 重舟蛾属

Baradesa lithosioides Moore 宽带重舟蛾

Baradesa omissa Rothschild 窄带重舟蛾

Barathra brassicae Linnaeus 见 *Mamestra brassicae*

Barbara Heinrich 松果小卷蛾属

Barbara colfaxiana (Kearfott) 黄杉松果小卷蛾 Douglas fir cone moth

Barbara fulgans V.I.Kuznetsov 球果艳小卷蛾

Barbutidae 须螨科

Barca de Nicéville 舟弄蝶属

Barca bocolor (Oberthür) 双色舟弄蝶

Barevicoryne L. 短棒蚜属

Bariella Lillo 巴里小瘿螨属

Baris Germar 船象属

Baris deplanata Roelofs 桑象 mulberry weevil, mulberry small weevil, mulberry curculio

Baris dispilota Solsky 黄斑船象

Baris menthae Kôno 薄荷船象

Baris orientalis Roelofs 东方船象

Baroa punctivaga (Walker) 孔灯蛾

Baroa vatala Swinhoe 淡色孔灯蛾

Barypithes Gemminger *et* Harold 实象属

Barypithes araneiformis Schrank 草莓实象 strawberry fruit weevil

Barypithes pellucidus Boheman 长灰实象

Baryrrhynchus Lacordaire 宽喙象属

Baryrrhynchus angulatus Zhang 角喙宽喙象

Baryrrhynchus concretus Zhang 合节宽喙象

Baryrrhynchus convexus Zhang 凸眼宽喙象

Baryrrhynchus cratus Zhang 大宽喙象

Baryrrhynchus latirostris Gyllenhyl 宽喙象

Baryrrhynchus miles Bohman　粗颈宽喙象
Baryrrhynchus minisculus Zhang　小宽喙象
Baryrrhynchus nitidus Zhang　亮斑宽喙象
Baryrrhynchus phaeus Zhang　暗斑宽喙象
Baryrrhynchus planus Zhang　扁平宽喙象
Baryrrhynchus poweri Roelfofs　长颈宽喙象
Baryrrhynchus setulosus Zhang　短毛宽喙象
Baryrrhynchus speciossisimus Kleine　光斑宽喙象
Baryrrhynchus umbraticus Kleine　赭色宽喙象
Basalisciara Yang *et* Zhang　基毛眼蕈蚊属
Basalisciara basaliseta Yang *et* Zhang　基毛眼蕈蚊
Basalisciara qinana Yang *et* Zhang　黔基毛眼蕈蚊
Basilepta Baly　角胸叶甲属
Basilepta balyi Harold　具角胸叶甲
Basilepta bisulcata Chen　双沟角胸叶甲
Basilepta consobrinum Chen　脊鞘角胸叶甲
Basilepta crassipes Chen　粗股角胸叶甲
Basilepta davidi (Lefèvre)　钝角胸叶甲
Basilepta fulvipes (Motschulsky)　褐足角胸叶甲
Basilepta hirticolle Baly　粗颈角胸叶甲
Basilepta laevigatum Tan　光角胸叶甲
Basilepta latericosta Gressitt *et* Kimoto　侧脊角胸叶甲
Basilepta leechi (Jacoby)　隆基角胸叶甲
Basilepta martini (Lefèvre)　斑鞘角胸叶甲
Basilepta nyalamense Tan　聂拉木角胸叶甲
Basilepta pallidulum Baly　杉角胸叶甲
Basilepta regularis Tan　刻行角胸叶甲
Basilepta ruficolle (Jacoby)　圆角胸叶甲
Basilepta scutellare Chen　黄盾角胸叶甲
Basilepta sinarum Weise　棕角胸叶甲
Basilobelba Balogh　王珠甲螨属
Basilobelbidae　王珠甲螨科
Basilona imperialis Drury　见 *Eacles imperialis*
Basiprionota angusta (Spaeth)　台湾锯龟甲
Basiprionota bimaculata (thunberg)　双斑锯龟甲
Basiprionota bisignata (Boheman)　北锯龟甲
Basiprionota chinensis (Fabricius)　大锯龟甲
Basiprionota decemsignata (Boheman)　十印锯龟甲
Basiprionota gressitti Medvedev　雅安锯龟甲
Basiprionota laotica (Spaeth)　老街锯龟甲
Basiprionota lata Chen *et* Zia　阔锯龟甲
Basiprionota omeia Chen *et* Zia　峨眉锯龟甲
Basiprionota opima (Spaeth)　海南锯龟甲
Basiprionota prognata (Spaeth)　黑头锯龟甲
Basiprionota pudica (Spaeth)　西南锯龟甲
Basiprionota sexmaculata (Boheman)　粗盘锯龟甲
Basiprionota tibetana (Spaeth)　六星狭锯龟甲
Basiprionota westermanni (Mannheim)　拱边锯龟甲
Basiprionota whitei (Boheman)　黑盘锯龟甲
Basitropis Jekel　长棒长角象属
Bassaniana Strand　巴蟹蛛属
Bassaniana decorata (Karsch)　美丽巴蟹蛛

Bathymermis Daday　深索线虫属
Bathymermis arnoldi Khartschenko　阿诺德深索线虫
Bathymermis fuhrmanni Daday　富尔曼深索线虫
Bathymermis helvetica Daday　蜜黄深索线虫
Bathymermis inundata Khartschenko　淹没深索线虫
Bathymermis latebrosis Khartschenko　隐藏深索线虫
Bathymermis leptoderma Rubzov　薄皮深索线虫
Bathymermis longipapillata Zahidov　长突深索线虫
Bathymermis postica Rubzov　后深索线虫
Bathymermis scytoidea Rubzov　革深索线虫
Bathymermis simuliae Camino　蚋深索线虫
Bathymermis vitrea Rubzov　玻璃深索线虫
Bathyphantes Menge　指蛛属
Bathyphantes bohuensis Zhu *et* Zhou　博湖指蛛
Bathyphantes eumenis (L. Koch)　穴居指蛛
Bathyphantes gracilis (Blackwall)　柔弱指蛛
Bathyphantes tongluensis Chen *et* Song　桐庐指蛛
Bathysmatophorus shabliovskii Kusnezov　沙氏叶蝉
Bathythrix Förster　泥甲姬蜂属
Bathythrix kuwanae Viereck　负泥虫沟姬蜂
Batocera Castelnau　白条天牛属
Batocera davidis Deyrolle　橙斑白条天牛
Batocera horsfieldi (Hope)　云斑白条天牛
Batocera lineolata Chevrolat　密点白条天牛　whitestriped longicorn beetle
Batocera numitor Newman　锈斑白条天牛
Batocera parryi (Hope)　杧果八星天牛
Batocera roylei (Hope)　杧果白条天牛
Batocera rubus (L.)　榕八星天牛
Batocera rufomaculata (de Geer)　赤斑白条天牛　fig tree borer
Batophila Foudras　圆肩跳甲属
Batophila impressa Wang　凹翅圆肩跳甲
Batracomorphus Lewis　短尖头叶蝉属
Batracomorphus diminutus Matsumura　小尖头叶蝉
Batracomorphus mundus Uhler　世界突头叶蝉
Batracomorphus stigmaticus Matsumura　乳突尖头叶蝉
Batracomorphus viridulus (Melichar)　稻短头叶蝉
Battaristis vittella (Busck)　松芽果麦蛾
Baucculacus Boczek　头盔瘿螨属
Baudona ochreovittata Breuning　斜尾天牛
Baumhaueria Meigen　抱寄蝇属
Baumhaueria goniaeformis Meigen　天幕毛虫抱寄蝇
Bayadera bidentata Needham　二齿尾溪螅
Bayadera forcipata Needham　钳尾溪螅
Bayadera melanopteryx Ris　巨齿尾溪螅
Bayerus Distant　柔毛猎蝽属
Bayerus pilosus Hsiao　柔毛猎蝽
Bdella Latreille　吸螨属
Bdella depressa Ewing　扁吸螨
Bdella lignicola Canestrini　居木吸螨
Bdella longicornis Linnaeus　长角吸螨

Bdella muscorum Ewing 苔吸螨

Bdellidae 吸螨科

Bdellodes Oudemans 拟吸螨属

Bdellodes japonicus (Ehara) 日本拟吸螨

Bdellodes longirostris (Hermann) 长鼻拟吸螨

Bdelloidae 吸螨总科

Bealius Massey et Hinds 双纹线虫属

Bealius bisulcus Massey et Hinds 二邱双纹线虫

Bealius pissodi Massey 木蠹象双纹线虫

Beaurieina Oudemans 匐螨属

Bedellia Stainton 花潜蛾属

Bedellia orchilella Walsingham 甘薯潜蛾 sweetpotato leafminer

Bedellia somnulentella Zeller 旋花潜蛾 morning glory leafminer

Beesonia Green 头蚧属

Beesonia quercicola Ferris 青冈头蚧

Beesoniidae 头蚧科

Beijinga utila Yang 北京举肢蛾

Belba Heyden 珠足甲螨属

Belba cornuta Wang et Norton 角珠足甲螨

Belba corynopus (Hermann) 棒珠足甲螨

Belba rossica Bulanova-Zachvatkina 俄罗斯珠足甲螨

Belba sasakawai Enami 南方珠足甲螨

Belba sellnicki Bulanova-Zachvatkina 塞氏珠足甲螨

Belba verrucosa Bulanova-Zachvatkina 疣珠足甲螨

Beldonea Cameron 线距叶蜂属

Beldonea impunctata Wei 光胸线距叶蜂

Belenus Distant 叉刺网蝽属

Belenus angulatus Distant 叉刺网蝽

Belenus dentatus (Fieber) 黄叉刺网蝽

Beleses Cameron 刺叶蜂属

Beleses formosana (Enslin) 蓬莱刺叶蜂

Beleses fulvus Cameron 黄褐刺叶蜂

Beleses stigmaticalis Cameron 黑端刺叶蜂

Belesidea Rohwer 同脉叶蜂属

Belesidea multipicta Rohwer 多饰同脉叶蜂

Belidae 见 Ithycerinae

Belippa horrida Walker 背刺蛾

Belippa laleana Moore 见 *Cheromettia apicata*

Belippa thoracica (Moore) 雪背刺蛾

Bellardia Robineau-Desvoidy 陪丽蝇属

Bellardia bayeri liaoningensis Hsue 辽宁陪丽蝇

Bellardia benshiensis Hsue 本溪陪丽蝇

Bellardia chosenensis Chen 朝鲜陪丽蝇

Bellardia curviloba Liang et Gan 弯叶陪丽蝇

Bellardia dolichodicra Chen, Fan et Cui 长裂陪丽蝇

Bellardia fengchengensis Chen 凤城陪丽蝇

Bellardia menechma (Séguy) 新月陪丽蝇

Bellardia menechmoides Chen 拟新月陪丽蝇

Bellardia micromenechma Liang et Gan 小新月陪丽蝇

Bellardia nartshukae (Grunin) 直钩陪丽蝇

Bellardia notomenechma Liang et Gan 南新月陪丽蝇

Bellardia oligochaeta Chen et Fan 少鬃陪丽蝇

Bellardia qinghaiensis Chen 青海陪丽蝇

Bellardia sastylata Qian et Fan 壮叶陪丽蝇

Bellardia xinganensis Chen, Fan et Cui 兴安陪丽蝇

Bellodera Wouts 洁皮线虫属

Bellodera utahensis (Baldwin, Mundo-Ocamp et Othman) 优他洁皮线虫

Belloppia Hammer 洁奥甲螨属

Belloppia orientalis Wen 东方洁奥甲螨

Belocera Muir 簇角飞虱属

Belocera huangbiana Kuoh 黄边簇角飞虱

Belocera nigrinotalis Ding et Yang 黑背簇角飞虱

Belocera sinensis Muir 中华簇角飞虱

Belonolaimidae 刺线虫科

Belonolaimus Steiner 刺线虫属 sting nematodes

Belonolaimus euthychilis Rau 直唇刺线虫

Belonolaimus gracilis Steiner 细小刺线虫 peanut sting nematode

Belonolaimus longicaudatus Rau 长尾刺线虫 turf sting nematode

Belonolaimus maritimus Rau 海滨刺线虫

Belonolaimus nortoni Rau 诺顿刺线虫

Belopis unicolor Distant 缺蝽

Belopus helanensis Ren et Wu 贺兰刺足甲

Belostomatidae 负子蝽科

Belytidae 突颜细蜂科 belytids

Bematistes consanguinea Aurivillius 柚木幼树蛱蝶

Bematistes umbra Drury 非洲红豆木蛱蝶

Bembecia Hübner 纹透翅蛾属

Bembecia hedysari Wang et Yang 踏郎透翅蛾

Bembecinus Costa 沙大唇泥蜂属

Bembecinus hungaricus (Frivaldsky) 断带沙大唇泥蜂

Bembicidae 沙蜂科 sand wasps, bembicid wasps

Bembidion fuscicrus Motschulsky 褐腿锥须步甲

Bembidion hingstoni Andrewes 高山锥须步甲

Bembidion nivicola Andrewes 雪锥须步甲

Bembidion radian Andrewes 亮锥须步甲

Bembix Fabricius 斑沙蜂属

Bembix melanura Morawitz 黑带斑沙蜂

Bembix niponica picticollis Morawitz 角斑沙蜂绣亚种

Bembix pugillatrix Handlirsch 蘑斑沙蜂

Bembix rostrata Linnaeus 丫脊斑沙蜂

Bembix weberi Handlirsch 雁斑沙蜂

Bembix westonii Bingham 黑背斑沙蜂

Bemisia giffardi Kotinsky 吉法德粉虱(橙黄粉虱) Giffard whitefly

Bemisia gossypiperda Misra et Lamba 见 *Bemisia tabaci*

Bemisia myricae Kuwana 杨梅粉虱 myrica whitefly, mulberry whitefly

Bemisia shinanoensis Kuwana 四平桑粉虱 mulberry whitefly

Bemisia tabaci (Gennadius) 甘薯粉虱 tobacco whitefly, cotton whitefly, sweetpotato whitefly

Bengalia Robineau-Desvoidy 孟蝇属

Bengalia chekiangensis Fan 浙江孟蝇

Bengalia emarginata Malloch 凹圆孟蝇

Bengalia escheri Bezzi 环斑孟蝇

Bengalia labiata R.-D. 突唇孟蝇

Bengalia latro de Meij. 盗孟蝇

Bengalia taiwanensis Fan 台湾孟蝇

Bengalia torosa (Wiedemann) 侧线孟蝇

Bengalia varicolor (Fab.) 变色孟蝇

Beralade similis Walker 儿茶枯叶蛾

Bercaea Robineau-Desvoidy 粪麻蝇属

Bercaea cruentata (Meigen) 红尾粪麻蝇 redtailed flesh fly

Beridinae 刺胸水虻亚科

Berlandina Dalmas 奔蛛属

Berlandina plumalis (Cambridge) 羽状奔蛛

Berlandina potanini (Schenkel) 波氏奔蛛

Berlandina xinjiangensis Hu *et* Wu 新疆奔蛛

Berlesa Canestrini 柏螨属

Berotha Walker 鳞蛉属

Berotha indica (Brauer) 印度鳞蛉

Berothidae 鳞蛉科 beaded lacewings

Bertula Walker 拟胸须夜蛾属

Bertula bistrigata (Staudinger) 双条波夜蛾

Bertula denticlina (Hampson) 锯拟胸须夜蛾

Bertula hisbonalis Walker 异拟胸须夜蛾

Bertula spacoalis (Walker) 斑条波夜蛾

Berytidae 跷蝽科 stilt bugs

Berytinae 跷蝽亚科

Berytinus Kirkaldy 扁头跷蝽属

Berytinus clavipes Fabricius 扁头跷蝽

Besaia Walker 篦舟蛾属

Besaia goddrica (Schaus) 竹篦舟蛾

Besaia tamurensis Nakamura 珠篦舟蛾

Bessa Robineau-Desvoidy 盆地寄蝇属

Bessa parallela (Meigen) 选择盆地寄蝇

Bessa selecta fugax Rondani 迅疾选择盆地寄蝇

Betacallis Matsumura 桦斑蚜属

Betacallis alnicolens Matsumura 桤木桦斑蚜

Betacallis betulisucta Zhang *et* Zhang 吸桦斑蚜

Betacallis luminiferus Zhang 光皮桦斑蚜

Betacallis querciphaga Basu, Ghosh *et* Raychaudhuri 栎桦斑蚜

Betacallis sichuanensis Zhang *et* Zhang 四川桦斑蚜

Betacixius Matsumura 贝菱蜡蝉属

Betacixius obliquus Matsumura 斜纹贝菱蜡蝉

Betalbara Matsumura 卑钩蛾属

Betalbara acuminata (Leech) 网卑钩蛾

Betalbara dilinea Chu *et* Wang 双线卑钩蛾

Betalbara flavilinea (Leech) 齿线卑钩蛾

Betalbara furca Chu *et* Wang 叉线卑钩蛾

Betalbara leucosticta (Hampson) 白肩卑钩蛾

Betalbara manleyi (Leech) 姬网卑钩蛾

Betalbara prunicolor (Moore) 折线卑钩蛾

Betalbara rectilinea Watson 灰褐卑钩蛾

Betalbara robusta (Oberthür) 栎卑钩蛾

Betalbara safra Chu *et* Wang 黄线卑钩蛾

Betalbara violacea (Butler) 直缘卑钩蛾

Betasyrphus Matsumura 贝食蚜蝇属

Betasyrphus serarius (Wiedemann) 狭带贝食蚜蝇

Bethylidae 肿腿蜂科 bethylids, bethylid wasps

Bethyloidea 肿腿蜂总科

Betulaphis quadrituberculata Kaltenbach 四瘤桦蚜 birch aphid

Betulaphis quadrula Zhang, Zhang *et* Tian 方斑桦蚜

Beybienkia Tzypl. 贝蝗属

Beybienkia barbarus Liu 荒漠贝蝗

Beybienkia barkolensis Liu 巴里坤贝蝗

Beybienkia songorica Tzypl. 准噶尔贝蝗

Bhagadatta Moore 耙蛱蝶属

Bhagadatta austenia (Moore) 耙蛱蝶

Bharagonalia Young 巴大叶蝉属

Bharagonalia yalma Young 巴大叶蝉

Bharatalbia Cook 指胫易白水螨属

Bharatohydraearus Cook 哈水螨属

Bharetta cinnamomea Moore 斜带枯叶蛾

Bhima eximia (Oberthür) 栎枯叶蛾

Bhima idiota Graeser 白杨毛虫

Bhima rotundipennis J. de Joannis 柳毛虫

Bhima undulosa (Walker) 曲纹枯叶蛾

Bhutanitis Atkinson 尾凤蝶属

Bhutanitis lidderdalii Atkinson 多尾凤蝶

Bhutanitis ludlowi Gabriel 不丹尾凤蝶

Bhutanitis mansfieldi (Riley) 二尾凤蝶

Bhutanitis nigrilima Chou 玄裳尾凤蝶

Bhutanitis pulchristata Saigusa *et* Lee 丽斑尾凤蝶

Bhutanitis thaidina (Blanchard) 三尾凤蝶

Bhutanitis yulongensis Chou 玉龙尾凤蝶

Bianchiella Reuter 膨腹长蝽属

Bianchiella adelungi Reuter 亚洲膨腹长蝽

Bianor Peckham *et* Peckham 菱头蛛属

Bianor aeneiceps (Simon) 铜头菱头蛛

Bianor aurocinctus (Ohlert) 微菱头蛛

Bianor hotingchiechi Schenkel 华南菱头蛛

Bianor inexplouratus Logunov 斜纹菱头蛛

Bianor maculatus (Keyserling) 斑菱头蛛

Biasticus Stål 壮猎蝽属

Biasticus abdominalis Reuter 腹壮猎蝽

Biasticus confusus Hsiao 艳腹壮猎蝽

Biasticus flavus (Distant) 黄壮猎蝽

Biasticus minus Hsiao 小壮猎蝽

Biasticus ventralis Hsiao 黑腹壮猎蝽

Bibasis Moore　伞弄蝶属

Bibasis aquilina (Speyer)　雕形伞弄蝶

Bibasis gomata (Moore)　白伞弄蝶

Bibasis harisa (Moore)　褐伞弄蝶

Bibasis jaina (Moore)　橙翅伞弄蝶

Bibasis miracula Evans　大伞弄蝶

Bibasis oedipodea (Swainson)　黑斑伞弄蝶

Bibasis sena Moore　钩纹伞弄蝶

Bibasis striata (Hewitson)　绿伞弄蝶

Bibio marci Linnaeus　黑毛蚊　St. Mark's fly

Bibionidae　毛蚊科　march flies

Bicon ruficeps Pic　红翅长眉天牛

Bicon sanguineus Pascoe　槟岛长眉天牛

Bidentacris Zheng　二齿蝗属

Bidentacris brevicornis Bi et Xia　短角二齿蝗

Bidentacris guangdongensis Zheng et Xie　广东二齿蝗

Bidentacris guizhouensis Zheng　贵州二齿蝗

Bidentacris jiangxiensis Wang　江西二齿蝗

Bidentacris loratus Zheng et Xie　带二齿蝗

Bidentacris nigrilinearis Zheng et Zhang　黑条二齿蝗

Bidentacris xizangensis Zheng et Xie　西藏二齿蝗

Bidentacris yuanmowensis (Zheng)　元谋二齿蝗

Bidentacris yunnanensis (Zheng)　云南二齿蝗

Bidentatettix Zheng　二齿蚱属

Bidentatettix yunnanensis Zheng　云南二齿蚱

Bidera Krall et Krall　双皮线虫属

Bidera arenaria (Kirjanova et Krall))　蚤缀双皮线虫

Bidera avenae (Filipjev)　燕麦双皮线虫　cereal root
　　nematode, oat cyst nematode

Bidera bifenestra (Cooper)　双窗双皮线虫

Bidera filipjevi Madzhidov　菲氏双皮线虫

Bidera hordecalis (Anderson)　大麦双皮线虫

Bidera iri (Mathews)　剪股颖双皮线虫

Bidera longicaudatus (Seidel)　长尾双皮线虫

Bidera mani (Mathews)　稀少双皮线虫

Bidera ustinovi (Kirjanova)　乌氏双皮线虫

Bifiditermes beesoni Gardner　比森木白蚁

Bifiduncus Chou et Hua　叉钩木蠹蛾属

Bifiduncus longispinalis Chou et Hua　江西木蠹蛾

Bigymnaspis Balachowsky　双片盾蚧属

Bigymnaspis bullata (Green)　广东双片盾蚧

Biorhiza Westwood　双瘿蜂属

Biorhiza pallida Olivier　没食子瘿蜂oak apple gall wasp

Biorhiza renum Hartig　见　*Trigonaspis megaptera*

Biorhiza weldi Yasumatsu et Masuda　木樨草瘿蜂　quer-
　　cus gall wasp

Biorrhiza Westwood　见　*Biorhiza* Westwood

Biraia Kiriakoff　绦舟蛾属

Biraia postica (Moore)　绦舟蛾

Birendracoccus Ali　波粉蚧属

Birendracoccus saccharifolii (Green)　甘蔗波粉蚧

Bireta Walker　角茎舟蛾属

Bireta longivitta Walker　角茎舟蛾

Birgerius Sarristo　单刺蛛

Birgerius triangulus Tao, Li et Zhu　三角单刺蛛

Birmella Malaise　果叶蜂属

Birmella taiwanensis Smith　台湾果叶蜂

Biscirus Aig Thor　双瘤吸螨属

Bissonema Rubzov　双线虫属

Bissonema acicularis (Rubzov)　尖双线虫

Biston Leach　鹰尺蛾属

Biston bengaliaria Guenée　黄鹰尺蛾

Biston betularia (Linnaeus)　桦尺蛾

Biston brevipennata Inoue　鹰尺蛾

Biston cognataria (Guen.)　胡椒尺蛾　pepper and salt
　　moth

Biston contectaria (Walker)　白鹰尺蛾

Biston emarginaria Leech　凹缘鹰尺蛾

Biston erilda Oberthür　麻鹰尺蛾

Biston falcata (Warren)　镰形鹰尺蛾

Biston marginata Matsumura　油茶尺蛾

Biston quercii Oberthür　褐鹰尺蛾

Biston regalis (Moore)　王鹰尺蛾

Biston robustum Butler　大鹰尺蛾　giant geometer

Biston suppressaria Guenée　见　*Buzara suppressaria*

Biston thoracicaria (Oberthür)　小鹰尺蛾

Bitecta murina (Heylaerts)　缨苔蛾

Bizia Walker　焦边尺蛾属

Bizia aexaria Walker　焦边尺蛾

Blabephorus Fairmaire　凹犀金龟属

Blabephorus pinguis Fairmaire　胖凹犀金龟

Blaberidae　折翅蠊科

Blachia Walker　捕蟒属

Blachia ducalis Walker　捕蟒

Blaesoxipha Löw　折麻蝇属

Blaesoxipha arenicola Rohdendorf　镰叶折麻蝇

Blaesoxipha benshiensis Hsue　见　*Blaesoxipha latuare-
　　tensis*

Blaesoxipha campestris (Robineau-Desvoidy)　线纹折麻
　　蝇

Blaesoxipha changbaishanensis Hsue　见　*Blaesoxipha
　　grylloctona*

Blaesoxipha cochlearis (Pandelle)　蜗壳折麻蝇

Blaesoxipha dongfangis Hsue　东方折麻蝇

Blaesoxipha falciloba Hsue　见　*Blaesoxipha arenicola*

Blaesoxipha gladiatrix (Pandelle)　宽角折麻蝇

Blaesoxipha grylloctona Löw　长白山折麻蝇

Blaesoxipha laotudingensis Hsue　老秃顶折麻蝇

Blaesoxipha lautaretensis Villeneuve　本溪折麻蝇

Blaesoxipha litoralis (Villeneuve)　阶突折麻蝇

Blaesoxipha macula Hsue　斑折麻蝇

Blaesoxipha rufipes (Macquart)　亚非折麻蝇

Blaesoxipha sublaticornis Hsue　拟宽角折麻蝇

Blaesoxipha subunicolor Ma　拟单色折麻蝇

Blaesoxipha unicolor Villeneuve 单色折麻蝇

Blankaartia Oudemans 斑甲恙螨属

Blankaartia acuscutellaris (Walch) 尖盾斑甲恙螨

Blankaartia kwanacara (Chen *et* Hsu) 广斑甲恙螨

Blaps Fabricius 琵琶甲属

Blaps caraboides All. 拟步行琵琶甲

Blaps chinensis Fald. 中华琵琶甲

Blaps davidea Deyr 达氏琵琶甲

Blaps gressoria Reitt. 步行琵琶甲

Blaps japonensis Mars. 日本琵琶甲

Blaps obiensis Friv. 戈壁琵琶甲

Blaps oblonga Kraatz 细长琵琶甲

Blaps opaca Reitt. 磨光琵琶甲

Blaps rugosa Gebl. 皱纹琵琶甲

Blasticorhinus Butler 锉夜蛾属

Blasticorhinus ussuriensis (Bremer) 寒锉夜蛾

Blasticotoma smithi Shinohara 史氏四节叶蜂

Blasticotomidae 四节叶蜂科

Blastobasidae 遮颜蛾科

Blastopetrova Liu *et* Wu 种子小卷蛾属

Blastopetrova ketekeeriacola Liu *et* Wu 油杉种子小卷蛾

Blastophagus minor Hartig 见 *Tomicus minor*

Blastophagus pilifer Spessivtseff 见 *Tomicus pilifer*

Blastophagus piniperda Linnaeus 见 *Tomicus piniperda*

Blastothrix Mayr 花角跳小蜂属

Blastothrix chinensis Shi 中国花角跳小蜂

Blastothrix ericeri Sugonjaev 白蜡虫花角跳小蜂

Blastothrix kuwanai Sugonjaev 桑名花角跳小蜂

Blastothrix longipennis Howard 盔蚧花角跳小蜂

Blastothrix orientalis Shi, Si *et* Wang 东方花角跳小蜂

Blastothrix sericea (Dalman) 球蚧花角跳小蜂

Blastothrix speciosus Shi, Si *et* Wang 美丽花角跳小蜂

Blatta Linnaeus 蜚蠊属

Blatta orientalis Linnaeus 东方蜚蠊 oriental cockroach

Blattella Caudell 小蠊属

Blattella germanica Linnaeus 德国小蠊 German cock-
roach, crouton bug

Blattella latistriga Walker 广纹小蠊

Blattella lituricollis Walker 拟德国小蠊

Blattidae 蜚蠊科 cockroaches

Blattisocius Keegan 蠊螨属

Blattisocius dentriticus (Berlee) 齿蠊螨

Blattisocius keegani Fox 基氏蠊螨

Blattisocius mali (Oudemans) 苹蠊螨

Blattisocius tarsalis (Berlese) 跗蠊螨

Blattodea 蜚蠊目

Blenina Walker 癣皮夜蛾属

Blenina quinaria Moore 枫杨癣皮夜蛾

Blenina senex (Butler) 柿癣皮夜蛾

Blennocampa Hartig 蔺叶蜂属

Blennocampa caryae Norton 山核桃蔺叶蜂 butternut
woolly worm

Blennocampinae 蔺叶蜂亚科

Blepephaeus Pascoe 灰天牛属

Blepephaeus fulvus (Pic) 云南灰天牛

Blepephaeus itzingeri Breuning 凹尾灰天牛

Blepephaeus laosicus Bruning 老挝灰天牛

Blepephaeus ocellatus Gahan 深点灰天牛

Blepephaeus stigmosus Gahan 黑点灰天牛

Blepephaeus subcruciatus (White) 海南灰天牛

Blepephaeus succinctor (Chevrolat) 深斑灰天牛

Blepharipa Rondani 饰腹寄蝇属

Blepharipa schineri (Mesnil) 梳胫饰腹寄蝇

Blepharipa scutellata (R.-D.) 盾饰腹寄蝇

Blepharipa tibialis (Chao) 柞蚕饰腹寄蝇

Blepharipa zebina (Walker) 蚕饰腹寄蝇 silkworm
tachina fly

Blepharita Hampson 毛冬夜蛾属

Blepharita adusta (Esper) 焦毛冬夜蛾

Blepharita magnirena (Alphéraky) 褐毛冬夜蛾

Blepharoctenucha Warren 鸦尺蛾属

Blepharoctenucha virescens (Butler) 墨绿鸦尺蛾

Blepharomermis Poinar 网蚊索线虫属

Blepharomermis craigi Poinar 克拉格网蚊索线虫

Blepharosis Boursin 睫冬夜蛾属

Blepharosis griseirufa (Hampson) 辉睫冬夜蛾

Blepharosis lama (Püngeler) 睫冬夜蛾

Blepharosis paspa (Püngeler) 黍睫冬夜蛾

Blepharosis poecila (Draudt) 荟睫冬夜蛾

Blepharosis retrahens (Draudt) 秀睫冬夜蛾

Bleptina Guenée 尖须夜蛾属

Bleptina albolinealis Leech 白线尖须夜蛾

Bleptina ambigua Leech 四叉尖须夜蛾

Bleptina parallela Leech 并线尖须夜蛾

Bleptina propugnata Leech 伸尖须夜蛾

Blissinae 杆长蝽亚科

Blissus Burmeister 土长蝽属

Blissus hirtulus Burmeister 斑翅土长蝽

Blissus putoni Jakovlev 淡翅土长蝽

Blitopertha Reitter 勃鳃金龟属

Blitopertha conspurcata Harold 透翅勃鳃金龟

Blitopertha orientalis Waterhouese 东方勃鳃金龟

Blitopertha pallidipennis Reitter 淡翅勃鳃金龟

Blitophaga Reitter 食植埋葬虫属

Blitophaga opaca L. 甜菜埋葬虫 beet carrion beetle

Blomia Oudemans 无爪螨属

Blomia freemani Hughes 弗氏无爪螨

Blomia kulagini Zachvatkin 库氏无爪螨

Blomia tropicalis Bronswizk, Cook *et* Oshima 热带无爪
螨

Blondelia Robineau-Desvoidy 卷蛾寄蝇属

Blondelia inclusa Hartig 松小卷蛾寄蝇

Blondelia nigripes Fallén 黑须卷蛾寄蝇

Blosyrus Schoenherr 圆腹象属

Blosyrus asellus Olivier 宽肩圆腹象

Blosyrus herthus Herbst 卵圆圆腹象

Boarmia acaciaria Boisduval 见 *Cleora acaciaria*

Boarmia bhurmitra Walker 见 *Ectropis bhurmitra*

Boarmia canescaria Guuenee 见 *Parthemis canescaria*

Boarmia roboraria Schiffermüller 三节条尺蛾

Boarmia trispinaria Walker 见 *Pseudalcis trispinaria*

Boarrniidae 霜尺蛾科 carker worms

Bocana Walker 波夜蛾属

Bocana marginata (Leech) 淡缘波夜蛾

Bochartia 牛丽赤螨属

Bochrus Stål 片长蝽属

Bochrus foveatus Distant 片长蝽

Bocula Guenée 畸夜蛾属

Bocula pallens (Moore) 黄畸夜蛾

Bocula quadrilineata (Walker) 畸夜蛾

Boczekella Farkas 博瘿螨属

Boczekella pseudolaris Kuang *et* Shen 金钱松博瘿螨

Bodenheimera Bodenheimer 荆球蚧属

Bodenheimera rachelae (Bodenheimer) 牡荆球蚧

Boeberia Prout 贝眼蝶属

Boeberia parmenio (Böber) 贝眼蝶

Boettcherisca Rohdendorf 别麻蝇属

Boettcherisca formosensis Kirner *et* Lopes 台湾别麻蝇

Boettcherisca peregrina (Robineau-Desvoidy) 棕尾别麻蝇

Boettcherisca septentrionalis Rohdendorf 北方别麻蝇

Bogatiidae 波哥水螨科

Bohea abrupta Takeuchi 四节叶蜂

Bolbotrypes davidis Fairmaire 戴锤粪金龟

Boletoglyphus Volgin 嗜蕈螨属

Bolitophila cinerea Meigen 灰色蕈蚊

Bolitophila japonica Okada 日本蕈蚊

Bolitophila maculipennis Walker 斑羽蕈蚊

Bolitophiliddae 蕈柄蚊科 march flies

Bolivaria Stål 薄螳属

Bolivaria brachyptera (Pallas) 短翅薄螳

Boloria Moore 宝蛱蝶属

Boloria napaea (Hoffmanegg) 洛神宝蛱蝶

Boloria pales (Denis *et* Schiffermüller) 龙女宝蛱蝶

Bolyphantes C.L. Koch 齿刺蛛属

Bolyphantes luteolus Blackwall 黄齿刺蛛

Bolyphantes nigromaculatus Zhu *et* Wen 黑斑齿刺蛛

Bombidae 熊蜂科(丸花蜂科)

Bombotelia jocosatrix Guenée 杧果夜蛾

Bombotelia nugatrix Guenée 桑重尾夜蛾

Bombus Latreille 熊蜂属

Bombus atripes Smith 黑足熊蜂

Bombus distinguendus Mor. 黄熊蜂 yellow bumble-bee

Bombycia alternata (Moore) 苔泊波纹蛾

Bombycia ampliata Butler 阿泊波纹蛾

Bombycia meleagris Houlbert 昧泊波纹蛾

Bombycia ocularis Linnaeus 沤泊波纹蛾

Bombycia or Schiffermüller *et* Denis 泊波纹蛾

Bombycidae 蚕蛾科 silkworm moths

Bombyciella Draudt 丝冬夜蛾属

Bombyciella sericea Draudt 合丝冬夜蛾

Bombycopsis indecora Walker 辐射松绵枯叶蛾

Bombycopsis venosa Butler 展松绵枯叶蛾

Bombyliidae 蜂虻科 bee flies

Bombyx Linnaeus 家蚕蛾属

Bombyx mandarina Moore 野蚕

Bombyx mori Linnaeus 家蚕蛾

Bomolocha Hübner 卜夜蛾属

Bomolocha mandarina (Leech) 满卜夜蛾

Bomolocha narratilis (Walker) 大斑卜馍夜蛾

Bomolocha obductalis (Walker) 缩卜夜蛾

Bomolocha obesalis (Treitschke) 参卜夜蛾

Bomolocha rhombalis (Guenée) 张卜馍夜蛾

Bomolocha squalida (Butler) 污卜夜蛾

Bomolocha stygiana (Butler) 阴卜夜蛾

Bomolocha tristalis (Lederer) 豆卜夜蛾

Boninococcus Kawai 笠粉蚧属

Boninococcus miscanthi Kawai 芒草笠粉蚧

Bonsiella Ruter 斑花金龟属

Bonsiella blanda (Jordan) 红斑花金龟

Bonzia Oudemans 帮佐螨属

Bonzia halacaroides Oudemans 似海帮佐螨

Bonzinae 邦佐螨亚科

Boophilus Curtice 牛蜱属

Boophilus annulatus (Say) 具环牛蜱

Boophilus microplus (Canestrini) 微小牛蜱

Borbo Evans 籼弄蝶属

Borbo cinnara (Wallace) 籼弄蝶

Borboropactus Simon 泥蟹蛛属

Borboropactus hainanus Song 海南泥蟹蛛

Borbororhina Townsend 污彩蝇属

Borbororhina bivittata (Walker) 双条污彩蝇

Borbotana Walker 斑夜蛾属

Borbotana nivifascia Walker 斑夜蛾

Borchseniaspis Zahradnik 鲍圆盾蚧属

Borchseniaspis palmae (Cockerell) 棕榈鲍圆盾蚧 dark spotted scale, tropical scale

Boreidae 雪蝎蛉科 snow scorpionflies

Boreococcus Danzig 包粉蚧属

Boreococcus ingricus Danzig 莎草包粉蚧 sedge mealy-bug

Boresinia choui Yuan *et* Wang 周氏华北璐蜡蝉

Borophaga tibialis Liu *et* Zeng 裸胫粪蚤蝇

Borysthenes Stål 帛菱蜡蝉属

Borysthenes maculatus (Matsumura) 斑帛菱蜡蝉

Bostra vibicalis Lederer 沙萝双螟

Bostrichidae 见 Bostrychidae

Bostrichus Geoffroy 长蠹属

Bostrichus capucinus (Linnaeus) 槲长蠹

Bostrichus capucinus luctuosus Olivier 槲黑长蠹

Bostrodes Hampson 博夜蛾属

Bostrodes tenuilinea Warren 点肾博夜蛾

Bostrychidae 长蠹科 false powderpost beetles

Bostrychoplites cornutus Oliv. 角胸长蠹

Bostrychoplites cylindricus Fhs. 柱胸长蠹

Bostrychoplites megaceros Lesne 大角胸长蠹

Bostrychoplites productus Imh. 持续胸长蠹

Bostrychopsis affinis Lesne 邻大长蠹

Bostrychopsis jesuita Fabricius 澳洲大长蠹 auger beetle

Bostrychopsis parallela (Lesne) 竹大长蠹

Bostrychopsis tonsa Imhoff 热非大长蠹

Botanophila Lioy 植种蝇属

Botanophila longifurca Fan 长叉植种蝇

Botanophila tridigitata Fan *et* Chen 三指植种蝇

Botanophila varicolor (Meigen) 变色植种蝇

Bothria Rondani 凹面寄蝇属

Bothria frontosa (Meigen) 宽额凹面寄蝇

Bothrinia Chapman 驳灰蝶属

Bothrinia nebulosa (Leech) 雾驳灰蝶

Bothriomyrmex Emery 穴臭蚁属

Bothriomyrmex dalyi Forel 戴氏穴臭蚁

Bothriomyrmex formosensis Forel 蓬莱穴臭蚁

Bothriomyrmex myops Forel 小眼穴臭蚁

Bothriomyrmex walshi Forel 沃氏穴臭蚁

Bothrogonia China 凹大叶蝉属

Bothrogonia acuminata Yang *et* Li 尖凹大叶蝉

Bothrogonia curvata Yang *et* Li 弯凹大叶蝉

Bothrogonia exigua Yang *et* Li 短凹大叶蝉

Bothrogonia ferruginea Fabricius 锈凹大叶蝉

Bothrogonia guiana Yang *et* Li 桂凹大叶蝉

Bothrogonia japonica Ishihara 日本凹大叶蝉

Bothrogonia lata Yang *et* Li 宽凹大叶蝉

Bothrogonia qiongana Yang *et* Li 琼凹大叶蝉

Bothrogonia rectia Yang *et* Li 直凹大叶蝉

Bothrogonia shuana Yang *et* Li 蜀凹大叶蝉

Bothrogonia sinica Yang *et* Li 华凹大叶蝉

Bothrogonia tongmaiana Yang *et* Li 通凹大叶蝉

Bothrogonia yunana Yang *et* Li 云凹大叶蝉

Bothynoderes Schoenherr 甜菜象属

Bothynoderes libitinarius Faust 黑甜菜象

Bothynoderes punctiventris Germar 甜菜象

Bothynoderes securus Faust 三北甜菜象

Bothynoderes verrucosus Gebler 大甜菜象

Bothynotus Fieber 毛膜盾蝽属

Bothynotus pilosus (Boheman) 毛膜盾蝽

Botocudo Kirkaldy 微长蝽属

Botocudo flavicornis (Signoret) 黑褐微长蝽

Botocudo formosanus (Hidaka) 六斑微长蝽

Botocudo hirsutus Zheng 长毛微长蝽

Botocudo marginatus Zheng 褐缘微长蝽

Botocudo marianensis (Usinger) 斑盾微长蝽

Botryonopa bicolor Uhmann 两色棕潜甲

Botyodes Guenée 缀叶野螟属

Botyodes asialis Guenée 白杨缀叶野螟

Botyodes diniasalis Walker 黄翅缀叶野螟

Botyodes principalis Guenée 大黄缀叶野螟

Bourletiella Banks 钩圆跳虫属

Bourletiella hortensis Fitch 庭园钩圆跳虫 garden springtail

Bourletiella lutea Lubb. 车轴草钩圆跳虫

Bourletiella lutea Lubb. 黄钩圆跳虫 clover springtail

Bourletiella pruinosa Tullberg 小星钩圆跳虫

Bovicola Ewing 牛羽虱属

Bovicola dimorpha Bedford 异形嗜牛虱

Bovicola orientalis Emerson *et* Price 东方嗜牛虱

Bovicola thompsoni Bedford 汤氏嗜牛虱

Brabira Moore 卜尺蛾属

Brabira artemidora (Oberthür) 广卜尺蛾

Brabira atkinsonii Moore 阿卜尺蛾

Brabira costimacula Wileman 缘斑卜尺蛾

Brabira operosa Prout 阴卜尺蛾

Bracharoa quadripunctata Wallengren 辐射松毒蛾

Brachendus Keifer 内臂瘿螨属

Brachetrus Jordan 弧线长角象属

Brachicoma Rondani 短野蝇属

Brachicoma devia (Fallén) 寂短野蝇

Brachicoma nigra Chao *et* Zhang 黑短野蝇

Brachioppiella Hammer 短奥甲螨属

Brachioppiella sheshanensis Wen *et* al. 佘山短奥甲螨

Brachistinae 开室茧蜂亚科

Brachmia Hübner 甘薯麦蛾属

Brachmia macroscopa Meyrick 甘薯麦蛾

Brachmia triannulella Herrich-Schäffer 三环甘薯麦蛾 sweetpotato leaf folder

Brachonyx pineti Paykull 北欧松象

Brachyachma palpigera Walsingham 娑罗双种子麦蛾

Brachyaulax Stål 狭盾蝽属

Brachyaulax oblonga (Westwood) 狭盾蝽

Brachycarenus Fieber 短头姬缘蝽属

Brachycarenus tigrinus (Schilling) 短头姬缘蝽

Brachycaudus van der Goot 短尾蚜属

Brachycaudus atuberculatus Zhang 缺瘤短尾蚜

Brachycaudus helichrysi (Kaltenbach) 李短尾蚜 leaf-curl plum aphid, leaf-curling plum aphid, plum aphid

Brachycentridae 短石蛾科

Brachycerocoris Costa 驼蝽属

Brachycerocoris camelus Costa 驼蝽

Brachychthoniidae 短甲螨科

Brachychthonius Berlese 短甲螨属

Brachychthonius elsosneadensis Hammer 耳索短甲螨

Brachychthonius gracilis Chinone 细短甲螨

Brachychthonius hungaricus Balogh 匈牙利短甲螨

Brachychthonius zelawaiensis Sellnick 泽拉威短甲螨

Brachyclytus Kraatz 短虎天牛属

Brachyclytus singularis Kraatz 黑胸葡虎天牛

Brachycoris Stål 短蝽属

Brachycoris insignis Distant 短蝽

Brachycyrtus Kriechbaumer 草蛉姬蜂属

Brachycyrtus nawaii (Ashmead) 强脊草蛉姬蜂

Brachyderinae 短喙象亚科

Brachydiplax 疏脉蜻属

Brachydiplax chalybea Brauer 蓝额疏脉蜻

Brachygnatha Zhang *et* Yang 短颚水蜡蛾属

Brachygnatha diastemata Zhang *et* Yang 澜沧水蜡蛾

Brachygnatha jilinensis (Zhang) 吉林水蜡蛾

Brachygrammatella Girault 刺脉赤眼蜂属

Brachygrammatella coniclavata Lin 锥棒刺脉赤眼蜂

Brachylabidae 分臀蠼科

Brachylomia Hampson 柳冬夜蛾属

Brachylomia pygmaea (Draudt) 偶柳冬夜蛾

Brachymeria Westwood 大腿小蜂属

Brachymeria euploeae Westwood 博大腿小蜂

Brachymeria excarinata Gahan 无脊大腿小蜂

Brachymeria femorata (Panzer) 粉蝶大腿小蜂

Brachymeria lasus (Walker) 广大腿小蜂

Brachymeria minuta (Linnaeus) 麻蝇大腿小蜂

Brachymeria nosatoi Habu 金刚钻大腿小蜂

Brachymeria podagrica (Fabricius) 红腿大腿小蜂

Brachymeria secundaria (Ruschka) 次生大腿小蜂

Brachymeria tachardiae Cameron 紫胶白虫大腿小蜂

Brachymna Stål 薄蝽属

Brachymna humerata Chen 突肩薄蝽

Brachymna tenuis Stål 薄蝽

Brachynema Mulsant 苍蝽属

Brachynema germarii Kolenati 苍蝽

Brachynema signatum Jakovlev 斑苍蝽

Brachynervus Uchida 短脉姬蜂属

Brachynervus anchorimaculus He *et* Chen 锚斑短脉姬蜂

Brachynervus beijingensis Wang 北京短脉姬蜂

Brachynervus confusus Gauld 混短脉姬蜂

Brachynervus kulingensis He *et* Chen 牯岭短脉姬蜂

Brachynervus truncatus He *et* Chen 截胫短脉姬蜂

Brachynervus tsunekii Uchida 朝鲜短脉姬蜂

Brachyopa Meigen 短腹食蚜蝇属

Brachyopa tianzuensis Li 天祝短腹食蚜蝇

Brachyopinae 短腹食蚜蝇亚科

Brachyphora Jacoby 波萤叶甲属

Brachyphora nigrovittata Jacoby 黑条波萤叶甲

Brachypimpla Strobl 短瘤姬蜂属

Brachypimpla latipetiolar (Uchida) 松毛虫窄柄姬蜂

Brachyplatys Boisduval 平龟蝽属

Brachyplatys cyclops Yang 一点平龟蝽

Brachyplatys deplanatus Eschscholz 八字平龟蝽

Brachyplatys funebris Distant 黑头平龟蝽

Brachyplatys punctipes Montandon 斑足平龟蝽

Brachyplatys subaeneus (Westwood) 亚铜平龟蝽

Brachyplatys vahlii Fabricius 瓦黑平龟蝽

Brachyplatys vahlii similis Hsiao *et* Jen 亚黑平龟蝽

Brachypoda Lebert 短足水螨属

Brachypogon emeiensis Wen *et* Yu 峨眉短蠓

Brachypogon montivagus Yu *et* Wen 游山短蠓

Brachypogon neotericus Yu *et* Zhang 新近短蠓

Brachypogon sylvaticus Yu *et* Liu 森林短蠓

Brachyponera Emery 短猛蚁属

Brachyponera luteipes (Mayr) 黄足短猛蚁

Brachypteridae 短翅甲科 primary wing beetles

Brachyrhinus sulcatus (Fab.) 见 *Otiorhynchus sulcatus*

Brachyrrhinus ovatus Linnaeus 见 *Otiorhynchus ovatus*

Brachyscleroma Cushman 短胸姬蜂属

Brachyscleroma albipetiolata He *et* Chen 白柄短胸姬蜂

Brachyspectridae 短花甲科

Brachystegus Costa 锯腿角胸泥蜂属

Brachystegus ciliosus Wu *et* Zhou 多毛锯腿角胸泥蜂

Brachystegus pieli (Yasumatsu) 褐翅锯腿角胸泥蜂

Brachystomatinae 短吻舞虻亚科

Brachytemnus Wollaston 短片象属

Brachythele Ausserer 短纺器蛛属

Brachythele chinensis Kulczynski 中华短纺器蛛

Brachythele xizangensis Hu *et* Li 西藏短纺器蛛

Brachythemis 黄翅蜻属

Brachythemis contaminata Fabricius 黄翅蜻

Brachythops flavens Klug 黄角短足叶蜂

Brachytonus China 短猎蝽属

Brachytonus bicolor China 二色短猎蝽

Brachytonus nigripes Hsiao 黑足短猎蝽

Brachytrupes Serville 大蟋属

Brachytrupes membranaceus (Drury) 烟草大蟋 tobacco cricket, giant cricket

Brachytrupes orientalis Burmeister 东方大蟋

Brachytrupinae 大蟋亚科

Brachytrypes portentosus Lichtenstein 见 *Tarbinskiellus portentosus*

Brachyxanthia Butler 楔胸夜蛾属

Brachyxanthia zelotype (Lederer) 斑楔胸夜蛾

Brachyxystus subsignatus Faust 雪松象 deodar weevil

Bracon Fabricius 茧蜂属

Bracon greeni Achmead 白虫茧蜂(紫胶)

Braconidae 茧蜂科 braconids

Bradina Lederer 暗水螟属

Bradina admixtalis (Walker) 稻暗水螟

Bradyporidae 硕螽科

Bradysia Winnertz 迟眼蕈蚊属

Bradysia apicalba Yang, Zhang *et* Yang 白顶迟眼蕈蚊

Bradysia basiangustata Yang, Zhang *et* Yang 窄基迟眼蕈蚊

Bradysia basilatissima Yang, Zhang *et* Yang 宽基迟眼蕈蚊

Bradysia brachytoma Yang, Zhang *et* Yang 短鞭迟眼蕈蚊

Bradysia bulbiformis Yang, Zhang *et* Yang 球尾迟眼蕈蚊

Bradysia chenjinae Yang, Zhang *et* Yang 臣瑾迟眼蕈蚊

Bradysia chikuni Yang *et* Tan 集昆迟眼蕈蚊

Bradysia chunguii Yang, Zhang *et* Yang 春贵迟眼蕈蚊

Bradysia chunmeiae Yang, Zhang *et* Yang 春美迟眼蕈蚊

Bradysia compacta Yang, Zhang *et* Yang 密毛迟眼蕈蚊

Bradysia ctenoura Yang, Zhang *et* Yang 栉尾迟眼蕈蚊

Bradysia disjuncta Yang, Zhang *et* Yang 散刺迟眼蕈蚊

Bradysia furcata Yang, Zhang *et* Yang 叉刺迟眼蕈蚊

Bradysia introflexa Yang, Zhang *et* Yang 曲尾迟眼蕈蚊

Bradysia longicolla Yang, Zhang *et* Yang 长颈迟眼蕈蚊

Bradysia longimedia Yang, Zhang *et* Yang 长中迟眼蕈蚊

Bradysia longitoma Yang, Zhang *et* Yang 长鞭迟眼蕈蚊

Bradysia luodiana Yang, Zhang *et* Yang 罗甸迟眼蕈蚊

Bradysia noduspina Yang, Zhang *et* Yang 节刺迟眼蕈蚊

Bradysia silvosa Yang, Zhang *et* Yang 林茂迟眼蕈蚊

Bradysia tianzei Yang, Zhang *et* Yang 天则迟眼蕈蚊

Bradysia tomentosa Yang, Zhang *et* Yang 短毛迟眼蕈蚊

Bradysia weiningana Yang, Zhang *et* Yang 威宁迟眼蕈蚊

Bradysia wui Yang *et* Zhang 吴氏迟眼蕈蚊

Bradysia xianyingi Yang, Zhang *et* Yang 仙盈迟眼蕈蚊

Bradysia yangi Tan *et* Yang 杨氏迟眼蕈蚊

Bradysia zhenzhongi Yang, Zhang *et* Yang 振中迟眼蕈蚊

Bradysia zizhongi Yang, Zhang *et* Yang 子忠迟眼蕈蚊

Brahmaea certhia Fabricius 黄褐箩纹蛾

Brahmaea christophi Staudinger 黑褐箩纹蛾

Brahmaea goniata Zhang *et* Yang 角突水蜡蛾

Brahmaea ledereri Rogenhofer 女贞箩纹蛾

Brahmaea porphyrio Chu *et* Wang 紫光箩纹蛾

Brahmaea recta Yang *et* Zhang 平直水蜡蛾

Brahmaea separata Yang *et* Zhang 离斑水蜡蛾

Brahmaea wallichii japonica Butler 女贞水蜡蛾 ligustrum moth

Brahmaeidae 箩纹蛾科

Brahmina Blanchard 婆鳃金龟属

Brahmina amurensis Brenske 黑龙江婆鳃金龟

Brahmina coriacea Hope 朝鲜婆鳃金龟

Brahmina faldermanni Kraatz 福婆鳃金龟

Brahmina minuta Brenske 见 *Brahmina faldermanni*

Brahmina potanini (Semenov) 波婆鳃金龟

Brahmina rubetra Brenske 见 *Brahmina faldermanni*

Brahmophthalma hearseyi (White) 青球箩纹蛾

Brahmophthalma japonica (Butler) 日球箩纹蛾

Brahmophthalma wallichii (Gray) 枯球箩纹蛾

Brasilopsis Mahunka 巴矮螨属

Brasilopsis shaanlentini Gao *et* Zou 陕菇巴矮螨

Brathinidae 卵形甲科 ova-shaped beetles

Braula Börner *et* Bezzi 蜂虱蝇属 bee lice

Braula coeca Nitzsch 蜂虱蝇 bee louse

Braulidae 蜂虱蝇科

Braura Walker 叶蛾属

Braura truncata Walker 杜叶蛾 lappet moth

Brennandania Sasa 布伦螨属

Brennandania hualiensis (Tseng) 花莲布伦螨

Brennandania lambi (Krczal) 兰氏布伦螨

Brennandania parasilvestris Rack 拟斯氏布伦螨

Brennandania silvestris (Jacot) 斯氏布伦螨

Brenthis Hübner 小豹蛱蝶属

Brenthis daphne (Denis *et* Schiffermüller) 小豹蛱蝶

Brenthis hecate (Denis *et* Schiffermüller) 欧洲小豹蛱蝶

Brenthis ino (Rottemburg) 伊诺小豹蛱蝶

Brentidae 三锥象科 brentid beetles

Brephos infans (Möschler) 白桦轮尺蛾

Brevennia Goux 轮粉蚧属

Brevennia asphodeli (Bodenh.) 以色列轮粉蚧

Brevennia bambusae (Green) 刺竹轮粉蚧

Brevennia femoralis Borchs. 高粱轮粉蚧

Brevennia pulvenaria (Newst.) 兰草轮粉蚧 bluegrass mealybug

Brevennia tetrapora (Goux) 剪股颖轮粉蚧 Goux's mealybug

Brevicoryne van der Goot 短小棒蚜属

Brevicoryne brassicae (Linnaeus) 甘蓝蚜 cabbage aphid

Brevictenidia Liu *et* Li 缩栉蚤属

Brevictenidia mikulini (Schwartz) 菱形缩栉蚤

Brevictenidia xizangensis Gao *et* Ma 西藏缩栉蚤

Brevimermis Rubzov 短索线虫属

Brevimermis obovata Rubzov 倒卵短索线虫

Brevimermis paraquatilis Rubzov 水旁短索线虫

Brevimermis pararosea Rubzov 副玫瑰短索线虫

Brevimermis rosea (Hagmeier) 玫瑰短索线虫

Brevipalpus Donnadieu 短须螨属

Brevipalpus abiesae Baker *et* Tuttle 冷杉短须螨

Brevipalpus araucanus Gonzalez 南洋杉短须螨

Brevipalpus australis (Tucker) 澳洲短须螨

Brevipalpus borealis (Mitrofanov, Babenko *et* Bitchevski) 北方短须螨

Brevipalpus califoornicus (Banks) 加州短须螨

Brevipalpus celtis Baker, Tuttle *et* Abbatiello 朴短须螨

Brevipalpus coffea Meyer 咖啡短须螨

Brevipalpus crataegus Baker *et* Tuttle 山楂短须螨

Brevipalpus cuneatus (Canestrini *et* Fanzago) 楔形短须螨

Brevipalpus daqingis Ma *et* Yuan 大青短须螨

Brevipalpus encinarius De Leon 橡树短须螨

Brevipalpus fenghuangis Ma *et* Yuan 凤凰短须螨

Brevipalpus grandis Mitchell 大短须螨

Brevipalpus guihuanis Ma *et* Yuan 桂花短须螨

Brevipalpus hainanensis Ma *et* Yuan 海南短须螨

Brevipalpus huananis Ma *et* Yuan 华南短须螨

Brevipalpus ipomoeae Baker *et* Tuttle 木薯短须螨

Brevipalpus junicus Ma *et* Yuan 橘短须螨

Brevipalpus juniperus Baker *et* Tuttle 桧柏短须螨

Brevipalpus lewisi McGregor 刘氏短须螨

Brevipalpus lilium Baker 百合短须螨

Brevipalpus obovatus Donnadieu 卵形短须螨

Brevipalpus oleae Baker 齐敦果短须螨

Brevipalpus oncidii Baker 安氏短须螨

Brevipalpus persicanus Chandhri, Akbar *et* Rassol 桃短须螨

Brevipalpus phoenicis (Geijskes) 紫红短须螨 red crevice tea mite

Brevipalpus phoenicoides Gonzalez 似紫红短须螨

Brevipalpus pini Baker 松短须螨

Brevipalpus pseudolilium Livschitz 假百合短须螨

Brevipalpus pseudophoenicis Baker, Tuttle *et* Abbatiello 假紫红短须螨

Brevipalpus punicae Pritchard *et* Baker 石榴短须螨

Brevipalpus qianniunis Ma *et* Yuan 牵牛短须螨

Brevipalpus russulus (Boisduval) 仙人掌短须螨

Brevipalpus salix Baker *et* Tuttle 柳短须螨

Brevipalpus salviae McGregor 鼠尾草短须螨

Brevipalpus salviella Pritchard *et* Baker 小鼠尾草短须螨

Brevipalpus tagetinae Baker *et* Tuttle 万寿菊短须螨

Brevipalpus zhenzhumeis Ma *et* Yuan 珍珠梅短须螨

Brevipecten Hampson 短栉夜蛾属

Brevipecten captata (Butler) 短栉夜蛾

Brevipecten consanguis Leech 胞短栉夜蛾

Brevipecten costiplaga Draudt 缀斑短栉夜蛾

Brevisterna Keegan 短胸螨属

Brevulacus Manson 短沟瘿螨属

Brevulacus reticulatus Manson 网短沟瘿螨

Brillia Kieffer 布摇蚊属

Brillia bifasciata Wang, Zheng *et* Ji 异腹布摇蚊

Brillia brevicornis Wang, Zheng *et* Ji 短角布摇蚊

Brinckochrysa Tsukaguchi 颚头等长草蛉属

Brinckochrysa kintoki (Okamoto) 金氏颚头等长草蛉

Brinckochrysa michaelseni (Esben-Petersen) 迈氏颚头等长草蛉

Brinckochrysa nachoi Monserrat 桉颚头等长草蛉

Brinckochrysa peri (Tjeder) 佩里颚头等长草蛉

Brinckochrysa stenoptera (Navás) 狭翅颚头等长草蛉

Brionesa Keifer 布瘿螨属

Bristowia Reimoser 布氏蛛属

Bristowia heterospinosa Reimoser 巨刺布氏蛛

Britha Walker 箭夜蛾属

Britha biguttata Walker 箭夜蛾

Britha inambitiosa (Leech) 隐箭夜蛾

Brochymena Ruckes 粗蝽属 rough plant bugs

Brochymena carolinensis (Fabr.) 湿地松粗蝽

Brochymena quadripustulata (Fab.) 榆栎柳粗蝽

Bromius Chevrolat 葡萄叶甲属

Bromius obscurus (Linnaeus) 葡萄叶甲

Brommella Tullgren 布朗蛛属

Brommella punctosparsa (Oi) 散斑布朗蛛

Brontaea Kowarz 裸池蝇属

Brontaea ascendens (Stein) 升斑裸池蝇

Brontaea distincta (Stein) 分斑裸池蝇

Brontaea ezensis latifronta Xue *et* Wang 宽额裸池蝇

Brontaea genurufoidea Xue *et* Wang 拟黄膝裸池蝇

Brontaea humilis (Zetterstedt) 小裸池蝇

Brontaea lasiopa (Emden) 毛颊裸池蝇

Brontaea nigrogrisea Karl 黑灰裸池蝇

Brontaea polystigma (Meigen) 多点裸池蝇

Brontaea sichuanensis Xue *et* Feng 四川裸池蝇

Brontaea tonitrui (Wiedemann) 花裸池蝇

Brontaea yunnanensis Xue *et* Chen 云南裸池蝇

Broscosoma gracile Andrewes 细球胸步甲

Broscosoma ribbei Putzeys 绿球胸步甲

Bruchidae 豆象科 seed beetles, pulse beetles

Bruchidius Schilsky 锥胸豆象属

Bruchidius apicipennis Heyden 赭翅豆象

Bruchidius comptus (Sharp) 白茸豆象

Bruchidius dorsalis (Fabricius) 皂荚豆象

Bruchidius fulvipes (Roelofs) 黄足豆象

Bruchidius gracilicollis Chûj 细胸豆象

Bruchidius japanicus (Harold) 横斑豆象

Bruchidius lautus (Sharp) 长角豆象

Bruchidius notatus Chûj 小纹豆象

Bruchidius ptilinoides Fåhraeus 甘草豆象

Bruchidius terrenus (Sharp) 合欢豆象

Bruchidius urbanus (Sharp) 褐尾豆象

Bruchinae 豆象亚科

Bruchophagus Ashmead 种子广肩小蜂属

Bruchophagus beijingensis Fan *et* Liao 北京黄芪种子广肩小蜂

Bruchophagus ciriventrious Fan *et* Liao 圆腹黄芪种子广肩小蜂

Bruchophagus gibbus (Boheman) 红苜蓿种子广肩小蜂

Bruchophagus glycyrrhizae Nikolskaya 甘草种子广肩小蜂

Bruchophagus huangchei Liao *et* Fan 黄芪种子广肩小蜂

Bruchophagus kashiensis Liao 哈什刺槐种子广肩小蜂

Bruchophagus mongolicus Fan *et* Liao 内蒙黄芪种子广肩小蜂

Bruchophagus neocaraganae (Liao) 锦鸡儿种子广肩小蜂

Bruchophagus ononis (Mayr) 槐树种子广肩小蜂

Bruchophagus philorobiniae Liao 刺槐种子广肩小蜂

Bruchophagus platypterus Walker 见 *Bruchophagus gibbus*

Bruchophagus pseudobeijngensis Fan *et* Liao 拟京黄芪种子广肩小蜂

Bruchus Linnaeus 豆象属

Bruchus affinis Frölich 扁豆象

Bruchus dentipes Baudi 野豌豆象

Bruchus pisorum (Linnaeus) 豌豆象 pea weevil, pea beetle

Bruchus rufimanus Boheman 蚕豆象 broadbean weevil, bean beetle

Bruchus venustus Fåhraeus 点纹豆象

Brumoides Chapin 纵条瓢虫属

Brumoides hainanensis Miyatake 海南纵条瓢虫

Brumoides lineatus (Weise) 宽纹纵条瓢虫

Brumoides maai Miyatake 钩纹纵条瓢虫

Bryanellocoris Slater 完缝长蝽属

Bryanellocoris orientalis Hidaka 东方完缝长蝽

Brycherga hemiacma Meyrick 喜马祝蛾

Bryobia Koch 苔螨属

Bryobia amygdali Reck 扁桃苔螨

Bryobia artemisiae Bagdasarian 蒿苔螨

Bryobia borealis Oudemans 北方苔螨

Bryobia chongqingensis Ma *et* Yuan 重庆苔螨

Bryobia cristata (Duges) 冠状苔螨 pear bryobia

Bryobia eharai Pritchard *et* Keifer 江原氏苔螨

Bryobia excerta Wang 峰突苔螨

Bryobia hengduanensis Wang *et* Cui 横断山苔螨

Bryobia kakuliana Reck 卡氏苔螨

Bryobia lagodechiana Reck 风铃草苔螨

Bryobia latisetae Wang 阔毛苔螨

Bryobia longisetis Reck 长毛苔螨

Bryobia lonicerae Reck 忍冬苔螨

Bryobia monticola Wang 山苔螨

Bryobia nitrariae He *et* Tan 白刺苔螨

Bryobia osterloffi Reck 奥氏苔螨

Bryobia parietariae Reck 墙草苔螨

Bryobia populi Wang *et* Zhang 杨苔螨

Bryobia praetiosa Koch 苜蓿苔螨 clover mite

Bryobia pritchardi Rimando 帕氏苔螨

Bryobia pseudopraetiosa Wainstein 伪苜蓿苔螨

Bryobia qinghaiensis Ma *et* Yuan 青海苔螨

Bryobia recki Wainstein 列氏苔螨

Bryobia rubrioculus (Scheuten) 果苔螨 brown mite

Bryobia xiningensis Ma *et* Yuan 西宁苔螨

Bryobia xizangensis Wang 西藏苔螨

Bryobia yunnanensis Ma *et* Yuan 云南苔螨

Bryobiidae 苔螨科

Bryocorinae 单室盲蝽亚科

Bryodema Fieber 痂蝗属

Bryodema brunnerianum Sauss. 短翅痂蝗

Bryodema byrrhitibia Zheng *et* He 橙黄胫痂蝗

Bryodema delichopterum Yin *et* Feng 长翅痂蝗

Bryodema diamesum B.-Bienko 红胫痂蝗

Bryodema divum Steinmann 庐山痂蝗

Bryodema gansuensis Zheng 甘肃痂蝗

Bryodema gebleri (F.-W.) 朱腿痂蝗

Bryodema heptapotamicum B.-Bienko 河边痂蝗

Bryodema hyalinada Zheng *et* Zhang 透翅痂蝗

Bryodema kozlovi B.-Bienko 科氏痂蝗

Bryodema luctuosum indum Sauss. 印度痂蝗

Bryodema luctuosum luctuosum (Stoll) 白边痂蝗

Bryodema mazongshanensis Zheng *et* Ma 马鬃山痂蝗

Bryodema miramae elegantulum B.-Bienko 奇丽痂蝗

Bryodema miramae miramae B.-Bienko 青海痂蝗

Bryodema mongolicum Zub. 蒙古痂蝗

Bryodema nigroptera Zheng *et* Gow 黑翅痂蝗

Bryodema ochropenna Zheng *et* Xi 黄翅痂蝗

Bryodema qilianshan Lian *et* Zheng 祁连山痂蝗

Bryodema tuberculatum dilutum (Stoll) 轮纹痂蝗

Bryodema uvarovi B.-Bienko 尤氏痂蝗

Bryodema wuhaiensis Huo *et* Zheng 乌海痂蝗

Bryodema yemashana Qiao *et* Zheng 野马山痂蝗

Bryodema zaisanicum fallax B.-Bienko 斋桑痂蝗

Bryodema zaisanicum ferruginum Huang 锈翅痂蝗

Bryodemella Yin 异痂蝗属

Bryodemella diamesum (B.-Bienko) 红胫异痂蝗

Bryodemella holdereri (Krauss) 黄胫异痂蝗

Bryodemella tuberculatum dilutum (Stoll) 轮纹异痂蝗

Bryodemella xizangensis Yin 西藏异痂蝗

Bryophila divisa Esper 分藓夜蛾

Bryopolia Boursin 布冬夜蛾属

Bryopolia centralasiae (Staudinger) 绿灰布冬夜蛾

Bryopolia chamaeleon (Alphéraky) 灰布冬夜蛾

Bryotype Hampson 漫冬夜蛾属

Bryotype flavipicta (Hampson) 高漫冬夜蛾

Bucculatrix Zeller 栎潜蛾属

Bucculatrix ainsliella Murtfelat 栎潜蛾 oak skeletonizer

Bucculatrix albertiella Busck 栎肋材盒潜蛾 oak ribbedcase maker

Bucculatrix boyerella Duponchel 榆潜蛾 elm patch moth

Bucculatrix canadensisella Chambers 桦潜蛾 birch skeletonizer

Bucculatrix cidarella Zeller 桤木潜蛾 alder patch moth

Bucculatrix crateracma Meyrick 木棉潜蛾

Bucculatrix demaryella Stainton 双潜蛾 double-pair patch moth

Bucculatrix mendax Meyrick 黄檀潜蛾

Bucculatrix pomifoliella Clem. 苹潜蛾 apple bucculatrix

Bucculatrix pyrivorella Kuroko 梨潜蛾 pear leafminer

Bucculatrix thoracella Thunberg 欧椴潜蛾 lime patch moth

Bucculatrix ulmella Zeller 美洲榆潜蛾 red and white

patch moth

Buchnericoccus Reyne 勃绵蚧属

Buchnericoccus javanus Reyne 爪哇勃绵蚧

Bulbogamasidae 球革螨科

Bulbogamasus Gu, Wang *et* Duan 球革螨属

Bulbogamasus sinicus Gu, Wang *et* Duan 中华球革螨

Bumizana Distant 长头叶蝉属

Bumizana longifasciana Li 纵带长头叶蝉

Bumizana reflexana Li 折端长头叶蝉

Bunaea alcinoe Stoll 非洲楝大蚕蛾

Bupalus Leach 粉蝶尺蛾属

Bupalus piniaria Linnaeus 松粉蝶尺蛾 bordered white moth, pine looper

Buprestidae 吉丁虫科 flatheaded or metallic wood borers, flatheaded borers

Buprestis (Barr) 吉丁属

Buprestis apricans Hbst. 松脂吉丁 turpentine borer

Buprestis aurulenta L. 金吉丁 golden buprestid

Buprestis confluenta Say 杨吉丁

Buprestis cupressi Germar 柏木吉丁 cypress borer

Buprestis fairmairei Théry 红缘吉丁

Buprestis fremontiae Burke 弗里芒木吉丁

Buprestis gibbsi (LeConte) 栎吉丁

Buprestis haemerrhoidalis japanensis Saund. 日本吉丁

Buprestis intricata Casey 扭叶松吉丁

Buprestis langi Mannerheim 美西黄杉吉丁

Buprestis prospera Casey 松吉丁

Buquetia Robineau-Desvoidy 凤蝶寄蝇属

Buquetia musca Robineau-Desvoidy 毛颜凤蝶寄蝇

Burmagomphus Williamson 缅春蜓属

Burmagomphus arboreus Lieftinck 林间缅春蜓

Burmagomphus arvalis (Needham) 双纹缅春蜓

Burmagomphus bashanensis Yang *et* Li 巴山缅春蜓

Burmagomphus collaris (Needham) 领纹缅春蜓

Burmagomphus corniger (Morton) 云南缅春蜓

Burmagomphus gratiosus Chao 欢乐缅春蜓

Burmagomphus intinctus (Needham) 溪居缅春蜓

Burmagomphus sowerbyi (Needham) 索氏缅春蜓

Burmagomphus vermicularis (Martin) 联纹缅春蜓

Burmanomyia Fan 缅麻蝇属

Burmanomyia beesoni (Senior-White) 松毛虫缅麻蝇

Burmanomyia pattoni (Senior-White) 盘突缅麻蝇

Bursadera Ivanova *et* Krall 伞异皮线虫属

Bursadera longicollum Ivanova *et* Krall 长颈伞异皮线虫

Bursaphelenchus Fuchs 伞滑刃线虫属

Bursaphelenchus bakeri Rühm 贝氏伞滑刃线虫

Bursaphelenchus bestiolus Massey 圆头松大小蠹伞滑刃线虫

Bursaphelenchus borealis Korenchenko 北方伞滑刃线虫

Bursaphelenchus chitwoodi (Rühm) 奇氏伞滑刃线虫

Bursaphelenchus cocophilus (Cobb) 椰子红环腐线虫

coconut red ring nematode, coconut palm nematode

Bursaphelenchus conjunctus (Fuchs) 结合伞滑刃线虫

Bursaphelenchus conurus (Steiner) 圆锥伞滑刃线虫

Bursaphelenchus corneolus Massey 小角伞滑刃线虫

Bursaphelenchus crenati (Rühm) 刻痕伞滑刃线虫

Bursaphelenchus cryphali (Fuchs) 梢小蠹伞滑刃线虫

Bursaphelenchus digitulus Loof 指状伞滑刃线虫

Bursaphelenchus eggersi (Rühm) 埃氏伞滑刃线虫

Bursaphelenchus eidmanni (Rühm) 艾氏伞滑刃线虫

Bursaphelenchus elytrus Massey 翅鞘伞滑刃线虫

Bursaphelenchus eremus (Rühm) 荒漠伞滑刃线虫

Bursaphelenchus eucarpus (Rühm) 真节伞滑刃线虫

Bursaphelenchus fraudulentus (Rühm) 假伞滑刃线虫

Bursaphelenchus fungivorus (Franklin *et* Hooper) 食菌伞滑刃线虫

Bursaphelenchus georgicus Maglakelidze 乔治亚伞滑刃线虫

Bursaphelenchus gonzalezi Loof 冈氏伞滑刃线虫

Bursaphelenchus hunanensis Yin, Fang *et* Tarjan 湖南伞滑刃线虫

Bursaphelenchus idius (Rühm) 显粒伞滑刃线虫

Bursaphelenchus incurvus (Rühm) 弯曲伞滑刃线虫

Bursaphelenchus kevini Giblin, Swan *et* Kaya 凯氏伞滑刃线虫

Bursaphelenchus kolymensis Korenchenko 科丽姆伞滑刃线虫

Bursaphelenchus leoni Baujard 莱氏伞滑刃线虫

Bursaphelenchus lignophilus (Korner) 木居伞滑刃线虫

Bursaphelenchus mucronatus Mamiya *et* Enda 拟松材线虫(尖尾伞滑刃线虫)

Bursaphelenchus naujaci Baujard 瑙杰克伞滑刃线虫

Bursaphelenchus newmexicanus Massey 新墨西哥伞滑刃线虫

Bursaphelenchus nuesslini (Rühm) 尼斯林伞滑刃线虫

Bursaphelenchus pinasteri Baujard 小松伞滑刃线虫

Bursaphelenchus pityogeni Massey 星坑小蠹伞滑刃线虫

Bursaphelenchus poligraphi Fuchs 四眼小蠹伞滑刃线虫

Bursaphelenchus populneus Maglakelidze 白杨伞滑刃线虫

Bursaphelenchus ratzeburgii (Rühm) 欧桦小蠹伞滑刃线虫

Bursaphelenchus ruehmi Baker 鲁氏伞滑刃线虫

Bursaphelenchus sachsi (Rühm) 萨氏伞滑刃线虫

Bursaphelenchus scolyti Massey 小蠹伞滑刃线虫

Bursaphelenchus seani Giblin *et* Kaya 肖恩伞滑刃线虫

Bursaphelenchus steineri (Rühm) 斯氏伞滑刃线虫

Bursaphelenchus sutoricus Devdariani 鞋形伞滑刃线虫

Bursaphelenchus sychnus (Rühm) 丛林伞滑刃线虫

Bursaphelenchus talonus (Thorne) 贫瘠伞滑刃线虫

Bursaphelenchus tbilisensis Maglakelidze 第比利斯伞滑

刃线虫

Bursaphelenchus teratospicularis Kakuliya *et* Devdariàni 畸刺伞滑刃线虫

Bursaphelenchus varicauda Thong *et* Webster　异尾伞滑刃线虫

Bursaphelenchus wilfordi Massey　威氏伞滑刃线虫

Bursaphelenchus xerokarterus (Rühm)　旱生伞滑刃线虫

Bursaphelenchus xylophilus (Steiner *et* Buhrer)　松材线虫　pinewood nematode

Busarbia formosana (Rohwer)　水社寮蕨叶蜂

Busarbia isshikii (Takeuchi)　一色蕨叶蜂

Busarbidea formosana Rohwer　竹崎蕨叶蜂

Busseola Thurau　干夜蛾属

Busseola fusca (Fuller)　玉米干夜蛾　maize stalk borer

Busseola longistriga (Draudt)　黑纹干夜蛾

Buysmania Cheesman　隆缘姬蜂属

Buysmania oxymora robusta (Uchida)　隆缘姬蜂健壮亚种

Buzura Walker　桐尺蛾属

Buzura abruptaria Walker　柏木桐尺蛾　cypress looper, pine looper

Buzura edwardsi Prout　爱德华尺蛾　pine looper

Buzura suppressaria (Guenée)　油桐尺蛾

Buzura thibetaria Oberthür　云尺蛾

Byasa Moore　麝凤蝶属

Byasa alcinous (Klug)　麝凤蝶

Byasa crassipes (Oberthür)　短尾麝凤蝶

Byasa daemonius (Alphéraky)　达摩麝凤蝶

Byasa dasarada (Moore)　白斑麝凤蝶

Byasa hedistus (Jordan)　云南麝凤蝶

Byasa impediens (Rothschild)　长尾麝凤蝶

Byasa latreillei (Donovan)　纨裤麝凤蝶

Byasa mencius (Felder *et* Felder)　灰绒麝凤蝶

Byasa nevilli (Wood-Mason)　粗绒麝凤蝶

Byasa plutonius (Oberthür)　突缘麝凤蝶

Byasa polla de Nicéville　彩裙麝凤蝶

Byasa polyeuctes (Doubleday)　多姿麝凤蝶

Byasa rhadinus (Jordan)　娆麝凤蝶

Byasa stenoptera Chou *et* Gu　玄麝凤蝶

Byblinae　蕊蛱蝶亚科

Byctiscus Thomson　绿卷象属

Byctiscus betulae Linnaeus　桦绿卷象

Byctiscus congener Jekel　杨绿卷象

Byctiscus fausti Sharp　福氏绿卷象

Byctiscus omissus Voss　山杨绿卷象

Byctiscus populi Linnaeus　青杨绿卷象　poplar leaf-roller

Byctiscus princeps (Solsky)　苹绿卷象

Byctiscus venustus Pascoe　槭绿卷蛾

Byrrhidae　丸甲科　pill beetles

Byrrhus Fabricius　丸甲属

Byrrhus pilula L.　球形丸甲

Byrsinus Fieber　圆土蝽属

Byrsinus forssor Mulsant *et* Ray　圆土蝽

Byrsinus minor Wagner　小圆土蝽

Byrsinus penicillatus Wagner　黄圆土蝽

Byrsocrypta ulmi Linnaeus　见　*Tetraneura ulmi*

Byturidae　小花甲科　fruitworm beetles

Byturus L.　小花甲属

Byturus bakeri Barber　西方树莓小花甲

Byturus rubi Barber　东方树莓小花甲　eastern raspberry fruitworm

C

Cabera Treischke　白沙尺蛾属

Cabera schaefferi Bremer　白沙尺蛾　three-striped powdered geometrid

Caccobius Thomson　凯蜣螂属

Caccobius gonoderus (Fairmaire)　高凯蜣螂

Caccobius sordidius Harold　纺黄凯蜣螂

Caccobius unicornis Fabricius　独角凯蜣螂

Cacia Newman　缨象天牛属

Cacia arisana (Kano)　台湾缨象天牛

Cacia cephaloides Breuning　龟斑缨象天牛

Cacia cretifera Hope　簇角缨象天牛

Cacia flavoguttata Breuning　刺角缨象天牛

Cacia formosana (Schwarzer)　黄檀缨象天牛

Cacia lepesmei Gressitt　波纹缨象天牛

Cacia subcephalotes Breuning　赭点缨象天牛

Cacia suturevittata Breuning　缝纹缨象天牛

Cacia yunnana Breuning　云南缨象天牛

Cacidodectes Nalepa　容瘿螨属

Cacodacnus planicollis Blackburn　澳洲辐射松天牛

Cacoecia podana Scopoli　黄尾卷叶蛾

Cacoecia serpentiana Walker　金鸡纳卷叶蛾

Cacoecimorpha Obraztsov　石竹卷蛾属

Cacoecimorpha pronubana Hübner　荷兰石竹卷蛾　carnation twist moth

Caconeura　微桥螅属

Caconeura autumnalis Fraser　乌微桥螅

Caconeura dorsalis auricolor Fraser　金脊微桥螅

Caconeura longjingensis Zhou　龙井凯原螅

Caconeura nigra Fraser　黑微桥螅

Caconeura sita Kirby　黄条微桥螅

Cacopsylla babylonica Li *et* Yang　垂柳喀木虱

Cacopsylla clausenisuga Li *et* Yang　黄皮喀木虱

Cacopsylla guangxihederae Li *et* Yang　广西常春藤喀木虱

Cacopsylla hederisuga Li *et* Yang 常春藤喀木虱

Cactodera Krall *et* Krall 棘皮线虫属

Cactodera acnidae (Schuster *et* Brezina) 水麻棘皮线虫

Cactodera amaranthi (Stoyanov) 苋棘皮线虫

Cactodera aquatica (Kirjanova) 泽泻棘皮线虫

Cactodera betulae (Hirschmann *et* Riggs) 桦树棘皮线虫

Cactodera cacti (Filipjev *et* Schuurmans Stekhoven) 仙人掌棘皮线虫 cactus cyst nematode

Cactodera eremica Baldwin *et* Bell 沙漠棘皮线虫

Cactodera estonica (Kirjanova *et* Krall) 爱沙尼亚棘皮线虫

Cactodera milleri Graney *et* Bird 米勒棘皮线虫

Cactodera thornei (Golden *et* Raski) 索氏棘皮线虫

Cactodera weissi (Steiner) 韦氏棘皮线虫

Cadphises maculata Moore 黑点锦斑蛾

Cadra Walker 果斑螟属

Cadra cautella (Walker) 干果斑螟

Cadra figulilella Gregson 葡萄干果斑螟

Caeciliidae 毛啮虫科 dust lice

Caecilius Curtis 单啮虫属

Caecilius oyamai Enderlein 黄纹单啮虫

Caecilius spadicitaensis Li 褐带单啮虫

Caeculidae 盲珠螨科

Caeculisoma Berlese 盲体丽赤螨属

Caeculoidea 盲珠螨总科

Caedicia simplex Walker 澳洲螽

Caedius chinensis Kaszab 中国塞土甲

Caedius ciliger Mlsant *et* Rey 眼沟塞土甲

Caedius clavipes (Mlsant *et* Rey) 小形塞土甲

Caedius formosanus Kaszab 台湾塞土甲

Caedius fulvus Mlsant *et* Rey 黄褐塞土甲

Caedius marinus Marseul 海岛塞土甲

Caedius orientalis Fairmaire 东方塞土甲

Caedius yangi Ren 杨氏塞土甲

Caeneressa rubrozonata (Poujade) 红带新鹿蛾

Caenidae 细蜉科

Caenis Stephens 细蜉属

Caenis nigropunctata Klapalek 黑点细蜉

Caenocoris Fieber 新长蝽属

Caenocoris marginatus (Thunberg) 红缘新长蝽

Caenocoris nerii (Germar) 红角新长蝽

Caenohomotoma microphyllae Li *et* Yang 小叶榕原毛木虱

Caenoidea 细蜉总科

Caenolyda praeteritorium Semenov 昔扁叶蜂

Caenorhinus Thomson 芽虎象属

Caenorhinus aequatus (L.) 苹果芽虎象 apple fruit rhynchites

Caenorhinus germanicus (Herbst) 草莓芽虎象 strawberry rhynchites, strawberry bud weevil

Caenosamerus Higgins *et* Woolley 新领甲螨属

Caenosamerus spatiosus maoershanensis Wen 长新领甲

螨帽儿山亚种

Caenurgina crassiuscula (Haworth) 苜蓿尺蛾 clover looper

Caenurgina erechtea (Cramer) 牧草尺蛾 forage looper

Caerostris Thorell 卡儿蛛属

Caerostris paradoxa (Doleschall) 奇异卡儿蛛

Caerulea Förster 靛灰蝶属

Caerulea coeligena (Oberthür) 靛灰蝶

Cagosima sanguinolenta Thomson 桤木天牛 alder longicorn beetle

Caissa gambita Hering 中线凯刺蛾

Caiusa Surcouf 绛蝇属

Caiusa coomani Séguy 越北绛蝇

Caiusa testacea Senior-White 黄褐绛蝇

Calacanthia angulosa (Kiritschenko) 宽角跳蝽

Calacarus Keifer 丽瘿螨属

Calacarus carinatus (Green) 龙首丽瘿螨

Calacarus citrifolii Keifer 橘叶丽瘿螨 grey citrus blotch mite

Calacarus coffeae Keifer 咖啡丽瘿螨

Calacarus pulviferus Keifer 小野丽瘿螨

Calacta Stål 肩龟蝽属

Calacta lugubris Stål 黑肩龟蝽

Calameuta filiformis Eversm. 苇茅卡茎蜂

Calameuta sculpturalis Maa 纤刻卡茎蜂

Calameuuuta Knw. 卡茎蜂属

Calamoceratidae 枝石蛾科

Calamochrous Lederer 苇野螟属

Calamochrous acutellus Eversmann 白缘苇野螟

Calamotropha Zeller 髓草螟属

Calamotropha shichito Marumo 毛髓草螟 mat grass pyralid

Calamotropha subfamulella (Caradja) 黑三棱髓草螟

Calandra glandium Marshall 见 *Sitophilus rugicollis*

Calaphidius 丽蚜茧蜂属

Calaphis Walsh 丽蚜属

Calaphis betulaecolens (Fitch) 普通桦丽蚜 common birch aphid

Calaphis magnolicolens Takahashi 厚朴新丽蚜 Japanese cucumber-tree aphid

Calcaritis Hedemann 长距尺蛾属

Calceopsylla aduncata Liu, Wu *et* Wang 具钩靴片蚤

Calceopsylla Liu, Wu *et* Wang 靴片蚤属

Calendra Schellenberg 长喙象属 billbugs

Calendra aequalis (Gyllenhal) 土色长喙象 claycolored billbug

Calendra callosa (Olivier) 南方玉米长喙象 curlew billbug, southern corn billbug, curlew-bug

Calendra maidis (Chitt.) 玉米长喙象 maize billbug

Calendra parvula (Gyllenhal) 牧草长喙象 bluegrass billbug

Calendra pertinax (Olivier) 香蒲长喙象 cattail billbug

Calendra zeae (Walsh) 牛草长喙象 timothy billbug

Calephorus Fieb. 细肩蝗属

Calephorus vitalisi Bol. 细肩蝗

Calepitrimerus Keifer 上三脊瘿螨属

Calepitrimerus cariniferus Keifer 龙骨上三脊瘿螨

Calepitrimerus litseae Wei et Feng 潺槁上三脊瘿螨

Calepitrimerus neimongolensis Kuang et Geng 内蒙上三脊瘿螨

Calepitrimerus oxytropis Luo, Liu et Kuang 棘豆上三脊瘿螨

Calepitrimerus sabinae Kuang 龙柏上三脊瘿螨

Calepitrimerus thujae (Garman) 侧柏上三脊瘿螨

Calepitrimerus vitis (Nalepa) 葡萄上三脊瘿螨 grape rust mite

Calepitrimerus yunnanensis Kuang et Hong 云南上三脊瘿螨

Calesia Guenée 胡夜蛾属

Calesia dasypterus (Kollar) 胡夜蛾

Calesia haemorrhoa Guenée 红腹秃胡夜蛾

Calesia stillifera Felder et Rogenhofer 伴秃胡夜蛾

Caleta Fruhstorfer 拓灰蝶属

Caleta elna (Hewitson) 散纹拓灰蝶

Caleta roxus (Godart) 曲纹拓灰蝶

Calgar 丽蛾蜡蝉属

Calgar tricolor Distant 三色蛾蜡蝉 butterfly hopper

Calguia defiguralis Walker 日本艳螟

Calholaspis Berlese 窝盾螨属

Calicha Moore 蛊尺蛾属

Calicnemis 丽扇蟌属

Calicnemis erythromelas Selys 赭腹丽扇蟌

Calicnemis eximia Selys 朱腹丽扇蟌

Calicnemis miniata Selys 红腹丽扇蟌

Calidea bohemani (Stål) 波氏棉盾蝽 blue bug

Calidea dregii Germar 德氏棉盾蝽 blue bug

Caligonella Berlese 小黑螨属

Caligonellidae 小黑螨科

Caligula Moore 目大蚕蛾属

Caligula anna Moore 黄目大蚕蛾

Caligula boisduvalii fallax Jordan 合目大蚕蛾

Caligula boisduvalii jonasii Butler 琼氏合目大蚕蛾

Caligula chinghaina Chu et Wang 青海合目大蚕蛾

Caligula lindia bonita Jordan 珠目大蚕蛾

Caligula thibeta Westwood 闭目大蚕蛾

Caligula zuleika Hope 月目大蚕蛾

Calinaga Moore 绢蛱蝶属

Calinaga buddha Moore 绢蛱蝶

Calinaga davidis Oberthür 大卫绢蛱蝶

Calinaga lhatso Oberthür 黑绢蛱蝶

Calinaginae 绢蛱蝶亚科

Calioides kondonis Kondo 东方丽袋蛾

Caliothrips Daniel 巢蓟马属

Caliothrips fasciatus (Pergande) 豆带巢蓟马(豆白带蓟马,条阻蓟马) bean thrips

Caliothrips impurus (Priesner) 棉暗巢蓟马(棉叶暗蓟马) dark cotton-leaf thrips

Caliothrips indicus (Bagnall) 印度巢蓟马(棉褐蓟马) cotton thrips

Caliothrips striatopterus (Kobus) 玉米带巢蓟马 maize thrips

Caliothrips sudanensis (Bagnall et Cameron) 棉灰巢蓟马 grey cotton-leaf thrips

Caliphaea 闪溪蟌属

Caliphaea confusa Selys 绿闪溪蟌

Caliphaea consimilis McLachlan 紫闪溪蟌

Caliphytoptus Keifer 植瘿螨属

Caliridinae 丝螳螂亚科

Caliris Giglio-Tos 丝螳属

Caliris masoni Giglio-Tos 梅氏丝螳

Caliris melli Beier 雯北丝螳

Caliris pallens Wang 浅色丝螳

Caliroa Costa 蛞蝓叶蜂属

Caliroa annulipes Klug 蛞蝓叶蜂

Caliroa cerasi Linnaeus 梨蛞蝓叶蜂 pear slug, pear sawfly, pear and cherry slug

Caliroa cinxia Klug 栎蛞蝓叶蜂 oak slug

Caliroa evodiae Xiao 吴茱萸蛞蝓叶蜂

Caliroa lineata MacGillivary 针栎蛞蝓叶蜂 pin oak sawfly

Caliroa matsumotonis Harukawa 桃蛞蝓叶蜂 peach slug

Caliroa toonae Li et Guo 香椿蛞蝓叶蜂

Caliroa varipes Klug 变足蛞蝓叶蜂

Caliroa zelkovae Oishi 榉蛞蝓叶蜂 zelkova sawfly

Caliscelis Laporte 瓢蜡蝉属

Caliscelis chinensis Melich. 截翅瓢蜡蝉

Callabraxas Butler 毛纹尺蛾属

Callabraxas amanda Butler 毛纹尺蛾

Callajoppa Cameron 卡姬蜂属

Callajoppa pepsoides (Smith) 天蛾卡姬蜂

Callambulyx Rothschild et Jordan 绿天蛾属

Callambulyx orbita Chu et Wang 眼斑天蛾

Callambulyx rubricosa (Walker) 绿带闭目天蛾

Callambulyx tatarinovi (Bremer et Grey) 榆绿天蛾

Callaphididae 斑蚜科

Callaphis Walker 斑蚜属

Callaphis juglandis (Goeze) 核桃大斑蚜 large walnut aphid

Callaphis nepalensis Quednau 尼泊尔斑蚜

Callaphis nepalensis yunlongensis Zhang 尼泊尔斑蚜云龙亚种

Callarge Leech 粉眼蝶属

Callarge sagitta (Leech) 箭纹粉眼蝶

Callerebia Butler 艳眼蝶属

Callerebia baileyi South 白边艳眼蝶

Callerebia confusa Watkins 混同艳眼蝶
Callerebia polyphemus Oberthür 多斑艳眼蝶
Callerebia suroia Tytler 大艳眼蝶
Callerinnys Warren 卡尺蛾属
Callerinnys obliquilinea (Moore) 斜卡尺蛾
Calleulype Warren 环纹尺蛾属
Calleulype whitelyi (Butler) 环纹尺蛾
Callicaria Crotch 丽瓢虫属
Callicaria superba (Mulsant) 日本丽瓢虫
Callicerinae 鬃角蚜蝇亚科
Callicilix Butler 美钩蛾属
Callicilix abraxata Butler 美钩蛾
Callida splendidula Fabr. 灿丽步甲
Callidiellum cupressi (van Dyke) 柏小扁天牛
Callidiellum flavosignatus Pu 黄斑小扁天牛
Callidiellum rufipenne (Motschulsky) 红翅小扁天牛
Callidiellum villosulum (Fairmaire) 棕小扁天牛
Callidiellum virescens Chemsak *et* Linsley 绿翅小扁天牛
Callidiopsis scutellaris Fabricius 澳桉天牛
Callidium Fabricius 扁胸天牛属
Callidium antennatum hesperum Casey 黑角扁胸天牛 black-horned pine borer
Callidium cicatricosum Mannerheim 结痕扁胸天牛
Callidium juniperi Fisher 桧扁胸天牛
Callidium rufipenne Motsch. 红翅扁胸天牛
Callidium sequoiarum Fisher 红杉扁胸天牛
Callidium texanum Schäffer 刺柏黑角扁胸天牛 black-horned juniper borer
Callidium villosulum Fairm. 杉棕扁胸天牛
Callidium violaceum (Linnaeus) 紫扁胸天牛
Callidosoma Womersley 丽赤螨属
Callidosoma matsumuratettix Tseng 叶蝉丽赤螨
Callidosomatinae 丽赤螨亚科
Callidrepana Felder 丽钩蛾属
Callidrepana filina Chou *et* Xiang 妃丽钩蛾
Callidrepana forcipulata Watson 方点丽钩蛾
Callidrepana gemina curta Watson 豆点丽钩蛾广东亚种
Callidrepana gemina gemina Watson 豆点丽钩蛾指名亚种
Callidrepana ovata Watson 泰丽钩蛾
Callidrepana patrana patrana (Moore) 肾点丽钩蛾
Callidulidae 锚纹蛾科
Callieratides rama Kirkaldy 豆花盲蝽 beanflower capsid
Callierges Hübner 冶冬夜蛾属
Callierges draesekei Draudt 德冶冬夜蛾
Callierges ramosa (Esper) 冶冬夜蛾
Calligrapha bigsbyana (Kirby) 美加柳卡丽叶甲 willow leaf beetle
Calligrapha scalaris (Leconte) 美加椴卡丽叶甲 linden leaf beetle, elm calligrapha
Calligrapha verrucosa Suffrian 见 *Calligrapha bigsbyana*
Calligypona Sahlberg 褐稻虱属
Calligypona marginata Fabricius 小褐稻虱 smaller brown planthopper
Callilepis Westring 美蛛属
Callilepis nocturna (Linnaeus) 夜美蛛
Callilepis schuszteri (Herman) 舒氏美蛛
Callimenellus Walker 树螽属
Callimenellus ferrugineus (Brunner) 褐树螽
Callimorpha equitalis (Kollar) 仿首丽灯蛾
Callimorpha lenzni Daniel 滇姬丽灯蛾
Callimorpha nyctemerata (Moore) 灰丽灯蛾
Callimorpha principalis (Kollar) 首丽灯蛾
Callimorpha similis (Moore) 黄腹丽灯蛾
Callindra arginalis (Hampson) 明丽灯蛾
Callipharixenidae 蝽捻翅虫科 bug parasites stylops
Calliphora Robineau-Desvoidy 丽蝇属
Calliphora alaskensis echinosa Grunin 棘叶丽蝇
Calliphora chinghaiensis Van *et* Ma 青海丽蝇
Calliphora erectiseta Fan 见 *Calliphora genarum*
Calliphora genarum (Zetterstedt) 立毛丽蝇
Calliphora loewi Enderlein 斑颧丽蝇
Calliphora nigribarbis Vollenhoven 宽丽蝇
Calliphora pattoni Aubertin 黑丽蝇
Calliphora rohdendorfi Grunin 弱突丽蝇
Calliphora sinensis Ho 中华丽蝇
Calliphora tianshanica Rohdendorf 天山丽蝇
Calliphora uralensis Villeneuve 乌拉尔丽蝇
Calliphora vicina Robineau-Desvoidy 红头丽蝇 blue blow fly
Calliphora vomitoria (Linnaeus) 反吐丽蝇 common blow fly
Calliphora zaidamensis Fan 柴达木丽蝇
Calliphoridae 丽蝇科 blow flies, green bottle flies, blue bottle flies
Calliphorinae 丽蝇亚科
Calliptamus Serv. 星翅蝗属
Calliptamus abbreviatus Ikonn. 短星翅蝗
Calliptamus barbarus (Costa) 黑腿星翅蝗
Calliptamus italicus (L.) 意大利蝗
Calliptamus turanicus Tarb. 旱地星翅蝗
Callipterinae 斑蚜亚科
Callipterinella calliptera Hartig 丽带斑蚜
Callipterinella calliptera hebeiensis Zhang, Zhang *et* Zhong 河北带斑蚜
Callipterinella tubercutala (van Heyden) 瘤带斑蚜 birch aphid
Callipterus betularius Kaltenbach 见 *Callipterinella tuberculata*
Callipterus juglandis Goeze 见 *Callaphis juglandis*

Callipterus quercus Kltenbach 见 *Tuberculoides annulatus*

Callirhopalus Hochhuth 遮眼象属

Callirhopalus adamsi Roelofs 东北遮眼象

Callirhopalus bifasciatus Roelofs 二带遮眼象 gooseberry weevil

Callirhopalus minimus Roelofs 小遮眼象

Callirhopalus obesus Roelofs 壮遮眼象

Callirhopalus sellatus Marshall 胖遮眼象

Callirhytis Förster 无翅瘿蜂属

Callirhytis cornigera (Osten-Sacken) 枥丽瘿蜂 horned oak gall wasp

Callirhytis floridana (Ashm.) 佛罗里达丽瘿蜂

Callirhytis gemmaria (Ashm.) 花蕾丽瘿蜂 ribbed bud gall

Callirhytis operator (O. S.) 勤丽瘿蜂

Callirhytis perdens (Kinsey) 残丽瘿蜂

Callirhytis punctata (O. S.) 点刻丽瘿蜂 gouty oak gall

Callirhytis tobuero Ashmead 无翅瘿蜂 apterous gall wasp

Callispa 丽甲属

Callispa almora Maulik 高山丽甲

Callispa amabilis Gestro 栗缘丽甲

Callispa angusta Gressitt 瘦丽甲

Callispa apicalis Pic 端丽甲

Callispa barena Maulik 阔丽甲

Callispa biarcuata Chen et Yu 双弧丽甲

Callispa bipartita Kung et Yu 阴阳丽甲

Callispa bowringi Baly 竹丽甲

Callispa brettinghami Baly 钝头丽甲

Callispa brevicornis Baly 短角丽甲

Callispa cyanea Chen et Yu 蓝丽甲

Callispa cyanipennis Pic 蓝鞘丽甲

Callispa dimidiatipennis Baly 半鞘丽甲

Callispa donkieri Pic 狭胸丽甲

Callispa elliptica Gressitt 椭形丽甲

Callispa feae Baly 钢蓝丽甲

Callispa flaveola Uhmann 淡黄丽甲

Callispa fortunei Baly 中华丽甲

Callispa fulvescens Chen et Yu 膨丽甲

Callispa limbifera Yu et Kung 饰缘丽甲

Callispa nigricollis Chen et Yu 黑胸丽甲

Callispa nigripennis Chen et Yu 黑鞘丽甲

Callispa obliqua Chen et Yu 斜缘丽甲

Callispa pallida Gestro 苍丽甲

Callispa popovi Chen et Yu 红腹丽甲

Callispa procedens Uhmann 纤丽甲

Callispa pseudapicalis Yu 拟端丽甲

Callispa ruficollis Fairmaire 红胸丽甲

Callispa specialis Yu 殊丽甲

Callispa sundara Maulik 艳丽甲

Callispa uhmanni Chen et Yu 嵌头丽甲

Callistege Hübner 欧夜蛾属

Callistege mi (Clerck) 欧夜蛾

Callistethus Blanchard 矛丽金龟属

Callistethus excisipennis Lin 变翅矛丽金龟

Callistethus plagiicollis Fairmaire 蓝边矛丽金龟

Callisto geminatella (Pack.) 无斑丽细蛾 unspotted leaf miner

Callisto multimaculata Matsumura 多斑丽细蛾

Callistomimus 类丽步甲属

Callistopopillia Ohaus 珂丽金龟属

Callistopopillia iris Cadeze 蓝跗珂丽金龟

Callitettix Stål 稻沫蝉属

Callitettix braconoides Walker 白翅稻沫蝉

Callitettix versicolor Fabricius 稻沫蝉 rice spittlebug

Callitrichia Fage 美毛蛛属

Callitrichia formosana Oi 台湾美毛蛛

Callitroga americana (Cushing et Patton) 见 *Cochliomyia hominivorax*

Callocleonymus Masi 刺角金小蜂属

Callocleonymus beijingensis Yang 北京小蠹刺角金小蜂

Callocleonymus bimaculae Yang 绿双斑刺角金小蜂

Callocleonymus chuxiongensis Yang 楚雄小蠹刺角金小蜂

Callocleonymus ianthinus Yang 紫色小蠹刺角金小蜂

Callocleonymus xinjiangensis Yang 新疆小蠹刺角金小蜂

Calloides LeConte 球虎天牛属

Calloides magnificus (Pic) 黄带球虎天牛

Callophellus bowringi Baly 大猿叶甲 larger leaf beetle

Callopistria Hübner 散纹夜蛾属

Callopistria aethiops Butler 埃散纹夜蛾

Callopistria albolineola (Graeser) 白线散纹夜蛾

Callopistria albomacula Leech 白斑散纹夜蛾

Callopistria contracta Warren 白纹顶夜蛾

Callopistria duplicans Walker 弧角散纹夜蛾

Callopistria juventina (Stoll) 散纹夜蛾

Callopistria phaeogona (Hampson) 暗角散纹夜蛾

Callopistria placodoides (Guenée) 红棕散纹夜蛾

Callopistria quadralba (Draudt) 嵌白散纹夜蛾

Callopistria repleta Walker 红晕散纹夜蛾

Callopistria rericulata (Pagenstecher) 网散纹夜蛾

Callopistria venata Leech 脉散纹夜蛾

Calloplophora sollii (Hope) 金秀腹毛天牛

Callopsylla Wagner 盖蚤属

Callopsylla beishanensis Wu, Ni et Wu 北山盖蚤

Callopsylla bursiforma Wu, Cai et Li 囊形盖蚤

Callopsylla caspius (Ioff et Argyropulo) 里海盖蚤

Callopsylla changduensis (Liu, Wu et Wu) 昌都盖蚤

Callopsylla digitata Cai, Wu et Liu 指形盖蚤

Callopsylla dolabris (Jordan et Rothschild) 斧形盖蚤

Callopsylla forfica Wu, Chen et Liu 叉形盖蚤

Callopsylla fragilis (Mikulin) 脆弱盖蚤

Callopsylla gaiskii (Vovchinskaja) 角高盖蚤

Callopsylla gemina Ioff 双盖蚤

Callopsylla gypaetina Peus 兀鹫盖蚤

Callopsylla kaznakovi (Wagner) 扇形盖蚤

Callopsylla kozlovi (Wagner) 端圆盖蚤

Callopsylla liui Li, Wu *et* Yang 柳氏盖蚤

Callopsylla longispina Zhang *et* Yu 长鬃盖蚤

Callopsylla petaurista Tsai, Wu *et* Liu 鼯鼠盖蚤

Callopsylla waterstoni (Jordan) 方缘盖蚤

Callopsylla xizangensis Ge *et* Ma 西藏盖蚤

Callopsylla xui Wu, Gao *et* Liu 许氏盖蚤

Callopsylla yui Ye *et* Jiang 于氏盖蚤

Callopsylla zhangi Wu, Guo *et* Liu 张氏盖蚤

Callosamia (Drury) 丽大蚕蛾属

Callosamia promethea (Drury) 普罗大蚕蛾 Promethea moth

Callosobruchus Pic 瘤背豆象属

Callosobruchus albobasalis Chûj 白背豆象

Callosobruchus analis (Fabricius) 鹰嘴豆象

Callosobruchus chinensis (Linnaeus) 绿豆象 Chinese bean weevil

Callosobruchus maculatus (Fabricius) 四纹豆象 cowpea weevil, fourspotted bean weevil

Callosobruchus phaseoli (Gyllenhall) 灰豆象

Callosobruchus rhodesianus (Pic) 南非豆象

Callygris compositata junctilineata Walker 波条白尺蛾 wavy-striped white geometrid

Callyna jugaria Walker 黄斑顶夜蛾

Callyna monoleuca Walker 一点顶夜蛾

Callyna semivitta Moore 半点顶夜蛾

Callyna siderea Guenée 顶夜蛾

Callyntrotus Nalepa 美伤瘿螨属

Calocalpe undulata (L.) 樱桃丽壳尺蛾 cherry scallop shell moth

Calocoris fulvomaculatus (Deg) 忽布丽盲蝽 hop capsid

Calocoris norvegicus Gmélin 马铃薯盲蝽 potato bug

Calodia Nielson 丽叶蝉属

Calodia apicalis Li 端刺丽叶蝉

Calodia barnesi Nielson 巴氏丽叶蝉

Calodia centata Zhang 棘丽叶蝉

Calodia fusca (Melichar) 暗褐丽叶蝉

Calodia guttivena (Walker) 褐带丽叶蝉

Calodia harpagota Zhang 钩突丽叶蝉

Calodia lii Zhang 李氏丽叶蝉

Calodia longispina Li *et* Wang 长刺丽叶蝉

Calodia obliqua Nielson 三刺丽叶蝉

Calodia obliquasimilais Zhang 二刺突丽叶蝉

Calodia ostenta (Distant) 黄边丽叶蝉

Calodia patricia (Jacobi) 横带丽叶蝉

Calodia robusta Nielson 粗突丽叶蝉

Calodia setulosa Zhang 短刺丽叶蝉

Calodia spinifera Zhang 刺列丽叶蝉

Calodia warei Nielson 刺突丽叶蝉

Calodia webbi (Nielson) 韦氏丽叶蝉

Calodia yayeyamae (Matsumura) 中带丽叶蝉

Calodia yunnanensis Zhang 云南丽叶蝉

Caloglyphus Berlese 嗜木螨属

Caloglyphus michaeli 米氏嗜木螨

Caloglyphus anomalus Nesbitt 畸形嗜木螨

Caloglyphus berlesei (Michael) 伯氏嗜木螨

Caloglyphus coprophila (Mahunka) 嗜粪嗜木螨

Caloglyphus fujianensis Zou, Wang *et* Zhang 福建嗜木螨

Caloglyphus hugher Samsinak 休氏嗜木螨

Caloglyphus kunshanensis Zou *et* Wang 昆山嗜木螨

Caloglyphus mycophagus (Megnin) 食菌嗜木螨

Caloglyphus oudemansi (Zachvatkin) 奥氏嗜木螨

Caloglyphus paradoxa (Oudemans) 奇异嗜木螨

Caloglyphus rhizoglyphoides (Zachvatkin) 食根嗜木螨

Caloglyphus shanghaiensis Zou *et* Wang 上海嗜木螨

Calomela curtisi Kirby 澳金合欢叶甲 dark green calomela

Calomela parilis Lea 黑荆叶甲

Calomicrus brunneus (Crotch) 玉米花丝叶甲 corn silk beetle

Calomicrus mainlingus Chen *et* Jiang 米林卡萤叶甲

Calomicrus yushunicus Chen *et* Jiang 玉树卡萤叶甲

Calommata Lucas 硬皮地蛛属

Calommata pichoni Schenkel 皮氏硬皮地蛛

Calommata signatum Karsch 沟纹硬皮地蛛

Calomycterus Roelofs 卵象属

Calomycterus obconicus Chao 小卵象

Caloosia Siddiqi *et* Goodey 卡洛斯线虫属

Caloosia brevicaudatus Khan, Chawla *et* Saha 短尾卡洛斯线虫

Caloosia exilis Mathur *et al.* 纤细卡洛斯线虫

Caloosia heterocephala Rao *et* Mohanadas 异头卡洛斯线虫

Caloosia indica Chawla *et* Samathanam 印度卡洛斯线虫

Caloosia longicaudata (Loos) 长尾卡洛斯线虫

Caloosia paralongicaudata Siddiqi *et* Goodey 类长尾卡洛斯线虫

Caloosia parapaxi Phukan *et* Sanwal 类帕克斯卡洛斯线虫

Caloosia parlona Khan, Chawla *et* Saha 近长卡洛斯线虫

Caloosia peculiaris van den Berg *et* Meyer 皮丘利尔卡洛斯线虫

Caloosia triannulata Rao *et* Mohanadas 三纹卡洛斯线虫

Caloosiidae 卡洛斯线虫科

Calopepla leayana Latreille 东方丽袍叶甲 yemane leaf beetle, yemane tortoise beetle

Calophagus pekinensis Lesne 美食长蠹

Calophasia Stephens 标冬夜蛾属

Calophasia lunula (Hüfnagel) 标冬夜蛾

Calophya Löw 背小木虱属

Calophya nigridorsalis Kuwayama 黑背小木虱 daimyo oak sucker

Caloplusia Smiith 美金翅夜蛾属

Caloplusia composita Warren 曲斑美金翅夜蛾

Caloplusia divergens (Hübner) 歧斑美金翅夜蛾

Caloplusia hochenvarthi (Hochenwarth) 美金翅夜蛾

Caloplusia tibetana (Staudinger) 西藏美金翅夜蛾

Caloptilia aeolospila (Meyrick) 柔韧花细蛾

Caloptilia alchimiella Scopoli 无柄花细蛾 Sweder's slender moth

Caloptilia azaleella (Brants) 旱生花细蛾

Caloptilia betulicola Hering 桦红花细蛾 birch red slender moth

Caloptilia cuculipennella (Hübner) 杜鹃花细蛾

Caloptilia dentata Liu *et* Yuang 元宝枫花细蛾

Caloptilia elongella Linnaeus 赤杨花细蛾 plain red slender moth

Caloptilia falconipennella Hübner 栎青花细蛾 livid slender moth

Caloptilia hemidactyla Fabricius 欧亚槭花细蛾 mottled red slender moth

Caloptilia negundella Chambers 梣叶槭花细蛾 box-elder leafroller

Caloptilia populetorum Zeller 垂枝桦花细蛾 clouded slender moth

Caloptilia sassafrasicola Liu *et* Yuan 檫角花细蛾

Caloptilia schisandrae Kumata 五味子花细蛾

Caloptilia semifascia Haworth 栓皮槭花细蛾 semi-barred slender moth

Caloptilia soyella Deventer 大豆花细蛾 soybean leafroller

Caloptilia stigmatella (Fabricius) 具痣花细蛾

Caloptilia stigmella Fabricius 白杨花细蛾 triangle-marked slender moth

Caloptilia sulphurella Haworth 栎硫花细蛾 sulphur slender moth

Caloptilia syringella (Fabricius) 紫丁香花细蛾 confluent-barred slender moth, lilac leaf-miner

Caloptilia tetratypa Meyrick 四型花细蛾

Caloptilia theivora Walsingham 见 *Gracilaria theivora*

Caloptilia thymophanes Meyrick 疣块花细蛾

Caloptilia zachrysa Meyrick 猛花细蛾

Calopus angustus LeConte 具角蛀木拟天牛

Calosoma Weber 广肩步甲属

Calosoma calidum (Fabricius) 暴广肩步甲 fiery hunter

Calosoma chinense Kirby 中华金星步甲

Calosoma denticolle Gebler 齿广肩步甲

Calosoma frigidum Kirby 寒广肩步甲

Calosoma himalayanum Gestro 喜广肩步甲

Calosoma inquisitor L. 青铜广肩步甲

Calosoma maderae chinense Kirby 中华广肩步甲

Calosoma maximowiczi Morawiz 黑广肩步甲

Calosoma sycophanta (L.) 欧洲广肩步甲 European ground beetle

Calosota Curtis 丽旋小蜂属

Calosota conifera Yang 针叶树丽旋小蜂

Calosota cryphali Yang 梢小蠹丽旋小蜂

Calosota koraiensis Yang 红松丽旋小蜂

Calosota longigasteris Yang 长腹丽旋小蜂

Calosota microspermae Yang 云杉丽旋小蜂

Calosota pumilae Yang 榆小蠹丽旋小蜂

Calosota qilianshanensis Yang 祁连山丽旋小蜂

Calosota sinensis Ferrière 中华旋小蜂

Calosota yanglingensis Yang 杨陵丽旋小蜂

Calospilos suspecta (Warren) 见 *Abraxas suspecta*

Calospilos sylvata Scopoli 榛金星尺蛾

Calotermes Hagen 见 *Kalotermes* Hagen

Calotermitidae 见 Kalotermitidae

Calothrombiinae 丽绒螨亚科

Calothysanis comptaria Walker 紫蚕豆尺蛾 soybean looper

Calotrachytes Berlese 美糙尾螨属

Calpazia vermicularis Pascoe 蠕纹天牛

Calpe Treitschkke 见 *Calyptra* Ochsenheimer

Calpenia khasiana Moore 黄条虎丽灯蛾

Calpenia saundersi Moore 虎丽灯蛾

Calpenia takamukui Matsumura 褐斑虎丽灯蛾

Calpenia zerenaria (Oberthür) 华虎丽灯蛾

Calpodes Hübner 美人蕉弄蝶属

Calpodes ethlius (Cramer) 美洲美人蕉弄蝶 larger canna leafroller, arrowroot leafroller

Caltoris Swinhoe 珂弄蝶属

Caltoris bromus Leech 无斑珂弄蝶

Caltoris cahira (Moore) 放踵珂弄蝶

Caltoris cornasa (Hewitson) 方斑珂弄蝶

Calvia Mulsant 裸瓢虫属

Calvia albolineata (Schöneherr) 细纹裸瓢虫

Calvia chinensis (Mulsant) 华裸瓢虫

Calvia hauseri Mader 枝斑裸瓢虫

Calvia lewisii (Crotch) 宽纹裸瓢虫

Calvia muiri (Timberlake) 四斑裸瓢虫

Calvia quinquedecimguttata (Fabricius) 十五星裸瓢虫

Calvia sicardi Mader 链纹裸瓢虫

Calvolia Oudemans 光螨属

Calvolia furnissi Woodring 佛光螨

Calvolia hagensis Oudemans 杭河光螨

Calvolia heterocoma (Michael) 异毛光螨

Calvolia lordi (Nesbitt) 弯光螨

Calymmaderus Solier 松窃蠹属

Calymmaderus incisus Lea 昆士兰松窃蠹 Queensland

furniture beetle, Queensland pine beetle

Calymnia Hübner 见 *Cosmia* Ochsenheimer

Calymnia affinis (Linnaeus) 见 *Cosmia affinis*

Calymnia camptostigma Ménétriès 见 *Cosmia camptostigma*

Calymnia flavifimbra Hampson 见 *Cosmia flavifimbra*

Calymnia pyralina Schiffermüller 见 *Cosmia pyralina*

Calymnia trapezia L. 见 *Cosmia trapezia*

Calyptococcus Borchsenius 囊粉蚧属

Calyptococcus desertus Borchsenius 沙漠囊粉蚧

Calyptotrypus hibinonis Matsumura 绿树蟋 green tree cricket

Calyptra Ochsenheimer 壶夜蛾属

Calyptra bicolor (Moore) 两色壶夜蛾

Calyptra gruesa Draudt 大壶夜蛾 fruit-piercing moth

Calyptra hokkaida Wileman 果壶夜蛾 fruit-piercing moth

Calyptra lata (Butler) 平嘴壶夜蛾 fruit-piercing moth

Calyptra minuticornis Guenée 疖角壶夜蛾

Calyptra thalictri (Borkhausen) 壶夜蛾 fruit-piercing moth

Calyptus byctisci Watanabe 卷叶象甲隐腹茧蜂

Calyptus satai Watanabe 脂象甲隐腹茧蜂

Calythea Schnabl *et* Dziedzicki 拟花蝇属

Calythea cheni Fan 陈氏拟花蝇

Calythea limnophorina Stein 台湾拟花蝇

Calythea nigra Ackland 黑胸拟花蝇

Calythea nigricans (Robineau-Desvoidy) 白斑拟花蝇

Calythea pratincola (Panzer) 草原拟花蝇

Calythea setifrons Ackland 鬃额拟花蝇

Calythea xizangensis Fan *et* Zhong 西藏拟花蝇

Camaricus Thorell 顶蟹蛛属

Camaricus formosus Thorell 美丽顶蟹蛛

Camelocerambyx semiruber Gressitt *et* Rondon 红胸帚角天牛

Camelocerambyx singularis Pic 帚角天牛

Cameraria Chapman 橡细蛾属

Cameraria agrifoliella (Braun) 农散细蛾

Cameraria hamadryadella Clemens 见 *Lithocolletis hamadryadella*

Camerobia australis Southcott 澳洲拱顶新叶螨

Camerobiidae 拱顶新叶螨科

Camerotrombidium Thor 口盖绒螨属

Camerotrombidium collinum (Hirst) 心形口盖绒螨

Camesellus Berlese 杆盾螨属

Camestrinioidea 寄甲螨总科

Camillinae 金果蝇亚科

Caminella 糙尾螨属

Camisia van Heyden 洼甲螨属

Camisia biurus (Koch) 双尾洼甲螨

Camisia biverrucata (Koch) 双瘤洼甲螨

Camisia borealis (Trorell) 北洼甲螨

Camisia horrida (Hermann) 丑洼甲螨

Camisia lapponica (Tragardh) 拉普洼甲螨属

Camisia segnis (Hermann) 懒洼甲螨

Camisia spinifer (Koch) 棘洼甲螨

Camisiidae 洼甲螨科

Camisioidea 洼甲螨总科

Camnula Stål 透翅蝗属

Camnula pellucida (Scudd.) 透翅蝗 clear-winged grasshopper

Campaea dehaliaria Wehrli 见 *Tanaoctenia dehaliaria*

Campaea perlata Gn. 丸青尺蛾

Campanulotes bidentatus (Scopoli) 鸽小羽虱 small pigeon louse

Campanulotes bidentatus compar (Burmeister) 鸽圆小羽虱 small pigeon louse

Campiglossa Rondani 星斑实蝇属

Campiglossa hirayamae Matsumura 平山星斑实蝇 hirayama fruit fly

Campnotimermis Ipateva, Pimenova *et* Mukhamedzyanova 蚁索线虫属

Campnotimermis bifidus Ipateva, Pimenova *et* Mukhamedzyanova 义蚁索线虫

Campodea Westwood 双尾虫属

Campodea staphylinus Westwood 双尾虫

Campodeidae 虬科

Campoderus micropunctatus (Uchida) 小点堪姬蜂

Campoletis Holmgren 齿唇姬蜂属

Campoletis chlorideae Uchida 棉铃虫齿唇姬蜂

Camponotus Mayr 弓背蚁属 carpenter-ants, wood ants

Camponotus abdominalis floridanus (Buckley) 佛罗里达弓背蚁 Florida carpenter ant

Camponotus albosparsus Forel 黄斑弓背蚁

Camponotus anningensis Wu *et* Wang 安宁弓背蚁

Camponotus badius (F. Smith) 红褐弓背蚁

Camponotus chongqingensis Wu *et* Wang 重庆弓背蚁

Camponotus compressus (Fabricius) 侧扁弓背蚁

Camponotus cornis Wang *et* Wu 角弓背蚁

Camponotus dulcis Emery 甜蜜弓背蚁

Camponotus ferrugineus (Fab.) 红弓背蚁 red carpenter ant

Camponotus formosae Wheeler 蓬莱弓背蚁

Camponotus formosensis Wheeler 台北弓背蚁

Camponotus friedae Forel 弗里德弓背蚁

Camponotus fuscivillosus Xiao *et* Wang 褐毛弓背蚁

Camponotus genaiai Santschi 纪氏弓背蚁

Camponotus habereri Forel 臭弓背蚁

Camponotus helvus Xiao *et* Wang 黄腹弓背蚁

Camponotus herculeanus (L.) 广布弓背蚁

Camponotus humerus Wang *et* Wu 肩弓背蚁

Camponotus irritans F. Smith 高雄弓背蚁

Camponotus itoi Forel 伊东氏弓背蚁

Camponotus japonicus Mayr 日本弓背蚁

Camponotus jianghuaensis Xiao *et* Wang 江华弓背蚁

Camponotus kiusiuensis Santschi 库苏弓背蚁 carpenter ant

Camponotus largiceps Wu *et* Wang 大头弓背蚁

Camponotus lasiselene Wang *et* Wu 毛钳弓背蚁

Camponotus minus Wang *et* Wu 小弓背蚁

Camponotus mitis Smith 平和弓背蚁

Camponotus nearcticus Emery 近弓背蚁

Camponotus nicobarensis Mayr 尼科巴弓背蚁

Camponotus nipponicus Wheeler 平截弓背蚁

Camponotus obscuripes Mayr 暗色弓背蚁 carpenter ant

Camponotus pennsylvanicus (DeGeer) 大黑弓背蚁 black carpenter ant

Camponotus pseudoirritans Wu *et* Wang 拟光腹弓背蚁

Camponotus pseudolendus Wu *et* Wang 拟哀弓背蚁

Camponotus quadrinotatus Forel 四斑弓背蚁 four-spotted carpenter ant

Camponotus rasilis Wheeler 平滑弓背蚁

Camponotus rubidus Xiao *et* Wang 黑褐弓背蚁

Camponotus selene (Emery) 钳弓背蚁

Camponotus siemsseni Forel 希氏弓背蚁

Camponotus singularis (Smith) 红头弓背蚁

Camponotus spanis Xiao *et* Wang 少毛弓背蚁

Camponotus taivanae Forel 台湾弓背蚁

Camponotus tipuna Forel 矛弓背蚁

Camponotus tokioensis Ito 东京弓背蚁

Camponotus tonkinus Santschi 金毛弓背蚁

Camponotus treubi Forel 丁氏弓背蚁

Camponotus variegatus (F. Smith) 杂色弓背蚁

Camponotus yiningensis Wang *et* Wu 伊宁弓背蚁

Campoplex Gravenhorst 高缝姬蜂属

Campoplex angustatus Thomson 窄高缝姬蜂

Campoplex borealis (Zetterstedt) 北方高缝姬蜂

Campoplex frustranae Cushman 松梢卷蛾高缝姬蜂

Campoplex graphoritae (Uchida) 食心虫高缝姬蜂

Campoplex haywardi Blanchard 海高缝姬蜂

Campoplex homonae (Sonan) 茶卷蛾高缝姬蜂

Campoplex multicinctus Gravenhorst 多带高缝姬蜂

Campoplex mutabilis (Holmgren) 可变高缝姬蜂

Campoplex phthorimaeae (Cushman) 马铃薯块茎蛾高缝姬蜂

Campoplex pyraustae Smith 玉米螟高缝姬蜂

Campoplex taiwana Sonan 台湾高缝姬蜂

Camposcopus sulcosus (Uchida) 沟卷蛾姬蜂

Campsiura Hope 臀花金龟属

Campsiura insignis (Gestro) 双色臀花金龟

Campsiura javanica (Gory *et* Percheron) 黑斑臀花金龟

Campsiura mirabilis (Faldermann) 奇臀花金龟（赭翅臀花金龟）

Campsiura ochreipennis (Fairmaire) 褐斑臀花金龟

Campsiura omisiena Heller 黄带臀花金龟

Campsiura superba (Van de Poll) 红背臀花金龟

Campsiura xanthorrhina Hope 丽臀花金龟

Campsomeris Guèrin 长腹土蜂属

Campsomeris annulata (Fab.) 白毛长腹土蜂

Campsomeris formosensis Batrem 台湾长腹土蜂

Campsomeris marginella (Klug) 小黑长腹土蜂

Campsomeris mojiensis Uchida 门司长腹土蜂

Campsomeris phalerata Saussure 炫长腹土蜂

Campsomeris prismatica Smith 金毛长腹土蜂

Campsomeris schulthessi Betrem 黑长腹土蜂

Campsomeris slindenii Lepeletier 黑斑长腹土蜂

Campsomeris stotzneri Betrem 绿条斑长腹土蜂

Campsomeris szetchwanensis Betrem 四川长腹土蜂

Campsoscolia mongolica (Mor.) 蒙曲土蜂

Campsosternus bimaculatus Jiang 二斑丽叩甲

Campsosternus guizhouensis Jiang 黔丽叩甲

Campsosternus stephensii Hope 釉丽叩甲

Camptochilus Hampson 拱肩网蛾属

Camptochilus aurea Butler 树形拱肩网蛾

Camptochilus bisulcus Chu *et* Wang 叉纹拱肩网蛾

Camptochilus recticulatus (Moore) 黄带拱肩网蛾

Camptochilus semifasciata Gaede 枯叶拱肩网蛾

Camptochilus sinuosus Warren 金盏拱肩网蛾

Camptochilus trilineatus Chu *et* Wang 三线拱肩网蛾

Camptoloma Felder 花布丽灯蛾属

Camptoloma binotatum Butler 二点花布灯蛾 false tiger moth

Camptoloma interioratum (Walker) 花布灯蛾

Camptoloma vanata Fang 缺带花布灯蛾

Camptopoeum Spinola 花地蜂属

Camptopoeum frontal Fab 矢车菊花地蜂

Camptopus Amyot *et* Serville 坎缘蝽属

Camptopus lateralis Germar 坎缘蝽

Camptopus tragacanthae (Kolenati) 黑角坎缘蝽

Camptotelus Fieber 短颊长蝽属

Camptotelus obscuripennis Kiritschenko 短颊长蝽

Camptotypus Kriechbaumer 弯姬蜂属

Camptotypus testaceus (Cameron) 赤褐弯姬蜂

Campylochirus Trouessart 曲牦螨属

Campylochirus caviae (Hirst) 豚鼠曲牦螨

Campylomma diversicornis Reuter 异须微刺盲蝽

Campylomma nicolasi Put. *et* Reuter 尼氏盲蝽 cotton plant bug

Campylomyza bicola Meigen 二色弯璎蚊

Campylomyza flavipes Meigen 黄色弯璎蚊

Campylomyza ormerodi (Kieffer) 红苜蓿璎蚊 red clover gall gnat

Campylomyza pinetorum (Edwards) 松下弯璎蚊

Campylomyza pumila Winnertz 小弯璎蚊

Campyloneurus asphondyliae Watanabe 璎蚊弯曲脉茧蜂

Campyloneurus cingulicauda Enderlein 瓣尾弯脉茧蜂

Campylosteira Fieber 短网蝽属

Campylosteira rotundata Takeya 短网蝽

Campylotes desgodinsi Oberthür 马尾松旭锦斑蛾

Campylotes histonicus altissima Elwes 斑黄肩旭锦斑蛾

Campylotes histonicus Westwood 黄肩旭锦斑蛾

Campylotes romanovi Leech 红肩旭锦斑蛾

Canaceidae 滨蝇科 seashore flies, canaceid flies

Canephora Hübner 杆袋蛾属

Canephora asiatica Staudinger 桑杆袋蛾 mulberry bagworm

Canephora unicolor (Hübner) 柿杆袋蛾 persimmon bagworm

Canestriniidae 寄甲螨科

Cania bilineata (Walker) 灰双线刺蛾

Canidia Grot 灰实夜蛾属

Canna Walker 实孔雀夜蛾属

Canna malachitis (Oberthür) 见 *Nacna malachitis*

Cannococcus Borchsenius 滇粉蚧属(细粉蚧属,蕉粉蚧属)

Cannococcus cannicola Borchsenius 芦苇滇粉蚧(细粉蚧,云南蕉粉蚧)

Cannococcus guandunensis (Borchsenius) 广东滇粉蚧

Cannococcus ostiolata (Borchsenius) 杭州滇粉蚧

Canoixus Roelofs 阔嘴象属

Canoixus japonicus Roelofs 锈阔嘴象 broad-mouth weevil

Cantacader Amyot *et* Serville 长头网蝽属

Cantacader formosus Drake 台湾长头网蝽

Cantacader lethierryi Scott 长头网蝽

Cantacaderinae 长头网蝽亚科

Cantao Amyot *et* Serville 角盾蝽属

Cantao ocellatus (Thunberg) 角盾蝽(桐蝽)

Cantao parentum White 实质蝽

Cantharidae 花萤科 leatherwinged beetles, soldier beetles

Cantharis L. 花萤属

Cantharis leechianus Gorh 翠花萤

Cantheconidea Schouteden 厉蝽属

Cantheconidea binotata Distant 二斑厉蝽

Cantheconidea concinna (Walker) 厉蝽

Cantheconidea furcellata (Wolff) 叉角厉蝽

Cantheconidea humeralis (Distant) 尖角厉蝽

Cantheconidea parva Distant 小厉蝽

Cantheconidea thomsoni Distant 黑厉蝽（黄点扁胫蝽）

Canthesancus Amyot *et* Serville 斑猎蝽属

Canthesancus dislurco Hsiao 六斑猎蝽

Canthesancus geniculatus Distant 小菱斑猎蝽

Canthesancus helluo Stål 短斑猎蝽

Canthesancus lurco Stål 狭斑猎蝽

Canthydrus Sharp 突胸龙虱属

Canthydrus flavus Motschulsky 黄突胸龙虱

Canthydrus nitidulus Sharp 红足突胸龙虱

Canthylidia Butler 宽胫夜蛾属

Canucha Walker 枯叶钩蛾属

Canucha duplexa duplexa (Moore) 西藏枯叶钩蛾

Canucha mirada Warren 笋纹钩蛾

Canucha miranda Warren 云南枯叶钩蛾

Canucha specularis (Moore) 后窗枯叶钩蛾

Capaxa janetta White 见 *Syntherata janetta*

Capedulia Meyer 碗须螨属

Capedulia calendulae Meyer 金盏花碗须螨

Capedulia maritima Gerson *et* Meyer 海岸碗须螨

Capila Moore 大弄蝶属

Capila hainana Crowley 海南大弄蝶

Capila lineata Liu *et* Gu 线纹大弄蝶

Capila nigrilima Chou *et* Gu 黑裳大弄蝶

Capila omeia (Leech) 峨眉大弄蝶

Capila pauripunetata Chou *et* Gu 微点大弄蝶

Capila pieridoides (Moore) 白粉大弄蝶

Capila translucida Leech 窗斑大弄蝶

Capitomermis Rubzov 头索线虫属

Capitomermis asymmetrica Rubzov 不对称头索线虫

Capitomermis breviovariae Rubzov 短卵巢头索线虫

Capitomermis brevis Rubzov 短头索线虫

Capitomermis crassiderma Rubzov 厚皮头索线虫

Capitomermis delicata Rubzov 纤细头索线虫

Capitomermis petschorensis Rubzov 伯绍拉头索线虫

Capitomermis solovkinae Rubzov 索氏头索线虫

Capitomermis variaderma Rubzov 变皮头索线虫

Capitophorus van der Goot 钉毛蚜属

Capitophorus braggii (Gillette) 北美龙须钉毛蚜 silverberry capitophorus, oleaster thistle aphid

Capitophorus carduinus (Walker) 飞帘钉毛蚜

Capitophorus elaeagnidel Guercio 蓟钉毛蚜 artichoke aphid, thistle aphid

Capitophorus evelaeagni Zhang 河北蓟钉毛蚜

Capitophorus formosartemisiae Takahashi 菊钉毛蚜 chrysanthemum capitophorus

Capitophorus hippophaës Walker 沙棘钉毛蚜 Indian aphid

Capitophorus javanicus Hille Ris Lambers 蓼钉毛蚜

Capitophorus minor Forbes 美国草莓钉毛蚜 strawberry capitophorus

Capitophorus ribis (L.) 茶藨子钉毛蚜 currant aphid

Capnildae 黑石蝇科 smoky stoneflies

Capnodis carbonaria Klug 扁桃吉丁 almond borer

Capnodis miliaris Klug 东方杨树吉丁

Capnodis tenebrionis L. 黑吉丁

Capnolymma Pascoe 象花天牛属

Capnolymma brunnea Gressitt *et* Rondon 棕象花天牛

Capnolymma laotica Gressitt *et* Rondon 老挝象花天牛

Capnolymma similis Gressitt *et* Rondon 白毛象花天牛

Capnolymma sulcaticeps Pic 脊胸象花天牛

Caponiidae 四气孔蛛科

Cappaea Ellenrieder 格蝽属

Cappaea taprobanensis (Dallas) 柑橘格蝽

Cappaea tibialis Hsiao *et* Cheng 宽胫格蝽

Capricornia Obraztsov 羊角小卷蛾属

Capricornia boisduvaliana (Duponchel) 羊角小卷蛾

Capritermes Wasmann 歪白蚁属

Capritermes fuscotibialis Light 灰胫歪白蚁

Capritermes garthwaitei Gardner 龙头歪白蚁

Capritermes minutus Tsai *et* Chen 小歪白蚁

Capritermes nitobei (Shiraki) 歪白蚁

Capritermes pseudolaetus Tsai *et* Chen 隆额歪白蚁

Capritermes semarangi Holmgren 三宝歪白蚁

Capritermes tetraphilus Silvestri 大歪白蚁

Capritermes wuzhishanensis Li 五指山歪白蚁

Caprona Wallengren 彩弄蝶属

Caprona agama (Moore) 彩弄蝶

Capua Stephens 烟卷蛾属

Capua chloraspis Meyrick 珠烟卷蛾

Capua detractana Walker 拴烟卷蛾

Capua favillaceana (Hübner) 花楸烟卷蛾

Capua grotiana Fabricius 褐烟卷蛾 capua tortrix

Capua harmonia (Meyrick) 聂烟卷蛾

Capua melissa Meyrick 亚烟卷蛾

Capusa stenophara Turner 辐射松匣尺蛾

Capyella Breddin 角头跷蝽属

Capyella distincta Hsiao 弯角头跷蝽

Capyella horni (Stål) 角头跷蝽

Carabidae 步甲科 ground beetles, carabid beetles, predacious ground beetles, ground beetles

Carabidobius Volgin 伪甲螨属

Caraboacaridae 步角甲螨科

Carabodes Koch 步甲螨属

Carabodes peniculatus Aoki 笔形步甲螨

Carabodidae 步甲螨科

Carabodoidea 步甲螨总科

Carabunia myersi Waterston 沫蝉跳小蜂

Carabus L. 步甲属

Carabus angustus Bates 狭步甲

Carabus brandti Fald. 麻步甲

Carabus canaliculatus Adams 沟步甲

Carabus clathratus Linnaeus 网纹步甲

Carabus everesti Andrewes 峰步甲

Carabus granulatus L. 粒步甲

Carabus hortensis Fabricius 庭园步甲

Carabus lafossei Feisth. 艳步甲

Carabus lushanensis Haus. 庐山步甲

Carabus pustulifer Lucas 疱步甲

Carabus smaragdinus Fisch. 绿步甲

Carabus violaceus Linnaeus 紫步甲 violet ground beetle

Caradrina difficilis (Erschoff) 鸷甲卡夜蛾

Caradrina fusca Leech 暗委夜蛾

Caradrina himaleyica Kollar 芷委夜蛾

Caradrina morosa (Lederer) 暮委夜蛾

Caraphia laosica Gressitt *et* Rondon 老挝无瘤花天牛

Carbatina Meyrick 梨麦蛾属

Carbatina picrocarpa Meyrick 梨麦蛾 brownish gelechid

Carbula Stål 辉蝽属

Carbula crassiventris (Dallas) 红角辉蝽

Carbula eoa Bergroth 多毛辉蝽

Carbula humigera Uhler 弯角辉蝽

Carbula indica (Westwood) 印度辉蝽

Carbula maculata Hsiao *et* Cheng 大斑辉蝽

Carbula obtusangula Reuter 辉蝽

Carbula putoni (Jakovlev) 北方辉蝽

Carbula scutellata Distant 棘角辉蝽

Carbula sinica Hsiao *et* Cheng 凹肩辉蝽

Carcelia Robineau-Desvoidy 狭颊寄蝇属

Carcelia ambigua Villeneuve 隐斑狭颊寄蝇

Carcelia ammphion Robineau-Desvoidy 灰腹狭颊寄蝇

Carcelia bombycivora Robineau-Desvoidy 灰粉狭颊寄蝇

Carcelia cofundens Rondani 素狭颊寄蝇

Carcelia excisa (Fallén) 隔离狭颊寄蝇

Carcelia gnava Meigen 格纳狭颊寄蝇

Carcelia kockiana Townsend 善飞狭颊寄蝇

Carcelia laticauda Liang *et* Zhao 宽尾狭颊寄蝇

Carcelia leucophaea Rondani 素拟狭颊寄蝇

Carcelia lymantriae Chao *et* Liang 杨毒蛾狭颊寄蝇

Carcelia matsukarehae Shima 松毛虫狭颊寄蝇

Carcelia rasa (Macquart) 灰体狭颊寄蝇

Carcelia rasella Baranoff 松狭颊寄蝇

Carcelia sumatrana Townsend 苏门答腊狭颊寄蝇

Carcelia transbaicalica Richter 似杨毒蛾狭颊寄蝇

Carcelia yalensis Sellers 亚尔狭颊寄蝇

Carcina quercana Fabricius 橡织叶蛾 oak long-horned flat-body moth

Carcinochelis Fieber 蟹瘤蝽属

Carcinochelis bannaensis Hsiao *et* Liu 版纳蟹瘤蝽

Carcinocorinae 蟹瘤蝽亚科

Carcinocoris Handlirsch 刺瘤蝽属

Carcinocoris binghami (Sharp) 宾刺瘤蝽

Carcinops de Marseul 网阎虫属

Carcinops mayeti Mars. 直胫阎虫

Carcinops quattuordecimstriatus Stephens 小龟形阎虫

Cardepia Hampson 锁额夜蛾属

Cardepia sociabilis (Graslin) 锁额夜蛾

Cardiaspina albitextura Taylor 桉木虱

Cardiaspina maniformis Taylor 巨桉木虱

Cardiaspina pinnaeformis Froggatt 齿桉木虱

Cardiaspina tetrix Froggatt 松木虱

Cardiaspina vittaformis Froggatt 花边木虱 lace lerp

Cardiaspis plicatuloides Froggatt 见 *Spondyliaspis plicatuloides*

Cardiaspis tetrix Froggatt 见 *Cardiaspina tetrix*

Cardiaspis vittaformis Foggatt 见 *Cardiaspina vittaformis*

Cardiochiles albopilosus Szépligeti 白毛折脉茧蜂

Cardiochiles laevifossa Enderlein 滑沟折脉茧蜂

Cardiochiles nigriceps Viereck 黑头折脉茧蜂(红尾茧蜂) red tail wasp

Cardiochilinae 拟茧蜂亚科

Cardiocladius Kieffer 心形突摇蚊属

Cardiocladius fuscus Kieffer 棕心形突摇蚊

Cardiococcus Cockerell 蚌蜡蚧属

Cardiococcus formosanus (Takahashi) 台湾蚌蜡蚧

Cardiocondyla Emery 心结蚁属

Cardiocondyla nuda (Mayr) 裸心结蚁

Cardiocondyla parvinoda Forel 小瘤心结蚁

Cardiocondyla wroughtonii (Forel) 罗氏心结蚁

Cardiophorus Eschscholtz 心盾叩甲属

Cardiophorus devastans Matsumura 灵叩甲

Cardiophorus formosanus Matsumura 台湾叩甲

Cardiophorus vulgaris Motschulsky 花黑叩甲 black flower click beetle

Carea Walker 赭夜蛾属

Carea angulata Fabricius 白裙赭夜蛾

Carea chlorostigma Hampson 绿痣赭夜蛾

Carea subtilis Walker 见 *Carea angulata*

Carhara Ghauri 卡蜡属

Caricea Robineau-Desvoidy 溜芒蝇属

Caricea boops (Thomson) 牛眼溜芒蝇

Caricea erythrocera Robineau-Desvoidy 红角溜芒蝇

Caricea odonta (Hsue) 齿溜芒蝇

Caricea secura (Ma) 斧叶溜芒蝇

Caricea spuria (Zetterstedt) 透翅溜芒蝇

Caricea unicolor Stein 单色溜芒蝇

Caricea vernalis Stein 春溜芒蝇

Caridops Bergroth 球胸长蝽属

Caridops albomarginatus (Scott) 白边球胸长蝽

Caridops globosus Zheng 云南球胸长蝽

Caridops pseudadmistus Zheng 小球胸长蝽

Caridops rufescens Zheng 红翅球胸长蝽

Caridops spiniferus Zheng 刺角球胸长蝽

Carige Walker 双角尺蛾属

Carige cruciplata (Walker) 双角尺蛾

Carige extremaria Leech 灰双角尺蛾

Carige flavidaria Leech 弥双角尺蛾

Carige metorchatica (Prout) 准双角尺蛾

Carige scutilimbata Prout 钝双角尺蛾

Carilia aureopurpurea (Hayashi) 金紫长花天牛

Carinacris Liu 隆背蝗属

Carinacris vittatus Liu 条纹隆背蝗

Carinata bifida Li et Wang 叉突脊额叶蝉

Carinata maculata Li et Zhang 斑头脊额叶蝉

Carinata nigrofasciata Li et Wang 黑带脊额叶蝉

Carinata unicurvana Li et Zhang 单钩脊额叶蝉

Carinata yang Li et Zhang 杨氏脊额叶蝉

Carinthilota Fischer 额陷反颚茧蜂属

Carinthilota parasidalis Fischer 炭角反颚茧蜂

Carinulaenotus Yin 线背蝗属

Carinulaenotus motuoensis Yin 墨脱线背蝗

Caripeta aequaliaria Grot 美西黄杉尺蛾

Caripeta angustiorata Walker 松灰尺蛾 grey pine looper

Caripeta divisata Walker 云杉灰尺蛾 gray forest looper

Caristianus Distant 卡颖蜡蝉属

Caristianus asymmetrius Chou, Yuan et Wang 歪阳卡颖蜡蝉

Caristianus fopingensis Chou, Yuan et Wang 佛坪卡颖蜡蝉

Caristianus jilinensis Chou, Yuan et Wang 吉林卡颖蜡蝉

Caristianus nigripectus Chou, Yuan et Wang 黑胸卡颖蜡蝉

Caristianus symmetrius Chou, Yuan et Wang 正阳卡颖蜡蝉

Caristianus ulysses Fennah 条背卡颖蜡蝉

Caristianus ziyangensis Chou, Yuan et Wang 紫阳卡颖蜡蝉

Carneocephala Ball 黄头大叶蝉属

Carneocephala flaviceps (Riley) 黄头大叶蝉 yellow-headed leafhopper

Carnidae 鸟蝇科 leafminers, stem flies

Caroloptes Keifer 顶壳瘿螨属

Carorita Duffey et Merrett 中突蛛属

Carorita limnaeus (Crosby et Bishop) 盘中突蛛

Carphoborus Eichhoff 粉小蠹属

Carphoborus teplouchovi Spessivtseff 北方粉小蠹

Carpocapsa pomonella (L.) 见 *Lasperesia pomonella*

Carpocoris Kolenati 果蝽属

Carpocoris coreanus Distant 朝鲜果蝽

Carpocoris fuscispinus (Boheman) 宽圆果蝽

Carpocoris lunulatus Goeze 甜菜蝽

Carpocoris pudicus Poda 异色蝽

Carpocoris purpureipennis (De Geer) 紫翅果蝽

Carpocoris pusio Kolenati 蔷薇蝽

Carpocoris seidenstückeri Tamanini 东亚果蝽

Carpoglyphidae 果螨科

Carpoglyphinae 果螨亚科

Carpoglyphus Robin 果螨属

Carpoglyphus lactis (Linn) 乳果螨

Carpoglyphus munroi Hughes 芒氏果螨

Carpomyia vesuviana Costa 果实蝇 berry fruit fly

Carpona Dohrn 矩蝽属

Carpona amplicollis (Stål) 黑矩蝽

Carpona stabilis (Walker) 黄矩蝽

Carpophilus Stephens 果实露尾甲属

Carpophilus dimidiatus (Fabricius) 脊胸露尾甲 corn

sap beetle, driedfruit beetle

Carpophilus foveicollis Murray 玉米花露尾甲 maize blossom beetle

Carpophilus hemipterus (Linnaeus) 黄斑露尾甲 dried-fruit beetle

Carpophilus marginellus Motschulsky 淡褐露尾甲

Carpophilus mutilatus Erichson 见 *Carpophilus pilosellus*

Carpophilus pilosellus Motschulsky 玉米红褐露尾甲

Carposina Herrich-Schäffer 蛀果蛾属

Carposina niponensis Walsingham 桃柱果蛾(桃小食心虫) peach fruit moth

Carposina sasakii Matsumura 见 *Carposina niponensis*

Carposinidae 蛀果蛾科

Carrhotus Thorell 猫跳蛛属

Carrhotus sannio Thorell 角猫跳蛛

Carrhotus viduus (C.L. Koch) 白斑猫跳蛛

Carrhotus xanthogramma (Latreille) 黑猫跳蛛

Carriola Swinhoe 窗毒蛾属

Carriola comma (Hutton) 夜窗毒蛾

Carriola diaphora Collenette 点窗毒蛾

Carriola ochripes (Moore) 淡窗毒蛾

Carriola saturnioides (Snellen) 天窗毒蛾

Carriola seminsula (Strand) 窗毒蛾

Carsidarinae 裂头木虱亚科

Carsula Stål 卡蝗属

Carsula brachycerca Huang et Xia 短须卡蝗

Carsula yunnana Zheng 云南卡蝗

Carteia reflexa Guenée 星边黑脚夜蛾

Carterocephalus Lederer 银弄蝶属

Carterocephalus alcinoides Lee 黄斑银弄蝶

Carterocephalus christophi Grum-Grshimailo 克理银弄蝶

Carterocephalus dieckmanni Graeser 白斑银弄蝶

Carterocephalus palaemon (Pallas) 银弄蝶

Carterocephalus silvicola (Meigen) 黄翅银弄蝶

Cartodera Thomson 壮薪甲属

Cartodera costulata Reitt 薪甲 plaster beetle

Cartodera filum (Aube) 线形壮薪甲 herbarium beetle

Carulaspis McGillivray 柏盾蚧属

Carulaspis carueli (Targ.) 刺柏唐盾蚧 juniper scale

Carulaspis juniperi (Bouch) 桧唐盾蚧 juniper scale

Carulaspis visci Schrank 桧柏唐盾蚧 juniper scale

Carventinae 霜扁蝽亚科

Carventus Stål 霜扁蝽属

Carventus hainanensis Liu 海南霜扁蝽

Carventus sinensis Kormilev 广东霜扁蝽

Carventus taiwanensis Kormilev 台湾霜扁蝽

Caryanda Stål 卵翅蝗属

Caryanda albufurcula Zheng 白尾卵翅蝗

Caryanda amplipenna Lian et Zheng 宽翅卵翅蝗

Caryanda badongensis Wang 巴东卵翅蝗

Caryanda bambusa Liu et Yin 竹卵翅蝗

Caryanda bidentata Zheng et Liang 二齿卵翅蝗

Caryanda elegans Boliver 小卵翅蝗

Caryanda fujianensis Zheng et Yang 福建卵翅蝗

Caryanda glauca Li et Lin 蓝绿卵翅蝗

Caryanda gracilis Liu et Yin 细卵翅蝗

Caryanda gyirongensis Huang 吉隆卵翅蝗

Caryanda haii (Tinkham) 柱突卵翅蝗

Caryanda hubeiensis Wang 湖北卵翅蝗

Caryanda hunana Liu et Yin 湖南卵翅蝗

Caryanda jinzhongshanensis Jiang et Zheng 金钟山卵翅蝗

Caryanda lancangensis Zheng 澜沧卵翅蝗

Caryanda methiola Chang 四川卵翅蝗

Caryanda nigrolineata Liang 黑条卵翅蝗

Caryanda nigrovittata Lian et Zheng 黑纹卵翅蝗

Caryanda omeiensis Chang 峨眉卵翅蝗

Caryanda pieli Chang 比氏卵翅蝗

Caryanda platyvertica Yin 宽顶卵翅蝗

Caryanda prominemargina Xie et Zheng 突缘卵翅蝗

Caryanda quadrata Bi et Xia 方板卵翅蝗

Caryanda rufofemorata Ma et Zheng 红股卵翅蝗

Caryanda sinensis Chang 中华卵翅蝗

Caryanda tridentata Fu et Zheng 三齿卵翅蝗

Caryanda vittata Li et Jin 条纹卵翅蝗

Caryanda vivida Ma et Zheng 绿卵翅蝗

Caryanda wulingshana Fu et Zheng 武陵山卵翅蝗

Caryanda yuanbaoshanensis Li, Lu et Jiang 元宝山卵翅蝗

Caryanda yunnana Zheng 云南卵翅蝗

Carydanda longhushanensis Li, Lu et You 龙虎山卵翅蝗

Caryedon Schoenherr 花生豆象属

Caryedon gonagra Fabricius 种子豆象 seed weevil

Caryedon serratus (Olivier) 花生豆象

Casinaria Holmgren 凹眼姬蜂属

Casinaria arjuna Maheshwary et Gupta 稻毛虫凹眼姬蜂

Casinaria nigripes (Gravenhorst) 黑足凹眼姬蜂

Casinaria pedunculata burmensis Maheshwary et Gupta 具柄凹眼姬蜂缅甸亚种

Casinaria pedunculata pedunculata (Szepligeti) 具柄凹眼姬蜂指名亚种

Casinaria simillima Maheshwary et Gupta 稻纵卷叶螟凹眼姬蜂

Casinaria tenuiventris (Gravenhorst) 窄腹凹眼姬蜂

Casmara Walker 茶织蛾属

Casmara patrona Meyrick 油茶织蛾

Casnoidea indica Thunberg 印度细胫步甲

Casnoidea nigrofasciata Goeb. 黑带细胫步甲

Cassena Weise 盔萤叶甲属

Cassena terminalis (Gressitt et Kimoto) 端黄盔萤叶甲

Cassida alticola Chen et Zia 高居长龟甲

Cassida berolinensis Suffrian 双行小龟甲

Cassida bivittata Say 甘薯龟甲 two-striped sweetpotato beetle

Cassida circumdata Herbst 环龟甲

Cassida concha Solsky 峻坡小爪龟甲

Cassida deltoides Weise 枸杞龟甲

Cassida denticollis Suffrian 齿鞘龟甲

Cassida fuscorufa Motschulsky 蒿龟甲

Cassida gansuica Chen et Zia 甘肃蚌龟甲

Cassida inflata Gressitt 湖北蚌龟甲

Cassida japana Baly 虾钳菜日龟甲

Cassida klapperichi Spaeth 一色龟甲

Cassida lineola Greutzer 黑条龟甲

Cassida mandli Spaeth 东北龟甲

Cassida mongolica Boheman 蒙古龟甲

Cassida murraea Linnaeus 薄荷龟甲

Cassida nebulosa Linnaeus 甜菜大龟甲 beet tortoise beetle

Cassida nobilis Linnaeus 甜菜小龟甲

Cassida pallidicollis Boheman 淡胸藜龟甲

Cassida parvula Boheman 准小龟甲

Cassida piperata Hope 虾钳菜披龟甲

Cassida prasina Illiger 阔胸薯龟甲

Cassida rubiginosa Müller 密点龟甲

Cassida semipunctata Chen et Zia 稀点蚌龟甲

Cassida spaethi Weise 洼鞘龟甲

Cassida stigmatica Suffrian 狭胸薯龟甲

Cassida subferruginea Schrank 亚锈龟甲

Cassida subreticulata Suffrian 徐坡小爪龟甲

Cassida sussamyrica Spaeth 筒杞龟甲

Cassida tsinlinica Chen et Zia 秦岭蚌龟甲

Cassida undecimnotata Gebler 黑盾长龟甲

Cassida velaris Weise 黑股小龟甲

Cassida versicolor Boheman 韵色龟甲

Cassida vibex Linnaeus 血背龟甲

Cassida virguncula Weise 准杞龟甲

Cassida viridis Linnaeus 绿蚌龟甲

Cassididae 龟甲科 tortoise beetles

Cassidispa Gestro 龟铁甲属

Cassidispa bipuncticollis Chen 晋龟铁甲

Cassidispa femoralis Chen et Yu 藏龟铁甲

Cassidispa maderi Uhmann 滇龟铁甲

Cassidispa mirabilis Gestro 黑龟铁甲

Cassyma Guenée 墟尺蛾属

Cassyma deletaria (Moore) 雀斑墟尺蛾

Castalius Hübner 豹灰蝶属

Castalius rosimon (Fabricius) 豹灰蝶

Castianeira Keyserling 纯蛛属

Castianeira flavimaculata Hu et al. 黄斑纯蛛

Castianeira hamulata Song et Zhu 钩纯蛛

Castianeira shaxianensis Gong 沙县纯蛛

Castianeira tinae Patel et Patel 马黄纯蛛

Castnia Fabricius 蝶蛾属

Castnia atymnius humboldti Boisduval 香蕉蝶蛾 banana rhizomes mined moth

Castnia licoides Boisduval 蔗蝶蛾 large cane moth borer, giant moth borer

Castniidae 蝶蛾科 day-flying moths

Casyneura alpestris Kieffer 阿拉伯瘿蚊 Arabis midge

Catacanthus incarnatus (Drury) 红显蝽

Catachela Keifer 下螯瘿螨属

Catachrysops strabo Fabricius 东方蛹金灰蝶

Cataclysme Hübner 长柄尺蛾属

Cataclysme conturbata (Walker) 康长柄尺蛾

Cataclysme murina Prout 黑长柄尺蛾

Cataclysme nebulata Xue 雾长柄尺蛾

Cataclysme obliquilineata Hampson 斜线长柄尺蛾

Cataclysme plurilinearia (Leech) 复线长柄尺蛾

Cataclysme sternecki Prout 北京长柄尺蛾

Cataclysta Hübner 纹水螟属

Cataclysta blandialis Walker 褐纹水螟

Catagela Walker 边禾螟属

Catagela adjurella Walker 褐边螟

Catagela rubelineola Wang et Sung 红纹边螟

Cataglyphis Förster 箭蚁属

Cataglyphis aenescens (Nylander) 艾箭蚁

Catagmatus Roelofs 光怪象属

Catagmatus japonicus Roelofs 光怪象

Catallagia Rothschild 无栉蚤属

Catallagia dacenkoi dacenkoi Ioff 孔大无栉蚤指名亚种

Catallagia fetisovi Vovchinskaya 指高无栉蚤

Catallagia ioffi Scalon 尖窦无栉蚤

Catallagia striata Scalon 凹纹无栉蚤

Catantopidae 斑腿蝗科

Catantops Schaum-Wattenwyl 斑腿蝗属

Catantops brachycerus Will. 短角斑腿蝗

Catantops pinguis (Stål) 红褐斑腿蝗(蒲桃斑腿蝗)

Catantops plendens Thunberg 细斑腿蝗

Catantops rufipennis Li et Jin 红翅斑腿蝗

Catantops simlae Dirsh 西姆拉斑腿蝗

Catapaecilma Butler 三尾灰蝶属

Catapaecilma major (Druce) 三尾灰蝶

Cataphrodisium Aurivillius 拟柄天牛属

Cataphrodisium callichroos Gressitt et Rondon 木棉拟柄天牛

Cataphrodisium cyaneum Gressitt et Rondon 柄突拟柄天牛

Cataphrodisium griffithi (Hope) 双带拟柄天牛

Cataphrodisium rubripenne (Hope) 红翅拟柄天牛

Cataphrodisium superbum (Pic) 老挝拟柄天牛

Catapicephala Macquart 扁头蝇属

Catapicephala sinica Fan 中华扁头蝇

Catapionus Schoenherr 短柄象属

Catapionus modestus Roelofs 桑吹霜短柄象 mulberry

frosted weevil

Catapionus viridimetallicus fossulus Motschulsky　大点短柄象

Catarhinus Keifer　下鼻瘿螨属

Catarhinus sacchari Kuang　甘蔗下鼻瘿螨

Catarhinus vulgaris Kuang *et* Feng　高粱下鼻瘿螨

Catarhoe Herbulot　溢尺蛾属

Catarhoe cuculata (Hüfnagel)　布谷溢尺蛾

Catarhoe yokohamae (Butler)　横滨溢尺蛾

Catarrhinus Roelofs　隐口象属

Catarrhinus septentrionalis Roelofs　大隐口象　large hidden-moth weevil

Cataulacus Smith　沟切叶蚁属

Cataulacus granulatus (Latreille)　粒沟切叶蚁

Cataulacus marginatus Bolton　海南沟切叶蚁

Cateremna cedrella Hampson　松柏溢螟

Cateremna terebella Zincken　见　*Euzophera terebella*

Catharsius javanus Lansberge　爪哇洁蜣螂

Catharsius molossus (Linnaeus)　神农洁蜣螂

Cathartus Reiche　谷类扁甲属

Cathartus cassiae Reiche　面粉扁甲　flour beetle

Cathartus existus Reitter　烟草扁甲　tobacco flat beetle

Cathartus quadricollis (Guèrin-Méneville)　方颈扁甲　squarenecked grain beetle

Catocala Schrank　裳夜蛾属

Catocala abamita Bremer *et* Grey　晦刺裳夜蛾

Catocala agitatrix Graeser　白肾裳夜蛾

Catocala bella Butler　苹刺裳夜蛾

Catocala butleri Leech　布裳夜蛾

Catocala columbina Leech　鸽光裳夜蛾

Catocala connexa Butler　连光裳夜蛾

Catocala davidi Oberthür　达光裳夜蛾

Catocala deuteronypha Staudinger　显裳夜蛾

Catocala dissimilis Bremer　栎光裳夜蛾

Catocala doerriesi Staudinger　茂裳夜蛾

Catocala dula Bremer　栎刺裳夜蛾

Catocala electa (Vieweg)　柳裳夜蛾

Catocala ella Butler　意光裳夜蛾

Catocala elocata (Esper)　简带裳夜蛾(迪裳夜蛾)

Catocala fraxinii (Linnaeus)　缟裳夜蛾

Catocala fulminea (Scopoli)　光裳夜蛾

Catocala fulminea xarippe Butler　近光裳夜蛾

Catocala helena Eversmann　珀光裳夜蛾

Catocala lara Bremer　椴裳夜蛾

Catocala mirifica Butler　奇光裳夜蛾

Catocala neonympha (Esper)　甘草刺裳夜蛾

Catocala nupta (Linnaaeus)　杨裳夜蛾

Catocala nymphaeoides Herrich-Schäffer　宁裳夜蛾

Catocala pacta (Linnaeus)　红腹裳夜蛾

Catocala patala Felder *et* Rogenhofer　鸥裳夜蛾

Catocala praegnax Walker　前光裳夜蛾

Catocala proxeneta Alphéraky　鹿裳夜蛾

Catocala puerpera (Giorna)　淘裳夜蛾

Catocala remissa Staudinger　褛裳夜蛾

Catocala streckeri Staudinger　柞光裳夜蛾

Catocala triphaenoides Oberthür　屈光裳夜蛾

Catochrysops Boisduval　咖灰蝶属

Catochrysops panormus (Felder)　蓝咖灰蝶

Catochrysops strabo (Fabricius)　咖灰蝶

Catogenus rufus (Fabricius)　北美普通扁甲

Catolaccus Thomson　巨颅金小蜂属

Catolaccus ater Ratzeburg　巨颅金小蜂

Catonidia Uhler　广颖蜡蝉属

Catonidia sobrina Uhler　广颖蜡蝉

Catoplatus Spinola　平冠网蝽属

Catoplatus disparis Drake *et* Maa　平冠网蝽

Catopsilia Hübner　迁粉蝶属

Catopsilia crocale Cramer　水青粉蝶　lemon migrant butterfly

Catopsilia florella Fabricius　非洲迁粉蝶　African migrant butterfly

Catopsilia pomona (Fabricius)　迁粉蝶

Catopsilia pyranthe Herbst　梨花迁粉蝶　common migrant butterfly

Catopsilia scylla (Linnaeus)　镉黄迁粉蝶

Catopta Staudinger　眼木蠹蛾属

Catopta agilis (Christoph)　黄裙木蠹蛾

Catopta albonubilus (Graeser)　白斑木蠹蛾

Catopta albothoracis Hua *et* Chou　白胸木蠹蛾

Catopta cashmirensis (Moore)　克什米尔木蠹蛾

Catopta griseotincta Daniel　灰木蠹蛾

Catopta lacertula (Stgr.)　蜥木蠹蛾

Catoryctis subparallela Walker　澳洲降木蛾

Catullia Stål　条扁蜡蝉属

Catullia vittata Matsumura　条扁蜡蝉

Caudacheles Gerson　尾螯螨属

Caulocampus acericaulis (MacGillivray)　糖槭蛀柄叶蜂　maple petiole borer

Caulococcus Borchsenius　丝粉蚧属

Caulococcus abditus Borchsenius　中亚丝粉蚧

Caulococcus angustatus Borchsenius　高粱丝粉蚧

Caulococcus bicerarius Borchsenius　双刺丝粉蚧

Caulococcus cerariiferus (Danzig)　细刺丝粉蚧

Caulococcus comitans (Bazarov)　野麦丝粉蚧

Caulococcus cynodontis Borchsenius　狗牙根丝粉蚧

Caulococcus ejinensis (Tang)　额济丝粉蚧

Caulococcus elongatus (Kanda)　结缕草丝粉蚧

Caulococcus evelinae (Terez.)　小麦丝粉蚧

Caulococcus graminicola (Leon.)　杂草丝粉蚧

Caulococcus herbaceus (Borchsenius)　景东丝粉蚧

Caulococcus hordei (Lindeman)　大麦丝粉蚧　barley mealybug

Caulococcus incertus (Kir.)　羊茅丝粉蚧

Caulococcus interruptus (Green)　古北丝粉蚧

Caulococcus kaplini (Danzig) 三芒草丝粉蚧

Caulococcus memorabilis Borchsenius 乌兹别克丝粉蚧

Caulococcus nurmamatovi (Bazarov) 努氏丝粉蚧

Caulococcus phenacoccoides (Kir.) 拟芬丝粉蚧

Caulococcus poriferus (Borchsenius) 远东丝粉蚧

Caulococcus pratti (Takahashi) 桉树丝粉蚧

Caulococcus pyramidensis (Ezzat) 埃及丝粉蚧

Caulococcus setiger (Borchsenius) 多毛丝粉蚧

Caulococcus tataricus (Matesova) 小檗丝粉蚧

Caulococcus tibialis (Borchsenius) 芦苇丝粉蚧

Caulophilus Wollaston 阔喙谷象属

Caulophilus latinasus Say 阔吻谷象

Caunaca sera Meyrick 东方丝巢蛾

Caunus Stål 垢猎蝽属

Caunus noctulus Hsiao 垢猎蝽

Cavannia 卡万丽赤螨属

Cavariella aegopodii (Scopoli) 埃二尾蚜 carrot aphid, willow-carrot aphid

Cavariella araliae Takahashi 楤木二尾蚜

Cavariella capreae Fabricius 见 *Cavariella pastinacae*

Cavariella del Guercio 二尾蚜属

Cavariella japonica Essig *et* Kuwana 日本二尾蚜

Cavariella konoi Takahashi 康二尾蚜

Cavariella lhasana Zhang 拉萨二尾蚜

Cavariella nipponica Takahashi 日二尾蚜

Cavariella oenanthi Shinji 水芹二尾蚜

Cavariella pastinacae Linnaeus 欧二尾蚜

Cavariella salicicola (Matsumura) 柳二尾蚜

Cavelerius Distant 异背长蝽属

Cavelerius excavatus (Distant) 亮翅异背长蝽

Cavelerius saccharivorus (Okajima) 甘蔗异背长蝽 oriental chinch bug

Caviphantes Oi 额毛蛛属

Caviphantes glumaceus Gao *et al.* 膜质额毛蛛

Caviphantes pseudosaxetorum Wunderlich 类石额毛蛛

Caviphantes samensis Oi 三齿额毛蛛

Caviria ochripes Moore 见 *Leucoma ochripes*

Caystrus Stål 棕蝽属

Caystrus obscurus (Distant) 棕蝽

Cazira Amyot *et* Serville 疣蝽属

Cazira bhoutanica Schouteden 削疣蝽

Cazira breddini Schouteden 背线疣蝽

Cazira concinna Hsiao *et* Cheng 丽疣蝽

Cazira flava Yang 普耳疣蝽

Cazira horvathi Breddin 峰疣蝽

Cazira inerma Yang 无刺疣蝽

Cazira montandoni Breddin 黄疣蝽

Cazira vegeta Kirkaldy 红疣蝽

Cazira verrucosa (Westwood) 疣蝽

Cebrionidae 地叩甲科 ground beetles

Cechenena Rothschild *et* Jordan 背天蛾属

Cechenena lineosa (Walker) 条背天蛾

Cechenena minor (Butler) 平背天蛾

Cecidomyia Meigen 瘿蚊属

Cecidomyia baeri Prell 松瘿蚊 needle-bending pine gall midge, pine needle midge, pine gall midge

Cecidomyia balsamicola Lintner 见 *Dasyneura balsamicola*

Cecidomyia citrina Osten Sacken 柠檬黄瘿蚊

Cecidomyia dattai Mani 达氏瘿蚊

Cecidomyia frenelae Skuse 松柏瘿蚊 cypress pine gall midge

Cecidomyia negundinis Gillette 槭叶槭瘿蚊 boxelder bud gall midge

Cecidomyia ocellaris Osten Sacken 深红槭叶瘿蚊 eye spot gall midge, maple gall midge, maple leaf spot midge, ocellate gall midge

Cecidomyia pini (De Geer) 松林瘿蚊 European pine resin midge

Cecidomyia piniinopis Osten Sacken 肿胀瘿蚊 gouty pitch midge

Cecidomyia reeksi Vockeroth 椴疣瘿蚊 pine resin midge

Cecidomyia resinicoloides Williams 硬松瘿蚊 Monterey pine resin midge

Cecidomyia squamulicola Stebbins 小裂片瘿蚊

Cecidomyia verrucicola Osten Sacken 疣瘿蚊 linden wart gall midge

Cecidomyia yunnanensis Wu *et* Zhou 云南松脂瘿蚊

Cecidomyiella crataevae Mani 印度真瘿蚊

Cecidomyiidae 瘿蚊科 gall midges, gall gnats

Cecidophyes Nalepa 生瘿螨属

Cecidophyes galii Karp 拉拉藤生瘿螨

Cecidophyes thailandica Keifer 泰国生瘿螨

Cecidophyinae 生瘿螨亚科

Cecidophyopsis Keifer 拟生瘿螨属

Cecidophyopsis persicae Kuang *et* Luo 桃拟生瘿螨

Cecidophyopsis ribis (Westwood) 茶藨子拟生瘿螨 currant bud mite

Cecidophyopsis verilicis Keifer 冬青拟生瘿螨 holly bud mite

Cecidophyopsis vermiformis (Nalepa) 蠕形拟生瘿螨

Cecidopus Karsh 瘿足丽赤螨属

Cecidosidae 瘿蛾科 gall makers

Cecyrina Walker 象蝽属

Cecyrina platyrhynoides Walker 象蝽

Cedestis gysselinella Duponchel 白头松巢蛾

Cedria paradoxa Wilkinson 守子茧蜂(守子蜂)

Cedus Pascoe 亲长角象属

Celaena leucostigma (Hübner) 蛮夜蛾

Celaenopsidae 黑面螨科

Celaenopsoidea 黑面螨总科

Celaenorrhinus Hübner 星弄蝶属

Celaenorrhinus aspersus Leech 疏星弄蝶

Celaenorrhinus aurivittatus (Moore) 斜带星弄蝶

Celaenorrhinus choui Gu 周氏星弄蝶

Celaenorrhinus consanguineus Leech 同宗星弄蝶

Celaenorrhinus horishanus Shirôzu 台湾星弄蝶

Celaenorrhinus maculosus (Felder *et* Felder) 斑星弄蝶

Celaenorrhinus oscula Evans 黄射纹星弄蝶

Celaenorrhinus pero de Nicéville 黄星弄蝶

Celaenorrhinus pulomaya (Moore) 尖翅小星弄蝶

Celaenorrhinus ratna Fruhstorfer 小星弄蝶

Celama Walker 瘤蛾属

Celama astigma (Hampson) 齿点瘤蛾

Celama confusalis Herrich-Schäffer 栎点瘤蛾

Celama mesomelana Hampson 中墨点瘤蛾

Celama sorghiella (Riley) 高粱瘤蛾 sorghum webworm

Celama squalida Staudinger 脏点瘤蛾

Celastrina Tutt 琉璃灰蝶属

Celastrina argiola (Linnaeus) 琉璃灰蝶

Celastrina gigas Hemming 巨大琉璃灰蝶

Celastrina hersilia (Leech) 华西琉璃灰蝶

Celastrina lavendularis (Moore) 熏衣琉璃灰蝶

Celastrina oreas (Leech) 大紫琉璃灰蝶

Celatoxia Eliot *et* Kawazoe 韫玉灰蝶属

Celatoxia marginata (de Nicéville) 韫玉灰蝶

Celerio Oken 白眉天蛾属

Celerio gallii (Rottemburg) 深色白眉天蛾

Celerio hippophaës (Esper) 沙枣白眉天蛾

Celerio lineata linvornica (Esper) 八字白眉天蛾

Celes Sauss. 赤翅蝗属

Celes skalozubovi Adel. 赤翅蝗

Celes variabilis (Pall.) 黑赤翅蝗

Celosterna fabricii Thomson 棕毛腹瘤天牛

Celosterna pollinosa rouyeri Ritsema 黑毛腹瘤天牛

Celosterna scabrator Fabricius 糙毛腹瘤天牛 babul borer

Celosterna sulphurea Heller 黄毛腹瘤天牛

Celosterna variegata Aurivillius 变色毛腹瘤天牛

Celypha pseudolarixicola Liu 金钱松草小卷蛾

Celyphidae 甲蝇科 beetles liked flies

Celyphoides Obraztsov 草小卷蛾属

Celyphoides cespitanus (Hübner) 香草小卷蛾

Celyphoides flavipalpanus (Herrich-Schäffer) 草小卷蛾

Cemus Fennah 纹翅飞虱属

Cemus changchias Kuoh 长刺纹翅飞虱

Cemus duantus Kuoh 端突纹翅飞虱

Cemus zhangchus Kuoh 中叉纹翅飞虱

Cemus zhitus Kuoh 支突纹翅飞虱

Cemus zhongtus Kuoh 中突纹翅飞虱

Cenaca Keifer 新瘿螨属

Cenalox Keifer 空弯瘿螨属

Cendocus antennatus Thomson 短小硕天牛

Cendocus laosensis Breuning 宽带小硕天牛

Cenocoelius eous Wilkinson 远离高腹茧蜂

Cenocoelius koshuenisis Watanabe 高雄高腹茧蜂

Cenopalpus Pritchard *et* Baker 新须螨属

Cenopalpus crataegus Dosse 山楂新须螨

Cenopalpus eribotryi Hatzinikolis 枇杷新须螨

Cenopalpus lanceolatisetae (Attiah) 剑新须螨

Cenopalpus lineola (Canestrini *et* Fanzago) 细纹新须螨

Cenopalpus mespili (Livschitz *et* Mitrofanov) 欧楂新须螨

Cenopalpus musai Dosse 芭蕉新须螨

Cenopalpus populi (Livschitz *et* Mitrofanov) 杨新须螨

Cenopalpus pulcher (Canestrini *et* Fanzago) 丽新须螨

Cenopalpus ruber Wainstein 红新须螨

Cenopalpus spinosus (Donnadieu) 刺新须螨

Cenopalpus xini Ma *et* Li 忻氏新须螨

Cenopis pettitana Robertson 美加椴卷蛾 linden leaf-roller, maple leaf-roller

Centeterus alternecoloratus Cushman 夹色尖臀姬蜂(夹色姬蜂)

Centrochares floripennis Yuan *et* Fan 花翅雅角蝉

Centrocneminae 新猎蝽亚科

Centrococcus Borchsenius 见 *Coccidohystrix* Ldgr.

Centrococcus insolitus (Green) 见 *Coccidohystrix insolitus*

Centrocoris Kolenati 刺缘蝽属

Centrocoris volxemi Puton 刺缘蝽

Centrodera spurca (LeConte) 污申蚜小蜂

Centrodora Förster 申蚜小蜂属

Centrodora lineascapa Hayat 线茎申蚜小蜂

Centromeria Stål 尖象蜡蝉属

Centromeria manchurica Kato 东北尖象蜡蝉

Centromerus Dahl 中皿蛛属

Centromerus forficalus Zhu *et* Tu 分叉洁皿蛛

Centromerus tianmushanus Chen *et* Song 天目中皿蛛

Centromerus trilobus Tao, Li *et* Zhu 三叶中皿蛛

Centromerus yadongensis Hu *et* Li 亚东中皿蛛

Centrometus sylvaticus (Blackwall) 森林中皿蛛

Centromyrmex Mayr 中盲猛蚁属

Centromyrmex feae (Emery) 菲氏中盲猛蚁

Centronaxa Prout 水晶尺蛾属

Centroptilum Eaton 刺翅蜉属

Centroptilum chinensis You *et* Gui 中国刺翅蜉

Centrotoclytus carinatus Gahan 脊类眉天牛

Centrotoscelus Funkhonser 秃角蝉属

Centrotus Fabricius 盾角蝉属

Centrotus cornutus L. 盾角蝉

Centrotypus Stål 长刺角蝉属

Centrotypus shelfordi Distant 槟榔长刺角蝉 gambier free hopper

Ceocephalus carus Walk. 榄仁树三锥象

Ceocephalus reticulatus F. 木棉三锥象

Cephalaeschna 头蜓属

Cephalaeschna acutifrons Martin 宽痣头蜓

Cephalaeschna magdalena Martin 狭痣头蜓

Cephalcia Panzer 腮扁叶蜂属

Cephalcia abietis (L.) 云杉腮扁叶蜂

Cephalcia alashanica (Gussakovskij) 贺兰腮扁叶蜂

Cephalcia arvensis (Panzer) 阿佛腮扁叶蜂

Cephalcia californica Middlekauff 加州腮扁叶蜂

Cephalcia chuxiongica Xiao 楚雄腮扁叶蜂

Cephalcia danbaica Xiao 丹巴腮扁叶蜂

Cephalcia erythrogaster (Hartig) 红腹腮扁叶蜂

Cephalcia falleni (Dalman) 法氏腮扁叶蜂

Cephalcia fascipennis (Cresson) 蓝云杉腮扁叶蜂 blue-spruce sawfly

Cephalcia hopkinsi (Rohwer) 霍氏腮扁叶蜂

Cephalcia isshikii Takeuchi 一色腮扁叶蜂

Cephalcia kunyushanica Xiao 昆嵛山腮扁叶蜂

Cephalcia lariciphila (Wachtl) 落叶松腮扁叶蜂

Cephalcia provancheri (Huard) 蒲氏腮扁叶蜂

Cephalcia sichuanica Shinohara, Naito *et* Huang 四川腮扁叶蜂

Cephalcia stigma Takeuchi 具痣腮扁叶蜂

Cephalelinae 长头叶蝉亚科

Cephaloidae 长颈甲科 cephaloid beetles

Cephalopina Strand 头狂蝇属

Cephalopina titillator (Clark) 驼头狂蝇

Cephaloserica thomsoni Brenske 汤氏头金龟

Cephalothrips brachychaitus Han 短鬃头管蓟马

Cepheidae 藓甲螨科 moss mites

Cephenemylinae 鹿蝇亚科

Cephenomyia Agassiz 鹿蝇属(鹿头狂蝇属)

Cephenomyia auribarbis (Meigen) 鹿头狂蝇 deer nostril fly

Cepheoidea 藓甲螨总科

Cepheus Koch 藓甲螨属

Cepheus cepheiformis (Nicolet) 馒藓甲螨

Cepheus jindingensis Wen *et* Son 金顶藓甲螨

Cephidae 茎蜂科 stem sawflies

Cephoidea 茎蜂总科

Cephonodes Hübner 透翅天蛾属

Cephonodes hylas (Linnaeus) 咖啡透翅天蛾 humming-bird hawk moth, lexer-marked clear-wing hawk moth, pellucid hawk moth

Cephonodes picus Cramer 暗透翅天蛾 humming-bird hawk moth, clearwing hawk moth

Cephrenes Waterhouse 金斑弄蝶属

Cephrenes chrysozona Plötz 金斑弄蝶

Cephus Latreille 茎蜂属

Cephus aurorae Maa 震旦茎蜂

Cephus cinctus Norton 麦茎蜂 wheat stem sawfly

Cephus fumipennis Eversm. 灰翅茎蜂

Cephus graminis Maa 燕麦茎蜂

Cephus pygmaeus Linnaeus 麦矮茎蜂

Cephus tabidus (Fabricius) 谷黑茎蜂 black grain stem sawfly

Cepora Billberg 园粉蝶属

Cepora judith (Fabricius) 黄裙园粉蝶

Cepora nadina (Lucas) 青园粉蝶

Cepora nerissa (Fabricius) 黑脉园粉蝶

Cerace Walker 裳卷蛾属

Cerace stipatana Walker 龙眼裳卷蛾

Cerace xanthocosma Diakonoff 豹裳卷蛾

Ceraclea Stephens 突长角石蛾属

Ceraclea acutipennis Yang *et* Tian 角翅突长角石蛾

Ceraclea alboguttata (Hagen) 白点突长角石蛾

Ceraclea brachyacantha Yang *et* Tian 短刺突长角石蛾

Ceraclea brachycera Yang *et* Tian 短须突长角石蛾

Ceraclea curva Yang *et* Tian 弯须突长角石蛾

Ceraclea dingwuschanella (Ulmer) 丁村突长角石蛾

Ceraclea emeiensis Yang *et* Tian 峨眉突长角石蛾

Ceraclea ensifera (Martynov) 长剑突长角石蛾

Ceraclea excisa (Morton) 直肢突长角石蛾

Ceraclea fooensis (Mosely) 平冠突长角石蛾

Ceraclea forcipata (Forsslund) 巨叉突长角石蛾

Ceraclea globosa Yang *et* Morse 球茎突长角石蛾

Ceraclea huangi Tian 黄氏突长角石蛾

Ceraclea indistincta (Forsslund) 似异叶突长角石蛾

Ceraclea interspina Yang *et* Tian 间刺突长角石蛾

Ceraclea kolthoffi (Ulmer) 短匕突长角石蛾

Ceraclea lirata Yang *et* Morse 脊背突长角石蛾

Ceraclea lobulata (Martynov) 异叶突长角石蛾

Ceraclea major (Hwang) 珍奇突长角石蛾

Ceraclea nankingensis (Hwang) 南京突长角石蛾

Ceraclea polyacantha Yang *et* Tian 聚刺突长角石蛾

Ceraclea riparia (Albarda) 栖岸突长角石蛾

Ceraclea shuotsuensis (Tsuda) 尖叶突长角石蛾

Ceraclea sinensis (Forsslund) 中华突长角石蛾

Ceraclea spinulicolis Yang *et* Morse 刺茎突长角石蛾

Ceraclea superba (Tsuda) 华丽突长角石蛾

Ceraclea trifurca Yang *et* Morse 三叉突长角石蛾

Ceraclea yangi (Mosely) 杨氏突长角石蛾

Ceracris Walker 竹蝗属

Ceracris fasciata fasciata (Br.-W.) 黑翅竹蝗

Ceracris fasciata szemaoensis Zheng 思茅竹蝗

Ceracris hoffmanni Uv. 贺氏竹蝗

Ceracris kiangsu Tsai 见 *Rammeacris kiangsu*

Ceracris nigricornis laeta (Boliver) 大青脊竹蝗

Ceracris nigricornis nigricornis Walker 青脊竹蝗

Ceracris pui Liang 蒲氏竹蝗

Ceracris versicolor Brunn. 红股竹蝗

Ceracris xizangensis brachypennis Zheng 西藏竹蝗短翅亚种

Ceracris xizangensis xizangensis Liu 西藏竹蝗

Ceracrisoides Liu 拟竹蝗属

Ceracrisoides kunmingensis Liu 昆明拟竹蝗

Ceracrisoides shannanensis Bi *et* Xia 山南拟竹蝗

Ceracrisoides virides Zheng *et* Yang 绿拟竹蝗

Ceracupes fronticornis (Westwood) 额角圆黑蜣

Cerambycidae 天牛科 longhorned beetles, roundheaded wood borers

Cerambycinae 天牛亚科

Cerambyx L. 天牛属

Cerambyx cerdo Linnaeus 栎黑天牛 great capricorn beetle

Cerambyx heros Scopoli 见 *Cerambyx cerdo*

Ceramica Guenée 斑条夜蛾属

Ceramica picta (Harr.) 斑条夜蛾 zebra caterpillar

Ceramica pisi Linnaeus 见 *Hadena pisi*

Ceranisus brui (Vuillet) 葱蓟姬小蜂

Cerapachyinae 粗角猛蚁亚科

Cerapachys Smith 粗角猛蚁属

Cerapachys biroi Forel 毕氏粗角蚁

Cerapachys longitarsus (Mayr) 长蹠粗角蚁

Cerapachys parva Forel 小光粗角蚁

Cerapachys reticulatus Emery 网粗角蚁

Cerapachys risi Forel 里氏粗角蚁

Cerapachys sauteri Forel 邵氏粗角蚁

Cerapachys sulcinodis Emery 槽结粗角蚁

Cerapachys xizangensis Tang *et* Li 西藏粗角蚁

Ceraphron manilae Ashmead 菲岛黑蜂

Ceraphronidae 分盾细蜂科 small wasps

Cerapteroceroides Ashmead 方柄扁角花翅跳小蜂属

Cerapteryx Curtis 翎夜蛾属

Cerapteryx graminis (Linnaeus) 翎夜蛾

Cerapteryx lonchilis Chen 矛翎夜蛾

Cerasa bulalus Fabricius 瓢形膜翅角蝉 buffalo tree-hopper

Cerasana Walker 灯舟蛾属

Cerasana anceps Walker 灯舟蛾

Cerastis Oschenheimer 弓夜蛾属

Cerastis leucographa (Denis *et* Schiffermüller) 茸弓夜蛾

Cerastis rubricosa (Denis *et* Schiffermüller) 弓夜蛾

Cerataphis Lichtenstein 坚蚜属

Cerataphis lataniae (Boisduval) 兰坚蚜 orchid aphid

Ceratia hilaris Boisduval 西葫芦守瓜 pumpkin beetle

Ceratia orientalis Hornst. 东方守瓜

Ceratina Latreille 芦蜂属

Ceratina flavipes Smith 黄芦蜂

Ceratina hieroglyphica Smith 拟黄芦蜂

Ceratina smaragdula Fabricius 绿芦蜂

Ceratina unimaculata Smith 蓝芦蜂

Ceratinella Emerton 角微蛛属

Ceratinella plancyi (Simon) 普氏角微蛛

Ceratinidae 芦蜂科 small carpenter, small carpenter bees, ceratinid bees

Ceratitis Macleay 小条实蝇属

Ceratitis anonae Graham 黑羽小条实蝇

Ceratitis capitata (Wiedemann) 地中海实蝇 Mediterranean fruit fly, Medfly

Ceratitis catoirii Guèrin-Méneville 马斯卡林小条实蝇 Mascarene fruit fly

Ceratitis coffeae (Bezzi) 咖啡小条实蝇 coffee fruit fly

Ceratitis colae Silvestri 可乐果小条实蝇

Ceratitis cosyra (Walker) 杧果小条实蝇 mango fruit fly, Marula fruit fly, Marula fly

Ceratitis malgassa Munro 马达加斯加小条实蝇 Madagascan fruit fly

Ceratitis pedestris (Bezzi) 马线小条实蝇 strychnos fruit fly

Ceratitis punctata (Wiedemann) 可可小条实蝇

Ceratitis quinaria (Bezzi) 五点小条实蝇 five spotted fruit fly, Rhodesian fruit fly, Zimbabwean fruit fly

Ceratitis ribivora (Coquillett) 黑莓小条实蝇 blackberry fruit fly

Ceratitis rosa Karsch 纳塔耳小条实蝇 Natal fruit fly, Natal fly

Ceratocombus Signoret 栉鞭蝽属

Ceratocombus alticallus Ren *et* Yang 朽木栉鞭蝽

Ceratocombus fasciatipennis Ren *et* Zheng 纹翅鞭蝽

Ceratocombus guizhouensis Ren *et* Yang 贵州栉鞭蝽

Ceratocombus sinicus Ren *et* Yang 体栉鞭蝽

Ceratocryptus bitubeculatus Cameron 双瘤角沟姬蜂

Ceratohaania Tinkham 角螳属

Ceratohaania hainanensis Tinkham 海南角螳

Ceratomantis Wood-Mason 角胸螳属

Ceratomantis saussurii Wood-Mason 索氏角胸螳

Ceratomantis yunnanensis Zhang 云南角胸螳

Ceratomermis Rubzov 角索线虫属

Ceratomermis heleis (Rubzov) 赫利斯角索线虫

Ceratomia Harris 角天蛾属

Ceratomia amyntor (Hbn.) 榆天蛾 elm sphinx

Ceratomia catalpae (Bdv.) 梓天蛾 catalpa sphinx

Ceratonema bilineatum Hering 双线客刺蛾

Ceratonema retractatum Walker 客刺蛾

Ceratopheidole Pergande 四节大头蚁属

Ceratopheidole sinica Wu *et* Wang 中华四节大头蚁

Ceratophyllidae 角叶蚤科 ground squirrel fleas

Ceratophyllinae 角叶蚤亚科

Ceratophylloidea 角叶蚤总科

Ceratophyllus Curtis 角叶蚤属

Ceratophyllus borealis Rothschild 北方角叶蚤

Ceratophyllus caliotes Jordan 燕巢角叶蚤

Ceratophyllus chutsaensis Liu *et* Wu 曲扎角叶蚤

Ceratophyllus dimi Mikulin 梯指角叶蚤

Ceratophyllus eneifdei tjanschani Kunitskaya 宽圆角叶蚤天山亚种

Ceratophyllus farreni chaoi Smit *et* Allen 燕角叶蚤端凸亚种

Ceratophyllus gallinae tribulis Jordan 禽角叶蚤欧亚亚种

Ceratophyllus garei Rothschild 粗毛角叶蚤

Ceratophyllus liae Wu et Li 李氏角叶蚤

Ceratophyllus nanshanensis Tsai, Pan et Liu 南山角叶蚤

Ceratophyllus olsufjevi Scalon et Violovich 短突角叶蚤

Ceratophyllus orites Jordan 宝石角叶蚤

Ceratophyllus picatilis Cai et Wu 喜鹊角叶蚤

Ceratophyllus qinghaiensis Zhang et Ma 青海角叶蚤

Ceratophyllus quinanensis Wu et Li 贵南角叶蚤

Ceratophyllus sclerapicalis Tsai, Wu et Liu 甲端角叶蚤

Ceratophyllus sinicus Jordan 中华角叶蚤

Ceratophyllus styx riparius Jordan et Rothschild 冥河角叶蚤灰沙燕亚种

Ceratophyllus wui Wang et Liu 吴氏角叶蚤

Ceratophysella communis Folsom 普通泡角跳虫

Ceratophysella denisana Yosii 暗色泡角跳虫

Ceratophysella flectoseta Lin et Xia 卷毛泡角跳虫

Ceratophyus polyceros Pallas 叉角粪金龟

Ceratopogonidae 蠓科 biting midges

Ceratoppia Berlese 角甲螨属

Ceratoppia acuminata Golosova 渐尖角甲螨

Ceratoppia bipilis (Hermann) 双毛角甲螨

Ceratoppia quadridentata (Haller) 四齿角甲螨

Ceratoppia retilia Li et Chen 网角甲螨

Ceratoppiidae 角甲螨科

Ceratosolen Mayr 栉颚榕小蜂属

Ceratosolen solmsi marchali Mayr 对叶榕小蜂

Ceratotarsonemus 角跗线螨属

Ceratotarsonemus tegmen Lin et Zhang 罩角跗线螨

Ceratovacuna Zehntner 粉角蚜属

Ceratovacuna japonica Takahashi 日本粉角蚜

Ceratovacuna lanigera Zehntner 甘蔗粉角蚜 sugarcane cottony aphid

Ceratozetella Shaldubina 小尖棱甲螨属

Ceratozetella imperatoria Aoki 傲小尖棱甲螨

Ceratozetes Berlese 尖棱甲螨属

Ceratozetes japonicus Aoki 日本尖棱甲螨

Ceratozetes mediocris Berlese 普通尖棱甲螨

Ceratozetes xinjiangensis Wen 新疆尖棱甲螨

Ceratozetidae 尖棱甲螨科

Ceratozetoidea 尖棱甲螨总科

Cercemegistus Berlese 梭巨螨属

Cercemegistus simplicitor Vitzthum 简梭巨螨

Cerceridae 节腹泥蜂科 bee killer wasps

Cerceris Latreille 节腹泥蜂属

Cerceris albofasciata oacicola Tsuneki 白带节腹泥蜂缘亚种

Cerceris biplicatula Gussakowskij 二褶节腹泥蜂

Cerceris coelicola Giner Mari 黑边节腹泥蜂

Cerceris dorsalis solskii Radoszkowskij 丽臀节腹泥蜂索亚种

Cerceris flavicornis Brulle 黄角节腹泥蜂

Cerceris formosana klapperichi Giner Mari 台湾节腹泥蜂凹唇亚种

Cerceris fumipennis Say 烟色节腹泥蜂

Cerceris hexadonta Strand 六齿节腹泥蜂

Cerceris hokkanzana Tsuneki 朝鲜节腹泥蜂

Cerceris kaszabi Tsuneki 变色节腹泥蜂

Cerceris koulingensis Tsuneki 牯岭节腹泥蜂

Cerceris kwangtsehiana Giner Mari 斜突节腹泥蜂

Cerceris manchuriana Tsuneki 东北节腹泥蜂

Cerceris nebulosa Cameron 烟翅节腹泥蜂

Cerceris pictiventris formosicola Strand 花腹节腹泥蜂台湾亚种

Cerceris quadricolor Morawitz 四色节腹泥蜂

Cerceris quinquefasciata seoulensis Tsuneki 五带节腹泥蜂汉城亚种

Cerceris rubida (Jurine) 黑突节腹泥蜂

Cerceris rufiabdominalis Wu et Zhou 红腹节腹泥蜂

Cerceris rybyensis japonica Ashmead 日本节腹泥蜂日本亚种

Cerceris sibirica Morawitz 西伯利亚节腹泥蜂

Cerceris sinensis Smith 中华节腹泥蜂

Cerceris sternodonta Gussakowskij 齿胸节腹泥蜂

Cerceris tiendang Tsuneki 长板节腹泥蜂

Cerceris tuberculata evecta Shestakov 瘤节腹泥蜂双齿亚种

Cerceris varaesimilis Maidl 褐角节腹泥蜂

Cerceris verhoeffi Tsuneki 二带节腹泥蜂

Cercion Navás 同螅属

Cercion hieroglyphicum Brauer 淡青同螅

Cercion plagiosum (Needham) 横纹同螅

Cercion sexlineatum Selys 六纹同螅

Cercodes Keifer 梭瘿螨属

Cercomegistidae 梭巨螨科

Cercomegistoidea 梭巨螨总科

Cercophanidae 智利蛾科 royal moths

Cercopidae 沫蝉科 spittlebugs, froghoppers, cuckoospit insects

Cercopis Fabricius 沫蝉属

Cercopis sanguinea (Geoff.) 红黑沫蝉 red and black froghopper

Cercothrombium 棱绒螨属

Cereopsis aureomacuatus Breuning 金斑类蜡天牛

Ceresium Newman 蜡天牛属

Ceresium albomaculatum Pic 肿腿蜡天牛

Ceresium delauneyi Lameere 越南蜡天牛

Ceresium flavipes (Fabricius) 黄蜡天牛

Ceresium flavisticticum Gressitt et Rondon 黄点蜡天牛

Ceresium furtivum Pascoe 隆线蜡天牛

Ceresium geniculatum White 褐蜡天牛

Ceresium granulosum Pic 粒胸蜡天牛

Ceresium inaequalicolle Pic 脊胸蜡天牛

Ceresium infranigrum Pic 黑腹蜡天牛

Ceresium jeanvoinei Pic 红蜡天牛

Ceresium leucosticticum White 白斑蜡天牛

Ceresium nilgiriense Gahan 顶斑蜡天牛

Ceresium ornaticolle Pic 显斑蜡天牛

Ceresium quadrimaculatum Gahan 四斑蜡天牛

Ceresium rouyeri Pic 罗氏蜡天牛

Ceresium sinicum ornaticolle Pic 斑胸蜡天牛

Ceresium sinicum White 中华蜡天牛

Ceresium subuniforme Schwarzer 台湾蜡天牛

Ceresium zeylanicum longicorne Pic 橘蜡天牛

Ceresium zeylanicum White 锡兰蜡天牛

Ceriagrion 黄蟌属

Ceriagrion coromandelianum Fabricius 圆尾黄蟌

Ceriagrion fallax Ris 长尾黄蟌

Ceriagrion grion erubescens Selys 截尾黄蟌

Ceriagrion melanurum Selys 短尾黄蟌

Ceriagrion olivaceum Laidlaw 钩尾黄蟌

Ceriagrion rubiae Laidlaw 褐尾黄蟌

Cerioidinae 歧角蚜蝇亚科

Cerobates octogullatus Nakane 长角铲喙锥象

Cerococcinae 雪链蚧亚科

Cerococcus Comstock 雪链蚧属

Cerococcus bryoides (Maskell) 见 *Phenacobryum bryoides*

Cerococcus cistarus Balachowsky 法国雪链蚧

Cerococcus citri Lambdin 柑橘雪链蚧

Cerococcus cycliger Goux 欧洲雪链蚧 thyme pit scale

Cerococcus echinatus Wang 见 *Phenacobryum echinatus*

Cerococcus ficoides Green 见 *Phenacobryum ficoides*

Cerococcus indigoferae (Borchsenius) 见 *Phenacobryum indigoferae*

Cerococcus indonesiensis Lamb. et Koszt. 印尼雪链蚧

Cerococcus longipilosus Arch. 伊朗雪链蚧

Cerococcus ornatus Green 锡兰雪链蚧

Cerococcus perovskiae Arch. 中亚雪链蚧

Cerococcus polyporus (Matesova) 多孔雪链蚧

Cerocooccus laniger Goux 半日花雪链蚧

Cerodontha Rondani 齿角潜蝇属

Cerodontha denticornis Panzer 麦鞘齿角潜蝇 barley leafminer, wheat leaf sheathminer

Cerodontha dorsalis (Löw) 草鞘齿角潜蝇 grass sheathminer

Cerodontha iraeos Robineau-Desvoidy 齿角潜蝇 iris leafminer

Cerodontha iridicola Koizumi 虹齿角潜蝇 iris leafminer

Cerodontha lateralis Macquart 侧齿角潜蝇 barley leafminer

Cerodontha luctuosa Meigen 毛齿角潜蝇 mat rush leafminer

Cerodontha okazakii Matsumura 大麦齿角潜蝇 barley leafminer

Ceroglyphus Vitzthum 嗜蜡螨属

Ceromasia auricaudata Townsend 澳洲毛脉寄蝇

Ceromyia Robineau-Desvoidy 毛脉寄蝇属

Ceromyia silacea Meigen 黄毛脉寄蝇

Cerophagupsis Zachvatkin 裂蜡螨属

Cerophaus Oudemans 食蜡螨属

Cerophytidae 树叩甲科 wood boring beetles, cerophytid beetles

Ceroplastes Gray 蜡蚧属 wax scales

Ceroplastes actiniformis Green 印度蜡蚧 Indian wax scale

Ceroplastes centroroseus Chen 见 *Paracerostegia centroroseus*

Ceroplastes ceriferus (Fabricius) 角蜡蚧 Indian wax scale, horned wax scale

Ceroplastes destructor Newstead 非洲龟蜡蚧 African white wax scale

Ceroplastes floridensis Comstock 见 *Paracerostegia floridensis*

Ceroplastes japonica Green 日本龟蜡蚧 Japanese wax scale

Ceroplastes mimosae Signoret 黑木相思树蜡蚧

Ceroplastes pseudoceriferus Green 伪角龟蜡蚧

Ceroplastes rubens Maskell 红龟蜡蚧 red wax scale, pink wax scale

Ceroplastes rubens minor Maskell 见 *Ceroplastes rubens*

Ceroplastes sinensis Del Guercio 中华龟蜡蚧 hard wax scale

Ceroplastes xishuangensis Tang et Xie 景洪蜡蚧

Ceroplastidae 扁角蚊科 flatheaded mosquitoes

Ceroplastinae 蜡蚧亚科

Ceroplastodes Cockerell 玻壳蚧属(箭蜡蚧属)

Ceroplastodes cajani (Maskell) 木豆玻壳蚧(木豆箭蜡蚧,豆箭蜡蚧)

Ceroplastodes chiton Green 锡兰玻壳蚧(榕箭蜡蚧)

Ceroplesis calabrica Chevrolat 咖啡弓角天牛

Ceroplesis fissa Harold 见 *Ceroplesis calabrica*

Ceroputo Sulc 雪粉蚧属

Ceroputo clematidis Matesova 铁钱链雪粉蚧

Ceroputo ferrisi (Kir.) 费氏雪粉蚧

Ceroputo pilosellae Sulc 古北雪粉蚧 hairy mealybug

Ceroputo pini (Danzig) 松树雪粉蚧

Ceroputo tubulife (Danzig) 多管雪粉蚧

Ceroputo vaccinii (Danzig) 乌饭树雪粉蚧

Cerostoma Latreille 黄菜蛾属

Cerostoma blandella Christoph 黄菜蛾

Cerostoma costella Fabricius 栎黄菜蛾 oak moth

Cerostoma vittella L. 黑榆菜蛾 Japanese elm moth

Cerotoma ruficornis Olivier 豆红角萤叶甲 bean leaf beetle

Cerotoma trifurcata (Förster) 菜豆萤叶甲 bean leaf beetle

Ceroxydidae 见 Otitidae

Certophylla hirundinis Samouelle 毛脚燕角叶蚤

Ceruncina retractaria Moore 密网角尺蛾

Cerura liturata Walker 见 *Neocerura liturata*

Cerura marshalli Hampson 玛氏二尾舟蛾

Cerura menciana Moore 杨二尾舟蛾

Cerura vinula felina (Butler) 黑带二尾舟蛾

Cerura vinula Linnaeus 二尾舟蛾 puss moth, willow prominent

Cerura von Schrank 二尾舟蛾属

Cerura wisei Swinhoe 见 *Neocerura wisei*

Cervaphis van der Goot 刺蚜属

Cervaphis quercus Takahashi 栎刺蚜

Cervicoris Hsiao et Cheng 鹿蝽属

Cervicoris omeiensis Hsiao et Cheng 鹿蝽

Cerviplusia Chou et Lu 鹿铗夜蛾属(鹿铗银纹夜蛾属)

Cerylonidae 皮下甲科

Cerynis Stål 彩蛾蜡蝉属

Cerynis lineola Melichar 线彩蛾蜡蝉

Cerynis maria (White) 彩蛾蜡蝉

Ceryx imaon (Cramer) 伊贝鹿蛾

Cestonionerva petiolata Villeneuve 细芒裸提寄蝇

Cetema cereris Fallén 日本黄潜蝇

Cethosia Fabricius 锯蛱蝶属

Cethosia biblis (Drury) 红锯蛱蝶

Cethosia cyane (Drury) 白带锯蛱蝶

Ceto Simon 赛蛛属

Ceto orientalis Schenkel 东方赛蛛

Cetonia Fabricius 花金龟属

Cetonia aenea Fueessly 见 *Cetonia aurata*

Cetonia aurata (L.) 金花金龟

Cetonia aurata viridiventris Reitter 金绿花金龟

Cetonia crinita Charpentier 见 *Epicometis squalida*

Cetonia magnifica Ballion 长毛花金龟

Cetonia rutilans (Janson) 铜红花金龟

Cetonia Seulensis Kolbe 见 *Liocola brevitarsis*

Cetonia viridiopaca (Motschulsky) 铜绿花金龟

Cetoniidae 花金龟科 flower beetles, sap chafers, defoliating beetles

Ceuthophilus Scudder 隐灶马属

Ceuthorrhynchus Germar 龟象属

Ceuthorrhynchus assimilis (Paykull) 种子象

Ceutorynchidius hypocrita Hustache 东方稀象

Ceutorhynchus rubripes Hustache 大麻象 hemp weevil

Ceylonia theaecola Buckton 见 *Toxoptera aurantii*

Ceylonolestes 蓝丝螅属

Ceylonolestes birmana (Selys) 黑脊蓝丝螅

Ceylonolestes gracilis (Hagen) 斑脊蓝丝螅

Ceylonomyia Fan 锡蝇属

Ceylonomyia nigripes (Aubertin) 乌足锡蝇

Chabula onychinalis Guenée 跗爪稀螟

Chaeridiona cupreoviridis Gressitt 铜绿残铁甲

Chaeridiona tuberculata Chen et Yu 瘤背残铁甲

Chaetanaphothrips orchidii Moulton 兰蓟马 orchid thrips, banana rust

Chaetastus tuberculatus Chapuis 桉大长小蠹

Chaeteessia Burmeister 缺爪螳属

Chaeteessidae 缺爪螳科

Chaeteessoidea 缺爪螳总科

Chaetexorista Brauer et Bergenstamm 刺蛾寄蝇属

Chaetexorista ateripalpis Shima 黑须刺蛾寄蝇

Chaetexorista eutachinoides Baranoff 健壮刺蛾寄蝇

Chaetexorista javana Brauer et Bergenstamm 爪哇刺蛾寄蝇

Chaetexorista klapperichi Mesnil 苹绿刺蛾寄蝇

Chaetexorista microchaeta Chao 簇毛刺蛾寄蝇

Chaetexorista palpis Chao 棒须刺蛾寄蝇

Chaetocladius Kieffer 毛突摇蚊属

Chaetocladius akamusi Tokunaga 赤毛突摇蚊

Chaetocnema Stephens 凹胫跳甲属

Chaetocnema altisocia Chen et Wang 高原凹胫蚤跳甲

Chaetocnema aridula Gyllenhal 凋凹胫跳甲

Chaetocnema basalis (Baly) 黑凹胫跳甲

Chaetocnema bella (Baly) 尖尾凹胫跳甲

Chaetocnema concinna (Marshall) 蓼凹胫跳甲

Chaetocnema concinnicollis (Baly) 古铜凹胫跳甲

Chaetocnema costulata (Motschulsky) 北方凹胫跳甲

Chaetocnema cylindrica (Baly) 筒凹胫跳甲 barley flea beetle

Chaetocnema discreta (Baly) 甜菜凹胫跳甲

Chaetocnema granulosa Baly 粒凹胫跳甲

Chaetocnema hainanensis Chen 海南凹胫跳甲

Chaetocnema hortensis (Geoffroy) 麦凹胫跳甲

Chaetocnema ingenus (Baly) 粟凹胫跳甲

Chaetocnema simplicifrons (Baly) 简额凹胫跳甲

Chaetocnema tibialis (Illiger) 蚤凹胫跳甲

Chaetocnema tonkinensis Chen 越北凹胫跳甲

Chaetocnema tristis Allard 红头凹胫跳甲

Chaetocnema yaosanica Chen 瑶凹胫跳甲

Chaetocnema zangana Chen et Wang 西藏凹胫蚤跳甲

Chaetococcus Maskell 扁粉蚧属(鞘粉蚧属,竹粉蚧属)

Chaetococcus bambusae (Maskell) 刺竹扁粉蚧(鞘竹粉蚧, 竹扁粉蚧)

Chaetococcus turanicus Borchsenius 吐伦扁粉蚧(吐伦鞘粉蚧)

Chaetococcus zonatus (Green) 球坚扁粉蚧(球坚鞘粉蚧)

Chaetodactylidae 毛爪螨科

Chaetodactylinae 毛爪螨亚科

Chaetodactylus Rondani 毛爪螨属

Chaetodactylus asmiae (Dufour) 碧蜂毛爪螨

Chaetodactylus krobeini Baker 康氏毛爪螨

Chaetogeoica Remaudiere et Tao 毛根蚜属

Chaetogeoica folidentata (Tao) 梳齿毛根蚜

Chaetogeoica utriulata Zhang *et* Zhang 小瘿毛根蚜

Chaetophlepisis nasellensis Reinhard 西部冷杉尺蠖寄蝇

Chaetophloeus heterodoxus (Casey) 高山褐小蠹 mountain mahogany bark beetle

Chaetopsylla Kohaut 鬃蚤属

Chaetopsylla ailuropodae Jen, Wang *et* Li 大熊猫鬃蚤

Chaetopsylla appropinquans (Wagner) 近鬃蚤

Chaetopsylla globiceps (Taschenberg) 圆头鬃蚤

Chaetopsylla hangchowensis Liu 杭州鬃蚤

Chaetopsylla homoea Rothschild 同鬃蚤

Chaetopsylla lasia Rothschild 多鬃鬃蚤

Chaetopsylla media Wu, Wu *et* Tsai 中间鬃蚤

Chaetopsylla mikado Rothschild 圆钩鬃蚤

Chaetopsylla trichosa Kohaut 粗鬃蚤

Chaetopsylla tuberculaticeps (Bezzi) 熊鬃蚤

Chaetopsylla wenxianensis Wang, Liu *et* Liu 文县鬃蚤

Chaetopsylla zhengi Xie, He *et* Zhao 郑氏鬃蚤

Chaetopsylla zibellina Ioff 貂鬃蚤

Chaetoptelius Fuchs 彩小蠹属

Chaetoptelius vestitus Mulsant *et* Rey 黄连木彩小蠹 pistacia bark beetle

Chaetorellia Hendel 鬃实蝇属

Chaetorellia carthami Stack. 红花鬃实蝇

Chaetosiphon Mordvilko 钉蚜属

Chaetosiphon coreanus Paik 金鸡菊钉蚜

Chaetosiphon fragaefolii Cockerell 草莓钉蚜 strawberry aphid

Chaetosiphon minor Forbes 小钉蚜

Chaetostomella Hendel 毛实蝇属

Chaetostomella vibrissata Coquillett 牛蒡毛实蝇 burdock fruit fly

Chaetostricha Walker 毛翅赤眼蜂属

Chaetostricha biclavata Lin 双棒毛翅赤眼蜂

Chaetostricha cirifuniculata Lin 圆索毛翅赤眼蜂

Chaetostricha denticuligera Lin 齿胫毛翅赤眼蜂

Chaetostricha terebrator Yousuf *et* Shafee 印度毛翅赤眼蜂

Chaitophoridae 毛蚜科

Chaitophorus Koch 毛蚜属

Chaitophorus betulinus van der Goot 见 *Chaitophorus populeti*

Chaitophorus capreae Koch 见 *Chaitophorus salicti*

Chaitophorus horii Takahashi 荷氏毛蚜

Chaitophorus leucomelas Koch 见 *Chaitophorus versicolor*

Chaitophorus populeti (Panzer) 白杨毛蚜 birch aphid, aspen aphid

Chaitophorus populialbae (Boyer de Fonscolombe) 白毛蚜

Chaitophorus populicola Thomas 杨树毛蚜 poplar leaf aphid

Chaitophorus saliapterus Shinji 食叶毛蚜

Chaitophorus salicivorus Walker 见 *Chaitophorus capreae*

Chaitophorus salicti Schrank 柳树毛蚜 willow aphid

Chaitophorus salinigri Shinji 柳黑毛蚜

Chaitophorus tremulae Koch 欧洲山杨蚜 aspen aphid

Chaitophorus versicolor Koch 黑杨毛蚜 black poplar aphid

Chaitophorus xizangensis Zhang 西藏毛蚜

Chalcididae 小蜂科

Chalcidoidea 小蜂总科

Chalcidoptera appensalis Snellen 印度金彩螟

Chalcidoptera straminalis Guenée 藁秆金彩螟

Chalciope Hübner 三角夜蛾属

Chalciope mygdon (Cramer) 斜带三角夜蛾

Chalcocelis Hampson 姹刺蛾属

Chalcocelis albiguttata (Snellen) 白痣姹刺蛾

Chalcodermus aeneus (Boheman) 豇豆象 cowpea curculio

Chalcodermus marshalli Boudar 可可剪枝象 cacao pruner

Chalcolema Jacoby 樟叶甲属

Chalcolema cinnamoni Chen *et* Wang 红胸樟叶甲

Chalcolema costata Chen *et* Wang 脊鞘樟叶甲

Chalcolema cribrata Chen 绿樟叶甲

Chalconyx ypsilon (Butler) 丫纹哲夜蛾

Chalcophora Solier 脊吉丁属

Chalcophora angulicollis (LeConte) 松雕脊吉丁 sculptured pine borer

Chalcophora japonica Gory 日本松脊吉丁

Chalcophora yunnana Fairmaire 云南松脊吉丁

Chalcophorella Kerremans 绿斑吉丁属

Chalcophorella amabilis Snellen van Vollenhoven 绿斑吉丁 green buprestid

Chalcophorella campestris Kerremans 悬铃木绿斑吉丁 flatheaded sycamore-heartwood borer

Chalcophorinae 松吉丁亚科

Chalcoscelides castaneipars (Moore) 仿姹刺蛾

Chalcoscirtus Bertkau 铜蛛属

Chalcoscirtus martensi Zabka 马氏铜蛛

Chalcosia azurmarginata Wang 蓝缘锦斑蛾

Chalcosia pectinicornis Linnaeus 褐翅锦斑蛾

Chalcosia pictinicornis auxo Linnaeus 绿脉锦斑蛾

Chalcosia remota Walker 白带锦斑蛾

Chalcosia suffusa hainana Jordan 海南锦斑蛾

Chalcosiinae 锦斑蛾亚科

Chalcosoma Hope 巨犀金龟属

Chalcosoma atlas L. 咖啡巨犀金龟 coffee atlas beetle

Chalcosyrphus amurensis (Stackelberg) 黑龙江铜木蚜蝇

Chalcosyrphus maculiquadratus Yang *et* Cheng 方斑铜木蚜蝇

Chalepus dorsalis Thunberg 刺槐铁甲 locust leaf-miner

Chalia Moore 蜡彩袋蛾属

Chalia doubledayi Westwood 见 *Oiketicus doubledayi*

Chalia larminati Heylaerts 蜡彩袋蛾

Chalicodoma Schmiedk 石蜂属

Chalicodoma desertorum (Morawitz) 沙漠石蜂

Chalinga Moore 姹蛱蝶属

Chalinga elwesi (Oberthür) 姹蛱蝶

Chalioides Swinhoe 白囊袋蛾属

Chalioides kondonis Matsumura 白囊袋蛾

Chalioides vitrea Hampson 脆囊袋蛾

Challia Burr. 缺翅蠼属

Challia fletcheri Burr. 大尾蠼

Chalybion Dahlbom 蓝泥蜂属

Chalybion dolichothorax (Kohl) 长胸蓝泥蜂

Chalybion japonicum (Gribodo) 日本蓝泥蜂

Chalybion yangi Li 杨氏蓝泥蜂

Chamaemyiidae 斑腹蝇科 aphid flies

Chamaesphecia schroederi Tosevski 大戟透翅蛾

Chamaita hirta Wileman 毛地苔蛾

Chamaita ranruna (Matsumura) 冉地苔蛾

Chamaita trichopteroides Walker 地苔蛾

Chamobates Hull 缀板鳃甲螨属

Chamobates pusillus (Berlese) 小缀板鳃甲螨

Chamobatidae 缀板鳃甲螨科

Chamyisilla Draudt 缀夜蛾属

Chamyisilla ampolleta Draudt 缀夜蛾

Chandata bella (Butler) 美陌夜蛾

Chanteius Wainstein 钱绥螨属

Chanteius contiguus (Chant) 邻近钱绥螨

Chanteius guangdongensis Wu *et* Lan 广东钱绥螨

Chanteius hainanensis Wu *et* Lan 海南钱绥螨

Chanteius separatus (Wu *et* Li) 分开钱绥螨

Chanteius tengi (Wu *et* Li) 邓氏钱绥螨

Chantia Pritchard *et* Baker 钱特螨属

Chaoboridae 莹蚊科 phantom midges

Chaoborus Lichtenstein 莹蚊属

Chaoborus astictopus Dyar *et* Shannon 清湖莹蚊 clear lake gnat

Chappuisididae 查普水螨科

Chapuisiidae 细胫小蠹科

Characoma Walker 洽夜蛾属

Characoma ruficirra Hampson 栗洽夜蛾 chestnut fruit noctuid

Charagia lignivora Lewin 小绿蝠蛾 smaller green wood moth

Charagia virescens Doubleday 见 *Aenetus virescens*

Charana de Nicéville 凤灰蝶属

Charana mandarina (Hewitson) 凤灰蝶

Charassobatidae 尖板鳃甲螨科

Charaxes Ochsenheimer 鳌蛱蝶属

Charaxes aristogiton (Felder *et* Felder) 亚力鳌蛱蝶

Charaxes bernardus (Fabricius) 白带鳌蛱蝶

Charaxes kahruba (Moore) 花斑鳌蛱蝶

Charaxes marmax Westwood 鳌蛱蝶

Charaxinae 鳌蛱蝶亚科

Charideididae 非洲蛾科 cactus moths

Chariessa elegans Horn 橘红蓝翅郭公虫

Chariessa pilosa (Forst.) 多毛郭公虫

Chariesterus Laporte 粤缘蝽属

Chariesterus antennator (Fabricius) 粤缘蝽

Charipidae 长背瘿蜂科 parasitic gall wasps

Charmon Haliday 悦茧蜂属

Charmon cruentatus Haliday 血色悦茧蜂

Charmon extensor (Linnaeus) 长管悦茧蜂

Charmon rufithorax Chen *et* He 红胸悦茧蜂

Charops Holmgren 悬茧姬蜂属

Charops bicolor (Szepligeti) 螟蛉悬茧姬蜂

Charops brachypterum (Cameron) 短翅悬茧姬蜂

Charops striatus (Uchida) 刻条悬茧姬蜂

Charops taiwana Uchida 台湾悬茧姬蜂

Chartetonia Kawashima 小丽赤螨属

Chartographa Gumppenberg 洄纹尺蛾属

Chartographa compositata (Guenée) 常春藤洄纹尺蛾

Chartographa convexa (Guenée) 同洄纹尺蛾

Chartographa fabiolaria (Oberthür) 云南松洄纹尺蛾

Chartographa intersectaria (Leech) 黑洄纹尺蛾

Chartographa liva Xue 青灰洄纹尺蛾

Chartographa ludovicaria (Oberthür) 葡萄洄纹尺蛾

Chartographa nigritella Xue 乌洄纹尺蛾

Chartographa plurilineata (Walker) 多线洄纹尺蛾

Chartographa trigoniplata (Hampson) 三角洄纹尺蛾

Chasmiinae 马来虻亚科

Chasmina Walker 明夜蛾属

Chasmina fasciculosa (Walker) 明夜蛾

Chasmina gracilipalpis Warren 细明夜蛾

Chasmina judicata (Walker) 判明夜蛾

Chasminodes Hampson 白夜蛾属

Chasminodes albonitens (Bremer) 白夜蛾

Chasminodes atrata (Bremer) 黑白夜蛾

Chasminodes nigrifascia Chen 黑带白夜蛾

Chasminodes nigrostigma Yang 黑痣白夜蛾

Chatia Brennan 甲梯恙螨属

Chatia acrichela Wen *et* al. 尖鳌甲梯恙螨

Chatia alpina Shao *et* Wen 高山甲梯恙螨

Chatia hertigi (Traub *et* al.) 后角甲梯恙螨

Chatia huanglungensis (Chang *et* Wen) 黄龙甲梯恙螨

Chatia maoyi Wen *et* Xiang 毛异甲梯恙螨

Chatia wissemani Traub *et* Nadchatram 帕米尔甲梯恙螨

Chauliopinae 突眼长蝽亚科

Chauliops Scott 突眼长蝽属

Chauliops bisontula Scott 短小突眼长蝽

Chauliops fallax Scott 豆突眼长蝽 small bean bug

Chauliops horizontalis Zheng 平仲突眼长蝽

Chaunoproctidae 软肛甲螨科

Chaunoproctus Pearce 软肛甲螨属

Chaunoproctus orbiculatus Wen et Zhao 圆软肛甲螨

Chazara Moore 岩眼蝶属

Chazara anthe Hoffmansegg 花岩眼蝶

Chazara briseis (Linnaeus) 八字岩眼蝶

Chazara heydenreichii (Lederer) 白室岩眼蝶

Chazeauana Matile-Ferrero 矛毡蚧属

Chazeauana gahniae Matile-Ferrero 南洋矛毡蚧

Chcupa Moore 彻夜蛾属

Chcupa fortissima Moore 彻夜蛾

Cheiloneurus Westwood 刷盾跳小蜂属

Cheiloneurus claviger Thomson 长缘刷盾跳小蜂

Cheilosia alaskensis Hunter 铁杉皮蝇 hemlock bark maggot

Cheilosia burkei Shannon 薄氏铁杉皮蝇 hemlock bark maggot

Cheilosia hoodiana (Bigot) 北美冷杉皮蝇 fir bark maggot

Cheilosia yesonica Matsumura 夜索尼卡皮蝇

Cheimatobia brumata Linnaeus 见*Operophtera brumata*

Cheimophila salicellum Hübner 榆织蛾

Cheiracus Keifer 掌瘿螨属

Cheiropachus Westwood 四斑金小蜂属

Cheiropachus cavicapitis Yang 小蠹凹面四斑金小蜂

Cheiropachus juglandis Yang 核桃小蠹四斑金小蜂

Cheiropachus quadrum (Fabricius) 果树小蠹四斑金小蜂

Cheiroseius Berlese 手绥螨属

Cheiroseius sinicus Yin et Bai 中国手绥螨

Cheiroseius taoanensis Ma 洮安手绥螨

Cheiroseius wuwenzheni Ma 吴氏手绥螨

Cheirotonus Hope 彩臂金龟属

Cheirotonus jansoni Jordan 阳彩臂金龟

Cheirotonus macleayi Hope 麦彩臂金龟

Chelacaropsis Baker 螯梳螨属

Chelacheles Baker 螯钳螨属

Chelacheles striola Lin et Zhang 细条纹螯钳螨

Cheladonta Lipovsky et al. 钳齿恙螨属

Cheladonta bicoxalae Wen et al. 二毛钳齿恙螨

Cheladonta deqinensis Yu et al. 德钦钳齿恙螨

Cheladonta globosea Yang 球形钳齿恙螨

Cheladonta ikaoensis (Sasa et al.) 伊香钳齿恙螨

Cheladonta micheneri Wen et Xiang 密齿钳齿恙螨

Chelaria gibbosella Zeller 核桃楸麦蛾

Chelaria haligramma Meyrick 见*Hypatima haligramma*

Chelaria spathota Meyrick 见 *Hypatima spathota*

Chelenotus Trouessart 螯背螨属

Chelepteryx chalepteryx Felder 辐射松澳蛾

Chelepteryx collesi Gray 阔叶桉澳蛾

Chelepteryx felderi Turner 见 *Chelepteryx chalepteryx*

Cheletacarus Volgin 螯螨属

Cheletogenes Oudemans 螯颊螨属

Cheletogenes meihuashanensis Lin et Liu 梅花山螯颊螨

Cheletoides Oudemans 似螯螨属

Cheletomimus Oudemans 仿螯螨属

Cheletomorpha Oudemans 触足螨属

Cheletomorpha lepidopterorum (Shaw) 鳞翅触足螨

Cheletomorpha venustissima (Koch) 橘色触足螨

Cheletonata Womersley 螯臀螨属

Cheletonella Womersley 暴螯螨属

Cheletophanes Oudemans 显螯螨属

Cheletophyes Oudemans 生螯螨属

Cheletopsis Oudemans 螯面螨属

Cheletosoma Oudemans 螯体螨属

Cheliceroides Zabka 螯跳蛛属

Cheliceroides longipalpis Zabka 长触螯蛛

Chelidonium Thomson 绿天牛属

Chelidonium alcmene Thomson 褶胸长绿天牛

Chelidonium argentatum Dalman 橘光绿天牛

Chelidonium balfouri Gressitt et Rondon 巴氏长绿天牛

Chelidonium binotaticolle Pic 二斑绿天牛

Chelidonium binotatum Brogniart 二点绿天牛

Chelidonium binotatum uninotatum Pic 愈斑绿天牛

Chelidonium buddleiae Gressitt et Rondon 昆明绿天牛

Chelidonium cinctum (Guèrin-Méneville) 黄斑绿天牛

Chelidonium cinnyris Pascoe 绒领长绿天牛

Chelidonium citri Gressitt 橘绿天牛

Chelidonium coeruleum Gressitt et Rondon 蓝绿天牛

Chelidonium flavovirens Gressitt et Rondon 双带绿天牛

Chelidonium purpureipes Gressitt 紫绿天牛

Chelidonium quadricolle Bates 四丛腿绿天牛

Chelidonium venerum Thomson 曲带绿天牛

Chelidonium violaceimembris Gressitt et Rondon 老挝绿天牛

Cheliduridae 微鞘蠊科

Chelis dahurica (Boiduval) 达裂灯蛾

Chelis mannerheimei (Duponchel) 斑裂灯蛾

Chelisoches Scudder 垫跗蠊属

Chelisoches formosanus Bura 台湾垫跗蠊

Chelisoches morio Fabricius 椰实蠼螋 coconut earwig

Chelisochidae 垫跗蠊科 earwigs

Chelocoris Bianchi 龟瘤蝽属

Chelocoris bianchii Kormilev 川龟瘤蝽

Chelocoris handlirschi Bianchi 原龟瘤蝽

Chelocoris sinicus Hsiao et Liu 华龟瘤蝽

Chelocoris tibeticus Hsiao et Liu 藏龟瘤蝽

Chelocoris yunnanus Hsiao et Liu 滇龟瘤蝽

Chelonariidae 缩头甲科 chelonariid beetles

Chelonogastra peruliventris (Enderlein) 袋形龟腹茧蜂

Chelonorhogas rufithorax Enderlein 红胸龟腹茧蜂

Chelonus Jurine 甲腹茧蜂属

Chelonus annulipes Wesmael 环跳甲腹茧蜂

Chelonus arisanus Sonan 阿里山甲腹茧蜂

Chelonus bimaculatus Szepligeti 二点甲腹茧蜂

Chelonus blackburni Cameron 椰卷叶螟甲腹茧蜂

Chelonus buskiella Viereck 豇豆荚螟甲腹茧蜂

Chelonus capsularis Fahinger 箱甲腹茧蜂

Chelonus corvulus Marshall 鸦甲腹茧蜂

Chelonus curvimaculatus Cameron 曲斑甲腹茧蜂

Chelonus formosanus Sonan 斜纹夜蛾甲腹茧蜂

Chelonus heliopae Gupta 印棉甲腹茧蜂

Chelonus inanitus (Linnaeus) 棉大卷螟甲腹茧蜂

Chelonus insularis Cresson 岛甲腹茧蜂

Chelonus munakatae Munakata 螟甲腹茧蜂

Chelonus narayani Subba Rao 半明甲腹茧蜂

Chelonus oculator Panzer 豆荚螟甲腹茧蜂

Chelonus phthorimaeae Gahan 马铃薯麦蛾甲腹茧蜂

Chelonus striatigena Cameron 条颊甲腹茧蜂

Chelonus tabonus Sonan 台北甲腹茧蜂

Chelonus yasumatsui Watanabe 安松甲腹茧蜂

Chelopistes Keler 角虱属

Chelopistes meleagridis (L.) 火鸡角虱 large turkey louse

Chelostoma nigricornis Nylander 里裂爪蜂

Chelothippia buteae Marshall 印度桦枝象

Chelymorpha cassidea (Fabricius) 泰龟甲 argus tortoise beetle

Chelyophora ceratitina Bezzi 竹实蝇

Chelyophora striata Froggatt 牡竹实蝇

Chenuala heliaspis Meyrick 展叶松澳蛾

Chermes Passerini 见 *Adelges* Vallot *et* Pineus Shimer

Chermidae 见 Phylloxeridae

Cheromettia Moore 二点刺蛾属

Cheromettia apicata Moore 香蕉二点刺蛾 gelatine grub

Chersonesia Distant 坎蛱蝶属

Chersonesia risa Doubleday 黄绢坎蛱蝶

Chersotis Boisduval 卡夜蛾属

Chersotis cupres (Denis *et* Schiffermüller) 褐卡夜蛾

Chersotis deplanata (Eversmann) 融卡夜蛾

Chersotis melancholica Lederer 黑卡夜蛾

Chersotis ocellina (Denis *et* Schiffermüller) 侏卡夜蛾

Chersotis ononensis (Bremer) 漫卡夜蛾

Chetogena Rondani 鬃堤寄蝇属

Chetogena gynacphorae Chao *et* Shi 草毒蛾鬃堤寄蝇

Chetogena hirsuta Mesnil 毛瓣鬃堤寄蝇

Cheumatopsyche Wallengren 短脉纹石蛾属

Cheumatopsyche albofasciata (MacLachlan) 条尾短脉纹石蛾

Cheumatopsyche amurensis Martynov 阿默短脉纹石蛾

Cheumatopsyche dubitans Mosely 多斑短脉纹石蛾

Cheumatopsyche guadunica Li 挂墩短脉纹石蛾

Cheumatopsyche longiclasper Li *et* Dudgeon 长肢短脉纹石蛾

Cheumatopsyche spinosa Schmid 蛇尾短脉纹石蛾

Cheumatopsyche surgens Li *et* Tian 卷背短脉纹石蛾

Cheumatopsyche trifascia Li 三带短脉纹石蛾

Cheumatopsyche ventricosa Li *et* Dudgeon 圆尾短脉纹石蛾

Chevletiellinae 姬螯螨亚科

Cheyletidae 肉食螨科

Cheyletiella Canestrini 姬螯螨属

Cheyletiella dengi Hu *et* Hou 邓氏姬螯螨

Cheyletiella parasitivorax (Xeginin) 兔皮姬螯螨 rabbit fur mite

Cheyletiella yasguri Smiley 雅氏姬螯螨

Cheyletiellidae 姬螯螨科

Cheyletinae 肉食螨亚科

Cheyletoidea 肉食螨总科

Cheyletus Latreille 肉食螨属

Cheyletus aversor Rohdendorf 转开肉食螨

Cheyletus eruditus (Schrank) 普通肉食螨 hunting mite

Cheyletus flabellifer (Michael) 密小扇毛肉食螨

Cheyletus fortis Oudemans 强壮肉食螨

Cheyletus malaccensis Oudemans 马六甲肉食螨

Cheyletus polymorphus Volgin 多型肉食螨

Cheyletus trouessarti Oudemans 特氏肉食螨

Cheylostigmaeus Willmann 螯长须螨属

Chiapacheylus De Leon 奇帕螯螨属

Chiasmia Hübner 奇尺蛾属

Chiastocheta Pokorny 短角花蝇属

Chiastocheta curvibasis Chen *et* Fan 曲基短角花蝇

Chiastocheta latispinigera Fan, Chen *et* Jiang 侧刺短角花蝇

Chiastoplonia China 启扁蝽属

Chiastoplonia chinai Kormilev 南方启扁蝽

Chiastoplonia liliputiana Kormilev 小启扁蝽

Chihuo Yang 尺蛾属

Chihuo sunzao Yang 酸枣尺蛾

Chihuo zao Yang 枣尺蛾

Chilades Moore 紫灰蝶属

Chilades lajus (Stoll) 紫灰蝶

Chilades pandava (Horsfield) 曲纹紫灰蝶

Chilasa Moore 斑凤蝶属

Chilasa agestor Gray 褐斑凤蝶

Chilasa clytia (Linnaeus) 斑凤蝶

Chilasa epycides (Hewitson) 小黑斑凤蝶

Chilasa paradoxa (Zinken) 翠蓝斑凤蝶

Chilasa slateri (Hewitson) 臀珠斑凤蝶

Childrena Hemming 银豹蛱蝶属

Childrena childreni (Gray) 银豹蛱蝶

Childrena zenobia (Leech) 曲纹银豹蛱蝶

Chilena similis Walker 见 *Beralade similis*

Chiliseius Gonzales *et* Schuster 唇绥螨属

Chiliseius lien Tseng 刘氏唇绥螨

Chilo Zincken 禾草螟属

Chilo argyrolepia (Hampson) 高粱黑点蛀草螟 dead heart moth

Chilo auricilius Dudgeon 台湾稻螟 dark brown-headed

rice stem borer, Taiwan rice stem borer

Chilo infuscatellus Snellen 二点螟 millet borer

Chilo loftini (Dyar) 美国稻螟 American rice borer

Chilo luteellus (Motschulsky) 芦禾草螟

Chilo orichalcociliella (Strand) 沿岸禾草螟 coastal stalk borer

Chilo partellus (Swinhoe) 斑禾草螟 spotted stalk borer

Chilo phaeosema (Martin) 稻茎螟 rice stalk borer

Chilo plejadellus Zinchen 七星稻螟 rice stalk borer

Chilo polychrysa (Meyr.) 轴禾草螟 dark-headed rice borer

Chilo sacchariphagus indicus (Kapur) 蔗条螟 internodal borer

Chilo suppressalis (Walker) 二化螟 rice stalk borer, Asiatic rice borer, rice stem borer, striped rice borer

Chilo venosatus (Walker) 高粱条螟

Chilo zonellus Swinhoe 玉米禾螟 maize stem borer

Chilobrachys Karsch 缨毛蛛属

Chilobrachys hubei Song et Zhao 湖北缨毛蛛

Chilocorinae 盔唇瓢虫亚科

Chilocoris Mayr 领土蝽属

Chilocoris minor Hsiao 小领土蝽

Chilocoris nitidus Mayr 光领土蝽

Chilocoris piceus Signoret 褐领土蝽

Chilocorus Leach 盔唇瓢虫属

Chilocorus alishanus Sasaji 阿里山唇瓢虫

Chilocorus bijugus Mulsant 二双斑唇瓢虫

Chilocorus bipustulatus (Linnaeus) 双斑唇瓢虫

Chilocorus chalybeatus Gorham 闪蓝红点唇瓢虫

Chilocorus chinensis Miyatake 中华唇瓢虫属

Chilocorus circumdatus (Gyllenhal) 细缘唇瓢虫

Chilocorus esakii Kamiya 异红点唇瓢虫

Chilocorus geminus Zaslavskij 李斑唇瓢虫

Chilocorus gressitti Miyatake 黑背唇瓢虫

Chilocorus hauseri Weise 闪蓝唇瓢虫

Chilocorus hupehanus Miyatake 湖北红点唇瓢虫

Chilocorus kuwanae Silvestri 红点唇瓢虫

Chilocorus politus Mulsant 红褐唇瓢虫

Chilocorus rubidus Hope 黑缘红瓢虫

Chilocorus rufitarsus Motschulsky 宽缘唇瓢虫

Chilocorus stigma (Say) 具痣唇瓢虫 twice-stabbed lady beetle

Chilocorus yunlongensis Cao et Xiao 云龙唇瓢虫

Chilosia Agassiz 黑蚜蝇属

Chilosia alaskensis Hunter 铁杉黑蚜蝇 hemlock bark maggot

Chilosiinae 黑蚜蝇亚科

Chimabache fagella Fabricius 见 *Diurnea fagella*

Chimabache phryganella Hübner 见 *Diurnea phryganella*

Chimarra cachina (Mosely) 方须缺叉等翅石蛾

Chimarra kumaonensis Martynov 长室缺叉等翅石蛾

Chimarra segmentipennis (Hwang) 中凹缺叉等翅石蛾

Chimarra shaowuensis (Hwang) 邵武缺叉等翅石蛾

Chimarra sinuata (Hwang) 锯齿缺叉等翅石蛾

Chimarrha Leach 缺叉石蛾属

Chimarrha kumaonensis Martynov 长室缺叉石蛾

Chinadasynus Hsiao 异黛缘蝽属

Chinadasynus orientalis (Distant) 异黛缘蝽

Chinghaipsylla ampliodigita Liu, Liu et Liu 宽指青海蚤

Chinghaipsylla bisinuosa Liu, Tsai et Wu 双窦青海蚤

Chinghaipsylla Liu, Tsai et Wu 青海蚤属

Chinius Leng 秦蛉属

Chinius junlianensis Leng 筠连秦蛉

Chinolyda Benes 华扁叶蜂属

Chinolyda flagellicornis (F. Smith) 鞭角华扁叶蜂

Chinotetranychus Ma et Yuan 中叶螨属

Chinotetranychus firmianae (Ma et Yuan) 梧桐中叶螨

Chion Newman 亮褐天牛属

Chion cinctus (Drury) 胡桃黄带亮褐天牛 banded hickory borer

Chionaema adita (Moore) 见 *Cyana adita*

Chionaema alborosea (Walker) 见 *Cyana alborosea*

Chionaema arama (Moore) 见 *Cyana arama*

Chionaema candida Felder 白雪苔蛾

Chionaema distincta Rothschild 见 *Cyana distincta*

Chionaema divakara ((Moore) 见 *Cyana divakara*

Chionaema guttifera (Walker) 见 *Cyana guttifera*

Chionaema gyirongna Fang 见 *Cyana gyirongna*

Chionaema sikkimensis (Elwes) 见 *Cyana sikkimensis*

Chionaema zayuna Fang 见 *Cyana zayna*

Chionarctia nivea (Ménétriès) 白雪灯蛾

Chionarctia pura (Leech) 洁白雪灯蛾

Chionaspinae 雪盾蚧亚科

Chionaspis Signoret 雪盾蚧属

Chionaspis aceris (Takagi et Kawai) 槭树雪盾蚧

Chionaspis acuminata Green 见 *Unaspis acuminata*

Chionaspis acuta Danzig 尖叶雪盾蚧

Chionaspis agranulata Chen 无棘雪盾蚧

Chionaspis alnus Kuwana 桤木雪盾蚧

Chionaspis americana Johnson 美国榆雪盾蚧 elm scurfy scale

Chionaspis betulae Chen 见 *Chionaspis alnus*

Chionaspis camphora (Chen) 香樟雪盾蚧

Chionaspis centreesa (Ferris) 见 *Pseudaulacaspis centreesa*

Chionaspis chinensis Cockerell 见 *Pseudaulacaspis chinensis*

Chionaspis dendrobii (Kuwana) 见 *Psedaulacaspis dendrobii*

Chionaspis dilatata Green 膨胀白盾蚧

Chionaspis discadenata Danzig 远东雪盾蚧

Chionaspis dryina (Ferris) 栎雪盾蚧

Chionaspis engeddensis Bodenheimer 恩市雪盾蚧

Chionaspis engeddensis Bodenheimer 恩市雪盾蚧

Chionaspis ericacea (Ferris) 见 *Pseudaula cockerelli*

Chionaspis formosana Takahashi 台湾雪盾蚧

Chionaspis furfura (Fitch) 糠皮雪盾蚧 scurfy scale

Chionaspis keteleeriae Ferris 见 *Pseudaulacaspis momi*

Chionaspis linderae Takahashi 钓樟雪盾蚧

Chionaspis machili (Takahashi) 桢雪盾蚧

Chionaspis machilicola (Takahashi) 楠雪盾蚧

Chionaspis megazygosis Chen 巨锁雪盾蚧

Chionaspis micropori Marlatt 细腺雪盾蚧

Chionaspis montana Borchsenius 孟雪盾蚧

Chionaspis montanoides Tang *et* Li 拟孟雪盾蚧

Chionaspis neolinderae (Chen) 见 *Chionaspis linderae*

Chionaspis obclavata Chen 倒槌雪盾蚧

Chionaspis osmanthi (Ferris) 木犀雪盾蚧

Chionaspis pellucida (Rob.) 菲律宾雪盾蚧

Chionaspis pinifoliae (Fitch) 松针雪盾蚧 pine needle scale

Chionaspis polypora Borchsenius 多腺雪盾蚧

Chionaspis pseudopolypora Chen 准富腺雪盾蚧

Chionaspis rotunda Takahashi 圆背雪盾蚧

Chionaspis saitamaensis Kuwana 柞雪盾蚧 small-leafed oak scale

Chionaspis salicis (Linnaeus) 柳雪盾蚧 willow scale, willow and poplar scale

Chionaspis salicisnigrae (Walsh) 乌柳雪盾蚧 black willow scale, willow scurfy scale, willow scale

Chionaspis schizosoma Takagi 见 *Semichionaspis schizosoma*

Chionaspis sichuanensis (Chen) 蜀雪盾蚧

Chionaspis sozanica Takahashi 东赢雪盾蚧

Chionaspis subcorticalis Green 见 *Pseudaulacaspis subcorticalis*

Chionaspis subrotunda (Chen) 准圆雪盾蚧

Chionaspis trochodendri (Takahashi) 日本雪盾蚧

Chionaspis uenoi Takagi 樟雪盾蚧

Chionaspis vitis Green 葡萄雪盾蚧

Chionaspis wistariae (Cooley) 紫藤雪盾蚧

Chioneosoma Kraatz 雪鳃金龟属

Chioneosoma porosum Fischer 粗雪鳃金龟

Chioneosoma reitteri Semenov 雷雪鳃金龟

Chionomyia Ringdahl 雪种蝇属

Chionomyia vetula (Zetterstedt) 毛腹雪种蝇

Chira Peckham *et* Peckham 迟跳蛛属

Chira albiocciput Boes. *et* Str. 阿尔比迟蛛

Chiracanthium C.L. Koch 红螯蛛属

Chiracanthium adjacensoides Song *et* al. 拟邻红螯蛛

Chiracanthium brevispinun Song 短刺红螯蛛

Chiracanthium erraticum (Walckenaer) 飘红螯蛛

Chiracanthium fibrosum Zhang *et* al. 纤红螯蛛

Chiracanthium fujianensis Gong 福建红螯蛛

Chiracanthium gyirongense Hu *et* Li 吉隆红螯蛛

Chiracanthium insigne Cambridge 短突红螯蛛

Chiracanthium japonicum Boes. *et* Str. 日本红螯蛛

Chiracanthium lapidicolens Simon 那彼红螯蛛

Chiracanthium lascivum Karsch 活泼红螯蛛

Chiracanthium longtailen Xu 长尾红螯蛛

Chiracanthium mongolicum Schenkel 蒙古红螯蛛

Chiracanthium olliforme Zhang *et* Zhu 壶红螯蛛

Chiracanthium paradjacens Chen *et* Gao 近邻红螯蛛

Chiracanthium pennyi Cambridge 彭妮红螯蛛

Chiracanthium pichoni Schenkel 皮雄红螯蛛

Chiracanthium potanini Schenkel 波氏红螯蛛

Chiracanthium taegense Paik 大邱红螯蛛

Chiracanthium trivialis (Thorell) 平庸红螯蛛

Chiracanthium uncinatum Paik 弱红螯蛛

Chiracanthium unicum Boes. *et* Str. 钩红螯蛛

Chiracanthium virescens (Sundevall) 绿红螯蛛

Chiracanthium zhejiangensis Song *et* Hu 浙江红螯蛛

Chiridopsis bistrimaculata (Boheman) 六点沟龟甲

Chiridopsis bowringi (Boheman) 条点沟龟甲

Chiridopsis punctata (Weber) 黑网沟龟甲

Chiridopsis scalaris (Weber) 黑符沟龟甲

Chiridula semenowi Weise 绿显爪龟甲

Chirocetes 异异螨属

Chirodiscidae 蝠盘螨科

Chirodiscoides Hirst 拟蝠盘螨属

Chirodiscus Trouessart *et* Neumann 蝠盘螨属

Chirodiscus amplexans (Trouessart *et* Neumann) 抱蝠盘螨

Chiromyzidae 摇虻科 soldier flies

Chironomidae 摇蚊科 midges

Chironomus oryzae Matsumura 稻摇蚊 rice midge

Chiroptella Vercammen-Grandjean 翼手恙螨属

Chiroptella anhuiensis Chen *et* al. 安徽翼手恙螨

Chiroptella chianfushanensis Teng 千佛山翼手恙螨

Chiroptella chrysantheumbata Chen 菊蝠翼手恙螨

Chiroptella curvisetosa Wang 曲毛翼手恙螨

Chiroptella daguana Wen *et* Xiang 大观翼手恙螨

Chiroptella dianensis Wen *et* Xiang 滇翼手恙螨

Chiroptella insolli Philip *et* Traub 伊氏翼手恙螨

Chiroptella magaseta Chen 粗毛翼手恙螨

Chiroptella muscae (Oudemans) 膜嗜翼手恙螨

Chiroptella neosinensis Teng 新华翼手恙螨

Chiroptella pipistrella (Chen *et* Hsu) 小蝠翼手恙螨

Chiroptella subakamushi (Schluger) 似红翼手恙螨

Chiroptella tanyei Wen *et* Xiang 昙叶翼手恙螨

Chirorhynchobia 蝠鼻螨属

Chirorhynchobia matsoni Yunker 玛氏蝠鼻螨

Chirorhynchobia urodermae Fain 皮蝠鼻螨

Chirorhynchobiidae 蝠鼻螨科

Chirosia Rondani 蕨蝇属

Chirosia albitarsis (Zetterstedt) 白跗蕨蝇

Chirosia betuleti (Ringdahl) 芒叶蕨蝇

Chirosia frontata Suwa 钝叶蕨蝇

Chirosia laticerca Fan 宽尾蕨蝇

Chirosia orthostylata Qian et Fan 直叶蕨蝇

Chirosia similata (Tiensuu) 锤叶蕨蝇

Chirothripoididae 指蓟马科

Chirothrips Haliday 指蓟马属

Chirothrips manicatus Haliday 袖指蓟马 timothy thrips

Chirotonetes Eaten 脉翅蜉蝣属

Chirotonetes japonicus Ulmer 日本脉翅蜉蝣

Chitinosiphum Yuan et Xue 丁化长管蚜属

Chitinosiphum abdomenigrum Yuan et Xue 丁化长管蚜

Chitoria Moore 铠蛱蝶属

Chitoria chrysolora (Fruhstorfer) 金铠蛱蝶

Chitoria fasciola (Leech) 黄带铠蛱蝶

Chitoria pallas (Leech) 铂铠蛱蝶

Chitoria sordida (Moore) 斜带铠蛱蝶

Chitoria subcaerulea (Leech) 粟铠蛱蝶

Chitoria ulupi (Doherty) 武铠蛱蝶

Chlaenius bioculatus Motsch. 双斑青步甲

Chlaenius circumdactus Mor. 宽边青步甲

Chlaenius circumdatus Brulle 黄边青步甲

Chlaenius costiger Chaud. 脊青步甲

Chlaenius inops Chaud. 狭边青步甲

Chlaenius junceus Andr. 麻胸青步甲

Chlaenius micans Fab. 黄斑青步甲

Chlaenius naeviger Mor. 毛胸青步甲

Chlaenius nigricans Wied. 大黄缘青步甲

Chlaenius pallipes Geb. 淡足青步甲

Chlaenius posticalis Motsch. 后斑青步甲

Chlaenius praefectus Bates 点沟青步甲

Chlaenius prostenus Bates 附边青步甲

Chlaenius sericimican Chaud. 丝青步甲

Chlaenius spoliatus Rossi 黄缘青步甲

Chlaenius variicornis Bates 异角青步甲

Chlaenius virgulifer Chaud. 逗斑青步甲

Chlamisinae 瘤叶甲亚科

Chlamisus Rafinesque 瘤叶甲属

Chlamisus indicus (Jacoby) 齿臀瘤叶甲

Chlamisus laticollis Chûj 乳瘤叶甲

Chlamisus latiusculus (Chûj) 悬钩子瘤叶甲

Chlamisus palliditarsis (Chen) 黄跗瘤叶甲

Chlamisus pilifrons (Lefèvre) 毛额瘤叶甲

Chlamisus pubiceps (Chûj) 唇形花瘤叶甲

Chlamisus purpureocupreus Chen 紫铜瘤叶甲

Chlamisus ruficeps (Chen) 红头瘤叶甲

Chlamisus rufulus (Chen) 红瘤叶甲

Chlamisus semirufus (Chen) 漆树瘤叶甲

Chlamisus setosus (Bowditch) 毛瘤叶甲

Chlamisus zhamensis Tan 樟木瘤叶甲

Chlamydatus associatus (Uhler) 猪草盲蝽 ragweed plant bug

Chlamydatus pullus Reut 小黑盲蝽

Chlamydidae 瘤叶甲科 leaf beetles

Chlenias pachymela Lower 厚查尺蛾

Chlenias pini Tindale 松查尺蛾

Chlenias zonaea Meyrick 东澳查尺蛾

Chliaria Felder et Felder 蒲灰蝶属

Chliaria kina (Hewitson) 蒲灰蝶

Chlidanotidae 澳卷蛾科

Chlidaspis prunorum (Borchsenius) 杏枝皑盾蚧

Chlidaspis sinensis Tang 见 *Shansiaspis sinensis*

Chlisaspis Borchsenius 皑盾蚧属

Chloebius Schoenherr 草象属

Chloebius aksunus Reitter 鹿斑草象

Chloebius contractus Faust 缩胸草象

Chloebius immeritus Boheman 长毛草象

Chloebius psittacinus Boheman 短毛草象

Chloethrips Priesner 芽蓟马属

Chloethrips oryzae (Williams) 稻芽蓟马 rice thrips

Chlorida festiva Linnaeus 杜果天牛 mango borer

Chloridea Duncan 见 *Heliothis* Oschsenheimer

Chloridea incarnata Freyer 豆实夜蛾

Chloridea peltigera Schiffermüller 见 *Heliothis peltigera*

Chloridolum Thomson 长绿天牛属

Chloridolum accensum Newman 胶木长绿天牛

Chloridolum cyaneonotatum Pic 靛胸长绿天牛

Chloridolum grossepunctatum Gressitt et Rondon 柄齿长绿天牛

Chloridolum hainanicum Gressitt 海南长绿天牛

Chloridolum heyrovskyi Plavilstshikov 赫氏长绿天牛

Chloridolum japonicum (Harold) 二色长绿天牛

Chloridolum jeanvoinei (Pic) 网点长绿天牛

Chloridolum kwangtungum Gressitt 广东长绿天牛

Chloridolum lameeri (Pic) 紫缘长绿天牛

Chloridolum laosensis (Pic) 老挝长绿天牛

Chloridolum laotium Gressitt et Rondon 松长绿天牛

Chloridolum nigroscutellatum Gressitt 沟盾长绿天牛

Chloridolum plicaticolle Pic 横皱长绿天牛

Chloridolum plicovelutinum Gressitt et Rondon 绒斑长绿天牛

Chloridolum punctulatum (Pic) 滇长绿天牛

Chloridolum scutellatum Gressitt 黑盾长绿天牛

Chloridolum semipunctatum Gressitt et Rondon 长柄长绿天牛

Chloridolum sieversi (Ganglbauer) 黄胸长绿天牛

Chloridolum taiwanum Gressitt 台湾长绿天牛

Chloridolum tonguanum Chiang 同古长绿天牛

Chloridolum touzalini Pic 云南长绿天牛

Chloridolum violaceicolle Pic 越南长绿天牛

Chloridolum vittigerum Bates 纹翅长绿天牛

Chlorion Latreille 绿泥蜂属

Chlorion lobatum (Fabricius) 叶齿金绿泥蜂

Chlorion striatum Li et Yang 背纹金绿泥蜂

Chloriona Fieber 绿飞虱属

Chloriona arakawai Matsumura 黑腹绿飞虱

Chloriona smaragdula (Stål) 翠绿飞虱

Chloriona tateyamana Matsumura 芦苇绿飞虱

Chloriona unicolor (Herrich-Schäffer) 单色绿飞虱

Chlorissa Stephens 仿锈腰尺蛾属

Chlorissa gelida Butler 藏仿锈腰青尺蛾

Chlorita Fieber 绿叶蝉属

Chlorita onukii Natsuda 茶绿叶蝉 tea green leafhopper

Chlorochroa ligata (Say) 野棉蝽 conchuela

Chlorochroa sayi Stål 塞氏蝽 Say stink bug

Chloroclystis Hübner 沧尺蛾属

Chloroclystis chlorophilata (Walker) 对斑沧尺蛾

Chloroclystis papillosa (Warren) 突鳞沧尺蛾

Chloroclystis rectangulata (Linnaeus) 双齿沧尺蛾 green pug moth

Chloroclystis rubroviridis (Warren) 红绿沧尺蛾

Chloroclystis semiscripta Warren 黑缘沧尺蛾

Chlorocoma dichlorana Guenée 绿尺蛾 green looper

Chlorocryptus Cameron 绿姬蜂属

Chlorocryptus coreanus (Szepligeti) 朝鲜绿姬蜂

Chlorocryptus purpuratus (Smith) 紫绿姬蜂

Chlorocyphidae 见 Libellaginidae

Chlorodontopera Warren 四眼绿尺蛾属

Chlorodontopera discospilata (Moore) 四眼绿尺蛾

Chlorodontopera mandarinata (Leech) 中国四眼绿尺蛾

Chlorolestidae 绿丝螅科

Chloromachia Warren 彩青尺蛾属

Chloromachia augustaria (Oberthür) 金银彩青尺蛾

Chloromachia gavissima aphrodite Prout 瘠彩青尺蛾

Chloromachia gavissima Walker 彩青尺蛾

Chloroperla Newman 绿石蝇属

Chloroperla erectospina (Wu) 竖刺绿石蝇

Chloroperlidae 绿石蝇科 green stoneflies

Chlorophanus Germar 绿象属

Chlorophanus auripes Faust 金足绿象

Chlorophanus caudatus Fåhraeus 长尾绿象

Chlorophanus circumcinctus Gyllenhyl 圆锥绿象

Chlorophanus grandis Roelofs 大绿象

Chlorophanus kansuanus Marshall 甘肃绿象

Chlorophanus lineolus Motschulsky 隆脊绿象

Chlorophanus roseipes Heller 红足绿象

Chlorophanus sibiricus Gyllenhyl 西伯利亚绿象

Chlorophanus simulans Faust 草绿象

Chlorophanus solarii Zumpt 红背绿象

Chlorophlaeoba Ramme 黄佛蝗属

Chlorophlaeoba longiceps Liang *et* Zheng 长头佛蝗

Chlorophlaeoba longusala Zheng 长翅黄佛蝗

Chlorophlaeoba tonkinensis Ramme 越黄佛蝗

Chlorophorus Chevrolat 绿虎天牛属

Chlorophorus annularis (F.) 竹绿虎天牛 bamboo longicorn beetle

Chlorophorus arciferus (Chevrolat) 愈斑绿虎天牛

Chlorophorus bonengensis Gressitt *et* Rondon C字纹绿虎天牛

Chlorophorus brevenotatus Pic 锯角绿虎天牛

Chlorophorus carinatus Aurivillius 突胸绿虎天牛

Chlorophorus diadema Motsch. 刺槐绿虎天牛

Chlorophorus eleodes eleodes (Fairmaire) 榄绿虎天牛

Chlorophorus funebris Gressitt *et* Rondon 八字纹绿虎天牛

Chlorophorus furtivus Gressitt *et* Rondon 长腿绿虎天牛

Chlorophorus grandipes Pic 细纹绿虎天牛

Chlorophorus hederatus Heller 卵纹绿虎天牛

Chlorophorus hisutulus Gressitt *et* Rondon 晦纹绿虎天牛

Chlorophorus inhumeralis Pic 弯带绿虎天牛

Chlorophorus japonicus Chevrolat 日本绿虎天牛

Chlorophorus lingnanensis Gressitt 广州绿虎天牛

Chlorophorus linsleyi Gressitt *et* Rondon 林氏绿虎天牛

Chlorophorus macaumensis (Chevrolat) 澳门绿虎天牛

Chlorophorus macaumensis subgriseus Gressitt *et* Rondon 勾纹绿虎天牛

Chlorophorus miwai Gressitt 弧纹绿虎天牛

Chlorophorus motschulskyi (Gangl.) 杨柳绿虎天牛

Chlorophorus moupinensis (Fairmaire) 宝兴绿虎天牛

Chlorophorus notabilis cuneatus (Fairmaire) 散斑绿虎天牛

Chlorophorus nouphati Gressitt *et* Rondon 诺氏绿虎天牛

Chlorophorus proannulatus Gressitt *et* Rondon 宽条绿虎天牛

Chlorophorus quatuordecimmaculatus Chevrolat 十四斑绿虎天牛

Chlorophorus reductus Pic 半环绿虎天牛

Chlorophorus rubricollis (Castelnau *et* Gory) 红胸绿虎天牛

Chlorophorus rufimembris Gressitt *et* Rondon 长纹绿虎天牛

Chlorophorus sappho Gressitt *et* Rondon 叉纹绿虎天牛

Chlorophorus separatus Gressitt 裂纹绿虎天牛

Chlorophorus sexmaculatus (Motschulsky) 六斑绿虎天牛

Chlorophorus signaticollis (Castelnau *et* Gory) 黄毛绿虎天牛

Chlorophorus smithi Gressitt 史氏绿虎天牛

Chlorophorus strobilicola Champion 球果绿虎天牛

Chlorophorus tixieri Pic 双带绿虎天牛

Chlorophorus viticis Gressitt *et* Rondon 眼斑绿虎天牛

Chloropidae 秆蝇科(黄潜蝇科) chloropid flies, grass flies

Chlorops Meigen 黄潜蝇属

Chlorops mugivorus Nishijima *et* Kanmiya 麦秆蝇 wheat stem maggot

Chlorops oryzae Matsumura 稻秆蝇 rice stem maggot

Chloropulvinaria Borchsenius 绿绵蚧属(绿绵蜡蚧属)

Chloropulvinaria aurantii (Cockerell) 柑橘绿绵蚧(橘绿绵蜡蚧,橘绵蚧) citrus cottony scale

Chloropulvinaria coccolobae Borchsenius 黄蓼绿绵蚧

Chloropulvinaria floccifera (Westw.) 油茶绿绵蚧(绿绵蜡蚧) cottony camellia scale,cushion scale

Chloropulvinaria okitsuensis (Kuw.) 日本绿棉蚧(油茶绵蚧,橙绿绵蜡蚧) Okitsu citrus cottony scale

Chloropulvinaria polygonata (Cockerell) 多角绿绵蚧(多角绵蚧,卵绿绵蜡蚧)

Chloropulvinaria psidii (Maskhall) 刷毛绿绵蚧(柿绵蚧,垫囊绿绵蜡蚧) green shield scale

Chloropulvinaria taiwana (Takahashi) 台湾绿绵蚧(台湾绿绵蜡蚧)

Chloropulvinaria torreyae (Takahashi) 榧杉绿绵蚧

Chlororhinia Townsend 绿鼻蝇属

Chlororhinia exempta (Walker) 铜绿鼻蝇

Chlororithra Butler 瓷尺蛾属

Chlumetia Walker 横线尾夜蛾属

Chlumetia transversa (Walker) 杧果横线尾夜蛾 mango shoot-borer

Chnaurococcus Ferris 佳粉蚧属(根瘤粉蚧属,美根粉蚧属)

Chnaurococcus danzigae Kozar *et* Koszt. 匈牙利佳粉蚧 Danzig's mealybug

Chnaurococcus globosa Wang 见 *Mirococcus sera*

Chnaurococcus mongolicus (Danzig) 蒙古佳粉蚧

Chnaurococcus parvus (Borchsenius) 苏联佳粉蚧 Russian root mealybug

Chnaurococcus sera (Borchsenius) 见 *Mirococcus sera*

Chnaurococcus subterraneus (Newst.) 中欧佳粉蚧 root mealybug

Choaspes Moore 绿弄蝶属

Choaspes benjaminii (Guèrin-Méneville) 绿弄蝶

Choaspes hemixantha Rothschild 半黄绿弄蝶

Choaspes xanthopogon (Kollar) 黄毛绿弄蝶

Choeradodidae 叶背螳科

Choerocampinae 斜纹天蛾亚科

Choeromorpha subfasciata (Pic) 密条柯象天牛

Chokkirius rosti Schilsky 阔端切叶象甲 broad-tipped weevil

Cholodkovskya Börner 绿球蚜属

Cholodkovskya viridana Cholodkovsky 落叶松绿球蚜 green larch aphid

Chonala Moore 带眼蝶属

Chonala episcopalis (Oberthür) 带眼蝶

Chonala masoni (Elwes) 马森带眼蝶

Chonala praeusta (Leech) 棕带眼蝶

Chondracris Uv. 棉蝗属

Chondracris rosea brunneri Uv. 大棉蝗

Chondracris rosea rosea (De Geer) 棉蝗

Choreutis Hübner 牛蒡雕蛾属

Choreutis bjerkandrella Thumberg 牛蒡雕蛾 burdock leafroller

Chorinaeus Holmgren 黄脸姬蜂属

Chorinaeus facialis Chao 稻纵卷叶螟黄脸姬蜂

Chorioptes Gervais 痒螨属

Chorioptes bovis (Gerlach) 牛痒螨 ox tail mange mite

Chorioptes caprae (Delafond) 山羊痒螨 symbiotic mange mite of goat

Chorioptes cuniculi (Zurn) 兔痒螨 symbiotic mange mite of rabbit

Chorioptes equi (Hering) 马痒螨 horse foot mange mite

Chorioptes ovis (Raillet) 绵羊痒螨 sheep chorioptic mange mite

Chorioptes texanus (Hirst) 德州牛痒螨

Chorisoneuridae 小蠊科

Choristidae 澳蝎蛉科

Choristoneura Lederer 色卷蛾属

Choristoneura biennis Freeman 双年色卷蛾 two-year budworm

Choristoneura conflictana (Walker) 柳色卷蛾 large aspen tortrix

Choristoneura diversana (Hübner) 异色卷蛾 maple twist moth

Choristoneura fractivittana Clemens 碎色卷蛾

Choristoneura fumiferana (Clemens) 云杉色卷蛾 spruce budworm

Choristoneura houstonana (Grot) 宿主色卷蛾

Choristoneura lafauriana (Ragonot) 角色卷蛾

Choristoneura lambertiana (Busck) 兰伯色卷蛾 sugar pine tortrix

Choristoneura longicellana (Walsingham) 黄色卷蛾

Choristoneura luticostana (Christoph) 棕色卷蛾

Choristoneura metasequoiacola Liu 水杉色卷蛾

Choristoneura murinana (Hübner) 紫色卷蛾

Choristoneura occidentalis Freeman 西部云杉色卷蛾 western spruce budworm

Choristoneura orae Freeman 春色卷蛾

Choristoneura pinus Freeman 贾克松色卷蛾 jack pine budworm

Choristoneura rosaceana (Harr.) 玫瑰色卷蛾 oblique-banded leaf roller

Choristoneura subretiniana Obraztsov 树脂色卷蛾

Choristoneura viridis Freeman 栎色卷蛾 Modoc budworm

Chorizagrotis auxiliaris (Grot) 行军切根虫(美国行军虫,原节根虫) army cutworm, true armyworm

Chorizococcus scorzonerae Tang 鸦葱巧粉蚧

Chorizopes O.P.-Cambridge 壮头蛛属

Chorizopes bengalensis Tikader 孟加拉壮头蛛

Chorizopes dicavus Yin *et* Wang 双室壮头蛛

Chorizopes goosus Yin *et* Wang 飞雁壮头蛛

Chorizopes khanjanes Tikader 印度壮头蛛

Chorizopes nipponicus Yaginuma 日本壮头蛛

Chorizopes shimenensis Yin *et* Peng 石门壮头蛛

Chorizopes tumens Yin *et* Wang 宽腹壮头蛛

Chorodna Walker 方尺蛾属

Chorodna erebusaria Walker 魔方尺蛾

Chorodna ochreimacula Prout 黄斑方尺蛾

Choroedocus Bol. 长夹蝗属

Choroedocus capensis (Thunb.) 长夹蝗

Choroedocus illustrius Walker 亮长夹蝗

Choroedocus robusta (Serv.) 无斑长夹蝗

Choroedocus violaceipes Miller 紫胫长夹蝗

Chorosoma Curtis 离缘蝽属

Choroterpes Eaton 宽基蜉属

Choroterpes anhuiensis Wu *et* You 安徽宽基蜉

Choroterpes curviforceps Wu *et* You 弯铗宽基蜉

Choroterpes hainanensis You *et* Gui 海南宽基蜉

Choroterpes nanjingensis You *et* al. 南京宽基蜉

Choroterpes trifurcata Ueno 三叉宽基蜉

Choroterpes yixingensis Wu *et* You 宜兴宽基蜉

Choroterpides Ulmer 似宽基蜉属

Choroterpides hainanensis You *et* Gui 海南似宽基蜉

Chorthippus Fieb. 雏蝗属

Chorthippus aethalinus (Zub.) 黑翅雏蝗

Chorthippus albomarginatus (De Geer) 白边雏蝗

Chorthippus albonemus Cheng *et* Tu 白纹雏蝗

Chorthippus amplilineatus Ma *et* Guo 宽带雏蝗

Chorthippus amplintersitus Liu 宽隔雏蝗

Chorthippus anomopterus Liu 异翅雏蝗

Chorthippus apricarius (L.) 中宽雏蝗

Chorthippus aroliumulus Xia *et* Jin 小垫雏蝗

Chorthippus atridorsus Jia *et* Liang 黑背雏蝗

Chorthippus bellus Zhang *et* Jin 黑俏雏蝗

Chorthippus biguttulus (L.) 异色雏蝗

Chorthippus bilineatus Zhang 双条雏蝗

Chorthippus brevicornis Wang *et* Zheng 短角雏蝗

Chorthippus brevipterus Yin 短翅雏蝗

Chorthippus brunneus (Thunb.) 褐色雏蝗

Chorthippus brunneus huabeiensis Xia *et* Jin 华北雏蝗

Chorthippus changbaishanensis Liu 长白山雏蝗

Chorthippus changtunensis Yin 昌都雏蝗

Chorthippus chapini Chang 姜氏雏蝗

Chorthippus chayuensis Yin 察隅雏蝗

Chorthippus chinensis Tarb. 中华雏蝗

Chorthippus conicaudatus Xia *et* Jin 锥尾雏蝗

Chorthippus dahinganlingensis Lian *et* Zheng 大兴安岭雏蝗

Chorthippus daixianus Zheng *et* Ma 代县雏蝗

Chorthippus deqenensis Liu 德钦雏蝗

Chorthippus dichrous (Ev.) 翠饰雏蝗

Chorthippus dubius (Zub.) 狭翅雏蝗

Chorthippus fallax (Zub.) 小翅雏蝗

Chorthippus flavabdomenis Liu 黄腹雏蝗

Chorthippus flavitibias Zheng *et* Wang 黄胫雏蝗

Chorthippus flexivenus Liu 曲脉雏蝗

Chorthippus foveatus Xia *et* Jin 狭窝雏蝗

Chorthippus fuscipennis (Caud.) 鹤立雏蝗

Chorthippus genheensis Li *et* Yin 根河雏蝗

Chorthippus gongbuensis Liang *et* Zheng 工布雏蝗

Chorthippus grahami Chang 葛氏雏蝗

Chorthippus hammarstroemi (Mir.) 北方雏蝗

Chorthippus heilongjiangensis Lian *et* Zheng 黑龙江雏蝗

Chorthippus hemipterus Uv. 半翅雏蝗

Chorthippus hengshanensis Zheng *et* Ma 恒山雏蝗

Chorthippus horqinensis Li *et* Yin 科尔沁雏蝗

Chorthippus hsiai Cheng *et* Tu 夏氏雏蝗

Chorthippus huchengensis Xia *et* Jin 呼城雏蝗

Chorthippus hunanensis Yin *et* Wei 湖南雏蝗

Chorthippus intermedius (B.-Bienko) 东方雏蝗

Chorthippus keshanensis Zhang *et* al. 克山雏蝗

Chorthippus latifoveatus Xia *et* Jin 宽窝雏蝗

Chorthippus latipennis (Bol.) 侧翅皱雏

Chorthippus liaoningensis Zheng 辽宁雏蝗

Chorthippus longdongensis Zheng 陇东雏蝗

Chorthippus longicornis (Latr.) 长角雏蝗

Chorthippus longisonus Li *et* Yin 长声雏蝗

Chorthippus louguanensis Cheng *et* Tu 楼观雏蝗

Chorthippus maerkangensis Zheng 马尔康雏蝗

Chorthippus markamensis Yin 芒康雏蝗

Chorthippus minutus Zhang 小黑雏蝗

Chorthippus mollis (Charp.) 小雏蝗

Chorthippus multipegus Yin *et* Wei 多齿雏蝗

Chorthippus neipopennis Xia *et* Jin 幼翅雏蝗

Chorthippus nemus Liu 林草雏蝗

Chorthippus nigricanivenus Zheng, Ma *et* Wang 黑脉雏蝗

Chorthippus ningwuensis Zheng *et* Zhi 宁武雏蝗

Chorthippus occidentalis Xia *et* Jin 华西雏蝗

Chorthippus planidentis Xia *et* Jin 平齿雏蝗

Chorthippus qinghaiensis Wang *et* Zheng 青海雏蝗

Chorthippus qingzangensis Yin 青藏雏蝗

Chorthippus rubensabdomenis Liu 红腹雏蝗

Chorthippus rufifemurus Zheng, Ma *et* Wang 红股雏蝗

Chorthippus rufipennis Jia *et* Liang 红翅雏蝗

Chorthippus rufitibis Zheng 红胫雏蝗

Chorthippus rufucornus Zheng 红角雏蝗

Chorthippus separatanus Liu 裂肛雏蝗

Chorthippus shantungensis Chang 山东雏蝗

Chorthippus squamopennis Zheng 鳞翅雏蝗

Chorthippus taiyuanensis Zheng *et* Ma 太原雏蝗

Chorthippus tianshanensis Liu *et* Fan 天山皱蝗

Chorthippus tibetanus Uv. 西藏雏蝗

Chorthippus unicubitus Xia *et* Jin 并脉雏蝗

Chorthippus xiangchengensis Liu 乡城雏蝗

Chorthippus yanmenguanensis Zheng et Zhi 雁门关雏蝗

Chorthippus yanyuanensis Jin et Lin 盐源雏蝗

Chorthippus yuanshanensis Zheng 玉案山雏蝗

Chorthippus zhengi Ma et Guo 郑氏雏蝗

Chortinaspis Ferris 壳圆盾蚧属

Chortinaspis biloba (Maskell) 双叶壳圆盾蚧

Chortinaspis decorata Ferris 云南壳圆盾蚧

Chortinaspis phragmitis (Takahashi) 见 *Aspidiella phragmitis*

Chortoglyphidae 嗜草螨科

Chortoglyphinae 嗜草螨亚科

Chortoglyphus Berlese 嗜草螨属

Chortoglyphus arcuatus Troupeau 背嗜草螨

Chortoicetes Brunner V. Wattenwyl 澳大利亚蝗属

Chortoicetes terminifera Walker 澳洲疫蝗 Australian plague locust, black-tipped locust

Chouious Yang 周叶蝉属

Chouious tianzeus Yang 天则周叶蝉

Choulima Zhang 周小叶蝉属

Choulima bina Zhang 周小叶蝉

Chremon repentinus Rehn 咖啡树蟋 coffee tree cricket

Chremylus elaphus Haliday 织网衣蛾寡节茧蜂

Chreonoma atritarsis Pic 见 *Bacchisa atritarsis*

Chreonoma comata Gahan 茶眼天牛

Chreonoma dioica (Fairm.) 苹眼天牛

Chreonoma fortunei (Thomson) 见 *Bacchisa fortunei*

Chriodes Förster 对眼姬蜂属

Chriodes breviterebra He 短管对眼姬蜂

Chriodes chaoi He 赵氏对眼姬蜂

Chriodes chui He 祝氏对眼姬蜂

Chrioloba Prout 隐叶尺蛾属

Chrioloba apicata (Prout) 长阳隐叶尺蛾

Chrioloba cinerea (Butler) 灰隐叶尺蛾

Chrioloba ochraceistriga Prout 双线隐叶尺蛾

Chrionota Uchida 损背姬蜂属

Chrionota townesi Uchida 汤氏损背姬蜂

Chromacallis hirsutustibis Kumur et Lavigne 核桃多毛色斑蚜

Chromaphis Walker 黑斑蚜属

Chromaphis juglandicola (Kaltenbach) 核桃黑斑蚜 walnut aphid

Chromarcys Navás 色囊蜉蝣属

Chromarcys magnifica Navás 大色囊蜉蝣

Chromatomyia horticola (Goureau) 豌豆彩潜蝇

Chromocallis Walker 绿斑蚜属

Chromocallis nirecola (Shinji) 日本绿斑蚜

Chromocallis pumili Zhang 榆绿斑蚜

Chromocallis similinirecola Zhang 肖绿斑蚜

Chromoderus Motschulsky 黑斜纹象属

Chromoderus declivis Olivier 黑斜纹象

Chromonotus Motschulsky 尖眼象属

Chromonotus bipunctatus Zoubkoff 二斑尖眼象

Chromonotus confluens Fåhraeus 黑斑尖眼象

Chrorizopes trimamillatn Schenkel 光壮头蛛

Chrosiothes Simon 克罗蛛属

Chrosiothes sudabides (Boes. et Str.) 四棘克罗蛛

Chrotogonidae 瘤锥蝗科

Chrotogoninae 瘤锥蝗亚科

Chrotogonus Serv. 瘤锥蝗属

Chrotogonus armatus Steinmann 八达岭瘤锥蝗

Chrotogonus turanicus Kuthy 瘤锥蝗

Chrysacris Zheng 金色蝗属

Chrysacris flavida Liang et Jia 浅金色蝗

Chrysacris heilongjiangensis Ren et al. 黑龙江金色蝗

Chrysacris humengensis Ren et Zhang 呼盟金色蝗

Chrysacris liaoningensis Zheng 辽宁金色蝗

Chrysacris qinlingensis Zheng 秦岭金色蝗

Chrysacris robusta Lian et Zheng 粗壮金色蝗

Chrysacris sinucarinata Zheng 曲线金色蝗

Chrysacris virudis Lian et Zheng 绿金色蝗

Chrysacris wulingshanensis Zheng 武陵山金色蝗

Chrysanthedidae 蓝绿花蜂科 blue winged wasps

Chrysaspidia Hübner 金斑夜蛾属

Chrysaspidia festata (Graes.) 稻金斑夜蛾(稻金翅夜蛾)

Chrysaspidia festucae (L.) 金斑夜蛾

Chrysidia madagaskarensis 马达加斯加燕蛾

Chrysidia 燕蛾属

Chrysididae 青蜂科 cuckoo wasps, rudy tailed wasps

Chrysilla Thorell 丽跳蛛属

Chrysilla lauta Thorell 华美丽跳蛛

Chrysis L. 青蜂属

Chrysis shanghaiensis Smith 上海青蜂

Chrysobothris Esch. 星吉丁属

Chrysobothris affinis Fabricius 栎星吉丁

Chrysobothris dentipes (Germar) 齿星吉丁

Chrysobothris dorsata F. 背星吉丁

Chrysobothris femorata (Olivier) 苹星吉丁 flatheaded apple tree borer

Chrysobothris gardneri Théry 金合欢星吉丁

Chrysobothris indica Cast. et Gory 光翅星吉丁

Chrysobothris mali Horn 太平洋星吉丁 Pacific flat-headed borer

Chrysobothris nixa Horn 雪松星吉丁 flatheaded cedar borer

Chrysobothris orono Frost 山星吉丁

Chrysobothris pieli Théry 皮氏星吉丁

Chrysobothris succedanea Saunders 柑橘星吉丁 six-spotted buprestid

Chrysobothris tranquebarica (Gmelin) 澳松星吉丁 Australian-pine borer

Chrysobothris violacea Kerremans 十星吉丁

Chrysobothris virginiensis (Drury) 大扁头星吉丁 large flatheaded pine heartwood borer

Chrysobothris vitalisi Théry 蓝翅星吉丁

Chrysochares Morawitz 绿叶甲属

Chrysochares aeneocupreus Chen 罗布麻绿叶甲

Chrysochares asiaticus (Pallas) 大绿叶甲

Chrysocharis gemma (Walker) 冬青潜蝇姬小蜂

Chrysocharis laricinellae (Retzebury) 白桦潜叶蜂姬小蜂

Chrysochraon Fisch. 绿洲蝗属

Chrysochraon dispar dispar (Germ.) 绿洲蝗

Chrysochraon dispar major Uv. 大绿洲蝗

Chrysochroa bicolor Fabricius 双色金吉丁

Chrysochroa buqueti Gory 紫斑金吉丁

Chrysochroa fulgidissima Schoenherr 桃金吉丁

Chrysochus Redtenbacher 萝藦叶甲属

Chrysochus chinensis Baly 中华萝藦叶甲

Chrysoclista Stainton 苹尖翅蛾属

Chrysoclista basiflavella Matsumura 苹果尖翅蛾 apple cosmopterygid

Chrysoclista linneella (Clerck) 椴尖翅蛾 linden bark borer

Chrysocoris Hahn 丽盾蝽属

Chrysocoris abdominalis (Westwood) 黄腹丽盾蝽

Chrysocoris eques (Fabricius) 卷边丽盾蝽

Chrysocoris grandis (Thunberg) 丽盾蝽

Chrysocoris javanus Westwood 咖啡丽盾蝽

Chrysocoris patricius (Fabricius) 小丽盾蝽

Chrysocoris purpureus Westwood 紫蓝金花蝽

Chrysocoris stolii (Wolff) 紫蓝丽盾蝽

Chrysocraspeda olearia Guenée 印丽尺蛾

Chrysodeixis Hübner 锞纹夜蛾属

Chrysodeixis chalcytes (Esp.) 锞纹夜蛾

Chrysodeixis eriosoma (Doubl.) 南方锞纹夜蛾

Chrysolagria cyanicollis Borchmann 青丽伪叶甲

Chrysolagria naivashana Borchmann 居丽伪叶甲

Chrysolagria neavei Borchmann 非丽伪叶甲

Chrysolagria purpurascens Borchmann 紫丽伪叶甲

Chrysolampra Baly 亮叶甲属

Chrysolampra cyanea Lefèvre 蓝亮叶甲

Chrysolampra splendens Baly 亮叶甲

Chrysolina Motschulsky 金叶甲属

Chrysolina aeruginosa (Faldermann) 漠金叶甲

Chrysolina aurichalcea (Mannerheim) 蒿金叶甲

Chrysolina exanthematica (Wiedemann) 薄荷金叶甲 peppermint leaf beetle

Chrysolina medogana Chen *et* Wang 墨脱金叶甲

Chrysolina nyalamana Chen *et* Wang 聂拉木金叶甲

Chrysolina polita (Linn) 铜绿金叶甲

Chrysolina quadrigemina (Suffrian) 双金叶甲 Klamathweed beetle

Chrysolina sulcicollis (Fairmaire) 沟胸金叶甲

Chrysolina virgata (Motschulsky) 绿条金叶甲

Chrysolina zangana Chen *et* Wang 西藏金叶甲

Chrysolopus Germar 钻石象属

Chrysolopus spectabilis Fabricius 钻石象 diamond beetle

Chrysomela Linnaeus 叶甲属

Chrysomela adamsi ornaticollis Chen 桤木叶甲

Chrysomela aeneicollis (Schäffer) 美加柳叶甲 willow leaf beetle

Chrysomela alnicola Brown 北美赤杨叶甲 alder leaf beetle

Chrysomela chlorina Maulik 蒙白桤木叶甲 alder leaf beetle

Chrysomela crotchi Brown 山杨叶甲 aspen leaf beetle

Chrysomela falsa Brown 北美柳叶甲 willow leaf beetle

Chrysomela interrupta Fabricius 欧洲杨柳叶甲 poplar and willow leaf beetle

Chrysomela keniae Bryant 银白杨叶甲

Chrysomela lapponica Linnaeus 弧斑叶甲

Chrysomela maculicollis (Jacoby) 斑胸叶甲

Chrysomela populi Linnaeus 杨叶甲 large poplar leaf beetle

Chrysomela saliceti (Weise) 柳红叶甲

Chrysomela salicivorax (Fairmaire) 柳十八斑叶甲

Chrysomela scripta Fabricius 美洲杨叶甲 cottonwood leaf beetle, poplar leaf beetle

Chrysomela semota Borwn 毛果杨叶甲 poplar leaf beetle

Chrysomela tremulae Fabricius 白杨叶甲 aspen leaf beetle

Chrysomela vigintipunctata (Scopoli) 柳二十斑叶甲 poplar leaf beetle

Chrysomelidae 叶甲科 leaf beetles

Chrysomelobia 叶甲蜥螨属

Chrysomeloidea 叶甲总科

Chrysomikia grahami Villeneuve 蓝缘金光寄蝇

Chrysomphalus Ashmead 褐圆盾蚧属

Chrysomphalus agavis Townsend *et* Cockerell 见 *Acutaspis agavis*

Chrysomphalus aonidum (Linnaeus) 见 *Chrysomphalus ficus*

Chrysomphalus bifasciculatu Ferris 酱褐圆盾蚧 bifasciculate scale

Chrysomphalus dictyospermi (Morgan) 橙褐圆盾蚧 Dictyospermum scale, Morgan's scale, palm scale

Chrysomphalus ficus Ashmead 黑褐圆盾蚧 Artocarpus scale, black scale, Florida red scale, circular black scale

Chrysomphalus mume Tang 梅褐圆盾蚧

Chrysomphalus silvestrii Chou 薛氏褐圆盾蚧

Chrysomya Robineau-Desvoidy 金蝇属

Chrysomya bezziana Villeneuve 蛆症金蝇 old world screwworm

Chrysomya chani Kurahashi 星岛金蝇

Chrysomya megacephala (Fabricius) 大头金蝇 oriental

latrine fly

Chrysomya phaonis (Séguy) 广额金蝇

Chrysomya pinguis (Walker) 肥躯金蝇

Chrysomya thanomthini Kurahashi *et* Tumrasvin 泰金蝇

Chrysomyinae 金蝇亚科

Chrysonopa Jacoby 粗股叶甲属

Chrysonopa tibetana Gressitt *et* Kimoto 西藏粗股叶甲

Chrysopa Leach 草蛉属

Chrysopa abbreviata Curtis 短草蛉

Chrysopa adspersa Wesman 绿撒草蛉

Chrysopa alba (L.) 淡色草蛉

Chrysopa albolineata Killington 白线草蛉

Chrysopa altaica Hölzel 阿尔泰草蛉

Chrysopa boninensis Okamoto 亚非草蛉

Chrysopa carnea Stephens 见 *Chrysoperla carnea*

Chrysopa commata Kiw *et* Ujhelyi 明草蛉

Chrysopa dasyptera McLachlan 多毛草蛉

Chrysopa dorsalis Bumeister 背草蛉

Chrysopa dubitans McLachlan 询草蛉

Chrysopa edwardsi Banks 埃氏草蛉

Chrysopa formasa Brauer 丽草蛉

Chrysopa hummeli Tjeder 胡氏草蛉

Chrysopa hungarica Klapalek 匈牙利草蛉

Chrysopa innotata Walker 新草蛉

Chrysopa intima McLachlan 多斑草蛉

Chrysopa kulingensis (Navás) 牯岭草蛉

Chrysopa madestes Banks 眉草蛉

Chrysopa nierembergi Navás 赛亚麻草蛉

Chrysopa nigricornis Burmeister 黑角草蛉

Chrysopa nipponensis Okamoto 见 *Chrysoperla nipponensis*

Chrysopa oculata Say 北美草蛉 golden-eye lacewing

Chrysopa perla (Linnaeus) 欧洲草蛉 European pearly lacewing

Chrysopa phyllochroma Wesmael 叶色草蛉

Chrysopa quadripunctata Burmeister 四点草蛉

Chrysopa ramburi Schneider 阮氏草蛉

Chrysopa sapporensis Okamoto 山坡草蛉

Chrysopa septempuctata Wesmael 大草蛉

Chrysopa shansiensis Kuwayama 晋草蛉

Chrysopa signata Schneider 显草蛉

Chrysopa sinica Tjeder 中华草蛉

Chrysopa tripunctata McLachlan 三点草蛉

Chrysopa viridana Schneider 绿草蛉

Chrysopa walkeri McLachlan 沃氏草蛉

Chrysopera Hampson 纯夜蛾属

Chrysopera combinans (Walker) 纯夜蛾

Chrysoperla Steinmann 通草蛉属

Chrysoperla bellatula Yang *et* Yang 雅通草蛉

Chrysoperla carnea (Stephen) 普通草蛉

Chrysoperla comanche (Banks) 叶通草蛉

Chrysoperla congrusa (Walker) 类通草蛉

Chrysoperla downest (Smith) 下通草蛉

Chrysoperla euneura Yang *et* Yang 优脉通草蛉

Chrysoperla furcifera (Okamoto) 叉通草蛉

Chrysoperla hainanica Yang *et* Yang 海南通草蛉

Chrysoperla harrisii (Fitch) 哈氏通草蛉

Chrysoperla lanata (Banks) 毛通草蛉

Chrysoperla longicaudata Yang *et* Yang 长尾通草蛉

Chrysoperla mediterranea (Hölzel) 地中海通草蛉

Chrysoperla mutata (McLachlan) 变通草蛉

Chrysoperla nipponensis (Okamoto) 日本通草蛉

Chrysoperla plorabunda (Fitch) 泣通草蛉

Chrysoperla pudica (Navás) 阴通草蛉

Chrysoperla rufilabris (Burmeister) 红通草蛉

Chrysoperla savioi (Navás) 松氏通草蛉

Chrysoperla sinica (Tjeder) 中华通草蛉

Chrysoperla sola Yang *et* Yang 单通草蛉

Chrysoperla zastrowi (Esben-Petersen) 哉通草蛉

Chrysophana LeConte 圆椎吉丁属

Chrysophana conicola Van Dyke 扁头圆椎吉丁 flat-headed cone borer

Chrysophana placida (LeConte) 圆椎吉丁

Chrysopidae 草蛉科 green lacewings, aphis lions

Chrysopilus Macquart 金鹬虻属

Chrysopilus basiflavus Yang *et* Yang 基黄金鹬虻

Chrysopilus guangxiensis Yang *et* Yang 广西金鹬虻

Chrysopilus lucimaculatus Yang *et* Yang 亮斑金鹬虻

Chrysopilus pallipilosus Yang *et* Yang 白毛金鹬虻

Chrysopilus pingxianganus Yang *et* Yang 凭祥金鹬虻

Chrysoplatycerus splendens (Howard) 粉蚧暗跳小蜂

Chrysopolomidae 金蛾科

Chrysopophthorus elegans Tobias 华丽草蛉茧蜂

Chrysops Meigen 斑虻属

Chrysops abavius Philip 前父斑虻

Chrysops aeneus Pechuman 铜色斑虻

Chrysops angaricus Olsufjev 鞍斑虻

Chrysops anthrax Olsufjev 炭角斑虻

Chrysops caecutiens Linnaeus 盲斑虻

Chrysops chaharicus Chen *et* Quo 察哈尔斑虻

Chrysops chusanensis Ouchi 舟山斑虻

Chrysops deqenensis Yang *et* Xu 迪庆斑虻

Chrysops disignata Ricardo 三角斑虻

Chrysops dispar (Fabricius) 异斑虻

Chrysops dissectus Löw 切割斑虻

Chrysops flavescens Szilady 黄瘤斑虻

Chrysops flaviscutellus Philip 黄胸斑虻

Chrysops flavocincta Ricardo 黄带斑虻

Chrysops grandis Szilady 巨斑虻

Chrysops japonicus Wiedemann 日本斑虻

Chrysops liaoningensis Xu *et* Chen 辽宁斑虻

Chrysops makerovi Pleske 玛氏斑虻

Chrysops mlokosiewiczi Bigot 莫氏斑虻

Chrysops nigripes Zetterstedt 黑足斑虻

Chrysops paradesignata Liu *et* Wang 副三角斑虻

Chrysops plateauna Wang 高原斑虻

Chrysops potanini Pleske 帕斑虻

Chrysops relictus Meigen 弧斑虻

Chrysops ricardoae Pleske 婳氏斑虻(婳斑虻)

Chrysops silvifacies Philip 暗狭斑虻

Chrysops silvifacies yunnanensis Liu *et* Wang 云南斑虻

Chrysops sinensis Walker 中华斑虻

Chrysops stackelbergiellus Olsufjev 黑尾斑虻

Chrysops striatula Pechuman 条纹斑虻

Chrysops suavis Löw 合瘤斑虻(密斑虻)

Chrysops szechuanensis Kröber 四川斑虻

Chrysops tarimi Olsufjev 塔里木斑虻

Chrysops validus Löw 苗斑虻

Chrysops vanderwulpi Kröber 范氏斑虻(广斑虻)

Chrysops zhamensis Zhu *et* Zhang 樟木斑虻

Chrysopsinae 斑虻亚科

Chrysoptera Tutt 孤铜夜蛾属

Chrysoptera mikadina (Butler) 亚孤铜夜蛾

Chrysorabdia acutivitta Fang 尖带金苔蛾

Chrysorabdia alpina Hampson 高山金苔蛾

Chrysorabdia aurantiaca Hampson 橘色金苔蛾

Chrysorabdia bivitta (Walker) 缘斑金苔蛾

Chrysorabdia equivitta Fang 均带金苔蛾

Chrysorabdia viridata (Walker) 褐条金苔蛾

Chrysorithrum Butler 客来夜蛾属

Chrysorithrum amata (Bremer *et* Grey) 客来夜蛾

Chrysorithrum flavomaculata (Bremer) 筱客来夜蛾

Chrysosomopsis stricta Townsend 长鬃金绿寄蝇

Chrysoteuchia Hübner 金草螟属

Chrysoteuchia topiaria (Zeller) 越蔓橘草螟 cranberry girdler

Chrysotoxum Meigen 长角食蚜蝇属

Chrysotoxum cautum (Harris) 宽腹长角食蚜蝇

Chrysotoxum octomaculatum Curtis 八斑长角食蚜蝇

Chrysotropia ciliata (Wesmael) 短距纤毛草蛉

Chrysozephyrus Shirôzu *et* Yamamoto 金灰蝶属

Chrysozephyrus choui Tong 周氏金灰蝶

Chrysozephyrus disparatus (Howarth) 裂斑金灰蝶

Chrysozephyrus hisamatsusanus (Nagami *et* Ishiga) 久松金灰蝶

Chrysozephyrus kabrua (Tytler) 加布雷金灰蝶

Chrysozephyrus leigongshanensis Chou *et* Li 雷公山金灰蝶

Chrysozephyrus leii Chou 雷氏金灰蝶

Chrysozephyrus lingi Okano *et* Ohkura 衬白金灰蝶

Chrysozephyrus morishitai Chou *et* Zhu 森下金灰蝶

Chrysozephyrus mushaellus (Matsumura) 缪斯金灰蝶

Chrysozephyrus nishikaze (Araki *et* Sibatani) 西风金灰蝶

Chrysozephyrus rarasanus (Matsumura) 娆娆金灰蝶

Chrysozephyrus scintillans (Leech) 闪光金灰蝶

Chrysozephyrus sikkimensis Howarth 锡金金灰蝶

Chrysozephyrus teisoi (Sonan) 铁稠金灰蝶

Chrysozona Meigen 见 *Haematopota* Meigen

Chrysozona antennata Shiraki 见 *Haematopota antennata*

Chrysozona olsufjevi Liu 见 *Haematopota olsufjevi*

Chrysso O.P.-Cambridge 丽蛛属

Chrysso argyrodiformis (Yaginuma) 尖腹丽蛛

Chrysso jianglensis Zhu *et* Song 将乐丽蛛

Chrysso lingchuanensis Zhu *et* Zhang 灵川丽蛛

Chrysso nigra (Cambridge) 黑色丽蛛

Chrysso oxycera Zhu *et* Song 尖尾丽蛛

Chrysso pulcherrima (Mello-Leitao) 漂亮丽蛛

Chrysso punctifera (Yaginuma) 点丽蛛

Chrysso spiniventris (Cambridge) 腹刺丽蛛

Chrysso trimaculata Zhu *et al*. 三斑丽蛛

Chrysso venusta (Yaginuma) 多纹丽蛛

Chrysso vesiculosa (Simon) 多泡丽蛛

Chudania Distant 消室叶蝉属

Chudania africana Heller 非洲消室叶蝉

Chudania axona Yang *et* Zhang 叉突消室叶蝉

Chudania delecta Distant 印度消室叶蝉

Chudania emeiana Yang *et* Zhang 峨眉消室叶蝉

Chudania ganana Yang *et* Zhang 甘肃消室叶蝉

Chudania hellerina Zhang *et* Yang 赫氏消室叶蝉

Chudania kunmingana Zhang *et* Yang 昆明消室叶蝉

Chudania sinica Zhang *et* Yang 中华消室叶蝉

Chudania tibeta Zhang 西藏消室叶蝉

Chudania wudangana Zhang *et* Yang 武当消室叶蝉

Chudania yunnana Yang *et* Zhang 云南消室叶蝉

Chûja uetsukii Chûj 乌氏巧叶甲

Chunrocerus niveosparsus Lethierry 杧果叶蝉 mango hopper

Churinga beema (Moore) 异色丘苔蛾

Churinga filiforms (Fang) 线角丘苔蛾

Churinga latifascia (Fang) 宽条丘苔蛾

Churinga metaxantha (Hampson) 丝丘苔蛾

Churinga virago (Rothschild) 橙褐丘苔蛾

Chyliza bambusae Yang *et* Wang 竹笋绒茎蝇

Chyliza chikuni Wang 集昆绒茎蝇

Chyliza ingetiseta Wang 强鬃绒茎蝇

Chytonix Grot 流夜蛾属

Chytonix latipennis Draudt 清流夜蛾

Chyzeridae 奇泽螨科

Cibdela Konow 伪三节叶蜂属

Cibdela chinensis Rohwer 中华伪三节叶蜂

Cibdela janthina (Klug) 紫伪三节叶蜂

Cibdela maculipennis Cameron 斑翅伪三节叶蜂

Cicadella Latreille 叶蝉属

Cicadella spectra Distant 稻大白叶蝉 rice leafhopper, white padi cicadellid, white rice leafhopper

Cicadella viridis (L.) 大青叶蝉 green leafhopper

Cicadellidae 叶蝉科 leafhoppers

Cicadellinae 大叶蝉亚科

Cicadidae 蝉科 cicadas

Cicadinae 蝉亚科

Cicadula quadrinotata Fabricius 四斑背叶蝉

Cicadulina mbila (Naude) 玉米叶蝉 maize leafhopper

Cicindela Linnaeus 虎甲属

Cicindela albopunctata Chaudoir 白斑虎甲

Cicindela aurulenta Fabricius 金斑虎甲

Cicindela chinensis De Geer 中国虎甲

Cicindela desgodinsi Fairmaire 金缘虎甲

Cicindela hybrida L. 多型虎甲

Cicindelidae 虎甲科 tiger beetles

Cicurina Menge 洞叶蛛属

Cicurina anhuiensis Chen 安徽洞叶蛛

Cicurina calyciforma Wang *et* Xu 尊洞叶蛛

Cicurina tianmuensis Song *et* Kim 天幕洞叶蛛

Cidaria Treitschke 巾尺蛾属

Cidaria filvata (Förster) 黄巾尺蛾

Cidaria ochracearia Leech 赭巾尺蛾

Cidaria ochripennis Prout 羽巾尺蛾

Cidariplura Butler 胸须夜蛾属

Cidariplura brevivittalis (Moore) 双带胸须夜蛾

Cidariplura chinensis Chen 华胸须夜蛾

Cidariplura duplicifascia (Hampson) 黄带胸须夜蛾

Cidariplura gladiata Butler 胸须夜蛾

Cidariplura hani Chen 韩胸须夜蛾

Cidariplura signata (Butler) 徽胸须夜蛾

Cifuna Walker 肾毒蛾属

Cifuna biundulans Hampson 双带肾毒蛾

Cifuna eurydice (Butler) 苔肾毒蛾

Cifuna glauca Chao 白粉肾毒蛾

Cifuna infuscata Chao 棕肾毒蛾

Cifuna jankowskii (Oberthür) 白线肾毒蛾

Cifuna locuples confusa Bremer 豆毒蛾 bean tussock moth

Cifuna locuples Walker 肾毒蛾

Ciidae 木蕈甲科 fungus beetles, tree fungus beetles

Cilix Leech 绮钩蛾属

Cilix argenta Chu *et* Wang 银绮钩蛾

Cilix danieli Watson 晋绮钩蛾

Cilix filipjevi Kardakoff 东北绮钩蛾

Cilix patula Watson 宽绮钩蛾

Cilix tatsienluica Oberthür 掌绮钩蛾

Cilliba Heyden 尾双螨属

Cillibidae 尾双螨科

Cimbex Olivier 锤角叶蜂属

Cimbex americana Leach 美洲锤角叶蜂 elm sawfly, giant American sawfly

Cimbex americana pacifica Cresson 美洲锤角叶蜂太平洋亚种

Cimbex carinulata Konow 梨锤角叶蜂

Cimbex connatus Schrank 桤木锤角叶蜂 alder sawfly

Cimbex femorata Linnaeus 风桦锤角叶蜂 birch sawfly

Cimbex luteus Linnaeus 柳黄锤角叶蜂 poplar and willow sawfly

Cimbex taukushi Marlatt 杨锤角叶蜂

Cimbicidae 锤角叶蜂科 cimbicid sawflies, cimbicids, cimbicid sawflies

Cimex L. 臭虫属

Cimex columbarius Jenyns 鸽臭虫 European pigeon bug

Cimex hemipterus Fabricus 热带臭虫 tropical bed bug

Cimex lectularius (Linnaeus) 温带臭虫

Cimex pipistrelli Jenyns 蝙蝠臭虫 bat bug

Cimicidae 臭虫科

Cinara Curtis 长足大蚜属

Cinara alba Zhang 云南云杉大蚜

Cinara atratipinivora Zhang 黑松大蚜

Cinara bogdanowi ezoana Inouye 阿泽长足大蚜

Cinara cembrae Seitner 五针松长足蚜

Cinara costata Zetterstedt 侧隆长足大蚜

Cinara cupressi Buckton 大果柏大蚜 cypress aphid

Cinara curvipes (Patch) 冷杉大蚜 bow-legged fir aphid, fir aphid

Cinara formosana (Takahashi) 马尾松大蚜

Cinara fornacula Hottes 北美云杉绿长足大蚜 green spruce aphid

Cinara grossa Kaltenbach 无花果长足大蚜

Cinara hattorii Kôno *et* Inouye 海氏长足大蚜

Cinara horii Inouye 荷氏长足大蚜

Cinara juniperi Degeer 桧长足大蚜 juniper aphid

Cinara kochiana kochi Inouye 柯氏长足大蚜

Cinara laricicola chibi Inouye 落叶松大蚜赤壁亚种

Cinara laricicola laricicola Matsumura 落叶松大蚜指名亚种

Cinara laricis (Hartig) 落叶松长足大蚜 larch aphid

Cinara longipennis Matsumura 长针长足大蚜

Cinara matsumurana Hille Ris Lambers 玛氏长足大蚜

Cinara nigripes Bradley 云杉大蚜 spruce aphid

Cinara occidentalis Davidson 云杉梢蚜 fir twig aphid

Cinara ontarioensis Bradley 短叶松蚜 jack pine aphid

Cinara ozawai Inouye 澳氏长足大蚜

Cinara paxilla Zhang 小管松大蚜

Cinara pectinatae Noerdlander 欧洲冷杉蚜 silver fir aphid

Cinara piceae (Panzer) 云杉黑大蚜 black spruce aphid

Cinara pilicornis (Hartig) 云杉长足大蚜 spruce shoot aphid

Cinara pini (Linnaeus) 赤松长足大蚜 grey pine aphid

Cinara pinicola Kaltenbach 褐松蚜 brown spruce aphid

Cinara pinidensiforae Essig *et* Kuwana 日本赤松大蚜 Japanese red pine aphid

Cinara piniformosana Takahashi 台湾松大蚜

Cinara piniradicis Bradley 短叶松根蚜 jack pine root

aphid

Cinara pinitabulaeformis Zhang *et* Zhang 油松大蚜

Cinara sabinae (Gill. *et* Palm.) 青长足大蚜

Cinara saligna Gmelin 见 *Tuberolachnus salignus*

Cinara shinjii Inouye 日本白松长足大蚜 Japanese white pine aphid

Cinara strobi (Fitch) 白松大蚜 white-pine aphid

Cinara subapicula Zhang 亚端大蚜

Cinara tibetapini Zhang 藏松大蚜

Cinara todocola (Inouye) 杉长足大蚜 todo fir aphid

Cinara tsugae Bradley 铁杉大蚜

Cinara tujafilina (del Guercio) 柏大蚜 thuja aphid

Cinara vanduzei Swain 见 *Cinara piceae*

Cinaropsis pilicornis Hartig 见 *Cinara pinicola*

Cincinnus melsheimeri (Harr.) 栎梅氏尺蛾 Melsheimer's sack bearer

Cincticostella Allen 带肋蜉属

Cincticostella dabieshanensis You *et* Su 大别山带肋蜉

Cingilia catenaria (Drury) 链斑尺蛾 chain-spotted geometer

Cinxia Stål 纹蜻属

Cinxia limbata (Fabricius) 纹蜻

Cinygma Eaton 动蜉属

Cinygma rubescent You 红动蜉

Cinygma xiasimaensis You 下司马动蜉

Cinygmina Kimmins 似动蜉属

Cinygmina hunanensis Zhang *et* Cai 湖南似动蜉

Cinygmina obliquistriata You et al. 斜纹似动蜉

Cinygmina rubromaculata You et al. 红斑似动蜉

Cinygmina yixingensis Wu *et* You 宜兴似动蜉

Cinygmula McDunnough 微动蜉属

Cinygmula yadonglinensis You 亚东林微动蜉

Cionus Schellenberg 球象属

Cionus helleri Reitter 梧桐球象 empress tree weevil

Cionus scrophulariae (L.) 玄参球象 figwort weevil

Circaces Keifer 近瘿螨属

Circobotys Butler 镰翅野螟属

Circobotys aurealis (Leech) 金黄镰翅野螟

Circobotys heterogenalis (Bremer) 横线镰翅野螟

Circocylliba Sellnick 圆钩螨属

Circocyllibanidae 圆钩螨科

Circulifer tenellus (Baker) 甜菜叶蝉 beet leaf hopper

Cirphis unipuncta Haworth 见 *Pseudaletia unipuncta*

Cirrhochrista Lederer 黄缘禾螟属

Cirrhochrista brizoalis Walker 圆斑黄缘禾螟

Cirrhochrista kosemponalis Strand 歧斑黄缘禾螟

Cirrochroa Doubleday 辘蛱蝶属

Cirrochroa tyche (Felder *et* Felder) 幸运辘蛱蝶

Cirrospilus Westwood 瑟姬小蜂属

Cirrospilus lutelineatus Liao 竹舟蛾姬小蜂

Cirrospilus ogimae Howard 柠黄姬小蜂

Cis mikagensis Nobuchi *et* Wada 木菌圆蕈甲

Cisaberoptus Keifer 木畸羽瘿螨属

Cispia Walker 点翅蛾属

Cispia cretacea Chao 白点翅毒蛾

Cispia griseola Chao 灰点翅毒蛾

Cispia lunata Chao 月纹点翅毒蛾

Cisseis cyanipes Saunders 见 *Stigmodera cyanipes*

Cisseis leucosticta Kirby 见 *Stigmodera leucosticta*

Cissuvora huoshanensis Xu 霍山透翅蛾

Cissuvora romanovi (Leech) 罗氏蔓透翅蛾

Cistelidae 朽木甲科 darkling ground beetles, comb-clawed beetles

Cistelomorpha andrewesi Fairmaire 安氏朽木甲

Cistelomorpha annuligera Fairmaire 见 *Cistelomorpha andrewesi*

Citellophilus Wagner 黄鼠蚤属

Citellophilus lebedewi princeps (Ioff) 矩凹黄鼠蚤原始亚种

Citellophilus relicticola Fedina 残存黄鼠蚤

Citellophilus sparsilis (Jordan *et* Rothschild) 细钩黄鼠蚤

Citellophilus tesquorum altaicus (Ioff) 方形黄鼠蚤阿尔泰亚种

Citellophilus tesquorum deztysuensis Mikulin 方形黄鼠蚤七河亚种

Citellophilus tesquorum mongolicus (Jordanet *et* Rothschild) 方形黄鼠蚤蒙古亚种

Citellophilus tesquorum sungaris (Jordan) 方形黄鼠蚤松江亚种

Citellophilus trispinus (Wagner *et* Ioff) 三鬃黄鼠蚤

Citellophilus ullus Mikulin 波状黄鼠蚤

Cithaeronidae 琴蛛科

Citheronia Hübner 犀额蛾属

Citheronia regalis (F.) 棉斑犀额蛾 regal moth

Citheronia sepulchralis G. *et* R. 斑犀额蛾

Citheroniidae 犀额蛾科 royal moths

Citripestis Ragonot 蛀果斑螟属

Citripestis sagittiferella Moore 橘蛀果斑螟 citrus fruit borer

Cixiidae 菱蜡蝉科 wax lanternflies

Cixiopsis Matsumura 鳖扁蜡蝉属

Cixiopsis punctatus Matsumura 鳖扁蜡蝉

Cixius Latreille 菱蜡蝉属

Cixius bicolor Matsumura 黑脯菱蜡蝉

Cixius nervosus L. 菱蜡蝉 banded rhombic planthopper

Ckaberodes formoosa Butler 冬青尺蛾 Japanese holly looper

Cladarctia quadriramosa (Kollar) 四枝灯蛾

Cladius Rossi 栉角叶蜂属

Cladius difformis (Panzer) 蔷薇栉角叶蜂 rose sawfly, antler sawfly

Cladius nigricans Cameron 黑栉角叶蜂

Cladius pectinicornis Geoffroy 见 *Cladius difformis*

Cladoborus Sawamoto 芽小蠹属

Cladoborus arakii Sawada 云杉芽小蠹 Yesso spruce bark beetle

Cladobrostis melitricha Meyrick 印度遮颜蛾

Clambidae 拳甲科 big beetles, fringe-winged beetles

Clania Walker 窠袋蛾属

Clania crameri Westwood 见 *Cryptothelea crameri*

Clania formosicola Strand 台窠袋蛾 giant bagworm

Clania ignobilis Walker 见 *Cryptothelea ignobilis*

Clania minuscula Butler 见 *Gryptothelea minuscula*

Clania preyeri Leech 见 *Cryptothelea variegata*

Clania tenuis Rosenstock 见 *Cryptothelea tenuis*

Clania variegata Snellen 见 *Cryptothelea variegata*

Clanidopsis Rothschild et Jordan 横线天蛾属

Clanidopsis exusta (Butler) 赭横线天蛾

Clanis Hübner 豆天蛾属

Clanis bilineata (Walker) 南方豆天蛾

Clanis bilineata tsingtauica Mell 青岛南方豆天蛾

Clanis deucalion (Walker) 刺槐天蛾

Clastoptera Germar 长胸沫蝉属

Clastoptera achatina Germar 核桃长胸沫蝉 pecan spittlebug

Clastoptera obtusa (Say) 赤杨沫蝉 alder spittlebug

Clastoptera proteus Fitch 茱萸长胸沫蝉 dogwood spittlebug

Clastoptera saintcyri Provancher 荒枯沫蝉 heath spittlebug

Clastoptera undulata Uhler 浪长胸沫蝉

Clastoptera xanthocephala Germar 向日葵沫蝉 sunflower spittle-bug

Clastopteridae 长盾沫蝉科 spittle insects, froghoppers

Claterna Walker 喋夜蛾属

Claterna cydonia (Cramer) 喋夜蛾

Clausenia Ishii 蓝绿跳小蜂属

Clausenia purpurea Ishii 粉蚧蓝绿跳小蜂

Clavaspidiotus Takagi et Kawai 锤圆盾蚧属

Clavaspidiotus abietis Takagi et Kawai 冷杉锤圆盾蚧

Clavaspidiotus apicalis Takagi 柑橘锤圆盾蚧

Clavaspidiotus cryptus (Ferris) 桧叶锤圆盾蚧

Clavaspidiotus tayabanus (Ckll.) 茉莉锤圆盾蚧

Clavaspis MacGillivray 见 *Clavaspidiotus* Takagi et Kawai

Clavaspis tayabana (Cockerell) 见 *Clavaspidiotus tayabana*

Clavellaria Leach 棒锤角叶蜂属

Clavellaria amerinae Linnaeus 亚美棒锤角叶蜂

Clavellaria formosana Enslin 台湾棒锤角叶蜂

Claverythraeus Tragardh 棒赤螨属

Clavidromina Muma 拟棒走螨属

Clavidromus Muma 棒走螨属

Clavigeridae 寡节蚁甲科 ant loving beetles, clavigerid ant loving beetles

Clavigerus smithiae Monell 见 *Pterocomma smithiae*

Clavigesta purdeyi Meyrick 松卷蛾 pine leaf-miner

Clavigralla Spinola 棒缘蝽属

Clavigralla acantharis Fabricius 四刺棒缘蝽

Clavigralla gibbosa Spinola 二刺棒缘蝽

Clavigralla horrens Dohrn 小棒缘蝽

Clavigralla tuberosa Hsiao 见 *Clavigralloides tuberosa*

Clavigralloides tuberosa (Hsiao) 大棒缘蝽

Clavipalpula aurariae Oberthür 东方麦角夜蛾

Cleandrus prasinus Pict. et Sauss. 橡胶大叶螽 large leaf locust

Cleandus graniger Serville 粒胸叶螽 granulated leaf locust

Cledus obesus Hustache 西非褐斑象

Cleis fasciata Butler 隐锚纹蛾

Clelea syfanicum Oberthür 曲纹灿斑蛾

Clemelis pullata Meigen 黑袍卷须寄蝇

Cleomenes Thomson 纤天牛属

Cleomenes assamensis Gardner 印度纤天牛

Cleomenes auricollis Kano 金毛纤天牛

Cleomenes chryseus Gahan 缅甸纤天牛

Cleomenes civersevittatus Fuchs 云南纤天牛

Cleomenes longipennis Gressitt 长翅纤天牛

Cleomenes nigricollis Fairmaire 黑胸纤天牛

Cleomenes rufofemoratus Pic 红腿纤天牛

Cleomenes semiargents Gressitt 银毛纤天牛

Cleomenes semilineatus Pic 福建纤天牛

Cleomenes tenuipes Gressitt 三带纤天牛

Cleomenes trinotatithorax Mitono 海南纤天牛

Cleona angulifera Butler 中苍霜尺蛾 middle-palened looper moth

Cleoninae 方喙象亚科

Cleonus Schoenherr 方喙象属

Cleonus freyi Zumpt 中国方喙象

Cleonus japonicus Faust 日本方喙象

Cleonus piger Scopoli 欧洲方喙象

Cleonymidae 肿腿小蜂科 chalcids, chalcid flies

Cleonymus Latreille 短颊金小蜂属

Cleonymus laticornis Walker 长体短颊金小蜂

Cleonymus pini Yang 松蠹短颊金小蜂

Cleonymus ulmi Yang 榆蠹短颊金小蜂

Cleoporus Lefèvre 李叶甲属

Cleoporus lefevrei Duvivier 六斑李叶甲

Cleoporus variabilis (Baly) 李叶甲

Cleora Curtis 霜尺蛾属

Cleora acaciaria Boisduval 樟枝霜尺蛾

Cleora charon Butler 波形霜尺蛾 wavy-marked looper moth

Cleora dargei Herbulot 达氏霜尺蛾

Cleora insolita Butler 显异霜尺蛾

Cleora obliquaria Motschulsky 松纵纹霜尺蛾 pine longitudio-striped geometrid

Cleora repulsaria (Walker) 瑞霜尺蛾

Cleora ribeata Clerck 大松霜尺蛾 larger pine looper
Cleorina Lefèvre 突肩叶甲属
Cleorina costata Tan *et* Wang 脊鞘突肩叶甲
Cleorina janthina Lefèvre 堇色突肩叶甲
Cleorina nitida Tan 丽突肩叶甲
Cleorina nitidicollis Tan *et* Wang 光胸突肩叶甲
Cleorina xizangense Tan *et* Wang 西藏突肩叶甲
Clepsis Guenée 双斜卷蛾属
Clepsis imitator (Walsingham) 樱桃双斜卷蛾
Clepsis semialbana (Guenée) 忍冬双斜卷蛾
Clepsis strigana (Hübner) 棉双斜卷蛾
Cleptidae 尖胸青蜂科 cleptid wasps
Cleptometopus cephalotes (Pic) 黄带锐顶天牛
Cleptometopus quadrilineatus (Pic) 突尾锐顶天牛
Cleptometopus quadrilineatus truncatoides Breuning 截尾锐顶天牛
Cleptometopus similis (Gahan) 金带锐顶天牛
Cleridae 郭公虫科 checkered beetles
Clèrota Burmeister 舟花金龟属
Clerota bodhisattva Kunckel 刀斑舟花金龟
Clerota budda (Gory *et* Percheron) 豆斑舟花金龟
Clerota jansoni Bourgoin 剑斑舟花金龟
Clerota vitalisi Bourgoin 墨舟花金龟
Clerus Geoffroy 郭公虫属
Clerus sinae Chevrolat 黑斑郭公虫
Clethrobius comes Walker 并行蚜
Clethrophora distincta (Leech) 红衣夜蛾
Clethroraea Hampson 飘夜蛾属
Clethroraea pilcheri (Hampson) 飘夜蛾
Cletomorpha Mayr 拟棘缘蝽属
Cletomorpha insignis Distant 条棘缘蝽
Cletomorpha raja Distant 拟棘缘蝽
Cletomorpha simulans Hsiao 点棘缘蝽
Cletus Stål 棘缘蝽属
Cletus bipunctatus (Herrich-Schaefer) 菲棘缘蝽
Cletus feanus Distant 刺额棘缘蝽
Cletus graminis Hsiao *et* Cheng 禾棘缘蝽
Cletus pugnator Fabricius 短肩棘缘蝽
Cletus punctiger (Dallas) 稻棘缘蝽
Cletus punctulatus (Westwood) 黑须棘缘蝽
Cletus rusticus Stål 拟宽棘缘蝽
Cletus tenuis Kiritshenko 平肩棘缘蝽
Cletus trigonus (Thunberg) 长肩棘缘蝽
Climaciella Enderlein 蜂螳蛉属
Climaciella quadrituberculata (Westwood) 四瘤蜂螳蛉
Clinotanypus Kieffer 菱跗摇蚊属
Clinotanypus formosae Kieffer 台湾菱跗摇蚊
Clinotanypus lampronoyus Kieffer 美丽菱跗摇蚊
Clinotanypus microtrichos Yan *et* Ye 微刺菱跗摇蚊
Clinotanypus sugiyamai Tokunaga 杉山氏菱跗摇蚊
Clinteria Burmeister 绒花金龟属
Clinteria ducalis White 黄斑绒花金龟

Clinteria klugi Hope 克氏绒花金龟
Clinterocera Motschulsky 跗花金龟属
Clinterocera davidis (Fairmaire) 黑斑跗花金龟
Clinterocera discipennis (Fairmaire) 大斑跗花金龟
Clinterocera mandarina (Westwood) 白斑跗花金龟
Clinterocera rubra Ma 红跗花金龟
Clinterocera trimaculata Ma 三斑跗花金龟
Clisodon furcatus Panzer 叉矮面蜂
Clistogastra 细腰亚目 bees, ants, wasps, gallflies, chalcids, ichneumons
Clistopyga Gravenhorst 闭臀姬蜂属
Clitarchus hookeri White 新西兰异棒蛸
Clitea Baly 啮跳甲属
Clitea fulva Chen 黄啮跳甲
Clitea metallica Chen 恶性橘啮跳甲
Clitea picta Baly 黑棕斑啮跳甲
Clitena fuscipennis Jacoby 槭金花虫
Clitenella Laboissière 丽萤叶甲属
Clitenella fulminans (Faldermann) 黄腹丽萤叶甲
Clitenella ignitincta (Fairmaire) 虹彩丽萤叶甲
Clivina impressifrons LeConte 玉米籽细步甲 slender seed-corn beetle
Cloacaridae 殖腔螨科
Cloacarus 殖腔螨属
Cloacarus faini Camin *et al.* 费氏殖腔螨
Cloeon Leach 二翅蜉属
Cloeon bimaculatum Eaton 双斑二翅蜉
Cloeon dipterum (Linn.) 双翼二翅蜉
Cloeon marginale Hagen 边缘二翅蜉
Cloeon virens Klapalek 绿二翅蜉
Cloresmus Stål 绿竹缘蝽属
Cloresmus modestus Distant 褐竹缘蝽
Cloresmus pulchellus Hsiao 绿竹缘蝽
Cloresmus similis Dallas 同竹缘蝽
Cloresmus yunnanensis Hsiao 云南竹缘蝽
Clossiana Reuss 珍蛱蝶属
Clossiana dia (Linnaeus) 女神珍蛱蝶
Clossiana freija (Thunberg) 佛珍蛱蝶
Clossiana gong (Oberthür) 珍蛱蝶
Clossiana selenis (Eversmann) 西冷珍蛱蝶
Clossiana thore Hübner 通珍蛱蝶
Clostera Samouelle 扇舟蛾属
Clostera anachoreta (Fabricius) 杨扇舟蛾 poplar prominent
Clostera anastomosis (Linnaeus) 分月扇舟蛾
Clostera anastomosis orientalis Fixsen 东方分月扇舟蛾 poplar prominent
Clostera angularis (Snellen) 角扇舟蛾
Clostera curtula canescens (Graeser) 灰短扇舟蛾
Clostera curtuloides Erschoff 短扇舟蛾
Clostera mahatma (Bryk) 明线扇舟蛾
Clostera modesta (Staudinger) 隐扇舟蛾

Clostera rufa (Luh.) 柳扇舟蛾

Closterocerus Westwood 曲纹姬小蜂属

Closterocerus eutrifasciatus Liao 真三纹扁角姬小蜂

Clovia Stål 铲头沫蝉属

Clovia bipunctata Kirby 二点铲头沫蝉

Clovia lineaticollis Motschulsky 桂木铲头沫蝉

Clovia multilineatus Stål 多条铲头沫蝉

Clovia punctata Walker 刻点铲头沫蝉 small rice frog-hopper

Clubiona Latreille 管巢蛛属

Clubiona aciformis Zhang *et* Hu 针管巢蛛

Clubiona acumina Zhu *et* An 尖突管巢蛛

Clubiona asrevida Ono 阿斯管巢蛛

Clubiona baimaensis Song *et* Zhu 白马管巢蛛

Clubiona brevipes Blackwall 短足管巢蛛

Clubiona coerulescens L. Koch 蓝管巢蛛

Clubiona coreana Paik 朝鲜管巢蛛

Clubiona corrugata Boes. *et* Str. 褶管巢蛛

Clubiona deletrix Cambridge 斑管巢蛛

Clubiona drassodes Cambridge 德拉管巢蛛

Clubiona duoconcava Zhang *et* Hu 双凹管巢蛛

Clubiona filicata O.P.-Cambridge 蕨形管巢蛛

Clubiona flexa Zhang *et* Chen 曲管巢蛛

Clubiona fusoidea Zhang 纺锤管巢蛛

Clubiona genevensis L. Koch 日内瓦管巢蛛

Clubiona hedini Schenkel 赫定管巢蛛

Clubiona japonica L. Koch 日本管巢蛛

Clubiona japonicola Boes. *et* Str. 管巢蛛

Clubiona jucunda (Karsch) 羽斑管巢蛛

Clubiona kimyongkii Paik 金氏管巢蛛

Clubiona kurilensis Boes. *et* Str. 千岛管巢蛛

Clubiona lena Boes. *et* Str. 软管巢蛛

Clubiona lyriformis Song *et* Zhu 琴形管巢蛛

Clubiona mandschurica Schenkel 吉林管巢蛛

Clubiona manshanensis Zhu *et* An 漫山管巢蛛

Clubiona moralis Song *et* Zhu 齿管巢蛛

Clubiona neglecta Cambridge 褐管巢蛛

Clubiona nigra Zhang 黑管巢蛛

Clubiona papillata Schenkel 乳突管巢蛛

Clubiona parallela Hu *et* Li 平行管巢蛛

Clubiona phragmitis C.L. Koch 双孔管巢蛛

Clubiona phragmitoides Schenkel 芦苇管巢蛛

Clubiona propinqua L. Koch 近邻管巢蛛

Clubiona pyrifera Schenkel 梨形管巢蛛

Clubiona rostrata Paik 喙管巢蛛

Clubiona serrata Zhang 锯齿管巢蛛

Clubiona similis L. Koch 类管巢蛛

Clubiona stagnatilis Kulxzynski 呆管巢蛛

Clubiona subrostrata Zhang *et* Hu 拟喙管巢蛛

Clubiona swatowensis Strand 汕头管巢蛛

Clubiona trivialis C.L. Koch 三叉管巢蛛

Clubiona vigil Karsch 警觉管巢蛛

Clubiona violacevittata Schenkel 紫条管巢蛛

Clubiona wolchongsensis Paik 江源管巢蛛

Clubiona zhangmuensis Hu *et* Li 樟木管巢蛛

Clubionidae 管巢蛛科

Clusiidae 腐木蝇科 clusiids, clusiid flies

Clyphocassis lepida (Spaeth) 朗短椭龟甲

Clyphocassis spilota (Gorham) 豹短椭龟甲

Clyphocassis trilineata (Hope) 三带椭龟甲

Clysia ambiguella Hübner 葡萄果蠹蛾 grape cochylid

Clytellus laosicus Gressit *et* Rondon 老挝蚁天牛

Clytellus methocoides Westwood 蚁天牛

Clytellus olesteroides Pascoe 阿岛蚁天牛

Clytie Hübner 望夜蛾属

Clytie luteonigra Warren 黄黑望夜蛾

Clytie sublunaris (Staudinger) 月望夜蛾

Clytie syriaca (Bugnion) 塞望夜蛾

Clytobius Gressitt 颗瘤虎天牛属

Clytobius davidis (Fairmaire) 槐黑星虎天牛

Clytocera anhea Gressitt *et* Rondon 安氏肖艳虎天牛

Clytocera luteofasciata Gressitt *et* Rondon 黄带肖艳虎天牛

Clytocera montensis Gressitt *et* Rondon X纹肖艳虎天牛

Clytocera pilosa Gressitt *et* Rondon 毛纹肖艳虎天牛

Clytosauruus siiamensis Jordan 泰国晰虎天牛

Clytra Laicharting 锯角叶甲属

Clytra duodecimmaculata (Fabricius) 十二斑锯角叶甲

Clytra laeviuscula Ratzeburg 光背锯角叶甲

Clytra quadripunctata Linnaeus 粗背锯角叶甲

Clytrasoma Jacoby 梳叶甲属

Clytrasoma palliatum (Fabricius) 梳叶甲

Clytrinae 锯角叶甲亚科

Clytus Laicharting 虎天牛属

Clytus monticola Gahan 黄连木虎天牛

Clytus rufoapicalis Pic 红尾虎天牛

Clytus rufobasalis Pic 黄带虎天牛

Clytus trifolionotatus Gressitt *et* Rondon 三斑虎天牛

Clytus validus Fairmaire 花椒虎天牛

Clyzomedus annularis Pascoe 双带克天牛

Clyzomedus laosensis Breuning 老挝克天牛

Clyzomedus laosicus Breuning 四条克天牛

Cnaphalocrocis Lederer 纵卷叶野螟属

Cnaphalocrocis medinalis Guenée 稻纵卷叶野螟 rice leafroller, rice leaffolder

Cnaphalodes strobilobius Kaltenbach 见 *Adelges laricis*

Cnemospathidae 铲足蝇科

Cneorane Baly 克萤叶甲属

Cneorane cariosipennis Fairmaire 麻克萤叶甲

Cneorane coeruleipes Chen *et* Jiang 黑足克萤叶甲

Cneorane femoralis Jacoby 脊克萤叶甲

Cneorane fokiensis Weise 闽克萤叶甲

Cneorane rugulipennis Baly 微皱克萤叶甲

Cneorane varipes Jacoby 瘦克萤叶甲

Cneorane violaceipennis Allard 胡枝子克萤叶甲

Cneoranidea Chen 讷萤叶甲属

Cneoranidea signatipes Chen 桤木讷萤叶甲

Cnephasia Curtis 云卷蛾属

Cnephasia chrysantheana (Duponchel) 菊云卷蛾

Cnephasia cinereipalpana Razowski 烟草云卷蛾 tobacco leaf worm

Cnephasia longana (Haworth) 长云卷蛾 omnivorous leaftier

Cnephia Enderlein 克蚋属

Cnephia pecuarum (Riley) 水牛克蚋 southern buffalo gnat

Cnethodonta Staudinger 灰舟蛾属

Cnethodonta grisescens Staudinger 灰舟蛾

Cnidocampa flavescens (Walker) 黄刺蛾 oriental moth

Cnipsus apteris Liu et Cai 无翅刺蝽

Cnipsus colorantis Chen et He 污色无翅刺蝽

Cnizocoris Handlirsch 螳瘤蝽属

Cnizocoris berezowskii Bianchi 松潘螳瘤蝽

Cnizocoris davidi Handilirsch 模螳瘤蝽

Cnizocoris dimorphus Maa et Lin 天目螳瘤蝽

Cnizocoris draki Kormilev 庐山螳瘤蝽

Cnizocoris jakowlevi (Bianchi) 川西螳瘤蝽

Cnizocoris obvius Hsiao et Liu 显螳瘤蝽

Cnizocoris potanini (Bianchi) 宝兴螳瘤蝽

Cnizocoris shanxiensis Hsiao et Liu 晋螳瘤蝽

Cnizocoris sinensis Kormilev 华螳瘤蝽

Cnizocoris sirakii Sonan 台湾螳瘤蝽

Cobboldiidae 象蝇科 horse bot flies, beetle flies

Cobunus Uchida 圆丘姬蜂属

Cobunus filicornis Uchida 线角圆丘姬蜂

Coccidae 蚧科 soft scales, scale insects

Coccidohystricx Ldgr. 疣粉蚧属

Coccidohystricx artemisiae (Kir.) 北方疣粉蚧 wormwood mealybug

Coccidohystricx insolitus (Green) 南方疣粉蚧

Coccidoxenus mexicanus Girault 红蜡蚧西印跳小蜂

Coccidoxenus niloticus Compere 黑蚧肯(尼亚)跳小蜂

Coccidula Kugelann 粗眼瓢虫属

Coccidula rufa (Herbst) 红背粗眼瓢虫

Coccidula unicolor Reitter 纯红粗眼瓢虫

Coccidulinae 红瓢虫亚科

Coccinae 软蚧亚科(软蜡蚧亚科)

Coccinella 瓢虫属

Coccinella lama Kapur 拱背瓢虫

Coccinella novemnotata Habst. 九星瓢虫 nine-spotted ladybird

Coccinella odorata (Arch.) 见 *Porphyrophora odorata*

Coccinella septempunctata Linnaeus 七星瓢虫

Coccinella transversalis Fab. 狭臀瓢虫

Coccinella transversoguttata Faldermann 横斑瓢虫

Coccinella trifasciata Linnaeus 横带瓢虫

Coccinella undecimpunctata Linnaeus 十一星瓢虫

Coccinellidae 瓢虫科 lady beetles, ladybirds

Coccinellimermis Rubzov 瓢索线虫属

Coccinellimermis coccinellae (Rubzov) 瓢虫瓢索线虫

Coccinellinae 瓢虫亚科

Coccinula Dobrzhansky 长隆瓢虫属

Coccinula quatuordecimpustulata (Linnaeus) 双七瓢虫

Coccionella arnebiae (Arch.) 见 *Porphyrophora arnegiae*

Coccionella formicarum (Guilding) 见 *Margarodes formicarum*

Coccionella mediterranea (Silv.) 见 *Dimargarodes mediterraneus*

Coccionella nuda (Arch.) 见 *Porphyrophora nuda*

Coccionella papillosa (Green) 见 *Dimargarodes papillosa*

Coccionella polonica (L.) 见 *Porphyrophora polonica*

Coccionella sophorae (Arch.) 见 *Porphyrophora sophorae*

Coccionella tritici (Bodenh.) 见 *Porphyrophora tritici*

Coccionella ussuriensis (Borchsenius) 见 *Porphyrophora ussuriensis*

Coccipolipus 球蚧螨属

Coccobius Ratzeburg 异角蚜小蜂属

Coccobius abdominis Huang 浅腹异角蚜小蜂

Coccobius azumai Tachikawa 松突圆蚧异角蚜小蜂(松突圆蚧花角蚜小蜂)

Coccobius chaoi Huang 赵氏异角蚜小蜂

Coccobius curtifuniculatus Huang 短索异角蚜小蜂

Coccobius flaviceps (Girault et Dodd) 橘雪蚧异角蚜小蜂

Coccobius flavicornis (Compere et Annecke) 黄鞭异角蚜小蜂

Coccobius fulvus (Compere et Annecke) 褐黄异角蚜小蜂

Coccobius furviflagellatus Huang 褐鞭异角蚜小蜂

Coccobius furvus Huang 暗梗异角蚜小蜂

Coccobius languidus Huang 弱纹异角蚜小蜂

Coccobius longialatus Huang 长翅异角蚜小蜂

Coccobius longifuniculatus Huang 长索异角蚜小蜂

Coccobius maculatus Huang 斑带异角蚜小蜂

Coccobius testaceus (Masi) 牡蛎蚧异角蚜小蜂

Coccobius wuyiensis Huang 武夷异角蚜小蜂

Coccographis nigorubra Lesne 黑红长蠹

Coccophagoides Girault 类食蚧蚜小蜂属

Coccophagoides abnormicornis (Girault) 台湾类食蚧蚜小蜂

Coccophagoides kuwanae (Silvestri) 桑名类食蚧蚜小蜂

Coccophagus Westwood 食蚧蚜小蜂属

Coccophagus anthracinus Compere 炭黑食蚧蚜小蜂

Coccophagus bifasciatus Howard 双带食蚧蚜小蜂

Coccophagus brevisetus Huang 短毛食蚧蚜小蜂

Coccophagus ceroplastae (Howard) 斑翅食蚧蚜小蜂

Coccophagus chengtuensis Sugonjaev *et* Peng 成都食蚧蚜小蜂

Coccophagus crenatus Huang 钝齿食蚧蚜小蜂

Coccophagus hawaiiensis Timberlake 夏威夷食蚧蚜小蜂

Coccophagus insidiator (Dalman) 欧榆蚧蚜小蜂

Coccophagus ishiii Compere 赛黄盾食蚧蚜小蜂

Coccophagus japonicus Compere 日本食蚧蚜小蜂

Coccophagus longifasciatus Howard 长带食蚧蚜小蜂

Coccophagus lycimnia (Walker) 赖食蚧蚜小蜂

Coccophagus modestus Silvestri 安分食蚧蚜小蜂

Coccophagus pallidis Huang 淡色食蚧蚜小蜂

Coccophagus pseudococci Compere 粉蚧食蚧蚜小蜂

Coccophagus pulchellus Westwood 软蚧食蚧蚜小蜂

Coccophagus scutellaris (Dalman) 黄盾食蚧蚜小蜂

Coccophagus silvestrii Compere 闽粤食蚧蚜小蜂

Coccophagus subsignus Girault 香港食蚧蚜小蜂

Coccophagus tibialis Compere 绿色食蚧蚜小蜂

Coccophagus viator Sugonjaev 金堂食蚧蚜小蜂

Coccophagus yoshidae Nakayama 黑色食蚧蚜小蜂

Coccosterphus tuberculatus Motschulsky 多隆角蝉

Coccotorus chaoi Chen 赵氏樱孔象

Coccotrypes Eichhoff 椰小蠹属

Coccotrypes dactyliperda Fabricius 枣核椰小蠹

Coccotrypes rutshuruensis Egg. 如市椰小蠹

Coccotydaeolus Baker 小仁镰螯螨属

Coccotydeus Thor 仁镰螯螨属

Coccura Sulc 盘粉蚧属(粒粒粉蚧属,垫粉蚧属)

Coccura comari (Kunow) 西欧盘粉蚧(莓粒粉蚧) Kunow's mealybug

Coccura convexa Borchsenius 远东盘粉蚧

Coccura suwakoensis (Kuwana *et* Toyoda) 日本盘粉蚧 quince cottony scale

Coccura transcaspica Borchsenius 中亚盘粉蚧

Coccura ussuriensis (Borchsenius) 见 *Coccura suwakoensis*

Coccus Linn. 软蚧属(蚧属,软蜡蚧属)

Coccus acuminatus (Signoret) 尖软蜡蚧(尖蚧) acuminate scale

Coccus acutissimus (Green) 香蕉形软蚧(锐蚧,锐软蜡蚧) banana-shaped scale

Coccus agavium Douglas 见 *Gymnococcus agavium*

Coccus alpinus De Lotto 绿软蚧 soft green scale

Coccus antidesmae (Green) 五月茶软蚧

Coccus bicruciatus (Green) 双交软蚧

Coccus buxi Fons. 见 *Eriococcus buxi*

Coccus cambodiensis (Takahashi) 柬埔寨软蚧

Coccus cameronensis Takahashi 马来亚软蚧

Coccus capparidis (Green) 马槟榔软蚧

Coccus caudatus (Green) 西番莲软蚧(后蚧)

Coccus desolatus (Green) 榕树斑软蚧

Coccus diacopeis Anderson 迷软蚧

Coccus discrepans (Green) 番木瓜软蚧(偏蚧,偏软蜡蚧)

Coccus elatensis Ben-Dov 以色列软蚧

Coccus elongatus (Signoret) 长软蚧(长蚧) long brown scale, elongate coccus

Coccus fagi Baerensprung 见 *Cryptococcus fagisuga*

Coccus ficus (Maskell) 无花果软蚧

Coccus floriger Walk. 见 *Walkeriana floriger*

Coccus formicarii (Green) 南亚蚁软蚧

Coccus gramuntii Planchon 见 *Gossyaria spuria*

Coccus gymnospori (Green) 裸实树软蚧

Coccus hameli (Bran.) 见 *Porphyrophora hameli*

Coccus hesperidum L. 广食褐软蚧(褐软蚧,软蚧) brown soft scale, soft brown scale

Coccus illuppalamae (Green) 长缘毛软蚧

Coccus jungi Chen 见 *Coccus hesperidum*

Coccus kuraruensis Takahashi 台湾软蚧

Coccus laniger Gmelin 见 *Gossyaria spuria*

Coccus laniger Kirby 见 *Walkeriana floriger*

Coccus latioperculatus (Green) 宽肛板软蚧

Coccus longulus (Douglas) 长椭圆软蚧 long brown scale, long soft scale

Coccus lumpurensis Takahashi 马来榕软蚧

Coccus macarangae Morrison 血桐树软蚧

Coccus macarangicolus Takahashi 拟血桐树软蚧

Coccus malloti (Takahashi) 野桐树软蚧

Coccus mangiferae (Green) 三角软蚧(杧果蚧) mango scale, mango shield scale

Coccus melaleucae (Maskell) 白千兰软蚧

Coccus moestus De Lotto 杧果树软蚧

Coccus muiri Kotinsky 栀子长软蚧

Coccus ophiorrhizae (Green) 蛇根草软蚧

Coccus perlatus (Cockerell) 柑橘扁软蚧

Coccus polonicus L. 见 *Porphyrophora polonica*

Coccus pseadohesperidum (Cockerell) 兰伪褐软蚧 orchid soft scale

Coccus pseudomagnoliarum (Kuwana) 柑橘树软蚧(拟玉兰蚧,橘软蜡蚧) citricola scale, grey citrus scale

Coccus punctuliferus (Green) 见 *Coccus hesperidum*

Coccus serratulae Fabricius 见 *Gueriniella serratullae*

Coccus sinensis Walker 见 *Ericerus pela*

Coccus spurius Mod. 见 *Gossyaria spuria*

Coccus takanoi Takahashi 见 *Saccharipulvinaria iceryi*

Coccus thymi Schrank 见 *Rhizococcus thymi*

Coccus ulmi linne 见 *Gossyaria spuria*

Coccus uvae-ursi Linn 见 *Eriococcus uvae-ursi*

Coccus viridis (Green) 刷毛缘软蚧(绿蚧,咖啡绿软蚧) green scale, green coffee scale, soft green scale

Coccygomimus Saussure 黑瘤姬蜂属

Coccygomimus aethiops (Curtis) 满点黑瘤姬蜂

Coccygomimus alboannulatus (Uchida) 白环黑瘤姬蜂

Coccygomimus bilineatus (Cameron) 双条黑瘤姬蜂

Coccygomimus carinifrons (Cameron) 脊额黑瘤姬蜂

Coccygomimus disparis (Viereck) 舞毒蛾黑瘤姬蜂

Coccygomimus flavipalpis (Cameron) 黄须黑瘤姬蜂

Coccygomimus instigator (Fabricius) 古北黑瘤姬蜂

Coccygomimus laothoe (Cameron) 天蛾黑瘤姬蜂

Coccygomimus luctuosus (Smith) 野蚕黑瘤姬蜂

Coccygomimus nipponicus (Uchida) 日本黑瘤姬蜂

Coccygomimus pluto (Ashmead) 暗黑瘤姬蜂

Cochlidiidae 见 Limacodidae

Cochliomyia Townsend 锥蝇属

Cochliomyia hominivorax (Coquerel) 嗜人锥蝇 primary screwworm, screw-worm

Cochliomyia macellaria (Fabricius) 次生锥蝇 secondary screwworm

Cochliotis melolonthoides (Gerst.) 蔗根鳃金龟 sugarcane whitegrub

Cochlochila Stål 壳背网蝽属

Cochlochila bullita (Stål) 泡壳背网蝽

Cochlochila lewisi (Scott) 壳背网蝽

Cochylidae 见 Phaloniidae

Cochylis psychrasema (Meyrick) 丽江细卷蛾

Coclebotys coclesalis Walker 日本细蚊螟

Cocytodes caerulea Guenée 见 *Arcte coerula*

Codiosoma Bedel 致朽象属

Codiosoma spadix Herbst 致朽象

Codophila Mulsant et Rry 朔蝽属

Codophila varia (Fabricius) 朔蝽

Codrus Panzer 肿额细蜂属

Coediadinae 竖翅弄蝶亚科

Coelaenomenodera Blanchard 凹胸潜甲属

Coelaenomenodera elacidis Maulik 油棕潜叶甲 oil palm leafminer

Coelaspidia osborni Timberlake 蔗灰蚧空跳小蜂

Coeleumenes van der Vecht 柄蜾蠃属

Coeleumenes burmanicus (Bingham) 斑柄蜾蠃

Coeliccia chromothorax (Selys) 黄脊长腹蟌

Coeliccia cyanomelas Ris 黄纹长腹扇蟌

Coeliccia didyma (Selys) 四斑长腹扇蟌

Coeliccia loogali Laidlaw 蓝斑长腹蟌

Coeliccia poungyi Fraser 蓝脊长腹蟌

Coeliccia sexmaculatus Wang 六斑长腹蟌

Coelidia Germar 离脉叶蝉属

Coelidiinae 离脉叶蝉亚科

Coelinidea hordeicola Watanabe 麦狭腹茧蜂

Coelinidea oryzicola Watanabe 稻秆蝇狭腹茧蜂

Coelioxys Latreille 尖腹蜂属

Coelioxys afra Lepeletier 宽板尖腹蜂

Coelioxys brevis Eversmann 箭尖腹蜂

Coelioxys ducalis Smith 短板尖腹蜂

Coelioxys fenestrata Smith 长板尖腹蜂

Coelioxys pieliana Friese 宽颚尖腹蜂

Coelioxys rufescens Lepeletier 黄带尖腹蜂

Coelioxys ruficincta Cockerell 红带尖腹蜂

Coelites Westwood 穿眼蝶属

Coelites nothis Westwood 蓝穿眼蝶

Coelodera Burmeister 瘦花金龟属

Coelodera mearesi (Westwood) 黄斑瘦花金龟

Coelodera penicillata Hope 脊瘦花金龟

Coeloides Wesmael 刻鞭茧蜂属

Coeloides abdominalis (Zetterstedt) 松小蠹刻鞭茧蜂

Coeloides abdominalis orientalis Haeselbarth 东方小蠹刻鞭茧蜂

Coeloides bostrichorum Giraud 长蠹刻鞭茧蜂

Coeloides guizhouensis Yang 黔小蠹刻鞭茧蜂

Coeloides qinlingensis Dang et Yang 秦岭刻鞭茧蜂

Coeloides ungularis watanabei Haeselberth 华小蠹刻鞭茧蜂

Coelomyia Haliday 枵蝇属

Coelomyia ctenophora Fan 栉股枵蝇

Coelomyia mollissima Haliday 柔枵蝇

Coelomyia subpellucens (Zetterstedt) 亚明枵蝇

Coelopa Meigen 扁蝇属

Coelopa frigida (Fabricius) 海藻扁蝇 kelp fly, seaweed fly

Coelophora Mulsant 盘瓢虫属

Coelophora approximans Crotch 四眼盘瓢虫

Coelophora biplagita (Swartz) 见 *Lemnia biplagita*

Coelophora bissellata Mulsant 见 *Lemnia bissellata*

Coelophora circumusta Mulsant 见 *Lemnia circumusta*

Coelophora congener (Schoenherr) 见 *Phrynocaria congener*

Coelophora korschefskyi Mader 八室盘瓢虫

Coelophora pupillata (Swartz) 十眼盘瓢虫

Coelophora saucia Mulsant 见 *Lemnia saucia*

Coelopidae 扁蝇科 seaweed flies

Coelopisthia Förster 长环金小蜂属

Coelopisthia qinlingensis Yang 秦岭长环金小蜂

Coelopisthia xinjiashanensis Yang 辛家山长环金小蜂

Coelosterus Sharp 蛀茎象属

Coelosterus granicollis Pierce 木薯蛀茎象 manioc stem borer

Coelotes Blackwall 隙蛛属

Coelotes amplilamnis Saito 阔大隙蛛

Coelotes amygdaliformis Zhu et Wang 扁桃隙蛛

Coelotes arcuatus Chen 弓形隙蛛

Coelotes argenteus Wang et al. 银色隙蛛

Coelotes aspinatus Wang et al. 无刺隙蛛

Coelotes atratus Wang et al. 黑衣隙蛛

Coelotes bicultratus Chen et al. 双刃隙蛛

Coelotes bituberculatus Wang et al. 双瘤隙蛛

Coelotes brachiatus Wang et al. 具臂隙蛛

Coelotes brunneus Hu et Li 褐色隙蛛

Coelotes carinatus Wang et al. 龙首隙蛛

Coelotes cheni Platnick 陈氏隙蛛

Coelotes cinctus Song *et al.* 围绕隙蛛

Coelotes circinalis Song *et al.* 旋卷隙蛛

Coelotes corasides (Boes. *et* Str.) 山形隙蛛

Coelotes davidi Schenkel 大卫隙蛛

Coelotes dicranatus Wang *et al.* 双波纹隙蛛

Coelotes digitusiformis Wang *et al.* 指形隙蛛

Coelotes erraticus Nishikawa 游荡隙蛛

Coelotes exitialis L. Koch 外叶隙蛛

Coelotes fasciatus Wang *et al.* 带状隙蛛

Coelotes funiushanensis Hu *et al.* 伏牛山隙蛛

Coelotes galeiformis Wang *et al.* 帽状隙蛛

Coelotes guttatus Wang *et al.* 瓶形隙蛛

Coelotes gyirongensis Hu *et* Li 吉隆隙蛛

Coelotes gypsarpageus Zhu *et* Wang 喙状隙蛛

Coelotes gyriniformis Wang *et* Zhu 螺形隙蛛

Coelotes hangzhouensis Chen 杭隙蛛

Coelotes huizhunesis Wang *et* Xu 徽州隙蛛

Coelotes icohamatus Zhu *et* Wang 钩隙蛛

Coelotes illustratus Wang *et al.* 发光隙蛛

Coelotes infulatus Wang *et al.* 带纹隙蛛

Coelotes insidiosus L. Koch 安定隙蛛

Coelotes involutus Wang *et al.* 暗隙蛛

Coelotes kulianganus Chamberlin 鼓岭隙蛛

Coelotes luniformis Zhu *et* Wang 月形隙蛛

Coelotes lutulentus Wang *et al.* 污浊隙蛛

Coelotes lyratus Wang *et al.* 琴形隙蛛

Coelotes magniceps Schenkel 大隙蛛

Coelotes magnidentatus Schenkel 拟大隙蛛

Coelotes mastrucatus Wang *et al.* 被毛隙蛛

Coelotes meniscatus Zhu *et* Wang 新月隙蛛

Coelotes microps Schenkel 小隙蛛

Coelotes modestus Simon 平静隙蛛

Coelotes moellendorfi (Karsch) 莫氏隙蛛

Coelotes molluscus Wang *et al.* 柔软隙蛛

Coelotes nariceus Zhu *et* Wang 长鼻隙蛛

Coelotes neixiangensis Hu *et al.* 内乡隙蛛

Coelotes noctulus Wang *et al.* 夜出隙蛛

Coelotes ornatus Wang *et al.* 装饰隙蛛

Coelotes palinitropus Zhu *et* Wang 回弯隙蛛

Coelotes paradicranatus Song *et al.* 拟波纹隙蛛

Coelotes penicillatus Wang *et al.* 笔状隙蛛

Coelotes plancyi Simon 普氏隙蛛

Coelotes prolixus Wang *et al.* 长隙蛛

Coelotes pseudoterrestris Schenkel 拟陆隙蛛

Coelotes quadratus Wang *et al.* 方形隙蛛

Coelotes robustus Wang *et al.* 强壮隙蛛

Coelotes rostratus Song *et al.* 钩突隙蛛

Coelotes rufulus Wang *et al.* 淡红隙蛛

Coelotes sacratus Wang *et al.* 骨隙蛛

Coelotes septus Wang *et al.* 篱笆隙蛛

Coelotes singulatus Wang *et al.* 单隙蛛

Coelotes sinualis Chen *et al.* 多曲隙蛛

Coelotes streptus Zhu *et* Wang 弯曲隙蛛

Coelotes striolatus Wang *et al.* 条纹隙蛛

Coelotes strophadatus Zhu *et* Wang 缠绕隙蛛

Coelotes subluctuosus Zhu *et* Wang 似阴暗隙蛛

Coelotes subtitanus Hu 亚藏隙蛛

Coelotes syzygiatus Zhu *et* Wang 双轮隙蛛

Coelotes taishanensis Wang *et al.* 泰山隙蛛

Coelotes tautispinus Wang *et al.* 远刺隙蛛

Coelotes terrestris (Wider) 地隙蛛

Coelotes tianchiensis Wang *et al.* 天池隙蛛

Coelotes trifasciatus Wang *et* Zhu 三重隙蛛

Coelotes triglochinatus Wang *et* Zhu 突隙蛛

Coelotes tristus Zhu *et* Wang 三分隙蛛

Coelotes tropidosatus Wang *et* Zhu 龙骨隙蛛

Coelotes tryblionatus Wang *et* Zhu 杯状隙蛛

Coelotes uncinatus Wang *et al.* 钩刺隙蛛

Coelotes undulatus Hu *et* Wang 波纹隙蛛

Coelotes variegatus Wang *et al.* 杂色隙蛛

Coelotes wenzhouensis Chen 温州隙蛛

Coelotes xinjiangensis Hu 新疆隙蛛

Coelotes xizangensis Hu 西藏隙蛛

Coelotes yadongensis (Hu *et* Li) 亚东隙蛛

Coelotes yunnanensis Schenkel 云南隙蛛

Coenagriidae 见 Agrionidae

Coenagrion calamorum Ris 黑脊螅

Coenagrion convalescens Bertenef 黄腹螅

Coenagrion dyeri Fraser 蓝纹螅

Coenagrion hieroglyphicum Brauer 黄纹螅

Coenagrion plagiosum Needham 七条螅

Coenobius Suffrian 接眼叶甲属

Coenobius longicornis Chujo 长角接眼叶甲

Coenobius piceipes Gressitt 黑接眼叶甲

Coenobius piceus Baly 粗背接眼叶甲

Coenochilus Schaum 普花金龟属

Coenochilus nitidus Arrow 亮普花金龟

Coenolarentia Aubert 银花尺蛾属

Coenolarentia argentiplumbea (Hampson) 银花尺蛾

Coenomyiidae 臭虻科 coenomyiids

Coenonympha Hübner 珍眼蝶属

Coenonympha amaryllis (Cramer) 牧女珍眼蝶

Coenonympha arcania (Linnaeus) 隐藏珍眼蝶

Coenonympha glycerion (Borkhausen) 油庆珍眼蝶

Coenonympha hero (Linnaeus) 英雄珍眼蝶

Coenonympha oedippus (Fabricius) 爱珍眼蝶

Coenonympha pamphilus (Linnaeus) 潘非珍眼蝶

Coenonympha semenovi Alphéraky 西门珍眼蝶

Coenonympha sinica Alphéraky 中华珍眼蝶

Coenonympha sunbecca (Eversmann) 绿斑珍眼蝶

Coenonympha tydeus Leech 狄泰珍眼蝶

Coenonympha xinjiangensis Chou *et* Huang 新疆珍眼蝶

Coenorhinus assimilis Roelofs 类钳颚象

Coenorhinus interruptus Voss 离钳颚象

Coenosia Meigen 秽蝇属

Coenosia albicornis Meigen 六痣秽蝇

Coenosia ambulans Meigen 步行秽蝇

Coenosia angulipunctata Xue, Wang *et* Zhang 角斑秽蝇

Coenosia attenuata Stein 瘦弱秽蝇

Coenosia dilatitarsis Stein 膨跗秽蝇

Coenosia flavicornis (Fallén) 黄角秽蝇

Coenosia griseiventris Ringdahl 灰腹秽蝇

Coenosia hirsutiloba Ma 毛叶秽蝇

Coenosia incisurata van der Wulp 短角秽蝇

Coenosia lacustris Schnabl 湖滨秽蝇

Coenosia longiquadrata Xue *et* Wang 矩叶秽蝇

Coenosia luteipes Ringdahl 黄足秽蝇

Coenosia mandschurica Hennig 帽儿山秽蝇

Coenosia mollicula (Fallén) 软毛秽蝇

Coenosia octopunctata (Zetterstedt) 八点秽蝇

Coenosia punctifemorata Cui *et* Wang 斑股秽蝇

Coenosia strigipes Stein 毛足秽蝇

Coenosia subflavicornis Hsue 亚黄角秽蝇

Coenosia taibaishanna Cui *et* Wang 太白山秽蝇

Coenosiinae 秽蝇亚科

Coenotephria Prout 珂尺蛾属

Coenotephria erebearia (Leech) 幽珂尺蛾

Coenotephria homophana (Hampson) 褐波珂尺蛾

Coenotephria homophoeta Prout 金波珂尺蛾

Coenotephria perplexaria (Leech) 乌斑珂尺蛾

Coesula areolata (Uchida) 小室细姬蜂

Cofana Melichar 可大叶蝉属

Cofana spectra (Distant) 大白叶蝉

Cofana unimaculata (Signoret) 绿斑大叶蝉

Coilodera quadrilineata Hope 四带瘦花金龟

Coladenia Moore 窗弄蝶属

Coladenia agni (de Nicéville) 绵羊窗弄蝶

Coladenia agnioides Elwes *et* Edwards 明窗弄蝶

Coladenia hönei Evans 花窗弄蝶

Coladenia laxmi (de Nicéville) 黄窗弄蝶

Coladenia sheila Evans 幽窗弄蝶

Colaphellus Weise 无缘叶甲属

Colaphellus bowringii Baly 菜无缘叶甲

Colaphellus hoefti Ménétriès 芥无缘叶甲

Colaspidema Laporte 苜蓿叶甲属

Colaspidema atrum Olivier 紫花苜蓿叶甲 lucerne beetle

Colaspis brunnea (F.) 葡萄肖叶甲 grape colaspis

Colaspis hypochlora Lefever 香蕉幼苗肖叶甲 banana fruit-scarring beetle

Colaspis pini Barber 松肖叶甲 pine colaspis

Colaspoides Laporte 沟臀叶甲属

Colaspoides chinensis Jacoby 中华沟臀叶甲

Colaspoides femoralis Lefèvre 毛股沟臀叶甲

Colaspoides martini Lefèvre 齿股沟臀叶甲

Colaspoides opaca Jacoby 刺股沟臀叶甲

Colaspoides pilicornis Lefèvre 毛角沟臀叶甲

Colasposoma Laporte 甘薯叶甲属

Colasposoma confusa Tan *et* Wang 麻点甘薯叶甲

Colasposoma dauricum auripenne (Motschulsky) 甘薯叶甲

Colasposoma dauricum dauricum Mannerheim 麦颈叶甲 sweetpotato leaf beetle

Colasposoma pretiosum Baly 大甘薯叶甲

Colastomion formosanum (Watanabe) 台湾胖须茧蜂

Coleacarus Meyer 雄须螨属

Coleacarus lithops Meyer 食石雄须螨

Coleocentrus incertus (Ashmead) 疑长臀姬蜂

Coleococcus Borchsenius 鞘粉蚧属

Coleococcus scotophilus Borchsenius 景东鞘粉蚧(英粉蚧,鞘粉蚧)

Coleolaelaps Berlese 鞘厉螨属

Coleolaelaps liui Samsinak 刘氏鞘厉螨

Coleolaelaps longisetatus Ishikawa 长毛鞘厉螨

Coleolaelaps tillae Costa *et* Hunter 蒂氏鞘厉螨

Coleophora Hübner 鞘蛾属 casebearers

Coleophora ardeaepennella Scott 苍鹭鞘蛾 heron-feather case-moth

Coleophora badiipennella Duponchel 月桂鞘蛾 bay-feather case-moth

Coleophora betulella Zeller 见 *Coleophora ibipennella*

Coleophora binderella Kollar 桤木手枪鞘蛾 alder pistol case-moth

Coleophora caryaefoliella Clem. 山核桃鞘蛾 pecan cigar casebearer

Coleophora currucipennella Zeller 黄白鞘蛾 white-dashed yellow case-moth

Coleophora dahurica Flkv. 兴安落叶松鞘蛾

Coleophora flavipennella Duponchel 淡黄鞘蛾 buff-feather case-moth

Coleophora fletcherella Fernald 雪茄鞘蛾 cigar case-bearer

Coleophora fuscedinella (Zeller) 桤鞘蛾 alder bud-moth, birch case-bearer, raven-feather cose-moth

Coleophora ibipennella Zeller 栎鞘蛾 ibis-feather case-moth

Coleophora kurokoi Oku 菊花鞘蛾 chrysanthemum casebearer

Coleophora laricella (Hübner) 欧洲落叶松鞘蛾 larch case-bearer, larch leaf-miner, larch-mining case-moth

Coleophora laripennella (Zeller) 西藏鞘蛾

Coleophora limosipennella (Dup.) 泥鞘蛾 elm case-bearer, elm case-bearer, mud-feather case-moth

Coleophora longisignella Moriuti 日本落叶松鞘蛾

Coleophora longispinella Moriuchi 长刺鞘蛾 larch casebearer

Coleophora lutarea Haworth 栎潜叶鞘蛾 pale shining clay case-moth

Coleophora lutipennella Zeller 见 *Coleophora lutarea*

Coleophora maturella Pleshanov 伊尔库次克落叶松鞘蛾

Coleophora orbitella Zeller 榛鞘蛾 Wilkinson's case-moth

Coleophora palliatella Zincken 飘鞘蛾 flap case-moth

Coleophora ringoniella Oku 苹果鞘蛾 apple pistol casebearer

Coleophora salmani Heinrich 桦鞘蛾 birch case-bearer

Coleophora serratella (L.) 烟鞘蛾 cigar casebearer

Coleophora sibiricella Flkv. 新疆落叶松鞘蛾

Coleophora sinensis Yang 华北落叶松鞘蛾

Coleophoridae 鞘蛾科 casebearer moths

Coleoptera 鞘翅目 beetles

Coleoscirinae 鞘硬瘤螨亚科

Coleoscirus Berlese 鞘硬瘤螨属

Coleoscirus buartsus Den Heyer 恰氏鞘硬瘤螨

Coleoscirus horidula (Tseng) 网纹鞘硬瘤螨

Coleoscirus monospinosus (Tseng) 单刺鞘硬瘤螨

Coleosoma O.P.-Cambridge 鞘腹蛛属

Coleosoma blandum O.P.-Cambridge 滑鞘腹蛛

Coleosoma floridanum Banks 佛罗鞘腹蛛

Coleosoma octomaculatum (Boes. *et* Str.) 八斑鞘腹蛛

Coleotechnites Chambers 针叶麦蛾属

Coleotechnites apicitripunctella (Clem.) 尖鞘麦蛾

Coleotechnites ardes (Freeman) 刺鞘麦蛾

Coleotechnites granti (Freeman) 粒鞘麦蛾

Coleotechnites juniperella (Kearfott) 桧鞘麦蛾

Coleotechnites lewisi (Freeman) 陆氏鞘麦蛾

Coleotechnites milleri (Busck) 针叶鞘麦蛾 lodgepole needleminer

Coleotechnites occidentis (Freeman) 偶鞘麦蛾

Coleotechnites piceaella (Kearfott) 云杉鞘麦蛾

Coleotechnites stanfordia (Keifer) 柏鞘麦蛾 cypress leafminer

Coleotechnites starki (Freeman) 斯氏松针鞘麦蛾 northern lodgepole needleminer

Coleotechnites thujaella (Kft.) 罗汉柏鞘麦蛾

Coliadinae 黄粉蝶亚科

Colias Fabricius 豆粉蝶属

Colias arida Alphéraky 红黑豆粉蝶

Colias berylla Fawcett 玉色豆粉蝶

Colias chrysotheme (Esper) 镏金豆粉蝶

Colias cocandica Erschoff 小豆粉蝶

Colias eogene Felder *et* Felder 曙红豆粉蝶

Colias erate (Esper) 斑缘豆粉蝶

Colias erate poliographus Motschulsky 东方豆粉蝶 oriental clouded yellow butterfly, eastern pale clouded yellow butterfly

Colias fieldii Ménétriès 橙黄豆粉蝶

Colias grumi Alphéraky 格鲁豆粉蝶

Colias heos (Herbst) 黎明豆粉蝶

Colias hyale (Linnaeus) 豆粉蝶

Colias ladakensis Felder *et* Felder 金豆粉蝶

Colias montium Oberthür 山豆粉蝶

Colias palaeno (Linnaeus) 黑缘豆粉蝶

Colias richthofeni Bang-Haas 鸳豆粉蝶

Colias sieversi Grum-Grshimailo 西梵豆粉蝶

Colias sifanica Grum-Grshimailo 西番豆粉蝶

Colias stoliczkana Moore 斯托豆粉蝶

Colladonus clitellarius (Say) 鞍形叶蝉 saddled leafhopper

Colladonus geminatus van Duzee 对生叶蝉 geminate leafhopper

Colladonus montanus (van Duzee) 深山叶蝉 mountain leafhopper

Collembola 弹尾目 snow fleas or springtails

Colletes Latreille 分舌蜂属

Colletes gigas Cockerell 大分舌蜂

Colletidae 分舌蜂科 colletid bees

Collinsia O.P.-Cambridge 污蛛属

Collinsia holmgreni (Thorell) 郝氏污蛛

Collinsia inerrans (Cambridge) 静栖戈尼蛛

Collinutius Distant 广翅网蟓属

Collinutius alicollis (Walker) 广翅网蟓

Collitera variegata Sjoestedt 异松针蝗

Colliuris bimaculata Redt. 双斑长颈步甲

Colliuris chaudoiri Bohem. 斗头长颈步甲

Colliuris fuscipennis Chaud. 黄尾长颈步甲

Colliuris metallica Fairm. 蓝长颈步甲

Collix Guenée 考尺蛾属

Collix praetenta Prout 波斑考尺蛾

Collohamanniidae 无角罗甲螨科

Collopsylla arcuata Ge, Wang *et* Ma 弧形盖蚤

Collyria Schiophdte 茎姬蜂属

Collyria coxator (Villers) 麦茎姬蜂

Collyriinae 茎姬蜂亚科

Collyris Fabricius 树栖虎甲属

Collyris attenuata Redtenbacher 细胸树栖虎甲

Collyris saphyrina Chaudoir 黑胫树栖虎甲

Colobathristes Burmeister 束蟓属

Colobathristes saccharicida Karsch. 蔗束蟓 cane long bug

Colobathristidae 束蟓科

Colobochyla Hübner 残夜蛾属

Colobochyla salicalis Schiffermüller 柳残夜蛾 salix noctuid

Colobodes Schoenherr 短足象属

Colobodes v-album Roelofs 白斑短足象

Colocasia Oschsenheimer 标夜蛾属

Colocasia coryli (Linnaeus) 标夜蛾

Colocasia mus (Oberthür) 鼠色标夜蛾

Colocleora divisaria Walker 热带杂食尺蛾

Colomerus Newkirk *et* Keifer 缺节瘿螨属

Colomerus vitis (Pagenstecher) 葡萄缺节瘿螨 grape bud mite

Colopalpus Pritchard *et* Baker 双须螨属

Colopalpus eriophyoides (Baker) 瘿双须螨

Colopalpus paraeriophyoides (Meyer *et* Gerson) 副瘿双须螨

Colopha Monell 四节棉蚜属

Colopha moriokaensis Monzen 摩市四节绵蚜

Colopha ulmicola (Fitch) 美榆四节绵蚜 elm coxcomb-gall aphid

Colopodacus Keifer 同足瘿螨属

Colopodacus bengalensis Mohanasundaram 孟加拉同足瘿螨

Coloradia doris Barnes 松天蚕蛾 Black Hills pandora moth

Coloradia pandora Blake 粉花凌霄天蚕蛾 pandora moth

Coloradoa Wilson 卡蚜属

Coloradoa artemisicola Takahashi 蒿卡蚜

Coloradoa nodulosa Zhang 黄蒿五节卡蚜

Coloradoa rufomaculata Wilson 淡菊卡蚜 pale chrysanthemum aphid, small chrysanthemum aphid

Colostygia Hübner 旋尺蛾属

Colostygia aptata (Hübner) 追旋尺蛾

Colostygia exceptata (Sterneck) 摈旋尺蛾

Colostygia pendearia (Oberthür) 暗旋尺蛾

Colotois Hübner 焦尺蛾属

Colotois pennaria ussuriensis O. Bang-Hass 白点焦尺蛾 November moth

Colposcelis Dejean 豆叶甲属

Colposcelis signata (Motschulsky) 斑鞘豆叶甲

Colpotrochia Holmgren 圆胸姬蜂属

Colpotrochia flava (Uchida) 黄圆胸姬蜂

Colpotrochia maai Momoi 马氏圆胸姬蜂

Colpotrochia melanosoma Morley 黑身圆胸姬蜂

Colpotrochia orientalis (Uchida) 东方圆胸姬蜂

Colpotrochia pilosa pilosa (Cameron) 毛圆胸姬蜂指名亚种

Colpotrochia pilosa sinensis Uchida 毛圆胸姬蜂中华亚种

Columbicola Ewing 鸽虱属

Columbicola columbae (L.) 长鸽虱 slender pigeon louse

Colydiidae 坚甲科 bark beetles

Colyttus Thorell 剑跳蛛属

Colyttus lehtineni Zabka 勒氏剑蛛

Comanimermis Artyukhovsky 科曼索线虫属

Comanimermis racovitzai (Coman) 拉氏科曼索线虫

Comaroma Bertkau 科马蛛属

Comaroma musculosa Oi 斑科马蛛

Comatacarus Ewing 刺毛螨属

Comedo larvarum (Linnaeus) 见 *Eulophus larvarum*

Comibaena Walker 绿尺蛾属

Comibaena argentataria (Leech) 长纹绿尺蛾

Comibaena flavicans Inoue 黄点绿尺蛾

Comibaena nigromacularia (Leech) 紫斑绿尺蛾

Comibaena obsoletaria Leech 四点绿尺蛾 four-spotted greenish geometrid

Comibaena pictipennis Butler 云纹绿尺蛾

Comibaena procumbaria (Pryer) 肾纹绿尺蛾

Comibaena subargentaria Oberthür 亚长纹绿尺蛾

Comibaena subhyalina (Warren) 镶纹绿尺蛾

Comibaena tenuisaria Graeser 平纹绿尺蛾

Commophila fuscodorsana Kearfott 加布云杉细卷蛾

Comnula pellucida 净翅蚱蜢 clearwinged grasshopper

Comopterix bambusae Meyrick 竹尖翅蛾 bamboo leaf-miner

Comostola Meyrick 四目绿尺蛾属

Comostola subtiliaria (Bremer) 亚四目绿尺蛾

Compastes Stål 鳖蝽属

Compastes bhutanicus (Dallas) 鳖蝽

Compastes neoextimulatus Yang 邻鳖蝽(二跗节蝽)

Comperiella Howard 巨角跳小蜂属

Comperiella bifasciata Howard 双带巨角跳小蜂

Comperiella unifasciata Ishii 单带巨角跳小蜂

Compseuta Stål 脊板网蝽属

Compseuta lefroyi Distant 脊板网蝽

Compsidolon gobicus Nonnaizab *et* Yang 戈壁点翅盲蝽

Compsidolon pumilus (Jakovlev) 小点翅盲蝽

Compsilura Bouch 刺腹寄蝇属

Compsilura concinnata (Meigen) 康刺腹寄蝇

Compsogene Rothschild *et* Jordan 杧果天蛾属

Compsogene panopus (Cramer) 杧果天蛾

Compsolechia Meyrick 桃麦蛾属

Compsolechia anisogramma Meyrick 桃麦蛾 cherry gelechiid

Compsolechia homoplasta Meyrick 近缘麦蛾

Compsolechia metagramma Meyrick 绣线菊麦蛾

Compsolechia temerella (Zeller) 大黄柳麦蛾

Compsorhipis Sauss. 胫刺蝗属

Compsorhipis angustilinearis Huo *et* Zheng 狭条胫刺蝗

Compsorhipis bryobemoides B.-Bienko 小胫刺蝗

Compsorhipis davidiana (Sauss.) 大胫刺蝗

Compsorhipis nigritibia Zheng *et* Ma 黑胫胫刺蝗

Comstockaspis macroporana Takagi 大孔康盾蚧

Comstockaspis perniciosa Comstock 圣琼斯康盾蚧 San Jose scale

Comusia apicalis (Pic) 黑尾棒腿天牛

Comusia atra (Pic) 黑棒腿天牛

Comusia bengalensis (Fisher) 孟加拉棒腿天牛

Comusia bicoloricornis (Pic) 黑角棒腿天牛

Comusia cheesmanae (Gressitt) 奇氏棒腿天牛

Comusia decolorata (Pascoe) 马来棒腿天牛

Comusia obriumoides Thomson 菲岛棒腿天牛

Comusia rufa (Pic) 红棒腿天牛

Comusia ruficornis (Pic) 红角棒腿天牛

Comusia testacea (Gressitt) 褐黄棒腿天牛

Conalysia laticeps Papp 扁头锥颈茧蜂

Conarthrosoma Voss 拟锥跗象属

Conarthrus Wollaston 锥跗象属

Conaspidia Konow 同盾叶蜂属

Conaspidia kalopanacis Xiao *et* Huang 刺楸叶蜂

Conaspidia yiei Togashi 易氏同盾叶蜂

Conchaspididae 秃蚧科

Conchia Hübner 斜线尺蛾属

Condeellum regale (Cond) 极美康蚖

Condica dolorosa (Walker) 楚星夜蛾

Condica illustrata (Staudinger) 显赫夜蛾

Condyloppia Balogh 隆奥甲螨属

Condyloppia condylifer (Hammer) 爪哇隆奥甲螨

Confucius Distant 点翅叶蝉属

Confucius bituberculatus Distant 二瘤点翅叶蝉

Confucius nigristigmatus Kuoh *et* Cai 黑点翅叶蝉

Confusacris Yin 迷蝗属

Confusacris brachypterus Yin *et* Li 短翅迷蝗

Confusacris limnophila Liang *et* Jia 沼泽迷蝗

Confusacris unicolor Yin *et* Li 素色迷蝗

Confusacris xinganensis Li *et* Zheng 兴安迷蝗

Conifericoccus agathidis Brimblecombe 贝壳杉绵蚧 kauri coccid

Conilepia nigricosta (Leech) 蓝缘苔蛾

Coninomus Thomson 凹缘薪甲属

Coninomus constricta Gyllenhyl 缩颈薪甲 plaster beetle

Coniopterygidae 粉蛉科 dustywings, coniopterygids mealy-winged Neuroptera

Coniopteryx Curtis 粉蛉属

Coniopteryx bispinalis Liu *et* Yang 双刺粉蛉

Conistra Hübner 峦冬夜蛾属

Conistra castaneofasciata (Motschulsky) 褐峦冬夜蛾

Conistra grisescens Draudt 灰峦冬夜蛾

Conistra unimacula Sugi 斑峦冬夜蛾

Conocephalus Schoenherr 草螽属

Conocephalus brevipennis (Scudder) 短草螽

Conocephalus chinesis Redtenbacher 中国草螽

Conocephalus gladiatus Redtenbacher 草螽

Conocephalus japonicus Redtenbacher 日本草螽

Conocephalus maculatus Le Guillou 斑草螽

Conocraera Muir 匙头飞虱属

Conocraera hainana Huang *et* Ding 海南匙头飞虱

Conoderus Eschscholtz 宽胸叩甲属

Conoderus amplicollis (Gyllenhal) 宽胸叩甲 gulf wireworm

Conoderus falli Lane 南方马铃薯叩甲 southern potato wireworm

Conoderus vespertinus (Fabricius) 烟草叩甲 tobacco wireworm

Conogethes punctiferalis (Guenée) 见 *Dichocrocis punctiferalis*

Conogethes surusalis Walker 悬野螟

Conophthorus Schoenherr 松果小蠹属 cone beetles

Conophthorus apachecae Hopkins 大叶松果小蠹 Apache pine cone beetle

Conophthorus cembroides Wood 石松果小蠹

Conophthorus coniperda (Schwarz) 白松果小蠹 white-pine cone beetle

Conophthorus contortae Hopkins 卷龄松果小蠹 lodge-pole cone beetle

Conophthorus edulis Hopkins 矮松果小蠹 pinon cone beetle

Conophthorus flexilis Hopkins 柔松果小蠹 limber pine cone beetle

Conophthorus lambertianae Hopkins 兰柏松果小蠹 sugar pine cone beetle

Conophthorus monophyllae Hopkins 单叶松果小蠹 singleleaf pinon cone beetle

Conophthorus monticolae Hopkins 西部松果小蠹 western white pine cone beetle, mountain pine cone beetle

Conophthorus ponderosae Hopkins 黄松果小蠹 ponderosa pine cone beetle

Conophthorus radiatae Hopkins 坚松果小蠹 Monterey pine cone beetle

Conophthorus resinosae Hopkins 红松果小蠹 red pine cone beetle

Conophthorus scopulorum Hopkins 细枝松果小蠹

Conophthorus taedae Hopkins 火炬松果小蠹

Conophyma Zub. 裸蝗属

Conophyma almasyi almasyi (Kuthy) 突裸蝗

Conophyma herbaceum Mistsh. 草裸蝗

Conophyma xinjiangensis Huang 新疆裸蝗

Conophyma zhaosuensis Huang 昭苏裸蝗

Conophyma zubovskii Uv. 楚氏裸蝗

Conophymacris Will. 拟裸蝗属

Conophymacris chinensis Will. 中华拟裸蝗

Conophymacris conicerca Bi *et* Xia 锥尾拟裸蝗

Conophymacris nigrofemora Liang 黑股拟裸蝗

Conophymacris szechwanensis Chang 四川拟裸蝗

Conophymacris viridis Zheng 绿拟裸蝗

Conophymacris yunnanensis Cheng 云南拟裸蝗

Conophymella Wang *et* Xiangyu 异裸蝗属

Conophymella cyanipes Wang *et* Xiangyu 蓝胫异裸蝗

Conophymopsis Huang 伪裸蝗属

Conophymopsis labrispinus Huang 唇突伪裸蝗

Conophymopsis linguspinus Huang 舌突伪裸蝗

Conopia Hübner 小透翅蛾属

Conopia hector Butler 苹果小透翅蛾 cherry treeborer

Conopia novaroensis Hy. Edwards 黄杉小透翅蛾 douglas fir pitch moth

Conopia quercus Matsumura 栎小透翅蛾

Conopia sequoiae Hy. Edwards 美洲杉小透翅蛾 se-

quoia pitch moth
Conopia tenuis Butler 薄小透翅蛾
Conopidae 眼蝇科 thickheaded flies, wasp flies
Conopomorpha litchiella Bradley 荔枝尖细蛾
Conopomorpha sinensis Bradley 荔枝蒂蛀虫
Conoppia Berlese 锥奥甲螨属
Conoppia palumicincta Michael 沼泽锥奥甲螨
Conorrhynchus Motschulsky 锥喙象属
Conorrhynchus conirostris Gebler 粉红锥喙象
Conorrhynchus nigrivittis Pallas 黑锥喙象
Conotrachelus Dejean 球颈象属
Conotrachelus crataegi Walsh 卡氏球颈象 quince curculio
Conotrachelus naso LeC. 鼻球颈象
Conotrachelus nenuphar Herbst 梅球颈象 plum curculio
Conservula Grot 康夜蛾属
Conservula indica (Moore) 印度康夜蛾
Conservula sinensis Hapson 中华康夜蛾
Contarinia (Gagné) 康瘿蚊属
Contarinia acerplicans (Kieffer) 欧亚槭康瘿蚊 sycamore gall midge
Contarinia betulina Kieffer 见 *Anisostephus betulinum*
Contarinia canadensis Felt 美加白蜡康瘿蚊 ash midrib gall midge
Contarinia carpini Kieffer 凯氏康瘿蚊
Contarinia citri Barnes 橘蕾康瘿蚊
Contarinia coloradensis Felt 科罗拉多康瘿蚊 pine budgall midge
Contarinia constricta Condrashoff 黄杉康瘿蚊 Douglas fir midge
Contarinia coryli Kieffer 榛康瘿蚊
Contarinia corylina (F. Löw) 榛盔康瘿蚊
Contarinia cuniculator Condrashoff 加黄杉康瘿蚊 Douglas fir midge
Contarinia fagi Ruebsaamen 山毛榉康瘿蚊 beech bud midge
Contarinia inouyei Mani 柳杉康瘿蚊 cryptomeria needle gall midge
Contarinia juniperina Felt 桧康瘿蚊 juniper midge
Contarinia mali Barnes 苹果康瘿蚊 apple blossom midge
Contarinia marchali Kieffer 玛氏康瘿蚊
Contarinia matusintome Haraguti *et* Monzen 松梢康瘿蚊 pine bud gall midge
Contarinia mori (Yokoyama) 桑康瘿蚊
Contarinia morulae Jiang 桑椹浆康瘿蚊
Contarinia negundifolia Felt 梣叶槭康瘿蚊 boxelder leaf gall midge, boxelder gall midge
Contarinia okadai Miyoshi 日本橘康瘿蚊 Japanese citrus flower-bud midge
Contarinia oregonensis Foote 黄杉球果康瘿蚊 Douglas fir cone midge

Contarinia pseudotsugae Condrashoff 拟黄杉康瘿蚊 Douglas fir midge
Contarinia sorghicola (Coquillett) 高粱康瘿蚊 sorghum midge
Contarinia tiliarum (Kieffer) 椴康瘿蚊 lime tree gall midge
Contarinia tremulae Kieffer 山杨康瘿蚊 aspen gall midge
Contarinia tritici (Kirby) 麦黄康瘿蚊
Contarinia trotteri Kieffer 乔氏康瘿蚊
Contarinia washingtonensis Johnson 华盛顿黄杉康瘿蚊 Douglas fir midge, cone scale midge
Convexana Li 凸冠叶蝉属
Convexana albicarinata Li 白脊凸冠叶蝉
Convexana nigrifronta Li 黑额凸冠叶蝉
Convexana rufa Li 红色凸冠叶蝉
Conwentzia Curtis 蜡粉蛉属
Conwentzia fraternalis Yang 中越蜡粉蛉
Conwentzia orthotibia Yang 直胫蜡粉蛉
Conwentzia sinica Yang 中华蜡粉蛉
Conwentzia yunguiana Liu *et* Yang 云贵蜡粉蛉
Coomaniella michaeli Bily 云南齿爪吉丁
Copera annulata (Selys) 白狭扇螅
Copera marginipes (Rambur) 黄狭扇螅
Copera vittata (Selys) 褐狭扇螅
Copidosoma Ratzedurg 点缘跳小蜂属
Copidosoma filicorne (Dalman) 小蛾点缘跳小蜂
Copitype Hampson 刃冬夜蛾属
Copitype pagodae (Alphéraky) 刃冬夜蛾
Copium Thunberg 粗角网蝽属
Copium japonicum Esaki 粗角网蝽
Copriphis Berlese 粪伊螨属
Copris Geoffroy 蜣螂属
Copris bengalensis Gillet 孟加拉蜣螂
Copris magicus Harold 魔蜣螂
Copris medogensis Zhang 墨脱蜣螂
Copris ochus (Motschulsky) 臭蜣螂
Copris sacontala Redtenbacher 萨蜣螂
Copris tripartitus Waterhouse 三开蜣螂
Coproglyphus Turk *et* Turk 食粪螨属
Coproglyphus stammeri Turk *et* Turk 斯氏食粪螨
Coprolaelaps Berlese 粪厉螨属
Copromorphidae 粪蛾科
Coprophilus chinensis Zheng 中华波缘隐翅虫
Coptacra Stål 切翅蝗属
Coptacra hainanensis Tink. 海南切翅蝗
Coptacra tonkinensis Will. 越北切翅蝗
Coptocercus rubripes Boisduval 桉红天牛
Coptocheles Summers *et* Schlinger 刺钳螨属
Coptocephala Lacordaire 切头叶甲属
Coptocephala asiatica Chûj 亚洲切头叶甲
Coptoderus japonicus Bates 日本宽胸步甲

Coptoderus marginata Dupuis 边宽胸步甲

Coptoderus piligera Chaudoir 光宽胸步甲

Coptoderus transversa Schm.-Goeb. 横宽胸步甲

Coptodisca Walsingham 辉日蛾属

Coptodisca arbutiella Busck 金辉日蛾 madrone shield bearer

Coptophylla Keifer 刺叶瘿螨属

Coptophylla castaneae Kuang et Hong 栗刺叶瘿螨

Coptophylla lamimani (Keifer) 拉氏刺叶瘿螨

Coptops Serville 瘤象天牛属

Coptops albonotata (Pic) 柿瘤象天牛

Coptops annulipes Gahan 灰背瘤象天牛

Coptops leucostictica leucostictica White 麻点瘤象天牛

Coptops leucostictica rustica Gressitt 橡胶瘤象天牛

Coptops lichenea Pascoe 榄仁瘤象天牛

Coptops ocellifera Beruning 齿带瘤象天牛

Coptops pascoei Gahan 新月纹瘤象天牛

Coptops robustipes Pic 斜纹瘤象天牛

Coptopsylla Jordan et Rothschild 切唇蚤属

Coptopsylla lamellifer ardua Jordan et Rothschild 叶状切唇蚤突高亚种

Coptopsylla lamellifer tarimensis Yu, Ye et Cao 叶状切唇蚤塔里木亚种

Coptopsylla macrophthalmus Ioff 巨眼切唇蚤

Coptopsyllidae 切唇蚤科

Coptopterus decoratus McKeown 梅干天牛 branch-pruning longicorn

Coptopterus thoracicus Pascoe 凹胸干天牛 pittosporum borer

Coptosoma Laporte 圆龟蝽属

Coptosoma bicuspis Hsiao et Jen 双峰圆龟蝽

Coptosoma bifaria Montandon 双列圆龟蝽

Coptosoma biguttula Motschulsky 双痣圆龟蝽

Coptosoma binota Yang 两点圆龟蝽

Coptosoma brevicula Montandon 短盾圆龟蝽

Coptosoma chekiana Yang 浙江圆龟蝽

Coptosoma cincta Eschscholtz 麻盾圆龟蝽

Coptosoma cribrarium Fabricius 筛豆圆龟蝽

Coptosoma davidi Montandon 达圆龟蝽

Coptosoma excoffieri Montandon 突尾圆龟蝽

Coptosoma fidiceps Hsiao et Jen 叉头圆龟蝽

Coptosoma flavida Hsiao et Jen 黄圆龟蝽

Coptosoma gyirongan Zhang et Lin 吉隆圆龟蝽

Coptosoma intermedia Yang 执中圆龟蝽

Coptosoma lasciva Bergroth 刺盾圆龟蝽

Coptosoma montana Hsiao et Jen 高山圆龟蝽

Coptosoma munda Bergroth 孟达圆龟蝽

Coptosoma nigrella Hsiao et Jen 小黑圆龟蝽

Coptosoma nigricolor Montandon 黎黑圆龟蝽

Coptosoma notabilis Montandon 显著圆龟蝽

Coptosoma ostensum Distant 显形圆龟蝽

Coptosoma parvipicta Montandon 小饰圆龟蝽

Coptosoma pinfa Yang 平伐圆龟蝽

Coptosoma prolaticeps Yang 长头圆龟蝽

Coptosoma pulchella Montandon 子都圆龟蝽

Coptosoma punctatissimun Montandon 见 Coptosoma cribrarium

Coptosoma rabieri Montandon 滇越圆龟蝽

Coptosoma scutellatum (Geoffrey) 盾圆龟蝽

Coptosoma seguyi Yang 赛圆龟蝽

Coptosoma semiflava Jakovlev 半黄圆龟蝽

Coptosoma similima Hsiao et Jen 类变圆龟蝽

Coptosoma sordidula Montandon 西蜀圆龟蝽

Coptosoma sphaerula Gerumer 浑圆龟蝽

Coptosoma triangula Yang 三角圆龟蝽

Coptosoma variegata Herich-Schäffer 多变圆龟蝽

Coptosoma zhamua Zhang et Liu 樟木圆龟蝽

Coptotermes Wasmann 乳白蚁属

Coptotermes acinaciformis Froggatt 曲剑乳白蚁

Coptotermes amanii Sjoestedt 爱氏乳白蚁

Coptotermes bannaensis Xia et He 版纳乳白蚁

Coptotermes bentongensis Krishna 本顿乳白蚁

Coptotermes boetonensis Kemner 帕东家乳蚁

Coptotermes borneensis Oshima 婆罗乳白蚁

Coptotermes brunneus Gay 褐乳白蚁

Coptotermes ceylonicus Holmgren 斯里兰卡乳白蚁

Coptotermes changtaiensis Xia et He 长泰乳白蚁

Coptotermes chaoxianensis Huang et Li 巢县乳白蚁

Coptotermes cochlearus Xia et He 匙颏乳白蚁

Coptotermes communis Xia et He 普见乳白蚁

Coptotermes crassus Ping 厚头乳白蚁

Coptotermes curvignathus Holmgren 曲颚乳白蚁(大家白蚁) rubber termite

Coptotermes cyclocoryphus Zhu, Li et Ma 圆头乳白蚁

Coptotermes dimorphus Xia et He 二型乳白蚁

Coptotermes elisae Desneux 榨乳白蚁

Coptotermes emersoni Ahmad 依氏乳白蚁

Coptotermes eucalyptus Ping 桉树乳白蚁

Coptotermes formosanus Shiraki 台湾乳白蚁 Formosan subterranean termite

Coptotermes frenchi Hill 新西兰乳白蚁

Coptotermes gaurii (R. et Kri.) 告氏乳白蚁

Coptotermes gestroi (Wasmann) 格斯特乳白蚁(印缅乳白蚁)

Coptotermes grandis Li et Huang 大头乳白蚁

Coptotermes guangdongensis Ping 广东乳白蚁

Coptotermes guangzhouensis Ping 广州乳白蚁

Coptotermes gulangyuensis Li et Huang 鼓浪屿乳白蚁

Coptotermes hainanensis Li et Tsai 海南乳白蚁

Coptotermes havilandi Holmgren 爪泰乳白蚁

Coptotermes heimi (Wasmann) 海氏乳白蚁

Coptotermes hekouensis Xia et He 河口乳白蚁

Coptotermes heteromorphus Ping 异型乳白蚁

Coptotermes hyaloapex Holmgren 见 Coptotermes elisae

Coptotermes jiaxingensis Xia *et* He 嘉兴乳白蚁

Coptotermes kalshoveni Kemner 卡肖乳白蚁

Coptotermes longignathus Xia *et* He 长颚乳白蚁

Coptotermes longistriatus Li *et* Huang 长带乳白蚁

Coptotermes minutissimus Kemner 微小乳白蚁

Coptotermes minutus Li *et* Huang 小头乳白蚁

Coptotermes monosetasus Tsai *et* Li 单毛乳白蚁

Coptotermes monosetosus menglunensis Tsai *et* Huang 勐仑乳白蚁

Coptotermes niger Snyder 黑乳白蚁

Coptotermes obiratus Hill 幼乳白蚁

Coptotermes obliquus Xia *et* He 斜孔乳白蚁

Coptotermes ochraceus Ping *et* Xu 赭黄乳白蚁

Coptotermes parvulus Holmgren 小家乳白蚁

Coptotermes peregrinator Kemner 奇异乳白蚁

Coptotermes rectangularis Ping *et* Xu 直孔乳白蚁

Coptotermes sepangensis Krishna 塞庞乳白蚁

Coptotermes setosus Li 刚毛乳白蚁

Coptotermes shanghaiensis Xia *et* He 上海乳白蚁

Coptotermes sinabangensis Oshima 乳白蚁

Coptotermes sjoestedti Holmgren 墨西哥乳白蚁

Coptotermes suzhouensis Xia *et* He 苏州乳白蚁

Coptotermes testaceus (Linnaeus) 南美乳白蚁

Coptotermes travians Haviland 南亚乳白蚁

Coptotermes truncatus Wasmann 塞舌尔乳白蚁

Coptotermes varicapitatus Tsai *et* Li 异头乳白蚁

Coptotermes vastator Light 非岛乳白蚁

Coptotermes xiaoliangensis Ping 小良乳白蚁

Coptotermes yaxianensis Li 崖县乳白蚁

Coquillettomyia Felt 舌板瘿蚊属

Coquillettomyia bidenticulata Bu *et* Zheng 双齿舌板瘿蚊

Coquillettomyia bulbiformis Bu *et* Zheng 球尾舌板瘿蚊

Coquillettomyia caricis (Mohn) 苔草舌板瘿蚊

Coquillettomyia elongata Bu *et* Zheng 长尾舌板瘿蚊

Coquillettomyia truncata Bu *et* Zheng 截尾舌板瘿蚊

Coraebus Laporte *et* Gory 纹吉丁属

Coraebus aurofasciatus (Hope) 金绿纹吉丁

Coraebus cloueti Théry 铜胸纹吉丁

Coraebus denticollis Saunders 黑尾纹吉丁

Coraebus dorsalis Kerremans 背纹吉丁

Coraebus grafi Obenberger 绿翅纹吉丁

Coraebus hastanus Cast. *et* Gory 三角纹吉丁

Coraebus leucospilatus Bourgoin 麻点纹吉丁

Coraebus linnei Obenbevger 林奈纹吉丁

Coraebus mianningensis Peng 冕宁纹吉丁

Coraebus obscurus Peng 暗绒纹吉丁

Coraebus quadriundulatus Motschulsky 悬钩子纹吉丁 rubus berry beetle

Coraebus salvazai Bourgoin 褐短纹吉丁

Coraebus sidae Kerremans 赤纹吉丁

Coraebus simplex Peng 暗蓝纹吉丁

Coraebus violaceipenis Saunders 突顶纹吉丁

Coraebus yanshanensis Peng 砚山纹吉丁

Coraehus jiangxiensis Peng 江西纹吉丁

Coramica picta (Haccis) 斑马纹夜蛾 zebra caterpillar

Coranus Curtis 土猎蝽属

Coranus emodicus Kiritschenko 黄缘土猎蝽

Coranus fuscipennis Reuter 斑缘土猎蝽

Coranus hammarstroemi Reuter 显脉土猎蝽

Coranus lativentris Jakovlev 中黑土猎蝽

Coranus magnus Hsiao *et* Ren 大土猎蝽

Coranus marginatus Hsiao 红缘土猎蝽

Coranus sichuensis Hsiao *et* Ren 四川土猎蝽

Coranus spiniscutis Reuter 黑尾土猎蝽

Coranus tibetensis China 西藏土猎蝽

Corcyra Ragonot 米螟属

Corcyra cephalonica Staint 米螟(米蛾) rice meal moth

Cordelia Shirôzu *et* Yamamoto 珂灰蝶属

Cordelia comes (Leech) 珂灰蝶

Cordelia minerva (Leech) 必妮珂灰蝶

Cordulegaster Leach 大蜓属

Cordulegaster brevistigma (Selys) 短痣大蜓

Cordulegaster jinensis Zhu *et* Han 晋大蜓

Cordulegasteridae 大蜓科

Corduliidae 伪蜻科 strong flies

Cordylomera spinicornis (Fabricius) 绿闪光细天牛

Cordysceles Hsiao 怪缘蝽属

Cordysceles turpis Hsiao 怪缘蝽

Coreana Tutt 朝灰蝶属

Coreana raphaelis (Oberthür) 朝灰蝶

Coreidae 缘蝽科 coreid bugs, squash bugs

Coreinae 缘蝽亚科

Coreitarsonemus Fain 缘蝽跗线螨属

Coreitarsonemus asiaticus Fain 亚洲缘蝽跗线螨

Corennys Bates 毛角花天牛属

Corennys brevipennis prescutellaris (Pic) 短翅红花天牛

Corennys conspicua (Gahan) 红毛角花天牛

Corennys sericata Bates 菜迷红花天牛

Corethrellonema Nickle 短嘴蚊线虫属

Corethrellonema grandispiculosum Nickle 大刺短嘴蚊线虫

Corethrothrombium Oudemans 帚绒螨属

Coreus Fabricius 缘蝽属

Coreus marginatus Linnaeus 原缘蝽

Coreus marginatus orientalis Kiritschenko 东方原缘蝽

Coreus potanini (Jakovlev) 波原缘蝽

Coreus spinigerus Liu *et* Zheng 尖角原缘蝽

Corgatha Walker 孔夜蛾属

Corgatha argillacea (Butler) 土孔夜蛾

Corgatha costinotalis (Moore) 缘斑孔夜蛾

Corgatha dictaria (Walker) 柑橘孔夜蛾

Corgatha diplochorda Hampson 双线孔夜蛾

Corgatha nitens (Butler) 昭孔夜蛾

Coriarachne Thorell 革蟹蛛属

Coriarachne melancholica Simon 黑革蟹蛛

Coriarachne potanini Schenkel 波氏革蟹蛛

Coridius assamensis (Distant) 黑角兜蝽

Corigetus Desbrochers 高梁象属

Corigetus instabilis Mshl. 耳象

Corimelaena White 黑土蝽属

Corimelaena pulicaria (Germar) 黑土蝽 negro bug

Corimelaenidae 黑蝽科 negro bugs

Corinnidae 圆颚蛛科

Coriomeris Westwood 颗缘蝽属

Coriomeris integerrimus Jakovlev 光腹颗缘蝽

Coriomeris nebulivagus Kiritshenko 西藏颗缘蝽

Coriomeris nigridens Jakovlev 刺腹颗缘蝽

Coriomeris pilosus Hsiao 毛颗缘蝽

Coriomeris scabricornis (Panzer) 颗缘蝽

Corixidae 划蝽科 water boatmen

Corizus Fallén 姬缘蝽属

Corizus albomarginatus (Blöte) 亚姬缘蝽

Corizus hyosciami (LInnaeus) 欧姬缘蝽

Corizus tetraspilus Horváth 近姬缘蝽

Cornicacoecia lafauryana Ragonot 东方草莓卷蛾 oriental strawberry leafroller

Cornicularia Menge 小角蛛属

Cornicularia vigilax Blackwall 警觉小角蛛

Cornigamasus Evans *et* Till 角革螨属

Cornigamasus lunaris (Berlese) 新月角革螨

Cornigamasus lunaroides Ma 拟月角革螨

Cornimytilus Borchsenius 眼蛎盾蚧属

Cornimytilus junipericola Tang 刺柏眼蛎盾蚧

Cornimytilus kuwacola (Kuwana) 桑树眼蛎盾蚧

Cornimytilus lithocarpicola Tang 石柯眼蛎盾蚧

Cornimytilus machili (Maskell) 兰眼蛎盾蚧 Machilus ostershell scale, cymbidium scale

Cornimytilus piceae Tang 云杉眼蛎盾蚧

Cornimytilus pinifolii (Borchsenius) 松针眼蛎盾蚧

Cornimytilus piniroxburghii (Takagi) 尼泊尔眼蛎盾蚧

Cornimytilus pinnaeformis (Bouch) 针型眼蛎盾蚧

Cornimytilus pseudomachili (Borchsenius) 拟兰眼蛎盾蚧

Cornimytilus pseudotsugae (Takahashi) 日本眼蛎盾蚧

Cornimytilus takahashi Borchsenius 高桥眼蛎盾蚧

Cornimytilus tsugaedumosae (Takagi) 铁杉眼蛎盾蚧

Cornopsylla Li 角木虱属

Cornopsylla trichotoma Li 毛角木虱

Cornopsylla zanthoxylae Li 花椒角木虱

Cornuaspis MacGilivray 见 *Mytilaspis* Targ.

Cornuaspis abdominalis (Takagi) 见 *Mytilaspis abdominalis*

Cornuaspis beckii (Newman) 见 *Mytilaspis beckii*

Cornutiplusia 环斑夜蛾属

Cornutiplusia circumflexa (L.) 环斑夜蛾

Coropoculia 戈罗甲螨属

Corotia Moore 考罗尺蛾属

Corotia cervinaria Moore 考罗尺蛾

Corrodentia 啮虫目 booklice, bark lice, dust lice, death-watches, psocids

Corrodopsylla Wagner 酷蚤属

Corrodopsylla birulai (Ioff) 窄窦酷蚤

Corsyra fusula Fisch-Waldh. 富步甲

Corthylus Erichson 单鞭小蠹属

Corthylus columbianus Hopk. 柯仑单鞭小蠹 Columbian timber beetle

Corthylus punctatissimus (Zimmerman) 杜鹃花草鞭小蠹 pitted ambrosia beetle, maple ambrosia beetle

Cortyta Walker 素纹夜蛾属

Cortyta grisea (Leech) 灰素纹夜蛾

Corydalidae 齿蛉科 fishflies

Corydalus Latreilie 鱼蛉属

Corydalus cornutus (L.) 角鱼蛉 dobsonfly, hellgrammite

Corydidae 鳖蠊科 winged roaches

Corydioidea 鳖蠊总科

Corylophiddae 见 Orthoperidae

Corymbas Konow 丛花叶蜂属

Corymbas nipponica Takeuchi 草莓丛花叶蜂

Corymbites Latreille 高地叩甲属 upland click beetles[adults], upland wireworms [larvae]

Corymbites aeripennis Kirby 谷叩甲 northern grain wireworm

Corymbites gratus Lewis 扁铜色叩甲 cupreous flattened click beetle

Corymbites pruinosus Motschulsky 霜叩甲 frosted click beetle

Corymbites puncticollis Motschulsky 小铜色叩甲 coppery click beetle

Corymbites sjelandicus Müller 马铃薯叩甲

Corymica Walker 穿孔尺蛾属

Corymica arnearia Walker 毛穿孔尺蛾

Corymica deducata (Walker) 带穿孔尺蛾

Corymica specularia (Moore) 光穿孔尺蛾

Coryna Wolff 寡节芫菁属

Coryna apicicornis Guèrin 花生寡节芫菁 peanut blister beetle

Corynetidae 隐跗郭公虫科 red-legged ham beetles

Corynis Thunberg 棍锤角叶蜂属

Corynis sarta Kuznetzov-Ugamskij 黑脊隐锤角叶蜂

Corynodes peregrinus Herbst 印度棒叶甲

Corynoptera Winnertz 翼眼蕈蚊属

Corynoptera albispina Yang, Zhang *et* Yang 白刺翼眼蕈蚊

Corynoptera oblonga Yang, Zhang *et* Yang 长圆翼眼蕈蚊

Coryphosima producta Walker 几内亚冠蝗

Corythucha aesculi O. *et* D. 七叶树网蝽 buckeye lace

bug
Corythucha arcuata (Say) 栎网蝽 oak lace bug
Corythucha associata O. *et* D. 合网蝽
Corythucha bellula Gibson 迷网蝽
Corythucha celtidis O. *et* D. 朴网蝽 hackberry lace bug
Corythucha ciliata (Say) 枫网蝽 sycamore lace bug
Corythucha confraterna Gibson 美国梧桐网蝽 western sycamore lace bug
Corythucha cydoniae Fitch 山楂网蝽 hawthorn lace bug
Corythucha elegans Drake 杨网蝽
Corythucha gossypii (Fabricius) 棉网蝽 cotton lace bug
Corythucha juglandis (Fitch) 核桃网蝽 walnut lace bug
Corythucha mollicula O. *et* D. 柳网蝽
Corythucha pallipes Parshley 桦网蝽 birch lace-bug
Corythucha pergandei Heidemann 桤木网蝽 alder lace bug
Corythucha pruni O. *et* D. 樱桃网蝽
Corythucha salicata Gibson 西部柳网蝽 western willow lace bug
Corythucha ulmi O. *et* D. 榆网蝽 elm lace bug
Coscinesthes Bates 豹天牛属
Coscinesthes porosa Bates 柳枝豹天牛
Coscinesthes salicis Gressitt 麻点豹天牛
Coscinia cribraria (Linnaeus) 筛灯蛾
Coscinida Simon 格蛛属
Coscinida asiatica Zhu *et* Zhang 亚洲格蛛
Cosella Newkirk *et* Keifer 合位瘿螨属
Cosetacus Keifer 同毛瘿螨属
Cosetacus camelliae Keifer 山茶同毛瘿螨 camellia bud mite
Cosmetura nigrovittata Liu *et* Bi 宽纹饰尾螽
Cosmia Ochsenheimer 兜夜蛾属
Cosmia achatina Butler 玛瑙兜夜蛾
Cosmia affinis (Linnaus) 联兜夜蛾 Japanese elm cutworm
Cosmia camptostigma (Mentries) 曲纹兜夜蛾 white-banded noctuid
Cosmia cara (Butler) 肖果兜夜蛾
Cosmia exigua (Butler) 小兜夜蛾
Cosmia flavifimbria (Hampson) 黄缨兜夜蛾
Cosmia modesta (Staudinger) 凡兜夜蛾
Cosmia pyralina (Denis *et* Schiffermüller) 果兜夜蛾
Cosmia restituta Walker 白斑兜夜蛾
Cosmia trapezia (L.) 槭兜夜蛾 maple cutworm
Cosmia unicolor (Staudinger) 一色兜夜蛾
Cosmiella subcornuta (Yang *et* Zhang) 拟角球螋
Cosmina Robineau-Desvoidy 彩蝇属
Cosmina bicolor (Walker) 双色彩蝇
Cosmina biplumosa (Senior-White) 双羽彩蝇
Cosmina limbipennis (Macquart) 缘翅彩蝇
Cosmiomma Schulze 斑蜱属
Cosmiomorpha Sannders 鳞花金龟属
Cosmiomorpha decliva Janson 沥斑鳞花金龟
Cosmiomorpha modesta Saunders 褐鳞花金龟
Cosmiomorpha setulosa Westwood 钝毛鳞花金龟
Cosmiomorpha similis Fairmaire 毛鳞花金龟
Cosmiphis Vitzthum 广伊螨属
Cosmocarta relata Distant 印巴沫蝉
Cosmochthoniidae 广缝甲螨科
Cosmochthonius Berlese 广缝甲螨属
Cosmochthonius reticulatus Grandjean 网广缝甲螨
Cosmococcus Borchsenius 滇链蚧属
Cosmococcus albizziae Borchsenius 合欢滇链蚧
Cosmococcus erythrinae Borchsenius 刺桐滇链蚧
Cosmococcus euphorbiae Borchsenius 大戟滇链蚧
Cosmoglyphus Oudemans 广嗜螨属
Cosmohermannia Aoki *et* Yoshida 广赫甲螨属
Cosmohermannia frondosa Aoki *et* Yoshida 叶广赫甲螨
Cosmolaelaps Berlese 广厉螨属
Cosmolaelaps acutiscutus Teng 尖背广厉螨
Cosmolaelaps chini Bai *et* Gu 金氏广厉螨
Cosmolaelaps gurabensis Fox 古拉广厉螨
Cosmolaelaps liae Bai *et* Gu 李氏广厉螨
Cosmolaelaps miles (Berlese) 兵广厉螨
Cosmolaelaps ningxiaensis Bai *et* Gu 宁夏广厉螨
Cosmolaelaps wangae Bai *et* Gu 王氏广厉螨
Cosmolaelaps yeruiyuae Ma 叶氏广厉螨
Cosmolestes Stål 勺猎蝽属
Cosmolestes annulipes Distant 环勺猎蝽
Cosmolestes nigrinus Distant 黑翅勺猎蝽
Cosmolestes pulcher Hsiao 丽勺猎蝽
Cosmolestes yunnanus Hsiao 云南勺猎蝽
Cosmolyce boeticus Linnaeus 豆荚小灰蝶
Cosmophila erosa Hübner 见 *Anomis flava*
Cosmophila flava Fabricius 见 *Anomis flava*
Cosmophorus Ratzeburg 大颚茧蜂属
Cosmophorus klugii Ratzeburg 云杉大颚茧蜂
Cosmophorus qilianshanensis Yang 祁连山大颚茧蜂
Cosmophorus regius Niezabitowski 凹头大颚茧蜂
Cosmopolites Chevrolat 根颈象属
Cosmopolites sordidus (Germ.) 香蕉根颈象 banana weevil, banana root borer, banana weevil borer
Cosmopterix bambusae Meyrick 竹潜叶尖蛾 bamboo leaf-miner
Cosmopterix fulminella Stringer 禾尖蛾
Cosmopterygidae 尖蛾科
Cosmoscarta Stål 隆背沫蝉属
Cosmoscarta bispecularis White 桑赤隆背沫蝉
Cosmotriche Hübner 小毛虫属
Cosmotriche chensiensis Hou 秦岭小毛虫
Cosmotriche discitincta Wileman 台湾小毛虫
Cosmotriche inexperta (Leech) 松小毛虫
Cosmotriche kunmingensis Hou 昆明小毛虫
Cosmotriche laeta Walker 见 *Philudoria laeta*

Cosmotriche likiangica (F. Daniel) 丽江小毛虫

Cosmotriche lunigera (Esper) 杉小毛虫(高山小枯叶蛾)

Cosmotriche lunigera mongolica (Grum-Grshimailo) 蒙古小毛虫

Cosmotriche maculosa Lajonquier 黑斑小毛虫

Cosmotriche monbeigi (Gaede) 打箭小毛虫

Cosmotriche monotona (F. Daniel) 蓝灰小毛虫

Cosmotriche saxosimilis Lajonquiere 高山小毛虫

Cossidae 木蠹蛾科 carpenter moths, carpenterworm moth

Cossinae 木蠹蛾亚科

Cossonus Clairville 朽木象属

Cossula magnifica (Strecker) 山核桃木蠹蛾 pecan carpenterworm

Cossus Fabricius 木蠹蛾属

Cossus acronyctoides (Moore) 黑袖木蠹蛾

Cossus bohatschi Püngeler. 波氏木蠹蛾

Cossus cadambae Moore 卡带木蠹蛾

Cossus chinensis Rothschild 黄胸木蠹蛾

Cossus cossus altensis Hua *et* Chou 芳香木蠹蛾阿勒泰亚种

Cossus cossus changbaishanensis Hua *et* Chou 芳香木蠹蛾长白山亚种

Cossus cossus Linnaeus 芳香木蠹蛾 goat moth

Cossus cossus orientalis Gaede 芳香木蠹蛾东方亚种

Cossus cossus tianshanus Hua *et* Chou 芳香木蠹蛾天山亚种

Cossus hunanensis Daniel 湖南木蠹蛾

Cossus japonica Gaede 东方木蠹蛾 oriental carpenter moth, goat moth

Cossus modestus Staudinger 谦黑木蠹蛾

Cossus mokanshanensis Daniel 莫干山木蠹蛾

Cossus tibetanus Hua *et* Chou 西藏木蠹蛾

Cossus yunnanensis Hua *et* Chou 云南木蠹蛾

Cossyphodidae 扁蚁甲科 flat bark beetles

Costelytra Given 肋翅鳃角金龟属

Costelytra zealandica White 褐新西兰肋翅鳃角金龟 brown chafer, grass grub

Costeremus Aoki 隐肋甲螨属

Costeremus cornutus Wang *et* Cui 角隐肋甲螨

Cotachena Moore 锥歧角螟属

Cotachena histricalis (Walker) 伊锥歧角螟

Cotalpa lanigera L. 蹦丽金龟 goldsmith beetle

Cotinis nitida (L.) 六月美洲花金龟 green June beetle

Cotrombicula Vercammen-Grandjean 同恙螨属

Cotrombicula pyriformis Wang *et* Song 梨形同恙螨

Cotta Fletcher 恨尺蛾属

Coxequesoma Sellnick 基马螨属

Coxequesomidae 基马螨科

Cphonus calceatus (Dfesch) 谷穗步甲

Crabro Fabricius 方头泥蜂属

Crabro cribrarius (Linnaeus) 斑盾方头泥蜂

Crabro loewi Dahlbom 枝股方头泥蜂

Crabro peltarius (Schreber) 褐盾方头泥蜂

Crabro ussuriensis Gussakowskij 乌苏方头泥蜂

Crabro werestschagini Gussakowskji 凸胫方头泥蜂

Crabroninae 方头泥蜂亚科

Crambinae 草螟亚科

Crambus Fabricius 草螟属

Crambus atrosignatus Zeller 黑斑草螟

Crambus diplogrammus Zeller 双纹草螟

Crambus humidellus Zeller 黄翅草螟

Crambus malacellus Duponchel 银纹草螟

Crambus monochromellus Herrich-Schäffer 榄绿草螟

Crambus nigripunctellus Leech 黑点草螟

Crambus ornatellus Leech 饰纹草螟

Crambus perellus (Scopoli) 银光草螟

Crambus porcelanellus Motschulsky 贝纹草螟

Craniophora Snellen 首夜蛾属

Craniophora albonigra (Herz) 白黑首夜蛾

Craniophora fasciata (Moore) 条首夜蛾

Craniophora harmandi (Poujade) 黑点首夜蛾

Craniophora inquieta Draudt 毛首夜蛾

Craniophora jactans Draudt 分首夜蛾

Craniophora ligustri (Denis *et* Schiffermüller) 女贞首夜蛾

Craniophora oda Latin 瓯首夜蛾

Craniophora simillima Draudt 同首夜蛾

Craniophora taipaischana Draudt 太白首夜蛾

Craponius LeConte 葡萄象属

Craponius inaequalis (Say) 葡萄象 grape curculio

Craspediopsis Warren 瑕边尺蛾属

Craspedochoeta Macquart 缘花蝇属

Craspedochoeta angulata (Tiensuu) 角缘花蝇

Craspedochoeta cannabina (Stein) 巢缘花蝇

Craspedochoeta liturata (Robineau-Desvoidy) 晕脉缘花蝇

Craspedochoeta maura (Stein) 黑尾缘花蝇

Craspedochoeta pullulula Fan 斑脉缘花蝇

Craspedonotus tibialis Schaum 胫边步甲

Craspedonta leayana (Latreille) 石梓翠龟甲

Crassaspidiotus Takagi 钝圆盾蚧属

Crassaspidiotus takahashii Takagi 铁杉钝圆盾蚧

Crassinema Rubzov 厚线虫属

Crassinema glustschenkovae Rubzov 格氏厚线虫

Crastidoglyphus Oudemans 克拉螨属

Crathirorada fasciata formosana Heinrich 台带克拉姬蜂

Cratichneumon Thomson 强姬蜂属

Cratichneumon clotho abdominalis (Uchida) 纺腹强姬蜂

Cratichneumon viator (Scopoli) 旅强姬蜂

Cratojoppa maculata Cameron 斑劲姬蜂

Cratolabus Heinrich 强柄姬蜂属

Cratolabus formosanus (Uchida) 台湾强柄姬蜂

Cratopus punctum Fabricius 点刻大力象

Cratosomus Schoenherr 横带象属

Cratosomus punctulatus Gull. 橘横带象 citrus banded weevil

Cratotragus indicator White 强天牛

Cratynius Jordan 强蚤属

Cratynius yunnanus Li Hsieh *et* Liao 云南强蚤

Creatonotus gangis (Linnaeus) 黑条灰灯蛾

Creatonotus transiens (Walker) 八点灰灯蛾

Creiis corniculata (Froggatt) 角距木虱

Creiis liturata Froggatt 桉距木虱

Creiis pellucida Froggatt 晰距木虱

Cremastinae 分距姬蜂亚科

Cremastobombycia lantanella Busck 马鞭草细蛾 lantana leaf miner

Cremastopsyche pendula Joannis 丝叶袋蛾 bagworm moth

Cremastus geminus Gravenhorst 倍分距姬蜂

Crematogaster Lund 举腹蚁属 cocktailed ants

Crematogaster amia Forel 阿美举腹蚁

Crematogaster apilis Forel 丁氏举腹蚁

Crematogaster biroi Mayr 比罗举腹蚁

Crematogaster bison Forel 野牛举腹蚁

Crematogaster cerasi (Fitch) 萨氏举腹蚁

Crematogaster contemta Mayr 亮褐举腹蚁

Crematogaster dohrni Mayr 双突柄举腹蚁

Crematogaster ebenina Forel 乌木举腹蚁

Crematogaster egidyi Forel 亮胸举腹蚁

Crematogaster fabricans Forel 多氏举腹蚁

Crematogaster ferrarii Enery 立毛举腹蚁

Crematogaster formosae Wheeler 暗褐举腹蚁

Crematogaster hodgsoni Forel 霍奇逊举腹蚁

Crematogaster laboriosa Smitn 勤勉举腹蚁

Crematogaster macaoensis Wheeler 粗纹举腹蚁

Crematogaster matsumurai Forel 玛氏举腹蚁

Crematogaster osakensis Forel 大阪举腹蚁

Crematogaster politula Forel 光亮举腹蚁

Crematogaster popohana Forel 甲仙举腹蚁

Crematogaster rogenhoferi Mayr 黑褐举腹蚁

Crematogaster sagei Forel 塞奇举腹蚁

Crematogaster schimmeri Forel 席氏举腹蚁

Crematogaster taivanae Forel 台湾举腹蚁

Crematogaster zoceensis Santschi 上海举腹蚁

Cremnops atricornis (Smith) 黑角长喙茧蜂

Cremnosterna Aurivillius 长眼天牛属

Cremnosterna carissima (Pascoe) 豹斑长眼天牛

Cremnosterna plagiata (White) 长眼天牛

Creobroter Serville 眼斑螳属

Creobroter apicalis (Saussure) 明端眼斑螳

Creobroter discifera (Serville) 盘眼斑螳

Creobroter elongata Beier 长翅眼斑螳

Creobroter gemmata (Stoll) 丽眼斑螳

Creobroter jiangxiensis Zheng 江西眼斑螳

Creobroter nebulosa Zheng 云眼斑螳

Creobroter urbana (Fab.) 艳眼斑螳

Creobroter vitripennis Beier 透翅眼斑螳

Creontiades bipunctatus Poppius 二点盲蝽

Creontiades femoralis Van Duzee 西部盲蝽 western plant bug

Creontiades gossypii Hsiao 赣棉盲蝽

Creontiades pallidifer Walker 苍白肉盲蝽

Creontiades pallidus Ramb 花生黄盲蝽

Creophilus maxillosus L. 大隐翅虫

Crepidodera Chevrolat 沟胸跳甲属

Crepidodera pluta (Latreille) 柳沟胸跳甲

Cressona Dallas 叉蝽属

Cressona divaricata Zheng *et* Zou 歧角叉蝽

Cressona rufa Zhang *et* Lin 红叉蝽

Cressona valida Dallas 叉蝽

Cressonia juglandis (J. E. Smith) 胡桃天蛾 walnut sphinx

Cretonia Walker 卷夜蛾属

Cretonia vegetus (Swinhoe) 甘薯卷绮夜蛾

Cribragapanthia Pic 筛天牛属

Cribragapanthia scutellata Pic 白盾筛天牛

Cribrolecanium Green 筛板蚧属

Cribrolecanium formicarum Green 锡兰筛板蚧

Cribrolecanium radicicola Green 印度筛板蚧

Criconema Hafmanner *et* Menzel 环线虫属 spine nematodes, ring nematodes

Criconema bakeri Wu 贝克环线虫

Criconema boagi Zell 博氏环线虫

Criconema carolinae van den Berg 卡罗莱纳环线虫

Criconema celetum Wu 隐蔽环线虫

Criconema certesi Raski *et* Valenzuela 塞氏环线虫

Criconema civellae Steiner 土著环线虫 citrus spine nematode

Criconema eurysoma Golden *et* Friedman 宽体环线虫

Criconema inaequale Taylor 不等环线虫

Criconema kirjanovae Krall 基氏环线虫

Criconema mangiferum Edward *et* Misra 杧果环线虫

Criconema minor (Schneider) 较小环线虫

Criconema minutum (Kirjanova) 微小环线虫

Criconema murrayi (Southern) 默氏环线虫

Criconema navarinoense Raski *et* Valenzuela 那瓦瑞诺环线虫

Criconema orellanai Raski *et* Valenzuela 奥瑞兰环线虫

Criconema osorneonse Raski *et* Valenzuela 奥索恩环线虫

Criconema pauciannulatum van den Berg 少纹环线虫

Criconema paxi (Schneider) 帕氏环线虫

Criconema proteae van den Berg *et* Meyer 帕洛梯环线虫

Criconema robusta Wang *et* Wu 强壮环线虫

Criconema schuurmansstekhoveni de Coninck 斯氏环线虫

Criconema sirgeli van den Berg *et* Meyer 西尔吉尔环线虫

Criconema southerni (Schneider) 萨氏环线虫

Criconema spinalineatum Chitwood 棘纹环线虫 zoysia spine nematode

Criconema tessellatum van den Berg 格纹环线虫

Criconema triconodon (Schuurmans Stekhoven *et* Teunisson) 三锥环线虫

Criconema tripum (Schuurmans Stekhoven *et* Teunisson) 游走环线虫

Criconema tylenchiformis (Daday) 垫刃型环线虫

Criconematidae 环线虫科

Criconemella alticola (Ivanova) 高地小环线虫

Criconemella avicenniae Nicholas *et* Stewart 榄雌小环线虫

Criconemella brevicauda van den Berg *et* Spaull 短尾小环线虫

Criconemella canadensis (Ebsary) 加拿大小环线虫

Criconemella cardamomi Sharma *et* Edward 小豆蔻小环线虫

Criconemella curvata (Raski) 弯曲小环线虫

Criconemella de Grisse *et* Loof 小环线虫属

Criconemella degressei Lübbers *et* Zell 弟格瑞斯小环线虫

Criconemella goodeyi (de Guiran) 古氏小环线虫

Criconemella heliophilus Ivanova *et* Shagalina 沼泽小环线虫

Criconemella jessiensis van den Berg 杰西小环线虫

Criconemella kamali (de Grisse *et* Loof) 卡迈勒小环线虫

Criconemella lineolata (Maas, Lof *et* de Grisse) 纵沟小环线虫

Criconemella macrodora (Taylor) 大囊小环线虫

Criconemella magnilobata (Darekar *et* Khan) 大栉小环线虫

Criconemella medani (Phukan *et* Sanwal) 棉兰小环线虫

Criconemella meridiana Mehta, Raski *et* Valenzuela 中环小环线虫

Criconemella multiannulata Doucet 多环小环线虫

Criconemella myungsugae (Choi *et* Geraert) 姆苏克小环线虫

Criconemella neoaxestus (Jairajpuri *et* Siddiqi) 近轴小环线虫

Criconemella obtusicaudatum (Heyns) 钝尾小环线虫

Criconemella onoensis (Luc) 俄尼小环线虫

Criconemella onostris (Phukan *et* Sanwal) 刻线小环线虫

Criconemella ornata (Raski) 装饰小环线虫

Criconemella paradenoudeni Raski, Geraert *et* Sharma 异

德氏小环线虫

Criconemella paragoodeyi Choi *et* Geraert 异古氏小环线虫

Criconemella paralineolata Raski, Geraert *et* Sharma 拟纵沟小环线虫

Criconemella parareedi (Ebsary) 异里氏小环线虫

Criconemella parva (Raski) 微细小环线虫

Criconemella parvula (Siddiqi) 细小小环线虫

Criconemella pilosum van den Berg 毛状小环线虫

Criconemella pruni (Siddiqi) 李子小环线虫

Criconemella ritteri (Doucet) 里特小环线虫

Criconemella rosmarini Castillo, Siddiqi *et* Barcina 迷迭香小环线虫

Criconemella sphaerocephala (Taylor) 球头小环线虫

Criconemella sphaerocephaloides (de Grisse) 类球头小环线虫

Criconemella talensis Chaves 塔拉小环线虫

Criconemella tescorum (de Guiran) 四锥小环线虫

Criconemella variabile (Raski *et* Golden) 可变小环线虫

Criconemella xenoplax (Raski) 薄叶小环线虫

Criconemella zavadskii (Tulaganov) 萨氏小环线虫

Criconemoides Taylor 轮线虫属(拟环线虫属) ring nematodes

Criconemoides adamsi (Diab *et* Jenkins) 亚氏轮线虫

Criconemoides afghanicus Shahina *et* Maqbool 阿富汗轮线虫

Criconemoides amorphus Loof *et* de Grisse 变形轮线虫

Criconemoides annulatiformis (de Grisse *et* Loof) 环形轮线虫

Criconemoides californicum Diab *et* Jenkias 加利福尼亚轮线虫

Criconemoides citri Steiner 枸橼轮线虫 citrus ring nematode

Criconemoides congolense (Schuurmans Stekhoven *et* Teunissen) 刚果轮线虫

Criconemoides cylindricum (Kirjanova) 柱形轮线虫

Criconemoides deconinki de Grisse 德氏轮线虫

Criconemoides denoudeni (de Grisse) 德瑙顿轮线虫

Criconemoides dherdei (de Grisse) 德赫德轮线虫

Criconemoides dorsoflexus Boonduang *et* Ratanaprapa 弯背轮线虫

Criconemoides echinopanaxi Mukhina 刺五加轮线虫

Criconemoides elegantulum (Gunhold) 华丽轮线虫

Criconemoides eroshenkoi (Eroshenko) 伊氏轮线虫

Criconemoides featherensis Banna *et* Gardner 费瑟轮线虫

Criconemoides fimbriatus Thorne *et* Malek 毛缘轮线虫

Criconemoides flandriensis de Grisse 佛兰德轮线虫

Criconemoides georgii Prasad, Khan *et* Mathur 乔氏轮线虫

Criconemoides goffarti (Volz) 高氏轮线虫

Criconemoides goodeyi Jairajpuri 古德伊轮线虫

Criconemoides heideri (Stfanski) 海德轮线虫

Criconemoides helicus Eroshenko et Nguent Vu Tkhan 卷曲轮线虫

Criconemoides hercyniense Kischke 赫西恩轮线虫

Criconemoides humilis Raski et Riffle 短小轮线虫

Criconemoides inusitatus Hoffmann 特殊轮线虫

Criconemoides kamaliei Khan 卡迈勒轮线虫

Criconemoides kashmirensis Mahajan et Bijral 克什米尔轮线虫

Criconemoides komabaeensis (Imamura) 库玛巴轮线虫

Criconemoides lobatum Raski 栉轮线虫

Criconemoides loofi (de Grisse) 卢氏轮线虫

Criconemoides magnoliae Edward et Misra 木兰轮线虫

Criconemoides michieli Edward, Misra et Singh 含笑轮线虫

Criconemoides microserratus Raski et Golden 小锯齿轮线虫

Criconemoides mongolense Andrássy 蒙古轮线虫

Criconemoides oblonglineatus Razzhivin 长纹轮线虫

Criconemoides obtusus (Colbran) 钝轮线虫

Criconemoides ornativulvatus Shahina et Maqbool 奥那特乌轮线虫

Criconemoides parakouensis Germani et Luc 帕拉库轮线虫

Criconemoides peruensiformis (de Grisse) 秘鲁型轮线虫

Criconemoides pleriannulatus Ebsary 全环轮线虫

Criconemoides punicus Deswal et Bajaj 石榴轮线虫

Criconemoides raskii Goodey 拉氏轮线虫

Criconemoides ravidus Raski et Golden 暗色轮线虫

Criconemoides sabulosus Eroshenko 沙地轮线虫

Criconemoides sagaensis Yokoo 佐贺轮线虫

Criconemoides siddiqi Khan 西氏轮线虫

Criconemoides sinensis (Rühm) 中国轮线虫

Criconemoides sulcatum (Golden et Friedman) 具沟轮线虫

Criconemoides tafoensis Luc 塔福轮线虫

Criconemoides teratolabium Chang 畸唇轮线虫

Criconemoides tribulis Raski et Golden 三尖轮线虫

Criconemoides vadensis Loof 瓦德轮线虫

Criconemoides vernus Raski et Golden 春季轮线虫

Criconemoides xenoplax Thorne et Malek 薄盘轮线虫

Criconemoides xiamensis Tang 厦门轮线虫

Criconemoides yapoensis Luc 亚坡轮线虫

Cricotopus sylvestric Fabricius 稻环摇蚊 rice chironomid

Cricula Walker 小字大蚕蛾属

Cricula andrei Jordan 点目大蚕蛾

Cricula drepanoides (Moore) 网目大蚕蛾

Cricula flavoglena Chu et Wang 棕目大蚕蛾

Cricula trifenestrata Helfer 小字大蚕蛾

Criniticoccus Williams 梭粉蚧属

Criniticoccus ficus Williams 榕树梭粉蚧

Criniticoccus tectus Williams 可可梭粉蚧

Criniticoccus theobromae Williams 大脐梭粉蚧

Crinocraspeda torrida Moore 金黄枯叶蛾

Criocephalus tibetanus Sharp 见 Arhopalus tibetanus

Crioceridae 负泥虫科

Crioceris Fabricius 负泥虫属

Crioceris orientalis Jacoby 东方负泥虫

Crioceris quatuordecimpunctata (Scopoli) 十四点负泥虫

Criocoris sibiricus Kerzhner 西伯利亚羊角盲蝽

Criokeron Volgin 羊角螨属

Criotacus Keifer 羊角瘿螨属

Criotettix Bolivar 背刺菱蝗属

Criotettix japonicus de Haan 日本背刺菱蝗

Cripidodera chloris Fondras 靛青跳甲 indigo flea beetle

Crisicoccus Ferris 皑粉蚧属(松白粉蚧属,松粉蚧属)

Crisicoccus azaleae (Tinsley) 杜鹃皑粉蚧

Crisicoccus coreanus (Kanda) 朝鲜皑粉蚧

Crisicoccus delottoi Ezzat 埃及皑粉蚧

Crisicoccus dischidae (Takahashi) 印度皑粉蚧

Crisicoccus juniperus (Tang) 杜松皑粉蚧

Crisicoccus mangrovicus Ben-Dov 西奈皑粉蚧

Crisicoccus matesovae (Danzig) 哈萨克皑粉蚧

Crisicoccus matsumotoi (Shiraiwa) 核桃皑粉蚧 Matsumoto mealybug

Crisicoccus moricola Tang 桑树皑粉蚧

Crisicoccus pilosus Ezzat et McC. 长毛皑粉蚧

Crisicoccus pini (Kuwana) 松树皑粉蚧(松白粉蚧,松粉蚧) pine mealybug

Crisicoccus seruratus Kanda 吸浆皑粉蚧

Crisicoccus taigae (Danzig) 远东皑粉蚧

Crispina Kuoh 茎刺飞虱属

Crispina tortilla Kuoh 扭旋茎刺飞虱

Crispina tortuosa Kuoh 扭曲茎刺飞虱

Cristipocregyes rondoni Breuning 冠象天牛

Critheus Stål 纹头蝽属

Critheus lineatifrons Stål 纹头蝽

Crocallis fuscomarginata Niwa 暗缘尺蛾 fuscomarginated gemetrid

Crocidolomia binotalis Zeller 泛非绒毛螟

Crocidophora Lederer 绒野螟属

Crocidophora evenoralis Walker 竹绒野螟

Crocidophora ptyphora Hampson 扇翅绒野螟

Crocisa Jurine 盾斑蜂属

Crocisa emarginata Lepeletier 凹盾斑蜂

Crocistethus Fieber 网土蝽属

Crocistethus major Hsiao 网土蝽

Crocothemis Brauer 红蜻属

Crocothemis servilia Drury 红蜻

Croesia Hübner 弧翅卷蛾属

Croesia albicomna (Clem.) 栎叶弧翅卷蛾 oak seaftier

Croesia askoldana (Christoph) 溲疏弧翅卷蛾

Croesia aurichalcana (Bremer) 椴弧翅卷蛾

Croesia bicolor Kuznetsov 双色弧翅卷蛾

Croesia conchyloides (Walsingham) 栎弧翅卷蛾

Croesia dispar Liu *et* Bai 异形弧翅卷蛾

Croesia ferox Razowski 锥尾弧翅卷蛾

Croesia forskaleana Linnaeus 枫弧翅卷蛾 Forskal's button moth

Croesia fuscopunctata Liu *et* Bai 褐点弧翅卷蛾

Croesia helvolaris Liu *et* Bai 棕黄弧翅卷蛾

Croesia imitatrix Razowski 赭色弧翅卷蛾

Croesia leechi (Walsingham) 褐带弧翅卷蛾

Croesia lutescentis Liu *et* Bai 黄色弧翅卷蛾

Croesia rosella Liu *et* Bai 蔷薇弧翅卷蛾

Croesia semipurpurana Kearfott 见 *Argyrotoxa albicomana*

Croesia sinica Razowski 中国弧翅卷蛾

Croesia stibiana (Snellen) 小弧翅卷蛾

Croesus Leach 扁跗叶蜂属

Croesus japonicus Takeuchi 日本扁跗叶蜂 alder sawfly

Croesus latipes Villaret 中北欧扁跗叶蜂 birch sawfly

Croesus latitarsus Norton 黑带扁跗叶蜂 black-banded birch sawfly, dusky birch sawfly

Croesus septentrionalis Linnaeus 榛扁跗叶蜂 alder sawfly, birch sawfly

Croesus varus Villaret 赤杨扁跗叶蜂 alder sawfly

Cromerus Distant 深网蝽属

Cromerus gressitti Drake 深网蝽

Croserinema Khan, Chawla *et* Saha 深桓线虫属

Croserinema palmatum (Siddiqi *et* Southy) 棕榈深桓线虫

Crosita Motschulsky 秃跗叶甲属

Crosita altaica altaica Gebler 阿尔泰秃跗叶甲

Crosita altaica urumchiana Chen 天山秃跗叶甲

Crossidius hirtipes LeConte 金灌木天牛

Crossocosmia sericariae Corralia 蚕寄蝇

Crossocosmia zebina Chao 见 *Blepharipa zebina*

Crossonema Mehta *et* Raski 桓线虫属

Crossonema aculeatum (Schneider) 针尾桓线虫

Crossonema boettgeri (Meyl) 博氏桓线虫

Crossonema centonis Eroshenko 刺桓线虫

Crossonema drocomontanum van den Berg 高山桓线虫

Crossonema dryum Minagawa 槲树桓线虫

Crossonema funcivatum Kahn, Chawla *et* Saha 费丝魏桓线虫

Crossonema georgiensis (Kirjanova) 格鲁吉亚桓线虫

Crossonema horridum Eroshenko 多棘桓线虫

Crossonema inornatum van den Berg 无饰桓线虫

Crossonema latens Mehta *et* Raski 隐桓线虫

Crossonema malabaricum (Andrássy) 马拉巴尔桓线虫

Crossonema melanesicum (Andrássy) 黑刺桓线虫

Crossonema multiaquamatum (Kirjanova) 多鳞桓线虫

Crossonema pectinatum (Colbran) 梳状桓线虫

Crossonema pellitum (Andrássy) 暗色桓线虫

Crossonema punici (Edward *et al.*) 石榴桓线虫

Crossonema querci (Choi *et* Geraert) 栎树桓线虫

Crossonema raskii Rahmani, Jairajpuri *et* Ahmad 拉氏桓线虫

Crossonema sokliense Choi *et* Geraert 索克尔桓线虫

Crossonema taylori (Jairajpuri) 泰氏桓线虫

Crossonema taylotum Khan, Chawla *et* Saha 泰洛特桓线虫

Crossonema velutina Eroshenko 绒状桓线虫

Crossonema villiferum Eroshenko 多毛桓线虫

Crossonemoides Eroshenko 拟桓线虫属

Crossonemoides calvatus Eroshenko 光滑拟桓线虫

Crossopriza Simon 壶蛛属

Crossopriza lyoni (Blackwall) 莱氏壶蛛

Crossotarsus externedentatus Fairmaire 外齿长小蠹

Crossotarsus grevilleae Lea 见 *Diapus pusillimus*

Crossotarsus niponicus Blandford 日本长小蠹

Crossotarsus wallacei Thomson 华来斯长小蠹

Crossotosoma aegyptiaca douglas 见 *Icerya aegyptiaca*

Crotalomorphidae 小铃形螨科

Crphia Hübner 苔藓夜蛾属

Crphia brunneola (Draudt) 褐藓夜蛾

Crphia griseola (Nagano) 灰藓夜蛾

Crphia muralis (Förster) 垣藓夜蛾

Crphia prasina (Draudt) 绿藓夜蛾

Crphia raptricula (Denis *et* Schiffermüller) 乔藓夜蛾

Crucihammus grossepunctatus Breuning 粗点接瘤天牛

Crucihammus laossicus Breuning 老挝接瘤天牛

Crustulina Menge 距跗蛛属

Crustulina sticta (Cambridg) 斑点距咐蛛

Cryphalus Erichson 梢小蠹属

Cryphalus chinlingensis Tsai *et* Li 秦岭梢小蠹

Cryphalus exignus Blandford 桑梢小蠹 mulberry bark beetle

Cryphalus fulvus Niijima 黄色梢小蠹 pine bark beetle

Cryphalus jeholensis Murayama 热河梢小蠹

Cryphalus juglansi Niijima 胡桃梢小蠹 walnut bark beetle

Cryphalus laricis Niijima 桦梢小蠹 larch bark beetle

Cryphalus latus Eggers 落叶松梢小蠹

Cryphalus lepocrinus Tsai *et* Li 兔唇梢小蠹

Cryphalus lipingensis Tsai *et* Li 华山松梢小蠹

Cryphalus malus Niisima 果木梢小蠹

Cryphalus mandschuricus Eggers 毛榛梢小蠹

Cryphalus markangensis Tsai *et* Li 马尔康梢小蠹

Cryphalus massonianus Tsai *et* Li 马尾松梢小蠹

Cryphalus miyalopiceus Tsai *et* Li 米亚罗梢小蠹

Cryphalus montanus Nobuchi 蒙他那梢小蠹

Cryphalus padi Krivolutskaya 稠李梢小蠹

Cryphalus piceus Eggers 红皮臭梢小蠹

Cryphalus pilosus Tsai *et* Li 多毛梢小蠹

Cryphalus pseudochinlingensis Tsai *et* Li 伪秦岭梢小蠹

Cryphalus pseudotabulaeformis Tsai *et* Li 伪油松梢小蠹

Cryphalus pubescens Hopkins 柔毛梢小蠹

Cryphalus redikorzevi Berger 浅刻梢小蠹

Cryphalus ruficollis (Hopkins) 微红梢小蠹

Cryphalus saltuarius Weise 林道梢小蠹

Cryphalus sinoabietis opienensis Tsai *et* Li 峨边冷杉梢小蠹

Cryphalus sinoabietis Tsai *et* Li 冷杉梢小蠹

Cryphalus stromeyeri Stebbing 印度梢小蠹

Cryphalus szechuanensis Tsai *et* Li 云南松梢小蠹

Cryphalus tabulaeformis chienzhuangensis Tsai *et* Li 建庄油松梢小蠹

Cryphalus tabulaeformis Tsai *et* Li 油松梢小蠹

Cryphalus viburni Stark 荚蒾梢小蠹

Cryphodera Colbran 隐皮线虫属

Cryphodera coxi (Wouts) 考氏隐皮线虫

Cryphodera eucalypti Colbran 桉树隐皮线虫

Cryphodera kalesari Bajaj *et al.* 卡莱萨隐皮线虫

Cryphodera nothophagi (Wouts) 假山毛榉隐皮线虫

Cryphodera podocarpi (Wouts) 罗汉松隐皮线虫

Cryphoeca Thorell 潜蛛属

Cryphoeca tibetana Hu *et* Li 西藏潜蛛

Crypsicometa Warren 彗尺蛾属

Crypsicometa homoema Prout 同彗尺蛾

Crypsiphona occultaria Donovan 澳桉尺蛾

Cryptaphis Hille Ris Lambers 隐蚜属

Cryptaphis siniperillae Zhang 紫苏隐蚜

Cryptaspidiotus formosana Takahashi 台湾囚圆盾蚧

Cryptes baccatus Maskell 黑荆树蜡蚧 brown berry scale

Crypticerya Cockerell 隐绵蚧属

Crypticerya clauseni Rao 克氏隐绵蚧

Crypticerya jacobsoni (Green) 捷氏隐绵蚧

Crypticerya jaihindi Rao 蝎子隐绵蚧

Crypticerya kumari Rao 黄毛隐绵蚧

Crypticerya mangiferae Tang *et* Hao 杧果隐绵蚧

Crypticerya nuda Green 努达隐绵蚧

Crypticus Latr. 隐甲属

Crypticus latiusculus Men 瘦隐甲

Cryptoblabes Zeller 隐斑螟属

Cryptoblabes angustipennella Ragonot 狭羽落叶松隐斑螟 larch pyralid

Cryptoblabes bistriga Haworth 欧洲隐斑螟 double-striped red knot-horn moth

Cryptoblabes gnidiella (Milliere) 高粱穗隐斑螟

Cryptoblabes lariciana Matsumura 落叶松隐斑螟

Cryptocampus medullaris Hartig 见 *Euura amerinae*

Cryptocephalinae 隐头叶甲亚科

Cryptocephalus Geoffrey 隐头叶甲属

Cryptocephalus aberrans Jacoby 蓼隐头叶甲

Cryptocephalus agnus Weise 黑角斑隐头叶甲

Cryptocephalus approximatus Baly 瑰叶隐头甲 rose

leaf beetle

Cryptocephalus astracanicus Suffrian 柽柳隐头叶甲

Cryptocephalus bipunctatus cautus Weise 肩斑隐头叶甲

Cryptocephalus cunctatus Clavareau 栎隐头叶甲

Cryptocephalus exsulans Suffrian 西藏隐头叶甲

Cryptocephalus festivus Jacoby 丽隐头叶甲

Cryptocephalus hieracii Weise 柳隐头叶甲

Cryptocephalus hyacinthinus Suffrian 黑顶隐头叶甲

Cryptocephalus hypochoeridis Linnaeus 绿隐头叶甲

Cryptocephalus japanus Baly 酸枣隐头叶甲

Cryptocephalus koltzei Weise 艾蒿隐头叶甲

Cryptocephalus kraatzi Chûj 胡枝子隐头叶甲

Cryptocephalus kulibini Gebler 斑额隐头叶甲

Cryptocephalus lemniscatus Suffrian 榆隐头叶甲

Cryptocephalus luteosignatus Pic 黄斑隐头叶甲

Cryptocephalus mannerheimi Gebler 槭隐头叶甲

Cryptocephalus ochroloma Gebler 黄缘隐头叶甲

Cryptocephalus pilosellus Suffrian 毛隐头叶甲

Cryptocephalus pustulipes Ménétriès 斑腿隐头叶甲

Cryptocephalus regalis cyanescens Weise 绿蓝隐头叶甲

Cryptocephalus regalis regalis Gebler 斑鞘隐头叶甲

Cryptocephalus semenovi Weise 黑纹隐头叶甲

Cryptocephalus sericeus Linnaeus 背凹隐头叶甲

Cryptocephalus signaticeps Baly 黑斑隐头叶甲 black-spotted leaf beetle

Cryptocephalus stchukini Faldermann 齿腹隐头叶甲

Cryptocephalus swinhoei Bates 黑隐头叶甲

Cryptocephalus tetradecaspilotus Baly 十四斑隐头叶甲

Cryptocephalus triangularis Hope 角斑隐头叶甲

Cryptocephalus tricinctus Redtenbacher 三纹隐头叶甲

Cryptocephalus trifasciatus Fabricius 三带隐头叶甲

Cryptocercidae 隐尾蠊科 cockroaches

Cryptocercus punctulatus Scudder 点刻隐尾蠊

Cryptochetidae 隐毛蝇科 aphid flies

Cryptochetum Rondani 隐毛蝇属

Cryptochetum iceryae (Williston) 吹绵蚧隐毛蝇

Cryptochironomus Kieffer 隐摇纹属

Cryptochironomus arcuatus Goetghebuer 弓形隐摇蚊

Cryptochironomus burganadzeae Tshernovskiz 红光隐摇蚊

Cryptochironomus camptolabis Malloch 曲唇隐摇蚊

Cryptochironomus chlorostolus (Kieffer) 绿衣隐摇蚊

Cryptochironomus defectus Kieffer 衰弱隐摇蚊

Cryptochironomus digitatus (Malloch) 指突隐摇蚊

Cryptochironomus fulvaus (Johannsen) 褐黄隐摇蚊

Cryptochironomus fuscimanus Kieffer 褐跗隐摇蚊

Cryptochironomus nigridens Tshernovskij 黑齿隐摇蚊

Cryptochironomus primitivus Johannsen 报春隐摇蚊

Cryptochironomus tener Kieffer 柔嫩隐摇蚊

Cryptochironomus viridula (L.) 翠绿隐摇蚊

Cryptococcinae 隐毡蚧亚科

Cryptococcus Douglas 隐毡蚧属

Cryptococcus aceris Borchsenius 槭树隐毡蚧

Cryptococcus fagi (Baerensprung) 见 *Cryptococcus fagisuga*

Cryptococcus fagisuga Ldgr. 榉树隐毡蚧

Cryptococcus integricornis Danzig 椴树隐毡蚧

Cryptococcus ulmi Tang et Hao 榆皮隐毡蚧

Cryptodactylus cyaneoniger Kerremans 舟形扩胫吉丁

Cryptoflata Melichar 星蛾蜡蝉属

Cryptoflata guttularis (Walker) 晨星蛾蜡蝉

Cryptognathida observabilis Kuznetzov 阿伯隐颚螨

Cryptognathidae 隐颚螨科

Cryptogonus Mulsant 隐势瓢虫属

Cryptogonus bimaculatus Kapur 二斑隐势瓢虫

Cryptogonus blandus Mader 黄滑瓢虫

Cryptogonus complexus Kapur 复合隐势瓢虫

Cryptogonus forficulus Cao et Xiao 铗叶隐势瓢虫

Cryptogonus guangdongiensis Pang et Mao 广东隐势瓢虫

Cryptogonus hainanensis Pang et Mao 海南隐势瓢虫

Cryptogonus himalayensis Kapur 喜马拉雅隐势瓢虫

Cryptogonus horishanus (Ohta) 台湾隐势瓢虫

Cryptogonus lijiangiensis Pang et Mao 丽江隐势瓢虫

Cryptogonus nepalensis Bielawski 尼泊尔隐势瓢虫

Cryptogonus nigritus Pang et Mao 黑背隐势瓢虫

Cryptogonus octoguttatus Mader 八斑隐势瓢虫

Cryptogonus orbiculus (Gyllenhal) 变斑隐势瓢虫

Cryptogonus postmedialis Kapur 臀斑隐势瓢虫

Cryptogonus quadriguttatus (Weise) 四斑隐势瓢虫

Cryptogonus sagittiformis Pang et Mao 矢端隐势瓢虫

Cryptogonus schraiki Mader 七斑隐势瓢虫

Cryptogonus trifurcatus Pang et Mao 叉端隐势瓢虫

Cryptogonus trioblitus (Gorham) 射鸪隐势瓢虫

Cryptogonus wuzhishanus Pang et Mao 五指山隐势瓢虫

Cryptogonus yunnanensis Cao et Xiao 云南隐势瓢虫

Cryptolaemus Mulsant 隐唇瓢虫属

Cryptolaemus montrouzieri Mulsant 隐唇瓢虫

Cryptolechia costaemaculella Christoph 二点织蛾

Cryptolechia facunda Meyrick 小黄织蛾

Cryptolechia malacobyrsa Meyrick 大黄织蛾

Cryptolestes ferrugineus Stephens 锈赤扁谷盗 rust-red grain beetle, rusty grain beetle

Cryptolestes klapperichi Lefkovitch 亚非扁谷盗

Cryptolestes minutus Olivier 小长角扁谷盗 flattened grain beetle

Cryptolestes pusilloides Steel et Howe 微扁谷盗

Cryptolestes pusillus Schoenherr 长角扁谷盗 flat grain beetle

Cryptolestes turcicus Grouvelle 小锈扁谷盗

Cryptomyzus Oestlund 隐瘤蚜属

Cryptomyzus galeopsidis (Kaltenbach) 鼬瓣黑隐瘤蚜 currant aphid

Cryptomyzus taoi Hille Ris Lambers 夏至草隐瘤蚜

Cryptoparlatorea leucaspis Lindinger 杉黑星糠盾蚧

Cryptoparlatoria Lindinger 糠盾蚧属

Cryptopenella Gillies 隐蜉属

Cryptopenella facialis Gillies 面隐蜉

Cryptophaga irrorata Lewin 褐杏木蛾 brown cryptophaga

Cryptophaga unipunctana Donovan 杏木蛾 cherry borer, wattle-stem borer

Cryptophagidae 隐食甲科 cryptophagid beetles, mold beetles

Cryptophagus Paykull 隐食甲属

Cryptophagus acutangulus Gyllenhal 谷隐食甲 acute-angled fungus beetle

Cryptophilus Reitter 隐蕈甲属

Cryptophilus integer (Heer) 褐隐蕈甲

Cryptophlebia Walsingham 异形小卷蛾属

Cryptophlebia illepida Butler 相思异形小卷蛾

Cryptophlebia leucotreta (Meyrick) 桃异形小卷蛾 peach marble moth, false codling moth

Cryptophlebia ombrodelta (Lower) 荔枝异形小卷蛾

Cryptopimpla taiwanensis (Momoi) 台湾隐姬蜂

Cryptopone Emery 隐猛蚁属

Cryptopone butteli Forel 布氏隐猛蚁

Cryptopone gigas Wu et Wang 大隐猛蚁

Cryptopone taivanae (Forel) 台湾隐猛蚁

Cryptopone takahashii (Wheeler) 高桥隐猛蚁

Cryptoppia Csiszar 隐奥甲螨属

Cryptoppia brevosetiger Wen et al. 短毛隐奥甲螨

Cryptoprymna Förster 隐后金小蜂属

Cryptoprymna australiensis (Girault) 澳隐后金小蜂

Cryptoprymna crassata Huang 雍隐后金小蜂

Cryptoprymna curta Huang 短颊隐后金小蜂

Cryptoprymna multiciliata Huang 玛隐后金小蜂

Cryptoprymna pulla Huang 璞隐后金小蜂

Cryptoprymna xizangensis Liao et Huang 西藏隐后金小蜂

Cryptoptila immersana Walker 澳松隐卷蛾

Cryptopygus beijiangensis Hao et Huang 北疆隐跳虫

Cryptorrhynchinae 隐喙象亚科

Cryptorrhynchus Illiger 隐喙象属

Cryptorrhynchus brandisi Stebbing 见 *Cryptorrhynchus rufescens*

Cryptorrhynchus frigidus Fabricius 见 *Acryptorrhynchus frigidus*

Cryptorrhynchus gravis Fabricius 见 *Cryptorrhynchus frigidus*

Cryptorrhynchus lapathi Linnaeus 杨干隐喙象 osier weevil,mottled willow borer,poplar and willow borer,willow beetle

Cryptorrhynchus mangiferae Fabricius 杧果隐喙象 mango weevil

Cryptorrhynchus raja Stebbing 比目隐喙象

Cryptorrhynchus rufescens Roelofs 泛红隐喙象

Cryptoscenea Enderlein 隐粉蛉属

Cryptoscenea orientalis Yang *et* Liu 东方隐粉蛉

Cryptosiphum Buckton 隐管蚜属

Cryptosiphum artemisiae linanense Zhang 临安艾蒿隐管蚜

Cryptostemma japonicum Miyamoto 日本鞭蝽

Cryptostigmata 隐气门亚目

Cryptotermes Banks 堆砂白蚁属

Cryptotermes angutinotus Gao *et* Peng 狭背堆砂白蚁

Cryptotermes brevis (Walker) 麻头堆砂白蚁 tropical rough-headed powder-post termite

Cryptotermes declivis Tsai *et* Chen 铲头堆砂白蚁

Cryptotermes domesticus (Haviland) 截头堆砂白蚁

Cryptotermes dudleyi Banks 长颚堆砂白蚁

Cryptotermes hainanensis Ping 海南堆砂白蚁

Cryptotermes havilandi (Sjostedt) 叶额堆砂白蚁

Cryptotermes luodianis Xia, Gao *et* Deng 罗甸堆砂白蚁

Cryptotermes pingyangensis He *et* Xia 平阳堆砂白蚁

Cryptothelea cervina Druce 赤桉大袋蛾

Cryptothelea crameri Westwood 儿茶大袋蛾

Cryptothelea ignobilis Walker 山区大袋蛾

Cryptothelea junodi Heylaerts 非金合欢大袋蛾 wattle bagworm

Cryptothelea rougeoti Bourgogne 柏大袋蛾

Cryptothelea tenuis Rosenstock 纤细大袋蛾

Cryptothelea variegata Snellen 大袋蛾(大避债蛾)

Cryptotympana Stål 蚱蝉属

Cryptotympana atrata (Fabricius) 蚱蝉

Cryptotympana facialis facialis Walker 颜蚱蝉

Cryptotympana jponensis Kato 桑黑蝉 blackish cicada

Cryptotympana mandarina Distant 黄蚱蝉

Cryptotympana pustulata Fabricius 见 *Cryptotympana atrata*

Cryptspidiotus Ldgr. 囚圆盾蚧属

Crypturgus Erichson 微小蠹属

Crypturgus cinereus Herbst 云杉微小蠹

Crypturgus hispidulus Thomson 松微小蠹

Crypturgus pusillus Gyllenhal 寡毛微小蠹

Crypturoptidae 隐尾螨科

Crytepistomus castaneus (Roelofs) 亚洲栎象 Asiatic oak weevil

Crytodactylus gracilis Schoenfeldt 栗枝吉丁 chestnut twig borer

Crytonops White 须天牛属

Crytonops asahinai Mitono 黑朝雏须天牛

Crytonops punctipennis White 棕须天牛

Cryttacarus Grandjean 隐罗甲螨属

Cryttacarus tuberculatus Csiszar 瘤隐罗甲螨

Cteipolia Staudinger 梳冬夜蛾属

Cteipolia sacelli Staudinger 梳冬夜蛾

Ctenacaridae 栉古甲螨科

Ctenarytaina eucalypti Maskell 澳洲蓝桉木虱 blue gum psylla

Ctenicera aeripennis aeripennis (Kirby) 铜足叩甲 Puget sound wireworm

Ctenicera aeripennis destructor (Brown) 牧场谷叩甲 prairie grain wireworm

Ctenicera glauca (Germar) 旱地叩甲 dryland wireworm

Ctenicera pruinina (Horn) 盆地叩甲 Great Basin wireworm

Ctenichneumon Thomson 大凹姬蜂属

Ctenichneumon panzeri panzeri (Wesmael) 地蚕大凹姬蜂指名亚种

Ctenichneumon panzeri suzukii (Matsumura) 地蚕大凹姬蜂黄盾亚种

Ctenidae 栉足蛛科

Ctenizidae 螲蟷科

Ctenocephalides Stiles *et* Collins 栉首蚤属

Ctenocephalides canis (Curtis) 犬栉首蚤(狗蚤) dog flea

Ctenocephalides felis felis (Bouch) 猫栉首蚤指名亚种(猫蚤) cat flea

Ctenocephalides orientis (Jordan) 东洋栉首蚤

Ctenochiton Mask. 鳖蜡蚧属

Ctenochiton olivaceum Green 锡兰鳖蜡蚧

Ctenocompa hilda Drdce. 栉毛刺蛾 nettle caterpillar

Ctenoglyphinae 栉毛螨亚科

Ctenoglyphus Berlese 栉毛螨属

Ctenoglyphus canestrini (Armanelli) 卡氏栉毛螨

Ctenoglyphus myospalacis Wang *et* Cheng 鼢鼠栉毛螨

Ctenoglyphus palmifer (Fumouze *et* Robin) 棕栉毛螨

Ctenoglyphus plumiger (Koch) 羽栉毛螨

Ctenognophos Prout 虚幽尺蛾属

Ctenognophos imaginata Prout 虚幽尺蛾

Ctenognophos ventraria Guenée 甘肃虚幽尺蛾

Ctenolepisma Escherich 栉衣鱼属 firebrat

Ctenolepisma villosa Escherich 东方栉衣鱼 oriental silverfish

Ctenolepisma villosa Fabricius 毛衣鱼

Ctenomeristis ebriola Meyrick 杧果袋蛾

Ctenomorphodes tessulatus Gray 红胶木袋蛾

Ctenopelmatinae 栉足姬蜂亚科

Ctenophorocera Brauer *et* Bergenstamm 见 *Pales* Robineau-Desvoidy

Ctenophorocera pavida Meigen 见 *Pales pavida*

Ctenophthalminae 栉眼蚤亚科

Ctenophthalmus Kolenati 栉眼蚤属

Ctenophthalmus acutilobetus Wei, Chen *et* Liu 尖叶栉眼蚤

Ctenophthalmus aprojectus Li 无突栉眼蚤

Ctenophthalmus arvalis Wagner *et* Ioff 田栉眼蚤

Ctenophthalmus assimilis assimilis (Taschenberg) 相似栉眼蚤指名亚种

Ctenophthalmus breviprojiciens Li *et* Huang 短突栉眼蚤

Ctenophthalmus congeneroides congeneroides Wagner 同源栉眼蚤指名亚种

Ctenophthalmus crudelis Jordan 酷栉眼蚤

Ctenophthalmus dinormus Jordan 二突栉眼蚤

Ctenophthalmus dolichus dolichus Rothschild 修长栉眼蚤指名亚种

Ctenophthalmus dux Jordan *et* Rothschild 首栉眼蚤

Ctenophthalmus eothenomus Li *et* Huang 绒鼠栉眼蚤

Ctenophthalmus exiensis Wang *et* Liu 鄂西栉眼蚤

Ctenophthalmus formosanus Svihla 短臂栉眼蚤

Ctenophthalmus gansuensis Wu, Zhang *et* Wang 甘肃栉眼蚤

Ctenophthalmus jixiensis Li *et* Zeng 绩溪栉眼蚤

Ctenophthalmus laxiprojectus Li *et* Huang 宽突栉眼蚤

Ctenophthalmus longiprojiciens Chen, Li *et* Wei 长突栉眼蚤

Ctenophthalmus lui Hsieh *et* Jameson 后凹栉眼蚤

Ctenophthalmus lushuiensis Gong *et* Huang 泸水栉眼蚤

Ctenophthalmus parcus Jordan 端凹栉眼蚤

Ctenophthalmus pisticus pisticus Jordan *et* Rothschild 纯栉眼蚤指名亚种

Ctenophthalmus proboscis Wu, Xiue *et* Hu 喙突栉眼蚤

Ctenophthalmus quadratus Liu *et* Wu 方叶栉眼蚤

Ctenophthalmus reductus Jameson *et* Hsieh 弱栉眼蚤

Ctenophthalmus taiwanus taiwanus Smit 台湾栉眼蚤指名亚种

Ctenophthalmus taiwanus terrestus Chen, Ji *et* Wu 台湾栉眼蚤大陆亚种

Ctenophthalmus xiei Gong *et* Duan 解氏栉眼蚤

Ctenophthalmus xinganensis Li *et* Zeng 兴安栉眼蚤

Ctenophthalmus xinyiensis Pan *et* Li 信宜栉眼蚤

Ctenophthalmus yunnanus Jordan 云南栉眼蚤

Ctenophyllus Wagner 栉叶蚤属

Ctenophyllus armatus (Wagner) 装甲栉叶蚤

Ctenophyllus armatus altaicus Yu 装甲栉叶蚤阿尔泰亚种

Ctenophyllus conothoae Ioff 圆囊栉叶蚤

Ctenophyllus hirticrus (Jordan *et* Rothschild) 丛鬃栉叶蚤

Ctenophyllus rigidus Darskaya 硬栉叶蚤

Ctenophyllus yongdengi Ding, Liu *et* Li 永登栉叶蚤

Ctenoplectra Smith 栉距蜂属

Ctenoplectra cornuta Gribodo 角栉距蜂

Ctenoplectra kellogi Cockerell 蓝栉距蜂

Ctenopseustis obliquana Walker 新西兰斜栉柄卷蛾 oblique tortrix

Ctenoptilum de Nicéville 梳翅弄蝶属

Ctenoptilum vasava Moore 梳翅弄蝶

Ctenothyadidae 栉疯水螨科

Ctenuchidae 鹿蛾科

Ctonoxylon bosgueiae Schedl 昂晋那波史格小蠹

Ctonoxylon flavescens Schedl 三鳞茎皮小蠹

Cuclotogaster Carriker 库羽虱属

Cuclotogaster heterographa (Nitzsch) 鸡头羽虱 chicken head louse

Cucujidae 扁甲科 cucujid beetles, flat bark beetles

Cucujus Fabricius 扁甲属

Cucujus flavipe F. 黄扁甲

Cuculiococcus Ferris 僧粉蚧属

Cuculiococcus arrabidensis (Neves) 阿拉伯僧粉蚧

Cucullia Schrank 冬夜蛾属

Cucullia argentea (Hüfnagel) 碧银冬夜蛾

Cucullia argentina (Fabricius) 银冬夜蛾

Cucullia artemisiae (Hüfnagel) 嗜蒿冬夜蛾

Cucullia asteris (Denis *et* Schiffermüller) 黑纹冬夜蛾

Cucullia duplicata Staudinger 重冬夜蛾

Cucullia elongata (Butler) 长冬夜蛾

Cucullia formosa Rogenhofer 丽冬夜蛾

Cucullia fraudatrix Eversmann 蒿冬夜蛾

Cucullia generosa Staudinger 侠冬夜蛾

Cucullia jankowskii Oberthür 雪冬夜蛾

Cucullia maculosa Staudinger 斑冬夜蛾

Cucullia mandschuriae Oberthür 白纹冬夜蛾

Cucullia naruensis Staudinger 挠划冬夜蛾

Cucullia perforata Bremer 贯冬夜蛾

Cucullia pullata (Moore) 僧冬夜蛾

Cucullia retecta Püngeler 杂冬夜蛾

Cucullia santonici Hübner 修冬夜蛾

Cucullia splendida (Stoll) 银装冬夜蛾

Cucullia tanaceti (Denis *et* Schiffermüller) 艾菊冬夜蛾

Cucullia umbratica (Linnaeus) 冬夜蛾

Cucurbitermes Li *et* Ping 葫白蚁属

Cucurbitermes parviceps Xu *et* Dong 小葫白蚁

Cucurbitermes sinensis Li *et* Ping 中华葫白蚁

Cucurbitermes yingdeensis Li *et* Ping 英德葫白蚁

Cuerna costalis Fabricius 北美大叶蝉

Culcula Moore 樗尺蛾属

Culcula panterinaria (Bremer *et* Grey) 木樗尺蛾(黄连木尺蛾)

Culex Linnaeus 库蚊属 Culex mosquitoes

Culex alis Theobald 秃须库蚊

Culex annulus Theobald 环带库蚊

Culex bailyi Barraud 平脊库蚊

Culex bengalensis Barraud 孟加拉库蚊

Culex bicornutus Theobald 须喙库蚊

Culex bitaeniorhynchus Giles 二带喙库蚊(麻翅库蚊)

Culex brevipalpis (Giles) 短须库蚊

Culex cinctellus Edwarrds 带纹库蚊

Culex dispecttus Bram 无梳库蚊

Culex edwardsi Barraud 五指库蚊

Culex foliatus Brug 叶片库蚊

Culex fuscanus Wiedemann 褐尾库蚊

Culex fuscocephala Theobald 棕头库蚊

Culex gelidus Theobald 白雪库蚊

Culex guizhouensis Chen et Zhao 贵州库蚊

Culex hainanensis Chen 海南库蚊

Culex halifaxii Theobald 贪食库蚊

Culex harrisoni Sirivanakarn 哈氏库蚊

Culex hayashii Yamada 林氏库蚊

Culex heileri Theobald 希氏库蚊

Culex hinglungensis Chu 兴隆库蚊

Culex hortensis Ficalbi 霍顿库蚊

Culex huangae Meng 黄氏库蚊

Culex hutchinsoni Barraud 角管库蚊

Culex infantulus Edwards 幼小库蚊

Culex infula Theobald 带喙库蚊

Culex jacksoni Edwards 棕盾库蚊

Culex kyotoensis Yamaguti et LaCasse 京都库蚊

Culex macdonaldi Colless 长指库蚊

Culex macrostyle Sirivanakarn et Ramalingam 巨端库蚊

Culex malayi (Leicester) 马来库蚊

Culex mammilifer (Leicester) 乳突库蚊

Culex miaolingensis Chen 苗岭库蚊

Culex mimeticus Noe 拟态库蚊

Culex mimuloides Barraud 拟拟态库蚊

Culex mimulus Edwards 小拟态库蚊

Culex minor (Leicester) 小型库蚊

Culex modestus Ficalbi 凶小库蚊(谦逊库蚊)

Culex murrelli Lien 类拟态库蚊

Culex nigropunctatus Edwards 黑点库蚊

Culex okinawae Bohart 冲绳库蚊

Culex orientalis Edwards 东方库蚊

Culex pallidothorax Theobald 白胸库蚊

Culex peytoni Bram et Rattanarithikul 佩顿库蚊

Culex pilifemoralis Wang et Feng 毛股库蚊

Culex pipiens Linnaeus 尖音库蚊 northern house mosquito, commongnat

Culex pipiens molestus Forskal 骚扰库蚊(尖音库蚊骚扰亚种)

Culex pipiens pallens Coquillett 淡色库蚊(尖音库蚊淡色亚种) northern house mosquito

Culex pipiens quinquefasciatus Say 致倦库蚊(尖音库蚊五带亚种) southern house mosquito

Culex pseudovishnui Colless 伪杂鳞库蚊

Culex richei Klein 里奇库蚊

Culex rubensis Sasa et Takahashi 留边库蚊

Culex rubithoracis (Leicester) 红胸库蚊

Culex ryukyensis Bohart 琉球库蚊

Culex sangengluoensis Wang 三更罗库蚊

Culex sasai Kano, Nitahara et Awaya 富士库蚊

Culex scanloni Bram 长管库蚊

Culex shebbearei Barraud 薛氏库蚊

Culex sinensis Theobald 中华库蚊

Culex sitiens Wiedemann 海滨库蚊

Culex spiculosus Bram et Rattanarrithikul 细刺库蚊

Culex spiculothorax Bram 刺胸库蚊

Culex sumatranus Brug 苏门答腊库蚊

Culex szemaoensis Wang et Feng 思茅库蚊

Culex tenuipalpis Barraud 细须库蚊

Culex territans Walker 惊骇库蚊

Culex thurmanorum Bram 星毛库蚊

Culex tianpingensis Chen 天坪库蚊

Culex torrentium Martini 类迷走库蚊

Culex tritaeniorhynchus Giles 三带喙库蚊

Culex vagans Wiedemann 迷走库蚊

Culex variatus (Leicester) 变异库蚊

Culex viridiventer Giles 绿腹库蚊

Culex whitmorei (Giles) 惠氏库蚊

Culex yaoi Tung 姚氏库蚊

Culicidae 蚊科 mosquitoes

Culicimermis Rubzov et Issajeva 蚊索线虫属

Culicimermis schakhovii Rubzov et Issajeva 斯氏蚊索线虫

Culicinae 库蚊亚科

Culicoidea 蚊总科

Culicoides Latreille 库蠓属

Culicoides absitus Liu et Yu 远离库蠓

Culicoides actoni Smith 琉球库蠓

Culicoides alatavscus Gutsevich et Smatov 薄明库蠓

Culicoides albicans (Winnertz) 浅色库蠓

Culicoides albifascia Tokunaga 白带库蠓

Culicoides alexandrae Dzhatarov 胁库蠓

Culicoides alishanensis Chen 阿里库蠓

Culicoides amamiensis Tokunaga 奄美库蠓

Culicoides anophelis Edwards 嗜蚊库蠓

Culicoides apiculatus Yu et Zhang 尖刺库蠓

Culicoides arakawae (Arakawa) 荒川库蠓

Culicoides arcuatus Winnertz 犹豫库蠓

Culicoides aterinervis Tokunaga 黑脉库蠓

Culicoides baisasi Wirth et Huberr 巴沙库蠓

Culicoides besscus Liu et Yu 丛林库蠓

Culicoides biclavatus Deng et Yu 双棒库蠓

Culicoides bicultellus Yu et Liu 双刀库蠓

Culicoides brevipalpis Delfinado 短须库蠓

Culicoides brevipenis Mai et Yu 短茎库蠓

Culicoides brevitarsis Kielfer 澳洲库蠓

Culicoides bubalus Delfinado 野牛库蠓

Culicoides cassideus Zhange et Yu 盔状库蠓

Culicoides chagyabensis Lee 察雅库蠓

Culicoides changbaiensis Qu et Ye 长白库蠓

Culicoides charadraeus Arnaud 纹库蠓

Culicoides chem Kitaoka et Tanaka 锦库蠓

Culicoides chengduensis Zhou et Lee 成都库蠓

Culicoides chiopterus (Meigen) 雪翅库蠓

Culicoides chitinosus Gutscvich et Smatov 甲库蠓

Culicoides circumscriptus Kieffer 环斑库蠓(明斑库蠓)

Culicoides clavipalpis Mukerji 棒须库蠓

Culicoides clivus Yu et Liu 山坡库蠓

Culicoides comosioculatus Tokunaga 毛眼库蠓

Culicoides conaensis Liu *et* Yu 错那库蠓

Culicoides continualis Qu *et* Liu 连阳库蠓

Culicoides corniculus Liu *et* Chu 角突库蠓

Culicoides cylindratus Kitaoka 多孔库蠓

Culicoides dendrophilus Amosova 树洞库蠓

Culicoides dentiformis McDonald *et* Lu 齿库蠓

Culicoides desertorums Gutsevich 沙库蠓

Culicoides dispersus Gutevich *et* Smatov 簇感库蠓

Culicoides distinctus Senet Das Gupta 显库蠓

Culicoides dubius Arnaud 环胫库蠓

Culicoides dunhuaensis Chu 敦化库蠓

Culicoides duodenarius Kietter 指库蠓

Culicoides dzhafarovi Remm 高加索库蠓

Culicoides effusus Delfinado 粗大库蠓

Culicoides elbeli Wirth *et* Hubett 暗背库蠓

Culicoides elongatus Chu *et* Liu 长斑库蠓

Culicoides erairai Kôno *et* Takahashi 端斑库蠓

Culicoides erkaensis Yu *et* Yang 二卡库蠓

Culicoides fasipennis Staeger 单带库蠓

Culicoides flavescens Mactie 金库蠓

Culicoides flaviitibialis Kitaoka *et* Tanaka 黄胫库蠓

Culicoides flaviscutatus Witth *et* Hubert 黄盾库蠓

Culicoides fluvaitilis Xiang *et* Yu 河滩库蠓

Culicoides fordae Wirth *et* Hubett 涉库蠓

Culicoides fretensis Wang *et* Yu 海栖库蠓

Culicoides fukienensisi Chen *et* Tsai 福建库蠓

Culicoides fulvithorax (Austen) 金胸库蠓

Culicoides furcillatus Calla, Kremer *et* Paradis. 梯库蠓

Culicoides gemellus Macfie 同库蠓

Culicoides gentilis Mafie 李库蠓

Culicoides gentiloidei Kitaoka *et* Tanaka 宗库蠓

Culicoides grisescens Edwamls 渐灰库蠓

Culicoides guttifer Meijere 滴斑库蠓

Culicoides hainanensi Lee 海南库蠓

Culicoides hamiensis Chu, Qian *et* Ma 哈密库蠓

Culicoides helveticus Calloi, Kremer *et* Daduit 淡黄库蠓

Culicoides hengduanshanensis Lee 横断山库蠓

Culicoides hirtus Xue *et* Yu 多毛库蠓

Culicoides holcus Lee. 凹库蠓

Culicoides homotomus Kieffer 原野库蠓

Culicoides horridus Yu *et* Deng 顶端库蠓

Culicoides huayingensis Zhou *et* Lee 华莹库蠓

Culicoides huffi Causey 霍夫库蠓

Culicoides hui Wirtb *et* Hubert 扎库蠓

Culicoides humeralis Okada 肩宏库蠓

Culicoides huochengensis Ma *et* Yu 霍城库蠓

Culicoides impunctatus Goeghebuer 光胸库蠓

Culicoides incertus Yu *et* Zhang 可疑库蠓

Culicoides indianus Macfie 印度库蠓

Culicoides insignipennis Macfie 标库蠓

Culicoides iphthimus Macfie 强库蠓

Culicoides jacobsoni Macfic 加库蠓

Culicoides japonicus Arnaud. 大库蠓

Culicoides kajfongensis Yu 开封库蠓

Culicoides kelinensis Lee 格林库蠓

Culicoides kepongensis Wirth *et* Hubert 克彭库蠓

Culicoides kibunensis Tokunaga 贵船库蠓

Culicoides kirinensis Lee 吉林库蠓

Culicoides koreensis Goetghebuer 朝鲜库蠓

Culicoides kureksthaicus Dzhafarov 河谷库蠓

Culicoides kusaiensisi Tokunaga 库塞库蠓

Culicoides laimargus Zhen *et* Lee 婪库蠓

Culicoides lanyuensis Kitaoka *et* Tanaka 兰屿库蠓

Culicoides laoshanensis Yu *et* Kang 崂山库蠓

Culicoides lasaensis Lee 拉萨库蠓

Culicoides leizhouensis Lai *et* Yu 雷州库蠓

Culicoides lengi Yu *et* Liu 冷氏库蠓

Culicoides liai Wirth *et* Habert 倦库蠓

Culicoides lieni Chen 连库蠓

Culicoides lingshuiensis Lee 陵水库蠓

Culicoides lini Kitaoka *et* Tanaka 线库蠓

Culicoides liukueiensis Kitaoka *et* Tanaka 近缘库蠓

Culicoides longchiensis Chen *et* Tsai 龙溪库蠓

Culicoides longiporus Cha *et* Liu 长囊库蠓

Culicoides longirostris Qu *et* Wang 长喙库蠓

Culicoides longzhouensis Hao *et* Yu 龙州库蠓

Culicoides lui Yu *et* Liu 陆氏库蠓

Culicoides lulianchengi Chen 吕库蠓

Culicoides macfiei Causey 棕胸库蠓

Culicoides maculatu Shiraki 多斑库蠓

Culicoides majorinus Chu 硕大库蠓

Culicoides malayae Macfle 马来库蠓

Culicoides mamaensis Lee 麻麻库蠓

Culicoides manchuriensis Tokunaga 东北库蠓

Culicoides marginus Chu *et* Liu 缘斑库蠓

Culicoides margipictus Qu *et* Wang 边斑库蠓

Culicoides marinus Yu *et* Zhu 滨海库蠓

Culicoides matsuzawai Tokunaga 明边库蠓

Culicoides menghaiensis Lee 勐海库蠓

Culicoides menglaensis Chu *et* Liu 勐腊库蠓

Culicoides miharai Kinoshita. 木浦库蠓

Culicoides mihensis Arnaud 三保库蠓

Culicoides mihunenss Chu 迷魂库蠓

Culicoides minutissimus (Zetterstedt) 微小库蠓

Culicoides monggolensis Yao 蒙古库蠓

Culicoides monticolus MrDonald *et* Lu 高山库蠓

Culicoides morisitai Tokunaga 北京库蠓

Culicoides motoensis Lee 墨脱库蠓

Culicoides musajevi Dzhafarov 梨库蠓

Culicoides nagarzensis Lee 浪卡子库蠓

Culicoides neopalpifer Chen 大黄库蠓

Culicoides nigritus Fei *et* Lee 暗端库蠓

Culicoides nipponensis Tokunaga 日本库蠓

Culicoides nujiangensis Liu 怒江库蠓

Culicoides obscuratus Ding *et* Yu 浅暗库蠓

Culicoides obsoletus Meigen 不显库蠓(陈旧库蠓)

Culicoides odibilis Austen 恶敌库蠓

Culicoides okinawensis Arnaud 冲绳库蠓

Culicoides omogensii Arnaud 面河库蠓

Culicoides opertus Liu *et* Yu 暗藏库蠓

Culicoides orentalis Macfie 东方库蠓

Culicoides oxystoma Kieffer 尖喙库蠓

Culicoides palanensis Tokunaga 巴涝库蠓

Culicoides pallidicornis Kieffer 淡角库蠓

Culicoides pallidus Khalaf 斯库蠓

Culicoides palpifor Gupta *et* Ghosh 细须库蠓

Culicoides paradoxus Yu *et* Liu 异形库蠓

Culicoides paraflavescens Wirth *et* Hubert 褐斑库蠓

Culicoides parroti Kieffer 肾库蠓

Culicoides pastus Kitaoka 牧库蠓

Culicoides peliliouensis Tokunaga 帛琉库蠓

Culicoides pelius Liu *et* Yu 黑色库蠓

Culicoides peregrinus Kieffer 异域库蠓

Culicoides pictimago Tokunaga 边缘库蠓

Culicoides pictipennis Staeger 锈库蠓

Culicoides pseudosalinarius Chu 伪盐库蠓

Culicoides pulicaris (Linnaeus) 灰黑库蠓(蚤库蠓)

Culicoides punctatus Meigen 刺螫库蠓(孔库蠓)

Culicoides puncticollis (Becker) 曲囊库蠓

Culicoides putianensis Chen 莆田库蠓

Culicoides qabdoensis Lee 昌都库蠓

Culicoides qianshanensis Fei 千山库蠓

Culicoides qingdaoensis Kang *et* Yu 青岛库蠓

Culicoides qinghaiensis Fei *et* Lee 青海库蠓

Culicoides qionghaiensis Yu *et* Liu 邛海库蠓

Culicoides quqiaoensis Chen 渠桥库蠓

Culicoides rarus Das Gupta 稀见库蠓

Culicoides riethei Kieffer 李拭库蠓

Culicoides ruiliensis Lee 瑞丽库蠓

Culicoides sacrilegus Xue *et* Yu 渎圣库蠓

Culicoides saevus Kieffer 暴刺库蠓

Culicoides salinarius Kieffer 盐库蠓

Culicoides segnis Camppell *et* Pelham-Clinton 迟缓库蠓

Culicoides sejfadinei Dzhafarov 三袋库蠓

Culicoides shaamaensis Yu *et* Deng 沙马库蠓

Culicoides similis Carter, Ingran *et* Macfie 似同库蠓

Culicoides simulator Edwards 仿库蠓

Culicoides sinanoensis Tokunaga 兴安库蠓(华库蠓)

Culicoides sphagnumensis caricelaensis Gluchova 长角库蠓

Culicoides sphagnumensis Willams 卡库蠓

Culicoides spinapenis Yu *et* Hao 刺茎库蠓

Culicoides spinoverbosus Qu *et* Wang 刺神库蠓

Culicoides stagetus Lee 点库蠓

Culicoides stellaris Yu *et* Liu 星斑库蠓

Culicoides stupulosus Zhang *et* Yu 短毛库蠓

Culicoides subarakawae Yu *et* Zou 类荒川库蠓

Culicoides subfascipennis Kieffer 亚单带库蠓

Culicoides subpalpifer Wirth *et* Hubert 亚须库蠓

Culicoides sumatrae Macfie 苏门库蠓

Culicoides suspactus Zhou *et* Lee 铃库蠓

Culicoides suzukii Ritcaoka 疑库蠓

Culicoides taiwanensis Kitaoka *et* Tanaka 台湾库蠓

Culicoides tayulingensisi Chen 大禹库蠓

Culicoides tentorius Austea 蓬库蠓

Culicoides tenuipalpis Wirth *et* Hubert 窄须库蠓

Culicoides tianmushanensis Chu 天目库蠓

Culicoides tibetensis Chu 西藏库蠓

Culicoides tienhsiangensis Chu 天祥库蠓

Culicoides toshiokai Kitaoka 冈库蠓

Culicoides toyamaruae Arnaud 泊库蠓

Culicoides trimaculatus McDoaald *et* Lu 三斑库蠓

Culicoides tritenuifasciatus Tokunaga 三黑库蠓

Culicoides turanicus Gussevich *et* Smatov 卷曲库蠓

Culicoides turgeopalpulus Liu *et* Yu 肿须库蠓

Culicoides verbosus Tokunaga 神库蠓

Culicoides vespertinus Yu *et* Ma 西部库蠓

Culicoides vexans Staeger 骚扰库蠓

Culicoides wadai Kitaoka 和田库蠓

Culicoides wushenensis Lee 乌审库蠓

Culicoides wuyiensis Chen 武夷库蠓

Culicoides xinghaiensis Yu 兴海库蠓

Culicoides xinjiangensis Chu, Quan *et* Ma 新疆库蠓

Culicoides xinpingensis Qu *et* Liu 新平库蠓

Culicoides xuguitensisi Cao *et* Chen 喜桂图库蠓

Culicoides yadongensis Chu 亚东库蠓

Culicoides yunnanensis Chu *et* Liu 云南库蠓

Culicoides zhangmensis Deng *et* Yu 樟木库蠓

Culicoides zhiyingi Yu *et* Liu 支英库蠓

Culicoides zhongningensis Yu 中宁库蠓

Culicoides zhuhaiensis Yu *et* Hao 珠海库蠓

Culiseta Felt 脉毛蚊属

Culiseta alaskaensis (Ludlow) 阿拉斯加脉毛蚊

Culiseta annulata (Schrank) 环跗脉毛蚊

Culiseta bergrothi (Edwards) 黑须脉毛蚊

Culiseta megaloba Luh Chao *et* Xu 大叶脉毛蚊

Culiseta nipponica LaCasse *et* Yamaguti 日本脉毛蚊

Culiseta niveitaeniata (Theobald) 银带脉毛蚊

Culpinia Prout 赤线尺蛾属

Culpinia diffusa (Walker) 赤线尺蛾

Cultroribula Berlese 刀肋甲螨属

Cultroribula lata Aoki 侧刀肋甲螨

Cultroribula tridentata Aoki 三齿刀肋甲螨

Cunaxa von Heyden 巨须螨属

Cunaxa capreola (Berlese) 卷须巨须螨

Cunaxa setirostris (Hermann) 钩螯巨须螨

Cunaxa taurus (Kramer) 公牛巨须螨

Cunaxa thailandicus Smiley 泰国巨须螨

Cunaxa womersleyi Baker *et* Hoffmann 魏氏巨须螨

Cunaxidae 巨须螨科

Cunaxinae 巨须螨亚科

Cunaxoides Baker *et* Hoffmann 似巨须螨属

Cunaxoides croceus (Koch) 藏黄似巨须螨

Cunaxoidinae 似巨须螨亚科

Cunctochrysa 孔草蛉属

Cunctochrysa albolineata (Killington) 白条孔草蛉

Cunctochrysa baetica (Hölzel) 栎孔草蛉

Cupa Strand 杯蟹蛛属

Cupa gongi Song *et* Kim 龚氏杯蟹蛛

Cupa zhengi Ono *et* Song 郑氏杯蟹蛛

Cupacarus Keifer 盆瘿螨属

Cupedidae 长扁甲科 elongate flattened cupesid beetles

Cupes Fabricius 长扁甲属

Cupes clathratus Solsky 条纹长扁甲

Cupha Billberg 襟蛱蝶属

Cupha erymanthis (Drury) 黄襟蛱蝶

Cuphocera Macquart 缺须寄蝇属

Cuphocera varia Fabricius 粘虫缺须寄蝇

Cuphodes dispyrosella Issiki 柿屈细蛾 persimmon leafminer

Cupido Schrank 枯灰蝶属

Cupido minimus (Füeessly) 枯灰蝶

Curculio Linnaeus 象虫属

Curculio camelliae Roelofs 山茶象

Curculio caryae Horn. 美核桃象 pecan weevil

Curculio caryatrypes Boheman 大栗象 large chestnut weevil

Curculio chinensis Chevrolat 中华山茶象

Curculio davidi Fairmaire 栗象

Curculio dentipes Roelofs 柞栎象

Curculio dieckmanni Faust 榛象

Curculio glandium Marsham 欧洲榛实象 nut weevil

Curculio hippophes Zhang 沙棘象

Curculio nucum Linnaeus 欧洲栎实象 nut weevil

Curculio occidentis (Casey) 美国榛实象 filbert weevil

Curculio robustus Roelofs 麻栎象

Curculio salicivorus Paykull 柳梢实象

Curculio villosus Fabricius 欧洲榛栎实象 nut weevil

Curculionidae 象虫科 snout beetles, weevils

Curculioninae 象虫亚科

Curetinae 银灰蝶亚科

Curetis Hübner 银灰蝶属

Curetis acuta Moore 尖翅银灰蝶

Curetis brunnea Wileman 褐翅银灰蝶

Curetis bulis (Westwood) 银灰蝶

Curetis saronis Moore 圆翅银灰蝶

Curuzza Kiriakoff 枯舟蛾属

Curuzza atrivittata (Hampson) 黑带枯舟蛾

Curuzza crenelata (Swinhoe) 齿枯舟蛾

Curvipennis Huang 曲翅蝗属

Curvipennis wixiensis Huang 维西曲翅蝗

Cusiala Moore 摩尺蛾属

Cusiala raptaria Walker 印巴摩尺蛾

Cusiara stipitaria Oberthür 近摩尺蛾

Cuterebridae 疽蝇科 rabbit bots, rodent bots, robust botflies

Cvipennis bicolor Fang 两色绵苔蛾

Cvipennis binghami Hampson 基黄绵苔蛾

Cyana abiens Fang 离雪苔蛾

Cyana adita (Moore) 路雪苔蛾

Cyana alba (Moore) 小白雪苔蛾

Cyana albicollis Fang 白颈雪苔蛾

Cyana alborosea Walker 白玫雪苔蛾

Cyana arama (Moore) 秧雪苔蛾

Cyana ariadne (Elwes) 蛛雪苔蛾

Cyana bacilla Fang 小棒雪苔蛾

Cyana baolini Fang 宝林雪苔蛾

Cyana bellissim (Moore) 迷雪苔蛾

Cyana bipuncta Fang 二点雪苔蛾

Cyana cantonensis (Daniel) 粤雪苔蛾

Cyana capillaris Fang 毛簇雪苔蛾

Cyana coccinea (Moore) 猩红雪苔蛾

Cyana connectilis Fang 合雪苔蛾

Cyana costifimbria Walker 缘缨雪苔蛾

Cyana crassa Fang 组线雪苔蛾

Cyana detriata Walker 雪苔蛾

Cyana distincta (Rothschild) 美雪苔蛾

Cyana divakara (Moore) 华雪苔蛾

Cyana dohertyi (Elwes) 黄雪苔蛾

Cyana effracta (Walker) 锈斑雪苔蛾

Cyana fasciole (Elwes) 红束雪苔蛾

Cyana fukiensis (Daniel) 闽雪苔蛾

Cyana gelida (Walker) 凝雪苔蛾

Cyana gracilis Fang 细纹雪苔蛾

Cyana guttifera (Walker) 点滴雪苔蛾

Cyana gyirongna (Fang) 吉隆雪苔蛾

Cyana hamata (Walker) 优雪苔蛾

Cyana harterti (Elwes) 姬黄雪苔蛾

Cyana hounei (Daniel) 荷雪苔蛾

Cyana interrogationis (Poujade) 橘红雪苔蛾

Cyana perornata (Walker) 红黑雪苔蛾

Cyana phaedra (Leech) 明雪苔蛾

Cyana pratti (Elwes) 草雪苔蛾

Cyana puella (Drury) 阴雪苔蛾

Cyana puer (Elwes) 阳雪苔蛾

Cyana sanguinea (Bremer *et* Grey) 血红雪苔蛾

Cyana signa (Walker) 符雪苔蛾

Cyana sikkimensis (Elwes) 锡金雪苔蛾

Cyana tiemushanensis (Reich) 天目雪苔蛾

Cyana trilobata Fang 三叶雪苔蛾

Cyana zayuna (Fang) 察隅雪苔蛾

Cyanagapanthia bicolor Breuning 青天牛

Cyaneolytta Peringuey 蓝绿芫菁属

Cyaneolytta pectoralis Gerst. 烟草蓝绿芫菁 blue blister beetle

Cyanicaudata Yin 蓝尾蝗属

Cyanicaudata annulicornea Yin 环角蓝尾蝗

Cyanopterus flavator Fabricius 黄青翅茧蜂

Cyathoceridae 单跗甲科 aquatic beetles

Cybaeidae 并齿蛛科

Cybaeus aquilonalis Yaginuma 鹰状舌漏蛛

Cybaeus L. Koch 舌漏蛛属

Cybaeus potanini Schenkel 波氏舌漏蛛

Cybister brevis Aube 黑龙虱 black diving beetle

Cybister japonicus Sharp 日本吸盘龙虱

Cybister jewisianus Sharp 截跗吸盘龙虱 Lewis diving beetle

Cybister limbatus Fabricius 具缘龙虱 margined diving beetle

Cybister sugillatus Erichson 黑翅吸盘龙虱

Cybister tripunctatus Olivier 三点龙虱 smaller diving beetle

Cybocephalidae 方头甲科

Cybocephalus chinensis Yu 中华方头甲

Cybocephalus dinghushanensis Tian 鼎湖方头甲

Cybocephalus dissectus Yu 深裂方头甲

Cybocephalus explansus Yu 膨节方头甲

Cybocephalus mashanus Yu 马山方头甲

Cybocephalus niponicus Endröby-Yonge 日本方头甲

Cybocephalus tetragonius Yu 矩形方头甲

Cyclidia Guenée 圆钩蛾属

Cyclidia orciferaria Walker 赭圆钩蛾

Cyclidia rectificata (Walker) 褐纹圆钩蛾

Cyclidia sericea Warren 丝纹圆钩蛾

Cyclidia substigmaria brunna Chu et Wang 褐爪突圆钩蛾

Cyclidia substigmaria substigmaria (Hübner) 洋麻圆钩蛾

Cyclidia tetraspota Chu et Wang 四星圆钩蛾

Cyclidiidae 圆钩蛾科

Cyclocephala Laterille 圆头犀金龟属

Cyclocephala signata (Fabricius) 斑胸圆头犀金龟

Cyclocephala signaticollis Burmeister 斑圆头犀金龟

Cyclocosmia Ausserer 盘腹蛛属

Cyclocosmia ricketti (Pocock) 里氏盘腹蛛

Cyclogastrella Bukovski 圆腹金小蜂属

Cyclogastrella leucaniae Liao 粘虫蛹金小蜂

Cyclomilta melanolepia (Dudgeon) 鳞斑圆苔蛾

Cyclopelta Amyot et Serville 皱蝽属

Cyclopelta obscura (Lepeletier et Serville) 大皱蝽

Cyclopelta parva Distant 小皱蝽

Cyclopelta siccifolia (Westwood) 黑皱蝽

Cyclophragma Turner 杂毛虫属

Cyclophragma ampla (Walker) 棕色杂毛虫

Cyclophragma ampla xishuangensis Tsai et Hou 西双杂毛虫

Cyclophragma brunnea (Wileman) 褐色杂毛虫

Cyclophragma burmensis (Gaede) 缅甸杂毛虫

Cyclophragma divaricata (Moore) 斜纹杂毛虫

Cyclophragma dongchuanensis Tsai et Hou 东川杂毛虫

Cyclophragma dukouensis Tsai Hou 渡口杂毛虫

Cyclophragma florimaculata Tsai et Hou 花斑杂毛虫

Cyclophragma funiuensis Hou 伏牛杂毛虫

Cyclophragma gilirmaculata Hou 黄斑杂毛虫

Cyclophragma jianchuanensis Tsai et Hou 剑川杂毛虫

Cyclophragma latipennis (Walker) 云南杂毛虫

Cyclophragma lidderdalii (Butler) 长翅杂毛虫

Cyclophragma lineata (Moore) 直纹杂毛虫

Cyclophragma tamsi Lajonquiere 打箭杂毛虫

Cyclophragma tephra Hou 灰色杂毛虫

Cyclophragma undans (Walker) 波纹杂毛虫

Cyclophragma undans fasciatella Ménétriès 黄斑波纹杂毛虫

Cyclophragma wuyi Hou 武夷杂毛虫

Cyclophragma xichangensis (Tsai et Liu) 西昌杂毛虫

Cyclophragma yamadai (Nagano) 双斑杂毛虫

Cyclophragma yongtensis Tsai et Hou 永德杂毛虫

Cyclosa Menge 艾蛛属

Cyclosa argentata Tanikawa 银色艾蛛

Cyclosa argenteoalba Boes. et Str. 银背艾蛛

Cyclosa atrata Boes. et Str. 黑尾艾蛛

Cyclosa bianchoria Yin et Wang 双锚艾蛛

Cyclosa bicauda Saito 二突艾蛛

Cyclosa confusa Boes. et Str. 混艾蛛

Cyclosa conica (Pallas) 突尾艾蛛

Cyclosa cylindrata Yin et al. 柱艾蛛

Cyclosa formosana Tanikawa 台湾艾蛛

Cyclosa ginnaga Yaginuma 长腹艾蛛

Cyclosa informis Yin et al. 畸形艾蛛

Cyclosa insulana (Costa) 岛艾蛛

Cyclosa japonica Boes. et Str. 日本艾蛛

Cyclosa kiangsica Schenkel 江西艾蛛

Cyclosa koi Tanikawa 阔艾蛛

Cyclosa laticauda Boes. et Str. 六角艾蛛

Cyclosa minora Yin et al. 小艾蛛

Cyclosa monticola Boes. et Str. 三突艾蛛

Cyclosa mulmeinensis (Thorell) 慕麦艾蛛

Cyclosa nigra Yin et Wang 黑腹艾蛛

Cyclosa octotubercalata Karsch 八瘤艾蛛

Cyclosa oculata (Walckenaer) 目艾蛛

Cyclosa omonaga Tanikawa 奥莫艾蛛

Cyclosa pentatuberculata Yin et al. 五突艾蛛

Cyclosa pseudoculata Schenkel 拟岛艾蛛

Cyclosa quinqueguttata Thorell 五瘤艾蛛

Cyclosa sedeculata Karsch 四突艾蛛

Cyclosa shinoharai Tanikawa 昔晗艾蛛

Cyclosa spinosa Saito 棘艾蛛

Cyclosa tricauda Saito 三尾艾蛛

Cyclosa vallata Keyserling 圆腹艾蛛

Cyclosa zhangmuensis Hu *et* Li 樟木艾蛛

Cyclosia midamia Herrich-Schäffer 蓝紫锦斑蛾

Cyclosia panthona Stoll 豹点锦斑蛾

Cyclosia papilionaris Drury 蝶形锦斑蛾

Cyclosiella dulcicula (Swinhoe) 环苔蛾

Cyclotermes Holmgren 见 *Odontotermes* Holmgren

Cyclotornidae 蚁巢蛾科 bugworms, basketworms

Cyclura Warren 缺刻山钩蛾属

Cyclura olga (Swinhoe) 缺刻山钩蛾

Cydia cryptomeriae Issiki 柳杉小卷蛾 cryptomeria conemoth

Cydia dalbergiacola Liu 黄檀小卷蛾

Cydia glandicolana (Danilevsky) 栗黑小卷蛾

Cydia illutana dahuricolana (V. I. Kuznetsov) 东北小卷蛾

Cydia kamijoi Oku 日杉小卷蛾 fir conemoth

Cydia kurokoi (Amsel) 栗白小卷蛾 nut fruit tortrix

Cydia laricicolana Kuznetzov 东方松皮小卷蛾 oriental larch bark moth

Cydia molesta (Busck) 果树小卷蛾 oriental fruit moth

Cydia nigricana Stephens 豌豆小卷蛾 pea moth

Cydia pactlana yasudai Oku 东方杉皮小卷蛾 oriental fir bark moth

Cydia pomonella L. 见 *Laspeyresia pomonella*

Cydia pseudotsugana Kearfott 见 *Zeiraphera diniana*

Cydia strobilella (Linnaeus) 见 *Pseudotomoides strobilella*

Cydia trasias (Meyrick) 国槐小卷蛾

Cydnidae 土蝽科 stink bugs

Cydninae 土蝽亚科

Cydnocoris Stål 红猎蝽属

Cydnocoris binotatus Hsiao 双斑红猎蝽

Cydnocoris fasciatus Reuter 乌带红猎蝽

Cydnocoris geniculatus Hsiao 斑腹红猎蝽

Cydnocoris gilvus Burmeister 橘红猎蝽

Cydnocoris hyalinus Miller 二星红猎蝽

Cydnocoris russatus Stål 艳红猎蝽

Cydnocoris tabularis Distant 层红猎蝽

Cydnocoris ventralis Hsiao 晦腹红猎蝽

Cydnodromella Muma 小名走螨属

Cydnodromus Muma 名走螨属

Cyladidae 蚁象科 ant-like beetles

Cylapinae 细爪盲蝽亚科

Cylas Latreille 甘薯象属

Cylas formicarius elegantulus (Summers) 丽甘薯象 sweetpotato weevil

Cylas formicarius Fabricius 甘薯象 sweetpotato weevil

Cylindracheta Kirby 筒蝼属

Cylindrachetidae 短足蝼科 mole crickets

Cylindrecamptus fouqueti (Pic) 紫翅筒粉天牛

Cylindrecamptus lineatus (Aurivillius) 短粉天牛

Cylindrecamptus viridipennis (Pic) 绿翅筒粉天牛

Cylindrococcidae 瑰蚧科 leaf-eating coccids

Cylindrocopturus Heller 细枝象属

Cylindrocopturus eatoni Buchanan 松细枝象 pine reproduction weevil

Cylindrocopturus furnissi Buchanan 洋松细枝象 Douglas fir twig weevil

Cylindromorphus Kiesenwetter 椭椎吉丁属

Cylindromorphus japonensis Saunders 桑椭椎吉丁

Cyllene robiniae Förster 见 *Megacyllene robiniae*

Cyllobelus Simon 昔跳蛛属

Cyllobelus severus Simon 塞昔跳蛛

Cyllorhynchites Voss 剪枝象属

Cyllorhynchites ursulus (Roelofs) 柞剪枝象 daimyo oak curculio

Cymatia apparens (Distant) 显斑原划蝽

Cymatia rogenhoferi (Fieber) 弥点原划蝽

Cymatodera bicolor (Say) 小卷蛾双色郭公虫

Cymatophoridae 拟夜蛾科 currant spanworms

Cymatophoropsis trimaculata Bremer 三斑蕊夜蛾

Cymbaeremaeidae 卷边甲螨科

Cymeda Manson *et* Gerson 波边瘿螨属

Cyminae 莎长蝽亚科

Cymindis daimio Bates 半猛步甲

Cymindis hingstoni Andrewes 异猛步甲

Cymolomia Lederer 芽小卷蛾属

Cymolomia hartigiana (Saxesen) 冷杉芽小卷蛾

Cymoninus Breddin 莞长蝽属

Cymoninus sechellensis (Bergroth) 黄莞长蝽

Cymoninus turaensis (Paiva) 灰莞长蝽

Cymophorus Kirby 小花金龟属

Cymophorus pulchellus Arrow 双斑小花金龟

Cymoptus Keifer 波羽瘿螨属

Cymus Hahn 莎长蝽属

Cymus basicornis Motschulsky 南方莎长蝽

Cymus elegans Josifov *et* Kerzhner 淡莎长蝽

Cymus glandicolor Hahn 大莎长蝽

Cymus koreanus Josifov *et* Kerzhner 褐莎长蝽

Cymus tumescens Zheng 隆胸莎长蝽

Cynaeus Scudder 黑粉盗属

Cynaeus angustus (LeConte) 大黑粉盗 larger black flour beetle

Cynipidae 瘿蜂科 cynipids, gall wasps

Cynips L. 瘿蜂属

Cynips divisa Hartig 栎芽没食子瘿蜂 oak bud gall wasp, oak leaf gall wasp

Cynips kollari Hartig 见 *Andricus kollari*

Cynips longiventris Hartig 长腹没食子瘿蜂 oak bud gall wasp, oak leaf gall wasp

Cynips mukaigawae Muk. 槲柞瘿蜂

Cynips quercusfolii Linnaeus 樱桃没食子瘿蜂 cherry gall wasp, oak bud gall wasp

Cynodontaspis Takagi 锯蛎盾蚧属

Cynodontaspis edentata Takagi *et* Kawai 冷杉锯蛎盾蚧

Cynodontaspis piceae Takagi 云杉锯蛎盾蚧

Cynomya Robineau-Desvoidy 蓝蝇属

Cynomya mortuorum (Linnaeus) 尸蓝蝇

Cynomyiomima Rohdendorf 拟蓝蝇属

Cynomyiomima stackelbergi Rohdendof 蒙古拟蓝蝇

Cypa formosana Wileman 台湾赤茶小天蛾

Cyphagogus signipes Lewis 长毛驼峰锥象

Cyphalonotus Simon 驼蛛属

Cyphalonotus elongatus Yin et al. 长垂驼蛛

Cyphicerinus Marshall 毛角象属

Cyphicerinus pannosus Marshall 旧衣毛角象

Cyphicerinus tectonae Marshall 盖毛角象

Cyphicerinus tesselatus Motschulsky 方格毛角象

Cyphicerus Schoenherr 眼叶象属

Cyphicerus aceri Kôno 眼叶象

Cyphicerus bicolor Formanek 二色眼叶象

Cyphochilus Waterhouse 歪鳃金龟属

Cyphochilus apicalis Waterhouse 尖歪鳃金龟

Cyphochilus farinosus Waterhouse 粉歪鳃金龟

Cyphochilus insulanus Moser 岛歪鳃金龟

Cyphogenia Solier 砚王拟步甲属

Cyphogenia chinensis Fald. 中华砚王拟步甲

Cyphogenia funesta Fald. 砚王拟步甲

Cyphogenia humeralis Bates 单脊砚王拟步甲

Cyphoscyla lacordairei Thomson 平尾天牛

Cyphostethus Fieber 尖同蝽属

Cyphostethus sinensis Schumacher 中华尖同蝽

Cyphostethus yunnanensis Liu 云南尖同蝽

Cyrba Simon 双管跳蛛属

Cyrba ocellata (Kroneberg) 眼双管跳蛛

Cyrba picturata Lendl 多色双管跳蛛

Cyrba szechenyii Lendl 泽氏双管跳蛛

Cyrestis Boisduval 丝蛱蝶属

Cyrestis cocles (Fabricius) 八目丝蛱蝶

Cyrestis nivea Zinken-Sommer 雪白丝蛱蝶

Cyrestis themire Honrath 黑缘丝蛱蝶

Cyrestis thyodamas Boisduval 网丝蛱蝶

Cyriopalus wallicei Pascoe 栉角天牛

Cyriopertha Reitter 常丽金龟属

Cyriopertha arcuata (Gebler) 弓斑常丽金龟

Cyriopertha glabra Gebler 裸常丽金龟

Cyrtacanthacris Walker 刺胸蝗属

Cyrtacanthacris nigricornis Burmeister 黑角刺胸蝗 black horn grasshopper

Cyrtacanthacris rosea De Geer 见 *Chondracris rosea*

Cyrtacanthacris tatarica L. 刺胸蝗

Cyrtanthacris nigricornis Burmeister 见 *Valanga nigri-*

cornis

Cyrtarachne Thorell 曲腹蛛属

Cyrtarachne bengalensis Tikader 孟加拉曲腹蛛

Cyrtarachne bufo (Boes. *et* Str.) 鸟曲腹蛛

Cyrtarachne fangchengensis Yin et Zhao 防城曲腹蛛

Cyrtarachne gilvus Yin et Zhao 典斑曲腹蛛

Cyrtarachne hubeiensis Yin et Zhao 湖北曲腹蛛

Cyrtarachne inaequalis Thorell 对称曲腹蛛

Cyrtarachne menghaiensis Yin et al. 勐海曲腹蛛

Cyrtarachne nagasakiensis Strand 长崎曲腹蛛

Cyrtarachne nigra Yaginuma 黑色曲腹蛛

Cyrtarachne szetschuanensis Schenkel 四川曲腹蛛

Cyrtarachne yunoharuensis Strand 汤春曲腹蛛

Cyrtepistomus Marshall 栎象属

Cyrtepistomus glebosus Marshall 见 *Thlipsomerus glebosus*

Cyrtepistomus jucundus Redtenbacher 乐栎象

Cyrtepistomus pannosus Marshall 见 *Cyphicerinus pannosus*

Cyrtepistomus pini Marshall 松栎象

Cyrthermannia Balogh 短汉甲螨属

Cyrthydrolaelaps Berlese 曲水螨属

Crytidae 见 Acroceridae

Cyrtoclytus Ganglbauer 曲虎天牛属

Cyrtoclytus callizonus (Gahan) 缅甸曲虎天牛

Cyrtoclytus capra Germar 黄纹曲虎天牛

Cyrtoclytus caproides Bates 柿曲虎天牛

Cyrtoclytus luteomarginatus Pic 黄缘曲虎天牛

Cyrtoclytus ventripennis Pic 四纹曲虎天牛

Cyrtoclytus yunnanensis (Pic) 云南曲虎天牛

Cyrtogaster Walker 茜金小蜂属

Cyrtogaster decora Huang 华茜金小蜂

Cyrtogaster simplex Huang 简茜金小蜂

Cyrtogaster tryphera (Walker) 陲茜金小蜂

Cyrtogrammus laosicus (Breuning) 老挝弯点天牛

Cyrtolabulus van der Vecht 细蜾蠃属

Cyrtolabulus exiguus (Saussure) 简细蜾蠃

Cyrtolabulus yunnanensis Lee 云南细蜾蠃

Cyrtolaelaps Berlese 曲厉螨属

Cyrtolaelaps macronatus (G. *et* R. Canestrini) 尖曲厉螨

Cyrtolaelaps qinghaiensis Ma 青海厉螨

Cyrtonops nigri Gahan 黑须天牛

Cyrtonops rufipennis Pic 红翅须天牛

Cyrtonops tonkineus Fairmaire 越南须天牛

Cyrtopeltis geniculata Fieber 黑纹盲蝽

Cyrtopeltis tennuis Reuter 烟草盲蝽 tobacco leaf bug, tomato mirid

Cyrtophleba ruricola Meigen 茹芮毛颜寄蝇

Cyrtophora Simon 云斑蛛属

Cyrtophora ciatrosa (Stoliczka) 后带云斑蛛

Cyrtophora citricola (Forskal) 橘云斑蛛

Cyrtophora cylindroides (Walckenaer) 双突云斑蛛

Cyrtophora exanthematica (Doleschall) 方格云斑蛛

Cyrtophora guangxiensis Yin *et* Wang 广西云斑蛛

Cyrtophora hainanensis Yin *et* Wang 琼云斑蛛

Cyrtophora lacunaris Yin *et* Wang 刻纹云斑蛛

Cyrtophora moluccensis (Doleschall) 皿云斑蛛

Cyrtophora unicolor (Doleschall) 单色云斑蛛

Cyrtorrhinus lividipennis Reuter 黑肩绿盲蝽

Cyrtothorax Kraatz 弧胸隐翅虫属

Cyrtothorax cyanipennis Zheng 蓝鞘弧胸隐翅虫

Cyrtotrachelus dux Boheman 印巴缅牡竹象 bamboo weevil

Cyrtotrachelus longimanus Fabricius 长足牡竹象 bamboo weevil

Cyrtotrachelus longipes Fabricius 见 *Cyrtotrachelus longimanus*

Cysteochila Stål 负板网蝽属

Cysteochila chiniana Drake 高负板网蝽

Cysteochila delineata (Distant) 大负板网蝽

Cysteochila monstrosa (Scott) 斑负板网蝽

Cysteochila picta (Distant) 负板网蝽

Cysteochila ponda Drake 满负板网蝽

Cysteochila salicorum Baba 柳负板网蝽

Cysteochila undosa Drake 波负板网蝽

Cystidia Hübner 蜻蜓尺蛾属

Cystidia couaggaria (Guenée) 小蜻蜓尺蛾 plum cankerworm

Cystidia stratonice (Stoll) 蜻蜓尺蛾

Cyta latirostris (Hermann) 大鼻管吸螨

Cyta von Heyden 管吸螨属

Cytocanis Hampson 棱夜蛾属

Cytocanis cerocalina Draudt 肾棱夜蛾

Cytodites Megnin 胞螨属

Cytodites nudus (Vizioli) 寡毛胞螨 air-sac mite

Cytoditidae 胞螨科

Cytoditoidea 胞螨总科

Czenspinskia Oudemans 捷平螨属

Czenspinskia lordi Nesbitt 洛氏捷平螨

D

Dabessus Distant 达蝽属

Dabessus albovittatus Hsiao *et* Cheng 白纹达蝽

Dacinae 寡毛实蝇亚科

Daclera Signoret 扁缘蝽属

Daclera levana Distant 扁缘蝽

Dacne japonica Crotch 日本均跗大蕈甲

Dacninae 均跗大蕈甲亚科

Dacnonypha 毛顶蛾亚目

Dacnusa gracilis Nees 细离颚茧蜂

Dacnusa laevipectus Thomson 豌豆潜蝇离颚茧蜂

Dacota hesperia Uhler 黑盲蝽

Dactylispa Weise 趾铁甲属

Dactylispa angulosa (Solsky) 锯齿叉趾铁甲 yellow-marked blue leaf beetle

Dactylispa approximata Gressitt 并刺趾铁甲

Dactylispa atkinsoni (Gestro) 纹胸趾铁甲

Dactylispa atricornis Chen *et* Tan 乌角叉趾铁甲

Dactylispa badia Chen *et* Tan 红扁趾铁甲

Dactylispa balyi (Gestro) 齐刺趾铁甲

Dactylispa basalis (Gestro) 灰绒趾铁甲

Dactylispa binotaticollis Chen *et* Tan 双斑趾铁甲

Dactylispa brevispina Chen *et* Tan 短刺叉趾铁甲

Dactylispa brevispinosa (Chapuis) 山地趾铁甲

Dactylispa burmana Uhmann 缅甸趾铁甲

Dactylispa carinata Chen *et* Tan 片肩叉趾铁甲

Dactylispa cervicornis Gressitt 长柄叉趾铁甲

Dactylispa chaturanga Maulik 掌刺叉趾铁甲

Dactylispa chiayiana Kimoto 嘉义趾铁甲

Dactylispa chinensis Weise 中华叉趾铁甲

Dactylispa confluens (Baly) 柄刺叉趾铁甲

Dactylispa corpulenta Weise 球突趾铁甲

Dactylispa crassicuspis Gestro 尖齿叉趾铁甲

Dactylispa digitata Uhmann 尖瘤扁趾铁甲

Dactylispa dohertyi (Gestro) 光斑趾铁甲

Dactylispa doriae (Gestro) 双刺趾铁甲

Dactylispa excisa (Kraatz) 束腰扁趾铁甲

Dactylispa ferrugineonigra Maulik 红黑趾铁甲

Dactylispa flavomaculata Uhmann 黄斑趾铁甲

Dactylispa fleutiauxi Gestro 瘤刺叉趾铁甲

Dactylispa foveiscutis Chen *et* Tan 涡盾趾铁甲

Dactylispa fukienica Chen *et* Tan 福建趾铁甲

Dactylispa fumida Chen *et* Tan 烟色叉趾铁甲

Dactylispa gonospila (Gestro) 钩刺叉趾铁甲

Dactylispa gressitti Uhmann 光缘叉趾铁甲

Dactylispa higoniae (Lewis) 多刺叉趾铁甲

Dactylispa inaequalis Chen *et* Tan 差刺趾铁甲

Dactylispa intermedia Chen *et* Tan 狭边叉趾铁甲

Dactylispa issiki Chûj 三刺趾铁甲 bamboo spined beetle

Dactylispa kambaitica Uhmann 滇西叉趾铁甲

Dactylispa klapperichi Uhmann 缝刺叉趾铁甲

Dactylispa lameyi Uhmann 斑鞘趾铁甲

Dactylispa latifrons Chen *et* Tan 宽额趾铁甲

Dactylispa latipennis Chûj 黑端扁趾铁甲

Dactylispa latispina (Gestro) 阔刺扁趾铁甲

Dactylispa lohita Maulik 三叉趾铁甲

Dactylispa longispina Gressitt 长刺趾铁甲

Dactylispa longula Maulik 纤瘦趾铁甲

Dactylispa maculithorax Gestro 斑背叉趾铁甲

Dactylispa malaisei Uhmann 异色趾铁甲

Dactylispa mauliki Gressitt 广东趾铁甲

Dactylispa melanocera Chen et Tan 黑角趾铁甲

Dactylispa mendica Weise 棘刺趾铁甲

Dactylispa mixta Kung et Tan 杂刺趾铁甲

Dactylispa miyamotoi Kimoto 褐斑趾铁甲

Dactylispa multifida Gestro 附刺叉趾铁甲

Dactylispa nigrodiscalis Gressitt 黑盘叉趾铁甲

Dactylispa omeia Chen et Tan 峨眉叉趾铁甲

Dactylispa pallidicollis Gressitt 淡色叉趾铁甲

Dactylispa parbatya Maulik 膨端叉趾铁甲

Dactylispa parva Chen et Tan 小趾铁甲

Dactylispa paucispina Gressitt 疏刺叉趾铁甲

Dactylispa pici Uhmann 并行叉趾铁甲

Dactylispa pilosa Tan et Kung 多毛趾铁甲

Dactylispa planispina Gressitt 盾刺扁趾铁甲

Dactylispa platyacantha (Gestro) 微齿扁趾铁甲

Dactylispa polita Chen et Tan 寡毛趾铁甲

Dactylispa protuberance Tan 突顶叉趾铁甲

Dactylispa pubescens Chen et Tan 金毛趾铁甲

Dactylispa pungens (Boheman) 斑胸叉趾铁甲

Dactylispa puwena Chen et Tan 普文趾铁甲

Dactylispa quinquespina Tan 五刺叉趾铁甲

Dactylispa ramuligera (Chapuis) 鹿角叉趾铁甲

Dactylispa reitteri Spaeth 康定叉趾铁甲

Dactylispa sauteri Uhmann 红端趾铁甲

Dactylispa scutellaris Chen et Tan 黑盾叉趾铁甲

Dactylispa serrulata Chen et Tan 锯缘叉趾铁甲

Dactylispa setifera (Chapuis) 玉米趾铁甲

Dactylispa similis Chen et Tan 似天目扁趾铁甲

Dactylispa sjostedti Uhmann 竹趾铁甲

Dactylispa spectabilis Gestro 黑胸叉趾铁甲

Dactylispa spiniloba Chen et Tan 四刺扁趾铁甲

Dactylispa spinosa (Weber) 粗刺趾铁甲

Dactylispa sternalis Chen et Tan 凹胸叉趾铁甲

Dactylispa stotzneri Uhmann 狭顶叉趾铁甲

Dactylispa subquadrata (Baly) 锯肩扁趾铁甲 constricted spined beetle

Dactylispa superspinosa Gressitt et Kimoto 超刺趾铁甲

Dactylispa taiwana Takizawa 台湾叉趾铁甲

Dactylispa tienmuensis Chen et Tan 天目扁趾铁甲

Dactylispa tientaina Chen et Tan 天台叉趾铁甲

Dactylispa uhmanni Gressitt 淡角叉趾铁甲

Dactylispa vulnifica Gestro 云南趾铁甲

Dactylispa xanthospila (Gestro) 黄黑趾铁甲

Dactylispa xisana Chen et Tan 西双趾铁甲

Dactylopiidae 胭蚧科

Dactylopisthes Eskov 达蛛属

Dactylopisthes diphyus (Heimer) 双达蛛

Dactylopius albizziae Maskell 见 *Pseudococcus albizziae*

Dactylopius aurilanatus Maskell 见 *Pseudococcus auri-*

lanatus

Dactyloscirus Berlese 硬指螨属

Dactyloscirus humuli Liang 葎草硬指螨

Dactyloscirus inermis (Tragardh) 无刺硬指螨

Dactylotus bistriolatus Zhang 双纹叶足象

Dactylotus calvus Marshall 光滑叶足象

Dactylotus concavus Zhang 凹缘叶足象

Dactylotus curvativus Zhang 曲胫叶足象

Dactylotus dorsalis Zhang 宽背叶足象

Dactylotus expansus Zhang 靴胫叶足象

Dactylotus exsertus Zhang 凸眼叶足象

Dactylotus gongheensis Zhang 共和叶足象

Dactylotus latiusculus Zhang 宽沟叶足象

Dactylotus ligulatus Zhang 舌凸叶足象

Dactylotus lubricus Zhang 平滑叶足象

Dactylotus nitidulus Faust 闪光叶足象

Dactylotus polytrichus Zhang 多毛叶足象

Dactylotus rugolosus Zhang 皱纹叶足象

Dactylotus ruidus Zhang 粗胫叶足象

Dactylotus scrobiculatus Zhang 深洼叶足象

Dactylotus trisulcus Zhang 三纹叶足象

Dactylotus ventralis Zhang 阔腹叶足象

Dactylotus xinghaiensis Zhang 兴海叶足象

Dactynotus Rafinesque 指管蚜属

Dactynotus formosanus (Takahashi) 莴苣指管蚜 Taiwan lettuce aphid

Dactynotus gobonis (Matsumura) 红花指管蚜 burdock long-horned aphid

Dactynotus rudbeckiae (Fitch) 金光菊指管蚜 gold-englow aphid

Dactynotus sonchi (L.) 苣荬指管蚜

Dacundiopus Manson 楔瘿螨属

Dacus Fabricius 寡鬃实蝇属

Dacus bivittatus (Bigot) 葫芦寡鬃实蝇 pumpkin fly, greater pumpkin fly, two spotted pumpkin fly

Dacus caudatus Fabricius 见 *Bactrocera caudata*

Dacus caudatus nublius Hendel 见 *Bactrocera tau*

Dacus cheni Chao 见 *Bactrocera tsuneonis*

Dacus ciliatus Löw 埃塞俄比亚寡鬃实蝇 Ethiopian fruit fly, lesser pumpkin fly, cucurbit fly

Dacus cucurbitae Coquillett 瓜寡鬃实蝇

Dacus depressus Shiraki 平寡鬃实蝇 pumpkin fruit fly

Dacus dorsalis Hendel 见 *Bactrocera dorsalis*

Dacus guangxianus Chao et Lin 广西寡鬃实蝇

Dacus nadanus Chao et Lin 那大寡鬃实蝇

Dacus oleae (Gmelin) 见 *Bactrocera oleae*

Dacus parater Chao et Lin 近黑颜寡鬃实蝇

Dacus sicieni Chao et Lin 黑颜寡鬃实蝇

Dacus tau (Walker) 南瓜寡鬃实蝇

Dacus tsuneonis Miyake 橘园寡鬃实蝇 citrus fruit fly

Dacus umbrosus Fabricius 见 *Bactrocera umbrosa*

Dacus vertebratus Bezzi 西瓜寡鬃实蝇 jointed pumpkin

fly, melon fly

Dacus zonatus (Saunders) 见 *Batrocera zonata*

Daddala lucilla (Butler) 光闪夜蛾

Dahlbominus fuscipennis (Zett.) 叶蜂达博赛节小蜂

Daidalotarsonemus 美跗线螨属

Daidalotarsonemus biovatus Lin *et* al. 双卵形迷跗线螨

Daidalotarsonemus De Leon 迷跗线螨属

Daidalotarsonemus euonymus Yang, Ding *et* Zhou 卫矛迷跗线螨

Daidalotarsonemus hexagonus Yang, Ding *et* Zhou 六边迷跗线螨

Daidalotarsonemus notoschism Lin *et* al. 背裂迷跗线螨

Daidalotarsonemus serissae Yang, Ding *et* Zhou 六月雪迷跗线螨

Daimio Murray 黑弄蝶属

Daimio tethys (Ménétriès) 黑弄蝶

Dalader Amyot *et* Serville 达缘蝽属

Dalader distanti Blöte 狄达缘蝽

Dalader formosanus Esaki 台湾达缘蝽

Dalader planiventris Westwood 宽肩达缘蝽

Dalader rubiginosus Westwood 小达缘蝽

Dalbulus maidis De Long 玉米黄翅叶蝉 corn leafhopper

Dalceridae 亮蛾科 dalcerids

Dalima Moore 达尺蛾属

Dalima apicata Moore 端达尺蛾

Dalima columbinaria Leech 双达尺蛾

Dalima hönei Wehrli 达尺蛾

Dalima lucens (Warren) 壮达尺蛾

Dalima obliquaria Leech 斜线达尺蛾

Dalima patularia (Walker) 圆翅达尺蛾

Dalima schistacearia Moore 银丝达尺蛾

Dalima truncataria (Moore) 平达尺蛾

Dalima variaria Leech 易达尺蛾

Dalmanniinae 达氏眼蝇亚科

Dalpada Amyot *et* Serville 岱蝽属

Dalpada cinctipes Walker 中华岱蝽

Dalpada concinna (Westwood) 沟腹岱蝽

Dalpada distincta Hsiao *et* Cheng 大斑岱蝽

Dalpada jugatoria Lethierry 长叶岱蝽

Dalpada maculata Hsiao *et* Cheng 粤岱蝽

Dalpada nodifera Walker 小斑岱蝽

Dalpada oculata (Fabricius) 岱蝽

Dalpada perelegans Breddin 红缘岱蝽

Dalpada smaragdina (Walker) 绿岱蝽

Damaeidae 珠甲螨科

Damaeoidea 珠甲螨总科

Damaeolidae 滑珠甲螨科

Damaeus Koch 珠甲螨属

Damaeus armatus (Aoki) 盔珠甲螨

Damaeus brevisetus Wang 短毛珠甲螨

Damaeus costanotus Wang *et* Norton 脊背珠甲螨

Damaeus cuii Wang *et* Lu 崔氏珠甲螨

Damaeus exsertus Wang 巨突珠甲螨

Damaeus exspinosus Wang *et* Norton 缺刺珠甲螨

Damaeus flagellatus Wang 鞭毛珠甲螨

Damaeus furcatus Wang *et* Lu 叉珠甲螨

Damaeus spiniger Wang 矩刺珠甲螨

Damaeus wulongensis Wang *et* Cui 武隆珠甲螨

Damaeus yaoi Wang 姚氏珠甲螨

Damalinia Mjoeberg 畜虱属

Damalinia bovis L. 牛畜虱

Damalinia caprae Gurlt 山羊畜虱

Damalinia equi Denny 马畜虱

Damalinia ovis Schrank 绵羊畜虱

Damata Walker 鹿舟蛾属

Damata longipennis Walker 鹿舟蛾

Damora Normann 青豹蛱蝶属

Damora sagana (Doubleday) 青豹蛱蝶

Dampfiellidae 小湿费甲螨科

Danaidae 斑蝶科

Danainae 斑蝶亚科

Danaus Kluk 斑蝶属

Danaus chrysippus (Linnaeus) 金斑蝶

Danaus genutia (Cramer) 虎斑蝶

Danaus melanippus (Cramer) 黑虎斑蝶

Danaus plexippus (Linnaeus) 君主斑蝶

Danothrips Bhatti 丹蓟马属

Danothrips dianellae Zhang *et* Tong 桔梗兰丹蓟马

Daplasa Moore 露毒蛾属

Daplasa blacklinea Chao 黑线露毒蛾

Daplasa irrorata Moore 露毒蛾

Dappula tertia Templeton 黛袋蛾

Dapsilarthra Förster 楔痣反颚茧蜂属

Dapsilarthra apii (Curtis) 胸纹反颚茧蜂

Dapsilarthra isabella (Haliday) 皱柄反颚茧蜂

Dapsilarthra rufiventris (Nees) 红腹反颚茧蜂

Dapsilarthra subtilis (Förster) 缺臂反颚茧蜂

Dapsilarthra sylvia (Haliday) 侧纹反颚茧蜂

Daptalina unicolor Bermer *et* Grey 银条弄蝶 silver-striped skipper

Darapsa myron (Cramer) 弗吉尼亚蔓天蛾 Virginia creeper sphinx

Darjilingia Malaise 吉岭叶蜂属

Darjilingia varia Togashi 异色吉岭叶蜂

Darna trima (Moore) 窃达刺蛾

Darninae 美角蝉亚科

Darthula Kirkaldy 尾角蝉属

Dascillidae 花甲科 soft-bodied plant beetles, pill beetles

Daseochaeta discibrunnea Moore 见 *Diphtherocome discibrunnea*

Daseochaeta fasciata Moore 见 *Diphtherocome fasciata*

Daseochaeta pallida Moore 见 *Diphtherocome pallida*

Daseohaeta Walker 异翠夜蛾属

Daseuplexia Hampson 剑冬夜蛾属

Daseuplexia lageniformis (Hampson) 中褐剑冬夜蛾

Dasineura Saunders 见 *Dasyneura* Saunders

Dasmithius Xiao 史氏叶蜂属

Dasmithius camelliae (Zhou *et* Huang) 油茶史氏叶蜂

Dastarcus longulus Sharp 花绒坚甲

Dasus simplex Fabricius 咖啡被尘拟步甲 barkeating beetle, dusty brown beetle

Dasyaphis Takahashi 肉刺蚜属

Dasyaphis onigurumi Shinji 肉刺蚜

Dasycerinae 毛薪甲亚科

Dasychira abietis (Schiffermüller *et* Denis) 杉茸毒蛾

Dasychira acerosa Chao 针茸毒蛾

Dasychira albescens Moore 白茸毒蛾

Dasychira angulata Hampson 点茸毒蛾

Dasychira argentata Butler 柳杉茸毒蛾 cedar tussock moth

Dasychira argentimarginata Chao 银缘茸毒蛾

Dasychira aurifera Scriba 枥茸毒蛾

Dasychira axutha Collenette 松茸毒蛾

Dasychira badia Chao 栗棕茸毒蛾

Dasychira baibarana Matsumura 茶茸毒蛾

Dasychira basiflava (Pack.) 深茸毒蛾 dark tussock moth

Dasychira caperata Chao 皱茸毒蛾

Dasychira catocaloides (Leech) 霉茸毒蛾

Dasychira chekiangensis Collenette 铅茸毒蛾

Dasychira chinensis Swinhoe 华茸毒蛾

Dasychira chloroptera Hampson 绿茸毒蛾

Dasychira cinctata Moore 双结茸毒蛾

Dasychira complicata Walker 火茸毒蛾

Dasychira conjuncta Wileman 连茸毒蛾

Dasychira contexta Chao 织结茸毒蛾

Dasychira costalis Walker 棕茸毒蛾

Dasychira cyrteschata Collenette 角茸毒蛾

Dasychira dalbergiae Moore 黄檀茸毒蛾

Dasychira dehra Collenette 见 *Dasychira grotei*

Dasychira dudgeoni Swinhoe 环茸毒蛾

Dasychira fascelina (Linnaeus) 霜茸毒蛾

Dasychira feminula likiangensis Collenette 丽江茸毒蛾

Dasychira flavimacula Moore 白纹茸毒蛾

Dasychira furfuracea Chao 麸茸毒蛾

Dasychira fusiformis (Walker) 椭斑茸毒蛾

Dasychira georgiana Fawcett 乔治亚茸毒蛾

Dasychira glandacea Chao 黄棕茸毒蛾

Dasychira glaucinoptera batangensis (Callenett) 蔚茸毒蛾巴塘亚种

Dasychira glaucinoptera Collenette 蔚茸毒蛾

Dasychira glaucozona Collenette 玻茸毒蛾

Dasychira grotei Moore 线茸毒蛾

Dasychira hönei Collenette 缨茸毒蛾

Dasychira horsfieldi Saunders 无忧花茸毒蛾

Dasychira illinita Chao 污茸毒蛾

Dasychira inclusa Walker 可茸毒蛾

Dasychira kibarae Matsumura 刻茸毒蛾

Dasychira lingulata Chao 舌茸毒蛾

Dasychira lunulata Butler 结茸毒蛾 chestnut tussock moth

Dasychira melli Collenette 雀茸毒蛾

Dasychira mendosa (Hübner) 沁茸毒蛾

Dasychira niobe Weymer 见 *Agyrostagma niobe*

Dasychira nox Collenette 白斑茸毒蛾

Dasychira olearia Swinhoe 纵线茸毒蛾

Dasychira olga (Oberthür) 白齿茸毒蛾

Dasychira oxygnatha Collenette 晰结茸毒蛾

Dasychira pennatula (Fabricius) 钩茸毒蛾

Dasychira phloeobares Collenette 福茸毒蛾

Dasychira pilodes Collenette 赭茸毒蛾

Dasychira plagiata (Walker) 云杉茸毒蛾 grey spruce tussock moth, pine tussock moth

Dasychira planozona Collenette 平带茸毒蛾

Dasychira polysphena Collenette 楔茸毒蛾

Dasychira postfusca Swinhoe 褐结茸毒蛾

Dasychira pseudabietis (Butler) 拟杉茸毒蛾 yellow tussock moth

Dasychira psolobalia Collenette 锦茸毒蛾

Dasychira pudibunda (Linnaeus) 茸毒蛾

Dasychira simiolus Collenette 纹茸毒蛾

Dasychira strigata Moore 鬃茸毒蛾

Dasychira tenebrosa Walker 暗茸毒蛾

Dasychira thwaitesi Moore 大茸毒蛾

Dasychira trimacula Scrila 三斑茸毒蛾

Dasychira tristis Heylaerts 丝茸毒蛾

Dasychira vaneeckei Collenette 温茸毒蛾

Dasychira varia Walker 异茸毒蛾

Dasychira virginea Oberthür 纯茸毒蛾

Dasychira wolongensis Chao 卧龙茸毒蛾

Dasyhippus Uv. 棒角蝗属

Dasyhippus barbipes (F.-W.) 毛足棒角蝗

Dasyhippus peipingensis (Chang) 北京棒角蝗

Dasylophia guarana Schaus 红点舟蛾

Dasyneura Saunders 叶瘿蚊属

Dasyneura abietiperda Henschel 杉芽叶瘿蚊 spruce shoot midge

Dasyneura acercrispans (Kieffer) 槭叶瘿蚊 sycamore gall midge

Dasyneura acrophila (Winnertz) 顶叶瘿蚊 ash gall midge

Dasyneura affinis (Kieffer) 紫罗兰叶瘿蚊 violet leaf midge

Dasyneura alni F. Löw 桤木叶瘿蚊 alder gall midge

Dasyneura alpestris (Kieffer) 阿拉伯叶瘿蚊 Arabis midge

Dasyneura amaramanjarae Grover 柠果花叶瘿蚊

mango blossom midge

Dasyneura balsamicola Lintner 胶冷杉叶瘿蚊 balsam gall midge

Dasyneura clethricola Ruebsaamen 桤木黄叶瘿蚊 alder gall midge

Dasyneura communis Felt 脉叶瘿蚊

Dasyneura corylina (Kieffer) 榛叶瘿蚊

Dasyneura crataegi (Winnertz) 山楂叶瘿蚊

Dasyneura datifolia Jiang 枣叶瘿蚊

Dasyneura ezomatsue Uchida *et* Inouye 云杉芽叶瘿蚊 spruce shoot gall midge

Dasyneura fagicola Barnes 山毛榉叶瘿蚊

Dasyneura fraxini (Kieffer) 红袋柄叶瘿蚊 ash gall midge

Dasyneura fusca Rubsaamen 褐叶瘿蚊

Dasyneura giraudiana Kieffer 见 *Rhabdophaga giraudiana*

Dasyneura laricis (F. Löw) 落叶松叶瘿蚊 larch bud gall midge

Dasyneura mangiferae Felt 杧果叶瘿蚊 mango blossom gall midge

Dasyneura marginemtorguens Winnertz 见 *Rhabdophaga marginemtorguens*

Dasyneura nipponica Inouye 落叶松芽叶瘿蚊 larch bud midge

Dasyneura oxyacanthae Rubsaamen 尖刺叶瘿蚊

Dasyneura oyensis (Tavares) 澳叶瘿蚊

Dasyneura populeti Ruebsaamen 颤杨叶瘿蚊 aspen gall midge

Dasyneura pyri (Bouch) 梨叶瘿蚊

Dasyneura rachiphaga Tripp 花序叶瘿蚊

Dasyneura rhodophaga (Coquillet) 蔷薇叶瘿蚊 rose bud midge

Dasyneura rübsaameni (Kieffer) 德意榛瘿蚊

Dasyneura semenivora (Beutenmuller) 堇菜种叶瘿蚊 violet seed midge

Dasyneura thomasiana (kieffer) 堆叶瘿蚊

Dasyneura tiliamvolens Ruebsaamen 欧椴叶瘿蚊 lime tree gall midge, linden gall midge

Dasyneura ulmea Felt 榆属叶瘿蚊

Dasyneura ulmicola (Kieffer) 榆叶瘿蚊 elm gall midge

Dasyneura viciae (Kieffer) 苕叶瘿蚊

Dasyneura violae (F. Löw) 堇菜叶瘿蚊

Dasyneura wistariae Mani 紫藤花叶瘿蚊 wistaria flower-bud midge

Dasynopsis Hsiao 拟黛缘蝽属

Dasynopsis cunealis Hsiao 拟黛缘蝽

Dasynus Burmeister 黛缘蝽属

Dasynus rubidus Hsiao 红黛缘蝽

Dasyonygidae 齿爪虱科

Dasyphora Robineau-Desvoidy 毛蝇属

Dasyphora albofasciata (Macquart in Webb *et* Berthelot) 白纹毛蝇

Dasyphora apicotaeniata Ni 缘带毛蝇

Dasyphora asiatica Zimin 亚洲毛蝇

Dasyphora gansuensis Ni 甘肃毛蝇

Dasyphora gussakovskii Zimin 中亚毛蝇

Dasyphora paraversicolor Zimin 拟变色毛蝇

Dasyphora qinghaiensis Ni 见 *Eudasyphora kempi*

Dasyphora quadriselosa Zimin 四鬃毛蝇

Dasyphora tianshanensis Ni 天山毛蝇

Dasyphora trichosterna Zimin 毛胸毛蝇

Dasypoda Latreille 毛足蜂属

Dasypoda japonica Cockerell 日本毛足蜂

Dasypoda plumipes Pzanzer 毛足蜂

Dasypodia cymatodes Guenée 澳金合欢夜蛾 dingy cloak moth, wattle moth

Dasypodia selenophora Guenée 澳金合欢篷夜蛾 golden cloak moth, wattle moth

Dasypolia Guenée 绵冬夜蛾属

Dasypolia templi (Thunberg) 绵冬夜蛾

Dasyponyssidae 犹刺螨科

Dasyponyssus Fonseca 犹刺螨属

Dasypsocus japonicus Enderlein 粗毛茶啮虫

Dasypsyllus Baker 蓬松蚤属

Dasypsyllus gallinulae gallinulae (Dale) 禽蓬松蚤指名亚种

Dasyscapus parvipennis Gahan 红带蓟姬小蜂(可可蓟姬小蜂)

Dasysyrphus Enderlein 达食蚜蝇属

Dasysyrphus albostriatus (Fallén) 白纹达食蚜蝇

Dasysyrphus licinus He 曲毛达食蚜蝇

Dasysyrphus lituiformis He 喇形毛达食蚜蝇

Dasysyrphus postclaviger Stys *et* Moucha 角纹达食蚜蝇

Dasytidae 拟花萤科 soft winged flower beetles

Dasyvalgus Koble 毛胖金龟属

Dasyvalgus angusticollis (Waterhouse) 狭背毛胖金龟

Dasyvalgus kanarensis Arrow 加纳里毛胖金龟

Dasyvalgus laliganti (Fairmaire) 黑簇毛胖金龟

Dasyvalgus latigantei (Fairmaire) 拉毛胖金龟

Dasyvalgus sellatus (Kraatz) 鞍毛胖金龟

Dasyvalgus trisinuatus Gestro 褐毛胖金龟

Datames guangxiensis Bi *et* Li 广西瘤蜻

Datames mouhoti (Bates) 蒙霍瘤蜻

Datana angusi G. *et* R. 窄配片舟蛾

Datana integerrima Grot *et* Robinson 核桃配片舟蛾 walnut caterpillar

Datana ministra (Drury) 苹黄颈配片舟蛾 yellow-necked caterpillar, prominent moth

Datana perspicua G. *et* R. 显配片舟蛾 sumac datana

Daulia Walker 金水螟属

Daulia afralis Walker 金水螟

Daulocoris Usinger *et* Matsuda 毛扁蝽属

Daulocoris feanus (Bergroth) 东洋毛扁蝽

Daulocoris formosanus Kormilev 台湾毛扁蝽

Daulocoris tomentosus (Kormilev) 茸毛扁蝽

Daulocoris vestitus Hsiao 衣毛扁蝽

Dausara talliusalis Walker 烟草灰缘斑螟 tobacco moth

Davacaridae 达螨科

Davidina Brignoli 大卫跳蛛属

Davidina armandi Oberthür 绢眼蝶

Davidina magnidens Schenkel 齿大卫跳蛛

Davidius Selys 戴春蜓属

Davidius bicornutus Selys 双角戴春蜓

Davidius chaoi Cao *et* Zheng 赵氏戴春蜓

Davidius davidi davidi Selys 戴氏戴春蜓指名亚种

Davidius davidi shaanxiensis Zhu, Yan *et* Li 戴氏戴春蜓陕西亚种

Davidius fruhstorferi guizhouensis Chao *et* Liu 弗鲁戴春蜓贵州亚种

Davidius fruhstorferi junior (Navás) 弗鲁戴春蜓幼小亚种

Davidius lunatus (Bartenef) 新月戴春蜓

Davidius squarrosus Zhu 方钩戴春蜓

Davidius trox Needham 镰刀戴春蜓

Davidius yuanbaensis Zhu, Yan *et* Li 元坝戴春蜓

Davidius zallorensis delineatus Fraser 扎洛戴春蜓细纹亚种

Daxata laosensis Breuning 曲纹达天牛

Daxata lepesmei Breuning 老挝达天牛

Ddata Walker 达沓夜蛾属

Ddata callopistrioides (Moore) 美达沓夜蛾

Ddata obliterata Warren 达沓夜蛾

Deba surrectalis Walker 东方灰褐螟

Decamermis Artyukhovsky *et* Khartschenko 十索线虫属

Decamermis khartschenkoi Artyukhovsky *et* Khartschenko 哈氏十索线虫

Dechela Keifer 下爪瘿螨属

Dechtiria argentipedella Zeller 桦大微蛾 large birch pigmy moth

Dechtiria intimella Zeller 柳斑微蛾 spotted withy pigmy moth

Dechtiria subbimaculella Haworth 栎斑微蛾 spotted sable pigmy moth

Dechtiria woolhopiella Stainton 桦伍微蛾 Wood's birch pigmy moth

Declana floccosa Walker 卷毛大林尺蛾

Declana hermione Hudson 落叶松大林尺蛾

Declana junctilinea Walker 连线大林尺蛾

Declana leptomera Walker 细粒大林尺蛾

Decoraspis Ferris 螺圆盾蚧属

Decoraspis fimbriata (Ferris) 广东螺圆盾蚧

Decoraspis lahoarei (Tak.) 台湾螺圆盾蚧

Decoraspis rarasana (Tak.) 米兰螺圆盾蚧

Decticus albifrons Fabricius 白额螽 white-frons katydid

Decticus annaelisae Ramme 短翅斑螽 short-winged katydid

Defectamerus Aoki 残领甲螨属

Defectamerus crassisetiger coreanus Choi 朝鲜残领甲螨

Deferunda Distant 德颖蜡蝉属

Deferunda acuminata Chou *et* Wang 尖头德颖蜡蝉

Degeeriella Neumann 长角虱属

Degeeriella sinensis Sugimoto 中华长角虱

Deielia 多纹蜻属

Deielia phaon Selys 异色多纹蜻

Deilephila Laspeyres 白腰天蛾属

Deilephila hypothous (Gramer) 茜草白腰天蛾

Deilephila nerii Linnaeus 夹竹桃白腰天蛾 oleander hawk moth

Deilephila placida Walker 白腰天蛾

Deilinea erythemaria (Guen.) 杨柳弱刻尺蛾

Deinocerites cancer Theobald 蟹洞蚊 crabhole mosquito

Deinopidae 怪面蛛科 ogre-faced spiders

Deiopeia pulchella L. 三色星灯蛾 crotalaria woolly-bear, reddish-dotted arctiid

Deiphobe Stål 长肛螳属

Deiphobe brunneri (Saussure) 布氏长肛螳

Deiphobe ocellata (Saussure) 小眼长肛螳

Deiphobe yunnanensis Tinkham 云南长肛螳

Deleonia Lindquist 迪卧线螨属

Delia Robineau-Desvoidy 地种蝇属

Delia angustissima (Stein) 瘦腹地种蝇

Delia antiqua (Meigen) 葱地种蝇

Delia atrifrons Fan 黑额地种蝇

Delia bisetosa (Stein) 双毛地种蝇

Delia bracata (Rondani) 黄基地种蝇

Delia brassicaeformis (Ringdahl) 拟甘蓝地种蝇

Delia canalis Fan *et* Wu Y. 沟跗地种蝇

Delia coarctata (Fallén) 麦地种蝇

Delia conversata (Tiensuu) 狭跗地种蝇

Delia cuneata Tiensuu 楔叶地种蝇

Delia cyclocerca Hsue 圆叶地种蝇

Delia diluta (Stein) 淡色地种蝇

Delia echinata (Séguy) 菠茎地种蝇

Delia felsicanalis Fan *et* Wu 伪沟跗地种蝇

Delia flabellifera (Pandelle) 三条地种蝇

Delia floralis (Fallén) 萝卜地种蝇

Delia floricola Robineau-Desvoidy 蓟地种蝇

Delia florilega (Zetterstedt) 毛跗地种蝇

Delia gansuensis Fan 甘肃地种蝇

Delia gracilibacilla Chen 瘦杆地种蝇

Delia gracilis (Stein) 瘦喙地种蝇

Delia hirtitibia (Stein) 毛胫地种蝇

Delia hystricosternita Hsue 毛板地种蝇

Delia interflua (Pandelle) 黄瓣地种蝇

Delia jilinensis Chen 吉林地种蝇

Delia lamellisetoides Hsue 拟片刺地种蝇

Delia latissima (Fan, Ma S. Y.et Li) 宽额麦地种蝇

Delia lavata (Boheman) 沐地种蝇

Delia lineariventris (Zetterstedt) 纹腹地种蝇

Delia longicauda (Strobl) 长尾地种蝇

Delia longitheca Suwa 三刺地种蝇

Delia majuscula (Pokorny) 短刺跗地种蝇

Delia megatricha (Kertesz) 大毛地种蝇

Delia nigribasis (Stein) 黑基地种蝇

Delia pansihirta Jin *et* Fan 泛毛地种蝇

Delia pectinitibia Jin *et* Fan 栉胫地种蝇

Delia penicillaris (Rondani) 帚腹地种蝇

Delia penicillella Fan 肖帚腹地种蝇

Delia penicillosa Hennig 拟帚腹地种蝇

Delia piniloba Hsue 松叶地种蝇

Delia planipalpis (Stein) 毛尾地种蝇

Delia platura (Meigen) 灰地种蝇 seed corn maggot

Delia quadrilateralis Fan *et* Zhong 梯叶地种蝇

Delia radicum (Linnaeus) 甘蓝地种蝇

Delia rondanii madoensis Fan 玛多地种蝇

Delia sphaerobasis Fan *et* Qian 球基地种蝇

Delia spicularis Fan 针叶地种蝇

Delia subnigribasis Fan *et* Wang 亚黑基地种蝇

Delia takizawai Suwa 短棘地种蝇

Delia tenuipenis Fan *et* Zhong 细阳地种蝇

Delia trispinosa (Karl) 长刺跗地种蝇

Delia uniseriata (Stein) 单列地种蝇

Delia uralensis Hennig 乌拉尔地种蝇

Delias Hübner 斑粉蝶属

Delias acalis (Godart) 红腋斑粉蝶

Delias agostina (Hewitson) 奥古斑粉蝶

Delias belladonna (Fabricius) 艳妇斑粉蝶

Delias berinda Moore 倍林斑粉蝶

Delias hyparete Linnaeus 优越斑粉蝶

Delias lativitta Leech 侧条斑粉蝶

Delias pasithoe (Linnaeus) 报喜斑粉蝶

Delias sanaca (Moore) 洒青斑粉蝶

Delias subnubila Leech 隐条斑粉蝶

Delias wilemani Jordan 黄裙斑粉蝶

Delomerista Förster 德姬蜂属

Delomerista novita europa Gupta 新德姬蜂欧洲亚种

Deloryctis corticivora Meyrick 侵皮层木蛾

Deloyala Chevr. 沟龟甲属

Deloyala guttata (Olivier) 斑沟龟甲 mottled tortoise beetle

Delphacidae 飞虱科 delphacid planthoppers, planthoppers, delphacids

Delphacinae 飞虱亚科

Delphacodes albicollis (Motschulsky) 灰白飞虱 pale planthopper

Delphacodes panicicol Ishihara 稗飞虱

Delphiniobium Mordvilko 翠雀蚜属

Delphiniobium gyamdaense Zhang 江达翠雀蚜

Delta Saussure 华丽蜾蠃属

Delta campaniforme esuriens (Fabricius) 原野华丽蜾蠃

Delta campaniforme gracile (Saussure) 黄盾华丽蜾蠃

Delta conoideum (Gmelin) 锈色华丽蜾蠃

Delta petiolata (Fabricius) 大华丽蜾蠃

Deltocephalidae 角顶叶蝉科 leafhoppers

Deltocephalus Burmeister 角顶叶蝉属

Deltocephalus brunnescens Distant 黄褐角顶叶蝉

Deltocephalus ceylonensis Baker 二纹角顶叶蝉

Deltocephalus oryzae Matsumura 稻角顶叶蝉 rice maculated leafhopper

Deltocephalus tritici Matsumura 小麦角顶叶蝉 wheat leaf hopper, Yano leaf-hopper

Dematoxenus sexnodosus Voss 黄褐瘤象

Demicryptochironomus Lenz 拟隐摇蚊属

Demicryptochironomus spatulatus Wang, Zheng *et* Ji 宽尖拟隐摇蚊

Demicryptochironomus vulneratus (Zetterstedt) 缺损拟隐摇蚊

Demodex Owen 蠕形螨属

Demodex antechini Nutting *et* Sweatman 袋鼩蠕形螨

Demodex apodemi Hirst 姬鼠蠕形螨

Demodex arvicolae 田鼠蠕形螨

Demodex aurati Nutting 金鼠蠕形螨

Demodex bovis Stiles 牛蠕形螨 cattle follicle mite

Demodex brevis Akbulatova 皮脂蠕形螨

Demodex cafferi Nutting *et* Guifoy 卡氏蠕形螨

Demodex canis Leydig 犬蠕形螨 dog follicle mite

Demodex caprae Railliet 山羊蠕形螨 goat follicle mite

Demodex carolliae Desch *et* al. 短尾蝠蠕形螨

Demodex cati Mégnin 猫蠕形螨 cat follicle mite

Demodex criceti Nutting 仓鼠蠕形螨

Demodex cuniculi (Pfeif) 兔蠕形螨 rabbit follicle mite

Demodex equi Railliet 马蠕形螨 horse follicle mite

Demodex folliculorum Simon 毛囊蠕形螨 follicle mite

Demodex folliculorum sinensis Hsieh 毛囊蠕形螨中华亚种

Demodex gapperi Nutting *et* al. 野鼠蠕形螨

Demodex ghanensis Oppong 加纳蠕形螨

Demodex gliricolens Hirst 睡鼠蠕形螨

Demodex longior Hirst 长蠕形螨

Demodex longissimus Desch *et* Nutting 蝠长蠕形螨

Demodex melanopteri Lukoschus *et* al. 黑翼蝠蠕形螨

Demodex muscardini Hirst 榛睡鼠蠕形螨

Demodex musculi Oudemans 小鼠蠕形螨

Demodex myotidis Dibenedetto 鼠耳蝠蠕形螨

Demodex nanus Hirst 矮鼠蠕形螨

Demodex odocoilei Desch *et* Nutting 白尾鹿蠕形螨

Demodex ovis Railliet 绵羊蠕形螨 sheep follicle mite

Demodex ratti Hahn 鼠蠕形螨

Demodex saimiri Lebel *et* Nutting 松猴蠕形螨

Demodex sciurinus Hirst 松鼠蠕形螨

Demodex sylvilagi Maravelas 棉兔蠕形螨

Demodex transitionalis Maravelas 迁棉兔蠕形螨

Demodicidae 蠕形螨科 follicle mites

Demodicoidea 蠕形螨总科

Demonax Thomson 刺虎天牛属

Demonax albidofasciatus Gressitt *et* Rondon 白纹刺虎天牛

Demonax alboantennatus Gressitt *et* Rondon 白角刺虎天牛

Demonax albosignatus Gahan 白点刺虎天牛

Demonax alcanor Gressitt *et* Rondon 泰国刺虎天牛

Demonax binotatithorax Pic 淡纹刺虎天牛

Demonax bowringii (Pascoe) 勾纹刺虎天牛

Demonax dingnus Gahan 红胸刺虎天牛

Demonax diversefasciatus Pic 云南刺虎天牛

Demonax elongatus Gressitt *et* Rondon 尖纹刺虎天牛

Demonax gracilestriatus Gressitt *et* Rondon 双条刺虎天牛

Demonax hainanensis (Gressitt) 海南刺虎天牛

Demonax kheoae Gressitt *et* Rondon 凯氏刺虎天牛

Demonax literatus Gahan 三点刺虎天牛

Demonax literatus nansenensis Pic 黄胫刺虎天牛

Demonax martialis Gressitt *et* Rondon 暗胸刺虎天牛

Demonax maximus Pic 灰尾刺虎天牛

Demonax mulio Pascoe 八字纹刺虎天牛

Demonax musivus Pascoe 红豆刺虎天牛

Demonax nebulosus Gressitt *et* Rondon 长斑刺虎天牛

Demonax nousophi Gressitt *et* Rondon 诺氏刺虎天牛

Demonax occulatus Gressitt *et* Rondon 灰刺虎天牛

Demonax ordinatus Pascoe V纹刺虎天牛

Demonax pseudonotabilis Gressitt *et* Rondon 断纹刺虎天牛

Demonax pseudopsilomerus Gressitt *et* Rondon 卵纹刺虎天牛

Demonax pseudotristiculus Gressitt *et* Rondon 一字纹刺虎天牛

Demonax punctifemoralis Gressitt *et* Rondon 菱纹刺虎天牛

Demonax salvazai Pic 萨氏刺虎天牛

Demonax sandaracinos Gressitt *et* Rondon 赭色刺虎天牛

Demonax semiluctuosus (White) 细纹刺虎天牛

Demonax theresae Pic 榄灰刺虎天牛

Demonax ventralis Gahan 球胸刺虎天牛

Demotina Baly 茶叶甲属

Demotina fasciata Baly 黑纹茶叶甲

Demotina fasciculata Baly 茶叶甲

Demotina thei Chen 油茶叶甲

Demotina tuberosa Chen 瘤鞘茶叶甲

Dendrobiella aspera (LeConte) 具刺松长蠹

Dendrocoris pini Montandon 单叶松树蝽

Dendroctonus Erichson 大小蠹属

Dendroctonus adjunctus Blandford 圆头松大小蠹 roundhaeded pine beetle

Dendroctonus approximatus Dietz 墨西哥松大小蠹 larger Mexican pine beetle

Dendroctonus armandi Tsai *et* Li 华山松大小蠹

Dendroctonus borealis Hopkins 见 *Dendroctonus obesus*

Dendroctonus brevicomis LeConte 西松大小蠹 western pine beetle

Dendroctonus engelmanni Hopkins 见 *Dendroctonus obesus*

Dendroctonus frontalis Zimmerman 瘤额大小蠹 southern pine beetle

Dendroctonus jeffreyi Hopkins 光背大小蠹 Jeffrey pine beetle

Dendroctonus micans Kugelann 云杉大小蠹

Dendroctonus monticolae Hopkins 见 *Dendroctonus ponderosae*

Dendroctonus murrayanae Hopkins 深沟大小蠹 lodgepole pine beetle

Dendroctonus obesus (Mannerheim) 狭长大小蠹 spruce beetle

Dendroctonus piceaperda Hopkins 见 *Dendroctonus obesus*

Dendroctonus ponderosae Hopkins 黑山大小蠹 black hills beetle, Jeffrey pine beetle, mountain pine beetle

Dendroctonus pseudotsugae Hopkins 黄杉大小蠹 Douglas fir beetle

Dendroctonus punctatus LeConte 粗点大小蠹 Allegheny spruce beetle

Dendroctonus rufipennis (Kirby) 红翅大小蠹 spruce beetle

Dendroctonus simplex LeConte 落叶松大小蠹 eastern larch beetle

Dendroctonus terebrans (Oliv.) 黑脂大小蠹 black turpentine beetle

Dendroctonus valens LeConte 红脂大小蠹 red turpentine beetle

Dendrolaelaps Halbert 枝厉螨属

Dendrolaelaps fallax (Leitner) 诈枝厉螨

Dendrolaelaps wangfengzheni Ma 王氏枝厉螨

Dendroleon Brauer 树蚁蛉属

Dendroleon obsoletus (Say) 斑翅树蚁蛉 spottedwinged antlion

Dendroleon pantherinus Fabricius 褐纹树蚁蛉

Dendrolimus angulata Gaede 高山松毛虫

Dendrolimus arizana (Wileman) 阿里山松毛虫

Dendrolimus atrilineis Lajonquiere 室纹松毛虫

Dendrolimus evelyniana Hou *et* Wang 油杉松毛虫

Dendrolimus himalayansis Tsai *et* Liu 喜马拉雅松毛虫

Dendrolimus houi Lajonquiere 云南松毛虫

Dendrolimus huashanensis Hou 华山松毛虫

Dendrolimus inouei Lajonquiere 花缘松毛虫

Dendrolimus kikuchii hainanensis Tsai *et* Hou 海南松毛虫

Dendrolimus kikuchii Matsumura 思茅松毛虫

Dendrolimus marmoratus Tsai *et* Hou 黄山松毛虫

Dendrolimus monticola Lajonquiere 双波松毛虫

Dendrolimus ningshanensis Tsai *et* Hou 宁陕松毛虫

Dendrolimus punctatus (Walker) 马尾松毛虫 pine caterpillar

Dendrolimus punctatus tehchangensis Tsai *et* Liu 德昌松毛虫

Dendrolimus punctatus wenshanensis Tsai *et* Liu 文山松毛虫

Dendrolimus qinlingensis Tsai *et* Hou 秦岭松毛虫

Dendrolimus rex Lajonquiere 丽江松毛虫

Dendrolimus rubripennis Hou 火地松毛虫

Dendrolimus sericus Lajonquiere 天目松毛虫

Dendrolimus spectabilis Butler 赤松毛虫 pine caterpillar

Dendrolimus suffuscus illustratus Lajonquiere 明纹柏松毛虫

Dendrolimus suffuscus Lajonquiere 柏松毛虫

Dendrolimus superans (Butler) 落叶松毛虫

Dendrolimus tabulaeformis Tsai *et* Liu 油松毛虫

Dendrolimus taibaiensis Hou 太白松毛虫

Dendrolimus undans excellens Btler 栎松毛虫

Dendrolimus undans flaveola Motschulsky 黄褐松毛虫 quercus lasiocampid

Dendrolimus xunyangensis Tsai *et* Hou 旬阳松毛虫

Dendrolimus yamadai Nagano 亚氏松毛虫 quercus lasiocampid

Dendrophilinae 树阎虫亚科

Dendrophillus Leach 树阎虫属

Dendrophillus xanieri Marseul 仓贮阎虫

Dendrophleps Hampson 斑毒蛾属

Dendrophleps semihyalina Hampson 斑毒蛾

Dendroptus Kramer 树跗线螨属

Dendroptus edwardi (Delfinado) 爱氏树跗线螨

Dendroptus fulgens (Beer) 辉煌树跗线螨

Dendrosoter protuberans (Nees) 疣额茧蜂

Dendrotettix australis (Morse) 澳树蝗

Dendrotettix quercus Pack. 栎树蝗 post-oak locust

Dendrothripoides ipomeae Bagnall 甘薯蓟马 batata thrips

Dendrothrips Uzel 棍蓟马属

Dendrothrips minowai Priesner 米氏棍蓟马

Dendrotrodus Roelofs 平颏长角象属

Dendrozetes Hammer 上树甲螨属

Dendryphantes C.L. Koch 追蛛属

Dendryphantes canariensis Schmidt 加利那追蛛

Dendryphantes chuldensis Proszynski 呼勒德追蛛

Dendryphantes fusconotatus (Grube) 棕色追蛛

Denheyernaxoides Smiley 德海巨须螨属

Denheyernaxoidinae 德海巨须螨亚科

Densispina Ter-Grigorian 盾粉蚧属

Densispina graminea Ter-Grigorian 禾草盾粉蚧

Densufens Lin 类宽赤眼蜂属

Densufens multiciliatus Lin 多毛类宽赤眼蜂

Denterocopus albipunctatus Fletcher 葡萄白点羽蛾 vilis plume moth

Dentifibula Felt 齿铗瘿蚊属

Dentifibula nigritarsis Mo 黑跗齿铗瘿蚊

Dentimachus 登姬蜂属

Dentomermis Rubzov *et* Polistschuk 齿索线虫属

Dentomermis markevitschi Rubzov *et* Polistschuk 马氏齿索线虫

Deporaus Samouoelle 剪叶象属

Deporaus marginatus Pascoe 杧果剪叶象

Deporaus marginellus Faust 拟杧果剪叶象

Depressaria Haworth 织蛾属

Depressaria pallidor Stringer 槐织蛾

Depressaria zizyphi Stainton 见 *Psorosticha zizyphi*

Dera casta Butler 岩纹肖金夜蛾 marmorated noctuid

Deracanthella Bol. 小棘螽属

Deracanthella xilinensis Liu 锡林小棘螽

Deracanthus Schoenherr 齿足象属

Deracanthus grumi Suvorov 黑斑齿足象

Deracanthus potanini Faust 甘肃齿足象

Deraeocorinae 齿爪盲蝽亚科

Deraeocoris Kirschbaum 齿爪盲蝽属

Deraeocoris amplus Horváth 红楔齿爪盲蝽 mulberry leaf bug

Deraeocoris annulipes (Herrieh-Schäffer) 黑角齿爪盲蝽

Deraeocoris ater Jakovlev 斑楔齿爪盲蝽

Deraeocoris brunneus Qi *et* Noonaizab 棕齿爪盲蝽

Deraeocoris kerzhneri Josifov 克氏齿爪盲蝽

Deraeocoris lutescens (Schilling) 淡须齿爪盲蝽

Deraeocoris morio (Boheman) 黑孔齿爪盲蝽

Deraeocoris olivaceus (Fabricius) 大齿爪盲蝽

Deraeocoris pallidicornis Josifov 黄齿爪盲蝽

Deraeocoris punctulatus (Fallén) 黑食齿爪盲蝽

Deraeocoris serenus Douglas *et* Scott 小齿爪盲蝽

Deraeocoris ventralis (Reuter) 艳盾齿爪盲蝽

Derbidae 袖蜡蝉科

Dercas Boisduval 方粉蝶属

Dercas lycorias (Doubleday) 黑角方粉蝶

Dercas nina Mell 橙翅方粉蝶

Dercas verhuelli van der Hoeven 檀方粉蝶

Dercetina Gressitt *et* Kimoto 德萤叶甲属

Dercetina flaviventris (Jacoby) 黄腹德萤叶甲

Dercetina flavocincta (Hope) 黄斑德萤叶甲

Dercetina posticata (Baly) 端蓝德萤叶甲

Dere White 红胸天牛属

Dere affinis Gahan 金龟树红胸天牛

Dere fulvipennis Gahan 红翅红胸天牛

Dere macilenta Gressitt 小红胸天牛

Dere reticulata Gressitt 松红胸天牛

Dere subrubra Gressitt *et* Rondon 截尾红胸天牛

Dere thoracica White 栎蓝红胸天牛

Dere viridipennis Gressiitt *et* Rondon 绿翅红胸天牛

Derecyrtinae 平背树蜂亚科

Derelomorphus Marshall 代雷象属

Derelomorphus eburneus Mshll. 椰代雷象 coconut male flower weevil

Dereodus Schoenherr 代里象属

Dereodus mastos (Herbst) 白纹代里象

Dereodus pollinosus Redtenbacher 苹代里象

Dereodus sparsus Boheman 稀代里象

Derephysia Spinola 长喙网蝽属

Derephysia folliacea (Fallén) 长喙网蝽

Derephysia longirostrata Jing 宽长喙网蝽

Derephysia tibetensis Jing 藏长喙网蝽

Derepteryx White 奇缘蝽属

Derepteryx fuliginosa (Uhler) 褐奇缘蝽

Derepteryx hardwickii White 哈奇缘蝽

Derepteryx lunata (Distant) 月肩奇缘蝽

Deretaphrus oregonensis Horn 奥州颈坚甲

Dericorys Serv. 瘤蝗属

Dericorys roseipennis (Redt.) 红翅瘤蝗

Dericorys tibialis (Pall.) 蓝翅瘤蝗

Dermacarus Paller 皮粉螨属

Dermacentor Koch 革蜱属

Dermacentor abaensis Teng 阿坝革蜱

Dermacentor andersoni Stiles 安氏革蜱 Rocky Mountain wood tick

Dermacentor asper Arthur 糙盾革蜱

Dermacentor auratus Supino 金泽革蜱

Dermacentor coreus Itagaki, Noda *et* Yamaguchi 朝鲜革蜱

Dermacentor everestianus Hirst 西藏革蜱

Dermacentor marginatus Sulzer 边缘革蜱

Dermacentor montanus Filippova *et* Panova 高山革蜱

Dermacentor niveus Neumann 银盾革蜱

Dermacentor nuttalli Oienev 草原革蜱 pasture tick

Dermacentor pavlovskyi Olenev 胫距革蜱

Dermacentor reticulatus (Fabricius) 网纹革蜱

Dermacentor silvarum Olenev 森林革蜱

Dermacentor sinicus Schulze 中华革蜱

Dermacentor taiwanensis Sugimoto 台湾革蜱

Dermacentor variabilis (Say) 变异革蜱 American dog tick

Dermanyssidae 皮刺螨科

Dermanyssus Duges 皮刺螨属

Dermanyssus americanus Ewing 美洲皮刺螨

Dermanyssus brevirivulus Gu *et* Tian 短沟皮刺螨

Dermanyssus gallinae (De Geer) 鸡皮刺螨 chicken mite

Dermanyssus hirundinis (Hermann) 燕皮刺螨

Dermanyssus muris Hirst 鼠皮刺螨

Dermanyssus triscutatus Krantz 三盾皮刺螨

Dermanyssus wutaiensis Gu *et* Tian 五台皮刺螨

Dermaptera 革翅目

Dermatobia Brauer 肤蝇属

Dermatobia hominis (Linnaeus) 人肤蝇 torsalo, human bot fly

Dermatobiinae 肤蝇亚科

Dermatodes Schoenherr 长眼象属

Dermatodes costatus Gyll. 金鸡纳长眼象 cinchona weevil

Dermatophagoides Bogdanov 尘螨属

Dermatophagoides farinae Hughes 粉尘螨

Dermatophagoides microceras Griffiths *et* Cunnington 小角尘螨

Dermatophagoides pteronyssinus (Trouessart) 屋尘螨 house dust mite

Dermatophagoidinae 尘螨亚科

Dermatoxenus Marshall 瘤象属

Dermatoxenus binodosus Marshall 双突瘤象

Dermatoxenus caesicollis (Gyllenhyl) 淡灰瘤象

Dermatoxenus indicus Schoenherr 印度瘤象

Dermestes L. 皮蠹属

Dermestes ater De Geer 钩纹皮蠹 black larder beetle, hide beetle

Dermestes ater domesticus Germar 家庭钩纹皮蠹

Dermestes carnivorus Fabricius 肉食皮蠹

Dermestes freudei Kalik *et* Ohbayashi 沟翅皮蠹

Dermestes frischi Kugelann 拟白腹皮蠹

Dermestes lardarius Linnaeus 火腿皮蠹 larder beetle, bacon beetle

Dermestes maculatus De Geer 白腹皮蠹 hide beetle, leather beetle, common hide beetle

Dermestes peruvianus Castelneu 秘鲁皮蠹

Dermestes tessellatacollis Motschulsky 赤毛皮蠹

Dermestes vorax Motschulsky 暴食皮蠹

Dermestidae 皮蠹科 dermestid beetles

Dermoglyphidae 嗜皮螨科

Dermoglyphus Megnin 嗜皮螨属

Dermoglyphus elongatus (Megnin) 长嗜皮螨 quill mite

Dermolepida Serville 革鳞鳃金龟属

Dermolepida albohirtum Waterhouse 白毛革鳞鳃金龟

Derobrachus geminatus LeConte 李环锯天牛

Deroca Walker 晶钩蛾属

Deroca akolosa Chu *et* Wang 侏粉晶钩蛾

Deroca anemica Chu *et* Wang 灰晶钩蛾

Deroca crystalla Chu *et* Wang 粉晶钩蛾

Deroca hyalina hyalina Walker 晶钩蛾指名亚种

Deroca hyalina latizona Watson 晶钩蛾宽亚种

Deroca inconclusa (Walker) 斑晶钩蛾

Derocrepis erythropus (Melsheimer) 红足跳甲 red legged flea beetle

Derodontidae 伪郭公虫科 toothneck fungus beetles

Derolagria coriacea Borchmann 桉大岭伪叶甲

Derolus Gahan 脊腿天牛属

Derolus argentesignatus Gressiitt *et* Rondon 银纹脊腿天牛

Derolus blaisei Pic 鹊肾树脊腿天牛

Derolus glauciapicalis Gressitt *et* Rondon 灰尾脊腿天牛

Derolus globulartus Gressitt *et* Rondon 红翅脊腿天牛

Derolus griseonotatus Pic 灰带脊腿天牛

Derolus ornatus Gressitt *et* Rondon 黑点脊腿天牛

Derolus volvulus (Fabricius) 金合欢灰脊腿天牛

Derolus xyliae Fisher 红腿脊腿天牛

Deroplatyinae 叶足螳螂亚科

Deropygus Sharp 喙臀长角象属

Derosphaerus Thomson 球胸甲属

Derosphaerus alutaceus Fairmaire 刻纹球胸甲

Derosphaerus rotundicollis Laporte 球胸甲

Descoreba simplex Butler 单蛱屑尺蛾

Desera nepalensis Hope 蓝栉爪步甲

Desertomenida albula Kiritschenko 漠蝽

Desertomenida quadrimaculata (Horváth) 四斑漠蝽

Desiantha maculata Blackburn 辐射松异隐象

Desisa Pascoe 窝天牛属

Desisa subfasciata Pascoe 白带窝天牛

Desmeocraera cyprianrii Berio 赤桉胯白舟蛾

Desmeocraera varia Janse 异胯白舟蛾

Desmia Milne-Edwards *et* Haime 小卷叶野螟属

Desmia funeralis (Hbn.) 葡萄小卷叶野螟 grape leaf folder

Desmidophorus Schoenherr 毛束象属

Desmidophorus hebes Fabricius 毛束象

Desmocerus auripennis Chevrolat 丽青带天牛

Desmoceus palliatus (Forst.) 接骨木青带天牛 elder borer

Desmococcus captivus McKenzie 加州寄松硕蚧

Desmococcus sedentarius McKenzie 美西寄松硕蚧

Desmoris LeConte 向日葵象属

Desmoris fulvus (LeConte) 向日葵象

Desoria monticola Hao *et* Huang 丘陵德跳虫

Desoria tianshanica Hao *et* Huang 天山德跳虫

Desoria yinae Hao *et* Huang 尹氏德跳虫

Destolmia lineata Walker 溴桉林舟蛾

Deudorix Hewitson 玳灰蝶属

Deudorix epijarbas (Moore) 玳灰蝶

Deudorix hainana Chou *et* Gu 海南玳灰蝶

Deudorix hypargyria Elwes 银下玳灰蝶

Deudorix rapaloides (Naritomi) 淡黑玳灰蝶

Deutalbia Cook 齿易白水螨属

Deuteronomous magnarius (Gn.) 痕翅尺蛾 notched-wing geometer

Deuterophlebiidae 拟网蚊科 false net-winged midges

Deuteroxorides Viereck 副凿姬蜂属

Deuteroxorides orientalis Uchida 东方副凿姬蜂

Deutoleon Navás 次蚁蛉属

Deutoleon lineatus (Fabricius) 条斑次蚁蛉

Deva Walker 剒翅蛾属

Deva chaisytoides Guenée 金纹剒翅蛾

Dexia Meigen 长足寄蝇属

Dexia vacua Fallén 笨长足寄蝇

Dexiidae 长足寄蝇科 dixid flies

Dexiopsis Pokorny 长鬃秽蝇属

Dexiopsis brunneipennis Cui, Xue *et* Liu 褐翅长鬃秽蝇

Dexiopsis flavipes Stein 黄足长鬃秽蝇

Dexiopsis lacteipennis (Zetterstedt) 乳翅长鬃秽蝇

Dexiopsis scissura Ma 叉叶长鬃秽蝇

Dexopollenia Townsena 瘦粉蝇属

Dexopollenia flava (Aldrich) 黄腹瘦粉蝇

Dexopollenia geniculata Malloch 黑膝瘦粉蝇

Dexopollenia maculata Villeneuve 中斑瘦粉蝇

Dexopollenia nigriscens Fan 黑腹瘦粉蝇

Dexopollenia uniseta Fan 单鬃瘦粉蝇

Diabrotica undecimpunctata Mann. 黄瓜十一星叶甲 spotted cucumber beetle

Diacamma Mayr 双刺猛蚁属

Diacamma rugosum (Le Guillou) 聚纹双刺猛蚁

Diacanthous undosus (Lewis) 横纹北叩甲

Diacavus furtivus Sampson 印巴娑罗双长小蠹

Diachlorinae 细虻亚科

Diachrysia Hübner 金弧夜蛾属

Diachrysia orichalcea (Fabricius) 金弧夜蛾

Diacretus leucopterus (Haliday) 亮翅光盾蚜茧蜂

Diacrisia Hübner 通灯蛾属

Diacrisia obligua Walker 淡条纹通灯蛾 bihar hairy caterpillar

Diacrisia rhobophila rhodophilodes Hampson 桑通灯蛾

Diacrisia sannio (Linnaeus) 排点通灯蛾

Diacrisia subcarnesa Walker 赤腹通灯蛾

Diadegma Förster 弯尾姬蜂属

Diadegma akoensis (Shiraki) 台湾弯尾姬蜂

Diadocidiidae 张翅蕈蚊科 fungus flies

Diadoxus Saunders 松柏吉丁属

Diadoxus erythrurus White 小松柏吉丁 small cypress pine jewel beetle

Diadoxus scalaris Laporte *et* Geey 大松柏吉丁 larger cypress pine jewel beetle

Diadromus Wesmael 双缘姬蜂属

Diadromus collaris (Gravenhorst) 颈双缘姬蜂

Diaea Thorell 树蛛属

Diaea xinjiangensis Song *et* Hu 新疆树蛛

Diaeretiella rapae (M'Intosh) 菜少脉蚜茧蜂

Diagora Snellen 美声蛱蝶属

Diagora japonica Felder 日本美声蛱蝶 Japanese siren

Dialeges Pascoe 裂眼天牛属

Dialeges densepilosus Gressitt *et* Rondon 脊翅裂眼天牛

Dialeges serices Gressitt *et* Rondon 银翅裂眼天牛

Dialeges undulatus Gahan 波纹裂眼天牛

Dialeurodes chittendeni Laing 杜鹃粉虱 rhododendron whitefly

Dialeurodes citri (Ashmead) 柑橘粉虱 citrus whiefly

Dialeurodes decempuncta Quaintance *et* Baker 见 *Dialeuropora decempuncta*

Dialeurodes eugeniae Maskell 蒲桃飞虱

Dialeurodes formosensis Takahashi 台湾粉虱

Dialeuropora decempuncta Quaintance *et* Baker 十斑穿苍粉虱

Dialox Keifer 全弯瘿螨属

Diamanus Jordan 剑指蚤属

Diamanus mandarinus (Jordan *et* Rothschild) 中华剑指蚤

Diamesinae 寡角摇蚊亚科

Diamesoglyphus Zachvatkin 重嗜螨属

Diamesoglyphus intermedius (Canestrini) 媒介重嗜螨

Diamphipnoidae 双石蝇科

Dianacris Yin 滇蝗属

Dianacris choui Yin 周氏滇蝗

Dianemobius csikii (Bolivar) 污斑裂针蟋

Dianemobius fascipes (Walker) 黑斑裂针蟋

Dianemobius flavoantennalis Shiraki 白角裂针蟋

Dianemobius taprobancnsis Shiraki 草地裂针蟋

Dianolaelaps Gu *et* Duan 滇厉螨属

Dianolaelaps gryllus Gu *et* Duan 蟋蟀滇厉螨

Dianous Leach 束毛隐翅虫属

Dianous acutus Zheng 钝尖束毛隐翅虫

Dianous aequalis Zheng 等束毛隐翅虫

Dianous alternans Zheng 互束毛隐翅虫

Dianous banghaasi Bernhauer 斑氏束毛隐翅虫

Dianous bashanensis Zheng 巴山束毛隐翅虫

Dianous chinensis Bernhauer 中华束毛隐翅虫

Dianous elegantulus Zheng 丽束毛隐翅虫

Dianous emarginatus Zheng 凹束毛隐翅虫

Dianous freyi Benick 弗氏束毛隐翅虫

Dianous hummeli emeiensis Zheng 休氏束毛隐翅虫峨眉亚种

Dianous hummeli hummeli Bernhauer 休氏束毛隐翅虫指名亚种

Dianous latitarsis Benick 大束毛隐翅虫

Dianous ruginosus Zheng 皱束毛隐翅虫

Dianous socius Zheng 伴束毛隐翅虫

Dianous uniformis Zheng 均束毛隐翅虫

Dianous verticosus Eppelsheim 旋束毛隐翅虫

Dianous vietnamensis Puthz 越南束毛隐翅虫

Diaonidia Takahashi 双圆盾蚧属

Diaonidia cinnamomi (Takahashi) 肉桂双圆盾蚧

Diaonidia yabunikkei (Kuw.) 日本双圆盾蚧

Diaperasticidae 菱螋科

Diaphania Hübner 绢野螟属

Diaphania actorionalis (Walker) 三斑绢野螟

Diaphania angustalis (Snellen) 绿翅绢野螟

Diaphania annulata (Fabricius) 黄环绢野螟

Diaphania bicolor (Swainson) 二斑绢野螟

Diaphania bivitralis (Guenée) 双点绢野螟

Diaphania caesalis (Walker) 黄翅绢野螟

Diaphania canthusalis Walker 亮斑绢野螟

Diaphania crithusalis (Walker) 齿纹绢野螟

Diaphania glauculalis (Guenée) 海绿绢野螟

Diaphania indica (Saunders) 瓜绢野螟 cotton caterpillar

Diaphania itysalis (Walker) 盾纹绢野螟

Diaphania lacustralis (Moore) 赭缘绢野螟

Diaphania laticostalis (Guenée) 宽缘绢野螟

Diaphania nigribasalis (Caradja) 褐翅绢野螟

Diaphania nigropunctalis (Bremer) 白蜡绢野螟

Diaphania perspectalis (Walker) 黄杨绢野螟

Diaphania pyloalis (Walker) 桑绢野螟

Diaphania quadrimaculalis (Bremer *et* Grey) 四斑绢野螟

Diaphania stolalis (Guenée) 棕带绢野螟

Diaphania strialis Wang 条纹绢野螟

Diaphania zelimalis (Walker) 版纳绢野螟

Diapheromera femorata (Say) 普通围束螳 walking-stick

Diaphorina citri Kuwayama 橘木虱 citrus psylla

Diaphorinae 异长足虻亚科

Diaprepes Schoenherr 非耳象属

Diaprepes abbreviatus L. 蔗根非耳象 cane root borer, sugarcane root weevil

Diaprepesilla Wehrli 伯尺蛾属

Diaprepocorinae 澳划蝽亚科

Diapriidae 锤角细蜂科 diapriid wasps

Diapromorpha Lacordaire 毛额叶甲属

Diapromorpha pallens (Fabricius) 黄毛额叶甲

Diapterobates Grandjean 翅尖棱甲螨属

Diapterobates humeralis (Hermann) 肩翅尖棱甲螨

Diapterobates pusillus Aoki 小翅尖棱甲螨

Diapterobates sinicus Yin *et* Tong 中国翅尖棱甲螨

Diapus furtivus Sampson 见 *Diacavus furtivus*

Diapus pusillimus Chapuis 东方细小长小蠹

Diarsia Hübner 歹夜蛾属

Diarsia acharista Boursin 元歹夜蛾

Diarsia albipennis (Butler) 明歹夜蛾

Diarsia basistriga (Moore) 基点歹夜蛾

Diarsia brunnea (Denis *et* Schiffermüller) 棕色歹夜蛾

Diarsia canescens (Butler) 灰歹夜蛾

Diarsia cerastioides (Moore) 暗缘歹夜蛾

Diarsia cervina (Moore) 紫褐歹夜蛾

Diarsia chalcea Boursin 红棕歹夜蛾

Diarsia claudia Boursin 郁歹夜蛾

Diarsia deparca (Butler) 分歹夜蛾

Diarsia dewitzi (Graeser) 狄歹夜蛾

Diarsia dichroa Boursin 异歹夜蛾

Diarsia erubeseens (Butler) 褐歹夜蛾

Diarsia erythropsis Boursin 幽歹夜蛾

Diarsia fannyi (Corti *et* Draudt) 范歹夜蛾

Diarsia ferruginea Chen 锈歹夜蛾

Diarsia flavibrunnea (Leech) 黄褐歹夜蛾

Diarsia fletcheri Boursin 弗褐歹夜蛾

Diarsia hönei Boursin 盗歹夜蛾

Diarsia mandarinella (Hampson) 新歹夜蛾

Diarsia nebula (Leech) 烟歹夜蛾

Diarsia rubricilia (Moore) 红褐歹夜蛾

Diarsia stictica (Poujade) 赭黄歹夜蛾

Diarsia tibetica Chen 藏歹夜蛾

Diarsia tincta (Leech) 染歹夜蛾

Diarthronomyia chrysanthemi Ahlberg 菊瘿蚊 chrysanthemum gall midge

Diarthrophallidae 箭毛螨科

Diarthrophalloidea 箭毛螨总科

Diarthrophallus Tragardh 箭毛螨属

Diarthrophallus quercus (Pease *et* Wharton) 栎箭毛螨

Diarthrothrips Williams 双节蓟马属

Diarthrothrips coffeae Williams 咖啡双节蓟马 coffee thrips

Diasemia Guenée 纹翅野螟属

Diasemia accalis Walker 褐纹翅野螟

Diasemia distinctalis Leech 目斑纹翅野螟

Diasemia litterata Scopoli 白纹翅野螟

Diaspididae 盾蚧科 armored scale

Diaspidiotus Cockerell 灰圆盾蚧属

Diaspidiotus ehrhorni (Coleman) 埃氏灰圆盾蚧

Diaspidiotus elaegni (Borchs.) 沙枣灰圆盾蚧

Diaspidiotus hydrangeae Takagi 绣球灰圆盾蚧

Diaspidiotus kuwanai Takagi 栎叶灰圆盾蚧

Diaspidiotus makii (Kuw.) 松针灰圆盾蚧

Diaspidiotus naracola Takagi 日本灰圆盾蚧

Diaspidiotus perniciabilus Wang *et* Zhang 危枝圆盾蚧

Diaspidiotus pseudocamelliae (Green) 伪茶灰圆盾蚧

Diaspidiotus spiraspinae Takagi 冬青灰圆盾蚧

Diaspidiotus turanicus (Borchs.) 吐伦灰圆盾蚧

Diaspidiotus xinjiangensis Tang 新疆灰圆盾蚧

Diaspis Costa 白背盾蚧属

Diaspis boisduvalii Signoret 波氏白背盾蚧 coconut longridged scale, Boiscuval scale, cymbidium scale, orchid scale

Diaspis bromeliae (Kerner) 凤梨白背盾蚧 pineapple scale

Diaspis cinnamomi Newstead 见 *Aulacaspis tubercularis*

Diaspis cinnamomicola Takahashi 樟树白背盾蚧

Diaspis echinocacti (Bouch) 仙人掌白背盾蚧 cactus scale

Diaspis machili Takahashi 见 *Chionaspis machili*

Diaspis machilicola Takahashi 见 *Chionaspis machilicola*

Diaspis manni (Green) 见 *Pseudaulacaspis manni*

Diaspis pentagona Targioni Tozzetti 见 *Pseudaulacaspis pentagona*

Diaspis rosae Bouch 见 *Aulacaspis rosae*

Diastatidae 细果蝇科

Diastephanus cerviculatus Chao 长颈过冠蜂

Diastephanus chinensis Enderlein 中华过冠蜂

Diastephanus flavidentatus Enderlein 黄齿过冠蜂

Diastephanus flavifrons Chao 黄额过冠蜂

Diastephanus menglongensis Chao 勐龙过冠蜂

Diastephanus ruficollis Enderlein 红颈过冠蜂

Diastictis Hübner 斑翅野螟属

Diastictis adipalis Lederer 脂斑翅野螟

Diastictis inspersalis (Zeller) 白斑翅野螟

Diastictis onychinalis Guenée 齿斑翅野螟

Diastocera wallichi (Hope) 木棉丛角天牛

Diastocera wallichi dalatensis Breuning 金毛丛角天牛

Diastocera wallichi tonkinensis Kriesche 连带丛角天牛

Diataraxia oleracea (L.) 番茄夜蛾 tomato moth

Diatocera Thomson 丛角天牛属

Diatora Förster 刺姬蜂属

Diatora lissonota (Viereck) 光背刺姬蜂

Diatora prodeniae Ashmead 斜纹夜蛾刺姬蜂

Diatraea Guilding 杆草螟属

Diatraea saccharalis Fabricius 小蔗杆草螟 sugarcane borer, small sugarcane borer

Diaulacaspis Tak. 双轮盾蚧属

Diaulacasps siamensis Tak. 泰国双轮盾蚧

Diboma Thomson 突天牛属

Diboma ciliata Gressitt 柞突天牛

Diboma costata (Matsushita) 脊胸突天牛

Diboma fossulata Breuning 环斑突天牛

Diboma malina Gressitt 梨突天牛

Diboma posticata (Gahan) 老挝突天牛

Diboma procera (Pascoe) 突天牛

Diboma subpuncticollis Breuning 尖尾突天牛

Dibrachoides druss (Walker) 苜蓿象金小蜂

Dibrachys Förster 黑青金小蜂属

Dibrachys baormiae Walker 咸阳黑青金小蜂

Dibrachys cavus (Walker) 黑青金小蜂

Dibrachys koraiensis Yang 云杉黑青金小蜂

Dibrachys yunnanensis Yang 云南黑青金小蜂

Dicaelotus chinensis Román 中华双雕姬蜂

Dicamptus Szepligeti 嵌翅姬蜂属

Dicamptus isshikii Uchida 宽室嵌翅姬蜂

Dicamptus nigropictus (Matsumura) 黑斑嵌翅姬蜂

Dicasticus affinis Hartmann 邻笛卡褐象

Dicasticus funicularis Chevrolat 索笛卡褐象

Dicasticus gerstaeckeri Faust 见 *Dicasticus funicularis*

Dicasticus mlanjensis Marshall 茶笛卡褐象 tea leaf weevil

Dicellurata 铗尾亚目

Dicelosternus Gahan 珊瑚天牛属

Dicelosternus corallinus Gahan 珊瑚天牛

Dicerca aenea (L.) 迹斑脊翅吉丁

Dicerca corrugata Fairmaire 褐色脊翅吉丁

Diceroprocta apache (Davis) 加州榆蝉 Apache cicada

Dichaetomyia Malloch 重毫蝇属

Dichaetomyia alterna (Stein) 间色重毫蝇

Dichaetomyia antennata Stein 长角重毫蝇

Dichaetomyia apicalis (Stein) 暗端重毫蝇

Dichaetomyia aureomarginata Emden 金缘重毫蝇

Dichaetomyia bibax (Wiedemann) 铜腹重毫蝇

Dichaetomyia femorata (Stein) 拟枎足重毫蝇

Dichaetomyia flavipalpis (Stein) 黄须重毫蝇

Dichaetomyia flavocaudata Malloch 黄尾重毫蝇

Dichaetomyia keiseri Emden 三条重毫蝇

Dichaetomyia luteiventris (Rondani) 明腹重毫蝇

Dichaetomyia monticola Emden 山栖重毫蝇

Dichaetomyia pallicornis (Stein) 淡角重毫蝇

Dichaetomyia pectinipes (Stein) 枎足重毫蝇

Dichaetomyia quadrata (Wiedemann) 四鬃重毫蝇

Dichaetomyia setifemur Malloch 鬃股重毫蝇

Dichelonycha backi (Kirby) 蔷薇绿鳃角金龟 green rose chafer

Dichelonycha testacea Kirby 叶鳃角金龟 leaf chafer

Dichelonyx Harris 锶金龟属

Dichelonyx albicollis (Burm.) 银锶金龟

Dichelonyx backii Kirby 绿蔷薇锶金龟 green rose chafer

Dichelonyx testacea Kirby 具壳锶金龟 leaf chafer

Dichelonyx truncata (LeConte) 截形锶金龟

Dichobothrium nubilum (Dallas) 钝肩狄同蝽

Dichochrysa Yang 叉草蛉属

Dichochrysa alviolata (Yang et Yang) 槽叉草蛉

Dichochrysa ancistroidea (Yang et Yang) 钩叉草蛉

Dichochrysa aromatica (Yang et Yang) 香叉草蛉

Dichochrysa barkamana (Yang, Yang et Wang) 马尔康叉草蛉

Dichochrysa choui (Yang et Yang) 周氏叉草蛉

Dichochrysa cognatella (Okamoto) 鲁叉草蛉

Dichochrysa cordata (Wang et Yang) 心叉草蛉

Dichochrysa decolor (Navás) 退色叉草蛉

Dichochrysa deqenana (Yang, Yang et Wang) 德钦叉草蛉

Dichochrysa epunctata (Yang et Yang) 无斑叉草蛉

Dichochrysa eumorpha (Yang et Yang) 优模叉草蛉

Dichochrysa exiana (Yang et Wang) 鄂西叉草蛉

Dichochrysa fanjinganua (Yang et Wang) 梵净叉草蛉

Dichochrysa flexuosa (Yang et Yang) 曲叉草蛉

Dichochrysa forcipata Yang et Yang 钳形叉草蛉

Dichochrysa formosana (Matsumura) 台湾叉草蛉

Dichochrysa fuscineura (Yang, Yang et Wang) 褐脉叉草蛉

Dichochrysa gradata Yang et Yang 黑蚧叉草蛉

Dichochrysa hainana (Yang et Yang) 海南叉草蛉

Dichochrysa hespera (Yang et Yang) 和叉草蛉

Dichochrysa heudei (Navás) 震旦叉草蛉

Dichochrysa huashanensis (Yang et Yang) 华山叉草蛉

Dichochrysa hubeiana (Yang et Wang) 鄂叉草蛉

Dichochrysa ignea (Yang et Yang) 跃叉草蛉

Dichochrysa illota (Navás) 斜斑叉草蛉

Dichochrysa joannisi (Navás) 乔氏叉草蛉

Dichochrysa kiangsuensis (Navás) 江苏叉草蛉

Dichochrysa lophophora (Yang et Yang) 冠叉草蛉

Dichochrysa mediata Yang et Yang 间绿叉草蛉

Dichochrysa medogana (Yang) 墨脱叉草蛉

Dichochrysa nigricornuta (Yang et Yang) 黑角叉草蛉

Dichochrysa phantosula (Yang et Yang) 显沟叉草蛉

Dichochrysa pieli (Navás) 郑氏叉草蛉

Dichochrysa prasina (Burmeister) 弓弧叉草蛉

Dichochrysa punctilabris (McLachlan) 麻唇叉草蛉

Dichochrysa qingchengshana (Yang, Yang et Wang) 青城叉草蛉

Dichochrysa qinlingensis (Yang et Yang) 秦岭叉草蛉

Dichochrysa sana (Yang et Yang) 康叉草蛉

Dichochrysa tridentata (Yang et Yang) 三齿叉草蛉

Dichochrysa verna (Yang et Yang) 春叉草蛉

Dichochrysa vitticlypea (Yang et Wang) 唇斑叉草蛉

Dichochrysa wangi (Yang, Yang et Wang) 王氏叉草蛉

Dichochrysa wuchangana (Yang et Wang) 武昌叉草蛉

Dichochrysa yuxianensis (Bian et Li) 孟县叉草蛉

Dichocrocis Lederer 蛀野螟属

Dichocrocis chlorophanta Butler 三条蛀野螟

Dichocrocis diminutiva (Warren) 甘薯蛀野螟

Dichocrocis punctiferalis Guenée 桃蛀野螟 yellow peach moth, cone moth

Dichocrocis surusalis Walker 褐翅蛀野螟

Dichocrocis tigrina (Moore) 虎纹蛀野螟

Dichodontus Burmeister 双犀金龟属

Dichodontus coronatus Burmeister 冠双犀金龟

Dichomeris Hübner 棕麦蛾属

Dichomeris eridantis Meyrick 印度黄檀棕麦蛾 shisham leaf-roller

Dichomeris ianthes Meyrick 苜蓿株麦蛾 clover gelechiid

Dichomeris iniensa Meyrick 柿棕麦蛾

Dichomeris ligulella Hübner 叶棕麦蛾 palmer worm

Dichomeris marginella (Denis et Schiffermüller) 桧棕麦蛾 juniper webworm

Dichomeris oceanis Meyrick 鸡血藤棕麦蛾

Dichopelmus Keifer 裂柄瘿螨属

Dichopelmus bambusae Kuang et Feng 竹裂柄瘿螨

Dichopelmus notus Keifer 名裂柄瘿螨

Dichorragia Butler 电蛱蝶属

Dichorragia nesimachus (Boisduval) 电蛱蝶

Dichrogaster kichijoi Uchida 草蛉两色姬蜂

Dichromia Guenée 两色夜蛾属

Dichromia claripennis Butler 笋两色夜蛾

Dichromia quadralis Walker 姊两色夜蛾

Dichromia sagitta (Fabricius) 马蹄两色夜蛾

Dichromia trigonalis (Guenée) 两色夜蛾

Dichrooscytus Fieber 巨茎盲蝽属

Dichrooscytus helanensis Qi *et* Nonnaizab 贺兰巨茎盲蝽

Dicladispa Gestro 稻铁甲属

Dicladispa armigera (Olivier) 水稻铁甲 paddy hispid

Dicladispa birendra (Maulik) 长刺稻铁甲

Diclidophlebia eastopi Vondracek 非洲梧桐木虱

Diclidophlebia harrisoni Qsisanya 哈氏梧桐木虱

Diconocoris Mayr 长棒网蝽属

Diconocoris capusi (Horváth) 长棒网蝽

Dicraeus Löw 平脉杆蝇属

Dicraeus palliventris (Macgueert) 苍腹平脉杆蝇

Dicraeus xanthopygus (Strobe) 黄尾平脉杆蝇

Dicranobia Reitter 凹缘花金龟属

Dicranobia potanini (Kraatz) 肋凹缘花金龟

Dicranocephalus Burmeister 鹿花金龟属

Dicranocephalus adamsi Pascoe 宽带鹿花金龟

Dicranocephalus dabryi Auzoux 光斑鹿花金龟

Dicranocephalus femoralis (Reuter) 股鹿花金龟

Dicranocephalus wallichi bowringi Pascoe 黄粉鹿花金龟

Dicranocephalus wallichi Hope 弯角鹿花金龟

Dicranognathus nebulosus Redtenbacher 雾叉节象

Dicranorhina Shuckard 叉小唇泥蜂属

Dicranorhina ritsemae luzonensis Rohwer 齿股叉小唇泥蜂菲律宾亚种

Dicranotropis Fieber 额叉飞虱属

Dicranotropis cervina Muir 大叉额叉飞虱

Dicranotropis nagaragawana (Matsumura) 小叉额叉飞虱

Dicranotropis tortilis Kuoh 扭叉额叉飞虱

Dicranura vinula Linnaeus 见 *Cerura vinula*

Dicrocheles 蛾耳螨属

Dicrocheles phalaenodectes 普通蛾耳螨 common moth ear mite

Dicrodiplosis venitalis Felt 恩踵迪科瘿蚊

Dicronychus nothus Candeze 伪霸叩甲

Dicrothrix Keifer 叉毛瘿螨属

Dictenidia fasciata Coquillett 兰鹤大蚊 orchid crane fly

Dictrotendipes Kieffer 湖摇蚊属

Dictrotendipes flexus (Johannsen) 弯曲湖摇蚊

Dictrotendipes tenuicaudatus (Malloch) 细尾湖摇蚊

Dictyla Stål 无孔网蝽属

Dictyla comes (Drake) 滇无孔网蝽

Dictyla echii (Schrank) 斑无孔网蝽

Dictyla evidens (Drake) 明无孔网蝽

Dictyla leporis (Drake) 赣无孔网蝽

Dictyla lupata (Drake *et* Poor) 印无孔网蝽

Dictyla montandoni (Horváth) 紫无孔网蝽

Dictyla platyoma (Fieber) 古无孔网蝽

Dictyla rasilis Drake *et* Maa 华无孔网蝽

Dictyla sauteri (Drake) 破无孔网蝽

Dictyla seorsa (Drake *et* Poor) 怪无孔网蝽

Dictyla uichancoi (Drake *et* Poor) 台无孔网蝽

Dictyna Sundevall 卷叶蛛属

Dictyna arundinacea (Linnaeus) 芦苇卷叶蛛

Dictyna davidi Schenkel 大卫卷叶蛛

Dictyna felis Boes. *et* Str. 猫卷叶蛛

Dictyna foliicola Boes. *et* Str. 黑斑卷叶蛛

Dictyna major Menge 大卷叶蛛

Dictyna paitaensis Schenkel 盘洞卷叶蛛

Dictyna uncinata Thorell 钩卷叶蛛

Dictyna wangi Song *et* Zhou 王氏卷叶蛛

Dictyna xinjiangensis Song *et al.* 新疆卷叶蛛

Dictyna xizangensis Hu *et* Li 西藏卷叶蛛

Dictynidae 卷叶蛛科

Dictyochrysa Esben-Petersen 迪克草蛉属

Dictyochrysa fulva Esben-Petersen 红黄迪克草蛉

Dictyochrysa peterseni Kimmins 彼得逊迪克草蛉

Dictyonota Curtis 粒角网蝽属

Dictyonota mitoris Drake *et* Hsiung 槐粒角网蝽

Dictyonota xilingola Jing 蒙粒角网蝽

Dictyonotus Kriechbaumer 窄痣姬蜂属

Dictyonotus purpurascens (Smith) 紫窄痣姬蜂

Dictyophara Germar 象蜡蝉属

Dictyophara nakanonis Mstsumura 中野象蜡蝉

Dictyophara patruelis (Stål) 伯瑞象蜡蝉

Dictyophara sinica Walker 中华象蜡蝉

Dictyopharidae 象蜡蝉科

Dictyoploca Jordan 胡桃大蚕蛾属

Dictyoploca cachara Moore 胡桃大蚕蛾

Dictyoploca japonica Moore 银杏大蚕蛾 giant silk moth

Dictyoploca simia Westwood 后目大蚕蛾

Dicuspiditermes 突歪白蚁属

Dicuspiditermes garthwaitei (Gardner) 龙头突歪白蚁

Dicymbium Menge 双舟蛛属

Dicymbium libidinosum (Kulczynski) 叉胫双舟蛛

Dicymbium nigrum (Blackwall) 黑双舟蛛

Dicymbium tibiale (Blackwall) 胫毛双舟蛛

Dicyphococcus Borchs. 双蜡蚧属(双角蜡蚧属)

Dicyphococcus bigibbus Borchs. 肉桂双蜡蚧(云南双蜡蚧,滇双角蜡蚧)

Dicyphococcus ficicola Borchs. 榕树双蜡蚧(榕双角蜡蚧)

Dicyphus minimus Uhler 烟草小盲蝽 suckfly

Dicyrtoma balicrura Lin *et* Xia 斑足齿跳虫

Dicyrtomidae 齿跳虫科

Didea fasciata Macquart 巨斑边食蚜蝇

Didesmococcus Borchs. 毛球蚧属(球坚蚧属)

Didesmococcus koreanus Borchs. 朝鲜毛球蚧(朝鲜球坚蚧,杏毛球蚧)

Didesmococcus unifasciatus (Arch.) 中亚毛球蚧

Didothis melancholica Roelofs 黑斑迦太基象

Diduga flavicostata (Snellen) 黄缘狄苔蛾

Didymana Bryk 钳钩蛾属

Didymana ancepsa Chu *et* Wang 黄钳钩蛾

Didymana bidens (Leech) 钳钩蛾

Didymana brunea Chu *et* Wang 褐钳钩蛾

Didymomia reamuriana (F. Löw) 阔叶椴欧布瘿蚊

Didymuria violescens Leach 双球蝜

Dierna Walker 尺夜蛾属

Dierna patibulum (Fabricius) 尺夜蛾

Dierna strigata (Moore) 斜尺夜蛾

Dierna timandra Alphéraky 红尺夜蛾

Diestrammena japanica Blatchley 日本灶螽 Japanese camel cricket

Dieuches Dohrn 长足长蝽属

Dieuches femoralis Dohrn 长足长蝽

Dieuches kansuensis Lindberg 川甘长足长蝽

Dieuches uniformis Distant 白边长足长蝽

Digama abietis Leech 杉微拟灯蛾

Digama hearseyana Moore 微拟灯蛾

Digamasellidae 双革螨科

Digamasellus Berlese 双革螨属

Digamasellus preseptum Berlese 前篱双革螨

Digamasellus quadrisetus Berlese 四毛双革螨

Digglesia australasiae Fabricius 见 *Omphalodes australasiae*

Diglossotrox Lacordaire 叶喙象属

Diglossotrox chinensis Zumpt 长毛叶喙象

Diglossotrox mannerheimi Popoff 黄柳叶喙象

Diglyphus Walker 潜蝇姬小蜂属

Diglyphus isaea (Walker) 豌豆潜叶蝇姬小蜂

Dihammus cervinus Hope 见 *Acalolepta cervinus*

Dikraneura akashiensis Takahashi 窄背叶蝉 Akashi leafhopper

Dilachnus callitris Froggatt 见 *Cinara tujafilina*

Dilar pusillus Yang 小栉角蛉

Dilaridae 栉角蛉科 pleasing lacewings

Dilipa Moore 窗蛱蝶属

Dilipa fenestra (Leech) 明窗蛱蝶

Dilipa morgiana (Westwood) 窗蛱蝶

Dilobocondyla Santschi 双凸切叶蚁属

Dilobocondyla fouqueti Santschi 北部湾双凸切叶蚁

Dilophodes Warren 双冠尺蛾属

Dilophodes elegans (Butler) 双冠尺蛾

Dimargarodes Silvestri 双珠蚧属

Dimargarodes mediterraneus (Silv.) 地中海双珠蚧

Dimargarodes papillosus (Green) 印度双珠蚧

Dimeracris Niu *et* Zheng 异色蝗属

Dimeracris prasina Niu *et* Zheng 草绿异色蝗

Dimmockia incongrus (Ashm.) 异敏寡节小蜂

Dimmokia Ashmead 兔唇姬小蜂属

Dimmokia parnarae (Chu *et* Liao) 稻苞虫兔唇姬小蜂

Dimorphacantha Usinger *et* Matsuda 刺扁蝽属

Dimorphacantha brachyptera Liu 短翅刺扁蝽

Dimorphacantha luchiti (Kiritshenko) 爪哇刺扁蝽

Dimorphidae 异色泥蜂科 aphid wasps, pemphredon wasps

Dimorphopterus Stål 狭长蝽属

Dimorphopterus bicoloripes (Distant) 斑股狭长蝽

Dimorphopterus exiguus Zheng *et* zou 小狭长蝽

Dimorphopterus gibbus (Fabricius) 异膜狭长蝽

Dimorphopterus latus (Distant) 白翅狭长蝽

Dimorphopterus lepidus Slater Ashlock *et* Wilcox 褐翅狭长蝽

Dimorphopterus nigripes Zheng *et* Zou 黑足狭长蝽

Dimorphopterus pallipes (Distant) 大狭长蝽

Dimorphopterus rectus Zheng *et* Zou 直腹狭长蝽

Dimorphopterus spinolae (Signoret) 高粱狭长蝽

Dimorphopterus sumatrensis Slater 南洋狭长蝽

Dimorphopterus tenuicornis Zheng *et* Zou 细角狭长蝽

Dinapate wrightii Horn 大掌长蠹 giant palm borer

Dinara Walker 高粱舟蛾属

Dinara combusta (Walker) 高粱舟蛾

Dinarthrum fui Hwang 福建茎突鳞石蛾

Dinarthrum longispinum Hwang 长钩茎突鳞石蛾

Dinarthrum pilosum Hwang 毛须茎突鳞石蛾

Dinaspis Leonardi 顶蛎盾蚧属

Dindica Moore 峰尺蛾属

Dindica para Swinhoe 赭点峰尺蛾

Dindica polyphaenaria (Guenée) 宽带峰尺蛾

Dindica wilemani Prout 白顶峰尺蛾

Dindymus Stål 光红蝽属

Dindymus albicornis (Fabricius) 采角光红蝽

Dindymus brevis Blöte 短胸光红蝽

Dindymus lanius Stål 阔胸光红蝽

Dindymus medogensis Liu 藏光红蝽

Dindymus rubiginosus (Fabricius) 泛光红蝽

Dindymus rubiginosus sanguineus (Fabricius) 异泛光红蝽

Dinemomyia Chen 须麻蝇属

Dinemomyia nigribasicosta Chen 黑鳞须麻蝇

Dineura Dahlbom 双脉丝角叶蜂属

Dineura virididorsata (Retzius) 垂枝桦双脉丝角叶蜂 birch sawfly

Dingosa Roewer 丁蛛属

Dingosa ursina (Schenkel) 熊丁蛛

Dingosa wulsini (Fox) 乌氏丁蛛

Dinidoridae 兜蝽科 stink bugs

Dinidorinae 兜蝽亚科(九香虫亚科)

Diniella Bergroth 突喉长蝽属

Diniella glabrata (Stål) 白带突喉长蝽

Diniella intaminata (Distant) 垂头突喉长蝽

Diniella pallipes (Scott) 斑翅突喉长蝽

Diniella servosa (Distant) 大突喉长蝽

Diniella yinae Zheng 尹氏突喉长蝽

Dinocoris variolosus Westwood 橡胶暗蝽

Dinoderus bifoveolatus Voll. 双孔穴长蠹

Dinoderus japonicus Lesne 日本竹长蠹

Dinoderus minutus (Fabricius) 竹竿粉长蠹 bamboo powderpost beetle

Dinoderus piceolus Lesne 黑竹长蠹

Dinoderus pilifrons Lesne 毛额竹长蠹

Dinoderus sinicus Fabricius 中国竹长蠹

Dinogamasus Kramer 瞪革螨属

Dinomachus Distant 狄长蝽属

Dinomachus rhacinus Distant 黄狄长蝽

Dinomachus sikhimensis Distant 斑狄长蝽

Dinorhynchus Jakovlev 喙蝽属

Dinorhynchus dybowskyi Jakovlev 喙蝽

Dinothrombium Oudemans 大绒螨属

Dinothrombium pandorae 红大绒螨

Dinothrombium tinctorium (Linnaeus) 染大绒螨

Dinotiscus Ghesquiere 小蠹狄金小蜂属

Dinotiscus aponius (Walker) 大痣小蠹狄金小蜂

Dinotiscus armandi Yang 松蠹狄金小蜂

Dinotiscus colon (Linnaeus) 高痣小蠹狄金小蜂

Dinotiscus eupterus (Walker) 方痣小蠹狄金小蜂

Dinotiscus piceae Yang 云杉小蠹狄金小蜂

Dinotiscus qinlingensis Yang 梢小蠹狄金小蜂

Dinotrema Förster 旋反颚茧蜂属

Dinotrema amoenidens (Fischer) 丝角旋反颚茧蜂

Dinotrema hodisense (Fischer) 短背旋反颚茧蜂

Dinotrema kempei (Hedqvist) 肯氏旋反颚茧蜂

Dinotrema mesocaudatum Achterberg 褐斑旋反颚茧蜂

Dinotrema multiarculatum Achterberg 突脊旋反颚茧蜂

Dinotrema occipitale (Fischer) 头瘤旋反颚茧蜂

Dinotrema pratense Achterberg 宽颚旋反颚茧蜂

Dinotrema tauricum (Telenga) 缺孔旋反颚茧蜂

Dinotrema tuberculatum Achterberg 小瘤旋反颚茧蜂

Dinumma Walker 双衲夜蛾属

Dinumma deponens Walker 曲带双衲夜蛾

Dinychidae 二爪甲螨科

Diocalandra Faust 二点象属

Diocalandra elongata Roelofs 二点象

Diomea Walker 狄夜蛾属

Diomea cremata (Butler) 星狄夜蛾

Diomea rotundata Walker 狄夜蛾

Diomorus Walker 歹长尾小蜂属

Diomorus aiolomorphi Kamijo 竹歹长尾小蜂

Diomphalus Fieber 瘤胸长蝽属

Diomphalus annulicornis Jakovlev 短角瘤胸长蝽

Diomphalus hispidulus Fieber 厚头瘤胸长蝽

Diopsidae 突眼蝇科 stalk-eyes flies, diopsids

Diopsis L. 突眼蝇属

Diopsis thoracica Westwood 稻突眼蝇 stalk-eyed fly

Dioptidae 槲蛾科

Diorhabda Weise 粗角萤叶甲属

Diorhabda deserticola Chen 红柳粗角萤叶甲

Diorhabda elongata deserticola Chen 见 *Diorhabda deserticola*

Diorhabda lusca Maulik 朴树粗角萤叶甲

Diorhabda rybakowi Weise 白茨粗角萤叶甲

Diorhabda tarsalis Weise 跗粗角萤叶甲

Diorthrus cinereus (Fabricius) 非洲疖角天牛

Dioryctria Zeller 梢斑螟属

Dioryctria abietella (Denis *et* Schiffermüller) 冷杉梢斑螟 chalgoza cone borer, pine knot-horn moth, spruce cone-worm

Dioryctria abietivorella (Grot) 见 *Dioryctria abietella*

Dioryctria albovittella (Hulst) 白带梢斑螟

Dioryctria amatella (Hulst.) 南方松梢斑螟

Dioryctria assamensis Mutuura 印度梢斑螟

Dioryctria auranticella (Grot) 松球果梢斑螟 pine cone moth

Dioryctria banksiella Mutuura, Munroe *et* Ross 板色梢斑螟

Dioryctria cambiicola (Dyar) 加拿大红松球果梢斑螟 resinous pine pest moth

Dioryctria clarioralis (Walker) 松疱球果梢斑螟

Dioryctria contortella Mutuura, Munroe *et* Ross 曲折梢斑螟

Dioryctria disclusa Heinrich 松开球果梢斑螟

Dioryctria kunmingnella Wang *et* Sung 昆明梢斑螟

Dioryctria mendacella Staudinger 松果梢斑螟

Dioryctria mongolicella Wang *et* Sung 樟子松梢斑螟

Dioryctria monticolella Mutuura, Munroe *et* Ross 小丘梢斑螟

Dioryctria mutatella Fuchs 异色梢斑螟 twelve-thorned knot-horn moth

Dioryctria ponderosae Dyar 西黄松梢斑螟 ponderosa twig moth

Dioryctria pryeri Ragonot 松小梢斑螟 pine salebria moth

Dioryctria reniculella Grot 见 *Dioryctria reniculelloides*

Dioryctria reniculelloides Mutuura *et* Munroe 云杉梢斑螟 spruce coneworm

Dioryctria rubella Hampson 微红梢斑螟 splendid knot-horn moth

Dioryctria schuetzeella Fuchs 许茨云杉梢斑螟

Dioryctria splendidella Herrich-Schäffer 见 *Dioryctria rubella*

Dioryctria sylvestrella (Ratzeburg) 赤松梢斑螟 pine tip

moth

Dioryctria tumiclella Muuura, Munroe *et* Ross 突觅梢斑螟

Dioryctria xanthoenobares Dyar 见 *Dioryctria auranticella*

Dioryctria yuennanella Caradja 云南松梢斑螟

Dioryctria zimmermani (Grot) 美洲松梢斑螟 Zimmerman pine moth, pine pitch moth

Diorymerellus Champion 兰象属

Diorymerellus laevimargo Champ 兰象 orchid weevil

Diospilinae 邻茧蜂亚科

Diospilus konoi Watanabe 窃蠹菱室茧蜂

Diospilus oleraceus Haliday 象甲菱室茧蜂

Diostrombus Uhler 红袖蜡蝉属

Diostrombus politus Uhler 红袖蜡蝉

Dioxys Lepeletier 双齿蜂属

Dioxys tridentata Nylander 三齿蜂

Diparopsis castanea Hampson 苏丹棉铃虫(赤柿铃虫) red bollworm

Diphadnus pallipes Lepeletier 醋栗叶蜂 gooseberry sawfly

Diphorodon Börner 迪疣蚜属

Diphorodon cannabis Passerini 大麻迪疣蚜 bhang aphid

Diphthera Hübner 苔蛾属

Diphthera alpium Osbeck 黑点苔蛾 black-spotted dagger moth

Diphtherocome Warren 翠夜蛾属

Diphtherocome discibrunnea (Moore) 白线翠夜蛾

Diphtherocome fasciata (Moore) 条翠夜蛾

Diphtherocome marmorea (Leech) 黑条翠夜蛾

Diphtherocome pallida (Moore) 饰翠夜蛾

Diphtherocome vivida (Leech) 娓翠夜蛾

Diphtheroglyphus Nesbitt 嗜革螨属

Diphucephala Serville 双鳃金龟属

Diphucephala aurulenta Kirby 金双鳃金龟

Diphucephala colaspidoides Gyllenhal 考双鳃金龟

Diphucephala foveolata Boisd. 见 *Diphucephala aurulenta*

Diphycerus Fairmaire 双缺鳃金龟属

Diphycerus davidis Fairmaire 戴双缺鳃金龟

Diphycerus reitteri Semenov 雷双缺鳃金龟

Diphyllaphis konarae (Shinji) 枹迪叶蚜

Diphyllaphis quercus (Takahashi) 栎迪叶蚜

Diphyllidae 双叶甲科

Diphytoptus Huang 双植羽瘿螨属

Diphytoptus nephroideus Huang 毛叶肾蕨双植羽瘿螨

Diphyus Kriechbaumer 腹脊姬蜂属

Diphyus palliatorius (Gravenhorst) 套装腹脊姬蜂

Diplacodes Kirby 蓝小蜻属

Diplacodes nebulosa Fabricius 斑蓝小蜻

Diplacodes trivialis Rambur 纹蓝小蜻

Diplatyidae 丝尾蠼科 segmented cerci earwigs

Diplatys Kirby 丝尾蠼属

Diplatys flavicollis Shiraki 细腰丝尾蠼

Diplazon Viereck 蚜蝇姬蜂属

Diplazon areolatus Ma, Wang *et* Wang 中区蚜蝇姬蜂

Diplazon laetatorius (Fabricius) 花胫蚜蝇姬蜂

Diplazon orbitalis (Cresson) 眶蚜蝇姬蜂

Diplazon orientalis (Cameron) 东方蚜蝇姬蜂

Diplazon pectoratorius (Thunberg) 褐胸蚜蝇姬蜂

Diplazon punctatus Ma, Wang *et* Wang 刻点蚜蝇姬蜂

Diplazon scrobiculatus Ma, Wang *et* Wang 眼沟蚜蝇姬蜂

Diplazon tetragonus (Thunberg) 四角蚜蝇姬蜂

Diplazon varicoxa (Thoms.) 异色蚜蝇姬蜂

Diplazontinae 蚜蝇姬蜂亚科

Diplectria (Vercammen-Grandjean) 双棘恙螨属

Diplectria sinensis Zhao *et* Qiu 中华双棘恙螨

Diplectria wenquana Wen *et* Xiang 温泉双棘恙螨

Diplobodes Aoki 二重甲螨属

Diplocentria Hull 环曲蛛属

Diplocentria bidenta (Emerton) 刺环曲蛛

Diplocephalus Bertkau 双头蛛属

Diplocephalus mirabilis Eskov 奇异双头蛛

Diplocheila elongatus Bates 长重唇步甲

Diplocheila laevis Lesne 浅纹重唇步甲

Diplocheila latifrons Dejean 偏额重唇步甲

Diplocheila macromandibularis Habu *et* Tanaka 大颚重唇步甲

Diplocheila zeelandica Redt. 宽重唇步甲

Diplodesma Warren 介青尺蛾属

Diplodesma ussuriaria Bremer 乌苏里介青尺蛾

Diplodontidae 双齿水螨科

Diplodontinae 双齿水螨亚科

Diplodontus Duges 双齿水螨属

Diplodontus assilvesteli Jin 异斯氏双齿水螨

Diplodontus despiciens (Müller) 藐视双齿水螨

Diplodontus wandingensis Jin 畹町双齿水螨

Diploglossata 重舌目 diploglossats

Diplogyniidae 双雌螨科

Diplolepis quercusfolii Linnaeus 见 *Cynips quercusfolii*

Diplolepis tremulae Winnertz 见 *Harmandia tremulae*

Diplonychus japonicus (Vuillefroy) 日本负子蝽

Diploptera punctata (Eschscholtz) 太平洋折翅蠊 Pacific beetle cockroach

Diplopteridae 复翅蠊科 beetle roaches, cypress girdlers

Diplorhinus Amyot *et* Serville 剪蝽属

Diplorhinus furcatus (Westwood) 剪蝽

Diploschema Thomson 多型天牛属

Diploschema rotundicolle Serv. 巴西橘多型天牛 citrus twig borer

Diplosis catalpae Comstock 梓树双瘿蚊 catalpa midge

Diplosis mori Yokoyama 桑红双瘿蚊 mulberry shoot

gall midge

Diplosis moricola Matsumura 桑双瘿蚊 mulberry leaf-stalk midge

Diplosis morivorella Naito 桑黑双瘿蚊 black mulberry bud midge

Diplotaxis Kirby 红褐金龟属

Diplotaxis sordida (Say) 污红褐金龟

Diplotaxis tristis Kirby 黯红褐金龟

Diplothorax paradoxus Gressitt *et* Rondon 串胸天牛

Diplous 拟隘步甲属

Diplous nortoni Andrewes 藏平步甲

Diploxys fallax Stål 非洲稻蝽 rice shield bug

Diplura 双尾目 campodeids

Dipluridae 长尾蛛科

Dipoena Thorell 圆腹蛛属

Dipoena amamiensis (Yoshida) 大岛圆腹蛛

Dipoena castrata Boes. *et* Str. 倾斜圆腹蛛

Dipoena decamaculata Chen *et al.* 十点圆腹蛛

Dipoena flavomarginata Boes. *et* Str. 黄边圆腹蛛

Dipoena melanogaster (C.L. Koch) 黑纹圆腹蛛

Dipoena mustelina (Simon) 黄褐圆腹蛛

Dipoena mustilata Boes. *et* Str. 断圆腹蛛

Dipoena sinica Zhu 中华圆腹蛛

Dipoena sticta Zhu 斑点圆腹蛛

Dipoena turriceps Schenkel 塔圆腹蛛

Dipoena yutian Hu *et* Wu 于田圆腹蛛

Dipolaelaps Zemskaya *et* Piontkovskaya 地厉螨属

Dipolaelaps anourosorecis (Gu *et* Wang) 短尾鼩地厉螨

Dipolaelaps chimmarogalis Gu 水鼩地厉螨

Dipolaelaps hoi Chang *et* Hsu 何氏地厉螨

Dipolaelaps jiangkouensis Gu 江口地厉螨

Dipolaelaps longisetosus Huang 长毛地厉螨

Dipolaelaps ubsunaris Zemskaya *et* Piontkovskaya 乌苏地厉螨

Diprion Schrank 松叶蜂属

Diprion frutetorum (Fabricius) 见 *Gilpinia frutetorum*

Diprion hercyniae Hartig 见 *Gilpinia hercyniae*

Diprion jingyuanensis Xiao *et* Zhang 靖远松叶蜂

Diprion liuwanensis Huang *et* Xiao 六万松叶蜂

Diprion marshalli Forsius 马歇尔松叶蜂

Diprion nanhuaensis Xiao 南华松叶蜂

Diprion pini Linnaeus 欧洲赤松叶蜂 large pine sawfly

Diprion pinivora Maa 食针松叶蜂

Diprion polytomum Hartig 见 *Gilpinia polytoma*

Diprion sertifer Geoffroy 见 *Neodiprion sertifer*

Diprion similis (Haritig) 类欧松叶蜂 introduced pine sawfly

Diprion tianmunicus Zhou *et* Huang 天目松叶蜂

Diprion wenshanicus Xiao *et* Zhou 文山松叶蜂

Diprionidae 松叶蜂科 conifer sawflies, diprionid-sawflies

Dipseudopsidae 畸距石蛾科

Dipseudopsidae 双伪石蛾科

Dipseudopsis stellata McLachlan 星点畸距石蛾

Dipsocoridae 鞭蝽科

Diptacus Keifer 双羽爪瘿螨属

Diptacus acerise Kuang *et* Hong 三角枫双羽爪瘿螨

Diptacus camptothecae Kuang 喜树双羽爪瘿螨

Diptacus castaneae Kuang *et* Feng 栗双羽爪瘿螨

Diptacus gigantorhynchus (Nalepa) 巨鼻双羽爪瘿螨

Diptacus gigantorubra Xin *et* Dong 悬钩子双羽爪瘿螨

Diptacus guangxiensis Kuang *et* Hong 广西双羽爪瘿螨

Diptacus ipomoeae Kuang *et* Hong 甘薯双羽爪瘿螨

Diptacus liquidambaris Kuang *et* Feng 枫双羽爪瘿螨

Diptacus maackiae Kuang *et* Feng 马鞍双羽爪瘿螨

Diptacus prunorum (Keifer) 李双羽爪瘿螨

Diptacus pseudocerasis Kuang *et* Hong 樱桃双羽爪瘿螨

Diptacus sacramentae Keifer 萨克拉门托双羽爪瘿螨

Diptacus ulmi Kuang *et* Huang 榆双羽爪瘿螨

Diptera 双翅目 flies

Dipteromermis Rubzov 蝇索线虫属

Dipteromermis liperosiae Rubzov 角蝇蝇索线虫

Dipterygia Stephens 见 *Dypterygia* Stephens

Dipterygia caliginosa (Walker) 见 *Dypterygia caliginosa*

Diptilomiopidae 羽爪瘿螨科

Diptilomiopinae 羽爪瘿螨亚科

Diptilomiopus Nalepa 羽爪瘿螨属

Diptilomiopus camerae Mohanasundaram 马缨丹羽爪瘿螨

Diptilomiopus davisi Keifer 戴氏羽爪瘿螨

Diptilomiopus javanicus Nalepa 爪哇羽爪瘿螨

Diptilomiopus loropetali Kuang 檵木羽爪瘿螨

Diptiloplatus Keifer 扁歧羽爪瘿螨属

Diptiloplatus sacchari Xin *et* Dong 甘蔗扁歧羽爪瘿螨

Diptilorhynacus Mondal *et* Ghosh 羽爪鼻瘿螨属

Dirades theclata Guenée 褐斑灰燕蛾

Directarius Jordan 凸额长角象属

Dirhynchium van der Vecht 代喙蜾蠃属

Dirhynchium flavomarginatum curvilineatum (Cameron) 常代喙蜾蠃

Dirphya nigricornis (Ol.) 狭体黑角天牛 yellow-headed stem borer

Disasuridia Fang 角苔蛾属

Disasuridia conferta Fang 密纹角苔蛾

Disasuridia confusa Fang 混纹角苔蛾

Disasuridia flava Fang 黄角苔蛾

Disasuridia rubida Fang 赤角苔蛾

Disasuridia virgula Fang 枝角苔蛾

Discalida Wu, Guo *et* Li 拟刺板蠊属

Discalida pallidimarginia Wu,, Guo *et* Li 淡缘拟刺板蠊

Discestra Hampson 幽夜蛾属

Discestra armata (Staudinger) 矢幽夜蛾

Discestra furca (Eversman) 叉幽夜蛾

Discestra furcula (Staudinger) 申叉幽夜蛾

Discestra stigmosa (Christoph) 迹幽夜蛾

Discestra trifolii (Hüfnagel) 旋幽夜蛾

Dischissus mirandus Bates 奇裂跗步甲

Discocriconemella de Grisse *et* Loof 盘环线虫属

Discocriconemella addisababa Abebe *et* Geraert 亚的斯亚贝巴盘环线虫

Discocriconemella barberi Chawla *et* Samathanam 奇异盘环线虫

Discocriconemella caudaventer Orton Williams 腹尾盘环线虫

Discocriconemella colbrani (Luc) 科氏盘环线虫

Discocriconemella degrissei Loof *et* Sharma 德氏盘环线虫

Discocriconemella discolabia (Diab *et* Jenkins) 盘唇盘环线虫

Discocriconemella elettariae Sharma *et* Edward 小豆蔻盘环线虫

Discocriconemella hengsungica Choi *et* Geraert 罕宋克盘环线虫

Discocriconemella inaratus Hoffmann 荒地盘环线虫

Discocriconemella lamottei (Luc) 拉莫梯盘环线虫

Discocriconemella mauritiensis (Williams) 毛里求斯盘环线虫

Discocriconemella morelensis Prado Vera *et* Loof 莫雷利盘环线虫

Discocriconemella oryzae Rahman 水稻盘环线虫

Discocriconemella pannosa Sauer *et* Winoto 毛状盘环线虫

Discocriconemella perseae Prado Vera *et* Loof 鳄梨盘环线虫

Discocriconemella repleta Pinochet *et* Raski 全盘环线虫

Discocriconemella retroversa Sauer *et* Winoto 回转盘环线虫

Discocriconemella theobromae (Chawla *et* Samathanam) 可可盘环线虫

Discoelius Latreille 元蜾蠃属

Discoelius japonicus Perez 日本元蜾蠃

Discoelius manchurianus Yasumatsu 东北元蜾蠃

Discoglypha Warren 盘雕尺蛾属

Discoglypha centrofasciaria (Leech) 中带盘雕尺蛾

Discolampa Toxopeus 檠灰蝶属

Discolampa ethion (Westwood) 檠灰蝶

Discolomidae 盘甲科 rove beetles

Discolophus Kishida 盘颈赤螨属

Discoloxia Warren 波尺蛾属

Discoloxia blomeri Curtis 黄纹灰波尺蛾

Discomegistus Tragardh 盘硕螨属

Discomermis Coman 盘索线虫属

Discomermis motasi Coman 莫塔斯盘索线虫

Discophora Boisduval 方环蝶属

Discophora sondaica Boisduval 凤眼方环蝶

Discophora timora Westwood 惊恐方环蝶

Discophorinae 方环蝶亚科

Discopoma G. *et* R. Canestrini 盘盖螨属

Discothyrea Roger 无齿猛蚁属

Discothyrea sauteri Forel 邵氏无齿猛蚁

Discourellidae 尘盘尾螨科

Discozercon Berlese 盘蚖螨属

Discozerconidae 盘蚖螨科

Diseius Lindquist *et* Evans 双绥螨属

Disella Newkirk *et* Keifer 分位瘿螨属

Disella ilicis Keifer 冬青分位瘿螨

Disella litchii Kuang *et* Feng 荔枝分位瘿螨

Dismorphiinae 袖粉蝶亚科

Disonycha triangularis (Say) 三斑跳甲 threespotted flea beetle

Disonycha xanthomelaena (Dalman) 菠菜跳甲 spinach flea beetle

Disophrys chinensis Fahringer 中华刺脸茧蜂

Disparia Nagano 迴舟蛾属

Disparia abraama (Schaus) 峨眉迴舟蛾

Disparia variegata (Wileman) 迴舟蛾

Disphinctus humeralis Walker 见 *Pachypeltis humerale*

Disphinctus maesarum Kirkaldy 胡椒褐盲蝽 pepper mirid

Disphragia guttivitta Walker 北美槭舟蛾 maple prominent moth, saddled prominent moth

Dissosteira carolina (L.) 加罗林蜢 Carolina grasshopper

Dissosteira longipennis (Thomas) 高原蜢 high plains grasshopper

Distachys Hsiao 狄缘蝽属

Distachys vulgaris Hsiao 狄缘蝽

Distantiella theobroma Distant 可可狄盲蝽 black capsid

Distenia Serville 瘦天牛属

Distenia gracilis (Blessig) 瘦天牛

Distenia nigrosparsa Pic 云南瘦天牛

Distenia tonkinea Villiers 越南瘦天牛

Distenia tonkinea villiersi Gressitt *et* Rondon 缝齿瘦天牛

Disteniinae 瘦天牛亚科

Distoleon Banks 距蚁蛉属

Distoleon nigricans (Okamoto) 黑斑距蚁蛉

Dithinolerconidae 双滩蚖螨科

Ditomyiidae 准蕈蚊科 fungus gnats

Ditremamermis Camino *et* Poinar 双孔索线虫属

Ditremamermis simuliae Camino *et* Poinar 蚋双孔索线虫

Ditrigona Moore 白钩蛾属

Ditrigona aphya Wilkinson 吸白钩蛾

Ditrigona artema Wilkinson 中宽白钩蛾

Ditrigona berres Wilkinson 三线白钩蛾

Ditrigona candida Wilkinson 闪光白钩蛾

Ditrigona chama Wilkinson 后四白钩蛾

Ditrigona chionea Wilkinson 雪白钩蛾

Ditrigona cirruncata Wilkinson 镰茎白钩蛾

Ditrigona conflexaria cerodeta Wilkinson 浓白钩蛾宽板亚种

Ditrigona conflexaria conflexaria (Walker) 浓白钩蛾指名亚种

Ditrigona conflexaria micronioides (Strand) 浓白钩蛾灰白亚种

Ditrigona derocina (Bryk) 单爪白钩蛾

Ditrigona furvicosta (Hampson) 黄缘白钩蛾

Ditrigona idaeoides (Hampson) 室点白钩蛾

Ditrigona inconspicua (Leech) 隐白钩蛾

Ditrigona innotata (Hampson) 无纹白钩蛾

Ditrigona jardanaria (Oberthür) 长单爪白钩蛾

Ditrigona komarovi (Kurentzov) 康马白钩蛾

Ditrigona legnichrysa Wilkinson 六条白钩蛾

Ditrigona lineata lineata (Leech) 线角白钩蛾指名亚种

Ditrigona lineata tephroides Wilkinson 线角白钩蛾秦藏亚种

Ditrigona margarita Wilkinson 珠白钩蛾

Ditrigona marmorea Wilkinson 四线白钩蛾

Ditrigona media Wilkinson 胧白钩蛾

Ditrigona obliquilinea thibetaria (Poujade) 五斜线白钩蛾

Ditrigona platytes Wilkinson 宽白钩蛾

Ditrigona policharia (Oberthür) 灰丽白钩蛾

Ditrigona polyobotaria (Oberthür) 裂孔白钩蛾

Ditrigona pomenaria (Oberthür) 银条白钩蛾

Ditrigona quinaria (Moore) 五纹白钩蛾

Ditrigona quinaria erminea Wilkinson 五纹白钩蛾秦岭亚种

Ditrigona quinaria leucophaea Wilkinson 五纹白钩蛾西藏亚种

Ditrigona quinaria spodia Wilkinson 五纹白钩蛾云南亚种

Ditrigona quinquelineata (Leech) 五线白钩蛾

Ditrigona regularis Warren 尾白钩蛾

Ditrigona sciara Wilkinson 阴白钩蛾

Ditrigona sericea (Leech) 异色白钩蛾

Ditrigona spilota Wilkinson 污白钩蛾

Ditrigona titana Wilkinson 伟白钩蛾

Ditrigona triangularia (Moore) 三角白钩蛾

Ditrigona typhodes Wilkinson 云白钩蛾

Ditrigona uniuncusa Chu *et* Wang 单叉白钩蛾

Ditrigona virgo (Butler) 枝白钩蛾

Ditrymacus Keifer 双孔瘿螨属

Ditylenchidae 茎线虫科

Ditylenchus Filipjev 茎线虫属 bulb and stem nematodes

Ditylenchus acutatus Brezeski 锐利茎线虫

Ditylenchus africanus Wendt *et* al. 非洲茎线虫

Ditylenchus allii (Beijerinck) 葱茎线虫

Ditylenchus allocotus Filipjev *et* Schuurmans Stekhoven 异常茎线虫

Ditylenchus anchilisposomus (Tarjan) 近滑茎线虫

Ditylenchus angustus (Butler) 窄小茎线虫 rice nematode, rice stem nematode

Ditylenchus arboricola Cobb 树茎线虫

Ditylenchus askenasyi (Butschli) 阿斯克南西茎线虫

Ditylenchus ausafi Husain *et* Khan 奥萨夫茎线虫

Ditylenchus australiae Brzeski 澳大利亚茎线虫

Ditylenchus bacillifer (Micoletzky) 柱形茎线虫

Ditylenchus beljaevae Karimova 贝氏茎线虫

Ditylenchus boevii (Izatullaeva) 具维茎线虫

Ditylenchus brassicae Husain *et* Khan 芥菜茎线虫

Ditylenchus brenani (Goodey) 布氏茎线虫

Ditylenchus brevicauda (Micoletzky) 短尾茎线虫

Ditylenchus cafeicola (Schuurmans Stekhoven) 咖啡茎线虫

Ditylenchus caudatus Thorne *et* Malek 具尾茎线虫

Ditylenchus clarus Thorne *et* Malek 清亮茎线虫

Ditylenchus communis (Steiner *et* Scott) 普通茎线虫

Ditylenchus convallariae Sturhan *et* Friedman 铃兰茎线虫

Ditylenchus cyperi Husain *et* Khan 莎草茎线虫

Ditylenchus damnatus (Messey) 征服茎线虫

Ditylenchus darbouxi (Cotte) 达布克斯茎线虫

Ditylenchus dauniae Brezeski *et* Palmisano 道恩茎线虫

Ditylenchus deiridus Thorne *et* Malek 偏峰茎线虫

Ditylenchus destructor Thorne 马铃薯茎线虫 potato rot nematode

Ditylenchus devastatrix (Kuhn) 破坏茎线虫

Ditylenchus dipsaci (Kühn) 起绒草茎线虫 clover stem nematode, beet stem nematode, bulb nematode

Ditylenchus dipsaci falcariae Poghossian 镰形起绒草茎线虫

Ditylenchus dipsacoideus (Andrássy) 类起绒草茎线虫

Ditylenchus drepanocercus (Goodey) 镰尾茎线虫

Ditylenchus dryadis Anderson *et* Mulvey 仙女茎线虫

Ditylenchus durus Cobb 硬茎线虫

Ditylenchus emus Khan, Chawla *et* Prasad 内茎线虫

Ditylenchus equalis Heyns 相等茎线虫

Ditylenchus eurycephalus (de Man) 宽头茎线虫

Ditylenchus exilis Brzeski 细小茎线虫

Ditylenchus filenchulus Brzeski 丝矛茎线虫

Ditylenchus filicauda Geraert *et* Raski 丝尾茎线虫

Ditylenchus filimus Anderson 丝状茎线虫

Ditylenchus flagellicauda Geraert *et* Raski 鞭尾茎线虫

Ditylenchus fragariae Kirjanova 草莓茎线虫

Ditylenchus galeopsidis Teploukhova 鼬瓣花茎线虫

Ditylenchus geraerti (Paramonov) 杰氏茎线虫

Ditylenchus humuli Skarbilovich 短细茎线虫

Ditylenchus indicus (Sethi *et* Swarup) 印度茎线虫

Ditylenchus inobservabilis (Kirjanova) 忽视茎线虫

Ditylenchus intermedius (de Man) 间型茎线虫

Ditylenchus istatae Samibaeva 烟草茎线虫

Ditylenchus karakalpakensis Erzhanov 卡拉卡尔帕克茎线虫

Ditylenchus kischklae (Meyl) 基希克拉茎线虫

Ditylenchus leptosoma Geraert *et* Choi 瘦小茎线虫

Ditylenchus longicauda Geraert *et* Choi 长尾茎线虫

Ditylenchus longimatricalis (Kazachenko) 长宫茎线虫

Ditylenchus lutonensis (Siddiqi) 卢顿茎线虫

Ditylenchus manus Siddiqi 稀少茎线虫

Ditylenchus medicaginis Wasilewska 苜蓿茎线虫

Ditylenchus microdens Thorne *et* Malek 小齿茎线虫

Ditylenchus minutus Husain *et* Khan 微小茎线虫

Ditylenchus mirus Siddiqi 奇异茎线虫

Ditylenchus misellus Andrássy 贫瘠茎线虫

Ditylenchus myceliophagus Goodey 食菌茎线虫

Ditylenchus nanus Siddiqi 短小茎线虫

Ditylenchus nortoni (Stmiligy) 诺顿茎线虫

Ditylenchus obesus Thorne *et* Malek 肥壮茎线虫

Ditylenchus paragracillis (Micoletzky) 异细小茎线虫

Ditylenchus phloxidis Kirjanova 福禄考茎线虫

Ditylenchus procerus (Bally *et* Reydon) 伸出茎线虫

Ditylenchus protensus Brzeski 延伸茎线虫

Ditylenchus pumilus Karimova 小茎线虫

Ditylenchus putrefaciens (Kühn) 腐败茎线虫

Ditylenchus rarus Meyl 稀有茎线虫

Ditylenchus sapari Atakhanov 萨帕茎线虫

Ditylenchus sedatus (Kirjanova) 二分茎线虫

Ditylenchus sibiricus German 盖膜茎线虫

Ditylenchus silvativcus Brezeski 树林茎线虫

Ditylenchus solani Husain *et* Khan 茄茎线虫

Ditylenchus sonchophila Kirjanova 苦菜茎线虫

Ditylenchus sorghii Verma 高粱茎线虫

Ditylenchus sycobius (Cotte) 无花果茎线虫

Ditylenchus taleolus (Kirjanova) 小棍茎线虫

Ditylenchus tenuidens Gritsenko 细瘦茎线虫

Ditylenchus tobaensis Kirjanova 多巴茎线虫

Ditylenchus trifolii Skarbilovich 三叶茎线虫

Ditylenchus triformis Hirschmann *et* Sasser 三形茎线虫

Ditylenchus tulaganovi Karimova 图氏茎线虫

Ditylenchus valvenus Thorne *et* Malek 瓣膜茎线虫

Ditylus quadricollis LeConte 四斑拟天牛

Diurnea Haworth 月织蛾属

Diurnea fagella Fabricius 三月织蛾 March day moth

Diurnea phryganella Hübner 十一月织蛾 November day moth

Diversinervus elegans Silv. 软蚧雅跳小蜂

Diversinervus smithi Compere 黑蚧南非跳小蜂

Dixidae 细蚊科 dixa flies, dixa midges

Diximermis Nickle 细蚊索线虫属

Diximermis peterseni Nickle 彼得森细蚊索线虫

Dizygomyza barnesi Hendel 柳枝潜蝇 willow cambium fly

Dizygomyza carbonaria Zetterstedt 桦枝潜蝇 willow cambium fly

Dobica lineosa Moore 褐线夜蛾 white-dotted brown-striped noctuid

Dociostaurus Fieb. 戟纹蝗属

Dociostaurus brachypterus Liu 短翅戟纹蝗

Dociostaurus brevicollis (Ev.) 狭条戟纹蝗

Dociostaurus kraussi kraussi (Ingen.) 红胫戟纹蝗

Dociostaurus tartarus Uv. 蓝胫戟纹蝗

Docirava Walker 盗尺蛾属

Docirava aequilineata Walker 斜线盗尺蛾

Docirava affinis Warren 粉红盗尺蛾

Docirava brunnearia (Leech) 褐盗尺蛾

Docirava distata Prout 虹盗尺蛾

Docirava flavilinata Wileman 台湾盗尺蛾

Docirava fulgurata (Guenée) 玉带盗尺蛾

Dodona Hewitson 尾蚬蝶属

Dodona adonira Hewitson 红秃尾蚬蝶

Dodona deodata Hewitson 黑燕尾蚬蝶

Dodona dipoea Hewitson 秃尾蚬蝶

Dodona durga (Kollar) 无尾蚬蝶

Dodona egeon (Westwood) 大斑尾蚬蝶

Dodona eugenes Bates 银纹尾蚬蝶

Dodona henrici Holland 白燕尾蚬蝶

Dodona ouida Moore 斜带缺尾蚬蝶

Doirania Waterston 单棒赤眼蜂属

Doirania longiclavata Yashiro 长棒单棒赤眼蜂

Dolbina Staudinger 星天蛾属

Dolbina exacta Staudinger 小星天蛾

Dolbina inexacta (Walker) 大星天蛾

Dolbina tancrei Staudinger 绒星天蛾

Dolerinae 麦叶蜂亚科

Dolerus Panzer 麦叶蜂属

Dolerus aericeps Thomson 红腹麦叶蜂

Dolerus affinis Cameron 拟麦叶蜂

Dolerus armillatus Konow 环麦叶蜂

Dolerus asceta Jakovlev 奇异麦叶蜂

Dolerus bicolor Cameron 双色麦叶蜂

Dolerus cameronii Kirby 长氏麦叶蜂

Dolerus coccinatus Zhelochovtsev 康定麦叶蜂

Dolerus coelicola Zhelochovsev 麦叶蜂

Dolerus coreanus Takeuchi 朝鲜麦叶蜂

Dolerus cothurnatus Lepeletier 木贼麦叶蜂

Dolerus ferrugatus Lepeletier 灯心草麦叶蜂

Dolerus germanicus Fabricius 介曼麦叶蜂

Dolerus gonager Fabricius 乔麦叶蜂

Dolerus hordei Rohwer 大麦叶蜂

Dolerus japonicus Kirby 伪甘蓝麦叶蜂

Dolerus lateralis Konow 砖红麦叶蜂

Dolerus lewisi Cameron 刘易斯麦叶蜂 wheat sawfly

Dolerus megapterus Cameron 长翅麦叶蜂

Dolerus purus Jakovlev 纯洁麦叶蜂

Dolerus pusillus Jakovlev 细腹麦叶蜂

Dolerus tritici Chu 小麦叶蜂

Dolerus variegatus Jakovlev 多色麦叶蜂

Doleschallia Felder *et* Felder 蠹叶蛱蝶属

Doleschallia bisaltide Cramer 蠹叶蛱蝶

Dolgoma oblitterans Felder 欧朵苔蛾

Dolgoma ovalis Fang 圆朵苔蛾

Dolgoma reticulata (Moore) 网朵苔蛾

Dolicheremaeus Jacot 隐甲螨属

Dolicheremaeus elongatus Aoki 长隐甲螨

Dolicheremaeus infrequens hachijoensis Aoki 八丈隐甲螨

Dolicheremaeus taidinchani Mahunka 太氏隐甲螨

Dolicheremaeus wangi Aoki *et* Hu 王氏隐甲螨

Dolichobostrychus yunanus Lesne 云南长蠹

Dolichocolon Brauer *et* Bergenstamm 长芒寄蝇属

Dolichocolon klapperichi Mesnil 粘虫长芒寄蝇

Dolichoctis 长唇步甲属

Dolichocybe Krantz 长头螨属

Dolichocybe keiferi Krantz 凯氏长头螨

Dolichocybe perniciosa Zou *et* Gao 害长头螨

Dolichocybe shenagarici Zou *et* Gao 申菇长头螨

Dolichocybidae 长头螨科

Dolichodera Mulvey *et* Ebsary 锥皮线虫属

Dolichodera andinus (Golden, Franco *et* Jatala) 安第斯锥皮线虫

Dolichodera fluvialis Mulvey *et* Ebsary 溪流长锥皮线虫

Dolichoderinae 臭蚁亚科

Dolichodoridae 锥线虫科

Dolichodorus Cobb 锥线虫属 awl nematodes

Dolichodorus aestuarius Chow *et* Taylor 河口锥线虫

Dolichodorus aquaticus Doucet 水居锥线虫

Dolichodorus cobbi Golden, Handoo *et* Wehunt 柯氏锥线虫

Dolichodorus grandaspicatus Robbins 大矛锥线虫

Dolichodorus heterocephalus Cobb 异头锥线虫 Cobb's awl nematode

Dolichodorus heterocercus Kreis 异尾锥线虫

Dolichodorus kishansinghi Jairajpuri *et* Rahmani 基申辛格锥线虫

Dolichodorus longicaudatus Doucet 长尾锥线虫

Dolichodorus marylandicus Lewis *et* Golden 马里兰锥线虫

Dolichodorus minor Loof *et* Sharma 较小锥线虫

Dolichodorus miradvulvus Smart *et* Khuong 异宫锥线虫

Dolichodorus nigeriensis Luc *et* Caveness 尼日利亚锥线虫

Dolichodorus pellegrini Germani 佩莱格里尼锥线虫

Dolichodorus profundus Luc 深居锥线虫

Dolichodorus pulvinus Khan *et* al. 小垫锥线虫

Dolichodorus silvestris Gillespie *et* Adams 森林锥线虫

Dolichodorus similis Golden 相似锥线虫

Dolichomiris antennatus Distant 大长盲蝽

Dolichomiris menghaiensis Tang *et* Lu 勐海长盲蝽

Dolichomitus messor messor Gravenhorst 收获兜姬蜂

Dolichomitus tuberculatus tuberculatus Fourcroy 具瘤兜姬蜂

Dolichonabis Reuter 修姬蝽属

Dolichonabis flavomarginatus (Scholtz) 黄缘修姬蝽

Dolichonobia Meyer 长苔螨属

Dolichonobia altaiensis Cui *et* Hu 阿尔泰长苔螨

Dolichopodidae 长足虻科 longlegged flies, longheaded flies

Dolichoprosopus rondoni Breuning 老挝苍天牛

Dolichopsyllidae 毛列蚤科 ground squirrel flea

Dolichopus Meigen 长足虻属

Dolichopus polularis 长足虻 longlegged dolichopodid fly

Dolichotetranychus Sayed 长叶螨属

Dolichotetranychus floridanus (Banks) 菠萝长叶螨

Dolichotetranychus gramineus Mitrofanov *et* Strunkova 草长叶螨

Dolichotetranychus macer Baker *et* Pritchard 瘦长叶螨

Dolichotetranychus nanningensis Xu *et* Yin 南宁长叶螨

Dolichotetranychus salinus Pritchard *et* Baker 盐长叶螨

Dolichotetranychus summersi Pritchard *et* Baker 孙氏长叶螨

Dolichovespula Rohwer 长黄胡蜂属

Dolichovespula media (Retzius) 中长黄胡蜂

Dolichovespula norvegicoides (Sladen) 平长黄胡蜂

Dolichovespula norvegica (Fabricius) 挪威长黄胡蜂

Dolichovespula saxonica (Fabricius) 石长黄胡蜂

Dolichovespula sylvestris (Scopoli) 树长黄胡蜂

Dolichurus Latreille 黑长背泥蜂属

Dolichurus pempuchiensis Tsuneki 台湾黑长背泥蜂

Dolichus halensis (Schall.) 赤胸长步甲(赤胸步甲)

Doliopygus Meigen 弓腹长小蠹属

Doliopygus chapuisis Duvivier 查浦弓腹长小蠹

Doliopygus coelocephalus Schauf. 腔头弓腹长小蠹

Doliopygus conradti Strohmeyer 康氏弓腹长小蠹

Doliopygus dubius (Sampscn) 榄仁树弓腹长小蠹 terminalia borer

Doliopygus erichsoni Chapuis 埃里克弓腹长小蠹

Doliopygus exilis Chap 细弓腹长小蠹

Doliopygus gracilior Schedl 薄弓腹长小蠹

Doliopygus interjectus Schedl 插补弓腹长小蠹

Doliopygus interpositus Schedl 间弓腹长小蠹

Doliopygus kenyaensis Schedl 肯尼亚弓腹长小蠹

Doliopygus malkini Schedl 玛氏弓腹长小蠹

Doliopygus paradubius Roberts 矛盾弓腹长小蠹

Doliopygus perminutissimus Schedl 钻弓腹长小蠹

Doliopygus serratus Strohmeyer 锯齿弓腹长小蠹

Doliopygus solidus Schedl 密弓腹长小蠹

Doliopygus unispinosus Schedl 单刺弓腹长小蠹

Dolithrombium 长绒螨属

Doloessa viridis Zeller 绿米螟 green rice moth

Doloisia Oudemans 珠恙螨属

Doloisia alata Schluger *et* al. 翼珠恙螨

Doloisia brachypus (Audy *et* Nadchatram) 短足珠恙螨

Doloisia diangularis Zhao *et* al. 双角珠恙螨

Doloisia donghai Xu *et* Wen 东海珠恙螨

Doloisia furcipelta Zhao *et* al. 叉板珠恙螨

Doloisia giganteus Schluger 巨珠恙螨

Doloisia guangdongensis Liang 广东珠恙螨

Doloisia hangchowensis Chen 杭州珠恙螨

Doloisia hexasternosetosa Chen *et* Hsu 六胸毛珠恙螨

Doloisia hopuensis Hsu *et* Chen 合浦珠恙螨

Doloisia jaotuana Chen *et* Hsu 爪短珠恙螨

Doloisia lingli Mo, Fan *et* Tao 鲮鲤珠恙螨

Doloisia longensis Wen *et* Jiang 陇珠恙螨

Doloisia manipurensis (Radford) 马尼浦珠恙螨

Doloisia moica Chen *et* Hsu 莫卡珠恙螨

Doloisia multicoxosetosa Chen *et* Hsu 多毛珠恙螨

Doloisia okabei Sasa *et* al. 冈部珠恙螨

Doloisia outoensis Chen *et* Hsu 拗头珠恙螨

Doloisia sinensis (Liang *et* Huang) 中华珠恙螨

Doloisia spatulata Chen *et* Hsu 枪感珠恙螨

Doloisia taihui Chen 太湖珠恙螨

Doloisia taishanensis Teng 泰山珠恙螨

Doloisia wuyishana Xu *et* al. 武夷珠恙螨

Dolomedes Latreille 狡蛛属

Dolomedes angustivirgatus Kishida 狭长狡蛛

Dolomedes chinesus Chamberlin 梨形狡蛛

Dolomedes cordivulva Strand 心形狡蛛

Dolomedes fimbriatoides Boes. *et* Str. 拟水涯狡蛛

Dolomedes fimbriatus (Clerck) 水涯狡蛛

Dolomedes hercules Boes. *et* Str. 狭条狡蛛

Dolomedes horishanus Kishida 黑脊狡蛛

Dolomedes insurgens Chamberlin 兴起狡蛛

Dolomedes mizhoanus Kishida 褐腹狡蛛

Dolomedes nigrimaculatus Song *et* Chen 黑斑狡蛛

Dolomedes plantarius (Clerck) 植狡蛛

Dolomedes raptor Boes. *et* Str. 拉普狡蛛

Dolomedes saganus Boes. *et* Str. 赤条狡蛛

Dolomedes senilis Simon 老狡蛛

Dolomedes stellatus Kishida 星狡蛛

Dolomedes sulfureus Koch 黄褐狡蛛

Dolophilodes Ulmers 短室等翅石蛾属

Dolophilodes bilobata Schmid 双叶短室等翅石蛾

Dolophilodes huangi Tian *et* Sun 黄氏短室等翅石蛾

Dolophilodes indicus Martynov 印度短室等翅石蛾

Dolophilodes ornata Ulmer 艳丽短室等翅石蛾

Dolophilodes ornatula Kimmins 华丽短室等翅石蛾

Dolophilodes pectinata (Ross) 长梳短室等翅石蛾

Dolophilodes tibetana Kimmins 西藏短室等翅石蛾

Dolophra Wu *et* Wang 长结蚁属

Dolophra politae Wu *et* Wang 亮长结蚁

Dolycoris Mulsant *et* Rey 斑须蝽属

Dolycoris baccarum (Linnaeus) 斑须蝽 sloe bug

Dolycoris indicus Stål 云南斑须蝽

Dolycoris penicillatus Horváth 中亚斑须蝽

Dometorina Grandjean 庭甲螨属

Dometorina praedatoria Wu *et* al. 普通庭甲螨

Donacia Fabricius 水叶甲属

Donacia bicoloricornis Chen 异角水叶甲

Donacia clavareaui Jacoby 毛胸水叶甲

Donacia clavipes Fabricius 芦苇水叶甲

Donacia frontalis Jacoby 短腿水叶甲

Donacia fukiensis Goecke 福建水叶甲

Donacia kweilina Chen 桂林水叶甲

Donacia lenzi Schonfeldt 多齿水叶甲

Donacia provosti Fairmaire 长腿水叶甲 rice rootworm

Donacia semenovi Jacobson 紫铜水叶甲

Donacia tuberfrons Goecke 云南水叶甲

Donacia vulgaris Zschach 芦小水叶甲

Donaciidae 水叶甲科

Donaciinae 水叶甲亚科

Donia Oudemans 顿螨属

Donndorfia Oudemans 唐多螨属

Dophla Moore 绿蛱蝶属

Dophla evelina (Stoll) 绿蛱蝶

Doraphis Matsumura *et* Hori 一条角蚜属

Doraphis populi Matsumura 杨一条角蚜 poplar horned aphid

Doraschema wildii Uhler 美桑枝天牛 mulberry borer

Doratifera oxleyi Newman 奥雷通刺蛾

Doratifera quadriguttata Walker 普通刺蛾 common cup moth

Doratifera vulnerans Lewin 桉树通刺蛾 mottled cup moth, painted cup moth

Doratopsylla Jordan *et* Rothschild 叉蚤属

Doratopsylla coreana coreana Darskaya 朝鲜叉蚤指名亚种

Doratopsylla coreana hubeiensis Liu, Wang *et* Yang 朝鲜叉蚤湖北亚种

Doratopsylla coreana jianchuanensis Xie *et* Yang 朝鲜叉蚤剑川亚种

Doratopsylla coreana sichuanensis Wei Chen *et* Liu 朝鲜叉蚤四川亚种

Doratopsylla jii Xie *et* Tian 纪氏叉蚤

Doratopsylla liui Xie *et* Xie 刘氏叉蚤

Doratopsyllinae 叉蚤亚科

Doratulina grandis Matsumura 大矛叶蝉

Doratulina producta Matsumura 日矛叶蝉

Dorcadia Ioff 长喙蚤属

Dorcadia dorcadia (Rothschild) 狍长喙蚤

Dorcadia ioffi Smit 羊长喙蚤

Dorcadia qinghaiensis Zhang, Wu *et* Cai 青海长喙蚤

Dorcadia xijiensis Zhang *et* Dang 西吉长喙蚤

Dorcus antaeus Hope 安陶锹甲

Dorcus derelictus Parry 德陶锹甲

Dorcus nepalensis Hope 尼陶锹甲

Dorcus reichei Hope 雷陶锹甲

Dorcus tityus (Hope) 悌陶锹甲

Dorsipes 背蚴螨属

Dorthesia seychellarum Westwood 见 *Icerya seychellarum*

Doryceridae 见 Otitidae

Doryctes igheus Ratzeburg 火矛茧蜂

Doryctes margaroniae Watanabe 桑螟矛茧蜂

Doryctes syagrii (Fullaway) 蕨象甲矛茧蜂

Doryctinae 吉丁茧蜂亚科

Doryctomorpha chlorophori Watanabe 虎天牛矛形茧蜂

Doryctria zimmermani (Grot) 齐默尔曼梢斑螟 Zimmerman pine moth

Dorylinae 行军蚁亚科 true army ants

Dorylus Fabricius 行军蚁属

Dorylus orientalis Westwood 东方食植行军蚁 root-eating ant

Dorysthenes Vigors 土天牛属

Dorysthenes beli Lameere 贝氏土天牛

Dorysthenes buqeueti Guèrin-Méneville 竹土天牛

Dorysthenes davidis (Fairmaire) 狭牙土天牛

Dorysthenes fossatus Pascoe 沟翅土天牛

Dorysthenes granulosus (Thomson) 蔗根土天牛

Dorysthenes hugelii Redtenbacher 苹根土天牛

Dorysthenes hydropicus Pascoe 曲牙土天牛

Dorysthenes paradoxus Fald. 大牙土天牛

Dorysthenes sternalis (Fairmaire) 钩突土天牛

Dorysthenes walkeri (Waterhouse) 长牙土天牛

Dorysthenes zivetta laosensis Gressitt *et* Rondon 老挝土天牛

Dorysthenes zivetta Thomson 西藏土天牛

Dorytomus Germar 红象属

Dorytomus roelofsi Faust 稻红象 pale rice-plant weevil

Douglasiidae 蔷潜蛾科 leafminers in Rosaceae

Downesia atrata Baly 黑背平脊甲

Downesia balyi Gressitt 浅洼平脊甲

Downesia fulvipennis Baly 红鞘平脊甲

Downesia gestroi Baly 密点平脊甲

Downesia gracilis Uhmann 瘦平脊甲

Downesia javana Weise 爪哇平脊甲

Downesia kwangtunga Gressitt 广东平脊甲

Downesia marginicollis Weise 弯缘平脊甲

Downesia nigripennis Chen *et* Tan 黑鞘平脊甲

Downesia puncticollis Chen *et* Tan 点胸平脊甲

Downesia ruficolor Pic 赤色平脊甲

Downesia sasthi Maulik 双色平脊甲

Downesia simulans Chen *et* Sun 微点平脊甲

Downesia strandi Uhmann 红背平脊甲

Downesia strigicollis Baly 脊胸平脊甲

Downesia tarsata Baly 淡色平脊甲

Downesia thoracica Chen *et* Sun 棕腹平脊甲

Downesia vandykei Gressitt 红基平脊甲

Drabescidae 胫槽叶蝉科

Drabescus Stål 胫槽叶蝉属

Drabescus nigrifemoratus Matsumura 黑腿胫槽叶蝉

Drabescus ogumai Matsumura 小熊胫槽叶蝉

Drabescus pallidus Matsumura 淡色胫槽叶蝉

Draeculacaphala Ball 闪叶蝉属

Draeculacaphala mollipes Say 尖鼻闪叶蝉 sharp-nosed leafhopper, tenderfoot leafhopper

Drailea Huang 缤金小蜂属

Drailea aristata Hunag 缤金小蜂

Drassodes Westring 掠蛛属

Drassodes auritus Schenkel 耳状掠蛛

Drassodes dispulsoides Schenkel 嗜争掠蛛

Drassodes dispulsus (Cambridge) 敌似豹掠蛛

Drassodes fugax (Simon) 迅掠蛛

Drassodes lancearius Simon 矛形掠蛛

Drassodes lapidosus (Walckenaer) 石隙掠蛛

Drassodes lapsus (Cambridge) 拉步掠蛛

Drassodes lesserti Schenkel 塞外掠蛛

Drassodes nigrosegmentatus Simon 黑节掠蛛

Drassodes pashanensis Tikader *et* Gajbe 巴夏掠蛛

Drassodes pectinifer Schenkel 栉形掠蛛

Drassodes potanini Schenkel 波氏掠蛛

Drassodes pseudopubescens Schenkel 拟柔毛掠蛛

Drassodes pubescens (Thorell) 软毛掠蛛

Drassodes saitoi Schenkel 斋氏掠蛛

Drassodes serratidens Schenkel 锯齿掠蛛

Drassodes signifer (C.L. Koch) 辛格掠蛛

Drassodes sirmourensis (Tikader *et* Gajbe) 希陆掠蛛

Drassodes tegulatus Schenkel 瓦形掠蛛

Drassodes tianschanica Hu *et* Wu 天山掠蛛

Drassyllus Chamberlin 近狂蛛属

Drassyllus excavatus Schenkel 凹近狂蛛

Drassyllus pantherius Hu *et* Wu 褐纹近狂蛛

Drassyllus pusillus (C.L. Koch) 小近狂蛛

Drassyllus sanmenensis Platnick *et* Song 三门近狂蛛

Drassyllus shaanxiensis Platnick *et* Song 陕西近狂蛛

Drassyllus vinealis (Kulczynski) 锚近狂蛛

Drasteria Hübner 妃夜蛾属

Drasteria aberrans (Staudinger) 昭妃夜蛾

Drasteria catocalis (Staudinger) 塞妃夜蛾

Drasteria caucasica (Kolenati) 寒妃夜蛾

Drasteria flexuosa (Ménétriès) 躬妃夜蛾

Drasteria picta (Christoph) 绣妃夜蛾

Drasteria rada (Boisduval) 克妃夜蛾

Drasteria saisani (Staudinger) 宁妃夜蛾

Drasteria tenera (Staudinger) 古妃夜蛾

Drepana Schrank 镰钩蛾属

Drepana curvatula (Borkhausen) 赤杨镰钩蛾

Drepana dispilata dispilata Warren 二点镰钩蛾指名亚种

Drepana dispilata grisearipennis Strand 二点镰钩蛾四川亚种

Drepana dispilata rufa Watson 二点镰钩蛾云南亚种

Drepana pallida cretacea Hampson 一点镰钩蛾四川亚种

Drepana pallida flexuosa Watson 一点镰钩蛾湖北亚种

Drepana pallida nigromaculata Okano 一点镰钩蛾台湾亚种

Drepana pallida pallida Moore 一点镰钩蛾指名亚种

Drepana rufofasciata Hampson 西藏镰钩蛾

Drepanaphis Del Guerclo 镰管蚜属

Drepanaphis acerifoliae (Thomas) 槭镰管蚜 painted maple aphid

Drepanidae 钩蛾科

Drepaninae 钩蛾亚科

Drepanoctonus auritus Chiu 耳突折背姬蜂

Drepanoderes Waterhouse 镰象属

Drepanoderes leucofasciatus Voss 云南松镰象

Drepanoptera albida Druce 微白镰翅天蚕蛾

Drepanoptera antinorii Oberthür 安梯诺镰天蚕蛾

Drepanoptera vacuna Westwood 空镰翅天蚕蛾

Drepanosiphum Koch 长镰管蚜属

Drepanosiphum platanoidis (Schrank) 悬铃木长镰管蚜 sycamore aphid

Drepanothrips Uzel 镰蓟马属

Drepanothrips reuteri Uzel 葡萄镰蓟马 grape thrips, vine thrips

Dreyfusia Börner 椎球蚜属

Dreyfusia piceae Ratzeburg 云杉椎球蚜 balsam woolly aphid

Dreyfusia todomatsui Inouye 吐氏椎球蚜

Drilidae 稚萤科 fire beetles

Drino Robineau-Desvoidy 赘寄蝇属

Drino curvipalpis Wulp 弯毛斑赘寄蝇

Drino facialis Townsend 狭颜赘寄蝇

Drino inconspicua Meigen 平庸赘寄蝇

Drino lugens Mesnil 忧郁赘寄蝇

Drino unisetosa Baranoff 软毛斑赘寄蝇

Drinostia Stål 平蟓属

Drinostia angulata Hsiao *et* Cheng 川平蟓

Drinostia fissiceps Stål 平蟓

Driopea excavatipennis Beruning 干天牛

Driopea griseobasalis Breuning 三带干天牛

Driopea luteolineata Pic 黄条干天牛

Driopea nigrofasciata Pic 黑带干天牛

Driopea nigromaculata Pic 黑斑干天牛

Dromaeolus basalis LeConte 非栉角叩甲

Dromius 速步甲属

Drosicha Walker 履绵蚧属

Drosicha burmeisteri (Westwood) 波草履蚧

Drosicha contrahens Walker 桑树履绵蚧

Drosicha corpulenta (Kuwana) 日本履绵蚧 giant mealy bug

Drosicha dalbergiae (Green) 黄檀履绵蚧 shisham scale

Drosicha howardi (Kuwana) 贺氏履绵蚧

Drosicha littorea Beardsley 短脚履绵蚧

Drosicha mangiferae Green 杧果履绵蚧 giant mango mealybug

Drosicha maskelli Cockerell 孟氏履绵蚧

Drosicha media Borchs. 柳树履绵蚧

Drosicha octocaudata Green 杧果大履绵蚧 giant mango mealybug

Drosicha pinicola (Kuwana) 松树履绵蚧 pine giant mealybug

Drosicha quadricaudata (Green) 四尾履绵蚧

Drosicha stebbingii (Green) 史氏履绵蚧 giant mango mealybug

Drosicha townsendi (Cockerell) 吕宋履绵蚧

Drosicha turkestanica Arch. 大红履绵蚧

Drosicha variegata (Green) 锡兰履绵蚧

Drosichiella cellulosa Takahashi 见 *Perissopneumon cellulosa*

Drosichiella phyllanthi (Green) 见 *Perissopneumon phyllanthi*

Drosichiella tamarinda (Green) 见 *Perissopneumon tamarinda*

Drosichiella tectonae Morrison 见 *Perissopneumon tectonae*

Drosophila Fallén 果蝇属

Drosophila bizonata Kikkawa *et* Peng 双带果蝇

Drosophila furcapenis Zhang *et* Liang 叉茎果蝇

Drosophila furcapenisoides Zhang *et* Liang 拟叉茎果蝇

Drosophila fustiformis Zhang *et* Liang 棒果蝇

Drosophila longifurcapenis Zhang *et* Liang 长叉茎果蝇

Drosophila suzukii Matsumura 樱桃果蝇 cherry drosophila

Drosophilidae 果蝇科 vinegar flies, small fruit flies

Drunella fusongensis Su *et* Gui 抚松弯握蜉

Dryadomorpha Kirkaldy 叉茎叶蝉属

Dryadomorpha pallida Kirkaldy 叉茎叶蝉

Dryinidae 螯蜂科 dryinid wasps, dryinids

Drymeia Meigen 胡蝇属

Drymeia aculeata (Stein) 针裸胡蝇

Drymeia aeneoventrosa (Fan, Jin *et* Wu) 铜腹胡蝇

Drymeia altica (Pont) 高山胡蝇

Drymeia apiciventris (Fan) 直突胡蝇

Drymeia beelzebub (Pont) 毛掌胡蝇

Drymeia brevifacies (Fan) 短颜胡蝇

Drymeia brumalis (Rondani) 冬胡蝇

Drymeia cinerascens (Fan) 拟灰腹胡蝇

Drymeia fulvinervula (Fan, Jin *et* Wu) 黄脉胡蝇

Drymeia ganziensis (Fan) 甘孜胡蝇

Drymeia gongshanensis (Fan) 贡山胡蝇

Drymeia grapsopoda (Xue *et* Cao) 蟹爪胡蝇

Drymeia hirsutitibia (Fan) 蓬胫胡蝇

Drymeia hirticeps (Stein) 毛头胡蝇

Drymeia magnifica (Pont) 立栉跗胡蝇

Drymeia melargentea (Fan) 银颧胡蝇

Drymeia metatarsata (Stein) 缨足胡蝇

Drymeia metatarsata fimbricoxa (Fan, Jin *et* Wu) 缨基胡蝇

Drymeia midtibia (Fan) 毛中胫胡蝇

Drymeia nigrinterfrons (Fan) 黑间额胡蝇

Drymeia oculipilosa (Fan) 毛眼胡蝇

Drymeia palpibrevis (Fan, Jin *et* Wu) 短须胡蝇

Drymeia pectinitibia (Fan, Jin *et* Wu) 栉胫胡蝇

Drymeia plumisaeta (Fan, Jin *et* Wu) 羽芒胡蝇

Drymeia pollinosa (Stein) 粉腹胡蝇

Drymeia qiaoershanensis (Fan) 雀儿山胡蝇

Drymeia spinifemorata (Stein) 刺股胡蝇

Drymeia stenoperistoma (Fan) 直颊胡蝇

Drymeia tibetana (Schnabl *et* Dziedzicki) 青藏胡蝇

Drymeia totipilosa (Fan) 全列胡蝇

Drymeia vicana (Harris) 脱色胡蝇

Drymeia xinjiangensis (Qian *et* Fan) 新疆胡蝇

Drymeia yadongensis (Zhong, Wu *et* Fan) 亚东胡蝇

Drymeia yunnanaltica (Fan) 滇高山胡蝇

Drymococcus Borchs. 垂粉蚧属(林粉蚧属)

Drymococcus rhizophilus Borchs. 栎根垂粉蚧(根林粉蚧, 思茅垂粉蚧)

Drymonia Hübner 林舟蛾属

Drymonia dodonides (Staudinger) 锯纹林舟蛾

Drymus Fieber 林长蝽属

Drymus latus obscurior Kerzhner 大林长蝽

Drymus pilicornis (Mulsant *et* Rey) 毛角林长蝽

Drymus sylvaticus (Fabricius) 林长蝽

Dryobotodes Warren 纯毛冬夜蛾属

Dryobotodes monochroma Esper 纯毛冬夜蛾

Dryocoetes Eichhoff 毛小蠹属

Dryocoetes affaber (Mann.) 美云杉毛小蠹

Dryocoetes autographus Ratzeburg 肾点毛小蠹 spruce root bark beetle

Dryocoetes baicalicus Reitter 落叶松毛小蠹

Dryocoetes betulae Hopkins 桦皮毛小蠹 birch bark beetle

Dryocoetes confusus Swaine 西部香脂冷杉毛小蠹 western balsam bark beetle

Dryocoetes hectographus Reitter 云杉毛小蠹

Dryocoetes hirsutus Schedl 见 *Dryocoetiops hirsutus*

Dryocoetes luteus Blandford 额毛小蠹

Dryocoetes picipennis Eggers 黑色毛小蠹

Dryocoetes rugicollis Eggers 圆尾毛小蠹

Dryocoetes striatus Eggers 冷杉毛小蠹 fir bark beetle

Dryocoetes uniseriatus Eggers 密毛小蠹

Dryocoetiops coffeae Eggers 咖啡似毛小蠹

Dryocoetiops hirsutus Schedl 硬毛似毛小蠹

Dryocosmus kuriphilus Yasumatsu 栗瘿蜂 chestnut gall wasp

Dryocosmus quercuspalustris (O. S.) 栎瘿蜂 succulent oak gall wasp

Dryomyia shawiae Anderson 树紫菀叶泡瘿蚊 olearia leaf-blister midge

Dryomyzidae 圆头蝇科 marsh flies, dryomyzid flies

Dryopantes scutellaris Hartig 见 *Cynips quercusfolii*

Dryophilocoris alni Zou 桤戟盲蝽

Dryopidae 泥甲科 subaquatic and aquatic beetles, long-toed water beetles

Drypta lineola Chaud. 条逮步甲

Drypta ussuriensis Jedl. 绿逮步甲

Drytribus Wollaston 树象属

Dryudella Spinola 螯异色泥蜂属

Dryudella maculifrons (Cameron) 斑额螯异色泥蜂

Dryxiphia albiantennata Okutani 白角长颈树蜂

Dryxiphia punctissima Maa 密点长颈树蜂

Dryxiphia radiata Maa 放射长颈树蜂

Duanjina Kuoh 短茎叶蝉属

Duanjina liangdiana Kuoh 二点短茎叶蝉

Duatofronsaspis garciniae Yang *et* Hu 云南管蛎盾蚧

Dubininellus Wainstein 小杜绥螨属

Ducetia Stål 黑条螽属

Ducetia japonica Thunberg 黑条螽

Ductofronsaspis Yang *et* Hu 管蛎盾蚧属

Ductofronsaspis huangyanensis Yang *et* Hu 黄岩管蛎盾蚧

Ductofronsaspis jingdongensis Yang *et* Hu 景东管蛎盾蚧

Dudusa Walker 蕊尾舟蛾属

Dudusa nobilis Walker 著蕊尾舟蛾

Dudusa sphingiformis Moore 黑蕊尾舟蛾

Dufourea armata Popov 青海杜隧蜂

Dufourea chlora Wu 绿光杜隧蜂

Dufourea lijiangensis Wu 丽江杜隧蜂

Dufourea pseudometallica Wu 拟高原杜隧蜂

Dufourea tibetensis Wu 西藏杜隧蜂

Dufourea yunnanensis Wu 云南杜隧蜂

Dufoureinae 杜隧蜂亚科

Dufouriellus ater (Dufour) 黑沟胸花蝽

Duirocoris Maa *et* Lin 尾瘤蝽属

Duirocoris nakabayashii (Sonan) 原尾瘤蝽

Dulinus Distant 贝肩网蝽属

Dulinus conchatus Distant 贝肩网蝽

Duliophyle Warren 杜尺蛾属

Duliophyle agitata (Butler) 杜尺蛾

Dunda ornata Moore 丽饰杜夜蛾

Dunnius fulvescens (Dallas) 版纳杜蝽

Duolandrevus coultonianus Saussure 树秃蟀

Duomitus Butler 大蠹蛾属

Duomitus ceramicus Walker 栎大蠹蛾 large teak borer

Duplachionaspis MacGillivray 复盾蚧属

Duplachionaspis divergens (Green) 凹叶复盾蚧

Duplachionaspis erianthi Borchs. 中亚复盾蚧

Duplachionaspis fujianensis Chen 福建复盾蚧

Duplachionaspis graminella (Borchs.) 拟禾复盾蚧

Duplachionaspis graminis (Green) 禾芒复盾蚧

Duplachionaspis miscanthiae (Kuw.) 见 *Duplachionaspis divergens*

Duplachionaspis oblonga Chen 矩圆复盾蚧

Duplachionaspis rotundata Chen 近圆复盾蚧

Duplachionaspis saccharifolii (Zehntner) 甘蔗复盾蚧 cane leaf scale

Duplachionaspis stanotophri (Cooley) 芦竹复盾蚧

Duplachionaspis subtilis Borchsenius 禾草复盾蚧

Duplaspidiotus MacGillivray 重圆盾蚧属

Duplaspidiotus claviger (Cockerell) 柘榴重圆盾蚧 camellia mining scale, dupla scale

Duplaspidiotus tesseratus De Charmoy 嵌重圆盾蚧

Dura Moore 扇毒蛾属

Dura alba Moore 扇毒蛾

Durenia 硬小绒螨属

Durganda Amyot *et* Serville 杜猎蝽属

Durganda pedestris Distant 蓝光杜猎蝽

Durganda rubra Amyot *et* Serville 红杜猎蝽

Durgandana Miller 坚猎蝽属

Durgandana formidabilis (Distant) 红坚猎蝽

Duroniella Bol. 垫蝗属

Duroniella angustata Mistsh. 细垫蝗

Duroniella gracilis Uv. 长角细垫蝗

Dusona Cameron 都姬蜂属

Dusona bicoloripes (Ashmead) 两色都姬蜂

Dusona japonica (Cameron) 日本都姬蜂

Dusuna Distant 凹室叶蝉属

Dusuna bimaculata Cai *et* Kuoh 二绞凹室叶蝉

Dusuna nigrofasciata Cai *et* Kuoh 黑带凹室叶蝉

Dworakowskaia Chou *et* Zhang 德小叶蝉属

Dworakowskaia hainanensis Chou *et* Zhang 海南德小叶蝉

Dybowskyia Jakovlev 滴蝽属

Dybowskyia reticulata (Dallas) 滴蝽

Dymantis plana (Fabricius) 斑翅蝽

Dymantiscus Hsiao 狄蝽属

Dymantiscus marginatus Hsiao 扁胸狄蝽

Dymasius aureofulvescens Gressitt *et* Rondon 金黄拟裂眼天牛

Dymasius granulicollis Gressitt *et* Rondon 粒胸拟裂眼天牛

Dymasius maculatus Gressitt *et* Rondon 斑胸拟裂眼天牛

Dymasius niger Gressitt *et* Rondon 黑拟裂眼天牛

Dymasius parvus Gressitt *et* Rondon 褐斑拟裂眼天牛

Dymasius prominor Gressitt *et* Rondon 灰拟裂眼天牛

Dymasius simplex Gressitt *et* Rondon 粗柄拟裂眼天牛

Dymasius vitens Pascoe 纵沟拟裂眼天牛

Dymorphocosmisoma diversicornis Pic 纤角天牛

Dynaspidiotus Thiem *et* Gerneck 大圆盾蚧属

Dynaspidiotus britannicus (Newstead) 冬青狭圆盾蚧

Dynaspidiotus meyeri (Marlatt) 冷杉大圆盾蚧

Dynastes L. 犀金龟属

Dynastes gideon (Linnaeus) 橡胶犀金龟

Dynastes tityus (L.) 白腊树犀金龟 eastern hercules beetle

Dynastidae 犀金龟科(独角仙科)

Dyobelba Norton 双珠足甲螨属

Dyobelba biclavata Wang *et* Norton 箸双珠足甲螨

Dypna Kiriakoff 角瓣舟蛾属

Dypna triangularis Kiriakoff 角瓣舟蛾

Dypterygia Stephens 翅夜蛾属

Dypterygia caliginosa (Walker) 暗翅夜蛾

Dypterygia indica (Moore) 印度翅夜蛾

Dypterygia japonica (Leech) 日翅夜蛾

Dyrzela plagiata Walker 斑线夜蛾

Dyrzela squamata Warren 甲线夜蛾

Dysanema Uv. 霄蝗属

Dysanema irvinei Uv. 珠峰霄蝗

Dysanema malloryi Uv. 玛霄蝗

Dysaphis Börner 西圆尾蚜属

Dysaphis anthrisci Börner 峨参西圆尾蚜

Dysaphis devecta (Walker) 苹果红西圆尾蚜 rosy leaf-curling aphid

Dysaphis plantaginea (Passerini) 车前西圆尾蚜 rosy apple aphid

Dysaphis tulipae Boyer de Fonscolombe 百合西圆尾蚜 tulip aphid, tulip bulb aphid

Dysauxes punctata hyalina Freyer 透点阴鹿蛾

Dyscerus Faust 横沟象属

Dyscerus cribripennis Matsumura *et* Kôno 大粒横沟象

Dyscerus juglans Chao 核桃横沟象

Dyscerus longiclavis Marshall 长棒横沟象

Dyscerus pustulatus (Kôno) 泡瘤横沟象

Dyscheres rugosus Pascoe 粗点柄眼象

Dyschiriognatha Simon 锯螯蛛属

Dyschiriognatha dentata Zhu *et* Wang 栉齿锯螯蛛

Dyschiriognatha quadrimaculata Boes. *et* Str. 四斑锯螯蛛

Dyschiriognatha tenera (Karsch) 柔弱锯螯蛛

Dyschiriognatha yiliensis Hu *et* Wu 伊犁锯螯蛛

Dyschirius 珠步甲属

Dyschloropsis Warren 迪青尺蛾属

Dyschloropsis impararia (Guenée) 迪青尺蛾

Dyscinetus Harold 黑犀金龟属

Dyscinetus morator Fabricius 蔗黑犀金龟 sugarcane

boring dynastid

Dyscritaspis 杂盾螨属

Dyscritulus 方头蚜茧蜂属

Dysdera Latreille 石蛛属

Dysdera crocota C.Koch 石蜘蛛

Dysdercus Amyot *et* Serville 棉红蝽属

Dysdercus cingulatus (Fabricius) 棉红蝽(离斑棉红蝽) cotton bug, oriental cotton stainer, cotton stainer, red cotton bug

Dysdercus decussatus Boisduval 叉带棉红蝽

Dysdercus evanescens Distant 细斑棉红蝽

Dysdercus fasciatus Sign. 带纹棉红蝽 cotton stainer

Dysdercus nigrofasciatus Stål 黑带棉红蝽 cotton stainer

Dysdercus poecillus (Herrich-Schäffer) 联斑棉红蝽 small cotton bug, small oriental cotton stainer

Dysdercus superstitiosus Fabricius 点棉红蝽 red cotton stainer

Dysderidae 石蛛科

Dysmicoccus Ferris 灰粉蚧属(洁粉蚧属,嫡粉蚧属)

Dysmicoccus aciculus Ferris 辐射松灰粉蚧 Monterey pine mealybug

Dysmicoccus alazon Williams 香蕉灰粉蚧

Dysmicoccus balticus Koteja *et* Lagowska 波兰灰粉蚧

Dysmicoccus boninsis (Kuwana) 甘蔗灰粉蚧(蔗洁粉蚧, 甘蔗嫡粉蚧) gray sugarcane mealybug, pink mealybug

Dysmicoccus brevipes (Cockerell) 菠萝灰粉蚧(菠萝洁粉蚧,菠萝嫡粉蚧) pineapple mealybug

Dysmicoccus carens Williams 印度灰粉蚧

Dysmicoccus cuspidatae (Rau.) 尖灰粉蚧

Dysmicoccus dengwuensis Ferris 广东灰粉蚧(秀洁粉蚧)

Dysmicoccus glandularis Basarov 塔吉克灰粉蚧

Dysmicoccus innermongolicus Tang 内蒙灰粉蚧

Dysmicoccus jizani Matile-Ferrero 阿拉伯灰粉蚧

Dysmicoccus kazanskyi (Borchs.) 雀麦灰粉蚧

Dysmicoccus multivorus (Kir.) 中亚灰粉蚧 polyphagous mealybug

Dysmicoccus obesus (Lob.) 肥灰粉蚧

Dysmicoccus pauper Danzig 远东灰粉蚧

Dysmicoccus ryani (Coquillett) 柏木灰粉蚧 cypress mealybug

Dysmicoccus saipanensis (Shiraiwa) 椰子灰粉蚧

Dysmicoccus sasae (Kanda) 箬竹灰粉蚧

Dysmicoccus shintensis Tak. 台湾灰粉蚧

Dysmicoccus triadus Williams 三管灰粉蚧

Dysmicoccus walkeri (Newst.) 古北灰粉蚧 Walker's mealybug

Dysmicoccus williamsi Avasthi *et* Shafee 威廉灰粉蚧

Dysmicoccus wistariae (Green) 紫藤灰粉蚧 pear mealybug

Dysmilichia Speiser 井夜蛾属

Dysmilichia calamistrata (Moore) 渗井夜蛾

Dysmilichia gemella (Leech) 井夜蛾

Dysodia Clemens 后窗网蛾属

Dysodia ferruginous Chu *et* Wang 锈黄后窗网蛾

Dysodia ignita Walker 霉黄后窗网蛾

Dysodia magnifica Whalley 橙黄后窗网蛾

Dyspessa Hübner 葱木蠹蛾属

Dyspessa thianshanica Daniel 天山木蠹蛾

Dyspessa tristis Bang-Haas 黯木蠹蛾

Dyspetes Förster 切顶姬蜂属

Dyspetes areolatus He *et* Wan 具区切顶姬蜂

Dyspetes curvicarinatus He *et* Wan 弧脊切顶姬蜂

Dyspetes longipetiolaris He *et* Wan 长柄切顶姬蜂

Dyspetes nigricans He *et* Wan 黑切顶姬蜂

Dyspetes sinensis He *et* Wan 中华切顶姬蜂

Dysphania Hübner 豹尺蛾属

Dysphania militaris (Linnaeus) 豹尺蛾

Dysstroma Hübner 涤尺蛾属

Dysstroma albiangulata (Warren) 银纹涤尺蛾

Dysstroma brunneoviridata Heydemann 褐绿涤尺蛾

Dysstroma carescotes (Prout) 荫涤尺蛾

Dysstroma cinereata (Moore) 灰涤尺蛾

Dysstroma citrata (Linnaeus) 舒涤尺蛾

Dysstroma dentifera (Warren) 齿纹涤尺蛾

Dysstroma flavifusa (Warren) 黄涤尺蛾

Dysstroma hemiagna (Prout) 半洁涤尺蛾

Dysstroma imitaria Heydemann 仿涤尺蛾

Dysstroma incolorata Heydemann 闲涤尺蛾

Dysstroma korbi Heydemann 前涤尺蛾

Dysstroma latefasciata (Staudinger) 白点涤尺蛾

Dysstroma ochreogriseata Heydemann 灰黄涤尺蛾

Dysstroma proavia Heydemann 带涤尺蛾

Dysstroma rotundatefasciata Heydemann 圆带涤尺蛾

Dysstroma sikkimensis Heydemann 锡金涤尺蛾

Dysstroma singularia Heydemann 独涤尺蛾

Dysstroma subapicaria (Moore) 双月涤尺蛾

Dysstroma tenebricosa Heydemann 乌涤尺蛾

Dysstroma truncata (Hüfnagel) 茎涤尺蛾

Dysstroma volutata (Prout) 旋涤尺蛾

Dystactinae 三叶螳螂亚科

Dystasia laosica Breuning 老挝显粒天牛

Dystasia rondoni Breuning 条胸显粒天牛

Dystomorphus Pic 刺脊天牛属

Dystomorphus notatus Pic 松刺脊天牛

Dytiscidae 龙虱科 predaceous diving beetles, water beetles, ditiscids

Dytiscus L. 龙虱属

Dytiscus marginalis L. 黄缘龙虱 false diving beetle

Dytiscus sharpi Wehncke 夏氏黑龙虱 Sharp diving beetle

E

Eaborellia annulipes Lucas 环足白角肥螋 ringlegged earwig

Eacles imperialis (Drury) 帝大蚕蛾 imperial moth

Eagris decastigma Mabilla 乌干达幼苗弄蝶

Eana Billberg 山卷蛾属

Eana argentana Clerck 银山卷蛾

Eana osseana Scopoli 雅山卷蛾

Eana penziana (Thunberg) 景天山卷蛾

Earias biplaga Walker 非洲金钢钻 spiny bollworm

Earias cupreoviridis Walker 鼎点金钢钻 spiny bollworm, cotton rough bollworm

Earias pudicana pupillana Staudinger 一点金刚钻

Earias roseifera Butler 玫瑰金钢钻 azalea rough bollworm

Earophila Gumppenberg 蓓尺蛾属

Earophila correlata (Warren) 蓓尺蛾

Eatoniana 伊顿赤螨属

Eatonigenia Ulmer 伊蜉属

Eatonigenia chaperi Navás 查氏伊蜉

Eberhardia Oudemans 爱赫螨属

Ebertia Oudemans 爱培螨属

Eboda Walker 圆翅卷蛾属

Eboda celligera Meyrick 圆翅卷蛾

Eburia quadrigeminata Say 白点埃天牛 ivory-maked longhorn beetle

Ecacanthothripidae 锥蓟马科

Ecacanthothrips Bagnall 锥蓟马

Ecacanthothrips inarmatus Kurosawa 橘锥蓟马 Japanese citrus thrips

Eccoptopterus sexspinosus Motsch. 含羞草六齿小蠹

Eccoptosage Kriechbaumer 遏姬蜂属

Eccoptosage miniata (Uchida) 朱色遏姬蜂

Ecdyonuridae 扁蜉蝣科 stream mayflies

Ecdyonurus Walksh 扁蜉蝣属

Ecdyonurus kerklotsi Hsu 克氏扁蜉蝣

Ecdytolopha Zeller 槐小卷蛾属

Ecdytolopha insiticiana Zeller 洋槐小卷蛾 locust twig borer

Echidnophaga Olliff 角头蚤属

Echidnophaga gallinacea (Westwood) 禽角头蚤

Echidnophaga murina (Tiraboschi) 鼠角头蚤

Echidnophaga ochotona Li 鼠兔角头蚤

Echidnophaga oschanini Wagner 长吻角头蚤

Echidnophaga tiscadaea Smit 铁氏角头蚤

Echidnophagidae 钻蚤科 sticktights, chigoes

Echimyopus 棘鼠螨属

Echimyopus dasypus Fain 多毛棘鼠螨

Echinacarus Keifer 多刺瘿螨属

Echinocnemus Schoenherr 稻象属

Echinocnemus spuameus (Billberg) 稻象 rice curculio, rice plant weevil

Echinolaelaps Ewing 棘厉螨属

Echinomegistus Berlese 棘巨螨属

Echinomegistus wheeleri (Wasmann) 惠氏棘巨螨

Echinonyssus Hirst 棘刺螨属

Echinonyssus longisetosus Mo 长毛棘刺螨

Echinonyssus nasutus Hirst 鼻棘刺螨

Echinophthiriidae 棘虱科 spiny lice, scaly lice

Echinopsis Fan 棘黑螨属

Echinopsis fukiensis Fan 福建棘黑螨

Echinosomatidae 棘螋科

Echo 赤基色螅属

Echo incarnata Karsch 赤基色螅

Echotropis Jordan 蛇尾长角象属

Echthrogonatopus Perkins 毁螯跳小蜂属

Echthromorpha Holmgren 恶姬蜂属

Echthromorpha agrestoria notulatoria (Fabricius) 斑翅恶姬蜂显斑亚种

Eclipophleps Tarb. 脊翅蝗属

Eclipophleps kozlovi Mistsh. 科脊翅蝗

Eclipophleps sinkiangensis Liu 新疆脊翅蝗

Eclipophleps xizangensis Liu 西藏脊翅蝗

Ecliptopera Warren 折线尺蛾属

Ecliptopera acalles (Prout) 丑折线尺蛾

Ecliptopera albogilva Prout 黄折线尺蛾

Ecliptopera angustaria (Leech) 狭折线尺蛾

Ecliptopera benigna (Prout) 方折线尺蛾

Ecliptopera capitata (Herrich-Schäffer) 首折线尺蛾

Ecliptopera delecta (Butler) 双弓折线尺蛾

Ecliptopera dimita (Prout) 文脉折线尺蛾

Ecliptopera falsiloqua (Prout) 峨眉折线尺蛾

Ecliptopera fastigata (Püngeler) 巅折线尺蛾

Ecliptopera furva (Swinhoe) 黑折线尺蛾

Ecliptopera haplocrossa (Prout) 隐折线尺蛾

Ecliptopera muscicolor (Moore) 苔色折线尺蛾

Ecliptopera obscurata (Moore) 昏暗折线尺蛾

Ecliptopera postpallida (Prout) 白花折线尺蛾

Ecliptopera recordans Prout 纪折线尺蛾

Ecliptopera rectilinea Warren 直折线尺蛾

Ecliptopera relata (Butler) 半环折线尺蛾

Ecliptopera silaceata (Denis *et* Scheffermuller) 幔折线尺蛾

Ecliptopera substituta (Walker) 屈折线尺蛾

Ecliptopera umbrosaria (Motschulsky) 绣纹折线尺蛾

Ecnomidae 径石蛾科

Ecnomus bicolus Tian *et* Li 双色径石蛾

Ecnomus foochowensis Mosely 福州径石蛾

Ecnomus tenellus Ramber 纤细径石蛾

Ecpantheria Hübner 依灯蛾属

Ecpantheria albicornis Grot 透翅依灯蛾 pod moth

Ecpantheria hambletoni Schaus. 木槿依灯蛾 hibiscus leaf moth

Ecphanthacris Tink. 罕蝗属

Ecphanthacris mirabilis Tink. 罕蝗

Ecphylus hattorii Kôno et Watanabe 小蠹小脉茧蜂

Ecphymacris Bi 疹蝗属

Ecphymacris lofaoshana (Tink.) 罗浮山疹蝗

Ectatops Amyot et Serville 眼红蝽属

Ectatops gelanor Kirkaldy et Edwards 乌眼红蝽

Ectatops ophthalmicus (Burmeister) 丹眼红蝽

Ectatorrhinus Lacordaire 宽肩象属

Ectatorrhinus adamsi Pascoe 宽肩象

Ectatosticta Simon 延斑蛛属

Ectatosticta davidi (Simon) 大卫延斑蛛

Ectemniinae 新蚋亚科

Ectemnius Dahlbom 切方头泥蜂属

Ectemnius chrysites (Kohl) 横皱切方头泥蜂

Ectemnius continuus (Fabricius) 连续切方头泥蜂

Ectemnius fossorius (Linnaeus) 纵皱切方头泥蜂

Ectemnius spinipes (Morawitz) 刺股切方头泥蜂

Ectephrina Wehrli 酉尺蛾属

Ectinoderinae 粘猎蝽亚科

Ectinohoplia Redtenbacher 平爪鳃金龟属

Ectinohoplia auriventris Moser 隆胸平爪鳃金龟

Ectinohoplia obducta Motschulsky 广布平爪鳃金龟

Ectinohoplia rufipes Motschulsky 红足平爪鳃金龟

Ectinohoplia sulphuriventris Redtenbacher 双点平爪鳃金龟

Ectinus longicollis Lewis 长角清叩甲

Ectinus persimilis Lewis 尖袋清叩甲

Ectinus sericeus Candeze 小麦清叩甲 wheat wireworm

Ectmetopterus micantulus (Horváth) 甘薯跃盲蝽

Ectobiidae 椭蠊科

Ectobius Stephens 椭蠊属

Ectobius livens (Turton) 地中海斑椭蠊 spotted Mediterranean cockroach

Ectobius pallidus (Olivier) 茶色椭蠊 tawny cockroach

Ectolopsis Piersig 外轴水螨属

Ectolopsis multiscutata Piersig 多盾外轴水螨

Ectomerus Newkirk et Keifer 外节瘿螨属

Ectometopterus micantulus Horváth 日本庭园盲蝽 Japanese garden fleahopper

Ectomocoris Mayr 哎猎蝽属

Ectomocoris atrox Stål 黑哎猎蝽

Ectomocoris biguttulus Stål 二星哎猎蝽

Ectomocoris flavomaculatus Stål 黄斑哎猎蝽

Ectomyelois ceratoniae Zeller 刺槐荚螟 blunt-winged knothorn moth, locust bean moth

Ectopsocus biuncialis Li 双钩外啮虫

Ectrephidae 澳蚁亚科 Australian ant-loving beetles, broad-horned beetles

Ectrichodinae 光猎蝽亚科

Ectropis Hübner 埃尺蛾属

Ectropis bhurmitra Walker 林埃尺蛾

Ectropis concinnata Wileman 雅埃尺蛾

Ectropis crepuscularia Denis et Schniffermueller 鞍形埃尺蛾 small engrailed moth, saddle-backed looper

Ectropis deodarae Prout 喜马拉雅雪松埃尺蛾 deodar looper

Ectropis excellens Butler 耸埃尺蛾

Ectropis excursaria Guenée 逸埃尺蛾

Ectropis obliqua Warren 小埃尺蛾 apple geometrid

Ectrychotes Burmeister 光猎蝽属

Ectrychotes andreae (Thunberg) 黑光猎蝽

Ectrychotes atripes Hsiao 黑足光猎蝽

Ectrychotes breviceps Hsiao 短头光猎蝽

Ectrychotes comottoi Lethierry 缘斑光猎蝽

Ectrychotes crudelis (Fabricius) 黑酷光猎蝽

Ectrychotes gressitti China 红腹光猎蝽

Ectrychotes lingnanensis China 南方光猎蝽

Ectrychotes rubellus Hsiao 艳红光猎蝽

Ectrychotes ventralis Hsiao 黑腹光猎蝽

Edaphus aschnaae Makhan 阿喜土隐翅虫

Edaphus rishwani Makhan 里氏土隐翅虫

Edenticornia formosana Malaise 太平山蕨叶蜂

Edessena Walker 白肾夜蛾属

Edessena gentiusalis Walker 白肾夜蛾

Edessena hamada Felder et Rogenhofer 钩白肾夜蛾

Edwardsiana Jazykov 埃小叶蝉属

Edwardsiana ishidai Matsumura 艾氏埃小叶蝉

Edwardsiana rosae (Linnaeus) 蔷薇埃小叶蝉 rose leafhopper

Egesina albolineata Breuning 鹊肾树艾格天牛

Egesina partealboantennata Brening 斜带艾格天牛

Egesina rondoni Brening 郎氏艾格天牛

Eginiinae 夜蝇亚科

Egira Duponchel 栖夜蛾属

Egira bella Butler 丽栖夜蛾

Egle Robineau-Desvoidy 柳花蝇属

Egle asiatica Hennig 亚洲柳花蝇

Egle cyrtacra Fan et Wang 弯头柳花蝇

Egle minuta (Meigen) 微小柳花蝇

Egle parva Robineau-Desvoidy 方头柳花蝇

Egle rectapica Ge et Fan 直头柳花蝇

Egnasia Walker 厄夜蛾属

Egnasia ephyrodalis Walker 厄夜蛾

Egnatiinae 皱腹蝗亚科

Egnatioides Voss. 拟皱腹蝗属

Egnatioides xinjiangensis Liu 新疆拟皱腹蝗

Egnatius Stål 皱腹蝗属

Egnatius apicalis Stål 长角皱腹蝗

Egropa Melichar 额蚁蜡蝉属

Egropa tenasserimensis Distant 缅额蚁蜡蝉

Ehrhornia Ferris 隐粉蚧属

Ehrhornia cupressi (Ehrhorn) 柏隐粉蚧 cypress bark mealybug

Eidophelus Eichhoff 眇小蠹属

Eidophelus imitans Eichhoff 栎眇小蠹 chestnut-leafed oak bark beetle

Eilema Walker 土苔蛾属

Eilema affineola (Bremer) 亲土苔蛾

Eilema albivenosa Fang 白脉土苔蛾

Eilema apicalis (Walker) 端褐土苔蛾

Eilema auriflua (Moore) 耳土苔蛾

Eilema basinota (Moore) 前暗土苔蛾

Eilema bomiensis Fang 波密土苔蛾

Eilema brevipennis (Walker) 布土苔蛾

Eilema chekiangica (Daniel) 浙土苔蛾

Eilema conformis (Walker) 额黑土苔蛾

Eilema conica Fang 锥土苔蛾

Eilema costipuncta (Leech) 缘点土苔蛾

Eilema cribrata Staudinger 筛土苔蛾

Eilema degenerella (Walker) 雪土苔蛾

Eilema dentata Fang 齿土苔蛾

Eilema flavociliata Lederer 后褐土苔蛾

Eilema fumidisea (Hampson) 黄边土苔蛾

Eilema furcatus Fang 分叉土苔蛾

Eilema fuscodorsalis (Matsumura) 棕背土苔蛾

Eilema griseola (Hübner) 灰土苔蛾

Eilema hounei (Daniel) 贺土苔蛾

Eilema hunaica (Daniel) 湘土苔蛾

Eilema japonica (Leech) 日土苔蛾

Eilema lutarella (Linnaeus) 泥土苔蛾

Eilema mesospila Fang 中点土苔蛾

Eilema milina Fang 米林土苔蛾

Eilema minima (Daniel) 小土苔蛾

Eilema minor Okano 微土苔蛾

Eilema moorei (Leech) 粉鳞土苔蛾

Eilema nigripoda (Bremer) 黄土苔蛾

Eilema nigriprosoma Fang 前黑土苔蛾

Eilema nigripuncta Fang 黑点土苔蛾

Eilema plagiata (Walker) 方斑土苔蛾

Eilema protuberans (Moore) 突缘土苔蛾

Eilema reticulata (Moore) 网土苔蛾

Eilema stigma Fang 前痣土苔蛾

Eilema suffusa (Leech) 荫土苔蛾

Eilema szetchana (Sterneck) 蜀土苔蛾

Eilema tetragona Walker 长斑土苔蛾

Eilema tortricoides (Walker) 卷土苔蛾

Eilema uniformeola (Daniel) 单土苔蛾

Eilema ussurica (Daniel) 乌土苔蛾

Eilema varana (Moore) 银土苔蛾

Eilema vicaria (Walker) 代土苔蛾

Eilema wudingensis Fang 武定土苔蛾

Eilicrinia Hübner 蟠尺蛾属

Eilicrinia flava (Moore) 黄蟠尺蛾

Einfeldia Kieffer 腹鳃摇蚊属

Einfeldia dissidens (Walker) 异腹鳃摇蚊

Einfeldia pagana (Meigen) 扁股异腹鳃摇蚊

Eirenephilus Ikonnikov 燕蝗属

Eirenephilus longipennis (Shiraki) 长翅燕蝗

Elacatidae 方胸甲科 othniid beetles

Elachertidae 寡节小蜂科

Elachertus Spinola 狭面姬小蜂属

Elachertus nigritulus (Zetterstedt) 透翅蛾狭面姬小蜂

Elachiptera Macouart 宽芒秆蝇属

Elachiptera insignis Thomson 麦宽芒秆蝇

Elachistidae 小潜蛾科 elachistidis

Elaphiceps Buckton 鹿角蝉属

Elaphidion incerum Newmann 北美桑牡鹿天牛 mulberry bark borer

Elaphidion mucronatum (Say) 纺织牡鹿天牛 spined bark borer

Elaphidion villosum (Fabricius) 栎剪枝牡鹿天牛 oak twig-pruner

Elaphodes cervinus Suffrian 黑荆树金毛叶甲 golden-haired leaf-beetle

Elaphodes tigrinus Chapuis 见 *Elaphodes cervinus*

Elaphropoda percarinata Cockerell 脊长足条蜂

Elasmidae 扁股小蜂科

Elasmocorinae 扁猎蝽亚科

Elasmognathus greeni Kitby 格氏胡椒网蝽 pepper lace bug

Elasmognathus hewitti Distant 胡椒果网蝽 pepper tingid

Elasmopalpus lignosellus (Zeller) 南美玉米苗斑螟 lesser cornstalk borer

Elasmoscelis Stål 瑷璐蜡蝉属

Elasmoscelis perforata Walker 扁足瑷璐蜡蝉

Elasmosoma berolinense Ruthe 柏林两须茧蜂

Elasmostethus Fieber 直同蝽属

Elasmostethus brevis Lindberg 短直同蝽

Elasmostethus humeralis Jakovlev 宽肩直同蝽

Elasmostethus interstinctus (Linnaeus) 直同蝽

Elasmostethus kansuensis Hsiao *et* Liu 甘肃直同蝽

Elasmostethus scotti Reuter 钝肩直同蝽

Elasmostethus yunnanus Hsiao *et* Liu 云南直同蝽

Elasmotropis Stål 船兜网蝽属

Elasmotropis distans (Jakovleff) 船兜网蝽

Elasmucha Stål 匙同蝽属

Elasmucha albicincta Distant 喜匙同蝽

Elasmucha angulare Hsiao *et* Liu 棕角匙同蝽

Elasmucha aspera (Walker) 糙匙同蝽

Elasmucha decorata Hsiao *et* Liu 娇匙同蝽

Elasmucha dorsalis (Jakovlev) 背匙同蝽

Elasmucha fasciator (Fabricius) 十字匙同蝽

Elasmucha ferrugata (Fabricius) 匙同蝽

Elasmucha fieberi (Jakovlev) 齿匙同蝽

Elasmucha glaber Hsiao *et* Liu 光匙同蝽

Elasmucha grisea (Linnaeus) 灰匙同蝽

Elasmucha hsiaoi Liu 肖匙同蝽

Elasmucha lateralis (Say) 侧匙同蝽

Elasmucha lineata (Dallas) 线匙同蝽

Elasmucha minor Hsiao *et* Liu 小光匙同蝽

Elasmucha nebulosa (Distant) 蒙匙同蝽

Elasmucha nipponica (Esaki *et* Ishihara) 日本匙同蝽

Elasmucha pilosa Liu 毛匙同蝽

Elasmucha punctata Dallas 点匙同蝽

Elasmucha recurva (Dallas) 曲匙同蝽

Elasmucha rufescens (Jakovlev) 赤匙同蝽

Elasmucha scutellata (Distant) 盾匙同蝽

Elasmucha signoreti Scott 息匙同蝽

Elasmucha tauricornis Jensen-Haarup 锡金匙同蝽

Elasmucha truncatela (Walker) 截匙同蝽

Elasmucha yangi Liu 杨匙同蝽

Elasmucha yunnana Liu 云南匙同蝽

Elasmus Westwood 扁股小蜂属

Elasmus albomaculatus Gahan 杉梢卷蛾扁股小蜂

Elasmus albopictus Crawford 三化螟扁股小蜂

Elasmus claripennis Cameron 胶蚧扁股小蜂

Elasmus cnaphalocrocis Liao 赤带扁股小蜂

Elasmus corbetti Ferrière 白足扁股小蜂

Elasmus elegans Crawford 茶卷蛾扁股小蜂

Elasmus hyblaeae Ferrière 小蛾扁股小蜂

Elasmus zehntneri Ferrière 甘蔗白螟扁股小蜂

Elateridae 叩甲科(金针虫科) click beetles, skipjacks, wireworms

Elatobia fuliginosella (Zeller) 西黄松浩谷蛾

Elatobium Mordvilko 高蚜属

Elatobium abietinum (Walker) 云杉高蚜 spruce aphid, green spruce aphid

Elatobium americanum (Riley) 美国高蚜 woolly elm aphid

Elatobium californica (Essig) 加州高蚜 Monterey pine aphid

Elatobium chomoense Zhang 艾亚东高蚜

Elatobium crataegi (Oestlund) 山楂高蚜

Elatobium lanigerum (Hausmann) 苹果高蚜 woolly apple aphid

Elatobium momii (Shinji) 杉高蚜

Elatobium pyricola Baker *et* Davidson 梨高蚜 woolly pear aphid

Elatobium rileyi (Thomas) 榆皮高蚜 woolly elm bark aphid

Elatobium ulmi (L.) 欧榆高蚜 European elm leafcurl aphid

Elatophilus nipponensis Hiura 松干蚧花蝽

Elbelus Mahmood 白小叶蝉属

Elbelus yunnanensis Chou *et* Ma 云南白小叶蝉

Elcysma westwoodi Vollenhoven 李拖尾锦斑蛾 tailed moth

Eldana saccharina Walker 甘薯杆螟 sugarcane stalk borer

Electrophaes Prout 焰尺蛾属

Electrophaes aggrediens Prout 嘉焰尺蛾

Electrophaes albipunctaria (Leech) 紫焰尺蛾

Electrophaes aliena (Butler) 疏焰尺蛾

Electrophaes chimakaleparia (Oberthür) 锦焰尺蛾

Electrophaes chrysophaes Prout 银纹焰尺蛾

Electrophaes corylata (Thunberg) 焰尺蛾

Electrophaes cyria Prout 标焰尺蛾

Electrophaes emeiensis Xue 峨眉焰尺蛾

Electrophaes ephoria Prout 娟焰尺蛾

Electrophaes euryleuca Prout 明焰尺蛾

Electrophaes fervidaria (Leech) 宏焰尺蛾

Electrophaes fulgidaria (Leech) 金纹焰尺蛾

Electrophaes moltrechti Prout 平焰尺蛾

Electrophaes niveonotata (Warren) 雪焰尺蛾

Electrophaes rhacophora (Prout) 怒焰尺蛾

Electrophaes subochraria (Leech) 乌焰尺蛾

Electrophaes taiwana Inoue 台湾焰尺蛾

Electrophaes tsermosaria (Oberthür) 阔焰尺蛾

Electrophaes zaphenges Prout 中齿焰尺蛾

Elenchidae 跗捻翅虫科 tarsi z-segmented parasites

Eleodes opacus (Say) 草原拟步甲 plains false wireworm

Elibia Walker 背线天蛾属

Elibia dolichus (Westwood) 背线天蛾

Eligma narcissus (Cramer) 臭椿皮蛾 tree of heaven eligma

Eligma narcissus Gramer 旋皮夜蛾

Elimaea cheni Kang *et* Yang 陈氏平脉树螽

Elimaea hunanensis Kang *et* Yang 湖南平脉树螽

Elimaea lii Kang *et* Yang 李氏平脉树螽

Elimaea obtusilota Kang *et* Yang 圆缺平脉树螽

Elimaea semicirculata Kang *et* Yang 半圆平脉树螽

Elipsocidae 沼啮虫科

Ellipoptera 见 Anoplura

Ellopia fiscellaria Guenée 见 *Lambdina fiscellaria*

Ellopia somniaria Hulst 见 *Lambdina somniaria*

Ellsworthia Turk 埃尔螨属

Elmidae 长角泥甲科 riffle beetles

Elodia Robineau-Desvoidy 伊乐寄蝇属

Elodia ambulatoria (Meigen) 粉带伊乐寄蝇

Elodia convexifrons Zetterstedt 同粉带伊乐寄蝇

Elodia morio (Fallén) 亮黑伊乐寄蝇

Elodia tragica Meigen 黑伊乐寄蝇

Elongatopothyne basirufipennis Breuning 长驴天牛

Elphos Guenée 兀尺蛾属

Eltonella Audy 埃顿恙螨属

Eltonella ichikawai (Sasa) 市川埃顿恙螨

Elydna Walker 线夜蛾属

Elydna nonagrica Walker 农线夜蛾

Elydna truncipennis Hampson 倭线夜蛾

Elydnodes Hampson 绢夜蛾属

Elydnodes variegata (Leech) 绢夜蛾

Elymnias Hübner 锯眼蝶属

Elymnias hypermnestra (Linnaeus) 翠袖锯眼蝶

Elymnias malelas (Hewitson) 闪紫锯眼蝶

Elymnias nesaea (Linnaeus) 龙女锯眼蝶

Elymnias nigrescens hainani Moore 琉璃纹蛇目蝶

Elymninae 锯眼蝶亚科

Elytrurus griseus Guèrin-Méneville 斐济桉象

Ematurga Lederer 荒尺蛾属

Embiidae 足丝蚁科 embiids, webspinners

Embioptera 纺足目 embiids, embiopterans, webspinners

Emblethis Fieber 叶缘长蝽属

Emblethis brachynotus Horváth 短胸叶缘长蝽

Emblethis ciliatus Horváth 方胸叶缘长蝽

Emblethis denticollis Horváth 淡色叶缘长蝽

Emblethis dilaticollis (Jakovlev) 宽边叶缘长蝽

Embolemidae 梨头细蜂科 embolemids

Embonychidae 越丝蚁科

Embrik-Strandia Plavilstshikov 黑绒天牛属

Embrik-Strandia bicolor Gressitt *et* Rondon 二色黑绒天牛

Embrik-Strandia bimaculata (White) 二斑黑绒天牛

Embrik-Strandia davidis (Deyrolle) 皱胸黑绒天牛

Embrik-Strandia distincat (Nonfried) 蓝黑绒天牛

Embrik-Strandia inexpectata Podany 宽带黑绒天牛

Embrik-Strandia unifasciata (Ritsema) 黄带黑绒天牛

Emeiacris Zheng 峨眉蝗属

Emeiacris exiensis Wang 颚西峨眉蝗

Emeiacris maculata Zheng 斑腿峨眉蝗

Emeopedopsis laosensis Breuning 嗯天牛

Emesidae 蚊猎蝽科 mosquito bugs, thread-legged bugs

Emesinae 蚊猎蝽亚科

Emesopsis Uhler 蚋蚊猎蝽属

Emesopsis plagiatus Miller 驼峰蚋蚊猎蝽

Emesopsis spicatus McAtee *et* Malloch 浅斑蚋蚊猎蝽

Emmalocera Ragonot 拟斑螟属

Emmalocera depressella Swinhoe 蔗根沟须拟斑螟 cane root borer

Emmelia Hübner 谐夜蛾属

Emmelia trabealis (Scopoli) 谐夜蛾

Emmesomia Warren 尬尺蛾属

Emmesomia bilinearia (Leech) 双线尬尺蛾

Emmesomyia Malloch 粪泉蝇属

Emmesomyia flavitarsis Suwa 黄跗粪泉蝇

Emmesomyia grisea (Robineau-Desvoidy) 朔粪泉蝇

Emmesomyia hasegawai Suwa 长板粪泉蝇

Emmesomyia kempi (Brunetti) 海南粪泉蝇

Emmesomyia megastigmata Ma, Mou *et* Fan 大孔粪泉蝇

Emmesomyia oriens Suwa 东方粪泉蝇

Emmesomyia socia suwai Ge *et* Fan 亚绒粪泉蝇

Emmesomyia subvillica Fan, Ma *et* Mou 类绒粪泉蝇

Empecamenta calabarica Moser 尼日利亚侵冠金龟

Emphanisis China 古铜长蝽属

Emphanisis cuprea China 古铜长蝽

Emphanisis emeiensis Zou *et* Zheng 峨眉古铜长蝽

Emphanisis fuscus Zou *et* Zheng 褐古铜长蝽

Emphanisis hubeiensis Zou *et* Zheng 湖北古铜长蝽

Emphanisis kiritshenkoi Kerzhner 棕古铜长蝽

Emphanisis tibetensis Zou 藏古铜长蝽

Emphiesmeus weissi Lameere 魏氏小齿天牛

Emphytina albicinctus meridionalis Takeuchi 草莓细腰叶蜂 false strawberry sawfly

Emphytus leucocoxus Rohwer 白基内生叶蜂

Emphytus nakabusensls Takeuchi 樱黑背叶蜂

Empicoris Wolff 二节蚊猎蝽属

Empicoris culiciformis (De Geer) 白纹蚊猎蝽

Empicoris culicis Hsiao 隐带蚊猎蝽

Empicoris rubromaculatus (Blackburn) 红痣蚊猎蝽

Empicoris vagabundus (Linnaeus) 白痣蚊猎蝽

Empididae 舞虻科

Empoascanara Distant 顶斑叶蝉属

Empoascanara hongkongica Dworakowska 香港顶斑叶蝉

Empoascanara limbata Matsumura 缘顶斑叶蝉

Empocoris variolosus Westwood 见 *Dinocoris variolosus*

Empria klugii Stephens 水杨梅依叶蜂

Empusa Illiger 锥头螳属

Empusa pauperata (Fab.) 锥头螳

Empusa pennicornis (Pallas) 羽角锥头螳

Empusa unicornis (L.) 独角锥头螳

Empusidae 锥头螳科

Emus Leach 毛隐翅虫属

Emus hirtus L. 多毛隐翅虫

Enallagma 绿蟌属

Enallagma cyathigerum Charpentier 心斑绿蟌

Enaphalodes cortiphagus (Craighead) 栎皮恩伐天牛 oak-bark scarrer

Enaphalodes rufulus (Hald.) 红栎恩伐天牛 red oak borer

Enaptorrhinus Waterhouse 长毛象属

Enaptorrhinus alini Voss 金绿长毛象

Enaptorrhinus convexiusculus Heller 短带长毛象

Enaptorrhinus granulatus Pascoe 大长毛象

Enaptorrhinus sinensis Waterhouse 中华长毛象

Enargia Hübner 清夜蛾属

Enargia discolor Walker 异色清夜蛾

Enargia kamsuensis Draudt 甘清夜蛾

Enarmonia Hübner 见 *Laspeyresia* Hübner

Enarmonodes 岔小卷蛾属

Enarmonodes recreantana (Kennel) 岱岔小卷蛾

Encarsia Förster 恩蚜小蜂属

Encarsia affectata Silvestri 牡蛎盾蚧恩蚜小蜂

Encarsia amicula Viggiani et Ren 友恩蚜小蜂

Encarsia aurantii (Howard) 红圆蚧恩蚜小蜂

Encarsia berlesei (Howard) 桑盾蚧恩蚜小蜂

Encarsia bifasciafacies Hayat 脸双带恩蚜小蜂

Encarsia borealis Hulden 北方恩蚜小蜂

Encarsia citrina (Craw) 长缨恩蚜小蜂

Encarsia elongata (Dozier) 长恩蚜小蜂

Encarsia fasciata (Malenotti) 带恩蚜小蜂

Encarsia flavoscutellum Zehntner 甘蔗绵蚜恩蚜小蜂

Encarsia formosa Gahan 温室粉虱恩蚜小蜂

Encarsia inquirenda (Silvestri) 糠片蚧恩蚜小蜂

Encarsia ishii (Silvestri) 长腹恩蚜小蜂

Encarsia japonica Viggiani 日本恩蚜小蜂

Encarsia lahorensis (Howard) 橘黄粉虱恩蚜小蜂

Encarsia liliyingae Viggiani et Ren 盾蚧恩蚜小蜂

Encarsia lounsburyi (Berlese et Paoli) 单毛长缨恩蚜小蜂

Encarsia luted (Masi) 橘黄恩蚜小蜂

Encarsia maculata (Howard) 斑纹恩蚜小蜂

Encarsia niigatae (Nakayama) 白盾蚧恩蚜小蜂

Encarsia nipponica Silvestri 榛黄粉虱恩蚜小蜂

Encarsia obtusiclava Hayat 钝棒恩蚜小蜂

Encarsia perniciosi Tower 食蚧恩蚜小蜂

Encarsia plana Viggiani et Ren 扁平恩蚜小蜂

Encarsia singularis (Silvestri) 单独恩蚜小蜂

Encarsia smithi (Silvestri) 黄盾恩蚜小蜂

Encarsia strenus (Silvestri) 捷敏恩蚜小蜂

Encarsia transvena (Timberlake) 浅黄恩蚜小蜂

Enchenopa Amyot et Serville 二斑角蝉属

Enchenopa binotata (Say) 二斑角蝉 two-marked tree-hopper

Encyclops Newman 筒花天牛属

Encyclops coerulea (Say) 栎皮筒花天牛 oak-bark scaler

Encyrtidae 跳小蜂科

Encyrtus Latreille 跳小蜂属

Encyrtus lecanicorum (Mayr) 球蚧跳小蜂

Encyrtus sasakii Ishii 纽绵蚧跳小蜂

Endelomyia aethiops (Fabricius) 蔷薇粘叶蜂 rose slug

Endelus collaris Kerremans 杆形角眼吉丁

Endernia Danzig 隐链蚧属

Endernia despoliata Danzig 远东隐链蚧

Endochiella Hsiao 小嗯猎蝽属

Endochiella angulata Hsiao 角小嗯猎蝽

Endochiella capitata Hsiao 淡小嗯猎蝽

Endochironomus Kieffer 内摇蚊属

Endochironomus nigricans Johannsen 黑内摇蚊

Endochironomus numphoide Lenz 睡莲内摇蚊

Endochopsis Hsiao 类嗯猎蝽属

Endochopsis confusus Hsiao 黑背类嗯猎蝽

Endochopsis insularis Hsiao 岛类嗯猎蝽

Endochopsis pulcher Hsiao 丽类嗯猎蝽

Endochopsis quadrimaculatus Hsiao 四斑类嗯猎蝽

Endochus Stål 嗯猎蝽属

Endochus albomaculatus Stål 霜斑嗯猎蝽

Endochus cingalensis Stål 嗯猎蝽

Endochus niger bicoloripes Hsiao 黑嗯猎蝽橘股亚种

Endochus niger flavopectus Hsiao 黑嗯猎蝽黑股亚种

Endochus niger Hsiao 黑嗯猎蝽

Endoclita 胚蝙蛾属

Endoclita excresens Butler 敏捷胚蝙蛾 swift moth

Endoclita punctimargo Swinhoe 柳杉胚蝙蛾

Endoclita signifer Walker 葡萄胚蝙蛾 grape tree-borer

Endoclita undulifer Walker 桤木胚蝙蛾

Endoclyta 见 *Endoclita*

Endomychidae 伪瓢虫科 fungus beetles, handsome fungus beetles

Endothenia Stephens 黑小卷蛾属

Endothenia ericetana (Westwood) 薄荷黑小卷蛾

Endothenia menthivora Oku 樟脑黑小卷蛾 mint rhizome worm

Endotricha Zeller 歧角螟属

Endotricha icelusalis Walker 纹歧角螟

Endotricha portialis Walker 玫歧角螟

Endotrichinae 岐角螟亚科

Endria inimica (Say) 胭脂叶蝉 painted leafhopper

Endrodia Miksic 连花金龟属

Endrodia latimarginalis Ma 宽缘连花金龟

Endrodia linguaris Ma 舌连花金龟

Endromididae 桦蛾科(裘蛾科)

Endromis versicolora Linnaeus 桦蛾

Endropiodes Warren 卑尺蛾属

Endrosa roscida (Denis et Schiffermüller) 恩苔蛾

Endrosis sarcitrella (L.) 白肩织叶蛾 white shouldered house moth

Endrotrombicula Ewing 内恙螨属

Engistus salinus (Jakovlev) 卤长蝽

Engyneura Stein 近脉花蝇属

Engyneura curvostylata Fan et Chen 曲叶近脉花蝇

Engyneura gracilior Fan et Zhong 瘦喙近脉花蝇

Engyneura leptinostylata Fan, Van et Ma 瘦叶近脉花蝇

Engyneura pilipes Stein 毛足近脉花蝇

Engyneura setigera Stein 鬃足近脉花蝇

Enicmus Thomson 眼薪甲属

Enicmus minutus (L.) 眼湿薪甲

Enicocephalidae 奇蝽科

Enicospilus Stephens 细颈姬蜂属

Enicospilus abdominalis (Szepligeti) 斑腹细颈姬蜂

Enicospilus aciculatus (Taschenberg) 针齿细颈姬蜂

Enicospilus amoenus Tang 美妙细颈姬蜂

Enicospilus ashbyi Ashmead 阿氏细颚姬蜂

Enicospilus atoponeurus Cusshman 异脉细颚姬蜂

Enicospilus bharatensis Nikam 印度细颚姬蜂

Enicospilus bicarinatus Tang 双脊细颚姬蜂

Enicospilus bifasciatus (Uchida) 双带细颚姬蜂

Enicospilus biharensis Townes, Townes *et* Gupta 比哈细颚姬蜂

Enicospilus capensis (Thunberg) 开普细颚姬蜂

Enicospilus chalasmatos Chiu 杂乱细颚姬蜂

Enicospilus chaoi Tang 赵氏细颚姬蜂

Enicospilus choui Tang 周氏细颚姬蜂

Enicospilus concentralis Cushman 同心细颚姬蜂

Enicospilus dasychirae Cameron 茸毒蛾细颚姬蜂

Enicospilus dolosus (Tosquinet) 灵巧细颚姬蜂

Enicospilus enicospilus Nikam 单斑细颚姬蜂

Enicospilus erythrocerus (Cameron) 红尾细颚姬蜂

Enicospilus eurygnathus Tang 阔齿细颚姬蜂

Enicospilus exaggeratus Chiu 巨膜细颚姬蜂

Enicospilus flatus Chiu 弱骨细颚姬蜂

Enicospilus flavicaput (Morley) 橘黄细颚姬蜂

Enicospilus flavocephalus (Kirby) 黄头细颚姬蜂

Enicospilus flavorbitalis Tang 黄眶细颚姬蜂

Enicospilus formosensis (Uchida) 台湾细颚姬蜂

Enicospilus fungoideus Tang 菇尾细颚姬蜂

Enicospilus fusiformis Chiu 梭骨细颚姬蜂

Enicospilus gauldi Nikam 高氏细颚姬蜂

Enicospilus grammospilus (Enderlein) 条骨细颚姬蜂

Enicospilus grandis (Cameron) 肿颊细颚姬蜂

Enicospilus hedilis Gauld *et* Mitchell 多刺细颚姬蜂

Enicospilus hei Tang 何氏细颚姬蜂

Enicospilus heinrichi Gauld *et* Mitchell 海氏细颚姬蜂

Enicospilus heliothidis Viereck 棉铃虫细颚姬蜂

Enicospilus hirayamai Uchida 密点细颚姬蜂

Enicospilus hubeiensis Tang 湖北细颚姬蜂

Enicospilus hunanicus Tang 湖南细颚姬蜂

Enicospilus iapetus Gauld *et* Mitchell 绒胫细颚姬蜂

Enicospilus insinuator (Smith) 曲脊细颚姬蜂

Enicospilus iracundus Chiu 扁唇细颚姬蜂

Enicospilus javanus (Szepligeti) 爪哇细颚姬蜂

Enicospilus jilinensis Tang 吉林细颚姬蜂

Enicospilus kanshirensis (Uchida) 关子岭细颚姬蜂

Enicospilus kigashirae Uchida 锦州细颚姬蜂

Enicospilus kokujevi (Viktorov) 科氏细颚姬蜂

Enicospilus laqueatus (Enderlein) 大骨细颚姬蜂

Enicospilus lineolatus (Román) 细线细颚姬蜂

Enicospilus longitarsis Tang 长蹠细颚姬蜂

Enicospilus loudontae Tang 竹舟蛾细颚姬蜂

Enicospilus maai Chiu 马氏细颚姬蜂

Enicospilus maritus (Román) 滨海细颚姬蜂

Enicospilus mecophlebius Tang 长脉细颚姬蜂

Enicospilus medianus Tang 居中细颚姬蜂

Enicospilus melanocarpus Cameron 黑斑细颚姬蜂

Enicospilus minisculus Tang 微小细颚姬蜂

Enicospilus mirax Gauld *et* Mitchell 畸颚细颚姬蜂

Enicospilus nanjingensis Tang 南京细颚姬蜂

Enicospilus nathani Gauld *et* Mitchell 纳氏细颚姬蜂

Enicospilus nigribasalis (Uchida) 黑基细颚姬蜂

Enicospilus nigripectus (Enderlein) 黑胸细颚姬蜂

Enicospilus nigristigma Cushman 黑痣细颚姬蜂

Enicospilus nigronotatus Cameron 黑背细颚姬蜂

Enicospilus nigropectus Cameron 黑纹细颚姬蜂

Enicospilus pallidistigma Cushman 白痣细颚姬蜂

Enicospilus pantanae Tang 竹毒蛾细颚姬蜂

Enicospilus pectinosus Tang 密栉细颚姬蜂

Enicospilus pinguivena (Enderlein) 壮脉细颚姬蜂

Enicospilus plicatus (Brulle) 褶皱细颚姬蜂

Enicospilus przewalskii (Kokujev) 短距细颚姬蜂

Enicospilus pseudantennatus Gauld 假角细颚姬蜂

Enicospilus pseudoconspersae (Sonan) 茶毛虫细颚姬蜂

Enicospilus pudibundae (Uchida) 苹毒蛾细颚姬蜂

Enicospilus puncticulatus Tang 细点细颚姬蜂

Enicospilus purifenestratus (Enderlein) 纯斑细颚姬蜂

Enicospilus ramidulus (Linnaeus) 小枝细颚姬蜂

Enicospilus riukiuensis (Matsumura *et* Uchida) 琉球细颚姬蜂

Enicospilus rossicus Kokujev 地老虎细颚姬蜂

Enicospilus sakaguchii (Matsumura *et* Uchida) 大螟细颚姬蜂

Enicospilus sauteri (Enderlein) 苏氏细颚姬蜂

Enicospilus shiheziensis Tang 石河子细颚姬蜂

Enicospilus shikokuenssis (Uchida) 四国细颚姬蜂

Enicospilus shinkanus (Uchida) 新馆细颚姬蜂

Enicospilus signativentris (Tosquinet) 后脊细颚姬蜂

Enicospilus sinadoneurus Tang 断脉细颚姬蜂

Enicospilus sinicus Tang 中华细颚姬蜂

Enicospilus stelulatus Tang 小星细颚姬蜂

Enicospilus stenophleps Cushman 细脉细颚姬蜂

Enicospilus strigilatus Tang 刷毛细颚姬蜂

Enicospilus tenuinubeculus Chiu 薄膜细颚姬蜂

Enicospilus transversus Chiu 横脊细颚姬蜂

Enicospilus tripartitus Chiu 三阶细颚姬蜂

Enicospilus ulmus Gauld *et* Mitchell 榆细颚姬蜂

Enicospilus undulatus (Gravenhorst) 波脉细颚姬蜂

Enicospilus vacuus Gauld *et* Mitchell 空脊细颚姬蜂

Enicospilus vestigator (Smith) 印痕细颚姬蜂

Enicospilus xanthocephalus Cameron 黄斑细颚姬蜂

Enicospilus xuae Tang 许氏细颚姬蜂

Enicospilus yonezawanus (Uchida) 米泽细颚姬蜂

Enicospilus zebrus Gauld *et* Mitchell 斑翅细颚姬蜂

Eniochthoniidae 短缝甲螨科

Enispe Doubleday 矩环蝶属

Enispe eunatum Leech 月纹矩环蝶

Enithares ciliata (Fabricius) 黄斑粗仰蝽

Enithares sinica Stål 华仰蝽

Enizemum Förster 坐腹姬蜂属

Enizemum giganteum Uchida 大坐腹姬蜂

Enizemum urumqiensis Ma *et* Wang 乌鲁木齐坐腹姬蜂

Enmonodia Walkker 变色夜蛾属

Enmonodia vespertilio (Fabricius) 变色夜蛾 siris leaf-like moth

Enneastigma Stein 九点花蝇属

Enneastigma pilosiventrosa Fan *et* Chen 毛腹九点花蝇

Enneastigma shanghaiensis Fan *et* Chen 上海九点花蝇

Ennomos Treitschke 秋黄尺蛾属

Ennomos automnaria (Werneburg) 秋黄尺蛾

Ennomos infidelis (Prout) 小秋黄尺蛾

Ennomos magnaria Guenée 凹翅秋黄尺蛾 notch-winged geometer

Ennomos subsignaria (Hübner) 榆秋黄尺蛾 elm span-worm, snow-white linden moth

Enoclerus Gahan 美洲郭公虫属

Enoclerus barri Knull 巴氏美洲郭公虫

Enoclerus eximius (Mannerheim) 卓越美洲郭公虫

Enoclerus lecontei (Wolcott) 黑腹美洲郭公虫 blackbel-lied clerid

Enoclerus nigripes (Say) 黑美洲郭公虫

Enoclerus schaefferi Barr 萨氏美洲郭公虫

Enoclerus sphegeus (F.) 红凸美洲郭公虫 redbellied clerid

Enogaster lanestris Linnaeus 棉枯叶蛾 small-eggar moth

Enoplognatha Pavesi 齿螯蛛属

Enoplognatha caricis (Fickert) 苔齿螯蛛

Enoplognatha diodonia Zhu *et* Zhang 双尖齿螯蛛

Enoplognatha dorsinotata Boes. *et* Str. 背纹巨齿螯蛛

Enoplognatha japonica Boes. *et* Str. 叉斑齿螯蛛

Enoplognatha mainlingensis Hu *et* Li 米林齿螯蛛

Enoplognatha mandibularis Schenkel 东颚齿螯蛛

Enoplognatha margarita Yaginuma 珍珠齿螯蛛

Enoplognatha mordax (Thorell) 摩达齿螯蛛

Enoplognatha oelandica (Thorell) 奥埃齿螯蛛

Enoplognatha submargarita Yaginuma *et* Zhu 拟珍齿螯蛛

Enoplognatha thoracica Hahn 胸斑齿螯蛛

Enoplognatha transversifoveata (Boes. *et* Str.) 横沟齿螯蛛

Enoplops Amyot *et* Serville 嗯缘蝽属

Enoplops sibiricus Jakovlev 嗯缘蝽

Enoplotrupes bieti Oberthür 赋粪金龟

Enoyclops x-signata Chiang X纹筒花天牛

Enpinanga Rothschild *et* Jordan 突角天蛾属

Enpinanga assamensis (Walker) 双斑突角天蛾

Enpinanga transtriata Chu *et* Wang 横带突角天蛾

Ensifera 螽亚目

Ensliniella Vitzthum 恩斯螨属

Ensliniellidae 恩斯螨科

Entedon Dalman 灿姬小蜂属

Entedon betulae Yang 白桦小蠹灿姬小蜂

Entedon broussonetiae Yang 构象灿姬小蜂

Entedon epicharis Huang 丽灿姬小蜂

Entedon pini Yang 华山松小蠹灿姬小蜂

Entedon pumilae Yang 榆小蠹灿姬小蜂

Entedon tumiditempli Yang 榆膨颊灿姬小蜂

Entedon wilsonii Yang 云杉小蠹灿姬小蜂

Entedon yichunicus Yang 红松小蠹灿姬小蜂

Entedon zanara Walker 白胫灿姬小蜂

Entelecara Simon 隆首蛛属

Entelecara aurea Gao *et* Zhu 金黄隆首蛛

Entelops longzhouensis Hua 龙州全天牛

Entelops nigritarsis Breuning 蓝翅全天牛

Entelops subsimilis Breuning 红翅全天牛

Entephria Hübner 石尺蛾属

Entephria aurigutta (Prout) 锦石尺蛾

Entephria bastelbergeri (Püngeler) 双色石尺蛾

Entephria clementia Inoue 静石尺蛾

Entephria intermediaria (Alphéraky) 间石尺蛾

Entephria multicava Prout 砾石尺蛾

Entephria polata (Duponchel) 极石尺蛾

Entephria poliotaria (Hampson) 灰石尺蛾

Entephria punctatissima (Warren) 点石尺蛾

Entephria ravaria (Lederer) 灰黄石尺蛾

Entephria relegata (Püngeler) 黄星石尺蛾

Entisberus Distant 脊盾长蝽属

Entisberus archetypus Distant 狭长脊盾长蝽

Entisberus esakii Slater *et* Hidaka 长头脊盾长蝽

Entisberus gibbus Zheng 隆背脊盾长蝽

Entomobrya Rondani 长跳虫属

Entomobryidae 长角跳虫科

Entomognathus Dahlbom 颚方头泥蜂属

Entomognathus brevis (Vander Linden) 短颚方头泥蜂

Entomognathus siraiya Pate 粗胫颚方头泥蜂

Entomogramma Guenée 眯目夜蛾属

Entomogramma faytrix Guenée 眯目夜蛾

Entomogramma torsa Guenée 梳角眯目夜蛾

Entomoscelis Chevrolat 油菜叶甲属

Entomoscelis adonidis (Pallas) 丽色油菜叶甲

Entomoscelis orientalis Motschulsky 东方油菜叶甲

Entomoscelis suturalis Weise 黑缝油菜叶甲

Entomoseius Chant 昆绥螨属

Entonyssidae 内刺螨科

Entonyssinae 内刺螨亚科

Entonyssus Ewing 内刺螨属

Entoria Stål 长肛棒䗛属

Entoria bobaiensis Chen 博白长肛棒䗛

Entypotrachelus meyeri Kolbe 东非雕林象

Enyaliopsis petersi Schaum 纺织螽 spiny wingless cricket

Eobrachychthonius Jacot 东短甲螨属

Eobrachychthonius interruptus Yin *et* Tong 断裂东短甲螨

Eobrachychthonius oudemansi Hammen 欧氏东短甲螨

Eocanthecona furcellata (Wolff) 见 *Cantheconidea furcellata*

Eodinarthrum Martynov 沟毛石蛾属

Eodinarthrum pusillum Martynov 黑鳞沟毛石蛾

Eodorcadion Breuning 草天牛属

Eodorcadion brandti (Gebler) 白腹草天牛

Eodorcadion chinganicum (Breun.) 红缝草天牛

Eodorcadion egregium (Reitter) 三棱草天牛

Eodorcadion impluviatum (Fald.) 麻斑草天牛

Eodorcadion virgatum (Motschulsky) 密条草天牛

Eoeotmethis Zheng 原突颜蝗属

Eoeotmethis longipennis (Zheng) 长翅原突颜蝗

Eoeurysa Muir 扁飞虱属

Eoeurysa arundina Kuoh *et* Ding 芦竹扁飞虱

Eoeurysa flavocapitata Muir 甘蔗扁飞虱

Eogomphus Needham 曙春蜓属

Eogomphus neglectus (Needham) 忽视曙春蜓

Eohydara Bergroth 犹希缘蝽属

Eohydara fulviclava Bergroth 犹希缘蝽

Eohypochthonius Jacot 东缝甲螨属

Eohypochthonius crassisetiger Aoki 梭毛东缝甲螨

Eohypochthonius magnus Aoki 大东缝甲螨

Eohypochthonius parvus Aoki 纤细东缝甲螨

Eois Hübner 晓尺蛾属

Eois pluristrigata (Moore) 黄带晓尺蛾

Eokingdonella Yin 原金蝗属

Eokingdonella bayanharensis Huo 巴颜喀拉原金蝗

Eokingdonella changtunica Yin 昌都原金蝗

Eokingdonella gentiana (Uv.) 龙胆原金蝗

Eokingdonella kaulbacki (Uv.) 凯原金蝗

Eokingdonella tibetana (Mistsh.) 西藏原金蝗

Eomantis Giglio-Tos 始螳属

Eomantis guttatipennis (Stål) 斑翅始螳

Eomantis yunnanensis Wang *et* Dong 云南始螳

Eomyzus nipponicus Moritsu 日本早蚜

Eophileurus Arrow 晓扁犀金龟属

Eophileurus chinensis (Faldermann) 华晓扁犀金龟

Eophileurus confinis Prell 邻晓扁犀金龟

Eophileurus quadrigeminatus Arrow 四带晓扁犀金龟

Eophileurus tibialis Zhang 胫晓扁犀金龟

Eoporis differens Pic 云南东方天牛

Eoporis elegans laosensis Breuning 老挝东方天牛

Eoscarta Breddin 曙沫蝉属

Eoscarta assimilis Uhler 黑腹曙沫蝉 small-headed froghopper

Eoscarta borealis Distant 南方曙沫蝉

Eoscarta fusca Melichar 暗色曙沫蝉

Eoscarta seminigera Melichar 双色曙沫蝉

Eoscartopsis assimilis Uhler 同化黎现沫蝉

Eoscyllina Rehn 埃蝗属

Eoscyllina guangxiensis Li *et* You 广西埃蝗

Eoscyllina kweichowensis Zheng 贵州埃蝗

Eoscyllina yaoshanensis You *et* Li 瑶山埃蝗

Eosentomidae 古蚖科

Eosentomon asahi Imadaté 日升古蚖

Eosentomon brevicorpusculum Yin 短身古蚖

Eosentomon corllarum Yin 领结古蚖

Eosentomon miroglenum Yin 奇目古蚖

Eosentomon nivocolum Yin 住雪古蚖

Eospilarctia chuanxi (Fang) 川褐带东灯蛾

Eospilarctia huangshanensis Fang 黄山东灯蛾

Eospilarctia jordansi (Daniel) 肖褐带东灯蛾

Eospilarctia lewisii (Butler) 褐带东灯蛾

Eospilarctia nehallenia (Oberthür) 赭褐带东灯蛾

Eospilarctia pauper (Oberthür) 峨眉东灯蛾

Eospilarctia yuennanica (Daniel) 滇褐带东灯蛾

Eotarsonemus De Leon 始跗线螨属

Eotetranychus Oudemans 始叶螨属

Eotetranychus albus Wang *et* Ma 白始叶螨

Eotetranychus bailae Wang 白蜡始叶螨

Eotetranychus boemeriae Lo 苎麻始叶螨

Eotetranychus boreus Ehara 北始叶螨

Eotetranychus broussonetiae Wang 构始叶螨

Eotetranychus camelliae Rimando 山茶始叶螨

Eotetranychus carpini Oudemans 鹅耳枥始叶螨 yellow spider mite

Eotetranychus castanea Chen *et* Hu 栗始叶螨

Eotetranychus celtis Ehara 朴始叶螨

Eotetranychus cendanai Rimando 食橘始叶螨

Eotetranychus chuandanicus Ma *et* Yuan 川大始叶螨

Eotetranychus cunninghamiae Wang 杉木始叶螨

Eotetranychus firmianae Zhu 梧桐始叶螨

Eotetranychus geniculatus Ehara 膝状始叶螨

Eotetranychus haikowensis Ma, Yuan *et* Lin 海口始叶螨

Eotetranychus hainanensis Ma, Yuan *et* Lin 海南始叶螨

Eotetranychus hicoriae (McGregor) 核桃始叶螨

Eotetranychus jiujiangensis Wang *et* Ma 九江始叶螨

Eotetranychus kankitus Ehara 柑橘始叶螨

Eotetranychus maai Tseng 马氏始叶螨

Eotetranychus mirabilis Wang 奇异始叶螨

Eotetranychus nadaensis Ma, Yuan *et* Lin 那大始叶螨

Eotetranychus nanningensis Ma *et* Wang 南宁始叶螨

Eotetranychus populi (Koch) 杨始叶螨

Eotetranychus pruni (Oudemans) 李始叶螨

Eotetranychus qinlingensis Wang 秦岭始叶螨

Eotetranychus rosae Wang *et* Ma 蔷薇始叶螨

Eotetranychus sexmaculatus (Riley) 六点始叶螨 six-spotted spider mite

Eotetranychus smithi Pritchard *et* Baker 史氏始叶螨

Eotetranychus spinifer Wang 爪刺始叶螨

Eotetranychus suginamensis (Yokoyama) 桑始叶螨

Eotetranychus suvipakiti Ehara *et* Wongsiri 苏氏始叶螨

Eotetranychus tiliarium (Hermann) 椴始叶螨

Eotetranychus uchidai Ehara 内田氏始叶螨

Eotetranychus uncatus Garman 弯钩始叶螨

Eotetranychus wisteriae Wang *et* Ma 紫藤始叶螨

Eotmethis B.-Bienko 突颜蝗属

Eotmethis holanensis Zheng *et* Gow 贺兰突颜蝗

Eotmethis jintaiensis Xi *et* Zheng 景泰突颜蝗

Eotmethis mongolensis Xi *et* Zheng 蒙古突颜蝗

Eotmethis nasutus B.-Bienko 突颜蝗

Eotmethis ningxiaensis Zheng *et* Fu 宁夏突颜蝗

Eotmethis recipennis Xi *et* Zheng 短翅突颜蝗

Eotmethis rufemarginis Zheng 红缘突颜蝗

Eotmethis tientsuensis (Chang) 天祝突颜蝗

Eotydeus Kuznetzov 始镰螯螨属

Eoxeris klebsi Brues 克雷始长尾树蜂

Epacromiacris Willemse 斜窝蝗属

Epacromiacris javana Willemse 爪哇斜窝蝗

Epacromius Uv. 尖翅蝗属

Epacromius coerulipes (Ivan.) 大垫尖翅蝗

Epacromius tergestinus extimus B.-Bienko 甘蒙尖翅蝗

Epacromius tergestinus tergestinus (Charp.) 小垫尖翅蝗

Epactozetidae 扇翼甲螨科

Epagoge detractana Walker 见 *Capua detractana*

Epagoge retractana Moore 见 *Capua detractana*

Epallagidae 溪蟌科

Epanaphe molonyi Druce 尼日舟蛾

Epania Pascoe 萎鞘天牛属

Epania barbieri Pic 巴氏萎鞘天牛

Epania bicoloricornis Pic 西贡萎鞘天牛

Epania brachelytra Gressitt et Rondon 短萎鞘天牛

Epania coomani Pic 金合欢萎鞘天牛

Epania cyanea Gressitt *et* Rondon 蓝萎鞘天牛

Epania lineata Pic 大萎鞘天牛

Epania maculata Gressitt *et* Rondon 硕萎鞘天牛

Epania minuta Pic 隆线萎鞘天牛

Epania parvula Gressitt *et* Rondon 小萎鞘天牛

Epania ruficollis Pic 曲胫萎鞘天牛

Epania watani Kano 黄斑萎鞘天牛

Eparchus insignis (Haan) 慈球螋

Epargyreus Hübner 银星弄蝶属

Epargyreus clarus (Cramer) 美洲银星弄蝶 silver-spotted skipper

Epargyreus tityrus Fabricius 银星弄蝶 silver-spotted skipper

Epatolomis caesarea (Goeze) 黄臀灯蛾

Epectris Simon 埃蛛属

Epectris conujiangensis Xu 古牛降埃蛛

Epeoloides Giraud 拟绒斑蜂属

Epeoloides coecutiens Friese 宽痣拟绒斑蜂

Epeolus Latreille 绒斑蜂属

Epeolus ventralis Meade-Waldo 白绒斑蜂

Epeorus Eaton 高翔蜉属

Epeorus dayongensis Gui *et* Zhang 大庸高翔蜉

Epeorus erratus Braasch 迷误高翔蜉

Epeorus minor Hsu 小高翔蜉

Epeorus pingguoyuanensis You 苹果园高翔蜉

Epeorus psi Eaton 普西高翔蜉

Epeorus sinensis Ulmer 中华高翔蜉

Epepeotes Pascoe 拟鹿天牛属

Epepeotes laosicus Breuning 老挝拟鹿天牛

Epepeotes luscus densemaculatus Breuning 密点拟鹿天牛

Epepeotes luscus Fabricius 石纹拟鹿天牛

Epepeotes uncinatus Gahan 黑斑拟鹿天牛

Epepeotes uncinatus salvazai Pic 黑斑拟鹿天牛沙氏亚种

Epepeotes vestigialis Pascoe 黑纹拟鹿天牛

Epermeniidae 邻绢蛾科

Epeurysa Matsumura 短头飞虱属

Epeurysa distincta Huang *et* Ding 显脊短头飞虱

Epeurysa infumata Huang *et* Ding 烟翅短头飞虱

Epeurysa nawaii Matsumura 短头飞虱 bamboo planthopper

Epeus Peckham *et* Peckham 艾普蛛属

Epeus alboguttatus (Thorell) 白斑艾普蛛

Epeus bicuspidatus (Song *et* al) 双尖艾普蛛

Epeus glorius Zabka 荣艾普蛛

Ephalaenia Wehrli 呆尺蛾属

Ephedraspis Borchsenius 白圆盾蚧属

Ephedraspis ephedrarum (Ldgr.) 麻黄白圆盾蚧

Ephedrus nelumbus Dong *et* Wang 莲全脉蚜茧蜂

Ephemera Linnaeus 蜉蝣属

Ephemera axillaris Navás 腋下蜉

Ephemera formosana Ulmer 台湾蜉

Ephemera hainanensis You *et* Gui 海南蜉

Ephemera hongjiangensis You *et* Gui 洪江蜉

Ephemera hsui You *et* Gui 徐氏蜉

Ephemera hunanensis You *et* Gui 湖南蜉

Ephemera japonica McLachlan 日本蜉

Ephemera jianfengensis You *et* Gui 尖峰蜉

Ephemera kirinensis Hsu 吉林蜉

Ephemera lineata Eaton 直线蜉

Ephemera maoyangensis You *et* Gui 毛阳蜉

Ephemera media Ulmer 间蜉

Ephemera orientalis McLachlan 东方蜉

Ephemera pictipennis Ulmer 长茎蜉

Ephemera pictiventris McLachlan 腹色蜉

Ephemera pieli Navás 皮李蜉

Ephemera pulcherrima Eaton 华丽蜉

Ephemera purpurata Ulmer 紫蜉

Ephemera sachalinensis Matsumura 萨夏林蜉

Ephemera sauteri Ulmer 似袋蜉

Ephemera serica Eaton 绢蜉

Ephemera shengmi Hsu 生米蜉

Ephemera strigata Eaton 条纹蜉

Ephemera wanquanensis You *et* Gui 万泉蜉

Ephemera wuchowensis Hsu 湖州蜉

Ephemera yaosani Hsu 瑶山蜉

Ephemera zhangjiajiensis You *et* Gui 张家界蜉

Ephemerella Walsh 小蜉属

Ephemerella antuensis Su *et* You 安图小蜉

Ephemerella changbaishanensis Su *et* You 长白山小蜉

Ephemerella fusongensis Su *et* You 抚松小蜉

Ephemerella jianghongensis Xu *et al.* 景洪小蜉

Ephemerella longicaudata Ueno 长尾小蜉

Ephemerella nigromaculata Xu *et al.* 黑斑小蜉

Ephemerella sven-henidi Ulmer 甘肃小蜉

Ephemerella tianmushanensis Xu *et al.* 天目山小蜉

Ephemerellidae 小蜉科

Ephemerellina Lestage 微蜉属

Ephemerellina sinensis (Hsu) 中华微蜉

Ephemerellina xiaosimaensis You 下司马微蜉

Ephemeridae 蜉蝣科

Ephemeroidea 蜉游总科

Ephemeroptera 蜉蝣目

Ephesia Hübner 光裳夜蛾属

Ephesia butleri (Leech) 布光裳夜蛾

Ephesia xizangensis Chen 西藏光裳夜蛾

Ephestia Guenée 粉斑螟属

Ephestia cautella (Walker) 干果粉斑螟 almond moth

Ephestia elutella (Hübner) 烟草粉斑螟 tobacco moth

Ephestia kühniella Zeller 地中海粉斑螟 Mediterranean flour moth

Ephialtes Schrank 长尾姬蜂属

Ephialtes capulifera (Kriechbaumer) 黑基长尾姬蜂

Ephialtes compunctor orientalis (Kasparyan) 隆长尾姬蜂东方亚种

Ephialtes quadridentata (Thomson) 四齿长尾姬蜂

Ephialtes rufatus (Gmelin) 黄条长尾姬蜂

Ephialtes taiwanus (Uchida) 台湾长尾姬蜂

Ephies Pascoe 萤花天牛属

Ephies coccineus Gahan 红萤花天牛

Ephies laosensis Pic 老挝萤花天牛

Ephippigerinae 距螽亚科

Ephippiodera Shagalina *et* Krall 鞍皮线虫属

Ephippiodera latipons (Franklin) 麦类鞍皮线虫

Ephippiodera turcomanica (Kirjanova *et* Shagalina) 藜鞍皮线虫

Epholca Fletcher 惑尺蛾属

Epholca auratilis (Prout) 橘黄惑尺蛾

Ephoron Williamson 埃蜉属

Ephoron nanchangi Hsu 南□□蜉

Ephoron virgo (Oliver) 贞洁埃蜉

Ephydra Say 水蝇属

Ephydra macellaria Egger 稻水蝇

Ephydridae 水蝇科 shore flies

Epiblema Hübner 白斑小卷蛾属

Epiblema autolitha (Meyrick) 块白斑小卷蛾

Epiblema banghaasi Kennel 锥白斑小卷蛾

Epiblema expressana (Christoph) 杠白斑小卷蛾

Epiblema foenella (Linnaeus) 钩白斑小卷蛾

Epiblema leucantha Meyrick 花白斑小卷蛾 carrot budworm

Epiblema rosaecolana (Doubleday) 玫白斑小卷蛾

Epiblema tedella Clerck 见 *Epinotia tedella*

Epiblema tetragonana (Stephens) 薇白斑小卷蛾

Epicaeurus Schoenherr 芽象属

Epicaeurus imbricatus (Say) 苹芽象 imbricated snout beetle

Epicampocera succincta Meigne 缢蛹毛虫寄蝇

Epicampoptera Bryk 曲钩蛾属

Epicampoptera andersoni Tams. 安氏曲钩蛾

Epicampoptera marantica Tams. 咖啡曲钩蛾 tailed caterpillar

Epicauta Redtenbacher 豆芫菁属

Epicauta albovittata (Gestro) 白条豆芫菁 striped blister beetle

Epicauta chinesis Laporte 中华豆芫菁

Epicauta fabricii (LeConte) 锯角豆芫菁 ash-gray blister beetle

Epicauta hirticornis (Haag-Rutenberg) 毛角豆芫菁

Epicauta interrupta (Fairmaire) 凹跗豆芫菁

Epicauta ruficeps Illiger 红头豆芫菁

Epicauta vittata (F.) 北美豆芫菁 striped blister beetle

Epicecidophyes Mondal *et* Chacrabarti 上生瘿螨属

Epichorista galeata Meyrick 松居非卷蛾

Epichorista ionephela Meyrick 苗圃居非卷蛾

Epicnaptera Ramber 小枯叶蛾属

Epicnaptera americana (Harr.) 美国小枯叶蛾 lappet moth

Epicnaptera ilicifolia Linnaeus 榆小毛虫

Epicnopterygidae 拟袋蛾科

Epicoma melanospila Wallengren 桉树舟蛾

Epicometis Burmeister 毛花金龟属

Epicometis hirta (Poda) 多毛花金龟

Epicometis squalida (Scopoli) 脏毛花金龟

Epicometis turanica (Reitter) 土兰毛花金龟

Epicopeia Westwood 凤蛾属

Epicopeia albofasciata Djakonov 粉带凤蛾

Epicopeia caroli fukienensis Chu *et* Wang 福建凤蛾

Epicopeia caroli Janet 红头凤蛾

Epicopeia caroli tienmuenisis Chu *et* Wang 天目凤蛾

Epicopeia hainesi sinicaria Leech 浅翅凤蛾

Epicopeia leucomelaena Oberthür 云南凤蛾

Epicopeia mencia Moore 榆凤蛾

Epicopeiidae 凤蛾科

Epicosymbia Warren 泥岩尺蛾属

Epicosymbia albivertex (Swinhoe) 白顶泥岩尺蛾

Epicriidae 表刻螨科

Epicrioidea 表刻螨总科

Epicriopsis Berlese 背刻螨属

Epicrius Canestrini et Fanzago 表刻螨属

Epidamaeus Bulanova-Zachvatkina 表珠甲螨属

Epidamaeus alticola Wang et Cui 高原表珠甲螨

Epidamaeus cincinnatus Wang et Norton 卷毛表珠甲螨

Epidamaeus elegantis Wang et Norton 华表珠甲螨

Epidamaeus grandjeani Bulanova-Zachvatkina 葛氏表珠甲螨

Epidamaeus longispinosus Wang et Norton 长刺表珠甲螨

Epidamaeus yunnanensis Enami, Aoki et Hu 云南表珠甲螨

Epidaucus Hsiao 脊猎蝽属

Epidaucus carinatus Hsiao 脊猎蝽

Epidaus Stål 素猎蝽属

Epidaus famulus (Stål) 素猎蝽

Epidaus longispinus Hsiao 长刺素猎蝽

Epidaus nebulo (Stål) 暗素猎蝽

Epidaus sexspinus Hsiao 六刺素猎蝽

Epidermoptes bilobatus Rivolta 双叶表皮螨

Epidermoptes odontophori Fain et Even 齿表皮螨

Epidermoptidae 表皮螨科 epidermoptid mites

Epifiorinia Takagi 外蜕盾蚧属

Epifiorinia tsugae Takagi 铁杉外蜕盾蚧

Epilachna Chevrolat 食植瓢虫属

Epilachna admirabilis Crotch 瓜茄瓢虫

Epilachna ampliata Pang et Mao 广端食植瓢虫

Epilachna angusta Li 直管食植瓢虫

Epilachna anhweiana (Dieke) 安徽食植瓢虫

Epilachna bengalica (Dieke) 孟食植瓢虫

Epilachna bicrescens (Dieke) 新月食植瓢虫

Epilachna brivioi (Bielawski et Fürsch) 直叶食植瓢虫

Epilachna chayuensis Pang et Mao 察隅食植瓢虫

Epilachna chinensis (Weise) 中华食植瓢虫

Epilachna circummaculata Pang et Mao 环斑食植瓢虫

Epilachna clematicola Cao et Xiao 木通食植瓢虫

Epilachna coellatae-maculata (Mader) 眼斑食植瓢虫

Epilachna confusa Li 横斑食植瓢虫

Epilachna convexa (Dieke) 银莲花食植瓢虫

Epilachna cressimala Li 厚颚食植瓢虫

Epilachna cuonaensis Pang et Mao 错那食植瓢虫

Epilachna folifera Pang et Mao 叶突食植瓢虫

Epilachna freyana Beilawski 九斑食植瓢虫

Epilachna fugongensis Cao et Xiao 福贡食植瓢虫

Epilachna galerucinoides Korschefsky 亚澳食植瓢虫

Epilachna gedeensis (Dieke) 爪哇食植瓢虫

Epilachna glochinosa Pang et Mao 钩管食植瓢虫

Epilachna glochisifoliata Pang et Mao 钩叶食植瓢虫

Epilachna grayi Mulsant 匙叶食植瓢虫

Epilachna hauseri Cao et Xiao 连斑食植瓢虫

Epilachna hendecaspilota (Mader) 十一斑食植瓢虫

Epilachna insignis Gorham 菱斑食植瓢虫

Epilachna jianchuanensis Cao et Xiao 剑川食植瓢虫

Epilachna longissima (Dieke) 长管食植瓢虫

Epilachna macularis Mulsant 十斑食植瓢虫

Epilachna maculicollis (Sicard) 圆斑食植瓢虫

Epilachna magna (Dieke) 福州食植瓢虫

Epilachna marginicollis (Hope) 十四斑食植瓢虫

Epilachna maxima (Weise) 大食植瓢虫

Epilachna mystica Mulsant 花斑食植瓢虫

Epilachna mysticoides (Sicard) 刀叶食植瓢虫

Epilachna nielamuensis Pang et Mao 聂拉木食植瓢虫

Epilachna parainsignis Pang et Mao 横带食植瓢虫

Epilachna paramagna Pang et Mao 勐遮食植瓢虫

Epilachna pingbianensis Pang et Mao 屏边食植瓢虫

Epilachna plicata Weise 艾菊瓢虫

Epilachna quadricollis (Dieke) 端尖食植瓢虫

Epilachna rubiacis Cao et Xiao 茜草食植瓢虫

Epilachna sauteri (Weise) 曲管食植瓢虫

Epilachna spiraloides Cao et Xiao 旋管食植瓢虫

Epilachna subacuta (Dieke) 五味子瓢虫

Epilachna szechuana (Dieke) 四川食植瓢虫

Epilachna tianpingiensis Pang et Mao 天平食植瓢虫

Epilachna tridecimmaculosa Pang et Mao 十三斑食植瓢虫

Epilachna yongshanensis Cao et Xiao 永善食植瓢虫

Epilachninae 食植瓢虫亚科

Epilampridae 光蠊科

Epilobophora Inoue 后叶尺蛾属

Epilobophora fumosaria Xue 烟后叶尺蛾

Epilobophora miniobscuraria Xue 小暗后叶尺蛾

Epilobophora mitis Xue et Meng 文后叶尺蛾

Epilobophora nishizawai Yazaki 尼后叶尺蛾

Epilobophora obscuraria (Leech) 暗后叶尺蛾

Epilobophora paraobscuraria Xue 邻暗后叶尺蛾

Epilobophora subangulata Xue 垂角后叶尺蛾

Epilobophora venipicta (Wileman) 绣脉后叶尺蛾

Epilobophora vivida Xue 伟后叶尺蛾

Epilohmannia Berlese 上罗甲螨属

Epilohmannia ovata Aoki 圆上罗甲螨

Epilohmannia pallida pacifica Aoki 大洋上罗甲螨

Epilohmannia pilosa Li et Chen 多毛上罗甲螨

Epilohmannia spathulata Aoki 勺上罗甲螨

Epilohmanniidae 上罗甲螨科

Epilohmannoides Jacot 拟上罗甲螨属

Epilohmannoides terrae Jacot 地拟上罗甲螨

Epimarptis philocoma Meyrick 紫铆树邻绢蛾

Epimecis virginiaria (Cramer) 黄杨矩圆尺蛾

Epimetopinae 角胸牙甲亚科

Epinotia Hübner 叶小卷蛾属

Epinotia acerella (Clemens) 槭喇叭管叶小卷蛾 maple

trumpet skeletonizer

Epinotia aciculana Falkovitsh 冷杉叶小卷蛾 fir bud-moth

Epinotia ancyrota Meyrick 曲叶小卷蛾

Epinotia cinereana Haworth 欧洲山杨灰叶小卷蛾 mottled ashy bell moth

Epinotia contrariana (Christoph) 菊叶小卷蛾

Epinotia cruciana (Linnaeus) 柳叶小卷蛾 red cross bell moth

Epinotia hopkinsana (Kearfott) 霍氏叶小卷蛾

Epinotia meritana Heinrich 白冷杉叶小卷蛾 white fir needleminer

Epinotia nanana Treitschke 云杉叶小卷蛾 dwarf spruce bell moth, green spruce leafminer

Epinotia nigricans Herrich-Schäffer 白冷杉黑叶小卷蛾 Wood's bell moth

Epinotia nisella (Clerck) 杨叶小卷蛾 poplar grey bell moth

Epinotia ramella (Linnaeus) 桦叶小卷蛾

Epinotia rubiginosana (Herrich-Schäffer) 松叶小卷蛾 pine bell moth

Epinotia solandriana Linnaeus 纸桦叶小卷蛾 Solander's bell moth, poplar leaf-roller

Epinotia subviridis Heinrich 柏木叶小卷蛾 cypress leaftier

Epinotia tedella Clerck 欧洲云杉叶小卷蛾 spruce needle miner, streaked spruce bell moth

Epinotia tenerana (Denis *et* Schiffermüller) 桤叶小卷蛾

Epinotia tetraquetrana Haworth 欧洲桤木叶小卷蛾 square barred bell moth

Epinotia tianshanensis Liu *et* Nasu 天山叶小卷蛾

Epinotia tsugana Freeman 铁杉叶小卷蛾 hemlock needleminer

Epinotia ustulana (Hübner) 褐叶小卷蛾

Epinotodonta Matsumura 上舟蛾属

Epinotodonta griseotincta Kiriakoff 污灰上舟蛾

Epione Duponchel 慈尺蛾属

Epiophlebia Calvert 蟌蜓属

Epiophlebia superstes Selys 日蟌蜓

Epiophlebiidae 蟌蜓科 diverse damselflies

Epipagis Hübner 拱翅野螟属

Epipagis cancellalis Zeller 网拱翅野螟

Epiparbattia Caradja 翎翅野螟属

Epiparbattia gloriosalis Caradja 竹芯翎翅野螟

Epipaschiidae 丛螟科

Epipaschiinae 丛螟亚科

Epipedocera Chevrolat 眉天牛属

Epipedocera asperata Gressitt *et* Rondon 糙翅眉天牛

Epipedocera atra Pic 黑眉天牛

Epipedocera atritarsis djoui Gressitt 红翅眉天牛

Epipedocera cruentata laosensis Gressitt *et* Rondon 红眉天牛

Epipedocera hoffmanni Gressitt 海南眉天牛

Epipedocera laticollis Gahan 阔胸眉天牛

Epipedocera rollei Pic 白胸眉天牛

Epipedocera subatra Gressitt *et* Rondon 小黑眉天牛

Epipedocera subnitida Pic 亮眉天牛

Epipedocera subundulata Gressitt *et* Rondon 老挝眉天牛

Epipedocera vitalisi Pic 中黑眉天牛

Epipedocera zona Chevrolat 眉天牛

Epipemphigus Lambers 三堡瘿绵蚜属

Epipemphigus sanpupopuli (Zhang *et* Zhong) 三堡瘿绵蚜

Epiphis Berlese 表伊螨属

Epiphora albida Druce 见 *Drepanoptera albida*

Epiphora antinorii Oberthür 见 *Drepanoptera antinorii*

Epiphora vacuna Westwood 见 *Drepanoptera vacuna*

Epiphyas postvittana Walker 苹淡褐卷蛾 light brown apple moth, Walker's euonymus twist moth

Epiphyas xylodes Meyrick 辐射松淡褐卷蛾

Epiphytimerus Mohanasundaram 上植瘿螨属

Epiplemidae 蛛蛾科 pearly-ash colored moths

Epipolaeus caliginosus (Fabricius) 忽布根象 hop root weevil

Epipsocidae 上啮虫科

Epipsocus Hagen 上啮虫属

Epipsocus formosus Li 丽上啮虫

Epipyropidae 寄蛾科 planthopper parasites

Epipyrops doddi Rothschild 贝壳杉寄蛾

Epirrhoe Hübner 洲尺蛾属

Epirrhoe brephos (Oberthür) 白眉洲尺蛾

Epirrhoe excentricata (Alphéraky) 介洲尺蛾

Epirrhoe hastulata (Hübner) 茜草洲尺蛾

Epirrhoe lamae (Alphéraky) 弯眉洲尺蛾

Epirrhoe leucophoca (Prout) 黄眉洲尺蛾

Epirrhoe supergressa (Butler) 律草洲尺蛾

Epirrhoe tristata (Linnaeus) 流纹洲尺蛾

Epirrhoe uber (Prout) 折眉洲尺蛾

Epirrhoe virginea (Alphéraky) 贞洲尺蛾

Epirrita Hübner 秋白尺蛾属

Epirrita autumnata (Borkhausen) 秋白尺蛾

Epirrita autumnata omissa Harrison 绿秋白尺蛾 green velvet looper

Epirrita faenaria (Bastelberger) 台湾秋白尺蛾

Epirrita packardata Taylor 红头秋白尺蛾 redheaded looper

Epirrita pulchraria (Taylor) 白线秋白尺蛾 whitelined looper

Episeiella Willmann 表绥螨属

Episilia pseudosimulans Kozh 冬麦地虎

Episimus argutanus (Clem.) 锐尖上凹卷蛾

Episinus Walckenaer 丘腹蛛属

Episinus bicoenutus Yoshida 双角丘腹蛛

Episinus caudifer Donitz *et* Strand 尾丘腹蛛

Episinus nubilus Yaginuma 云斑丘腹蛛

Episinus punctisparsus Yoshida 斑丘腹蛛

Episinus spiniger (O.P.-Cambridge) 刺丘腹蛛

Episinus variacorneus Chen *et al.* 异角丘腹蛛

Episinus yoshimurai Yoshida 吉村丘腹蛛

Episomus Schoenherr 癞象属

Episomus andrewesi Marshall 饰纹癞象

Episomus chinensis Faust 中国癞象

Episomus declives Faust 陡坡癞象

Episomus frenatus Marshall 宽沟癞象

Episomus kwanhsiensis Heller 灌县癞象

Episomus lacerta Fabricius 印蓝叶金合欢

Episomus mundus Sharp 桑灰毛癞象

Episomus sennae Faust 缅甸癞象

Episomus truncatirostris Fairmaire 卵形癞象

Episomus turritus Gyllenhal 塔癞象

Episparis Walker 笸夜蛾属

Episparis costistriga (Walker) 鳞笸夜蛾

Episparis liturata (Fabricius) 白线笸夜蛾

Episparis tortuosalis Moore 涟笸夜蛾

Epistaurus Boliver 十字蝗属

Epistaurus aberrans Brunner-Wattenwyl 长翅十字蝗

Epistaurus meridionalis Bi 南方十字蝗

Episteira Warren 秃尺蛾属

Episteira eupena (Prout) 竹柏秃尺蛾

Episteira nigrilinearia (Leech) 黑线秃尺蛾

Epistictina viridimaculata (Boheman) 绿斑麻龟甲

Epistrophe Walker 靠食蚜蝇属

Episyrphus Matsumura *et* Adachi 黑带食蚜蝇属

Episyrphus balteatus (Degeer) 中斑黑带食蚜蝇

Episyrphus cretensis (Becker) 裂带黑带食蚜蝇

Epitenodera Giglio-Tos 拟大刀螳属

Epitenodera capitata (Saussure) 拟大刀螳

Epitheca 毛伪蜻属

Epitheca marginata Selys 缘斑毛伪蜻

Epithectis Meyrick 忍冬麦蛾属

Epithectis mouffetella Schiffermüller 忍冬麦蛾

Epitranus Walker 脊柄小蜂属

Epitrimerus Nalepa 上瘿螨属

Epitrimerus abietis Keifer 沙松上瘿螨

Epitrimerus amoni Kuang *et* Hong 砂仁上瘿螨

Epitrimerus dimocarpi Kuang *et* Hong 龙眼上瘿螨

Epitrimerus ipomoeae Wei *et* Feng 番薯上瘿螨

Epitrimerus pini Kuang *et* Li 松上瘿螨

Epitrimerus pirifoliae Keifer 梨叶上瘿螨 pear leaf rust mite

Epitrimerus pyri Nalepa 梨上瘿螨 pear leaf rust mite

Epitrimerus yunbimus Huang 圆柏上瘿螨

Epitritus Emery 圆鳞蚁属

Epitritus hexamerus Brown 六纯圆鳞蚁

Epitrix Foudras 毛跳甲属

Epitrix abeillei (Bauduer) 枸杞毛跳甲

Epitrix setosella (Fairmaire) 茄毛跳甲

Epiurus mencianae Vchida 桑蟥瘤姬蜂

Epiurus nankingensis Vchida 南京瘤姬蜂

Epiverta Mader 龟瓢虫属

Epiverta chelonia (Mader) 龟瓢虫

Epixorides 上凿姬蜂属

Epizeuxis aemula Hübner 北美云杉夜蛾 spruce webworm

Eplocia membliaria Cramer-Stoll 铅拟灯蛾

Epochra canadensis (Löw) 茶藨果蝇 currant fruit-fly

Epocilla Thorell 艳蛛属

Epocilla blairei Zabka 布氏艳蛛

Epocilla calcarata (Karsch) 锯艳蛛

Epodonta Matsumura 后齿舟蛾属

Epodonta lineata (Oberthür) 后齿舟蛾

Epoligosita Girault 爱波赤眼蜂属

Epoligosita brachysiphonia Lin 短管爱波赤眼蜂

Epoligosita digitata Lin 指突爱波赤眼蜂

Epoligosita longituba Lin 长管爱波赤眼蜂

Epoligosita sinica Viggiani *et* Ren 中华爱波赤眼蜂

Epoligosita zygoptera Lin 柄翅爱波赤眼蜂

Epoligositina Livingstone *et* Yacoob 简索赤眼蜂属

Epoligositina apiculiformis Lin 尖翅简索赤眼蜂

Epoligositina longiclavata Lin 长棒简索赤眼蜂

Eponisia Matsumura 媛脉蜡蝉属

Eponisia guttula Matsumura 媛脉蜡蝉(媛花虱)

Eponisia macula Tsaur *et* Yang 黑斑媛脉蜡蝉

Eponisia woodwardi Tsaur *et* Yang 伍氏媛脉蜡蝉

Eponisiella gramina Hu *et* Yang 禾小媛脉蜡蝉

Eponisiella matsumurai Tsaur *et* Yang 松氏小媛脉蜡蝉

Epophthalmia Burmeister 丽大蜻属

Epophthalmia elegans Brauer 闪蓝丽大蜻

Epora Walker 伞扁蜡蝉属

Epora hainanensis Chou *et* Wang 海南伞扁蜡蝉

Eporibatula Sellnick 抚肩甲螨属

Epotiocerus Matsumura 皑袖蜡蝉属

Epotiocerus flexuosus Uhler 曲纹皑袖蜡蝉

Epotiocerus rubipunctatus Chou *et* Wang 红点皑袖蜡蝉

Epotiocerus rubiundatus Chou *et* Wang 红波皑袖蜡蝉

Epsilon Saussure 埃蜾蠃属

Epsilon fujianensis Lee 福建埃蜾蠃

Epuraea domina Reitter 显优盖普露尾甲

Epuraea japonica Motschulsky 日本盖普露尾甲

Epuraea paulula Reitter 稀微盖普露尾甲

Epuraecha ochraceomaculata Breuning 拟泥色天牛

Erannis Hübner 松尺蛾属

Erannis defoliaria (Clerck) 暗点松尺蛾 mottled umber moth

Erannis gigantea Inoue 巨松尺蛾

Erannis golda Diakonov 高达松尺蛾

Erannis tiliaria (Harris) 菩提松尺蛾 basswood looper,

linden looper

Erannis vancouverensis Hulst 温哥华松尺蛾

Erasmia Hope 庆锦斑蛾属

Erasmia pulchella chinensis Jordan 华庆锦斑蛾

Erastria Hübner 小绮夜蛾属

Erastria trabealis (Scopoli) 甘薯小绮夜蛾 yellow-spotted small noctuid

Erastrianae 绮夜蛾亚科

Ercarta Lederer 希夜蛾属

Ercarta amethystina (Hübner) 希夜蛾

Ercarta arcta (Lederer) 直线希夜蛾

Ercarta arctides (Staudinger) 窄直希夜蛾

Ercarta virgo (Treitschke) 麟角希夜蛾

Ercheia Walker 耳夜蛾属

Ercheia cyllaria (Cramer) 曲耳夜蛾

Ercheia niveostrigata Warren 雪耳夜蛾

Ercheia umbrosa Butler 阴耳夜蛾

Erebia Dalman 红眼蝶属

Erebia alcmena Grum-Grshimailo 红眼蝶

Erebia ligea (Linnaeus) 波翅红眼蝶

Erebia neriene Böber 暗红眼蝶

Erebia sibo Alphéraky 西宝红眼蝶

Erebia theano (Tauscher) 酡红眼蝶

Erebia turanica Erschoff 图兰红眼蝶

Erebomorpha Walker 树尺蛾属

Erebomorpha fulguraria Walker 细枝树尺蛾

Erebophasma Boursin 冥夜蛾属

Erebophasma conjunctiva Chen 连纹冥夜蛾

Erebophasma haematina (Boursin) 冥夜蛾

Erebophasma nyalamensis Chen 聂拉木冥夜蛾

Erebophasma obliqua Chen 斜点冥夜蛾

Erebophasma subvittata (Corti) 缀白冥夜蛾

Erebophasma vittata (Staudinger) 会冥夜蛾

Erebus Latriella 目夜蛾属

Erebus albicinctus Kollar 玉边目夜蛾

Erebus caprimulgus (Fabricius) 羊目夜蛾

Erebus crepuscularis (Linnaeus) 目夜蛾

Erebus gemmans (Guenée) 玉线目夜蛾

Erebus glaucopis (Walker) 闪目夜蛾

Erebus hieroglyphica (Drury) 眉目夜蛾

Erebus macrops (Linnaeus) 卷裳目夜蛾

Erebus orion (Hampson) 波目夜蛾

Erebus pilosa (Leech) 毛目夜蛾

Ereis annulicornis Pascoe 环角埃象天牛

Ereis roseomaculata Breuning 红斑埃象天牛

Eremaeidae 龙足甲螨科

Eremaeozetes Berlese 袍甲螨属

Eremaeozetes trifurcus Wen 三歧袍甲螨

Eremaeozetidae 袍甲螨科

Eremaeus C. L. Koch 龙足甲螨属

Eremaeus borealis Wen 北龙足甲螨

Eremaeus granulatus Mihelcic 点龙足甲螨

Eremellidae 小沙甲螨科

Eremiaphilidae 方额螳螂科

Eremippus Uv. 蚍蝗属

Eremippus comatus Mistsh. 毛足蚍蝗

Eremippus costatus Tarb. 肋蚍蝗

Eremippus heimahoensis Cheng et Hang 黑马河蚍蝗

Eremippus miramae Tarb. 玛蚍蝗

Eremippus mongolicus Ramme 蒙古蚍蝗

Eremippus parvulus Mistsh. 石合蚍蝗

Eremippus persicus Uv. 伊朗蚍蝗

Eremippus qilianshanensis Lian et Zheng 祁连山蚍蝗

Eremippus simplex maculatus Mistsh. 简蚍蝗

Eremippus yechengensis Liu 叶城蚍蝗

Eremitusacris Liu 寂蝗属

Eremitusacris xinjiangensis Liu 新疆寂蝗

Eremobelba Berlese 沙足甲螨属

Eremobelba flagelaris Jacot 鞭沙足甲螨

Eremobelba japonica Aoki 日本沙足甲螨

Eremobia Stephens 缓夜蛾属

Eremobia decipiens (Alphéraky) 白线缓夜蛾

Eremochares Gribodo 宽眼泥蜂属

Eremochares dives (Brulle) 丽宽眼泥蜂

Eremochrysa canadensis (Banks) 加拿大寂地草蛉

Eremochrysa punctinervis (McLachlan) 针刺腱寂地草蛉

Eremochrysa tibialis Banks 胫寂地草蛉

Eremocneminae 秃胫虫䗛亚科

Eremocoris Fieber 云长蝽属

Eremocoris sinicus Zheng 中国云长蝽

Eremoscopus B.-Bienko 突眼蝗属

Eremoscopus oculatus B.-Bienko 瞅突眼蝗

Eremosybra flavolineatoides Breuning 黄线天牛

Eremotes Wollaston 蚀木象属

Eremulidae 沙甲螨科

Eremulus Berlese 沙甲螨属

Eremulus australis Wen 南方沙甲螨

Eremulus avenifer Berlese 阿沙甲螨

Eremulus flagellifer Berlese 鞭沙甲螨

Eresidae 隆头蛛科

Eressa multigutta Walker 多点春鹿蛾

Eresus Walckenaer 隆头蛛属

Eresus granosus Simon 念珠隆头蛛

Eresus niger (Petagna) 黑隆头蛛

Eresus tristis Croneberg 三列隆头蛛

Eretmocerus Haldeman 桨角蚜小蜂属

Eretmocerus longipes Compere 长蹠桨角蚜小蜂

Eretmocerus orientalis Silvestri 东方桨角蚜小蜂

Eretmocerus silvestrii Gerling 黑刺粉虱桨角蚜小蜂

Ereunetis Meyrick 芽谷蛾属

Ereunetis flavistriata (Walsingham) 鹿芽谷蛾 sugarcane bud moth

Ereymetidae 蝓螨科

Ergania Pascoe 高隆象属

Ergania doriae yunnanus Heller 大豆高隆象

Erganoides punctulatus (Weise) 黄腹伊尔萤叶甲

Erganoides similis Chen 蓝伊尔萤叶甲

Ergates spiculatus (LeConte) 西黄松埃天牛 ponderous borer

Ergolis Boisduval 蓖麻蛱蝶属

Ergolis ariadne L. 蓖麻蛱蝶 angled castor

Erianthus Stål 马头蝗属

Erianthus nipponensis Rehn 日本马头蝗

Erianthus versicolor Brunner-Wattenwyl 黄斑马头蝗

Eriaphytis Hayat 毛盾蚜小蜂属

Eriaphytis orientealis Hayat 东方毛盾蚜小蜂

Eriboea athamas Drury 缘埃锐蛱蝶

Eriborus Förster 钝唇姬蜂属

Eriborus sinicus (Holmgren) 中华钝唇姬蜂

Eriborus terebranus (Gravenhorst) 大螟钝唇姬蜂

Eriborus vulgaris (Morley) 纵卷叶螟钝唇姬蜂

Ericeia Walker 南夜蛾属

Ericeia fraterna (Moore) 伯南夜蛾

Ericeia inangulata (Guenée) 南夜蛾

Ericerus Guèrin-Méneville 白蜡虫属

Ericerus pela Chatavannes 白蜡虫(中国白蜡虫) white wax scale, Chinese wax insect, pela insect

Erichsonius Fauval 伊里隐翅虫属

Erichsonius chinensis (Bernhauer) 中国伊里隐翅虫

Erichsonius horni (Bernhauer) 霍氏伊里隐翅虫

Erichsonius japonicus (Cameron) 日本伊里隐翅虫

Erichsonius kobensis (Cameron) 神户伊里隐翅虫

Erichsonius pullus Zheng 暗伊里隐翅虫

Erichsonius puncticulosus Zheng 细点伊里隐翅虫

Eridolius 鼓姬蜂属

Erigone Audouin 微蛛属

Erigone amdoensis Schenkel 阿姆微蛛

Erigone atra (Blackwall) 黑微蛛

Erigone dentipalpis (Wider) 齿肢微蛛

Erigone jageri Baehr 小齿微蛛

Erigone koshiensis Oi 锯胸微蛛

Erigone maculivulva Strand 斑犀微蛛

Erigone noseki Strand 罗氏微蛛

Erigone ourania Crosby *et* Bishop 奥那微蛛

Erigone prominens Boes. *et* Str. 隆背微蛛

Erigone sinensis Schenkel 中华微蛛

Erigone subprominens Saito 微隆微蛛

Erinnys ello Linnaeus 木薯天蛾 cassava hawk moth

Eriocampa Hartig 毛蠋粗角叶蜂属

Eriocampa albipes Matsumura 白脚毛蠋粗角叶蜂

Eriocampa juglandis (Fitch) 灰胡桃毛蠋粗角叶蜂 butternut woolly worm

Eriocampa mitsukurii Rohwer 箕作毛蠋粗角叶蜂 alder sawfly

Eriocampa ovata (Linnaeus) 桤毛蠋粗角叶蜂 alder woolly sawfly, alder sawfly

Eriochiton Maskell 刺毡蜡蚧属

Eriococcidae 毡蚧科 felt scales, eriococcid mealybugs, eriococcid scales, gall-like coccids

Eriococcinae 毡蚧亚科

Eriococcus Targioni 毡蚧属

Eriococcus abeliceae Kuw. 榆树枝毡蚧 Zelkova scale

Eriococcus acericola Tang *et* Hao 槭树毡蚧

Eriococcus aceris (Sign.) 槭树枝毡蚧 maple felt scale

Eriococcus altaicus (Matesova) 阿尔泰毡蚧

Eriococcus araucariae Maskell 南洋杉球毡蚧 araucaria scale

Eriococcus armeniacus Tang *et* Hao 山杏毡蚧

Eriococcus artemisiarum (Matesova) 哈萨克毡蚧

Eriococcus arthrophyti (Borchsenius) 盐肤木毡蚧

Eriococcus azumae Kanda 水稻囊毡蚧

Eriococcus baldonensis (Rasina) 岩高兰囊毡蚧

Eriococcus bambusae Green 竹子囊毡蚧

Eriococcus betulaefoliae Tang *et* Hao 杜梨毡蚧

Eriococcus bezzii Leonardi 杜鹃囊毡蚧

Eriococcus borchsenii Danzig 鲍氏囊毡蚧

Eriococcus buxi (Fonscolombe) 黄杨囊毡蚧 box scale, boxwood felt scale

Eriococcus cactearum leonardi 见 *Rhizococcus coccineus*

Eriococcus cantium Williams 长形囊毡蚧

Eriococcus castanopus Tang *et* Hao 栗树毡蚧

Eriococcus caudatus Tang *et* Hao 尾片毡蚧

Eriococcus chabohiba Kuw. *et* Nitobe 花柏叶毡蚧

Eriococcus cingulatus Kir. 见 *Rhizococcus cingulatus*

Eriococcus coccineus Cockerell 见 *Rhizococcus coccineus*

Eriococcus coccineus lutescens Ckll. 见 *Rhizococcus coccineus*

Eriococcus coriaceus Maskell 桉树毡蚧 eucalyptus scale, white egg scale

Eriococcus corniculatus Ferris 厚皮香毡蚧

Eriococcus coronillae (Tereznikova) 乌克兰毡蚧

Eriococcus costatus (Danzig) 沿海榆毡蚧

Eriococcus crassispinus (Borchsenius) 野蒿囊毡蚧

Eriococcus cynodontis Kir. 见 *Rhizococcus cynodontis*

Eriococcus defomis Wang 见 *Rhizococcus deformis*

Eriococcus desertus (Matesova) 灰藜囊毡蚧 desert felt scale

Eriococcus devonensis (Green) 见 *Eriococcus ericae*

Eriococcus ericae Signoret 欧石楠毡蚧

Eriococcus erinaceus Kir. 轮叶薯毡蚧 woolly felt scale

Eriococcus exiguus Mask. 见 *Asiacornococcus exiguus*

Eriococcus festucae Kuw. *et* Fuk. 羊茅囊毡蚧 Festuca scale

Eriococcus festucarum ldgr. 见 *Eriococcus festucae*

Eriococcus formicicola Gavarov 见 *Rhizococcus cynodonitis*

Eriococcus fraxini (Kalt.) 见 *Pseudochermes fraxini*

Eriococcus glyceriae Green 见 *Kaweskia glyceriae*

Eriococcus gracilispinus (Borchsenius *et* Mate.) 柽柳枝毡蚧

Eriococcus graminis Mask. 香港囊毡蚧 grass scale

Eriococcus greeni Newst. 格林氏毡蚧 Newstead's felt scale

Eriococcus hassanicus (Danzig) 禾草囊毡蚧

Eriococcus henmii Kuw. 野菊囊毡蚧

Eriococcus inermis Green 见 *Rhizococcus inermis*

Eriococcus insignis Newstead 见 *Rhizococcus insignis*

Eriococcus isacanthus (Danzig) 远东毡蚧

Eriococcus japonicus Kuw. 见 *Asiacornococcus japonicus*

Eriococcus kaki Kuwana 见 *Asiacornococcus kaki*

Eriococcus kaschgariae (Danzig) 蒙古囊毡蚧

Eriococcus lactucae (Borchsenius) 山莴苣毡蚧

Eriococcus lagerstroemiae Kuwana 石榴囊毡蚧 crape-myrtle scale

Eriococcus latialis Leon. 罗马囊毡蚧

Eriococcus leptospermi Maskell 薄子木毡蚧

Eriococcus longispinus Borchsenius 见 *Rhizococcus cingulatus*

Eriococcus marginalis (Borchsenius) 缘边囊毡蚧

Eriococcus micracanthus (Danzig) 山萝卜囊毡蚧

Eriococcus miscanthi Tak. 芒草囊毡蚧

Eriococcus multispinosus (Matesova) 多刺囊毡蚧

Eriococcus munroi (Boratynski) 委陵菜毡蚧 Munro's felt scale

Eriococcus nematosphaerus Hu *et* Xie 丝球毡蚧

Eriococcus ningxianensis Tang *et* Hao 宁夏毡蚧

Eriococcus notabilis (Borchsenius) 显赫性毡蚧

Eriococcus nuerae Green 陀螺根毡蚧

Eriococcus onukii Kuwana 日本囊毡蚧 Onuki bamboo scale

Eriococcus orariensis Hoy 沃尔特囊毡蚧 manuka blight scale

Eriococcus orbiculus (Matesova) 柽柳瘿毡蚧

Eriococcus osbeckiae Green 金锦香毡蚧

Eriococcus pamiricus (Bazarov) 帕米尔毡蚧

Eriococcus philippinensis (Morr.) 见 *Rhizococcus philippinensis*

Eriococcus phyllanthi Ferris 见 *Gossypariella phyllanthi*

Eriococcus placida Green 见 *Greenisca placida*

Eriococcus populi (Matesova) 杨树囊毡蚧

Eriococcus pseudinsignis Green 见 *Rhizococcus pseudinsignis*

Eriococcus rhodomyrti Green 桃金娘毡蚧

Eriococcus ribesiae (Borchsenius) 茶根毡蚧

Eriococcus roboris Goux 栗树干毡蚧 oak felt scale

Eriococcus rosannae Tranfaglia 栗树囊毡蚧

Eriococcus rugosus Wang 见 *Rhizoccus rugosus*

Eriococcus sachalinensis Siraiwa 见 *Eriococcus greeni*

Eriococcus salicis Borchsenius 柳树干毡蚧

Eriococcus sasae (Danzig) 箬竹囊毡蚧

Eriococcus saxatilis Kir. 石蚕囊毡蚧

Eriococcus saxidesertus (Borchsenius) 塔吉克毡蚧

Eriococcus siakwanensis (Borchsenius) 下关囊毡蚧

Eriococcus sojae Kuwana 大豆囊毡蚧 soybean scale

Eriococcus spiniferus (Borchsenius) 獐毛囊毡蚧

Eriococcus spiraeae (Borchsenius) 绣线菊毡蚧

Eriococcus spurius Modeer 欧洲榆毡蚧 European elm scale

Eriococcus suboteneus Kuw. *et* Tanka 见 *Rhizococcus coccineus*

Eriococcus subterraneus (Borchsenius) 艾蒿基毡蚧

Eriococcus sutepensis Tak. 泰国栎毡蚧

Eriococcus tenuis Green 锡兰囊毡蚧

Eriococcus terrestris (Matesova) 见 *Rhizococcus terrestris*

Eriococcus thymi (Schrank) 见 *Rhizococcus thymi*

Eriococcus tokaedae Kuwana 三角槭毡蚧

Eriococcus transversus Green 马蹄囊毡蚧

Eriococcus trispinatus Wang 见 *Rhizococcus trispinatus*

Eriococcus turanicus (Matesova) 吐伦柳毡蚧

Eriococcus turkmenicus Arch. 土库曼毡蚧

Eriococcus ulmarius (Danzig) 榆树囊毡蚧

Eriococcus ulmi Tang 榆毡蚧

Eriococcus uvaeursi (L.) 乌凡西毡蚧 Linnaeus felt scale

Eriococcus zygophylli Arch. 见 *Rhizococcus zygophylli*

Eriocrania Zeller 毛顶蛾属

Eriocrania semipurpurella alpina Xu 高山毛顶蛾

Eriocrania semipurpurella semipurpurella (Stephens) 拟紫毛顶蛾

Eriocraniidae 毛顶蛾科

Eriogaster Germar 斑枯叶蛾属

Eriogaster lanestris L. 桦枯叶蛾 birch lasiocampid, small eggar moth

Eriogaster rimicola Hübner 红灰枯叶蛾

Eriogyna Jordan 樟蚕属

Eriogyna pyretorum cognata Jordan 樟蚕江西亚种

Eriogyna pyretorum lucifera Jordan 樟蚕四川亚种

Eriogyna pyretorum pyretorum Westwood 樟蚕指名亚种

Erioides Green 毡粉蚧属

Erioides cuneiformis Green 楔形毡粉蚧

Erioides rimulae Green 叶下珠毡粉蚧

Erionota Mabille 蕉弄蝶属

Erionota grandis (Leech) 白斑蕉弄蝶

Erionota torus Evans 黄斑蕉弄蝶 banana leaf roller, banana skipper

Eriopeltis Sign. 绒茧蚧属(背刺毡蜡蚧属,秃刺毡蜡蚧属)

Eriopeltis araxis Borchsenius 见 *Eriopeltis festucae*

Eriopeltis festucae (Fonscolombe) 羊茅绒茧蚧(狐茅背刺毡蜡蚧)

Eriopeltis koreanus Borchsenius 见 *Eriopeltis sachalinensis*

Eriopeltis sachalinensis Borchsenius 库页背刺毡蜡蚧

Eriopeltis stipae Ishii 针茅绒茧蚧(枝背刺毡蜡蚧,针茅秃刺毡蚧)

Eriophyes von Siebold 瘿螨属

Eriophyes alonis Keifer 芦荟瘿螨 aloe wart mite

Eriophyes artemisia Xin et Dong 野蒿瘿螨

Eriophyes biopsidia Keifer 番石榴瘿螨

Eriophyes brachytarsus Keifer 短跗瘿螨

Eriophyes camptothecae Kuang et Huang 喜树瘿螨

Eriophyes castanis Lu 栗树瘿螨

Eriophyes catacardiae Keifer 下心瘿螨

Eriophyes chinensis Trotter 中国瘿螨

Eriophyes chonganensis (Kuang) 崇安瘿螨

Eriophyes cinereae Keifer 灰胡桃瘿螨

Eriophyes cynodoniensis Sayed 茅根草瘿螨 bermudagrass bud mite

Eriophyes diospyri Keifer 柿瘿螨 persimmon bud mite

Eriophyes distinguensis (Keiffer) 毛叶稠李瘿螨

Eriophyes doctersi Nalepa 樟瘿螨 cinnamon gall mite

Eriophyes elongatus Hodgkiss 槭长瘿螨 maple erineum mite

Eriophyes erineus Nalepa 波斯胡桃瘿螨 walnut blister mite, Persian walnut erineum mite

Eriophyes eriobius Nalepa 槭春瘿螨 maple erineum mite

Eriophyes ficus Cotte 无花果瘿螨 fig mite

Eriophyes fraxinivorus Nalepa 梣瘿螨

Eriophyes gardeniella Keifer 小栀子瘿螨

Eriophyes gastrotrichus Nalepa 甘薯瘿螨 sweet potato leaf gall mite

Eriophyes georphioui Keifer 石竹瘿螨

Eriophyes granati Canestrini et Massalongo 石榴瘿螨 pomegranate mite

Eriophyes hibisci Nalepa 木槿瘿螨 hibiscus erineum mite

Eriophyes ilicis (Canestrini) 冬青瘿螨

Eriophyes insidiosus Keifer et Wilson 李瘿螨

Eriophyes labiatiflorae Thomas 唇形花瘿螨

Eriophyes laevis (Nalepa) 平滑瘿螨 alder gall mite

Eriophyes lantanae Cook 马缨丹瘿螨 lantana flower gall mite

Eriophyes mangiferae Kuang et Cheng 杧果瘿螨 mango bud mite

Eriophyes medicaginis Keifer 紫苜蓿瘿螨 alfalfa abloom mite

Eriophyes milii Xin et Dong 黍瘿螨

Eriophyes negundi Hodgkiss 尼氏瘿螨

Eriophyes oleae Nalepa 橄榄瘿螨 olive bud mite

Eriophyes paderinus Nalepa 李棘瘿螨

Eriophyes parapopuli Keifer 伪白杨瘿螨 poplar bud gall mite

Eriophyes peucedani Canestrini 胡萝卜瘿螨

Eriophyes pistaciae Nalepa 阿月浑子瘿螨 pistacia bud mite

Eriophyes psilomerus Carti 裸节瘿螨

Eriophyes puttarudriati Channabasavanna 棉肿瘿螨 Indian cotton blister mite

Eriophyes pyri (Pagenstecher) 梨瘿螨 pear leaf blister mite

Eriophyes querroronis Keifer 椰子瘿螨

Eriophyes rossettonis Keifer 槚如树瘿螨 cashew bud mite

Eriophyes sacchari Channabasavanna 甘蔗肿瘿螨 sugar cane blister mite

Eriophyes sheldoni Ewing 柑芽瘿螨 citrus bud mite

Eriophyes stefanii Nalepa 史氏瘿螨 pistacia leaf roll mite

Eriophyes tenuis (Nalepa) 瘦瘿螨

Eriophyes triplacis Keifer 栎瘿螨 oak erineum mite

Eriophyes triradiatus Nalepa 褐瘿螨 brown gall mite

Eriophyes tristriatus Nalepa 胡桃瘿螨 walnut leaf gall mite, walnut blister mite

Eriophyes tritici Schevtcheko 小麦瘿螨

Eriophyes tulipae Keifer 郁金香瘿螨

Eriophyes zhangyeensis Lou, Liu et Kuang 张掖瘿螨

Eriophyidae 瘿螨科 gall mites

Eriophyinae 瘿螨亚科

Eriophyoidea 瘿螨总科

Eriopus Treitschke 见 *Callopistria* Hübner

Eriopus duplicans (Walker) 见 *Callopistria duplicans*

Eriopus floridensis (Guenée) 见 *Callopistria floridensis*

Eriopus juventina (Gramer) 见 *Callopistria juventina*

Eriopus repleta (Walker) 见 *Callopistria repleta*

Eriosoma Leech 绵蚜属

Eriosoma americanum (Riley) 美洲榆绵蚜 woolly elm aphid

Eriosoma dilanuginosum Zhang 榆绵蚜

Eriosoma lanigerum (Hausmann) 苹果绵蚜 woolly apple aphid, American blight apple woolly aphid, elm rosette aphid

Eriosoma lanuginosa Hartig 榆梨绵蚜 pear root aphid

Eriosoma rileyi Thomas 榆皮绵蚜 woolly elm bark aphid

Eriosoma ulmi Linnaeus 榆裂绵蚜 elm leaf aphid

Eriosomatidae 绵蚜科 woolly and gallmaking aphids

Eriothrix argyreatus Meigen 银白刺寄蝇

Eriothrix nitidus Kolomietz 亮缘刺寄蝇

Eriotremex Benson 绒树蜂属

Eriotremex formosanus (Matsumura) 台湾绒树蜂

Eriovixia Archer 艾里蛛属

Eriovixia poonaensis (Tikader *et* Bal) 浦那艾里蛛

Erippe syrictis Meyrick 史瑞克艾麦蛾

Eristalinus Rondani 斑目食蚜蝇属

Eristalinus aeneus (Scopoli) 黑绿斑目食蚜蝇

Eristalinus sepulchralis (Linnaeus) 暗纹斑目食蚜蝇

Eristalis Latreille 管食蚜蝇属

Eristalis arbustorum (Linnaeus) 棕边管食蚜蝇

Eristalis campestris Meigen 鼠尾管食蚜蝇

Eristalis cerealis (Fabricius) 灰背管食蚜蝇

Eristalis senilis Sack 宽纹管食蚜蝇

Eritinae 珥眼蝶亚科

Ernestia Robineau-Desvoidy 埃内寄蝇属

Ernestia consobrina Meigen 棘肛埃内寄蝇

Ernestia rudis Panzer 粗野埃内寄蝇

Ernobius Thomson 芽枝窃蠹属

Ernobius conicola Fisher 圆锥芽枝窃蠹

Ernobius melanoventris Ruckes 美西黄松芽枝窃蠹

Ernobius mollis Linnaeus 松芽枝窃蠹 pine bark anobiid

Ernobius nigrans Fall 黑芽枝窃蠹

Ernoporus Thomson 枝小蠹属

Ernoporus fraxini Berger 水曲柳枝小蠹

Ero C.L. Koch 突腹蛛属

Ero aphana Walckenaer 秘突腹蛛

Ero canala Wang 沟突腹蛛

Ero furcata (Villers) 叉突腹蛛

Ero galea Wang 盔突腹蛛

Ero japonica Boes. *et* Str. 日本突腹蛛

Ero koreana Paik 朝鲜突腹蛛

Ero tuberculata (Degeer) 管状突腹蛛

Erobatodes Wehrli 黎明尺蛾属

Erosomyia mangiferae Felt 杧果侵叶瘿蚊 mango gall midge

Erotylidae 大覃甲科 pleasing fungus beetles

Erthesina Spinola 麻皮蝽属

Erthesina fullo (Thunberg) 麻皮蝽

Erycilla amoena Mesnil 金色砚寄蝇

Erycilla cinerea Chao *et* Liang 灰色砚寄蝇

Erycilla flavipruina Chao *et* Liang 黄粉砚寄蝇

Erycilla rutila Meigen 红蚬寄蝇

Erygia Guenée 厚夜蛾属

Erygia apicalis Guenée 厚夜蛾

Erynephala puncticollis (Say) 甜菜叶甲(甜菜萤叶甲) beet leaf beetle

Eryngiopoides Tseng 似蓟孔螨属

Eryngiopus Summers 刺芹螨属

Eryngiopus elongatus Tseng 长刺芹螨

Eryngiopus jiangxiensis Hu *et* Chen 江西刺芹螨

Eryngiopus nanchangensis Hu *et* Chen 南昌刺芹螨

Erynnis Schrank 珠弄蝶属

Erynnis montanus (Bremer) 深山珠弄蝶

Erynnis tages (Linnaeus) 珠弄蝶

Eryssamena albonotata Pic 棒腿集天牛

Eryssamena cristpennis Breuning 脊突集天牛

Eryssamena laosica Breuning 宽斑集天牛

Eryssamena paralaosica Breuning 密点集天牛

Eryssamena phontiouensis Breuning 刺尾集天牛

Eryssamena plagiata (Gahan) 酒饼树集天牛

Eryssamena simlis Breuning 瘦集天牛

Eryssamena undulata Pic 密斑集天牛

Eryssamena vitticollis Breuning 凹尾集天牛

Erythaspides vitis (Harris) 葡萄叶蜂 grape sawfly

Erythracarinae 地大赤螨亚科

Erythraeidae 赤螨科

Erythraeoidea 赤螨总科

Erythraeus Latreille 赤螨属

Erythraeus nipponicus Kawashima 日本赤螨

Erythraeus phalangoides (De Geer) 成行赤螨

Erythraeus plusomus Tseng 羽赤螨

Erythraeus swazianus 斯瓦齐赤螨

Erythraeus whitcombi Smiley 惠氏赤螨

Erythraxus Southcott 好斗赤螨属

Erythresthes Thomson 长红天牛属

Erythresthes bowringii (Pascoe) 栗长红天牛

Erythria aureola luteipes Prohaska 黑带叶蝉 smaller fourspotted leafhopper

Erythrites Southcott 土赤螨属

Erythrocera genalis Aldrich 窄颊赤寄蝇

Erythroides Southcott 子赤螨属

Erythropleura pyropia (Butler) 滴纹夜蛾

Erythroplusia rutilifrons (Walker) 珠纹夜蛾

Erythrus White 红天牛属

Erythrus apicalis Pic 黑尾红天牛

Erythrus atripennis Pic 黑翅红天牛

Erythrus bicolor Westwood 二色红天牛

Erythrus blairi Gressitt 油茶红天牛

Erythrus championi White 红天牛

Erythrus fortunei White 弧斑红天牛

Erythrus laosensis Geressitt *et* Rondon 纹胸红天牛

Erythrus laticornis Fairmaire 宽角红天牛

Erythrus montanus Gressitt *et* Rondon 老挝红天牛

Esakiopteryx Inoue 夷尺蛾属

Esakiopteryx venusta Yazaki 雅夷尺蛾

Esakiopteryx volitans (Butler) 黑夷尺蛾

Esakiozephyrus Shirôzu *et* Yamamoto 江崎灰蝶属

Esakiozephyrus bieti (Oberthür) 江崎灰蝶

Eschata Walker 大草螟属

Eschata aida Bleszynski 短翅大草螟

Eschata miranda Bleszynski 竹黄腹大草螟

Eschata shafferella Bleszynski 川大草螟

Eschatarchia Warren 泷尺蛾属

Eschatarchia lineata Warran 双边泷尺蛾

Esehabachia Togashi 埃西蔺叶蜂属ai

Esehabachia satoi Togashi 佐藤埃西蔺叶蜂

Esphalmenidae 锤腹蚊科

Estenomenus Faldermann 见 *Campsiura* Hope

Esthiopterum Harrison 埃虱属

Estigmena chinensis Hope 中华竹潜甲

Estigmene quadriramosa (Kollar) 四枝顶灯蛾

Estigmenida variabilis Gahan 齐点红天牛

Estimata Kozhantschikov 茹夜蛾属

Estimata dailingensis Chen 带岭茹夜蛾

Estimata herrichschaefferi (Alphéraky) 茹夜蛾

Estimata hirsuta Chen 毛茹夜蛾

Estimata parvula (Alphéraky) 小茹夜蛾

Eteoneus Distant 菱背网蝽属

Eteoneus angulatus Drake *et* Maa 角菱背网蝽

Eteoneus dilatus Distant 菱背网蝽

Eteoneus sigillatus Drake *et* Poor 星菱背网蝽

Eteroligosita Viggiani 异茎赤眼蜂属

Eteroligosita senticosa Lin 多刺异茎赤眼蜂

Eteroligosita zonata Lin 带形异茎赤眼蜂

Eterusia aedea Linnaeus 茶柄脉锦斑蛾

Eterusia aedea magnifica Butler 黄柄脉锦斑蛾

Eterusia leptalina Koll. 松针斑蛾

Eterusia repleta urania Schaus 榄绿柄脉锦斑蛾

Eterusia tricolor Hope 三色柄脉锦斑蛾

Etha Cameron 瘤脸姬蜂属

Etha tuberculata (Uchida) 瘤脸姬蜂

Ethelurgus 勤姬蜂属

Ethmia angarensis Caradja 百花山草蛾

Ethmia assamensis (Butler) 江苏草蛾

Ethmia autoschista Meyrick 峨眉山草蛾

Ethmia candidella Alpheraki 新疆草蛾

Ethmia cirrhocnemia Lederer 密云草蛾

Ethmia comitella Caradja 五台山草蛾

Ethmia dentata Diakonoff *et* Sattler 后黄草蛾

Ethmia discostrigella (Chambers) 美西黄草蛾

Ethmia epitrocha Meyrick 天目山草蛾

Ethmia ermineela (Walsingham) 西藏草蛾

Ethmia lineatonotella Moore 点带草蛾

Ethmia maculifera Matsumura 江西草蛾

Ethmia nigripedella (Erschoff) 青海草蛾

Ethmia septempunctata Christoph 七点草蛾

Ethmia systematica Meyrick 黑灰点草蛾

Ethmiidae 草蛾科

Ethope Moore 黑眼蝶属

Ethope henrici (Holland) 黑眼蝶

Ethylla aemula Meigen 角逐拱瓣寄蝇

Etiella Zeller 荚斑螟属

Etiella hollandella (Ragonot) 果荚斑螟

Etiella zinckenella (Treitschke) 豆荚斑螟 pea pod borer, limabean pod borer

Ettchellsia Cameron 眶脊巨蜂属

Ettchellsia philippinensis Baltazar 菲律宾眶脊巨蜂

Ettchellsia piliceps Cameron 毛头眶脊巨蜂

Ettchellsia sinica He 中华眶脊巨蜂

Ettmuelleria 埃特绒螨属

Euacanthidae 宽顶叶蝉科

Euacanthus interruptus (Linnaeus) 忽布叶蝉 hop leaf-hopper, yellow-striped leafhopper

Euagathis asiatica Fahinger 亚洲真径叶蜂

Euagathis chinensis (Holmgren) 中华真径茧蜂

Euagathis formosana Enderlein 台湾真径茧蜂

Euagathis hongkongensis Fullaway 香港真径茧蜂

Euagoras Burmeister 彩猎蝽属

Euagoras plagiatus Burmeiter 彩纹猎蝽

Euagoropsis Hsiao 丽猎蝽属

Euagoropsis inermis Hsiao 丽猎蝽

Euagrus Ausserer 上户蛛属

Euagrus formosanus Saito 台湾上户蛛

Euaspa Moore 轭灰蝶属

Euaspa forsteri (Oberthür) 紫轭灰蝶

Euaspa milionia (Hewitson) 轭灰蝶

Eubactericera curvata Li *et* Sun 曲茎线角木虱

Eubactericera tiliae Li 糠椴线角木虱

Eubadizon extensor (Linnaeus) 卷蛾曲径茧蜂

Eubadizon minutus (Ratzeburg) 小曲径茧蜂

Eubaptinae 锯角豆象亚科

Eubasilissa Martynov 褐纹石蛾属

Eubasilissa fo Schmid 佛褐纹石蛾

Eubasilissa horridum Schmid 寒褐纹石蛾

Eubasilissa maclachlani White 麦氏褐纹石蛾

Eubasilissa regina McLachlan 深色褐纹石蛾

Eubasilissa sinensis Schmid 中华褐纹石蛾

Eubasilissa tibetana Martynov 西藏褐纹石蛾

Eublemma Hübner 猎夜蛾属

Eublemma amabilis Ashmead 猎夜蛾(紫胶白虫)

Eublemma amasina (Eversmann) 桃红猎夜蛾

Eublemma anachoresis (Wallengren) 迥猎夜蛾

Eublemma angulifera Moore 见 *Autoba angulifera*

Eublemma arcuinna (Hübner) 灰猎夜蛾

Eublemma cochylioides (Guenée) 涡猎夜蛾

Eublemma dimidialis Fabricius 二红猎夜蛾

Eublemma leucanides (Staudinger) 淡缘猎夜蛾

Eublemma purpurina (Denis *et* Schiffermüller) 紫猎夜蛾

Eublemma ragusana Freyer 聚猎夜蛾

Eublemma reticulata Hampson 网纹猎夜蛾

Eublemma roseana (Moore) 泛红猎夜蛾

Eublemma silicula Swinhoe 见 *Autoba silicula*

Eublemma versicolor (Walker) 幻猎夜蛾

Eubonizon pallidipes Nees 竹蠹茧蜂

Euborellia annulipes (Lucas) 环足肥螋 ringlegged ear-wig

Euborellia pallipes Shiraki 青足肥螋 pale-legged earwig

Eubrachidae 宽颜蜡蝉科

Eubrachylaelaps Ewing 真短历螨属

Eucallipterus Schoutedon 真斑蚜属

Eucallipterus tiliae (Linnaeus) 椴真斑蚜 lime aphid

Eucalymnatus Cockerell 网纹蚧属(网蚧属,网蜡蚧属)

Eucalymnatus tessellatus (Signoret) 龟背网纹蚧(世界网蚧,网蜡蚧) tessellated scale, mango flat scale, tortoise-shaped scale

Eucalyptolyma maideni Froggatt 柠檬桉木虱 ironbark lerp insect

Eucentridophorinae 乏爪螨亚科

Eucentridophorus Piersig 乏爪螨属

Eucera Scopoli 长须蜂属

Eucera fedtschenkoi pekingensis Yasumat 北京黄腹长须蜂

Eucera interrupta Baer 中断长须蜂

Eucera longicorne Linnaeus 长须蜂

Euceraphis Walker 绵斑蚜属

Euceraphis betulae Koch 见 *Euceraphis punctipennis*

Euceraphis punctipennis (Zetterstedt) 桦绵斑蚜 birch aphid, European birch aphid

Euceraphis tibiobrevis Zhang 短胫绵斑蚜

Euceros Gravenhorst 优姬蜂属

Euceros kiushuensis Uchida 九州优姬蜂

Eucerotinae 优姬蜂亚科

Euchalcia Hope 异纹夜蛾属

Euchalcia gerda (Püngeler) 洁异纹夜蛾

Euchalcia inconspicus (Graes) 阴异纹夜蛾

Euchalcia tancrei (Staudinger) 云异纹夜蛾

Eucharia casta (Esper) 洁雅灯蛾

Eucharia festiva (Hüfnagel) 雅灯蛾

Eucharitidae 蚁小蜂科

Eucheletopsis 真拟肉食螨属

Euchenopa binotata (Say) 双斑角蝉 two-marked tree-hopper

Euchera capitata Walker 枫钩蛾

Eucheyletia Baker 真扇毛螨属

Eucheyletia harpyia Rohdendorf 捕真扇毛螨

Eucheyletia reticulata Cunliffe 网真扇毛螨

Eucheyletia sinensis Volgin 中华真扇毛螨

Eucheyletia taurica Volgin 牡真扇毛螨

Eucheyletia variformis Lin et Zhang 变形真扇毛螨

Eucheyletiella Volgin 小真扇毛螨属

Euchiridae 臂金龟科

Euchlanis atricornis (Pic) 黑角尤天牛

Euchlanis bicolor Gressitt et Rondon 二色尤天牛

Euchlanis bipartitus (Pic) 点胸尤天牛

Euchlanis collari Pascoe 黑肩尤天牛

Euchlanis diversipes (Pic) 驼胸尤天牛

Euchlanis minutus (Pic) 小尤天牛

Euchlanis simplicicollis (Gressitt) 棕锯尤天牛

Euchlanis subviridis Gressitt et Rondon 绿尤天牛

Euchlanis testaceus (Matshushita) 褐黄尤天牛

Euchlira Hope 见 *Anomala* Samouelle

Euchloris submissaria Walker 见 *Chlorocoma dichlorana*

Euchloropus Arrow 沟花金龟属

Euchloropus laetus Fabricius 紫沟花金龟

Euchorthippus Tarb. 异爪蝗属

Euchorthippus acarinatus Zheng et He 缺隆异爪蝗

Euchorthippus aquatilis Zhang 水边异爪蝗

Euchorthippus chenbaensis Tu et Cheng 镇巴异爪蝗

Euchorthippus cheui Hsia 邱氏异爪蝗

Euchorthippus choui Zheng 周氏异爪蝗

Euchorthippus dahinganlingensis Zhang et Ren 大兴安岭异爪蝗

Euchorthippus flexucarinatus Bi et Xia 曲隆异爪蝗

Euchorthippus fusigeniculatus Jin et Zhang 黑膝异爪蝗

Euchorthippus herbaceus Zhang et Jin 绿异爪蝗

Euchorthippus liupanshanensis Zheng et He 六盘山异爪蝗

Euchorthippus nigrilinea Zheng et Wang 黑条异爪蝗

Euchorthippus pulvinatus (F.-W.) 草原异爪蝗

Euchorthippus ravus Liang et Jia 黄褐异爪蝗

Euchorthippus sinucarinatus Zheng et Wang 曲线异爪蝗

Euchorthippus unicolor (Ikonn.) 素色异爪蝗

Euchorthippus vittatus Zheng 条纹异爪蝗

Euchorthippus weichowensis Chang 短翅异爪蝗

Euchorthippus yungningensis Cheng et Chiu 永宁异爪蝗

Euchorthippus zuojianus Zhang et Ren 左家异爪蝗

Euchristophia Fletcher 金沙尺蛾属

Euchristophia cumulata (Christoph) 金沙尺蛾

Euchromia horsfieldi Mr. 甘薯橙斑鹿蛾 sweetpotato syntomid

Euchrysops Butler 棕灰蝶属

Euchrysops cnejus (Fabricius) 棕灰蝶

Euchrysops pandava Horsfield 苏铁棕灰蝶

Eucinetidae 扁股花甲科 soft-bodied plant beetles

Euclasta Lederer 窄翅野螟属

Euclasta defamatalis Walker 横带窄翅野螟

Eucleidae 见 *Limacodidae*

Euclidia Ochsenheimer 恭夜蛾属

Euclidia dentata Staudinger 齿恭夜蛾

Euclidia munita (Hübner) 恭夜蛾

Eucnemidae 隐唇叩甲科 eucnemid beetles

Eucoenogenes aestuosa (Meyrick) 栗绿小卷蛾

Eucoilidae 隆脊瘿蜂科 gall makers, gall inquilines

Eucolaspis brunnea Fabricius 青铜肖叶甲 bronze beetle

Eucomatocera White 羽角天牛属

Eucomatocera vittata White 线纹羽角天牛

Euconocephalus thunbergi Stål 桑伯格稻螽

Eucoptacra Boliver 斜翅蝗属

Eucoptacra binghami Uv. 大(秉汉)斜翅蝗

Eucoptacra kwengtungensis Tink. 广东斜翅蝗

Eucoptacra motuoensis Yin 墨脱斜翅蝗

Eucoptacra praemorsa Stål 斜翅蝗

Eucordylea atrupictella Dietz 北美云杉潜叶麦蛾

Eucordylea blastovora McLeod 白云杉潜叶麦蛾

Eucordylea ducharmei Freeman 黑云杉潜叶麦蛾 spruce needle-miner

Eucordylea piceaella Kearfott 见 *Pulicalvaria piceaella*

Eucornuaspis Borchsenius 见 *Cornimytilus* Borchsenius

Eucornuaspis machili (Maskell) 见 *Cornimytius machili*

Eucornuaspis pseudomachili Borchsenius 见 *Cornimytilus pseudomachili*

Eucorynus Schoenherr 平行长角象属

Eucorysses grandis Thunberg 大金蝽

Eucorystoides formosanus (Watanabe) 台湾拢沟茧蜂

Eucosma Hübner 花小卷蛾属

Eucosma abacana (Erschoff) 异花小卷蛾

Eucosma balanoptycha Meyrick 单籽紫铆花小卷蛾

Eucosma bobana Kearfott 松球果花小卷蛾

Eucosma campoliliana (Denis et Schiffermüller) 菊花小卷蛾

Eucosma cinereana Haworth 见 *Epinotia cinereana*

Eucosma cocana Kft. 火炬松花小卷蛾

Eucosma conciliata Meyrick 紫铆花小卷蛾

Eucosma cruciana Linnaeus 见 *Epinotia cruciana*

Eucosma diniana Guenée 见 *Zeiraphera diniana*

Eucosma expallidana (Haworth) 菜花小卷蛾

Eucosma fulvana (Stephens) 蓟花小卷蛾

Eucosma gloriola Heinrich 白松梢花小卷蛾 white pine shoot borer

Eucosma griseana Hübner 见 *Zeiraphera diniana*

Eucosma hapalosarca Meyrick 叶花小卷蛾

Eucosma hypsidryas Meyrick 喜马云杉花小卷蛾 Himalayan spruce budworm

Eucosma intacta (Walsingham) 白花小卷蛾

Eucosma melanoneura Meyrick 杧果花小卷叶蛾

Eucosma metzneriana (Treitschke) 艾花小卷蛾

Eucosma monitorana Heinrich 美东北松花小卷蛾

Eucosma nereidopa Meyr. 咖啡花小卷蛾 coffee tip borer

Eucosma nigricans Herrich-Schäffer 见 *Epinotia nigricans*

Eucosma ponderosa Powell 西黄松花小卷蛾

Eucosma ratzeburgiana Saxesen 见 *Zeiraphera ratzeburgiana*

Eucosma rescissoriana Heinrich 扭叶松花小卷蛾 lodgepole cone moth

Eucosma simplana Fischer von Röslerstamm 见 *Gibberifera simplana*

Eucosma siskiyouana Kearfott 美冷杉花小卷蛾

Eucosma sonomana Kearfott 美松梢花小卷蛾 pine shoot-moth, western pineshoot borer, jack-pine shoot moth

Eucosma stereoma Meyrick 儿茶花小卷蛾

Eucosma tedella Clerck 见 *Epinotia tedella*

Eucosma tetraquetrana Haworth 见 *Epinotia tetraquetrana*

Eucosmabraxas Prout 祉尺蛾属

Eucosmabraxas evanescens (Butler) 绣球祉尺蛾

Eucosmabraxas impleta Xue 弥斑祉尺蛾

Eucosmabraxas octoscripta (Wileman) 双环祉尺蛾

Eucosmabraxas placida (Butler) 祉尺蛾

Eucosmabraxas pseudolargetaui (Wehrli) 拟长翅祉尺蛾

Eucosmetus Bergroth 隆胸长蝽属

Eucosmetus annulicornis Kiritschenko 西藏隆胸长蝽

Eucosmetus emeiensis Zheng 峨眉隆胸长蝽

Eucosmetus incisus (Walker) 大头隆胸长蝽

Eucosmetus pulchrus Zheng 褐纹隆胸长蝽

Eucosmetus tenuipes Zheng 斑角隆胸长蝽

Eucricotopus Thienemann 真环足摇蚊属

Eucricotopus sylvestris (Fabricius) 树真环足摇蚊

Eucricotopus trifasciatus (Panzer) 三横带真环足摇蚊

Eucryptorrhynchus Heller 沟眶象属

Eucryptorrhynchus brandti (Harold) 臭椿沟眶象

Eucryptorrhynchus chinensis (Olivier) 沟眶象

Eudaphisia albonotatipennis Breuning 老挝真疤天牛

Eudasyphora Townsend 优毛蝇属

Eudasyphora cyanicolor (Zetterstedt) 赛伦优毛蝇

Eudasyphora dasyprosterna Fan et Qian 毛胸优毛蝇

Eudasyphora kempi Emden 紫蓝优毛蝇(青海毛蝇)

Eudemis Hübner 圆点小卷蛾属

Eudemis gyrotis Meyrick 杨梅卷叶蛾

Eudemis heterapis Meyrick 白点卷叶蛾

Eudemis plinthograpta Meyrick 樟卷叶蛾

Eudemis porphyrana (Hübner) 栎圆点小卷蛾

Eudemis temenopsis Meyrick 墨西哥梨卷叶蛾

Eudemopsis Falkovitsh 圆斑小卷蛾属

Eudemopsis purpurissatana (Kennel) 圆斑小卷蛾

Euderus Haliday 艾姬小蜂属

Euderus regiae Yang 核桃艾姬小蜂

Eudia Jordan 蔷薇大蚕蛾属

Eudia pavonia Linnaeus 蔷薇大蚕蛾

Eudiaphora turnensis (Erschoff) 非玻灯蛾

Eudinostigma Tobias 平头反颚茧蜂属

Eudinostigma alox Achterberg 侧胸反颚茧蜂

Eudinostigma latus Chen et Wu 侧腹反颚茧蜂

Eudinostigma pulvinatum (Stelfox et Graham) 褐柄反颚茧蜂

Eudocima Billberg 落叶夜蛾属

Eudocima fullonica (Clerck) 落叶夜蛾

Eudocima homaena (Hübner) 镶落叶夜蛾

Eudocima hypermnestra (Stoll) 斑落叶夜蛾

Eudocima salaminia (Cramer) 艳落叶夜蛾 fruit-piercing moth, fruit sucking moth

Eudocima tyrannus (Guenée) 枯落叶夜蛾

Eudocyma salaminia Cramer 见 *Eudocima salaminia*

Eudohrnia metallica (Dohrn) 垂缘球蝲

Eudohrniidae 垂缘蝲科

Eueididae 长翅蝶科 heliconians

Euepicrius Womersley 真刻螨属

Euetenurapteryx maculicauddaria Motschulsky 白尾尺蛾 whitish tailed geometrid

Euetheola Bates 真蔗犀金龟属

Euetheola rugiceps (LeConte) 糙头真蔗犀金龟 sugar-cane beetle

Eufidonia notataria (Walker) 显松优弗尺蛾

Euforsius tsunekii Togashi 常木蕨叶蜂

Eugalta Cameron 曲爪姬蜂属

Eugalta hubeiensis He 湖北曲爪姬蜂

Eugalta shaanxiensis He 陕西曲爪姬蜂

Eugamasus Berlese 真革螨属

Eugamasus butleri Hughes 布氏真革螨

Eugamasus magnus (Kramer) 巨真革螨

Eugamasus minus Gu *et* Huang 小真革螨

Eugamasus yinchuanensis Bai, Fang *et* Gu 银川真革螨

Euglossidae 长舌花蜂科 wasps

Eugnamptus Schönherr 吹霜象属

Eugnamptus fragilis Sharp 栗吹霜象 chestnut frosted weevil

Eugnamptus marginellus Faust 见 *Deporaus marginellus*

Eugnathus Schoenherr 长颚象属

Eugnathus distinctus Roelofs 短带长颚象

Eugnathus nigrofasciatus Voss 黑带长颚象

Eugnorisma Boursin 昭夜蛾属

Eugnorisma chaldaica (Boisduval) 谐昭夜蛾

Eugnorisma eminens (Lederer) 肾棘昭夜蛾

Eugnorisma tamerlana (Hampson) 协昭夜蛾

Eugoa arida Eecke 素良苔蛾

Eugoa bipuncta (Heylaerts) 中点良苔蛾

Eugoa bipunctata (Walker) 双点良苔蛾

Eugoa crassa (Walker) 厚良苔蛾

Eugoa cyclota Fang 圆点良苔蛾

Eugoa flava Fang 黄良苔蛾

Eugoa grisea Butler 灰良苔蛾

Eugoa hainanensis Fang 琼良苔蛾

Eugoa humerana (Walker) 后缘良苔蛾

Eugoa obscura Hampson 暗良苔蛾

Eugoa tineoides (Walker) 谷良苔蛾

Eugraphe Hübner 图夜蛾属

Eugraphe obsoleta Chen 隐图夜蛾

Eugraphe olivacea Chen 霉图夜蛾

Eugraphe olivascens Hampson 霉绿图夜蛾

Eugraphe perigrapha (Püngeler) 简图夜蛾

Eugraphe sigma (Denis *et* Schiffermüller) 烙图夜蛾

Eugraphe straminea (Leech) 黄衣图夜蛾

Eugraphe subrosea (Stephens) 化图夜蛾

Eugraphe xizangensis Chen 西藏图夜蛾

Euhamitermes Holmgren 亮白蚁属

Euhamitermes bidentatus Ping *et* Xu 双齿亮白蚁

Euhamitermes concavigulus Ping *et* Liu 匙额亮白蚁

Euhamitermes daweishanensis Ping 大围亮白蚁

Euhamitermes guizhouensis Gao *et* Gong 贵州亮白蚁

Euhamitermes hamatus (Holmgren) 多毛亮白蚁

Euhamitermes melanocephalus Ping *et* Li 黑头亮白蚁

Euhamitermes mengdingensis Zhu *et* Li 孟定亮白蚁

Euhamitermes microcephalus Ping *et* Li 小头亮白蚁

Euhamitermes quadratceps Ping *et* Li 方头亮白蚁

Euhamitermes retusus Ping *et* Xu 凹唇亮白蚁

Euhamitermes yui Ping 尤氏亮白蚁

Euhamitermes yunnanensis Ping *et* Xu 云南亮白蚁

Euhamitermes yuntaishanensis Zhu *et* Huang 云台山亮白蚁

Euhamitermes zhejianensis He *et* Xia 浙江亮白蚁

Euhampsonia Dyar 凹缘舟蛾属

Euhampsonia niveiceps (Walker) 凹缘舟蛾

Euidella Puton 长角飞虱属

Euidella albipennis (Matsumura) 绿长角飞虱

Euidellana Metcalf 长口飞虱属

Euidellana pallida Kuoh 浅脊长口飞虱

Eukiefferiella Thienemann 真开氏摇蚊属

Eukiefferiella coronata Edwards 花冠真开氏摇蚊

Eulaceura Butler 耳蛱蝶属

Eulaceura osteria (Westwood) 耳蛱蝶

Eulachnus agilis Kaltenbach 见 *Protolachnus agilis*

Eulachnus brevipilosus Börner 松长大蚜 pine aphid

Eulachnus Del Guercio 长大蚜属

Eulachnus pumilae Inouye 矮松长大蚜

Eulachnus rileyi (Williams) 黑长大蚜

Eulachnus thunbergii Wilson 松瘦长大蚜

Eulaelapinae 真厉螨亚科

Eulaelaps Berlese 真厉螨属

Eulaelaps cricetuli Vitzthum 仓鼠真厉螨

Eulaelaps dongfangis Wen 东方真厉螨

Eulaelaps dremomydis Gu *et* Wang 松鼠真厉螨

Eulaelaps heptacanthus Yang *et* Gu 七棘真厉螨

Eulaelaps huzhuensis Yang *et* Gu 互助真厉螨

Eulaelaps jilinensis Wen 吉林真厉螨

Eulaelaps kanshuensis Piao *et* Ma 甘肃真厉螨

Eulaelaps kolpakovae Bregetova 克氏真厉螨

Eulaelaps novus Vitzthum 新真厉螨

Eulaelaps pratentis Zhou 草原真厉螨

Eulaelaps shanghaiensis 上海真厉螨

Eulaelaps silvestris Zhou 森林真厉螨

Eulaelaps sinensis Tian 中华真厉螨

Eulaelaps stabularis (Koch) 厩真厉螨

Eulaelaps substabularis Yang *et* Gu 拟厩真厉螨

Eulaelaps tsinghaiensis Piao *et* Ma 青海真厉螨

Eulaelaps widesternalis Piao *et* Ma 宽胸真厉螨

Eulalia Meigen 水虻属

Eulalia garatas Walker 小水虻 small soldier fly

Eulecanium Cockerell 球坚蚧属(准球蚧属,球蜡蚧属,大球蚧属)

Eulecanium albodermis Chen 白背球坚蚧

Eulecanium alnicola Chen 赤杨球坚蚧

Eulecanium caraganae Borchsenius 锦鸡球坚蚧 pea tree scale

eulecanium cerasorum (Cockerell) 樱桃球坚蚧 calico scale

Eulecanium ciliatum (Douglas) 睫毛球坚蚧(扁球蜡蚧) ciliate oak scale, oak scale

Eulecanium circumfluum Borchsenius 刺槐球坚蚧(天津准球蚧,天津球蜡蚧)

Eulecanium douglasi (Sulc) 白桦球坚蚧(长球蜡蚧) currant soft scale

Eulecanium ficiphilum (Borchsenius) 伊朗球坚蚧

Eulecanium franconicum (Lindinger) 杜鹃球坚蚧 heather soft scale

Eulecanium franscaucasicum Borchsenius 椴桴球坚蚧

Eulecanium gigantea (Shinji) 瘤大球坚蚧(枣球蜡蚧,瘤坚大球蚧)

Eulecanium hissaricum Borchsenius 忍冬球坚蚧

Eulecanium kostylevi Borchsenius 榆球坚蚧(榆球蜡蚧)

Eulecanium kunmingi (Ferris) 昆明球坚蚧(昆明准球蚧,昆明球蜡蚧)

Eulecanium kunoense (Kuwana) 日本球坚蚧(日本准球蚧,日本球蜡蚧) Ume globose scale

Eulecanium kuwanai Kanda 皱大球坚蚧(桑名球坚蚧,桃球蜡蚧)

Eulecanium lespedezae Danzig 胡枝球坚蚧

Eulecanium mali (Schrank) 苹果球坚蚧

Eulecanium nigrivitta Borchsenius 云南球坚蚧(黑条球蜡蚧,黑条准球蚧)

Eulecanium nocivum Borchsenius 合香球坚蚧

Eulecanium paucispinosum Danzig 寡刺球坚蚧

Eulecanium pistaciae Borchsenius 柽柳球坚蚧

Eulecanium quercifex Fitch 栎球果蚧 oak lecanium

Eulecanium rugulosum (Arch.) 天山球坚蚧(刺球蜡蚧)

Eulecanium sachalinense Danzig 库页球坚蚧

Eulecanium secretum Borchsenius 朝鲜球坚蚧

Eulecanium sericeum (Ldgr.) 欧杉球坚蚧 fir twig scale

Eulecanium sibiricum Borchsenius 云杉球坚蚧

Eulecanium tiliae (Linnaeus) 椴树球坚蚧 nut scale, European fruit lecanium, brown scale, tree lecanium

Eulecanium transvittatum (Green) 英桦球坚蚧

Eulecanium zygophylli Danzig 霸王球坚蚧

Euleechia bieti (Oberthür) 新丽灯蛾

Euleechia poultoni Oberthür 钩新丽灯蛾

Euleia japonica Shiraki 日本真滑实蝇

Eulepida mashona Arrow 见 *Lepidiota mashona*

Eulepis athamas Drury 见 *Eriboea athamas*

Eulepis sempronius Fabricius 黑荆树丽优蛱蝶

Eulia Hübner 棕卷蛾属

Eulia copiosama Walker 裕棕卷蛾

Eulia mariana Fernald 见 *Argyrotaenia mariana*

Eulia ministrana Linnaeus 桦棕卷蛾 yellow-barred shade moth

Eulia pinitubana Kearfott 见 *Argyrotaenia pinitubana*

Eulinognathus cardiocranius Jin 心颅跳鼠真颚虱

Eulinognathus cruciformis Jin, Bai *et* Qiu 十字真颚虱

Euliroetis Ogloblin 攸萤叶甲属

Euliroetis suturalis (Laboissière) 黑缝攸萤叶甲

Eulithis Hübner 纹尺蛾属

Eulithis albicinctata (Püngeler) 褐云纹尺蛾

Eulithis convergenata (Bremer) 细纹尺蛾

Eulithis ledereri (Bremer) 流纹尺蛾

Eulithis perspicuata (Püngeler) 羌纹尺蛾

Eulithis pulchraria (Leech) 灰云纹尺蛾

Eulithis pyraliata (Denis *et* Schiffermüller) 淡纹尺蛾

Eulithis pyropata (Hübner) 云纹尺蛾

Eulithis tertrivia (Prout) 直纹尺蛾

Eulithis testata (Linnaeus) 褐叶纹尺蛾

Eulocastra Butler 悠夜蛾属

Eulocastra excisa Swinhoe 波悠夜蛾

Eulohmannia Berlese 真罗甲螨属

Eulohmannia ribagai (Berlese) 利氏真罗甲螨

Eulohmanniidae 真罗甲螨科

Eulonchetron sinense Huang *et* Liu 中华剑腹金小蜂

Eulophidae 姬小蜂科(寡节小蜂科)

Eulophonotinae 非洲蠹蛾亚科

Eulophonotus myrmeleon Feldr. 可可优洛木蠹蛾 cocoa stem borer

Eulophonotus obesus (Karsh) 肥优洛木蠹蛾

Eulophus Olivier 姬小蜂属

Eulophus larvarum (Linnaeus) 蝎外聚姬小蜂

Eulype hastata Linnaeus 见 *Rheumaptera hastata*

Eumastacidae 短角蝗科 monkey grasshoppers

Eumastacoidea 蜢总科

Eumelea Duncan *et* Westwood 赤粉尺蛾属

Eumenes Latreille 蜾蠃属

Eumenes buddha Cameron 布蜾蠃

Eumenes coarctatus coarctatus (Linnaeus) 北方蜾蠃

Eumenes coronatus coronatus (Panzer) 冠蜾蠃

Eumenes decoratus Smith 镶黄蜾蠃

Eumenes fraterculus Dalla Torre 李蜾蠃

Eumenes labiatus sinicus Giordani Soika 中华唇蜾蠃

Eumenes mediterraneus Kriechbaumer 陆蜾蠃

Eumenes micado Cameron 米蜾蠃

Eumenes pedunculatus (Panzer) 基蜾蠃

Eumenes pomiformis (Fabricius) 点蜾蠃

Eumenes punctatus Saussure 孔蜾蠃

Eumenes quadratus Smith 方蜾蠃

Eumenes rubronotatus Perez 显蜾蠃

Eumenes species Cameron 种蜾蠃

Eumenes tripunctatus (Christ) 三斑蜾蠃

Eumenidae 蜾蠃科

Eumenis Hübner 仁眼蝶属

Eumenis autonoe (Esper) 仁眼蝶

Eumenodora tetrachorda Meyrick 木麻黄尖蛾

Eumenotes Westwood 怪蝽属

Eumenotes obscurus Westwood 怪蝽

Eumermis Daday 真索线虫属

Eumermis behningi Steiner 平脉蚜真索线虫

Eumermis coleopteri Rubzov et Kyselev 甲虫真索线虫

Eumermis gracilis Daday 细真索线虫

Eumerus Meigen 平颜食蚜蝇属

Eumerus annulatus (Panz) 红缘平颜食蚜蝇

Eumerus ehimensis Shiraki et Edashige 爱晖平颜食蚜蝇

Eumerus okinawaensis Shiraki 冲绳平颜食蚜蝇

Eumerus sabulonum (Fallén) 红腹平颜食蚜蝇

Eumerus strigatus (Fallén) 洋葱平颜食蚜蝇 onion bulb fly

Eumerus tuberculatus Rondani 疣腿平颜食蚜蝇

Eumeta cervina Druce 见 *Cryptothelea cervina*

Eumeta rougeoti Bourgogne 见 *Cryptothelea rougeoti*

Eumetopiella Hendel 楔蜂麻蝇属

Eumetopiella jacobsoni Rohdendorf 雅氏楔蜂麻蝇

Eumetopiella koulingiana Séguy 牯岭楔蜂麻蝇

Eumetopiella kozlovi Rohdendorf 柯氏楔蜂麻蝇

Eumetopiella luridimacula Chao et Zhang 淡斑楔蜂麻蝇

Eumetopiella mesomelaenae Chao et Zhang 黑条楔蜂麻蝇

Eumetopiella mongolia (Fan) 蒙古楔蜂麻蝇

Eumimetica Kraatz 见 *Protaetia* Burmeister

Eumirococcus Ter-Grigorian 粒粉蚧属

Eumirococcus borchsenii Ter-Grigorian 鲍氏粒粉蚧

Eumolpidae 肖叶甲科

Eumolpinae 肖叶甲亚科

Eumorpha achemon (Drury) 葡萄蔓天蛾 achemon sphinx

Eumorphobotys Munroe 双叉端环野螟属

Eumorphobotys eumorphalis (Caradja) 黄翅双叉端环野螟

Eumorphobotys obscuralis (Caradja) 赭翅双叉端环野螟

Eumyllocerus Sharp 小眼象属

Eumyllocerus filicornis (Reitter) 长角小眼象

Eumyllocerus sectator (Reitter) 长毛小眼象

Eumyrmococcus Silvestri 玛粉蚧属(球胸粉蚧属)

Eumyrmococcus smithii Silvestri 史氏玛粉蚧(球胸粉蚧)

Eumyzus Shinji 真瘤蚜属

Eumyzus impatiensae (Shinji) 凤仙花真瘤蚜 impatiens aphid

Eunidia laosensis Breuning 老挝短节天牛

Eunidia lateralis Gahan 直条短节天牛

Eunidia rondoni Breuning 郎氏短节天牛

Eunidia vittata (Pic) 四条短节天牛

Euodynerus Dalla Torre 佳盾蜾蠃属

Euodynerus caspicus caspicus (Morawitz) 卡佳盾蜾蠃

Euodynerus dantici (Rossi) 单佳盾蜾蠃

Euodynerus nipanicus (Schulthess) 日本佳盾蜾蠃

Euodynerus notatus (Jurine) 显佳盾蜾蠃

Euodynerus posticus (Herrich-Schäffer) 后佳盾蜾蠃

Euodynerus quadrifasciatus (Fabricius) 四带佳盾蜾蠃

Euodynerus trilobus (Fabricius) 三叶佳盾蜾蠃

Euodynerus variegatus kruegeri (Schulthess) 英佳盾蜾蠃

Euophrys C.L. Koch 斑蛛属

Euophrys aequipes (O.P.-Cambridge) 同足斑蛛

Euophrys erratica (Walckenaer) 游走斑蛛

Euophrys frontalis (Walckenaer) 前斑蛛

Euophrys nigrita Throell 黑斑蛛

Euophrys obsoleta Simon 侏斑蛛

Euophrys petrensis C.L. Koch 彼德斑蛛

Euophrys rufibarbis (Simon) 微突斑蛛

Euophryum Broun 蛀木象属 wood boring weevils

Euops Schoenherr 切象属

Euops eucalypti Pascoe 桉切象

Euops pustulosa Sharp 多泡切象

Euorthocladius Thienemann 真直突摇蚊属

Euorthocladius rivulorum Kieffer 溪流真直突摇蚊

Eupalamus Wesmael 宽跗姬蜂属

Eupalamus longisuperomediae Uchida 长区宽跗姬蜂

Eupalopsellidae 小真古螨科

Euparagiinae 长叶胡蜂亚科

Euparatettix insularis Bei-Bienko 海岛实备菱蝗

Euparius Schoenherr 齿颚长角象属

Eupatithripidae 比目蓟马科

Eupatorus Burmeister 尤犀金龟属

Eupatorus gracilicornis Arrow 细尤犀金龟

Eupatorus hardwichei Hope 粗尤犀金龟

Eupatorus hardwicki Hope 哈尤犀金龟

Eupatra Piersig 真盘螨属

Eupatra rotunda Piersig 圆真盘螨

Eupelmidae 旋小蜂科

Eupelmus Dalman 旋小蜂属

Eupelmus carinifrons Yang 小蠹脊额旋小蜂

Eupelmus curvator Yang 小蠹翘尾旋小蜂

Eupelmus cyaniceps scolyti Liao 桃蠹旋小蜂

Eupelmus flavicrurus Yang 小蠹黄足旋小蜂

Eupelmus tachardiae Howard 胶蚧旋小蜂

Eupelmus urozonus Dalman 小蠹尾带旋小蜂

Eupelopidae 真前翼甲螨科

Eupelops Ewing 真前翼甲螨属

Eupelops acromios (Hermann) 小顶真前翼甲螨

Eupeodes angustus He 狭优食蚜蝇

Eupeodes aurosus He 金优食蚜蝇

Eupeodes chengi He 郑氏优食蚜蝇

Eupeodes cheni He 陈氏优食蚜蝇

Eupeodes eosus He 晓优食蚜蝇

Eupeodes epicharus He 丽优食蚜蝇

Eupeodes erasmus He 喜优食蚜蝇

Eupeodes flauofasciatus (Ho) 黄带优食蚜蝇

Eupeodes harbinensis He 哈优食蚜蝇

Eupeodes macropterus (Thomson) 硕翅优食蚜蝇

Eupeodes pseudonitens (Dusek *et* Láska) 拟凹带优食蚜蝇

Eupeodes silvaticus He 林优食蚜蝇

Eupeodes sinuatus (Ho) 波优食蚜蝇

Eupeodes taeniatus (Ho) 条优食蚜蝇

Euphalerus robinae (Shinzi) 皂角幽木虱

Euphalerus vittatus Crawford 牛角果木虱

Euphididae 真伊螨科

Euphitrea Baly 凸顶跳甲属

Euphitrea cribripennis Chen *et* Wang 网点凸顶跳甲

Euphitrea flavipes (Chen) 红足凸顶跳甲

Euphitrea micans Baly 烁凸顶跳甲

Euphitrea nisotroides (Chen) 苎麻凸顶跳甲

Euphitrea piceicollis (Chen) 暗颈凸顶跳甲

Euphitrea suturalis (Chen) 缝凸顶跳甲

Euphitrea xia Chen *et* Wang 西藏凸顶跳甲

Euphoria Burmeister 游花金龟属

Euphoria inda (L.) 跟跄游花金龟 bumble flower beetle

Euphorinae 瓢虫茧蜂亚科

Euphthiracaridae 真卷甲螨科

Euphthiracarus Ewing 真卷甲螨属

Euphthiracarus sinensis (Jacot) 中华真卷甲螨

Euphthiracarus sinensis triheterodactylis (Jacot) 异爪真卷甲螨

Euphydryas Scudder 堇蛱蝶属

Euphydryas aurinia Rottemburg 金堇蛱蝶

Euphydryas iduna (Dalman) 伊堇蛱蝶

Euphydryas intermedia Ménétriès 中堇蛱蝶

Euphyia Hübner 游尺蛾属

Euphyia azonaria (Oberthür) 束带游尺蛾

Euphyia cineraria (Butler) 灰游尺蛾

Euphyia coangulata (Prout) 同角游尺蛾

Euphyia goniodes Prout 亚东游尺蛾

Euphyia mediovittaria (Moore) 中弦游尺蛾

Euphyia ochreata (Moore) 双突游尺蛾

Euphyia subangulata Kollar 亚角游尺蛾

Euphyia submarginata Warren 亚缘游尺蛾

Euphyia unangulata (Haworth) 平游尺蛾

Euphyia undulata (Leech) 黑纹游尺蛾

Euphyia variegata (Moore) 易游尺蛾

Euphyllura olivina Costa 油橄榄褐木虱 olive psylla

Eupithecia Curtis 小花尺蛾属

Eupithecia annulata (Hulst) 环纹小花尺蛾

Eupithecia anteacta Vojnits 前小花尺蛾

Eupithecia arenosa Vojnits 沙小花尺蛾

Eupithecia avara Vojnits 贪小花尺蛾

Eupithecia bohatschi Staudinger 北小花尺蛾

Eupithecia caduca Vojnits 娇小花尺蛾

Eupithecia captiosa Vojnits 虚小花尺蛾

Eupithecia celatisigna Warren 隐号小花尺蛾

Eupithecia centaureata (Denis *et* Schaffmuller) 散小花尺蛾

Eupithecia nanata Hübner 狭翅小花尺蛾 narrow-winged pug moth

Eupithecia sinuosaria (Eversmann) 劫小花尺蛾

Eupithecia spermaphaga (Dyar) 冷杉球果小花尺蛾 fir cone looper

Euplectrus Westwood 稀网姬小蜂属

Euplectrus bicolor Swederus 两色稀网姬小蜂

Euplexia Stephens 锦夜蛾属

Euplexia albovittata Moore 白斑锦夜蛾

Euplexia aurigera (Walker) 黄尘锦夜蛾

Euplexia gemmifera (Walker) 十日锦夜蛾

Euplexia guttata Warren 滴纹锦夜蛾

Euplexia literata (Moore) 文锦夜蛾

Euplexia lucipara (Linnaeus) 白肾锦夜蛾

Euplexia plumbeola Hampson 铅灰锦夜蛾

Euplexia semifascia (Walker) 褐肾锦夜蛾

Euplocamus hierophanta Meyrick 栉角谷蛾

Euploea Fabricius 紫斑蝶属

Euploea algea (Godart) 冷紫斑蝶

Euploea cameralzeman Butler 咖玛紫斑蝶

Euploea core (Cramer) 幻紫斑蝶

Euploea eunice Godart 黑紫斑蝶

Euploea klugii Moore 默紫斑蝶

Euploea leucostictos hobsoni Butler 圆翅紫斑蝶

Euploea midamus (Linnaeus) 蓝点紫斑蝶

Euploea mulciber (Cramer) 异型紫斑蝶

Euploea mulciber barsine Fruhstorfer 栖紫斑蝶

Euploea phaenareta (Schaller) 台南紫斑蝶

Euploea radamantha (Fabricius) 白壁紫斑蝶

Euploea sylvester (Fabricius) 双标紫斑蝶

Euploea tulliola (Fabricius) 妒丽紫斑蝶

Eupodidae 真足螨科 eupodid mites

Eupodoidea 真足螨总科

Eupolyphaga Chopard 真地鳖属

Eupolyphaga sinensis Walker 中华真地鳖

Eupolyphaga thibetana Chopard 西藏真地鳖

Eupolyphaga yunnanensis Chopard 云南真地鳖

Euprenolepis Emery 真结蚁属

Euprenolepis emmae Forel 埃氏真结蚁

Eupristina verticillata Waterston 真原轮长尾小蜂

Euproctis Hübner 黄毒蛾属

Euproctis albopunctata Hampson 白点黄毒蛾

Euproctis albovenosa (Semper) 脉黄毒蛾

Euproctis angulata Matsumura 叉带黄毒蛾

Euproctis atripuncta Hampson 户星黄毒蛾

Euproctis aureomarginata Chao 缘黄毒蛾

Euproctis bimaculata Walker 皎星黄毒蛾

Euproctis bipartita Moore 双裂黄毒蛾

Euproctis bipunctapex (Hampson) 乌桕黄毒蛾

Euproctis bisinuata Chao 双波带毒蛾

Euproctis brachychlaena Collenette 头黄毒蛾

Euproctis bubalina Chao 浅黄毒蛾

Euproctis cacaina Chao 椰棕黄毒蛾

Euproctis callichlaena Collenette 丽黄毒蛾

Euproctis callipotama Collenette 渗黄毒蛾

Euproctis catapasta Collenette 洁黄毒蛾

Euproctis cerina Chao 蜡黄毒蛾

Euproctis chrysorrhoea (Linnaeus) 黄毒蛾 brown tail moth

Euproctis chrysosoma Collenette 藏黄毒蛾

Euproctis collenettei Chao 白黄毒蛾

Euproctis conistica Collenette 霉黄毒蛾

Euproctis crememaculata Chao 乳斑黄毒蛾

Euproctis croceola Strand 菱带黄毒蛾

Euproctis cryptosticta Collenette 蓖麻黄毒蛾

Euproctis curvata Wileman 曲带黄毒蛾

Euproctis dealbata Chao 白霜黄毒蛾

Euproctis decussata (Moore) 弧星黄毒蛾

Euproctis digitata Chao 指黄毒蛾

Euproctis digramma (Guèrin) 半带黄毒蛾

Euproctis diploxutha Collenette 双弓黄毒蛾

Euproctis dispersa (Moore) 弥黄毒蛾

Euproctis divisa (Walker) 饰黄毒蛾

Euproctis electrophaes Collenette 闪电黄毒蛾

Euproctis emeiensis Chao 峨眉黄毒蛾

Euproctis fasciata Walker 南洋杉黄毒蛾

Euproctis flava (Bremer) 折带黄毒蛾

Euproctis flavinata (Walker) 星黄毒蛾

Euproctis flavotriangulata Gaede 岩黄毒蛾

Euproctis fraterna (Moore) 缘点黄毒蛾

Euproctis fumea Chao 熏黄毒蛾

Euproctis gilva Chao 暗黄毒蛾

Euproctis glaphyra Collenette 火黄毒蛾

Euproctis guttata Walker 榆绿木黄毒蛾

Euproctis hagna Collenette 嚣黄毒蛾

Euproctis helvola Chao 棕黄毒蛾

Euproctis hemicyclia Collenette 霞黄毒蛾

Euproctis heptamaculata Chao 七点黄毒蛾

Euproctis hunanensis Collenette 污黄毒蛾

Euproctis hypoenops Collenette 丝白黄毒蛾

Euproctis inconcisa Walker 网带黄毒蛾

Euproctis inconspicua Leech 隐带黄毒蛾

Euproctis jingdongensis Chao 景东黄毒蛾

Euproctis kala (Moore) 染黄毒蛾

Euproctis karghalica Moore 缀黄毒蛾

Euproctis khasi Collenette 白斑黄毒蛾

Euproctis latifascia Walker 油桐黄毒蛾

Euproctis leucorhabda Collenette 白脉黄毒蛾

Euproctis leucozona Collenette 积带黄毒蛾

Euproctis lunata Walker 红尾黄毒蛾

Euproctis lutea Chao 鲜黄毒蛾

Euproctis maculifasciata Chao 黑带黄毒蛾

Euproctis madana Moore 润黄毒蛾

Euproctis magna (Swinhoe) 褐黄毒蛾

Euproctis marginata (Moore) 圆斑黄毒蛾

Euproctis melanepia Hampson 暗黑黄毒蛾

Euproctis melanoma Collenette 黑线黄毒蛾

Euproctis mesostiba Collenette 沙带黄毒蛾

Euproctis monomaculata Chao 一点黄毒蛾

Euproctis montis (Leech) 梯带黄毒蛾

Euproctis nigrifulva Gaede 两色黄毒蛾

Euproctis niphonis (Butler) 云星黄毒蛾

Euproctis olivata Hampson 波黄毒蛾

Euproctis oreosaura Swinhoe 夹竹桃黄毒蛾

Euproctis parva Collenette 小带黄毒蛾

Euproctis pentamaculata Chao 五点黄毒蛾

Euproctis percnogaster Collenette 影带黄毒蛾

Euproctis phaeorrhoea Donovan 见 *Euproctis chrysorrhoea*

Euproctis pinoptera Collenette 角斑黄毒蛾

Euproctis piperita Oberthür 豆黄毒蛾

Euproctis plagiata (Walker) 锈黄毒蛾

Euproctis plana Walker 漫星黄毒蛾

Euproctis praecurrens Walker 眼黄毒蛾

Euproctis pseudoconspersa Strand 茶黄毒蛾 tea tussock moth

Euproctis pterofera Strand 小黄毒蛾

Euproctis pulverea Leech 黑点黄毒蛾

Euproctis punctifascia Walker 镶带黄毒蛾

Euproctis pyraustis Meyrick 焰黄毒蛾

Euproctis reatictis reticulata Chao 络黄毒蛾

Euproctis recurvata Leech 环黄毒蛾

Euproctis schaliphora Collenette 洒黄毒蛾

Euproctis scintillans Walkekr 见 *Porthesia scintillans*

Euproctis seitzi Strand 串带黄毒蛾

Euproctis semivitta Moore 半纹黄毒蛾

Euproctis signata Blanchard 显黄毒蛾

Euproctis similis Füeessly 见 *Porthesia similis*

Euproctis staudingeri (Leech) 河星黄毒蛾

Euproctis stenosacea Collenette 二点黄毒蛾

Euproctis straminea Leech 肘带黄毒蛾

Euproctis subfasciata (Walker) 迹带黄毒蛾

Euproctis subflava Bremer 亚折带黄毒蛾 oriental tussock moth

Euproctis subnotata Walker 亚显黄毒蛾

Euproctis sulphurescens Moore 硫黄毒蛾

Euproctis tanaocera Collenette 淡黄毒蛾

Euproctis telephanes Collenette 景星黄毒蛾

Euproctis terminalis Walker 松棕尾黄毒蛾 pine brown-tail moth

Euproctis tonkinensis Strand 北部湾黄毒蛾

Euproctis torasan (Holland) 熔黄毒蛾

Euproctis tridens Collenette 三叉黄毒蛾

Euproctis trisinuata Chao 三波带黄毒蛾

Euproctis tristicta Collenette 三点黄毒蛾

Euproctis uniformis (Moore) 匀黄毒蛾

Euproctis unipuncta Leech 顶点黄毒蛾

Euproctis varians (Walker) 幻带黄毒蛾

Euproctis virguncula Walker 幼芽黄毒蛾

Euproctis vitellina Kollar 纬黄毒蛾

Euproctis xuthonepha Collenette 云黄毒蛾

Euproctis yunnana Collenette 宽带黄毒蛾

Euproctis yunnanpina Chao 云南松黄毒蛾

Eupromus Pascoe 彤天牛属

Eupromus laosensisi Breuning 老挝彤天牛

Eupromus nigrovittatus Pic 黑缘彤天牛

Eupromus ruber (Dalman) 樟彤天牛

Eupselia carpocapsella Walker 桉饰织叶蛾

Eupsilia Hübner 犹冬夜蛾属

Eupsilia transversa (Hüfnagel) 槲犹冬夜蛾

Eupsocida 真啮虫亚目 winged psocids

Eupteroidea Yong 小银叶蝉属

Eupteroidea stellulata (Burmeister) 樱桃小银叶蝉 cherry leafhopper, silver leafhopper

Eupteromalus Kurdjumov 优金小蜂属

Eupteromalus genalis Graham 棉铃虫优金小蜂

Eupteromalus parnarae Gahan 稻苞虫优金小蜂

Eupterote Hübner 黄带蛾属

Eupterote chinensis Leech 中华黄带蛾

Eupterote citrina Walker 黑条黄带蛾

Eupterote diffusa Walker 紫斑黄带蛾

Eupterote fabia Cramer 咖啡黄带蛾 hairy caterpillar

Eupterote geminata Walker 黑条橙黄带蛾

Eupterote lativittata Moore 赤条黄带蛾

Eupterote sapivora Yang *et* Yang 乌桕黄带蛾

Eupterote undata Blanchard 黑斑黄带蛾 cardamon hairy caterpillar

Eupterotegaeus Berlese 真翅背甲螨属

Eupterotegaeus armatus Aoki 饰真翅背甲螨

Eupterotidae 见 Thaumetopoeidae

Eupteryx Curtis 蒿小叶蝉属

Eupteryx adspersa (Herrich-Schäffer) 多点蒿小叶蝉

Eupteryx artemisiae (Kirschbaum) 蒿小叶蝉

Eupteryx minuscula Lindberg 米蒿小叶蝉

Eupteryx pentavittatus Hu *et* Kuoh 五纹蒿小叶蝉

Eupteryx seiugata Dlabola 异蒿小叶蝉

Eupteryx undomarginata Lindberg 波缘蒿小叶蝉

Eupulvinaria Borchsenius 真绵蚧属

Eupulvinaria citricola (Kuwana) 柑橘真绵蚧

Eupulvinaria durantae Tak. 台湾真绵蚧

Eupulvinaria horii (Kuwana) 枫树真绵蚧

Eupulvinaria hydrangeae (Steinweden) 绣球真绵蚧

Eupulvinaria idesiae (Kuwana) 山桐真绵蚧

Eupulvinaria minuscula (Denzig) 山楂真绵蚧

Eupulvinaria neocellulosa (Tak.) 月橘真绵蚧

Eupulvinaria peregrina Borchsenius 柿树真绵蚧

Eupulvinaria photiniae (Kuw.) 石楠真绵蚧

Eupulvinaria pulchra (Danzig) 远东真绵蚧

Eupulvinaria tomentosa (Green) 锡兰真绵蚧

Eurema Hübner 黄粉蝶属

Eurema ada Distant *et* Pryer 幺妹黄粉蝶

Eurema andersoni Moore 安迪黄粉蝶

Eurema blanda (Boisduval) 檗黄粉蝶

Eurema brigitta (Stoll) 无标黄粉蝶

Eurema desjardinsi Boisduval 德氏黄粉蝶

Eurema esakii Shirôzu 江崎黄粉蝶

Eurema hecabe (Linnaeus) 宽边黄粉蝶

Eurema laeta (Boisduval) 尖角黄粉蝶

Eurhadina Haupt 雅小叶蝉属

Eurhadina alba Dworakowska 白雅小叶蝉

Eurhadina callissima Dworakowska 丽雅小叶蝉

Eurhadina japonica Dworakowska 日本雅小叶蝉

Eurhadina pulchella (Fallén) 雅小叶蝉

Eurhadina rubra Dworakowska 红雅小叶蝉

Eurhadina rutilans Hu *et* Kuoh 黄红雅小叶蝉

Eurhadina unipunicea Hu *et* Kuoh 紫雅小叶蝉

Eurhodope Hübner 网斑螟属

Eurhodope pirivorella Matsumura 见 *Nephopteryx pirivorella*

Eurhodope suavella (Zinck.) 甜网斑螟 porphyry knot-horn

Eurhodope tokiella Ragonot 苹叶网斑螟 apple leaf casebearer

Eurhopalothrix Brown *et* Kempf 毛切叶蚁属

Eurhopalothrix procera (Emery) 粗毛切叶蚁

Euricania Melichar 疏广蜡蝉属

Euricania clara Kato 透明疏广蜡蝉

Euricania fascialis Walker 带纹疏广蜡蝉

Euricania ocelllus (Walker) 眼纹疏广蜡蝉

Euricania xizangensis Chou *et* Lu 西藏疏广蜡蝉

Euripersia Borchsenius 草粉蚧属

Euripersia alticola (Bazarov) 帕米尔草粉蚧

Euripersia amnicola Borchsenius 燕麦草粉蚧

Euripersia arthrophyti (Arch.) 盐木草粉蚧

Euripersia caulicola Tereznikova 禾类草粉蚧

Euripersia discadenatus (Danzig) 远东草粉蚧

Euripersia edentata Danzig 野古草粉蚧

Euripersia eugeniae (Bazarov) 野麦草粉蚧

Euripersia europea (Newst.) 欧洲草粉蚧 grass mealy-bug

Euripersia halimiphylli (Danzig) 蒁藜草粉蚧

Euripersia herbacea Danzig 东北草粉蚧

Euripersia pennisetus (Tang) 羊草粉蚧

Euripersia rimariae (Tranfaglia) 意大利草粉蚧

Euripersia salsolae (Danzig) 猪毛菜草粉蚧

Euripersia stepposa (Matesova) 荒原草粉蚧

Euripersia tomlini (Newst.) 古北草粉蚧 Tomlini's mea-lybug

Euripersia tshadaevae Danzig 蒙古草粉蚧
Euripus Doubleday 芒蛱蝶属
Euripus nyctelius Doubleday 芒蛱蝶
Eurobiidae 见 Tephritidae
Euroglyphus Fain 嗜霉螨属(宇尘螨属)
Euroglyphus longior (Trouessart) 长嗜霉螨
Euroglyphus maynei (Cooreman) 梅氏嗜霉螨
Eurois Hübner 东风夜蛾属
Eurois occulta (Linnaeus) 东风夜蛾
Euroleon Esben-Petersen 东蚁蛉属
Euroleon sinicus (Navás) 中华东蚁蛉
Eurostus Dallas 硕蝽属
Eurostus ochraceus Montandon 长硕蝽
Eurostus validus Dallas 硕蝽
Eurrhyparodes Snellen 展须野螟属
Eurrhyparodes bracteolalis Zeller 叶展须野螟
Eurrhyparodes contortalis Hampson 丛毛展须野螟
Eurrhyparodes hortulata Linnaeus 夏枯草展须野螟
Euryarthrum carinatum Pascoe 脊翅长棒天牛
Euryaspis Signoret 黄蝽属
Euryaspis flavescens Distant 黄蝽(稻黄蝽)
Eurybrachidae 颜蜡蝉科
Eurybrachys Guèrin-Méneville 红腿蜡蝉属
Eurybrachys rubrocincta Walker 红腿蜡蝉
Eurybrachys tomentosa Fabricius 红腿颜蜡蝉
Eurycryptus unicolor (Uchida) 单色阔沟姬蜂
Eurycyttarus Hampson 黝袋蛾属
Eurycyttarus nigriplage Wileman 桑黝袋蛾 mulberry
  bag moth
Eurydema Laporte 菜蝽属
Eurydema dominulus (Scopoli) 菜蝽
Eurydema festiva (Linnaeus) 新疆丽菜蝽
Eurydema gebleri Kolenati 横纹菜蝽
Eurydema maracandicum Oschanin 新疆菜蝽
Eurydema oleracea (Linnaeus) 蓝菜蝽
Eurydema ornata (Linnaeus) 甘蓝菜蝽
Eurydema pulchra (Westwood) 云南菜蝽 small cabbage
  bug
Eurydema rugosa Motschulsky 皱纹菜蝽 cabbage bug
Eurydema rugulosa (Dohrn) 斑盾蓝菜蝽
Eurydema ventrale Kolenati 圆角菜蝽
Eurydema wilkinsi Distant 巴楚菜蝽
Eurydoxa advena Filipjev 云杉实艺卷蛾 spruce
  webworm
Eurygaster Laporte 扁盾蝽属
Eurygaster integriceps Puton 麦扁盾蝽
Eurygaster koreana Wagner 朝鲜扁盾蝽
Eurygaster testudinarius (Geoffroy) 扁盾蝽
Eurygnathomyiinae 刺草蝇亚科
Eurymelidae 宽头叶蝉科
Eurymermis Müller 宽索线虫属
Eurymermis boschkoi Rubzov 博奇科宽索线虫

Eurymermis cazanica (Bacescu) 卡扎尼卡宽索线虫
Eurymermis chrysopidis Müller 斑蛉宽索线虫
Eurymermis elongata Rubzov 细长宽索线虫
Eurymermis habermanii Rubzov 哈伯曼宽索线虫
Eurymermis intermedia Rubzov 媒介宽索线虫
Eurymermis isolateralis Rubzov 等侧宽索线虫
Eurymermis komi Rubzov 科米宽索线虫
Eurymermis krasnitskyi Artyukhovsky *et* Khartschenko
  克氏宽索线虫
Eurymermis polycentrus (Rubzov) 多中心宽索线虫
Eurymermis rubzovi (Khartschenko) 鲁氏宽索线虫
Eurymermis tuberculata Artyukhovsky *et* Khartschenko
  结节宽索线虫
Eurymermis ventricosa Rubzov 腹盖宽索线虫
Eurymesosa albostictica Breuning 老挝真象天牛
Euryobeidia Fletcher 丰翅尺蛾属
Euryobeidia languidata (Walker) 银丰翅尺蛾
Euryobeidia largeteaui (Oberthür) 金丰翅尺蛾
Euryomia Lacordaire 见 *Glycyphana* Burmeister
Euryopis Menge 阔蛛属
Euryopis deplanata Schenkel 平展阔蛛
Euryopis flavomaculata C.L. Koch 黄阔蛛
Euryopis modesta Schenkel 温和阔蛛
Euryparasitus Oudemans 宽寄螨属
Euryparasitus changanensis Gu *et* Huang 长安宽寄螨
Euryparasitus citelli Bai, Chen *et* Gu 黄鼠宽寄螨
Euryparasitus emarginatus Koch 凹缘宽寄螨
Euryparasitus laxiventralis Gu *et* Guo 阔腹宽寄螨
Euryparasitus taojiangensis Ma 洮江宽寄螨
Euryphagus Thomson 阔嘴天牛属
Euryphagus lundii (Fabricius) 黑盾阔嘴天牛
Euryphagus miniatus (Fairmaire) 黄晕阔嘴天牛
Eurypoda Saunders 扁天牛属
Eurypoda antennata Saunders 家扁天牛
Eurypoda batesi Gahan 樟扁天牛
Eurypoda nigrita Thomson 黑扁天牛
Euryproctus 阔肛姬蜂属
Eurystethidae 滨甲科 longlegged beetles
Eurysthaea Robineau-Desvoidy 攸寄蝇属
Eurysthaea scutellaris Robineau-Desvoidy 宽盾攸寄蝇
Eurytermes Wasmann 笨白蚁属
Eurytermes isodentatus Tsai *et* Chen 等齿笨白蚁
Eurytetranychoides Reck 拟广叶螨属
Eurytetranychoides japonicus Ehara 日本拟广叶螨
Eurytetranychoides thujae (Reck) 柏拟广叶螨
Eurytetranychus Oudemans 广叶螨属
Eurytetranychus buxi (Garman) 黄杨广叶螨
Eurytetranychus cyclobalanopsis Hu *et* Chen 青冈广叶
  螨
Eurytetranychus fengchengensis Ma *et* Yuan 丰城广叶螨
Eurytetranychus furcisetus Wainstein 叉广叶螨
Eurytetranychus glycyrrhizae Lu *et* Tan 甘草广叶螨

Eurytetranychus huaqingnicus Ma *et* Yuan 华清广叶螨

Eurytetranychus japonicus Ehara 日本广叶螨

Eurytetranychus recki Bagdasarian 列氏广叶螨

Eurytetranychus shenyangensis Yin, Lu *et* Lan 沈阳广叶螨

Eurytetranychus ulmi Wang 榆广叶螨

Eurytetranychus wuyishanensis Hu *et* Chen 武夷广叶螨

Eurythia anthophila Robineau-Desvoidy 采花广颜寄蝇

Eurythia breviunguis Chao *et* Shi 短爪广颜寄蝇

Eurythia caesia Fallén 开夏广颜寄蝇

Eurythia connivens Zetterstedt 望天广颜寄蝇

Eurythia consobrina Meigen 对眼广颜寄蝇

Eurythia excellens Zimin 棒须广颜寄蝇

Eurythia globiventris Chao *et* Shi 腹球广颜寄蝇

Eurythia heilungjiana Chao *et* Shi 黑龙江广颜寄蝇

Eurythia nigripennis Chao *et* Shi 黑翅广颜寄蝇

Eurythia nigronitida Chao *et* Shi 亮黑广颜寄蝇

Eurythia tadzhica Zimin 塔吉克广颜寄蝇

Eurythia tricocalyptra Chao *et* Shi 毛瓣广颜寄蝇

Eurythia tuberculata Chao *et* Shi 疣突广颜寄蝇

Eurythia vivida Zetterstedt 双尾广颜寄蝇

Eurythyrea Lacordaire 绿吉丁属

Eurythyrea quercus Herbst 栎绿吉丁

Eurytoma Illiger 广肩小蜂属

Eurytoma blastophagi Hedqvist 切梢小蠹广肩小蜂

Eurytoma esuriensi Yang 榆平背广肩小蜂

Eurytoma juglansi Yang 小蠹长柄广肩小蜂

Eurytoma laricis Yano 落叶松广肩小蜂 larch seed chalcid

Eurytoma longicauda Yang 小蠹长尾广肩小蜂

Eurytoma manilensis Ashmead 天蛾广肩小蜂

Eurytoma maslovskii Nikolskaya 太谷广肩小蜂

Eurytoma monemae Ruschka 刺蛾广肩小蜂

Eurytoma morio Boheman 普通小蠹广肩小蜂

Eurytoma pedicellata Yang 小蠹圆梗广肩小蜂

Eurytoma pissodis Girault 豆广肩小蜂

Eurytoma plotnikovi Nikolskaya 黄连木广肩小蜂

Eurytoma pruni Yang 果树平背广肩小蜂

Eurytoma regiae Yang 核桃小蠹广肩小蜂

Eurytoma robusta Yang 木蠹粗壮广肩小蜂

Eurytoma ruficornis Yang 小蠹红角广肩小蜂

Eurytoma scolyti Yang 小蠹圆角广肩小蜂

Eurytoma tumoris Bugbee 肿胀广肩小蜂

Eurytoma verticillata (Fabricius) 粘虫广肩小蜂

Eurytoma xinganensis Yang 兴安小蠹广肩小蜂

Eurytoma xylophaga Yang 木蠹短棒广肩小蜂

Eurytoma yunnanensis Yang 小蠹长体广肩小蜂

Eurytomidae 广肩小蜂科 eurytomids jointworms, seed chalcids

Eurytrachelus Thomson 阔颈锹甲属

Eurytrachelus bucephalus Perty 咖啡牛头锹甲 coffee stag beetle

Eurytrachelus gypaetus Cast. 咖啡叉颚锹甲 coffee stag beetle

Euryxaenapta rondoni Breuning 真萨天牛

Eusandalum Ratzeburg 长角旋小蜂属

Eusandalum crassifoliae Yang 青海云杉长角旋小蜂

Euscelidae 狭叶蝉科

Euscelinae 狭叶蝉亚科

Euscelis albinervosus Matsumura 白脉叶蝉 white-veined leafhopper

Euscelis impictifrons Boheman 艾蒿绿叶蝉 green mugwort leafhopper

Euscelis onukii Matsumura 薄翅绿叶蝉 Onuki green leafhopper

Euscelis striola Fallén 一字纹叶蝉 unibanded leafhopper

Euscelophilus burmanus Marshall 缅甸茸卷象

Euscelophilus camelus Voss 驼茸卷象

Euscelophilus chinensis (Schilsky) 中国茸卷象

Euscelophilus denticulatus Zhang 齿腿茸卷象

Euscelophilus dimidatus Zhang 臀胸茸卷象

Euscelophilus gibbicollis (Schilsky) 瘤胸茸卷象

Euscelophilus rugulosus Zhang 皱胸茸卷象

Euscepes postfasciatus (Fairmaire) 西印度甘薯象

Euschemonidae 澳弄蝶科 butterflies, wanderers

Euschistus impunctiventris (Stål) 棉蝽 western brown stink bug

Euschoengastia Ewing 真棒恙螨属

Euschoengastia alpina Sasa *et* Jamesson 高山真棒恙螨

Euschoengastia caveacola Wang *et* al. 穴居真棒恙螨

Euschoengastia cheni Wang 陈氏真棒恙螨

Euschoengastia jiuzhiensis Yang 久治真棒恙螨

Euschoengastia kalakunluna Shao *et* Wen 喀昆真棒恙螨

Euschoengastia koreaensis Jameson *et* Toshioka 朝鲜真棒恙螨

Euschoengastia latyshevi Schluger 花鼠真棒恙螨

Euschoengastia qilianensis Yang *et* Li 祁连真棒恙螨

Euschoengastia rotundata Schluger 圆形真棒恙螨

Euschoengastia striata (Nadchatram *et* Traub) 条纹真棒恙螨

Euschoengastia weifangensis Teng *et* al. 潍坊真棒恙螨

Euscopus Stål 锐红蝽属

Euscopus chinensis Blöte 华锐红蝽

Euscopus fuscus Hsiao 棕锐红蝽

Euscopus rufipes Stål 原锐红蝽

Euscotia inextricata Moore 暗冬夜蛾

Euselates Thomson 丽花金龟属

Euselates ornata (Saunders) 三带丽花金龟

Euselates pulchella (Gestro) 美丽花金龟

Euselates quadrilineata (Hope) 四带丽花金龟

Euselates schonfeldti Kraatz 海丽花金龟

Euselates tonkinensis Moser 宽带丽花金龟

Eusemia Dalman 彩虎蛾属

Eusemia arctopsa Chu *et* Chen 彩虎蛾

Eusemia lectrix (L.) 选彩虎蛾

Eusemion cornigerum (Walker) 优赛跳小蜂

Eusimulium Koubaud 真蚋属

Eusimulium bicorne Dorogositajskij *et* Rubzov 双角真蚋

Eusimulium latipes Meigen 宽足真蚋

Eusomidius Faust 长卵象属

Eusomidius subundus Kôno *et* Morimoto 黑褐长卵象

Eusparassus Simon 艾舞蛛属

Eusparassus nanjiangensis (Hu *et* Fu) 南疆艾舞蛛

Eusparassus oculatus (Kroneberg) 具眼艾舞蛛

Eusphingonotus Bei-Bienk 真束胫蝗属

Eusphingonotus japonicus (Saussure) 真束胫蝗

Euspilapteryx isograpta Meyrick 红草细蛾

Eustala Simon 优蛛属

Eustala cucurbitoria Yin *et* Wang 葫芦优蛛

Eustalomyia Kowarz 莠蝇属

Eustalomyia festiva (Zetterstedt) 泛色莠蝇

Eustalomyia hilaris (Fallén) 圆斑莠蝇

Eustalomyia vittipes (Zetterstedt) 斑足莠蝇

Eustathiidae 真静螨科

Eustenancistrocerus 尤螳蠃属

Eusthenes Laporte 巨蝽属

Eusthenes cupreus (Westwood) 异色巨蝽

Eusthenes femoralis Zia 斑缘巨蝽

Eusthenes robustus (Lepeletier *et* Serville) 巨蝽

Eusthenes saevus Stål 暗绿巨蝽

Eustheniidae 原石蝇科 primitive stoneflies

Eustigmaeus Berlese 真长须螨属

Eustigmaeus anauiensis (Canestrini) 安瑙真长须螨

Eustigmaeus arcuata Chaudhri 弓真长须螨

Eustigmaeus changbaiensis (Bei *et* Yin) 长白真长须螨

Eustigmaeus clavta (Canestrini *et* Fanzago) 棒毛真长须螨

Eustigmaeus depuratus Tseng 纯真长须螨

Eustigmaeus ensifer Tseng 剑形真长须螨

Eustigmaeus firmus Tseng 无变真长须螨

Eustigmaeus foliaceus Tseng 叶状真长须螨

Eustigmaeus fujianica Zhang 福建真长须螨

Eustigmaeus gulingensis Hu *et* Chen 牯岭真长须螨

Eustigmaeus jiangxiensis Hu, Chen *et* Huang 江西真长须螨

Eustigmaeus kentigensis Tseng 肯特真长须螨

Eustigmaeus longi Hu *et* Chen 龙氏真长须螨

Eustigmaeus marginatus Zhang 缘真长须螨

Eustigmaeus microsegnis (Chaudhri) 嗜动真长须螨

Eustigmaeus quadrisetus Zhang *et* Wang 四毛真长须螨

Eustigmaeus rhodomela (Koch) 玫瑰真长须螨

Eustigmaeus sagittatus Tseng 耳石真长须螨

Eustigmaeus schusteri Summers *et* Price 苏氏真长须螨

Eustigmaeus segnis (Koch) 塞氏真长须螨

Eustigmaeus tongshiensis Hu *et* Liang 通什真长须螨

Eustigmaeus wuningensis Hu, Huang *et* Chen 武宁真长须螨

Eustigmaeus yandangensis Hu, Zha *et* Zhu 雁荡真长须螨

Eustigmaeus yanwenae Hu, Zha *et* Zhu 延文真长须螨

Eustigmaeus zhengyii Hu *et* Chen 正一真长须螨

Eustrangalis distenioides Bates 黑纹真花天牛

Eustrangalis latericollis Wang *et* Chiang 黑条真花天牛

Eustroma Hübner 褥尺蛾属

Eustroma aerosa (Butler) 黑斑褥尺蛾

Eustroma aurantiaria (Moore) 橘翅褥尺蛾

Eustroma aurigena (Butler) 冰褥尺蛾

Eustroma chalcoptera (Hampson) 金翅褥尺蛾

Eustroma changi Inoue 台褥尺蛾

Eustroma elista Prout 菱褥尺蛾

Eustroma hampsoni Prout 漫褥尺蛾

Eustroma inextricata (Walker) 旷褥尺蛾

Eustroma lativittaria (Moore) 侧带褥尺蛾

Eustroma melancholica (Butler) 褐褥尺蛾

Eustroma promacha Prout. 广褥尺蛾

Eustroma reticulata (Denis *et* Schaffmuller) 网褥尺蛾

Eustroma ustulata Xue 焦褥尺蛾

Eustrotia Hübner 文夜蛾属

Eustrotia bankianaa (Fabricius) 淡文夜蛾

Eustrotia marginata (Walder) 暗边文夜蛾

Eustrotia pulcherrima (Moore) 美文夜蛾

Eustrotia semiannulata Warren 峦文夜蛾

Eustrotia uncula (Clerck) 文夜蛾

Eusunoxa formosana Enslin 蓬莱粗角叶蜂

Eutaenia Thomson 带天牛属

Eutaenia alboampliata Beruning 顶斑带天牛

Eutaenia corbetti Gahan 黑角带天牛

Eutaenia intermedia Breuning 连纹带天牛

Eutaenia tanoni Breuning 老挝带天牛

Eutaenia trifasciella (White) 三带天牛

Eutamsia Fletcher 尤夜蛾属

Eutamsia asahinai Sugi 东尤夜蛾

Eutamsia siderifera (Moore) 斑陌夜蛾

Eutanyacra Cameron 大铗姬蜂属

Eutanyacra picta (Schrank) 地蚕大铗姬蜂

Eutarsopalpus 真跗蚴螨属

Eutectona machoeralis (Walker) 见 *Pyrausta machoeralis*

Eutegaeidae 真隅甲螨科

Eutelia Hübner 尾夜蛾属

Eutelia adulatricoides (Mell) 鹿尾夜蛾

Eutelia blandiatrix (Hampson) 滑尾夜蛾

Eutelia delatrix Guenée 见 *Phlegatonia delatrix*

Eutelia favillatrixoides Poole 志尾夜蛾

Eutelia geyeri (Felder *et* Rogenhofer) 漆尾夜蛾

Eutelia hamulatrix Draudt 钩尾夜蛾

Eutelia stictoprocta Hampson 白点燎尾夜蛾

Eutelidinae 尾夜蛾亚科

Eutermes biformis Wasmann 见 *Trinervitermes biformis*

Eutetranychus Banks 真叶螨属

Eutetranychus banksi (McGregor) 斑氏真叶螨 Texas citrus mite

Eutetranychus firmianae Ma *et* Yu 梧桐真叶螨

Eutetranychus guangdongensis Ma *et* Yuan 广东真叶螨

Eutetranychus orientalis (Klein) 东方真叶螨 oriental red mite

Eutetranychus xianensis Ma *et* Yuan 西安真叶螨

Eutetrapha Bates 直脊天牛属

Eutetrapha laosensis Breuning 老挝直脊天牛

Eutetrapha metallescens (Motschulsky) 金绿直脊天牛

Eutetrapha ocelota Bates 八眼直脊天牛

Eutetrapha sedecimpunctata (Motschulsky) 栎直脊天牛

Eutetrapha tridentata (Oliv.) 榆直脊天牛 elm borer

Eutettix disciguttus (Walker) 菱纹姬叶蝉 rhombic-marked leafhopper

Euthalia Hübner 翠蛱蝶属

Euthalia aconthea (Cramer) 矛翠蛱蝶

Euthalia alpheda (Godart) V纹翠蛱蝶

Euthalia alpherakyi Oberthür 锯带翠蛱蝶

Euthalia anosia (Moore) 鹰翠蛱蝶

Euthalia cocytus (Fabricius) 黄裙翠蛱蝶

Euthalia confucius (Westwood) 孔子翠蛱蝶

Euthalia duda Staudinger 渡带翠蛱蝶

Euthalia eriphylae de Nicéville 暗翠蛱蝶

Euthalia formosana Fruhstorfer 台湾翠蛱蝶

Euthalia franciae (Gray) 珐琅翠蛱蝶

Euthalia garuda Moore 大黑翠蛱蝶

Euthalia hebe Leech 褐蓓翠蛱蝶

Euthalia irrubescens Grose-Smith 红裙边翠蛱蝶

Euthalia kardama (Moore) 嘉翠蛱蝶

Euthalia khama Alphéraky 散斑翠蛱蝶

Euthalia kosempona Fruhstorfer 黄翅翠蛱蝶

Euthalia lepidea (Butler) 白裙翠蛱蝶

Euthalia lubentina (Cramer) 红斑翠蛱蝶

Euthalia monina (Fabricius) 暗斑翠蛱蝶

Euthalia nara Moore 黄铜翠蛱蝶

Euthalia niepelti Strand 绿裙边翠蛱蝶

Euthalia patala (Kollar) 黄带翠蛱蝶

Euthalia perlella Chou *et* Wang 珠翠蛱蝶

Euthalia phemius (Doubleday) 尖翅翠蛱蝶

Euthalia pratti Leech 珀翠蛱蝶

Euthalia sahadeva Moore 链斑翠蛱蝶

Euthalia strephon Grose-Smith 捻带翠蛱蝶

Euthalia thibetana (Poujade) 西藏翠蛱蝶

Euthalia undosa Fruhstorfer 波纹翠蛱蝶

Euthyplociidae 直编蜉科

Euthyrrhaphidae 结翅蠊科

Euthystira Fieb. 直背蝗属

Euthystira xinyuanensis Liu 新源直背蝗

Euthystira yuzhongensis Zheng 榆中直背蝗

Eutinobothrus Faust 灰蒙象属

Eutinopus Faust 大麻象属

Eutinopus mongolicus Faust 日本大麻象 hemp borer

Eutogenes Baker 真颊螨属

Eutolmus Löw 食虫虻属

Eutolmus brevistylus Coquillett 茶色食虫虻

Eutomostethus Enslin 真片胸叶蜂属

Eutomostethus deqinyensis Xiao 德清真片胸叶蜂

Eutomostethus formosanus Enslin 蓬莱真片胸叶蜂

Eutomostethus hyalinus Takeuchi 无纹真片胸叶蜂

Eutomostethus insularis (Rohwer) 岛屿真片胸叶蜂

Eutomostethus juncivorus Rohwer 灯心草真片胸叶蜂 mat rush sawfly

Eutomostethus nigritus Xiao 毛竹真片胸叶蜂

Eutomostethus tricolor Malaise 三色真片胸叶蜂

Eutrachytidae 真粗尾螨科

Eutrichogramma Lin 优赤眼蜂属

Eutrichogramma elongatum Lin 长棒优赤眼蜂

Eutrichoota pilimana pilimarginata (Fan *et* Qian) 毛缘叉家蝇

Eutrichosiphum Essig *et* Kuwana 真毛管蚜属

Eutrichosiphum menglunense Zhang 勐仑真毛管蚜

Eutrichosiphum minutum Takahashi 络石真毛管蚜

Eutrichosiphum pasaniae Okajima 小真毛管蚜

Eutrichosiphum pseudopasaniae Szelegiewicz 栲叶真毛管蚜

Eutrichosiphum sclerophyllum Zhang 苦槠真毛管蚜

Eutrichosiphum sinense Ray Chaudhuri 绿真毛管蚜

Eutrichota Kowarz 叉泉蝇属

Eutrichota aertaica Qian *et* Fan 阿尔泰叉泉蝇

Eutrichota bilobella Li *et* Deng 双叶叉泉蝇

Eutrichota gigas Fan 硕大叉泉蝇

Eutrichota hamata Qian *et* Fan 钩爪叉泉蝇

Eutrichota inornata (Löw) 真毛叉泉蝇

Eutrichota labradorensis (Malloch) 拉巴叉泉蝇

Eutrichota lamellata Fan *et* Chen 薄片叉泉蝇

Eutrichota nigriscens (Fan *et* Qian) 亮黑叉泉蝇

Eutrichota pamirensis (Hennig) 帕米尔叉泉蝇

Eutrichota quadrirecta Qian *et* Fan 四直叉泉蝇

Eutrichota sclerotacra Fan 坚阳叉泉蝇

Eutrichota similis (Schnabl) 宽侧额叉泉蝇

Eutrichota socculata (Zetterstedt) 同缘叉泉蝇

Eutrombicula Ewing 真恙螨属

Eutrombicula ablephara (Womersley) 臭鼩真恙螨

Eutrombicula alfreddugesi (Oudemans) 阿氏真恙螨 common North America chigger

Eutrombicula hirsti (Sambon) 赫氏真恙螨

Eutrombicula hubeica Xu 湖北真恙螨

Eutrombicula isshikii (Sugimoto) 石村真恙螨

Eutrombicula wichmanni (Oudemans) 威氏真恙螨

Eutrombicula wuyiensis Song *et* Wang 武夷真恙螨

Eutrombidinae 真绒螨亚科

Eutrombidium Verdun 真绒螨属

Eutrombidium locustarum (Walsh) 蝗真绒螨

Eutrombidium rostratus Scopoli 鼻真绒螨

Eutrombidium trigonum (Hermann) 三角真绒螨

Euura Newman 芽瘿叶蜂属

Euura amerinae Linnaus 美芽瘿叶蜂

Euura atra Linnaeus 山杨芽瘿叶蜂

Euura mucronata Hartig 柳芽瘿叶蜂 willow bud sawfly

Euura pentandrae Retzius 见 *Euura amerinae*

Euura testaceipes Zaddach 白柳芽瘿叶蜂

Euura venusta Zaddach 圆耳芽瘿叶蜂

Euurobracon yokohamae Dalla Torre 马尾茧蜂(马尾蜂)

Euussuria shutovae Trjapitzin 梨圆蚧朝鲜跳小蜂

Euvanessa antiopa Linnaeus 见 *Vanessa antiopa*

Euxestinae 球角大蕈甲亚科

Euxiphydria Semenov-Tian-Shanskij *et* Gussakovskij 真长颈树蜂属

Euxiphydria atriceps Maa 浑黑真长颈树蜂

Euxiphydria maidli Zgbl. 良母真长颈树蜂

Euxiphydria potanini (Jakovlev) 红斑真长颈树蜂

Euxiphydria pseudoruficeps Okutani 伪红头真长颈树蜂

Euxiphydria ruficeps Mocsary 红头真长颈树蜂

Euxiphydria subrifida Maa 亚裂真长颈树蜂

Euxiphydriinae 真树蜂亚科

Euxoa Hübner 切夜蛾属

Euxoa admirationis Guenée 异切夜蛾

Euxoa basigramma (Staudinger) 基剑切夜蛾

Euxoa birivia (Denis *et* Schiffermüller) 双轮切夜蛾

Euxoa centralis (Staudinger) 庸切夜蛾

Euxoa distinguenda (Lederer) 分切夜蛾

Euxoa inexpectata (Alphéraky) 内切夜蛾

Euxoa intelerabilis (Püngeler) 楚切夜蛾

Euxoa islandica (Staudinger) 岛切夜蛾

Euxoa nigricans Linnaeus 园黑切夜蛾 garden dart moth

Euxoa oberthuri (Leech) 白边切夜蛾

Euxoa radians Guenée 褐切夜蛾 brown cutworm

Euxoa segetum Schiffermüller 见 *Agrotis segetum*

Euxoa sibirica (Boisduval) 寒切夜蛾

Euxoa tritici (Linnaeus) 黑麦切夜蛾

Euzercon latus (Banks) 侧真蚧螨

Euzerconidae 真蚧螨科

Euzetidae 真棱甲螨科

Euzophera Zeller 暗斑螟属

Euzophera alpherakyella Ragonot 沙枣暗斑螟

Euzophera batangensis Caradja 巴塘暗斑螟

Euzophera cedrella Hampson 见 *Cateremna cedrella*

Euzophera egeriella (Milliere) 果暗斑螟

Euzophera magnolialis Capps 玉兰暗斑螟

Euzophera ostricolorella Hulst 黄杨暗斑螟

Euzophera pinguis Haworth 欧洲白蜡暗斑螟 tabby knot-horn moth

Euzophera semifuneralis (Walker) 美国李暗斑螟 American plum borer

Euzophera terebella Zincken 黑暗斑螟 dark knot-horn moth

Eva Vojnits 佳尺蛾属

Evacanthidae 横脊叶蝉科

Evacanthinae 横脊叶蝉亚科

Evacanthus Le Peletier *et* Serville 横脊叶蝉属

Evacanthus acuminatus (Fabricius) 褐带横脊叶蝉

Evacanthus danmainus Kuoh 淡脉横脊叶蝉

Evacanthus heimianus Kuoh 黑面横脊叶蝉

Evacanthus interruptus (Linnaeus) 黄面横脊叶蝉 hop jumper, hop leafhopper, hop froghopper

Evacanthus qiansus Kuoh 浅色横脊叶蝉

Evaesthetinat 敏隐翅虫亚科

Evagora canusella Freeman 灰展麦蛾

Evagora coniferella Kearfott 见 *Pulicalvaria coniferella*

Evagora piceaella Kearfott 见 *Pulicalvaria piceaella*

Evagora resinosae Freeman 树脂展麦蛾

Evagora starki Freeman 扭叶松展麦蛾 lodgepole needle-miner

Evagora thujaella Kearfott 见 *Pulicalvaria thujaella*

Evania Fabricius 旗腹蜂属

Evania appendigaster L. 蠊卵旗腹蜂

Evania dimidiata L. 两分旗腹蜂

Evaniidae 旗腹蜂科 ensign wasps

Evansacaridae 伊螨科

Evansacarus 伊螨属

Evansacarus lari Fain 拉氏伊螨

Evansellus Ryke 埃鞍螨属

Evansolaspis Bregetova *et* Koreleva 埃盾螨属

Evarcha Simon 猎蛛属

Evarcha albaria (L. Koch) 白斑猎蛛

Evarcha arcuata (Clerck) 弓拱猎蛛

Evarcha bulbosa Zabka 鳞状猎蛛

Evarcha crassipes (Karsch) 粗脚猎蛛

Evarcha fasciata Seo 带猎蛛

Evarcha flammata (Clerck) 焰猎蛛

Evarcha flavocincta (C.L. Koch) 黄带猎蛛

Evarcha paralbaria Song *et* Chai 拟白斑猎蛛

Evarcha pococki Zabka 波氏猎蛛

Evecliptopera Inoue 汇纹尺蛾属

Evecliptopera decurrens (Moore) 汇纹尺蛾

Everes Hübner 蓝灰蝶属

Everes argiades (Pallas) 蓝灰蝶

Everes lacturnus (Godart) 长尾蓝灰蝶

Everestiomyia antennalis Townsend 斧角珠峰寄蝇

Evergestis Hübner 薄翅野螟属

Evergestis extimalis Scopoli 茴香薄翅野螟 rape worm

Evergestis forficalis Linnaeus 十字花科薄翅野螟 crucifer caterpillar

Evergestis junctalis (Warren) 双斑薄翅野螟

Evetria buoliana Schiffermüller 见 *Rhyacionia buoliana*

Evetria pallipennis McDunnough 斑克松小卷蛾

Evetria pinicolana Doubleday 见 *Rhyacionia pinicolana*

Evetria pinivorana Zeller 见 *Rhyacionia pinivorana*

Evetria posticana Zetterstedt 见 *Pseudococcyx posticana*

Evetria purdeyi Meyrick 见 *Clavigesta purdeyi*

Evetria resinella Linnaeus 见 *Rhyacionia resinella*

Evetria turionana Hübner 见 *Rhyacionia turionana*

Eviphididae 犹伊螨科

Eviphis Berlese 犹伊螨属

Eviphis acutus Tao *et* Gu 尖犹伊螨

Eviphis crytognathus Gu *et* Bai 隐颚犹伊螨

Eviphis cultratellus (Berlese) 刀形犹伊螨

Eviphis dalianensis Sun, Yin *et* Zhang 大连犹伊螨

Eviphis drepanogaster Berlese 镰腹犹伊螨

Eviphis emeiensis Zhou, Chen *et* Wei 峨眉犹伊螨

Eviphis himalayaensis Ma *et* Piao 喜马拉雅犹伊螨

Eviphis huainanensis Wen 淮南犹伊螨

Eviphis imparisetus Petrova *et* Tascaeva 奇毛犹伊螨

Eviphis indicus Bhattachryya 印度犹伊螨

Eviphis nanchongensis Zhou, Chen *et* Wei 南充犹伊螨

Eviphis oeconomus Yang *et* Gu 根田鼠犹伊螨

Eviphis ruoergaiensis Zhou, Chen *et* Wei 若尔盖犹伊螨

Eviphis shanxiensis Gu *et* Huang 陕西犹伊螨

Eviphis wanglangensis Zhou, Chen *et* Wei 王朗犹伊螨

Evippa Simon 艾狼蛛属

Evippa douglasi Hogg 道氏艾狼蛛

Evippa onager Simon 欧拉艾狼蛛

Evippa potanini Schenkel 波氏艾狼蛛

Evippa soderbomi Schenkel 竣艾狼蛛

Evippe Chambers 树麦蛾属

Evippe albidorsella (Snellen) 胡枝子树麦蛾

Evippe dichotoma Li 叉树麦蛾

Evippe echinulata Li 刺树麦蛾

Evippe miniscula Li 小树麦蛾

Evippe novisyrictis Li 新树麦蛾

Evippe syrictis (Meyrick) 杏树麦蛾

Evippe yongdengensis Li 永登树麦蛾

Evippe zhouzhiensis Li 周至树麦蛾

Evodinus Le Conte 宽花天牛属

Evodinus bifasciatus (Olivier) 黄胫宽花天牛

Evodinus interrogationis (Linnaeus) 黑胫宽花天牛

Evora hemidesma (Zell.) 斑翅加布卷蛾

Evotomys glareolus Schreber 见 *Clethrionomys glareolus*

Ewingidae 尤因螨科

Ewingoidea 尤因螨总科

Exaereta Hübner 选舟蛾属

Exaereta ulmi (Denis *et* Schiffermüller) 榆选舟蛾

Exaeretopus Newstead 根际蚧属

Exaeretopus dianthus Koteja 石竹根际蚧

Exaertia allisella Stt. 斜斑织蛾

Exallonyx Kieffer 叉齿细蜂属

Exangerona Wehrli 滨尺蛾属

Exapate Hübner 锦鸡儿卷蛾属

Exapate congelatella Clerck 锦鸡儿卷蛾

Exartema Clemens 桑小卷蛾属

Exartema mori Matsumura 桑小卷蛾 mulberry leafroller

Exartema norivorum Matsumura 日桑小卷蛾

Exartema transversanum Christoph 横桑小卷蛾

Excavarus sinensis Mason 中华密栉姬蜂

Exechia shiitakevora Okada 香菇蚀食蕈蚊 shiitake fungus gnat

Exenterus abruporius (Thunberg) 松叶蜂外姬蜂

Exeristes Förster 爱姬蜂属

Exeristes roborator Fabricius 具瘤爱姬蜂

Exestuberis Wang *et* Yue 蚀结姬蜂属

Exestuberis gracilis Wang *et* Yue 细蚀结姬蜂

Exetastes Gravenhorst 黑茧姬蜂属

Exetastes flavofasciatus Chandra *et* Gupta 黄条黑茧姬蜂

Exheterolocha Wehrli 显尺蛾属

Exilipedronia Williams 蝎粉蚧属

Exilipedronia sutana Williams 梭罗门蝎粉蚧

Exillis Pascoe 凹眼长角象属

Exithemus Distant 厚蝽属

Exithemus assamensis Distant 厚蝽

Exitianus Ball 冠线叶蝉属

Exitianus indicus (Distant) 甘蔗冠线叶蝉

Exitianus nanus (Distant) 横线冠线叶蝉

Exocentrus Mulsant 勾天牛属

Exocentrus alboseriatus alboseriatipennis Breuning 六列勾天牛

Exocentrus beijingensis Chen 北京勾天牛

Exocentrus binigrofasciatus Breuning 双黑带勾天牛

Exocentrus fiemingiae Fisher 白点勾天牛

Exocentrus fumosus Gahan 黄带勾天牛

Exocentrus guttulatus obscurior Pic 波带勾天牛

Exocentrus guttulatus subconjunctus (Gressitt) 桑勾天牛

Exocentrus laosensis Breuning 散点勾天牛

Exocentrus laosicus Breuning 鹊肾树勾天牛

Exocentrus microspinicollis Breuning 微刺勾天牛

Exocentrus misellomimus Breuning 缺瘤勾天牛

Exocentrus misellus Lameere 方斑勾天牛

Exocentrus multigutulattus Pic 小斑勾天牛

Exocentrus rondoni Breuning 郎氏勾天牛

Exocentrus rufolateralis Breuning 红侧勾天牛

Exocentrus rufulescens Breuning 红翅勾天牛

Exocentrus rufuloides Breuning 胖勾天牛

Exocentrus semiglaber Breuning 黄毛勾天牛

Exocentrus strigosoides Breuning 纵斑勾天牛

Exocentrus testaceus rufobasipennis Breuning 红基勾天牛

Exocentrus testaceus subbicolor Breuning 疏毛勾天牛

Exocentrus triplagiatipennis Breuning 老挝勾天牛

Exochomus Redtenbacher　光缘瓢虫属

Exochomus flavipes (Thunberg)　黄足光瓢虫

Exochomus mongol Barovsky　蒙古光瓢虫

Exochomus nigromarginatus Miyatake　黑缘光瓢虫

Exochus Gravenhorst　凸脸姬蜂属

Exochus scutellaris Chiu　黄盾凸脸姬蜂

Exochus scutellatus (Morley)　缘盾凸脸姬蜂

Exodema Wollaston　表象属

Exolontha Reitter　等鳃金龟属

Exolontha manilarum Blanchard　见 *Exolontha serrulata*

Exolontha serrulata (Gyllenhal)　大等鳃金龟

Exolontha umbraculata (Burmeister)　影等鳃金龟

Exoma Melichar　埃蛾蜡蝉属

Exoma medogensis Chou *et* Lu　墨脱埃蛾蜡蝉

Exonotus Wollaston　波胫象属

Exopholis hypoleuca Wiedemann　茶卵形鳃金龟

Exophthalmus vittatus Linnaeus　柑橘外侵象

Exoprosopinae　棘角蜂虻亚科

Exorista Meigen　追寄蝇属

Exorista amoena Mesnil　愉悦追寄蝇

Exorista antennalis Chao　短角追寄蝇

Exorista aureifrons Baranov　金额追寄蝇

Exorista bisetosa Mennil　双鬃追寄蝇

Exorista brevihirta Liang *et* Chao　短毛追寄蝇

Exorista cantans Mesnil　坎坦追寄蝇

Exorista civilis Rohdani　伞裙追寄蝇

Exorista cuneata Herting　楔突追寄蝇

Exorista fasciata Fallén　条纹追寄蝇

Exorista fortis Chao　强壮追寄蝇

Exorista frons Chao　突额追寄蝇

Exorista fuscihirta Chao *et* Liang　褐毛追寄蝇

Exorista fuscipennis Baranov　褐翅追寄蝇

Exorista grandiforceps Chao　宽肛追寄蝇

Exorista hainanensis Chao *et* Liang　海南追寄蝇

Exorista humilis Mesnil　筒须追寄蝇

Exorista hyalipennis Baranov　透翅追寄蝇

Exorista intermedia Chao *et* Liang　中介追寄蝇

Exorista japonica Townsend　日本追寄蝇　Japanese tachina fly

Exorista larvarum Linnaeus　古毒蛾追寄蝇

Exorista laterosetosa Chao　双侧鬃追寄蝇

Exorista lepis Chao　瓦鳞追寄蝇

Exorista longisquama Liang *et* Chao　长瓣追寄蝇

Exorista mimula Meigen　迷追寄蝇

Exorista penicilla Chao *et* Liang　刷肛追寄蝇

Exorista pratensis Ronineau-Desvoidy　草地追寄蝇

Exorista pseudorustica Chao　拟乡间追寄蝇

Exorista quadriseta Baranov　四鬃追寄蝇

Exorista rossica Mesnil　毛虫追寄蝇

Exorista rustica Fallén　乡间追寄蝇

Exorista sinica Chao　中华追寄蝇

Exorista sorbillans Wiedemann　家蚕追寄蝇　mul-
tivoltine tachina fly

Exorista spina Chao *et* Liang　缘刺追寄蝇

Exorista tanuicerca Liang *et* Chao　狭肛追寄蝇

Exorista wangi Chao *et* Liang　王氏追寄蝇

Exorista xanthaspis Wiedemann　红尾追寄蝇

Exorista yunnanica Chao　云南追寄蝇

Exoristinae　追寄蝇亚科

Exosoma Jacoby　埃萤叶甲属

Exosoma chujoi (Nakana)　日埃萤叶甲

Exosoma flaviventris (Motschulsky)　黄腹埃萤叶甲

Exoteleia Wallengren　芽麦蛾属

Exoteleia burkei Keifer　辐射松芽麦蛾　Monterey pine shoot moth

Exoteleia chillcotti Freeman　奇氏芽麦蛾

Exoteleia dodecella Linnaeus　松芽麦蛾　pine bud-moth, small black-specked groundling moth

Exoteleia pinifoliella (Chambers)　松针芽麦蛾　pine needle miner

Exothecinae　异茧蜂亚科

Exothecus albipes (Ashmead)　白足异茧蜂

Exothorhis Summers　突颚螨属

Exothorhis jinganensis Chen *et* Hu　靖安突颚螨

Extatosoma tiaratum Macleay　昆士兰桉蜻

Exurapteryx Wehrli　赭尾尺蛾属

Exurapteryx aristidaria (Oberthür)　赭尾尺蛾

Eylaidae　皱喙水螨科

Eylais Latreille　皱喙水螨属

Eylais conus Jin　锥角皱喙水螨

Eylais degenerata Koenike　杂皱喙水螨

Eylais expendis Jin　宽盖皱喙水螨

Eylais extendens (Müller)　伸展皱喙水螨

Eylais hamata Koenike　钩皱喙水螨

Eylais paradoxa Uchida　副高皱喙水螨

Eylais setosa Koenike　多毛皱喙水螨

Eylais tantilla Koenike　躁动皱喙水螨

Eylais tenuis Jin　细桥皱喙水螨

Eylais thermalis Uchida　温泉皱喙水螨

Eyndhovenia Rudnick　埃螨属

Eyndhovenia brachypus Sun, Wang *et* Wang　短足埃螨

Eyndhovenia euryalis (Canestrini)　宽埃螨

Eyprepia striata (Linnaeus)　石南灯蛾

Eyprepocnemis Fieb.　黑背蝗属

Eyprepocnemis hoktutensis Shir.　短翅黑背蝗

Eyprepocnemis perbrevipennis Bi *et* Xia　筱翅黑背蝗

Eyprepocnemis plorans Charpentier　泣黑背蝗

Eyprepocnemis shirakii I. Bolivar　长翅黑背蝗

Eyprepocnemis yunnanensis Zheng　云南黑背蝗

Eysarcoris annamitia Breddin　见 *Stollia annamitia*

Eysarcoris fabricii Kirkaldy　见 *Stollia fabricii*

Eysarcoris guttiger Thunberg　见 *Stollia guttiger*

Eysarcoris lewisi Distant　日本二星蝽

Eysarcoris montivagus (Distant)　见 *Stollia montivagus*

Eysarcoris parvus Uhler 见 *Stollia parvus*

Eysarcoris rosaceus Distant 见 *Stollia rosaceus*

Eysarcoris ventralis Westwood 见 *Stollia ventralis*

F

Faber zibethicus Linnaeus 见 *Ondatra zibethicus*

Fabriciana Reuss 福蛱蝶属

Fabriciana adippe Denis *et* Schiffermüller 灿福蛱蝶

Fabriciana nerippe (Felder *et* Felder) 蟾福蛱蝶

Fabriciana niobe (Linnaeus) 福蛱蝶

Facydes Cameron 锥凸姬蜂属

Facydes nigroguttatus Uchida 黑斑锥凸姬蜂

Fagitana Walker 遗夜蛾属

Fagitana gigantea Draudt 宏遗夜蛾

Fagocyba cruenta Herrich-Schäffer 山毛榉大叶蝉 beech leaf-hopper

Falcaria Howarth 垂钩蛾属

Falcaria curvatula Borkhausen 带纹垂钩蛾 banded drepanid

Falculifer Railliet 鸽羽螨属

Falculifer rostratus (Buchholz) 喙鸽羽螨

Falculiferidae 鸽羽螨科

Falsatimura grisescens Pic 伪脊翅天牛

Falseuncaria brunnescens Bai, Guo *et* Guo 棕短纹蛾

Falsexocentrus rondoni Breuning 伪勾天牛

Falsimalmus niger Breuning 诈天牛

Falsobrium annulicorne Pic 越南伪侧沟天牛

Falsobrium apicale Pic 红伪侧沟天牛

Falsobrium minutum Pic 小伪侧沟天牛

Falsogastrallus sauteri Pic 档案窃蠹

Falsoibidion fasciatum Pic 瘦柱天牛

Falsoibidion trimaculatum Pic 三点瘦柱天牛

Falsomesosella densepunctata Breuning 密点额象天牛

Falsomesosella nigronotata Pic 海南额象天牛

Falsomesosella ochreomarmorata Breuning 老挝额象天牛

Falsoropica grossepunctata Breuning 粗点伪缝角天牛

Falsoropicoides laosensis Breuning 宽缝角天牛

Falsoterinaeopsis rondoni Breuning 拟短刺天牛

Fannia Robineau-Desvoidy 厕蝇属

Fannia barbata (Stein) 尾须厕蝇

Fannia bisetosa Ringdahl 双毛厕蝇

Fannia canicularis (Linnaeus) 夏厕蝇 little house fly

Fannia ciliata (Stein) 毛胫厕蝇

Fannia corvina (Verrall) 乌厕蝇

Fannia cothurnata (Löw) 靴厕蝇

Fannia difficilis (Stein) 毛胸厕蝇

Fannia fuscula (Fallén) 胸刺厕蝇

Fannia glaucescens (Zetterstedt) 巨尾厕蝇

Fannia incisurata (Zetterstedt) 截尾厕蝇

Fannia ipinensis Chillcott 宜宾厕蝇

Fannia kikowensis Ouchi 溪口厕蝇

Fannia kowarzi (Verrall) 刷股厕蝇

Fannia lepida (Wiedemann) 雅厕蝇

Fannia leucosticta (Meigen) 白纹厕蝇

Fannia manicata (Meigen) 毛踝厕蝇

Fannia minutipalpis (Stein) 小须厕蝇

Fannia nodulosa Ringdahl 鬃胫厕蝇

Fannia prisca Stein 元厕蝇

Fannia ringdahlana Collin 舌叶厕蝇

Fannia scalaris (Fabricius) 瘤胫厕蝇 latrine fly

Fannia similis (Stein) 杯叶厕蝇

Fannia sociella (Zetterstedt) 拟刺厕蝇

Fannia submonilis Ma 类项圈厕蝇

Fannia subscalaris Zimin 肖瘤胫厕蝇

Fanniinae 厕蝇亚科 latrine flies

Faronta Smith 麦穗夜蛾属

Faronta diffusa (Walker) 麦穗粘虫 wheat head armyworm

Farynala Dworakowska 蕃小叶蝉属

Farynala malhotri Sharma 核桃蕃小叶蝉

Farynala starica Dworakowska 歧突蕃小叶蝉

Fascellina Walker 片尺蛾属

Fascellina chromataria Walker 紫片尺蛾

Fascellina plagiata (Walker) 灰绿片尺蛾

Fascellina porphyreofusa Hampson 黑片尺蛾

Fascista Busck 紫荆麦蛾属

Fascista cercerisella (Chambers) 紫荆麦蛾

Faunis Hübner 串珠环蝶属

Faunis aerope (Leech) 灰翅串珠环蝶

Faunis eumeus (Drury) 串珠环蝶

Fausta inusta Mesnil 缺缘法寄蝇

Fausta mimetes Zimin 耳肛法寄蝇

Fausta nemorum Meigen 倾耳法寄蝇

Favonius Sibatani *et* Ito 艳灰蝶属

Favonius congnatus (Staudinger) 亲艳灰蝶

Favonius orientalis (Murray) 艳灰蝶

Fecenia Simon 便蛛属

Fecenia cylindrata Thorell 筒腹便蛛

Fecenia hainanensis Wang 海南便蛛

Fedrizziidae 费螨科

Fedrizzioidea 费螨总科

Felicola Ewing 猫羽虱属

Felicola subrostrata (Burmeister) 猫羽虱 cat louse

Feltia ducens Walker 脏切夜蛾 dingy cutworm

Feltia subgothica (Haworth) 番茄脏切夜蛾 dingy cutworm

Feltia subterranea (Fabricius) 粒肤脏切夜蛾 granulated cutworm

Feltria Koenike 纹水螨属

Feltriella Viets 拟纹水螨属

Feltriidae 纹水螨科

Fenestrella Mahunka 小窗甲螨属

Fenestrella sinica Wen et zhao 中华小窗甲螨

Fengia Rohdendorf 冯刺蝇属

Fengia ostindicae (Senior-White) 印东冯刺蝇

Fentonia Butler 纷舟蛾属

Fentonia marthesia (Cram.) 日纷舟蛾

Fentonia ocypete (Bremer) 栎纷舟蛾

Fentonia orbifer (Hampson) 圆纷舟蛾

Fenusa Leach 芬潜叶蜂属

Fenusa dohrni (Tischbein) 赤杨芬潜叶蜂 alder leaf-miner, alder leaf-mining sawfly, European alder leaf-miner

Fenusa pumila Klug 见 *Fenusa pusilla*

Fenusa pusilla (Lepeletier) 桦弱芬潜叶蜂 birch leaf-miner, black-marked birch leaf-miner

Fenusa ulmi Sundewall 榆芬潜叶蜂 elm leaf sawfly, European elm leaf-miner

Fer Boliver 野蝗属

Fer bimaculiformis You et Li 二斑野蝗

Fer nonmaculiformis Zheng, Lian et Xi 无斑野蝗

Fer yunnanensis Huang et Xia 云南野蝗

Ferdinandea Rondani 鬃盾食蚜蝇属

Ferdinandea nigrifrons (Egger) 黑额鬃盾食蚜蝇

Fergusobia Currle 弗古梭线虫属

Fergusobia indica (Jairajpuri) 印度弗古梭线虫

Fergusobia jambophila Siddiqi 蒲桃弗古梭线虫

Fergusobia magna Siddiqi 大弗古梭线虫

Fergusobiidae 弗古梭线虫科

Fernandezina Biraben 狒蛛属

Fernandezina gyirongensis Hu et Li 吉隆狒蛛

Ferrisia Fullaway 拂粉蚧属

Ferrisia kandyensis (Green) 锡兰拂粉蚧

Ferrisia virgata (Cockerell) 双条拂粉蚧 striped mealy-bug,twig mealybug,coffee mealybug

Ferrisiana Takahashi 见 *Ferrisia* Fullaway

Ferrisicoccus Ezzat et McC. 费粉蚧属(符粉蚧属)

Ferrisicoccus angustus Ezzat et McC. 东亚费粉蚧(符粉蚧)

Ferrisicoccus cameronensis (Takahashi) 非洲费粉蚧

Ferrisicoccus cucurbitae (Avasthi et Shafee) 南瓜费粉蚧

Ficalbia Theobald 费蚊属

Ficalbia jacksoni Mattingly 香港费蚊

Ficalbia minima (Theobald) 最小费蚊

Ficotarsonemus Ho 榕跗线螨属

Fideliidae 双刷蜂科

Fidia Baly 根肖叶甲属

Fidia viticida Walsh 葡萄根肖叶甲 grape rootworm

Figitidae 环腹瘿蜂科 secondary parasites on aphids and coecids, figitids

Filchnerella Karny 短鼻蝗属

Filchnerella beicki Ramme 裴氏短鼻蝗

Filchnerella brachyptera Zheng 短翅短鼻蝗

Filchnerella gansuensis Xi et Zheng 甘肃短鼻蝗

Filchnerella helanshanensis Zheng 贺兰短鼻蝗

Filchnerella kukunoris B.-Bienko 青海短鼻蝗

Filchnerella lanchowensis Zheng 兰州短鼻蝗

Filchnerella micropenna Zheng et Xi 小翅短鼻蝗

Filchnerella nigritibia Zheng 黑胫短鼻蝗

Filchnerella pamphagides Karny 癞短鼻蝗

Filchnerella qilianshanensis Xi et Zheng 祁连山短鼻蝗

Filchnerella rubimargina Zheng 红缘短鼻蝗

Filchnerella rufitibia Yin 红胫短鼻蝗

Filchnerella sunanensis Liu 肃南短鼻蝗

Filchnerella tenggerensis Zheng et Fu 腾格里短鼻蝗

Filchnerella yongdengensis Xi et Zheng 永登短鼻蝗

Filipalpia 丝石蝇亚目

Filippia Targ. 菲丽蚧属

Filippia follicularis (Targ.) 橄榄菲丽蚧

Filippiinae 菲丽蚧亚科(毡蜡蚧亚科)

Filistata Latreille 管网蛛属

Filistata marginata Komatsu 缘管网蛛

Filistata tarimuensis Hu et Wu 塔里木管网蛛

Filistata xizanensis Hu et al. 西藏管网蛛

Filistatidae 管网蛛科

Filodes Guenée 丝角野螟属

Filodes fulvidorsalis Geyer 黄脊丝角野螟

Filodes mirificalis Lederer 褐纹丝角野螟

Fiorinia Targioni-Tozzetti 单蜕盾蚧属

Fiorinia arengae Takahashi 桃榔单蜕盾蚧

Fiorinia cephalotaxi Takahashi 三尖杉单蜕盾蚧

Fiorinia euryae Kuwana 柃木单蜕盾蚧

Fiorinia externa Ferris 柏单蜕盾蚧 hemlock scale

Fiorinia fioriniae (Targioni-Tozzetti) 少腺单蜕盾蚧 avocado scale, European fiorinia scale, palm fiorinia scale

Fiorinia formosensis Takahashi 宝岛单蜕盾蚧

Fiorinia gymenanthis Takagi 金牌单蜕盾蚧

Fiorinia himalaica Takagi 珠穆单蜕盾蚧

Fiorinia hisakaki Takahashi 金黄单蜕盾蚧

Fiorinia horii Kuwana 闽鹃单蜕盾蚧

Fiorinia japonica Kuwana 日本单蜕盾蚧 coniferous fiorinia scale, conifer scale

Fiorinia kumatai Takagi 柑橘单蜕盾蚧

Fiorinia linderae Takagi 钓樟单蜕盾蚧

Fiorinia minor Maskell 朴单蜕盾蚧

Fiorinia nachiensis Takahashi 东瀛单蜕盾蚧

Fiorinia odaiensis Takagi 金币单蜕盾蚧

Fiorinia payaoensis Takahashi 泰国单蜕盾蚧

Fiorinia phentasmae Ckll. et Rob. 菲律宾单蜕盾蚧

Fiorinia pinicola Maskell 多腺单蜕盾蚧 juniper scale
Fiorinia pinicorticis Ferris 云南松单蜕盾蚧
Fiorinia proboscidaria Green 象鼻单蜕盾蚧
Fiorinia pruinosa Ferris 玉兰单蜕盾蚧
Fiorinia quercifolii Ferris 石栎单蜕盾蚧
Fiorinia randiae Takahashi 茜草单蜕盾蚧
Fiorinia rhododendri Takahashi 杜鹃单蜕盾蚧
Fiorinia rhododendricola Tang 拟杜鹃单蜕盾蚧
Fiorinia separata Takagi 杉木单蜕盾蚧
Fiorinia sikokiana Takagi 锡谷单蜕盾蚧
Fiorinia smilaceti Takahashi 菝葜单蜕盾蚧
Fiorinia taiwana Takahashi 台湾单蜕盾蚧
Fiorinia theae Green 茶单蜕盾蚧 tea scale, cosmopolitan tea and olive scale
Fiorinia turpiniae Takahashi 香圆单蜕盾蚧
Fiorinia vacciniae Kuwana 松单蜕盾蚧
Fissicepheus Balogh *et* Mahunka 裂头甲螨属
Fissicepheus chinensis Wen 中国裂头甲螨
Fissicepheus clavatus (Aoki) 棒裂头甲螨
Fissicepheus mitis Aoki 温和裂头甲螨
Fissicepheus ornithorhynchus Wen 喙裂头甲螨
Fitatsia 缺峰姬蜂属
Fixsenia Tutt 乌灰蝶属
Fixsenia herzi (Fixsen) 乌灰蝶
Fixsenia pruni (Linnaeus) 苹果乌灰蝶
Flabelliferinae 栉角大蚊亚科
Flagcosuctobelba Hammer 鞭盾球甲螨属
Flammona Walker 火夜蛾属
Flammona trilineata Leech 三条火夜蛾
Flata ferrugata Fabricius 淡绿蛾蜡蝉
Flatidae 蛾蜡蝉科 flatid planthoppers
Flatocerus Liang *et* Zheng 扁角蚱属
Flatocerus guizhouensis Wang 贵州扁角蚱
Flatocerus nankunshanensis Liang *et* Zheng 南昆山扁角蚱
Flatovertex Zheng 平顶蝗属
Flatovertex rufotibialis Zheng 红胫平顶蝗
Flavicorniculum Chao *et* Shi 黄角寄蝇属
Flavicorniculum forficalum Chao *et* Shi 叉尾黄角寄蝇
Flavicorniculum hamiforceps Chao *et* Shi 鹰钩黄角寄蝇
Flavicorniculum multisetosum Chao *et* Shi 密鬃黄角寄蝇
Flavicorniculum planiforceps Chao *et* Shi 扁肛黄角寄蝇
Flavopimpla nigromaculata Cameron 黑斑黄瘤姬蜂
Flechtmannia Keifer 弗瘿螨属
Fleutiauxellus telluris Lewis 亚碲叩甲
Fleutiauxia Laboissière 窝额萤叶甲属
Fleutiauxia armata (Baly) 桑窝额萤叶甲
Fleutiauxia bicavifrons Gressitt *et* Kimoto 双窝额萤叶甲
Fleutiauxia chinensis (Maulik) 中华窝额萤叶甲
Fleutiauxia flavida Yang 灰黄窝额萤叶甲
Fleutiauxia fuscialata Yang 褐翅窝额萤叶甲
Fleutiauxia mutifrons Gressitt *et* Kimoto 浙江窝额萤叶甲
Fleutiauxia rufipennis Yang 红翅窝额萤叶甲
Fleutiauxia septentrionalis (Weise) 黑角窝额萤叶甲
Fleutiauxia yuae Yang 虞氏窝额萤叶甲
Floracarus Keifer 佛州瘿螨属
Floraphis Tsai *et* Tang 倍花蚜属
Floraphis choui Xiang 周氏倍花蚜
Floraphis meitanensis Tsai *et* Tang 铁倍花蚜
Floronia Simon 弗蛛属
Floronia bucculenta (Clerck) 三角弗蛛
Floronia hunanensis Li *et* Song 湖南弗蛛
Floronia jiuhuensis Li *et* Zhu 九湖弗蛛
Floronia zhejiangensis Zhu *et* al. 浙江弗蛛
Flos Doherty 花灰蝶属
Flos areste (Hewitson) 爱睐花灰蝶
Flos asoka (de Nicéville) 锁铠花灰蝶
Flos chinensis (Felder *et* Felder) 中华花灰蝶
Fodina stola Guenée 五节根蚜
Foenatopus acutistigmatus Chao 尖痣齿足冠蜂
Foenatopus annulitarsis Enderlein 环跗齿足冠蜂
Foenatopus aratifrons Enderlein 犁额齿足冠蜂
Foenatopus formosanus Enderlein 台湾齿足冠蜂
Foenatopus yunnanensis Chao 云南齿足冠蜂
Folsomides urumqiensis Hao *et* Huang 乌鲁木齐裔符跳甲
Fonscolombia fraxini (Kaltenbach) 见 *Pseudochermes fraxini*
Fonsecia Radford 封氏恙螨属
Fonsecia dispaseta Nadchatram *et* Upham 眼镜蛇恙螨
Forania 福兰赤螨属
Forcellinia Oudemans 福赛螨属
Forcelliniidae 福赛螨科
Forcipomyia hunjiangensis Qu *et* Ye 浑江铗蠓
Forcipomyia lochmocola Zou *et* Yu 林栖铗蠓
Forcipula clavata Liu 弓铗螋螋
Fordinae 五节根蚜亚科
Forelia Haller 角板水螨属
Forelia flexipoda Jin 拐足角板水螨
Foreliinae 角板水螨亚科
Forficula L. 球螋属
Forficula acris Burr 艾球螋
Forficula davidi Burr 达球螋
Forficula externa Bey-Bienko 侨球螋
Forficula guizhouensis Yang *et* Zhang 贵州球螋
Forficula kinfumontis Liu 大扁铗球螋
Forficula longidilatata Zhang *et* Ynag 长扩铗球螋
Forficula sinica Bey-Bienko 中华球螋
Forficula subauricularia Bey-Bienko 拟欧洲球螋
Forficulidae 球螋科
Foricococcus commantis (Wang) 白蜡树蚁粉蚧
Foricococcus corbetti Tak. 杧果蚁粉蚧

Foricococcus eriobotryae Wang 枇杷蚁粉蚧

Foricococcus odontomachi Tak. 杜英蚁粉蚧

Foricococcus schimae Takahashi 木荷蚁粉蚧(柯福粉蚧)

Foricococcus speciosus (Wang) 油茶蚁粉蚧

Formica Linnaeus 蚁属

Formica approximans Wheeler 类干红蚁

Formica aquilonia Yarrow 北方蚁

Formica beijingensis Wu 北京凹头蚁

Formica bradyeyi Wheeler 沙丘蚁 sandhill ant

Formica cunicularia Latreille 掘穴蚁

Formica exsectoides Forel 阿勒格尼山蚁 Allegheny mound ant

Formica formosae Forel 蓬莱山蚁

Formica fukaii Wheeler 深井凹头蚁

Formica fusca Linnaeus 丝光蚁 silky ant, fuscous ant

Formica gagatoides Ruzsky 亮腹黑褐蚁

Formica glauca Ruzsky 格劳卡蚁

Formica japonica Motschulsky 日本黑褐蚁 black ant

Formica lemani Bondroit 莱曼氏蚁

Formica longiceps Dlussky 长凹头蚁

Formica obsidiana Emery 台湾山蚁

Formica polyctena Förster 多栉蚁

Formica pratensis Retzius 草地蚁

Formica sanguinea Latreille 凹唇蚁 slave-making ant

Formica sentschuensis Ruzsky 四川凹唇蚁

Formica sinae Emery 红林蚁

Formica sinensis Wheeler 中华红林蚁

Formica transkaucasica Nasonov 高加索黑蚁

Formica uralensis Ruzsky 乌拉尔蚁

Formica wongi Wu 少毛红蚁

Formica yessensis Forel 石狩红蚁

Formicidae 蚁科 ants

Formicinae 蚁亚科

Formicococcus Takahashi 蚁粉蚧属(福粉蚧属)

Formicococcus cinnamomi Takahashi 樟树蚁粉蚧(福粉蚧,樟蚁粉蚧)

Formicococcus gastrodiae Tang 天麻蚁粉蚧

Formocryptus Uchida 成沟姬蜂属

Formocryptus bidentatus (Cameron) 双齿成沟姬蜂

Formosacris Willemse 台蝗属

Formosacris koshunensis (Shiraki) 恒春台蝗

Formosaspis Takahashi 美片盾蚧属

Formosaspis formosana (Takahashi) 台湾美片盾蚧

Formosaspis nigra (Takahashi) 黑美片盾蚧

Formosaspis stegana Ferris 西山美片盾蚧

Formosatettix brachynotus Zheng 短背台蚱

Formosatettix yunnanensis Zheng 云南台蚱

Formosatettixoides Zheng 拟台蚱属

Formosatettixoides zhejiangensis Zheng 浙江拟台蚱

Formosempria varipes Takeuchi 斑足叶蜂

Fornicia albalata Ma *et* Chen 白翅拱茧蜂

Fornicia flavoabdominis He *et* Chen 黄腹拱茧蜂

Fornicia imbecilla Chen *et* He 弱皱拱茧蜂

Fornicia minis He *et* Chen 小拱茧蜂

Fornicia prominentis Chen *et* He 强突拱茧蜂

Fortuynia van der Hammer 福氏甲螨属

Fortuyniidae 福氏甲螨科

Fosseremus Grandjean 窝甲螨属

Fosseremus quadripertitus Grandjean 四窝甲螨

Foveolatacris Yin 窝蝗属

Foveolatacris gansuacrisis Cao *et* al. 甘肃窝蝗

Foveolatacris qinghaiensis (Yin) 青海窝蝗

Foveolatacris zhengi Lian *et* Wang 郑氏窝蝗

Fracastorius Distant 角缘蜡属

Fracastorius cornutus Distant 角缘蜡

Fragariocoptes Roivainen 莓瘿螨属

Frankliniella Karny 花蓟马属

Frankliniella intonsa Trybom 丽花蓟马 flower thrips

Frankliniella lilivora Kurosawa 百合花蓟马

Frankliniella occidentalis (Pergande) 西花蓟马(苜蓿蓟马) western flower thrips

Frankliniella pallida (Uzel.) 灰白花蓟马

Frankliniella schulzei (Trybom) 棉花蓟马 cotton bud thrips

Frankliniella tenuicornis Uzel 禾花蓟马

Franklinothripidae 长角蓟马科

Freyana Haller 后叶羽螨属

Freyana anatina (C. L. Koch) 鸭后叶羽螨

Freyana largifola (Dubinin) 鸽后叶羽螨

Freyanidae 后叶羽螨科

Freyeria Courvoisier 福来灰蝶属

Freyeria putli Kollar 普福来灰蝶

Freyeria trochylus (Freyer) 福来灰蝶

Friona Cameron 弗姬蜂属

Friona okinawana Uchida 冲绳弗姬蜂

Froggattiella Leonardi 丝绵盾蚧属

Froggattiella inusitata (Green) 小竹丝绵盾蚧 round bamboo scale

Froggattiella lingnani (Ferris) 岭南丝绵盾蚧

Froggattiella penicillata (Green) 竹鞘丝绵盾蚧 Penicillate scale

Froggattiella siamensis (Takahashi) 泰国丝绵盾蚧

Frontina Meigen 宽额寄蝇属

Frontina laeta Meigen 彩艳宽额寄蝇

Frontinella F.O.P.-Cambridge 盾蛛属

Frontinella hubeiensis Li *et* Song 湖北盾蛛

Frontinella zhui Li *et* Song 朱氏盾蛛

Frontipodopsinae 拟端足水螨亚科

Frontipodopsis Walter 拟端足水螨属

Frontopsylla Wagner *et* Ioff 额蚤属

Frontopsylla adixsterna Liu, Shao *et* Liu 无裂板额蚤

Frontopsylla ambigua Fedina 奇额蚤

Frontopsylla aspiniformis Liu *et* Wu 无棘鬃额蚤

Frontopsylla cornuta Ioff 角额蚤

Frontopsylla diqingensis Li *et* hsieh 迪庆额蚤

Frontopsylla elata botis Jordan 升额蚤波蒂斯亚种

Frontopsylla elata elata (Jordan *et* Rothschild) 升额蚤指名亚种

Frontopsylla elata glabra Ioff 升额蚤秃亚种

Frontopsylla elata humida Tiflov 升额蚤矮小亚种

Frontopsylla elata koksu Ioff 升额蚤科克苏亚种

Frontopsylla elata pilosa Ioff 升额蚤毛亚种

Frontopsylla elata taishiri Yemel'yanova 升额蚤泰希里亚种

Frontopsylla elatoides elatoides Wagner 似升额蚤指名亚种

Frontopsylla elatoides intermedia Cai, Wu *et* Zhang 似升额蚤介中亚种

Frontopsylla exilidigita exilidigita Liu, Wu *et* Chang 窄指额蚤指名亚种

Frontopsylla exilidigita tiebuensis Chen, Wei *et* Liu 窄指额蚤铁布亚种

Frontopsylla frontalis alatau Fedina 前额蚤阿拉套亚种

Frontopsylla frontalis baibacina Ji 前额蚤灰獭亚种

Frontopsylla frontalis baikal Ioff 前额蚤贝湖亚种

Frontopsylla frontalis dubiosa Ioff 前额蚤天山亚种

Frontopsylla frontalis postcurva Liu, Wu *et* Wu 前额蚤后凹亚种

Frontopsylla hetera Wagner 异额蚤

Frontopsylla lapponica (Nordberg) 拉普兰额蚤

Frontopsylla liai Guo, Liu *et* Wu 柳氏额蚤

Frontopsylla luculenta (Jordan *et* Rothschild) 光亮额蚤

Frontopsylla megasinus Li *et* Chen 巨凹额蚤

Frontopsylla nakagawai borealosinica Liu, Wu *et* Chang 窄板额蚤华北亚种

Frontopsylla nakagawai qinghaiensis Liu,, Cai *et* Pan 窄板额蚤青海亚种

Frontopsylla nakagawai taiwanensis Jameson *et* Hsieh 窄板额蚤台湾亚种

Frontopsylla ornata Tiflov 具饰额蚤

Frontopsylla postprojicia Liu, Qi *et* Li 后凸额蚤

Frontopsylla rotunditruncata Cai *et* Liu 圆截额蚤

Frontopsylla setigera Smit 负鬃额蚤

Frontopsylla spadix borealosichuana Liu *et* Zhai 棕形额蚤川北亚种

Frontopsylla spadix shennongjiaensis Ji Chen *et* Liu 棕形额蚤神农架亚种

Frontopsylla spadix spadix (Jordan *et* Rothschild) 棕形额蚤指名亚种

Frontopsylla tomentosa Xie *et* Cai 毛额蚤

Frontopsylla tuoliensis Yu *et* Zhang 托里额蚤

Frontopsylla wagneri Ioff 圆指额蚤

Frontopsylla xizangensis Liu *et* Liu 西藏额蚤

Froriepia Vitzthum 夫洛螨属

Fruhstorferiola Will. 腹露蝗属

Fruhstorferiola brachyptera Zheng 短翅腹露蝗

Fruhstorferiola huangshanensis Bi *et* Xia 黄山腹露蝗

Fruhstorferiola huayinensis Bi *et* Xia 华阴腹露蝗

Fruhstorferiola kulinga (Chang) 牯岭腹露蝗

Fruhstorferiola omei (Rehn *et* Rehn) 峨眉腹露蝗

Fruhstorferiola tonkinensis Will. 越北腹露蝗

Fruhstorferiola viridifemorata (Caud.) 绿腿腹露蝗

Fucellia Robineau-Desvoidy 海花蝇属

Fucellia apicalis Kertesz 黑斑海花蝇

Fucellia boninensis Snyder 小笠原海花蝇

Fucellia chinensis Kertesz 中华海花蝇

Fucellia kamtchatica Ringdahl 堪察加海花蝇

Fukienogomphus Chao 闽春蜓属

Fukienogomphus prometheus (Lieftinck) 深山闽春蜓

Fukienogomphus promineus Chao 显著闽春蜓

Fulbrightia Ferris 付红蚧属

Fulbrightia gallicola Ferris 瘿付红蚧

Fulcrifera luteiceps V.I.Kuznetsov 柠条籽小卷蛾

Fulgora Linnaeus 蜡蝉属

Fulgora candelaria (Linnaeus) 龙眼鸡

Fulgora nigripennis Chou *et* Wang 黑翅蜡蝉

Fulgora spinolae Westwood 弧头蜡蝉

Fulgora watanabei Matsumura 白翅蜡蝉

Fulgoridae 蜡蝉科(樗鸡科) fulgorid planthoppers, lanternflies

Fulgoroidea 蜡蝉总科

Fumea Stephens 小袋蛾属

Fumea niponica Hori 松小袋蛾 pine bagworm

Fundella Zeller 蛀荚斑螟属

Fundella cistipennis Dyar 豆蛀荚斑螟 bean pod borer

Fundella pellucens Zeller 加利比蛀荚斑螟 Caribbean pod borer

Fungitarsonemus Cromroy 菌跗线螨属

Fungitarsonemus acus Lin *et* Zhang 刺菌跗线螨

Fungitarsonemus borinquensis Cromroy 布赖菌跗线螨

Fungitarsonemus lodici (De Leon) 毡菌跗线螨

Fungitarsonemus subtepidariorum Lin *et* Liu 拟暖水菌跗线螨

Fungivoridae 见 Mycetophilidae

Funkhouserella 中角蝉属

Funkikonia Kato 瘤翅叶蝉属

Funkikonia tuberculata Kato 瘤翅耳叶蝉

Furchaspis Ldgr. 叉盾蚧属

Furchaspis haematochroa Ckll. 菲律宾叉盾蚧

Furchaspis oceanica Ldgr. 大洋叉盾蚧

Furcoribula Balogh 叉肋甲螨属

Furcoribula tridentata Wen 三齿叉肋甲螨

Fusacaridae 褐粉螨科

Fusacarus Michael 褐粉螨属

Fusapteryx Matsumura 富舟蛾属

Fusapteryx ladislai (Oberthür) 富舟蛾

Fuscuropoda Vitzthum 褐足螨属

Fuscuropoda agitans (Banks) 蚯蚓褐足螨 earthworm

mite

Fuscuropoda marginata (C. L. Koch) 厚缘褐足螨

Fusohericia Vitzthum 孚索螨属

Futasujinus candidus Matsumura 白福达叶蝉

G

Gabala Walker 砌石夜蛾属

Gabala argentata Butler 银斑砌石夜蛾

Gabucinia Oudemans 加羽螨属

Gabucinia delibata (Robin) 岩爬加羽螨

Gabuciniidae 加羽螨科

Gadirtha inexacta Walker 乌桕伪切翅蛾(乌桕癞皮蛾)

Gaesa sparsella Christoph 胡桃麦蛾

Gagitodes Warren 铅尺蛾属

Gagitodes costinotaria (Leech) 高足铅尺蛾

Gagitodes fractifasciaria (Leech) 方铅尺蛾

Gagitodes olivacea Warren 橄榄铅尺蛾

Gagitodes plumbeata (Moore) 铅尺蛾

Gagitodes sagittata (Fabricius) 利剑铅尺蛾

Gagitodes schistacea (Moore) 层铅尺蛾

Gahrliepia Oudemans 背展恙螨属

Gahrliepia agrariusia (Hsu et al.) 田姬背展恙螨

Gahrliepia banyei Wen et Xiang 半叶背展恙螨

Gahrliepia bisetosa Mo 二毛背展恙螨

Gahrliepia chekiangensis Chu 浙江背展恙螨

Gahrliepia chungkingensis Jeu et al. 重庆背展恙螨

Gahrliepia cidun Wen et Xiang 次板背展恙螨

Gahrliepia confuciana Wang 社背展恙螨

Gahrliepia deqinensis Yu et Yang 德钦背展恙螨

Gahrliepia eurypunctata Jeu et al. 宽痕背展恙螨

Gahrliepia fimbriata Trub et Morrow 缘毛背展恙螨

Gahrliepia flavipecti Wen et Xiang 黄胸背展恙螨

Gahrliepia hegu Yu et al. 河谷背展恙螨

Gahrliepia kiangsiensis Hsu et al. 江西背展恙螨

Gahrliepia lamella Chen et al. 叶片背展恙螨

Gahrliepia latiscutata Chen et Fan 宽盾背展恙螨

Gahrliepia lengshui Wen et Xiang 冷水背展恙螨

Gahrliepia linguipelta Jeu et al. 舌板背展恙螨

Gahrliepia longipedalis Yu et Yang 长足背展恙螨

Gahrliepia lui Chen et al. 陆氏背展恙螨

Gahrliepia madum Wen et Xiang 麻板背展恙螨

Gahrliepia megascuta Hsu et al. 大盾背展恙螨

Gahrliepia meridionalis Yu et al. 南方背展恙螨

Gahrliepia miyi Wen et Song 迷易背展恙螨

Gahrliepia myriosetosa Wang 多毛背展恙螨

Gahrliepia octosetosa Chen et al. 八毛背展恙螨

Gahrliepia orientalis Wen et Xiang 东洋背展恙螨

Gahrliepia pintanensis Wang 平谭背展恙螨

Gahrliepia puningensis Mo et al. 普宁背展恙螨

Gahrliepia radiopunctata Hsu et al. 射点背展恙螨

Gahrliepia romeri Womersley 洛氏背展恙螨

Gahrliepia saduski Womersley 萨氏背展恙螨

Gahrliepia shanyangensis Huang 山阳背展恙螨

Gahrliepia silvatica Yu et Yang 丛林背展恙螨

Gahrliepia tenella Traub et Morrow 纤嫩背展恙螨

Gahrliepia tenuiclava Yu et al. 细棒背展恙螨

Gahrliepia xiaowoi Wen et Xiang 小窝背展恙螨

Gahrliepia yangchenensis Chen et Hsu 羊城背展恙螨

Gahrliepia yunnanensis Hsu et al. 云南背展恙螨

Gahrliepia zayüensis Wu et Wen 察隅背展恙螨

Gahrliepia zhongwoi Wen et Xiang 中窝背展恙螨

Gahrliepiinae 背展恙螨亚科

Galeatus Curtis 贝脊网蝽属

Galeatus affinis (Herrich-Schäffer) 暗贝脊网蝽

Galeatus clara Drake 瘤贝脊网蝽

Galeatus decorus Jakovlev 半贝脊网蝽

Galeatus inermis (Jakovlev) 膜贝脊网蝽

Galeatus scitulus Drake et Maa 闽贝脊网蝽

Galeatus spinifrons (Fallén) 菊贝脊网蝽

Galenara (Rindge) 静尺蛾属

Galenara consimilis (Heinrich) 新墨西哥冷杉静尺蛾 New Mexico fir looper

Galendromimus Muma 多静走螨属

Galendromus Muma 静走螨属

Galeritula japonica (Bates) 日平颚步甲

Galeruca Geoffroy 莹叶甲属

Galeruca altissima Chen et Jiang 超高莹叶甲

Galeruca barovskyi Jacobson 扁莹叶甲

Galeruca bonghaasi Weise 大葱叶甲

Galeruca comaica Chen et Jiang 措美莹叶甲

Galeruca extensa Motschulsky 大葱莹叶甲 stone leek leaf beetle

Galeruca nigrolineata Mannerheim 黑脊莹叶甲

Galeruca pallasia Jacobson 灰褐莹叶甲

Galeruca reichardti Jacobson 韭莹叶甲

Galeruca spectabilis Faldermann 柳莹叶甲

Galeruca vicina (Solsky) 多脊莹叶甲

Galeruca vittatipennis rutoga Chen et Jiang 条翅莹叶甲 日土亚种

Galerucella Crotch 小莹叶甲属

Galerucella birmanica Jacoby 菱角小莹叶甲 water chestnut beetle

Galerucella carbo Leconte 见 *Galerucella decora*

Galerucella decora Say 灰柳小莹叶甲 grey willow leaf beetle

Galerucella grisescens (Joannis) 褐背小莹叶甲

Galerucella lineola Fabricius 见 *Pyrrhalta lineola*

Galerucella luteola Müller 见 *Pyrrhalta luteola*

Galerucella nymphaeae (L.) 睡莲小萤叶甲 waterlily leaf beetle

Galerucella semifluva Jacoby 红星小萤叶甲 red-spotted leaf beetle

Galerucella tenella L. 草莓小萤叶甲

Galerucella tuberculata Say 美加柳小萤叶甲

Galerucella viburni Paykull 绣球小萤叶甲 guelder-rose leaf beetle

Galerucella vittaticollis Baly 纵条小萤叶甲 strawberry leaf beetle

Galerucella xanthomelaena Schrank 见 *Galerucella luteola*

Galerucida lewisi Jacoby 六黄星萤叶甲 six-yellow-spotted leaf beetle

Galerucida nigromaculata Baly 见 *Gallerucida bifasciat*

Galerucida rutilans Hope 松萤叶甲 pine leaf beetle

Galerucidae 萤叶甲科

Galerucinae 萤叶甲亚科

Galiroa annulipes var. *humuli* 忽布粘叶蜂

Galleria Fabricius 蜡螟属

Galleria cerella L. 见 *Galleria mellonella*

Galleria mellonella Linnaeus 蜡螟 greater wax moth, larger wax moth

Galleriidae 蜡螟科 wax moths, bee moths, wax worms

Galleriinae 蜡螟亚科

Gallerucida Motschulsky 柱萤叶甲属

Gallerucida abdominalis Gressitt *et* Kimoto 褐腹柱萤叶甲

Gallerucida apurvella Yang 阿波柱萤叶甲

Gallerucida basalis Chen 基红柱萤叶甲

Gallerucida bifasciata Motschulsky 二纹柱萤叶甲(桃二带萤叶甲)

Gallerucida flaviventris (Baly) 黄腹柱萤叶甲

Gallerucida furvofovea Yang 湘柱萤叶甲

Gallerucida gloriosa (Baly) 丽柱萤叶甲

Gallerucida heilongjiangana Yang 黑龙江柱萤叶甲

Gallerucida limbata (Baly) 黑缘柱萤叶甲

Gallerucida limbatella Chen 褐缘柱萤叶甲

Gallerucida moseri (Weise) 黑胫柱萤叶甲

Gallerucida nigrofoveolata (Fairmaire) 黑窝柱萤叶甲(黑刻柱萤叶甲)

Gallerucida nigropicta (Fairmaire) 黑斑柱萤叶甲

Gallerucida nothornata Yang 双刻柱萤叶甲

Gallerucida oshimana Kimoto *et* Gressitt 琉球柱萤叶甲

Gallerucida parva Chen 小柱萤叶甲

Gallerucida postifusca Yang 褐足柱萤叶甲

Gallerucida singularis (Harold) 黄肩柱萤叶甲

Gallerucida sinica Yang 中华柱萤叶甲

Gallerucida solenocephala Yang 凹头柱萤叶甲

Gallerucida trinotata Gressitt *et* Kimoto 三斑柱萤叶甲

Gallobelicus crassicornis Distant 烟盲蝽

Gallococcus Beardsley 瘿毡蚧属

Gallococcus anthonyae Beardsley 枞果瘿毡蚧

Gallococcus secundus Beardsley 浆果瘿毡蚧

Galloisiana nipponensis Caudell *et* King 日本蛩蠊

Galloisiana sinensis Wang 中华蛩蠊

Galumna altera Oudemans 斜孔大翼甲螨

Galumna changchunensis Wen 长春大翼甲螨

Galumna dorsalis Koch 背大翼甲螨

Galumna lanceatus Oudemans 矛大翼甲螨

Galumna obvius sinensis Jacot 中华显大翼甲螨

Galumna sinuofrons Jacot 细叶大翼甲螨

Galumna tantillus Berlese 弹大翼甲螨

Galumna v. Heyden 大翼甲螨属

Galumnella Berlese 小大翼甲螨属

Galumnidae 大翼甲螨科

Gamasellodes Athias-Henriot 革鞍螨属

Gamasellus Brelese 革赛螨属

Gamasellus changbaiensis Bei *et* Yin 长白革赛螨

Gamasellus montanus Willmann 峰革赛螨

Gamasellus vibrissatus Emberson 毛真革赛螨

Gamasholaspis Berlese 革板螨属

Gamasholaspis concavus Gu *et* Guo 板凹革板螨

Gamasholaspis duyunensis Chen, Guo *et* Gu 都匀革板螨

Gamasholaspis eothenomydis Gu 绒鼠革板螨

Gamasholaspis sinicus Yin, Cheng *et* Chang 中国革板螨

Gamasiphis Berlese 革伊螨属

Gamasodes Oudemans 革索螨属

Gamasodes guluoensis Gu *et* Liu 果洛革索螨

Gamasodes marmotae Ma 旱獭革索螨

Gamasodes micherdzinskii Davidova 米氏革索螨

Gamasodes sinicus Tian *et* Gu 中华革索螨

Gamasoidea 革螨总科

Gamasolaelaps Berlese 革厉螨属

Gamasolaelaptidae 革厉螨科

Gamasomorpha Karsch 加马蛛属

Gamasomorpha anhuiensis Song *et* Xu 安徽加马蛛

Gamasomorpha cataphracta Karsch 螨加马蛛

Gamasomorpha nigrilneata Xu 黑纹加马蛛

Gambroides Betrem 邻亲姬蜂属

Gambroides javensis (Rohwer) 爪哇邻亲姬蜂

Gambrus Förster 亲姬蜂属

Gambrus homonae Sonan 茶卷蛾亲姬蜂

Gambrus ruficoxatus (Sonan) 红足亲姬蜂

Gambrus rufus Sonan 带红亲姬蜂

Gambrus wadai (Uchida) 二化螟亲姬蜂(二化螟沟姬蜂)

Gametis Burmeister 见 *Oxycetonia* Arrow

Gammaphytoptus Keifer 加植瘿螨属

Gampola fasciata (Moore) 曲苔蛾

Gampsocleis buergeri de Haan 伯格螽

Gampsocoris Fuss 驼跷蝽属

Gampsocoris gibberosus (Horváth) 台湾驼跷蝽

Gampsocoris pulchellus (Dallas) 骄驼跷蝽

Gandaca Moore 玕黄粉蝶属

Gandaca harina (Horsfield) 玕黄粉蝶

Gandaritis Moore 枯叶尺蛾属

Gandaritis agnes (Butler) 灰枯叶尺蛾

Gandaritis fixseni (Bremer) 亚枯叶尺蛾

Gandaritis flavata Moore 枯叶尺蛾

Gandaritis flavescens Xue 半黄枯叶尺蛾

Gandaritis flavomacularia Leech 黄枯叶尺蛾

Gandaritis nigroagnes Xue 黑枯叶尺蛾

Gandaritis sinicaria Leech 中国枯叶尺蛾

Gandaritis tricedista (Prout) 三分枯叶尺蛾

Gandaritis tristis (Prout) 暗枯叶尺蛾

Gangara Moore 椰六斑弄蝶属

Gangara lebadea (Hewitson) 尖翅椰弄蝶

Gangara thyrsis (Fabricius) 椰六斑弄蝶

Gangarides Moore 钩翅舟蛾属

Gangarides dharma Moore 钩翅舟蛾

Ganisa cyanugrisea Mell 灰纹带蛾

Ganisa glaucescens Walker 双纹带蛾

Ganisa pandya Moore 斜纹带蛾

Ganisa postica kuanytungensis Mell 长纹带蛾

Ganonema circularis Schmid 环纹短宽枝石蛾

Garaeus Moore 魑尺蛾属

Garaeus apicata (Moore) 焦斑魑尺蛾

Garaeus argillacea (Butler) 魑尺蛾

Garaeus chamaeleon Wehrli 金魑尺蛾

Garaeus niveivertex Wehrli 白顶魑尺蛾

Garaeus parva distans Warren 水蜡魑尺蛾

Garaeus specularis Moore 洞魑尺蛾

Garaeus subsparsus Wehrli 稀魑尺蛾

Gardena Dohrn 蚊猎蝽属

Gardena brevicollis Stål 角片蚊猎蝽

Gardena concolorata Hsiao *et* Ren 一色蚊猎蝽

Gardena melinarthrum Dohrn 黄环蚊猎蝽

Gardena yunnana Hsiao 云南蚊猎蝽

Gargaphia Stål 网蝽属

Gargaphia solani Heidemann 茄网蝽 eggplant lace bug

Gargaphia tiliae (Walsh) 椴网蝽 basswood lace bug

Gargara Amyot *et* Serville 圆角蝉属

Gargara desmodiuma Kato 胡枝子圆角蝉 bush-clover globular treehopper

Gargara doemitzae Matsumura 箱根圆角蝉 Hakone globular treehopper

Gargara genitae Fabricius 黑圆角蝉 woadwaxen tree-hopper, globular treehopper

Gargara ligustri Matsumura 女贞圆角蝉 ligustrum globular treehopper

Gargara mixta Buckton 印度黄檀圆角蝉

Gargara varicolor Stål 变色圆角蝉

Garsaultia Oudemans 加萨螨属

Garsauria Walker 扁土蝽属

Garsauria aradoides Walker 扁土蝽

Garsaurinae 扁土蝽亚科

Garudinia simulana (Walker) 同甘苔蛾

Gasteracantha Sundevall 棘腹蛛属

Gasteracantha diardi (Lucas) 地阿棘腹蛛

Gasteracantha kuhlii C.L. Koch 库氏棘腹蛛

Gasteracantha sauteri Dahl 曹氏棘腹蛛

Gasterocercus Laporte 扁喙象属

Gasterocercus depressirostris L. 扁喙象

Gasterocercus onizo Kôno 三角扁喙象

Gasteroclisus Desbrochers 光洼象属

Gasteroclisus arcurostris Petri 弯喙光洼象

Gasteroclisus auriculatus Sahlberg 耳状光洼象

Gasteroclisus binodulus Boheman 二结光洼象

Gasteroclisus klapperichi Voss 长尖光洼象

Gasterocome Warren 毛腹尺蛾属

Gasterophilidae 胃蝇科 horse bots, bot flies, gad flies, breeze flies

Gasterophilus Leach 胃蝇属

Gasterophilus equi (De Geer) 见 *Gasterophilus intestinalis*

Gasterophilus haemorrhoidalis (Linnaeus) 赤尾胃蝇(痔胃蝇) nose bot fly

Gasterophilus inermis (Brauer) 裸节胃蝇

Gasterophilus intestinalis (De Geer) 肠胃蝇 horse bot fly, armed horse bot fly

Gasterophilus nasalis (Linnaeus) 鼻胃蝇 throat bot fly

Gasterophilus nigricornis (Löw) 黑角胃蝇

Gasterophilus pecorum (Fabricius) 黑腹胃蝇

Gasteruptiidae 褶翅姬蜂科

Gastrallus immarginatus Müller 无边窃蠹

Gastrimargus Sauss. 车蝗属

Gastrimargus africanus (Saussure) 非洲车蝗

Gastrimargus africanus orientalis Sjöst. 东方车蝗

Gastrimargus marmoratus Thunberg 云斑车蝗

Gastrimargus musicus Fabricius 澳洲黄翅车蝗 yellow-winged locust

Gastrimargus nubilis Uv. 黑股车蝗

Gastrimargus ommatidius Huang 小眼车蝗

Gastrimargus parvulus Sjostedt 黄股车蝗

Gastrimargus transversus Thunberg 稻黑褐车蝗 marmorated grasshopper

Gastrodes Westwood 松果长蝽属

Gastrodes chinensis Zheng 中国松果长蝽

Gastrodes grossipes (De Geer) 欧亚松果长蝽

Gastrodes japonicus Stål 日本松果长蝽

Gastrodes piceus Zheng 暗黑松果长蝽

Gastrodes piliferus Zheng 立毛松果长蝽

Gastrodes remotus Usinger 黑胸松果长蝽

Gastrogomphus abdominalis (McLachlan) 长腹春蜓

Gastrolina Baly 扁叶甲属

Gastrolina depressa depressa Baly 核桃扁叶甲指名亚种

Gastrolina depressa pallipes Chen 核桃扁叶甲淡足亚种

Gastrolina depressa thoracica Baly 核桃扁叶甲黑胸亚种

Gastrolina immaculicollis Chen 胡桃扁叶甲 walnut leaf beetle

Gastrolina japonica Harold 黄扁叶甲

Gastrolina peltoidea (Gebler) 赤杨扁叶甲

Gastromermis Micoletzky 胃索线虫属

Gastromermis acroamphidis (Steiner) 顶侧器胃索线虫

Gastromermis acutipapillata Rubzov 锐突胃索线虫

Gastromermis ambiannensis Rubzov *et* Doby 安比安胃索线虫

Gastromermis apudos Rubzov 阿普多斯胃索线虫

Gastromermis aquatilis Dujardin 水栖胃索线虫

Gastromermis arosea Rubzov 非玫瑰胃索线虫

Gastromermis aurita Rubzov 饰金胃索线虫

Gastromermis basalis Rubzov 基胃索线虫

Gastromermis biophila Rubzov 嗜生胃索线虫

Gastromermis birosea Rubzov 双玫瑰胃索线虫

Gastromermis bivittata Rubzov 双带胃索线虫

Gastromermis bobrovae Rubzov 博氏胃索线虫

Gastromermis boophthorae Welch *et* Rubzov 厌蚋胃索线虫

Gastromermis brevicuspis Rubzov 短尖胃索线虫

Gastromermis brevissima Rubzov 最短胃索线虫

Gastromermis clinogaster Rubzov 斜胃胃索线虫

Gastromermis comta Rubzov 科姆塔胃索线虫

Gastromermis cordobensis Camino 科尔多瓦胃索线虫

Gastromermis crassicauda Rubzov 厚尾胃索线虫

Gastromermis crassicorpus Rubzov 厚体尾胃索线虫

Gastromermis crassifrons Rubzov 厚叶胃索线虫

Gastromermis cuspicauda Rubzov 尖尾胃索线虫

Gastromermis danubensis Rubzov 多瑙胃索线虫

Gastromermis deltensis Hominick *et* Welch 三角洲胃索线虫

Gastromermis dobrovolski Khartschenko 多氏胃索线虫

Gastromermis doloresi Camino 多洛雷斯胃索线虫

Gastromermis gastromermis Steiner 腹口胃索线虫

Gastromermis gastrovittata Rubzov 胃带胃索线虫

Gastromermis gluchovae (Rubzov) 格氏胃索线虫

Gastromermis haempeli (Micoletzky) 红泥胃索线虫

Gastromermis hibernalis Rubzov 冬天胃索线虫

Gastromermis humilistoma Rubzov 小口胃索线虫

Gastromermis inferistoma Rubzov 下口胃索线虫

Gastromermis inflata Rubzov 膨胀胃索线虫

Gastromermis insularis Rubzov 海岛胃索线虫

Gastromermis isochordalis Rubzov 等索胃索线虫

Gastromermis isolateralis Rubzov 等侧胃索线虫

Gastromermis kagulensis Rubzov 卡久拉胃索线虫

Gastromermis kolymensis Rubzov 科累马胃索线虫

Gastromermis languidis Khartschenko 微弱胃索线虫

Gastromermis latisecta Rubzov 侧裂胃索线虫

Gastromermis likhovosi Rubzov 利霍沃斯胃索线虫

Gastromermis longicauda Rubzov 长尾胃索线虫

Gastromermis longifagus Rubzov 长山毛榉胃索线虫

Gastromermis longispicula Rubzov 长刺胃索线虫

Gastromermis longivaginata Rubzov 长阴道胃索线虫

Gastromermis macrocephala Rubzov 大头胃索线虫

Gastromermis macroposthia (Steiner) 大茎胃索线虫

Gastromermis macrosoma Rubzov *et* Andreeva 大体胃索线虫

Gastromermis metamphidis Rubzov 后侧器胃索线虫

Gastromermis minuta Rubzov 微小胃索线虫

Gastromermis multifaria Rubzov 多色胃索线虫

Gastromermis odagmiae Rubzov 奥达格米阿胃索线虫

Gastromermis orbiculata Rubzov 圆形胃索线虫

Gastromermis orthocauda Rubzov 直尾胃索线虫

Gastromermis pachyura Rubzov 粗尾胃索线虫

Gastromermis palea Rubzov 秤状胃索线虫

Gastromermis pangodiensis Rubzov 潘戈季胃索线虫

Gastromermis peipsiensis Rubzov 佩普西胃索线虫

Gastromermis piritensis Rubzov 皮里特胃索线虫

Gastromermis plumosus Hohnson *et* Bowen 摇蚊胃索线虫

Gastromermis pseudorosea Rubzov 假玫瑰胃索线虫

Gastromermis rosalbus Rubzov 白玫瑰胃索线虫

Gastromermis seligeri Rubzov 谢利格胃索线虫

Gastromermis steineri Kreis 斯氏胃索线虫

Gastromermis striatella Rubzov *et* Kokordak 条纹胃索线虫

Gastromermis tenuisoma Rubzov 窄体胃索线虫

Gastromermis terekjavris Rubzov 捷列克贾夫里斯胃索线虫

Gastromermis terminalistoma Rubzov 顶口胃索线虫

Gastromermis thienemannielli Rubzov 蒂氏胃索线虫

Gastromermis transiens Rubzov 内转胃索线虫

Gastromermis transsylvanica (Coman) 穿树胃索线虫

Gastromermis trivittata Rubzov 三圈胃索线虫

Gastromermis tschubarevae Rubzov 楚氏胃索线虫

Gastromermis variabilis Rubzov 可变胃索线虫

Gastromermis viridis Welch 绿胃索线虫

Gastromermis zelenetskoensis Rubzov 泽列涅茨科胃索线虫

Gastronyssidae 胃刺螨科

Gastronyssus bakeri Fain 巴氏胃刺螨

Gastropacha orientalis Sheijuzhko 东方枯叶蛾 oriental lappet

Gastropacha pardale sinensis Tams 橘枯叶蛾(橘毛虫)

Gastropacha philippinensis swanni Tams 石梓枯叶蛾(石梓毛虫)

Gastropacha populifolia Esper 杨枯叶蛾

Gastropacha quercifolia Linnaeus 李枯叶蛾(栎枯叶蛾)

Gastropacha quercifolia thibetana Lajonquiere 焦褐枯叶蛾

Gastropacha sikkima Moore 锡金枯叶蛾

Gastropacha xenapoates wilemani Tams 缘斑枯叶蛾

Gastropacha yunxianensis Hou *et* Wang 后斑枯叶蛾

Gastrophora henricaria Guenée 细长尺蛾 slender-bodied moth

Gastrophysa Chevrolat 齿胫叶甲属

Gastrophysa atrocyanea Motschulsky 酸模叶甲(蓼蓝齿胫叶甲)

Gastrophysa polygoni (Linnaeus) 蓼叶甲(扁蓄齿胫叶甲)

Gastroserica Brenske 楔绢金龟属

Gastroserica marginalis Brenske 边楔绢金龟

Gastroxides Saunders 胃虻属

Gastroxides shirakii Ouchi 鹿角胃虻

Gaudillidae 小高螨科

Gaudoglyphidae 高德螨科

Gaudoglyphus minor (Norner) 小高德螨

Gaurena albifasciata Gaede 白篝波纹蛾

Gaurena argentisparsa Hampson 银篝波纹蛾

Gaurena florens Walker 篝波纹蛾

Gaurena florescens Walker 花篝波纹蛾

Gaurena olivacea Houlbert 绿篝波纹蛾

Gauromyrmex Menozzi 棱结蚁属

Gauromyrmex acanthinus (Karawajew) 棘棱结蚁

Gaurotes Le Conte 金花天牛属

Gaurotes tuberculicollis (Blandchard) 瘤胸金花天牛

Gaurotes ussuriensis Blessig 凹缘金花天牛

Gaurotes virginea thalassina (Schrank) 蓝金花天牛

Gayellidae 盖胡蜂科

Gazalina Walker 雪舟蛾属

Gazalina apsara (Moore) 黑脉雪舟蛾

Gazalina chrysolopha (Kollar) 三线雪舟蛾

Gazalina transversa Moore 双线雪舟蛾

Gea C.L. Koch 佳蛛属

Gea spinipes C.L. Koch 刺佳蛛

Geasibia quadrata Gong 方形茸足蚤

Gedea Simon 格德蛛属

Gedea daoxianensis Song *et* Gong 道县格德蛛

Gedea sinensis Song *et* Chai 中华格德蛛

Gedea unguiformis Xiao *et* Yin 爪格德蛛

Geholaspis Berlese 地盾螨属

Gehypochthoniidae 地缝甲螨科

Gehypochthonius Jacot 地缝甲螨属

Gehypochthonius rhadamanthrus Jacot 瘦地缝甲螨

Geinella Strand 短鞘萤叶甲属

Geinella cuprea Chen *et* Jiang 黄铜短鞘萤叶甲

Geinella invenusta (Jacobson) 黑褐短鞘萤叶甲(漆黑短鞘萤叶甲)

Geinella nila (Maulik) 尼拉短鞘萤叶甲

Geinella nila brevicollis Chen *et* Jiang 尼拉短鞘萤叶甲凸斑亚种

Geinella nila limbaticollis Chen *et* Jiang 尼拉短鞘萤叶甲黄缘亚种

Geinella nila nila (Maulik) 尼拉短鞘萤叶甲指名亚种

Geinella splendida Chen, Jiang *et* Wang 亮黑短鞘萤叶甲

Geinella tenuipes Chen *et* Jiang 瘦足短鞘萤叶甲

Geinula Ogloblin 脊萤叶甲属

Geinula antennata Chen 显角脊萤叶甲

Geinula jacobsoni Ogloblin 绿翅脊萤叶甲

Geisha Kirkaldy 碧蛾蜡蝉属

Geisha distinctissima (Walker) 碧蛾蜡蝉 green flatid planthopper

Gelasma Warren 尖尾尺蛾属

Gelasma glaucaria (Walker) 肖灰尖尾尺蛾

Gelasma goniaria Felder 榆绿木尖尾尺蛾

Gelasma hemitheoides Prout 绿尖尾尺蛾

Gelasma illiturata (Walker) 尖尾尺蛾 peach geometrid

Gelasma protrusa (Butler) 线尖尾尺蛾

Gelasma thetydaria (Guenée) 灰尖尾尺蛾

Gelasma tibeta Chu 西藏尖尾尺蛾

Gelastocoridae 见 Nerthridae

Gelastorhinus Br.-W 蜥蜴蝗属

Gelastorhinus bicolor Deltaan 小长头蝗 smaller long-headed locust

Gelastorhinus chinensis Will. 中华蜥蜴蝗

Gelastorhinus filatus (Walker) 长角蜥蜴蝗

Gelastorhinus rotundatus Shir. 圆翅蜥蜴蝗

Gelastorhinus tonkinensis Willemse 越北蜥蜴蝗

Gelechia Hübner 见 *Sitotroga* Heinmann

Gelechia cerealella Olivier 见 *Sitotroga cerealella*

Gelechia pinguinella Trietschke 杨树麦蛾

Gelechia tragicolla Heydon 落叶松麦蛾 Japanese larch gelechid

Gelechiidae 麦蛾科 gelechiid moths, wax moths

Gelechioidea 麦蛾总科

Gelis Thunberg 沟姬蜂属

Gelis areator (Panzer) 广沟姬蜂

Gelis asozanus (Uchida) 阿苏山沟姬蜂

Gelis chosensis (Uchida) 朝鲜沟姬蜂

Gelis kumamotensiis (Uchida) 熊本沟姬蜂

Gelonaetha hirta (Fairmaire) 鼓胸天牛

Gelonia dejectaria Walker 新西兰落叶松尺蛾

Geloptera Baly 心叶甲属

Geloptera porosa Lea 苹心叶甲(辐射松叶甲) pitted apple beetle

Gemadoretus Reitter 见 *Adoretus* Latorte

Gemmazetes Fujikawa 蕾甲螨属

Gemmazetes cavatica (Kunst) 洞蕾甲螨

Gemmazetes crosby maoershanensis Wen 克氏蕾甲螨帽尔山亚种

Gemmazetes tianshanensis Wen 天山蕾甲螨

Genaparlatoria MacGillivray 齿片盾蚧属

Genaparlatoria pseudaspidiotus (Lindinger) 大戟齿片盾蚧 mango scale

Genaxiphia inornata Maa　本色长颈树蜂

Genaxiphia parallela Maa　平行长颈树蜂

Genimen Bol.　庚蝗属

Genimen burmanum Ramme　缅甸庚蝗

Genimen yunnanensis Zheng *et* al.　云南庚蝗

Genoneopsylla angustidigita Wu, Wu *et* Tsai　窄指继新蚤

Genoneopsylla bisinuata Liu, Chang *et* Liu　二窦继新蚤

Genoneopsylla claviprocera Hsieh *et* Wu　棒突继新蚤

Genoneopsylla longisetosa Wu, Wu *et* Liu　长鬃继新蚤

Genoneopsylla thyxanota (Traub)　三角继新蚤

Genoneopsylla Wu, Wu *et* Liu　继新蚤属

Geocenamus Thorne *et* Malek　乔森那姆属

Geocenamus arcticus (Mulvey)　北方乔森那姆线虫

Geocenamus patternus Eroshenko *et* Volkova　典型乔森那姆线虫

Geocenamus sobaekensis Choi *et* Geraert　小白山乔森那姆线虫

Geocenamus tenuidens Thorne *et* Malek　纤细乔森那姆线虫

Geocenamus uralensis Baidulova　乌拉尔乔森那姆线虫

Geococcus Green　地粉蚧属(荒粉蚧属)

Geococcus citrinus Kuwana　柑橘地粉蚧(橘荒粉蚧) citrus root scale, citrus root mealybug

Geococcus coffeae Green　咖啡地粉蚧

Geococcus johorensis Williams　七格地粉蚧

Geococcus lareneei Williams　四格地粉蚧

Geococcus oryzae (Kuwana)　稻根地粉蚧 rice root mealybug

Geococcus radicum Green　锡兰地粉蚧

Geocorinae　大眼长蝽亚科

Geocoris Fallén　大眼长蝽属

Geocoris arenarius (Jakovlev)　沙地大眼长蝽

Geocoris ater (Fabricius)　黄纹大眼长蝽

Geocoris chinai Kiritschenko　珠峰大眼长蝽

Geocoris chinensis Jakovlev　川西大眼长蝽

Geocoris dubreuili Montandon　黄褐大眼长蝽

Geocoris flaviceps fenestellus Breddin　斑翅大眼长蝽

Geocoris grylloides (Linnaeus)　白边大眼长蝽

Geocoris hirsutus Montandon　长毛大眼长蝽

Geocoris hirticornis Jakovlev　淡色大眼长蝽

Geocoris hui Zheng *et* Zou　胡氏大眼长蝽

Geocoris itonis Horváth　黑大眼长蝽

Geocoris lapponicus Zetterstedt　北大眼长蝽

Geocoris montanus Zheng　纹盾大眼长蝽

Geocoris ochropterus (Fieber)　南亚大眼长蝽

Geocoris pallens Stål　西部大眼长蝽 western bigeyed bug

Geocoris pallidipennis (Costa)　大眼蝉长蝽

Geocoris pallidipennis xizangensis Zheng　大眼长蝽西藏亚种

Geocoris varius (Uhler)　宽大眼长蝽

Geocorisae　陆栖蝽类

Geoica Hart　根蚜属

Geoica lucifuga Zehntner　蔗根蚜 sugarcane root aphid

Geoktapia Mordvilko　爪蚜属

Geometra Linnaeus　青尺蛾属

Geometra albovenaria Bremer　白脉青尺蛾

Geometra dieckmanni Graeser　钩线青尺蛾

Geometra glaucaria Ménétriès　曲白带青尺蛾

Geometra valida Felder *et* Rogenhofer　直脉青尺蛾

Geometridae　尺蛾科 geometrid moths, measuringworms

Geomyza Fallén　尺禾蝇属

Geomyza tripunctata Fallén　三点尺禾蝇 grass and cereal fly

Geooktapia pyraria (Passerini)　梨草爪蚜 pear-grass aphid

Georyssidae　圆泥甲科 minute mud-loving beetles

Geosarginae　瘦腹水虻亚科

Geotomus Mulsant *et* Rey　地土蝽属

Geotomus convexus Hsiao　圆地土蝽

Geotomus minor Hsiao　小地土蝽

Geotomus oblongatus Hsiao　长地土蝽

Geotomus pygmaeus (Fabricius)　侏地土蝽

Geotomus yunnanus Hsiao　云南地土蝽

Geotrupes Latreille　齿股粪金龟属

Geotrupes armicrus Fairmaire　齿股粪金龟

Geotrupes biconiferus Fairmaire　双丘粪金龟

Geotrupes stercorarius Linnaeus　粪堆粪金龟

Geotrupidae　粪金龟科

Gephyraulus raphanistri (Kieffer)　油菜花瘿蚊 brassica flower midge

Gerania bosci (Fabricius)　长足天牛

Gerenia Stål　点翅蝗属

Gerenia intermedia Br.-W.　间点翅蝗

Gergithoides Schumacher　脊额瓢蜡蝉属

Gergithoides carinatifrons Schumacher　脊额瓢蜡蝉

Gergithus Stål　圆瓢蜡蝉属

Gergithus carbonarius Melichar　黑圆瓢蜡蝉(球形黑蜡蝉) black globular planthopper

Gergithus iguchii Matsumura　十星圆瓢蜡蝉

Gergithus reticulatus Matsumura　网纹圆瓢蜡蝉

Gergithus speranto Chou *et* Lu　世语圆瓢蜡蝉

Gergithus tesselatus Matsumura　龟纹圆瓢蜡蝉

Gergithus variabilis Butler　异色圆瓢蜡蝉 globular planthopper

Geria Walker　见 *Achaea* Hübner

Germalus Stål　泡眼长蝽属

Germaria agustata Zetterstedt　阿古蕾寄蝇

Geron pallipilosus Yang *et* Yang　白毛驼蜂虻

Geron sinensis Yang *et* Yang　中华驼蜂虻

Gerontha captiosella Walker　娑罗双谷蛾

Gerosis Mabille　捷弄蝶属

Gerosis phisara (Moore)　匪夷捷弄蝶

Gerosis sinica (Felder *et* Felder) 中华捷弄蝶

Gerridae 黾蝽科 water striders

Gerris Fabricius 黾蝽属

Gerris fossarum Fabricius 凹黾蝽

Gerris lacustris (Linnaeus) 水黾蝽

Gerris rufoscutallatus Latrille 赤背黾蝽

Gerroidea 黾蝽总科

Geshna Dyar 小卷叶螟属

Geshna cannalis (Quaintance) 昙华小卷叶螟 lesser canna leafroller

Gesomyrmex Mayr 短角蚁属

Gesomyrmex howeardi Wheeler 豪氏短角蚁

Gesonula Uvarov 芋蝗属

Gesonula mundata szemaoensis Cheng 思茅芋蝗

Gesonula mundata zonocera Navás 壮思茅芋蝗

Gesonula punctifrons Stål 芋蝗

Geusibia Jordan 茸足蚤属

Geusibia apromina apromina Liu, Tsai *et* Wu 无突茸足蚤指名亚种

Geusibia apromina sichuanensis Liu, Zhai *et* Liu 无突茸足蚤四川亚种

Geusibia apromina xizangensis Liu, Gao *et* Liu 无突茸足蚤西藏亚种

Geusibia digitiforma Gong *et* Lin 指形茸足蚤

Geusibia hemisphaera Liu, Chen *et* Liu 半圆茸足蚤

Geusibia intermedia Liu Tsai *et* Wu 介中茸足蚤

Geusibia liae Wang *et* Liu 李氏茸足蚤

Geusibia longihilla Zhang *et* Liu 长尾茸足蚤

Geusibia minutiprominula minutiprominula Zhang *et* Liu 微突茸足蚤指名亚种

Geusibia minutiprominula ningshaanensis Zhang *et* Liu 微突茸足蚤宁陕亚种

Geusibia stenosinuata Li 狭凹茸足蚤

Geusibia torosa Jordan 结实茸足蚤

Geusibia triangularis Lewis 三角茸足蚤

Geusibia yunnanensis Xie *et* Gong 云南茸足蚤

Ghilarovus Krivolutsky 格甲螨属

Ghilarovus changlingensis Wen 长岭格甲螨

Ghilarovus humeridens Krivolutsky 肩格甲螨

Ghoria albocinerea Moore 银荷苔蛾

Ghoria angustifascia (Fang) 窄条荷苔蛾

Ghoria bipars Moore 两部瓦苔蛾

Ghoria collitoides Butler 头褐荷苔蛾

Ghoria gigantea (Oberthür) 头橙荷苔蛾

Ghoria holochrea (Hampson) 全黄荷苔蛾

Ghoria lucida (Fang) 光荷苔蛾

Ghoria parvula (Fang) 幼荷苔蛾

Ghoria postfusca Hampson 后灰荷苔蛾

Ghoria serrata (Fang) 锯角荷苔蛾

Ghoria yuennanica (Daniel) 土黄荷苔蛾

Giardius Perraud 吉贾螨属

Giaura sceptica Swinhoe 紫柳夜蛾

Gibbaranea Archer 蓟园蛛属

Gibbaranea bituberculatus (Walckenaer) 双隆蓟园蛛

Gibbaranea fratrella (Chamberlin) 颗粒蓟园蛛

Gibber Jordan 瘤翅长角象属

Gibberifera simplana Fischer *et* Röslerstamm 杨突小卷蛾 least cloaked bell moth

Gibbicepheus Balogh 弯步甲螨属

Gibbicepheus chinensis Wen 中华弯步甲螨

Gibbicepheus frondosus (Aoki) 叶弯步甲螨

Gibbium Scopoli 裸蛛甲属

Gibbium aequinoctiale Boieldieu 等夜裸蛛甲

Gibbium psylloides Czempinski 裸蛛甲(麦蛛甲)

Gibbomesosella nodulosa (Pic) 凸象天牛

Gibbotettix Zheng 驼背蚱属

Gibbotettix emeiensis Zheng 峨眉驼背蚱

Gibbotettix hongheensis Zheng 红河驼背蚱

Gibosia bispinata Wu 二刺偻石蝇

Gigantalcis Inoue 金丝尺蛾属

Gigantolaelaps Fonseca 硕厉螨属

Gilarovella Mitrofanov, Sekerskaya *et* Sharonov 奇瓔螨属

Gilletteella Börner 季球蚜属

Gilletteella cooleyi Gillette 冷杉季球蚜 cooley spruce gail aphid, Sitka gall aphid

Gilletteella glandulae Zhang 冷杉迹球蚜

Gilpinea hercyniae (Hartig) 欧洲云杉吉松叶蜂 European spruce sawfly

Gilpinia Benson 吉松叶蜂属

Gilpinia baiyinaobaoa Xiao *et* Huang 白音吉松叶蜂

Gilpinia fenica (Forsius) 芬兰吉松叶蜂

Gilpinia frutetorum Fabricius 欧洲赤松吉松叶蜂 pine sawfly

Gilpinia jinghongensis Xiao *et* Huang 景洪吉松叶蜂

Gilpinia jingxii Xiao *et* Huang 景熹吉松叶蜂

Gilpinia lipuensis Xiao *et* Huang 荔蒲吉松叶蜂

Gilpinia marshalli (Forsius) 马歇尔吉松叶蜂

Gilpinia massoniana Xiao 马尾松吉松叶蜂

Gilpinia pallida Klug 北美松吉松叶蜂 pine sawfly

Gilpinia pindrowi Benson 喜马冷杉吉松叶蜂 Himalayan fir sawfly

Gilpinia pinicola Xiao *et* Huang 红松吉松叶蜂

Gilpinia polytoma Hartig 云杉吉松叶蜂 spruce sawfly

Gilpinia tabulaeformis Xiao 油松吉松叶蜂

Gilpinia tohi Takeuchi 东平云杉吉松叶蜂 spruce sawfly

Gilpinia virens (Klug) 淡绿吉松叶蜂 pine sawfly

Gilpinia yongrenica Xiao *et* Huang 永仁吉松叶蜂

Ginzia Okano 宽肛角小灰蝶属

Ginzia ferrea Butler 宽肛角小灰蝶

Givira lotta Barnes 美西南松木蠹蛾 pine carpenterworm

Glanycus Walker 蝉网蛾属

Glanycus blachieri Oberthür 红蝉网蛾

Glanycus foochowensis Chu *et* Wang 蝉网蛾

Glanycus sigionus Chu *et* Wang 拟蝉网蛾

Glanycus tricolor Moore 黑蝉网蛾

Glaphyriinae 毛螟亚科

Glaphyrus Latreille 绒毛金龟属

Glaphyrus oxyterus (Pallas) 尖翅绒毛金龟

Glaucias Kirkaldy 青蝽属

Glaucias beryllus (Fabricius) 黑点青蝽

Glaucias crassa (Westwood) 黄肩青蝽

Glaucias dorsalis (Dohrn) 青蝽(油绿蝽)

Glaucias subpunctatus Walker 光缘青蝽

Glaucopsyche Scudder 豆黑斑灰蝶属

Glaucopsyche lycormas Butler 豆黑斑灰蝶

Glaucorhoe Herbulot 灰涛尺蛾属

Glaucorhoe unduliferaria (Motschulsky) 灰涛尺蛾

Glaucosphaera cyanea (Duvivier) 蓝圆跳甲

Glenea Newman 并脊天牛属

Glenea aeolis laosica Breuning 后纵带并脊天牛

Glenea anterufipennis Breuning 红基并脊天牛

Glenea astathiformis Breuning 宽并脊天牛

Glenea atricornis apicespinosa Breuning 凹尾并脊天牛

Glenea bimaculatithorax Breuning 赭带并脊天牛

Glenea calypsoides Breuning 口纹并脊天牛

Glenea cantor (Fabricius) 眉斑并脊天牛

Glenea cardinalis langana Pic 昏并脊天牛

Glenea centroguttata Fairmaire 桑并脊天牛

Glenea chalybeata Thomson 白纹并脊天牛

Glenea chrysomaculata (Schwarzer) 绿点并脊天牛

Glenea ciana theresae Pic 断带并脊天牛

Glenea circulomaculata Breuning 环斑并脊天牛

Glenea coomani Pic 库氏并脊天牛

Glenea diverselineata intermedia Breuning 显点并脊天牛

Glenea diverselineata Pic 晦点并脊天牛

Glenea elegans (Olivier) 条胸并脊天牛

Glenea fissilis Breuning 截尾并脊天牛

Glenea flava Jordan 黑点并脊天牛

Glenea flavorubra Gressitt 黄星并脊天牛

Glenea flavotransversevittata Breuning 宽黄带并脊天牛

Glenea fuscovitticollis Breuning 肩条并脊天牛

Glenea gardneri Breuning 戛氏并脊天牛

Glenea gardneriana Breuning 双带并脊天牛

Glenea indiana Thomson 黄带并脊天牛

Glenea laodice verticebifasciata Breuning 老挝并脊天牛

Glenea leucomaculata Breuning 白环并脊天牛

Glenea licenti Pic 十二星并脊天牛

Glenea lineatithorax Pic 线胸并脊天牛

Glenea loosedregi Breuning 黑角并脊天牛

Glenea magdelainei Pic 宽缝并脊天牛

Glenea mathematica (Thomson) 白条并脊天牛

Glenea mediotrasversevittata Breuning 中黄带并脊天牛

Glenea mimolustuosa Breuning 肖长条并脊天牛

Glenea modigliani Gahan 赭缝并脊天牛

Glenea momeitensis mediodiscoprolongata Breuning 长条并脊天牛

Glenea mounieri obscurimembris Pic 等斑并脊天牛

Glenea mutata Gahan 异纹并脊天牛

Glenea nigromaculata Thomson 黑斑并脊天牛

Glenea obliquesignata Breuning 郎勃拉并脊天牛

Glenea ornatoides Breuning 六带并脊天牛

Glenea pallidipes Pic 红角并脊天牛

Glenea pici Aurivillius 小星并脊天牛

Glenea pieliana Gressitt 复纹并脊天牛

Glenea posticata Gahan 圆斑并脊天牛

Glenea propinqua vientianan Breuning 三条并脊天牛

Glenea proserpina Thomson 宽胸并脊天牛

Glenea pseudaeolis supplementaria Breuning 续斑并脊天牛

Glenea pseudornatoides Breuning 五带并脊天牛

Glenea pulchra Aurivillius 丽并脊天牛

Glenea quadrinotata (Guèrin) 四斑并脊天牛

Glenea relicta Poscoe 榆并脊天牛(榆棺天牛)

Glenea rondoni Breuning 郎氏并脊天牛

Glenea rubricollis (Hope) 红并脊天牛

Glenea saperdoides vientianensis Pic 白缘并脊天牛

Glenea sauteri (Schwarzer) 细条并脊天牛

Glenea siamensis Gahan 肾斑并脊天牛

Glenea sticitica (Aurivillius) 七条并脊天牛

Glenea subalcyone Breuning 赭纹并脊天牛

Glenea subcrucifera Breuning 双里带并脊天牛

Glenea subviridescens Breuning 绿并脊天牛

Glenea suturata Gressitt 横斑并脊天牛

Glenea t-notata Gahan T斑并脊天牛

Glenea vaga Thomson 弧纹并脊天牛

Glenea virens Aurivillius X纹并脊天牛

Glenea virens immaculicollis Breuning 黄胸并脊天牛

Glenida Gahan 短脊楔天牛属

Glenida cyaneipennis Gahan 蓝翅楔天牛

Glenida suffusa Gahan 蓝粉楔天牛

Glenochrysa guangzhouensis Yang *et* Yang 广州璃草蛉

Glenochrysa principissa (Navás) 岩沙金合欢草蛉

Glenuroides Okamoto 星蚁蛉属

Glenuroides japonicus (MacLachlan) 白云星蚁蛉

Gliricola L. 豚鼠虱属

Gliricola porcelli (Schrank) 豚鼠长虱 slender guineapig louse

Glischrochilus Reiffer 露尾甲属

Glischrochilus quadripustulatus L. 四点露尾甲

Glischrochilus vittatus (Say) 黄松大小蕊露尾甲

Globitermes Holmgren 球白蚁属

Globitermes audax Silvestri 大胆球白蚁

Globitermes sulphureus (Haviland) 黄球白蚁

Globodera (Skarbilovich) 球异皮线虫属(球形胞囊线虫

属)

Globodera achilleae (Golden *et* Klindic) 蓍草球异皮线虫

Globodera artemisiae (Eroshenko *et* Kazachenko) 蒿球异皮线虫

Globodera hypolysi Ogawa, Ohshima *et* Ichinohe 枸杞球异皮线虫

Globodera leptonepia (Cobb *et* Taylor) 小球异皮线虫

Globodera mali (Kirjanova *et* Borisenko) 苹果球异皮线虫

Globodera millefolii (Kirjanova *et* Krall) 欧蓍草球异皮线虫

Globodera mirabilis (Kirjanova) 奇异球异皮线虫

Globodera pallidaa (Stone) 苍白球异皮线虫

Globodera pseudorostochiensis (Kirjanova) 假马铃薯金线虫

Globodera rostochiensis (Wollenweber) 马铃薯金线虫 potato golden nematode

Globodera solanacearum (Miller *et* Gray) 茄球异皮线虫

Globodera tabacum (Lownsbery *et* Lownsbery) 烟草球异皮线虫 tobacco cyst nematode

Globodera virginiae (Miller *et* Gray) 弗吉尼亚球异皮线虫

Globodera zelandica Wouts 泽兰球异皮线虫

Gloeodema Wollaston 深纹象属

Glossina Wiedemann 舌蝇属 tsetse flies

Glossina austeni Newstead 奥斯汀舌蝇 tsetse fly

Glossina brevipalpis Newstead 短须舌蝇 tsetse fly

Glossina fuscipes Newstead 棕足舌蝇 tsetse fly

Glossina longipalpis Wiedemann 长须舌蝇 tsetse fly

Glossina morsitans Westwood 刺舌蝇 tsetse fly

Glossina pallidipes Austen 白足舌蝇 tsetse fly

Glossina palpalis Robineau-Desvidy 须舌蝇 tsetse fly

Glossina swynnertoni Austen 丝舌蝇 tsetse fly

Glossina tachinoides Westwood 拟寄舌蝇 tsetse fly

Glossinidae 舌蝇科 tsetse flies

Glossininae 舌蝇亚科 tsetse flies

Glossocratus Fieber 扁铲头叶蝉属

Glossocratus orientalis (Ishihara) 东方扁铲头叶蝉

Glossonotus crataegi (Fitch) 楂梓膜翅角蝉 quince tree-hopper

Glossopelta Handlirsch 盾瘤蝽属

Glossopelta acuta Handlirsch 原盾瘤蝽

Glossopelta lineolata Distant 缅甸盾瘤蝽

Glossopelta praerupta Maa *et* Lin 闽盾瘤蝽

Glossopelta rhodiola Maa *et* Lin 玫盾瘤蝽

Glossopelta tridens Maa *et* Lin 三齿盾瘤蝽

Glossopelta truncata Distant 截肩盾瘤蝽

Glossosoma aequale Banks 等叶舌石蛾

Glossosomatidae 舌石蛾科

Gluphisia Boisduval 谷舟蛾属

Gluphisia japonica (Wileman) 杨谷舟蛾 small two-banded prominent

Gluphisia septentrionis Wlkr 颤杨谷舟蛾

Gluttula 连波纹蛾属

Gluttula dominica Gramer 百合连波纹蛾 lily owlet moth

Glycaspis baileyi Moore 桉蓝木虱(柳叶桉木虱) blue gum lerp insect

Glycaspis brimblecombei Moore 赤桉短粗后胫木虱

Glycaspis morgani Moore 异叶桉短粗后胫木虱

Glycetonia Reitter 见 *Glycyphana* Burmeister

Glycobius speciosus (Say) 枫糖天牛 sugar maple borer

Glycosia Schoch 短胸花金龟属

Glycosia luctifera (Fairmaire) 群斑短胸花金龟

Glycosia luctifera louisae (Fairmaire) 红缘短胸花金龟

Glycosia nigra Ma 墨斑短胸花金龟

Glycosia tricolor (Oliver) 三色短胸花金龟

Glycycnyza Danzig 胶粉蚧属

Glycycnyza turangicola Danzig 胡杨胶粉蚧

Glycyphagidae 食甜螨科

Glycyphaginae 食甜螨亚科

Glycyphagus Hering 食甜螨属

Glycyphagus abnormis Volgin 畸食甜螨

Glycyphagus bicaudatus Hughes 双尾食甜螨

Glycyphagus domesticus (De Geer) 家食甜螨

Glycyphagus privatus Oudemans 隐秘食甜螨

Glycyphagus yujiangensis Jiang 余江食甜螨

Glycyphana Burmeister 短突花金龟属

Glycyphana fulvistemma (Motschulsky) 全斑短突花金龟

Glycyphana horsfieldi (Hope) 红缘短突花金龟

Glycyphana nepalensis Kraatz 尼短突花金龟

Glycyphana nicobarica Janson 双斑短突花金龟

Glycyphana quadricolor (Wiedemann) 红胸短突花金龟

Glyphanoetus Oudemans 菌螨属

Glyphanoetus fulmeki Oudemans 富氏菌螨

Glyphanoetus phyllotrichus Berlese 叶状菌螨

Glyphina alni Schrank 见 *Glyphina schrankiana*

Glyphina schrankiana Börner 赤杨刻蚜 alnus aphid

Glyphipterix cramerella (Fabricius) 鸭茅雕蛾 cocksfoot moth

Glyphipterix nigromarginata Issiki 黑边雕蛾

Glyphipterix semiflavana Issiki 白钩雕蛾

Glyphipterygidae 雕蛾科(拟卷叶蛾科) glyphipterygids, glyphipterygid moths

Glyphodes bicolor Swainson 见 *Diaphania bicolor*

Glyphodes caesalis Walker 见 *Diaphania caesalis*

Glyphodes conclusalis Walker 见 *Diaphania conclusalis*

Glyphodes perspectalis Walker 见 *Diaphania perspectalis*

Glyphodes pyloalis Walker 见 *Diaphania pyloalis*

Glyphodes stolalis Guenée 见 *Diaphania stolalis*

Glypta fumiferanae (Viereck) 云杉卷蛾雕背姬蜂

Glyptacus Keifer 雕瘿螨属

Glyptacus glauceae Kuang *et* Zhuo 青冈雕瘿螨

Glyptacus lithocarpi Keifer 稠雕瘿螨

Glyptholaspis Filipponi *et* Pegazzano 雕盾螨属

Glyptholaspis asperrima (Berlese) 糙裂雕盾螨

Glyptholaspis confusa (Foa) 混雕盾螨

Glyptomorpha elongata Shest. 见*Glytomorpha elongata*

Glyptoserphus Fan *et* He 刻胸细蜂属

Glyptoserphus chinensis Fan *et* He 中华刻胸细蜂

Glyptotendipes Kieffer 雕翅摇蚊属

Glyptotendipes lobifera (Saa) 侧叶雕翅摇蚊

Glyptotendipes polytoma Kieffer 多割雕翅摇蚊

Glyptotendipes severini Goetghebuer 严肃雕翅摇蚊

Glyptotermes Frogatt 树白蚁属

Glyptotermes angustithorax Ping *et* Xu 狭胸树白蚁

Glyptotermes baliochilus Ping *et* Xu 花唇树白蚁

Glyptotermes bimaculifrons Ping *et* Liu 双斑树白蚁

Glyptotermes brachythorax Ping *et* Xu 短胸树白蚁

Glyptotermes chinpingensis Tsai *et* Chen 金平树白蚁

Glyptotermes curticeps Fan *et* Xia 短头树白蚁

Glyptotermes daiyunensis Li *et* Huang 戴云树白蚁

Glyptotermes dilatatus Bugnion *et* Popoff 胀树白蚁

Glyptotermes euryceps Gao, Zhu *et* Gong 宽头树白蚁

Glyptotermes ficus PIng *et* Xu 榕树白蚁

Glyptotermes fujianensis Ping 福建树白蚁

Glyptotermes fuscus Oshima 黑树白蚁

Glyptotermes guizhouensis Ping *et* Xu 贵州树白蚁

Glyptotermes hejiangensis Gao 合江树白蚁

Glyptotermes hesperus Gao, Zhu *et* Han 川西树白蚁

Glyptotermes jinyunensis Chen *et* Ping 缙云树白蚁

Glyptotermes latignathus Gao, Zhu *et* Han 阔腭树白蚁

Glyptotermes latithorax Fan *et* Xia 宽胸树白蚁

Glyptotermes liangshanensis Gao, Zhu *et* Gong 凉山树白蚁

Glyptotermes limulingensis Ping *et* Xu 黎母岭树白蚁

Glyptotermes longnanensis Gao *et* Zhu 陇南树白蚁

Glyptotermes maculifrons Ping *et* Li 麻额树白蚁

Glyptotermes magnioculus Ping *et* Liu 大眼树白蚁

Glyptotermes mandibulicinus Ping *et* Xu 翘颚树白蚁

Glyptotermes nadaensis Li 那大树白蚁

Glyptotermes orthognathus Ping *et* Chen 直颚树白蚁

Glyptotermes parvus Fan *et* Xio 小树白蚁

Glyptotermes satsumensis (Matsumura) 赤树白蚁

Glyptotermes shaanxiensis Huang *et* Zhang 陕西树白蚁

Glyptotermes simaoensis Li 思茅树白蚁

Glyptotermes succineus Ping *et* Gong 琥珀树白蚁

Glyptotermes tsaii Huang *et* Zhu 蔡氏树白蚁

Glyptotermes xiamenensis Li *et* Huang 厦门树白蚁

Glyptotermes yingdeensis Li 英德树白蚁

Glyptotermes yui Ping *et* Xu 尤氏树白蚁

Glyptotermes zhaoi Ping 赵氏树白蚁

Glytomorpha deesae (Cameron) 长尾茧蜂

Glytomorpha elongata Shestakov 长雕茧蜂

Gnamptogenys Roger 曲颊猛蚁属

Gnamptogenys bannana Xu *et* Zhang 版纳曲颊猛蚁

Gnamptogenys bicolor (Emery) 双色曲颊猛蚁

Gnamptogenys panda (Brown) 四川曲颊猛蚁

Gnamptogenys sinensis Wu *et* Xiao 中华曲颊猛蚁

Gnamptogenys taivanensis (Wheeler) 台湾曲颊猛蚁

Gnamptoloma Warren 镰姬尺蛾属

Gnamptopteryx Hampson 曲翅尺蛾属

Gnamptopteryx perficita (Walker) 曲翅尺蛾

Gnaphosa Latreille 平腹蛛属

Gnaphosa alberti Schenkel 阿尔平腹蛛

Gnaphosa baotianmanensis Hu *et al.* 宝天曼平腹蛛

Gnaphosa berlandi Schenkel 贝氏平腹蛛

Gnaphosa bonneti Schenkel 包氏平腹蛛

Gnaphosa braendegaardi Schenkel 布氏平腹蛛

Gnaphosa chaffanjoni Schenkel 卡氏平腹蛛

Gnaphosa charitonowi Schenkel 查氏平腹蛛

Gnaphosa corifera Schenkel 山洞平腹蛛

Gnaphosa davidi Schenkel 大卫平腹蛛

Gnaphosa dege Ovtsharenko *et* Platnick 德基平腹蛛

Gnaphosa denisi Schenkel 丹氏平腹蛛

Gnaphosa fagei Schenkel 法氏平腹蛛

Gnaphosa falculata Schenkel 爪形平腹蛛

Gnaphosa glandifera Schenkel 腺平腹蛛

Gnaphosa hastata Fox 戟形平腹蛛

Gnaphosa holmi Schenkel 侯氏平腹蛛

Gnaphosa jodhpurensis Tikader *et* Gajbe 久德浦平腹蛛

Gnaphosa kansuensis Schenkel 甘肃平腹蛛

Gnaphosa kompirensis Boes. *et* Str. 深褐平腹蛛

Gnaphosa leporina L. Koch 兔平腹蛛

Gnaphosa lesserti Schenkel 塞外平腹蛛

Gnaphosa licenti Schenkel 北平腹蛛

Gnaphosa lucifuga Walckenaer 光亮平腹蛛

Gnaphosa mandschurica Schenkel 满洲平腹蛛

Gnaphosa martae Schenkel 马泰平腹蛛

Gnaphosa mongolica Simon 蒙古平腹蛛

Gnaphosa montana L. Koch 山平腹蛛

Gnaphosa muscorum L. Koch 蝇平腹蛛

Gnaphosa roeweri Schenkel 若氏平腹蛛

Gnaphosa rudolfi Schenkel 茹氏平腹蛛

Gnaphosa schensiensis Schenkel 陕西平腹蛛

Gnaphosa sinensis Simon 中华平腹蛛

Gnaphosa stoliczkae Cambridge 鲁钝平腹蛛

Gnaphosa suchuana Chamberlin 驰平腹蛛

Gnaphosa tarimuensis Hu 塔里木平腹蛛

Gnaphosa wiehlei Schenkel 魏氏平腹蛛

Gnaphosa zhaoi Ovtsharenko *et* Platnick 赵氏平腹蛛

Gnaphosidae 平腹蛛科

Gnathocerus Thunb. 角谷盗属

Gnathocerus cornutus Fabricius 阔角谷盗 broadhorned flour beetle

Gnathocerus maxillosus Fab. 细角谷盗 slenderhorned

flour beetle

Gnatholea Thomson 额天牛属

Gnatholea eburifera Thomson 牙斑额天牛

Gnatholea subnuda Lacordaire 马来额天牛

Gnathonarium Karsch 额角蛛属

Gnathonarium cambridgei Schenkel 卡姆氏额角蛛

Gnathonarium cornigerum Zhu *et* Wen 隆突额角蛛

Gnathonarium dentatum (Wider) 齿螯额角蛛

Gnathonarium exsiccatum (Boes. *et* Str.) 带斑额角蛛

Gnathonarium flavidum Gao *et* Zhu 淡黄额角蛛

Gnathonarium gibberum Oi 驼背额角蛛

Gnathonarium phragmigerum Gao *et* Zhu 中隔额角蛛

Gnathostrangalia nigriventralis Chiang *et* Wang 黑腹长颊花天牛

Gnathostrangalia simianshana Chiang *et* Chen 四面山长颊花天牛

Gnathotrichus imitans Wood 美黄杉小蠹

Gnathotrichus sulcatus Leconte 美西部云杉小蠹

Gnophos Treitschke 幽尺蛾属

Gnophothrips Hood *et* Williams 松蓟马属

Gnophothrips fuscus (Morgan) 松蓟马 pine thrips

Gnophothrips piniphilus Crawford 见 *Gnophothrips fuscus*

Gnorimogramma acuminatum Lin 尖棒显纹赤眼蜂

Gnorimogramma aduncatum Lin 钩爪显纹赤眼蜂

Gnorimogramma De Santis 显纹赤眼蜂属

Gnorimogramma oviclavatum Lin 卵棒显纹赤眼蜂

Gnorimoschema Busck 黑显麦蛾属

Gnorimoschema artemisiella (Treits.) 麝香草黑显麦蛾 thyme moth

Gnorimoschema glochinella (Zeller) 见 *Keiferia inconspicuella*

Gnorimoschema gudmanella Walsingham 食花黑显麦蛾

Gnorimoschema operculella (Zeller) 见 *Phthorimaea operculella*

Gnorimus Serville 格斑金龟属

Gnorimus nobilis (Linnaeus) 名格斑金龟

Gnorimus pictus Moser 染格斑金龟(图案格斑金龟)

Gnorimus subopacus Motschulsky 暗格斑金龟(褐翅格斑金龟)

Gnorismoneura violascens Meyrick 峨眉卷蛾

Gnostidae 锤角蚁甲科 ant loving beetles

Gnus Rubtzov 吉纳属

Gnus *decimatum* (Dorogostajskij *et* Rubzov) 荒林吉蚋

Gobaishia Matsumura 拟四脉绵蚜属

Gobaishia akinire Sasaki 阿拟四脉绵蚜 ulmus woolly aphid

Gobaishia japonica Matsumura 榆瘿拟四脉绵蚜 Japanese ulmus gall aphid

Gobaishia nirecola Matsumura 榆拟四脉绵蚜 elm gall aphid

Gobaishia ulmifusus Walsh *et* Riley 榆红瘿拟四脉绵蚜

red elm gall aphid

Goedartia Boie 长孔姬蜂属

Goedartia pallidipes (Uchida) 白足长孔姬蜂

Goenycta Hampson 句夜蛾属

Goenycta niveiguttata (Hampson) 句夜蛾·

Goera altofissura Hwang 华贵瘤石蛾

Goera calvifera Schmid 具棒瘤石蛾

Goera crossata Schmid 粗瘤石蛾

Goera fissa Ulmer 裂背瘤石蛾

Goera martynowi Ulmer 马氏瘤石蛾

Goera quadripunctata Schmid 四点瘤石蛾

Goeridae 瘤石蛾科

Goerodes arcuata (Hwang) 弯茎条鳞石蛾

Goerodes flava (Ulmer) 黄纹条鳞石蛾

Goerodes propriopalpa (Hwang) 孟顺条鳞石蛾

Goes LeC. 戈天牛属

Goes dibilis LeC. 栎枝瘿肿戈天牛 oak branch borer

Goes pulcher (Hald.) 山核桃戈天牛 living-hickory borer

Goes pulverulentus (Haldeman) 山毛榉戈天牛 living-beech borer

Goes tesselatus (Hald.) 幼栎戈天牛 oak sapling borer

Goes tigrinus (DeG.) 白栎戈天牛 white oak borer, white oak longicorn beetle

Gohieria Oudemans 脊足螨属

Gohieria fusca (Oudemans) 棕脊足螨

Goliathopsis Janson 角花金龟属

Goliathopsis velutinus Pouillaude 绒角花金龟

Golsinda basicornis Gahan 圆尾长臂象天牛

Golsinda corallina Thomson 长臂象天牛

Gomesius Distant 羽突蚊猎蝽属

Gomesius hesione (Kirkaldy) 羽突蚊猎蝽

Gomphidae 春蜓科(箭蜓科) gomphid dragonflies

Gomphidia Selys 小叶春蜓属(小叶箭蜓属)

Gomphidia confluens Selys 联纹小叶春蜓(棒腹小叶箭蜓)

Gomphidia kelloggi Needham 克氏小叶春蜓

Gomphidia kruegeri fukienensis Chao 并纹小叶春蜓福建亚种

Gomphidia kruegeri kruegeri Martin 并纹小叶春蜓指名亚种

Gomphinae 春蜓亚科

Gomphoceridae 槌角蝗科

Gomphocerippus Rob. 拟棒角蝗属

Gomphocerippus rufus (L.) 红拟棒角蝗

Gomphoceroides Zheng *et al.* 拟槌角蝗属

Gomphoceroides xinjiangensis Zheng *et al.* 新疆拟槌角蝗

Gomphocerus Thunb. 大足蝗属

Gomphocerus licenti (Chang) 李氏大足蝗

Gomphocerus sibiricus (L.) 西伯利亚蝗

Gomphocerus tibetanus (Uv.) 西藏大足蝗

Gomphocerus turkestanicus Mistshenko 新疆西伯利亚蝗

Gomphomastacinae 棒角蝗亚科

Gomphus amicus Needham 宽板春蜓

Gomphus clathratus Needham 三斑春蜓

Gomphus cuneatus Needham 角突春蜓

Gomphus endicotti Needham 棒腹春蜓

Gomphus pacificus Chao 黑唇春蜓

Gomphus septimus Needham 凹缘春蜓

Gonatium Menge 戈那蛛属

Gonatium japonicum Simon 日本戈那蛛

Gonatocerus Nees 柄翅小蜂属

Gonatocerus longicrus Kieffer 叶蝉柄翅小蜂

Gonepteryx Leach 钩粉蝶属

Gonepteryx amintha Blanchard 圆翅钩粉蝶

Gonepteryx mahaguru Gistel 尖钩粉蝶

Gonepteryx maxima Butler 巨型钩粉蝶

Gonepteryx rhamni (Linnaeus) 钩粉蝶

Gonerda breteaudiaui Oberthür 紫曲纹灯蛾

Gonerilia Shirôzu *et* Yamamoto 工灰蝶属

Gonerilia seraphim (Oberthür) 天使工灰蝶

Gonerilia thespis (Leech) 银线工灰蝶

Gongylus Thunberg 圆头螳属

Gongylus gongylodes (L.) 圆头螳

Gongylus trachelophyllus Burmeister 厚叶圆头螳

Gonia Meigen 膝芒寄蝇属

Gonia bimaculata Wiedemann 双斑膝芒寄蝇

Gonia capitata Degeer 调额膝芒寄蝇

Gonia chinensis Wiedemann 夜蛾膝芒寄蝇

Gonia klapperichi (Mesnil) 黄毛膝芒寄蝇

Gonia picea Robineau-Desvoidy 云杉膝芒寄蝇

Gonia ussuriensis Rohdendorf 乌苏里膝芒寄蝇

Gonia vacua Meigen 白霜膝芒寄蝇

Goniagnathus Fieber 刻纹叶蝉属

Goniagnathus punctifer (Walker) 刻纹叶蝉

Goniinae 膝芒寄蝇亚科

Gonimbrasia tyrrhea Cramer 见 *Angelica tyrrhea*

Goniocraspidum Hampson 锯翅夜蛾属

Goniocraspidum ennomoides Hampson 锯翅夜蛾

Gonioctena Chevrolat 角胫叶甲属

Gonioctena altimontana Chen *et* Wang 高山角胫叶甲

Gonioctena flavipennis (Jacoby) 黄鞘角胫叶甲

Gonioctena flexuosa (Baly) 曲带角胫叶甲

Gonioctena fulva (Motschulsky) 黑盾角胫叶甲

Gonioctena japonica Chûj *et* Kimoto 日本十星角胫叶甲

Gonioctena notmani (Schäffer) 诺氏角胫叶甲

Gonioctena rubripennis Baly 黑钩角胫叶甲

Gonioctena subgeminata (Chen) 十一斑角胫叶甲

Gonioctena tredecimmaculata (Jacoby) 十三斑角胫叶甲

Goniodes graecus Liu 大石鸡圆鸟虱

Goniogryllus Chopard 哑蟋属

Goniogryllus asperopunctatus Wu *et* Wang 粗点哑蟋

Goniogryllus atripalpulus Chen *et* Zheng 黑须哑蟋

Goniogryllus bistriatus Wu *et* Wang 双纹哑蟋

Goniogryllus bomicus Wu *et* Wang 波密哑蟋

Goniogryllus chongqingensis Chen *et* Zheng 重庆哑蟋

Goniogryllus emeicus Wu *et* Wang 峨眉哑蟋

Goniogryllus glaber Wu *et* Wang 光亮哑蟋

Goniogryllus lushanensis Chen *et* Zheng 庐山哑蟋

Goniogryllus octospinatus Chen *et* Zheng 八刺哑蟋

Goniogryllus ovalatus Chen *et* Zheng 卵翅哑蟋

Goniogryllus potanini B.-Bienko 藏蜀哑蟋

Goniogryllus pubescens Wu *et* Wang 多毛哑蟋

Goniogryllus punctatus Chopard 刻点哑蟋

Goniophyto Townsend 沼野蝇属

Goniophyto formosensis Towndend 台湾沼野蝇

Goniophyto honshuensis Rohdendorf 本州沼野蝇

Goniopteroloba Hampson 怪叶尺蛾属

Goniopteroloba zalska (Swinhoe) 怪叶尺蛾

Goniorhynchus Hampson 犁角野螟属

Goniorhynchus butyrosa Butler 黑缘犁角野螟

Goniorhynchus marginalis Warren 黄犁角野螟

Goniozus Förster 棱角肿腿蜂属

Goniozus japonicus Ashmead 日本棱角肿腿蜂

Goniozus sinicus Xiao *et* Wu 中华棱角肿腿蜂

Gonipterus gibberus Boisduval 桉嫩梢岗象

Gonipterus scutellatus Gyllenhal 桉叶岗象 eucalyptus snout beetle

Gonista Bol. 夏蝗属

Gonista bicolor (Haan) 二色夏蝗

Gonista chayuensis Yin 察隅夏蝗

Gonista chinensis Will. 中华夏蝗

Gonista damingshanus Li *et al.* 大明山夏蝗

Gonista yunnana Zheng 云南夏蝗

Gonocephalum Sol. 土潜属

Gonocephalum acutangulum Fairmaire 尖角土潜 false wireworm

Gonocephalum bilineatum Walker 二纹土潜(二纹拟地甲)

Gonocephalum depressum Fabricius 扁土潜

Gonocephalum planatum Walker 柔土潜

Gonocephalum pubens Mars. 毛土潜

Gonocephalum pubiferum Reitt. 多毛土潜

Gonocephalum reticulatum Motsch. 蒙古沙潜

Gonocephalum turchenstanicum Grid. 突厥土潜

Gonocerus Latreille 岗缘蝽属

Gonocerus lictor Horváth 扁角岗缘蝽

Gonocerus longicornis Hsiao 长角岗缘蝽

Gonocerus yunnanensis Hsiao 云南岗缘蝽

Gonoclostera Butler 角翅舟蛾属

Gonoclostera timonides (Bermer) 角翅舟蛾

Gonodontis arida Butler 茶斜条尺蛾 obliquelined tea geometrid

Gonodontis bidentata Clerk 齿缘四点尺蛾 dark serratemargined geometrid

Gonodontis clelia Cramer 水团花尺蛾

Gonometa drucei Bethune-Baker 黑荆树吉枯叶蛾

Gonometa podocarpi Aurivillius 展叶松吉枯叶蛾

Gonophora pulchella Gestro 丽斑脊甲

Gonopsimorpha Yang 拟谷蟓属

Gonopsimorpha ferruginea Yang 拟谷蟓

Gonopsimorpha nigrosignata Yang 黑角拟谷蟓

Gonopsis Amyot et Serville 谷蟓属

Gonopsis affinis (Uhler) 谷蟓(虾色蟓)

Gonopsis coccinea (Walker) 红谷蟓(勐遮蟓)

Gonopsis rubescens Distant 平角谷蟓

Gonypeta Saussure 角跳螳属

Gonypeta brunneri Giglio-Tos 布氏角跳螳

Gonypeta punctata Saussure 斑点角跳螳

Gorpis Stål 高姬蟓属

Gorpis denticollis Hsiao 齿高姬蟓

Gorpis japonicus Kerzhner 日本高姬蟓

Gorpis liniolipes Hsiao 纹足高姬蟓

Gorpis longispinis Harris 长刺高姬蟓

Gorpis minor Hsiao 小高姬蟓

Gorpis yunnanus Hsiao 云南高姬蟓

Gortyna Ochsenheimer 健角剑夜蛾属

Gortyna basalipuctata Graeser 基点健角剑夜蛾

Gortyna fortis (Butler) 健角剑夜蛾 burdock worm

Goryphus Holmgren 驼姬蜂属

Goryphus basilaris Holmgren 横带驼姬蜂

Goryphus mesoxanthus mesoxanthus (Brulle) 黄盾驼姬蜂指名亚种

Goryphus nursei (Cameron) 金刚钻驼姬蜂

Gorytes Latreille 滑胸泥蜂属

Gorytes albidulus (Lepeletier) 白带滑胸泥蜂

Gorytes fallax Handlirsch 拟形滑胸泥蜂

Gorytes quinquecinctus (Fabricius) 五带滑胸泥蜂

Gorytes rogenhoferi (Handlirsch) 黑唇瘤滑胸泥蜂

Gorytidae 滑胸泥蜂科

Gossyaria spuria (Modeer) 见 *Eriococcus spurius*

Gossyparia Signoret 裸毡蚧属

Gossyparia gramuntii (Planchon) 见 *Gossyparia spuria*

Gossyparia salicicola Borchs. 柳树裸毡蚧

Gossyparia spuria (Modeer) 见 *Eriococcus spurius*

Gossyparia spuria Tang 见 *Eriococcus ulmarius*

Gossyparia ulmi (L.) 见 *Gossyparia spuria*

Gossypariella Borchs. 毛毡蚧属

Gossypariella phyllanthi (Ferris) 印度毛毡蚧

Gossypariella siamensis (Tak.) 暹罗毛毡蚧

Gossypasia salicicola Tang 见 *Eriococcus salicis*

Gotra Cameron 脊额姬蜂属

Gotra marginata (Brulle) 缘斑脊额姬蜂

Gotra octocincta (Ashmead) 花胸姬蜂

Gottholdsteineria Andrássy 戈托斯坦纳线虫属

Gottholdsteineria goodeyi (Loof et Oostenbrink) 古氏戈

托斯坦纳线虫

Gracilacus Raski 细小线虫属

Gracilacus abietis (Eroshenko) 冷杉细小线虫

Gracilacus acicula (Brown) 具刺细小线虫

Gracilacus aculenta (Brown) 针尾细小线虫

Gracilacus anceps (Cobb) 双头细小线虫

Gracilacus aonli (Misra et Edward) 奥尔细小线虫

Gracilacus bilineata Brzeski 双纹细小线虫

Gracilacus brasiliensis Huang et Raski 巴西利亚细小线虫

Gracilacus colina Huang et Raski 科林细小线虫

Gracilacus costata Raski 具肋细小线虫

Gracilacus crenata (Corbett) 刻痕细小线虫

Gracilacus elongata Abdel-Rahman et Maggenti 移去细小线虫

Gracilacus enata Raski 派生细小线虫

Gracilacus goodeyi (Oostenbrink) 古氏细小线虫

Gracilacus hamicaudata Cid del Prado Vera et Maggenti 钩尾细小线虫

Gracilacus ivorensis (Luc et de Guiran) 象牙海岸细小线虫

Gracilacus janai Baqri 简细小线虫

Gracilacus latescens Raski 隐细小线虫

Gracilacus longilabiata Huang et Raski 长唇细小线虫

Gracilacus longistylosa (Dementeva) 长针细小线虫

Gracilacus macrodora (Brzeski) 大囊细小线虫

Gracilacus marylandica (Jenkins) 马里兰细小线虫

Gracilacus micoletzkyi (Edward, Misra et Singh) 米氏细小线虫

Gracilacus musae Shahina et Maqbool 芭蕉细小线虫

Gracilacus mutabilis (Colbran) 可变细小线虫

Gracilacus oostenbrinki (Misra et Edward) 奥氏细小线虫

Gracilacus oryzae Sharma et al. 水稻细小线虫

Gracilacus pandata Raski 弯曲细小线虫

Gracilacus parvula Raski 小细小线虫

Gracilacus punctata Huang et Raski 刻点细小线虫

Gracilacus raskii Phukan Bamboosa 拉氏细小线虫

Gracilacus robusta (Wu) 强壮细小线虫

Gracilacus sarissus (Tarjan) 小帚细小线虫

Gracilacus solivage Raski 孤独细小线虫

Gracilacus steineri (Golden) 斯氏细小线虫

Gracilacus straeleni (de Conink) 斯特林细小线虫

Gracilacus teres Raski 精美细小线虫

Gracilacus yokooi Toida, Ohshima et Hirata 横尾细小线虫

Gracilancea Siddiqi 细矛线虫属

Gracilancea graciloides (Micoletzky) 拟纤细细矛线虫

Gracilia minuta F. 微小天牛

Gracillaria Haworth 细蛾属

Gracillaria alchimiella Scopoli 见 *Caloptilia alchimiella*

Gracillaria arsenivi (Ermolaev) 白蜡细蛾

Gracillaria azaleella Brants 杜鹃细蛾 azalea leaf-miner

Gracillaria betulicola Hering 见 *Caloptilia betulicola*

Gracillaria coffeifoliella Motschulsky 樟细蛾

Gracillaria cuculipennella (Hübner) 凤仙花细蛾 privet leafminer

Gracillaria elongella Linnaeus 见 *Caloptilia elongella*

Gracillaria falconipenella Hübner 见 *Caloptilia falconipenella*

Gracillaria hemidactyla Fabricius 见 *Caloptilia hemidactyla*

Gracillaria negundella Chambers 见 *Caloptilia negundella*

Gracillaria populetorum Zeller 见 *Caloptilia populetorum*

Gracillaria sassafrasella Chamb. 檫木细蛾 sassafras leaf miner

Gracillaria semifascia Haworth 见 *Caloptilia semifascia*

Gracillaria sojella V.Dev. 大豆细蛾 soybean leafminer

Gracillaria stigmatella Fabricius 见 *Caloptilia stigmatella*

Gracillaria sulphurella Haworth 见 *Caloptilia sulphurella*

Gracillaria syringella Fabricius 见 *Caloptilia syringella*

Gracillaria theivora Walshingham 茶细蛾 tea leafminer

Gracillariidae 细蛾科 leafblotch miners, leaf miners

Grallacheles bakeri De Leon 贝氏高螯螨

Grallacheles De Leon 高螯螨属

Graminella nigrifrons (Forbes) 黑面叶蝉 blackfaced leafhopper

Graminothrips Zhang *et* Tong 草蓟马属

Graminothrips cyperi Zhang *et* Tong 莎草蓟马

Graminothrips longisetosus Zhang *et* Tong 长鬃草蓟马

Grammia quenseli (Paykull) 白脉灯蛾

Grammodes geometrica (Fabricius) 中带三角夜蛾

Grammodes stolida (Fabricius) 曲线三角夜蛾

Grammoechus assamensis Breuning 直条天牛

Grandjeanella Feider *et* Vasiliu 格赤螨属

Granida albosparsa Moser 白竿白条鳃金龟

Graphania insignis Walker 落叶松苗夜蛾

Graphania mutans Walker 黄杉松苗夜蛾

Graphania ustistriga Walker 辐射松苗夜蛾

Graphiphora Ochsenheimer 割夜蛾属

Graphiphora augur (Fabricius) 割夜蛾

Graphium Scopoli 青凤蝶属(樟凤蝶属)

Graphium agamemnon (Linnaeus) 统帅青凤蝶(短尾樟凤蝶)

Graphium chironides (Honrath) 碎斑青凤蝶

Graphium cloanthus (Westwood) 宽带青凤蝶

Graphium doson (Felder *et* Felder) 木兰青凤蝶(麻斑樟凤蝶)

Graphium eurypylus (Linnaeus) 银钩青凤蝶

Graphium leechi (Rothschild) 黎氏青凤蝶

Graphium marcellus Cramer 巴婆青凤蝶 zebra swallowtail

Graphium sarpedon (Linnaeus) 青凤蝶(樟凤蝶)

Graphocephala coccinea (Forst.) 杜鹃大叶蝉 rhododendron hopper

Graphocephala Van Duzee 雕叶蝉属

Graphognathus leucoloma (Boheman) 白缘象 white-fringed weevil

Grapholitha Treitschke 小食心虫属

Grapholitha delineana Walker 麻小食心虫 hemp moth

Grapholitha funebrana Treitschke 李小食心虫 plum fruit moth

Grapholitha inopinata Heinrich 苹小食心虫 apple fruit moth

Grapholitha interstinctana (Clemens) 苜蓿小食心虫 clover head caterpillar

Grapholitha jungiella L. 豌豆小食心虫

Grapholitha molesta (Busck) 梨小食心虫 oriental fruit moth

Grapholitha orobana Treitschke 豆小食心虫

Grapholitha packardi Zeller 樱小食心虫 cherry fruitworm

Grapholitha prunivora (Walsh) 杏小食心虫 lesser appleworm

Graphomya Robineau-Desvoidy 纹蝇属

Graphomya maculata (Scopoli) 斑纹蝇

Graphomya maculata tienmushanensis Ouchi 天目斑纹蝇

Graphomya paucimaculata Ouchi 疏斑纹蝇

Graphomya rufitibia Stein 绯胫纹蝇

Graphosoma Laporte 条蝽属

Graphosoma italicum Müller 意条蝽

Graphosoma rubrolineata (Westwood) 赤条蝽

Graptomyza Wiedemann 缺伪蚜蝇属

Graptomyza arisana Shiraki 阿里山缺伪蚜蝇

Graptomyza brevirostris Wiedemann 短角缺伪蚜蝇

Graptomyza cynocephala Kertesz 犬头缺伪蚜蝇

Graptomyza dentata Kertesz 具齿缺伪蚜蝇

Graptomyza dolichocera kertesz 长角缺伪蚜蝇

Graptomyza fascipennis Sack 带翅缺伪蚜蝇

Graptomyza formosana Shiraki 台湾缺伪蚜蝇

Graptomyza longirostris Wiedemann 长喙缺伪蚜蝇

Graptomyza longqishanica Huang *et* Cheng 龙栖山缺伪蚜蝇

Graptomyza multiseta Huang *et* Cheng 多鬃缺伪蚜蝇

Graptomyza nigipes Brunetti 黑足缺伪蚜蝇

Graptomyza nitobei Shiraki 亮斑缺伪蚜蝇

Graptomyza obtusa Kertesz 笨斑缺伪蚜蝇

Graptomyza periaurantaca Huang *et* Cheng 橘缘缺伪蚜蝇

Graptomyza yangi Huang *et* Cheng 杨氏缺伪蚜蝇

Graptopeltus albomaculatus Scott 白斑长蝽

Graptopeltus japonicus Stål 日本长蝽

Graptopsaltria Stål 鸣蜩属

Graptopsaltria colorata Stål 梨鸣蜩

Graptopsaltria nigrofuscata Motschulsky 大褐蜩

Graptopsaltria tienta Karsch 滨鸣蜩

Graptostethus Stål 红腺长蝽属

Graptostethus incertus (Walker) 橘红腺长蝽

Graptostethus quadrisignatus (Distant) 角红腺长蝽

Graptostethus servus (Fabricius) 黑带红腺长蝽

Grassomyia Theodor 格蛉属

Grassomyia indica Theodor 印地格蛉

Gravenhorstiinae 格姬蜂亚科

Gravitarmata Obraztsov 松球果小卷蛾属

Gravitarmata margarotana (Heinemann) 油松球果小卷蛾

Gravitarmata retiferana Wock 见 *Gravitarmata margarotana*

Greenaspis MacGillivray 丝盾蚧属

Greenaspis arundinariae (Green) 小竹丝盾蚧

Greenaspis bambusifoliae (Takahashi) 毛竹丝盾蚧

Greenaspis chekiangenisis Tang 浙江丝盾蚧

Greenaspis decurvata (Green) 印度丝盾蚧

Greenaspis divergens (Green) 见 *Duplachinaspis divergens*

Greenaspis elongata (Green) 长丝盾蚧

Greenaspis gejiuensis Tang 固旧丝盾蚧

Greenaspis yunnanensis Ferris 云南丝盾蚧

Greenidea Schouteden 毛管蚜属

Greenidea formosana (Maki) 台湾毛管蚜

Greenidea guangzhouensis Zhang 广州毛管蚜

Greenidea hangnigri Zhang 杭黑毛管蚜

Greenidea kunmingensis Zhang 昆明毛管蚜

Greenidea kuwanai Pergande 栗毛管蚜 giant hairy aphid

Greenidea mangiferae Takahashi 杧果黄毛管蚜

Greenidea nipponica Suenaga 日本毛管蚜 Nippon hairy aphid

Greenidea okajimai Suenaga 米槠毛管蚜 Okajima hairy aphid

Greenideidae 毛管蚜科

Greeniella Cockerell 见 *Decoraspis* Ferris

Greeniella fimbriata (Ferris) 见 *Decoraspis fimbriata*

Greeniella lahoarei (Takahashi) 见 *Decoraspis lahoarei*

Greeniella rarasana Takahashi 见 *Decoraspis rarasana*

Greenisca Borchs. 瓣毡蚧属

Greenisca brachypodii Borchs. *et* Danzig 短柄草毡蚧 falsebrome felt scale

Greenisca glyceriae (Green) 见 *Kaweckia glyceriae*

Greenisca goux (Balachowsky) 高氏瓣毡蚧 Balachowsky's felt scale

Greenisca orientalis Borchs. 见 *Kaweckia orientalis*

Greenisca placida (Green) 英国瓣毡蚧 smooth felt scale

Greenisca rubra Matesova 见 *Neokaweckia rubra*

Gregopimpla himalayensis (Cameron) 见 *Iseropus himalayensis*

Gregopimpla kuwanae (Viereck) 见 *Iseropus kuwanae*

Gregoporia Danzig 品毡蚧属

Gregoporia distincta Danzig 欧洲品毡蚧

Gregoporia istriensis Kozar 南国品毡蚧

Gressittia Philip *et* Mackerra 格虻属

Gressittia birumis Philip *et* Mackerras 黑棕腹格虻

Gretchena Heinrich 核桃小卷蛾属

Gretchena bolliana (Slingerland) 山核桃小卷蛾 pecan bud moth

Griselda radicana (Heinrich) 云杉尖小卷蛾 spruce tip-moth

Gryllacrididae 蟋螽科 cave and camel crickets

Gryllacridoidea 蟋螽总科 crickets

Gryllidae 蟋蟀科 crickets

Grylloblattidae 蛩蠊科

Grylloblattodea 蛩蠊目

Gryllodes Saussure 灶马蟋属

Gryllodes sigillatus (Walker) 灶马蟋 Indian house cricket

Gryllomorphinae 秃蟀亚科

Gryllotalpa Latreille 蝼蛄属

Gryllotalpa africana Palisot de Beavois 见 *Gryllotalpa orientalis*

Gryllotalpa formosana Shiraki 台湾蝼蛄 Taiwan mole cricket

Gryllotalpa gryllotalpa (L.) 欧洲蝼蛄 European mole cricket

Gryllotalpa hexadactyla Perty 北方蝼蛄 northern mole cricket

Gryllotalpa hirsuta Burmeister 多毛蝼蛄 hairy mole cricket

Gryllotalpa nitidula Serville 露尾蝼蛄

Gryllotalpa orientalis Burmeister 东方蝼蛄

Gryllotalpa unispina Saussure 华北蝼蛄(大蝼蛄,蒙古蝼蛄) Mongolia mole cricket, giant mole cricket

Gryllotalpidae 蝼蛄科 mole crickets

Gryllulus domesticus Linnaeus 见 *Acheta domestica*

Gryllus Latreille 蟋蟀属 field crickets

Gryllus assimilis Fabricius 黑田蟋 black field cricket

Gryllus bimaculatus De Geer 双斑大蟋(双斑蟋) two-spotted cricket

Gryllus campestris L. 田蟋 field cricket

Gryllus chinensis Weber 中华蟋 Chinese cricket

Gryllus desertus Pallas 草原蟀 desert cricket

Gryllus domesticus (L.) 家蟋 house cricket

Gryllus emma Ohmachi 日本园蟋 Japanese garden cricket

Gryllus gracilipes Saussure 可可蟋 brownish black field cricket

Gryllus mitratus Burmeister 台湾油葫芦
Gryllus pennsylvanicus Burmeister 北方田蟋 northern field cricket
Gryllus posticus Walker 露斑蟋
Gryllus servillei Saussure 见 *Teleogryllus commodus*
Gryllus testaceus Walker 油葫芦 field cricket
Grypocephalus Hsiao 钩缘蝽属
Grypocephalus pallipectus Hsiao 钩缘蝽
Grypoceramerus Suzuki *et* Aoki 高鼻甲螨属
Gryptothelea 茶袋蛾属
Gryptothelea minuscula Butler 茶袋蛾 tea bagworm
Guanolichidae 蝠粪螨科
Gueriniella Fernald 盖绵蚧属
Gueriniella decorata Borch. 见 *Gueriniella serratulae*
Gueriniella serratulae (Fab.) 欧洲盖绵蚧
Gularostria 胸缘亚目
Gunda Walker 垂耳蚕蛾属
Gunda javanica Moore 见 *Norusuma javanica*
Gunda sikma Moore 垂耳蚕蛾
Guntheria Womersley 甘氏恙螨属
Gunungidia Young 突缘叶蝉属
Gunungidia albata Zhang *et* Kuoh 白翅突缘叶蝉
Gunungidia aurantiifasciata (Jacobi) 突缘叶蝉
Gunungidia rubescens Zhang *et* Kuoh 红颜突缘叶蝉
Gunungidia rubiginosa Zhang *et* Kuoh 锈面突缘叶蝉
Gurelca Kirby 锤天蛾属
Gurelca himachala (Butler) 喜马锤天蛾
Gurelca hyas (Walker) 团角锤天蛾
Gurelca masuriensis sangaica (Butler) 三角锤天蛾
Gurteria 古特赤螨属
Gustavia Kramer 剑甲螨属
Gustavia microcephala (Nicolet) 小头剑甲螨
Gustaviidae 剑甲螨科
Gyarancita rondoni Breuning 窝点天牛
Gyaritodes laosensis Breuning 老挝短节基天牛
Gyaritus auratus Breuning 黄带基天牛
Gymnadichosia VIlleneure 裸变丽蝇属
Gymnadichosia pusilla Villeneuve 黄足裸变丽蝇
Gymnaspis Newstead 囚片盾蚧属
Gymnaspis aechmeae Newst. 风梨囚片盾蚧
Gymnaspis rarasana (Takahashi) 见 *Decoraspis rarasana*
Gymnochaeta goniata Chao 钩肛亮寄蝇
Gymnochaeta magna Zimin 马格亮寄蝇
Gymnochaeta mesnili Zimin 莫亮寄蝇
Gymnochaeta porphyrophora Zimin 棒须亮寄蝇
Gymnochaeta viridis Fallén 绿色亮寄蝇
Gymnococcus Douglas 露毡蚧属
Gymnococcus agavium (Douglas) 龙舌兰露毡蚧
Gymnodamaeidae 裸珠甲螨科
Gymnogryllus erythrocephalus Serville 红头裸蟋
Gymnogryllus humeralis Walker 木麻黄裸蟋
Gymnogryllus lucens Walker 三鳞茎皮裸蟋
Gymnogryllus lucens Walker 非洲梧桐蟋
Gymnolaelaps Berlese 裸厉螨属
Gymnolaelaps myrmophila (Michael) 喜蚁裸厉螨
Gymnopais 九节蚋属
Gymnopinae 裸水蝇亚科
Gymnopleurus brahminus Waterhouse 疣背变翅金龟(疣侧裸蜣螂)
Gymnopleurus melanarius Harold 黑侧裸蜣螂
Gymnopleurus mopsus (Pallas) 墨侧裸蜣螂
Gymnopleurus sinuatus Olivier 翘侧裸蜣螂
Gymnoscelis Mabille 勒尺蛾属
Gymnoscelis tristrigosa (Butler) 猫脸勒尺蛾
Gynacantha bayadera Selys 工纹长尾蜓
Gynacantha subinterrupta Rambur 细腰长尾蜓
Gynaephora Hübner 草毒蛾属
Gynaephora alpherakii (Grum-Grschimailo) 黄斑草毒蛾(草原毛虫)
Gynaephora aureata Chou *et* Yin 金黄草毒蛾(金黄草原毛虫)
Gynaephora minora Chou *et* Yin小草毒蛾(小草原毛虫)
Gynaephora pluto Leech 见 *Pantana pluto*
Gynaephora qinghaiensis Chou *et* Yin 青海草毒蛾(青海草原毛虫)
Gynaephora recens Hübner 见 *Orgyia gonostigma*
Gynaephora ruoergensis Chou *et* Yin 若尔盖草毒蛾(若尔盖草原毛虫)
Gynaikothrips Zimmerman 雌蓟马属
Gynaikothrips chavicae Zimmermann 胡椒黑雌蓟马 pepper black gall-forming thrips
Gynaikothrips crassipes Karny 胡椒褐雌蓟马 pepper brown gall-forming thrips
Gynaikothrips ficorum (Marchal) 古巴月桂雌蓟马 Cuban laurel thrips
Gynaikothrips karnyi Bagnall 胡椒管雌蓟马 pepper thrips
Gynaikothrips uzeli Zimmerman 榕点瘿雌蓟马(榕树蓟马)
Gynanisa maia Klug 南非大蚕蛾
Gynautocera papilionaria Guèrin 闺锦斑蛾
Gyponidae 扁叶蝉科(乌叶蝉科)
Gyponinae 扁叶蝉亚科
Gypsonoma Meyrick 柳小卷蛾属
Gypsonoma aceriana Duponchel 杨梢叶柳小卷蛾 poplar cloaked bell moth
Gypsonoma bifasciata Kuznetzov 双带柳小卷蛾 willow eucosmid
Gypsonoma dealbana Frölich 白柳小卷蛾 neglected cloak bell moth
Gypsonoma haimbachiana (Kft.) 白杨柳小卷蛾 cottonwood twig borer
Gypsonoma minutana Hübner 杨叶柳小卷蛾 brindled

marbled bell moth
Gypsonoma riparia Meyrick 西巴杨叶柳小卷蛾
Gypsonoma sociana (Haworth) 青柳小卷蛾
Gyrinidae 鼓甲科 whirligig beetles, surface swimmers
Gyrinoidea 鼓甲总科
Gyrinus L. 鼓甲属
Gyrinus natator L. 黄足鼓甲
Gyrocaria Timberlake 圆瓢虫属
Gyrocaria chinensis (Weise) 粗网圆瓢虫

Gyrocaria sexareata Mulsant 细网圆瓢虫
Gyrodonta concaba (Uchida) 凹圆龄姬蜂
Gyrohypnus sichuanensis Zheng 四川瓣隐翅虫
Gyroneuron testaceator Watanabe 褐黄圆脉茧蜂
Gyropidae 鼠羽虱科(鼠鸟虱科) rodent chewing lica, biting guineapig lice
Gyropus Nitzsch 鼠羽虱属
Gyropus ovalis Burmeister 圆鼠羽虱 oval guineapig louse

H

Habrissus Pascoe 毛角长角象属
Habrobracon hebetor (Say) 麦蛾茧蜂
Habrobracon pectinophorae Watanabe 红铃虫柔茧蜂
Habrocerinae 红角隐翅虫亚科
Habrochila Horváth 明网蝽属
Habrochila chinensis Drake 明网蝽
Habrochila ghesquierel Schout. 咖啡明网蝽 coffee lacebug
Habrochila placida Horv. 咖啡褐明网蝽 coffee lacebug
Habrocnemis Uvarov 丽足蝗属
Habrocnemis sinensis Uv. 中华丽足蝗
Habrocytus Thomson 哈金小蜂属
Habrocytus astragali Liao 黄芪种子金小蜂
Habrocytus cerealellae (Ashm.) 麦蛾金小蜂
Habrocytus milleri D. et V. 苜蓿鞘蛾金小蜂
Habrojoppa cyanea (Uchida) 青柔姬蜂
Habrolepis dalmani (Westw.) 巢菜蚜跳小蜂
Habrolepis rouxi Compere 圆蚧华丽跳小蜂
Habroloma elegantula (Saunders) 楔形角吉丁
Habroloma eximia Lewis 尖尾角吉丁
Habroloma lewisi Saunders 蓝翅角吉丁
Habronyx Förster 软姬蜂属
Habronyx heros (Wesmael) 松毛虫软姬蜂
Habronyx insidiator (Smith) 柞蚕软姬蜂
Habronyx majorocellus Wang 单眼樟蚕姬蜂
Habronyx pyretorus (Cameron) 樟蚕软姬蜂
Habronyx subinsidiator Wang 拟柞蚕软姬蜂
Habrophlebiodes Ulmer 柔裳蜉属
Habrophlebiodes gilliesi Peters 吉氏柔裳蜉
Habrophlebiodes zijinensis Gui et al. 紫金柔裳蜉
Habropoda Smith 回条蜂属
Habropoda sinensis (Alfken) 中华回条蜂
Habrosyne conscripta Warren 阔浩波纹蛾
Habrosyne derasa Linnaeus 浩波纹蛾
Habrosyne derasoides Butler 草莓波纹蛾 strawberry cymatophorid
Habrosyne dieckmanni Graeser 带浩波纹蛾
Habrosynula argenteipuncta (Hampson) 银海波纹蛾
Hadena Schrank 盗夜蛾属

Hadena aberrens (Eversmann) 歧疏跗夜蛾
Hadena caesia (Denis et Schiffermüller) 见 *Sideridis caesia*
Hadena dissecta (Walker) 角网盗夜蛾 yellow-veined noctuid
Hadena eximia (Staudiger) 皎寡夜蛾
Hadena luteago (Denis et Schiffermüller) 见 *Polia luteago*
Hadena persparcata (Draudt) 褐绿迷夜蛾
Hadena pisi Linnaeus 豆叶盗夜蛾 broom brocade moth
Hadena rivularis (Fabricius) 唳迷夜蛾 carnation worm
Hadena speyeri Felder 非辐射松盗夜蛾
Hadena texturata (Alphéraky) 织网盗夜蛾
Hadeninae 粘虫亚科(盗夜蛾亚科)
Hadennia jutalis (Walker) 尤拟胸须夜蛾
Haderonia chinensis (Draudt) 中华遮夜蛾
Haderonia culta (Moore) 灰阴夜蛾
Haderonia khorgossi (Alphéraky) 柯阴夜蛾
Haderonia praecipua (Staudinger) 见 *Haderonia praecipua*
Haderonia tancrei (Graeser) 贪阴夜蛾
Haderonia turpis (Staudinger) 污阴夜蛾
Hadjina Staudinger 赫夜蛾属
Hadjina cupreipennis (Moore) 铜尾赫夜蛾
Hadjina pyroxantha (Hampson) 红黄赫夜蛾
Hadrobregmus quadrulus (LeConte) 美加干腐窃蠹 dryrot beetle
Hadrodactylus Förster 曲跗姬蜂属
Hadrodactylus orientalis Uchida 东方曲跗姬蜂
Hadronotus afanassievi Meyer 阿黑卵蜂
Hadula praecipua Staudinger 见 *Haderonia praecipua*
Hadzibejiliaspis Koteja 针茅蚧属
Hadzibejiliaspis stipae (Hadzibeyli) 苏联针茅蚧
Haeckeliania Girault 刺角赤眼蜂属
Haeckeliania longituba Lin 长管刺角赤眼蜂
Haeckeliania nigra Lin 黑色刺角赤眼蜂
Haedus Distant 刺肩网蝽属
Haedus vicarius Drake 刺肩网蝽
Haemaphysalis Koch 血蜱属

Haemaphysalis aborensis Warburton 阿波尔血蜱

Haemaphysalis anomaloceraea Teng 异角血蜱

Haemaphysalis aponommoides Warburton 长须血蜱

Haemaphysalis asiatica (Supino) 亚洲血蜱

Haemaphysalis bandicota Hoogstraal 板齿鼠血蜱

Haemaphysalis birmaniae Supino 缅甸血蜱

Haemaphysalis bispinosa Neumann 二棘血蜱

Haemaphysalis campanulata Warburton 铃头血蜱

Haemaphysalis canestrinii (Supino) 坎氏血蜱

Haemaphysalis concinna Koch 嗜群血蜱

Haemaphysalis cornigera Neumann 具角血蜱

Haemaphysalis cornigera taiwana Sugimoto 台湾角血蜱

Haemaphysalis danieli Cerny *et* Hoogstraal 丹氏血蜱

Haemaphysalis doenitzi Warburton *et* Nuttall 钝刺血蜱

Haemaphysalis erinacei Pavesi 短垫血蜱

Haemaphysalis flava Neumann 褐黄血蜱

Haemaphysalis formosensis Neumann 台湾血蜱

Haemaphysalis garhwalensis Dhanda *et* Bhat 加瓦尔血蜱

Haemaphysalis goral Hoogstraal 青羊血蜱

Haemaphysalis hystricis Supino 豪猪血蜱

Haemaphysalis inermis Birula 缺角血蜱

Haemaphysalis japonica Warburton 日本血蜱

Haemaphysalis kitaokai Hoogstraal 北岗血蜱

Haemaphysalis lagrangei Larrousse 拉氏血蜱

Haemaphysalis leporispalustris (Packard) 野兔血蜱 rabbit tick

Haemaphysalis longicornis Neumann 长角血蜱

Haemaphysalis mageshimaensis Saito *et* Hoogstraal 日岛血蜱

Haemaphysalis megaspinosa Saito 大刺血蜱

Haemaphysalis menglaensis Pang, Chen *et* Xiang 勐腊血蜱

Haemaphysalis montgomeryi Nuttall 猛突血蜱

Haemaphysalis moschisuga Teng 嗜麝血蜱

Haemaphysalis nepalensis Hoogstraal 尼泊尔血蜱

Haemaphysalis ornithophila Hoogstraal *et* Kohls 嗜鸟血蜱

Haemaphysalis phasiana Saito, Hoogstraal *et* Wassef 雉鸡血蜱

Haemaphysalis primitiva Teng 川原血蜱

Haemaphysalis punctata Canestrini *et* Fanzago 刻点血蜱

Haemaphysalis qinghaiensis Teng 青海血蜱

Haemaphysalis sinensis Zhang 中华血蜱

Haemaphysalis spinigera Neumann 距刺血蜱

Haemaphysalis sulcata Canestrini *et* Fanzago 有沟血蜱

Haemaphysalis tibetensis Hoogstraal 西藏血蜱

Haemaphysalis verticalis Itagaki, Noda *et* Yamaguchi 草原血蜱

Haemaphysalis vietnamensis Hoogstraal *et* Wilson 越南血蜱

Haemaphysalis warburtoni Nuttall 汶川血蜱

Haemaphysalis wellington Nuttall *et* Warburton 微型血蜱

Haemaphysalis xinjiangensis Teng 新疆血蜱

Haemaphysalis yeni Toumanoff 越原血蜱

Haematobia Le Petetier *et* Serville 角蝇属

Haematobia exigua de Meijere 东方角蝇 blood-sucking buffalo fly

Haematobia irritans (Linnaeus) 西方角蝇 horn fly

Haematobia minuta (Bezzi) 微小角蝇

Haematobia stimulans (Meigen) 见 *Haematobosca stimulans*

Haematobia titillans (Bezzi) 截脉角蝇

Haematobosca Bezzi 血喙蝇属

Haematobosca atripalpis (Bezzi) 长毛血喙蝇

Haematobosca perturbans (Bezzi) 骚血喙蝇

Haematobosca sanguinolenta (Austen) 血刺蝇

Haematobosca stimulans (Meigen) 刺扰血蝇(刺扰角蝇) cattle biting fly

Haematoloecha Stål 赤猎蝽属

Haematoloecha aberrens Hsiao 异赤猎蝽

Haematoloecha andersoni Distant 安赤猎蝽

Haematoloecha fokiensis Distant 福建赤猎蝽

Haematoloecha minor Hsiao 小赤猎蝽

Haematoloecha nigrorufa (Stål) 黑红猎蝽

Haematoloecha rubescens Distant 黑环赤猎蝽

Haematoloecha yunnana Hsiao *et* Ren 云南赤猎蝽

Haematomyzidae 象虱科

Haematomyzus Piaget 象虱属

Haematomyzus elephantis Piaget 象虱 elephant louse

Haematopinidae 血虱科 wrinkled sucking lice, blood drinkers, sucking lice

Haematopinoididae 拟血虱科 blood drinkers

Haematopinus Leach 血虱属

Haematopinus asini (L.) 驴血虱 horse sucking louse

Haematopinus eurysternus (Nitzsch) 牛血虱 shortnosed cattle louse

Haematopinus quadripertusus Fahrenholz 牛尾血虱 cattle tail louse

Haematopinus suis (L.) 猪血虱 hog louse

Haematopinus tuberculatus (Burmeister) 水牛血虱

Haematopota Meigen 麻虻属

Haematopota albalinea Xu *et* Liao 白线麻虻

Haematopota annandalei Ricardo 长角麻虻

Haematopota antennata (Shiraki) 触角麻虻

Haematopota assamensis Ricardo 阿萨姆麻虻

Haematopota atrata Szilady 白条麻虻

Haematopota brunnicornis Wang 棕角麻虻

Haematopota chekiangensis Ouchi 浙江麻虻

Haematopota chinensis Ouchi 中国麻虻

Haematopota cilipes Bigot 毛突麻虻

Haematopota crassicornis Wahl. 厚角麻虻 clegs

Haematopota degenensis Wang 德格麻虻

Haematopota desertorum Szilady 脱粉麻虻

Haematopota erlangshanensis Xu 二郎山麻虻

Haematopota formosana Shiraki 台湾麻虻

Haematopota fukienensis Stone *et* Philip 福建麻虻

Haematopota gregoryi Stone *et* Philip 格氏麻虻

Haematopota guacangshanensis Xu 括苍山麻虻

Haematopota hainani Stone *et* Philip 海南麻虻

Haematopota hanzhongensis Xu, Li *et* Yang 汉中麻虻

Haematopota irrorata sphaerocallus (Wang *et* Liu) 圆胛麻虻

Haematopota javana Wiedemann 爪哇麻虻

Haematopota kansuensis (Kröber) 甘肃麻虻

Haematopota koryoensis (Shiraki) 朝鲜麻虻

Haematopota lancangjiangensis Xu 澜沧江麻虻

Haematopota lineola (Philip) 直线麻虻

Haematopota lukiangensis (Liu *et* Wang) 怒江麻虻

Haematopota mangkamensis Wang 芒康麻虻

Haematopota mokanshanensis (Ouchi) 莫干山麻虻

Haematopota nepalensis Stone *et* Philip 尼泊尔麻虻

Haematopota nigriantenna Wang 黑角麻虻

Haematopota olsufjevi Liu 沃氏麻虻

Haematopota omeishanensis Xu 峨眉山麻虻

Haematopota pallens Löw 苍白麻虻(土灰麻虻)

Haematopota paratruncata (Wang *et* Liu) 副截形麻虻

Haematopota pekingensis (Liu) 北京麻虻

Haematopota philipi Chvala 菲麻虻

Haematopota picea Philip 沥青麻虻

Haematopota pilosifemura Xu 毛股麻虻

Haematopota pluvialis Linnaeus 高额麻虻

Haematopota pollinantenna Xu *et* Liao 粉角麻虻

Haematopota przewalskii Olsufjev 波氏麻虻

Haematopota pungens Doleschall 螯麻虻

Haematopota qionghaiensis Xu 邛海麻虻

Haematopota sinensis (Ricardo) 中华麻虻

Haematopota stackelbergi Olsufjev 史氏麻虻

Haematopota subcylindrica Pandelle 亚圆筒麻虻

Haematopota subirrorata Xu 亚露麻虻

Haematopota subturkestanica Wang 亚土耳其麻虻

Haematopota tamerlani Szilady 塔氏麻虻

Haematopota turkestanica (Kröber) 土耳其麻虻(土麻虻)

Haematopota ustulata (Kröber) 赤褐麻虻

Haematopota vexativa Xu 骚扰麻虻

Haematopota wuzhishanensis Xu 五指山麻虻

Haematopota yungani Stone *et* Philip 永安麻虻

Haematopota yunnanensis Stone *et* Philip 云南麻虻

Haematosiphon Champion 鸡臭虫属

Haematosiphon inodorus (Duges) 鸡臭虫 poultry bug

Haematoyzidae 象鸟虱科

Haemodipsus Enderlein 兔虱属

Haemodipsus ventricosus (Denny) 巨腹兔虱 rabbit louse

Haemogamasidae 血革螨科

Haemogamasinae 血革螨亚科

Haemogamasus Berlese 血革螨属

Haemogamasus ambulans (Thorell) 按步血革螨

Haemogamasus angustus Ma, Ye *et* Zhang 狭背血革螨

Haemogamasus bifurcatus Bibicova 二叉血革螨

Haemogamasus calandrellus Piao 沙百灵血革螨

Haemogamasus citelli Bregetova *et* Nelzina 黄鼠血革螨

Haemogamasus clethrionomydis Piao 䶄血革螨

Haemogamasus concavus Teng *et* Pan 凹胸血革螨

Haemogamasus cucurbitoides Wang *et* Pan 葫形血革螨

Haemogamasus daliensis Tian 大理血革螨

Haemogamasus dauricus Bregetova 达呼尔血革螨

Haemogamasus dorsalis Teng *et* Pan 背颖血革螨

Haemogamasus gui Tian 顾氏血革螨

Haemogamasus hodosi Buiakova *et* Goncharova 荷氏血革螨

Haemogamasus huangzhongensis Yang *et* Gu 湟中血革螨

Haemogamasus ivanovi Bregetova 伊氏血革螨

Haemogamasus kitanoi Asanuma 北野血革螨

Haemogamasus kusumotoi Asanuma 楠本血革螨

Haemogamasus liponyssoides Ewing 脂刺血革螨

Haemogamasus macrodentilis Piao *et* Ma 巨齿毛血革螨

Haemogamasus mandschuricus Vitzthum 东北血革螨

Haemogamasus monticola Wang *et* Li 山区血革螨

Haemogamasus nidi Michael 巢栖血革螨

Haemogamasus nidiformes Bregetova 巢仿血革螨

Haemogamasus oliviformis Teng *et* Pan 橄形血革螨

Haemogamasus paradauricus Teng *et* Pan 拟达呼尔血革螨

Haemogamasus pingi Chang 秉氏血革螨

Haemogamasus pontiger (Berlese) 拱胸血革螨

Haemogamasus qinghaiensis Yang *et* Gu 青海血革螨

Haemogamasus quadratus Teng *et* Pan 方形血革螨

Haemogamasus quadrisetatus Vitzthum 四毛血革螨

Haemogamasus serdjukovae Bregetova 赛氏血革螨

Haemogamasus submandschuricus Piao *et* Ma 拟东北血革螨

Haemogamasus szechwanensis Chang 四川血革螨

Haemogamasus tangkeensis Zhou 唐克血革螨

Haemogamasus trapezoideus Teng *et* Pan 梯形血革螨

Haemogamasus trifurcisetus Zhou *et* Jiang 三叉血革螨

Haemogamasus zachvatkini altaicus Zemskaja *et* Piontkovskaja 阿尔泰血革螨

Haemolaelaps Berlese 血厉螨属

Haemolaelaps androgynus Bregetova 阴阳血厉螨

Haemolaelaps angustiscutis Bregetova 狭盾血厉螨

Haemolaelaps anomalis Wang, Liao *et* Lin 异样血厉螨

Haemolaelaps boleensis Ye *et* Ma 博乐血厉螨

Haemolaelaps casalis (Berlese) 茅舍血厉螨

Haemolaelaps cehengensis Gu 册亨血厉螨

Haemolaelaps chinensis Wang 中华血厉螨

Haemolaelaps cordatus Teng *et* Pan 心形血厉螨

Haemolaelaps dengi Ye *et* Ma 邓氏血厉螨

Haemolaelaps fragilis Chen, Bai *et* Gu 脆弱血厉螨

Haemolaelaps glasgowi (Ewing) 格氏血厉螨 common rodent mite

Haemolaelaps haemorrhagicus Asanuma 出血血厉螨

Haemolaelaps latiporus Bai *et* Gu 侧孔血厉螨

Haemolaelaps liae Wang 李氏血厉螨

Haemolaelaps minutiventralis Gu 小腹血厉螨

Haemolaelaps orientalis Teng *et* Pan 东方血厉螨

Haemolaelaps petauristae Gu *et* Wang 鼯鼠血厉螨

Haemolaelaps praeporus Gu *et* Wang 前孔血厉螨

Haemolaelaps sanduensis Gu *et* Wang 三都血厉螨

Haemolaelaps sclerotarsus Gu *et* Bai 角跗血厉螨

Haemolaelaps semidesertus Bregetova 半漠血厉螨

Haemolaelaps traubi (Strandtmann) 特氏血厉螨

Haemolaelaps triangularis Wang 三角血厉螨

Haemolaelaps yiliensis Ye *et* Ma 伊犁血厉螨

Haemolaelaps yushuensis Sun *et* Yin 玉树血厉螨

Haemolaelaps zhongweiensis Bai, Chen *et* Wang 中卫血厉螨

Haemorrhagia Grote *et* Robinson 黑边天蛾属

Haemorrhagia alternata Butler 大黑边天蛾

Haemorrhagia fuciformis ganssuensis Gr.-Grsch. 川海黑边天蛾

Haemorrhagia radians (Walker) 后黄黑边天蛾

Haemorrhagia staudingeri (Leech) 锈胸黑边天蛾

Hafenferrefia Jacot 圆盘甲螨属

Hafenrefferia Oudemans 园泽甲螨属

Hafenrefferia acuta Aoki 锐园泽甲螨

Hagapteryx Matsumura 怪舟蛾属

Hagapteryx admirabilis (Stauginger) 怪舟蛾

Hageniinae 哈春蜓亚科

Hagenius albardae Selys 阿哈春蜓

Hahnia C.L. Koch 栅蛛属

Hahnia cervicornata Wang *et* Zhang 鹿角栅蛛

Hahnia chaoyangensis Zhu *et* Zhu 朝阳栅蛛

Hahnia corticicola Boes. *et* Str. 栓栅蛛

Hahnia falcata Wang 镰栅蛛

Hahnia flagellifera Zhu et al. 鞭栅蛛

Hahnia himalayaensis Hu *et* Zhang 喜马拉雅栅蛛

Hahnia laodiana Song 老殿栅蛛

Hahnia maginii Brigoli 马氏栅蛛

Hahnia ovata Song *et* Zheng 卵形栅蛛

Hahnia pyriformis Yin *et* Wang 梨形栅蛛

Hahnia thortoni Brignoli 索氏栅蛛

Hahnia tortuosa Song *et* Kim 旋扭栅蛛

Hahnia xinjiangensis Wang *et* Xie 新疆栅蛛

Hahnia yueluensis Yin *et* Wang 岳麓栅蛛

Hahnia zhejiangensis Song *et* Zheng 浙江栅蛛

Hahniidae 栅蛛科

Halacarellus Viets 拟海螨属

Halacaridae 海螨科

Halacaroidea 海螨总科

Halacarus Gosse 海螨属

Halarachne Allman 喘螨属

Halarachne americana Banks 美洲喘螨

Halarachnidae 喘螨科

Halictidae 隧蜂科

Halictoides clypeatus Wu 唇拟隧蜂

Halictoides mandibularis Popov 大颚拟隧蜂

Halictoides megamandibularis Wu 宽颚拟隧蜂

Halictophagidae 栉蝙科(食隧蜂捻翅虫科) twisted-winged parasites

Halictophagus Dale 栉蝙属(食隧蜂捻翅虫属)

Halictophagus bipunctatus Yang 二点栉蝙

Halictophagus chinensis Bohart 中国栉蝙

Halictophagus gressitti Bohart 嘉氏栉蝙

Halictophagus recurvatus Yang 弧口栉蝙

Halictophagus spectrus Yang 透斑栉蝙

Halictophagus stellatus Yang 星斑栉蝙

Halictus Latreille 隧蜂属

Halictus aerarius Smith 铜色隧蜂

Halictus calceatus Scopoli 黄带隧蜂

Halictus dorni Ebmer 暗红腹隧蜂

Halictus ferreotus Fan 红腹绒毛隧蜂

Halictus leucaheneus Ebmer 赤黄隧蜂

Halictus maculatus Smith 断带隧蜂

Halictus magnus Ebmer 大隧蜂

Halictus malachurus Kirby 软隧蜂

Halictus marginatus Brulle 缘隧蜂

Halictus mongolicus Morawitz 蒙古隧蜂

Halictus morio Morawitz 绿光隧蜂

Halictus pekingensis Blüthgen 北京隧蜂

Halictus percrassiceps Cockerell 纹隧蜂

Halictus pjalmensis Strand 基赤隧蜂

Halictus pollinosus Sichel 细毛隧蜂

Halictus propinquus Smith 南边隧蜂

Halictus pseudomucoreus Ebmer 拟霉毛隧蜂

Halictus pseudovestitus Blüthgen 拟绒毛隧蜂

Halictus quadricinctus Fabricius 四条隧蜂

Halictus rubicundus Kirby 红足隧蜂

Halictus simplex Blüthgen 短颊隧蜂

Halictus subopacus Smith 尖肩隧蜂

Halictus tectus Radoszkovski 被毛隧蜂

Halictus tumulorum higashi Sakagami *et* Ebmer 山地隧蜂密刻亚种

Halictus vestitus Lepeletier 绒毛隧蜂

Halictus vicinus Vachal 双叶隧蜂

Halictus zonulus Smith 宽带隧蜂

Haliplidae 沼梭科 water beetles, crawling water beetles

Halisidota argentata Packard 银星哈灯蛾 silver-spotted halisidota, silver-spotted tiger moth

Halisidota argentata sobrina Stretch 银星哈灯蛾远亲亚种

Halisidota caryae (Harr.) 山核桃哈灯蛾 hickory tussock moth

Halisidota harrisii (Walsh) 悬铃木哈灯蛾 sycamore tussock moth

Halisidota ingens Hy. Edwards 大哈灯蛾

Halisidota maculata (Harris) 果木点哈灯蛾 spotted tussock moth

Halisidota tesselaris (J. E. Smith) 槭灰哈灯蛾 pale tussock moth

Halme cleriformis Pascoe 短胸肖眉天牛

Halme grisescens Gressitt *et* Rondon 银毛肖眉天牛

Halmenida purpurea Pic 粗眉天牛

Halococcus Takahashi 海桑蚧属

Halococcus formicarii Tak. 蚁窝海桑蚧

Halolaelapidae 海厉螨科

Halolaelaps Berlese *et* Trouessart 海厉螨属

Halolaelaps octoclavatus (Vitzthum) 八棒海厉螨

Halonabis Reuter 海姬蝽属

Halonabis sinicus Hsiao 华海姬蝽

Halotydeus Berlese 海镰螯螨属

Halotydeus destructor (Tucker) 红足海镰螯螨 black sand mite, red-legged earth mite

Halpe Moore 酣弄蝶属

Halpe homolea (Hewitson) 独子酣弄蝶

Halpe porus (Mabille) 双子酣弄蝶

Haltica ambiens LeConte 赤杨跳甲 alder flea beetle

Haltica caerulescens (Baly) 铁苋蓝跳甲 caerulescens flea beetle

Haltica chalybaea (Illiger) 葡萄藤跳甲 grape (vine) flea beetle

Haltica cyanea (Weber) 蓝跳甲 blue flea beetle

Haltica oleracea L. 甘蓝跳甲 cabbage flea beetle

Haltica pagana Blkb. 草莓蓝跳甲 blue flea beetle

Haltica saliceti Weise 枥跳甲

Haltica viridicyanea (Baly) 白菜蓝绿跳甲 smaller flea beetle

Haltichella apicalis Walker 盾端哈拉金小蜂(哈拉端金小蜂)

Haltichella finator Walker 细微哈拉金小蜂

Haltichella rhyacioniae Gahan 松卷蛾哈拉金小蜂

Haltichella sulcator Walker 沟哈拉金小蜂

Halticidae 跳甲科 flea beetles

Halticiellus insularis Usinger 东方庭园盲蝽 oriental garden fleahopper

Halticiellus tibialis Reuter 胫盲蝽

Halticinae 跳甲亚科 halticid beetles

Halticoptera Spinola 赘须金小蜂属

Halticoptera atherigona Huang 芒蝇赘须金小蜂

Halticoptera brevis Huang 短腹赘须金小蜂

Halticoptera circulus Walker 圆形赘须金小蜂

Halticoptera crius (Walker) 克里赘须金小蜂

Halticoptera gibbosa Huang 襄赘须金小蜂

Halticoptera gladiata Huang 剑腹赘须金小蜂

Halticoptera hippeus (Walker) 光柄赘须金小蜂

Halticoptera laevigata Thomson 长腹赘须金小蜂

Halticoptera letitiae Askew 微隆赘须金小蜂

Halticoptera lorata Huang 舌状赘须金小蜂

Halticoptera mustela (Walker) 穆斯赘须金小蜂

Halticoptera ovoidea Huang 卵球赘须金小蜂

Halticoptera patellana (Dalman) 碟状赘须金小蜂

Halticoptera polita Walker 亮赘须金小蜂

Halticoptera poreia (Walker) 小茎赘须金小蜂

Halticoptera trinflata Huang 三胀赘须金小蜂

Halticopterina Erdos 拟赘金小蜂属

Halticopterina triannulata Erdos 拟赘金小蜂

Halticotoma valida Reuter 丝兰蝽 yucca plant bug

Halticus Hahn 跳盾蝽属

Halticus apterus Linnaeus 圆跳盲蝽

Halticus bracteatus (Say) 庭园跳盲蝽 garden fleahopper

Halticus micantulus Horváth 日本跳盲蝽 Japanese garden fleahopper

Halticus minutus Reuter 甘薯跳盲蝽

Halticus tibialis Reuter 黑跳盲蝽(花生黑盲蝽) oriental garden fleahopper, thick-legged plant bug

Halyabbas Distant 素蝽属

Halyabbas unicolor Distant 素蝽

Halydaia Egger 筒寄蝇属

Halydaia luteicornis Walker 银颜筒寄蝇

Halyomorpha Mayr 茶翅蝽属

Halyomorpha mista Uhler 混茶翅蝽

Halyomorpha picus (Fabricius) 茶翅蝽

Halys dentatus Fabricius 印巴齿哈蝽

Halyzia Mulsant 黄菌瓢虫属

Halyzia hauseri Mader 见 *Macroilleis hauseri*

Halyzia maculata Jing 点斑菌瓢虫

Halyzia sanscrita Mulsant 梵文菌瓢虫

Halyzia sedecimguttata (Linnaeus) 十六斑菌瓢虫

Halyzia shirozui Sasaji 台湾菌瓢虫

Halyzia straminea (Hope) 草黄菌瓢虫

Hama Stephens 铜翅夜蛾属

Hamamelistes Shimer 石节扁蚜属

Hamamelistes betulae Mordvilko 见 *Hormaphis betulina*

Hamartus instabilis Marshall 木麻黄哈象

Hamataliwa Keyserling 哈猫蛛属

Hamataliwa sanmenensis Song *et* Zheng 三门哈猫蛛

Hambletonia pseudococcina Compere 凤梨粉蚧(拉美)跳小蜂

Hamearis lucina L. 酸模蚬蝶 burgundy fritillary duke

Hammerschmidtia Schummel 锤食蚜蝇属

Hammerschmidtia tropia Chu 脊颜锤食蚜蝇

Hammertonia Turk 哈螨属

Hamodes Guenée 哈夜蛾属

Hamodes aurantiaca Guenée 见 *Hamodes propitia*

Hamodes butleri (Leech) 斜线哈夜蛾

Hamodes propitia Guèrin 印度玫瑰木哈夜蛾

Hannabura Matsumura 花斑蚜属

Hannabura alnicola Matsumura 赤杨花斑蚜

Hannemania Oudemans 蛤蟆恙螨属

Hapalia aureolalis Lederer 见 *Pionea aureolalis*

Hapalia machoeralis Walker 见 *Pyrausta machoeralis*

Hapalia ochrealis Moore 见 *Pionea aureolalis*

Haplochthoniidae 单缝甲螨科

Haplochthonius Willman 单缝甲螨属

Haplochthonius simplex Willmann 简单缝甲螨

Haplodiplosis equestris (Wagn.) 鞍瘿蚊 saddle gall midge

Haplodrassus Chamberlin 单蛛属

Haplodrassus aenus Thaler 铜色单蛛

Haplodrassus dentatus Xu *et* Song 齿单蛛

Haplodrassus montanus Paik *et* Sohn 山地单蛛

Haplodrassus puguans (Simon) 平单蛛

Haplomela Chen 片爪萤叶甲属

Haplomela semiopaca Chen 黄片爪萤叶甲

Haploprocta Stål 哈缘蝽属

Haploprocta pustulifera (Stål) 哈缘蝽

Haploprocta semenovi Jakovlev 西氏哈缘蝽

Haploptelia laricella Hübner 见 *Coleophora laricella*

Haplosomoides Duvivier 哈萤叶甲属

Haplosomoides annamitus (Allard) 褐背哈萤叶甲

Haplosomoides costatus (Baly) 黑翅哈萤叶甲

Haplosomoides verticolis Jiang 黑顶哈萤叶甲

Haplothrips Servillle 单管蓟马属

Haplothrips aculeatus Fabricius 稻单管蓟马 rice aculeated thrips

Haplothrips ceylonicus Schmutz 印马单管蓟马

Haplothrips chinensis Prieser 中华单管蓟马 Chinese thrips

Haplothrips inquilinus Priesner 寄单管蓟马

Haplothrips kurdjumovi Karny 库氏单管蓟马

Haplothrips niger Osborn 黑单管蓟马 red clover thrips

Haplothrips oryzae Moulton 见 *Haplothrips aculeatus*

Haplothrips subterraneus Crawford 地下单管蓟马

Haplothrips subtissimus Haliday 橘单管蓟马 citrus flower thrips

Haplothrips tritici Kurdjumov 麦单管蓟马 wheat thrips

Haplothrips verbasci (Osborn) 毛蕊单管蓟马(毛蕊花蓟马) mullein thrips

Haplotropis Sauss. 笨蝗属

Haplotropis brunneriana Sauss. 笨蝗

Haplotropis neimongolensis Yin 内蒙古笨蝗

Haplozetidae 单翼甲螨科

Hapsifera barbata (Christoph) 刺槐谷蛾

Haptoncus luteotus Erichson 棉露尾甲

Harmalia Fennah 淡肩飞虱属

Harmalia tiphys Fennah 黑面淡肩飞虱

Harmandia cavernosa Ruebsaamen 洞关节瘿蚊

Harmandia globuli Ruebsaamen 球关节瘿蚊

Harmandia loewi Ruebsaamen 洛氏关节瘿蚊

Harmandia populi Ruebsaamen 杨关节瘿蚊

Harmandia tremulae Winnertz 山杨关节瘿蚊

Harminius dahuricus (Motschulsky) 兴安金针虫

Harmochirus Simon 蛤莫蛛属

Harmochirus brachiatus (Thorell) 鳃蛤莫蛛

Harmochirus pullus (Boes. *et* Str.) 暗色哈莫蛛

Harmolita Motschulsky 茎广肩小蜂属

Harmolita aequidens Wat 竹茎广肩小蜂 bamboo stem boring eurytomid

Harmolita grandiss (Riley) 麦茎广肩小蜂(麦节小蜂) wheat strawworm

Harmolita hordei (Harris) 大麦茎广肩小蜂 barley jointworm

Harmolita secale (Fitch) 黑麦茎广肩小蜂 rye jointworm

Harmolita tritici (Fitch) 麦节茎广肩小蜂 wheat jointworm

Harmolita websteri (Howard) 裸麦茎广肩小蜂 Webster's wheat strawworm, rye strawworm

Harmologa fumiferana Clemens 见 *Choristoneura fumiferana*

Harmologa oblongana Walker 新西辐射松卷蛾

Harmonia Mulsant 异色瓢虫属(和瓢虫属)

Harmonia axyridis (Pallas) 异色瓢虫

Harmonia dimidiata (Fabricius) 红肩瓢虫

Harmonia eucharis (Mulsant) 奇斑瓢虫

Harmonia korschefskyi (Mader) 泡斑瓢虫

Harmonia obscurosignata (Liu) 见 *Ballia obscurosignata*

Harmonia octomaculata (Fab.) 见 *Synharmonia octomaculata*

Harmonia sedecimnotata (Fabricius) 纤丽瓢虫

Harmonia trilochana (Kapur) 三纹和瓢虫

Harmonia yedoensis (Takizawa) 椰隐斑瓢虫

Harmostica Bergroth 斜眼长蝽属

Harmostica hirsuta (Usinger) 长毛斜眼长蝽

Harnischia Kieffer 哈摇蚊属

Harnischia curtilamellata (Malloch) 缺叶哈摇蚊

Harnischia edwardsi (Kruseman) 艾氏哈摇蚊

Harnischia fuscimana (Kieffer) 暗肩哈摇蚊

Harnischia hamata Wang, Zheng *et* Ji 钩铗哈摇蚊

Harnischia japonica Hashimoto 截铗哈摇蚊

Harnischia longispuria Wang, Zheng *et* Ji 长距哈摇蚊

Harnischia pseudosimplex Goetghebuer 伪简哈摇蚊

Harnischia turgidula Wang, Zheng *et* Ji 膨铗哈摇蚊

Harnischia virescent (Meigen) 缘哈摇蚊

Harpactocorinae 真猎蝽亚科

Harpactor Laporte 真猎蝽属

Harpactor altaicus Kiritschenko 独环真猎蝽

Harpactor costalis (Stål) 山彩真猎蝽

Harpactor dauricus Kiritschenko 双环真猎蝽

Harpactor fuscipes (Fabricius) 红彩真猎蝽

Harpactor incertus (Distant) 云斑真猎蝽

Harpactor iracundus Poda 丽真猎蝽

Harpactor leucospilus Stål 青背真猎蝽

Harpactor marginellus Fabricius 黄缘真猎蝽

Harpactor mendicus (Stål) 红股真猎蝽

Harpactor reuteri (Distant) 黑缘真猎蝽

Harpactor rubromarginatus Jakovlev 红缘真猎蝽

Harpactor sibiricus Jakovlev 斑缘真猎蝽

Harpactorinae 见 Harpactocorinae

Harpagopalpidae 捕须水螨科

Harpagophalla Rohdendorf 钩麻蝇属

Harpagophalla kempi (Senior-White) 曲突钩麻蝇

Harpalus Latreille 婪步甲属

Harpalus adenticulatus Huang 无齿婪步甲

Harpalus affinis Schrank 麦婪步甲

Harpalus calceatus (Duftschmid) 谷婪步甲(黍步甲)

Harpalus capito Morawitz 麦穗大头婪步甲 larger refuse beetle

Harpalus chalcentus Bates 铜绿婪步甲

Harpalus chengjiangensis Huang 澄江婪步甲

Harpalus chiloschizontus Huang *et* Zhang 露膜婪步甲

Harpalus cilihumerus Huang, Hu *et* Sun 毛肩婪步甲

Harpalus crates Bates 强婪步甲

Harpalus disaogashimensis Huang *et* Zhang 异断点婪步甲

Harpalus griseus (Panzer) 毛婪步甲

Harpalus hypogeomysis Huang 栖草婪步甲

Harpalus kailiensis Huang 凯里婪步甲

Harpalus muciulus Huang 粘毛婪步甲

Harpalus pallidipennis Mor. 淡鞘婪步甲

Harpalus penglainus Huang, Hu *et* Sui 蓬莱婪步甲

Harpalus periglabellus Huang 裸缘婪步甲

Harpalus pilosus Huang *et* Zhang 腹毛婪步甲

Harpalus rufipes Dejean 红跳婪步甲 strawberry ground beetle

Harpalus scabripectus Huang, Hu *et* Sun 糙盾婪步甲

Harpalus simplicidens Schaub. 单齿婪步甲

Harpalus sinicus Hope 中华婪步甲

Harpalus tridens Morawitz 三齿婪步甲 smaller refuse beetle

Harpalus vicarius Harold 大毛婪步甲

Harpalus xinjiangensis Huang, Hu *et* Sun 新疆婪步甲

Harpalus yinchuanensis Huang 银川婪步甲

Harpiphorus Hartig 猎鸟叶蜂属

Harpiphorus lepidus Klug 欧栎猎鸟叶蜂

Harpipteryx xylostella (L.) 忍冬巢蛾 European honeysuckle leafroller

Harpyia Ochsenheimer 燕尾舟蛾属

Harpyia bifida Hübner 宽带燕尾舟蛾

Harpyia furcula (Clerck) 中带燕尾舟蛾

Harpyia langiera (Butler) 腰带燕尾舟蛾 willow tail prominent

Harpyia sangaica (Moore) 绯燕尾舟蛾

Harpyrhynchidae 鸟喙螨科

Harrisina americana (Guèrin-Méneville) 葡萄叶烟翅斑蛾 grapeleaf skeletonizer

Harrisina brillians Bames *et* McDunnough 西方葡萄叶烟翅斑蛾 western grapeleaf skeletonizer

Hartigia Schiodte 哈茎蜂属

Hartigia agilis Smith 敏捷哈茎蜂

Hartigia cressoni Kirbyy 悬钩子哈茎蜂 raspberry horntail

Hartigia elevata Maa 高领哈茎蜂

Hartigia nigra Harris 黑胸哈茎蜂

Hartigia viater Smith 日本麦茎蜂 Japanese wheat stem sawfly

Hartigia viatrix Smith 白蜡哈茎蜂

Hartigiola annulipes (Hartig) 欧洲山毛榉瘿蚊 beech gall midge

Hasarina Schenkel 哈蛛属

Hasarina contortospinosa Schenkel 螺旋哈蛛

Hasarius Simon 哈沙蛛属

Hasarius adansoni (Savigny *et* Audouin) 花哈沙蛛(阿氏哈沙蛛)

Hasarius doenitzi Karsch 黄褐哈沙蛛

Hasegawaia sasacola Monzen 小竹瘿蚊 sasa gall midge

Hasora Moore 趾弄蝶属

Hasora anura de Nicéville 无趾弄蝶

Hasora badra (Moore) 三斑趾弄蝶(鱼藤弄蝶)

Hasora chromus (Cramer) 双斑趾弄蝶

Hasora danda Evans 无斑趾弄蝶

Hasora schoenherr (Latreille) 金带趾弄蝶

Hasora taminata (Hübner) 银针趾弄蝶

Hasora vitta (Butler) 纬带趾弄蝶

Hastina Moore 历尺蛾属

Hastina stenozona Prout 白尖历尺蛾

Hastina subfalcaria (Christoph) 黑历尺蛾

Hauptmannia 豪赤螨属

Havilanditermes 歧颚白蚁属

Havilanditermes orthonasus (Tsai *et* Chen) 直鼻颚白蚁

Hayatia Viggiani 环索赤眼蜂属

Hayatia latiuscula Lin 截翅环索赤眼蜂

Hayatia tortuosa Lin 卷茎环索赤眼蜂

Hayhurstia atriplicis (Linnaeus) 藜蚜 chenopod aphid, purple lamb's quarters mealy aphid

Hayhurstia del Guercio 藜蚜属

Hayhurstia tataricae Aizenb 忍冬藜蚜

Hea choui Lei 周氏碧蝉

Hea fasciata Distant 碧蝉

Hea yunnanensis Lei *et al.* 云南碧蝉

Hebardina concina Haan 孔郝蠊

Hebecerus crocogaster Boisduval 见 *Ancita crocogaster*

Hebecerus marginicollis Boisduval 见 *Ancita margini-collis*

Hebecnema Schnabl 毛膝蝇属

Hebecnema affinis Malloch 邻毛膝蝇

Hebecnema alba Hsue 白瓣毛膝蝇

Hebecnema fumosa (Meigen) 暗毛膝蝇

Hebecnema umbratica (Meigen) 蛰毛膝蝇

Hebetacris Liu 拙蝗属

Hebetacris amplinota Liu 宽背拙蝗

Hebomoia Hübner 鹤顶粉蝶属

Hebomoia glaucippe (Linnaeus) 鹤顶粉蝶 red-tipped white butterfly

Hebridae 膜蝽科

Hecabolinae 方头茧蜂亚科

Hecabolus cinctus Walker 带方头茧蜂

Hecalinae 铲头叶蝉亚科

Hecalus Stål 铲头叶蝉属

Hecalus arcuatus (Motschulsky) 红带铲头叶蝉

Hecalus porrectus (Walker) 橙带铲头叶蝉

Hecalus prasinus (Matsumura) 褐脊铲头叶蝉

Hecalus rufofascianus Li 红纹铲头叶蝉

Hecalus wallengreni Stål 缘纹铲头叶蝉

Hecatomnus Fairmaire 多鳃金龟属

Hecatomnus grandicornis Fairmaire 巨角多鳃金龟

Hecphora testator Fabricius 加纳乌檀天牛

Hecticus elongatus Fabricius 番木瓜剑虻 papaya fruit rotting fly

Hectopsyllidae 缩胸蚤科 sticktight fleas, burrowing fleas

Hedua atropunctan Zetterstedt 桦广翅小卷蛾

Hedulia injectiva Heinrich 约佛松球果小卷蛾

Hedya Hübner 广翅小卷蛾属

Hedya nubiferana 云雾广翅小卷蛾

Hedya auricristana Walsingham 无星广翅小卷蛾 non-spotted eucosmid

Hedya dimidiana (Clerck) 李广翅小卷蛾 whitespotted eucosmid

Hedya ignara Falkovitsh 三角广翅小卷蛾

Hedya inornata (Walsingham) 柞广翅小卷蛾

Hedya ochroleucana (Frölich) 褐广翅小卷蛾

Hedya perspicuana (Kennel) 黑广翅小卷蛾

Hedya salicella (Linnaeus) 柳广翅小卷蛾

Hedya schreberiana Linnaeus 日施来广翅小卷蛾

Hedya variegana (Hübner) 梅广翅小卷蛾 green bud-worm

Hedya vicinana (Ratzeburg) 灰广翅小卷蛾

Hedycryptus Cameron 甜沟姬蜂属

Hedycryptus rufopetiolatus (Cameron) 红柄甜沟姬蜂

Hedylepta accepta (Butler) 甘蔗螟 sugarcane leafroller

Hedylepta indicata Fabricius 见 *Lamprosema indicata*

Hegesidemus Distant 膜肩网蝽属

Hegesidemus habrus Drake 娇膜肩网蝽

Heizmannia Ludlow 领蚊属(哈蚊属,赫蚊属)

Heizmannia achaetae (Leicester) 无鬃领蚊

Heizmannia catesi Lien 银颊领蚊

Heizmannia chengi Lien 异栉领蚊

Heizmannia covelli Basrraud 粗毛领蚊

Heizmannia heterospina Gong et Lu 异刺领蚊

Heizmannia lii Wu 李氏领蚊

Heizmannia macdonaldi Mattingly 浅喙领蚊

Heizmannia mattinglyi Thurman 白小盾领蚊

Heizmannia menglianensis Lu et Gong 孟连领蚊

Heizmannia proxima Mattingly 近接领蚊

Heizmannia reidi Mattingly 多栉领蚊

Heizmannia taiwanensis Lien 台湾领蚊

Helcojoppa orientalis (Kriechbaumer) 东方槽杂姬蜂

Helcomeria Stål 骇缘蝽属

Helcomeria spinosa Signoret 骇缘蝽

Helcon cornutus Cameron 具角长茧蜂

Helcon redactor (Thunberg) 复元长茧蜂

Helconinae 长茧蜂亚科

Helcyra Felder 白蛱蝶属

Helcyra plesseni (Fruhstorfer) 台湾白蛱蝶

Helcyra subalba (Poujade) 银白蛱蝶

Helcyra superba Leech 傲白蛱蝶

Heleidae 见 Ceratopogonidae

Heleidomermis Rubzov 蠓索线虫属

Heleidomermis libani Poinar, Acra et Acra 利班蠓索线虫

Heleidomermis ovipara Rubzov 卵生蠓索线虫

Heleidomermis vivipara Rubzov 胎生蠓索线虫

Helenicula Audy 合轮恙螨属

Helenicula abaensis Wang et al. 阿坝合轮恙螨

Helenicula aulacochaeta Sun, Wang et al. 沟毛合轮恙螨

Helenicula comata (Womersley) 刺毛合轮恙螨

Helenicula edibakeri Nadchatram et Traub 兰屿合轮恙螨

Helenicula globularis (Walch) 球感合轮恙螨

Helenicula hongkongensis Womersley 香港合轮恙螨

Helenicula hsui Zhao 徐氏合轮恙螨

Helenicula kohlsi (Philip et Woodward) 柯氏合轮恙螨

Helenicula lanius (Radford) 伯劳合轮恙螨

Helenicula litchia Liu et al. 荔器合轮恙螨

Helenicula miyagawai (Sasa et al.) 宫川合轮恙螨

Helenicula myospalacis Huang 鼢鼠合轮恙螨

Helenicula olsufjevi (Schluger) 奥氏合轮恙螨

Helenicula rattihaikonga (Hsu et Chen) 康鼠合轮恙螨

Helenicula rectangia Liu et al. 方盾合轮恙螨

Helenicula saihsuensis Hsu et Chen 赛圩合轮恙螨

Helenicula simena (Hsu et Chen) 西盟合轮恙螨

Helenicula yunnanensis Wen et Xiang 云南合轮恙螨

Heleomyzidae 日蝇科 sun flies, helomyzids, helomyzid

flies

Heleomyzinae 日蝇亚科

Helichia kariyai Takahasi 见 *Simulium kariyai*

Helicomyia saliciperda (Dufour) 中西欧柳木瘿蚊 shot-hole gall midge, willow wood midge

Heliconiinae 纯蛱蝶亚科

Heliconius Kluk 纯蛱蝶属

Heliconius robigus Weym 巴西纯蛱蝶

Helicophagella Enderlein 黑麻蝇属

Helicophagella maculata (Meigen) 斑黑麻蝇

Helicophagella melanura (Meigen) 黑尾黑麻蝇

Helicophagella rohdendorfi (Grunin) 瘦叶黑麻蝇

Helicotylenchus Steiner 螺旋线虫属 spiral nematodes

Helicotylenchus abuharazi Zeidan *et* Geraert 阿布哈拉兹螺旋线虫

Helicotylenchus abunaamai Siddiqi 阿布那玛螺旋线虫

Helicotylenchus acunae Fernandez *et al.* 阿库纳螺旋线虫

Helicotylenchus acutucaudatus Fernandez *et al.* 尖尾螺旋线虫

Helicotylenchus acutus Tebenkova 尖锐螺旋线虫

Helicotylenchus aerolatus van den Berg *et* Heyns 气生螺旋线虫

Helicotylenchus affinis (Luc) 相关螺旋线虫

Helicotylenchus africanus (Micoletzky) 非洲螺旋线虫 African spiral nematode

Helicotylenchus agricola Elmiligy 耕地螺旋线虫

Helicotylenchus amabilis Volkova 娇美螺旋线虫

Helicotylenchus amplius Anderson *et* Eveleich 大螺旋线虫

Helicotylenchus angularis Mukhina 具角螺旋线虫

Helicotylenchus anhelicus Sher 不卷螺旋线虫

Helicotylenchus annobonensis (Gadae) 阿农巴螺旋线虫

Helicotylenchus apiculus Román 尖螺旋线虫

Helicotylenchus aquili Khan *et* Nanjappa 迅速螺旋线虫

Helicotylenchus arachisi Mulk *et* Jairajpuri 落花生螺旋线虫

Helicotylenchus astriatus Khan *et* Nanjappa 具星螺旋线虫

Helicotylenchus atlanticus Fernandez *et al.* 大西洋螺旋线虫

Helicotylenchus australis Siddiqi 南方螺旋线虫

Helicotylenchus babikeri Zeidan *et* Geraert 巴比克螺旋线虫

Helicotylenchus bambesae Elmiligy 竹螺旋线虫

Helicotylenchus belli Sher 贝氏螺旋线虫

Helicotylenchus belurensis Singh *et* Khera 贝卢兰螺旋线虫

Helicotylenchus bifurcatus Fernandez *et al.* 双叉螺旋线虫

Helicotylenchus bihari Mulk *et* Jairajpuri 比哈螺旋线虫

Helicotylenchus borinquensis Román 波林克螺旋线虫

Helicotylenchus bradys Thorne *et* Malek 缓慢螺旋线虫

Helicotylenchus brassicae Rashid 甘蓝螺旋线虫

Helicotylenchus brevis (Whitehead) 短螺旋线虫

Helicotylenchus broadbalkiensis Yuen 布罗德巴克螺旋线虫

Helicotylenchus buxophilus (Golden) 黄杨螺旋线虫

Helicotylenchus caipora Monteiro *et* Mendonca 孔洞螺旋线虫

Helicotylenchus cairnsi Waseem 凯氏螺旋线虫

Helicotylenchus californicus Sher 加利福尼亚螺旋线虫

Helicotylenchus canadensis Waseem 加拿大螺旋线虫

Helicotylenchus canalis Sher 导管螺旋线虫

Helicotylenchus caribensis Román 加勒比螺旋线虫

Helicotylenchus caroliniensis Sher 卡罗来纳螺旋线虫

Helicotylenchus caudatus Sultan 具尾螺旋线虫

Helicotylenchus cavenessi Sher 卡文斯螺旋线虫 cotton spiral nematode

Helicotylenchus cedreus Volkova 雪松螺旋线虫

Helicotylenchus certus Eroshenko *et* Nguent Vu Tkhan 有角螺旋线虫

Helicotylenchus clarkei Sher 克拉克螺旋线虫

Helicotylenchus coffae Eroshenko *et* Nguent Vu Tkhan 咖啡螺旋线虫

Helicotylenchus concavus Román 凹面螺旋线虫

Helicotylenchus conicus Baidulova 圆锥螺旋线虫

Helicotylenchus coomansi Ali *et* Loof 库氏螺旋线虫

Helicotylenchus cornurus Anderson 角尾螺旋线虫

Helicotylenchus craigi Knobloch *et* Laughlin 克氏螺旋线虫

Helicotylenchus crassatus Anderson 厚螺旋线虫

Helicotylenchus crenacacauda Sher 刻尾螺旋线虫

Helicotylenchus crenatus Das 刻痕螺旋线虫

Helicotylenchus curvatus Román 弯曲螺旋线虫

Helicotylenchus curvicaudatus Fernandez *et al.* 弯尾螺旋线虫

Helicotylenchus delhiensis Khan *et* Nanjappa 德里螺旋线虫

Helicotylenchus densibullatus Siddiqi 密泡螺旋线虫

Helicotylenchus depressus Yeates 消沉螺旋线虫

Helicotylenchus digitatus Siddiqi *et* Husain 似指螺旋线虫

Helicotylenchus digitiformis Ivanova 指形螺旋线虫

Helicotylenchus dignus Eroshenko *et* Nguen Vu Tkhan 合宜螺旋线虫

Helicotylenchus digonicus Perry 双角螺旋线虫 corn spiral nematode

Helicotylenchus dihystera (Cobb) 双宫螺旋线虫

Helicotylenchus dihysteroides Siddiqi 类双宫螺旋线虫

Helicotylenchus discocephalus Firoza *et* Maqbool 盘头螺旋线虫

Helicotylenchus dolichodoryphorus Sher 长针螺旋线虫

Helicotylenchus egyptiensis Tarjun 埃及螺旋线虫

Helicotylenchus elegans Román　华美螺旋线虫

Helicotylenchus eletropicus Darkar *et* Khan　热沼螺旋线虫

Helicotylenchus elisensis (Carvalho)　伊利斯螺旋线虫

Helicotylenchus erythrinae (Zimmermann)　刺桐螺旋线虫

Helicotylenchus exallus Sher　异螺旋线虫

Helicotylenchus falcitus Eroshenko *et* Nguent Vu Tkhan　镰形螺旋线虫

Helicotylenchus ferus Eroshenko *et* Nguent Vu Tkhan　野螺旋线虫

Helicotylenchus flatus Román　平螺旋线虫

Helicotylenchus girus Saha, Chawla *et* Khan　吉尔螺旋线虫

Helicotylenchus glissus Thorne *et* Malek　格利斯螺旋线虫

Helicotylenchus goldeni Sultan *et* Jairajpuri　古氏螺旋线虫

Helicotylenchus goodi Tikyani, Khera *et* Bhatnatar　古德螺旋线虫

Helicotylenchus graminophilus Fetedar *et* Mahajan　草类螺旋线虫

Helicotylenchus gratus Patil *et* Khan　可喜螺旋线虫

Helicotylenchus haki Fetedar *et* Mahajan　哈克木螺旋线虫

Helicotylenchus hazratbalensis Fotedar *et* Handoo　哈兹拉特巴尔螺旋线虫

Helicotylenchus holguinensis Sagitov *et al.*　奥尔金螺旋线虫

Helicotylenchus hoplocaudus Majreker　武尾螺旋线虫

Helicotylenchus hydrophilus Sher　水生螺旋线虫

Helicotylenchus impar Prasad, Khan *et* Chawla　不等螺旋线虫

Helicotylenchus imperialis Rashid *et* Khan　壮丽螺旋线虫

Helicotylenchus incisus Dareckar *et* Khan　侧带螺旋线虫

Helicotylenchus indentatus Chaturvedi *et* Khera　齿形螺旋线虫

Helicotylenchus indenticaudatus Mulk *et* Jairajpuri　齿尾螺旋线虫

Helicotylenchus indicus Siddiqi　印度螺旋线虫

Helicotylenchus inifatis Fernandez *et al.*　肥颈螺旋线虫

Helicotylenchus insignis Khan *et* Basir　非常螺旋线虫

Helicotylenchus intermedius (Luc)　间型螺旋线虫

Helicotylenchus iperoiguensis (Carvalho)　伊波罗依格螺旋线虫

Helicotylenchus issykkulensis Sultanalieva　伊塞克螺旋线虫

Helicotylenchus jammuensis Fetedar *et* Mahajan　查谟螺旋线虫

Helicotylenchus jojutlensis Zavaleta-Mejia *et* Sasa Moss　佐朱特螺旋线虫

Helicotylenchus kashmirensis Fotedar *et* Handoo　卡什米尔螺旋线虫

Helicotylenchus khani (Khan, Saha *et* Chawla)　肯氏螺旋线虫

Helicotylenchus kherai Kumar　克拉螺旋线虫

Helicotylenchus krugeri van den Berg *et* Heyns　克鲁格螺旋线虫

Helicotylenchus labiatus Román　具唇螺旋线虫

Helicotylenchus labiodiscinus Sher　平盘螺旋线虫

Helicotylenchus laevicaudatus Eroshenko *et* Nguent Vu Tkhan　光尾螺旋线虫

Helicotylenchus leiocephalus Sher　平头螺旋线虫

Helicotylenchus limarius Eroshenko *et al.*　锉沟螺旋线虫

Helicotylenchus lissocaudatus Fernandez *et al.*　滑尾螺旋线虫

Helicotylenchus lobus Sher　裂片螺旋线虫

Helicotylenchus longicaudatus Sher　长尾螺旋线虫

Helicotylenchus macronatus Mulk *et* Jairajpuri　大尾螺旋线虫

Helicotylenchus mangiferensis Elmiligy　杧果螺旋线虫

Helicotylenchus martini Sher　马氏螺旋线虫

Helicotylenchus meloni Firoza *et* Maqbool　香瓜螺旋线虫

Helicotylenchus membranatus Xie *et* Feng　具膜螺旋线虫

Helicotylenchus microcephalus Sher　小头螺旋线虫

Helicotylenchus microdorus Parsad, Kahn *et* Chawla　小囊螺旋线虫

Helicotylenchus microtylus Firoza *et* Maqbool　小针螺旋线虫

Helicotylenchus minutus van den Berg *et* Cadet　细小螺旋线虫

Helicotylenchus minzi Sher　明茨螺旋线虫

Helicotylenchus monstruosus Eroshenko　畸形螺旋线虫

Helicotylenchus montanus Tebehkova　高山螺旋线虫

Helicotylenchus morasii Darekar *et* Khan　莫拉西螺旋线虫

Helicotylenchus mucrogaleatus Fernandez *et al.*　尖头螺旋线虫

Helicotylenchus mucronatus Siddiqi　细尖螺旋线虫

Helicotylenchus multicinctus (Cobb)　多带螺旋线虫　Cobb's spiral nematode

Helicotylenchus nannus Steiner　短小螺旋线虫

Helicotylenchus neopaxilli Inserra, Vovlas *et* Golden　新小柱螺旋线虫

Helicotylenchus nigeriensis Sher　尼日利亚螺旋线虫

Helicotylenchus notabilis Eroshenko *et* Nguent Vu Tkhan　重要螺旋线虫

Helicotylenchus obliquus Maqbool *et* Shahina　斜螺旋线虫

Helicotylenchus obtusicaudatus Darekar *et* Khan　钝尾螺旋线虫

Helicotylenchus oleae Inserra, Vovlas *et* Golden 齐墩果螺旋线虫

Helicotylenchus orthosomaticus Siddiqi 直体螺旋线虫

Helicotylenchus oryzae Fernandez *et al.* 水稻螺旋线虫

Helicotylenchus oscephalus Anderson 硬头螺旋线虫

Helicotylenchus parabelli Volkova 异贝氏螺旋线虫

Helicotylenchus paracanalis Sauer *et* Winoto 异导管螺旋线虫

Helicotylenchus paraconcavus Rashid *et* Khan 异凹面螺旋线虫

Helicotylenchus paracrenacauda Phukan *et* Sanwal 异刻尾螺旋线虫

Helicotylenchus paradihysteroides Darrkar *et* Khan 异类双宫螺旋线虫

Helicotylenchus paragirus Saha, Chawla *et* Khan 异吉尔螺旋线虫

Helicotylenchus parapteracercus Sultan 异翅尾螺旋线虫

Helicotylenchus parvus Williams 微小螺旋线虫

Helicotylenchus paxilli Yuen 小柱螺旋线虫

Helicotylenchus persici Saxena,Chhanra *et* Joshi 桃树螺旋线虫

Helicotylenchus phalerus Anderson 有饰螺旋线虫

Helicotylenchus pisi Swarup *et* Sethi 豌豆螺旋线虫

Helicotylenchus plumariae Khan *et* Basir 李螺旋线虫

Helicotylenchus pseudodigonicus Szezygiel 假双角螺旋线虫

Helicotylenchus pseudopaxilli Fernandez *et al.* 假小柱螺旋线虫

Helicotylenchus pseudorobustus (Steiner) 假强壮螺旋线虫

Helicotylenchus pteracercus Singh 翅尾螺旋线虫

Helicotylenchus pteracercusoides Fotedar *et* Kaul 拟翅尾螺旋线虫

Helicotylenchus punicae Swarup *et* Sethi 石榴螺旋线虫

Helicotylenchus regularis Phillips 正规螺旋线虫

Helicotylenchus retusus Siddiqi *et* Brown 网尾螺旋线虫

Helicotylenchus reversus Sultan 回转螺旋线虫

Helicotylenchus rotundicauda Sher 圆尾螺旋线虫

Helicotylenchus ryzhikovi Kulinich 瑞氏螺旋线虫

Helicotylenchus saccharumi Jain, Upadhyay *et* Singh 嗜蔗螺旋线虫

Helicotylenchus sagitovi (Sagitov *et al.*) 萨氏螺旋线虫

Helicotylenchus sandersae Ali *et* Loof 桑德斯螺旋线虫

Helicotylenchus scoticus Boag *et* Jairajpuri 苏格兰螺旋线虫

Helicotylenchus serenus Siddiqi 连接螺旋线虫

Helicotylenchus shakili Sultan 沙凯尔螺旋线虫

Helicotylenchus sharafati Mulk *et* Jairajpuri 沙拉法特螺旋线虫

Helicotylenchus sheri Jain, Upadhyay *et* Singh 谢氏螺旋线虫

Helicotylenchus silvaticus Lal *et* Khan 森林螺旋线虫

Helicotylenchus similis Fernandez *et al.* 相似螺旋线虫

Helicotylenchus solani Rashid 茄螺旋线虫

Helicotylenchus sparsus Fernandez *et al.* 稀少螺旋线虫

Helicotylenchus spicaudatus Tarjan 长尖尾螺旋线虫

Helicotylenchus spitsbergensis Loof 斯匹次卑尔根螺旋线虫

Helicotylenchus steineri Fodetar *et* Mahajan 斯氏螺旋线虫

Helicotylenchus steueri (Stefanski) 斯图螺旋线虫

Helicotylenchus striatus Firoza *et* Maqbool 具纹螺旋线虫

Helicotylenchus stylocercus Siddiqi *et* Pinochet 针尾螺旋线虫

Helicotylenchus subtropicalis Fernandez *et al.* 亚热带螺旋线虫

Helicotylenchus tangericus Sultan 触膜螺旋线虫

Helicotylenchus teleductus Anderson 全导管螺旋线虫

Helicotylenchus teres Gaur *et* Prasad 精美螺旋线虫

Helicotylenchus thornei Román 索氏螺旋线虫

Helicotylenchus trapezoidicaudatus Fotedar *et* Kaul 梯尾螺旋线虫

Helicotylenchus trivandranus Mohandas 三雄螺旋线虫

Helicotylenchus tropicus Román 热带螺旋线虫

Helicotylenchus truncatus Román 截形螺旋线虫

Helicotylenchus tumidicaudatus Phillips 裂尾螺旋线虫

Helicotylenchus tunisiensis Siddiqi 突尼斯螺旋线虫

Helicotylenchus unicum Fernandez *et al.* 单一螺旋线虫

Helicotylenchus urobelus Anderson 标枪尾螺旋线虫

Helicotylenchus ussurensis Eroshenko 乌苏里螺旋线虫

Helicotylenchus valecus Sultan 健壮螺旋线虫

Helicotylenchus variabilis Phillips 可变螺旋线虫

Helicotylenchus varicaudatus Yuen 异尾螺旋线虫

Helicotylenchus ventroprojectus Patil *et* Khan 凸腹螺旋线虫

Helicotylenchus verecundus Zarina *et* Maqbool 全能花螺旋线虫

Helicotylenchus verrucosus Fernandez *et al.* 多疣螺旋线虫

Helicotylenchus vietnamiensis Eroshenko *et al.* 越南螺旋线虫

Helicotylenchus vulgaris Yuen 普通螺旋线虫

Helicotylenchus wajihi Sultan 韦杰赫螺旋线虫

Helicotylenchus willmottae Siddiqi 韦尔莫塔螺旋线虫

Helicoverpa armigera (Hübner) 棉铃虫 cotton bollworm, corn earworm, tobacco budworm, tomato grub

Helicoverpa assulta Guenée 烟实夜蛾(烟青虫) oriental tobacco budworm, cape gooseberry budworm

Helicoverpa pnnctigera Wallengren 细点突夜蛾

Helicoverpa zea (Boddie) 谷实夜蛾 corn earworm

Helictidae 小花蜂科 sweat bees

Helina Robineau-Desvoidy 阳蝇属

Helina alternimacula Xue *et* Wang　变斑阳蝇

Helina biconiformis Xue *et* Wang　重锥阳蝇

Helina blaesonerva Ma *et* Wang　折脉阳蝇

Helina bohemani (Ringdahl)　薄黑阳蝇

Helina brunneigena Emden　棕颧阳蝇

Helina brunneipalpis Ma, Wang *et* Sun　棕须阳蝇

Helina calathocerca Xue *et* Wang　异叶阳蝇

Helina calceataeformis (Schnabl)　少毛阳蝇

Helina calceicerca Xue *et* Wang　履叶阳蝇

Helina celsa (Harris)　四斑阳蝇

Helina ciliata Karl　纤阳蝇

Helina cinerella (van der Wulp)　小灰阳蝇

Helina confinis (Fallén)　双头阳蝇

Helina cothurnata (Rondani)　靴阳蝇

Helina curtostylata Fang *et* Fan　曲叶阳蝇

Helina deleta (Stein)　毁阳蝇

Helina dibrachiata Fang, Li *et* Deng　异尾阳蝇

Helina evecta (Harris)　喜密阳蝇

Helina fica Xue　蜜阳蝇

Helina flavisquama (Zetterstedt)　黄瓣阳蝇

Helina graciliapica Xue *et* Wang　瘦尖阳蝇

Helina hengshanensis Wang *et* Ma　横山阳蝇

Helina hirsutitibia Ma *et* Zhao　毛胫阳蝇

Helina hirtifemorata Malloch　毛股阳蝇

Helina inflata Fang, Li *et* Deng　宽角阳蝇

Helina intermedia (Villeneuve)　介阳蝇

Helina jianchangensis Ma　建昌阳蝇

Helina lasiophthalma (Macquart)　毛眼阳蝇

Helina lateralis (Stein)　冠阳蝇

Helina laticerca Xue *et* Wang　宽叶阳蝇

Helina latitarsis Ringdahl　宽跗阳蝇

Helina laxifrons (Zetterstedt)　棕翅阳蝇

Helina leptinocorpus Fang *et* Fan　瘦阳蝇

Helina longicornis (Zetterstedt)　长角阳蝇

Helina longiquadrata Xue *et* Wang　矩叶阳蝇

Helina maculipennis (Zetterstedt)　斑翅阳蝇

Helina mandschurica Hennig　东北阳蝇

Helina maquensis Wu　玛曲阳蝇

Helina moedlingensis (Schnabl *et* Dziedzicki)　默阳蝇

Helina montana (Rondani)　山阳蝇

Helina nemorum (Stein)　林阳蝇

Helina nervosa (Stein)　脉阳蝇

Helina nigriannosa Xue *et* Zhao　黑古阳蝇

Helina nudifemorata latiscissa Xue　裂叶阳蝇

Helina nudifemorata Hennig　裸股阳蝇

Helina obscurata (Meigen)　暗阳蝇

Helina obscuratoides (Schnabl)　拟暗阳蝇

Helina pleuranthus Wu, Fang *et* Fan　侧花阳蝇

Helina prominenicauda Wu　突尾阳蝇

Helina protuberans (Zetterstedt)　银额阳蝇(结节阳蝇)

Helina punctifemoralis Wang *et* Feng　斑股阳蝇

Helina qilianshanensis Wu　祁连阳蝇

Helina quadrum (Fabricius)　四点阳蝇

Helina rariciliata Wu　疏纤阳蝇

Helina rastrella Hsue　耙叶阳蝇

Helina reversio (Harris)　双阳蝇

Helina sexmaculata (Preyssler)　六斑阳蝇

Helina spinicauda Xue *et* Wang　刺尾阳蝇

Helina squamoflava Wu, Fang *et* Fan　黑鳞阳蝇

Helina subeiensis Ma *et* Wang　肃北阳蝇

Helina subhirsutibia Wu　亚毛胫阳蝇

Helina sublaxifrons Xue *et* Cao　亚棕翅阳蝇

Helina subpubiseta Xue　拟尾毛阳蝇

Helina subvittata (Séguy)　毛胸阳蝇

Helina trivittata (Zetterstedt)　腹簇阳蝇

Helina truncata Fang *et* Fan　直边阳蝇

Helina unistriata Ma *et* Wang　单条阳蝇

Helina unistriatoides Fang *et* Cui　拟单条阳蝇

Helina xiaowutaiensis Zhao *et* Xue　小五台阳蝇

Helina xizangensis Fang *et* Fan　西藏阳蝇

Helina yanbeiensis Hsue *et* Wang　雁北阳蝇

Heliocausta Meyrick　伴织叶蛾属

Heliocausta hemitelis Meyrick　桉伴织叶蛾　gum leaf-roller, mottled yellow leaf-roller

Heliocharitidae　见　Libellaginidae

Heliococcus Sulc　星粉蚧属(阳腺刺粉蚧属,晶粉蚧属)

Heliococcus artemisiae Ter-Gr.　艾根星粉蚧

Heliococcus atraphaxidis Bazarov　蓼草星粉蚧

Heliococcus bambusae (Tak.)　刺竹星粉蚧

Heliococcus baotoui Tang　包头星粉蚧

Heliococcus bohemicus Sulc　旧北星粉蚧　Bohemian mealybug

Heliococcus caucasicus Borchs.　臭蒿星粉蚧

Heliococcus cydoniae Borchs.　狗牙根星粉蚧　Quince mealybug

Heliococcus danzigae Bazarov　屯氏星粉蚧　Bazarov's mealybug

Heliococcus destructor Borchs.　猖獗星粉蚧

Heliococcus dissimilis Danzig　背管星粉蚧

Heliococcus dorsiporosus Danzig　群管星粉蚧

Heliococcus etubularis Matesova　无管星粉蚧

Heliococcus glacialis (Newstead)　双腺星粉蚧

Heliococcus glycinicola Borchs.　豆叶星粉蚧

Heliococcus halocnemi Borchs.　黎叶星粉蚧

Heliococcus herbaceus Borchs.　杂草星粉蚧

Heliococcus inconspicuus Bazarov　刺瘤星粉蚧

Heliococcus kehejanae Ter-Gr.　禾类星粉蚧

Heliococcus kirgisicus Bazarov　醋栗星粉蚧

Heliococcus kurilensis Danzig　远东星粉蚧

Heliococcus lingnaniae Wang　单竹星粉蚧(单竹阳腺刺粉蚧)

Heliococcus maritimus Danzig　海滨星粉蚧

Heliococcus mirabilis Bazarov　黄菁星粉蚧

Heliococcus montanus Borchs.　罂粟星粉蚧

Heliococcus myopori Kawai 日本星粉蚧

Heliococcus nivearum Balachowsky 小脐星粉蚧 snow mealybug

Heliococcus oligadenatus Danzig 贫管星粉蚧

Heliococcus pamirensis Bazarov 侵若星粉蚧(藜根阳腺刺粉蚧)

Heliococcus pavlovskii Borchs. *et* Tereznikova 巴氏星粉蚧

Heliococcus quadriglandularis Bazarov 四管星粉蚧

Heliococcus radicicola Goux 食根星粉蚧 pink root mealybug

Heliococcus salviae Borchs. 鼠尾草星粉蚧

Heliococcus saxatilis Borchs. 双管星粉蚧

Heliococcus schmelevi Bazarov 单管星粉蚧

Heliococcus singularis Avasthi *et* Shafee 印度星粉蚧

Heliococcus sulcii Goux 苏氏星粉蚧 Sulc's mealybug

Heliococcus summervillei Brookes 异腺星粉蚧

Heliococcus szetshuanensis Borchs. 四川星粉蚧(四川阳腺刺粉蚧,四川晶粉蚧)

Heliococcus takae (Kuwana) 竹叶星粉蚧 bamboo false cottony scale

Heliococcus takahashii Kanda 高桥星粉蚧 Takahashi false cottony scale

Heliococcus tesquorum Borchs. 蒙古星粉蚧

Heliococcus tokyoensis (Kanda) 东京星粉蚧

Heliococcus varioporus Matesova 泡刺星粉蚧

Heliococcus xerophilus Matesova 嗜旱星粉蚧

Heliococcus zizyphi Borchs. 枣树星粉蚧(枣阳腺刺粉蚧, 枣晶粉蚧)

Heliocopris bucephalus Fabricius 牛头巨蜣螂

Heliodinesesia Yang *et* Wang 举肢透翅蛾属

Heliodinesesia ulmi Yang *et* Wang 榆举肢透翅蛾

Heliodinidae 举肢蛾科

Heliogomphus Laidlaw 曦春蜓属

Heliogomphus retroflexus (Ris) 扭尾曦春蜓

Heliogomphus scorpio (Ris) 独角曦春蜓

Helionothrips errans William 黄顶网纹蓟马 dendrobium thrips, yellow top reticulated thrips

Heliophanus C.L. Koch 闪蛛属

Heliophanus auratus C.L. Kock 金点闪蛛

Heliophanus cupreus (Walckenaer) 铜闪蛛

Heliophanus dubius C.L. Koch 悬闪蛛

Heliophanus falcatus Xiao *et* Yin 镰闪蛛

Heliophanus flavipes (Hahn) 黄闪蛛

Heliophanus lineiventris Simon 线腹闪蛛

Heliophanus patagiatus Thorell 翼膜闪蛛

Heliophanus simplex Simon 简闪蛛

Heliophanus ussuricus Kulczynski 乌苏里闪蛛

Heliophila tibialis Morawitz 胫泽条蜂

Heliophobus reticulata (Goeze) 网夜蛾

Heliophorus Geyer 彩灰蝶属

Heliophorus androcles (Westwood) 美男彩灰蝶

Heliophorus ila (de Nicéville) 浓紫彩灰蝶

Heliophorus moorei (Hewitson) 摩来彩灰蝶

Heliophorus phoenicoparyphus (Holland) 斜斑彩灰蝶

Heliophorus pulcher Chou 美丽彩灰蝶

Heliorabdia taiwana (Wileman) 台日苔蛾

Helioscirtus Sauss. 旋跳蝗属

Helioscirtus moseri moseri Sauss. 旋跳蝗

Heliosia Hampson 阳苔蛾属

Heliosia alba Hampson 白阳苔蛾

Heliosia elegans Reich 华美阳苔蛾

Heliosia novirufa Fang 新阳苔蛾

Heliosia punctata Fang 点阳苔蛾

Heliosia rufa (Leech) 红阳苔蛾

Heliostibes atychioides Butler 松雕蛾

Heliothela Guenée 黑翅野螟属

Heliothela nigralbata Leech 白点黑翅野螟

Heliothis Oschsenheimer 实夜蛾属

Heliothis armigera (Hübner) 见 *Helicoverpa armigera*

Heliothis assulta (Guenée) 见 *Helicoverpa assulta*

Heliothis dejeani Oberthüer 杂实夜蛾

Heliothis dipsacea (L.) 亚麻实夜蛾(苜蓿夜蛾) flax bud worm

Heliothis fervens Butler 焰实夜蛾

Heliothis nanna (Hampson) 小实夜蛾

Heliothis onois (Denis *et* Schiffermüller) 花实夜蛾(亚麻果夜蛾)

Heliothis peltigera (Denis *et* Schiffermüller) 点实夜蛾(大棉铃虫,鼠尾草夜蛾)

Heliothis punctigera Wallengren 见 *Helicoverpa punctigera*

Heliothis virescens (F.) 烟芽夜蛾 tobacco budworm

Heliothis viriplaca (Hüfnagel) 苜蓿实夜蛾 flax bud worm

Heliothrips brunneipennis Bagnall 棕翅阳蓟马

Heliothrips haemorrhoidalis (Bouch) 温室蓟马 glasshouse thrips, greenhouse thrips

Heliothrips indicus Bagnall 棉褐蓟马

Heliothrips striatopterus Kob. 玉米白带蓟马 maize thrips

Heliozela prodela Meyrick 桉日蛾

Heliozela resplendella Stainton 桤木日蛾 alder small lift moth

Heliozela sericiella Haworth 栎丝日蛾 satin lift moth

Heliozela subpurpurea Meyrick 栎日蛾 chestnut-leaved oak shield bearer

Heliozelidae 日蛾科 shield bearers

Helleia Verity 罕莱灰蝶属

Helleia helle (Denis *et* Schiffermüller) 罕莱灰蝶

Helleia li (Oberthüer) 丽罕莱灰蝶

Hellichiinae 希蚋亚科

Hellula Guenée 菜心野螟属

Hellula undalis Fabricius 菜心野螟 cabbage webworm

Helodidae 沼甲科 small soft beetles

Helopeltis Signored 刺盲蝽属

Helopeltis anacardii Miller 东非桉刺盲蝽 mosquito bug

Helopeltis antonii Signoret 腰果刺盲蝽 mosquito bug

Helopeltis bakeri Poppius 可可刺盲蝽

Helopeltis bergrothi Reuter 非洲刺盲蝽(茶盲蝽)

Helopeltis cinchonae Mann 金鸡纳刺盲蝽

Helopeltis collaris Stål 菲律宾刺盲蝽

Helopeltis fasciaticollis Poppius 台湾刺盲蝽

Helopeltis schoutedeni Reuter 棉刺盲蝽 cotton helopeltis, mosquito bug

Helopeltis theivora Waterhouse 茶刺盲蝽

Helopeltis westwoodi White 辣椒刺盲蝽

Helophilus Meigen 黄条食蚜蝇属

Helophilus continua Löw 续斑黄条食蚜蝇

Helophorus aquaticus Linnaeus 水沟背牙甲

Helophorus auriculatus Sharp 小麦沟背牙甲

Helophorus crinitus Ganglbauer 突角沟背牙甲

Helophorus hingstoni d'Orchymont 直缘沟背牙甲

Helophorus lamicola Zaitzev 隐纹沟背牙甲

Helophorus montanus d'Orchymont 波缘沟背牙甲

Helophorus ser Zaitzev 显纹沟背牙甲

Helophorus splendidus immaensis d'Orchymont 丽沟背牙甲

Heloridae 柄腹细蜂科

Helotidae 蜡斑甲科

Helotrephidae 水蚤蝽科

Helotropha leucostigma Hübner 玉米蛀茎夜蛾 false sweet flag cutworm

Hemadius oenochrous Fairm. 樱红肿角天牛

Hemaspidoproctus Morrison 半绵蚧属

Hemaspidoproctus cinerea (Green) 银桦半绵蚧

Hemaspidoproctus euphorbiae (Green) 大戟半绵蚧

Hemaspidoproctus senex (Green) 车桑仔半绵蚧

Hemathlophorus Malaise 血丛粗角叶蜂属

Hemathlophorus formosanus (Enslin) 安平粗角叶蜂

Hemerobiidae 褐蛉科 brown lacewings

Hemerobius Linnaeus 褐蛉属

Hemerobius bispinus Banks 双刺褐蛉

Hemerobius hengduanus Yang 横断褐蛉

Hemerobius humuli Linnaeus 全北褐蛉

Hemerobius lii Yang 李氏褐蛉

Hemerobius mangkamanus Yang 芒康褐蛉

Hemerobius neadelphus Gurney 纺宫褐蛉

Hemerobius poppii Esb.-Petersen 波褐蛉

Hemerobius xizangensis Yang 西藏褐蛉

Hemerocampa definita (Pack.) 黑合毒蛾 definite-marked tussock moth

Hemerocampa gulosa Hy. Edw. 西方橡合毒蛾 western tussock moth

Hemerocampa leucostigma Abbott *et* Smith 白斑合毒蛾 white-marked tussock moth

Hemerocampa oslari (Barnes) 大冷杉合毒蛾 fir tussock moth

Hemerocampa pseudotsugata McDunnough 黄杉合毒蛾 Douglas fir tussock moth

Hemerocampa vetusta Boisduval 西合毒蛾 western tussock moth

Hemerodromia Meigen 螳舞虻属

Hemerodromia euneura Yang *et* Yang 优脉螳舞虻

Hemerodromia flaviventris Yang *et* Yang 黄腹螳舞虻

Hemerodromia guangxiensis Yang *et* Yang 广西螳舞虻

Hemerodromia xanthocephala Yang *et* Yang 黄头螳舞虻

Hemerodromia xizangensis Yang *et* Yang 西藏螳舞虻

Hemerodromiinae 巨基舞虻亚科

Hemerophila atrilineata Butler 桑枝尺蛾 mulberry looper, mulberry spanworm

Hemiberlesia Cockerell 栉圆盾蚧属

Hemiberlesia chipponsanensis (Takahashi) 杜鹃栉圆盾蚧

Hemiberlesia cyanophylli (Signoret) 黄炎栉圆盾蚧

Hemiberlesia implicata (Maskell) 见 *Hemiberlesia lataniae*

Hemiberlesia lataniae (Signoret) 棕榈栉圆盾蚧 Lataniae scale, Quince scale

Hemiberlesia massonianae Tang 马尾栉圆盾蚧

Hemiberlesia palmae (Cockerell) 长棘炎盾蚧

Hemiberlesia pitysophila Takagi 松栉圆盾蚧(松突圆蚧) pine needle scale

Hemiberlesia popularum Marlatt 杨栉圆盾蚧

Hemiberlesia rapax (Comstock) 桂花栉圆盾蚧 greedy scale

Hemiberlesia sinensis Ferris 见 *Abgrallaspis sinensis*

Hemicaecillus suzukii Okamoto 长毛茶啮虫

Hemicaloosia Ray *et* Das 半卡洛斯线虫属

Hemicaloosia americana Ray *et* Das 美洲半卡洛斯线虫

Hemicaloosia delpradi (Maas) 德氏半卡洛斯线虫

Hemicaloosia luci Dhanachand *et* Jairajpuri 卢氏半卡洛斯线虫

Hemicaloosia nudata (Colbran) 裸半卡洛斯线虫

Hemicaloosia paradoxa (Luc) 奇异半卡洛斯线虫

Hemicentrus Melichar 二刺角蝉属

Hemicentrus attenuatus Funkhouser 狭二刺角蝉

Hemicentrus brevis Yuan *et* Tian 短二刺角蝉

Hemicentrus brunneus Yuan *et* Tian 褐二刺角蝉

Hemicentrus cornutus (Funkhouser) 长盾二刺角蝉

Hemicentrus latus Yuan *et* Tian 宽二刺角蝉

Hemicentrus obliquus Yuan *et* Tian 斜二刺角蝉

Hemicentrus tenuis Yuan *et* Tian 细二刺角蝉

Hemicheyletia Volgin 半扇毛螨属

Hemicheyletia bakeri Ehara 贝氏半扇毛螨

Hemicheyletia chui Tseng 崔氏半扇毛螨

Hemicheyletia pusillifolium Lin, Pen *et* Chen 小叶半扇

毛螨

Hemicheyletia wellsi Baker 韦氏半扇毛螨

Hemicheyletia wellsina De Leon 威氏半扇毛螨

Hemicheyletus 半肉食螨属

Hemichionaspis Cockerell 见 *Pinnaspis* Cockerell

Hemichionospis theae Maskell 见 *Pinnaspis theae*

Hemichroa Stephens 半皮叶蜂属

Hemichroa australis Lepeletier 欧洲桤木半皮叶蜂

Hemichroa crocea (Fourcroy) 红黄半皮叶蜂 alder sawfly, striped alder sawfly

Hemicoelus carinatus (Say) 美东白蜡地板窃蠹 eastern death watch beetle

Hemicoelus gibbicollis (LeConte) 美桁条地板窃蠹 softwood powder-post beetle

Hemicoelus umbrosus (Fall) 冷杉桦窃蠹

Hemicriconemoides Chitwood *et* Birchfield 半轮线虫属 sheathoid nematodes

Hemicriconemoides aberrans Phukan *et* Sanwal 异常半轮线虫

Hemicriconemoides affinis Germani *et* Luc 相关半轮线虫

Hemicriconemoides alexis Vovlas 护卫半轮线虫

Hemicriconemoides annulatus Pinochet *et* Raski 饰环半轮线虫

Hemicriconemoides birchfirldi Edward, Misra *et* Singh 伯氏半轮线虫

Hemicriconemoides brevicaudatus Dasgupta, Raskki *et* Van Gundy 短尾半轮线虫

Hemicriconemoides californianus Pinochet *et* Raski 加利福尼亚半轮线虫

Hemicriconemoides chitwoodi Esser 奇氏半轮线虫

Hemicriconemoides communis Edward *et* Misra 一般半轮线虫

Hemicriconemoides conicaudatus Phukan *et* Sanwal 锥尾半轮线虫

Hemicriconemoides coronatus Reay *et* Colbran 饰冠半轮线虫

Hemicriconemoides digitatus Reay *et* Colbran 指状半轮线虫

Hemicriconemoides gabrici (Yeates) 加布瑞斯半轮线虫

Hemicriconemoides ghaffari Maqbool 加法尔半轮线虫

Hemicriconemoides insignis Dasgupta, Raski *et* Van Gundy 非常半轮线虫

Hemicriconemoides intermedius Dasgupta, Raski *et* Van Gundy 间型半轮线虫

Hemicriconemoides kanayaensis Nakasono *et* Ichinohe 卡纳亚半轮线虫 tea Kanaya nematode

Hemicriconemoides longistylus Rahman 长针半轮线虫

Hemicriconemoides mangiferae Siddiqi 杧果半轮线虫

Hemicriconemoides mehdii Suryawanshi 梅赫地半轮线虫

Hemicriconemoides microdoratus Dasgupta, Raski *et* Van

Gundy 小矛半轮线虫

Hemicriconemoides minor Brzeski *et* Reay 较小半轮线虫

Hemicriconemoides neobrachyurus Dhanachand *et* Jairajpuri 新最短半轮线虫

Hemicriconemoides nitidus Pinochet *et* Raski 整洁半轮线虫

Hemicriconemoides ortonwilliamsi Ye *et* Siddiqi 韦氏半轮线虫

Hemicriconemoides parataiwanensis Decraemer *et* Geraert 异台湾半轮线虫

Hemicriconemoides parvus Dasgupta, Raski *et* Van Gundy 微细半轮线虫

Hemicriconemoides promissus Vovlas 共同半轮线虫

Hemicriconemoides pseudobrachyurum de Grisse 假短尾半轮线虫

Hemicriconemoides rotundus Ye *et* Siddiqi 圆半轮线虫

Hemicriconemoides sacchariae Henys 甘蔗半轮线虫

Hemicriconemoides scottolamassesei Germani *et* Anderson 斯氏半轮线虫

Hemicriconemoides sinensis Vovlas 中国半轮线虫

Hemicriconemoides snoechi Van Doorsselaere *et* Samsoen 斯诺赤半轮线虫

Hemicriconemoides squamosus (Cobb) 披鳞半轮线虫

Hemicriconemoides sunderbanensis Ganguly *et* Khan 山德贝半轮线虫

Hemicriconemoides taiwanensis Pinochet *et* Raski 台湾半轮线虫

Hemicriconemoides ureshinoensis Yokoo 尤里申诺半轮线虫

Hemicriconemoides variabilis Rahaman *et* Ahmad 可变半轮线虫

Hemicriconemoides varionodus Choi *et* Geraert 异环半轮线虫

Hemicycliophora de Man 鞘线虫属 sheath nematodes

Hemicycliophora aberrans Thorne 异常鞘线虫

Hemicycliophora adolia Khurramov 真实鞘线虫

Hemicycliophora amchitkaensis Bernard 安奇特卡鞘线虫

Hemicycliophora andrassyi (Andrássy) 恩氏鞘线虫

Hemicycliophora aquaticum (Micoletzky) 水生鞘线虫

Hemicycliophora arcuata Thorne 弓形鞘线虫

Hemicycliophora arenaria Raski 蚤缀鞘线虫

Hemicycliophora argiensis Khan *et* Nanjappa 阿尔吉鞘线虫

Hemicycliophora belemnis Germani *et* Luc 标枪鞘线虫

Hemicycliophora biformis (Chitwood *et* Birchfield) 二型鞘线虫

Hemicycliophora biloculata Colbran 二室鞘线虫

Hemicycliophora brachyurus (Loos) 最短鞘线虫

Hemicycliophora brevicauda Sauer 短尾鞘线虫

Hemicycliophora brevis Thorne 短鞘线虫

Hemicycliophora brzeski Barbez *et* Geraert 布氏鞘线虫

Hemicycliophora californica Brzeski 加利福尼亚鞘线虫

Hemicycliophora charlestoni Reay 查尔斯顿鞘线虫

Hemicycliophora chathaensis Kapoor 乍塔鞘线虫

Hemicycliophora chathami Yeates 查氏鞘线虫

Hemicycliophora chilensis (Andrássy) 智利鞘线虫

Hemicycliophora cocophillus (Loos) 椰子鞘线虫

Hemicycliophora conida Thorne 小孢鞘线虫

Hemicycliophora corbetti Siddiqi 科氏鞘线虫

Hemicycliophora demani Edward *et* Rai 捷氏鞘线虫

Hemicycliophora depressus Yeates 稀少鞘线虫

Hemicycliophora dhirendi Husain *et* Khan 德氏鞘线虫

Hemicycliophora diolaensis Germani *et* Luc 第欧拉鞘线虫

Hemicycliophora ekdavici Darekar *et* Khan 埃及达维克鞘线虫

Hemicycliophora ekrami Sultan *et* Inderjit Singh 埃克瑞姆鞘线虫

Hemicycliophora epicharis Raski 美丽鞘线虫

Hemicycliophora epicharoides Loof 拟美丽鞘线虫

Hemicycliophora eucalypti Reay 桉树鞘线虫

Hemicycliophora eugeniae Khan *et* Basir 番樱桃鞘线虫

Hemicycliophora filicauda Doucet 丝尾鞘线虫

Hemicycliophora floridensis (Chitwood *et* Birchfield) 佛罗里达鞘线虫

Hemicycliophora fragilis Doucet 草莓鞘线虫

Hemicycliophora gaddi (Loos) 加氏鞘线虫

Hemicycliophora garhwalensis Gupta *et* Gupta 加瓦尔鞘线虫

Hemicycliophora gracilis Thorne 细小鞘线虫

Hemicycliophora guptai Duggal *et* Koul 格氏鞘线虫

Hemicycliophora halophila Yeates 海滨鞘线虫

Hemicycliophora hesperis Raski 西方鞘线虫

Hemicycliophora iranica Loof 伊朗鞘线虫

Hemicycliophora italiae Brzeski *et* Ivanova 意大利鞘线虫

Hemicycliophora iwia Brzeski 伊威鞘线虫

Hemicycliophora juglandis Choi *et* Geraert 胡桃鞘线虫

Hemicycliophora koreana Choi *et* Geraert 朝鲜鞘线虫

Hemicycliophora labiata Colbran 具唇鞘线虫

Hemicycliophora lamberti van den Berg 兰氏鞘线虫

Hemicycliophora lingualis Kannan 舌形鞘线虫

Hemicycliophora litoralis Reay 海边鞘线虫

Hemicycliophora litorea van den Berg 沿海鞘线虫

Hemicycliophora loofi Maas 卢氏鞘线虫

Hemicycliophora lutosa Loof *et* Heyns 泥地鞘线虫

Hemicycliophora lutosoides Loof 类泥地鞘线虫

Hemicycliophora macristhmus Loof 长狭鞘线虫

Hemicycliophora macrodorata Raski *et* Valenzuela 大矛鞘线虫

Hemicycliophora madagascariensis Germani *et* Luc 马达加斯加鞘线虫

Hemicycliophora mangiferum Misra *et* Edward 杧果鞘线虫

Hemicycliophora megalodiscus Loof 大盘鞘线虫

Hemicycliophora meghalayaensis Rahaman, Ahmad *et* Jairajpuri 梅加拉亚鞘线虫

Hemicycliophora membranifer (Micoletzky) 具膜鞘线虫

Hemicycliophora mettleri Jenkins *et* Reed 梅氏鞘线虫

Hemicycliophora micoletzkyi Goffart 米氏鞘线虫

Hemicycliophora minora Wu 较小鞘线虫

Hemicycliophora minuta (Esser) 微小鞘线虫

Hemicycliophora montana Eroshenko 高山鞘线虫

Hemicycliophora monticola Mehta, Raski *et* Valenzuela 小山鞘线虫

Hemicycliophora musae Khan *et* Nanjappa 芭蕉鞘线虫

Hemicycliophora nana Thorne 短小鞘线虫

Hemicycliophora natalensis Loof *et* Heyns 那塔尔鞘线虫

Hemicycliophora nigeriensis Germani *et* Luc 尼日利亚鞘线虫

Hemicycliophora nortoni Brzeski 诺氏鞘线虫

Hemicycliophora nucleata Loof 具核鞘线虫

Hemicycliophora nulinca van den Berg 那林卡鞘线虫

Hemicycliophora nyanzae Schoemaker 尼安萨鞘线虫

Hemicycliophora obese Thorne 粗壮鞘线虫

Hemicycliophora obtusa Thorne 钝鞘线虫

Hemicycliophora oryzae Waela *et* van den Berg 水稻鞘线虫

Hemicycliophora ovata Colbran 卵形鞘线虫

Hemicycliophora paracouensis van den Berg *et* Quénénérv 帕拉库鞘线虫

Hemicycliophora parvana Tarjan 微细鞘线虫 Tarjan's sheath nematode

Hemicycliophora pauciannulata Luc 少环鞘线虫

Hemicycliophora peca van den Berg 栉鞘线虫

Hemicycliophora pinocheti Mehta *et* Raski 皮氏鞘线虫

Hemicycliophora poranga Monteiro *et* Lordello 孔囊鞘线虫

Hemicycliophora postamphidia Rahaman, Ahmad *et* Jairajpuri 后侧器鞘线虫

Hemicycliophora pruni Kirjanova *et* Shagalina 李子鞘线虫

Hemicycliophora pseudochilensis Barbez *et* Geraert 假智利鞘线虫

Hemicycliophora punensis Darekar *et* Khan 庞鞘线虫

Hemicycliophora quercea Mehta *et* Raski 栎树鞘线虫

Hemicycliophora raskii Brzeski 拉氏鞘线虫

Hemicycliophora repetekensis Krall, Ivanova *et* Shagalina 列佩捷克鞘线虫

Hemicycliophora rionegrensis Doucet 里奥内格罗鞘线虫

Hemicycliophora ripa van den Berg 岸栖鞘线虫

Hemicycliophora ritteri Brizuela 里氏鞘线虫

Hemicycliophora robundicauda Thorne 波尾鞘线虫

Hemicycliophora robusta Loof 强壮鞘线虫

Hemicycliophora salicis Sofrigina 柳鞘线虫

Hemicycliophora saueri Brzeski 索氏鞘线虫

Hemicycliophora sculpturata Loof 雕塑鞘线虫

Hemicycliophora shepherdi Wu 水牛果鞘线虫

Hemicycliophora sheri Brzeski 谢氏鞘线虫

Hemicycliophora siddiqi Deswal *et* Bajaj 西氏鞘线虫

Hemicycliophora signata Orton Williams 标记鞘线虫

Hemicycliophora silvestris Jenkins *et* Reed 树林鞘线虫

Hemicycliophora similis Thorne 相似鞘线虫 grass
sheath nematode

Hemicycliophora spinituberculata Loof 棘结鞘线虫

Hemicycliophora spinosa Colbran 多棘鞘线虫

Hemicycliophora straturata Germani *et* Luc 层尾鞘线虫

Hemicycliophora striatula Thorne 具纹鞘线虫

Hemicycliophora strictathecatus (Esser) 紧鞘鞘线虫

Hemicycliophora sturhani Loof 斯氏鞘线虫

Hemicycliophora subaolica Jairajpuri 普通鞘线虫

Hemicycliophora tarjani Khan *et* Baisr 塔氏鞘线虫

Hemicycliophora tenuis Thorne 纤细鞘线虫

Hemicycliophora tenuistriata Doucet 细纹鞘线虫

Hemicycliophora tesselata Boonduang *et* Ratanaprapa 格
纹鞘线虫

Hemicycliophora thornei Goodey 索尼鞘线虫

Hemicycliophora transvaalensis Heyns 德兰氏瓦鞘线虫

Hemicycliophora triangulum Loof 三角鞘线虫

Hemicycliophora truncata Colbran 截形鞘线虫

Hemicycliophora typica de Man 典型鞘线虫

Hemicycliophora utkali Ray *et* Das 厄特卡鞘线虫

Hemicycliophora veechi Maqbool, Shahina *et* Zarina 维
施鞘线虫

Hemicycliophora vidua Raski 无偶鞘线虫

Hemicycliophora vitiensis Orton Williams 维蒂鞘线虫

Hemicycliophora vivida Wu 活泼鞘线虫

Hemicycliophora wallacei Reay 华氏鞘线虫

Hemicycliophora wesca van den Berg *et* Meyer 韦斯卡鞘
线虫

Hemicycliophora wessoni (Chitwood *et* Birchfield) 韦氏
鞘线虫

Hemicycliophora zuckermani Brzeski 朱氏鞘线虫

Hemicycliophoridae 鞘线虫科

Hemifentonia Kiriakoff 对纷舟蛾属

Hemifentonia inconspicua (Kiriakoff) 对纷舟蛾

Hemigaster Brulle 甲腹姬蜂属

Hemigaster mandibularis (Uchida) 颚甲腹姬蜂

Hemigaster taiwana (Sonan) 台甲腹姬蜂

Hemigasterinae 甲腹姬蜂亚科

Hemileuca eglanterina (Boisduval) 鲜黄半白大蚕蛾
brown day moth

Hemileuca lucina Hy. 绣线菊半白大蚕蛾 Edwards buck
moth

Hemileuca maia (Drury) 栎半白大蚕蛾

Hemileuca nevadensis Stretch 内华达半白大蚕蛾 Ne-
vada buck moth

Hemileuca oliviae Cockerell 行列半白大蚕蛾(牧草大蚕
蛾) range caterpillar

Hemileuca tricolor Packardl 美三色半白大蚕蛾

Hemimeridae 鼠螋科

Hemimerina 鼠螋亚目

Heminothrus Berlese 半懒甲螨属

Heminothrus banksi (Michael) 斑氏半懒甲螨

Heminothrus longisetosus Willmann 长毛半懒甲螨

Heminothrus minor Aoki 小半懒甲螨

Heminothrus numatai (Aoki) 沿半懒甲螨

Heminothrus peltifer (Koch) 盾半懒甲螨

Heminothrus sibiricus Sitnikova 西伯利亚半懒甲螨

Heminothrus targionii (Berlese) 塔氏半懒甲螨

Heminothrus thori (Berlese) 索氏半懒甲螨

Heminothrus yamaskii Aoki 山崎半懒甲螨

Hemiops flava Casternau 麦黄叩甲

Hemipeletieria chaoi Zimin 片肛颏迷寄蝇

Hemipeletieria fuscata Chao 暗色颏迷寄蝇

Hemipeletieria pallidda (Zimin) 苍白颏迷寄蝇

Hemipeletieria propinqua Zimin 钝突颏迷寄蝇

Hemipeletieria semiglabra Zimin 腮颏迷寄蝇

Hemipeletieria trifurca Chao 三叉颏迷寄蝇

Hemipeplidae 半鞘甲科

Hemiphlebiidae 歧蟌科

Hemiphlebioidea 歧蟌总科

Hemipsilia grahami Schaus 半明苔蛾

Hemipsocus chloroticus Hagen 透茶啮虫

Hemiptera 半翅目

Hemipteroseius indicus (Krantz *et* Khot) 印度半翅绥螨

Hemipyrellia Townsend 带绿蝇属

Hemipyrellia ligurriens (Wiedemann) 瘦叶带绿蝇

Hemipyxis Dejean 沟胫跳甲属

Hemipyxis jeanneli (Chen) 泡桐沟胫跳甲

Hemipyxis kiangsuana (Chen) 江苏沟胫跳甲

Hemipyxis lusca (Fabricius) 斑翅沟胫跳甲

Hemipyxis moseris (Weise) 棕顶沟胫跳甲

Hemipyxis plagioderoides (Motschulsky) 金绿沟胫跳甲

Hemipyxis tonkinensis (Chen) 棕胸沟胫跳甲

Hemisarcoptes Lignieres 半疥螨属

Hemisarcoptes coccophagus 食蚧半疥螨

Hemisarcoptes malus (Shimer) 苹半疥螨

Hemisarcoptidae 半疥螨科

Hemiscolocenus Mohanasundaram 半针空瘿螨属

Hemiscolocenus camelliae Wei *et* Feng 茶半针空瘿螨

Hemisemidalis Meinander 半粉蛉属

Hemisemidalis sinensis Liu 中华半粉蛉

Hemisphaerius coccinelloides formosus Melichar 甲瓢蜡
蝉

Hemistola Warren 无缰青尺蛾属

Hemistola chrysoprasaria Esper 小无缰青尺蛾 small white-farded geometrid

Hemistola fletcheri Prout 薄无缰青尺蛾

Hemistola inconcinnaria (Leech) 荫无缰青尺蛾

Hemitarsonemus Ewing 半跗线螨属

Hemitarsonemus biconvexa Lin *et* Zhang 双凸半跗线螨

Hemitarsonemus furcalis Lin *et* Zhang 叉半跗线螨

Hemitarsonemus latus Banks 茶半跗线螨 broad mite, rubber leaf-mite, yellow tea mite

Hemitarsonemus tepidariorum (Warburton) 暖水半跗线螨 fern mite

Hemitaxonus Ashmead 尖叶蜂属

Hemitaxonus alboorolis (Malaise) 白尖叶蜂

Hemitaxonus formosanus Takeuchi 峦大尖叶蜂

Hemitaxonus nigroorolis (Malaise) 黑尖叶蜂

Hemithea Duponchel 锈腰尺蛾属

Hemithea aestivaria Hübner 红腰锈腰尺蛾(绿丽尺蛾) greenish delicate geometrid

Hemithea costipunctata Moore 橡锈腰尺蛾 rubber-flower geometrid

Hemithea mali Matsumura 苹绿锈腰尺蛾 apple greenish geometrid

Hemithea marina (Butler) 青颜锈腰尺蛾

Hemithea rubrifrons Warren 红边锈腰青尺蛾

Hemithea sasakii Matsumura 桃绿锈腰尺蛾 peach greenish geometrid

Hemithea tritonaria (Walker) 星缘锈腰尺蛾

Hemitheidae 绿尺蛾科 green geometrids

Hemonia orbiferana Walker 紫苔蛾

Hendecasis duplifascialis Hampson 茉莉花尖螟蛾

Henestarinae 盐长蝽亚科

Henestaris Spinola 盐长蝽属

Henestaris oschanini Bergroth 盐长蝽

Henicinae 哑蟋螽亚科

Henicolabus discolor Fåhraeus 印榄仁红黄象

Henicolabus lewisi Sharp 勒威斯氏红黄象 Lewis leaf-cut weevil

Henosepilachna Li 裂臀瓢虫属

Henosepilachna boisduvali Mulsant 波氏裂臀瓢虫

Henosepilachna chrysomelina (Fabricius) 胡麻裂臀瓢虫 leaf-eating lady beetle

Henosepilachna dodecastigma (Weidmann) 十二斑裂臀瓢虫

Henosepilachna elaterii (Rossi) 苦瓜裂臀瓢虫

Henosepilachna indica (Mulsant) 刀叶裂臀瓢虫

Henosepilachna kaszabi (Bielawski *et* Fürsch) 十斑裂臀瓢虫

Henosepilachna libera (Dieke) 奇斑裂臀瓢虫

Henosepilachna ocellata (Redtenbacher) 眼斑裂臀瓢虫

Henosepilachna operculata (Liu) 合子草裂臀瓢虫

Henosepilachna processa (Weise) 齿叶裂臀瓢虫

Henosepilachna pusillanima (Mulsant) 锯叶裂臀瓢虫

Henosepilachna quadriplagiata Pang *et* Mao 四斑裂臀瓢虫

Henosepilachna septima (Dieke) 瓜裂臀瓢虫

Henosepilachna sexta (Dieke) 六斑裂臀瓢虫

Henosepilachna sparsa (Herbst) 酸浆裂臀瓢虫

Henosepilachna tonkinensis (Bielawski) 北部湾裂臀瓢虫

Henosepilachna umbonata Pang *et* Mao 齿突裂臀瓢虫

Henosepilachna verriculata Pang *et* Mao 毛突裂臀瓢虫

Henosepilachna vigintioctomaculata (Motschulsky) 马铃薯瓢虫 twenty-eight-spotted ladybird

Henoticus californicus Mann. 千果隐食甲

Henricohahnia Breddin 长头猎蝽属

Henricohahnia cauta Miller 众突长头猎蝽

Henricohahnia monticola Hsiao *et* Ren 锥角长头猎蝽

Henricohahnia tuberosa Hsiao *et* Ren 双突长头猎蝽

Henricohahnia typica Distant 菱角长头猎蝽

Henricohahnia vittata Miller 长头猎蝽

Henschiella Horváth 粗喙奇蝽属

Henschiella saigusai Miyamoto 粗喙奇蝽

Heoclisis japonica (MacLachlan) 追击大蚁蛉

Heortia Lederer 黄野螟属

Heortia vitessoides Moore 黄野螟

Hepialichneumon Dong 蝠蛾姬蜂属

Hepialichneumon baimaensis Dong 白马蝠蛾姬蜂

Hepialichneumon deqinensis Dong 德钦蝠蛾姬蜂

Hepialichneumon meiliensis Dong 梅里蝠蛾姬蜂

Hepialichneumon yulongensis Dong 玉龙蝠蛾姬蜂

Hepialidae 蝙蝠蛾科 hepialid moths, ghost moths, swift moths

Hepialoidea 蝙蝠蛾总科 ghost moths and their allies

Hepialus Fabricius 蝠蛾属

Hepialus albipictus Yang 白纹蝠蛾

Hepialus anomopterus Yang 异翅蝠蛾

Hepialus baqingensis Yang *et* Jiang 巴青蝠蛾

Hepialus callinivalis Liang 美丽蝠蛾

Hepialus cingulatus Yang *et* Zhang 白带蝠蛾

Hepialus damxungensis Yang 当雄蝠蛾

Hepialus ferrugineus Li, Yang *et* Shen 锈色蝠蛾

Hepialus gonggaensis Fu *et* Huang 贡嘎蝠蛾

Hepialus humuli Linnaeus 忽布幅蛾 ghost swift moth

Hepialus jialangensis Yang 甲郎蝠蛾

Hepialus jianchuanensis Yang 剑川蝠蛾

Hepialus jinshaensis Yang 金沙蝠蛾

Hepialus litangensis Liang 里塘蝠蛾

Hepialus lupulinus Linnaeus 庭园蝠蛾 common swift moth, small garden swift moth

Hepialus luquensis Yang *et* Yang 碌曲蝠蛾

Hepialus macilentus Eversmann 角纹蝠蛾

Hepialus markamensis Yang, Li *et* Shen 芒康蝠蛾

Hepialus pratensis Yang, Li *et* Shen 草地蝠蛾

Hepialus renzhiensis Yang 人支蝠蛾

Hepialus virescens Doubleday 见 *Aenetus virescens*

Hepialus xunhuaensis Yang *et* Yang 循化蝠蛾

Hepialus yeriensis Liang 叶日蝠蛾

Hepialus yunnanensis Yang, Li *et* Shen 云南蝠蛾

Hepialus zaliensis Yang 察里蝠蛾

Hepialus zhongzhiensis Liang 中支蝠蛾

Heptagenia Walsh 扁蜉属

Heptagenia chinensis Ulmer 中国扁蜉

Heptagenia costata Navás 肋扁蜉

Heptagenia minor You *et* Gui 小扁蜉

Heptagenia ngi Hsu 黑扁蜉

Heptageniidae (Ecdyonuridae) 扁蜉科

Heptagenoidea 扁蜉总科

Heptamelus oschroleucus (Stephens) 蕨茎叶蜂 fern stem sawfly

Heptapsogastridae 寡节羽虱科

Heptathela Kishida 七纺蛛属

Heptathela bristowei Gerstch 川七纺蛛

Heptathela cipingensis (Wang) 次坪七纺蛛

Heptathela hangzhouensis Chen *et al.* 杭七纺蛛

Heptathela jianganensis Chen *et al.* 江安七纺蛛

Heptathela sinensis Bishop *et* Crosby 中华七纺蛛

Heptathela xianensis Zhu *et* Wang 西安七纺蛛

Heptathelidae 七纺器蛛科

Heptodonta Hope 七齿虎甲属

Heptodonta nodicollis Bates 球胸七齿虎甲

Heptophylla Motschulsky 七鳃金龟属

Heptophylla Reitter 见 *Heptophylla* Motschulsky

Heptophylla calcarata Zhang 距七鳃金龟

Heptophylla longilamella Zhang 长角七鳃金龟

Heptophylla picea Motschulsky 沥青七鳃金龟

Heracula Moore 盘毒蛾属

Heracula discivitta Moore 盘毒蛾

Heraema Staudinger 贺夜蛾属

Heraema mandschurica (graeser) 贺夜蛾

Heratemis Walker 突颚反颚茧蜂属

Heratemis enodis Wu *et* Chen 缺刺反颚茧蜂

Heratemis filosa Walker 双刺反颚茧蜂

Heratemis laticeps (Papp) 乳突反颚茧蜂

Herbertorossia Ulmer 赫贝纹石蛾属

Herbertorossia quadrata Li, Tian *et* Dudgeon 方突赫贝纹石蛾

Hercinothrips Bagnall 篱蓟马属

Hercinothrips bicinctus (Bagnall) 菝葜篱蓟马 banana thrips

Hercinothrips famipennis Bagnall *et* Cameron 棉叶暗蓟马

Hercinothrips femoralis Reuter 温室条蓟马 banded glasshouse thrips, banded greenhouse thrips

Hercinothrips sudanensis Bagnall *et* Cameron 棉灰蓟马

Herculia Walker 双纹螟属

Herculia glaucinalis Linnaeus 灰双纹螟

Herculia japonica Warren 黑褐双纹螟

Herculia pelasgalis Walker 赤双纹螟

Herculia phoezalis Dyar 柏木双纹螟 cypress webber

Herculia thymetusalis Walker 黑云杉双纹螟 spruce needle-worm

Herdonia Walker 绢网蛾属

Herdonia acaresa Chu *et* Wang 姬绢网蛾

Herdonia margarita Inoue 珠绢网蛾

Herdonia osacesalis Walker 奥萨绢网蛾

Herdonia osacesalis Walker 石榴绢网蛾

Herdonia papuensis Warren 角斑绢网蛾

Herennia Thorell 裂腹蛛属

Herennia ornatissima (Doleschall) 裂腹蛛

Heresiarehes heinrichi Uchida 台斜疤姬蜂

Heriades Spinla 孔蜂属

Heriades sauteri Cockerell 黑孔蜂

Heriaeus Simon 毛蟹蛛属

Heriaeus hirtus (Latreille) 粗糙毛蟹蛛

Heriaeus mellotteei Simon 梅氏毛蟹蛛

Heriaeus oblongus Simon 长毛蟹蛛

Heriaeus setiger (O.P.-Cambridge) 鬃毛蟹蛛

Hericia Canestrini 赫利螨属

Hericiidae 赫利螨科

Heringiinae 邻秆蝇亚科

Hermannia Nicolet 赫甲螨属

Hermannia convexa (Koch) 凸赫甲螨

Hermannia dinghuensis Lu *et* Wang 鼎湖赫甲螨

Hermannia gibba (Koch) 驼背赫甲螨

Hermanniella Berlese 小赫甲螨属

Hermanniella aristosa Aoki 芒小赫甲螨

Hermanniella dolosa Grandjean 伪小赫甲螨

Hermanniella grandis Sitnikova 巨小赫甲螨

Hermanniella punctulata Berlese 斑小赫甲螨

Hermanniellidae 小赫甲螨科

Hermannielloidea 小赫甲螨总科

Hermanniidae 赫甲螨科

Hermenia Meyrick 环纹夜蛾属

Hermenia derivalis Hübner 环纹夜蛾 ring-marked noctuid

Hermetia illcens (L.) 水虻 soldier fly

Hermetiinae 扁角水虻亚科

Hermonassa Walker 狭翅夜蛾属

Hermonassa anthracina Boursin 煤褐狭翅夜蛾

Hermonassa cecilia Butler 暗褐狭翅夜蛾(茶色地老虎) obscure noctuid

Hermonassa chagyabensis Chen 察雅狭翅夜蛾

Hermonassa connudata Chen 坦狭翅夜蛾

Hermonassa consignata Walker 狭翅夜蛾

Hermonassa cuana Chen 川狭翅夜蛾

Hermonassa dichroma Boursin 二色狭翅夜蛾

Hermonassa dictyodes Boursin 织狭翅夜蛾

Hermonassa dispila Boursin 环狭翅夜蛾

Hermonassa fasicata Chen 条狭翅夜蛾

Hermonassa fulvescens Chen 黄褐狭翅夜蛾

Hermonassa furva Warren 黑狭翅夜蛾

Hermonassa gigantea Chen 大狭翅夜蛾

Hermonassa griseosignata Chen 灰斑狭翅夜蛾

Hermonassa hypoleuca Boursin 维狭翅夜蛾

Hermonassa incisa Moore 茵狭翅夜蛾

Hermonassa jancta Chen 连纹狭翅夜蛾

Hermonassa lanceola (Moore) 矛狭翅夜蛾

Hermonassa lineata Warren 线狭翅夜蛾

Hermonassa lunata Moore 月狭翅夜蛾

Hermonassa marsypiophora Boursin 囊狭翅夜蛾

Hermonassa nitella Chen 明狭翅夜蛾

Hermonassa obscura Chen 暗狭翅夜蛾

Hermonassa oleographa Hampson 脂狭翅夜蛾

Hermonassa olivascens Chen 霉狭翅夜蛾

Hermonassa opima Chen 丰狭翅夜蛾

Hermonassa oxyspila Boursin 锐斑狭翅夜蛾

Hermonassa pallidula (Leech) 淡狭翅夜蛾

Hermonassa penna Chen 利狭翅夜蛾

Hermonassa planeta Chen 星狭翅夜蛾

Hermonassa renifera Chen 肾狭翅夜蛾

Hermonassa roesleri Boursin 罗狭翅夜蛾

Hermonassa rufa Boursin 赤褐狭翅夜蛾

Hermonassa spilota (Moore) 褐狭翅夜蛾

Hermonassa stigmatica Warren 斑狭翅夜蛾

Hermonassa wulinga Chen 武陵狭翅夜蛾

Herochroma Swinhoe 无脊青尺蛾属

Herona Doubleday 爻蛱蝶属

Herona marathus Doubleday 爻蛱蝶

Herpestomus Wesmael 巢蛾姬蜂属

Herpestomus brunnicornis (Gravenhorst) 棕角巢蛾姬蜂

Herpetacarus Vercammen-Grandjean 爬虫恙螨属

Herpetacarus aristatoclavus Yu et al. 芒棒爬虫恙螨

Herpetacarus baojiensis Zhao et al. 宝鸡爬虫恙螨

Herpetacarus bisetus Yu et al. 二毛爬虫恙螨

Herpetacarus breviclavus Yu et al. 短棒爬虫恙螨

Herpetacarus callosciuri Wen et Xiang 松鼠爬虫恙螨

Herpetacarus caveacola (Wang et Gu) 穴居爬虫恙螨

Herpetacarus cheni (Wang) 陈氏爬虫恙螨

Herpetacarus fukienensis (Chen et al.) 福建爬虫恙螨

Herpetacarus hastoclavus Yu et al. 枪锋爬虫恙螨

Herpetacarus limon Wen et Xiang 柠檬爬虫恙螨

Herpetacarus longdongensis Mo et al. 龙洞爬虫恙螨

Herpetacarus lushuiensis Yu et al. 泸水爬虫恙螨

Herpetacarus pagumae Wang et al. 花狸爬虫恙螨

Herpetacarus spinosetosus Wang et al. 针毛爬虫恙螨

Herpetacarus sunci Wen et Xiang 鼩鼱爬虫恙螨

Herpetacarus tengchongensis Yu et al. 腾冲爬虫恙螨

Herpetacarus tenuiclavus Yu et al. 细棒爬虫恙螨

Herpetacarus tiantai Hsu et Hsu 天台爬虫恙螨

Herpetacarus tsanger Wen et Xiang 苍耳爬虫恙螨

Herpetacarus tupaiae Yu et al. 树鼩爬虫恙螨

Herpetogramma bipunctalis (Fabricius) 南方甜菜网螟 (甜菜二星瘤蛾) southern beet webworm

Herpyllus 游牧蛛属

Herse Oken 白薯天蛾属

Herse convolvuli (Linnaeus) 白薯天蛾

Hersilia Audouin 长纺蛛属

Hersilia albomaculata Wang 白斑长纺蛛

Hersilia asiatica Song et Zheng 亚洲长纺蛛

Hersilia clathrata Thorell 叉斑长纺蛛

Hersilia savignyi Lucas 萨氏长纺蛛

Hersilia striata Wang 波纹长纺蛛

Hersilia xinjiangensis Liang et Wang 新疆长纺蛛

Hersilia yunnanensis Wang et al. 云南长蛛

Hersiliaeformia 长纺蛛总科

Hersiliidae 长纺蛛科

Hespera Weise 丝跳甲属

Hespera aenea Chen et Wang 古铜丝跳甲

Hespera aurisericea Chen et Yu 金丝跳甲

Hespera bipilosa Chen et Wang 双毛黑丝跳甲

Hespera brachyelytra Chen et Wang 短鞘丝跳甲

Hespera chagyabana Chen et Wang 察雅丝跳甲

Hespera coeruleipennis Chen et Wang 蓝鞘丝跳甲

Hespera cyanea Maulik 绿背丝跳甲

Hespera flavodorsata Chen et Wang 双毛黄丝跳甲

Hespera glabriceps Chen et Wang 光头丝跳甲

Hespera glabricollis Chen et Wang 见 *Orhespera glabricollis*

Hespera krishna Maulik 长角黑丝跳甲

Hespera lomasa Maulik 波毛丝跳甲

Hespera melanosoma Chen et Wang 黑体丝跳甲

Hespera nitidicollis Chen et Wang 亮胸丝跳甲

Hespera puncticeps Chen et Wang 麻顶丝跳甲

Hespera sericea Weise 裸顶丝跳甲

Hespera tibetana Chen et Yu 西藏丝跳甲

Hesperentomon chinghaiensis Yin 青海夕蚖

Hesperentomon guiyangensis Tang et Yin 贵阳夕蚖

Hesperentomon hwashanensis Yin 华山夕蚖

Hesperentomon monlunicum Yin 勐岺夕蚖

Hesperentomon pectigastrulum Yin 棘腹夕蚖

Hesperentomonidae 夕蚖科

Hesperia Fabricius 弄蝶属

Hesperia comma (Linnaeus) 银斑弄蝶 silver spotted skipper

Hesperia conjuncta H. S. 禾古铜弄蝶 grain skipper

Hesperia florinda Butler 美黄斑弄蝶 yellow-spotted skipper

Hesperia philino Moeschell 禾九点弄蝶 grain skipper

Hesperiidae 弄蝶科 skippers

Hesperiinae 弄蝶亚科

Hesperinidae 长角毛蚊科

Hesperioidea 弄蝶总科 skippers

Hestiasula Saussure 巨腿花螳属

Hestiasula basinigra Zhang 基黑巨腿花螳

Hestiasula brunneriana Saussure 暗褐巨腿花螳

Hestiasula hoffmanni Tinkham 霍氏巨腿花螳

Hestiasula major Beier 大巨腿花螳

Hestiasula seminigra Zhang 半黑巨腿花螳

Hestiasula zhejiangensis Zhou *et al.* 浙江巨腿花螳

Hestina Westwood 脉蛱蝶属

Hestina assimilis (Linnaeus) 黑脉蛱蝶

Hestina nama (Doubleday) 蒺藜纹脉蛱蝶

Hestina ouvrardi Riley 讴脉蛱蝶

Hestina persimilis Westwood 拟斑脉蛱蝶

Hesurda divisa Moore 双分苔蛾

Hetaeriinae 宽角阎虫亚科

Heterabraxas minisponia Xue 小金缘尺蛾

Heterarmia Warren 冥尺蛾属

Heterarmia diorthogonia (Wehrli) 茶担冥尺蛾

Heterarthrinae 小黑叶蜂亚科

Heterarthrus Stephens 小黑叶蜂属

Heterarthrus aceris Kaltenbach 欧亚槭泡道小黑叶蜂

Heterarthrus microcephalus Klug 欧洲柳潜叶小黑叶蜂 willow leaf-mining sawfly

Heterarthrus nemoratus (Fallén) 桦潜叶小黑叶蜂 birch leaf-mining sawfly

Heterarthrus ochropoda Klug 山杨潜叶小黑叶蜂 aspen leaf-mining sawfly

Heterarthrus vagans Fallén 桤木潜叶小黑叶蜂 alder leaf-mining sawfly

Heteribalia Sakagami 枝跗光翅瘿蜂属

Heteribalia divergens aureopilosa (Maa) 长枝跗光翅瘿蜂

Heteribalia divergens subtilis (Maa) 红盾枝跗光翅瘿蜂

Heteribalia divergens (Maa) 巨枝跗光翅瘿蜂

Heteroanguina Chizhov 异鳗线虫属

Heteroanguina caricis (Soloveva *et* Krall) 苔草异鳗线虫

Heteroanguina ferulae (Ivanova) 阿魏异鳗线虫

Heteroanguina graminophila (Goodey) 小禾异鳗线虫

Heteroanguina polygoni (Peghssian) 蓼异鳗线虫

Heterobelba Berlese 异珠足甲螨属

Heterobelba stellifera Okayama 星异珠足甲螨

Heterobelbidae 异珠足甲螨科

Heteroborips cryptographus Ratzeburg 镰道距材小蠹

Heterobostrychus aequalis (Waterhouse) 双钩异翅长蠹

Heterobostrychus ambigenus Lesne 约异翅长蠹

Heterobostrychus brunneus Murr. 褐异翅长蠹

Heterobostrychus hamatipennis Lesne 二突异翅长蠹

Heterobostrychus pileatus Lesne 罩帽异翅长蠹

Heterobostrychus unicornis Waterhouse 单角异翅长蠹

Heterocaecilius jinghongicus Li 景洪异啮虫

Heterocaecilius octomaculatus Li 八斑异啮虫

Heterocaecilius papillatus Li 乳突异啮虫

Heterocallia Leech 绥尺蛾属

Heterocampa Doubleday 美洲舟蛾属

Heterocampa guttivitta (Wlkr) 鞍斑美洲舟蛾 saddled prominent

Heterocampa manteo (Doubleday) 栎美洲舟蛾 variable oakleaf caterpillar

Heterocardylus flavipes Matsumura 苹叶盲蝽 apple leaf bug

Heteroceridae 长泥甲科

Heterocheylidae 异肉食螨科

Heterochthoniidae 异缝甲螨科

Heterocnephes Lederer 烟翅野螟属

Heterocnephes lymphatalis Swinhoe 云纹烟翅野螟

Heterococcopsis Borchs. 差粉蚧属

Heterococcopsis cicatricosus (Danzig) 高加索差粉蚧

Heterococcopsis dasiphorae (Danzig) 蒙古差粉蚧

Heterococcopsis lonicerae Borchs. 忍冬差粉蚧

Heterococcopsis opertus Borchs. 鸭茅差粉蚧

Heterococcus Ferris 异粉蚧属(峰粉蚧属)

Heterococcus abludens Borchs. 云南异粉蚧(清峰粉蚧)

Heterococcus biporus (Goux) 法国异粉蚧

Heterococcus cyperi (Hall) 埃及异粉蚧

Heterococcus dethieri Matile-Ferrero 高山异粉蚧

Heterococcus nudus (Green) 全北异粉蚧 naked grass mealybug

Heterococcus rebi (Lindinger) 稻异粉蚧rice mealy scale

Heterococcus tritici (Kir.) 小麦异粉蚧 wheat mealybug

Heteroconis Enderlein 异粉蛉属

Heteroconis picticornis (Banks) 彩角异粉蛉

Heterocoptidae 异痒螨科

Heterocordylus flavipes Nitobe 黄足苹盲蝽 apple leaf bug

Heterocordylus malinus Reuter 红苹盲蝽 apple red leaf bug

Heterocorixinae 异划蝽亚科

Heterodera Schmidt 异皮线虫属(胞囊线虫属)

Heterodera amygdali Kirjanova *et* Ivanova 扁桃异皮线虫

Heterodera bergeniae Maqbool *et* Shahina 岩白菜异皮线虫

Heterodera cajani Koshy 木豆异皮线虫

Heterodera canadensis Mulvey 加拿大异皮线虫

Heterodera cardiolata Kirjanova *et* Ivanova 狗牙根异皮线虫

Heterodera carotae Jones 胡萝卜异皮线虫 carrot cyst nematode

Heterodera chaubattia Gupta *et* Edward 乔巴特异皮线虫

Heterodera ciceri Vovlas, Greco *et* Vito 鹰嘴豆异皮线虫

Heterodera cruciferae Franklin 十字花科异皮线虫 brassica root nematode, cabbage cyst nematode

Heterodera cynodontis Shahina *et* Maqbool 狗牙藓异皮

线虫

Heterodera cyperi Golden, Rau *et* Cobb 莎草异皮线虫

Heterodera daverti Wouts *et* Sturhan 达沃特异皮线虫

Heterodera delvii Jairajpuri *et al.* 龙爪稷异皮线虫

Heterodera eluchista Ohshima 微褐藻异皮线虫

Heterodera fici Kirjanova 无花果异皮线虫

Heterodera galeopsidis Filipjev *et* Schuurmans Stekhoven 鼬瓣花异皮线虫 galeopsis root nematode

Heterodera gambiensis Merny *et* Netscher 冈比亚异皮线虫

Heterodera glycines Ichinohe 大豆异皮线虫(大豆胞囊线虫) soybean cyst nematode

Heterodera goettingiana Liebscher 豌豆异皮线虫 pea cyst nematode, alfalfa root nematode

Heterodera graduni Kirjanova 荞麦异皮线虫

Heterodera graminis Stynes 杂草异皮线虫

Heterodera graminophila Golden *et* Birchfield 芒稗异皮线虫

Heterodera humuli Filipjev 啤酒花异皮线虫 hop nematode, hop cyst nematode

Heterodera indocyperi Husain *et* Khan 印度莎草异皮线虫

Heterodera kiryanovae Narbaev 基氏异皮线虫

Heterodera lespedezae Golden *et* Cobb 胡枝子异皮线虫 lespedeza cyst nematode

Heterodera leuceilyma Diedwardo *et* Perry 钝叶草异皮线虫

Heterodera limouli Cooper 利穆利异皮线虫

Heterodera litoralis Wouts *et* Sturhan 海边异皮线虫

Heterodera longicolla Golden *et* Dickerson 长颈异皮线虫

Heterodera major Schmidt 较大异皮线虫

Heterodera meddicaginis Kirjanova 紫花苜蓿异皮线虫

Heterodera mediterranea Vovlas, Inserra *et* Stone 地中海异皮线虫

Heterodera menthae Kirjanova *et* Narbaev 薄荷异皮线虫

Heterodera methwoldensis Cooper 梅思沃异皮线虫

Heterodera mexicana Campos Vela 墨西哥异皮线虫

Heterodera mothi Khan *et* Husain 香附子异皮线虫

Heterodera oryzae Luc *et* Berdon Brizuela 水稻异皮线虫 rice cyst nematode

Heterodera oryzicola Rao *et* Jayaprakash 稻居异皮线虫

Heterodera oxiana Kirjanova 骆驼刺异皮线虫

Heterodera pakistanensis Maqbool *et* Shahina 巴基斯坦异皮线虫

Heterodera paratrifolii Kirjanova 异三叶草异皮线虫

Heterodera polygonum Cooper 蓼异皮线虫

Heterodera raskii Basnet *et* Jayaprakash 拉氏异皮线虫

Heterodera rosii Duggan *et* Brennan 玫瑰异皮线虫

Heterodera rumicis Poghossian 酸模异皮线虫

Heterodera sacchari Luc *et* Merny 甘蔗异皮线虫 sugarcane cyst nematode

Heterodera salixophila Kirjanova 柳树异皮线虫

Heterodera schachtii minor Schmidt 较小甜菜异皮线虫

Heterodera schachtii Schmidt 甜菜异皮线虫 sugar beet cyst nematode

Heterodera scleranthii Kaktina 硬花草异皮线虫

Heterodera sinensis Chen, Zheng *et* Peng 中华异皮线虫

Heterodera sonchophila Kirjanova, Krall *et* Krall 苦苣异皮线虫

Heterodera sorghi Jain *et al.* 蜀黍异皮线虫

Heterodera spinicauda Wouts *et al.* 棘尾异皮线虫

Heterodera tadshikistanica Kirjanova *et* Ivanova 塔吉克异皮线虫

Heterodera trifolii Goffart 三叶草异皮线虫 clover cyst nematode

Heterodera urticae Cooper 荨麻异皮线虫

Heterodera vigni Edward *et* Misra 豇豆异皮线虫

Heterodera zeae Koshy, Swarup *et* Sethi 玉米异皮线虫

Heteroderes Latreille 狭体叩甲属

Heteroderes laurenti Guèrin 狭体叩甲 wireworm

Heteroderidae 异皮线虫科

Heterodinae 异螽亚科

Heterogaster Schilling 异腹长蝽属

Heterogaster alashanicus Liu *et* Zheng 阿拉善异腹长蝽

Heterogaster chinensis Zou *et* Zheng 中华异腹长蝽

Heterogaster minimus Zou *et* Zheng 小异腹长蝽

Heterogaster xinjiangensis Zou *et* Zheng 新疆异腹长蝽

Heterogastrinae 室翅长蝽亚科

Heterogenea dentatus Oberthüer 紫刺蛾 purplish cochlid

Heterogeneidae 见 Limacodidae

Heteroglossa formosana (Jedlicka) 异舌步甲

Heteroglyphus Foa 异嗜螨属

Heterogonema Waerebeke *et* Remillet 异生线虫属

Heterogonema ovomasculis Waerebeke *et* Remillet 雄卵异生线虫

Heterographa zelleri (Christoph) 策缓夜蛾

Heterographis Ragonot 异斑螟属

Heterographis bengalella Ragonot 番荔枝果蠹异斑螟 atis borer

Heterogynidae 丑妇蛾科

Heterojapyx Verhoeff 异铗虮属

Heterojapyx souliei Bouvier 异铗虮

Heterolaccus hunteri (Crowford) 胡椒象金小蜂

Heterolocha Lederer 隐尺蛾属

Heterolocha aristonaria (Walker) 玲隐尺蛾

Heterolocha elaiodes Wehrli 隐尺蛾

Heterolocha falconaria (Walker) 紫线隐尺蛾

Heterolocha jinyinhuaphaga Chu 金银花尺蠖

Heterolocha phaenicotaniata (Kollar) 担隐尺蛾

Heterolocha rosearia Leech 玫瑰隐尺蛾

Heterolocha subroseata Warren 黄玫隐尺蛾

Heteronemiidae 异蟾科

Heteronychia Brauer *et* Bergenstamm 欧麻蝇属

Heteronychia abramovi (Rohdendorf) 海北欧麻蝇

Heteronychia bajkalensis (Rohdendorf) 贝加尔欧麻蝇

Heteronychia curvifemoralis Li 曲股欧麻蝇

Heteronychia helanshanensis Han, Zhao *et* Ye 贺兰山欧麻蝇

Heteronychia heptapotamica (Rohdendorf) 狭额欧麻蝇

Heteronychia kozlovi (Rohdendorf) 开枝欧麻蝇

Heteronychia macromembrana Ye 巨膜欧麻蝇

Heteronychia plotnikovi (Rohdendorf) 长端欧麻蝇

Heteronychia quoi Fan 郭氏欧麻蝇

Heteronychia shnitnikovi (Rohdendorf) 细纽欧麻蝇

Heteronychia spatulifera Chen *et* Lu 匙突欧麻蝇

Heteronychia tsinanensis Fan 济南欧麻蝇

Heteronychus Burmeister 异爪犀金龟属(异爪蔗金龟属)

Heteronychus amploides Endroedi 宽异爪蔗金龟

Heteronychus arator Fabricius 黑异爪蔗金龟 black beetle, black maize beetle

Heteronychus consimilis Kolbe 小麦黑异爪蔗金龟 black wheat beetle

Heteronychus corvimus Klug 见 *Heteronychus licas*

Heteronychus digitiformis Chang 指异爪犀金龟

Heteronychus flavopilosus Prell 见 *Heteronychus lioderes*

Heteronychus intermedius Chang 间异爪犀金龟

Heteronychus licas Klug 舌异爪蔗犀龟

Heteronychus lioderes Redtenvacher 滑异爪蔗龟 smooth sugarcane beetle

Heteronychus morator Reiche 见 *Alissonotum pauper*

Heteronychus niger Klug 见 *Heteronychus sacchari*

Heteronychus pauper Burmeister 见 *Alissonotum pauper*

Heteronychus peropygus Bates 见 *Heteronychus lioderes*

Heteronychus sacchari Arrow 糖异爪蔗犀金龟

Heteronychus sanctaehelenae Blanchard 见 *Heteronychus arator*

Heteronychus tesari Endrödi 大异爪犀金龟

Heteronygmia dissimilis Aurivillius 非洲楝毒蛾

Heteronygmia leucogyna Hampson 见 *Heteronygmia dissimilis*

Heteronyx Guèrin 寡节鳃金龟属

Heteronyx frenchi Blkb. 弗寡节鳃角金龟

Heteropelma Wesmael 异足姬蜂属

Heteropelma acheron (Morley) 黑盾异足姬蜂

Heteropelma amictum (Fabricius) 松毛虫异足姬蜂

Heteropelma arcuatidorsum Wang 拱背异足姬蜂

Heteropelma calcator Wesmael 丽异足姬蜂

Heteropelma coreanus Uchida 朝鲜异足姬蜂

Heteropelma crassoclypeum Wang 厚唇异足姬蜂

Heteropelma elongatum Uchida 长跗异足姬蜂

Heteropelma flaviorbitum Wang 黄眶异足姬蜂

Heteropelma fulvitarse Cameron 黄跗异足姬蜂

Heteropelma inclinum Wang 剑异足姬蜂

Heteropeza pygmaea Winnertz 杨皮侏孺异足瘿蚊

Heteropeza ulmi (Felt) 榆皮异足瘿蚊

Heterophaseolus Voss 细点象属

Heterophasis Wollaston 列点象属

Heterophleps Herrich-Schäffer 异翅尺蛾属

Heterophleps acutangulata Xue 尖突异翅尺蛾

Heterophleps clarivenata Wehrli 脉异翅尺蛾

Heterophleps confusa (Wileman) 迷异翅尺蛾

Heterophleps euthygramma Wehrli 双线异翅尺蛾

Heterophleps fusca Wehrli 黄异翅尺蛾

Heterophleps grisearia (Leech) 淡异翅尺蛾

Heterophleps minorclarivenata Xue 小脉异翅尺蛾

Heterophleps nubilata Prout 云纹异翅尺蛾

Heterophleps sinuosaria (Leech) 灰褐异翅尺蛾

Heterophleps stygnazusa Prout 灌县异翅尺蛾

Heterophleps taiwana (Wileman) 台湾异翅尺蛾

Heterophleps variegara (Wileman) 丰异翅尺蛾

Heteropoda Latreille 巨蟹蛛属

Heteropoda altissimus Hu *et* Li 高原巨蟹蛛

Heteropoda amphora Fox 对巨蟹蛛

Heteropoda campanacea Wang 铃形巨蟹蛛

Heteropoda chengbuensis Wang 城步巨蟹蛛

Heteropoda exigua Fox 弱巨蟹蛛

Heteropoda forcipata (Karsch) 钳巨蟹蛛

Heteropoda grahami Fox 格氏巨蟹蛛

Heteropoda gyirongensis Hu *et* Li 吉隆巨蟹蛛

Heteropoda hamata Fox 钩巨蟹蛛

Heteropoda himalayicus Hu *et* Li 喜马拉雅巨蟹蛛

Heteropoda licenti Schenkel 北巨蟹蛛

Heteropoda lushanensis Wang 庐山巨蟹蛛

Heteropoda marsupia Wang 袋状巨蟹蛛

Heteropoda minschana Schenkel 岷山巨蟹蛛

Heteropoda nyalamus Hu *et* Li 聂拉木巨蟹蛛

Heteropoda serrata Wang 锯齿巨蟹蛛

Heteropoda spiculata Wang 细齿巨蟹蛛

Heteropoda squamacea Wang 鳞片巨蟹蛛

Heteropoda stellata Schenkel 星巨蟹蛛

Heteropoda venatoria (Linnaeus) 狩猎巨蟹蛛

Heteropoda virgata Fox 条纹巨蟹蛛

Heteropoda zhangmuensis Hu *et* Li 樟木巨蟹蛛

Heteropodidae 巨蟹蛛科

Heteroptera 异翅亚目

Heteropternis Stål 异距蝗属

Heteropternis latisterna Wang *et* Xia 宽胸异距蝗

Heteropternis micronus Huang 小异距蝗

Heteropternis motuoensis Yin 墨脱异距蝗

Heteropternis respondens (Walk.) 方异距蝗

Heteropternis robusta B.-Bienko 大异距蝗

Heteropternis rufipes (Shiraki) 赤胫异距蝗

Heteropterus Dumeril 链弄蝶属

Heteropterus Wang 异翅蝗属

Heteropterus morpheus (Pallas) 链弄蝶

Heteropterus xiushanensis Wang 秀山异翅蝗

Heterorhabditidae 异小杆线虫科

Heterorhabditis Poinar 异小杆线虫属

Heterorhabditis argentinensis Stock 阿根庭异小杆线虫

Heterorhabditis bacteriophora Poinar 嗜菌异小杆线虫

Heterorhabditis brevocaudis Liu 短尾异小杆线虫

Heterorhabditis hawaiiensis Gardner, Stock *et* Kaya 夏威夷异小杆线虫

Heterorhabditis heliothidis (Khan, Brooks *et* Hirschmann) 实夜蛾异小杆线虫

Heterorhabditis indicus Poinar, Karunakar *et* David 印度异小杆线虫

Heterorhabditis megidis Poinar, Jackson *et* Klein 大异小杆线虫

Heterorhabditis zealandica Poinar 齐兰迪亚异小杆线虫

Heterorrhina Westwood 突花金龟属

Heterorrhina barmanica Gestro 黄绿突花金龟

Heterorrhina gracilis Arrow 细突花金龟

Heterorrhina nigritarsis (Hope) 黑跗突花金龟

Heterorrhina obesa Janson 短体突花金龟

Heterorrhina punctatissima Westwood 钝突花金龟

Heterorrhina tibialis Westwood 胫突花金龟

Heterospilus cephi Rohwer 茎蜂断脉茧蜂

Heterospilus coffeicola Schmied 咖啡果蠹断脉茧蜂

Heterospilus prosopidis Viereck 豆象断脉茧蜂

Heterostegane Hampson 锦尺蛾属

Heterostegane cararia Hübner 织锦尺蛾

Heterostegane thibataria Wehrli 藏锦尺蛾

Heterostylodes Hennig 菊种蝇属

Heterostylodes pilifera (Zetterstedt) 草坪菊种蝇

Heterotactis quincuncialis Meyrick 儿茶异触尖翅蛾

Heterotarsonemus Smiley 异跗线螨属

Heterotergum Keifer 异背瘿螨属

Heterotergum artemisiae Hong *et* Kuang 蒿异背瘿螨

Heterotergum gossypii Keifer 棉异背瘿螨 cotton rust mite

Heterotermes Froggatt 异白蚁属

Heterotermes aculabialis (Tsai *et* Huang) 尖唇异白蚁

Heterotermes aureus (Snyder) 南美异白蚁

Heterotermes brachygnathus (Li, Ping *et* Ji) 短颚异白蚁

Heterotermes conus (Xia *et* Fan) 锥颚异白蚁

Heterotermes dabieshanesis (Wang *et* Li) 大别山异白蚁

Heterotermes gaoyaoensis (Tsai *et* Li) 高要异白蚁

Heterotermes hainanensis (Tsai *et* Huang) 海南异白蚁

Heterotermes hunanensis (Tsai *et* Ping) 湖南异白蚁

Heterotermes indicola Wasmann 印巴结构木异白蚁

Heterotermes largus (Li *et* Ma) 大型异白蚁

Heterotermes latilabrum Tsai *et* Chen 宽唇异白蚁

Heterotermes leptomandibularis (Hsia *et* Fan) 细颚异白蚁

Heterotermes luofunicus (Zhu, Ma *et* Li) 罗浮异白蚁

Heterotermes platycephalus Froggatt 圣赫勒纳金合欢异白蚁

Heterotermes qingjiangensis (Gao *et* Wang) 清江异白蚁

Heterotermes yinae Zhu, Huang *et* Li 尹氏异白蚁

Heterotermes yunsiensis Li *et* Huang 云寺异白蚁

Heterothera Inoue 奇带尺蛾属

Heterothera postalbida (Wileman) 奇带尺蛾

Heterothera sororcula (Bastelberger) 台湾奇带尺蛾

Heterothripidae 异蓟马科

Heterotropinae 凸颜蜂虻亚科

Heterozercon Berlese 异蚖螨属

Heterozerconidae 异蚖螨科

Heterusia cingala Moore 绿翅白点斑蟥

Hetrococcopsis desertus Bazarov *et* Nurmamatov 野蒿差粉蚧

Hexagonis insignis (Bates) 显六角步甲

Hexamermis Steiner 六索线虫属

Hexamermis abrevis Rubzov 异短六索线虫

Hexamermis agroeis Wang *et al.* 地老虎六索线虫

Hexamermis alaskensis Steiner 阿拉斯加六索线虫

Hexamermis angusta Rubzov 窄小六索线虫

Hexamermis arsenoidea (Hagmeier) 强壮六索线虫

Hexamermis artjuchovski Khartschenko 阿氏六索线虫

Hexamermis brevis (Hagmeier) 短六索线虫

Hexamermis capitata Rubzov 具头六索线虫

Hexamermis cavicola Welch 穴居六索线虫

Hexamermis cochlearius Stock *et* Camino 岩荠六索线虫

Hexamermis ferghanensis Kirjanova, Karavajeva *et* Romanenko 费尔干六索线虫

Hexamermis heterocephalis Wang *et* Wang 异头六索线虫

Hexamermis latioesophaga Artyuhovsky *et* Khartschenko 侧食道六索线虫

Hexamermis macrostoma Camino *et* Stock 大口六索线虫

Hexamermis meridionalis Steiner 南方六索线虫

Hexamermis minutissima Rubzov 最小六索线虫

Hexamermis obtusa Rubzov 钝六索线虫

Hexamermis ovistriata Stock *et* Camino 卵纹六索线虫

Hexamermis parabrevis Rubzov *et* Koval 拟短六索线虫

Hexamermis paratensis Pologenzev, Artyukhovsky *et* Khartschenko 草地六索线虫

Hexamermis pusilla Rubzov *et* Koval 极小六索线虫

Hexamermis pussardi Baylis 普萨德六索线虫

Hexamermis stepposis Artyukhovsky *et* Khartschenko 斯捷波斯六索线虫

Hexamermis subaquatilis Khartschenko 水下六索线虫

Hexamermis sujdae Rubzov 苏季达六索线虫

Hexamermis taihuensis Wang *et* Wang 太湖六索线虫

Hexamermis tumefactis Khartschenko 图梅法克特六索线虫

Hexamermis vaginata Rubzov 阴道六索线虫

Hexarthrum Wollaston 六节象属

Hexarthrum chaoi Zhang *et* Osella 赵氏六节象

Hexarthrum chinense Folwaczny 中国六节象

Hexarthrum wushanensis Zhang *et* Osella 武山六节象

Hexarthrum yunnanensis Zhang *et* Osella 云南六节象

Hexataenius Fairmaire 六鳃金龟属

Hexataenius protensus Fairmaire 展六鳃金龟

Hexathelidae 六纺蛛科

Hexatrichocoris melleus Kiritschenko 西藏六毛长蝽

Hexomyza cecidogena (Hering) 赫氏瘿潜蝇

Hexomyza webstri Malloch 韦氏瘿潜蝇 wisteria bud miner

Heydenia Tournier 亥象属

Hidari Distant 椰弄蝶属

Hidari irava Murray 椰弄蝶 coconut skipper

Hierodula Burmeister 斧螳属

Hierodula brachynota Wang *et* Dong 短背斧螳

Hierodula chinensis Werner 中华斧螳

Hierodula daqingshanensis Wang 大青山斧螳

Hierodula formoosana Giglio-Tos 台湾斧螳

Hierodula membranacea (Burmeister) 勇斧螳

Hierodula multispina Wang 多刺斧螳

Hierodula patellifera (Serville) 广斧螳

Hierodula saussurei Kirby 索氏斧螳 Saussure's mantid

Hierodula trimacula Saussure 三斑斧螳

Hierodula unimaculata (Olivier) 单斑斧螳

Hierodula xishaensis Wang 西沙斧螳

Hierodula yunnanensis Wang 云南斧螳

Hierodula zhangi Wang *et* Dong 张氏斧螳

Hierodulella Giglio-Tos 宽额斧螳属

Hierodulella albomaculata Zhang 白斑宽额斧螳

Hierodulella reticulata Giglio-Tos 网纹宽额斧螳

Hieroglyphus Krauss 蔗蝗属

Hieroglyphus africanus Uvarov 非洲蔗蝗

Hieroglyphus annulicornis (Shiraki) 斑角蔗蝗

Hieroglyphus banian Fabricius 等岐蔗蝗 rice grasshopper

Hieroglyphus concolor (Walk.) 短尾庶蝗

Hieroglyphus nigrorepletus Boliver 高粱蔗蝗

Hieroglyphus oryzivorus Carl. 稻蔗蝗

Hieroglyphus tonkinensis Bol. 异岐蔗蝗

Hieromantis ioxysta Meyrick 印柄果木举肢蛾

Hieroxestidae 辉蛾科

Hieroxestis Meyrick 果潜蛾属

Hieroxestis subcervinella Meyrick 香蕉果潜蛾 banana fruit borer

Hilarella Rondani 喜蜂麻蝇属

Hilarella stictica (Meigen) 点斑喜蜂麻蝇

Hilarimorphidae 拟鹬虻科

Hilarographa regalis (Walsingham) 加州松雕蛾

Hilavrita Distant 希蛾蜡蝉属

Hilavrita xizangensis Chou *et* Lu 西藏希蛾蜡蝉

Hilda breviceps Stål 番荔枝黑蜡蝉 anana fruit plant

hopper

Hilda patruelis Stål 花生红蜡蝉 groundnut hopper

Hilda undata Walker 波状红蜡蝉

Hilethera Uv. 短腿蝗属

Hilethera maculata (Karny) 斑短腿蝗

Hilethera turanica Uv. 小短腿蝗

Hilipus claripes Fabricius 可可荚象 cocoa pod weevil

Hilyotrogus Fairmaire 希鳃金龟属

Hilyotrogus bicoloreus (Heyden) 二色希鳃金龟

Hilyotrogus holosericeus Redtenbacher 全丝希鳃金龟

Hilyotrogus longiclavis Bates 长角希鳃金龟

Hilyotrogus mangkamensis Zhang 芒康希鳃金龟

Hilyotrogus unguicularis Fairmaire 爪希鳃金龟

Himacerus Wolff 希姬蝽属

Himacerus apterus (Fabricius) 泛希姬蝽

Himacerus fuscopennis Ren 栗色希姬蝽

Himacerus nodipes Hsiao 瘤足希姬蝽

Himacerus vicinus Hsiao 邻希姬蝽

Himala Moore 黑脉毒蛾属

Himala argentea (Walker) 黑脉毒蛾

Himalopsyche Banks 喜马原石蛾属

Himalopsyche alticola Banks 山溪喜马原石蛾

Himalopsyche anomala Banks 异丽喜马原石蛾

Himalopsyche auricularis (Martynov) 耳形喜马原石蛾

Himalopsyche gregoryi (Ulmer) 格氏喜马原石蛾

Himalopsyche hageni Banks 哈氏喜马原石蛾

Himalopsyche japonica (Morton) 日本喜马原石蛾

Himalopsyche lachlani Banks 拉氏喜马原石蛾

Himalopsyche maculipennis (Ulmer) 斑翅喜马原石蛾

Himalopsyche martynovi Banks 马氏喜马原石蛾

Himalopsyche navasi Banks 那氏喜马原石蛾

Himalopsyche paranomala Tian *et* Sun 拟异丽喜马原石蛾

Himalopsyche tibetana (Martynov) 西藏喜马原石蛾

Himalopsyche trifurcula Sun *et* Yang 三突茎喜马原石蛾

Himalopsyche triloba Hwang 三裂喜马原石蛾

Himantopteridae 带翅蛾科

Himantopterinae 带翅蛾亚科

Himantopterus zaida Doubleday 黄翅带翅蛾

Himaplosonyx apterus Chen 喜马萤叶甲

Himatinum Cockerell 盖木象属

Himeropteryx Staudinger 丽齿舟蛾属

Himeropteryx miraculosa Staudinger 丽齿舟蛾

Himeunka Matsumura *et* Ishihara 带背飞虱属

Himeunka baina Ding *et* Kuoh 白带背飞虱

Himeunka formosella (Matsumura) 丽带背飞虱

Himeunka tateyamaella (Matsumura) 带背飞虱

Himeunka yunnanana Ding 滇带背飞虱

Hindola Kirkaldy 印巢沫蝉属

Hindola dimorpha Maki 朴巢沫蝉

Hindolides Distant 平刺巢沫蝉属

Hindolides rubrodorsum Esaki 红背平刺巢沫蝉 red-back froghopper

Hindolinae 印巢沫蝉亚科

Hipocrita jacobaeae (L.) 红棒球蝶灯蛾 cinnabar moth

Hipparchia Fabricius 鳟眼蝶属

Hipparchia semele L. 鳟眼蝶 grayling butterfly

Hipparchus albovenaria Bremer 白纹绿尺蛾 white-lined greenish geometrid

Hipparchus flavifrontaria (Guenée) 黄颜蓝青尺蛾

Hipparchus fragilis Oberthüer 草绿尺蛾

Hipparchus papilionaria L. 大白带绿尺蛾 larger white-banded greenish geometrid

Hipparchus smaragdus (Butler) 印青尺蛾

Hipparchus sponsania Bremer 白带绿尺蛾

Hipparchus vallata Butler 黄缘绿尺蛾

Hippasa Simon 马蛛属

Hippasa greenalliae (Wlackwall) 格里马蛛

Hippasa holmerae Thorell 猴马蛛

Hippasa lycosina Pocock 狼马蛛

Hippelates pusio (Löw) 扰眼秆蝇 eye gnat

Hippeococcus Reyne 杓粉蚧属

Hippeococcus montanus Reyne 长瓣杓粉蚧

Hippeococcus rappardi Reyne 爪哇杓粉蚧

Hippeococcus wegneri Reyne 六毛杓粉蚧

Hippobosca L. 虱蝇属

Hippobosca capensis Von Olfers 狗虱蝇

Hippobosca equina L. 马虱蝇 forest fly

Hippobosca longipennis Fabricius 长茎狗虱蝇 dog louse fly

Hippobosca maculata Leach 牛虱蝇

Hippoboscidae 虱蝇科

Hippoboscinae 虱蝇亚科

Hippoboscoidea 虱蝇总科

Hippocephala Aurivillius 马天牛属

Hippocephala albosuturalis Breuning 中华马天牛

Hippocephala dimorpha Gressitt 截尾马天牛

Hippocephala guangdongensis Hua 广东马天牛

Hippocephala suturalis Aurivillius 白缝马天牛

Hippodamia 长足瓢虫属

Hippodamia congressis Watson 同步长足瓢虫

Hippodamia convergens Guèrin-Méneville 锚斑长足瓢虫 convergent lady beetle

Hippodamia glacials Fabricius 冰形长足瓢虫 glacial lady beetle

Hippodamia parenthesis Say 圆括弧长足瓢虫 parenthesis lady beetle

Hippodamia potanini (Weise) 黑斑长足瓢虫

Hippodamia sinuata Mulsant 纵纹长足瓢虫 sinuate lady beetle

Hippodamia tredecimpunctata (Linnaeus) 十三星长足瓢虫

Hippodamia undecimnotata (Schneid.) 十一斑长足瓢虫

Hippodamia variegata (Goeze) 多异长足瓢虫

Hippomacha callista Meyrick 澳桉织蛾

Hippophaetrioza Conci *et* Tamarini 沙棘个木虱属

Hippophaetrioza chinensis Li *et* Yang 中国沙棘个木虱

Hippophaetrioza formosa Li *et* Yang 丽斑沙棘个木虱

Hippophaetrioza guangwui Li *et* Yang 广武沙棘个木虱

Hippophaetrioza incurva Li *et* Yang 曲沙棘个木虱

Hippophaetrioza maculata Li *et* Yang 斑沙棘个木虱

Hippophaetrioza nyingchensis Li *et* Yang 林芝沙棘个木虱

Hippophaetrioza qinghiensis Li *et* Yang 青海沙棘个木虱

Hippota Bergroth 卵圆蝽属

Hippota dorsalis (Stål) 卵圆蝽

Hippotion Hübner 斜线天蛾属

Hippotion celerio (Linnaeus) 银条斜线天蛾

Hippotion rafflesi (Butler) 后红斜线天蛾

Hiradonta Matsumura 扁齿舟蛾属

Hiradonta chi (O. Bang-Haas) 黑纹扁齿舟蛾

Hiradonta takaonis Matsumura 扁齿舟蛾

Hirasa Moore 苔尺蛾属

Hirmoneurinae 短吻网虻亚科

Hirschmanniella Luc *et* Goodey 潜根线虫属

Hirschmanniella abnormalis Renubala, Dhanachand *et* Gambhia 畸形潜根线虫

Hirschmanniella anchoryzae Ebsary *et* Anderson 近稻潜根线虫

Hirschmanniella angusta Kapoor 重要潜根线虫

Hirschmanniella areolata Ebsary *et* Anderson 网纹潜根线虫

Hirschmanniella behningi (Micoletzky) 贝宁潜根线虫

Hirschmanniella brassicae Duan *et al.* 芸苔潜根线虫

Hirschmanniella caudacrena Sher 刻尾潜根线虫

Hirschmanniella diversa Sher 分离潜根线虫

Hirschmanniella dubia Khan 不定潜根线虫

Hirschmanniella exacta Kakar, Siddiqui *et* Khan 尖潜根线虫

Hirschmanniella exigua Khan 短小潜根线虫

Hirschmanniella gracilis (de Man) 纤细潜根线虫

Hirschmanniella imamuri Sher 伊玛姆潜根线虫

Hirschmanniella indica Ahmad 印度潜根线虫

Hirschmanniella kaverii Sivakumar *et* Khan 卡沃潜根线虫

Hirschmanniella loofi Sher 卢氏潜根线虫

Hirschmanniella macrotyla Sher 大节潜根线虫

Hirschmanniella magna Siddiqi 大潜根线虫

Hirschmanniella mangaloriensis Mathur *et* Prasad 曼加洛潜根线虫

Hirschmanniella marina Sher 海草潜根线虫

Hirschmanniella mexicanus (Chitwood) 墨西哥潜根线虫

Hirschmanniella microtyla Sher 小结潜根线虫

Hirschmanniella miticausa Bridge, Mortimer *et* Jackson

线蚀潜根线虫

Hirschmanniella mucronata (Das) 尖细潜根线虫

Hirschmanniella nana Siddiqi 小潜根线虫

Hirschmanniella nghetinhiensis Eroshenko et al. 恩基亭黑潜根线虫

Hirschmanniella ornata Eroshenko et al. 装饰潜根线虫

Hirschmanniella orycrena Sultana 刻痕潜根线虫

Hirschmanniella oryzae (van Breda de Haan) 水稻潜根线虫 rice root nematode

Hirschmanniella phantastica Kapoor 貌似潜根线虫

Hirschmanniella pisquidensis Ebsary et Pharoah 比兹圭德潜根线虫

Hirschmanniella shamimi Ahmad 沙米姆潜根线虫

Hirschmanniella spinicaudatus (Schuurmans Stekhoven) 刺尾潜根线虫

Hirschmanniella thornei Sher 索氏潜根线虫

Hirschmanniella zostericola (Allgén) 大叶藻潜根线虫

Hirstelia Fonseca 赫尔螨属

Hirstionyssinae 赫刺螨亚科

Hirstionyssus Fonseca 赫刺螨属

Hirstionyssus ansaiensis Huang 安塞赫刺螨

Hirstionyssus butantanensis (Fonseca) 布坦赫刺螨

Hirstionyssus callosciuri Bregetova et Grokhovskaya 丽松鼠赫刺螨

Hirstionyssus chungwalii Mo 宗华赫刺螨

Hirstionyssus citelli Huang 黄鼠赫刺螨

Hirstionyssus confucianus (Hirst) 社鼠赫刺螨

Hirstionyssus criceti (Sulzer) 仓鼠赫刺螨

Hirstionyssus cuonai Wang et Pan 错那赫刺螨

Hirstionyssus distinctitarsus Tenorio et Radovsky 显跗赫刺螨

Hirstionyssus eusoricius Bregetova 真鼩赫刺螨

Hirstionyssus gansuensis Ma et Piao 甘肃赫刺螨

Hirstionyssus geogicus Bregetova 乔治亚赫刺螨

Hirstionyssus hatsukovae Strandtmann 哈氏赫刺螨

Hirstionyssus huangheensis Ma et Piao 黄河赫刺螨

Hirstionyssus huanglungensis Liu et Yuan 黄龙赫刺螨

Hirstionyssus hupehensis Hsu et Ma 湖北赫刺螨

Hirstionyssus indosinensis Bregetova et Grokhovskaya 中印赫刺螨

Hirstionyssus isabellinus (Oudemans) 淡黄赫刺螨

Hirstionyssus kirinensis Cheng, Yin et Chang 吉林赫刺螨

Hirstionyssus laterispinatus Ma et Piao 侧刺赫刺螨

Hirstionyssus meridianus Zemskaya 子午赫刺螨

Hirstionyssus microti Hsu et Ma 田鼠赫刺螨

Hirstionyssus minor Zemskaya et Piontkovskaya 小型赫刺螨

Hirstionyssus montanus Huang 山区赫刺螨

Hirstionyssus musculi (Johnston) 鼷鼠赫刺螨

Hirstionyssus mustelae Teng et Pan 鼬赫刺螨

Hirstionyssus myospalacis Zemskaya et Piontkovskaya 鼢

鼠赫刺螨

Hirstionyssus neosinicus Teng et Pan 新华赫刺螨

Hirstionyssus ningxiaensis Gu, Bai et Ding 宁夏赫刺螨

Hirstionyssus ochotonae Lange et Petrova 鼠兔赫刺螨

Hirstionyssus phodopi Bai et Gu 毛足鼠赫刺螨

Hirstionyssus pontiger Wagn et al. 桥胸赫刺螨

Hirstionyssus posterospinus Wang et Yan 后刺赫刺螨

Hirstionyssus pratentis Gu et Yang 草原赫刺螨

Hirstionyssus punctatus Gu et Yang 刻点赫刺螨

Hirstionyssus qinghaiensis Gu et Yang 青海赫刺螨

Hirstionyssus sciurinus (Hirst) 松鼠赫刺螨

Hirstionyssus selliformis Liu 鞍形赫刺螨

Hirstionyssus shensiensis Liu et Yuan 陕西赫刺螨

Hirstionyssus soricis (Turk) 臊鼠赫刺螨

Hirstionyssus subminor Cheng, Yin et Chang 拟小赫刺螨

Hirstionyssus sunci Wang 鼩鼱赫刺螨

Hirstionyssus szechuanicus Teng et Pan 四川赫刺螨

Hirstionyssus tamiopis Wang 线鼠赫刺螨

Hirstionyssus transiliensis neimongkuensis Yao 内蒙伊犁赫刺螨

Hirstionyssus transiliensis Bregetova 外伊犁赫刺螨

Hirstionyssus trogopteri Teng et Pan 鼯鼠赫刺螨

Hirstionyssus ventricosus Wang, Cheng et Yin 巨腹赫刺螨

Hirstionyssus xinghaiensis Ma et Piao 兴海赫刺螨

Hirstionyssus xinjiangensis Ye et Wang 新疆赫刺螨

Hirstionyssus zaisanica Senothusova 斋桑赫刺螨

Hirtaeschopalaea albolineata Pic 多毛天牛

Hirtaeschopalaea fasciculata Breuning 三带多毛天牛

Hishimonoides sellatiformis Ishihara 拟菱纹叶蝉

Hishimononides chinensis Anufriev 中华拟菱纹叶蝉

Hishimonus Ishihara 菱纹叶蝉属

Hishimonus lamellatus Cai et Kuoh 片突菱纹叶蝉

Hishimonus sellatus (Uhler) 凹缘菱纹叶蝉

Hispa andrewesi (Weise) 青鞘铁甲

Hispa atra Linnaeus 黑铁甲

Hispa echinata Chen et Sun 长刺铁甲

Hispellinus callicanthus (Bates) 长刺尖爪铁甲

Hispellinus chinensis Gressitt 中华尖爪铁甲

Hispellinus formosanus (Uhmann) 台湾尖爪铁甲

Hispellinus moerens (Baly) 瘤鞘尖爪铁甲

Hispidae 铁甲科

Hispidophila Viggiani 尖角赤眼蜂属

Hispidophila latimarginata Lin 宽缘尖角赤眼蜂

Hispidophila spinosa Lin 刺状尖角赤眼蜂

Hister L. 阎虫属

Hister japonicus Marseul 日本阎虫 Japanese hister beetle

Histeridae 阎虫科 hister beetles

Histerinae 阎虫亚科

Histeroidea 阎虫总科

Histia rhodope albimacula Hampson 白点帆锦斑蛾

Histia rhodope nigrinus Jordan 黑帆锦斑蛾

Histia rhodope Cramer 重阳木斑蛾

Histiostoma Kramer 薄口螨属

Histiostoma feroniarum (Dufour) 速生薄口螨

Histiostoma spromyzarum (Dufour) 吸腐薄口螨

Hoa Rohdendorf 何麻蝇属

Hoa flexuosa (Ho) 卷阳何麻蝇

Hodgesia Theobald 霍蚊属

Hodgesia bailyi Barraud 贝氏霍蚊

Hodotermes Hagen 草白蚁属

Hodotermes macrocephalus Desneux 见 *Anacantho-termes macrocephalus*

Hodotermes mossambicus Hagen 棉麦草白蚁 harvester termite

Hodotermitidae 草白蚁科

Hodotermopsis Holmgren 原白蚁属

Hodotermopsis japonicus Holmgren 尖叉原白蚁

Hodotermopsis sjostedti Holmgren 山林原白蚁

Hoenimnema Lajonquiere 云毛虫属

Hoenimnema albisparsa (Wileman) 台湾云毛虫

Hoenimnema bimaculata Tsai *et* Hou 双斑云毛虫

Hoenimnema chinghaiensis Xu 青海云毛虫

Hoenimnema clarilimbata Lajonquiere 白缘云毛虫

Hoenimnema kwangtungensis Tsai *et* Hou 广东云毛虫

Hoenimnema modesta Lajonquiere 中途云毛虫

Hoenimnema omeiensis Tsai *et* Hou 峨眉云毛虫

Hoenimnema qinlingensis Hou 秦岭云毛虫

Hoenimnema roesleri Lajonquiere 柳杉云毛虫

Hoenimnema sagittifera (Gaede) 剑纹云毛虫

Hoenimnema sagittifera thibetana Lajonquuiere 西藏云毛虫

Hoenimnema yunnanensis Lajonquiere 云南云毛虫

Hoffmannocoris China 杆猎蝽属

Hoffmannocoris spinicollis China 杆猎蝽

Hofmannophila Spuler 褐织蛾属

Hofmannophila pseudospretella (Stainton) 褐织蛾 brown house moth

Hogna 穴狼蛛属

Hohorstiella lata (Piaget) 鸽体虱 pigeon body louse

Holcocera maligemmella Martf. 苹遮颜蛾 fringed-winged bud moth

Holcocerus Staudinger 线角木蠹蛾属

Holcocerus aksuensis (Daniel) 阿克苏线角木蠹蛾

Holcocerus apicalis Chou *et* Hua 尖翅线角木蠹蛾

Holcocerus arenicola (Staudinger) 沙柳线角木蠹蛾

Holcocerus artemisiae Chou *et* Hua 沙蒿线角木蠹蛾

Holcocerus brunneogrisea Daniel 褐灰线角木蠹蛾

Holcocerus consobrinus Püngeler 胡杨线角木蠹蛾

Holcocerus hippo phaecolus Hua *et* Chou 沙棘线角木蠹蛾

Holcocerus inspersus Christoph. 散线角木蠹蛾

Holcocerus insularis Staudinger 小线角木蠹蛾

Holcocerus japonicus Gaede 日本线角木蠹蛾

Holcocerus lepidophaga Clarke 食鳞线角木蠹蛾

Holcocerus likiangi (Daniel) 丽江线角木蠹蛾

Holcocerus nobilis (Staudinger) 丽线角木蠹蛾

Holcocerus phuckangensis Hua *et* Chou 阜康线角木蠹蛾

Holcocerus pullus Hua *et* Chou 暗色线角木蠹蛾

Holcocerus pulverulentus Püngeler 粉翅线角木蠹蛾

Holcocerus vicarius (Walker) 榆线角木蠹蛾

Holcocerus xishuangbannaensis Chou *et* Hua 西双版纳线角木蠹蛾

Holcocneme Kônow 沟丝角叶蜂属

Holcocneme flavipes Matsumura 黄足沟丝角叶蜂

Holcocranum Fieber 沟顶长蝽属

Holcojoppa 槽姬蜂属

Holcopelte longiventris Ling 长腹盾沟姬小蜂

Holcopelte pulchra Ling 丽盾沟姬小蜂

Holcostethus Fieber 草蝽属

Holcostethus breviceps (Horváth) 短叶草蝽

Holcostethus limbolarius Stål 松草蝽

Holcostethus ovatus (Jakovlev) 弯胫草蝽

Holcostethus vernalis (Wolff) 草蝽(栎蝽)

Holischnogaster van der Vecht 全狭腹胡蜂属

Holischnogaster micans (Saussure) 光全狭腹胡蜂

Holocelaeno Berlese 全黑螨属

Holocelaeno melisi Krantz 梅氏全黑螨

Holocera augusti Heinrich 西海岸红褐遮颜蛾

Holochlora japonica Brunner von Wattenwyl 日本宽翅螽 Japanese broadwinged katydid

Holochlora longifissa Matsumura *et* Shiraki 橘长螽 citrus katydid

Holochlora nawae Matsumura *et* Shiraki 绿螽

Holomelina aurantiaca (Hübner) 橘灯蛾 tiger moth

Holonothridae 全懒甲螨科

Holoparamecinae 扁薪甲亚科

Holoparanecus Curtis 扁薪甲属

Holoparanecus capitatus Woll. 头扁薪甲

Holoparanecus depressus Curtis 扁薪甲

Holoparanecus ellipticus Wollaston 椭圆扁薪甲

Holoparanecus signatus Wollaston 头角扁薪甲

Holoparanecus singularis Beck 姜扁薪甲

Holoparasitus Oudemans 全寄螨属

Holopothrips Hood 全蓟马属

Holopothrips ananasi Da Costa Lima 菠萝全蓟马 pineapple thrips

Holoptilinae 毛猎蝽亚科

Holoptilus Le Peletier *et* Serville 毛猎蝽属

Holoptilus silvanus Hsiao 树毛猎蝽

Holostaspella Berlese 小全盾螨属

Holostaspella berlesei 贝氏小全盾螨

Holostaspella bifoliata (Tragardh) 双叶小全盾螨

Holostaspella ornata (Berlese)　饰样小全盾螨

Holostaspis Kolenati　全盾螨属

Holothyridae　巨螨科

Holothyroidea　巨螨总科

Holotrichia Hope　齿爪鳃金龟属

Holotrichia aequabilis Bates　匀齿爪鳃金龟

Holotrichia anxia Leconte　多脂松齿爪鳃金龟

Holotrichia bidentata Burmeister　见　*Lachnosterna bidentata*

Holotrichia cheni Chang　陈齿爪鳃金龟

Holotrichia cochinchina Nonfried　宽边齿爪鳃金龟

Holotrichia consanguinea Blanchard　甘蔗大褐齿爪鳃金龟

Holotrichia convexopyga Moser　额臀大黑鳃金龟

Holotrichia diomphalia Bates　东北大黑鳃金龟

Holotrichia drakei Kirby　苗圃齿爪鳃金龟

Holotrichia ernesti Reitter　矮臀大黑鳃金龟

Holotrichia formodana Moser　台齿爪金龟(拟毛黄鳃金龟)

Holotrichia gebleri Faldermann　江南大黑鳃金龟

Holotrichia helleri Brenske　胡麻齿爪鳃金龟　sesame root grub

Holotrichia horishana Niijima *et* Kinoshita　埔里齿爪鳃金龟

Holotrichia intermedia Brenske　柳杉齿爪鳃金龟

Holotrichia javana Brenske　爪哇齿爪鳃金龟　Java cockchafer

Holotrichia kiotoensis Brenske　黑齿爪鳃金龟　black chafer

Holotrichia koraiensis Murayama　直齿爪鳃金龟

Holotrichia kunmina Chang　昆明齿爪鳃金龟

Holotrichia lata Brenske　宽褐齿爪鳃金龟(阔鳃角金龟)

Holotrichia longipennis Blanchard　栎叶齿爪鳃金龟

Holotrichia morosa Waterhouse　见　*Holotrichia parallela*

Holotrichia nitida Leconte　桦叶齿爪鳃金龟

Holotrichia oblita (Faldermann)　华北大黑鳃金龟

Holotrichia ovata Chang　卵圆齿爪鳃金龟

Holotrichia parallela Motschulsky　暗黑齿爪鳃金龟

Holotrichia pilosella Moser　毛齿爪鳃金龟

Holotrichia plumbea Hope　铅灰齿爪鳃金龟

Holotrichia problematica Brenske　印巴叶齿爪鳃金龟

Holotrichia sauteri Moser　华南大黑鳃金龟

Holotrichia scrobiculata Brenske　粗狭肋齿爪鳃金龟

Holotrichia serrata Fabricius　庭园蔗齿爪鳃金龟

Holotrichia sichotana Brenske　弯齿爪鳃金龟

Holotrichia sinensis Hope　华齿爪鳃金龟

Holotrichia sishana Chang　西双齿爪鳃金龟

Holotrichia szechuanensis Chang　四川大黑鳃金龟

Holotrichia titanis Reitter　棕齿爪鳃金龟

Holotrichia transversa Motschulsky　见　*Heptophylla picea*

Holotrichia trichophora (Fairmaire)　毛黄齿爪鳃金龟

Holotrichia yatungensis Chang　亚东齿爪鳃金龟

Homadaula Meyrick　雕蛾属

Homadaula anisocentra (Meyrick)　含羞草雕蛾　mimosa webworm

Homaledra Busck　棕榈尖蛾属

Homaledra sabalella (Chamb.)　棕榈尖蛾　palm leaf skeletonizer

Homalisidae　见　Drilidae

Homalocephala homali Yang *et* Li　母生滑头木虱

Homalodisca coagulata (Say)　假桃病毒叶蝉

Homalogonia Jakovlev　全蝽属

Homalogonia crocemaculata Chen　橘斑全蝽

Homalogonia grisea Josifov *et* Kerzhner　灰全蝽

Homalogonia obtusa (Walker)　全蝽

Homalogonia sordida Zheng　陕甘全蝽

Homalonychidae　无齿蛛科

Homalonychiformia　无齿蛛总科

Homaloplia Stephens　平绒金龟属

Homaloplia ruricola Fabricius　桦叶平绒金龟

Homalopsycha agglutinata Meyrick　褐斑谷蛾

Homalotylus Mayr　瓢虫跳小蜂属

Homalotylus flaminius (Dalman)　隐尾瓢虫跳小蜂

Homeosoma nebulella Huehner　向日葵螟

Homocaligidae　同黑螨科

Homocentridia Kiriakoff　同心舟蛾属

Homocentridia concentrica (Oberthüer)　同心舟蛾

Homodecatoma Liao　宽缘云斑广肩小蜂属

Homodecatoma mallotae Liao　粗糠柴种子小蜂

Homodes brachteigutta Hamps. *et* Walker　点纹棕夜蛾　palm moth

Homodes vivida Guenée　敏感棕夜蛾

Homoeocerus Burmeister　同缘蝽属

Homoeocerus bannaensis Hsiao　版纳同缘蝽

Homoeocerus bipunctatus Hsiao　双斑同缘蝽

Homoeocerus bipustulatus Stål　隐斑同缘蝽

Homoeocerus cletoformis Hsiao　显脉同缘蝽

Homoeocerus concoloratus Uhler　一色同缘蝽

Homoeocerus dilatatus Horváth　广腹同缘蝽

Homoeocerus graminis (Fabricius)　草同缘蝽

Homoeocerus humeralis Hsiao　阔肩同缘蝽

Homoeocerus impictus Hsiao　素同缘蝽

Homoeocerus inornatus Stål　无斑同缘蝽

Homoeocerus insignis Hsiao　无点同缘蝽

Homoeocerus laevilineus Stål　光纹同缘蝽

Homoeocerus limbatus Hsiao　黄边同缘蝽

Homoeocerus marginellus Herrich-Schäffer　小点同缘蝽

Homoeocerus marginiventris Dohrn　斑腹同缘蝽

Homoeocerus meniscus Hsiao　月斑同缘蝽

Homoeocerus pallidulus Blöte　嘉义同缘蝽

Homoeocerus shokaensis Matsumura　彰化同缘蝽

Homoeocerus simiolus Distant　黑边同缘蝽

Homoeocerus singalensis Stål 锡兰同缘蝽

Homoeocerus sinicus Walker 香港同缘蝽

Homoeocerus striicornis Scott 纹须同缘蝽

Homoeocerus subjectus Walker 并斑同缘蝽

Homoeocerus unipunctatus (Thunberg) 一点同缘蝽

Homoeocerus varicolor Xiong 褐同缘蝽

Homoeocerus viridis Hsiao 异肩同缘蝽

Homoeocerus viridulus Ren 雅翅同缘蝽

Homoeocerus walkeri Kirby 合欢同缘蝽

Homoeocerus walkerianus Lethierry *et* Severin 瓦同缘蝽

Homoeocerus yunnanensis Hsiao 云南同缘蝽

Homoeogamiidae 伟蠊科

Homoeolachesilla Li 同脉啮虫属

Homoeolachesilla pinnulata Li 小翅同脉啮虫

Homoeolachesilla tibetana Li 藏同脉啮虫

Homoeosoma Curtis 同斑螟属

Homoeosoma binaevella Hübner 绒同斑螟

Homoeosoma electellum (Hulst) 向日葵同斑螟 sunflower moth

Homoeosoma nebulella Hübner 欧向日葵同斑螟

Homoeoxipha lycoides Walker 热带蟋 tropical grass cricket

Homona Walker 长卷蛾属

Homona coffearia Nietner 褐带长卷蛾 tea tortrix

Homona issikii Yasuda 柳杉长卷蛾 cryptomeria webworm

Homona magnanima Diakonoff 茶长卷蛾 oriental tea tortrix

Homona negundana McDunnough 梣叶槭长卷蛾

Homonopsis foederatana Kennel 丑喜卷蛾

Homonopsis illotana Kennel 日污卷蛾

Homoptera 同翅目

Homorocoryphus jezoensis Matsumura *et* Shiraki 稻蟴

Homorocoryphus lineosus Walker 尖头草蟴(南方稻草蟴)

Homorocoryphus nitidulus vicinus Wlk. 邻可食蟴 edible grasshopper

Homotoma radiatum Kuwayama 榕裂头木虱

Homotropus Förster 同转姬蜂属

Hoplammophila Beaumont 戎泥蜂属

Hoplammophila aemulans (Kohl) 角戎泥蜂

Hoplandrothrips Hood 跗雄蓟马属

Hoplandrothrips marshalli Karny 咖啡跗雄蓟马 coffee leaf-rolling thrips

Hoplapoderus gemmatus Thunberg 印阔叶树瘤黄象

Hoplapoderus hystrix Thunberg 木荚豆瘤黄象

Hoplasoma Jacoby 贺萤叶甲属

Hoplasoma sexmaculata Hope 桃贺萤叶甲 peach chrysomelid

Hoplasoma unicolor (Illiger) 棕贺萤叶甲

Hoplia Reitter 单爪鳃金龟属

Hoplia advena Brenske 喜马针叶圃单爪鳃金龟

Hoplia aureola Pallas 斑单爪鳃金龟

Hoplia chinensis Endroedi 中华单爪鳃金龟

Hoplia cincticollis Faldermann 围绿单爪鳃金龟

Hoplia communis Waterhouse 黄绿单爪鳃金龟

Hoplia davidis Fairmaire 戴单爪鳃金龟

Hoplia philanthus (Fuessly) 菲单爪丽金龟

Hoplia semicastanea Fairmaire 半棕单爪鳃金龟

Hopliinae 单爪鳃金龟亚科

Hoplisoides Gribodo 戎滑胸泥蜂属

Hoplisoides gazagnairei distinguendus Yasumatsu 粗角戎滑胸泥蜂东亚亚种

Hoplistodera Westwood 玉蝽属

Hoplistodera fergussoni Distant 玉蝽

Hoplistodera incisa Distant 叉角玉蝽

Hoplistodera longispina Hsiao *et* Cheng 长棘玉蝽

Hoplistodera pulchra Yang 红玉蝽

Hoplistodera rubrofasciatus Fabricius 红带玉蝽

Hoplistodera virescens Dallas 绿玉蝽(滇南茶蝽)

Hoplitis Klug 拟孔蜂属

Hoplitis albopilosa Wu 白毛拟孔蜂

Hoplitis beijingensis Wu 北京拟孔蜂

Hoplitis carinotarsa Wu 脊跗拟孔蜂

Hoplitis heilongjiangensis Wu 黑龙江拟孔蜂

Hoplitis parvula Duf. *et* Per. 小拟孔蜂

Hoplitis princeps Morawitz 戎拟孔蜂(大拟孔蜂)

Hoplitis scita Eversmann 丽拟孔蜂

Hoplitis tibetensis Wu 西藏拟孔蜂

Hoplitis tuberculata Nyl. 瘤拟孔蜂

Hoplitis xinjiangensis Wu 新疆拟孔蜂

Hoplitocoris Jeannel 瘤背奇蝽属

Hoplitocoris lewisi (Distant) 瘤背奇蝽

Hoplocampa Hartig 实叶蜂属

Hoplocampa brevis (Klug) 樱桃粘实叶蜂 cherry sawfly, pear slug

Hoplocampa cookei (Clarke) 柯氏樱桃实叶蜂 cherry fruit sawfly

Hoplocampa coreana Takeuchi 朝鲜梨实叶蜂

Hoplocampa danfengensis Xiao 樱桃实叶蜂

Hoplocampa flava L. 梅实叶蜂

Hoplocampa formosana Malaise 大武实叶蜂

Hoplocampa fulvicornis Panzer 李黄角实叶蜂

Hoplocampa minuta Christ 李实叶蜂

Hoplocampa oskina Ross 山楂实叶蜂

Hoplocampa pyricola Rohwer 梨实叶蜂 pear fruit sawfly

Hoplocampa testudinea (Klug) 苹实叶蜂 European apple sawfly

Hoplocerambyx Thomson 沟额天牛属

Hoplocerambyx cicatricatus Gardner 青梅沟额天牛

Hoplocerambyx spinicornis (Newman) 刺角沟额天牛 sal heartwood borer

Hoplodrina alsines (Brahm) 缕委夜蛾

Hoplodrina blanda (Denis *et* Schiffermüller) 顺委夜蛾

Hoplodrina conspicua (Leech) 显委夜蛾

Hoplodrina implacata (Wileman *et* West) 斑委夜蛾

Hoplolaimidae 纽带线虫科

Hoplolaimus von Daday 纽带线虫属 lance nematodes

Hoplolaimus abelmoschi Tandon *et* Singh 秋葵纽带线虫

Hoplolaimus aegypti Shafiee *et* Koura 埃及纽带线虫

Hoplolaimus angustalatus Whitehead 细小纽带线虫

Hoplolaimus aorolaimoides Siddiqi 类畸咽纽带线虫

Hoplolaimus arachidis Maharaju *et* Das 落花生纽带线虫

Hoplolaimus capensis van den Berg *et* Heyns 卡普纽带线虫

Hoplolaimus casparus van den Berg *et* Heyns 卡斯珀纽带线虫

Hoplolaimus cephalus Mulk *et* Jairajpuri 具头纽带线虫

Hoplolaimus chambus Jairajpuri *et* Baqri 腔隙纽带线虫

Hoplolaimus clarissimus Fortuner 最亮纽带线虫

Hoplolaimus columbus Sher 哥伦比亚纽带线虫 Columbia lance nematode

Hoplolaimus concaudojuyencus Golden *et* Minton 幼锥尾纽带线虫

Hoplolaimus coronatus Cobb 饰冠纽带线虫 Cobb's lance nematode

Hoplolaimus dimorphicus Mulk *et* Jairajpuri 两型纽带线虫

Hoplolaimus dubius Chaturvedi *et* Khera 不定纽带线虫

Hoplolaimus galeatus (Cobb) 帽状纽带线虫

Hoplolaimus imphalensis Khan *et* Khan 英帕尔纽带线虫

Hoplolaimus indicus Sher 印度纽带线虫

Hoplolaimus kittenbergeri Andrássy 基坦伯格纽带线虫

Hoplolaimus labacum Firoza, Nasira *et* Maqbool 具唇纽带线虫

Hoplolaimus magnistylus Robbing 大针纽带线虫

Hoplolaimus pararobustus (Schuurmans Stekhoven *et* Teunissen) 不强纽带线虫

Hoplolaimus proporicus Goodey 油椰纽带线虫

Hoplolaimus puertoricensis Ramirez 波多黎各纽带线虫

Hoplolaimus seinhorsti Luc 塞氏纽带线虫

Hoplolaimus sheri Suryawanshi 谢氏纽带线虫

Hoplolaimus singhi Das *et* Shivaswany 辛氏纽带线虫

Hoplolaimus steineri Kannan 斯氏纽带线虫

Hoplolaimus stephanus Sher 具冠纽带线虫

Hoplolomia Stål 耗缘蝽属

Hoplolomia scabricula Stål 耗缘蝽

Hoplomegistidae 蹄巨螨科

Hoplophorella Berlese 小瓣卷甲螨属

Hoplophorella cucullata (Ewing) 勺小瓣卷甲螨

Hoplophthiracarus Jacot 直毛卷甲螨属

Hoplophthiracarus kugohi Aoki 库直毛卷甲螨

Hoplopleura Enderlein 甲胁虱属

Hoplopleura oenomydis Ferris 热带甲胁虱 tropical rat louse

Hoplopleura pacifica Ewing 太平洋甲胁虱

Hoplopleuridae 鼠虱科(甲胁虱科)

Hoplopsyllus Baker 武蚤属

Hoplopsyllus glacialis profugus Jordan 冰武蚤宽指亚种

Hoploseius Berlese 胃绥螨属

Hoplosoma sexmaculata Hope 桃叶甲 peach chrysomelid

Hoplosternus Guèrin 胸突鳃金龟属

Hoplosternus chinensis Guèrin 华胸突鳃金龟

Hoplosternus incanus Motschulsky 灰胸突鳃金龟

Hoplosternus japonicus Harold 日胸突鳃金龟

Hoplothrix amicator (Gahan) 柱角贺天牛

Hoplothrix blairi Breuning 赭纹贺天牛

Hoplothrix rivulosus (Gahan) 窝粒贺天牛

Hoplothrix simplex Gahan 菩提贺天牛

Horaga Moore 斑灰蝶属

Horaga albimacula (Wood-Mason *et* de Nicéville) 白斑灰蝶

Horaga onyx (Moore) 斑灰蝶

Horaga rarasana Sonan 斜条斑灰蝶

Horaiellinae 何氏毛蠓亚科

Horcoma Fennah 小飞虱属

Horcoma colorata fuscifrons Kuoh 褐颜小飞虱

Horia Kano, Field *et* Shinonaga 鹤麻蝇属

Horia oitana (Hori) 大分鹤麻蝇

Horiisca Rohdendorf 堀麻蝇属

Horiisca hozawai (Hori) 鹿角堀麻蝇

Horisme Hübner 界尺蛾属

Horisme aquata (Hübner) 水界尺蛾

Horisme brevifasciaria (Leech) 短带界尺蛾

Horisme eurytera Prout 幻界尺蛾

Horisme flavovenata (Leech) 黄脉界尺蛾

Horisme impigra Prout 勤界尺蛾

Horisme nigrovittata (Warren) 黑波界尺蛾

Horisme parcata (Püngeler) 俭界尺蛾

Horisme plurilineata (Moore) 复线界尺蛾

Horisme sternecki Prout 冀界尺蛾

Horisme stratata (Wileman) 层界尺蛾

Horisme tersata (Denis *et* Schaffmuller) 真界尺蛾

Horisme vitalbata (Denis *et* Schaffmuller) 维界尺蛾

Horistonotus uhlerii Horn 砂地叩甲 sand wireworm

Horistus gothicus Linnaeus 宽头盲蝽

Hormaphididae 扁蚜科

Hormaphis Osten-Sacken 扁蚜属

Hormaphis betulina Norvath 桦扁蚜 birch aphid

Hormiinae 索翅茧蜂亚科

Hormiopterus sulcativentris Enderlein 漕腹连翅茧蜂

Hormius moniliatus (Nees) 念珠索翅茧蜂

Horridipamera Malipatil 刺胫长蝽属

Horridipamera lateralis (Scott) 白边刺胫长蝽

Horridipamera nietneri (Dohrn) 紫黑刺胫长蝽

Horstia Oudemans 霍史螨属

Horstiella Turk 小霍史螨属

Hosarcophaga Shinonaga *et* Tamrasvin 琦麻蝇属

Hosarcophaga problematica (Baranov) 透膜琦麻蝇

Hoshinoa adumbratana Walsingham 草图卷蛾

Hoshinoa longicellana (Walsingham) 南川卷蛾

Hospitalitermes Holmgren 须白蚁属

Hospitalitermes bicolor (Haviland) 双色须白蚁

Hospitalitermes damenglongensis He *et* Gao 大勐龙须白蚁

Hospitalitermes jinghongensis He *et* Gao 景洪须白蚁

Hospitalitermes luzonensis (Oshima) 吕宋须白蚁

Hospitalitermes majusculus He *et* Gao 大须白蚁

Hospitalitermes medioflavus (Holmgren) 中黄须白蚁

Hospitalitermes umbrinus (Haviland) 赭色须白蚁

Hotea Amyot *et* Serville 鼻盾蝽属

Hotea curculionoides (Herrich *et* Schäffer) 鼻盾蝽

Howardia Berlese *et* Leonardi 霍盾蚧属

Howardia biclavis (Comstock) 双球霍盾蚧 mining scale, Howard' convex scale

Howardia biclavis Comstock 可可霍盾蚧

Howarthia Shirôzu *et* Yamamoto 何华灰蝶属

Howarthia melli (Förster) 苹果何华灰蝶

Hsuella Wang et al. 徐氏恙螨属

Hsuella hubeiensis Wang et al. 湖北徐氏恙螨

Hsuia Ferris 苏链蚧属

Hsuia cheni Borchs. 四川苏链蚧

Hsuia notata (Lambdin) 菲律宾苏链蚧

Hsuia vitrea Ferris 云南苏链蚧

Huabangsha Wen et al. 华棒恙螨属

Huabangsha megachela Wen et al. 大钳华棒恙螨

Huangyuania Song *et* Li 湟源蛛属

Huangyuania levii Song *et* Li 列氏湟源蛛

Hubbellia marginifera (Walker) 美东南松长翅螽

Huckettomyia Pont *et* Shinonaga 毛胸蝇属

Huckettomyia watanabei Pont *et* Shinonaga 弯突毛胸蝇

Hulodes Guenée 木夜蛾属

Hulodes caranea (Cramer) 木夜蛾

Hulstia undulatella (Clemens) 甜菜根颈虫 sugarbeet crown borer

Humba Chen 圆肩叶甲属

Humba cyanicollis (Hope) 蓝胸圆肩叶甲

Humbertiella Saussure 石纹螳属

Humbertiella indica Saussure 印度石纹螳

Humbertiella nada Zhang 那大石纹螳

Humbertiella ynnanensis Wang *et* Bi 云南石纹螳

Humococcus Ferris 壤粉蚧属

Humococcus mackenziei Ezzat 埃及壤粉蚧

Humococcus orientalis (Borchs.) 东方壤粉蚧

Hungariella peregrina (Compere) 拉(美)粉蚧跳小蜂

Hungariella pretiosa (Timberlake) 澳粉蚧四枝跳小蜂

Hungarohydracaridae 匈水螨科

Hungarohydracarus Szalay 匈水螨属

Hunteriella hookeri Howard 蜱阔柄跳小蜂

Hupodonta pulcherrima cortialis Butler 樱桃天蛾 cherry grained moth

Hurdchila Drake 华网蝽属

Hurdchila mira (Drake *et* Poor) 斑华网蝽

Hurdchila togularis (Drake *et* Poor) 华网蝽

Hyadaphis Kirkaldy 明蚜属

Hyadaphis erysimi (Kaltenbach) 芜菁明蚜

Hyadaphis passerinii (del Guercio) 忍冬明蚜 honeysuckle aphid

Hyadesia Megnin 海阿螨属

Hyadesiidae 海阿螨科

Hyagnis spinipes Breuning 尖尾糙翅天牛

Hyalarcta Meyrick 澳袋蛾属

Hyalarcta huebneri Westwood 澳金合欢袋蛾 leaf case moth

Hyalinaspis rubra (Froggatt) 南澳赤桉木虱

Hyalinetta Swinhoe 莹尺蛾属

Hyalinetta circumflexa (Kollar) 斑弓莹尺蛾

Hyalobathra Meyrick 长距野螟属

Hyalobathra coenostolalis Snellen 赭翅长距野螟

Hyalobathra filalis Guenée 黄翅长距野螟

Hyalococcus Borchs. 海链蚧属

Hyalococcus mali Borchs. 东北海链蚧

Hyalococcus striatus (Russ.) 南亚海链蚧

Hyalocoris pilicornis Jakovlev 淡长蝽

Hyalomma Koch 璃眼蜱属

Hyalomma aegyptium Linnaeus 埃及璃眼蜱

Hyalomma anatolicum anatolicum Koch 小亚璃眼蜱

Hyalomma asiaticum kozlovi Olenev 亚东璃眼蜱

Hyalomma asiaticum asiaticum Schulze *et* Schlottke 亚洲璃眼蜱

Hyalomma detritum Schulze 残缘璃眼蜱

Hyalomma dromedarii Koch 嗜驼璃眼蜱

Hyalomma marginatum marginatum Koch 边缘璃眼蜱

Hyalomma marginatum isaaci Sharif 伊氏边缘璃眼蜱

Hyalomma marginatum indosinensis Toumanoff 印支边缘璃眼蜱

Hyalomma rufipes Koch 麻点璃眼蜱

Hyalomma scupense Schulze 盾糙璃眼蜱

Hyalopeplus rama (Kirkaldy) 支透翅盲蝽

Hyalopeplus vitripennis Stål 透翅盲蝽

Hyalophora cecropia (Linnaeus) 金星梣叶槭大蚕蛾 cecropia moth

Hyalophora euryalus (Boisduval) 黄杉苗大蚕蛾 ceanothus silk moth

Hyalophora gloveri (Strecker) 格洛弗大蚕蛾

Hyalopteroides Theobald 拟大尾蚜属

Hyalopteroides humilis (Walker) 鸭茅拟大尾蚜 cocksfoot aphid

Hyalopterus Koch　大尾蚜属

Hyalopterus amygdali Blanchard　桃粉大尾蚜

Hyalopterus arundimis (Fabricius)　桃大尾蚜

Hyalopterus pruni (Geoffroy)　梅大尾蚜　mealy plum aphid

Hyalopterus siphonella Essig *et* Kuwana　木瓜大尾蚜 smaller pear aphid

Hyalopterus todonis Matsumura　椵松大尾蚜　sakhalin fir mealy aphid

Hyalorrhipis Sauss.　沙蝗属

Hyalorrhipis clausi (Kitt.)　沙蝗

Hyalospila leuconeurella Ragonot　印腰果螟

Hyalurgus Brauer-Bergenstamm　透翅寄蝇属

Hyalurgus atratus Mesnil　亮黑透翅寄蝇

Hyalurgus curvicercus Chao *et* Shi　曲肛透翅寄蝇

Hyalurgus flavipes Chao *et* Shi　黄腿透翅寄蝇

Hyalurgus latifrons Chao *et* Shi　宽额透翅寄蝇

Hyalurgus longihirtus Chao *et* Shi　长毛透翅寄蝇

Hyalurgus sima Zimin　斑腿透翅寄蝇

Hyalurgus sinctus Villeneuve　横带透翅寄蝇

Hyarotis Moore　希弄蝶属

Hyarotis adrastus Stoll　希弄蝶

Hybernia defoliaria Clerck　见　*Erannis defoliaria*

Hybernia indocilis auct.　见　*Zerminizinga indocilisaria*

Hyblaea Fabricius　全须夜蛾属

Hyblaea constellata Guenée　四点全须夜蛾

Hyblaea firmamentum Guenée　二点全须夜蛾

Hyblaea puera Cramer　黄带全须夜蛾

Hyblaeidae　驼蛾科

Hybocampa Lederer　枝背舟蛾属

Hybocampa umbrosa (Staudinger)　栎枝背舟蛾

Hyboderus Keifer　长驼瘿螨属

Hyboloma Ragonot　驼翅螟属

Hyboloma nummosalis Ragonot　算盘子驼翅螟

Hybomischos Baltazar　驼柄姬蜂属

Hybomischos changbaishanus He　长白山驼柄姬蜂

Hybomischos rufimesothorax He　红胸驼柄姬蜂

Hybomischos septemcinctorius (Thunberg)　七带驼柄姬蜂

Hybomitra Enderlein　瘤虻属

Hybomitra abaensis Xu *et* Song　阿坝瘤虻

Hybomitra acuminata (Löw)　尖腹瘤虻

Hybomitra aequetincta (Becker)　黄毛瘤虻

Hybomitra afasciata Wang　无带瘤虻

Hybomitra aksuensis Wang　阿克苏瘤虻

Hybomitra albicoma Wang　白毛瘤虻

Hybomitra alticola Wang　高山瘤虻

Hybomitra arpadi (Szilady)　侧棕瘤虻

Hybomitra astur (Erichson)　鹰瘤虻

Hybomitra asturoides Liu *et* Wang　类星瘤虻

Hybomitra atripalpis Wang　黑须瘤虻

Hybomitra atritergita Wang　乌腹瘤虻

Hybomitra baphoscota Xu *et* Liu　釉黑瘤虻

Hybomitra barkamensis Wang　马尔康瘤虻

Hybomitra bimaculata bisignata (Jaennicke)　东北瘤虻

Hybomitra bimaculata (Macquart)　双斑瘤虻

Hybomitra borealis (Meigen)　北方瘤虻

Hybomitra branta Wang　波拉瘤虻

Hybomitra brantoides Wang　拟波拉瘤虻

Hybomitra brevifrons (Kröber)　宽额瘤虻

Hybomitra brevis (Löw)　短小瘤虻

Hybomitra bulongicaauda Liu *et* Xu　牦牛瘤虻

Hybomitra chentangensis Zhu *et* Xu　陈塘瘤虻

Hybomitra chvalai Xu *et* Zhang　克氏瘤虻

Hybomitra ciureai (Séguy)　古氏瘤虻

Hybomitra coheri Xu *et* Zhang　科氏瘤虻

Hybomitra distinguenda (Verrall)　方胛瘤虻

Hybomitra echusa Wang　持瘤虻

Hybomitra erberi (Brauer)　尔氏瘤虻(尔氏瘤虻)

Hybomitra expollicata (Pandelle)　黑带瘤虻

Hybomitra flavicoma Wang　橙毛瘤虻(黄毛瘤虻)

Hybomitra fulvotaenia Wang　黄带瘤虻

Hybomitra fuscomaculata Wang　棕斑瘤虻

Hybomitra gramina Xu　草生瘤虻

Hybomitra graminoida Xu　似草生瘤虻

Hybomitra holonigera Xu *et* Li　全黑瘤虻

Hybomitra hsiaohei Wang　小黑瘤虻

Hybomitra kangdingensis Xu *et* Song　康定瘤虻

Hybomitra kansuensis Olsufjev　坎苏瘤虻

Hybomitra kansui Philip　甘肃瘤虻(黑腹瘤虻)

Hybomitra kashgarica Olsufjev　喀什瘤虻(哈什干瘤虻)

Hybomitra koidzumii Murdoch *et* Takahasi　小井瘤虻

Hybomitra ladongensis Liu *et* Yao　拉东瘤虻

Hybomitra lapponica (Wahlberg)　拉帕兰瘤虻

Hybomitra lhasaensis Wang　拉萨瘤虻

Hybomitra liui Yang *et* Xu　刘氏瘤虻

Hybomitra longicorna Wang　长角瘤虻

Hybomitra longxiensis Xu　隆子瘤虻

Hybomitra lundbecki Lyneboorg　黄角瘤虻

Hybomitra lurida (Fallén)　黑棕瘤虻

Hybomitra lushuiensis Wang　泸水瘤虻

Hybomitra lyneborgi Chvala　黑瘤虻(里氏瘤虻)

Hybomitra mai (Liu)　马氏瘤虻

Hybomitra marginialba Liu *et* Yao　白缘瘤虻

Hybomitra mimapis Wang　蜂形瘤虻

Hybomitra minshanensis Xu　岷山瘤虻

Hybomitra montana reinigiana (Enderlein)　累尼瘤虻

Hybomitra montana (Mg.)　突额瘤虻(山瘤虻)

Hybomitra morgani (Surcouf)　摩氏瘤虻(秘瘤虻)

Hybomitra mouchai Chvala　莫氏瘤虻

Hybomitra nigricauda (Olsufjev)　黑尾瘤虻

Hybomitra nigricornis (Zetterstedt)　黑角瘤虻

Hybomitra nitelofaciata Xu　亮脸瘤虻

Hybomitra nitidifrons (Szilady)　光额瘤虻

Hybomitra nodifera Wang 节瘤虻

Hybomitra nola Philip 铃胛瘤虻

Hybomitra nura Philip 黑股瘤虻

Hybomitra nyingchiensis Zhang *et* Xu 林芝瘤虻

Hybomitra ochroterma Xu *et* Liu 赭尾瘤虻

Hybomitra olsoi Takahasi 沃氏瘤虻

Hybomitra omeishanensis Xu *et* Li 峨眉山瘤虻

Hybomitra pavlovskii (Olsufjev) 巴氏瘤虻(巴瘤虻)

Hybomitra peculiaris (Szilady) 特殊瘤虻(断条瘤虻)

Hybomitra qinghaiensis Liu *et* Yao 青海瘤虻

Hybomitra robiginosa Wang 黄茸瘤虻

Hybomitra rotundabdominis Wang 圆腹瘤虻

Hybomitra ruoergaiensis Xu *et* Song 若尔盖瘤虻

Hybomitra sareptana (Szilady) 侧带瘤虻

Hybomitra shanghaiensis (Ouchi) 上海瘤虻

Hybomitra shnitnikovi (Olsufjev) 舍氏瘤虻

Hybomitra stenopselapha (Olsufjev) 窄须瘤虻

Hybomitra stigmoptera (Olsufjev) 痣翅瘤虻

Hybomitra subbranta Xu *et* Zhang 见 *Hybomitra lyne-borgi*

Hybomitra svenhedini (Kröber) 史氏青海瘤虻

Hybomitra szechwanensis Olsufjev 四川瘤虻

Hybomitra taibaishanensis Xu 太白山瘤虻

Hybomitra tarandina (Linnaeus) 鹿角瘤虻

Hybomitra tarandinoides (Olsufjev) 拟鹿角瘤虻

Hybomitra tardigrada Xu *et* Liu 懒行瘤虻

Hybomitra tatarica (Portschinsky) 鞑靼瘤虻

Hybomitra tibetana (Szilady) 西藏瘤虻

Hybomitra turkestana (Szilady) 土耳其瘤虻(土瘤虻)

Hybomitra ussuriensis (Olsufjev) 乌苏里瘤虻

Hybomitra wyvillei (Ricardo) 维氏瘤虻

Hybomitra yajiangensis Zhang *et* Xu 雅江瘤虻

Hybomitra yaoshanensis Yang *et* Xu 药山瘤虻

Hybomitra zaitzevi Olsufjev 紫氏瘤虻

Hybomitra zhangi Xu 张氏瘤虻

Hybomitra zhaosuensis Wang 昭苏瘤虻

Hybophanes Förster 见 *Oedemopsis* Tschek

Hyborhinus Mohanasundaram 驼鼻瘿螨属

Hybosoridae 驼金龟科

Hybovalgus Kolbe 驼胖金龟属

Hybovalgus bioculatus Koble 眼斑驼胖金龟(斑驼胖金龟)

Hybovalgus sexdentatus Arrow 六齿驼胖金龟

Hybovalgus thoracicus Moser 凹驼胖金龟

Hybris subjacens (Walker) 黄脊蝶角蛉

Hybrizon buccatum (Brebisson) 大颊前腹茧蜂

Hybrizon grande (Rudow) 肿胕前腹茧蜂

Hydarella Bergroth 希缘蝽属

Hydarella orientalis (Distant) 希缘蝽

Hydaropsis Hsiao 拟希缘蝽属

Hydaropsis longirostris (Hsiao) 拟希缘蝽

Hydatocapnia Warren 封尺蛾属

Hydatocapnia marginata (Warren) 封尺蛾

Hydatomanicus Ulmer 瘤突纹石蛾属

Hydatomanicus ovatus Li, Tian *et* Dudgeon 镘形瘤突纹石蛾

Hydatopsyche Ulmer 合脉纹石蛾属

Hydatopsyche huapingensis Li *et* Tian 花坪合脉纹石蛾

Hydatopsyche melli Ulmer 梅氏合脉纹石蛾

Hydatothrips boerhaaviae (Sesh. *et* Anan.) 黄细心扁蓟马

Hydatothrips proximus Bhatti 基扁蓟马

Hydrachna Müller 水螨属

Hydrachna angulata Jin 蹄突双水螨

Hydrachna bipilous Jin 双毛杆水螨

Hydrachna brevilamina Jin 短板水螨

Hydrachna crassa Lundblad 厚水螨

Hydrachna globosa (Geer) 球水螨

Hydrachna hirtianus Jin 毛肛双水螨

Hydrachna namkhamensis Jin 南坎杆水螨

Hydrachna neoglobosa Jin 新球水螨

Hydrachna orbigenitalis Jin 圆殖杆水螨

Hydrachna planta Jin 平突杆水螨

Hydrachna tenuisima Jin 细边水螨

Hydrachna trilobata Viets 三叶水螨

Hydrachna tubercapitula Jin 瘤颚杆水螨

Hydrachnidae 水螨科 water mites

Hydrachnoidea 水螨总科

Hydraecia amurensis Staudinger 曲肾介夜蛾

Hydraenidae 平唇水龟虫科

Hydraeninae 平唇水龟虫亚科

Hydrelia Hübner 水尺蛾属

Hydrelia aurantiaca Hampson 橘色水尺蛾

Hydrelia bicauliata Prout 双柄水尺蛾

Hydrelia bicolorata (Moore) 双色水尺蛾

Hydrelia binotata Inoue 双斑水尺蛾

Hydrelia conspicuaria (Leech) 双弓水尺蛾

Hydrelia flammeolaria (Hüfnagel) 焰纹水尺蛾

Hydrelia flavilinea (Warren) 黄线水尺蛾

Hydrelia impleta Prout 盈水尺蛾

Hydrelia laetivirga Prout 悦水尺蛾

Hydrelia latsaria (Oberthüer) 叉斑水尺蛾

Hydrelia lineata (Warren) 麦黄水尺蛾

Hydrelia marginepunctata Warren 星缘水尺蛾

Hydrelia microptera Inoue 小翅水尺蛾

Hydrelia nepalensis Inoue 尼泊尔水尺蛾

Hydrelia nisaria (Christoph) 雀水尺蛾

Hydrelia ornata (Moore) 饰水尺蛾

Hydrelia parvularia (Leech) 小洲水尺蛾

Hydrelia pavonica Xue 孔雀水尺蛾

Hydrelia rhodoptera Hampson 玫翅水尺蛾

Hydrelia rubricosta Inoue 红缘水尺蛾

Hydrelia rubrilinea Inoue 红线水尺蛾

Hydrelia rufigrisea (Warren) 黄灰水尺蛾

Hydrelia rufinota Hampson 紫灰水尺蛾

Hydrelia sanguiniplaga Swinhoe 赤尖水尺蛾

Hydrelia sericea (Butler) 直线水尺蛾

Hydrelia subobliquaria (Moore) 亚水尺蛾

Hydrelia subtestacea Inoue 亚介水尺蛾

Hydrelia undularia (Leech) 波纹水尺蛾

Hydrellia Robineau-Desvoidy 毛眼水蝇属

Hydrellia griseola Fallén 大麦毛眼水蝇 rice leafminer

Hydrellia philippina Ferino 菲岛毛眼水蝇 rice whorl maggot

Hydrellia sasakii Yuasa *et* Isitani 稻毛眼水蝇 rice whorl maggot

Hydrellia scapularis Löw 稻潜叶毛眼水蝇 rice leaf miner

Hydrelliinae 毛眼水蝇亚科

Hydrillodes Guenée 亥夜蛾属

Hydrillodes abavalis (Walker) 荬翅亥夜蛾

Hydrillodes morosa Butler 黄纹亥夜蛾 yellow-striped dark noctuid

Hydrillodes repugnalis (Walker) 弓须亥夜蛾

Hydriomena Hübner 涅尺蛾属

Hydriomena furcata (Thunberg) 叉涅尺蛾

Hydriomena impluviata (Denis *et* Schiffermüller) 文涅尺蛾

Hydriomena promulgata (Püngeler) 羌涅尺蛾

Hydriomena ruberata (Freyer) 蕴涅尺蛾

Hydriomena tamaria (Oberthüer) 灰涅尺蛾

Hydroadephaga 水生肉食甲亚目

Hydrobaeninae 直突摇蚊亚科

Hydrobasileus 楔翅蜻属

Hydrobasileus croceus Brauer 臀斑楔翅蜻

Hydrobates 水棘螨属

Hydrobates falcipalpis Koenike 镰须水棘螨

Hydrobates sinensis Uchida *et* Imamura 中华水棘螨

Hydrobiosidae 螯石蛾科

Hydrochoreutes Koch 蹈水螨属

Hydrochus annamita Regimbart 越南条脊牙甲

Hydrodroma Koch 水跑螨属

Hydrodroma diploflagellis Jin 双鞭水跑螨

Hydroecia Dup. 角剑夜蛾属

Hydroecia fortis (Butler) 角剑夜蛾

Hydroecia micacea (Esper) 马铃薯角剑夜蛾 potato stem borer

Hydrogamasus Berless 水草螨属

Hydromanicus Brauer 离脉纹石蛾属

Hydromanicus canaliculatus Li, Tian *et* Dudgeon 具沟离脉纹石蛾

Hydromanicus deceptus (Banks) 条瓣离脉纹石蛾

Hydromanicus emeiensis Li, Tian *et* Dudgeon 峨眉离脉纹石蛾

Hydromanicus fissus Li, Tian *et* Dudgeon 深裂离脉纹石蛾

Hydromanicus frater Ulmer 尖耳离脉纹石蛾

Hydromanicus guangdongensis Li, Tian *et* Dudgeon 广东离脉纹石蛾

Hydromanicus intermedius Martynov 中庸离脉纹石蛾

Hydromanicus orientalis Betten 东方离脉纹石蛾..

Hydromanicus paucispinus Li *et* Tian 缺刺离脉纹石蛾

Hydromanicus truncatus Betten 截肢离脉纹石蛾

Hydromanicus umbonatus Tian *et al.* 乳突离脉纹石蛾

Hydromermis Corti 水体索线虫属

Hydromermis acuminata Daday 尖细水体索线虫

Hydromermis acutipenis Rubzov 锐茎水体索线虫

Hydromermis albicola (Steiner) 白色水体索线虫

Hydromermis angusticauda Rubzov 窄尾水体索线虫

Hydromermis angusts Rubzov *et* Doby 窄小水体索线虫

Hydromermis annulosa Daday 多环水体索线虫

Hydromermis bathycola Daday 深居水体索线虫

Hydromermis borokii Rubzov 博罗克水体索线虫

Hydromermis bostrycodes (Steiner) 长蠹水体索线虫

Hydromermis brevicaudata Artyukhovsky *et* Kiselev 短尾水体索线虫

Hydromermis catena Rubzov 链条水体索线虫

Hydromermis chasmogama Rubzov 宽配子水体索线虫

Hydromermis churchillensis Welch 邱吉尔水体索线虫

Hydromermis conobobhaga Poinar 食蚋水体索线虫

Hydromermis contorta (Linstow) 卷曲水体索线虫

Hydromermis conura Daday 锥形水体索线虫

Hydromermis crassispicula Zahidov 厚刺水体索线虫

Hydromermis dacica (Coman) 达奇克水体索线虫

Hydromermis doloresi Camino 多洛雷斯水体索线虫

Hydromermis floridensis Johnson 弗罗里达水体索线虫

Hydromermis gastrofaga Rubzov 胃末水体索线虫

Hydromermis grandis Rubzov 大水体索线虫

Hydromermis itascensis Johnson 伊塔斯水体索线虫

Hydromermis kirjanovae Rubzov 基氏水体索线虫

Hydromermis leptoposthia Steiner 小茎水体索线虫

Hydromermis micronura Rubzov 小尾水体索线虫

Hydromermis minutissima Rubzov 最小水体索线虫

Hydromermis orbicaudata Rubzov 圆尾水体索线虫

Hydromermis palustris Homonock *et* Welch 沼泽水体索线虫

Hydromermis pectinata Zahidov 栉形水体索线虫

Hydromermis philopsychra (Steiner) 嗜冷水体索线虫

Hydromermis polycarpa Rubzov 多节水体索线虫

Hydromermis porosamphidis Rubzov *et* Kokordak 孔侧器水体索线虫

Hydromermis pratensis Rubzov 草地水体索线虫

Hydromermis rivicola Corti 溪居水体索线虫

Hydromermis sibirica Rubzov 西伯利亚水体索线虫

Hydromermis tanytarsis Rubzov 长跗摇蚊水体索线虫

Hydromermis transversalis Rubzov 横向水体索线虫

Hydromermis tshudskoensis Rubzov 楚兹科水体索线虫

Hydromermis uralensis Artyukhovsky *et* Kiselev 乌拉尔

水体索线虫

Hydrometra albolineata Scott 白纹尺蝽

Hydrometra annamana Hungerford *et* Evans 安尺蝽

Hydrometra smithi Hungerford *et* Evans 斯尺蝽

Hydrometridae 尺蝽科

Hydromyzinae 水粪蝇亚科

Hydronaphis Shinji 龟蚜属

Hydronaphis oenanthi Shinji 水芹龟蚜 water dropwort aphid

Hydrophantidae 水见螨科

Hydrophilidae 牙甲科

Hydrophiloidea 牙甲总科

Hydrophilus acuminatus Motschulsky 稻牙甲(稻水龟虫) large hydrophilid

Hydrophilus affinis Sharp 小牙甲(小水龟虫) small hydrophilid

Hydrophoria Robineau-Desvoidy 隰蝇属

Hydrophoria albiceps (Meigen) 白头隰蝇

Hydrophoria ambigua (Fallén) 迷隰蝇

Hydrophoria annulata (Pandelle) 环腹隰蝇

Hydrophoria cinerascens Stein 灰隰蝇

Hydrophoria crassiforceps Qian *et* Fan 肥叶隰蝇

Hydrophoria divisa (Meigen) 粉腹隰蝇

Hydrophoria fasciculata (Schnabl) 腹束隰蝇

Hydrophoria hyalipennis (Zetterstedt) 长毛隰蝇

Hydrophoria ignobilis (Zetterstedt) 卑隰蝇

Hydrophoria lancifer (Harris) 锥叶隰蝇

Hydrophoria lineatocollis (Zetterstedt) 长针隰蝇

Hydrophoria longissima Fan *et* Zhong 长喙隰蝇

Hydrophoria maculipennis Stein 斑翅隰蝇

Hydrophoria megaloba Li *et* Deng 大叶隰蝇

Hydrophoria melaena (Stein) 暗胸隰蝇

Hydrophoria montana Suwa 山隰蝇

Hydrophoria nuda (Schnabl) 裸隰蝇

Hydrophoria pronata Fan *et* Qian 弓叶隰蝇

Hydrophoria rufitibia Stein 绯胫隰蝇

Hydrophoria ruralis (Meigen) 乡隰蝇

Hydrophoria ventribarbata Hsue 鬃腹隰蝇

Hydrophoria verticina (Zetterstedt) 旋叶隰蝇

Hydrophoria wierzejskii (Mik) 瘦足隰蝇

Hydrophoria zetterstedti (Ringdahl) 矩突隰蝇

Hydrophorinae 水长足虻亚科

Hydroporinae 水龙虱亚科

Hydropsyche Pictet 纹石蛾属

Hydropsyche cerva Li *et* Tian 幼鹿侧枝纹石蛾

Hydropsyche columnata Martynov 柯隆侧枝纹石蛾

Hydropsyche complicata Banks 繁复侧枝纹石蛾

Hydropsyche compressa Li *et* Tian 扁节侧枝纹石蛾

Hydropsyche conoidea Li *et* Tian 锥突侧枝纹石蛾

Hydropsyche curvativa Li *et* Tian 折突侧枝纹石蛾

Hydropsyche dhusaravarna Schmid 多叶高原纹石蛾

Hydropsyche ditalon Tian *et* Li 距高原纹石蛾

Hydropsyche dolosa Banks 斗形高原纹石蛾

Hydropsyche fryeri Ulmer 翼形高原纹石蛾

Hydropsyche fukiensis Schmid 福建侧枝纹石蛾

Hydropsyche furcula Tian *et* Li 双叉高原纹石蛾

Hydropsyche gautamittra Schmid 缺突侧枝纹石蛾

Hydropsyche grahami Banks 格氏高原纹石蛾

Hydropsyche hainanensis Li *et* Tian 海南侧枝纹石蛾

Hydropsyche hedini Forsslund 赫氏纹石蛾

Hydropsyche integrata Mey 英迪纹石蛾

Hydropsyche kaznakovi Martynov 缺尾高原纹石蛾

Hydropsyche kozhantschikovi Martynov 腹刺侧枝纹石蛾

Hydropsyche lianchiensis Li *et* Tian 莲池侧枝纹石蛾

Hydropsyche malformis Li *et al.* 异背高原纹石蛾

Hydropsyche nevae Kolenati 旋刺侧枝纹石蛾

Hydropsyche orientalis Martynov 东方侧枝纹石蛾

Hydropsyche ornatula MacLachlan 阿尔那纹石蛾

Hydropsyche pellucidula Curtis 鳝茎纹石蛾

Hydropsyche penicilata Martynov 截茎侧枝纹石蛾

Hydropsyche plana Forsslund 显尾纹石蛾

Hydropsyche polyacantha Li *et* Tian 多突隐片纹石蛾

Hydropsyche pungens Tian *et* Li 锐突高原纹石蛾

Hydropsyche retronsis Li *et* Tian 卷茎高原纹石蛾

Hydropsyche rhomboana Martynov 扁肢高原纹石蛾

Hydropsyche serpentina Schmid 三突侧枝纹石蛾

Hydropsyche simulata Mosely 裂茎侧枝纹石蛾

Hydropsyche tetrachotoma Li *et* Tian 四叉侧枝纹石蛾

Hydropsyche tibetana Schmid 西藏高原纹石蛾

Hydropsyche trifora Li *et* Tian 三孔侧枝纹石蛾

Hydropsyche tubulosa Li *et* Tian 柱茎侧枝纹石蛾

Hydropsyche valvata Martynov 瓦尔侧枝纹石蛾

Hydropsyche waltoni Martynov 黑褐纹石蛾

Hydropsychidae 纹石蛾科

Hydropsychinae 纹石蛾亚科

Hydroptila Dalman 小石蛾属

Hydroptila acrodonta Xue *et* Yang 端齿小石蛾

Hydroptila apiculata Yang *et* Xue 具刺小石蛾

Hydroptila bajgirana Botosaneanu 伊朗小石蛾

Hydroptila chinensis Xue *et* Yang 中华小石蛾

Hydroptila cochlearis Xue *et* Yang 匙小石蛾

Hydroptila dampfi Ulmer 丹氏小石蛾

Hydroptila extrema Kumanski 奇异小石蛾

Hydroptila giama Olah 短肢小石蛾

Hydroptila hamistyla Xue *et* Wang 钩突小石蛾

Hydroptila moselyi Ulmer 莫氏小石蛾

Hydroptila ornithocephala Yang *et* Xue 鸟头小石蛾

Hydroptila tiani Yang *et* Xue 田氏小石蛾

Hydroptila triangula Xue *et* Yang 三角小石蛾

Hydroptila wuchangensis Wang 武昌小石蛾

Hydroptilidae 小石蛾科

Hydroptiloidea 小石蛾总科 micro-caddisflies and their allies

Hydroscaphidae 水缨甲科 shining beetles
Hydrotaea Robineau-Desvoidy 齿股蝇属
Hydrotaea affinis Karl 邻齿股蝇
Hydrotaea albipuncta (Zetterstedt) 白斑齿股蝇
Hydrotaea armipes (Fallén) 刺足齿股蝇
Hydrotaea bimaculata (Meigen) 双斑齿股蝇
Hydrotaea bimaculatoides Wang 拟双斑齿股蝇
Hydrotaea cinerea Robineau-Desvoidy 栉足齿股蝇
Hydrotaea cyrtoneurina (Zetterstedt) 曲脉齿股蝇
Hydrotaea dentipes (Fabricius) 常齿股蝇
Hydrotaea glabricula (Fallén) 裸齿股蝇
Hydrotaea hsiai Fan 夏氏齿股蝇
Hydrotaea jacobsoni (Stein) 台湾齿股蝇
Hydrotaea meteorica (Linnaeus) 速跃齿股蝇
Hydrotaea militaris (Meigen) 斑翅齿股蝇
Hydrotaea mimopilipes Ma *et* Zhao 拟毛足齿股蝇
Hydrotaea monochaeta Ma *et* Wu 单鬃齿股蝇
Hydrotaea nudispinosa Ma 裸刺齿股蝇
Hydrotaea occulta (Meigen) 隐齿股蝇
Hydrotaea palaestrica (Meigen) 角逐齿股蝇
Hydrotaea pandellei Stein 曲股齿股蝇
Hydrotaea parva Meade 小股齿股蝇
Hydrotaea pilipse Stein 毛足齿股蝇
Hydrotaea pilitibia Stein 毛胫齿股蝇
Hydrotaea ringdahli Stein 单毛齿股蝇
Hydrotaea scambus (Zetterstedt) 曲胫齿股蝇
Hydrotaea silva Hsue 林齿股蝇
Hydrotaea similis Meade 拟常齿股蝇
Hydrotaea spinigera Hennig 具刺齿股蝇
Hydrotaea spinosa Stein 刺齿股蝇
Hydrotaea spinosus Ye *et* Ma 多刺齿股蝇
Hydrotaea velutina Robineau-Desvoidy 黑胸齿股蝇
Hydrous acuminatus Motschulsky 尖突巨牙甲
Hydrous piceus (L.) 黑巨牙甲(黑水龟虫) great black water beetle
Hydrovolzia Thor 溪螨属
Hydrovolziidae 溪螨科 red water mites
Hydrozetes Berlese 水棱甲螨属
Hydrozetes terrestris Berlese 地水棱甲螨
Hydrozetidae 水棱甲螨科
Hydrozetoidea 水棱甲螨总科
Hydryphantes Koch 盾水螨属
Hydryphantes flexuosus Koenike 弯曲盾水螨
Hydryphantes octoporus Koenike 八孔盾水螨
Hydryphantes planus Jin 平坦盾水螨
Hydryphantes quadrisaeta Jin 四毛盾水螨
Hydryphantes recondita Jin 隐盘盾水螨
Hydryphantidae 盾水螨科
Hydryphantoidea 盾水螨总科
Hyerovolzioidea 溪螨总科
Hygia Uhler 黑缘蝽属
Hygia bidentata Ren 双齿黑缘蝽

Hygia fasciiger Hsiao 纹足黑缘蝽
Hygia funebris Distant 大斑黑缘蝽
Hygia funesta Hsiao 粤黑缘蝽
Hygia hainana Hsiao 海南黑缘蝽
Hygia lata Hsiao 宽黑缘蝽
Hygia magna Hsiao 大黑缘蝽
Hygia nana Hsiao 小黑缘蝽
Hygia noctua Distant 夜黑缘蝽
Hygia omeia Hsiao 峨眉黑缘蝽
Hygia opaca Uhler 暗黑缘蝽
Hygia rosacea Ren 玫黑缘蝽
Hygia rostrata Hsiao 长喙黑缘蝽
Hygia simulans Hsiao 次小黑缘蝽
Hygia touchei Distant 环胫黑缘蝽
Hygia wulingana Ren 武陵黑缘蝽
Hygia yunnana Hsiao 云南黑缘蝽
Hygrobates Koch 湿螨属
Hygrobates adentatus Jin 寡突湿螨
Hygrobates atrovirens Jin 墨绿湿螨
Hygrobates brevisternus Jin 短胸湿螨
Hygrobates corimarginatus Jin 革边湿螨
Hygrobates facipalpis Koenike 铗须湿螨
Hygrobates guizhouensis Jin 贵州湿螨
Hygrobates guosi Jin 郭氏湿螨
Hygrobates neolongiporus Jin 新长孔湿螨
Hygrobates octoporus Jin 八盘河湿螨
Hygrobates sinensis Uchida *et* Imamura 中华湿螨
Hygrobates xinyiensis Jin 兴义湿螨
Hygrobatidae 湿螨科
Hygrobiidae 水甲科 water bugs, exotic beetles
Hygrolycosa Dahl 潮狼蛛属
Hygrolycosa alpigena Yu *et* Song 高山潮狼蛛
Hygropoda Thorell 潮蛛属
Hygropoda higenaga (Kishida) 长触潮蛛
Hygropoda hippocrepiforma Wang 马蹄潮蛛
Hygropoda taeniata Wang 带潮蛛
Hylaeus Fabricius 叶舌蜂属
Hylaeus floralis Smith 黄叶舌蜂
Hylaeus perforata Smith 绿叶舌蜂
Hylaeus variegatus Fabricius 艳叶舌蜂
Hylastes Erichson 根小蠹属
Hylastes angustatus Herbst 乌克兰根小蠹
Hylastes ater Paykull 欧洲根小蠹 black pine beetle
Hylastes attenuatus Erichson 狭根小蠹
Hylastes brunneus Erichson 松根小蠹
Hylastes cunicularius Erichson 云杉根小蠹
Hylastes gracilis LeConte 细根小蠹
Hylastes nigrinus (Mannerheim) 黑根小蠹
Hylastes opacus Erichson 云杉小根小蠹
Hylastes parallelus Chapuis 黑并根小蠹 pine bark beetle
Hylastes plumbeus Blandford 红松根小蠹 pine bark bee-

tle

Hylastes rufipes Eichhoff 见 *Hylurgopinus rufipes*

Hylastes techangensis Tsai *et* Huang 德昌根小蠹

Hylastinus Bedel 白胸小蠹属

Hylastinus obscurus (Marsham) 车轴草白胸小蠹 clover root borer

Hylcalosia Fischer 并腹反颚茧蜂属

Hylcalosia complexus Chen *et* Wu 全脉反颚茧蜂

Hylecoetus lugubris (Say) 杨桦边材筒蠹 sapwood timberworm

Hylemya Robineau-Desvoidy 种蝇属

Hylemya abietis Huckett 云杉种蝇

Hylemya arambourgi Séguy 大麦种蝇 barley fly

Hylemya bruneipalpis Fan 褐须种蝇

Hylemya detracta (Walker) 黄股种蝇

Hylemya femoralis Stein 异股种蝇

Hylemya laricicola Karl 落叶松球果种蝇 larch cone maggot

Hylemya latifrons Schnabl 黑足种蝇

Hylemya nigrimana (Meigen) 黑跗种蝇

Hylemya partita (Meigen) 曲叶种蝇

Hylemya platura (Meigen) 见 *Delia platura*

Hylemya probilis Ackland 后眶种蝇

Hylemya supraorbitalis Fan 上眶种蝇

Hylemya vagans (Panzer) 迷走种蝇

Hyleorus Aldrich 饰苔寄蝇属

Hyleorus elatus Meigen 矮饰苔寄蝇

Hyles lineata Fabricius 白条天蛾 white lined sphinx

Hylesininae 海小蠹亚科

Hylesinus Fabricius 海小蠹属

Hylesinus cholodkovskyi Berger 长海小蠹

Hylesinus cingulatus Blandford 白带海小蠹 whitebanded bark beetle

Hylesinus costatus Blandford 日本海小蠹 smaller swamp ash bark beetle

Hylesinus crenatus Fabricius 白蜡大海小蠹 large ash bark beetle

Hylesinus eos Spessivtseff 花海小蠹

Hylesinus fraxini Panzer 见 *Leperisinus varius*

Hylesinus laticollis Blandford 圆海小蠹

Hylesinus nobilis Blandford 大海小蠹

Hylesinus oleiperda Fabricius 白蜡小海小蠹 lesser ash bark beetle

Hylesinus toranio Bernard 油橄榄海小蠹 olea borer beetle

Hyletastea Gistel 木螨属

Hyletastinae 木螨亚科

Hylicinae 杆叶蝉亚科

Hyllisia consimilis Gahan 截尾骇天牛

Hyllisia koui Breuning 红豆骇天牛

Hyllisia saigonensis (Pic) 西贡骇天牛

Hyllus C.L. Koch 蝇象蛛属

Hyllus diardi (Walchkenaer) 斑腹蝇象蛛

Hyllus fischeri Boes. *et* Str. 费氏蝇象蛛

Hylobiinae 树皮象亚科

Hylobitelus Reitter 松茎象属

Hylobitelus haroldi (Faust) 哈氏松茎象

Hylobitelus xiaoi Zhang 萧氏松茎象

Hylobius Germar 树皮象属

Hylobius abietis haroldi Faust 见 *Hylobitelus haroldi*

Hylobius abietis Linnaeus 欧洲松树皮象 large pine weevil, pine weevil

Hylobius albosparsus Boheman 白毛树皮象

Hylobius aliradicis Warner 南方松树皮象

Hylobius angustus Faust 喜马松树皮象 Himalayan pine weevil

Hylobius congener Dalla 同类树皮象

Hylobius elongatoides Voss 拟长树皮象

Hylobius niitakensis fukienensis Voss 福建树皮象

Hylobius orientalis Motschulsky 东洋树皮象

Hylobius pales (Herbst) 美松灰黑树皮象 pales weevil

Hylobius perforatus Roelofs 大穿孔树皮象 engraved big weevil, olea branch borer

Hylobius pinicola (Couper) 香脂冷杉树皮象

Hylobius radicis Buchanan 松根茎树皮象 pine root collar weevil

Hylobius rhizophagus M. B. *et* W. 食根树皮象

Hylobius shikokuensis Kôno 四国树皮象

Hylobius warreni Wood 沃氏根颈树皮象 root collar weevil

Hyloicus Hübner 松天蛾属

Hyloicus caligineus Butler 松黑天蛾 pine hawk moth

Hyloicus caligineus sinicus Rothschild *et* Jordan 松黑天蛾中华亚种

Hyloicus morio heilongjiangensis Zhao *et* Zhang 黑龙江松天蛾

Hyloicus pinastri Linnaeus 见 *Sphinx pinastri*

Hylophasma 亥姬蜂属

Hylophila kraeffti Graeser 红条青实蛾 red-striped green moth

Hylophila prasinana L. 山毛榉青实蛾

Hylophila sylpha Butler 白条青实蛾

Hylophilina bicolorana (Fuessly) 两色碧夜蛾

Hylophilodes Hampson 粉翠夜蛾属

Hylophilodes elegans Draudt 丽粉翠夜蛾

Hylophilodes orientalis (Hampson) 东方粉翠夜蛾

Hylotrupes bajulus (L.) 北美家天牛 oldhouse borer

Hylurdrectonus araucariae Schedl 新几内亚杉小蠹

Hylurdrectonus piniarius Schedl 昆士兰杉小蠹

Hylurgopinus Swaine 瘤干小蠹属

Hylurgopinus rufipes (Eichhoff) 榆瘤干小蠹 native elm bark beetle

Hylurgops LeConte 干小蠹属

Hylurgops eusulcatus Tsai *et* Huang 皱纹干小蠹

Hylurgops glabratus Zetterstedt 宽条干小蠹

Hylurgops incomptus (Blandford) 粗野干小蠹

Hylurgops interstitialis Chapuis 红松干小蠹 pine rugose bark beetle

Hylurgops llikiangensis Tsai *et* Huang 丽江干小蠹

Hylurgops longipilis Reitter 长毛干小蠹

Hylurgops major Eggers 大干小蠹

Hylurgops palliatus Gyllenhal 细干小蠹

Hylurgops pinifex (Fitch) 松云杉干小蠹

Hylurgops porosus (LeConte) 粗干小蠹

Hylurgops reticulatus Wood 小网干小蠹

Hylurgops rugipennis (Mannerheim) 松红褐干小蠹

Hylurgops subcostulatus (Mannerheim) 硕鞘干小蠹

Hylurgus Brulle 林小蠹属

Hylurgus ligniperda Fabricius 松红毛林小蠹 red-haired bark beetle

Hylyphantes Simon 钻头蛛属

Hylyphantes graminicola (Sundevall) 草间钻头蛛

Hylyphantes nigritus (Simon) 黑钻头蛛

Hymenia Hübner 白带野螟属

Hymenia perspectalis Hübner 双白带野螟 beet webworm, Hawaiian beet webmoth

Hymenia recurvalis Fabricius 甜菜白带野螟

Hymenopodidae 花螳科

Hymenoptera 膜翅目 ants, bees, sawflies, wasps and allies

Hymenopus coronatoides Wang, Liu *et* Yin 拟皇冠花螳

Hyocephalidae 锚蝽科

Hyorrhynchus Blandford 喙小蠹属

Hyorrhynchus blandfordi Sampson 翘角喙小蠹

Hyorrhynchus lewisi Blandford 日本喙小蠹

Hyparcha 下姬蜂属

Hyparpalus formosanus Jedl. 丽亚婪步甲

Hypaspidiotus Tak. 栎圆盾蚧属

Hypaspidiotus jordi (Kuw.) 齿叶栎圆盾蚧

Hypaspidiotus phaneraspis Takagi 缘管栎圆盾蚧

Hypasura hounei Daniel 海苔蛾

Hypatima haligramma Meyrick 腰果麦蛾

Hypatima spathota Meyrick 漆叶麦蛾

Hypena Schrank 长须夜蛾属

Hypena belinda Butler 白点长须夜蛾

Hypena humuli (Harris) 忽布长须夜蛾

Hypena iconicalis Walker 肖长须夜蛾

Hypena labatalis Walker 拉长须夜蛾

Hypena lividalis Hübner 苎麻长须夜蛾

Hypena proboscidalis (Linnaeus) 象长须夜蛾

Hypena rostralis L. 长须夜蛾

Hypena strigatus (Fabricius) 一线长须夜蛾

Hypena taenialoides Chu *et* Chen 豆小长须夜蛾

Hypephyra Butler 云尺蛾属

Hypephyra terrosa Butler 紫云尺蛾

Hypera Germar 叶象属

Hypera basalis (Voss) 细叉叶象

Hypera brunneipennis (Boheman) 埃及苜蓿叶象

Hypera meles (Fabricius) 三叶草花叶象

Hypera nigrirostris Fabricius 小三叶草叶象 clove leaf weevil

Hypera postica (Gyllenhal) 紫苜蓿叶象 alfalfa weevil

Hypera punctata (Fabricius) 三叶草叶象

Hyperaeschra pallida Batler 黄檀舟蛾

Hyperaeschra stragula (Grote) 柳杨舟蛾

Hyperapeira Inoue 巫尺蛾属

Hyperaspis Redtenbacher 显盾瓢虫属

Hyperaspis repensis (Herbst) 四星显盾瓢虫

Hyperaxis Gemminger *et* Harold 鳞毛叶甲属

Hyperaxis fasciata Baly 条鳞毛叶甲

Hyperaxis scutellatus (Baly) 齿股鳞毛叶甲

Hyperecteina ussuriansis Rohdendorf 乌苏里黑寄蝇

Hyperlaelaps Zachvatkin 上厉螨属

Hyperlaelaps amphibius Zachvatkin 两栖上厉螨

Hyperlaelaps arvalis Zachvatkin 田野上厉螨

Hyperlaelaps microti (Ewing) 田鼠上厉螨

Hyperlaelaps oreintalis Wang, Liao *et* Lin 东方上厉螨

Hypermallus villosus Fabricius 见 *Elaphidion villosum*

Hypernephia Uv. 盲蝗属

Hypernephia everesti Uv. 珠峰盲蝗

Hypernephia xizangensis Zheng 西藏盲蝗

Hyperomias bruneolineatus Zhang 褐纹短喜象

Hyperomias convexus Zhang 凸额短喜象

Hyperomias curvatus Zhang 弯叶短喜象

Hyperomyzus Börner 超瘤蚜属

Hyperomyzus carduellinus (Theobald) 苦苣超瘤蚜

Hyperomyzus lactucae Linnaeus 茶藨苦菜超瘤蚜 currant-lettuce aphid, currant-sowthistle aphid, sow thistle

Hyperomyzus pallidus Hille Ris Lambers 醋栗苦菜超瘤蚜

Hyperomyzus sinilactucae Zhang 刺菜超瘤蚜

Hyperoncus Stål 半球盾蝽属

Hyperoncus lateritius (Westwood) 半球盾蝽

Hyperstylus Roelofs 坑沟象属

Hyperstylus minutus (Formanek) 细角坑沟象

Hyperstylus pallipes Roelofs 黄足坑沟象

Hyperthyris Leech 蜂形网蛾属

Hyperthyris aperta Leech 蜂形网蛾

Hyperxiphia ungulicaria Maa 头爪长颈树蜂

Hyperxiphiinae 超树蜂亚科

Hyperythra Guenée 兔尺蛾属

Hyperythra lutea Stoll 灰兔尺蛾

Hypeugoa flavogrisea Leech 黄灰佳苔蛾

Hyphantria Harris 白蛾属

Hyphantria cunea Drury 美国白蛾 American white moth, fall webworm

Hyphantria textor Harris 织美国白蛾 spotted fall webworm

Hyphasis Harold 瘤爪跳甲属

Hyphasis inconstans Jacoby 粗背瘤爪跳甲

Hyphasis magica Harold 七斑瘤爪跳甲

Hyphasis moseri (Weise) 莫瘤爪跳甲

Hyphoraia aulica (Linnaeus) 高龟灯蛾

Hyphoraia ornata (Staudinger) 饰龟灯蛾

Hyphorma minax Walker 长须刺蛾

Hyphus apicalis Pascoe 黑尾肋翅天牛

Hyphydrus orientalis Clark 东方四节龙虱

Hypnoidus abbreviatus (Say) 短叩甲

Hypnoidus quaripustulatus (Fabricius) 四纹叩甲

Hypnoidus riparius (Fabricius) 堤岸叩甲

Hypoaspidinae 下盾螨亚科

Hypoaspis Canestrini 下盾螨属

Hypoaspis aculeifer (Canestrini) 尖狭下盾螨

Hypoaspis aculeiferoides Teng 类尖下盾螨

Hypoaspis acutiscutus Teng 尖背下盾螨

Hypoaspis chelaris Teng, Zhang *et* Cui 钳颖下盾螨

Hypoaspis chianensis Gu 黔下盾螨

Hypoaspis concinna Teng 秀越下盾螨

Hypoaspis cuneifer (Michael) 楔形下盾螨

Hypoaspis debilis Ma 柔弱下盾螨

Hypoaspis digitalis Teng 趾颖下盾螨

Hypoaspis diomphalia Yin *et* Qin 大黑下盾螨

Hypoaspis gracilis Melegjiaeva 纤细下盾螨

Hypoaspis haiyuanensis Bai, Gu *et* Chen 海源下盾螨

Hypoaspis heselhasi Oudemans 海氏下盾螨

Hypoaspis hrdyi Samsinak 力氏下盾螨

Hypoaspis kargi Costa 喀氏下盾螨

Hypoaspis kirinensis Chang, Cheng *et* Yin 吉林下盾螨

Hypoaspis labrica Voigts *et* Oudemans 隆头下盾螨

Hypoaspis leeae Tseng 李氏下盾螨

Hypoaspis linteyini Samsinak 林氏下盾螨

Hypoaspis liui (Samsinak) 刘氏下盾螨

Hypoaspis longchuangensis Gu *et* Duan 陇川下盾螨

Hypoaspis longichaetus Ma 长毛下盾螨

Hypoaspis lubrica Voigts *et* Oudemans 溜下盾螨

Hypoaspis magnisetae Ma 巨毛下盾螨

Hypoaspis miles (Berlese) 兵下盾螨

Hypoaspis neocunifer Evans *et* Till 新楔下盾螨

Hypoaspis paracunifer Gu *et* Bai 拟楔下盾螨

Hypoaspis pavlovskii (Bregetova) 巴氏下盾螨

Hypoaspis praesternalis Willmann 胸前下盾螨

Hypoaspis rhinocerotis Oudemans 椰甲下盾螨

Hypoaspis sardoa Berlese 金枪下盾螨

Hypoaspis sorecis Li, Zheng *et* Yang 鼩鼱下盾螨

Hypoaspis spinacrassus Rosario 粗毛下盾螨

Hypoaspis subminus Gu *et* Bai 拟小下盾螨

Hypoaspis submontana Bai *et al.* 拟山下盾螨

Hypoaspis subpictus Gu *et* Bai 轻绘下盾螨

Hypoaspis sungaris Ma 松江下盾螨

Hypoaspis taitzujungi Samsinak 戴氏下盾螨

Hypoaspis tengi Gu *et* Bai 邓氏下盾螨

Hypoaspis vacua (Michael) 空洞下盾螨

Hypoaspis weni Bai *et al.* 温氏下盾螨

Hypobararthra Hampson 后甘夜蛾属

Hypobararthra icterias (Eversmann) 后甘夜蛾

Hypobararthra repetita (Butler) 赤后甘夜蛾

Hypocala Guenée 鹰夜蛾属

Hypocala deflorata (Fabricius) 柿梢鹰夜蛾

Hypocala moorei Butler 莫氏鹰夜蛾

Hypocala rostrata Fabricius 乌木鹰夜蛾

Hypocala subsatura Guenée 苹梢鹰夜蛾

Hypocephalidae 长胸甲科

Hypochilidae 古筛蛛科

Hypochiliformia 古筛蛛总科

Hypochilus 古筛器蛛属

Hypochrosis Guenée 蚀尺蛾属

Hypochrosis festvaria (Fabricius) 绿斑蚀尺蛾

Hypochrosis flavifusata (Moore) 豆蚀尺蛾

Hypochrosis hyadaria Guenée 紫蚀尺蛾

Hypochrosis rufescens (Butler) 四点蚀尺蛾

Hypochrysodes elegans (Burmeister) 栎蚜华美草蛉

Hypochthoniella Koch 小缝甲螨属

Hypochthoniella minutissima (Berlese) 微小缝甲螨

Hypochthoniidae 缝甲螨科

Hypochthonius Koch 缝甲螨属

Hypochthonius luteus Oudemans 金黄缝甲螨

Hypochthonius rufulus Koch 淡红缝甲螨

Hypochthonoidea 缝甲螨总科

Hypoclinea Mayr 臭蚁属

Hypoclinea bituberculatus Mayr 黑可可臭蚁

Hypoclinea fuscus Emery 褐臭蚁

Hypoclinea sibiricus Emery 西伯利亚臭蚁

Hypoclinea taprobanae (Smith) 黑腹臭蚁

Hypocryphalus mangiferae Stebbing 杧果梢下小蠹
mango bark beetle

Hypodectes propus (Nitsch) 大脚颈下螨

Hypodectidae 颈下螨科

Hypoderma Latreille 皮蝇属 heel flies, ox warble flies

Hypoderma bovis (Linnaeus) 牛皮蝇 northern cattle grub

Hypoderma diana Brauer 鹿皮蝇 deer warble fly

Hypoderma lineatum (De Villers) 纹皮蝇 common cattle grub

Hypoderma qinghaiense Fan 青海皮蝇

Hypoderma sinense Pleske 中华皮蝇

Hypodermatidae 皮蝇科 warble flies, heel flies, bomb flies

Hypoeschrus simplex Gressitt *et* Rondon 红褐叶胸天牛

Hypogastridae 球角跳虫科

Hypogastruridae 紫跳虫科

Hypogeococcus Rau 枝粉蚧属

Hypogeococcus moribensis Tak. 木麻黄枝粉蚧

Hypogeococcus spinosus Ferris 仙人掌枝粉蚧

Hypoglaucitis benenotata Warren 印度黄檀夜蛾

Hypolimnas Hübner 斑蛱蝶属

Hypolimnas anomala (Wallace) 畸纹紫斑蛱蝶

Hypolimnas bolina (Linnaeus) 幻紫斑蛱蝶

Hypolimnas missipus (Linnaeus) 金斑蛱蝶(马齿苋斑蛱蝶)

Hypolithus abbreviatus (Say) 见 *Hypnoidus abbreviatus*

Hypolixus truncatulus Fabricius 滇刺枣象 rajgira weevil

Hypolycaena Felder 旖灰蝶属

Hypolycaena erylus (Godart) 旖灰蝶

Hypomeces Schoenherr 蓝绿象属

Hypomeces confossus Fabricius 油桐蓝绿象

Hypomeces squamosus Fabricius 蓝绿象 cotton green weevil, sugarcane shoot borer, green scaly weevil

Hypomeces unicolor Weber 珍珠蓝绿象

Hypomecis Hübner 尘尺蛾属

Hypomecis cathama (Wehrli) 黑尘尺蛾

Hypomecis fasciata (Swinhoe) 金星尘尺蛾

Hypomecis pseudopunctinalis (Wehrli) 假尘尺蛾

Hypomecis punctinalis (Scopoli) 点尘尺蛾

Hypomecis roboraria (Denis *et* Schaffmuller) 栎尘尺蛾

Hypomma Dahl 海波蛛属

Hypomma bituberculatum (Wider) 双突海波蛛

Hypomolyx piceus Degeer 北美松根象 pine root weevil

Hyponephele Muschamp 云眼蝶属

Hyponephele davendra (Moore) 黄翅云眼蝶

Hyponephele dysdora (Lederer) 西方云眼蝶

Hyponephele interposita (Erschoff) 居间云眼蝶

Hyponephele lupina Costa 黄衬云眼蝶

Hyponomeuta cognatella Hübner 见 *Yponomeuta polystigmellus*

Hyponomeuta malinella Zeller 见 *Yponomeuta padella*

Hyponomeuta padella Linnaeus 见 *Yponomeuta padella*

Hyponotus Wollaston 糙木象属

Hypophloeus 皮下甲属

Hypophloeus flavipennis Mots. 黄翅皮下甲

Hypophloeus floricola Mais 果子皮下甲

Hypophloeus pini Panzer 松皮下甲

Hypophrictis capnomicta Meyric 圆斑谷蛾

Hypopicheyla Volgin 下螯螨属

Hypoponera Santschi 姬猛蚁属

Hypoponera biroi (Emery) 毕氏姬猛蚁

Hypoponera bondroiti (Forel) 鲍氏姬猛蚁

Hypoponera confinis (Roger) 邻姬猛蚁

Hypoponera gleadowi (Forel) 格氏姬猛蚁

Hypoponera nippona (Santschi) 日本姬猛蚁

Hypoponera opaciceps (Mayr) 暗首姬猛蚁

Hypoponera sauteri (Forel) 邵氏姬猛蚁

Hypoponera truncata (F. Smith) 截状姬猛蚁

Hypoponera zwaluwenburgi (Wheeler) 刺瓦姬猛蚁

Hypoptidae 根蠹蛾科 carpenter moths

Hypopugiopsis Townsend 巨尾蝇属

Hypopugiopsis infumata (Bigot) 瘦突巨尾蝇

Hypopugiopsis tumrasvini Kurahashi 拟斑翅巨尾蝇

Hypopyra Guenée 见 *Enmonodia* Walker

Hypopyra feniseca Guenée 朴变色夜蛾

Hypopyra unistrigata Guenée 镶变色夜蛾

Hypopyra vespertilio (Fabricius) 见 *Enmonodia vespertilio*

Hyporites Pokorny 山花蝇属

Hyporites shakshain Suwa 亚山花蝇

Hyposiccia parvula Fang 小点苔蛾

Hyposiccia pentinata Fang 梳角点苔蛾

Hyposiccia puntigera (Leech) 灰翅点苔蛾

Hyposidra Guenée 钩翅尺蛾属

Hyposidra aquilaria Walker 钩翅尺蛾

Hyposidra successaria Walker 续钩翅尺蛾

Hyposidra talaca (Walker) 大钩翅尺蛾

Hyposipatus gigas Fabricius 松大象 large weevil

Hyposmocomidae 岛蛾科

Hyposomias pinivorus Marshall 肯尼亚松象

Hyposoter Förster 镶颚姬蜂属

Hyposoter ebeninus (Gravenhorst) 菜粉蝶镶颚姬蜂

Hyposoter takagii (Matsumura) 松毛虫黑胸镶颚姬蜂

Hypospila Guenée 沟翅夜蛾属

Hypospila bolinoides Guenée 标沟翅夜蛾

Hypospila signipalpis Walker 污沟翅夜蛾

Hypotachina bifurca Chao *et* Shi 双叉骇寄蝇

Hypotermes sumatrensis Holmgren 暗齿地白蚁

Hypothenemus amakusanus Murayama 日阿马褐小蠹

Hypothenemus birmanus Eichhoff 木麻黄褐小蠹

Hypothenemus camerunus (Egg.) 拱顶褐小蠹

Hypothenemus dimorphus Schedl 马尼拉褐小蠹

Hypothenemus ehlersi Eichhoff 无花果褐小蠹 fig bark beetle

Hypothenemus eruditus Westwood 咖啡豆褐小蠹

Hypothenemus obscurus (Fabricius) 苹枝褐小蠹 apple twig beetle

Hypothenemus pusillus Westwood 极小褐小蠹

Hypovertes Krivolutsky 下盾甲螨属

Hypovertes mirabilis Krivolutsky 奇下盾甲螨

Hypoxystis Prout 截翅尺蛾属

Hypsa alciphron Cramer 见 *Asota caricae*

Hypsa ficus Fabricius 见 *Aganais ficus*

Hypsauchenia Germar 高冠角蝉属

Hypselistes Simon 闪腹蛛属

Hypselistes acutidens Gao *et al.* 舟齿闪腹蛛

Hypselistes florens (O.P. Cambridge) 亮闪腹蛛

Hypselistes fossilobus Fei *et* Zhu 沟突闪腹蛛

Hypselistes jacksoni Cambridge 杰氏闪腹蛛

Hypselosoma matsumurai Horváth 棱鞘毛角蝽

Hypsicera Latreille 等距姬蜂属

Hypsicera erythropus (Cameron) 红足等距姬蜂

Hypsicera lita Chiu 光爪等距姬蜂

Hypsidae 拟灯蛾科

Hypsipyla albipartalis Hampson 见 *Mussidia albipartalis*

Hypsipyla formosana Schiraki 台湾斑螟

Hypsipyla grandella Zeller 桃花心木斑螟 mahogany shoot-borer

Hypsipyla pagodella Ragonot 见 *Hypsipyla robusta*

Hypsipyla robusta Moore 柚木梢斑螟 mahogany shoot-borer, red cedar tip moth, meliaceas shoot-borer

Hypsipyla tobusta Moore 桃花心木芽斑螟

Hypsolyrium aleurites Yuan et Gao 油桐钩冠角蝉

Hypsolyrium fujianensis Chou et Yuan 福建钩冠角蝉

Hypsolyrium guizhouensis Chou et Yuan 贵州钩冠角蝉

Hypsolyrium jiangxiensis Yuan et Xu 江西钩冠角蝉

Hypsolyrium kempi (Distant) 凯氏钩冠角蝉

Hypsolyrium sapium Yuan et Gao 乌桕钩冠角蝉

Hypsolyrium uncinatum (Stål) 钩冠角蝉

Hypsomadius insignis Butler 红腹钩翅蛾 red-undersided drepanid

Hypsophila Staudinger 后冬夜蛾属

Hypsophila jugorum (Erschov) 后冬夜蛾

Hypsopygia Hübner 巢螟属

Hypsopygia costalis (Fabricius) 苜蓿巢螟(车轴草螟) clover hayworm

Hypsopygia mauritalis Boisduval 蜂巢螟

Hypsopygia postflava Hampson 黄尾巢螟

Hypsopygia regina Butler 褐巢螟

Hypsosinga Ausserer 高亮腹蛛属

Hypsosinga alboria Yin et Wang 华南高亮腹蛛

Hypsosinga henanensis Hu et al. 豫高亮腹蛛

Hypsosinga heri (Hahn) 荷氏亮腹蛛

Hypsosinga pygmaea (Sundevall) 四点高亮腹蛛

Hypsosinga sanguinea (C. Koch) 血高亮腹蛛

Hypsosoma Men. 高鳖甲属

Hypsosoma mongolica Men. 蒙古高鳖甲

Hypsosoma rotundicolle Fairm. 圆高鳖甲

Hyptiotes Walckenaer 三角蛛属

Hyptiotes affinis Boes. et Str. 近亲三角蛛

Hyptiotes paradoxus (C.L. Kock) 松树三角蛛

Hyptiotes xinlongensis Liu et al. 新龙三角蛛

Hyspa alciphron Cramer 豆白点灯蛾 legume spotted wing

Hyssia Guenée 艺夜蛾属

Hyssia adusta Draudt 焦艺夜蛾

Hysteroneura setariae (Thomas) 李蔗锈色一条蚜 rusty plum aphid

Hysterosia Stephens 条细卷蛾属

Hysterosia fasciana Matsumura 银条细卷蛾 silver-stripped phalomid

Hysterosia schreibersiana Frölich 杨榆条细卷蛾 Schreber's coach moth

Hysterura Warren 杯尺蛾属

Hysterura ahians Xue 合杯尺蛾

Hysterura declinans (Staudinger) 残杯尺蛾

Hysterura hypischyra Prout 小杯尺蛾

Hysterura literataria (Leech) 秃杯尺蛾

Hysterura multifaria (Swinhoe) 多列杯尺蛾

Hysterura neomultifaria Xue 新杯尺蛾

Hysterura protagma Prout 双联杯尺蛾

Hysterura vacillans Prout 盈杯尺蛾

Hystrichonychus McGregor 棘爪螨属

Hystrichonychus gracilipes (Banks) 长棘爪螨

Hystrichonychus nepetae (Bagdasarian) 假荆芥棘爪螨

Hystrichonychus sidae Pritchard et Baker 黄花稔棘爪螨

Hystrichonyssidae 豪猪刺螨科

Hystrichopsylla Taschenberg 多毛蚤属

Hystrichopsylla heishuiensis Li et Liu 黑水多毛蚤

Hystrichopsylla mengdaensis Cai, Wu et Li 孟达多毛蚤

Hystrichopsylla microti Scalon 田鼠多毛蚤

Hystrichopsylla multidentata Ma et Wang 多刺多毛蚤

Hystrichopsylla rotundisinuata Li et Hsieh 圆凹多毛蚤

Hystrichopsylla shaanxiensis Zhang et Yu 陕西多毛蚤

Hystrichopsylla stenosterna Liu, Wu et Chang 狭板多毛蚤

Hystrichopsylla talpae orientalis Smit 鼹多毛蚤东方亚种

Hystrichopsylla weida qinlingensis Zhang, Wu et Liu 台湾多毛蚤秦岭亚种

Hystrichopsylla weida yunnanensis Xie et Gong 台湾多毛蚤云南亚种

Hystrichopsylla weida weida Jameson et Hsieh 台湾多毛蚤指名亚种

Hystrichopsylla wenzheni Li et Chen 文贞多毛蚤

Hystrichopsylla zii Gong 自氏多毛蚤

Hystrichopsyllidae 多毛蚤科 bats parasitic flea

Hystrichopsyllinae 多毛蚤亚科

Hystrichothripidae 毫蓟马科 minute thrips

Hystricovoria bakeri Townsend 贝克海寄蝇

Hystriomyia fetissovi Portschinsky 双色豪寄蝇

Hystriomyia lata Portschinsky 侧豪寄蝇

Hystriomyia nigrosetosa Zimin 黑鬃豪寄蝇

Hystriomyia pallida Chao 淡豪寄蝇

Hystriomyia rubra Chao 红豪寄蝇

I

Iambia Walker 雅夜蛾属

Iambia harmonica (Hampson) 和雅夜蛾

Iambia japonica Sugi 日雅夜蛾

Iambia transversa (Moore) 贯雅夜蛾

Iambrix Watson 雅弄蝶属

Iambrix salsala (Moore) 雅弄蝶

Ibalia ensiger Norton 剑跗刺蜂

Ibalia fulviceras Yang 黄角跗刺蜂

Ibalia leucospoides (Hochenwarth) 黑色跗刺蜂

Ibalia maculipennis Hald. 斑翅跗刺蜂

Ibalia yunshae Yang *et* Liu 黄腹跗刺蜂

Ibaliidae 跗刺蜂科

Ibidionidum corbetti Gahan 红胸长柄天牛

Icerya Signoret 吹绵蚧属

Icerya aegyptiaca (Douglas) 埃及吹绵蚧 Egyptian fluted scale

Icerya formicarum Newstead 铁刀木吹绵蚧

Icerya imperatae Rao 白茅吹绵蚧

Icerya jacobsoni Green 见 *Crypticerya jacobsoni*

Icerya maxima Newstead 木麻黄皮吹绵蚧

Icerya menoni Rao 梅农吹绵蚧

Icerya minor Green 小型吹绵蚧

Icerya morrisoni Rao 莫氏吹绵蚧

Icerya nigroareolata Newstead 木麻黄茎枝吹绵蚧

Icerya okadae Kuw. 见 *Icerya seychellarum*

Icerya peninsularensis Green 见 *Icerya formicarum*

Icerya pilosa Green 白毛吹绵蚧

Icerya pulcher (Leonardi) 冬青吹绵蚧

Icerya purchasi Maskell 澳洲吹绵蚧 cottony cushion scale, fluted scale, Australian bug

Icerya seychellarum (Westw.) 黄毛吹绵蚧 Seychlles scale

Icerya seychellarum var. *nardi* Green 见 *Icerya pilosa*

Icerya sumatrana Rao 爪哇吹绵蚧

Icerya travancorensis Rao 印度吹绵蚧

Icerya zimmermani Green 施氏吹绵蚧

Ichneumon Linnaeus 姬蜂属

Ichneumon ocellus Tosquinet 眼斑姬蜂

Ichneumon pieli (Uchida) 牯岭姬蜂

Ichneumonidae 姬蜂科 ichneumons

Ichneumoninae 姬蜂亚科

Ichneumonoidea 姬蜂总科

Ichoronyssus Kolenati 浆刺螨属

Ichoronyssus scutatus (Kolenati) 盾板浆刺螨

Ichthyaspis Takagi 毛蜕盾蚧属

Ichthyaspis ficicola (Tak.) 榕藤毛蜕盾蚧

Ichthyostomatogasteridae 鱼口螨科

Ichthyura inclusa Hbn. 杨柳天幕舟蛾 poplar tent maker

Icius Simon 伊蛛属

Icius courtauldi Bristowe 考氏伊蛛

Icius hamatus C.L. Koch 钩伊蛛

Icius linea (Karsch) 线纹伊蛛

Icius pupus (Karsch) 曲爪伊蛛

Icosium tomentosum Lucas 地中海柏天牛 cypress long-horn beetle

Icteranthidium laterale Latreille 赤黄斑蜂

Ictinogomphinae 叶春蜓亚科

Ictinogomphus Cowley 叶春蜓属

Ictinogomphus rapax (Rambur) 小团扇春蜓

Idaea Treitschke 姬尺蛾属

Idea Fabricius 帛斑蝶属

Idea leuconoe (Erichson) 大帛斑蝶

Ideopsis Moore 旖斑蝶属

Ideopsis similis (Linnaeus) 拟旖斑蝶

Ideopsis vulgaris Butler 旖斑蝶

Idia Hübner 极夜蛾属

Idia calvaria (Denis *et* Schiffermüller) 橙斑极夜蛾

Idiasta Förster 隐鞭反颚茧蜂属

Idiasta annulicornis Thomaon 环纹反颚茧蜂

Idiasta brevicauda Telenga 短盾反颚茧蜂

Idiasta dichrocera Konigsmann 短沟反颚茧蜂

Idiasta paramaritima Konigsmann 显脉反颚茧蜂

Idiasta picticornis (Ruthe) 彩斑反颚茧蜂

Idiasta subnnellata Thomson 长孔反颚茧蜂

Idiella Brauer *et* Bergenstamm 依蝇属

Idiella divisa (Walker) 黑边依蝇

Idiella euidielloides Senior-White 拟黑边依蝇

Idiella mandarina (Wiedemann) 华依蝇

Idiella tripartita (Bigot) 三色依蝇

Idiocerinae 片角叶蝉亚科

Idiocerus Lewis 片角叶蝉属

Idiocerus atkinsoni Lethierry 杧果片角叶蝉 mango hopper

Idiocerus clypealis Lethierry 见 *Idioscopus clypealis*

Idiocerus dilatatus Fang 肿腿片角叶蝉

Idiocerus koreanus Matsumura 黑纹片角叶蝉

Idiocerus lachrymalis Fitch 大草原杨片角叶蝉

Idiocerus niveosparsus Lethierry 见 *Chunrocerus niveosparsus*

Idiocerus populi Linnaeus 杨片角叶蝉 poplar leafhopper

Idiocerus prominulus Fang 凸冠片角叶蝉

Idiocerus saturalis Fitch 杨薄片角叶蝉

Idiocerus ulmus Fang 榆片角叶蝉

Idiocerus vitticollis Matsumura 头罩片角叶蝉

Idiococcus Takagi *et* Kanda 锥粉蚧属

Idiococcus bambusae Takagi *et* Kanda 日本锥粉蚧

Idiococcus maanshanensis Tang 马鞍山锥粉蚧

Idiolorryia Andr 异罗里螨属

Idiomicromus Nakahara 异脉褐蛉属

Idiomicromus zanganus Yang 藏异脉褐蛉

Idionycha excisa Arrow 腊肠树金龟

Idiophantis chiridota Meyrick 蒲桃麦蛾(苹小食心虫)

Idiophlebotomus Quate *et* Fairchild 异蛉属

Idiophlebotomus longiforceps Wang, Ku *et* Yuan 长铗异蛉

Idiopterus Davis 并脉蚜属

Idiopterus nephrelepidis Davis 蕨并脉蚜 fern aphid, pteris aphid

Idioscopus Baker 扁喙叶蝉属

Idioscopus clypealis (Lethierry) 龙眼扁喙叶蝉 mango hopper

Idioscopus incertus (Baker) 杧果扁喙叶蝉

Idiotephria Inoue 殊尺蛾属

Idiotephria debilitata (Leech) 弱斑殊尺蛾

Idolothripidae 灵蓟马科

Idolothrips Haliday 灵蓟马属

Idolothrips spectrum (Haliday) 面灵蓟马(光刺蓟马) giant thrips

Idopterum ovala Hampson 椭圆分苔蛾

Idopterum semilutea (Wileman) 半黄分苔蛾

Ilattia punctum (Fabricius) 见 *Amyna punctum*

Ilattia renalis Moore 见 *Amyna renalis*

Ildefonsus Distant 污网蟓属

Ildefonsus provorsus Distant 污网蟓

Illeis Mulsant 素鞘瓢虫属

Illeis bistigmosa (Mulsant) 二斑素瓢虫

Illeis cincta (Fabricius) 素鞘瓢虫

Illeis confusa Timberlake 狭叶素鞘瓢虫

Illeis indica Timberlake 印度素鞘瓢虫

Illeis koebelei Timberlake 柯氏素鞘瓢虫

Illeis shensiensis Timberlake 陕西素鞘瓢虫

Illiberis Walker 叶斑蛾属

Illiberis assimilis Jordan 拟叶斑蛾

Illiberis hyalina Staudinger 灰翅叶斑蛾

Illiberis nigra Leech 桃叶斑蛾 bud moth

Illiberis pruni Dyar 梨叶斑蛾(梨星毛虫) pearleaf worm

Illiberis rotundata Jordan 李叶斑蛾 prunus bud moth

Illiberis sinensis Walker 柞树叶斑蛾

Illiberis tenuis Butler 葡萄叶斑蛾 grapeleaf worm

Illiberis ulmivora Graeser 榆叶斑蛾

Illidgea epigramma Meyrick 澳洲桉木蛾

Imaida Toxopeus 美毒蛾属

Imaida lineata yunnanensis Chao 线美毒蛾云南亚种

Imaida sinensis Chao 中华美毒蛾

Imantocera Thomson 指角天牛属

Imantocera penicillata (Hope) 榕指角天牛

Imaus Moore 锯纹毒蛾属

Imaus mundus (Walker) 锯纹毒蛾

Imbrasia epimethea Drury 见 *Imbrasia nictitans*

Imbrasia nictitans Fabricius 黑荆树大蚕蛾

Imeria Cameron 益姬蜂属

Imeria formosana (Uchida) 台湾益姬蜂

Imma Walker 茶雕蛾属

Imma mylias Meyrick 茶雕蛾

Imporcitor Distant 波角蝉属

Inachis Hübner 孔雀蛱蝶属

Inachis io (Linnaeus) 孔雀蛱蝶

Inachis io geisha Stichel 孔雀蛱蝶日本亚种 peacock butterfly

Inara Stål 虎猎蝽属

Inara alboguttata Stål 淡斑虎猎蝽

Inazuma dorsalis (Mot.) 电光叶蝉 zig-zag winged leafhopper

Incabates Hammer 细若甲螨属

Incabates major Aoki 大细若甲螨

Incisitermes laterangularis Han 侧角楹白蚁

Incisitermes minor (Hagen) 小楹白蚁

Incisitermes repandus Hill 大叶桃花心木楹白蚁

Incisitermes snyderi (Light) 斯奈德楹白蚁

Incurvaria capitella Clerck 茶穿孔蛾

Incurvaria pectinea Haworth 垂枝桦穿孔蛾 feathered twin-spot bright moth

Incurvariidae 穿孔蛾科

Indarbela quadrinotata Walker 木麻黄拟木蠹蛾

Indarbela tetraonis Moore 腰果拟木蠹蛾

Indarbela theivora Hampson 茶树皮拟木蠹蛾

Indialis Peters et Edmunds 印度蜉属

Indialis hainanensis You et Gui 海南印度蜉

Indictinogomphus rapax (Rambur) 黑印叶春蜓

Indococcus Ali 印粉蚧属

Indococcus acanthodes (Wang) 乌饭印粉蚧

Indococcus pahanensis (Tak.) 大花草印粉蚧

Indococcus pipalae Ali 菩提印粉蚧

Indococcus ridleyi (Tak.) 里拉氏印粉蚧

Indocryphalus pubipennis Blandford 山胡椒小蠹 lindera ambrosia beetle

Indogaetulia Schmidt 莹娜蜡蝉属

Indogaetulia rubiocellata (Chou et Lu) 红眼莹娜蜡蝉

Indolestes assamica Fraser 黄面赭色蟌

Indomegoura Lambers 印度修尾蚜属

Indomegoura indica (van der Goot) 印度修尾蚜

Indomias cretaceus Faust 南印罗芙木象

Indonotalox Ghosh et Chacrabarti 印背曲瘿螨属

Indopodisma Dov.-Zap. 印度秃蝗属

Indopodisma kingdoni (Uv.) 金印度秃蝗

Indoscitalinus Heller 印度隐翅虫属

Indoscitalinus anachoreta Erichson 斯里印度隐翅虫

Indoscitalinus dispilus Erichson 黄缘印度隐翅虫

Indoscitalinus menglaensis Zheng 勐腊印度隐翅虫

Indoseiulus Ghai et Menon 印小绥螨属

Indoseiulus duanensis Liang et Zeng 都安印小绥螨

Indoseiulus liturivorus (Ehara) 奇异印小绥螨

Indosetacus Ghosh et Chacrabarti 印毛瘿螨属

Indotegolophus Chacrabarti et Mondal 印顶冠瘿螨属

Indotermes isodentatus (Tsai et Chen) 等齿印白蚁

Indotermes menggarensis Tsai et Zhu 勐戛印白蚁

Indozuriel Fennah 剡缘飞虱属

Indozuriel dantur Kuoh 单突剡缘飞虱

Inemadara Ishihara 伊叶蝉属

Inemadara oryzae (Matsumura) 稻叶蝉

Inglisia Maskell 锥蜡蚧属(澳蜡蚧属)

Inglisia chelonioides Green 锡兰锥蜡蚧

Inglisia formosana Takahashi 见 *Cardiococcus formosanus*

Inglisia speciosa Tak. 琉球锥蜡蚧

Ingrisma Fairmaire 扩唇花金龟属

Ingrisma femorata Janson 榄绿扩唇花金龟

Ingrisma viridipallens Bourgoin 萤扩唇花金龟

Ingrisma whiteheadi Waterhouse 沟槽扩唇花金龟

Ingura subapicalis Walker 见 *Paectes subapicalis*

Innisca Kiriakoff 惜舟蛾属

Innisca argentilinea Cai 银线惜舟蛾

Inocellia Schneider 盲蛇蛉属

Inocellia sinensis Navás 中华盲蛇蛉

Inocelliidae 盲蛇蛉科 inocellias

Inopicoccus Danzig 隐维粉蚧属

Inopicoccus setariae Danzig 狗尾草隐维粉蚧

Inouella Kiriakoff 荫羽舟蛾属

Inouella umbrosa (Leech) 荫羽舟蛾

Insecta 昆虫纲

Insulaspis Mamet 见 *Mytilaspis* Targioni-Tozzetti

Insulaspis camelliae (Hoke) 见 *Mytilaspis camelliae*

Insulaspis corni (Takahashi) 见 *Mytilaspis corni*

Insulaspis garambiensis (Takahashi) 见 *Mytilaspis garambiensis*

Insulaspis gloverii (Packard) 见 *Mytilaspis gloverii*

Insulaspis japonica (Kuwana) 见 *Mytilaspis japonica*

Insulaspis lithocarpi (Takahashi) 见 *Mytilaspis lithocarpi*

Insulaspis maskelli (Cockerell) 见 *Mytilaspis pallida*

Insulaspis nivalis (Takagi) 见 *Mytilaspis nivalis*

Insulaspis pinea Borchsenius 见 *Mytilaspis pinea*

Insulaspis pineti (Borchsenius) 见 *Mytilaspis pineti*

Insulaspis pini (Maskell) 见 *Mytilaspis pini*

Insulaspis tokionis (Kuwana) 见 *Mytilaspis tokionis*

Insulaspis tritubulata (Borchsenius) 见 *Mytilaspis tritubulata*

Insulaspis yanagicola (Kuwana) 见 *Mytilaspis yanagicola*

Insulaspis yoshimotoi (Takagi) 见 *Mytilaspis yoshimoyoi*

Integripalpia 完须亚目

Intermedialia Yu *et al.* 间毛恙螨属

Intermedialia bingbi Wen *et* Xiang 并比间毛恙螨

Intermedialia guangxiensis Zhou *et* Wen 广西间毛恙螨

Intermedialia hegu (Yu *et* al.) 河谷间毛恙螨

Intermedialia xidun Wen *et* Xiang 隙盾间毛恙螨

Intermedialia xuedun Wen *et* Xiang 穴盾间毛恙螨

Intermedialia yunensis Wen *et* Xiang 云间毛恙螨

Inurois Butler 薄尺蛾属

Inurois fletcheri Inoue 苹果薄尺蛾 apple fall cankerworm

Inurois kyushuensis Inoue 九州薄尺蛾

Inurois tenuis Butler 日本榆薄尺蛾

Involvulus cupreus Linnaeus 李蓝卷象

Involvulus pilosus Roelofs 长毛蓝卷象

Involvulus plumbeus Roelofs 长喙蓝卷象

Ioesse medogensis Chiang *et* Chen 墨脱浑天牛

Ioesse sanguinolenta Thomson 浑天牛

Iolina nana Pritchard 矮镰寄螨

Iolinidae 蠊寄螨科

Iolinoidea 蠊寄螨总科

Iotaphora Warren 辐射尺蛾属

Iotaphora iridicolor (Butler) 黄辐射尺蛾

Iphiarusa Breddin 剑蝽属

Iphiarusa compacta (Distant) 剑蝽

Iphiarusa longicauda Hsiao *et* Cheng 尖尾剑蝽

Iphiclides Hübner 旖凤蝶属

Iphiclides podalirinus (Oberthüer) 西藏旖凤蝶

Iphiclides podalirius (Linnaeus) 旖凤蝶

Iphicrates Distant 叶颊长蝽属

Iphicrates gressitti Slater 台湾叶颊长蝽

Iphicrates hainanensis Zheng *et* Zou 海南叶颊长蝽

Iphicrates weni Zheng 文氏叶颊长蝽

Iphidesoma Berlese 伊体螨属

Iphidinychus 伊双爪螨属

Iphidosoma Berlese 坚体螨属

Iphidosoma fimetarium (Müller) 粪坚体螨

Iphidozercon Berlese 伊蚖螨属

Iphidulus Ribaga 伊伦螨属

Iphiopsidae 拟伊螨科

Iphiopsis Berlese 拟伊螨属

Iphiseius Berlese 伊绥螨属

Iphiseius degenerans (Berlese) 不纯伊绥螨

Iphiseius dinghuensis Wu *et* Qian 鼎湖伊绥螨

Iphiseius formosanus Tseng 台湾伊绥螨

Iphiseius guangdongenisis Wu *et* Lan 广东伊绥螨

Iphiseius wangi Yin *et* Bei 王伊绥螨

Iphiseius xui Yin *et* Bei 徐伊绥螨

Iphita Stål 翘红蝽属

Iphita limbata Stål 翘红蝽

Ipideurytoma Boucek *et* Novicky 小蠹广肩小蜂属

Ipideurytoma acuminati Yang 六齿小蠹广肩小蜂

Ipideurytoma polygraphi Yang 四眼小蠹广肩小蜂

Ipideurytoma subelongati Yang 八齿小蠹广肩小蜂

Ipimorpha Hübner 逸色夜蛾属

Ipimorpha retusa (Linnaeus) 逸色夜蛾

Ipimorpha subtusa (Denis *et* Schiffermüller) 杨逸色夜蛾

Ipinae 齿小蠹亚科

Iponemus Lindquist 虫寄跗线螨属

Iponemus asiaticus Lindquist 亚洲虫寄跗线螨

Iponemus leionotus Lindquist 光背虫寄跗线螨

Ipothalia Pascoe 锤角天牛属

Ipothalia cambodgensis Gressitt *et* Rondon 蓝角锤角天

牛

Ipothalia elegans Fisher 宽脊锤角天牛

Ipothalia plicicollis Pu 皱胸锤角天牛

Ipothalia pyrra bicoloripes Pic 二色锤角天牛

Ipothalia pyrrha Pascoe 红足锤角天牛

Iproca laosensis Breuning 老挝筒胸天牛

Ips De Geer 齿小蠹属

Ips acuminatus Gyllenhal 六齿小蠹 pine ips

Ips avulsus Eichh. 美东最小齿小蠹

Ips blandfordi Stebbing 见 *Ips longifolia*

Ips calligraphus (Germar) 粗齿小蠹(北美乔松齿小蠹) sixspined ips, coarse-writing engraver beetle

Ips cembrae Heer 落叶松齿小蠹 larch ips

Ips concinnus (Mannerheim) 锡特加云杉齿小蠹 Sitka spruce ips

Ips confusus (Leconte) 加州十齿小蠹 pinon ips, five-spined engraver beetle

Ips duplicatus Sahalberg 重齿小蠹

Ips emarginatus (LeConte) 西黄松大齿小蠹 large western pine engraver beetle

Ips erosus Wollaston 见 *Onthotomicus erosus*

Ips grandicollis Eichhoff 南部松齿小蠹 southern pine engraver beetle

Ips hauseri Reitter 天山重齿小蠹

Ips integer Eichhoff 见 *Ips plastographus*

Ips interpunctus Eichhoff 阿加云杉齿小蠹

Ips interstitialis Eichhoff 加勒比松齿小蠹

Ips laricis Fabricius 见 *Onthotomicus laricis*

Ips latidens Leconte 见 *Onthotomicus latidens*

Ips lecontei Swaine 亚利桑那齿小蠹 Arizona fivespined ips

Ips longifolia Stebbing 印度云杉齿小蠹

Ips mannsfeldi Wachtl 中重齿小蠹

Ips mexicanus (Hopkins) 西黄松齿小蠹 Monterey pine engraver beetle

Ips nitidus Eggers 光臀八齿小蠹

Ips oregonis Eichhoff 见 *Ips pini*

Ips paraconfusus Lanier 类加州十齿小蠹 California fivespined ips

Ips perturbatus Eichhoff 白云杉齿小蠹

Ips pini (Say) 云杉松齿小蠹 pine bark beetle, pine engraver beetle

Ips plastographus Leconte 加州松齿小蠹 pine engraver beetle

Ips radiatae Hopkins 见 *Ips mexicanus*

Ips ribbentropi Stebbing 见 *Ips longifolia*

Ips sexdentatus Börner 枞十二齿小蠹

Ips sparsus Leconte 见 *Pityokteines sparsus*

Ips subelongatus Motschulsky 落叶松八齿小蠹

Ips typographus japonicus Niijima 日本云杉八齿小蠹 eight-spined ips, spruce bark beetle

Ips typographus Linnaeus 云杉八齿小蠹

Ips vancouveri Swaine 见 *Ips confusus*

Iraga rugosa (Wileman) 漪刺蛾

Iragoides Matsumura 奕刺蛾属

Iragoides conjuncta (Walker) 枣奕刺蛾

Iragoides crispa (Swinhoe) 奕刺蛾

Iragoides fasciata (Moore) 茶奕刺蛾

Iragoides thaumasta Hering 奇奕刺蛾

Iranihindia Rohdendorf 伊麻蝇属

Iranihindia spinosa Li, Ye *et* Liu 密刺伊麻蝇

Iraota Moore 异灰蝶属

Iraota timoleon (Stoll) 铁木莱异灰蝶

Iratsume Sibatani *et* Ito 珠灰蝶属

Iratsume orsedice (Butler) 珠灰蝶

Iridomyrmex Mayr 虹臭蚁属

Iridomyrmex anceps (Roger) 扁平虹臭蚁

Iridomyrmex humilis (Mayr) 阿根廷虹臭蚁 Argentine ant

Iridomyrmex itoi Forel 见 *Ochetellus glaber*

Iridomyrmex pruinosus (Roger) 多霜虹臭蚁

Iridopteryginae 虹翅螳螂亚科

Iridothrips iridis (Watson) 鸢尾虹蓟马 iris thrips

Iris Saussure 虹螳属

Iris oratoria (L.) 虹螳

Iris polystictica (Fischer-Waldheim) 芸芝虹螳

Iris polystictica mongolica Sjostedt 蒙古虹螳

Irochrotus Amyot *et* Serville 绒盾蝽属

Irochrotus mongolicus Jakovlev 蒙古绒盾蝽

Irochrotus sibiricus Kerzhner 西伯利亚绒盾蝽

Isauria bifidella Leech 梨卷叶斑螟

Isauria dentata (Grote) 仙人掌蓝斑螟

Iscadia inexacta (Walker) 癞皮夜蛾

Ischiodon Sack 刺腿食蚜蝇属

Ischiodon scutellaris Fabricius 短刺刺腿食蚜蝇

Ischnafiorinia MacGillivray 纹蜕盾蚧属

Ischnafiorinia bambusae (Maskell) 竹纹蜕盾蚧

Ischnaspis longirostris (Sign.) 椰黑圆蚧(黑丝盾蚧) black line scale

Ischnathyreus Simon 弱斑蛛属

Ischnathyreus yueluensis Yin *et* Wang 岳麓南氏弱斑蛛

Ischnobaenella Wygodzinsky 杆蝽猎蝽属

Ischnobaenella hainana Hsiao 海南杆蝽猎蝽

Ischnocera 细角亚目

Ischnocoris Fieber 瘦长蝽属

Ischnocoris punctulatus Fieber 瘦长蝽

Ischnodemus Fieber 窄长蝽属

Ischnodemus noctulus Distant 灰暗窄长蝽

Ischnodemus sabuleti (Fallén) 欧亚窄长蝽

Ischnodemus sinuatus Slater Ashlock *et* Wilcox 束腰窄长蝽

Ischnojoppa Kriechbaumer 瘦杂姬蜂属

Ischnojoppa luteator (Fabricius) 黑尾瘦杂姬蜂

Ischnopopillia Kraatz 修丽金龟属

Ischnopopillia atrivaria Lin 黑变修丽金龟

Ischnopopillia festiva (Arrow) 短突修丽金龟

Ischnopopillia flavomarginata Lin 黄边修丽金龟

Ischnopopillia lateralis Hope 皱背修丽金龟

Ischnopopillia longicosta Lin 长脊修丽金龟

Ischnopopillia pusilla (Arrow) 角斑修丽金龟

Ischnopopillia robustipes Lin 壮足修丽金龟

Ischnopopillia sulcatula Lin 沟行修丽金龟

Ischnopopillia suturella Machatschke 竖毛修丽金龟

Ischnopsyllidae 蝠蚤科

Ischnopsyllinae 蝠蚤亚科

Ischnopsyllus Westwood 蝠蚤属

Ischnopsyllus comans Jordan *et* Rothschild 长鬃蝠蚤

Ischnopsyllus delectabilis Smit 后延蝠蚤

Ischnopsyllus elongatus (Curtis) 巨柄蝠蚤

Ischnopsyllus indicus Jordan 印度蝠蚤

Ischnopsyllus infratentus Wu, Wang *et* Liu 下延蝠蚤

Ischnopsyllus jinciensis Xiao 晋祠蝠蚤

Ischnopsyllus liae Jordan 李氏蝠蚤

Ischnopsyllus magnabulga Xie, Yang *et* Li 大襄蝠蚤

Ischnopsyllus needhami Hsu 弯鬃蝠蚤

Ischnopsyllus obscurus (Wagner) 阴暗蝠蚤

Ischnopsyllus octactenus (Kolenati) 八栉蝠蚤

Ischnopsyllus plumatus Ioff 翼状蝠蚤

Ischnopsyllus quadrasetus Xie Yang *et* Li 四鬃蝠蚤

Ischnopsyllus quinquesetus Xie, Yang *et* Li 五鬃蝠蚤

Ischnopsyllus shanxiensis Liu, Xing *et* Chen 山西蝠蚤

Ischnorhynchinae 蒴长蝽亚科

Ischnothyreus formosus Brignoli 台湾弱斑蛛

Ischnothyreus narutomii (Nakatsudi) 弱斑蛛

Ischnothyreus onus Suman 卵形弱斑蛛

Ischnotrachelus delectans Pascoe 尼日利亚柚木象

Ischnura Charpentier 异痣螅属

Ischnura delicata (Hagen) 黄腹异痣螅

Ischnura elegans (Vander Linden) 长叶异痣螅

Ischnura lobata Needham 二色异痣螅

Ischnura mildredae Fraser 赤斑异痣螅

Ischnura senegalensis (Rambur) 褐斑异痣螅

Ischnurges Lederer 瘦翅野螟属

Ischnurges gratiosalis Walker 艳瘦翅野螟

Ischnus tenuitibialis (Uchida) 窄胫横沟姬蜂

Ischyja Hübner 蓝条夜蛾属

Ischyja manlia (Cramer) 蓝条夜蛾

Ischyronota conicicollis (Weise) 长胸漠龟甲

Ischyronota desertorum (Gebler) 短胸漠龟甲

Ischyropoda Keegan 壮足螨属

Ischyrosyrphus glaucia (Linnaeus) 黄盾壮食蚜蝇

Ischyrosyrphus laternarius O.F.Müller 黑盾壮食蚜蝇

Iseropus Förster 群瘤姬蜂属

Iseropus himalayensis (Cameron) 喜马拉雅聚瘤姬蜂

Iseropus kuwanae (Viereck) 桑蟥聚瘤姬蜂

Iseropus stercorator stercorator (Fabricius) 全北群瘤姬

蜂指名亚种

Ishigakia Uchida 依姬蜂属

Ishigakia nigra Wang 黑依姬蜂

Isoceras Turati 等角木蛾属

Isoceras kaszabi Daniel 卡氏木蠹蛾

Isoceras sibirica (Alphéraky) 芦笋木蠹蛾

Isochaetothrips Moulton 等毛蓟马属

Isochaetothrips querci Moulton 栎等毛蓟马

Isochlora Staudinger 绿夜蛾属

Isochlora grumi Alphéraky 结绿夜蛾

Isochlora maxima Staudinger 巨绿夜蛾

Isochlora rubicosta Chen 红缘绿夜蛾

Isochlora viridis Staudinger 翠绿夜蛾

Isochlora xanthisma Chen 黄绿夜蛾

Isochlora yushuensis Chen 玉树绿夜蛾

Isodermidae 前喙扁蝽科

Isoderminae 前喙扁蝽亚科

Isodontia Patton 扁股泥蜂属

Isodontia edax (Bingham) 粗腿扁股泥蜂

Isodontia harmandi (Perez) 褐足扁股泥蜂

Isodontia maidli (Yasumatsu) 褐毛扁股泥蜂

Isodontia nigellus (Smith) 黑扁股泥蜂

Isodontia sonani (Yasumatsu) 齿唇扁股泥蜂

Isodromus Howard 草蛉跳小蜂属

Isodromus liaoningensis Liao 辽宁草蛉跳小蜂

Isodromus niger Ashmead 黑色草蛉跳小蜂

Isoglyphus Zacher 同嗜螨属

Isolaboides recurvata Yang *et* Zhang 臀凹肥螋

Isomera Robineau-Desveidy 等腿寄蝇属

Isomera cinerascens Rondani 灰色等腿寄蝇

Isomermis Coman 等索线虫属

Isomermis balcarcensis Camino 鲍卡斯等索线虫

Isomermis brevis Rubzov 短等索线虫

Isomermis herculanensis Coman 赫尔库拉内等索线虫

Isomermis papillata Rubzov 乳突等索线虫

Isomermis riparia Khartschenko 溪岸等索线虫

Isomermis rossica Rubzov 俄罗斯等索线虫

Isomermis sierrensis Camino 谢拉等索线虫

Isomermis solenamphidis (Steiner) 等侧器等索线虫

Isomermis tansaniensis Rubzov 坦桑尼亚等索线虫

Isomermis ventania Camino 文塔尼亚等索线虫

Isomermis wisconsinensis Welch 威斯康辛等索线虫

Isometopidae 树蝽科

Isometopus bejingensis Ren *et* Yang 北京树蝽

Isometopus citrinus Ren 陕西柚树蝽

Isometopus shaowuensis Ren 邵武树蝽

Isometopus tianjinus Hsiao 天津树蝽

Isomyia Walker 等彩蝇属

Isomyia capilligonites Liang 毛突等彩蝇

Isomyia caudalata Fang *et* Fan 翼尾等彩蝇

Isomyia complantenna Liang 扁角等彩蝇

Isomyia cupreoviridis (Malloch) 铜绿等彩蝇

Isomyia electa (Villeneuve) 台湾等彩蝇

Isomyia fulvicornis Bigot 黄角等彩蝇

Isomyia furcicula Fang *et* Fan 小叉等彩蝇

Isomyia isomyia (Séguy) 老挝等彩蝇

Isomyia latimarginata Fang *et* Fan 宽边等彩蝇

Isomyia lingulata Fang *et* Fan 舌尾等彩蝇

Isomyia nebulosa (Townsend) 斑翅等彩蝇

Isomyia oestracea (Séguy) 牯岭等彩蝇

Isomyia pachys Liang 厚叶等彩蝇

Isomyia paurogonita Fang *et* Fan 小突等彩蝇

Isomyia pentochaeta Fang *et* Fan 五鬃等彩蝇

Isomyia pichoni (Séguy) 杭州等彩蝇

Isomyia pseudolucilia (Malloch) 伪绿等彩蝇

Isomyia pseudonepalana (Senior-White) 伪尼等彩蝇

Isomyia pseudoviridana (Peris) 拟黄胫等彩蝇

Isomyia quadrina Fang *et* Fan 类方等彩蝇

Isomyia recurvata Fang *et* Fan 反曲等彩蝇

Isomyia ryukyuensis Kurahashi 琉球等彩蝇

Isomyia sagittalis Fang *et* Fan 箭尾等彩蝇

Isomyia spatulicerca Fang *et* Fan 勺尾等彩蝇

Isomyia tenuloba Liang 细叶等彩蝇

Isomyia tibialis (Villeneuve) 黄胫等彩蝇

Isomyia trimuricata Fang *et* Fan 三尖等彩蝇

Isomyia verirecta Fang *et* Fan 真直等彩蝇

Isomyia versicolor Bigot 变色等彩蝇

Isomyia viridaurea (Wiedemann) 金绿等彩蝇

Isomyia viridiscutellata Fang *et* Fan 小盾等彩蝇

Isomyia viridiscutum Liang 绿盾等彩蝇

Isomyia xishuangensis Fang *et* Fan 西双等彩蝇

Isomyia zeylanic Senior *et al.* 依拉等彩蝇

Isonychia Eaton 等蜉属

Isonychia formosana Eaton 台湾等蜉

Isonychia guixiensis Wu *et* Gui 贵溪等蜉

Isonychia hainanensis She *et* You 海南等蜉

Isonychia japonica Ulmer 日本等蜉

Isonychia kiangsinensis Hsu 江西等蜉

Isonychia sinensisi Wu *et* Gui 中华等蜉

Isoperla Banks 同石蝇属

Isoperla yangi Wu 咸平同石蝇

Isoperlinae 同石蝇亚科

Isopexopsis parafacialis Sun *et* Zhao 侧颜类梳寄蝇

Isophya taurica Br. 克里米亚无翅螽 bull-like katydid

Isoptera 等翅目

Isotecnomera 等节亚目

Isoteinon Felder *et* Felder 旖弄蝶属

Isoteinon lamprospilus Felder *et* Felder 旖弄蝶(狭翅弄蝶)

Isotenes miserana Walker 橙实卷蛾 orange fruit borer

Isotima Förster 双脊姬蜂属

Isotima rufithorax (Szepligeti) 红胸双脊姬蜂

Isotoma Bourlet 等节跳虫属

Isotoma neigishina Börner 黑等节跳虫

Isotomidae 等节跳虫科

Isshikia Shiraki 指虻属

Isshikia hainanensis Wang 海南指虻

Isshikia wenchuanensis Wang 汶川指虻

Issidae 瓢蜡蝉科 issid planthoppers

Issoria Hübner 珠蛱蝶属

Issoria eugenia (Eversmann) 曲斑珠蛱蝶

Issoria lathonia (Linnaeus) 珠蛱蝶

Issus harimensis Matsumura 阔肩瓢蜡蝉 broad wedge-shaped planthopper

Isthnusimermis Gafurov 峡索线虫属

Isthnusimermis rubzovi Gafurov 鲁氏峡索线虫

Isthnusimermis spiculi Gafurov 刺峡索线虫

Isthnusimermis vanchi Gafurov 万奇峡索线虫

Istochaeta longicauda Liang *et* Zhao 长尾裸背寄蝇

Istochaeta nyalamensis Zhao *et* Liang 聂拉木裸背寄蝇

Istrianus crauropa Meyrick 单籽紫铆麦蛾

Isyndus Stål 菱猎蝽属

Isyndus obscurus (Dallas) 茶褐猎蝽

Isyndus planicollis Lindberg 淡色菱猎蝽

Isyndus reticulatus Stål 锥盾菱猎蝽

Isyndus sinicus Hsiao *et* Ren 华菱猎蝽

Italochrysa bimaculata Hölzel 双斑特尖卵端草蛉

Italochrysa facialis (Banks) 面特尖卵端草蛉

Italochrysa gigantea (McLachlan) 巨特尖卵端草蛉

Italochrysa insignis (Walker) 标明特尖卵端草蛉

Italochrysa italica (Rossi) 意特尖卵端草蛉

Italochrysa neurodes (Rambur) 筋特尖卵端草蛉

Italochrysa peringueyi (Esben-Petersen) 佩氏特尖卵端草蛉

Italochrysa similis Tjeder 类特尖卵端草蛉

Italochrysa stigmatica (Rambur) 点特尖卵端草蛉

Italochrysa vansoni Tjeder 范氏特尖卵端草蛉

Itame loricaria (Eversmann) 杨柳尺蛾

Itame ochrifascia Warren 百慕大圆柏尺蛾 cedar looper

Itame pustularia Guenée 见 *Physostegania pustularia*

Itamoplex albitarsis (Cresson) 白跗勇姬蜂

Itamoplex mongolicus (Uchida) 蒙勇姬蜂

Itatsina Kishida 毛丛蛛属

Itatsina mengla Song *et* Zhu 勐腊毛丛蛛

Itatsina praticola (Boes. *et* Str.) 草栖毛丛蛛

Itattia octo Guenée 见 *Amyna octo*

Iteomyia capreae Winnertz 圆耳柳瘿蚊 willow gall midge

Ithycerinae 直角象亚科

Ithycerus Schoenherr 苹直角象属

Ithycerus noveboracensis (Forst.) 纽约苹直角象 New York weevil

Itonida Meigen 见 *Cecidomyia* Meigen *et Dasyneura* Saunders

Itonididae 见 Cecidomyiidae

Itoplectis Förster 埃姬蜂属

Itoplectis alternans spectabilis (Matsumura) 松毛虫埃姬蜂

Itoplectis conquisitor (Say) 招兵官埃姬蜂

Itoplectis cristatae Iwata 松实小卷蛾埃姬蜂

Itoplectis himalayensis Gupta 喜马拉雅埃姬蜂

Itoplectis naranyae (Ashmead) 螟蛉埃姬蜂

Itoplectis quadricingulatus (Provancher) 方领埃姬蜂

Itoplectis viduata Gravenhorst 寡埃姬蜂

Ittys Girault 似邻赤眼蜂属

Ittys latipenis Lin 宽茎似邻赤眼蜂

Iumnos Saunders 幽花金龟属

Iumnos ruckeri Saunders 四斑幽花金龟

Iura Peckham *et* Peckham 翘蛛属

Iura hamatapophysis (Peng et Yin) 钩突翘蛛

Iura longiochelicera (Peng er Yin) 长螯翘蛛

Iura trigonapophysis (Peng *et* Yin) 角突翘蛛

Iura yueluensis (Peng *et* Yin) 岳麓翘蛛

Iura yunnanensis (Peng *et* Yin) 云南翘蛛

Ivela Swinhoe 黄足毒蛾属

Ivela auripes (Butler) 黄足毒蛾

Ivela eshanensis Chao 峨山黄足毒蛾

Ivela ochropodaa (Eversmann) 榆黄足毒蛾

Ixias Hübner 橙粉蝶属

Ixias pyrene (Linnaeus) 橙粉蝶

Ixodes Latreille 硬蜱属

Ixodes acutitarsus (Karsch) 锐跗硬蜱

Ixodes arboricola Schulze *et* Schlottke 嗜鸟硬蜱

Ixodes canisuga Johnston 原野硬蜱 British dog tick

Ixodes crenulatus Koch 草原硬蜱

Ixodes granulatus Supino 粒形硬蜱

Ixodes hexagonus Leach 六角硬蜱 hedgehog tick

Ixodes hyatti Clifford, Hoogstraal *et* Kohls 哈氏硬蜱

Ixodes japonensis Neumann 日本硬蜱

Ixodes kashmiricus Pomerantzev 克什米尔硬蜱

Ixodes kuntzi Hoogstraal *et* Kohls 鼯鼠硬蜱

Ixodes moscharius Teng 嗜麝硬蜱

Ixodes moschiferi Nemenz 寄麝硬蜱

Ixodes myospalacis Teng 鼢鼠硬蜱

Ixodes nuttallianus Schulze 拟蓖硬蜱

Ixodes ochotonarius Teng 鼠兔硬蜱

Ixodes ovatus Neumann 卵形硬蜱

Ixodes persulcatus Schulze 全沟硬蜱

Ixodes pomerantzevi Serdukova 钝跗硬蜱

Ixodes putus (Pickard-Cambridge) 纯洁硬蜱 sea bird tick

Ixodes rangtangensis Teng 壤塘硬蜱

Ixodes ricinus (Linnaeus) 蓖子硬蜱 castor-bean tick

Ixodes semenovi Olenev 西氏硬蜱

Ixodes shinckikuensis Sugimoto 新竹硬蜱

Ixodes simplex simplex Neumann 简蝠硬蜱

Ixodes sinensis Teng 中华硬蜱

Ixodes spinicoxalis Neumann 基刺硬蜱

Ixodes taiwanensis Sugimoto 台湾硬蜱

Ixodes tanuki Saito 嗜貉硬蜱

Ixodes vespertilionis Koch 长蝠硬蜱

Ixodidae 硬蜱科 hard ticks, hardbacked ticks

Ixodinae 硬蜱亚科

Ixodiphagus hirtus Nikolskya 蜱瘦柄跳蜂

Ixodoidea 蜱总科 ticks

Ixodorhynchidae 蜱喙螨科

Ixodorhynchus Ewing 蜱喙螨属

Ixodorhynchus liponyssoides Ewing 脂刺蜱喙螨

Ixorida Thomson 翼花金龟属

Ixorida mouhoti (Wallace) 一带翼花金龟

Jacobsonia Berlese 贾螨属

J

Jacobsoniidae 短跗甲科

Jakowleffia Puton 巨膜长蝽属

Jakowleffia setulosa (Jakovlev) 巨膜长蝽

Jalla Hahn 捉蝽属

Jalla dumosa (Linnaeus) 捉蝽

Jalla subcalcarata Jakovlev 黑胫捉蝽

Jalmenus evagoras Hübner 黑荆树灰蝶 imperial blue butterfly

Jalmenus ictinus Hewitson 东澳灰蓝灰蝶 paler blue butterfly

Jalysus spinosus (Say) 刺锤角蝽

Jamides Hübner 雅灰蝶属

Jamides alecto (Felder) 素雅灰蝶

Jamides bochus Cramer 雅灰蝶

Jamides celeno (Cramer) 锡冷雅灰蝶

Jamides elpis (Godart) 碧雅灰蝶

Jamides pura (Moore) 净雅灰蝶

Janetiella kimurai Inouye 木村瘿蚊

Janetiella lemei (Kieffer) 中西欧榆瘿蚊 elm gall midge

Jankowskia Oberthüer 用克尺蛾属

Jankowskia athleta Oberthüer 茶用克尺蛾 tea geometrid

Jankowskia fuscaria (Leech) 小用克尺蛾

Janthinomyia felderi Brauer-Bergenstamm 并叶江奇蝇

Janthinomyia magnifica Zimin 叉叶江奇蝇

Janus Stephens 铗茎蜂属

Janus abbreviatus (Say) 柳梢铗茎蜂 willow shoot sawfly

Janus compressus (Fabricius) 黄腹铗茎蜂

Janus conicercus Maa 锥尾铗茎蜂

Janus femoratus Curtis 夏栎铗茎蜂 oak twig sawfly

Janus gussakovskii Maa 古氏铗茎蜂

Janus japonicus Sato 荚蒾铗茎蜂

Janus kashivora Yano *et* Sato 枥梢铗茎蜂 oak shoot sawfly

Janus luteipes Lepeletier 柳杨铗茎蜂 willow shoot sawfly

Janus piri Okamoto *et* Muramatsa 梨铗茎蜂(梨茎蜂)

Janus piriodorus Yang 香铗茎蜂

Janus stigmaticus Maa 点铗茎蜂

Japanagromyza quercus Sasakawa 枥日潜蝇 quercus leafminer

Japanagromyza tristella Thomson 蚕豆日潜蝇 soybean leafminer

Japananus Ball 锥头叶蝉属

Japananus aceri Matsumura 槭锥头叶蝉 maple leafhopper

Japananus hyalinus (Osborn) 锥头叶蝉 hyaline maple leafhopper

Japania Girault 长痣赤眼蜂属

Japania ovi Girault 卵形长痣赤眼蜂

Japania trachyphloia Lin 粗腹长痣赤眼蜂

Japaspidiotus Takagi *et* Kawai 见 *Unaspidiotus* Macg.

Japaspidiotus cedricola (Takagi *et* Kawai) 见 *Unaspidiotus corticis-pini*

Japonica Tutt 黄灰蝶属

Japonica lutea (Hewitson) 黄灰蝶

Japonica saepestriata (Hewitson) 栅黄灰蝶

Japonitata Strand 日萤叶甲属

Japonitata abdominalis Jiang 黄腹日萤叶甲

Japonitata antennata Chen *et* Jiang 显角日萤叶甲

Japonitata eberti (Kimoto) 黄背日本萤叶甲

Japonitata hongpingana Jiang 红坪日萤叶甲

Japonitata lunata Chen *et* Jiang 新月日萤叶甲

Japonitata ruficollis Jiang 红日萤叶甲

Japonitata semifulva Jiang 半黄日萤叶甲

Japonitata tricostata Chen *et* Jiang 三脊日本萤叶甲

Japygidae 铗虮科(铗尾科)

Japygoidea 铗虮总科(铗尾总科)

Japyx Packard 铗虮属

Japyx japonicus Enderlein 日本铗虮

Japyx solifugus Hal. 铗虮

Jaspidia distinguenda Staudinger 白斑小夜蛾

Jaspidia stygia Butler 稻条纹螟蛉

Jassidae 见 Cicadellidae

Jassus Fabricius 短头叶蝉属

Jassus Stål 见 *Coelidia* Germar

Jauravia Motschulsky 环艳瓢虫属

Jauravia assamensis Kapur 月斑环艳瓢虫

Jauravia limbata Motschulsky 黄环艳瓢虫

Jauravia quadrinotata Kapur 四斑环艳瓢虫

Javacarus Balogh 爪哇甲螨属

Javacarus kuehnelti Balogh 奎氏爪哇甲螨

Javadikra Dworakowska 叉尾叶蝉属

Javadikra marcowa Dworakowska 叉尾叶蝉

Javalbia Viets 爪哇盔孔水螨属

Javesella Fennah 古北飞虱属

Javesella dubia (Kirschbaum) 疑古北飞虱

Javesella obscurella (Boheman) 暗古北飞虱

Javesella pellucida (Fabricius) 古北飞虱 wheat planthopper

Javesella salina (Haupt) 盐生古北飞虱

Javeta foveicollis (Gressitt) 毛异胸甲

Javeta maculata Sun 裸异胸甲

Jermakia nigra Malaise 黑贾买叶蜂

Jermakia sibirica Kriechbaumer 西伯贾买叶蜂

Jermakia sinensis Malaise 中华贾买叶蜂

Jinchihuo Yang 津尺蛾属

Jinchihuo honesta (Prout) 榆津尺蛾

Jingia Chen 京夜蛾属

Jingia vestigialis Chen 京夜蛾

Jingkara 犀角蝉属

Jocara malefica Meyrick 大花紫薇螟

Jodia Hübner 亮冬夜蛾属

Jodia sericea (Butler) 丝亮冬夜蛾

Jodis Hübner 突尾尺蛾属

Jodis lactearia (L.) 青突尺尾尺蛾

Jodis tibetana Chu 西藏突尾尺蛾

Johnella Keifer 小琼瘿螨属

Johnstonianidae 约绒螨科

Johnstonianinae 约绒螨亚科

Jonthocerus nigripes Lewis 扁锥象

Jordensia Oudemans 乔丹螨属

Jucancistrocerus Blüthgen 胡蜾蠃属

Jucancistrocerus tachkensis (Dalla Torre) 塔胡蜾蠃

Jugatala Ewing 贫颈尖棱螨属

Julodinae 土吉丁亚科

Julodis Solier 土吉丁属

Julodis spectabilis Gory 棉土吉丁

Julolaelaps Berlese 蚰厉螨属

Juncomyzus Hille Ris Lambers 灯瘤蚜属

Juncomyzus rhois Takahashi 漆树灯瘤蚜

Jungicephus mandibularis Maa 北狄君茎蜂

Junonia Hübner 眼蛱蝶属

Junonia almana (Linnaeus) 美眼蛱蝶

Junonia atlites (Linnaeus) 波纹眼蛱蝶

Junonia hierta (Fabricius) 黄裳眼蛱蝶

Junonia iphita Cramer 钩翅眼蛱蝶

Junonia lemonias (Linnaeus) 蛇眼蛱蝶

Junonia orithya (Linnaeus) 翠蓝眼蛱蝶

K

Kabothrips pirivorus Westwood 豌豆蓟马 pea thrips

Kaburagia Tsai *et* Tang 卡倍蚜属

Kaburagia ensignallis Tsai *et* Tang 枣卡倍蚜

Kaburagia ovatirhusicola Xiang 蛋肚倍蚜

Kaburagia ovogallis (Tsai *et* Tang) 蛋卡倍蚜

Kaburagia rhusicola Takagi 中国卡倍蚜(肚倍蚜)

Kadamaius brevicornis Okamot. 细须茶啮虫

Kaestneria Wiehle 长指蛛属

Kaestneria longissima Zhu *et* Wen 特长指蛛

Kaestneria pullata (Cambridge) 中长指蛛

Kaestneria rahmanni Tao, Li *et* Zhu 哈曼长指蛛

Kaicoccus Takahashi 客粉蚧属

Kaicoccus kaiensis (Kanda) 日本客粉蚧

Kakimia Hottes *et* Frison 帚蚜属

Kakimia houghtonensis (Troop) 北美醋栗帚蚜

Kakivoria Nagano 原举肢蛾属

Kakivoria flavofasciata Nagano 见 *Stathmopoda massinissa*

Kakothrips Williams 卡蓟马属

Kakothrips pisivorus Westwood 豌豆卡蓟马

Kakothrips robustus (Uzel) 豌豆壮蓟马

Kakuna Matsumura 长跗飞虱属

Kakuna kuwayamai Matsumura 白脊长跗飞虱

Kakuna paludosus (Flor) 黄褐飞虱

Kakuna sapporonis Matsumura 日本稻褐飞虱 Japanese rice planthopper

Kakuna velitskovskyi (Melichar) 大褐飞虱

Kakuvoria flavofasciata Negano 见 *Stathmopoda massinissa*

Kalasha minuta Shen *et* Zhang 小叉突杆蝉

Kalasha nativa Distant 叉突杆蝉

Kaliofenus ulmi Sundewall 见 *Fenusa ulmi*

Kallima Doubleday 枯叶蛱蝶属

Kallima inachus Doubleday 枯叶蛱蝶

Kalotermes Hagen 木白蚁属

Kalotermes approximatus Snyder 北美木白蚁

Kalotermes augustoculus Snyder 小眼南方木白蚁

Kalotermes beesoni Gardner 见 *Bifiditermes beesoni*

Kalotermes brouni Froggatt 新西兰木白蚁 New Zealand drywood termite

Kalotermes castaneus Burmeister 大眼南方木白蚁

Kalotermes cavifrons Banks 锤头堆砂木白蚁

Kalotermes greeni Desneux 见 *Neotermes greeni*

Kalotermes hubbardi Banks 南部木白蚁

Kalotermes inamurae Oshima 台湾木白蚁

Kalotermes insularis Walker 环纹木白蚁 ring termite

Kalotermes jouteli Banks 东方海岸木白蚁

Kalotermes minor Hagen 小木白蚁

Kalotermes nearcticus Snyder 距肢木白蚁

Kalotermes schwarzi Banks 南方木白蚁

Kalotermes snyderi Light 东南美木白蚁

Kalotermes brevis Walker 麻头堆砂木白蚁

Kalotermitidae 木白蚁科 drywood termites

Kamendaka saccharivora Matsumura 日糖长翅蜡蝉 sugarcane longwinged planthopper

Kamimuria Klapalek 节石蝇属

Kamimuria acutispina Wu 尖刺节石蝇

Kamimuria brevata Wu 短突节石蝇

Kamimuria cheni Wu 陕西节石蝇

Kamimuria crassispina Wu 大刺节石蝇

Kamimuria liui (Wu) 短突钩节石蝇

Kamimuria magna Wu 大形节石蝇

Kamimuria nigrita Wu 黑色节石蝇

Kamimuria orthogonia Wu 长方节石蝇

Kamimuria taoi Wu 广西节石蝇

Kamimuria tennuispina Wu 细刺节石蝇

Kamimuria trapezoidea Wu 梯形节石蝇

Kamimuria tuberosa Wu 有瘤节石蝇

Kanchia Moore 辉毒蛾属

Kanchia lepida Chao 鳞辉毒蛾

Kanchia subvitrea (Walker) 辉毒蛾

Kangacris Yin 康蝗属

Kangacris rufipes Yin 红足康蝗

Kanigara Distant 棘胫长蝽属

Kanigara clypeata (Distant) 脊盾棘胫长蝽

Kanigara flavomarginata Distant 巨盾棘胫长蝽

Kaniska Moore 琉璃蛱蝶属

Kaniska canace (Linnaeus) 琉璃蛱蝶

Kanomyia Shinonaga *et* Tumrasvin 加麻蝇属

Kanomyia bangkokensis Shinonaga *et* Tumrasvin 曼谷加麻蝇

Kanotmethis Yin 甘癞蝗属

Kanotmethis cyanipes (Yin *et* Feng) 蓝胫甘癞蝗

Kantacaridae 坎特水螨科

Karana decorata Moore 暗后锦夜蛾

Karana gemmifera (Walker) 见 *Euplexia gemmifera*

Karanasa Moore 槁眼蝶属

Karanasa latifasciata Grum-Grshimailo 侧条槁眼蝶

Karanasa regeli Alphéraky 槁眼蝶

Karenocoris Miller 沙猎蝽属

Karenocoris granulus Hsiao 沙猎蝽

Karenocoris rudis Hsiao 角沙猎蝽

Karschiellidae 卡西螋科

Kartidris ashima Xu *et* Zheng 阿诗玛卡蚁

Kashitettix quercus (Matsumura) 栎小叶蝉 evergreen oak leafhopper

Katamenes Meade-Waldo 黄斑蜾蠃属

Katamenes arbustorum arbustorum (Panzer) 树黄斑蜾蠃

Katamenes indetonsus (Morawitz) 藏黄斑蜾蠃

Katamenes sesquicinctus sesquicinctus (Lichtenstein) 断带黄斑蜾蠃

Katoa paucispina Lei *et* Zhou 寡刺加藤蝉

Katoa taibaiensis Lei *et* Zhou 太白加藤蝉

Kawamuracarinae 丛瘤沼螨亚科

Kawamurucarus Uchida 丛瘤沼螨属

Kaweckia Koteja *et* Zek-Ogaza 喀毡蚧属

Kaweckia glyceriae (Green) 欧洲喀毡蚧 grass felt scale

Kaweckia orientalis (Borchs.) 东方喀毡蚧

Kaweckia rubra (Mate.) 见 *Neokaweckia rubra*

Kazakis B.-Bienko 哈萨克蝗属

Kazakis tarbinskii B.-Bienko 塔氏哈萨克蝗

Kazinothrips xestosternitus Han 滑甲卡绢蓟马

Keiferana Channabasavanna 凯氏瘿螨属

Keiferella Boczek 小凯瘿螨属

Keiferia Busck 茄茎麦蛾属

Keiferia inconspicuella (Murtfeldt) 茄叶茎麦蛾 eggplant leafminer

Keiferia lycopersicella Walsingham 番茄茎麦蛾 tomato pinworm

Keiferophyes Mohanasundaram 凯瘿螨属

Kennethiella Cooreman 垦尼螨属

Kennethiella trisetosa (Cooreman) 三毛垦尼螨

Kentrochrysalis Staudinger 绒天蛾属

Kentrochrysalis consimilis Rothschild *et* Jordan 桂花绒天蛾

Kentrochrysalis sieversi Alphéraky 白须绒天蛾

Kentrochrysalis streckeri Staudinger 女贞绒天蛾

Ker Muma 角螯螨属

Kerala Moore 蜡丽夜蛾属

Kerala decipiens (Butler) 黑肾蜡丽夜蛾

Kerala grisea Hampson 灰蜡丽夜蛾

Kerala punctilineata Moor 蜡丽夜蛾

Kermes Boitard 红蚧属(绛蚧属)

Kermes cockerelli Ehrhorn 柯氏红蚧

Kermes globosus (Borchsenius) 球红蚧(球绛蚧)

Kermes himalayensis Green 喜马拉雅红蚧

Kermes miyasakii Kuwana 壳点红蚧(黑绛蚧)

Kermes nakagawae Kuwana 双黑红蚧(双黑绛蚧) kermes scale

Kermes nawai Kuwana 栗红蚧(栗绛蚧)

Kermes pubescens Bogue 栎毡红蚧

Kermes punctatus (Borchsenius) 小斑红蚧(黄绛蚧)

Kermes qingdaorensis Hu 青岛红蚧

Kermes quercus (Linnaeus) 栎红蚧 oak scale

Kermes siamensis (Cockerell) 泰红蚧(泰绛蚧)

Kermes szetshuanensis (Borchsenius) 川红蚧(川绛蚧)

Kermes taishanensis Hu 泰山红蚧

Kermes tomarii Kuwana 褐红蚧(褐绛蚧)

Kermes tropicalis Takahashi 热带红蚧(热带绛蚧)

Kermes vastus Kuwana 大红蚧(大绛蚧)

Kermes viridis (Borchsenius) 绿红蚧(绿绛蚧)

Kermesia cypera Yang *et* Hu 莎草宽翅花虱

Kermesia yunnanensis Yang *et* Hu 云南宽翅花虱

Kermesidae 红蚧科(绛蚧科) gall-like scales

Kermicus Newstead 瘿粉蚧属

Kermicus parva Mask 樱桃瘿粉蚧

Kermicus wroughtoni Newst. 印度瘿粉蚧

Kermococcus nakagawae Kuwana 见 *Kermes nakagawae*

Keroplatidae 角菌蚊科

Kerorgilus nigrescens You 黑角怒茧蜂

Kerria Targioni-Tozzetti 硬胶蚧属

Kerria ficia (Green) 无花果胶蚧

Kerria greeni (Chamberlin) 龙眼胶蚧

Kerria lacca (Kerr.) 紫胶蚧

Kerriidae 见 *Lacciferidae*

Kilifia De Lotto 大脚蚧属

Kilifia acuminata (Sign.) 泛布大脚蚧

Kilifia deltoides De Lotto 南非大脚蚧

Kilifia diversipes (Cockerell) 菲岛大脚蚧

Kilifia guizhouensis Qin *et* Gullan 贵州大脚蚧

Kilifia sinensis Ben-Dov 中国大脚蚧

Kimminsia Killington 齐褐蛉属

Kimminsia acuminata Yang 尖顶齐褐蛉

Kimminsia bihamita Yang 双钩齐褐蛉

Kimminsia trivenulata Yang 异脉齐褐蛉

Kimochrysa africana (Kimmins) 非开普草蛉

Kimochrysa impar Tjeder 不等非开普草蛉

Kimochrysa raphidioides Tjeder 针状非开普草蛉

Kingdonella Uv. 金蝗属

Kingdonella afurcula Yin 无尾金蝗

Kingdonella bicollina Yin 二丘金蝗

Kingdonella conica Yin 锥金蝗

Kingdonella gentiana Uv. 龙胆金蝗

Kingdonella hanburyi Uv. 汉金蝗

Kingdonella kaulbacki Uv. 考金蝗

Kingdonella kozlovi Mistsh. 柯氏金蝗

Kingdonella longiconica Yin 长锥金蝗

Kingdonella magna Yin 大金蝗

Kingdonella modesta Uv. 静金蝗

Kingdonella nigrofemora Yin 黑股金蝗

Kingdonella nigrotibia Zheng 黑胫金蝗

Kingdonella parvula Yin 小金蝗

Kingdonella pictipes Uv. 紫足金蝗

Kingdonella pienbaensis Zheng 边坝金蝗

Kingdonella qinghaiensis Zheng 青海金蝗

Kingdonella rivuna Huang 肛沟金蝗

Kingdonella saxicola Uv. 石栖金蝗

Kingdonella tibetana Mistsh. 藏金蝗

Kingdonella wardi Uv. 瓦迪金蝗

Kinnara Distant 阍蜡蝉属

Kinnara fumata (Melichar) 烟阍蜡蝉

Kinnaridae 阍蜡蝉科

Kinshaties Cheng. 金沙蝗属

Kinshaties yuanmowensis Cheng 元谋金沙蝗

Kiotina biocellata (Chu) 黄色钩石蝇

Kirinia Moore 多眼蝶属

Kirinia epaminondas (Staudinger) 多眼蝶

Kiritshenkella Borchs. 基粉蚧属(枯粉蚧属,茅粉蚧属)

Kiritshenkella caudata (Borchs.) 广州基粉蚧

Kiritshenkella fushanensis (Borchs.) 见 *Kiritsenkella sacchari*

Kiritshenkella guandunensis (Borchs.) 见 *Cannococcus guandunensis*

Kiritshenkella lingnani (Ferris) 岭南基粉蚧

Kiritshenkella magnotubulata (Borchs.) 见 *Pseudantonina magnotubulata*

Kiritshenkella ostiolata (Borchs.) 见 *Cannococcus ostiolata*

Kiritshenkella sacchari (Green) 甘蔗基粉蚧

Kiritshenkella stataria Borchs. 苏联基粉蚧

Kiritshenkella yunnanensis Borchs. 见 *Neoripersia yunnanensis*

Kirkaldyia Montandon 田鳖属

Kirkaldyia deyrollei Vuillefroy 大田鳖

Kishinouyeum Ouchi 屏顶螳属

Kishinouyeum cornuta Zhang 角胸屏顶螳

Kishinouyeum hepatica Zhang 褐屏顶螳

Kishinouyeum jianfenglingensis Hua 尖峰岭屏顶螳

Kishinouyeum sinensae Ouchi 中华屏顶螳

Kleemannia Oudemans 克螨属

Kleemannia plumigera Oudemans 生羽克螨

Kleemannia plumisus (Oudemans) 羽克螨

Kleemannia plumosoides Gu, Wang *et* Bai 拟羽克螨

Kleidocerys Stephens 穗长蝽属

Kleidocerys resedae (Panzer) 桦穗长蝽

Kleidocerys resedae geminatus (Say) 成双桦穗长蝽

Klinckostroemiidae 克林螨科

Klitispa mutilata Chen *et* Sun 龙胜侧爪脊甲

Klitispa rugicollis (Gestro) 皱胸侧爪脊甲

Knemidocoptes Furstenburg 疥螨属

Knemidocoptes laevis gallinae (Railliet) 鸡疥螨 depluming mite

Knemidocoptes mutans (Robin *et* Lanquetin) 禽疥螨(鳞脚螨) scaly-leg mite

Knemidocoptidae 疥螨科

Knorella Keifer 诺瘿螨属

Knorella bambusae (Kuang *et* Zhuo) 竹诺瘿螨

Knorella gigantochloae Keifer 硕竹诺瘿螨

Knulliana cincta (Drury) 山核桃带天牛 banded hickory borer

Kokeshia hsiaoi Ren *et* Zheng 萧氏柯毛角蝽

Kolenationyssus Fonseca 柯刺螨属

Kolla Distant 短腔叶蝉属

Kolla atramentaris Motschulsky 墨短腔叶蝉

Kolla ceylonica (Melichar) 锡兰短腔叶蝉

Kolla dilata Kuoh *et* Chen 宽边短腔叶蝉

Kolla elongatula (Melichar) 条斑短腔叶蝉

Kolla paulula (Walker) 白边短腔叶蝉

Kongsbergia Thor 锥足水螨属

Konjikia crocea Leech 黄钩蛾(黄钩翅蛾) yellowish drepanid

Kônola Keifer 科瘿螨属

Kophene moorei Heylaerts 紫薇袋蛾

Kophene snelleni Heylaerts 爪哇茶袋蛾

Korscheltellus lupulinus Linnaeus 见 *Hepialus lupulinus*

Koruthaialos Watson 红标弄蝶属

Koruthaialos rubecula (Plötz) 红标弄蝶

Koruthaialos sindu (Felder *et* Felder) 新红标弄蝶

Korynetes coeruleus Degeer 青色郭公虫

Kosswigianella exiguus Boheman 微小飞虱

Kotochalia junodi Heylaerts 见 *Cryptothelea junodi*

Kramerea Rohdendorf 克麻蝇属

Kramerea schuetzei (Kramer) 舞毒蛾克麻蝇

Krananda Moore 璃尺蛾属

Krananda lucidaria Leech 琉璃尺蛾

Krananda oliveomarginata Swinhoe 橄璃尺蛾

Krananda peristena Wehrli 珍璃尺蛾

Krananda semihyalina Moore 玻璃尺蛾

Kranerellidae 克羽螨科

Kratochviliana laricinellae (Ratz.) 落叶松鞘蛾寡节小蜂

Kraussaria angulifera Krauss 印度黄檀蝗

Krendowskia Persig 克水螨属

Krendowskiidae 克水螨科

Krugeria Meyer 克须螨属

Krugeria ramosa Meyer 分支克须螨

Kuldscha Alphéraky 库尺蛾属

Kuldscha albescens Warnecke 白库尺蛾

Kuldscha arcana Xue 隐库尺蛾

Kuldscha brevivalvata Xue 短瓣库尺蛾

Kuldscha curvata Xue 弯纹库尺蛾

Kuldscha dignitosa Prout 宜库尺蛾

Kuldscha fluctuata Xue 波库尺蛾

Kuldscha lakearia (Oberthüer) 屈库尺蛾

Kuldscha lobbichleri Fletcher 泽库尺蛾

Kuldscha loxobathra Prout 交纹库尺蛾

Kuldscha oberthuri Alphéraky 平库尺蛾

Kuldscha productaria (Leech) 明库尺蛾

Kuldscha simplicata Xue 简库尺蛾

Kuldscha staudingeri Alphéraky 天山库尺蛾

Kuldscha striphnosa Xue 坚库尺蛾

Kuldscha vicinalis Xue *et* Meng 邻库尺蛾

Kunbir atriapicalis Gressitt *et* Rondon 黑尾毛足天牛

Kunbir atripennis (Pic) 黑翅毛足天牛

Kunbir atripes (Pic) 大黑毛足天牛
Kunbir carinata (Pic) 脊翅毛足天牛
Kunbir crusator Gressitt *et* Rondon 黑腿毛足天牛
Kunbir elongaticollis (Pic) 长毛足天牛
Kunbir pallidipennis Gressitt 海南毛足天牛
Kunbir rufoflavida (Fairmaire) 越南毛足天牛
Kunbir simplex Gressitt *et* Rondon 黑腹毛足天牛
Kunbir telephoroides Lameere 印度毛足天牛
Kunugia undans Walker 麻栎枯叶蛾
Kuohzygia Zhang 葛小叶蝉属
Kuohzygia albolinea Zhang 葛小叶蝉
Kurarua angustissima (Pic) 黑胸缢鞘天牛
Kurarua bicolorata Gressitt *et* Rondon 二色缢鞘天牛
Kurarua constrictipennis Gressitt 缢鞘天牛
Kurarua elongaticollis (Pic) 点胸缢鞘天牛
Kurarua minor Gressitt *et* Rondon 黑角缢鞘天牛
Kurarua obscura Gressitt *et* Rondon 柱胸缢鞘天牛
Kurarua plauta Gressitt *et* Rondon 老挝缢鞘天牛
Kurarua rubida Gressitt *et* Rondon 红翅缢鞘天牛
Kurarua singhi (Fisher) 印度缢鞘天牛
Kurisakia Takahashi 刻蚜属
Kurisakia onigurumi (Shinji) 枫杨刻蚜
Kurisakia querciphila Takahashi 麻栎刻蚜
Kurisakia sinocaryae Zhang 山核桃刻蚜
Kurisakia sinoplatycaryae Zhang 化香刻蚜
Kurisakia yunnanensis Zhang 铁刀木刻蚜
Kutara Distant 增脉叶蝉属
Kutara brunnescens Distant 增脉叶蝉
Kuvera ligustri Matsumura 女贞菱蜡蝉 ligustrum planthopper
Kuwalama medicaginis (Crawford) 苜蓿木虱 alfalfa psyliid
Kuwanaspis MacGillivray 线盾蚧属
Kuwanaspis annandalei (Green) 毛竹线盾蚧
Kuwanaspis arundinariae Tak. 小竹线盾蚧
Kuwanaspis bambusae (Kuwana) 留片线盾蚧 white bamboo scale
Kuwanaspis bambusicola (Cockerell) 麻竹线盾蚧
Kuwanaspis bambusifoliae (Takahashi) 竹叶线盾蚧
Kuwanaspis daliensis Hu 大理线盾蚧
Kuwanaspis elongata (Takahashi) 长形线盾蚧
Kuwanaspis elongatoides Tang *et* Wu 拟长线盾蚧
Kuwanaspis hikosani (Kuwana) 白蚓线盾蚧 Hikosan bamboo scale
Kuwanaspis hongkongensis Tak. 见 *Kuwanaspis hikosani*
Kuwanaspis howardi (Cooley) 霍氏线盾蚧 bamboo white scale
Kuwanaspis linearis (Green) 叶缘线盾蚧
Kuwanaspis multiporus Tang 多孔线盾蚧
Kuwanaspis neolinearis (Takahashi) 叶下线盾蚧
Kuwanaspis phragmitis (Takahashi) 芦竹线盾蚧
Kuwanaspis phyllostachydis Borchs. *et* Hadz. 见 *Kuwanaspis howardi*
Kuwanaspis pseudoleucaspis (Kuwana) 见 *Kuwanaspis bambusae*
Kuwanaspis suishana (Takahashi) 台湾线盾蚧
Kuwanaspis vermiformis (Takahashi) 黄蚓线盾蚧
Kuwania Cockerell 皮珠蚧属
Kuwania betulae Borchs. 见 *Xylococcus japonicus*
Kuwania bipora Borchs. 双孔皮珠蚧
Kuwania britannica Green 见 *Steingelia gorodetskia*
Kuwania minuta Borchs. 中欧皮珠蚧
Kuwania pasaniae Borchs. 柯树皮珠蚧
Kuwania quercus (Kuwana) 栎树皮珠蚧 evergreen oak red scale, oak scale
Kuwaniinae 皮珠蚧亚科
Kuwanina Cockerell 隙粉蚧属
Kuwanina parva Maskell 樱桃隙粉蚧 cherry bark scale
Kuwayama camphorae Sasaki 樟尖翅木虱 camphor sucker
Kuzinia Zachvatkin 库济螨属
Kyboasca bana Kuoh 斑绿叶蝉
Kybos smaragdulus Fallén 浅绿宝石叶蝉
Kyidris Brown 平地氏蚁属
Kyidris mutica Brown 短平地氏蚁
Kyopsyche japonica Tsuda 日本京都多距石蛾
Kyrtolitha Staudinger 弓尺蛾属
Kyrtolitha avulsa Prout 张弓尺蛾
Kyrtolitha fuscata Xue 暗弓尺蛾
Kyrtolitha obstinata Staudinger 弓尺蛾
Kyrtolitha pantophrica Prout 长弓尺蛾
Kyrtolitha purpureotincta Sterneck 紫弓尺蛾
Kytorhininae 细足豆象亚科
Kytorhinus Waldheim 细足豆象属
Kytorhinus caraganae T. Minacian 锦鸡儿细足豆象
Kytorhinus immixtus Motschulsky 柠条细足豆象
Kytorhinus karasini Fischer 橙斑细足豆象
Kytorhinus quadriplagiatus Motschulsky 栉角细足豆象
Kytorhinus senilis Solsky 苦参细足豆象
Kytorhinus thermopsis Motschulsky 腹边细足豆象

L

Labanda Walker 润皮夜蛾属
Labanda semipars (Walker) 内润皮夜蛾
Labdia callistrepta Meyrick 丽纹唇尖蛾
Labdia cyanodora Meyrick 绀色唇尖蛾

Labdia molybdaula Meyrick 铅色唇尖蛾

Labdia semicoccinea Stainton 半球唇尖蛾

Labdia xylinaula Meyrick 棉唇尖蛾

Labeninae 高腹姬蜂亚科

Labia Leach 姬蠼螋属

Labia curvicauda Motschulsky 弯姬蠼螋

Labia minor (L.) 小蠼螋 lesser earwig

Labidocoris Mayr 钳猎蝽属

Labidocoris elegans Mayr 晦钳猎蝽

Labidocoris pectoralis Stål 亮钳猎蝽

Labidophoridae 钳爪螨科

Labidophorinae 钳爪螨亚科

Labidophorus Kramer 钳爪螨属

Labidostomis Germar 钳叶甲属

Labidostomis bipunctata (Mannerheim) 二点钳叶甲

Labidostomis chinensis Lefèvre 中华钳叶甲

Labidostomis orientalis Chûj 东方钳叶甲

Labidostomis pallidipennis Gebler 毛胸钳叶甲

Labidostommidae 携卵螨科

Labidostommoidea 携卵螨总科

Labidura Leach 蠼螋属

Labidura japonica de Hocan 日本蠼螋 large Japanese earwig

Labidura riparia (Pallas) 溪岸蠼螋

Labiduridae 蠼螋科

Labiduroidea 蠼螋总科 ring-legged earwigs, striped earwigs and their allies

Labioidea 姬蠼螋总科 little earwigs, handsome earwigs, toothed earwigs and their allies

Labioproctus Green 唇绵蚧属

Labioproctus polei (Green) 柑橘唇绵蚧

Laboissierea Pic 膨角跳甲属

Laboissierea sculpturata Pic 雕膨角跳甲

Labops hesperius Uhler 黑草蝽 black grass bug

Labrogomphus Needham 猛春蜓属

Labrogomphus torvus Needham 凶猛春蜓

Lacanobia aliena (Hübner) 异灰夜蛾

Lacanobia contigua (Denis *et* Schiffermüller) 见 *Polia contigua*

Lacanobia pisi (Linnaeus) 白线灰夜蛾

Lacanobia splendens (Hübner) 华灰夜蛾

Lacanobia suasa (Denis *et* Schiffermüller) 俗灰夜蛾

Lacanobia thalassina (Hüfnagel) 海灰夜蛾

Lacanobia w-latinum (Hüfnagel) 锯灰夜蛾

Laccifer Oken 胶蚧属

Laccifer chinensis (Mahdihassan) 中国胶蚧

Laccifer lacca (Kerr) 见 *Kerria lacca*

Laccifer ruralis Wang *et al.* 田胶蚧

Lacciferidae 胶蚧科

Laccobius hingstoni d'Orchymont 网纹长节牙甲

Laccobius zugmayeri Knisch 黑斑长节牙甲

Laccocorinae 池潜蝽亚科

Laccophilinae 粒龙虱亚科

Laccophilus Leach 粒龙虱属

Laccophilus difficilis Sharp 卵形粒龙虱

Laccoptera plagiograpta Maulik 条肩腊龟甲

Laccoptera prominens Chen *et* Zia 高顶腊龟甲

Laccoptera quadrimaculata (Thunberg) 甘薯腊龟甲

Laccoptera quadrimaculata nepalensis Boheman 甘薯腊龟甲尼泊尔亚种

Laccoptera tredecimpunctata (Fabricius) 十三斑腊龟甲

Laccoptera yunnanica Spaeth 椭圆腊龟甲

Laccotrephes Stål 长蝎蝽属

Laccotrephes japonensis Scott 日本长蝎蝽 Japanese water scorpion

Laccotrephes maculatus Fabricius 斑长蝎蝽

Laccotrephes robustus Stål 大长蝎蝽

Lacera Guenée 戟夜蛾属

Lacera alope (Cramer) 戟夜蛾

Lachesilla Westwood 分啮虫属

Lachesilla pedicularia (L.) 广分啮虫 cosmopolitan grain psocid

Lachesilla platycladae Li 侧柏小分啮虫

Lachesillidae 分啮虫科

Lachnidae 大蚜科

Lachniella costata Zetterstedt 云杉拟大蚜

Lachninae 大蚜亚科

Lachnodiopsis Borchs. 栗粉蚧属(思粉蚧属,云粉蚧属)

Lachnodiopsis humboldtiae (Green) 锡兰栗粉蚧

Lachnodiopsis szemaoensis Borchs. 思茅栗粉蚧(思粉蚧,思茅云粉蚧)

Lachnosterna Hope 见 *Phyllophaga* Harris

Lachnosterna arcuata Smith 见 *Phyllophaga fervida*

Lachnosterna bidentata Burmeister 双齿栗粉蚧

Lachnosterna consanguinea Blanchard 见 *Holotrichia consanguinea*

Lachnosterna kiotonensis Brenske 开通栗金龟

Lachnosterna lanceolata LeConte 见 *Phyllophaga lanceolata*

Lachnosterna longipennis Blanchard 见 *Holotrichia longipennis*

Lachnosterna morosa Waterhouse 桑栗金龟

Lachnosterna obesa LeConte 见 *Phyllophaga crassissima*

Lachnosterna serrata Fabricius 见 *Holotrichia serrata*

Lachnus Burmeister 大蚜属

Lachnus costatus Zetterstedt 见 *Lachniella costata*

Lachnus longipes Dufour 见 *Lachnus roboris*

Lachnus pini Linnaeus 见 *Cinara pini*

Lachnus quercihabitans (Takahashi) 栲大蚜

Lachnus roboris (Linnaeus) 栎大蚜 oak aphid

Lachnus salignis Gyllenhal 见 *Tuberolachnus salignus*

Lachnus salignus (Gmelin) 巨柳大蚜 giant willow aphid

Lachnus siniquercus Zhang 辽栎大蚜

Lachnus tropicalis (van der Goot) 栗大蚜

Lacides ficus (Fabricius) 榕拟灯蛾

Laciniodes Warren 网尺蛾属

Laciniodes angustaria Xue 狭网尺蛾

Laciniodes conditaria (Leech) 隐网尺蛾

Laciniodes denigrata Warren 淡网尺蛾

Laciniodes electaria (Leech) 择网尺蛾

Laciniodes plurilinearia (Moore) 网尺蛾

Laciniodes pseudoconditaria (Sterneck) 假隐网尺蛾

Laciniodes stenorhabda Wehrli 匀网尺蛾

Laciniodes umbrosus Inoue 荫网尺蛾

Laciniodes unistirpis (Butler) 单网尺蛾

Lackerbaneria Zacher 拉刻螨属

Lacon Laporte 沟胸叩甲属

Lacon binodulus Motschulsky 褐叩甲 brown click beetle

Lacon formosanus Bates 台湾蔗叩甲

Lacosomidae 见 *Mimallonidae*

Lactistes Schiodte 龟土蟓属

Lactistes falcolipes Hsiao 褐龟土蟓

Lactistes longirostris Hsiao 黑龟土蟓

Lacusa Stål 兰璐蜡蝉属

Lacusa yunnanensis Chou *et* Huang 云南兰璐蜡蝉

Lacydes spectabilis (Tauscher) 眩灯蛾

Laelantennus Berlese 厉角螨属

Laelapidae 厉螨科

Laelapinae 厉螨亚科

Laelaponyssidae 厉刺螨科

Laelaponyssus 厉刺螨属

Laelaponyssus mites Womersley 沃和厉刺螨

Laelaps Koch 厉螨属

Laelaps agilis Koch 敏捷厉螨

Laelaps algericus Hirst 阿尔及利厉螨

Laelaps cheni Li 陈氏厉螨

Laelaps chini Wang *et* Li 金氏厉螨

Laelaps clethrionomydis Lange 䶄厉螨

Laelaps echidninus Berlese 毒厉螨 spiny rat mite

Laelaps extremi Zachvatkin 极厉螨

Laelaps fukienensis (Wang) 福建厉螨

Laelaps guizhouensis Gu *et* Wang 贵州厉螨

Laelaps hilaris Koch 活跃厉螨

Laelaps hongaiensis Grochovskaya *et* Nguen-Xuan-Hoe 鸿基厉螨

Laelaps hsui Li 徐氏厉螨

Laelaps jettmari Vitzthum 耶氏厉螨

Laelaps jingdongensis Tian, Duan *et* Fang 景东厉螨

Laelaps liui Wang *et* Li 柳氏厉螨

Laelaps micromydis Zachvatkin 巢鼠厉螨

Laelaps multispiniosus Bank 多刺厉螨

Laelaps muris (Ljungh) 鼠厉螨

Laelaps nuttalli Hirst 纳氏厉螨 domestic rate mite

Laelaps pactus Petrova *et* Tashaeva 固厉螨

Laelaps paucisetosa Gu *et* Wang 贫毛厉螨

Laelaps prognathus Jameson 前颚厉螨

Laelaps sedlaceki Strandtmann *et* Mitchell 赛氏厉螨

Laelaps taingueni Grochovskaya *et* Nguen-Xuan-Hoe 太原厉螨

Laelaps traubi Domrow 特氏厉螨

Laelaps turkestanicus Lange 土尔克厉螨

Laelaps xingyiensis Gu *et* Wang 兴义厉螨

Laelaspis Berlese 拟厉螨属

Laelaspis digitalis Teng 趾颖拟厉螨

Laelaspis equitans (Micheal) 骑拟厉螨

Laelaspis laevis (Micheal) 光滑拟厉螨

Laelaspis ningxiaensis Bai *et* Gu 宁夏拟厉螨

Laelaspis patulus Allred 展开拟厉螨

Laelaspis sinensis Bai *et* Gu 中华拟厉螨

Laelaspis zhongweiensis Bai *et* Gu 中卫拟厉螨

Laelia Stephens 素毒蛾属

Laelia anamesa Collenette 黄素毒蛾

Laelia atestacea Hampson 褐素毒蛾

Laelia coenosa (Hübner) 素毒蛾

Laelia coenosa sangaica Moore 莎草素毒蛾 sedge tussock moth

Laelia fracta Schaus 部素毒蛾

Laelia gigantea Hampson 脂素毒蛾

Laelia monoscola Collenette 瑕素毒蛾

Laelia pantana Collenette 竹素毒蛾

Laelia suffusa Walker 粉素毒蛾

Laelia umbrina Moore 烟素毒蛾

Laeliocheletia Summer *et* Price 厉螯螨属

Laelogamasus Berlese 厉革螨属

Laemotmetus rhizophagoides (Walk.) 隐颚米扁虫

Lagenolobus Faust 三纹象属

Lagenolobus sieversi Faust 北京三纹象

Lagidina Malasie 短足叶蜂属

Lagidina formosana (Takeuchi) 蓬莱短足叶蜂

Lagidina platycerus Marlatt 短足叶蜂 violet sawfly

Lagidina platycerus taiwana Malaise 台湾短足叶蜂

Lagoa crispata (Pack.) 果树绒蛾 crinkled flannel moth

Lagoptera dotata (Fabricius) 见 *Artena dotata*

Lagoptera juno Dalman 果肖毛翅夜蛾 fruit-piercing moth

Lagria Fabricius 伪叶甲属

Lagria coriacea Borchmann 见 *Derolagria coriacea*

Lagria cyanicollis Borhmann 见 *Chrysolagria cyanicollis*

Lagria neavei Borchmann 见 *Chrysolagria nèavei*

Lagria villosa Fabricius 长毛伪叶甲

Lagriidae 伪叶甲科 lagriid beetles

Lagynotomus elongatus Dallas 长稻褐蟓 rice stink bug

Laingiococcus Morrison 钝粉蚧属

Laingiococcus painei (Laing) 椰子钝粉蚧

Lambdina athasaria athasaria (Walker) 角鼓兰布达尺蛾

Lambdina fiscellaria fiscellaria (Guenée) 铁杉尺蛾
hemlock looper

Lambdina fiscellaria lugubrosa (Hulst) 西方铁杉尺蛾
western hemlock looper

Lambdina fiscellaria somniaria (Hulst) 美西栎尺蛾
western oak looper

Lambdina punctata (Hulst) 点兰布达尺蛾

Lambdina somniaria Hulst 栎兰布达尺蛾 oak looper

Lambella Manson 兰璎螨属

Lambula fuliginosa (Walker) 烟色浸苔蛾

Lamellcossus terebra Schiffermüller 钻具木蠹蛾

Lamelligomphus Fraser 环尾春蜓属

Lamelligomphus camelus (Martin) 驼峰环尾春蜓

Lamelligomphus choui Chao *et* Liu 周氏环尾春蜓

Lamelligomphus hainanensis (Chao) 海南环尾春蜓

Lamelligomphus motuoensis (Chao) 墨脱环尾春蜓

Lamelligomphus ringens (Needham) 环纹环尾春蜓

Lamelligomphus trinus (Navás) 脊纹环尾春蜓

Lamelligomphus tutulus Liu *et* Chao 双髻环尾春蜓

Lamellobates Hammer 梁甲螨属

Lamellobates palustris Hammer 沼泽梁甲螨

Lamellocossus Daniel 鳃角木蠹蛾属

Lamellocossus colossus (Staudinger) 巨木蠹蛾

Lamia textor (L.) 粒翅天牛

Lamida carbonifera Meyrick 见 *Macalla carbonifera*

Lamida moncusalis Walker 单锄须丛螟

Lamiinae 沟胫天牛亚科

Laminicoccus Williams 鳃粉蚧属

Laminicoccus cocois Williams 椰子鳃粉蚧

Laminicoccus pandani (Ckll.) 无脐鳃粉蚧

Laminicoccus pandanicola (Tak.) 露兜鳃粉蚧

Laminicoccus vitiensis (Green *et* Laing) 斐济鳃粉蚧

Laminosioptes Megnin 皮膜螨属

Laminosioptes cysticola (Vizioli) 禽皮膜螨 fowl cyst
mite

Laminosioptidae 皮膜螨科

Lamiodorcadion laosense Breuning 拉佚天牛

Lamiomimus Kolbe 粒天牛属

Lamiomimus gottschei Kolbe 双带粒翅天牛

Lamoria glaucalis Caradja 蓝灰螟蛾

Lampides Hübner 亮灰蝶属

Lampides boeticus (Linnaeus) 亮灰蝶 long-tailed blue
butterfly, bean butterfly, pea blue butterfly, lucerne blue
butterfly

Lampridius Distant 斑线叶蝉属

Lampridius spectabilis Distant 斑线叶蝉

Lamprocabera Inoue 皓尺蛾属

Lamprocabera candidaria Leech 皓尺蛾

Lamprocapsidea coffeae (China) 咖啡盲蝽 coffee capsid

Lamprocheila maillei Obenberger 脊长吉丁

Lamprocoris Stål 亮盾蝽属

Lamprocoris lateralis (Guèrin) 红缘亮盾蝽

Lamprocoris roylii (Westwood) 亮盾蝽

Lamprocoris spiniger (Dallas) 角胸亮盾蝽

Lamprodema Fieber 线缘长蝽属

Lamprodema maurum (Fabricius) 斑膜线缘长蝽

Lamprodema minusculus Reuter 微小线缘长蝽

Lampronadata Kiriakoff 二星舟蛾属

Lampronadata cristata (Butler) 黄二星舟蛾

Lampronadata splendida (Oberthüer) 银二星舟蛾

Lampronia Stephens 穿孔蛾属

Lampronia oehlmanniella Treitschke 栗穿孔蛾
Oehlmann's bright moth

Lampronia tenuicornis Stainton 桦大穿孔蛾 large birch
bright moth

Lamproptera Gray 燕凤蝶属

Lamproptera curia (Fabricius) 燕凤蝶

Lamproptera meges Zinkin-Sommer 绿带燕凤蝶

Lampropteryx Stephens 丽翅尺蛾属

Lampropteryx albigirata (Kollar) 举剑丽翅尺蛾

Lampropteryx argentilineata (Moore) 云雾丽翅尺蛾

Lampropteryx chalybearia (Moore) 犀丽翅尺蛾

Lampropteryx jameza (Butler) 吉丽翅尺蛾

Lampropteryx minna (Butler) 小丽翅尺蛾

Lampropteryx nichizawai Sato 玉丽翅尺蛾

Lampropteryx producta Prout 叉丽翅尺蛾

Lampropteryx rotundaria (Leech) 圆丽翅尺蛾

Lampropteryx siderifera (Moore) 驯丽翅尺蛾

Lampropteryx synthetica Prout 联丽翅尺蛾

Lampropteryx szechuana Wehrli 四川丽翅尺蛾

Lamprosema Hübner 蚀叶野螟属

Lamprosema commixta Butler 黑点蚀叶野螟

Lamprosema diemenalis (Guenée) 花生蚀叶野螟

Lamprosema indicata Fabricius 豆蚀叶野螟 bean pyralid

Lamprosema indistincta Warren 褐翅蚀叶野螟

Lamprosema lateritialis Hampson 红豆树蚀叶野螟

Lamprosema tristrialis Bremer 三纹蚀叶野螟

Lamprosomatidae 隐肢叶甲科

Lamprosomatinae 隐肢叶甲亚科

Lamprosticta Hübner 明冬夜蛾属

Lamprosticta munda (Leech) 洁明冬夜蛾

Lamprotatus Westwood 丽金小蜂属

Lamprotatus acer Huang 尖齿丽金小蜂

Lamprotatus annularis (Walker) 长鞭丽金小蜂

Lamprotatus breviscapus Huang 短柄丽金小蜂

Lamprotatus furvus Huang 黑丽金小蜂

Lamprotatus longifuniculus Huang 长索丽金小蜂

Lamprotatus paurostigma Huang 小痣丽金小蜂

Lamprotatus villosicubitus Huang 闭室丽金小蜂

Lamprothripa Hampson 美皮夜蛾属

Lamprothripa lactaria (Graeser) 苹美皮夜蛾

Lamprothripa orbifera (Hampson) 环美皮夜蛾

Lamprystica igneola Stringer 虎杖雕蛾

Lampyridae 萤科

Lampyris Geoffroy 萤属

Lampyris nocticula (L.) 欧洲萤

Lanca Distant 矛猎蝽属

Lanca major Hsiao 大矛猎蝽

Lanceimermis Artyukhovsky 矛索线虫属

Lanceimermis austriaca (Micoletzky) 南方矛索线虫

Lanceimermis baikalensis Rubzov 贝加尔矛索线虫

Lanceimermis carinogammari Rubzov 察里诺加姆玛矛索线虫

Lanceimermis cepalomyrmecida (Steiner) 头蚁矛索线虫

Lanceimermis cuniata Mavlyanova 楔形矛索线虫

Lanceimermis distoicha (Steiner) 双行矛索线虫

Lanceimermis euvaginata (Steiner) 真鞘矛索线虫

Lanceimermis exilis Rubzov 小矛索线虫

Lanceimermis ivashtachenkovae Rubzov 伊氏矛索线虫

Lanceimermis lanceicapita (Rubzov) 矛头矛索线虫

Lanceimermis macroovata Rubzov 大卵矛索线虫

Lanceimermis minnesotensis Johson *et* Kleve 明尼苏达矛索线虫

Lanceimermis olygoamphidis Rubzov 小侧器矛索线虫

Lanceimermis phreatica (Coman) 井矛索线虫

Lanceimermis prolata (Coman) 前矛索线虫

Lanceimermis pusilla Rubzov 极小矛索线虫

Lanceimermis scapoidea Rubzov 花亭矛索线虫

Lanceimermis serbani (Coman) 塞班矛索线虫

Lanceimermis simplex (Steiner) 简单矛索线虫

Lanceimermis trachelata (Steiner) 颈矛索线虫

Lanceimermis unica Rubzov 单矛索线虫

Lanceimermis violettae Rubzov 维奥莱塔矛索线虫

Lanceimermis zschokkei (Schmassmann) 茨科克矛索线虫

Langenoglyphus Berlese 长颈螨属

Langeonyssus Grochovskaya *et* Nguen-Xuan-Hoe 兰刺螨属

Langeonyssus tieni Grochovskaya *et* Nguen-Xuan-Hoe 田兰刺螨

Langerra Zabka 兰格蛛属

Langerra oculina Zabka 眼兰格蛛

Langia Moore 锯翅天蛾属

Langia zenzeroides nawaii Rothschild *et* Jordan 大降锯翅天蛾 giant hawk moth

Langia zenzeroides szechuana Chu *et* Wang 川锯翅天蛾

Langona Simon 椰蛛属

Langona bhutanica Proszynski 不丹椰蛛

Languria Latreille 拟叩甲属

Languria mozardi Latreille 三叶草拟叩甲 clover stem borer, clover stem erotylid

Languriidae 拟叩甲科 languriid beetles

Laodelphax Fennah 灰飞虱属

Laodelphax striatellus (Fallén) 灰飞虱 small brown planthopper

Laodemonax forticornis Gressitt *et* Rondon 老刺虎天牛

Laosepilysta flavolineata Breuning 短驴天牛

Laoterinaea flavovittata Breuning 老短刺天牛

Laoterthrona Ding *et* Huang 类节飞虱属

Laoterthrona flavovittata Ding *et* Huang 黄条类节飞虱

Laoterthrona neonigrigena Kuoh 淡脊类节飞虱

Laoterthrona nigrigena (Matsumura *et* Ishihara) 黑颊类节飞虱

Laoterthrona testacea Ding *et* Tian 淡褐类节飞虱

Laothoe populi Linnaeus 见 *Amorpha populi*

Lapara bombycoides Walker 黄萤天蛾

Laphris Baly 拟柱萤叶甲属

Laphris apophysata Yang 宽突拟柱萤叶甲

Laphris collaris Yang 曲颈拟柱萤叶甲

Laphris emarginata Baly 斑刻拟柱萤叶甲

Laphris sexplagiata Laboissière 八斑拟柱萤叶甲

Laphris tricuspidata Yang 三尖拟柱萤叶甲

Lapicunaxa Tseng 叠板巨须螨属

Lapicunaxinae 叠板巨须螨亚科

Laprius Stål 广蝽属

Laprius varicornis (Dallas) 广蝽

Lardoglyphidae 脂螨科

Lardoglyphus Oudemans 脂螨属

Lardoglyphus cadaverum (Schrank) 尸体脂螨

Lardoglyphus konoi Sasa *et* Asanuma 河野脂螨 fish mite

Lardoglyphus zacheri Oudemans 扎氏脂螨

Lareiga Cameron 青腹姬蜂属

Lareiga abdominalis (Uchida) 青腹姬蜂

Larentiidae 波尺蛾科 carpet moths, pug moths

Larentiinae 波尺蛾亚科

Larerannis Wehrli 拟花尺蛾属

Largidae 大红蝽科

Larginae 大红蝽亚科

Laricobius erichsonii Rosenh. 食蚜松瓢虫

Larinia Simon 肥蛛属

Larinia argiopiformis (Boes. *et* Str.) 黄金肥蛛

Larinia astrigera Yin *et* Wang 星突肥蛛

Larinia cyclera Yin *et* Wang 环隆肥蛛

Larinia dinanea Yin *et* Wang 双南肥蛛

Larinia macrohooda Yin *et* Wang 大兜肥蛛

Larinia microhooda Yin *et* Wang 小兜肥蛛

Larinia nolabelia Yin *et* Wang 无千肥蛛

Larinia phthisica (L. Koch) 淡绿肥蛛

Larinia sekiguchii Tanikawa 塞氏肥蛛

Larinia triprovina Yin *et* Wang 三省肥蛛

Larinia wenshanensis Yin *et* Yan 文山肥蛛

Larinioides Caporiacco 类肥蛛属

Larinioides cornutus (Clerck) 角类肥蛛

Larinioides ixobolus (Thorell) 粘类肥蛛

Larinioides patagiatus (Clerck) 荆类肥蛛

Larinioides sclopetaris (Clerck) 硬类肥蛛

Larinus Germar 菊花象属

Larinus formosus Petri　三角菊花象

Larinus griseopilosus Roelfs　灰毛菊花象

Larinus kishidai Kôno　大菊花象

Larinus latissimus Roelofs　牛蒡菊花象

Larinus meleagris Petri　霉菊花象

Larinus ovalis Roelofs　卵形菊花象

Larinus scabrirostris Faldermann　漏芦菊花象

Larinyssus Strandtmann　鸥刺螨属

Lariophagus Crawford　娜金小蜂属

Lariophagus distinguendus Förster　米象娜金小蜂

Larmoria adaptella Walker　粗娑罗双种子螟蛾

Larra Fabricius　小唇泥蜂属

Larra amplipennis (Smith)　红腹小唇泥蜂

Larra carbonaria (Smith)　黑小唇泥蜂

Larra fenchihuensis Tsuneki　刻臀小唇泥蜂

Larra luzonensis Rohwer　红腿小唇泥蜂

Larrinae　小唇泥蜂亚科

Larvacarus Baker *et* Pritchard　幼须螨属

Larvacarus transsistans (Ewing)　变幼须螨

Larvaevoridae　见　Tachinidae

Lasconotus subcostulatus Kraus　西方松大小蠹坚甲

Lasiacantha Stål　刺网蝽属

Lasiacantha altimitrata (Takeya)　唇刺网蝽

Lasiacantha cuneata (Distant)　刺网蝽

Lasiobelba Aoki　大奥甲螨属

Lasiobelba remota Aoki　离大奥甲螨

Lasiobelba sculpta Wang　雕纹大奥甲螨

Lasiocampa medicaginis Borkhausen　圆翅枯叶蛾

Lasiocampa sordidior Rothsch　黄角枯叶蛾

Lasiocampidae　枯叶蛾科　tent caterpillar moths and allies, lackeys and eggars

Lasiochila anthracina Yu　黑毛唇潜甲

Lasiochila balli Uhmann　直缘毛唇潜甲

Lasiochila bicolor Pic　两色毛唇潜甲

Lasiochila cylindrica (Hope)　柱形毛唇潜甲

Lasiochila dimidiatipennis Chen *et* Yu　半鞘毛唇潜甲

Lasiochila estigmenoides Chen *et* Yu　云南毛唇潜甲

Lasiochila excavata (Baly)　涡胸毛唇潜甲

Lasiochila formosana Pic　台湾毛唇潜甲

Lasiochila gestroi (Baly)　大毛唇潜甲

Lasiochila latior Yu　膨翅毛唇潜甲

Lasiochila longipennis (Gestro)　长鞘毛唇潜甲

Lasiochila monticola Chen *et* Yu　山栖毛唇潜甲

Lasioderma serricorne (F.)　烟草窃蠹(烟草甲,番死虫)　cigarette beetle, tobacco beetle

Lasioglossum acervolum Fan *et* Ebmer　堆淡脉隧蜂

Lasioglossum agelastum Fan *et* Ebmer　群淡脉隧蜂

Lasioglossum circularum Fan *et* Ebmer　圆淡脉隧蜂

Lasioglossum dynastes (Bingham)　印度淡脉隧蜂

Lasioglossum lambatum Fan *et* Ebmer　舐淡脉隧蜂

Lasioglossum pseudospinodorsum Fan *et* Wu　拟刺背淡脉隧蜂

Lasioglossum rubsectum Fan *et* Ebmer　红镰淡脉隧蜂

Lasioglossum sauterum Fan *et* Ebmer　萨淡脉隧蜂

Lasioglossum sichuanense Fan *et* Ebmer　四川淡脉隧蜂

Lasioglossum spinodorsum Fan *et* Wu　刺背淡脉隧蜂

Lasioglossum subfulgens Fan *et* Ebmer　拟闪光淡脉隧蜂

Lasioglossum subrubsectum Fan *et* Ebmer　拟红镰淡脉隧蜂

Lasioglossum subversicolum Fan *et* Ebmer　拟变色淡脉隧蜂

Lasioglossum versicolum Fan *et* Ebmer　变色淡脉隧蜂

Lasioglossum xizangense Fan *et* Ebmer　西藏淡脉隧蜂

Lasioglossum yunnanense Fan *et* Wu　云南淡脉隧蜂

Lasiohelea bambusa Liu *et* Yu　竹林蠛蠓

Lasiohelea boophila Lien　好牛蠛蠓

Lasiohelea cultellus Yu *et* Xiang　犁形蠛蠓

Lasiohelea dandongensis Ding *et* Yu　丹东蠛蠓

Lasiohelea danxiensis Yu　占县蠛蠓

Lasiohelea homalial Lien　扁藓蠛蠓

Lasiohelea hortensis Yu *et* Liu　园圃蠛蠓

Lasiohelea humilavolita Yu *et* Liu　低飞蠛蠓

Lasiohelea longicolis Tokunaga　长角蠛蠓

Lasiohelea lushana Yu *et* Wang　庐山蠛蠓

Lasiohelea mengi Yu *et* Liu　孟氏蠛蠓

Lasiohelea mixta Yu *et* Liu　混杂蠛蠓

Lasiohelea multispina He *et* Yu　多刺蠛蠓

Lasiohelea muteispina Yu *et* He　多棘蠛蠓

Lasiohelea notailis Yu　见　*Lasiohelea taiwana*

Lasiohelea oreita Liu *et* Yu　山栖蠛蠓

Lasiohelea paradoxa Yu *et* Liu　奇异蠛蠓

Lasiohelea parvitas Liu *et* Yu　细小蠛蠓

Lasiohelea paucidntis Lien　贫齿蠛蠓

Lasiohelea phototropia Yu *et* Zhang　趋光蠛蠓

Lasiohelea quinquedentis Yu *et* Zhou　五齿蠛蠓

Lasiohelea saxicola Lien　住岩蠛蠓

Lasiohelea taipei Lien　台北蠛蠓

Lasiohelea taiwana (Shiraki)　台湾蠛蠓(南方蠛蠓)

Lasiohelea uncuspenis Yu *et* Zhang　钩茎蠛蠓

Lasiohelea wuyiensis Yu *et* Shen　武夷蠛蠓

Lasiokelea gramencola Lien　住草蠛蠓

Lasiokelea wulai Lien　乌来蠛蠓

Lasiomma Stein　球果花蝇属

Lasiomma anthomyinum (Rondani)　凹叶球果花蝇

Lasiomma anthomyioides Fan　拟花球果花蝇

Lasiomma anthracinum (Czerny)　炭色球果花蝇

Lasiomma baicalense Elberg　贝加尔球果花蝇

Lasiomma concomitans (Pandelle)　鞍板球果花蝇

Lasiomma curtigena (Ringdahl)　短颊球果花蝇

Lasiomma divergens Fan *et* Zhang　离叶球果花蝇

Lasiomma graciliapicum Fan *et* Ge　瘦端球果花蝇

Lasiomma infrequens Ackland　稀球果花蝇

Lasiomma laricicola (Karl)　落叶松球果花蝇

Lasiomma luteoforceps Fan *et* Fang　黄尾球果花蝇

Lasiomma melania melaniola Fan 黑胸球果花蝇

Lasiomma octoguttatum (Zetterstedt) 八方球果花蝇

Lasiomma pectinicrus Hennig 扭叶球果花蝇

Lasiomma strigilatum (Zetterstedt) 黑尾球果花蝇

Lasiommata Westwood 毛眼蝶属

Lasiommata deidamia (Eversmann) 斗毛眼蝶

Lasiommata eversmanni Eversmann 黄翅毛眼蝶

Lasiommata hefengana Chou *et* Zhang 和丰毛眼蝶

Lasiommata majuscula (Leech) 大毛眼蝶

Lasiommata minuscula (Oberthüer) 小毛眼蝶

Lasionycta Aurivillius 茸夜蛾属

Lasionycta bryoptera (Püngeler) 霉茸夜蛾

Lasionycta extrita (Staudinger) 灰绒夜蛾

Lasiopelta Malloch 毛盾蝇属

Lasiopelta longicornis (Stein) 长角毛盾蝇

Lasiopelta maculipennis Wei 斑翅毛盾蝇

Lasiophranes cristulatus Aurivillius 蠕纹显毛天牛

Lasiophranes fulvescens Gressitt *et* Rondon 褐显毛天牛

Lasiophranes ruber Gressitt *et* Rondon 红显毛天牛

Lasiopinae 光水虻亚科

Lasiopsylla pellucida Froggatt 见 *Creiis pellucida*

Lasiopsylla rotundipennis (Froggatt) 圆翼毛木虱

Lasioptera excavata Felt 凹绵毛瘿蚊

Lasioptera populnea Wachtl 银白杨绵毛瘿蚊 poplar gall midge

Lasioptera rubi Heeger 悬钩子绵毛瘿蚊

Lasiopteryx coryli (Felt) 美洲榛绒毛皱褶瘿蚊

Lasioseius Berlese 毛绥螨属

Lasioseius analis Evans 肛毛绥螨

Lasioseius confusus Evans 混毛绥螨

Lasioseius daanensis Ma 大安毛绥螨

Lasioseius jilinensis Ma 吉林毛绥螨

Lasioseius lasiodactyli Ishikawa 茸毛绥螨

Lasioseius liaohorongae Ma 廖氏毛绥螨

Lasioseius liuchungfui Samsinak 刘氏毛绥螨

Lasioseius medius Gu *et* Guo 中毛绥螨

Lasioseius multispathus Gu *et* Huang 多板毛绥螨

Lasioseius ometes (Oudemans) 膜毛绥螨

Lasioseius paucispathus Gu *et* Wang 贫板毛绥螨

Lasioseius penicilliger (Berlese) 尾簇毛绥螨

Lasioseius porulosus De Leon 细孔毛绥螨

Lasioseius praevius Gu *et* Guo 前毛绥螨

Lasioseius punctatus Gu *et* Huang 点毛绥螨

Lasioseius qianensis Gu *et* Wang 黔毛绥螨

Lasioseius schizopilus Gu *et* Huang 裂毛绥螨

Lasioseius sinensis Bei *et* Yin 中国毛绥螨

Lasioseius spatulus Gu *et* Wang 匙毛绥螨

Lasioseius trifurcipilus Gu *et* Guo 三叉毛绥螨

Lasioseius wangi Ma 王氏毛绥螨

Lasioseius yini Bai, Fang *et* Chen 殷氏毛绥螨

Lasiotrichius Reitter 毛斑金龟属

Lasiotrichius succinctus (Pallas) 短毛斑金龟

Lasiotydeus Berlese 毛镰螯螨属

Lasiplexia Hampson 毡夜蛾属

Lasiplexia chalybeata (Walker) 铅色毡夜蛾

Lasiplexia semirena Draudt 月纹毡夜蛾

Lasippa Moore 蜡蛱蝶属

Lasippa heliodore (Fabricius) 日光蜡蛱蝶

Lasippa viraja (Moore) 味蜡蛱蝶

Lasius Fabricius 毛蚁属

Lasius alienus (Förster) 玉米毛蚁

Lasius crispus Wilson 皱毛蚁

Lasius flavus (Fabricius) 黄毛蚁

Lasius fuliginosus (Latreille) 亮毛蚁 field ant

Lasius himalayanus Forel 喜马拉雅毛蚁

Lasius niger (L.) 黑毛蚁

Lasius talpa Wilson 田鼠毛蚁

Laspeyresia Hübner 皮小卷蛾属

Laspeyresia anaranjada Miller 湿地松皮小卷蛾

Laspeyresia anticipans Meyrick 前圆皮小卷蛾

Laspeyresia bracteatana (Fernald) 枞皮小卷蛾 fir seed moth

Laspeyresia caryana (Fitch) 胡桃皮小卷蛾 hickory shuckworm

Laspeyresia conicolana Heylaerts 幼林球果皮小卷蛾 new forest piercer moth

Laspeyresia cupressana (Kearfott) 柏皮小卷蛾 cypress bark moth

Laspeyresia disperma Meyrick 栎皮小卷蛾

Laspeyresia ethelinda Meyrick 云杉皮小卷蛾

Laspeyresia fagiglandana Zeller 山毛榉皮小卷蛾 smoky marbled piercer moth

Laspeyresia griseana Hübner 见 *Zeiraphera diniana*

Laspeyresia grossana Haworth 见 *Laspeyresia fagiglandana*

Laspeyresia grunertiana (Rtzb.) 松皮小卷蛾

Laspeyresia heteropa Meyrick 异节皮小卷蛾

Laspeyresia ingeus Heinrich 长叶松皮小卷蛾

Laspeyresia jaculatrix Meyrickl 跳皮小卷蛾

Laspeyresia koenigiana Fabricius 栾皮小卷蛾

Laspeyresia kurokoi Amsel 栗小卷蛾 nut fruit tortrix, chestnut fruit moth

Laspeyresia leucostoma Meyrick 茶小卷蛾 tea flush worm

Laspeyresia nigricana (Fabricius) 豆荚皮小卷蛾

Laspeyresia perfricta Meyrick 瘤皮小卷蛾

Laspeyresia piperana (Kearfott) 黄松种子皮小卷蛾 ponderosa pine seed moth

Laspeyresia pomonella (L.) 苹果皮小卷蛾 codling moth

Laspeyresia pseudotsugae Evans 似落叶松皮小卷蛾

Laspeyresia pseudotsugana Kearfott 见 *Zeiraphera diniana*

Laspeyresia pulverula Meyrick 尘皮小卷蛾

Laspeyresia splendana (Hübner) 栗皮小卷蛾

Laspeyresia stirpicola Meyrick 灌皮小卷蛾

Laspeyresia strobilella Linnaeus 云杉球果皮小卷蛾 light silver-striped piercer moth

Laspeyresia toreuta (Grote) 松球果皮小卷蛾 pine cone moth

Laspeyresia youngana (Kearfott) 云杉种皮小卷蛾 spruce seed moth

Laspeyresia zebeana (Ratzeburg) 松瘿皮小卷蛾

Laspeyria Germar 勒夜蛾属

Laspeyria flexula (Denis *et* Schiffermüller) 勒夜蛾

Latheticus Waterhouse 长头谷盗属

Latheticus oryzae Waterhouse 长头谷盗 longheaded flour beetle

Lathridiidae 薪甲科 plaster beetles, minute brown scavenger beetles

Lathridiinae 薪甲亚科

Lathridius Beck 波缘薪甲属

Lathridius bergrothi Reitter 四行薪甲

Lathridius chinensis Reitter 中国薪甲

Lathridius minutus (L.) 湿薪甲 squarenosed fungus beetle

Lathromeris Förster 纹翅赤眼蜂属

Lathromeris gracilicornis Lin 细角纹翅赤眼蜂

Lathromeris longipenis Lin 长茎纹翅赤眼蜂

Lathromeris tumiclavata Lin 锤棒纹翅赤眼蜂

Lathromeroidea Girault 拟纹赤眼蜂属

Lathromeroidea nigra Girault 黑色拟纹赤眼蜂

Lathromeroidea trichoptera Lin 毛翅拟纹赤眼蜂

Lathromeromyia Girault 多刺赤眼蜂属

Lathromeromyia dimorpha Hayat 二形多刺赤眼蜂

Lathromeromyia transiseptata Lin 横带多刺赤眼蜂

Lathrostizus shenyangensis Xu *et* Sheng 沈阳宽唇姬蜂

Lathys Simon 蔽蛛属

Lathys humilis (Blackwall) 润蔽蛛

Lathys puta (Cambridge) 普他蔽蛛

Lathys stigmatisata Menge 刺隐蔽蛛

Latibulus Gistel 隆侧姬蜂属

Latibulus bilacunitus Sheng *et* Xu 双沟隆侧姬蜂

Latibulus nigrinotum (Uchida) 黑背隆侧姬蜂

Laticorona Cai 宽冠叶蝉属

Laticorona aequata Cai 等突宽冠叶蝉

Laticorona longa Cai 长突宽冠叶蝉

Latindiidae 纤蠊科

Latinotus Boczek 偏背瘿螨属

Latistria Huang *et* Ding 阔条飞虱属

Latistria flavotestacea Kuoh 淡黄阔条飞虱

Latistria fuscipennis Huang *et* Ding 暗翅阔条飞虱

Latistria testacea Huang *et* Ding 黄褐阔条飞虱

Latithorax Holm 肺音蛛属

Latithorax faustus O.P.-Cambridge 窄缝肺音蛛

Latithorax qixiensis Gao *et al.* 栖霞肺音蛛

Latoia Guèrin-Méneville 绿刺蛾属

Latoia albipuncta (Hampson) 银点绿刺蛾

Latoia argentifascia Cai 银带绿刺蛾

Latoia argentilinea (Hampson) 银线绿刺蛾

Latoia bana Cai 斑绿刺蛾

Latoia bicolor (Walker) 两色绿刺蛾

Latoia canangae (Hering) 宽边绿刺蛾

Latoia consocia (Walker) 黄缘绿刺蛾 green cochlid

Latoia convexa (Hering) 卵斑绿刺蛾

Latoia darma (Moore) 胆绿刺蛾

Latoia dulcis (Hering) 甜绿刺蛾

Latoia eupuncta Cai 美点绿刺蛾

Latoia feina Cai 妃绿刺蛾

Latoia flavabdomena Cai 黄腹绿刺蛾

Latoia grandis (Hering) 大绿刺蛾

Latoia hainana Cai 琼绿刺蛾

Latoia hilarata (Staudinger) 双齿绿刺蛾 plum stinging caterpillar

Latoia jiana Cai 嘉绿刺蛾

Latoia jina Cai 襟绿刺蛾

Latoia lepida (Cramer) 丽绿刺蛾 band slug caterpillar, blue-striped nettle-grub

Latoia liangdiana Cai 两点绿刺蛾

Latoia melli (Hering) 窗绿刺蛾

Latoia mina Cai 闽绿刺蛾

Latoia mutifascia Cai 断带绿刺蛾

Latoia notonecta (Hering) 蓼绿刺蛾

Latoia oryzae Cai 稻绿刺蛾

Latoia ostia (Swinhoe) 漫绿刺蛾

Latoia parapuncta Cai 厢点绿刺蛾

Latoia pastoralis (Butler) 迹斑绿刺蛾

Latoia prasina (Alphéraky) 葱绿刺蛾

Latoia pseudorepanda (Hering) 肖媚绿刺蛾

Latoia pseudostia Cai 肖漫绿刺蛾

Latoia repanda (Walker) 媚绿刺蛾

Latoia shaanxiensis Cai 陕绿刺蛾

Latoia shirakii (Kawada) 台绿刺蛾

Latoia sinica (Moore) 中国绿刺蛾 Chinese cochlid

Latoia undulata Cai 波带绿刺蛾

Latoia xueshana Cai 雪山绿刺蛾

Latoia yana Cai 妍绿刺蛾

Latoia zhudiana Cai 著点绿刺蛾

Latouchia Pocock 垃土蛛属

Latouchia cornuta Song *et al.* 角垃土蛛

Latouchia dividi (Simon) 大卫氏垃土蛛

Latouchia fasciata Strand 袋束垃土蛛

Latouchia formosensis Kishida 台湾垃土蛛

Latouchia fossoria Pocock 傅氏垃土蛛

Latouchia pavlovi Schenkel 巴氏垃土蛛

Latouchia swinhoei Pocock 西威氏垃土蛛

Latouchia typica (Kishida) 典型垃土蛛

Latrodectus Walckenaer 红斑蛛属

Latrodectus mactans (Fabricius) 红斑蛛 black widow

spider

Laufeia Simon 劳蛛属

Laufeia aenea Simon 阿劳蛛

Lauxaniidae 缟蝇科 laxaniid flies

Laversiidae 菜水螨科

Lawana Distant 络蛾蜡蝉属

Lawana imitata Melichar 紫络蛾蜡蝉

Lebeda Walker 大毛虫属

Lebeda nobilis sinina Lajonquiere 油茶大毛虫

Lebeda nobilis Walker 松大毛虫

Lebertia Neuman 腺水螨属

Lebertia ciliata Jin 刷毛腺水螨

Lebertia liangi Jin 梁氏腺水螨

Lebertia ramiseta Jin 齿触毛腺水螨

Lebertia trifurcillia Jin 三叉腺水螨

Lebertiidae 腺水螨科

Lebertiinae 腺水螨亚科

Lebertioidea 腺水螨总科

Lebia cuonaensis Yu 错那盆步甲

Lebidromius hauseri Jedlicka 盆速步甲

Lecaniococcus Danzig 伪软蚧属

Lecaniococcus ditispinosus Danzig 远东伪软蚧

Lecaniodrosicha Takahashi 坚绵蚧属

Lecaniodrosicha lithocarpi Takahashi 台湾坚绵蚧

Lecanium cerasorum Cockerell 樱桃球蚧 calico scale

Lecanium colemani Kun 印度枳球蚧

Lecanium corni (Bouch) 欧果坚球蚧 European fruit lecanium, brown scale, peach scale

Lecanium discrepans Green 刺枣球蚧

Lecanium fletcheri Ckll. 侧柏球坚蜡蚧 Fletcher scale

Lecanium glandi Kuwana 大球蚧

Lecanium horii Kuwana 毛槭球蚧 cottony maple scale

Lecanium kunoensis Kuwana 日本球蚧

Lecanium latioperculatum Green 腰果球蚧

Lecanium nigrofasciatum Perg. 黑斑球蚧 terrapin scale

Lecanium persicae Fabricius 欧洲桃球蚧 European peach scale, grapevine scale

Lecanium quercifex Fitch 栎球蚧 oak lecanium

Lecanodiaspididae 盘蚧科

Lecanodiaspidinae 球链蚧亚科

Lecanodiaspis Targ. 球链蚧属

Lecanodiaspis baculifera Leonardi 印尼球链蚧

Lecanodiaspis circularis (Borchs.) 圆形球链蚧

Lecanodiaspis costata (Borchs.) 思茅球链蚧

Lecanodiaspis cremastogastri Tak. 台湾球链蚧

Lecanodiaspis elongata Ferris 长形球链蚧

Lecanodiaspis foochowensis Tak. 福州球链蚧

Lecanodiaspis greeni Tak. 格氏球链蚧

Lecanodiaspis majesticus Wang 见 *Lecanodiaspis quercus*

Lecanodiaspis malaboda Green 豆蔻球链蚧

Lecanodiaspis mimusopis Green 山榄球链蚧

Lecanodiaspis morrisoni Takahashi 摩氏球链蚧

Lecanodiaspis murphyi Lamb. 莫氏球链蚧

Lecanodiaspis pasaniae (Borchs.) 柯树球链蚧

Lecanodiaspis peni (Borchs.) 昌都球链蚧

Lecanodiaspis quercus Cockerell 栎树球链蚧

Lecanodiaspis robiniae (Borchs.) 刺槐球链蚧

Lecanodiaspis sardoa Targ. 欧洲球链蚧 Meditterranean pit scale

Lecanodiaspis takagi Howell *et* Koszt. 高木球链蚧

Lecanodiaspis tessalatus (Ckll.) 柿球链蚧 persimmon scale

Lecanodiaspis tingtunensis Borchs. 昆明球链蚧

Lecanopsis Targ. 根裸蚧属(隐毡蜡蚧属,隐毡蚧属)

Lecanopsis ceylonica Green 锡兰根裸蚧

Lecanopsis festucae Borchs. 冰草根裸蚧

Lecanopsis formicarum Newst. 蚁窝根裸蚧

Lecanopsis iridis Borchs. 马兰根裸蚧

Lecanopsis sacchari Tak. 甘蔗根裸蚧(蔗隐毡蜡蚧)

Lecanopsis shutovae Borchs. 远东根裸蚧

Lechia Zabka 莱奇蛛属

Lechia squamata Zabka 鳞斑莱奇蛛

Lechriolepis basirufa Strand 松斜叉枯叶蛾

Lechriolepis nephopyropa Tams 罗得西亚斜叉枯叶蛾

Lecithoceridae 祝蛾科

Ledaspis Hall 丽盾蚧属

Ledaspis atlantiae (Tak.) 台湾丽盾蚧

Ledeira Dworakowska 阔胸叶蝉属

Ledeira knighti Zhang 纳氏阔胸叶蝉

Ledermuelleriopsis Willmann 弯须螨属

Ledermuelleriopsis guilinensis Hu *et* Liang 桂林弯须螨

Ledermuelleriopsis wuyanensis Hu *et* Liang 乌岩弯须螨

Ledra Fabricius 耳叶蝉属

Ledra auditura Walker 窗耳叶蝉

Ledra hyalina Kuoh *et* Cai 明冠耳叶蝉

Ledra lamella Kuoh *et* Cai 片脊耳叶蝉

Ledra mutica Fabricius 钝尖耳叶蝉

Ledra nigrolineata Kuoh *et* Cai 黑纹耳叶蝉

Ledra pallida Kuoh *et* Cai 浅斑耳叶蝉

Ledridae 耳叶蝉科

Ledrinae 耳叶蝉亚科

Ledropsis White 肖耳叶蝉属

Ledropsis rubromaculata Laidlaw 红斑肖耳叶蝉

Ledropsis wakabae Kato 瓦肖耳叶蝉

Leeuwenhoekia Oudemans 列恙螨属

Leeuwenhoekia major (Schluger) 主列恙螨

Leeuwenhoekiidae 列恙螨科

Leeuwenhoekiinae 列恙螨亚科

Leeuwenia pasanii Mukaigawa 栲树皮蓟马 castanopsis gall thrips

Legneria 色边赤螨属

Legnotus Schiodte 边土蝽属

Legnotus breviguttulus Hsiao 短点边土蝽

Legnotus longiguttulus Hsiao　长点边土蝽

Legnotus rotundus Hsiao　圆边土蝽

Legnotus triguttulus (Motschulsky)　三点边土蝽

Leguminivora Obraztsov　豆食心虫属

Leguminivora glycinivorella (Matsumura)　大豆食心虫
　soybean pod borer

Leiodinychus Berlese　滑双爪螨属

Leiodinychus krameri (G. *et* R. Canestrini)　克氏滑双爪
　螨

Leiometopon Staudinger　僧夜蛾属

Leiometopon simyrides Staudinger　僧夜蛾

Leioseius Berlese　滑绥螨属

Leioseius changbaiensis Yin *et* Bai　长白滑绥螨

Leipothrix Keifer　离子瘿螨属

Leipothrix bombycis Huang　木棉离子瘿螨

Leipothrix lysimachiae Hong *et* Kuang　珍珠菜离子瘿螨

Leipothrix mimulicalis Kuang　虾子草离子瘿螨

Leipothrix solidaginis Keifer　一枝黄离子瘿螨

Leitneria Evans　莱螨属

Lelecella Hemming　累积蛱蝶属

Lelecella limenitoides (Oberthüer)　累积蛱蝶

Lelia Walker　弯角蝽属

Lelia decempunctata Motschulsky　弯角蝽　ten-spotted
　stink-bug

Lelia octopunctata Dallas　八点弯角蝽

Lema Fabricius　合爪负泥虫属

Lema adamsii Baly　四带负泥虫

Lema armata Fabricius　体刺负泥虫

Lema chujoi Gressitt *et* Kimoto　光顶负泥虫

Lema concinnipennis Baly　蓝负泥虫

Lema coromandeliana (Fabricius)　齿负泥虫

Lema coronata Baly　红顶负泥虫

Lema crioceroides Jacoby　短角负泥虫

Lema decempunctata Gebler　枸杞负泥虫

Lema delicatula Baly　红带负泥虫

Lema diversa Baly　鸭跖草负泥虫

Lema fortunei Baly　红胸负泥虫

Lema honorata Baly　蓝翅负泥虫　dioscorea leaf beetle

Lema infranigra Pic　薯蓣负泥虫

Lema lacertosa Lacordaire　褐足负泥虫

Lema lacosa Pic　平顶负泥虫

Lema lauta Gressitt *et* Kimoto　竹负泥虫

Lema melanopa L.　见　*Oulema melanopus*

Lema nigrofrontalis Clark　黑额负泥虫

Lema paagai Chûj　毛顶负泥虫

Lema pectoralis unicolor Clark　黑胫负泥虫

Lema quadripunctata Olivier　四点负泥虫

Lema rufotestacea Clark　褐负泥虫

Lema scutellaris (Kraatz)　盾负泥虫

Lema semifulva Jacoby　半褐负泥虫

Lemba Huang　舟形蝗属

Lemba bituberculata Yin *et* Liu　叉尾舟形蝗

Lemba daguanensis Huang　大关舟形蝗

Lemba sichuanensis Ma *et al.*　四川舟形蝗

Lemba vibridutibia Niu *et* Zheng　绿胫舟形蝗

Lemba yunnana Ma *et* Zheng　云南舟形蝗

Lemnia biplagiata (Swartz)　双带盘瓢虫

Lemnia biquadriguttata Jing　双四盘瓢虫

Lemnia bissellata (Mulsant)　十斑盘瓢虫

Lemnia brunniplagiata Jing　褐带盘瓢虫

Lemnia circumusta (Mulsant)　红基盘瓢虫

Lemnia melanaria (Mulsant)　红颈瓢虫

Lemnia saucia Mulsant　黄斑盘瓢虫

Lemophagus Townes　食泥甲姬蜂属

Lemophagus japonicus (Sonan)　负泥虫姬蜂

Lemurnyssidae　狐猴痒螨科

Lemyra　望灯蛾属

Lemyra anormala (Daniel)　伪姬白望灯蛾

Lemyra buramanica (Rothschild)　双带望灯蛾

Lemyra costimacula (Leech)　缘斑望灯蛾

Lemyra diluta Thomas　弱望灯蛾

Lemyra excelsa Thomas　相间望灯蛾

Lemyra flammeola (Moore)　火焰望灯蛾

Lemyra flavalia (Moore)　金望灯蛾

Lemyra flaveola (Leech)　橙望灯蛾

Lemyra gloria Fang　荣望灯蛾

Lemyra heringi (Daniel)　异淡黄望灯蛾

Lemyra hyalina Fang　透黑望灯蛾

Lemyra imparilis (Butler)　奇特望灯蛾

Lemyra infernalis (Butler)　漆黑望灯蛾

Lemyra jankowskii (Oberthüer)　淡黄望灯蛾

Lemyra jiangxiensis Fang　赣望灯蛾

Lemyra kuangtaungensis (Daniel)　粤望灯蛾

Lemyra maculifascia (Walker)　斑带望灯蛾

Lemyra melanosoma (Hampson)　棱角望灯蛾

Lemyra melli (Daniel)　梅尔望灯蛾

Lemyra multivittata (Moore)　多条望灯蛾

Lemyra neglecta (Rothschild)　白望灯蛾

Lemyra nigrescens (Rothschild)　深色望灯蛾

Lemyra obliquivitta (Moore)　斜线望灯蛾

Lemyra phasma (Leech)　褐点望灯蛾

Lemyra pilosa (Rothschild)　茸望灯蛾

Lemyra pilosoides (Daniel)　柔望灯蛾

Lemyra proteus (De Joannis)　异艳望灯蛾

Lemyra pseudoflammeoldea (Fang)　拟火焰望灯蛾

Lemyra punctilinea (Moore)　点线望灯蛾

Lemyra rhodophila (Walker)　姬白望灯蛾

Lemyra rubidorsa (Moore)　背红望灯蛾

Lemyra sincera Fang　纯望灯蛾

Lemyra stigmata (Moore)　点望灯蛾

Lemyra zhangmuna (Fang)　樟木望灯蛾

Lentistivalius Traub　韧棒蚤属

Lentistivalius affinis Li　邻近韧棒蚤

Lentistivalius ferinus (Rothschild)　野韧棒蚤

Lentistivalius insoli (Traub) 异常韧棒蚤

Lentistivalius occidentayunnanus Li, Xie *et* Gong 滇西韧棒蚤

Leobodes Aoki 不倒翁甲螨属

Leobodes mirabilis Aoki 奇不倒翁甲螨

Leontium virida Thomson 鲜绿狮天牛

Leontochroma attenuatum Yasuda 吉隆卷蛾

Leotichidae 印蝽科

Leperisinus Reitter 梣小蠹属

Leperisinus aculeatus (Say) 明缝梣小蠹 eastern ash bark beetle

Leperisinus californicus Swaine 加州梣小蠹 western ash bark beetle

Leperisinus fraxini Panzer 见 *Leperisinus varius*

Leperisinus oregonus Blackman 俄勒冈梣小蠹 Oregon ash bark beetle

Leperisinus varius Fabricius 美梣小蠹 ash bark beetle

Lepidacarus Csiszar 鳞甲螨属

Lepidacarus ornatissimus Csiszar 饰鳞甲螨

Lepidiota Hope 鳞鳃金龟属

Lepidiota bimaculata Saunderson 斑鳞鳃金龟

Lepidiota frenchi Blackburn 佛氏鳞鳃金龟

Lepidiota hirsuta Brenske 毛鳞鳃金龟

Lepidiota mashona Arrow 牡鳞锶金龟

Lepidiota pinguis Burmeister 见 *Leucopholis pinguis*

Lepidiota stigma Fabricius 痣鳞鳃金龟

Lepidocheyla Volgin 鳞螯螨属

Lepidoglyphus Zachvatkin 嗜鳞螨属

Lepidoglyphus destructor (Schrank) 害嗜鳞螨

Lepidoglyphus fustifer (Oudemans) 棍嗜鳞螨

Lepidoglyphus michaeli (Oudemans) 米氏嗜鳞螨

Lepidophallus Coiffait 异茎隐翅虫属

Lepidophallus cinnamomeus Zheng 桂色异茎隐翅虫

Lepidophallus coracinus Zheng 亮黑异茎隐翅虫

Lepidophallus zhenyuanensis Zheng 镇源异茎隐翅虫

Lepidopsocidae 鳞啮虫科 lepidopsocids, small psocids

Lepidopsyche asiatica Staudinger 亚鳞袋蛾

Lepidopsyche nigraplaga Wilemman 墨鳞袋蛾

Lepidoptera 鳞翅目 butterflies, moths, skippers

Lepidosaphes Shimer 蛎盾蚧属 oystershell scales

Lepidosaphes abdominalis Takagi 见 *Mytilaspis abdominalis*

Lepidosaphes atunicola Siraiwa 见 *Mytilaspis yangicola*

Lepidosaphes beckii (Newman) 见 *Mytilaspis beckii*

Lepidosaphes bladhiae Tak. 片状蛎盾蚧

Lepidosaphes camelliae Hoke 见 *Mytilaspis camelliae*

Lepidosaphes celtis Kuwana 朴蛎盾蚧 Japanese hackberry oystershell scale

Lepidosaphes chinensis Chamberlin 见 *Mytilaspis chinensis*

Lepidosaphes cocculi Green 见 *Paralepidosaphes laterochitinasa*

Lepidosaphes conchiformoides Borchsenius 见 *Mytilaspis conchiformis*

Lepidosaphes coreana (Borchsenius) 见 *Paralepidosaphes coreana*

Lepidosaphes corni Takahashi 见 *Mytilaspis corni*

Lepidosaphes cupressi Borchsenius 见 *Lepidosaphes foliicola*

Lepidosaphes cycadicola Kuwana 苏铁蛎盾蚧

Lepidosaphes foliicola Borchs. 桧柏蛎盾蚧

Lepidosaphes glaucae Takahashi 见 *Paralepidosaphes glaucae*

Lepidosaphes gloverii (Packard) 见 *Mytilaspis gloverii*

Lepidosaphes japonica (Kuwana) 见 *Mytilaspis japonica*

Lepidosaphes kamakurensis Kuwana 日本蛎盾蚧

Lepidosaphes kirgisica Boechs. 见 *Lepidosaphes malicola*

Lepidosaphes kuwacola Kuwana 桑牡蛎盾蚧

Lepidosaphes laterochitinosa Green 见 *Paralepidosaphes laterochitinosa*

Lepidosaphes machili Maskell 马氏牡蛎盾蚧 cymbidium scale

Lepidosaphes malicola Borchs. 苹果蛎盾蚧

Lepidosaphes maskelli (Cockerell) 见 *Mytilaspis pallida*

Lepidosaphes newsteadi Sulc 雪松牡蛎盾蚧 grey cedar scale, oyster-shell scale

Lepidosaphes pineti Borchsenius 见 *Mytilaspis pineti*

Lepidosaphes pini (Maskell) 见 *Mytilaspis pini*

Lepidosaphes piniphilus Borchsenius 见 *Paralepidosaphes piniphilus*

Lepidosaphes pinnaeformis (Bouch) 见 *Cornimytilus pinnaeformis*

Lepidosaphes pitisophila Takagi 柏蛎盾蚧

Lepidosaphes pseudomachili (Borchsenius) 见 *Cornimytilus pseudomachili*

Lepidosaphes pyrorum Tang 见 *Mytilaspis pyrorum*

Lepidosaphes salicina Borchsenius 柳蛎盾蚧

Lepidosaphes takaoensis Takahashi 朴叶蛎盾蚧

Lepidosaphes tritubulatus Borchsenius 见 *Mytilaspis tritubulatus*

Lepidosaphes tubulorum Ferris 见 *Paralepidosaphes tubulorum*

Lepidosaphes turanica Arch. 见 *Mytilaspis turanicus*

Lepidosaphes ulapa Beardsley 见 *Mytilaspis rubrovittatus*

Lepidosaphes ulmi (Linnaeus) 榆蛎盾蚧 oystershell scale, apple oystershell scale, mussel scale

Lepidosaphes ussuriensis Borchsenius 乌苏里蛎盾蚧

Lepidosaphes yamahoi Takahashi 见 *Paralepidosaphes yamahoi*

Lepidosaphes yanagicola Kuwana 见 *Mytilaspis yanagicola*

Lepidosaphes yashimotoi Takagi 见 *Mytilaspis yashimo-*

toi

Lepidosaphes zelkovae Takagi *et* Kawai 赭蛎盾蚧

Lepidostoma inops (Ulmer) 巨枝鳞石蛾

Lepidostomatidae 鳞石蛾科

Lepidotarphius perornatella Walker 银点雕蛾

Lepidozetes Berlese 鳞顶甲螨属

Lepidozetes dashidorzsi Balogh *et* Mahunka 戴氏鳞顶甲螨

Lepinotus reticulatus Enderlein 网翅书虱 reticulatewinged booklouse

Lepisma saccharina Linnaeus 台湾衣鱼 silverfish

Lepismatidae 衣鱼科 firebrats, silverfishes

Lepismatinae 衣鱼亚科 silverfishes

Lepismatoidea 衣鱼总科 silverfishes and their allies

Lepispilus sulcicollis Boisduval 具沟鳞皮拟步甲

Lepronyssoides Fonseca 拟癞螨属

Lepropus Schoenherr 翠象属

Lepropus aurovittatus Heller 金带翠象

Lepropus chrysochlorus Wiedemann 金黄翠象

Lepropus flavovittatus Pascoe 黄条翠象

Lepropus gestroi Marshall 橘边翠象

Lepropus lateralis Fabricius 金边翠象

Leptacris Walker 长腹蝗属

Leptacris taeniata (Stål) 绿长腹蝗

Leptacris vittata (Fab.) 白条长腹蝗

Leptalina Mabille 小弄蝶属

Leptalina unicolor (Bremer *et* Grey) 小弄蝶

Leptanilla Emery 细蚁属

Leptanilla hunanensis Tang, Li *et* Chen 湖南细蚁

Leptanillinae 细蚁亚科

Leptaulax bicolor Fabricius 锈黄瘦黑蜣

Leptelmis Sharp 缢溪泥甲属

Leptelmis gracilis impubis Zhang *et* Ding 无毛缢溪泥甲

Lepthyphantes Menge 斑皿蛛属

Lepthyphantes aduncus Zhu *et al.* 钩舟斑皿蛛

Lepthyphantes ancatus Li *et* Zhu 垂耳斑皿蛛

Lepthyphantes biseulsanensis Paik 比索斑皿蛛

Lepthyphantes bonneti Schenkel 伯氏斑皿蛛

Lepthyphantes cultellifer Schenkel 刃形斑皿蛛

Lepthyphantes denisi Schenkel 丹氏斑皿蛛

Lepthyphantes erigonoides Schenkel 艾利斑皿蛛

Lepthyphantes expunctus (O.P.-Cambridge) 外斑皿蛛

Lepthyphantes halonatus Li *et* Zhu 月晕斑皿蛛

Lepthyphantes hamifer Simon 反钩斑皿蛛

Lepthyphantes huangyuanensis Zhu *et* Li 湟源斑皿蛛

Lepthyphantes hummeli Schenkel 胡氏斑皿蛛

Lepthyphantes kansuensis Schenkel 甘肃斑皿蛛

Lepthyphantes molestus Tao, Li *et* Zhu 僧帽斑皿蛛

Lepthyphantes nasus Paik 鼻孔斑皿蛛

Lepthyphantes nebulosus Sundevall 暗纹斑皿蛛

Lepthyphantes obscurus Blackwall 昏斑皿蛛

Lepthyphantes pallidus O.P.Cambridge 苍白斑皿蛛

Lepthyphantes riyueshanensis Zhu *et* Li 日月山斑皿蛛

Lepthyphantes tenebricola Wider 喜暗斑皿蛛

Lepthyphantes uncinatus Schenkel 钩状斑皿蛛

Lepthyphantes zhejiangensis Chen 浙江斑皿蛛

Leptidea Billberg 小粉蝶属

Leptidea amurensis (Ménétriès) 突角小粉蝶

Leptidea gigantea (Leech) 圆翅小粉蝶

Leptidea morsei Fenton 莫氏小粉蝶

Leptidea serrata Lee 锯纹小粉蝶

Leptinidae 寄居甲科 rodent beetles, mammal-nest beetles

Leptinotarsa Stål 瘦跗叶甲属

Leptinotarsa decemlineata (Say) 马铃薯叶甲 Colorado beetle

Leptispa Baly 卷叶甲属

Leptispa abdominalis Baly 红腹卷叶甲

Leptispa allardi Baly 异色卷叶甲

Leptispa atricolor Pic 黑卷叶甲

Leptispa collaris Chen *et* Yu 麻胸卷叶甲

Leptispa godwini Baly 膨胸卷叶甲

Leptispa impressa Uhmann 曲缘卷叶甲

Leptispa longipennis Gestro 长鞘卷叶甲

Leptispa magna Chen *et* Yu 大卷叶甲

Leptispa miwai Chûj 涡胸卷叶甲

Leptispa miyamotoi Kimoto 麦氏卷叶甲

Leptispa parallela (Gestro) 平行卷叶甲

Leptispa pici Uhmann 广西卷叶甲

Leptispa pygmae Baly 小卷叶甲

Leptispa viridis Gressitt 绿卷叶甲

Leptobatopsis Ashmead 细柄姬蜂属

Leptobatopsis indica (Cameron) 稻切叶螟细柄姬蜂

Leptobatopsis nigrescens Chao 全黑细柄姬蜂

Leptobelus Stål 矛角蝉属

Leptobelus decurvatus Funk. 矛角蝉

Leptocentrus Stål 弧角蝉属

Leptoceraea Jakovlev 细角缘蝽属

Leptoceraea granulosa Hsiao 细角缘蝽

Leptoceratidae 细角蝇科 dung flies

Leptoceridae 长角石蛾科 longhorned caddisflies

Leptocerinae 长角石蛾亚科

Leptocerus biwae (Tsuda) 双叉长角石蛾

Leptocerus dicopennis (Hwang) 双尾长角石蛾

Leptocimbex Semenov 细锤角叶蜂属

Leptocimbex allantiformis Mocsary 腊肠细锤角叶蜂

Leptocimbex formosana (Enslin) 蓬莱细锤角叶蜂

Leptocimbex gracilenta (Mocsary) 槭细锤角叶蜂

Leptocimbex grahami Malaise 格氏细锤角叶蜂

Leptocimbex konowi Mocsary 柯氏细锤角叶蜂

Leptocimbex mocsaryi Malaise 莫氏细锤角叶蜂

Leptocimbex potanini Semenov 波氏细锤角叶蜂

Leptocimbex rufo-niger Malaise 红黑细锤角叶蜂

Leptocimbex sinobirmanica Malaise 中缅细锤角叶蜂

Leptocimbex tenuicincta Malaise 窄带细锤角叶蜂

Leptocimex boueti Brumpt 包氏细臭虫

Leptocneria reducta Walker 澳洲白雪松毒蛾 white cedar moth

Leptococcus Reyne 丽粉蚧属

Leptococcus sakai (Tak.) 马来亚丽粉蚧

Leptoconops Skuse 细蠓属

Leptoconops altuneshanensis Yu et Sha 阿尔金山细蠓

Leptoconops ascia Yu et Hui 小斧细蠓

Leptoconops biniscula Yu et Liu 双镰细蠓

Leptoconops borealis Gutsevich 北域细蠓

Leptoconops chenfui Yu et Xiang 经甫细蠓

Leptoconops fretus Yu et Zhang 海峡细蠓

Leptoconops helobius Ma et Yu 沼泽细蠓

Leptoconops lucidus Gutsevich 明背细蠓

Leptoconops popovi Dzhafarov 春勒细蠓

Leptoconops riparins Yu 溪岸细蠓

Leptoconops shangweni Yu et Xu 尚文细蠓

Leptoconops tibetensis Lee 西藏细蠓

Leptoconops wehaiensis Yu et Xue 威海细蠓

Leptoconops yalongensis Yu et Wang 牙龙细蠓

Leptoconops yannanensis Lee 云南细蠓

Leptocorisa Latreille 稻缘蝽属

Leptocorisa acuta (Thunberg) 大稻缘蝽 rice bug, narrow rice bug, paddy bug, tropical rice bug

Leptocorisa chinensis Dallas 中稻缘蝽 rice bug

Leptocorisa costalis Herrich-Schäffer 边稻缘蝽

Leptocorisa lepida Breddin 小稻缘蝽

Leptocorisa oratorius Fabricius 见 *Leptocorisa acuta*

Leptocorisa rubrolineatus Barber 西方稻缘蝽 western boxelder bug

Leptocorisa trivittatus (Say) 槭稻缘蝽 boxelder bug

Leptocorisa varicornis (Fabricius) 异稻缘蝽

Leptodemus minutus (Jakovlev) 小薄翅长蝽

Leptodes Sol. 龙甲属

Leptodes chinensis Kasz. 中华龙甲

Leptodes insignis Haag-R. 独鳌龙甲

Leptodes reitteri Sem. 雷氏龙甲

Leptodes sulcicollis Reitter 沟胸龙甲

Leptodes szekessyi Kasz. 谢氏龙甲

Leptofoenidae 长腹小蜂科 longtailed wasps

Leptogalumna Balogh 鳞翼甲螨属

Leptogalumna dengi Wang et Wang 邓氏鳞翼甲螨

Leptogamasus Tragardh 纤革螨属

Leptogastrinae 细腹虫虻亚科

Leptogenys Roger 细猛蚁属

Leptogenys birmana Forel 缅甸细猛蚁

Leptogenys chinensis Mayr 中华细猛蚁

Leptogenys confucii Forel 仲尼细猛蚁

Leptogenys diminuta (Smith) 条纹细猛蚁

Leptogenys kitteli Mayr 基氏细猛蚁

Leptogenys minchini Forel 明氏细猛蚁

Leptogenys peuqueti (Andr) 勃氏细猛蚁

Leptoglossus Guèrin 喙缘蝽属

Leptoglossus australis (F.) 澳洲喙缘蝽 leaf-footed plant bug, black leaf-footed bug

Leptoglossus corculus (Say) 松籽喙缘蝽

Leptoglossus membranaceus (Fabricius) 喙缘蝽

Leptoglossus occidentalis Heidemann 西针喙缘蝽 western conifer seed bug

Leptogomphus Selys 纤春蜓属

Leptogomphus celebratus Chao 欢庆纤春蜓

Leptogomphus divaricatus Chao 歧角纤春蜓

Leptogomphus elegans elegans Lieftinck 优美纤春蜓指名亚种

Leptogomphus elegans hongkongensis Asahina 优美纤春蜓香港亚种

Leptogomphus intermedius Chao 居间纤春蜓

Leptogomphus perforatus Ris 圆腔纤春蜓

Leptogomphus sauteri formosanus Matsumura 苏氏纤春蜓台湾亚种

Leptogomphus sauteri sauteri Ris 苏氏纤春蜓指名亚种

Leptomantella Giglio-Tos 小丝螳属

Leptomantella albella (Burmeister) 缺色小丝螳

Leptomantella hainanae Tinkham 海南小丝螳

Leptomantella indica Giglio-Tos 印度小丝螳

Leptomantella lactea (Saussure) 乳绿小丝螳

Leptomantella tonkinae Hebard 越南小丝螳

Leptomantella xizangensis Wang 西藏小丝螳

Leptomesosa cephalotes (Pic) 瘦象天牛

Leptomias Faust 喜马象属

Leptomias acuminatus Aslam 尖翅喜马象

Leptomias acutus acutus Aslam 尖角喜马象

Leptomias acutus zayüensis Chao 尖角喜马象察隅亚种

Leptomias aeneus Marshall 铜色喜马象

Leptomias amplicollis Chao 宽胸喜马象

Leptomias amplifrons Chao 宽额喜马象

Leptomias brevicornutus Chao 短角喜马象

Leptomias chagyabensis Chao et Chen 察雅喜马象

Leptomias clavicrus Marshall 黑喜马象

Leptomias crassus Chen 粗胸喜马象

Leptomias crinitarsus Aslam 毛跗喜马象

Leptomias damxungensis Chen 当雄喜马象

Leptomias dentatus Chen 尖齿喜马象

Leptomias depressus Chao 扁喜马象

Leptomias elongitus Chao 细长喜马象

Leptomias erectus Chao 立毛喜马象

Leptomias foveolatus Chao 小窝喜马象

Leptomias gerensis Chen 噶尔喜马象

Leptomias hirsutus Chao 多毛喜马象

Leptomias huangi Chao 黄氏喜马象

Leptomias kangmarensis Chao 康马喜马象

Leptomias kindonwardi Marshall 漆黑喜马象

Leptomias latus Chao 宽腹喜马象

Leptomias lineatus Aslam 线条喜马象

Leptomias longicollis Chao 长胸喜马象

Leptomias longisetosus Chao 长毛喜马象

Leptomias mainlingensis Chao 米林喜马象

Leptomias mangkamensis Chao *et* Chen 芒康喜马象

Leptomias micans Chao 闪光喜马象

Leptomias microdentatus Chao *et* Chen 小齿喜马象

Leptomias midlineatus Chao 中条喜马象

Leptomias nigrolatus Chao *et* Chen 黑宽喜马象

Leptomias obconicus Chao 倒圆锥喜马象

Leptomias odontocnemus Chao 齿足喜马象

Leptomias opacus Chao 磨光喜马象

Leptomias pandus Chen 扁眼喜马象

Leptomias pinnatus Chen 羽鳞喜马象

Leptomias planocollis Chao 平喙喜马象

Leptomias planus Chen 平胸喜马象

Leptomias pusillus Chen 短胸喜马象

Leptomias qamdoensis Chao *et* Chen 昌都喜马象

Leptomias qomolangmaensis Chen 珠峰喜马象

Leptomias ramosus Chen 中纹喜马象

Leptomias sagaensis Chen 萨噶喜马象

Leptomias schoenherri Faust 二窝喜马象

Leptomias semicircularis Chao 半圆喜马象

Leptomias siahus (Aslam) 坑沟喜马象

Leptomias simulans Chao 拟隆线喜马象

Leptomias squamosetosus Chen 鳞毛喜马象

Leptomias strictus Chen 缩胸喜马象

Leptomias subaeneus Chen 亚铜色喜马象

Leptomias thibetanus Faust 西藏喜马象

Leptomias triangulus Chao 三角喜马象

Leptomias tsanghoensis Aslam 藏布喜马象

Leptomias undulans Marshall 波纹喜马象

Leptomias waltoni Marshall 无齿喜马象

Leptomiza Warren 边尺蛾属

Leptomiza bilinearia (Leech) 双线边尺蛾

Leptomiza calcearia (Walker) 紫边尺蛾

Leptomiza crenularia (Leech) 粉红边尺蛾

Leptomiza hepaticata (Swinhoe) 黑边尺蛾

Leptoneta Simon 弱蛛属

Leptoneta anocellata Chen *et al.* 无眼弱蛛

Leptoneta arquata Song *et* Kim 弓形弱蛛

Leptoneta hangzhouensis Chen *et al.* 杭州弱蛛

Leptoneta huanglongensis Chen *et al.* 黄龙弱蛛

Leptoneta lingqiensis Chen *et al.* 灵栖弱蛛

Leptoneta maculosa Song *et* Xu 斑腹弱蛛

Leptoneta monodactyla Yin *et* Wang 单指弱蛛

Leptoneta speciosa Komatsu 眩耀弱蛛

Leptoneta trispinosa Yin *et* Wang 三刺弱蛛

Leptoneta unispinosa Yin *et* Wang 单刺弱蛛

Leptonetidae 弱蛛科

Leptoperlidae 小石蝇科 small stoneflies

Leptophion Cameron 细瘦姬蜂属

Leptophion maculipennis (Cameron) 斑翅细瘦姬蜂

Leptophlebia Westwood 细裳蜉属

Leptophlebia wui Ulmer 胡氏细裳蜉

Leptophlebiidae 细裳蜉科

Leptophlebiodea 细裳蜉总科

Leptophthalmus Stål 曲红蝽属

Leptophthalmus fuscomaculatus (Stål) 模曲红蝽

Leptopimpla Townes 瘦瘤姬蜂属

Leptopimpla longiventris (Cameron) 长腹瘦瘤姬蜂

Leptopinae 细足象亚科

Leptopius tribulus Fabricius 黑刺宽背象 broad-back weevil, wattle pig weevil

Leptopsylla Jordan *et* Rothschild 细蚤属

Leptopsylla lauta Rothschild 距细蚤

Leptopsylla nana Argyropulo 矮小细蚤

Leptopsylla nemorosa (Tiflov) 林野细蚤

Leptopsylla pavlovskii Ioff 多刺细蚤

Leptopsylla pectiniceps (Wagner) 栉头细蚤

Leptopsylla pectiniceps ventrisinulata Chen, Zhang *et* Liu 栉头细蚤腹凹亚种

Leptopsylla segnis (Schonherr) 缓慢细蚤

Leptopsylla sexdentata (Wagner) 六齿细蚤

Leptopsylla sicistae (Tiflov *et* Kolpakova) 蹶鼠细蚤

Leptopsyllidae 细蚤科

Leptopsyllinae 细蚤亚科

Leptopterna ferrugata (Fallén) 黄褐圆额盲蝽

Leptopterna griesheimae Wagner 锈圆额盲蝽

Leptopterna kerzhneri Vinokurov 克氏圆额盲蝽

Leptopterna xilingolana Nonnaizab *et* Jorigtoo 锡林圆额盲蝽

Leptopternis Sauss. 细距蝗属

Leptopternis gracilis (Ev.) 细距蝗

Leptopternis iliensis Uv. 伊犁细距蝗

Leptopulvinaria Kanda 小绵蚧属

Leptopulvinaria elaeocarpi Kanda 杜英小绵蚧

Leptosia Hübner 纤粉蝶属

Leptosia nina (Fabricius) 纤粉蝶

Leptostegna Christoph 叉脉尺蛾属

Leptostegna asiatica (Warren) 亚叉脉尺蛾

Leptostegna tenerata Christoph 娇叉脉尺蛾

Leptostylus praemorsus Fabricius 中美橘皮天牛 cedar borer, lime tree back borer

Leptotes Scudder 细灰蝶属

Leptotes plinius (Fabricius) 细灰蝶

Leptothorax Mayr 细胸蚁属

Leptothorax confucii (Forel) 仲尼细胸蚁

Leptothorax galeatus Wheeler 褐斑细胸蚁

Leptothorax spinosior Forel 长刺细胸蚁

Leptothorax taivanae Forel 四刺细胸蚁

Leptothorax taivanensis Wheeler 台湾细胸蚁

Leptotrema Achterberg 细陷反颚茧蜂属

Leptotrema dentifemur (Stelfox) 齿腿反颚茧蜂

Leptotrombidium Nagayo *et al.*　纤恙螨属

Leptotrombidium akamushi (Brumpt)　红纤恙螨

Leptotrombidium allosetum Wang *et al.*　异毛纤恙螨

Leptotrombidium alpinum Yu *et* Yang　高山纤恙螨

Leptotrombidium apodemi Wen *et* Sun　姬鼠纤恙螨

Leptotrombidium apodevrieri Wen *et* Xiang　高姬纤恙螨

Leptotrombidium arctomycis Wen *et* Xiang　沙獾纤恙螨

Leptotrombidium avinum (Schluger et al.)　鸟纤恙螨

Leptotrombidium bambicola Wen *et* Xiang　竹栖纤恙螨

Leptotrombidium baoshui Wen *et* Xiang　保鼠纤恙螨

Leptotrombidium bawangense Zhao　坝王纤恙螨

Leptotrombidium bayanense Yang　巴颜纤恙螨

Leptotrombidium bengbuense Chen *et* Fan　蚌埠纤恙螨

Leptotrombidium biji Wen *et* Xiang　碧鸡纤恙螨

Leptotrombidium biluoxueshanense Yu *et al.*　碧罗雪山
　纤恙螨

Leptotrombidium bishanense Yu *et al.*　碧山纤恙螨

Leptotrombidium bolei Shao *et* Ma　博乐纤恙螨

Leptotrombidium burnsi (Sasa et al.)　本氏纤恙螨

Leptotrombidium cangjiangense Yu *et al.*　沧江纤恙螨

Leptotrombidium cardiosetosum (Hsu *et* Chen)　心叶纤恙
　螨

Leptotrombidium caudatum Wen *et al.*　尾毛纤恙螨

Leptotrombidium chuanxi Wen *et al.*　川西纤恙螨

Leptotrombidium cricethrionis Wen, Sun *et* Sun　仓鼷纤
　恙螨

Leptotrombidium cuneatum (Traub *et* Evans)楔叶纤恙螨

Leptotrombidium cuonae Wang *et al.*　错那纤恙螨

Leptotrombidium dahai Wen *et* Xu　大海纤恙螨

Leptotrombidium deliense (Walch)　地里纤恙螨

Leptotrombidium densipunctatum Yu *et al.*　密点纤恙螨

Leptotrombidium deplenoscutum Yu *et* Zi　平盾纤恙螨

Leptotrombidium dianchi Wen *et* Xiang　滇池纤恙螨

Leptotrombidium dichotogalium Xiang *et* Wen　二叉纤恙
　螨

Leptotrombidium dihumerale Traub *et* Nadchatram　双肩
　纤恙螨

Leptotrombidium discum Wang *et al.*　圆盘纤恙螨

Leptotrombidium dongluoense Wang *et al.*　东洛纤恙螨

Leptotrombidium duoji Wu *et* Wen　多棘纤恙螨

Leptotrombidium ejingshanense Yu *et al.*　鹅颈山纤恙螨

Leptotrombidium eothenomydis Yu *et* Yang　绒鼠纤恙螨

Leptotrombidium fillasensilllum Wang *et* Song　丝感纤恙
　螨

Leptotrombidium fuji (Kuwata *et* al.)　富士纤恙螨

Leptotrombidium fujianense Liao *et* Wang　福建纤恙螨

Leptotrombidium fulleri (Ewing)　夫氏纤恙螨

Leptotrombidium gemiticulum (Traub *et al.*)　普通纤恙螨

Leptotrombidium gongshanense Yu *et al.*　贡山纤恙螨

Leptotrombidium guzhangense Wang *et al.*　古丈纤恙螨

Leptotrombidium heiense Wen　黑纤恙螨

Leptotrombidium hengdun Wu *et* Wen　横盾纤恙螨

Leptotrombidium hiemalis Yu *et al.*　寒冬纤恙螨

Leptotrombidium hsui Yu *et al.*　徐氏纤恙螨

Leptotrombidium huangchuanense Yang　潢川纤恙螨

Leptotrombidium huangdi Wen *et* Zhang　黄帝纤恙螨

Leptotrombidium hunanye Wen　湖南纤恙螨

Leptotrombidium hupeicum (Ma *et* Hsu)　湖北纤恙螨

Leptotrombidium hylomydis (Wang *et* Yu)　毛猬纤恙螨

Leptotrombidium imphalum Vercammen-Grandjean *et*
　Langston　英帕纤恙螨

Leptotrombidium insularae Wei *et al.*　海岛纤恙螨

Leptotrombidium intermedium (Nagayo *et al.*)　居中纤恙
　螨

Leptotrombidium jianense Wen　建纤恙螨

Leptotrombidium jianshanese Yu *et al.*　剑山纤恙螨

Leptotrombidium jilie Wen *et* Xiang　棘列纤恙螨

Leptotrombidium jinense Wen *et* Tian　晋纤恙螨

Leptotrombidium jinmai Wen *et* Xiang　金马纤恙螨

Leptotrombidium jishoum Wen *et al.*　吉首纤恙螨

Leptotrombidium kaohuense (Yang *et* al.)　高湖纤恙螨

Leptotrombidium kawamurai (Fukuzumi *et* Obata)　川村
　纤恙螨

Leptotrombidium kiangsuense Chen　江苏纤恙螨

Leptotrombidium kitasatoi (Fukuzumi *et* Obata)　北里纤
　恙螨

Leptotrombidium kuanye Wen *et* Xiang　宽叶纤恙螨

Leptotrombidium kunmingense Wen *et* Xiang　昆明纤恙
　螨

Leptotrombidium kunshui Wen *et* Xiang　昆鼠纤恙螨

Leptotrombidium kunxi Xiang *et* Wen　昆西纤恙螨

Leptotrombidium langai Audy *et* Womersley　兰氏纤恙
　螨

Leptotrombidium laojunshanense Yu *et al.*　老君山纤恙
　螨

Leptotrombidium laxoscutum Teng　宽盾纤恙螨

Leptotrombidium lianghense Yu *et al.*　梁河纤恙螨

Leptotrombidium liaoji Wen *et* Sun　辽姬纤恙螨

Leptotrombidium linhuaikongense (Wen *et* Hsu)　临淮岗
　纤恙螨

Leptotrombidium linji Wen *et* Sun　林姬岗纤恙螨

Leptotrombidium longchuanense Yu *et al.*　陇川纤恙螨

Leptotrombidium longimedium Wen *et* Xiang　长中纤恙
　螨

Leptotrombidium longisetum Yu *et al.*　长毛纤恙螨

Leptotrombidium lushanense Wang *et* Song　庐山纤恙螨

Leptotrombidium magnipostum Wang *et al.*　大后纤恙螨

Leptotrombidium minense Wen *et* Wang　闽纤恙螨

Leptotrombidium miyajimai (Fukuzumi *et* Obata)　宫岛纤
　恙螨

Leptotrombidium mugidi (Hsu *et* Chen)　母鸡顶纤恙螨

Leptotrombidium multispinosus Teng　多刺纤恙螨

Leptotrombidium muntiaci Wen *et* Xiang　麂纤恙螨

Leptotrombidium myotis (Ewing)　鼠蝠纤恙螨

Leptotrombidium nanchangense Wen 南昌纤恙螨

Leptotrombidium neotebraci Xiang *et* Wen 新猬纤恙螨

Leptotrombidium ningpocalli Wen 甬丽纤恙螨

Leptotrombidium nudisensillum Yu *et al.* 光器纤恙螨

Leptotrombidium nujiange Wen *et* Xiang 怒江纤恙螨

Leptotrombidium nyctali Wen *et* Sun 山蝠纤恙螨

Leptotrombidium orestes Xiang *et* Wen 山姬纤恙螨

Leptotrombidium orientale (Schluger) 东方纤恙螨

Leptotrombidium pallidum (Nagayo *et al.*) 苍白纤恙螨

Leptotrombidium palpale (Nagayo *et al.*) 须纤恙螨

Leptotrombidium parapalpale (Womersley) 副须纤恙螨

Leptotrombidium pavlovskyi (Schluger) 巴氏纤恙螨

Leptotrombidium pentafurcatum isosetosum Wen *et* Xiang 五叉纤恙螨同毛亚种

Leptotrombidium pentafurcatum pentafurcatum Wen *et* Xiang 五叉纤恙螨

Leptotrombidium pentagonum Yang, Zheng *et* Li 五角纤恙螨

Leptotrombidium platiscutum Yu *et* Zi 扁盾纤恙螨

Leptotrombidium postfoliatum Wang *et al.* 后叶纤恙螨

Leptotrombidium qianye Wen *et al.* 签叶纤恙螨

Leptotrombidium qiui Yu *et al.* 裘氏纤恙螨

Leptotrombidium quadrifurcatum Wen *et* Xiang 四叉纤恙螨

Leptotrombidium qujingense Yu *et al.* 曲靖纤恙螨

Leptotrombidium ralli Wen *et* Xiang 秧鸡纤恙螨

Leptotrombidium rattistae Wen *et al.* 黑鼠纤恙螨

Leptotrombidium rectanguloscutum (Hsu *et* Chen) 矩盾纤恙螨

Leptotrombidium robustisetum Yu *et al.* 粗毛纤恙螨

Leptotrombidium rubellum Wang *et* Liao. 微红纤恙螨

Leptotrombidium rufocanum Wang *et* Liu. 棕罢纤恙螨

Leptotrombidium rupestre Traub *et* Nadchatram 岩栖纤恙螨

Leptotrombidium rusticum Yu *et al.* 乡野纤恙螨

Leptotrombidium saltuosum Yu *et al.* 林地纤恙螨

Leptotrombidium scanloni Traub *et* Lakshana 史氏纤恙螨

Leptotrombidium scutellare (Nagayo *et al.*) 小盾纤恙螨

Leptotrombidium sexsetum Yu *et* Hu 六毛纤恙螨

Leptotrombidium shanghaense Wen *et* Lu 上海纤恙螨

Leptotrombidium shaowuense Wen 邵武纤恙螨

Leptotrombidium shaoye Wen *et al.* 勺叶纤恙螨

Leptotrombidium sheshui Wen *et* Xiang 社鼠纤恙螨

Leptotrombidium shujingi Wen *et* Xiang 树鼩纤恙螨

Leptotrombidium shuqui Wen *et* Xiang 树鼩纤恙螨

Leptotrombidium shuyui Wen *et al.* 疏羽纤恙螨

Leptotrombidium sinicum Yu *et al.* 中华纤恙螨

Leptotrombidium sinotupaium Wen *et* Xiang 中鼩纤恙螨

Leptotrombidium sixinum Wen *et al.* 四新纤恙螨

Leptotrombidium spicanisetum Yu *et al.* 钉毛纤恙螨

Leptotrombidium striatum Nadchatram *et* Traub 条纹纤恙螨

Leptotrombidium subintermedium (Jameson *et* Toshioka) 亚中纤恙螨

Leptotrombidium submagnum Wang *et al.* 亚大纤恙螨

Leptotrombidium subpalpale Vercammen-Grandjean *et* Langston 亚须纤恙螨

Leptotrombidium suenese Wen 苏纤恙螨

Leptotrombidium taishanicum Meng, Xue *et* Wen 泰山纤恙螨

Leptotrombidium taiyuanense Wen *et* Tian 太原纤恙螨

Leptotrombidium tenuipilum Wen *et* Wu 细毛纤恙螨

Leptotrombidium trapezoidum Wang *et al.* 梯板纤恙螨

Leptotrombidium tsinghaiense (Mo) 青海纤恙螨

Leptotrombidium tungum Wen *et* Wu 彤纤恙螨

Leptotrombidium wangi Yu *et al.* 王氏纤恙螨

Leptotrombidium wenense Wu *et al.* 温州纤恙螨

Leptotrombidium wugongense Wang *et* Song 武功纤恙螨

Leptotrombidium wulanensis Yang 乌兰纤恙螨

Leptotrombidium xiaguangense Yu *et* Yang 下关纤恙螨

Leptotrombidium xianglinense Wen 香林纤恙螨

Leptotrombidium xiaowei Wen *et* Xiang 小微纤恙螨

Leptotrombidium xiayui Wen *et* Wu 狭羽纤恙螨

Leptotrombidium xinjiangense Shao *et* Wen 新疆纤恙螨

Leptotrombidium xishani Wen *et* Xiang 西山纤恙螨

Leptotrombidium yentanshanense (Chu) 雁荡山纤恙螨

Leptotrombidium yidun Wen *et* Wu 易盾纤恙螨

Leptotrombidium yigongense Wu *et* Wen 易贡纤恙螨

Leptotrombidium yongshengense Yu *et* Yang 永胜纤恙螨

Leptotrombidium yuebeinse Zhao 粤北纤恙螨

Leptotrombidium yui (Chen *et* Hsu) 于氏纤恙螨

Leptotrombidium yulini Wen *et* Xiang 雨林纤恙螨

Leptotrombidium yunlingense Yu *et* Zhang 云岭纤恙螨

Leptotrombidium yunnanense Yu *et al.* 云南纤恙螨

Leptotrombidium yunshui Wen *et* Xiang 云鼠纤恙螨

Leptotrombidium zeta (Traub *et al.*) 己纤恙螨

Leptotrombidium zhongdianense Yu *et* Yang 中甸纤恙螨

Leptotrombidium zhongjingi Wen *et* Xiang 中鼩纤恙螨

Leptotyphlinae 细隐翅虫亚科

Leptoxenus ornaticollis Gressitt *et* Rondon 脊径天牛

Leptoypha Stål 窄眼网蝽属

Leptoypha capitata (Jakovlev) 窄眼网蝽

Leptoypha minor McAtee 美桴窄眼网蝽 Arizona ash lace bug

Leptoypha wuorentausi (Lindberg) 吴窄眼网蝽

Leptura Linnaeus 花天牛属

Leptura aethiops Poda 橡黑花天牛

Leptura arcuata Panzer 曲纹花天牛

Leptura auratopilosa (Matsushita) 金绒花天牛

Leptura bifaciatus Müller 双带花天牛

Leptura duodecimguttata duodecimguttata Fabricius 十二斑花天牛

Leptura grahamiana Gressitt 黑纹花天牛

Leptura melanura Linnaeus 黑缝花天牛

Leptura nigripes Degeer 黑足花天牛

Leptura obliterata Haldeman 隐纹花天牛

Leptura ochraceofasciata (Motsch.) 黄纹花天牛

Leptura quadrifasciata Linnaeus 四纹花天牛

Leptura quadrizona (Fairmaire) 愈带花天牛

Leptura spinipennis (Fairmaire) 刺尾花天牛

Leptura thoracica Creutzer 异色花天牛

Lepturinae 花天牛亚科

Leptus Latreille 纤赤螨属

Leptus brachypodos Zheng 短足纤赤螨

Leptus dolichopodos Zheng 长足纤赤螨

Leptus hupingshanicus Zheng 壶瓶山纤赤螨

Leptus shimenensis Zheng 石门纤赤螨

Lepyronia Amyot *et* Serville 圆沫蝉属

Lepyronia coleoptrata grossa Uhler 大鞘翅圆沫蝉

Lepyronia grossa Uhler 粗圆沫蝉

Lepyropsis Metcalf *et* Horton 隆颜沫蝉属

Lepyropsis bipunctata Metcalf *et* Horton 二点隆颜沫蝉

Lepyrus Germar 斜纹象属

Lepyrus christophi Faust 黄鳞斜纹象

Lepyrus japonicus Roelofs 波纹斜纹象

Lepyrus nebulosus Motschulsky 云斑斜纹象

Lestes Leach 丝螅属

Lestes barbara Fabricius 刀尾丝螅

Lestes nodalis Selys 蕾尾丝螅

Lestes nodalis Selys 节丝螅

Lestes praemorsa Selys 舟尾丝螅

Lestes sponsa Hansemann 莎草丝螅

Lestes umbrina Selys 锯尾丝螅

Lestica Billberg 盗方头泥蜂属

Lestica alata basalis (Smith) 弯角盗方头泥蜂基亚种

Lestica camelus (Eversmann) 勺角盗方头泥蜂

Lestica clypeata (Schreber) 菱角盗方头泥蜂

Lestidae 丝螅科

Lestiphorus Lepeletier 盗滑胸泥蜂属

Lestiphorus densipunctatus Yasumatsu 密点盗滑胸泥蜂

Lestiphorus rugulosus Wu *et* Zhou 多皱盗滑胸泥蜂

Lestodiplosis aprimiki Barnes 埃氏盗瘿蚊

Lestodiplosis crataegifolia Felt 山楂盗瘿蚊

Lestodiplosis florida Felt 佛罗里达盗瘿蚊

Lestodiplosis pentagona Jiang 桑盾蚧盗瘿蚊

Lestoideidae 拟丝螅科

Lestomerus Amyot *et* Serville 隶猎蝽属

Lestomerus affinis Amyot *et* Serville 黑股隶猎蝽

Lestomerus femoralis Walker 红股隶猎蝽

Lestremia cinerea Macquart 灰树瘿蚊

Lestremia leucophaea (Meigen) 褐树瘿蚊

Letana gracilis Ingrisch 瘦环螽

Letana grandis Liu *et* Hsia 大环螽

Letana inflata Brunner 胀环螽

Letana sinumarginis Liu *et* Hsia 波缘环螽

Lethaxona Viets 周片水螨属

Lethe Hübner 黛眼蝶属

Lethe albolineata (Poujade) 白条黛眼蝶

Lethe andersoni (Atkinson) 安徒生黛眼蝶

Lethe argentata (Leech) 银线黛眼蝶

Lethe baladeva Moore 西藏黛眼蝶

Lethe bipupilla Chou *et* Zhao 舜目黛眼蝶

Lethe butleri Leech 圆翅黛眼蝶

Lethe chandica Moore 曲纹黛眼蝶

Lethe christophi (Leech) 棕褐黛眼蝶

Lethe confusa (Aurivillius) 白带黛眼蝶

Lethe cybele Leech 圣母黛眼蝶

Lethe cyrene Leech 奇纹黛眼蝶

Lethe diana (Butler) 苔娜黛眼蝶

Lethe dura (Marshall) 黛眼蝶

Lethe europa Fabricius 长纹黛眼蝶

Lethe gemina Leech 李斑黛眼蝶

Lethe helena Leech 宽带黛眼蝶

Lethe helle (Leech) 明带黛眼蝶

Lethe insana Kollar 深山黛眼蝶

Lethe jalaurida (de Nicéville) 小云斑黛眼蝶

Lethe kansa (Moore) 甘萨黛眼蝶

Lethe labyrinthea Leech 蟠纹黛眼蝶

Lethe lanaris Butler 直带黛眼蝶

Lethe laodamia Leech 罗丹黛眼蝶

Lethe luteofasciata (Poujade) 黄带黛眼蝶

Lethe maitrya de Nicéville 迷纹黛眼蝶

Lethe manzora (Poujade) 门左黛眼蝶

Lethe marginalis (Motschulsky) 边纹黛眼蝶

Lethe mataja Fruhstorfer 马太黛眼蝶

Lethe mekara Moore 三楔黛眼蝶

Lethe moelleri Elwes 米勒黛眼蝶

Lethe monilifera Oberthüer 珠连黛眼蝶

Lethe nigrifascia Leech 黑带黛眼蝶

Lethe niitakana (Matsumura) 玉山黛眼蝶

Lethe ocellata Poujade 小圈黛眼蝶

Lethe oculatissima (Poujade) 八目黛眼蝶

Lethe proxima Leech 比目黛眼蝶

Lethe rohria Fabricius 波纹黛眼蝶

Lethe satyrina Butler 蛇神黛眼蝶

Lethe serbonis (Hewitson) 华山黛眼蝶

Lethe sicelides Grose-Smith 康定黛眼蝶

Lethe siderea Marchall 细黛眼蝶

Lethe sidonis (Hewitson) 西峒黛眼蝶

Lethe sinorix (Hewitson) 尖尾黛眼蝶

Lethe sura (Doubleday) 素拉黛眼蝶

Lethe syrcis (Hewitson) 连纹黛眼蝶

Lethe titania Leech 泰妲黛眼蝶

Lethe trimacula Leech 重瞳黛眼蝶

Lethe verma Kollar 玉带黛眼蝶

Lethe vindhya Felder 文娣黛眼蝶

Lethe violaceopicta (Poujade) 紫线黛眼蝶

Lethe visrava (Moore) 白裙黛眼蝶
Lethe yantra Fruhstorfer 妍黛眼蝶
Lethe yunnana D' Abrera 云南黛眼蝶
Lethocerus Mayr 桂花蝉属
Lethocerus indicus Lepeletier *et* Serville 桂花蝉
Lethrus potanini Jakovlev 波笨粪金龟
Leto staceyi Scott 见 *Zelotypia staceyi*
Leucania Ochsenheimer 粘夜蛾属
Leucania aspersa Snellen 播粘夜蛾
Leucania comma (Linnaeus) 粘夜蛾
Leucania compta Moore 间纹粘夜蛾
Leucania decisissima Walker 十点粘夜蛾
Leucania dharma Moore 德粘夜蛾
Leucania distincta (Moore) 见 *Sideridis distincta*
Leucania duplicata Butler 重粘夜蛾
Leucania fraterna (Moore) 见 *Sideridis fraterna*
Leucania ignita (Hampson) 光粘夜蛾
Leucania insecuta Walker 仿劳粘夜蛾
Leucania insularis Butler 洲粘夜蛾
Leucania irregularis (Walker) 差粘夜蛾
Leucania l-album Linnaeus 白杖粘夜蛾
Leucania lineatipes Moore 线粘夜蛾
Leucania lineatissima (Joannis) 点线粘夜蛾
Leucania loreyi (Duponchel) 白点粘夜蛾
Leucania mesotrosta Püngeler 间寡夜蛾
Leucania modesta Moore 温粘夜蛾
Leucania pallidior (Draudt) 瘠粘夜蛾
Leucania proxima Leech 白钩粘夜蛾
Leucania putrescens Hübner 朽粘夜蛾
Leucania putrida Staudinger 腐粘夜蛾
Leucania roseilinea Walker 淡脉粘夜蛾
Leucania rubrisecta Hampson 赭粘夜蛾
Leucania rufistrigosa Moore 赭黄粘夜蛾
Leucania separata Walker 见 *Pseudaletia separata*
Leucania sinuosa Moore 曲粘夜蛾
Leucania tangula Felder *et* Rogenhofer 禽粘夜蛾
Leucania transversata Draudt 棕点粘夜蛾
Leucania unipuncta Haworth 见 *Pseudaletia unipuncta*
Leucania velutina Eversmann 寡夜蛾
Leucania yu Guenée 玉粘夜蛾
Leucania zeae (Duponchel) 谷粘夜蛾
Leucantigius Shirôzu *et* Murayama 璐灰蝶属
Leucantigius atayalicus (Shirôzu *et* Murayama) 璐灰蝶
Leucaspis Targioni-Tozzetti 留片盾蚧属
Leucaspis incisa Takagi 见 *Maniaspis incisa*
Leucaspis japonica Cockerell 长白盾蚧
Leucaspis knemion Hoke 阿勒比松留片盾蚧
Leucaspis machili Takagi 见 *Maniaspis machili*
Leucaspis vitis Takahashi 葡萄留片盾蚧
Leucauge White 银鳞蛛属
Leucauge blanda (L. Koch) 肩斑银鳞蛛
Leucauge celebesiana (Walckenaer) 西里银鳞蛛

Leucauge cylindrata Wang 筒银鳞蛛
Leucauge decorata (Blackwall) 尖尾银鳞蛛
Leucauge lygisma Wang 纽形银鳞蛛
Leucauge magnifica Yaginuma 纵条银鳞蛛
Leucauge sphenoida Wang 楔银鳞蛛
Leucauge subgemmea Boes. *et* Str. 近蕾银鳞蛛
Leucauge szechuensis Schenkel 四川银鳞蛛
Leucauge termisticta Song *et* Zhu 端斑银鳞蛛
Leucauge trigonosa Wang 三角银鳞蛛
Leucauge tuberculata Wang 瘤银鳞蛛
Leucauge venusta (Walckenaer) 脉银鳞蛛
Leucauge wulingensis Song *et* Zhu 武陵银鳞蛛
Leucinodes Guenée 白翅野螟属
Leucinodes apicalis Hampson 黑顶白翅野螟
Leucinodes orbonalis Guenée 茄白翅野螟 brinjal fruit
　　borer, egg-plant fruit borer
Leucodonta Staudinger 白齿舟蛾属
Leucodonta bicoloria (Denis *et* Schiffermüller) 白齿舟蛾
Leucoma Hampson 见 *Carriola* Swinhoe
Leucoma candida Staudinger 见 *Stilpnotia candida*
Leucoma comma (Hutton) 见 *Carriola comma*
Leucoma ochripes Moore 见 *Carriola ochripes*
Leucoma salicis (L.) 见 *Stilprotia salicis*
Leucoma saturnioides (Snellen) 见 *Carriola saturnioides*
Leucoma seminsula Strand 见 *Carriola seminsula*
Leucomelas Hampson 比夜蛾属
Leucomelas juvenilis (Bremer) 比夜蛾
Leucomyia Brauer *et* Bergenstamm 白麻蝇属
Leucomyia cinerea (Fabricius) 灰斑白麻蝇
Leucomyia dukoica Zhang *et* Chao 渡口白麻蝇
Leuconemacris Zheng 白纹蝗属
Leuconemacris asulcata Zheng 缺沟白纹蝗
Leuconemacris breviptera (Yin) 短翅白纹蝗
Leuconemacris daochengensis Zheng 稻城白纹蝗
Leuconemacris litangensis (Yin) 理塘白纹蝗
Leuconemacris longipennis Zheng 长翅白纹蝗
Leuconemacris microplera Zheng 小翅白纹蝗
Leuconemacris xiangchengensis Zheng 乡城白纹蝗
Leuconemacris xizangensis (Yin) 西藏白纹蝗
Leucophlebia Westwood 蔗天蛾属
Leucophlebia lineata Westwood 甘蔗天蛾
Leucopholis nummicudens Newman 环串白鳞鳃金龟
Leucopholis pinguis Burmeister 油脂白鳞鳃金龟
Leucopholis rorida Weber 褐毛白鳞鳃金龟
Leucopholis tristis Brenske 暗色白鳞鳃金龟
Leucophora Robineau-Desvoidy 植蝇属
Leucophora amicula (Séguy) 合眶植蝇
Leucophora aurantifrons Fan *et* Zhong 橙额植蝇
Leucophora brevifrons dasyprosterna Fan *et* Qian 毛胸
　　短额植蝇
Leucophora cinerea Robineau-Desvoidy 灰白植蝇
Leucophora dorsalis (Stein) 斑腹植蝇

Leucophora grisella Hennig 羽芒植蝇

Leucophora hangzhouensis Fan 杭州植蝇

Leucophora personata (Collin) 捂嘴植蝇

Leucophora sericea Robineau-Desvoidy 鬃胸植蝇

Leucophora shanxiensis Fan et Wang 山西植蝇

Leucophora sociata (Meigen) 社栖植蝇

Leucophora sponsa (Meigen) 束植蝇

Leucophora tavastica (Tiensuu) 扫把植蝇

Leucophora unilineata (Zetterstedt) 单纹植蝇

Leucophora unistriata (Zetterstedt) 单条植蝇

Leucophora xizangensis Fan et Zhong 西藏植蝇

Leucoplema Janse 珠蛾属

Leucoplema dohertyi (Warren) 留脉珠蛾 coffee leaf skeletonizer

Leucoptera Hübner 纹潜蛾属

Leucoptera scitella Zeller 旋纹潜蛾

Leucoptera sphenograpta Meyrick 印度黄檀纹潜蛾 shisham leaf-miner

Leucoptera susinella Herrich-Schäffer 杨白纹潜蛾 inverness gold-dot bentwing moth

Leucospidae 褶翅小蜂科

Leucospis Fabricius 褶翅小蜂属

Leucospis japonicus Walker 日本褶翅小蜂

Leuctridae 卷石蝇科

Leurophasma Bi 光蜡属

Leurophasma dolichocerca Bi 长尾光蜡

Lewinbombyx lewinae Lewin 澳洲松桉舟蛾 Lewin's bag-moth

Lexias Boisduval 律蛱蝶属

Lexias acutipenna Chou et Li 尖翅律蛱蝶

Lexias cyanipardus (Butler) 蓝豹律蛱蝶

Lexias dirtea (Fabricius) 黑角律蛱蝶

Lexias pardalis (Moore) 小豹律蛱蝶

Liacaridae 丽甲螨科

Liacaroidea 丽甲螨总科

Liacarus Michael 丽甲螨属

Liacarus acutidens Aoki 锐丽甲螨

Liacarus borealis Wen 北丽甲螨

Liacarus emeiensis Wen 峨眉丽甲螨

Liacarus latiusculus Wen 宽突丽甲螨

Liacarus nitens (Gerveis) 光亮丽甲螨

Liacarus orthogonios Aoki 直角丽甲螨

Liacarus polychothomus Wen 多叉丽甲螨

Liaoacris Zheng 辽蝗属

Liaoacris ochropteris Zheng 黄翅辽蝗

Liaopodisma Zheng 辽秃蝗属

Liaopodisma qinshanensis Zheng 千山辽秃蝗

Liatongus Reitter 利蜣螂属

Liatongus gagatinus (Hope) 墨玉利蜣螂

Liatongus phanaeoides (Waterhouse) 凹背利蜣螂

Liatongus vertagus Fabricius 叉角利蜣螂

Libellaginidae 隼蟌科

Libellago 隼蟌属

Libellago lineata lineata (Burmeister) 点斑隼蟌

Libellula Linnaeus 蜻属

Libellula angelina Selys 低斑蜻

Libellula basilinea McLachlan 高斑蜻

Libellula depressa Linnaeus 基斑蜻

Libellula quadrimaculata Linnaeus 小斑蜻

Libellulidae 蜻科

Libelluloidea 蜻总科 libellulids, skimmers and their allies

Libystica simplex Holland 尼日利亚喙夜蛾

Libythea Fabricius 喙蝶属

Libythea celtis Godart 朴喙蝶

Libythea geoffroyi Godart 紫喙蝶

Libythea myrrha Fruhstorfer 棒纹喙蝶

Libytheidae 喙蝶科

Liccana Kiriakoff 旋茎舟蛾属

Liccana terminicana (Kiriakoff) 旋茎舟蛾

Lichenomima hamata Li 单钩苔鼠啮虫

Lichenophanes carinipennis Lewis 斑翅长蠹

Lichtensia Sign. 丽皑蚧属

Lichtensia orientalis (Reyne) 泰国丽皑蚧

Lichtensia viburni Signoret 欧洲丽皑蚧

Licneremaeidae 扇沙甲螨科

Licneremaeus Paoli 扇沙甲螨属

Licneremaeus licnophorus (Michael) 丽扇沙甲螨

Licnodamaeidae 扇珠甲螨科

Licnodamaeus Grandjean 扇珠甲螨属

Licnodamaeus pulcherrimus (Paoli) 美扇珠甲螨

Licnodamaeus undulatus (Paoli) 波纹扇珠甲螨

Ligdia Guenée 鹭尺蛾属

Ligyrocoris Stål 琴长蝽属

Ligyrocoris sylvestris (Linnaeus) 琴长蝽

Lilioceris Reitter 分爪负泥虫属

Lilioceris adonis (Baly) 丽负泥虫

Lilioceris bechynei Medvedev 黑胸负泥虫

Lilioceris cheni Gressitt et Kimoto 皱胸负泥虫

Lilioceris egena (Weise) 纤负泥虫

Lilioceris gibba (Baly) 驼负泥虫

Lilioceris impressa (Fabricius) 异负泥虫

Lilioceris lateritia (Baly) 红负泥虫

Lilioceris maai Gressitt et Kimoto 凹胸负泥虫

Lilioceris merdigera (Linnaeus) 隆顶负泥虫

Lilioceris minima (Pic) 小负泥虫

Lilioceris quadripustulata (Fabricius) 四斑负泥虫

Lilioceris ruficollis (Baly) 红颈负泥虫

Lilioceris rufimembris (Pic) 光胸负泥虫

Lilioceris rufometallica (Pic) 钢蓝负泥虫

Lilioceris rugata (Baly) 黄长颈负泥虫

Lilioceris scapularis (Baly) 斑肩负泥虫

Lilioceris semipunctata (Fabricius) 半鞘负泥虫

Lilioceris sinica (Heyden) 中华负泥虫

Lilioceris subcostata (Pic) 脊负泥虫

Lilioceris triplagiata (Jacoby) 双斑负泥虫

Limacodidae 刺蛾科 slug caterpillar moths

Limassolla Dlabola 零叶蝉属

Limassolla diospyri Chou *et* Ma 柿零叶蝉

Limassolla discoloris Zhang *et* Chou 斑翅零叶蝉

Limassolla discreta Chou *et* Zhang 异零叶蝉

Limassolla dispunctata Chou *et* Ma 柿散零叶蝉

Limassolla dostali Dworakowska *et* Lauterer 道氏零叶蝉

Limassolla dworakowskae Chou *et* Ma 达华零叶蝉

Limassolla fasciata Zhang *et* Chou 带零叶蝉

Limassolla galewskii Dworakowska 吉零叶蝉

Limassolla ishiharai Dworakowska 石原零叶蝉

Limassolla kakii Chou *et* Ma 柿小零叶蝉

Limassolla lingchuanensis Chou *et* Zhang 灵川零叶蝉

Limassolla multipunctata Matsumura 多点零叶蝉

Limassolla rubrolimbata Zhang *et* Chou 红斑零叶蝉

Limassolla yunnanana Zhang *et* Chou 云南零叶蝉

Limbatochlamys Rothschild 巨青尺蛾属

Limbatochlamys rosthorni Rothschild 中国巨青尺蛾

Limenitinae 线蛱蝶亚科

Limenitis Fabricius 线蛱蝶属

Limenitis amphyssa Ménétriès 重眉线蛱蝶

Limenitis archippus (Cramer) 北美副王线蛱蝶 viceroy butterfly

Limenitis camilla (Linnaeus) 隐线蛱蝶

Limenitis ciocolatina Poujade 巧克力线蛱蝶

Limenitis cleophas Oberthüer 细线蛱蝶

Limenitis disjucta Leech 愁眉线蛱蝶

Limenitis doerriesi Staudinger 断眉线蛱蝶

Limenitis dubernardi Oberthüer 蓝线蛱蝶

Limenitis helmanni Lederer 扬眉线蛱蝶

Limenitis homeyeri Tancre 戟眉线蛱蝶

Limenitis moltrechti Kardakoff 横眉线蛱蝶

Limenitis populi (Linnaeus) 红线蛱蝶

Limenitis sulpitia (Cramer) 残锷线蛱蝶

Limenitis sydyi Lederer 折线蛱蝶

Limnephilidae 沼石蛾科

Limnephilus distinctus Tian *et* Yang 大须沼石蛾

Limnesia Koch 沼螨属

Limnesia anomalia Jin 畸孔沼螨

Limnesia crassignatha Jin 厚颚沼螨

Limnesia falcata Jin 镰板沼螨

Limnesia koenikei Piersig 柯氏沼螨

Limnesia lembangensis Piersig 莱姆沼螨

Limnesia maculata (Müller) 斑沼螨

Limnesia neokoenikei Jin 新柯氏沼螨

Limnesia paracorpulenta Jin 拟胖沼螨

Limnesia rimiformis Jin 缝孔沼螨

Limnesia undulata Müller 波动沼螨

Limnesiidae 沼螨科

Limnesiinae 沼螨亚科

Limnochares Latreille 喜沼螨属

Limnochares aquatica Linnaeus 水喜沼螨

Limnocharidae 喜沼螨科

Limnocharinae 喜沼螨亚科

Limnocharoidea 喜沼螨总科

Limnochorinae 沼潜蜉亚科

Limnogonus fossarum Fabricius 背条水黾

Limnomermis Daday 沼索线虫属

Limnomermis acauda Rubzov 毛尾沼索线虫

Limnomermis acuticapitis Rubzov 尖头沼索线虫

Limnomermis alimovi Rubzov 阿氏沼索线虫

Limnomermis angustifrons Rubzov 细叶沼索线虫

Limnomermis apiculiformis Rubzov 陀螺形沼索线虫

Limnomermis bakmaniae Rubzov 贝氏沼索线虫

Limnomermis bathybia Daday 深生沼索线虫

Limnomermis bonaerensis Camino 博纳尔沼索线虫

Limnomermis borealis Steiner 北方沼索线虫

Limnomermis crasicauda Rubzov 厚尾沼索线虫

Limnomermis crassisoma Rubzov 厚体沼索线虫

Limnomermis curvicauda Daday 弯尾沼索线虫

Limnomermis cuspicaudata Rubzov 尖尾沼索线虫

Limnomermis cyclocauda Rubzov 圆尾沼索线虫

Limnomermis ensicauda Daday 剑尾沼索线虫

Limnomermis europea Daday 欧洲沼索线虫

Limnomermis falcata Rubzov 镰形沼索线虫

Limnomermis gracilis Daday 细沼索线虫

Limnomermis isolata Rubzov 等侧沼索线虫

Limnomermis limnobia Daday 沼生沼索线虫

Limnomermis longicornis Rubzov 长角沼索线虫

Limnomermis longicorpus Rubzov 长体沼索线虫

Limnomermis macronuclei Rubzov 大核沼索线虫

Limnomermis macroovis Rubzov 大卵沼索线虫

Limnomermis microcarpa Rubzov *et* Ipatjeva 小果沼索线虫

Limnomermis muticata Rubzov 削去沼索线虫

Limnomermis narvaensis Rubzov 纳尔瓦沼索线虫

Limnomermis orbicauda Rubzov 环尾沼索线虫

Limnomermis ovalis Rubzov 卵形沼索线虫

Limnomermis potamophila Steiner 嗜河沼索线虫

Limnomermis psychrophila Rubzov 嗜冷沼索线虫

Limnomermis radicis Rubzov 根沼索线虫

Limnomermis robusta Rubzov 强壮沼索线虫

Limnomermis rotundata Rubzov 圆沼索线虫

Limnomermis slovakensis Rubzov *et* Kokordak 斯洛伐克沼索线虫

Limnomermis stenocephala Rubzov 窄头沼索线虫

Limnomermis tenuifrons Rubzov 窄叶沼索线虫

Limnomermis tenuispinus Rubzov 细棘沼索线虫

Limnomermis uncata Daday 有钩沼索线虫

Limnomermis vulvata Rubzov 具宫沼索线虫

Limnomermis zverevae Rubzov 兹氏沼索线虫

Limnophilus amurensis Ulmer 东北沼石蛾 Amur caddicefly

Limnophilus stigma Curtis 稻斑沼石蛾

Limnophora Robineau-Desvoidy 池蝇属

Limnophora albitarsis Stein 白跗池蝇

Limnophora apiciseta Emden 端鬃池蝇

Limnophora argentitriangula Xue *et* Wang 银三角池蝇

Limnophora brunneisquama Mu *et* Chen 棕瓣池蝇

Limnophora conica Stein 锥纹池蝇

Limnophora cyclocerca Zhou *et* Xue 圆叶池蝇

Limnophora exigua (Wiedemann) 斑板池蝇

Limnophora fallax fallax Stein 隐斑池蝇

Limnophora fallax septentrionalis Xue 北方池蝇

Limnophora guizhouensis Zhou *et* Xue 贵州池蝇

Limnophora himalayensis Brunetti 喜马池蝇

Limnophora interfrons Hsue 合眶池蝇

Limnophora latiorbitalis Hsue 宽眶池蝇

Limnophora minutifallax Lin *et* Xue 小隐斑池蝇

Limnophora nigra Xue 黑池蝇

Limnophora nigrilineata Xue 黑纹池蝇

Limnophora nigripes (Robineau-Desvoidy) 黑足池蝇

Limnophora orbitalis Stein 银眶池蝇

Limnophora parastylata Xue 侧突池蝇

Limnophora pollinifrons Stein 粉额池蝇

Limnophora prominens Stein 突出池蝇

Limnophora purgata Xue 净池蝇

Limnophora rufimana (Strrobl) 绯跗池蝇

Limnophora setinervoides Ma 类鬃脉池蝇

Limnophora tigrina tigrina (Am Stein) 显斑池蝇

Limnophora triangula (Fallén) 三角池蝇

Limnoria lignorum (Rathke) 沼蛀木水虱 gribble, wood louse

Limnoriidae 蛀木水虱科

Limnozetidae 沼棱甲螨科

Limois Stål 丽蜡蝉属

Limois chagyabensis Chou *et* Lu 察雅丽蜡蝉

Limois guangxiensis Chou *et* Wang 广西丽蜡蝉

Limois hunanensis Chou *et* Wang 湖南丽蜡蝉

Limois kikuchi Kato 东北丽蜡蝉

Limonia amatrix Alexander 枳草大蚊 citrus crane fly

Limonia nohirai Alexander 桑草大蚊 mulberry crane fly

Limonius californicus Mannerheim 甜菜叩甲 sugarbeet wireworm

Limonius infuscatus Motschulsky 烟褐叩甲 western field wireworm

Limotettix danmai Kuoh 淡脉田叶蝉

Limothrips Haliday 泥蓟马属

Limothrips angulicornis (Jablonowski) 棱角泥蓟马

Limothrips cerealium (Haliday) 谷泥蓟马 grain thrips

Limothrips denticornis Haliday 齿角泥蓟马(黑麦蓟马)

Limulodidae 泥沼甲科

Limuriana apicalis Germar 端木蝉

Lina scripta Fabricius 见 *Chrysomela scripta*

Linaeidea Motschulsky 里叶甲属

Linaeidea aenea (Linnaeus) 铜绿里叶甲

Linaeidea aeneipennis (Baly) 金绿里叶甲

Linaeidea placida (Chen) 桤木里叶甲

Linda Thomson 瘤筒天牛属

Linda atricornis Pic 黑角瘤筒天牛

Linda femorata (Chevrolat) 瘤筒天牛

Linda fraterna (Chevrolat) 顶斑瘤筒天牛

Linda nigroscutata (Fairm.) 赤瘤筒天牛

Linda nigroscutata ampliata Pu 赤瘤筒天牛广斑亚种

Linda semivittata Fairmaire 黑肩瘤筒天牛

Linda testacea Saunders 褐瘤筒天牛

Linda vitalisi Vuillet 簇毛瘤筒天牛

Linda zayüensis Pu 察隅瘤筒天牛

Lindeniinae 林春蜓亚科

Lindenius Lepeletier *et* Brulle 椆方头泥蜂属

Lindenius albilabius (Fabricius) 毛足椆方头泥蜂

Lindenius mesopleuralis (Morawitz) 侧缝椆方头泥蜂

Lindingaspis MacGillivray 轮圆盾蚧属

Lindingaspis ferrisi McKenzie 费氏轮圆盾蚧

Lindingaspis rossi (Maskell) 蔷薇轮圆盾蚧 black araucaria scale, persimmon scale

Lingnania China 岭猫蟷属

Lingnania braconiformis China 岭猫蟷

Linnaemya Robineau-Desvoidy 短须寄蝇属

Linnaemya comta Fallén 饰额短须寄蝇

Linnaemya zachvatkini Zimin 查禾短须寄蝇

Linobiidae 叶甲寄螨科

Linoclostis Meyrick 茶木蛾属

Linoclostis gonatias Meyrick 茶木蛾(茶堆砂蛀蛾)

Linognathidae 颚虱科

Linognathus vituli (Linnaeus) 牛颚虱

Linopodes Koch 线足螨属

Linotetranidae 盲叶螨科

Linotetranus Berlese 盲叶螨属

Linotetranus achrous Baker *et* Pritchard 素盲叶螨

Linotetranus cyclindricus Berlese 锥盲叶螨

Linsleya sphaericollis Say 梣树芫菁 ash blister beetle

Linstowimermis Rubzov 林斯托索线虫属

Linstowimermis paludicola (Linstow) 沼泽林斯托索线虫

Linstowimermis tinyi Nickle 小林斯托索线虫

Linus Peckham 莉蛛属

Linus fimbriatus (Doleschall) 小遂莉蛛

Linyphia Latreille 皿蛛属

Linyphia triangularis (Clerck) 三角皿蛛

Linyphia triangularoides Schenkel 类三角皿蛛

Linyphiidae 皿蛛科

Liochthonius van der Hammen 滑缝甲螨属

Liochthonius asper Chinone 糙滑缝甲螨

Liochthonius brevis (Michael) 短滑缝甲螨

Liochthonius evansi (Forsslund) 伊氏滑缝甲螨

Liochthonius intermedius Chinone *et* Aoki 间滑缝甲螨

Liochthonius kirghisicus Krivolutsky 吉尔吉斯滑缝甲螨

Liochthonius lacunosus Wang *et* Cui 洞滑缝甲螨

Liochthonius plumosus alius Chinone 羽滑缝甲螨异亚种

Liochthonius sellenicki (Thor) 塞氏滑缝甲螨

Liochthonius simples (Forsslund) 简滑缝甲螨

Liochthonius strenzkei Forsslund 斯氏滑缝甲螨

Liocleonus Motschulsky 白筒象属

Liocleonus clathratus (Olivier) 柽柳白筒象

Liocola Thomes 滑花金龟属

Liocola brevitarsis (Lewis) 白星滑花金龟(白星花金龟) Far east marble beetle

Liocranidae 光盔蛛科

Liocrobyla paraschista Meyrick 紫柳细蛾

Liodes van Heyden 高壳甲螨属

Liodes concentricus (Say) 同心高壳甲螨

Liodes kornhuberi (Karpelles) 角高壳甲螨

Liodes vermiculatus Jacot 蠕高壳甲螨

Liodidae 高壳甲螨科

Liodoidea 高壳甲螨总科

Liogaster Rondani 亮腹食蚜蝇属

Liogaster splendida (Meigen) 淡跗亮腹食蚜蝇

Liogryllus bimaculatus Degeer 见 *Gryllus bimaculatus*

Liometopum Mayr 光胸臭蚁属

Liometopum sinense Wheeler 中华光胸臭蚁

Liopteridae 光翅瘿蜂科

Liorhyssus Stål 粟缘蝽属

Liorhyssus hyalinus (Fabricius) 粟缘蝽hyaline grass bug

Liosomaphis Walker 苞蚜属

Liosomaphis abietina Walker 见 *Elatobium abietinum*

Liosomaphis berberidis (Kaltenbach) 北美小蘖苞蚜 bearberry aphid, berberis aphid

Liosomaphis himalayensis Basu 喜马拉雅苞蚜

Liostenogaster van der Vecht 平狭腹胡蜂属

Liostenogaster nitidipennis (Saussure) 洁平狭腹胡蜂

Liothrips Uzel 滑蓟马属

Liothrips floridensis Watson 樟管滑蓟马camphor thrips

Liothrips vaneeckei Priesner 百合鳞茎滑蓟马 lily bulb thrips, lily thrips

Liothula omnivora Fereday 杂食滑袋蛾

Lipaphis Mordvilko 十字蚜属

Lipaphis erysimi (Kaltenbach) 萝卜蚜 turnip aphid

Lipaphis unguibrevis Zhang 短角十字蚜

Liparidae 见 Lymantriidae

Liparis monacha Linnaeus 见 *Lymantria monacha*

Liphistiidae 节板蛛科

Liphistius Schioedte 八纺蛛属

Liphistius schensiensis Schenkel 陕八纺蛛

Lipocrea Thorell 里泊蛛属

Lipocrea fusiformis (Thorell) 纺锤里泊蛛

Lipomelia Warren 枯焦尺蛾属

Liponyssella Hirst 仿脂螨属

Liponyssoides Hirst 拟脂螨属

Liponyssoides muris (Hirst) 鼠拟脂螨

Lipoptera 见 Mallophaga

Liposcelidae 粉啮虫科

Liposcelis Motschulsky 粉啮虫属(书虱属) book lice

Liposcelis bostrychophilus Badonnel 嗜卷书虱

Liposcelis divinatorius Müller 家书虱

Liposcelis elegantis Li *et* Li 雅书虱

Liposcelis entomophilus Enderlein 嗜虫书虱

Liposcelis nigritibia Li *et* Li 黑胫书虱

Liposcelis simulanus Broadhead 拟书虱

Liposcelis subfuscus Broadhead 暗书虱 booklouse

Liposcelis yunnaniensis Li *et* Li 云南书虱

Lipromima Heikertinger 方胸跳甲属

Lipromima minuta (Jacoby) 小方胸跳甲

Lipromorpha Chûjo *et* Kimoto 束跳甲属

Lipromorpha difficilis (Chen) 原束跳甲

Lipromorpha variabilis Scherer 多变束胸跳甲

Lipsanus iniquus Marshall 罗得西亚脂滑象

Lipsotelus Walsingham 尖顶小卷蛾属

Lipsotelus xylinanus Kennel 鼠李尖顶小卷蛾

Liriomyza Mik 斑潜蝇属

Liriomyza artemisicola de Meijiere 蒿斑潜蝇

Liriomyza brassicae (Riley) 莱斑潜蝇 crucifer leafminer

Liriomyza bryoniae (Kaltenbach) 瓜斑潜蝇 bryony leafminer

Liriomyza cannabis Hendel 大麻斑潜蝇 hemp leafminer

Liriomyza chinensis (Kato) 葱斑潜蝇 stone leek leafminer

Liriomyza compositella Spencer 菊斑潜蝇

Liriomyza congesta (Becker) 豌豆斑潜蝇

Liriomyza katoi Sasakawa 凯氏斑潜蝇

Liriomyza lutea (Meigen) 黄斑潜蝇

Liriomyza nipponallia Sasakawa 石斑潜蝇 stone leek leafminer

Liriomyza pusilla (meigen) 小斑潜蝇

Liriomyza sativae Blanchard 蔬菜斑潜蝇

Liriomyza subpusilla (Malloch) 微小斑潜蝇

Liriomyza trifolii (Burgess) 三叶草斑潜蝇 legume leafminer

Liriomyza viticola (Sasakawa) 牡荆斑潜蝇

Liriomyza yazumatsui Sasakawa 黄顶斑潜蝇

Liris Fabricius 脊小唇泥蜂属

Liris aurulenta (Fabricius) 红足脊小唇泥蜂

Liris deplanata binghami (Tsuneki) 金毛脊小唇泥蜂炳氏亚种

Liris docilis (Smith) 矛脊小唇泥蜂

Liris ducalis (Smith) 黑足脊小唇泥蜂

Liris japonica (Kohl) 日本脊小唇泥蜂

Liris larroides taiwanus (Tsuneki) 齿爪脊小唇泥蜂台湾亚种

Liris nigra (Fabricius) 黑脊小唇泥蜂

Liris pitamawa (Rohwer) 光臀脊小唇泥蜂

Liris subtessellata (Smith) 红股脊小唇泥蜂

Liris surusumi Tsuneki 腹鬃脊小唇泥蜂

Liroaspidae 肋盾螨科

Liroaspoidea 肋盾螨总科

Liroetis Weise 隶萤叶甲属

Liroetis aeneipennis Weise 绿翅隶萤叶甲

Liroetis leechi Jacoby 莱克隶萤叶甲

Liroetis octopunctata (Weise) 八斑隶萤叶甲

Lisaepalpus Smiley *et* Gerson 鲻形须螨属

Lisaepalpus smileyae Smiley *et* Gerson 斯氏鲻形须螨

Lisarda Stål 剑猎蝽属

Lisarda annulosa Stål 环斑剑猎蝽

Lisarda pilosa Hsiao 毛剑猎蝽

Lisarda rhypara Stål 晦纹剑猎蝽

Lisarda spinosa Hsiao 刺剑猎蝽

Lispe Latreille 溜蝇属

Lispe alpinicola Zhong *et* Fan 高原螯溜蝇

Lispe argenteiceps Ma *et* Mou 银头溜蝇

Lispe bivittata Stein 双条溜蝇

Lispe bivittata subbivittata Mou 拟双条溜蝇

Lispe caesia Meigen 青灰溜蝇

Lispe cinifera Becker 长芒溜蝇

Lispe consanguinea Löw 吸溜蝇

Lispe frigida Erichson 寒溜蝇

Lispe hirsutipes Mou 毛胫溜蝇

Lispe kowarzi Becker 黄跗溜蝇

Lispe lanceoseta Wang *et* Fan 柳叶溜蝇

Lispe leucospila (Wiedemann) 白点溜蝇

Lispe litorea (Fallén) 海滨溜蝇

Lispe loewi (Ringdahl) 缺髭溜蝇

Lispe longicollis Meigen 长条溜蝇

Lispe melaleuca Löw 月纹溜蝇

Lispe monochaita Mou *et* Ma 单毛溜蝇

Lispe odessae (Becker) 敖得萨溜蝇

Lispe orientalis Wiedemann 东方溜蝇

Lispe patellitarsis Becker 盘跗溜蝇

Lispe pygmaea Fallén 瘦须溜蝇

Lispe quaerens Villeneuve 天目溜蝇

Lispe sinica Hennig 中华溜蝇

Lispe tentaculata (DeGeer) 螯溜蝇

Lispe tienmuensis Fan 见 *Lisep quaerens*

Lissonota Gravenhorst 缺沟姬蜂属

Lissonota mandschurica (Uchida) 东北缺沟姬蜂

Lissorhoptrus oryzophilus Kuschel 稻水象(稻根象) rice water weevil

Lissorhoptrus pseudoryzophilus Guan, Huang *et* Lu 伪稻水象

Lissosculpta Heinrich 丽姬蜂属

Lissosculpta javanica (Cameron) 黄斑丽姬蜂

Listroderes Schoenherr 黑斯象属

Listroderes costirostris obliquus (Klug) 番茄象 vegetable weevil

Listroderes costirostris Schoenherr 蔬菜象 brown vegetable weevil, tobacco elephant-beetle

Listroderes obliquus Klug 菜黑斯象 vegetable weevil

Listrognatha Tschek 角额姬蜂属

Listrognatha brevicornis He *et* Chen 短突角额姬蜂

Listrognatha coreensis chinensis Kamath 朝角额姬蜂中华亚种

Listrognatha sauteri Uchida 索角额姬蜂

Listrognatha yunnanensis He *et* Chen 云南角额姬蜂

Listrophoridae 牦螨科

Listrophoroidea 牦螨总科

Litaculus Manson 小刺瘿螨属

Litaracarus Walter 离毛海珠螨属

Lithacodia Hübner 俚夜蛾属

Lithacodia albiclava Draudt 白斑俚夜蛾

Lithacodia atrata (Butler) 黑俚夜蛾

Lithacodia deceptoria (Scopoli) 白带俚夜蛾

Lithacodia distinguenda (Staudinger) 稻俚夜蛾 rice false looper

Lithacodia falsa (Butler) 虚俚夜蛾

Lithacodia fentoni (Butler) 锈色俚夜蛾

Lithacodia gracilior Draudt 亭俚夜蛾

Lithacodia martjanovi (Tschetverikov) 白肾俚夜蛾

Lithacodia melanostigma (Hampson) 黑斑俚夜蛾

Lithacodia nemorum (Oberthüer) 木俚夜蛾

Lithacodia nivata (Leech) 雪俚夜蛾

Lithacodia numisma (Staudinger) 串纹俚夜蛾

Lithacodia pygarga (Mufnagel) 白臀俚夜蛾

Lithacodia senex (Butler) 衰俚夜蛾

Lithacodia separata Walker 分俚夜蛾

Lithacodia squalida (Leech) 污俚夜蛾

Lithacodia stygia (Butler) 阴俚夜蛾

Lithocolletis Hübner 潜叶细蛾属

Lithocolletis alnifoliella Duponchel 桤木红潜叶细蛾 alder red midget moth

Lithocolletis amyotella Duponchel 栎潜叶细蛾 dispersed midget moth

Lithocolletis anderida Fletcher 桦小潜叶细蛾 birch little midget moth

Lithocolletis cavella Zeller 杨潜叶细蛾 birch gold midget moth

Lithocolletis cincinnatiella (Chamb.) 蝎尾潜叶细蛾 gregarious oak leaf miner

Lithocolletis comparella Zeller 白杨潜叶细蛾 comrade midget moth

Lithocolletis corylifoliella Haworth 山花椒潜叶细蛾 hawthorn red midget moth

Lithocolletis cramerella Fabricius 见 *Lithocolletis harrisella*

Lithocolletis distentella Zeller 栎距潜叶细蛾 hereford

midget moth

Lithocolletis eophanes Meyrick 彼岸潜叶细蛾

Lithocolletis faginella Zeller 山毛榉潜叶细蛾 common beech midget moth

Lithocolletis froelichiella Zeller 小潜叶细蛾 less-small midget moth

Lithocolletis geniculella Ragonot 槭潜叶细蛾 sycamore porcelain midget moth

Lithocolletis hamadryadella Clemens 栎独潜叶细蛾 solitary oak leaf-miner

Lithocolletis harrisella Linnaeus 克氏潜叶细蛾 Creamer's midget moth

Lithocolletis heegeriella Zeller 赫氏潜叶细蛾 Heeger's midget moth

Lithocolletis hortella Fabricius 栎梢潜叶细蛾 oak porcelain midget moth

Lithocolletis iochrysis Meyrick 积聚潜叶细蛾

Lithocolletis iteina Meyrick 鼠刺潜叶细蛾

Lithocolletis kleemannella Fabricius 克里曼潜叶细蛾 Kleemann's midget moth

Lithocolletis lautella Zeller 欧洲栎潜叶细蛾 elegant midget moth

Lithocolletis messaniella Zeller 季氏栎潜叶细蛾 Zeller's midget moth, oak leaf-miner

Lithocolletis pastorella Zeller 柳细蛾

Lithocolletis populifoliella Trietschke 杨细蛾

Lithocolletis quercifoliella Zeller 普通栎潜叶细蛾 common oak midget moth

Lithocolletis roboris Zeller 栎点潜叶细蛾 gold-bent midget moth

Lithocolletis salicicolella Sircom 柳长条栎潜叶细蛾 long-streaked sallow midget moth

Lithocolletis salicifoliella Chambers 杨斑潜叶细蛾 aspen blotch miner

Lithocolletis schreberella Fabricius 黑桤木潜叶细蛾 Ray's midget moth

Lithocolletis stettinensis Nicelli 尼氏桤木潜叶细蛾 Nicelli's alder midget moth

Lithocolletis strigulatella Zeller 灰桤木潜叶细蛾 Waters midget moth

Lithocolletis tremuloidiella Braum. 山杨细蛾 aspen blotch miner

Lithocolletis tristrigella Haworth 榆叶潜叶细蛾

Lithocolletis ulmifoliella Hübner 欧洲白桦潜叶细蛾 birch red midget moth

Lithocolletis viminetorum Stainton 柳条潜叶细蛾 osier midget moth

Lithocolletis viminiella Stainton 黑槭潜叶细蛾 obscure-wedged midget moth

Lithocolletis virgulata Meyrick 幼芽潜叶细蛾

Lithomoia Hübner 珂冬夜蛾属

Lithomoia solidaginis (Huebuer) 珂冬夜蛾

Lithophane Hübner 果冬夜蛾属

Lithophane antennata (Wlk.) 绿果冬夜蛾 green fruit-worm

Lithophane latincerea Grt. 宽果冬夜蛾

Lithosia quadra (Linnaeus) 四点苔蛾

Lithosia subcosteola Druce 缘黄苔蛾

Lithosiidae 苔蛾科 tiger moths, footman moths

Lithostege Hübner 爪胫尺蛾属

Lithostege coassata (Hübner) 合爪胫尺蛾

Lithostege mesoleucata Püngeler 带爪胫尺蛾

Lithostege narynensis Prout 白爪胫尺蛾

Lithostege usgentaria Christoph 斜纹爪胫尺蛾

Lithostege verbosaria Xue 弥爪胫尺蛾

Lithurginae 刺胫蜂亚科

Lithurgus Latreille 刺胫蜂属

Lithurgus atratus Smith 黑刺胫蜂

Litinga Moore 缕蛱蝶属

Litinga cottini (Oberthüer) 缕蛱蝶

Litinga mimica (Poujade) 拟缕蛱蝶

Litocerus Schoenherr 均棒长角象属

Litochila Momoi 里姬蜂属

Litochila guizhouensis He et Chen 贵州里姬蜂

Litochila nohirai (Uchida) 黄足里姬蜂

Litomastix Thomson 多胚跳小蜂属

Litomastix dailinicus Liao 卷蛾多胚跳小蜂

Litomastix heliothis Liao 棉铃虫多胚跳小蜂

Litomastix peregrinus Mercet 地老虎多胚跳小蜂

Litotetothrips Priesner 值皮蓟马属

Litotetothrips pasaniae Kurosama 苦槠值皮蓟马 shii thrips

Litotetothrips pasaniae Kurosawa 栲树率值皮蓟马 castanopsis thrips

Litroscelinae 似织亚科

Liturgusinae 短螳螂亚科

Liuaspis Borchs. 刘链蚧属

Liuaspis sinensis Borchs. 中华刘链蚧

Liucoccus Borchs. 刘粉蚧属(景粉蚧属)

Liucoccus ehrhornioides Borchs. 芦苇刘粉蚧(景粉蚧,芦竹景粉蚧)

Liuella Wang et Bai 柳氏恙螨属

Liuella virtus Wang et Bai 美德柳氏恙螨

Liuopsylla Zhang, Wu et Liu 柳氏蚤属

Liuopsylla clavula Xie et Duan 杆形柳氏蚤

Liuopsylla conica Zhang, Wu et Liu 锥形柳氏蚤

Liuopsyllidae 柳氏蚤科

Liuopsyllinae 柳氏蚤亚科

Liviinae 平头木虱亚科

Livonga Manson 光滑璎螨属

Livonga randiae Wei et Kuang 山黄皮光滑璎螨

Lixophaga Townsend 利索寄蝇属

Lixophaga diatraeae (Townsend) 螟蛾利索寄蝇

Lixophaga dyscerae Shi 象虫利索寄蝇

Lixophaga parva Townsend 螟利索寄蝇

Lixus Fabricius 筒喙象属

Lixus acutipennis Roelofs 尖翅筒喙象

Lixus akonis Kôno 甘蔗细象

Lixus amurensis Faust 黑龙江筒喙象

Lixus antennatus Motschulsky 钝圆筒喙象

Lixus depressipennis Roelofs 扁翅筒喙象

Lixus distortus Csiki 三带筒喙象

Lixus divaricatus Motschulsky 大筒喙象

Lixus fairmairei Faust 锥喙筒喙象

Lixus humerosus Voss 天目山筒喙象

Lixus lautus Voss 白条筒喙象

Lixus mandaranus fukienensis Voss 圆筒筒喙象

Lixus moiwanus Roelofs 长尖筒喙象

Lixus obliquivittis Voss 斜纹筒喙象

Lixus ochraceus Boheman 油菜筒喙象

Lixus subtilis Boheman 甜菜筒喙象

Ljunghia Oudemans 仓螨属

Lobalgidae 双叶尾螨科

Lobesia Guenée 花翅小卷蛾属

Lobesia aelopa Meyrick 黄斑小卷蛾

Lobesia cunninghamiacola Liu *et* Bai 杉梢花翅小卷蛾

Lobesia incystata Liu *et* Yang 云南油杉花翅小卷蛾

Lobesia reliquana (Hübner) 花翅小卷蛾

Lobitermes Holmgren 叶白蚁属

Lobitermes emei Gao *et* Zhu 峨眉叶白蚁

Lobitermes nigrifrons Tsai *et* Chen 黑额叶白蚁

Lobocaecilius quadripartitus Li 四裂劳啮虫

Lobocephalus Kramer 叶头螨属

Lobocla Moore 带弄蝶属

Lobocla bifasciata (Bremer *et* Grey) 双带弄蝶

Lobocla contracta Leech 束带弄蝶

Lobocla germana (Oberthüer) 曲纹带弄蝶

Lobocla liliana (Atkinson) 黄带弄蝶

Lobocla proxima (Leech) 嵌带弄蝶

Lobocla simplex (Leech) 简纹带弄蝶

Lobocriconema de Grisse *et* Loof 栉环线虫属

Lobocriconema hlagum (van den Berg) 赫拉格栉环线虫

Lobocriconema iyatomii Minagawa 弥富栉环线虫

Lobocriconema lantanum van den Berg 马缨丹栉环线虫

Lobocriconema lefodium van den Berg 勒佛弟栉环线虫

Lobocriconema patellifer Heyns 具盘栉环线虫

Lobocriconema silvum van den Berg 树林栉环线虫

Lobocriconema thornei Knobloch *et* Bird 索氏栉环线虫

Lobogonia Warren 角叶尺蛾属

Lobogonia conspicuaria Leech 显角叶尺蛾

Lobogonodes Bastelberger 角尺蛾属

Lobogonodes permarmorata (Bastelberger) 大角叶尺蛾

Lobogonodes taiwana (Wileman *et* South) 台湾角尺蛾

Lobophora Curtis 叶尺蛾属

Lobophora halteratta (Hüfnagel) 平衡叶尺蛾

Lobophora nivigerata Walker 雪叶尺蛾

Lobophorodes Hampson 拟叶尺蛾属

Lobophorodes odontodes Xue 锯拟叶尺蛾

Lobophorodes undulans Hampson 波纹拟叶尺蛾

Lobopteromyia venae Felt 脉拟叶尺蛾

Lobotrachelus incallidus Boheman 桉裂片象

Lobrathium Mulsant *et* Rey 双线隐翅虫属

Lobrathium emeiense Zheng 峨眉双线隐翅虫

Lobrathium gladiatum Zheng 剑双线隐翅虫

Lobrathium hebeatum Zheng 钝双线隐翅虫

Lobrathium hongkongense (Bernhauer) 香港双线隐翅虫

Lobrathium rotundiceps (Koch) 圆双线隐翅虫

Lobrathium sibynium Zheng 矛双线隐翅虫

Lobrathium tortile Zheng 扭双线隐翅虫

Locastra Walker 缀叶丛螟属

Locastra muscosalis Walker 缀叶丛螟

Lochmaeata Strand 绿萤叶甲属

Lochmaeata capreae (Linnaeus) 钟形绿萤叶甲

Locusta L. 飞蝗属

Locusta migratoria manilensis (Meyen) 东亚飞蝗 Asiatic locust, oriental migratory locust

Locusta migratoria migratoria (L.) 亚洲飞蝗

Locusta migratoria migratorioides (R. *et* F.) 非洲飞蝗 African migratory locust

Locusta migratoria tibetensis Chen 西藏飞蝗

Locustacarus Ewing 蝗螨属

Locustacarus trachealis Ewing 气管蝗螨

Loderus coelicola Zhelochovtsev 腹拟麦叶蜂

Loderus formosanus Rohwer 红胸拟麦叶蜂

Lodiana Nielson 单突叶蝉属

Lodiana acutistyla Li *et* Wang 尖板单突叶蝉

Lodiana alata Nielson 异单突叶蝉

Lodiana bigemina Zhang 叉单突叶蝉

Lodiana biungulata Nielson 背枝单突叶蝉

Lodiana brevis (Walker) 黑颜单突叶蝉

Lodiana brevisina Zhang 黄带单突叶蝉

Lodiana brevissima Zhang 短叉单突叶蝉

Lodiana cladopenis Zhang 枝单突叶蝉

Lodiana curvispinata Zhang 曲刺单突叶蝉

Lodiana fasciculata Nielson 细单突叶蝉

Lodiana fissa Nielson 台湾单突叶蝉

Lodiana flavocostata Li *et* He 黄缘单突叶蝉

Lodiana flavofascia Zhang 黄斑单突叶蝉

Lodiana fringa Zhang 穗单突叶蝉

Lodiana halberta Li 戟茎单突叶蝉

Lodiana huangi Zhang 黄氏单突叶蝉

Lodiana huangmina Li *et* Wang 黄面单突叶蝉

Lodiana huoshanensis Zhang 霍山单突叶蝉

Lodiana lamina Nielson 腹片单突叶蝉

Lodiana laminapellucida Zhang 片单突叶蝉

Lodiana laminispinosa Zhang 刺片单突叶蝉

Lodiana longilamina Zhang 长片单突叶蝉

Lodiana mutabilis Nielson 变异单突叶蝉

Lodiana nielsoni Zhang 尼氏单突叶蝉

Lodiana nocturna (Distant) 黑缘单突叶蝉

Lodiana pectiniformis Zhang 栉单突叶蝉

Lodiana perculta (Distant) 横带单突叶蝉

Lodiana polyspinata Zhang 多刺单突叶蝉

Lodiana ritcheri Nielson 里奇单突叶蝉

Lodiana ritcheriina Zhang 齿片单突叶蝉

Lodiana scopae Nielson 粉刺单突叶蝉

Lodiana scutopunctata Zhang 盾斑单突叶蝉

Lodiana signata Zhang 带斑单突叶蝉

Lodiana spiculata Nielson 棒单突叶蝉

Lodiana spina Zhang 刺单突叶蝉

Lodiana tongmaiensis Zhang 通麦单突叶蝉

Lodiana xanthopronotata Zhang 黄胸单突叶蝉

Lodiana zhengi Zhang 郑氏单突叶蝉

Loepa Moore 豹蚕蛾属

Loepa anthera Jordan 藤豹大蚕蛾

Loepa damaritis Jordan 目豹大蚕蛾

Loepa damaritis szechwana Chu *et* Wang 目豹大蚕蛾四川亚种

Loepa katinka Westwood 黄豹大蚕蛾

Loepa oberthuri Leech 豹大蚕蛾

Lohmannella Trouessart 洛海螨属

Lohmannellidae 洛海螨科

Lohmannia Michael 罗甲螨属

Lohmannia guzhangensis Hu *et* Wang 古丈罗甲螨

Lohmannia serrata Hu *et* Wang 锯罗甲螨

Lohmannia turcmenica Bulanova-Zachvatkina 土库曼罗甲螨

Lohmanniidae 罗甲螨科

Lomaspilis Hübner 缘点尺蛾属

Lomatococcus Borchs. 劳粉蚧属(缘管粉蚧属,南粉蚧属)

Lomatococcus ficiphilus Borchs. 榕树劳粉蚧(缘管粉蚧,南粉蚧)

Lomelacarus Fain 洛美螨属

Lomelacarus faini Fain *et* Li 费氏洛美螨

Lomographa Hübner 褐尺蛾属

Lomographa anoxys (Wehrli) 安褐尺蛾

Lomographa latifasciata Moore 宽带褐尺蛾

Lomographa platyleucata (Walker) 双带褐尺蛾

Lomographa simplicior (Butler) 简褐尺蛾

Lomographa temerata Denis *et* Schiffermüller 日褐尺蛾

Lonchodes brevipes Gray 短腹长角棒䗛

Lonchodes confucius Westwood 棉长角棒䗛 cotton walkingstick

Lonchodinae 长角棒䗛亚科

Longchuanaceis Zheng *et* Fu 龙川蝗属

Longchuanacris macrofurculus Zheng *et* Fu 巨尾片龙川蝗

Longgenacris You *et* Li 陇根蝗属

Longicaudus van der Goot 长尾蚜属

Longicaudus trirhodus (Walker) 月季长尾蚜 columbine aphid, water dropwort long-tailed aphid

Longicheles Valle 长螯螨属

Longicoccus Danzig 长粉蚧属

Longicoccus Tang 见 *Tangicoccus* Kozar *et* Walker

Longicoccus affinis (Ter-G.) 亲缘长粉蚧

Longicoccus ashtarakensis (Ter-G.) 禾鞘长粉蚧

Longicoccus clarus (Borchs.) 苏联长粉蚧

Longicoccus elongatus Tang 见 *Tangicoccus elongatus*

Longicoccus festucae (Koteja) 羊茅长粉蚧 Kotej's mealybug

Longicoccus longiventris (Borchs.) 细腹长粉蚧

Longicoccus psammophilus (Koteja) 波兰长粉蚧

Longiculcita vinaceella abstructella Roesler 油桐卷斑螟

Longidorella Thorne 小长针线虫属

Longidorella parva Thorne 微细小长针线虫

Longidoridae 长针线虫科

Longidorus 长针线虫属 needle nematodes

Longidorus aetnaeus Roca *et al.* 埃得纳长针线虫

Longidorus africanus Merny 非洲长针线虫

Longidorus ampullatus Jacobs *et* Heyns 长颈长针线虫

Longidorus apulus Kamberti, Blove *et* Zacheo 亚浦利亚长针线虫

Longidorus arenosus Kankina *et* Ivanova 沙地长针线虫

Longidorus arthensis Brown *et al.* 阿尔特长针线虫

Longidorus attenuatus Hooper 渐狭长针线虫

Longidorus auratus Jacobs *et* Heyns 华丽长针线虫

Longidorus belloi Andrés *et* Arias 贝氏长针线虫

Longidorus belondiroides Heyns 尖形长针线虫

Longidorus breviannulatus Norton *et* Hoffmann 短环长针线虫

Longidorus caespiticola Hooper 草皮长针线虫

Longidorus carpetanensis Arias, Andrés *et* Navás 卡珀坦长针线虫

Longidorus closelongatus Stoianov 长绕长针线虫

Longidorus cohni Heyns 科氏长针线虫

Longidorus congoensis Aboul-Eid 刚果长针线虫

Longidorus conicaudatus Khan 锥尾长针线虫

Longidorus conicaudoides (Jacobs *et* Heyns) 拟锥尾长针线虫

Longidorus crassus Thorne 粗长针线虫

Longidorus cridanicus Roca, Lamberti *et* Agostinelli 埃里丹长针线虫

Longidorus curvatus Khan 弯曲长针线虫

Longidorus cylindricaudatus Kozlowska *et* Seinhorst 柱尾长针线虫

Longidorus diadecturus Eveleigh *et* Allen 折环长针线虫

Longidorus distinctus Lamberti, Choleva *et* Agostinelli 特殊长针线虫

Longidorus dunensis Briakman *et* Loof 邓恩长针线虫

Longidorus edmundsi Hunt *et* Siddiqi 埃及长针线虫

Longidorus elongatus (de Man) 逸去长针线虫

Longidorus euonymus Mali *et* Hooper 卫矛长针线虫

Longidorus fangi Xu *et* Cheng 方氏长针线虫

Longidorus fasciatus Roca *et* Lamberti 横带长针线虫

Longidorus fragilis Thorne 脆弱长针线虫

Longidorus fursti Heyns *et al.* 弗氏长针线虫

Longidorus globulicauda Dalmasso 球尾长针线虫

Longidorus goodeyi Hooper 古氏长针线虫

Longidorus henanensis Xu *et* Cheng 河南长针线虫

Longidorus heynsi Andrássy 海氏长针线虫

Longidorus indicus Prabha 印度长针线虫

Longidorus inglandis Roca, Lamberti *et* Agostinelli 无腺长针线虫

Longidorus intermedius Kozlowska *et* Seinhorst 间型长针线虫

Longidorus iranicus Sturhan *et* Barooti 伊朗长针线虫

Longidorus ishrati Javed 伊什瑞特长针线虫

Longidorus jiangsuensis Xu *et* Hooper 江苏长针线虫

Longidorus juvenilis Dalmasso 幼小长针线虫

Longidorus juveniloides Jacobs *et* Heyns 拟幼小长针线虫

Longidorus kakamus Jacobs *et* Heyns 卡卡马斯长针线虫

Longidorus kuiperi Brinkman *et* Loof 凯氏长针线虫

Longidorus laevicapitatus Williams 光头长针线虫

Longidorus laricis Hirata 落叶松长针线虫

Longidorus latocephalus Lamberti, Choleva *et* Agostinelli 侧头长针线虫

Longidorus leptocephalus Hooper 瘦头长针线虫

Longidorus lignosus Chizhov, Subbotin *et* Romanenko 材长针线虫

Longidorus litchii Xu *et* Cheng 荔枝长针线虫

Longidorus longicaudatus Siddiqi 长尾长针线虫

Longidorus lusitanicus Macara 葡萄牙长针线虫

Longidorus macrosoma Hooper 大体长针线虫

Longidorus magna Loof 大长针线虫

Longidorus magnus Lamberti, Bleve-Zacheo *et* Arias 巨形长针线虫

Longidorus major Poca *et* D'Errico 较大长针线虫

Longidorus makatinus Jacobs *et* Heyns 马卡梯长针线虫

Longidorus mammillatum (Schuurmans Stekhoven *et* Teunissen) 乳突长针线虫

Longidorus martini Merny 马氏长针线虫

Longidorus menthasolanus Konicek *et* Jensen 薄荷茄长针线虫

Longidorus meyli Sturhan 迈氏长针线虫

Longidorus microdorus (de Man) 小囊长针线虫

Longidorus mirus Khan, Chawla *et* Seshadri 奇异长针线虫

Longidorus mobae Jacobs *et* Heyns 莫巴长针线虫

Longidorus moesicus Lamberti, Choleva *et* Agostinelli 穆斯长针线虫

Longidorus monile Heyns 颈圈长针线虫

Longidorus moniloides Heyns 类颈圈长针线虫

Longidorus monohystera Altherr 单宫长针线虫

Longidorus multipapillatus Schuurmans Stekhoven *et* Teunissen 多乳突长针线虫

Longidorus naganensis Hirata 长野长针线虫

Longidorus nevesi Macara 尼氏长针线虫

Longidorus nirulai Siddiqi 尼茹拉长针线虫

Longidorus nudus Kirjanova 裸长针线虫

Longidorus olegi Kankina *et* Metlitskaya 奥利格长针线虫

Longidorus orientalis Loof 东方长针线虫

Longidorus orongorongensis Yeates, van Etteger *et* Hooper 奥龙戈隆长针线虫

Longidorus paramirus Darekar *et* Khan 异奇异长针线虫

Longidorus paramonile Jacobs *et* Heyns 异颈圈长针线虫

Longidorus pawneensis Luc *et* Coomans 帕万长针线虫

Longidorus picenus Roca ,Lamberti *et* Agostinelli 云杉长针线虫

Longidorus pini Andrés *et* Arias 松长针线虫

Longidorus pisi Edward, Misra *et* Singh 豌豆长针线虫

Longidorus profundorum Hooper 深居长针线虫

Longidorus protae Lamberti, Bleve *et* Zacheo 原始长针线虫

Longidorus proximus Sturhan *et* Argo 近基长针线虫

Longidorus psidii Khan *et* Khan 番石榴长针线虫

Longidorus pygmaea (Striner) 短小长针线虫

Longidorus raskii Lamberti *et* Agostinelli 瑞氏长针线虫

Longidorus reisi Roca *et* Bravo 里斯长针线虫

Longidorus reneyii Raina 勒尼长针线虫

Longidorus rotundatum (Schuurmans Stekhoven *et* Teunissen) 圆帽长针线虫

Longidorus rotundicaudatus Jacobs *et* Heyns 圆尾长针线虫

Longidorus saginus Khan *et al.* 漆姑草长针线虫

Longidorus siddiqii Aboul-Eid 西氏长针线虫

Longidorus silvae Roca 树林长针线虫

Longidorus striola Merzheevskaya 具纹长针线虫

Longidorus sylphus Thorne 森林长针线虫 Thorne's needle nematode

Longidorus taniuha Clark 长长针线虫

Longidorus tardicauda Merzheevskaya 钝尾长针线虫

Longidorus tarjani Siddiqi 塔氏长针线虫

Longidorus trapezoides Nasira *et* Maqbool 光面长针线虫

Longidorus unedoi Arias, Andrés *et* Navás 乌尼杜长针线虫

Longidorus vineacola Sturhan *et* Weischer 藤蔓长针线虫

Longipalpus apicalis (Pic) 老挝长须天牛

Longipternis Yin 长距蝗属

Longipternis chayuensis Yin 察隅长距蝗

Longistigma Wilson 长痣大蚜属

Longistigma caryae (Harris) 山核桃长痣大蚜 giant bark aphid

Longistigma xizangensis Zhang 藏柳长痣大蚜

Longitarsus Latreille 长跗跳甲属

Longitarsus almorae Maulik 黑长跗跳甲

Longitarsus birmanicus Jacoby 缅甸长跗跳甲

Longitarsus cyanipennis Bryant 蓝长跗跳甲

Longitarsus dorsopictus Chen 黑缝长跗跳甲

Longitarsus gressitti Scherer 喜马长跗跳甲

Longitarsus nipponensis Csiki 日本长跗跳甲 peppermint flea beetle

Longitarsus pinfanus Chen 血红长跗跳甲

Longitarsus rufotestaceus Chen 红背长跗跳甲

Longitarsus succineus Foudras 细角长跗跳甲

Longitarsus tibetanus Chen 西藏长跗跳甲

Longitarsus warchalowskii Scherer 金绿长跗跳甲

Longitarsus zhamicus Chen *et* Wang 樟木长跗跳甲

Longiunguis van der Goot 长鞭蚜属

Longiunguis sacchari (Zehntner) 高粱蚜 cane aphid, sugarcane aphid

Longolaelaps Vitzthum 长厉螨属

Longoseius Chant 长绥螨属

Longzhouacris You *et* Bi 龙州蝗属

Longzhouacris brevipennis Li, Lu *et* You 短翅龙州蝗

Longzhouacris hainanensis Zheng *et* Liang 海南龙州蝗

Longzhouacris jinxiuensis Li *et* Jin 金秀龙州蝗

Longzhouacris longipennis Huang *et* Xia 长翅龙州蝗

Longzhouacris rufipennis You *et* Bi 红翅龙州蝗

Lopharthrum Hampson 戴夜蛾属

Lopharthrum comprimens (Walker) 戴夜蛾

Lophobaris piperis Mrshl. 胡椒蛀果象

Lophococcus convexus Morrison 见 *Misracoccus convexus*

Lophocosma Staudinger 冠舟蛾属

Lophocosma atriplaga Staudinger 冠舟蛾

Lophodes sinistraria Guenée 东澳冠脊尺蛾

Lophodonta angulosa (J. E. Smith) 北美桥冠脊夜蛾

Lopholeucaspis Balachowsky 白片盾蚧属

Lopholeucaspis hydrangeae (Takahashi) 见 *Lopholeucaspis japonica*

Lopholeucaspis japonica (Cockerell) 日本白片盾蚧 pear white scale

Lopholeucaspis massoniae Tang 松白片盾蚧

Lophomachia Prout 癞绿尺蛾属

Lophomyrmex Emery 冠胸切叶蚁属

Lophomyrmex quadrispinosus (Jerdon) 四刺冠胸切叶蚁

Lophontosia Staudinger 冠齿舟蛾属

Lophontosia cuculus (Staudinger) 冠齿舟蛾

Lophontosia draesekei O. Bang-Haas 北京冠齿舟蛾

Lophontosia sinensis (Moore) 中国冠齿舟蛾

Lophopidae 璐蜡蝉科

Lophops Spinola 短足蜡蝉属

Lophops carinata Kirby 蔗短足蜡蝉

Lophoptera Guenée 脊蕊夜蛾属

Lophoptera apirtha (Swinhoe) 铅脊蕊夜蛾

Lophoptera illucida (Walker) 斜脊蕊夜蛾

Lophoptera longipennis (Moore) 长翅脊蕊夜蛾

Lophoptera negretina (Hampson) 昏脊蕊夜蛾

Lophoptera squammigera (Guenée) 暗裙脊蕊夜蛾

Lophoruza Hampson 蝠夜蛾属

Lophoruza lunifera (Moore) 月蝠夜蛾

Lophoruza pulcherrima (Butler) 美蝠夜蛾

Lophosia angusticauda (Townsend) 狭尾罗佛寄蝇

Lophosia bicincta (Rob.-Desv.) 双带罗佛寄蝇

Lophosia caudalis Sun 红尾罗佛寄蝇

Lophosia excisa (Tothill) 隔离罗佛寄蝇

Lophosia fasciata Meigen 条纹罗佛寄蝇

Lophosia flavicornis Sun 黄角罗佛寄蝇

Lophosia imbecilla Herting 迟缓罗佛寄蝇

Lophosia imbuta (Wiedemann) 湿地罗佛寄蝇

Lophosia jiangxiensis Sun 江西罗佛寄蝇

Lophosia lophosioides (Townsend) 双重罗佛寄蝇

Lophosia macropyga Herting 宽尾罗佛寄蝇

Lophosia marginata Sun 缘鬃罗佛寄蝇

Lophosia pulchra (Townsend) 丽罗佛寄蝇

Lophosia scutellata Sun 小盾罗佛寄蝇

Lophosia tianmushanica Sun 天目山罗佛寄蝇

Lophotelinae 线角水虻亚科

Lophoterges Hampson 冠冬夜蛾属

Lophoterges hönei Draudt 涵冠冬夜蛾

Lophoterges millierei (Staudinger) 分纹冠冬夜蛾

Lophyrotoma analis Costa 毒牛叶蜂 ironbark sawfly, cattle-poisoning sawfly

Lophyrus rufus Ratzeburg 见 *Neodiprion sertifer*

Lopidea dakota Knight 锦鸡儿盲蝽 caragana plant bug

Lopidea davisi Knight 草夹竹桃盲蝽 phlox plant bug

Lopinga Moore 链眼蝶属

Lopinga achine (Scopoli) 黄环链眼蝶

Lopinga dumetora (Oberthüer) 丛林链眼蝶

Lopinga nemorum (Oberthüer) 小链眼蝶

Lopyronia Amyot *et* Serville 圆壳沫蝉属

Lordalychidae 球螨科

Lordocheles Krantz 后弯螯螨属

Lordocheles rykei Krantz 赖氏后弯螯螨

Lorillatum Nadchatram 长鞭恙螨属

Lorillatum flagellasensilla Wang *et* Song 鞭感长鞭恙螨

Lorillatum hekouensis Yu, Chen *et* Lin 河口鞭恙螨

Lorillatum orientalis Zhao 东方长鞭恙螨

Lorillatum tungshihensis (Hsu *et* Chen) 通什长鞭恙螨

Lorryia Oudemans 罗里螨属

Lorryia formosa Cooreman 台湾罗里螨

Loryma Walker 鹦螟属

Loryma recursata Walker 褐鹦螟

Losaria Moore 锤尾凤蝶属

Losaria coon (Fabricius) 锤尾凤蝶

Losbanosia Muir 波袖蜡蝉属

Losbanosia hibarensis (Matsumura) 嵌边波袖蜡蝉

Lotongus Distant 珞弄蝶属

Lotongus saralus (de Nicéville) 珞弄蝶

Loudonta Kiriakoff 镂舟蛾属

Loudonta dispar (Kiriakoff) 竹镂舟蛾

Louisproutia Wehrli 芦青尺蛾属

Loxaspilates Warren 斜尺蛾属

Loxaspilates fixseni Alphéraky 斜尺蛾

Loxaspilates seriopuncta Hampson 丝光斜尺蛾

Loxerebia Watkins 舜眼蝶属

Loxerebia carola Oberthür 十目舜眼蝶

Loxerebia delavayi (Oberthüer) 横波舜眼蝶

Loxerebia martyr Watkins 黑舜眼蝶

Loxerebia pratorum (Oberthüer) 草原舜眼蝶

Loxerebia ruricola (Leech) 垂泪舜眼蝶

Loxerebia saxicola (Oberthüer) 白瞳舜眼蝶

Loxerebia sylvicola (Oberthüer) 林区舜眼蝶

Loxioda Warren 曲夜蛾属

Loxioda similis Wileman *et* West 曲夜蛾

Loxobates Thorell 斜蟹蛛属

Loxobates daitoensis Ono 大东斜蟹蛛

Loxoblemmus Saussure 扁头蟋属

Loxoblemmus aomoriensis Shiraki 青森扁头蟋

Loxoblemmus arietulus de Saussure 小公羊扁头蟋

Loxoblemmus doenitzi Stein 大扁头蟋

Loxoblemmus equestris Saussure 小扁头蟋

Loxocephala Schaum 珞颜蜡蝉属

Loxocephala nebulata Chou *et* Huang 雾珞颜蜡蝉

Loxocephala neoretinata Chou *et* Huang 新网珞颜蜡蝉

Loxocephala perpunctata Jacobi 全斑珞颜蜡蝉

Loxocephala retinata Chou *et* Lu 网纹珞颜蜡蝉

Loxocephala semimaculata Chou *et* Huang 半点珞颜蜡蝉

Loxocephala seropunctata Chou *et* Huang 列点珞颜蜡蝉

Loxocephala sinica Chou *et* Huang 中华珞颜蜡蝉

Loxocephala sinica sichuanensis Chou *et* Huang 中华珞颜蜡蝉四川亚种

Loxocephala unipunctata Chou *et* Huang 单点珞颜蜡蝉

Loxosceles Heineken *et* Lowe 平甲蛛属

Loxosceles reclusa Gertsch *et* Muliak 褐平甲蛛 brown recluse

Loxosceles rufescens (Dafour) 红头平甲蛛

Loxostege Hübner 锥额野螟属

Loxostege aeruginalis Hübner 艾锥额野螟

Loxostege palealis Schiffermüller *et* Denis 伞锥额野螟

Loxostege sticticalis Linnaeus 网锥额野螟

Loxostege umbrosalis Warren 黄翅锥额野螟

Loxostege verticalis Linnaeus 尖锥额野螟

Loxotephria Warren 斜灰尺蛾属

Loxotephria olivacea Warren 橄榄斜灰尺蛾

Loxura Horsfield 鹿灰蝶属

Loxura atymnus (Stoll) 鹿灰蝶

Lozotaenia Stephens 点卷蛾属

Lozotaenia coniferana Issiki 东方杉点卷蛾 oriental fir budworm

Lozotaenia forsterana (Fabricius) 二点卷蛾

Lozotaenioides formosana Frölich 台美赤松卷蛾 beautiful twist moth

Lucanidae 锹甲科 stag beetles

Lucanus Scopoli 锹甲属

Lucanus cambodiensis Didier 柬锹甲

Lucanus elaphus Fab. 大锹甲 giant stag beetle

Lucanus fortunei Saunders 福运锹甲

Lucanus gracilis Albers 原锹甲

Lucanus lesnei (Planet) 烂锹甲

Lucanus lunifer Hope 珑锹甲

Lucanus westermanni Hope *et* Westwood 魏锹甲

Luciaphorus Mahunka 卢西螨属

Luciaphorus auriculariae Gao, Zou *et* Jiang 木耳卢西螨

Luciaphorus hauseri Mahunka 浩氏卢西螨

Luciaphorus perniciosus Rack 害卢西螨

Lucilia Robineau-Desvoidy 绿蝇属

Lucilia ampullacea ampullacea Villeneuve 壶绿蝇

Lucilia ampullacea laoshanensis Quo 崂山壶绿蝇

Lucilia angustifrontata Ye 狭额绿蝇

Lucilia appendicifera Fan 瓣腹绿蝇

Lucilia bazini Séguy 南岭绿蝇

Lucilia bufonivora (Moniez) 蟾蜍绿蝇

Lucilia caesar (Linnaeus) 叉叶绿蝇 green bottle fly

Lucilia chini Fan 秦氏绿蝇

Lucilia cuprina (Wiedemann) 铜绿蝇

Lucilia cuprina dorsalis R.-D. 蛆症铜绿蝇 sheep blow fly, sheep maggot fly

Lucilia hainanensis Fan 海南绿蝇

Lucilia illustris (Meigen) 亮绿蝇

Lucilia papuensis Macquart 巴浦绿蝇

Lucilia pilosiventris Kramer 毛腹绿蝇

Lucilia porphyrina (Walker) 紫绿蝇

Lucilia regalis (Meigen) 长叶绿蝇

Lucilia sericata (Meigen) 丝光绿蝇 green blow fly

Lucilia shansiensis Fan 山西绿蝇

Lucilia shenyangensis Fan 沈阳绿蝇

Lucilia silvarum (Meigen) 林绿蝇

Lucilia sinensis Aubertin 中华绿蝇

Lucilia taiyuanensis Chu 太原绿蝇

Lucitanus punctatus Kirby 点刻相朴盲蝽

Lucoppia Berlese 亮奥甲螨属

Lucoppia spinosissima (Mihelcic) 棘光亮奥甲螨

Ludius pectinicornis L. 栉角叩甲

Luehdorfia Crüger 虎凤蝶属

Luehdorfia chinensis Leech 中华虎凤蝶

Luehdorfia puziloi Erschoff 虎凤蝶 small gifu butterfly

Luehdorfia taibai Chou 太白虎凤蝶

Lugamermis Rubzov 卢加索线虫属

Lugamermis brevicauda (Rubzov) 短尾卢加索线虫

Lugamermis longissima (Rubzov) 长卢加索线虫

Luma Walker 光水螟属

Luma ornatalis (Leech) 饰光水螟

Luperomorpha Weise 寡毛跳甲属

Luperomorpha funesta Baly 桑黑跳甲 mulberry flea beetle

Luperomorpha metallica Chen 金色寡毛跳甲

Luperomorpha suturalis Chen 葱黄寡毛跳甲

Luperomorpha tenebrosa Jacoby 大豆寡毛跳甲 soybean flea beetle

Luperomorpha xanthodera (Fairmaire) 黄胸寡毛跳甲

Luperus Müller 露萤叶甲属

Luperus anthracinus Ogloblin 亮黑露萤叶甲

Luperus flavimanus Weise 异色露萤叶甲

Lusius Tosquinet 卢姬蜂属

Lusius apollos (Morley) 阿波罗卢姬蜂

Luxiaria Walker 辉尺蛾属

Luxiaria amasa (Butler) 黑带辉尺蛾

Luxiaria consimilaria Leech 辉尺蛾

Luxiaria costinota Inoue 点缘辉尺蛾

Luzulaspis Ckll. 鲁丝蚧属(长毡蚧属,狭毡蜡蚧属)

Luzulaspis bisetosa Borchs. 双毛鲁丝蚧

Luzulaspis crassispina Borchs. 云南鲁丝蚧(云南长毡蚧, 云南狭长毡蚧)

Luzulaspis luzulae (Dufour) 地梅鲁丝蚧 woodrush soft scale

Luzulaspis pieninica Koteja *et* Zak. 旧北鲁丝蚧 sedge soft scale

Luzulaspis takahashii Koteja 高桥鲁丝蚧

Lycaeides Hübner 红珠灰蝶属

Lycaeides argyrognomon (Bergstrasser) 红珠灰蝶

Lycaeides cleobis (Bremer) 茄纹红珠灰蝶

Lycaeides qinghaiensis Murayama 青海红珠灰蝶

Lycaena Fabricius 灰蝶属

Lycaena alciphron Rottemburg 尖翅灰蝶

Lycaena dispar (Haworth) 橙灰蝶

Lycaena phlaeas (Linnaeus) 红灰蝶

Lycaena solskyi Erschoff 梭尔灰蝶

Lycaena thersamon (Esper) 昙梦灰蝶

Lycaena virgaureae (Linnaeus) 斑貉灰蝶

Lycaenidae 灰蝶科 blues, coppers, hairstreaks

Lycaeninae 灰蝶亚科

Lychrosimorphus rotundipennis Breuning 拟尖天牛

Lychrosis Pascoe 尖天牛属

Lychrosis caballinus Gressitt 白斑尖天牛

Lychrosis zebrinus (Pascoe) 麻斑尖天牛

Lycia Hübner 狸尺蛾属

Lycia ursaria (Walker) 柳狸尺蛾 willow looper

Lycidae 红萤科 net-winged beetles

Lycimna Walker 立夜蛾属

Lycimna polymesata Walker 立夜蛾

Lycophotia Hübner 烈夜蛾属

Lycophotia porphyrea (Denis *et* Schiffermüller) 烈夜蛾

Lycoriella Frey 厉眼蕈蚊属

Lycoriella abrevicaudata Yang, Zhang *et* Yang 异宽尾厉眼蕈蚊

Lycorina Holmgren 壕姬蜂属

Lycorina ornata Uchida *et* Momoi 卷蛾壕姬蜂

Lycorina spilonotae Chao 梢蛾壕姬蜂

Lycorininae 壕姬蜂亚科

Lycorma Stål 斑衣蜡蝉属

Lycorma delicatula (White) 斑衣蜡蝉

Lycorma meliae Kato 黑斑衣蜡蝉

Lycosa Latreille 狼蛛属

Lycosa canescens Schenkel 灰白狼蛛

Lycosa choudhuryi Tikader 赵氏狼蛛

Lycosa clercki Hogg 克氏狼蛛

Lycosa coelestis (L. Koch) 黑腹狼蛛

Lycosa condolens Cambridge 隐斑狼蛛

Lycosa flavida Cambridge 淡黄狼蛛

Lycosa formosana Saito 台湾狼蛛

Lycosa fortunata Cambridge 凶狼蛛

Lycosa gobiensis Schenkel 戈壁狼蛛

Lycosa granhami Fox 灰狼蛛

Lycosa himalayaensis Gravely 喜马拉雅狼蛛

Lycosa hotingchichi Schenkel 侯氏狼蛛

Lycosa immanis L. Koch 超常狼蛛

Lycosa indistincte-picta Strand 平静狼蛛

Lycosa labialis Mao *et* Song 唇形狼蛛

Lycosa ordosa Hogg 奥陶狼蛛

Lycosa orientalis Kroneberg 东方狼蛛

Lycosa passibilis Cambridge 恶狼蛛

Lycosa pavlovi Schenkel 巴氏狼蛛

Lycosa phipsoni Pocock 黑底狼蛛

Lycosa ruberta Schenkel 村狼蛛

Lycosa rufisternum Schenkel 赤胸狼蛛

Lycosa russea Schenkel 淡红狼蛛

Lycosa shansia (Hogg) 山西狼蛛

Lycosa sinensis Schenkel 中华狼蛛

Lycosa singoriensis (Laxmann) 穴狼蛛

Lycosa subbirmanica Strand 拟缅甸狼蛛

Lycosa suzukii Yaginuma 苏氏狼蛛

Lycosa trifoveata Strand 三凹狼蛛

Lycosa yaginumai Song *et* Zhang 八氏狼蛛

Lycosidae 狼蛛科

Lyctidae 粉蠹科 powderpost beetles

Lyctocoris campestris (Fabricius) 细角花蝽

Lyctoxylon japonum Reitter 日本粉蠹 small bamboo borer

Lyctus Fabricius 粉蠹属

Lyctus brunneus Stephens 褐粉蠹 powderpost beetle, old world lyctus beetle

Lyctus cavicollis LeC. 美西粉蠹 western lyctus beetle

Lyctus linearis (Goeze) 栎粉蠹 European lyctus beetle

Lyctus planicollis LeConte 南方粉蠹 southern lyctus beetle

Lyctus sinensis Lesne 中华粉蠹

Lydella Robineau-Desvoidy 厉寄蝇属

Lydella griscens Robineau-Desvoidy 玉米螟厉寄蝇

Lygaeidae 长蝽科 lygaeid bugs, chinch bugs

Lygaeinae 红长蝽亚科

Lygaeoidea 长蝽总科 bugs and their allies

Lygaeonematus erichsonii Hartig 见 *Pristiphora erichsonii*

Lygaeosoma Spinola 显脉长蝽属

Lygaeosoma bipunctata (Dallas) 二点显脉长蝽

Lygaeosoma longulum Zou et Zheng 长显脉长蝽

Lygaeosoma pusillum (Dallas) 小显脉长蝽

Lygaeosoma sibiricus Seidenstucker 异显脉长蝽

Lygaeosoma yunnanensis Zou et Zheng 云南显脉长蝽

Lygaeus Fabricius 红长蝽属

Lygaeus dohertyi Distant 红长蝽

Lygaeus equestris (Linnaeus) 横带红长蝽

Lygaeus hanseni Jekovlev 角红长蝽

Lygaeus melanostolus (Kiritschenko) 荒漠红长蝽

Lygaeus murinus Kiritschenko 桃红长蝽

Lygaeus oreophilus (Kiritschenko) 普红长蝽

Lygaeus quadratomaculatus Kirby 方红长蝽

Lygaeus vicarius Winkler et Kerzhner 拟红长蝽

Lygephila Billberg 影夜蛾属

Lygephila lubrica (Freyer) 平影夜蛾

Lygephila maxima (Bremer) 巨影夜蛾

Lygephila nigricostata (Graeser) 黑缘影夜蛾

Lygephila recta (Bremer) 直影夜蛾

Lygephila viciae (Hübner) 蚕豆影夜蛾

Lygephila vulcanea (Butler) 焚影夜蛾

Lygniodes Guenée 盲裳夜蛾属

Lygniodes hypoleuca Guenée 底白盲裳夜蛾

Lygocoris contaminatus (Fallén) 污斑丽盲蝽

Lygocoris honshuensis (Linnavuori) 本州新丽盲蝽

Lygocoris nigronasutus Stål 黑新丽盲蝽

Lygocoris rubripes Jakovlev 红新丽盲蝽

Lygocoris spinolai Meyer-Dür 斯氏新丽盲蝽

Lygocoris tiliicola Kulik 椴新丽盲蝽

Lygropia Lederer 四点野螟属

Lygropia quaternalis Zeller 扶桑四点野螟

Lygus Hahn 草盲蝽属

Lygus discrepans Reuter 棱额草盲蝽

Lygus disponsi Linnavuori 日本草盲蝽 Japanese tarnished plant bug

Lygus gemellatus (Herrich-Schäffer) 青绿草盲蝽

Lygus hsiaoi Zheng et Yu 萧氏草盲蝽

Lygus lineolaris (Palisot de Beauvois) 美国牧草盲蝽 tarnished plant bug

Lygus lucorum Meyer-Dür 绿草盲蝽

Lygus macgillavrayi Poppius 玛氏草盲蝽

Lygus paradiscrepans Zheng et Yu 毛斑草盲蝽

Lygus poluensis (Wagner) 狭长草盲蝽

Lygus pratensis (Linnaeus) 牧草盲蝽

Lygus punctatus (Zetterstedt) 疏点草盲蝽

Lygus rugulipennis (Poppius) 长毛草盲蝽

Lygus saundersi (Reuter) 东亚草盲蝽

Lygus tibetanus Zheng et Yu 西藏草盲蝽

Lygus wagneri (Remane) 瓦氏草盲蝽

Lymantor Loevendal 毛点小蠹属

Lymantor coryli Perris 榛毛点小蠹

Lymantria Hübner 毒蛾属

Lymantria ampla Walker 紫薇毒蛾

Lymantria apicebrunnea Gaede 褐顶毒蛾

Lymantria argyrochroa Collenette 银纹毒蛾

Lymantria aurorae Butler 柏毒蛾

Lymantria bantaizana Matsumura 肘纹毒蛾

Lymantria bivittata (Moore) 汇毒蛾

Lymantria celebesa Collenette 绯毒蛾

Lymantria concolor Walker 络毒蛾

Lymantria dispar (Linnaeus) 舞毒蛾 gypsy moth

Lymantria dispar japonica Motschulsky 舞毒蛾日本亚种 gypsy moth

Lymantria dissoluta Swinhoe 条毒蛾

Lymantria elassa Collenette 剑毒蛾

Lymantria fumida Butler 烟毒蛾 fir tussock moth

Lymantria grandis Walker 桂木毒蛾

Lymantria incerta Walker 榄仁树毒蛾

Lymantria juglandis Chao 核桃毒蛾

Lymantria lepcha Moore 东方毒蛾

Lymantria marginata Walker 杧果毒蛾

Lymantria mathura aurora Butler 栎毒蛾 oak tussock moth

Lymantria mathura Moore 枫首毒蛾

Lymantria minomonis Matsumura 扇纹毒蛾

Lymantria monacha (Linnaeus) 模毒蛾 nun moth, black-arched tussock moth

Lymantria nigra Moore 黑毒蛾

Lymantria obfuscata Walker 苹舞毒蛾 apple hairy caterpillar

Lymantria obsoleta Walker 见 *Lymantria serva*

Lymantria orestera Collenette 白尾毒蛾

Lymantria plumbalis Hampson 铅毒蛾

Lymantria polioptera Collenette 灰翅毒蛾

Lymantria punicea Chao 粉红毒蛾

Lymantria reducta Walker 见 *Leptocneria reducta*

Lymantria roseola Matsumura 瑰毒蛾

Lymantria semicincta Walker 橙点毒蛾

Lymantria serva Fabricius 虹毒蛾

Lymantria serva iris Strand 榕舞毒蛾
Lymantria servula Collenette 油杉毒蛾
Lymantria similis Moore 纭毒蛾
Lymantria singapura Swinhoe 新加坡毒蛾
Lymantria sobrina Moore 适毒蛾
Lymantria subrosea Swinhoe 泛红毒蛾
Lymantria todara Moore 阿萨姆毒蛾
Lymantria tortivalvula Chao 扭瓣毒蛾
Lymantria tricolor Chao 三色毒蛾
Lymantria umbrifera Wileman 枫毒蛾
Lymantria viola Swinhoe 珊毒蛾
Lymantria xiaolingensis Chao 小岭毒蛾
Lymantria xylina Swinhoe 木毒蛾
Lymantriidae 毒蛾科 tussock moths, brown-tail moths, hairy caterpillars(larvae)
Lymexylonidae 筒蠹科 timber beetles
Lyonetia Hübner 潜蛾属
Lyonetia clerkella Linnaeus 桃潜叶蛾 Clerck's snowy bentwing moth, peach leafminer
Lyonetia prunifoliella Hübner 银纹潜蛾
Lyonetia prunifoliella malinella Matsumura 日银纹潜蛾
Lyonetiidae 潜蛾科
Lypesthes Baly 筒胸叶甲属
Lypesthes ater (Motschulsky) 粉筒胸叶甲
Lypesthes itoi Chûj 丝井疲叶甲
Lyplops Hope 垫甲属
Lyplops shanghaicus Mars. 上海垫甲
Lyplops sinensis Mars. 中华垫甲
Lyplops yunnancus Fairm. 云南垫甲
Lyriothemis 宽腹蜻属
Lyriothemis pachygastra Selys 闪绿宽腹蜻

Lyroda Say 琴完眼泥蜂属
Lyroda taiwana Tsuneki 台湾琴完眼泥蜂
Lyroppia Balogh 琴甲螨属
Lyroppia delicata Lu *et* Wang 秀琴甲螨
Lysibia Förster 折唇姬蜂属
Lysibia nana (Gravanhorst) 小折唇姬蜂
Lysiphlebia jiangchuanensis Wang *et* Dong 江川平突蚜茧蜂
Lysiteles Simon 微蟹蛛属
Lysiteles amoenus Ono 可爱微蟹蛛
Lysiteles badongensis Song *et* Chai 巴东微蟹蛛
Lysiteles coronatus (Grube) 王冠微蟹蛛
Lysiteles dianicus Song *et* Zhao 滇微蟹蛛
Lysiteles inflatus Song *et* Chai 膨胀微蟹蛛
Lysiteles kunmingensis Song *et* Zhao 昆明微蟹蛛
Lysiteles maior Ono 迈微蟹蛛
Lysiteles mandali (Tikader) 马氏微蟹蛛
Lysiteles minimus (Schenkel) 小微蟹蛛
Lysiteles minusculus Song *et* Chai 细微蟹蛛
Lysiteles qiuae Song *et* Wang 邱氏微蟹蛛
Lysiteles silvanus Ono 森林微蟹蛛
Lysiteles takashimai (Uemura) 塔卡微蟹蛛
Lysiteles wenensis Song 文微蟹蛛
Lythria Hübner 红尺蛾属
Lythria purpuraria (Linnaeus) 双线红尺蛾
Lytta Fabricius 绿芫菁属
Lytta fissicollis Fairmaire 沟胸绿芫菁
Lytta roborowskyi Dokhtouroff 西藏绿芫菁
Lytta rubrinotata Tan 红斑绿芫菁
Lytta taliana Pic 黄胸绿芫菁

M

Maacoccus Tao *et al.* 脊纹蚧属
Maacoccus arundinariae (Green) 中纵脊纹蚧
Maacoccus bicruciatus (Green) 士字脊纹蚧
Maacoccus cinnamomicolus (Tak.) 双十脊纹蚧
Maacoccus piperis (Green) 廿字脊纹蚧
Maacoccus scolopiae (Tak.) 三叉脊纹蚧
Maacoccus watti (Green) 茶树脊纹蚧
Mabra Moore 须水螟属
Mabra charonialis (Walker) 三环须水螟
Macaduma tortricella Walker 蔓苔蛾
Macalla Walker 锄须丛螟属
Macalla carbonifera Meyrick 碳锄须丛螟
Macalla marginata Butler 麻楝锄须丛螟
Macalla moncusalis Walker 见 *Lamida moncusalis*
Maccevethus Dallas 玛缘蝽属
Maccevethus lineola (Fabricius) 玛缘蝽
Macdunnoughia crassicigna xizangensis Chou *et* Lu 银

锭夜蛾西藏亚种
Macdunoughia Kostrowicki 银锭夜蛾属
Macdunoughia crassisigna (Warren) 银锭夜蛾(连纹夜蛾)
Macellina baishuijiangia Chen 白水江瘦枝蜻
Macellina caulodes (Rehn.) 仿茎瘦枝蜻
Macellina dentata (Stål) 齿瘦枝蜻
Macellina digitata Chen *et* Wang 腹指瘦枝蜻
Macellina souchongia (Westwood) 褐瘦枝蜻
Macfarlaniella Baker *et* Pritchard 麦须螨属
Macfarlaniella quenslandica (Womersley) 昆士兰麦须螨
Machaerota Burmeister 巢沫蝉属
Machaerota planitiae Distant 棉巢沫蝉
Machaerotidae 巢沫蝉科 tube-forming spittle insects, treehoppers
Machaerotinae 巢沫蝉亚科

Machaerotypus Uhler 拟沫角蝉属

Machaerotypus sibiricus Lethierry 褐拟沫角蝉 brown treehopper

Machilaphis Takahashi 楠叶蚜属

Machilaphis machili (Takahashi) 楠叶蚜 Machilus cottony aphid

Machilidae 石蛃科 machilids, jumping bristle tails

Machilis Latreille 石蛃属

Machiloidea 石蛃总科 machilids, jumping bristle tails

Machimia tentoriferella Clem. 硬杂木刺织蛾

Machimus Löw 虫虻属

Machimus scutellaris Coquillett 前黑食虫虻

Machlopyga humana (Meyrick) 聂拉木卷蛾

Mackiella Keifer 麦瘿螨属

Mackiena Traub *et* Evans 埋甲恙螨属

Mackiena todai Kamo 户田埋甲恙螨

Maconellicoccus Ezzat 曼粉蚧属

Maconellicoccus hirsutus (Green) 木槿曼粉蚧 hibiscus mealybug

Maconellicoccus multipori (Tak.) 多孔曼粉蚧

Maconellicoccus pasaniae (Borchs.) 柯树曼粉蚧

Macotasa nubecula (Moore) 云玛苔蛾

Macotasa orientalis (Hampson) 五点玛苔蛾

Macotasa tortricoides (Walker) 卷玛苔蛾

Macquartia Robineau-Desvoidy 叶甲寄蝇属

Macquartia tenebricosa Meigen 阴叶甲寄蝇

Macracanthopsis Reuter 角猎蝽属

Macracanthopsis nigripes Distant 黑足角猎蝽

Macracanthopsis nodipes Reuter 结股角猎蝽

Macrargus Dahl 珍蛛属

Macrargus alpinus Li *et* Zhu 山地珍蛛

Macrauzata Butler 大窗钩蛾属

Macrauzata maxima chinensis Inoue 中华大窗钩蛾

Macrauzata minor Okano 台湾大窗钩蛾

Macremphytus MacGillivray 梾木叶蜂属

Macrima Baly 异额萤叶甲属

Macrima armata Baly 黑突异额萤叶甲

Macrima aurantiaca (Laboissière) 橙色异额萤叶甲

Macrima bifida Yang 双裂异额萤叶甲

Macrima cornuta (Laboissière) 角异额萤叶甲

Macrima ferrugina Jiang 锈红异额萤叶甲

Macrima pallida (Laboissière) 灰异额萤叶甲

Macrima rubricata (Fairmaire) 片异额萤叶甲

Macrima straminea (Ogloblin) 草黄异额萤叶甲

Macrima yunnanensis (Laboissière) 云南异额萤叶甲

Macrobathra notomitra Meyrick 显头长网织蛾

Macrobrochis alba (Fang) 白闪网苔蛾

Macrobrochis albifascia (Fang) 白条网苔蛾

Macrobrochis bicolor (Fang) 双色网苔蛾

Macrobrochis fukiensis (Daniel) 蓝黑网苔蛾

Macrobrochis gigas Walker 巨网苔蛾

Macrobrochis nigra (Daniel) 微闪网苔蛾

Macrobrochis prasema (Moore) 深脉网苔蛾

Macrobrochis staudingeri (Alphéraky) 乌闪网苔蛾

Macrobrochis tibetensis (Fang) 西藏网苔蛾

Macrocamptus Dillon *et* Dillon 大粉天牛属

Macrocamptus virgatus Gahan 白条大粉天牛

Macrocentrus Curtis 长体茧蜂属

Macrocentrus blandoides van Achterberg 拟滑长体茧蜂

Macrocentrus nigrigenius van Achterberg 黑长体茧蜂

Macrocentrus parki van Achterberg 朴氏长体茧蜂

Macrocentrus resinellae (Linnaeus) 松小卷蛾长体茧蜂

Macrocentrus watanabei van Achterberg 渡边长体茧蜂

Macrocephalinae 螳瘤蝽亚科

Macrocera elegantula Coher 雅长角菌蚊

Macrocera neobrunnea Wu *et* Yang 新长角菌蚊

Macrocera nepalensis Coher 尼长角菌蚊

Macroceratidae 大角蕈蚊科 fungus gnats

Macrocerococcus Leon. 麻粉蚧属(巨棘粉蚧属)

Macrocerococcus borealis Borchs. 乌拉麻粉蚧

Macrocerococcus janetscheki (Balach.) 高山麻粉蚧 alpine mealybug

Macrocerococcus kiritshenkoi Borchs. 克氏麻粉蚧

Macrocerococcus kondarensis Borchs. 艾蒿麻粉蚧

Macrocerococcus megriensis Borchs. 石竹麻粉蚧

Macrocerococcus superbus Leon. 多食麻粉蚧 superb mealybug

Macrocerococcus tauricus Borchs. 栎树麻粉蚧(华北巨棘粉蚧)

Macroceroea Spinola 巨红蝽属

Macroceroea grandis (Gray) 巨红蝽

Macrocheles Latreille 巨螯螨属

Macrocheles decoloratus (Koch) 褪色巨螯螨

Macrocheles glaber (Müller) 光滑巨螯螨

Macrocheles insignitus Berlese 异常巨螯螨

Macrocheles jiangsuensis Meng *et* Sun 江苏巨螯螨

Macrocheles kolpakovae Bregetova 柯氏巨螯螨

Macrocheles limue Samsinak 林巨螯螨

Macrocheles mammifera Berlese 负乳巨螯螨

Macrocheles matrius (Hull) 宫卵巨螯螨

Macrocheles meridarius (Berlese) 粪巨螯螨

Macrocheles montanus Willmann 山区巨螯螨

Macrocheles mordarius (Berlese) 咬螯巨螯螨

Macrocheles muscadomesticae (Scopoli) 家蝇巨螯螨 house fly mite

Macrocheles nataliae Bregetova *et* Koroleva 娜氏巨螯螨

Macrocheles pavlovskyi Bregetova 巴氏巨螯螨

Macrocheles penicilliger Berlese 簇毛巨螯螨

Macrocheles peniculatus Berlesee 刺毛巨螯螨

Macrocheles plumiventris Hull 羽腹巨螯螨

Macrocheles plumosus Evans *et* Hyatt 羽巨螯螨

Macrocheles sinicus Ye, Ma *et* Chen 中华巨螯螨

Macrocheles subbadius (Berlese) 近褐巨螯螨

Macrocheles transbaicalicus Bregetova 外贝加尔巨螯螨

Macrocheles transmigrans Petrova *et* Taskaeva 横行巨螯螨

Macrocheles tridentinus G. *et* R. Canestrini 三齿巨螯螨

Macrocheles venalis Berlese 春巨螯螨

Macrocheles vulgaris Petrova *et* Taskaeva 常巨螯螨

Macrochelidae 巨螯螨科

Macrochenus Guèrin-Méneville 鹿天牛属

Macrochenus assamensis Breuning 三条鹿天牛

Macrochenus guerini White 长颈鹿天牛

Macrochthonia Butler 土夜蛾属

Macrochthonia fervens Butler 土夜蛾

Macrocilix Butler 铃钩蛾属

Macrocilix maia (Leech) 宽铃钩蛾

Macrocilix mysticata brevinotata Watson 短铃钩蛾

Macrocilix mysticata campana Chu *et* Wang 丁铃钩蛾

Macrocilix nongloba Chu *et* Wang 异铃钩蛾

Macrocilix ophrysa Chu *et* Wang 眉铃钩蛾

Macrocilix taiwana Wileman 台铃钩蛾

Macrocilix trinotata Chu *et* Wang 西藏铃钩蛾

Macrocoma candens Ancey 非桉长毛叶甲

Macrocorynus Schoenherr 圆筒象属

Macrocorynus capito (Faust) 暗褐圆筒象

Macrocorynus chlorizans (Faust) 淡褐圆筒象

Macrocorynus commaculatus Voss 鹿斑圆筒象

Macrocorynus discoideus Olivier 红褐圆筒象

Macrocorynus fortis (Reitter) 长毛圆筒象

Macrocorynus obliquesignatus (Reitter) 斜纹圆筒象

Macrocorynus plumbeus Formanek 褐斑圆筒象

Macrocorynus psittacinus Redtenbacher 大圆筒象

Macrodactylus subspinosus (Fabricius) 蔷薇刺鳃角金龟 rose chafer

Macrodiplosis dryobia (F.Löw) 栎粗钩瘿蚊

Macrodiplosis volvens Kieffer 栎窄钩瘿蚊

Macroglossum Scopoli 长喙天蛾属

Macroglossum belis Linnaeus 下红天蛾

Macroglossum bombylans (Boisduval) 青背长喙天蛾

Macroglossum corythus luteata (Butler) 长喙天蛾

Macroglossum fringilla (Boisduval) 九节木长喙天蛾

Macroglossum fukienensis Chu *et* Wang 福建长喙天蛾

Macroglossum hunanensis Chu *et* Wang 湖南长喙天蛾

Macroglossum pyrrhosticta (Butler) 黑长喙天蛾

Macroglossum saga (Butler) 北京长喙天蛾

Macroglossum stellatarum (Linnaeus) 小豆长喙天蛾

Macroglossum variegatum Rothschild *et* Jordan 斑腹长喙天蛾

Macrogomphus Selys 大春蜓属

Macrogomphus guilinensis Chao 桂林大春蜓

Macrogomphus robustus (Selys) 粗壮大春蜓

Macrohastina Inoue 大历尺蛾属

Macrohastina gemmifera (Moore) 红带大历尺蛾

Macroilleis 大菌瓢虫属

Macroilleis hauseri (Mader) 白条菌瓢虫

Macrokangacris Yin 大康蝗属

Macrokangacris luteoarmilla Yin 黄纹大康蝗

Macrolabis luceti Kieffer 客长铗瘿蚊

Macrolaspis Oudemans 巨盾螨属

Macrolinus Kaup 线黑蜣属

Macrolinus latipennis Perch. 椰椿黑蜣 coconut stump beetle

Macrolinus medogensis Zhang 墨脱线黑蜣

Macromesus Walker 小蠹长足金小蜂属

Macromesus brevicornis Yang 榆小蠹长足金小蜂

Macromesus cryphali Yang 松小蠹长足金小蜂

Macromesus huanglongnicus Yang 梢小蠹长足金小蜂

Macromesus persicae Yang 桃小蠹长足金小蜂

Macromia clio Ris 台长足蜻

Macromidae 大蜻科

Macromischoides Wheeler 见 *Tetramorium* Mayr

Macronaemia 小长瓢虫属

Macronaemia hauseri (Weise) 黑条长瓢虫

Macronaemia yunnanensis Cao *et* Xiao 云南长瓢虫

Macroneura Walker 短翅旋小蜂属

Macroneura vesicularis (Retzius) 多食短翅旋小蜂

Macronota Hoffmannsegg 背花金龟属

Macronota coomani Bourgoin 高曼背花金龟

Macronota flavofasciata Moser 黄带背花金龟

Macronota quadrilineata Hope 四条背花金龟

Macronoxia Crotch 见 *Polyphylla* Harris

Macronychia Rondani 巨爪麻蝇属

Macronychia griseola Rondani 灰巨爪麻蝇

Macronychia polyodon (Meigen) 坡巨爪麻蝇

Macronychia striginervis (Zettersttedt) 薙巨爪麻蝇

Macronychiinae 巨爪麻蝇亚科

Macronyssidae 巨刺螨科

Macronyssus Kolenati 巨刺螨属

Macronyssus coreanus (Ah) 朝鲜巨刺螨

Macronyssus emeiensis Zhou, Wang *et* Wang 峨眉巨刺螨

Macronyssus flavus (Kolenati) 黄巨刺螨

Macronyssus fujianensis Zhou, Wang *et* Wang 福建巨刺螨

Macronyssus granulosus Kolenati 细粒巨刺螨

Macronyssus hongheensis Gu *et* Tao 红河巨刺螨

Macronyssus japonicus Radovsky 日本巨刺螨

Macronyssus laifengensis Wang *et* Shi 来凤巨刺螨

Macronyssus miraspinosus Gu *et* Wang 异棘巨刺螨

Macronyssus quadrispinosus Tian *et* Gu 四棘巨刺螨

Macronyssus taiyuanensis Tian *et* Gu 太原巨刺螨

Macronyssus tashanensis Li *et* Teng 塔山巨刺螨

Macronyssus tieni (Grochovskaya *et* Nguen-Xuan-Hoe) 田氏巨刺螨

Macronyssus xianduensis (Zhou, Tang *et* Wen) 鲜渡巨刺螨

Macronyssus zhijinensis Gu *et* Wang 织金巨刺螨

Macropes Motschulsky 巨股长蝽属

Macropes australis (Distant) 细巨股长蝽

Macropes bambusiphilus Zheng 竹巨股长蝽

Macropes exilis Slater *et* Wilcox 暗脉巨股长蝽

Macropes harringtonae Slater, Ashlock *et* Wilcox 小巨股长蝽

Macropes lobatus Slater, Ashlock *et* Wilcox 叶背巨股长蝽

Macropes maai Slater *et* Wilcox 黑脉巨股长蝽

Macropes major Matsumura 大巨股长蝽

Macropes monticolus Hsiao *et* Zheng 西藏巨股长蝽

Macropes obnubilus Distant 竹类巨股长蝽 bamboo chinch bug

Macropes privus Distant 台湾巨股长蝽

Macropes pronotalis Distant 黄缘巨股长蝽

Macropes raja Distant 白胫巨股长蝽

Macropes robustus Zheng *et* Zou 粗壮巨股长蝽

Macropes sinicus Zheng *et* Zou 中华巨股长蝽

Macropes spinimanus Motschulsky 刺盾巨股长蝽

Macrophya Dahlbom 大叶蜂属

Macrophya abbreviata Takeuchi 黄唇大叶蜂

Macrophya flavomaculata Cameron 黄点大叶蜂

Macrophya formosana Rohwer 蓬莱大叶蜂

Macrophya fraxina Zhou *et* Huang 白蜡大叶蜂

Macrophya koreana Takeuchi 朝鲜大叶蜂

Macrophya punctumalbum Linnaeus 欧洲白蜡大叶蜂 ash sawfly

Macrophya regia Forsius 八棱麻大叶蜂

Macrophya sanguinolenta Gmelin 黑丽大叶蜂

Macrophya tattakana Takeuchi 高山大叶蜂

Macrophya verticalis Kônow 直大叶蜂

Macropis Panzer 宽痣蜂属

Macropis hedini Alfken 斑宽痣蜂

Macroplea Samouelle 长跗水叶甲属

Macroplea japana Jacoby 长跗水叶甲

Macroplectra Hampson 须刺蛾属

Macroplectra nararia Moore 滇刺枣刺蛾 fringed nettle-grub

Macropodaphis Remaudiere *et* Davatchi 粗腿蚜属

Macropodaphis tubituberculata Zhang *et* Zhang 管瘤粗腿蚜

Macroposthonia de Man 大节片线虫属

Macroposthonia annulata de Man 具环大节片线虫

Macroposthonia antipolitana (de Guiran) 粗糙大节片线虫

Macroposthonia anura (Kirjanova) 无尾大节片线虫

Macroposthonia axestis (Fassuliotis *et* Williamson) 不光大节片线虫

Macroposthonia azania van den Berg 阿扎尼亚大节片线虫

Macroposthonia bakeri (Wu) 贝克大节片线虫

Macroposthonia basili (Jairajpuri) 巴氏大节片线虫

Macroposthonia beljaevae (Kirjanova) 贝氏大节片线虫

Macroposthonia bilaspurensis Gupta *et* Gupta 比拉斯普尔大节片线虫

Macroposthonia brevistylus (Singh *et* Khere) 短针大节片线虫

Macroposthonia britsiensis Heyns 布里茨大节片线虫

Macroposthonia caballeroi Ciddel Prado 卡巴洛大节片线虫

Macroposthonia caelata (Raski *et* Golden) 浮雕大节片线虫

Macroposthonia complexa (Jairajpuri) 复合大节片线虫

Macroposthonia coomansi de Grisse 库氏大节片线虫

Macroposthonia crassiorbus Patil *et* Khan 厚圆大节片线虫

Macroposthonia crenata (Loof) 钝齿状大节片线虫

Macroposthonia cufea Khan, Chawla *et* Saha 库费大节片线虫

Macroposthonia discus (Thorne *et* Malek) 圆盘大节片线虫

Macroposthonia divida (Raski *et* Riffle) 分叉大节片线虫

Macroposthonia douceti (Doucet) 道氏大节片线虫

Macroposthonia efficiens Kapoor 有效大节片线虫

Macroposthonia ferniae (Luc) 弗尼亚大节片线虫

Macroposthonia hemisphaericaudatus (Wu) 半球尾大节片线虫

Macroposthonia incisa (Raski *et* Golden) 锐裂大节片线虫

Macroposthonia informe (Micoletzky) 畸型大节片线虫

Macroposthonia insigne (Siddiqi) 异常大节片线虫

Macroposthonia involuta Loof 错杂大节片线虫

Macroposthonia irregularis (de Grisse) 不正规大节片线虫

Macroposthonia kralli Ivanova 克氏大节片线虫

Macroposthonia lanatae Kapoor 柔毛大节片线虫

Macroposthonia macrolobata (Jairajpuri *et* Siddiqi) 大栉大节片线虫

Macroposthonia magnifica Eroshenko *et* Nguent Vu Tkhan 巨型大节片线虫

Macroposthonia malausi Razzhivin 苹果大节片线虫

Macroposthonia maritima (de Grisse) 海滨大节片线虫

Macroposthonia maskaka Heyns 弱雄大节片线虫

Macroposthonia microdora (de Grisse) 小囊大节片线虫

Macroposthonia multiannulata Eroshenko 多环大节片线虫

Macroposthonia nainitalensis (Edward *et* Misra) 奈尼塔尔大节片线虫

Macroposthonia oachirai Khan *et al.* 奥契大节片线虫

Macroposthonia oblongatus Renubala, Dhanachand *et* Gambhir 稍长大节片线虫

Macroposthonia oostenbrinki (Loof) 奥氏大节片线虫

Macroposthonia oryzae Sharma, Edward *et* Chandrashekar

水稻大节片线虫

Macroposthonia palustris (Luc) 沼泽大节片线虫

Macroposthonia paramonovi Razzhivin 帕氏大节片线虫

Macroposthonia paraxeste Dhanachand *et* Renubala 光滑大节片线虫

Macroposthonia paronostris Deswal *et* Bajaj 异刻线大节片线虫

Macroposthonia peruensiformis de Grisse 秘鲁型大节片线虫

Macroposthonia pseudohercyniensis (de Grisse *et* Koen) 假赫西恩大节片线虫

Macroposthonia pseudosolivaga (de Grisse) 假孤游大节片线虫

Macroposthonia pulla (Kirjanova) 幼小大节片线虫

Macroposthonia quadricornis (Kirjanova) 四角大节片线虫

Macroposthonia raskiensis (de Grisse) 拉斯基大节片线虫

Macroposthonia reedi (Diab *et* Jenkins) 里氏大节片线虫

Macroposthonia rihandi (Edward, Misra *et* Singh) 里汉德大节片线虫

Macroposthonia rosae (Loof) 玫瑰大节片线虫

Macroposthonia rotundicauda (Loof) 圆尾大节片线虫

Macroposthonia rotundicaudata (Wu) 小圆尾大节片线虫

Macroposthonia rusium Khan, Chawla *et* Saha 鲁斯大节片线虫

Macroposthonia rustica (Micoletzky) 乡居大节片线虫

Macroposthonia serata Renubala, Dhanachand *et* Gambhir 塞拉特大节片线虫

Macroposthonia sicula Vovlas 西西里大节片线虫

Macroposthonia similicrenata Prado Vera 近齿状大节片线虫

Macroposthonia similis (Cobb) 相似大节片线虫

Macroposthonia solivaga (Andrássy) 孤游大节片线虫

Macroposthonia sosamossi Prado Vera 索萨莫斯大节片线虫

Macroposthonia striatellum Eroshenkko 具纹大节片线虫

Macroposthonia surinamensis (de Grisse *et* Maas) 苏里南大节片线虫

Macroposthonia taylori de Grisse *et* Loof 泰氏大节片线虫

Macroposthonia tenuiannulata (Tulaganov) 细纹大节片线虫

Macroposthonia tenuicute (Kirjanova) 薄皮大节片线虫

Macroposthonia teres (Raski) 华美大节片线虫

Macroposthonia tulaganovi (Kirjanova) 图氏大节片线虫

Macroposthonia vadensis (Loof) 瓦德大节片线虫

Macroposthonia wolgogica Choi *et* Geraert 伏尔加克大节片线虫

Macroposthonia xenoplex (Raski) 薄叶大节片线虫

Macroposthonia yapoensis (Luc) 亚坡大节片线虫

Macroposthonia yossifovichi (Krnjaic) 约氏大节片线虫

Macroposthoniidae 大节片线虫科

Macropsidae 广头叶蝉科

Macropsis Lewis 广头叶蝉属

Macropsis lusis Kuoh 绿色广头叶蝉

Macropsis prasina Boheman 柳绿广头叶蝉 green willow leafhopper

Macropulvinaria Hodgson 大绵蚧属(巨绵蚧属,巨绵蜡蚧属)

Macropulvinaria maxima (Green) 亚洲大绵蚧(巨绵蚧,平刺巨绵蜡蚧)

Macrorhyncolus Wollaston 基窝象属

Macrorrhyncha fanjingana Wu *et* Yang 梵净玛菌蚊

Macroscytus Fieber 革土蝽属

Macroscytus subaeneus (Dallas) 青草土蝽

Macroseiinae 大绥螨亚科

Macroseius Chant, Demmark *et* Baker 大绥螨属

Macrosiphinae 长管蚜亚科

Macrosiphoniella del Guercio 小长管蚜属

Macrosiphoniella brevisiphona Zhang 短小长管蚜

Macrosiphoniella flaviviridis Zhang 黄绿小长管蚜

Macrosiphoniella hokkaidensis Miyazaki 北海道小长管蚜

Macrosiphoniella huaidensis Zhang 怀德小长管蚜

Macrosiphoniella kuwayammai Takahashi 水蒿小长管蚜

Macrosiphoniella sanborni (Gillette) 菊小长管蚜 chrysanthemum aphid

Macrosiphoniella similioblonga Zhang 蒌蒿小长管蚜

Macrosiphoniella yomenae (Shinji) 鸡儿肠小长管蚜

Macrosiphoniella yomogicola Matsumura 菊艾小长管蚜

Macrosiphoniella yomogifoliae Shinji 妖小长管蚜

Macrosiphoniella zayüensis Zhang 察隅小长管蚜

Macrosiphum Passerini 长管蚜属

Macrosiphum akebiae Shinji 木通长管蚜

Macrosiphum avenae (Fabricius) 麦长管蚜

Macrosiphum clematifoliae Shinji 铁线莲长管蚜

Macrosiphum cornifoliae Shinji 来木长管蚜

Macrosiphum dismilaceti Zhang 菝葜长管蚜

Macrosiphum euphorbiae Thomas 马铃薯长管蚜 potato aphid, tomato aphid

Macrosiphum ibarae Matsumura 蔷薇绿长管蚜

Macrosiphum mordvikoi Miyazaki 毛氏长管蚜

Macrosiphum rosae (Linnaeus) 蔷薇长管蚜 rose aphid

Macrosiphum rosivorum Zhang 月季长管蚜

Macrosiphum smilacifoliae Takahashi 菝葜黑长管蚜

Macrosteles fascifrons (Stål) 二点叶蝉

Macrosteles heiseles Kuoh 黑色二叉叶蝉

Macrosteles heitiacus Kuoh 黑条二叉叶蝉

Macrosteles huangxionis Kuoh 黄胸二叉叶蝉

Macrosteles orientalis Virbaste 东方二叉叶蝉

Macrosteles quadrimaculatus (Matsumura) 四点叶蝉

Macrosteles sexnotatus Fallén 六点叶蝉

Macrostemum radiatum (MacLachlan) 透斑长角纹石蛾

Macrostigmaeus Berlese 巨长须螨属

Macrostylophora Ewing 大锥蚤属

Macrostylophora abazhouensis Liu, Liu *et* Zhai 阿坝州大锥蚤

Macrostylophora aerestesites Li, Chen *et* Wei 鼯鼠大锥蚤

Macrostylophora bispiniforma gongshanensis Gong *et* Xie 二刺形大锥蚤贡山亚种

Macrostylophora bispiniforma Li, Hsieh *et* Yang 二刺形大锥蚤

Macrostylophora congjiangensis Li *et* Huang 从江大锥蚤

Macrostylophora cuii cuii Liu, Wu *et* Yu 同高大锥蚤指名亚种

Macrostylophora cuii jiangkouensis Li *et* Huang 同高大锥蚤江口亚种

Macrostylophora euteles (Jordan *et* Rothschild) 无值大锥蚤

Macrostylophora exilia Li, Wang *et* Hsieh 纤小大锥蚤

Macrostylophora furcata Shi, Liu *et* Wu 叉形大锥蚤

Macrostylophora gansuensis Zhang *et* Ma 甘肃大锥蚤

Macrostylophora hastatus hainanensis Liu *et* Pan 矛形大锥蚤海南亚种

Macrostylophora hastatus menghaiensis Li, Wang *et* Hsieh 矛形大锥蚤勐海亚种

Macrostylophora hebeiensis Liu, Wu *et* Chang 河北大锥蚤

Macrostylophora jingdongensis Li 景东大锥蚤

Macrostylophora liae Wang 李氏大锥蚤

Macrostylophora luchunensis Huang 绿春大锥蚤

Macrostylophora microcopa Li,Chen *et* Wei 微突大锥蚤

Macrostylophora muyuensis Liu *et* Wang 木鱼大锥蚤

Macrostylophora nandanensis Li, Zeng *et* Zeng 南丹大锥蚤

Macrostylophora paoshanensis Li *et* Yan 保山大锥蚤

Macrostylophora trispinosa (Liu) 三刺大锥蚤

Macrostyylophora heishuiensis Li 黑水大锥蚤

Macrotermes Holmgren 大白蚁属

Macrotermes acrocephalus Ping 隆头大白蚁

Macrotermes annandalei (Silvestri) 土垅大白蚁

Macrotermes barneyi Light 黄翅大白蚁

Macrotermes bellicosus (Smeathman) 可可大白蚁

Macrotermes carbonarius Hagen 三叶橡胶大白蚁

Macrotermes choui Ping 周氏大白蚁

Macrotermes constrictus Ping *et* Li 缢颈大白蚁

Macrotermes declivatus Zhu 箕头大白蚁

Macrotermes denticulatus Li *et* Ping 细齿大白蚁

Macrotermes goliath Sjoestedt 非桉楝大白蚁 giant termite

Macrotermes guangxiensis Han 广西大白蚁

Macrotermes hainanensis Li *et* Ping 海南大白蚁

Macrotermes jinghongensis Ping *et* Li 景洪大白蚁

Macrotermes latinotus Zhu *et* Luo 宽胸大白蚁

Macrotermes longiceps Li *et* Ping 长头大白蚁

Macrotermes longimentis Zhu *et* Luo 长颏大白蚁

Macrotermes luokengensis Lin *et* Shi 罗坑大白蚁

Macrotermes menglongensis Han 勐龙大白蚁

Macrotermes natalensis (Haviland) 撒哈拉大白蚁

Macrotermes orthognathus Ping *et* Xu 直颚大白蚁

Macrotermes trapezoides Ping *et* Xu 梯头大白蚁

Macrotermes trimorphus Li *et* Ping 三型大白蚁

Macrotermes yunnanensis Han 云南大白蚁

Macrotermes zhejiangensis Ping *et* Dong 浙江大白蚁

Macrothele Ausserer 粒突蛛属

Macrothele guizhouensis Hu *et* Li 贵州粒突蛛

Macrothele holsti Pocock 赫氏粒突蛛

Macrothele palpator Pocock 触形粒突蛛

Macrothele simplicata (Saito) 黑毛粒突蛛

Macrothele sinensis Zhu *et* Mao 中华粒突蛛

Macrotoma crenata (Fabricius) 双胝密齿天牛

Macrotoma fisheri Waterhouse 密齿天牛

Macrotoma lansbergei Lameere 兰氏密齿天牛

Macrotoma scutellaris Germar 松密齿天牛

Macrotoma spinosa (Fabricius) 齿尾密齿天牛

Macrotuberculatus Shevtchenko 大瘤瘿螨属

Macroveliidae 大宽黾蝽科

Maculicoccus Williams 斑粉蚧属

Maculicoccus malaitensis (Ckll.) 筛孔斑粉蚧

Maculinea von Eecke 霾灰蝶属

Maculinea arion (Linnaeus) 霾灰蝶

Maculinea arionides (Staudinger) 大斑霾灰蝶

Maculinea teleia (Bergstrasser) 胡麻霾灰蝶

Maculolachnus Gaumont 斑大蚜属

Maculolachnus submacula (Walker) 蔷薇根斑大蚜 rose root aphid

Madagascaridia Nosek 马蚬属

Madagascaridia xizangensis Yin 西藏马蚬

Madremyia saundersii (Williston) 云杉色卷蛾寄蝇

Maenas Hübner 艳叶夜蛾属

Maenas salaminea (Fabricius) 艳叶夜蛾 yellow-costate leaf-like moth

Maerkelotritia Hammer 梅点三甲螨属

Magadha Distant 马颖蜡蝉属

Magadha flavisigna Distant 马颖蜡蝉

Magdalis (Germar) 大盾象属

Magdalis aenescens LeConte 古铜大盾象 bronze apple tree weevil

Magdalis alutacea LeConte 淡褐大盾象

Magdalis armicollis (Say) 红榆大盾象 red elm bark weevil

Magdalis austera Fall 厉大盾象

Magdalis barbita (Say) 黑榆大盾象 black elm bark weevil

Magdalis cuneiformis Horn 楔状大盾象

Magdalis gracilis LeConte 细大盾象

Magdalis himalayana Marshall 喜马拉雅大盾象

Magdalis hispoides LeConte 粗大盾象

Magdalis inconspicua Horn 隐大盾象

Magdalis lecontei Horn 莱氏大盾象

Magdalis perforata Horn 具孔大盾象

Magdalis proxima Fall 前基大盾象

Magicicada cassini (Fisher) 卡氏秀蝉

Magicicada septendecim (L.) 晚秀蝉(十七年蝉) periodical cicada, coque soleil

Magusa versicolora Saalmuller 尼日利亚奇魔夜蛾

Mahanta quadrilinea Moore 枯刺蛾

Maharashtracarinae Hammer 无突湿螨亚科

Mahasena Moore 墨袋蛾属

Mahasena colona Sonan 褐袋蛾

Mahasena nitobei Matsumura 泥墨袋蛾

Mahasena yuna Chao 燕墨袋蛾

Mahathaia Moore 玛灰蝶属

Mahathaia ameria (Hewitson) 玛灰蝶

Mahunkania Rack 麦蒲螨属

Mahunkania secunda Rack 次麦蒲螨

Maindroniinae 光衣鱼亚科

Majanginae 突眼螳螂亚科

Malachiidae 囊花萤科 soft-winged flower beetles

Malachius Fabricius 囊花萤属

Malachius xantholoma Kirsenwetter 黄端囊花萤 yellow-tipped melyrid

Malacoangelia Berlese 天使甲螨属

Malacoangelia remigera Berlese 浆天使甲螨

Malaconothridae 盲甲螨科

Malaconothrus Berlese 盲甲螨属

Malaconothrus pygmaeus Aoki 矮盲甲螨

Malacosoma Hübner 天幕毛虫属 tent caterpillars

Malacosoma americanum (F.) 苹天幕毛虫 eastern tent caterpillar

Malacosoma californicum (Packard) 加州天幕毛虫 western tent caterpillar

Malacosoma californicum lutescens (Neumoegen *et* Dyar) 草原天幕毛虫 prairie tent caterpillar

Malacosoma californicum pluviale (Dyar) 西加州天幕毛虫 western tent caterpillar

Malacosoma constrictum (Hy. Edwards) 太平洋天幕毛虫 Pacific tent caterpillar

Malacosoma dentata Mell 棕色天幕毛虫

Malacosoma disstria Hübner 森林天幕毛虫 forest tent caterpillar

Malacosoma incurvum (Hy. Edwards) 西南天幕毛虫 southwestern tent caterpillar

Malacosoma indica Walker 印度天幕毛虫 Indian tent caterpillar

Malacosoma insignis Lajonquiere 高山天幕毛虫

Malacosoma kirghisica Staudinger 双带天幕毛虫

Malacosoma liupa Hou 留坝天幕毛虫

Malacosoma neustria Linnaeus 见 *Malacosoma neustria testacea*

Malacosoma neustria testacea Motschulsky 黄褐天幕毛虫 common lackey moth

Malacosoma pluvialis Dyar 西部天幕毛虫 western tent caterpillar

Malacosoma rectifascia Lajonquiere 绵山天幕毛虫

Malacosoma tibetana Hou 西藏天幕毛虫

Malacosoma tigris (Dyar) 底格天幕毛虫 Sonoran tent caterpillar

Malacuncina Wehrli 危尺蛾属

Maladera Mulsant 玛绢金龟属

Maladera brunnea Linnaeus 褐玛绢金龟 brown chafer

Maladera castanea (Arrow) 栗玛绢金龟 Asiatic garden beetle

Maladera cinnabarina Brenske 朱红玛绢金龟

Maladera holosericea Scopoli 全玛绢金龟

Maladera intermixta Blatch 间玛绢金龟

Maladera japonica Motschulsky 日本玛绢金龟

Maladera orientalis (Motschulsky) 见 *Serica orientalis*

Maladera ovatula (Fairmaire) 小阔胫玛绢金龟(小阔胫鳃金龟)

Maladera renardi (Bollion) 赤褐玛绢金龟

Maladera tristis Leconte 黯淡玛绢金龟

Maladera verticalis (Fairmaire) 阔胫玛绢金龟(阔胫鳃金龟)

Malaicoccus Tak. 蚜粉蚧属

Malaicoccus formicarii Tak. 蚁窝蚜粉蚧

Malaicoccus khooi Williams 邱氏蚜粉蚧

Malaicoccus moundi Williams 孟氏蚜粉蚧

Malaicoccus riouwensis Tak. 琉球蚜粉蚧

Malaicoccus takahashii Williams 高桥蚜粉蚧

Malala Distant 盾网蝽属

Malala tuberculum Jing 小瘤盾网蝽

Malaraeus Jordan 瘴蚤属

Malaraeus andersoni ioffi (Darskaya) 安氏瘴蚤圆棘亚种

Malaraeus penicilliger angularis Tsai, Wu *et* Liu 刷状瘴蚤有角亚种

Malaraeus penicilliger penicilliger (Grube) 刷状瘴蚤指名亚种

Malaraeus penicilliger syrt Ioff 刷状瘴蚤塞特亚种

Malaraeus penicilliger vallis (Ioff) 刷状瘴蚤河谷亚种

Malaxa Melichar 马来飞虱属

Malaxa delicata Ding *et* Yang 窈窕马来飞虱

Malaxella Ding *et* Hu 小头飞虱属

Malaxella flava Ding *et* Hu 黄小头飞虱

Malaya Leicester 钩蚊属

Malaya genurostris Leicester 肘喙钩蚊

Malaya incomptas Ramalingam *et* Pillai 无纹钩蚊

Malaya jacobsoni (Edwards) 灰唇钩蚊

Malaysiocapritermes 马歪白蚁属

Malaysiocapritermes huananensis (Yu *et* Ping) 华南马歪白蚁

Malaysiocapritermes zhangfengensis Zhu, Yang *et* Huang 章凤马歪白蚁

Malcidae 束长蝽科

Malcinae 束长蝽亚科

Malcus Stål 束长蝽属

Malcus arcuatus Zheng, Zou *et* Hsiao 弧叶束长蝽

Malcus auriculatus Stys 叶尾束长蝽

Malcus dentatus Stys 角胸束长蝽

Malcus denticulatus Zheng, Zou *et* Hsiao 齿肩束长蝽

Malcus elevatus Zheng, Zou *et* Hsiao 突肩束长蝽

Malcus elongatus Stys 狭长束长蝽

Malcus flavidipes Stål 黄足束长蝽

Malcus furcatus Stys 叉尾束长蝽

Malcus gibbus Zheng, Zou *et* Hsiao 隆肩束长蝽

Malcus idoneus Horváth 狭叶束长蝽

Malcus inconspicuus Stys 瓜束长蝽(瓜长蝽)

Malcus indicus Stys 印度束长蝽

Malcus insularis Stys 台湾束长蝽

Malcus japonicus Ishihara *et* Hasegawa 日本束长蝽 mulberry bug

Malcus noduliferus Zheng, Zou *et* Hsiao 瘤突束长蝽

Malcus piceus Zheng, Zou *et* Hsiao 暗色束长蝽

Malcus setoisus Stys 长棘束长蝽

Malcus sinicus Stys 中国束长蝽

Maleuterpes Blackburn 褐象属

Maleuterpes dentipes Heller 橘褐象 leaf-feeder weevil

Maliarpha separatella Ragonot 稻粗角螟 white rice borer

Maliattha lattivita (Moore) 边俚夜蛾

Maliattha rosacea (Leech) 染俚夜蛾

Maliattha separata Walker 见 *Lithacodia separate*

Maliattha signifera (Walker) 标俚夜蛾

Maliattha vialis (Moore) 路俚夜蛾

Mallada basalis (Kimmins) 雌雄异态马草蛉

Mallada perfectus (Banks) 松柄白卵马草蛉

Mallambyx raddei Blessig 见 *Massicus raddei*

Mallinella Strand 萨弗蛛属

Mallinella hingstoni (Brignoli) 欣氏萨弗蛛

Mallococcus Maskell 马络蚧属

Mallococcus sinensis (Maskell) 中华马络蚧

Mallococcus vitecicola Young 蔓荆马络蚧

Malloderma pascoei Lacordaire 白毛天牛

Mallodon downesi Hope 可可黑光天牛

Mallophaga 食毛目 chewing lice, bird lice, biting bird lice

Malostenopsocus Li 毛狭啮虫属

Malostenopsocus cubitalis (Thornton) 径毛狭啮虫

Malostenopsocus expansus Li 阔唇毛狭啮虫

Malostenopsocus immaculatus Li 无斑毛狭啮虫

Malostenopsocus intertextus Li 叉毛狭啮虫

Malostenopsocus mucronatus Li 凸顶毛狭啮虫

Malostenopsocus parallelinervius Li 平脉毛狭啮虫

Malostenopsocus sulphurepterus Li 黄翅毛狭啮虫

Malostenopsocus yunnanicus Li 云南毛狭啮虫

Mamersa Koenike 铠水螨属

Mamersa paddicola Jin *et* Guo 稻田铠水螨

Mamersella Viets 佯盔水螨属

Mamersinae 铠水螨亚科

Mamersopsidae 棒须螨科

Mamersopsis Nordensiold 类铠水螨属

Mamestra Oschsenheimer 甘蓝夜蛾属

Mamestra brassicae (Linnaeus) 甘蓝夜蛾 cabbage armyworm

Mamestra illoba Butler 桑甘蓝夜蛾 mulberry caterpillar

Mamestra persicariae Linnaeus 甜菜甘蓝夜蛾 beet caterpillar

Mametia Matial-Ferrero 曼氏蚧属

Mametia koebeli (Green) 乌桕曼氏蚧

Mampava Ragonot 实螟属

Mampava bipunctella Ragonot 粟实螟

Manargia Meigen 白眼蝶属

Manargia epimede (Staudinger) 华北白眼蝶

Manargia ganymedes Ruhl-Heyne 甘藏白眼蝶

Manargia halimede (Ménétriès) 白眼蝶

Manargia leda Leech 华西白眼蝶

Manargia lugens Honrath 黑纱白眼蝶

Manargia meridionalis Felder 曼丽白眼蝶

Manargia montana Leech 山地白眼蝶

Manargia russiae Esper 俄罗斯白眼蝶

Manatha aethiops Hampson 烟褐阔囊袋蛾

Mandarinia Leech 丽眼蝶属

Mandarinia regalis (Leech) 蓝斑丽眼蝶

Mandibularia nigriceps Pic 红颚天牛

Mangocharis Boucek 红眼姬小蜂

Mangocharis litchii Yang *et* Luo 荔枝瘿蚊红眼姬小蜂

Mangora O.P.-Cambridge 杧果蛛属

Mangora acalypha (Walckenaer) 刺杧果蛛

Mangora angulopicta Yin *et* Wang 角斑杧果蛛

Mangora crescopicta Yin *et* Wang 新月杧果蛛

Mangora herbeoides (Boes. *et* Str.) 草杧果蛛

Mangora inconspicus Schenkel 隐杧果蛛

Mangora polypicula Yin *et* Wang 多突杧果蛛

Mangora rhombopicta Yin *et* Wang 菱斑杧果蛛

Mangora songyangensis Yin *et* Wang 松阳杧果蛛

Mangora spiculata (Hentz) 小尖杧果蛛

Mangora tschekiangensis Schenkel　浙江杞果蛛

Maniaspis Borchs.　麦片盾蚧属

Maniaspis cinnamomum Tang　桂麦片盾蚧

Maniaspis incisa (Takagi)　桢楠麦片盾蚧

Maniaspis machili (Takagi)　樟片盾蚧

Manisicola Lawrence　鲮螨属

Manitherionyssus Vitzthum　曼刺螨属

Manitherionyssus heterotarsus Vitzthum　异跗曼刺螨

Manoba fractilinea (Snellen)　裂线苔蛾

Manoba rectilinea (Snellen)　直裂线苔蛾

Manobia Jacoby　玛碧跳甲属

Manobia castanea Chen　栗褐玛碧跳甲

Manocoreus Hsiao　曼缘蝽属

Manocoreus grypidus Ren　钩曼缘蝽

Manocoreus marginatus Hsiao　边曼缘蝽

Manocoreus montanus Hsiao　川曼缘蝽

Manocoreus vulgaris Hsiao　闽曼缘蝽

Manocoreus yunnanensis Hsiao　云曼缘蝽

Mansa Tosquinet　曼姬蜂属

Mansa funerea Turner　两色曼姬蜂

Mansa longicauda Uchida　长尾曼姬蜂

Mansa tarsalis (Cameron)　黑跗曼姬蜂

Mansakia Matsumura　一条舞蚜属

Mansakia betulina Horváth　白桦一条舞蚜　Japanese white birch aphid

Mansakia shirakabae Monzen　日本曼阔蚜

Mansonia Blanchard　曼蚊属

Mansonia annulifera (Theobald)　多环曼蚊

Mansonia crassipes (Van der Wulp)　粗腿曼蚊

Mansonia dives (Schiner)　三点曼蚊

Mansonia ochracea (Theobald)　黄色曼蚊

Mansonia richiardii (Ficalbi)　环跗曼蚊

Mansonia uniformis (Theobald)　常型曼蚊

Manteinae　螳螂亚科

Mantidae　螳螂科　praying mantids

Mantidoglyphus Vitzthum　螳粉螨属

Mantis Linnaeus　螳属

Mantis religiosa (L.)　薄翅螳

Mantis religiosa sinica Bazyluk　薄翅螳中国亚种

Mantitheus Fairmaire　芜天牛属

Mantitheus pekinensis Fairmaire　芜天牛

Mantodea　螳螂目

Mantoidea　螳总科

Mantoididae　类螳科

Maraces Cameron　马姬蜂属

Maraces flavobalteata fulvipes (Cameron)　黄条马姬蜂褐足亚种

Marapana Moore　长吻夜蛾属

Marapana pulverata (Guenée)　长吻夜蛾

Marasmia Lederer　刷须野螟属

Marasmia latimarginalis Hampson　宽缘刷须野螟

Marasmia trapezalis (Guenée)　杂粮刷须野螟　maize

webworm

Marasmia venilialis Walker　水稻刷须野螟

Marchalina Vayssiere　孟绵蚧属

Marchalina caucasica Hadzibeyli　杉类孟绵蚧

Marchalina hellenica (Gennadius)　松类孟绵蚧

Marcius Stål　锤缘蝽属

Marcius inermis Hsiao　缺刺锤缘蝽

Marcius longirostris Hsiao　五刺锤缘蝽

Marcius nigrospinosus Ren　黑刺锤缘蝽

Marcius ornatulus (Distant)　曲胫锤缘蝽

Marcius sichuananus Ren　四川锤缘蝽

Marcius subinermis Blöte　贫刺锤缘蝽

Marcius trispinosus Hsiao　三刺锤缘蝽

Mardara Walker　月毒蛾属

Mardara albostriata Hampson　初月毒蛾

Mardara calligramma Walker　月毒蛾

Mardara irrorata Moore　圆月毒蛾

Mardara plagidotata (Walker)　蚀月毒蛾

Margarodes Guilding　珠蚧属

Margarodes arnebiae Arch.　见 *Porphyrophora arnebiae*

Margarodes basrahensis Jakubski　伊拉克珠蚧

Margarodes bolivari Bala.　见 *Porphyrophora polonica*

Margarodes buxtoni crithmi Goux　见 *Porphyrophora polonica*

Margarodes buxtoni madraguensis Goux　见 *Porphyrophora polonica*

Margarodes cynodontis Arch.　见 *Porphyrophora cynodontis*

Margarodes festucae Arch.　见 *Neomargarodes fsestucae*

Margarodes formicarum Guilding　蚁窝珠蚧

Margarodes hordei Rusanova　见 *Porphyrophora nuda*

Margarodes mediterraneus Silvestri　见 *Dimargarodes mediterraneus*

Margarodes niger Green　见 *Neomargarodes niger*

Margarodes nuda Arch.　见 *Porphyrophora nuda*

Margarodes odorata Arch.　见 *Porphyrophora odorata*

Margarodes papillosus (Green)　见 *Dimargarodes papillosus*

Margarodes polonica (L.)　见 *Porphyrophora polonica*

Margarodes sophorae Arch.　见 *Porphyrophora sophorae*

Margarodes tritici Bodenheimer　见 *Porphyrophora tritici*

Margarodidae　珠蚧科　margarodid scales, giant scales

Margarodinae　珠蚧亚科

Margaronia bicolor Swainson　见 *Glyphodes bicolor*

Margaronia caesalis Walker　见 *Glyphodes caesalis*

Margaronia conclusalis Walker　见 *Glyphodes conclusalis*

Margaronia hilaralis Walker　见 *Arthroschista hilaralis*

Margaronia laticostalis Guenée　见 *Palpita laticostalis*

Margaronia marginata Hampson　见 *Palpita marginata*

Margaronia marinata Fabricius 见 *Palpita marinata*

Margaronia octargyralis Hampson 见 *Glyphodes pyloalis*

Margaronia stolalis Guenée 见 *Glyphodes stolalis*

Margaronia sycina Tams 见 *Glyphodes sycina*

Margaronia vertumnalis Guenée 见 *Palpita vertumnalis*

Margaropus Karsch 巨足蜱属

Margattea inermis B.-Bienko 赭马姬蠊

Margelana Staudinger 宝夜蛾属

Margelana versicolor Staudinger 宝夜蛾

Marginitermes hubbardi (Banks) 美缘木白蚁

Margites Gahan 缘天牛属

Margites auratonotatus Pic 金斑缘天牛

Margites grisescens (Pic) 灰缘天牛

Margites luteopubens Pic 橙斑缘天牛

Margites rufipennis (Pic) 老挝缘天牛

Margites singularis (Pic) 斜沟缘天牛

Marietta Motschulsky 花翅蚜小蜂属

Marietta carnesi (Howard) 瘦柄花翅蚜小蜂

Marietta leopardina Motschulsky 豹斑花翅蚜小蜂

Marietta picta (Andr) 豹纹花翅蚜小蜂

Marilia albofurca Schmid 浅叉联脉齿角石蛾

Marilia parallela Hwang 平行联脉齿角石蛾

Mariobezziinae 长颜蜂虻亚科

Marlatiella Howard 长棒蚜小蜂属

Marlatiella prima Howard 长白蚧长棒蚜小蜂

Marmara fasciella Chamb. 横带晶岩细蛾

Maro O.P.-Cambridge 马罗蛛属

Maro sublestus Falconer 弱马罗蛛

Marpesiinae 丝蛱蝶亚科

Marpissa C.L. Koch 蝇狮蛛属

Marpissa bengalensis Tikader 孟加拉蝇狮蛛

Marpissa dybowskii Kulczynski 螺蝇狮蛛

Marpissa elongata (Karsch) 长腹蝇狮蛛

Marpissa inermis (Lendl) 依蝇狮蛛

Marpissa magister (Karsch) 纵条蝇狮蛛

Marpissa nobilis (Grube) 高尚蝇狮蛛

Marpissa pomatia (Walckenaer) 黄棕蝇狮蛛

Marpissa pulchra Proszynski 美丽蝇狮蛛

Marpissa pulla (Karsch) 横纹蝇狮蛛

Marpissa tschekiangensis (Schenkel) 浙江蝇狮蛛

Marsipococcus Cockerell 双刺蚧属

Marsipococcus iceryoides (Green) 吹绵双刺蚧

Marsipococcus marsupialis (Green) 胡椒双刺蚧

Marsipococcus tripartitus (Green) 栗色双刺蚧

Martianus Fairm. 洋虫属

Martianus dermestoides Chevr. 洋虫

Martinina Schouteden 狩蜻属

Martinina ferruginea Hsiao *et* Cheng 狩蜻

Martinina inexpectata Schouteden 深色狩蜻

Maruca Walker 豆荚野螟属

Maruca amboinalis Felder 双豆荚野螟

Maruca testulalis Geyer 豆荚野螟 bean pod borer

Marumba Moore 六点天蛾属

Marumba dyras (Walker) 椴六点天蛾

Marumba gaschkewitschi (Bremer *et* Grey) 枣桃六点天蛾

Marumba gaschkewitschii echephron Boisduval 桃六点天蛾 peach horn worm

Marumba jankowskii (Oberthüer) 菩提六点天蛾

Marumba maacki (Bremer) 黄边六点天蛾

Marumba spectabilis Butler 枇杷六点天蛾

Marumba sperchius Menentries 栗六点天蛾

Masakimyia pustulae Yukawaa *et* Sunose 卫矛玛凯瘿蚊 euonymus gall midge

Masaridinae 大胡蜂亚科

Masarygidae 蚁穴蚜蝇科

Maskellia globosa Fuller 桉球盾蚧

Maso Simon 微玛蛛属

Maso sundevalli (Westring) 小突微玛蛛

Masonaphis maxima (Mason) 嵌环牡蚜 thimbleberry aphid

Massalongia aceris Rubsaamen 欧亚槭瘿蚊

Massalongia rubra (Kieffer) 欧洲白桦瘿蚊 birch gall midge

Massepha absolutalis Walker 纯嗜野螟

Massicus raddei (Blessig) 栗山天牛 chestnut trunk borer

Massicus suffusus Gressitt *et* Rondon 老挝山天牛

Massicus theresae (Pic) 灰黄山天牛

Massicus trilineatus (Pic) 三条山天牛

Massicus trilineatus fasciatus (Masushita) 台湾山天牛

Masthermannia Berlese 乳汉甲螨属

Masthermannia hirsuta (Hartman) 毛乳汉甲螨

Masthermannia mammillaris (Berlese) 奶乳汉甲螨

Masthletinus Reuter 短翅蝽属

Masthletinus nigriventris Jakovlev 短翅蝽

Mastotermes Froggatt 澳白蚁属

Mastotermes darwiniensis Froggatt 达尔文澳白蚁

Mastotermitidae 澳白蚁科

Matapa Moore 玛弄蝶属

Matapa aria (Moore) 玛弄蝶

Matrioptila maculata (Tian *et* Li) 斑纹贯脉舌石蛾

Matrona 单脉色蟌属

Matrona basilaris basilaris Selys 透顶单脉色蟌

Matrona basilaris nigripectus Selys 褐单脉色蟌

Matrona oberthuri McLachlan 蓝单脉色蟌

Matsucoccus Cockerell 松干蚧属

Matsucoccus acalyptus Herbert 棘松干蚧 pinon needle scale

Matsucoccus alabamae Morrison 阿尔伯玛松干蚧

Matsucoccus bisetosus Morrison 西黄松松干蚧 ponderosa pine twig scale

Matsucoccus boratynskii Bodenheimer *et* Neumark 苏联松干蚧

Matsucoccus californicus Morrison 加州松干蚧

Matsucoccus dahuriensis Hu *et* Hu 樟子松干蚧

Matsucoccus degeneratus Morrison 蜕变松干蚧

Matsucoccus eduli Morrison 埃氏松干蚧

Matsucoccus fasciculensis Herbert 针束松干蚧 needle fascicle scale

Matsucoccus gallicola Morrison 瘿栖松干蚧 pine twig gall scale

Matsucoccus insignis Borchs. 见 *Matsucoccus boratynskii*

Matsucoccus josephi Bodenheimer *et* Harpaz 以色列松干蚧

Matsucoccus koraiensis Young *et* Hu 海松干蚧

Matsucoccus liaoningensis Tang 辽宁松干蚧

Matsucoccus macrocicatrices Richards 美国白松松干蚧 white pine scale

Matsucoccus massonianae Young *et* Hu 马尾松松干蚧

Matsucoccus matsumurae (Kuwana) 黑松松干蚧 pine bark scale

Matsucoccus monophyllae McKenzie 单叶松干蚧

Matsucoccus mugo Siewniak 德国松干蚧

Matsucoccus paucicicatrices Morrison 糖松松干蚧 sugar pine scale

Matsucoccus pini Green 英国松干蚧

Matsucoccus resinosae Bean *et* Godwin 红松松干蚧 red-pine scale

Matsucoccus secretus Morrison 泌松干蚧

Matsucoccus shennongjiaensis Young *et* Lu 神农松干蚧

Matsucoccus sinensis Chen 中华松干蚧

Matsucoccus thunbergianae Miller *et* Park 见 *Matsucoccus matsumurae*

Matsucoccus vexillorum Morrison 黄松松干蚧 prescott scale

Matsucoccus yunnanensis Ferris 云南松干蚧

Matsucoccus yunnansonsaus Young *et* Hu 松梢松干蚧

Matsumuraeses Issiki 豆小卷蛾属

Matsumuraeses azukivora Matsumura 日豆小卷蛾(小豆小卷蛾) Adzuki bean podworm

Matsumuraeses falcana (Walsingham) 川豆小卷蛾

Matsumuraeses phaseoli (Matsumura) 豆小卷蛾 soybean podworm

Matsumuraja Schumacher 指瘤蚜属

Matsumuraja rubifoliae Takahashi 悬钩指瘤蚜 southern rubus aphid

Mattiphus Amyot *et* Serville 玛蝽属

Mattiphus minutus Blöte 狭玛蝽

Mattiphus splendidus Distant 玛蝽

Matutinus Distant 条背飞虱属

Matutinus baijis Kuoh 白脊条背飞虱

Matutinus yanchinus Kuoh 烟翅条背飞虱

Maurilia Möschler 摩夜蛾属

Maurilia iconica (Walker) 栗摩夜蛾

Maurilia phaea Hampson 榄仁树摩夜蛾

Maxates Moore 锯翅青尺蛾属

Maxillodens Zhu *et* Zhou 颚齿蛛属

Maxillodens flagellatus Zhu *et* Zhou 鞭状颚齿蛛

Maxudeinae 翼巢沫蝉亚科

Mayetiola destructor (Say) 小麦瘿蚊(麦蝇蚊) Hessian fly

Mayetiola piceae (Felt) 云杉喙瘿蚊 spruce gall midge

Mayetiola rigidae (Osten Sacken) 柳喙瘿蚊 willow beaked-gall midge

Mayetiola thujae (Hedlin) 崖柏喙瘿蚊

Mayetiola ulmi (Beutenmuller) 榆喙瘿蚊 elm gall midge

Mealia Trouessart 寄生粉螨属

Meandrusa Moore 钩凤蝶属

Meandrusa payeni (Boisduval) 钩凤蝶

Meandrusa sciron (Leech) 褐钩凤蝶

Meata Zabka 杯蛛属

Meata fungiformis Xiao *et* Yin 磨菇杯蛛

Mecidea Dallas 窄蝽属

Mecidea indica Dallsa 窄蝽

Mecistoscolis scitetoides Reuter 篁盲蝽

Mecocerus Schoenherr 腹凸长角象属

Mecocnemis Hsiao 昧缘蝽属

Mecocnemis scutellaris Hsiao 昧缘蝽

Mecocorynus loripes Chevrolat 槚如树长棒象 cashew weevil

Mecodina Guenée 薄夜蛾属

Mecodina cineracea (Butler) 灰薄夜蛾

Mecodina costimacula Leech 缘斑薄夜蛾

Mecodina subcostalis (Walker) 大斑薄夜蛾

Mecodina subviolacea (Butler) 紫灰薄夜蛾

Mecopoda Audinet-Serville 纺织娘属(点翅螽属)

Mecopoda elongata Linnaeus 纺织娘(蔗点翅螽)

Mecoprosopus Chûj 长头负泥虫属

Mecoprosopus minor (Pic) 长头负泥虫

Mecoptera 长翅目 scorpionflies

Mecopus bispinosu Weber 长脚象

Mecorropis kyushuensis (Nakane) 九州长角象

Mecostethus Fieber 沼泽蝗属

Mecostethus angustatus Zhang 细沼泽蝗

Mecostethus grossus (L.) 沼泽蝗

Mecostethus magister Rehn 黑尾沼泽蝗

Mecotropis Lacordaire 灰斑长角象属

Mecyna Guenée 伸喙野螟属

Mecyna gilvata Fabricius 黄伸喙野螟

Mecyna gracilis Butler 贯众伸喙野螟

Mecynargus Kulczynski 峭突蛛属

Mecynargus tungusicus (Eskov) 长白峭突蛛

Mecynippus pubicornis Bates 械毛角天牛 maple longicorn beetle

Mecyslobus Reitter 茎长足象属

Mecyslobus arcuatus Boheman 花生长足象 peanut stem

borer weevil

Mecysmoderes fulvus Roelofs 褐黄伸长象

Mecysolobus erro Pascoe 见 *Alcidodes erro*

Medama Matsumura 毛眼毒蛾属

Medama diplaga (Hampson) 毛眼毒蛾

Medama emeiensis Chao 峨眉毛眼毒蛾

Medasina Moore 蛮尺蛾属

Medasina albidaria Walker 白蛮尺蛾

Medasina amelina Wehrli 蛮尺蛾

Medasina basistrigaria (Moore) 凸翅蛮尺蛾

Medasina corticaria (Leech) 默蛮尺蛾

Medasina creataria (Guenée) 宏蛮尺蛾

Medasina differens Warren 花蛮尺蛾

Medasina fimilinea Prout 固蛮尺蛾

Medasina mauraria (Guenée) 皂蛮尺蛾

Medasina similis Moore 同蛮尺蛾

Medeterinae 非洲长足虻亚科

Medina Robineau-Desvoidy 麦寄蝇属

Medina collaris Fallén 宽颜麦寄蝇

Mediococcus Kir. 垫粉蚧属

Mediococcus circumscriptus Kir. 蓼树垫粉蚧

Mediolata G. Canestrini 中侧螨属

Medythia Jacoby 麦萤叶甲属

Medythia nigrobilineata (Motschulsky) 黑条麦萤叶甲

Meenoplidae 脉蜡蝉科

Meenoplinae 脉腊蝉亚科

Megabeleses liriodendrovorax Xiao 鹅掌楸巨刺叶蜂

Megabiston plumosaria Leech 茶槽尺蛾 tea geometrid

Megabothris Jordan 巨槽蚤属

Megabothris advenarius advenarius (Wagner) 新来巨槽蚤指名亚种

Megabothris advenarius mantchuricus Dou *et* Ji 新来巨槽蚤东北亚种

Megabothris calcarifer (Wagner) 具刺巨槽蚤

Megabothris rectangulatus (Wahlgren) 直角巨槽蚤

Megabothris rhipisoides Li *et* Wang 扇形巨槽蚤

Megabothris sinensis Dou *et* Ji 中华巨槽蚤

Megabothris taiganus (Scalon) 泰加巨槽蚤

Megacanthaspis Takagi 耙盾蚧属

Megacanthaspis actinodaphnes Takagi 肉楠耙盾蚧

Megacanthaspis leucaspis Takagi 台湾耙盾蚧

Megacanthaspis litseae Takagi 木姜耙盾蚧

Megacanthaspis phoebia (Tang) 紫楠耙盾蚧

Megacanthaspis sinensis (Tang) 中国耙盾蚧

Megachile Latreille 切叶蜂属

Megachile chinensis Radoszkowskyi 中国切叶蜂

Megachile conjunctiformis Yasumat 平唇切叶蜂

Megachile dinura Cockerell 双叶切叶蜂

Megachile disjuncta Fabricius 小突切叶蜂

Megachile disjunctiformis Cockerell 拟小突切叶蜂

Megachile faceta Bingham 条切叶蜂

Megachile frontalis Fabricius 额切叶蜂

Megachile japonica Alfken 日本切叶蜂

Megachile monticola Smith 丘切叶蜂

Megachile nipponica Cockerell 蔷薇切叶蜂 rose leaf-cutter

Megachile pseudomonticola Hedicke 拟丘切叶蜂

Megachile remota Smith 淡翅切叶蜂

Megachile sculpturalis Smith 粗切叶蜂

Megachile spissula Cockerell 细切叶蜂

Megachilidae 切叶蜂科 leafcutting bees, leafcutters

Megacoelum relatum Distant 豆盲蝽

Megacopta Hsiao *et* Jen 豆龟蝽属

Megacopta bicolor Hsiao *et* Jen 花豆龟蝽

Megacopta bituminata (Montandon) 双峰豆龟蝽

Megacopta caliginosa (Montandon) 暗豆龟蝽

Megacopta callosa (Yang) 斑疤豆龟蝽

Megacopta centronubila (Yang) 中云豆龟蝽

Megacopta centrosignatum (Yang) 中痣豆龟蝽

Megacopta cribraria (Fabricius) 筛豆龟蝽

Megacopta cribriella Hsiao *et* Jen 小筛豆龟蝽

Megacopta cycloceps Hsiao *et* Jen 圆头豆龟蝽

Megacopta dinghushana Chen 鼎湖豆龟蝽

Megacopta distanti (Montandon) 狄豆龟蝽

Megacopta fimbriata (Distant) 镶边豆龟蝽

Megacopta horvathi (Montandon) 和豆龟蝽

Megacopta hui (Yang) 胡豆龟蝽

Megacopta laeviventris Hsiao *et* Jen 光腹豆龟蝽

Megacopta liniola Hsiao *et* Jen 线背豆龟蝽

Megacopta lobata (Walker) 坎肩豆龟蝽

Megacopta majuscula Hsiao *et* Jen 巨豆龟蝽

Megacopta rotunda Hsiao *et* Jen 圆豆龟蝽

Megacopta subsolitare (Yang) 小黄豆龟蝽

Megacopta tubercula Hsiao *et* Jen 突尾豆龟蝽

Megacopta verrucosa (Montandon) 天花豆龟蝽

Megacopta w (Montand) 黑斑龟蝽

Megacyllene antennata (White) 牧豆树黄带蜂天牛 mesquite borer

Megacyllene caryae (Gahan) 厚垫黄带蜂天牛 painted hickory borer

Megacyllene robiniae (Forst.) 刺槐黄带蜂天牛 locust borer

Megalestes Selys 绿综蟌属

Megalestes chengi Chao 褐腹绿综蟌

Megalestes distans Needham 褐尾绿综蟌

Megalestes heros Needham 黄腹绿综蟌

Megalestes maai Chen 黄尾绿综蟌

Megalestes micans Needham 细腹绿综蟌

Megaliphis Willmann 大伊螨属

Megalocaria diladata (Fab.) 见 *Anisolemnia dilatata*

Megalocaria reichii pearsoni (Crotch) 见 *Anisolemnia pearsoni*

Megalocelaenopsidae 大黑面螨科

Megalocryptes Takahashi 闭尾蚧属

Megalocryptes buteae Tak. 紫铆闭尾蚧

Megaloctena Warren 硕夜蛾属

Megaloctena mandarina Leech 硕夜蛾

Megalodontes Latreille 广背叶蜂属

Megalodontes coreensis Takeu. 朝鲜广背叶蜂

Megalodontes nitidus Maa 辉胸广背叶蜂

Megalodontes sibiriensis Rohwer 西伯广背叶蜂

Megalodontes spiraeae Klug 旋纹广背叶蜂

Megalodontidae 广背叶蜂科

Megalodontoidea 广背叶蜂总科

Megalognatha aenea Laboissière 紫铜广背叶甲

Megalognatha rufiventris Baly 黍色广背叶甲 maize tassel beetle

Megalogomphus Campion 硕春蜓属

Megalogomphus sommeri (Selys) 萨默硕春蜓

Megalolaelaps Berlese 大厉螨属

Megalomya Uchida 角突姬蜂属

Megalomya emeishanensis He 峨眉角突姬蜂

Megalomya hepialivora He 蝙蛾角突姬蜂

Megalomya townesi He 汤氏角突姬蜂

Megalonotus chiragera (Fabricius) 黑胸巨长蝽

Megalophasma Bi 壮蟾属

Megalophasma granulata Bi 颗粒壮蟾

Megalopodinae 距甲亚科

Megaloptera 广翅目 alderflies, fishflies, dobsonflies, humpbacked flies, sialids

Megalopyge Hübner 绒蛾属

Megalopyge crispata (Packard) 皱绒蛾 crinkled flannel moth

Megalopyge opercularis (J. E. Smith) 美绒蛾 puss caterpillar

Megalopygidae 绒蛾科 flannel moths

Megalotocepheus Aoki 大头角甲螨属

Megalotomus Fieber 长缘蝽属

Megalotomus castaneus Reuter 棕长缘蝽

Megalotomus junceus (Scopoli) 黑长缘蝽

Megalotomus ornaticeps (Stål) 赭长缘蝽

Megalotomus zaitzevi Kerzhner 黄长缘蝽

Megaloxantha Kerremans 硕黄吉丁属

Megaloxantha hainana Yang et Xie 海南硕黄吉丁

Megaloxantha laodiana Yang et Xie 罗甸硕黄吉丁

Megalurothrips distalis (Karny) 端大蓟马

Megalurothrips grisbrunnens Feng, Zhou et Li 灰褐大蓟马

Megalyridae 巨蜂科

Megamerinidae 刺股蝇科 slender flies

Megametopon Alphéraky 铲尺蛾属

Meganda mandschuriana Oberthüer 日本巨安瘤蛾

Meganephria Hübner 巨冬夜蛾属

Meganephria tancrei (Graeser) 摊巨冬夜蛾

Meganoton Boisduval 大背天蛾属

Meganoton analis (Felder) 大背天蛾

Meganoton increta Walker 泌大背天蛾

Meganoton nyctiphanes (Walker) 马鞭草大背天蛾

Megaphasma denticrus (Stål.) 具齿巨棒蟾 giant walkingstick

Megaphragma Timberlake 缨翅赤眼蜂属

Megaphragma decochaetum Lin 十毛缨翅赤眼蜂

Megaphragma deflectum Lin 斜索缨翅赤眼蜂

Megaphragma polychaetum Lin 多毛缨翅赤眼蜂

Megapis Ashmead 巨蜜蜂属

Megapis dorsata Fabricius 排蜂

Megapodagriidae 山蟌科

Megapulvinaria Young 见 *Macropulvinaria* Hodgson

Megapulvinaria maxima (Green) 见 *Macropulvinaria maxima*

Megarhyssa Ashmead 马尾姬蜂属

Megarhyssa jezoensis (Matsumura) 北海道马尾姬蜂

Megarhyssa nortoni (Cresson) 诺顿马尾姬蜂

Megarhyssa perlata (Christ) 完马尾姬蜂

Megarhyssa praecellens superbiens (Morley) 斑翅马尾姬蜂

Megarrhamphus Bergroth 梭蝽属

Megarrhamphus hastatus (Fabricius) 梭蝽

Megarrhamphus truncatus (Westwood) 平尾梭蝽

Megascelidae 美洲叶甲科

Megaselia matsutakei Sasaki 玛氏松蚤蝇 pine agaric humpbacked fly

Megasemum asperum (LeConte) 凹凸大黑天牛

Megasemum quadricostulatum Kraatz 大黑天牛 large black longicorn

Megashachia brunnea Cai 棕魁舟蛾

Megastigmus Dalman 大痣小蜂属

Megastigmus aculeatus Swederus 蔷薇大痣小蜂 rose torymid

Megastigmus albifrons Walker 黄松大痣小蜂 pine seed chalcid

Megastigmus borriesi Crosby 日本冷杉大痣小蜂 abies torymid

Megastigmus cryptomeriae Yano 柳杉大痣小蜂 cryptomeria torymid

Megastigmus cupressi Mathur 柏木大痣小蜂 cypress seed fly

Megastigmus inamurae Yano 日本落叶松大痣小蜂 larch torymid

Megastigmus laricis Marcovitch 落叶松大痣小蜂

Megastigmus lasiocarpae Crosby 温哥华冷杉大痣小蜂

Megastigmus milleri Milliron 巨冷杉大痣小蜂

Megastigmus piceae Rohwer 云杉大痣小蜂 spruce seed chalcid

Megastigmus pinus Parfitt 冷杉大痣小蜂 fir seed fly, fir seed chalcid

Megastigmus rafni Hoffmeyer 科罗拉多白冷杉大痣小蜂

Megastigmus sabinae Xu et He　圆柏大痣小蜂

Megastigmus schimitscheki Novitsky　塞浦路斯雪松大痣小蜂　cedar seed fly

Megastigmus somaliensis Hussey　非洲圆柏大痣小蜂

Megastigmus specularis Walley　胶冷杉大痣小蜂　balsam fir seed fly

Megastigmus spermotrophus Wachtl　黄杉大痣小蜂　Douglas fir seed chalcid

Megastigmus strobilobius Ratzeburg　云杉冷杉大痣小蜂　spruce seed fly

Megastigmus thuyopsis Yano　丝柏大痣小蜂　thuja torymid

Megastigmus tsugae Crosby　铁杉大痣小蜂

Megastis Guenée　大暗斑螟属

Megastis grandalis Guenée　甘薯暗斑螟　sweetpotato stem borer

Megathoracipsylla Liu, Liu et Zhang　巨胸蚤属

Megathoracipsylla pentagonia Liu, Liu et Zhang　五角巨胸蚤

Megathripidae　大蓟马科

Megathrips Targioni-Tozzetti　大蓟马属

Megathrips lativentris (Heeger)　宽腹大蓟马

Megatoma Herbst　长棒皮蠹属

Megatominae　长棒皮蠹亚科

Megatomostethus Takeuchi　大片胸叶蜂属

Megatomostethus crassicornis (Rohwer)　粗角大片胸叶蜂

Megatomostethus maculatus Togashi　斑翅大片胸叶蜂

Megatomostethus maurus Rohwer　暗色大片胸叶蜂

Megatrioza hirsuta Crawford　多毛巨胸木虱

Megatropis Muir　美袖蜡蝉属

Megatropis formosanus (Matsumura)　台湾美袖蜡蝉

Megaxyela Ashmead　大长节叶蜂属

Megaxyela gigantea Mocs.　巨大长节叶蜂

Megcanthaspis langtangana Takagi　桢楠耙盾蚧

Megeremaeidae　大龙骨甲螨科

Megeremaeus Woolley et Higgins　大龙骨甲螨属

Megisba Moore　美姬灰蝶属

Megisba malaya (Horsfield)　美姬灰蝶

Megisthanidae　巨寄螨科

Megisthanoidea　巨寄螨总科

Megisthanus Thorell　巨寄螨属

Megisthanus floridanus Banks　佛州巨寄螨

Megninietta Jacot　麦尼螨属

Megophthrombium welleotyi Mollen et al.　韦氏大眼绒螨

Megophyra Emden　巨黑蝇属

Megophyra biseta Ma et Cui　二鬃巨黑蝇

Megophyra multisetosa Shinonaga　多毛巨黑蝇

Megophyra simpliceps Emden　简头巨黑蝇

Megophyra subpenicillata Ma et Feng　亚毛巨黑蝇

Megopis Serville　薄翅天牛属

Megopis costipennis White　脊薄翅天牛

Megopis maculosa (Thomson)　褐斑薄翅天牛

Megopis marginalis (Fabricius)　毛角薄翅天牛

Megopis procera Passcoe　方胸薄翅天牛

Megopis severini Lameere　申氏褐斑薄翅天牛

Megopis sinica hainanensis (Gahan)　海南薄翅天牛

Megopis sinica ornaticollis (White)　隐脊薄翅天牛

Megopis sinica White　薄翅天牛

Megopis tibiale White　刺胸薄翅天牛

Megopis tibialis White　松薄翅天牛

Megoura Buckton　修尾蚜属

Megoura crassicauda Mordvilko　瘤突修尾蚜

Megoura japonica (Matsumura)　豌豆修尾蚜

Megoura lespedezae (Essig et Kuwana)　胡枝子修尾蚜

Megoura viciae Buckton　巢菜修尾蚜　vetch aphid

Megymenum Laporte　瓜蝽属

Megymenum brevicornis (Fabricius)　短角瓜蝽

Megymenum gracilicorne Dallas　细角瓜蝽

Megymenum inerme (Herrich et Schäffer)　无刺瓜蝽

Megymenum tauriformis Distant　牡牛瓜蝽

Meigenia Robineau-Desvoidy　美根寄蝇属

Meigenia grandigena Pandelle　杂色美根寄蝇

Meigenia majuscula Rondani　大型美根寄蝇

Meimuna Distant　寒蝉属

Meimuna choui Lei　周氏寒蝉

Meimuna durga (Distant)　突片寒蝉

Meimuna gamameda (Distant)　大腹寒蝉

Meimuna microdon (Walker)　窄瓣寒蝉

Meimuna subviridissima Distant　中钩寒蝉

Meimuna tavoyana (Distant)　尖瓣寒蝉

Meioneta Hull　侏儒蛛属

Meioneta beata (O.P.-Cambridge)　兴旺侏儒蛛

Meioneta bialata Tao, Li et Zhu　焰侏儒蛛

Meioneta dactylis Tao, Li et Zhu　指爪侏儒蛛

Meioneta decurvis Tao, Li et Zhu　扭曲侏儒蛛

Meioneta falcata Li et Zhu　镰侏儒蛛

Meioneta mollis (O.P.-Cambridge)　弱侏儒蛛

Meioneta nigra Oi　黑侏儒蛛

Meioneta palustris Li et Zhu　沼泽侏儒蛛

Meioneta rurestris (C.L.Kock)　乡间侏儒蛛

Meioneta unicornis Tao, Li et Zhu　单角侏儒蛛

Meitanaphis Tsai et Tang　湄潭蚜属

Meitanaphis elongallis Tsai et Tang　小铁枣倍蚜

Meitanaphis flavogallis Tang　黄毛小铁枣倍蚜

Mekongia gregoryi Uv.　格湄公蝗

Mekongia kingdoni Uv.　金湄公蝗

Mekongia wardi Uv.　瓦迪湄公蝗

Mekongiana Uvarov　湄公蝗属

Mekongiana gregoryi (Uvarov)　戈弓湄公蝗

Mekongiella Kevan　澜沧蝗属

Mekongiella kingdoni (Uv.)　金澜沧蝗

Mekongiella pleurodilata Yin　扩胸澜沧蝗

Mekongiella rufitibia Yin　红胫澜沧蝗

Mekongiella wardi (Uv.) 瓦澜沧蝗

Mekongiella xizangensis Yin 西藏澜沧蝗

Mekongiellinae 澜沧蝗亚科

Melalgus batillum Lesne 锥弥长蠹

Melalgus confertus (LeConte) 大叶槭长蠹

Melamphaus Stål 绒红蝽属

Melamphaus faber (Fabricius) 绒红蝽

Melamphaus rubrocinctus (Stål) 艳绒红蝽

Melampsalta Amyot 蛴蝉属

Melampsalta chaharensis Kato 萨蛴蝉

Melampsalta cingulata Fabricius 柏蛴蝉

Melanaema venata Butler 黑脉弥苔蛾

Melanagromyza koizumii Kato 豆尖潜蝇 soybean top miner

Melanagromyza sojae Zehntner 豆秆黑潜蝇 soybean stem miner

Melanagromyza tokunagai Sasakawa 兰花秆潜蝇 orchid stem miner

Melanaphis van der Goot 色蚜属

Melanaphis bambusae (Fullaway) 竹色蚜

Melanaspis Cockerell 黑圆盾蚧属

Melanaspis bromiliae Leonardi 日黑圆盾蚧

Melanaspis obscura (Comstock) 栎美盾蚧 obscure scale

Melanaspis smilacis (Comstock) 菝葜黑圆盾蚧 Smilax scale

Melanaspis tenebricosa (Comstock) 幽美盾蚧 gloomy scale

Melanauster beryllinus Hope 铍栎黑天牛

Melanauster chinensis Förster 见 *Anoplophora chinensis*

Melanchra insignis Walker 见 *Graphania insignis*

Melanchra mutans Walker 见 *Graphania mutans*

Melanchra persicariae (Linnaeus) 白肾灰夜蛾

Melanchra ustistriga Walker 见 *Graphania ustistriga*

Melandrya harbata Fabricius 虬犄长朽木甲

Melandrya Fabricius 长朽木甲属

Melandryidae 长朽木甲科

Melanesthes Lacord. 漠潜属

Melanesthes bielewskii Kaszab 毕氏漠潜

Melanesthes csikii Kaszab 希氏蒙漠潜

Melanesthes desertora Ren 荒漠潜

Melanesthes jintaiensis Ren 景泰漠潜

Melanesthes lingwuensis Ren 灵武漠潜

Melanesthes maowusuensis Ren 毛乌素漠潜

Melanesthes mongolica Csiki 蒙古漠潜

Melanesthes unddentata Ren 波齿漠潜

Melangyna Verrall 美蓝食蚜蝇属

Melangyna barbifrons (Fallén) 亮盾美蓝食蚜蝇

Melangyna guttata (Fallén) 斑盾美蓝食蚜蝇

Melangyna lasiophthalma (Zetterstedt) 暗盾美蓝食蚜蝇

Melanitinae 暮眼蝶亚科

Melanitis Fabricius 暮眼蝶属

Melanitis leda (Linnaeus) 暮眼蝶 common evening brown

Melanitis phedima Cramer 睇暮眼蝶

Melanitis zitenius Herbst 黄带暮眼蝶

Melanocoryphus Stål 黑头长蝽属

Melanocoryphus kerzhneri Josifov 克黑头长蝽

Melanogromyza schineri Giraud 杨柳潜叶蝇 poplar twig gall fly, poplar pith-ray miner

Melanolestes picipes (H.-S.) 美黑突猎蝽

Melanolophia imitata (Walker) 绿条森林尺蛾 green-striped forest looper

Melanophara Stål 墨蝽属

Melanophara dentata Haglund 墨蝽

Melanophila Eschs. 木吉丁属

Melanophila californica Van Dyke 加州扁头木吉丁 California flatheaded borer

Melanophila consputa LeConte 煤色木吉丁 charcoal beetle

Melanophila drummondi (Kirby) 冷杉扁头木吉丁 flat-headed fir borer

Melanophila fulvoguttata (Harris) 东部冷杉木吉丁 hemlock borer

Melanophila gentilis LeConte 扁头木吉丁 flatheaded pine borer

Melanophila occidentalis Obenberger 偶木吉丁

Melanophila picta Pallas 杨十斑吉丁

Melanophila pini-edulis Burke 松扁头木吉丁 flat-headed pinon borer

Melanoplus Stål 黑蝗属

Melanoplus bivittatus (Say) 双带黑蝗 two-striped grass-hopper

Melanoplus bruneri Scudder 褐黑蝗

Melanoplus devastator Scudder 赤地黑蝗 devastating grasshopper

Melanoplus differentialis (Thos.) 异黑蝗 differential grasshopper

Melanoplus femurrubrum (DeG.) 赤胫黑蝗 red-legged grasshopper

Melanoplus frigidus (Boh.) 北极黑蝗

Melanoplus punctulatus (Scudd.) 点黑蝗

Melanoplus sanguinipes (Fabricius) 血黑蝗 migratory grasshopper

Melanopsacus Jordan 角胸长角象属

Melanostoma Schiner 墨食蚜蝇属

Melanostoma mellinum (Linnaeus) 斜斑墨食蚜蝇

Melanostoma scalare (Fabricius) 梯斑墨食蚜蝇

Melanothripidae 黑蓟马科

Melanotrichia acclivopennis (Hwang) 凸翼基翅剑石蛾

Melanotus Erichson 梳爪叩甲属

Melanotus annosus Candeze 褐角梳爪叩甲

Melanotus cete Candeze 四特梳爪叩甲

Melanotus erythropygus Candeze 小花梳爪叩甲

Melanotus fortnumi Candeze 红薯梳爪叩甲 sweetpotato

wireworm

Melanotus legatus Candeze 角梳爪叩甲

Melanotus senilis Candeze 阔胸梳爪叩甲

Melanotus tamsuyensis Bates 蔗梳爪叩甲 sugarcane wireworm

Melanoxanterium Schouteden 见 *Pterocomma* Buckton

Melanozetes Hull 黑尖棱甲螨属

Melanozetes meridianus Sellnick 中黑尖棱甲螨

Melanthia Duponchel 黑岛尺蛾属

Melanthia catenaria (Moore) 链黑岛尺蛾

Melanthia dentistrigata (Warren) 凸纹黑岛尺蛾

Melanthia exquisita (Warren) 五彩黑岛尺蛾

Melanthia postalbaria (Leech) 平纹黑岛尺蛾

Melanthia procellata (Denis *et* Schaffmuller) 黑岛尺蛾

Melaphis Walsh 梧蚜属

Melaphis chinensis Bell 见 *Schlechtendalia chinensis*

Melaphis intermedius Matsumura 盐肤木梧蚜

Melaphis paitan Tsai *et* Tang 梧蛋蚜

Melasidae 见 Eucnemidae

Melasina energa Meyrick 木麻黄谷蛾

Melasoma keniae Bryant 见 *Chrysomela keniae*

Melasoma populi Linnaeus 见 *Chrysomela populi*

Melasomida californica Rogers 加州柳青叶甲 California willow beetle

Melecta Latreille 毛斑蜂属

Melecta chinensis Cockerell 中国毛斑蜂

Melegena cyanea Pascoe 蓝棒缒腿瘦天牛

Melegena diversipes Pic 红角缒腿瘦天牛

Melegena fulva Pu 褐锤腿瘦天牛

Meleoma (Tauber) 旱草蛉属

Meleoma dolicharthra (Navás) 蚜旱草蛉

Meleoma emuncta (Fitch) 抗蚁旱草蛉

Meleoma schwarzi (Banks) 施氏旱草蛉

Meleoma signoretti Fitch 泰加林南缘旱草蛉

Melichares Hering 密卡螨属

Melichares agilis Hering 快密卡螨

Melicharia Kirkaldy 美蛾蜡蝉属

Melicharia huangi Chou *et* Lu 黄氏美蛾蜡蝉

Meligethes Stephens 菜花露尾甲属 blossom beetles, rape beetles

Meligethes seneus Fabricius 油菜露尾甲 pollen beetle

Melinda Robineau-Desvoidy 蜗蝇属

Melinda cognata (Meigen) 宽叶蜗蝇

Melinda dasysternita Chen, Deng *et* Fan 毛腹蜗蝇

Melinda gentilis Robineau-Desvoidy 锥叶蜗蝇

Melinda gibbosa Chen, Deng *et* Fan 驼叶蜗蝇

Melinda gonggashanensis Chen *et* Fan 贡嘎山蜗蝇

Melinda io (Kurahashi) 钝叶蜗蝇

Melinda maai Kurahashi 闽北蜗蝇

Melinda nigra (Kurahashi) 黑蜗蝇

Melinda nigrella Chen, Li *et* Zhang 小黑蜗蝇

Melinda septentrionalis Xue 北方蜗蝇

Meliniella Suwa 拟缘花蝇属

Meliniella bisinuata (Tiensuu) 双曲拟缘花蝇

Meliniella griseifrons (Séguy) 凹凸拟缘花蝇

Meliniella spatuliforceps Fan *et* Chu 匙叶拟缘花蝇

Meliponaspis Vitzthum 蜂盾螨属

Melisandra foveifrons Thomson 勿忘草叶蜂

Meliscaeva Frey 准带食蚜蝇属

Melisomimas metallica Hampson 雨树斑蛾

Melissopus latiferreanus (Walsingham) 榛小卷蛾 filbertworm

Melitaea Fabricius 网蛱蝶属

Melitaea agar Oberthüer 菌网蛱蝶

Melitaea bellona Leech 兰网蛱蝶

Melitaea cinxia (Linnaeus) 庆网蛱蝶

Melitaea diamina Lang 网蛱蝶

Melitaea didyma Esper 狄网蛱蝶

Melitaea didymoides Eversmann 斑网蛱蝶

Melitaea jezabel Oberthüer 黑网蛱蝶

Melitaea pallas Staudinger 颧网蛱蝶

Melitaea romanovi Grum-Grshimailo 罗网蛱蝶

Melitaea scotosia Butler 大网蛱蝶

Melitaea yuenty Oberthüer 圆翅网蛱蝶

Melitidae 准蜂科

Melitta Kirby 准蜂属

Melitta sibirica F. Morawitz 西伯利亚准蜂

Melitta thoracica Radoszkowskyi 黄胸准蜂

Melittiphis Berlese 蜂伊螨属

Melittiphis alvearius Berlese 巢蜂伊螨

Melittomma sericeum (Harr.) 栗筒蠹 chestnut timberworm

Melitturga Latreille 拟地蜂属

Melitturga mongolica (Alfken) 蒙古拟地蜂

Melixanthus Suffrian 齿爪叶甲属

Melixanthus birmanicus (Jacoby) 水柳齿爪叶甲

Melixanthus moupinensis (Gressitt) 凹股齿爪叶甲

Melixanthus subsimulans (Chen) 涡盾齿爪叶甲

Mellicta Billberg 蜜蛱蝶属

Mellicta athalia (Rottemburg) 黄蜜蛱蝶

Mellicta dictynna Esper 网纹蜜蛱蝶

Mellicta plotina Bremer 黑蜜蛱蝶

Melligomphus Chao 弯尾春蜓属

Melligomphus ardens (Needham) 双峰弯尾春蜓

Melligomphus cataractus Chao *et* Liu 瀑布弯尾春蜓

Melligomphus dolus (Needham) 罗城弯尾春蜓

Melligomphus ludens (Needham) 无峰弯尾春蜓

Mellinidae 结柄泥蜂科

Mellinus Fabricius 结柄泥蜂属

Mellinus arvensis (Linnaeus) 黑角结柄泥蜂

Mellinus crabroneus (Thunberg) 黄角结柄泥蜂

Melluerinae 扁螳螂亚科

Meloe Linnaeus 短翅芜菁属

Meloe asperatus Tan 额窝短翅芜菁

Meloe modestus Fairmaire 隆背短翅芫菁

Meloe proscarabaeus Linnaeus 曲角短翅芫菁

Meloe subcordicollis Fairmaire 心胸短翅芫菁

Meloidae 芫菁科

Meloidodera Chitwood, Hannon *et* Esser 密皮线虫属(密皮胞囊线虫属)

Meloidodera alni Turkina *et* Chizhov 桤木密皮线虫

Meloidodera armeniaca Poghossian 亚美尼亚密皮线虫

Meloidodera belli Wouts 贝氏密皮线虫

Meloidodera charis Hopper 美丽密皮线虫

Meloidodera coffeicola (Lordello *et* Zamith) 咖啡密皮线虫

Meloidodera eurytyla Bernard 宽垫密皮线虫

Meloidodera floridensis Chitwood, Hannon *et* Esser 弗罗里达密皮线虫

Meloidodera hissarica Krall *et* Ivanova 希萨尔密皮线虫

Meloidodera mexicane Cid Del Prado 墨西哥密皮线虫

Meloidodera sikhotealiniensis Eroshenko 锡霍特山密皮线虫

Meloidodera tadshikistanica Kirjanova *et* Ivanova 塔吉克密皮线虫

Meloidodera tianschanica Ivanova *et* Krall 塔什干密皮线虫

Meloidoderella Khan *et* Husain 小密皮线虫属

Meloidoderella indica Khan *et* Husain 印度小密皮线虫

Meloidoderidae 密皮线虫科(密皮胞囊线虫科)

Meloidoderita Poghossian 微密皮线虫属

Meloidoderita kirjanovae Poghossian 基氏微密皮线虫

Meloidoderita polygoni Golden *et* Handoo 波氏微密皮线虫

Meloidoderita safrica van den Berg *et* Spaull 南非微密皮线虫

Meloidoderitidae 微密皮线虫科

Meloidogyne Goeldi 根结线虫属 root knot nematodes

Meloidogyne acrita (Chitwood) 高弓根结线虫

Meloidogyne acronea Coetzee 高粱根结线虫

Meloidogyne actinidiae Li *et* Yu 猕猴桃根结线虫

Meloidogyne africana Whitehead 非洲根结线虫

Meloidogyne aquatilis Ebsary *et* Eveleigh 水生根结线虫

Meloidogyne ardenensis Santos 阿登根结线虫

Meloidogyne arenaria (Neal) 花生根结线虫 peanut root knot nematode

Meloidogyne artiellia Franklin 甘兰根结线虫

Meloidogyne bauruensis (Lordello) 保鲁根结线虫

Meloidogyne brevicauda Loos 短尾根结线虫

Meloidogyne camelliae Golden 山茶根结线虫

Meloidogyne caraganae Shagalina, Ivanova *et* Krall 锦鸡儿根结线虫

Meloidogyne carolinensis Eisenback 卡罗莱纳根结线虫

Meloidogyne chitwoodi Golden *et al.* 奇氏根结线虫

Meloidogyne christiei Golden *et* Kaplan 克氏根结线虫

Meloidogyne cirricauda Zhang 卷尾根结线虫

Meloidogyne cruciani Taylor *et* Smart 克拉塞安根结线虫

Meloidogyne cynariensis Fam 塞那尔根结线虫

Meloidogyne decalineata Whitehead 光纹根结线虫

Meloidogyne deconincki Elmiligy 德氏根结线虫

Meloidogyne donghaiensis Zheng, Lin *et* Zhe 东海根结线虫

Meloidogyne elegans Ponte 美纹根结线虫

Meloidogyne enterolobii Yang *et* Eisenback 象耳豆根结线虫

Meloidogyne equatilis Ebsary *et* Eveleigh 赤道根结线虫

Meloidogyne ethiopica Whitehead 埃塞俄比亚根结线虫

Meloidogyne exiqua Goeldi 短小根结线虫 coffee root knot nematode, Brazilian root knot nematode

Meloidogyne fanzhiensis Chen, Peng *et* Zheng 繁峙根结线虫

Meloidogyne fujianensis Pan 福建根结线虫

Meloidogyne grahami Golden *et* Slana 格氏根结线虫

Meloidogyne graminicola Golden *et* Birchfield 禾草根结线虫

Meloidogyne graminis (Sledge *et* Golden) 禾本科根结线虫

Meloidogyne hainanensis Liao *et* Feng 海南根结线虫

Meloidogyne hapla Chitwood 北方根结线虫 northern root knot nematode

Meloidogyne hispanica Hirschmann 西班牙根结线虫

Meloidogyne incognita (Kofoid *et* White) 南方根结线虫 southern root knot nematode

Meloidogyne indica Whitehead 印度根结线虫

Meloidogyne inornata Lordello 无饰根结线虫

Meloidogyne javanica (Treub) 爪哇根结线虫 Javanese root knot nematode

Meloidogyne jianyangensis Yang *et al.* 简阳根结线虫

Meloidogyne kikuyensis de Grisse 吉库尤根结线虫

Meloidogyne kirjanovae Terenteva 基氏根结线虫

Meloidogyne konaensis Eisenback, Bernard *et* Schmitt 科纳根结线虫

Meloidogyne kongi Yang, Wang *et* Feng 孔氏根结线虫

Meloidogyne kralli Jepson 克瑞尔根结线虫

Meloidogyne lini Yang, Hu *et* Xu 林氏根结线虫

Meloidogyne litoralis Elmiligy 海岸根结线虫

Meloidogyne lordelloi de Ponte 洛氏根结线虫

Meloidogyne lucknowica Singh 勒克瑙根结线虫

Meloidogyne lusitanica Abrantes *et* Santos 葡萄牙根结线虫

Meloidogyne mali Ito, Ohshima *et* Ichinohe 苹果根结线虫

Meloidogyne maritima Jepson 海根结线虫

Meloidogyne marylandi Jepson *et* Golden 马里兰根结线虫

Meloidogyne mayaguensis Rammah *et* Hirschmann 马亚圭根结线虫

Meloidogyne megadora Whitehead 巨大根结线虫

Meloidogyne megatyla Baldwin *et* Sasser 巨球根结线虫

Meloidogyne megriensis (Poghossian) 玛格瑞根结线虫

Meloidogyne mersa Siddiqi *et* Booth 默斯根结线虫

Meloidogyne microcephala Cliff *et* Hirschmann 小头根结线虫

Meloidogyne microtyla Mulvey, Towushend *et* Potter 小突根结线虫

Meloidogyne minnanica Zhang 闽南根结线虫

Meloidogyne morocciensis Rammah *et* Hirschmann 摩洛哥根结线虫

Meloidogyne naasi Franklin 纳西根结线虫

Meloidogyne nataliei Golden, Rosa *et* Bird 纳托根结线虫

Meloidogyne oryzae Maas, Dede *et* Sanders 水稻根结线虫 rice root-knot nematode

Meloidogyne oteifae Elmiligy 欧氏根结线虫

Meloidogyne ottersoni (Thorne) 藕草根结线虫

Meloidogyne ovalis Riffle 卵形根结线虫 maple root knot nematode

Meloidogyne paranaensis Carneiro *et al.* 巴拉那根结线虫

Meloidogyne partityla Kleynhans 裂垫根结线虫

Meloidogyne pini Eisenback, Yang *et* Hartman 松根结线虫

Meloidogyne platani Hirschmann 悬铃木根结线虫

Meloidogyne poghssianae Kirjanova 波氏根结线虫

Meloidogyne propora Spaull 前孔根结线虫

Meloidogyne querciana Golden 栎根结线虫

Meloidogyne salasi Lopéz Chaves 萨拉斯根结线虫

Meloidogyne sasseri Handoo, Huettel *et* Golden 萨氏根结线虫

Meloidogyne sewelli Mulvey *et* Anderson 休氏根结线虫

Meloidogyne sinensis Zhang 中华根结线虫

Meloidogyne spartinae (Rau *et* Fassuliotis) 透明根结线虫

Meloidogyne subartica Bernard 亚北方根结线虫

Meloidogyne suginamiensis Tolda *et* Yaegashi 苏吉那姆根结线虫

Meloidogyne tadshikistanica Kirjanova *et* Ivanova 塔吉克根结线虫

Meloidogyne thamesi (Chitwood, Specht *et* Havis) 泰晤士根结线虫 Thame's root-knot nematode

Meloidogyne triticoryzae Gaur, Saha *et* Khan 麦稻根结线虫

Meloidogyne turkestanica Shagalina, Ivanova *et* Krall 土耳其斯坦根结线虫

Meloidogyne vandervegtei Kleynhans 范氏根结线虫

Meloidogyne vialae (Lavergne) 维拉根结线虫

Meloidogynidae 根结线虫科

Meloinema Choi *et* Geraert 瓢线虫属

Meloinema chitwoodi (Golden *et* Jenson) 奇氏球线虫

Meloinema kerongense Choi *et* Geraert 凯隆格格瓢线虫

Meloinema meritima Eroshenko 海瓢线虫

Meloinema silvicola Kleynhans 森林瓢线虫

Meloinematidae 瓢线虫科

Melolontha Fabricius 鳃金龟属 May beetle, Chafer

Melolontha afflicta Ballion 胖鳃金龟 March beetle

Melolontha fervens Gyllenhal 见 *Phyllophaga fusca*

Melolontha fervida F. 见 *Phyllophaga fervida*

Melolontha frater Arrow 弟兄鳃金龟

Melolontha furcicauda Ancey 叉尾鳃金龟

Melolontha hippocastani Fabricius 大栗鳃金龟

Melolontha hippocastani mongolica Ménétriès 大栗鳃金龟蒙古亚种

Melolontha japonica Burmeister 日本鳃金龟 Japanese cockchafer

Melolontha melolontha Linnaeus 五月鳃金龟(五月金龟) May beetle common cockchafer

Melolontha pectoralis Germar 胸纹鳃金龟

Melolontha rubiginosa Fairmaire 锈褐鳃金龟

Melolontha tarimensis Semenov 塔里木鳃金龟(棉花金龟)

Melolontha vulgaris Fabricius 见 *Melolontha melolontha*

Melolonthidae 鳃金龟科

Melolonthinae 鳃金龟亚科

Melolonthinimermis Artyukhovsky 鳃角金龟索线虫属

Melolonthinimermis hagmeieri (Schuurmans-Stekhoven *et* Mawson) 哈氏鳃角金龟索线虫

Melolonthinimermis vanderlindei Steiner 范氏鳃角金龟索线虫

Melophagus Latreille 蜱蝇属

Melophagus ovinus (L.) 羊蜱蝇 sheep ked

Melormenis infuscata Stål 桧青翅蝉 cedar leafhopper

Melpiinae 毛足虻亚科

Meltripata Bol. 黑纹蝗属

Meltripata chloronema Zheng 黄条黑纹蝗

Melyridae 见 Dasytidae

Membracidae 角蝉科 treehoppers

Membracinae 角蝉亚科 treehoppers

Membracoidea 角蝉总科 treehoppers and their allies

Mendis Stål 曼猎蝽属

Mendis chinensis Distant 华曼猎蝽

Mendis hainana Hsiao 海南曼猎蝽

Mendis rufus Hsiao *et* Ren 红曼猎蝽

Mendis yunnana Hsiao *et* Ren 云南曼猎蝽

Menemerus Simon 扁蝇虎蛛属

Menemerus bonneti Schenkel 包氏扁蝇虎蛛

Menemerus brachygnathus (Thorell) 短额扁蝇虎蛛

Menemetus bivittatus (Dufour) 双条纹扁蝇虎蛛

Menemetus legendrei Schenkel 莱扁蝇虎蛛

Menemetus wuchangensis Schenkel 武昌扁蝇虎蛛

Menemetus yunnanensis Schenkel 云南扁蝇虎蛛

Menesia glenioides Breuning 凹尾弱脊天牛

Menesia laosensis Breuning　截尾弱脊天牛

Menesia sulphurata (Gebler)　培甘天牛

Mengenilla Hofeneder　原捻翅虫属

Mengenilla sinensis Miyamoto　中华原捻翅虫

Mengenillidae　原捻翅虫科　free living stylops

Mengeoidea　爪捻翅虫总科　free living twisted-winged stylops and their allies

Menglacris Jiang et Zheng　勐腊蝗属

Menglacris maculata Jiang et Zheng　斑腿勐腊蝗

Menida Motschulsky　曼蝽属

Menida bengalensis Westwood　亚麻曼蝽

Menida formosa (Westwood)　黑斑曼蝽

Menida histrio (Fabricius)　稻赤曼蝽

Menida lata Yang　宽曼蝽

Menida maculiscutellata Hsiao et Cheng　大斑曼蝽

Menida metallica Hsiao et Cheng　金绿曼蝽

Menida musiva Jakovlev　东北曼蝽

Menida ornata Kirkaldy　饰纹曼蝽

Menida scotti Puton　北曼蝽

Menida szechuensis Hsiao et Cheng　四川曼蝽

Menida varipennis (Westwood)　异曼蝽

Menida violacea Motschulsky　紫蓝曼蝽

Menochilus quadriplagiata (Swartz)　四斑月瓢虫

Menochilus sexmaculata (Fabricius)　六斑月瓢虫

Menophra Moore　展尺蛾属

Menophra atrilineata (Butler)　桑尺蛾

Menophra subplagiata Walker　柑橘尺蛾

Meranoplus Smith　盾胸切叶蚁属

Meranoplus bicolor (Guèrin-Méneville)　二色盾胸切叶蚁

Meranoplus laeviventris Emery　光滑盾胸切叶蚁

Merarius Faimaire　离眼长角象属

Mercetaspis Gomez-Menor　丝蛎盾蚧属

Mercetaspis arthrophyti Borchs.　哈萨克丝蛎盾蚧

Mercetaspis calligoni (Borchs.)　土库曼丝蛎盾蚧

Meridarchis scyrodes Meyrick　蕾瓣蛀果蛾

Merilia Lacordaire　长肢叶甲属

Merilia bipartita Tan et Wang　二色长肢叶甲

Meriocepheus　潜枝甲螨属

Merionoeda Pascoe　半鞘天牛属

Merionoeda aglaospadix Gressitt et Rondon　红半鞘天牛

Merionoeda amabilis Jordan　娇半鞘天牛

Merionoeda atripes Gressitt et Rondon　赭半鞘天牛

Merionoeda baliosmerion Gressitt et Rondon　斑腿半鞘天牛

Merionoeda catoxelytra Gressitt et Rondon　黑胫半鞘天牛

Merionoeda distictipes Pic　越南半鞘天牛

Merionoeda fusca Gressitt et Rondon　黑缘半鞘天牛

Merionoeda jeanvoinei Pic　河内半鞘天牛

Merionoeda melanocephala Gressitt et Rondon　黑头半鞘天牛

Merionoeda melichroos Gressitt et Rondon　素腿半鞘天牛

Merionoeda nigroapicalis Gressitt et Rondon　黑尾半鞘天牛

Merionoeda pilosa Gressitt et Rondon　长毛半鞘天牛

Merionoeda spadixelytra Gressitt et Rondon　老挝半鞘天牛

Merionoeda splendida Chiang　畸腿半鞘天牛

Merismus Walker　麦瑞金小蜂属

Merismus megapterus Walker　菲麦瑞金小蜂

Merismus nitidus (Walker)　尼麦瑞金小蜂

Merista Chapuis　大萤叶甲属

Merista dohrni (Baly)　褐大萤叶甲

Merista pulunini Bryant　象牙大萤叶甲

Merista sexmaculata (Kollar et Redtenbacher)　六斑大萤叶甲

Merista trifasciata (Hope)　三带大萤叶甲

Meristacarus Grandjean　裂甲螨属

Meristacarus heterotrichus Csiszar　异毛裂甲螨

Meristaspis Kolenati　裂盾螨属

Meristaspis lateralis (Kolenati)　侧裂盾螨

Meristata Strand　黑胸大萤叶甲属

Meristata fraternalis (Baly)　黑胸大萤叶甲

Meristoides Laboissière　拟大萤叶甲属

Meristoides grandipennis (Fairmaire)　黄腹拟大萤叶甲

Meristolohmannia Balogh et Mahunka　裂罗甲螨属

Meristolohmannia chinensis (Bulanova-Zachvatkina)　中华裂罗甲螨

Merlinius Siddiqi　默林线虫属

Merlinius acuminatus Minagawa　尖细默林线虫

Merlinius adakensis Bernard　阿达克默林线虫

Merlinius alboranensis (Tobar Jiménez)　阿尔沃兰默林线虫

Merlinius austerus Kapoor　粗暴默林线虫

Merlinius bavaricus (Sturhan)　脊默林线虫

Merlinius berberidis (Sethi et Swarup)　小檗默林线虫

Merlinius bijnorensis Khan　比杰诺尔默林线虫

Merlinius brachycephalus (Litvinova)　短头默林线虫

Merlinius brevidens (Allen)　短小默林线虫

Merlinius bulgaricus Budurova　胶鼓菌默林线虫

Merlinius capitonis Ivanova　大头默林线虫

Merlinius circellus Anderson et Ebsary　小环默林线虫

Merlinius curiosus (Wilski)　稀有默林线虫

Merlinius falcatus Eroshenko　镰形默林线虫

Merlinius galeatus (Litvinova)　帽状默林线虫

Merlinius gatevi Budurova　加蒂夫默林线虫

Merlinius gaudialis (Izatullaeva)　高德默林线虫

Merlinius graminicola (Kirjanova)　拟禾本科默林线虫

Merlinius indicus Zarina et Maqbool　印度默林线虫

Merlinius joctus (Thorne)　乔克默林线虫

Merlinius laminatus (Wu)　薄叶默林线虫

Merlinius loofi Siddiqi　卢氏默林线虫

Merlinius macrophasmidus Khan *et* Darekar 大尾觉器默林线虫

Merlinius mamillatus (Tobar Jiménez) 乳突默林线虫

Merlinius microdorus (Geraert) 小囊默林线虫

Merlinius montanus Maqbool *et* Shahina 高山默林线虫

Merlinius nanus (Allen) 小默林线虫

Merlinius niazae Maqbool, Fatima *et* Hashmi 尼亚兹默林线虫

Merlinius nizamii Luqman *et* Khan 尼扎姆默林线虫

Merlinius nothus (Allen) 伪默林线虫

Merlinius obscurisulcatus (Andrássy) 暗沟默林线虫

Merlinius paniculoides Vovlas *et* Esser 黍默林线虫

Merlinius paramonovi Volkova 帕氏默林线虫

Merlinius parobscurus (Mulvey) 异暗默林线虫

Merlinius pistaciei Fatema *et* Farooq 黄连木默林线虫

Merlinius plerorbus Anderson *et* Ebsary 全环默林线虫

Merlinius polonicus (Szczygiel) 波兰默林线虫

Merlinius processus Siddiqi 病变默林线虫

Merlinius productus (Thorne) 加长默林线虫

Merlinius pseudobavaricus Saltukoglu, Geraert *et* Coomans 假脊默林线虫

Merlinius pyri Fatema *et* Farooq 梨默林线虫

Merlinius salechardicus Nesterov 萨雷加德默林线虫

Merlinius semicircularis Lueth *et* Decker 半圆默林线虫

Merlinius tatrensis (Sabova) 塔特拉默林线虫

Merlinius tetylus Anderson *et* Ebsary 头垫默林线虫

Merlinius tortilis Kazachenko 缠绕默林线虫

Merlinius undyferrus (Haque) 恩弟弗默林线虫

Merlinius varians (Thorne *et* Malek) 可变默林线虫

Mermis Dujardin 索线虫属

Mermis athysanota Steiner 无穗索线虫

Mermis involuta Linstow 错杂索线虫

Mermis keniensis Baylis 朝鲜索线虫

Mermis kirgisica Kirjanova, Karavajeva *et* Romanenko 吉尔吉斯索线虫

Mermis meissneri Cobb 迈斯尔索线虫

Mermis mirabilis Linstow 奇异索线虫

Mermis namatanaiensis Steiner 顿河索线虫

Mermis nigresces Dujardin 黑索线虫

Mermis paranigresces Rubzov 异黑索线虫

Mermis pterostichiensis Rubzov 步甲索线虫

Mermis subnigrescens Cobb 淡黑索线虫

Mermis tahitiensis Baylis 塔西堤索线虫

Mermis xianensis Xu *et* Bao 西安索线虫

Mermithidae 索线虫科

Mermithonema Goodey 绳索线虫属

Mermithonema entpmophilum Goodey 嗜虫绳索线虫

Meroctena Lederer 短梳角野螟属

Meroctena tullalis Walker 短梳角野螟

Merodon Meigen 拟蜂蝇属

Merodon equestris Fabricius 水仙拟蜂蝇 narcissus bulb fly

Merogomphus Martin 长足春蜓属

Merogomphus martini (Fraser) 马丁长足春蜓

Merogomphus paviei Martin 帕维长足春蜓

Merogomphus torpens Needham 小长足春蜓

Merogomphus vandykei Needham 江浙长足春蜓

Meroloba Thomson 缝花金龟属

Meroloba suturalis (Snellen) 丽缝花金龟

Meromyza Meigen 秆蝇属

Meromyza nigriventris Macquart 黑腹麦秆蝇 wheat stem maggot

Meropeidae 美蝎蛉科 earwig scorpionflies

Merophyas divulsana Walker 辐射松洁卷蛾 lucerne leaf-roller

Meroptera pravella Grote 北美索蜜野螟

Merostomata 肢口纲

Merothripidae 珠角蓟马科

Merycomyiinae 拟虻亚科

Mesaeschra Kiriakoff 昏舟蛾属

Mesaeschra senescens Kiriakoff 昏舟蛾

Mesagroicus Schoenherr 长柄象属

Mesagroicus angustirostris Faust 甜菜长柄象

Mesagroicus fuscus Chen 暗褐长柄象

Mesalcidodes trifidus Pascoe 三裂根长象

Mesalox Keifer 中弯瘿螨属

Mesapamea concinnata Heinicke 麦点半途夜蛾 wheat spotted noctuid

Mesapia Gray 妹粉蝶属

Mesapia peloria (Hewitson) 妹粉蝶

Mesasippus Tarb. 迷沙蝗属

Mesasippus geophilus (B.-Bienko) 地迷沙蝗

Mesasippus kozhevnikovi robustus Mistsh. 克迷沙蝗

Mesembrina Meigen 墨蝇属

Mesembrina intermedia Zetterstedt 介墨蝇

Mesembrina aurocaudata Emden 金尾墨蝇

Mesembrina decipiens Löw 迷墨蝇

Mesembrina magnifica Aldrich 壮墨蝇

Mesembrina meridiana meridiana (Linnaeus) 南墨蝇

Mesembrina meridiana nudiparafacia Fan 裸额南墨蝇

Mesembrina montana asternopleuralis Fan 裸侧山墨蝇

Mesembrina montana Zimin 山墨蝇

Mesembrina mystacea Linnaeus 蜂墨蝇

Mesembrina resplendens ciliimaculata Fan *et* Zhang 毛斑亮墨蝇

Mesembrina resplendens Wahlberg 亮墨蝇

Mesembrina tristis Aldrich 幽墨蝇

Mesembrius aduncatus Li 钩叶墨管蚜蝇

Mesembrius albiceps Wulp 白颜墨管蚜蝇

Mesembrius bengalensis (Wiedemann) 孟加拉墨管蚜蝇

Mesembrius flaviceps (Matsumura) 黄颜墨管蚜蝇

Mesembrius formosanus Shiraki 台湾墨管蚜蝇

Mesembrius hainanensis Li 海南墨管蚜蝇

Mesembrius niger Shiraki 黑墨管蚜蝇

Mesembrius niveiceps (der Meijere) 白头墨管蚜蝇

Mesembrius peregrinus (Löw) 奇异墨管蚜蝇

Mesembrius tuberosus Curran 瘤突墨管蚜蝇

Mesepora Matsumura 叶扁蜡蝉属

Mesepora onukii (Matsumura) 叶扁蜡蝉

Mesiotelus Simon 间蛛属

Mesiotelus lubricus (Simon) 平滑间蛛

Mesoanguina Chizhov *et* Subbotin 间鳗线虫属

Mesoanguina amsinckia (Filipjev *et* Schuurmans Stekhoven) 阿姆辛基间鳗线虫

Mesoanguina balsamophila (Thorne) 喜香胶间鳗线虫

Mesoanguina centaureae (Kirjanova *et* Ivanova) 矢车菊间鳗线虫

Mesoanguina chartolepidis (Poghossian) 丽纹间鳗线虫

Mesoanguina cousininae (Kirjanova *et* Ivanova) 考斯尼那间鳗线虫

Mesoanguina mobilis Chit *et* Fisher 疏松间鳗线虫

Mesoanguina montana (Kirjanova *et* Ivanova) 高山间鳗线虫

Mesoanguina pharangii (Chizhov) 法瑞格间鳗线虫

Mesoanguina plantaginis (Hirschmann) 车前间鳗线虫

Mesoanguina varsobica (Kirjanova *et* Ivanova) 瓦索比卡间鳗线虫

Mesobryobia Wainstein 中苔螨属

Mesobryobia terphoghossiani Bagdasarian 特波中苔螨

Mesocacia Heller 角象天牛属

Mesocacia multimaculata (Pic) 杂斑角象天牛

Mesocacia rugicollis Gressitt 皱胸象天牛

Mesocallis Matsumura 中斑蚜属

Mesocallis pteleae Matsumura 榛中斑蚜 corylus aphid

Mesochorinae 菱室姬蜂亚科

Mesochorus Gravenhorst 菱室姬蜂属

Mesochorus discitergus (Say) 盘背菱室姬蜂

Mesochrysopa 蚁貌草蛉属

Mesochrysopa zitteli Handlirsch 德蚁貌草蛉

Mesoclistus Förster 中闭姬蜂属

Mesoclistus aletaiensis Wang 阿勒太中闭姬蜂

Mesoclistus atuberculatus Wang 无瘤中闭姬蜂

Mesocomys Cameron 短角平腹小蜂属

Mesocomys orientalis Ferrière 松毛虫短角平腹小蜂

Mesocriconema Andrássy 间环线虫属

Mesocriconema crenatum (Loof) 钝齿状间环线虫

Mesocriconema goodeyi (de Guiran) 古氏间环线虫

Mesocriconema limitaneum (Luc) 镶边间环线虫

Mesocriconema microdorum (de Grisse) 小囊间环线虫

Mesocriconema neli van den Berg 冷谟间环线虫

Mesocriconema oostenbrinki (Loof) 奥氏间环线虫

Mesocriconema ornicauda Vovlas, Inserra *et* Esser 饰尾间环线虫

Mesocriconema pseudosolivagum (de Grisse) 假孤游间环线虫

Mesocriconema raskiense (de Grisse) 拉斯基间环线虫

Mesocrina Förster 均毛反颚茧蜂属

Mesocrina dalhousiensis (Sharma) 裂齿反颚茧蜂

Mesocrina indagatrix Förster 点基反颚茧蜂

Mesocynipinae 中光翅瘿蜂亚科

Mesogona Boisduval 贯夜蛾属

Mesogona oxalina (Hübner) 明贯夜蛾

Mesographe Hübner 菜野螟属

Mesographe forficalis Linnaeus 菜野螟

Mesohomotoma comphora Kuwayama 黄樟瘦木虱

Mesoleius tenthredinis Morley 叶蜂基凹姬蜂

Mesoleptus Gravenhorst 厕蝇姬蜂属

Mesoleptus laticinctus (Walker) 窄环厕蝇姬蜂

Mesoleuca Hübner 莓尺蛾属

Mesoleuca albicillata (Linnaeus) 草莓尺蛾

Mesoleuca bimacularia (Leech) 双斑莓尺蛾

Mesoleuca costipannaria (Moore) 黑缘莓尺蛾

Mesoleuca mandshuricata (Bremer) 北莓尺蛾

Mesoleuca psydria Xue 虚莓尺蛾

Mesomelaena Rondani 黑条蝇属

Mesomelaena mesomelaena (Löw) 黑条蝇

Mesomermis Daday 中索线虫属

Mesomermis acutata Rubzov 尖中索线虫

Mesomermis acuticauda Artyukhovsky *et* Khartschenko 尖尾中索线虫

Mesomermis albicans Rubzov 白色中索线虫

Mesomermis ammophila Rubzov 喜沙中索线虫

Mesomermis arctica Rubzov 北方中索线虫

Mesomermis baicalensis Rubzov 贝加尔中索线虫

Mesomermis bilateralis Rubzov 两侧中索线虫

Mesomermis biseriata Rubzov 两排中索线虫

Mesomermis bistrata Rubzov 双层中索线虫

Mesomermis bitruncata (Coman) 双割中索线虫

Mesomermis brevis Rubzov 短中索线虫

Mesomermis canescens Rubzov 灰色中索线虫

Mesomermis caucasica Rubzov 高加索中索线虫

Mesomermis caudata Rubzov 具尾中索线虫

Mesomermis comasa Rubzov 多毛中索线虫

Mesomermis crenamphidis Rubzov 齿形侧器中索线虫

Mesomermis ethiopice Rubzov 埃塞俄比亚中索线虫

Mesomermis eurychordata Rubzov 宽索中索线虫

Mesomermis flumenalis Welch 河流中索线虫

Mesomermis lacustris Daday 湖泊中索线虫

Mesomermis latifasciata Rubzov 侧带中索线虫

Mesomermis litoralis Rubzov 海边中索线虫

Mesomermis longicaudata (Coman) 长尾中索线虫

Mesomermis longicorpus Rubzov 长体中索线虫

Mesomermis marginulata Rubzov 边缘中索线虫

Mesomermis mediterranea Rubzov 地中海中索线虫

Mesomermis melusinae Rubzov 梅卢西纳中索线虫

Mesomermis membranacea Rubzov 膜状中索线虫

Mesomermis minuta Rubzov 微小中索线虫

Mesomermis nigra Rubzov 黑中索线虫

Mesomermis ornata Rubzov 装饰中索线虫

Mesomermis oxyacantha Rubzov 尖棘中索线虫

Mesomermis pachyderma Rubzov 厚皮中索线虫

Mesomermis parallela Rubzov 平行中索线虫

Mesomermis patrushevae Rubzov 帕氏中索线虫

Mesomermis pivaniensis Rubzov 皮万中索线虫

Mesomermis platygonia Rubzov 宽卵巢中索线虫

Mesomermis polycella Rubzov 多胞中索线虫

Mesomermis prisjaznoi Rubzov 普里夏日诺中索线虫

Mesomermis robusta Gafurov Bekturganov *et* Gubaldulin 强壮中索线虫

Mesomermis sibirica Rubzov 西伯利亚中索线虫

Mesomermis similis Rubzov 相似中索线虫

Mesomermis simuliae Müller 蚋中索线虫

Mesomermis sulcata Rubzov 畦中索线虫

Mesomermis terminalis Rubzov 端中索线虫

Mesomermis tumenensis Rubzov *et* Novitskaja 秋明中索线虫

Mesomermis vashkovii Rubzov *et* Novitskaja 瓦氏中索线虫

Mesomermis ventralis Rubzov 腹中索线虫

Mesomermis vernalis Rubzov 春大中索线虫

Mesomermis zschokkei Daday 茨科克中索线虫

Mesomorphus Seidl. 仓潜属

Mesomorphus villiger Blanch. 仓潜

Mesoneura Hartig 中索叶蜂属

Mesoneura opaca Klug 浊中索叶蜂

Mesonyssus 中刺螨属

Mesophalera Matsumura 间掌舟蛾属

Mesophalera plagiviridis (Moore) 绿间掌舟蛾

Mesophalera sigmata (Butler) 间掌舟蛾

Mesoplophora Berlese 中卷甲螨属

Mesoplophoridae 中卷甲螨科

Mesopodagrion 山蟌属

Mesopodagrion tibetanum McLachlan 藏山蟌

Mesopolobus Westwood 迈金小蜂属

Mesopolobus mongolicus Yang 樟子松迈金小蜂

Mesopolobus superansi Yang et Gu 松毛虫迈金小蜂

Mesopolobus tabatae (Ishii) 松毛虫白角金小蜂

Mesopsocidae 斑啮虫科 winged psocids

Mesopsylla Dampf 中蚤属

Mesopsylla anomala Liu, Tsai *et* Wu 异样中蚤

Mesopsylla eucta shikho Ioff 真凶中蚤精河亚种

Mesopsylla hebes hebes Jordan *et* Rothschild 迟钝中蚤指名亚种

Mesopsylla lenis Jordan *et* Rothschild 软中蚤

Mesopsylla tuschkan andruschkoi Argyropulo 跳鼠中蚤安氏亚种

Mesopsylla tuschkan tuschkan Wagner *et* Ioff 跳鼠中蚤指名亚种

Mesopteryx Saussure 半翅螳属

Mesopteryx alata Saussure 半翅螳

Mesopteryx platycephala (Stål) 平头半翅螳

Mesosa Latreille 象天牛属

Mesosa bialbomaculata Breuning 白斑象天牛

Mesosa irrorata Gressitt 峦纹象天牛

Mesosa laosensis Breuning 老挝象天牛

Mesosa latifasciatipennis Breuning 短象天牛

Mesosa longipennis Bates 三带象天牛

Mesosa maculifemorata Gressitt 斑腿象天牛

Mesosa marmorata Breuning *et* Itzinger 缅甸象天牛

Mesosa myops (Dalman) 四点象天牛

Mesosa myops japonica Bates 日本四点象天牛

Mesosa nebulosa Fabricius 栎象天牛

Mesosa nigrofasciaticollis Breuning 波带象天牛

Mesosa perplexa Pascoe 桑象天牛

Mesosa postmarmorata Breuning 粒肩象天牛

Mesosa quadriplagiata Breuning 双带象天牛

Mesosa rondoni Breuning 郎氏象天牛

Mesosa rondoni paravariegata Breuning 隐带象天牛

Mesosa rupta (Pascoe) 黑带象天牛

Mesosa seminevea Breuning 直毛象天牛

Mesosa sinica (Gressitt) 灰带象天牛

Mesosa stictica Blanchard 异斑象天牛

Mesosa subtenuefasciata Breuning 淡带象天牛

Mesosa tonkinea Breuning 越南象天牛

Mesosa undata (Fabricius) 南亚象天牛

Mesosmittia Brundin 肛脊摇蚊属

Mesosmittia dolichoptera Wang *et* Zheng 长翅肛脊摇蚊

Mesosmittia yunnanensis Wang *et* Zheng 滇肛脊摇蚊

Mesosteninae 裂跗姬蜂亚科

Mesostigmata 中气门亚目

Mesotype Hübner 小柄尺蛾属

Mesotype virgata (Hüfnagel) 小柄尺蛾

Mesovelia orientalis Kirkaldy 东方水蝽

Mesoveliidae 水蝽科

Messa Leach 潜叶叶蜂属

Messa glaucopsis Kônow 中欧杨潜叶叶蜂 poplar leaf-mining sawfly

Messa hortulana Klug 欧洲黑杨潜叶叶蜂 poplar leaf-mining sawfly

Messa nana Klug 欧桦潜叶叶蜂 birch leaf-mining sawfly

Messa populifoliella (Townsend) 杨柳潜叶叶蜂

Messa taianensis Xiao *et* Zhou 杨潜叶叶蜂

Messor Forel 收获蚁属

Messor aciculatus (Smith) 针毛收获蚁

Messor barbarus L. 茸毛收获蚁 harvester ant

Messoracaridae 蚁螨科

Mesypochrysa 梅西草蛉属

Mesypochrysa latipennis Martynov 阔翅梅西草蛉

Meta C.L. Koch 窖蛛属

Meta nebulosa Schenkel 暗窖蛛

Meta qianshanensis Zhu *et* Zhu 千山窖蛛

Meta sinensis Schenkel 中华窖蛛

Metabolus Fairmaire 黄鳃金龟属

Metabolus flavescens Brenske 小黄鳃金龟

Metabolus tumidifrons Fairmaire 鲜黄鳃金龟

Metabraxas Butler 后星尺蛾属

Metabraxas clerica Butler 中国后星尺蛾

Metacanthinae 背蹺蝽亚科

Metacanthus acinctus Qi *et* Nonnaizab 无纹刺肋蹺蝽

Metaceronema Takahashi 卷毛蚧属(卷毛毡蜡蚧属,瘤毡蚧属)

Metaceronema japonica (Mask.) 日本卷毛蚧(日本卷毛毡蜡蚧,茶瘤毡蚧)

Metachandidae 梯翅蛾科 oriental moths

Metachrostis trigona Hampson 见 *Oglassa trigona*

Metacnephia Crosskey 目克蚋属

Metacnephia edwardsiana Rubtsov 黑足目克蚋

Metacolus Förster 肿脉金小蜂属

Metacolus sinicus Yang 华肿脉金小蜂

Metacolus unifasciatus Förster 双斑肿脉金小蜂

Metaculus Keifer 臀后瘿螨属

Metaculus mangiferae (Attiah) 杧果臀后瘿螨 mango bud mite, mango rust mite

Metadenopsis Matesova 藜粉蚧属

Metadenopsis ceratocarpi Matesova 琐琐藜粉蚧

Metadenopus Sulc 美粉蚧属

Metadenopus festucae Sulc 羊茅美粉蚧 long mealybug

Metagynella Berlese 小后雌螨属

Metagynellidae 小后雌螨科

Metallea Wulp 金彩蝇属

Metallea notata Wulp 显斑金彩蝇

Metalliopsis Townsend 拟金彩蝇属

Metalliopsis ciliilumula (Fang *et* Fan) 毛眉拟金彩蝇

Metalliopsis erinacea (Fang *et* Fan) 猬叶拟金彩蝇

Metalliopsis inflata Fang *et* Fan 胖角拟金彩蝇

Metalliopsis producta (Fang *et* Fan) 长尾拟金彩蝇

Metalliopsis setosa Townsend 喜马拟金彩蝇

Metalloleptura virescens laosensis Gressitt *et* Rondon 老挝金绿花天牛

Metalloleptura viridescens (Pic) 灰毛金绿花天牛

Metallolophia Warren 豆纹尺蛾属

Metallolophia arenaria (Leech) 豆纹尺蛾

Metallopeus Malaise 金叶蜂属

Metallopeus alishanicus Shinohara 阿里山金叶蜂

Metallopeus coccinocerus Wood 烟翅金叶蜂

Metallopeus cupreolus Malaise 铜色金叶蜂

Metallopeus inermis Malaise 无刺金叶蜂

Metallopeus kurosawai Shinohara 黑泽金叶蜂

Metallopeus splendidus Kônow 华彩金叶蜂

Metallyticidae 金螳科

Metallyticoidea 金螳总科

Metallyticus Westwood 金螳属

Metalorryia Andr 后镰螯螨属

Metamasius Horn 蔗象属

Metamasius hemipterus L. 西印度蔗象 West Indian sugarcane root borer, West Indian sugarcane root weevil

Metanastria Hübner 丫毛虫属

Metanastria ampla Walker 栎丫毛虫

Metanastria grisea Moore 见 *Metanastria latipennis*

Metanastria hyrtaca (Cramer) 大斑丫毛虫

Metanastria latipennis Walker 松丫毛虫

Metanastria terminalia Tsai *et* Hou 鸡尖丫毛虫

Metanigrus yami Tsaur *et* Yang 晚阿脉蜡蝉

Metanipponaphis cuspidatae Essig *et* Kuwana 尖突后植蚜

Metanipponaphis rotunda Takahashi 圆结后植蚜

Metapelma Westwood 扁胫旋小蜂属

Metapelma beijingensis Yang 北京扁胫旋小蜂

Metapelma zhangi Yang 张氏扁胫旋小蜂

Metaphycus Mercet 阔柄跳小蜂属

Metaphycus pulvinariae (Howard) 绵蚧阔柄跳小蜂

Metaplatyphytoptus Hong *et* Kuang 后平植瘿螨属

Metaplatyphytoptus amomi Hong *et* Kuang 砂仁后平植羽瘿螨

Metapone Forel 后家蚁属

Metapone sauteri Forel 邵氏后家蚁

Metapronematus 后前线螨属

Metarbelidae 拟木蠹蛾科

Metasalis populi Takeya 柳后燧网蝽 willow lace bug

Metaseiulus Muma 后绥伦螨属

Metaspidiotus Takagi 见 *Octaspidiotus* MacG.

Metaspidiotus calophylli (Green) 见 *Octaspidiotus calophylli*

Metaspidiotus machili (Takahashi) 见 *Octaspidiotus machili*

Metaspidiotus multipori (Tak.) 见 *Octaspidiotus multipori*

Metaspidiotus shakungi (Tak.) 见 *Taiwanaspidiotus shakungi*

Metaspidiotus yunnanensis Tang *et* Zhu 见 *Octaspidiotus yunnanensis*

Metastigmata 后气门亚目

Metastriata 后沟类(蜱)

Metasyrphus Matsumura 后食蚜蝇属

Metasyrphus confrater (Wiedemann) 宽腹后食蚜蝇

Metasyrphus corollae (Fabricius) 大灰后食蚜蝇

Metasyrphus latifasciatus (Macquart) 宽带后食蚜蝇

Metasyrphus luniger (Meigen) 月斑后食蚜蝇

Metasyrphus nitens (Zetterstedt) 凹带后食蚜蝇

Metatachardia Chamberlin 翠胶蚧属

Metatachardia myricae Tang 杨梅翠胶蚧

Metatetranychus ulmi Koch 见 *Panonychus ulmi*

Metathrinca tsugensis Kearfott 铁杉木蛾

Metatropis Fieber 肩蹺蝽属

Metatropis brevirostris Hsiao 光肩蹺蝽

Metatropis denticollis Lindberg 齿肩跷蝽

Metatropis dispar Hsiao 异肩跷蝽

Metatropis gibbicollis Hsiao 突肩跷蝽

Metatropis longirostris Hsiao 圆肩跷蝽

Metatropis spinicollis Hsiao 锥肩跷蝽

Metellina Chamberlin *et* Ivie 迈蛛属

Metellina segmentata (Clerck) 饰迈蛛

Meteorinae 方室茧蜂亚科

Meteorus Haliday 方室茧蜂属

Meteorus versicolor (Wesm.) 虹采茧蜂

Metharmostis asaphaula Meyrick 木麻黄细蛾

Metipocregyes affinis Breuning 短角深点天牛

Metipocregyes rondoni Breuning 长角深点天牛

Metleucauge Levi 转突蛛属

Metleucauge davidi Schenkel 大卫转突蛛

Metleucauge kompirensis (Boes. *et* Str.) 褐色转突蛛

Metleucauge yunohamensis (Boes. *et* Str.) 眼镜转突蛛

Metochus Scott 迅足长蝽属

Metochus abbreviatus (Scott) 短翅迅足长蝽

Metochus bengalensis (Dallas) 黑迅足长蝽

Metochus hainanensis Zheng 海南迅足长蝽

Metochus thoracicus Zheng 长胸迅足长蝽

Metonymia Kirkaldy 臭蝽属

Metonymia glandulosa (Wolff) 大臭蝽

Metonymia scabrata (Distant) 皱臭蝽

Metopia Meigen 突额蜂麻蝇属

Metopia argentata Macquart 双缨突额蜂麻蝇

Metopia argyrocephala Meigen 白头突额蜂麻蝇

Metopia auripulvera Chao *et* Zhang 金粉突额蜂麻蝇

Metopia campestris (Fallén) 平原突额蜂麻蝇

Metopia pollenia Chao *et* Zhang 粉突额蜂麻蝇

Metopia sauteri (Townsend) 台湾突额蜂麻蝇

Metopia stackelbergi Rohdendorf 斯突额蜂麻蝇

Metopia suifenhoensis Fan 绥芬河突额蜂麻蝇

Metopia tshernovae Rohdendorf 柴突额蜂麻蝇

Metopia yunnanica Chao *et* Zhang 云南突额蜂麻蝇

Metopiidae 突额蝇科

Metopiinae 盾脸姬蜂亚科

Metopininae 无翅蚤蝇亚科

Metopius Panzer 盾脸姬蜂属

Metopius baibarensis Uchida 眉原盾脸姬蜂

Metopius coreanus Uchida 朝鲜盾脸姬蜂

Metopius dissectorius taiwanensis Chiu 切盾脸姬蜂台湾亚种

Metopius metallicus Michener 金光盾脸姬蜂

Metopius rufus browni Ashmead 斜纹夜蛾盾脸姬蜂

Metopodia Brauer *et* Bergenstamm 麦蜂麻蝇属

Metopodia grisea B. *et* B. 灰麦蜂麻蝇

Metopolophium Mordvilko 米无网蚜属

Metopolophium dirhodum (Walker) 麦无网蚜(蔷薇谷蚜) rose-grain aphid

Metoponcus maximus Bernhauer 赤足巨隐翅虫

Metoponiinae 滑胸水虻亚科

Metoposisyrops Townsend 肿额寄蝇属

Metoposisyrops scirpophagae Chao *et* Shi 三化螟肿额寄蝇

Metopta Swinhoe 蚪目夜蛾属

Metopta rectifasciata (Ménétriès) 蚪目夜蛾

Metrioppiidae 温奥甲螨科

Metrodorinae 短翼蚱亚科

Metromerus Uv. 伪星翅蝗属

Metromerus coelesyriensis (G.-T.) 伪星翅蝗

Metura elongata Saunders 长梅宏螟

Metzneria inflammatella Christoph 黄尖翅麦蛾

Mexecheles De Leon 梅克螯螨属

Mezira Amyot *et* Serville 喙扁蝽属

Mezira funebra Kormilev 大喙扁蝽

Mezira hsiaoi Blöte 萧喙扁蝽

Mezira kwangsiensis Liu 广西喙扁蝽

Mezira membranacea (Fabricius) 膜喙扁蝽

Mezira montana Bergroth 山喙扁蝽

Mezira plana Hsiao 坦喙扁蝽

Mezira poriaicola Liu 茯苓喙扁蝽

Mezira pygmaea Hsiao 奇喙扁蝽

Mezira setosa Jakovlev 毛喙扁蝽

Mezira similis Hsiao 似喙扁蝽

Mezira simulans Hsiao 拟奇喙扁蝽

Mezira sinensis Kormilev 安徽喙扁蝽

Mezira subtriangula Kormilev 次角喙扁蝽

Mezira taiwanica Kormilev 台湾喙扁蝽

Mezira triangula Bergroth 角喙扁蝽

Mezira verruculata Kiritshenko 异色喙扁蝽

Mezira yunnana Hsiao 滇喙扁蝽

Mezirinae 短喙扁蝽亚科

Miaenia rondoniana Breuning 老挝短跗天牛

Miagrammopes O.P.Cambridge 长妩蛛属

Miagrammopes oblongus Yoshida 长妩蛛

Miagrammopes orientalis Boes. *et* Str. 东方长妩蛛

Miastor 迈草蛉属

Miastor hastatus Kieffer 桦迈草蛉

Micadina Redtenbacher 小异䗛属

Micadina bilobata Liu *et* Cai 双叶小异䗛

Micadina brachptera Liu *et* Cai 短翅小异䗛

Micadina difficilis Günther 武夷小异䗛

Micadina fujianensis Liu *et* Cai 福建小异䗛

Micadina involuta Günther 曲臂小异䗛

Micadina phluctaenoides (Rehn) 准小异䗛

Micadina sonani Shiraki 索氏小异䗛

Micadina yasumatsui Shiraki 圆瓣小异䗛

Micadina yingdensis Chen *et* He 英德跳䗛

Micardia Butler 微夜蛾属

Micardia flaviplaga Warren 座黄微夜蛾

Micardia pulcherrima (Moore) 见 *Eustrotia pulcherrima*

Micaria Westring 小蚁蛛属

Micaria alpina L. Koch 高山小蚁蛛

Micaria berlandi Schenkel 贝氏小蚁蛛

Micaria bonneti Schenkel 鲍氏小蚁蛛

Micaria centrocnemys Kulczynski 中突小蚁蛛

Micaria constricta Emerton 恶小蚁蛛

Micaria dives (Lucas) 华美小蚁蛛

Micaria fagei Schenkel 法氏小蚁蛛

Micaria formicaria (Sundevall) 美丽小蚁蛛

Micaria romana L. Koch 罗马小蚁蛛

Micaria rossica Thorell 护小蚁蛛

Micaria silesiaca L. Koch 动小蚁蛛

Micaria taiguica Tu et Zhu 太谷小蚁蛛

Micracis LeConte 毛柄小蠹属

Micracis swainei Blackman 杨梢干微小蠹

Micrapis Ashmead 小蜜蜂属

Micrapis florea Fabricius 小蜜蜂

Micrarctia batangi Daniel 巴塘小灯蛾

Micrarctia glaphyra (Eversmann) 精小灯蛾

Micrarctia hönei Daniel 西南小灯蛾

Micrarctia x-album (Oberthüer) 爱斯小灯蛾

Micrargus Dahl 后沟蛛属

Micrargus herbigradus (Blackwall) 草阶后沟蛛

Micrargus subaequalis (Westring) 近等后沟蛛

Micraspis 兼食瓢虫属

Micraspis yunnanensis Jing 云南兼食瓢虫

Micreremidae 微沙甲螨科

Micrespera Chen et Wang 小丝跳甲属

Micrespera castanea Chen et Wang 棕栗小丝跳甲

Micrispa yunnanica (Chen et Sun) 云南小脊甲

Microbregma emarginatum (Duftschmid) 云冷杉窃蠹

Microcalcarifera Inoue 沃尺蛾属

Microcalcarifera obscura (Butler) 暗褐沃尺蛾

Microcalicha Sato 小盅尺蛾属

Microcentrum retinerve (Burm.) 角翅螽 angular-winged katydid

Microcentrum rhombifolium (Sauss.) 广翅螽 broad-winged katydid

Microcephalothrips Bagnall 小头蓟马属

Microcephalothrips abdominalis Crawford 菊小头蓟马 composite thrips

Microcerotermes Silvestri 锯白蚁属

Microcerotermes bugnioni Holmgren 小锯白蚁

Microcerotermes burmanicus Ahmad 大锯白蚁

Microcerotermes distans (Haviland) 镰锯白蚁

Microcerotermes marilimbus Ping et Xu 海角锯白蚁

Microcerotermes parvus Haviland 柏锯白蚁

Microcerotermes periminutus Ping et Xu 微锯白蚁

Microcerotermes remotus Ping et Xu 天涯锯白蚁

Microcerotermes rhombinidus Ping et Xu 菱巢锯白蚁

Microcerotermes sabahensis Thapa 沙巴锯白蚁

Microchelonus blackburni (Cameron) 马铃薯块茎蛾茧蜂

Microchelonus pectinophorae Cushman 红铃虫甲腹茧蜂

Microcheyla Volgin 小螯螨属

Microchrysa flaviventris Wiedemann 黄小丽水虻

Micrococcinae 小毡蚧亚科

Micrococcus Leonardi 小毡蚧属

Micrococcus oviformis paoli 见 *Micrococcus silvestri*

Micrococcus silvestri Leonardi 锡氏小毡蚧

Microcrypticus Geb. 小隐甲属

Microcrypticus scriptipennis Fairm. 小隐甲

Microdera Eschsch. 小胸鳖甲属

Microdera elegans Reitter 姬小胸鳖甲

Microdera mongolica Reitter 蒙古小胸鳖甲

Microdeuterus Dallas 阔同蝽属

Microdeuterus hainanensis Liu 海南阔同蝽

Microdeuterus megacephalus (Herrich-Schäffer) 阔同蝽

Microdiplosis pongamiae Mani 水黄皮小双瘿蚊

Microdiprion Enslin 小松叶蜂属

Microdiprion disus (Smith) 双豚小松叶蜂

Microdiprion keteleeriafolius Xiao et Huang 油杉小松叶蜂

Microdiprion pallipes Fallén 灰腿小松叶蜂

Microdispidae 小异螨科

Microdontinae 蚁穴蚜蝇亚科

Microgasterinae 小腹茧蜂亚科

Microgyniidae 小雌螨科

Microgynioidea 小雌螨总科

Microgynium Tragardh 小雌螨属

Microgynium incisum Krantz 切裂小雌螨

Microlamia laosensis Breuning 老挝小沟胫天牛

Microlenecamptus Pic 小粉天牛属

Microlenecamptus albonotatus flavosignatus Breuning 宽纹小粉天牛

Microlenecamptus albonotatus reductisignatus Breuning 老挝小粉天牛

Microlenecamptus biocellatus (Schwarzer) 双环小粉天牛

Microlenecamptus obsoletus (Fairm.) 二点小粉天牛

Microlenecamptus signatus (Aurivillius) 大环小粉天牛

Microleon longipalpis Butler 翘须刺蛾

Microlinyphia Gerhardt 小皿蛛属

Microlinyphia impigra Cambridge 活跃小皿蛛

Microlinyphia pusilla (Sundevall) 细小皿蛛

Microlithosia shaowunica Daniel 微苔蛾

Microlophium carnosum (Buckton) 荨麻蚜 nettle aphid

Microlygris Prout 小纹尺蛾属

Microlygris complicata (Butler) 合小纹尺蛾

Microlygris multistriata (Butler) 眼点小纹尺蛾

Microlypesthes Pic 小筒胸叶甲属

Microlypesthes aeneus Chen 金小筒胸叶甲

Micromegistus Tragardh 小巨螨属

Micromegistus bakeri Tragardh 巴氏小巨螨

Micromelalopha Nagano 小舟蛾属

Micromelalopha haemorrhoidalis Kiriakoff 赭小舟蛾

Micromelalopha troglodyta (Graeser) 杨小舟蛾

Micrommata Latreille 小遁蛛属

Micrommata nanningensis Hu *et* Ru 南宁小遁蛛

Micrommata virescens (Clerck) 微绿小遁蛛

Micromus Rambur 脉褐蛉属

Micromus multipunctatus Matsumura 点线脉褐蛉

Micromus xia Yang 瑕脉褐蛉

Micromya taurica Mamaev 中亚小角瘿蚊

Micromyzus van der Goot 小瘤蚜属

Micromyzus hangzhouensis Zhang 算盘子小瘤蚜

Micronecta quadriseta Lundblad 小划蝽

Micronecta thyesta Distant 扭曲小划蝽

Micronectinae 小划蝽亚科

Microneta Menge 微皿蛛属

Microneta viaria Blackwall 路边微皿蛛

Micronia aculeata Guenée 一点燕蛾

Micronia sinuosa Warren 曲脉一点燕蛾

Micronidia Moore 斑尾尺蛾属

Micronidia unipuncta Warren 一点斑尾尺蛾

Microparlatoria Tak. 细片盾蚧属

Microparlatoria fici (Tak.) 榕树片盾蚧

Microparlatoria itabicola (Kuw.) 日本细片盾蚧

Micropeplidae 短鞘甲科

Micropezidae 瘦足蝇科 stilt-legged flies

Microphysidae 驼蝽科 microphysid bugs

Microplax Fieber 弧颊长蝽属

Microplax hissariensis Kiritschenko 斑翅弧颊长蝽

Microplax interruptus Fieber 弧颊长蝽

Microppia Balogh 微奥甲螨属

Microppia minus (Paoli) 小微奥甲螨

Micropterygidae 小翅蛾科 primitive moths, mandibulate moths, mandibulate jugates

Micropterygoidea 小翅蛾总科 jugo-frenata, primitive moths, mandibulate jugates, mandibulate moths and their allies

Micropteryx Hübner 小翅蛾属

Micropteryx calthella L. 驴蹄草小翅蛾

Microryctes Arrow 膜犀金龟属

Microryctes confinis Zhang 邻膜犀金龟

Microsejidae 小螨科

Microsmaris Hirst 小吸赤螨属

Microtegaeidae 小隅甲螨科

Microtegaeus Berlese 小隅甲螨属

Microtegaeus reticulatus Aoki 网小隅甲螨

Microtermes Wasmann 蛮白蚁属

Microtermes dimorphes Tsai *et* Chen 小头蛮白蚁

Microtermes menglunensis Zhu *et* Huang 勐仑蛮白蚁

Microterys Thomson 花翅跳小蜂属

Microterys clauseni Compere 球蚧花翅跳小蜂

Microterys ericeri Ishii 白蜡虫花翅跳小蜂

Microterys speciosus Ishii 蜡蚧花翅跳小蜂

Microterys yunnanensis Tan *et* Zheng 云南花翅跳小蜂

Microtrichia Brenske 见 *Sophrops* Fairmaire

Microtrichia cotesi Brenske 见 *Sophrops cotesi*

Microtritia Markel 微三甲螨属

Microtritia minina (Berlese) 米微三甲螨

Microtritia tropica Markel 热带微三甲螨

Microtrombicula Ewing 微恙螨属

Microtrombicula anfuensis Wang *et* Song 安福微恙螨

Microtrombicula guangxiensis Zhao *et* Qiu 广西微恙螨

Microtrombicula hetiana Shao *et* Wen 和田微恙螨

Microtrombicula microscuta Zhao et al. 小盾微恙螨

Microtrombicula munda (Gater) 蒙大微恙螨

Microtrombicula nadchatrami Vercammen-Grandjean 那氏微恙螨

Microtrombicula petauristae Yu et al. 鼯鼠微恙螨

Microtrombicula qingjianensis Huang 清涧微恙螨

Microtrombicula spicea (Gater) 针感微恙螨

Microtrombicula spinosetosa Wang *et* Song 针毛微恙螨

Microtrombicula trapezoidiscuta Zhao 梯盾微恙螨

Microtrombicula vitosa Schluger et al. 越毛微恙螨

Microtrombicula yanmai Wen *et* Xiang 燕麦微恙螨

Microtrombicula yiyangensis Wang *et* Song 弋阳微恙螨

Microtrombidinae 微绒螨亚科

Microtydeus Thor 小镰螯螨属

Microtydeus hylinus Fan *et* Li 亮小镰螯螨

Microvelia horvathi Lunddblad 小宽蝽

Microzetes Berlese 小棱甲螨属

Microzetes auxiliaris Grandjean 副小棱甲螨

Microzetidae 小棱甲螨科

Microzetoidea 小棱甲螨总科

Microzetorchestes Balogh 小跳甲螨属

Microzetorchestes emeryi (Coggi) 毛小跳甲螨

Mictinae 巨缘蝽亚科

Mictiopsis Hsiao 类伏缘蝽属

Mictiopsis curvipes Hsiao 曲足伏缘蝽

Mictis Leach 伏缘蝽属

Mictis angusta Hsiao 狭伏缘蝽

Mictis fuscipes Hsiao 黑胫伏缘蝽

Mictis gallina Dallas 锐肩伏缘蝽

Mictis profana Fabricius 鸟不宿伏缘蝽 Crusader bug

Mictis serina Dallas 黄胫伏缘蝽

Mictis tenebrosa (Fabricius) 曲胫伏缘蝽

Mictis tuberosa Hsiao 突腹伏缘蝽

Mideidae 弓盔螨科

Mideopsae 平盔水螨总科

Mideopsellinae 伪平盔水螨亚科

Mideopsidae 平盔水螨科

Mideopsinae 平盔水螨亚科

Mideopsis Neumann 平盔水螨属

Mideopsis sinensis Jin 中华平盔水螨

Mikia Kowarz 华丽奇蝇属

Mikia tepens Walker 松毛虫华丽寄蝇

Mikiola cristata Kieffer 具脊伏瘿蚊

Mikiola fagi Hartig 欧洲山毛榉伏瘿蚊 beech gall midge

Mikiola orientalis Kieffer 东方伏瘿蚊

Mikomyia coryli (Kieffer) 欧洲榛伏瘿蚊

Mileewa Distant 窗翅叶蝉属

Mileewa margheritae Distant 窗翅叶蝉

Milesia balteata Kertesz 玉带迷蚜蝇

Milesia maolana Yang et Cheng 茂兰迷蚜蝇

Milesia sinensis Curran 中华迷蚜蝇

Milesiinae 苹食蚜蝇亚科

Milesiinae 苹蚜蝇亚科

Miletinae 云灰蝶亚科

Miletus Hübner 云灰蝶属

Miletus archilochus Fruhstorfer 古云灰蝶

Miletus boisduvali Moore 布衣云灰蝶

Miletus mallus (Fruhstorfer) 羊毛云灰蝶

Miletus nymphis (Fruhstorfer) 凝云灰蝶

Miletus chinensis Felder 中华云灰蝶

Milichiella Giglio-Tos 叶蝇属

Milichiidae 叶蝇科 milichiids

Milichiinae 叶蝇亚科 milichiids

Miliona isodoxa Prout 南洋杉尺蛾 millionaire moth

Milionia basalis Walker 松金光尺蛾

Milionia pryeri Druce 黄带枝尺蛾

Milleria adalifa Doubleday 黄繁锦斑蛾

Millironia Baltazar 米蛛姬蜂属

Millironia chinensis He 中华米蛛姬蜂

Miltina Chapuis 角萤叶甲属

Miltina dilatata Chapuis 膨角萤叶甲

Miltochrista Hübner 美苔蛾属

Miltochrista aberrans Butler 异美苔蛾

Miltochrista atuntseensis Daniel 阿墩美苔蛾

Miltochrista callida Fang 丽美苔蛾

Miltochrista cardinalis Hampson 黑轴美苔蛾

Miltochrista compar Fang 类后黑美苔蛾

Miltochrista conformis Fang 同美苔蛾

Miltochrista convexa Wileman 俏美苔蛾

Miltochrista cornicornutata Holloway 仿朱美苔蛾

Miltochrista cruciata (Walker) 十字美苔蛾

Miltochrista cuneonotata (Walker) 黄心美苔蛾

Miltochrista defecta (Walker) 松美苔蛾

Miltochrista delineata (Walker) 黑缘美苔蛾

Miltochrista dentifascia Hampson 齿美苔蛾

Miltochrista dimidiata Fang 半黑美苔蛾

Miltochrista eccentropis Meyrick 中黄美苔蛾

Miltochrista excelsa Daniel 高美苔蛾

Miltochrista fasciata Leech 带美苔蛾

Miltochrista flexuosa Leech 曲美苔蛾

Miltochrista fukiensis Daniel 夜美苔蛾

Miltochrista gilva Daniel 微黄美苔蛾

Miltochrista gilveola Daniel 小黄斯美苔蛾

Miltochrista grandigilva Fang 巨黄美苔蛾

Miltochrista griseirufa Fang 灰红美苔蛾

Miltochrista guangxiensis Fang 桂美苔蛾

Miltochrista hololeuca Hampson 全白美苔蛾

Miltochrista inscripta (Walker) 刻美苔蛾

Miltochrista jucunda Fang 愉美苔蛾

Miltochrista karenkonsis Matsumura 康美苔蛾

Miltochrista kuatunensis Daniel 挂墩美苔蛾

Miltochrista linga (Moore) 线美苔蛾

Miltochrista longstriga Fang 全轴美苔蛾

Miltochrista maculifascia Hampson 黑带美苔蛾

Miltochrista marginis Fang 红边美苔蛾

Miltochrista mesortha Hampson 中直美苔蛾

Miltochrista miniata (Förster) 美苔蛾

Miltochrista multistriata Hampson 繁纹美苔蛾

Miltochrista nigralba Hampson 暗白美苔蛾

Miltochrista nigrociliata Fang 毛黑美苔蛾

Miltochrista nigrovena Fang 黄黑脉美苔蛾

Miltochrista obsoleta Reich 阴美苔蛾

Miltochrista orientalis Daniel 东方美苔蛾

Miltochrista pallida (Bremer) 黄边美苔蛾

Miltochrista peraffinis Fang 似异美苔蛾

Miltochrista perpallida Hampson 黄白美苔蛾

Miltochrista postnigra Hampson 后黑美苔蛾

Miltochrista prominens (Moore) 显美苔蛾

Miltochrista pulchra Butler 朱美苔蛾

Miltochrista punicea (Moore) 微红美苔蛾

Miltochrista radians (Moore) 射美苔蛾

Miltochrista rosacea (Bremer) 玫美苔蛾

Miltochrista rubrata Reich 红黑脉美苔蛾

Miltochrista ruficollis Fang 红颈美苔蛾

Miltochrista sanguinea (Moore) 丹美苔蛾

Miltochrista sinuata Fang 弯美苔蛾

Miltochrista specialis Fang 殊美苔蛾

Miltochrista spilosomides (Moore) 斯美苔蛾

Miltochrista striata (Bremer et Grey) 优美苔蛾

Miltochrista strigivenata Hampson 黑丝美苔蛾

Miltochrista tenella Fang 纤美苔蛾

Miltochrista terminifusca Daniel 端黑美苔蛾

Miltochrista tsinglingensis Daniel 秦岭美苔蛾

Miltochrista tuta Fang 安美苔蛾

Miltochrista variata Daniel 异变美苔蛾

Miltochrista ziczac (Walker) 之美苔蛾

Miltogramma Meigen 蜂麻蝇属

Miltogramma angustifrons (Townsend) 狭额长鞘蜂麻蝇

Miltogramma asiaticum Rohdendorf 亚洲蜂麻蝇

Miltogramma bimaculatum Chao et Zhang 两斑蜂麻蝇

Miltogramma brevipilum Villeneuve 短毛蜂麻蝇

Miltogramma iberium Villeneuve 西斑牙长鞘蜂麻蝇

Miltogramma rutilans Meigen 红角蜂麻蝇

Miltogramma testaceifrons (von Roser) 壳额蜂麻蝇

Miltogramma tibitum Chao et Zhang 西藏蜂麻蝇

Miltogrammatinae 蜂麻蝇亚科

Miltogrammatoides Rohdendorf 拟蜂麻蝇属

Miltogrammatoides zimini Rohdendorf 济民拟蜂麻蝇

Mimallonidae 栎蛾科 robust hairy diurnal moths

Mimapatelarthron laosense Breuning 老挝幻天牛

Mimas Butler 钩翅天蛾属

Mimas tiliae christophi (Staudinger) 钩翅天蛾

Mimas tiliae Linnaeus 椴天蛾 lime hawk moth

Mimastra Baly 米萤叶甲属

Mimastra cyanura (Hope) 桑黄米萤叶甲

Mimastra gracilis Baly 长软米萤叶甲

Mimastra limbata Baly 黄缘米萤叶甲

Mimastra soreli Baly 黑腹米萤叶甲

Mimathyma Moore 迷蛱蝶属

Mimathyma ambica Kollar 环带迷蛱蝶

Mimathyma chevana (Moore) 迷蛱蝶

Mimathyma nycteis (Ménétriès) 夜迷蛱蝶

Mimathyma schrenckii (Ménétriès) 白斑迷蛱蝶

Mimatimura Breuning 脊翅天牛属

Mimatimura subferruginea Gressitt 锈脊翅天牛

Mimela Kirby 彩丽金龟属

Mimela amabilis Arrow 小绿彩丽令龟

Mimela anomala Kraatz 见 *Anomala mongolica*

Mimela anopunctata (Burmeister) 环斑彩丽金龟

Mimela antiqua Ohaus 黄缘彩丽金龟

Mimela bicolor Hope 二色彩丽金龟

Mimela bidentata Lin 双齿彩丽金龟

Mimela bifoveolata Lin 双扉彩丽金龟

Mimela bimaculata Lin 双斑彩丽金龟

Mimela cariniventris Lin 腹脊彩丽金龟

Mimela chinensis Kirby 华绿彩丽金龟

Mimela chryseis Bates 见 *Mimela testaceoviridis*

Mimela confucius Hope 拱背彩丽金龟

Mimela cyanipes Newman 蓝足彩丽金龟

Mimela dehaani Hope 德缘彩丽金龟

Mimela dentifera Lin 齿沟彩丽金龟

Mimela despumata Ohaus 尖突彩丽金龟

Mimela epipleurica Oharus 隆缘彩丽金龟

Mimela excisifemorata Lin 曲股彩丽金龟

Mimela excisipes Reitter 弯股彩丽金龟

Mimela expansa Lin 角翅彩丽金龟

Mimela flavipes Lin 黄足彩丽金龟

Mimela flavocincta Lin 黄裙彩丽金龟

Mimela fukiensis Machatschke 闽绿彩丽金龟

Mimela fulgidivittata Blanchard 焰条彩丽金龟

Mimela furvipes Lin 暗足彩丽金龟

Mimela fusania Bates 釜沟彩丽金龟

Mimela fusciventris Lin 棕腹彩丽金龟

Mimela hauseri Ohaus 黄边彩丽金龟

Mimela heterochropus Blanchard 抱端彩丽金龟

Mimela hirtipyga Lin 毛臀彩丽金龟

Mimela holosericea (Fabricius) 粗绿彩丽金龟

Mimela horsfieldi Hope 紫带彩丽金龟

Mimela ignicauda Bates 小台彩丽金龟

Mimela ignistriata Lin 褐翅彩丽金龟

Mimela inscripta (Nonfried) 山斑彩丽金龟

Mimela iris Lin 虹带彩丽金龟

Mimela klapperichi Machatschke 见 *Mimela sulcatula*

Mimela kuatuna Machatschke 挂墩彩丽金龟

Mimela laevicollis Lin 镜背彩丽金龟

Mimela laevisutula Lin 亮条彩丽金龟

Mimela lathami Hope 见 *Mimela splendens*

Mimela lucidula Hope 见 *Mimela splendens*

Mimela malicolor Lin 苹绿彩丽金龟

Mimela mundissima Walker 洁彩丽金龟

Mimela nigritarsis Lin 黑跗彩丽金龟

Mimela nubeculata Lin 云翅彩丽金龟

Mimela ohaausi Arrow 丰色彩丽金龟

Mimela opalina Ohaus 老绿彩丽金龟

Mimela pachygastra Burmeister 厚腹彩丽金龟

Mimela parva Lin 小黑彩丽金龟

Mimela passerinnii diana Lin 滇草绿彩丽金龟

Mimela passerinnii Hope 草绿彩丽金龟

Mimela passerinnii mediana Lin 陕草绿彩丽金龟

Mimela passerinnii oblonga Arrow 边草绿彩丽金龟

Mimela passerinnii pomacea Bates 川草绿彩丽金龟

Mimela passerinnii taihaizana Sawada 台草绿彩丽金龟

Mimela passerinnii tienmusana Lin 浙草绿彩丽金龟

Mimela pectoralis Blanchard 亮胸彩丽金龟

Mimela pekinensis (Heyden) 京绿彩丽金龟

Mimela plicatulla Lin 黑斑彩丽金龟

Mimela pomicolor Ohaus 苹色彩丽金龟

Mimela princeps Hope 宽腹彩丽金龟

Mimela punctulata Lin 细点彩丽金龟

Mimela rectangular Lin 方角彩丽金龟

Mimela repsimoides Ohaus 蓝胫彩丽金龟

Mimela rubrivirgata Lin 绛带彩丽金龟

Mimela rugicollis Lin 皱背彩丽金龟

Mimela rugosopunctata (Fairmaire) 皱点彩丽金龟

Mimela ruyuanensis Lin 乳源彩丽金龟

Mimela sarigera Heyden 见 *Mimela testaceoviridis*

Mimela sauteri Ohaus 亮盾彩丽金龟

Mimela schneideri Ohaus 浅绿彩丽金龟

Mimela seminigra Ohaus 浅草彩丽金龟

Mimela sericicollis Ohaus 绢背彩丽金龟

Mimela signaticollis Ohaus 多斑彩丽金龟

Mimela specularis Ohaus 背沟彩丽金龟

Mimela splendens (Gyllenhal) 墨绿彩丽金龟（亮绿彩丽金龟）

Mimela splendens Burmeister 见 *Mimela chinensis*

Mimela stibophora Wiedemann 见 *Mimela chinensis*

Mimela sulcatula Ohaus 眼斑彩丽金龟

Mimela taiwana Sawada 台沟彩丽金龟

Mimela testacea Lin 褐臀彩丽金龟

Mimela testaceipes (Motschulsky) 紫绿彩丽金龟

Mimela testaceipes ussuriensis Medvedev 褐足彩丽金龟

Mimela testaceoviridis Blanchared 浅褐彩丽金龟(黄闪彩丽金龟)

Mimela viriditicta Fairmaire 见 *Mimela fusania*

Mimela vittaticollis Burmeister 背斑彩丽金龟

Mimela xanthorrhoea Ohaus 靴端彩丽金龟

Mimela xutholoma Lin 黄环彩丽金龟

Mimela yunnana Ohaus 云绿彩丽金龟

Mimemodes monstrosus Reitter 怪头扁甲

Mimera testaceovirides Blanchard 黄艳金龟

Mimerastria Butler 米瘤蛾属

Mimerastria longiventris (Poujade) 波米瘤蛾

Mimerastria mandschuriana (Oberthüer) 苹米瘤蛾 apple roeselia

Mimesa Shuckard 米短柄泥蜂属

Mimesa angulicollis (Tsuneki) 锤角米短柄泥蜂

Mimetidae 拟态蛛科

Mimetus Hentz 拟态蛛属

Mimetus caudatus Wang 尾突拟态蛛

Mimetus echinatus Wang 刺拟态蛛

Mimetus labiatus Wang 唇形拟态蛛

Mimetus sinicus Song *et* Zhu 中华拟态蛛

Mimetus testaceus Yaginuma 突腹拟态蛛

Mimetus tuberculatus Liang *et* Wang 管状拟态蛛

Mimnerminae 迷蚤亚科

Mimocagosima ochreipennis Breuning 拟鹿岛天牛

Mimocratotragus Pic 蒜角天牛属

Mimocratotragus superbus Pic 红蒜角天牛

Mimomyia Theobald 小蚊属

Mimomyia chamberlaini Ludlow 詹氏小蚊

Mimomyia chamberlaini metallica (Leicester) 詹氏小蚊龙泽亚种

Mimomyia fusca (Leicester) 棕色小蚊

Mimomyia intermedia Barraud 中间小蚊

Mimomyia luzonensis (Ludlow) 吕宋小蚊

Mimophantia maritima Matsumura 阔翅褐蜡蝉

Mimopsestis circumdata Houlbert 湿渺波纹蛾

Mimopsestis determinata Bryk 滴渺波纹蛾

Mimopydna Matsumura 拟皮舟蛾属

Mimopydna insignis (Leech) 竹拟皮舟蛾

Mimopydna sikkima (Moore) 黄拟皮舟蛾

Mimorsidis lemoulti Breuning 拟奥天牛

Mimoserixia rondoni Breuning 肖小楔天牛

Mimosybra latefasciata Breuning 白带短散天牛

Mimothestus Pic 密缨天牛属

Mimothestus annulicornis Pic 樟密缨天牛

Mimovitalisia tuberculata (Pic) 维天牛

Mimozethes Warren 尖顶圆钩蛾属

Mimozethes angula Chu *et* Wang 尖顶圆钩蛾

Mindaridae 纩蚜科

Mindarus Koch 纩蚜属

Mindarus abietinus Koch 香脂冷杉纩蚜 fir twig aphid, balsam twig aphid

Mindarus japonicus Takahashi 日本纩蚜

Minois Hübner 蛇眼蝶属

Minois dryas (Scopoli) 蛇眼蝶

Minois nagasawae (Matsumura) 永泽蛇眼蝶

Minthea rugicollis Walker 鳞毛粉蠹

Minyctenopsyllus Liu, Zhang *et* Wang 小栉蚤属

Minyctenopsyllus triangularus Liu, Zhang *et* Wang 三角小栉蚤

Miochira Lacordaire 瘦叶甲属

Miochira gracilis Lacordaire 瘦叶甲

Miochira montana (Jacoby) 高原瘦叶甲

Miopteryginae 小翅螳螂亚科

Mioscirtus Saussure 小跃蝗属

Mioscirtus wagneri rogenhoferi (Sauss.) 长翅小跃蝗

Mioscirtus wagneri wagneri (Kitt.) 小跃蝗

Miostauropus Kiriakoff 小蚁舟蛾属

Miostauropus mioides (Hampson) 小蚁舟蛾

Miramella Dov.-Zap. 玛蝗属

Miramella changbaishanensis Gong *et al.* 长白山玛蝗

Miramella sinense Chang 中华玛蝗

Miramella solitaria (Ikonn.) 玛蝗

Mireditha Reitter 平肩叶甲属

Mireditha ambigus Chen *et* Wang 疑平肩叶甲

Mireditha nigra Chen 黑平肩叶甲

Mireditha ovulum (Weise) 圆平肩叶甲

Miresa Walker 银纹刺蛾属

Miresa banghaasi (Hering *et* Hopp) 迷刺蛾

Miresa bracteata Butler 叶银纹刺蛾

Miresa fulgida Wileman 闪银纹刺蛾

Miresa inornata Walker 迹银纹刺蛾

Miresa urga Hering 线银纹刺蛾

Miridae 盲蝽科 plant bugs, leaf bugs, capsid bugs

Miridiba koreana Murayama 见 *Holotrichia trichophora*

Miridiba trichophora (Farmaire) 见 *Holotrichia trichophora*

Mirina christophi Staudinger 忍冬桦蛾

Mirina longnanensis Chen *et* Wang 陇南桦蛾

Mirinae 盲蝽亚科

Mirocapritermes Holmgren 瘤白蚁属

Mirocapritermes connectens Holmgren 瘤白蚁

Mirocapritermes hsuchiafui Yu *et* Ping 云南瘤白蚁

Mirocapritermes jiangchengensis Yang, Zhu *et* Huang 江城瘤白蚁

Mirococcopsis Borchs. 小粉蚧属

Mirococcopsis ammophila Bazarov *et* Nurmamatov 黄芩小粉蚧

Mirococcopsis brevipilosa Matesova 短毛小粉蚧

Mirococcopsis cantonensis (Ferris) 广东小粉蚧

Mirococcopsis chinensis Tang 中国小粉蚧(中国微粉蚧)

Mirococcopsis longipilosa Matesova 长毛小粉蚧

Mirococcopsis orientalis (Mask.) 东方小粉蚧

Mirococcopsis rubidus Borchs. 獐毛小粉蚧

Mirococcopsis salina Matesova 梭梭小粉蚧

Mirococcopsis stipae Borchs. 针茅小粉蚧 needlegrass
    mealybug

Mirococcopsis subalpinus (Danzig) 毛刺小粉蚧

Mirococcopsis teberdae (Danzig) 梯比尔小粉蚧

Mirococcopsis trispinosus (Hall) 三刺小粉蚧

Mirococcus Borchs. 少粉蚧属

Mirococcus fossor Danzig 双齿少粉蚧

Mirococcus inermis (Hall) 藜根少粉蚧 harmless mealy-
    bug

Mirococcus leymicola Tang 赖草少粉蚧(赖草小粉蚧)

Mirococcus orientalis (Matesova) 东方少粉蚧

Mirococcus scoparicola Tang 油蒿少粉蚧(油蒿小粉蚧)

Mirococcus sera (Borchs.) 广州少粉蚧

Mirococcus sphaeroides Danzig 球形少粉蚧

Mirperus Stål 密缘蝽属

Mirperus marginatus Hsiao 密缘蝽

Mirufens Girault 断脉赤眼蜂属

Mirufens longitubatus Lin 长管断脉赤眼蜂

Mirufens scabricostatus Lin 粗脊断脉赤眼蜂

Mirufens shenyangensis Lin 沈阳断脉赤眼蜂

Miscanthicoccus Tak. 芒粉蚧属

Miscanthicoccus miscanthi (Tak.) 台湾芒粉蚧

Mishtshenkotetrix gibberosa Wang *et* Zheng 突背米蚱

Mispila curvilinea Pascoe 弧线皱额天牛

Mispila khamvengae Breuning 绒胸皱额天牛

Mispila nigrovittata Breuning 黑条皱额天牛

Mispila sonthianae Breuning 线纹皱额天牛

Mispila subtonkinea Breuning 长角皱额天牛

Mispila taoi Breuning 陶氏皱额天牛

Mispila tonkinea (Pic) 越南皱额天牛

Misracoccus Rao 密绵蚧属

Misracoccus assamensis Rao 阿萨密绵蚧

Misracoccus convexus (Morrison) 菲岛密绵蚧

Misracoccus xyliae Ayyar 印度密绵蚧

Misumena Latreille 蜜蛛属

Misumena areigera (Grube) 阿莱蜜蛛

Misumena rosea Hu *et* Wu 红密蛛

Misumena vatia (Clerck) 弓足密蛛

Misumena xinjiangensis Hu *et* Wu 新疆密蛛

Misumenops F.O.P.-Cambridge 花蛛属

Misumenops forcatus Song *et* Chai 枝叉花蛛

Misumenops forcipatus Song *et* Zhu 钳花蛛

Misumenops hubeiensis Song *et* Zhao 湖北花蛛

Misumenops japonicus (Boes. *et* Str.) 日本树蛛

Misumenops kumadai Ono 熊田花蛛

Misumenops pseudovatius (Schenkel) 伪弓足花蛛

Misumenops tricuspidatus (Fabricius) 三突花蛛

Misumenops wenensis Tang *et al.* 文花蛛

Misumenops xiushanensis Song *et* Chai 秀山花蛛

Mitchella Lewis 米蚤属

Mitchella laxisinuata (Liu, Wu *et* Wu) 广窦米蚤

Mitchella megatarsalia (Liu, Wu *et* Wu) 巨跗米蚤

Mitchella truncata (Liu, Wu *et* Wu) 截棘米蚤

Mithuna fuscivena Hampson 暗脉线苔蛾

Mithuna quadriplaga Moore 四线苔蛾

Mitrococcus Borchs. 僧蜡蚧属(锥蜡蚧属)

Mitrococcus celsus Borchs. 四川僧蜡蚧(峨眉锥蜡蚧)

Mitroplatia Enderlein 碧莫蝇属

Mitroplatia nivemaculata Fan, Fang *et* Yang 白斑碧莫蝇

Mixacarus Balogh 混居甲螨属

Mixacarus exlis Aoki 弱混居甲螨

Mixacarus suoxiensis Hu *et* Wang 索溪混居甲螨

Mixacarus tianmuensis Li *et* Li 天目混居甲螨

Mixaspis Takahashi 混片盾蚧属

Mixaspis bambusicola (Takahashi) 竹混片盾蚧

Mixochlora Warren 三岔绿尺蛾属

Mixochlora vittata (Moore) 三岔绿尺蛾

Mixochthonius Niedbala 混缝甲螨属

Mixochthonius concavus (Chinone) 凹混缝甲螨

Mixolimnesinae 杂沼螨亚科

Mixonychus Ryke *et* Meyer 合爪螨属

Mixonychus ganjuis Qian, Yuan *et* Ma 柑橘合爪螨

Miyatrombicula Sasa *et al.* 五角恙螨属

Miyatrombicula esoensis (Sasa *et* Ogata) 虾夷五角恙螨

Miyatrombicula shanghaiensis (Lu) 上海五角恙螨

Mizaldus Distant 胝盾长蝽属

Mizaldus lewisi Distant 胝盾长蝽

Mizococcus Takahashi 圆粉蚧属(蔗根粉蚧属)

Mizococcus sacchari Takahashi 甘蔗圆粉蚧(蔗根粉蚧)

Mnais 绿色螅属

Mnais andersoni McLachlan 透翅绿色螅

Mnais auripennis Needham 黄翅绿色螅

Mnais earnshawi Williamson 红痣绿色螅

Mnais maclachlani Fraser 亮翅绿色螅

Mnais mneme Ris 烟翅绿色螅

Mnemea laosensis Breuning 老挝长节天牛

Mnemonica auricyonia (Wlsm.) 耳形吸小翅蛾

Mnemonica subpurpurella Haworth 欧洲栎吸小翅蛾
    pale-underwinged purple moth

Mnemonica unimaculella Zetterstedt 欧洲桦吸小翅蛾
    white-spot purple moth

Mnesampela privata Guenée 蓝桉尺蛾 blue gum leaf
    moth

Mnesarchaeidae 扇鳞蛾科

Mnesiloba Warren 珊瑚尺蛾属

Mnesiloba eupitheciata (Walker) 珊瑚尺蛾

Mniotype adusta (Esper) 见 *Blepharita adusta*

Mniotype magnirena (Alphéraky) 见 *Blepharita magni-
    rena*

Mochlozetes Grandjean 杆棱甲螨属

Mochlozetes grandis Wang *et* Lu 巨杆棱甲螨

Mochlozetidae 杆棱甲螨科

Mocis Hübner 毛胫夜蛾属

Mocis ancilla (Warren) 奚毛胫夜蛾

Mocis annetta (Butler) 懈毛胫夜蛾

Mocis dolosa (Butler) 奸毛胫夜蛾

Mocis electaria (Bremer) 跗毛胫夜蛾

Mocis frugalis (Fabricius) 选毛胫夜蛾

Mocis laxa (Walker) 宽毛胫夜蛾

Mocis punctularis Hübner 草毛胫夜蛾 grass semi-looper

Mocis undata (Fabricius) 毛胫夜蛾

Mocuellus cllinus (Bohemen) 平顶叶蝉

Moduza Moore 穆蛱蝶属

Moduza procris (Cramer) 穆蛱蝶

Moechohecera verrucicollis Gahan 拟污天牛

Moechotypa Thomson 污天牛属

Moechotypa adusta Pascoe 宽带污天牛

Moechotypa alboannulata Pic 白网污天牛

Moechotypa asiatica (Pic) 亚洲污天牛

Moechotypa coomani Pic 梯额污天牛

Moechotypa dalatensis Breuning 越南污天牛

Moechotypa delicatula (White) 树纹污天牛

Moechotypa diphysis Pascoe 双簇天牛

Moechotypa suffusa (Pascoe) 红条污天牛

Moechotypa thoracica (White) 锥瘤污天牛

Moechotypa umbrosa Lacordaire 老挝污天牛

Moechotype diphysis (Pascoe) 双簇污天牛

Moenas salpminia Fabricius 前黄木叶蛾

Mogannia minuta Matsumura 小帽枯蝉

Mogoplistinae 鳞蟋亚科(钲蟋亚科) wingless bush crickets

Mogrus Simon 莫鲁蛛属

Mogrus antoninus Andreeva 安东莫鲁蛛

Moirococcopsis cantonensis (Ferris) 广州长粉蚧

Molanna falcata Ulmer 叉枝细翅石蛾

Molannidae 细翅石蛾科

Mollicoccus Williams 缈粉蚧属

Mollicoccus guadalcanalanus Williams 南洋缈粉蚧

Mollitrichosiphum Suenaga 浓毛管蚜属

Mollitrichosiphum alni Ghosh *et al.* 桤木浓毛管蚜

Molorchus Fabricius 短鞘天牛属

Molorchus aureomaculatus Gressitt *et* Rondon 老挝短鞘天牛

Molorchus liui Gressitt 蔷薇短鞘天牛

Molorchus minimalis Gressitt *et* Rondon 网胸短鞘天牛

Molorchus minor (Linnaeus) 冷杉短鞘天牛

Moma Hübner 缤夜蛾属

Moma alpium (Osbeck) 缤夜蛾

Moma fulvicollis (Lattin) 黄颈缤夜蛾

Momisis longicornis (Pic) 海南缨额天牛

Momisis submonticola Breuning 老挝缨额天牛

Momonidae 奇水螨科

Mompha lychnopis Meyrick 黑尖细蛾

Monaeses Thorell 莫蟹蛛属

Monaeses aciculus (Simon) 尖莫蟹蛛

Monaeses caudatus Tang *et* Song 尾莫蟹蛛

Monagonia melanoptera Chen *et* Sun 黑鞘中爪脊甲

Monanus concinutus Walker 丁字斑谷盗

Monanus Sharp 斑谷盗属

Monaphis antennata (Kaltenbach) 触角单斑蚜

Monardia toxicodendri (Felt) 毒木瘿蚊

Monarthropalpus buxi (Laboulbene) 黄杨潜叶瘿蚊 box leaf mining midge, boxwood leaf miner

Monarthrum scutellare (LeConte) 麻栎芳小蠹 oak ambrosia beetle

Monatractides Viets 单曲跗水螨属

Monaulax Nalepa 单沟瘿螨属

Monellia Oestlund 平翅斑蚜属

Monellia costalis (Fitch) 黑缘平翅斑蚜 blackmargined aphid

Monema flavescens Walker 见 *Cnidocampa flavescens*

Mongolocampe zhaoningi Yang 兆宁蒙古小蜂

Mongolotettix Rehn 鸣蝗属

Mongolotettix anomopterus (Caud.) 异翅鸣蝗

Mongolotettix japonica (Bol.) 日本鸣蝗

Mongolotmethis B.-Bienko 蒙癞蝗属

Mongolotmethis gobiensis B.-Bienko 戈壁蒙癞蝗

Mongolotmethis kozlovi B.-Bienko 柯氏蒙癞蝗

Monieziella Berlese 摩尼螨属

Monobiacarus Baker 单螨属

Monoceromyia yentaushanensis Ouchi 雁荡柄角蚜蝇

Monoceronychus McGregor 独角螨属

Monoceronychus cervus (Wainstein) 叉独角螨

Monocesta Clark 榆大萤叶甲属

Monocesta coryli (Say) 榆大萤叶甲 larger elm leaf beetle

Monochamus Guèrin-Méneville 墨天牛属

Monochamus alboapicalis (Pic) 白尾墨天牛

Monochamus alternatus Hope 松墨天牛

Monochamus bimaculatus Gahan 二斑墨天牛

Monochamus binigricollis Breuning 黑斑墨天牛

Monochamus centralis Duvivier 刺墨天牛

Monochamus dubius Gahan 红足墨天牛

Monochamus grandis Waterhouse 巨墨天牛 conifer sawyer

Monochamus guerryi Pic 蓝墨天牛

Monochamus guttulatus Gressitt 白星墨天牛

Monochamus impluviatus Motschulsky 密星墨天牛

Monochamus maculosus Haldeman 松褐斑墨天牛 spotted pine sawyer

Monochamus marmorator Kby. 香枞墨天牛 balsam fir sawyer

Monochamus millegranus Bates 绿墨天牛

Monochamus notatus (Drury) 褐点墨天牛 northeastern

sawyer

Monochamus notatus morgani Hopping 东北褐点墨天牛 northeastern sawyer

Monochamus obtusus Casey 钝角墨天牛 obtuse sawyer

Monochamus oregonensis Leconte 冷杉墨天牛 Oregon fir sawyer

Monochamus rondoni Breuning 老挝墨天牛

Monochamus ruspator Fabricius 非洲墨天牛

Monochamus saltuarius Gebl. 云杉花墨天牛

Monochamus scabiosus Quedenfeldt 瘤疥墨天牛

Monochamus scutellatus (Say) 白点墨天牛 whitespotted sawyer

Monochamus semigranulatus Pic 黑带墨天牛

Monochamus sparsutus Fairmaire 麻斑墨天牛

Monochamus sutor (L.) 云杉小墨天牛

Monochamus talianus Pic 斑腿墨天牛

Monochamus tesserula White 见 *Monochanus alternatus*

Monochamus titillator Fabricius 南美松墨天牛 southern pine sawyer

Monochamus tuberosus Bates 棘皮墨天牛

Monochamus urussovi (Fischer) 云杉大墨天牛

Monochamus versteegi Ritsema 见 *Anoplophora versteegi*

Monochetus Nalepa 单毛瘿螨属

Monochroica Qi *et* Nonnaizab 单色盲蝽属

Monochroica alashanensis Qi *et* Nonnaizab 阿拉善单色盲蝽

Monochrotogaster Ringdahl 摩花蝇属

Monochrotogaster atricornis Fan *et* Wu 黑角摩花蝇

Monochrotogaster rufifrons Fan *et* Chen 绯额摩花蝇

Monochrotogaster unicolor Ringdahl 单色摩花蝇

Monoctenus itoi Okutani 柏木单栉松叶蜂 cypress sawfly

Monodes conjugata (Moore) 会纹弧夜蛾

Monodontomerus Westwood 齿腿长尾小蜂属

Monodontomerus aerus Walker 棕毒蛾齿腿长尾小蜂

Monodontomerus dentipes (Dalman) 黄柄齿腿长尾小蜂

Monodontomerus minor (Ratzeburg) 齿腿长尾小蜂

Monodontomerus obsoletus (Fabricius) 苹褐卷蛾长尾小蜂

Monoedidae 异跗甲科

Monohispa tuberculata (Gressitt) 瘤钩铁甲

Monolepta Chevrolat 长跗萤叶甲属

Monolepta alnivora Chen 桤木长跗萤叶甲

Monolepta arundinariae Gressitt *et* Kimoto 筒节长跗萤叶甲

Monolepta bicavipennis Chen 凹翅长跗萤叶甲

Monolepta dichroarum Harold 油菜萤叶甲

Monolepta hieroglyphica (Motschulsky) 双斑长跗萤叶甲

Monolepta longitarsoides Chûj 小斑长跗萤叶甲

Monolepta mordelloides Chen 凸长跗萤叶甲

Monolepta ovatula Chen 小黑长跗萤叶甲

Monolepta pallidula (Baly) 竹长跗萤叶甲

Monolepta postfasciata Gressitt *et* Kimoto T斑长跗萤叶甲

Monolepta quadricavata Chen 四洼长跗萤叶甲

Monolepta quadriguttata (Motschulsky) 四斑长跗萤叶甲

Monolepta sexlineata Chûj 黑纹长跗萤叶甲

Monolepta signata (Olivier) 黄斑长跗萤叶甲

Monolepta straminea Chen 草黄长跗萤叶甲

Monolepta xanthodera Chen 黄胸长跗萤叶甲

Monomachidae 纤腹细蜂科 slender wasps

Monommatidae 缩腿甲科 monommid beetles

Monomorium Mayr 小家蚁属

Monomorium chinense Santschi 中华小家蚁

Monomorium destructor (Jerdon) 细纹小家蚁

Monomorium floricola (Jerdon) 异色小家蚁

Monomorium fossulatum Emery 开垦小家蚁

Monomorium hainanense Wu *et* Wang 海南小家蚁

Monomorium intrudens F. Smith 入侵小家蚁

Monomorium latinode Mayr 宽结小家蚁

Monomorium mayri Forel 迈氏小家蚁

Monomorium orientale Mayr 东方小家蚁

Monomorium pharaonis (L.) 小家蚁 Pharaoh's ant

Mononychellus Wainstein 单爪螨属

Mononychellus georgicus (Reck) 格鲁吉亚单爪螨

Monophadnus taiwanus Togashi 台湾蔺叶蜂

Monophlebidae 绵蚧科

Monophlebidus Morrison 印绵蚧属

Monophlebinae 绵蚧亚科

Monophleboides Morrison 单绵蚧属

Monophleboides fuscipennis (Burmeister) 中亚单绵蚧

Monophleboides gymnocarpi (Hall) 埃及单绵蚧

Monophlebulus townsendi Cockerell 见 *Drosicha townsendi*

Monophlebus corpulentus Kuwana 见 *Drosicha corpulenta*

Monophlebus dalbergiae Green 见 *Drosica dalbergiae*

Monophlebus fuscipennis Burmeister 见 *Monophleboides fuscipennis*

Monophlebus hellenicus Gennadius 见 *Marchalina hellenica*

Monophlebus maskelli Ckll. 见 *Drosica maskelli*

Monophlebus philippinensis Green 见 *Drosicha townsendi*

Monophlebus phyllanthi Green 见 *Perissopneumon phyllanthi*

Monophlebus quadricaudatus Green 见 *Drosicha quadricaudatus*

Monophlebus stebbingii Green 见 *Drosicha stebbingii*

Monophlebus tamarindus Green 见 *Perissopneumon tamarinda*

Monophlebus variegatus Green 见 *Drosicha variegata*

Monophlebus zeylanicus Green 见 *Neogreenia zeylanicus*

Monophylla californica Fall 加州单郭公虫

Monophylla terminata (Say) 端节单郭公虫

Monopis Hübner 皮谷蛾属

Monopis monachella Hübner 鸟谷蛾

Monopis rusticella (Clerck) 皮谷蛾 skin moth

Monopsyllus Kolenati 单蚤属

Monopsyllus anisus (Rothschild) 不等单蚤(横滨单蚤)

Monopsyllus fengi Liu, Xie *et* Wang 冯氏单蚤

Monopsyllus forficus Cai *et* Wu 叉状单蚤

Monopsyllus hamutus Cai *et* Wu 钩状单蚤

Monopsyllus indages (Rothschild) 花鼠单蚤

Monopsyllus liae Zhang, Wu *et* Li 李氏单蚤

Monopsyllus paradoxus Scalon 怪单蚤

Monopsyllus scaloni (Vovchinskaya) 新月单蚤

Monopsyllus sciurorum asiaticus (Ioff) 松鼠单蚤亚洲亚种

Monopsyllus toli (Wagner) 三角单蚤

Monosoma pulverata Retzius 桤木尘叶蜂

Monostira Costa 小板网蝽属

Monostira unicostata (Mulsant *et* Rey) 小板网蝽

Monotoma Panzer 小扁甲属

Monotoma quadrifoveolata Aub. 四凹小扁甲

Monotomidae 小扁甲科 small flattened bark beetles

Monotrichobdella 单毛吸蟥属

Monotrimacus Mohanasundaram 单毛异螯螨属

Montandoniola moraguesi (Puton) 黑纹花蝽

Monznia globuli Monzen 球单体蚜

Moodna ostrinella Clemens 多彩毛斑螟

Moonia albimaculata Distant 白斑毛大叶蝉

Mooreana Evans 毛脉弄蝶属

Mooreana trichoneura (Felder *et* Felder) 毛脉弄蝶

Moraba amiculae Sjoestedt 核套短角蝗

Mordella L. 花蚤属

Mordellaidea 花蚤总科 tumbling flower beetles

Mordellidae 花蚤科 tumbling flower beetles

Mordellistena Costa 姬花蚤属

Mordellistena comes Marseul 伴姬花蚤

Mordellistena yangi Fan 杨氏姬花蚤

Mordwilkoja vagabunda (Walsh) 美国杨莫蚜(三角叶杨瘿蚜) poplar vagabond aphid

Morellia Robineau-Desvoidy 莫蝇属

Morellia aenescens Robineau-Desvoidy 曲胫莫蝇

Morellia asetosa Baranov 济州莫蝇

Morellia hainanensis Ni 海南莫蝇

Morellia hortensia (Wiedemann) 园莫蝇

Morellia hortorum hortorum (Fallén) 林莫蝇

Morellia hortorum tibetana Fan 西藏林莫蝇

Morellia latensispina Fang *et* Fan 隐齿莫蝇

Morellia nigrisquama Malloch 黑瓣莫蝇

Morellia podagrica (Löw) 瘤胫莫蝇

Morellia simplex (Löw) 简莫蝇

Morellia sinensis Ouchi 中华莫蝇

Morellia sordidisquama Stein 污瓣莫蝇

Morellia suifenhensis Ni 绥芬河莫蝇

Morganella Cockerell 鬃圆盾蚧属

Morganella longispinus (Morgan) 长鬃圆盾蚧 papaw scale

Moricella Rohwer 樟叶蜂属

Moricella rufonota Rohwer 樟叶蜂

Morimospasma Ganglbauer 巨瘤天牛属

Morimospasma granulatum Chiang 细粒巨瘤天牛

Morimospasma paradoxum Ganglbauer 松巨瘤天牛

Morimospasma tuberculatum Breuning 粗粒巨瘤天牛

Moritziella castaneivora Miyazaki 栗黑茂瑞大蚜

Mormo Ochsenheimer 莫夜蛾属

Mormo venata (Hampson) 脉莫夜蛾

Mormotomyiidae 妖蝇科

Morophagoides ussuriensis Caradja 乌苏里什叶谷蛾 shiitake fungus moth

Morphosphaera Baly 榕萤叶甲属

Morphosphaera cavaleriei Laboissière 红角榕萤叶甲

Morphosphaera chrysomeloides Pates 台湾一字榕萤叶甲

Morphosphaera collaris Laboissière 褐腹榕萤叶甲

Morphosphaera gracilicornis Chen 四斑榕萤叶甲

Morphosphaera japonica (Hornstedt) 日榕萤叶甲

Moseriana Ruter 莫花金龟属

Moseriana bimaculata (Moser) 双斑莫花金龟

Moseriana brevipilosa Ma 短毛莫花金龟

Moseriana longipilosa Ma 长毛莫花金龟

Moseriana nitida Ma 亮莫花金龟

Moseriana rugulosa Ma 皱莫花金龟

Mosotalesus impresssus (F.) 见 *Selatosomus impressus*

Motschulskyia Kirkaldy 莫氏小叶蝉属

Motschulskyia motschulskyi Dworakowska 莫氏小叶蝉

Motschulskyia serrata (Matsumura) 锯纹莫小叶蝉

Muellerianella fairmairei Perris 法氏牧勒蝉

Mukaria Distant 额垠叶蝉属

Mukaria albinotata Cai *et* Kuoh 白斑额垠叶蝉

Mukaria flavida Cai *et* Kuoh 黄片额垠叶蝉

Mukaria nigra Kuoh *et* Kuoh 黑额银叶蝉

Mullederia Wood 圆须螨属

Mullederia alveolata Tseng 小孔圆须螨

Mullederia sichuanensis Wang 四川圆须螨

Mulsantina picta (Randall) 松多须瓢虫 pine ladybird beetle

Multioppia Hammer 多奥甲螨属

Multioppia brevipectinata Suzuki 短梳多奥甲螨

Multioppia gracilis Aoki 细多奥甲螨

Multioppia wilsoni Aoki 威多奥甲螨

Multioppia xinjiangensis Wen *et al.* 新疆多奥甲螨

Multisetosa Hsu *et* Wen 多毛恙螨属

Multisetosa compta Schluger *et* Amangulieu 列毛多毛恙螨

Multisetosa lhasae Wen *et al.* 拉萨多毛恙螨

Multisetosa major (Schluger) 肥巨多毛恙螨

Multisetosa neimongolensis Wen *et* Yao 内蒙多毛恙螨

Multisetosa nitans Schluger *et* Amangulieu 南帝多毛恙螨

Multisetosa ochotonae Wen *et* Shao 鼠兔多毛恙螨

Multisetosa pekingensis Wen *et* Liu 北京多毛恙螨

Multisetosa persicus Vercammen-Grandjian *et al.* 波斯多毛恙螨

Multisetosa pinguis Schluger *et* Amangulieu 壮实多毛恙螨

Multisetosa sciurotamiatis Zhou *et al.* 岩松鼠多毛恙螨

Multisetosa sylvatici Zhou *et* Chen 森林多毛恙螨

Multisetosa xizangensis Wu *et* Wen 西藏多毛恙螨

Muritrombicula Yu *et al.* 鼠恙螨属

Muritrombicula dali Yu *et al.* 大理鼠恙螨

Murmidiidae 邻坚甲科 murmidiid beetles

Murmidius Leach 小圆甲属

Murmidius ovalis Beck 小圆甲

Murodania Kugon 啮鼠螨属

Musca Linnaeus 家蝇属

Musca amita Hennig 肖秋家蝇

Musca asiatica Shinonaga *et* Kano 亚洲家蝇

Musca autumnalis De Geer 秋家蝇 face fly

Musca bezzii Patton *et* Cragg 北栖家蝇

Musca cassara Pont 亮家蝇

Musca chui Fan 瞿氏家蝇

Musca conducens Walker 逐畜家蝇

Musca confiscata Speiser 带纹家蝇

Musca convexifrons Thomson 突额家蝇

Musca craggi Patton 扰家蝇

Musca crassirostris Stein 肥喙家蝇

Musca domestica Linnaeus 家蝇 house fly

Musca domestica nebulo Fabricius 雾家蝇

Musca domestica vicina Macquart 舍蝇

Musca fletcheri Patton *et* Senior-White 牛耳家蝇

Musca formosana Malloch 台湾家蝇

Musca hervei Villeneuve 黑边家蝇

Musca inferior Stein 毛瓣家蝇

Musca larvipara Portschinsky 孕幼家蝇

Musca malaisei Emden 毛颧家蝇

Musca pattoni Austen 鱼尸家蝇

Musca pilifacies Emden 毛堤家蝇

Musca santoshi Joseph *et* Parui 伪毛颧家蝇

Musca seniorwhitei Patton 牲家蝇

Musca sorbens Wiedemann 市蝇 bazaar fly

Musca tempestiva Fallén 骚家蝇

Musca tibetana Fan 西藏家蝇

Musca ventrosa Wiedemann 黄腹家蝇

Musca vetustissima Walker 狭额市蝇 bush fly

Musca vitripennis Meigen 中亚家蝇

Muscidae 蝇科 house flies, stable flies,horn flies and allies

Muscina Robineau-Desvoidy 腐蝇属

Muscina angustifrons (Löw) 狭额腐蝇

Muscina assimilis (Fallén) 肖腐蝇

Muscina japonica Shinonaga 日本腐蝇

Muscina pascuroum (Meigen) 牧场腐蝇

Muscina stabulans (Fallén) 厩腐蝇 false stable fly

Muscinae 家蝇亚科

Muscoidea 蝇总科 house flies and their allies

Mussidia albipartalis Hampson 洁黑脉斑螟

Mussidia nigrivenella Ragonot 可可黑脉斑螟

Mustilia Walker 钩翅蚕蛾属

Mustilia falcipennis Walker 钩翅藏蚕蛾

Mustilia hepatica Moore 一点钩翅蚕蛾

Mustilia sphingiformis Moore 钩翅赭蚕蛾

Mutabilicoccus Williams 苗粉蚧属

Mutabilicoccus artocarpi Williams 面包树苗粉蚧

Mutabilicoccus simmondsi (Laing) 椰子苗粉蚧

Mutatocoptops alboapicalis Pic 曲带异瘤象天牛

Mutatocoptops anacyloides (Schwarzer) 台湾异瘤象天牛

Mutatocoptops similis Breuning 工斑异瘤象天牛

Mutillidae 蚁蜂科 velvet ants

Mutusca Stål 牧缘蝽属

Mutusca prolixa Stål 牧缘蝽

Myacarus Zachvatkin 鼠粉螨属

Mycalesis Hübner 眉眼蝶属

Mycalesis anaxias Hewitson 君主眉眼蝶

Mycalesis francisca (Stoll) 拟稻眉眼蝶

Mycalesis gotama Moore 稻眉眼蝶

Mycalesis intermedia (Moore) 中介眉眼蝶

Mycalesis lepcha (Moore) 珞巴眉眼蝶

Mycalesis mamerta (Stoll) 大理石眉眼蝶

Mycalesis mineus (Linnaeus) 小眉眼蝶

Mycalesis misenus de Nicéville 密纱眉眼蝶

Mycalesis panthaka Fruhstorfer 平顶眉眼蝶

Mycalesis perseus (Fabricius) 裴斯眉眼蝶

Mycalesis sangaica Butler 僧袈眉眼蝶

Mycalesis unica (Leech) 褐眉眼蝶

Mycerinopsis lineata Gahan 线纹粗点天牛

Mycerinopsis parunicolor Breuning 老挝粗点天牛

Mycerinopsis subunicolor Breuning 胫刺粗点天牛

Mycerinopsis unicolor (Pascoe) 一色粗点天牛

Mycetaeidae 微小蕈甲科 mycetaeid beetles

Mycetaspis Cockerell 头圆盾蚧属

Mycetaspis personatus (Comstock) 假面头圆盾蚧 masked scale

Mycetobiidae 蕈栖蚊科 wood gnats

Mycetoglyphus Oudemans 嗜菌螨属

Mycetoglyphus fungivorus Oudemans 嗜真菌螨

Mycetophagidae 小蕈甲科 hairy fungus beetles, fungus beetles

Mycetophagus Hellwig 小蕈甲属

Mycetophagus quadriguttatus Müller 四点蕈甲 spotted hairy fungus beetle

Mycetophila fungorum Degeer 蕈蚊

Mycetophila lineola Meigen 线蕈蚊

Mycetophilidae (Fungivoridae) 蕈蚊科 fungus gnats

Mycetophiloidea 蕈蚊总科 fungus gnats and their allies

Mycobates Hull 菌板鳃甲螨属

Mycobates monocornis Aoki 单角菌板鳃甲螨

Mycobatidae 菌板鳃甲螨科

Mycodiplosis cerasifolia (Felt) 桃红锯瘿蚊

Mycodiplosis corylifolia Felt 榛锯瘿蚊

Mycomya Rondani 真菌蚊属

Mycomya dentalosa Yang *et* Wu 多齿真菌蚊

Mycomya fanjingana Yang *et* Wu 梵净真菌蚊

Mycomya guandiana Wu *et* Yang 关帝真菌蚊

Mycomya guizhouana Yang *et* Wu 贵州真菌蚊

Mycomya hengshana Wu *et* Yang 恒山真菌蚊

Mycomya occultans (Winnertz) 隐真菌蚊

Mycomya odontoda Yang *et* Wu 侧齿真菌蚊

Mycomya procurva Yang *et* Wu 弯肢真菌蚊

Mycomya qingchengana Wu *et* Yang 青城真菌蚊

Mycomya tricamata Wu *et* Yang 三枝真菌蚊

Mycophila fungicola Felt 菇瘿蚊

Mycteis Pascoe 长喙长角象属

Mycteristes Castelneau 头花金龟属

Mycteristes khasiana Jordan 绿胸头花金龟

Mycteristes microphyllus Wood-Mason 褐红头花金龟

Mycterothrips glycines Okamoto 大豆奇菌蓟马 soybean thrips

Mydaea Robineau-Desvoidy 圆蝇属

Mydaea ancilloides Xue 拟少毛圆蝇

Mydaea bideserta Xue *et* Wang 双圆蝇

Mydaea brevis Wei 短圆蝇

Mydaea breviscutellata Xue *et* Kuang 短盾圆蝇

Mydaea brunneipennis Wei 褐翅圆蝇

Mydaea discimana Malloch 拟美丽圆蝇

Mydaea glaucina Wei 蓝灰圆蝇

Mydaea gracilior Xue 瘦叶圆蝇

Mydaea latielecta Xue 宽叶圆蝇

Mydaea laxidetrita Xue *et* Wang 宽屑圆蝇

Mydaea nigra Wei 黑圆蝇

Mydaea setifemur kongdinga Xue *et* Feng 康定圆蝇

Mydaea setifemur Ringdahl 鬃股圆蝇

Mydaea sinensis Ma *et* Cui 中华圆蝇

Mydaea tinctoscutaris Xue 饰盾圆蝇

Mydaea urbana (Meigen) 美丽圆蝇

Mydaeinae 圆蝇亚科

Mydaidae 拟食虫虻科 mydas flies

Mydoniidae 长跳虫科

Mydonioidea 长跳虫总科

Mydonius sauteri Roerner 菰长跳虫

Myeloborus amplus Blackman 阔髓小蠹

Myeloborus ramiperda Swaine 松髓小蠹

Myelois Hübner 髓斑螟属

Myelois ceratoniae Zeller 见 *Ectomyelois ceratoniae*

Myelois cribrumella Hübner 菊髓斑螟

Myelophilus Eichhoff 见 *Tomicus* Latreille

Mygdonis Stål 大佯缘蝽属

Mygdonis spinifera Hsiao 刺佯缘蝽

Myiodactylidae 广翅蛉科

Myiophanes Reuter 大蚊猎蝽属

Myiophanes tipulina Reuter 大蚊猎蝽

Myla Stål 光缘蝽属

Myla cornuta Hsioa 光缘蝽

Mylabris Fabricius 斑芫菁属

Mylabris bistillata Tan 双滴斑芫菁

Mylabris hingstoni Blair 长角斑芫菁

Mylabris longiventris Blair 拟高原斑芫菁

Mylabris macilenta Marseul 瘦斑芫菁

Mylabris phalerata (Pallas) 大斑芫菁

Mylabris przewalskyi Dokhtouroff 高原斑芫菁

Myllocerinus Reitter 丽纹象属

Myllocerinus aurolineatus Voss 茶丽纹象

Myllocerinus ochrolineatus Voss 赭丽纹象

Myllocerinus vossi (Lona) 淡绿丽纹象

Myllocerus Schoenherr 尖筒象属

Myllocerus blandus Faust 平和尖筒象

Myllocerus cardoni Marshall 卡氏尖筒象

Myllocerus catechu Marshall 儿茶尖筒象

Myllocerus curvicornis Fabricius 曲角尖筒象

Myllocerus discolor Boheman 彩斑尖筒象

Myllocerus dorsatus Fabricius 背纹尖筒象

Myllocerus fabricii Guèrin-Méneville 纤微尖筒象

Myllocerus fumosus Faust 烟色尖筒象

Myllocerus griseus Roelofs 栗叶尖筒象

Myllocerus illitus Reitter 黑斑尖筒象

Myllocerus lefroyi Marshall 莱氏尖筒象

Myllocerus lineatocollis Boheman 纹状尖筒象

Myllocerus maculosus Desbrochers 见 *Myllocerus undecimpustulatus*

Myllocerus pelidnus Voss 暗褐尖筒象

Myllocerus pubescens Faust 柔毛尖筒象

Myllocerus sabulosus Marshall 多沙尖筒象

Myllocerus scitus Voss 金绿尖筒象

Myllocerus setulifer Desbrochers 小鬃尖筒象

Myllocerus severini Marshall 塞氏尖筒象

Myllocerus sordidus Voss 长毛尖筒象

Myllocerus transmarinus Herbst 外侵尖筒象

Myllocerus undecimpustulatus Faust 棉花尖筒象

Myllocerus viridanus Fabricius 绿尖筒象

Mymaridae 缨小蜂科

Mymarommatidae 异卵蜂科

Mymarothripidae 锤翅蓟马科

Mymeleotettix Bol. 蚁蝗属

Mymeleotettix angustiseptus Liu 狭隔蚁蝗

Mymeleotettix brachypterus Liu 短翅蚁蝗

Mymeleotettix longipennis Zhang 长翅蚁蝗

Mymeleotettix pallidus (Br.-W.) 荒漠蚁蝗

Mymeleotettix palpalis (Zub.) 宽须蚁蝗

Myobia Heyden 肉螨属

Myobia musculi (Schrank) 鼷鼠肉螨

Myobiidae 肉螨科

Myocalandra exarata Boheman 雕刻疤象

Myocoptes Claparede 癣螨属

Myocoptes ictonyx Fain 艾虎癣螨

Myocoptes musculinus (Koch) 鼠癣螨 myocoptic mange mite

Myocoptidae 癣螨科

Myodopsylla Jordan *et* Rothschild 耳蝠蚤属

Myodopsylla trisellis Jordan 三鞍耳蝠蚤

Myonyssinae 鼠刺螨亚科

Myonyssoides Hirst 拟鼠螨属

Myonyssus Tiraboschi 鼠刺螨属

Myonyssus dubinini Bergetova 独氏鼠刺螨

Myonyssus ochotonae Chang *et* Hsu 鼠兔鼠刺螨

Myonyssus shibatai Asanuma 柴田鼠刺螨

Myopinae 短腹眼蝇亚科

Myopsocidae 星啮虫科 winged psocids

Myospila Rondani 妙蝇属

Myospila argentata (Walker) 银额妙蝇

Myospila bina (Wiedemann) 双色妙蝇

Myospila femorata (Malloch) 黄股妙蝇

Myospila flavibasis (Malloch) 黄基妙蝇

Myospila fuscicoxa (Li) 暗基妙蝇

Myospila laevis (Stein) 棕跗妙蝇

Myospila lasiopthalma Emden 毛眼妙蝇

Myospila lauta (Stein) 净妙蝇

Myospila lenticeps (Thomson) 扁头妙蝇

Myospila meditabunda angustifrons Malloch 狭额妙蝇

Myospila meditabunda brunettiana Enderlein 华中妙蝇

Myospila meditabunda meditabunda (Fabricius) 欧妙蝇

Myospila tenax (Stein) 束带妙蝇

Mypongia 迈波赤螨属

Myriapoda 多足纲

Myricomyia pongamiae Mani 水黄皮瘿蚊

Myrina Redtenbacher 见 *Allomyrina* Arrow

Myrioblephara Warren 毛角尺蛾属

Myrioblephara marmorata (Moore) 格毛角尺蛾

Myrmarachne MacLeay 蚁蛛属

Myrmarachne annamita Zabka 条蚁蛛

Myrmarachne elongata Szombathy 长腹蚁蛛

Myrmarachne formicaria (De Geer) 美丽蚁蛛

Myrmarachne formosana (Saito) 台湾蚁蛛

Myrmarachne formosicola Strand 台蚁蛛

Myrmarachne gisti Fox 吉蚁蛛

Myrmarachne globosa Wanless 球蚁蛛

Myrmarachne grahami Fox 格氏蚁蛛

Myrmarachne hoffmanni Strand 霍氏蚁蛛

Myrmarachne inermichelis Boes. *et* Str. 无爪蚁蛛

Myrmarachne japonica (Karsch) 日本蚁蛛

Myrmarachne joblotii (Scopoli) 乔氏蚁蛛

Myrmarachne kiboschensis Lessert 褶腹蚁蛛

Myrmarachne kuwagata Yaginuma 叉蚁蛛

Myrmarachne lesserti Schenkel 莱瑟蚁蛛

Myrmarachne linguiensis Zhang *et* Song 临桂蚁蛛

Myrmarachne lugubris (Kulczynski) 忧蚁蛛

Myrmarachne magnus Saito 大蚁蛛

Myrmarachne patellata Strand 小碟蚁蛛

Myrmarachne plataleoides (Cambridge) 黄蚁蛛

Myrmarachne sansiborica Strand 桑比蚁蛛

Myrmarachne vehemans Fox 苇荷蚁蛛

Myrmarachne voliatilis (Peckham *et* Peckham) 伏蚁蛛

Myrmecina Curtis 切叶蚁属

Myrmecina graminicola sinensis Wheeler 食草切叶蚁中国亚种

Myrmecina sauteri Forel 邵氏切叶蚁

Myrmecina taiwana Terayama 台湾切叶蚁

Myrmeciphis Hull 蚁伊螨属

Myrmecolacidae 钩捻翅虫科(蚁捻翅虫科)

Myrmecomyiinae 蚁扁口蝇亚科

Myrmecophila Latreille 蚁蟋属

Myrmecophila formosana Shiraki 台湾蚁蟋

Myrmecophilidae 蚁蟋科 ant-loving crickets

Myrmecophilinae 蚁蟋亚科 ant-loving crickets

Myrmeleontidae 蚁蛉科 ant lions

Myrmeleotettix pluridenis Liang 多齿蚁蝗

Myrmica Latreille 红蚁属

Myrmica angulinodis Ruzsky 角结红蚁

Myrmica arisana Wheeler 阿里山红蚁

Myrmica formosae Wheeler 蓬莱红蚁

Myrmica jessensis Forel 吉市红蚁

Myrmica lobicornis Nylander 弯角红蚁

Myrmica margaritae Emery 马格丽特氏红蚁

Myrmica pulchella Santschi 骄媚红蚁

Myrmica rubra (L.) 小红蚁

Myrmica ruginodis Nylander 皱红蚁

Myrmica serica Wheeler 丝红蚁

Myrmica sinica Wu *et* Wang 中华红蚁

Myrmica sulcinodis Nylander 纵沟红蚁

Myrmica tipuna Santschi 黄毛红蚁

Myrmicaria Saunders 脊红蚁属

Myrmicaria brunnea Saunders 褐色脊红蚁

Myrmicinae 切叶蚁亚科

Myrmicocheyla Volgin 蚁螯螨属

Myrmicotrombiniinae 蚁绒螨亚科

Myrmicotrombium Womersley 蚁绒螨属

Myrmoglyphus Vitzthum 嗜蚁螨属

Myrmolaelaps Tragardh 蚁厉螨属

Myrmonyssus Berlese 蚁刺螨属

Myrmonyssus phalaenodectes 蛾耳蚁刺螨 moth ear mite

Myrmozercon Berlese 蚁虼螨属

Myrmus Hahn 迷缘蝽属

Myrmus calcaratus Reuter 异角迷缘蝽

Myrmus glabellus Horváth 细角迷缘蝽

Myrmus lateralis Hsiao 黄边迷缘蝽

Myrmus miriformis gracilis (Lindberg) 短毛迷缘蝽

Myrteta Walker 皎尺蛾属

Myrteta argentaria Leech 黑星皎尺蛾

Myrteta moupinaria Oberthüer 牟平皎尺蛾

Myrteta sericea (Butler) 聚线皎尺蛾

Myrteta tinagmaria (Guenée) 清波皎尺蛾

Mysidioides Matsumura 幂袖蜡蝉属

Mysidioides sapporoensis (Matsumura) 札幌幂袖蜡蝉

Mysolaelaps Fonseca 鼠厉螨属

Mysolaelaps cunicularis Wang *et* Liao 洞窝鼠厉螨

Mystacides elongata Yamamoto *et* Ross 长须长角石蛾

Mystacides testaces Navás 棕胸须长角石蛾

Mystilus priamus Distant 竹盲蝽

Mythicomyiinae 脉蜂虻亚科

Mythimna Ochsenheimer 光腹夜蛾属

Mythimna grandis Butler 大光腹夜蛾

Mythimna loreyi (Dup.) 劳氏光腹夜蛾 rice armyworm

Mytilaspis Targioni-Tozzetti 牡蛎盾蚧属 oystershell scale

Mytilaspis abdominis (Takagi) 锯胶牡蛎盾蚧

Mytilaspis beckii (Newm.) 紫牡蛎盾蚧 purple scale, orange scale

Mytilaspis camelliae (Hoke) 山茶牡蛎盾蚧 camellia scale

Mytilaspis ceodes (Kawai) 东洋牡蛎盾蚧

Mytilaspis chamaecyparidis (Takagi *et* Kawai) 侧柏牡蛎盾蚧

Mytilaspis chinensis (Chamberlin) 中国牡蛎盾蚧

Mytilaspis citrina (Borchs.) 橘叶牡蛎盾蚧

Mytilaspis conchiformioides (Borchsenius) 见 *Mytilaspis conchiformis*

Mytilaspis conchiformis (Gmelin) 梅牡蛎盾蚧 fig scale, pear oystershell scale

Mytilaspis corni (Takahashi) 来木牡蛎盾蚧

Mytilaspis cupressi (Borchs.) 桧柏牡蛎盾蚧

Mytilaspis dorsalis (Takagi *et* Kawai) 冬青牡蛎盾蚧

Mytilaspis garambiensis (Tak.) 台湾牡蛎盾蚧

Mytilaspis gloverii (Pack.) 葛氏牡蛎盾蚧 Glover's scale, long scale

Mytilaspis japonica (Kuw.) 日本牡蛎盾蚧

Mytilaspis juniperi (Ldgr.) 桧叶牡蛎盾蚧

Mytilaspis lasianthi (Green) 鸡树牡蛎盾蚧

Mytilaspis lithocarpi (Tak.) 石柯牡蛎盾蚧

Mytilaspis maskelli (Ckll.) 见 *Mytilaspis pallida*

Mytilaspis mcgregori (Bank) 见 *Paralepidosaphes laterochitinosa*

Mytilaspis newsteadi (Sulc) 松针牡蛎盾蚧

Mytilaspis nivalis (Takagi) 松柏牡蛎盾蚧

Mytilaspis pallida (Mask.) 橘牡蛎盾蚧

Mytilaspis pallidula (Will.) 见 *Mytilaspis pallida*

Mytilaspis pinea (Borchs.) 北朝牡蛎盾蚧

Mytilaspis pineti (Borchs.) 北京牡蛎盾蚧

Mytilaspis pini (Mask.) 松牡蛎盾蚧

Mytilaspis pyrorum (Tang) 梨牡蛎盾蚧

Mytilaspis rubrovittatus (Cockerell) 柘榴牡蛎盾蚧

Mytilaspis schimae (Kawai) 木荷牡蛎盾蚧

Mytilaspis tokionis (Kuw.) 东京牡蛎盾蚧 Tokyo scale

Mytilaspis tritubulatus (Borchs.) 三管牡蛎盾蚧

Mytilaspis turanica (Archangelskaya) 沙枣牡蛎盾蚧

Mytilaspis ulapa (Beadsley) 见 *Mytilaspis rubrovittatus*

Mytilaspis yanagicola (Kuwana) 槐牡蛎盾蚧

Mytilaspis yoshimotoi (Takagi) 花柏牡蛎盾蚧

Mytilaspis zelkovae (Takagi *et* Kawai) 榉牡蛎盾蚧

Mytilococcus gloverii Packard 见 *Lepidosaphes gloverii*

Myxexoristops Townsend 撵寄蝇属

Myxexoristops blondeli (Robineau-Desvoidy) 扁尾撵寄蝇

Myzaphis van der Goot 冠蚜属

Myzaphis rosarum (Kaltenbach) 月季冠蚜(玫瑰冠蚜) lesser rose aphid

Myzocallis Passerini 角斑蚜属

Myzocallis alni Degeer 见 *Pterocallis alni*

Myzocallis amblyopappos Zhang *et* Zhang 钝毛角斑蚜

Myzocallis annulata Hartig 见 *Tuberculoides annulatus*

Myzocallis carpini (Koch) 鹅耳枥角斑蚜

Myzocallis caryaefoliae (Davis) 山核桃角斑蚜 black pecan aphid

Myzocallis castanicola Baker 栗角斑蚜

Myzocallis kahawaluokalani Kirkaldy 桃金娘角斑蚜 crapemyrtle aphid

Myzocallis minimus van der Goot 见 *Betulaphis quadrituberculata*

Myzocallis montana Higuchi 山角斑蚜

Myzocallis nigrosiphonaceus Zhang *et* Zhang 黑管角斑蚜

Myzocallis ulmifolii (Mon.) 榆角斑蚜 elm leaf aphid

Myzosiphum Tao 瘤网蚜属

Myzosiphum zayuense Zhang 察隅瘤网蚜

Myzus Passerini 瘤蚜属

Myzus ascalonicus Doncaster 冬葱瘤蚜 shallot aphid

Myzus asteriae Shinji 紫菀瘤蚜

Myzus boehmeriae Takahashi 苎麻瘤蚜

Myzus cerasi umefoliae Shinji 樱桃瘤蚜

Myzus hemerocallis Takahashi　金针瘤蚜

Myzus japonensis Miyazaki　日本瘤蚜

Myzus ligustri (Mosley)　女贞瘤蚜　privet aphid

Myzus malisuctus Matsumura　苹果瘤蚜

Myzus mumecola Matsumura　杏瘤蚜

Myzus mushaensis Takahashi　木厦瘤蚜

Myzus persicae (Sulzer)　桃蚜　green peach aphid, potato aphid, spinach aphid, peach-potato aphid

Myzus prunisuctus Zhang　山樱桃瘤蚜

Myzus tropicalis Takahashi　桃纵卷叶瘤蚜

Myzus varians Davidson　黄药子瘤蚜

Myzus yamatonis Miyazaki　林瘤蚜

N

Nabidae　姬蝽科(拟猎蝽科)　damsel bugs

Nabinae　姬蝽亚科

Nabis Latreille　姬蝽属

Nabis apicalis Matsumura　小翅姬蝽

Nabis capsiformis Germar　窄姬蝽

Nabis consobrinus Bianchi　小金姬蝽

Nabis feroides mimoferus Hsiao　类原姬蝽亚洲亚种

Nabis ferus Linnaeus　原姬蝽

Nabis intermendius Kerzhner　塞姬蝽

Nabis nigrovittatus Ren　纹斑姬蝽

Nabis palifer (Seidenstucker)　淡色姬蝽

Nubis potanini Bianchi　波姬蝽

Nabis remanei Kerzhner　雷姬蝽

Nabis reuteri Jakovlev　北姬蝽

Nabis semiferus Hsiao　普姬蝽

Nabis sinoferus Hsiao　华姬蝽

Nabis stenoferus Hsiao　暗色姬蝽

Nabiseius Chant　拟猎蝽绥螨属

Nacaduba Moore　娜灰蝶属

Nacaduba beroe (Felder *et* Felder)　娜灰蝶

Nacaduba kurava (Moore)　古楼娜灰蝶

Nacerdes melanura (L.)　码头拟天牛　wharf borer

Nacerimina Keifer　新瘤瘿螨属

Nacna Fletcher　孔雀夜蛾属

Nacna malachitis (Oberthüer)　绿孔雀夜蛾

Nacna prasinaria (Walker)　色孔雀夜蛾

Nacobbidae　科布线虫科

Nacobbus Thorne *et* Allen　科布线虫属(珍珠线虫属)　false root-knot nematodes

Nacobbus aberrans (Thorne)　异常科布线虫(异常珍珠线虫)

Nacobbus batatiformis Thorne *et* Schuster　番薯形科布线虫(番薯形珍珠线虫)　false-root-knot nematode of beets

Nacobbus dorsalis Thorne *et* Allen　背侧科布线虫

Nacobbus serendipiticus Franklin　番茄科布线虫

Nacoleia diemenalis Guenée　见　*Lamprosema diemenalis*

Nacoleia octasema (Meyr.)　香蕉螟蛾　banana scab moth

Nacolus Jacobi　桨头叶蝉属

Nacolus assamensis (Distant)　桨头叶蝉

Nadasia abyssinicum Aurivillius　见　*Streblote abyssinica*

Nadasia aculeatum Walker　见　*Streblote aculeata*

Nadasia amblycalymma Tams　尼日利亚桉枯叶蛾

Nadasia butiti Bethune-Baker　见　*Streblote butiti*

Nadasia concolor Walker　同色松枯叶蛾　hairy pine caterpillar

Nadasia lividum Holland　见　*Streblote livida*

Nadata gibbosa Abbott *et* Smith　北美栎绿舟蛾　green oak caterpillar

Nadata jibbosa (J. E. Smith)　北美槭绿舟蛾

Nadezhdiella Plavilstshikov　褐天牛属

Nadezhdiella aurea Gressitt　桃褐天牛

Nadezhdiella cantori (Hope)　橘褐天牛

Naenaria chinensis Uchida　中华那姬蜂

Naenia Stephens　宽翅夜蛾属

Naenia contaminata (Walker)　褐宽翅夜蛾　Rumex black cutworm

Naiacoccus Green　蛇粉蚧属

Naiacoccus minor Green　小型蛇粉蚧

Naiacoccus serpentinus Green　中亚蛇粉蚧

Nala nepalensis (Burr)　尼纳蝮

Naland balthasari Obenberger　巴氏脊胸吉丁

Naland birmicola Obenberger　蓝翅脊胸吉丁

Naland rutilicollis Obenberger　柳树脊胸吉丁

Naland sinae Obenberger　中华脊胸吉丁

Nalepella Keifer　纳瘿螨属

Nalepella torreyae Kuang *et* Zhuo　榧纳瘿螨

Nalepellidae　纳瘿螨科

Nalepellinae　纳瘿螨亚科

Nanacaridae　微螨科

Nanacarus Oudemans　微螨属

Nanacarus minimus Oudemans　小微螨

Nananguna breviuscula Walker　侏皮夜蛾

Nanatka Young　透大叶蝉属

Nanatka albovitta Cai *et* Kuoh　白条透大叶蝉

Nanatka castenea Cai *et* Kuoh　栗条透大叶蝉

Nanatka fuscula Cai *et* Kuoh　暗褐透大叶蝉

Nanatka nigrilinea Cai *et* Kuoh　黑条透大叶蝉

Nanatka unica Cai *et* Kuoh　一色透大叶蝉

Nanhermannia Berlese　矮汉甲螨属

Nanhermannia comitalis Berlese　伴毛矮汉甲螨

Nanhermannia eurypilus Yin *et* Tong　宽毛矮汉甲螨

Nanhermannia nana (Nicolet)　小矮汉甲螨

Nanhermannia pectinata Strenzke　栉矮汉甲螨

Nanhermanniidae　矮汉甲螨科

Nanhermannioidea 矮汉甲螨总科

Nanmuaspis Tang 见 *Megacanthaspis* Takagi

Nanmuaspis sinensis Tang 见 *Megacanthaspis sinensis*

Nanna 穗蝇属 timothy flies

Nanna armillatum (Zetterstedt)欧梯牧草穗蝇 timothy grass fly

Nanna flavipes (Fallén) 梯牧草穗蝇 timothy grass fly

Nanna truncata Fan 青稞穗蝇

Nannoarctia obliquifascia (Hampson) 斜带南灯蛾

Nannoarctia tripartita (Walker) 拟斜带南灯蛾

Nannochoristidae 小蝎蛉科

Nannophiopsis clara Needham 膨腹斑小蜻

Nannophya Rambur 红小蜻属

Nannophya pygmaea Rambur 侏红小蜻

Nanogonalos mongolicus Popov 蒙古钩腹蜂

Nanogonalos taihorina Bischoff 台钩腹蜂

Nanohammus aberrans (Gahan) 肿角柄棱天牛

Nanohammus annulicornis (Pic) 截尾柄棱天牛

Nanohammus grangeri Breuning 小齿柄棱天牛

Nanohammus rondoni Breuning 郎氏柄棱天牛

Nanohammus theresae Pic 老挝柄棱天牛

Nanomantis Saussure 矮螳属

Nanomantis australis Saussure 南方矮螳

Nanomantis yunnanensis Wang 云南矮螳

Nanophyinae 橘象亚科

Nanorchestidae 隐爪螨科

Napaeinae 大口水蝇亚科

Napialus chongqingensis Wu 重庆棒蝠蛾

Napomyza populi Kaltenbach 见 *Phytagromyza populi*

Napomyza populicola Haliday 见 *Phytagromyza populicola*

Naranga Moore 螟蛉夜蛾属

Naranga aenescens (Moore) 稻螟蛉夜蛾 green rice caterpillar

Naratettix zonatus (Matsumura) 黑带缚住叶蝉 banded leafhopper

Narbo Stål 捷足长蝽属

Narbo nigricornis Zheng 褐色捷足长蝽

Narosa Walker 眉刺蛾属

Narosa concinna Swinhoe 齐眉刺蛾

Narosa corusca Wileman 波眉刺蛾

Narosa doenia (Moore) 银眉刺蛾

Narosa edoensis Kawada 白眉刺蛾

Narosa nigrisigna Wileman 黑眉刺蛾

Narosoideus Matsumura 娜刺蛾属

Narosoideus flavidorsalis (Stauudinger) 梨娜刺蛾 pear stinging caterpillar

Narosoideus fuscicostalis (Fixsen) 黄娜刺蛾

Narosoideus vulpinus (Wileman) 狡娜刺蛾

Narraga Walker 奇脉尺蛾属

Narsetes Distant 平背猎蝽属

Narsetes longinus Distant 平背猎蝽

Nascioides enysi Sharp 新西兰假山毛榉吉丁

Nasonia vitripennis (Walker) 丽蝇蛹集金小蜂

Nasonovia Mordwilko 衲长管蚜属

Nasonovia ribisnigri (Mosley) 莴苣衲长管蚜 lettuce aphid

Nasoxiphia Maa 鼻长颈树蜂属

Nasoxiphia jakovlevi (Semenov-Tian-Shanskij *et* Gussakovskij) 贾氏鼻长颈树蜂

Nasutitarsonemus Beer *et* Nucifora 鼻跗线螨属

Nasutitermes Dudley 象白蚁属

Nasutitermes anjiensis Gao *et* Guo 安吉象白蚁

Nasutitermes bannaensis Li 版纳象白蚁

Nasutitermes bulbus Tsai *et* Huang 胖头象白蚁

Nasutitermes cherraensis vallis Tsai *et* Huang 山谷象白蚁

Nasutitermes communis Tsai *et* Chen 圆头象白蚁

Nasutitermes deltocephalus Tsai *et* Chen 角头象白蚁

Nasutitermes dudgeoni Gao *et* Paul 香港象白蚁

Nasutitermes erectinasus Tsai *et* Chen 翘鼻象白蚁

Nasutitermes fengkaiensis Li 封开象白蚁

Nasutitermes fulvus Tsai *et* Chen 栗色象白蚁

Nasutitermes gardneri Snyder 尖鼻象白蚁

Nasutitermes gardneriformis Xia *et al.* 若尖象白蚁

Nasutitermes grandinasus Tsai *et* Chen 大鼻象白蚁

Nasutitermes havilandi (Desneux) 哈氏象白蚁

Nasutitermes kinoshitae (Hozawa) 木下象白蚁

Nasutitermes mangshanensis Li 莽山象白蚁

Nasutitermes matangensiformis (Holmgren) 近马坦象白蚁

Nasutitermes matangensis (Haviland) 马坦象白蚁

Nasutitermes medoensis Tsai *et* Huang 墨脱象白蚁

Nasutitermes moratus (Silvestri) 印度象白蚁

Nasutitermes obtusimandibulus Li 钝颚象白蚁

Nasutitermes orthonasus Tsai *et* Chen 直鼻象白蚁

Nasutitermes ovatus Fan 卵头象白蚁

Nasutitermes parafulvus Tsai *et* Chen 黄色象白蚁

Nasutitermes parvonasutus (Shiraki) 小象白蚁

Nasutitermes pingnanensis Li 屏南象白蚁

Nasutitermes qingjiensis Li 庆界象白蚁

Nasutitermes shangchengensis Wang *et* Li 商城象白蚁

Nasutitermes sinuosus Tsai *et* Chen 丘额象白蚁

Nasutitermes subtibetanus Tsai *et* Huang 亚藏象白蚁

Nasutitermes subtibialis Fan 亚胫象白蚁

Nasutitermes takasagoensis (Shiraki) 高山象白蚁

Nasutitermes tibetanus Tsai *et* Huang 西藏象白蚁

Nasutitermes tsaii Huang *et* Han 蔡氏象白蚁

Natada nararia Moore 见 *Macroplectron nararia*

Natada velutina Kollar 天鹅绒刺蛾

Natalaspis MacG. 幡盾蚧属

Natalaspis formosana Tak. 台湾幡盾蚧

Nataxa flavescens Walker 黄澳蛾

Naucoridae 潜蝽科(潜水蝽科) water creepers, creeping

water bugs

Naucoris Geoffroy 潜蝽属

Naucoris cimicoides Linnaeus 潜蝽

Naudarensia distanti Kiritschenko 藏挪长蝽

Naupactus leucoloma Boheman 见 *Graphognathus leucoloma*

Nausigastrinae 凹腹蚜蝇亚科

Nausino Hübner 叶野螟属

Nausino geometralis Guenée 莱莉叶野螟

Nausino perspectata (Fabricius) 云纹叶野螟

Nautarachnidae 航螨科

Navasius yuxianensis Bian et Li 盂县纳草蛉

Navomorpha lineata Fabricius 见 *Graphognathus leucoloma*

Navomorpha sulcata Fabricius 松沟锡天牛

Naxa Walker 贞尺蛾属

Naxa angustaria Leech 点贞尺蛾

Naxa seriaria (Motschulsky) 女贞尺蛾

Naxa textilis Walker 纺贞尺蛾

Naxidia Hampson 玷尺蛾属

Naxidia glaphyra Wehrli 小玷尺蛾

Naxidia hypocyrta Wehrll 白玷尺蛾

Naxidia irrorata (Moore) 弥玷尺蛾

Naxidia punctata (Butler) 点玷尺蛾

Naxidia roseni Wehrli 雾玷尺蛾

Nazeris Fauvel 四齿隐翅虫属

Nazeris alishanus Ito 阿里山四齿隐翅虫

Nazeris canaliculatus Zheng 沟四齿隐翅虫

Nazeris chiensis Koch 中华四齿隐翅虫

Nazeris femoralis Ito 腿四齿隐翅虫

Nazeris foliaceus Zheng 叶四齿隐翅虫

Nazeris matsudai Ito 阳明四齿隐翅虫

Nazeris minor Koch 次小四齿隐翅虫

Nazeris qingchengensis Zheng 青城四齿隐翅虫

Nazeris taiwanus hohuanus Ito 合欢台湾四齿隐翅虫

Nazeris taiwanus Ito 台湾四齿隐翅虫

Nazeris truncatus Zheng 平截四齿隐翅虫

Neallogaster Cowley 角臀蜓属

Neallogaster choui Yang et Li 周氏角臀蜓

Nealsimyia quadrimaculata Baranoff 四斑尼尔寄蝇

Neana lifuana Montr. 咖啡蝉 coffee hopper

Neanastatus Girault 拟旋小蜂属

Neanastatus cinctiventris Girault 稻瘿蚊长距旋小蜂

Neanastatus orientalis Girault 东方长距旋小蜂

Neanura curvituba Li 弯瘤长颚跳虫

Neanura tumulosa Li 冢瘤长颚跳虫

Neanuridae 疣跳虫科

Nearctaphis Shaposhnikov 新熊蚜属

Nearctaphis bakeri Cowen 北美苜蓿圆尾蚜 clover aphid, shortbeaked clover aphid

Nearctopsylla Rothschild 新北蚤属

Nearctopsylla beklemischevi Ioff 刺短新北蚤

Nearctopsylla brevidigita Wu, Wang et Liu 短指新北蚤

Nearctopsylla ioffi Sychevskiy 刺长新北蚤

Nearctopsylla liupanshanensis Li, Wu et Liu 六盘山新北蚤

Nearctopsylla myospalaca Ma et Wang 鼢鼠新北蚤

Nearctopsylla xijiensis Wu, Chen et Li 西吉新北蚤

Neasura melanopyga (Hampson) 橙纺苔蛾

Neasura nigroanalis Matsumura 黑尾纺苔蛾

Neatus Lec. 拟粉虫属

Neatus atronitens Fairm. 小点拟粉虫

Neatus subaequalis Reitt. 大点拟粉虫

Nebria superna Andrewes 高山心步甲

Necnitocris princeps (Jordan) 咖啡尾蛀甲 flute-holing yellow-headed borer

Necolio concavus (Uchida) 凹尼可姬蜂

Necrobia Olivier 隐跗郭公虫属

Necrobia ruficollis (Fabricius) 赤颈郭公虫 redshouldered ham beetle

Necrobia rufipes (De-Geer) 赤足郭公虫 redlegged ham beetle, copra beetle, ham beetle

Necydalis Linnaeus 膜花天牛属

Necydalis bicolor Pu 两色膜花天牛

Necydalis cavipennis LeConte 腔翅膜花天牛

Necydalis inermis Pu 缺脊膜花天牛

Necydalis laevicollis LeConte 滑膜花天牛

Necydalis maculipennis Pu 斑翅膜花天牛

Necydalis major Linnaeus 柳膜花天牛

Necydalis nigra Pu 黑膜花天牛

Necydalis rufiabdominis Chen 红腹膜花天牛

Necydalis sericella Ganglbauer 脊胸膜花天牛

Necydalis similis Pu 肖黑膜花天牛

Nedina mirabilis Hoang 异网瓢虫

Nedine longipes Thomson 斑背天牛

Neelidae 短角圆跳虫科 oval bodied garden springtails

Negeta Walker 夜蛾属

Negeta luminosa Walker 光明夜蛾

Negeta signata (Walker) 守护夜蛾

Neichnea laticornis (Say) 小蠹侧角郭公虫

Neides Latreille 锥头跷蝽属

Neides lushanica Hsiao 锥头跷蝽

Neididae 锤角蝽科 stiltbugs

Neliopisthus 隼姬蜂属

Nemacepheus Aoki 线头甲螨属

Nemapogon granella Linnaeus 欧谷蛾 European grain moth, corn moth, mottled grain moth

Nematalycidae 线形螨科

Nematinae 丝角叶蜂亚科

Nematinus Rohwer 尼丝角叶蜂属

Nematinus abdominalis Panzer 桤木尼丝角叶蜂 alder sawfly

Nematinus acuminatus Thomson 桦黄黑尼丝角叶蜂 birch sawfly

Nematinus caledonicus Cameron 中北欧桦尼丝角叶蜂 birch sawfly

Nematinus luteus Panzer 欧洲桤木黄尼丝角叶蜂 alder sawfly

Nematinus willigkiae Stein 中北欧桤木尼丝角叶蜂 alder sawfly

Nematocampa filamentaria Guenée 加黄杉尺蛾 filament bearer

Nematocampa limbata (Haworth) 香脂冷杉尺蛾 filament bearer

Nematocentropus omeiensis Hwang 峨眉长距蛾

Nematogmus Simon 疣舟蛛属

Nematogmus digitatus Fei et Zhu 指状疣舟蛛

Nematogmus sanguinolentus (Walckenaer) 橙色疣舟蛛

Nematogmus stylitus (Boes. et Str.) 眉疣舟蛛

Nematopodius taiwanensis (Cushman) 台湾圆铗长足姬蜂

Nematus Panzer 丝角叶蜂属

Nematus bergmanni Dahlbom 柳伯氏丝角叶蜂 willow sawfly

Nematus bipartitus Lepeletier 中北欧柳丝角叶蜂 willow sawfly

Nematus brevivalvis C. G. Thomson 桦短瓣丝角叶蜂 birch sawfly

Nematus cadderensis Cameron 桦卡得丝角叶蜂 birch sawfly

Nematus capito Kônow 头状丝角叶蜂

Nematus coeruleocarpus Hartig 暗节丝角叶蜂

Nematus crassus (Fallén) 粗丝角叶蜂 willow sawfly

Nematus dorsatus Cameron 苏格兰桦丝角叶蜂 birch sawfly

Nematus fagi Zaddach 山毛榉单食丝角叶蜂 beech sawfly

Nematus fahraei Thomson 欧洲山杨丝角叶蜂 aspen sawfly

Nematus flavescens Stephens 欧柳黄丝角叶蜂 willow sawfly

Nematus frenalis Thomson 柳绿丝角叶蜂 willow sawfly

Nematus fuscomaculatus Förster 山杨烟斑丝角叶蜂 aspen sawfly

Nematus harrisoni Benson 见 *Pontania harrisoni*

Nematus hequensis Xiao 河曲丝角叶蜂

Nematus hypoxanthus Förster 下黄丝角叶蜂

Nematus jugicola C. G. Thomson 圆耳柳黑黄丝角叶蜂 willow sawfly

Nematus leionotus Benson 英芬桦丝角叶蜂 birch sawfly

Nematus leucotrochrus Hartig 鹅莓丝角叶蜂

Nematus limbatus Cresson 北美柳丝角叶蜂 willow sawfly

Nematus melanaspis Hartig 杨黑丝角叶蜂 poplar sawfly

Nematus melanocephalus Hartig 柳黑头丝角叶蜂

Nematus miliaris Panzer 山毛榉丝角叶蜂 willow sawfly

Nematus nigricornis Lepeletier 美西脂杨黑丝角叶蜂 poplar and willow sawfly

Nematus nigriventris Curran 杨黑腹丝角叶蜂 poplar sawfly

Nematus ocreatus Harrington 见 *Pachynematus dimmockii*

Nematus oligospilus Förster 柳寡针丝角叶蜂 willow sawfly

Nematus pavidus Lepeletier 桤木丝角叶蜂

Nematus pedunculi Hartig 见 *Pontania pedunculi*

Nematus polyspilus Förster 桤木多针丝角叶蜂 alder sawfly

Nematus ponojense Hellen 欧北亚柳丝角叶蜂 willow sawfly

Nematus proximus Lepeletier 见 *Pontania proxima*

Nematus prunivorous Xiao 杏丝角叶蜂

Nematus ribesii (Scopoli) 茶藨子黄丝角叶蜂

Nematus salicis Linnaeus 白柳大丝角叶蜂 large willow sawfly

Nematus tibialis Newman 刺槐丝角叶蜂 locust sawfly

Nematus triandrae Benson 见 *Pontania triandrae*

Nematus trilineatus Norton 北美刺槐丝角叶蜂 locust sawfly

Nematus trochanteratus Mal. 转丝角叶蜂

Nematus umbratus Thomson 荫丝角叶蜂

Nematus ventralis Say 柳黄点丝角叶蜂 yellow-spotted willow slug, willow sawfly

Nematus vesicator Bremi-Wolf 见 *Pontania vesicator*

Nematus viminalis Linnaeus 见 *Pontania viminalis*

Nematus viridescens Cameron 桦主绿丝角叶蜂 birch sawfly

Nematus viridis Stephens 桦绿丝角叶蜂 birch sawfly

Nematus yokohamensis Kônow 横滨丝角叶蜂

Nemeobiinae 蚬蝶亚科

Nemesia Audouin 线蛛属

Nemesia sinensis Pocock 中华线蛛

Nemesiidae 线蛛科

Nemestrinidae 网翅虻科 hairy flies, tangle-veined flies

Nemeta apicata Moore 见 *Cheromettia apicata*

Nemmargarodes gossypii Yang 见 *Neomargarodes chondrillae*

Nemnichia Oudemans 耐螨属

Nemobiinae 针蟋亚科(金铃子亚科)

Nemobius chibae Shiraki 小园针蟋(切培针蟋) minute garden cricket

Nemobius mikado Shiraki 米卡针蟋 mikado minute garden cricket

Nemocestes Van Dyke 细带象属

Nemocestes incomptus (Horn) 林木细带象 woods weevil

Nemolecanium Borchs. 冷杉蚧属

Nemolecanium abietis Borchs. 大冷杉蚧
Nemolecanium adventicium Borchs. 小冷杉蚧
Nemolecanium aptii (Bodenheimer) 中亚冷杉蚧
Nemolecanium graniformis (Wunn) 三脊冷杉蚧
Nemophora amurensis Alphéraky 大黄长角蛾
Nemophora askoldella Milliere 黑白长角蛾
Nemophora staudingerella Christoph 小黄长角蛾
Nemopteridae 旌蛉科 spoon-winged and thread-winged lacewings, nemopterid flies
Nemoraea Robineau-Desvoidy 毛瓣寄蝇属
Nemoraea pellucida Meigen 透翅毛瓣寄蝇
Nemorilla Rondani 截尾寄蝇属
Nemorilla floralis Fallén 横带截尾寄蝇
Nemorilla maculosa Meigen 双斑截尾寄蝇
Nemoromyia Yu *et* Liu 林蠓属
Nemoromyia nemorosa Yu *et* Liu 森林林蠓
Nemosturmia Townsend 小盾寄蝇属
Nemosturmia amoena Meigen 松毛虫小盾寄蝇
Nemotha Wood-Mason 龙头螳属
Nemotha metallica (Westwood) 光泽龙头螳
Nemotha mirabilis Beier 奇异龙头螳
Nemoura Pietet 叉石蛾属
Nemoura falcilooba 镰形叉石蛾
Nemoura claviloba Wu 锤叶叉石蛾
Nemoura cochleocercia Wu 匙尾叉石蛾
Nemoura cornuloba Wu 角叶叉石蛾
Nemoura curvispina Wu 弯刺叉石蛾
Nemoura dentiloba Wu 齿叶叉石蛾
Nemoura filioba Wu 丝叶叉石蛾
Nemoura forcipiloba Wu 铗叶叉石蛾
Nemoura furcocauda Wu 叉尾叉石蛾
Nemoura geei Wu 钩叶叉石蛾
Nemoura grandicauda Wu 巨尾叉石蛾
Nemoura hamistyla Wu 钩突叉石蛾
Nemoura hastata Wu 戟状叉石蛾
Nemoura janeti Wu 镰尾叉石蛾
Nemoura maoi Wu 峨眉叉石蛾
Nemoura multispina Wu 多刺叉石蛾
Nemoura multispira Wu 多旋叉石蛾
Nemoura needhamia Wu 歧尾叉石蛾
Nemoura rostroloba Wu 喙叶叉石蛾
Nemoura spiroflagellata Wu 旋鞭叉石蛾
Nemoura triramia Wu 三支叉石蛾
Nemoura tuberostyla Wu 瘤突叉石蛾
Nemoura unihamata Wu 单钩叉石蛾
Nemouridae 短尾石蝇科 thread-tailed stoneflies
Neoacanthococcus Borchs. 新毡蚧属
Neoacanthococcus tamaricicola Borchs. 柽柳新毡蚧
Neoacaphyllisa Kuang *et* Hong 新拟尖叶瘿螨属
Neoacaphyllisa lithocarpi Kuang *et* Hong 石栎新拟尖叶瘿螨
Neoacaridae 新水螨科
Neoacaropsis Volgin 新单梳螨属
Neoalcis californiaria (Packard) 黄杉褐线尺蛾 brown-lined looper
Neoantistea Gertsch 新安蛛属
Neoantistea quelpartensis Paik 济州新安蛛
Neoasterodiaspis Borchs. 柞链蚧属
Neoasterodiaspis adjuncta (Russ.) 长形柞链蚧
Neoasterodiaspis castaneae (Russ.) 栗树柞链蚧
Neoasterodiaspis horishae (Russ.) 石柯柞链蚧
Neoasterodiaspis kunminensis Borchs. 昆明柞链蚧
Neoasterodiaspis nitidum (Russ.) 天台柞链蚧
Neoasterodiaspis pasaniae (Kuwana *et* Cockerell) 日本柞链蚧
Neoasterodiaspis semisepulta (Russ.) 泰国柞链蚧
Neoasterodiaspis skanianae (Russ.) 贵州柞链蚧
Neoasterodiaspis szemaoensis Borchs. 思茅柞链蚧
Neoasterodiaspis yunnanensis Borchs. 云南柞链蚧
Neoatractidinae 新曲跗水螨亚科
Neobarbara olivacea Liu *et* Nasu 青海云杉种子小卷蛾
Neobelocera Ding *et* Yang 偏角飞虱属
Neobelocera asymmetrica Ding *et* Yang 偏角飞虱
Neoberlesia Berlese 新柏螨属
Neobisnius Ganglbauer 横线隐翅虫属
Neobisnius chengkouensis Zheng 城口横线隐翅虫
Neobisnius formosae Cameron 台湾横线隐翅虫
Neobisnius nigripes Bernhauer 黑足横线隐翅虫
Neobisnius praelongus (Gemminger *et* Harold) 长窄横线隐翅虫
Neobisnius pumilus (Sharp) 黄足横线隐翅虫
Neoblacus 新蠢茧蜂属
Neoblavia scoteola Hampson 鳞苔蛾
Neobonzia Smiley 新帮佐螨属
Neobonzianae 新帮佐螨亚科
Neoborus amoenus (Reuter) 梣盲蝽 ash plant bug
Neobusarbia flavipes Takeuchi 见 *Nesoselandria flavipes*
Neocalacarus Channabasavanna 新丽瘿螨属
Neocalacarus mangiferae Channabasavanna 杧果新丽瘿螨 mango rust mite
Neocalaphis Shinji 新丽蚜属
Neocalaphis magnoliae (Essig *et* Kuwama) 木兰新丽蚜 magnolia marmorated aphid
Neocarus Chamberlain *et* Mulaik 新螨属
Neocatarhinus Kuang *et* Hong 新下鼻瘿螨属
Neocatarhinus bambusae Kuang *et* Hong 竹新下鼻瘿螨
Neocecidophyes Mohanasundaram 新生瘿螨属
Neocentrobiella Girault 毛角赤眼蜂属
Neocentrobiella longiungula Lin 长爪毛角赤眼蜂
Neocentrocnemis Miller 新猎蝽属
Neocentrocnemis formosana (Matsumura) 台湾新猎蝽
Neocentrocnemis stali (Reuter) 横脊新猎蝽
Neocentrocnemis yunnana Hsiao 云南新猎蝽

Neocerambyx Thomson 肿角天牛属

Neocerambyx grandis Gahan 铜色肿角天牛

Neocerambyx mandarinus Gressitt 黑肿角天牛

Neocerambyx paris (Wiedemann) 肿角天牛

Neocerambyx vitalisi Pic 锐柄肿角天牛

Neoceratitis asiatica (Becker) 枸杞奈实蝇 lycium fruit fly

Neocerura Matsumura 新二尾舟蛾属

Neocerura liturata (Walker) 新二尾舟蛾

Neocerura wisei (Swinhoe) 大新二尾舟蛾 double-tail caterpillar

Neoceruraphis viburnicola (Gillette) 雪球圆尾蚜 snow-ball aphid

Neochauliodes discretus Yang *et* Yang 碎斑鱼蛉

Neochauliodes orientalis Yang *et* Yang 东方斑鱼蛉

Neochauliodes sinensis (Walker) 中华斑鱼蛉

Neochera dominia Cramer 闪拟灯蛾

Neochera inops Walker 黄闪拟灯蛾

Neocheyletiella Baker 新姬螯螨属

Neochmosis Laing 见 *Cinara* Curtis

Neochromaphis Takahashi 新黑斑蚜属

Neochromaphis carpiniccola (Takahashi) 鹅耳枥黑斑蚜 carpinus aphid

Neocleora betularia Warren 东非罗汉松尺蛾

Neocleora herbuloti Fletcher 中非桉松尺蛾

Neocleora nigrisparsalis Janse 乌干达桉尺蛾

Neocleora tulbaghata Felder 肯尼亚桉尺蛾

Neoclia Malaise 新闭蔺叶蜂属

Neoclia sinensis Malaise 中华新闭蔺叶蜂

Neoclytus Thom. 新荣天牛属

Neoclytus acuminatus (F.) 桴红头新荣天牛 redheaded ash borer

Neoclytus caprea (Say) 桴条新荣天牛 banded ash borer

Neoclytus conjunctus (LeConte) 西部桴新荣天牛 western ash borer

Neocolochelyna montana Kônow 锡金新龟叶蜂

Neocolopodacus Mohanasundaram 新同足瘿螨属

Neocosella Mohanasundaram 新合位瘿螨属

Neocosella aquilariae Kuang *et* Feng 木香新合位瘿螨

Neocrossonema Ebsary 新栉线虫属

Neocrossonema abies (Andrássy) 冷杉新栉线虫

Neocrossonema aquitanense (Fies) 阿基坦新栉线虫

Neocrossonema capitospinosum (Ebsary) 棘头新栉线虫

Neocrossonema menzeli (Stefanski) 门氏新栉线虫

Neocrossonema proclive (Hoffmann) 前坡新栉线虫

Neocunaxoides Smiley 新似巨须螨属

Neocunaxoides andrei (Baker *et* Hoffmann) 安氏新似巨须螨

Neocunaxoides clavatus (Shiba) 棍棒新似巨须螨

Neocunaxoides neopectinatus (Shiba) 新梳新似巨须螨

Neocunaxoides osseus Tseng 骨新似巨须螨

Neocunaxoides unguianalis Tseng 肛甲新似巨须螨

Neocupacarus Asok *et* Chakrabarti 新盆瘿螨属

Neocurtilla hexadactyla (Perty) 六指蝼蛄 northern mole cricket

Neocypholaelaps Vitzthum 新曲厉螨属

Neocypholaelaps indica Evans 印度新曲厉螨

Neodartus acocephaloides Melichar 印檀香叶蝉

Neodendroptus Ochoa *et al.* 新树䗴线螨属

Neodialox Mohanasundaram 新全弯瘿螨属

Neodichopelmus Manson 新裂柄瘿螨属

Neodicrothrix Mohanasundaram 新叉毛瘿螨属

Neodiprion Rohwer 新松叶蜂属

Neodiprion abbotii (Leach) 阿博特新松叶蜂

Neodiprion abietis (Harris) 北美香脂冷杉新松叶蜂 balsam fir sawfly

Neodiprion burkei Middleton 贝克新松叶蜂 lodgepole sawfly

Neodiprion chuxiongensis Xiao *et* Zhou 楚雄新松叶蜂

Neodiprion deleoni Ross 德氏新松叶蜂

Neodiprion demoides Ross 美国白皮松新松叶蜂

Neodiprion edulicolus Ross 食松新松叶蜂 pinon sawfly

Neodiprion excitans Rohwer 火炬松新松叶蜂

Neodiprion fengningensis Xiao *et* Zhou 丰宁新松叶蜂

Neodiprion gillettei (Rohwer) 吉勒特新松叶蜂

Neodiprion guangxiiicus Xiao *et* Zhou 广西新松叶蜂

Neodiprion huizeensis Xiao *et* Zhou 会泽新松叶蜂

Neodiprion lecontei (Fitch) 红头新松叶蜂 red-headed pine sawfly

Neodiprion mundus Rohwer 西黄松新松叶蜂

Neodiprion nanulus nanulus Schedl 美加红松新松叶蜂 red-pine sawfly

Neodiprion pinetum (Horton) 北美乔松新松叶蜂 white-pine sawfly

Neodiprion pratti banksianae Rohwer 北美短叶松黑头新松叶蜂 jack-pine sawfly

Neodiprion pratti Dyar 松黑头新松叶蜂 black headed pine sawfly

Neodiprion pratti paradoxicus Ross 刚松新松叶蜂

Neodiprion rugifrons Middleton 北美短叶松红头新松叶蜂 red-headed jack pine sawfly

Neodiprion scutellatus Rohwer 美黄杉新松叶蜂

Neodiprion sertifer (Geoffroy) 欧洲新松叶蜂 European pine Sawfly

Neodiprion swainei Middleton 史氏新松叶蜂 Swaine jack-pine sawfly

Neodiprion taedae linearis Ross. 阿肯色新松叶蜂 Arkansas pine sawfly

Neodiprion taedea taedae Ross 欧美火炬松新松叶蜂 loblolly pine sawfly

Neodiprion tsugae Middleton 香脂冷杉新松叶蜂 hemlock sawfly

Neodiprion ventralis Ross 西黄松腹新松叶蜂

Neodiprion virginianus Rohwer 费吉尼亚新松叶蜂 red-headed jack pine sawfly

Neodiprion xiangyunicus Xiao *et* Zhou 祥云新松叶蜂

Neodiptilomiopus Mohansaundaram 新羽爪瘿螨属

Neodontocryptus 新沟姬蜂属

Neodryinus baishanzuensis Xu *et* He 百山祖新螯蜂

Neodrymonia Matsumura 新林舟蛾属

Neodrymonia basalis (Moore) 黑带新林舟蛾

Neodrymonia brunnea (Moore) 褐新林舟蛾

Neodrymonia delia (Leech) 新林舟蛾

Neodrymonia obliquiplaga (Moore) 斜带新林舟蛾

Neodusmetia sangwani (Subba Rao) 东竹粉蚧跳小蜂(禾粉蚧跳小蜂)

Neoempheria beijingana Wu *et* Yang 北京新菌蚊

Neoempheria jilinana Wu *et* Yang 吉林新菌蚊

Neoempheria magna Wu *et* Yang 大新菌蚊

Neoempheria sinica Wu *et* Yang 中华新菌蚊

Neoephemeridae 新蜉科

Neoepitrimerus Kuang *et* Li 新上瘿螨属

Neoepitrimerus platycladi Kuang *et* Li 侧柏新上瘿螨

Neoeucheyla Badford 新真螯螨属

Neofacydes Heinrich 天蛾姬蜂属

Neofacydes flavibasalis (Uchida) 黄基天蛾姬蜂

Neogamasus unicornutus (Ewing) 单角新革螨

Neogea Levi 新佳蛛属

Neogea yunnanensis Yin *et* Wang 云南新佳蛛

Neognathus Willmann 新颚螨属

Neognathus jieliui Hu *et* Yu 介六新颚螨

Neogreenia MacGillivray 长珠蚧属

Neogreenia zeylanica (Green) 锡兰长珠蚧

Neogreenia zizyphi Tang 枣树长珠蚧

Neoguernaspis howelli Liu *et* Tippins 贺氏新栎盾蚧

Neoguernaspis takagii Takagi 高木新栎盾蚧

Neoheresiarches albipilosus Uchida 白毛内齿姬蜂

Neohipparchus Inoue 新青尺蛾属

Neohipparchus glaucochrista Prout 波线新青尺蛾

Neohipparchus hypoleuca (Hampson) 银底新青尺蛾

Neohipparchus vallata (Butler) 双线新青尺蛾

Neohipparchus vervactoraria (Oberthüer) 叉新青尺蛾

Neohorstia Zachvatkin 新霍螨属

Neoichoronyssus Fonseca 新浆刺螨属

Neojordensia Evans 新约螨属

Neojordensia levis Oudemans *et* Voigts 光滑新约螨

Neojurtina Distant 秀蜡属

Neojurtina typica Distant 秀蜡

Neokaweckia Tang *et* Hao 帽毡蚧属

Neokaweckia laeticoris (Tereznikova) 卡氏帽毡蚧

Neokaweckia rubra (Matesova) 红色帽毡蚧

Neoknorella Kuang *et* Feng 新诺瘿螨属

Neoknorella bambusae Kuang *et* Feng 竹新诺瘿螨

Neola semiaurata Walker 澳金合欢舟蛾

Neolaelaps Hirst 新厉螨属

Neolamprima adolphinae Gestro 阿多夫锹甲

Neolasioptera crataevae Mani 印千斤藤瘿蚊

Neolasioptera murtfeldtiana Felt 向日葵籽瘿蚊 sunflower seed midge

Neolecanium Felt 坚蜡蚧属

Neolecanium cornuparvum (Thro) 美木兰坚蜡蚧 magnolia scale

Neoleipothrix Wei *et* Kuang 新离子瘿螨属

Neoleipothrix alocasiae Wei *et* Kuang 海芋新离子瘿螨

Neolethaeus Distant 毛肩长蝽属

Neolethaeus assamensis (Distant) 大黑毛肩长蝽

Neolethaeus dallasi (Scott) 东亚毛肩长蝽

Neolethaeus esakii (Hidaka) 小黑毛肩长蝽

Neolethaeus formosanus (Hidaka) 台湾毛肩长蝽

Neolimnomermis Rubzov 新沼索线虫属

Neolimnomermis acuticauda (Daday) 尖尾新沼索线虫

Neolimnomermis cryophili Rubzov 嗜冷新沼索线虫

Neolimnomermis fluviatilis (Hagmeier) 河流新沼索线虫

Neolimnomermis limnetica Daday 沼生新沼索线虫

Neolimnomermis tenuissima Rubzov 细新沼索线虫

Neolinognathidae 新毛虱科

Neoliodes Berlese 负锐螨属

Neoliodes vermiculatus Jacot 蠕形负锐螨

Neoliodidae 负蜕螨科

Neoliponyssus Ewing 新脂螨属

Neolobophoridae 切缘蝮科

Neolorryia Andr 新镰螯螨属

Neolycaena de Nicéville 新灰蝶属

Neolycaena rhymnus Eversmann 鼠李新灰蝶

Neolygus invitus (Say) 嫩美榆盲蝽

Neolythria Alphéraky 格尺蛾属

Neomamersainae 新铠水螨亚科

Neomargarodes Green 新珠蚧属

Neomargarodes aristidae Borchs. 三芒草新珠蚧

Neomargarodes chondrillae Arch. 野菊新珠蚧

Neomargarodes cucurbitae Tang *et* Hao 瓜类新珠蚧

Neomargarodes festucae (Arch.) 羊茅新珠蚧 grass pearl scale

Neomargarodes niger (Green) 乌黑新珠蚧

Neomargarodes ramosus Jashenko 叉刺新珠蚧

Neomargarodes rutae Borchs. 芸香新珠蚧

Neomargarodes setosus Borchs. 长毛新珠蚧

Neomargarodes trabuti Marchal 地中海新珠蚧

Neomargarodes triodontus Jashenko 三齿新珠蚧

Neomaskellia bergii Signoret 甘蔗伯氏粉虱 sugarcane whitefly

Neomerimnetes destructor Blackburn 辐射松苗叶象

Neomermis Linstow 新索线虫属

Neomermis jimenezi Coman 希门尼斯新索线虫

Neomermis macrolaimus Linstow 大咽新索线虫

Neomesalox Mohanasundaram 新中弯瘿螨属

Neometaculus Mohanasundaram 新臀后瘿螨属

Neomyia Walker 翠蝇属

Neomyia bristocercus (Ni) 鬃叶翠蝇

Neomyia claripennis (Malloch) 明翅翠蝇

Neomyia coeruleifrons (Macquart) 绿额翠蝇

Neomyia cornicina (Fabricius) 绿翠蝇

Neomyia diffidens (Walker) 赘鬃翠蝇

Neomyia fletcheri (Emden) 广西翠蝇

Neomyia gavisa Walker 紫翠蝇

Neomyia indica (Robineau-Desvoidy) 印度翠蝇

Neomyia laevifrons (Löw) 大洋翠蝇

Neomyia latifolia (Ni et Fan) 宽叶翠蝇

Neomyia lauta (Wiedemann) 黑斑翠蝇

Neomyia mengi (Fan) 孟氏翠蝇

Neomyia ruficornis (Shinonaga) 绯角翠蝇

Neomyia rufifacies (Ni) 绯颜翠蝇

Neomyia timorensis Robineaau-Desvoidy 兰翠蝇

Neomyia viridescens (Robineau-Desvoidy) 四鬃翠蝇

Neomyia yunnanensis (Fan) 云南翠蝇

Neomyllocerus Voss 鞍象属

Neomyllocerus hedini (Marshall) 鞍象

Neomyzaphis abietina Walker 见 Elatobium abietinum

Neomyzus circumflexus Buckton 百合沟新瘤蚜 crescentmarked lily aphid, lily aphid, mottled arum aphid

Neon Simon 小跳蛛属

Neon reticulatus (Blackwall) 网小跳蛛

Neoneurinae 蚁茧蜂亚科

Neonitocris princeps Jordon 咖啡黄头细腰天牛 coffee yellow-headed borer

Neonyssus Hirst 新刺螨属

Neonyssus columbae Crossley 鸽新刺螨

Neoomzus Goot 新瘤蚜属

Neooxycenus Abou-Awad 新尖空瘿螨属

Neopallodes hilleri Reitter 希氏露尾甲

Neopanorpa Weele 新蝎蛉属

Neopanorpa choui Cheng 周氏新蝎蛉

Neopanorpa nigritis Carpenter 黑新蝎蛉

Neopanorpa tignmushana Cheng 天目新蝎蛉

Neoparacryptus formosanus (Uchida) 台湾曲钩姬蜂

Neoparalaelaps Fonseca 新副螨属

Neoparasitidae 新寄螨科

Neoparasitus Oudemans 新寄螨属

Neoparasitylenchus Nickle 新寄生垫刃线虫属

Neoparasitylenchus cryphali (Fuchs) 梢小囊新寄生垫刃线虫

Neoparlatoria Takahashi 栎片盾蚧属

Neoparlatoria excisi Tang 武义栎片盾蚧

Neoparlatoria formosana Takahashi 台湾栎片盾蚧

Neoparlatoria lithocarpi Takahashi 长栎片盾蚧

Neoparlatoria lithocarpicola Takahashi 圆栎片盾蚧

Neoparlatoria maai Takagi 马栎片盾蚧

Neoparlatoria miyamotoi Takagi 锥栗栎片盾蚧

Neope Moore 荫眼蝶属

Neope agrestis (Oberthüer) 田园荫眼蝶

Neope armandii (Oberthüer) 阿芒荫眼蝶

Neope bhadra Moore 帕箩拉荫眼蝶

Neope bremeri (Felder) 布莱荫眼蝶

Neope christi (Oberthüer) 网纹荫眼蝶

Neope dejeani Oberthüer 德祥荫眼蝶

Neope lacticolora Fruhstorfer 乳色荫眼蝶

Neope muirheadii (Felder) 蒙链荫眼蝶

Neope muirheadii menglaensis Li 蒙链荫眼蝶勐腊亚种

Neope oberthueri Leech 奥荫眼蝶

Neope oberthueri yangbiensis Li 奥荫眼蝶漾濞亚种

Neope pulaha emeinsis Li 黄斑荫眼蝶峨眉亚种

Neope pulaha Moore 黄斑荫眼蝶

Neope pulahoides Moore 黑斑荫眼蝶

Neope simulans binchuanensis Li 拟网纹荫眼蝶宾川亚种

Neope simulans Leech 拟网纹荫眼蝶

Neope yama (Moore) 丝链荫眼蝶

Neopediasia Okano 并脉草螟属

Neopediasia mixtalis (Walker) 三点并脉草螟

Neopentamerus Kuang 新五脊瘿螨属

Neopentamerus guilinensis Kuang 桂林新五脊瘿螨

Neoperla Needham 新石蛾属

Neoperla maolanensis Yang et Yang 茂兰新石蛾

Neoperlinae 新石蛾亚科

Neoperlops Banks 近石蛾属

Neoperlops binodosa Wu 二结近石蛾

Neophaedimus Lucas 背角花金龟属

Neophaedimus auzouxi Lucas 褐斑背角花金龟

Neophaedimus castaneus Ma 栗色背角花金龟

Neophantacrus Mohanasundaram 新显瘿螨属

Neophasganophora Lestage 剑石蛾属

Neophasganophora capitata (Pictet) 锤状剑石蛾

Neophasganophora duplistyla Wu 倍突剑石蛾

Neophasganophora gladiata Wu 刀状剑石蛾

Neophasganophora quadrituberculata (Wu) 四瘤剑石蛾

Neophasia Behr 松粉蝶属

Neophasia menapia (Felder et Felder) 美洲松粉蝶 pine butterfly

Neopheosia Matsumura 云舟蛾属

Neopheosia excurvata Hampson 柚木云舟蛾

Neopheosia fasciata (Moore) 云舟蛾

Neophilaenus lineatus (L.) 线沫蝉 lined spittlebug

Neophopteryx fessalis Swinhoe 见 Noorda fessalis

Neophryxe Townsend 新怯寄蝇属

Neophryxe basalis (Baranov) 棒须新怯寄蝇

Neophryxe exserticercus Liang et Zhao 隆肛新怯寄蝇

Neophryxe psychidis Townsend 筒须新怯寄蝇

Neophylax nigripunctatus Tian et Yang 黑斑叉突沼石蛾

Neophyllaphis Takahashi 新叶蚜属

Neophyllaphis araucariae Takahashi 南洋杉新叶蚜

Neophyllaphis grobleri Eastop 格氏新叶蚜

Neophyllaphis nigrobrunnea Zhang, Zhang et Zhong 黑

褐新叶蚜

Neophyllaphis podocarpi Takahashi 罗汉松新叶蚜

Neophyta Bryk 新奇舟蛾属

Neophyta costalis (Moore) 明肩新奇舟蛾

Neophyta sikkima (Moore) 新奇舟蛾

Neopinnaspis McKenzie 新并盾蚧属

Neopinnaspis harperi McKenzie 哈勃新并盾蚧 Harper scale

Neopinnaspis meduensis Borchsenius 弥渡新并盾蚧

Neopithecops Distant 一点灰蝶属

Neopithecops zalmora (Butler) 一点灰蝶

Neoplatylecanium Tak. 新片蚧属(片蜡蚧属,片蚧属)

Neoplatylecanium adersi (Newstead) 杧果新片蚧

Neoplatylecanium cinnamomi Takahashi 台湾新片蚧(樟片蜡蚧,樟片蚧)

Neoplusia Okano 富丽夜蛾属

Neoplusia acuta (Walker) 富丽夜蛾

Neopodocinum Oudemans 新足螨属

Neopodocinum dehongense Li *et* Chang 德宏新足螨

Neopodocinum emodioides Krantz 类思新足螨

Neopodocinum gigantum Gu *et* Li 巨新足螨

Neopodocinum jasperisi (Oudemans) 贾氏新足螨

Neopodocinum mrciaki Sellnick 莫氏新足螨

Neopodocinum sinicum Li *et* Gu 中华新足螨

Neopodocinum vanderhammeni Krantz 韩氏新足螨

Neopodocinum yunnanensis Li *et* Gu 云南新足螨

Neopotamanthodes Hsu 新似河花蜉属

Neopotamanthodes lanchi Hsu 兰溪新似河花蜉

Neopotamanthodes nanchangi Hsu 南昌新似河花蜉

Neopotamanthus Wu *et* You 新河花蜉属

Neopotamanthus hunanensis You *et* Gui 湖南新河花蜉

Neopotamanthus youi Wu *et* You 尤氏新河花蜉

Neopparlatoria muiensis Tang 浙江栎片盾蚧

Neopsylla Wagner 新蚤属

Neopsylla abagaitui Ioff 阿巴盖新蚤

Neopsylla acanthina Jordan *et* Rothschild 荆刺新蚤

Neopsylla affinis deqinensis Xie *et* Li 相关新蚤德钦亚种

Neopsylla affinis Li *et* Hsieh 相关新蚤

Neopsylla aliena Jordan *et* Rothschild 异种新蚤

Neopsylla angustimanubra Wu, Wu *et* Liu 细柄新蚤

Neopsylla anoma Rothschild 无规新蚤

Neopsylla bidentatiformis (Wagner) 二齿新蚤

Neopsylla biseta Li *et* Hsieh 二毫新蚤

Neopsylla clavelia Li *et* Wei 棒形新蚤

Neopsylla compar Jordan *et* Rothschild 类新蚤

Neopsylla constricta Jameson *et* Hsieh 缩新蚤

Neopsylla democratica Wagner 指短新蚤

Neopsylla dispar dispar Jordan 不同新蚤指名亚种

Neopsylla dispar fukienensis Chao 不同新蚤福建亚种

Neopsylla eleusina Li 绒鼠新蚤

Neopsylla fimbrita Li *et* Hsieh 穗状新蚤

Neopsylla galea Ioff 盔状新蚤

Neopsylla hongyangensis Li, Bai *et* Chen 红羊新蚤

Neopsylla honora Jordan 后棘新蚤

Neopsylla longisetosa Li *et* Hsieh 长鬃新蚤

Neopsylla mana Wagner 宽新蚤

Neopsylla megaloba Li 大叶新蚤

Neopsylla meridiana Tiflov *et* Kolpakova 子午新蚤

Neopsylla mustelae Jameson *et* Hsieh 鼬新蚤

Neopsylla nebula Jameson *et* Hsieh 暗新蚤

Neopsylla paranoma Li, Wang *et* Wang 副规新蚤

Neopsylla pleskei ariana Ioff 近代新蚤波状亚种

Neopsylla pleskei Ioff 近代新蚤

Neopsylla pleskei orientalis Ioff *et* Argyropulo 近代新蚤东方亚种

Neopsylla pleskei rossica Ioff *et* Argyropulo 近代新蚤俄亚种

Neopsylla sellaris Wei *et* Chen 鞍新蚤

Neopsylla setosa setosa (Wagner) 毛新蚤指名亚种

Neopsylla siboi Ye *et* Yu 思博新蚤

Neopsylla specialis dechingensis Hsieh *et* Yang 特新蚤德钦亚种

Neopsylla specialis kweichowensis (Liao) 特新蚤贵州亚种

Neopsylla specialis minpiensis Li *et* Wang 特新蚤闽北亚种

Neopsylla specialis schismatosa Li 特新蚤裂亚种

Neopsylla specialis sichuanxizangensis Wu *et* Chen 特新蚤川藏亚种

Neopsylla specialis specialis Jordan 特新蚤指名亚种

Neopsylla stenosinuata Wang 狭窦新蚤

Neopsylla stevensi sichuanyunnana Wu *et* Wang 斯氏新蚤川滇亚种

Neopsylla stevensi stevensi Rothschild 斯氏新蚤指名亚种

Neopsylla teratura Rothschild 曲棘新蚤

Neopsylla villa Wang, Wu *et* Liu 绒毛新蚤

Neopsyllinae 新蚤亚科

Neopterocomma populivorum Zhang 杨新粉毛蚜

Neoptychodes trilineatus (Linnaeus) 榕三线新褶天牛 three-lined fig-tree borer

Neopulvinaria Hadzhijbeili 新绵蚧属

Neopulvinaria imeretina Hadz. 葡萄新绵蚧

Neoquernaspis Howell 新栎盾蚧属

Neoquernaspis beshearae Liu *et* Tippins 石柯新栎盾蚧

Neoquernaspis chiulungensis (Takagi) 九龙新栎盾蚧

Neoquernaspis lithocarpi (Tak.) 台湾新栎盾蚧

Neoquernaspis nepalensis (Takagi) 尼泊尔新栎盾蚧

Neoradopholus Khan *et* Shakil 新穿孔线虫属

Neoradopholus inaequalis (Sauer) 不等新穿孔线虫

Neoradopholus neosimilis (Sauer) 新相似新穿孔线虫

Neorgyia Bethune-Baker 赭毒蛾属

Neorgyia ochracea Bethune-Baker 赭毒蛾

Neorhacodes enslini Ruschka 简脉姬蜂

Neorhacodinae 拟简脉姬蜂亚科

Neorhopalomyzus 新缢瘤蚜属

Neorhopalomyzus lonicericola (Takahashi) 忍冬新缢瘤蚜 Kuwayama aphid

Neorhynacus Ghosh *et* Chakrabarti 新鼻瘿螨属

Neoribates Berlese 新肋甲螨属

Neoribates roubali (Berlese) 袋新肋甲螨

Neorina Westwood 凤眼蝶属

Neorina patria Leech 凤眼蝶

Neoripersia Kanda 禾粉蚧属(日粉蚧属)

Neoripersia japonica (Kuwana) 日本禾粉蚧

Neoripersia miscanthicola (Tak.) 台湾禾粉蚧(茅日粉蚧)

Neoripersia ogasawaresis (Kuw.) 小笠原禾粉蚧

Neoripersia yunnanensis (Borchs.) 云南禾粉蚧

Neoris Moore 弧目大蚕蛾属

Neoris haraldi Schawerda 弧目大蚕蛾

Neoris stoliczkana Felder 柳弧目大蚕蛾

Neorthacris acuticeps Bolivar 南印绿植被锥头蝗

Neorthaea micans (Baly) 可可红褐圆跳甲 cocoa flea beetle

Neorthaea nisotroides Chen 苎麻蓝翅跳甲

Neosaissetia Tao *et* Wong 新盔蚧属

Neosaissetia laos (Tak.) 老挝新盔蚧

Neosaissetia triangularum Morr. 三角新盔蚧

Neosaissetia tropicalis Tao *et* Wong 热带新盔蚧

Neoschoengastia Ewing 新棒恙螨属

Neoschoengastia americana (Hirst) 美洲新棒恙螨

Neoschoengastia asakawai Fukuzumi *et* Obata 朝川新棒恙螨

Neoschoengastia gallinarum (Hatori) 鸡新棒恙螨

Neoschoengastia hexasternosetosa (Chen *et* Hsu) 六毛新棒恙螨

Neoschoengastia monticola Wharton *et* Hardcastle 矶鹞新棒恙螨

Neoschoengastia posekanyi Wharton *et* Hardcastle 波氏新棒恙螨

Neoschoengastia shihwanensis Mo *et al.* 石湾新棒恙螨

Neoschoengastia solomonis (Wharton *et* Hardcastle) 所罗门新棒恙螨

Neoschoengastia taoli Wen *et* Xiang 桃李新棒恙螨

Neoschoengastia tongxinensis Wang *et* Wang 同心新棒恙螨

Neoschoengastia xiaguanensis Yu *et al.* 下关新棒恙螨

Neoscirula Den Heyer 新硬瘤螨属

Neoscona Simon 新园蛛属

Neoscona achine (Simon) 阿奇新园蛛

Neoscona adiantum (Walckenaer) 灌木新园蛛

Neoscona elliptica Tikader *et* Bal 椭圆新园蛛

Neoscona enshiensis Yin *et* Zhao 恩施新园蛛

Neoscona griseomaculata Yin *et* Wang 灰斑新园蛛

Neoscona hainanensis Yin *et* Wang 海南新园蛛

Neoscona jinghongensis Yin *et* Wang 景洪新园蛛

Neoscona kunmingensis Yin *et* Wang 昆明新园蛛

Neoscona maculaticeps (L. Koch) 黄须新园蛛

Neoscona melloteei (Simon) 绿腹麦勒新园蛛

Neoscona menghaiensis Yin *et* Wang 勐海新园蛛

Neoscona menglunensis Yin *et* Wang 勐伦新园蛛

Neoscona minoriscylla Yin *et* Wang 小青新园蛛

Neoscona nautica (L. Koch) 嗜水新园蛛

Neoscona parascylla (Schenkel) 拟青新园蛛

Neoscona pavida (Simon) 畏新园蛛

Neoscona polyspinipes Yin *et* Wang 多刺新园蛛

Neoscona pseudonautica Yin *et* Wang 拟嗜水新园蛛

Neoscona pseudoscylla (Schenkel) 伪青新园蛛

Neoscona punctigera (Doleschall) 点新园蛛

Neoscona rumpfi (Thorell) 卢氏新园蛛

Neoscona scylla (Karsch) 红褐新园蛛

Neoscona scylloides (Boes. *et* Str.) 绿腹新园蛛

Neoscona shillongensis Tikader *et* Bal 西隆新园蛛

Neoscona sinhagadensis (Tikader) 锡哈新园蛛

Neoscona subpullatus (Boes. *et* Str.) 白缘新园蛛

Neoscona theisi (Walckenaer) 茶色新园蛛

Neoscona tianmenensis Yin *et* Wang 天门新园蛛

Neoscona triramusa Yin *et* Zhao 三歧新园蛛

Neoscona xishanensis Yin *et* Wang 西山新园蛛

Neoscona xizangensis Yin *et* Wang 西藏新园蛛

Neoscona yadongensis Yin *et* Wang 亚东新园蛛

Neoscona yunnanensis Yin *et* Wang 云南新园蛛

Neoseiulus Hughes 小新绥螨属

Neoseiuslus Hughes 新绥伦螨属

Neoseiuslus barkeri Hyghes 巴氏新绥伦螨

Neoshachia Matsumura 新涟舟蛾属

Neoshachia parabolica Matsumura 新涟舟蛾

Neoshevtchenkella Kuang *et* Zhuo 新谢瘿螨属

Neoshevtchenkella liquidambaris Kuang *et* Zhuo 枫新谢瘿螨

Neosimmondsia Laing 洋粉蚧属

Neosimmondsia esakii Tak. 露兜树洋粉蚧

Neosimmondsia hirsuta Laing 椰子洋粉蚧

Neosirocalus albosuturalis Roelofs 白缝小筸象

Neosteinernema Nguyen *et* Smart 新斯氏线虫属

Neosteinernema longicurvicauda Nguyen *et* Smart 长弯尾新斯氏线虫

Neostromboceros Rohwer 裂爪叶蜂属

Neostromboceros albofemoratus Rohwer 白腿裂爪叶蜂

Neostromboceros atrata Enslin 黑色裂爪叶蜂

Neostromboceros excellens Malaise 绮丽裂爪叶蜂

Neostromboceros formosanus (Enslin) 蓬莱裂爪叶蜂

Neostromboceros fuscitarsis Takeuchi 暗跗裂爪叶蜂

Neostromboceros kagiensis Takeuchi 喀基裂爪叶蜂

Neostromboceros leucopoda Rohwer 白足裂爪叶蜂

Neostromboceros rohweri Malaise 罗氏裂爪叶蜂

Neostromboceros rufithorax Malaise 红胸裂爪叶蜂

Neostromboceros sauteri (Rohwer) 邵氏裂爪叶蜂

Neostyloppyga Shelfard 斑蠊属

Neostyloppyga rhombifolid Stoll 斑蠊(家蠊)

Neosybra cylindracea Breuning 点列拟散天牛

Neosybra flavovittipennis Breuning 黄条拟散天牛

Neotarsonemoides Kaliszewski 新似跗线螨属

Neotarsonemoides triquetrus Lin *et* Zhang 三角新似跗线螨

Neotegonotus Newkirk *et* Keifer 新顶背瘿螨属

Neotenogyniidae 新带雌螨科

Neotermes Holmgren 新白蚁属

Neotermes amplilabralis Xu *et* Han 宽唇新白蚁

Neotermes angustigulus Han 细颏新白蚁

Neotermes binovatus Han 双凹新白蚁

Neotermes bosei Snyder 博氏新白蚁

Neotermes brachynotum Xu *et* Han 扁胸新白蚁

Neotermes dolichognathus Xu *et* Han 长颚新白蚁

Neotermes dubiocalcaratus Han 异距新白蚁

Neotermes fovefrons Xu *et* Han 洼额新白蚁

Neotermes fujianensis Ping 福建新白蚁

Neotermes gardneri Snyder 见 *Neotermes bosei*

Neotermes greeni Desneux 格林新白蚁

Neotermes humilis Han 小新白蚁

Neotermes jouteli Banks 焦氏新白蚁

Neotermes koshunensis (Shiraki) 恒春新白蚁

Neotermes longiceps Xu *et* Han 长头新白蚁

Neotermes militaris Desneux 见 *Postelectrotermes militaris*

Neotermes miracapitalis Xu *et* Han 奇头新白蚁

Neotermes pishinensis Ahmad 见 *Postelectrotermes pishinensis*

Neotermes sphenocephalus Xu *et* Han 楔头新白蚁

Neotermes taishanensis Xu *et* Han 台山新白蚁

Neotermes tuberogulus Xu *et* Han 丘颏新白蚁

Neotermes undulatus Xu *et* Han 波颚新白蚁

Neotermes yunnanensis Xu *et* Han 云南新白蚁

Neotetranychus Tragardh 新叶螨属

Neotetranychus rubi Tragardh 莓新叶螨

Neotetranychus rubicola Bagdasarian 食莓新叶螨

Neothodelmus Distant 长背猎蝽属

Neothodelmus yangminshengi China 长背猎蝽

Neothoracaphis Takahashi 新胸蚜属

Neothoracaphis hangzhouensis Zhang 杭州新胸蚜

Neothoracaphis yanonis Matsumura 日亚新胸蚜

Neothrinax formosana Rohwer 蓬莱蕨叶蜂

Neothrombium gryllotalpae Fan. 蝼蛄新绒螨

Neothrombium neglectum (Bruyant) 选择新绒螨

Neotomostethus MacGillivray 新片胸叶蜂属

Neotomostethus religiosa (Marlatt) 显颊新片胸叶蜂

Neotomostethus secundus Rohwer 赤显颊新片胸叶蜂

Neotorrenticollinae 新急流水螨亚科

Neotoxoptera Theoobald 新弓翅蚜属

Neotoxoptera formosana (Takahashi) 葱新弓翅蚜 onion aphid

Neotrichozetidae 新毛棱甲螨科

Neotrionymus Borchs. 新粉蚧属

Neotrionymus cynodontis (Kir.) 狗牙根新粉蚧

Neotrionymus ibericus Hadz. 芦竹新粉蚧

Neotrionymus kerzhneri Danzig 蒙古新粉蚧

Neotrionymus monstatus Borchs. 芦苇新粉蚧

Neotrombicula Hirst 新恙螨属

Neotrombicula aeretes Hsu *et* Yang 鼯鼠新恙螨

Neotrombicula alpina Yu *et* al. 高山新恙螨

Neotrombicula anax Audy *et* Womersley 异样新恙螨

Neotrombicula arcuata Wen *et* Jiang 拱盾新恙螨

Neotrombicula deqinensis Yu *et* Wang 德钦新恙螨

Neotrombicula gamaensis Yang 尕马新恙螨

Neotrombicula gardellai Kardos 高丽新恙螨

Neotrombicula hsui (Wang) 徐氏新恙螨

Neotrombicula ichikawai (Sasa) 市川新恙螨

Neotrombicula japonica (Tanaka *et* al.) 日本新恙螨

Neotrombicula jiadingensis Yang 嘉定新恙螨

Neotrombicula longisensilla Wang *et* al. 长感新恙螨

Neotrombicula longmenis Wen *et* Xiang 龙门新恙螨

Neotrombicula marmotae Wen *et* al. 旱獭新恙螨

Neotrombicula microti (Ewing) 田鼠新恙螨

Neotrombicula microtoides Hsu *et* Yang 似田鼠新恙螨

Neotrombicula microtomici Wen *et* al. 根鼠新恙螨

Neotrombicula nagayoi (Sasa *et* al.) 长与新恙螨

Neotrombicula oeconomus Hsu *et* Yang 根田鼠新恙螨

Neotrombicula pomeranzovi Schluger 波氏新恙螨

Neotrombicula sinica (Wang) 中华新恙螨

Neotrombicula talmiensis Schluger 塔尔密新恙螨

Neotrombicula tamiyai (Philip *et* Fuller) 田宫新恙螨

Neotrombicula tianshana Shao *et* Wen 天山新恙螨

Neotrombicula tongtianhensis Yang *et* al. 通天河新恙螨

Neotrombicula vulgaris (Schluger) 普通新恙螨

Neotrombicula wendai Wen *et* Wu 温代新恙螨

Neotrombicula weni (Wang) 温氏新恙螨

Neotrombicula zangxi Shao *et* Wen 藏西新恙螨

Neotrombicula zhmajevae (Schluger) 芝氏新恙螨

Neotrombidiidae 新绒螨科

Neottiglossa Kirby 舌蝽属

Neottiglossa leporina (Herrich-Schäffer) 舌蝽

Neottiglossa pusilla (Gmelin) 小舌蝽

Neottiophilidae 巢蝇科

Neotypus Förster 新模姬蜂属

Neotypus nobilitator orientalis Uchida 显新模姬蜂东方亚种

Neoxantha Pascoe 半脊楔天牛属

Neoxantha amicta Pascoe 隐斑半脊楔天牛

Neozavrelia fengchengensis Wang *et* Wang 凤城肛齿摇

蚊

Neozephyrus Sibatani *et* Ito 翠灰蝶属

Neozephyrus coruscans (Leech) 闪光翠灰蝶

Neozephyrus helenae Howarth 海伦娜翠灰蝶

Neozephyrus japonicus (Murray) 日本翠灰蝶

Neozephyrus taiwanus (Wileman) 台湾翠灰蝶

Neozirta Distant 健猎蝽属

Neozirta annulipes China 环足健猎蝽

Nepa L. 蝎蝽属

Nepa chinensis Hoffman 卵圆蝎蝽

Nepalogaleruca elegans Kimoto 尼泊尔萤叶甲

Nephantis serinopa Meyr. 柳木蛾

Nephantis serinopa Meyrick 椰蛀蛾 coconut black-jaded caterpillar

Nephargynnis Shirôzu *et* Saigusa 云豹蛱蝶属

Nephargynnis anadyomene (Felder *et* Felder) 云豹蛱蝶

Nephele Hübner 银纹天蛾属

Nephele didyma (Fabricius) 银纹天蛾

Nephele rosae Butler 玫瑰银纹尺蛾

Nephelodes emmedonia (Cramer) 青铜切夜蛾 bronzed cutworm

Nephelodes minians Guenée 铜色切夜蛾 bronzed cutworm

Nephila Leach 络新妇蛛属

Nephila antipodiana (Walckenaer) 星络新妇蛛

Nephila clavata L. Koch 棒络新妇蛛

Nephila clavatoides Schenkel 拟棒络新妇蛛

Nephila laurinae Thorell 劳日络新妇蛛

Nephila malabarensis (Walckenaer) 马拉巴络新妇蛛

Nephila pilipes (Fabricius) 毛络新妇蛛

Nephopteryx Hübner 云翅斑螟属

Nephopteryx eugraphella Ragonot 真写云翅斑螟 chiku moth

Nephopteryx formosa Haworth 台湾云翅斑螟 beautiful knot-horn moth

Nephopteryx hostilis Stephens 灰肩云翅斑螟 pale-shouldered knot-horn moth

Nephopteryx pirivorella (Matsumura) 梨云翅斑螟(梨大食心虫) pear fruit moth

Nephopteryx rhodobasalis Hampson 杆基云翅斑螟

Nephopteryx semirubella Scopoli 红云翅斑螟

Nephopteryx similella Zincken 栎云翅斑螟 oak knot-horn moth

Nephopteryx subcaesiella (Clemens) 刺槐云翅斑螟 locust leaf roller

Nephotettix Matsumura 黑尾叶蝉属

Nephotettix cincticeps (Uhler) 黑尾叶蝉 green rice leafhopper

Nephotettix malayanus Ishihara *et* Kawase 马来亚黑尾叶蝉 green rice leafhopper

Nephotettix nigropictus (Stål) 二条黑尾叶蝉 green rice leafhopper

Nephotettix virescens (Distant) 二点黑尾叶蝉 green rice leafhopper

Nephrotoma aculeata (Löw) 腹刺短柄大蚊

Nephrotoma aculeata atricauda Alexander 棘短柄大蚊

Nephrotoma bombayensis Macquart 孟短柄大蚊

Nephrotoma concava Yang *et* Yang 缺缘短柄大蚊

Nephrotoma cornicina Linnaeus 角动短柄大蚊

Nephrotoma cuneata Yang *et* Yang 楔纹短柄大蚊

Nephrotoma hunanensis Yang *et* Yang 湖南短柄大蚊

Nephrotoma hypogyna Yang *et* Yang 下突短柄大蚊

Nephrotoma joneensis Yang *et* Yang 卓尼短柄大蚊

Nephrotoma minuticornis Alexander 细角短柄大蚊

Nephrotoma qinghaiensis nigrabdomen Yang *et* Yang 黑腹青海短柄大蚊

Nephrotoma ruiliensis Yang *et* Yang 瑞丽短柄大蚊

Nephrotoma shanxiensis Yang *et* Yang 山西短柄大蚊

Nephrotoma sodalis Löw 伴侣短柄大蚊

Nephrotoma virgata Coquillett 条纹短柄大蚊

Nephus Mulsant 弯叶毛瓢虫属

Nephus koltzei (Weise) 长斑弯叶毛瓢虫

Nephus ryuguus (Kamiya) 圆斑弯叶毛瓢虫

Nepidae 蝎蝽科 water scorpions

Nepita conferta Walker 见 *Asura conferta*

Nepogomphus Fraser 内春蜓属

Nepogomphus modestus (Selys) 优雅内春蜓

Nepogomphus walli (Fraser) 沃尔内春蜓

Nepticula Heyden 微蛾属

Nepticula alnetella Stainton 见 *Stigmella alnetella*

Nepticula argentipedella Zeller 见 *Dechtiria argentipedella*

Nepticula argyropeza Zeller 青杨大微蛾 large aspen pigmy moth

Nepticula assimilella Zeller 青杨微蛾 small aspen pigmy moth

Nepticula atricapitella Haworth 见 *Stigmella atricapitella*

Nepticula basalella Herrich-Schäffer 见 *Nepticula hemargyrella*

Nepticula basiguttella Heinemann 见 *Stigmella basiguttella*

Nepticula betulicola Stainton 见 *Stigmella betulicola*

Nepticula confusella Walsingham 桦窄道微蛾 fuscous birch pigmy moth

Nepticula continuella Stainton 桦双条微蛾 double-barred birch pigmy moth

Nepticula distinguenda Heinemann 桦小微蛾 small birch pigmy moth

Nepticula glutinosae Stainton 见 *Stigmella glutinosae*

Nepticula hemargyrella Kollar 山毛榉黄条微蛾 gold-barred beech pigmy moth

Nepticula intimella Zeller 见 *Dechtiria intimella*

Nepticula lapponica Wocke 桦灰微蛾 light birch pigmy

moth

Nepticula lindquisti Freeman 林氏微蛾

Nepticula luteella Stainton 见 *Stigmella luteella*

Nepticula marginicolella Stainton 榆钻石微蛾 diamond-barred pigmy moth

Nepticula ruficapitella Haworth 见 *Stigmella ruficap-itella*

Nepticula salicis Stainton 柳微蛾 fasciate sallow pigmy moth

Nepticula speciosa Frey 假悬铃木微蛾 hants pigmy moth

Nepticula subbimaculella Haworth 见 *Dechtiria subbi-mamculella*

Nepticula tiliae Frey 见 *Stigmella tiliae*

Nepticula tityrella Stainton 山毛榉白条微蛾 white-barred beech pigmy moth

Nepticula trimaculella Haworth 三点微蛾 Frey's osier pigmy moth

Nepticula turicella Herrich-Schäffer 见 *Nepticula tityrella*

Nepticula ulmivora Fologne 见 *Stigmella ulmivora*

Nepticula vimineticola Frey 绢柳微蛾 cream-spotted pigmy moth

Nepticula viscerella Stainton 见 *Stigmella viscerella*

Nepticula woolhopiella Stainton 见 *Dechtiria wool-hopiella*

Nepticulidae 微蛾科 nepticulid moths, serpentine miners

Neptis Fabricius 环蛱蝶属

Neptis agatha Cramer 圆头环蛱蝶

Neptis alwina (Bremer *et* Grey) 重环蛱蝶

Neptis ananta Moore 阿环蛱蝶

Neptis antilope Leech 羚环蛱蝶

Neptis arachne Leech 蛛环蛱蝶

Neptis armandia (Oberthüer) 矛环蛱蝶

Neptis beroe Leech 折环蛱蝶

Neptis cartica Moore 卡环蛱蝶

Neptis choui Yuan *et* Wang 周氏环蛱蝶

Neptis clinia Moore 珂环蛱蝶

Neptis clinioides de Nicéville 仿珂环蛱蝶

Neptis cydippe Leech 黄重环蛱蝶

Neptis dejeani Oberthüer 德环蛱蝶

Neptis divisa Oberthüer 五段环蛱蝶

Neptis esakii Nomura 江崎环蛱蝶

Neptis guia Chou *et* Wang 桂北环蛱蝶

Neptis hesione Leech 莲花环蛱蝶

Neptis hylas (Linnaeus) 中环蛱蝶

Neptis ilos Fruhstorfer 伊洛环蛱蝶

Neptis jumbah Moore 黄檀环蛱蝶

Neptis leucoporos Fruhstorfer 白环蛱蝶

Neptis mahendra Moore 宽环蛱蝶

Neptis manasa Moore 玛环蛱蝶

Neptis meloria Oberthüer 玫环蛱蝶

Neptis miah Moore 弥环蛱蝶

Neptis namba Tytler 娜巴环蛱蝶

Neptis narayana Moore 那拉环蛱蝶

Neptis nashona Swinhoe 基环蛱蝶

Neptis nata Moore 娜环蛱蝶

Neptis nemorosa Oberthüer 茂环蛱蝶

Neptis nemorum Oberthüer 森环蛱蝶

Neptis noyala Oberthüer 瑙环蛱蝶

Neptis philyra Ménétriès 啡环蛱蝶

Neptis philyroides Staudinger 朝鲜环蛱蝶

Neptis pryeri Butler 链环蛱蝶

Neptis radha Moore 紫环蛱蝶

Neptis reducta Fruhstorfer 回环蛱蝶

Neptis rivularis (Scopoli) 单环蛱蝶

Neptis sankara (Kollar) 断环蛱蝶

Neptis sappho (Pallas) 小环蛱蝶

Neptis sinocartica Chou *et* Wang 中华卡环蛱蝶

Neptis soma Moore 娑环蛱蝶

Neptis speyeri Staudinger 司环蛱蝶

Neptis sylvana Oberthüer 林环蛱蝶

Neptis taiwana Fruhstorfer 台湾环蛱蝶

Neptis themis Leech 黄环蛱蝶

Neptis thestias Leech 泰环蛱蝶

Neptis thetis Leech 海环蛱蝶

Neptis thisbe Ménétriès 提环蛱蝶

Neptis yerburii Butler 耶环蛱蝶

Neptis yunnana Oberthüer 云南环蛱蝶

Neptus hololeucus Fald. 金黄蛛甲(黄蛛甲) golden spider beetle, yellow spider beetle

Neptyia canosaria (Walker) 冷杉伪尺蛾 false hemlock looper

Nepytia freemani Munroe 西部冷杉伪尺蛾 western false hemlock looper

Nepytia phantasmaria (Strecker) 冷杉绿伪尺蛾 green hemlock looper, phantom hemlock looper

Nepytia umbrosaria nigrovenaria (Packard) 荫伪尺蛾黑脉亚种

Nerice bidentata Walker 加美榆舟蛾

Nericoides Matsumura 白边舟蛾属

Nericoides davidi (Oberthüer) 榆白边舟蛾

Nericoides leechi (Staudinger) 双齿白边舟蛾

Nericoides upina (Alphéraky) 大齿白边舟蛾

Nericonia nigra Gahan 黑寡点瘦天牛

Nericonia trifasciata Pascoe 寡点瘦天牛

Neriene Blackwall 盖蛛属

Neriene albolimbata Karsch 白缘盖蛛

Neriene angulifera (Schenkel) 丽纹盖蛛

Neriene aquilirostralis Chen *et* Zhu 鹰缘盖蛛

Neriene birmanica Thorell 缅甸盖蛛

Neriene calozonata Chen *et* Zhu 丽带盖蛛

Neriene cavaleriei (Schenkel) 卡氏盖蛛

Neriene clathrata (Sundevall) 波纹盖蛛

Neriene compta Zhu *et* Sha　饰斑盖蛛

Neriene decormaculata Chen *et* Zhu　华斑盖蛛

Neriene emphana (Walckenaer)　醒目盖蛛

Neriene japonica Oi　日本盖蛛

Neriene limbatinella (Boes. *et* Str.)　窄边盖蛛

Neriene liupanensis Tang *et* Song　六盘盖蛛

Neriene longipedella (Boes. *et* Str.)　长肢盖蛛

Neriene macella (Thorell)　鹤嘴盖蛛

Neriene multidentata (Schenkel)　多齿盖蛛

Neriene nigripectoris (Oi)　黑斑盖蛛

Neriene nitens Chen *et* Zhu　华丽盖蛛

Neriene oidedicata Helsdingen　大井盖蛛

Neriene radiata (Walckenaer)　花腹盖蛛

Neriene sinensis Chen　中华盖蛛

Neriene yunohamensis Boes. *et* Str.　尤诺盖蛛

Neriene zanhuangica Zhu *et* Tu　赞皇盖蛛

Neriene zhui Chen *et* Li　朱氏盖蛛

Neriidae　指角蝇科　neriid flies

Nerthomma Pascoe　月眼长角象属

Nerthridae　蟾蝽科　toad bugs

Nerthus Distant　裂腹长蝽属

Nerthus taiwanicus (Bergroth)　台裂腹长蝽

Nesiacarus Haller　岛甲螨属

Nesiacarus completus Hu *et* Wang　全岛甲螨

Nesiacarus sinensis Hu *et* Wang　中华岛甲螨

Nesiana Metcalf　讷颜蜡蝉属

Nesiana nigra Chou *et* Lu　黑讷宽颜蜡蝉

Nesiotinidae　企鹅虱科　swan lice

Nesodiprion Rohwer　黑松叶蜂属

Nesodiprion biremis (Kônow)　双枝黑松叶蜂

Nesodiprion deqenicus Xiao *et* Zhou　迪庆黑松叶蜂

Nesodiprion huanglongshanicus Xiao *et* Huang　黄龙山
　黑松叶蜂

Nesodiprion japonica (Marlatt)　日本黑松叶蜂

Nesodiprion yananicus Huang *et* Zhou　延安黑松叶蜂

Nesodiprion zhejiangensis Zhou *et* Xiao　浙江黑松叶蜂

Nesogastridae　锤角蝎科

Nesoselandria Rohwer　柄叶蜂属

Nesoselandria flavipes (Takeuchi)　黄足柄叶蜂

Nesoselandria formosana Rohwer　宝岛柄叶蜂

Nesoselandria horni Forsius　荷氏柄叶蜂

Nesoselandria leucopoda Rohwer　白足柄叶蜂

Nesoselandria melanopoda Takeuchi　黑足柄叶蜂

Nesoselandria taiwana Malaise　雾社柄叶蜂

Nesoselandria xanthopoda Togashi　黑唇柄叶蜂

Nesostenodontus formosanus Cushman　台无疤姬蜂

Nesotaxonus flavescens (Marlatt)　黄粗角叶蜂

Nesothrips peltatus Han　盾板岛管蓟马

Nesotomostethus rufus Cameron　红岛片胸叶蜂

Nessaea Hübner　南美蛱蝶属

Nessaea obrinus L.　南美蛱蝶

Nessiodocus Heller　岛栖长角象属

Nesticella Lehtinen *et* Sarristo　奈斯蛛属

Nesticella brevipes (Yaginuma)　短足奈斯蛛

Nesticella mogera (Yaginuma)　底栖奈斯蛛

Nesticella odontus (Chen)　齿奈斯蛛

Nesticidae　类球蛛科

Nesticoccus Tang　巢粉蚧属

Nesticoccus sinensis Tang　中国巢粉蚧

Netelia Gray　拟瘦姬蜂属

Netelia bicolor (Cushman)　两色巨齿拟瘦姬蜂

Netelia dayaoshanensis He *et* Chen　大瑶山超齿拟瘦姬
　蜂

Netelia ocellaris (Thomson)　甘蓝夜蛾拟瘦姬蜂

Netelia orientalis (Cameron)　东方拟瘦姬蜂

Netelia thoracica (Woldestedt)　黑胸拟瘦姬蜂

Netelia vinulae (Scopoli)　二尾舟蛾拟瘦姬蜂

Netelia zhejiangensis He *et* Chen　浙江超齿拟瘦姬蜂

Netria Walker　梭舟蛾属

Netria viridescens Walker　梭舟蛾

Netuschilia Reitter　掘甲属

Netuschilia hauseri Reitter　何氏掘甲

Neumania Lebert　纽水螨属

Neumania alticola (Stoll)　高山纽水螨

Neumania cercalis Jin　尾突纽水螨

Neumania deltoides (Piersig)　三角纽水螨

Neumania didactyla Jin　双指纽水螨

Neumania disetus Jin　倍毛纽水螨

Neumania dolichotricha Jin　长毛纽水螨

Neumania geei Marshall　杰氏纽水螨

Neumania heterotaxis Jin　异毛纽水螨

Neumania hypoanus Jin　腹肛纽水螨

Neumania megaspina Jin　大距纽水螨

Neumania rectirostrus Jin　直颚纽水螨

Neumania spinipes (Müller)　刺纽水螨

Neumaniinae　纽水螨亚科

Neuralla Djakonov　炫尺蛾属

Neurigoninae　脉长足虻亚科

Neurobasis Selys *et* Hagen　艳色蟌属

Neurobasis chinensis Linnaeus　华艳色蟌

Neurocolpus nubilus (Say)　朵云盲蝽　clouded plant bug

Neuroctenus Fieber　脊扁蝽属

Neuroctenus angustus Hsiao　窄脊扁蝽

Neuroctenus argyraeus Liu　银脊扁蝽

Neuroctenus bicaudatus Kormilev　双尾脊扁蝽

Neuroctenus castaneus (Jakovlev)　素须脊扁蝽

Neuroctenus confusus Kormilev　彩须脊扁蝽

Neuroctenus hainanensis Liu　海南脊扁蝽

Neuroctenus hubeiensis Liu　湖北脊扁蝽

Neuroctenus par Bergroth　黄腹脊扁蝽

Neuroctenus parus Hsiao　等脊扁蝽

Neuroctenus rectangulus Liu　矩脊扁蝽

Neuroctenus shanxianus Liu　陕西脊扁蝽

Neuroctenus sinensis Kormilev　中华脊扁蝽

Neuroctenus singularis Kormilev 单脊扁蝽

Neuroctenus taiwanicus Kormilev 台湾脊扁蝽

Neuroctenus xizangensis Liu 西藏脊扁蝽

Neuroctenus yunnanensis Hsiao 云南脊扁蝽

Neurogenia Román 畸脉姬蜂属

Neurogenia fujianensis He 福建畸脉姬蜂

Neurogenia hunanensis He *et* Tong 湖南畸脉姬蜂

Neurogenia shennongjiaensis He 神农架畸脉姬蜂

Neurogenia tuberculuta He 具瘤畸脉姬蜂

Neurois Hampson 络夜蛾属

Neurois atrovirens (Walker) 绿络夜蛾

Neurois renalba (Moore) 铜褐络夜蛾

Neurois undosa (Leech) 波纹络夜蛾

Neuronema Maclachlan 脉线蛉属

Neuronema decisum (Walker) 属模脉线蛉

Neuronema huangi Yang 黄氏脉线蛉

Neuroptera 脉翅目 alder flies, snake-flies, lacewings, ant lions

Neurorthidae 脉蛉科

Neuroterus albipes Schenck 饼形纽瘿蜂 oak leaf gall wasp

Neuroterus aprilinus Giraud 栎芽纽瘿蜂 oak bud gall wasp, oak catkin gall wasp

Neuroterus floccosus (Bass.) 栎团毛纽瘿蜂 oak flake gall wasp

Neuroterus noxiosus (Bass.) 栎有害纽瘿蜂 noxious oak gall wasp

Neuroterus numismalis Geoffroy 钱形纽瘿蜂 oak button gall wasp

Neuroterus quercusbaccarum Linnaeus 葡萄形纽瘿蜂 currant gall wasp, spangle wasp

Neuroterus quercusbatatus (Fitch) 土豆形虫瘿纽瘿蜂 oak potato gall wasp

Neuroterus tricolor Hartig 栎叶三色纽瘿蜂 oak leaf gall wasp

Neurothemis fulvia Drury 网脉蜻

Neurothemis tullia feralis Burmeister 斜斑脉蜻

Neurothemis tullia tullia Drury 截斑脉蜻

Neurotoma Kônow 纽扁叶蜂属

Neurotoma fasciata (Norton) 褐纽扁叶蜂

Neurotoma inconspicua (Norton) 李纽扁叶蜂 plum web-spinning sawfly

Neurotoma iridescens Andr 樱桃纽扁叶蜂

Neurotoma mandibularis Zaddach 中西欧栎蓝黑纽扁叶蜂

Neurotoma sibirica Gussakovskij 西伯纽扁叶蜂

Neurotoma sinica Shinohara 中华纽扁叶蜂

Neurotoma sulcifrons Maa 瘦额纽扁叶蜂

Neustrotia albicincta (Hampson) 白束展夜蛾

Neustrotia costimacula (Oberthüer) 臂斑文夜蛾

Nevermanniinae 奈氏蚋亚科

Neveskyella Ossiannilsson 聂跳蚜属

Neveskyella funigera (Ossiannilsson) 蘑菇毛聂跳蚜

Neveskyella tuberculata Zhang *et* Zhang 瘤聂跳蚜

Nevisanus Distant 耐蝽属

Nevrina Guenée 脉纹野螟属

Nevrina procopia Stoll 脉纹野螟

Newsteadia wacri Strickland 可可瓦氏旌蚧

Nezara Amyot *et* Serville 绿蝽属

Nezara antennata Scott 花角绿蝽 green stink bug

Nezara aurantiaca Costa 点绿蝽

Nezara torquata Fabricius 黄肩绿蝽

Nezara viridula (Linnaeus) 稻绿蝽 green stink bug, green tomato bug, green vegetable bug

Nicalimnesia Cook 尼卡沼螨属

Nicalimnesiinae 尼卡沼螨亚科

Nicobium LeConte 毛窃蠹属

Nicobium castaneum Olivier 浓毛窃蠹

Nicoletiidae 土鱼科

Nicrophorus Fabricius 埋葬虫属(食尸甲属) burying beetles

Nicrophorus germanicus L. 日耳曼埋葬虫 German burying beetle

Nicrophorus investigator Zetterst 埋葬虫

Nida Pascoe 尼天牛属

Nida andamanica Garhan 安达曼尼天牛

Nida championi Gardner 印度尼天牛

Nida flavovittata Pascoe 黄条尼天牛

Nidella coomani Gressitt *et* Rondon 肖尼天牛

Nidularia Targioni-Tozzetti 巢红蚧属

Nidularia glyceriae (Green) 见 *Kaweskia glyceriae*

Nidularia gramuntii (Planchon) 见 *Gossyaria spuria*

Nidularia japonica Kuwana 日本巢红蚧

Nidularia laniger (Gmelin) 见 *Gossyaria spuria*

Nidularia nuerae (Green) 见 *Eriococcus nuerae*

Nidularia philippinensis (Morr.) 见 *Rhizococcus philippinensis*

Nidularia placida (Green) 见 *Greenisca placida*

Nidularia pseudinsigis (Green) 见 *Rhizococcus pseudinsignis*

Nidularia thymi (Schrank) 见 *Rhizococcus thymi*

Nietnera Green 锡绵蚧属

Nietnera pundaluoya Green 木姜子锡绵蚧

Niganda Moore 窄翅舟蛾属

Niganda strigifascia Moore 窄翅舟蛾

Nigma Lehtinen 丽卷叶蛛属

Nigma flavescens (Walckenaer) 黄色丽卷叶蛛

Nihelia Domrow-Baker 尼赫螨属

Nihonogomphus Oguma 日春蜓属

Nihonogomphus bequaerti Chao 贝氏日春蜓

Nihonogomphus brevipennis (Needham) 短翅日春蜓

Nihonogomphus cultratus Chao *et* Wang 刀日春蜓

Nihonogomphus gilvus Chao 浅黄日春蜓

Nihonogomphus lieftincki Chao 黎氏日春蜓

Nihonogomphus luteolatus Chao *et* Liu　黄侧日春蜓

Nihonogomphus ruptus (Selys)　白齿日春蜓

Nihonogomphus semanticus Chao　长钩日春蜓

Nihonogomphus shaowuensis Chao　邵武日春蜓

Nihonogomphus simillimus Chao　相似日春蜓

Nihonogomphus thomassoni (Kirby)　汤氏日春蜓

Nihonogomphus zhejiangensis Chao *et* Zhou　浙江日春蜓

Niitakacris Tinkham　尼蝗属

Niitakacris goganzanensis Tinkham　哥根尼蝗

Niitakacris rosaceanum (Shiraki)　红胫尼蝗

Nikaea longipennis (Walker)　长翅丽灯蛾

Nikara Moore　独夜蛾属

Nikara castanea Moore　独夜蛾

Nikkoaspis Kuwana　泥盾蚧属

Nikkoaspis arundinariae (Takahashi)　见　*Kuwanaspis arundinariae*

Nikkoaspis formosana (Takahashi)　台湾泥盾蚧

Nikkoaspis hichiseisana (Takahashi)　毛竹泥盾蚧

Nikkoaspis sasae (Takahashi)　赤竹泥盾蚧

Nikkoaspis shiranensis Kuw.　库页岛泥盾蚧

Nilaparvata Distant　褐飞虱属

Nilaparvata bakeri (Muir)　拟褐飞虱

Nilaparvata castanea Huang *et* Ding　栗褐飞虱

Nilaparvata lineolae Huang *et* Tian　线斑褐飞虱

Nilaparvata lugens Stål　褐飞虱(褐稻虱) brown rice planthopper

Nilaparvata muiri China　伪褐飞虱

Nilgiriopsis Cook　虚水螨属

Nilionidae　广胸甲科

Nilotaspis Ferris　长盾蚧属

Nilotaspis halli (Green)　霍氏长盾蚧　Hall scale

Nilotonia Thor　尼罗水螨属

Nilotoniinae　尼罗水螨亚科

Ninguta Moore　宁眼蝶属

Ninguta schrenkii Ménétriès　宁眼蝶

Ninodes Warren　泼墨尺蛾属

Ninodes splendens (Butler)　泼墨尺蛾

Ninomimus Lindberg　蔺长蝽属

Ninomimus flavipes (Matsumura)　黄足蔺长蝽

Ninus Stål　尼长蝽属

Ninus insignis Stål　尼长蝽

Nipaecoccus Sulc　堆粉蚧属(鳞粉蚧属)

Nipaecoccus filamentosus (Ckll.)　长尾堆粉蚧(丝鳞粉蚧) oval mealybug

Nipaecoccus lycii Tang　枸杞堆粉蚧

Nipaecoccus nipae (Mask.)　椰子堆粉蚧　coconut mealybug

Nipaecoccus vastator (Mask.)　柑橘堆粉蚧(橘鳞粉蚧)

Niphades Pascoe　雪片象属

Niphades castanea Chao　栗雪片象

Niphades verrucosus (Voss)　多瘤雪片象

Niphadolepis alianta Karsch　非咖啡刺蛾　jelly grub

Niphadoses Common　雪禾螟属

Niphadoses dengcaolites Wang, Sung *et* Li　灯草雪禾螟

Niphadoses gilviberbis (Zeller)　稻雪禾螟

Niphanda Moore　黑灰蝶属

Niphanda cymbia de Nicéville　小黑灰蝶

Niphanda fusca (Bremer *et* Grey)　黑灰蝶

Niphe Stål　褐蝽属

Niphe elongata (Dallas)　稻褐蝽

Niphe subferruginea (Westwood)　宽褐蝽

Niphe viridula (Linnaeus)　见　*Nezara viridula*

Niphocepheidae　雪头甲螨科

Niphona Mulsant　吉丁天牛属

Niphona albolateralis Pic　白缘吉丁天牛

Niphona alboplagiata Breuning　白纹吉丁天牛

Niphona falaizei Breuning　白斑吉丁天牛

Niphona fasciculata (Pic)　淡带吉丁天牛

Niphona furcata (Bates)　拟吉丁天牛

Niphona longesignata Pic　长纹吉丁天牛

Niphona longicornis (Pic)　基刺吉丁天牛

Niphona lunulata Pic　月纹吉丁天牛

Niphona malaccensis Breuning　酒饼树吉丁天牛

Niphona mediofasciata Breuning　双带吉丁天牛

Niphona parallela White　小吉丁天牛

Niphona rondoni Breuning　郎氏吉丁天牛

Niphona sublutea Breuning　老挝吉丁天牛

Niphosaperda rondoni Breuning　吉丁楔天牛

Niponiidae　细阎虫科　small beetles

Nippobodes Aoki　日本甲螨属

Nippobodes insolistus Aoki　奇日本甲螨

Nippobodidae　日本甲螨科

Nippocallis kuricola Matsumura　日库利蚜

Nippocryptus Uchida　目钩姬蜂属

Nippocryptus suzukii (Matsumura)　黑纹目钩姬蜂

Nippolachnus Matsumura　日本大蚜属

Nippolachnus piri Matsumura　梨日本大蚜

Nippolachnus xitianmushanus Zhang　枇杷日本大蚜

Nipponacaridae　日本水螨科

Nipponaclerda McConnell　日仁蚧属(苍仁蚧属)

Nipponaclerda biwakoensis (Kuwana)　芦苇日仁蚧

Nipponaetes Uchida　角脸姬蜂属

Nipponaetes haeussleri (Uchida)　黑角脸姬蜂

Nipponaphis distylifoliae (Takahashi)　蚊母树日本扁蚜　distylium gall aphid

Nipponaphis distyliicola Monzen　双刺日本扁蚜

Nipponaphis monzeni Takahashi　门前日本扁蚜

Nipponaphis yanonis Matsumura　矢日本扁蚜　Yano distylium gall aphid

Nipponobuprestis rubrocinctus Peng　红缘丽彩吉丁

Nipponogelasma Inoue　麻青尺蛾属

Nipponohockeria novemcarinata Qian *et* Li　九脊日霍小蜂

Nipponohockeria quinquecarinata Qian *et* He　五脊日霍

小蜂

Nippononysson Yasumatsu *et* Maidl 日本角胸泥蜂属

Nippononysson rufopictus Yasumatsu *et* Maidl 无角日本角胸泥蜂

Nipponorthezia Kuwana 鳞旌蚧属

Nipponorthezia ardisiae Kuwana 紫金牛鳞旌蚧

Nipponosemia guangxiensis Chou *et* Wang 广西尼蝉

Nipponosemia metulata Chou *et* Lei 小尼蝉

Nippoptilia vitis Sasaki 葡萄尼波羽蛾 grape plume moth

Niptus Boieldieu 黄蛛甲属

Niptus hololeucus Faldermann 黄蛛甲

Nirvana Kirkaldy 隐脉叶蝉属

Nirvana pallida Melichar 长头隐脉叶蝉

Nirvana suturalis Melichar 宽带隐脉叶蝉

Nirvanidae 隐脉叶蝉科

Nirvaninae 隐脉叶蝉亚科

Nishada nodicornis Walker 雾点奋苔蛾

Nishada rotundipennis (Walker) 圆翼奋苔蛾

Nishiyana Matsumura 尼绵蚜属

Nishiyana aomoriensis Matsumura 西山尼绵蚜 nishiya woolly aphid

Nisia Melichar 粒脉蜡蝉属

Nisia atrovenosa (Lethierry) 粉白花虱

Nisia australiensis Woodward 澳洲花虱

Nisia carolinensis Fennah 加罗林花虱

Nisia fuliginosa Yang *et* Hu 黑花虱

Nisia striata Yang *et* Hu 条纹小花虱

Nisotra Baly 四线跳甲属

Nisotra gemella (Erichson) 麻四线跳甲

Nitela Latreille 丽完眼泥蜂属

Nitela domestica (Williams) 脊唇丽完眼泥蜂

Nitidula carnaria Schaller 四纹露尾虫

Nitidula rufipes (L.) 单色露尾虫

Nitidulidae 露尾甲科 sap beetles

Nitocris comma Walker 辐射松苗叶夜蛾

Nivellia Mulsant 裸花天牛属

Nivellia sanguinosa (Gyllenhel) 红翅裸花天牛

Nivisacris Liu 雪蝗属

Nivisacris zhongdianensis Liu 中甸雪蝗

Nobiseius Chant 诺比绥螨属

Nocticolidae 穴蠊科

Noctua Linnaeus 模夜蛾属

Noctua chardinyi (Boisduval) 拱模夜蛾

Noctua pronuba (Linnaeus) 模夜蛾 common yellow-underwing moth

Noctuidae 夜蛾科 owlet moths, underwings, noctuids

Noctuiseius 夜绥螨属

Noctuoidea 夜蛾总科

Nodaria Guenée 疽夜蛾属

Nodaria tristis (Butler) 悲疽夜蛾

Nodele Muma 节螯螨属

Nodina Motschulsky 球叶甲属

Nodina chalcosoma Baly 金球叶甲

Nodina chinensis Weise 中华球叶甲

Nodina pilifrons Chen 毛额球叶甲

Nodina punctostriolata (Fairmaire) 单脊球叶甲

Nodina tibialis Chen 皮纹球叶甲

Nodonota Lefèvre 背结肖叶甲属

Nodonota puncticollis Say 蔷薇背结肖叶甲 rose leaf beetle

Noemia imcompta Gressitt 修瘦天牛

Noemia semirufa Villiers 红胸修瘦天牛

Noemia simplicicollis (Pic) 点胸修瘦天牛

Noemia submetallica Gressitt 海南修瘦天牛

Noezinae 直喙舞虻亚科

Nogiperla Okamoto 芒石蛾属

Nogiperla flectospina (Wu) 曲刺芒石蛾

Nogiperla obtusispina Wu 钝刺芒石蛾

Nogodinidae 娜蜡蝉科

Nokona regale Butler 葡萄挪克透翅蛾 grape clearwing moth

Nola melancholica Wileman *et* West 郁斑瘤蛾

Nola melanota Hampson 黑斑瘤蛾

Nola metallopa Meyrick 见 *Roeselia lugens*

Nolidae 瘤蛾科

Nomada Scop 艳斑蜂属

Nomada versicolor Smith 彩艳斑蜂

Nomadacris Uvarov 红蝗属

Nomadacris septemfasciata (Serville) 红蝗 red locust

Nomadidae 艳斑蜂科

Nomia Latreille 彩带蜂属

Nomia chalybeata Smith 蓝彩带蜂

Nomia femoralis Pallas 粗腿彩带蜂

Nomia oxybeloide Smith 大叶彩带蜂

Nomia punctulata Westwood 齿彩带蜂

Nomia thoracica Smith 黄胸彩带蜂

Nomiinae 彩带蜂亚科

Nomioides Schencke 小彩带蜂属

Nomioides variegatus (Oliver) 艳小彩带蜂

Nomisia Dalmas 牧蛛属

Nomisia aussereri (L. Koch) 奥氏牧蛛

Nomius Laporte 牧步甲属

Nomius pygmaeus (Dejean) 黑步甲 stink beetle

Nomophila Hübner 牧野螟属

Nomophila nearctica Munroe 新北牧野螟

Nomophila noctuella Schiffermüller *et* Denis 麦牧野螟

Nonarthra Baly 九节跳甲属

Nonarthra cyaneum Baly 蓝色九节跳甲

Nonarthra pulchrum Chen 丽九节跳甲

Nonarthra variabilis Blay 异色九节跳甲

Noorda albizonalis Hampson 杧果汝达野螟

Noorda fessalis Swinhoe 榆绿木汝达野螟

Norape ovina Sepp 美白绒蛾

Norbanus aiolomorphi Yang et Wang 竹瘿长角金小蜂

Nordstroemia Bryk 线钩蛾属

Nordstroemia agna (Oberthüer) 褐线钩蛾

Nordstroemia angula Chu et Wang 突缘线钩蛾

Nordstroemia bicostata opalescens (Oberthüer) 缘点线钩蛾

Nordstroemia duplicata (Warren) 倍线钩蛾

Nordstroemia fusca Chu et Wang 灰线钩蛾

Nordstroemia fuscula Chu et Wang 灰波线钩蛾

Nordstroemia grisearia (Staudinger) 双线钩蛾

Nordstroemia heba Chu et Wang 童线钩蛾

Nordstroemia japonica (Moore) 日本线钩蛾

Nordstroemia nigra Chu et Wang 黑线钩蛾

Nordstroemia niva Chu et Wang 雪线钩蛾

Nordstroemia recava Watson 曲缘线钩蛾

Nordstroemia undata Watson 鳞线钩蛾

Nordstroemia unilinea Chu et Wang 单线钩蛾

Nordstroemia vira (Moore) 星线钩蛾

Norelliinae 鬃粪蝇亚科

Norraca Moore 笋舟蛾属

Norraca decurrens (Moore) 浅黄笋舟蛾

Norraca retrofusca de Joannis 竹笋舟蛾

Norracoides Strand 娜舟蛾属

Norracoides basinotata (Wileman) 朴娜舟蛾

Nortia Thomson 扁腿天牛属

Nortia carinicollis Schwarzer 长脊扁腿天牛

Nortia cavicollis Thomson 窝胸扁腿天牛

Nortia geniculata Gressitt 短脊扁腿天牛

Nortia luteosignata Pu 污纹扁腿天牛

Nortia multicallosus Gressitt et Rondon 多胝扁腿天牛

Nortia planicollis Gressitt 平胸扁腿天牛

Norusuma javanica Moore 印度榕灰褐蚕蛾

Nosavana laosensis Breuning 老挝诺氏天牛

Nosavana phounii Breuning C斑诺氏天牛

Nosea Koiwaya 豹眼蝶属

Nosea hainanensis Koiwaya 豹眼蝶

Noserius tibialis Pascoe 疾天牛

Nosodendridae 小丸甲科 nosodendrid beetles

Nosophora Lederer 须野螟属

Nosophora semitritalis (Lederer) 茶须野螟

Nosopsyllus Jordan 病蚤属

Nosopsyllus apicoprominus Tsai, Wu et Liu 端突病蚤

Nosopsyllus chayuensis Wang et Liu 察隅病蚤

Nosopsyllus consimilis (Wagner) 似同病蚤

Nosopsyllus elongatus Li et Shen 长形病蚤

Nosopsyllus fasciatus (Boswc.) 具带病蚤(欧洲病蚤)

Nosopsyllus fidus (Jordan et Rothschild) 裂病蚤

Nosopsyllus laeviceps ellobii (Wagner) 秃病蚤田鼠亚种

Nosopsyllus laeviceps kuzenkovi (Jagubiants) 秃病蚤蒙冀亚种

Nosopsyllus laeviceps laeviceps (Wagner) 秃病蚤指名亚种

Nosopsyllus nicanus Jordan 适存病蚤

Nosopsyllus tersus (Jordan et Rothschild) 四鬃病蚤

Nosopsyllus turkmenicus altisetus. (Ioff) 土库曼病蚤高鬃亚种

Nosopsyllus turkmenicus turkmenicus (Vlasov et Ioff) 土库曼病蚤指名亚种

Nosopsyllus wualis leizhouensis Li, Huang et Liu 伍氏病蚤雷州亚种

Nosopsyllus wualis rongjiangensis Li et Huang 伍氏病蚤榕江亚种

Nosopsyllus wualis wualis Jordan 伍氏病蚤指名亚种

Notacaphylla Mohanasundaram et Singh 背叶刺瘿螨属

Notaceria Mohanasundaram et Muniappan 背瘤瘿螨属

Notallus Keifer 背异瘿螨属

Notalox Keifer 背曲瘿螨属

Notaris oryzae Ishida 稻黑象

Noterinae 突胸龙虱亚科

Nothacus Manson 伪瘿螨属

Nothancyla verreauxi Navás 沃氏拟曲草蛉

Nothanguina Whitehead 伪鳗线虫属

Nothanguina arcuatus (Thorne) 弯曲伪鳗线虫

Nothanguina cecidoplastes (Goodey) 须芒草伪鳗线虫

Nothoblattidae 拟蠊科

Nothocasis Prout 伪沼尺蛾属

Nothocasis coartata (Püngeler) 灰玉伪沼尺蛾

Nothocasis grisefasciaria Xue 灰带伪沼尺蛾

Nothocasis muscigera (Butler) 苔伪沼尺蛾

Nothocasis neurogrammata (Püngeler) 点脉伪沼尺蛾

Nothocasis octobris Prout 川伪沼尺蛾

Nothocasis polystictaria (Hampson) 麻伪沼尺蛾

Nothocasis pullarria Xue 暗伪沼尺蛾

Nothochrysa californica Banks 加尼弗尼亚伪蛹草蛉

Nothochrysa capitata (Fabricius) 木犀榄头伪蛹草蛉

Nothochrysa fulviceps (Stephens) 黄褐伪蛹草蛉

Nothochrysa praeclara Stazz 优美伪蛹草蛉

Nothocriconema de Grisse et Loof 伪环线虫属

Nothocriconema annulifer (de Man) 多纹伪环线虫

Nothocriconema arcanum (Raski et Golden) 隐伪环线虫

Nothocriconema bellatulum Minagawa 美丽伪环线虫

Nothocriconema brevicaudatum (Siddiqi) 短尾伪环线虫

Nothocriconema cataractacum Andrássy 雨林伪环线虫

Nothocriconema crassianulatum (de Guiran) 重环伪环线虫

Nothocriconema crotaloides (Cobb) 小铃伪环线虫

Nothocriconema hygrophilum (Goodey) 湿地伪环线虫

Nothocriconema jaejuense Choi et Geraert 贾米伪环线虫

Nothocriconema lanxifrons Orton Williams 长针伪环线虫

Nothocriconema miscanthi Minagawa 芒伪环线虫

Nothocriconema monmanus Razzhivin 高山伪环线虫

Nothocriconema mukovum Khan, Chawla et Saha 姆科夫

伪环线虫

Nothocriconema neopacificum Mehta, Raski *et* Valenzuela 新太平洋伪环线虫

Nothocriconema palliatum Minagawa 具套伪环线虫

Nothocriconema pauperum (de Grisse) 微小伪环线虫

Nothocriconema petasum (Wu) 具伞伪环线虫

Nothocriconema polynesianum Orton Williams 波利尼西亚伪环线虫

Nothocriconema princeps (Andrássy) 冠首伪环线虫

Nothocriconema quasidemani (Wu) 类捷曼伪环线虫

Nothocriconema sabiense (Heyns) 沙比伪环线虫

Nothocriconema sanctus-francisci van den Berg *et* Heyns 圣弗朗西斯伪环线虫

Nothocriconema shepherdae Jairajpuri *et* Southey 水牛果伪环线虫

Nothocriconema stygia (Schneider) 冥伪环线虫

Nothocriconema vallicola Ivanova 河谷伪环线虫

Nothocriconema varicaudata Eroshenko 变尾伪环线虫

Nothocriconema yakushimense Toida 屋久岛伪环线虫

Notholophus antiquus Linnaeus 见 *Orgyia antiqua*

Nothomiza Warren 霞尺蛾属

Nothomiza aureolaria Inoue 紫带霞尺蛾

Nothomiza costinotata (Warren) 缘霞尺蛾

Nothomiza dentisignata (Moore) 绿霞尺蛾

Nothomiza flavicosta Prout 黄缘霞尺蛾

Nothomiza melanographa Wehrli 黑霞尺蛾

Nothomiza peralba (Swinhoe) 霞尺蛾

Nothopeus drescheri (Fisher) 德氏伪鞘天牛

Nothopeus fulvus (Bates) 沟胸伪鞘天牛

Nothopeus hemipterus (Olivier) 伪鞘天牛

Nothopeus sericeus (Saunders) 上海伪鞘天牛

Nothopeus tibialis (Ritsema) 长鞘伪鞘天牛

Nothopoda Keifer 伪足瘿螨属

Nothopoda mytilariae Kuang *et* Feng 壳菜果伪足瘿螨

Nothopoda rapaneae Keifer 密花树伪足瘿螨

Nothopodinae 伪足瘿螨亚科

Nothopsyche intermedia Martynov 间大斑沼石蛾

Nothopteryx ustata Christoph 黑线白尺蛾 black-banded white geometrid

Nothosalbia straminalis Guenée 见 *Chalcidoptera straminalis*

Nothridae 懒甲螨科

Nothris heriguronis Matsumura 二点麦蛾

Nothroidae 懒甲螨总科

Nothrus C. H. Koch 懒甲螨属

Nothrus asiaticus Aoki *et* Ohnishi 亚洲懒甲螨

Nothrus biciliatus Koch 纤毛懒甲螨

Nothrus borussicus Sellnick 大网懒甲螨

Nothrus silvestrìs Nicolet 森林懒甲螨

Nothybidae 马来蝇科 bigheaded flies

Notiana Jordan 深窝长角象属

Notidobia chaoi Hwang 赵氏缺柄毛石蛾

Notiophilus 温步甲属

Notiothaumidae 智蝎蛉科 primitive scorpionfly

Notioxenus Wollaston 凸唇长角象属

Notiphila sekiyai Koizumi 稻刺角水蝇 rice root maggot

Notiphila watanabei Miyagi 渡边刺角水蝇 rice root maggot

Notiphilinae 刺角水蝇亚科

Notobitiella Hsiao 小竹缘蝽属

Notobitiella elegans Hsiao 小竹缘蝽

Notobitus Stål 竹缘蝽属

Notobitus elongatus Hsiao 狭竹缘蝽

Notobitus excellens Distant 大竹缘蝽

Notobitus meleagris (Fabricius) 黑竹缘蝽

Notobitus montanus Hsiao 山竹缘蝽

Notobitus sexguttatus (Westwood) 异足竹缘蝽

Notocelia rosaecolana Doubleday 玫瑰小卷蛾 rose eucosmid

Notocrypta de Nicéville 袖弄蝶属

Notocrypta curvifascia (Felder *et* Felder) 曲纹袖弄蝶

Notocrypta feisthamelii (Boisduval) 宽纹袖弄蝶

Notocrypta morishitai Gu *et* Liu 森下袖弄蝶

Notocrypta paralysos Wood-Mason 窄纹袖弄蝶

Notodonta Ochsenheimer 舟蛾属

Notodonta albifascia (Moore) 双带舟蛾

Notodonta dembowskii Oberthüer 黄斑舟蛾

Notodonta tritophus uniformis Oberthüer 烟灰舟蛾

Notodontidae 舟蛾科 notodontid moths, prominents

Notodontidea Wei 背齿叶蜂属

Notodontidea chui Wei 朱氏背齿叶蜂

Notodramas 短背蚧属

Notoedres Railliet 痂螨属

Notoedres cati (Hering) 猫痂螨 mange mite

Notoedres cuniculi Gerlach 兔痂螨

Notoedres muris Megnin 鼠痂螨

Notoglyptus Masi 凹金小蜂属

Notoglyptus scutellaris (Dodd *et* Girault) 凹金小蜂

Notoligotomiddae 异尾丝蚁科

Notolophus anstralis posticus Walker 小白纹毒蛾

Notonecta L. 仰蝽属

Notonecta chinensis Fallou 中华大仰蝽

Notonectidae 仰蝽科

Notonectomermis Rubzov 仰泳蝽索线虫属

Notonectomermis glauca Rubzov 灰仰泳蝽索线虫

Notopteryx Hsiao 翅缘蝽属

Notopteryx concolor Hsiao 翅缘蝽

Notopteryx extensus Cen *et* Xie 展翅缘蝽

Notopteryx geminus Hsiao 翻翅缘蝽

Notopteryx soror Hsiao 翩翅缘蝽

Notosacantha arisana (Chûj) 台湾瘤龟甲

Notosacantha castanea (Spaeth) 高脊瘤龟甲

Notosacantha centinodia (Spaeth) 花脊瘤龟甲

Notosacantha circumdata (Wagner) 圆瘤龟甲

Notosacantha fumida (Spaeth) 华南瘤龟甲

Notosacantha ginpinensis Chen *et* Zia 金平瘤龟甲

Notosacantha moderata Chen *et* Zia 平脊瘤龟甲

Notosacantha nigrodorsata Chen *et* Zia 乌背瘤龟甲

Notosacantha oblongopunctata (Gressitt) 长方瘤龟甲

Notosacantha sauteri (Spaeth) 缺窗瘤龟甲

Notosacantha shishona Chen *et* Zia 窄额瘤龟甲

Notosacantha sinica Gressitt 中华瘤龟甲

Notosacantha tenuicula (Spaeth) 肩弧瘤龟甲

Notosacantha trituberculata Gressitt 多脊瘤龟甲

Notostaurus B.-Bienko 米纹蝗属

Notostaurus albicornis albicornis (Ev.) 小米纹蝗

Notostigmata 背气门亚目

Notostrix Keifer 背纹瘿螨属

Notostrix sargentodoxae Wei *et* Kuang 大血藤背纹瘿螨

Notothrombinae 背绒螨亚科

Notoxus brachycerus Fald. 短须角胸甲

Notus molliculus (Boheman) 麝香草小叶蝉 thyme leaf-hopper

Novophytoptinae 新植羽瘿螨亚科

Novophytoptus Roivainen 新植羽瘿螨属

Novosatsuma Johnson 齿轮灰蝶属

Novosatsuma pratti (Leech) 齿轮灰蝶

Nowickia atripalpis Robineau-Desvoidy 肥须诺寄蝇

Nowickia heifu Chao *et* Shi 黑腹诺寄蝇

Nowickia hingstoniae Mesnil 短跗诺寄蝇

Nowickia marklini Zetterstedt 短角诺寄蝇

Nowickia mongolica Zimin 蒙古诺寄蝇

Nowickia nigrovillosa Zimin 黑角诺寄蝇

Nowickia rondanii Giglio-Tos 筒须诺寄蝇

Nuculaspis Ferris 黑盾蚧属

Nuculaspis californica (Coleman) 美西黄松叶黑盾蚧 black pine leaf scale

Nudaria fumidisca Hampson 褐斑光苔蛾

Nudaria margaritacea Walker 珍光苔蛾

Nudaria suffusa Hampson 昏光苔蛾

Nudaurelia cytherea Fabricius 南非松大蚕蛾 pine tree emperor moth

Nudaurelia dione Fabricius 热非腰果大蚕蛾

Nudaurelia gueinzii Haudinger 东非桉大蚕蛾

Nudaurelia krucki Hering 肯尼亚桉大蚕蛾

Nudaurelia rhodina Rothschild 见 *Nudaurelia wahlbergi*

Nudaurelia tyrrhea Cramer 见 *Angelica tyrrhea*

Nudaurelia wahlbergi Boisduval 刺柏瓦氏大蚕蛾

Nudina artaxidia (Butler) 云彩苔蛾

Nudina xizangensis Fang 藏云彩苔蛾

Nudobius cephalicus (Say) 小蠹坑隐翅虫

Nudobius lentus (Gravenhorst) 红鞘并线隐翅虫

Nudobius nigriventris Zheng 黑腹并线隐翅虫

Numata Matsumura 瓶额飞虱属

Numata muiri (Kirkaldy) 瓶额飞虱 pale sugarcane planthopper

Numenes Walker 斜带毒蛾属

Numenes albofascia (Leech) 白斜带毒蛾

Numenes baimatanensis Chao 白马滩斜带毒蛾

Numenes disparilis Staudinger 黄斜带毒蛾

Numenes grisa Chao 珠灰斜带毒蛾

Numenes patrana Moore 幽斜带毒蛾

Numenes separata Leech 叉斜带毒蛾

Numenes siletti Walker 斜带毒蛾

Nungia Zabka 蝶蛛属

Nungia epigynalis Zabka 上位蝶蛛

Nupedia Karl 原泉蝇属

Nupedia aestiva (Meigen) 夏原泉蝇

Nupedia fulva (Malloch) 棕黄原泉蝇

Nupedia henanensis Ge *et* Fan 河南原泉蝇

Nupedia infirma (Meigen) 单薄原泉蝇

Nupedia linotaenia Ma 丁斑原泉蝇

Nupedia nigroscultellata (Stein) 黑小盾原泉蝇

Nupedia patellans (Pandelle) 板须原泉蝇

Nupedia plicatura Hsue 棱叶原泉蝇

Nupserha Thomson 脊筒天牛属

Nupserha clypealis (Fairmaire) 南亚脊筒天牛

Nupserha fricator (Dalman) 刺尾脊筒天牛

Nupserha infantula Ganglbauer 黑翅脊筒天牛

Nupserha lenita Pascoe 宽脊筒天牛

Nupserha marginella (Bates) 缘翅脊筒天牛

Nupserha multimaculata Pic 多斑脊筒天牛

Nupserha nigriceps Gahan 黑尾脊筒天牛

Nupserha nigrolaterialis sericeosuturalis Breuning 粗点脊筒天牛

Nupserha puncticollis Breuning 密点脊筒天牛

Nupserha quadrioculata Thunberg 显脊筒天牛

Nupserha taliana (Pic) 大理脊筒天牛

Nupserha testaceipes Pic 黄腹脊筒天牛

Nupserha variabilis Gahan 壮脊筒天牛

Nupserha ventralis Gahan 菊脊筒天牛

Nurscia Simon 隐蛛属

Nurscia albofasciata (Strand) 白斑隐蛛

Nurudea Matsumura 仿倍蚜属

Nurudea ibofushi Matsumura 盐肤木仿倍蚜

Nurudea rosea (Matsumura) 红倍花蚜

Nurudea shiraii Tsai *et* Tang 倍花蚜

Nurudea sinica Tsai *et* Tang 圆角倍蚜

Nurudeopsis Matsumura 梧样蚜属

Nurudeopsis shiraii (Matsumura) 花冠梧样蚜 Shirai Chinese sumac gall aphid

Nurudeopsis yanoniella Matsumura 矢梧样蚜 Yano Chinese sumac gall aphid

Nuttalliella Bedford 纳蜱属

Nuttalliellidae 纳蜱科

Nycheuma Fennah 平顶飞虱属

Nycheuma cognatum (Muir) 茶褐平顶飞虱

Nychogomphus Carle 奈春蜓属

Nychogomphus duaricus (Fraser) 基齿奈春蜓

Nychogomphus flavicaudus (Chao) 黄尾奈春蜓

Nychogomphus striatus (Fraser) 双条奈春蜓

Nyctalemon menoetius Hpffr. 大燕蛾

Nyctalemon patroclus Linnaeus 巨燕蛾

Nyctemera adversata (Schaller) 异粉蝶灯蛾

Nyctemera arctata Walker 直脉灯蛾

Nyctemera carssima (Swinhoe) 角蝶灯蛾

Nyctemera cenis Cramer 空蝶灯蛾

Nyctemera coleta (Cramer) 毛胫蝶灯蛾

Nyctemera lacticinia (Cramer) 蝶灯蛾

Nyctemera nigralba Fang 黑白丽灯蛾

Nyctemera plagifera Walker 拟粉蝶灯蛾

Nyctemera tripunctaria (Linnaeus) 白巾蝶灯蛾

Nyctemera varians Walker 花蝶灯蛾

Nycteola Hübner 皮夜蛾属

Nycteola asiatica (Krulikovsky) 亚皮夜蛾

Nycteola revayana (Scopoli) 皮夜蛾

Nycteribiidae 蛛蝇科 bat flies, bat tick flies

Nycteridopsylla Oudemans 夜蝠蚤属

Nycteridopsylla dicondylata Wang 双髁夜蝠蚤

Nycteridopsylla dictena (Kolenati) 双栉夜蝠蚤

Nycteridopsylla galba Dampf 小夜蝠蚤

Nycteridopsylla liui Wu, Chen *et* Liu 柳氏夜蝠蚤

Nycteridopsylla sakaguti Jameson *et* Suyemoto 前突夜蝠蚤

Nycteriglyphinae 嗜蝠螨亚科

Nycteriglyphus Zachvatkin 嗜蝠螨属

Nyctiboridae 硕蠊科

Nyctimenius tristis (Fabricius) 常春藤尼克天牛

Nyctipao Huevner 魔目夜蛾属

Nyctipao albicinctus (Kollar) 玉边魔目夜蛾

Nyctipao crepuscularis (L.) 玉钳魔目夜蛾

Nyctipao pilosa Leech 魔目夜蛾

Nyctobia limitaria (Walker) 香脂冷杉绿线尺蛾 green-lined forest looper

Nygmia phaeorrhoea (Donovan) 见 *Euproctis chrysorrhoea*

Nymphalidae 蛱蝶科 brushfooted butterflies

Nymphalinae 蛱蝶亚科

Nymphalis Kluk 蛱蝶属

Nymphalis antiopa Linnaeus 见 *Vanessa antiopa*

Nymphalis californica (Boisduval) 美洲茶蛱蝶 California tortoiseshell

Nymphalis j-album Bdv. *et* LeC. 白缘蛱蝶

Nymphalis polychloros Linnaeus 见 *Vanessa polychloros*

Nymphalis vau-album (Schiffermüller) 白距朱蛱蝶

Nymphalis xanthomelas Denis *et* Schiffermüller 朱蛱蝶

Nymphidae 细蛉科 slender lacewings

Nymphomyiidae 缨翅蚊科

Nymphula Schrank 水螟属

Nymphula depunctalis (Guenée) 三点水螟 rice caseworm

Nymphula enixalis (Swinhoe) 黑萍水螟

Nymphula fengwhanalis Pryer 黄纹水螟(稻筒螟,白纹水螟)

Nymphula interruptalis (Pryer) 棉水螟

Nymphula stagnata (Donovan) 塘水螟

Nymphula turbata (Butler) 褐萍水螟

Nymphula vittalis (Bremer) 稻水螟 small rice casebearer

Nymphulinae 水螟亚科

Nyphasia pascoei Lacordaire 老挝锤腿天牛

Nysina orientalis (White) 东方尼辛天牛

Nysius Dallas 小长蝽属

Nysius ericae (Schilling) 小长蝽

Nysius helveticus (Herrich-Schäffer) 淡脊小长蝽

Nysius lacustrinus Distant 茸毛小长蝽

Nysius plebejus Distant 日本小长蝽

Nysius thymi (Wolff) 丝光小长蝽

Nysius vinitor Bergroth 澳洲小长蝽 rutherglen bug

Nyssocnemis Lederer 芒胫夜蛾属

Nyssocnemis eversmanni (Lederer) 芒胫夜蛾

Nysson Latreille 角胸泥蜂属

Nysson maculosus (Gmelin) 多斑角胸泥蜂

Nysson trimaculatus Rossi 三斑角胸泥蜂

Nyssonidae 角胸泥蜂科

Nyssoninae 角胸泥蜂亚科

O

Obdulia Pritchard *et* Baker 纯螨属

Obeidia Walker 长翅尺蛾属

Obeidia aurantiaca Alphéraky 橙长翅尺蛾

Obeidia conspurcata Leech 散长翅尺蛾

Obeidia epiphleba Wehrli 背叶长翅尺蛾

Obeidia gigantearia Leech 大长翅尺蛾

Obeidia lucifera Swinhoe 亮长翅尺蛾

Obeidia postmarginata Wehrli 长翅尺蛾

Obeidia tigrata (Guenée) 虎纹长翅尺蛾

Oberea Mulsant 筒天牛属

Oberea apicenigrita Breuning 方盾筒天牛

Oberea artocarpi Gardner 阿氏筒天牛

Oberea bicoloricornis Pic 二色角筒天牛

Oberea birmanica Gahan 萤腹筒天牛

Oberea bisbipunctata Pic 黑盾筒天牛

Oberea consentanea Pascoe 南亚筒天牛

Oberea ferruginea Thunberg 短足筒天牛

Oberea formosana Pic 台湾筒天牛

Oberea fuscipennis (Chevrolat) 暗翅筒天牛

Oberea fuscipennis fairmairei Aurivillius 费氏暗翅筒天牛

Oberea fusciventris Fairmaire 暗腹樟筒天牛

Oberea griseopennis Schwarzer 灰尾筒天牛

Oberea incompleta Fairmaire 忍冬筒天牛

Oberea japonica (Thunberg) 日本筒天牛 apple longicorn beetle

Oberea lacana Pic 东亚筒天牛

Oberea laosensis Breuning 老挝筒天牛

Oberea matangensis vientianensis Breuning 万象马唐筒天牛

Oberea montiviagans dorsoplagiata Breuning 黑柄游筒天牛

Oberea myops Hald. 见 *Oberea tripunctata*

Oberea nigriventris angustatissima Pic 褐腿黑腹筒天牛

Oberea nigriventris Bates 黑腹筒天牛

Oberea notata Pic 黄盾筒天牛

Oberea ocellata Hald. 漆树筒天牛 sumac stem borer

Oberea oculata (Linnaeus) 灰翅筒天牛 willow longhorn beetle

Oberea orathi Breuning 俄氏筒天牛

Oberea pararubetra Breuning 无脊筒天牛

Oberea reductesignata Pic 黑尾筒天牛

Oberea rondoni Breuning 郎氏筒天牛

Oberea rotundipennis Breuning 圆尾筒天牛

Oberea ruficollis (F.) 月桂筒天牛

Oberea rufiniventris Breuning 长眼筒天牛

Oberea schaumii LeConte 杨梢筒天牛 poplar branch borer

Oberea subabdominalis Breuning 褐胫马来筒天牛

Oberea subferruginea Breuning 老挝短足筒天牛

Oberea subtenuata Breuning 缓尖筒天牛

Oberea tripunctata (Swed.) 梾木三点筒天牛 dogwood twig borer, rhododendron stem borer

Oberea uninotaticollis Pic 一点筒天牛

Oberea yunnanensis Breuning 滇筒天牛

Obereaopsis annulicornis Breuning 环角长腿筒天牛

Obereaopsis bicolorimembris Breuning 红带长腿筒天牛

Obereaopsis burmanensis Breuning 红柄长腿筒天牛

Obereaopsis laosensis (Pic) 棕腹长腿筒天牛

Obereaopsis laosica Breuning 老挝长腿筒天牛

Obereaopsis modica (Gahan) 江苏长腿筒天牛

Obereaopsis paralaosica Breuning 匀长腿筒天牛

Obereaopsis parasumatrensis Breuning 粗点长腿筒天牛

Obereaopsis partenigriceps Breuning 黑额长腿筒天牛

Obereaopsis partenigrosternalis Breuning 黑胫长腿筒天牛

Obereaopsis sericea (Gahan) 黑头长腿筒天牛

Obereaopsis sericeipennis Breuning 宽长腿筒天牛

Obereaopsis somsavathi Breuning 索氏长腿筒天牛

Obereaopsis subannulicornis Breuning 二色角长腿筒天牛

Obereaopsis subchapaensis Breuning 细点长腿筒天牛

Obereaopsis walsnae infranigra Breuning 黑腹长腿筒天牛

Oberthuerellinae 齿股光翅瘿蜂亚科

Oberthueria Staudinger 齿翅蚕蛾属

Oberthueria caeca Oberth 多齿翅蚕蛾

Oberthueria falcigera Butler 单齿翅蚕蛾

Obriminae 瘤蝖亚科

Obrium cantharinum Linnaeus 杨侧沟天牛

Obrium complanatum Gressitt 南方侧沟天牛

Obrium coomani Pic 沟胸侧沟天牛

Obrium laosicum Gressitt *et* Rondon 闪光侧沟天牛

Obrium posticum saigonensis Pic 黑尾侧沟天牛

Obrium rufograndum Gressitt 红粒侧沟天牛

Obrussa ochrefasciella Chamb. 枫微蛾 hard maple bud borer

Obtusicauda Knowlton *et* Palmer 钝尾管蚜属

Obtusicauda longicauda Zhang 长钝尾管蚜

Obtusiclava oryzae Subba Rao 稻瘿蚊斑腹金小蜂

Obuchovia 欧蚋属

Obuloides Baker *et* Tuttle 无须螨属

Obuloides rajamohani Baker *et* Tuttle 劳氏无须螨

Obuloides rimandoi Corpus-Raros 李氏无须螨

Oceanaspidiotus Takagi 洋圆盾蚧属

Oceanaspidiotus spinosus (Comst.) 刺洋圆盾蚧

Ocenaspidiotus borchsenii (Takagi *et* Kawai) 见 *Ocenaspidiotus spinosus*

Ocesobates Aoki 奥尖棱甲螨属

Ochetellus Shattuck 凹臭蚁属

Ochetellus glaber Mayr 无毛凹臭蚁

Ochlodes Scudder 赭弄蝶属

Ochlodes bouddha (Mabille) 菩提赭弄蝶

Ochlodes crataeis (Leech) 黄赭弄蝶

Ochlodes klapperichii Evans 针纹赭弄蝶

Ochlodes ochracea (Bremer) 宽边赭弄蝶

Ochlodes siva (Moore) 雪山赭弄蝶

Ochlodes subhyalina (Bremer *et* Grey) 白斑赭弄蝶

Ochlodes venata (Bremer *et* Grey) 小赭弄蝶

Ochodaeidae 红金龟科 ochodaeine dung beetles, reddish brown oval beetles

Ochodontia Lederer 轮尺蛾属

Ochodontia adustaria (Fischer de Waldheim) 轮尺蛾

Ochrilidia Stål 尖头蝗属

Ochrilidia hebetata (Uvarov) 沙地尖头蝗

Ochrochira Stål 赭缘蝽属

Ochrochira albiditarsis (Westwood) 白跗赭缘蝽

Ochrochira camelina Kiritshenko 茶色赭缘蝽

Ochrochira ferruginea Hsiao 锈赭缘蝽

Ochrochira fusca Hsiao 黑赭缘蝽

Ochrochira granulipes (Westwood) 粒足赭缘蝽

Ochrochira monticola Hsiao 山赭缘蝽

Ochrochira nigrorufa Walker 双色赭缘蝽

Ochrochira pallipennis Hsiao 白翅赭缘蝽

Ochrochira potanini Kiritshenko 波赭缘蝽

Ochrochira qingshanensis Ren 青山赭缘蝽

Ochrochira stenopoda Ren 细足赭缘蝽

Ochrognesia Warren 枯斑翠尺蛾属

Ochrognesia difficta (Walker) 枯斑翠尺蛾

Ochronanus Pascoe 赭木象属

Ochropleura Hübner 狼夜蛾属

Ochropleura castanea (Esper) 栗红狼夜蛾

Ochropleura draesekei (Corti) 黑剑狼夜蛾

Ochropleura ellapsa (Corti) 红棕狼夜蛾

Ochropleura fennica (Tauscher) 黑地狼夜蛾 Eversman's rustic moth, black army cutworm

Ochropleura flammatra (Denis *et* Schiffermüller) 焰色狼夜蛾 black collar moth

Ochropleura geochroides Boursin 土狼夜蛾

Ochropleura herculea (Corti *et* Draudt) 赫狼夜蛾

Ochropleura ignara (Staudinger) 灰褐狼夜蛾

Ochropleura melanuroides (Kozhantschikov) 塞狼夜蛾

Ochropleura multicuspis (Eversmann) 列齿狼夜蛾

Ochropleura musiva (Hübner) 缪狼夜蛾

Ochropleura musivula (Staudinger) 昆狼夜蛾

Ochropleura ngariensis Chen 阿里狼夜蛾

Ochropleura obliqua (Corti *et* Draudt) 斜纹狼夜蛾

Ochropleura plecta (Linnaeus) 狼夜蛾

Ochropleura plumbea (Alphéraky) 铅色狼夜蛾

Ochropleura praecox (Linnaeus) 翠色狼夜蛾

Ochropleura praecurrens (Staudinger) 黑齿狼夜蛾

Ochropleura refulgens (Warren) 夕狼夜蛾

Ochropleura sikkima (Moore) 白纹狼夜蛾

Ochropleura stentzi (Lederer) 衍狼夜蛾

Ochropleura triangularis Moore 基角狼夜蛾

Ochropleura verecunda (Püngeler) 卑狼夜蛾

Ochsencheimeria Hübner 茎谷夜蛾属

Ochsencheimeria taurella Schrank 麦茎谷蛾

Ochteridae 蟾蝽科

Ochterus Latreille 蟾蝽属

Ochterus marginatus (Latreille) 黄边蟾蝽

Ochthopetina Enderlein 疣石蛾属

Ochthopetina limbatella (Navás) 有边疣石蛾

Ochthopetina multidentata Wu 多齿疣石蛾

Ochyracris Zheng 壮蝗属

Ochyracris rufutibialis Zheng 红胫壮蝗

Ochyroceratidae 花洞蛛科

Ochyromera Pascoe 粗腿象属

Ochyromera miwai Kôno 柿粗腿象

Ochyrostylus helvinus Jakovlev 贺兰壮蝽

Ochyrotica concursa Walsingham 甘薯壮羽蛾 sweetpotato plume moth

Ocinara Walker 褐白蚕蛾属

Ocinara apicalis Walker 黑点白蚕蛾

Ocinara bipuncta Chu *et* Walker 拟双点白蚕蛾

Ocinara brunnea Wileman 黑点褐白蚕蛾

Ocinara ficicola Westwood 弱褐白蚕蛾

Ocinara lewinae Lewin 刘氏褐白蚕蛾 Lewin's processional caterpillar

Ocinara liafuncta Chu *et* Walker 列点白蚕蛾

Ocinara nitida Chu *et* Wang 闪褐白蚕蛾

Ocinara nitidoadea Chu *et* Wang 类褐白蚕蛾

Ocinara signifera Walker 双点白蚕蛾

Ocinara tetrapuncta Chu *et* Wang 四点灰白蚕蛾

Ocinara variana Walker 灰白蚕蛾

Ocla Malaise 欧叶蜂属

Ocla formosana Togashi 蓬莱欧叶蜂

Ocnera Fisch. 卵漠甲属

Ocnera przewalskyi Reitt. 皮氏卵漠甲

Ocnera sublaevigata Bates 光滑卵漠甲

Ocneria Hübner 见 *Lymantria* Hübner

Ocneriidae 见 Lymantriidae

Ocnerostoma Zeller 松巢蛾属

Ocnerostoma friesei Svensson 针叶松巢蛾 pine needle miner

Ocnerostoma piniariellum Zeller 油松巢蛾 mute pine argent moth, European pine leaf miner

Ocnerostoma strobivorum Freeman 美国白松巢蛾 white pine needle-miner

Ocrisiona Simon 奥赫蛛属

Ocrisiona frenata Simon 茯莱奥赫蛛

Octaspidiotus MacG. 刺圆盾蚧属

Octaspidiotus bituberculats Tang 双管刺圆盾蚧

Octaspidiotus calophylli (Green) 锡兰刺圆盾蚧

Octaspidiotus cymbidii Tang 兰花刺圆盾蚧

Octaspidiotus machili (Tak.) 桢楠刺圆盾蚧

Octaspidiotus multipori (Tak.) 多孔刺圆盾蚧

Octaspidiotus pinicola Tang 松刺圆盾蚧

Octaspidiotus rhododendronii Tang 杜鹃刺圆盾蚧

Octaspidiotus stauntoniae (Tak.) 柑橘刺圆盾蚧

Octaspidiotus yunnanensis (Tang *et* Chu) 云南刺圆盾蚧

Octobdellodes 八似吸螨属

Octomermis Steiner 八索线虫属

Octomermis arenicola (Lauterborn) 沙居八索线虫

Octomymermis Johnson 八肌索线虫属

Octomymermis chongqingensis Peng *et* Song 重庆八肌索线虫

Octomymermis itascensis Johnson 伊塔斯八肌索线虫

Octomymermis kralli (Rubzov) 克氏八肌索线虫

Octomymermis longispiculae Camino 长刺八肌索线虫

Octomymermis longissima (Rubzov) 最长八肌索线虫

Octomymermis macrocapitis (Rubzov) 大头八肌索线虫

Octomymermis miassi Artyukhovsky *et* Kiselev 米阿斯八肌索线虫

Octomymermis minutiovis Rubzov 小卵八肌索线虫

Octomymermis troglodytis Poinar *et* Sanders 钻穴八肌索

线虫

Octonoba Opell 涡蛛属

Octonoba biforata Zhu et al. 双孔涡蛛

Octonoba sinensis (Simon) 中华涡蛛

Octonoba spinosa Yoshida 刺涡蛛

Octonoba taiwanica Yoshida 台湾涡蛛

Octonoba varians (Boes. et Str.) 变异涡蛛

Octonoba yesoensis (Saito) 三角涡蛛

Ocyale 迅蛛属

Ocydromiinae 捷舞虻亚科

Ocymyrmex barbiger Emery 须蚁 bearded ant

Ocyptinae 快绒螨亚科

Odagmia Enderlein 短蚋属

Odagmia ornata Meigen 华丽短蚋

Odinadiplosis odinae Mani 印巴厚皮树瘿蚊

Odiniidae 树创蛾科 leafminer flies

Odites Walsingham 木蛾属

Odites atmopa Meyrick 印度木蛾

Odites issikii Takahashi 梅木蛾

Odites leucostola Meyrick 苹果木蛾

Odites lividula Meyrick 铅灰木蛾

Odites xenophaea Meyrick 乌桕木蛾

Odoiporus Chevrolat 长颈象属

Odoiporus longicollis Olivier 香蕉长颈象 banana borer, banana stem weevil

Odonacris Yin et Liu 尾齿蝗属

Odonacris sinensis (Chang) 中华尾齿蝗

Odonaspis Leonardi 绵盾蚧属

Odonaspis greeni Cockerell 格氏绵盾蚧 Green's scale

Odonaspis inusitata (Green) 见 *Froggattiella inusitata*

Odonaspis lingnani Ferris 见 *Froggattiella lingnani*

Odonaspis penicillata Green 见 *Froggattiella penicillata*

Odonaspis saccharicaulis (Zehnt) 甘蔗绵盾蚧

Odonaspis secreta (Cockerell) 竹绵盾蚧 white round bamboo scale

Odonaspis secretus (Cockerell) 丝绵盾蚧

Odonaspis siamensis (Tak.) 见 *Froggattiella siamensis*

Odonata 蜻蜓目

Odonatomermis Rubzov 蜓索线虫属

Odonatomermis arenaria Rubzov et Kyselev 沙地蜓索线虫

Odonatomermis atlaensis Rubzov 阿特拉蜓索线虫

Odonatomermis badia Rubzov 径路蜓索线虫

Odonatomermis coenagrionis (Rubzov et Pavljik) 色螅蜓索线虫

Odonatomermis lestis (Rubzov et Pavljik) 丝螅蜓索线虫

Odonatomermis pachydermis (Rubzov et Pavljik) 厚皮蜓索线虫

Odonatomermis polyclada Rubzov 多枝蜓索线虫

Odonestis Germ 苹枯叶蛾属

Odonestis brerivenis Butler 直缘苹枯叶蛾

Odonestis pruni Linnaeus 苹枯叶蛾 apple caterpillar

Odontacarus Ewing 螯齿恙螨属

Odontacarus conspicuus Chen et Hsu 显毛螯齿恙螨

Odontacarus jinanensis Teng 济南螯齿恙螨

Odontacarus majesticus (Chen et Hsu) 巨螯齿恙螨

Odontacarus niaoer Wen et Xiang 鸟儿螯齿恙螨

Odontacarus romeri (Womersley) 香港螯齿恙螨

Odontacarus shandongensis Teng 山东螯齿恙螨

Odontacarus sichuanensis Zhou et al. 四川螯齿恙螨

Odontacarus tetrasetosus Yu et Yang 四毛螯齿恙螨

Odontacarus xishana Wen et Xiang 西山螯齿恙螨

Odontacarus xiyi Wu et Wen 蜥蜴螯齿恙螨

Odontacarus yosanoi Fukuzumi et Obata 与氏螯齿恙螨

Odontaleyrodes rhododendri Takahashi 见 *Pealius azaleae*

Odontestra Hampson 矢夜蛾属

Odontestra potanini (Alphéraky) 白矢夜蛾

Odontestra submarginalis (Walker) 见 *Scotogramma submarginalis*

Odontoceridae 齿角石蛾科

Odontocraspos hasora Swinhoe 二顶斑枯叶蛾

Odontodes Guenée 齿蕊夜蛾属

Odontodes aleuca Guenée 齿蕊夜蛾

Odontolabis Hope 齿颚锹甲属

Odontolabis cuvera Hope 库光胫锹甲

Odontolabis siva Hope 西光胫锹甲

Odontomachus Latreille 大齿猛蚁属

Odontomachus monticola Emery 山大齿猛蚁

Odontomantis Saussure 大齿螳属

Odontomantis brachyptera Zheng 短翅大齿螳

Odontomantis chayuensis Zheng 察隅大齿螳

Odontomantis foveafrons Zhang 凹额大齿螳

Odontomantis javana hainana Tinkham 海南大齿螳

Odontomantis javana Saussure 爪哇大齿螳

Odontomantis laticollis Beier 四川大齿螳

Odontomantis longipennis Zheng 长翅大齿螳

Odontomantis monticola Beier 云南大齿螳

Odontomantis nigrimarginalis Zhang 黑缘大齿螳

Odontomantis sinensis (Giglio-Tos) 中华大齿螳

Odontomantis xizangensis Zhang 西藏大齿螳

Odontomyia Meigen 短角水虻属

Odontomyia bimaculata Yang 双斑短角水虻

Odontomyia guizhouensis Yang 贵州短角水虻

Odontomyia sinica Yang 中华短角水虻

Odontomyia uninigra Yang 黑盾短角水虻

Odontomyia yangi Yang 杨氏短角水虻

Odontonotus Kormilev 齿扁蝽属

Odontonotus annulipes Hsiao 环齿扁蝽

Odontonotus intermedius Liu 间齿扁蝽

Odontonotus maai Kormilev 福建齿扁蝽

Odontonotus sauteri Kormilev 齿扁蝽

Odontopera Stephens 贡尺蛾属

Odontopera acutaria (Leech) 锐贡尺蛾

Odontopera arida Butler 贫贡尺蛾

Odontopera bidentata harutai Inoue 海双齿贡尺蛾

Odontoponera Mayr 齿猛蚁属

Odontoponera transversa (Smith) 横纹齿猛蚁

Odontoptilum de Nicéville 角翅弄蝶属

Odontoptilum angulatum (Felder) 角翅弄蝶

Odontopus calceatus Say 新西兰齿脊象

Odontorhoe Aubert 涣尺蛾属

Odontorhoe alexandraria (Staudinger) 亚涣尺蛾

Odontorhoe fidonaria (Staudinger) 黄涣尺蛾

Odontorhoe interpositaria (Staudinger) 间涣尺蛾

Odontorhoe tauaria (Staudinger) 褐涣尺蛾

Odontorhoe tianschanica (Alphéraky) 天山涣尺蛾

Odontoscelis Laporte 灰盾蝽属

Odontoscelis fuliginosa L. 灰盾蝽(天蓝蝽)

Odontoscirus Thor 硬齿吸螨属

Odontoscirus virgulatus G. Canestrini *et* Fanzago 条纹硬
    齿吸螨

Odontosia Hübner 齿舟蛾属

Odontosia arnoldiana (Kardakoff) 中带齿舟蛾

Odontosiana Kiriakoff 仿齿舟蛾属

Odontosiana schistacea Kiriakoff 仿齿舟蛾

Odontosina Gaede 肖齿舟蛾属

Odontosina morosa (Kiriakoff) 愚肖齿舟蛾

Odontosina nigronervata Gaede 肖齿舟蛾

Odontosina zayuana Cai 察隅肖齿舟蛾

Odontota dorsalis (Thunb.) 刺槐潜叶甲 locust leaf
    miner

Odontotarsus Laporte 尾盾蝽属

Odontotermes Holmgren 土白蚁属

Odontotermes amanicus Sjoestedt 东非土白蚁

Odontotermes angustignathus Tsia *et* Chen 细额土白蚁

Odontotermes annulicornis Xia *et* Fan 环角土白蚁

Odontotermes assamensisi Holmgren 阿萨姆土白蚁

Odontotermes badius (Habiland) 栗褐黑翅土白蚁 crater
    termite

Odontotermes conignathus Xia *et* Fan 锥颈土白蚁

Odontotermes feae Wasmann 赤桉土白蚁

Odontotermes formosanus (Shiraki) 黑翅土白蚁

Odontotermes foveafrons Xia *et* Fan 凹额土白蚁

Odontotermes fuyangensis Gao *et* Zhu 富阳土白蚁

Odontotermes graveli Silvestri 粗颚土白蚁

Odontotermes hainanensis (Light) 海南土白蚁

Odontotermes kibarensis Fuller 基巴尔土白蚁

Odontotermes longzhouensis Lin 龙州土白蚁

Odontotermes luoyangensis Wang *et* Li 洛阳土白蚁

Odontotermes obesus Rambur 胖土白蚁

Odontotermes parallelus Li 平行土白蚁

Odontotermes parvidens Holmgren *et* Holmgren 短颈土
    白蚁

Odontotermes prodives Thapa 原丰土白蚁

Odontotermes pyriceps Fan 梨头土白蚁

Odontotermes qianyangensis Lin 黔阳土白蚁

Odontotermes redemanni Wasmann 雷氏土白蚁

Odontotermes sellathorax Xia *et* Fan 鞍胸土白蚁

Odontotermes shanglinensis Li 上林土白蚁

Odontotermes sumatrensis Holmgren 暗齿土白蚁

Odontotermes wallonensis Wasmann 瓦隆土白蚁

Odontotermes wuzhishanensis Li 五指山土白蚁

Odontotermes yarangensis Tsai *et* Huang 亚让土白蚁

Odontotermes yunnanensis Tsai *et* Chen 云南土白蚁

Odontotermes zunyiensisi Li *et* Ping 遵义土白蚁

Odontothrips Serville 齿蓟马属

Odontothrips qinlingensis Feng *et* Zhao 秦岭齿蓟马

Odontria White 齿鳃金龟属

Odontria striata White 新西兰齿腮金龟

Odynerus Latreille 盾蜾蠃属

Odynerus melanocephalus melanocephalus (Gmelin) 条
    腹盾蜾蠃

Oebalia Robineau-Desvoidy 折蜂麻蝇属

Oebalia harpax Fan 钩镰折蜂麻蝇

Oebalia pedicella Fan 细柄折蜂麻蝇

Oebalus pugnax (F.) 美洲稻缘蝽 rice stink bug

Oebocoris edurneus Zheng *et* Liu 玉色膨蝽

Oecanthidae 树蟋科 tree crickets

Oecanthus Serville 树蟋属

Oecanthus antennalis Liu, Yin *et* Hsia 斑角树蟋

Oecanthus fultoni T.J.Walker 雪白树蟋 snowy tree
    cricket

Oecanthus indicus de Saussure 台湾树蟋 tree cricket

Oecanthus latipennis Liu, Yin *et* Hsia 宽翅树蟋

Oecanthus longicauda Matsumura 长瓣树蟋 tree cricket

Oecanthus rufescens Serville 黄树蟋

Oecanthus turanicus Uvarov 特兰树蟋

Oecetinella morii (Tsuda) 莫氏毛栖长角石蛾

Oecetis Mclachlan 长角石蛾属

Oecetis complex Hwang 繁栖长角石蛾

Oecetis nigropunctata Ulmer 黑斑栖长角石蛾 rice cad-
    disfly

Oecetodella laminata Hwang 薄叶栖长角石蛾

Oeciacus vicarius Horváth 燕臭虫 swallow bug

Oecobiidae 拟壁钱蛛科

Oecobius Lucas 拟壁钱蛛属

Oecobius cellariorum (Duges) 居室拟壁钱蛛

Oecobius formosensis (Kishida) 台湾拟壁钱蛛

Oecobius nadiae (Spassky) 娜的拟壁钱蛛

Oecobius navus Blackwall 船形拟壁钱蛛

Oecobius przewalskyi Hu *et* Li 高原拟壁钱蛛

Oecophoridae 织蛾科

Oecophylla Smith 织叶蚁属

Oecophylla smaragdina (Fabricius) 黄猄蚁

Oedaleonotus enigma (Scudder) 美山谷蝗 valley grass-
    hopper

Oedaleonotus tenuipennis (Scudder) 美松人工林蝗

Oedaleus Fieb. 小车蝗属

Oedaleus abruptus (Thunberg) 分离小车蝗

Oedaleus asiaticus B.-Bienko 亚洲小车蝗

Oedaleus decorus (Germ.) 黑条小车蝗

Oedaleus formosanus (Shiraki) 台湾小车蝗

Oedaleus infernalis de Saussure 黄胫小车蝗

Oedaleus manjius Chang 红胫小车蝗

Oedecnema Thomson 肿腿花天牛属

Oedecnema dubia (Fabricius) 肿腿花天牛

Oedematopoda semirubra Meyrick 竹红举肢蛾

Oedemera Olivier 拟天牛属

Oedemeridae 拟天牛科

Oedemopsis Tschek 犀唇姬蜂属

Oedemopsis scabriculus (Gravenhorst) 糙犀唇姬蜂

Oederemia lithoplasta (Püngeler) 雍夜蛾

Oederrmia Hampson 雍夜蛾属

Oederrmia esox Draudt 白点雍夜蛾

Oederrmia nanata Draudt 小雍夜蛾

Oedipoda Latr. 斑翅蝗属

Oedipoda coerulescens (L.) 蓝斑翅蝗

Oedipoda miniata (Pall.) 红斑翅蝗

Oedipodidae 斑翅蝗科

Oedothorax Bertkau 瘤胸蛛属

Oedothorax apicatus (Blackwall) 僧帽瘤胸蛛

Oedothorax collinus Ma et Zhu 毛丘瘤胸蛛

Oedothorax foratus Ma et Zhu 穿孔瘤胸蛛

Oedothorax hulongensis Zhu et Wen 和龙瘤胸蛛

Oedothorax longistriatus Fei et Zhu 纵带瘤胸蛛

Oedothorax retusus (Westring) 钝瘤胸蛛

Oedothorax rimatus Ma et Zhu 裂缝瘤胸蛛

Oehserohestidae 伊瑟螨科

Oeme Newman 柏天牛属

Oeme rigida Say 柏天牛 cypress borer

Oemida gahani Distant 甘氏奥天牛

Oemona Newman 奥天牛属

Oemona hirta Fabricius 柠檬奥天牛 lemon-tree borer

Oemospila callidiodes Gressitt et Rondoon 老挝圆胸天牛

Oemospila maculipennis Gahan 斑翅圆胸天牛

Oeneis Hübner 酒眼蝶属

Oeneis buddha Grum-Grshmailo 菩萨酒眼蝶

Oeneis nanna Ménétriès 娜娜酒眼蝶

Oeneis urda (Eversmann) 酒眼蝶

Oenochroma vinaria Guenée 澳玫瑰紫红尺蛾

Oenochromatidae 星尺蛾科

Oenophilidae 扁蛾科 stronglyflattened moths

Oenopia Mulsant 小巧瓢虫属

Oenopia bissexnotata (Mulsant) 十二斑巧瓢虫

Oenopia chinensis (Weise) 粗网巧瓢虫

Oenopia conglobata (Linnaeus) 菱斑巧瓢虫

Oenopia dracoguttata Jing 龙斑巧瓢虫

Oenopia emmerichi Mader 淡红巧瓢虫

Oenopia flavidbrunna Jing 黄褐巧瓢虫

Oenopia kirbyi (Mulsant) 黑缘巧瓢虫

Oenopia quadripunctata Kapur 四斑巧瓢虫

Oenopia sauzeti Mulsant 黄缘巧瓢虫

Oenopia scalaris (Timberlake) 梯斑巧瓢虫

Oenopia sexaerata (Mulsant) 细网巧瓢虫

Oenopia sexmaculata Jing 六斑巧瓢虫

Oenospila flavifusata Walker 印杞果绿尺蛾

Oeobia Hübner 芹菜螟属

Oeobia profundalis (Packard) 拟芹菜螟 false celery leaftier

Oeobia rubigalis (Guenée) 芹菜螟 celery leaftier, greenhouse leaftier

Oeonistis entella (Cramer) 英奥苔蛾

Oesophagomermis Artyukhovsky 食道索线虫属

Oesophagomermis arvalis Poinar et Gyrisco 耕地食道索线虫

Oesophagomermis brevivaginata Artyukhovsky et Khartschenko 短阴食道索线虫

Oesophagomermis coriacea Rubzov 革质食道索线虫

Oesophagomermis hydrophilis Artyukhovsky et Khartschenko 嗜水食道索线虫

Oesophagomermis pologenzevi (Ipatjeva) 波氏食道索线虫

Oesophagomermis silvatica Artyukhovsky et Khartschenko 树林食道索线虫

Oesophagomermis terricola (Hagmeier) 陆栖食道索线虫

Oestridae 狂蝇科 bat flies, warble flies, gad flies, nose flies

Oestroderma Portschinsky 狂皮蝇属

Oestroderma potanini Prrtschinsky 窄颜狂皮蝇

Oestroderma qinghaiense Fan 青海狂皮蝇

Oestroderma schubini (Grunin) 平颜狂皮蝇

Oestroderma sichuanense Fan et Feng 四川狂皮蝇

Oestroderma xizangense Fan 西藏狂皮蝇

Oestromyia Brauer 裸皮蝇属

Oestromyia leporina (Pallas) 兔裸皮蝇

Oestrus Linnaeus 狂蝇属

Oestrus ovis Linnaeus 羊狂蝇 sheep bot fly, sheep gad fly

Oglassa trigona Hampson 印度玫瑰木夜蛾

Ogma Southern 沟环线虫属

Ogma altum Minagawa 高地沟环线虫

Ogma andense Vovlas et al. 安达沟环线虫

Ogma brevistylum Toida 短针沟环线虫

Ogma castellanum Andrássy 卡斯提耳沟环线虫

Ogma coffeae (Edward, Misra et Rai) 咖啡沟环线虫

Ogma comahuensis Brugni et Chaves 科马胡沟环线虫

Ogma danubiale Andrássy 多瑙沟环线虫

Ogma decalineatum (Chitwood) 十纹沟环线虫

Ogma duodevigintilineatum Andrássy 十二纹沟环线虫

Ogma floridense Vovlas, Inserra *et* Esser　弗罗里达沟环线虫

Ogma fotedari (Mahajan *et* Bijral)　佛特达沟环线虫

Ogma goldeni Handoo　戈氏沟环线虫

Ogma guernei (Certes)　格恩沟环线虫

Ogma hechuanensis Hu *et* Zhu　合川沟环线虫

Ogma lepidotum (Skwarra)　多鳞沟环线虫

Ogma louisi van den Berg　路易沟环线虫

Ogma microdorum Minagawa　小皮沟环线虫

Ogma modestum Kapoor　温和沟环线虫

Ogma multiannulata Shahina *et* Maqbool　多环沟环线虫

Ogma naomiae Minagawa　纳奥米沟环线虫

Ogma nemorosum van den Berg　线形沟环线虫

Ogma nyalaziense van den Berg　尼亚拉济沟环线虫

Ogma ornatum van den Berg　修饰沟环线虫

Ogma parvum Ahmad, Jairajpuri *et* Rahmani　细小沟环线虫

Ogma prini Minagawa　栎沟环线虫

Ogma qamari Shahina *et* Maqbool　盖迈尔沟环线虫

Ogma rhombosquamatum (Mehta *et* Raski)　菱鳞沟环线虫

Ogma rhosimum (Khan, Chawla *et* Saha)　罗斯沟环线虫

Ogma sadabhari Shahina *et* Maqbool　瑟达哈沟环线虫

Ogma sagi Raski *et* Valenzuela　衰弱沟环线虫

Ogma segmentum Minagawa　节裂沟环线虫

Ogma sekgwaum van den Berg　西克万沟环线虫

Ogma simlaense (Jairajpuri)　西姆拉沟环线虫

Ogma spasskii (Nesterov *et* Lisetskaya)　斯帕斯克沟环线虫

Ogma spinosum Andrássy　多刺沟环线虫

Ogma squamifer (Heyns)　鳞纹沟环线虫

Ogma terrestris Raski *et* Valenzuela　地沟环线虫

Ogma tokobaevi (Gritsenko)　图氏沟环线虫

Ogma toparti van den Berg *et* Quénéhervé　托帕特沟环线虫

Ogma validum Minagawa　强壮沟环线虫

Ogma veckermanni van den Berg　维克曼沟环线虫

Ogma yambaruense Minagawa　杨巴鲁沟环线虫

Ogmidae　沟环线虫科

Ogmotarsonemus Lindquist　纹跗线螨属

Ogmotarsonemus liui Lin *et* Zhang　刘氏纹跗线螨

Ognevia Ikonn.　幽蝗属

Ognevia sergii Ikonn.　塞吉幽蝗

Ogulina Kiriakoff　偶舟蛾属

Ogulina pulchra Cai　美偶舟蛾

Oidaematophorus monodactylus Linnaeus　甘薯褐齿羽蛾　plume moth

Oides Weber　瓢萤叶甲属

Oides bowringii (Baly)　蓝翅瓢萤叶甲

Oides coccinelloides Gahan　准瓢萤叶甲

Oides decempunctatus (Billberg)　十星瓢萤叶甲

Oides duporti Laboissière　八角瓢萤叶甲

Oides gyironga Chen *et* Jiang　吉隆瓢萤叶甲

Oides leucomelaena Weise　见　*Oides duporti*

Oides lividus (Fabricius)　黑胸瓢萤叶甲

Oides maculatus (Olivier)　宽缘瓢萤叶甲

Oides tarsatus (Baly)　黑跗瓢萤叶甲

Oiketicoides sierricola White　非桉袋蛾

Oiketicus doubledayi Westwood　斯里兰卡茶袋蛾

Oiketicus elongatus Saunders　见　*Metura elongata*

Oiketicus omnivorus Fereday　见　*Liothula omnivora*

Oinia Eskov　欧皿蛛属

Oinia griseolineata (Schenkel)　格利欧皿蛛

Oinophila Stephens　钩纹扁蛾属

Oinophila v-flava (Haworth)　黄钩纹扁蛾　yellow v moth

Okanagana rimosa Say　美龟裂蝉

Okatropis rubrostigma Matsumura　红痣小头蜡蝉

Okeanos Distant　浩蝽属

Okeanos quelpartensis Distant　浩蝽

Okiseius Ehara　冲绥螨属

Okiseius chinensis Wu　中国冲绥螨

Okiseius eharai Liang *et* Ke　江原冲绥螨

Okiseius formosanus Tseng　台湾冲绥螨

Okiseius subtropicus Ehara　亚热冲绥螨

Oknosacris Liu　悍蝗属

Oknosacris gyirongensis Liu　吉隆悍蝗

Olafsenia Oudemans　阿拉螨属

Olafseniidae　阿拉螨科

Olene plagiata Walker　见　*Dasychira plagiata*

Olenecamptus Chevrolat　粉天牛属

Olenecamptus bilobus bilobus (Fabricius)　粉天牛

Olenecamptus bilobus borneensis Pic　厦门粉天牛

Olenecamptus bilobus gressitti Dillon *et* Dillon　黄桷粉天牛

Olenecamptus bilobus tonkinus Dillon *et* Dillon　南方粉天牛

Olenecamptus clarus Pascoe　黑点粉天牛

Olenecamptus compressipes Fairmaire　柬粉天牛

Olenecamptus cretaceus Bates　白背粉天牛

Olenecamptus dominus Thomson　条饰粉天牛

Olenecamptus fouqueti hainanensis Hua　海南粉天牛

Olenecamptus griseipennis (Pic)　灰翅粉天牛

Olenecamptus laosicus Breuning　老挝粉天牛

Olenecamptus lineaticeps Pic　黑盾粉天牛

Olenecamptus octopustulatus (Motsch.)　八星粉天牛

Olenecamptus pseudostrigosus didius Dillon *et* Dillon　瘦粉天牛

Olenecamptus siamensis Breuning　黄星粉天牛

Olesicampe geniculata (Uchida)　膝除蠋姬蜂

Olesicampe macellator (Thunberg)　锯角叶蜂除蠋姬蜂

Olethreutes Hübner　新小卷蛾属

Olethreutes arcuella (Clerck)　栎新小卷蛾

Olethreutes camarotis Meyrick　印黄玉兰新小卷蛾

Olethreutes cellifera Meyrick　海南蒲桃新小卷蛾

Olethreutes electana (Kennel) 溲疏新小卷蛾

Olethreutes erotias Meyrick 东方柞果新小卷蛾

Olethreutes illepida Butler 见 *Cryptophlebia illepida*

Olethreutes leucotreta Meyrick 见 *Cryptophlebia leu-cotreta*

Olethreutes paragramma Meyrick 印巴牡竹新小卷蛾

Olethreutes poetica Meyrick 印斯长叶暗新小卷蛾

Olethreutes semiculta Meyrick 印斯油丹新小卷蛾

Olethreutes siderana (Treitschke) 线菊新小卷蛾

Olethreutes tephrea Falkovitsh 冷杉新小卷蛾

Olethreutes threnodes Meyrick 印哀歌新小卷蛾

Olethreutes tonsoria Meryick 印腰果新小卷蛾

Olethreutidae 小卷蛾科 olethreutid moths

Olethreutinae 小卷蛾亚科 olethreutid moths

Olfersiinae 隐胸虱蝇亚科

Oliarus Stål 脊菱蜡蝉属

Oliarus apicalis (Uhler) 端斑脊菱蜡蝉 rhombic plan-thopper

Oliarus cucullatus Noualhier 褐点脊菱蜡蝉

Oliarus insetosus Jacobi 褐脉脊菱蜡蝉

Oliarus quadricinctus Matsumura 四带脊菱蜡蝉

Oligeria hemicalla Lower 澳辐射松毒蛾

Oligia Hübner 禾夜蛾属

Oligia mediofasciata Draudt 中纹禾夜蛾

Oligia nigrithorax Draudt 黑胸禾夜蛾

Oligia sodalis Draudt 友禾夜蛾

Oligia sordida (Butler) 污禾夜蛾

Oligia vulgaris (Butler) 竹笋禾夜蛾

Oligia vulnerata (Butler) 曲线禾夜蛾

Oligomerismus Mitrofanov 小扁螨属

Oligomerismus shandongensis Wang *et* Ma 山东小扁螨

Oligomerus Redtenbacher 竹窃蠹属

Oligomerus brunneus Olivier 竹窃蠹 bamboo spider beetle

Oligomyrmex Mayr 稀切叶蚁属

Oligomyrmex amia (Forel) 阿美稀切叶蚁

Oligomyrmex hunanensis Wu *et* Wang 湖南稀切叶蚁

Oligomyrmex jiangxiensis Wu *et* Wang 江西稀切叶蚁

Oligomyrmex pseudolusciosus Wu *et* Wang 拟亮稀切叶蚁

Oligomyrmex sauteri Forel 邵氏稀切叶蚁

Oligoneuriella rhenana Imhoff 灯寡脉蜉

Oligoneuriidae 寡脉蜉科

Oligonychinae 小螳螂亚科

Oligonychus Berlese 小爪螨属

Oligonychus baipisongis Ma *et* Yuan 白皮松小爪螨

Oligonychus bicolor (Banks) 双色小爪螨 oak red spider mite

Oligonychus biharensis (Hirst) 比哈小爪螨

Oligonychus chamaecyparisae Ma *et* Yuan 花柏小爪螨

Oligonychus clavatus (Ehara) 棒毛小爪螨

Oligonychus coffeae (Nietner) 咖啡小爪螨 coffee red spider mite

Oligonychus hainanensis Ma, Yuan *et* Lin 海南小爪螨

Oligonychus hondoensis (Ehara) 本岛小爪螨

Oligonychus indicus (Hirst) 甘蔗小爪螨 sugarcane mite

Oligonychus jiangxiensis Ma *et* Yuan 江西小爪螨

Oligonychus karamatus (Ehara) 落叶松小爪螨

Oligonychus mangiferus (Rahman *et* Punjab) 杧果小爪螨 mango spider mite

Oligonychus metasequoiae Kuang 水杉小爪螨

Oligonychus orthius Rimando 直小爪螨

Oligonychus perditus Pritchard *et* Baker 柏小爪螨

Oligonychus piceae (Reck) 云杉小爪螨

Oligonychus platani (McGregor) 悬铃木小爪螨 syca-more spider mite

Oligonychus pratensis (Banks) 草地小爪螨 banks grass mite, timothy mite

Oligonychus punicae (Hirst) 石榴小爪螨

Oligonychus pustulosus Ehara 瘤小爪螨

Oligonychus qilianensis Ma *et* Yuan 祁连小爪螨

Oligonychus rubicundus Ehara 胭红小爪螨

Oligonychus shinkajii Ehara 新开小爪螨

Oligonychus subnudus (McGregor) 下颈小爪螨

Oligonychus ununguis (Jacobi) 针叶小爪螨 spruce spi-der mite,conifer spinning mite

Oligonychus yothersi (McGregor) 樟小爪螨 avocado spider mite

Oligosita Walker 寡索赤眼蜂属

Oligosita acuticlavata Lin 尖角寡索赤眼蜂

Oligosita aequilonga Lin 等腹寡索赤眼蜂

Oligosita brevicilia Girault 短毛寡索赤眼蜂

Oligosita brevicornis Lin 短角寡索赤眼蜂

Oligosita brunnea Lin 暗褐寡索赤眼蜂

Oligosita curtifuniculata Lin 短索寡索赤眼蜂

Oligosita curvata Lin 弯管寡索赤眼蜂

Oligosita curvialata Lin 弯翅寡索赤眼蜂

Oligosita cycloptera Lin 圆翅寡索赤眼蜂

Oligosita dolichosiphonia Lin 长管寡索赤眼蜂

Oligosita elongata Lin 长索寡索赤眼蜂

Oligosita erythrina Lin 红色寡索赤眼蜂

Oligosita flavoflagella Lin 黄角寡索赤眼蜂

Oligosita glabriscutata Lin 光盾寡索赤眼蜂

Oligosita grandiocella Lin 大眼寡索赤眼蜂

Oligosita introflexa Lin 弯缘寡索赤眼蜂

Oligosita japonica Yashiro 日本寡索赤眼蜂

Oligosita krygeri Girault 肿脉寡索赤眼蜂

Oligosita longialata Lin 长翅寡索赤眼蜂

Oligosita longicornis Lin 长角寡索赤眼蜂

Oligosita macrothoracica Lin 长胸寡索赤眼蜂

Oligosita mediterranes Nowicki 欧洲寡索赤眼蜂

Oligosita nephotettica Mani 叶蝉寡索赤眼蜂

Oligosita nigroflagellaris Lin 黑角寡索赤眼蜂

Oligosita platyoptera Lin 宽翅寡索赤眼蜂

Oligosita polioptera Lin 灰翅寡索赤眼蜂

Oligosita rubida Lin 微红寡索赤眼蜂

Oligosita shibuyae Ishii 长突寡索赤眼蜂

Oligosita sparsiciliata Lin 稀毛寡索赤眼蜂

Oligosita spiniclavata Lin 刺角寡索赤眼蜂

Oligosita stenostigma Lin 窄痣寡索赤眼蜂

Oligosita transiscutata Lin 横盾寡索赤眼蜂

Oligosita yasumatsui Viggiani 飞虱寡索赤眼蜂

Oligotomidae 等尾丝蚁科 webspinners, oligotomids

Oligotrophus betheli Felt 桧梢瘿蚊 juniper tip midge

Oligotrophus fagineus Kieffer 欧洲水青冈贫脊瘿蚊
beech gall midge

Oligotrophus oleariae (Maskell) 树紫菀贫脊瘿蚊
olearia bud gall midge

Oligotrophus papyrifera Gagn 纸贫脊瘿蚊

Oligotrophus tympanifex Kieffer 鼓贫脊瘿蚊

Ologamasidae 土革螨科

Ologamasus Berlese 土革螨属

Ololaelaps Berlese 土厉螨属

Ololaelaps sinensis Berlese 中华土厉螨

Ololaelaps ussuriensis Bregetova *et* Koroleva 乌苏里土
厉螨

Ololaelaps wangi Bai, Gu *et* Wang 王氏土厉螨

Omaliinae 平隐翅虫亚科

Omartacaridae 直肩水螨科

Omentolaelapidae 膜厉螨科

Omiodes Guenée 网野螟属

Omiodes accepta (Butler) 夏威夷蔗网野螟 Hawaiian
sugarcane leafroller

Omiodes blackburni (Butler) 椰子卷叶网野螟 coconut
leafroller

Omiya Dworakowska 奥小叶蝉属

Omiya ania Dworakowska 叉突奥小叶蝉

Ommatissus Fieber 傲扁蜡蝉属

Ommatissus lofouensis Muir 罗浮傲扁蜡蝉

Ommatocepheus Berlese 眼藓甲螨属

Ommatocepheus clavatus japonicus Aoki 日本眼藓甲螨

Ommatolampus paratorioidae Heller 天鹅绒大象

Ommatophora Guenée 瞳夜蛾属

Ommatophora luminosa (Cramer) 瞳夜蛾

Omocestus Bolivar 牧草蝗属

Omocestus cuonaensis Yin 错那牧草蝗

Omocestus enitor Uv. 红股牧草蝗

Omocestus haemorrhoidalis (Charp.) 红腹牧草蝗

Omocestus hingstoni Uv. 珠峰牧草蝗

Omocestus megaoculus Yin 大眼牧草蝗

Omocestus motuoensis Yin 墨脱牧草蝗

Omocestus nigripennus Zheng 黑翅牧草蝗

Omocestus nyalamus Xia 聂拉木牧草蝗

Omocestus petraeus (Bris.) 曲线牧草蝗

Omocestus tibetanus Uv. 西藏牧草蝗

Omocestus ventralis (Zett.) 红胫牧草蝗

Omocestus viridulus (L.) 绿牧草蝗

Omogastia Wang 肩棒恙螨属

Omogastia riversi (Wharton *et* Hardcastle) 河肩棒恙螨

Omophlina hirtipennis Solsky 多毛朽木甲

Omophlus lepturoides Fabricius 野樱朽木甲

Omophlus proteus Kirsch 海神朽木甲

Omophron limbatum Fabr. 边圆步甲

Omophronidae 圆甲科 round sand beetles

Omorphina Alphéraky 贫金夜蛾属

Omorphina aurantiaca Alph. 贫金夜蛾

Omosita colon (L.) 短角露尾甲

Omotoma fumiferanae (Tothill) 云杉色卷蛾奥寄蝇

Omphalodes australasiae Fabricius 澳金合欢枯叶蛾
lesser lappet moth

Omphisa Moore 蠹野螟属

Omphisa anastomosalis Guenée 甘薯蠹野螟 sweet po-
tato vine borer

Omphisa plagialis Wileman 楸蠹野螟

Omphisa repetitalis Snellen 黑顶蠹野螟

Omphrale fenestralis L. 见 *Scenopinus fenestralis*

Omyta centrolineata Westwood 辐射松中线阿米蜷

Oncacontias vittatus Fabricius 新西兰松蜷

Onchiomermis Rubzov 口矛索线虫属

Onchiomermis haematobiae Rubzov 刺血蝇口矛索线虫

Onchiomermis hyrdotaeae Rubzov 齿股蝇口矛索线虫

Oncideres Serville 旋枝天牛属

Oncideres amputator Fabricius 牙买加桉旋枝天牛

Oncideres candida Dillon *et* Dillon 牙买加桉白旋枝天
牛

Oncideres cingulata cingulata (Say) 山核桃旋枝天牛
twig girdler, hickory twig girdler

Oncideres cingulata texanus Horn 山核桃德旋枝天牛

Oncideres pustulata LeConte 法莱金合欢旋枝天牛 hui-
sache girdler

Oncideres putator Thomson 中美金合欢旋枝天牛 hui-
sache girdler

Oncideres quercus Skinner 栎旋枝天牛 oak twig girdler

Oncideres repandator Fabricius 南美杧果旋枝天牛

Oncideres rhodosticta Bates 牧豆树旋枝天牛 mesquite
girdler

Oncideres tessellata Thomson 中南美雨树旋枝天牛

Oncocephala atratangula Gressitt 黑角瘤铁甲

Oncocephala formosana Chûj 台湾瘤铁甲

Oncocephala grandis Chen *et* Yu 大瘤铁甲

Oncocephala hemicyclica Chen *et* Yu 半圆瘤铁甲

Oncocephala quadrilobata Guèrin 四叶瘤铁甲

Oncocephala weisei Gestro 尖角瘤铁甲

Oncocephalus Klug 普猎蝽属

Oncocephalus annulipes Stål 环足普猎蝽

Oncocephalus breuiscutum Reuter 双环普猎蝽

Oncocephalus confusus Hsiao 短斑普猎蝽

Oncocephalus impudicus Reuter 粗股普猎蝽

Oncocephalus impurus Hsiao　颊普猎蝽

Oncocephalus lineosus Distant　四纹普猎蝽

Oncocephalus notatus Klug　显普猎蝽

Oncocephalus philippinus Lethierry　南普猎蝽

Oncocephalus pudicus Hsiao　毛眼普猎蝽

Oncocephalus purus Hsiao　圆肩普猎蝽

Oncocephalus scutellaris Reuter　盾普猎蝽

Oncocnemis Lederer　爪冬夜蛾属

Oncocnemis campicola Lederer　野爪冬夜蛾

Oncocnemis exacta Christoph　准爪冬夜蛾

Oncometopia lateralis Fabricius　见 *Cuerna costalis*

Oncopeltus Stål　突角长蝽属

Oncopeltus nigriceps (Dallas)　黑带突角长蝽

Oncopeltus quadriguttatus (Fabricius)　台湾突角长蝽

Oncophanes compsolechiae Watanabe　梅麦蛾显瘤茧蜂

Oncopoduridae　拟鳞跳虫科

Oncopsis alni (Schrank)　斑面横皱叶蝉　alder leafhopper

Oncopsis aomians Kuoh　凹面横皱叶蝉

Oncopsis fusca (Melichar)　锈色横皱叶蝉

Oncopsis juglans Matsumura　核桃阔头叶蝉　walnut leafhopper

Oncopsis mali Matsumura　黄纹阔头叶蝉

Oncotympana Stål　鸣蝉属

Oncotympana maculaticollis Motschulsky　昼鸣蝉

Oncotympana virescens Distant　绿鸣蝉

Oncylocotis Stål　沟背奇蝽属

Oncylocotis shirozui Miyamoto　沟背奇猎蝽

Onesia Robineau-Desvoidy　蚓蝇属

Onesia abaensis Chen *et* Fan　阿坝蚓蝇

Onesia batangensis Chen *et* Fan　巴塘蚓蝇

Onesia chuanxiensis Chen *et* Fan　川西蚓蝇

Onesia gangziensis Chen *et* Fan　甘孜蚓蝇

Onesia hokkaidensis (Baranov)　北海道蚓蝇

Onesia hongyuanensis Chen *et* Fan　红原蚓蝇

Onesia jiuzhaigouensis Chen *et* Fan　九寨沟蚓蝇

Onesia pterygoides Lu *et* Fan　翼尾蚓蝇

Onesia sinensis Villeneuve　中华蚓蝇

Onesia songpanensis Chen *et* Fan　松潘蚓蝇

Onesia varyiola (Chen)　变斑蚓蝇

Onesia wolongensis Chen *et* Fan　卧龙蚓蝇

Onesiomima Rohdendorf　拟蚓蝇属

Onesiomima pamirica Rohdendorf　帕米尔拟蚓蝇

Oniella Matsumura　小板叶蝉属

Oniella leucocephala Matsumura　白头小板叶蝉

Oniella ternifasciata Cai *et* Kuoh　三带小板叶蝉

Onitis Fabricius　双凹蜣螂属

Onitis falcatus Wulfen　镰双凹蜣螂

Onryza Watson　讴弄蝶属

Onryza maga (Leech)　讴弄蝶

Onthophagus Latreille　嗡蜣螂属

Onthophagus balthasari Vsetecka　巴氏嗡蜣螂

Onthophagus bivertex Heyden　双顶嗡蜣螂

Onthophagus fodiens Waterhouse　污嗡蜣螂

Onthophagus formosanus Gillet　台嗡蜣螂

Onthophagus gagates Hope　墨玉嗡蜣螂

Onthophagus gibbulus (Pallas)　小驼嗡蜣螂

Onthophagus japonicus Harold　日本嗡蜣螂

Onthophagus klapperichi Balthasar　克氏嗡蜣螂

Onthophagus kuatunensis Balthasar　挂墩嗡蜣螂

Onthophagus kuluensis Bates　库鲁嗡蜣螂

Onthophagus lenzi Harold　棼嗡蜣螂

Onthophagus marginalis Gebler　黑缘嗡蜣螂

Onthophagus olsoufieffi Boucomont　立叉嗡蜣螂

Onthophagus procurvus Balthasar　前翘嗡蜣螂

Onthophagus productus Arrow　镰角嗡蜣螂

Onthophagus rubricollis Hope　红背嗡蜣螂

Onthophagus seniculus (Fabricius)　老嗡蜣螂

Onthophagus solivagus Harld　独行嗡蜣螂

Onthophagus tibetanus Arrow　藏嗡蜣螂

Onthophagus tragus (Fabricius)　公羊嗡蜣螂

Onthophagus tricornis (Wiedeman)　三角嗡蜣螂

Onthophagus viduus Harold　寡居嗡蜣螂

Onthophagus yunnanus Boucomont　云南嗡蜣螂

Onthophagus zavreli Balthasar　扎嗡蜣螂

Onthotomicus caelatus Eichhoff　美洲落叶松小蠹

Onthotomicus erosus Wollaston　地中海区松小蠹

Onthotomicus laricis Fabricius　古北区落叶松小蠹

Onthotomicus latidens Leconte　北美西部松小蠹　smaller western pine engraver beetle

Ontsira palliatus (Cameron)　斑头陡盾茧蜂

Onukia Matsumura　大贯叶蝉属

Onukia flavifrons Matsumura　黄缘大贯叶蝉

Onukia flavimacula Kato　黄斑大贯叶蝉

Onukia onukii Matsumura　大贯叶蝉

Onychargia 同痣蟌属

Onychargia atrocyana Selys　毛面同痣蟌

Onychiuridae　棘跳虫科

Onychiurus Gervais　棘跳虫属

Onychiurus armatus Tullbeg　武装棘跳虫

Onychiurus dinghuensis Lin *et* Xia　鼎湖棘跳虫

Onychiurus fimetarius Linnaeus　棘跳虫

Onychiurus folsomi Schäffer　白棘跳虫

Onychiurus formosanus Denis　台湾棘跳虫

Onychiurus matsumotoi Kinoshita　松本氏棘跳虫

Onychiurus pseudarmatus yagii Miyoshi　八木棘跳虫

Onychiurus sibiricus Tullberg　西伯利亚棘跳虫

Onychogomphinae　钩尾春蜓亚科

Onychogomphus ardens Needham　光钩尾春蜓

Onychogomphus camelus Martin　驼钩尾春蜓

Onychogomphus micans Needham　闪钩尾春蜓

Onychogomphus ringens Needham　环钩尾春蜓

Onychogomphus sinicus Chao　华钩尾春蜓

Onycholyda Takeuchi　爪扁叶蜂属

Onycholyda armata Maa　武装爪扁叶蜂

Onycholyda sichuanica Shinohara *et al.* 四川爪扁叶蜂

Onycholyda sinica Shinohara, Naito *et* Huang 中华爪扁叶蜂

Onycholyda subquadrata Maa 近方爪扁叶蜂

Onycholyda wongi Maa 王氏爪扁叶蜂

Onychomesa Wygodzinsky 齿爪蜻猎蝽属

Onychomesa sauteri Wygodzinsky 齿爪蜻猎蝽

Onychopalpida 爪须亚目

Onychothecus cryptonychus Zhang 隐爪爪套蟪螋

Oodera Westwood 蝶胸肿腿金小蜂属

Oodera pumilae Yang 榆蝶胸肿腿金小蜂

Oodera regiae Yang 核桃蝶胸肿腿金小蜂

Oodes 卵步甲属

Oodescelis Mots. 刺甲属

Oodescelis chinensis Kasz. 中华刺甲

Ooencyrtus Ashmead 卵跳小蜂属

Ooencyrtus kuwanae (Howard) 大蛾卵跳小蜂

Ooencyrtus longivenosus Xu *et* He 长脉卵跳小蜂

Ooencyrtus malacosomae Liao 天幕毛虫卵跳小蜂

Ooencyrtus malayensis Ferrière 马来亚卵跳小蜂

Ooencyrtus papilionis Ashmead 南方凤蝶卵跳小蜂

Ooencyrtus philopapilionis Liao 北方凤蝶卵跳小蜂

Ooencyrtus pinicoolus (Matsumura) 落叶松毛虫卵跳小蜂

Ooinara varians Walker 无花果家蚕

Oomorphoides Monrós 卵形叶甲属

Oomorphoides alienus (Bates) 通草卵形叶甲

Oomorphoides tonkinensis (Chûj.) 毛叶楤卵形叶甲

Oomorphoides yaosanicus (Chen) 楤木卵形叶甲

Oonopidae 卵形蛛科

Oonopinus Simon 卵形蛛属

Oonopinus pihulus Suman 球卵形蛛

Oophagus Liao 天牛卵跳小蜂属

Oophagus batocerae Liao 云斑天牛卵跳小蜂

Ootetrastichus beatus Perk. 蔗叶蝉卵啮小蜂

Ootetrastichus formosanus Timberlake 台湾蔗叶蝉卵啮小蜂

Ootheca mutabilis (Sahlb.) 花生褐叶甲 brown leaf beetle

Opamata Dworakowska 齿板叶蝉属

Opamata kwietniowa Dworakowska 二点齿板叶蝉

Opamata lipcowa Dworakowska 四点齿板叶蝉

Opatrum Fabricius 拟步甲属

Opatrum asperipenne Reitt 粗翅拟步甲

Opatrum sabulosum Lin. 网目拟步甲

Opatrum subaratum Fald. 拟步甲

Operculoppia Hammer 盖奥甲螨属

Operophtera Hübner 秋尺蛾属

Operophtera bruceata (Hulst) 颤杨秋尺蛾 bruce spanworm

Operophtera brumata (Linnaeus) 果园秋尺蛾 winter moth

Operophtera fagata (Scharfenberg) 栎秋尺蛾 northern winter moth

Operophtera occidentalis (Hulst) 桤木秋尺蛾 western winter moth

Operophtera rectipostmediana Inoue 直中后秋尺蛾

Operophtera relegata Prout 瑞秋尺蛾

Operophtera tenerata Staudinger 柔秋尺蛾

Opheltes Holmgren 欧姬蜂属

Opheltes glaucopterus apicalis (Matsumura) 银翅欧姬蜂端宽亚种

Opheltes japonicus Cushman 日本欧姬蜂

Ophideres Boisduval 卷落叶夜蛾属

Ophideres tyrannus Cuenee 番茄卷落叶夜蛾

Ophidilaelaps Radford 蛇厉螨属

Ophidiotrichus Grandjean 蛇轮甲螨属

Ophidiotrichus ussurikus Krivolutsky 乌苏里蛇轮甲螨

Ophiodopelma fluctosa Li 波纹蛇啮虫

Ophiogomphus Selys 蛇纹春蜓属

Ophiogomphus obscurus Bartenef 暗色蛇纹春蜓

Ophiogomphus sinicus (Chao) 中华长钩春蜓

Ophiogomphus spinicornis Selys 棘角蛇纹春蜓

Ophiola cornicula Marshall 钝鼻蛺叶蝉 blunt-nosed leafhopper

Ophiola vaccinii (Van Duzee) 酸果钝鼻叶蝉 blunt-nosed cranberry leafhopper

Ophiomyia Braschnikov 蛇潜蝇属

Ophiomyia centrosematis de Meijere 豆标记蛇潜蝇 bean miner

Ophiomyia lappivora Koizumi 牛蒡根蛇潜蝇 burdock root miner

Ophiomyia phaseoli (Tryon) 菜豆蛇潜蝇 bean fly, French bean miner

Ophiomyia shibatsujii Kato 蚕豆根蛇潜蝇 soybean root miner

Ophiomyia sinplex (Löw) 石刁柏蛇潜蝇

Ophion Fabricius 瘦姬蜂属

Ophion bicarinatus Cameron 双脊瘦姬蜂

Ophion maai Gauld *et* Mitchell 马氏瘦姬蜂

Ophioneurus Ratzeburg 曲脉赤眼蜂属

Ophioneurus lateralis Lin 侧腹曲脉赤眼蜂

Ophioneurus longicostatus Lin 长脊曲脉赤眼蜂

Ophioneurus nullus Lin 无突曲脉赤眼蜂

Ophioninae 瘦姬蜂亚科

Ophionyssus Megnin 蛇刺螨属 snake mite

Ophionyssus natricis (Gervalis) 蛇刺螨

Ophiopneumicola Hubbard 蛇肺螨属

Ophioptes Sambon 蛇奇螨属

Ophioptes southecotti Fain 索氏蛇奇螨

Ophioptidae 蛇奇螨科

Ophisma gravata Guenée 赘巾夜蛾

Ophiusa Ochsenheimer 安钮夜蛾属

Ophiusa coronata (Fabricius) 枯安钮夜蛾

Ophiusa disjungens (Walker) 同安钮夜蛾

Ophiusa janata Linnaeus 蓖麻钮夜蛾 castor semi-looper

Ophiusa tirhaca (Cramer) 青安钮夜蛾

Ophiusa trapezium (Guenée) 见 *Anua trapezium*

Ophiusa triphaenoides (Walker) 橘安钮夜蛾

Ophrida Chapuis 直缘跳甲属

Ophrida hirsuta Stebbing 多毛直缘跳甲

Ophrida scaphoides (Baly) 漆树直缘跳甲

Ophrida spectabilis (Baly) 黑角直缘跳甲

Ophrida xanthospilota (Baly) 黄斑直缘跳甲

Ophthalmitis Fletcher 四星尺蛾属

Ophthalmitis albosignaria (Bremer *et* Grey) 核桃四星尺蛾

Ophthalmitis cordularia (Swinhoe) 带四星尺蛾

Ophthalmitis irrorataria (Bremer *et* Grey) 四星尺蛾

Ophthalmitis pertusaria (Felder *et* Rogenhofer) 钻四星尺蛾

Ophthalmitis sinensium (Oberthüer) 中华四星尺蛾

Ophthalmodes albosignaria Bermer *et* Grey 白斑眼尺蛾

Ophthalmopsylla Wagner *et* Ioff 眼蚤属

Ophthalmopsylla extrema (Ioff *et* Scalon) 异常眼蚤

Ophthalmopsylla jettmari Jordan 前凹眼蚤

Ophthalmopsylla kiritschenkoi (Wagner) 长突眼蚤

Ophthalmopsylla kukuchkini Ioff 短跗鬃眼蚤

Ophthalmopsylla multichaeta Liu, Wu *et* Wu 多鬃眼蚤

Ophthalmopsylla praefecta pernix Jordan 角尖眼蚤深窦亚种

Ophthalmopsylla praefecta praefecta (Jordan *et* Rothschild) 角尖眼蚤指名亚种

Ophthalmopsylla volgensis tuoliensis Yu Ye *et* Liu 伏河眼蚤托里亚种

Ophthalmopsylla volgensis volgensis (Wagner *et* Ioff) 伏河眼蚤指名亚种

Ophthalmopsylla volgensis wuqiaensis Yu, Shen *et* Ye 伏河眼蚤乌恰亚种

Ophthalmoserica Brenske 麻绢金龟属

Ophthalmoserica boops Waterhouse 突眼麻绢金龟

Ophthalmoserica rosinae Pic 玫麻绢金龟

Ophthalmothrips tenebronus Han 暗角眼管蓟马

Ophyra Robineau-Desvoidy 黑蝇属 black garbage flies

Ophyra capensis (Wiedemann) 开普黑蝇

Ophyra chalcogaster (Wiedemann) 斑跗黑蝇

Ophyra hirtitibia Stein 毛胫黑蝇

Ophyra leucostoma (Wiedemann) 银眉黑蝇 black garbage fly

Ophyra obscurifrons Sabrosky 暗额黑蝇

Ophyra okazakii Kano *et* Shinonaga 拟斑跗黑蝇

Ophyra simplex Stein 简黑蝇

Ophyra spinigera Stein 厚环黑蝇

Opiconsiva Distant 皱茎飞虱属

Opiconsiva albicollis (Motschulsky) 白肩皱茎飞虱

Opiconsiva nigra Ding *et* Tian 黑绉茎飞虱

Opiconsiva sameshimai (Matsumura *et* Ishihara) 褐背飞虱

Opiinae 潜蝇茧蜂亚科

Opilioacaridae 节腹螨科

Opilioacaroidae 节腹螨总科

Opinus Laporte 片猎蝽属

Opinus bicolor Hsiao 黑片猎蝽

Opinus rufus (Laporte) 红片猎蝽

Opisthocosmiidae 长铗螋科

Opisthograptis Huber 黄尺蛾属

Opisthograptis inornataria (Leech) 不美黄尺蛾

Opisthograptis mimulina (Butler) 拟态黄尺蛾

Opisthograptis moelleri Warren 骐黄尺蛾

Opisthograptis provincialis Oberthüer 省黄尺蛾

Opisthograptis rumiformis (Hampson) 镖形黄尺蛾

Opisthograptis sulphurea (Butler) 硫黄尺蛾

Opisthograptis tridentifera (Moore) 三齿黄尺蛾

Opisthograptis trimaculata Leech 三斑黄尺蛾

Opisthograptis tsekuna Wehrli 滇黄尺蛾

Opistholeptus Bergroth 拟驼长蝽属

Opistholeptus burmanus (Distant) 拟驼长蝽

Opisthoplatia Brunner Von Wattenwyl 土鳖属

Opisthoplatia orientalis Burmeister 金边土鳖

Opisthoscelis globosa Froggatt 澳桉旌蚧

Opistoplatys Westwood 锥绒猎蝽属

Opistoplatys majusculas Distant 大锥绒猎蝽

Opistoplatys mustela Miller 褐锥绒猎蝽

Opistoplatys perakensis Miller 小锥绒猎蝽

Opistoplatys seculusus Miller 宽额锥绒猎蝽

Opistoplatys sorex Horváth 锥绒猎蝽

Opius Wesmael 潜蝇茧蜂属

Opius aina Watanabe 樱桃实蝇茧蜂

Opius humilis Silvestri 地中海实蝇茧蜂

Oplatocera White 茶色天牛属

Oplatocera callidioides White 刺角茶色天牛

Oplatocera grandis Gressitt 大茶色天牛

Oplatocera oberthuri Gahan 榆茶色天牛

Opogona Zeller 扁蛾属

Opogona nipponica Stringer 黑黄扁蛾

Opogona sacchari (Bojer) 蔗扁蛾 banana moth

Opogona xanthocrita Meyrick 黄乱扁蛾

Opomyza Fallén 禾蝇属

Opomyza florum (Fabricius) 禾蝇

Opomyzidae 禾蝇科 opomyzid flies

Opopaea Simon 巨膝蛛属

Opopaea cornuta Yin *et* Wang 角巨膝蛛

Opopaea media Song *et* Xu 中位巨膝蛛

Opopaea plumula Yin *et* Wang 羽巨膝蛛

Opopaea sauteri Brignoli 勺巨膝蛛

Opopaea sharakui (Komatsu) 夏巨膝蛛

Oporinia autumnata Borkhausen 绿紫阿坡尺蛾 large

autumnal carpet moth, green velvet looper

Oppia Koch 奥甲螨属

Oppia baichengensis Zhao *et* Wen 白城奥甲螨

Oppia changbaiensis Yin *et* Tong 长白奥甲螨

Oppia flagellifera Wang 鞭毛奥甲螨

Oppia huangshanensis Wen *et* Chen 黄山奥甲螨

Oppia longissima Wen 特长奥甲螨

Oppia neerlandica (Oudemans) 尼兰奥甲螨

Oppidae 奥甲螨科

Oppiella Jacot 小奥甲螨属

Oppiella nova (Oudemans) 新小奥甲螨

Opseotrophus sufflatus Faust 坦桑尼亚赤桜象

Opsimus quadrilineatus Mannerheim 美云杉枝天牛 spruce limb borer

Opsirhina lechrioides Turner 东南澳桜枯叶蛾

Opsyra Hampson 耀夜蛾属

Opsyra chalcoela (Hampson) 耀夜蛾

Oracella Ferris 松粉蚧属

Oracella acuta (Lobdell) 湿地松粉蚧 pine-feeding mealybug

Oraesia Guenée 嘴壶夜蛾属

Oraesia emarginata (Fabricius) 嘴壶夜蛾 fruit-piercing moth

Oraesia excavata (Butler) 鸟嘴壶夜蛾 fruit-piercing moth

Orancistrocerus van der Vecht 胸蜾蠃属

Orancistrocerus aterrimus aterrimus (Saussure) 墨体胸蜾蠃

Orancistrocerus aterrimus erythropus (Bingham) 黄额胸蜾蠃

Orancistrocerus drewseni drewseni (Saussure) 黑胸蜾蠃

Orancistrocerus drewseni opulentissimus (Giordani Soika) 丽胸蜾蠃

Orangescrirula Bu *et* Lu 橘梗瘤螨属

Orangescrirula yongchuanensis Bu *et* Lu 永川橘梗瘤螨

Orangescrirulinae 橘梗瘤螨亚科

Oraura Kiriakoff 窗舟蛾属

Oraura ordgara (Schaus) 竹窗舟蛾

Orbona fragariae Esper 奥冬夜蛾 strawberry cutworm

Orcesis fuscoapicalis Breuning 黑尾弹形天牛

Orchelimum Audinet-Serville 长角螽属

Orchelimum gossypii Scudder 棉长角螽

Orchestes Illiger 见 *Rhynchaenus* Schellenberg

Orchestina Simon 奥蛛属

Orchestina sinensis Xu 中国奥蛛

Orchestina thoracica Xu 纹胸奥蛛

Orchisia Rondani 缘秽蝇属

Orchisia costata (Meigen) 黑缘秽蝇

Orchisia subcostata Cui, Xue *et* Liu 亚缘秽蝇

Orcus Mulsant 蓝瓢虫属

Orcus chalybeus (Boisduval) 钢蓝瓢虫 steelblue lady beetle

Ordgarius Keyserling 瘤腹蛛属

Ordgarius habsoni Cambridge 瘤腹蛛

Ordgarius sexspinosus (Thorell) 六刺瘤腹蛛

Oreasiobia chinensis Steinmann 中华山球蜋

Oreasiobia forcipina Yang *et* Zhang 近铗山球蜋

Oregma Buckton 角蚜属

Oregma bambucicola Takahashi 笋大角蚜

Oregma bambusae Buckton 竹角蚜 bamboo aphid, bamboo sap-sucker

Oreoderus Burmeister 山胖金龟属

Oreoderus crassipes Arrow 厚山胖金龟

Oreoderus momeitensis Arrow 黑山胖金龟

Oreoderus quadricarinatus Arrow 脊山胖金龟

Oreomela nigerrima Chen 黑高山叶甲

Oreomela rugipennis Chen *et* Wang 皱高山叶甲

Oreomeloe Tan 高山短翅芫菁属

Oreomeloe spinulus Tan 针爪高山芫菁

Oreoptygonotus Tarb. 屹蝗属

Oreoptygonotus belonocercus Liu 见 *Atympanum belonocercus*

Oreoptygonotus brachypterus Yin 短翅屹蝗

Oreoptygonotus carinotus Yin 见 *Atympanum carinotus*

Oreoptygonotus chinghaiensis (Cheng *et* Hang) 青海屹蝗

Oreoptygonotus comainensis Liu 见 *Atympanum comainensis*

Oreoptygonotus nigrofasciatus Yin 见 *Atympanum nigrofasciatus*

Oreoptygonotus robustus Yin 壮屹蝗

Oreoptygonotus tibetanus Tarb. 藏屹蝗

Oreorrhinus aberdarensis Marshall 肯尼亚辐射松象

Oreta Walker 山钩蛾属

Oreta angularis Watson 角山钩蛾

Oreta ankyra Chu *et* Wang 锚山钩蛾

Oreta asignis Chu *et* Wang 非显山钩蛾

Oreta bilineata Chu *et* Wang 二线山钩蛾

Oreta bimaculata Chu *et* Wang 两点山钩蛾

Oreta cera Chu *et* Wang 黄翅山钩蛾

Oreta dalia Chu *et* Wang 大理山钩蛾

Oreta eminens (Bryk) 菜莱山钩蛾

Oreta fusca Chu *et* Wang 昏山钩蛾

Oreta fuscopurpurea Inoue 紫山钩蛾

Oreta hönei Watson 宏山钩蛾

Oreta hyalina Chu *et* Wang 眼镜山钩蛾

Oreta insignis (Butler) 交让木山钩蛾

Oreta loochooana Swinhoe 接骨木山钩蛾

Oreta ohtusa Walker 网线钩蛾

Oreta pavaca sinensis Watson 华夏山钩蛾

Oreta pulchripes Butler 黄带山钩蛾

Oreta sinuata Chu *et* Wang 曲突山钩蛾

Oreta trianga Chu *et* Wang 三角山钩蛾

Oreta trispina Watson 三棘山钩蛾

Oreta turpis Butler 污山钩蛾
Oreta unichroma Chu *et* Wang 一色山钩蛾
Oreta unilinea (Warren) 一线山钩蛾
Oreta vatama acutula Watson 网山钩蛾
Oreta zigzaga Chu *et* Wang 闪纹山钩蛾
Oretinae 山钩蛾亚科
Orgilus lepidus Muesebeck 美丽怒茧蜂
Orgilus longiceps Muesebeck 长头怒茧蜂
Orgilus nigromaculatus Cameron 黑斑怒姬蜂
Orgilus obscurator (Nees) 暗色怒茧蜂
Orgyia Ochsenheimer 古毒蛾属
Orgyia anartoides Walker 澳古毒蛾 Australian vapourer moth, painted acacia moth, painted apple moth
Orgyia antiqua (Linnaeus) 古毒蛾 rusty tussock moth, common vapourer moth
Orgyia australis Walker 褐贝壳杉古毒蛾
Orgyia basalis Walker 基古毒蛾
Orgyia curva Chao 弯古毒蛾
Orgyia dubia (Tauscher) 黄古毒蛾
Orgyia ericae Germar 灰斑古毒蛾
Orgyia gonostigma (Linnaeus) 角斑古毒蛾
Orgyia hopkinsi Collenette 霍氏古毒蛾
Orgyia leucostigma Abbott *et* Smith 见 *Hemerocampa leucostigma*
Orgyia mixta Snellen 非洲古毒蛾 common African tussock moth
Orgyia parallela Gaede 平纹古毒蛾
Orgyia postica (Walker) 棉古毒蛾 common oriental tussock moth
Orgyia pseudabiesis Butler 杉毒蛾
Orgyia pseudotsugata (McDunnough) 见 *Hemerocampa pseudotsugata*
Orgyia recens approximans Butler 再同古毒蛾近亚种
Orgyia thyellina Butler 旋古毒蛾 Japanese tussock moth
Orgyia truncata Chao 平古毒蛾
Orgyia tuberculata Chao 瘤古毒蛾
Orgyia turbata Butler 涡古毒蛾
Orgyia vetusta Boisduval 见 *Hemerocampa vetusta*
Orhespera Chen *et* Wang 山丝跳甲属
Orhespera fulvohirsuta Chen *et* Wang 丽江山丝跳甲
Orhespera glabricollis (Chen *et* Wang) 光胸山丝跳甲
Orhespera impressicollis Chen *et* Wang 凹胸山丝跳甲
Oria musculosa (Hübner) 麦秆夜蛾 brighten wainscot moth
Oribatella Banks 小甲螨属
Oribatella meridionalis 南小甲螨
Oribatella linjiangensis Gao *et* Wen 临江小甲螨
Oribatellidae 小甲螨科
Oribatelloidea 小甲螨总科
Oribatidae 甲螨科 beetle mites
Oribatula Berlese 若甲螨属
Oribatula baiheensis Yin *et* Tong 白河若甲螨
Oribatula otoscapula Yin *et* Tong 耳肩若甲螨
Oribatula sakamorii Aoki 盛若甲螨
Oribatula zhangi Wang *et* Cui 张氏若甲螨
Oribatulidae 若甲螨科
Oribatuloidea 若甲螨总科
Oribella Berlese 斑体甲螨属
Oribella castanea Hermaann 卡斯塔斑体甲螨
Oribius cruciatus Faust 巴布亚柚木象
Oribotritia Jacot 三甲螨属
Oribotritia tokukuae Aoki 德元三甲螨
Oribotritidae 三甲螨科
Oriens Evans 偶侣弄蝶属
Oriens goea (Moore) 偶侣弄蝶
Oriens goloides (Moore) 双子偶侣弄蝶
Orientabia Malaise 东阿锤角叶蜂属
Orientabia pilosa (Knw) 多毛东阿锤角叶蜂
Orientogomphus Chao 东方春蜓属
Orientogomphus armatus Chao *et* Xu 具突东方春蜓
Orientohemiteles ovatus Uchida 卵形东方姬蜂
Orientus ishidai Matsumura 苹斑叶蝉 apple leafhopper
Orieotrechus Scudder 东洋长蝽属
Orieotrechus aeruginosus (Distant) 东洋长蝽
Orinhippus Uv. 驹蝗属
Orinhippus tibetanus Uv. 西藏驹蝗
Orinhippus trisulcus Yin 三沟驹蝗
Orinoma Gray 岳眼蝶属
Orinoma alba Chou *et* Li 白纹岳眼蝶
Oripoda Banks 山足甲螨属
Oripodidae 山足甲螨科
Orius horvathi (Reuter) 荷氏小花蝽
Orius minutus (Linnaeus) 微小花蝽
Orius niger Wolff 肩毛小花蝽
Orius sauteri (Poppius) 东亚小花蝽
Orius similis Zheng 南方小花蝽
Orius tantillus (Motschulsky) 淡翅小花蝽
Ormenis infuscata Stål 见 *Melormenis infuscata*
Ormomantis Giglio-Tos 细螳属
Ormomantis indica Giglio-Tos 印度细螳
Ormomantis yunnanensis Wang 云南细螳
Ormyridae 刻腹小蜂科 ormyrids
Ornativalva Gozmany 柽麦蛾属
Ornativalva basistriga Sattler 条柽麦蛾
Ornativalva grisea Sattler 灰柽麦蛾
Ornativalva miniscula Li *et* Zheng 小柽麦蛾
Ornativalva mixolitha (Meyrick) 石柽麦蛾
Ornativalva ornatella Sattler 丽柽麦蛾
Ornativalva plutelliformis (Staudinger) 菜柽麦蛾
Ornativalva sattleri Li *et* Zheng 萨氏柽麦蛾
Ornativalva sinica Li 中国柽麦蛾
Ornativalva xinjiangensis Li 新疆柽麦蛾
Ornativalva zepuensis Li *et* Zheng 泽普柽麦蛾
Ornativalva zonella (Chretien) 带柽麦蛾

Ornebius Guèrin-Méneville 钲蟋属

Ornebius kanetataki Matsumura 突面钲蟋

Orneodes Latreille 多羽蛾属

Orneodes flavofascia Inoue 栀子多羽蛾 Gardenia bud-worm

Orneodes japonica Matsumua 日本多羽蛾

Orneodes spilodesma Meyrick 点带多羽蛾

Orneodidae 多羽蛾科

Orneodidae 翼蛾科 many-plume moths

Ornithobius Denny 鸿虱属

Ornithobius cygni L. 天鹅鸿虱 white swan louse

Ornithocheyla Lawrence 禽螯螨属

Ornithocheyleia Volgin 禽螯厘螨属

Ornithodoros Koch 纯缘蜱属

Ornithodoros lahorensis Neumann 拉合尔纯缘蜱

Ornithodoros moubata Murray 非洲钝缘蜱

Ornithodoros papillipes Birula 乳突纯缘蜱

Ornithodoros tartakovskyi Olenev 特突纯缘蜱

Ornithogastia Vercammen-Grandjean 禽棒恙螨属

Ornithogastia erythrinae Yang 朱雀禽棒恙螨

Ornithogastia ningxiaensis Wang et al. 宁夏禽棒恙螨

Ornithogastia wangi (Chen et Hsu) 王氏禽棒恙螨

Ornithomyiinae 鸟虱蝇亚科

Ornithonyssus Sambon 禽刺螨属

Ornithonyssus bacoti (Hirst) 柏氏禽刺螨 tropical rat mite

Ornithonyssus bursa (Berlese) 襄禽刺螨 tropical fowl mite

Ornithonyssus sylviarum (Canestrini et Fanzago) 林禽刺螨 northern fowl mite

Ornithophaga Mikulin 寄禽蚤属

Ornithophaga anomala qinghaiensis Liu, Cai et Wu 异样寄禽蚤青海亚种

Ornix Treitschke 桦细蛾属

Ornix betulae Z. 桦细蛾

Oronabis Hsiao 山姬蝽属

Oronabis brevilineatus (Scott) 山姬蝽

Oronabis zhangmuensis Ren 樟木山姬蝽

Oronotus Wesmael 哦姬蜂属

Oronotus alboannulatus (Uchida) 白环哦姬蜂

Oroplexia decorata Moore 激夜蛾

Oropsylla Wagner et Ioff 山蚤属

Oropsylla alaskensis (Baker) 阿州山蚤

Oropsylla ilovaiskii Wagner et Ioff 角缘山蚤

Oropsylla silantiewi (Wagner) 谢氏山蚤(长须山蚤)

Orosanga japonica Melichar 日本广翅蜡蝉

Orosius argentatus Evans 烟草叶蝉 brown leafhopper

Orosius orientalis Matsumura 东洋网室叶蝉

Orosius ryukyuensis Ishihara 硫球网室叶蝉

Orothripidae 旭蓟马科

Orphilinae 球棒皮蠹亚科

Orphinus Motschulsky 球棒皮蠹属

Orphinus fasciatus (Matsumu.) 横带球棒皮蠹

Orphinus fulvipes (Guèrin-Méneville) 球棒皮蠹(圆锤皮蠹)

Orphnidae 裂眼金龟科 horned beetles

Orseolia oryzae (Wood-Mason) 亚洲稻瘿蚊

Orsillinae 背孔长蝽亚科

Orsillus potanini Linnavuori 柳杉球果长蝽

Orsinome Thorell 欧斯蛛属

Orsinome trappensis Schenkel 特拉欧斯蛛

Orsonoba clelia Cramer 见 *Gonodontis clelia*

Orsotriaena Wallengren 奥眼蝶属

Orsotriaena medus (Fabricius) 奥眼蝶

Ortalia Mulsant 刻眼瓢虫属

Ortalia bruneiana menglunensis Pang et Mao 勐仑刻眼瓢虫

Ortalia jinghongiensis Pang et Mao 景洪刻眼瓢虫

Ortalia nigropectoralis Pang et Mao 黑腹刻眼瓢虫

Ortalia pectoralis Weise 黄褐刻眼瓢虫

Ortalia pusilla Weise 很小刻眼瓢虫

Ortalia yunnanensis Pang et Mao 云南刻眼瓢虫

Ortalotrypeta Hendel 川实蝇属

Ortalotrypeta macula Wang 四斑川实蝇

Orthacris acuticeps Bolivar 见 *Neorthacris acuticeps*

Orthaga Walker 瘤丛螟属

Orthaga achatina Butler 栗叶瘤丛螟 chestnut pyralid

Orthaga euadrusalis Walker 盐肤木瘤丛螟

Orthetrum Newman 灰蜻属

Orthetrum albistylum Selys 白尾灰蜻

Orthetrum devium Needham 齿背灰蜻

Orthetrum internum McLachlan 褐肩灰蜻

Orthetrum lineostigma Selys 线痣灰蜻

Orthetrum melania Selys 异色灰蜻

Orthetrum neglectum Rambur 赤褐灰蜻

Orthetrum sabina Drury 狭腹灰蜻

Orthetrum testaceum Burmeister 黄翅灰蜻

Orthezia Bosc d'Antic 旌蚧属

Orthezia insignis Douglass 明旌蚧 greenhouse scale, lantana bug, lantana soft scale

Orthezia quadrua Ferris 昆明旌蚧

Orthezia urticae (Linnaeus) 菊旌蚧

Orthezia yasushii Kuwanna 艾旌蚧

Ortheziidae 旌蚧科 ensign scale

Orthobelus flavipes Uhler 黄足三刺角蝉 horned tree-hopper

Orthobula Simon 盾球蛛属

Orthobula crucifera Boes. et Str. 四字盾球蛛

Orthobula yaginumai Platnick 八氏盾球蛛

Orthobula zhangmuensis Hu et Li 樟木盾球蛛

Orthocentrinae 拱脸姬蜂亚科

Orthocentrus Gravenhorst 拱脸姬蜂属

Orthocentrus fulvipes Gravenhorst 褐足拱脸姬蜂

Orthocladius abumbrata Johannsen 无影直突摇蚊

Orthocosa Roewer 直额蛛属

Orthocosa tokunagai (Saito) 托库直额蛛

Orthocraspeda trima Moore 带刺蛾

Orthogonalos formosana Teranishi 华钩腹蜂

Orthogonia Felder *et* Felder 胖夜蛾属

Orthogonia canimacula Warren 白纹胖夜蛾

Orthogonia plana Leech 暗褐胖夜蛾

Orthogonia sera Felder *et* Felder 胖夜蛾

Orthogonius 直角步甲属

Orthohalarachne Newell 直喘螨属

Orthohalarachne attenuata (Banks) 渐狭直喘螨

Ortholema Heinze 直胸负泥虫属

Ortholema punctaticeps (Pic) 直胸负泥虫

Ortholomus Stål 直缘长蝽属

Ortholomus punctipennis (Herrich-Schäffer) 斑腹直缘长蝽

Orthomermis Poinar 直索线虫属

Orthomermis oedobranchus Poinar 瘤腮直索线虫

Orthomiella de Nicéville 锯灰蝶属

Orthomiella pontis (Elwes) 锯灰蝶

Orthomiella rantaizana (Wileman) 峦太锯灰蝶

Orthomiella sinensis (Elwes) 中华锯灰蝶

Orthonama Hübner 泛尺蛾属

Orthonama obstipata (Fabricius) 泛尺蛾

Orthonevra Macquart 闪光食蚜蝇属

Orthonevra aurichalcea (Becker) 紫腹闪光食蚜蝇

Orthonevra elegans (Meigen) 细角闪光食蚜蝇

Orthonevra nobilis (Fallén) 暗腹闪光食蚜蝇

Orthononucus suturalis Gyll. 云杉直缝小蠹

Orthopagus Uhler 丽象蜡蝉属

Orthopagus splendens (Germar) 丽象蜡蝉

Orthopelma 显唇姬蜂属

Orthoperidae 拟球甲科 burying beetles, fringe-winged fungus beetles

Orthopodomyia Theobald 直脚蚊属

Orthopodomyia albipes Leicester 白花直脚蚊

Orthopodomyia andamanensis Barraud 安达曼直脚蚊

Orthopodomyia anopheloides (Giles) 类按直脚蚊

Orthopodomyia lanyuensis Lien 兰屿直脚蚊

Orthops kalmi (L.) 黄盲蝽 pasture leaf bug

Orthoptera 直翅目 locusts, mantids,grasshoppers, crickets, grylloblattids, katydids, walkingsticks, cockroaches

Orthopteroseius Mo 直翅螨属

Orthorhinus cylindrirostris Fabricius 金合欢正鼻象 elephant weevil

Orthorhinus klugi Boheman 葡萄茎正鼻象 vine cane weevil

Orthorhinus patruelis Pascoe 南洋杉正鼻象

Orthoserica Warren 灰焦尺蛾属

Orthosia Ochsenheimer 梦尼夜蛾属

Orthosia angustipennis Matsumura 狭翅梦尼夜蛾

Orthosia carnipennis (Butler) 联梦尼夜蛾 cherry leaf worm

Orthosia cedermarki (Bryk) 思梦尼夜蛾

Orthosia cruda (Denis *et* Schiffermüller) 刻梦尼夜蛾

Orthosia ella Butler 小梦尼夜蛾

Orthosia evanida Butler 消失梦尼夜蛾

Orthosia gothica (Linnaeus) 歌梦尼夜蛾

Orthosia gothica askoldensis Staudinger 歌梦尼夜蛾阿亚种

Orthosia gracilis (Denis *et* Schiffermüller) 单梦尼夜蛾

Orthosia ijimai Sugi 井岛梦尼夜蛾

Orthosia incerta (Hüfnagel) 梦尼夜蛾

Orthosia lizetta Butler 利宅梦尼夜蛾

Orthosia munda Denis *et* Schiffermüller 清晰梦尼夜蛾

Orthosia odiosa Butler 放歌梦尼夜蛾

Orthosia opima (Hübner) 丰梦尼夜蛾

Orthosia paromoea Hampson 旁梦尼夜蛾

Orthosoma brunneum (Forst.) 灰褐夜蛾 brown prionid

Orthostigma Ratzeburg 宽齿反颚茧蜂属

Orthostigma antennatum Tobias 尖痣反颚茧蜂

Orthostigma cratospilum (Tomson) 宽痣反颚茧蜂

Orthostigma imperator Achterberg *et* Ortega 窄节反颚茧蜂

Orthostigma laticeps (Thomson) 后宽反颚茧蜂

Orthostigma latinervis (Petersen) 宽脉反颚茧蜂

Orthostigma longicorne Konigsmann 长角反颚茧蜂

Orthostigma longicubitale Konigsmann 长肘反颚茧蜂

Orthostigma lucidum Konigsmann 长背反颚茧蜂

Orthostigma mandibulare (Tobias) 窄痣反颚茧蜂

Orthostigma pumilum (Nees) 小节反颚茧蜂

Orthostigma sculpturatum Tobias 网胸反颚茧蜂

Orthostigma sibiricum (Telenga) 同脉反颚茧蜂

Orthostigma sordipes (Thomson) 褐胫反颚茧蜂

Orthotaenia Stephens 直带小卷蛾属

Orthotaenia undulana (Denis *et* Schiffermüller) 直带小卷蛾

Orthotomicus Ferrari 瘤小蠹属

Orthotomicus angulatus Eichhoff 角瘤小蠹

Orthotomicus caelatus (Eichh.) 隐蔽瘤小蠹

Orthotomicus erosus Wollaston 松瘤小蠹

Orthotomicus golovjankoi Pjatnitzky 北方瘤小蠹

Orthotomicus laricis Fabricius 边瘤小蠹

Orthotomicus starki Spessivtseff 小瘤小蠹

Orthotomicus suturalis Gyllenhal 近瘤小蠹 pine engraver

Orthotrichia Eaton 直毛小石蛾属

Orthotrichia adunca Yang *et* Xue 钩肢直毛小石蛾

Orthotrichia bucera Yang *et* Xue 牛角直毛小石蛾

Orthotrichia costalis (Curtis) 缘脉直毛小石蛾

Orthotrichia tragetti Mosely 特氏直毛小石蛾

Orthotrichia udawarama (Schmid) 月牙直毛小石蛾

Orthotrichia wellsae Xue *et* Yang 威氏直毛小石蛾

Orthotydeus Andr 直镰螯螨属

Orthotylinae 合垫盲蝽亚科

Orthotylus flavosparsus (Sahlberg) 藜杂毛盲蝽 sugar-beet leaf bug

Orthotylus parvulus Reuter 小合垫盲蝽

Orthozona Hampson 直带夜蛾属

Orthozona quadrilineata (Moore) 直带夜蛾

Orussidae 尾蜂科

Orussus brunneus Shinohara *et* Smith 褐尾蜂

Orussus decoomani Maa 德柯门尾蜂

Orussus japonicus Tozawa 日本尾蜂

Orussus striatus Maa 条纹尾蜂

Oruza Walker 巧夜蛾属

Oruza decorata (Swinhoe) 见 *Zurobata decorata*

Oruza divisa (Walker) 粉条巧夜蛾

Oruza glaucotorna Hampson 白缘巧夜蛾

Oruza microstigma Warren 臀斑巧夜蛾

Oruza mira (Butler) 奇巧夜蛾

Orybina Snellen 双点螟属

Orybina flaviplaga Walker 金双点螟

Orybina plangonalis Walker 紫双点螟

Orybina regalis Leech 艳双点螟

Orycteroxenus Zachvatkin 粉刺螨属

Oryctes Illiger 蚌犀金龟属

Oryctes elegans Prell 雅蚌犀金龟

Oryctes nasicornis (Linnaeus) 鼻蚌犀金龟

Oryctes punctipennis Motschulsky 点蚌犀金龟

Oryctes punctipennis przevalskyi Semenov *et* Medvedev 点蚌犀金龟泼儿亚种

Oryctes rhinoceros (Linnaeus) 椰蚌犀金龟 rhinoceros beetle, black coconut beetle

Oryctes stentor Castelnau 见 *Oryctes rhinoceros*

Oryctolaelaps Lange 鼹厉螨属

Oryctolaelaps bibikovae hainanicus Mo 比氏鼹厉螨海南亚种

Oryctolaelaps bibikovae kuntizi Yunker 比氏鼹厉螨孔氏亚种

Oryctolaelaps bibikovae Lange 比氏鼹厉螨

Orygmatinae 宗扁蝇亚科

Orygmophora mediofoveata Hampson 非加尼乌檀夜蛾 opepe shoot-borer

Oryzaephilus Gangibauer 锯谷盗属

Oryzaephilus mercator Fauvel 商锯谷盗 merchant grain beetle

Oryzaephilus surinamensis (Linnaeus) 锯谷盗 saw-toothed grain beetle

Oscinella frit (L.) 瑞典麦秆蝇 frit fly

Oscinellinae 拟秆蝇亚科

Oscinis theae Bigot 茶黄潜蝇 tea leaf maggot

Osmia Panzer 壁蜂属

Osmia cornifrons (Radoszkowski) 角额壁蜂

Osmia excavata Alfken 凹唇壁蜂

Osmia heudei Cockerell 霍氏壁蜂

Osmia jacoti Cockerell 紫壁蜂

Osmia pedicornis Cockerell 叉壁蜂

Osmia rufina Cockerell 红壁蜂

Osmilia flavolineata Degeer 南美额蝗

Osmoderma Serville 臭斑金龟属

Osmoderma barnabita Motschulsky 凹背臭斑金龟

Osmylidae 翼蛉科 osmylid flies

Osphilia obesa Hustache 见 *Cledus obesus*

Ossa dimidiata Motschulsky 橘绿扁蜡蝉

Ossoides Bierman 舌扁蜡蝉属

Ossoides lineatus Bierman 红线舌扁蜡蝉

Ostearius Hull 鳞蛛属

Ostearius muticus Gao *et al.* 钝突鳞蛛

Ostedes assamana Breuning 白斑梭天牛

Ostedes inermis Schwarzer 福建梭天牛

Ostedes laosensis Breuning 巨斑梭天牛

Ostedes ochreomarmosata Breuning 赭纹梭天牛

Ostedes ochreopicta Breuning 赭条梭天牛

Ostedes ochreosparsa Breuning 粒肩梭天牛

Ostedes spinipennis Breuning 凹尾梭天牛

Ostedes subochreosparsa Breuning 长柄梭天牛

Ostedes subrufipennis Breuning 钝尾梭天牛

Osteosema Warren 瑰尺蛾属

Osteosema sanguilineata (Moore) 镶边瑰尺蛾

Ostomatidae 见 Trogositidae

Ostrinia Hübner 秆野螟属

Ostrinia furnacalis (Guenée) 亚洲玉米螟 Asian corn borer, oriental corn borer

Ostrinia nubilalis (Hübner) 欧洲玉米螟 European corn borer

Ostrinia scapulalis Mutuura *et* Munroe 肩杆野螟

Ostrinia zaguliaevi Mutuura *et* Munroe 扎氏秆野螟

Ostrinia zealis Mutuura *et* Munroe 谷秆野螟

Oswaldia aurifrons Townsend 黄额刺胫寄蝇

Oswaldia eggeri Brauer-Bergenstamm 筒腹刺胫寄蝇

Oswaldia micronychia Mesnil 短爪刺胫寄蝇

Othius Stephens 直缝隐翅虫属

Othius arisanus (Shibata) 阿里山直缝隐翅虫

Othius badius Zheng 棕色直缝隐翅虫

Othius chongqingensis Zheng 重庆直缝隐翅虫

Othius goui Zhang 苟氏直缝隐翅虫

Othius latus Sharp 长畸直缝隐翅虫

Othius maculativentris Zheng 斑腹直缝隐翅虫

Othius opacipennis Cameron 暗鞘直缝隐翅虫

Othius parvipennis (Shibata) 小鞘直缝隐翅虫

Othius punctatus Bernhauer 刻点直缝隐翅虫

Othius quadratus Zheng 方鞘直缝隐翅虫

Othius rudis Zheng 粗点直缝隐翅虫

Othius rufipennis Sharp 红鞘直缝隐翅虫

Othius stotzner Bernhauer 斯氏直缝隐翅虫

Othreis fullonia Clerck 腰果刺果夜蛾 fruit-piercing moth, fruit-sucking moth

Othreis materna Linnaeus 杧果刺果夜蛾

Otionotus oneratus Walker 斯印腊肠树角蝉

Otiorhynchus Germar 耳象属

Otiorhynchus niger Fabricius 黑耳象

Otiorhynchus ovatus Linnaeus 草莓根耳象 strawberry root weevil

Otiorhynchus picipes Fabricius 见 *Otiorhynchus singularis*

Otiorhynchus rugosostriatus (Goeze) 粗草莓根耳象 rough strawberry root weevil

Otiorhynchus singularis Linnaeus 泥色耳象 clay-coloured weevil

Otiorhynchus sulcatus (Fabricius) 黑葡萄耳象 black vine weevil, strawberry weevil

Otiorrhynchinae 耳喙象亚科

Otitidae 斑蝇科 otitid flies, ortalids, picture-winged flies

Otobius Banks 残喙蜱属

Otocepheidae 耳头甲螨科

Otodectes Canestrini 耳螨属 ear mites

Otodectes cynotis (Hering) 狗耳螨

Otopheidomenidae 蛾螨科

Otopheidomenis 蛾螨属

Ototarsonemus Sharonov *et* Mitrofanov 耳跗线螨属

Oudemansicheyla Volgin 奥螯螨属

Oudemansicheyla denmarki Yunker 丹氏奥螯螨

Oudemansium Zacher 奥特螨属

Oulema Des Gozis 禾谷负泥虫属

Oulema atrosuturalis (Pisc) 黑缝负泥虫

Oulema dilutipes Fairmaire 双黄足负泥虫

Oulema erichsoni (Suffrian) 小麦负泥虫

Oulema erichsoni sapporensis Matsumura 小麦负泥虫札晃亚种 wheat leaf beetle

Oulema melanopus (L.) 黑角负泥虫 cereal leaf beetle

Oulema oryzae (Kuwayama) 水稻负泥虫 rice leaf beetle

Oulema tristis (Herbst) 谷子负泥虫

Oulema viridula (Gressitt) 密点负泥虫

Oulenzia Radford 奥林螨属

Oulenzia arboricola Oudemans 树奥林螨

Oulenziidae 奥林螨科

Oulopterygidae 旋翅蠊科

Oupyrrhidium Pic 赤天牛属

Oupyrrhidium cinnabarinum (Blessig) 赤天牛

Ourapteryx Leach 尾尺蛾属

Ourapteryx adonidaria Oberthüer 侧金盏花尾尺蛾

Ourapteryx clara Butler 长尾尺蛾

Ourapteryx consociata Inoue 联尾尺蛾

Ourapteryx contronivea Inoue 新雪尾尺蛾

Ourapteryx ebuleata Guenée 平尾尺蛾

Ourapteryx latimarginaria (Leech) 侧边尾尺蛾

Ourapteryx maculicaudaria Motschulsky 燕尾尺蛾 tailed geometrid, swallow-tailed moth

Ourapteryx nigrociliaris Leech 点尾尺蛾

Ourapteryx nivea Butler 雪尾尺蛾 tailed geometrid

Ourapteryx postebuleata Inoue 后平尾尺蛾

Ourapteryx primularis Butler 报春花尾尺蛾

Ourapteryx pseudebuleata Inoue 假平尾尺蛾

Ourapteryx sciticaudaria Walker 聪明尾尺蛾

Ourapteryx similaria Leech 类似尾尺蛾

Ourapteryx virescens Matsumura 茂盛尾尺蛾

Ourapteryx yerburii Butler 耶氏义尾尺蛾

Ovalisia adonis Obenberger 细点块斑吉丁

Ovalisia cupreosplendens Kerremans 晕紫块斑吉丁

Ovalisia vivata Lewis 矫健块斑吉丁

Ovaticoccus agavium (Douglas) 见 *Gymnococcus agavium*

Ovatus van der Goot 圆瘤蚜属

Ovatus crataegarius (Walker) 山楂圆瘤蚜 mint aphid

Ovebius kanetataki Matsumura 金声蟋蟀 fruit cricket

Ovomermis Rubzov 卵索线虫属

Ovomermis acuminata (Leiday) 尖细卵索线虫

Ovomermis albicans (Siebold) 白色卵索线虫

Ovomermis angustata (Rubzov *et* Koval) 窄小卵索线虫

Ovomermis cornuta (Gleiss) 有角卵索线虫

Ovomermis paralbicans Rubzov 异白色卵索线虫

Ovomermis sinensis Chen *et al.* 中华卵索线虫

Ovomermis sitonae Rubzov 根瘤象卵索线虫

Ovomermis tamalensis (Baylis) 塔马尔卵索线虫

Ovomermis xiamenensis Zhang *et* Zhou 厦门卵索线虫

Oxacme dissmilis Hampson 翅尖苔蛾

Oxacme marginata Hampson 白翅尖苔蛾

Oxaeidae 低眼蜂科

Oxaenanus brontesalis (Walker) 褐胸须夜蛾

Oxidae 尖水螨科

Oxus Kramer 尖水螨属

Oxus dahli Piersig 达氏尖水螨

Oxus longihirtus Jin 长毛尖水螨

Oxus truncapitulus Jin 截颚尖水螨

Oxya Serville 稻蝗属

Oxya adentata Will. 无齿稻蝗

Oxya agavisa Tsai 山稻蝗

Oxya anagavisa Bi 拟山稻蝗

Oxya bicingula Ma *et* Zheng 双带稻蝗

Oxya brachyptera Zheng *et* Huo 短翅稻蝗

Oxya chinensis (Thunb.) 中华稻蝗

Oxya chinensis formosana Shiraki 中华稻蝗台湾亚种 rice grasshopper

Oxya flavefemura Ma *et* Zheng 黄股稻蝗

Oxya hainanensis Bi 海南稻蝗

Oxya intricata (Stål) 小稻蝗 rice grasshopper

Oxya japonica (Thunberg) 日本稻蝗 rice grasshopper

Oxya ningpoensis Chang 宁波稻蝗 rice grasshopper

Oxya termacingula Ma *et* Zheng 端带稻蝗

Oxya tinkhami Uv. 丁氏稻蝗

Oxya velox (Fabr.) 长翅稻蝗

Oxya yezoensis Shiraki　北海道稻蝗　rice grasshopper

Oxya yunnana Bi　云南稻蝗

Oxyambulyx Rothschild *et* Jordan　鹰翅天蛾属

Oxyambulyx japonica Rothschild　日本鹰翅天蛾

Oxyambulyx liturata (Butler)　枥鹰翅天蛾

Oxyambulyx ochracea (Butler)　鹰翅天蛾

Oxyambulyx schauffelbergeri (Bremer *et* Grey)　核桃鹰翅天蛾

Oxyambulyx subocellata (Felder)　橄榄鹰翅天蛾

Oxybelidae　刺胸泥蜂科

Oxybelus Latreille　刺胸泥蜂属

Oxybelus aurantiacus Mocsary　红尾刺胸泥蜂

Oxybelus lamellatus Olivier　叶刺刺胸泥蜂

Oxybelus latidens Gestaecker　宽刺刺胸泥蜂

Oxybelus maculipes Smith　透边刺胸泥蜂

Oxycareninae　尖长蝽亚科

Oxycarenus Fieber　尖长蝽属

Oxycarenus bicolor Fieber　二色尖长蝽

Oxycarenus brunneus Zheng, Zou *et* Hsiao　褐尖长蝽

Oxycarenus hyalipennis Costa　棉籽尖长蝽　cotton seed bug

Oxycarenus laetus Kirby　尖长蝽

Oxycarenus lugubris (Motschulsky)　黑斑尖长蝽

Oxycarenus modestus (Fallén)　桤木尖长蝽

Oxycarenus pallens (Herrich-Schäffer)　淡色尖长蝽

Oxycarenus rubrothoracicus Zheng, Zou *et* Hsiao　红胸尖长蝽

Oxycenus Keifer　尖空瘿螨属

Oxycenus maxwelli Keifer　马氏尖空瘿螨　olive leaf and flower mite

Oxycetonia Arrow　青花金龟属

Oxycetonia bealiae (Gory *et* Percheron)　斑青花金龟

Oxycetonia jucunda (Faldermann)　小青花金龟　citrus flower chafer

Oxychirotidae　八羽蛾科　small oriental moths

Oxycoryninae　新象虫亚科

Oxyderes Jordan　腹窝长角象属

Oxyethira Eaton　尖毛小石蛾属

Oxyethira bogambara Schmid　沼泽尖毛小石蛾

Oxyethira campanula Botosaneanu　钟铃尖毛小石蛾

Oxyethira hainanensis Yang *et* Xue　海南尖毛小石蛾

Oxyethira ecornuta Morton　三带尖毛小石蛾

Oxygonitis Hampson　利翅夜蛾属

Oxygonitis sericeata Hampson　利翅夜蛾

Oxyhaloidae　尖翅蠊科

Oxyina Hollis　粘蝗属

Oxyina sinobidentata (Hollis)　二齿粘蝗

Oxylipeurus polytrapezius (Burmeister)　火鸡翅虱　slender turkey louse, turkey wing louse

Oxyodes Guenée　佩夜蛾属

Oxyodes scrobiculata (Fabricius)　佩夜蛾

Oxyoides Zheng *et* Fu　拟稻蝗属

Oxyoides wulingshanensis Zheng *et* Fu　武陵山拟稻蝗

Oxyopes Latreille　猫蛛属

Oxyopes birmanicus Thorell　缅甸猫蛛

Oxyopes daksina Sherriffs　南方猫蛛

Oxyopes foliiformis Song　叶突猫蛛

Oxyopes fujianicus Song *et* Zhu　福建猫蛛

Oxyopes gyirongensis Hu *et* Li　吉隆猫蛛

Oxyopes heterophthalmus Latreille　异猫蛛

Oxyopes hotingchiehi Schenkel　霍氏猫蛛

Oxyopes javanus Thorell　爪哇猫蛛

Oxyopes jianfeng Song　尖峰猫蛛

Oxyopes labialis Song　唇形猫蛛

Oxyopes licenti Schenkel　里氏猫蛛

Oxyopes lineatipes (C.L. Koch)　线纹猫蛛

Oxyopes macilentus L. Koch　细纹猫蛛

Oxyopes ningxiaensis Tang *et* Song　宁夏猫蛛

Oxyopes parvus Paik　小猫蛛

Oxyopes pennatus Schenkel　羽状猫蛛

Oxyopes ramosus (Panzer)　枝纹猫蛛

Oxyopes sertatus L. Koch　斜纹猫蛛

Oxyopes shweta Tikader　锡威特猫蛛

Oxyopes sikkimensis Tikader　锡金猫蛛

Oxyopes striagatus Song　条纹猫蛛

Oxyopes striatus Doleschall　沟纹猫蛛

Oxyopes sushilae Tikader　盾形猫蛛

Oxyopes tenellus Song　柔弱猫蛛

Oxyopes transitus Schenkel　横猫蛛

Oxyopes xinjiangensis Hu *et* Wu　新疆猫蛛

Oxyopes yiliensis Hu *et* Wu　伊犁猫蛛

Oxyopidae　猫蛛科

Oxyoppia Balogh *et* Mahunka　尖奥甲螨属

Oxyoppia incurva Aoki　弯尖奥甲螨

Oxyoppia uncinata Wen　钩棘尖奥甲螨

Oxyothespinae　刺眼螳螂亚科

Oxypilinae　阔斧螳螂亚科

Oxyplax ochracea (Moore)　斜纹刺蛾

Oxypleurites Nalepa　尖侧片瘿螨属

Oxyporinae　巨须隐翅虫亚科

Oxyporus Fabricius　巨须隐翅虫属

Oxyporus angusticeps Bernhauer　肩斑伪巨须隐翅虫

Oxyporus formosanus Adachi　阿里山巨须隐翅虫

Oxyporus fungalis Zheng　蕈巨须隐翅虫

Oxyporus germanus Sharp　仙台巨须隐翅虫

Oxyporus itoi Hayashi　伊藤巨须隐翅虫

Oxyporus loloshanus Hayashi　洛洛山巨须隐翅虫

Oxyporus longipes Sharp　长足伪巨须隐翅虫

Oxyporus maculiventris Sharp　腹斑巨须隐翅虫

Oxyporus nigerrimus Hayashi　黑巨须隐翅虫

Oxyporus nigricollis Zheng　黑胸巨须隐翅虫

Oxyporus shibatai Hayashi　柴田巨须隐翅虫

Oxyporus taiwanus Hayashi　台湾巨须隐翅虫

Oxyporus transversesulcatus Bernhauer　横沟巨须隐翅虫

Oxyporus trisulcatus Bernhauer 三沟巨须隐翅虫
Oxyporus wanglangus Zheng 王朗巨须隐翅虫
Oxyptila Simon 羽蛛属
Oxyptila atomaria (Panzer) 浅带羽蛛
Oxyptila coreana Paik 朝鲜羽蛛
Oxyptila crucifera Schenkel 十字羽蛛
Oxyptila inaequalis (Kulczyski) 异羽蛛
Oxyptila jeholensis Saito 内蒙羽蛛
Oxyptila lutulenta Schenkel 褐黄羽蛛
Oxyptila nipponica Ono 日本羽蛛
Oxyptila nongae Paik 隆革羽蛛
Oxyptila raniceps Schenkel 蛙羽蛛
Oxyptila rauda Simon 劳德羽蛛
Oxyptila scabricula (Westring) 糙羽蛛
Oxyptila wuchangensis Tang *et* Song 武昌羽蛛
Oxyrhachinae 隐盾角蝉亚科
Oxyrhachis Germar 隐盾角蝉属
Oxyrhachis bisenti Distant 比氏隐盾角蝉
Oxyrhachis formidabilis Distant 怒态隐盾角蝉
Oxyrhachis lamborni Distant 米氏隐盾角蝉
Oxyrhachis latipes Buckton 阔足隐盾角蝉
Oxyrhachis mangiferana Distant 杧果隐盾角蝉
Oxyrhachis sinensis Yuan *et* Tian 中华隐盾角蝉
Oxyrhachis tarandus Fabricius 驯鹿隐盾角蝉
Oxyrrhepes Stål 大头蝗属
Oxyrrhepes cantonensis Tinkham 广东大头蝗
Oxyrrhepes obtusa (De Haan) 长翅大头蝗
Oxyrrhepes quadripunctata Will 四点大头蝗
Oxyrrhexis Förster 尖裂姬蜂属
Oxyrrhexis chinensis He 中华尖裂姬蜂

Oxysychus Delucchi 奥金小蜂属
Oxysychus convexus Yang 隆胸奥金小蜂
Oxysychus grandis Yang 长索奥金小蜂
Oxysychus mori Yang 桑奥金小蜂
Oxysychus pini Yang 樟子松奥金小蜂
Oxysychus scolyti Yang 桃蠹奥金小蜂
Oxysychus sphaerotrypesi Yang 球小蠹奥金小蜂
Oxytate hoshizuna Ono 冲绳绿蟹蛛
Oxytate L. Koch 绿蟹蛛属
Oxytate parallela (Simon) 平行绿蟹蛛
Oxytate striatipes L. Koch 条斑绿蟹蛛
Oxytauchira Ramme 板角蝗属
Oxytauchira brachyptera Zheng 短翅板角蝗
Oxytauchira elegans Zheng *et* Liang 小板角蝗
Oxytauchira gracilis (Will.) 板角蝗
Oxytelinae 颈隐翅虫亚科
Oxythyrea Mulsant 杂花金龟属
Oxythyrea cinctella Schaum 斑杂花金龟
Oxythyrea funesta Poda 臭杂花金龟
Oxytripia Staudinger 蚀夜蛾属
Oxytripia orbiculosa (Esper) 蚀夜蛾
Oyamia Klapalek 大山石蛾属
Ozarba Walker 弱夜蛾属
Ozarba bipars Hampson 分色弱夜蛾
Ozarba incondita Butler 迷弱夜蛾
Ozarba puncitgera Walder 弱夜蛾
Ozola Walker 鳖尺蛾属
Ozola japonica Prout 日本鳖尺蛾
Ozotomerus Perroud 瘤角长角象属

P

Pachliopta Reakirt 珠凤蝶属
Pachliopta aristolochiae (Fabricius) 红珠凤蝶
Pachnephorus Chevrolat 鳞斑叶甲属
Pachnephorus brettinghami Baly 玉米鳞斑叶甲
Pachnephorus seriatus Lefèvre 花生鳞斑叶甲
Pachnephorus variegatus Lefèvre 甘蔗鳞斑叶甲
Pachnotosia Reitter 见 *Liocola* Thomes
Pachyacris Uv. 厚蝗属
Pachyacris vinosa (Walk.) 厚蝗
Pachybrachius Hahn 鼓胸长蝽属
Pachybrachius annulipes (Baerensprung) 双环鼓胸长蝽
Pachybrachius flavipes (Motschulsky) 褐鼓胸长蝽
Pachybrachius luridus (Hahn) 莎草鼓胸长蝽
Pachybrachys Redtenbacher 短柱叶甲属
Pachybrachys eruditus Baly 博学短柱叶甲
Pachybrachys ochropygus Solsky 黄臀短柱叶甲
Pachybrachys scriptidorsum Marseul 花背短柱叶甲
Pachybrachys tibetanus Gressitt *et* Kimoto 西藏短柱叶

甲
Pachycerus Schoenherr 小粒象属
Pachycerus costatulus Faust 脊翅小粒象
Pachycondyla Smith 厚结猛蚁属
Pachycondyla annamita (Andr) 安南扁头猛蚁
Pachycondyla astuta Smith 敏捷扁头猛蚁
Pachycondyla darwinii (Forel) 达文大猛蚁
Pachycondyla javana Mayr 爪哇扁头猛蚁
Pachycondyla leeuwenhoeki (Forel) 列氏扁头猛蚁
Pachycondyla rufipes (Jerdon) 红足穴猛蚁
Pachycondyla sauteri (Forel) 邵氏厚结猛蚁
Pachycondyla sharpi (Forel) 夏氏大猛蚁
Pachycondyla stigma (Fabricius) 烙印大猛蚁
Pachycrepoideus Ashmead 蝇蛹帕金小蜂属
Pachycrepoideus vindemiae (Rondani) 家蝇蛹金小蜂
Pachydema Jacquelin 见 *Tanyproctus* Faldermann
Pachydiplosis orzae (W.-M.) 稻瘿蚊 rice stem gall
midge

Pachydissus grossepunctatus Gressitt *et* Rondon 粗点弯皱天牛

Pachydissus hector Kolbe 缅茄弯皱天牛

Pachydissus sericus Newman 黑荆树弯皱天牛

Pachyglyphus Berlese 多嗜螨属

Pachygnatha Sundevall 粗厚螯蛛属

Pachygnatha clercki Sundevall 克氏粗厚螯蛛

Pachygnatha degeerii Sundevall 笛粗厚螯蛛

Pachygnathidae 厚颚螨科

Pachygnathoidea 厚颚螨总科

Pachygrontha Germar 梭长蝽属

Pachygrontha antennata antennata (Uhler) 长须梭长蝽

Pachygrontha antennata nigriventris Reuter 短须梭长蝽

Pachygrontha austrina Kirkaldy 南梭长蝽

Pachygrontha bipunctata Stål 二点梭长蝽

Pachygrontha flavolineata Zheng, Zou *et* Hsiao 黄纹梭长蝽

Pachygrontha lurida Slater 浅黄梭长蝽

Pachygrontha nigrovittata Stål 黑盾梭长蝽

Pachygrontha similis Uhler 拟黄纹梭长蝽

Pachygrontha walkeri Distant 伟梭长蝽

Pachygronthinae 梭长蝽亚科

Pachylaelaps Berlese 厚厉螨属

Pachylaelaps brevisetosus Gu *et* Li 短毛厚厉螨

Pachylaelaps furcifer Oudemans 叉厚厉螨

Pachylaelaps gansuensis Ma 甘肃厚厉螨

Pachylaelaps hispani Berlese 西班牙厚厉螨

Pachylaelaps pectinifer (G. *et* R. Canestrini) 梳状厚厉螨

Pachylaelaps quadratus Gu *et* Li 方形厚厉螨

Pachylaelaps quadricombinatus Gu *et* Huang 四联厚厉螨

Pachylaelaps siculus Berlese 西西里厚厉螨

Pachylaelaps torocoxus Gu *et* Huang 疣足厚厉螨

Pachylaelaps xenillitus Ma 小梳厚厉螨

Pachylaelaps xinghaiensis Ma 兴海厚厉螨

Pachylaelaptidae 厚厉螨科

Pachyligia Butler 白后尺蛾属

Pachyligia dolosa Butler 白厚尺蛾 white-hindwinged geometrid

Pachylobius picivorus (Germ.) 松脂象 pitch-eating weevil

Pachylocerus Hope 珠角天牛属

Pachylocerus sulcatus Brogniart 沟翅珠角天牛

Pachylocerus unicolor Dohrn 脊翅珠角天牛

Pachymelos Baltazar 短姬蜂属

Pachymelos chinensis He *et* Chen 中华短姬蜂

Pachymelos rufithorax He *et* Chen 红胸短姬蜂

Pachymerinae 粗腿豆象亚科

Pachymerus Thunberg 粗腿豆象属

Pachymerus gonagra (Fabricius) 见 *Caryedon gonagra*

Pachynematus Kônow 厚丝角叶蜂属

Pachynematus alaskensis Rohwer 见 *Phyllocolpa alaskensis*

Pachynematus clitellatus Lepeletier 驮鞍厚丝角叶蜂

Pachynematus dimmockii Cresson 云杉迪氏厚丝角叶蜂 brown-headed spruce sawfly, green-headed spruce sawfly

Pachynematus imperfectus Zaddach 落叶松厚丝角叶蜂 larch sawfly

Pachynematus itoi Okutani 伊藤厚丝角叶蜂 larch sawfly

Pachynematus kirbyi Dahlbom 柯氏厚丝角叶蜂

Pachynematus montanus Zaddach 冷杉厚丝角叶蜂

Pachynematus scutellatus Hartig 小壳厚丝角叶蜂

Pachynematus truncatus Benson 三斑厚丝角叶蜂

Pachynematus xanthocarpus Hartig 黄尾厚丝角叶蜂

Pachyneuron Walker 宽缘金小蜂属

Pachyneuron aphidis Bouch 蚜虫宽缘金小蜂

Pachyneuron formosum Walker 丽宽缘金小蜂

Pachyneuron nawai Ashmead 松毛虫宽缘金小蜂

Pachyneuron shaanxiensis Yang 陕西宽缘金小蜂

Pachyneuron solitarium (Hartig) 松毛虫卵宽缘金小蜂

Pachyneuron syringae Xie *et* Yang 丁香蜡蚧宽缘金小蜂

Pachyneuron umbratum Delucchi 食蚜蝇宽缘金小蜂

Pachyodes Guenée 垂耳尺蛾属

Pachyodes amplificata Walker 金星垂耳尺蛾

Pachyodes costiflavens (Wehrli) 黄边垂耳尺蛾

Pachyodes davidaria Poujade 豹垂耳尺蛾

Pachyodes decorata (Warren) 染垂耳尺蛾

Pachyodes ectoxantha (Wehrli) 丽垂耳尺蛾

Pachyodes iterans (Prout) 江浙垂耳尺蛾

Pachyodes ornataria Moore 饰粉垂耳尺蛾

Pachyodes thyatiraria Oberthüer 粉斑垂耳尺蛾

Pachyonyx catechui Marshall 儿茶枝瘿象

Pachyonyx quadridens Chevrolat 单籽紫铆瘿象

Pachypappa populi (Linnaeus) 杨多毛绵蚜

Pachypappa tremulae (Linnaeus) 山杨多毛绵蚜

Pachypappella piceae Hartig 见 *Rhizomaria piceae*

Pachypappella reamuri Kaltenbach 见 *Patcheilla reamuri*

Pachypasa drucei Bethune-Beker 见 *Gonometa drucei*

Pachypasa pallens Bethune-Baker 辐射松枯叶蛾

Pachypasa papyri Tams 展叶松枯叶蛾

Pachypasa subfascia Walker 地中海柏木枯叶蛾

Pachypasa truncata Walker 见 *Braura truncata*

Pachypeltis humerale Walker 杧果腰果盲蝽

Pachyphlegyas Slater 驼长蝽属

Pachyphlegyas modigliani (Lethierry) 驼长蝽

Pachyprotasis Hartig 厚叶蜂属

Pachyprotasis alpina Malaise 高山厚叶蜂

Pachyprotasis antennata Klug 合叶子厚叶蜂

Pachyprotasis caerulescens Malaise 兰黑厚叶蜂

Pachyprotasis chinensis Jakovlev 中华厚叶蜂

Pachyprotasis citrinipictus Malaise 柠檬黄厚叶蜂

Pachyprotasis corallipes Malaise 珊瑚厚叶蜂

Pachyprotasis erratica Smith 黄纹厚叶蜂

Pachyprotasis formosana Rohwer 蓬莱厚叶蜂

Pachyprotasis fukii Okutani 普喜厚叶蜂 butterbur saw-fly

Pachyprotasis insularis Malaise 岛屿厚叶蜂

Pachyprotasis pallidiventris Marlatt 白腹厚叶蜂

Pachyprotasis rapae Linnaeus 芜菁厚叶蜂

Pachyprotasis sanguinipes Malaise 红足厚叶蜂

Pachyprotasis supracoxalis Malaise 肃南厚叶蜂

Pachypsylla Riley 芽瘿木虱属

Pachypsylla celtidisastericus Riley 朴星瘿木虱 hackberry star gall psyllid

Pachypsylla celtidisgemma Riley 朴芽瘿木虱 budgall psyllid

Pachypsylla celtidisinteneris Mally 食朴芽瘿木虱

Pachypsylla celtidismamma (Riley) 朴奶头瘿木虱 hackberry-nipple-gall maker

Pachypsylla celtidisvesicula Riley 朴泡瘿木虱 blister-gall psyllid

Pachypsylla venusta (O.S.) 朴柄瘿木虱 petiolegall psyllid

Pachyseius Berlese 厚绥螨属

Pachyseius orientalis Nikolsky 东方厚绥螨

Pachyseius sinicus Yin, Lu *et* Lan 中国厚绥螨

Pachysphinx modesta (Harris) 杨柳大天蛾 big poplar sphinx

Pachyta Zetterstedt 厚花天牛属

Pachyta bicuneata Motschulsky 双斑厚花天牛

Pachyta lamed Linnaeus 松厚花天牛

Pachyta medioofasciata Pic 黄带厚花天牛

Pachyta quadrimaculata Linnaeus 四斑厚花天牛

Pachyteria Serville 厚天牛属

Pachyteria boubieri Ritsema 波氏厚天牛

Pachyteria dimidiata (Westwood) 黄带厚天牛

Pachyteria diversipes Ritsema 越南厚天牛

Pachyteria equestris Newman 点胸厚天牛

Pachyteria fasciata (Fabricius) 黄纹厚天牛

Pachyteria similis Ritsema 黑足厚天牛

Pachyteria superba Gestro 缅甸厚天牛

Pachyteria violaceothoracica Gressitt *et* Rondon 紫胸厚天牛

Pachythelia fuscescens Yazaki 草地袋蛾 lawn grass bagworm

Pachythyrinae 后窗网蛾亚科

Pachytoma gigantea Illiger 马拉维大叶甲

Padenia acutifascia de Joannis 尖带潘苔蛾

Padenia transversa (Walker) 横斑潘苔蛾

Paduca Moore 珀蛱蝶属

Paduca fasciata (Felder *et* Felder) 珀蛱蝶

Paectes Hübner 娱尾夜蛾属

Paectes cristatrix (Guenée) 冠娱尾夜蛾

Paectes subapicalis Walker 亚端娱尾夜蛾

Paederinae 毒隐翅虫亚科

Paederus Fabricius 毒隐翅蛾属

Paederus crebeprunctatus Eppelsh 东非隐翅虫 Nairobi eye beetle, Nairobi rove beetle

Paederus fuscipes Curtis 毒隐翅虫

Paederus idae Curtis 小红隐翅虫

Paederus poweri Sharp 蚁态隐翅虫

Paederus tamulus Erichson 蚁态黑足隐翅虫

Paegniodes Eaton 赞蜉属

Paegniodes cupulatus Eaton 桶形赞蜉

Pagaronia guttigera Uhler 桑黄叶蝉 yellow mulberry leafhopper

Pagaronia odai Okada 小田叶蝉

Pagaronia uezumii Okada 上住叶蝉

Pagiophloeus longiclavis Marshall 大叶桃花心木象 mahogany collar borer

Pagyda Walker 尖须野螟属

Pagyda amphisalis (Walker) 接骨木尖须野螟

Pagyda lustralis Snellen 黄尖须野螟

Pagyda salvalis Walker 黑环尖须野螟

Paharia casyapae Distant 雪松蝉

Palaeacaridae 古甲螨科

Palaeacaroidea 古甲螨总科

Palaeacaroides Lange 拟古甲螨属

Palaeacaroides pacificus Lange 大洋拟古甲螨

Palaeacarus Tragardh 古甲螨属

Palaeacarus hystricinus Tragardh 豪古甲螨

Palaeocallidium rufipenne Motschulsky 柳杉小天牛

Palaeochrysomphanus Verity 古灰蝶属

Palaeochrysomphanus hippothoe (Linnaeus) 古灰蝶

Palaeococcus fuscipennis (Burm.) 见 *Monophleboides fuscipennis*

Palaeococcus gymnocarpi Ckll. 见 *Monophlboides gymnocarpi*

Palaeococcus hellenicus (Genn.) 见 *Marchalina hellenicus*

Palaeococcus pulcher Leon. 见 *Icerya pulcher*

Palaeodrepana Inoue 古钩蛾属

Palaeodrepana harpagula bitorosa Watson 古钩蛾浅斑亚种

Palaeodrepana harpagula emarginata Watson 古钩蛾尖翅亚种

Palaeodrepana harpagula harpagula (Esper) 古钩蛾指名亚种

Palaeolecanium Sulc 古北蚧属

Palaeolecanium bituberculatum (Targ.) 双瘤古北蚧

Palaeomymar anomalum (Blood *et* Kryger) 异形柄腹缨小蜂

Palaeomymar chaoi Lin 赵氏柄腹缨小蜂

Palaeomystis Warren 古波尺蛾属

Palaeomystis falcataria (Moore) 古波尺蛾

Palaeomystis mabillaria (Poujade) 点古波尺蛾

Palaeonympha Butler 古眼蝶属

Palaeonympha opalina Butler 古眼蝶

Palaeopsis diaphanella Hampson 亮古苔蛾

Palaeopsylla Wagner 古蚤属

Palaeopsylla anserocepsoides Zhang, Wu *et* Liu 鹅头形古蚤

Palaeopsylla brevifrontata Zhang, Wu *et* Liu 短额古蚤

Palaeopsylla breviprocera Wu, Guo *et* Liu 短突古蚤

Palaeopsylla chiyingi Xie *et* Yang 支英古蚤

Palaeopsylla danieli Smit *et* Rosicky 丹氏古蚤

Palaeopsylla helenae Lewis 海仑古蚤

Palaeopsylla incurva Jordan 内曲古蚤

Palaeopsylla kappa Jameson *et* Hsieh 开巴古蚤

Palaeopsylla kueichenae Xie *et* Yang 贵真古蚤

Palaeopsylla laxidigita Xie *et* Gong 宽指古蚤

Palaeopsylla longidigita Chen, Wei *et* Li 长指古蚤

Palaeopsylla medimina Xie *et* Gong 中突古蚤

Palaeopsylla miranda Smit 奇异古蚤

Palaeopsylla nushanensis Gong *et* Li 怒山古蚤

Palaeopsylla obtuspina Chen, Wei *et* Li 钝刺古蚤

Palaeopsylla polyspina Xie *et* Gong 多棘古蚤

Palaeopsylla recava Traub *et* Evans 重凹古蚤

Palaeopsylla remota Jordan 偏远古蚤

Palaeopsylla sinica Ioff 中华古蚤

Palaeopsylla tauberi makaluensis (Brelih) 尼泊尔古蚤钝突亚种

Palaeopsylla wushanensis Liu *et* Wang 巫山古蚤

Palaeopsylla yunnanensis Xie *et* Yang 云南古蚤

Palaeosia bicosta Walker 双缘古澳灯蛾

Palaeothespis Tinkham 古细足螳属

Palaeothespis oreophilus Tinkham 山生古细足螳

Palaeothespis pallidus Zhang 淡色古细足螳

Palaeothespis stictus Zhou *et* Shen 斑点古细足螳

Palarus Latreille 柱小唇泥蜂属

Palarus funerarius Morawitz 三叉柱小唇泥蜂

Palarus variegatus variegatus (Fabricius) 腹突柱小唇泥蜂腹突亚种

Palarus variegatus varius Sickmann 腹突柱小唇泥蜂黑色亚种

Palaucoccus Beardsley 菲粉蚧属

Palaucoccus gressitti Beardley 伯劳菲粉蚧

Paleacrita vernata (Peck) 苹尺蛾 Spring cankerworm

Palearctia erschoffi (Alphéraky) 春古北灯蛾

Palearctia glaphyra (Eversmann) 精古北灯蛾

Palearctia monglica (Alphéraky) 蒙古北灯蛾

Palembus dermestoides Chevrolat 皮角斗拟步甲

Paleocimbex carinulata Kônow 裂古锤角叶蜂 pear cimbicid sawfly

Paleosepharia Laboissière 凹翅萤叶甲属

Paleosepharia fulvicornis Chen 褐凹翅萤叶甲

Paleosepharia liquidambara Gressitt *et* Kimoto 枫香凹翅萤叶甲

Paleosepharia posticata Chen 核桃凹翅萤叶甲

Pales Robineau-Desvoidy 栉寄蝇属

Pales carbonata Mesnil 短尾栉寄蝇

Pales pavida (Meigen) 蓝黑栉寄蝇 silkworm tachina fly

Palimna Pascoe 地衣天牛属

Palimna annulata Olivier 网斑地衣天牛

Palimna liturata (Bates) 白斑地衣天牛

Palimna palimnoides (Schwarzer) 凹背地衣天牛

Palimna rondoni Breuning 郎氏地衣天牛

Palimna subrondoni Breuning 老挝地衣天牛

Palimna yunnana Breuning 云南地衣天牛

Palimnodes Breuning 苔天牛属

Palimnodes ducalis Bates 曲斑苔天牛

Palingenidae 褶缘蜉科

Palirisa cervina Moore 褐带蛾

Palirisa cervina mosoensis Mell 丽江带蛾

Palirisa sinensis Rothsch 灰褐带蛾

Pallasiola Jacobson 胫萤叶甲属

Pallasiola absinthii (Pallas) 阔胫萤叶甲

Palmaspis Bodenheimer 棕链蚧属

Palmaspis flagellariae (Russ.) 须叶藤棕链蚧

Palmaspis oraniae (Russ.) 菲律宾棕链蚧

Palmaspis phoenicis (Rao) 海枣棕链蚧

Palmaspis pinangae (Russ.) 槟榔棕链蚧

Palmaspis singulare (Russ.) 蒲葵棕链蚧

Palmaspis unicus (Russ.) 白藤棕链蚧

Palmicultor Williams 椰粉蚧属

Palmicultor bambusum Tang 单竹椰粉蚧

Palmicultor browni (Williams) 勃朗氏椰粉蚧

Palmicultor guamensis Beardsley 关岛椰粉蚧

Palmicultor palmarum (Ehrh.) 东亚椰粉蚧

Palmodes Kohl 掌泥蜂属

Palmodes occitanicus perplexus (Smith) 耙掌泥蜂红腹亚种

Palomena Mulsant *et* Rey 碧蝽属

Palomena amplifioata Distant 柳碧蝽

Palomena angulosa Motschulsky 碧蝽

Palomena haemorrhoidalis Lindberg 川甘碧蝽

Palomena limbata Jakovlev 缘腹碧蝽

Palomena prasina (Linnaeus) 红尾碧蝽

Palomena unicolorella Kirkaldy 尖角碧蝽

Palomena viridissima (Poda) 宽碧蝽

Palorus Mulsant 粉盗属

Palorus beesoni Bl. 毕氏粉盗

Palorus cerylonoides (Pascoe) 小粉盗

Palorus depressus Fab. 扁粉盗

Palorus foveicollis Blair 深沟粉盗

Palorus ratzeburgi Wissmann 姬拟粉盗 smalleyed flour beetle

Palorus subdepressus (Wollaston) 亚扁粉盗 depressed flour beetle

Palpifer sexnotatus Moore 六点长须蝙蛾

Palpifer sexnotatus niphonica Butler 尼六点长须蝙蛾 dasheen tree-borer

Palpimanidae 二纺蛛科

Palpita laticostalis Guenée 太平洋颚须螟

Palpita marginata Hampson 缘颚须螟

Palpita marinata Fabricius 海颚须螟

Palpita nigropunctalis Bremer 黑点颚须螟 lilac pyralid

Palpita vertumnalis Guenée 毁林颚须螟

Palpixiphia formosana (Enslin) 蓬莱须长颈树蜂

Palpixiphia humeralis Maa 肩长颈树蜂

Palpoctenidia Prout 泯尺蛾属

Palpoctenidia phoenicosoma (Swinhoe) 紫红泯尺蛾

Palpopleura 曲缘蜻属

Palpopleura sex-maculata Fabricius 六斑曲缘蜻

Pamendanga Distant 葩袖蜡蝉属

Pamendanga matsumurae Muir 松村葩袖蜡蝉

Pamerana Distant 直腮长蝽属

Pamerana scotti (Distant) 毛胸直腮长蝽

Pamerarma Malipatil 筒胸长蝽属

Pamerarma punctulata (Motschulsky) 淡足筒胸长蝽

Pamerarma rustica (Scott) 褐筒胸长蝽

Pammene Hübner 超小卷蛾属

Pammene crataegicola Liu *et* Komai 山楂超小卷蛾

Pammene fasciana Linnaeus 橡超小卷蛾 July acorn piercer moth

Pammene ginkgoicola Liu 银杏超小卷蛾

Pammene juliana Curtis 见 *Pammene fasciana*

Pammene nitidana Fabricius 见 *Strophedra nitidana*

Pammene ochsenheimeriana (Zeller) 云杉超小卷蛾

Pammene quercivora Meyrick 槲超小卷蛾

Pammene theristis Meyrick 收获超小卷蛾

Pammene weirana Douglas 见 *Strophedra weirana*

Pamochrysa stellata Tjeder 菊花粉帕草蛉

Pamphagidae 癞蝗科

Pamphaginae 癞蝗亚科

Pamphiliidae 扁叶蜂科 webspinning and leafrolling sawflies

Pamphilius Latreille 扁叶蜂属 leaf-rolling sawflies

Pamphilius betulae Linnaeus 黄翅扁叶蜂 aspen leaf-rolling sawfly

Pamphilius gyllenhali Dahlbom 柳扁叶蜂 willow leaf-rolling sawfly

Pamphilius histrio Latreille 颤杨扁叶蜂 aspen leaf-rolling sawfly

Pamphilius lanatus Benes 羊毛扁叶蜂

Pamphilius latifrons Fallén 北中欧颤杨扁叶蜂 aspen leaf-rolling sawfly

Pamphilius lobatus Maa 具裂片扁叶蜂

Pamphilius micans Maa 见 *Onycholyda subqadrata*

Pamphilius nakagawai Takeuchi 中川扁叶蜂

Pamphilius nigropilosus Shinohara *et al.* 黑毛扁叶蜂

Pamphilius pallipes Zett. 蓬足扁叶蜂 birch leaf-rolling sawfly

Pamphilius sertatus Kônow 花环扁叶蜂

Pamphilius subquadrata Maa 见 *Onycholyda subquadrata*

Pamphilius sylvarum Stephens 栎扁叶蜂 oak leaf-rolling sawfly

Pamphilius tibetanus Shinohara *et al.* 西藏扁叶蜂

Pamphilius vafer Linnaeus 桤木扁叶蜂 alder leaf-rolling sawfly

Pamphilius varius Lepeletier 垂枝桦扁叶蜂 birch leaf-rolling sawfly

Pamphilius wongi Maa 见 *Onycholyda wongi*

Pampsilota Kônow 全三节叶蜂属

Pampsilota sinensis (Kirby) 中华全三节叶蜂

Panacela lewinae Lewin 见 *Lewinbombyx lewinae*

Pancalia latreillella Curtis 银点举肢蛾

Panchaetothripidae 针蓟马科

Panchala Moore 俳灰蝶属

Panchala ganesa (Moore) 俳灰蝶

Panchala paraganesa de Nicéville 黑俳灰蝶

Panchlora Burmeister 角腹蠊属

Panchrysia dives (Eversmann) 黄裳银钩夜蛾

Panchrysia ornata (Bremer) 银钩夜蛾

Panchrysia tibetensis Chou *et* Lu 西藏银钩夜蛾

Pancorius Simon 盘蛛属

Pancorius hainanensis Song *et* Chai 海南盘蛛

Pancorius minutus Zabka 微盘蛛

Pandanicola Beardsley 蕈粉蚧属

Pandanicola esakii (Tak.) 伯劳蕈粉蚧

Pandanicola pandani (Tak.) 露兜蕈粉蚧

Pandava Lehtinen 庞蛛属

Pandava laminata (Thorell) 片层庞蛛

Pandelleana Rohdendorf 潘麻蝇属

Pandelleana protuberans protuberans (Pandelle) 肿额潘麻蝇

Pandelleana protuberans shantungensis Yeh 山东肿额潘麻蝇

Pandemis Hübner 褐卷蛾属

Pandemis borealis Freeman 北方褐卷蛾

Pandemis cerasana (Hübner) 醋栗褐卷蛾 currant twist moth

Pandemis chlorograpta Meyrick 泛绿褐卷蛾

Pandemis cinnamomeatna (Treitschke) 松褐卷蛾

Pandemis corylana (Fabricius) 榛褐卷蛾 great chequered twist moth

Pandemis dryoxesta Meyrick 藏褐卷蛾

Pandemis dumetana (Treitschke) 桃褐卷蛾

Pandemis fulvastra Bai 淡褐卷蛾

Pandemis heparana (Schiffermüller) 苹褐卷蛾 apple brown tortrix

Pandemis lamprosana Robinson 丽褐卷蛾

Pandemis limitata Robinson 三线褐卷蛾

Pandemis piceacola Liu 云杉褐卷蛾

Pandemis ribeana (Hübner) 见 *Pandemis cerasana*

Pandemis striata Bai 条褐卷蛾

Pandesma Guenée 蟠夜蛾属

Pandesma quenavadi Guenée 蟠夜蛾

Pandoriana Warren 潘豹蛱蝶属

Pandoriana pandora (Denis *et* Schiffermüller) 潘豹蛱蝶

Panesthia Serville 弯翅蠊属

Panesthia angustipenis Illiger 大弯翅蠊

Panesthia birmanica Brunner 小弯翅蠊

Panesthia cognata Bey-Bienko 阔斑弯翅蠊

Panesthia concinna Feng *et* Woo 丽弯翅蠊

Panesthia guangxiensis Feng *et* Woo 广西弯翅蠊

Panesthia sinuata Saussure 波形弯翅蠊

Panesthia spadica (Shiraki) 拟大弯翅蠊

Panesthia stellata Saussure 星弯翅蠊

Panesthia strelkovi Bey-Bienko 芽弯翅蠊

Panesthiidae 弯翅蠊科

Panesthiinae 弯翅蠊亚科

Pangacarus Manson 系瘿螨属

Pangoninae 距虻亚科

Pangrapta Hübner 眉夜蛾属

Pangrapta albistigma (Hampson) 白痣眉夜蛾

Pangrapta cana (Leech) 灰眉夜蛾

Pangrapta flavomacula Staudinger 黄斑眉夜蛾

Pangrapta obscurata (Butler) 苹眉夜蛾

Pangrapta ornata (Leech) 饰眉夜蛾

Pangrapta similistigma Warren 遮眉夜蛾

Pangrapta squamea (Leech) 鳞眉夜蛾

Pangrapta textilis (Leech) 纱眉夜蛾

Pangrapta tipula (Sinhoe) 蛛策夜蛾

Pangrapta trilineata (Leech) 三线眉夜蛾

Pangrapta trimantesalis (Walker) 浓眉夜蛾

Pangrapta umbrosa (Leech) 淡眉夜蛾

Pangrapta vasava (Butler) 点眉夜蛾

Pania 单管盘瓢虫属

Pania luteopustulata (Mulsant) 黄室盘瓢虫

Panimerus Laing 见 *Cinara* Curtis

Pannota 全盾蜉亚目

Panolis Hübner 小眼夜蛾属

Panolis exquisita Draudt 东小眼夜蛾

Panolis flammea (Denis *et* Schiffermüller) 小眼夜蛾 pine beauty moth

Panolis pinicortex Draudt 波小眼夜蛾

Panonychus Yokoyama 全爪螨属

Panonychus caglei Mellott 悬钩子全爪螨 raspberry red mite

Panonychus citri (McGregor) 柑橘全爪螨 citrus red mite

Panonychus elongatus Manson 长全爪螨

Panonychus ulmi (Koch) 苹果全爪螨 European red mite, fruit tree red mite

Panorpa sexspinosa Cheng 六刺蝎蛉

Panorpa Tillyard 蝎蛉属

Panorpa trifasciata Cheng 三带蝎蛉

Panorpidae 蝎蛉科 true scorpionflies, scorpionflies

Panstenon Walker 攀金小蜂属

Panstrongylus megistus Burmeister 大全园蝽

Pantala Hagen 黄蜻属

Pantala flavescens Fabricius 黄蜻

Pantaleon Distant 锯角蝉属

Pantaleon dorsalis Matsumura 锯角蝉

Pantana Walker 竹毒蛾属

Pantana aurantihumarata Chao 橙肩竹毒蛾

Pantana bicolor (Walker) 黄腹竹毒蛾

Pantana infuscata Matsumura 黑纱竹毒蛾

Pantana jinpingensis Chao 金平竹毒蛾

Pantana nigrolimbata Leech 宝兴竹毒蛾

Pantana phyllostachysae Chao 刚竹毒蛾

Pantana pluto (Leech) 暗竹毒蛾

Pantana seriatopunctata Matsumura 台湾竹毒蛾

Pantana simplex Leech 淡竹毒蛾

Pantana sinica Moore 华竹毒蛾

Pantana visum (Hübner) 竹毒蛾

Pantelozetes Granduean 喙泛甲螨属

Pantelozetes serrata Wang *et* Cui 锯喙泛甲螨

Panthauma Staudinger 短喙夜蛾属

Panthauma egregia Staudinger 短喙夜蛾

Panthea Hübner 盼夜蛾属

Panthea coenobita (Esper) 盼夜蛾

Panthea hönei (Draudt) 盗盼夜蛾

Panthous Stål 匿盾猎蝽属

Panthous excellens Stål 黑匿盾猎蝽

Panthous ruber Hsiao 红匿盾猎蝽

Pantographa limata G. *et* R. 椴木卷叶螟 basswood leaf roller

Pantomorus cervinus Boheman 玫瑰短喙象 Fuller's rose weevil

Pantomorus fulleri Horn 见 *Pantomorus cervinus*

Pantomorus godmani Crotch 见 *Pantomorus cervinus*

Pantomorus leucoloma Boheman 见 *Graphognathus leucoloma*

Pantoporia Hübner 蟠蛱蝶属

Pantoporia bieti (Oberthüer) 苾蟠蛱蝶

Pantoporia hordonia (Stoll) 金蟠蛱蝶

Pantoporia paraka (Butler) 鹀蟠蛱蝶

Pantoporia sandaka (Butler) 山蟠蛱蝶

Panurgidae 毛地蜂科 mining bees, burrower bees

Panurginae 毛地蜂亚科

Panurgus Nylander 毛地蜂属

Papilio Linnaeus 凤蝶属

Papilio alcmenor Felder 红基美凤蝶

Papilio arcturus Westwood 窄斑翠凤蝶

Papilio bianor Cramer　碧凤蝶

Papilio bootes Westwood　牛郎凤蝶

Papilio castor Westwood　玉牙凤蝶

Papilio demodocus Esp.　橙体凤蝶　orange dog swallowtail

Papilio demoleus Linnaeus　达摩凤蝶　chequered swallowtail butterfly, lemon butterfly

Papilio dialis Leech　穹翠凤蝶

Papilio glaucus Linnaeus　北美黑条黄凤蝶　tiger swallowtail

Papilio helenus Linnaeus　玉斑凤蝶

Papilio helenus nicconicolens Butler　小黄斑凤蝶日本亚种　red Helen swallowtail

Papilio hoppo Matsumura　重帏翠凤蝶

Papilio krishna Moore　克里翠凤蝶

Papilio maacki Ménétriès　绿带翠凤蝶

Papilio machaon hippocrates C. *et* R. Felder　黄凤蝶北亚亚种　common yellow swallowtail

Papilio machaon Linnaeus　金凤蝶

Papilio macilentus Janson　美姝凤蝶

Papilio mahadevus Moore　马哈凤蝶

Papilio memnon Linnaeus　美凤蝶　great Mormon butterfly

Papilio memnon thunbergii von Siebold　美凤蝶桑氏亚种　great Mormon swallowtail

Papilio nephelus Boisduval　宽带凤蝶

Papilio noblei de Nicéville　衲补凤蝶

Papilio paris Linnaeus　巴黎翠凤蝶

Papilio polyctor Boisduval　波绿翠凤蝶

Papilio polytes Linnaeus　玉带凤蝶

Papilio polytes polycles Fruhstorfer　玉带凤蝶多枝亚种　common Mormon swallowtail

Papilio protenor Cramer　蓝凤蝶

Papilio protenor demetrius Cramer　蓝凤蝶淡漠亚种　spangle swallowtail

Papilio rumanzovius Eschscholtz　红斑美凤蝶

Papilio rutulus Lucas　芸香凤蝶

Papilio sarpedon Linnaeus　青带凤蝶

Papilio syfanius Oberthüer　西番翠凤蝶

Papilio taiwanus Rothschild　台湾凤蝶

Papilio troilus Linnaeus　北美乌樟凤蝶　spice-bush swallowtail

Papilio xuthus Linnaeus　柑橘凤蝶　smaller citrus dog, Chinese yellow swallowtail

Papilionidae　凤蝶科　swallowtail butterflies

Papilioninae　凤蝶亚科

Papillacarus Kunst　疹丘甲螨属

Papillacarus echinatus Li *et* Chen　棘疹丘甲螨

Papillacarus ondriasi Mahunka　奥疹丘甲螨

Papillacarus undirostratus　波吻疹丘甲螨

Papirius Lubbock　盘圆跳虫属

Papirius maculosus　具斑盘圆跳虫　spotted springtail

Paraamblyseius Muma　副钝绥螨属

Paraanthidium longicorne Linnaeus　长须准黄斑蜂

Parabapta Warren　平沙尺蛾属

Parabemisia myricae Kuwana　杨梅缘粉虱

Parabitecta flava Hering　顶弯苔蛾

Parabolopona Matsumura　脊翅叶蝉属

Parabolopona camphorae Matsumura　樟脊翅叶蝉　camphor leafhopper

Parabolopona chinensis Webb　华脊翅叶蝉

Parabolopona guttata (Uhler)　点斑脊翅叶蝉

Parabolopona ishiharai Webb　石原脊翅叶蝉

Parabolopona yangi Zhang, Chen *et* Shen　杨氏脊翅叶蝉

Paraboloponidae　脊翅叶蝉科

Parabonzia Smiley　副帮佐螨属

Parabonzia bdelliformis (Atyeo)　扁副帮佐螨

Parabostrychus acuticollis Lesne　尖胸长蠹

Paracalacarus Keifer　副丽瘿螨属

Paracalacarus podocarpi Keifer　波氏副丽瘿螨

Paracanthocinus laosensis Breuning　短长角天牛

Paracaphylla Mohanasundaram　旁尖叶瘿螨属

Paracardiococcus Takahashi　脆蜡蚧属(�蜡蚧属)

Paracardiococcus actinodaphnis Takahashi　木姜子脆蜡蚧(姜脆蜡蚧,黄楠蟠蜡蚧)

Paracardiophorus Schwarz　阔腹叩甲属

Paracardiophorus pauper Candeze　见 *Platynychus pauper*

Paracardiophorus pullatus Candeze　阔腹叩甲　broad-belly click beetle

Paracarophoenax ipidarius (Redikorzev)　精干宽红叶螨

Paracarotomus Ashmead　宽颊金小蜂属

Paracarotomus cephalotes Ashmead　宽颊金小蜂

Paracentrobia Howard　邻赤眼蜂属

Paracentrobia andoi (Ishii)　褐腰邻赤眼蜂

Paracentrobia fusca Lin　褐色邻赤眼蜂

Paracentrobia yasumatsui Subba Rao　六斑邻赤眼蜂

Paracentrocorynus nigricollis Roelofs　红长颈节叶象

Paraceras Wagner　副角蚤属

Paraceras brevimanubrium Li *et* Huang　短柄副角蚤

Paraceras crispus (Jordan *et* Rothschild)　屈褶副角蚤

Paraceras laxisinus Xie, He *et* Li　宽窦副角蚤

Paraceras melis flabellum (Wagner)　獾副角蚤扇形亚种

Paraceras menetum Xie, Chen *et* Li　纹鼠副角蚤

Paraceras sauteri (Rothschild)　深窦副角蚤

Paracerostegia Tang　龟蜡蚧属

Paracerostegia ajmerensis (Avasthi)　印度龟蜡蚧

Paracerostegia centroroseus (Chen)　红帽龟蜡蚧

Paracerostegia floridensis (Comstock)　佛州龟蜡蚧　Florida wax scale

Paracerostegia japonica (Green)　见 *Ceroplates japonica*

Paracerostegia kunmingensis Tang *et* Xie　昆明龟蜡蚧

Paracheyletia Volgin　副扇毛螨属

Parachipteria van der Hammen　副角翼甲螨属

Parachipteria distincta (Aoki) 显副角翼甲螨

Parachydaeopsis laosica Breuning 齿尾天牛

Paraciota Mohanasundaram 旁锐缘瘿螨属

Paraclemensia Busck 槭穿孔蛾属

Paraclemensia acerifoliella (Fitch) 槭穿孔蛾 maple leaf cutter

Paraclerobia pimatella (Caradja) 柠条种子斑螟

Paracletus Heyden 拟根蚜属

Paracletus cimiciformis Heyden 麦拟根蚜

Paracoccus Ezzat *et* McConnell 见 *Allococcus* Ezzat *et* McConnell

Paracoccus pasaniae Borchs. 见 *Maconellicoccus pasaniae*

Paracodrus Kieffer 无翅细蜂属

Paracoelotes Brignoli 类隙蛛属

Paracoelotes luctuosus L. Koch 阴暗类隙蛛

Paracoelotes major (Kronebrg) 更大类隙蛛

Paracoelotes spinivulva (Simon) 刺瓣类隙蛛

Paracolax Hübner 奴夜蛾属

Paracolax dictyogramma Sugi 乐奴夜蛾

Paracolax pryeri (Butler) 黄肾俏夜蛾

Paracolomerus Keifer 拟缺节瘿螨属

Paracolomerus davidiae Kuang *et* Hong 珙桐拟缺节瘿螨

Paracolopodacus Kuang *et* Huang 副同足瘿螨属

Paracolopodacus camelliae Kuang *et* Huang 油茶副同足瘿螨

Paracomacris producta Walker 见 *Coryphosima producta*

Paraconfucius Cai 肩叶蝉属

Paraconfucius pallidus Cai 淡缘肩叶蝉

Paracopium Distant 大角网蝽属

Paracopium sauteri Drake 大角网蝽

Paracopta Hsiao *et* Jen 同龟蝽属

Paracopta duodecimpunctatum (Germar) 点同龟蝽

Paracopta maculata Hsiao *et* Jen 斑同龟蝽

Paracopta marginata Hsiao *et* Jen 边同龟蝽

Paracopta rufiscuta Hsiao *et* Jen 红盾同龟蝽

Paracorbulo Tian *et* Ding 无皱飞虱属

Paracorbulo amplexicaulis Tian *et* Ding 膜秳飞虱

Paracorbulo clavata Kuoh 棒突无皱飞虱

Paracorbulo sanguinalis Ding *et* Tian 马唐飞虱

Paracorbulo sirokata (Matsumura *et* Ishihara) 白颈飞虱

Paracorethrura Melichar 歪璐蜡蝉属

Paracorethrura iocnemis (Jacobi) 歪璐蜡蝉

Paracrama Moore 翡夜蛾属

Paracrama dulcissima (Walker) 翡夜蛾

Paracritheus Bergroth 棘蝽属

Paracritheus trimaculatus (Lepeletier *et* Serville) 棘蝽

Paracroesia picevora Liu 云杉副弧翅卷蛾

Paracrothinium Chen 似丽叶甲属

Paracrothinium cupricolle Chen 紫胸似丽叶甲

Paractenochiton Takahashi 毛肛蚧属

Paractenochiton sutepensis Takahashi 泰国毛肛蚧

Paracunaxoides Smiley 副似巨须螨属

Paracunaxoidinae 副似巨须螨亚科

Paracyba Vilbaste 蟠小叶蝉属

Paracyba akashiensis Takahashi 阿达市蟠小叶蝉

Paracyba soosi Dworakowska 褐带蟠小叶蝉

Paracycnotrachelus cygneus Fabricius 鹅宽颈象

Paracylindromorphus chinensis Obenb. 中华宽头吉丁

Paradarisa Warren 拟毛腹尺蛾属

Paradasynus China 副黛缘蝽属

Paradasynus longirostris Hsiao 喙副黛缘蝽

Paradasynus spinosus Hsiao 刺副黛缘蝽

Paradasynus tibialis Hsiao 胫副黛缘蝽

Paradelia Ringdahl 邻泉蝇属

Paradelia nototrigona Ge *et* Fan 三角邻泉蝇

Paradiallus duaulti Breuning 宽肩天牛

Paradichosia Senior-White 变丽蝇属

Paradichosia blaesostyla Feng, Chen *et* Fan 凹铗变丽蝇

Paradichosia brachyphalla Feng, Chen *et* Fan 短阳变丽蝇

Paradichosia chuanbeiensis Chen *et* Fan 川北变丽蝇

Paradichosia crinitarsis Villeneuve 缨跗变丽蝇

Paradichosia hunanensis Chen, Zhang *et* Fan 湖南变丽蝇

Paradichosia kangdingensis Chen *et* Fan 康定变丽蝇

Paradichosia nigricans Villeneuve 亮黑变丽蝇

Paradichosia scutellata (Senior-White) 长鬃变丽蝇

Paradichosia tsukamotoi (Kano) 疣腹变丽蝇

Paradichosia vanemdeni (Kurahashi) 长簇变丽蝇

Paradieuches Distant 点列长蝽属

Paradieuches dissimilis (Distant) 褐斑点列长蝽

Paradiplosis manii Inouye 杉邻珠瘿蚊 fir needle midge

Paradoloisia Chen *et* Hsu 副珠恙螨属

Paradoloisia gigantica Chen *et* Hsu 巨副珠恙螨

Paradoxiphis Berlese 奇伊螨属

Paradoxopsyllus Miyajima *et* Koidzumi 怪蚤属

Paradoxopsyllus aculeolatus Ge *et* Ma 微刺怪蚤

Paradoxopsyllus alatau Schwarz 阿拉套怪蚤

Paradoxopsyllus calceiforma Zhang *et* Liu 履形怪蚤

Paradoxopsyllus conveniens Wagner 适宜怪蚤

Paradoxopsyllus curvispinus Miyajima *et* Koidzumi 曲鬃怪蚤

Paradoxopsyllus custodis Jordan 绒鼠怪蚤

Paradoxopsyllus diversus Liu, Chen *et* Liu 岐异怪蚤

Paradoxopsyllus inferioprocerus Yu, Zao *et* Huang 低突怪蚤

Paradoxopsyllus integer Ioff 长指怪蚤

Paradoxopsyllus intermedius Hsieh, Yang *et* Li 介中怪蚤

Paradoxopsyllus jinshajiangensis concavus Liu, Lin *et* Zhang 金沙江怪蚤凹亚种

Paradoxopsyllus jinshajiangensis Hsieh, Yang *et* Li 金沙

江怪蚤

Paradoxopsyllus kalabukhovi Labunets 喉瘰怪蚤

Paradoxopsyllus latus Chen, Wei *et* Liu 宽怪蚤

Paradoxopsyllus liae Guo, Liu *et* Wu 李氏怪蚤

Paradoxopsyllus liui Lin, Li *et* Chang 柳氏怪蚤

Paradoxopsyllus longiprojectus Hsieh, Yang *et* Li 长突怪蚤

Paradoxopsyllus longiquadratus Liu, Ge *et* Lan 长方怪蚤

Paradoxopsyllus magnificus Lewis 鬃刷怪蚤

Paradoxopsyllus naryni Wagner 纳伦怪蚤

Paradoxopsyllus paraphaeopis Lewis 副昏暗怪蚤

Paradoxopsyllus paucichaetus Yu, Wu *et* Liu 少鬃怪蚤

Paradoxopsyllus phaeopis (Jordan *et* Rothschild) 昏暗怪蚤

Paradoxopsyllus repandus (Rothschild) 后弯怪蚤

Paradoxopsyllus rhombomysus Li, Huang *et* Sun 大沙鼠怪蚤

Paradoxopsyllus scorodumovi Scalon 齐缘怪蚤

Paradoxopsyllus socrati Kunitskaya *et* Kunitsky 苏氏怪蚤

Paradoxopsyllus spinosus Lewis 刺怪蚤

Paradoxopsyllus stenotus Liu, Cai *et* Wu 直狭怪蚤

Paradoxopsyllus teretifrons (Rothschild) 无额突怪蚤

Paradoxopsyllus wangi Guo, Liu *et* Wu 王氏怪蚤

Paradromus Muma 副走螨属

Paraeucosmetus Malipatil 缢胸长蝽属

Paraeucosmetus angusticollis Zheng 狭背缢胸长蝽

Paraeucosmetus guangxiensis Zheng 广西缢胸长蝽

Paraeucosmetus malayus (Stål) 黑角缢胸长蝽

Paraeucosmetus pallicornis (Dallas) 淡角缢胸长蝽

Paraeucosmetus sinensis Zheng 川鄂缢胸长蝽

Paraeucosmetus vitalisi (Distant) 黑胫缢胸长蝽

Parafagocyba Kuoh *et* Hu 肖榉叶蝉属

Parafagocyba binaria Kuoh *et* Hu 二点肖榉叶蝉

Parafagocyba multimaculata Kuoh *et* Hu 多斑肖榉叶蝉

Parafairmairia Cockerell 螺壳蚧属

Parafairmairia bipartita (Sign.) 双峰螺壳蚧

Parafairmairia elongata Matesova 长形螺壳蚧

Paragabara flavomacula Oberthüer 黄斑副钢夜蛾

Parageron beijingensis Yang *et* Yang 北京拟驼蜂虻

Paragetocera Laboissière 后脊守瓜属

Paragetocera involuta Laboissière 曲后脊守瓜

Paragetocera parvula (Laboissière) 黑胸后脊守瓜

Paraglenea fortunei (Saunders) 苎麻天牛

Paraglenea swinhoei Bates 大麻天牛

Paragnetina Klapalek 纯石蝇属

Paragnetina acutistyla Wu 尖突纯石蝇

Paragnetina elongata Wu *et* Claassen 长形纯石蝇

Paragnetina indentata Wu *et* Claassen 凹隐纯石蝇

Paragnetina pieli Navás 巨斑纯石蝇

Paragnia fulvomaculata Gahan 柱角天牛

Paragniopsis ochraceomaculata Breuning 副阿天牛

Paragomphus Cowley 副春蜓属

Paragomphus hoffmanni (Needham) 贺副春蜓

Paragomphus pardalinus Needham 豹纹副春蜓

Paragomphus wuzhishanensis Liu 五指山副春蜓

Paragonista Will. 小戛蝗属

Paragonista fastigiata Bi 长顶小戛蝗

Paragonista infumata Will. 小戛蝗

Paragreenia zeylanica (Green) 见 *Neogreenia zeylanica*

Paragus Latreille 小食蚜蝇属

Paragus albifrons (Fallén) 白额小食蚜蝇

Paragus compeditus Wiedemann 矩舌小食蚜蝇

Paragus gulangensis Li *et* Li 古浪小食蚜蝇

Paragus haemorrhous Meigen 拟刻点小食蚜蝇

Paragus tibialis (Fallén) 刻点小食蚜蝇

Paragus xinyuanensis Li *et* He 新源小食蚜蝇

Parahypopta Daniel 副木蠹蛾属

Parahypopta choui Fang *et* Chen 周氏木蠹蛾

Parainsulaspis Borchsenius 见 *Paralepidosaphes* Borchsenius

Parainsulaspis glaucae (Takahashi) 见 *Paralepidosaphes glaucae*

Parainsulaspis laterochitinosa (Green) 见 *Paralepidosaphes laterochitinosa*

Parainsulaspis leei (Takagi) 见 *Paralepidosaphes leei*

Parainsulaspis megregori (Bank) 见 *Paralepidosaphes laterochitinosa*

Parainsulaspis piniphila (Borchsenius) 见 *Paralepidosaphes piniphilus*

Parainsulaspis pitysophila (Takagi) 见 *Paralepidosaphes pitysophila*

Parainsulaspis spinulata Borchs. 见 *Paralepidosaphes spinulata*

Parainsulaspis ussuriensis Borchs. 见 *Paralepidosaphes ussuriensis*

Parainsulaspis yamahoi (Tak.) 见 *Paralepidosaphes yamahoi*

Parajapyx Silvestri 副铗虬属

Parajapyx emeryanus Silvestri 爱副铗虬

Parajapyx isabellae Grasi 副铗虬

Parakalumma Jacot 副大翼甲螨属

Parakalumma lyda (Jacot) 莉达副大翼甲螨

Parakalummidae 副大翼甲螨科

Parakuwania betulae (Borchs.) 见 *Xylococcus japonicus*

Paralamellobates Bhaduri *et* Raychaudhuri 副梁甲螨属

Paralasa Moore 山眼蝶属

Paralasa batanga van der Goltz 山眼蝶

Paralasa herse (Grum-Grshimailo) 耳环山眼蝶

Paralaxita Eliot 暗蚬蝶属

Paralaxita dora (Fruhstorfer) 暗蚬蝶

Paralbara Watson 赭钩蛾属

Paralbara achlyscarleta Chu *et* Wang 赭钩蛾

Paralbara muscularia (Walker) 黄颈赭钩蛾

Paralbara pallidinota Watson 斑赭钩蛾

Paralbara spicula Watson 净赭钩蛾

Paralebeda Aurivillius 栎毛虫属

Paralebeda plagifera femorata (Ménétriès) 东北栎毛虫

Paralebeda plagifera Walker 松栎毛虫

Paralecanium Cockerell *et* Parr. 鳞片蚧属(扇蜡蚧属,扇蚧属)

Paralecanium expansum (Green) 荔枝鳞片蚧(榕扇蜡蚧,榕扇蚧)

Paralecanium expansum quadratum (Green) 台湾扇蚧

Paralecanium geometricum (Green) 棋背鳞片蚧(樟扇蚧)

Paralecanium hainanensis Tak. 海南鳞片蚧(海南扇蚧)

Paralecanium machili Takahashi 桢楠鳞片蚧(楠扇蚧,楠扇蜡蚧)

Paralecanium milleti Tak. 扁圆鳞片蚧

Paralecanium quadratum (Green) 箣柊鳞片蚧(冬扇蜡蚧)

Paralechia pinifoliella Chambers 见 *Exoteleia pinifoliella*

Paralepidosaphes Borchsenius 癞蛎盾蚧属

Paralepidosaphes bladhiae (Tak.) 米兰癞蛎盾蚧

Paralepidosaphes buzonensis (Kuw.) 榕癞蛎盾蚧

Paralepidosaphes cocculi (Green) 见 *Paralepidosaphes laterochitinosa*

Paralepidosaphes coreana Borchsenius 朝鲜癞蛎盾蚧

Paralepidosaphes euryae (Kuwana) 柃木癞蛎盾蚧

Paralepidosaphes glaucae (Tak.) 栎癞蛎盾蚧

Paralepidosaphes laterochitinosa (Green) 硬缘癞蛎盾蚧

Paralepidosaphes leei (Takagi) 冬青癞蛎盾蚧

Paralepidosaphes mcgregori (Bank) 见 *Paralepidosaphes laterochitinosa*

Paralepidosaphes meliae Tang 楝树癞蛎盾蚧

Paralepidosaphes okitsuensis (Kuwana) 冷杉癞蛎盾蚧 Japanese silver fir scale

Paralepidosaphes piniphilus (Borchs.) 京松癞蛎盾蚧

Paralepidosaphes pitysophila (Takagi) 松癞蛎盾蚧

Paralepidosaphes smilacis (Takagi) 菝葜癞蛎盾蚧

Paralepidosaphes spinulata (Borchs.) 小刺癞蛎盾蚧

Paralepidosaphes tubulorum (Ferris) 乌柏癞蛎盾蚧 bark oystershell scale

Paralepidosaphes ussuriensis (Kuw.) 乌苏里癞蛎盾蚧

Paralepidosaphes yamahoi (Tak.) 山地癞蛎盾蚧

Paraleprodera Breuning 齿胫天牛属

Paraleprodera carolina Fairmaire 蜡斑齿胫天牛

Paraleprodera cordifera saigonensis Pic 西贡齿胫天牛

Paraleprodera crucifera (Fabricius) 大黑斑齿胫天牛

Paraleprodera diophthalma (Pascoe) 眼斑齿胫天牛

Paraleprodera insidiosa (Pascoe) 瘦齿胫天牛

Paraleprodera itzingeri (Breuning) 斜斑齿胫天牛

Paraleprodera laosensis Breuning 老挝齿胫天牛

Paraleprodera stephenus fasciata Breuning X纹齿胫天牛

Paraleprodera triangularis Thomson 角齿胫天牛

Paralinomorpha muchei Koch 穆氏粗角叶蜂

Paralipsa Butler 缀螟属

Paralipsa gularis (Zeller) 一点缀螟 stored nut moth

Parallelia Hübner 巾夜蛾属

Parallelia absentimacula (Guenée) 故巾夜蛾

Parallelia analis (Guenée) 月牙巾夜蛾

Parallelia arctotaenia (Guenée) 玫瑰巾夜蛾

Parallelia arcuata (Moore) 弓巾夜蛾

Parallelia crameri (Moore) 无肾巾夜蛾

Parallelia dulcis (Butler) 小直巾夜蛾

Parallelia fulvotaenia (Guenée) 宽巾夜蛾

Parallelia illibata (Fabricius) 失巾夜蛾

Parallelia joviana (Stoll) 隐巾夜蛾

Parallelia maturata (Walker) 霉巾夜蛾

Parallelia obscura (Bremer *et* Grey) 小折巾夜蛾

Parallelia palumba (Guenée) 柚巾夜蛾

Parallelia praetermissa (Warren) 肾巾夜蛾

Parallelia senex (Walker) 耆巾夜蛾

Parallelia simillima (Guenée) 紫巾夜蛾

Parallelia stuposa (Fabricius) 石榴巾夜蛾

Parallelia umbrosa (Walker) 灰巾夜蛾

Parallelodiplosis cattleyae (Molliard) 卡特来兰并脉瘿蚊 cattleya midge

Parallelodiplosis coryli (Felt) 拷氏并脉瘿蚊

Parallelomma sasakawae Hering 百合潜叶粪蝇 liliaceous leafminer

Parallelus Zhang 平缘叶蝉属

Parallelus rubrolineatus Zhang 红线平缘叶蝉

Paralobesia liriodendrana (Kft.) 黄杨副叶新卷蛾

Paralongidorus Siddiqi, Hooper *et* Khan 异长针线虫属

Paralongidorus agni Sharma *et* Edward 清洁异长针线虫

Paralongidorus australis Stirling *et* McCulloch 南方异长针线虫

Paralongidorus buchae Lamberti, Roca *et* Chinappen 巴卡异长针线虫

Paralongidorus buckeri Sharma *et* Edward 巴克尔异长针线虫

Paralongidorus bullatus Sharma *et* Siddiqi 泡异长针线虫

Paralongidorus citri (Siddiqi) 枸橼异长针线虫

Paralongidorus droseri Sukul 茅膏菜异长针线虫

Paralongidorus duncani Siddiqi, Baujard *et* Mounport 邓肯异长针线虫

Paralongidorus esci Khan, Chawla *et* Saha 伊斯异长针线虫

Paralongidorus fici Edward, Misra *et* Singh 无花果异长针线虫

Paralongidorus flexus Khan *et al.* 弓状异长针线虫

Paralongidorus georgiensis (Tulaganov) 格鲁吉亚异长

针线虫
Paralongidorus lemoni Nasira *et al.* 柠檬异长针线虫
Paralongidorus lutensis Hunt *et* Rahman 卢特异长针线虫
Paralongidorus major Verma 较大异长针线虫
Paralongidorus microlaimus Siddiqi 小咽异长针线虫
Paralongidorus namibiensis Jacobs *et* Heyns 纳米比亚异长针线虫
Paralongidorus oryzae Verma 水稻异长针线虫
Paralongidorus rex Andrássy 王异长针线虫
Paralongidorus rosundatus Khan 波纹异长针线虫
Paralongidorus sacchari Siddiqi, Hooper *et* Khan 甘蔗异长针线虫
Paralongidorus sali Siddiqi, Hooper *et* Khan 萨勒异长针线虫
Paralongidorus similis Khan, Chawla *et* Prasad 相似异长针线虫
Paralorryia Baker 副罗里螨属
Paralychrosimorphus rondoni Breuning 簇角天牛
Paralycus 巴利螨属
Paralycus chongqingensis Fan, Li *et* Xuan 重庆巴利螨
Paralycus longior Fan, Li *et* Xuan 长巴利螨
Paralygris Warren 毛瓣尺蛾属
Paralygris contorta Warren 旋毛瓣尺蛾
Paralygris ischnopetala Xue 瘦毛瓣尺蛾
Paramacronychiinae 野蝇亚科
Paramarcius Hsiao 副锤缘蝽属
Paramarcius puncticeps Hsiao 副锤缘蝽
Paramblynotus formosanus (Hedicke) 台湾异节光翅瘿蜂
Paramblynotus fraxini Yang *et* Gu 水曲柳异节光翅瘿蜂
Paramblynotus punctulatus Cameron 斑异节光翅瘿蜂
Parambrostoma Chen 喜山叶甲属
Parambrostoma mahesa (Hope) 荆芥喜山叶甲
Paramecolabus discolor Fåhraeus 见 *Henicolabus discolor*
Paramegaphragma Lin 长缨赤眼蜂属
Paramegaphragma macrostigmum Lin 显痣长缨赤眼蜂
Paramegaphragma stenopterum Lin 窄翅长缨赤眼蜂
Paramegistidae 副巨螨科
Parameioneta Locket 玲蛛属
Parameioneta bilobata Li *et* Zhu 二叶玲蛛
Paramekongiella Huang 拟澜沧蝗属
Paramekongiella zhongdianensis Huang 中甸拟澜沧蝗
Paramelanauster sciamai Breuning X纹异星天牛
Paramermis Linstow 副索线虫属
Paramermis antica Rubzov 前副索线虫
Paramermis aquatilis Linstow 水栖副索线虫
Paramermis ascaroides Artyukhovsky *et* Khartschenko 线形副索线虫
Paramermis crassa Linstow 厚副索线虫
Paramermis crassiderma Rubzov 厚皮副索线虫
Paramermis foveata Rubzov 坑副索线虫
Paramermis implicata Linstow 低蟠旋副索线虫
Paramermis lepnevae Filipjev 列氏副索线虫
Paramermis limnophila Daday 嗜沼副索线虫
Paramermis orthovaginata Rubzov 直阴副索线虫
Paramermis tabanivora Rubzov *et* Andreeva 食虻副索线虫
Paramermis tenuiloba Rubzov *et* Andreeva 薄叶副索线虫
Paramermis terminalistoma Rubzov 顶口副索线虫
Paramermis timmi Rubzov 季姆副索线虫
Paramermis zygopterorum Rubzov *et* Pavljuk 日氏副索线虫
Paramesodes Ishihara 冠带叶蝉属
Paramesodes albinervosus Matsumura 白鞘冠带叶蝉
Paramesodes mokanshanae Wilson 莫干山冠带叶蝉
Paramesosella nigrosignata Breuning 黑斑异象天牛
Paramesus Fåhraeus 蚀眼长角象属
Parametriates Kusnetzov 茶尖蛾属
Parametriates theae Kusnetzov 茶尖蛾(茶梢蛀蛾) tea shoot borer
Paramictis Hsiao 副侎缘蝽属
Paramictis validus Hsiao 副侎缘蝽
Paramimistena enterolobii Gressitt *et* Rondon 小球胸天牛
Paramimistena longicollis Gressitt *et* Rondon 网点球胸天牛
Paramimistena polyalthiae Fisher 窝点球胸天牛
Paramimistena subglabra burmana Gressitt *et* Rondon 缅甸球胸天牛
Paramimistena subglabra Gressitt *et* Rondon 老挝球胸天牛
Paramyrmococcus Tak. 螺粉蚧属
Paramyrmococcus chiengraiensis Tak. 泰国螺粉蚧
Paramyrmococcus vietnamensis Williams 越南螺粉蚧
Paramyronides Redtenbacher 股枝蛸属
Paramyronides yunnanensis Chen *et* He 云南股枝蛸
Paranaches simplex Pic 粗柄天牛
Paranaleptes reticulata (Thoms.) 东非侧干天牛 cashew stem girdler
Paranamera Breuning 凹唇天牛属
Paranamera ankangensis Chiang 黄斑凹唇天牛
Paranandra laosensis Breuning 老挝角瘤天牛
Paranandra strandiella Breuning 短颊角瘤天牛
Parandra brunnea (F.) 褐异天牛 pole borer
Parandra marginicollis punctillata Schäffer 点缘异天牛
Paranectopia Ding *et* Tian 高原飞虱属
Paranectopia lasaensis Ding *et* Tian 拉萨高原飞虱
Paraneopsylla Tiflov 副新蚤属
Paraneopsylla clavata Wu, Lang *et* Liu 棒副新蚤
Paraneopsylla globa Shao, Wu *et* Sheng 球副新蚤
Paraneopsylla ioffi ioffi Tiflov 深窦副新蚤指名亚种

Paraneopsylla longisinuata Liu, Tsai *et* Wu 长窦副新蚤

Paraneopsylla tiflovi Fedina 直指副新蚤

Paraneotermes simplicicornis (Banks) 单枝棘木白蚁

Paranerice Kiriakoff 仿白边舟蛾属

Paranerice hönei Kiriakoff 仿白边舟蛾

Paranguina Kirjanova 副鳗线虫属

Paranguina agropyri Kirjanova 冰草副鳗线虫

Paranicomia similis Breuning 匀天牛

Paranthophylax Gressitt 胫花天牛属

Paranthophylax sericeus Gressitt 斑胸胫花天牛

Paranthophylax superba (Pic) 越南胫花天牛

Paranthrene Hübner 准透翅蛾属

Paranthrene actinidiae Yang *et* Wang 猕猴桃准透翅蛾

Paranthrene dollii dollii (Newm.) 道氏准透翅蛾

Paranthrene palmii (Hy. Edw.) 帕氏准透翅蛾

Paranthrene regalis Butler 见 *Sciapteron regale*

Paranthrene robiniae (Hy. Edwards) 刺槐准透翅蛾 locust clearwing

Paranthrene simulans simulans (Grote) 并准透翅蛾

Paranthrene tabaniformis Rottenburg 白杨准透翅蛾 dusky clearwing moth

Paranthrene tricincta (Harris) 三带准透翅蛾

Paranthreninae 准透翅蛾亚科

Paranthrenopsis constricta Butler 蔷薇近准透翅蛾 rose clearwing moth

Parantica Moore 绢斑蝶属

Parantica aglea (Stoll) 绢斑蝶

Parantica melanea (Cramer) 黑绢斑蝶

Parantica pedonga Fujioka 西藏绢斑蝶

Parantica sita (Kollar) 大绢斑蝶

Paranticopsis Wood-Mason *et* de Nicéville 纹凤蝶属

Paranticopsis macareus (Godart) 纹凤蝶

Paranticopsis megarus (Westwood) 细纹凤蝶

Paranticopsis xenocles (Doubleday) 客纹凤蝶

Paranysius Horváth 宽头长蝽属

Paranysius fraterculus Horváth 宽头长蝽

Paraperiglischrus Rudnick 拟弱螨属

Paraperiglischrus analis Pan *et* Teng 肛拟弱螨

Paraperiglischrus hipposideros Baker *et* Delfinado 蹄蝠拟弱螨

Paraperiglischrus rhinolophinus (Koch) 菊头蝠拟弱螨

Paraperiglischrus strandtmanni Baker *et* Delfinado 斯氏拟弱螨

Paraperithous Haupt 派姬蜂属

Paraperithous chui (Uchida) 祝氏派姬蜂

Parapetalocephala Kato 肖片叶蝉属

Parapetalocephala testacea Cai *et* Kuoh 黄褐肖片叶蝉

Paraphloeobius Jordan 假皮长角象属

Paraphorodon Tseng *et* Tao 副疣额蚜属

Paraphorodon cannabis (Passerini) 大麻疣蚜

Paraphytomyza populi Kaltenbach 柳邻卷叶潜蝇 willow leafminer

Paraphytoptella Keifer 小副植羽瘿螨属

Paraphytoptus Nalepa 副植羽瘿螨属

Paraphytoptus chrysanthemumi Keifer 菊蒿副植羽瘿螨 chrysanthemum rust mite

Parapilinurgus Arrow 肋花金龟属

Parapilinurgus variegatus Arrow 圆唇肋花金龟

Paraplectana Britor Capello 瓢蛛属

Paraplectana quadrimamillata Schenkel 四突瓢蛛

Paraplectana sakaguchii Uyemura 板口瓢蛛

Paraplectana tsushimensis Yamaguchi 对马瓢蛛

Parapleurodes Ramme 绿肋蝗属

Parapleurodes chinensis Ramme 中华绿肋蝗

Parapleurus Fischer 草绿蝗属

Parapleurus alliaceus (Germ.) 草绿蝗

Paraplinthus carinatus Mannerheim 见 *Steremnius carinatus*

Parapoderus fuscicornis Fabricius 褐邻突卷叶象

Parapodisma Mistsh. 刺突蝗属

Parapodisma subastris Huang 单纹刺突蝗

Parapolybia Saussure 侧异腹胡蜂属

Parapolybia indica bioculata van der Vecht 库侧异腹胡蜂

Parapolybia indica indica (Saussure) 印度侧异腹胡蜂

Parapolybia varia varia (Fabricius) 变侧异腹胡蜂

Paraporta Zheng 刺胸长蝽属

Paraporta megaspina Zheng 刺胸长蝽

Parapraon Star 侧蚜外茧蜂属

Parapraon americanum (Ashmead) 美洲侧蚜外茧蜂

Parapraon baodingense Ji *et* Zhang 保定侧蚜外茧蜂

Parapraon brachycerum Ji *et* Zhang 短角侧蚜外茧蜂

Parapraon gallicum Star 五倍子侧蚜外茧蜂

Parapraon necans Mackauer 毁灭侧蚜外茧蜂

Parapraon pakistanum Kirkland 巴基斯坦侧蚜外茧蜂

Parapraon rhopalosiphum Takada 缢管蚜侧蚜外茧蜂

Parapraon yomenae Takada 优曼侧蚜外茧蜂

Paraproctolaelaps Bregetova 副肛厉螨属

Paraproctolaelaps zhongweiensis Bei *et* Gu 中卫副肛厉螨

Paraproctonema Rubzov 副肛线虫属

Paraproctonema simuliophaga (Rubzov) 食蚋副肛线虫

Parapronematus 副前线螨属

Paraprosalpia Villeneuve 亮叶花蝇属

Paraprosalpia aldrichi (Ringdahl) 毛踝亮叶花蝇

Paraprosalpia atrifimbriae Fan *et* Chen 黑缨亮叶花蝇

Paraprosalpia billbergi (Zetterstedt) 边裂亮叶花蝇

Paraprosalpia billbergi shanghaina Fan 上海亮叶花蝇

Paraprosalpia dasyops Fan 毛眼亮叶花蝇

Paraprosalpia delioides Fan 地种亮叶花蝇

Paraprosalpia denticauda (Zetterstedt) 虎牙亮叶花蝇

Paraprosalpia flavipes Fan *et* Cui 黄足亮叶花蝇

Paraprosalpia lutebasicosta Fan 黄鳞亮叶花蝇

Paraprosalpia magnilamella Fan 大板亮叶花蝇

Paraprosalpia moerens (Zetterstedt) 钩板亮叶花蝇

Paraprosalpia pilitarsis (Stein) 毛跗亮叶花蝇

Paraprosalpia qinghoensis Hsue 清河亮叶花蝇

Paraprosalpia recta Fan *et* Cui 直钩亮叶花蝇

Paraprosalpia sepiella (Zetterstedt) 毛距亮叶花蝇

Paraprosalpia silvatica Suwa 拟林亮叶花蝇

Paraprosalpia silvestris (Fallén) 林亮叶花蝇

Paraprosalpia tibialis Fan *et* Wang 毛胫亮叶花蝇

Paraprosalpia varicilia Fan *et* Wang 异纤亮叶花蝇

Paraptuto Laing 簇粉蚧属(白粉蚧属)

Paraputo albizzicola Borchs. 合欢簇粉蚧(欢白粉蚧,思茅簇粉蚧)

Paraputo carnosae (Tak.) 马来亚簇粉蚧

Paraputo citricola Tang 柑橘簇粉蚧

Paraputo comantis Wang 见 *Formicoccus comantis*

Paraputo hispidus (Morr.) 甘蔗簇粉蚧

Paraputo kukumi Williams 椰子簇粉蚧

Paraputo leveri (Green) 菲济簇粉蚧

Paraputo malacensis (Tak.) 棕榈簇粉蚧

Paraputo pahanensis (Tak.) 大花草簇粉蚧

Paraputo porosus Borchs. 多孔簇粉蚧(革白粉蚧,昆明簇粉蚧)

Paraputo simplicior (Green) 斯里兰卡簇粉蚧

Paraputo sinensis Borchs. 中国簇粉蚧(中华白粉蚧)

Paraputo speciosus Wang 见 *Formicoccus speciosus*

Paraputo taraktogeni Rao 印度簇粉蚧

Pararcyptera Tarb. 曲背蝗属

Pararcyptera microptera altaica Mistsh. 阿勒泰曲背蝗

Pararcyptera microptera meridionalis (Ikonn.) 宽翅曲背蝗

Pararcyptera microptera microptera (F.-W.) 小翅曲背蝗

Pararcyptera microptera turanica (Uv.) 土蓝曲背蝗

Pararhodania Ter-Grigorian 帕粉蚧属

Pararhodania armena Ter-Grigorian 苏联帕粉蚧

Pararhynacus Kuang 副鼻瘿螨属

Pararhynacus photiniae Kuang 石楠副鼻瘿螨

Pararotylenchidae 异盘旋线虫科

Pararotylenchus Baldwin *et* Bell 异盘旋线虫属

Pararotylenchus belli Robbins 贝氏异盘旋线虫

Pararotylenchus blothrotylus Baldwin *et* Bell 高垫异盘旋线虫

Pararotylenchus brevicaudatus (Hooper) 短尾异盘旋线虫

Pararotylenchus colocaudatus Baldwin *et* Bell 残尾异盘旋线虫

Pararotylenchus flexuosus Eroshenko 弯曲异盘旋线虫

Pararotylenchus graminis Volkova *et* Eroshenko 禾草异盘旋线虫

Pararotylenchus hooper (Hooper) 胡氏异盘旋线虫

Pararotylenchus megastylus Baldwin *et* Bell 大针异盘旋线虫

Pararotylenchus microstylus Maqbool *et al.* 小针异盘旋线虫

Pararotylenchus ouensensis (Boag *et* Hooper) 温斯异盘旋线虫

Pararotylenchus pernoxius Eroshenko *et* Kovrizhnykh 连续异盘旋线虫

Pararotylenchus pini (Mamiya) 松异盘旋线虫

Pararotylenchus rarus Eroshenko *et* Kovrizhnykh 稀少异盘旋线虫

Pararotylenchus sphaerocephalus Baldwin *et* Bell 球头异盘旋线虫

Pararotylenchus spiralis Baldwin *et* Bell 螺旋异盘旋线虫

Pararotylenchus truncocephalus Baldwin *et* Bell 截头异盘旋线虫

Pararrhynchium Saussure 旁喙蜾蠃属

Pararrhynchium ornatum infrenis Giordani Soika 前旁喙蜾蠃

Pararrhynchium ornatum ornatum (Smith) 丽旁喙蜾蠃

Pararrhynchium sinense (Schulthess) 华旁喙蜾蠃

Pararrhynchium smithii (Saussure) 斯旁喙蜾蠃

Parasa Moore 见 *Latoia* Lepida

Parasadiseius 刺蛾螨属

Parasaissetia Tak. 副盔蚧属(副盔蜡蚧属,副珠蜡蚧属)

Parasaissetia citricola (Kuwana) 见 *Saissetia citricola*

Parasaissetia nigra (Nietn.) 乌黑副盔蚧(橡胶盔蚧,橡副珠蜡蚧) nigra scale

Parasarcophaga Johnston *et* Tiegs 亚麻蝇属

Parasarcophaga aegyptica (Salem) 埃及亚麻蝇

Parasarcophaga albiceps (Meigen) 白头亚麻蝇

Parasarcophaga angarosinica Rohdendorf 华北亚麻蝇

Parasarcophaga apiciscissa Fan 见 *Parasarcophaga kitaharai*

Parasarcophaga aratrix (Pandelle) 犁头亚麻蝇

Parasarcophaga brevicornis (Ho) 短角亚麻蝇

Parasarcophaga coei (Rohdendorf) 峨眉亚麻蝇

Parasarcophaga crassipalpis (Macquart) 肥须亚麻蝇

Parasarcophaga doleschalli Johnston *et* Tiegs 渡来亚麻蝇

Parasarcophaga dux (Thomson) 酱亚麻蝇

Parasarcophaga emdeni Rohd. 直叶亚麻蝇

Parasarcophaga fedtshenkoi Rohdendorf 长突亚麻蝇

Parasarcophaga gigas (Thomas) 巨亚麻蝇

Parasarcophaga harpax (Pandelle) 贪食亚麻蝇

Parasarcophaga hinglungensis Fan 兴隆亚麻蝇

Parasarcophaga hui (Ho) 胡氏亚麻蝇

Parasarcophaga idmais (Séguy) 巧亚麻蝇

Parasarcophaga iwuensis (Ho) 义乌亚麻蝇

Parasarcophaga jacobsoni Rohdendorf 蝗尸亚麻蝇

Parasarcophaga jaroschevskyi Rohdendorf 波突亚麻蝇

Parasarcophaga kanoi (Park) 拟对岛亚麻蝇

Parasarcophaga kawayuensis (Kano) 拟野亚麻蝇

Parasarcophaga khasiensis (Senior-White) 卡西亚麻蝇

Parasarcophaga kirgizica Rohdendorf 三鬃亚麻蝇

Parasarcophaga kitaharai (Miyazaki) 裂突亚麻蝇

Parasarcophaga kobayashii (Hori) 垂叉亚麻蝇

Parasarcophaga macroauriculata (Ho) 巨耳亚麻蝇

Parasarcophaga misera (Walker) 黄须亚麻蝇

Parasarcophaga nanpingensis Ye 南坪亚麻蝇

Parasarcophaga pingi (Ho) 秉氏亚麻蝇

Parasarcophaga pleskei Rohdendorf 天山亚麻蝇

Parasarcophaga polystylata (Ho) 多突亚麻蝇

Parasarcophaga portschinskyi Rohdendorf 急钩亚麻蝇

Parasarcophaga ruficornis (Fabricius) 绯角亚麻蝇

Parasarcophaga scopariiformis (Senior-White) 叉形亚麻蝇

Parasarcophaga semenovi (Rohdendorf) 沙州亚麻蝇

Parasarcophaga sericea (Walker) 褐须亚麻蝇

Parasarcophaga similis (Meade) 野亚麻蝇

Parasarcophaga tuberosa (Pandelle) 结节亚麻蝇

Parasarcophaga uliginosa (Kramer) 槽叶亚麻蝇

Parasarcophaga unguitigris Rohdendorf 虎爪亚麻蝇

Parasarcophaga yunnanensis Fan 云南亚麻蝇

Parasarpa Moore 俳蛱蝶属

Parasarpa albomaculata (Leech) 白斑俳蛱蝶

Parasarpa dudu (Westwood) 丫纹俳蛱蝶

Parasarpa hourberti (Oberthüer) 彩衣俳蛱蝶

Parascadra Miller 副斯猎蜡属

Parascadra rubida Hsiao 红副斯猎蜡

Parascela Baly 凹顶叶甲属

Parascela cribrata (Schaufuss) 粗刻凹顶叶甲

Paraschoengastia Vercammen-Grandjean 派棒恙螨属

Paraschoengastia heyemani Vercammen-Grandjean 黑翠派棒恙螨

Paraschoengastia monticola (Wharton *et* Hardcastle) 矶鸫派棒恙螨

Paraseiulella Muma 小副绥伦螨属

Paraseiulus 副绥伦螨属

Parasemia plantaginis (Linnaeus) 车前灯蛾

Parasetigena Brauer *et* Bergenstamm 侧行寄蝇属

Parasetigena agilis (R.-D.) 多动侧行寄蝇

Parasetigena silvestris (Robineau-Desvoidy) 毒蛾侧行寄蝇

Parasetodes maculatus (Banks) 大斑傍姬长角石蛾

Parasiccia altaica (Lederer) 圆点斑苔蛾

Parasiccia limbata (Wileman) 墨斑苔蛾

Parasiccia maculata (Poujade) 迹斑苔蛾

Parasiccia maculifascia (Moore) 斑苔蛾

Parasiccia mokanshanensis Reich 莫干斑苔蛾

Parasiccia nocturna Hampson 夜斑苔蛾

Parasiccia punctatissima Poujade 锯斑苔蛾

Parasiccia tibetana Fang 西藏斑苔蛾

Parasiobla formosana Rohwer 大林粗角叶蜂

Parasita 见 Anoplura

Parasitax Viets 蛤寄螨属

Parasitellus Willmann 寄态螨属

Parasitellus crinitus (Oudemans) 毛盖寄态螨

Parasitellus fucorum (De Geer) 地衣寄态螨

Parasitellus talparum (Oudemans) 鼹鼠寄态螨

Parasitidae 寄螨科

Parasitiformes 寄螨目,寄螨亚目

Parasitoidea 寄螨总科

Parasitus Latreille 寄螨属

Parasitus americanus Berlese 美洲寄螨

Parasitus beta Oudemans *et* Voigts 甜菜寄螨

Parasitus bispinatus Ma 二刺寄螨

Parasitus brachychaetus Ma 短毛寄螨

Parasitus coleoptratorum (Linnaeus) 甲虫寄螨

Parasitus consanguineus Oudemans *et* Voigts 亲缘寄螨

Parasitus copridis Costa 金龟寄螨

Parasitus diviortus (Athias-Henriot) 富生寄螨

Parasitus fimetorum (Berlese) 粪堆寄螨

Parasitus fragilis Ma 脆毛寄螨

Parasitus hyalinus (Willmann) 透明寄螨

Parasitus imitofragilis Ma 拟脆寄螨

Parasitus mammillatus (Berlese) 乳突寄螨

Parasitus mengyanchunae Ma 孟氏寄螨

Parasitus miratectus Gu *et* Bai 奇盖寄螨

Parasitus mustelarum Oudemans 鼬寄螨

Parasitus setosus Oudemans *et* Voigts 毛寄螨

Parasitus tengkuofani Ma 邓氏寄螨

Parasitus tichomirovi Davydova 季氏寄螨

Parasitus wangdunqingi Ma 王氏寄螨

Parasitus wentinghuani Ma 温氏寄螨

Paraspitiella Chen *et* Jiang 拟斯毕萤叶甲属

Paraspitiella nigromaculata Chen *et* Jiang 黑斑斯毕萤叶甲

Parastemma matsutakei Sasaki 松竹松蕈蚊 pine agaric maggot

Parasteneotarsonemus Beer *et* Nucifora 副狭跗线螨属

Parastrachia Distant 朱蝽属

Parastrachia japonensis (Scott) 日本朱蝽

Parastrachia japonica Scott 大朱蝽

Parastrachia nagaensis Distant 华西朱蝽

Parasynegia Warren 离浮尺蛾属

Parasynegia lidderdalii (Butler) 紫斑离浮尺蛾

Parasyrisca Schenkel 芭拉蛛属

Parasyrisca lugubris (Schenkel) 芦菇芭拉蛛

Parasyrisca minor (Schenkel) 小芭拉蛛

Parasyrisca potanini Schenkel 波氏芭娜蛛

Parasyrisca schenkeli Ovtsharenko *et* Marusik 金氏芭拉蛛

Paratalainga He 拟红眼蝉属

Paratalainga distanti (Jacobi) 狄氏拟红眼蝉

Paratalainga fucipennis He 红翅拟红眼蝉

Paratalainga fumosa Chou *et* Lei 褐翅拟红眼蝉

Paratalainga guizhouensis Chou *et* Lei 贵州拟红眼蝉

Paratalainga reticulata He 网翅拟红眼蝉

Paratalainga yunnanensis Chou *et* Yao 云南拟红眼蝉

Paratalanta Meyrick 褶缘野螟属

Paratalanta ussurialis Bremer 乌苏里褶缘野螟

Parategonotus Kuang 副顶背瘿螨属

Parategonotus phragmitae Kuang 芦苇副顶背瘿螨

Paratella errudita Melichar 迷缘蛾蜡蝉

Paratetra Chanabasavanna 副四瘿螨属

Paratetranychus mangiferus Rahman *et* Sapra 见 *Oligonychus mangiferus*

Paratetranychus pilosus Canestrini *et* Fanzago 见 *Panonychus ulmi*

Paratetranychus ununguis Jacobi 见 *Oligonychus ununguis*

Parathaia Kuoh 菱脊叶蝉属

Parathaia bimaculata Kuoh 二点菱脊叶蝉

Parathaia infumata Kuoh 烟翅菱脊叶蝉

Parathriambus Kuoh 披突飞虱属

Parathriambus lobatus Kuoh 片披突飞虱

Parathriambus spinosus Kuoh 刺披突飞虱

Parathrylea Duvivier 宽额跳甲属

Parathrylea apicipennis Duvivier 黄尾宽额跳甲

Paratimia conicola Fisher 西海岸圆头天牛 roundheaded cone borer

Paratimiola rondoni Breuning 副脊翅天牛

Paratinocallis corylicola yunnanensis Zhang 居棒副长斑蚜云南亚种

Paratkina Young 帕叶蝉属

Paratkina angustata Young 长冠帕叶蝉

Paratmethis Zheng *et* He 拟鼻蝗属

Paratmethis flavitibialis Zheng *et* He 黄胫拟鼻蝗

Paratoacris Li *et* Jin 扮桃蝗属

Paratoacris reticulipennis Li *et* Jin 网翅扮桃蝗

Paratonkinacris You *et* Li 伴越蝗属

Paratonkinacris jinggangshanensis Wang *et* Xiangyu 井冈山伴越蝗

Paratonkinacris lushanensis Zheng *et* Yang 庐山伴越蝗

Paratonkinacris vittifemoralis You *et* Li 斑腿伴越蝗

Paratonkinacris youi Li, Lu *et* Jiang 尤氏伴越蝗

Paratorna Meyrick 环翅卷蛾属

Paratorna seriepuncta Filipiev 银点环翅卷蛾

Paratoxodera Wood-Mason 拟扁尾螳属

Paratoxodera cornicollis Wood-Mason 角突拟扁尾螳

Paratoxodera meggitti Uvarov 梅氏拟扁尾螳

Paratrachelophorus brachmanus Voss 短宽糙缘象

Paratrachys chinensis Obenberger 中华圆吉丁

Paratrachys hederae Obenberger 隐头圆吉丁

Paratrechina Motschulsky 立毛蚁属

Paratrechina bourbonica (Forel) 布立毛蚁

Paratrechina flavipes (Smith) 黄立毛蚁

Paratrechina formosae (Forel) 蓬莱立毛蚁

Paratrechina kraepelini Forel 柯氏立毛蚁

Paratrechina longicornis (Latreille) 长角立毛蚁

Paratrechina sauteri Forel 索氏立毛蚁

Paratrechina sharpi (Forel) 夏氏立毛蚁

Paratrechina taylori (Forel) 泰氏立毛蚁

Paratrechina vividula (Nylander) 亮立毛蚁

Paratrechina yerburyi (Forel) 耶氏立毛蚁

Paratrichius Janson 环斑金龟属

Paratrichius alboguttatus (Moser) 红环斑金龟

Paratrichius castanus Ma 褐黄环斑金龟

Paratrichius circularis Ma 侧环斑金龟

Paratrichius doenitzi (Harold) 红缘环斑金龟

Paratrichius duplicatus Lewis 双环斑金龟

Paratrichius festivus (Arrow) 绯环斑金龟

Paratrichius flavipes Moser 硫环斑金龟

Paratrichius nicoudi (Bourgoin) 跗毛环斑金龟

Paratrichius papilionaceus Ma 蝶环斑金龟

Paratrichius pauliani Tesar 褐翅环斑金龟

Paratrichius rotundatus Ma 圆环斑金龟

Paratrichius rufescens Ma 红翅环斑金龟

Paratrichius septemdecimguttatus (Snellen) 小黑环斑金龟

Paratrichocladius Abreu 拟毛突摇蚊属

Paratrichocladius ater Wang *et* Zheng 黑拟毛突摇蚊

Paratrichocladius hamatus Wang *et* Zheng 钩拟毛突摇蚊

Paratrichocladius rufiventris (Meigen) 红腹拟毛突摇蚊

Paratrichodorus Siddiqi 副毛刺线虫属

Paratrichodorus acaudatus (Siddiqi) 无尾副毛刺线虫

Paratrichodorus alleni (Andrássy) 艾氏副毛刺线虫

Paratrichodorus allius (Jenson) 葱副毛刺线虫

Paratrichodorus anemones (Loof) 银莲花副毛刺线虫

Paratrichodorus anthurii Baujard *et* Germani 安修里副毛刺线虫

Paratrichodorus atlanticus (Allen) 大西洋副毛刺线虫

Paratrichodorus catharinae Vermenlen *et* Heyns 凯氏副毛刺线虫

Paratrichodorus faisalabadensis Nasira *et* Maqbool 费萨拉巴德副毛刺线虫

Paratrichodorus grandis Rodriguez *et* Bell 大副毛刺线虫

Paratrichodorus hispanus Roca *et* Arias 西班牙副毛刺线虫

Paratrichodorus lobatus (Colbran) 裂片副毛刺线虫

Paratrichodorus macrostylus Popovici 大针副毛刺线虫

Paratrichodorus meyeri Waele *et* Kilian 迈耶副毛刺线虫

Paratrichodorus mirzai (Siddiqi) 王副毛刺线虫

Paratrichodorus orrae Decraemer *et* Reay 奥尔副毛刺线虫

Paratrichodorus pachydermus (Seinhorst) 厚皮副毛刺线虫

Paratrichodorus paramirzai Siddiqi 拟王副毛刺线虫

Paratrichodorus paraporosus Khan, Jairajpuri *et* Ahmad 拟胼胝副毛刺线虫

Paratrichodorus porosus (Allen) 胼胝副毛刺线虫

Paratrichodorus psidiumi Nasira *et* Maqbool 番石榴副毛刺线虫

Paratrichodorus queenslandensis Decraemer *et* Reay 昆士兰副毛刺线虫

Paratrichodorus rhodesiensis (Siddiqi *et* Brown) 罗德西亚副毛刺线虫

Paratrichodorus sacchari Vermenlen *et* Heyns 甘蔗副毛刺线虫

Paratrichodorus tansaniensis Siddiqi 坦桑尼亚副毛刺线虫

Paratrichodorus teres (Hooper) 光滑副毛刺线虫

Paratrichodorus tunisiensis (Siddiqi) 突尼斯副毛刺线虫

Paratrichodorus weischeri Sturhan 韦斯查副毛刺线虫

Paratrionymus Borchs. 副粉蚧属

Paratrionymus halodcharis (Kir.) 无管副粉蚧

Paratriophtydeus Baker 副三眼镰螯螨属

Paratydaeohus Andr 副微镰螯螨属

Paratydeidae 副镰螯螨科

Paratylenchidae 针线虫科

Paratylenchus Micoletzky 针线虫属 pin nematodes

Paratylenchus acti Eroshenko 海岸针线虫

Paratylenchus alleni Raski 艾氏针线虫

Paratylenchus amblycephalus Reuver 钝头针线虫

Paratylenchus amundseni Bernard 阿蒙森针线虫

Paratylenchus aquaticus Merny 水生针线虫

Paratylenchus arculatus Luc *et* de Goiran 侧弓针线虫

Paratylenchus arenarium (Raski) 沙地针线虫

Paratylenchus baldaccii Raski 巴尔达针线虫

Paratylenchus breviculus Raski 短针线虫

Paratylenchus brevihastatus Thorne *et* Malek 短矛形针线虫

Paratylenchus bukowinensis Micoletzky 布科文针线虫

Paratylenchus capitatus (Adams *et* Eichenmuller) 具头针线虫

Paratylenchus ciccaronei Raski 西卡洛针线虫

Paratylenchus colbrani Raski 阔氏针线虫

Paratylenchus concavus Eroshenko 凹面针线虫

Paratylenchus coronatus Colbran 饰冠针线虫

Paratylenchus curvitatus van der Linde 弯曲针线虫 carnation pin nematode

Paratylenchus dianthus Jenkins *et* Taylor 双花针线虫

Paratylenchus discocephalus Siddiqi, Khan *et* Ganguly 盘头针线虫

Paratylenchus elachistus Steiner 最小针线虫 Ramie pin nematode

Paratylenchus elegans (Raski) 华丽针线虫

Paratylenchus epacris (Allen *et* Jensen) 尖头针线虫

Paratylenchus epicotylus Siddiqi, Khan *et* Ganguly 杯形针线虫

Paratylenchus fueguensis Raski *et* Valenzuela 菲格针线虫

Paratylenchus gabrici Yeates 加布瑞斯针线虫

Paratylenchus goldeni Raski 戈氏针线虫

Paratylenchus halophilus Wouts 海滨针线虫

Paratylenchus hamatus Thorne *et* Allen 弯钩针线虫 fig pin nematode

Paratylenchus holdemani Raski 全捷曼针线虫

Paratylenchus humilis Raski 矮小针线虫

Paratylenchus idalimus (Raski) 爱达里针线虫

Paratylenchus intermedius (Raski) 间型针线虫

Paratylenchus italiensis Raski 意大利针线虫

Paratylenchus jiglansi Kall *et* Waliullah 吉兰斯针线虫

Paratylenchus labiosus Andrássy 具唇针线虫

Paratylenchus leiodermis Raski 平滑针线虫

Paratylenchus lepidus Raski 美丽针线虫

Paratylenchus leptos Raski 纤细针线虫

Paratylenchus longicaudatus Raski 长尾针线虫

Paratylenchus macrophallus (de Man) 巨型针线虫

Paratylenchus mexicanus Raski 墨西哥针线虫

Paratylenchus microdorus Andrássy 小囊针线虫

Paratylenchus minor Sharma, Sharma *et* Khan 较小针线虫

Paratylenchus minulus Raski 小型针线虫

Paratylenchus minusculus Tarjan 极小针线虫

Paratylenchus mirus (Raski) 奇异针线虫

Paratylenchus morius Yokoo 桑针线虫

Paratylenchus nainianus Edward *et* Misra 奈尼针线虫

Paratylenchus nanus Cobb 短小针线虫 ryegrass pin nematode

Paratylenchus nawadus Khan, Prasad *et* Mathur 纳瓦达针线虫

Paratylenchus neoamblycephalus Geraert 新钝头针线虫

Paratylenchus neonanus Mathur, Khan *et* Prasad 新短小针线虫

Paratylenchus neoprojectus Wu *et* Hawn 新突出针线虫

Paratylenchus obtusicaudatus Raski 钝尾针线虫

Paratylenchus pandus Pinochet *et* Raski 弯针线虫

Paratylenchus paramonovi Bagaturiya *et* Soloveva 帕氏针线虫

Paratylenchus peraticus (Raski) 界限针线虫

Paratylenchus perlatus Raski 圆头针线虫

Paratylenchus pernoxius Siddiqi, Baujard *et* Mounport 波努克斯针线虫

Paratylenchus pesticus Thorne *et* Malek 有害针线虫

Paratylenchus pestis (Thorne) 瘟疫针线虫

Paratylenchus platyurus Eroshenko 宽尾针线虫

Paratylenchus projectus Jenkins 突出针线虫

Paratylenchus pruni Sharma, Sharma *et* Khan 李子针线虫

Paratylenchus pseuduncinatus Phukan *et* Sanwal　假具钩针线虫

Paratylenchus salubris Raski　健康针线虫

Paratylenchus serricaudatus Raski　锯齿尾针线虫

Paratylenchus similis Khan, Prasad *et* Mathur　相似针线虫

Paratylenchus strenzkei (Volz)　施特伦兹基针线虫

Paratylenchus tateae Wu *et* Townshend　塔梯针线虫

Paratylenchus tenuicaudatus Wu　细尾针线虫

Paratylenchus tiu Orton Williams　塔伊针线虫

Paratylenchus uncinatus Samibaeva　具钩针线虫

Paratylenchus vandenbrandei de Grisse　范氏针线虫

Paratylenchus variabilis Raski　不定针线虫

Paratylenchus variatus Jain Sethi, Swarup *et* Srivastava　变形针线虫

Paratylenchus veruculatus Wu　标枪针线虫

Paratylenchus vexans Torne *et* Malek　骚扰针线虫

Paravarcia Schmidt　旁帔娜蜡蝉属

Paravarcia decapterix Schmidt　大旁帔娜蜡蝉

Paraxenos tibetanus Yang　西藏泥蜂捻翅虫

Paraxiphia insularia (Rohwer)　凤山副长颈树蜂

Parayemma Hsiao　棒胁跷蝽属

Parayemma convexicollis (Hsiao)　棒胁跷蝽

Parazyginella Chou *et* Zhang　拟塔叶蝉属

Parazyginella lingtianensis Chou *et* Zhang　灵田拟塔叶蝉

Parcoblatta Hebard　木蠊属

Parcoblatta kyotensis Asahina　京都稀蠊

Parcoblatta pennsyvanica (De Geer)　异翅木蠊　common wood cockroach

Pardaloberea curvaticeps intermedia Breuning　老挝长胸筒天牛

Pardosa C.L. Koch　豹蛛属

Pardosa agraria Tanaka　野豹蛛

Pardosa agrestis (Westring)　田野豹蛛

Pardosa algoides Schenkel　阿尔豹蛛

Pardosa altitudis Tikader *et* Malhotra　高山豹蛛

Pardosa anchoroides Yu *et* Song　锚形豹蛛

Pardosa ancorifera Schenkel　安哥豹蛛

Pardosa astrigera (L. Koch)　星豹蛛

Pardosa atronigra Song　黑暗豹蛛

Pardosa atropos (L. Koch)　瘦豹蛛

Pardosa baoshanensis Wang *et* Qiu　宝山豹蛛

Pardosa baxianensis Wang *et* Song　拔仙豹蛛

Pardosa beijiangensis Hu *et* Wu　北疆豹蛛

Pardosa bifasciata (C.L. Koch)　双带豹蛛

Pardosa birmanicaa Simon　缅甸豹蛛

Pardosa bredula (Cambridge)　布莱豹蛛

Pardosa brevivulva Tanaka　短膟豹蛛

Pardosa cernina Schenkel　红灰豹蛛

Pardosa cervinopilosa Schenkel　红甲豹蛛

Pardosa chapini (Fox)　蔡氏豹蛛

Pardosa crucifera Schenkel　十字豹蛛

Pardosa daqingshanica Tang *et al.*　大青山豹蛛

Pardosa dukouensis Qiu *et* Wang　渡口豹蛛

Pardosa falcata Schenkel　镰豹蛛

Pardosa haupti Song　豪氏豹蛛

Pardosa hedini Schenkel　郝定豹蛛

Pardosa hohxilensis Song　可可西里豹蛛

Pardosa kupupa (Tikader)　铲豹蛛

Pardosa laciniata Song *et* Haupt　条裂豹蛛

Pardosa lasciva L. Koch　顽皮豹蛛

Pardosa laura Karsch　沟渠豹蛛

Pardosa luctinosa Simon　亮豹蛛

Pardosa lyrifera Schenkel　琴形豹蛛

Pardosa mongolica Kulczynski　蒙古豹蛛

Pardosa monticola (Clerck)　山栖豹蛛

Pardosa multivaga Simon　多瓣豹蛛

Pardosa nebulosa (Thorell)　雾豹蛛

Pardosa nigra C.L. Koch　暗豹蛛

Pardosa oriens (Chamberlin)　东方豹蛛

Pardosa pacata Fox　帕卡豹蛛

Pardosa paludicola Clerck　沼地豹蛛

Pardosa palustris Linnaeus　沼泽豹蛛

Pardosa paralapponica Schenkel　帕拉豹蛛

Pardosa pararmillata Schenkel　帕豹蛛

Pardosa paratesquorum Schenkel　苔丝豹蛛

Pardosa procurva Yu *et* Song　前凹豹蛛

Pardosa proxima (C.L. Koch)　近豹蛛

Pardosa pseudoannulata (Boes. *et* Str.)　拟环纹豹蛛

Pardosa pseudoferruginea Schenkel　拟锈豹蛛

Pardosa pusiola (Thorell)　细豹蛛

Pardosa roeweri Schenkel　偌氏豹蛛

Pardosa sanmenensis Yu *et* Song　三门豹蛛

Pardosa schenkeli Lessert　金氏豹蛛

Pardosa shyamae (Tikader)　怯豹蛛

Pardosa sichuanensis Yu *et* Song　四川豹蛛

Pardosa soccata Yu *et* Song　袜形豹蛛

Pardosa songosa Tikader *et* Malhotra　鸣豹蛛

Pardosa sordidata Thorell　污豹蛛

Pardosa sowerbyi Hogg　索威豹蛛

Pardosa strena Yu *et* Song　粗豹蛛

Pardosa strigata Yu *et* Song　条纹豹蛛

Pardosa subanchoroides Wang *et* Song　拟锚豹蛛

Pardosa sumatrana (Thorell)　苏门答腊豹蛛

Pardosa takahashii (Saito)　塔卡豹蛛

Pardosa taxkorgan Song *et* Haupt　石城豹蛛

Pardosa tesquorumoides Song *et* Yu　拟荒漠豹蛛

Pardosa triangulata (Yu *et* Song)　三角刺豹蛛

Pardosa tridentis Caporiacco　三齿豹蛛

Pardosa uncata Schenkel　钩状豹蛛

Pardosa uncifera Schenkel　钩形豹蛛

Pardosa velox Kroneberg　韦罗豹蛛

Pardosa vulvitecta Schenkel　旋豹蛛

Pardosa wagleri (Hahn) 瓦氏豹蛛

Pardosa wuyiensis Yu *et* Song 武夷豹蛛

Pardosa xinjiangensis Hu *et* Wu 新疆豹蛛

Pardosa yadongensis Hu *et* Li 亚东豹蛛

Pardosa zhangi Song *et* Haupt 张氏豹蛛

Pardosa zhui Yu *et* Song 朱氏豹蛛

Pardosa zuojiani Song *et* Haupt 祚建豹蛛

Parechthistatus Breuning 蛛天牛属

Parechthistatus chinensis Breuning 蛛天牛

Pareclipsis Warren 夹尺蛾属

Pareclipsisz serrulata (Wehrli) 双波夹尺蛾

Parectatosia valida Breuning 渺天牛

Parectropis Sato 昙尺蛾属

Parectropis extersaria (Hübner) 坞昙尺蛾

Paregle Schnabl 邻种蝇属

Paregle aterrima Hennig 亚黑邻种蝇

Paregle audacula (Harris) 根邻种蝇

Paregle densibarbata Fan 密胡邻种蝇

Parendochus Hsiao 棒猎蝽属

Parendochus leptocorisoides (China) 棒猎蝽

Parentelops albomaculatus (Pic) 异全天牛

Parentephria Yazaki 磊尺蛾属

Parentephria stellata (Warren) 黄星磊尺蛾

Pareophora Kônow 细躯短角蔺叶蜂属

Pareophora glacilis Takeuchi 樱桃细躯短角蔺叶蜂 cherry sawfly

Parepepeotes breuningi Pic 多斑异鹿天牛

Parepepeotes marmoratus (Pic) 异鹿天牛

Pareria Keifer 副棘瘿螨属

Pareromene tibetensis Wang *et* Sung 西藏微草螟

Pareronia Bingham 青粉蝶属

Pareronia valeria (Cramer) 青粉蝶

Pareulype Herbulot 菲尺蛾属

Pareulype consanguinea (Butler) 直菲尺蛾

Pareulype neurbouaria (Oberthüer) 绿纹菲尺蛾

Pareulype onoi Inoue 阔菲尺蛾

Pareulype rejectaria (Staudinger) 黑菲尺蛾

Pareumenes Saussure 秀蜾蠃属

Pareumenes curvatus Saussure 黑秀蜾蠃

Pareumenes quadrispinosus acutus Liu 棘秀蜾蠃

Pareumenes quadrispinosus obtusus Liu 钝刺秀蜾蠃

Pareumenes quadrispinosus quadrispinosus (Saussure) 四秀蜾蠃

Pareumenes quadrispinosus transitorus Liu 倾秀蜾蠃

Pareuplexia chalybeata (Moore) 铅色径夜蛾

Pareustroma Sterneck 叉突尺蛾属

Pareustroma aconisecta Xue 秀叉突尺蛾

Pareustroma conisecta Prout 独叉突尺蛾

Pareustroma fissisignis (Butler) 网斑叉突尺蛾

Pareustroma fractifasciaria (Leech) 光叉突尺蛾

Pareustroma metaria (Oberthüer) 灰网叉突尺蛾

Pareustroma propriaria (Leech) 狭带叉突尺蛾

Pareustroma schizia Xue 楔斑叉突尺蛾

Pareutaenia arnaudi Breuning 老挝异带天牛

Parevaspis Ritsema 赤腹蜂属

Parevaspis basalis Ritsema 基赤腹蜂

Parexolontha Chang 八肋鳃金龟属

Parexolontha tonkinensis (Moser) 越八肋鳃金龟

Parexolontha xizangensis Zhang 藏八肋鳃金龟

Parharmonia pini Kellicott 松凝脂透翅蛾 pine pitch-mass borer

Parheminodes Chen 宽角叶甲属

Parheminodes collaris Chen 紫胸宽角叶甲

Parholaspidae 派盾螨科

Parholaspis Berlese 派盾螨属

Parholaspulus Evans 派伦螨属

Parholaspulus alstoni Evans 阿氏派伦螨

Parholaspulus bregetovae Alexandrov 勃氏派伦螨

Parholaspulus excentricus Petrova 偏心派伦螨

Parholaspulus lobatus Krantz 裂片派伦螨

Parholaspulus minutus Petrova 微小派伦螨

Parholaspulus paradichaetes Petrova 拟双毛派伦螨

Parholaspulus paralstoni Yin *et* Bei 似阿氏派伦螨

Parholaspulus qianshanensis Yin *et* Bei 千山派伦螨

Parholaspulus ventricosus Yin, Cheng *et* Chang 巨腹派伦螨

Parhylophila Hampson 腾夜蛾属

Parhylophila celsiana (Staudimger) 腾夜蛾

Parhypochthoniidae 准缝甲螨科

Parhypochthonius Berlese 准缝甲螨属

Paridea Baly 拟守瓜属

Paridea angulicollis (Motschulsky) 斑角拟守瓜

Paridea biplagiata (Fairmaire) 斜边拟守瓜

Paridea brachycornuta Yang 短角拟守瓜

Paridea crenata Yang 额刻拟守瓜

Paridea fasciata Laboissière 黄带拟守瓜

Paridea glyphea Yang 雕翅拟守瓜

Paridea hirtipes Chen *et* Jiang 毛足拟守瓜

Paridea octomaculata (Baly) 八斑拟守瓜

Paridea quadriplagiata (Baly) 四斑拟守瓜

Paridea sexmaculata (Laboissière) 六斑拟守瓜

Paridea sinensis Laboissière 中华拟守瓜

Paridea transversofasciata (Laboissière) 横带拟守瓜

Pariodontis Jordan *et* Rothschild 长胸蚤属

Pariodontis riggenbachi wernecki Costa Lima 豪猪长胸蚤小孔亚种

Pariodontis riggenbachi yunnanensis Li *et* Yan 豪猪长胸蚤云南亚种

Parischnogaster Schulthess 侧狭腹胡蜂属

Parischnogaster mellyi (Saussure) 密侧狭腹胡蜂

Parlagena McKenzie 粕片盾蚧属

Parlagena buxi (Takahashi) 黄杨粕片盾蚧

Parlaspis papillosa Green 全缘桂木似片盾蚧

Parlatoreopsis Lindinger 星片盾蚧属

Parlatoreopsis acericola Tang 槭星片盾蚧

Parlatoreopsis chinensis (Marlatt) 中国星片盾蚧 Chinese obscure scale

Parlatoreopsis longispinus (Newst.) 长刺星片盾蚧

Parlatoreopsis pyri (Marlatt) 梨星片盾蚧 pear scale

Parlatoreopsis tsugae Takagi 铁杉星片盾蚧

Parlatoria Targioni 片盾蚧属

Parlatoria acalcarata Mckenzie 黄皮片盾蚧

Parlatoria arengae Takagi 桄榔片盾蚧

Parlatoria bambusae Tang 毛竹片盾蚧

Parlatoria camelliae Comstock 山茶片盾蚧 camellia parlatoria scale, camellia scale

Parlatoria cinerea Hadden 茉莉片盾蚧

Parlatoria cinnamomicola Tang 天竺桂片盾蚧

Parlatoria crotonis Douglas 巴豆片盾蚧 croton parlatoria scale

Parlatoria cupressi Ferris 侧柏片盾蚧

Parlatoria desolator Mckenzie 梨片盾蚧

Parlatoria emeiensis Tang 峨眉片盾蚧

Parlatoria keteleericola Tang *et* Chu 油杉片盾蚧

Parlatoria liriopicola Tang 麦冬片盾蚧

Parlatoria lithocarpi Takahashi 柯树片盾蚧

Parlatoria machili Takahashi 桢楠片盾蚧

Parlatoria machilicola Takahashi 拟桢楠片盾蚧

Parlatoria multipora McKenzie 多孔片盾蚧

Parlatoria mytilaspiformis Green 蛎形片盾蚧

Parlatoria octolobata Takagi *et* Kawai 多裂片盾蚧

Parlatoria oleae (Colvee) 橄榄片盾蚧 olive scale, olive parlatoria scale

Parlatoria olgae Borchs. 麻黄片盾蚧

Parlatoria pergandei Comstock 糠片盾蚧 Pergand's scale, chaff scale

Parlatoria pini Tang 北京松片盾蚧

Parlatoria pinicola Tang 杭州松片盾蚧

Parlatoria piniphila Tang 昆明松片盾蚧

Parlatoria pittospori Maskell 海桐花片盾蚧

Parlatoria proteus (Curtis) 黄片盾蚧 elongates aparlatoria scale, cattleya scale, orchid scale

Parlatoria sexlobata Takagi *et* Kawai 六棘片盾蚧

Parlatoria stigmadisculosa Bellio 多盘孔片盾蚧(圆点糠蚧)

Parlatoria theae Cockerell 茶片盾蚧 tea black scale, tea scale

Parlatoria thujae Takagi *et* Kawai 见*Parlatoria cupressi*

Parlatoria virescens Maskell 见 *Parlatoria desolator*

Parlatoria yanyuanensis Tang 盐源片盾蚧

Parlatoria yunnanensis Mckenzie 云南片盾蚧

Parlatoria ziziphi (Lucas) 黑片盾蚧 black scale, Mediterranean scale, citrus black scale, citrus scale

Parnara Moore 稻弄蝶属

Parnara bada (Moore) 幺纹稻弄蝶

Parnara ganga Evans 曲纹稻弄蝶

Parnara guttata (Bermer *et* Grey) 直纹稻弄蝶 rice skipper

Parnassiidae 绢蝶科

Parnassius Latreille 绢蝶属

Parnassius acco Gray 爱珂绢蝶

Parnassius acdestis Grum-Grshimailo 蓝精灵绢蝶

Parnassius actius (Eversmann) 中亚丽绢蝶

Parnassius andreji Eisner 安度绢蝶

Parnassius apollo (Linnaeus) 阿波罗绢蝶

Parnassius apollonius (Eversmann) 羲和绢蝶

Parnassius ariadne Lederer 爱侣绢蝶

Parnassius baileyi South 巴裔绢蝶

Parnassius bremeri Bremer 红珠绢蝶

Parnassius cephalus Grum-Grshimailo 元首绢蝶

Parnassius charltonius Gray 姹瞳绢蝶

Parnassius choui Huang *et* Shi 周氏绢蝶

Parnassius delphius Eversmann 翠雀绢蝶

Parnassius epaphus Oberthüer 依帕绢蝶

Parnassius eversmanni Ménétriès 艾雯绢蝶

Parnassius glacialis Butler 冰清绢蝶

Parnassius hardwickii Gray 联珠绢蝶

Parnassius hide Koiwaya 西狄绢蝶

Parnassius imperator Oberthüer 君主绢蝶

Parnassius jacquemontii Boisduval 夏梦绢蝶

Parnassius labeyriei Weiss *et* Michel 蜡贝绢蝶

Parnassius loxias Püngeler 孔雀绢蝶

Parnassius maharajus Avinoff 马哈绢蝶

Parnassius mnemosyne (Linnaeus) 觅梦绢蝶

Parnassius nomion Fischer *et* Waldheim 小红珠绢蝶

Parnassius orleans Oberthüer 珍珠绢蝶

Parnassius phoebus (Fabricius) 福布绢蝶

Parnassius przewalskii Alphéraky 普氏绢蝶

Parnassius schulteri Weiss *et* Michel 师古绢蝶

Parnassius simo Gray 西猴绢蝶

Parnassius staudingeri Bang-Haas 西陲绢蝶

Parnassius stubbendorfii Ménétriès 白绢蝶

Parnassius szechenyii Frivaldszky 四川绢蝶

Parnassius tenedius Eversmann 微点绢蝶

Parnassius tianschanicus Oberthüer 天山绢蝶

Parnops Jacobson 杨梢叶甲属

Parnops glasunowi Jacobson 杨梢叶甲

Parochthiphila yangi Xie 杨氏准斑腹蝇

Parocneria Dyar 柏毒蛾属

Parocneria furva (Leech) 刺柏毒蛾 juniper tussock moth

Parocneria orienta Chao 蜀柏毒蛾

Paroeneis Moore 拟酒眼蝶属

Paroeneis palaearcticus (Staudinger) 古北拟酒眼蝶

Paroeneis pumilus (Felder *et* Felder) 拟酒眼蝶

Paroeneis sikkimensis (Staudinger) 锡金拟酒眼蝶

Paromius Fieber 细长蝽属

Paromius excelsus Bergroth 斑翅细长蝽

Paromius exguus Distant 细长蝽

Paromius gracilis (Rambur) 短喙细长蝽

Paropisthius indicus Chaudoir 印步甲

Paroplapoderus bihumeratus Jekel 双肱盘斑象

Paroplapoderus pardalis Snellen van Vollenhoven 豹纹盘斑象

Paropsides Motschulsky 斑叶甲属

Paropsides nigrofasciata Jacoby 合欢斑叶甲

Paropsides soriculata (Swartz) 梨斑叶甲

Paropsis albae Gressit 白毛龟甲

Paropsis andersonae Gressit 安德森毛龟甲

Paropsis charybdis Stål 见 *Paropsis obsoleta*

Paropsis obsoleta Olivier 桉毛龟甲 eucalyptus tortoise beetle

Paropsis orphana Erichson 见 *Pyrgo orphana*

Parorgyia grisefacta (Dyar) 松灰近臂毒蛾 pine tussock moth

Parorgyia plagiata Walker 见 *Dasychira plagiata*

Parorsidis delevauxi Breuning 老挝异奥天牛

Parorsidis nigrosparsa Pic 黑毛异奥天牛

Parorsidis rondoni Breuning 绿毛异奥天牛

Parorsidis transversevittata Breuning 横带异奥天牛

Paroudablis Ckll. 见 *Phenacoccus* Ckll.

Paroudablis arctophilus Wang 见 *Phenacoccus arctophilus*

Paroxyplax Cai 副纹刺蛾属

Paroxyplax lineata Cai 线副纹刺蛾

Paroxyplax menghaiensis Cai 副纹刺蛾

Parrhinotermes 棒鼻白蚁属

Parrhinotermes khasii khasii Roonwal *et* Sen-Sarma 卡西棒鼻白蚁

Parrhinotermes khasii ruiliensis Tsai *et* Huang 瑞丽棒鼻白蚁

Parthemis canescaria Guenée 灰丽神尺蛾

Parthenocodrus Pschorn-Walcher 中沟细蜂属

Parthenodes Guenée 洁水螟属

Parthenodes prodigalis Leech 珍洁水螟

Parthenolecanium Sulc 木坚蚧属(胎球蚧属)

Parthenolecanium corni (Bouch) 水木坚蚧 brown elm scale, fruit lecanium

Parthenolecanium fletcheri (Cockerell) 桧柏木坚蚧

Parthenolecanium orientalis Borchsenius 见 *Parthenolecanium corni*

Parthenolecanium persicae (Fabr.) 桃树木坚蚧

Parthenolecanium rufulum (Cockerell) 栎树木坚蚧

Parthenolecanium takachihoi (Kuwana) 远东木坚蚧

Parthenos Hübner 丽蛱蝶属

Parthenos sylvia Cramer 丽蛱蝶

Parthenothrips Uzel 孤雌蓟马属

Parthenothrips dracaenae (Heeger) 棕榈孤雌蓟马 palm thrips

Parum Rothschild *et* Jordan 月天蛾属

Parum colligata (Walker) 构月天蛾

Parum porphyria (Butler) 月天蛾

Parvibothrus Yin 小坳蝗属

Parvibothrus vittatus Yin 黄条小坳蝗

Pasias Simon 爬赛蛛属

Pasias zhangmuensis Hu *et* Li 樟木爬赛蛛

Pasilobus Simon 菱角蛛属

Pasilobus bufoninus (Simon) 布菱角蛛

Pasira Stål 帕猎蝽属

Pasira perpusilla (Walker) 帕猎蝽

Pasiropsis Reuter 突胸猎蝽属

Pasiropsis bicolor Hsiao 褐突胸猎蝽

Pasiropsis maculata Distant 青突胸猎蝽

Passalidae 黑蜣科 passalid beetles, horned beetles, patent-leather beetles, horned passalus beetles

Passalinae 黑蜣亚科

Passalozetidae 钉棱甲螨科

Passalozetoidea 钉棱甲螨总科

Passandridae 隐颚扁甲科

Passeromyia Rodhain *et* Villeneuve 雀蝇属

Passeromyia heterochaeta (Villeneuve) 异芒雀蝇

Pataeta Walker 拍尾夜蛾属

Pataeta carbo (Guenée) 拍尾夜蛾

Patanga Uv. 黄脊蝗属

Patanga apicerca Huang 尖须黄脊蝗

Patanga humilis Bi 小黄脊蝗

Patanga japonica (Bol.) 日本黄脊蝗

Patanga succincta Linnaeus 印度黄脊蝗 Bombay locust

Patchiella reamuri Kaltenbach 来檬树须瘿蚜 lime tree gall aphid

Paterculus Distant 卷蝽属

Paterculus affinis (Distant) 大卷蝽

Paterculus elatus (Yang) 卷蝽

Paterculus ovatus Hsiao *et* Cheng 圆卷蝽

Paterculus parvus Hsiao *et* Cheng 小卷蝽

Paterculus vittatus Distant 贵阳卷蝽

Pathysa Reakirt 绿凤蝶属

Pathysa agetes (Westwood) 斜纹绿凤蝶

Pathysa antiphates (Cramer) 绿凤蝶

Pathysa aristea (Stoll) 芒绿凤蝶

Pathysa nomius Esper 红绶绿凤蝶

Patsuia Moore 蒟蛱蝶属

Patsuia sinensis (Oberthüer) 中华黄蒟蛱蝶

Pauesia jezoensis (Watanabe) 北海道少毛蚜茧蜂

Pauesia laricis (Haliday) 落叶松少毛蚜茧蜂

Pauesia pini (Haliday) 松少毛蚜茧蜂

Pauesia platyclaudi Zhang *et* Ji 侧柏少毛蚜茧蜂

Pauesia soranumensis Watanabe *et* Takada 空沼少毛蚜茧蜂

Pauesia unilachni (Gahan) 长足大蚜茧蜂

Pauroaspis Tang 寡链蚧属

Pauroaspis ceriferus (Green) 细长寡链蚧

Pauroaspis elongatus (Russ.) 披针寡链蚧

Pauroaspis proboscidis (Russ.) 大喙寡链蚧

Pauroaspis rutilan (Wu) 竹杆寡链蚧

Pauroaspis scirrosis (Russ.) 双毛寡链蚧

Pauroaspis simplex (Russ.) 无杠寡链蚧

Paurocephala Crawford 小木虱属

Paurocephala gossypii Russel 棉褐小木虱 small leaf psyllose

Paurocephala psylloptera Crawford 桑黑小木虱

Pauropsylla depressa Crawford 凹肖小木虱

Pauropsyllinae 小木虱亚科

Paururus juvencus Linnaeus 见 *Sirex juvencus*

Paururus vates Mocsary 见 *Sirex vates*

Pausia Kuznetzov *et* Livshiz 滞镰螯螨属

Paussidae 棒角甲科

Paussoidea 棒角甲总科

Pavieia superba Brongniart 胖天牛

Pavlovskicheyla Volgin 巴螯螨属

Pazala Moore 剑凤蝶属

Pazala alebion (Gray) 金斑剑凤蝶

Pazala euroa (Leech) 升天剑凤蝶

Pazala incerta (Bang-Haas) 圆翅剑凤蝶

Pazala mandarina (Oberthüer) 华夏剑凤蝶

Pazala tamerlana (Oberthüer) 乌克兰剑凤蝶

Pazala timur (Ney) 铁木剑凤蝶

Pealius azaleae (Baker *et* Moles) 杜鹃茎粉虱 azalea whitefly

Pectiniseta Stein 栉芒秽蝇属

Pectiniseta pectinata (Stein) 突额栉芒秽蝇

Pectinophora gossypeilla (Saunders) 红铃麦蛾(棉红铃虫) pink bollworm

Pectocera Hope 栉角叩甲属

Pectocera fortunel Candeze 木棉叩甲

Pedaculops Manson 足刺皮瘿螨属

Pediasia teterrellus Zincken 蓝草螟蛾 bluegrass webworm

Pediculaster Vitzthum 虱矮螨属

Pediculaster manicatus (Berlese) 偃毛虱矮螨

Pediculidae 虱科

Pediculochelidae 虱螯螨科

Pediculus Latreille 虱属

Pediculus humanus capitis De Geer 头虱

Pediculus humanus humanus Linnaeus 体虱 human body louse

Pediculus mjobergi Ferris 猿虱 monkey louse

Pediculus pseudohumanus Ewing 伪人虱

Pediculus shaeffi Fahrenholz 黑猩猩虱 chimpanzee louse

Pedinus Latreille 扁足甲属

Pedinus strigosus Fald. 瘦扁足甲

Pedinus femoralis L. 玉米扁足甲(玉米拟步甲) maize tenebrionid, false wireworm

Pediobius Walker 派姬小蜂属

Pediobius ataminensis Ashmead 白跗姬小蜂

Pediobius brachycerus (Thomson) 短角柄腹姬小蜂

Pediobius epilachnae Rohwer 植食瓢虫姬小蜂

Pediobius facialis (Giraud) 黄脸柄腹姬小蜂

Pediobius fujianensis Sheng *et* Li 福建柄腹姬小蜂

Pediobius grisescens Sheng *et* Wang 叶甲柄腹姬小蜂

Pediobius illiberidis Liao 星毛虫柄腹姬小蜂

Pediobius inexpectatus Kerrich 弄蝶柄腹姬小蜂

Pediobius mitsukurii (Ashmead) 稻苞虫柄腹姬小蜂

Pediobius narangae Sheng *et* Wang 螟蛉柄腹姬小蜂

Pediobius planiceps Sheng *et* Kamijo 平顶柄腹姬小蜂

Pediobius polychrosis Sheng *et* Wang 杉梢卷蛾柄腹姬小蜂

Pediobius pyrgo Walker 梨潜皮蛾姬小蜂

Pediobius sinensis Sheng *et* Wang 中华柄腹姬小蜂

Pediobius songshaominus Liao 松梢螟姬小蜂

Pediobius yunanensis Liao 长距茧蜂姬小蜂

Pedopodisma Zheng 小蹦蝗属

Pedopodisma emeiensis (Yin) 峨眉小蹦蝗

Pedopodisma huangshana Huang 黄山小蹦蝗

Pedopodisma protrocula Zheng 突眼小蹦蝗

Pedopodisma shennongjiana Huang 神农架小蹦蝗

Pedopodisma tsinlingensis (Cheng) 秦岭小蹦蝗

Pedrillia Westwood 毛瘤胸叶甲属

Pedrillia annulata Baly 环瘤胸叶甲

Pedrococcus Mamet 片粉蚧属

Pedrococcus tenuispinus Green 锡兰片粉蚧

Pedrococcus tinahulanus Williams 梭罗门片粉蚧

Pedrocortesia Hammer 全穴甲螨属

Pedrocortesia japonica Aoki *et* Suzuki 日本全穴甲螨

Pedrocortesia sculptrata Aoki 刻纹全穴甲螨

Pedronia Green 背粉蚧属(榄粉蚧属)

Pedronia acanthodes Wang 西藏背粉蚧

Pedronia planococcoides Borchsenius 云南背粉蚧

Pedronia strobilanthis Green 马兰背粉蚧

Pedronia tremae Borchs. 山麻背粉蚧(麻榄粉蚧,景东背粉蚧)

Pedroniopsis Green 蝎毡蚧属

Pedroniopsis beesoni Green 印度蝎毡蚧

Pegohylemyia Schnabl 泉种蝇属

Pegohylemyia acudepressa Fan *et* Ma S.-Y. 尖扁泉种蝇

Pegohylemyia alatavensis Hennig 天山泉种蝇

Pegohylemyia betarum (Lintner) 钩叶泉种蝇

Pegohylemyia coloriforcipis Fan 彩叶泉种蝇

Pegohylemyia convexifrons Fan, Chen *et* Chen 突额泉种蝇

Pegohylemyia coronata Ringdahl 冕形泉种蝇

Pegohylemyia dissecta (Meigen) 棘叶泉种蝇

Pegohylemyia emeisencio Deng 峨泽菊泉种蝇

Pegohylemyia fugax (Meigen) 裸叶泉种蝇

Pegohylemyia himalaica Suwa 喜马拉雅泉种蝇

Pegohylemyia hucketti (Ringdahl) 扁鬃泉种蝇

Pegohylemyia latifrons (Zetterstedt) 圆叶泉种蝇

Pegohylemyia latirufifrons Fan 宽红额泉种蝇

Pegohylemyia maculipedella Suwa 斑足泉种蝇

Pegohylemyia mediospicula Fan 拟山字泉种蝇

Pegohylemyia monoconica Chen *et* Fan 单锥泉种蝇

Pegohylemyia montivaga Hennig 高山泉种蝇

Pegohylemyia nigrigenis Suwa 黑膝泉种蝇

Pegohylemyia okai cercodiscoides Fan, Zhong *et* Deng 盘叶泉种蝇

Pegohylemyia oraria Collin 海岸泉种蝇

Pegohylemyia profuga (Stein) 三齿泉种蝇

Pegohylemyia pseudomaculipes (Strobl) 伪斑足泉种蝇

Pegohylemyia pulvinata Hennig 端片泉种蝇

Pegohylemyia qinghaisenecio Fan 青泽菊泉种蝇

Pegohylemyia sanctimarci (Czerny) 山字泉种蝇

Pegohylemyia sichuanensis Li 四川泉种蝇

Pegohylemyia silva Suwa 林泉种蝇

Pegohylemyia sonchi Hardy 苦荬泉种蝇

Pegohylemyia spinisternata Suwa 棘腹泉种蝇

Pegohylemyia spinosa (Rondani) 长刺泉种蝇

Pegohylemyia spinulibasis Li *et* Deng 棘基泉种蝇

Pegohylemyia striolata (Fallén) 刷毛泉种蝇

Pegohylemyia suwai Wei 诹访泉种蝇

Pegohylemyia tridentifera (Suwa) 三针泉种蝇

Pegohylemyia tuxeni Ringdahl 叉裂泉种蝇

Pegomya Robineau-Desvoidy 泉蝇属

Pegomya angusticerca Li *et* Deng 狭肛泉蝇

Pegomya aniseta Stein 异鬃泉蝇

Pegomya argacra Fan 亮叶泉蝇

Pegomya aurapicalis Fan 金叶泉蝇

Pegomya aurivillosa Fan *et* Chen 金绒泉蝇

Pegomya betae (Curtis) 甜菜泉蝇

Pegomya bicolor (Hoffmannsegg) 双色泉蝇

Pegomya centaureodes Hsue 类矢车菊泉蝇

Pegomya chinensis Hennig 中华泉蝇

Pegomya clavellata Fan 棒叶泉蝇

Pegomya conformis (Fallén) 宽茎泉蝇

Pegomya crinilamella Fan *et* Qian 毛板泉蝇

Pegomya crinisternita Fan, Fan *et* Ma 缨腹泉蝇

Pegomya criniventris Suwa 毛腹泉蝇

Pegomya cunicularia (Rondani) 肖藜泉蝇

Pegomya dentella Li *et* Deng 小齿泉蝇

Pegomya dichaetomyiola Fan 重毫泉蝇

Pegomya dichaetomyiola nudapicalis Li *et* Deng 裸端重毫泉蝇

Pegomya dulcamarae Wood 马铃薯泉蝇 potato leaf-miner

Pegomya exilis (Meigen) 藜泉蝇

Pegomya flaviprecoxa Li *et* Deng 黄前基泉蝇

Pegomya flavoscutellata (Zetterstedt) 弧阳泉蝇

Pegomya folifera Li *et* Deng 叶突泉蝇

Pegomya geniculata (Bouch) 曲茎泉蝇

Pegomya hamatacrophalla Li *et* Deng 钩阳泉蝇

Pegomya holosteae (Hering) 并棘泉蝇

Pegomya hyoscyami Panzer 波菜泉蝇 spinach leafminer

Pegomya japonica mokanensis Fan 莫干泉蝇

Pegomya japonica Suwa 日本泉蝇

Pegomya kiangsuensis Fan 江苏泉蝇

Pegomya lyrura Fan 琴叶泉蝇

Pegomya medogensis Fan 墨脱泉蝇

Pegomya melatrochanter Li *et* Deng 黑转泉蝇

Pegomya mixta Villeneuve 甜菜杂泉蝇 beet leafminer

Pegomya nigra Suwa 黑泉蝇

Pegomya orientis Suwa 东方泉蝇

Pegomya pachura Fan 厚尾泉蝇

Pegomya phyllostachys Fan 毛笋泉蝇

Pegomya pliciforceps Fan 皱叶泉蝇

Pegomya prominens Stein 绯腹泉蝇

Pegomya quadrivittata Karl 四条泉蝇

Pegomya rarifemoriseta Li *et* Deng 稀鬃泉蝇

Pegomya rubivora (Coquillett) 悬钩子泉蝇

Pegomya ruficeps (Zetterstedt) 棕头泉蝇

Pegomya seitenstellensis (Strobl) 细眶泉蝇

Pegomya simpliciforceps Li *et* Deng 简尾泉蝇

Pegomya spinulosa Fan 棘基泉蝇

Pegomya sublurida Hsue 拟灰黄泉蝇

Pegomya tenuiramula Ge, Li *et* Fan 细枝泉蝇

Pegomya valgenovensis Hennig 拟矢车菊泉蝇

Pegomya winthemi (Meigen) 黄端泉蝇

Pegomya yushuensis Fan 玉树泉蝇

Pegoplata Schnabl *et* Dziedzicki 须泉蝇属

Pegoplata dasiomma Fan 毛眼须泉蝇

Pegoplata palposa (Stein) 宽须须泉蝇

Pegoplata virginea (Meigen) 黄膝须泉蝇

Pelecopsis Simon 盾板蛛属

Pelecopsis nigroloba Fei *et al.* 黑突盾板蛛

Pelecopsis parallela (Wider) 平行盾板蛛

Peleteria Robineau-Desvoidy 长须寄蝇属

Peleteria rubescens Robineau-Desvoidy 黑角长须寄蝇

Peliades Jacobi 片足飞虱属

Peliades nigroclypeata Kuoh 乌唇片足飞虱

Peliococcopsis Borchs. 晶粉蚧属

Peliococcopsis caucasicus (Borchs.) 苏联晶粉蚧

Peliococcopsis parvicerarius (Goux) 中欧晶粉蚧 small cerarian mealybug

Peliococcopsis priesneri (Laing) 埃及晶粉蚧

Peliococcus Borchs. 品粉蚧属

Peliococcus armeniacus Borchs. 亚美尼亚品粉蚧

Peliococcus balteatus (Green) 羊茅品粉蚧 girdled mealybug

Peliococcus chersonensis (Kir.) 艾草品粉蚧

Peliococcus deserticola Ben-Dov *et* Gerson 沙漠品粉蚧

Peliococcus glandulifer (Borchs.) 群腺品粉蚧

Peliococcus lycicola Tang 枸杞品粉蚧

Peliococcus manifectus Borchs. 菊类品粉蚧

Peliococcus mesasiaticus Borchs. *et* Kos. 中亚品粉蚧

Peliococcus montanus Bazarov *et* Babayiva 黄耆品粉蚧

Peliococcus perfidiosus Borchs. 烟草品粉蚧 malicious
mealybug

Peliococcus pseudozillae Borchs. 糙苏品粉蚧

Peliococcus serratus (Ferris) 锯齿品粉蚧

Peliococcus slavonicus (Laing) 斯拉夫品粉蚧 Slavonic
mealybug

Peliococcus tahouki Matile-Ferrero 沙特品粉蚧

Peliococcus terrestris Borchs. 大戟品粉蚧

Peliococcus turanicus (Kir.) 吐伦品粉蚧

Peliococcus vivarensis Tranfaglia 意大利品粉蚧

Peliococcus xerophylus Bazarov 旱性品粉蚧

Peliococcus zillae (Hall) 霸王品粉蚧

Pellenes Simon 蝇犬蛛属(蝇跳蛛属)

Pellenes albomaculatus Peng *et* Xie 白斑蝇犬蛛

Pellenes denisi Schenkel 丹氏蝇犬蛛

Pellenes maderianus Kulczynski 赤黄蝇犬蛛

Pellenes nigrocillatus (L. Koch) 黑线蝇犬蛛

Pellenes thibetana Simon 西藏蝇犬蛛

Pellenes tripunctatus (Walckenaer) 三斑蝇犬蛛

Pellonyssus Clark *et* Yunker 肤刺螨属

Pellonyssus nidi Gu *et* Duan 巢集肤刺螨

Pellonyssus stenosternus (Wang) 狭胸肤刺螨

Pellonyssus viator (Hirst) 游旅肤刺螨

Pelochrista Lederer 刺小卷蛾属

Pelochrista arabescana (Eversman) 斑刺小卷蛾

Pelopidae 前翼甲螨科

Pelopidas Walker 谷弄蝶属

Pelopidas agna (Moore) 南亚谷弄蝶

Pelopidas assamensis (de Nicéville) 印度谷弄蝶

Pelopidas conjuncta (Herrich-Schäffer) 古铜谷弄蝶

Pelopidas jansonis (Butler) 山地谷弄蝶

Pelopidas mathias (Fabricius) 隐纹谷弄蝶

Pelopidas sinensis (Mabille) 中华谷弄蝶

Pelopidas subochracea (Moore) 近赭谷弄蝶

Pelopoidea 前翼甲螨总科

Peloptulus Berlese 瘤前翼甲螨属

Peloptulus americanus (Ewing) 美瘤前翼甲螨

Peloribates Berlese 圆单翼甲螨属

Peloribates barbatus Aoki 须圆单翼甲螨

Peloribates longisetosus (Willmann) 长毛圆单翼甲螨

Peloribates turgidus Wen *et* Zhao 胀圆单翼甲螨

Peloribates yunnanensis Wen 南圆单翼甲螨

Pelosia angust (Staudinger) 小泥苔蛾

Pelosia hönei (Daniel) 边黄泥苔蛾

Pelosia muscerda (Hüfnagel) 泥苔蛾

Pelosia noctis (Butler) 夜泥苔蛾

Peltamigratus Sher 游盾线虫属

Peltamigratus amazonensis Bittencourt *et* Huang 亚马逊
游盾线虫

Peltamigratus areolatus Bittencourt *et* Huang 网纹游盾
线虫

Peltamigratus browni Khan *et* Zakiuddin 布氏游盾线虫

Peltamigratus cerradoensis Bittencourt *et* Huang 塞拉德
游盾线虫

Peltamigratus christiei (Golden *et* Taylor) 克氏游盾线虫
Christie's spiral nematode

Peltamigratus holdemani Sher 全捷曼游盾线虫

Peltamigratus ibiboca Monteiro *et* Choudhury 伊比博卡
游盾线虫

Peltamigratus indicus Khan *et* Husain 印度游盾线虫

Peltamigratus levicaudatus Bittencourt *et* Huang 光尾游
盾线虫

Peltamigratus luci Sher 卢氏游盾线虫

Peltamigratus machethi Sher 麦氏游盾线虫

Peltamigratus nigeriensis Sher 尼日利亚游盾线虫

Peltamigratus pachyurus Loof 大尾游盾线虫

Peltamigratus paraensis Bittencourt *et* Huang 帕拉游盾
线虫

Peltamigratus raskii Bittencourt *et* Huang 瑞氏游盾线虫

Peltamigratus sheri Andrássy 谢氏游盾线虫

Peltamigratus striatus Smit 具纹游盾线虫

Peltamigratus thornei Knobloch 索氏游盾线虫

Peltoperla Needham 扁石蝇属

Peltoperla aculeata Wu 有刺扁石蝇

Peltoperla geei (Chu) 小形扁石蝇

Peltoperla nigrifulva Wu 黑褐扁石蝇

Peltoperla obtusa Wu 钝形扁石蝇

Peltoperlidae 扁石蝇科

Peltoxys Signoret 长土蝽属

Peltoxys blissiformis Hsiao 狭长土蝽

Peltoxys brevipennis Fabricius 阔长土蝽

Pelurga Hübner 驼尺蛾属

Pelurga comitata (Linnaeus) 驼尺蛾

Pelurga onoi (Inoue) 平驼尺蛾

Pelurga taczanowskiaria (Oberthüer) 半驼尺蛾

Pemphigidae 瘿绵蚜科(绵蚜科) woolly and gall-making
aphids

Pemphigus Hartig 瘿绵蚜属

Pemphigus aedificator Buckton 见 *Baizongia pistaiciae*

Pemphigus betae Doane 甜菜瘿绵蚜 sugar beet root
aphid

Pemphigus borealis Tullgren 远东枝瘿绵蚜

Pemphigus bursarius (Linnaeus) 柄瘿绵蚜 lettuce root
aphid, poplar gall aphid

Pemphigus chomoensis Zhang 藏叶瘿绵蚜

Pemphigus circellatus Zhang *et* Zhong 环瘿绵蚜

Pemphigus cylindricus Zhang 筒瘿绵蚜

Pemphigus filaginis Boyer de Fonscolombe 杨叶红瘿绵
蚜 poplar gall aphid

Pemphigus gairi Stroyan 盖瘿绵蚜 poplar gall aphid

Pemphigus imaicus Cholodovsky 杨黄瘿绵蚜 poplar gall aphid

Pemphigus immunis Buckton 杨枝瘿绵蚜

Pemphigus mangkamensis Zhang 芒康瘿绵蚜

Pemphigus matsumurai Monzen 杨柄叶瘿绵蚜

Pemphigus mordwilkoi Cholodovsky 莫瘿绵蚜 poplar gall aphid

Pemphigus nainitalensis Cholodovsky 奈瘿绵蚜 poplar gall aphid

Pemphigus napaeus Buckton 纳瘿绵蚜 poplar gall aphid

Pemphigus phenax Börner *et* Blunck 胡萝卜根瘿绵蚜 poplar gall aphid, carrot root aphid

Pemphigus populitransversus Riley 美瘿绵蚜 poplar petiolegall aphid

Pemphigus populivenae Fitch 美国鸡冠叶瘿绵蚜 sugarbeet root aphid

Pemphigus protospirae Lichtenstein 早螺瘿绵蚜 poplar gall aphid

Pemphigus sinobursarius Zhang 柄脉叶瘿绵蚜

Pemphigus spirothecae Passerini 杨晚螺瘿绵蚜 spiral gall aphid

Pemphigus tibetapolygoni Zhang 藏蓼瘿绵蚜

Pemphigus tibetensis Zhang 藏枝瘿绵蚜

Pemphigus yangcola Zhang 滇枝瘿绵蚜

Pemphigus yunnanensis Zhang 滇叶瘿绵蚜

Pemphredoninae 短柄泥蜂亚科

Pemptolasius humeralis Gahan 花点天牛

Penicillaria Guenée 重尾夜蛾属

Penicillaria jocosatrix Guenée 重尾夜蛾

Penicillaria maculata Butler 斑重尾夜蛾

Pennisetia fixseni (Leech) 赤胫透翅蛾

Pennisetia hylaeiformis (Laspeyres) 树莓透翅蛾

Pennithera Viidalepp 羽带尺蛾属

Pennithera comis (Butler) 仁羽带尺蛾

Pennithera lugubris Inoue 哀羽带尺蛾

Pennithera manifesta Inoue 疏羽带尺蛾

Pennithera subalpina Inoue 丘羽带尺蛾

Pennithera subcomis (Inoue) 亚羽带尺蛾

Penottus Distant 球背网蝽属

Penottus monticollis (Walker) 球背网蝽

Penottus tibetanus Drake *et* Maa 藏球背网蝽

Penottus verdicus Drake *et* Maa 台球背网蝽

Penphylls texlurlinaceus (Fernie) 欧槭盘叶蚜 European maple aphid

Pentacentrinae 五距蟋亚科

Pentacentrus formosanus Karny 台湾五距蟋蟀

Pentalonia Coquerel 交脉蚜属

Pentalonia nigronervosa Coquerel 香蕉交脉蚜 banana aphid

Pentamerismus McGregor 扁螨属

Pentamerismus erythreus (Ewing) 红扁螨

Pentamerismus juniperi (Reck) 刺柏扁螨

Pentamerismus kunmingensis Ma *et* Yuan 昆明扁螨

Pentamerismus oregonensis McGregor 俄勒冈扁螨

Pentamerismus taxi (Haller) 紫杉扁螨

Pentamerus Roivainen 五节螨螨属

Pentamesa Harold 曲胫跳甲属

Pentamesa anemoneae Chen *et* Zia 银莲曲胫跳甲

Pentamesa haroldi Baly 西藏曲胫跳甲

Pentamesa parva Chen *et* Wang 小曲胫跳甲

Pentarthrum Wollaston 五节象属

Pentasetacidae 五毛瘿螨科

Pentasetacus Schliesske 五毛瘿螨属

Pentastruma Forel 五节蚁属

Pentastruma canina Brown *et* Boisvert 犬齿五节蚁

Pentastruma sauteri Forel 邵氏五节蚁

Pentatermus Hedqvist 五节茧蜂属

Pentatermus parnarae He *et* Chen 稻苞虫五节茧蜂

Pentatoma Olivier 真蝽属

Pentatoma angulata Hsiao *et* Cheng 角肩真蝽

Pentatoma armandi Fallou 褐真蝽

Pentatoma carinata Yang 脊腹真蝽

Pentatoma distincta Hsiao *et* Cheng 中纹真蝽

Pentatoma hinstoni Kiritschenko 亚东真蝽

Pentatoma hsiaoi Zheng 萧氏真蝽

Pentatoma illuminata (Distant) 斜纹真蝽

Pentatoma japonica Distant 日本真蝽

Pentatoma kunmingensis Xiong 昆明真蝽

Pentatoma longirostrata Hsiao *et* Cheng 长喙真蝽

Pentatoma metallifera (Motschulsky) 金绿真蝽

Pentatoma montana Hsiao *et* Cheng 川康真蝽

Pentatoma mosaicus Hsiao *et* Cheng 斑真蝽

Pentatoma nigra Hsiao *et* Cheng 黑真蝽

Pentatoma parataibaiensis Liu *et* Zheng 拟太白真蝽

Pentatoma pulchra Hsiao *et* Cheng 青真蝽

Pentatoma punctipes (Stål) 热带真蝽

Pentatoma rufipes (Linnaeus) 红足真蝽

Pentatomidae 蝽科 stink bugs, shield bugs

Pentatomimermis Rubzov 蝽索线虫属

Pentatomimermis pentatomiae (Rubzov) 直蝽索线虫

Pentatominae 蝽亚科

Penthaleidae 叶爪螨科

Penthaleus Koch 叶爪螨属

Penthaleus major Duges 麦叶爪螨 green wheat mite, blue oat mite

Penthalodidae 檐形喙螨科

Penthema Westwood 斑眼蝶属

Penthema adelma (Felder) 白斑眼蝶

Penthema darlisa Moore 彩裳斑眼蝶

Penthema formosana (Rothschild) 台湾斑眼蝶

Penthicodes Blanchard 悲蜡蝉属

Penthicodes atomaria (Weber) 斑悲蜡蝉

Penthicodes caja (Walker) 锈悲蜡蝉

Penthimia Germar 乌叶蝉属

Penthimia citrina Wang　黄斑乌叶蝉

Penthimia flavinotum Matsumura　黄背乌叶蝉

Penthimia nitida Lethierry　黑乌叶蝉

Penthimia testacea Kuoh　砖红乌叶蝉

Penthimia theae Matsumura　茶乌叶蝉

Penthococcus Danzig　丧粉蚧属

Penthococcus nartshukae Danzig　蒙古丧粉蚧

Pentodon Hope　禾犀金龟属

Pentodon affinis Ballion　见　*Pentodon dubius*

Pentodon bidens (Pallas)　双齿禾犀金龟

Pentodon bidentulus Fairmaire　见　*Pentodon mongolica*

Pentodon bispinifrons Reitter　双刺禾犀金龟

Pentodon dubius Ballion　疑禾犀金龟

Pentodon humilis Ballion　见　*Pentodon dubius*

Pentodon idiota (Herbst)　殊禾犀金龟

Pentodon insularis Zhang　岛禾犀金龟

Pentodon latifrons Reitter　宽额禾犀金龟

Pentodon mondon Bandi　见　*Pentodon sulcifrons*

Pentodon mongolica Motschulsky　阔胸禾犀金龟

Pentodon patruelis Frivaldszky　见　*Pentodon mongolica*

Pentodon sulcifrons Kuestr　哇额禾犀金龟

Peralox Keifer　多弯瘿螨属

Peralox cudraniae Kuang *et* Hong　柘多弯瘿螨

Peralox insolita Keifer　非普多弯瘿螨

Peralox ulmi Xin *et* Dong　榆多弯瘿螨

Peratophyga Swinhoe　晶尺蛾属

Peratophyga hyalinata (Kollar)　晶尺蛾

Percnia Guenée　点尺蛾属

Percnia albinigrata Warren　拟柿星尺蛾

Percnia belluaria Guenée　匀点尺蛾

Percnia foraria Guenée　细匀点尺蛾

Percnia giraffata (Guenée)　柿星尺蛾

Percnia grisearia Leech　灰点尺蛾

Percnia luridaria (Leech)　散斑点尺蛾

Percnia maculata (Moore)　小点尺蛾

Peregrinator biannulipes Montrouzer *et* Signoret　双环跃猎蝽

Peregrinus Kirkaldy　花翅飞虱属

Peregrinus maidis (Ashmead)　玉米花翅飞虱　corn planthopper

Peregrinus Tanasevitch　喙突蛛属

Peregrinus deformis Tanasevetch　方凹喙蛛

Perenethis L. Koch　草蛛属

Perenethis dentifasciata (O.P.-Cambridge)　齿草蛛

Perenethis fascigera (Boes. *et* Str.)　纹草蛛

Perga affinis Kirby　桉筒腹叶蜂　eucalyptus sawfly

Perga dorsalis Leach　钢蓝筒腹叶蜂　steel blue sawfly

Pergalumna Grandjean　全大翼甲螨属

Pergalumna akitaensis Aoki　秋田全大翼甲螨

Pergalumna altera (Oudemans)　斜孔全大翼甲螨

Pergalumna harunaensis Aoki　榛名全大翼甲螨

Pergalumna intermedia Aoki　中全大翼甲螨

Pergalumna maginata capillaris Aoki　毛状全大翼甲螨

Pergamasellus Evans　小偏革螨属

Pergamasus Berlese　偏革螨属

Pergesa Walker　红天蛾属

Pergesa askoldensis (Oberthüer)　白环红天蛾

Pergesa elpenor lewisi (Butler)　红天蛾

Pergesa elpenor szechuana Chu *et* Wang　川红天蛾

Pergesa porcellus sinkiangensis Chu *et* Wang　疆闪红天蛾

Periaciculitermes　近针白蚁属

Periaciculitermes menglunensis Li　勐仑近针白蚁

Periacma delegata Meyrick　褐带织蛾

Peribaea Robineau-Desvoidy　等鬃寄蝇属

Peribaea aegyptia Villeneuve　埃及等鬃寄蝇

Peribaea orbata Wiedemann　裸等鬃寄蝇

Peribalus limbolarius Stål　见　*Holcostethes limbolarius*

Peribathys Jordan　凹槽长角象属

Peribleptus Schoenherr　双沟象属

Peribleptus bisulcatus (Faust)　短沟双沟象

Peribleptus forcatus Voss　深窝双沟象

Peribleptus foveostriatus (Voss)　洼纹双沟象

Peribleptus scalptus Boheman　双沟象

Peribrotus pustulosus Gerstaecker　疱迂贪象

Peribulbitermes　近瓢白蚁属

Peribulbitermes dinghuensisi Li　鼎湖近瓢白蚁

Peribulbitermes jinghongensis Li　景洪近瓢白蚁

Peribulbitermes parafuluvus (Tsai *et* Chen)　黄色近瓢白蚁

Pericallia imperialis (Kollar)　黄条斑灯蛾

Pericallia matronula (Linnaeus)　班灯蛾

Pericallia ricini Fabricius　瑞斑灯蛾

Pericapritermes　近歪白蚁属

Pericapritermes beibengensis Huang *et* Han　背崩近歪白蚁

Pericapritermes gutianensis Li *et* Ma　古田近歪白蚁

Pericapritermes jangtsekiangensis (Kemner)　扬子江近歪白蚁

Pericapritermes latignathus (Holmgren)　多毛近歪白蚁

Pericapritermes semarangi (Holmgren)　三宝近歪白蚁

Pericapritermes tetraphilus (Silvestri)　大近歪白蚁

Pericerya aegyptiaca Douglas　见　*Icerya aegyptiaca*

Pericerya nigroareolata Newstead　见　*Icerya nigroareolata*

Pericerya purchasi Maskell　见　*Icerya purchasi*

Periclista albida Klug　白栎叶蜂　oak sawfly

Periclista lineolata Klug　无柄花栎呀蜂　oak sawfly

Periclista pubescens Zaddach　色栎叶蜂　oak sawfly

Periclitena Weise　壮萤叶甲属

Periclitena sinensis (Fairmaire)　中华壮萤叶甲

Periclitena vigorsi (Hope)　丽壮萤叶甲

Pericomidae　皱鞘螋科

Pericyma Herrich-Schäffer　同纹夜蛾属

Pericyma albidentaria (Freyer) 同纹夜蛾

Pericyma cruegeri (Butler) 凤凰木同纹夜蛾

Pericyma umbrina Guenée 见 *Alamis umbrina*

Peridea Stephens 内斑舟蛾属

Peridea aliena (Staudinger) 著内斑舟蛾

Peridea gigantea Butler 极大内斑舟蛾

Peridea graeseri (Staudinger) 赭小内斑舟蛾

Peridea grahami (Schaus) 扇内斑舟蛾

Peridea jankowskii (Oberthüer) 黄小内斑舟蛾

Peridea lativitta (Wileman) 侧带内斑舟蛾

Peridea moltrechti (Oberthüer) 卵内斑舟蛾

Peridea monetaria Obrthur 暗内斑舟蛾

Peridea trachitso (Oberthüer) 糙内斑舟蛾

Peridroma Hübner 疆夜蛾属

Peridroma margaritosa (Haworth) 疆夜蛾 variegated cutworm

Peridroma saucia (Hübner) 见 *Peridroma margaritosa*

Peridrome orbicularis Walker 圆拟灯蛾

Peridrome subfascia (Walker) 亚圆拟灯蛾

Perientomiddae 旋啮虫科 dust lice

Periergos Kiriakoff 纤舟蛾属

Periergos kamadena (Moore) 纵纤舟蛾

Perigea Guenée 晕夜蛾属

Perigea albomaculata Moore 白斑星夜蛾

Perigea capensis (Guenée) 素星夜蛾

Perigea cyclicoides Draudt 围星夜蛾

Perigea magna (Hampson) 大晕夜蛾

Perigea polimera (Hampson) 云晕夜蛾

Perigea spicea Guenée 环晕夜蛾

Perigea tricycla Guenée 三圈晕夜蛾

Perigrapha Lederer 连环夜蛾属

Perigrapha circumducta (Lederer) 围连环夜蛾

Perigrapha hönei Püngeler 扁连环夜蛾

Perihammus Aurivillius 肖锦天牛属

Perihammus infelix (Pascoe) 云纹肖锦天牛

Perihammus lemoulti Breuning 截尾肖锦天牛

Perihammus multinotatus (Pic) 多斑肖锦天牛

Perilampidae 巨胸小蜂科

Perilampus Latreille 巨胸小蜂属

Perilampus hyalinus Say 透巨胸小蜂

Perilampus prasinus Nikolskaya 翠绿巨胸小蜂

Perilampus tristis Mayr 墨玉巨胸小蜂

Perina Walker 透翅毒蛾属

Perina nuda (Fabricius) 榕透翅毒蛾

Perineura okutanii Takeuchi 绣球花植间叶蜂 hydrangea sawfly

Periommatus Chapuis 非南细长蠹属

Periommatus camerunus Strohm. 米槭非南细长蠹

Periommatus excisus Strohm. 象榄仁非南细长蠹

Periommatus pseudomajor Schedl 榕非南细长蠹

Periphis Berlese 偏伊螨属

Periphyllus van der Hoeven 多态毛蚜属

Periphyllus acerihabitans Zhang 三角槭多态毛蚜

Periphyllus americanus (Baker) 美槭多态毛蚜 American maple aphid

Periphyllus brevispinosus Gillette *et* Palmer 卡州槭多态毛蚜 Colorado maple aphid

Periphyllus californiensis (Shinji) 槭多态毛蚜 California maple aphid

Periphyllus diacerivorus Zhang 京槭多态毛蚜

Periphyllus koelreuteriae (Takahashi) 栾多态毛蚜

Periphyllus kuwanaii Takahashi 日槭多态毛蚜 Japanese maple aphid

Periphyllus lyropictus (Kessler) 挪威槭多态毛蚜 Norway maple aphid

Periphyllus negundinis (Thomas) 梣叶槭多态毛蚜 box-elder aphid

Periphyllus testudinacea (Fernie) 欧槭多态毛蚜 European maple aphid

Periphyllus viridis Matsumura 绿多态毛蚜

Periplaneta Burmeister 大蠊属

Periplaneta americana (Linnaeus) 美洲大蠊 American cockroach

Periplaneta australasiae (Fabricius) 澳洲大蠊 Australian cockroach

Periplaneta brunnea Burmeister 褐斑大蠊 brown cockroach

Periplaneta fallax Bienko 淡赤褐大蠊

Periplaneta fuliginosa (Serville) 黑胸大蠊 smokybrown cockroach

Periplaneta japonica Karny 日本大蠊 Japanese cockroach

Periploca atrata Hodges 暗细犀尖蛾

Periploca nigra Hodges 刺柏细犀尖蛾 juniper twig girdler

Peripsocus medimacularis Li 中斑围啮虫

Peripsyllopsis ramakrishnai Crawford 印巴绕枝木虱

Periscepsia Gistel 裸盾寄蝇属

Periscepsia carbonaria Panzer 黑头裸盾寄蝇

Perissandria Warren 罕夜蛾属

Perissandria adornata (Corti *et* Draudt) 甲罕夜蛾

Perissandria argillacea (Alphéraky) 罕夜蛾

Perissandria brevirami (Hampson) 促罕夜蛾

Perissandria diagrapha Boursin 越罕夜蛾

Perissandria diopsis Boursin 点罕夜蛾

Perissandria dizyx (Püngeler) 小罕夜蛾

Perissandria sikkima (Moore) 白纹罕夜蛾

Perissonemia Drake *et* Poor 高颈网蝽属

Perissonemia bimaculata (Distant) 斑高颈网蝽

Perissonemia borneensis (Distant) 高颈网蝽

Perissonemia gressitti Drake *et* Poor 葛高颈网蝽

Perissonemia occasa Drake 狭高颈网蝽

Perissopneumon Newstead 跛绵蚧属

Perissopneumon cellulosa (Tak.) 泰国跛绵蚧

Perissopneumon convexus (Morr.) 见 *Misracoccus convexus*

Perissopneumon ferox Newstead 柑枳跛绵蚧

Perissopneumon phyllanthi (Green) 叶下珠跛绵蚧

Perissopneumon tamarinda (Green) 罗望子跛绵蚧

Perissopneumon tectonae (Morr.) 柚木跛绵蚧

Perissopneumon xyliae (Ayyar) 见 *Misracoccus xyliae*

Perissus Chevrolat 跗虎天牛属

Perissus alticollis Gressitt *et* Rondon 灰毛跗虎天牛

Perissus asperatus Gressitt X纹跗虎天牛

Perissus atronotatus Pic 黑点跗虎天牛

Perissus biluteofasciatus Pic 网胸跗虎天牛

Perissus dalbergiae Gardner 黄檀跗虎天牛

Perissus dilatus Gressitt *et* Rondon 三带跗虎天牛

Perissus elongatus Pic 横脊跗虎天牛

Perissus indistinctus Gressitt 海南跗虎天牛

Perissus laetus Lameere 鱼藤跗虎天牛

Perissus mimicus Gressitt *et* Rondon 黑跗虎天牛

Perissus mutabilis Gahan 云南跗虎天牛

Perissus mutabilis obscuricolor Pic 黑胸跗虎天牛

Perissus mutabilis vitalisi Pic 红胸跗虎天牛

Perissus paulonotatus (Pic) 人纹跗虎天牛

Perissus quadrimaculatus Gressitt *et* Rondon 四点跗虎天牛

Perissus rayus Gressitt *et* Rondon 糙胸跗虎天牛

Peristygis charon Butler 法螺尺蛾

Peritetranychus Ugarov 缘叶螨属

Peritetranychus glabrisetus Ugarov 光毛缘叶螨

Peritetranychus tuberculatus Ugarov 管缘叶螨

Perithous Holmgren 白眶姬蜂属

Perithous guizhouensis He 贵州白眶姬蜂

Perithous mediator japonicus Uchida 中突白眶姬蜂日本亚种

Peritrechus Fieber 狭缘长蝽属

Peritrechus convivus (Stål) 狭缘长蝽

Perizoma Hübner 周尺蛾属

Perizoma albofasciata (Moore) 白带周尺蛾

Perizoma alchemillata (Linnaeus) 流纹周尺蛾

Perizoma antisticta (Prout) 对点周尺蛾

Perizoma exhausta (Prout) 泯周尺蛾

Perizoma fasciaria (Leech) 带周尺蛾

Perizoma fatuaria (Leech) 愚周尺蛾

Perizoma fulvimacula (Hampson) 枯斑周尺蛾

Perizoma lacteiguttata Warren 点周尺蛾

Perizoma lucifrons Prout 明周尺蛾

Perizoma maculata (Moore) 斑周尺蛾

Perizoma mediangularis (Prout) 虚周尺蛾

Perizoma paramordax Xue 蚀周尺蛾

Perizoma parvaria (Leech) 小周尺蛾

Perizoma phidola (Prout) 俭周尺蛾

Perizoma promptata (Püngeler) 显周尺蛾

Perizoma seriata (Moore) 序周尺蛾

Perizoma vinculata (Staudinger) 缚周尺蛾

Perjiva Jonathan *et* Gupta 佩姬蜂属

Perjiva hunanensis He *et* Chen 湖南佩姬蜂

Perkinsiella Kirkaldy 扁角飞虱属

Perkinsiella bakeri Muir 黑距扁角飞虱

Perkinsiella saccharicida (Kirkaldy) 甘蔗扁角飞虱 sugarcane leafhopper, sugarcane planthopper

Perkinsiella sinensis Kirkaldy 中华扁角飞虱

Perkinsiella yakushimensis Ishihara 侧黑扁角飞虱

Perkinsiella yuanjiangensis Ding 元江扁角飞虱

Perla Geoffroy 石蝇属

Perla brevata (Wu) 见 *Perla liui*

Perla comstocki Wu 康氏石蝇

Perla liui Wu 川藏石蝇

Perlidae 石蝇科

Perlinae 石蝇亚科

Perlodinella Klapalek 罗石蝇属

Perlodinella fuliginosa Wu 深褐罗石蝇

Perlodinella tatunga Wu 大通罗石蝇

Perlohmannia Berlese 全罗甲螨属

Perlohmannia coiffaiti Grandjean 考氏全罗甲螨

Perlohmannia gigantea (Aoki) 大全罗甲螨

Perlohmanniidae 全罗甲螨科

Perlohmannoidea 全罗甲螨总科

Perna exposita Lewin 木麻黄股枯叶蛾

Peromyscopsylla I. Fox 二刺蚤属

Peromyscopsylla bidentata (Kolenati) 二齿二刺蚤

Peromyscopsylla himalaica australishaanxia Zhang *et* Liu 喜山二刺蚤陕南亚种

Peromyscopsylla himalaica sichuanoyunnana Xie, Chen *et* Liu 喜山二刺蚤川滇亚种

Peromyscopsylla himalaica sinica Li *et* Wang 喜山二刺蚤中华亚种

Peromyscopsylla ostsibirica (Scalon) 西伯二刺蚤

Peromyscopsylla scaliforma Zhang *et* Liu 梯形二刺蚤

Peronea Curtis 见 *Alamis* Hübner

Peronea flexilineana Walker 第伦桃卷蛾

Perperus lateralis Boisduval 澳松负满象

Perperus melancholicus Boisduval 辐射松负满象

Perrisia brassicae Winn. 油菜荚瘿蚊

Perrisia ignorata Wachtl. 蔷薇芽瘿蚊

Perrisia tau-saghyzi Dombr. 橡胶鸦葱瘿蚊

Perrisia tetensi Ruebs 茶藨叶瘿蚊

Perutilimermis Nickle 红茎索线虫属

Perutilimermis culicis Nickle 蚊红茎索线虫

Perxylobates Hammer 全单翼甲螨属

Perxylobates paravermiseta Mahunka 拟螭毛全单翼甲螨

Perxylobates sinensis Wen *et al.* 中华全单翼甲螨

Perxylobates taidinchani Mahunka 港全单翼甲螨

Petalium bistriatum bistriatum (Say) 栎枝窃蠹

Petalocephala Stål 片头叶蝉属

Petalocephala arcuata Cai et Kuoh 圆冠片头叶蝉

Petalocephala chlorophana Kuoh 黄绿片头叶蝉

Petalocephala duodiana Kuoh 多点片头叶蝉

Petalocephala fuscomarginata Cai et Kuoh 褐缘片头叶蝉

Petalocephala granulosa Distant 颗粒片头叶蝉

Petalocephala nigrilinea Walker 黑线片头叶蝉

Petalocephala ochracea Cai et Kuoh 赭片头叶蝉

Petalocephala sanguineomarginata Kuoh 血边片头叶蝉

Petalocephaloides Kato 扁头叶蝉属

Petalocephaloides laticapitata Kato 扁头耳叶蝉

Petalochirus Palisot de Beauvois 叶胫猎蝽属

Petalochirus spinosissimus Distant 叶胫猎蝽

Petalolyma castanopsis Li et Yang 大叶椎栗缕个木虱

Petalomium Cross 扁矮螨属

Petalomium europaea Savulkina 欧洲扁矮螨

Petaluridae 古蜓科 gray darners

Petascelis remipes Signoret 西非柏杉缘蝽

Peteina Meigen 拍寄蝇属

Peteina erinaceus Fabricius 刺拍寄蝇

Peteina hyperdiscalis Aldrich 粗鬃拍寄蝇

Petelia Herrich-Schäffer 觅尺蛾属

Petelia medardaria Herrich-Schäffer 中觅尺蛾

Petelia riobearia (Walker) 彤觅尺蛾

Petillocoris Hsiao 拟特缘蝽属

Petillocoris longipes Hsiao 长足特缘蝽

Petillopsis Hsiao 类特缘蝽属

Petillopsis calcar Dallas 角肩特缘蝽

Petillopsis patulicollis Walker 刺肩特缘蝽

Petrobia Murray 岩螨属

Petrobia barkolensis Wang et Cui 巴里坤岩螨

Petrobia harti (Ewing) 酢浆草岩螨

Petrobia hemerocallis Wang 萱草岩螨

Petrobia jingheensis Ma et Gao 精河岩螨

Petrobia latenss (Müller) 麦岩螨 stone mite, brown wheat mite

Petrobia xerophila Mitrofanov 旱叶岩螨

Petrobia xinjiangensis Tan et Wang 新疆岩螨

Petrobia zachvatkini (Reck et Bagdasarian) 硕大岩螨

Petrognatha gigas Fabricius 大热非天牛

Petrophora Hübner 石带尺蛾属

Petrophora chlorosata (Scopoli) 直石带尺蛾

Petrova Heinrich 实小卷蛾属

Petrova albicapitana (Busck) 美实小卷蛾 northern pitch twig moth, pitch nodule maker

Petrova albicapitana arizonensis (Heinrich) 西南实小卷蛾 pinon pitch nodule moth

Petrova burkeana (Kearfott) 云杉实小卷蛾 spruce pitch nodule moth

Petrova comstockiana (Fern.) 针实小卷蛾 pitch twig moth

Petrova cristata (Walsingham) 松实小卷蛾 pine tip

moth

Petrova edemoidana (Dyar) 贪实小卷蛾

Petrova houseri Miller 侯氏实小卷蛾

Petrova metallica (Busck) 金属光实小卷蛾 metallic pitch nodule moth

Petrova monophylliana (Kearfott) 单元实小卷蛾

Petrova monopunctata (Oku) 一点实小卷蛾

Petrova pallipennis McDunnough 见 Evetria pallipennis

Petrova picicolana (Dyar) 蓝黑实小卷蛾

Petrova resinella Linnaeus 见 Rhyacionia resinella

Petrova sabiniana (Kearfott) 杜松实小卷蛾

Petrova virginiana McD. 纯白实小卷蛾

Peuceptyelus Sahlberg 卵沫蝉属

Peuceptyelus indentatus Uhler 松菱卵沫蝉 pine frog-hopper

Peuceptyelus media Melichal 中卵沫蝉

Peuceptyelus medius Matsumura 白头卵沫蝉 smaller mountain froghopper

Peuceptyelus nawae Matsumura 名和卵沫蝉 Nawa froghopper

Peuceptyelus nigroscutellatus Matsumura 山卵沫蝉 mountain froghopper

Peuceptyelus sigillifer Walker 显派松卵沫蝉

Peucetia Thorell 松猫蛛属

Peucetia akwadaensis Patel 阿达松猫蛛

Peucetia formosensis Kishida 台湾松猫蛛

Peucetia latikae Tikader 拉蒂松猫蛛

Peues tibetanus Malaise 西藏麻黄叶蜂

Pexopsis Brauer et Bergenstamm 梳寄蝇属

Pexopsis capitata Mesnil 凯梳寄蝇

Pezohippus B.-Bienko 平器蝗属

Pezohippus biplatus Kang et Mao 双片平器蝗

Phacephorus Schoenherr 毛足象属

Phacephorus argyrostomus Gyllenhyl 银灰毛足象

Phacephorus nebulosus Fåhraeus 云斑毛足象

Phacephorus setosus Zumpt 刚毛毛足象

Phacephorus umbratus Faldermann 甜菜毛足象

Phacopteron lentiginosum Buckton 柄果木扁束木虱

Phacusa cybele Leech 墨翅毛斑蛾

Phacusa dirce Leech 透翅毛斑蛾

Phacusa translucida Poujade 亮翅毛斑蛾

Phaedon Latreille 猿叶甲属

Phaedon alticola Chen 高原猿叶甲

Phaedon armoraciae Linnaeus 辣根猿叶甲

Phaedon brassicae Baly 小猿叶甲 brassica leaf beetle

Phaedon fulvescens Weise 黄猿叶甲

Phaedyma Felder 菲蛱蝶属

Phaedyma aspasia (Leech) 蔼菲蛱蝶

Phaedyma chinga Eliot 秦菲蛱蝶

Phaedyma columella (Cramer) 柱菲蛱蝶

Phaenacantha Horváth 突束蝽属

Phaenacantha bicolor Distant 二色突束蝽

Phaenacantha lobulifera Horváth 角背突束蝽

Phaenacantha marcida Horváth 锤突束蝽

Phaenacantha trilineata Horváth 环足突束蝽

Phaenacantha viridipennis Horváth 绿翅突束蝽

Phaenandrogomphus Lieftinck 显春蜓属

Phaenandrogomphus aureus (Laidlaw) 金黄显春蜓

Phaenandrogomphus dingavani (Fraser) 丁格显春蜓

Phaenicia sericata (Meigen) 绿瓶藻丽蝇 greenbottle fly

Phaenocarpa Förster 光鞘反颚茧蜂属

Phaenocarpa cameroni Papp 小眼反颚茧蜂

Phaenocarpa carinthiaca Fischer 显脊反颚茧蜂

Phaenocarpa conspurcator (Haliday) 等长反颚茧蜂

Phaenocarpa diffusus Chen *et* Wu 沟伸反颚茧蜂

Phaenocarpa eunice (Haliday) 宽梗反颚茧蜂

Phaenocarpa impressinotum Fischer 印胸反颚茧蜂

Phaenocarpa ingressor Marshall 具室反颚茧蜂

Phaenocarpa laticellula Papp 宽短反颚茧蜂

Phaenocarpa notabilis Stelfox 黑褐反颚茧蜂

Phaenocarpa pratellae (Curtis) 平沟反颚茧蜂

Phaenocarpa psalliotae Telenga 长胫反颚茧蜂

Phaenocarpa ruficeps (Nees) 尖背反颚茧蜂

Phaenocarpa seitneri Fahringer 细爪反颚茧蜂

Phaenocarpa vitita Chen *et* Wu 宽齿反颚茧蜂

Phaenocephalidae 显头甲科 bigheaded beetles

Phaenochilus Weise 细须唇瓢虫属

Phaenochilus metasternalis Miyatake 细须唇瓢虫

Phaenolobus koreanus Uchida 朝鲜暗色姬蜂

Phaenolobus longinotaulices Wang 长沟暗色姬蜂

Phaenoserphus Kieffer 光胸细蜂属

Phaeocedus Simon 昏蛛属

Phaeocedus braccatus (L. Koch) 短昏蛛

Phaeogenes Wesmael 厚唇姬蜂属

Phaeogenes eguchii Uchida 玉米螟厚唇姬蜂

Phaeosia orientalis Hampson 东方暗苔蛾

Phaeoura mexicanaria (Grote) 西黄松暗体尺蛾

Phalacrodira Enderlein 舌腹食蚜蝇属

Phalacrodira tarsata (Zetterstedt) 毛眼舌腹食蚜蝇

Phalaenidae 见 Noctuidae

Phalanta Horsfield 珐蛱蝶属

Phalanta phalantha (Drury) 珐蛱蝶

Phalantus Stål 伐猎蝽属

Phalantus geniculatus Stål 伐猎蝽

Phalera Hübner 掌舟蛾属

Phalera assimilis (Bremer *et* Grey) 栎掌舟蛾 quercus caterpillar

Phalera bucephala (Linnaeus) 圆掌舟蛾 buff-tip moth

Phalera flavescens (Bremer *et* Grey) 苹掌舟蛾 cherry caterpillar

Phalera fuscescens Butler 榆掌舟蛾

Phalera ordgara Schaus 纹掌舟蛾

Phalera parivala Moore 珠掌舟蛾

Phalera procera (Felder) 葛藤掌舟蛾

Phalera raya Moore 刺桐掌舟蛾

Phalera sangana Moore 刺槐掌舟蛾

Phalera torpida Walker 灰掌舟蛾

Phalerodonta Staudinger 蚕舟蛾属

Phalerodonta albibasis (Chiang) 栎蚕舟蛾

Phalerodonta manleyi Leech 曼栎蚕舟蛾 oak caterpillar

Phalga Moore 波尾夜蛾属

Phalga clarirena (Sugi) 清尾夜蛾

Phalga sinuosaa Moore 波尾夜蛾

Phalgea Cameron 亮姬蜂属

Phalgea melaptera Wang 黑翅亮姬蜂

Phallocheira Rohdendorf 曲麻蝇属

Phallocheira minor Rohdendorf 小曲麻蝇

Phallosphaera Rohdendorf 球麻蝇属

Phallosphaera amica Ma 友谊球麻蝇

Phallosphaera gravelyi (Senior-White) 华南球麻蝇

Phallosphaera konakovi Rohdendorf 东北球麻蝇

Phalonia hospes (Walsingham) 向日葵细卷蛾 banded sunflower moth

Phalonia rutilana (Hübner) 见 *Aethes rutilana*

Phalonidia mesotypa Razowski 中华箭头细卷蛾 Chinese arrowhead stemborer

Phaloniidae 细卷蛾科(纹蛾科)

Phaneroptera brevis Serville 含羞草螽

Phaneroptera nana Fieber 薄翅螽

Phaneroptera nigrooantennata Brunner 黑角树螽 blackhorned katydid

Phaneropterinae 树螽亚科

Phaneroserphus Pschorn-Walcher 脊额细蜂属

Phanerothyris Warren 阈尺蛾属

Phanomeris phyllotomae Mues. 叶显柱茧蜂

Phantacrus Keifer 显瘿螨属

Phaonia Robineau-Desvoidy 棘蝇属

Phaonia alpicola (Zetterstedt) 高山棘蝇

Phaonia angulicornis (Zetterstedt) 宽银额棘蝇

Phaonia angustiprosternum Ma *et* Wang 狭胸棘蝇

Phaonia antennicrassa Xue 肥角棘蝇

Phaonia apicaloides Ma *et* Cui 类黄端棘蝇

Phaonia asierrans Zinovjev 亚洲游荡棘蝇

Phaonia aureipollinosa Xue 金粉鬃棘蝇

Phaonia aureolicauda Ma *et* Wu 金尾棘蝇

Phaonia aureolimaculata Wu 金斑棘蝇

Phaonia aureoloides Hsue 类金棘蝇

Phaonia bambusa Shinonaga *et* Kano 竹叶棘蝇

Phaonia beizhenensis Mou 北镇棘蝇

Phaonia benxiensis Xue *et* Yu 本溪棘蝇

Phaonia bitrigona Xue 锥棘蝇

Phaonia breviipalpata Fang *et* Fan 短须棘蝇

Phaonia bruneiaurea Xue *et* Feng 棕金棘蝇

Phaonia brunneiabdomina Xue *et* Cao 棕腹棘蝇

Phaonia brunneipalpis Mou 棕须棘蝇

Phaonia caudilata Fang *et* Fan 侧圆棘蝇

Phaonia cercoechinata Fang *et* Fan　叉尾棘蝇

Phaonia changbaishanensis Ma *et* Wang　长白山棘蝇

Phaonia chuanierrans Xue *et* Feng　川荡棘蝇

Phaonia cothurnoloba Xue *et* Feng　靴叶棘蝇

Phaonia datongensis Xue *et* Wang　大同棘蝇

Phaonia dawushanensis Xue *et* Liu　大雾山棘蝇

Phaonia decussata (Stein)　叉纹棘蝇

Phaonia decussatoides Ma *et* Wu　类叉纹棘蝇

Phaonia dianierrans Xue *et* Lii　滇荡棘蝇

Phaonia dismagnicornis Xue *et* Cao　叉角棘蝇

Phaonia dorsolineatoides Ma *et* Xue　类背纹棘蝇

Phaonia dupliciseta Ma *et* Cuii　二鬃棘蝇

Phaonia errans (Meigen)　游荡棘蝇

Phaonia fissa Xue　裂棘蝇

Phaonia flavivivida Xue *et* Cao　黄活棘蝇

Phaonia fugax Tiensuu　迅棘蝇

Phaonia fuscata (Fallén)　棕斑棘蝇

Phaonia fusciaurea Xue *et* Feng　褐金棘蝇

Phaonia fuscitibia Shinonaga *et* Kano　棕胫棘蝇

Phaonia fuscula Xue *et* Zhang　暗斑棘蝇

Phaonia ganshuensis Ma *et* Wu　甘肃棘蝇

Phaonia gobertii (Mik)　拟洁棘蝇

Phaonia graciloides Ma *et* Wang　类瘦棘蝇

Phaonia guangdongensis Xue *et* Liu　广东棘蝇

Phaonia gulianensis Ma *et* Cui　古莲棘蝇

Phaonia hamiloba Ma　钩叶棘蝇

Phaonia hebeta Fang *et* Fan　钝棘蝇

Phaonia heilongjiangensis Ma *et* Cui　黑龙江棘蝇

Phaonia huanglongshana Wu, Fang *et* Fan　黄龙山棘蝇

Phaonia huanrenensis Xue　桓仁棘蝇

Phaonia hybrida (Schnabl)　杂棘蝇

Phaonia incana (Wiedemann)　灰白棘蝇

Phaonia insetitibia Fang *et* Fan　裸胫棘蝇

Phaonia jagedaqiensis Ma *et* Cui　加格达奇棘蝇

Phaonia jilinensis Ma *et* Wang　吉林棘蝇

Phaonia jinbeiensis Xue *et* Wang　晋北棘蝇

Phaonia kangdingensis Ma *et* Feng　康定棘蝇

Phaonia kowarzii (Schnabl)　黄腹棘蝇

Phaonia lamellata Fang, Li *et* Deng　薄尾棘蝇

Phaonia latimargina Fang *et* Fan　宽黑缘棘蝇

Phaonia latipalpis Schnabl　蛰棘蝇

Phaonia liaoshiensis Zhang *et* Zhang　辽西棘蝇

Phaonia longifurca Xue　长叉棘蝇

Phaonia lucidula Fang *et* Fan　明腹棘蝇

Phaonia luteovittata Shinonaga *et* Kano　黄腰棘蝇

Phaonia malaisei Ringdahl　古源棘蝇

Phaonia mimoaureola Ma, Ge *et* Li　拟金棘蝇

Phaonia mimobitrigona Xue　拟锥棘蝇

Phaonia mimocandicans Ma *et* Tian　拟变白棘蝇

Phaonia mimoerrans Ma　拟游荡棘蝇

Phaonia mimofausta Ma *et* Wu　拟幸运棘蝇

Phaonia mimoincana Ma *et* Feng　拟灰白棘蝇

Phaonia mimopalpata Ma *et* Cui　拟宽须棘蝇

Phaonia mimotenuiseta Ma *et* Wu　拟细鬃棘蝇

Phaonia mimovivida Ma *et* Feng　拟活棘蝇

Phaonia montana Shinonaga *et* Kano　山棘蝇

Phaonia mystica (Meigen)　毛板棘蝇

Phaonia mysticoides Ma *et* Wang　类秘棘蝇

Phaonia nigrigenis Ma *et* Feng　黑膝棘蝇

Phaonia nigripennis Ma *et* Cui　黑翅棘蝇

Phaonia ningxiaensis Ma *et* Zhao　宁夏棘蝇

Phaonia nititerga Xue　亮纹棘蝇

Phaonia pallatoides Xue *et* Zhao　拟乌棘蝇

Phaonia paucispina Fang *et* Cui　少刺棘蝇

Phaonia pilipes Ma *et* Feng　毛足棘蝇

Phaonia pura (Löw)　洁棘蝇

Phaonia qingheensis Xue　清河棘蝇

Phaonia recta Hsue　直棘蝇

Phaonia ripara Liu *et* Xue　眷溪棘蝇

Phaonia rufitarsis (Stein)　绯跗棘蝇

Phaonia rufivulgaris Xue *et* Wang　常红棘蝇

Phaonia septentrionalis Xue *et* Yu　北方棘蝇

Phaonia serva (Meigen)　林棘蝇

Phaonia shaanbeiensis Wu, Fang *et* Fan　陕北棘蝇

Phaonia shaanxiensis Xue *et* Cao　陕西棘蝇

Phaonia shanxiensis Zhang, Zhao *et* Wu　山西棘蝇

Phaonia shubeiensis Ma *et* Wu　肃北棘蝇

Phaonia sinierrans Xue *et* Cao　中华游荡棘蝇

Phaonia stenoparafacia Fang *et* Fan　狭颜棘蝇

Phaonia subconsobrina Ma　亚关联棘蝇

Phaonia subemarginata Fang, Li *et* Deng　浅凹棘蝇

Phaonia suberrans Feng　次游荡棘蝇

Phaonia subfausta Ma *et* Wu　亚幸运棘蝇

Phaonia submontana Ma *et* Wang　亚山棘蝇

Phaonia submystica Xue　拟秘棘蝇

Phaonia subnigrisquama Xue *et* Zhao　暗瓣棘蝇

Phaonia subommatina Ma *et* Feng　亚巨眼棘蝇

Phaonia subpalpata Fang, Li *et* Deng　亚宽须棘蝇

Phaonia subtenuiseta Ma *et* Wu　亚细鬃棘蝇

Phaonia subvivida Ma *et* Cui　亚活棘蝇

Phaonia suspiciosa (Stein)　斑棘蝇

Phaonia tenuirostris (Stein)　细喙棘蝇

Phaonia tristroilata Ma *et* Wang　三条棘蝇

Phaonia vagata Xue *et* Wang　迷走棘蝇

Phaonia villana Robineau-Desvoidy　毛背棘蝇

Phaonia vulpinus Wu, Fang *et* Fan　狸棘蝇

Phaonia wenshuiensis Zhang, Zhao *et* Wu　文水棘蝇

Phaonia xianensis Xue *et* Cao　西安棘蝇

Phaonia xiangningensis Ma *et* Wang　乡宁棘蝇

Phaonia xingxianensis Ma *et* Wang　兴县棘蝇

Phaonia yaluensis Ma　鸭绿江棘蝇

Phaonia yanggaoensis Ma *et* Wang　阳高棘蝇

Phaonia youyuensis Xue *et* Wang　右玉棘蝇

Phaonia zhangyeensis Ma *et* Wu　张掖棘蝇

Phaonia zhelochovtsevi (Zinovjev) 翅斑棘蝇

Phaoniinae 棘蝇亚科

Pharcocerus Simon 法老蛛属

Pharcocerus orienalis Song *et* Chai 东方法老蛛

Pharoscymnus Bedel 毛艳瓢虫属

Pharoscymnus taoi Sasaji 台毛艳瓢虫

Pharsalia Thomson 梯天牛属

Pharsalia antennata Gahan 粗角梯天牛

Pharsalia duplicata Pascoe 双带梯天牛

Pharsalia ochreomaculata Breuning 赭斑梯天牛

Pharsalia pulchra Gahan 双突梯天牛

Pharsalia pulchroides Breuning 斑翅梯天牛

Pharsalia subgemmata (Thomson) 橄榄梯天牛

Pharsalia trimaculipennis Breuning 圆尾梯天牛

Phasmatidae 蜻科(竹节虫科) walkingsticks

Phasmatinae 蜻亚科

Phassus Walker 蝙蛾属

Phassus anhuiensis Chu *et* Wang 杉蝙蛾

Phassus camphorae Sassaki 樟蝙蛾 camphor tree borer

Phassus damor Moore 环蛀蝙蛾 ring borer

Phassus excrescens Butler 柳蝙蛾

Phassus fujianodus Chu *et* Wang 福建疖蝙蛾

Phassus giganodus Chu *et* Wang 巨疖蝙蛾

Phassus hunanensis Chu *et* Wang 湖南点蝙蛾

Phassus jingdongensis Chu *et* Wang 景东蝙蛾

Phassus malabaricus Moore 见 *Sahyadrassus malabaricus*

Phassus miniatus Chu *et* Wang 红蝙蛾

Phassus nodus Chu *et* Wang 疖蝙蛾

Phassus punctimargo Swinhoe 见 *Endoclita punctimargo*

Phassus signifer Hampson 见 *Endoclita undulifer*

Phassus sinensis Moore 一点蝙蛾

Phassus undulifer Walker 见 *Endoclita undulifer*

Phassus xizangensis Chu *et* Wang 西藏蝙蛾

Phassus yunnanensis Chu *et* Wang 云南蝙蛾

Phatnoma Fieber 七刺网蝽属

Phatnoma costalis Distant 粤七刺网蝽

Phatnoma takasago Takeya 台七刺网蝽

Phatnotis legata Meyrick 檀香鳞甲春蛾

Phauda flammans Walker 朱红毛斑蛾

Phauda triadum Walker 黑斑红毛斑蛾

Phaula gracilis Matsumura *et* Shiraki 橘小螽 citrus slender katydid

Phaulacridium vittatum Sjoestedt 庶小无翅蝗

Phaulacus Keifer 单针瘿螨属

Phaulimia Pascoe 直角长角象属

Phaulodiaspis Vitzthum 单双盾螨属

Phaulodinychidae 小双爪螨科

Phauloppia Berlese 单奥甲螨属

Phauloppia adjecta Aoki *et* Ohkubo 添单奥甲螨

Phauloppia lucorum (C. L. Koch) 尖喉单奥甲螨

Phauloppia xinjiangensis Wen *et al.* 新疆单奥甲螨

Phaulula gracilis Matsumura *et* Shiraki 细晓易螽

Phegobia Kieffer 褐瘿蚊属

Phegobia tornatella (Bremi) 山毛榉坚果瘿蚊 beech gall midge

Phegomyia fagicola (Kieffer) 山毛榉似坚果瘿蚊 beech gall midge

Pheidole Westwood 大头蚁属

Pheidole amia Forel 阿美大头蚁

Pheidole ernesti Forel 欧尼大头蚁

Pheidole fervens Smith 长节大头蚁

Pheidole fervida Smith 亮红大头蚁

Pheidole funkikoensis Wheeler 奋起湖大头蚁

Pheidole indica Mayr 印度大头蚁

Pheidole javana soror Santschi 爪哇大头蚁

Pheidole lighti Wheeler 莱氏大头蚁

Pheidole megacephala (Fabricius) 褐大头蚁

Pheidole meihuashanensis Li *et* Chen 梅花山大头蚁

Pheidole nodus Smith 宽结大头蚁

Pheidole pieli Santschi 皮氏大头蚁

Pheidole rhombinoda Mayr 菱结大头蚁

Pheidole rinae tipuna Forel 褐色大头蚁

Pheidole sulcaticeps Roger 凹大头蚁

Pheidole taivensis Forel 台湾大头蚁

Pheidole yeensis Forel 伊大头蚁

Pheidole zhoushanensis Li *et* Chen 舟山大头蚁

Pheidologeton Mayr 巨首蚁属

Pheidologeton affinis (Jerdon) 巨首蚁

Pheidologeton dentiviris (Forel) 具齿巨首蚁

Pheidologeton diversus (Jerdon) 全异巨首蚁

Pheidologeton nanningensis Li *et* Tang 南宁巨首蚁

Pheidologeton vespillo Wheeler 红巨首蚁

Pheidologeton yanoi Forel 矢野巨首蚁

Phelipara flavovittata Breuning 黄条锤天牛

Phelipara laosensis Breuning 老挝锤天牛

Phelipara marmorata Pascoe 纵纹锤天牛

Phelipara pseudomarmorata Breuning 宽带锤天牛

Phelipara saigonensis Breuning 西贡锤天牛

Phelipara submarmorata Breuning 白斑锤天牛

Phellopsis porcata (LeConte) 居林暗黑粉甲

Phenacaspis Cooley *et* Cockerell 见 *Pseudaulacaspis* MacGillivray

Phenacaspis abbrideliae Chen 见 *Pseudaulacaspis abbrideliae*

Phenacaspis atalantiae (Takahashi) 见 *Ledaspis atalantiae*

Phenacaspis brideliae (Takahashi) 见 *Pseudaulacaspis brideliae*

Phenacaspis camphora Chen 见 *Chionaspis camphora*

Phenacaspis centreesa Ferris 见 *Pseudaulacaspis centreesa*

Phenacaspis chinensis (Cockerell) 见 *Pseudaulacaspis*

chinensis

Phenacaspis cockerelli (Cooley) 见 *Pseudaulacaspis cockerelli*

Phenacaspis dendrobii Kuwana 见 *Pseudaulacaspis dendrobii*

Phenacaspis dilatata Cockerell *et* Cooley 见 *Chinaspis dilatata*

Phenacaspis dryina Ferris 见 *Chionaspis dryina*

Phenacaspis ericacea Ferris 见 *Pseudaulacaspis cockerelli*

Phenacaspis eugeniae (Maskell) 见 *Pseudaulacaspis eugeniae*

Phenacaspis formosana Takahashi 见 *Chionaspis formosana*

Phenacaspis fujicola Kuwana 见 *Pseudaulacaspis fujicola*

Phenacaspis gengmaensis Chen 见 *Pseudaulacaspis gengmaensis*

Phenacaspis keteleeriae Ferris 见 *Pseudaulacaspis keteleeriae*

Phenacaspis latisoma Chen 见 *Pseudaulacaspis latisoma*

Phenacaspis machili (Takahashi) 见 *Chionaspis machili*

Phenacaspis megacauda Takagi 见 *Pseudaulacaspis megacauda*

Phenacaspis neolinderae Chen 见 *Chionaspis linderae*

Phenacaspis osmanthi Ferris 见 *Chionapsis osmanthi*

Phenacaspis pinifoliae (Fitch) 见 *Chionaspis pinifoliae*

Phenacaspis poloosta Ferris 见 *Pseudaulacaspis poloosta*

Phenacaspis pudica Ferris 见 *Pseudaulacaspis pudica*

Phenacaspis quercus Kuwana 见 *Pseudaulacaspis kuishiuensis*

Phenacaspis rotunda Takahashi 见 *Chionaspis rotunda*

Phenacaspis saitamaensis (Kuwana) 见 *Chionaspis saitamaensis*

Phenacaspis sichuanensis Chen 见 *Chionaspis sichuanensis*

Phenacaspis sozanica (Takahashi) 见 *Chionaspis sozanica*

Phenacaspis subcorticalis (Green) 见 *Pseudaulacaspis subcorticalis*

Phenacaspis subrotunda Chen 见 *Chionaspis subrotunda*

Phenacaspis surrhombica Chen 见 *Pseudaulacaspis surrhombica*

Phenacaspis taiwana Takahashi 见 *Pseudaulacaspis taiwana*

Phenacaspis takahashii Ferris 见 *Pseudaulacaspis takahashii*

Phenacaspis trochodendri Takahashi 见 *Chionaspis trochodendri*

Phenacaspis vitis (Green) 见 *Chionaspis vites*

Phenacobryum Cockerell 蜡链蚧属

Phenacobryum albospicatum (Green) 山矾蜡链蚧

Phenacobryum bryoides (Mask.) 东洋蜡链蚧

Phenacobryum echinatum Wang 四川蜡链蚧

Phenacobryum ficoides (Green) 榕树蜡链蚧

Phenacobryum indicum (Mask.) 印度蜡链蚧

Phenacobryum indigoferae Borchs. 槐兰蜡链蚧

Phenacobryum javanensis (Lamb. *et* Koszt.) 爪哇蜡链蚧

Phenacobryum roseus (Green) 蔷薇蜡链蚧

Phenacoccinae 绵粉蚧亚科

Phenacoccus Ckll. 绵粉蚧属

Phenacoccus acericola King 槭绵粉蚧 maple phenacoccus

Phenacoccus aceris (Sign.) 槭树绵粉蚧 apple mealybug, polyphagous tree mealybug

Phenacoccus arctophilus (Wang) 寒地绵粉蚧

Phenacoccus asteri Takahashi 菊绵粉蚧

Phenacoccus avenae Borchs. 燕麦绵粉蚧 oat mealybug

Phenacoccus avetianae Borchs. 石块绵粉蚧

Phenacoccus azaleae Kuwana 杜鹃绵粉蚧 azalea cottony mealybug, azalea mealybug

Phenacoccus ballardi Newstead 鲍氏绵粉蚧

Phenacoccus bambusae Takahashi 竹绵粉蚧

Phenacoccus borchsenii (Matesova) 波氏云杉绵粉蚧

Phenacoccus eurotiae Danzig 侵若绵粉蚧

Phenacoccus ferulae Borchs. 阿魏绵粉蚧

Phenacoccus fici Takahashi 榕绵粉蚧

Phenacoccus fraxinus Tang 白蜡绵粉蚧

Phenacoccus herbaceus Borchs. 见 *Caulococcus herbaceus*

Phenacoccus hirsutus Green 见 *Maconellicoccus hirsutus*

Phenacoccus indicus (Avasthi *et* Shafee) 印度绵粉蚧

Phenacoccus isadenatus Danzig 沙哈林绵粉蚧

Phenacoccus juniperi Ter-Grigorian 桧树绵粉蚧

Phenacoccus kareliniae Borchs. 额刺绵粉蚧

Phenacoccus kimmericus Kir. 排管绵粉蚧

Phenacoccus larvalis Borchs. 稚体绵粉蚧

Phenacoccus manihoti Matile-Ferreo 木薯绵粉蚧 cassava mealybug

Phenacoccus maritimus Danzig 海滨绵粉蚧

Phenacoccus mespili (Geoffr.) 苹果绵粉蚧 apple mealybug

Phenacoccus nephelii Tak. 红毛丹绵粉蚧

Phenacoccus pergandei Cockerell 柿树绵粉蚧 cottony apple scale, elongate cottony scale

Phenacoccus perillustris Borchs. 忍冬绵粉蚧

Phenacoccus piceae (Löw) 云杉绵粉蚧 spruce mealybug

Phenacoccus prodigialis Ferris 见 *Coccura suwakoensis*

Phenacoccus prunicola Borchs 杏树绵粉蚧(梅绵粉蚧,

大理绵粉蚧)

Phenacoccus pumilus Kir. 侏儒绵粉蚧 dwarf mealybug

Phenacoccus querculus (Borchs.) 苏栎绵粉蚧

Phenacoccus quercus (Douglas) 枥树绵粉蚧 evergreen oak cottony scale

Phenacoccus rotundus Kanda 圆体绵粉蚧

Phenacoccus schmelevi Bazarov 帕米尔绵粉蚧

Phenacoccus strigosus Borchs. 天芥菜绵粉蚧

Phenacoccus trichonotus (Danzig) 毛刺绵粉蚧

Phenacoccus vaccinii (Danzig) 乌饭绵粉蚧

Phenacoccus viburnae Kanda 荚迷绵粉蚧 Viburnum cottony scale

Phenacoccus yerushalmi Ben-Dov 圣露绵粉蚧

Phenacoleachia zelandica Maskell 新西兰软旌蚧

Phengaris Doherty 白灰蝶属

Phengaris atroguttata (Oberthüer) 白灰蝶

Phengaris daitozana Wileman 台湾白灰蝶

Phenopelopidae 表前翼甲螨科

Pheosia Hübner 剑舟蛾属

Pheosia fusiformis Matsumura 杨剑舟蛾

Pheosia rimosa Packard 龟裂剑舟蛾 mirror-back caterpillar

Pheromermis Poinar, Lane *et* Thomas 负索线虫属

Pheromermis pachysoma Linstow *et al.* 粗体负索线虫

Phi 费蝶赢属

Phi flavopunctatum continentale (Zimmermann) 弓费蝶赢

Phialodes rufipennis Roelofs 长足切叶象

Phidippus C.L. Koch 菲蛛属

Phidippus pateli Tikader 波氏菲蛛

Phigalia Duponchel 白桦尺蛾属

Phigalia tites (Cram.) 白桦尺蛾

Philaenus Stål 长沫蝉属

Philaenus abietis Matsumura 椴松长沫蝉

Philaenus leucophthalmus (L.) 白腿长沫蝉

Philaenus lineatus (L.) 条纹长沫蝉

Philaenus nigripectus Matsumura 黑条长沫蝉 black-striped elongate froghopper

Philaenus spumarius (Linnaeus) 长沫蝉 meadow spittlebug, common froghopper, cuckoo spitinse

Philaeus Thorell 蝇狼蛛属

Philaeus chrysops (Poda) 黑斑蝇狼蛛

Philagra Stål 象沫蝉属

Philagra fusiformis Walker 锤形象沫蝉

Philagra numerosa Lallemand 南方象沫蝉

Philagra quadrimaculata Schmidt 四斑象沫蝉

Philagra recta Jacobi 黄翅象沫蝉

Philampelinae 蜂形天蛾亚科

Philanthinae 大头泥蜂亚科

Philanthinus Beaumont 拟大头泥蜂属

Philanthinus quattuodecimpunctatus (Morawitz) 花拟大头泥蜂

Philanthus Fabricius 大头泥蜂属

Philanthus coronatus (Thunberg) 皇冠大头泥蜂

Philanthus hellmanni (Eversmann) 菱斑大头泥蜂

Philanthus triangulum (Fabricius) 山斑大头泥蜂

Philereme Hübner 夸尺蛾属

Philereme bipunctularia (Leech) 双斑夸尺蛾

Philereme transversata (Hüfnagel) 横线夸尺蛾

Philhammus Fab. 沟甲属

Philhammus leei Kasz. 李氏沟甲

Philipator basimaculata Moore 乳翅锦斑蛾

Philippipalpus Corpus-Raros 菲须螨属

Philippipalpus agohoi Corpuz-Raros 爱氏菲须螨

Philobatus Kerzhner 网姬蝽属

Philobatus christophis (Dohrn) 网姬蝽

Philocteanus rubroaureus De Geer 艳黄铜吉丁

Philodromidae 逍遥蛛科

Philodromus Walckenaer 逍遥蛛属

Philodromus alascensis Keyserling 阿拉逍遥蛛

Philodromus assamensis Tikader 阿萨逍遥蛛

Philodromus aureolus (Clerck) 金黄逍遥蛛

Philodromus auricomus L. Koch 耳斑逍遥蛛

Philodromus cespitum (Walckenaer) 草皮逍遥蛛

Philodromus chambaensis Tikader 居室逍遥蛛

Philodromus emarginatus (Shrank) 凹缘孝遥蛛

Philodromus fallax Sundevall 虚逍遥蛛

Philodromus histrio (Latreille) 铲逍遥蛛

Philodromus lanchouensis Schenkel 兰州逍遥蛛

Philodromus mainlingensis Hu *et* Li 米林逍遥蛛

Philodromus mongolicus Schenkel 蒙古逍遥蛛

Philodromus nanjiangensis Hu *et* Wu 南疆逍遥蛛

Philodromus renarius Urita *et* Song 肾形逍遥蛛

Philodromus rufus Walckenaer 红棕逍遥蛛

Philodromus subaureolus Boes. *et* Str. 土黄逍遥蛛

Philodromus triangulatus Urita *et* Song 三角逍遥蛛

Philodromus xinjiangensis Tang *et* Song 新疆逍遥蛛

Philodromus yijingensis Hu *et* Wu 伊宁逍遥蛛

Philoganga 大溪螅属

Philoganga robusta infantua Yang *et* Li 瑛凤丽螅

Philoganga vetusta Ris 大溪螅

Philoliche Wiedemann 长喙虻属

Philoliche longirostris (Hardwicke) 针长喙虻

Philomides Haliday 黄斑巨胸小蜂属

Philomides paphius Walker 黄斑巨胸小蜂

Philopona Weise 肿爪跳甲属

Philopona mouhoti (Baly) 菜豆树肿爪跳甲

Philopona vibex (Erichson) 牡荆肿爪跳甲

Philoponella Mello-Leitao 喜蚨蛛属

Philoponella nasuta (Thorell) 长鼻喜蚨蛛

Philoponella prominens (Boes. *et* Str.) 隆喜蚨蛛

Philopotamidae 等翅石蛾科

Philosina Kis 黑山螅属

Philosina buchi Ris 黄条黑山螅

Philudoria Kirby 斑纹枯叶蛾属

Philudoria albomaculata Bremer 竹斑枯叶蛾 bamboo lasiocampid

Philudoria decisa Walker 明纹枯叶蛾

Philudoria diversifasciata Gaede 斜纹枯叶蛾

Philudoria hani Lajonquiere 双斑枯叶蛾

Philudoria laeta Walker 竹黄枯叶蛾

Philudoria potatoria Linnaeus 牧草枯叶蛾

Philudoria pyriformis Moore 梨明纹枯叶蛾

Philus antennatus (Gyll.) 橘狭胸天牛

Philus costatus Gahan 脊翅狭胸天牛

Philus curticollis Pic 短胸狭胸天牛

Philus pallescens Bates 蔗狭胸天牛

Phimodera Germar 皱盾蝽属

Phimodera distincta Jakovlev 皱盾蝽

Phimodera rupshuensis Hutchinson 西藏皱盾蝽

Phimodera yasumatsui Esaki *et* Ishihara 晋皱盾蝽

Phintella Strand 金蝉蛛属

Phintella abnormis (Boes. *et* Str.) 异金蝉蛛

Phintella accentifera (Simon) 扇形金蝉蛛

Phintella aequipeiformis Zabka 双带金蝉蛛

Phintella bifurcilinea (Boes. *et* Str.) 花腹金蝉蛛

Phintella cavaleriei (Schenkel) 卡氏金蝉蛛

Phintella difficilis (Boes. *et* Str.) 困金蝉蛛

Phintella melloteei (Simon) 机敏金蝉蛛

Phintella parvus (Wesolowska) 小金蝉蛛

Phintella popovi (Proszynski) 波氏金蝉蛛

Phintella suavis (Simon) 悦金蝉蛛

Phintella tibialis Zabka 胫节金蝉蛛

Phintella versicolor (C.L. Koch) 多色金蝉蛛

Phintella vittata (C.L. Koch) 条纹金蝉蛛

Phlaeoba Stål 佛蝗属

Phlaeoba albonema Zheng 白纹佛蝗

Phlaeoba angustidorsis Bol. 短翅佛蝗

Phlaeoba antennata Br.-W. 长角佛蝗

Phlaeoba infumata Br.-W. 僧帽佛蝗

Phlaeoba medogensis Liu 墨脱佛蝗

Phlaeoba sikkimensis Ramme 锡金佛蝗

Phlaeoba sinensis Bol. 中华佛蝗

Phlaeoba tenebrosa Walk. 暗色佛蝗

Phlaeobida Bol. 菊蝗属

Phlaeobida chloronema Liang 黄纹菊蝗

Phlaeobida hainanensis Bi *et* Chen 海南菊蝗

Phlaeothripidae 管蓟马科 tubular thrips

Phlaeothripoidea 管蓟马总科

Phlaeothrips nigra Sasaki 樟黑管蓟马 black camphor thrips

Phlaeothrips Haliday 管蓟马属

Phlebotominae 白蛉亚科 sandflies, whitish tiny flies

Phlebotomus Rondani *et* Berte 白蛉属

Phlebotomus alexandri Sinton 亚历山大白蛉

Phlebotomus andrejievi Shakirzyanova 安氏白蛉

Phlebotomus caucasicus Marzinovsky 高加索白蛉

Phlebotomus chinensis Newstead 中华白蛉

Phlebotomus hoepplii Tang *et* Maa 何氏白蛉

Phlebotomus kiangsuensis Yao *et* Wu 江苏白蛉

Phlebotomus longiductus Parrot 长管白蛉

Phlebotomus major Ding *et* He 见 *Phlebotomus smirnovi*

Phlebotomus mongolensis Sinton 蒙古白蛉

Phlebotomus sichuanensis Leng *et* Yin 四川白蛉

Phlebotomus smirnovi Perfiliew 斯米尔诺夫白蛉(硕大白蛉,吴代白蛉)

Phlebotomus stantoni Newstead 施氏白蛉

Phlebotomus tumenensis Wang *et* Zhang 土门白蛉

Phlebotomus wui Yang *et* Xiong 见 *Phlebotomus smirnovi*

Phlebotomus yunshengensis Leng *et* Lewis 云胜白蛉

Phlegetonia delatrix Guenée 浅黑缨蛾

Phlegra Simon 绯蛛属

Phlegra fasciata (Hahn) 带绯蛛

Phlegra festiva (C.L. Koch) 丽绯蛛

Phlegra fuscipes Kulczynski 棕绯蛛

Phlegra micans Simon 闪烁绯蛛

Phlegra pisarskii Zabka 皮氏弗列蛛

Phlegra potanini Schenkel 波氏绯蛛

Phlegra semipullata Simon 双突绯蛛

Phleudecatoma Yang 小蠹黄色广肩小蜂属

Phleudecatoma cunninghamiae Yang 杉蠹黄色广肩小蜂

Phleudecatoma platycladi Yang 柏蠹黄色广肩小蜂

Phlexys Erichson 见 *Tanyproctus* Faldermann

Phloeobius Schoenherr 皮长角象属

Phloeobius triarrhenus Zhang 获粉长角象

Phloeomimus Joordan 拟皮长角象属

Phloeomyzidae 平翅绵蚜科

Phloeomyzus Horváth 平翅绵蚜属

Phloeomyzus passerinii Signoret 杨平翅绵蚜 woolly poplar aphid

Phloeomyzus passerinii zhangwuensis Zhang 杨平翅绵蚜张亚种

Phloeopemon Schoenherr 小斑长角象属

Phloeosinus Chapius 肤小蠹属

Phloeosinus abietis Tsai *et* Yin 冷杉肤小蠹

Phloeosinus andresi Eggers 见 *Phloeosinus armatus*

Phloeosinus armatus Reitter 柏木肤小蠹 cypress bark-beetle

Phloeosinus aubei Perris 柏木合场肤小蠹 cypress bark-beetle

Phloeosinus bicolor Perris 见 *Phloeosinus aubei*

Phloeosinus camphoratus Tsai *et* Yin 鳞肤小蠹

Phloeosinus canadensis Swaine 雪松肤小蠹 northern cedar bark-beetle

Phloeosinus cinnamomi Tsai *et* Yin 樟肤小蠹

Phloeosinus cristatus (LeConte) 鸡冠肤小蠹 cypress

bark beetle

Phloeosinus cupressi Hopkins 断齿肤小蠹 cypress bark-beetle

Phloeosinus dentatus (Say) 齿肤小蠹 eastern juniper bark beetle

Phloeosinus hopehi Schedl 微肤小蠹

Phloeosinus lewisi Chapuis 日本肤小蠹 thuja bark beetle

Phloeosinus perlatus Chapuis 罗汉肤小蠹 thuja bark beetle

Phloeosinus punctatus LeConte 刻点肤小蠹 western cedar bark beetle

Phloeosinus rudis Blandford 大肤小蠹 cypress bark beetle

Phloeosinus schumensis Eggers 见 *Phloeosinus aubei*

Phloeosinus sequoiae Hopkins 红木肤小蠹 redwood bark beetle

Phloeosinus shensi Tsai *et* Yin 桧肤小蠹

Phloeosinus sinensis Schedl 杉肤小蠹

Phloeosinus taxodii Blackman 南柏木肤小蠹 southern cypress beetle

Phloeotribus dentifrons (Blackman) 齿额韧皮胫小蠹

Phloeotribus frontalis Zimm. 额韧皮胫小蠹

Phloeotribus liminaris (Harris) 桃韧皮胫小蠹 peach bark beetle

Phloeotribus oleae Fabricius 见 *Phloeotribus scarabaeoides*

Phloeotribus scarabaeoides Bernard 蜻形韧皮胫小蠹

Phlogophora Treitschke 竺夜蛾属

Phlogophora adulatrix Hübner 松竺夜蛾

Phlogophora bestrix Butler 福竺夜蛾

Phlogophora costalis (Moore) 竺夜蛾

Phlogophora fuscomarginata Leech 黑缘红衫夜蛾

Phlogophora meticulodina (Daudt) 鼠褐衫夜蛾

Phlogophora olivacea (Leech) 线竺夜蛾

Phlogophora subpurpurea Leech 紫褐衫夜蛾

Phlogotettix Ribaut 点木叶蝉属

Phlogotettix cyclops (Mulsant *et* Rey) 一点木叶蝉

Phlyctaenia Hübner 黑野螟属

Phlyctaenia coronata (Hufn.) 接骨木黑野螟 elder leaf-tier

Phlyctaenia flavofimbriata Moore 见 *Pionea flavifimbriata*

Phlyctaenia tyres Cramer 白斑黑野螟

Phlyctinus callosus Schoenherr 庭园斑象 garden weevil

Phobaeticus sichuanensis Cai *et* Liu 蜀刺腿蜻

Phobetron pithecium (J. E. Smith) 褐棘毛刺蛾 hag moth

Phobocampe Förster 惊蠋姬蜂属

Phobocampe lymantriae Gupta 舞毒蛾惊蠋姬蜂

Phocoderma velutina Kollar 绒刺蛾

Phoenicococcidae 战蚧科(刺葵蚧科) palm scales

Phoenicococcus Cockerell 战蚧属

Phoenicococcus marlatti Cockerell 马氏战蚧 red date scale

Phola Weise 牡荆叶甲属

Phola octodecimguttata (Fabricius) 十八斑牡荆叶甲

Pholcidae 幽灵蛛科

Pholcomma Thorell 困蛛属

Pholcomma yunnanense Song *et* Zhu 云南困蛛

Pholcus Walckenaer 幽灵蛛属

Pholcus affinis Schenkel 近亲幽灵蛛

Pholcus alloctospilus Zhu *et* Gong 杂斑幽灵蛛

Pholcus bessus Zhu *et* Gong 山谷幽灵蛛

Pholcus clavatus Schenkel 网络幽灵蛛

Pholcus crypticolens Boes. *et* Str. 隐匿幽灵蛛

Pholcus everesti Hu *et* Li 珠峰幽灵蛛

Pholcus henanensis Zhu *et* Mao 豫幽灵蛛

Pholcus jixianensis Zhu *et* Yu 蓟幽灵蛛

Pholcus kimi Song *et* Zhu 金氏幽灵蛛

Pholcus opilionoides (Schrank) 拟盲幽灵蛛

Pholcus phalangioides (Fuesslin) 家幽灵蛛

Pholcus spilis Zhu *et* Gong 星斑幽灵蛛

Pholcus taibaiensis Wang *et* Zhu 太白幽灵蛛

Pholcus wuyiensis Zhu *et* Gong 武夷幽灵蛛

Pholcus xinjiangensis Hu *et* Wu 新疆幽灵蛛

Pholcus zichyi Kulczynski 兹氏幽灵蛛

Pholidoforus Wollaston 鳞木象属

Pholoeophagosoma Wollaston 皮木象属

Phonapate fimbriata Lesne 缨伏长蠹

Phonogaster Henry 腹声蝗属

Phonogaster longigeniculatus Zheng 长膝腹声蝗

Phoracantha recurva Newman 桉黄嗜木天牛 gum tree longhorn beetle, yellow longhorn beetle

Phoracantha semipunctata Fabricius 桉嗜木天牛 eucalyptus longhorn beetle, phoracantha borer

Phoracantha synonyma Newman 见 *Tryphocaria solida*

Phoracantha tricuspis Newman 三尖嗜木天牛

Phorbia Robineau-Desvoidy 草种蝇属

Phorbia asiatica Hsue 亚洲草种蝇

Phorbia curvicauda (Zetterstedt) 丝阳草种蝇

Phorbia curvifolia Hsue 弯叶草种蝇

Phorbia fascicularis Tiensuu 长尾草种蝇

Phorbia gemmullata Feng, Liu *et* Zhou 小芽草种蝇

Phorbia hypandrium Li *et* Deng 异板草种蝇

Phorbia omeishanensis Fan 峨眉草种蝇

Phorbia perssoni Hennig 北生草种蝇

Phorbia pilostyla Suwa 侧毛草种蝇

Phorbia securis xibeina Wu, Zhang *et* Fan 西北草种蝇

Phorbia subsymmetrica Fan 亚均草种蝇

Phorbia tysoni Ackland 畸形草种蝇

Phorcera Robineau-Desvoidy 蚜寄蝇属

Phorcera agilis Robineau-Desvoidy 毒蛾蚜寄蝇

Phoridae 蚤蝇科 humpbacked flies

Phorinae 蚤蝇亚科

Phorma pepon Karsch 非乌咖啡刺蛾

Phormia Robineau-Desvoidy 伏蝇属

Phormia regina (Meigen) 伏蝇 black blow fly

Phormiata Grunin 山伏蝇属

Phormiata phormiata Grunin 山伏蝇

Phormiinae 伏蝇亚科

Phorodon Passerini 疣蚜属

Phorodon humuli (Schrank) 忽布疣蚜 damson hop aphid

Phorodon japonensis Takahashi 葎草疣蚜

Phorodonta anodonta Yang, Zhang *et* Yang 没齿眼蕈蚊

Phoromitus largus Marshall 大桉饰象

Phoroncidia Westwood 头蛛属

Phoroncidia alishanensis Chen 阿里头蛛

Phoroncidia pilula (Karsch) 蛇突头蛛

Phorticus Stål 晦姬蝽属

Phorticus bannanus Hsiao 版纳晦姬蝽

Phorticus yunnanus Hsiao 云晦姬蝽

Phostria caniusalis Walker 石梓磷光螟

Photoscotosia Warren 幅尺蛾属

Photoscotosia achrolopha (Püngeler) 双弓幅尺蛾

Photoscotosia albapex (Hampson) 金斑幅尺蛾

Photoscotosia albiplaga Prout 花斑幅尺蛾

Photoscotosia albomacularia Leech 宽缘幅尺蛾

Photoscotosia amplicata (Walker) 广幅尺蛾

Photoscotosia annubilata Prout 晴幅尺蛾

Photoscotosia antitypa Brandt 白星幅尺蛾

Photoscotosia apicinotaria Leech 双色幅尺蛾

Photoscotosia atromarginata Warren 燕幅尺蛾

Photoscotosia atrophicata Xue 缺角幅尺蛾

Photoscotosia atrostrigata (Bremer) 凌幅尺蛾

Photoscotosia chlorochrota Hampson 墨绿幅尺蛾

Photoscotosia dejeani (Oberthüer) 玉幅尺蛾

Photoscotosia dejuta Prout 陌幅尺蛾

Photoscotosia diochoticha Xue 离幅尺蛾

Photoscotosia dipegaea Prout 坚幅尺蛾

Photoscotosia eudiosa Xue 柔幅尺蛾

Photoscotosia eutheria Xue 真幅尺蛾

Photoscotosia fasciaria Leech 中带幅尺蛾

Photoscotosia ferrearia Xue 铁青幅尺蛾

Photoscotosia fulguritis Warren 闪幅尺蛾

Photoscotosia funebris Warren 黑幅尺蛾

Photoscotosia gracilescens Xue *et* Meng 纤幅尺蛾

Photoscotosia indecora Prout 耻幅尺蛾

Photoscotosia insularis Bastelberger 岛幅尺蛾

Photoscotosia isosticta Prout 弥斑幅尺蛾

Photoscotosia leechi (Alphéraky) 云纹幅尺蛾

Photoscotosia leuconia Xue 白珠幅尺蛾

Photoscotosia metachriseis Hampson 半幅尺蛾

Photoscotosia mimetica Xue 仿斑幅尺蛾

Photoscotosia miniosata (Walker) 橘斑幅尺蛾

Photoscotosia multilinea Warren 多线幅尺蛾

Photoscotosia obliquisignata (Moore) 斜斑幅尺蛾

Photoscotosia palaearctica (Staudinger) 古北幅尺蛾

Photoscotosia pallifasciaria Leech 宽带幅尺蛾

Photoscotosia penguionaria (Oberthüer) 黎幅尺蛾

Photoscotosia polysticha Prout 重列幅尺蛾

Photoscotosia portentosaria Xue *et* Meng 怪幅尺蛾

Photoscotosia postmutata Prout 新缘幅尺蛾

Photoscotosia prasinotmeta Porut 滨幅尺蛾

Photoscotosia propugnataria Leech 残斑幅尺蛾

Photoscotosia prosenes Prout 灰幅尺蛾

Photoscotosia prosphorosticha Xue 同列幅尺蛾

Photoscotosia rectilinearia Leech 直线幅尺蛾

Photoscotosia reperta Xue 偶幅尺蛾

Photoscotosia rivularia Leech 溪幅尺蛾

Photoscotosia scrobifasciaria Xue *et* Meng 凹中带幅尺蛾

Photoscotosia sericata Xue 丝幅尺蛾

Photoscotosia tonchignearia (Oberthüer) 黑缘幅尺蛾

Photoscotosia undulosa (Alphéraky) 中齿幅尺蛾

Photoscotosia velutina Warren 剑纹幅尺蛾

Phragmataecia Newman 苇蠹蛾属

Phragmataecia castaneae (Hübner) 芦苇蠹蛾

Phragmataecia longialatus Hua *et* Chou 长翅苇蠹蛾

Phragmataecia roborowskii Alphéraky 罗氏苇蠹蛾

Phragmatobia fuliginosa (Linnaeus) 亚麻篱灯蛾

Phragmatobia fuliginosa japonica Rothschild 日亚麻篱灯蛾 lax arctid, ruby tiger

Phraortes kumamotoensis Shiraki 熊本邻皮䗛

Phraortes similis Chen *et* He 邻皮䗛

Phratora Chevrolat 弗叶甲属

Phratora abdominalis Baly 毛胫弗叶甲

Phratora bicolor Gerssitt *et* Kimoto 两色弗叶甲

Phratora costipennis Chen 山杨弗叶甲

Phratora flavipes Chen 黄足弗叶甲

Phratora frosti remisa Brown 混弗叶甲

Phratora gracilis Chen 瘦弗叶甲

Phratora hudsonia Brown 胡弗叶甲

Phratora interstitialis Mannerheim 间弗叶甲

Phratora kenaiensis Brown 肯耐弗叶甲

Phratora laticollis (Suffrian) 杨弗叶甲

Phratora phaedonoides occidentalis Chen 京弗叶甲华西亚种

Phratora purpurea purpurea Brown 紫弗叶甲

Phratora vitellinae (Linnaeus) 蓝绿弗叶甲

Phratora vulgatissima (Linnaeus) 柳弗叶甲

Phreatomermis Coman 井索线虫属

Phreatomermis biharica Coman 比哈里卡井索线虫

Phrixolepia Butler 茶锈刺蛾属

Phrixolepia sericea Butler 茶锈刺蛾 tea cochlid

Phromnia Stål 卵翅蛾蜡蝉属

Phromnia intacta (Walker) 卵翅蛾蜡蝉

Phrosinella Robineau-Desvoidy 法蜂麻蝇属

Phrosinella nasuta Meigen 短鼻法蜂麻蝇

Phrudinae 微姬蜂亚科

Phrurolithus C.L. Koch 刺足蛛属

Phrurolithus claripes (Donitz *et* Strand) 亮刺足蛛

Phrurolithus festivus (C.L. Koch) 悦目刺足蛛

Phrurolithus foveatus Song 凹刺足蛛

Phrurolithus hengshan Song 衡山刺足蛛

Phrurolithus komurai Yaginuma 叉斑刺足蛛

Phrurolithus mininus C.L. Koch 小刺足蛛

Phrurolithus pennatus Yaginuma 短突刺足蛛

Phrurolithus sinicus Zhu *et* Mei 中华刺足蛛

Phrurolithus splendidus Song *et* Zheng 灿烂刺足蛛

Phrurolithus zhejiangensis Song *et* Kim 浙江刺足蛛

Phryganea japonica McLachlan 日本石蛾

Phryganea sinensis McLachlan 中华石蛾

Phryganeidae 石蛾科

Phryganidia californica Packard 加州栎石蛾 California oakworm

Phryganoidea 石蛾总科

Phryganopsyche latipennis sinensis Schmid 端凹拟石蛾

Phryganopsychidae 拟石蛾科

Phrynarachne Thorell 瘤蟹蛛属

Phrynarachne huangshanensis Li *et al.* 黄山瘤蟹蛛

Phrynarachne katoi Chikuni 蟹形瘤蟹蛛

Phrynarachne mammillata Song 乳突瘤蟹蛛

Phryneta leprosa Fabricius 鳞斑棘天牛

Phryneta spinator Fabricius 榕棘天牛

Phrynocaria 星盘瓢虫属

Phrynocaria congener (Billberg) 红星盘瓢虫

Phrynocaria nigrilimbata Jing 黑缘星盘瓢虫

Phryxe Ronbineau-Desvoidy 怯寄蝇属

Phryxe vulgaris Fallén 普通怯寄蝇

Phtheochroa schreibersiana Frölich 见 *Hysterosia schreibersiana*

Phthina Chu *et* Wang 霉网蛾属

Phthina bibarra Chu *et* Wang 棒霉网蛾

Phthiracaridae 卷甲螨科

Phthiracaroidea 卷甲螨总科

Phthiracarus Perty 卷甲螨属

Phthiracarus clemes Aoki 小枝卷甲螨

Phthiracarus japonicus Aoki 日本卷甲螨

Phthiraptera 见 Anoplura

Phthirus Leach 阴虱属

Phthirus gorillae Ewing 猩猩阴虱

Phthirus pubis (Linnaeus) 阴虱 crab louse

Phthonandria atrilineata Butler 桑痕尺蛾 mulberry looper

Phthonesema tendinosaria Bremer 苹角似炉尺蛾 apple horned looper

Phthonoloba Warren 炉尺蛾属

Phthonoloba decussata Prout 华丽炉尺蛾

Phthonoloba olivacea Warren 暗绿炉尺蛾

Phthonoloba viridifasciata (Inoue) 绿带炉尺蛾

Phthonosema Warren 烟尺蛾属

Phthorimaea junctella Douglas 奇奴麦蛾

Phthorimaea operculella (Zeller) 马铃薯麦蛾(马铃薯块茎蛾) potato tuberworm

Phycita leuconeurella Ragonot 见 *Hyalospila leuconeurella*

Phycita roborella Schiffermüller 栎叶斑螟 dotted knothorn moth

Phycitidae 斑螟科

Phycitinae 斑螟亚科

Phycodes radiata Ochsenheimer 榕团丝雕蛾

Phygadeuontinae 粗角姬蜂亚科

Phygasia Baly 粗角跳甲属

Phygasia diancangana Wang 点苍粗角跳甲

Phygasia fulvipennis (Baly) 棕翅粗角跳甲

Phygasia hookeri Baly 红粗角跳甲

Phygasia ornata Baly 斑翅粗角跳甲

Phylacteophaga eucalypti Froggatt 澳桉筒腹叶蜂 leaf-blister sawfly

Phylinae 叶盲蝽亚科

Phyllaphis fagi Linnaeus 山毛榉叶蚜 woolly beach aphid, beach aphid

Phyllhermannia Berlese 叶赫甲螨属

Phyllhermannia kanoi (Aoki) 加纳叶赫甲螨

Phyllhermannia truncata Wang 截叶赫甲螨

Phylliidae 叶䗛科

Phyllium Illiger 叶䗛属

Phyllium celebicum de Haan 泛叶䗛

Phyllium parum Liu 同叶䗛

Phyllium pulchrifolium Serville 丽叶䗛

Phyllium rarum Liu 珍叶䗛

Phyllium siccifolium (Linnaeus) 东方叶䗛

Phyllium sinensis Liu 中华丽叶䗛

Phyllium tibetense Liu 藏叶䗛

Phyllium westwoodi Wood-Mason 翔叶䗛

Phyllium yunnanense Liu 滇叶䗛

Phyllobius Germar 树叶象属

Phyllobius argentatus Linnaeus 银绿树叶象 silver-green leaf weevil

Phyllobius armatus Roelofs 苹霜绿树叶象

Phyllobius intrusus Kôno 崖柏树叶象 arborvitae weevil

Phyllobius longicornis Roelofs 苹树叶象

Phyllobius oblongus (L.) 褐树叶象 European snout beetle

Phyllobius parvulus Olivier 微树叶象

Phyllobius pyri Linnaeus 梨树叶象 green leaf weevil

Phyllobius rotundicollis Roelofs 圆颈树叶象

Phyllobius virideaeris Laichart 金绿树叶象

Phyllobrotica Chebrolat 窄缘萤叶甲属

Phyllobrotica signata (Mannerheim) 双带窄缘萤叶甲

Phyllocephalinae 短喙蝽亚科(稻蝽亚科)

Phyllochthoniidae 叶缝甲螨科

Phyllocnistidae 叶潜蛾科

Phyllocnistis breynilla Liu *et* Zeng 黑面神叶潜蛾

Phyllocnistis chrysophthalma Meyrick 金叶潜蛾

Phyllocnistis citrella Stainton 柑橘叶潜蛾(柑橘潜叶蛾) citrus leaf-miner

Phyllocnistis citronympha Meyrick 柠黄叶潜蛾

Phyllocnistis embeliella Liu *et* Zeng 酸藤果叶潜蛾

Phyllocnistis helicodes Meyrick 旋叶潜蛾

Phyllocnistis liriodendrella Clem. 鹅掌楸叶潜蛾

Phyllocnistis populiella Chamb. 颤杨叶潜蛾 aspen leaf miner

Phyllocnistis saligna Zeller 杨银叶潜蛾

Phyllocnistis selenopa Meyrick 扁叶潜蛾

Phyllocnistis suffusella Zeller 见 *Phyllocnistis unipunctella*

Phyllocnistis synglypta Meyrick 胶叶潜蛾

Phyllocnistis toparca Meyrick 偶叶潜蛾

Phyllocnistis unipunctella Stephens 淡黄叶潜蛾 ochretinged slender moth

Phyllocnistis wampella Liu *et* Zeng 黄皮叶潜蛾

Phyllocolpa Benson 叶胸丝叶蜂属

Phyllocolpa alaskensis (Rohwer) 云杉黄头叶胸丝角叶蜂 yellowheaded spruce sawfly

Phyllocolpa anglica Cameron 柳卷叶叶胸丝角叶蜂 willow leaf-rolling sawfly

Phyllocolpa bozemani (Cooley) 杨卷叶叶胸丝角叶蜂 poplar leaffolding sawfly

Phyllocolpa dimmockii (Cresson) 云杉绿头叶胸丝角叶蜂 greenheaded spruce sawfly

Phyllocolpa excavata Marlatt 柳凹叶胸丝角叶蜂 willow leaf-rolling sawfly

Phyllocolpa leucapsis Tischbein 柳梢叶胸丝角叶蜂 willow leaf-rolling sawfly

Phyllocolpa leucosticta Hartig 白斑叶胸丝角叶蜂 willow leaf-rolling sawfly

Phyllocolpa piliserra C. G. Thomson 毛齿叶胸丝角叶蜂 willow leaf-rolling sawfly

Phyllocolpa puella Thomson 丽叶胸丝角叶蜂 willow leaf-rolling sawfly

Phyllocolpa purpureae Cameron 柳紫叶胸丝角叶蜂 willow leaf-rolling sawfly

Phyllocolpa scotaspis Förster 柳暗叶胸丝角叶蜂 willow leaf-rolling sawfly

Phyllocoptacus Mohanasundaram 小叶刺瘿螨属

Phyllocoptes Nalepa 叶刺瘿螨属 rust mites

Phyllocoptes acanthopanacis Kuang *et* Zhuo 五加叶刺瘿螨

Phyllocoptes acericola Nalepa 见 *Aculus acericola*

Phyllocoptes adinae Kuang *et* Hong 水冬瓜叶刺瘿螨

Phyllocoptes carpini Nalepa 鹅耳枥叶刺瘿螨

Phyllocoptes chonganensis (Kuang) 崇安叶刺瘿螨

Phyllocoptes eriobotryae Kuang *et* Huang 枇杷叶刺瘿螨

Phyllocoptes fructiphilus Keifer 果叶刺瘿螨 fruit mite, rose bud mite

Phyllocoptes gracilis (Nalepa) 细叶刺瘿螨

Phyllocoptes heteronotus Nalepa 异脊叶刺瘿螨

Phyllocoptes musae Keifer 香蕉叶刺瘿螨 banana rust mite

Phyllocoptes obleivorus Ashmead 橘叶刺瘿螨 citrus rust mite

Phyllocoptes obtusus Nalepa 鼠尾草叶刺瘿螨 sage mite

Phyllocoptes parviflori Keifer 小花莓叶刺瘿螨

Phyllocoptes photiniae Kuang 石楠叶刺瘿螨

Phyllocoptes pyri Kuang *et* Hong 梨叶刺瘿螨

Phyllocoptes rosarum (Liro) 蔷薇叶刺瘿螨

Phyllocoptes sorbariae Kuang *et* Hong 珍珠梅叶刺瘿螨

Phyllocoptes stellerae Lou, Liu *et* Kuang 狼毒叶刺瘿螨

Phyllocoptidae 叶刺瘿螨科

Phyllocoptinae 叶刺瘿螨亚科

Phyllocoptruta Keifer 皱叶刺瘿螨属

Phyllocoptruta musae Keifer 芭蕉皱叶刺瘿螨

Phyllocoptruta oleivora (Ashmead) 柑橘皱叶刺瘿螨 citrus rust mite

Phyllocoptruta paracitri Hong *et* Kuang 拟橘皱叶刺瘿螨

Phyllocoptruta sakimurae Keifer 沙皱叶刺瘿螨

Phyllocoptruta sapii Kuang *et* Zhuo 乌桕皱叶刺瘿螨

Phyllocoptyches Nalepa 普通叶刺瘿螨属

Phyllodecta vitellina Linnaeus 见 *Phratora vitellinae*

Phyllodecta vulgatissima Linnaeus 见 *Phratora vulgatissima*

Phyllodes Boisduval 拟叶夜蛾属

Phyllodes consobrina Westwood 套环拟叶夜蛾

Phyllodes eyndhovii Vollenhoven 黄带拟叶夜蛾

Phyllodesma americana (Harris) 美国垂片天幕毛虫 lappet moth

Phyllodromiidae 姬蠊科

Phyllodromioidea 姬蠊总科

Phyllodromus De Leon 叶走螨属

Phyllognathus Eschscholtz 颚犀金龟属

Phyllognathus dionysius (Fabricius) 信颚犀金龟

Phyllognathus excavatus (Forst) 坑颚犀金龟

Phyllolyma rufa (Froggatt) 糖痂蜡丝红木虱

Phyllonorycter populiella (Zeller) 白杨小潜细蛾

Phyllonorycter ringoniella (Matsumura) 金纹小潜细蛾 apple leafminer

Phyllopertha Stephens 发丽金龟属

Phyllopertha cyanocephala Mulsant 见 *Phyllopertha horticola*

Phyllopertha diversa Waterhouse 分异发丽金龟

Phyllopertha horticola (Linnaeus) 庭园发丽金龟 garden chafer

Phyllopertha horticoloides Lin 拟圆发丽金龟

Phyllopertha maculicollis Reitter 见 *Phyllopertha diversa*

Phyllopertha viridicollis De Geer 见 *Phyllopertha horticola*

Phyllophaga Harris 食叶鳃金龟属

Phyllophaga anxiza (LeConte) 悲食叶鳃金龟

Phyllophaga cazieri Blocker 见 *Phyllophaga lanceolata*

Phyllophaga crassissima (Blanchard) 厚食叶鳃金龟

Phyllophaga drakei (Kirby) 倦食叶鳃金龟

Phyllophaga fervida (Fabricius) 蛮食叶鳃金龟

Phyllophaga forsteri (Burm.) 佛食叶鳃金龟

Phyllophaga fusca (Frölich) 棕食叶鳃金龟

Phyllophaga hirticula (Knoch) 毛食叶鳃金龟

Phyllophaga ilicis (Knoch) 缨食叶鳃金龟

Phyllophaga lanceolata (Say) 茅食叶鳃金龟

Phyllophaga luctuosa (Horn) 竞食叶鳃金龟

Phyllophaga prununculina (Burm.) 李食叶鳃金龟

Phyllophaga rugosa (Melsheimer) 皱食叶鳃金龟

Phyllophaga tristis (Fabricius) 晦食叶鳃金龟

Phyllophila Guenée 姬夜蛾属

Phyllophila obliterata (Rambur) 姬夜蛾

Phylloplecta hirsuta Crawford 见 *Megatrioza hirsuta*

Phyllosphingia Swinhoe 盾天蛾属

Phyllosphingia dissimilis Bremer 盾天蛾

Phyllostroma Sulc 叶绵蚧属

Phyllostroma myrtilli (Kalt.) 贴贝叶绵蚧

Phylloteles Löw 叶蜂麻蝇属

Phylloteles pictipennis Löw 花翅叶蜂麻蝇

Phylloteles stackelbergi Rohdendorf 斯氏叶蜂麻蝇

Phyllotetranychus Sayed 叶须螨属

Phyllotetranychus aegyptacus Sayed 埃及叶须螨

Phyllotetranychus romaine Pritchard *et* Baker 莴苣叶须螨

Phyllothelys Wood-Mason 奇叶螳属

Phyllothelys werneri Karny 魏氏奇叶螳

Phyllothelys westwoodi Wood-Mason 韦氏奇叶螳

Phyllotoma nemorata Fallén 见 *Heterarthrus nemoratus*

Phyllotreta Stephens 菜跳甲属

Phyllotreta austriaca aligera Heikertinger 北方菜跳甲

Phyllotreta chotanica Duvivier 西藏菜跳甲

Phyllotreta chujoe Madar 朱菜跳甲

Phyllotreta cruciferae (Goeze) 十字花菜跳甲

Phyllotreta humilis Weise 黄宽条菜跳甲

Phyllotreta nemorum (Linnaeus) 绿胸菜跳甲

Phyllotreta praticola Weise 草地菜跳甲

Phyllotreta rectilineata Chen 黄直条菜跳甲

Phyllotreta striolata (Fabricius) 黄曲条菜跳甲 striped flea beetle

Phyllotreta turcmenica pallidipennis Reitter 淡翅菜跳甲

Phyllotreta undulata Kutschera 波条菜跳甲

Phyllotreta vittula (Redtenbacher) 黄狭条菜跳甲

Phylloxera caryaecaulis (Fitch) 山核桃根瘤蚜 hickory gall aphid

Phylloxera devastatrix Pergande 美洲山核桃根瘤蚜 pecan phylloxera

Phylloxera glabra von Heyden 栎根瘤蚜 oak aphid

Phylloxera notabilis Pergande 显著根瘤蚜 pecan leaf phylloxera

Phylloxera punctata Lichtenstein 见 *Phylloxera glabra*

Phylloxera rileyi Riley 瑞氏根瘤蚜

Phylloxeridae 根瘤蚜科 gall aphids, bark aphids

Phylloxerina Börner 倭蚜属

Phylloxerina capreae Börner 日卷拟根瘤蚜

Phylloxerina salicis Lichtenstein 柳倭蚜 salix phylloxera

Phylloxerinae 根瘤蚜亚科

Phylostenax peniculus (Forsslund) 齿茎窄片沼石蛾

Phymata Latreille 瘤蝽属

Phymata crassipes (Fabricius) 原瘤蝽

Phymata crassipes chinensis Kormilev 中国原瘤蝽

Phymateus Thunb. 齿脊蝗属

Phymateus asiaticus Chang 齿脊蝗

Phymateus viridipes Stål 咖啡齿脊蝗 coffee locust

Phymatidae 瘤蝽科

Phymatinae 瘤蝽亚科

Phymatoceridea formosana Rohwer 凹唇叶蜂

Phymatoceropsis fulvocincta Rohwer 淡黄叶蜂

Phymatodes Mulsant 棍腿天牛属

Phymatodes albicinctus Bates 淡斑棍腿天牛

Phymatodes andreae Hald. 柏木棍腿天牛 cypress bark borer

Phymatodes blandus (LeConte) 平和棍腿天牛

Phymatodes decussatus (LeConte) 对生棍腿天牛

Phymatodes maaki Kraatz 红基棍腿天牛

Phymatodes mediofasciatus Pic 中带棍腿天牛

Phymatodes testaceus (L.) 黄褐棍腿天牛 tanbark borer

Phymatostetha deschampsi Lethierry 发草肿胀沫蝉

Phyodexia Pascoe 圆眼天牛属

Phyodexia concinna Pascoe 圆眼天牛

Physallolaelaps Berlese 囊厉螨属

Physalozerconidae 囊蚧螨科

Physatocheila Fieber 折板网蝽属

Physatocheila costata (Fabricius) 折板网蝽

Physatocheila dryadis Drake *et* Poor 侵木折板网蝽

Physatocheila dumetorum (Herrich-Schäffer) 黑眼折板网蝽

Physatocheila enodis Drake 华折板网蝽

Physatocheila fulgoris Drake 黄折板网蝽

Physatocheila orientis Drake 大折板网蝽

Physatocheila ruris Drake 粤折板网蝽

Physauchenia Lacordaire 方额叶甲属

Physauchenia bifasciata (Jacoby) 双带方额叶甲

Physcus Howard 矢尖蚧蚜小蜂属

Physcus fulvus Compere *et* Annecke 矢尖蚧蚜小蜂

Physcus testaceus Masi 牡蛎蚧蚜小蜂

Physemocecis hartigi (Liebel) 欧椴丝绒瘿蚊 lime tree gall midge

Physemocecis ulmi Ruebsaamen 榆丝绒瘿蚊 elm gall midge

Physeriococcus Borchsenius 绒红蚧属(绛绒蚧属, 刺粉蚧属)

Physeriococcus cellulosus Borchsenius 绒红蚧(绛绒蚧, 球刺粉蚧)

Physetobasis Hampson 大轭尺蛾属

Physetobasis dentifascia Hampson 束大轭尺蛾

Physetobasis griseipennis (Moore) 灰羽大轭尺蛾

Physetobasis luteipennis Xue 褐羽大轭尺蛾

Physocnemum brevilineum (Say) 榆天牛 elm bark borer

Physokermes Targ. 杉苞蚧属(云杉球蚧属)

Physokermes abietis Geoffroy 见 *Physokermes piceae*

Physokermes fasciatus Borchs. 哈什克杉苞蚧

Physokermes hemicryphus (Dalm) 小杉苞蚧

Physokermes insignicola (Craw) 紫杉苞蚧 Monterey pine scale

Physokermes jezoensis Siraiwa 远东杉苞蚧 spruce bud scale

Physokermes piceae (Schrank) 大杉苞蚧 spruce bud scale

Physokermes shanxiensis Tang 山西杉苞蚧

Physokermes sugonjaevi Danzig 蒙古杉苞蚧

Physomerus Burmeister 菲缘蝽属

Physomerus grossipes (Fabricius) 菲缘蝽

Physonychis smaragdina Clark 绿宝石斑跳甲

Physopelta Amyot et Serville 斑红蝽属

Physopelta cincticollis Stål 二斑红蝽

Physopelta gutta (Burmeister) 突背斑红蝽

Physopelta immaculata Liu 隐斑红蝽

Physopelta quadriguttata Bergroth 四斑红蝽

Physopelta robusta Stål 浑斑红蝽

Physopelta slanbuschii (Fabricius) 显斑红蝽

Physopleurella armata Poppius 黄褐刺花蝽

Physopterus Lacordaire 瘤凸长角象属

Physorhynchus Amyot et Serville 六节猎蝽属

Physorhynchus eidmanni Taeuber 杭州六节猎蝽

Physostegania pustularia (Guen.) 糖槭墨角尺蛾

Phytagromyza populi Kaltenbach 杨柳叶潜蝇 poplar midge

Phytagromyza populicola Haliday 杨叶潜蝇 poplar leafminer

Phytocoptella Newkirk et Keifer 小植刺瘿螨属

Phytocoptella abnormis (Garman) 菩提小植刺瘿螨

Phytocoptella avellanae (Nalepa) 榛小植刺瘿螨 filbert big-bud mite

Phytocoptella hedricola (Keifer) 常春小植刺瘿螨 ivy bud mite

Phytocoptellinae 小植刺瘿螨亚科

Phytocoptes Donnadieu 植刺瘿螨属

Phytocoris alashanensis Nonnaizab et Zorigtoo 贺兰山植盲蝽

Phytocoris caraganae Nonnaizab et Zorigtoo 柠条植盲蝽

Phytocoris desertorum Nonnaizab et Zorigtoo 砂地植盲蝽

Phytocoris elongatus Nonnaizab et Joorigto 狭长植盲蝽

Phytocoris gobicus Yang, Hao et Nonnaizab 戈壁植盲蝽

Phytocoris mongolicus Nonnaizab et Zorigtoo 蒙古植盲蝽

Phytocoris ningxiaensis Nonnaizab et Joorigto 宁夏植盲蝽

Phytocoris procerus Nonnaizab et Zorigtoo 突植盲蝽

Phytocoris rubigionosus Nonnaizab et Zorigtoo 红褐植盲蝽

Phytocoris zhengi Nonnaizab et Zorigtoo 郑氏植盲蝽

Phytodietus Gravenhorst 短梳姬蜂属

Phytodietus laticarinatus He et Chen 窄脊短梳姬蜂

Phytodietus spinipes (Cameron) 刺足短梳姬蜂

Phytodromus Muma 植走螨属

Phytoecia Mulsant 小筒天牛属

Phytoecia comes (Bates) 黄纹小筒天牛

Phytoecia guilleti Pic 二点小筒天牛

Phytoecia rufiventris Gautier des Cottes 菊小筒天牛 chrysanthemum longicorn beetle

Phytojacobsonia Vitzthum 植贾螨属

Phytolyma Scott. 虹瘿木虱属 iroko gall bugs, mule gall bugs

Phytolyma fusca Walker 褐虹瘿木虱

Phytolyma lata Woolker 侧虹瘿木虱

Phytolyma tuberculata (Alibert) 瘤突虹瘿木虱

Phytomastax tianshanensis Zheng et Xi 天山蒿蜢

Phytometra ni Hübner 银纹夜蛾

Phytometra peponis Fabricius 桑夜盗蛾

Phytomyia Gucrin 皱额食蚜蝇属

Phytomyza Fallén 潜叶蝇属

Phytomyza albiceps Meigen 菊叶潜叶蝇 chrysanthemum leafminer

Phytomyza gentianae Hendel 龙胆潜叶蝇 gentian leafminer

Phytomyza horticola (Goureau) 见 *Chromatomyia horticola*

Phytomyza ilicicola Löw 土冬青潜叶蝇 holly leaf miner

Phytomyza ilicis Curtis 冬青潜叶蝇 holly leafminer

Phytomyza lappae Robineau-Desvoidy 牛蒡潜叶蝇 burdock leafminer

Phytomyza nigra Meigen 麦潜叶蝇 wheat leafminer

Phytonemus Lindquist 植食螨属

Phytonemus pallidus (Banks) 樱草植食螨 aster mite, cyclamen mite, strawberry mite

Phytonomus variabilis (Herbst) 见 *Hypera postica*

Phytophaga carpophaga Tripp 白云杉枝生瘿蚊 white spruce cone midge

Phytophaga piceae Felt 云杉枝生瘿蚊 spruce gall midge

Phytophaga thujae Hedlin 金钟柏枝生瘿蚊

Phytophaga violicola (Coquillet) 柴枝生瘿蚊 violet gall midge

Phytoptidae 植羽瘿螨科

Phytoptipalpus Tragardh 植须螨属

Phytoptipalpus albizziae Pritchard *et* Baker 合欢植须螨

Phytoptipalpus xianensis Ma *et* Yuan 西安植须螨

Phytoptochetus Nalepa 植羽沟瘿螨属

Phytoptoidea 植羽瘿螨总科

Phytoptus Dujardin 植羽瘿螨属

Phytoptus avellanae Nalepa 榛植羽瘿螨 big bud mite

Phytoptus chondrillae Canestrini 粉苞苣植羽瘿螨

Phytoptus inaequalis (Wilson *et* Oldfield) 凸植羽瘿螨

Phytoptus insidiosus (Keifer *et* Wilson) 桃植羽瘿螨 peach mosaic vector mite

Phytoptus laevis Nalepa 滑植羽瘿螨alder bead gall mite

Phytoptus loewi Nalepa 紫丁香植羽瘿螨 lilac bud mite

Phytoptus pini Nalepa 松植羽瘿螨 pine bud mite

Phytoptus pseudoinsidiosus (Wilson) 桃疱植羽瘿螨

Phytoptus pyri Pagenstecher 梨植羽瘿螨 pear leaf blister mite

Phytoptus ribis Nalepa 醋栗植羽瘿螨

Phytoptus tiiae Pagenstecher 椴植羽瘿螨 nail gall mite, tintack gall mite

Phytoptus tristriatus Nalepa 见 *Aceria tristriata*

Phytoscaphus Schoenherr 尖象属

Phytoscaphus dentirostris Voss 尖齿尖象

Phytoscaphus fractivirgatus Marshall 切枝尖象

Phytoscaphus gossypi Chao 棉尖象

Phytoscaphus leporinus Faust 兔尖象

Phytoscaphus triangularis Olivier 尖象

Phytosciara bisperi Yang, Zhang *et* Yang 双孢植眼蕈蚊

Phytosciara densa Yang, Zhang *et* Yang 密梳植眼蕈蚊

Phytosciara hamulosa Yang, Zhang *et* Yang 丛钩植眼蕈蚊

Phytosciara montana Yang, Zhang *et* Yang 山地植眼蕈蚊

Phytosciara octospina Yang, Zhang *et* Yang 八刺植眼蕈蚊

Phytosciara uncata Yang, Zhang *et* Yang 爪尾植眼蕈蚊

Phytoscutella Muma 小植盾螨属

Phytoscutus Muma 植盾螨属

Phytoseiidae 植绥螨科

Phytoseiinae 植绥螨亚科

Phytoseiulella Muma 小植绥伦螨属

Phytoseiulus Evans 小植绥螨属

Phytoseiulus persimilis Athias-Henriot 智利小植绥螨

Phytoseius Ribaga 植绥螨属

Phytoseius aleuritius Wu *et* Li 油桐植绥螨

Phytoseius bambusae Swirski *et* Shechter 竹植绥螨

Phytoseius brevicrinis Swirski *et* Shechter 短毛植绥螨

Phytoseius capitatus Ehara 四国植绥螨

Phytoseius chinensis Wu *et* Li 中国植绥螨

Phytoseius coheni Swirski *et* Shechter 柯氏植绥螨

Phytoseius corylus Wu, Lan *et* Zhang 榛植绥螨

Phytoseius crinitus Swirski *et* Shechter 长毛植绥螨

Phytoseius dandongeniss Liu *et* Yin 丹东植绥螨

Phytoseius fujianensis Wu 福建植绥螨

Phytoseius hawaiiensis Prasad 夏威夷植绥螨

Phytoseius hongkongensis Swirski *et* Shechter 香港植绥螨

Phytoseius huangi Ehara 黄氏植绥螨

Phytoseius huaxiensis Xin, Liang *et* Ke 花溪植绥螨

Phytoseius huqiuensis Wu 虎丘植绥螨

Phytoseius incisus Wu *et* Li 切口植绥螨

Phytoseius longchuanensis Wu *et* Lan 陇川植绥螨

Phytoseius longus Wu *et* Li 细长植绥螨

Phytoseius macropilis (Banks) 巨毛植绥螨

Phytoseius minutus Narayanan, Kaur *et* Ghai 微小植绥螨

Phytoseius neoferox Ehara *et* Bhandhufalck 新猛植绥螨

Phytoseius nipponicus Ehara 日本植绥螨

Phytoseius nudus Wu *et* Li 光滑植绥螨

Phytoseius qianshanensis Liang *et* Ke 千山植绥螨

Phytoseius rachelae Swirski *et* Shechter 雷氏植绥螨

Phytoseius rubii Xin, Liang *et* Ke 黄泡植绥螨

Phytoseius rugatus Tseng 皱纹植绥螨

Phytoseius ruidus Wu *et* Li 粗糙植绥螨

Phytoseius scabiosus Xin, Liang *et* Ke 粗皱植绥螨

Phytoseius songshanensis Wang *et* Xu 松山植绥螨

Phytoseius subtilis Wu *et* Li 细小植绥螨

Phytoseius taiyushani Swirski *et* Shechter 台柳山植绥螨

Phytoseius vaginatus Wu 带鞘植绥螨

Phytoseius yuhangensis Yin *et al.* 余杭植绥螨

Phytoseius yunnanensis Lou, Yin *et* Tang 云南植绥螨

Piarosoma hyalina thibetana Oberthüer 透翅硕斑蛾

Piazomias Schoenherr 球胸象属

Piazomias breviusculus Fairmaire 淡绿球胸象

Piazomias fausti Frivaldszky 银光球胸象

Piazomias globulicollis Faldermann 隆胸球胸象

Piazomias lineicollis Kôno *et* Morimoto 三纹球胸象

Piazomias validus Motschulsky 大球胸象

Piazomias virescens Boheman 金绿球胸象

Picromarus viridipunctatus Yang 见 *Picromerus viridipunctatus*

Picromerus Amyot *et* Serville 益蝽属

Picromerus griseus (Dallas) 黑益蝽

Picromerus lewisi Scott 益蝽

Picromerus viridipunctatus (Yang) 绿点益蝽

Pida Walker 羽毒蛾属

Pida apicalis Walker 羽毒蛾

Pida dianensis Chao 滇羽毒蛾

Pida flavopica Chao 黄黑羽毒蛾

Pida minensis Chao 闽羽毒蛾

Pida pica Chao 漆黑羽毒蛾

Pida postalba Willeman 白纹羽毒蛾

Pida rufa Chao 红棕羽毒蛾

Pida strigipennis (Moore) 黄羽毒蛾

Pidonia Mulsant 驼花天牛属

Pidonia gibbicollis (Blessig) 黑胸驼花天牛

Pidonia similis (Kraatz) 斑胸驼花天牛

Pidorus albifascia Moore 黄点带锦斑蛾

Pidorus euchromioides Walker 环带锦斑蛾

Pidorus gemina Walker 萱草带锦斑蛾

Pidorus glaucopis atratus Butler 桧带锦斑蛾

Pidorus glaucopis Drury 野茶带锦斑蛾

Pidorus leechi Jordan 双黄带锦斑蛾

Pielomastax lobata Wang 肛翘比蟓

Pielomastax shennongjiaensis Wang 神农架比蟓

Pielomastax tridentata Wang et Zheng 三齿比蟓

Piercia Janse 翡尺蛾属

Piercia albifilata Prout 白线翡尺蛾

Piercia bipartaria (Leech) 双色翡尺蛾

Piercia fumataria (Leech) 烟翡尺蛾

Piercia lypra Prout 怜翡尺蛾

Piercia mononyssa (Prout) 魔翡尺蛾

Piercia stevensi Prout 硕翡尺蛾

Piercia zoarces Prout 颐翡尺蛾

Pieridae 粉蝶科 whites and sulfur butterflies

Pierinae 粉蝶亚科

Pieris Schrank 粉蝶属

Pieris brassicae (Linnaeus) 欧洲粉蝶

Pieris canidia (Sparrman) 东方菜粉蝶

Pieris davidis Oberthüer 大卫粉蝶

Pieris deota (de Nicéville) 斑缘菜粉蝶

Pieris dubernardi Oberthüer 杜贝粉蝶

Pieris extensa Poujade 大展粉蝶

Pieris melete Ménétriès 黑纹粉蝶 striated white butter-
fly

Pieris napi (Linnaeus) 暗脉菜粉蝶

Pieris rapae (Linnaeus) 菜粉蝶

Pieris rapae crucivora Boisduval 菜粉蝶日本亚种
common white butterfly, common cabbageworm, small
white butterfly

Pierretia Robineau-Desvoidy 细麻蝇属

Pierretia bihami Qian et Fan 双钩细麻蝇

Pierretia calcifera (Boettcher) 杯细麻蝇

Pierretia caudagalli (Boettcher) 鸡尾细麻蝇

Pierretia clathrata (Meigen) 格细麻蝇

Pierretia crinitula (Quo) 小灰细麻蝇

Pierretia diminuta (Thomas) 微刺细麻蝇

Pierretia fani Li et Ye 范氏细麻蝇

Pierretia furutonensis (Kano et Okazaki) 古利根细麻蝇

Pierretia genuforceps (Thomas) 膝叶细麻蝇

Pierretia globovesica Ye 球膜细麻蝇

Pierretia graciliforceps (Thomas) 瘦叶细麻蝇

Pierretia josephi (Boettcher) 台南细麻蝇

Pierretia kentejana (Rohdendorf) 肯特细麻蝇

Pierretia lhasae Fan 拉萨细麻蝇

Pierretia lingulata (Ye) 端舌细麻蝇

Pierretia nemoralis (Kramer) 林细麻蝇

Pierretia olsoufjevi (Rohdendorf) 宽突细麻蝇

Pierretia otiophalla Fan et Chen 耳阳细麻蝇

Pierretia prosbaliina (Baranov) 披阳细麻蝇

Pierretia pterygota (Thomas) 翼阳细麻蝇

Pierretia recurvata Chen et Yao 拟单疣细麻蝇

Pierretia sichotealini (Rohdendorf) 锡霍细麻蝇

Pierretia situliformis Zhong, Wu et Fan 犀斗细麻蝇

Pierretia sororcula (Rohdendorf) 多突细麻蝇

Pierretia stackelbergi (Rohdendorf) 乌苏里细麻蝇

Pierretia tenuicornis (Rohdendorf) 细角细麻蝇

Pierretia tsintaoensis Yeh 青岛细麻蝇

Pierretia ugamskii (Rohdendorf) 上海细麻蝇

Pierretia villeneuvei (Boettcher) 单疣细麻蝇

Pierretia zhouquensis (Ye et Liu) 舟曲细麻蝇

Piersigia Protz 皮水螨属

Piersigiidae 皮水螨科

Piersigiinae 皮水螨亚科

Piesarthrus Hope 皮天牛属

Piesarthrus marginellus Newman 相思皮天牛 acacia
longhorn beetle, feather-horned longhorn beetle

Piesma Le Peletier et Serville 皮蝽属

Piesma alashanensis Narsu et Nonnaizab 阿拉善皮蝽

Piesma bificeps Hsiao et Jing 叉头皮蝽

Piesma capitata (Wolff) 黑头皮蝽

Piesma chinensis Drake et Maa 华南皮蝽

Piesma josefovi Pericart 灰皮蝽

Piesma kerzhneri Heiss 凯氏皮蝽

Piesma kochiae (Becker) 科长脊皮蝽

Piesma kolenatii atriplicis (Frey-Gessner) 藜皮蝽

Piesma longicarina Hsiao et Jing 长脊皮蝽

Piesma maculata (Laporte) 黑斑皮蝽

Piesma quadrata (Fieber) 方背皮蝽

Piesma salsolae (Becker) 猪毛菜皮蝽

Piesma variabile (Fieber) 宽胸皮蝽

Piesma xishaena Hsiao et Jing 西沙皮蝽

Piesmatidae 皮蝽科(拟网蝽科)

Piesmidae 见 Piesmatidae

Piezodorus Fieber 壁蝽属

Piezodorus hybneri Gmelin 海壁蝽

Piezodorus lituratus (Fabrcius) 伊犁壁蝽

Piezodorus rubrofasciatus (Fabricius) 壁蝽(小黄蝽)

Pikonema alaskensis Rohwer 见 *Phyllocolpa alaskensis*

Pikonema dimmockii (Cresson) 见 *Pachynematus dim-
mockii*

Piletocera Lederer 冠水螟属

Piletocera aegimiusalis Walker 褐冠水螟

Pilococcus Takahashi 毛粉蚧属

Pilococcus miscanthi Tak. 芒叶毛粉蚧(毛粉蚧)

Piloprepes aemulella Walker 等纷织蛾

Pimeliaphilus Tragardh 蟑螂螨属

Pimeliaphilus podapolipophagus Tragardh 足蟑螂螨 coakroach mite

Pimplaetus Seyrig 筒瘤姬蜂属

Pimplaetus malaisei Gupta *et* Tikar 红肚筒瘤姬蜂

Pimplaetus taishanensis He 泰山筒瘤姬蜂

Pimplinae 瘤姬蜂亚科

Pineus Shimer 松球蚜属

Pineus abietinus Underwood *et* Balch 冷杉松球蚜

Pineus börneri Annand 见 *Pineus laevis*

Pineus boycei Annand 鲍松球蚜

Pineus cembrae Cholodkovsky 蠕松球蚜 creeping pine woolly aphid

Pineus cembrae pinikoreanus Zhang *et* Fang 红松球蚜

Pineus cladogenous Fang *et* Sun 红松枝缝球蚜

Pineus corticicolus Fang *et* Sun 红松皮下球蚜

Pineus floccus (Patch) 美国白松球蚜

Pineus harukawai Inouye 春川松球蚜

Pineus konowashiyai Inouye 柯松球蚜

Pineus laevis Maskell 松球蚜 pine aphid, pine chermes

Pineus matsumurai Inouye 松树松球蚜

Pineus orientale Dreyfus 东方松球蚜 oriental woolly aphid

Pineus pineoides Cholodovsky 云杉松球蚜 spruce chermes

Pineus pini Gmelin 欧洲赤松球蚜 pine woolly aphid, spruce-pine chermes

Pineus pinicorticis Fitch 见 *Pineus strobus*

Pineus pinifoliae (Fitch) 叶松球蚜 pine leaf chermid

Pineus sichuannanus Zhang 蜀云杉松球蚜

Pineus similis Gillette 白云杉松球蚜 ragged spruce gall aphid

Pineus strobi (Hartig) 见 *pineus strobus*

Pineus strobus Hartig 松皮松球蚜 pine bark aphid, weymouth pine chermes

Pineus sylvestris Annand 森林松球蚜

Pingasa Moore 粉尺蛾属

Pingasa crenaria Guenée 广州粉尺蛾

Pingasa pseudoterpnaria (Guenée) 小灰粉尺蛾

Pingasa rufofasciata Moore 红带粉尺蛾

Pingasa subpurpurea Warren 紫带粉尺蛾

Pingasar ugnaria Guenée 台湾青尺蛾

Pinipestis cambiicola Dyar 见 *Dioryctria cambiicola*

Pinipestis zimmermani Grote 见 *Dioryctria zimmermani*

Pinnaspis Cockerell 并盾蚧属

Pinnaspis aspidistrae (Signoret) 百合并盾蚧 Aspidistra scale, Breasillian snow scale, fern scale

Pinnaspis aspidistrae yunnanensis Chen 见 *Pinnaspis muntingi*

Pinnaspis aspidistrue (Signoret) 苏铁褐点并盾蚧

Pinnaspis buxi (Bouch) 黄杨并盾蚧 buxwood scale, Pandanuus scale

Pinnaspis chamaecyparidis Takagi 扁柏并盾蚧

Pinnaspis exercitata (Green) 茉莉并盾蚧

Pinnaspis frontalis Takagi 额突并盾蚧

Pinnaspis hainanensis Tang 海南并盾蚧

Pinnaspis hibisci Takagi 木槿并盾蚧

Pinnaspis indivisa Ferris 四照花并盾蚧

Pinnaspis juniperi Takahashi 桧并盾蚧

Pinnaspis liui Takagi 柃木并盾蚧

Pinnaspis muntingi Takagi 芭蕉并盾蚧

Pinnaspis shirozui Takagi 榕树并盾蚧

Pinnaspis strachani (Cooley) 突叶并盾蚧 hibiscus snow scale, lesser snow scale

Pinnaspis theae (Maskell) 茶并盾蚧 tea white scale

Pinnaspis tuberculatus Tang 额瘤并盾蚧

Pinnaspis uniloba (Kuwana) 单叶并盾蚧

Pinnaspis yamamotoi Takagi 宽额并盾蚧

Pinomytilus Borchs. 见 *Cornimytilus* Borchs.

Pinomytilus pinifolii Borchs. 见 *Cornimytilus pinifolii*

Pinomytilus piniroxburghii Takagi 见 *Cornimytilus piniroxberghii*

Pinomytilus pseudotsugae Tak. 见 *Cornimytilus pseudotsugae*

Pinomytilus tsugaedumosae Takagi 见 *Cornimytilus tsugaedumosae*

Pinthaeus Stål 并蝽属

Pinthaeus humeralis Horváth 并蝽

Pinthaeus sanguinipes (Fabricius) 红足并蝽

Pinyonia edulicola Gagn 矮松纺锤瘿蚊 pinon spindle gall midge

Pioenidia Moromoto 双沟长角象属

Piona C. L. Koch 软滑水螨属

Piona allodadayi Jin 异达氏软滑水螨

Piona chengduensis Jin 成都软滑水螨

Piona coccinea Koch 猩红软滑水螨

Piona lii Jin 李氏软滑水螨

Piona nodata lacerata Sokolow 切裂多节软滑水螨

Piona papilosa Jin 多突软滑水螨

Piona platyura Jin *et* Guo 宽殖软滑水螨

Piona polyacetabula Jin *et* Guo 多盘软滑水螨

Piona spinipoda Jin 刺足软滑水螨

Piona tuberculosa Jin 簇瘤软滑水螨

Pionacercus Piersig 曲足水螨属

Pionatacinae 脂水螨亚科

Pionea aureolalis Lederer 金黄脂水螟

Pionea flavofimbriata Moore 淡黄脂水螟

Pionidae 软滑水螨科

Pionopsis Piersig 佯软滑水螨属

Pionopsis longicosta Jin 长肋伴软滑水螨

Pionopsis zhaoi Jin 赵氏伴软滑水螨

Pionosomus Fieber 丰满长蝽属

Pionosomus opacellus Horváth 异色丰满长蝽

Piophila casei Linnaeus 酪蝇 cheese skipper

Piophilidae 酷蝇科 skipper flies

Pipiza Fallén 平额食蚜蝇属

Pipiza noctiluca (Linnaeus) 锐角平额食蚜蝇

Pipizella Rondani 斜额食蚜蝇属

Pipizella varipes (Meigen) 直针斜额食蚜蝇

Pirata Sundevall 水狼蛛属

Pirata clercki (Boes. *et* Str.) 克氏水狼蛛

Pirata denticulatus Liu 小齿水狼蛛

Pirata haploapophysis Cai 简突水狼蛛

Pirata meridionalis Tanaka 南方水狼蛛

Pirata montigena Liu 高原水狼蛛

Pirata piraticus (Clerck) 真水狼蛛

Pirata piratoides (Boes. *et* Str.) 类水狼蛛

Pirata praedatoria Schenkel 弓水狼蛛

Pirata procurvus (Boes. *et* Str.) 前凹水狼蛛

Pirata serrulatus Song *et* Wang 锯水狼蛛

Pirata subparaticus (Boes. *et* Str.) 拟水狼蛛

Pirata tenuisetaceus Cai 细毛水狼蛛

Pirata yaginumai Tanaka 八氏水狼蛛

Pirates Serville 盗猎蝽属

Pirates arcuatus (Stål) 日月盗猎蝽(穿纹盗猎蝽)

Pirates atromaculatus Stål 黄纹盗猎蝽

Pirates fulvescens Lindberg 茶褐盗猎蝽

Pirates lepturoides (Wolff) 细盗猎蝽

Pirates quadrinotatus Fabricius 四点盗猎蝽

Pirates turpis Walker 污黑盗猎蝽

Piratinae 盗猎蝽亚科

Pirkimerus Distant 后刺长蝽属

Pirkimerus japonicus (Hidaka) 竹后刺长蝽

Pisacha Distant 帔娜蜡蝉属

Pisacha kwangsiensis Chou *et* Lu 广西帔娜蜡蝉

Pisacha naga Distant 楔纹帔娜蜡蝉

Pisaura Simon 盗蛛属

Pisaura ancora Paik 锚盗蛛

Pisaura bicornis Zhang *et* Song 双角盗蛛

Pisaura kishidai Saito 恺氏盗蛛

Pisaura lama Boes. *et* Str. 驼盗蛛

Pisaura lantanus Wang 提灯盗蛛

Pisaura mirabilis (Clerck) 奇异盗蛛

Pisaura zonaformis Wang 带形盗蛛

Pisauridae 盗蛛科

Pison Jurine 豆短翅泥蜂属

Pison angullabium Wu *et* Zhou 角唇豆短翅泥蜂

Pison atripenne Gussakowskij 褐带豆短翅泥蜂

Pison browni (Ashmead) 毛眼豆短翅泥蜂

Pison insigne Sickmann 齿胸豆短翅泥蜂

Pison punctifrons Shuckard 刻点豆短翅泥蜂

Pison regale Smith 紫光豆短翅泥蜂

Pissodes Germar 木蠹象属

Pissodes affinis Randall 拉氏木蠹象 Randall's pine weevil

Pissodes approximatus Hopkins 北方松木蠹象 northern pine weevil

Pissodes burkei Hopkins 柏氏木蠹象 Burke's fir weevil

Pissodes californicus Hopkins 加州木蠹象

Pissodes cembrae Mootschulsky 黑木蠹象

Pissodes coloradensis Hopkins 科州木蠹象

Pissodes costatus Mannerheim 松木蠹象 ribbed pine weevil

Pissodes curriei Hopkins 柯里木蠹象 Currie's bark weevil

Pissodes dubius Randall 疑木蠹象

Pissodes engelmanni Hopkins 恩格曼云杉木蠹象 Engelmann spruce weevil

Pissodes fasciatus LeConte 带纹木蠹象

Pissodes fiskei Hopkins 弗氏木蠹蛾

Pissodes murrayanae Hopkins 灰鼠木蠹象

Pissodes nemorensis Germ. 雪松木蠹象 deodar weevil

Pissodes nitidus Roelofs 红木蠹象

Pissodes notatus Fabricius 带木蠹象 banded pine weevil

Pissodes obscurus Roelofs 黄星木蠹象

Pissodes pini Linnaeus 见 *Pissodes notatus*

Pissodes radiatae Hopkins 黄松木蠹象 Monterey pine weevil

Pissodes rotundatus LeConte 圆木蠹象

Pissodes schwarzi Hopkins 施氏松木蠹象 Schwarz's pine weevil

Pissodes similis Hopkins 类木蠹象

Pissodes sitchensis Hopkins 西特加云杉木蠹象 Sitka spruce weevil

Pissodes strobi (Peck) 白松木蠹象 white-pine weevil

Pissodes terminalis Hopping 榛梢木蠹象 lodgepole terminal weevil

Pissodes validirostris Gyllenhyl 樟子松木蠹象

Pissodes webbi Hopkins 韦布木蠹象

Pissodinae 木蠹象亚科

Pistius Simon 截腹蛛属

Pistius gangulyi Basu 绿斑截腹蛛

Pistius truncatus (Pallas) 直截腹蛛

Pistius undulatus Karsch 波状截腹蛛

Pistosia abscisa (Uhmann) 淡扁潜甲

Pistosia dactyliferae (Maulik) 枣椰扁潜甲

Pistosia nigra (Chen *et* Sun) 黑扁潜甲

Pistosia rubra (Gressitt) 红扁潜甲

Pistosia sita (Maulik) 大扁潜甲

Pitedia juniperina (Linnaeus) 刺柏松蝽

Pitedia juniperina orientalis Kerzhner 东方刺柏松蝽

Pitedia uhleri (Stål) 邬氏刺柏松蝽

Pithauria Moore 琶弄蝶属

Pithauria marsena (Hewitson) 黄标琵弄蝶

Pithauria murdava (Moore) 琵弄蝶

Pithauria stramineipennis Wood-Mason *et* de Nicéville 槁翅琵弄蝶

Pithecops Horsfield 丸灰蝶属

Pithecops corvus Fruhstorfer 黑丸灰蝶

Pithecops fulgens Doherty 蓝丸灰蝶

Pityococcus ferrisi McKenzie 费氏松珠蚧

Pityococcus rugulosus McKenzie 亚利桑那食松松珠蚧

Pityogenes Bedel 星坑小蠹属

Pityogenes bidentatus Herbst 二齿星坑小蠹 two-toothed pine beetle

Pityogenes bistridentatus Eichhoff 松星坑小蠹

Pityogenes chalcographus Linnaeus 中穴星坑小蠹

Pityogenes coniferae Stebbing 品穴星坑小蠹

Pityogenes fossifrons Leconte 额沟星坑小蠹

Pityogenes hopkinsi Swaine 杉星坑小蠹

Pityogenes knechteli Swaine 耐氏星坑小蠹

Pityogenes quadridens Hartig 欧洲星坑小蠹

Pityogenes saalasi Eggers 上穴星坑小蠹

Pityogenes scitus Blandford 滑星坑小蠹

Pityogenes seirindensis Murayama 月穴星坑小蠹

Pityogenes spessivtsevi Lebedev 天山星坑小蠹

Pityokteines sparsus Leconte 云杉曲齿小蠹

Pityophthorus Eichhoff 细小蠹属

Pityophthorus cariniceps Leconte 松刻细小蠹

Pityophthorus granulatus Swaine 粒刻细小蠹

Pityophthorus morosovi Spessivtseff 钝刻细小蠹

Pityophthorus pini Kurentzev 尖翅细小蠹

Pityophthorus pseudotsugae Swaine 云杉刻细小蠹

Pityophthorus puberulus Leconte 柔毛刻细小蠹

Pityophthorus pubescens Marsham 毛刻细小蠹

Pityophthorus pulicarius Zimmerman 松枝刻细小蠹 pine tip beetle

Pityophthorus sampsoni Stebbing 桑氏细小蠹

Placosternum Amyot *et* Serville 莽蝽属

Placosternum taurus (Fabricius) 莽蝽

Placosternum urus Stål 斑莽蝽

Plagideicta Warren 夕夜蛾属

Plagideicta leprosa (Hampson) 斑夕夜蛾

Plagiodera Redtenbacher 圆叶甲属

Plagiodera versicolora (Laicharting) 柳圆叶甲 imported willow leaf beetle

Plagiodera versicolora distincta Baly 显柳圆叶甲

Plagiognathus Fieber 斜唇盲蝽属

Plagiognathus alashanensis Qi *et* Nonnaizab 阿拉善斜唇盲蝽

Plagiognathus albipennis Fallén 白翅斜唇盲蝽

Plagiognathus canoflavidus Qi *et* Nonnaizab 灰黄斜唇盲蝽

Plagiognathus obscuriceps (Stål) 褐斜唇盲蝽

Plagiolepis Mayr 斜结蚁属

Plagiolepis alluaudi Emery 阿禄斜结蚁

Plagiolepis demangei Santschi 德氏斜结蚁

Plagiolepis exigua Forel 短小斜结蚁

Plagiolepis jerdoni Forel 杰氏斜结蚁

Plagiolepis manczshurica Ruzsky 满斜结蚁

Plagiolepis rothneyi Forel 罗思尼氏斜结蚁

Plagiolepis wroughtoni Forel 骆氏斜结蚁

Plagionotus christophi (Kraatz) 红肩虎天牛

Plagionotus pulcher Blessig 丽虎天牛

Plagodis Hübner 木纹尺蛾属

Plagodis dolabraria (Linnaeus) 斧木纹尺蛾

Plagodis excisa Wehrli 木纹尺蛾

Plagodis reticulata Warren 纤木纹尺蛾

Planaeschna 黑额蜓属

Planaeschna milnei Selys 角斑黑额蜓

Planchonia Signoret 盾链蚧属

Planchonia algeriensis Newst. 北非盾链蚧

Planchonia arabidis Sign. 杂食盾链蚧 ivy pit scale,Pittosporum scale

Planchonia fimbriata (Fonsc.) 法国盾链蚧

Planchonia gradiculum (Russell) 莉盾链蚧

Planchonia gutta (Green) 红厚壳盾链蚧

Planchonia launeae (Russ.) 栓果菊盾链蚧

Planchonia nevadensis (Bala.) 中亚盾链蚧

Planchonia thespesiae (Green) 锡兰盾链蚧

Planchonia tokyonis (Kuw.) 东京盾链蚧

Planchonia zanthenes (Russ.) 海桐盾链蚧

Planema consanguinea Aurivillius 见 *Bematistes consanguinea*

Planetella conesta Jiang 水竹突胸瘿蚊

Planociampa Prout 子尺蛾属

Planociampa antipala Prout 角子尺蛾

Planococcoides Ezzat *et* McConnel 牦粉蚧属(臀粉蚧属)

Planococcoides bambusicola (Tak.) 刺竹牦粉蚧

Planococcoides chiponensis (Tak.) 台湾牦粉蚧

Planococcoides lindingeri (Bodenheimer) 甘蔗牦粉蚧

Planococcoides lingnani (Ferris) 岭南牦粉蚧(岭南臀粉蚧)

Planococcoides macarangae (Tak.) 血桐牦粉蚧

Planococcoides monticola (Green) 锡兰牦粉蚧

Planococcoides njalensis Laing 加纳牦粉蚧

Planococcoides robustus Ezzat *et* McConnell 印度牦粉蚧

Planococcus Ferris 臀纹粉蚧属(刺粉蚧属)

Planococcus angkorensis (Tak.) 柬埔寨臀纹粉蚧(柬埔寨刺粉蚧)

Planococcus azaleae (Tinsley) 杜鹃臀纹粉蚧

Planococcus bambusifolii (Tak.) 马来臀纹粉蚧(马来刺粉蚧)

Planococcus citri (Risso) 橘臀纹粉蚧(柑橘刺粉蚧) citri mealybug,common mealybug

Planococcus dendrobii Ezzat *et* McConnell 兰花臀纹粉

蚧(兰花刺粉蚧)

Planococcus dorsospinosus Ezzat *et* McConnell 荔枝臀
纹粉蚧(荔枝刺粉蚧)

Planococcus ficus (Sign.) 无花果臀纹粉蚧(无花果刺粉
蚧)

Planococcus indicus Avasthi *et* Shafee 印度臀纹粉蚧(印
度刺粉蚧)

Planococcus kenyae (Le Pelley) 肯尼亚咖啡臀纹粉蚧
Kenya mealybug, coffee mealybug

Planococcus kraunhiae (Kuwana) 紫藤臀纹粉蚧(紫滕
刺粉蚧,日本臀纹粉蚧) Japanese wistaria mealybug,
Japanese mealybug

Planococcus lilacinus (Cockerell) 咖啡臀纹粉蚧(南洋刺
粉蚧) coffee mealybug,cocoa mealybug

Planococcus lingnani Ferris 见 *Planococcoides lingnani*

Planococcus minor (Mask.) 巴豆臀纹粉蚧(巴豆刺粉蚧)

Planococcus mumensis Tang 梅山臀纹粉蚧(梅山刺粉蚧,
美臀纹粉蚧)

Planococcus myrsinephilus Borchs. 铁仔树臀纹粉蚧(铁
仔树刺粉蚧)

Planococcus philippinensis Ezzat *et* McC. 菲律宾臀纹粉
蚧(菲律宾刺粉蚧)

Planococcus planococcoides (Borchs.) 密蒙花臀纹粉蚧
(密蒙花刺粉蚧)

Planococcus siakwanensis Borchs. 下关臀纹粉蚧(下关
刺粉蚧)

Planococcus sinensis Borchs. 中华臀纹粉蚧(中华臀纹
刺粉蚧)

Planodiscidae 平盘螨科

Planodiscus Sellnick 平盘螨属

Planodiscus burchelli Elezinga *et* Rettenmeyer 布氏平盘
螨

Planotetrastichus Yang 扁体啮小蜂属

Planotetrastichus scolyti Yang 小蠹扁体啮小蜂

Plasmobates Grandjenan 裂板鳃甲螨属

Plasmobates asiaticus Aoki 亚洲裂板鳃甲螨

Plasmobatidae 裂板鳃甲螨科

Platacantha Lindberg 板同蝽属

Platacantha armifer Lindberg 板同蝽

Platacantha forfex (Dallas) 剪板同蝽

Platacantha hochii (Yang) 绿板同蝽

Platacantha similis Hsiao *et* Liu 似剪板同蝽

Plataspidae 龟蝽科 stink bugs

Plateremaeidae 叠蜕甲螨科

Plateros dispellens Walker 散片红萤

Platlecanium Cockerell *et* Rob. 扁片蚧属

Platlecanium asymmetricum Morrison 斜形扁片蚧

Platlecanium citri Tak. 柑橘扁片蚧

Platlecanium cocotis Laing 椰子扁片蚧

Platlecanium cyperi Tak. 莎草扁片蚧

Platlecanium elongatum Tak. 棕榈扁片蚧

Platlecanium fusiforme (Green) 纺锤扁片蚧

Platlecanium mesuae Tak. 藤黄扁片蚧

Platlecanium nepalense Takagi 尼国扁片蚧

Platlecanium riouwense Tak. 长形扁片蚧

Plator Simon 扁蛛属

Plator insolens Simon 珍奇扁蛛

Plator nipponicus (Kishida) 日本扁蛛

Plator pandeae Tikader 舍扁蛛

Plator pennatus Platnick 羽状扁蛛

Platyaphis fagi Takahashi 费氏扁蚜

Platycerus oregonensis Westwood 蓝黑扁锹甲 blue-
black stag beetle

Platycheirus Lepeletier *et* Serville 宽跗食蚜蝇属

Platycheirus albimanus (Fabricius) 结毛宽跗食蚜蝇

Platycheirus ambiguus (Fallén) 卷毛宽跗食蚜蝇

Platycheirus angustatus (Zctterstedt) 狭腹宽跗食蚜蝇

Platycheirus clypeatus (Meigen) 短斑宽跗食蚜蝇

Platycheirus fulvientris (Macquart) 黄腹宽跗食蚜蝇

Platycheirus manicatus (Meigen) 凸颜宽跗食蚜蝇

Platycheirus ovalis Becker 卵圆宽跗食蚜蝇

Platycheirus peltatus (Meigen) 菱斑宽跗食蚜蝇

Platycheirus scutatus (Meigen) 斜斑宽跗食蚜蝇

Platycnemididae 扇螅科

Platycnemis 扇螅属

Platycnemis foliacea Selys 白扇螅

Platycorpus Ding 片飞虱属

Platycorpus nadaensis Ding 儋片飞虱

Platycorynus Chevrolat 扁角叶甲属

Platycorynus igneicollis (Hope) 茶扁角叶甲

Platycorynus parryi Baly 绿缘扁角叶甲

Platycorynus peregrinus (Herbst) 蓝扁角叶甲

Platycorynus undatus (Olivier) 曲带扁角叶甲

Platygerrhus Thomson 璞金小蜂属

Platygerrhus nephrolepisi Yang 冷杉小蠹璞金小蜂

Platygerrhus piceae Yang 云杉小蠹璞金小蜂

Platygerrhus scutellatus Yang 黑小蠹璞金小蜂

Platyglyphidae 嗜平螨科

Platyglyphus 嗜平螨属

Platyglyphus malauanus Kurossa 马来嗜平螨

Platyja Hübner 宽夜蛾属

Platyja umminia (Cramer) 宽夜蛾

Platylabia major Dohrn 扁肥蠼

Platylabus Wesmael 平姬蜂属

Platylabus nigricornis Uchida 黑角平姬蜂

Platyliodes Berlese 平壳甲螨属

Platyliodes japonicus Aoki 日本平壳甲螨

Platylomia plana Lei *et* Li 平片马蝉

Platylomia radha (Distant) 皱瓣马蝉

Platylomia umbrata (Distant) 暗斑马蝉

Platymamersopsis Viets 扁盏水螨属

Platymetopius Burmeister 普叶蝉属

Platymetopius henribauti Dlabola 亨氏普叶蝉

Platymycteropsis Voss 斜脊象属

Platymycteropsis armaticollis Marshall 大齿斜脊象

Platymycteropsis excisangulus (Reitter) 小齿斜脊象

Platymycteropsis filicornis Faust 细角斜脊象

Platymycteropsis mandarinus Fairmaire 柑橘斜脊象

Platymycteropsis vicinus Marshall 小眼斜脊象

Platymycteropsis walkeri Marshall 圆窝斜脊象

Platymycterus Marshall 横脊象属

Platymycterus armiger (Faust) 细纹横脊象

Platymycterus feae (Faust) 圆沟横脊象

Platymycterus instabilis Marshall 见 *Hamartus instabilis*

Platymycterus sieversi (Reitter) 海南横脊象

Platymyia Robineau-Desvoidy 扁寄蝇属

Platymyia hortulana Meigen 竖毛扁寄蝇

Platymyia mitis Meigen 柔毛扁寄蝇

Platynaspis Redtenbacher 广盾瓢虫属

Platynaspis angulimaculata Mader 斧斑广盾瓢虫

Platynaspis bimaculata Pang *et* Mao 双斑广盾瓢虫

Platynaspis cotoguttata (Miyatake) 八斑广盾瓢虫

Platynaspis gressitti (Miyatake) 扭叶广盾瓢虫

Platynaspis hainanensis (Miyatake) 海南广盾瓢虫

Platynaspis huangea Cao *et* Xiao 黄斑广盾瓢虫

Platynaspis lewisii Crotch 艳色广盾瓢虫

Platynaspis maculosa Weise 四斑广盾瓢虫

Platynaspis ocellimaculata Pang *et* Mao 眼斑广盾瓢虫

Platynaspis sexmaculata Cao *et* Xiao 六斑广盾瓢虫

Platyneurus balioolus Sugonjaeu 黄色白刺小蜂

Platynothrus Berlese 平懒甲螨属

Platynothrus banksi (Michael) 斑氏平懒甲螨

Platynothrus sibiricus Sitnikova 西伯利亚懒甲螨

Platynothrus thori (Berlese) 索氏平懒甲螨

Platynychus pauper Candeze 长颈叩甲 long-necked click beetle

Platyomida hochstetteri Redtenbacher 郝氏宽间象

Platyomopsis albocincta Guèrin-Méneville 白带宽幅天牛

Platyomopsis egena Pascoe 稀有宽幅天牛

Platyomopsis nigrovirens Donovan 绿条宽幅天牛 green-striped longhorn beetle

Platyomopsis vestigialis Pascoe 黄体宽幅天牛 buff-coated longhorn beetle

Platyope Fisch. 光漠王属

Platyope mongolica Fald. 蒙古光漠王

Platypeplus aprobola Meyrick 马来苹果阔套卷蛾

Platypeplus lamyra Meyrick 圆纹阔套卷蛾

Platyphytoptus Keifer 平植羽瘿螨属

Platyphytoptus sabinianae Keifer 桧平植羽瘿螨 flat pine needle sheath mite

Platyphytoptus thunbergii Hong *et* Kuang 黑松平植羽瘿螨

Platypleura capitata Olivier 印度宽侧蝉

Platypleura kaempferi Fabricius 山柰宽侧蝉

Platypodidae 长小蠹科 platypids, ambrosia beetles, pin-hole borers, shot borers

Platypria acanthion Gestro 寡刺掌铁甲

Platypria alces Gressitt 狭叶掌铁甲

Platypria aliena Chen *et* Sun 并蒂掌铁甲

Platypria andrewesi Weise 安氏掌铁甲

Platypria chiroptera Gestro 长刺掌铁甲

Platypria echidna (Guèrin) 长毛掌铁甲

Platypria hystrix (Fabricius) 阔叶掌铁甲

Platypria melli Uhmann 枣掌铁甲

Platypria paracanthion Chen *et* Sun 短刺掌铁甲

Platypria parva Chen *et* Sun 小掌铁甲

Platypria yunnana Gressitt 云南掌铁甲

Platypsectra interrupta Klug 毒桉筒腹叶蜂 cattle poisoning sawfly

Platypsyllidae 见 Acreioptera

Platyptilia farfarella Zeller 紫菀大羽蛾 China aster plume moth

Platyptilia ignifera Meyrick 葡萄大羽蛾 large grape plume moth

Platyptilia jezonicus Matsumura 旋花大羽蛾 bindweed plume moth

Platypus Herbst 长小蠹属

Platypus abietis Wood 冷杉长小蠹

Platypus australis Bakewell 澳长小蠹

Platypus calanus Blandford 栎唤长小蠹

Platypus compositus (Say) 菊长小蠹

Platypus cupulatus Chapuis 杯长小蠹

Platypus cylindrus Fabricius 筒长小蠹

Platypus externedentatus Fairmaire 见 *Crossotarsus externedentatus*

Platypus froggatti Froggatt 弗氏长小蠹

Platypus hintzi Schaufuss 亨氏长小蠹

Platypus lewisi Blandford 刘氏长小蠹

Platypus malayensis Schedl 见 *Platypus vethi*

Platypus omnivorus Lea 杂食长小蠹

Platypus pini Hopkins 松长小蠹

Platypus quadridentatus (Oliv.) 四齿长小蠹

Platypus quercivorus Murayama 栎长小蠹

Platypus refertus Schedl 满长小蠹

Platypus severini Blandford 栲长小蠹

Platypus spinulosus Strohm. 刺长小蠹

Platypus vethi Strohmeyer 渭长小蠹

Platypus wilsoni Swaine 宽头长小蠹

Platyretus Melichar 凹叶蝉属

Platyretus marginatus Melichar 带缘凹叶蝉

Platysaissetia Cockerell 盘盔蚧属

Platysaissetia armata (Takahashi) 台湾盘盔蚧

Platysaissetia carinata (Tak.) 三脊盘盔蚧

Platysaissetia cinnamomi (Green) 樟树盘盔蚧

Platysaissetia crematogastri (Tak.) 泰国盘盔蚧

Platysaissetia crustuliforme (Green) 馅饼盘盔蚧

Platysaissetia fryeri (Green) 锡兰盘盔蚧

Platyseiella Muma 小扁绥螨属

Platyseius Berlese 扁绥螨属

Platysoma punctigerum LeConte 大小蠹坑阎魔虫

Platystomatidae 扁口蝇科(广口蝇科)

Platystomus Schneider 宽喙长角象属

Platytetranychus Oudemans 宽叶螨属

Platytetranychus libocedri (McGregor) 肖楠宽叶螨

Platytetranychus multidigituli (Ewing) 多趾宽叶螨

Platytetranychus xuzhouensis Wang *et* Ma 徐州宽叶螨

Platythomisus Doleschall 扁蟹蛛属

Platythomisus bazarus Tikader 巴扎扁蟹蛛

Platyxiphydria antennata (Maa) 离角平长颈树蜂

Platyysamia cecropia Linnaeus 见 *Hyalophora cecropia*

Plautia Stål 珀蝽属

Plautia crossota (Dallas) 见 *Plautia fimbriata*

Plautia fimbriata (Fabricius) 珀蝽(朱绿蝽)

Plautia flavifusca Liu *et* Zheng 黄珀蝽

Plautia lushanica Yang 庐山珀蝽

Plautia lushanica yunnanensis Liu *et* Zheng 庐山珀蝽云南亚种

Plautia propinqua Liu *et* Zheng 邻珀蝽

Plautia splendens Distant 小珀蝽

Plautia stali Scott 斯氏珀蝽 brownwinged green bug

Plautia viridicollis (Westwood) 异黄珀蝽

Plaxomicrus Thomson 广翅天牛属

Plaxomicrus ellipticus Thomson 广翅眼天牛

Plcurocleonus Motschulsky 二脊象属

Plcurocleonus sollicitus Gyllenhyl 二脊象

Plebejus Kluk 豆灰蝶属

Plebejus argus (Linnaeus) 豆灰蝶

Plecia hadrosoma Hardy *et* Takahashi 日线毛蚊

Plecoptera ferrilineata Swinhoe 铁线织翼夜蛾

Plecoptera quaesita Guenée 觅织翼夜蛾

Plecoptera reflexa Guenée 折织翼夜蛾 shisham defoliator

Plectophila discalis Walker 盘编木蛾

Plectrocnemia aurea Ulmer 金黄缘脉多距石蛾

Plectrocnemia complex Hwang 杂缘脉多距石蛾

Plectrocnemia potchina Mosely 宽须缘脉多距石蛾

Plectrocnemia wui Ulmer 吴氏多距石蛾

Plectrodera scalator (F.) 木棉织目天牛 cottonwood borer

Plemeliella betulicola (Kieffer) 桦实蜀瘿蚊 birch gall midge

Plemyria Hübner 潮尺蛾属

Plemyria rubiginata (Denis *et* Schiffermüller) 潮尺蛾

Pleolophus atrijuglans Luo *et* Qin 举肢蛾瘤角姬蜂

Pleolophus beijingensis Luo *et* Qin 北京瘤角姬蜂

Pleolophus hetaohei Luo *et* Qin 核桃黑瘤角姬蜂

Pleotrichophorus Börner 稠钉毛蚜属

Pleotrichophorus chrysanthemi Theobald 菊稠钉毛蚜

Pleotrichophorus glandulosus (Kaltenbach) 蒌蒿稠钉毛蚜

Pleotrichophorus pseudoglandulosus (Palmer) 艾稠钉毛蚜

Pleroneura borealis Felt 香脂冷杉芽长节叶蜂 balsam shoot-boring sawfly, balsam bud-mining sawfly

Pleroneura brunneicornis Rohwer 香脂冷杉稍长节叶蜂 balsam shootboring sawfly

Plesiochrysa floccosa Yang *et* Yang 辐毛波草蛉

Plesiogamasus Hull 代革螨属

Plesiomorpha Warren 紫沙尺蛾属

Pleuronota Kraatz 绒毛花金龟属

Pleuronota curvimarginata Ma 弧缘绒毛花金龟

Pleuronota hefengensis Ma 鹤峰绒毛花金龟

Pleuronota latimaculata Ma 侧斑绒毛花金龟

Pleuronota mangshanensis Ma 莽山绒毛花金龟

Pleuronota sexmaculata Kraatz 六斑绒毛花金龟

Pleuronota subsexmaculata Ma 拟斑绒毛花金龟

Pleuronota unimaculata Ma 独斑绒毛花金龟

Pleuroptya chlorophanta Butler 叶绿肋膜野螟

Pleuroptya derogata Fabricius 棉花肋膜野螟 cotton leafroller

Pleuroptya luctuosalis Guenée 葡萄肋膜野螟 grape leafroller

Pleuroptya ruralis Scopoli 豆肋膜野螟 bean webworm

Plexiphleps stellifera (Moore) 星陌夜蛾

Plexippoides Proszynski 拟蝇虎蛛属

Plexippoides cornutus Xie *et* Peng 角拟蝇虎蛛

Plexippoides discifer Schenkel 盘触拟蝇虎蛛

Plexippoides doenitzi (Karsch) 德氏拟蝇虎蛛

Plexippoides potanini Proszynski 波氏拟蝇虎蛛

Plexippoides regius Wesolowska 王拟蝇虎蛛

Plexippoides validus Xie *et* Yin 壮拟蝇虎蛛

Plexippus C.L. Koch 蝇虎蛛属

Plexippus bhutani Zabka 不丹蝇虎蛛

Plexippus optabilis Fox 欲蝇虎蛛

Plexippus paykulli (Savigny *et* audouin) 黑色蝇虎蛛

Plexippus petersi (Karsch) 沟渠蝇虎蛛

Plexippus pococki Thorell 波氏蝇虎蛛

Plexippus setipes Karsch 条纹蝇虎蛛

Plinachtus Stål 普缘蝽属

Plinachtus acicularis Fabricius 黑普缘蝽

Plinachtus basalis (Westwood) 棕普缘蝽

Plinachtus bicoloripes Scott 钝肩普缘蝽

Plinachtus dissimilis Hsiao 刺肩普缘蝽

Plintheria Pascoe 龙骨长角象属

Plinthisus Stephens 全缝长蝽属

Plinthisus hebeiensis Zheng 河北全缝长蝽

Plinthisus hirtus Zheng 长毛全缝长蝽

Plinthisus maculatus (Kiritschenko) 斑翅全缝长蝽

Plinthisus scutellatus Zheng 暗盾全缝长蝽

Plinthisus yunnanus Zheng 云南全缝长蝽

Plocaederus Thomson 皱胸天牛属

Plocaederus bicolor Gressitt 二色皱胸天牛

Plocaederus consocius Pascoe 群聚皱胸天牛

Plocaederus ferrugineus Linnaeus 榍如树皱胸天牛 cashew borer

Plocaederus obesus Gahan 咖啡皱胸天牛

Plocaederus ruficornis (Newman) 红角皱胸天牛

Plocaederus viridipennis Hope 绿尾皱胸天牛

Plocamaphis Oestlund 卷粉毛蚜属

Plocamaphis assetacea Zhang 增毛卷粉毛蚜

Plocamaphis bituberculata Theobald 双瘤卷粉蚜 osier aphid

Plodia Guenée 谷斑螟属

Plodia interpunctella (Hübner) 印度谷斑螟 cloaked knot-horn moth, Indian meal moth

Ploiaria Scopoli 筱蚊猎蝽属

Ploiaria hainana Hsiao 海南筱蚊猎蝽

Ploiaria insolida (White) 岛筱蚊猎蝽

Plotina Lewis 彩瓢虫属

Plotina muelleri Mader 福建彩瓢虫

Plusia Ochsenheimer 弧翅夜蛾属

Plusia agnata Staudinger 银纹弧翅夜蛾 threespotted plusia

Plusia albostriata Bremer et Grey 白条弧翅夜蛾

Plusia chalcites Esper 金纹弧翅夜蛾 golden twin-spot moth

Plusia intermixta Warren 除虫菊金弧翅夜蛾 chrysanthemum golden plusia

Plusia limbirena Guenée 宝石弧翅夜蛾 scarbank gem moth

Plusia nigrisigna Walker 黑点弧翅夜蛾 beet semilooper

Plusia orichalcea Fabricius 金弧翅夜蛾 slender burnished-brass moth

Plusia peponis Fabricius 葫芦弧翅夜蛾

Plusia rutilifrons Walker 橙弧翅夜蛾

Plusiodonta Guenée 肖金夜蛾属

Plusiodonta casta (Butler) 纯肖金夜蛾

Plusiodonta coelonota (Kollar) 暗肖金夜蛾

Plusiogramma Hampson 金纹舟蛾属

Plusiogramma aurisigna Hampson 金纹舟蛾

Plutella maculipennis Curtis 见 *Plutella xylostella*

Plutella xylostella (Linnaeus) 小菜蛾 diamondback moth, cabbage moth

Plutellidae 菜蛾科

Plutodes Guenée 丸尺蛾属

Plutodes costatus (Butler) 黄缘丸尺蛾

Plutodes malaysiana Holloway 马来丸尺蛾

Plutodes pracina (Swinhoe) 波丸尺蛾

Plutothrix Förster 普璐金小蜂属

Plutothrix zhangyieensis Yang 张掖普璐金小蜂

Pneumocoptes Baker 鼠肺螨属

Pneumocoptes jellisoni Baker 杰氏鼠肺螨

Pneumocoptidae 鼠肺螨科

Pneumolaelaps Berlese 肺厉螨属

Pneumolaelaps bombicolens (Canestrini) 熊蜂肺厉螨

Pneumolaelaps hyatti Evans et Till 海氏肺厉螨

Pneumonyssus Banks 肺刺螨属

Pneumonyssus caninum Chandler et Rune 狗鼻肺刺螨 dog nasal mite

Pneumonyssus congoensis Ewing 刚果肺刺螨

Pneumonyssus dinolli Oudemans 迪氏肺刺螨

Pneumonyssus dutoui Newstead et Todd 窦氏肺刺螨

Pneumonyssus foxi Weidnan 福氏肺刺螨

Pneumonyssus griffithi Newstead 格氏肺刺螨

Pneumonyssus macaci Landois et Hoepke 美克赛肺刺螨

Pneumonyssus simicola Banks 猴肺刺螨 monkey lung mite

Pneumonyssus stammeri Vitzthum 斯氏肺刺螨

Pneumophionyssinae 蛇肺刺螨亚科

Pneumophionyssus Fonseca 蛇肺刺螨属

Poaspis Koteja 禾草蚧属

Poaspis kondarensis Borchs. 中亚禾草蚧

Poaspis kurilensis (Danzig) 远东禾草蚧

Pocadicnemis Simon 双环蛛属

Pocadicnemis jacksoni Millidge 杰氏双环蛛

Pocadicnemis jincea Locket et Millidge 皿双环蛛

Pochazia Amyot et Serville 宽广蜡蝉属

Pochazia chienfengensis Chou et Lu 尖峰宽广蜡蝉

Pochazia confusa Distant 阔带宽广蜡蝉

Pochazia discreta Melichar 眼斑宽广蜡蝉

Pochazia fuscata albomaculata Uhler 白斑宽广蜡蝉

Pochazia guttifera Walker 圆纹宽广蜡蝉

Pochazia pipera Distant 胡椒宽广蜡蝉

Pochazia trinitatis Chou et Lu 鼎点宽广蜡蝉

Pochazia zizzata Chou et Lu 电光宽广蜡蝉

Podacanthus wilkinsoni Macleay 魏氏群居蝻 gregarious phasmid, plague phasmid, ringbarker

Podacaridae 足甲螨科

Podagrica dilecta Dalman 畸异潜跳甲

Podagricomela Heikertinger 潜跳甲属

Podagricomela apicipennis (Jacoby) 淡尾潜跳甲

Podagricomela cuprea Wang 铜色潜跳甲

Podagricomela cyanea Chen 蓝橘潜跳甲

Podagricomela flavitibialis Wang 红胫潜跳甲

Podagricomela nigricollis Chen 柑橘潜跳甲

Podagricomela shirahatai (Chûj) 花椒潜跳甲

Podagricomela weisei Heikertinger 枸杞潜跳甲

Podagrion Spinola 螳小蜂属

Podagrion chinensis Ashmead 中华螳小蜂

Podalgus Burmeister 肿腿犀金龟属

Podalgus infantulus (Semenov) 哑肿腿犀金龟

Podalonia Fernald 长足泥蜂属

Podalonia affinis affinis (Kirby) 齿爪长足泥蜂齿爪亚种

Podalonia affinis ulanbaatorensis (Tsuneki) 齿爪长足泥蜂蒙古亚种

Podalonia chalybea (Kohl) 蓝长足泥蜂

Podalonia gobiensis chahariana (Tsuneki) 戈壁长足泥蜂河北亚种

Podalonia hirsuta (Scopoli) 多毛长足泥蜂

Podalonia hirsutaffinis (Tsuneki) 拟多毛长足泥蜂

Podalonia obo (Tsuneki) 敖包长足泥蜂

Podalonia tydei (Le Guillon) 蛛长足泥蜂

Podapion Riley 瘿象属

Podapion gallicola Riley 松瘿象 pine gall weevil

Podapolipidae 蚴螨科

Podapolipus Rovelli *et* Grassi 蚴螨属

Podapolipus grassi 格氏蚴线螨

Podhomala Sol. 高脊漠甲属

Podhomala fausti Kraatz 高脊漠甲

Podisma Berth. 秃蝗属

Podisma aberrans Ikonn. 黄股秃蝗

Podisma formosana Shiraki 台湾秃蝗

Podisma mikado Bolivar 菜秃蝗

Podisma pedestris pedestris (L.) 红股秃蝗

Podisma sapporense Shiraki 札幌秃蝗

Podismomorpha Lian *et* Zheng 拟秃蝗属

Podismomorpha gibba Lian *et* Zheng 隆背拟秃蝗

Podismopsis Zub. 跃度蝗属

Podismopsis altaica (Zub.) 阿勒泰跃度蝗

Podismopsis amplipennis Zheng *et* Lian 宽翅跃度蝗

Podismopsis ampliradiareas Zheng *et al.* 宽径域跃度蝗

Podismopsis angustipennis Zheng *et* Lian 狭翅跃度蝗

Podismopsis bisonita Zheng *et al.* 二声跃度蝗

Podismopsis brachycaudata Zhang *et* Jin 短尾跃度蝗

Podismopsis dolichocerca Ren *et* Zhang 长须跃度蝗

Podismopsis humengensis Zheng *et* Lian 呼盟跃度蝗

Podismopsis jinbensis Zheng *et al.* 镜泊跃度蝗

Podismopsis juxtapennis Zheng *et* Lian 亚翅跃度蝗

Podismopsis maximpennis Zhang *et* Ren 大翅跃度蝗

Podismopsis mudanjiangensis Ren *et* Zhang 牡丹江跃度蝗

Podismopsis planicaudata Liang *et* Jia 平尾跃度蝗

Podismopsis quadrasonita Zhang *et* Jin 四声跃度蝗

Podismopsis rufipes Ren *et al.* 红足跃度蝗

Podismopsis sinucarinate Zheng *et* Lian 曲线跃度蝗

Podismopsis ussuriensis micra B.-Bienko 小乌苏里跃度蝗

Podismopsis ussuriensis ussuriensis Ikonn. 乌苏里跃度蝗

Podismopsis viridis Ren *et* Zhang 绿跃度蝗

Podisus maculiventris (Say) 斑腹刺益蝽 spined soldier bug

Podocinidae 足角螨科

Podocininae 足角螨亚科

Podocinum Berlese 足角螨属

Podocinum anhuense Wen 安徽足角螨

Podocinum changchunense Liang 长春足角螨

Podocinum hainanense Liang 海南足角螨

Podocinum jianfenglingense Liang 尖峰岭足角螨

Podocinum pacificum Berlese 太平洋足角螨

Podocinum sagax (Berlese) 蚍感足角螨

Podocinum tianmuense Liang 天目足角螨

Podoglyphus Oudemans 嗜足螨属

Podolaelaps Berlese 足厉螨属

Podomyrma adelaidae Smith 南方木蚁 southern wood ant, spotted wood ant

Podomyrma bimaculata Forel 见 *Podomyrma adelaidae*

Podomyrma gratiosa Smith 大木蚁 larger wood ant

Podontia Dalman 凹缘跳甲属

Podontia affinis (Gröndal) 十斑凹缘跳甲

Podontia dalmani Baly 褐带凹缘跳甲

Podontia lutea (Olivier) 黄色凹缘跳甲

Podontia quatuordecimpunctata (Linnaeus) 十四斑凹缘跳甲

Podopterotegaeidae 足翅甲螨科

Podopterotegaeus Aoki 足翅甲螨属

Podopterotegaeus tectus Aoki 遮足翅甲螨

Podoribates Berlese 足肋甲螨属

Podosesia syringae fraxini (Lugger) 梣透翅蛾 ash borer

Podosesia syringae syringae (Harris) 紫丁香透翅蛾 lilac borer

Podothrombiidae 足绒螨科

Podothrombiinae 足绒螨亚科

Podothrombium 足绒螨属

Podothrombium svalbordens Oudemans 瓦巴德足绒螨

Poeantius Stål 蚁穴长蝽属

Poeantius festivus Distant 纹胸蚁穴长蝽

Poeantius lineatus Stål 短胸蚁穴长蝽

Poecilips fallax Eggers 迷杂色小蠹

Poecilips gedeanus Eggers 哥德杂色小蠹

Poecilips graniceps Eichhoff 粒杂色小蠹

Poecilips papuanus Eggers 丘杂色小蠹

Poecilocampa populi Linnaeus 栎杨小毛虫

Poecilocerus pictus Fabricius 彩染尖蝗 painted grasshopper

Poecilochiridae 异肢螨科

Poecilochirus G. *et* R. Canestrini 异肢螨属

Poecilochirus necrophori Vitzthum 埋甲异肢螨

Poecilochirus subterraneus Müller 地下异肢螨

Poecilochirus trebinjensis Willmann 特雷异肢螨

Poecilochroa Westring 复蛛属

Poecilochroa hosiziro Yaginuma 斑复蛛

Poecilochroa unifascigera (Boes. *et* Str.) 蔟毛复蛛

Poecilochthonius Balogh 杂色甲螨属

Poecilochthonius spiciger (Berlese) 尖杂色甲螨

Poecilocoris Dallas 宽盾蝽属

Poecilocoris capitatus Yang 彩圈宽盾蝽

Poecilocoris dissimilis Martin 斜纹宽盾蝽

Poecilocoris druraei (Linnaeus) 桑宽盾蝽

Poecilocoris latus Dallas 油茶宽盾蝽

Poecilocoris lewisi (Distant) 金绿宽盾蝽

Poecilocoris nepalensis (Herrich-Schäffer) 尼泊尔宽盾蝽

Poecilocoris nigricollis Horváth 黑胸宽盾蝽

Poecilocoris rufigenis Dallas 黄宽盾蝽

Poecilocoris sanszesignatus Yang 山字宽盾蝽

Poecilocoris splendidulus Esaki 大斑宽盾蝽

Poecilomorpha Hope 沟胸距甲属

Poecilomorpha cyanipennis (Kraatz) 蓝翅距甲

Poecilomorpha pretiosa elegantula Gressitt 丽距甲

Poeciloneta Kulczynski 珀希蛛属

Poeciloneta variegata (Blackwall) 杂色珀希蛛

Poecilonota cyanipes (Say) 杨柳截尾吉丁

Poecilonota salicis Chamberlin 柳截尾吉丁

Poecilonota semenovi Obenberger 杨截尾吉丁

Poecilonota variolosa (Paykull) 杨锦纹截尾吉丁

Poecilophilides rusticola (Burmeister) 见 *Anthracophora rusticola*

Poeciloscytus cognatus Fieber 红楔异盲蝽

Poeciloscytus vulneratus (Panzer) 淡胸异盲蝽

Poemenia Holmgren 牧姬蜂属

Poemenia pedunculata He 具柄牧姬蜂

Pogonocherus dimidiatus Blessig 白腰小天牛

Pogonomyia xinjiangensis Qian *et* Fan 新疆胡棘蝇

Pogonomyrmex occidentalis (Cresson) 西方收获切叶蚁 western harvester ant

Pogonomyrmex owyheei Cole 见 *Pogonomyrmex salinus*

Pogonomyrmex salinus Olsen 盐收获切叶蚁

Pogonopygia Warren 八角尺蛾属

Pogonopygia nigralbata Warren 八角尺蛾

Polea Green 南链蚧属

Polea ceylonica (Green) 锡兰南链蚧

Polea selangorae Lambdin 马来南链蚧

Polia Ochsenheimer 灰夜蛾属

Polia altaica (Lederer) 类灰夜蛾

Polia conspersa (Schiffermüller) 斑灰夜蛾

Polia contigua (Schiffermüller) 桦灰夜蛾

Polia costirufa Draudt 淡缘灰夜蛾

Polia culta (Moore) 植灰夜蛾

Polia fasciata (Leech) 中黑灰夜蛾

Polia goliath (Oberthüer) 鹏灰夜蛾

Polia luteago (Schiffermüller) 黄代灰夜蛾

Polia mista (Staudinger) 杂灰夜蛾

Polia mortua (Staudinger) 冥灰夜蛾

Polia nebulosa (Hüfnagel) 灰夜蛾

Polia praedita (Hübner) 交灰夜蛾

Polia satanella (Alphéraky) 阴灰夜蛾

Polia scotochlora (Kollar) 绿灰夜蛾

Polia speyeri Felder 见 *Hadena speyeri*

Poliaspoides MacGillivray 腺盾蚧属

Poliaspoides formosanus (Takahashi) 台湾腺盾蚧

Poliaspoides simplex Green 纯腺盾蚧

Polididus Stål 棘猎蝽属

Polididus armatissimus Stål 棘猎蝽

Polietes Rondani 直脉蝇属

Polietes domitor (Harris) 白线直脉蝇

Polietes fuscisquamosus Emden 峨眉直脉蝇

Polietes hirticrura Meade 毛胫直脉蝇

Polietes koreicus Park *et* Shinonaga 朝鲜直脉蝇

Polietes lardaria (Fabricius) 四条直脉蝇

Polietes nigrolimbata (Bonsdorff) 黑缘直脉蝇

Polietes orientalis Pont 东方直脉蝇

Poliosia brunnea (Moore) 棕灰苔蛾

Poliosia cubitifera (Hampson) 紫线灰苔蛾

Poliosia muricolor (Walker) 黄带灰苔蛾

Polistes Latreille 马蜂属

Polistes adustus Bingham 焰马蜂

Polistes antennalis Perez 角马蜂

Polistes chinensis Fabricius 中华马蜂

Polistes formosanus Sonan 台湾马蜂

Polistes gallicus gallicus (Linnaeus) 柞蚕马蜂

Polistes gigas (Kirby) 棕马蜂

Polistes hebraeus Fabricius 亚非马蜂

Polistes jadwigae Dalla Torre 家马蜂 yellow paper wasp

Polistes japonicus Saussure 日本马蜂

Polistes jokahamae Radoszkowski 约马蜂

Polistes macaensis Fabricius 澳门马蜂

Polistes mandarinus Saussure 柑马蜂

Polistes olivaceus (De Geer) 果马蜂

Polistes rothneyi grahami van der Vecht 陆马蜂

Polistes rothneyi hainanensis van der Vecht 海南马蜂

Polistes rothneyi iwatai van der Vecht 和马蜂

Polistes sagittarius Saussure 黄裙马蜂

Polistes snelleni Saussure 斯马蜂

Polistes stigma (Fabricius) 点马蜂

Polistes sulcatus Smith 畦马蜂

Polistidae 马蜂科

Pollenia Robineau-Desvoidy 粉蝇属

Pollenia pectinata Grunin 栉跗粉蝇

Pollenia pseudorudis Rognes 伪粗野粉蝇

Pollenia rudis (Fabricius) 粗野粉蝇 cluster fly

Pollenia sytshevskajae Grunin 细侧粉蝇

Polleniopsis Townsend 拟粉蝇属

Polleniopsis chosenensis Fan 朝鲜拟粉蝇

Polleniopsis choui Fan *et* Chen 周氏拟粉蝇

Polleniopsis cuonaensis Chen *et* Fan 错那拟粉蝇

Polleniopsis dalatensis Kurahashi 越南拟粉蝇

Polleniopsis deqingensis Chen *et* Fan 德钦拟粉蝇

Polleniopsis fukienensis Kurahashi 福建拟粉蝇

Polleniopsis lata Zhong, Wu *et* Fan 宽阳拟粉蝇

Polleniopsis milina Fan *et* Chen 米林拟粉蝇

Polleniopsis mongolica Séguy 蒙古拟粉蝇

Polleniopsis stenacra Fan *et* Chen 长端拟粉蝇

Polleniopsis varilata Chen *et* Fan 异宽阳拟粉蝇

Polleniopsis viridiventris Chen *et* Fan 绿腹拟粉蝇

Polleniopsis yunnanensis Chen, Li *et* Zhang 云南拟粉蝇

Pollenomyia Séguy 粉腹丽蝇属

Pollenomyia falciloba (Hsue) 镰叶粉腹丽蝇

Pollenomyia okazakii (Kano) 斑股粉腹丽蝇

Pollenomyia sinensis Séguy 中华粉腹丽蝇

Pollinia Targ. 北链蚧属

Pollinia pollini (Costa) 中亚北链蚧

Poltys C.L. Koch 波蛛属

Poltys illepidus C.L. Koch 无鳞波蛛

Poltys nigrinus Saito 黑色波蛛

Polyadenum Yin 多腺蚖属

Polyadenum sinensis Yin 中华多腺蚖

Polyaspidae 多盾螨科

Polyaspis Berlese 多盾螨属

Polybiidae 异腹胡蜂科

Polycaena Staudinger 小蚬蝶属

Polycaena carmelita Oberthüer 红脉小蚬蝶

Polycaena chauchawensis (Mell) 歧纹小蚬蝶

Polycaena lama Leech 喇嘛小蚬蝶

Polycaena lua Grum-Grshimailo 露娅小蚬蝶

Polycaena matuta Leech 密斑小蚬蝶

Polycaena princeps (Oberthüer) 第一小蚬蝶

Polycaon stoutii (LeConte) 橡树长蠹

Polycentropodiae 多距石蛾科

Polychrosis cellifera Meyrick 见 *Olethreutes cellifera*

Polychrosis cunninghamiacola Liu *et* Bai 杉梢小卷蛾

Polyctesis hunanensis Peng 湖南丽吉丁

Polycystus Westwood 泡金小蜂属

Polycystus clavicornis (Walker) 泡金小蜂

Polydesma Boisduval 纷夜蛾属

Polydesma inangulata Guenée 见 *Ericeia inangulata*

Polydesma scriptilis Guenée 暗纹纷夜蛾

Polydesma umbricola Boisduval 赭纷夜蛾

Polydrosus Germar 多露象属

Polydrosus chinensis Kôno *et* Morimoto 中国多露象

Polydrosus impressifrons Gyllenhal 凹额多露象

Polyergus Latreille 悍蚁属

Polyergus smurai Yano 佐村悍蚁

Polygonia Hübner 钩蛱蝶属

Polygonia c-album (Linnaeus) 白钩蛱蝶

Polygonia c-aureum (Linnaeus) 黄钩蛱蝶

Polygonia comma (Harr.) 北美多角钩蛱蝶 comma butterfly

Polygonia gigantea (Leech) 巨型钩蛱蝶

Polygonia interrogationis Fabricius 美洲多角钩蛱蝶 question-mark butterfly, semicolon butterfly

Polygraphus Erichson 四眼小蠹属

Polygraphus angustus Tsai *et* Yin 长四眼小蠹

Polygraphus jezoensis Niijima 杰州四眼小蠹

Polygraphus junnanicus Sokanovskii 云南四眼小蠹

Polygraphus kisoensis Niijima 木曾四眼小蠹

Polygraphus major Stebbing 毛额四眼小蠹 four-eyed bark-beetle

Polygraphus oblongus Blandford 白冷杉四眼小蠹 fir bark beetle

Polygraphus parvus Murayama 微四眼小蠹

Polygraphus pini Stebbing 松四眼小蠹 four-eyed bark-beetle

Polygraphus polygraphus Linnaeus 云杉小四眼小蠹 four-eyed bark-beetle, small spruce bark-beetle

Polygraphus proximus Blandford 冷杉四眼小蠹 fir bark beetle

Polygraphus rudis Eggers 南方四眼小蠹

Polygraphus rufipennis (Kirby) 云杉四眼小蠹 four-eyed spruce bark beetle

Polygraphus sachalinensis Eggers 东北四眼小蠹

Polygraphus sinensis Eggers 油松四眼小蠹

Polygraphus squameus Yin *et* Huang 多鳞四眼小蠹

Polygraphus subopacus Thomson 小四眼小蠹

Polygraphus szemaoensis Tsai *et* Yin 思茅四眼小蠹

Polygraphus trenchi Stebbing 喜马拉雅四眼小蠹 four-eyed bark-beetle

Polygraphus verrucifrons Tsai *et* Yin 瘤额四眼小蠹

Polygraphus zhungdianensis Tsai *et* Yin 中甸四眼小蠹

Polylopha cassiicola Liu *et* Kawabe 肉桂双瓣卷蛾

Polymitarcyidae 多脉蜉科

Polymixis Hübner 展冬夜蛾属

Polymixis polymita (Linnaeus) 展冬夜蛾

Polymixis rufocincta (Geyer) 灰展冬夜蛾

Polymona rufifemur Walker 松多刺毒蛾

Polynema striaticorne Gir. 美多寄生柄翅小蜂

Polynesia Swinhoe 菩尺蛾属

Polynesia sunandava (Walker) 菩尺蛾

Polynesia truncapex Swinhoe 切角菩尺蛾

Polyneura Westwood 缅蝉属

Polyneura ducalis Westwood 马缅蝉

Polyocha Zeller 多拟斑螟属

Polyocha gensanalis (South) 水稻多拟斑螟

Polyommatinae 眼灰蝶亚科

Polyommatus Latreille 眼灰蝶属

Polyommatus eros Ochsenheimer 多眼灰蝶

Polyommatus venus (Staudinger) 维纳斯眼灰蝶

Polyphaenis lucilla Butler 明裙剑夜蛾

Polyphaga aegyptiaca (L.) 埃及冀地鳖

Polyphaga indica (Walk.) 印度冀地鳖

Polyphaga obscura Chopard 黑冀地鳖

Polyphaga pellucida (Redt.) 透明冀地鳖

Polyphaga plancyi Bolivar 冀地鳖

Polyphaga saussurei (Dohrn) 索氏冀地鳖

Polyphaginae 地鳖亚科

Polyphagotarsonemus Beer *et* Nucifora 多食跗线螨属

Polyphagotarsonemus latus (Bank) 侧多食跗线螨 broad mite,citrus silver mite, tropical mite,yellow tea mite

Polyphida metallica (Nofried) 金毛多点天牛

Polyphylla Harris 云鳃金龟属

Polyphylla alba Pallas 白云鳃金龟

Polyphylla alba vicaria Semenov 白云鳃金龟替代亚种

Polyphylla brevicornis Petrovitz 短角云鳃金龟

Polyphylla brevicornis Zhang 见 *Polyphylla brevicornis*

Polyphylla davidis Fairmaire 戴云鳃金龟

Polyphylla decemlineata (Say) 十条云鳃金龟 tenlined June beetle

Polyphylla formosana Niijima *et* Kinoshita 台云鳃金龟

Polyphylla fullo (Linnaeus) 欧云鳃金龟

Polyphylla gracilicornis Blanchard 小云鳃金龟

Polyphylla intermedia Zhang 中间云鳃金龟

Polyphylla irrorata (Gebler) 雾云鳃金龟

Polyphylla laticollis Lewis 大云鳃金龟(云斑鳃金龟)

Polyphylla nubecula Frey 霉云鳃金龟

Polyphylla olivieri Castelnau 奥利佛云鳃金龟

Polyphylla perversa Casey 见 *Polyphylla decemlineata*

Polyphylla schestakovi Semenov 雪云鳃金龟

Polyphylla sikkimensis Brenske 锡云鳃金龟

Polyphylla tonkinensis Dewailly 南云鳃金龟

Polyphylla tridentata Reitter 三齿云鳃金龟

Polyphylla variolosa Hentz 痘云鳃金龟

Polyplax cricetulis Jin 仓鼠多板虱

Polyplax qiuae Chin 裘氏多板虱

Polypogon angulina (Leech) 角镰须夜蛾

Polypogon grisealis (Denis *et* Schiffermüller) 枥镰须夜蛾

Polypogon helva (Butler) 黄镰须夜蛾

Polypogon lunalis (Scopoli) 朽镰须夜蛾

Polypogon reticulatis (Leech) 蜾疬夜蛾

Polypogon subgriselda (Sugi) 叔灰镰须夜蛾

Polypogon tarsicrinalis (Knoch) 灰镰须夜蛾

Polypterozetidae 多翼棱甲螨科

Polypterozetoidea 多翼棱甲螨总科

Polyptychus Hübner 三线天蛾属

Polyptychus dentatus (Cramer) 齿翅三线天蛾

Polyptychus trilineatus Moore 三线天蛾

Polyrhachis Smith 多刺蚁属

Polyrhachis armata (Le Guilliou) 多刺蚁

Polyrhachis bicolor Smith 二色刺蚁

Polyrhachis convexa Roger 凸颊多刺蚁

Polyrhachis debilis Emery 德比利刺蚁

Polyrhachis dives Smith 双齿多刺蚁

Polyrhachis dorsorugosa Forel 见 *Polyrhachis latona*

Polyrhachis halidayi Emery 哈氏刺蚁

Polyrhachis illaudata Walker 梅氏刺蚁

Polyrhachis jianghuaensis Wang *et* Wu 江华刺蚁

Polyrhachis laevigata Smith 平滑刺蚁

Polyrhachis lamellidens Smith 叶形刺蚁

Polyrhachis latona Wheeler 侧刺蚁

Polyrhachis moesta Emery 麦刺蚁

Polyrhachis murina Emery 墙刺蚁

Polyrhachis paracamponota Wang *et* Wu 拟弓刺蚁

Polyrhachis proxima Roger 拟梅氏刺蚁

Polyrhachis pubescens Mayr 半眼多刺蚁

Polyrhachis punctillata Roger 罗杰氏刺蚁

Polyrhachis pyrgops Viehmeyer 城堡刺蚁

Polyrhachis rastellata (Latreille) 结刺蚁

Polyrhachis rubigastrica Wang *et* Wu 红腹刺蚁

Polyrhachis shixingensis Wu *et* Wang 始兴刺蚁

Polyrhachis tyrannicus F. Smith 暴刺蚁

Polyrhachis vicina Roger 见 *Polyrhachis dives*

Polyrhachis wolfi Forel 渥氏刺蚁

Polystomophora Borchs. 济粉蚧属

Polystomophora ostiaplurima (Kir.) 槭树济粉蚧 maple mealybug

Polythlipta Lederer 斑野螟属

Polythlipta liquidalis Leech 大白斑野螟

Polythrena Guenée 虎斑尺蛾属

Polythrena angularia (Leech) 角虎斑尺蛾

Polythrena coloraria (Herrich-Schäffer) 彩虎斑尺蛾

Polythrena miegata Poujade 美虎斑尺蛾

Polytoxus Spinola 盲猎蝽属

Polytoxus femoralis Distant 南盲猎蝽

Polytoxus fuscipennis Hsiao 褐翅盲猎蝽

Polytoxus minimus China 小盲猎蝽

Polytoxus pallipennis Hsiao 淡翅盲猎蝽

Polytoxus ruficeps Hsiao 中褐盲猎蝽

Polytoxus rufinevis Hsiao 红脉盲猎蝽

Polytremis Mabille 孔弄蝶属

Polytremis choui Huang 周氏孔弄蝶

Polytremis discreta (Elwes *et* Edwards) 融纹孔弄蝶

Polytremis eltola (Hewitson) 台湾孔弄蝶

Polytremis flavinerva Chou *et* Zhou 黄脉孔弄蝶

Polytremis lubricans (Herrich-Schäffer) 黄纹孔弄蝶

Polytremis mencia (Moore) 黑标孔弄蝶

Polytremis pellucida (Murray) 透纹孔弄蝶

Polytremis theca (Evans) 盒纹孔弄蝶

Polytremis zina (Evans) 刺纹孔弄蝶

Polytus mellerborgi Boheman 蜜稻象

Polyura Billerg 尾蛱蝶属

Polyura arja (Felder *et* Felder) 凤尾蛱蝶

Polyura athamas (Drury) 窄斑凤尾蛱蝶

Polyura dolon (Westwood) 针尾蛱蝶

Polyura eudamippus (Doubleday) 大二尾蛱蝶

Polyura narcaea (Hewitson) 二尾蛱蝶

Polyura nepenthes (Grose-Smith) 忘忧尾蛱蝶

Polyura posidonius (Leech) 沾襟尾蛱蝶

Polyura schreiber (Godart) 黑凤尾蛱蝶

Polyzonus Castelnau 多带天牛属

Polyzonus balachowskii Gressitt *et* Rondon 巴氏多带天牛

Polyzonus bizonatus White 双带多带天牛

Polyzonus cuprarius Fairmaire 昆明多带天牛

Polyzonus cyaneicollis Pic 柬多带天牛

Polyzonus fasciatus (F.) 多带天牛

Polyzonus flavocinctus Gahan 异纹多带天牛

Polyzonus fucosahenus Gressitt *et* Rondon 铜绿多带天牛

Polyzonus laosensis Pic 长胸多带天牛

Polyzonus latemaculatus Gressitt *et* Rondon 长斑多带天牛

Polyzonus laurae Fairmaire 云南多带天牛

Polyzonus luteonotatus (Pic) 黄斑多带天牛

Polyzonus nitidicollis Pic 横线多带天牛

Polyzonus obtusus Bates 钝瘤多带天牛

Polyzonus parvulus Gressittt *et* Rondon 中线多带天牛

Polyzonus prasinus (White) 葱绿多带天牛

Polyzonus saigonensis Bates 强瘤多带天牛

Polyzonus sinensis (Hope) 中华多带天牛

Polyzonus striatus Gressitt *et* Rondon 斜线多带天牛

Polyzonus subobtusus Pic 四斑多带天牛

Polyzonus subtruncatus (Bates) 截尾多带天牛

Polyzonus tetraspilotus (Hope) 蛇藤多带天牛

Polyzonus violaceosus Plavilstshikov 紫多带天牛

Pomasia Guenée 笼尺蛾属

Pomasia denticlathrata Warren 网格笼尺蛾

Pomerantzia Baker 桃土螨属

Pomerantzia charlesi Baker 查氏桃土螨

Pomerantziidae 桃土螨科

Poncetia Kiriakoff 豹舟蛾属

Poncetia albistriga (Moore) 豹舟蛾

Ponera Latreille 猛蚁属

Ponera alisana Terayama 阿里山猛蚁

Ponera chiponensis Terayama 知本猛蚁

Ponerinae 猛蚁亚科

Pontania O.Costa 瘿叶蜂属

Pontania anglica Cameron 见 *Phyllocolpa anglica*

Pontania bella Zaddach 见 *Pontania pedunculi*

Pontania bozemani Cooley 杨博氏瘿叶蜂 poplar leaf-folding sawfly

Pontania bridgmannii Cameron 柳布氏瘿叶蜂 willow gall sawfly

Pontania destricta MacGillivray 见 *Phyllocolpa excavata*

Pontania dolichura Thomson 柳香肠瘿叶蜂 willow gall sawfly

Pontania femoralis Cameron 见 *Pontania dolichura*

Pontania gallicola Stephens 见 *Pontania proxima*

Pontania harrisoni Benson 见 *Pontania viminalis*

Pontania leucaspis Tischbein 见 *Phyllocolpa leucaspis*

Pontania leucosticta Hartig 见 *Phyllocolpa leucosticta*

Pontania pacifica Marlatt 和平瘿叶蜂

Pontania pedunculi Hartig 耳柳瘿叶蜂 willow gall sawfly

Pontania piliserra Thomson 见 *Phyllocolpa piliserra*

Pontania proxima Lepeletier 柳咖啡豆瘿叶蜂 willow bean-gall sawfly

Pontania puella C. G. Thomson 见 *Phyllocolpa puella*

Pontania purpureae Cameron 见 *Phyllocolpa purpureae*

Pontania pustulator Forsius 柳叶瘿叶蜂

Pontania scotaspis Förster 见 *Phyllocolpa scotaspis*

Pontania triandrae Benson 毛柳瘿叶蜂 willow gall sawfly

Pontania vesicator Bremi-Wolf 柳蚕豆瘿叶蜂 willow gall sawfly

Pontania viminalis Linnaeus 柳豌豆瘿叶蜂 willow pea-gall sawfly

Pontarachna Philippi 海珠螨属

Pontarachnidae 海珠螨科

Ponteppidania Oudemans 蓬多螨属

Pontia Fabricius 云粉蝶属

Pontia callidice (Hübner) 箭纹云粉蝶

Pontia chloridice (Hübner) 绿云粉蝶

Pontia daplidice (Linnaeus) 云粉蝶

Popilius disjunctus (Illiger) 具角美黑蜣 horned passalus

Popillia Serville 弧丽金龟属

Popillia anomaloides Kraatz 云臀弧丽金龟

Popillia atrocoerulea Bates 见 *Popillia flavosellata*

Popillia barbellata Lin 短毛弧丽金龟

Popillia bothynoma Ohaus 浅斑弧丽金龟

Popillia cerchnopyga Lin 粗臀弧丽金龟

Popillia cerinimaculata Lin 大斑弧丽金龟

Popillia chinensis Frivaldszky 见 *Popillia quadriguttata*

Popillia chrysitis Kraatz 见 *Popillia flavosellata*

Popillia constanoptera Hope 见 *Popillia quadriguttata*

Popillia cribricollis Ohaus 筛点弧丽金龟

Popillia cupricollis Hope 红背弧丽金龟

Popillia curtipennis Lin 云蓝弧丽金龟

Popillia cyanea Hope 蓝黑弧丽金龟

Popillia cyanea splendidicollis Fairmaire 蓝亮弧丽金龟

Popillia daliensis Lin 大理弧丽金龟

Popillia discalis Walker 盘弧丽金龟

Popillia fallaciosa Fairmaire 川臀弧丽金龟

Popillia fimbripes Lin 缨足弧丽金龟

Popillia flavofasciata Kraatz 黄带弧丽金龟

Popillia flavosellata Fabricius 琉璃弧丽金龟

Popillia flexuosa Lin 卷唇弧丽金龟

Popillia formosana Arrow 台南弧丽金龟

Popillia fukienonsis Machatschke 闽褐弧丽金龟

Popillia gedongensis Lin 格当弧丽金龟

Popillia hainanensis Lin 海南弧丽金龟

Popillia hirta Lin 毛腹弧丽金龟

Popillia hirtipyga Lin 毛尾弧丽金龟

Popillia histeroidea Gyllenhal　弱斑弧丽金龟

Popillia inconstans Fairmaire　见　*Popillia flavosellata*

Popillia indigonacea Motschulsky　见　*Popillia mutans*

Popillia insularis Lawis　海岛弧丽金龟

Popillia japonica Newman　日本弧丽金龟(日本金龟子)
　　Japanese beetle

Popillia laeviscutula Lin　光盾弧丽金龟

Popillia laticlypealis Lin　宽唇弧丽金龟

Popillia latimaculata Nomura　宽斑弧丽金龟

Popillia leptotarsa Lin　瘦足弧丽金龟

Popillia limbatipennis Lin　暗边弧丽金龟

Popillia livida Lin　台蓝弧丽金龟

Popillia maclellandi Hope　玛氏红背弧丽金龟

Popillia marginicollis Hope　黄边弧丽金龟

Popillia melanoloma Lin　黑缘弧丽金龟

Popillia metallicollis Fairmaire　幻斑弧丽金龟

Popillia minuta Hope　小毛弧丽金龟

Popillia mongolica Arrow　蒙边弧丽金龟

Popillia mutans Newman　无斑弧丽金龟

Popillia nitida Hope　似毛臀弧丽金龟

Popillia oviformis Lin　卵圆弧丽金龟

Popillia pilifera Lin　毛胫弧丽金龟

Popillia plagicollis Kraatz　光带弧丽金龟

Popillia pui Lin　鼎湖弧丽金龟

Popillia pustulata Fairmaire　曲带弧丽金龟

Popillia quadriguttata Fabricius　中华弧丽金龟(四纹丽
　　金龟)

Popillia rotundata Lin　圆斑弧丽金龟

Popillia rubescens Lin　渗红弧丽金龟

Popillia rubripes Lin　红足弧丽金龟

Popillia sammenensis Lin　三门弧丽金龟

Popillia sauteri Ohaus　台褐弧丽金龟

Popillia scabricollis Lin　粗背弧丽金龟

Popillia semiaenea Kraatz　转刺弧丽金龟

Popillia sichuanensis Lin　川绿弧丽金龟

Popillia straminipennis Kraatz　见　*Popillia quadriguttata*

Popillia strumifera Lin　皮背弧丽金龟

Popillia subquadrata Kraatz　近方弧丽金龟

Popillia sulcata Redtenbacher　皱臀弧丽金龟

Popillia sutularis Lin　唇沟弧丽金龟

Popillia taiwana Arrow　台湾弧丽金龟

Popillia transversa Lin　横斑弧丽金龟

Popillia trichiopyga Lin　毛臀弧丽金龟

Popillia varicollis Lin　幻点弧丽金龟

Popillia viridula Kraatz　齿胫弧丽金龟

Porizontinae　缝姬蜂亚科

Porobelba Grandjean　孔珠足甲螨属

Porobelba spinosa (Sellnick)　刺孔珠足甲螨

Porogymnaspis Green　孔片盾蚧属

Porogymnaspis silvestri Bellio　越南孔片盾蚧

Porohalacaridae　淡水海螨科

Poropoea Förster　圆翅赤眼蜂属

Poropoea brevituba Lin　短管圆翅赤眼蜂

Poropoea duplicata Lin　叠棒圆翅赤眼蜂

Poropoea longicornis Viggiani　长角圆翅赤眼蜂

Poropoea morimotoi Hirose　日本圆翅赤眼蜂

Poropoea tomapoderus Luo *et* Liao　榆卷叶象赤眼蜂

Pororhinotermes japonicus (Holmgren)　原鼻白蚁

Porotermes adamsoni Froggatt　亚当森腺原白蚁

Porphyrophora Brandt *et* Ratz.　胭珠蚧属

Porphyrophora akirtobiensis Jashenko　钝爪胭珠蚧

Porphyrophora altaiensis Jashenko　阿尔泰胭珠蚧

Porphyrophora armeniaca Burmeister　见　*Porphyro-
　　phora hameli*

Porphyrophora arnebiae (Arch.)　紫草胭珠蚧

Porphyrophora cynodontis (Arch.)　绊根草胭珠蚧

Porphyrophora epigaea Danzig　黄蓍胭珠蚧

Porphyrophora eremospartonae Jashenko　苏联胭珠蚧

Porphyrophora gigantea Jashenko　巨型胭珠蚧

Porphyrophora hameli Brandt　中亚胭珠蚧

Porphyrophora iliensis Matesova *et* Jashenko　木图胭珠
　　蚧

Porphyrophora jaapi Jakubski　大孔胭珠蚧

Porphyrophora kazakhstanica Matesova *et* Jashenko　哈
　　萨克胭珠蚧

Porphyrophora margarodes Burmeister　见　*Margarodes
　　formicarum*

Porphyrophora matesovae Jashenko　野麦胭珠蚧

Porphyrophora minuta Borchs.　小型胭珠蚧

Porphyrophora monticola Borchs.　亚美胭珠蚧

Porphyrophora ningxiana Yang　见　*Porphyrophora
　　sophorae*

Porphyrophora nuda (Arch.)　裸露胭珠蚧

Porphyrophora odorata (Arch.)　石竹胭珠蚧

Porphyrophora polonica (L.)　波斯胭珠蚧　Polish cochi-
　　neal scale, ground pearl

Porphyrophora sophorae (Arch.)　甘草胭珠蚧

Porphyrophora tritici (Bodenheimer)　小麦胭珠蚧

Porphyrophora turaigiriensis Jashenko　羊茅胭珠蚧

Porphyrophora ussuriensis Borchs.　乌苏里胭珠蚧

Porphyrophora villosa Danzig　远东胭珠蚧

Porphyrophora violaceae Matesova *et* Jashenko　鹤虱胭
　　珠蚧

Porphyrophora xinjiangana Yang　见　*Porphyrophora
　　sophorae*

Porrhomma Simon　洞斥蛛属

Porrhomma microphthalmum O.P.-Cambridge　小眼洞斥
　　蛛

Porrhostaspis Müller　前稳螨属

Porrhostaspis setosa Gu *et* Liu　多毛前稳螨

Porthesia Stephens　盗毒蛾属

Porthesia atereta Collenette　黑褐盗毒蛾

Porthesia coniptera Collenette　尘盗毒蛾

Porthesia hoenei Collenette　赫盗毒蛾

Porthesia kurosawai Inoue 戟盗毒蛾

Porthesia piperita (Oberhur) 豆盗毒蛾

Porthesia puchella Chao 小盗毒蛾

Porthesia scinthelans Walker 黑翅黄毒蛾

Porthesia scintillans (Walker) 双线盗毒蛾

Porthesia similis (Fueszly) 盗毒蛾

Porthesia taiwana Shiraki 台湾黄毒蛾

Porthesia tsingtauica Strand 赭盗毒蛾

Porthesia virguncula (Walker) 黑栉盗毒蛾

Porthesia xanthorrhoea (Kollar) 暗缘盗毒蛾

Porthetria dispar Linnaeus 见 *Lymantria dispar*

Porthmologa paraclina Meyrick 印劫林织蛾

Portia Karsch 孔蛛属

Portia heteroidea Xie *et* Yin 异形孔蛛

Portia quei Zabka 昆孔蛛

Postelectrotermes militaris Desneux 兵后膜木白蚁

Postelectrotermes pishinensis Ahmad 西巴后膜木白蚁

Potamanthellus Lestage 小河蜉属

Potamanthellus chinensis Hsu 中国小河蜉

Potamanthidae 河花蜉科

Potamanthodes Ulmer 似河花蜉属

Potamanthodes formosus Eaton 台湾似河花蜉

Potamanthodes fujianensis You 福建似河花蜉

Potamanthodes kwangsiensis Hsu 广西似河花蜉

Potamanthodes macrophthalmus You *et* Su 大眼似河花蜉

Potamanthodes sangangensis You *et* Su 三港似河花蜉

Potamanthodes yunnanensis You 云南似河花蜉

Potamanthus Pictet 河花蜉属

Potamanthus huoshanensis Wu 霍山河花蜉

Potamanthus luteus Linnaeus 黄河花蜉

Potamarcha 狭翅蜻属

Potamarcha obscura Rambur 暗色狭翅蜻

Potamiaena Distant 凹盾长蜻属

Potamiaena aurifera Distant 凹盾长蜻

Potamyia Banks 缺距纹石蛾属

Potamyia bicornis Li *et* Tian 短尾缺距纹石蛾

Potamyia chekiangensis (Schmid) 毛边缺距纹石蛾

Potamyia chinensis (Ulmer) 中华缺距纹石蛾

Potamyia hönei (Schmid) 锐角缺距纹石蛾

Potamyia jinhongensis Li *et* Tian 景洪缺距纹石蛾

Potamyia parva Tian *et* Li 小缺距纹石蛾

Potamyia proboscida Li *et* Tian 长尾缺距纹石蛾

Potamyia straminea (MacLachlan) 禾黄缺距纹石蛾

Potamyia yunnanica (Schmid) 滇缺距纹石蛾

Potaninia Weise 波叶甲属

Potaninia assamensis Baly 水麻波叶甲

Potanthus Scudder 黄室弄蝶属

Potanthus confucius (Felder *et* Felder) 孔子黄室弄蝶

Potanthus flavus (Murray) 曲纹黄室弄蝶

Potanthus lydius (Evans) 锯纹黄室弄蝶

Potanthus pallidus (Evans) 淡色黄室弄蝶

Potanthus palnia Evans 尖翅黄室弄蝶

Potanthus pavus (Fruhstorfer) 宽纹黄室弄蝶

Potanthus rectifasciatus (Elwes *et* Edwards) 直纹黄室弄蝶

Potanthus trachalus (Mabille) 断纹黄室弄蝶

Pothyne Thomson 驴天牛属

Pothyne laosensus Breuning 老挝驴天牛

Pothyne laosica Breuning 大驴天牛

Pothyne laterialba Gressitt 白缘驴天牛

Pothyne mimodistincta Breuning 圆尾驴天牛

Pothyne multilineata (Pic) 多线驴天牛

Pothyne ochracea Breuning 宽条驴天牛

Pothyne ochraceolineata Breuning 赭线驴天牛

Pothyne ochreovittipennis Breuning 赭纹驴天牛

Pothyne paralaosensis Breuning 显缝驴天牛

Pothyne pauloplicata Pic 斑翅驴天牛

Pothyne pici Breuning 皮氏驴天牛

Pothyne postcutellaris Breuning 尖尾驴天牛

Pothyne rugifrons Gressitt 糙额驴天牛

Pothyne septemvittipennis Breuning 腰骨藤驴天牛

Pothyne silacea Pascoe 欧芹驴天牛

Pothyne subfemoralis Breuning 灿驴天牛

Pothyne variegata Thomson 七条驴天牛

Pothyne variegatoides Breuning 长颊驴天牛

Potosia impavida Janson 蓝紫星花金龟

Povelsenia Oudemans 波惠螨属

Povilasia Viidalepp 扁角尺蛾属

Povilasia kashghara (Moore) 扁角尺蛾

Povilla corporaali Lestage 印巴网脉蜉

Prabhasa venosa Moore 显脉普苔蛾

Praeacaronemus Kaliszwski *et* Magowski 前食螨属

Praetextatus Distant 暗蜡属

Praetextatus chinensis Hsiao *et* Cheng 暗蜡

Praia ussuriensis Malaise 东亚尖唇锤角叶蜂

Pratapa Moore 珀灰蝶属

Pratapa deva (Moore) 珀灰蝶

Pratapa icetas Hewitson 小珀灰蝶

Pratylenchidae 短体线虫科

Pratylenchoides Winslow 拟短体线虫属

Pratylenchoides alkani Yuksel 阿尔肯拟短体线虫

Pratylenchoides bacilisemenus Sher 杆精拟短体线虫

Pratylenchoides camachoi Barcina *et al.* 卡马舒短体线虫

Pratylenchoides clavicauda Geraert, Choi *et* Choi 棒尾拟短体线虫

Pratylenchoides crenicauda Winslow 齿尾拟短体线虫

Pratylenchoides epacris Eroshenko 尖锐拟短体线虫

Pratylenchoides erzurumensis Yuksel 埃尔祖鲁姆拟短体线虫

Pratylenchoides gadeai Tarjan 盖德拟短体线虫

Pratylenchoides heathi Baldwin, Luc *et* Bell 欧石南拟短体线虫

Pratylenchoides ivanvae Ryss 伊氏拟短体线虫

Pratylenchoides laticauda Braun *et* Loof 侧尾拟短体线虫

Pratylenchoides leiocauda Sher 滑尾拟短体线虫

Pratylenchoides magnicauda (Thorne) 大尾拟短体线虫

Pratylenchoides magnicaudoides Minagawa 类大尾拟短体线虫

Pratylenchoides maqsoodi Maqbool *et* Shahina 马氏拟短体线虫

Pratylenchoides maritimus Bor *et* S'Jacob 海滨拟短体线虫

Pratylenchoides megalobatus Bernard 大叶拟短体线虫

Pratylenchoides orientalis Eroshenko *et* Kazachenko 东方拟短体线虫

Pratylenchoides utahensis Baldwin, Luc *et* Bell 优地拟短体线虫

Pratylenchoides variabilis Sher 可变拟短体线虫

Pratylenchus Filipjev 短体线虫属(草地垫刃线虫属,根腐线虫属) lesion nematodes, meadow nematodes

Pratylenchus acuticaudatus Braasch *et* Decker 锐尾短体线虫

Pratylenchus agilis Thorne *et* Malek 敏捷短体线虫

Pratylenchus alleni Ferris 艾氏短体线虫

Pratylenchus andinus Lordello, Zamith *et* Boock 安弟斯短体线虫

Pratylenchus angelicae Kapoor 当归短体线虫

Pratylenchus angulatus Siddiqi 角短体线虫

Pratylenchus artemisiae Zheng *et* Chen 艾短体线虫

Pratylenchus australis Valenzuela *et* Raski 南方短体线虫

Pratylenchus barkati Das *et* Sultana 巴开特短体线虫

Pratylenchus bhattii Siddiqi, Dabur *et* Bajaj 帕达短体线虫

Pratylenchus bicaudatus Meyl 双尾短体线虫

Pratylenchus bolivianus Corbett 玻利维亚短体线虫

Pratylenchus brachyurus (Godfrey) 最短尾短体线虫 smooth-headed nematode

Pratylenchus brevicercus Das 短针短体线虫

Pratylenchus capitatus Ivanova 具头短体线虫

Pratylenchus cercalis Haque 谷类短体线虫

Pratylenchus chrysanthus Edward *et al.* 菊短体线虫

Pratylenchus codiaei Singh *et* Jain 变叶木短体线虫

Pratylenchus coffeae (Zimmermann) 咖啡短体线虫 coffee meadow nematode, coffee root-lesion nematode

Pratylenchus convallariae Seinhorst 铃兰短体线虫

Pratylenchus crassi Das *et* Sultana 克拉斯短体线虫

Pratylenchus crenatus Loof 刻痕短体线虫

Pratylenchus crossandrae Subramaniyan *et* Sivakumar 十字爵床短体线虫

Pratylenchus cruciferus Bajaj *et* Bhatti 十字花科短体线虫

Pratylenchus cubensis Razzhivin *et* Oreli 古巴短体线虫

Pratylenchus curvicauda Siddiqi, Dabur *et* Bajaj 弯尾短体线虫

Pratylenchus dasi (Das *et* Sultana) 达氏短体线虫

Pratylenchus davicaudatus Baranovskaya *et* Haque 棒尾短体线虫

Pratylenchus delattrei Luc 德氏短体线虫

Pratylenchus dioscoreae Yang *et* Zhao 薯蓣短体线虫

Pratylenchus ekrami Bajaj *et* Bhatti 埃克瑞短体线虫

Pratylenchus emarginatus Eroshenko 缺缘短体线虫

Pratylenchus estoniensis Ryss 爱沙尼亚短体线虫

Pratylenchus exilis Das *et* Sultana 细小短体线虫

Pratylenchus fallax Seinhorst 伪短体线虫

Pratylenchus flakkensis Seinhorst 弗莱克短体线虫

Pratylenchus gibbicaudatus Minagawa 圆尾短体线虫

Pratylenchus globulicola Romaniko 球状短体线虫

Pratylenchus goodeyi Sher *et* Allen 古氏短体线虫

Pratylenchus graminis Subramaniyan *et* Sivakumar 禾草短体线虫

Pratylenchus gulosus (Kühn) 贪食短体线虫

Pratylenchus gutierrezi Golden, López *et* Vilchez 盖特里兹短体线虫

Pratylenchus helophilus Seinhorst 沼泽短体线虫

Pratylenchus hexincisus Taylor *et* Jenkins 六纹短体线虫

Pratylenchus himalayaensis Kapoor 喜马拉雅短体线虫

Pratylenchus impar Khan *et* Singh 不等短体线虫

Pratylenchus indicus Das 印度短体线虫

Pratylenchus irregularis (Paetzold) 不整短体线虫

Pratylenchus jordanensis Hashim 约旦短体线虫

Pratylenchus kasari Ryss 卡萨尔短体线虫

Pratylenchus kralli Ryss 克氏短体线虫

Pratylenchus kumaoensis Lal *et* Khan 库马欧短体线虫

Pratylenchus loofi Singh *et* Jain 卢氏短体线虫

Pratylenchus loosi Loof 卢斯短体线虫

Pratylenchus macrostylus Wu 大针短体线虫

Pratylenchus mahogani (Cobb) 桃花心木短体线虫

Pratylenchus manaliensis Khan *et* Sharma 默纳利短体线虫

Pratylenchus manohari Quraishi 马诺哈短体线虫

Pratylenchus mediterraneus Corbett 地中海短体线虫

Pratylenchus megalobatus Bernard 大叶短体线虫

Pratylenchus menthae Kapoor 薄荷短体线虫

Pratylenchus microstylus Bajaj *et* Bhatti 小针短体线虫

Pratylenchus minyus Sher *et* Allen 小短体线虫

Pratylenchus montanus Zyubin 高山短体线虫

Pratylenchus morettoi Luc, Baldwin *et* Bell 莫氏短体线虫

Pratylenchus mulchandi Nandakumar *et* Khera 姆杉德短体线虫

Pratylenchus musicola (Cobb) 和谐短体线虫

Pratylenchus neglectus (Rensch) 落选短体线虫 California meadow nematode, California root-lesion nematode

Pratylenchus neobrachyurus Siddiqi 新短尾短体线虫

Pratylenchus neocapitatus Khan *et* Singh 新具头短体线虫

Pratylenchus nizamabadensis Maharaju *et* Das 尼札马巴德短体线虫

Pratylenchus obtusicaudatus Romaniko 钝尾短体线虫

Pratylenchus obtusus (Bastian) 钝体短体线虫

Pratylenchus okinawaensis Minagawa 冲绳短体线虫

Pratylenchus panamaensis Siddiqi, Dabur *et* Bajaj 巴拿马短体线虫

Pratylenchus penetrans (Cobb) 穿刺短体线虫 Cobb's meadow nematode, Cobb's root lesion nematode

Pratylenchus pinguicaudatus Corbett 肥尾短体线虫

Pratylenchus pratensis (de Man) 草地短体线虫 de Man's meadow nematode, de Man's root-lesion nematode

Pratylenchus pratensisobrinus Bernard 近草地短体线虫

Pratylenchus pseudocoffeae Mizukubo 假咖啡短体线虫

Pratylenchus pseudofallax Cofe Filho *et* Huang 假伪短体线虫

Pratylenchus pseudopratensis Seinhorst 假草地短体线虫

Pratylenchus ranjani Khan *et* Singh 兰扎短体线虫

Pratylenchus sacchari (Soltwedel) 甘蔗短体线虫

Pratylenchus sefaensis Fortuner 谢法短体线虫

Pratylenchus sensillatus Anderson *et* Townshend 感器短体线虫

Pratylenchus similis Khan *et* Singh 相似短体线虫

Pratylenchus singhi Das *et* Sultana 辛氏短体线虫

Pratylenchus steiner Lordello, Zamith *et* Book 斯坦纳短体线虫

Pratylenchus stupidus Romaniko 迟钝短体线虫

Pratylenchus subpenetrans Taylor *et* Jenkins 亚穿刺短体线虫

Pratylenchus subranjani Mizukuba *et al.* 亚兰扎短体线虫

Pratylenchus sudanensis Loof *et* Yassin 苏丹短体线虫

Pratylenchus tenuis Thorne *et* Malek 瘦窄短体线虫

Pratylenchus teres Khan *et* Singh 精美短体线虫

Pratylenchus thornei Sher *et* Allen 索氏短体线虫 Thorne's meadow nematode

Pratylenchus tulaganovi Samibaeva 图氏短体线虫

Pratylenchus tumidiceps Merzheevskaya 肥头短体线虫

Pratylenchus typicus Rashid 典型短体线虫

Pratylenchus unzenensis Mizukuba 云仙岳短体线虫

Pratylenchus uralensis Romaniko 乌拉尔短体线虫

Pratylenchus variacaudatus Romaniko 变尾短体线虫

Pratylenchus ventroprojectus Bernard 侧凸短体线虫

Pratylenchus vulnus Allen *et* Jensen 伤残短体线虫 walnut meadow nematode

Pratylenchus yamagutii Minagawa 亚马古特短体线虫

Pratylenchus yassini Zeidan *et* Geraert 亚森短体线虫

Pratylenchus zeae Graham 玉米短体线虫 corn meadow nematode, corn root-lesion nematode

Prays alpha Moriuti 水曲柳巢蛾

Prays curtisellus Donovan 梣芽巢蛾 ash bud moth, Curtis ash bud ermel moth

Prays lambda Moriuti 人字缝巢蛾

Prays oleae (Bernard) 油橄榄巢蛾 olive moth

Prays oleella Fubricius 见 *Prays oleae*

Prelorryia Andr 前罗里螨属

Premnobius ambitiosus Schauf. 非石梓小蠹

Premnobius cavipennis Eichh. 非榄仁小蠹

Premnobius corthyloides Hag. 非决明小蠹

Premnobius xylocranellus Schedl 非合欢小蠹

Prenolepis Mayr 前结蚁属

Prenolepis magnocula Xu 大眼前结蚁

Prenolepis melanogaster Emery 黑腹前结蚁

Prenolepis naorojii Forel 内氏前结蚁

Prenolepis nigriflagella Xu 黑角前结蚁

Preparctia buddenbrocki Kotzsch 波超灯蛾

Preparctia romanovi (Grum-Grshimailo) 超灯蛾

Prepodes vittatus Linnaeus 见 *Exophthalmus vittatus*

Prestwichia Lubbock 窄翅赤眼蜂属

Prestwichia multiciliata Lin 毛足窄翅赤眼蜂

Pretydeus Andr 前镰螯螨属

Priassus Stål 普蝽属

Priassus exemptus (Walker) 景东普蝽

Priassus spiniger Haglund 尖角普蝽

Priassus testaceus Hsiao *et* Cheng 褐普蝽

Primierus Distant 棘胸长蝽属

Primierus longispinus Zheng 长刺棘胸长蝽

Primierus tuberculatus Zheng 锥股棘胸长蝽

Primnoa F.-W. 翘尾蝗属

Primnoa arctica Zhang *et* Jin 北极翘尾蝗

Primnoa cavicerca Zhang 凹须翘尾蝗

Primnoa jingpohu Huang 镜泊湖翘尾蝗

Primnoa mandshurica (Ramme) 白纹翘尾蝗

Primnoa primnoa F.-W. 翘尾蝗

Primnoa primnoides (Ikonn.) 宛翘尾蝗

Primnoa tristis Mistsh. 暗郁翘尾蝗

Primnoa ussuriensis (Tarb.) 乌苏里翘尾蝗

Primotydeus Andr 原镰螯螨属

Primotydeus similis Fan *et* Li 似原镰螯螨

Prinerigone Millidge 始微蛛属

Prinerigone vagans (Audouin) 游荡始微蛛

Priobium punctatum (LeConte) 花旗松产品窃蠹

Prionaca Dallas 锯蝽属

Prionaca tonkinensis Distant 锯蝽

Prionaca yunnanensis Zhang *et* Lin 云南锯蝽

Prioneris Wallace 锯粉蝶属

Prioneris clemanthe (Doubleday) 红肩锯粉蝶

Prioneris thestylis (Doubleday) 锯粉蝶

Prioninae 锯天牛亚科

Prionispa champaka Maulik 沟胸楔铁甲

Prionispa dentata Pic 齿楔铁甲
Prionispa opacipennis Chen *et* Yu 暗鞘楔铁甲
Prionispa sinica Gressitt 中华楔铁甲
Prionodonta Warren 魈尺蛾属
Prionolomia Stål 辟缘蝽属
Prionolomia gigas Distant 大辟缘蝽
Prionolomia mandarina Distant 满辟缘蝽
Prionomma atratum Gmelin 暗拟土天牛
Prionomma bigibbosus (White) 双突拟土天牛
Prionopelta Mayr 锯猛蚁属
Prionopelta kraepelini Forel 柯氏锯猛蚁
Prionoplus reticularis White 葫锯天牛 huhu beetle
Prionoribatella Aoki 锯小甲螨属
Prionoryctes caniculus Arr. 薯蓣金龟 yam beetle
Prionoxystus macmurtrei Guèrin-Méneville 栎小木蠹蛾 lesser oak carpenter worm
Prionoxystus robiniae (Packard) 刺槐木蠹蛾 carpenter worm
Prionus Fabricius 锯天牛属
Prionus brachypterus latidens (Motschulsky) 毛胸锯天牛
Prionus californicus Motschulsky 加州锯天牛 California prionus, giant root borer
Prionus coriareus Linnaeus 革质锯天牛
Prionus corpulentus Bates 体锯天牛
Prionus elliotti Gahan 椭锯天牛
Prionus heros (Semenov-Tian-Shanskij) 尖跗锯天牛
Prionus imbricornis (L.) 叠角锯天牛 tile-horned prionus
Prionus insularis Motschulsky 锯天牛
Prionus laticollis (Drury) 阔颈锯天牛 broad-necked rot borer
Prionyx Vander Linden 锯泥蜂属
Prionyx kirbyi (Vander Linden) 横带锯泥蜂
Prionyx subfuscatus (Dahlbom) 二齿锯泥蜂
Prionyx viduatus (Christ) 毛斑锯泥蜂
Prionyx xanthabdominalis Li *et* Yang 黄腹锯齿泥蜂
Priophorus Dahlbom 普奈丝角叶蜂属
Priophorus hyalopterus Jakovlev 透翅普奈丝角叶蜂
Priophorus laevifrons Benson 平滑普奈丝角叶蜂 elm sawfly
Priophorus padi Linnaeus 足普奈丝角叶蜂
Priophorus pallipes Lepeletier 蔷薇普奈丝角叶蜂
Priophorus tener Zaddach 细普奈丝角叶蜂
Priophorus ulmi Linnaeus 榆普奈丝角叶蜂 elm sawfly
Prioptera punctipennis Wagener 斑纹齿龟甲
Priotyrranus Thomson 接眼天牛属
Priotyrranus closteroides (Thomson) 橘根接眼天牛
Priscapalpus De Leon 原须螨属
Priscapalpus macropilis De Leon 巨毛原须螨
Prismosticta Butler 透点蚕蛾属
Prismosticta hyalinata Butler 透点蚕蛾
Prismosticta unilhyala Chu *et* Wang 一点蚕蛾
Pristaulacus rufitarsis (Cresson) 红跗旗腹姬蜂
Pristiphora Latreille 锉叶蜂属
Pristiphora abietina Christ 普通云杉锉叶蜂 gregarious spruce sawfly
Pristiphora ambigua Fallén 云杉芽锉叶蜂 spruce bud sawfly
Pristiphora beijingensis Zhu *et* Zhang 北京杨锉叶蜂
Pristiphora compressa Hartig 扁腹锉叶蜂
Pristiphora confusa Lindqvist 爆竹柳锉叶蜂 willow sawfly
Pristiphora conjugata (Dahlbom) 杨黄褐锉叶蜂 poplar sawfly
Pristiphora erichsonii (Hartig) 落叶松叶蜂 larch sawfly, large larch sawfly
Pristiphora formosana Rohwer 蓬莱锉叶蜂
Pristiphora fulvipes Fallén 黄足锉叶蜂 willow sawfly
Pristiphora geniculata (Hartig) 深山锉叶蜂 mountain ash sawfly
Pristiphora glauca Benson 落叶松淡锉叶蜂 larch sawfly
Pristiphora huangi Xiao 黄氏锉叶蜂
Pristiphora laricis (Hartig) 落叶松锉叶蜂 larch sawfly
Pristiphora leechi Wong *et* Ross 李氏锉叶蜂
Pristiphora melanocarpa Hartig 黑腿锉叶蜂 birch sawfly
Pristiphora pallipes Lepeletier 白足锉叶蜂
Pristiphora politivaginata Takeuchi 光鞘锉叶蜂 larch sawfly
Pristiphora pseudocoarctula Lindqvist 桦伪锉叶蜂 birch sawfly
Pristiphora quercus Hartig 栎锉叶蜂 birch sawfly
Pristiphora sauteri Rohwer 邵氏锉叶蜂
Pristiphora saxesenii Hartig 萨氏锉叶蜂
Pristiphora testacea Jurine 桦锉叶蜂 birch sawfly
Pristiphora wesmaeli Tischbein 魏氏锉叶蜂 larch sawfly
Pristomerus Curtis 齿腿姬蜂属
Pristomerus chinensis Ashmead 中华齿腿姬蜂
Pristomerus erythrothoracis Uchida 红胸齿腿姬蜂
Pristomerus scutellaris Uchida 光盾齿腿姬蜂
Pristomerus vulnerator (Panzer) 广齿腿姬蜂
Pristomyrmex Mayr 棱胸切叶蚁属
Pristomyrmex brevispinosus Emery 短刺双针蚁
Pristomyrmex pungens Mayr 双针蚁
Pristostegania Warren 屯尺蛾属
Pristostegania trilineata (Moore) 三线屯尺蛾
Pritha Lehtinen 马蹄蛛属
Pritha ampulla Wang 瓶形马蹄蛛
Pritha beijingensis Song 北京马蹄蛛
Pritha spinula Wang 小棘马蹄蛛
Proagopertha Reitter 毛丽金龟属

Proagopertha acutisterna Fairmaire 见 *Proagopertha lucidual*

Proagopertha lucidula (Faldermann) 苹毛丽金龟

Proagopertha pubicollis Waterhouse 背毛丽金龟

Proaphelinoides Girault 簇毛蚜小蜂属

Proaphelinoides elongatiformis Girault 长体簇毛蚜小蜂

Proartacris Mohanasundaram 前直峰瘿螨属

Problepsis Lederer 眼尺蛾属

Problepsis crassinotata Prout 指眼尺蛾

Problepsis diazoma Prout 黑条眼尺蛾

Problepsis digammata Kirby 双革眼尺蛾

Problepsis eucircota Prout 佳眼尺蛾

Problepsis paredra Prout 邻眼尺蛾

Problepsis superans (Butler) 猫眼尺蛾

Probolomyrmex Mayr 小盲猛蚁属

Probolomyrmex longinodus Terayama *et* Ogata 长结小盲猛蚁

Probrachista Viggiani 双棒赤眼蜂属

Procalacarus Mohanasundaram 前丽瘿螨属

Procapritermes Holmgren 原歪白蚁属

Procapritermes albipennis Tsai *et* Chen 白翅原歪白蚁

Procapritermes mushae Oshima *et* Maki 原歪白蚁

Procapritermes sowerbyi (Light) 圆卤原歪白蚁

Proceras Bojer 条草螟属

Proceras venosatum (Walker) 条螟

Proceratium Roger 长猛蚁属

Proceratium formosicola Terayama 蓬莱长猛蚁

Proceratium itoi (Forel) 伊藤长猛蚁

Prochaetostricha Lin 前毛赤眼蜂属

Prochaetostricha monticola Lin 山西前毛赤眼蜂

Prociphilus Koch 卷绵蚜属

Prociphilus bumeliae Schrank 布迷粒卷绵蚜 ash leaf-nest aphid

Prociphilus corrugatans (Sirrine) 皱褶卷绵蚜

Prociphilus crataegicola Shinji 苹果卷绵蚜

Prociphilus dilonicerae Zhang 金银花卷绵蚜

Prociphilus fraxini Geoffroy 梣卷绵蚜 ash leaf-nest aphid

Prociphilus imbricator (Fitch) 山毛榉卷绵蚜 beech blight aphid

Prociphilus konoi Hori 川野卷绵蚜

Prociphilus kuwanai Monzen 梨卷绵蚜

Prociphilus ligustrifoliae (Tseng *et* Tao) 女贞卷绵蚜

Prociphilus micheliae Lambers 含笑卷绵蚜

Prociphilus nidificus Löw 见 *Prociphilus fraxini*

Prociphilus oriens Mordvilko 东方卷绵蚜

Prociphilus osmanthae Essig *et* Kuwana 木樨卷绵蚜

Prociphilus pini Burmeister 松根卷绵蚜 pine root aphid

Prociphilus tessellatus (Fitch) 美赤杨卷绵蚜 woolly alder aphid

Procleomenes elongatitithorax Gressitt *et* Rondon 原纤天牛

Proclossiana Reuss 铂蛱蝶属

Proclossiana eunomia (Esper) 铂蛱蝶

Prococcophagus Silvestri 原食蚧蚜小蜂属

Prococcophagus albifuniculatus Huang 浅索原食蚧蚜小蜂

Prococcophagus anchoroides Huang 锚斑原食蚧蚜小蜂

Prococcophagus caudatus Huang 长尾原食蚧蚜小蜂

Prococcophagus dilatatus Huang 粗柄原食蚧蚜小蜂

Prococcophagus equifuniculatus Huang 等索原食蚧蚜小蜂

Prococcophagus lii Huang 李氏原食蚧蚜小蜂

Prococcophagus pellucidus Huang 浅缘毛原食蚧蚜小蜂

Procontarinia matteiana Kieffer *et* Cecconi 杧果茅翅瘿蚊

Procorynetes Woolley 前棒甲螨属

Procryphalus mucronatus (LeConte) 杨前隐小蠹

Procryphalus utahensis Hopkins 柳前隐小蠹

Proctolaelaps Berlese 肛厉螨属

Proctolaelaps cossi (Duges) 蠹蛾肛厉螨

Proctolaelaps fiseri Samsinak 费氏肛厉螨

Proctolaelaps lobatus De Leon 叶肛厉螨

Proctolaelaps longichelicerae Ma 长螯肛厉螨

Proctolaelaps pomorum (Oudemans) 盖喉肛厉螨

Proctolaelaps pygmaeus (Müller) 矮肛厉螨

Proctolaelaps scolyti Evans 斯氏肛厉螨

Proctolaelaps yinchuangensis Bai, Yin *et* Gu 银川肛厉螨

Proctophyllodes Robin 尾叶羽螨属

Proctophyllodes corvorum Vitzthum 鸦尾叶羽螨

Proctophyllodidae 尾叶羽螨科

Proctotydaeus 肛镰螯螨属

Prodasineura hanzhongensis Yang *et* Li 汉中原螅

Prodenia littoralis Boisduval 棉花近尺蠖夜蛾 Egyptian cotton worm

Prodenia litura Fabricius 烟草近尺蠖夜蛾 tobacco semi-looper

Prodiaspis Young 盘盾蚧属

Prodiaspis sinensis (Tang) 中国盘盾蚧

Prodiaspis tamaricicola Young 见 *Prodiaspis sinensis*

Prodidomidae 粗螯蛛科

Prodidomus Hentz 粗螯蛛属

Prodidomus imaidzumii Kishida 今泉粗螯蛛

Prodidomus rufus Hentz 荷色粗螯蛛

Prodinychidae 前爪螨科

Prodinychus Berlese 前爪螨属

Prodinychus changbaiensis Ma 长白前爪螨

Proegmena Weise 方胸萤叶甲属

Proegmena pallidipennis Weise 褐方胸萤叶甲

Profenusa alumna MacGillivray 见 *Profenusa thomsoni*

Profenusa canadensis (Marlatt) 桤木潜叶蜂

Profenusa mainensis Smith 美国潜叶蜂

Profenusa pygmaea Klug 栎疱潜叶蜂 oak leaf-mining sawfly

Profenusa thomsoni (Kônow) 桦潜叶蜂 ambermarked birch leafminer, birch leaf-mining sawfly

Proformica Ruzsky 原蚁属

Proformica jacoti Wheeler 贾氏原蚁

Proformica mongolica Emery 蒙古原蚁

Proistoma xinjiangica Hao *et* Huang 新疆原等跳虫

Prolauthia circumdata (Winnertz) 山楂蓬座丛瘿蚊

Promalactis Meyrick 棉织蛾属

Promalactis enopisema Butler 棉织蛾 cotton seedworm

Promalactis sakaiella Matsumura 褐头织蛾

Promalactis semantris Meyrick 点线织蛾

Promalactis symbolopa Meyrick 银斑织蛾

Promargarodes Silvestri 原珠蚧属

Promargarodes sinensis Silvestri 中国原珠蚧

Promegistidae 原巨螨科

Promegistus 原巨螨属

Promegistus armstrongi Womersley 阿氏原巨螨

Promesosternus Yin 胸铧蝗属

Promesosternus himalayicus Yin 喜马拉雅胸铧蝗

Promesosternus vittatus Yin 暗纹胸铧蝗

Promylea lunigerella Ragonot 铁杉源齿螟蛾

Pronematus G. Canestrini 前线螨属

Pronematus ubiquitus 普遍前线螨

Proneotegonotus Mohanasundaram 前新顶背瘿螨属

Pronoides Schenkel 尖背蛛属

Pronoides brunneus Schenkel 红褐尖背蛛

Pronous Keyserling 岬蛛属

Pronous minitus (Saito) 小岬蛛

Pronous tetraspinulus Yin *et* Wang 四棘岬蛛

Prooedema Hampson 肿额野螟属

Prooedema inscisale (Walker) 肿额野螟

Propachys Walker 厚须螟属

Propachys nigrivena Walker 黑脉厚须螟

Proparholaspulus Ishikawa 前小派伦螨属

Proparholaspulus ishikawai Liang *et* Hu 石川前小派伦螨

Proparholaspulus suzukii Ishikawa 铃木前小派伦螨

Prophantis smaragdina (Butler) 小果咖啡螟蛾 coffee berry moth

Prophthamas tridentatus Fabr. 翅子树三锥象

Prophyllocoptes Mohanasundaram 前叶刺瘿螨属

Propicroscytus Girault 瘿蚊金小蜂属

Propicroscytus mirificus (Girault) 斑腹瘿蚊金小蜂

Propiromorpha Obraztsov 星卷蛾属

Propiromorpha rhodophana (Herrich-Schäffer) 毛茛星卷蛾

Proposophora peni Borchsenius 见 *Lecanodiaspis peni*

Proprioseiopsis Muma 似前锯绥螨属

Proprioseius Chant 前锯绥螨属

Propylaea 龟纹瓢虫属

Propylaea japonica (Thunberg) 龟纹瓢虫

Propylaea quatuordecimpunctata (Linnaeus) 方斑瓢虫

Prorhinotermes Silvestri 原鼻白蚁属

Prorhinotermes japonicus (Holmgren) 台湾原鼻白蚁

Prorhinotermes simplex (Hagen) 简单原鼻白蚁

Prorhinotermes xishaensis Li *et* Tsai 西沙原鼻白蚁

Prosapia bicincta (Say) 双斑前附沫蝉

Proschistis agitata Meyrick 见 *Statherotis agitata*

Prosena Le Peletier *et* Serville 长足喙寄蝇属

Prosena siberita Fabricius 金龟长足喙寄蝇

Proseninae 长足奇蝇亚科

Proserpinus Hübner 波翅天蛾属

Proserpinus proserpina (Pallas) 青波翅天蛾

Prosimulium Roubaud 原蚋属

Prosimulium alpestre Dorogostaisky, Rubtsov *et* Vlasenko 高山赫蚋

Prosimulium hirtipes Fries 毛足原蚋

Prosimulium irritans Rubtsov 刺扰原蚋

Prosimulium liaoningense Sun *et* Xue 辽宁原蚋

Prosintis florivora Meyrick 杧果锐端遮颜蛾

Prosocheyla Volgin 前螯螨属

Prosoligosita Hayat *et* Husain 四棒赤眼蜂属

Prosoligosita perplexa Hayat *et* Husain 印度四棒赤眼蜂

Prosomoeus Scott 钝角长蝽属

Prosomoeus brunneus Scott 褐色钝角长蝽

Prosomoeus pygmaeus Zheng 短小钝角长蝽

Prosopophora Douglas 见 *Lecanodiaspis* Targ.

Prosopophora circularis Borchsenius 见 *Lecanodiaspis circularis*

Prosopophora pasaninae Borchsenius 见 *Lecanodiaspis pasaniae*

Prosopophora robiniae Borchsenius 见 *Lecanodiaspis robiniae*

Prosopophora tingtunensis Borchsenius 见 *Lecanodiaspis tingtunensis*

Prosotas Druce 波灰蝶属

Prosotas nora (Felder) 娜拉波灰蝶

Prospaltella Ashmead 扑虱蚜小蜂属

Prospaltella aurantii (Howard) 红圆蚧扑虱蚜小蜂

Prospaltella berlesei (Howard) 桑盾蚧扑虱蚜小蜂

Prospaltella ishii Silvestri 长腹扑虱蚜小蜂

Prospaltella smithi Silvestri 黄盾扑虱蚜小蜂

Prostemma Laporte 花姬蝽属

Prostemma fasciatum (Stål) 平带花姬蝽

Prostemma flavipennis Fukui 黄翅花姬蝽

Prostemma hilgendorffi Stein 角带花姬蝽

Prostemma longicolle Reuter 长胸花姬蝽

Prostemminae 花姬蝽亚科

Prostephanus Lesne 尖帽胸长蠹属

Prostephanus truncatus (Horn) 大谷蠹

Prostigmaeus 前长须螨属

Prostigmata 前气门亚目

Protaetia Reitter 见 *Protaetia* Burmeister

Protaetia Burmeister 星花金龟属

Protaetia aerata (Erichson) 凸星花金龟

Protaetia agglomerata (Solsky) 团斑星花金龟

Protaetia alboguttata Vigors 小白斑星花金龟

Protaetia andamanarum Janson 绒星花金龟

Protaetia brevitarsis (Lewis) 见 *Liocola brevitarsis*

Protaetia seuleusis (Kolbe) 南方白星花金龟

Protaetia cathaica (Bates) 疏纹星花金龟

Protaetia famelica (Janson) 多纹星花金龟

Protaetia fusca (Herbst) 棕星花金龟

Protaetia hungarica inderiensis (Krynicki) 多斑星花金龟

Protaetia impavida Janson 蓝星花金龟

Protaetia lugubris orientalis (Medvedev) 暗绿星花金龟

Protaetia metallica Herbst 铜绿星花金龟

Protaetia multifoveolata Reitter 多坑星花金龟

Protaetia neglecta Hope 樱桃星花金龟

Protaetia nitididorsis (Fairmaire) 亮绿星花金龟

Protaetia rufescens Ma 铜褐星花金龟

Protaetia ventralis Fairmaire 褐绒星花金龟

Protancepaspis Borchsenius *et* Bustshik 铲盾蚧属

Protancepaspis bidentata Borchsenius *et* Bustshik 双铲盾蚧

Protaxymia sinica Yang 中华原极蚊

Protentomidae 始原尾虫科

Proteostrenia Warren 傲尺蛾属

Proteostrenia ochrimacula Wileman 橘斑傲尺蛾

Proteoteras aesculana Riley (Keen) 槭籽小卷蛾 maple seed caterpillar

Proteoteras moffatiana Fernald 魔方小卷蛾

Proteoteras willingana (Kearfott) 灰叶枫小卷蛾 box-elder twig borer

Proteriococcus Borchs. 柯毡蚧属

Proteriococcus acutispinus Borchs. 尖刺柯毡蚧

Proteriococcus corniculatus (Ferris) 角刺柯毡蚧

Proteuclasta Monroe 原野螟属

Proteuclasta stotzneri (Caradja) 旱柳原野螟

Protexarnis 异夜蛾属

Protexarnis confinis (Staudinger) 冬麦异夜蛾

Protexarnis paralia (Corti *et* Draudt) 泛异夜蛾

Protexarnis poecila (Alphéraky) 间色异夜蛾

Prothema Pascoe 长跗天牛属

Prothema aurata aurata Gahan 裸纹长跗天牛

Prothema aurata cariniscapa Gressitt 硫纹长跗天牛

Prothema aurata interrupta Pic 断纹长跗天牛

Prothema laosensis Gressitt *et* Rondon 老挝长跗天牛

Prothema signata Pascoe 长跗天牛

Prothema similis Gressitt *et* Rondon 米纹长跗天牛

Prothoe Hübner 璞蛱蝶属

Prothoe franck Godart 璞蛱蝶

Protichneumon Thomson 原姬蜂属

Protichneumon platycerus (Kriechbaumer) 扁角原姬蜂

Protoboarmia porcelaria Guenée 虚线尺蛾 dotted-line looper

Protocalliphora Hough 原丽蝇属

Protocalliphora azurea (Fallén) 青原丽蝇

Protocalliphora chrysorrhoea (Meigen) 蓝原丽蝇

Protocalliphora lii Fan 李氏原丽蝇

Protocalliphora maruyamensis Kano *et* Shinonaga 钝叶原丽蝇

Protodinychidae 原爪螨科

Protodinychoidea 原爪螨总科

Protodinychus 原爪螨属

Protodinychus punctatus Evans 斑点原爪螨

Protogamasellus Karg 原革鞍螨属

Protohermes costalis (Walker) 花边星齿蛉

Protokalumma Jacot 原大翼甲螨属

Protokalumma parvisetigerum Aoki 小毛原大翼螨

Protolachnus agilis (Kaltenbach) 松针蚜

Protolechia mesochra Lower 桉原麦蛾

Protolimnesinae 原沼螨亚科

Protomiltogramma Townsend 盾斑蜂麻蝇属

Protomiltogramma yunnanense (Fan) 滇南盾斑蜂麻蝇

Protomiltogramma yunnanicum (Chao *et* Zhang) 云南盾斑蜂麻蝇

Protomyobia Ewing 原肉螨属

Protonebula Inoue 朦尺蛾属

Protonebula cupreata (Moore) 铜朦尺蛾

Protoneuridae 原螅科

Protophormia Townsend 原伏蝇属

Protophormia terraenovae (Robineau-Desvoidy) 新陆原伏蝇 subarctie blow fly

Protoplophoridae 原卷甲螨科

Protopulvinaria Cockerell 原绵蚧属(原绵蜡蚧属)

Protopulvinaria fukayai (Kuwana) 日本原绵蚧

Protopulvinaria ixorae (Green) 锡兰原绵蚧

Protopulvinaria longivalvata Green 胡椒原绵蚧

Protopulvinaria mangiferae (Green) 杧果原绵蚧(杧果原绵蜡蚧)

Protopulvinaria pyriformis (Cockerell) 梨形原绵蚧(梨形原绵蜡蚧) pyriform scale

Protopulvinaria tessellata Green 网背原绵蚧

Protoribates Berlese 长单翼甲螨属

Protoribates agricola Nakamura *et* Aoki 野居长单翼甲螨

Protoribotritia Jacot 原三甲螨属

Prototheoridae 原蝠蛾科

Proturentomon chinensis Yin 中国原蚖

Protyora sterculiae (Froggatt) 见 *Aconopsylla sterculiae*

Protzia Piersig 普水螨属

Protziidae 普水螨科

Protziinae 普水螨亚科

Proutista Kirkaldy 斑袖蜡蝉属

Proutista moesta (Westwood) 甘蔗斑袖蜡蝉

Provespa Ashmead 原胡蜂属

Provespa barthelemyi (Buysson) 平唇原胡蜂

Pryeria sinica Moore 大叶黄杨长毛斑蛾 pellucid zy-gaenid

Przewalskia Sem. 漠王属

Przewalskia dilatata Reitter 漠王

Psacothea hilaris (Pascoe) 黄星桑天牛 yellowspotted longicorn beetle

Psacothea tonkinensis (Aurivil.) 白星桑天牛

Psaeudogonia Brauer *et* Bergenstamm 拟膝芒寄蝇属

Psaeudogonia rufifrons Wiedemann 黄额拟膝芒寄蝇

Psalidium Illiger 黑象属

Psalis pennatula Fabricius 翼剪毒蛾

Psallopsis halostachydis Putshkov 盐穗草斑膜盲蝽

Psallopsis kirgisicus (Becker) 吉尔吉斯斑膜盲蝽

Psallus Fieber 杂盲蝽属

Psallus falleni Reuter 泛杂盲蝽

Psallus flavescens Kerzhner 黄角杂盲蝽

Psallus kerzhneri Qi *et* Nonnaizab 克氏杂盲蝽

Psammaecius Lepeletier 沙滑胸泥蜂属

Psammaecius punctulatus (Vander Linden) 齿脊沙滑胸泥蜂

Psammomermis Pologenzev 沙索线虫属

Psammomermis agrootinae Rubzov 切根田沙索线虫

Psammomermis alechini Artyukhovsky *et* Khartschenko 阿氏沙索线虫

Psammomermis busuluk Pologenzev 布祖卢克沙索线虫

Psammomermis byssina Rubzov 贝西沙索线虫

Psammomermis korsakovi Pologenzev 科氏沙索线虫

Psammomermis kulagini Pologenzev 库拉金沙索线虫

Psammomermis parvula Rubzov 小沙索线虫

Psammomermis tiliae Rubzov 椴树沙索线虫

Psammotettix Haupt 沙叶蝉属

Psammotettix queketus Kuoh 缺刻条沙叶蝉

Psammotettix shensis Kuoh 深色条沙叶蝉

Psammotettix striatus (Linnaeus) 条沙叶蝉

Psara Snellen 切叶野螟属

Psara basalis Walkker 基切叶野螟

Psara licarsisalis (Walker) 水稻切叶野螟

Psara rudis (Warren) 褐切叶野螟

Psarcophaga shanghaiensis Quo 见 *Pierretia ugamskii*

Psechridae 褛网蛛科

Psechrus Thorell 缨网蛛属

Psechrus guiyangensis Yin *et* Wang 贵阳褛网蛛

Psechrus kunmingensis Yin *et* Wang 昆明褛网蛛

Psechrus sinensis Berland *et* Berland 中华褛网蛛

Psechrus tingpingensis Yin *et al.* 汀坪褛网蛛

Psechrus torvus (O.P.-Cambridge) 野缕网蛛

Pselnophorus vilis Butler 日足饰羽蛾 butterbur plume moth

Psen Latreille 三室短柄泥蜂属

Psen ater (Olivier) 扁角三室短柄泥蜂

Psenulus Kohl 脊短柄泥蜂属

Psenulus formosicola Strand 皱颊脊短柄泥蜂

Pseudabraxas Inoue 虚星尺蛾属

Pseudacanthotermes militaris (Hagen) 好斗拟棘白蚁 sugarcane termite

Pseudacarapis Lindquist 伪蜂跗线螨属

Pseudadimonia Duvivier 麻萤叶甲属

Pseudadimonia dilatata Jiang 膨胸麻萤叶甲

Pseudadimonia femoralis Jiang 花股麻萤叶甲

Pseudadimonia hirtipes Jiang 毛麻萤叶甲

Pseudadimonia microphthalma Achard 微麻萤叶甲

Pseudadimonia parafemoralis Jiang 拟花股麻萤叶甲

Pseudadimonia pararugosa Jiang 显皱麻萤叶甲

Pseudadimonia punctipennis Jiang 粗点麻萤叶甲

Pseudadimonia rugosa Laboissière 皱麻萤叶甲

Pseudadimonia variolosa (Hope) 黑麻萤叶甲

Pseudaeolesthes chrysothrix (Bates) 金绒闪光天牛

Pseudagrion 斑蟌属

Pseudagrion decorum (Rambur) 大斑蟌

Pseudagrion microcephalum (Rambur) 绿斑蟌

Pseudagrion pruinosum Burmeister 赤斑蟌

Pseudagrion spencei Fraser 褐斑蟌

Pseudalbara Inoue 三线钩蛾属

Pseudalbara fuscifascia Watson 月三线钩蛾

Pseudalbara parvula (Leech) 三线钩蛾

Pseudalcis trispinaria Walker 三刺伪武尺蛾

Pseudaletia separata Walker 粘虫 oriental armyworm, armyworm, rice armyworm, rice ear-cutting caterpillar

Pseudaletia unipuncta Haworth 白点粘虫 white-specked wainscot moth, armyworm

Pseudalidus fulvofasciculatus (Pic) 伪壮天牛

Pseudamphinotus Zheng 拟双背蚱属

Pseudamphinotus yunnanensis Zheng 云南拟双背蚱

Pseudamycus Simon 普达蛛属

Pseudamycus bicoronatus Simon 双角普达蛛

Pseudamycus relucens Simon 奈鲁普达蛛

Pseudanaesthetis Pic 伪昏天牛属

Pseudanaesthetis langana Pic 伪昏天牛

Pseudanaesthetis nigripennis Breuning 黑翅伪昏天牛

Pseudanisentomon sheshanensis Yin 佘山拟异蚖

Pseudantonina Green 跛粉蚧属(拟竹粉蚧属)

Pseudantonina bambusae Green 锡兰跛粉蚧

Pseudantonina magnotubulata Borchs. 广东跛粉蚧(广州拟竹粉蚧)

Pseudaonidia Cockerell 网盾蚧属

Pseudaonidia corbetti (Hall *et* Will.) 考氏网盾蚧

Pseudaonidia duplex (Cockerell) 樟网盾蚧 camphor scale, Japanese camphor scale

Pseudaonidia manilensis Rob. 豆网盾蚧

Pseudaonidia obsita (Ckll. *et* Rob.) 桑网盾蚧

Pseudaonidia paeoniae (Cockerell) 牡丹网盾蚧 peony

scale

Pseudaonidia trilobitiformis (Green) 蛇目网盾蚧 cocoa round scale, persimmon pseudaonidia scale

Pseudaonidia trilobitiformis Green 蚌臀网盾蚧

Pseudaphycus Clausen 玉棒跳小蜂属

Pseudaphycus malinus Gahan 粉蚧玉棒跳小蜂

Pseudaraeopus Kirkaldy 双脊飞虱属

Pseudaraeopus sacchari (Muir) 甘蔗双脊飞虱

Pseudargyrotoza Obraztsov 次卷蛾属

Pseudargyrotoza conwagana (Fabricius) 黄次卷蛾

Pseudaspidoproctus Morrison 伪腺绵蚧属

Pseudaspidoproctus armeniacus Borchs. 针茅伪腺绵蚧

Pseudaspidoproctus hyphaeniacus (Hall) 埃及伪腺绵蚧

Pseudaulacaspis MacGillivray 白盾蚧属

Pseudaulacaspis abbrideliae (Chen) 类巨腺白盾蚧

Pseudaulacaspis brideliae (Tak.) 土蜜树白盾蚧

Pseudaulacaspis camelliae (Chen) 山茶白盾蚧

Pseudaulacaspis celtis (Kuwana) 朴白盾蚧

Pseudaulacaspis centreesa (Ferris) 中棘白盾蚧

Pseudaulacaspis chinensis (Ckll.) 中国白盾蚧

Pseudaulacaspis cockerelli (Cooley) 考氏白盾蚧

Pseudaulacaspis dendrobii (Kuw.) 石斛白盾蚧

Pseudaulacaspis dryina (Ferris) 见 *Chionaspis dryina*

Pseudaulacaspis ericacea (Ferris) 见 *Pseudaulacaspis cockerelli*

Pseudaulacaspis eucalypticola Tang 细叶桉白盾蚧

Pseudaulacaspis eugeniae (Mask.) 丁子香白盾蚧

Pseudaulacaspis ficicola Tang 榕白盾蚧

Pseudaulacaspis fujicola (Kuw.) 紫藤白盾蚧

Pseudaulacaspis gengmaensis (Chen) 见 *Rutherfordia major*

Pseudaulacaspis hwangyensis Chen 黄岩白盾蚧

Pseudaulacaspis inday (Banks) 菲律宾白盾蚧

Pseudaulacaspis keteleeriae (Ferris) 见 *Pseudaulacaspis momi*

Pseudaulacaspis kuishiuensis (Kuw.) 柞白盾蚧

Pseudaulacaspis latisoma (Chen) 宽体白盾蚧

Pseudaulacaspis loncerae Tang 金银花白盾蚧

Pseudaulacaspis major (Cockerell) 大白盾蚧 large snow scale

Pseudaulacaspis manni (Green) 茶白盾蚧

Pseudaulacaspis megacauda Takagi 巨尾白盾蚧

Pseudaulacaspis momi (Kuw.) 杉白盾蚧

Pseudaulacaspis nishikigi (Kanda) 朝鲜白盾蚧

Pseudaulacaspis osmanthi (Ferris) 见 *Chionaspis osmanthi*

Pseudaulacaspis papayae Tak. 泰国白盾蚧

Pseudaulacaspis pentagona (Tagioni-Tozzetti) 桑白盾蚧 white peach scale, white mulberry scale, papaya scale

Pseudaulacaspis poloosta (Ferris) 海桐白盾蚧

Pseudaulacaspis prunicola Maskell 李白盾蚧

Pseudaulacaspis pudica (Ferris) 匍白盾蚧

Pseudaulacaspis quercus (Kuw.) 见 *Pseudaucalaspis kuishiuensis*

Pseudaulacaspis saitamensis (Kuw.) 见 *Chionaspis saitamanensis*

Pseudaulacaspis sasakawai Takagi 五凤藤白盾蚧

Pseudaulacaspis subcorticalis (Green) 广东白盾蚧

Pseudaulacaspis surrhombica (Chen) 仿菱白盾蚧

Pseudaulacaspis syzygicola Tang 蒲桃白盾蚧

Pseudaulacaspis taiwana (Tak.) 台湾白盾蚧

Pseudaulacaspis takahashii (Ferris) 高桥白盾蚧

Pseudelydna rufoflava Walker 橘黄似杞夜蛾

Pseudepione Inoue 仁尺蛾属

Pseudepipona Saussure 拟蜾蠃属

Pseudepipona herrichii (Saussure) 赤足拟蜾蠃

Pseudepitettix Zheng 拟后蚱属

Pseudepitettix yunnanensis Zheng 云南拟后蚱

Pseudergolinae 秀蛱蝶亚科

Pseudergolis Felder et Felder 秀蛱蝶属

Pseudergolis wedah (Kollar) 秀蛱蝶

Pseudeuchlora Hampson 绿花尺蛾属

Pseudeuchlora kafebera Swinhow 绿花尺蛾

Pseudeurostus hilleri Reitter 日伪角缨甲

Pseudeuseboides albovittipennis Breuning 伪长筒天牛

Pseudeustrotia candidula (Denis et Schiffermüller) 清文夜蛾

Pseudeustrotia semialba (Hampson) 内白文夜蛾

Pseudexentera cressoniana Clemens 栎弱蚀卷蛾 oak leaf-roller moth

Pseudexentera habrosana (Heinrich) 华美弱蚀卷蛾

Pseudexentera oregonana (Walsingham) 西部弱蚀卷蛾

Pseudicius Simon 普迪蛛属

Pseudicius cambridgei Proszynski 坎氏普迪蛛

Pseudicius cinctus (O.P.-Cambridge) 系带普迪蛛

Pseudicius himeshimensis (Doenitz et Strand) 姬岛拟伊蛛

Pseudicius koreanus Wesolowska 朝鲜拟伊蛛

Pseudicius rufovittatus Spassky 茹佛普迪蛛

Pseudicius vulpes (Grube) 狐拟伊蛛

Pseudidonauton admirabile Hering 细刺蛾

Pseudiotimana undulata Pascoe 波纹伪饰天牛

Pseudipocregyes maculatus Pic 伪缨象天牛

Pseudoartabanus Esaki et Matsuda 拟乐扁蜡属

Pseudoartabanus brachypterus Kormilev 短拟乐扁蜡

Pseudoartabanus formosanus Esaki et Matsuda 台拟乐扁蜡

Pseudoasonus Yin 拟无声蝗属

Pseudoasonus baiyuensis Zheng 白玉拟无声蝗

Pseudoasonus kangdingensis Yin 康定拟无声蝗

Pseudoasonus yushuensis Yin 玉树拟无声蝗

Pseudobaptria corydalaria (Graeser) 假漆尺蛾

Pseudobonzia Smiley 似邦佐螨属

Pseudobonzia shanghaiensis Liang 上海似帮佐螨

Pseudobonzia themedae Den Heyer 管似帮佐螨

Pseudobonzia yini Smiley 殷氏似帮佐螨

Pseudoborbo Lee 拟籼弄蝶属

Pseudoborbo bevani (Moore) 拟籼弄蝶

Pseudocalamobius Kraatz 竿天牛属

Pseudocalamobius discolineatus Pic 三条竿天牛

Pseudocalamobius leptissimus Gressitt 棕竿天牛

Pseudocalamobius rondoni Breuning 五条竿天牛

Pseudocalamobius rufipennis Gressitt 核桃竿天牛

Pseudocapritermes 钩歪白蚁属

Pseudocapritermes jiangchengensis Yang, Zhu *et* Huang 江城钩歪白蚁

Pseudocapritermes largus Li *et* Huang 大钩歪白蚁

Pseudocapritermes minutus (Tsai *et* Chen) 小钩歪白蚁

Pseudocapritermes planimentus Yang, Zhu *et* Huang 平颏钩歪白蚁

Pseudocapritermes pseudolaetus (Tsai *et* Chen) 隆额钩歪白蚁

Pseudocapritermes sinensis Ping *et* Xu 中华钩歪白蚁

Pseudocapritermes sowerbyi (Light) 圆囟钩歪白蚁

Pseudocatharylla Bleszynski 白草螟属

Pseudocatharylla duplicella (Hampson) 双纹白草螟

Pseudocatharylla inclaralis (Walker) 稻黄缘白草螟

Pseudocccus bambusicola Takahashi 见 *Planococcoides bambusicola*

Pseudochazara de Lesse 寿眼蝶属

Pseudochazara baldiva (Moore) 双星寿眼蝶

Pseudochazara hippolyte (Esper) 寿眼蝶

Pseudochermes Nitshe 黄毡蚧属

Pseudochermes fraxini (Kaltenbach) 白蜡黄毡蚧 ash scale

Pseudocheylidae 拟肉食螨科

Pseudochoeromorpha saimensis Breuning 泰国伪柯象天牛

Pseudochromaphis Zhang 伪黑斑蚜属

Pseudochromaphis coreanus (Paik) 刺榆伪黑斑蚜

Pseudociccus chiponensis Takahashi 见 *Planococcoides chiponensis*

Pseudoclanis postica Walker 背吊兰天蛾

Pseudoclavellaria gracilenta Mocsary 细伪棒锤角叶蜂

Pseudocloeon Klapalek 假二翅蜉属

Pseudocloeon klapelini Klapalek 克氏假二翅蜉

Pseudocneorhinus bifasciatus Roelofs 双横带伪麻象 Japanese weevil

Pseudococcidae 粉蚧科 mealybugs

Pseudococcinae 粉蚧亚科

Pseudococcus Westwood 粉蚧属

Pseudococcus adonidum (L.) 见 *Pseudococcus longispinus*

Pseudococcus affinis (Maskell) 拟葡萄粉蚧

Pseudococcus albizziae Maskell 黑粉蚧 black mealybug

Pseudococcus aurilanatus Maskell 黄条粉蚧 golden mealybug, yellow-banded mealybug

Pseudococcus calceolariae (Maskell) 柑橘栖粉蚧 citrophilus mealybug, root mealybug

Pseudococcus casuarinae (Tak.) 木麻黄粉蚧

Pseudococcus citriculus Green 橘小粉蚧 citrus mealybug, citriculus mealybug

Pseudococcus comstocki (Kuwana) 康氏粉蚧 Comstock mealybug, mulberry mealybug

Pseudococcus debregeasiae Green 水麻粉蚧

Pseudococcus diminutus Leonardi 见 *Trionymus diminutus*

Pseudococcus dybasi Beardsley 地巴斯粉蚧

Pseudococcus fagi (Baerensprung) 见 *Cryptococcus fagisuga*

Pseudococcus filamentosus Cockerell 橘丝粉蚧

Pseudococcus gahani Green 见 *Pseudococcus calcelariae*

Pseudococcus gilbertensis Beardsley 吉剥岛粉蚧

Pseudococcus kusaiensis Beardsley 库载岛粉蚧

Pseudococcus lilacinus Ckll. 见 *Planococcus liliacinus*

Pseudococcus longispinus (Targ.) 长尾粉蚧 long-tailed mealybug

Pseudococcus macarangae Takahashi 见 *Planococcoides macarangae*

Pseudococcus macrocirculus Beardsley 大腹脐粉蚧

Pseudococcus maritimus (Ehrhorn) 真葡萄粉蚧(海粉蚧, 葡萄粉蚧) grape mealybug, aker mealybug

Pseudococcus marshallensis Beardsley 马歇尔粉蚧

Pseudococcus microadonidum Beardsley 小长尾粉蚧

Pseudococcus multiductus Beardsley 多管腺粉蚧

Pseudococcus neomaritimus Beardsley 新葡萄粉蚧

Pseudococcus ogasawarensis Kawai 蓬宁岛粉蚧

Pseudococcus orchidicola Tak. 兰花粉蚧

Pseudococcus saccharicola Tak. 东亚蔗粉蚧(台蔗粉蚧)

Pseudococcus shintenensis Takahashi 见 *Dysmicoccus shitensis*

Pseudococcus solomonensis Williams 梭罗门粉蚧

Pseudococcus trukensis Beardsley 面包果粉蚧

Pseudococcus yapenisis Beardsley 也本岛粉蚧

Pseudococcus zamiae (Lucas) 苏铁粉蚧

Pseudococcyx posticana Zetterstedt 瓦氏伪仁卷蛾 Warren's shoot moth

Pseudocoenosia Stein 伪秽蝇属

Pseudocoenosia fletcheri (Malloch) 乌拉尔伪秽蝇

Pseudocoenosia solitaria (Zetterstedt) 孤独伪秽蝇

Pseudocoladenia Shirôzu *et* Saigusa 襟弄蝶属

Pseudocoladenia dan (Fabricius) 黄襟弄蝶

Pseudocolaspis candens Ancey 见 *Macrocoma candens*

Pseudocollix Warren 假考尺蛾属

Pseudocollix hyperythra (Hampson) 假考尺蛾

Pseudocophora Jacoby 伪守瓜属

Pseudocophora pectoralis Baly 浅凹伪守瓜

Pseudocoremia fenerata Felder 针叶树丛枝尺蛾

Pseudocoremia leucelaea Meyrick 银丛枝尺蛾

Pseudocoremia productata Walker 新西兰松丛枝尺蛾

Pseudocoremia suavis Butler 甘饴丛枝尺蛾

Pseudocossonus Wollaston 假朽木象属

Pseudocunaxa Smiley 拟巨须螨属

Pseudocyriocrates strandi Breuning 伪星天牛

Pseudodendrothrips mori Niwa 伪棍桑蓟马

Pseudodera Baly 双行跳甲属

Pseudodera xanthospila Baly 黄斑双行跳甲

Pseudodiceros Miksic 伪花金龟属

Pseudodiceros nigrocyaneus (Bourgoin) 墨伪花金龟

Pseudodrassus Caporiacco 伪掠蛛属

Pseudodrassus pichoni Schenkel 皮氏伪掠蛛

Pseudodura dasychiroides Strand 桃毒蛾

Pseudoechthistatus Pic 猫眼天牛属

Pseudoechthistatus acutipennis Chiang 尖翅猫眼天牛

Pseudoeocyllina Liang et Jia 拟埃蝗属

Pseudoeocyllina longicorna Liang et Jia 长角拟埃蝗

Pseudoeocyllina rufitibialis (Li) 红胫拟埃蝗

Pseudofentonia Strand 拟纷舟蛾属

Pseudofentonia marginalis (Matsumura) 缘纹拟纷舟蛾

Pseudogenius Heller 拟环斑金龟属

Pseudogenius viridicatus Ma 绿拟环斑金龟

Pseudogignotettix emeiensis Zheng 蛾眉拟扁蚱

Pseudogousa Tinkham 绿脉螳属

Pseudogousa sinensis Tinkham 中华绿脉螳

Pseudoheliophanus Schenkel 拟闪蛛属

Pseudoheliophanus similis Schenkel 类拟闪蛛

Pseudohemitaxonus Cond 拟尖叶蜂属

Pseudohemitaxonus taiwanus Naito 台湾拟尖叶蜂

Pseudohermenias Obraztsov 翅小卷蛾属

Pseudohermenias ajanensis Falkovitsh 灰翅小卷蛾

Pseudohermenias clausthaliana (Saxesen) 黑翅小卷蛾

Pseudohydryphantes Viets 拟盾水螨属

Pseudohydryphantidae 拟盾水螨科

Pseudohydryphantinae 拟盾水螨亚科

Pseudohylesinus Eggers 平海小蠹属

Pseudohylesinus dispar Blackman 散平海小蠹

Pseudohylesinus grandis Swaine 圆鳞平海小蠹 grand fir bark-beetle

Pseudohylesinus granulatus Leconte 粗点平海小蠹 larger fir bark-beetle, fir root bark-beetle

Pseudohylesinus nebulosus (LeConte) 齿缘平海小蠹 Douglas fir pole beetle, Douglas fir Hylesinus

Pseudohylesinus nobilis Swaine 宽鳞平海小蠹 noble fir bark beetle

Pseudohylesinus sericeus (Mannerheim) 银杉平海小蠹 silver fir beetle

Pseudohylesinus sitchensis Swaine 宽额平海小蠹

Pseudohylesinus tsugae Swaine 铁杉平海小蠹 western hemlock bark-beetle

Pseudohyllisia laosensis Breuning 老挝伪骇天牛

Pseudoips Hübner 碧夜蛾属

Pseudoips amarilla (Draudt) 衡碧夜蛾

Pseudoips fagana (Fabricius) 碧夜蛾

Pseudoips sylpha (Butler) 淑碧夜蛾

Pseudojana incandescens Walker 丝光带蛾

Pseudojohnella Keifer 伪小琼瘿螨属

Pseudolasius Emeny 拟毛蚁属

Pseudolasius cibdelus Wu et Wang 污黄拟毛蚁

Pseudolasius emeryi Forel 埃氏拟毛蚁

Pseudolasius familiaris (F. Smith) 普通拟毛蚁

Pseudolasius sauteri Forel 邵氏拟毛蚁

Pseudolasius taivanae Forel 台湾拟毛蚁

Pseudoleptus Bruyant 伪须螨属

Pseudoleptus arechavletae Bruyant 盐草伪须螨

Pseudoleptus palustria Pritchard et Baker 沼伪须螨

Pseudolestes 拟丝螅属

Pseudolestes mirabilis Kirby 丽拟丝螅

Pseudoloxops guttatus Zou 斑突额盲蝽

Pseudoloxops marginatus Zou 红缘突额盲蝽

Pseudomacrochenus Breuning 伪鹿天牛属

Pseudomacrochenus albipennis Chiang 白尾伪鹿天牛

Pseudomacrochenus antennatus (Gahan) 伪鹿天牛

Pseudomacrochenus spinicollis Breuning 尖尾伪鹿天牛

Pseudomeges marmoratus (Westwood) 伪伙天牛

Pseudomermis De Man 假索线虫属

Pseudomermis aorista (Steiner) 畸形假索线虫

Pseudomermis pachysoma Steiner 粗假索线虫

Pseudomermis zykoffi De Man 济氏假索线虫

Pseudometa andersoni Tams 安氏伪极枯叶蛾

Pseudometa viola Aurivillius 紫伪极枯叶蛾

Pseudomicronia archilis Oberthüer 三点燕蛾

Pseudomicronia coelata Moore 二点燕蛾

Pseudomictis Hsiao 伪伙缘蝽属

Pseudomictis brevicornis Hsiao 凸腹伪伙缘蝽

Pseudomictis distinctus Hsiao 长腹伙缘蝽

Pseudomictis obtusispinus Xiong 钝刺伪伙缘蝽

Pseudomictis quadrispinus Hsiao 四刺伙缘蝽

Pseudomiza Butler 白尖尺蛾属

Pseudomiza argentilinea (Moore) 束白尖尺蛾

Pseudomiza cruentaria (Moore) 赤链白尖尺蛾

Pseudomiza flave (Moore) 粉红白尖尺蛾

Pseudomiza haemonia Wehrli 白尖尺蛾

Pseudomiza obliquaria (Leech) 紫白尖尺蛾

Pseudomopinae 姬蠊亚科

Pseudomorphacris Carl 似橄蝗属

Pseudomorphacris hollisi Kevan 曲尾似橄蝗

Pseudomyopina Ringdahl 伪额花蝇属

Pseudomyopina fumidorsis probola Fan 突叶伪额花蝇

Pseudomyopina pamirensis Ackland 帕米尔伪额花蝇

Pseudomyrmecinae 伪切叶蚁亚科

Pseudonirvana Baker 拟隐脉叶蝉属

Pseudonirvana erythrolinea Kuoh *et* Kuoh 红纹拟隐脉叶蝉

Pseudonirvana furcilinea Kuoh *et* kuoh 叉线拟隐脉叶蝉

Pseudonirvana longitudinalis (Distant) 双线拟隐脉叶蝉

Pseudonirvana orientalis (Matsumura) 长线拟隐脉叶蝉

Pseudonirvana rubrolimbata Kuoh *et* Kuoh 红缘拟隐脉叶蝉

Pseudonirvana rufa Kuoh *et* Kuoh 红色拟隐脉叶蝉

Pseudonirvana rufofascia Kuoh *et* Kuoh 赤条拟隐脉叶蝉

Pseudonirvana rufolineata Kuoh 红线拟隐脉叶蝉

Pseudonirvana unicolor Kuoh *et* Kuoh 纯色拟隐脉叶蝉

Pseudonirvana unilineata Kuoh *et* Kuoh 单线拟隐脉叶蝉

Pseudonupedia Ringdahl 伪原泉蝇属

Pseudonupedia intersecta (Meigen) 缢头伪原泉蝇

Pseudonupedia trigonalis (Karl) 三角伪原泉蝇

Pseudonychiurinae 拟棘跳虫亚科

Pseudonychiurus Lin 拟棘跳虫属

Pseudonychiurus shanghaiensis Lin 上海拟棘跳虫

Pseudopachybrachius Malipatil 圆眼长蝽属

Pseudopachybrachius guttus (Dallas) 圆眼长蝽

Pseudopachymerus Pic 阔腿豆象属

Pseudopachymerus quadridentatus Pic 四瘤豆象

Pseudopanolis Inaba 伪小眼夜蛾属

Pseudopanolis kansuensis Chen 甘伪小眼夜蛾

Pseudopanthera Hübner 假狐尺蛾属

Pseudopanthera flavaria (Leech) 黄假狐尺蛾

Pseudopanthera himalayica (Kollar) 喜马拉雅假狐尺蛾

Pseudoparasitidae 假寄螨科

Pseudoparasitus Oudemans 假寄螨属

Pseudoperichaeta Brauer *et* Bergenstamm 赛寄蝇属

Pseudoperichaeta nigrolineata Walker 稻苞虫赛寄蝇

Pseudophaea 暗溪螅属

Pseudophaea decorata Selys 方带暗溪螅

Pseudophaea masoni (Selys) 透顶暗溪螅

Pseudophaea opaca Selys 褐翅暗溪螅

Pseudophaea ornata Campion 宽带暗溪螅

Pseudophilippia quaintancii Ckll. 松绵蚜 woolly pine scale

Pseudophloeinae 棒缘蝽亚科

Pseudopimpla Habermehl 伪瘤姬蜂属

Pseudopimpla carinata He *et* Chen 全脊伪瘤姬蜂

Pseudopimpla glabripropodeum He *et* Chen 光腰伪瘤姬蜂

Pseudopityophthorus Swaine 鬃额小蠹属

Pseudopityophthorus minutissimum (Zimm.) 栎鬃额小蠹 oak bark beetle

Pseudopityophthorus pubipennis (LeConte) 西栎鬃额小蠹 western oak bark beetle

Pseudopronematulus Fan *et* Li 拟小前线螨属

Pseudopronematulus acus Fan *et* Li 针拟小前线螨

Pseudopsacothea Pic 白点天牛属

Pseudopsacothea albonotata Pic 白点天牛

Pseudoptygonotus Cheng 拟凹背蝗属

Pseudoptygonotus gunshanensis Zheng *et* Liang 贡山拟凹背蝗

Pseudoptygonotus kunmingensis Cheng 昆明拟凹背蝗

Pseudoptygonotus lianshanensis Zheng *et* Zhang 凉山拟凹背蝗

Pseudoptygonotus xianlingensis Zheng *et* Zhang 相岭拟凹背蝗

Pseudopulvinaria Atkinson 伪绵蚧属

Pseudopulvinaria sikkimensis Atkinson 锡金伪绵蚧

Pseudopulvinariinae 伪绵蚧亚科

Pseudopygmephorus Cross 拟矮螨属

Pseudopygmephorus agarici Zou, Gao *et* Ma 蘑菇拟矮螨

Pseudopygmephorus chinensis Gao, Zou *et* Ma 中国拟矮螨

Pseudopygmephorus delanyi (Evans) 德氏拟矮螨

Pseudopygmephorus gracilis (Krczal) 细小拟矮螨

Pseudopygmephorus hesseli Mahunka 赫塞拟矮螨

Pseudopygmephorus inconspicuus (Berlese) 隐拟拟矮螨

Pseudopygmephorus quadratus (Ewing) 矩形拟矮螨

Pseudopygmephorus shanghaiensis Zou, Gao *et* Ma 上海拟矮螨

Pseudorhodania Borchs. 绣粉蚧属(碎粉蚧属,禾鞘粉蚧属)

Pseudorhodania marginata Borchs. 云南绣粉蚧(碎粉蚧,景东禾鞘粉蚧)

Pseudorhodania oryzae Tang 水稻锈粉蚧

Pseudorhynchota 见 Anoplura

Pseudoscymnus Chapin 方突毛瓢虫属

Pseudoscymnus kurohime (Miyatake) 黑方突毛瓢虫

Pseudoscymnus shixingiensis Pang 始兴方瓢虫

Pseudosepharia Laboissière 宽缘萤叶甲属

Pseudosepharia dilatipennis (Fairmaire) 膨宽缘萤叶甲

Pseudosepharia nigriceps Jiang 黑头宽缘萤叶甲

Pseudostegania Butler 掩尺蛾属

Pseudostegania defectata (Christoph) 掩尺蛾

Pseudostegania straminearia Leech 草黄掩尺蛾

Pseudostenophylax Martynov 伪突沼石蛾属

Pseudostenophylax amplus MacLachlan 长颈伪突沼石蛾

Pseudostenophylax auriculatus Tian *et* Li 耳须伪突沼石蛾

Pseudostenophylax bifurcatus Tian *et* Li 双叉伪突沼石蛾

Pseudostenophylax bimaculatus Tian *et* Li 宽片伪突沼石蛾

Pseudostenophylax clavatus Tian *et* Li 棒须伪突沼石蛾

Pseudostenophylax difficilior Schmid 叉角伪突沼石蛾

Pseudostenophylax difficilis Martynov 双片伪突沼石蛾

Pseudostenophylax elongatus Tian *et* Li 三叶伪突沼石蛾

Pseudostenophylax euphorion Schmid 三突伪突沼石蛾

Pseudostenophylax falvidus Tian *et* Yang 黄斑伪突沼石蛾

Pseudostenophylax granulatus Martynov 细皱伪突沼石蛾

Pseudostenophylax himalayanus Martynov 喜马伪突沼石蛾

Pseudostenophylax hirsutus Forsslund 双叶伪突沼石蛾

Pseudostesilea rondoni Breuning 锐尾天牛

Pseudostigmaeus Wood 伪长须螨属

Pseudostromboceros atratus (Enslin) 黑蕨叶蜂

Pseudotapeina tapeiniformis Breuning 耙天牛

Pseudotarsonemoides Vitzthum 拟似跗线螨属

Pseudotarsonemoides scolyti Smiley *et* Moser 小蠹拟似跗线螨

Pseudotarsonemus Lindquist 伪跗线螨属

Pseudoterinea bicoloripes (Pic) 斜顶天牛

Pseudothemis 玉带蜻属

Pseudothemis zonata Burmeister 玉带蜻

Pseudotheraptus wayi Brown 东非可可缘蝽 coconut bug

Pseudotmethis B.-Bienko 疙蝗属

Pseudotmethis alashanicus B.-Bienko 贺兰疙蝗

Pseudotmethis brachyptera Li 短翅疙蝗

Pseudotmethis rubimarginis Li 红缘疙蝗

Pseudotmethis rufifemoralis Zheng *et* He 粉股疙蝗

Pseudotomoides Obraztsov 球果小卷蛾属

Pseudotomoides strobilellus (Linnaeus) 云杉球果小卷蛾

Pseudotriaeris Brignoli 奇肢蛛属

Pseudotriaeris karschi (Boes. *et* Str.) 卡氏奇肢蛛

Pseudotydeus Baker *et* Dotgimado 伪镰螯螨属

Pseudoxya Yin *et* Liu 伪稻蝗属

Pseudoxya diminuta (Walk.) 赤胫伪稻蝗

Pseudozarba plumbicilia (Draudt) 黑带文夜蛾

Pseudozizeeria Beurer 酢浆灰蝶属

Pseudozizeeria maha (Kollar) 酢浆灰蝶

Pseumenes Giordani Soika 饰蜾蠃属

Pseumenes depressus (Saussure) 四刺饰蜾蠃

Pseumenes imperatrix (Smith) 酋饰蜾蠃

Psidopala ebba Bryk 益漂波纹蛾

Psidopala opalescens (Alphéraky) 漂波纹蛾

Psilidae 茎蝇科

Psilococcus Borchs. 莎草蚧属

Psilococcus ruber Borchs. 红色莎草蚧

Psilocoris Hsiao 皮缘蝽属

Psilocoris clavipes Hsiao 皮缘蝽

Psilocorsis faginella (Chmb.) 山毛榉织叶蛾

Psilocorsis quercicella Clemens 栎织叶蛾 oak leaf-tier

Psilogramma Rothschild *et* Jordan 霜天蛾属

Psilogramma increta (Walker) 丁香天蛾

Psilogramma menephron (Cramer) 霜天蛾 grey hawk moth

Psilomastax Tischbein 凹顶姬蜂属

Psilomastax pyramidalis Tischbein 锥盾凹顶姬蜂

Psilomerus fortepunctatus Gressitt *et* Rondon 深点突眼天牛

Psilomerus laosensis Gressitt *et* Rondon 老挝突眼天牛

Psilomerus suturalis Gressitt *et* Rondon 连纹突眼天牛

Psilopholis Brenske 无鳞腮金龟属

Psilopholis vestita Sharp 橡胶无鳞腮金龟

Psiloptera cupreosplendens Saunders 刺柏等跗吉丁

Psiloptera fastuosa Fabricius 绿紫等跗吉丁

Psilotreta kwantungensis Ulmer 广东裸齿角石蛾

Psilotreta lobopennis Hwang 叶茎裸齿角石蛾

Psilotreta ochina Mosely 靴形裸齿角石蛾

Psilotreta orientalis Hwang 东方裸齿角石蛾

Psilotreta quatrata Schmid 方形裸齿角石蛾

Psimada Walker 洒夜蛾属

Psimada quadripennis Walker 洒夜蛾

Psithyrus Lepeletier 拟熊蜂属

Psithyrus campestris Panzer 田野拟熊蜂

Pslotud carinatus Bl. 龙骨粉盗

Psococerastis capitulatis Li 小头触啮虫

Psocomorpha 啮虫亚目

Psocoptera 见 Corrodentia

Psolodesmus mandarinus McLachlan 褐顶色蟌

Psolos Staudinger 烟弄蝶属

Psolos fuligo (Mabille) 烟弄蝶

Psophis Stål 梭头猎蝽属

Psophis consanguinea Distant 红梭头猎蝽

Psophus Fieber 乌饰蝗属

Psophus stridulus (Linnaeus) 乌饰蝗

Psoraleococcus Borchs. 洋链蚧属

Psoraleococcus browni Lamb. *et* Koszt. 勃浪洋链蚧

Psoraleococcus costatus Borchsenius 见 *Lecanodiaspis costata*

Psoraleococcus cremastogastri (Takahashi) 见 *Lecanodiaspis cremastogastri*

Psoraleococcus foochowensis (Takahashi) 见 *Lecanodiaspis foochowensis*

Psoraleococcus lombokanus Lamb. *et* Koszt. 印尼洋链蚧

Psoraleococcus multicribratus Lamb. *et* Koszt. 多筛洋链蚧

Psoraleococcus multipori (Moor.) 多孔洋链蚧

Psoraleococcus verrucosus Borchs. 云南洋链蚧

Psoralgidae 疼疮螨科

Psorergates Tyrrelll 疮螨属

Psorergates ovis Womersley 绵羊疮螨 sheep itch mite

Psorergates simplex Tyrrell 简单疮螨

Psorergatidae 疮螨科

Psorobia 生瘟螨属

Psorobia bovis Johnston 牛生瘑螨

Psoroptes Gervais 瘑螨属

Psoroptes bovis (Gerlach) 牛瘑螨 psoroptic mange mite

Psoroptes caprae (Delafond) 山羊瘑螨

Psoroptes cuniculi (Delafond) 兔瘑螨 rabbit ear mite

Psoroptes equi (Hering) 马瘑螨 scab mite

Psoroptes natalensis Gervais 水牛瘑螨

Psoroptes ovis (Hering) 绵羊瘑螨 sheep scab mite

Psoroptidae 瘑螨科

Psoroptoidea 瘑螨总科

Psorosticha melanocrepida Clarke 橘灰织蛾 citrus lea-froller

Psorosticha zizyphi Stainton 灰织蛾 citrus leaf-roller moth

Psuedobaptria Inoue 假漆尺蛾属

Psyche casta Pallas 无瑕袋蛾 persimmon bagworm

Psyche vitrea Hampson 见 *Chalioides vitrea*

Psychidae 袋蛾科(蓑蛾科) bagworm moths

Psychoda fungicola Tokunaga 松菌毛蠓 pine agaric moth fly

Psychodidae 毛蠓科 moth flies, sand flies

Psychomyia fukienensis Hwang 福建蝶石蛾

Psychomyia mahadenna Schmid 玛哈德纳蝶石蛾

Psychomyia martynovi Hwang 马氏蝶石蛾

Psychomyia spinosa Tian 齿蝶石蛾

Psychomyiidae 蝶石蛾科

Psylla abieti Kuwayama 椴松木虱(冷杉木虱) abies psylla

Psylla acaciaedecurrentis Froggatt 金合欢木虱 black wattle psylla

Psylla alni (Linnaeus) 赤杨木虱 alder psylla

Psylla americana Crawford 美洲木虱

Psylla betulae Linnaeus 桦木虱 birch psylla

Psylla buxi (L.) 黄杨木虱 boxwood psyllid

Psylla candida Froggatt 白蜡木虱 white wax psylla

Psylla damingana Li *et* Yang 大明木虱

Psylla haimatsucola Y. Miyatake 云杉木虱 spruce psylla

Psylla jamatonica Kuwayama 东方木虱 siris psylla

Psylla japonica Kuwayama 槭木虱 maple psylla

Psylla mali Schmidberger 苹木虱 apple sucker

Psylla malivorella T. Sasaki 苹果木虱 black apple sucker

Psylla negundinis Mally 桦木虱 boxelder psylla

Psylla pyrisuga Förster 梨黄木虱 pear sucker

Psylla sasakii Y. Miyatake 佐佐木木虱

Psylla tobirae Y. Miyatake 烟木虱

Psylla turpiniae Li *et* Yang 山香圆红木虱

Psyllidae 木虱科 jumping plantlice, psyllids, suckers

Psylliodes Latreille 蚤跳甲属

Psylliodes angusticollis Baly 狭胸蚤跳甲 solanum flea beetle

Psylliodes attenuata (Koch) 大麻蚤跳甲 hop flea beetle

Psylliodes balyi Jacoby 茄蚤跳甲

Psylliodes brettinghami Baly 红足蚤跳甲

Psylliodes burangana Chen *et* Wang 普兰蚤跳甲

Psylliodes cucullata (Illiberg) 隐头蚤跳甲

Psylliodes gyirongana Chen *et* Wang 吉隆蚤跳甲

Psylliodes hyoscyami (Linnaeus) 宽角蚤跳甲

Psylliodes nyalamana Chen *et* Wang 聂拉木蚤跳甲

Psylliodes obscurofasciata Chen 模带蚤跳甲

Psylliodes parallela Weise 中亚蚤跳甲

Psylliodes plana Maulik 窜蚤跳甲

Psylliodes punctifrons Baly 油菜蚤跳甲 cabbage flea beetle

Psylliodes reitteri Weise 芦苇蚤跳甲

Psylliodes sophiae Heikertinger 芥蚤跳甲

Psylliodes tibetana Chen 西藏蚤跳甲

Psyllopsis fraxini Linnaeus 白蜡赛洛木虱 ash psylla

Psyra Walker 渣尺蛾属

Psyra annulifera (Walker) 黑渣尺蛾

Psyra bluethgeni (Püngeler) 渣尺蛾

Psyra similaria Moore 同渣尺蛾

Psyra spurcataria (Walker) 大渣尺蛾

Ptenothrix gigantisetae Lin *et* Xia 大毛锯跳虫

Pterella Robineau-Desvoidy 小翅蜂麻蝇属

Pterella grisea (Meigen) 灰小翅蜂麻蝇

Pterella yunnanensis Fan 滇小翅蜂麻蝇

Pternistria levipes Horváth 苗圃跗凹缘蝽

Pternistria macromera Guèrin-Méneville 大裂球跗凹缘蝽

Pternoscirta Sauss. 踵蝗属

Pternoscirta calliginosa (De Haan) 黄翅踵蝗

Pternoscirta longipennis Xia 长翅踵蝗

Pternoscirta pulchripes Uvarov 红胫踵蝗

Pternoscirta sauteri (Karny) 红翅踵蝗

Pterocallis alni (De Geer) 桤木副长斑蚜 alder aphid

Pterocallis corylicola (Higuchi) 榛副长斑蚜

Pterocallis tiliae Linnaeus 见 *Eucallipterus tiliae*

Pterochthoniidae 翼缝甲螨科

Pterochthonius Berlese 翼缝甲螨属

Pterochthonius angelus (Berlese) 角翼缝甲螨

Pteroclorus longipes Dufour 见 *Lachnus roboris*

Pteroclorus salignus Gmelin 见 *Tuberolachnus salignus*

Pterococcus Howell *et* Koszt. 翅链蚧属

Pterococcus durianus (Tak.) 榴莲翅链蚧

Pterocoma Sol. 脊漠甲属

Pterocoma amandana Reitt. 宽翅脊漠甲

Pterocoma hedini Schust . 泥脊漠甲

Pterocoma lóczyi Friv. 洛氏脊漠甲

Pterocomma Buckton 粉毛蚜属

Pterocomma anyangense Zhang 安阳粉毛蚜

Pterocomma bailangense Zhang 白郎粉毛蚜

Pterocomma bitubercalotum Theobald 见 *Plocamaphis*

bituberculata

Pterocomma fraxini Theobald 见 *Pterocomma steinheili*

Pterocomma henanense Zhang 豫柳粉毛蚜

Pterocomma konoi Hori 柯氏粉毛蚜

Pterocomma lhasapopuleum Zhang 拉萨粉毛蚜

Pterocomma neimogolense Zhang 内蒙古粉毛蚜

Pterocomma pilosum Buckton 粉毛蚜

Pterocomma populeum Kaltenbach 黑杨粉毛蚜 poplar aphid

Pterocomma salicis (Linnaeus) 柳粉毛蚜 osier aphid

Pterocomma sanpunum Zhang 三堡粉毛蚜

Pterocomma sinipopulifoliae Zhang 华杨粉毛蚜

Pterocomma smithiae Monell 史氏粉毛蚜

Pterocomma steinheili Mordvilko 施氏粉毛蚜

Pterocomma tibetasalicis Zhang 藏柳粉毛蚜

Pterocomma yezoensis Hori 野柱粉毛蚜

Pterocommatinae 粉毛蚜亚科

Pterocormus Förster 并区姬蜂属

Pterocormus generosus (Smith) 黄带并区姬蜂

Pterocormus sarcitorius sarcitorius (Linnaeus) 束条并区姬蜂指名亚种

Pterodecta felderi Bremer 锚纹蛾

Pterogonia Swinhoe 裁夜蛾属

Pterogonia aurigutta (Walker) 点肾裁夜蛾

Pterogonia episcopalis Swinhoe 裁夜蛾

Pterolichidae 翅螨科

Pterolichoidea 翅螨总科

Pterolichus Robin 翅螨属

Pterolichus obtuous Robin 钝翅螨

Pterolophia Newman 坡天牛属

Pterolophia albanina Gressitt 白带坡天牛

Pterolophia albomaculipennis Breuning 胖坡天牛

Pterolophia annulata (Chevrolat) 桑坡天牛

Pterolophia baiensis Pic 假荔枝坡天牛

Pterolophia baudoni Breuning 包氏坡天牛

Pterolophia bifuscomaculata Breuning 二暗斑坡天牛

Pterolophia bisulcaticollis Pic 双沟坡天牛

Pterolophia bituberculatithorax (Pic) 刺桑坡天牛

Pterolophia brevegibbosa Pic 斜尾坡天牛

Pterolophia camela Pic 瘤胸坡天牛

Pterolophia cervina Gressitt 玉米坡天牛

Pterolophia chekiangensis Gressitt 四突坡天牛

Pterolophia consularis (Pascoe) 高脊坡天牛

Pterolophia coxalis Breuning 毛胫坡天牛

Pterolophia cylindripennis Breuning 筒翅坡天牛

Pterolophia dalbergicola Gressitt 黄檀坡天牛

Pterolophia densefasciculata Breuning 锥瘤坡天牛

Pterolophia diversefasciculata Breuning 毛束坡天牛

Pterolophia dorsalis (Pascoe) 白腰坡天牛

Pterolophia flavomarmorata Breuning 截尾坡天牛

Pterolophia flavovittata Breuning 黄条坡天牛

Pterolophia griseofasciatipennis Breuning 暗条坡天牛

Pterolophia hirsuta Breuning 毛坡天牛

Pterolophia humerosa (Thomson) 平肩坡天牛

Pterolophia laosensis Pic 显脊坡天牛

Pterolophia lateralis Gahan 鹊肾树坡天牛

Pterolophia mimoconsularis Breuning 斑背坡天牛

Pterolophia multifasciculata Pic 壮坡天牛

Pterolophia nigrocirculatipennis Breuning 尾黑环坡天牛

Pterolophia nousopae Breuning 心斑坡天牛

Pterolophia obscura Schwarzer 暗褐坡天牛

Pterolophia paraconsularis Breuning 脊突坡天牛

Pterolophia paralaosensis Breuning 刺角坡天牛

Pterolophia parassamensis Breuning 副阿坡天牛

Pterolophia parobiquata Breuning 突尾坡天牛

Pterolophia partealbicollis Breuning 白纹坡天牛

Pterolophia partenigroantennalis Breuning 粗角坡天牛

Pterolophia partepostflava Breuning 黄尾坡天牛

Pterolophia penicillata (Pascoe) 簇毛坡天牛

Pterolophia persimilis Gahan 金合欢坡天牛

Pterolophia phungi (Pic) 冯氏坡天牛

Pterolophia postalbofasciata Breuning 后白带坡天牛

Pterolophia postalteata Breuning 剡坡天牛

Pterolophia postsubflava Breuning 后脊坡天牛

Pterolophia pseudodapensis Breuning 老挝坡天牛

Pterolophia pseudolunigera Breuning 月纹坡天牛

Pterolophia quadrifasciculatipennis Breuning 凸柄坡天牛

Pterolophia rigida (Bates) 柳坡天牛

Pterolophia rondoni Breuning 郎氏坡天牛

Pterolophia rondoniana Breuning 长柄坡天牛

Pterolophia serricornis Gressitt 锯角坡天牛

Pterolophia subaffinis Breuning 邻坡天牛

Pterolophia subchapaensis Breuning 越南坡天牛

Pterolophia subdentaticornis Breuning 象耳豆坡天牛

Pterolophia subforticornis Breuning 匀坡天牛

Pterolophia subobscuricolor Breuning 斜带坡天牛

Pterolophia subtincta (Pascoe) 猫眼坡天牛

Pterolophia subtrianularis Breuning 盾后斑坡天牛

Pterolophia subtubericollis Breuning 毛突坡天牛

Pterolophia trichotibialis Breuning 短坡天牛

Pterolophia trilineicollis Gressitt 嫩竹坡天牛

Pterolophia vientianensis Breuning 万象坡天牛

Pterolophia yenae Breuning 黑斑坡天牛

Pterolophia zebrina (Pascoe) 麻斑坡天牛

Pterolophia zebrina reductesignata Breuning 消斑坡天牛

Pterolophia zebrinoides Breuning W纹坡天牛

Pterolophia zonata Bates 半灰坡天牛

Pteroma Staudinger 姹羽舟蛾属

Pteroma eugenia Staudinger 姹羽舟蛾

Pteroma plagiophleps Hampson 斜姹羽舟蛾

Pteromalidae 金小蜂科

Pteromalus Swederus 金小蜂属

Pteromalus puparum (Linnaeus) 蝶蛹金小蜂

Pteromalus qinghaiensis Liao 草原毛虫金小蜂

Pteronemobius ambiguus Shiraki 污斑拟针蟋

Pteronemobius fascipes Walker 束拟针蟋

Pteronemobius nitidus (Bolivar) 亮拟针蟋

Pteronemobius ohmachii Shiraki 奥氏拟针蟋

Pteronemobius taprobanensis Walker 台城拟针蟋

Pteronidea trilineata Norton 见 *Nematus trilineatus*

Pteronidea ventralis Say 见 *Nematus ventralis*

Pterophooridae 羽蛾科 plume moths

Pterophylla camellifolia (F.) 夜鸣夏日螽

Pteroptrix Westwood 四节蚜小蜂属

Pteroptrix albocincta (Flanders) 浅三角片四节蚜小蜂

Pteroptrix chinensis (Howard) 中华四节蚜小蜂

Pteroptrix flagellata Huang 鞭角四节蚜小蜂

Pteroptrix koebelei (Howard) 香港四节蚜小蜂

Pteroptrix longicornis Huang 长角四节蚜小蜂

Pteroptrix smithi (Compere) 斯氏四节蚜小蜂

Pteroptrix stenoptera Huang 窄翅四节蚜小蜂

Pteroptrix variicolor Huang 包角四节蚜小蜂

Pteroptrix wanhsiensis (Compere) 万县四节蚜小蜂

Pterostichus algidus LeConte 黄杉种食步甲

Pterostoma Germar 羽舟蛾属

Pterostoma griseum (Bremer) 灰羽舟蛾

Pterostoma hönei Kiriakoff 红羽舟蛾

Pterostoma sinicum Moore 槐羽舟蛾

Pterothysanidae 缨翅蛾科

Pterothysanus lacticilia lanaris Butler 缨翅蛾

Pterotmetus Amyot *et* Serville 修长蝽属

Pterotmetus staphyliniformis (Schilling) 短翅修长蝽

Pterotocera sinuosaria Leech 果羽尺蛾 fruittree looper

Pterotocera verecundaria Leech 羞羽尺蛾

Pterygida maculata (Bey-Bienko) 斑翅球螋

Pterygogramma Perkins 长脉赤眼蜂属

Pterygogramma breviclavatum Lin 短棒长脉赤眼蜂

Pterygogramma longius Lin 长角长脉赤眼蜂

Pterygogramma rotundum Lin 圆脸长脉赤眼蜂

Pterygomia Stål 异缘蝽属

Pterygomia dissimilis (Hsiao) 奇异缘蝽

Pterygomia grayi (White) 格异缘蝽

Pterygomia humeralis Hsiao 肩异缘蝽

Pterygomia obscurata (Stål) 暗异缘蝽

Pterygophorus analis Costa 见 *Lophyrotoma analis*

Pterygosomidae 翼体螨科

Ptetica Sauss. 小驼背蝗属

Ptetica cristulata Sauss. 小驼背蝗

Ptilineurus marmoratus Reitter 大理窃蠹

Ptilinus basalis LeConte 贮木类翼窃蠹

Ptilinus ruficornis Say 红角类翼窃蠹

Ptilocerus Gray 羽猎蝽属

Ptilocerus kanoi Esaki 羽猎蝽

Ptilodon Hübner 羽齿舟蛾属

Ptilodon kuwayamae (Matsumura) 细羽齿舟蛾

Ptilodon robusta (Matsumura) 粗羽齿舟蛾

Ptilodon saturata (Walker) 绚羽齿舟蛾

Ptilonyssoides Vitzthum 拟羽刺螨属

Ptilonyssus Berlese *et* Trouessart 羽刺螨属

Ptilophus Bersele 足赤螨属

Ptilophus namaquensis 羽足赤螨 plum-footed mite

Ptilurodes Kiriakoff 狸翅舟蛾属

Ptilurodes castor Kiriakoff 狸翅舟蛾

Ptinidae 蛛甲科 spider beetles

Ptinoidea 珠甲总科

Ptinus clavipes Panzer 褐蛛甲 brown spider beetle

Ptinus fur (Linnaeus) 白纹蛛甲 whitemarked spider beetle

Ptinus japonicus Reitter 日本蛛甲

Ptinus tectus Boiel. 澳洲蛛甲

Ptocasius Simon 兜跳蛛属

Ptocasius montiformis Song 山形兜跳蛛

Ptocasius strupifer Simon 毛垛兜跳蛛

Ptocasius vittatus Song 饰圈兜跳蛛

Ptocasius yunnanensis Song 云南兜跳蛛

Ptochacaridae 丐螨科

Ptochacarus Silvestri 丐螨属

Ptochacarus silvestrii Womersley 林丐螨

Ptochophyle togata Fabricius 乌木屈展尺蛾

Ptochoryctis tsugensis Kearfott 铁杉蛀蛾 hemlock xylorictid

Ptosima chinensis Marseul 四黄斑吉丁

Ptotonoceras capitalis Fabricius 三条螟蛾

Ptycholoma Stephens 铅卷蛾属

Ptycholoma imitator Walsingham 仿铅卷蛾

Ptycholoma lecheana circumclusana Christoph 近环铅卷蛾

Ptycholoma lecheanusm (Linnaeuls) 环铅卷蛾 Leche's twist moth

Ptycholoma plumbeolana (Bremer) 点铅卷蛾

Ptycholomoides Obraztsov 松卷蛾属

Ptycholomoides aeriferanus (Herrich-Schäffer) 落叶松卷蛾 larch webworm

Ptyelinellus praefractus Distant 柚木沫蝉 rain insect

Ptyelus flavescens Fabricius 非金合欢沫蝉 rain insect

Ptyelus grossus Fabricius 蓖麻沫蝉 rain insect

Ptyelus nebulosus Fabricius 见 *Ptyelus nebulus*

Ptyelus nebulus Turton 檀香沫蝉 rain insect

Ptyelus praefractus Distant 见 *Ptyelinellus praefractus*

Ptygmatophora Cumppenberg 双沟尺蛾属

Ptygmatophora staudingeri (Christoph) 双沟尺蛾

Ptygonotus Tarb. 凹背蝗属

Ptygonotus brachypterus Yin 筱翅凹背蝗

Ptygonotus chinghaiensis Yin 青海凹背蝗

Ptygonotus gansuensis Zheng *et* Chang 甘肃凹背蝗

Ptygonotus gurneyi Chang 戈氏凹背蝗

Ptygonotus hocashanensis Cheng *et* Hang 河卡山凹背蝗

Ptygonotus semenovi antennatus Mistsh. 长角凹背蝗

Ptygonotus semenovi semenovi Tarb. 薛氏凹背蝗

Ptygonotus sichuanensis Zheng 四川凹背蝗

Ptygonotus tarbinskii Uv. 达氏凹背蝗

Ptygonotus xinglongshanensis Zheng *et al.* 兴隆山凹背蝗

Ptylonyssoides Vitzthum 拟羽螨属

Puchihlungia Samsinak 蒲氏螨属

Puchihlungia chinensis Samsinak 中国蒲氏螨

Pulaeus Den Heyer 普劳螨属

Pulaeus chongqingensis Bu *et* Li 重庆普劳螨

Pulaeus glebulentus Den Heyer 孢囊普劳螨

Pulaeus longignathus Bu *et* Li 长颚普劳螨

Pulaeus martin Den Heyer 马丁普劳螨

Pulaeus musci Liang 蝇普劳螨

Pulaeus platygnathus Bu *et* Li 宽额普劳螨

Pulaeus pseudominatus (Shiba) 似微小普劳螨

Pulaeus whartoni (Baker *et* Hoffmann) 魏氏普劳螨

Pulcheria Alphéraky 璞夜蛾属

Pulcheria catomelas Alphéraky 璞夜蛾

Pulchroppia Hammer 姣奥甲螨属

Pulchroppia granulata Mahunka 粒姣奥甲螨

Pulex Linnaeus 蚤属

Pulex irritans Linnaeus 人蚤(致痒蚤) human flea

Pulicalvaria coniferella Kearfott 松潜叶麦蛾 pine needle miner

Pulicalvaria piceaella Kearfott 云杉潜叶麦蛾 spruce needle-miner, Minnio's groundling moth

Pulicalvaria thujaella Kearfott 北美香柏枝麦蛾 arborvitae twig-borer, white cedar twig-borer

Pulicidae 蚤科

Pulicinae 蚤亚科

Puliciphora fungicola Yang *et* Wang 蘑菇虼蚤蝇

Puliciphora qianana Yang *et* Wang 黔虼蚤蝇

Pulicoidea 蚤总科

Pulvinaria Targ. 绵蚧属(绵蜡蚧属)

Pulvinaria acericola (Walsh *et* Riley) 槭叶绵蚧 maple leaf scale

Pulvinaria aestivalis Danzig 远东柳绵蚧

Pulvinaria aurantii Cockerell 橘绵蚧 cottony citrus scale

Pulvinaria azadirachtae Green 干绵蚧

Pulvinaria betulae (L.) 桦树绵蚧

Pulvinaria borchsenii Danzig 鲍氏绵蚧

Pulvinaria citricola Kuwana 橘小绵蚧 cottony citrus scale

Pulvinaria costata Borchs. 海边绵蚧

Pulvinaria crassispina Danzig 珍珠梅绵蚧

Pulvinaria durantae Takahashi 连翘绵蚧(连翘绵蜡蚧)

Pulvinaria enkianthi Tak. 吊钟花绵蚧

Pulvinaria flavida Tak. 山矾绵蚧

Pulvinaria floccifera (Westwood) 蜡丝绵蚧 cottony camellia scale, camellia scale, cushion scale

Pulvinaria fujisana Kanda 富士山绵蚧

Pulvinaria gamazumii Kanda 荚蒾绵蚧

Pulvinaria hazeae Kuw. 野漆树绵蚧

Pulvinaria hydrangeae Steinweden 八仙花绵蚧 hydrangea scale

Pulvinaria idesiae Kuwana 缘绵蚧

Pulvinaria inconspigua Danzig 桤木绵蚧

Pulvinaria innumerabilis (Rathvon) 槭绵蚧 cottony maple scale

Pulvinaria kirgisica Borchs. 小桦绵蚧

Pulvinaria kuwacola Kuwana 桑树绵蚧 cottony mulberry scale

Pulvinaria maxima Green 最大绵蚧 neem scale

Pulvinaria neocellulosa Takahashi 新角绵蚧(角绵蜡蚧)

Pulvinaria nerii Kanda 荚竹桃绵蚧(山西绵蚧)

Pulvinaria nishigaharae (Kuw.) 日本桑绵蚧

Pulvinaria okitsuensis Kuwana 冲绳绵蚧 cottony citrus scale

Pulvinaria oyamae Kuw. 日本柳绵蚧

Pulvinaria polygonata Cockerell 多角绵蚧

Pulvinaria populeti Borchs. 小杨绵蚧

Pulvinaria populi Sign. 杨树绵蚧

Pulvinaria rhizophila Borchs. 蒿根绵蚧

Pulvinaria ribesiae Sign. 茶藨子绵蚧

Pulvinaria salicicola Borchs. 柳树绵蚧

Pulvinaria terrestris Borchs. 地下绵蚧

Pulvinaria torreyae Takahashi 胀绵蚧

Pulvinaria tremulae Sign. 山杨绵蚧

Pulvinaria vitis (Linnaeus) 见 *Pulvinaria betulae*

Pulvinariella Borchs. 拟绵蚧属

Pulvinariella mesembrianthemi (Vallot) 松菊拟绵蚧

Punctodera Mulvey *et* Stone 斑皮线虫属

Punctodera chalcoensis Stone, Sosa Moss *et* Mulvey 查尔科斑皮线虫

Punctodera matadorensis Mulvey *et* Stone 麦太多斑皮线虫

Punctodera punctata (Thorne) 刻点斑皮线虫

Punctodera ratzebergensis Mulvey *et* Stone 拉策保斑皮线虫

Punctoribates Berlese 点肋甲螨属

Punctoribates longiporosus Balogh 长孔点肋甲螨

Punctoribates manzanoensis Hammer 门罗点肋甲螨

Puriplusia zayüensis Chou *et* Lu 察隅淡银夜蛾

Purohita Distant 叶角飞虱属

Purohita cervina Distant 竹扁角飞虱 bamboo planthopper

Purohita sinica Huang *et* Ding 中华叶角飞虱

Purohita taiwanensis Muir 台湾叶角飞虱

Purpuricenus Latreille 紫天牛属

Purpuricenus haussknechti Witte 见 *Purpuricenus wachanrui*

Purpuricenus innotatus Pic 红背紫天牛

Purpuricenus malaccensis (Lacordaire) 黄带紫天牛

Purpuricenus montanus White 丘紫天牛

Purpuricenus petasifer Fairm. 帽斑紫天牛

Purpuricenus sideriger Fairmaire 圆斑紫天牛

Purpuricenus spectabilis Motsch. 二点紫天牛

Purpuricenus temminckii (Gurein-Méneville) 竹紫天牛

Purpuricenus wachanrui Levrat 杨紫天牛

Pussardia 足鱼赤螨属

Puto Sign. 泡粉蚧属

Puto antennata (Signoret) 松杉泡粉蚧 conifer mealybug

Puto asteri (Tak.) 台湾泡粉蚧

Puto caucasicus Hadz. 高加索泡粉蚧

Puto cupressi (Coleman) 柏橄榄泡粉蚧 fir mealybug, cypress mealybug

Puto graminis Danzig 禾草泡粉蚧

Puto jarudensis Tang 内蒙泡粉蚧

Puto konoi Tak. 冷杉泡粉蚧

Puto laticribellum McKenzie 松皮泡粉蚧 pine bark mealybug

Puto orientalis Danzig 东方泡粉蚧

Puto ornatus (Green) 锡兰泡粉蚧

Puto profusus McKenzie 花旗松泡粉蚧 Douglas fir mealybug

Puto sandini Washburn 桧刺泡粉蚧 spruce mealybug

Pycanum Amyot *et* Serville 比蝽属

Pycanum ochraceum Distant 比蝽

Pycnarmon Lederer 卷野螟属

Pycnarmon cribrata Fabricius 泡桐卷野螟

Pycnarmon lactiferalis (Walker) 乳翅卷野螟

Pycnarmon meritalis (Walker) 双环卷野螟

Pycnarmon pantherata (Butler) 豹纹卷野螟

Pycnetron Gahan 扁腹长尾金小蜂属

Pycnetron curculionidis Gahan 松扁腹长尾金小蜂

Pycnoscellus Scadder 蔗蠊属

Pycnoscellus surinamensis Linnaeus 蔗蠊 surinam cockroach

Pydna Walker 皮舟蛾属

Pydna testacea Walker 皮舟蛾

Pydnella Roepke 小皮舟蛾属

Pydnella rosacea (Hampson) 小皮舟蛾

Pyemotes Amerling 蒲螨属

Pyemotes graminum (Reufer) 草蒲螨

Pyemotes herfsi Oudemaus 赫氏蒲螨

Pyemotes moseri Yu *et al.* 莫氏蒲螨

Pyemotes phloeosinus Yu *et al.* 肤小蠹蒲螨

Pyemotes tritici (Lageze-Fossat *et* Montagnel) 麦蒲螨

Pyemotes ventricosus Newport 球腹蒲螨 hay itch mite, straw itch mite

Pyemotidae 蒲螨科 pyemotid mites

Pyemotoidea 蒲螨总科

Pygaera Ochsenheimer 拟扇舟蛾属

Pygaera bucephala Linnaeus 见 *Phalera bucephala*

Pygaera cupreata Butler 柏臀拟扇舟蛾

Pygaera fulgurita Walker 柳臀拟扇舟蛾

Pygaera restitura Walker 杨臀拟扇舟蛾

Pygaera timon (Hübner) 拟扇舟蛾

Pygalataspis Ferris 毕齿盾蚧属

Pygalataspis miscanthi Ferris 茅毕齿盾蚧

Pygiopsyllidae 臀蚤科

Pygiopsyllinae 臀蚤亚科

Pygmephoridae 矮蒲螨科

Pygmephorus Kramer 矮蒲螨属

Pygmephorus mustelae Rack 鼬矮蒲螨

Pygmephorus spinosus Kramer 刺矮蒲螨

Pygmephorus stammeri Krczal 斯氏矮蒲螨

Pygolampis Germar 刺胸猎蝽属

Pygolampis angusta Hsiao 窄刺胸猎蝽

Pygolampis bidentata Goeze 双刺胸猎蝽

Pygolampis brevipterus Ren 短翅刺胸猎蝽

Pygolampis foeda Stål 污刺胸猎蝽

Pygolampis longipes Hsiao 小刺胸猎蝽

Pygolampis rufescens Hsiao 赭刺胸猎蝽

Pygolampis simulipes Hsiao 中刺胸猎蝽

Pygophora Schiner 尾秽蝇属

Pygophora immaculipennis Frey 净翅尾秽蝇

Pygophora longicornis (Stein) 长角尾秽蝇

Pygophora maculipennis Stein 斑翅尾秽蝇

Pygophora respondens (Walker) 侧毛尾秽蝇

Pygophora trimaculata Karl 三斑尾秽蝇

Pygopteryx Staudinger 殿夜蛾属

Pygopteryx suava Staudinger 殿夜蛾

Pylargosceles Prout 严尺蛾属

Pylargosceles steganioides (Butler) 双珠严尺蛾

Pyloetis mimosae Stainton 见 *Spatularia mimosae*

Pylorgus Stål 蒴长蝽属

Pylorgus colon (Thunberg) 柳杉蒴长蝽

Pylorgus ishiharai Hidaka *et* Izzard 红褐蒴长蝽

Pylorgus orientalis Zheng, Zou *et* Hsiao 黄荆蒴长蝽

Pylorgus porrectus Zheng, Zou *et* Hsiao 长喙蒴长蝽

Pylorgus sordidus Zheng, Zou *et* Hsiao 灰褐蒴长蝽

Pyralidae 螟蛾科 pyralid moths

Pyralinae 螟蛾亚科

Pyralis Linnaeus 螟蛾属

Pyralis farinalis Linnaeus 紫斑谷螟 meal moth

Pyralis regalis Schiffermüller *et* Denis 金黄螟

Pyramisternum Huang 角锥蝗属

Pyramisternum herbaceum Huang 草栖角锥蝗

Pyrausta Schrank 野螟属

Pyrausta aurata Scopoli 薄荷野螟 peppermint pyrausta

Pyrausta bambucivora Moore 刚竹野螟

Pyrausta coclesalis Walker 竹野螟

Pyrausta diniasalis Walker 杨卷叶野螟

Pyrausta fumoferalis Hulstaert 松球果野螟 pine cone moth

Pyrausta machoeralis Walker 柚木野螟 teak skeletonizer

Pyrausta memnialis Walker 酸模野螟

Pyrausta phoenicealis Hübner 紫苏野螟

Pyrausta punicalis Hübner 石榴野螟 perilla leaf roller

Pyrausta varialis Bremer 豆野螟

Pyraustidae 野螟科

Pyraustinae 野螟亚科

Pyrellia Robineau-Desvoidy 碧蝇属

Pyrellia habaheensis Fan et Qian 哈巴河碧蝇

Pyrellia rapax (Harris) 粉背碧蝇

Pyrellia secunda Zimin 双毛碧蝇

Pyrellia vivida Robineau-Desvoidy 马粪碧蝇

Pyrestes Pascoe 折天牛属

Pyrestes bicolor Gressitt et Rondon 点胸折天牛

Pyrestes doherti Gahan 横线折天牛

Pyrestes haematica Pascoe 暗红折天牛 camphor longicorn beetle

Pyrestes minima Gressitt et Rondon 横点折天牛

Pyrestes pascoei Gressitt 突肩折天牛

Pyrestes rufipes Pic 横脊折天牛

Pyrestes rugicollis Fairmaire 皱胸折天牛

Pyrestes rugosa Gressitt et Rondon 点翅折天牛

Pyrginae 花弄蝶亚科

Pyrgo orphana Erichson 冷杉绒叶甲 fire-blight beetle

Pyrgodera F.- W. 驼背蝗属

Pyrgodera armata F.-W. 驼背蝗

Pyrgomorpha Audinet-Serville 锥头蝗属

Pyrgomorpha conica deserti B.-Bienko 锥头蝗

Pyrgomorphidae 锥头蝗科

Pyrgomorphinae 锥头蝗亚科

Pyrgotis plagiatana Walker 新西兰桉松卷蛾

Pyrgus Hübner 花弄蝶属

Pyrgus alveus Hübner 北方花弄蝶

Pyrgus maculatus (Bremer et Grey) 花弄蝶

Pyrgus malvae (Linnaeus) 锦葵花弄蝶

Pyrilla perpusilla Walker 印度蔗短足蜡蝉 Indian sugarcane leafhopper

Pyrocalymma conspicua Gahan 显红花天牛

Pyrocalymma pyrochroides Thomson 胭红花天牛

Pyroderces callistrepta Meyrick 见 Labdia callistrepta

Pyroglyphidae 麦食螨科

Pyroglyphus Cunliffe 麦食螨属

Pyroglyphus africanus (Hughes) 非洲麦食螨

Pyroglyphus morlani Cunliffe 摩氏麦食螨

Pyrolachnus Basu et Lambers 梨大蚜属

Pyrolachnus macroconus Zhang et Zhong 巨锥大蚜

Pyrolachnus pyri (Buckton) 梨大蚜

Pyroneura Eliot 火脉弄蝶属

Pyroneura margherita (Doherty) 火脉弄蝶

Pyronota festiva Fabricius 幼林派诺金龟 manuka beetle

Pyronota laeta Fabricius 见 Pyronota festiva

Pyrophaena Schiner 派食蚜蝇属

Pyrophaena platygastra Löw 平腹派食蚜蝇

Pyroppia Hammer 梨甲螨属

Pyroppia tridentifera Wang et Wang 三齿梨甲螨

Pyrrhalta Joannis 毛萤叶甲属

Pyrrhalta aenescens (Fairmaire) 榆绿毛萤叶甲

Pyrrhalta decora carbo (LeConte) 太平洋柳毛萤叶甲 Pacific willow leaf beetle

Pyrrhalta decora decora (Say) 灰柳毛萤叶甲 gray willow leaf beetle

Pyrrhalta dorsalis (Chen) 背毛萤叶甲

Pyrrhalta fuscipennis Jacoby 槭毛萤叶甲

Pyrrhalta humeralis (Chen) 黑肩毛萤叶甲

Pyrrhalta lineola (Fabricius) 柳褐毛萤叶甲 brown willow leaf beetle

Pyrrhalta luteola (Müller) 榆黄毛萤叶甲 elm leaf beetle

Pyrrhalta maculicollis (Motschulsky) 榆斑颈毛萤叶甲

Pyrrhalta pusilla (Dufschmidt) 黄褐毛萤叶甲

Pyrrhalta seminigra Jacoby 半黑毛萤叶甲

Pyrrhalta sulcatipennis (Chen) 沟翅毛萤叶甲

Pyrrhalta tibialis (Baly) 黑跗毛萤叶甲

Pyrrhalta xizangana Chen et Jiang 钟毛萤叶甲

Pyrrhia umbra (Hüfnagel) 烟焰夜蛾 tobacco striped caterpillar

Pyrrhocoridae 红蝽科 pyrrhocorid bugs, cotton stainers

Pyrrhocorinae 红蝽亚科

Pyrrhocoris Fallén 红蝽属

Pyrrhocoris apterus (Linnaeus) 始红蝽

Pyrrhocoris sibiricus Kuschakevich 先地红蝽

Pyrrhocoris sinuaticollis Reuter 曲缘红蝽

Pyrrhocoris tibialis Stål 地红蝽

Pyrrhopeplus Stål 直红蝽属

Pyrrhopeplus carduelis (Stål) 直红蝽

Pyrrhopeplus impictus Hsiao 素直红蝽

Pyrrhopeplus posthumus Horváth 斑直红蝽

Pyrrhosoma tinctipennis MacLachlan 色翅红体螅

Q

Qinghailaelaps Gu et Yang 青厉螨属

Qinghailaelaps gui Bai 顾氏青厉螨

Qinghailaelaps marmotae Gu et Yang 旱獭青厉螨

Qinlingacris Yin et Chou 秦岭蝗属

Qinlingacris choui Li *et al.* 周氏秦岭蝗

Qinlingacris elaeodes Yin *et* Chou 橄榄秦岭蝗

Qinlingacris taibaiensis Yin *et* Chou 太白秦岭蝗

Qinorapala Zhou *et* Wang 秦灰蝶属

Qinorapala qinlingana Chou *et* Wang 秦灰蝶

Qisciara bellula Yang, Zhang *et* Yang 丽奇眼蕈蚊

Qiyunia Song *et* Xu 齐云蛛属

Qiyunia lehtineni Song *et* Xu 列氏齐云蛛

Quadracus Keifer 四针瘿螨属

Quadracus cudraniae Kuang 柘四针瘿螨

Quadracus urticae Keifer 荨麻四针瘿螨

Quadraspidiotus MacGillivray 笠圆盾蚧属

Quadraspidiotus cryptoxanhus (Cockerell) 柞笠圆盾蚧

Quadraspidiotus cryptus Ferris 见 *Clavaspidiotus cryptus*

Quadraspidiotus gigas (Thiem *et* Gerneck) 杨笠圆盾蚧 poplar armored scale

Quadraspidiotus juglansregiae (Comstock) 核桃笠圆盾蚧 walnut scale

Quadraspidiotus liaoningensis Tang 辽宁笠圆盾蚧

Quadraspidiotus macroporus Takagi 大管笠圆盾蚧

Quadraspidiotus ostreaeformis (Curtis) 桦笠圆盾蚧 European fruit scale, pear-tree oyster scale, yellow plum scale

Quadraspidiotus paraphyses Takagi 栗笠圆盾蚧

Quadraspidiotus perniciosus (Comstock) 梨笠圆盾蚧 San Jose scale, Chinese scale, Perniciosus scale, Californian scale

Quadraspidiotus populi Bodenh. 中亚笠圆盾蚧

Quadraspidiotus slavonicus (Green) 突笠圆盾蚧

Quadraspidiotus ternstroemiae Ferris 厚皮香笠圆盾蚧

Quadraspidiotus williamsi Takagi 见 *Quadraspidiotus ostreaeformis*

Quadraspidiotus zonatus (Frauenfeldt) 栎笠圆盾蚧

Quadricalcarifera Strand 胯白舟蛾属

Quadricalcarifera chlorotricha (Hampson) 绿绒胯白舟蛾

Quadricalcarifera cyanea (Leech) 青胯白舟蛾

Quadricalcarifera fasciata (Moore) 白斑胯白舟蛾

Quadricalcarifera punctatella Motschulsky 点胯白舟蛾

beech caterpillar, Pryer prominent

Quadricalcarifera viridipicta (Wileman) 苔胯白舟蛾

Quadrimermis Coman 四倍索线虫属

Quadrimermis coramnica Coman 科拉姆尼卡四倍索线虫

Quadrimermis crisensis (Coman) 克里斯四倍索线虫

Quadriporca Kuang *et* Chen 四脊瘿螨属

Quadriporca mangiferae Kuang *et* Chen 杧果四脊瘿螨

Quadristruma Brown 四节蚁属

Quadristruma emmae (Emery) 爱美四节蚁

Quadroppia Jacot 四奥甲螨属

Quadroppia quadricarinata (Michael) 四棱四奥甲螨

Quediinae 肩隐翅虫亚科

Quernaspis Ferris 见 *Neoquernaspis* Howell

Quernaspis lithocarpi (Tak.) 见 *Neoquernaspis lithocarpi*

Quilta Stål 稞蝗属

Quilta mitrata Stål 短翅稞蝗

Quilta oryzae Uv. 稻稞蝗

Quinisulcius Siddiqi 五沟线虫属

Quinisulcius acti (Hooper) 海岸五沟线虫

Quinisulcius acutoides (Thorne *et* Malek) 拟锐利五沟线虫

Quinisulcius acutus (Allen) 锐利五沟线虫

Quinisulcius brevistyletus Kulinich 短针五沟线虫

Quinisulcius cacti (Chawla *et al.*) 仙人掌五沟线虫

Quinisulcius capitatus (Allen) 具头五沟线虫

Quinisulcius curvus (Williams) 弯曲五沟线虫

Quinisulcius domesticus Sultan *et al.* 驯服五沟线虫

Quinisulcius goodeyi (Marinari) 古氏五沟线虫

Quinisulcius himalayae Nahajan 喜马拉雅五沟线虫

Quinisulcius indicus Luqman *et* Khan 印度五沟线虫

Quinisulcius nilgiriensis (Seshadri, Muthukrishnan *et* Shunmugam) 尼尔吉里五沟线虫

Quinisulcius paracti Ray *et* Das 异海岸五沟线虫

Quinisulcius punici Gupta *et* Uma 石榴五沟线虫

Quinisulcius quaidi Zarina *et* Maqbool 奎德五沟线虫

Quinisulcius similis Kapoor 相似五沟线虫

Quinisulcius solani Maqbool 茄五沟线虫

Quinisulcius tarjani Knobloch 塔氏五沟线虫

R

Rabdophaga terminalis (H.Löw) 顶芽梢瘿蚊

Rachela bruceata Hulst 见 *Operophtera bruceata*

Rachia Moore 峭舟蛾属

Rachia plumosa Moore 羽峭舟蛾

Racotis Moore 拉克尺蛾属

Racotis boarmiaria (Guenée) 拉克尺蛾

Raddea Alphéraky 瑞夜蛾属

Raddea alpina Chen 高山瑞夜蛾

Raddea carriei (Boursin) 狭环瑞夜蛾

Raddea digna (Alphéraky) 适瑞夜蛾

Raddea hönei (Boursin) 翰瑞夜蛾

Raddea hoferi Corti 嵌瑞夜蛾

Radfordia Ewing 雷螨属

Radfordia affinis (Poppe) 拟控雷螨

Radfordiella Fonseca 小雷螨属

Radfordilaelaps Zumpt 雷厉螨属

Radicoccus Hambleton 珠粉蚧属

Radicoccus cocois (Williams) 椰子珠粉蚧

Radisectaphis Zhang 径分脉蚜属

Radisectaphis gyirongensis Zhang 吉隆径分脉蚜

Radopholidae 穿孔线虫科

Radopholoides de Guiran 拟穿孔线虫属

Radopholoides laevis Colbran 光滑拟穿孔线虫

Radopholoides litoralis de Guiran 海滨拟穿孔线虫

Radopholoides scrjabini Nesterov *et* Kozhokaru 斯氏拟穿孔线虫

Radopholoides triversus Minagawa 三沟拟穿孔线虫

Radopholus Thorne 穿孔线虫属 burrowing nematodes

Radopholus brevicaudatus Colbran 短尾穿孔线虫

Radopholus capitatus Colbran 具头穿孔线虫

Radopholus cavenessi Equajobi 空洞穿孔线虫

Radopholus citri Machon *et* Bridge 枸橼穿孔线虫

Radopholus citriphilus Huettel, Dickson *et* Kaplan 柑橘穿孔线虫 citrus burrowing nematode

Radopholus clarus Colbran 清亮穿孔线虫

Radopholus crenatus Colbran 刻痕穿孔线虫

Radopholus fexax Colbran 费克萨斯穿孔线虫

Radopholus gigas Andrássy 大穿孔线虫

Radopholus inanis Colbran 空虚穿孔线虫

Radopholus intermedius Colbran 间型穿孔线虫

Radopholus lavabri Luc 拉瓦布穿孔线虫

Radopholus magniglans Sher 大腺穿孔线虫

Radopholus megadorus Colbran 大囊穿孔线虫

Radopholus nativus Sher 天然穿孔线虫

Radopholus nigeriensis Sher 尼日尔穿孔线虫

Radopholus rectus Colbran 直穿孔线虫

Radopholus ritteri (Sher) 里氏穿孔线虫

Radopholus rotundisemenus Sher 圆精穿孔线虫

Radopholus serratus Colbran 锯形穿孔线虫

Radopholus similis (Cobb) 相似穿孔线虫

Radopholus trilineatus Sher 三纹穿孔线虫

Radopholus vacuus Colbran 空穿孔线虫

Radopholus vangundyi Sher 万氏穿孔线虫

Radopholus vertexplanus Sher 平轮穿孔线虫

Radopholus williamsi Siddiqi 威氏穿孔线虫

Ragadia Westwood 玳眼蝶属

Ragadia crisilda Hewitson 玳眼蝶

Ragadiinae 玳眼蝶亚科

Raillietia Trouessart 刺利螨属

Raillietidae 耳螨科

Rallinyssus Strandtmann 雉刺螨属

Rallinyssus amaurornis Wilson 苦恶鸟雉刺螨

Ramaculus Manson 枝刺瘿螨属

Ramburiella Bol. 土库曼蝗属

Ramburiella bolivari (Kuthy) 无斑土库曼蝗

Ramburiella foveolata Tarb. 裸垫土库曼蝗

Ramburiella turcomana (F.- W.) 土库曼蝗

Ramesa Walker 枝舟蛾属

Ramesa tosta Walker 枝舟蛾

Ramila Moore 盾额禾螟属

Ramila acciusalis Walker 橙缘盾额禾螟

Rammeacris Willemse 阮蝗属

Rammeacris gracilis (Ramme) 细阮蝗

Rammeacris kiangsu (Tsai) 黄脊阮蝗

Ramobia Inoue 拉茅尺蛾属

Ramonda delphinensis Villeneuve 德尔拉寄蝇

Ramonda prunaria Rondani 裸背拉寄蝇

Ramonda spathulata Fallén 狭带拉寄蝇

Ramosia bibionipennis (Boisduval) 草莓透翅蛾 strawberry crown moth

Ramosia mellinipennis Blv. 梧桐透翅蛾 sycamore clearwing

Ramosia rhododendri (Beutenmueller) 杜鹃透翅蛾 rhododendron borer

Ramusella Hammer 枝奥甲螨属

Ramusella chulumaniensis sengbuschi Hammer 沈氏枝奥甲螨

Ranacris You *et* Lin 蛙蝗属

Ranacris albicornis You *et* Lin 白斑蛙蝗

Ranatra chinensis Mayr 华杆蝎蝽

Ranatra unicolor Scott 一色杆蝎蝽

Raoiella Hirst 雷须螨属

Raoiella australica Womersley 澳洲雷须螨

Raoiella indica Hirst 印度雷须螨

Raoiella macfarlanei Pritchard *et* Baker 齐敦果雷须螨

Raoiellana Baker *et* Tuttle 小雷须螨属

Raoiellana allium Baker *et* Tuttle 葱小雷须螨

Rapala Moore 燕灰蝶属

Rapala arata Bremer 胡子枝灰蝶 bush-clover lycaenid

Rapala caerulea (Bremer *et* Grey) 蓝燕灰蝶

Rapala iarbus (Fabricius) 红燕灰蝶

Rapala melampus Cramer 见 *Rapala iarbus*

Rapala nissa (Kollar) 霓纱燕灰蝶

Rapala pheretima (Hewitson) 绯烂燕灰蝶

Rapala refulgens (de Nicéville) 闪烁燕灰蝶

Rapala scintilla de Nicéville 火花燕灰蝶

Rapala selira (Moore) 彩灰蝶

Rapala suffusa (Moore) 点染燕灰蝶

Rapala takasagonis Matsumura 高沙子燕灰蝶

Rapala varuna (Horsfield) 燕灰蝶

Raparna Moore 瑰夜蛾属

Raparna transversa Moore 横线瑰夜蛾

Raphia Hübner 莽夜蛾属

Raphia peusteria Püngeler 波莽夜蛾

Raphidia L. 蛇蛉属

Raphidia sinica Steinmann 中华蛇蛉

Raphidiidae 蛇蛉科 snakeflies

Raphidiodea 蛇蛉目 raphidians,snakeflies, serpentflies

Raphiglossidae 长唇胡蜂科

Raphignathidae 缝颚螨科

Raphignathoidea 缝颚螨总科

Raphignathus Duges 缝颚螨属

Rastrococcus Ferris 平刺粉蚧属(梳粉蚧属,垒粉蚧属)

Rastrococcus cappariae Avasthi *et* Shafee 印度平刺粉蚧(印度垒粉蚧)

Rastrococcus chinensis Ferris 中华平刺粉蚧(中华垒粉蚧,中华梳粉蚧)

Rastrococcus iceryoides (Green) 吹绵平刺粉蚧(吹绵垒粉蚧,吹绵梳粉蚧) rain tree wax scale

Rastrococcus invadens Williams 西非平刺粉蚧(西非垒粉蚧)

Rastrococcus mangiferae (Green) 杧果平刺粉蚧(杧果垒粉蚧,杧果梳粉蚧)

Rastrococcus spinosus (Rob.) 多刺平刺粉蚧(多刺垒粉蚧,蛛丝平刺粉蚧,刺梳粉蚧)

Ratardidae 缺缰木蠹蛾科 wood moths

Ravenna Shirôzu *et* Yamamoto 冷灰蝶属

Ravenna nivea (Nire) 冷灰蝶

Ravinia Robineau-Desvoidy 拉麻蝇属

Ravinia striata (Fabricius) 红尾拉麻蝇

Ravoiella 小黄细须螨属

Rawasia Roelofs 三齿长角象属

Rburia quadrigeminata (Say) 象牙色斑纹叶蝉 ivory-marked beetle

Recilia Edwards 纹叶蝉属

Recilia dorsalis (Motschulsky) 电光纹叶蝉 zig-zag rice leafhopper

Recilia oryzae Matsumura 纹叶蝉

Recilia schmidtgeni (Wagner) 黑环纹叶蝉

Recilia tobai Matsumura 头氏纹叶蝉

Reckella Bagdasarian 雷瘿螨属

Reclada Buchanan-White 筒头长蝽属

Reclada moesta Buchanan-White 筒头长蝽

Rectalox Manson 直弯瘿螨属

Recticallis Matsumura 直斑蚜属

Recticallis alnijaponicae Matsumura 赤杨直斑蚜 alnus spined aphid

Rectijanuidae 直禽螨科

Recurvaria Haworth 曲麦蛾属

Recurvaria albidorsella Snellen 胡枝子麦蛾

Recurvaria canusella Freeman 见 *Evagora canusella*

Recurvaria coniferella Kearfott 见 *Pulicalvaria coniferella*

Recurvaria milleri Busck 针叶曲麦蛾 lodgepole needleminer

Recurvaria nanella (Hübner) 嫩芽曲麦蛾 lesser bud moth

Recurvaria piceaella Kearfott 见 *Pulicalvaria piceaella*

Recurvaria resinosae Freeman 见 *Evagora resinosae*

Recurvaria stanfordia Keif. 柏潜叶曲麦蛾 cypress leafminer

Recurvaria starki Freeman 见 *Evagora starki*

Recurvaria syrictis Meyrick 白斑曲麦蛾

Recurvaria thujaella Kearfott 见 *Pulicalvaria thujaella*

Recurvidris Bolton 角腹蚁属

Recurvidris nuwa Xu *et* Zheng 女娲角腹蚁

Recurvidris recurvispinosa (Forel) 弯刺角腹蚁

Redia atra Meigen 深黑雷迪奇蝇

Redoa Walker 点足毒蛾属

Redoa anser Collenette 鹅点足毒蛾

Redoa anserella Collenette 直角点足毒蛾

Redoa crocophala Collenette 簪黄点足毒蛾

Redoa crocoptera Collenette 冠点足毒蛾

Redoa cygnopsis Collenette 白点足毒蛾

Redoa dentata Chao 齿点足毒蛾

Redoa gracilis Chao 丽点足毒蛾

Redoa leucoscela Collenette 丝点足毒蛾

Redoa phaeocraspeda Collenette 茶点足毒蛾

Redoa phrika Collenette 弗点足毒蛾

Redoa sordida Chao 污点足毒蛾

Redoa submarginata Walker 缘点足毒蛾

Redoa verdura Chao 绿点足毒蛾

Reduviidae 猎蝽科 assassin bugs

Reduviinae 猎蝽亚科

Reduvius Fabricius 猎蝽属

Reduvius bicolor Ren 双色猎蝽

Reduvius decliviceps Hsiao 背同色猎蝽

Reduvius fasciatus Reuter 黑腹猎蝽

Reduvius gregoryi China 双色背猎蝽

Reduvius lateralis Hsiao 红缘猎蝽

Reduvius nigerrimus Hsiao 黑背猎蝽

Reduvius nigrorufus Hsiao 红斑猎蝽

Reduvius ruficeps Hsiao 红头猎蝽

Reduvius tenebrosus Walker 橘红背猎蝽

Reduvius testaceus Herrich-Schäffer 伏刺猎蝽

Reesimermis Tsai *et* Grundmann 里斯索线虫属

Reesimermis chapmani Chapman *et al.* 查氏里斯索线虫

Reesimermis culicis (Stiles) 蚊里斯索线虫

Reesimermis nielseni Tsai *et* Grundmann 尼氏里斯索线虫

Rehimena Walker 紫翅野螟属

Rehimena phrynealis Walker 黄斑紫翅野螟

Reinwardtiinae 邻家蝇亚科

Remelana Moore 莱灰蝶属

Remelana jangala Horsfield 莱灰蝶

Remigia Guenée 毛跗夜蛾属

Remigia frugalis (Fabricius) 毛跗夜蛾 grain semi-looper

Remotaspidiotus MacGillivray 微圆盾蚧属

Remotaspidiotus bossieae (Maskell) 南方微圆盾蚧

Resseliella citrifrugis Jiang 橘实雷瘿蚊

Resseliella odai Inouye 柳杉雷瘿蚊 cryptomeria bark midge

Resseliella quadrifasciata (Niwa) 桑四斑雷瘿蚊

Resseliella seya (Monzen) 大豆雷瘿蚊 soybean stem

midge

Reteremulus Balogh *et* Mahunka 网沙甲螨属

Reteremulus aciculatus papuanus Balogh 巴比亚网沙甲螨

Reticulitermes Holmgren 散白蚁属

Reticulitermes affinis Hsia *et* Fan 肖若散白蚁

Reticulitermes altus Gao *et* Pen 高山散白蚁

Reticulitermes angusticephalus Ping *et* Xu 窄头散白蚁

Reticulitermes assamensis Gardner 突额散白蚁

Reticulitermes auranlius Ping *et* Xu 橙黄散白蚁

Reticulitermes bitumulus Ping *et* Xu 双峰散白蚁

Reticulitermes brevicurvatus Ping *et* Xu 短弯颚散白蚁

Reticulitermes cancrifemuris Zhu 蟹腿散白蚁

Reticulitermes chayuensis Tsai *et* Huang 察隅散白蚁

Reticulitermes chinensis Snyder 黑胸散白蚁

Reticulitermes citrinus Ping *et* Li 柠黄散白蚁

Reticulitermes croceus Ping *et* Xu 深黄散白蚁

Reticulitermes curticeps Yang, Zhu *et* Huang 短头散白蚁

Reticulitermes curvatus Xia *et* Fan 弯颚散白蚁

Reticulitermes cymbidii Ping *et* Xu 幽兰散白蚁

Reticulitermes dantuensis Gao *et* Zhu 丹徒散白蚁

Reticulitermes dichrous Ping 双色散白蚁

Reticulitermes dinghuensis Ping, Zhu *et* Li 鼎湖散白蚁

Reticulitermes emei Gao *et* Zhu 峨眉散白蚁

Reticulitermes flaviceps (Oshima) 黄肢散白蚁

Reticulitermes flavipes (Kollar) 欧美散白蚁 eastern subterranean termite

Reticulitermes fukienensis Light 花胸散白蚁

Reticulitermes fulvimarginalis Wang *et* Li 褐缘散白蚁

Reticulitermes gaoshi Li *et* Ma 大囟散白蚁

Reticulitermes grandis Hsia *et* Fan 大头散白蚁

Reticulitermes guangzhouensis Ping 广州散白蚁

Reticulitermes guizhouensis Ping *et* Xu 贵州散白蚁

Reticulitermes gulinensis Gao *et* Ma 古蔺散白蚁

Reticulitermes hesperus Banks 美国散白蚁 western subterranean termite

Reticulitermes huapingensis Li 花坪散白蚁

Reticulitermes hubeiensis Ping *et* Huang 湖北散白蚁

Reticulitermes hypsofrons Ping *et* Li 高额散白蚁

Reticulitermes jiangchengensis Yang, Zhu *et* Huang 江城散白蚁

Reticulitermes leiboensis Gao *et* Xia 雷波散白蚁

Reticulitermes leptogulus Ping *et* Xu 细额散白蚁

Reticulitermes lianchengensis Li *et* Ma 连城散白蚁

Reticulitermes lii Ping *et* Huang 李氏散白蚁

Reticulitermes longicephalus Tsai *et* Chen 长头散白蚁

Reticulitermes longigulus Ping *et* Li 长颏散白蚁

Reticulitermes longipennis Wang *et* Li 长翅散白蚁

Reticulitermes microcephalus Zhu 小头散白蚁

Reticulitermes minutus Ping *et* Xu 侏儒散白蚁

Reticulitermes mirus Gao, Zhu *et* Zhao 陌宽散白蚁

Reticulitermes neochinensis Li *et* Huang 新中华散白蚁

Reticulitermes ovatilabrum Xia *et* Fan 卵唇散白蚁

Reticulitermes parvus Li 小散白蚁

Reticulitermes perangustus Gao, Zhu *et* Shi 狭颏散白蚁

Reticulitermes perilabralis Ping *et* Xu 近圆唇散白蚁

Reticulitermes perilucifugus Ping 近暗散白蚁

Reticulitermes pingjiangensis Tsai *et* Ping 平江散白蚁

Reticulitermes planifrons Li *et* Ping 平额散白蚁

Reticulitermes pseudaculabialis Gao *et* Shi 拟尖唇散白蚁

Reticulitermes qingdaoensis Li *et* Ma 青岛散白蚁

Reticulitermes rectis Xia *et* Fan 直缘散白蚁

Reticulitermes speratus (Kolbe) 黄胸散白蚁

Reticulitermes testudineus Li *et* Ping 龟唇散白蚁

Reticulitermes tibialis Banks 跗散白蚁 arid-land subterranean termite

Reticulitermes translucens Ping *et* Xu 端明散白蚁

Reticulitermes trichocephalus Ping 毛头散白蚁

Reticulitermes tricholabralis Ping *et* Li 毛唇散白蚁

Reticulitermes trichothorax Ping *et* Xu 毛胸散白蚁

Reticulitermes tricolorus Ping 三色散白蚁

Reticulitermes virginicus Banks 南方散白蚁

Reticulitermes wuganensis Huang *et* Yin 武冈散白蚁

Reticulitermes wugongensis Li *et* Huang 武宫散白蚁

Reticulitermes wuyishahensis Li *et* Huang 武夷山散白蚁

Reticulitermes xingyiensis Ping *et* Xu 兴义散白蚁

Reticulitermes yizhangensis Huang *et* Tong 宜章散白蚁

Reticulitermes yongdingensis Ping 永定散白蚁

Reticulitermes zhaoi Ping *et* Li 赵氏散白蚁

Retina rubrivitta Walker 红带网斑蛾

Retinia cristata (Walsingham) 见 *Petrova cristata*

Retinia monopuncta (Oku) 见 *Petrova monopuncta*

Retinia perangustana (Snellen) 落叶松实小卷蛾

Retinia resinella (Linnaeus) 红松实小卷蛾

Retinodiplosis resinicola (Osten Sacken) 加拿大红松瘿蚊 pitch midge

Retinodiplosis resinicoloides (Williams) 辐射松瘿蚊 western pitch midge

Retipenna callioptera Yang *et* Yang 彩翼罗草蛉

Retithrips bicolor Brgnall 丽色皱纹蓟马 coffee crispate thrips

Retracrus Keifer 后弯瘿螨属

Rexa lordina Narvas 后弯重草蛉

Rexa raddai (Hölzel) 拉氏重草蛉

Reynvaania Reyne 苞红蚧属

Reynvaania spinatus Hu *et* Li 刺苞红蚧

Rhabdiopteryx nohirae Okamoto 短尾石蛾 short-tail stonefly

Rhabdophaga aceris (Shimer) 槭瘿蚊

Rhabdophaga giraudiana Kieffer 山杨纺锤瘿蚊 poplar branch gall midge

Rhabdophaga mangiferae Mani 杧果梢瘿蚊 mango

shoot gall midge

Rhabdophaga marginemtorquens Winnertz 柳卷叶瘿蚊 willow leaf-rolling gall midge

Rhabdophaga rileyana Felt 瑞蕾瘿蚊

Rhabdophaga rosaria (H. Löw) 柳梢瘿蚊 rosette willow gall midge

Rhabdophaga saliciperda Dufour 见 *Helicomyia saliciperda*

Rhabdophaga salicis Schrank 柳瘿蚊 willow twig gall midge

Rhabdophaga swainei Felt 云杉芽瘿蚊 spruce bud midge

Rhabdophaga terminalis (H. Löw) 柳端叶瘿蚊 bat willow gall midge

Rhabdoscelus Marshall 甘蔗象属

Rhabdoscelus obscurus (Boisduval) 新几内亚甘蔗象 New Guinea sugarcane weevil

Rhabdotis Burmeister 条花金龟属

Rhabdotis aulica (Fabricius) 贵条花金龟

Rhabinogana Draudt 锐夜蛾属

Rhabinogana albingana Draudt 锐夜蛾

Rhabodopterus picepes (Olivier) 酸果蔓根叶甲 cranberry rootworm

Rhachiceridae 腐木虻科 rhachicerid flies

Rhacochlaena japonica Ito 日本辣实蝇 Japanese cherry fruit fly

Rhacodineura pallipes Fallén 长须棘寄蝇

Rhacognathus Fieber 雷蝽属

Rhacognathus corniger Hsiao *et* Cheng 角雷蝽

Rhacognathus punctatus (Linnaeus) 雷蝽

Rhaconotus cleanthes Nixon 棉茎象甲条背茧蜂

Rhaconotus menippus Nixon 象甲条背茧蜂

Rhaconotus oryzae Wilkinson 稻田条背茧蜂

Rhaconotus schoenobivorus (Rohwer) 三化螟条背茧蜂

Rhaconotus scirpophagae (Wilkinson) 白螟条背茧蜂

Rhaconotus signipennis (Walker) 斑翅条背茧蜂

Rhacophila triangularis Schmid 三角肛肢原石蛾

Rhacophila tridentata Tian *et* Li 三齿原石蛾

Rhacophila trinacriformis Tian *et* Li 三叉原石蛾

Rhacophila truncata Kimmins 截肢原石蛾

Rhacophila wuyiensis Sun *et* Yang 武夷原石蛾

Rhadinoceraea dioscoreae Xiao 山药叶蜂

Rhadinoceraea nodicornis Kônow 节角百合叶蜂

Rhadinomerus Faust 细腿象属

Rhadinomerus contemptus Faust 黄色细腿象

Rhadinopsylla Jordan *et* Rothschild 纤蚤属

Rhadinopsylla accola Wagner 近缘纤蚤

Rhadinopsylla altaica (Wagner) 阿尔泰纤蚤

Rhadinopsylla aspalacis Ioff *et* Tiflov 鼢鼠纤蚤

Rhadinopsylla biconcava Chen Ji *et* Wu 双凹纤蚤

Rhadinopsylla bivirgis Rorhschil 长鬃纤蚤

Rhadinopsylla cedestis Rothschild 宽臂纤蚤

Rhadinopsylla concava Ioff *et* Tiflov 凹纤蚤

Rhadinopsylla dahurica dahurica Jordan *et* Rothschild 五侧纤蚤指名亚种

Rhadinopsylla dahurica declinica Tiflov 五侧纤蚤倾斜亚种

Rhadinopsylla dahurica dorsiprojecta Wu *et* Li 五侧纤蚤背突亚种

Rhadinopsylla dahurica tjanschan Ioff *et* Tiflov 五侧纤蚤天山亚种

Rhadinopsylla dahurica vicina Wagner 五侧纤蚤邻近亚种

Rhadinopsylla dives Jordan 吻短纤蚤

Rhadinopsylla eothenomus Wang *et* Liu 绒鼠纤蚤

Rhadinopsylla flattispina Wu, Liu *et* Cai 扁鬃纤蚤

Rhadinopsylla insolita Jordan 不常纤蚤

Rhadinopsylla ioffi Wagner 两列纤蚤

Rhadinopsylla jaonis Jordan 吻长纤蚤

Rhadinopsylla leii Xie, Gong *et* Duan 雷氏纤蚤

Rhadinopsylla li murium Ioff *et* Tiflov 腹窦纤蚤浅短亚种

Rhadinopsylla li ventricosa Ioff *et* Tiflov 腹窦纤蚤深广亚种

Rhadinopsylla pseudodahurica Scalon 假五侧纤蚤

Rhadinopsylla rothschildi Ioff 宽圆纤蚤

Rhadinopsylla semenovi Argyropulo 窄臂纤蚤

Rhadinopsylla stenofronta Xie 狭额纤蚤

Rhadinopsylla tenella Jordan 弱纤蚤

Rhadinopsylla valenti Darskaya 壮纤蚤

Rhadinopsyllinae 纤蚤亚科

Rhadinopus Faust 毛棒象属

Rhadinopus centriniformis Faust 毛棒象

Rhadinopus confinis Voss 红黄毛棒象

Rhadinopus subornatus Voss 圆锥毛棒象

Rhadinosa Weise 准铁甲属

Rhadinosa fleutiauxi (Baly) 细角准铁甲

Rhadinosa lebongensis Maulik 疏毛准铁甲

Rhadinosa nigrocyanea (Motschulsky) 蓝黑准铁甲

Rhadinosa yunnanica Chen *et* Sun 云南准铁甲

Rhadinosomus lacordairei Pascoe 草莓树象 thin strawberry weevil

Rhaebinae 弯足豆象亚科

Rhaebus Fiescher 弯足豆象属

Rhaebus komarovi Lukjanovitsh 绿绒豆象

Rhaebus solskyi Kraatz 绿齿豆象

Rhagastis Rothschild *et* Jordan 白肩天蛾属

Rhagastis acuta aurifera (Butler) 锯线白肩天蛾

Rhagastis lunata yunnanaria Chu *et* Wang 滇白线天蛾

Rhagastis mongoliana (Butler) 白肩天蛾

Rhagastis olivacea (Moore) 青白肩天蛾

Rhagastis yunnanaria Chu *et* Wang 滇白肩天蛾

Rhagidiidae 莓螨科

Rhagio Fabricius 鹬虻属

Rhagio maolanus Yang et Yang 茂兰鹬虻

Rhagio scolopaceus L. 普通鹬虻

Rhagionidae 鹬虻科

Rhagium Fabricius 皮花天牛属

Rhagium inquisitor (L.) 见 Stenocorus inquisitor

Rhagoletis Löw 绕实蝇属

Rhagoletis cerasi (Linnaeus) 樱桃绕实蝇

Rhagoletis cingulata (Löw) 白带绕实蝇 cherry fruit fly

Rhagoletis fausta (Osten Sacken) 黑绕实蝇 black cherry fruit fly

Rhagoletis mendax Curran 越橘绕实蝇

Rhagoletis pomonella (Walsingham) 苹绕实蝇 apple maggot

Rhagovelia Mayr 阔黾蝽属

Rhagovelia nigricans Burmeister 黑阔黾蝽

Rhagovelia obesa Uhler 北美阔黾蝽 common North American water strider

Rhalera minor Nagano 小黄尾舟蛾 smaller yellow-tipped prominent

Rhamnomia Hsiao 拉缘蝽属

Rhamnomia dubia (Hsiao) 拉缘蝽

Rhamnomia dubia serrata Hsiao 滇拉缘蝽

Rhamnosa angulata kwangtungensis Hering 角齿刺蛾

Rhamnosa uniformis (Swinhoe) 灰齿刺蛾

Rhamphocoris Kirkaldy 光姬蝽属

Rhamphocoris borneensis (Schumacher) 红盾光姬蝽

Rhamphocoris elegantulus Schumacher 台湾光姬蝽

Rhamphocoris hasegawai (Ishihara) 黑头光姬蝽

Rhamphocoris tibialis Hsiao 黑胫光姬蝽

Rhamphophasma dianicum Chen et He 滇喙尾蝽

Rhamphus Schellenberg 直角象属

Rhamphus pulicarius Herbst 兔形直角象

Rhamphus pullus Hustache 苹细象（苹直角象） apple minute weevil

Rhantus pulverosus Stephens 异爪麻点龙虱

Rhaphicera Butler 网眼蝶属

Rhaphicera dumicola (Oberthüer) 网眼蝶

Rhaphicera satrica (Doubleday) 黄网眼蝶

Rhaphidophoridae 灶马科

Rhaphidosominae 杆猎蝽亚科

Rhaphigaster Laporte 润蝽属

Rhaphigaster genitalia Yang 庐山润蝽

Rhaphigaster mongolica Puton 内蒙润蝽

Rhaphigaster nebulosa Poda 沙枣润蝽

Rhaphipodus Serville 细齿天牛属

Rhaphipodus fatalis Lameere 多刺细齿天牛

Rhaphipodus fruhstorferi Lameere 寡刺细齿天牛

Rhaphipodus gahani Lameere 短节细齿天牛

Rhaphipodus hopei (Waterhouse) 刺角细齿天牛

Rhaphitelus Walker 棍角金小蜂属

Rhaphitelus maculatus Walker 小蠹棍角金小蜂

Rhaphitropis Reitter 额眼长角象属

Rhaphuma Pascoe 艳虎天牛属

Rhaphuma acutivittis (Kraatz) 尖纹艳虎天牛

Rhaphuma anongae Gressitt et Rondon 阿氏艳虎天牛

Rhaphuma bicolorifemoralis Gressitt et Rondon 儿纹艳虎天牛

Rhaphuma binhensis maculicollis Gressitt et Rondon 工字纹艳虎天牛

Rhaphuma clarina Gressitt et Rondon 八字纹艳虎天牛

Rhaphuma constricta Gressitt et Rondon 三条艳虎天牛

Rhaphuma cricumscripta (Schwarzer) 曲纹艳虎天牛

Rhaphuma diana Gahan 鼎纹艳虎天牛

Rhaphuma eleodina Gressitt et Rondon 晦斑艳虎天牛

Rhaphuma elongata Gressitt 连环艳虎天牛

Rhaphuma griseipes Breuning 灰棒艳虎天牛

Rhaphuma horsfieldi (White) 管纹艳虎天牛

Rhaphuma incarinata Pic 无脊艳虎天牛

Rhaphuma innotata Pic 黄艳虎天牛

Rhaphuma laosica Gressitt et Rondon 老挝艳虎天牛

Rhaphuma mekonga Gressitt et Rondon 湄公艳虎天牛

Rhaphuma minima Gressitt et Rondon 人纹艳虎天牛

Rhaphuma patkaiana Gahan 齿纹艳虎天牛

Rhaphuma phiale Gahan 小点艳虎天牛

Rhaphuma placida Pascoe 艳虎天牛

Rhaphuma pseudobinhensis Gressitt et Rondon 巨斑艳虎天牛

Rhaphuma pseudominuta Gressitt et Rondon 瘦艳虎天牛

Rhaphuma quadrimaculata Pic 四点艳虎天牛

Rhaphuma quintini Gressitt et Rondon 网胸艳虎天牛

Rhaphuma rufobasalis Pic 红基艳虎天牛

Rhaphuma subvarimaculata Gressitt et Rondon 门字纹艳虎天牛

Rhaphuma sulpharea Gressitt 泰国艳虎天牛

Rhaphuma tricolor Gressitt et Rondon 三色艳虎天牛

Rhembobius 多突姬蜂属

Rhene Thorell 宽胸蝇虎属

Rhene albigera (C.L. Koch) 阿贝宽胸蝇虎

Rhene argentata Wesolowska 银色宽胸蝇虎

Rhene atrata (Karsch) 暗宽胸蝇虎

Rhene biembolusa Song et Chai 叉宽胸蝇虎

Rhene candida Fox 雪亮宽胸蝇虎

Rhene flavigera (C.L. Koch) 黄宽胸蝇虎

Rhene indica Tikader 印度宽胸蝇虎

Rhene ipis Fox 黑雷宽胸蝇虎

Rhene rubrigera (Thorell) 锈宽胸蝇虎

Rheocricotopus Thienemann et Harnisch 流环足摇蚊属

Rheocricotopus fuscipes Kieffer 灰褐流环足摇蚊

Rheorthocladius Thienemann 直突摇蚊属

Rheorthocladius saxicola Kieffer 石栖流直突摇蚊

Rheotanytarsus Bause 流水长跗摇蚊属

Rheotanytarsus exiguus Johannsen 短小流水长跗摇蚊

Rhesala imparata Walker 印度欢夜蛾

Rhesala inconcinnalis Walker 白格欢夜蛾

Rhesala moestalis Walker 东方欢夜蛾

Rhesus serricollis Motschulsky 柏木飒天牛

Rheumaptera Hübner 汝尺蛾属

Rheumaptera abraxidia (Hampson) 金星汝尺蛾

Rheumaptera acutata Xue *et* Meng 尖汝尺蛾

Rheumaptera affinis Xue *et* Meng 邻汝尺蛾

Rheumaptera albidia Xue 洁斑汝尺蛾

Rheumaptera albiplaga (Oberthüer) 白斑汝尺蛾

Rheumaptera albofasciata Inoue 斑缘汝尺蛾

Rheumaptera alternata (Staudinger) 交汝尺蛾

Rheumaptera chinensis (Leech) 中国汝尺蛾

Rheumaptera confusaria (Leech) 茫汝尺蛾

Rheumaptera empodia (Prout) 乌斑汝尺蛾

Rheumaptera fasciaria (Leech) 中带汝尺蛾

Rheumaptera flavipes (Ménétriès) 黑星汝尺蛾

Rheumaptera fuscaria (Leech) 暗汝尺蛾

Rheumaptera grisearia (Leech) 灰汝尺蛾

Rheumaptera hastata (Linnaeus) 黑白汝尺蛾 spear-marked moth, large argent-and-sable moth, spearmarked black moth

Rheumaptera hedemannaria (Oberthüer) 灰红汝尺蛾

Rheumaptera hydatoplex (Prout) 净斑汝尺蛾

Rheumaptera inanata (Christoph) 缺距汝尺蛾

Rheumaptera incertata (Staudinger) 边汝尺蛾

Rheumaptera lugens (Oberthüer) 黑波汝尺蛾

Rheumaptera marmoraria (Leech) 石纹汝尺蛾

Rheumaptera melanoplagia (Hampson) 角斑汝尺蛾

Rheumaptera moniliferaria (Oberthüer) 楔斑汝尺蛾

Rheumaptera multilinearia (Leech) 复线汝尺蛾

Rheumaptera naseraria (Oberthüer) 粉汝尺蛾

Rheumaptera nengkaoensis Inoue 宁汝尺蛾

Rheumaptera nigralbata (Warren) 巨斑汝尺蛾

Rheumaptera nigrifasciaria (Leech) 黑带汝尺蛾

Rheumaptera pharcis Xue 皱纹汝尺蛾

Rheumaptera sideritaria (Oberthüer) 铁缲汝尺蛾

Rheumaptera subhastata (Nolcken) 亚黑白汝尺蛾

Rheumaptera titubata (Prout) 长突汝尺蛾

Rheumaptera tremulata (Guenée) 震汝尺蛾

Rheumaptera tristis (Prout) 郁汝尺蛾

Rheumaptera undulata (Linnaeus) 波纹汝尺蛾

Rheumaptera valentula (Prout) 健汝尺蛾

Rheumaptera veternata (Christoph) 束带汝尺蛾

Rhicnopeltella eucalypti Gahan 蓝桉木虱 blue gum gall wasp

Rhina Latreille 黑锉象属

Rhina borbirostris L. 椰黑锉象

Rhinaphe vectiferella Ragonot 稻拟斑螟 African white rice borer

Rhingia Scopoli 喙颜食蚜蝇属

Rhingia campestris Meigen 黑边喙颜食蚜蝇

Rhingia laevigata Löw 短喙喙颜食蚜蝇

Rhinia Robineau-Desvoidy 鼻蝇属

Rhinia apicalis (Wiedemann) 黄褐鼻蝇

Rhiniinae 鼻蝇亚科

Rhinocola corniculata Froggatt 见 *Creiis corniculata*

Rhinocola eucalypti Maskell 见 *Ctenarytaina eucalypti*

Rhinocola liturata Froggatt 见 *Creiis liturata*

Rhinocola pinnaeformis Froggatt 见 *Cardiaspina pinnaeformis*

Rhinocypha Rambur 鼻蟌属

Rhinocypha biforata delimbata Selys 月斑鼻蟌

Rhinocypha drusilla Needham 线纹鼻蟌

Rhinocypha fenestrella Rambur 黄脊鼻蟌

Rhinocypha iridea Selys 黄条鼻蟌

Rhinocypha perforata perforata (Percheron) 三斑鼻蟌

Rhinocypha spuria Selys 蓝脊鼻蟌

Rhinodex 鼻蠕螨属

Rhinoecius Cooreman 鼻居螨属

Rhinoestrus Brauer 鼻狂蝇属

Rhinoestrus latifrons Gan 宽额鼻狂蝇

Rhinoestrus purpureus (Brauer) 紫鼻狂蝇 horse nostril fly, horse nasal bot fly

Rhinoestrus usbekistanicus Gan 亚非鼻狂蝇

Rhinomaceridae 毛象科 pine flower snout beetles

Rhinonous Schoenherr 龟板象属

Rhinonous castor Fabricius 狸龟板象

Rhinonous pericaplus L. 大麻龟板象 hemp weevil

Rhinonyssidae 鼻刺螨科

Rhinonyssus Trouessart 鼻刺螨属

Rhinonyssus angrensis Castro 恩克鼻刺螨

Rhinophoracarus Viets 鼻雄尾螨属

Rhinophoridae 短角寄蝇科 tachinid flies

Rhinophytoptus Liro 鼻植羽瘿螨属

Rhinophytoptus broussonetiae Kuang 葡蟠鼻植羽瘿螨

Rhinophytoptus concinnus Liro 齐鼻植羽瘿螨

Rhinophytoptus sorbariae Kuang *et* Hong 珍珠梅鼻植羽瘿螨

Rhinophytoptus ulmi Lu 榆鼻植羽瘿螨

Rhinophytoptus xiamenensis Kuang 厦门鼻植羽瘿螨

Rhinoscapha Montrouzier 鳞象属

Rhinoscapha amicta Wiedemann 咖啡绿灰鳞象 robust weevil

Rhinoseius Baker *et* Yunker 鼻绥螨属

Rhinotergum Petanovic 鼻背瘿螨属

Rhinotermes Hagen 鼻白蚁属

Rhinotermes intermedius Br. 波萝鼻白蚁 pineapple termite

Rhinotermitidae 鼻白蚁科 subterranean termites, moistwood termites

Rhinotia Kirby 红鲨象属

Rhinotia haemoptera Kirby 红鲨象 slender red weevil

Rhinotmethis Sjostedt 突鼻蝗属

Rhinotmethis bailingensiis Xi *et* Zheng 百灵突鼻蝗

Rhinotmethis hummeli Sjöst. 突鼻蝗

Rhinotmethis pulchris Xi et Zheng 丽突鼻蝗

Rhinotoridae 粗臂蝇科 biglegged flies

Rhinyptia indica Burmeister 印度瑞金龟

Rhipicentor Nuttall et Warburton 扇革蜱属

Rhipicephalinae 扇头蜱亚科

Rhipicephalus Koch 扇头蜱属

Rhipicephalus appendiculatus Neumann 非洲扇头蜱 South African common brown tick

Rhipicephalus bursa Canestrini et Fanzago 囊形扇头蜱

Rhipicephalus haemaphysaloides haemaphysaloides Supino 镰形扇头蜱

Rhipicephalus pumilio Schulze 短小扇头蜱

Rhipicephalus sanguineus (Latreille) 血红扇头蜱 brown dog tick

Rhipicephalus turanicus Pomerantzev 图兰扇头蜱

Rhipiceroidea 羽角甲总科

Rhipidolestes Ris 棘腹蟌属

Rhipidolestes aculeata Ris 尖齿棘腹蟌

Rhipidolestes bidens Schmidt 双齿棘腹蟌

Rhipidolestes nectans (Needham) 联纹棘腹蟌

Rhipidolestes truncatidens Schmidt 截齿棘腹蟌

Rhipiphoridae 大花蚤科 rhipiphorid beetles

Rhipiphorothrips cruentatus Hood 葡萄蓟马 grape-vine thrips

Rhipiphorothrips karna Ramakrishna 卡蓟马

Rhipiphorus Bosc. 大花蚤属

Rhipiphorus subdipterus Bosc. 短鞘大花蚤

Rhithrogena Eaton 溪颏蜉属

Rhithrogena orientalis You 东方溪颏蜉

Rhithrogeniella Ulmer 似溪颏蜉属

Rhithrogeniella sangangensis You 三港似溪颏蜉

Rhizaspidiotus MacG. 根圆盾蚧属

Rhizaspidiotus amoiensis Tang 厦门根圆盾蚧

Rhizaspidiotus canariensis (Ldgr.) 朝鲜根圆盾蚧

Rhizaspidiotus pavlovskii Borchs. 见 *Rhizaspidiotus canariensis*

Rhizaspidiotus taiyuensis Tang 太岳根圆盾蚧

Rhizedra Warren 内夜蛾属

Rhizedra lutosa (Hübner) 内夜蛾

Rhizobius Stephens 暗色瓢虫属

Rhizobius ventralis (Erichson) 暗色瓢虫 black lady beetle

Rhizococcus Signoret 根毡蚧属

Rhizococcus abaii (Danzig) 琐琐根毡蚧

Rhizococcus agropyri Borchs. 冰草根毡蚧 Borchsenius' felt scale

Rhizococcus araucariae (Mask.) 南美杉根毡蚧 araucaria mealy bug

Rhizococcus cingulatus (Kir.) 长刺根毡蚧 Kiritchenko's felt scale

Rhizococcus coccineus (Cockerell) 仙人掌根毡蚧 cactus spine scale

Rhizococcus confusus Danzig 混淆根毡蚧

Rhizococcus cynodonitis (Kir.) 狗牙根毡蚧 bermuda-grass felt scale

Rhizococcus deformis (Wang) 变型根毡蚧

Rhizococcus deveonensis Green 见 *Eriococcus ericae*

Rhizococcus evelinae Kozar 雀麦根毡蚧

Rhizococcus gnidii Signoret 见 *Rhizococcus thymi*

Rhizococcus graminicola Ossiannilsson 见 *Rhizococcus pseudinsignis*

Rhizococcus herbaceus Danzig 欧洲根毡蚧 Danzig's felt scale

Rhizococcus iljiniae Danzig 蒙古根毡蚧

Rhizococcus iljiniae Tang 见 *Rhizococcus agropyri*

Rhizococcus inermis (Green) 英国根毡蚧 harmless felt scale

Rhizococcus insignis (Newst.) 标帜根毡蚧 conspicuous felt scale

Rhizococcus kondarensis Borchs. 小麦根毡蚧

Rhizococcus minimus (Tang) 小型根毡蚧

Rhizococcus multispinatus Tang et Hao 多刺根毡蚧

Rhizococcus oblongus Borchs. 圆柱根毡蚧

Rhizococcus oligacanthus Danzig 寡刺根毡蚧

Rhizococcus orientalis (Danzig) 东方根毡蚧

Rhizococcus oxyacantha (Danzig) 远东根毡蚧

Rhizococcus palustris Dziedzicka et Koteja 波兰根毡蚧 Polish felt scale

Rhizococcus philippinensis Morr. 菲律宾根毡蚧

Rhizococcus pseudinsignis (Green) 伪标根毡蚧 boreal felt scale

Rhizococcus rugosus (Wang) 毛竹根毡蚧

Rhizococcus salsolae Borchs. 双刺根毡蚧

Rhizococcus siamensis Tak. 见 *Gossypariella siamensis*

Rhizococcus terrestris Matesova 陆地根毡蚧

Rhizococcus thymi (Schrank) 瑞香根毡蚧

Rhizococcus trispinatus (Wang) 三刺根毡蚧

Rhizococcus zygophylli (Arch.) 霸王根毡蚧

Rhizoecinae 根粉蚧亚科

Rhizoecus Kunckel d'Herculais 根粉蚧属

Rhizoecus advenoides Takagi et Kawai 日本根粉蚧

Rhizoecus albidus Goux 古北根粉蚧 white root mealybug

Rhizoecus amorphophalli Betrem 爪哇根粉蚧

Rhizoecus cacticans (Hambleton) 仙人掌根粉蚧

Rhizoecus desertus Ter-Grigorian 沙漠根粉蚧

Rhizoecus dianthi Green 石竹根粉蚧

Rhizoecus elongatus Green 长形根粉蚧

Rhizoecus falcifer Kunckel 广食根粉蚧 ground mealybug

Rhizoecus franconiae Schmutterer 德国根粉蚧 franconian root mealybug

Rhizoecus hibisci Kawai et K. Takagi 海氏根粉蚧

Rhizoecus inconspicuus Danzig 远东根粉蚧

Rhizoecus kazachstanus Matesova 哈萨克根粉蚧

Rhizoecus kondonis Kuwana 柑橘根粉蚧 citrus ground mealybug

Rhizoecus leucosomus Cockerell 白根粉蚧 white ground mealybug

Rhizoecus mesembryanthemi Green 松叶菊根粉蚧

Rhizoecus ornatoides Tang 红色根粉蚧

Rhizoecus pallidus Terez. 乌克兰根粉蚧

Rhizoecus theae Kawai *et* K. Takagi 茶根粉蚧

Rhizoecus vitis Borchs. 葡萄根粉蚧

Rhizoglyphinae 根螨亚科

Rhizoglyphus Claparede 根螨属

Rhizoglyphus actinidia Zhang 猕猴桃根螨

Rhizoglyphus callae Oudemans 鸡冠根螨

Rhizoglyphus echinopus (Fumouze *et* Robin) 刺足根螨 bulb mite

Rhizoglyphus hyacinthi Banks 球茎根螨 bulb mite

Rhizoglyphus robini Claparede 罗氏根螨

Rhizomaria Hartig 大根蚜属

Rhizomaria piceae (Hartig) 云杉大根蚜 conifer root aphid

Rhizomyia hirta Felt 粗根瘿蚊

Rhizopertha dominica Fabricius 谷蠹 lesser grain borer

Rhizophagidae 根露尾甲科 rhizophagid beetles

Rhizopulvinaria Borchs. 根绵蚧属

Rhizopulvinaria hissarica Borchs. 石竹根绵蚧

Rhizopulvinaria minima Borchs. 小根绵蚧

Rhizopulvinaria polispina Matesova 多刺根绵蚧

Rhizopulvinaria pyrethri Borchs. 中亚根绵蚧

Rhizopulvinaria quadrispina Matesova 四刺根绵蚧

Rhizopulvinaria solitudina Matesova 沙漠根绵蚧

Rhizopulvinaria transcaspica Borchs. 无刺根绵蚧

Rhizopulvinaria turkestanica (Arch.) 石蚕根绵蚧

Rhizopulvinaria turkmenica Borchs. 紫菀根绵蚧

Rhizopulvinaria variabilis Borchs. 艾类根绵蚧

Rhizopulvinaria virgulata Borchs. 绿褐根绵蚧

Rhizopulvinaria zaisanica Matesova 蒿类根绵蚧

Rhizotrogus Berthold 根鳃金龟属

Rhizotrogus aequinoctialis Herbst 四月根鳃金龟 April beetle

Rhizotrogus aestitus Olivier 普通根鳃金龟 common cutroot beetle

Rhizotrogus solstitialis Linnaeus 见 *Amphimallon solstitialis*

Rhizotrogus tauricus Blanchard 克里米亚根鳃金龟 Crimea cat-beetle

Rhizotrogus vernus (Germar) 春根鳃金龟 Spring cut beetle

Rhodacarellus Willmann 仿胭螨属

Rhodacarellus liuzhiyingi Ma 柳氏仿胭螨

Rhodacarellus silesiacus Willmann 西伯利亚仿胭螨

Rhodacaridae 胭螨科

Rhodacaropsis Willmann 拟胭螨属

Rhodacarus Oudemans 胭螨属

Rhodania Goux 卵粉蚧属

Rhodania porifera Goux 全北卵粉蚧 pore-bearing mealybug

Rhodesiella postinigra Yang *et* Yang 后黑锥秆蝇

Rhodesiella xizangensis Yang *et* Yang 西藏锥秆蝇

Rhodesiella yunnanensis Yang *et* Yang 云南锥秆蝇

Rhodinia Staudinger 透目大蚕蛾属

Rhodinia davidi Oberthüer 线透目大蚕蛾

Rhodinia fugax Butler 透目大蚕蛾 pellucid silk moth

Rhodinia jankowskii Oberthüer 曲线透目大蚕蛾

Rhodites Hartig 犁瘿蜂属

Rhodites japonicus Walker 日本蔷薇瘿蜂 rose gall wasp

Rhodites mayri Schlechtendal 梅氏瘿蜂

Rhodnius Stål 见 *Cydnocoris* Stål

Rhodnius prolixus Stål 长红猎蝽

Rhodobaenus tredecimpunctatus (Illiger) 十三点象 cocklebur weevil

Rhodobium porosum Sanderson 黄蔷薇蚜 green rose aphid, yellow rose aphid

Rhodococcus Borchs. 褐球蚧属(朝球蚧属)

Rhodococcus perornatus (Cockerell *et* Parrott) 蔷薇褐球蚧

Rhodococcus rosae-luteae Borchs. 中亚褐球蚧

Rhodococcus sariuoni Borchs. 朝鲜褐球蚧(沙里院褐球蚧,樱桃朝球蚧)

Rhodococcus spiraeae (Borchs.) 绣菊褐球蚧

Rhodococcus turanicus (Arch.) 吐伦褐球蚧

Rhodogastria atrivena Hampson 脉腹灯蛾

Rhodometra Meyrick 玫尺蛾属

Rhodoneura Guenée 黑线网蛾属

Rhodoneura acaciusalis (Walker) 锈网蛾

Rhodoneura acutalis hamnifera Moore 肖云线网蛾

Rhodoneura acutalis Walker 云线网蛾

Rhodoneura alternata (Moore) 斑网蛾

Rhodoneura atristrigulalis Hampson 中线赭网蛾

Rhodoneura bacula Chu *et* Wang 棒带网蛾

Rhodoneura bibacula Chu *et* Wang 双棒网蛾

Rhodoneura bimelasma Chu *et* Wang 两点银网蛾

Rhodoneura bullifera (Warren) 宽带褐网蛾

Rhodoneura candidatalis Swinhoe 白银网蛾

Rhodoneura curvita Chu *et* Wang 五弧网蛾

Rhodoneura emblicalis (Moore) 枯网蛾

Rhodoneura erecta (Leech) 直线网蛾

Rhodoneura fasciata (Moore) 斜带网蛾

Rhodoneura fuscusa Chu *et* Wang 棕赤网蛾

Rhodoneura fuzirecticula Chu *et* Wang 混目网蛾

Rhodoneura grisa Chu *et* Wang 灰棕网蛾

Rhodoneura hemibruna Chu *et* Wang 半褐网蛾

Rhodoneura hoenei Gaede 单线银网蛾

Rhodoneura kirrhosa Chu *et* Wang 熏银网蛾

Rhodoneura lobulatus (Moore) 棍网蛾

Rhodoneura mediostrigata (Warren) 白眉网蛾

Rhodoneura midfascia Chou *et* Wang 中带网蛾

Rhodoneura mixisa Chu *et* Wang 乱纹网蛾

Rhodoneura mollis yunnanensis Chu *et* Wang 中褶网蛾

Rhodoneura moorei (Warren) 三线赭网蛾

Rhodoneura myrsusalis Walker 豆蔻网蛾

Rhodoneura myrtaea Drury 桃金娘网蛾

Rhodoneura naevina Moore 漂白网蛾

Rhodoneura nitens Butler 见 *Rhodoneura acutalis*

Rhodoneura pallida (Butler) 后中线网蛾

Rhodoneura plagiatula (Warren) 群星网蛾

Rhodoneura reticulalis Moore 银网蛾

Rhodoneura setifera Swinhoe 烟熏网蛾

Rhodoneura sphoraria (Swinhoe) 中带褐网蛾

Rhodoneura splendida (Rutler) 小绢网蛾

Rhodoneura strigatula Felder 褐线银网蛾

Rhodoneura subcostalis Hampson 花窗网蛾

Rhodoneura sublucens (Warren) 中丫网蛾

Rhodoneura taneiata Warren 三带网蛾

Rhodoneura tanyvalva Chu *et* Wang 长抱银网蛾

Rhodoneura vitulla Guenée 壮硕网蛾

Rhodoneura yunnana Chu *et* Wang 银线网蛾

Rhodophaea marmorea Haworth 梨暗纹斑螟 dark pear pyralid

Rhodoprasina floralis Butler 藏南槭天蛾

Rhodopsona costata Walker 赤眉锦斑蛾

Rhodopsona rubiginosa Leech 黑心赤眉锦斑蛾

Rhodostrophia Hübner 红旋尺蛾属

Rhoecocoris sulciventris Stål 橘青铜蝽 bronze orange bug

Rhoenanthopsis Ulmer 红纹蜉属

Rhoenanthopsis magnificus Ulmer 壮严红纹蜉

Rhogogaster Kônow 绿黑叶蜂属

Rhogogaster chlorosoma Benson 淡绿黑叶蜂

Rhogogaster convergens Malaise 近绿黑叶蜂

Rhogogaster dryas Benson 山杨绿黑叶蜂 aspen sawfly

Rhogogaster kaszabi Zombori 蒙古绿黑叶蜂

Rhogogaster nigriventris Malaise 黑腹绿黑叶蜂

Rhogogaster punctulata Klug 点绿黑叶蜂

Rhogogaster viridis Linnaeus 碧绿黑叶蜂

Rhombacus Keifer 菱瘿螨属

Rhombodera Burmeister 圆胸螳属

Rhombodera latipronotum Zhang 宽圆胸螳

Rhombodera valida Burmeister 广腹圆胸螳

Rhomborificias Jin *et* Li 菱孔雄尾螨属

Rhomborificias licangensis Jin *et* Li 临仓菱孔雄尾螨

Rhomborista Warren 绿菱尺蛾属

Rhomborrhina Hope 罗花金龟属

Rhomborrhina fortunei Saunders 横纹罗花金龟

Rhomborrhina fuscipes Fairmaire 长胸罗花金龟

Rhomborrhina gestroi Moser 紫罗花金龟

Rhomborrhina hyacinthina (Hope) 靛蓝罗花金龟

Rhomborrhina japonica Hope 日罗花金龟

Rhomborrhina mellyi (Gory *et* Percheron) 细纹罗花金龟

Rhomborrhina mellyi diffusa Fairmaire 红足罗花金龟

Rhomborrhina nigra Saunders 黑罗花金龟

Rhomborrhina parryi Westwood 赤纹罗花金龟

Rhomborrhina resplendens (Swartz) 丽罗花金龟

Rhomborrhina resplendens heros (Gory *et* Percheron) 靛缘罗花金龟

Rhomborrhina splendida Moser 翠绿罗花金龟

Rhomborrhina unicolor Motschulsky 绿罗花金龟

Rhomborrhina yunnana Moser 云罗花金龟

Rhondia Gahan 肩花天牛属

Rhondia hubeiensis Wang *et* Chiang 鄂肩花天牛

Rhondia placida Heller 钝肩花天牛

Rhopaea magnicornis Blackburn 大角灌金龟

Rhopalanoetus 棒菌螨属

Rhopalanoetus chinensis Samsinak 中华棒菌螨

Rhopalanoetus simplex Samsinak 简棒菌螨

Rhopalicus Förster 罗葩金小蜂属

Rhopalicus guttatus (Ratzeburg) 隆胸罗葩金小蜂

Rhopalicus quadratus (Ratzeburg) 平背罗葩金小蜂

Rhopalicus tutela (Walker) 长痣罗葩金小蜂

Rhopalidae 姬缘蝽科

Rhopalinae 姬缘蝽亚科

Rhopalocampta Wallengren 绿翅弄蝶属

Rhopalocampta benjamini japonica Murray 绿翅弄蝶日本亚种 Indian awlking butterfly

Rhopalocera 锤角亚目 butterflies and skippers

Rhopalomeridae 树脂蝇科 large flies

Rhopalomyia Williston 艾瘿蚊属

Rhopalomyia castaneae Felt 栗艾瘿蚊

Rhopalomyia chrysanthemi (Ahlberg) 菊艾瘿蚊

Rhopalomyia chrysanthemum Monzen 日菊艾瘿蚊 Japanese chrysanthemum gall midge

Rhopalomyia lonicera Felt 忍冬艾瘿蚊

Rhopalomyzus Mordvilko 缢瘤蚜属

Rhopalomyzus ascalonicus Doncaster 冬葱缢瘤蚜 shallot aphid

Rhopalomyzus lonicerae (Siebold) 忍冬缢瘤蚜

Rhopalomyzus poae (Gillette) 早熟禾缢瘤蚜 bluegrass aphid

Rhopalopselion thompsoni Schedl 加纳汤姆逊小蠹

Rhopalopsole furcata Yang *et* Yang 叉突诺石蝇

Rhopalopsole shaanxiensis Yang *et* Yang 陕西诺石蝇

Rhopalopsole sinensis Yang *et* Yang 中华诺石蝇

Rhopalopus Mulsant 扁鞘天牛属

Rhopalopus speciosus Plavilstshikov 赤胸扁鞘天牛

Rhopaloscelis Blessig 角胸天牛属

Rhopaloscelis unifasciatus Blessig 柳角胸天牛

Rhopalosiphoninus Baker 襄管蚜属

Rhopalosiphoninus deutzifoliae Shinji 溲疏囊管蚜

Rhopalosiphum Koch 缢管蚜属

Rhopalosiphum abietinum Walker 见 *Elatobium abietinum*

Rhopalosiphum insertum (Walker) 苹果缢管蚜 apple-grain aphid

Rhopalosiphum maidis (Fitch) 玉米缢管蚜 maize aphid, corn leaf aphid, corn aphid, cereal leaf aphid

Rhopalosiphum nymphaeae (Linnaeus) 莲缢管蚜 water-lily aphid

Rhopalosiphum padi (Linnaeus) 禾谷缢管蚜 bird cherry-oat aphid, oat bird-cherry aphid, bird-cherry aphid, oat aphid

Rhopalosiphum rufiabdominalis (Sasaki) 红腹缢管蚜 rice root aphid

Rhopalosomatidae 刺角胡蜂科 rhopalosomatid wasps

Rhopalus latus (Jakovlev) 侧点伊缘蝽

Rhopalus parumpunctatus Schilling 棕点伊缘蝽

Rhopobota Lederer 黑痣小卷蛾属

Rhopobota latipennis (Walsingham) 李黑痣小卷蛾

Rhopobota naevana (Hübner) 苹黑痣小卷蛾

Rhopobota unipunctana Haworth 黑痣小卷蛾

Rhopographus Kônow 长叶蜂属

Rhopographus babai Togashi 马场长叶蜂

Rhopographus formosanus Malaise 凤山长叶蜂

Rhoptrispa arisana (Chûj) 台湾棒角铁甲

Rhoptrispa clavicornis Chen *et* Tan 瘤鞘棒角铁甲

Rhoptrispa dilaticornis (Duvivier) 刺鞘棒角铁甲

Rhoptromyrmex Mayr 棒切叶蚁属

Rhoptromyrmex wroughtonii Forel 罗氏棒切叶蚁

Rhorus 壮姬蜂属

Rhotala Walker 罗颖蜡蝉属

Rhotala vittata Matsumura 条纹罗颖蜡蝉

Rhotana Walker 广袖蜡蝉属

Rhotana kagoshimana Matsumura 双线广袖蜡蝉

Rhotana satsumana Matsumura 褐带广袖蜡蝉

Rhotanella Fennah 小袖蜡蝉属

Rhotanella novemmacula Wang, Chou *et* Yuan 九斑小袖蜡蝉属

Rhyacia Hübner 沁夜蛾属

Rhyacia auguroides (Rothschild) 冬麦沁夜蛾

Rhyacia junonia (Staudinger) 雍沁夜蛾

Rhyacia ledereri (Erschov) 来沁夜蛾

Rhyacia simulans (Hüfnagel) 肖沁夜蛾

Rhyacionia Hübner 梢小卷蛾属

Rhyacionia adana Heinrich 亚松梢小卷蛾 pine tip moth

Rhyacionia buoliana (Denis *et* Schiffermüller) 欧松梢小卷蛾 European pine shoot moth, pine shoot moth

Rhyacionia busckana Heinrich 拟松梢小卷蛾 pine tip moth

Rhyacionia bushnelli (Busck) 西方松梢小卷蛾 western pine tip moth

Rhyacionia dativa Heinrich 马尾松梢小卷蛾

Rhyacionia duplana (Hübner) 夏梢小卷蛾 double shoot moth

Rhyacionia frustrana bushnelli (Busck) 布氏美松梢小卷蛾 western pine tip moth

Rhyacionia frustrana Comstock 美松梢小卷蛾 nantucket tip moth, nantucket pine tip moth

Rhyacionia insulariana Liu 云南松梢小卷蛾

Rhyacionia montana (Busck) 蒙他那梢小卷蛾

Rhyacionia neomexicana (Dyar) 西南松梢小卷蛾 southwestern pine tip moth

Rhyacionia pasadenana (Kearfott) 蒙地松梢小卷蛾 Monterey pine tip moth

Rhyacionia pinicolana (Doubleday) 松梢小卷蛾 orange-spotted shoot moth

Rhyacionia pinivorana Zeller 褐松梢小卷蛾 spotted shoot moth

Rhyacionia resinella Linnaeus 瘤状松梢小卷蛾 resin-gall moth

Rhyacionia rigidana (Fernald) 脂松梢小卷蛾 pitch pine tip moth

Rhyacionia simulata Heinrich 类松梢小卷蛾

Rhyacionia sonia Miller 黄松梢小卷蛾 yellow jack-pine tip borer

Rhyacionia subcervinana (Walsingham) 下颈梢小卷蛾

Rhyacionia subtropica Miller 亚热松梢小卷蛾 sub-tropical pine tip moth, pale orange-spot shoot moth

Rhyacionia turoniana Hübner 红斑梢小卷蛾 pale orange-spot shoot moth

Rhyacionia zozana (Kearfott) 西黄松梢小卷蛾 ponderosa pine tip moth

Rhyacophila Picitet 原石蛾属

Rhyacophila altoincisiva Hwang 中凹原石蛾

Rhyacophila bidens Kimmins 暗褐叉突原石蛾

Rhyacophila bifida Kimmins 黄褐叉突原石蛾

Rhyacophila complanata Tian *et* Li 阔胫原石蛾

Rhyacophila curvata Morton 金斑原石蛾

Rhyacophila falcifera Schmid 弯镰原石蛾

Rhyacophila furca Hwang *et* Tian 叉突原石蛾

Rhyacophila hamifera Kimmins 长肢原石蛾

Rhyacophila hingstoni Martynov 亨氏原石蛾

Rhyacophila hobsoni Martynov 贺氏原石蛾

Rhyacophila khiympa Schmid 裂突原石蛾

Rhyacophila kiyrongpa Schmid 弯棒原石蛾

Rhyacophila lata Martynov 扁胫原石蛾

Rhyacophila ngorpa Schmid 恩戈帕原石蛾

Rhyacophila poda Schmid 靴形原石蛾

Rhyacophila rima Sun *et* Yang 裂臀原石蛾

Rhyacophila schismatica Sun *et* Yang 裂肢原石蛾

Rhyacophila spinalis Martynov 宽带原石蛾

Rhyacophila stenostyla Martynov 窄刺原石蛾

Rhyacophila tetraphylla Sun *et* Yang 四叶背原石蛾

Rhyacophilidae 原石蛾科

Rhyllotreta rumosa (Crotch) 西部具条跳甲 western striped flea beetle

Rhynacus Keifer 鼻瘿螨属

Rhynacus globosus Keifer 圆鼻瘿螨 cashew leaf mite

Rhynacus guangxiensis Kuang *et* Huang 广西鼻瘿螨

Rhynacus sargentodoxae Wei *et* Kuang 大血藤鼻瘿螨

Rhyncaphytoptidae 大嘴瘿螨科 big-beaked mites

Rhyncaphytoptinae 大嘴瘿螨亚科

Rhyncaphytoptus Keifer 大嘴瘿螨属

Rhyncaphytoptus betulae Kuang *et* Hong 白桦大嘴瘿螨

Rhyncaphytoptus celtis Kuang *et* Hong 朴大嘴瘿螨

Rhyncaphytoptus ficifoliae Keifer 榕大嘴瘿螨

Rhyncaphytoptus ipomoeae Kuang *et* Shi 番薯大嘴瘿螨

Rhyncaphytoptus jiangsuensis Xin *et* Dong 江苏大嘴瘿螨

Rhyncaphytoptus lushanensis hupehensis Kuang *et* Hong 湖北大嘴瘿螨

Rhyncaphytoptus platani Keifer 悬铃木大嘴瘿螨

Rhyncaphytoptus ulmi chongqingensis Kuang *et* Hong 重庆大嘴瘿螨

Rhyncaphytoptus ulmi Xin *et* Dong 榆大嘴瘿螨

Rhyncaphytoptus ulmivagrans Keifer 榆游移大嘴瘿螨

Rhynchaenus Clairville *et* Schellenberg 跳象属

Rhynchaenus cruentatus (F.) 矮棕榈跳象 palmetto pill bug

Rhynchaenus empopulifolis Chen 杨潜叶跳象

Rhynchaenus fagi Linnaeus 山毛榉跳象 beech leaf-miner

Rhynchaenus guliensis Yang *et* Dai 古里柞跳象

Rhynchaenus maculosus Yang *et* Zhang 多斑柞跳象

Rhynchaenus mangiferae Marshall 杧果跳象 mango flea-weevil

Rhynchaenus pallicaornis (Say) 苹果跳象 apple flea weevil

Rhynchaenus rufipes (LeC.) 柳跳象 willow flea weevil

Rhynchaenus sanguinipes Roelofs 红腿跳象 red-legged flea weevil

Rhynchina Guenée 口夜蛾属

Rhynchina abducalis (Walker) 曲口夜蛾

Rhynchina angustalis (Warren) 尖口夜蛾

Rhynchina columbaris (Butler) 鸽口夜蛾

Rhynchina cramboides (Butler) 洁口夜蛾

Rhynchites Herbst 虎象属

Rhynchites betulae Linnaeus 见 *Byctiscus betulae*

Rhynchites contristatus Voss 印度虎象

Rhynchites heros Roelofs 日本草虎象 peach curculio

Rhynchites populi Linnaeus 见 *Byctiscus populi*

Rhynchium Spinola 喙蜾蠃属

Rhynchium fukaii Cameron 福喙蜾蠃

Rhynchium mellyi Saussure 棕腹喙蜾蠃

Rhynchium quinquecinctum (Fabricius) 黄喙蜾蠃

Rhynchium tahitense Saussure 黑背喙蜾蠃

Rhynchobanchus maculicornis Shen, Liu *et* Wang 斑角长栉姬蜂

Rhynchobapta Hampson 印尺蛾属

Rhynchocoris Westwood 棱蝽属

Rhynchocoris humeralis (Thunberg) 棱蝽 citrus stink bug

Rhynchocoris nigridens Stål 黑角棱蝽

Rhynchocoris plagiatus (Walker) 小棱蝽

Rhynchodontodes Warren 齿口夜蛾属

Rhynchodontodes plusioides (Butler) 丑齿口夜蛾

Rhynchohydracaridae 鼻水螨科

Rhyncholaba Rothschild *et* Jordan 斜绿天蛾属

Rhyncholaba acteus (Cramer) 斜绿天蛾

Rhyncholimnocharinae 喙喜沼螨亚科

Rhynchomermis Rubzov 喙索线虫属

Rhynchomermis elongata Rubzov 细长喙索线虫

Rhynchomermis nabiculensis Rubzov 拟猎蝽喙索线虫

Rhynchomermis saldulae (Rubzov) 跳蝽喙索线虫

Rhynchophoridae 隐喙象科

Rhynchophorus Brunner 鼻隐喙象属

Rhynchophorus papuanus Kirsch. 棕榈鼻隐喙象 black palm weevil

Rhynchophorus phoenicis (F.) 棕榈红隐喙象 palm weevil

Rhynchophorus schach Olivier 红条鼻隐喙象 red-striped weevil

Rhynchoptes 豪猪毛螨属

Rhynchoptes anastosi Fain 阿氏豪猪毛螨

Rhynchoptidae 豪猪毛螨科

Rhynchoribatidae 鼻甲螨科

Rhynchotarsonemus 大嘴跗线螨属

Rhynchothrips champakae Ramakrishna *et* Margabandhu 黄兰皮蓟马

Rhynchothrips raoensis Ramakrishna 腰果皮蓟马

Rhynchothrips vichitravarna Ramakrishna 枪弹木皮蓟马

Rhyncobapta flavipes Butler 黄颜尺蛾

Rhyncolaba acteus Cramer 栎鼻天蛾

Rhyncolus Geermar 短木象属

Rhyncolus chinensis Voss 短鼻木象

Rhyncomya Robineau-Desvoidy 鼻彩蝇属

Rhyncomya flavibasis (Senior-White) 黄基鼻彩蝇

Rhyncomya setipyga Villeneuve 鬃尾鼻彩蝇

Rhyncosoma Champion 短柄木象属

Rhynocyphidae 见 Libellaginidae

Rhyothemis 丽翅蜻属

Rhyothemis fuliginosa Selys 黑丽翅蜻

Rhyothemis variegata Linnaeus *et* Johansson 斑丽翅蜻

Rhyparia purpurata L. 黄灯蛾 chrysanthemum arctid

Rhyparida Baly 群肖叶甲属

Rhyparida discopunctulata Blackburn 黑群肖叶甲 black

swarming leaf-beetle

Rhyparida limbatipennis Jacoby 褐群肖叶甲 brown swarming leaf-beetle

Rhyparioides amurensis (Bremer) 肖浑黄灯蛾

Rhyparioides metalkana (Lederer) 点浑黄灯蛾

Rhyparioides nebulosa Butler 浑黄灯蛾

Rhyparioides subvarius (Walker) 红点浑黄灯蛾

Rhyparochrominae 地长蝽亚科

Rhyparochromus Hahn 地长蝽属

Rhyparochromus abspersus Mulsant *et* Rey 淡边地长蝽

Rhyparochromus albomaculatus (Scott) 白斑地长蝽

Rhyparochromus jakowlewi Seidenstucker 宽地长蝽

Rhyparochromus japonicus (Stål) 点边地长蝽

Rhyparochromus pini (Linnaeus) 松地长蝽

Rhyparochromus sordidus (Fabricius) 褐斑地长蝽

Rhyparochromus v-album Stål 小地长蝽

Rhyparothesus Scudder 拟地长蝽属

Rhyparothesus dudgeoni (Distant) 拟地长蝽

Rhyparothesus orientalis (Distant) 淡拟地长蝽

Rhysodes Dalman 条脊甲属

Rhysodes sulcatus (Fabricius) 条脊甲

Rhysodidae 条脊甲科 winkled bark beetles

Rhysostethus Hsiao 皱背猎蝽属

Rhysostethus glabellus Hsiao 皱背猎蝽

Rhysotritia Markel 三皱甲螨属

Rhysotritia ardua (Koch) 姬三皱甲螨

Rhysotritia ardua jinyunia Li *et* Chen 姬三皱甲螨缙云亚种

Rhyssa Gravenhorst 皱背姬蜂属

Rhyssa jozana Matsumura 定山皱背姬蜂

Rhyssa lineolata (Kirby) 直边皱背姬蜂

Rhyssa persuasoria persuasoria (Linnaeus) 黑背皱背姬蜂指名亚种

Rhyssella Rohwer 小皱姬蜂属

Rhyssella approximator (Fabricius) 黑小皱姬蜂

Rhytidodera White 脊胸天牛属

Rhytidodera bowringii White 脊胸天牛

Rhytidodera grandis Thomson 栉角脊胸天牛

Rhytidodera integra Kolbe 榕脊胸天牛

Rhytidodera simulans (White) 南亚脊胸天牛 mango branch borer

Rhyzolaelaps Bregetova *et* Grokhovskaya 竹厉螨属

Rhyzolaelaps inaequipilus Bregetova *et* Grokhovskaya 异毛竹厉螨

Rhyzolaelaps lodianensis Gu *et* Wang 罗甸竹厉螨

Rhyzolaelaps rhizomydis Wang, Liao *et* Lin 竹鼠竹厉螨

Rhyzolaelaps sinoamericanus Gu, Whitaker *et* Baccus 中美竹厉螨

Rhyzopertha Stephens 谷蠹属

Rhyzopertha rejecta Hope 弃谷蠹

Ribautiana tenerrima (Herrich-Schäffer) 黑莓小叶蝉 bramble leafhopper

Ribautodelphax notabilis Logvinenko 名飞虱

Ricania Germar 广翅蜡蝉属

Ricania binotata Walker 双圆点广翅蜡蝉

Ricania cacaonis Chou *et* Lu 可可广翅蜡蝉

Ricania fenestrata Fabricius 檀香广翅蜡蝉

Ricania flabellum Noualhier 琼边广翅蜡蝉

Ricania fumosa Walker 暗带广翅蜡蝉

Ricania marginalis (Walker) 缘纹广翅蜡蝉

Ricania pulverosa Stål 粉黛广翅蜡蝉

Ricania quadrimaculata Kato 四斑广翅蜡蝉

Ricania shantungensis Chou *et* Lu 山东广翅蜡蝉

Ricania simulans Walker 钩纹广翅蜡蝉

Ricania speculum (Walker) 八点广翅蜡蝉

Ricania sublimbata Jacobi 柿广翅蜡蝉

Ricania taeniata Stål 褐带广翅蜡蝉

Ricaniidae 广翅蜡蝉科

Ricanopsis semihyalina Melichar 半透膜广翅蜡蝉

Riccardoella Berles 蛞蝓螨属

Riccardoella limacum Schrank 蛞蝓螨 slug mite

Richardiidae 粗股蝇科

Ricinidae 鸟羽虱科 bird lice

Ridiaschinidae 隐脉瘿蛾科 larva gall makers

Riedlinia Oudemans 吕德恙螨属

Riedlinia chinensis Chen 中华吕德恙螨

Riedlinia dayushana Mo 大屿山吕德恙螨

Riedlinia dimolinae (Audy) 叉威吕德恙螨

Riedlinia harrisoni Womersley 哈氏吕德恙螨

Riedlinia jianfenga Wen *et* Xiang 肩峰吕德恙螨

Riedlinia yuanti Wen *et* Xiang 圆体吕德恙螨

Riemia Oudemans 利米螨属

Rihirbus Stål 齿胫猎蝽属

Rihirbus sinicus Hsiao *et* Ren 华齿胫猎蝽

Rihirbus trochantericus Stål 多变齿胫猎蝽

Rikiosatoa Inoue 佐尺蛾属

Riodinidae 蚬蝶科

Ripeacma fopingensis Wang *et* Zheng 佛坪斑织蛾

Ripeacma qinlingensis Wang *et* Zheng 秦岭斑织蛾

Ripersia Signoret 瑞粉蚧属

Ripersia agavium (Douglas) 见 *Gymnococcus agavium*

Ripersia fraxini (Kalt.) 见 *Pseudochermes fraxini*

Ripersia resinophila Green 脂瑞粉蚧

Ripersia sera Borchsenius 见 *Mirococcus sera*

Ripersiella Tinsley 土粉蚧属

Ripersiella caesii (Schmutterer) 石竹土粉蚧

Ripersiella carolinensis (Beardsley) 小印尼土粉蚧

Ripersiella cynodontis (Green) 绊根草土粉蚧

Ripersiella halophila (Hardy) 海生土粉蚧 hardy root mealybug

Ripersiella helanensis Tang 贺兰土粉蚧

Ripersiella hibisci (Kawai *et* Takagi) 木槿土粉蚧

Ripersiella kondonis (Kuw.) 柑橘土粉蚧

Ripersiella parva (Danzig) 高加索土粉蚧

Ripersiella poltavae (Laing) 乌克兰土粉蚧 Laing's root mealybug

Ripersiella saintpauliae (Williams) 泰国土粉蚧

Ripersiella sasae (Takagi *et* Kawai) 箬竹土粉蚧

Ripersiella theae (Kawai *et* Takagi) 茶树土粉蚧

Ripersiella tritici (Borchs.) 小麦土粉蚧

Riptortus Stål 蜂缘蝽属

Riptortus clavatus Thunberg 豆蜂缘蝽 bean bug

Riptortus linearis (Fabricius) 条蜂缘蝽

Riptortus parvus Hsiao 小蜂缘蝽

Riptortus pedestris (Fabricius) 点蜂缘蝽

Riseveinus Li 突脉叶蝉属

Riseveinus sinensis (Jacobi) 中华突脉叶蝉

Risoba Moore 长角皮夜蛾属

Risoba obstructa Moore 紫薇长角皮夜蛾

Risoba prominens Moore 显长角皮夜蛾

Risophilus 喜步甲属

Ritsemia Lichtenstein 榆粉蚧属

Ritsemia pupifera Lichtenstein 欧洲榆粉蚧 elm bark scale

Rivellia apicalis Hendel 蚕豆根扁口蝇 soybean root-gall fly

Rivula Guenée 涓夜蛾属

Rivula angulata Wileman 角涓夜蛾

Rivula biatomea Moore 竹涓夜蛾 bamboo rivula

Rivula sericealis (Scopoli) 涓夜蛾 leguminose rivula

Robertus O.P.Cambridge 罗蛛属

Robertus arundineti O.P.-Cambridge 芦苇罗蛛

Robertus potanini Schenkel 波氏罗蛛

Robertus ungulatus Vogelsanger 爪罗蛛

Robineauella Enderlein 叉麻蝇属

Robineauella anchoriformis (Fan) 锚形叉麻蝇

Robineauella daurica (Grunin) 达乌利叉麻蝇

Robineauella grunini (Rohdendorf) 阔叶叉麻蝇

Robineauella huangshanensis (Fan) 黄山叉麻蝇

Robineauella nigribasicosta Ye 暗鳞叉麻蝇

Robineauella pseudoscoparia (Kramer) 伪叉麻蝇

Robineauella scoparia (Pandelle) 巨叉麻蝇

Robinisae Zachvatkin 劳滨螨属

Rodhainyssus 罗地刺螨属

Rodhainyssus yunkeri Fain 永氏罗地刺螨

Rodionovia Zachvatkin 罗地螨属

Rodoba Moore 红瑰歧角螟属

Rodoba angulipennis Moore 红瑰歧角螟

Rodolia Mulsant 红瓢虫属

Rodolia cardinalis (Mulsant) 澳洲瓢虫

Rodolia concolor Lewis 暗红瓢虫

Rodolia fumida (Mulsant) 烟色红瓢虫

Rodolia limbata Motschulsky 红环瓢虫

Rodolia marginata Bielawski 红缘瓢虫

Rodolia octoguttata Weise 八斑红瓢虫

Rodolia pumila Weise 小红瓢虫

Rodolia rubea Mulsant 紫红瓢虫

Rodolia rufocincta Lewis 浅缘瓢虫

Rodolia rufopilosa Mulsant 大红瓢虫

Rodolia sexmaculata Mader 六斑红瓢虫

Roeselia Hübner 洛瘤蛾属

Roeselia lugens Walker 桉洛瘤蛾 gum tree skeletonizer

Roeselia metallopa Meyrick 见 *Roeselia lugens*

Roeselia nitida Hampson 亮洛瘤蛾

Roeslerstammia Zeller 褐邻荣蛾属

Roeslerstammia erxlebella Fabricius 褐铜巢蛾 brown-copper ermel moth

Rogas cariniventris Enderlein 脊腹内茧蜂

Rogas dendrolimi Matsumura 松毛虫内茧蜂

Rogas dimidiatus (Spinola) 半分内茧蜂

Rogas drymoniae Watanabe 舟蛾内茧蜂

Rogas fuscomaculatus Ashmead 褐斑内茧蜂

Rogas hyphantriae Gahan 美国白蛾内茧蜂

Rogas japonicus Ashmead 桑尺蠖内茧蜂(桑尺蠖脊茧蜂)

Rogas laphygmae Viereck 贪夜蛾内茧蜂

Rogas lymantriae Watanabe 毒蛾内茧蜂

Rogas narangae Rohwer 螟蛉内茧蜂

Rogas pallidinervis Cameron 白脉内茧蜂

Rogas praetor Reinhard 柳天蛾内茧蜂

Rogas spectabilis (Matsumura) 见 *Rogas dendrolimi*

Rogas tristis Wesmael 暗色内茧蜂

Rogas unicolor (Wesmael) 单色内茧蜂

Rohana Moore 罗蛱蝶属

Rohana parisatis (Westwood) 罗蛱蝶

Romalea Audinet-Serville 小翅蝗属

Romalea microptera (P. de B.) 东方小翅蝗 eastern lubber grasshopper

Romaleum White 栎壮天牛属

Romaleum cartiphagus Craighead *et* Knull 美洲栎壮天牛 oak bark borer

Romaleum rufulum Hald. 美洲红栎壮天牛 red oak borer

Romanomermis Coman 罗索线虫属

Romanomermis chenzhouensis Fu *et* Lin 郴州罗索线虫

Romanomermis culicivorax Ross *et* Smith 食蚊罗索线虫

Romanomermis hermaphrodita Ross *et* Smith 双性罗索线虫

Romanomermis iyengari Welch 艾伊加罗索线虫

Romanomermis jingdeensis Yang, Fang *et* Chen 旌德罗索线虫

Romanomermis kiktoreak Ross *et* Smith 基克托里罗索线虫

Romanomermis sichanensis Peng *et* Song 四川罗索线虫

Romanomermis wuchangensis Bao *et al*. 武昌罗索线虫

Romanomermis yunanensis Song *et* Peng 豫南罗索线虫

Rondibilis lineaticollis Pic 老挝方额天牛

Rondibilis paralineaticollis Brening 缝纹方额天牛

Rondonia ropicoides Breuning 郎氏天牛

Rondotia Moore 桑螟属

Rondotia menciana Moore 桑螟

Ropalidia Guèrin 铃腹胡蜂属

Ropalidia bicolorata bicolorata Gribodo 双色铃腹胡蜂

Ropalidia bicolorata parvula van der Vecht 淡双色铃腹胡蜂

Ropalidia fasciata (Fabricius) 带铃腹胡蜂

Ropalidia ferruginea (Fabricius) 锈边铃腹胡蜂

Ropalidia hongkongensis hongkongensis (Saussure) 香港铃腹胡蜂

Ropalidia opifex van der Vecht 助铃腹胡蜂

Ropalidia speciosa (Saussure) 红腰铃腹胡蜂

Ropalidia sumatrae sumatrae (Weber) 刺铃腹胡蜂

Ropalidia taiwana taiwana Sonan 台湾铃腹胡蜂

Ropalidia variegata variegata (Smith) 多色铃腹胡蜂

Ropalidiidae 铃腹胡蜂科

Ropalophorus Curtis 绕茧蜂属

Ropalophorus polygraphus Yang 四眼小蠹绕茧蜂

Ropalophorus sichuanicus Yang 云杉小蠹绕茧蜂

Rophites Spinola 无沟隧蜂属

Rophites canus Eversmann 灰无沟隧蜂

Ropica griseosparsa Pic 灰线缝角天牛

Ropica honesta Pascoe 褐背缝角天牛

Ropica ngauchilae Gressitt 五指山缝角天牛

Ropica rondoni Breuning 白带缝角天牛

Ropica subnotata Pic 缝角天牛

Ropica trichantennalis Breuning 老挝缝角天牛

Ropicosybra spinipennis Pic 双条缝角天牛

Roproniidae 窄腹细蜂科 roproniid wasps

Roptrocerus Ratzeburg 小蠹长尾金小蜂属

Roptrocerus cryphalus Yang 梢小蠹长尾金小蜂

Roptrocerus eccoptogastri (Ratzeburg) 伊氏小蠹长尾金小蜂

Roptrocerus ipius Yang 西北小蠹长尾金小蜂

Roptrocerus mirus (Walker) 奇异小蠹长尾金小蜂

Roptrocerus xylophagorum (Ratzeburg) 木小蠹长尾金小蜂

Roptrocerus yunnanensis Yang 云南小蠹长尾金小蜂

Rosalia Serville 丽天牛属

Rosalia batesi Harold 贝茨丽天牛

Rosalia coelestis Semenov 蓝丽天牛

Rosalia decempunctata (Westwood) 红丽天牛

Rosalia formosa (Saunders) 双带丽天牛

Rosalia funebris Motschulsky 榿木带丽天牛 banded alder borer

Rosalia lameerei Brogniart 茶丽天牛

Rosama Walker 玫舟蛾属

Rosama albifasciata (Hampson) 球玫舟蛾

Rosama auritracta (Moore) 金纹玫舟蛾

Rosama eminens Bryk 黑纹玫舟蛾

Rosama ornata (Oberthüer) 锈玫舟蛾

Rosama plusioides Moore 银角玫舟蛾

Rosama sororella Bryk 胞银玫舟蛾

Rosensteiniidae 红区螨科

Rossomyrmex quandratinodum Xia *et* Zheng 方结俄蚁

Rostrozetes Sellnick 角单翼甲螨属

Rostrozetes foveolatus Sellnick 窝角单翼甲螨

Rotundata Zhang 圆顶叶蝉属

Rotundata octopunctata Zhang 八点圆顶叶蝉

Rotylenchoides Whitehead 拟盘旋线虫属

Rotylenchoides neoformis (Siddiqi *et* Husain) 新型拟盘旋线虫

Rotylenchoides variocaudatus Luc 变尾拟盘旋线虫

Rotylenchoides whiteheadi Ganguly *et* Khan 怀氏拟盘旋线虫

Rotylenchulidae 小盘旋线虫科

Rotylenchulus Linford *et* Oliveira 小盘旋线虫属

Rotylenchulus anamictus Dasgupta, Raski *et* Sher 越南小盘旋线虫

Rotylenchulus borealis Loof *et* Oostenbrink 北方小盘旋线虫

Rotylenchulus brevitubulus van den Berg 短管小盘旋线虫

Rotylenchulus clavicaudatus Dasgupta, Raski *et* Sher 短尾小盘旋线虫

Rotylenchulus eximius Siddiqi 特殊小盘旋线虫

Rotylenchulus leiperi (Das) 离弃小盘旋线虫

Rotylenchulus leptus Dasgupta, Raski *et* Sher 细弱小盘旋线虫

Rotylenchulus macrodovatus Dasgupta, Raski *et* Sher 大囊小盘旋线虫

Rotylenchulus macrosomus Dasgupta, Raski *et* Sher 长小盘旋线虫

Rotylenchulus nicotiana (Yokoo *et* Tanaka) 菸草小盘旋线虫

Rotylenchulus parvus (Williams) 微小小盘旋线虫

Rotylenchulus queirozi (Lordello *et* Cesnik) 奎岩兹小盘旋线虫

Rotylenchulus reniformis Linford *et* Oliveira 肾形小盘旋线虫 reniform nematode

Rotylenchulus sacchari van den Berg *et* Spaull 甘蔗小盘旋线虫

Rotylenchulus stakmani Husain *et* Khan 斯氏小盘旋线虫

Rotylenchulus variabilis Dasgupta, Raski *et* Sher 可变小盘旋线虫

Rotylenchus Filipjev 盘旋线虫属 spiral nematodes

Rotylenchus abnormecaudatus van den Berg *et* Heyns 异常盘旋线虫

Rotylenchus aceri Berezina 槭树盘旋线虫

Rotylenchus acuspicaudatus van den Berg *et* Heyns 尖尾盘旋线虫

Rotylenchus alii Maqbool *et* Shahina 滨海盘旋线虫

Rotylenchus alius van den Berg 非同盘旋线虫

Rotylenchus alpinus Eroshenko 高山盘旋线虫

Rotylenchus apapillatus (Imamura) 缺突盘旋线虫

Rotylenchus bialaebursus van den Berg *et* Heyns 双翼盘旋线虫

Rotylenchus brevicaudatus Colbran 短尾盘旋线虫

Rotylenchus calvus Sher 光滑盘旋线虫

Rotylenchus capensis van den Berg *et* Heyns 开普盘旋线虫

Rotylenchus capsicumi Firoza *et* Maqbool 辣椒盘旋线虫

Rotylenchus catharinae van den Berg *et* Heyns 纯洁盘旋线虫

Rotylenchus caudaphasmicius Sher 尾侧尾腺盘旋线虫

Rotylenchus cazorlaensis Castillo *et* Gomez Barcina 卡佐拉盘旋线虫

Rotylenchus cypriensis Antoniou 塞浦路斯盘旋线虫

Rotylenchus dalhousiensis Sultan *et* Jairajpuri 达尔胡西盘旋线虫

Rotylenchus desonzai (Kumar *et* Ananda Rao) 德桑扎盘旋线虫

Rotylenchus devonensis van den Berg 德文盘旋线虫

Rotylenchus eximins Siddiqi 非凡盘旋线虫

Rotylenchus fabalus Baidulova 小豆盘旋线虫

Rotylenchus fallorobustus Sher 伪强盘旋线虫

Rotylenchus fragaricus Maqbool *et* Shahina 草莓盘旋线虫

Rotylenchus glabratus Konkina *et* Tebenkova 裸秃盘旋线虫

Rotylenchus goldeni Firoza *et* Maqbool 戈氏盘旋线虫

Rotylenchus gracilidens (Sauer) 纤细盘旋线虫

Rotylenchus heredicus (Jairajpuri *et* Siddiqi) 遗传盘旋线虫

Rotylenchus impar (Phillips) 不等盘旋线虫

Rotylenchus incisicaudatus (Phillips) 裂尾盘旋线虫

Rotylenchus incultus Sher 粗糙盘旋线虫

Rotylenchus indorobustus Jairajpuri *et* Baqri 印度强壮盘旋线虫

Rotylenchus insularis (Phillips) 海岛盘旋线虫

Rotylenchus ivanovae Kankina *et* Tebenkova 伊氏盘旋线虫

Rotylenchus jagatpurensis Sultan 贾甘特普尔盘旋线虫

Rotylenchus julaharensis Kapoor 朱拉哈尔盘旋线虫

Rotylenchus karooensis van den Berg 卡罗盘旋线虫

Rotylenchus kenti Firoza *et* Maqbool 肯特盘旋线虫

Rotylenchus laeriflexus (Phillips) 滑弯盘旋线虫

Rotylenchus laurentinus Scognamiglio *et* Talamé 直沟盘旋线虫

Rotylenchus lobatus Sultan 裂片盘旋线虫

Rotylenchus mabelei van den Berg *et* Waele 马贝莱盘旋线虫

Rotylenchus magnus Zancada 巨型盘旋线虫

Rotylenchus mesorobustus Zancada 半强壮盘旋线虫

Rotylenchus microstriatus Siddiqi *et* Corbett 小纹盘旋线虫

Rotylenchus minutus (Sher) 微小盘旋线虫

Rotylenchus mirus van den Berg 稀奇盘旋线虫

Rotylenchus neorobustus Sultan *et* Jairajpuri 新强壮盘旋线虫

Rotylenchus nexus Ferraz 关联盘旋线虫

Rotylenchus pakistanensis Maqbool *et* Shahina 巴基斯坦盘旋线虫

Rotylenchus phaliurus Siddiqi *et* Piaochet 亮尾盘旋线虫

Rotylenchus pruni Rashid *et* Husain 李子盘旋线虫

Rotylenchus ranapoi Darekar *et* Khan 拉那甫盘旋线虫

Rotylenchus robustus (de Man) 强壮盘旋线虫

Rotylenchus rugatocuticulatus Sher 皱皮盘旋线虫

Rotylenchus sheri Jairajpuri 谢氏盘旋线虫

Rotylenchus triannulatus van den Berg *et* Heyns 三纹盘旋线虫

Rotylenchus uniformis (Thorne) 单型盘旋线虫

Rotylenchus unisexus Sher 单性盘旋线虫

Rotylenchus usitatus van den Berg *et* Heyns 普通盘旋线虫

Rotylenchus wallace Nobbs 韦氏盘旋线虫

Rotylenchus yarikahensis Kapoor 亚里卡盘旋线虫

Rowleyella Lewis 罗氏蚤属

Rowleyella nujiaangensis Lin *et* Xie 怒江罗氏蚤

Ruandanyssus Fain 卢刺螨属

Rubiconia Dohrn 珠蝽属

Rubiconia intermedia (Wolff) 珠蝽

Rubroscirus Den Heyer 红瘤螨属

Rubroscirus africanus Den Heyer 非洲红瘤螨

Rudnicula Vercammen-Grandjean 络板恙螨属

Rudnicula meilingensis Zhao 梅岭络板恙螨

Rudnicula tianmushanensis (Chu) 天目山络板恙螨

Rudnicula tsaochiensis (Chen *et* Hsu) 曹溪络板恙螨

Ruganotus Yin 皱背蝗属

Ruganotus rufipes Yin 红足皱背蝗

Rugaspidiotus MacG. 潜盾蚧属

Rugaspidiotus arisonicus (Cockerell) 阿利桑那潜盾蚧 Arizona rugaspidiotus scale

Runaria taiwana Shinohara 台湾四节叶蜂

Runcinia Simon 锯足蛛属

Runcinia albostriata Boes. *et* Str. 白条锯足蛛

Runcinia caudata Schenkel 尾锯足蛛

Runcinia lateralis (C.L. Koch) 侧锯足蛛

Rupela albinella (Cramer) 南美稻白螟 South American white rice borer

Rusicada fulvida Guenée 广布茹夜蛾

Russellaspis Bodenheimer 珞链蚧属

Russellaspis pustulans (Cockerell) 普食珞链蚧

Russellaspis sumatrae (Russ.) 印尼珞链蚧

Rutelidae 丽金龟科

Rutherfordia MacG. 络盾蚧属

Rutherfordia hwangyensis (Chen) 见 *Rutherfordia major*

Rutherfordia major (Ckll.) 台湾络盾蚧

Rutherfordia uniloba (Young) 云南络盾蚧

Rutripalpidae 铲须水螨科

Rylarge steganioides Butler 双波纹尺蛾 two-wavy-lined geometrid

Rypellia Malloch 璃蝇属

Rypellia flavipes Malloch 黄足璃蝇

Rypellia malaisei (Emden) 中缅璃蝇

Rypellia semilutea (Malloch) 半透璃蝇

S

Sabaria Walker 飒尺蛾属

Sabaria researia (Leech) 玫飒尺蛾

Sabulodes caberata Guenée 杂食尺蛾 omnivorous looper

Sacada prasinalis Hampson 乌干达草绿螟

Saccharicoccus Ferris 蔗粉蚧属(糖粉蚧属)

Saccharicoccus penium Williams 旧北蔗粉蚧 William's grass mealybug

Saccharicoccus saccharii (Cockerell) 热带蔗粉蚧(糖粉蚧,红甘蔗粉蚧) pink sugarcane mealybug, sugarcane mealybug

Saccharipulvinaria Tao *et* Wong 蔗绵蚧属

Saccharipulvinaria bambusicola Tang 杭竹蔗绵蚧

Saccharipulvinaria iceryi (Sign.) 吹绵蔗绵蚧

Saccharosydne Kirkaldy 长飞虱属

Saccharosydne procerus (Matsumura) 长绿飞虱

Sacchiphantes Curtis 糖球蚜属

Sacchiphantes abietis (L.) 云杉瘿球蚜(黄球蚜) eastern spruce gall aphid

Sacchiphantes viridis (Ratzeburg) 云杉绿球蚜 spruce pineapple gall adelges

Sachalinobia Jacobson 网花天牛属

Sachalinobia koltzei (Heyden) 冷杉网花天牛

Sacharolecanium Williams 食蔗蚧属

Sacharolecanium krugeri (Zehntner) 爪哇食蔗蚧

Sachtlebenia sexmaculata Townes 六点沙赫姬蜂

Sadocepheus Aoki 佐渡藓甲螨属

Sadocepheus undularus Aoki 波佐渡藓甲螨

Sadoletus Distant 撒长蝽属

Sadoletus bakeri Bergroth 巴撒长蝽

Saginae 亚菾亚科 stem beetles

Sagra Fabricius 茎甲属 stem beetles

Sagra femorata purpurea Lichtenstein 紫茎甲

Sagra fulgida fulgida Weber 耀茎甲

Sagra fulgida janthina Chen 蓝耀茎甲

Sagra fulgida minuta Pic 紫红耀茎甲

Sagra jansoni Baly 狭茎甲

Sagra moghanii Chen 千斤拔茎甲

Sagra tridentata Weber 三齿茎甲

Sagridae 茎甲科(曲胫叶甲科) synetine leaf beetles

Sagrinae 茎甲亚科 sagrine beetles

Sahlbergella singularis Haglund 可可褐盲蝽 cocoa capsid

Sahyadrassus Tindale 萨蝠蛾属

Sahyadrassus malabaricus Moore 马拉巴萨蝠蛾 phassus borer

Saicinae 盲猎蝽亚科

Saigona Matsumura 鼻象蜡蝉属

Saigona gibbosa Matsumura 瘤鼻象蜡蝉

Saigona ussuriensis (Lethierry) 尖鼻象蜡蝉

Saileriolinae 版纳蝽亚科

Saintdidieria Oudemans 圣迪螨属

Saissetia Deplanches 黑盔蚧属(盔蚧属,珠蜡蚧属)

Saissetia armata Takahashi 见 *Platysaissetia armata*

Saissetia bobuae Takahashi 山矾黑盔蚧(红盔蚧,红珠蜡蚧)

Saissetia catori Green 卡特黑盔蚧

Saissetia citricola (Kuwana) 柑橘黑盔蚧

Saissetia coffeae (Walker) 咖啡黑盔蚧 brown coffee scale, hemispherical scale

Saissetia farquharsoni Newstead 法氏黑盔蚧

Saissetia formicarii (Green) 见 *Coccus formicarii*

Saissetia hemisphaerica (Targioni-Tozzetti) 见 *Saissetia coffeae*

Saissetia miranda (Cockerell) 美洲黑盔蚧

Saissetia neglecta De Lotto 佛洲黑盔蚧

Saissetia nigra Nietner 黑盔蚧 black coffee scale

Saissetia oleae (Bernard) 橄榄黑盔蚧(榄珠蜡蚧) citrus black scale, black scale, brown olive scale

Saiva Distant 锥头蜡蝉属

Saiva gemmata (Westwood) 锥头蜡蝉

Salassa Moore 猫目大蚕蛾属

Salassa lola Westwood 鸥目大蚕蛾

Salassa olivacea Oberthüer 鸦目大蚕蛾

Salassa thespis Leech 猫目大蚕蛾

Salassa tibaliva Chu *et* Wang 西藏鸦目大蚕蛾

Saldidae 跳蝽科 Shore bugs

Saldula Van Duzee 跳蝽属

Saldula burmanica Lindskog 缅甸跳蝽

Saldula melanoscela (Fieber) 灰暗跳蝽

Saldula pilosella (Thomson) 毛顶跳蝽

Salebria betulae Degeer 桦斑螟 birch knot-horn moth

Salebria formosa Haworth 见 *Nephopteryx formosa*

Salebria paurosema Meyrick 见 *Thylacoptila paurosema*

Salicicola amanensis Lindinger 印柳盾蚧

Saliciphaga Falkovitsh 弯月小卷蛾属

Saliciphaga archris (Butler) 弯月小卷蛾 ripped cucosmid
Saliciphaga caesia Falkovitsh 大弯月小卷蛾
Saliocleta Walker 姬舟蛾属
Saliocleta nonagrioides Walker 姬舟蛾
Salpingidae 树皮甲科
Salpinia 柱天牛属
Salpinia laosensis Gressitt *et* Rondon 黑斑柱天牛
Saltatoria 跳跃亚目
Salticidae (Attidae) 跳蛛科
Salticus Latreille 跳蛛属
Salticus koreanus Wesolowska 朝鲜跳蛛
Salticus potanini Schenkel 波氏跳蛛
Salurnis Stål 缘蛾蜡蝉属
Salurnis marginella (Guèrin) 褐缘蛾蜡蝉
Salvianus lunatus Distant 赛蝽
Salyavatinae 飒猎蝽亚科
Samaria ardentella Ragonot 山茶斑螟 camellia webworm, camellia leafminer
Sambus kanssuensis Ganglb. 甘肃齿腿吉丁
Samia Hübner 樗蚕蛾属
Samia cecropia Linnaeus 见 *Hyalophora cecropia*
Samia cynthia canningi (Hutton) 宽带樗蚕
Samia cynthia cynthia (Drurvy) 樗蚕 cynthia moth
Samia cynthia insularis (Vollenhofen) 细带樗蚕
Samia cynthia pryeri (Butler) 日樗蚕
Samia cynthia ricina (Donovan) 蓖麻蚕
Samia cynthia watsoni (Oberthüer) 角斑樗蚕
Sandracottus Sharp 沙龙虱属
Sandracottus fasciatus Fabricius 沙龙虱
Sangariola Jacobson 细角跳甲属
Sangariola fortunei (Baly) 缝细角跳甲
Sangariola punctatostriata Motschulsky 百合细角跳甲 lily leaf beetle
Saniosulus 裸浆螨属
Saniosulus gersoni Hu *et* Liang 格氏裸浆螨
Saniosulus nudus Summer 裸浆螨
Sannina uroceriformis Walker 柿树透翅蛾 persimmon borer
Sanninoidea exitiosa (Say) 桃透翅蛾 peachtree borer
Santa vittata Hampson 斑缘麋夜蛾
Sanyangia Yang 凸头姬小蜂属
Sanyangia propinquae Yang 榆小蠹凸头姬小蜂
Saperda Fabricius 楔天牛属
Saperda balsamifera Motschulsky 锈斑楔天牛
Saperda bilineatocollis Pic 双条楔天牛
Saperda calcarata Say 杨黄斑楔天牛 poplar borer
Saperda candida Fabricius 苹楔天牛 roundheaded apple tree borer
Saperda carcharias (Linnaeus) 山杨楔天牛 large poplar and willow borer
Saperda concolor LeConte 杨瘤楔天牛 poplar gall saperda
Saperda fayi Bland 北美刺楔天牛 thorn-limb borer
Saperda inornata Say 杨瘿楔天牛 poplar gall borer
Saperda interrupta laterimaculata Motsch. 断条楔天牛
Saperda messageei Breuning 老挝楔天牛
Saperda obliqua Say 桤木楔天牛 alder borer
Saperda perforata (Pallas) 十星楔天牛
Saperda populnea (Linnaeus) 青杨楔天牛 small poplar borer
Saperda scalaris hieroglyphica (Pallas) 白桦楔天牛
Saperda vestita Say 椴六点楔天牛 linden borer
Saperda viridipennis Gressitt 绿翅楔天牛
Saperdoglenea glenioides Breuning 楔脊天牛
Sappaphis Matsumura 扎圆尾蚜属
Sappaphis dipirivora Zhang 梨北京圆尾蚜
Sappaphis piri Matsumura 梨圆尾蚜
Sappaphis sinipiricola Zhang 梨中华圆尾蚜
Sappocallis Matsumura 札幌斑蚜属
Sappocallis ulmicola Matsumura 榆札幌斑蚜 ulmus Sappopro aphid
Saprininae 腐阎虫亚科
Saprinus Erickson 腐阎虫属
Saprinus maculatus Rossi 具斑阎虫
Saproglyphidae 嗜腐螨科
Saproglyphus Berlese 嗜腐螨属
Saproglyphus neglectus Berlese 疏略嗜腐螨
Saprolaelaps Leitner 腐厉螨属
Sapyga coma Sugih. 黄条斑寡毛土蜂
Sapygidae 寡毛土蜂科 sapygid wasps,sapygids
Saragossa Staudinger 栉跗夜蛾属
Saragossa siccanorum (Staudinger) 栉跗夜蛾
Sarangesa Moore 刷胫弄蝶属
Sarangesa dasahara (Moore) 刷胫弄蝶
Sarbena lignifera Walker 河子瘤蛾
Sarcinodes Guenée 沙尺蛾属
Sarcinodes aequilinearia (Walker) 三线沙尺蛾
Sarcinodes restitutaria (Walker) 沙尺蛾
Sarcinodes susana Swinhoe 苏珊沙尺蛾
Sarcinodes yaeyamana Inoue 八重山沙尺蛾
Sarcophaga (Meigen) 麻蝇属
Sarcophaga affinis Quo 见 *Pierretia pterygota*
Sarcophaga aldrichi Parker 埃氏麻蝇
Sarcophaga variegata (Scopoli) 常麻蝇
Sarcophagidae 麻蝇科 flesh flies,scavenger flies
Sarcophaginae 麻蝇亚科 flesh flies
Sarcophagoidea 麻蝇总科
Sarcophila Rondani 麻野蝇属
Sarcophila mongolica Chao *et* Zhang 蒙古麻野蝇
Sarcophila rasnitzyni Rohdendorf *et* Verves 拉氏麻野蝇
Sarcoptes Latreille 疥螨属
Sarcoptes bovis Robin 牛疥螨 cattle itch mite
Sarcoptes cameli 驼疥螨

Sarcoptes canis Gerlach 犬疥螨 dog itch mite

Sarcoptes caprae Furstenburg 山羊疥螨 goat itch mite

Sarcoptes equi Gerlach 马疥螨 horse itch mite

Sarcoptes ovis Megnin 绵羊疥螨 sheep itch mite

Sarcoptes scabiei (De Geer) 人疥螨 human itch mite

Sarcoptes suis Gerlach 猪疥螨 hog itch mite

Sarcoptidae 疥螨科 itch mites

Sarcoptiformes 疥螨亚目

Sarcoptoidea 疥螨总科

Sarcorohdendorfia Baranov 鬃麻蝇属

Sarcorohdendorfia antilope (Bottcher) 羚足鬃麻蝇

Sarcorohdendorfia gracilior (Chen) 瘦钩鬃麻蝇

Sarcorohdendorfia inextricata (Walker) 拟羚足鬃麻蝇

Sarcorohdendorfia mimobasalis (Ma) 银翅鬃麻蝇

Sarcorohdendorfia seniorwhitei (Ho) 金翅鬃麻蝇

Sarcosolomonia Baranov 所麻蝇属

Sarcosolomonia basiseta (Baranov) 基鬃所麻蝇

Sarcosolomonia crinita (Parker) 恒春所麻蝇

Sarcosolomonia harinasutai Kano et Sooksri 偻叶所麻蝇

Sarcosolomonia hongheensis Li et Ye 红河所麻蝇

Sarcosolomonia nathani Lopes et Kano 六叉所麻蝇

Sarcotachinella Townsend 斑麻蝇属

Sarcotachinella sinuata (Meigen) 股斑麻蝇

Sardia Melichar 喙头飞虱属

Sardia rostrata Melichar 喙头飞虱

Sarima nigroclypeata Melichar 黑唇楔叶蝉

Sarisodera Wouts et Sher 长矛异皮线虫属

Sarisodera hydrophila Wouts et Sher 水生长矛异皮线虫

Sarju Ghauri 萨蝽属

Sarju taungyiana Ghauri 东枝萨蝽

Sarmalia radiata Walker 白黄带蛾

Sarmydus Pascoe 扁角天牛属

Sarmydus antennatus Pascoe 扁角天牛

Saronaga albicosta (Moore) 洒波纹蛾

Saronaga albicostata Bremer 白缘洒波纹蛾

Saronaga commifera Warren 阔洒波纹蛾

Saronaga oberthuri Houlbert 藕洒波纹蛾

Sarothrocera lowi White 肿胫天牛

Sarrothripinae 皮夜蛾亚科

Sarrothripus revayana (Scopoli) 典皮夜蛾

Sarucallis kahawaluokalani Kirkaldy 绉绸爱神木蚜 crape myrtle aphid

Sasacarus Brennan 佐毛螨属

Sasakia Moore 紫蛱蝶属

Sasakia charonda (Hewitson) 大紫蛱蝶 giant paxple emptess

Sasakia funebris (Leech) 黑紫蛱蝶

Sasakia pulcherrima Chou et Li 最美紫蛱蝶

Sasakia quercus Kuwana 见 *Kwania quercus*

Sasatrombicula Vercammen-Grandjean 蝠恙螨属

Sasatrombicula koomori (Sasa et Tameson) 菊蝠恙螨

Sasatrombicula kuokongensis (Chen et Hsu) 曲江蝠恙螨

Sassetia oleae (Bernard) 榄珠蜡蚧

Sassula Stål 纱娜蜡蝉属

Sassula lungchowensis Chou et Lu 龙州纱娜蜡蝉

Sastragala Amyot et Serville 锥同蝽属

Sastragala edessoides Distant 副锥同蝽

Sastragala esakii Hasegawa 伊锥同蝽

Sastragala firmata (Walker) 固锥同蝽

Sastragala heterospila Walker 异锥同蝽

Sastragala javanensis Distant 爪哇锥同蝽

Sastragala parmata Distant 棕锥同蝽

Sastrapada Amyot et Serville 梭猎蝽属

Sastrapada baerensprungi Stål 娇梭猎蝽

Sastrapada brevipennis China 短翅梭猎蝽

Sastrapada marmorata Hsiao 石纹梭猎蝽

Sastrapada oxyptera Bergroth 敏梭猎蝽

Sastrapada robusta Hsiao 壮梭猎蝽

Sastroides Jacoby 沙萤叶甲属

Sastroides submetallicus (Gressitt et Kimoto) 蓝沙萤叶甲

Sastroides violaceus (Weise) 紫缘沙萤叶甲

Sasunaga apicplaga Warren 尖纹幻夜蛾

Sasunaga basiplaga Warren 纹幻夜蛾

Sasunaga interrupta Warren 间纹幻夜蛾

Sasunaga oenistis (Hampson) 酒色幻夜蛾

Sasunaga tenebrosa (Moore) 昏色幻夜蛾

Satarupa Moore 飒弄蝶属

Satarupa formosibia Strard 台湾飒弄蝶

Satarupa gopala Moore 飒弄蝶

Satarupa monbeigi Oberthüer 密纹飒弄蝶

Satarupa nymphalis (Speyer) 蛱型飒弄蝶

Sataspes Moore 木蜂天蛾属

Sataspes tagalica Boisduval 木蜂天蛾

Sathrobrota rileyi (Walsingham) 玉米尖翅蛾(玉米红虫) pink scavenger caterpillar

Sathrophyllia rugosa Linnaeus 具皱紫铆螽

Satrius Tosquinet 撒姬蜂属

Satrius bellus (Cushman) 美撒姬蜂

Saturniidae 大蚕蛾科 giant silkworm moths

Saturniinae 大蚕蛾亚科

Satyridae 眼蝶科 satyrid butterflies

Satyrinae 眼蝶亚科

Satyrium Scudder 洒灰蝶属

Satyrium austrinum (Murayama) 南风洒灰蝶

Satyrium eximium (Fixsen) 优秀洒灰蝶

Satyrium formosanum (Matsumura) 台湾洒灰蝶

Satyrium grande (Felder et Felder) 大洒灰蝶

Satyrium iyonis (Oxta et Kusunoki) 幽洒灰蝶

Satyrium kongmingi Murayama 孔明洒灰蝶

Satyrium kuboi Chou et Tong 久保洒灰蝶

Satyrium minshanicum Murayama 岷山洒灰蝶

Satyrium neoeximium Murayama 新秀洒灰蝶

Satyrium pseudopruni Murayama 拟杏洒灰蝶

Satyrium rubicundulum (Leech) 红斑洒灰蝶

Satyrium siguniangshanicum (Murayama) 四姑娘洒灰蝶

Satyrium spini (Denis *et* Schiffermüller) 刺痣洒灰蝶

Satyrium tanakai (Shirôzu) 田中洒灰蝶

Satyrium watarii (Matsumura) 武大洒灰蝶

Satyrium yangi (Riley) 杨氏洒灰蝶

Satyrus Latreille 眼蝶属

Satyrus ferula Fabricius 玄裳眼蝶

Satyrus parisatis Kollar 白边眼蝶

Saula Gerst. 姿伪瓢虫属

Saula japonica Gorham 黄伪瓢虫 yellow false lady beetle

Sauris Guenée 三叶尺蛾属

Sauris angulosa (Warren) 角三叶尺蛾

Sauris angustifasciata (Inoue) 狭带三叶尺蛾

Sauris inscissa Prout 荫三叶尺蛾

Sauris interruptaria (Moore) 间三叶尺蛾

Sauris marginepunctata (Warren) 缘点三叶尺蛾

Sauris remodesaria Walker 桨三叶尺蛾

Savang vatthanai Breuning 柄筒天牛

Saxetophilus Um. 石栖蝗属

Saxetophilus petulans Um. 石栖蝗

Scadra Stål 斯猎蝽属

Scadra militaris Distant 红斯猎蝽

Scadra rubida Hsiao 滇红斯猎蝽

Scadra wuchengfui China 褐斯猎蝽

Scaeva Fabricius 鼓额食蚜蝇属

Scaeva albomaculata (Macquart) 大斑鼓额食蚜蝇

Scaeva pyrastri (Linnaeus) 斜斑鼓额食蚜蝇

Scaeva selenitica (Meigen) 月斑鼓额食蚜蝇

Scalidion xanthophanum Bates 黄掘步甲

Scalmogomphus Chao 刀春蜓属

Scalmogomphus falcatus Chao 镰状刀春蜓

Scambus brevicorinis Gravenhorst 短角曲姬蜂

Scambus eurygenys Wang *et* Yue 宽颊曲姬蜂

Scambus latustergus Wang 宽背曲姬蜂

Scambus punctatus Wang *et* Yue 密点曲姬蜂

Scambus sudeticus Glowack 球象曲姬蜂

Scantius Stål 喙红蝽属

Scapexocentrus spiniscapus Breuning 柄刺勾天牛

Scapheremaeus Berlese 船甲螨属

Scapheremaeus yamashitai Aoki 山下船甲螨

Scaphidiidae 出尾蕈甲科 shining fungus beetles

Scaphimyia castanea Mesnil 栗色舟寄蝇

Scaphimyia nigrobasicasta Chao *et* Shi 黑鳞舟寄蝇

Scaphinotus angusticollis (Mannerheim) 食蜗大步甲

Scaphoideus Uhler 带叶蝉属

Scaphoideus exsertus Li 突瓣带叶蝉

Scaphoideus festivus Matsumura 横带叶蝉

Scaphoideus luteolus Van Duzee 榆白带叶蝉 white-

banded elm leafhopper

Scaphoideus maai Kitbamroong & Freytag 白纵带叶蝉

Scaphoideus morosus Melichar 纵带叶蝉

Scapteriscus acletus Rehn *et* Hebart 南方蝼蛄 southern mole cricket

Scapteriscus vicinus Scudder 西印度蝼蛄(猴面蝼蛄) changa, Puerto Rico mole cricket, West-Indian mole cricket

Scaptocorinae 根土蝽亚科

Scaptognathus Trouessart 柱颈海螨属

Scarabaeidae 金龟科 scarabs, dung beetles

Scarabaeoidea 金龟总科

Scarabaeus L. 金龟属

Scarabaeus hirtella Linnaeus 见 *Epicometis hirta*

Scarabaeus hispidosa Voet 见 *Epicometis squalida*

Scarabaeus sacer L. 神圣金龟 sacred scarab

Scarabaeus variegatus Scopoli 见 *Valgus hemipterus*

Scarabaspis Womersley 蜣盾螨属

Scarabaspis goulouensis Liu, Gu *et* Ma 果洛蜣盾螨

Scardamia Guenée 银线尺蛾属

Scardamia aurentiacaria Bremer 橘红银线尺蛾

Scardia Treitschke 橘谷蛾属

Scardia baibata Christoph 橘谷蛾

Scardostrenia Sterneck 奥尺蛾属

Scarites Treitschke 黑步甲属

Scarites procerus Dejean 巨黑步甲

Scarites sulcatus Olivier 巨蝼黑步甲

Scasiba caryavora Xu 山胡桃透翅蛾

Scasiba rhynchioides (Butler) 见 *Sesia rhynchioides*

Scatoglyphus Berlese 嗜粪螨属

Scatoglyphus polytrematus Berlese 多孔嗜粪螨

Scatophaga Heigen 粪蝇属

Scatophaga stercoraria (Linnaeus) 黄粪蝇 dung fly

Scatophagidae 粪蝇科 dung flies

Scatopsciara curvatibia Yang, Zhang *et* Yang 弯胫粪眼蕈蚊

Scatopse fuscipes Meigen 褐足邻毛蚊

Scatopsidae 邻毛蚊科 minute black scavenger flies

Scelio Latreille 蝗卵蜂属

Scelio pembertoni Timberlake 稻蝗黑卵蜂

Scelio uvarovi Ogloblin 飞蝗黑卵蜂

Scelionidae 绿腰细蜂科

Sceliphron Klug 壁泥蜂属

Sceliphron deforme (Smith) 驼腹壁泥蜂

Sceliphron destillatorium (Illiger) 黄盾壁泥蜂

Sceliphron javanum chinense Breugel 黑盾壁泥蜂中国亚种

Sceliphron madraspatanum formosanum Vander Vecht 黄柄壁泥蜂台湾亚种

Sceliphron madraspatanum kohli Sickmann 黄柄壁泥蜂科氏亚种

Sceliphron madraspatanum madraspatanum (Fabricius)

黄柄壁泥蜂黄柄亚种

Scelodonta Westwood 沟顶叶甲属

Scelodonta dillwyni (Stephens) 斑鞘沟顶叶甲

Scelodonta lewisii Baly 葡萄沟顶叶甲

Scelodonta strigicollis Motschulsky 鬃沟顶叶甲

Scenocharops Uchida 小室姬蜂属

Scenocharops exareolata He 无小室姬蜂

Scenocharops koreanus Uchida et Momoi 朝鲜小室姬蜂

Scenocharops parasae He 竹刺蛾小室姬蜂

Scenopinidae 窗虻科 window flies

Scenopinus Latreille 窗虻属

Scenopinus fenestralis L. 窗虻

Scepticus griseus Roelofs 锈赤戎葫形象 rusty gourd-shaped weevil

Scepticus insularis Roelofs 条葫形象 striped gourd-shaped weevil

Scepticus tigrinus Roelofs 斑葫形象

Scepticus uniformis Kôno 普通葫形象

Sceptuchus Hebard 柔螳属

Sceptuchus simplex Hebard 绿柔螳

Schausinna affinis Aurivillius 肯松枯叶蛾

Schedorhinotermes Silvestri 长鼻白蚁属

Schedorhinotermes fortignathus Xia et He 强颚长鼻白蚁

Schedorhinotermes ganlanbaensis Xia et He 橄榄坝长鼻白蚁

Schedorhinotermes insolitus Xia et He 异盟长鼻白蚁

Schedorhinotermes javanicus Kemner 爪哇长鼻白蚁

Schedorhinotermes lamanianus Sjoestedt 驼长鼻白蚁

Schedorhinotermes magnus Tsai et Chen 大长鼻白蚁

Schedorhinotermes medioobscurus (Holmgren) 中暗长鼻白蚁

Schedorhinotermes pyricephalus Xia et He 梨头长鼻白蚁

Schedorhinotermes sarawakensis (Holmgren) 沙捞越长鼻白蚁

Schedorhinotermes tarakanensis (Oshima) 小长鼻白蚁

Schedotrioza multitudinea (Maskell) 澳多情木虱

Scheloribates Berlese 菌甲螨属

Scheloribates fimbriatus javaensis Willmann 爪哇菌甲螨

Scheloribates laevigatus (Koch) 光滑菌甲螨

Scheloribates latipes (Koch) 棒菌甲螨

Scheloribates latoincisus Hammer 隐缺菌甲螨

Scheloribates oryzae Wu et al. 稻菌甲螨

Scheloribates rigidisetosus Willmann 硬毛菌甲螨

Scheloribatidae 菌甲螨科

Schenkia 斑蛾姬蜂属

Schidium Bergroth 蟥猎蝽属

Schidium marcidum (Uhler) 三叶蟥猎蝽

Schineria Rondani 嗜寄蝇属

Schineria tergesina Rondani 榆毒蛾嗜寄蝇

Schistocerca Stål 沙漠蝗属

Schistocerca gregaria (Forska) 沙漠蝗 desert locust

Schistoceros bimaculatus Olivier 双斑潜枝长蠹

Schistonota 裂盾蜉亚目

Schistophleps bipuncta Hampson 珠苔蛾

Schizacea Keifer 裂端瘿螨属

Schizaphis Börner 二叉蚜属

Schizaphis graminum (Rondani) 麦二叉蚜 greenbug, wheat aphid

Schizaphis piricola (Matsumura) 梨二叉蚜 pear aphid

Schizaphis siniscirpi Zhang 中华莎草二叉蚜

Schizaspis Ckll. et Rob. 裂圆盾蚧属

Schizaspis lobata Ckll. et Rob. 桑树裂圆盾蚧

Schizocephala Serville 裂头螳属

Schizocephala bicornis (L.) 二角裂头螳

Schizocephalinae 裂头螳螂亚科

Schizocosa Chamberlin 裂狼蛛属

Schizocosa parricida (Karsch) 葩裂狼蛛

Schizodactylinae 裂趾蟋亚科

Schizogyniidae 缝雌螨科

Schizolachnus orientalis Takahashi 东方松针蚜 pine leaf aphid

Schizolachnus pineti (Fabricius) 欧松针蚜(欧松钝缘大蚜) pine mealy aphid

Schizolachnus piniradiatae (Davidson) 美松针蚜(美松钝缘大蚜) woolly pine needle aphid

Schizolachnus tomentosus Villers 见 *Schizolachnus pineti*

Schizoloma 裂唇姬蜂属

Schizomyia acaciae Mani 白韧金合欢瘿蚊 tomentose gall midge

Schizomyia mimosae Tavares 含羞草合欢瘿蚊

Schizoneura lanuginosa Hartig 见 *Eriosoma lanuginosa*

Schizoneura ulmi Linnaeus 见 *Eriosoma ulmi*

Schizonobia Womersley 裂头螨属

Schizonobia sycophanta Womersley 冰草裂头螨

Schizonobiella Beer et Lang 小裂头螨属

Schizonotus sieboldi (Ratz.) 柳叶甲金小蜂

Schizonycha Dejean 裂爪鳃金龟属

Schizonycha ruficollis Fabricius 红裂爪鳃金龟

Schizopinae 裂足吉丁亚科

Schizoprymnus pallidipennis strigosa (Fahringer) 瘦白翅端裂茧蜂

Schizopteridae 毛角蝽科

Schizopyga Gravenhorst 裂臀姬蜂属

Schizopyga flavifrons Holmgren 黄脸裂臀姬蜂

Schizopyga frigida Cresson 寒地裂臀姬蜂

Schizotetranychus Tragardh 裂爪螨属

Schizotetranychus baltazarae Rimando 柑橘裂爪螨 citrus green mite

Schizotetranychus bambusae Reck 竹裂爪螨

Schizotetranychus beckeri Wainstein 柏氏裂爪螨

Schizotetranychus celarius (Banks) 食竹裂爪螨

Schizotetranychus elongatus Wang *et* Cui 长裂爪螨

Schizotetranychus emeiensis Wang 峨眉裂爪螨

Schizotetranychus imperatae Wang 茅草裂爪螨

Schizotetranychus lanyuensis Tseng 兰屿裂爪螨

Schizotetranychus leguminosus Ehara 荚裂爪螨

Schizotetranychus minutus Wang 微小裂爪螨

Schizotetranychus mori Tseng 桑裂爪螨

Schizotetranychus nanjingensis Ma *et* Yuan 南京裂爪螨

Schizotetranychus schizopus (Zacher) 原裂爪螨

Schizotetranychus spireafolia Garman 绣线菊裂爪螨

Schizotetranychus tumidus Wang 突跗裂爪螨

Schizotetranychus tuminicus Ma *et* Yuan 土蜜裂爪螨

Schizotetranychus yaungi Tseng 杨氏裂爪螨

Schizotetranychus yoshimekii Ehara *et* Wongsiri 稻裂爪螨 rice mite

Schizotetranychus zhangi Wang *et* Cui 张氏裂爪螨

Schizotetranychus zhongdianensis Wang *et* Cui 中甸裂爪螨

Schizura Doubleday 山背舟蛾属

Schizura concinna Abbott *et* Smith 红山背舟蛾 red-humped caterpillar

Schizura ipomeae Doubleday 糖槭山背舟蛾

Schizura unicornis Abbott *et* Smith) 独角山背舟蛾 unicorn caterpillar

Schlechtendalia Lichtenstein 倍蚜属

Schlechtendalia chinensis (Bell) 五倍子蚜

Schmassmannimermis Rubzov 斯马斯曼索线虫属

Schmassmannimermis formasa (Schmassmann) 美丽斯马斯曼索线虫

Schoengastia Oudemans 棒感恙螨属

Schoengastia cantonensis Liang *et al.* 广州棒感恙螨

Schoengastia loudangicola Wen *et* Xiang 芦荡棒感恙螨

Schoengastia obtusispura Wang 钝距棒感恙螨

Schoengastia philipi Womersley *et* Kohls 菲氏棒感恙螨

Schoengastia pseudoschueffneri (Walch) 假蓄棒感恙螨

Schoengastia shihwanensis (Mo *et al.*) 石弯棒感恙螨

Schoengastia yunnanensis Liu *et al.* 云南棒感恙螨

Schoengastiella Hirst 棒六恙螨属

Schoengastiella confucianus (Wang) 社鼠棒六恙螨

Schoengastiella dinghuensis Zhao *et al.* 鼎湖棒六恙螨

Schoengastiella gongrii Wang *et al.* 贡日棒六羌螨

Schoengastiella himalayana Wu *et* Wen 喜山棒六恙螨

Schoengastiella lingula Radford 李谷棒六恙螨

Schoengastiella lui (Chen *et* Hsu) 陆氏棒六恙螨

Schoengastiella novoconfuciana Wang *et* Song 新棒六恙螨

Schoengastiella paraconfuciana Wang *et* Gu 拟社棒六恙螨

Schoengastiella punctata Radford 点板棒六恙螨

Schoengastiella qomolangma Wu *et* Wen 珠峰棒六恙螨

Schoengastiella saduski Womersley 萨氏棒六恙螨

Schoengastiella xizangensis Wu *et* Wen 西藏棒六恙螨

Schoeniopta ichneumonoides Breuning 追踪索天牛

Schoenobiinae 禾螟亚科

Schoenobius Duponchel 禾螟属

Schoenobius forficellus Thunberg 莎草禾螟

Schoenobius gigantellus Schiffermüller *et* Denis 大禾螟

Schoenobius lineatus Butler 纹禾螟

Schoenomyza Haliday 芦蝇属

Schoenomyza litorella (Fallén) 滨芦蝇

Schoutedenia Rubsaamen 刚毛蚜属

Schoutedenia lutea (van der Goot) 黄刚毛蚜

Schoutedenia viridis (van der Goot) 台湾刚毛蚜

Schoutedenichia Jadin *et* Vercammen-Grandjean 凹缘恙螨属

Schoutedenichia centralkwangtunga (Mo *et al.*) 粤中凹缘恙螨

Schphophorus interctitialis Gyll. 剑麻象

Schreineria Schreiner 蛀姬蜂属

Schreineria ceresia (Uchida) 蜡天牛蛀姬蜂

Schulzea Zachvatkin 修尔螨属

Schuurmanimermis Rubzov 舒尔曼索线虫属

Schuurmanimermis couturieri (Schuurmans-Stekhoven *et* Mawson) 库氏舒尔曼索线虫

Schuurmanimermis dermapteri Rubzov 甲虫舒尔曼索线虫

Schwiebea Oudemans 士维螨属

Schwiebea talps Oudemans 痣士维螨

Schwiebea volgini Kadzhaia 伏氏士维螨

Sciadoceratidae 澳蝇科

Sciaphila Treitschke 灰小卷蛾属

Sciaphila branderiana (Linnaeus) 杨灰小卷蛾

Sciaphila duplex (Walsingham) 灰小卷蛾 poplar leaf-roller

Sciaphilus Schoenherr 土色象属

Sciaphilus asperatus Boisduval 土色象

Sciaphobus squalidus Gyllenhal 果芽象

Sciapteron regale Butler 葡萄透翅蛾

Sciapteryx laeta Kônow 溃痣剪唇叶蜂

Sciara hamatilis Yang, Zhang *et* Yang 钩臂眼蕈蚊

Sciara maolana Yang, Zhang *et* Yang 茂兰眼蕈蚊

Sciara sclerocerci Yang, Zhang *et* Yang 坚尾眼蕈蚊

Sciaridae 尖眼蕈蚊科 fungus gnats, root maggots

Scierus annectens LeConte 云杉暗小蠹

Scintharista Saussure 土色蝗属

Scintharista formosan Ramme 台湾土色蝗

Scintillatrix djingschani Obenberger 金缘针斑吉丁

Sciocoris Fallén 片蝽属

Sciocoris dilutus Jakovlev 新疆片蝽

Sciocoris indicus Dallas 印度片蝽

Sciocoris lateralis Fieber 小片蝽

Sciocoris microphthalmus Flor 褐片蝽

Sciomyzidae 沼蝇科

Scionomia Warren 芽尺蛾属

Scionomia anomala (Butler) 芽尺蛾

Sciophila Meigen 粘菌蚊属

Sciophila baishanzua Wu 百山祖粘菌蚊

Sciophila bicuspidata Zaitzev 双尖粘菌蚊

Sciophila concava Wu 凹粘菌蚊

Sciophila dispansa Wu 裂口粘菌蚊

Sciophila fujiana Wu 福建粘菌蚊

Sciophila gutianshana Wu 古田山粘菌蚊

Sciophila lobula Wu 开叉粘菌蚊

Sciophila lutea Macquart 金黄粘菌蚊

Sciophila nebulosa Wu 杂毛粘菌蚊

Sciophila ochracea Walker 淡黄粘菌蚊

Sciophila septentrionalis Zaitzev 北方粘菌蚊

Sciophila yangi Wu 杨氏粘菌蚊

Sciophilidae 粘蚊科 fungus gnats

Sciopithes Horn 暗星象属

Sciopithes obscurus Horn 暗星象 obscure root weevil

Scipinia St 1 轮刺猎蝽属

Scipinia horrida (Stål) 轮刺猎蝽

Scipinia subula Hsiao *et* Ren 角轮刺猎蝽

Scirpophaga Treitschke 白禾螟属 sugarcane tip borers

Scirpophaga humilis Wang, Li *et* Chen 小白禾螟

Scirpophaga nivella Fabricius 橙尾白禾螟 top borer

Scirpophaga praelata Scopoli 荸荠白禾螟

Scirtothrips Shull 硬蓟马属

Scirtothrips aurantii Faure 橘硬蓟马 citrus thrips

Scirtothrips dorsalis Hood 茶黄硬蓟马(脊丝蓟马) yellow tea thrips, assam thrips

Scirula Berlese 硬瘤螨属

Scirula impresssa Berlese 压痕硬瘤螨

Scirulinae 硬瘤螨亚科

Scissuralaelaps Womersley 裂厉螨属

Scleroderma Oken 硬皮肿腿蜂属

Scleroderma guani Xiao *et* Wu 管氏硬皮肿腿蜂(管氏肿腿蜂)

Scleroderma hainanica Xiao 海南硬皮肿腿蜂

Scleroderma nipponicus Yuasa 日本硬皮肿腿蜂

Scleroderma sichuanensis Xiao 川硬皮肿腿蜂

Sclerogibbidae 短节蜂科 sclerogibbid wasps

Sclerophion Gauld 骨瘦姬蜂属

Scleropterinae 磐蛉亚科

Scleropterus De Haan 磐蛉属

Scleropterus coriaceus De Haan 磐蛉

Scleroracus flavopicuts Ishihara 黄褐厚壁叶蝉

Sclethrus Newman 筒虎天牛属

Sclethrus amoenus (Gory) 筒虎天牛

Sclethrus stenocylindricus Fairmaire 窄筒虎天牛

Sclomina Stål 刺猎蝽属

Sclomina erinacea Stål 齿缘刺猎蝽

Scobicia declivis (LeConte) 干硬木长蠹 leadcable borer

Scobura Elwes *et* Edwards 须弄蝶属

Scobura cephaloides (de Nicéville) 长须弄蝶

Scobura contata Hering 须弄蝶

Scolia Fabricius 土蜂属

Scolia dejeani Linden 黄头土蜂

Scolia manilae Ashmead 东方丽金龟土蜂

Scolia quadripunctata L. 四点土蜂

Scolia sinensis Sauss 中华土蜂

Scoliidae 土蜂科

Scolioneura betuleti Klug 桦大潜叶叶蜂 birch leaf-mining sawfly

Scolioneurinae 曲脉叶蜂亚科

Scoliopteryx Germar 棘翅夜蛾属

Scoliopteryx libatrix (Linnaeus) 棘翅夜蛾

Scolitantides Hübner 珞灰蝶属

Scolitantides orion (Pallas) 珞灰蝶

Scolobates Greavenhorst 齿胫姬蜂属

Scolobates nigriventralis He *et* Tong 黑腹齿胫姬蜂

Scolobates pyrthosoma He *et* Tong 火红齿胫姬蜂

Scolobates ruficeps mesothoracica He *et* Tong 红头齿胫姬蜂红胸亚种

Scolobates testaceus Morley 黄褐齿胫姬蜂

Scolocenus Keifer 针空瘿螨属

Scolopostethus Fieber 斑长蝽属

Scolopostethus abdominalis Jakovlev 褐腹斑长蝽

Scolopostethus chinensis Zheng 中国斑长蝽

Scolopostethus quadratus Zheng 方胸斑长蝽

Scolothrips Hinds 食螨蓟马属

Scolothrips longicornis Priesner 长角六点蓟马

Scolothrips sexmaculatus (Pergande) 六点蓟马 sixspotted thrips

Scolothrips takahashii Priesner 宽翅六斑蓟马

Scolotosus Flechtmann 针厉瘿螨属

Scolypopa australis Walker 澳洲叶蝉 passion-vine leafhopper

Scolytidae 小蠹科 bark beetles, engravers, ambrosia beetles

Scolytinae 小蠹亚科

Scolytoplatypodinae 锉小蠹亚科

Scolytoplatypus Blandford 锉小蠹属

Scolytoplatypus acuminatus Schedl 尖细锉小蠹

Scolytoplatypus daimio Blandford 钻石锉小蠹 daimyo bark beetle

Scolytoplatypus mikado Blandford 大和锉小蠹

Scolytoplatypus raja Blandford 毛刺锉小蠹 apple shothole borer

Scolytoplatypus shogum Blandford 将军锉小蠹

Scolytoplatypus superciliosus Tsai *et* Huang 束发锉小蠹

Scolytoplatypus tycon Blandford 太康锉小蠹

Scolytus Geoffroy 小蠹属

Scolytus abaensis Tsai *et* Yin 枸子木小蠹

Scolytus amurensis Eggers 白桦小蠹

Scolytus aratus Blandford 梅小蠹 Ume bark beetle

Scolytus butovitschi Stark 角胸小蠹

Scolytus confusus Eggers 小小蠹

Scolytus dahuricus Chapuis 枫桦小蠹

Scolytus destructor Olivier 见 *Scolytus scolytus*

Scolytus esuriens Blandford 三刺小蠹

Scolytus fagi Walsh 山毛榉小蠹 beech bark beetle

Scolytus frontalis Blandford 凹额小蠹 elm bark beetle

Scolytus intricatus Ratzeburg 毛束小蠹 oak bark-beetle

Scolytus jacobsoni Spessivtseff 指瘤小蠹

Scolytus japonicus Chapuis 果树小蠹 Japanese bark beetle

Scolytus laricis Blackman 国外落叶松小蠹 larch engraver

Scolytus major Stebbing 硕小蠹

Scolytus mali (Bechst.) 山楂小蠹 larger shot-hole borer

Scolytus morawitzi Semenov 落叶松小蠹

Scolytus multistriatus (Marsham) 波纹小蠹 smaller European elm bark beetle

Scolytus muticus Say 粒额小蠹 hackberry engraver

Scolytus nitidus Schedl 藏西小蠹

Scolytus parviclaviger Yin et Huang 长脐小蠹

Scolytus piceae (Swaine) 美云杉小蠹 spruce engraver beetle

Scolytus pilosus Yin et Huang 毛脐小蠹

Scolytus pomi Yin et Huang 樱小蠹

Scolytus quadrispinosus Say 多瘤小蠹 hickory bark beetle

Scolytus querci Yin et Huang 瘤唇小蠹

Scolytus ratzeburgi Janson 欧桦小蠹 birch bark-beetle

Scolytus rugulosus (Ratzeburg) 皱小蠹 shothole borer

Scolytus schevyrewi Semenov 脐腹小蠹

Scolytus scolytus Fabricius 欧洲榆小蠹 large elm bark-beetle

Scolytus semenovi Spessivtseff 副脐小蠹

Scolytus seulensis Murayama 多毛小蠹

Scolytus shanhaiensis Yin et Huang 山海小蠹

Scolytus shikisani Niisima 微脐小蠹

Scolytus sinopiceus Tsai 云杉小蠹

Scolytus squamosus Yin et Huang 鳞腹小蠹

Scolytus tsugae (Swaine) 铁杉小蠹 hemlock engraver

Scolytus unispinosus LeConte 针叶小蠹 Douglas fir engraver, Douglas fir engraver beetle

Scolytus ventralis LeConte 弱瘤小蠹 fir engraver, Douglas fir engraver beetle

Scopaeothrips unicolor Hood 单色小蠹

Scopariinae 苔螟亚科

Scopelodes Westwood 球须刺蛾属

Scopelodes contracta Walker 纵带球须刺蛾 persimmon cochlid

Scopelodes venosa kwangtungensis Hering 显脉球须刺蛾

Scophosternus 瘤疣象属

Scophosternus rugosus Roelofs 梧桐瘤象 empress tree granulated weevil

Scopula Schrank 岩尺蛾属

Scopula decorata (Denis et Sch.) 蓝斑岩尺蛾

Scopula impersonata (Walker) 距岩尺蛾

Scopula propinquaria (Leech) 褐斑岩尺蛾

Scopuridae 粗石蝇科

Scotinophara Stål 黑蝽属

Scotinophara bispinosa (Fabricius) 双刺黑蝽

Scotinophara coarctata (Thunb.) 马来亚稻黑蝽 black paddy bug

Scotinophara horvathi Distant 弯刺黑蝽

Scotinophara lurida (Burmeister) 稻黑蝽 black rice bug, Japanese black rice bug

Scotinophara scotti Horváth 短刺黑蝽

Scotodonta Kiriakoff 暗齿舟蛾属

Scotodonta costiguttatus (Matsumura) 双线暗齿舟蛾

Scotodonta tenebrosa (Moore) 暗齿舟蛾

Scotogramma nana (Hüfnagel) 小幽夜蛾

Scotogramma submarginalis Walker 亚缘幽夜蛾

Scotogramma trifolii (Rottemberg) 见 *Discestra trifolii*

Scotophaeoides Schenkel 类斯科蛛属

Scotophaeoides sinensis Schenkel 中华类斯科蛛

Scotophaeus Simon 斯科蛛属

Scotophaeus domesticus Tikader 寓斯科蛛

Scotophaeus rebellatus (Simon) 雅致斯科蛛

Scotophaeus yunanensis Schenkel 云南斯科蛛

Scotopteryx Hübner 掷尺蛾属

Scotopteryx appropinquaria (Staudinger) 邻掷尺蛾

Scotopteryx chenopodiata (Linnaeus) 柴掷尺蛾

Scotopteryx dorytata Xue 大戟掷尺蛾

Scotopteryx duplicata (Warren) 矛掷尺蛾

Scotopteryx eurypeda (Prout) 阔掷尺蛾

Scotopteryx flavophasgania Xue 黄剑掷尺蛾

Scotopteryx junctata (Staudinger) 联掷尺蛾

Scotopteryx scotophasgania Xue 黑剑掷尺蛾

Scotopteryx semenovi (Alphéraky) 黑波掷尺蛾

Scotopteryx similaria (Leech) 同掷尺蛾

Scotopteryx sinensis (Alphéraky) 华掷尺蛾

Scraptiidae 拟花蚤科 melandryid bark beetles

Scudderia Stål 叉尾螽属 forktailed bush katydids

Scudderia furcata (Brun.) 叉尾山林螽 fork-tailed bush katydid

Scutacaridae 盾螨科

Scutanolaelapss Lavoipierre 盾厉螨属

Scutaridae 盾跗螨科

Scutascirius Den Heyer 盾瘤螨属

Scutascirius polyscutosus Den Heyer 多板盾瘤螨

Scutellera Lamarck 长盾蝽属

Scutellera amethystina Germar 米字蝽

Scutellera fasciata (Panzer) 米字长盾蝽

Scutellera perplexa (Westwood) 长盾蝽

Scutelleridae 盾蝽科 shield bugs, shield-backed bugs

Scutellerinae 盾蝽亚科

Scutellonema Andrássy 盾线虫属 spiral nematodes

Scutellonema aberrans (Whitehead) 异常盾线虫

Scutellonema africanum Smit 非洲盾线虫

Scutellonema amabilis Eroshenko *et* Nguent Vu Tkhan 娇弱盾线虫

Scutellonema anisomeristum Siddiqi *et* Bridge 不等盾线虫

Scutellonema anus Kirjanova 具肛盾线虫

Scutellonema bangalorensis Khan *et* Nanjappa 班加罗尔盾线虫

Scutellonema bizanae van den Berg *et* Heyns 比扎纳盾线虫

Scutellonema blaberum (Steiner) 有害盾线虫 West African spiral nematode

Scutellonema boocki (Lordello) 布科盾线虫

Scutellonema brabanum Khan, Saha *et* Chawla 小班盾线虫

Scutellonema brachyurum (Steiner) 小尾盾线虫 British spiral nematode

Scutellonema bradys (Steiner *et* Le Hew) 缓慢盾线虫

Scutellonema brevistyletum Siddiqi 短矛盾线虫

Scutellonema cavenessi Sher 卡夫尼斯盾线虫

Scutellonema cephalidium Anderson, Handoo *et* Townshed 小头盾线虫

Scutellonema cheni Peng *et* Siddiqi 陈氏盾线虫

Scutellonema clariceps Phillips 亮头盾线虫

Scutellonema clathricaudatum Whitehead 格尾盾线虫

Scutellonema coheni (Goodey) 科氏盾线虫

Scutellonema commune van den Berg *et* Heyns 普通盾线虫

Scutellonema conicaudatum Sivakumar *et* Selvasekaran 锥尾盾线虫

Scutellonema dentivaginum van den Berg *et* Heyns 齿阴盾线虫

Scutellonema dioscoreae Lordello 薯蓣盾线虫

Scutellonema dreyeri van den Berg *et* Waele 德雷盾线虫

Scutellonema eclipsi Ganguly *et* Khan 亏缺盾线虫

Scutellonema erectum Sivakumar *et* Khan 直盾线虫

Scutellonema grande Sher 丰满盾线虫

Scutellonema imphalus Sultan *et* Jairajpuri 无茎盾线虫

Scutellonema labiatum Siddiqi 具唇盾线虫

Scutellonema magna Yeates 大盾线虫

Scutellonema magniphasmum Sher 怪异盾线虫

Scutellonema mangiferae Khan *et* Basir 杧果盾线虫

Scutellonema megascutatum Peng *et* Siddiqi 大盾盾线虫

Scutellonema multistriatum van den Berg *et* Heyns 多纹盾线虫

Scutellonema naveenum Sivakumar *et* Khan 内夫盾线虫

Scutellonema nigermontanum van den Berg 尼日尔山地盾线虫

Scutellonema orientalis Rashid *et* Khan 东方盾线虫

Scutellonema paralabiatum Siddiqi *et* Sharma 异具唇盾线虫

Scutellonema petersi Mahajan 彼氏盾线虫

Scutellonema picea Gubina 云杉盾线虫

Scutellonema propeltatum Siddiqi *et* Sharma 前盾线虫

Scutellonema ramai Verma 拉马盾线虫

Scutellonema sacchari Rashid *et al.* 甘蔗盾线虫

Scutellonema sexlineatum Razhivin 六纹盾线虫

Scutellonema sheri Edward *et* Rai 谢氏盾线虫

Scutellonema siamense Timm 暹罗盾线虫

Scutellonema sibrium Siddiqi *et* Bridge 锡布里盾线虫

Scutellonema sofiae van den Berg *et* Heyns 索非亚盾线虫

Scutellonema sorghi van den Berg *et* Waele 高粱盾线虫

Scutellonema southeyi Orton Williams 索氏盾线虫

Scutellonema transvaalensis van den Berg 德兰士瓦盾线虫

Scutellonema truncatum Sher 截形盾线虫

Scutellonema tsitsikamensis van den Berg 齐齐卡姆盾线虫

Scutellonema unum Sher 单个盾线虫

Scutellonema ussuriensis Eroshenko *et* Kazachenko 乌苏里盾线虫

Scutellonema validum Sher 健壮盾线虫

Scutellonema vietnamiensis Eroshenko *et* Nguent Vu Tkham 越南盾线虫

Scutopalus Den Heyer 沼盾螨属

Scutovertex Michael 垂盾甲螨属

Scutovertex jindensis Wen 金殿垂盾甲螨

Scutovertex sculptus (Michael) 刻纹垂盾甲螨

Scutoverticidae 垂盾甲螨科

Scutozetes Hammer 盾顶甲螨属

Scydmaenidae 苔甲科 ant-like stone beetles

Scymninae 小毛瓢虫亚科

Scymnus Kugelann 小毛瓢虫属

Scymnus longmenicus 龙门小毛瓢虫

Scymnus accamptus Pang *et* Pu 弯端小毛瓢虫

Scymnus axinoides Ren *et* Pang 斧端小毛瓢虫

Scymnus babai Sasaji 黑背毛瓢虫

Scymnus cladocerus Ren *et* Pang 枝角小瓢虫

Scymnus cnidatus Pang *et* Pu 刺端小毛瓢虫

Scymnus cristiformis Yu 冠端小瓢虫

Scymnus cryphaconicus Ren *et* Pang 隐剑小瓢虫

Scymnus dipterygicus Ren *et* Pang 双翼小毛瓢虫

Scymnus dolichonychus Yu *et* Pang 长爪小毛瓢虫

Scymnus frontalis Fabricius 四斑小毛瓢虫

Scymnus hoffmanni Weise 黑襟毛瓢虫

Scymnus impexs Mulsant 疱小毛瓢虫

Scymnus japonicus Weise 日本小瓢虫

Scymnus kawamurai (Ohta) 黑背小瓢虫

Scymnus linanicus Yu *et* Pang 临安小瓢虫

Scymnus longisiphonulus Cao *et* Xiao 长管小瓢虫

Scymnus loxiphyllus Ren *et* Pang 曲叶小瓢虫
Scymnus mastigoides Ren *et* Pang 鞭丝小瓢虫
Scymnus nankunicus Pang 南昆小毛瓢虫
Scymnus nephrospilus Ren *et* Pang 肾斑小瓢虫
Scymnus notus Pang *et* Pu 紫背小毛瓢虫
Scymnus oncosiphonos Cao *et* Xiao 钩管小瓢虫
Scymnus paralleus Yu *et* Pang 平叶毛瓢虫
Scymnus paratenuis Ren *et* Pang 拟长管小瓢虫
Scymnus podoides Yu *et* Pang 足印小瓢虫
Scymnus posticalis Sicard 后斑小瓢虫
Scymnus quadrivulneratus Mulsant 连斑小毛瓢虫
Scymnus runcatus Yu *et* Pang 倒齿小瓢虫
Scymnus scalpratus Yu 匙叶小瓢虫
Scymnus scrobiculatus Yu 凹叶小瓢虫
Scymnus shixingicus Yu *et* Pang 始兴小瓢虫
Scymnus sodalis (Weise) 台湾小瓢虫
Scymnus trimaculatus Yu *et* Pang 三斑小瓢虫
Scymnus tympanus Yu *et* Pang 鼓膜小瓢虫
Scymnus xanthostethus Pang *et* Pu 黄胸小毛瓢虫
Scymnus yamato Kamiya 长突毛瓢虫
Scyphophorus Schoenherr 黑环象属
Scyphophorus interstitialis Gyll. 剑麻黑象 sisal weevil
Scythia Kir. 马头蚧属
Scythia cranium-equinum Kir. 中亚马头蚧
Scythridae 绢蛾科
Scythris pyrropyga Filipjev 藜绢蛾
Scythris sinensis Felder *et* Rogenhofer 四点绢蛾
Scythropia crataegella (Linnaeus) 山楂织蛾 hawthorn webworm
Scythropus Schoenherr 飞象属
Scythropus californicus Horn 加州飞象
Scythropus elegans (Couper) 山地松飞象 elegant pine weevil
Scythropus ferrugineus Casey 蒙地松飞象 rusty pine needle weevil
Scythropus yasumatsui Kôno *et* Morimoto 枣飞象
Scytodes Latreille 花皮蛛属
Scytodes albiapicalis Strand 白顶花皮蛛
Scytodes depressus Schenkel 凹花皮蛛
Scytodes fusca Walckenaer 暗花皮蛛
Scytodes nigrolineata (Simon) 黑线花皮蛛
Scytodes quatuordecemmaculata Strand 四斑花皮蛛
Scytodes semipullata Simon 半曳花皮蛛
Scytodes thoracica (Latreille) 胸斑花皮蛛
Scytodidae 花皮蛛科
Seasogonia Young 洋大叶蝉属
Seasogonia indosinica (Jacobi) 印支洋大叶蝉
Sebastia argus (Walker) 冠丽灯蛾
Segestria Latreille 类石蛛属
Segestria bavarica C.L.Koch 巴伐利亚类石蛛
Segestriidae 类石蛛科
Sehirinae 光土蝽亚科
Sehirus Amyot *et* Serville 光土蝽属
Sehirus dubius (Scopoli) 独别光土蝽
Sehirus niviemarginatus Scott 白边光土蝽
Sehirus parens Mulssant *et* Rey 斜光土蝽
Sehirus xinjiangensis Jorigtoo *et* Nonnaizab 新疆光土蝽
Seiidae 绥螨科
Seiodidae 绥奥螨科
Seiopsis Berlese 拟绥螨属
Seirarctica echo (J. E. Smith) 美柿灯蛾
Seiulus Berlese 绥伦螨属
Seius Koch 绥螨属
Seladerma Walker 塞拉金小蜂属
Seladerma breviscutum Huang 短盾塞拉金小蜂
Seladerma brunneolum Huang 微棕塞拉金小蜂
Seladerma conoideum Huang 锥腹塞拉金小蜂
Seladerma costatellum Huang 微棱塞拉金小蜂
Seladerma geniculatum (Zetterstedt) 平胸塞拉金小蜂
Seladerma longivena Huang 长脉塞拉金小蜂
Seladerma politum Huang 亮塞拉金小蜂
Seladerma scabiosum (Liao) 片脊塞拉金小蜂
Selandria serva Fabricius 黄腹蕨叶蜂
Selandrinae 蕨叶蜂亚科
Selatosomus Steph. 亮叩甲属
Selatosomus aeneus L. 铜光亮叩甲
Selatosomus impressus (F.) 印纹亮叩甲
Selatosomus latus F. 宽背亮叩甲
Selatosomus nigricornis (Panz.) 褐角亮叩甲
Selatosomus onerosus (Lewis) 虎斑亮叩甲
Selatosomus puncticollis Motschulsky 日斑亮叩甲
Selatosomus reichardti Den. 里查亮叩甲
Selatosomus rugosus Germ. 多皱亮叩甲
Selenaspidus Cockerell 刺圆盾蚧属
Selenaspidus articulatus (Morgan) 苏铁刺圆盾蚧
Selenaspidus rubidus McKenzie 大戟刺圆盾蚧
Selenephera Rambur 枯叶蛾属
Selenephera lunigera Esper 冷杉枯叶蛾 Takahashi lasiocampid
Selenia Hübner 月尺蛾属
Seleniopsis Warren 堂尺蛾属
Selenocosmia Ausserer 捕鸟蛛属
Selenocosmia huwena Wang *et al.* 虎纹捕鸟蛛
Selenomphalus Mamet 角圆盾蚧属
Selenomphalus distylli Takagi 日本角圆盾蚧
Selenomphalus euryae (Takahashi) 台湾角圆盾蚧
Selenopidae 拟扁蛛科
Selenops Latreille 拟扁蛛属
Selenops bursarius Karsch 袋拟扁蛛
Selenops cordatus Zhu *et al.* 心拟扁蛛
Selenops formosanus Kayashima 台湾拟扁蛛
Selenops ollarius Zhu *et al.* 壶拟扁蛛
Selenops szechwanensis Schenkel 川拟扁蛛
Selenoribatidae 月甲螨科

Selenothrips Karny 月蓟马属

Selenothrips rubrocinctus (Giard) 红带月蓟马 red-banded thrips, cacao thrips

Selepa Moore 细皮夜蛾属

Selepa celtis Moore 细皮夜蛾

Selepa discigera Walker 腊肠细皮夜蛾

Selepa docilis 加纳茄细皮夜蛾

Selepta celti Moore 梨伪毒蛾

Selidosema dejectaria Walker 见 *Gelonia dejectaria*

Selidosema fenerata Felder 见 *Pseudocoremia fenerata*

Selidosema leucelaea Meyrick 见 *Pseudocoremia leucelaea*

Selidosema productata Walker 见 *Pseudocoremia productata*

Selidosema suavis Butler 见 *Pseudocoremia suavis*

Selina westermanni Motsch. 驼毛须步甲

Seliza Stål 涩蛾蜡蝉属

Seliza ferruginea Walker 锈涩蛾蜡蝉

Sellenickiidae 塞甲螨科

Semachrysa guangxiensis Yang et Yang 广西饰草蛉

Semanotus Mulsant 杉天牛属

Semanotus amethystinus (LeConte) 紫晶云杉天牛 amethyst cedar borer

Semanotus bifasciatus Motschulsky 双条杉天牛 juniper bark borer

Semanotus japonicus (Lacordaire) 柳杉天牛 cryptomeria bark borer

Semanotus ligneus (F.) 西洋杉天牛 cedartree borer

Semanotus litigiosus (Casey) 冷杉天牛 firtree borer

Semanotus undatus (Linnaeus) 曲纹杉天牛

Semasia aceriana Duponchel 见 *Gypsonoma aceriana*

Semasia diniana Guenée 见 *Zeiraphera diniana*

Sematuridae 锤角蛾科

Semelaspidus MacGillivray 隔圆盾蚧属

Semelaspidus mangiferae Takahashi 杧果隔圆盾蚧

Semiadalia decimguttata Jing 十斑弯角瓢虫

Semiaphis van der Goot 半蚜属

Semiaphis heraclei (Takahashi) 胡萝卜微管蚜 celery aphid

Semiaphis montana van der Goot 稻半蚜 leersia aphid

Semichionaspis Tang 絮盾蚧属

Semichionaspis jambosicola Tang 蒲桃絮盾蚧

Semichionaspis putianensis Tang 莆田絮盾蚧

Semichionaspis schizosoma (Takagi) 见 *Superturmaspis schizosoma*

Semidalis Enderlein 重粉蛉属

Semidalis anchoroides Liu et Yang 锚突重粉蛉

Semidalis bicornis Liu et Yang 双角重粉蛉

Semidonta Staudinger 半翅舟蛾属

Semidonta biloba (Oberthüer) 半齿舟蛾

Semimanatha aethiops Hampson 见 *Manatha aethiops*

Semioscopis avellanella Hübner 榛麦蛾 hazel flat-body moth

Semiothisa Hübner 庶尺蛾属

Semiothisa anomalata Alphéraky 庶尺蛾

Semiothisa bicolorata Fabricius 双色庶尺蛾

Semiothisa cinerearia Bremer et Grey 槐庶尺蛾

Semiothisa clivicola Prout 坡庶尺蛾

Semiothisa defixaria (Walker) 合欢庶尺蛾

Semiothisa eleonora (Cramer) 玉带庶尺蛾

Semiothisa emersaria (Walker) 显庶尺蛾

Semiothisa epicharis Wehrli 污带庶尺蛾

Semiothisa fidoniata Guenée 倚庶尺蛾

Semiothisa fulvimargo Warren 黄缘庶尺蛾

Semiothisa granitata Guenée 云杉绿蔗尺蛾 green spruce looper

Semiothisa hebesata (Walker) 格庶尺蛾

Semiothisa intermediaria (Leech) 间庶尺蛾

Semiothisa khasiana (Moore) 镶庶尺蛾

Semiothisa monticolaria (Leech) 绵庶尺蛾

Semiothisa normata (Alphéraky) 常庶尺蛾

Semiothisa ornataroa (Leech) 文庶尺蛾

Semiothisa ozararia (Walker) 胜利庶尺蛾

Semiothisa pluviata Fabricius 雨庶尺蛾

Semiothisa sexmaculata Packard 落叶松绿庶尺蛾 green larch looper

Semiothisa streniataria Walker 韧庶尺蛾

Semiothisa wauaria (Linnaeus) 林奈庶尺蛾

Semiscopis Hübner 榛麦蛾属

Semnostoma barathrota Meyrick 印大花紫薇细蛾

Semudobia betulae (Winnertz) 桦籽瘿蚊 birch seed midge

Semutobia Kieffer 籽瘿蚊属

Seniorwhitea Rohdendorf 辛麻蝇属

Seniorwhitea phoenicoptera (Boettcher) 凤喙辛麻蝇

Seniorwhitea reciproca (Walker) 拟东方辛麻蝇

Sennertia Oudemans 塞内螨属

Sennertionyx Zachvatkin 塞刺螨属

Senoclidea decorus Kônow 优美蔺叶蜂

Senoclidea formosana Takeuchi 能高蔺叶蜂

Senoculidae 六眼蛛科

Senotainia Macquart 赛蜂麻蝇属

Senotainia aegyptiaca Rohdendorf 埃及赛蜂麻蝇

Senotainia albifrons (Rondani) 白额赛蜂麻蝇

Senotainia conica Fallén 锥赛蜂麻蝇

Senotainia deserta Rohdendorf 沙漠赛蜂麻蝇

Senotainia imberbis (Zetterstedt) 泥蜂赛蜂麻蝇

Senotainia mongolica Chao et Zhang 蒙古赛蜂麻蝇

Senotainia sibirica Rohdendorf 西伯利亚赛蜂麻蝇

Senotainia sinerea Chao et Zhang 灰头赛蜂麻蝇

Senotainia tricuspis (Meigen) 三斑赛蜂麻蝇

Senotainia turkmenica Rohdendorf 土库曼赛蜂麻蝇

Seokia Sibatani 瑟蛱蝶属

Seokia pratti (Leech) 锦瑟蛱蝶

Separatatus Chen *et* Wu 裂腹反颚茧蜂属

Separatatus carinatus Chen *et* Wu 脊背反颚茧蜂

Sepedon Latreille 长角沼蝇属

Sepedon sauteri Hendel 台湾长角沼蝇

Sephena cinerea Kirkaldy 澳新桉松蛾蜡蝉

Sephisa Moore 帅蛱蝶属

Sephisa chandra (Moore) 帅蛱蝶

Sephisa daimio Matsumura 台湾帅蛱蝶

Sephisa princeps (Fixsen) 黄帅蛱蝶

Sepontia Stål 丸蝽属

Sepontia aenea Distant 紫黑丸蝽

Sepontia variolosa (Walker) 丸蝽

Sepsidae 鼓翅蝇科 spiny-legged flies, sepsids, black scavenger flies

Serangium Blackburn 刀角瓢虫属

Serangium japonicum Chapin 刀角瓢虫

Serendiba Distant 塞猎蝽属

Serendiba nigrospina Hsiao 黑刺塞猎蝽

Serendus Hsiao 雅猎蝽属

Serendus flavonotus Hsiao 黄背雅猎蝽

Serendus geniculatus Hsiao 斑腹雅猎蝽

Sergentomyia Franca *et* Parrot 司蛉属

Sergentomyia anhuensis Ge *et* Leng 安徽司蛉

Sergentomyia arpaklensis Perfiliew 见 *Sergentomyia sintoni*

Sergentomyia bailyi Sinton 贝氏司蛉

Sergentomyia barraudi Sinton 鲍氏司蛉

Sergentomyia campester (Sinton) 平原司蛉

Sergentomyia fanglianensis Leng 方亮司蛉

Sergentomyia iyengari Sinton 应氏司蛉

Sergentomyia khawi Raynal 许氏司蛉

Sergentomyia koloshanensis Yao *et* Wu 歌乐山司蛉

Sergentomyia kwangsiensis Yao *et* Wu 广西司蛉

Sergentomyia malayensis (Theodor) 马来司蛉(海南司蛉、应氏白蛉台湾亚种)

Sergentomyia nankingensis Ho, Tan *et* Wu 南京司蛉

Sergentomyia pooi Yao *et* Wu 蒲氏司蛉

Sergentomyia quanzhouensis Leng *et* Zhang 泉州司蛉

Sergentomyia rudnicki Lewis 卢氏司蛉

Sergentomyia sinkiangensis Leng, Lane *et* Lewis 新疆司蛉

Sergentomyia sintoni Pringle 辛东司蛉(阿帕克司蛉)

Sergentomyia squamirostris Newstead 鳞喙司蛉

Sergentomyia sumbarica Perfiliew 山拔里司蛉

Sergentomyia suni Wu 孙氏司蛉

Sergentomyia wuyishanensis Leng *et* Zhang 武夷山司蛉

Sergentomyia yaoi Theodor 姚氏司蛉

Sergentomyia yini Leng *et* Lin 尹氏司蛉

Sergentomyia yunnanensis He *et* leng 云南司蛉

Sergentomyia zhengjiani Leng *et* Yin 征鉴司蛉

Sergentomyia zhongi Wang *et* Leng 钟氏司蛉

Sergentongia turfanensis Hsiung, Guan *et* Jin 吐鲁番司蛉

Sergiolus Simon 丝蛛属

Sergiolus songi Xu 宋氏丝蛛

Serica MacLeay 绢金龟属

Serica brunnea Linnaeus 棕绢金龟

Serica flavescens Geoffr. 见 *Serica brunnea*

Serica fulva Deg. 见 *Serica brunnea*

Serica orientalis Motschulsky 东方绢金龟 (黑绒金龟子)

Serica tristis Led. 黯绢金龟

Sericania Motschulsky 条绢金龟属

Sericania fuscolineata Motschulsky 褐条绢金龟

Sericaria Motschulsky 见 *Sericania* Motschulsky

Sericesthis Boiseduval 丝绢金龟属

Sericesthis geminata Boiseduval 双丝绢金龟

Sericinus Westwood 丝带凤蝶属

Sericinus montelus Gray 丝带凤蝶

Sericopimpla Kriechbaumer 蓑瘤姬蜂属

Sericopimpla sagrae sauteri (Cushman) 蓑瘤姬蜂索氏亚种

Sericostomatidae 毛石蛾科

Serida Walker 颖璐蜡蝉属

Serida latens Walker 颖璐蜡蝉

Serinetha Spinola 红缘蝽属

Serinetha abdominalis (Fabricius) 大红缘蝽

Serinetha augur (Fabricius) 小红缘蝽

Serinetha capitis Hsiao 凸头红缘蝽

Serixia Pascoe 小楔天牛属

Serixia albosternalis Breuning 白斑小楔天牛

Serixia apicefuscipennis Breuning 褐尾小楔天牛

Serixia aurescens Breuning 棕尾小楔天牛

Serixia binhensis Pic 棕角小楔天牛

Serixia fuscovittata Breuning 棕带小楔天牛

Serixia laosensis Breuning 老挝小楔天牛

Serixia maxima Breuning 点胸小楔天牛

Serixia nigrocornis Breuning 黑角小楔天牛

Serixia nigrofasciata Pic 龟纹小楔天牛

Serixia prolata (Pascoe) 短小楔天牛

Serixia prolata major Breuning 壮小楔天牛

Serixia rondoni Breuning 黑肩小楔天牛

Serixia rubripennis Pic 红翅小楔天牛

Serixia rufobasipennis Breuning 红基小楔天牛

Serixia sedata Pascoe 黑尾小楔天牛

Serixia sedata unicolor Breuning 一色小楔天牛

Serixia sericeipennis Breuning 丝绒小楔天牛

Serixia subrobusta Breuning 硕小楔天牛

Serixia truncatipennis Breuning 截尾小楔天牛

Sermyloides Jacoby 额凹萤叶甲属

Sermyloides pilifera Yang 毛斑额凹萤叶甲

Sermyloides semiornata Chen 横带额凹萤叶甲

Sermyloides varicolor Chen 变色额凹萤叶甲

Sermyloides wangi Yang 王氏额凹萤叶甲

Serphidae 细蜂科

Serphus Schrank 细蜂属

Serraca punctinalis conferenda Butler 尘尺蛾 dotted looper moth

Serraphytoptidae 锯瘿螨科

Serraphytoptinae 锯瘿螨亚科

Serraphytoptus Keifer 锯瘿螨属

Serrataspis Ferris 锯盾蚧属

Serrataspis maculata Ferris 蒲桃锯盾蚧

Serrifermora Liu 齿股蝗属

Serrifermora antennata Liu 长角齿股蝗

Serritermes serrifer (Bates) 巴西齿白蚁

Serritermitidae 齿白蚁科

Serrodes Guenée 斑翅夜蛾属

Serrodes campana Guenée 铃斑翅夜蛾 fruit-piercing moth

Serrolecanium Shinji 锯尾粉蚧属(锯粉蚧属)

Serrolecanium tobai (Kuwana) 苦竹锯尾粉蚧(苦竹锯粉蚧,竹锯尾粉蚧) toba bamboo scale

Serropalpus Hellenius 须朽木甲属

Serropalpus substriatus Haldeman 朽木甲 blazed-tree borer

Servaisia Robineau-Desvoidy 锚折麻蝇属

Servaisia cothurnata (Hsue) 靴折麻蝇

Servaisia erythrura (Meigen) 宽阳折麻蝇

Servaisia jakovlevi Rohdendorf 膨端折麻蝇

Servaisia mixta (Rohdendorf) 虎齿折麻蝇

Servaisia rossica Villeneuve 毛股折麻蝇

Servaisia subamericana Rohdendorf 钩阳折麻蝇

Servillia Robineau-Desvoidy 茸毛寄蝇属

Servillia ardens Zimin 火红茸毛寄蝇

Servillia planiforceps Chao 扁肛茸毛寄蝇

Sesamia Guenée 蛀茎夜蛾属

Sesamia calamistis Hamps. 蛀茎夜蛾 pink stalk borer

Sesamia fusca Fuller 见 *Busseola fusca*

Sesamia inferens (Walker) 稻蛀茎夜蛾 purple stem borer, pink borer

Seseria Matsumura 瑟弄蝶属

Seseria dohertyi Watson 锦瑟弄蝶

Seseria formosana (Fruhstorfer) 台湾瑟弄蝶

Seseria sambara Moore 白腹瑟弄蝶

Sesia apiformis Clerck 见 *Aegeria apiformis*

Sesia huaxica Xu 花溪透翅蛾

Sesia molybdoceps Hampson 赤腰透翅蛾

Sesia rhynchioides (Butler) 黑赤腰透翅蛾 quercus hornet moth

Sesia siningensis (Hsu) 杨干透翅蛾

Sesiidae 透翅蛾科 clearwing moths

Sesiinae 透翅蛾亚科

Sesiosa laoensis Breuning 锤柄天牛

Setanta formosana (Uchida) 台截唇姬蜂

Setenis valgipes Marseul 弓足塞坦伪步甲

Setodes Rambur 姬长角石蛾属

Setodes ancala Yang *et* Morse 曲臂姬长角石蛾

Setodes argentata Matsumura 银条姬长角石蛾 rice caddisfly

Setodes bispinus Yang *et* Morse 双刺姬长角石蛾

Setodes brevicaudatus Yang *et* Morse 短尾姬长角石蛾

Setodes carinatus Yang *et* Morse 显脊姬长角石蛾

Setodes distinctus Yang *et* Morse 独异姬长角石蛾

Setodes diversus Yang *et* Morse 多异姬长角石蛾

Setodes fluvialis Yang *et* Morse 溪流姬长角石蛾

Setodes hainanensis Yang *et* Morse 海南姬长角石蛾

Setodes longicaudatus Yang *et* Morse 长尾姬长角石蛾

Setodes pellucidulus Schmid 明丽姬长角石蛾

Setodes pulcher Martynov 俏丽姬长角石蛾

Setodes punctatus (Fabricius) 银星姬长角石蛾

Setodes quadratus Yang *et* Morse 方肢姬长角石蛾

Setodes schmidi Yang *et* Morse 斯氏姬长角石蛾

Setodes trilobatus Yang *et* Morse 三叶姬长角石蛾

Setodes yunnanensis Yang *et* Morse 云南姬长角石蛾

Setomesosa rondoni Breuning 毛象天牛

Setomorpha Zeller 透窝蛾属

Setomorpha tineoides Walsingham 烟透窝蛾

Setomorphidae 透窝蛾科 clothes moths

Setophionea ishiii Habu 毛细颈步甲

Setoptus Keifer 针羽瘿螨属

Setoptus jonesi (Keifer) 松针羽瘿螨

Setoptus koraiensis Kuang *et* Hong 红松针羽瘿螨

Setora Walker 褐刺蛾属

Setora nitens (Walker) 铜斑褐刺蛾

Setora postornata (Hampson) 桑褐刺蛾

Setora suberecta Hering 窄斑褐刺蛾

Setoropica laosensis Breuning 毛缝角天牛

Seudyra Stretch 修虎蛾属

Seudyra bala (Moore) 高山修虎蛾

Seudyra catocalina (Walker) 黑星修虎蛾

Seudyra subflava Moore 葡萄修虎蛾 Boston ivy tiger moth

Seudyra transiens (Walker) 修虎蛾

Sexava coriacea L. 椰绿螽 palm longhorned grasshopper

Shaanxiana Koiwaya 陕西灰蝶属

Shaanxiana takashimai Koiwaya 陕西灰蝶

Shachia Matsumura 涟舟蛾属

Shachia circumscripta (Butler) 绮涟舟蛾

Shaddai Distant 沙小叶蝉属

Shaddai shaanxiensis Ma 陕西沙小叶蝉

Shaddai xianensis Ma 西安沙小叶蝉

Shaka Matsumura 沙舟蛾属

Shaka atrovittata (Bremer) 沙舟蛾

Shakshainia Suwa 锡花蝇属

Shakshainia rametoka Suwa 锡花蝇

Shansiaspis Tang 晋盾蚧属

Shansiaspis ovalis Chen 柽柳晋盾蚧

Shansiaspis salicis Chen 见 *Shansiaspis sinensis*

Shansiaspis sinensis (Tang) 中国晋盾蚧

Shaogomphus Chao 邵春蜓属

Shaogomphus lieftincki Chao 黎氏邵春蜓

Shaogomphus postocularis epophthalmus (Selys) 寒冷邵春蜓

Shaogomphus schmidti (Asahina) 施氏邵春蜓

Shevtchenkella Bagdasaran 谢瘿螨属

Shevtchenkella juglandis (Keifer) 胡桃谢瘿螨

Shevtchenkella milletriae Kuang *et* Zhuo 崖豆藤谢瘿螨

Shijimia Matsumura 山灰蝶属

Shijimia moorei (Leech) 山灰蝶

Shirahoshizo Morimoto 角胫象属

Shirahoshizo coniferae Chao 球果角胫象

Shirahoshizo erectus Chen 立毛角胫象

Shirahoshizo flavonotatus (Voss) 长角角胫象

Shirahoshizo insidiosus Roelofs 马尾松白斑角胫象 pine white-spotted weevil

Shirahoshizo lineonus Chen 隆脊角胫象

Shirahoshizo patruelis (Voss) 马尾松角胫象

Shirahoshizo pini Morimoto 粗足角胫象

Shirahoshizo rufescens Roelofs 松拟角胫象

Shirahoshizo squamesus Chen 鳞毛角胫象

Shirahoshizo tuberosus Chen 多瘤角胫象

Shirakiacris Dirsh 素木蝗属

Shirakiacris brachyptera Zheng 短翅素木蝗

Shirakiacris shirakii (Bol.) 长翅素木蝗

Shirakiacris yunkweiensis (Chang) 云贵素木蝗

Shirôzua Sibatani *et* Ito 诗灰蝶属

Shirôzua jonasi (Janson) 诗灰蝶

Shivaphis Das 绵叶蚜属

Shivaphis celti Das 朴绵叶蚜

Shivaphis cinnamomophila Zhang 樟绵叶蚜

Shizuka Matsumura 饰袖蜡蝉属

Shizuka formosana Matsumura 台湾饰袖蜡蝉

Shunsennia Jameson *et* Toshioka 春川恙螨属

Shunsennia hertigi Traub *et al.* 后角春川恙螨

Shunsennia huanglungensis Chang *et* Wen 黄龙春川恙螨

Shunsennia scabrisetosa Huang 粗毛春川恙螨

Shunsennia wissemanni Traub *et* Nadchatram 韦氏春川恙螨

Sialidae 泥蛉科 alaterflies, humpbacked flies, sialids, alderflies

Sialis Latreille 泥蛉属

Sialis sibirica McLachlan 古北泥蛉

Sibatania Inoue 夕尺蛾属

Sibatania arizana (Wileman) 阿里山夕尺蛾

Sibine Herrich-Schäffer 矛刺蛾属

Sibine stimulea (Clem.) 鞍背矛刺蛾 saddleback caterpillar

Sibirarctia kindermanni (Staudinger) 丽西伯灯蛾

Sibyllinae 巫螳螂亚科

Sibynae Liang *et* Zheng 尖额蚱属

Sibynae guangdongensis Liang *et* Zheng 广东尖额蚱

Sicariidae 刺客蛛科

Siccia hengshanensis Fang 衡山干苔蛾

Siccia kuangtungensis Daniel 斑带干苔蛾

Siccia punctata Fang 点干苔蛾

Siccia sagittifera (Moore) 箭干苔蛾

Siccia sordida (Butler) 污干苔蛾

Siccia stellatus Fang 星干苔蛾

Siccia taprobanis (Walker) 齿纹干苔蛾

Siccia v-nigra Hampson 昏干苔蛾

Sicilipes Cross 西矮螨属

Sicilipes fengxiannus Gao *et* Zou 奉贤西矮螨

Siculidae 剑网蛾科

Siculifer bilineatus Hampson 剑苔蛾

Siculinae 剑网蛾亚科

Sidemia Staudinger 袭夜蛾属

Sidemia bremeri (Erschov) 袭夜蛾

Sidemia spilogramma (Rambur) 克袭夜蛾

Sideridis caesia (Denis *et* Schiffermüller) 灰寡夜蛾

Sideridis conigera (Schiffermüller) 见 *Aletia conigera*

Sideridis distincta Moore 离寡夜蛾

Sideridis eximia (Staudinger) 白寡夜蛾

Sideridis fraterna Moore 胞寡夜蛾

Siderodactylus sagittarius Olivier 尼日利亚桉柚木象

Sidyma albifinis Walker 白顶锡苔蛾

Sidyma vittata (Leech) 条锡苔蛾

Sieboldius Selys 施春蜓属

Sieboldius albardae Selys 艾氏施春蜓

Sieboldius alexanderi (Chao) 亚力施春蜓

Sieboldius deflexus (Chao) 折尾施春蜓

Sieboldius herculeus Needham 环纹施春蜓

Sieboldius maai Chao 马氏施春蜓

Siemssenius Weise 拟隶萤叶甲属

Siemssenius fulvipennis (Jacoby) 褐翅拟隶萤叶甲

Sierolomorphidae 拟柄土蜂科 sierolomorphid wasps

Sigalphus Latreille 节甲茧蜂属

Sigalphus anomis You *et* Zhou 棉小造桥虫节甲茧蜂

Sigalphus flavistigmus He *et* Chen 黄痣屏腹茧蜂

Sigalphus hunanus You *et* Tong 湖南节甲茧蜂

Sigalphus nigripes He *et* Chen 黑足屏腹茧蜂

Sigara lateralis (Leach) 烁划蝽

Sigara substriata Uhler 横纹划蝽

Siglophora Butler 血斑夜蛾属

Siglophora sanguinolenta (Moore) 内黄血斑夜蛾

Sigmacallis Zhang 埃斯蚜属

Sigmacallis pilosa Zhang 毛埃斯蚜

Signiphoridae 见 Thysanidae

Signiphorina Nikolskaya 棒小蜂属

Signoretia yangi Li 杨氏长胸叶蝉

Signoretiidae 长胸叶蝉科

Sigthoria Koenike 刻背水螨属

Silbomyia Macquart 闪迷蝇属

Silbomyia hoeneana Enderlein 华南闪迷蝇

Siler Simon 翠蛛属

Siler bielawskii Zabka 贝氏翠蛛

Siler collingwoodi (O.P.-Cambridge) 科氏翠蛛

Siler cupreus Simon 蓝翠蛛

Siler semiglaucus (Simon) 玉翠蛛

Silesis Candeze 阔嘴叩甲属

Silesis musculus Candeze 阔嘴叩甲 broad-mouth click beetle

Silometopus Simon 长插蛛属

Silometopus reussi (Thorell) 罗氏长插蛛

Silpha L. 扁尸甲属

Silpha obscura L. 暗色埋葬虫

Silpha rugosa L. 多皱埋葬虫

Silpha subrufa Lewis 桦色扁埋葬虫

Silpha undata Müller 无毛埋葬虫

Silphidae 葬甲科 Carrion beetles

Silvanidae 锯谷甲科

Silvanoprus fagi Gurin 山毛榉扁甲

Silvanus Latreille 齿扁甲属

Silvanus bidentatus (Fabricius) 双齿扁甲

Silvanus unidentatus (Fabricius) 单齿扁甲

Silvestraspis Bellio 翼片盾蚧属

Silvestraspis uberifera (Lindinger) 中华翼片盾蚧

Silvestrina tyrophagi Domb. 螨类寄生瘿蚊

Silvius Meigen 林虻属

Silvius anchoricallus Chen 锚胛林虻

Silvius chongmingensis Zhang *et* Xu 崇明林虻

Silvius cordicallus Chen *et* Quo 心瘤林虻

Silvius formosiensis Ricardo 台湾林虻

Silvius omishanensis Wang 峨眉山林虻

Silvius shirakii Philip *et* Mackerras 施氏林虻

Silvius suifui Philip *et* Mackerras 橙腹林虻

Simaethis fulminea Neyrick 榕树拟卷叶蛾

Similosodus choumi Breuning 胸斑球腿天牛

Similosodus punctiscapus Breuning 横线球腿天牛

Similosodus transversefasciatus Breuning 横带球腿天牛

Simoma grahami Aldrich 黑鳞伺寄蝇

Simorcus Simon 长瘤蟹蛛属

Simorcus asiaticus Ono *et* Song 亚洲长瘤蟹蛛

Simplicia Guenée 贫夜蛾属

Simplicia mistacalis (Guenée) 灰缘贫夜蛾

Simplicia niphona (Butler) 雪疸夜蛾

Simplicia robustalis Guenée 白条茶褐夜蛾

Simplicia schaldusalis (Walker) 斜线贫夜蛾

Simpliperia 简石蝇属

Simpliperia obscurofulva Wu 深褐简石蝇

Simuliidae 蚋科 black flies

Simuliinae 蚋亚科

Simulium Latreille 蚋属

Simulium aemulum Rubtsov 角逐蚋

Simulium alajense Rubtsov 巨蚋

Simulium albivirgulatum Wanson *et* Henrard 呈白蚋

Simulium ambiguum Shiraki 含糊蚋

Simulium angustatum Rubtsov 窄形纺蚋

Simulium angustifurca Rubtsov 窄替维蚋

Simulium angustipes Edwards 窄拉真蚋

Simulium angustitarse Lundstrom 窄跗纺蚋

Simulium aokii Takahasi 青木蚋

Simulium arakawae Matsumura 阿拉蚋

Simulium arisanum Shiraki 天南蚋

Simulium armeniacum Rubtsov 山溪真蚋

Simulium aureohirtum Brunetti 黄足纺蚋

Simulium aureum Fries 金毛真蚋

Simulium barraudi Puri 包氏蚋

Simulium bicorne Dorogostaisky, Rubtsov *et* Vlasenko 双角纺蚋

Simulium bidentatum Shiraki 双齿蚋

Simulium bimaculatum Rubtsov 双班蚋

Simulium biseriatum Rubtsov 成双欧蚋

Simulium cangshanense Xue 苍山纺蚋

Simulium chamlongi Takaoka *et* Suzuki 昌隆蚋

Simulium cheni Xue 陈氏纺蚋

Simulium chiangmaiense Takaoka *et* Suzuki 青迈蚋

Simulium chitoense Takaoka 查头纺蚋

Simulium cholodkovskii Rubtsov 黑角蚋

Simulium chongqingense Zhu *et* Wang 重庆蚋

Simulium chongqingensis Zhu *et* Wang 重庆绳蚋

Simulium chowi Takaoka 周氏门蚋

Simulium christophersi Puri 克氏蚋

Simulium coarctatum Rubtsov 正直蚋

Simulium concavustylum Deng, Zhang *et* Chen 凹端门蚋

Simulium curvitarse Rubtsov 曲跗蚋

Simulium ddamnosum Theobald 恶蚋

Simulium decimatum Dorogostaisky, Rubtsov *et* Vlasenko 十分蚋

Simulium desertorum Rubtsov 沙独蚋

Simulium digitatum Puri 地记蚋

Simulium emeinesis An, Xue *et* Song 峨眉蚋

Simulium equinum ivashentzovi Rubtsov 马维蚋依瓦亚种

Simulium equinum Linnaaeus 马维蚋

Simulium erythrocephalum De Geer 红头厌蚋

Simulium euryplatamus Sun *et* Song 宽板门蚋

Simulium exiguum Lutz 轻微蚋

Simulium falcoe Shiraki 镰刀纺蚋

Simulium ferganicum Rubtsov 班生蚋

Simulium flavoantennatum Rubtsov 黄色逊蚋

Simulium fuzhouense Zhang *et* Wang 福州蚋

Simulium geniculare Shiraki 结合纺蚋

Simulium ghoomense Datta 库姆门蚋

Simulium gracile Datta 纤细纺蚋

Simulium gravelyi Puri 格氏蚋

Simulium griseifrons Brunetti 灰额蚋

Simulium hainanensis Long et An 海南绳蚋

Simulium himalayense Puri 喜马拉雅蚋

Simulium hirtipannus Puri 粗毛蚋

Simulium howletti Puri 赫氏蚋

Simulium indicum Becher 印度喜山蚋

Simulium inthanonense Takaoka et Suzuki 因杂绳蚋

Simulium iwatense Shiraki 一洼蚋

Simulium jacuticum Rubtsov 短飘蚋

Simulium japoniccm Matsumura 日本蚋

Simulium jianfengensis An et Long 尖峰绳蚋

Simulium jieyangense An, Yan et Yang 揭阳蚋

Simulium jilinense Chen et Cao 吉林纹蚋

Simulium karenkoensis Shiraki 卡任蚋

Simulium kariyai Takahasi 白斑希蚋

Simulium katoi Shiraki 卡氏蚋

Simulium kawamurae Matsumura 卡瓦蚋

Simulium kirgisorum Rubtsov 清溪门蚋

Simulium kirgisorum Xue 吉尔门蚋

Simulium kozlovi Rubtsov 扣子蚋

Simulium kuandianense Chen et Cao 宽甸真蚋

Simulium lama Rubtsov 沼泽维蚋

Simulium latifile Rubtsov 宽纹蚋

Simulium lineatum Meigen 力行维蚋

Simulium lingziense Deng, Zhang et Chen 林芝门蚋

Simulium longipalpe Beltyukova 长衣蚋

Simulium lundstromi Enderlein 新月纹蚋

Simulium maculatum Meigen 班布蚋

Simulium malyschevi Dorogostaisky, Rubtsov et Vlasenko
    淡足蚋

Simulium maritimum Rubtsov 海真蚋

Simulium mediaxisus An Guo et Xu 中柱蚋

Simulium meigeni Rubtsov et Carlsson 梅氏纹蚋

Simulium metallicum Bellardi 金蚋

Simulium metatarsale Brunetti 后宽绳蚋

Simulium mie Ogata et Sasa 三重纹蚋

Simulium morsitans Edwards 短须蚋

Simulium multifurcatum Zhang et Wang 多叉蚋

Simulium nacojapi Smart 纳克蚋

Simulium nakhonense Takaoka et Suzuki 那空蚋

Simulium neavei Roubaud 蟹蚋

Simulium nemorivagum Datta 线丝门蚋

Simulium nigrifacies Datta 黑颜蚋

Simulium nikkoense Shiraki 樱花蚋

Simulium nitidithorax Puri 亮胸蚋

Simulium nodosum Puri 节蚋

Simulium noelleri Friederichs 淡额蚋

Simulium nujiangense Xue 怒江蚋

Simulium ochraceum Walker 淡黄蚋

Simulium omorii Takahasi 窄手蚋

Simulium ornatum Meigen 庄氏蚋

Simulium oyapockense Floch et Abonnenc 元蚋

Simulium pallidofemur Deng et al. 淡股蚋

Simulium palustre Rubtsov 沼生蚋

Simulium paracorniferum Yankovsky 副角纹蚋

Simulium pattoni Senior-White 怕氏绳蚋

Simulium pavlovskii Rubtsov 长须蚋

Simulium pingxiangense An, Hao et Mai 凭祥绳蚋

Simulium praetargum Dattta 宽头纹蚋

Simulium promorsitans Tubtsov 桑叶蚋

Simulium pseudequinum Séguy 准维蚋

Simulium pugetense Dyar et Shannon 普格纹蚋

Simulium pulanotum An Guo et Xu 普拉蚋

Simulium pulliense Takaoka 王早蚋

Simulium purii Datta 扑氏纹蚋

Simulium qini Cao, Wang et Chen 秦氏蚋

Simulium quadrivittatum Löw 四岔蚋

Simulium quinquestriatum Shiraki 五条蚋

Simulium reginae Terteryan 黄后真蚋

Simulium remotum Rubtsov 远蚋

Simulium reptans Linnaeus 爬蚋

Simulium rheophilum Tan et Chow 溪蚋

Simulium rubroflavifemur Rubtsov 如伯蚋

Simulium rufibasis Brunetti 红色蚋

Simulium rufipes Tan et Chow 红足蚋

Simulium saceatum Rubtsov 萨擦蚋

Simulium sakishimaense Takaoka 崎岛蚋

Simulium satsumense Takaoka 萨特真蚋

Simulium septentrionale Tan et Chow 北方蚋

Simulium shirakii Kôno et Takahasi 素木蚋

Simulium shogakii Rubtsov 憎木绳蚋

Simulium silvestre Rubtsov 林纹蚋

Simulium splendidum Rubtsov 华丽蚋

Simulium subcostatum Takahasi 丝肋纹蚋

Simulium subgriseum Rubtsov 灰背纹蚋

Simulium subvariegatum Rubtsov 北蚋

Simulium suzukii Rubtsov 铃木蚋

Simulium synanceium Chen et Cao 狭谷绳蚋

Simulium tachengense An et Maha 塔城蚋

Simulium taipei Shiraki 台北纹蚋

Simulium taiwanicum Takaoka 台湾蚋

Simulium takahasii Rubtsov 高桥维蚋

Simulium tanae Xue 谭氏蚋

Simulium tarnogradskii Rubtsov 塔氏蚋

Simulium taulingense Takaoka 透林纹蚋

Simulium tibetense Deng et al. 西藏门蚋

Simulium tibiale Tan et Chow 曲胫逊蚋

Simulium transiens Rubtsov 宽副布蚋

Simulium triangustum An, Guo et Xu 角突蚋

Simulium tuenense Takaoka 图纳绳蚋

Simulium tumulosum Rubtsov 山状蚋

Simulium turgaicum Rubtsov 褐足维蚋

Simulium uchidai Takahasi 内田纹蚋

Simulium ufengense Takaoka 优分蚋

Simulium veltistshevi Rubtsov 沟额维蚋

Simulium vernum Macquart 宽足纺蚋

Simulium vulgare Dorogostaisky, Rubtsov *et* Vlasenko 伏尔加蚋

Simulium xinbinense Chen *et* Cao 新宾纺蚋

Simulium xizangense An Zhang *et* Deng 西藏绳蚋

Simulium yadongense Deng *et* Chen 亚东蚋

Simulium yonakuniense Takaoka 育蛙蚋

Simulium yushangense Takaoka 油丝纺蚋

Simulium zayuense An Zhang *et* Deng 察隅绳蚋

Simyra Ochsenheimer 刀夜蛾属

Simyra albovenosa (Goeze) 辉刀夜蛾

Simyra nervosa (Denis *et* Schiffermüller) 刀夜蛾

Sin Moore 生灰蝶属

Sin chandrana (Moore) 生灰蝶

Sinacris Tink. 华蝗(旭蝗)属

Sinacris longipennis Liang 长翅华蝗

Sinacris oreophilus Tink. 爱山华蝗

Sinacus Hong *et* Kuang 中瘿螨属

Sinacus erythrophlei Hong *et* Kuang 格木中瘿螨

Sinagonia angulata (Chen *et* Tan) 膨角断脊甲

Sinagonia foveicollis (Chen *et* Tan) 洼胸断脊甲

Sinagonia maculigera (Gestro) 黑斑断脊甲

Sinarachna Townes 毁蛛姬蜂属

Sinarachna nigricornis (Holmgren) 黑角毁蛛姬蜂

Sinarge Forsius 中华三节叶蜂属

Sinarge typica Forsius 模中华三节叶蜂

Sindia sedecimmaculata (Boheman) 十六斑单梳龟甲

Sindiola burmensis Spaeth 缅甸双梳龟甲

Sindiola hospita (Boheman) 淡腹双梳龟甲

Sindiola vigintisexnotata (Boheman) 廿六斑双梳龟甲

Sinea spinies (H.-S.) 刺猎蝽

Sinelipsocus Li 华沼啮虫属

Sinelipsocus villosus Li 毛华沼啮虫

Sinelipsocus yangi Li 杨氏华沼啮虫

Sinella Brook 裸长角跳虫属

Sinella hofti Schäffer 百合裸长角跳虫

Sinella straminea Folsom 白裸长角跳虫

Sinentomidae 中国蚖科(中国原尾虫科)

Sineugraphe Bousin 扇夜蛾属

Sineugraphe disgnosta (Boursin) 扇夜蛾

Sineugraphe exusta (Butler) 紫棕扇夜蛾

Sineugraphe longipennis (Boursin) 华长扇夜蛾

Sineugraphe rhytidoprocta Boursin 夹扇夜蛾

Sineugraphe scotina Chen 暗扇夜蛾

Sineugraphe stolidoprocta Boursin 后扇夜蛾

Sineuronema Yang 华脉线蛉属

Sineuronema bomeana Yang 波密华脉线蛉

Sineuronema gyirongana Yang 吉隆华脉线蛉

Sineuronema magmangana Yang 麻玛华脉线蛉

Sineuronema nyingchiana Yang 林芝华脉线蛉

Sineuronema quxamana Yang 曲香华脉线蛉

Sineuronema yadongana Yang 亚东华脉线蛉

Sineuronema zhamana Yang 樟木华脉线蛉

Singa C.L. Koch 亮腹蛛属

Singa alpigena Yin *et* Wang 山地亮腹蛛

Singa alpigenoides Song *et* Zhu 拟山亮腹蛛

Singa bifasciata Schenkel 二横带亮腹蛛

Singa cruciformis Yin *et al.* 十字亮腹蛛

Singa hamata (Clerck) 黑斑亮腹蛛

Singa kansuensis Schenkel 甘肃亮腹蛛

Sinicephus Maa 华茎蜂属

Sinicephus giganteus (Enderlein) 巨耿华茎蜂

Sinicivanhornia He *et* Chu 华颚细蜂属

Sinicivanhornia guizhouensis He *et* Chu 贵州华颚细蜂

Sinicossus Clench 华木蠹蛾属

Sinicossus danieli Clench 丹氏木蠹蛾

Sinicossus qinlingensis Hua *et* Chou 秦岭木蠹蛾

Sinictinogomphus Fraser 新叶春蜓属

Sinictinogomphus clavatus (Fabricius) 黄新叶春蜓

Sinishivaphis tilisucta Zhang 椴绵叶蚜

Sinispa tayana (Gressitt) 大屿并爪铁甲

Sinispa yunnana Uhmann 云南并爪铁甲

Sinna Walker 豹夜蛾属

Sinna dohertyi Elwes 斗豹夜蛾

Sinna extreme (Walker) 胡桃豹夜蛾

Sinobryobia Ma, Gao *et* Chen 华苔螨属

Sinobryobia chinensis Ma, Gao *et* Chen 中国华苔螨

Sinocampa Chou *et* Chen 华蚧属

Sinocampa huangi Chou *et* Chen 黄氏华蚧

Sinocampa zayüensis Chou *et* Chen 察隅华蚧

Sinocapritermes 华歪白蚁属

Sinocapritermes albipennis (Tsai *et* Chen) 白翅华歪白蚁

Sinocapritermes fujianensis Ping *et* Xu 闽华歪白蚁

Sinocapritermes guangxiensis Ping *et* Xu 桂华歪白蚁

Sinocapritermes magnus Ping *et* Xu 大华歪白蚁

Sinocapritermes mushae (Oshima *et* Maki) 台华歪白蚁

Sinocapritermes parvulus (Yu *et* ping) 小华歪白蚁

Sinocapritermes planifrons Ping *et* Xu 平额华歪白蚁

Sinocapritermes sinesis Ping *et* Xu 华歪白蚁

Sinocapritermes vicinus (Xia *et al.*) 川华歪白蚁

Sinocapritermes yunnanensis Ping *et* Xu 滇华歪白蚁

Sinochaitophorus Takahashi 中华毛蚜属

Sinochaitophorus maoi Takahashi 榆华毛蚜

Sinocharis Püngeler 瑕夜蛾属

Sinocharis korbae Püngeler 瑕夜蛾

Sinochirosia Fan 华蕨蝇属

Sinochirosia variegata (Stein) 变色华蕨蝇

Sinochlora gracilisulcula Shi *et* Zheng 细沟华绿螽

Sinocrepis Chen 沟基跳甲属

Sinocrepis micans Chen 木槿沟基跳甲

Sinodasynus Hsiao 华黛缘蝽属

Sinodasynus spiraculus Hsiao 云黛缘蝽

Sinodasynus stigmatus Hsiao 华黛缘蝽

Sinodendridae 拟锹甲科

Sinodendron Hellweg 拟锹甲属

Sinodendron cylindricum L. 独角拟锹甲

Sinodendron rugosum Mannerheim 绉拟锹甲 rugose stag beetle

Sinognathus Fan *et* Li 华颚螨属

Sinognathus wangae Fan *et* Li 王氏华颚螨

Sinogomphus May 华春蜓属(华箭蜓属)

Sinogomphus asahinai Chao 朝比奈华春蜓

Sinogomphus formosanus Asahina 台湾华春蜓

Sinogomphus leptocercus Chao 细尾华春蜓

Sinogomphus orestes (Lieftinck) 三尖华春蜓(峰顶华箭蜓)

Sinogomphus peleus (Lieftinck) 黄侧华春蜓(无点华箭蜓)

Sinogomphus pylades (Lieftinck) 无裂华春蜓

Sinogomphus scissus (McLachlan) 长角华春蜓(岐尾华箭蜓)

Sinogomphus suensoni (Lieftinck) 修氏华春蜓(健尾华箭蜓)

Sinogomphus telamon (Lieftinck) 双纹华春蜓(双斑华箭蜓)

Sinohylemya Hsue 华种蝇属

Sinohylemya craspedodenta Hsue 缘齿华种蝇

Sinohylemya ctenocnema Hsue 栉足华种蝇

Sinolaelaps Gu *et* Wang 华厉螨属

Sinolaelaps typhlomydis Gu *et* Wang 猪尾鼠华厉螨

Sinolaelaps wuyiensis Wang 武夷华厉螨

Sinolaelaps yunnanensis Tian 云南华厉螨

Sinolardoglyphus Jiang 华脂螨属

Sinolardoglyphus nanchangensis Jiang 南昌华脂螨

Sinolestes 绿山蟌属

Sinolestes edita Needham 赤条绿山蟌

Sinolestes ornata Needham 白条绿山蟌

Sinomantis Beier 华螳属

Sinomantis denticulata Beier 齿华螳

Sinomegoura Takahashi 中华修尾蚜属

Sinomegoura citricola (van der Goot) 樟修尾蚜 camphor aphid

Sinomegoura evodiae (Takahashi) 吴茱萸修尾蚜

Sinomegoura photiniae (Takahashi) 石楠修尾蚜

Sinomiopteryx Tinkham 华小翅螳属

Sinomiopteryx brevifrons Wang *et* Bi 短额华小翅螳

Sinomiopteryx grahami Tinkham 格华小翅螳

Sinomiopteryx guangxiensis Wang *et* Bi 广西华小翅螳

Sinomphisa plagialis (Wileman) 楸蛀野螟

Sinonasutitermes 华象白蚁属

Sinonasutitermes dimorphus Li 二型华象白蚁

Sinonasutitermes erectinasus Tsai *et* Chen 翘鼻华象白蚁

Sinonasutitermes hainanensis Li *et* Ping 海南华象白蚁

Sinonasutitermes trimorphus Li *et* Ping 三型华象白蚁

Sinonipponia Rohdendorf 刺麻蝇属

Sinonipponia concreata (Séguy) 刚刺麻蝇

Sinonipponia hainanensis (Ho) 海南刺麻蝇

Sinonipponia hervebazini (Séguy) 立刺麻蝇

Sinonipponia musashinensis (Kano *et* Okazaki) 武藏野刺麻蝇

Sinonympha Lee 华眼蝶属

Sinonympha amoena Lee 华眼蝶

Sinoperkinsiella Ding 华飞虱属

Sinoperkinsiella sacciolepis Ding 蓑颖草飞虱

Sinoperla Wu 华石蝇属

Sinoperla furcomacula Wu 叉斑华石蝇

Sinophasma Günther 华枝䗛属

Sinophasma brevipenne Günther 垂臀华枝䗛

Sinophasma conicum Chen *et* He 锥尾华枝䗛

Sinophasma curvatum Chen *et* He 曲腹华枝䗛

Sinophasma hönei Günther 瓦腹华枝䗛

Sinophasma klapperichi Günther 克氏华枝䗛

Sinophasma maculicruralis Chen 斑腿华枝䗛

Sinophasma mirabile Günther 异尾华枝䗛

Sinophasma rugicollis Chen 粗粒华枝䗛

Sinophora Melichar 华沫蝉属

Sinophora tongmaiensis Liang 通麦华沫蝉

Sinophorus Förster 棱柄姬蜂属

Sinophorus turionus (Ratzeburg) 玉米螟棱柄姬蜂

Sinopodisma Chang 蹦蝗属

Sinopodisma bidenta Liang 二齿蹦蝗

Sinopodisma formosana (Shiraki) 台湾蹦蝗

Sinopodisma guizhouensis Zheng 贵州蹦蝗

Sinopodisma houshana Huang 霍山蹦蝗

Sinopodisma huangshana Huang 黄山蹦蝗

Sinopodisma jiulianshana Huang 九连山蹦蝗

Sinopodisma kawakamii (Shiraki) 克氏蹦蝗

Sinopodisma kelloggii (Chang) 卡氏蹦蝗

Sinopodisma kodamae (Shiraki) 柯蹦蝗

Sinopodisma lofaoshana (Tink.) 山蹦蝗

Sinopodisma pieli (Chang) 比氏蹦蝗

Sinopodisma rostellocerca You 喙尾蹦蝗

Sinopodisma shirakii (Tinkham) 素木蹦蝗

Sinopodisma spinocerca Zheng *et* Liang 针尾蹦蝗

Sinopodisma splendida (Tinkham) 丽色蹦蝗

Sinopodisma tsaii (Chang) 蔡氏蹦蝗

Sinopodisma wuyishana Zheng, Lian *et* Xi 武夷山蹦蝗

Sinopodisma yingdensis Liang 英德蹦蝗

Sinopodismoides Gong *et al.* 拟蹦蝗属

Sinopodismoides prasina Gong *et al.* 草绿拟蹦蝗

Sinopodismoides qianshanensis Gong *et al.* 千山拟蹦蝗

Sinoprosa Qian *et* Fan 华花蝇属

Sinoprosa aertaica Qian *et* Fan 阿尔泰华花蝇

Sinoquernaspis Takagi *et* Tang 华栎盾蚧属

Sinoquernaspis gracilis Takagi *et* Tang 福建华栎盾蚧

Sinorsillus Usinger 扁长蝽属

Sinorsillus piliferus Usinger 杉木扁长蝽

Sinoseius Bai *et* Gu 华绥螨属

Sinoseius lobatus Bai, Gu *et* Fang 叶华绥螨

Sinoshivaphis Zhang 中华绵叶蚜属

Sinoshivaphis hangzhouensis Zhang *et* Zhong 杭州华绵叶蚜

Sinotagus Kiritshenko 鼻缘蝽属

Sinotagus nasutus Kiritshenko 棱须鼻缘蝽

Sinotagus rubromaculus Hsiao 红斑鼻缘蝽

Sinoteneriffia Yin, Bei *et* Li 华腾岛螨属

Sinoteneriffia nuda Yin, Bei *et* Li 光裸华腾岛螨

Sinotermes 华白蚁属

Sinotermes hainanensis He *et* Xia 海南华白蚁

Sinotermes luxiensis Huang *et* Zhu 潞西华白蚁

Sinotermes yunnanensis He *et* Xia 云南华白蚁

Sinotetranychus Ma *et* Yuan 华叶螨属

Sinotetranychus guangzhouensis Mu *et* Yuan 广州华叶螨

Sinotmethis B.-Bienko 华癞蝗属

Sinotmethis amicus B.-Bienko 友谊华癞蝗

Sinotmethis brachypterus Zheng *et* Xi 短翅华癞蝗

Sinotmethis yabraiensis Xi *et* Zheng 雅布赖华癞蝗

Sinoxylon anale Lesne 双棘长蠹

Sinoxylon atratum Lesne 暗黑棘长蠹

Sinoxylon brazzai Lesne 巴氏棘长蠹

Sinoxylon conigerum Gest 具粒棘长蠹

Sinoxylon crassum Lesne 粗实棘长蠹

Sinoxylon eucerum Lesne 优双棘长蠹

Sinoxylon flabarius Lesne 拟双棘长蠹

Sinoxylon japonicus Lesne 日本双棘长蠹(双齿长蠹)

Sinoxylon mangiferae Chûj 芒果双棘长蠹

Sinoxylon rejectum Hope 劣双棘长蠹

Sinoxylon ruficorne Fåhraeus 红角棘长蠹

Sinoxylon sexdentatum Olivier 六齿双棘长蠹

Sinoxylon sudanicum Lesne 染丹棘长蠹

Sinoxylon tignarium Lesne 钻木双棘长蠹

Sinoxylon transvaalense Lesne 横位棘长蠹

Sinstauchira Zheng 板齿蝗属

Sinstauchira pui Liang *et* Zheng 蒲氏板齿蝗

Sinstauchira ruficornis Huang *et* Xia 红角板齿蝗

Sinstauchira yaoshanensis Li 瑶山板齿蝗

Sinstauchira yunnana Zheng 云南板齿蝗

Sintor Schoenherr 斜纹长角象属

Sinuonemopsylla Li *et* Yang 曲脉木虱属

Sinuonemopsylla excetrodendri Li *et* Yang 蚬木曲脉木虱

Siobla Cameron 西叶蜂属

Siobla formosana Takeuchi 蓬莱西叶蜂

Siobla fulva Takeuchi 黄西叶蜂

Siobla fumipennis Malaise 灰翅西叶蜂

Siobla insularis Malaise 岛屿西叶蜂

Siobla szechuanica Malaise 四川西叶蜂

Siobla taiwanica Malaise 吴凤西叶蜂

Siobla xizangensis Xiao *et* Zhou 西藏西叶蜂

Siona Duponchel 纹粉尺蛾属

Sipalinus gigas Fabricius 大异隐喙象

Sipha Passerini 伪毛蚜属

Sipha flava (Forbes) 美甘蔗伪毛蚜 yellow sugarcane aphid

Sipha kurdjumowi Mordvilko 冰草伪毛蚜 quackreass aphid

Sipha maydis Passerini 玉米伪毛蚜

Siphanta acuta Walker 锐丝蛾蜡蝉

Siphlaenigmatidae 残蜉科

Siphlonuridae 短丝蜉科

Siphluriscus Ulmer 短丝蜉属

Siphluriscus chinensis Ulmer 中国短丝蜉

Siphona Meigen 长喙寄蝇属

Siphona boreata Mesnil 北方长喙寄蝇

Siphona cristata Fabricius 冠毛长喙寄蝇

Siphonaptera 蚤目 fleas

Siphonella viridiaenea Matsumura 稻绿潜蝇 rice green leaf-miner

Siphonellopsinae 管秆蝇亚科

Siphunculata 见 Anoplura

Sipyloidea sarpedon Westwood 细颈杆蟠

Sipyloidea sipylus Westwood 棉细颈杆蟠

Sira japonica Folsom 日本紫斑跳虫

Sirex Linnaeus 树蜂属

Sirex areolatus (Cresson) 西方树蜂 western borntail

Sirex behrensii (Cresson) 松树蜂 behrens borntail

Sirex cyaneus Fabricius 蓝树蜂 steel-blue woodwasp

Sirex ermak (Semenov-Tian-Shanskij) 落叶松树蜂

Sirex gigas Linnaeus 见 *Urocerus gigas*

Sirex imperialis Kirby 见 *Sirex juvencus imperialis*

Sirex juvencus (Linnaeus) 蓝黑树蜂 steel-blue wood-wasp

Sirex juvencus imperialis Kirby 黑足树蜂 steel-blue woodwasp, blue horntail, polished horntail

Sirex longicauda Middlekauff 长尾树蜂

Sirex nitobei Matsumura 新渡户树蜂

Sirex noctilio Fabricius 云杉蓝树蜂 steel-blue wood-wasp

Sirex piceus Xiao *et* Wu 云杉树蜂

Sirex rufiabdominis Xiao *et* Wu 红腹树蜂

Sirex sinicus Maa 中华树蜂

Sirex tianshanicus (Semenov-Tian-Shanskij) 天山树蜂

Sirex vates Mocsary 蜀黑树蜂

Siricidae 树蜂科 woodwasps, horntails

Siricinae 树蜂亚科

Siricoidea 树蜂总科

Sirinopteryx Butler 黄尾尺蛾属

Sirinopteryx parallela (Wehrli) 黄尾尺蛾

Sirthenea Spinola 黄足猎蝽属

Sirthenea dimidiata Horváth 半黄足猎蝽

Sirthenea flavipes (Stål) 黄足猎蝽

Siseca Audy 蜥恙螨属

Siseca xixie Wen *et* Xiang 溪蟹蜥恙螨

Sishanaspis Ferris 滇片盾蚧属

Sishanaspis quercicola Ferris 阴腺滇片盾蚧

Sishanaspis templorum Balach. 缺腺滇片盾蚧

Sishania Ferris 鞋绵蚧属

Sishania flavopilata Tang *et* Hao 黄毛鞋绵蚧

Sishania nigropilata Ferris 黑毛鞋绵蚧

Sisyphus indicus Hope 印度锡金龟(印度西蜣螂)

Sisyphus Schäfferi Linnaeus 赛西蜣螂

Sisyridae 水蛉科 spongillaflies

Sisyropa Brauer *et* Bergenstamm 皮寄蝇属

Sisyropa prominens (Walker) 双刺皮寄蝇

Sisyropa soror Mesnil 双刺胫皮寄蝇

Siteroptes Kirchner 穗螨属

Siteroptes avenae (Müller) 燕麦穗螨

Siteroptes cerealium (Kirchner) 谷穗螨

Siteroptes chinghaiensis Su 青海穗螨

Siteroptes flechtmanni (Wicht) 费氏穗螨

Siteroptes fusarii Smiley *et* Moser 镰孢穗螨

Siteroptes graminisugus (Hardy) 禾穗螨

Siteroptes huangshuiensis Su 湟水穗螨

Siteroptes kneeboni (Wicht) 尼氏穗螨

Siteroptes mesembrinae (Canestrini) 食菌穗螨

Siteroptes portatus Martin 携带穗螨

Siteroptes reniformis Krantz 肾形穗螨

Siteroptes triticola Su 小麦穗螨

Sitobion avenae (Fabricius) 见 *Macrosiphum avenae*

Sitodiplosis mosellana Gehin 麦红吸浆虫 orange wheat blossom midge

Sitona Germar 根瘤象属

Sitona foedus Gyllenhyl 长毛根瘤象

Sitona hispidula Fabricius 车轴草根瘤象 clover weevil

Sitona japonica Roelofs 日本根瘤象

Sitona lineata Linnaeus 直条根瘤象(豌豆根瘤象) pea leaf weevil, pea and bean weevil

Sitona lineellus Bonsdorff 细纹根瘤象

Sitona tibialis Herbst 金光根瘤象

Sitoninae 根瘤象亚科

Sitophilus glandium Marshall 栎实象 acorn weevil

Sitophilus granarius (L.) 谷象 granary weevil

Sitophilus oryzae (Linnaeus) 米象 rice weevil, lesser rice weevil

Sitophilus rugicollis Casey 皱实象

Sitophilus zeamais (Motschulsky) 玉米象 maize weevil, greater rice weevil

Sitotroga Heinmann 麦蛾属 angoumois grain moth

Sitotroga cerealella (Olivier) 麦蛾 angoumois grain moth

Sitticus Simon 跃蛛属

Sitticus albolineatus (Kulczynski) 白线跃蛛

Sitticus avocator O.P.-Cambridge 鸣走跃蛛

Sitticus clavator Schenkel 棒跃蛛

Sitticus fasciger (Simon) 卷带跃蛛

Sitticus floricola (C.L. Koch) 花跃蛛

Sitticus niveosignatus (Simon) 雪记跃蛛

Sitticus paraviduus Schenkel 双栖跃蛛

Sitticus penicillatus (Simon) 五斑跃蛛

Sitticus saxicola (C.L. Koch) 岩色跃蛛

Sitticus sinensis Schenkel 中华跃蛛

Sitticus zimmermanni Simon 孳跃蛛

Sivaloka Distant 席瓢蜡蝉属

Sivaloka damnosus Chou *et* Lu 恶性席瓢蜡蝉

Sivana Strand 隆花天牛属

Sivana bicolor (Ganglbauer) 红翅隆花天牛

Skeatia Cameron 邻驼姬蜂属

Skeatia mysorensis Jonathan *et* Gupta 迈索尔邻驼姬蜂

Skeloceras Delucchi 虞索金小蜂属

Skeloceras chagyabensis (Liao) 察雅虞索金小蜂

Skeloceras glaucum Delucchi 裸肘虞索金小蜂

Skeloceras novickyi Delucchi 毛肘虞索金小蜂

Skeloceras strumiferum Huang 瘤柄虞索金小蜂

Skeloceras transversum Huang 横虞索金小蜂

Skeloceras validum Huang 壮虞索金小蜂

Skobeleva Klapalek 绫石蝇属

Skobeleva microlobata Wu 小叶绫石蝇

Skobeleva unimacula (Klapalek) 单斑绫石蝇

Skrjabinomermis Pologenzev 斯克里亚平索线虫属

Skrjabinomermis apiculiformis Rubzov 尖型斯克里亚平索线虫

Skrjabinomermis latidens Rubzov 侧密斯克里亚平索线虫

Skrjabinomermis sukatschenvi Pologenzev 苏氏斯克里亚平索线虫

Skrjabinomermis tolski Pologenzev 托氏斯克里亚平索线虫

Smaragdina Chevrolat 光叶甲属

Smaragdina aurita hammarstraemi (Jacobson) 杨柳光叶甲

Smaragdina costata Tan *et* Wang 脊鞘光叶甲

Smaragdina laevicollis (Jacoby) 光叶甲

Smaragdina mandzhura (Jacobson) 酸枣光叶甲

Smaragdina mangkamensis Tan *et* Wang 芒康光叶甲

Smaragdina nigrifrons (Hope) 黑额光叶甲

Smaragdina peplopteroides (Weise) 纹足光叶甲

Smaragdina semiaurantiaca (Fairmaire) 梨光叶甲

Smaridiidae 吻体螨科

Smerinthus Latreille 目天蛾属

Smerinthus caecus Ménétriès 杨目天蛾

Smerinthus cerisyi Kirby 塞氏目天蛾

Smerinthus kindermanni Lederer 合目天蛾

Smerinthus ocellatus Linnaeus 灰目天蛾 eyed hawk

moth

Smerinthus planus Walker 蓝目天蛾 cherry horn worm

Smerinthus populi Linnaeus 见 *Amorpha populi*

Smicripidae 短甲科

Smicronyx Schoenherr 小爪象属

Smicronyx sculpticollis Casey 菟丝子小爪象 dodder gall weevil

Smidtia conspera Meigen 长鬃锥腹寄蝇

Smilacicola Takagi 葜盾蚧属

Smilacicola apicalis Takagi 台湾葜盾蚧

Smilacicola crenatus Takagi 香港葜盾蚧

Smilacicola heimi (Balach.) 越南葜盾蚧

Smiliinae 膜翅角蝉亚科

Sminthuridae 圆跳虫科

Sminthurus viridis Linnaeus 绿圆跳虫 lucerne flea

Smithistruma Brown 瘤蚁属

Smithistruma elegantula Terayama *et* Kubota 高雅瘤蚁

Smithistruma leptothrix (Wheeler) 长毛瘤蚁

Smittia rostrata Wang *et* Wang 喙施密摇蚊

Smitypsylla Lewis 斯氏蚤属

Smitypsylla qudrata Xie *et* Li 方突斯氏蚤

Smodicum Dejean 斯天牛属

Smodicum cucujiforme (Say) 栎扁斯天牛 flat powder-post beetle

Smynthurodes Westwood 斯绵蚜属

Smynthurodes betae Westwood 菜豆根蚜(甜菜根蚜,棉根蚜)

Smynthurus Latreille 圆跳虫属

Snellenita Kiriakoff 天舟蛾属

Snellenita divaricata (Snellen) 天舟蛾

Snellenius radicalis Wilkinson 平鞭脊背茧蜂

Sogana Matsumura 梭扁蜡蝉属

Sogana longiceps Fennah 长头梭扁蜡蝉

Sogata Distant 长唇基飞虱属

Sogata hakonensis (Matsumura) 白带长唇基飞虱

Sogatella Fennah 白背飞虱属

Sogatella diachenhea Kuoh 大橙褐白背飞虱

Sogatella furcifera (Horváth) 白背飞虱 white-backed planthopper

Sogatella kolophon (Kirkaldy) 烟翅白背飞虱

Sogatella longifurcifera (Esaki *et* Ishihara) 稗白背飞虱

Sogatella panicicola Ishihara 黍白背飞虱 panicum planthopper

Sogatella terryi Muir 特氏白背飞虱

Sogatellana Kuoh 淡背飞虱属

Sogatellana costata Ding 连脊淡背飞虱

Sogatellana fusca Tian *et* Ding 暗面淡背飞虱

Sogatellana marginata Kuoh 断脊淡背飞虱

Sogatodes cubanus (Crawford) 古巴稻飞虱 Cuban white-backed rice plant-hopper

Sogatodes orizicola (Muir) 美洲稻飞虱 American white-backed rice plant-hopper, rice delphacid

Solenopotes Enderlein 管虱属

Solenopotes capillatus Enderlein 牛管虱 small blue cattle louse

Solenopotes muntiacus Thompson 麂管虱

Solenopsis Westwood 火蚁属

Solenopsis geminata (Fabricius) 火蚁 fire ant

Solenopsis jacoti Wheeler 贾氏火蚁

Solenopsis saevissima richteri Forel 阿根廷火蚁 imported fire ant

Solenopsis tipuna Forel 知本火蚁

Solenostethium Spinola 沟盾蝽属

Solenostethium chinense Stål 华沟盾蝽

Solenostethium rubropunctatum (Guèrin) 沟盾蝽

Solenothrips rubrocinctus Giard 可可红带蓟马

Solenura ania (Walker) 丽锥腹金小蜂

Solenysa Simon 蚁微蛛属

Solenysa circularis Gao et al. 圆斑蚁微蛛

Solenysa longqiensis Li *et* Song 龙栖蚁微蛛

Solenysa protrudens Gao et al. 胫突蚁微蛛

Solenysa wulingensis Li *et* Song 武陵蚁微蛛

Solieria pacifica Meigen 太平洋索寄蝇

Solitanea Djakonov 晖尺蛾属

Solitanea defricata (Püngeler) 晖尺蛾

Solubea Bergroth 稻蝽属

Solubea poecila Dallas 南美稻蝽 South American rice bug

Solubea pugnax (F.) 稻臭蝽 rice stink bug

Solvinae 木虻亚科

Solyginae 矛肛螳螂亚科

Somadasys kibunensis Matsumura 新月斑枯叶蛾

Somadasys lunatus Lajonquiere 月斑枯叶蛾

Somatina Guenée 花边尺蛾属

Somatochlora 金光伪蜻属

Somatochlora dido Needham 绿金光伪蜻

Sominella Jacobson 齿胫水叶甲属

Sominella longicornis (Jacoby) 长角水叶甲

Sominella macrocnemia (Fischer von Waldheim) 长胫水叶甲

Sommatricola Tragardh 索螨属

Sonsaucoccus sinensis (Chen) 见 *Matsucoccus sinensis*

Sonsaucoccus yunnansonsaus (Young *et* Hu) 见 *Matsucoccus yunnansonsaus*

Sophronica Dejean 健天牛属

Sophronica apicalis (Pic) 黄斑健天牛

Sophronica atripennis (Pic) 黑翅健天牛

Sophronica subcarissae Breuning 老挝健天牛

Sophrops Fairmaire 霉鳃金龟属(索鳃金龟属,野鳃金龟属)

Sophrops acalcarium Gu *et* Zhang 无距霉鳃金龟

Sophrops cephalotes (Burmeister) 头霉鳃金龟

Sophrops cotesi Brenske 柯特思霉鳃金龟

Sophrops heydeni (Brenske) 海霉鳃金龟

Sophrops horishana Niijima *et* Kinoshita 见 *Sophrops cephalotes*

Sophrops pruinosipyga Gu *et* Zhang 粉臀霉鳃金龟

Sophrops stenocorpus Gu *et* Zhang 细体霉鳃金龟

Sophrops striata Brenske 畦霉鳃金龟

Sophrops yangbiensis Gu *et* Zhang 漾濞霉鳃金龟

Sophta Walker 草孔夜蛾属

Sorhoanus huanglutus Kuoh 黄绿草叶蝉

Sorhoanus tritici Matsumura 麦绿草叶蝉 wheat leaf-hopper

Sorita pulchella leptalina Kollar 细堆锦斑蛾

Sorita pulchella sexpunctata Walker 茶六斑褐锦斑蛾

Sospita Mulsant 鹿瓢虫属

Sospita chinensis Mulsant 华鹿瓢虫

Sosticus Chamberlin 螋蛛属

Sosticus loricatus (L. Koch) 铠螋蛛

Soupha nouvangi Breuning 苏天牛

Souvanna phoumai Breuning 梭氏天牛

Spaelotis Boisduval 矛夜蛾属

Spaelotis sinophysa Boursin 卑矛夜蛾

Spalangia Latreille 俑小蜂属

Spalangia endius Walker 蝇蛹俑小蜂

Spalangiidae 俑小蜂科

Spalgis Moore 熙灰蝶属

Spalgis epeus (Westwood) 熙灰蝶

Spallanzania Robineau-Desvoid 飞跃寄蝇属

Spallanzania hebes Fallén 梳飞跃寄蝇

Spanogoicus albofasciatus (Reuter) 白纹黑盲蝽 black fleahopper

Sparassus Walckenaer 斯帕蛛属

Sparassus potanini Simon 波氏斯帕蛛

Sparattidae 扁姬螋科

Sparganothinae 长须卷蛾亚科

Sparganothis Hübner 长须卷蛾属

Sparganothis acerivorana (Mackay) 隆长须卷蛾

Sparganothis matsudai Yasuda 玛氏长须卷蛾

Sparganothis pettitana Robertson 见 *Cenopis pettitana*

Sparganothis pilleriana (Denis *et* Schiffermüller) 葡萄长须卷蛾 long-palpi tortrix

Sparganothis sulfureana (Clemens) 硫长须卷蛾

Sparganothis tristriata Kearfott 黯淡长须卷蛾

Spartaeus Thorell 雀跃蛛属

Spartaeus jianfengensis Song *et* Chai 尖峰雀跃蛛

Spartaeus platnicki Song *et al.* 普氏雀跳蛛

Spartopteryx Guenée 螺纹尺蛾属

Spatalia Hübner 金舟蛾属

Spatalia dives Oberthüer 丽金舟蛾

Spatalia doerriesi Graeser 艳金舟蛾

Spatalia plusiotis (Oberthüer) 富金舟蛾

Spatalina Bryk 华舟蛾属

Spatalina argentata (Moore) 华舟蛾

Spatalina desiccata (Kiriakoff) 干华舟蛾

Spatalistis Meyrick 彩翅卷蛾属

Spatalistis bifasciana (Hübner) 越橘彩翅卷蛾

Spathiinae 柄腹茧蜂亚科

Spathiohormius ornatulus Enderlein 雅致柄索茧蜂

Spathius alternecoloratus Chao 间色柄腹茧蜂

Spathius sinincus Chao 中华柄腹茧蜂

Spathosternum Krauss 板胸蝗属

Spathosternum prasiniferum prasinifernum (Walker) 长翅板胸蝗

Spathosternum prasiniferum sinense Uv. 中华板胸蝗

Spathosternum prasiniferum xizangense Yin 西藏板胸蝗

Spatularia mimosae Stainton 金合欢豆荚籽潜蛾

Spatulignatha chrysopteryx Wu 金翅匙唇祝蛾

Spatulignatha idiogena Wu 异匙唇祝蛾

Spatulignatha olaxana Wu 花匙唇祝蛾

Spcrehonnopsis Piersig 拟刺触螨属

Specinervures Kuoh *et* Ding 异脉飞虱属

Specinervures interrupta Ding *et* Hu 断带异脉飞虱

Specinervures nigrocarinata Kuoh *et* Ding 黑脊异脉飞虱

Spectroreta Warren 窗山钩蛾属

Spectroreta fenestra Chu *et* Wang 窗山钩蛾

Spectroreta hyalodisca (Hampson) 透窗山钩蛾

Speculitermes 稀白蚁属

Speculitermes angustigulus He 狭颏稀白蚁

Speiredonia Hübner 旋目夜蛾属

Speiredonia japonica Guenée 日本旋目夜蛾 huge-comma moth

Speiredonia martha Butler 晦旋目夜蛾 red-undersided huge-comma moth

Speiredonia retorta (L.) 旋目夜蛾 wavy huge-comma moth

Spelaeorhynchidae 隐喙螨科

Spelaeorhynchus Neumann 隐喙螨属

Speleognathidae 洞颚螨科

Speleognathus Womersley 洞颚螨属

Speleorchestes Tragardh 洞爪螨属

Spercheidae 切唇水龟虫科

Sperchon Kramer 刺触螨属

Sperchon brevipalpis Jin 短须刺触螨

Sperchon fluviatibis Uchida 河刺触螨

Sperchon oligospinis Jin 寡毛刺触螨

Sperchondae 刺触螨科

Sperchonnae 刺触螨亚科

Spermophagus Schöneherr 广颈豆象属

Spermophagus albonotatus Chûj 白点豆象

Spermophagus sericeus (Geoffroy) 牵牛豆象

Spermophagus undulatus Chûj 波带豆象

Spermophora Hentz 六眼幽灵蛛属

Spermophora anhuiensis Xu *et* Wang 安徽六眼幽灵蛛

Spermophora domestica Yin *et* Wang 家六眼幽灵蛛

Spermophora elongata Yin *et* Wang 长六眼幽灵蛛

Spermophora senoculata (Duges) 广六眼幽灵蛛

Spermophora yadongensis Hu 亚东六眼幽灵蛛

Speudotettix subfusculus Fallén 桤木长叶蝉 alder leaf-hopper

Speyeria Scudder 斑豹蛱蝶属

Speyeria aglaja (Linnaeus) 银斑豹蛱蝶

Sphaerelictis hepialella Walker 桉织叶蛾

Sphaeridiinae 宽牙甲亚科

Sphaeridopinae 圆猎蝽亚科

Sphaeriidae 球甲科 hemispherical beetles

Sphaeripalpus Förster 大痣金小蜂属

Sphaeripalpus lacunosus Huang 糙腹大痣金小蜂

Sphaeripalpus protensus Huang 长柄大痣金小蜂

Sphaeripalpus vulgaris Huang 普通大痣金小蜂

Sphaeritidae 扁圆甲科 sphaeritid beetles

Sphaeroceridae 小粪蝇科 dung flies

Sphaerochthoniidae 球缝甲螨科

Sphaerochthonius Berlese 球缝甲螨属

Sphaerochthonius splendidus Berlese 灿球缝甲螨

Sphaerococcinae 球粉蚧亚科

Sphaerodema rustica Fabricius 负子蝽

Sphaeroderma Stephens 球跳甲属

Sphaeroderma apicale Baly 黄尾球跳甲

Sphaeroderma monticola Scherer 山居球跳甲

Sphaeroderma nepalensis Bryant 尼泊尔球跳甲

Sphaeroderma seriatum Baly 纵列球跳甲

Sphaerolaelaps Berlese 球厉螨属

Sphaerolecanium Sulc 鬃球蚧属(圆球蚧属,圆球蜡蚧属)

Sphaerolecanium prunastri (Fons.) 杏树鬃球蚧(杏球蚧)

Sphaerolichidae 跳螨科

Sphaerolichus Berlese 跳螨属

Sphaerolichus barbarus Grandjean 奇异跳螨

Sphaerolophus 球颈赤螨属

Sphaeronema Raski *et* Sher 球线虫属

Sphaeronema alni Turkina *et* Chizov 桤木球线虫

Sphaeronema californicum Raski *et* Sher 加利福尼亚球线虫

Sphaeronema camelliae Aihara 山茶球线虫

Sphaeronema cornubiensis van den Berg *et* Spaull 科恩努比球线虫

Sphaeronema minutissimum Goodey 细小球线虫

Sphaeronema rumicis Kirjanova 酸模球线虫

Sphaeronema salicis Eroshenko 柳球线虫

Sphaeronema sasseri Eisenback *et* Hartman 萨氏球线虫

Sphaeronema whittoni Sledge *et* Christie 惠顿球线虫

Sphaeronematidae 球线虫科

Sphaerophoria Lepeletier *et* Serville 细腹食蚜蝇属

Sphaerophoria philanthus (Meigen) 暗跗细腹食蚜蝇

Sphaerophoria rueppellii (Wiedemann) 宽尾细腹食蚜蝇

Sphaerophoria scripta (Linnaeus) 短翅细腹食蚜蝇

Sphaeropsocidae 圆囊虱科

Sphaeroseius Berlese 球绥螨属

Sphaerotrypes Blandford 球小蠹属

Sphaerotrypes assamensis Stebbing 见 *Sphaerotrypes siwalikensis*

Sphaerotrypes coimbatorensis Stebbing 黄须球小蠹

Sphaerotrypes imitans Eggers 麻栎球小蠹

Sphaerotrypes juglansi Tsai *et* Yin 胡桃球小蠹

Sphaerotrypes magnus Tsai *et* Yin 大球小蠹

Sphaerotrypes pila Blandford 密毛球小蠹 pubescent round bark beetle

Sphaerotrypes pyri Tsai *et* Yin 杜梨球小蠹

Sphaerotrypes siwalikensis Stebbing 司瓦丽克球小蠹

Sphaerotrypes tsugae Tsai *et* Yin 铁杉球小蠹

Sphaerotrypes ulmi Tsai *et* Yin 榆球小蠹

Sphaerotrypes yunnanensis Tsai *et* Yin 云南球小蠹

Sphagnodela Warren 暗青尺蛾属

Sphecia Hübner 蜂形透翅蛾属

Sphecia tibialis Harris 杨透翅蛾 cottonwood crown borer

Sphecidae 泥蜂科

Sphecinae 泥蜂亚科

Sphecius Dahlbom 蝉泥蜂属

Sphecius speciosus (Drury) 蝉泥蜂 cicada killer

Sphecodes Latreille 红腹蜂属

Sphecodes gibbus Linnaeus 粗红腹蜂

Sphecodes grahami Cockerell 淡翅红腹蜂

Sphecodes pieli Cockerell 暗红腹蜂

Sphecodina Blanchard 昼天蛾属

Sphecodina caudata (Bremer *et* Grey) 葡萄昼天蛾

Sphecoidea 泥蜂总科 digger wasps, mud daubers, threadwaisted wasps, bee-like solitary wasps

Sphecosesia Hampson 泥蜂透翅蛾属

Sphecosesia litchivora Yang *et* Wang 荔枝泥蜂透翅蛾

Sphecosesia nonggangensis Yang *et* Wang 弄岗泥蜂透翅蛾

Sphedanolestes Stål 猛猎蝽属

Sphedanolestes anellus Hsiao 小红猛猎蝽

Sphedanolestes annulipes Distant 双环猛猎蝽

Sphedanolestes bicolor Hsiao 二色猛猎蝽

Sphedanolestes granulipes Hsiao *et* Ren 黄颗猛猎蝽

Sphedanolestes gularis Hsiao 红缘猛猎蝽

Sphedanolestes impressicollis (Stål) 环斑猛猎蝽

Sphedanolestes pilosus Hsiao 斑腹猛猎蝽

Sphedanolestes pubinotum Reuter 赤腹猛猎蝽

Sphedanolestes subtilis (Jakovlev) 斑缘猛猎蝽

Sphedanolestes trichrous Stål 红猛猎蝽

Sphegigaster Spinola 斯夫金小蜂属

Sphegigaster beijingensis Huang 北京斯夫金小蜂

Sphegigaster carinata Huang 脊胸斯夫金小蜂

Sphegigaster ciliatuta Huang 短毛斯夫金小蜂

Sphegigaster cirrhocornis Huang 黄角斯夫金小蜂

Sphegigaster cuspidata Huang 尖斯夫金小蜂

Sphegigaster fusca Huang 棕柄斯夫金小蜂

Sphegigaster hexomyzae Vikberg 枝瘿斯夫金小蜂

Sphegigaster hypocyrta Huang 微曲斯夫金小蜂

Sphegigaster intersita Graham 短触斯夫金小蜂

Sphegigaster jilinensis Huang 吉林斯夫金小蜂

Sphegigaster mutica Thomson 钝胸斯夫金小蜂

Sphegigaster panda Huang 曲缘斯夫金小蜂

Sphegigaster pulchra Huang 丽斯夫金小蜂

Sphegigaster shica Huang 沙斯夫金小蜂

Sphegigaster stepicota Boucek 横节斯夫金小蜂

Sphegigaster truncata Thomson 截斯夫金小蜂

Sphegigaster venusta Huang 雅斯夫金小蜂

Sphegininae 棒腹蚜蝇亚科

Sphenarches anisodactylus Walker 异萼羽蛾 bonavist plume moth

Spheniscomyia Bezzi 楔实蝇属

Spheniscomyia sexmaculata Macquart 六斑楔实蝇

Spheniscosomus Schwarz 厚角叩甲属

Spheniscosomus restrictus Candeze 厚角叩甲

Sphenocorinus peleregans Fairmaire 四目扁象鼻虫

Sphenophorus Schoenherr 尖隐喙象属

Sphenophorus aequalis Gyllenhal 土色尖隐喙象 clay-colored billbug

Sphenophorus carinicollis Gyllenhal 四星尖隐喙象 four-spotted weevil

Sphenophorus lineatocollis Heller 棕白条尖隐喙象 royal palm borer beetle

Sphenophorus maidis Chittenden 玉米尖隐喙象 maize billbug

Sphenophorus parvulus Gyllenhal 牧草尖隐喙象 blue-grass billbug

Sphenoptera Dejean 尖翅吉丁属

Sphenoptera aterrima Kerremans 洋椿尖翅吉丁

Sphenoptera auricollis Kerremans 铜紫尖翅吉丁

Sphenoptera flagrans Jak. 金紫尖翅吉丁

Sphenoptera lateralis Fald. 油黑尖翅吉丁

Sphenoptera potanini Jak. 硕尖翅吉丁

Sphenopterinae 楔翅吉丁亚科

Sphenoraia Clark 斯萤叶甲属

Sphenoraia micans (Fairmaire) 细刻斯萤叶甲

Sphenoraia nebulosa (Gyllenhal) 十四斑斯萤叶甲

Sphex Linnaeus 泥蜂属

Sphex aurulentus Fabricius 四脊泥蜂

Sphex diabolicus flammitrichus Strand 黄毛泥蜂焰亚种

Sphex haemorrhoidalis Fabricius 黑毛泥蜂

Sphex maxillosus Fabricius 异颚泥蜂

Sphex umbrosus Christ 银毛泥蜂

Sphigmothorax rondoni (Breuning) 束胸天牛

Sphinctogonia Breddin 长大叶蝉属

Sphinctogonia lacta Zhang et Kuoh 乳斑长大叶蝉

Sphinctus Gravenhorst 单距姬蜂属

Sphinctus pilosus Uchida 多毛单距姬蜂

Sphinctus submarginalis Uchida 红缘单距姬蜂

Sphinctus trichiosoma (Cameron) 毛身单距姬蜂

Sphinctus yunnanensis He et Chen 云南单距姬蜂

Sphindidae 姬蕈甲科 sphindus beetles

Sphingidae 天蛾科 sphinx moths

Sphingoderus B.-Bienko 侧舡蝗属

Sphingoderus carinatus (Sauss.) 侧舡蝗

Sphingonotus Fieber 束颈蝗属

Sphingonotus altayensis Zheng et Ren 阿勒束颈蝗

Sphingonotus amplofemurus Huang 粗股束颈蝗

Sphingonotus bey-bienkoi Mistsh. 贝氏束颈蝗

Sphingonotus bifasciatus Huang 二纹束颈蝗

Sphingonotus carinarus Zheng et Li 隆脊束颈蝗

Sphingonotus carinatus (Saussure) 侧舡束颈蝗

Sphingonotus coerulipes Uv. 乌蓝束颈蝗

Sphingonotus elegans Mistsh. 雅丽束颈蝗

Sphingonotus eurasius Mistsh. 欧亚束颈蝗

Sphingonotus halocnemi Uv. 碱土束颈蝗

Sphingonotus hatophilus B.-Bienko 海边束颈蝗

Sphingonotus hoboksarensis Zheng et Ren 和布克萨尔束颈蝗

Sphingonotus hyatopterus Zheng et Cao 透翅束颈蝗

Sphingonotus kirgisicus Mistsh. 吉尔束颈蝗

Sphingonotus kueideensis Yin 贵德束颈蝗

Sphingonotus longipennis Sauss. 长翅束颈蝗

Sphingonotus maculatus petraeus B.-Bienko 石栎束颈蝗

Sphingonotus micronacrolius Zheng et Ren 小垫束颈蝗

Sphingonotus mongolicus Sauss. 蒙古束颈蝗

Sphingonotus nebulosus (F.-W.) 岩石束颈蝗

Sphingonotus nigrifemoratus Huang et Chen 黑股束颈蝗

Sphingonotus ningsianus Zheng et Gow 宁夏束颈蝗

Sphingonotus obscuratus latissimus Uv. 黑翅束颈蝗

Sphingonotus octofasciatus (Serv.) 八纹束颈蝗

Sphingonotus petilocus Huang 细股束颈蝗

Sphingonotus qinghaiensis Yin 青海束颈蝗

Sphingonotus rubscens (Walk.) 岸砾束颈蝗

Sphingonotus salinus (Pall.) 瘤背束颈蝗

Sphingonotus savignyi Sauss. 黄胫束颈蝗

Sphingonotus takramaensis Zheng et al. 塔克拉玛束颈蝗

Sphingonotus taolensis Zheng 陶乐束颈蝗

Sphingonotus tenuipennis Mistsh. 狭翅束颈蝗

Sphingonotus tipicus Cheng et Hang 铁卜加束颈蝗

Sphingonotus tsinlingensis Cheng et al. 秦岭束颈蝗

Sphingonotus turcmenus B.-Bienko 土库曼束颈蝗

Sphingonotus tzaidamicus Mistsh. 柴达木束颈蝗

Sphingonotus yechengensis Zheng et al. 叶城束颈蝗

Sphingonotus yenchihensis Cheng et Chiu 盐池束颈蝗

Sphingonotus yunnaneus Uv. 云南束颈蝗

Sphingonotus zadaensis Huang 札达束颈蝗

Sphinx Linnaeus 红节天蛾属

Sphinx chersis (Hbn.) 梣红节天蛾 great ash sphinx

Sphinx kalmiae J. E. Smith 山月桂红节天牛

Sphinx ligustri constricta Butler 红节天蛾

Sphinx ligustri Linnaeus 女贞红节天蛾 privet hawk moth

Sphinx pinastri Linnaeus 松红节天蛾 pine hawk moth

Sphinx sequoiae Boisduval 杜松红节天蛾

Sphodrocepheus Woolley *et* Higgins 强藓甲螨属

Sphodrus 强步甲属

Sphragifera magniplaga Chen 大斑明夜蛾

Sphragifera mioplaga Chen 小斑明夜蛾

Sphragisticus Stål 毛缘长蝽属

Sphragisticus nebulosus (Fallén) 毛缘长蝽

Spialia Swinhoe 饰弄蝶属

Spialia galba (Fabricius) 黄饰弄蝶

Spica Swinhoe 钩蛾属

Spica parallelangula Meyer 荞麦钩蛾

Spicipalpia 尖须亚目

Spiculimermis Artyukhovsky 刺索线虫属

Spiculimermis acaudata Rubzov 无尾刺索线虫

Spiculimermis acuta (Coman) 锐利刺索线虫

Spiculimermis angusta Rubzov 窄刺索线虫

Spiculimermis baikalensis Rubzov 贝加尔刺索线虫

Spiculimermis bursata (Steiner) 囊状刺索线虫

Spiculimermis chironomi Rubzov 摇蚊刺索线虫

Spiculimermis cuspidata Rubzov 尖细刺索线虫

Spiculimermis fluvialis Rubzov *et* Mitrochin 溪流刺索线虫

Spiculimermis hubsuguliensis Rubzov 库苏泊刺索线虫

Spiculimermis juikovae Rubzov 尤氏刺索线虫

Spiculimermis kubenskiensis Rubzov 库别斯科刺索线虫

Spiculimermis longicaulis Rubzov 长茎刺索线虫

Spiculimermis macroamphidis (Coman) 大侧器刺索线虫

Spiculimermis magna Rubzov 大刺索线虫

Spiculimermis mirzajevae Rubzov 米氏刺索线虫

Spiculimermis mucronata Rubzov 尖突刺索线虫

Spiculimermis orbiamphidis Rubzov 圆侧器刺索线虫

Spiculimermis ovamphidis Rubzov 卵侧器刺索线虫

Spiculimermis parabursata Zahidov 副囊刺索线虫

Spiculimermis platyamphidis Rubzov 宽侧器刺索线虫

Spiculimermis sphaerocephala (Steiner) 球头刺索线虫

Spiculimermis subtilis (Schmassmann) 细刺索线虫

Spiculimermis uniseriata Rubzov 单串刺索线虫

Spilarctia Staudinger 污灯蛾属

Spilarctia alba (Bremer *et* Grey) 净污灯蛾

Spilarctia aurocostata (Oberthüer) 金缘污灯蛾

Spilarctia bisecta (Leech) 显脉污灯蛾

Spilarctia casigneta (Kollar) 黑须污灯蛾

Spilarctia chekiangi Daniel 浙污灯蛾

Spilarctia chuanxina Fang 川褐带污灯蛾

Spilarctia comma (Walker) 小斑污灯蛾

Spilarctia dianxi Fang *et* Cao 滇西污灯蛾

Spilarctia dukouensis Fang 渡口污灯蛾

Spilarctia erythrophleps (Hampson) 赤污灯蛾

Spilarctia flavalis (Moore) 金污灯蛾

Spilarctia gianelli (Oberthüer) 淡红污灯蛾

Spilarctia huizenensis Fang 会泽污灯蛾

Spilarctia irregularis (Rothschild) 昏斑污灯蛾

Spilarctia jankowskii (Oberthüer) 淡黄污灯蛾

Spilarctia leopardina (Kollar) 红黑污灯蛾

Spilarctia lungtani Daniel 龙潭污灯蛾

Spilarctia lutea (Hüfnagel) 污灯蛾

Spilarctia melanosoma (Hampson) 白腹污灯蛾

Spilarctia montana (Guèrin) 山污灯蛾

Spilarctia motuonica Fang 墨脱污灯蛾

Spilarctia multigittata (Walker) 多点污灯蛾

Spilarctia neglecta (Rothschild) 白污灯蛾

Spilarctia obliqua (Walker) 尘污灯蛾 jute hairy caterpillar

Spilarctia obliquivitta Moore 斜线污灯蛾

Spilarctia postrubida (Wileman) 后红污灯蛾

Spilarctia quercii (Oberthüer) 黑带污灯蛾

Spilarctia robusta (Leech) 强污灯蛾

Spilarctia rubilinea (Moore) 红线污灯蛾

Spilarctia seriatopuntata (Motschulsky) 连星污灯蛾

Spilarctia stigmata (Moore) 点污灯蛾

Spilarctia strigatula (Walker) 土白污灯蛾

Spilarctia subcarnea (Walker) 人纹污灯蛾

Spilarctia tengchongensis Fang *et* Cao 腾冲污灯蛾

Spilarctia tienmushanica Daniel 天目污灯蛾

Spilarctia xanthogastes (Rothschild) 腹黄污灯蛾

Spilarctia zhangmuna Fang 樟木污灯蛾

Spilarctia zhongtiao Fang *et* Cao 纵条污灯蛾

Spilichneumon ammonius (Gravenhorst) 羊斑姬蜂

Spilichneumon superbus (Provancher) 华丽斑姬蜂

Spilococcus Ferris 匹粉蚧属

Spilococcus alhagi (Hall) 骆驼刺匹粉蚧

Spilococcus artemisiphilus (Tang) 艾蒿匹粉蚧

Spilococcus centaureae (Borchs.) 矢车菊匹粉蚧

Spilococcus erianthi (Kir.) 双尾匹粉蚧

Spilococcus expressus (Borchs.) 塔吉克匹粉蚧

Spilococcus falvus (Borchs.) 蔗茅匹粉蚧

Spilococcus flavidus (Kanda) 松柏匹粉蚧

Spilococcus furcatispinus (Borchs.) 叉刺匹粉蚧

Spilococcus gouxi (Matile-Ferrero) 法国匹粉蚧

Spilococcus halli Mckenzie *et* Williams 贺氏匹粉蚧

Spilococcus innermongolicus Tang 内蒙古匹粉蚧

Spilococcus juniperi (Ehrh.) 桧匹粉蚧

Spilococcus mori (Siraiwa) 桑树根匹粉蚧

Spilococcus moricola (Borchs.) 桑树匹粉蚧

Spilococcus nanae (Schmutterer) 桦木匹粉蚧 birch mealybug

Spilococcus nellorensis (Avasthi *et* Shafee) 印度匹粉蚧

Spilococcus perforatus de Lotto 明匹粉蚧

Spilococcus sequoiae (Coleman) 红木匹粉蚧 redwood mealybug

Spilococcus soja (Siraiwa) 大豆匹粉蚧

Spilococcus sorghi (Williams) 高粱匹粉蚧

Spilococcus viktorina (Kozar) 匈牙利匹粉蚧

Spilogona Schnabl 点池蝇属

Spilogona almqvistii (Holmgren) 长喙点池蝇

Spilogona changbaishanensis Xue 长白山点池蝇

Spilogona costalis (Stein) 缘刺点池蝇

Spilogona leptocerci Mou 瘦叶点池蝇

Spilogona litorea litorea (Fallén) 滨海点池蝇

Spilogona litorea yaluensis Ma *et* Wang 鸭绿江点池蝇

Spilogona littoralis Mou 渤海点池蝇

Spilogona setigera (Stein) 鬃胫点池蝇

Spilogona spinicosta (Stein) 基棘缘点池蝇

Spilogona surda (Zetterstedt) 聋点池蝇

Spilogona taheensis Ma *et* Cui 塔河点池蝇

Spilogona tianchia Xue *et* Zhang 天池点池蝇

Spilomantis Giglio-Tos 毛螳属

Spilomantis occipitalis (Westwood) 毛螳

Spilomota rhothia Meyrick 节角卷叶蛾

Spilonota Stephens 白小卷蛾属

Spilonota albicana (Motschulsky) 桃白小卷蛾

Spilonota eremitana Moriuchi 落叶松白小卷蛾 larch leafroller

Spilonota holotephras Meyrick 见 *Strepsicrates holotephras*

Spilonota lariciana (Heineman) 松白小卷蛾 larch leafroller

Spilonota lechriaspis Meyrick 芽白小卷蛾 apple fruit licker

Spilonota macropetana Meryrick 桉白小卷蛾

Spilonota ocellana (Denis *et* Schiffermulller) 苹白小卷蛾 eyespotted bud moth

Spilonota ochrea Kuznetzov 棕白小卷蛾

Spilonota pyrusicola Liu *et* Liu 梨白小卷蛾

Spilonota rhothia Meyrick 见 *Strepsicrates rhothia*

Spilopera Warren 俭尺蛾属

Spilopera crenularia Leech 波俭尺蛾

Spilopera debilis (Butler) 虚俭尺蛾

Spilopera divaricata (Moore) 金叉俭尺蛾

Spilopera roseimarginaria Leech 玫缘俭尺蛾

Spilopsyllus cuniculi (Dale) 欧洲兔蚤 European rabbit flea

Spilopteron baiyanensis Wang 白岩污翅姬蜂

Spilopteron hongmaoensis Wang 红毛污翅姬蜂

Spilosoma caeria (Püngeler) 炼雪灯蛾

Spilosoma extrema Daniel 强斑雪灯蛾

Spilosoma flammeola Moore 火焰雪灯蛾

Spilosoma fujianensis Fang 福建雪灯蛾

Spilosoma imparilis Butler 桑斑雪灯蛾 mulberry tiger moth

Spilosoma inaequalis Butler 隐纹雪灯蛾 cherry tiger moth

Spilosoma likiangensis Daniel 丽江雪灯蛾

Spilosoma lubricipeda Linnaeus 黄腹斑雪灯蛾 yellow-belly black-dotted arctiid

Spilosoma lubricipedum (Linnaeus) 黄星雪灯蛾

Spilosoma mienshanica Daniel 绵山雪灯蛾

Spilosoma obliqua (Walker) 见 *Spilarctia obliqua*

Spilosoma punctaria Stoll 点雪灯蛾

Spilosoma punctarium (Stoll) 红星雪灯蛾

Spilosoma seriatopunctata Motschulsky 连星雪灯蛾

Spilosoma subcarnea Walker 人纹雪灯蛾

Spilosoma urticae (Esper) 稀点雪灯蛾

Spilosoma yueningyuenfui Daniel 点斑雪灯蛾

Spilostethus Stål 痕腺长蝽属

Spilostethus hospes (Fabricius) 箭痕腺长蝽

Spilostethus pandurus (Scopoli) 短箭痕腺长蝽

Spinacus Keifer 刺瘿螨属

Spinaetergum Hong *et* Kuang 刺背瘿螨属

Spinaetergum adinae Hong *et* Kuang 水冬瓜刺背瘿螨

Spinaristobia rondoni Breuning 刺簇天牛

Spinatarsonemus Ochoa *et al.* 刺跗线螨属

Spindasis Wallengren 银线灰蝶属

Spindasis kuyaniana (Matsumura) 黄银线灰蝶

Spindasis lohita (Horsfield) 银线灰蝶

Spindasis syama (Horsfield) 豆粒银线灰蝶

Spinexocentrus laosensis Breuning 老挝刺勾天牛

Spiniabdomina Shi 栉腹寄蝇属

Spiniabdomina flava Shi 黄栉腹寄蝇

Spinibdella Thor 针吸螨属

Spinibdella depressa Ewing 凹针吸螨

Spinibdella reducta Thor 回针吸螨

Spinibdellinae Grandjean 针吸螨亚科

Spinipalpa Alphéraky 须刺夜蛾属

Spinipalpa maculata Alphéraky 须刺夜蛾

Spinipocregyes laosensis Breuning 二斑刺象天牛

Spinipocregyes rufosignatus Breuning 三带刺象天牛

Spinoberea Breuning 刺筒天牛属

Spinoberea subspinosa (Pic) 红刺筒天牛

Spinococcus Kir. 刺粉蚧属

Spinococcus affinis (Ter-Gr.) 亚美尼刺粉蚧

Spinococcus bispinosus (Morrison) 双棘刺粉蚧

Spinococcus bitubulatus (Borchs.) 双管刺粉蚧

Spinococcus calluneti (Ldgr.) 帚石南刺粉蚧 heather mealybug

Spinococcus convolvuli Ezzat 旋花刺粉蚧

Spinococcus gorgasalicus (Hadz) 栎树刺粉蚧

Spinococcus insularis (Danzig) 远东刺粉蚧

Spinococcus jartaiensis Tang 吉兰太刺粉蚧

Spinococcus karaberdi (Borchs.) 小麦刺粉蚧

Spinococcus limoniastri (Priesner *et* Hosny) 埃及刺粉蚧

Spinococcus marrubii (Kir.) 夏至草刺粉蚧 horehound

mealybug

Spinococcus minusculus (Borchs.) 云南刺粉蚧

Spinococcus morrisoni (Kir.) 莫氏刺粉蚧 Morrison's mealybug

Spinococcus multispinus (Siraiwa) 多刺刺粉蚧

Spinococcus multitubulatus (Danzig) 多管刺粉蚧

Spinococcus orientalis (Bazarov) 东方刺粉蚧

Spinococcus persimplex (Borchs.) 艾类刺粉蚧

Spinococcus shutovae (Danzig) 喇叭茶刺粉蚧

Spinococcus specificus Matesova 野蒿刺粉蚧

Spinococcus tritubulatus (Kir.) 三管刺粉蚧

Spinoleiopus rondoni Breuning 刺利天牛

Spinturnicidae 蝠螨科

Spinturnix Heyden 蝠螨属

Spinturnix acuminatus (Koch) 尖蝠螨

Spinturnix brevisetosus Gu *et* Wang 短毛蝠螨

Spinturnix kolenatii Oudemans 柯氏蝠螨

Spinturnix kolenatoides Ye *et* Ma 类柯蝠螨

Spinturnix myoti Kolenati 鼠耳蝠螨

Spinturnix plecotinus Koch 大耳蝠螨

Spinturnix psi (Kolenati) 赛蝠螨

Spinturnix scotophill Zumpt *et* Till 黄蝠螨

Spinturnix scuticornis Dusbabek 盾角蝠螨

Spinturnix sinicus Gu *et* Wang 中华蝠螨

Spinturnix tibetensis Teng 藏蝠螨

Spirama retorta (Clerck) 见 *Speiredon retorta*

Spiris striata (Linnaeus) 石南线灯蛾

Spissistilus Caldwell 膜翅角蝉属

Spissistilus festinus (Say) 苜蓿膜翅角蝉 three-cornered alfalfa hopper

Spitiella auriculata Laboissière 凹胸斯毕萤叶甲

Spodoptera Guenée 贪夜蛾属

Spodoptera apertura (Walker) 敞贪夜蛾

Spodoptera depravata (Butler) 淡剑贪夜蛾 lawn grass cutworm

Spodoptera exempta (Wlk.) 非洲贪夜蛾 African army-worm

Spodoptera exigua (Hübner) 贪夜蛾 lesser armyworm, beet armyworm

Spodoptera littoralis (Boisd.) 棉贪夜蛾 cotton leafworm

Spodoptera litura (Fabricius) 斜纹贪夜蛾 cotton leaf-worm, common cutworm, cluster caterpillar

Spodoptera mauritia (Boisduval) 灰翅贪夜蛾 paddy armyworm, paddy cutworm, rice armyworm, riced swarming caterpillar, lawn armyworm

Spodoptera picta (Guèrin-Méneville) 彩剑贪夜蛾

Spondyliaspis plicatuloides (Froggatt) 澳桉木虱

Spondylis Gistl 椎天牛属

Spondylis buprestoides (Linnaeus) 椎天牛

Spondylis upiformis Mannerheim 裳椎天牛

Spongiphoridae 苔蠼科

Spulerina astaurota Meyrick 梨潜皮细蛾 pear bark-

miner

Spuropsylla Li, Xie *et* Gong 距蚤属

Spuropsylla monoseta Li, Xie *et* Gong 单毫距蚤

Squamopenna Lian *et* Zheng 鳞翅蝗属

Squamopenna gansuensis Lian *et* Zheng 甘肃鳞翅蝗

Squamosa ocellata (Moore) 眼鳞刺蛾

Squamura Heylaerts 鳞木蠹蛾属

Squamura tetraonis Moore 杧果鳞木蠹蛾 mango bark-feeder

Squaroplatacris Liang *et* Zheng 方板蝗属

Squaroplatacris elegans Zheng *et* Cao 小方板蝗

Squaroplatacris violatibialis Liang *et* Zheng 紫胫方板蝗

Staccia Stål 舟猎蝽属

Staccia diluta (Stål) 舟猎蝽

Stachycoccus Borchs.肖粉蚧属(清粉蚧属,西双粉蚧属)

Stachycoccus caulicola Borchsenius 西双粉蚧(景东肖粉蚧,茎清粉蚧)

Stachyotropha Stål 长足猎蝽属

Stactobiella Martynov 拟滴水小石蛾属

Stactobiella pulmonaria Xue *et* Yang肺叶拟滴水小石蛾

Staelonchodes Kirby 长角蝻属

Staelonchodes illepidus Brunner 长角蝻 long-horned walking stick

Stagmatophora niphosticta Meyrick 黑白尖蛾

Stagmomantis carolina (Johannson) 卡罗来纳螳螂 Carolina mantid

Stalagmopygus Kraatz 斑臀花金龟属

Stalagmopygus albellus (Pallas) 白斑臀花金龟

Stamfordia Tragardh 斯福螨属

Stamnodes Guenée 四斑尺蛾属

Stamnodes danilovi Alphéraky 黄四斑尺蛾

Stamnodes depeculata (Lederer) 白四斑尺蛾

Stamnodes elwesi Alphéraky 红四斑尺蛾

Stamnodes jomdensis Xue 江达四斑尺蛾

Stamnodes lusoria Prout 集红四斑尺蛾

Stamnodes nitida Xue 洁四斑尺蛾

Stamnodes pauperaria (Eversmann) 屏四斑尺蛾

Stamnodes rufescentus Xue 散红四斑尺蛾

Stamnodes spectatissima Prout 大四斑尺蛾

Stamnodes squalidus Xue 污四斑尺蛾

Stamoderes Casey 柳象属

Stamoderes uniformis Casey 柳象 willow weevil

Staphylinidae 隐翅甲科 rove beetles

Staphylininae 隐翅甲亚科

Staphylinus L. 隐翅甲属

Staphylinus caesareus Cederhj. 大王隐翅甲

Staphylinus olens Müller 排臭隐翅甲 Devil's coach-horse

Starioides degenerus Walker 褐稻臭蝽 brown rice stink bug

Statherotis agitata Meyrick 乌木衡尺卷蛾

Stathmopoda Herrich-Schäffer 举肢蛾属

Stathmopoda auriferella (Walker) 桃举肢蛾 apple heliodinid

Stathmopoda basiplectra Meyrick 侧基举肢蛾

Stathmopoda massinissa Meyrick 柿举肢蛾(柿蒂虫) persimmon fruit moth

Stathmopoda opticaspis Meyrick 白光举肢蛾

Stathmopoda theoris Meyrick 见 Stathmopoda auriferella

Stathmopodidae 黄舞小蛾科 stathmopodids, stathmopodid moths

Statilia Stål 污斑螳属

Statilia agresta Zheng 田野污斑螳

Statilia apicalis (Saussure) 端污斑螳

Statilia chayuensis Zhang et Li 察隅污斑螳

Statilia flavobrunnea Zhang et Li 黄褐污斑螳

Statilia maculata (Thunberg) 棕污斑螳

Statilia nemoralis (Saussure) 绿污斑螳

Statilia spanis Wang 寡刺污斑螳

Statilia viridibrunnea Zhang et Li 绿褐污斑螳

Staurella Bezzi 司特实蝇属

Staurella camelliae Ito 山茶司特实蝇 camellia fruit fly

Staurobatidae 十字板鳃甲螨科

Staurocleis magnifica Uvarov 尼日利亚桉苗幼树蝗

Stauroderus Bol. 肿脉蝗属

Stauroderus scalaris scalaris (F.-W.) 肿脉蝗

Stauronematus Benson 叶爪叶蜂属

Stauronematus compressicornis (Fabricius) 杨扁角叶蜂

Stauropoctonus Brauns 棘转姬蜂属

Stauropoctonus bombycivorus (Gravenhorst) 蚕蛾棘转姬蜂

Stauropus Germar 蚁舟蛾属

Stauropus alternus Walker 龙眼蚁舟蛾(南投天社蛾) lobster caterpillar

Stauropus basalis Moore 茅莓蚁舟蛾

Stauropus fagi persimilis Butler 蚁舟蛾 Japanese prominent

Stauropus persimilis Butler 苹蚁舟蛾

Stauropus sikkimensis Moore 锡金蚁舟蛾

Stauropus virescens Moore 绿蚁舟蛾

Steatococcus Ferris 腔绵蚧属

Steatococcus assamensis Rao 阿萨腔绵蚧

Steatoda Sundevall 姬腹蛛属

Steatoda albomaculata (De Geer) 白斑姬腹蛛

Steatoda castanea Clerck 栗色姬腹蛛

Steatoda cavaleriei (Schenkel) 卡氏姬腹蛛

Steatoda cavernicola (Boes. et Str.) 半月姬腹蛛

Steatoda erigoniformis (O.P.-Cambridge) 七斑姬腹蛛

Steatoda huangyuanensis Zhu et Li 湟源姬腹蛛

Steatoda lugubris Schenkel 黑姬腹蛛

Steatoda phalerata (Panzer) 白点姬腹蛛

Steatoda triangulosa (Walckenaer) 三角姬腹蛛

Steatonyssus Kolenati 肪刺螨属

Steatonyssus abramus Wang 伏翼肪刺螨

Steatonyssus anhuiensis Fan 安徽肪刺螨

Steatonyssus dalianensis Li 大连肪刺螨

Steatonyssus gaisleri Dusbabek 盖氏肪刺螨

Steatonyssus hsui Li 徐氏肪刺螨

Steatonyssus longispinosus Wang 长刺肪刺螨

Steatonyssus megaporus Gu et Wang 巨孔肪刺螨

Steatonyssus nyctali Gu et Wang 山蝠肪刺螨

Steatonyssus periblepharus Kolenati 围睫肪刺螨

Steatonyssus sinicus Teng 中华肪刺螨

Steatonyssus spinosus Willmann 毛刺肪刺螨

Steatonyssus superans Zemskaya 东方肪刺螨

Stegania Guenée 鞘封尺蛾属

Steganinae 横眼果蝇亚科

Steganodactyla Walsingham 褐羽蛾属

Steganodactyla concursa Walsingham 甘薯褐羽蛾

Stegasta Meyrick 红颈麦蛾属

Stegasta variana Meyrick 红颈麦蛾

Stegnagapanthia albovittata Pic 肖多节天牛

Stegobium Motschoulsky 药材甲属

Stegobium paniceum (Linnaeus) 药材甲 drugstore beetle, biscuit beetle

Stegopterna 斯底蚋属

Stegopterninae 跗突蚋亚科

Stegothyris Lederer 窗水螟属

Stegothyris diagonalis (Guenée) 纹窗水螟

Steinernema Travassos 斯氏线虫属

Steinernema anomali (Kozodoi) 丽金龟斯氏线虫

Steinernema bibionis (Bovien) 毛纹斯氏线虫

Steinernema bicornutum Tallosi Peters et Ehlers 双角斯氏线虫

Steinernema carpocapsae (Weiser) 小卷蛾斯氏线虫

Steinernema cubana Mrácek, Hernandez et Bömare 古巴斯氏线虫

Steinernema feltiae (Filipjev) 夜蛾斯氏线虫

Steinernema glaseri (Steiner) 格氏斯氏线虫

Steinernema intermedia (Poinar) 中长斯氏线虫

Steinernema kraussei (Steiner) 锯蜂斯氏线虫

Steinernema mammiformis Liu 乳突尾斯氏线虫

Steinernema neocurtillis Nguyen et Smart 短小尾斯氏线虫

Steinernema puertoricensis Román et Figueroa 波多黎各斯氏线虫

Steinernema rara (Doucet) 稀少斯氏线虫

Steinernema ritteri Doucet 里特斯氏线虫

Steinernema scapterisci Nguyen et Smart 蝼蛄斯氏线虫

Steinernema serratum Liu 锯齿尾斯氏线虫

Steinernematidae 斯氏线虫科

Steingelia Nassonov 丝珠蚧属

Steingelia gorodetskia Nassonov 古北丝珠蚧 birch bark scale

Steingelia orientalis Borchs. 见 Steingelia gorodetskia

Steingeliinae 干蚧亚科

Steinimermis Rubzov 斯坦那索线虫属

Steinimermis canadensis (Steiner) 加拿大斯坦那索线虫

Steirastoma Audinet-Serville 舟天牛属

Steirastoma breve Sulzer 南美短舟天牛 cacao beetle

Stelechobatidae 茎板鳃甲螨科

Steles Panzer 暗蜂属

Stelis scutellaris Morawitz 盾暗蜂

Stelorrhinoides Kôno *et* Morimoto 峰喙象属

Stelorrhinoides freyi (Zumpt) 峰喙象

Stemmops O.P.-Cambridge 斯坦蛛属

Stemmops nipponicus Yaginuma 日斯坦蛛

Stemonyphantes Menge 冠蛛属

Stemonyphantes griseus (Schenkel) 格力冠蛛

Stemonyphantes lineatus Linnaeus 条纹冠蛛

Stempellina Bause 暗眼摇蚊属

Stempellina bausei Kieffer 贝氏暗眼摇蚊

Stenacis Keifer 狭树瘿螨属

Stenadonda Hampson 瘦舟蛾属

Stenadonda radialis Gaede 竹瘦舟蛾

Stenaelurillus Simon 见 *Stemmops* O.P.-Cambridge

Stenaelurillus minutus Song *et* Chai 小斯坦蛛

Stenaoplus semicirculoris (Uchida) 半环斯姬蜂

Stenarella Szepligeti 窄姬蜂属

Stenarella insidiator (Smith) 中华窄姬蜂

Stenarhynchus Mohanasundaram 狭鼻瘿螨属

Stenelmis Dufour 狭溪泥甲属

Stenelmis beijingana Zhang *et* Ding 北京溪泥甲

Stenelmis yangi Zhang *et* Ding 杨氏溪泥甲

Steneotarsonemus Beer 狭跗线螨属

Steneotarsonemus acricorn Lin *et* Zhang 锐角狭跗线螨

Steneotarsonemus ananas (Tryon) 凤梨狭跗线螨 pine-
apple tarsonemid mite

Steneotarsonemus arcticus Lindquist 北方狭跗线螨

Steneotarsonemus bancrofti (Micheal) 甘蔗狭跗线螨
sugarcane tarsonemid mite

Steneotarsonemus chiaoi Tseng *et* Lo 曹氏狭跗线螨

Steneotarsonemus furcatus De Leon 叉毛狭跗线螨

Steneotarsonemus gibber Suski 弓背狭跗线螨

Steneotarsonemus guangzensis Lin *et al.* 光泽狭跗线螨

Steneotarsonemus konoi Smiley *et* Emmanouel 孔氏狭跗
线螨

Steneotarsonemus lanceatus Lin *et* Zhang 矛形狭跗线螨

Steneotarsonemus laticeps (Halbert) 拉氏狭跗线螨 bulb
scale mite

Steneotarsonemus mirabilis (Tseng *et* Lo) 稀狭跗线螨

Steneotarsonemus phragmitidis (Schiectendal) 芦苇狭跗
线螨

Steneotarsonemus pulchellus Tseng *et* Lo 美狭跗线螨

Steneotarsonemus rivalis (Tseng *et* Lo) 溪涧狭跗线螨

Steneotarsonemus spinki Smilcy 斯氏狭跗线螨

Steneotarsonemus spirifex (Marchal) 燕麦狭跗线螨 oat

mite, oat spiral mite

Steneotarsonemus subfurcatus Lin *et* Zhang 拟叉毛狭跗
线螨

Steneotarsonemus trisetus Lin *et* Zhang 三毛狭跗线螨

Steneotarsonemus zhejiangensis Ding *et* Yang 浙江狭跗
线螨

Stenhomalus White 狭天牛属

Stenhomalus cephalotes Pic 四带狭天牛

Stenhomalus complicatus Gressitt 复纹狭天牛

Stenhomalus coomani Gressitt 福建狭天牛

Stenhomalus fenestratus White 四斑狭天牛

Stenhomalus taiwanus Matsushita 台湾狭天牛

Stenicarus fuliginosus Marshall 罂粟根象

Stenichneumon Thomson 尖腹姬蜂属

Stenichneumon appropinquans (Cameron) 点尖腹姬蜂

Stenichneumon posticalis (Matsumura) 后斑尖腹姬蜂

Steninae 圆角隐翅虫亚科

Stenischia Jordan 狭臀蚤属

Stenischia angustifrontis Xie *et* Gong 锐额狭臀蚤

Stenischia chini Xie *et* Lin 金氏狭臀蚤

Stenischia exiensis Wang *et* Lin 鄂西狭臀蚤

Stenischia humilis Xie *et* Gong 低地狭臀蚤

Stenischia liae Xie *et* Lin 李氏狭臀蚤

Stenischia liui Xie *et* Lin 柳氏狭臀蚤

Stenischia mirabilis Jordan 奇异狭臀蚤

Stenischia montanis Xie *et* Gong 高山狭臀蚤

Stenischia repestis Xie *et* Gong 岩鼠狭臀蚤

Stenischia wui Xie *et* Lin 吴氏狭臀蚤

Stenischla xiei Li 解氏狭臀蚤

Stenobothrus Fisch. 草地蝗属

Stenobothrus carbonarius (Ev.) 黑翅草地蝗

Stenobothrus eurasius eurasius Zub. 欧亚草地蝗

Stenobothrus fischeri (Ev.) 费氏草地蝗

Stenobothrus lineatus (Panz.) 条纹草地蝗

Stenobothrus nevskii Zub. 阿勒泰草地蝗

Stenobothrus nigromaculatus nigromaculatus (H.-Sch.)
斑翅草地蝗

Stenobothrus rubicundus (Germar) 红草地蝗

Stenobothrus werneri Ad. 外高加索草地蝗

Stenobracon Szepligeti 螟茧蜂属

Stenobracon trifasciatus Szepligeti 蔗螟茧蜂

Stenocatantops Dirsh 直(线)斑腿蝗属

Stenocatantops mistshenkoi Will. 短角直斑腿蝗

Stenocatantops splendens (Thunberg) 长角直斑腿蝗

Stenocephalidae 狭蝽科

Stenocephalus Latreille 狭蝽属

Stenocephalus alticolus Hsiao, Zheng *et* Ren 高山狭蝽

Stenocephalus femoralis Reuter 长毛狭蝽

Stenocephalus horvathi Reuter 短毛狭蝽

Stenochironomus nelumbus Tokunaga *et* Kuroda 莲花狭
摇蚊 lotus lily midge

Stenocoris apicalis (Westw.) 稻缘蝽 rice bug

Stenocorus Geoffroy 棱角天牛属

Stenocorus inquisitor (L.) 松皮天牛 greyish longicorn beetle

Stenocorus inquisitor japonicus (Bates) 日本松皮天牛

Stenocorus inquisitor lineatus (Oliv.) 松棱角天牛 ribbed pine borer

Stenocotidae 凸颜叶蝉科

Stenocranus Fieber 长突飞虱属

Stenocranus agamopsche Kirkaldy 长角长突飞虱

Stenocranus castaneus Ding 褐背长突飞虱

Stenocranus chenzhouensis Ding 郴州长突飞虱

Stenocranus danjicus Kuoh 淡脊长突飞虱

Stenocranus harimensis Matsumura 莎草长突飞虱

Stenocranus hongtiaus Kuoh 红条长突飞虱

Stenocranus linearis Ding 脊条长突飞虱

Stenocranus longicapitis Ding 狭头长突飞虱

Stenocranus magnispinosus Kuoh 大刺长突飞虱

Stenocranus matsumurai Metcalf 芦苇长突飞虱

Stenocranus minutus Fabricius 小长突飞虱

Stenocranus montanus Huang *et* Ding 山类芦长突飞虱

Stenocranus nigrocaudatus Ding 黑尾长突飞虱

Stenocranus qiandainus Kuoh 浅带长突飞虱

Stenocranus rufilinearis Kuoh 赤条长突飞虱

Stenocranus testaceus Ding 黄褐长突飞虱

Stenocranus yuanmaonus Kuoh 缘毛长突飞虱

Stenocrobylus festivus Karsch 尼日利亚桉狭瓣蝗

Stenodema angustatum Zheng 瘦狭盲蝽

Stenodema calcarata Fallén 二刺狭盲蝽 wheat leaf bug

Stenodema crassipes Kiritshenko 粗腿狭盲蝽

Stenodema deserta Nonnaizab *et* Jorigtoo 砂地狭盲蝽

Stenodema elegans Reuter 深色狭盲蝽

Stenodema holsata Fabricius 扩翅狭盲蝽

Stenodema laevigata Linnaeus 短额狭盲蝽

Stenodema mongolica Nonnaizab *et* Jorigtoo 蒙古狭盲蝽

Stenodema parvulum Zheng 小狭盲蝽

Stenodema pilosa Jakovlev 多毛狭盲蝽

Stenodema qinlingensis Tang 秦岭狭盲蝽

Stenodema rubrinerve Horváth 红脉狭盲蝽

Stenodema sericans Fieber 直胫狭盲蝽

Stenodema sibirica Bergroth 西伯利亚狭盲蝽

Stenodema tibetum Zheng 西藏狭盲蝽

Stenodema trispinosum Reuter 三刺狭盲蝽

Stenodema turanica Reuter 绿狭盲蝽

Stenodema virens (Linnaeus) 长额狭盲蝽

Stenodes bipunctata Bai, Guo *et* Guo 双窄纹蛾

Stenodes pallens Kuznetsov 秦岭细卷蛾

Stenodes simplicis Bai, Guo *et* Guo 单窄纹蛾

Stenodiplosis Reuter 种瘿蚊属

Stenodiplosis bromiola Marikovskij *et* Agafonova 雀麦种瘿蚊 bromegrass seed midge

Stenodontes Audinet-Serville 狭锯天牛属

Stenodontes dasytomus (Say) 硬木狭锯天牛 hardwood

stump borer

Stenodryas atripes (Pic) 黑足瘦棍腿天牛

Stenodryas bicoloripes (Pic) 黑尾瘦棍腿天牛

Stenodryas clavigera (Bates) 黑棒瘦棍腿天牛

Stenodryas cylindricollis Gressitt 筒胸瘦棍腿天牛

Stenodryas inapiclalis (Pic) 越南瘦棍腿天牛

Stenodryas rufus (Pic) 红瘦棍腿天牛

Stenodryas tripunctatus Gressitt *et* Rondon 双带瘦棍腿天牛

Stenodynerus Saussure 直盾蜾蠃属

Stenodynerus bluethgeni Herrich-Schaetter 青直盾蜾蠃

Stenodynerus chinensis (Saussure) 中华直盾蜾蠃

Stenodynerus dentisquama (Thomson) 齿直盾蜾蠃

Stenodynerus frauenfeldi (Saussure) 福直盾蜾蠃

Stenogaster Guérin 狭腹胡蜂属

Stenogaster seitula (Bingham) 丽狭腹胡蜂

Stenogastridae 狭腹胡蜂科

Stenolecanium Tak. 狭体蚧属

Stenolecanium esakii Tak. 紫金牛狭体蚧

Stenolechia bathyrodyas Meyrick 糙芽麦蛾

Stenolechia trichaspis Meyrick 毛芽麦蛾

Stenoloba Staudinger 蓝纹夜蛾属

Stenoloba basiviridis Draudt 内斑蓝纹夜蛾

Stenoloba jankowskii (Oberthüer) 蓝纹夜蛾

Stenoloba marina Draudt 海蓝纹夜蛾

Stenoloba oculata Draudt 灰蓝纹夜蛾

Stenolophus connotatus Bates 黑条狭胸步甲

Stenolophus difficilis (Hopes) 烦狭胸步甲

Stenolophus fulvicornis Bates 黄角狭胸步甲

Stenolophus iridicolor Redt. 红狭胸步甲

Stenolophus quinquepustulatus (Wied.) 五斑狭胸步甲

Stenolophus smaragdulus (Fabr.) 绿狭胸步甲

Stenomacrus dendrolimi (Matsumura) 松毛虫狭姬蜂

Stenomesius Westwood 黄斑狭面姬小蜂属

Stenomesius maculatus Liao 稻纵卷叶螟姬小蜂

Stenomesius tabashii (Nakayama) 螟蛉狭面姬小蜂

Stenometopiinae 狭额叶蝉亚科

Stenomidae 狭蛾科 large moths

Stenomimus Wollaston 狭木象属

Stenonabis Reuter 狭姬蝽属

Stenonabis bannaensis Hsiao 版纳狭姬蝽

Stenonabis fujianensis Hsiao 福建狭姬蝽

Stenonabis guangsiensis Hsiao 广西狭姬蝽

Stenonabis roseisignis Hsiao 红斑狭姬蝽

Stenonabis taiwancus Kerzhner 台湾狭姬蝽

Stenonabis uhleri Miyamoto 双齿狭姬蝽

Stenopelmatidae 沙螽科 Jerusalem crickets, camel crickets, sand crickets, ant crickets, potato bugs

Stenopelmatus fuscus Haldeman 耶路撒冷蟋螽 Jerusalem cricket, potato bug

Stenophyella Horváth 叉尾长蝽属

Stenophyella macreta Horváth 叉尾长蝽

Stenopirates Walker 光背奇蝽属

Stenopirates chipon (Esaki) 小光背奇蝽

Stenopirates collaris Walker 褐足光背奇蝽

Stenopirates jeanneli Stys 红足光背奇蝽

Stenopirates yami (Esaki) 赤光背奇蝽

Stenopodinae 细足猎蝽亚科

Stenoponia Jordan *et* Rothschild 狭蚤属

Stenoponia coelestis Jordan *et* Rothschild 兰狭蚤

Stenoponia conspecta Wagner 重要狭蚤

Stenoponia dabashanensis Zhang *et* Yu 大巴山狭蚤

Stenoponia formozovi Ioff *et* Tiflov 短距狭蚤

Stenoponia himalayana Brelih 喜马狭蚤

Stenoponia ivanovi Ioff *et* Tiflov 双凹狭蚤

Stenoponia montana Darskaya 山狭蚤

Stenoponia polyspina Li *et* Wang 多刺狭蚤

Stenoponia shanghaiensis Liu *et* Wu 上海狭蚤

Stenoponia sidimi Marikovsky 西迪米狭蚤

Stenoponia singularis Ioff *et* Tiflov 独狭蚤

Stenoponia suknevi Ioff *et* Tiflov 短指狭蚤

Stenoponiinae 狭蚤亚科

Stenopotes pallidus Pascoe 辐射松狭饮天牛

Stenopsocidae 狭啮虫科

Stenopsocus niger Enderlein 黑细茶啮虫

Stenopsyche MacLachlan 角石蛾属

Stenopsyche angustata Martynov 狭窄角石蛾

Stenopsyche appendiculata Hwang 双突角石蛾

Stenopsyche banksi Mosely 贝氏角石蛾

Stenopsyche bilobata Tian *et* Li 双叶角石蛾

Stenopsyche brevata Tian *et* Zheng 短突角石蛾

Stenopsyche chagyaba Tian 察雅角石蛾

Stenopsyche chekiangana Schmid 浙江角石蛾

Stenopsyche chinensis Hwang 中华角石蛾

Stenopsyche complalata Tian *et* Li 阔茎角石蛾

Stenopsyche denticulata Ulmer 齿突角石蛾

Stenopsyche dentigera Ulmer 瘤突角石蛾

Stenopsyche dirghajihvi Schmid 德氏角石蛾

Stenopsyche dubia Schmid 疑角石蛾

Stenopsyche ghaikamaidanwalla Schmid 海短钩角石蛾

Stenopsyche grahami Martynov 格氏角石蛾

Stenopsyche griseipennis Kimmins 灰翅角石蛾

Stenopsyche himalayana Martynov 喜马角石蛾

Stenopsyche laminata Ulmer 叶形角石蛾

Stenopsyche lanceolata Hwang 尖头角石蛾

Stenopsyche longispina Ulmer 长刺角石蛾

Stenopsyche marmorata Navás 条纹角石蛾

Stenopsyche martynovi Banks 马氏角石蛾

Stenopsyche moselyi Banks 莫氏角石蛾

Stenopsyche navasi Ulmer 纳氏角石蛾

Stenopsyche nayvasi Ulmer 指突角石蛾

Stenopsyche omeiensis Hwang 峨眉角石蛾

Stenopsyche pallidipennis Martynov 淡翅角石蛾

Stenopsyche paranavasi Hwang *et* Tian 短钩角石蛾

Stenopsyche pjasetzkyi Martynov 加氏角石蛾

Stenopsyche pubencens Schmid 短毛角石蛾

Stenopsyche rotundata Schmid 圆突角石蛾

Stenopsyche sauteri Ulmer 色氏角石蛾

Stenopsyche simplex Schmid 单枝角石蛾

Stenopsyche stotzneri Dohler 斯氏角石蛾

Stenopsyche tibetana Navás 西藏角石蛾

Stenopsyche tienmushanensis Hwang 天目山角石蛾

Stenopsyche triangularis Schmid 短脊角石蛾

Stenopsyche trilobata Tian *et* Weaver 三叶角石蛾

Stenopsyche uncinatella Fisher 钩枝角石蛾

Stenopsyche uniformis Schmid 同色角石蛾

Stenopsychidae 角石蛾科 caddisflies

Stenopterininae 细腹扁口蝇亚科

Stenoptilia Hübner 小羽蛾属

Stenoptilia vitis Sasski 葡萄小羽蛾 small grape plume moth

Stenoscelis Wollston 凹盾象属

Stenoscelis acerbus Zhang 齿突凹盾象

Stenoscelis aceri Konishi 槭凹盾象

Stenoscelis alni Zhang 赤杨凹盾象

Stenoscelis binodifer Marshall 双凹盾象

Stenoscelis chinensis Voss 中国凹盾象

Stenoscelis cryptomeriae Konishi 柳杉凹盾象

Stenoscelis foveatus Zhang 圆窝凹盾象

Stenoscelis gracilitarsis Wollaston 日本凹盾象

Stenoscelis podocarpi Marshall 非洲桧凹盾象

Stenoscelis puncticulatus Zhang 小点凹盾象

Stenoscelis recavus Zhang 洼喙凹盾象

Stenoscelis yuxianensis Zhang 蔚县凹盾象

Stenoscelodes Konishi 拟凹盾象属

Stenoscelodes tibetanus Zhang *et* Osella 西藏拟凹盾象

Stenostigma paucinotata (Hübner) 疏纹冬夜蛾

Stenostola Mulsant 修天牛属

Stenostola basisuturalis Gressitt 黑斑修天牛

Stenothrips Uzel 狭蓟马属

Stenothrips graminum Uzel 草狭蓟马 oat thrips

Stenotus binotatus Fabricius 梯牧草二斑盲蝽 timothy plant bug

Stenotus rubrovittatus Matsumura 高粱红带盲蝽 sorghum plant bug

Stenozygum Fieber 彩蝽属

Stenozygum speciosum (Dallas) 彩蝽

Stenygrinum Bates 拟蜡天牛属

Stenygrinum quadrinotatum Bates 四星栗天牛(拟蜡天牛) four-spotted oak borer

Stephanidae 冠蜂科(锤腹姬蜂科) stephanid wasps, stephanids

Stephanitis Stål 冠网蝽属

Stephanitis ambigua Horváth 钩樟冠网蝽

Stephanitis aperta Horváth 斑脊冠网蝽

Stephanitis chinensis Drake 茶脊冠网蝽

Stephanitis esakii Takeya 明脊冠网蝽

Stephanitis exigua Horváth 维脊冠网蝽

Stephanitis fasciicarina Takeya 一斑冠网蝽 camphor lace bug

Stephanitis formosa (Horváth) 亮囊冠网蝽

Stephanitis gallarum Horváth 黑腿冠网蝽

Stephanitis gressitti Drake 黑腹冠网蝽

Stephanitis hydrangeae Drake *et* Maa 绣球冠网蝽

Stephanitis illicium Jing 八角冠网蝽

Stephanitis laudata Drake *et* Poor 华南冠网蝽

Stephanitis macaona Drake 樟脊冠网蝽

Stephanitis mendica Horváth 直脊冠网蝽

Stephanitis nashi Esaki *et* Takeya 梨冠网蝽 pear lace bug

Stephanitis nitor Drake *et* Poor 叉脊冠网蝽

Stephanitis outonana Drake *et* Maa 闽脊冠网蝽

Stephanitis pagana Drake *et* Maa 村脊冠网蝽

Stephanitis pyriodes (Scott) 杜鹃冠网蝽 azalea lace bug

Stephanitis rhododendri Harv. 石楠冠网蝽 rhododendron lace bug

Stephanitis sondaica Horváth 褐囊冠网蝽

Stephanitis subfasciata Horváth 防己冠网蝽

Stephanitis suffusa (Distant) 毛脊冠网蝽

Stephanitis svensoni Drake 长脊冠网蝽

Stephanitis takeyai Drake *et* Maa 樟冠网蝽 camphor lace bug

Stephanitis typica (Distant) 亮冠网蝽(香蕉冠网蝽) banana lace bug

Stephanitis veridica Drake 长板冠网蝽

Stephanocleonus Motschulsky 冠象属

Stephanocleonus labilis Faust 尖翅冠象

Stephanocleonus przewalskyi Faust 月斑冠象

Stephanoderes Eichhoff 果小蠹属

Stephanoderes hampei Ferr 咖啡果小蠹

Stephanopachys Waterhouse 寒带长蠹属

Stephanopachys linearis (Kugelann) 寒带长蠹(松寒带长蠹)

Stephanopachys rugosus (Oliv.) 皱寒带长蠹

Stephanopachys substriatus (Paykull) 美西部松长蠹

Steraspis speciosa Klug 腊肠树硬盾吉丁

Steremnius carinatus (Mannerheim) 森林象 plantation weevil

Steremnius tuberosus Gyllenhal 瘤森林象

Stereoborus Wollaston 坚象属

Stereoglyphus Berlese 嗜果螨属

Stereonychus thoracicus Forst 满州里桴象 Manchurian ash weevil

Sternechus Schoenherr 茎干象属

Sternechus paludatus (Cassy) 豆茎象 bean stalk weevil

Sternocera aequisignata Saunders 金缘凹头吉丁

Sternocera chrysis Fabricius 叶凹头吉丁

Sternocera diardi Gray 笛凹头吉丁

Sternocera interrupta Olivier 间凹头吉丁

Sternocera laevigata Olivier 平滑凹头吉丁

Sternocera minor Saunders 小凹头吉丁

Sternocera orientalis Herbst 见 *Sternocera minor*

Sternocera reticulata Kerremans 见 *Sternocera interrupta*

Sternocera sternicornis Linnaeus 硬角凹头吉丁

Sternochetus frigidus (Fabricius) 杧果果肉象

Sternochetus lapathi Linnaeus 见 *Cryptorrhynchus lapathi*

Sternochetus mangiferae (Fab.) 杧果果核象 mango seed weevil

Sternochetus olivieri Faust 杧果果实象

Sternohammus laosensis Breuning 结天牛

Sternolophus rufipes Fabricius 红毛腿牙甲

Sternoplax Frivaldszky 漠甲属

Sternoplax costatissima Reitter 光胸漠甲

Sternoplax impressicollis Reitter 扁胸漠甲

Sternoplax lacerta Bates 大瘤漠甲

Sternoplax niana Reitter 尼那漠甲

Sternoplax souvorowiana Reitter 苏氏漠甲

Sternoplax szechenyi Frivaldszky 谢氏漠甲

Sternostoma Berlese *et* Trouessart 胸孔螨属

Sternostoma tracheacolum Lawrence 金丝雀胸孔螨

Sternostomum Trouessart 胸口螨属

Sterrhinae 小尺蛾亚科

Sterrhopteryx Agassiz 薄翅袋蛾属

Sterrhopteryx fusca Haworth 褐薄翅袋蛾 brown muslin sweep moth

Sterrhopteryx hirsutella Hübner 见 *Sterrhopteryx fusca*

Stethoconus japonicus Schumacher 军配盲蝽

Stethomostus Benson 胸性叶蜂属

Stethomostus fuliginosus (Schrank) 毛莨胸性叶蜂

Stethorus Weise 食螨瓢虫属

Stethorus aptus Kapur 黑囊食螨瓢虫

Stethorus bifidus 双裂食螨瓢虫

Stethorus binchuanensis Pang *et* Mao 宾川食螨瓢虫

Stethorus cantonensis Pang 广东食螨瓢虫

Stethorus chengi Sasaji 束管食螨瓢虫

Stethorus convexus Yu 松突食螨瓢虫

Stethorus dongchuanensis Cao *et* Xiao 东川食螨瓢虫

Stethorus guangxiensis Pang *et* Mao 广西食螨瓢虫

Stethorus indira Kapur 印度食螨瓢虫

Stethorus longisiphonulus Pang 长管食螨瓢虫

Stethorus parapauperculus Pang 拟小食螨瓢虫

Stethorus punctillum Weise 深点食螨瓢虫

Stethorus punctum LeConte 斑点食螨瓢虫

Stethorus shaanxiensis Pang *et* Mao 陕西食螨瓢虫

Stethorus siphonulus Kapur 腹管食螨瓢虫

Stethorus utilus Horn 有益食螨瓢虫

Stethorus yingjiangensis Cao *et* Xiao 盈江食螨瓢虫

Stethorus yunnanensis Pang *et* Mao 云南食螨瓢虫

Sthenias Castelnau 突尾天牛属

Sthenias cylindrator Fabricius 圆筒突尾天牛

Sthenias franciscanus Thomson 环斑突尾天牛

Sthenias gracilicornis Gressitt 二斑突尾天牛

Sthenias grisator Fabricius 灰突尾天牛

Sthenias javanicus Breuning 爪哇突尾天牛

Sthenias partealbicollis Breuning 黑尾突尾天牛

Sthenias pascoei Ritsema 条胸突尾天牛

Sthenias pseudodorsalis Breuning 老挝突尾天牛

Sthenopis quadriguttatus Grote 杨柳四斑蝙蝠蛾 ghost moth

Stibara humeralis Thomson 肩斑多脊天牛

Stibara rufina Pascoe 红多脊天牛

Stibara tetraspilota Hope 灰环多脊天牛

Stibara tricolor Fabricius 粗点多脊天牛

Stibaropus Dallas 根土蝽属

Stibaropus formosanus Takado *et* Yamagihara 根土蝽

Stibochiona Butler 饰蛱蝶属

Stibochiona nicea (Gray) 素饰蛱蝶

Stiboderes Jordan 马蹄长角象属

Stiboges Butler 白蚬蝶属

Stiboges nymphidia Butler 白蚬蝶

Stichillus Enderlein 弧蚤蝇属

Stichillus acuminatus Liu *et* Chou 尖突弧蚤蝇

Stichillus japonicus (Matsumura) 日本弧蚤蝇

Stichillus orbiculatus Liu *et* Chou 圆形弧蚤蝇

Stichillus polychaetous Liu *et* Chou 毛尾弧蚤蝇

Stichillus spinosus Liu *et* Chou 刺鞘弧蚤蝇

Stichillus suspectus (Brues) 惊弧蚤蝇

Stichillus tuberculosus Liu *et* Chou 疣尾弧蚤蝇

Sticholotinae 小艳瓢虫亚科

Sticholotis Croltch 小艳瓢虫属

Sticholotis ruficeps Weise 红额艳瓢虫

Stichophthalma Felder *et* Felder 箭环蝶属

Stichophthalma fruhstorferi Rober 白兜箭环蝶

Stichophthalma howqua (Westwood) 箭环蝶

Stichophthalma louisa Wood-Mason 白袖箭环蝶

Stichophthalma neumogeni Leech 双星箭环蝶

Stichotrematoidea 钩捻翅虫总科 hooked stylops and their allies

Stictacanthus Lamb. *et* Koszt. 刺链蚧属

Stictacanthus azadirachtae (Green) 鱼藤刺链蚧

Stictaspis ceratitina Bezzi 见 *Chelyophora ceratitina*

Stictaspis striata Froggatt 见 *Chelyophora striata*

Stictocephala Stål 斑头膜翅角蝉属

Stictocephala bubalus (F.) 牛角蝉 buffalo tree hopper

Stictococcidae 非蚧科

Stictomischus Thomson 刻柄金小蜂属

Stictomischus alveolus Huang 糙刻柄金小蜂

Stictomischus bellus Huang 精美刻柄金小蜂

Stictomischus fortis Huang 壮刻柄金小蜂

Stictomischus groschkei Delucchi 格刻柄金小蜂

Stictomischus hirsutus Huang 多毛刻柄金小蜂

Stictomischus lanceus Huang 矛腹刻柄金小蜂

Stictomischus longipetiolus Huang 长柄刻柄金小蜂

Stictomischus longus Huang 长痣刻柄金小蜂

Stictomischus nitens Huang 亮刻柄金小蜂

Stictomischus processus Huang 弓胸刻柄金小蜂

Stictomischus tumidus (Walker) 胀刻柄金小蜂

Stictomischus varitumidus Huang 异胀刻柄金小蜂

Stictopisthus Thomson 横脊姬蜂属

Stictopisthus chinensis (Uchida) 中华横脊姬蜂

Stictopleurus Stål 环缘蝽属

Stictopleurus abutilon (Rossi) 苘环缘蝽

Stictopleurus crassicornis (Linnaeus) 棕环缘蝽

Stictopleurus minutus Blöte 开环缘蝽

Stictopleurus nysioides Reuter 封环缘蝽

Stictopleurus punctatonervosus (Goeze) 欧环缘蝽

Stictopleurus sericeus (Horváth) 塞环缘蝽

Stictopleurus sichuananus Liu *et* Zheng 川环缘蝽

Stictopleurus subviridis Hsiao 绿环缘蝽

Stictopleurus viridicatus (Uhler) 闭环缘蝽

Stictoptera Guenée 蕊夜蛾属

Stictoptera cuculloides Guenée 蕊夜蛾

Stictoptera signifera (Walker) 印蕊夜蛾

Stictopterinae 蕊翅夜蛾亚科

Stigmacoccus ferox (New.) 见 *Perissopneumon ferox*

Stigmaeidae 长须螨科

Stigmaeus Koch 长须螨属

Stigmaeus candidus Fan *et* Li 白长须螨

Stigmaeus cervarius Tseng 颈长须螨

Stigmaeus longisetosus Liang *et* Hu 长毛长须螨

Stigmaeus luteus Summers 淡黄长须螨

Stigmaeus macroposbus Liang *et* Hu 大眼后体长须螨

Stigmaeus mimiae Tseng 拟态长须螨

Stigmaeus pseudoluteus Liang *et* Hu 拟淡黄长须螨

Stigmaeus pseudorotundus Hu *et* Liang 拟圆形长须螨

Stigmaeus scaber Summers 粗糙长须螨

Stigmaeus tianmuensis He *et* Liang 天目长须螨

Stigmatoneura singularis Okamoto 黑角啮虫

Stigmatonotum Lindberg 浅缘长蝽属

Stigmatonotum cephalotes (Kiritschenko) 西藏浅缘长蝽

Stigmatonotum rufipes (Motschulsky) 小浅缘长蝽

Stigmatonotum sparsum Lindberg 山地浅缘长蝽

Stigmatophora acerba (Leech) 橙痣苔蛾

Stigmatophora chekiangensis Daniel 浙掌痣苔蛾

Stigmatophora conjuncta Fang 甘痣苔蛾

Stigmatophora flavancta (Bremer *et* Grey) 黄痣苔蛾

Stigmatophora hainanensis Fang 琼掌痣苔蛾

Stigmatophora micans (Bremer *et* Grey) 明痣苔蛾

Stigmatophora obraztsovi Daniel 岔带痣苔蛾

Stigmatophora palmata (Moore) 掌痣苔蛾

Stigmatophora rhodophila (Walker) 玫痣苔蛾

Stigmatophora roseivena (Hampson) 瑰痣苔蛾

Stigmatophora rubivena Fang 红脉痣苔蛾

Stigmatophorina Mell 点舟蛾属

Stigmatophorina hammamelis Mell 点舟蛾

Stigmella alnetella Stainton 桤木微蛾 common alder pigmy moth

Stigmella atricapella Haworth 黑头微蛾 black-headed pigmy moth

Stigmella basiguttella Heinemann 栎欧斑微蛾 base-spotted pigmy moth

Stigmella betulicola Stainton 普通桦微蛾 common birch pigmy moth

Stigmella glutinosae Stainton 桦微蛾 scarce alder pigmy moth

Stigmella hoplometalla Meyrick 后棘微蛾

Stigmella luteella Stainton 桦黄微蛾 saffron-barred pigmy moth

Stigmella ruficapitella Haworth 红头微蛾 red-headed pigmy moth

Stigmella tiliae Frey 菩提微蛾 lime pigmy moth

Stigmella ulmivora Fologne 福氏榆微蛾 Fologne's elm pigmy moth

Stigmella viscerella Stainton 榆微蛾 gut-mine pigmy moth

Stigmellidae 见 Nepticulidae

Stigmodera Eschscholtz 痣颈吉丁属

Stigmodera cyanipes Saunders 金合欢痣颈吉丁

Stigmodera heros Gehin 木麻黄痣颈吉丁 she-oak root-borer

Stigmodera leucosticta Kirby 白点痣颈吉丁

Stigmoderinae 痣颈吉丁亚科

Stilbina Staudinger 光夜蛾属

Stilbina koreana Draudt 朝光夜蛾

Stilbopterygidae 亮翅蛉科

Stilbula Spinola 分盾蚁小蜂属

Stilbula ussuriensis Gussakovskii 乌苏里蚁小蜂

Stilobezzia filapenis Yu *et* Liu 细茎柱蠓

Stilobezzia wudangshanensis Yu *et* Liu 武当山柱蠓

Stilpnotia Westwood *et* Humphreys 雪毒蛾属

Stilpnotia candida Staudinger 杨雪毒蛾 willow moth, white elm tussock moth

Stilpnotia chrysoscela Collenette 带趾雪毒蛾

Stilpnotia costalis (Moore) 黑簪雪毒蛾

Stilpnotia horridula Collenette 点背雪毒蛾

Stilpnotia impressa (Snellen) 绣雪毒蛾

Stilpnotia melanoscela Collenette 黑趾雪毒蛾

Stilpnotia niveata (Walker) 黑额雪毒蛾

Stilpnotia ochripes Moore 黄趾雪毒蛾

Stilpnotia parallela Collenette 平雪毒蛾

Stilpnotia salicis (Linnaeus) 雪毒蛾 satin moth

Stilpnotia sartus (Erscho) 染雪毒蛾

Stipacoccus Tang 针粉蚧属

Stipacoccus xilinhatus Tang 锡林针粉蚧

Stiretus anchorago (F.) 舞毒蛾捕食蝽

Stirexephanes tricolor (Uchida) 三色晦姬蜂

Stivalius Jordan *et* Rothschild 微棒蚤属

Stivalius aporus rectodigitus (Li *et* Wang) 无孔微棒蚤直指亚种

Stivalius laxilobulus Li, Xie *et* Gong 宽叶微棒蚤

Stizidae 大唇泥蜂科

Stizus Latreille 大唇泥蜂属

Stizus pulcherrimus (Smith) 丽大唇泥蜂

Stolidosomatinae 甲长足虻亚科

Stollia Ellenrieder 二星蝽属

Stollia aeneus (Scopoli) 北二星蝽

Stollia annamitia (Breddin) 拟二星蝽

Stollia egenus (Jakovlev) 大二星蝽

Stollia fabricii (Kirkaldy) 黑斑二星蝽

Stollia guttiger (Thunberg) 二星蝽 white-spotted globular bug

Stollia montivagus (Distant) 锚纹二星蝽

Stollia parvus (Uhler) 尖角二星蝽 white-spotted spined bug

Stollia rosaceus (Distant) 红角二星蝽

Stollia trigonus (Kiritschenko) 尖腹二星蝽

Stollia ventralis (Westwood) 广二星蝽(黑腹蝽) whitespotted bug

Stolotermes ruficeps Brauer 新西兰草白蚁 New Zealand dampwood termite

Stolotermes ruficeps Brauer 松草白蚁

Stolzia Will. 胃蝗属

Stolzia hainanensis (Tink.) 海南胃蝗

Stolzia jianfengensis Zheng *et* Ma 尖峰胃蝗

Stomacoccus platani Ferris 悬铃木棉蚧 sycamore scale

Stomacrypeolus ambigua Fallén 矢野潜蝇 Yano leaf-miner

Stomaphis Walker 长喙大蚜属

Stomaphis alni Sorin 赤杨长喙大蚜

Stomaphis quercus japonica Takahashi 日本长喙大蚜

Stomaphis quercus Linnaeus 栎长喙大蚜

Stomaphis quercus pini Takahashi 松长喙大蚜

Stomaphis sinisalicis Zhang 柳长喙大蚜

Stomaphis yanonis Takahashi 朴长喙大蚜

Stomatodex 口蠕螨属

Stomopteryx Heinemann 花生麦蛾属

Stomopteryx subsecivella Zeller 花生麦蛾(卷叶麦蛾)

Stomorhina Rindani 口鼻蝇属

Stomorhina discolor (Fabricius) 异色口鼻蝇

Stomorhina lunata (Fabricius) 月纹口鼻蝇

Stomorhina melastoma (Wiedemann) 黑嘴口鼻蝇

Stomorhina obsoleta (Wiedemann) 不显口鼻蝇

Stomorhina xanthogaster (Wiedemann) 黄腹口鼻蝇

Stomoxyinae 螫蝇亚科

Stomoxys Geoffroy 螫蝇属

Stomoxys calcitrans (Linnaeus) 厩螫蝇 stable fly

Stomoxys indicus Picard 印度螫蝇

Stomoxys sitiens Rondani 南螫蝇

Stomoxys uruma Shinonaga *et* Kano 琉球螫蝇

Stonemyia Brennan 石虻属

Stonemyia bazini (Surcour) 巴氏石虻

Stonemyia hirticallus Chen *et* Cao 毛胛石虻

Storchia Oudemans 长钉螨属

Storchia annae Fan *et* Li 安氏长钉螨

Storchia pacifica (Summer) 太平洋长钉螨

Storthecoris Horváth 乌蝽属

Storthecoris nigriceps Horváth 乌蝽

Stotzia Marchal 长刺毡蜡蚧属

Stotzia fuscata Wang 青冈长刺毡蜡蚧

Strachia Hahn 斑蝽属

Strachia crucigera Hahn 斑蝽

Stragania matsumurai Metcalf 黑背叶蝉 black-back leafhopper

Stragania munda (Uhler) 绿短头叶蝉 green round leaf-hopper

Stramenaspis kelloggi (Coleman) 美黄杉盾蚧 Kellogg scale

Strangalia Serville 瘦花天牛属

Strangalia abdominalis (Pic) 粗点瘦花天牛

Strangalia attenuata (Linnaeus) 栎瘦花天牛

Strangalia binhana Pic 越南瘦花天牛

Strangalia breuningi Gressitt *et* Rondon 布氏瘦花天牛

Strangalia castaneonigra Gressitt 三斑瘦花天牛

Strangalia chekianga Gressitt 浙瘦花天牛

Strangalia chujoi Mitono 连纹瘦花天牛

Strangalia crebrepunctata Gressitt 齿瘦花天牛

Strangalia duffyi Gressitt *et* Rondon 达氏瘦花天牛

Strangalia fluvialis Gressitt *et* Rondon 金毛瘦花天牛

Strangalia fortunei Pascoe 蚤瘦花天牛

Strangalia gigantia Chiang 蜓尾瘦花天牛

Strangalia kwangtungensis Gressitt 广东瘦花天牛

Strangalia savioi Pic 二点瘦花天牛

Strangalia yamasakii Mitono 杨桐瘦花天牛

Strategus aloeus L. 椰独疣犀甲 coconut beetle

Stratioceros Lacordaire 钉角天牛属

Stratioceros princeps Lacordaire 黄纹钉角天牛

Stratiolaelaps Berlese 层厉螨属

Stratiolaelaps chenchuanhoi Samsinak 陈氏层厉螨

Stratioleptinae 鹬臭虻亚科

Stratiomyia japonica v. d. Wulp 日本水虻 Japanese soldier fly

Stratiomyidae 水虻科 soldier flies

Strauzia Robineau-Desvoidy 斯实蝇属

Strauzia longipennis (Wiedemann) 向日葵斯实蝇 sun-flower maggot

Streblidae 蝙蝠蝇科 bat flies

Streblocera chaoi You *et* Zhou 赵氏长柄茧蜂

Streblocera guizhouensis You *et* Lou 贵州长柄茧蜂

Streblocera hei You *et* Xiao 何氏长柄茧蜂

Streblote abyssinica Aurivillius 深旋枯叶蛾

Streblote aculeata Walker 松旋枯叶蛾

Streblote butiti Bethune-Baker 鹰旋枯叶蛾

Streblote diplocyma Hampson 桉旋枯叶蛾

Streblote dorsalis Walker 背旋枯叶蛾

Streblote livida Holland 蓝旋枯叶蛾

Streblote siva Lefebvre 紫柳旋枯叶蛾

Strelkovimermis Rubzov 施索线虫属

Strelkovimermis itascensis Johnson *et* Kleve 艾塔斯卡施索线虫

Strelkovimermis limnoformis Rubzov 沼泽施索线虫

Strelkovimermis longiscapus Rubzov 长茎施索线虫

Strelkovimermis polystschukovi Rubzov 波氏施索线虫

Strelkovimermis pumila Rubzov 小施索线虫

Strelkovimermis repanda Rubzov 后弯施索线虫

Strelkovimermis singularis Strelkov 单施特尔科夫索线虫

Strelkovimermis viridis Zakhidov *et* Poinar 绿施特尔科夫索线虫

Strepsicrates holotephras Meyrick 桉环小卷蛾

Strepsicrates rhothia Meyrick 棒环小卷蛾

Strepsigonia Warren 锯线钩蛾属

Strepsigonia diluta (Warren) 锯线钩蛾

Strepsigonia diluta fujiena Chu *et* Wang 福建锯线钩蛾

Strepsimanidae 缺须蛾科

Strepsiptera 捻翅目

Striatanus Li *et* Wang 皱背叶蝉属

Striatanus curvatanus Li *et* Wang 曲突皱背叶蝉

Striatanus dentatus Li *et* Wang 齿突皱背叶蝉

Striatanus tibetaensis Li 西藏皱背叶蝉

Striatiscuta Hsu *et* Hsu 纹盾恙螨属

Striatiscuta cincli Hsu *et* Hsu 河鸟纹盾恙螨

Striatoppia Balogh 纹奥甲螨属

Striatoppia opuntiseta Balogh *et* Mahunka 开毛纹奥甲螨

Striglina Guenée 斜线网蛾属

Striglina alineola Chu *et* Wang 缺线网蛾

Striglina bifida Chu *et* Wang 叉斜线网蛾

Striglina bispota Chu *et* Wang 二点斜线网蛾

Striglina cancellata Christoph 栗斜线网蛾 chestnut thyridid

Striglina clava Chu *et* Wang 棒斜线网蛾

Striglina curvita Chou *et* Wang 曲线网蛾

Striglina diagema Chu *et* Wang 两点斜线网蛾

Striglina elaphra Chu *et* Wang 浅两点斜线网蛾

Striglina fainta Chu *et* Wang 隐斜线网蛾

Striglina feindrehala Chu *et* Wang 隐圈线网蛾

Striglina hala Chu *et* Wang 圈线网蛾

Striglina mimica Chu *et* Wang 海南斜线网蛾

Striglina roseus (Gaede) 红斜线网蛾

Striglina scalaria Chu *et* Wang 梯斜线网蛾

Striglina scitaria Walker 一点斜线网蛾

Striglina stricta Chu *et* Wang 直斜线网蛾

Striglina susukei szechwanensis Chu *et* Wang 四川斜线网蛾

Striglina suzukii Matsumura 茶斜线网蛾 tea thyridid

Striglinae 缺后窗网蛾亚科

Strigoplus Simon 耙蟹蛛属

Strigoplus guizhouensis Song 贵州耙蟹蛛

Stringaspidiotus MacG. 链圆盾蚧属

Stringaspidiotus curculinginis (Green) 泰国链圆盾蚧

Stristernum Liu 缝隔蝗属

Stristernum rutogensis Liu 日土缝隔蝗

Strobliomyia aegyptia Villeneuve 见 *Peribaea aegyptia*

Strobliomyia fissicornis Strobl 长芒等鬃寄蝇

Strobliomyia tibialis Robineau-Desvoidy 黄胫等鬃寄蝇

Stroemia Oudemans 斯特螨属

Strogylocephalus agrestis Fallén 稻扁叶蝉 flattened rice leafhopper

Stromatium Audinet-Serville 栎天牛属

Stromatium longicorne (Newman) 长角栎天牛 kulri teak borer

Strombophorus ericius (Schauf.) 非朴长小蠹

Strongylogaster Dahlbom 沟叶蜂属

Strongylogaster abdominalis (Takeuchi) 红腹沟叶蜂

Strongylogaster formosana (Rohwer) 嘉义沟叶蜂

Strongylogaster fulva Naito *et* Huang 淡黄沟叶蜂

Strongylogaster kangdingensis Naito *et* Huang 康定沟叶蜂

Strongylogaster lineata (Christ) 窄沟叶蜂

Strongylogaster macula (Klug) 斑点沟叶蜂

Strongylogaster minuta Naito *et* Huang 微小沟叶蜂

Strongylogaster nantouensis Naito 南投沟叶蜂

Strongylogaster omeiensis Naito *et* Huang 峨眉沟叶蜂

Strongylogaster sichuanica Naito *et* Huang 四川沟叶蜂

Strongylogaster tibetana Naito *et* Huang 西藏沟叶蜂

Strongylogaster xanthoceros Stephens 黄角沟叶蜂

Strongylognathus Mayr 圆颚切叶蚁属

Strongylognathus karawajewi Pisarski 卡氏圆颚切叶蚁

Strongylognathus koreanus Pisarski 朝鲜圆颚切叶蚁

Strongyloneura Bigot 弧彩蝇属

Strongyloneura diploura Fang *et* Fan 双尾弧彩蝇

Strongyloneura prasina Bigot 宽板弧彩蝇

Strongyloneura senomera (Séguy) 钳尾弧彩蝇

Strongylophthalmyiinae 圆茎蝇亚科

Strongylopsalididae 圆铗螋科

Strongylopsis Brauns 实姬蜂属

Strongylopsis chinensis He 中华实姬蜂

Strongylorhinus ochraceus Schoenherr 群瘿象 gregarious gall weevil

Strophedra nitidana Fabricius 栎曲小卷蛾 dark silverstriped piercer moth

Strophedra weirana Douglas 韦氏曲小卷蛾 Weir's

piercer moth

Strophosomus capitatus Degeer 云杉短喙象

Strophosomus coryli Fabricius 短喙象 nut leaf weevil

Strophosomus lateralis Paykull 石南短喙象 heather weevil

Strophosomus melanogrammus Förster 见 *Strophosomus coryli*

Strophosomus obesus Marsham 见 *Strophosomus capitatus*

Struba Kiriakoff 尖瓣舟蛾属

Struba argenteodivisa (Kiriakoff) 尖瓣舟蛾

Strumeta Walker 小实蝇属

Strumeta ferruginea Fabricius 橘小实蝇 lesser citrus fruit fly

Strumigenys F. Smith 鳞蚁属

Strumigenys formosensis Forel 蓬莱六节蚁

Strumigenys lewisi Cameron 刘氏鳞蚁

Strumigenys liukueiensis Terayama *et* Kubota 六龟六节蚁

Strumigenys minutula Terayama *et* Kubota 姬六节蚁

Strumigenys solifontis Brown 雾社六节蚁

Strymon Hübner 棉灰蝶属

Strymon melinus (Hübner) 棉灰蝶 cotton square borer

Strysopha aurantiaca Fang 橙颚苔蛾

Strysopha klapperichi (Daniel) 克颚苔蛾

Strysopha lucida Fang 光颚苔蛾

Strysopha perdentata Druce 黑带颚苔蛾

Strysopha postmaculosa (Matsumura) 两色颚苔蛾

Strysopha xanthocraspis (Hampson) 黄颚苔蛾

Sturmia bella Meigen 丽丛毛寄蝇

Sturmiopsis Townsend 拟丛毛寄蝇属

Sturmiopsis inferens Townsend 大螟拟丛毛寄蝇

Styanax Pascoe 铁象属

Styanax apicatus Heller 梨铁象

Stygnocoris Douglas *et* Scott 卷胸长蝽属

Stygnocoris rusticus (Fallén) 褐色卷胸长蝽

Stygolimnochares Cook 阴沼螨属

Stygolimnocharinae 阴沼螨亚科

Stygomomonia Szalay 阴奇水螨属

Stygomomoniinae 阴奇水螨亚科

Stygothrombiidae 阴绒螨科

Stygothrombiinae 阴绒螨亚科

Stylochirus G. *et* R. Canestrini 针肢螨属

Stylogastrinae 细腹眼蝇亚科

Stylogomphus Fraser 尖尾春蜓属

Stylogomphus changi Asahina 张氏尖尾春蜓

Stylogomphus chunliuae Chao 纯鎏尖尾春蜓

Stylogomphus lutantus Chao 肖小尖尾春蜓

Stylogomphus shirozui Asahina 台湾尖尾春蜓

Stylogomphus tantulus Chao 小尖尾春蜓

Styloperla Wu 刺石蝇属

Styloperla spinicercia Wu 刺尾刺石蝇

Stylopidae 蜂捻翅虫科 bee parasitic stylopes
Stylops Kirby 地蜂捻翅虫属
Stylops pilipedis Pierce 地蜂捻翅虫
Stylopyga rhombifolia (Stoll) 见 *Neostyloppyga rhombifolid*
Stylosomus Suffrian 圆眼叶甲属
Stylosomus submetallicus Chen 黑圆眼叶甲
Stylosomus tamaricis Schäffer 柽柳圆眼叶甲
Stylotermes acrofrons Ping *et* Liu 丘额木鼻白蚁
Stylotermes alpinus Ping 高山木鼻白蚁
Stylotermes angustignathus Gao, Zhu *et* Gong 细颚木鼻白蚁
Stylotermes changtingensis Fan *et* Xia 长汀木鼻白蚁
Stylotermes chengduensis Gao *et* Zhu 成都木鼻白蚁
Stylotermes chongqingensis Chen *et* Ping 重庆木鼻白蚁
Stylotermes choui Ping *et* Xu 周氏木鼻白蚁
Stylotermes crinis Gao, Zhu *et* Gong 多毛木鼻白蚁
Stylotermes curvatus Ping *et* Xu 弯颚木鼻白蚁
Stylotermes fontanellus Gao, Zhu *et* Han 长囟木鼻白蚁
Stylotermes guiyangensis Ping *et* Gong 贵阳木鼻白蚁
Stylotermes hanyuanicus Ping *et* Liu 汉源木鼻白蚁
Stylotermes inclinatus (Yu *et* Ping) 倾头木鼻白蚁
Stylotermes jinyunicus Ping *et* Chen 缙云木鼻白蚁
Stylotermes labralis Ping *et* Liu 圆唇木鼻白蚁
Stylotermes laticrus Ping *et* Xu 阔腿木鼻白蚁
Stylotermes latilabrum (Tsai *et* Chen) 宽唇木鼻白蚁
Stylotermes latipedunculus (Yu *et* Ping) 阔颏木鼻白蚁
Stylotermes lianpingensis Ping 连平木鼻白蚁
Stylotermes longignathus Gao, Zhu *et* Han 长颚木鼻白蚁
Stylotermes mecocephalus Ping *et* Li 长头木鼻白蚁
Stylotermes minutus (Yu *et* Ping) 侏儒木鼻白蚁
Stylotermes orthognathus Ping *et* Xu 直颚木鼻白蚁
Stylotermes planifrons Chen 平额木鼻白蚁
Stylotermes robustus Ping *et* Li 宏壮木鼻白蚁
Stylotermes setosus Li *et* Ping 刚毛木鼻白蚁
Stylotermes sinensis (Yu *et* Ping) 中华木鼻白蚁
Stylotermes triplanus Ping *et* Liu 三平木鼻白蚁
Stylotermes tsaii Gao *et* Zhu 蔡氏木鼻白蚁
Stylotermes undulatus PIng *et* Li 波颚木鼻白蚁
Stylotermes valvules Tsai *et* Ping 短盖木鼻白蚁
Stylotermes wuyinicus Li *et* Ping 武夷木鼻白蚁
Stylotermes xichangensis Huang *et* Zhu 西昌木鼻白蚁
Styloxus bicolor (Champlain *et* Knull) 美侧柏二色天牛 juniper twig pruner
Stylurus Needham 扩腹春蜓属
Stylurus amicus (Needham) 长节扩腹春蜓
Stylurus clathratus (Needham) 黑面扩腹春蜓
Stylurus endicotti (Needham) 恩迪扩腹春蜓
Stylurus erectocornis Liu *et* Chao 竖角扩腹春蜓
Stylurus flavicornis (Needham) 黄角扩腹春蜓
Stylurus flavipes (Charpentier) 黄足扩腹春蜓
Stylurus gaudens (Chao) 愉快扩腹春蜓
Stylurus gideon (Needham) 双斑扩腹春蜓
Stylurus kreyenbergi (Ris) 克雷扩腹春蜓
Stylurus nanningensis Liu 南宁扩腹春蜓
Stylurus nobilis Liu *et* Chao 高尚扩腹春蜓
Stylurus occultus (Selys) 奇特扩腹春蜓
Stylurus placidus Liu *et* Chao 文雅扩腹春蜓
Stylurus takashii (Asahina) 深山扩腹春蜓
Suana Walker 小大枯叶蛾属
Suana concolor Walker 木麻黄大毛虫
Suana divisa (Moore) 桉树大毛虫
Suarius jeanneli (Navás) 珍妮苏草蛉
Suarius kannemeyeri (Esben-Petersen) 卡氏苏草蛉
Suarius nanus (McLachlan) 矮苏草蛉
Suarius squamosus (Tjeder) 鳞苏草蛉
Suarius walsinghami Navás 瓦氏苏草蛉
Suastus Moore 素弄蝶属
Suastus gremius (Fabricius) 素弄蝶(黑星弄蝶) Indian palm bob
Suastus minutus Moore 小素弄蝶
Subanguina Paramonov 亚鳗线虫属
Subanguina chrysopogoni Bajaj *et al.* 金须茅亚鳗线虫
Subanguina hyparrheniae (Corbett) 红苞茅亚鳗线虫
Subanguina kopetdaghica (Kirjanova *et* Schagolina) 科佩特亚鳗线虫
Subanguina millefolii (Löw) 欧蓍草亚鳗线虫
Subanguina moxae (Yokoo *et* Choi) 洋艾亚鳗线虫
Subanguina picridis (Kirjanova) 苦菜亚鳗线虫
Subanguina radicicola (Greeff) 根瘿亚鳗线虫
Subanguina tumefaciens (Cobb) 青齿草亚鳗线虫
Subcallipterus Mordwilko 绿蚜属
Subcallipterus alni De Geer 桤木绿蚜
Subcoccinella Linnaeus 豆形瓢虫属
Subcoccinella vigintiquattuorpunctata (Linnaeus) 苜蓿瓢虫
Subhylemyia Ringdahl 次种蝇属
Subhylemyia lineola Collin 钩阳次种蝇
Subhylemyia longula (Fallén) 拢合次种蝇
Subleuconycta Kozhantschikov 梦夜蛾属
Subleuconycta palshkovi (Filipjev) 梦夜蛾
Subsaltusaphis sinensis Zhang, Zhang *et* Zhong 华亚跳蚜
Suctobelba Paoli 盾珠甲螨属
Suctobelba hauseri Mahunka 哈氏盾珠甲螨
Suctobelba variosetosa Hammer 异毛盾珠甲螨
Suctobelbella Jacot 小盾珠甲螨属
Suctobelbella conica Zhao *et* Wen 锥小盾珠甲螨
Suctobelbella dispersosetosa Hammer 散毛小盾珠甲螨
Suctobelbella frondosa Aoki *et* Fukuyama 叶小盾珠甲螨
Suctobelbella kirinensis Yin *et* Tong 吉林小盾珠甲螨
Suctobelbella naginata (Aoki) 长刀小盾珠甲螨
Suctobelbidae 盾珠甲螨科

Suctobelbila Jacob 似盾珠甲螨属

Suctobelbila tuberculata Aoki 突似盾珠甲螨

Sudesna Lehtinen 苏蛛属

Sudesna hedini (Schenkel) 赫定苏蛛

Sugitania lepida Butler 山茶花夜蛾 camellia flower moth

Suidasia Oudeman 皱皮螨属

Suidasia medanensis Oudeman 棉兰皱皮螨

Suidasia nesbitti Hughes 纳氏皱皮螨

Suilliinae 宽额日蝇亚科

Sulcicnephia Rubtsov 畦克蚋属

Sulcicnephia flavipes Chen 黄足畦克蚋

Sulcicnephia jeholensis Takkahasi 褐足畦克蚋

Sulcicnephia jingpengensis Chen 荆棚畦克蚋

Sulcicnephia kirjanovae Rubtsov 克氏畦克蚋

Sulcicnephia ovtshinnikovi Rubtsov 奥氏畦克蚋

Sulcicnephia undecimata Rubtsov 十一畦克蚋

Sumalia Moore 肃蛱蝶属

Sumalia daraxa (Doubleday) 肃蛱蝶

Sumnius Weise 粒眼瓢虫属

Sumnius brunneus Jing 红褐粒眼瓢虫

Sumnius cardoni Weise 柄斑粒眼瓢虫

Sumnius nigrofuscus Jing 黑褐粒眼瓢虫

Sumnius petiolimaculatus Jing 小柄斑粒眼瓢虫

Sumnius yunnanus Mader 云南粒眼瓢虫

Sundazetes Hammer 阳甲螨属

Sundazetes multisetus Wen *et* Zhao 多毛阳甲螨

Supella supellectilium (Serville) 棕带蠊 brown-banded cockroach

Superturmaspis Chen 崇化盾蚧属

Superturmaspis schizosoma (Takagi) 楠崇化盾蚧

Surattha indentella Kearfott 水牛草网螟 buffalograss webworm

Surendra Moore 酥灰蝶属

Surendra vivarna (Horsfield) 酥灰蝶

Susana cupressi Rohwer *et* Middleton 柏叶蜂 cypress sawfly

Susica pallida Walker 素刺蛾

Suskia Lindquist 苏跗线螨属

Sussaba 苏姬蜂属

Sussaba elongata elongata (Provancher) 长苏姬蜂

Sussericothrips Han 近绢蓟马属

Sussericothrips melilotus Han 草木樨近绢蓟马

Susumia Marumo 卷水螟属

Susumia exigua (Butler) 稻显纹纵卷水螟 Japanese rice leaf roller

Suva flavimaculata Yang *et* Hu 黄斑黄瓦花虱

Suva longipenna Yang *et* Hu 长翅苏瓦花虱

Suzukia Matsumura 凤舟蛾属

Suzukia cinerea (Butler) 凤舟蛾

Swammerdamia Hübner 褐巢蛾属

Swammerdamia heroldella Hübner 桦褐巢蛾 birch er-

mel moth

Swammerdamia pyrella de Villers 淡褐巢蛾

Syagrus rugifrons Baly 棉皱额叶甲 cotton leaf beetle

Sybra albostictipennis Breuning 白点散天牛

Sybra alternatus (Wiedemann) 东方散天牛

Sybra bioculata Pic 双斑散天牛

Sybra laterifuscipennis Breuning 侧斑散天牛

Sybra longicollis Breuning 黑带散天牛

Sybra multifuscofasciata Breuning 宽尾散天牛

Sybra paralongicollis Breuning 黑尾散天牛

Sybra punctatostriata Bates 棉蒴天牛

Sybrida Walker 叶螟属

Sybrida fasciata Butler 柞褐叶螟

Sycanus Amyot *et* Serville 犀猎蝽属

Sycanus bicolor Hsiao 二色犀猎蝽

Sycanus bifidus (Fabricius) 黑翅犀猎蝽

Sycanus croceovittatus Dohrn 黄带犀猎蝽

Sycanus croceus Hsiao 黄犀猎蝽

Sycanus falleni Stål 大红犀猎蝽

Sycanus fuscirostris Dohrn 黄翅犀猎蝽

Sycanus insularis Hsiao 黄背犀猎蝽

Sycanus marginatus Hsiao 赭缘犀猎蝽

Sycanus minor Hsiao 小犀猎蝽

Sycanus rufus Hsiao 红犀猎蝽

Sycanus szechuanus Hsiao 四川犀猎蝽

Sychnostigma latimandibularis Hu *et* Wang 宽颚长痣姬蜂

Sycunus croceovittatus Dohrn 中黄猎蝽

Syedra Simon 蟋蛛属

Syedra gracilis (Menge) 瘦蟋蛛

Syfania bieti (Oberthüer) 西虎蛾

Sylepta Hübner 卷叶野螟属

Sylepta auranticalis Fischer 见 *Sylepta balteata*

Sylepta balteata (Fabricius) 枇杷卷叶野螟 loquat leaf-roller

Sylepta concatenalis Walker 关联卷叶野螟

Sylepta derogata Fabricius 棉卷叶野螟 cotton leaf-roller

Sylepta inferior Hampson 四目卷叶野螟

Sylepta luctuosalis Guenée 葡萄卷叶野螟 grape leafroller

Sylepta lunalis Guenée 栎卷叶野螟

Sylepta maculalis Leech 斑点卷叶野螟

Sylepta ningpoalis Leech 宁波卷叶野螟

Sylepta pernitescens Swinhoe 苎麻卷叶野螟

Sylepta quadrimaculalis Kollar 四斑卷叶野螟

Sylepta retractalis Hampson 双角卷叶野螟

Sylepta ruralis Scopoli 豆卷叶野螟

Sylepta scinisalis Walker 新尼萨卷叶野螟

Sylepta taiwanalis Shibuya 台湾卷叶野螟

Syllegopterula Pokorny 集翅蝇属

Syllegopterula beckeri Pokorny 黑灰集翅蝇

Syllegopterula flava Hsue 黄集翅蝇
Sylvora acerni (Clem.) 槭透翅蛾 maple callus borer
Symbrenthia Hübner 盛蛱蝶属
Symbrenthia brabira Moore 黄豹盛蛱蝶
Symbrenthia hypselis (Godart) 花豹盛蛱蝶
Symbrenthia leoparda Chou *et* Li 斑豹盛蛱蝶
Symbrenthia lilaea (Hewitson) 散纹盛蛱蝶
Symbrenthia niphanda Moore 云豹盛蛱蝶
Symmerista Hübner 瘤舟蛾属
Symmerista albifrons Abbott *et* Smith 栎红瘤舟蛾 red-humped oak caterpillar
Symmerista canicosta Franclemont 橘红瘤舟蛾 orange-humped oakworm, red-hamped oakworm
Symmerista leucitys Franclemont 橙瘤舟蛾 orange-humped mapleworm
Symmerus tuberculatus Chapuis 见 *Chaetastus tuberculatus*
Symmorphus Wesmael 同蜾蠃属
Symmorphus bifasciatus (Linnaeus) 二带同蜾蠃
Symmorphus foveolatus Gussakovskij 坑同蜾蠃
Symmorphus sichuanensis Lee 四川同蜾蠃
Sympetrum Newman 赤蜻属 skimmers
Sympetrum baccha Selys 大赤蜻
Sympetrum commixtum (Selys) 淆赤蜻
Sympetrum croceolum Selys 半黄赤蜻
Sympetrum darwinianum Selys 夏赤蜻
Sympetrum eroticum ardens McLachlan 竖眉赤蜻
Sympetrum frequens Selys 秋赤蜻
Sympetrum haematoneura Fraser 血赤蜻
Sympetrum hypomelas Selys 旭光赤蜻
Sympetrum imitens Selys 黄腿赤蜻
Sympetrum infuscatum Selys 褐顶赤蜻
Sympetrum kunckeli Selys 小黄赤蜻
Sympetrum pedemontanum Allioni 褐带赤蜻
Sympetrum ruptum Needham 双横赤蜻
Sympetrum uniforme Selys 大黄赤蜻
Sympherobius Banks 益蛉属
Sympherobius weisong Yang 卫松益蛉
Symphylax Horváth 平束蝽属
Symphylax sphecimorpha Hsiao 平束蝽
Symphyletes albocinctus Guèrin-Méneville 见 *Platyomopsis albocincta*
Symphyletes neglectus Pascoe 见 *Platyomopsis nigrovirens*
Symphyletes vestigialis Pascoe 见 *Platyomopsis vestigialis*
Symphypleona 合腹亚目
Symphyta 广腰亚目 sawflies, horntails
Symphytognathidae 愈螯蛛科
Sympiesis Förster 羽角姬小蜂属
Sympiesis qinghaiensis Liao 草原毛虫姬小蜂
Sympiezomias Faust 灰象属
Sympiezomias beesoni Marshall 毕氏灰象
Sympiezomias chenggongensis Chao 呈贡灰象
Sympiezomias citri Chao 柑橘灰象
Sympiezomias cretaceus Faust 见 *Indomias cretaceus*
Sympiezomias guangxiensis Chao 广西灰象
Sympiezomias herzi Faust 北京灰象
Sympiezomias menglongensis Chao 勐龙灰象
Sympiezomias shanghaiensis Chao 上海灰象
Sympiezomias velatus (Chevrolat) 大灰象
Sympiezomis gemmius Zhang 宝石灰象
Sympiezoscelis spencei Waterhouse 南洋杉亮黑象 black pine weevil
Sympis Guenée 合夜蛾属
Sympis rufibasis Guenée 合夜蛾
Sympistis Hübner 集冬夜蛾属
Sympistis nigrita (Boisduval) 玄集冬夜蛾
Symplecis 有室姬蜂属
Sympycna 黄丝蟌属
Sympycna paedisca annulata Selys 三叶黄丝蟌
Symydobius Mordvilko 毛斑蚜属
Symydobius kabae (Matsumura) 黑桦毛斑蚜
Symydobius oblongus (von Heyden) 长形毛斑蚜
Synacanthococcus Morrison 见 *Spinococcus* Kir.
Synacanthococcus minusculus Borchs. 见 *Spinococcus minusculus*
Synaema Simon 花叶蛛属
Synaema globosum (Fabricius) 圆花叶蛛
Synaema zonatum Tang *et* Song 带花叶蛛
Synageles Simon 似蚁蛛属
Synageles charitonovi Andreeva 查氏似蚁蛛
Synageles venator (Lucas) 脉似蚁蛛
Synagelides Strand 合跳蛛属
Synagelides agoriformis Strand 日本合跳蛛
Synagelides annae Bohdanowicz 安氏合跳蛛
Synagelides cavaleriei (Schenkel) 卡氏合跳蛛
Synagelides gambosa Xie *et* Yin 蹄形合跳蛛
Synagelides lushanensis Xie *et* Yin 庐山合跳蛛
Synagelides palpalis Zabka 长触合跳蛛
Synagelides tianmu Song 天幕合跳蛛
Synagelides zhilcovae Proszynski 齐氏合跳蛛
Synanthedon americana (Beutenmuller) 美兴透翅蛾
Synanthedon castanevora Yang *et* Wang 板栗兴透翅蛾
Synanthedon dasysceles Bradley 红薯兴透翅蛾 sweet potato clearwing
Synanthedon hunanensis Xu *et* Liu 湘兴透翅蛾
Synanthedon jinghongensis Yang *et* Wang景洪兴透翅蛾
Synanthedon kunmingensis Yang *et* Wang 昆明兴透翅蛾
Synanthedon manglaensis Yang *et* Wang 勐腊兴透翅蛾
Synanthedon novaroensis Hy. Edwards 见 *Conopia novaroensis*
Synanthedon resplendens (Hy. Edwards) 埃及榕兴透翅蛾 western sycamore borer

Synanthedon rhododendri Beutenmuller 杜鹃花兴透翅蛾 rhododendron borer

Synanthedon scitula (Harris) 瑞木兴透翅蛾 dogwood borer

Synanthedon tipuliformix Clerc 茶藨子兴透翅蛾

Synanthedon ulmicola Yang et Wang 榆兴透翅蛾

Synaphaspis Krantz 联盾巨螯螨属

Synapsis Bates 联蜣螂属

Synapsis davidi Fairmaire 戴联蜣螂

Synapsis simplex Shanrp 简联蜣螂

Synchalara rhombota Meyrick 茶回蛀蛾

Synchthonius Hammer 合缝甲螨属

Synchthonius elegans Forsslund 美合缝甲螨

Syncricotopus Brundin 同环足摇蚊属

Syncricotopus lucidus (Staeg) 发亮同环足摇蚊

Syncricotopus rufiventris (Meigen) 红腹同环足摇蚊

Syncricotopus sessilis Kieffer 低矮同环足摇蚊

Syndemis Hübner 纹卷蛾属

Syndemis musculana (Hübner) 灰纹卷蛾 afternoon twist moth

Syndemis perpulchrana (Kennel) 紫纹卷蛾

Syndiamesa Kieffer 同寡角摇蚊属

Syndiamesa ali Yan 阿里同寡角摇蚊

Syndiamesa pubitarsis Zetterstedt 毛跗同寡角摇蚊

Syndiposis petioli (Kieffer) 山杨合瘿蚊

Synegia Guenée 浮尺蛾属

Synegia hadassa (Butler) 云浮尺蛾

Synegiodes Swinhoe 赤金尺蛾属

Synempsyna Hentz 茜莱蛛属

Synempsyna formica Hentz 福茜莱蛛

Syneta Dejean 锯胸叶甲属

Syneta adamsi Baly 锯胸叶甲

Syneta carinata (Mannerheim) 凸锯胸叶甲

Syneta simplex LeConte 简锯胸叶甲

Synetinae 锯胸叶甲亚科

Syngamia Guenée 环角野螟属

Syngamia abruptalis Walker 褐黄环角野螟

Syngamia floridalis Zeller 火红环角野螟

Syngamoptera Schnabl 合夜蝇属

Syngamoptera amurensis Schnabl 黑龙江合夜蝇

Syngamoptera angustifrons Fan 狭额合夜蝇

Syngamoptera chekiangensis (Ouchi) 浙江合夜蝇

Syngamoptera flavipes (Coquillett) 黄足合夜蝇

Syngamoptera gigas Fan 巨合夜蝇

Syngamoptera jirisanensis Fan 智异山合夜蝇

Syngamoptera unilineata Fan 单线合夜蝇

Syngenopsyllas Traub 共系蚤属

Syngenopsyllus calceatus calceatus (Rothschild) 鞋形共系蚤指名亚种

Syngenopsyllus calceatus remotus Li, Xie et Pan 鞋形共系蚤边远亚种

Syngenopsyllus lui Li 卢氏共系蚤

Syngrapha Hübner 锌纹夜蛾属

Syngrapha diasema (Boisd.) 黄裳锌纹夜蛾

Syngrapha egena Gn. 豆锌纹夜蛾

Syngrapha interrogationis (L.) 锌纹夜蛾

Syngynaspidae 合殖螨科

Synharmonia Ganglbauer 和瓢虫属

Synharmonia bissexnotata (Mulsant) 十二斑和瓢虫

Synharmonia conglobata (Linnaeus) 菱斑和瓢虫

Synharmonia contaminata Ménétriès 褐和瓢虫

Synharmonia octomaculata (Fabricius) 八斑和瓢虫

Synia Mulsant 新丽瓢虫属

Syniaxis notaticollis Breuning 黑斑回天牛

Syniaxis strandi Breuning 白斑回天牛

Synichotritia Walker 联甲螨属

Synichotritia foveolata Hu et al. 凹点联甲螨

Synichotritia furcata Hu et Wang 叉联甲螨

Synichotritia tianmuensis Hu et al. 天目联甲螨

Synlestidae 综螅科

Synonycha Dejean 突肩瓢虫属

Synonycha grandis (Thunberg) 大突肩瓢虫

Synopsia Hübner 参尺蛾属

Synorbitomyia Townsend 合眶蜂麻蝇属

Synorbitomyia linearis (Vileneuve) 台湾合眶蜂麻蝇

Synosternus Jordan 合板蚤属

Synosternus longispinus (Wagner) 长鬃合板蚤

Synteliidae 长阎虫科 cylindrical bark beetles

Syntexidae 杉蜂科

Syntexis libocedrii Rohwer 香杉树蜂 incensecedar wood wasp

Synthemidae 聚蜻科

Syntherata Massen 树大蚕蛾属

Syntherata janetta White 白氏树大蚕蛾

Syntherata loepoides Butler 树大蚕蛾

Synthesiomyia Brauer et Bergenstamm 综蝇属

Synthesiomyia nudiseta (Van der Wulp) 裸芒综蝇

Syntomeida epilais Walker 夹竹桃鹿蛾 oleander caterpillar

Syntomidae 见 Ctenuchidae

Syntomis cyssea Stoll 印檀香鹿蛾

Syntomis passalis Fabricius 印木钉鹿蛾

Syntomopus Walker 矩胸金小蜂属

Syntomopus fuscipes Huang 棕足矩胸金小蜂

Syntomopus incisus Thomson 无脊矩胸金小蜂

Syntomopus incurvus Walker 侧角矩胸金小蜂

Syntomopus oviceps Thomson 卵头矩胸金小蜂

Syntomopus thoracicus Walker 矩胸金小蜂

Syntomosphyrum glossinal Waterston 采采蝇姬小蜂(舌蝇姬小蜂)

Sypilus Guèrin-Méneville 楔角蝉属

Sypna Guenée 闪夜蛾属

Sypna amplifascia (Warren) 大闪夜蛾

Sypna astrigera Butler 白点闪夜蛾

Sypna constellata (Moore) 星闪夜蛾

Sypna cyanivitta Moore 粉蓝闪夜蛾

Sypna distincta Leech 湛闪夜蛾

Sypna dubitaria (Walker) 巨闪夜蛾

Sypna mormoides Butler 旋柱兰闪夜蛾

Sypna olena Swinhoe 肘闪夜蛾

Sypna picta Butler 涂闪夜蛾

Sypna prunnosa Moore 褐闪夜蛾

Sypna punctosa (Walker) 粉点闪夜蛾

Sypna simplex Leech 单闪夜蛾

Sypna sobrina Leech 庶闪夜蛾

Sypnoides Hampson 析夜蛾属

Sypnoides mandarina (Leech) 析夜蛾

Sypnoides picta Butler 果析夜蛾 fruit-piercing moth

Syrastrena sinensis Lajonquiere 无斑枯叶蛾

Syrichtus Boisduval 点弄蝶属

Syrichtus antonia (Speyer) 宽带白点弄蝶

Syrichtus staudingeri (Speyer) 稀点弄蝶

Syrichtus tessellum (Hübner) 星点弄蝶

Syringobiidae 禽管螨科

Syringophilidae 羽管螨科

Syrista similis Macsary 蔷薇西茎蜂 rose stem sawfly

Syritta Lepeletier *et* Serville 瘦食蚜蝇属

Syritta pipiens (Linnaeus) 棕环瘦食蚜蝇

Syrphidae 食蚜蝇科 hover flies, flower flies, drone flies

Syrphoctonus Förster 同姬蜂属(杀蚜蝇姬蜂属)

Syrphoctonus intibiaesetus Wang, Ma *et* Wang 无胫刚毛同姬蜂

Syrphoctonus sauteri Uchida 索氏杀蚜蝇姬蜂

Syrphophagus Ashmead 食蚜蝇跳小蜂属

Syrphophagus aeruginosus (Dalman) 鳞纹食蚜蝇跳小蜂

Syrphophagus chinensis Liao 中华食蚜蝇跳小蜂

Syrphophilus bizonarius (Gravenhorst) 双带嗜蚜蝇姬蜂

Syrphus Fabricius 食蚜蝇属

Syrphus hui He *et* Chu 胡氏食蚜蝇

Syrphus ribesii (Linnaeus) 黄腿食蚜蝇

Syrphus torvus Osten-Sack 野食蚜蝇

Syrphus vitripennis Meigen 黑腿食蚜蝇

Syrpyhinae 食蚜蝇亚科

Syrrhodia Hübner 双线尺蛾属

Syrrhodia obliqua (Warren) 红双线尺蛾

Syspasis haesitator (Wesmael) 稳隘室姬蜂

Syssphinx rubicunda Fabricius 槭绿条犀额蛾 green-striped maple-worm

Systates chirindensis Marshall 希加德切叶象

Systates crenatipennis Fairmaire 见 *Systates pollinosus*

Systates pollinosus Gerst. 咖啡切叶象 systates weevil

Systates pollinosus Gerstaecker 花粉切叶象

Systates sexspinosus Marshall 洋椿六刺切叶象 spiny weevil

Systates smeei Marshall 思美切叶象

Systates surdus Marshall 聋切叶象

Systena Dejean 小跳甲属

Systena marginalis (Ill.) 缘小跳甲

Systoechus Löw 蜂虻属

Systoechus vulgaris Löw 蝗蜂虻 grasshopper bee fly

Systole Walker 蛀果广肩小蜂属

Systole coriandri Gussakovskii 胡荽蛀果广肩小蜂

Systropha Illiger 卷须蜂属

Systropha curvicoruis Scop. 卷须蜂

Systropodinae 细蜂虻亚科

Syzeuctus Förster 色姬蜂属

Syzeuctus apicifer (Walker) 黑尾色姬蜂

Syzeuctus coreanus Uchida 朝鲜色姬蜂

Syzeuctus sambonis Uchida 三宝色姬蜂

Syzeuxis Hampson 盘尺蛾属

Syzeuxis calamisteria Xue 花盘尺蛾

Syzeuxis extritonaria Xue 准圣盘尺蛾

Syzeuxis miniocalaria Xue 小花盘尺蛾

Syzeuxis neotritonaria Xue 新圣盘尺蛾

Syzeuxis tessellifimbria Prout 绿盘尺蛾

Szelegiewicziella chamaerhodi Holman 蒿四蚜

T

Tabanidae 虻科

Tabaninae 虻亚科

Tabanus Linnaeus 虻属(原虻属)

Tabanus albicuspis Wang 白点虻

Tabanus amaenus Walker 华广虻(原野虻)

Tabanus anabates Philip 乘客虻

Tabanus angustitriangularis S. Stekhoven 柱角虻

Tabanus angustofrons Wang 窄额虻

Tabanus arctus Wang 窄条虻

Tabanus argenteomaculatus Kröber 银斑虻

Tabanus aurepilus Wang 金毛虻

Tabanus aurotestaceus Walker 金壳虻

Tabanus autumnalis Linnaeus 秋季虻

Tabanus baojiensis Xu *et* Liu 宝鸡虻

Tabanus benificus Wang 暗黑虻

Tabanus biannularis Philip 双环虻

Tabanus birmanicus Bigot 缅甸虻

Tabanus bovinus Linnaeus 嗜牛虻

Tabanus bromius Linnaeus 多声虻

Tabanus brunneocallosus Olsufjev 棕胛虻

Tabanus brunnipennis Ricardo 棕尾虻

Tabanus buddha buddha Port. 佛光虻指名亚种(布虻)

Tabanus calcarius Xu *et* Liao 灰岩虻

Tabanus callogaster Wang 美腹虻

Tabanus candidus Ricardo 灰胸虻

Tabanus cementus Xu *et* Liao 垩石虻

Tabanus ceylonicus Schiner 锡兰虻

Tabanus chekiangensis Ouchi 浙江虻

Tabanus chentangensis Zhu *et* Xu 陈塘虻

Tabanus chinensis Ouchi 中国虻

Tabanus chonganensis Liu 崇安虻

Tabanus chrysurus Löw 金色虻

Tabanus cordiger Meigen 柯虻

Tabanus coreanus Shiraki 朝鲜虻

Tabanus cylindrocallus Wang 柱胛虻

Tabanus exoticus Ricardo 外来虻

Tabanus filipjevi Olsufjev 斐虻

Tabanus flavicapitis Wang *et* Liu 黄头虻

Tabanus formosiensis Ricardo 台湾虻

Tabanus fujianesis Xu *et* Xu 福建虻

Tabanus furvicaudus Xu 暗尾虻

Tabanus fuscoventris Xu 褐腹虻

Tabanus fuzhouensis Xu *et* Xu 福州虻

Tabanus geminus Szilady 双重虻(双虻)

Tabanus golovi mediaasiaticus Olsufjev 戈壁虻中亚亚种(明达砂虻)

Tabanus grandicaudus Wu 大尾虻

Tabanus grandis Szilady 黑灰虻

Tabanus griseipalpis S. Stekhoven 灰须虻

Tabanus haysi Philip 海氏虻(水山虻)

Tabanus hongchowensis Liu 杭州虻

Tabanus huangshanensis Xu *et* Wu 黄山虻

Tabanus humiloides Xu 似矮小虻

Tabanus hybridus Wiedemann 直带虻

Tabanus ichiokai Ouchi 稻田虻(市冈虻)

Tabanus immanis Wiedemann 赤腹虻

Tabanus indianus Ricardo 印度虻

Tabanus iyoensis Shiraki 伊豫虻

Tabanus jigongshanensis Xu 鸡公山虻

Tabanus jigongshanoides Xu *et* Huang 似鸡公山虻

Tabanus jiulianensis Wang 九连虻

Tabanus johnburgeri Xu *et* Xu 柏杰虻

Tabanus kiangsuensis Kröber 江苏虻

Tabanus kunmingensis Wang 昆明虻

Tabanus kwangsinensis Wang *et* Liu 广西虻

Tabanus laticinctus S. Stekhoven 近六带虻

Tabanus leleani Austen 白须虻(里氏虻)

Tabanus leucocnematus Bigot 白膝虻

Tabanus liangshanensis Xu 凉山虻

Tabanus limushanensis Xu 黎母山虻

Tabanus lineataenia Xu 线带虻

Tabanus longistylus Xu 长芒虻

Tabanus loukashkini Philip 路腹虻

Tabanus loxomaculatus Wang 斜纹虻

Tabanus lushanensis Liu 庐山虻

Tabanus makimura Ouchi 牧村虻

Tabanus mandarinus Schiner 华虻

Tabanus manipurensis Ricardo 黄胸虻

Tabanus matsumotoensis Murdoch *et* Takahasi 松本虻

Tabanus meihuashanensis Xu *et* Xu 梅花山虻

Tabanus miki Brauer 迈克虻

Tabanus minshanensis Xu *et* Liu 岷山虻

Tabanus motuoensis Yao *et* Liu 墨脱虻

Tabanus murdochi Philip 茂氏虻

Tabanus nigra Liu *et* Wang 全黑虻

Tabanus nigrabdominis Wang 黑腹虻

Tabanus nigrefronti Liu 黑额虻

Tabanus nigrhinus Philip 黑螺虻

Tabanus nigricaudus Xu 黑尾虻

Tabanus nigrimaculatus Xu 黑斑体虻

Tabanus nigrimordicus Xu 暗螯虻

Tabanus nipponicus Murdoch *et* Takahasi 日本虻

Tabanus obscurus Xu 暗糊虻

Tabanus obsoletimaculus Xu 弱带虻

Tabanus ochros S. Stekhoven 黄赭虻

Tabanus oliviventris Xu 青腹虻

Tabanus oliviventroides Xu 似青腹虻

Tabanus omeishanensis Xu 峨眉山虻

Tabanus omnirobustus Wang 壮虻

Tabanus onoi Murdoch *et* Takahasi 小野虻(灰斑虻)

Tabanus oreophilus Xu *et* Liao 山生虻

Tabanus orphnos Wang 棕胸虻

Tabanus paganus Chen 乡村虻

Tabanus pallidepectoratus Bigot 浅胸虻

Tabanus pallidiventris Olsufjev 土灰虻

Tabanus parabactrianus Liu 副菌虻

Tabanus parabuddaha Xu 副佛光虻

Tabanus parachrysater Yao 副金黄虻

Tabanus pararubidus Yao *et* Liu 副微赤虻

Tabanus parviformus Wang 微小虻

Tabanus pengquensis Zhu *et* Xu 朋曲虻

Tabanus pingbianensis Liu 屏边虻

Tabanus pingxiangensis Xu *et* Liao 凭祥虻

Tabanus pleskei Kröber 僻氏虻

Tabanus prefulventer Wang 前黄腹虻

Tabanus pullomaculatus Philip 大棕虻

Tabanus puncturius Xu *et* Liao 刺螯虻

Tabanus qinlingensis Wang 秦岭虻

Tabanus qionghaiensis Xu 邛海虻

Tabanus rubidus Wiedemann 微赤虻

Tabanus rufiventris Fabricius 红腹面虻

Tabanus russatoides Xu *et* Deng 似棕体虻

Tabanus russatus Wang 棕体虻

Tabanus sabuletoroides Xu 似多砂虻

Tabanus sabuletorum Löw 多砂原虻

Tabanus sexcinctus Ricardo 六带虻

Tabanus shaanxiensis Xu *et* Wu 陕西虻

Tabanus shantungensis Ouchi 山东虻

Tabanus shennongjiaensis Xu *et* Hi 神农架虻

Tabanus signifer Walker 角斑虻

Tabanus splendens Xu *et* Liu 华丽虻

Tabanus stabilis Wang 稳虻

Tabanus stackelbergiellus Olsufjev 史氏虻

Tabanus striatus Fabricius 断纹虻

Tabanus striolatus Xu 细条虻

Tabanus subcordiger Liu 类柯虻(亚柯原虻)

Tabanus submalayensis Wang *et* Liu 亚马来虻

Tabanus suboliviventris Xu 亚青腹虻

Tabanus subpullomaculatus Xu *et* Zhang 亚暗斑虻

Tabanus subrussatus Wang 亚棕体虻

Tabanus subsabuletorum Olsufjev 亚沙虻

Tabanus taipingensis Xu *et* Wu 太平虻

Tabanus takasagoensis Shiraki 高砂虻

Tabanus tangi Xu *et* Xu 唐氏虻

Tabanus tienmuensis Liu 天目山虻

Tabanus tricolorus Xu 三色虻

Tabanus trigeminus Coquillett 三重虻

Tabanus trigonus Coquillett 三膝虻

Tabanus varimaculatus Xu 异斑腹虻

Tabanus weiheensis Xu *et* Liu 渭河虻

Tabanus wuzhishanensis Xu 五指山虻

Tabanus xanthos Wang 黄腹虻

Tabanus yablonicus Takagi 亚布力虻

Tabanus yamasakii Ouchi 山崎虻

Tabanus yao Macquart 姚氏虻(指角虻)

Tabanus yishanensis Xu 沂山虻

Tabanus yunnanensis Liu *et* Wang 云南虻

Tabanus zayüensis Wang 察隅虻

Tabanus zimini Olsufjev 齐氏虻

Tachardia lacca Kerr 见 *Laccifer lacca*

Tachardiaephagus Ashmead 胶蚧跳小蜂属

Tachardiaephagus tachardiae Ashmead 黄胸胶蚧跳小蜂

Tachardina Cockerell 硬胶蚧属

Tachardina decorella (Maskell) 杨梅硬胶蚧

Tachardina theae (Green *et* Menn) 茶硬胶蚧

Tachengia China 滇蟀属

Tachengia ascra China 滇蟀

Tachengia viridula Hsiao *et* Cheng 绿滇蟀

Tachengia yunnana Hsiao *et* Cheng 紫滇蟀

Tachina Meigen 寄蝇属

Tachina albidopilosa Portschinsky 白毛寄蝇

Tachina nupta Rondani 怒寄蝇

Tachinidae 寄蝇科 tachina flies

Tachininae 寄蝇亚科

Tachiniscidae 拟寄蝇科

Tachycines asynamorus Adelung 温室沙螽 greenhouse stone cricket, glasshouse camel cricket

Tachygoninae 异足象亚科

Tachyporinae 尖腹隐翅虫亚科

Tachypterellus consors cerasi List 樱桃象 cherry curculio

Tachypterellus quadrigibbus (Say) 苹象 apple curculio

Tachypterellus quadrigibbus magnus List 苹大象 apple curculio

Tachysphex Kohl 快足小唇泥蜂属

Tachysphex bengalensis Cameron 孟加拉快足小唇泥蜂

Tachysphex costae (De Stefani) 皱腹快足小唇泥蜂

Tachysphex pompiliformis (Panzer) 赤腹快足小唇泥蜂

Tachytes Panzer 捷小唇泥蜂属

Tachytes europaeus orientis Pulawski 欧洲捷小唇泥蜂东方亚种

Tachytes modestus Smith 条胸捷小唇泥蜂

Tachytes nipponicus Tsuneki 东方捷小唇泥蜂

Tachytes shirozui Tsuneki 四带捷小唇泥蜂

Tachytes sinensis Smith 中华捷小唇泥蜂

Taedia hawleyi (Knight) 忽布盲蝽 hop plant bug

Taeniodera Burmeister 带花金龟属

Taeniodera coomani (Bourgoin) 群斑带花金龟

Taeniodera flavofasciata (Moser) 横带花金龟

Taeniodera garnieri (Bourgoin) 胫穗带花金龟

Taeniodera idolica Janson 胫刷带花金龟

Taeniodera malabariensis (Gory *et* Percheron) 莫带花金龟

Taeniodera rutilans Ma 铜红带花金龟

Taeniodera salvazai (Bourgoin) 尾带花金龟

Taeniopterygidae 带翅石蝇科

Taeniotes scalaris Fabricius 拉美桑科天牛

Taeniothrips Amyot *et* Serville 带蓟马属

Taeniothrips alliorum Priesner 葱带蓟马

Taeniothrips distalis Karny 端带蓟马(花生蓟马) peanut thrips

Taeniothrips glanduculus Han 小腺带蓟马

Taeniothrips inconsequens (Uzel) 梨带蓟马 pear thrips

Taeniothrips laricivorus (Kratochvil *et* Farsky) 落叶松带蓟马 larch thrips

Taeniothrips longistylus Karny 长带蓟马

Taeniothrips major Bagnall 大带蓟马

Taeniothrips minor Bagnall 小带蓟马

Taeniothrips picipes (Zetters.) 青花带蓟马

Taeniothrips pini Uzel 松带蓟马

Taeniothrips salicis Reuter 柳带蓟马

Taeniothrips sjostedti (Trybom) 丝带蓟马 bean flower thrips

Taeniothrips xanthius Williams 苍耳带蓟马

Tagalopsocus phaeostigmus Li 褐痣塔啮虫

Tagasta Bol. 橄蝗属

Tagasta brachyptera Liang 短翅橄蝗

Tagasta indica Bol. 印度橄蝗

Tagasta marginella Thunb. 长额橄蝗

Tagasta rufomaculata Bi 红点橄蝗

Tagasta tonkinensis Bol. 越北橄蝗

Tagasta yunnana Bi 云南橄蝗

Tagastinae 橄蝗亚科

Tagiades Hübner 裙弄蝶属

Tagiades cohaerens Mabille 滚边裙弄蝶

Tagiades gana (Moore) 白边裙弄蝶

Tagiades litigiosa Möschler 沾边裙弄蝶

Tagiades menaka (Moore) 黑边裙弄蝶

Tahara Nielson 突叶蝉属

Taharana Nielson 无突叶蝉属

Taharana acontata Zhang 矛尾无突叶蝉

Taharana acuminata Zhang 尖尾无突叶蝉

Taharana albopunctata Li 白斑无突叶蝉

Taharana aproboscidea Zhang 无突叶蝉

Taharana bicuspidata Zhang *et* Zhang 二刺无突叶蝉

Taharana bifasciata Zhang 双带无突叶蝉

Taharana choui Zhang 周氏无突叶蝉

Taharana concavi Zhang 凹板无突叶蝉

Taharana fasciana Li 横带无突叶蝉

Taharana furca Nielson 叉尾无突叶蝉

Taharana lii Zhang 李氏无突叶蝉

Taharana mengshuengensis Zhang 勐宋无突叶蝉

Taharana prionophylla Zhang 齿列无突叶蝉

Taharana ruficincta Li 红带无突叶蝉

Taharana ruiliensis Zhang 瑞丽无突叶蝉

Taharana schonhorsti Nielson 尚氏无突叶蝉

Taharana serrata Nielson 齿缘无突叶蝉

Taharana sparsa (Stål) 原无突叶蝉

Taharana spiculata Nielson 肛棒无突叶蝉

Taharana spinea Zhang 刺板无突叶蝉

Taharana trackana Li 横迹无突叶蝉

Taharana uniaristata Zhang 单芒无突叶蝉

Taharana yinggenensis Zhang *et* Zhang 营根无突叶蝉

Taicona 露胸步甲属

Tainanina Villeneuve 台南蝇属

Tainanina pilisquama (Senior-White) 毛瓣台南蝇

Tainanina sarcophagoides (Malloch) 类麻台南蝇

Tainanina yangchunensis Fan *et* Yao 阳春台南蝇

Taiwanaspidiotus Takagi 台圆盾蚧属

Taiwanaspidiotus shakunagi (Takahashi) 杜鹃台圆盾蚧

Taiwanaspidiotus yiei Takagi 寡腺台圆盾蚧

Taiwania amurensis (Kraatz) 兴安台龟甲

Taiwania appluda (Spaeth) 小台龟甲

Taiwania australica (Boheman) 南台龟甲(南方台龟甲)

Taiwania basicollis Chen *et* Zia 胸饰台龟甲

Taiwania binorbis Chen *et* Zia 双轨台龟甲

Taiwania catenata (Boheman) 近薯台龟甲

Taiwania cherrapunjiensis (Maulik) 黑肩台龟甲

Taiwania circumdata (Herbst) 甘薯台龟甲

Taiwania conchyliata (Spaeth) 红胸台龟甲

Taiwania corbetti (Weise) 叉顶台龟甲

Taiwania culminis Chen *et* Zia 黑顶台龟甲

Taiwania desultrix (Spaeth) 双桃台龟甲

Taiwania diops Chen *et* Zia 眼斑台龟甲

Taiwania discalis (Gressitt) 盘示台龟甲

Taiwania eoa (Spaeth) 驼饰台龟甲

Taiwania expansa (Gressitt) 膨台龟甲

Taiwania expressa (Spaeth) 缺斑台龟甲

Taiwania feae (Spaeth) 隆鞘台龟甲

Taiwania flavoscutata (Spaeth) 花盾台龟甲

Taiwania fumida (Spaeth) 烟斑台龟甲

Taiwania ginpinica Chen *et* Zia 金平台龟甲

Taiwania icterica (Boheman) 黄疸台龟甲

Taiwania immaculicollis Chen *et* Zia 八斑台龟甲

Taiwania imparata (Gressitt & Kimoto) 花盘台龟甲

Taiwania inciens (Spaeth) 大台龟甲

Taiwania insulana (Gressitt) 椭圆台龟甲

Taiwania insulanacollis Chen *et* Zia 八脊台龟甲

Taiwania juglans (Gressitt) 拱盘台龟甲

Taiwania kunminica Chen *et* Zia 昆明台龟甲

Taiwania manipuria (Maulik) 狭臂台龟甲

Taiwania nigriventris (Boheman) 黑腹台龟甲

Taiwania nigrocastanea Chen *et* Zia 栗黑台龟甲

Taiwania nigroramosa Chen *et* Zia 黑枝台龟甲

Taiwania nucula (Spaeth) 黑股台龟甲

Taiwania obtusata Boheman 柑橘台龟甲

Taiwania occursans (Spaeth) 淡顶台龟甲

Taiwania perplexa Chen *et* Zia 迷台龟甲

Taiwania plausibilis (Boheman) 异斑台龟甲

Taiwania postarcuata Chen *et* Zia 素带台龟甲

Taiwania probata (Spaeth) 黑额台龟甲

Taiwania purpuricollis (Spaeth) 胭胸台龟甲

Taiwania quadriramosa (Gressitt) 四枝台龟甲

Taiwania quinaria Chen *et* Zia 梅瓣台龟甲

Taiwania rati (Maulik) 拉底台龟甲

Taiwania ratina Chen *et* Zia 龙胜台龟甲

Taiwania reticulicosta Chen *et* Zia 网脊台龟甲

Taiwania ruralis (Boheman) 五枝台龟甲

Taiwania sauteri Spaeth 真台龟甲

Taiwania sigillata (Gorham) 瘤盘台龟甲

Taiwania simauica Chen *et* Zia 思茅台龟甲

Taiwania sodalis Chen *et* Zia 元江台龟甲

Taiwania spaethiana Gressitt 北粤台龟甲

Taiwania subprobata Chen *et* Zia 小黑台龟甲

Taiwania triangulum (Weise) 血缝台龟甲

Taiwania truncatipennis (Spaeth) 前臂台龟甲

Taiwania tumidicollis Chen *et* Zia 凸胸台龟甲

Taiwania uniorbis Chen *et* Zia 单圈台龟甲

Taiwania variabilis Chen *et* Zia 异变台龟甲

Taiwania versicolor (Boheman) 苹果台龟甲

Taiwania viridiguttata Chen *et* Zia 绿斑台龟甲

Taiwania vitalisi (Spaeth) 眉纹台龟甲

Tajuria Moore 双尾灰蝶属

Tajuria caerulea Nire 天蓝双尾灰蝶

Tajuria cippus (Fabricius) 双尾灰蝶

Tajuria diaeus (Hewitson) 白日双尾灰蝶

Tajuria gui Chou *et* Wang 顾氏双尾灰蝶

Tajuria illurgis (Hewitson) 淡蓝双尾灰蝶

Tajuria luculenta (Leech) 灿烂双尾灰蝶

Tajuria maculata (Hewitson) 豹斑双尾灰蝶

Takachihoa Ono 高蟹蛛属

Takachihoa trunciformis (Boes. *et* Str.) 似野高蟹蛛

Takagia Tang 高圆盾蚧属

Takagia sishanensis Tang 西山高圆盾蚧

Takahashia Cockerell 纽绵蚧属(纽绵蜡蚧属)

Takahashia japonica Cockerell 日本纽绵蚧(日本纽绵蜡蚧) string cottony scale

Takahashia wuchangensis Tseng 武昌纽绵蚧

Takahashiaspis Takagi 桥盾蚧属

Takahashiaspis macroporana Takagi 大孔桥盾蚧

Takahashiella Borchsenius 线蛎盾蚧属

Takahashiella vermiformis (Takahashi) 竹线蛎盾蚧

Takanea miyakei Wileman 三宅氏枯叶蛾 Miyake lasiocampid

Takanea miyaker yangtsei Lajonquiere 刻缘枯叶蛾

Takashia Okano *et* Okano 豹蚬蝶属

Takashia nana (Leech) 豹蚬蝶

Takecallis Matsumura 凸唇斑蚜属

Takecallis arundicolens Clarke 竹凸唇斑蚜 bamboo long-horned aphid

Takecallis arundinariae (Essig) 竹纵斑蚜 bamboo myzocallis

Takecallis sasae Matsumura 日凸唇斑蚜

Takecallis taiwanus (Takahashi) 竹梢凸唇斑蚜

Takeoa Lehtinen 塔克蛛属

Takeoa nishimurai (Yaginuma) 叉肢塔克蛛

Takeuchiella Malaise 竹内叶蜂属

Takeuchiella pentagona Malaise 五角竹内叶蜂 soybean sawfly

Talaeporiidae 距袋蛾科 bagworms

Talanga Moore 蓝水螟属

Talanga sexpunctalis Moore 六斑蓝水螟

Talbotia Bernardi 飞龙粉蝶属

Talbotia naganum (Moore) 飞龙粉蝶

Talpacarus Zachvatkin 鼹螨属

Tamaonia China 达猎蝽属

Tamaonia montana Hsiao 山达猎蝽

Tamaonia pilosa China 毛达猎蝽

Tamaonia yunnana Hsiao 云南达猎蝽

Tambinia Stål 鳎扁蜡蝉属

Tambinia debilis Stål 娇弱鳎扁蜡蝉

Tambinia verticalis Distant 顶鳎扁蜡蝉

Tamgrinia Lehtinen 塔姆蛛属

Tamgrinia alveolifera (Schenkel) 小孔塔姆蛛

Tamgrinia changuensis (Tikader) 昌古塔姆蛛

Tamgrinia coelotiformis (Schenkel) 隙塔姆蛛

Tamgrinia laticeps (Schenkel) 拉剔塔姆蛛

Tamgrinia potanini (Schenkel) 波氏塔姆蛛

Tamnotettix distinctus Motschulsky 阔头木叶蝉 marmorate broadheaded leaf-hopper

Tamraca torridalis Lederer 日干塔螟

Tamuraspis Takagi 尼蛎盾蚧属

Tamuraspis malloti Takagi 野桐尼蛎盾蚧

Tanaecia Butler 玳蛱蝶属

Tanaecia jahnu Moore 褐裙玳蛱蝶

Tanaecia julii (Lesson) 绿裙玳蛱蝶

Tanaoctenia Warren 叉线青尺蛾属

Tanaoctenia dehaliaria (Wehrli) 叉线青尺蛾

Tanaoctenia haliaria (Walker) 焦斑叉线青尺蛾

Tanaorhinus Butler 镰翅绿尺蛾属

Tanaorhinus kina Swinhoe 斑镰翅绿尺蛾

Tanaorhinus rafflesii (Moore) 钩镰翅绿尺蛾

Tanaorhinus reciprocata (Walker) 镰翅绿尺蛾

Tanaorhinus reciprocata confuciaria (Walker) 褐镰翅绿尺蛾

Tanaorhinus tibeta Chu 藏镰翅绿尺蛾

Tanaotrichia Warren 锈羽尺蛾属

Tanaupodasterinae 高足绒螨亚科

Tanaupodinae 下长绒螨亚科

Tangicoccus Kozar *et* Walter 汤粉蚧属

Tangicoccus elongatus (Tang) 细长汤粉蚧

Taniva albolinea Kearfott 云杉针小卷蛾 spruce needleminer

Taniva albolineana (Kearfott) 枞针小卷蛾 spruce needleminer

Tankowskia unmon Sonan 茶云纹尺蛾 tea unmon geometrid

Tanna Distant 蟪蝉属

Tanna obliqua Liu 高山蟪蝉

Tanycarpa Förster 长痣反颚茧蜂属

Tanycarpa amplipennis (Förster) 白毛反颚茧蜂

Tanycarpa bicolor (Nees) 双色反颚茧蜂

Tanycarpa concretus Chen *et* Wu 浓毛反颚茧蜂

Tanycarpa gladius Chen *et* Wu 光盾反颚茧蜂

Tanycarpa gracilicornis (Nees) 细角反颚茧蜂

Tanycarpa mitis Stelfox 柔毛反颚茧蜂

Tanycarpa punctata Achterberg 斑点反颚茧蜂

Tanycarpa rufinotata (Haliday) 等颊反颚茧蜂

Tanycarpa scabrator Chen *et* Wu 粗皱反颚茧蜂

Tanyderidae 伪蚊科 primitive crane flies

Tanymecus Schoenherr 纤毛象属

Tanymecus circumdatus Wiedemann 铜光纤毛象

Tanymecus grestis Faust 粗背纤毛象

Tanymecus hercules Desbrochers 长尾纤毛象

Tanymecus urbanus Gyllenhyl 黄褐纤毛象

Tanymecus variegatus Gebler 灰斑纤毛象

Tanypezidae 瘦腹蝇科 tanypezids, tanypezid flies

Tanyproctus Faldermann 祖鳃金龟属(祖尾鳃金龟属)

Tanyproctus davidis Fairmaire 滇祖鳃金龟

Tanyproctus parvus Chang *et* Luo 小祖鳃金龟

Tanytarsus V. D. Wulp 长跗摇蚊属

Tanytarsus sinarum Kieffer 缺刻长跗摇蚊

Tanytingis Drake 短脊网蝽属

Tanytingis takahashii Drake 短脊网蝽

Tanytrichophorus 长毛蚜茧蜂属

Taoia Quednau 陶斑蚜属

Taoia exotica Quednau 桤木陶斑蚜

Tapeinus Laporte 平腹猎蝽属

Tapeinus fuscipennis Stål 红平腹猎蝽

Tapeinus singularis (Walker) 褐平腹猎蝽

Taphronota calliparea Schaum 非洲尖蝗

Taphronotinae 沟背蝗亚科

Taphrorychus Eichhoff 细毛小蠹属

Taphrorychus bicolor Herbst 两色细毛小蠹

Tapinella africana Badonnel 非洲茶啮虫

Tapinocyba Simon 盾大蛛属

Tapinocyba kolymensis Eskov 尖盾大蛛

Tapinoma Förster 酸臭蚁属

Tapinoma geei Wheeler 吉氏酸臭蚁

Tapinoma indicum Forel 印度酸臭蚁

Tapinoma melanocephalum (Fabricius) 黑头酸臭蚁

Tapinopa Westring 苔蛛属

Tapinopa octodentata Wunderlich *et* Li 十齿苔蛛

Tapirocoris Miller 塔猎蝽属

Tapirocoris annuliatus Hsiao *et* Ren 环塔猎蝽

Tapirocoris densa Hsiao *et* Ren 齿塔猎蝽

Tapirocoris limbatus Miller 边塔猎蝽

Tarache Hübner 棉铃夜蛾属

Tarache notabilis Walker 棉铃夜蛾 cotton bollworm, corn earworm, Egyptian bollworm

Taractrocera Buler 黄弄蝶属

Taractrocera flavoides Leech 黄弄蝶

Taragama Moore 麻枯叶蛾属

Taragama diplocyma Hampson 麻枯叶蛾 tent caterpillar moth

Taragama dorsalis Walker 见 *Streblote dorsalis*

Taragama siva Lefebvre 见 *Streblote siva*

Taraka Doherty 蚜灰蝶属

Taraka hamada (Druce) 蚜灰蝶

Tarbinskiellus portentosus (Liehtenstern) 花生大蟋

Tarchius Pascoe 腹凸象属

Targalla delatrix (Guenée) 燎尾夜蛾

Tarichea Stål 华龟蝽属

Tarichea chinensis (Dallas) 大华龟蝽

Tarika varana (Moore) 银雀苔蛾

Tarisa fraudatrix Horváth 绿藜蝽

Tarsanonychus Lindquist 跗爪螨属

Tarsocheylidae 跗螯螨科

Tarsolepis Butler 银斑舟蛾属

Tarsolepis japonica Wileman *et* South 肖剑心银斑舟蛾

Tarsolepis kochi Semper 俪心银斑舟蛾

Tarsolepis sommeri (Hübner) 剑心银斑舟蛾

Tarsolepis taiwana Wileman 台湾银斑舟蛾

Tarsonemella Hirst 小跗线螨属

Tarsonemidae 跗线螨科 tarsonemid mites

Tarsonemoidea 跗线螨总科

Tarsonemus Canestrini *et* Fanzago 跗线螨属

Tarsonemus bakeri Ewing 贝氏跗线螨 basswood tarsonemid mite

Tarsonemus bilobatus Suski 双叶跗线螨

Tarsonemus buchelerei Smiley 比氏跗线螨

Tarsonemus changbaiensis Yin *et al.* 长白跗线螨

Tarsonemus confusus Ewing 乱跗线螨 confused tarsonemid mite

Tarsonemus cornus Ito 角跗线螨

Tarsonemus dubius Delfinado 不定跗线螨

Tarsonemus floridanus (Attiah) 多花跗线螨

Tarsonemus fusarii Cooreman 镰孢跗线螨

Tarsonemus germainisis Zhang *et* Shen 德国跗线螨

Tarsonemus gramineus Cromroy 草跗线螨

Tarsonemus idaeus Suski 艾达山跗线螨

Tarsonemus inornatus (Attiah) 不美跗线螨

Tarsonemus insignis Delfinado 唯一跗线螨

Tarsonemus ips Lindquist 小蠹跗线螨

Tarsonemus kropf Zhang *et al.* 科氏跗线螨

Tarsonemus lacustris Schaarschmidt 湖泊跗线螨

Tarsonemus lanceatus Lin *et* Zhang 矛形跗线螨

Tarsonemus longisetaceus Zhang, Shen *et* Englert 长毛跗线螨

Tarsonemus maximus Zhang *et* Englert 大跗线螨

Tarsonemus micronodulus Yin *et al.* 小结跗线螨

Tarsonemus minusculus (Hirst) 微小跗线螨

Tarsonemus minutus (Tseng *et* Lo) 小跗线螨

Tarsonemus misakai Ito 三板跗线螨

Tarsonemus montanus Yin *et al.* 高山跗线螨

Tarsonemus nakayamai Ito 中山跗线螨

Tarsonemus nidicolus Delfinado 留巢跗线螨

Tarsonemus paragranarius Piao *et* Wang 拟谷跗线螨

Tarsonemus paraunguis (Attiah) 侧爪跗线螨

Tarsonemus rakoviensis (Kropczynska) 拉科维跗线螨

Tarsonemus randsi Ewing 兰氏跗线螨

Tarsonemus rhorus Kaliszewski 强壮跗线螨

Tarsonemus sasai Ito 佐佐跗线螨

Tarsonemus scaurus Ewing 踝骨跗线螨 club-footed tarsonemid mite

Tarsonemus similis Delfinado 类跗线螨

Tarsonemus smithi Ewing 史氏跗线螨

Tarsonemus stagnalis Livshitz *et al.* 静跗线螨

Tarsonemus subcorticalis Lindquist 树皮跗线螨

Tarsonemus takaoensis Ito 高雄跗线螨

Tarsonemus talpae Schaarschmidt 鼹鼠跗线螨

Tarsonemus telaaki Zhang, Shen *et* Englert 泰国跗线螨

Tarsonemus texanus Ewing 得克萨斯跗线螨 date palm

tarsonemid mite

Tarsonemus uniunguis Lin *et* Zhang 单爪跗线螨

Tarsonemus virgineus Suski 纯白跗线螨

Tarsonemus waitei Banks 韦氏跗线螨 peach bud mite, white tailed mite

Tarsonemus wangi Lin *et* Zhang 王氏跗线螨

Tarsonemus yoshidai Ito 吉田跗线螨

Tarsopolipodidae 跗灰足螨科

Tarsopsylla Wagner 跗蚤属

Tarsopsylla octodecimdentata (Kolenati) 松鼠跗蚤

Tarsostemus Spinola 扁茎郭公虫属

Tarsostenus univittatus (Rossi) 玉带扁茎郭公虫

Tartarothyasinae 塔塔水螨亚科

Tartessus forrugineusm Walker 头黑带叶蝉 black band-headed leafhopper

Tarucus theophrastus Fabricius 西奥塔灰蝶

Tarucus venosus Moore 脉塔灰蝶

Tasa Wesolowska 塔沙蛛属

Tasa davidi (Schenkel) 大卫塔沙蛛

Tasa nipponica Bohdanowicz *et* Proszyski 日本塔沙蛛

Tascinidae 无喙蝶蛾科 proboscis vestigial moths

Tasta Walker 瞳尺蛾属

Tasta argozana Prout 白银瞳尺蛾

Tatargina picta (Walker) 艳绣彩灯蛾

Tatinga Moore 藏眼蝶属

Tatinga tibetana (Oberthüer) 藏眼蝶

Tauchira Stål 板突蝗属

Tauchira damingshana Zheng 大明山板突蝗

Tauchira gressitti Tink. 板突蝗

Taumacera Thunberg 奇萤叶甲属

Taumacera biplagiata (Duvivier) 褐斑奇萤叶甲

Tautoneura Anufriev 斑翅叶蝉属

Tautoneura arachisi (Matsumura) 血点斑翅叶蝉

Taxigramma Perris 聚蜂麻蝇属

Taxigramma elegantulum Zetterstedt 华丽聚蜂麻蝇

Taxigramma heteroneurum (Meigen) 异聚蜂麻蝇

Taxigramma multipunctatum Rondani 多斑聚蜂麻蝇

Taxomyia taxi (Inchbald) 浆果紫杉梢瘿蚊 yew gall midge

Taxonus Hartig 墨叶蜂属

Taxonus arisanus (Takeuchi) 阿里山墨叶蜂

Taxonus formosacolus (Rohwer) 蓬莱墨叶蜂

Taxonus octopunctatus (Takeuchi) 八点墨叶蜂

Taxonus punun Takeuchi 布农墨叶蜂

Taylorilygus pallidulus Blanchard 白苔盲蝽

Taylorilygus vosseleri (Popp.) 棉苔盲蝽 cotton lygus

Teara contraria Walker 澳金合欢塔舟蛾 bag-shelter moth, boree moth

Teara variegata Walker 见 *Aglaosoma variegata*

Tebenna issikii Matsumura 一色雕蛾 burdock leaf skele-tonizer

Technomyrmex Mayr 狡臭蚁属

Technomyrmex albipes (Smith) 白跗节狡臭蚁

Technomyrmex angustior Forel 狭长狡臭蚁

Technomyrmex bicolor Emery 二色狡臭蚁

Technomyrmex elatior Forel 隆背狡臭蚁

Technomyrmex horni Forel 荷氏狡臭蚁

Technomyrmex modiglianii Emery 墨氏狡臭蚁

Tecinoa Costa 见 *Cetonia* Fabricius

Tectocepheidae 盖头甲螨科

Tectocepheus Berlese 盖头甲螨属

Tectocepheus cuspidentus Knulle 刺突盖头甲螨

Tectocepheus minor Berlese 小盖头甲螨

Tectocepheus sarekensis Tragardh 萨勒盖头甲螨

Tectocepheus velatus (Michael) 覆盖头甲螨

Tectocoris lineola Fabricius 木槿盾蝽 hibiscus bug

Tegenaria Latreille 隅蛛属

Tegenaria aculeata Wang 刺隅蛛

Tegenaria domestica (Clerck) 家隅蛛

Tegenaria muscus Chen 苔隅蛛

Tegenaria pichoni Schenkel 皮氏隅蛛

Tegenaria secunda Paik 亚隅蛛

Tegeozetes Berlese 翼盖头甲螨属

Tegeticula Zeller 丝兰蛾属

Tegeticula yuccasella (Riley) 丝兰蛾 yucca moth

Tegmelanaspis Chen 黑盖长盾蚧属

Tegmelanaspis mediforma Chen 间型黑盖长盾蚧

Tegolophus Keifer 顶冠瘿螨属

Tegolophus australi Keifer 澳洲顶冠瘿螨 brown citrus rust mite

Tegolophus califraxini (Keifer) 加州顶冠瘿螨

Tegolophus fontanesiae Kuang *et* Hong 雪柳顶冠瘿螨

Tegolophus zizyphagus (Keifer) 枣顶冠瘿螨

Tegonotus Nalepa 顶背瘿螨属

Tegonotus buergeriani Kuang *et* Lin 三角枫顶背瘿螨

Tegonotus celtis Kuang *et* Zhuo 朴顶背瘿螨

Tegonotus convolvuli Channabasavanna 旋花顶背瘿螨 sweetpotato rust mite

Tegonotus dentilobis (Hodgkiss) 齿叶顶背瘿螨 maple mite

Tegonotus mangiferae (Keifer) 杧果顶背瘿螨 mango rust mite

Tegonotus paramangiferae Huang *et* An 拟杧果顶背瘿螨

Tegonotus philadelphi (Keifer) 山梅花顶背瘿螨

Tegonotus toxicodendronis Kuang *et* Hong 漆顶背瘿螨

Tegopalpus Womersley 隐须螨属

Tegopalpus conicux Womersley 锥隐须螨

Tegoprionus Keifer 顶齿瘿螨属

Tegoribatidae 顶甲螨科

Teia Walker 台毒蛾属

Teia convergens (Collenette) 合台毒蛾

Teia ericae Germar 灰斑台毒蛾

Teia flavolimbata (Staudinger) 黄缘台毒蛾

Teia gonostigma (Lnnaeus) 角斑台毒蛾

Teia immaculata (Gaede) 清台毒蛾

Teia parallela (Gaede) 平纹台毒蛾

Teia prisca (Staudinger) 沙枣台毒蛾

Teinelucha philippincusis Ashmead 菲岛瘦姬蜂

Teinocoptidae 伸疥螨科

Teinoloba Yazaki 胆尺蛾属

Teinoloba perspicillata Yazaki 胆尺蛾

Teinopalpus Hope 喙凤蝶属

Teinopalpus aureus Mell 金斑喙凤蝶

Teinopalpus imperialis Hope 喙凤蝶

Teinoptila antistatica (Meyrick) 美登木巢蛾

Telamona reclivata Fitch 重弯德角蝉

Telamonia Thorell 纽蛛属

Telamonia caprina (Simon) 开普纽蛛

Telamonia festiva Thorell 多彩纽蛛

Telamonia vlijmi (Proszynski) 弗氏纽蛛

Telegeusidae 邻筒蠹科 telegeusid beetles

Teleioliodes Grandjean 全高壳甲螨属

Telema Simon 泰莱蛛属

Telema wunderlichi Song *et* Zhu 冯氏泰莱蛛

Telemidae 泰莱蛛科

Telenomeuta Warren 扇尺蛾属

Telenomeuta punctimarginaria (Leech) 星缘扇尺蛾

Telenomus Haliday 黑卵蜂属

Telenomus abnormis Crawford 桑毒蛾黑卵蜂

Telenomus beneficiens Zehntner 螟黑卵蜂

Telenomus cirphivorus Liu 粘虫黑卵蜂 armyworm egg-parasite

Telenomus dalmani (Ratz.) 达氏黑卵蜂

Telenomus dendrolimusi Chu 松毛虫黑卵蜂 pine caterpillar egg-parasite

Telenomus dignus (Gahan) 等腹黑卵蜂

Telenomus laelia Wu *et* Huang 芦毒蛾黑卵蜂

Telenomus phalaenarum Nees 欧洲松毛虫黑卵蜂

Telenomus rowani Gahan 长腹黑卵蜂

Telenomus tetratomus Thomson 落叶松毛虫黑卵蜂

Telenomus umbripennis Mayr 暗翅黑卵蜂

Telenomus verticillatus Kieffer 轮环黑卵蜂

Teleogryllus commodus Walker 澳洲油葫芦(澳洲黑蟋蜂) black Australian field cricket

Teleogryllus derelictus Gorochov 黄褐油葫芦

Teleogryllus emma (Ohmachi *et* Matsuura) 北京油葫芦 field cricket

Teleogryllus infernalis (Saussure) 银川油葫芦

Teleogryllus mitratus (Burmeister) 南方油葫芦

Teleogryllus occipitalis (Audinet-Serville) 拟京油葫芦

Teleogryllus yezoemma Ohmachi *et* Matsuura 日本油葫芦

Teleonemia scrupulosa (Stål) 马樱丹网蝽 lantana lace bug

Teleutaea gracilis Cushman 细特姬蜂

Telicota Moore 长标弄蝶属

Telicota ancilla Herrich-Schäffer 红翅长标弄蝶

Telicota augias (Linnaeus) 紫翅长标弄蝶 rice skipper

Telicota colon (Fabricius) 长标弄蝶

Telicota krefiti horisha Evans 台湾红长标弄蝶

Telicota linna Evans 黑脉长标弄蝶

Telicota ohara (Plötz) 黄纹长标弄蝶

Telingana Distant 负角蝉属

Teliphasa elegans Butler 日华美德螟

Tellervinae 巴布斑蝶亚科

Teloganodes Eaton 晚蜉蝣属

Teloganodes lugens Navás 罗晚蜉蝣

Telomermis Johnson *et* Bowen 端索线虫属

Telomermis amphiorchis Johnson *et* Bowen 双睾端索线虫

Telorta acuminata Butler 日尖细特夜蛾

Telorta divergens Butler 桃花特夜蛾 peach flower moth

Telorta edentata Leech 缺齿特夜蛾

Telphusa Latreille 黑麦蛾属

Telphusa chloroderces Meyrick 星黑麦蛾

Telphusa improvida Meyrick 淡绿黑麦蛾

Telphusa myricariella Frey 蜡果黑麦蛾

Telphusa nephomicta Meyrick 斑黑麦蛾

Telphusa platyphracta Meyrick 板黑麦蛾

Telphusa tetragrapta Meyrick 栎叶黑麦蛾

Telsimia Casey 寡节瓢虫属

Telsimia emarginata Chapin 整胸寡节瓢虫

Telsimia huiliensis Pang *et* Mao 会理寡节瓢虫

Telsimia jinyangiensis Pang *et* Mao 金阳寡节瓢虫

Telsimia nigra centralis Pang *et* Mao 中原寡节瓢虫

Telsimia sichuanensis Pang *et* Mao 四川寡节瓢虫

Temelucha Förster 抱缘姬蜂属

Temelucha biguttula (Matsumura) 螟黄抱缘姬蜂

Temelucha interruptor (Grav.) 中间抱缘姬蜂

Temelucha philippinensis Ashmead 菲岛抱缘姬蜂

Temelucha stangli (Ashmead) 三化螟抱缘姬蜂

Temnaspidiotus MacGillivray 梯圆盾蚧属

Temnaspidiotus beilschmiediae (Takagi) 琼楠梯圆盾蚧

Temnaspidiotus destructor (Signoret) 椰梯圆盾蚧 coconut scale

Temnaspidiotus excisus (Green) 兔唇梯圆盾蚧

Temnaspidiotus hoyae (Takagi) 球兰梯圆盾蚧

Temnaspidiotus pothos (Takagi) 石柑子梯圆盾蚧

Temnaspidiotus sinensis Ferris 中华梯圆盾蚧

Temnaspidiotus taraxacus Tang 橡胶梯圆盾蚧

Temnaspidiotus transparens (Green) 琉璃梯圆盾蚧

Temnaspidiotus watanabei (Takagi) 飞篷梯圆盾蚧

Temnaspis Lacordaire 突距甲属

Temnaspis bidentata Pic 二齿距甲

Temnaspis nankinea (Pic) 白蜡梢距甲

Temnaspis pallida (Gressitt) 黄距甲

Temnaspis pulchra Baly 黑斑距甲

Temnochila chlorodia (Mannerheim) 拟大谷盗

Temnochila virescens (F.) 茂盛大谷盗

Temnorhinus Chevrolat 切锥喙象属

Temnorhinus brevirostris Gyllenhal 短喙切锥喙象

Temnoschoita delumbata Boh. 巨斑象 oil palm weevil

Temnoschoita quadripunctutata Gyll. 四斑象 oil palm weevil

Temnosternus imbilensis McKeown 南洋杉天牛

Temnostoma Le Peletier *et* Serville 拟木蚜蝇属

Temnostoma arciforma He *et* Chu 弓形拟木蚜蝇

Temnostoma ravicauda He *et* Chu 褐尾拟木蚜蝇

Temnostoma taiwanum Shiraki 台湾拟木蚜蝇

Temnostoma vespiforme (Linnaeus) 胡拟木蚜蝇

Tenaphalara acutipennis Kuwayama 印木棉木虱

Tenaphalara elongata Crawford 见 *Tenaphalara acutipennis*

Tendipedidae 见 Chironomidae

Tenebrio Linnaeus 粉甲属

Tenebrio molitor Linnaeus 黄粉甲 yellow mealworm, yellow mealworm beetle, mealworm

Tenebrio obscurus Fabricius 黑粉甲 dark mealworm, dark mealworm beetle

Tenebrionidae 拟步甲科 darkling beetles

Tenebroides Piller *et* Mitterpacher 谷盗属

Tenebroides mauritanicus (Linnaeus) 大谷盗 cadelle, bread beetle

Teneriffidae 腾岛螨科

Tengilaelaps Gu,Wang *et* Fang 邓厉螨属

Tengilaelaps cerambycius Gu,Wang *et* Fang 天牛邓厉螨

Tenodera Burmeister 大刀螳属

Tenodera angustipennis Saussure 狭翅大刀螳 narrow-winged mantid

Tenodera aridifolia (Stoll) 枯叶大刀螳

Tenodera attenuata (Stoll) 瘦大刀螳

Tenodera brevicollis Beier 短胸大刀螳

Tenodera caudafissilis Wang 凹尾大刀螳

Tenodera fasciata (Olivier) 条大刀螳

Tenodera sinensis Saussure 中华大刀螳 Chinese mantid

Tenodera stotzneri Werner 斯氏大刀螳

Tenthredinidae 叶蜂科 sawflies

Tenthredininae 叶蜂亚科

Tenthredinoidea 叶蜂总科

Tenthredo Linnaeus 叶蜂属

Tenthredo abruptifrons Malaise 峭额叶蜂

Tenthredo analis Andr 黄尾短角叶蜂

Tenthredo appendicularis Malaise 黑盾黄跗叶蜂

Tenthredo arcuata Förster 黄缘叶蜂

Tenthredo becquarti Takeuchi 黑尾黄叶蜂

Tenthredo beryllica Malaise 尖唇纤叶蜂

Tenthredo bomeica Huang *et* Zhou 波密叶蜂

Tenthredo brachycera Mocsary 点腹短角叶蜂

Tenthredo bullifera Malaise 具泡叶蜂

Tenthredo chaharensis Takeuchi 察叶蜂

Tenthredo chlorogaster Malaise 绿腹叶蜂

Tenthredo colon Klug 结肠叶蜂

Tenthredo concinna Mocsary 雅致叶蜂

Tenthredo cretata Kônow 直立叶蜂

Tenthredo cylindrica Rohwer 筒叶蜂

Tenthredo eburata Kônow 角斑叶蜂

Tenthredo erasina Malaise 伊拉斯纳叶蜂

Tenthredo esakii (Takeuchi) 江崎叶蜂

Tenthredo facigera Kônow 黄盾端白叶蜂

Tenthredo felderi Radoszkovsky 费尔德叶蜂

Tenthredo ferruginea Schrank 红腹叶蜂

Tenthredo finschi Kirby 芬什叶蜂

Tenthredo flavobalteata Cameron 黄带叶蜂

Tenthredo flavobrunneus Malaise 红腹黄胸叶蜂

Tenthredo formosana (Enslin) 蓬莱叶蜂

Tenthredo fortunii Kirby 弗氏叶蜂

Tenthredo fulva Klug 大黄叶蜂

Tenthredo fuscicornis Eschscholtz 棕黄角叶蜂

Tenthredo fuscoterminata Marlatt 棕尾黄叶蜂

Tenthredo grahami Malaise 川绿叶蜂

Tenthredo gressitti Malaise 嘉氏叶蜂

Tenthredo helveicornis Malaise 半角叶蜂

Tenthredo hingstoni Malaise 欣氏叶蜂

Tenthredo hiralis Smith 海瑞里叶蜂 aucuba sawfly

Tenthredo horishana Takeuchi 埔里叶蜂

Tenthredo hummeli Malaise 休默叶蜂

Tenthredo indigena Malaise 瓦山黄角叶蜂

Tenthredo inframaculata Malaise 黄点腹叶蜂

Tenthredo inguinalis Kônow 蓝腹角叶蜂

Tenthredo insulicola (Takeuchi) 岛屿叶蜂

Tenthredo issikii (Takeuchi) 一色叶蜂

Tenthredo japonica Mocsary 日本叶蜂

Tenthredo jozana Matsumura 红腹黄角叶蜂

Tenthredo katoi Takeuchi 加藤叶蜂

Tenthredo khalka Takeuchi 黑唇短角叶蜂

Tenthredo khasiana Cameron 卡西亚叶蜂

Tenthredo kingdonwardi Malaise 金顿沃德叶蜂

Tenthredo kuangtungensis Malaise 广东黄角叶蜂

Tenthredo lagidina Malaise 亮胸端白叶蜂

Tenthredo livida Linnaeus 铅色叶蜂

Tenthredo maculiger Jakovlev 侧斑叶蜂

Tenthredo mainlingensis Xiao *et* Zhou 米林叶蜂

Tenthredo margaretella (Rohwer) 珍珠叶蜂

Tenthredo medogensis Xiao *et* Huang 墨脱叶蜂

Tenthredo melanotarsus Cameron 黑跗黄叶蜂

Tenthredo melli Mallach 梅尔黄叶蜂

Tenthredo mesomelas Linnaeus 中黑叶蜂

Tenthredo minshanica Malaise 岷山叶蜂

Tenthredo moniliata Klug 赤环叶蜂

Tenthredo nephritica Malaise 截唇纤叶蜂

Tenthredo nigerrima Forsius 黄脂叶蜂 butterbur sawfly

Tenthredo nigricornis Malaise 黑角叶蜂

Tenthredo nigrobrunnea Malaise 红褐短角叶蜂

Tenthredo nigropicta Smith 黑斑叶蜂

Tenthredo nigroscalaris Malaise 梯腹叶蜂

Tenthredo nimbata Kônow 川藏叶蜂

Tenthredo nubipennis Malaise 烟翅叶蜂

Tenthredo obsoleta Klug 拟中黑叶蜂

Tenthredo odynerina Malaise 红肩短角叶蜂

Tenthredo olivacea Klug 橄榄绿叶蜂

Tenthredo parcepilosa Malaise 稀毛叶蜂

Tenthredo pediculus Jakovlev 陇叶蜂

Tenthredo poeciloptera (Enslin) 彩翅叶蜂

Tenthredo potaninii Jakovlev 珀塔尼叶蜂

Tenthredo prasina Kônow 波拉碧叶蜂

Tenthredo pronotalis Malaise 前盾环角叶蜂

Tenthredo providens Smith 胡萝卜叶蜂 carrot sawfly

Tenthredo pseudopeues Malaise 伪齿叶蜂

Tenthredo pseudoprasina Malaise 伪普拉叶蜂

Tenthredo pulchra Jakovlev 黑丽叶蜂

Tenthredo purpureiventris Malaise 紫腹短角叶蜂

Tenthredo regia Malaise 皇家叶蜂

Tenthredo rufoviridis Malaise 红绿叶蜂

Tenthredo rugiceps Kônow 皱额叶蜂

Tenthredo salvazii Malaise 萨尔瓦茈叶蜂

Tenthredo sauteri (Rohwer) 邵氏叶蜂

Tenthredo Schäfferi Klug 沙夫叶蜂

Tenthredo scintillans Malaise 平胸蓝叶蜂

Tenthredo scrobiculata Kônow 凹坑短角叶蜂

Tenthredo sedankiana Malaise 色当卡叶蜂

Tenthredo shensiensis Malaise 太白叶蜂

Tenthredo simlaensis Cameron 西姆拉叶蜂

Tenthredo sinensis Mallach 中华黄叶蜂

Tenthredo smaragdula Malaise 绿玉叶蜂

Tenthredo sordidezonata Malaise 雾带环角叶蜂

Tenthredo sortitor Malaise 蓝腹叶蜂

Tenthredo spinigera Kônow 具刺叶蜂

Tenthredo striaticornis Malaise 纹角叶蜂

Tenthredo stulta Enslin 绿腹愚叶蜂

Tenthredo subflava Malaise 亚黄叶蜂

Tenthredo sublimis Kônow 云顶叶蜂

Tenthredo sulphuripes Kriechbaumer 浅齿叶蜂

Tenthredo szechuanica Malaise 四川角叶蜂

Tenthredo taiheizana Takeuchi 太平山叶蜂

Tenthredo tibetana Malaise 西藏黄角叶蜂

Tenthredo tienmushana Takeuchi 天目山叶蜂

Tenthredo tomi Mallach 东陵叶蜂

Tenthredo triangulata Mallach 三角叶蜂

Tenthredo triangulifera Malaise 角斑黑背叶蜂

Tenthredo trimaculata Cameron 三斑叶蜂

Tenthredo trunca Kônow 截叶蜂

Tenthredo turcosa Huang et Zhou 丽蓝叶蜂

Tenthredo uchida Takeuchi 高丽叶蜂

Tenthredo variicolor Malaise 杂色端白叶蜂

Tenthredo vespa Retzius 三黄环叶蜂

Tenthredo victoriae Malaise 维多利亚叶蜂

Tenthredo vittipleuris Malaise 纵侧斑叶蜂

Tenthredo vivida Malaise 鲜叶蜂

Tenthredo waltoni Malaise 沃尔顿叶蜂

Tenthredo xueshanensis Togashi 雪山叶蜂

Tenthredo zaraxana Malaise 扎拉汉叶蜂

Tenthredopsis O. Costa 拟叶蜂属

Tenthredopsis coquebertii Klug 须草合拟叶蜂

Tenthredopsis insularis fuscicornis Malaise 褐角拟叶蜂

Tenthredopsis insularis insularis Takeuchi 岛屿拟叶蜂

Tenthredopsis nassata Linnaeus 鸭茅合拟叶蜂

Tenuialidae 细翼甲螨科

Tenuifemurus Huang 狭腿蝗属

Tenuifemurus curticercus Huang 短须狭腿蝗

Tenuifemurus longicercus Huang 长须狭腿蝗

Tenuipalpidae 细须螨科 false spider mites

Tenuipalpoides Reck et Bagdasarian 拟细须螨属

Tenuipalpoides dorychaeta Pritchard et Baker 棘拟细须螨

Tenuipalpoides hastata Wang et Cui 矛拟细须螨

Tenuipalpoides ziziphus Reck et Bagdasarian 枣拟细须螨

Tenuipalpus Donnadieu 细须螨属

Tenuipalpus acacii Maninder et Ghai 相思树细须螨

Tenuipalpus acaiae Ryke et Meyer 金合欢细须螨

Tenuipalpus amygdalusae Maninder et Ghai 杏细须螨

Tenuipalpus annonae De Leon 番荔枝细须螨

Tenuipalpus anoplus Baker et Pritchard 裸细须螨

Tenuipalpus antipodus Collyer 反足细须螨

Tenuipalpus arbuti Mitrofanov et Sharonov 杨梅细须螨

Tenuipalpus argus Baker et Pritchard 尖细须螨

Tenuipalpus aurantiacus Wang 黄细须螨

Tenuipalpus bakeri Reck 巴氏细须螨

Tenuipalpus canelae Gonzalez 樟树细须螨

Tenuipalpus caudatus (Duges) 尾细须螨

Tenuipalpus cedrelae De Leon 香椿细须螨

Tenuipalpus celtidis Pritchard et Baker 朴细须螨

Tenuipalpus cheladzeae Gomelauri 杰氏细须螨

Tenuipalpus chiclorum De Leon 人心果细须螨

Tenuipalpus citri Meyer 橘细须螨

Tenuipalpus clematidos Wang 铁线莲细须螨

Tenuipalpus coyacus De Leon 椰子细须螨

Tenuipalpus cupressoides Meyer et Gerson 柏细须螨

Tenuipalpus danxianensis Yin, Cui et Lin 儋县细须螨

Tenuipalpus dubinini Reck 杜氏细须螨

Tenuipalpus ephedrae Livschitz et Mitrofanov 麻黄细须螨

Tenuipalpus fici Manider et Ghai 无花果细须螨

Tenuipalpus granati Sayed 石榴细须螨

Tenuipalpus hainanensis Wang 海南细须螨

Tenuipalpus indica Maninder *et* Ghai 印度细须螨

Tenuipalpus jianfengensis Ma *et* Yuan 尖峰细须螨

Tenuipalpus kobachiazei Reck 柯氏细须螨

Tenuipalpus lineosetus Wang 线毛细须螨

Tenuipalpus lulinicus Ma *et* Yuan 芦莉草细须螨

Tenuipalpus menglunensis Yin *et* Cui 勐仑细须螨

Tenuipalpus micheli Lawrence 含笑细须螨

Tenuipalpus muguanicus Ma *et* Yuan 木瓜细须螨

Tenuipalpus obvelatus Wang 隐细须螨

Tenuipalpus pacificus Baker 太平洋细须螨

Tenuipalpus persicae Sadana, Chhabra *et* Gupta 桃红细须螨

Tenuipalpus platycaryae Wang 化香细须螨

Tenuipalpus pruni Maninder *et* Ghai 李细须螨

Tenuipalpus qingchengensis Wang 青城细须螨

Tenuipalpus rodionovi Chalilova 洛氏细须螨

Tenuipalpus rosae Kadzhar 蔷薇细须螨

Tenuipalpus sanyaensis Yin, Cui *et* Lin 三亚细须螨

Tenuipalpus shanxiensis Qian, Yuan *et* Ma 山西细须螨

Tenuipalpus spatulatus Wang 匙形细须螨

Tenuipalpus taonicus Ma *et* Yuan 桃细须螨

Tenuipalpus tectonae Mohanasundaram 柚木细须螨

Tenuipalpus zanthus De Leon 花椒细须螨

Tenuipalpus zhengzhouensis Xu *et* Yin 郑州细须螨

Tenuipalpus zhizhilashviliae Reck 柿细须螨

Tephrina Guenée 灰尺蛾属

Tephrina disputaria Guenée 裂灰尺蛾

Tephritidae 实蝇科 fruit flies

Teras terminalis Fabricius 见 *Biorhiza pallida*

Terasterna Zhou, Gu *et* Wen 畸胸螨属

Terasterna emeiensis (Zhou) 峨眉畸胸螨

Terasterna gongshanensis (Tian *et* Gu) 贡山畸胸螨

Terasterna nanpingensis (Zhou, Chen *et* Wen) 南坪畸胸螨

Terasterna yunlongensis (Gu *et* Fan) 云龙畸胸螨

Terastia Guenée 蛀枝野螟属

Terastia egialealis Walker 刺桐蛀枝野螟 dadap twig borer

Teratembiidae 半脉纹蚁科

Teratoglaea pacifica Sugi 曲翼冬夜蛾

Teratothyadidae 怪疯水螨科

Teratozephyrus Sibatani 铁灰蝶属

Teratozephyrus arisanus (Wileman) 阿里铁灰蝶

Teratozephyrus hecale (Leech) 黑铁灰蝶

Teratozephyrus zhejiangensis Chou *et* Tong 浙江铁灰蝶

Terauchiana Matsumura 长头飞虱属

Terauchiana nigripennis Kato 深色长头飞虱

Terauchiana singularis Matsumura 浅色长头飞虱

Terebrantia 锯尾亚目

Teresothrombium 圆绒螨属

Terias blanda Boisduval 见 *Eurema blanda*

Terias hecabe Linnaeus 见 *Eurema hecabe*

Terinos Boisduval 帖蛱蝶属

Terinos atlita (Fabricius) 翅帖蛱蝶

Termes Linnaeus 白蚁属

Termes borneensis Thapa 婆罗白蚁

Termes marjoriae (Snyder) 钳白蚁

Terminalicus Anwarullah *et* Khan 榄仁树须螨属

Terminalicus delhiensis Maninder *et* Ghai 德里榄仁树须螨

Terminalicus karachiensis Anwarullah *et* Khan 卡拉奇榄仁树须螨

Termitaphididae 蜇蝽科 chinch bugs

Termitidae 白蚁科 termite, white ant

Termitomastinae 蜇蚊亚科 termite seekers, guests

Termitoxeniidae 蜇蝇科 guests of termites

Termopsidae 原白蚁科

Terpnacaridae 喜螨科

Terpnosia Distant 春蝉属

Terpnosia mawi Distant 春蝉

Terpnosia vacus Olivier 雨春蝉 Spring cicada

Tersilochus orientalis (Uchida) 东方短须姬蜂

Terthreutis Meyrick 斑卷蛾属

Terthreutis bipunctata Bai 双斑卷蛾

Terthreutis orbicularis Bai 圆斑卷蛾

Terthreutis series Bai 行斑卷蛾

Terthreutis shaerocosma Meyrick 球斑卷蛾

Terthreutis xanthocycla (Meyrick) 黄斑卷蛾

Terthron Fennah 白条飞虱属

Terthron albovattatum (Matsumura) 白条飞虱

Terthron inachum (Fennah) 淡角白条飞虱

Terusa frontata (Becker) 一点突额杆蝇

Tessaratoma Berthold 荔蝽属

Tessaratoma papillosa (Drury) 荔蝽

Tessaratoma quadrata Distant 方肩荔蝽

Tessaratominae 荔蝽亚科

Tessaromerus Kirkaldy 华异蝽属

Tessaromerus licenti Yang 光华异蝽

Tessaromerus maculatus Hsiao *et* Ching 斑华异蝽

Tessaromerus tuberlosus Hsiao *et* Ching 宽腹华异蝽

Tessarotoma javanica Thunberg 单籽紫铆大褐蝽

Testudacarinae 龟水螨亚科

Testudacarus Walter 龟水螨属

Tetanocerinae 基芒沼蝇亚科 march flies

Tetanops Fallén 根斑蝇属

Tetanops myopaeformis (Roeder) 美甜菜根斑蝇 sugar-beet root maggot

Tetanurinae 端芒沼蝇亚科

Tethida Ross 黑头叶蜂属

Tethida cordigera (Beauvois) 栎黑头叶蜂 black-headed ash sawfly

Tethinidae 岸蝇科 tethind flies

Tetra Keifer 四瘿螨属

Tetra cleomis Kuang 白花菜四瘿螨

Tetra concava (Keifer) 凹四瘿螨

Tetra dalbergiae Kuang *et* Zhuo 黄檀四瘿螨

Tetra guiyangensis Kuang *et* Hong 贵阳四瘿螨

Tetra heilongjiangensis Kuang 黑龙江四瘿螨

Tetra lushuiensis Kuang *et* Hong 泸水四瘿螨

Tetrabrachinae 四节瓢虫亚科

Tetrabrachys Kapur 四节瓢虫属

Tetrabrachys kozlovi (Barovsky) 厚缘四节瓢虫

Tetracampidae 四季金小蜂科

Tetracyphus odontomus Chevrolat 非桉苗象

Tetradacus citri (Chen) 柑橘大实蝇

Tetradacus tsuneonis (Miyake) 蜜柑大实蝇

Tetradonema Cobb 四分体线虫属

Tetradonema plicans Cobb 蟠旋四分体线虫

Tetradonematidae 四分体线虫科

Tetraglenes Newman 蜢天牛属

Tetraglenes flavovittata Breuning 黄条蜢天牛

Tetraglenes hirticornis (Fabricius) 毛角蜢天牛

Tetragnatha Latreille 肖蛸属

Tetragnatha aduncata Wang 钩形肖蛸

Tetragnatha aenea Cantor 金绿肖蛸

Tetragnatha caudicula (Karsch) 尖尾肖蛸

Tetragnatha cavaleriei Schenkel 卡氏肖蛸

Tetragnatha ceylonica Cambridge 塞罗肖蛸

Tetragnatha chinensis (Chamberlin) 中华肖蛸

Tetragnatha coreana Paik 韩国肖蛸

Tetragnatha esakii Okuma 艾氏肖蛸

Tetragnatha extensa (Linnaeus) 直伸肖蛸

Tetragnatha filipes Schenkel 线形肖蛸

Tetragnatha graciliventris Schenkel 微弱肖蛸

Tetragnatha hiroshii Okuma 海氏肖蛸

Tetragnatha javana (Thorell) 爪哇肖蛸

Tetragnatha lauta Yaginuma 洁净肖蛸

Tetragnatha mandibulata Walckenaer 长螯肖蛸

Tetragnatha maxillosa Thorell 锥腹肖蛸

Tetragnatha montana Simon 山地肖蛸

Tetragnatha nepiformis Doleschall 莱比肖蛸

Tetragnatha nigrita Lendl 黑色肖蛸

Tetragnatha nitens (Audouin) 华丽肖蛸

Tetragnatha obtusa C.L. Koch 钝形肖蛸

Tetragnatha pinicola L. Koch 羽殷肖蛸

Tetragnatha plena Chamberlin 丰盛肖蛸

Tetragnatha potanini Schenkel 波氏肖蛸

Tetragnatha praedonia L. Koch 前齿肖蛸

Tetragnatha recurva Schenkel 反曲肖蛸

Tetragnatha retinens Chambrelin 脂肖蛸

Tetragnatha serra Doleschall 锯齿肖蛸

Tetragnatha shanghaiensis Strand 上海肖蛸

Tetragnatha shinanoesis Okuma *et* Chikuni 信浓肖蛸

Tetragnatha squamata Karsch 鳞纹肖蛸

Tetragnatha streichi Strand 司氏肖蛸

Tetragnatha vermiformis Emerton 圆尾肖蛸

Tetragnatha yesoensis Saito 虾夷肖蛸

Tetragnathidae 肖蛸科

Tetraleurodes Cockerell 四粉虱属

Tetraleurodes mori (Quaint.) 桑四粉虱 mulberry whitefly

Tetralonia chinensis Smith 中国四条蜂

Tetralopha Zeller 丛螟属

Tetralopha asperatella (Clemens) 糙丛螟

Tetralopha robustella Zeller 松丛螟 pine webworm

Tetramermis Steiner 四索线虫属

Tetramermis tenuis (Leidy) 细四索线虫

Tetramermis vivipara Steiner 胎生四索线虫

Tetramesa phyllostachitis Gahan 毛竹广肩小蜂 bamboo jointworm

Tetramoera schistaceana Snellen 甘薯小卷蛾 sugarcane shoot borer, grey stalk borer, white borer

Tetramorium Mayr 铺道蚁属

Tetramorium amium Forel 阿美铺道蚁

Tetramorium bicarinatum (Nylander) 双隆骨铺道蚁

Tetramorium caespitum Linnaeus 铺道蚁 pavement ant

Tetramorium cardiocarenum Xu *et* Zheng 心头铺道蚁

Tetramorium ceylonica (Emery) 锡兰铺道蚁

Tetramorium crepum Wang *et* Wu 黑色铺道蚁

Tetramorium cyclolobium Xu *et* Zheng 圆叶铺道蚁

Tetramorium indicum Forel 印度铺道蚁

Tetramorium insolens (Smith) 光颚铺道蚁

Tetramorium jiangxiense Wang *et* Xiao 见 *Tetramorium caespitum*

Tetramorium kraepelini Forel 克氏铺道蚁

Tetramorium lanuginosum Mayr 茸毛铺道蚁

Tetramorium nipponense Wheeler 日本铺道蚁

Tetramorium pacificum Mayr 太平洋铺道蚁

Tetramorium parvispina (Emery) 小刺铺道蚁

Tetramorium reduncum Wang *et* Wu 弯刺铺道蚁

Tetramorium repletum Wang *et* Xiao 全唇铺道蚁

Tetramorium shensiense Bolton 陕西铺道蚁

Tetramorium simillimum (F. Smith) 相似铺道蚁

Tetramorium smithi Mayr 史氏铺道蚁

Tetramorium walshi (Forel) 沃尔什氏铺道蚁

Tetramorium yulongense Xu *et* Zheng 玉龙铺道蚁

Tetraneura Hartig 四脉绵蚜属

Tetraneura akinire Sasaki 秋四脉绵蚜

Tetraneura nigriabdominalis Sasaki 黑腹四脉绵蚜

Tetraneura ulmi Linnaeus 榆四脉棉蚜 elm gall aphid

Tetraneura ulmifoliae Baker 见 *Tetraneura ulmi*

Tetraneura zelkovisucta Zhang 榉四脉绵蚜

Tetranychidae 叶螨科 spider mites

Tetranychina Banks 如叶螨属

Tetranychina harti (Ewing) 酢浆草如叶螨

Tetranychoidea 叶螨总科

Tetranychus Dufour 叶螨属

Tetranychus agropyronus Wang 冰草叶螨

Tetranychus bambusae Wang *et* Ma 竹叶螨

Tetranychus cinnabarinus (Boisduval) 朱砂叶螨 carmine spider mite, red cotton mite

Tetranychus cocosi (McGregor) 王棕叶螨

Tetranychus desertorum Banks 野生叶螨 desert spider mite

Tetranychus dunhuangensis Wang 敦煌叶螨

Tetranychus fijiensis Hirst 斐济叶螨

Tetranychus graminivorus Gao *et* Ma 食禾叶螨

Tetranychus hydrangeae Pritchard *et* Baker 绣球叶螨 hydrangea spider mite

Tetranychus ipomoeae Ma *et* Gao 番薯叶螨

Tetranychus kanzawai Kishida 神泽氏叶螨

Tetranychus lambi Pritchard *et* Baker 兰氏叶螨

Tetranychus ludeni Zacher 卢氏叶螨 luden spider mite

Tetranychus malvae Ma *et* Gao 野葵叶螨

Tetranychus merganser Boudreaux 女贞叶螨

Tetranychus mexicanus (McGregor) 墨西哥叶螨

Tetranychus neocaledonicus Andr 菜叶螨 vegetable mite

Tetranychus pacificus McGregor 太平洋叶螨 Pacific spider mite

Tetranychus phaselus Ehara 豆叶螨

Tetranychus piercei McGregor 皮氏叶螨

Tetranychus ricini Tseng 蓖麻叶螨

Tetranychus shanghaiensis Ma *et* Yuan 上海叶螨

Tetranychus taiwanicus Ehara 台湾叶螨

Tetranychus telarius Linnaeus 椴两点叶螨 two-spotted spider-mite

Tetranychus truncatus Ehara 截形叶螨

Tetranychus tumidellus Pritchard *et* Baker 细突叶螨

Tetranychus tumidus Banks 突叶螨 tumid spider mite

Tetranychus turkestani (Ugarov *et* Nikolski) 土耳其斯坦叶螨 strawberry spider mite

Tetranychus urticae Koch 二斑叶螨 two spotted spider mite

Tetranychus viennensis Zacher 山楂叶螨 hawthorn spider mite

Tetranychus viticis Ma *et* Yuan 牡荆叶螨

Tetranycopsis Canestrini 拟叶螨属

Tetranycopsis horridus (Canestrini *et* Fanzago) 刺拟叶螨

Tetranycopsis hystriciformis Reck 毛拟叶螨

Tetranycopsis matikashviliae Reck 马氏拟叶螨

Tetranycopsis spiraeae Reck 锈线菊拟叶螨

Tetraommatus insignis Gahan 离眼天牛

Tetraopes Schoenh. 雄天牛属

Tetraopes tetrophthalmus (Förster) 马利筋雄天牛 red milkweed beetle

Tetraphleba brevilinea (Walker) 四脉刺蛾

Tetrapolipus 四跗蚴螨属

Tetraponera Smith 细长蚁属

Tetraponera allaborans (Walker) 飘细长蚁

Tetraponera microcarpa Wu *et* Wang 榕细长蚁

Tetraponera nigra (Jerdon) 黑细长蚁

Tetraponera rufonigra (Jerdon) 红黑细长蚁

Tetraponera thagatensis Forel 泰加细长蚁

Tetraspinus Boczek 四刺瘿螨属

Tetraspinus lentus Boczek 柔四刺瘿螨

Tetraspinus pistaciae Kuang *et* Hong 黄连木四刺瘿螨

Tetraspinus populi Kuang *et* Hong 杨四刺瘿螨

Tetrastichidae 啮小蜂科

Tetrastichus Haliday 啮小蜂属

Tetrastichus aponiusi Yang 枫桦小蠹啮小蜂

Tetrastichus armandii Yang 松蠹啮小蜂

Tetrastichus ayyari Rohwer 印啮小蜂(黑角啮小蜂)

Tetrastichus brevistigma Gahan 短痣啮小蜂

Tetrastichus clavatus Yang 显棒小蠹啮小蜂

Tetrastichus clavicornis Yang 刺角卵腹啮小蜂

Tetrastichus coccinellae Kurdjumov 瓢虫啮小蜂

Tetrastichus cupressi Yang 柏小蠹啮小蜂

Tetrastichus jinzhouicus Liao 吉丁虫啮小蜂

Tetrastichus juglansi Yang 核桃小蠹啮小蜂

Tetrastichus piceae Yang 云杉小蠹啮小蜂

Tetrastichus purpureus Cameron 胶蚧红眼啮小蜂

Tetrastichus schoenobii Ferrière 螟卵啮小蜂

Tetrastichus shaxianensis Liao 稻纵卷叶螟啮小蜂

Tetrastichus sokolowskii Kurdjumov 菜蛾啮小蜂

Tetrastichus taibaishanensis Yang 太白山小蠹啮小蜂

Tetrastichus telon (Graham) 长腹木蠹啮小蜂

Tetrastichus thoracicus Yang 隆胸小蠹啮小蜂

Tetrastichus turionum (Htg.) 鳞根啮小蜂

Tetrastigmata 四气门亚目

Tetrigidae 蚱科 pigmy grasshoppers, grouse locusts

Tetrigoidea 蚱总科

Tetrix Latreille 蚱属

Tetrix japonica Bolivar 日本蚱

Tetrix kunmingensis Zheng *et* Ou 昆明蚱

Tetrix xinjiangensis Zheng 新疆蚱

Tetroda Amyot *et* Serville 角胸蝽属

Tetroda histeroides (Fabricius) 角胸蝽

Tetropina Klapalek 杵石蝇属

Tetropina cheni Wu 广西杵石蝇

Tetropium abietis Fall 冷杉断眼天牛 roundheaded fir borer

Tetropium castaneum (Linnaeus) 光胸断眼天牛 spruce longicorn beetle

Tetropium cinnamopterum Kirby 东方落叶松断眼天牛 eastern larch borer

Tetropium gabrieli Weise 落叶松断眼天牛 larch longhorn beetle

Tetropium gracilicorne Reitter 云杉断眼天牛

Tetropium orienum Gahan 沟胸断眼天牛

Tetropium parvulum Casey 北方云杉断眼天牛 northern spruce borer

Tetropium velutinum LeConte 铁杉断眼天牛 western larch borer, round-headed hemlock borer

Tetrya bipunctata (H.-S.) 湿地松球果蝽

Tettigarctidae 螽蝉科

Tettigella alba Metcalf 白叶蝉

Tettigella spectra (Distant) 白大叶蝉 rice leafhopper

Tettigella viridis L. 见 *Cicadella viridis*

Tettigellidae 大叶蝉科

Tettigometridae 蚁蜡蝉科

Tettigonia orientalis Uvarov 东方灌木螽

Tettigoniella ferruginea Fabricius 见 *Bothrogonia ferruginea*

Tettigoniidae 螽蟖科 longhorned grasshoppers, katydids

Teulisna bipectinis Fang 梳角图苔蛾

Teulisna maculata Fang 斑图苔蛾

Teulisna plagiata Walker 方斑图苔蛾

Teulisna tumida (Walker) 膨图苔蛾

Teulisna uniplaga (Hampson) 逗斑图苔蛾

Teutonia Koenike 条顿螨属

Teutoniidae 条顿螨科

Thacra Keifer 泰瘿螨属

Thaduka multicaudata Moore 特莉维灰蝶

Thagora figurana Walker 异绿米螟 green rice moth

Thagria Melichar 片叶蝉属

Thagria albonotata Li 白斑片叶蝉

Thagria bifida Zhang 叉片叶蝉

Thagria bigemina Zhang 双叉片叶蝉

Thagria birama Zhang 角顶片叶蝉

Thagria bispina Zhang 二刺片叶蝉

Thagria carinata Zhang 齿脊片叶蝉

Thagria caudata Zhang 长尾片叶蝉

Thagria circumcincta (Jacobi) 弯钩片叶蝉

Thagria conica Zhang 锥头片叶蝉

Thagria curvatura Zhagn 斜片叶蝉

Thagria damenglongensis Zhang 大勐龙片叶蝉

Thagria digitata Li 指片叶蝉

Thagria emeiensis Zhang 峨眉片叶蝉

Thagria fossa Nielson 凹片叶蝉

Thagria furcata Li 叉拟片叶蝉

Thagria fuscoscuta Zhang 褐盾片叶蝉

Thagria fuscovenosa (Matsumura) 黄腹片叶蝉

Thagria gladiiformis Zhang 剑突片叶蝉

Thagria janssoni Nielson 简氏片叶蝉

Thagria jinia Zhang 金氏片叶蝉

Thagria kronestedti Nielson 克氏片叶蝉

Thagria lisa Zhang et An 奇片叶蝉

Thagria marissae Nielson 玛丽片叶蝉

Thagria matsumurai Nielson 松村片叶蝉

Thagria multispars (Walder) 单突片叶蝉

Thagria obrienae Nielson 奥氏片叶蝉

Thagria patruelis Nielson 狭额片叶蝉

Thagria pega Zhang 楔斑片叶蝉

Thagria periserrula Zhang 锯缘片叶蝉

Thagria philagroides (Jacobi) 长突片叶蝉

Thagria projecta (Distant) 叉突片叶蝉

Thagria rutata (Distant) 斑翅片叶蝉

Thagria soosi Nielson 齿斑片叶蝉

Thagria sticta Zhang 花斑片叶蝉

Thagria tenasserimensis (Distant) 特纳片叶蝉

Thagria thailandensis Nielson 泰国片叶蝉

Thagria tridactyla Zhang 三趾片叶蝉

Thagria triementia Nielson 铗片叶蝉

Thagria uncinata Zhang 钩片叶蝉

Thagria unidentalis Zhang 齿突片叶蝉

Thagria wangi Zhang 王氏片叶蝉

Thagria zhengi Zhang et An 郑氏片叶蝉

Thaia Ghauri 白翅叶蝉属

Thaia oryzivora Ghauri 稻白翅叶蝉

Thaia subrufa Motschulsky 黄稻白翅叶蝉 yellow rice leafhopper

Thalaina clara Walker 南澳黑荆树尺蛾

Thalassius Simon 走蛛属

Thalassius affinis Song et Zheng 近亲走蛛

Thalassius phipsoni Cambridge 白条走蛛

Thalassodes Guenée 翠尺蛾属

Thalassodes aucta Prout 樟翠尺蛾

Thalassodes subquadraria Inoue 亚樟翠尺蛾

Thalassodes vararria Guenée 杧果翠尺蛾

Thalatha Walker 纶夜蛾属

Thalatha sinens (Walker) 纶夜蛾

Thalera Hübner 波翅青尺蛾属

Thalera chlorasaria Graeser 波翅青尺蛾

Thalera lacerataria Graeser 黄波翅青尺蛾

Thalera suavis Swinhoe 绿波翅青尺蛾

Thalerosphyrus Eaton 短腮蜉属

Thalerosphyrus melli Ulmer 美丽短腮蜉

Thamnacus Keifer 枝瘿螨属

Thamnonoma ochrifascia Warren 见 *Itame ochrifascia*

Thamnosphecia rubrofascia (Hy. Edw.) 红褐浸灌透翅蛾

Thamnosphecia sigmoidea (Beut.) 乙状浸灌透翅蛾

Thamnotettix Zetterstedt 木叶蝉属

Thamnotettix argentata Evans 见 *Orosius argentatus*

Thamnotettix bambusae Matsumura 竹长木叶蝉 bamboo elongate leafhopper

Thamnotettix subfusculus Fallén 赤杨木叶蝉 Japanese alder elongate leafhopper

Thamnotettix tobae Matsumura 烟草木叶蝉 tobacco leafhopper

Thamnurgides Hopkins 洋柴小蠹属

Thamnurgides myristicae Rpke 豆蔻洋柴小蠹 nutmeg shothole borer

Thampoa guttata Hu et Kuoh 褐点坦小叶蝉

Thanasimus Latreille 山郭公虫属

Thanasimus dubius (Fab.) 疑山郭公虫

Thanasimus repandus Horn 曲山郭公虫

Thanasimus substriatus Gebler 红胸郭公虫

Thanasimus undatulus (Say) 波山郭公虫

Thanatodictya Kirkaldy 线象蜡蝉属

Thanatodictya lineata (Donovan) 双线象蜡蝉

Thanatus C.L. Koch 狼逍遥蛛属

Thanatus albomaculatus Kulczynski 白斑狼逍遥蛛

Thanatus coreanus Paik 朝鲜狼逍遥蛛

Thanatus formicinus (Clerck) 蚁形狼逍遥蛛

Thanatus miniaceus Simon 小狼逍遥蛛

Thanatus neimongol Urita *et* Song 内蒙狼逍遥蛛

Thanatus nipponicus Yaginuma 日本狼逍遥蛛

Thanatus vulgaris Simon 普通狼逍遥蛛

Thanatus xinjiangensis Hu *et* Wu 新疆狼逍遥蛛

Thanatus xizangensis Hu *et* Li 西藏长逍遥蛛

Thaumaglossa 蟆蛸皮蠹属

Thaumaglossa hilleri Reitter 无斑蟆蛸皮蠹

Thaumaglossa ovivora (Matsu.) 远东蟆蛸皮蠹

Thaumaleidae 山蚋科

Thaumantis Hübner 斑环蝶属

Thaumantis diores (Doubleday) 紫斑环蝶

Thaumapsylla Rothschild 怪蝠蚤属

Thaumapsylla breviceps orientalis Smit 短头怪蝠蚤东方亚种

Thaumapsyllinae 怪蝠蚤亚科

Thaumastomyia Philip *et* Mackerras 少节虻属

Thaumastomyia haitiensis (Stone) 海淀少节虻

Thaumastopeus Kraatz 异花金龟属

Thaumastopeus nigritus (Frohlich) 暗蓝异花金龟

Thaumastotheriidae 桐蝽科 royal palm bugs

Thaumatoblaps zhengi Ren *et* Luo 郑氏异琵甲

Thaumatomyia Zenker 毛盾杆蝇属

Thaumatomyia notata (Meigen) 黑条毛盾杆蝇

Thaumatoxenidae 大头蚤蝇科 very remarkable guests

Thaumetopoea Hübner 异舟蛾属

Thaumetopoea wilkinsoni Tams 异舟蛾 Cyprus processionary caterpillar

Thaumetopoeidae 带蛾科

Thauria Moore 带环蝶属

Thauria lathyi Fruhstorfer 斜带环蝶

Thea Mulsant 黑斑菌瓢虫属

Thea cincta Fabricius 见 *Illeis cincta*

Thea vigintiduopunctata (Linnaeus) 二十二星菌瓢虫

Thebanus Distant 赛长蝽属

Thebanus politus Distant 赛长蝽

Thecabius Koch 伪卷绵蚜属

Thecabius affinis (Kaltenbach) 杨伪卷端蚜 poplar buttercup aphid, poplar leaf-gall aphid

Thecesterninae 叶胸象亚科

Thecla Fabricius 线灰蝶属

Thecla betulae (Linnaeus) 线灰蝶

Thecla betulina Staudinger 桦小线灰蝶

Theclinae 线灰蝶亚科

Thecobathra anas (Stringer) 青冈栎小白巢蛾

Thecobathra lambda (Moriuti) 枫香小白巢蛾

Thecocarcelia Townsend 鞘寄蝇属

Thecocarcelia laticornis Chao 黄角鞘寄蝇

Thecocarcelia oculata Baranoff 眼鞘寄蝇

Thecocarcelia parnarae Chao 稻苞虫鞘寄蝇

Thecodiplosis brachyntera (Schwagrichen) 中欧松盒瘿蚊 needle-shortening pine gall midge

Thecodiplosis japonensisi Uchida *et* Inouye 日本松盒瘿蚊 pine needle gall midge

Thecodiplosis piniradiatae (Snow *et* Mills) 西黄松盒瘿蚊 Monterey pine midge

Thecodiplosis piniresinosae Kearby *et* Benjamin 美加松盒瘿蚊 red pine gall midge, red-pine needle midge

Thecosemidalis Meinander 匣粉蛉属

Thecosemidalis yangi Liu 杨氏匣粉蛉

Thektogaster Delucchi 尖腹金小蜂属

Thektogaster accrescens Huang 粗梗尖腹金小蜂

Thektogaster baxoiensis (Liao) 巴宿尖腹金小蜂

Thektogaster lasiochlamis Huang 毛触尖腹金小蜂

Thektogaster mirabilis Huang 奇异尖腹金小蜂

Thektogaster planifrons Huang 平额尖腹金小蜂

Thektogaster plica Huang 皱柄尖腹金小蜂

Thektogaster rubens Huang 微红尖腹金小蜂

Thektogaster simplex Huang 简单尖腹金小蜂

Thelacantha van Hasselt 苔娜蛛属

Thelacantha brevispina (Doleschall) 刺苔娜蛛

Thelaira macropus Wiedemann 巨形柔寄蝇

Thelaira nigripes Fabricius 暗黑柔寄蝇

Thelaira solivaga Harris 撒拉柔寄蝇

Thelaxes Westwood 群蚜属

Thelaxes dryophila Schrank 栎旱群蚜 oak aphid

Thelaxidae 群蚜科

Thelcticopis Karsch 塞蛛属

Thelcticopis severa (L. Kock) 离塞蛛

Thelcticopis verruca Wang 疣状乳突蛛

Thelyconychia solivaga Rondani 圆头泰寄蝇

Thelymia saltuum Meigen 飞舞荫寄蝇

Theocolax Westwood 蚁形金小蜂属

Theocolax phloeosini Yang 小蠹蚁形金小蜂

Theone Gistl 纹萤叶甲属

Theone silphoides (Dalman) 脊纹萤叶甲

Theopea Baly 显脊萤叶甲属

Theopea sauteri Chûj 凹胸显脊萤叶甲

Theophila Moore 野蚕蛾属

Theophila albicurva Chu *et* Wang 白弧野蚕蛾

Theophila mandarina Moore 野蚕蛾

Theophila ostruma Chu *et* Wang 赭野蚕蛾

Theophila religiosa Helfer 直线野蚕蛾

Theopompula Giglio-Tos 方背螳属

Theopompula ocularis (Saussure) 眼方背螳

Theopropus Saussure 弧纹螳属

Theopropus elegans (Westwood) 华丽弧纹螳

Thera Stephens 黑带尺蛾属

Thera cyphoschema Prout 小黑带尺蛾

Thera distracta (Sterneck) 离黑带尺蛾

Thera etes Prout 邻黑带尺蛾

Thera tabulata (Püngeler) 层黑带尺蛾

Thera variata (Denis *et* Schaffmuller) 黑带尺蛾

Theraphosidae 捕鸟蛛科

Theraptus devastans Distant 橡胶缘蝽 rubber coreid

Therates Latreille 球胸虎甲属

Therates motoensis Tan 墨脱球胸虎甲

Theresimima ampelophaga Bayle 剑角锦斑蛾 vine zygaenid

Theretra Hübner 斜纹天蛾属

Theretra alecto cretica (Boisduval) 斜纹后红天蛾

Theretra clotho (Drury) 斜纹天蛾

Theretra japonica (Orza) 雀斜纹天蛾

Theretra latreillei (Mcley) 土色斜纹天蛾

Theretra nessus (Drury) 青背斜纹天蛾 golden striped hawk moth

Theretra oldenlandiae (Fabricius) 芋双线天蛾 hawk moth

Theretra pallicosta (Walker) 赭斜纹天蛾

Theretra pinastrina (Martyn) 芋单线天蛾 dasheen horn worm

Theretra suffusa (Walker) 白眉斜纹天蛾

Thereva Latreilla 剑虻属

Thereva plebeia (L.) 剑虻 common stilleto fly

Therevidae 剑虻科 stilleto flies

Theridiidae 球蛛科

Theridion Walckenaer 球蛛属

Theridion biforaminum Zhu *et al.* 双孔球蛛

Theridion bimaculatum (Linnaeus) 双斑球蛛

Theridion elegantissimum Roewer 粉点球蛛

Theridion gyirongensis Hu *et* Li 吉隆球蛛

Theridion hotanensis Zhu *et* Zhou 和田球蛛

Theridion huairenensis Zhu *et al.* 桓仁球蛛

Theridion hummeli Schenkel 胡氏球蛛

Theridion impressum L. Koch 刻痕球蛛

Theridion latifolium Yaginuma 阔叶球蛛

Theridion longihirsutum Strand 长毛球蛛

Theridion lunulatum Zhu *et al.* 新月球蛛

Theridion melanurum Hahn 黑斑球蛛

Theridion mirabile Zhu *et al.* 奇异球蛛

Theridion nigrolimbatum Yaginuma 黑线球蛛

Theridion ovatum (Clerck) 悦目球蛛

Theridion pallens Blackwall 苍白球蛛

Theridion petraeum L.Koch 碟形球腹蛛

Theridion pictum (Walckenaer) 色斑球蛛

Theridion pinastri L.Koch 双钩球蛛

Theridion quadrimaculatum Song *et* Kim 四斑球蛛

Theridion rapulum Yaginuma 尖球蛛

Theridion rufipes Lucas 红色球蛛

Theridion serpatusum Zhu *et al.* 蛇突球蛛

Theridion sisyphium (Clerck) 狡球蛛

Theridion sterninotatum Boes. *et* Str. 三叉球蛛

Theridion subadultum Boes. *et* Str. 次成球蛛

Theridion submirabilis Zhu *et* Song 拟奇异球蛛

Theridion subpallens Boes. *et* Str. 类苍白球蛛

Theridion takayense Saito 高球蛛

Theridion theridioides Keyserling 野球腹蛛

Theridion transiporum Zhu *et* Zhang 横孔球蛛

Theridion varians Hahn 多变球腹蛛

Theridion yunnanensis Schenkel 云南球蛛

Theridion yunohamense Boes. *et* Str. 汤滨球蛛

Theridisomatidae 球体蛛科

Theridula Emerton 宽腹蛛属

Theridula caudata Saito 尾宽腹蛛

Theridula gonygaster (Simon) 角宽腹蛛

Theridula opulenta (Walckenaer) 华丽宽腹蛛

Therioaphis Walker 彩斑蚜属

Therioaphis beijingensis Zhang 北京彩斑蚜

Therioaphis tiliae Linnaeus 见 *Eucallipterus tiliae*

Therioaphis trifolii (Monell) 三叶草彩斑蚜 alfalfa aphid

Therion Curtis 棘领姬蜂属

Therion circumflexum (Linnaeus) 粘虫棘领姬蜂

Therion rufomaculatum (Uchida) 红斑棘领姬蜂

Thermacaridae 温螨科

Thermistis Pascoe 刺楔天牛属

Thermistis croceocincta (Saunders) 黄带刺楔天牛

Thermistis croceocincta conjunctesignatus Breuning 并斑刺楔天牛

Thermobia Bergroth 家衣鱼属

Thermobia domestica Packard 家衣鱼 firebrat

Thermonotus Gahan 齿胸天牛属

Thermonotus nigripes Gahan 齿胸天牛

Thermonotus ruber Pic 红齿胸天牛

Theronia Holmgren 囊爪姬蜂属

Theronia atalantae (Poda) 脊腿囊爪姬蜂

Theronia atalantae gestator (Thunberg) 脊腿囊爪姬蜂腹斑亚种

Theronia maskeliyae flavifemorata Gupta 马斯囊爪姬蜂黄腿亚种

Theronia maskeliyae schmiedeknichti Krieger 马斯囊爪姬蜂黄侧亚种

Theronia pseudozebra pseudozebra Gupta 缺脊囊爪姬蜂指名亚种

Theronia zebra diluta Gupta 黑纹囊爪姬蜂黄瘤亚种

Thes Semenov 蕈甲属

Thes bergrothi (Reitter) 脊翅蕈甲 ridgewinged fungus beetle

Thespidae 细足螳科

Thetidia Boisduval 二线绿尺蛾属

Thetidia albocostaria (Bremer) 菊四目二线绿尺蛾 chrysanthemum greenish geometrid

Thiacidas postica Walker 印金合欢夜蛾

Thiania C.L. Koch 方胸蛛属

Thiania bhamoensis Thorell 巴莫方胸蛛

Thiania subopressa Strand 细齿方胸蛛

Thilakothrips babuli Ramakrishna 印白韧金合欢蓟马

Thinodytes Graham 底诺金小蜂属

Thinodytes cyzicus (Walker) 底诺金小蜂

Thinophilinae 涯长足虻亚科

Thinopteryx Butler 黄蝶尺蛾属

Thinopteryx crocoptera (Kollar) 黄蝶尺蛾

Thinopteryx delectans (Butler) 灰沙黄蝶尺蛾

Thinoseius Halbert 滩绥螨属

Thinozercon Halbert 滩蚣螨属

Thinozercon michaeli Halbert 米氏滩蚣螨

Thinozerconidae 滩蚣螨科

Thiodia azukivora Matsumura 见 *Matsumuraeses azukivora*

Thiotricha pontifera Meyrick 狭翅麦蛾

Thiotricha trapezoidella Caradja 斜狭翅麦蛾

Thirthrum inscriptum Grab. 咖啡断带实蝇 coffee fly

Thitarodes armoricanus (Oberthüer) 虫草蝙蛾

Thlaspida Weise 尾龟甲属

Thlaspida biramosa (Boheman) 双枝尾龟甲

Thlaspida cribrosa (Boheman) 淡边尾龟甲

Thlaspida formosae Spaeth 台湾尾龟甲

Thlaspida lewisi (Baly) 四斑尾龟甲

Thlaspida pygmaea Medvedev 小尾龟甲

Thlaspidosoma brevis Chen *et* Zia 长角阔龟甲

Thlipsomerus glebosus Marshall 西藏长叶松扁象

Thliptoceras Swinhoe 果蛀野螟属

Thliptoceras octoguttale Felder *et* Rogenhoffer 咖啡果蛀野螟

Thodelmus Stål 敏猎蝽属

Thodelmus falleni Stål 敏猎蝽

Tholeria reversalis (Guenée) 金雀花螟 genista caterpillar

Tholymis tillarga Fabricius 云斑蜻

Thomasiniana oculiperda (Ruebsaamen) 红芽茎托马瘿蚊 red bud borer

Thomisidae 蟹蛛科

Thomisops Karsch 卷蟹蛛属

Thomisops sanmen Song *et al.* 三门卷蟹蛛

Thomisus Walckenaer 蟹蛛属

Thomisus albinus Cantor 阿滨蟹蛛

Thomisus bicoloratus Cantor 双色蟹蛛

Thomisus cavaleriei Schenkel 卡氏蟹蛛

Thomisus labefactus Karsch 角红蟹蛛

Thomisus marginifrons Schenkel 缘额蟹蛛

Thomisus okinawensis Strand 冲绳蟹蛛

Thomisus onustus Walckenaer 满蟹蛛

Thomisus pugilis Stoliczhs 布黑蟹蛛

Thomisus serri Schenkel 锯形蟹蛛

Thomisus swatowensis Strand 汕头蟹蛛

Thomisus taurinus Schenkel 牛蟹蛛

Thomisus transversus Fox 横蟹蛛

Thomisus zhui Tang *et* Song 朱氏蟹蛛

Thoracaphis van der Goot 胸蚜属

Thoracaphis cuspidata Essig *et* Kuwana 柯栎胸蚜

Thoracaphis kashifoliae Uye 槲胸蚜 evergreen oak woolly aphid

Thoracaphis linderae Shinji 钓樟胸蚜 benzoin aphid

Thoradonta Hancock 瘤蚱属

Thoradonta butlini Blackith *et* Blackith 布瘤蚱

Thoradonta lativertex Günther 宽顶瘤蚱

Thoradonta longipenna Zheng *et* Liang 长翅瘤蚱

Thoradonta nigridorsalis Zheng *et* Liang 黑背瘤蚱

Thoradonta nodulosa (Stål) 瘤蚱

Thoradonta obtusilobata Zheng 钝叶瘤蚱

Thoradonta pruthii Günther 普鲁思瘤蚱

Thoradonta transspicula Zheng 横刺瘤蚱

Thoradonta yunnana Zheng 云南瘤蚱

Thoressa Swinhoe 陀弄蝶属

Thoressa horishana (Matsumura) 黄条陀弄蝶

Thoressa latris (Leech) 徕陀弄蝶

Thoressa submacula (Leech) 花裙陀弄蝶

Thoribdella Grandjean 猛吸螨属

Thorictidae 黄胸皮蠹科

Thorictodes brevipennis Zhang *et* Liu 圆胸皮蠹

Thorictodes dartevellei John 翼圆胸皮蠹

Thorictodes heydeni Reitter 小圆胸皮蠹

Thosea asigna Eecke 明脉扁刺蛾

Thosea cana Walker 管扁刺蛾

Thosea grandis Hering 大扁刺蛾

Thosea loesa (Moore) 暗扁刺蛾

Thosea mixta Snellen 杂纹扁刺蛾

Thosea pepon Karsch 见 *Phorma pepon*

Thosea rufa Wileman 锈扁刺蛾

Thosea sinensis (Walker) 扁刺蛾 nettle grub, flattened eucleid caterpillar

Thosea tripartita Moore 三裂扁刺蛾

Thranius Pascoe 锥背天牛属

Thranius formosanus atripennis Pic 黑翅锥背天牛

Thranius formosanus Schwarzer 台湾锥背天牛

Thranius fryanus Gahan 缅甸锥背天牛

Thranius granulatus Pic 粒翅锥背天牛

Thranius irregularis Pic 越南锥背天牛

Thranius multinotatus Pic 多斑锥背天牛

Thranius ornatus Gressitt *et* Rondon 老挝锥背天牛

Thranius signatus Schwarzer 黄斑锥背天牛

Thranius simplex Gahan 单锥背天牛

Threnetica lacrymans (Thomson) 南亚天牛

Thricolepis inornata Horn 美栎褐灰象

Thricops Rondani 毛基蝇属

Thricops coquilletti (Malloch) 拉普兰毛基蝇

Thricops hirsutula (Zetterstedt) 毛足毛基蝇

Thricops semicinereus (Wiedemann) 半灰毛基蝇

Thridopteryx ephemeraeformis (Haworth) 林阴树袋蛾 shade tree bagworm

Thrinchinae 蝲蝗亚科

Thrinchus F.-W. 蝲蝗属

Thrinchus schrenkii F.-W. 宽纹蝲蝗

Thrincophora rudisana Walker 澳松卷蛾

Thrincopyginae 扁足吉丁亚科

Thripidae 蓟马科 narrowwinged thrips, thrips

Thrips L. 蓟马属

Thrips brunneus Anan. *et* Jaga. 暗褐蓟马

Thrips coloratus Schmutz 色蓟马

Thrips flavus Schrank 黄蓟马 honeysuckle thrips

Thrips florum Schmutz 花蓟马 flower thrips

Thrips hawaiiensis Morgan 黄胸蓟马 flower thrips

Thrips madronii Moulton 麦氏蓟马

Thrips nigropilosus Uzel 莉黑毛蓟马 pyrethrum chrys-anthmum thrips

Thrips pallidulus Bagnall 苍白蓟马

Thrips setosus Moulton 粗毛蓟马

Thrips tabaci Lindeman 烟蓟马 onion thrips, cotton seedling thrips

Thrips vulgatissimus (Haliday) 普遍蓟马

Thrips xenos Bhatti 宾蓟马

Thripsaphis Gillette 蓟马蚜属

Thripsaphis balli (Gillette) 泊蓟马蚜

Thripsaphis caricicola (Mordvilko) 居薹蓟马蚜

Thripsaphis cyperi wulingshanensis Zhang *et al.* 雾灵山蓟马蚜

Thripsaphis ossiannilssoni hebeiensis Zhang *et al.* 河北蓟马蚜

Throscidae 见 Trixagidae

Throscoryssa Maulik 潜叶跳甲属

Throscoryssa citri Maulik 橘潜叶跳甲 red and black citrus leafminer

Throustomermis Song *et* Peng 脆索线虫属

Throustomermis chengduensis Song *et* Peng 成都脆索线虫

Thumatha fuscescens Walker 棕羽苔蛾

Thyanta custator (Fabricius) 红肩蝽 red-shouldered plant bug

Thyas Hübner 肖毛翅夜蛾属

Thyas Koch 狂水螨属

Thyas honesta Hübner 窝肖毛翅夜蛾

Thyas juno (Dalman) 肖毛翅夜蛾

Thyasidae 狂水螨科

Thyasinae 狂水螨亚科

Thyatira Ochsenheimer 波纹蛾属

Thyatira batis (Linnaeus) 波纹蛾

Thyatira flavida Butler 黄波纹蛾

Thyatira stramineata Warren 蚀波纹蛾

Thyatiridae 波纹蛾科

Thyene Simon 莎茵蛛属

Thyene imperialis Rossi 阔莎茵蛛

Thyene orientalis Zabka 东方莎茵蛛

Thyestilla Aurivillius 麻天牛属

Thyestilla gebleri (Faldermann) 麻天牛 hemp longicorn beetle

Thylacites incanus (L.) 欧松云杉象

Thylacoptile paurosema (Meyrick) 印腰果赛卷蛾

Thylactus Pascoe 毡天牛属

Thylactus angularis Pascoe 截尾毡天牛

Thylactus simulans Cahan 刺胸毡天牛

Thylodrias Motschoulsky 怪皮蠹属

Thylodrias contractus Motschulsky 百怪皮蠹 odd beetle

Thymaris 差齿姬蜂属

Thymelicus Hübner 豹弄蝶属

Thymelicus leoninus (Butler) 豹弄蝶

Thymelicus sylvaticus (Bremer) 黑豹弄蝶

Thymiatris loureiriicola Liu 肉桂木蛾

Thymistadopsis Warren 麝钩蛾属

Thymistadopsis trilinearia (Moore) 三线麝钩蛾

Thymistadopsis trilinearia pulvis (Oberthüer) 三线麝钩蛾四川亚种

Thymistadopsis undulifera (Hampson) 西藏麝钩蛾

Thymistida Walker 尾钩蛾属

Thymistida nigritincta Warren 尾钩蛾

Thymistida tripunctata Walker 长栉尾钩蛾

Thynnidae 膨腹土蜂科 tiphiid wasps, tiphiids, tiphiid flies

Thyreocorinae 甲土蝽亚科

Thyreocoris pulicaria (Germar) 甲土蝽 negro bug

Thyreophagus Rondani 狭螨属

Thyreophagus cerus Zhang 尾须狭螨

Thyreophagus entomophagus (Laboulbene) 食虫狭螨

Thyreophoridae 尸蝇科 flies

Thyrididae 网蛾科(窗蛾科) window-winged moths

Thyridopteryx Stephens 顿袋蛾属

Thyridopteryx ephemeraeformis (Haworth) 顿袋蛾 bagworm

Thyridopteryx herrichii Westwood 见 *Animula herrichii*

Thyridosmylus maolanus Yang 茂兰窗溪蛉

Thyridosmylus qianus Yang 黔窗溪蛉

Thyridosmylus trifasciatus Yang 三带窗溪蛉

Thyris Laspeyres 尖尾网蛾属

Thyris fenestrella Scopli 尖尾网蛾

Thyrisomidae 斑体节甲螨科

Thyrsophoridae 花啮虫科 psocids

Thysanaspis Ferris 缨片盾蚧属

Thysanaspis acalyptus Ferris 广东缨片盾蚧

Thysanaspis perkinsi Takagi 台湾缨片盾蚧

Thysanidae 棒小蜂科

Thysanococcus Stickney 藤战蚧属

Thysanococcus chinensis Stickney 中华藤战蚧

Thysanococcus squamulatus Stickney 鳞藤战蚧

Thysanofiorinia Balachowsky 缨蜕盾蚧属

Thysanofiorinia leei Williams 香港缨蜕盾蚧

Thysanofiorinia nephelii (Maskell) 荔枝缨蜕盾蚧

Thysanogyna Crawford 裂头木虱属

Thysanogyna limbata Enderlein 梧桐裂头木虱

Thysanogyna limbata Enderlein 梧桐木虱

Thysanoptera 缨翅目(泡脚目) thrips

Thysanoptyx brevimacula (Alphéraky) 线斑苏苔蛾

Thysanoptyx fimbriata (Leech) 流苏苔蛾

Thysanoptyx signata (Walker) 圆斑苏苔蛾

Thysanoptyx tetragona (Walker) 长斑苏苔蛾

Thysanura 缨尾目 bristletails, silverfish moths, slickers, thysanurans

Tiarodes Burmeister 滑猎蝽属

Tiarodes salvazai Miller 红滑猎蝽

Tibellus Simon 长逍遥蛛属

Tibellus oblongus (Walckenaer) 短胸长逍遥蛛

Tibellus parallelus (C.L. Kock) 平行长逍遥蛛

Tibellus pateli Tikader 皿形长逍遥蛛

Tibellus semiannularis Tang 半环长逍遥蛛

Tibellus tenellus (L. Koch) 娇长逍遥蛛

Tibellus zhui Tang *et* Song 朱氏长逍遥蛛

Tibetacris Chen 藏蝗属

Tibetacris changtunensis Chen 昌都藏蝗

Tibetococcus Tang 藏粉蚧属

Tibetococcus dingriensis (Tang) 定日藏粉蚧

Tibetococcus nyalamiensis (Tang) 聂拉木藏粉蚧

Tibetococcus triticola (Tang) 小麦藏粉蚧

Tibicen Latreille 蛾蝉属

Tibicen canicularis (Harr.) 齿蛾蝉

Tibicen septendecim Linnaeus 见 *Magicicada septendecim*

Tibicen sinensis Distant 中华蛾蝉

Tibicinae 裸蝉亚科

Ticera castanea Swinhoe 木麻黄毛虫

Ticherra de Nicéville 三滴灰蝶属

Ticherra acte (Moore) 三滴灰蝶

Tigrioides aureolata (Daniel) 金纹苔蛾

Tigrioides euchana (Swinhoe) 黑点纹苔蛾

Tigrioides fulveola (Hampson) 黄纹苔蛾

Tigrioides leucanioides (Walker) 脉黑纹苔蛾

Tiliaphis Takahashi 椴斑蚜属

Tiliaphis coreanus Quednau 朝鲜椴斑蚜

Tillus unifasciatus Fabricius 单带郭公虫

Timandra Duponchel 紫线尺蛾属

Timandra griseata Petersen 紫线尺蛾

Timandromorpha Inoue 缺口青尺蛾属

Timandromorpha discolor (Warren) 缺口青尺蛾

Timavia Robineau-Desvoidy 见 *Nemosturmia* Townsend

Timelaea Lucas 猫蛱蝶属

Timelaea aformis Chou 异型猫蛱蝶

Timelaea albescens (Oberthüer) 白裳猫蛱蝶

Timelaea maculata (Bremer *et* Grey) 猫蛱蝶

Timelaea radiata Chou *et* Wang 放射纹猫蛱蝶

Timemidae 新蜻科

Timomenus paradoxa (Bey-Bienko) 脊角敬球蝽

Timyridae 见 Lecithoceridae

Tinea Denis *et* Schiffermüller 谷蛾属

Tinea metonella Pierce 毛皮谷蛾

Tinea pellionella Linnaeus 袋谷蛾 casemaking clothes moth, case-bearing clothes moth

Tinea tugurialis Meyrick 四点谷蛾

Tineidae 谷蛾科 clothes moths

Tineola Herrich-Schäffer 幕谷蛾属

Tineola bisselliella (Hummel) 幕谷蛾 webbing clothes moth, common clothes moth

Tingidae 网蝽科 lace bugs

Tinginae 网蝽亚科 lace bugs

Tingis Fabricius 菊网蝽属

Tingis ampliata (Herrich-Schäffer) 宽点裸菊网蝽

Tingis beesoni Drake 毕氏菊网蝽

Tingis buddlieae Drake 卷刺菊网蝽

Tingis cardui (Linnaeus) 广布裸菊网蝽

Tingis comosa (Takeya) 窄翅裸菊网蝽

Tingis crispata (Herrich-Schäffer) 卷毛裸菊网蝽

Tingis deserta Qi *et* Nonnaizab 沙地裸菊网蝽

Tingis lasiocera Matsumura 广翅裸菊网蝽

Tingis lusitanica Rodrigues 锦鸡儿裸菊网蝽

Tingis pilosa Hummel 长毛菊网蝽

Tingis platynota Golub 黑斑菊网蝽

Tingis populi Takeya 杨裸菊网蝽 willow lace bug

Tingis pusilla (Jakovlev) 短毛菊网蝽

Tingis robusta Golub 强裸菊网蝽

Tingis shaowuana Drake *et* Maa 贫刺菊网蝽

Tingis stepposa Golub 草地裸菊网蝽

Tingis veteris Drake 硕裸菊网蝽

Tinocallis Matsumura 长斑蚜属

Tinocallis insularis (Takahashi) 无患子长斑蚜

Tinocallis kahawaluokalani (Kirkaldy) 紫薇长斑蚜 crapemyrtle aphid

Tinocallis saltans (Nevsky) 榆长斑蚜

Tinocallis zelkowae Takahashi 日长斑蚜

Tinoderus singularis Bates 长头步甲

Tinodes chinchina Mosely 方背齿叉蝶石蛾

Tinolius Walker 亭夜蛾属

Tinolius quadrimaculatus Walker 四星亭夜蛾

Tinthiinae 线透翅蛾亚科

Tiphia Fabricius 钩土蜂属

Tiphia choui Chen *et* Yang 周氏钩土蜂

Tiphia inornata Say 丑钩土蜂

Tiphia mutata Chen 多变钩土蜂

Tiphia retincisura Chen *et* Yang 网纹钩土蜂

Tiphia vernalis Rohwer 春黑钩土蜂

Tiphia yangi Chen 杨氏钩土蜂

Tiphiidae 钩土蜂科 tiphiid wasps

Tiphyinae 妖水螨亚科

Tiphys Koch 妖水螨属

Tipula L. 大蚊属

Tipula aino Alexander 稻大蚊 rice crane fly

Tipula latemarginata Alexander 小稻大蚊

Tipula longicauda Matsumura 大稻大蚊

Tipula subcunctans Alexander 亚稻大蚊

Tipulidae 大蚊科 crane flies, daddy-long-legs

Tirachidea westwoodi (Wood-Mason) 金平巨树蟖

Tiracola Moore 掌夜蛾属

Tiracola plagiata (Walker) 掌夜蛾

Tiramideopsis Cook 蛮平盔水螨属

Tirathaba Walker 椰穗螟属

Tirathaba rufivena (Walker) 红脉椰穗螟

Tirchanarta Hampson 翼夜蛾属

Tirchanarta picteti (Staudinger) 绣翼夜蛾

Tirumala Moore 青斑蝶属

Tirumala alba Chou *et* Gu 白色青斑蝶

Tirumala gautama (Moore) 骈纹青斑蝶

Tirumala limniace (Cramer) 青斑蝶

Tirumala septentrionis (Butler) 啬青斑蝶

Tischeria Zeller 冠潜蛾属 carl moths

Tischeria complanella Hübner 红皮冠潜蛾 red-feather carl moth

Tischeria compta Meyrick 曲冠潜蛾

Tischeria decidua Wocke 栎冠潜蛾

Tischeria dodonaea Heyden 小冠潜蛾 small carl moth

Tischeria ganuacella Duponchel 李冠潜蛾

Tischeria ptarmica Meyrick 痉冠潜蛾

Tischeriidae 冠潜蛾科 carl moths

Titanoeca Thorell 隐石蛛属

Titanoeca palpator Hu *et* Li 触形隐石蛛

Titanoeca quadriguttata (Hahn) 方显隐石蛛

Titanoeca tibetana Hu *et* Li 西藏隐石蛛

Titanoeca yadongensis Hu *et* Li 亚东隐石蛛

Titanoecidae 隐石蛛科

Titulcia Walker 表夜蛾属

Titulcia eximia Walker 表夜蛾

Tituria Stål 角胸叶蝉属

Tituria fusca Cai *et* Li 暗褐角胸叶蝉

Tituria fuscipennis Kato 褐角胸叶蝉

Tituria innotata Cai *et* Li 缺斑角胸叶蝉

Tjederina gracilis (Schneider) 粒替草蛉

Tjederina platypa Yang *et* Yang 宽柄替草蛉

Tlephusa diligens Zettertedt 双带四鬃奇蝇

Tmarus Simon 峭腹蛛属

Tmarus circinalis Song *et* Chai 旋卷峭腹蛛

Tmarus horvathi Kulczynski 霍洼峭腹蛛

Tmarus koreanus Paik 朝鲜峭腹蛛

Tmarus longqicus Song *et* Zhu 龙栖峭腹蛛

Tmarus menglae Song *et* Zhao 勐腊峭腹蛛

Tmarus orientalis Schenkel 东方峭腹蛛

Tmarus piger (Walchenaer) 角突峭腹蛛

Tmarus qinlingensis Song *et* Wang 秦岭峭腹蛛

Tmarus rimosus Paik 裂突峭腹蛛

Tmarus taibaiensis Song *et* Wang 太白峭腹蛛

Tmarus taishanensis Zhu *et* Wen 泰山峭腹蛛

Tmarus taiwanus Ono 台湾峭腹蛛

Tmarus yiminhensis Zhu *et* Wen 依敏峭腹蛛

Tmeticus Menge 特迈蛛属

Tmeticus yunnanensis Schenkel 云南特迈蛛

Tmolus Hübner 美洲菠萝小灰蝶属

Tmolus echion L. 美洲菠萝小灰蝶 pineapple caterpillar

Toacris Tink. 杜蝗属

Toacris shaloshanensis Tink. 沙洛山杜蝗

Toacris yaoshanensis Tink. 瑶山杜蝗

Toccolosida Walker 硕螟属

Toccolosida rubriceps Walker 朱硕螟

Todolachnus Matsumura 杉大蚜属

Todolachnus abietis Matsumura 冷杉绿大蚜 green abietis aphid

Togacephalus distinctus Motschulsky 日杰出叶蝉

Togepteryx Matsumura 土舟蛾属

Togepteryx velutina (Oberthüer) 土舟蛾

Togezo takahashii Kôno 高桥氏刺象 Takahashi weevil

Togo hemipterus Scott 短翅球胸长蝽

Togona unicolor Matsumura *et* Shiraki 绿树螽 green tree katydid

Togoperla Klapalek 襟石蝇属

Togoperla elongata (Wu *et* Claassen) 长形襟石蝇

Tokinula aurofasciata Saunders 金纹越南吉丁

Tokunagayusurika Sasa. 德永摇蚊属

Tokunagayusurika taihuensis Wen, Zhou *et* Rong 太湖德永摇蚊

Tokunocepheus Aoki 德之甲螨属

Tokunocepheus mizusawai Aoki 水泽德之甲螨

Tolicota augias L. 眉痣橙弄蝶 pale palm dart

Tolumnia Stål 点蝽属

Tolumnia basalis (Dallas) 横带点蝽

Tolumnia gutta Dallas 单星蝽

Tolumnia latipes (Dallas) 点蝽

Tolumnia trinotata Westwood 三星蝽

Tomapoderus Voss 锐卷象属

Tomapoderus coeruleipennis Schilsky 暗翅锐卷象

Tomapoderus ruficollis Fabricius 榆锐卷象

Tomaspididae 广胸沫蝉科 leafhoppers

Tomaspis Amyot *et* Serville 广胸沫蝉属

Tomaspis saccharina Distant 蔗广胸沫蝉 sugarcane froghopper

Tomaspis varia Fabricius 黄带广胸沫蝉 sugarcane froghopper

Tomicobia Ashmead 截尾金小蜂属

Tomicobia liaoi Yang 廖氏截尾金小蜂

Tomicobia longitemporum Yang 长颊截尾金小蜂

Tomicobia seitneri (Ruschka) 暗绿截尾金小蜂

Tomicobia xinganensis Yang 兴安截尾金小蜂

Tomicus Latreille 梢小蠹属

Tomicus khasianus Murayama 松芽小蠹 pine shoot beetle

Tomicus minor Hartig 横坑切梢小蠹 lesser pine shoot beetle, pine shoot beetle

Tomicus pilifer Spessivtseff 多毛切梢小蠹

Tomicus piniperda Linnaeus 纵坑切梢小蠹 common pine shoot beetle, pine shoot beetle

Tomnoschoita nigroplagiata Qued. 香蕉蛀根象 banana weevil, black banana borer, banana root borer

Tomoceridae 鳞跳虫科

Tomocerus Nicolet 鳞跳虫属

Tomocerus monticolus Huang *et* Yin 高山鳞跳虫

Tomocerus obscurus Huang *et* Yin 黑鳞跳虫

Tomocerus parvus Huang *et* Yin 小鳞跳虫

Tomocerus zayüensis Huang *et* Yin 察隅鳞跳虫

Tomomyzinae 垂颜蜂虻亚科

Tomostethus Komow 片胸叶蜂属

Tomostethus formosanus Enslin 长脉片胸叶蜂

Tomostethus katonis Takeuchi 加藤长脉片胸叶蜂

Tomostethus lividus Takeuchi 蓝长脉片胸叶蜂

Tomostethus multicinctus (Rohwer) 桴棕头片胸叶蜂 brown-headed ash sawfly

Tomostethus nigritus Fabricius 桴黑片胸叶蜂 ash sawfly

Tomostethus sauteri Enslin 邵氏长脉片胸叶蜂

Tomosvaryella oryzaetora (Koizumi) 黑尾叶蝉头蝇

Tonga Kirkaldy 尖头瓢蜡蝉属

Tonga formosana Matsumura 台湾尖头瓢蜡蝉

Tonga fusciformis Walker 豆尖头瓢蜡蝉

Tongeia Tutt 玄灰蝶属

Tongeia filicaudis (Pryer) 点玄灰蝶

Tongeia fischeri (Eversmann) 玄灰蝶

Tongeia hainani (Bethume-Baker) 海南玄灰蝶

Tongeia ion (Leech) 淡纹玄灰蝶

Tongeia potanini (Alphéraky) 波太玄灰蝶

Tongeia zuthus (Leech) 竹都玄灰蝶

Tonica Walker 棉织叶蛾属

Tonica niviferana Walker 木棉织蛾 semul shoot-borer

Tonica zizyphi Stainton 见 *Psorosticha zizyphi*

Tonkinacris Carl 越北蝗属

Tonkinacris damingshanus Li *et al.* 大明山越北蝗

Tonkinacris decoratus Carl 方尾越北蝗

Tonkinacris meridionalis Li 桂南越北蝗

Tonkinacris sinensis Chang 中华越北蝗

Topomesoides Strand 明毒蛾属

Topomesoides jonasi (Butler) 明毒蛾

Topomyia Leicester 局限蚊属

Topomyia bannaensis Gong *et* Lu 版纳局限蚊

Topomyia baolini Gong 宝麟局限蚊

Topomyia bifurcata Dong, Wang *et* Lu 双叉局限蚊

Topomyia cristatus Thurman 嵴突局限蚊

Topomyia dulongensis Gong *et* Lu 独龙局限蚊

Topomyia hirtusa Gong 丛鬃局限蚊

Topomyia houghtoni Feng 胡氏局限蚊

Topomyia inclinata Thurman 屈端局限蚊

Topomyia linlsayi Thurman 林氏局限蚊

Topomyia longisetosa Gong 长鬃局限蚊

Topomyia margina Gong *et* Lu 边缘局限蚊

Topomyia mengi Dong, Wang *et* Lu 孟氏局限蚊

Topomyia svastii Thurman 斯娃局限蚊

Topomyia sylvatica Lu, Dong *et* Wang 森林局限蚊

Topomyia yanbarensis Miyagi 细竹局限蚊

Topomyia yanbareroides Dong *et* Miyagi 类细竹局限蚊

Topomyia zhangi Gong 张氏局限蚊

Torbda maculipennis Cameron 斑翅头姬蜂

Toritrombicula Sasa *et al.* 鸟恙螨属

Toritrombicula corvi Hatori 乌鸦鸟恙螨

Toritrombicula hasegawai Sasa *et al.* 长鹊鸟恙螨

Torpideres Schoenherr 三纹长角象属

Torrenticola Koch 急流水螨属

Torrenticola curta Jin 短嘴急流水螨

Torrenticola dentipalpis Jin 齿须急流水螨

Torrenticola pinapalpis Cook 羽须急流水螨

Torrenticola serratifera Jin 锯突急流水螨

Torrenticola yanjinensis Jin 盐津急流水螨

Torrenticolidae 急流水螨科

Torrenticolinae 急流水螨亚科

Tortonia Oudemans 托特螨属

Tortricidae 卷蛾科 leafroller moths, tortricids, tortricid moths, bell moths, leafrollers

Tortriciforma Hampson 钟丽夜蛾属

Tortriciforma viridipuncta Hampson 钟丽夜蛾

Tortricinae 卷蛾亚科

Tortricodes Guenée 冬卷蛾属

Tortricodes tortricella Hübner 云杉冬卷蛾 clouded winter shade moth

Tortricoidea 卷蛾总科

Tortricopsis semijunctella Walker 澳刺柏辐射松织蛾

Tortrix Denis *et* Schiffermüller 卷蛾属

Tortrix alberta McDunnough 见 *Archippus alberta*

Tortrix alleniana Fernald 见 *Aphelia alleniana*

Tortrix dinota Meyrick 热非棉桉卷蛾

Tortrix distincta Salmon 见 *Ctenopseustis obliquana*

Tortrix diversana Hübner 见 *Choristoneura diversana*

Tortrix divulsana Walkekr 见 *Merophyas divulsana*

Tortrix excessana Walker 新西兰果树桉卷蛾

Tortrix flavescens Butler 新西兰落叶松卷蛾

Tortrix fumiferana Clemens 见 *Choristoneura fumiferana*

Tortrix packardiana Fernald 见 *Archippus packardianus*

Tortrix pallorana Robson 见 *Aphelia pallorana*

Tortrix postvittana Walker 见 *Epiphyas postvittana*

Tortrix sinapina Butler 日橡卷蛾 Japanese oak leafroller

Tortrix viburnana Fabricius 见 *Aphelia viburnana*

Tortrix viridana Linnaeus 绿桥卷蛾 green oak leaf-roller moth, pea-green oak curl moth

Torymidae 长尾小蜂科 torymids

Torymus Dalman 长尾小蜂属

Torymus rugglesi Milliron 茹氏长尾小蜂

Torymus sinensis Kamijo 栗瘿长尾小蜂

Torynorrhina Arrow 阔花金龟属

Torynorrhina distincta (Hope) 赤阔花金龟

Torynorrhina fulvopilosa (Moser) 黄毛阔花金龟

Torynorrhina hyacinthina (Hope) 靛蓝阔花金龟

Torynorrhina pilifera (Moser) 旭阔花金龟

Tosena Amyot et Serville 笃蝉属

Tosena melanoptera White 黑翅笃蝉

Toumeyella Cockerell 龟纹蜡蚧属

Toumeyella liriodendri (Gmelin) 百合龟纹蜡蚧 tuliptree scale

Toumeyella numismaticum (Pettit *et* McDaniel) 银松龟蚊蜡蚧 pine tortoise scale

Toumeyella pinicola Ferris 蒙地松龟纹蜡蚧 irregular pine scale

Toura Broun 悦象属

Townesia Ozols 汤姬蜂属

Townesia qinghaiensis He 青海汤姬蜂

Townsendiellomyia nidicola (Tns.) 棕尾蛾汤逊寄蝇

Toxares 弓蚜茧蜂属

Toxicum Latreille 角拟步甲属

Toxicum quadricorne Fabricius 椰角拟步甲 erectly horned tenebrionid

Toxocampa nigricostata Graeser 黑缘紫脖夜蛾

Toxocampa viciae Hübner 蚕豆紫脖夜蛾

Toxoderidae 扁尾螳科

Toxomantis Giglio-Tos 扁螳属

Toxomantis sinensis Giglio-Tos 中华扁螳

Toxomantis westwoodi Giglio-Tos 韦氏扁螳

Toxophorinae 棘胸蜂虻亚科

Toxoptera Koch 声蚜属

Toxoptera aurantii (Boyer de Fonscolombe) 橘声蚜 black citrus aphid

Toxoptera citricidus (Kirkaldy) 褐橘声蚜 tropical citrus aphid, brown citrus aphid, black citrus aphid

Toxoptera odinae (van der Goot) 杜果声蚜 udo aphid

Toxorhynchites Theobald 巨蚊属

Toxorhynchites aurifluus (Edwards) 金毛巨蚊

Toxorhynchites changbaiensis Su et Wang 长白巨蚊

Toxorhynchites christophi (Portschinsky) 克氏巨蚊

Toxorhynchites edwardsi (Barraud) 黄边巨蚊

Toxorhynchites gravelyi (Edwards) 紫腹巨蚊

Toxorhynchites kempi (Edwards) 阚氏巨蚊

Toxorhynchites manicats (Edwards) 台湾巨蚊

Toxorhynchites splendens (Wiedemann) 华丽巨蚊

Toxorhynchitinae 巨蚊亚科

Toxoscelus auriceps E. Saunders 栗吉丁 chestnut twig borer

Toxospathius Fairmaire 弓角鳃金龟属

Toxospathius Reitter 见 *Toxospathius* Fairmaire

Toxospathius auriventris Bates 丽腹弓角鳃金龟

Toxospathius inconstens Fairmaire 变弓角鳃金龟

Toxotus Dejean 突花天牛属

Toxotus meridianus (Linnaeus) 突花天牛

Toxscelus auriceps (Saunders) 蔷薇弓胫吉丁

Toxurinae 尖角蜣蝇亚科

Toxytrypana Gerstaecker 驮实蝇属

Toxytrypana curvicauda Gerstaecker 木瓜驮实蝇 papaya fruit fly

Toya Distant 黄脊飞虱属

Toya lyraeformis (Matsumura) 竖琴黄脊飞虱

Toya propinqua neopropinqua (Muir) 黑边黄脊飞虱

Toya terryi (Muir) 黑面黄脊飞虱

Trabala lambaurni Bethune-Baker 拉氏柱枯叶蛾

Trabala vishnou gigantina Yang 栎黄枯叶蛾

Trabala vishnou Lefebur 青柱枯叶蛾(绿黄枯叶蛾) castor hairy caterpillar

Trabutina Marchal 柽粉蚧属

Trabutina bogdanovi-katjkovi Borchs. 包氏柽粉蚧

Trabutina crassispinosa Borchs. 矛刺柽粉蚧

Trabutina mannipara (Ehrenberg) 圣露柽粉蚧

Trabutinella Borchs. 露粉蚧属

Trabutinella tenax Borchs. 红柳露粉蚧

Trabutininae 柽粉蚧亚科

Trachea Ochsenheimer 陌夜蛾属

Trachea atriplicis (Linnaeus) 陌夜蛾

Trachea aurigera (Walker) 黄尘陌夜蛾

Trachea auriplena (Walder) 白斑陌夜蛾

Trachea consummata (Walker) 聚陌夜蛾

Trachea literata (Moore) 文陌夜蛾

Trachea melanospila Kollar 黑点陌夜蛾

Trachea microspila Hampson 白点陌夜蛾

Trachea prasinatra Draudt 韭绿陌夜蛾

Trachelas L. Koch 管蛛属

Trachelas japonicus Boes. et Str. 日本管蛛

Trachelas sinensis Chen et al. 中华管蛛

Trachelizus bisulcatus Fabricius 窄颈细喙锥象

Trachelus Jurine 黑足茎蜂属

Trachelus tabidus Fabricius 麦黑足茎蜂

Trachusa 宽腹蜂属

Trachyaphthona Heikertinger 长瘤跳甲属

Trachyaphthona bidentata Chen *et* Wang 双齿长瘤跳甲

Trachyaphthona buddlejae Wang 醉鱼草长瘤跳甲

Trachyaphthona cyanea (Chen) 金绿长瘤跳甲

Trachyaphthona obscura (Jacoby) 暗棕长瘤跳甲

Trachycoccus Borchs. 柽链蚧属

Trachycoccus tenax (Bodenh.) 中亚柽链蚧

Trachydora musaea Meyrick 澳桉瘿尖翅蛾

Trachygamasus Berlese 糙革螨属

Trachykele blondeli Marseul 雪松吉丁 western cedar borer

Trachykele hartmani Burke 中加扁柏吉丁

Trachylepidia fructicassiella Ragonot 决明荚螟

Trachylophus sinensis Gahan 四脊茶天牛

Trachymolgus Berlese 糙皮吸螨属

Trachyostus aterrimus (Schaufuss) 深黑长小蠹

Trachyostus ghanaensis Schauffuss 梧桐长小蠹 wawa borer

Trachyostus schaufussi Schedl 察氏长小蠹

Trachypeplus Horváth 糙皮网蝽属

Trachypeplus chinensis Drake *et* Poor 华糙皮网蝽

Trachypeplus jacobsoni Horváth 糙皮网蝽

Trachypeplus magnus Jing 大糙皮网蝽

Trachypeplus malloti Drake *et* Poor 毛糙皮网蝽

Trachypeplus yunnanus Jing 滇糙皮网蝽

Trachys auricollis Saunders 野葛潜吉丁

Trachys bali Guèrin-Méneville 大叶合欢潜吉丁

Trachys bicolor Kerremans 单籽紫铆潜吉丁

Trachys dilaticeps Gebhardt 硕潜吉丁

Trachys inconspicua E. Saunders 梅潜吉丁 prunus leafminer beetle

Trachys minuta (L.) 柳树潜吉丁

Trachys reitteri Obenberger 豆潜吉丁 bean leafminer beetle

Trachys saunderi Lewis 莎氏潜吉丁

Trachys variolaris Saunders 块斑潜吉丁

Trachys yanoi Kurosawa 矢野潜吉丁

Trachystolodes Breuning 糙天牛属

Trachystolodes tonkinensis Breuning 双斑糙天牛

Trachythorax Redtenbacher 瘤胸蜻属

Trachythorax atrosignatus Brunner 暗斑瘤胸蜻

Trachythorax fuscocarinatus Chen *et* He 褐脊瘤胸蜻

Trachythorax longialatus Cai 长翅瘤胸蜻

Trachythorax sexpunctatus Shiraki 六斑瘤胸蜻

Trachytidae 糙尾螨科

Trachytoidea 糙尾螨总科

Trachyuropodidae 糙尾足螨科

Trachyzelotes Lohmander 粗狂蛛属

Trachyzelotes adriaticus (Caporiacco) 壮粗狂蛛

Trachyzelotes fuscipes L. Koch 棕色粗狂蛛

Trachyzelotes jaxartensis (Kroneberg) 查哈粗狂蛛

Tragischoschema bertolonii Thomson 咖啡带纹天牛

Tragocephala nobilis Fabricius 环刺黑天牛

Tragocephala variegata Bertol 异环刺黑天牛

Tragopinae 甲角蝉亚科

Tragosoma depsarius (L.) 北美接地木材天牛 hairy pine borer

Trama Heyden 长跗蚜属

Trama troglodytes von Heyden 洋蓟长跗蚜 artichoke tuber aphid

Tramea chinensis DeGeer 华斜痣蜻

Traminda mundissima Walker 印巴决明尺蛾

Transtympanacris Zheng *et* Lian 横鼓蝗属

Transtympanacris xueshanensis Zheng *et* Lian 雪山横鼓蝗

Trapezitinae 澳弄蝶亚科

Trapezonotus Fieber 梯背长蝽属

Trapezonotus aeneiventris Kiritschenko 西藏梯背长蝽

Trapezonotus alticolus Zheng 高山梯背长蝽

Trapezonotus arenarius (Linnaeus) 砂地梯背长蝽

Trapezoppia Balogh *et* Mahuuka 桌奥甲螨属

Trapherinae 凸唇扁口蝇亚科

Trathala Cameron 离缘姬蜂属

Trathala flavo-orbitalis (Cameron) 黄眶离缘姬蜂

Trathala matsumuraeana (Uchida) 松村离缘姬蜂

Traubacarus Audy *et* Toshioka 屠恙螨属

Tràulia Stål 凸额蝗属

Traulia angustipennis Bi 狭翅凸额蝗

Traulia aurora Willemse 长翅凸额蝗

Traulia brachypeza Bi 短胫凸额蝗

Traulia brevipennis Zheng *et* Ma 短翅凸额蝗

Traulia lofaoshana Tihk. 罗浮山凸额蝗

Traulia minuta Huang *et* Xia 小凸额蝗

Traulia nigritibialis Bi 黑胫凸额蝗

Traulia orchotibialis Liang *et* Zheng 黄胫凸额蝗

Traulia orientalis Ramme 东方凸额蝗

Traulia ornata Shiraki 饰凸额蝗

Traulia szetschuanensis Ramme 四川凸额蝗

Traulia tonkinensis Bol. 越凸额蝗

Traulitonkinacris You *et* Bi 凸越蝗属

Traulitonkinacris bifurcatus You *et* Bi 叉尾凸越蝗

Treatia Krantz *et* Khot 特氏螨属

Trebania Ragonot 长须短颚螟属

Trebania flavifrontalis (Leech) 黄头长须短颚螟

Trechnites psyllae (Ruschka) 梨黄木虱微索跳小蜂

Trechus 行步甲属

Trematocephalus Dahl 头孔蛛属

Trematocephalus cristatus (Wider) 冠毛头孔蛛

Trematocoris Mayr 特缘蝽属

Trematocoris insignis (Hsiao) 无斑特缘蝽

Trematocoris lobipes (Westwood) 斑足特缘蝽

Trematocoris tragus (Fabricius) 叶足特缘蝽

Trematodes Faldermann 皱鳃金龟属(无翅鳃金龟属)

Trematodes grandis Semenov 大皱鳃金龟

Trematodes pallasii Faldermann 见 *Trematodes tene-*

brioides

Trematodes potanini Semenov 爬皱鳃金龟

Trematodes tenebrioides (Pallas) 黑皱鳃金龟

Trematopygus hemikrikos Sheng *et* Su 半圆凹足姬蜂

Trematura Berlese 缺孔螨属

Trematura jacksonia Hughes 杰克缺孔螨

Trematurellidae 小穴蔓螨科

Trematuridae 穴蔓螨科

Tremecinae 扁角树蜂亚科

Tremex Jurine 扁角树蜂属

Tremex abei Togashi 安部扁角树蜂

Tremex apicalis Matsumura 黑顶扁角树蜂

Tremex chujoi Sonan 中条扁角树蜂

Tremex columba (Linnaeus) 鸽扁角树蜂 pigeon horntail, pigeon tremex

Tremex contractus Maa 淡色扁角树蜂

Tremex fuscicornis (Fabricius) 烟扁角树蜂

Tremex gongliuensis Xiao *et* Wu 巩留扁角树蜂

Tremex guangchenii Xiao *et* Wu 广琛扁角树蜂

Tremex homorus Xiao *et* Wu 拟褐扁角树蜂

Tremex kojimai Togashi 湖岛扁角树蜂

Tremex latipes Maa 褐痣扁角树蜂

Tremex longicollis Kônow 朴树扁角树蜂 flat-legged horntail

Tremex niger Sonan 暗黑扁角树蜂

Tremex pandora Westwood 浙江扁角树蜂

Tremex propheta Semenov 普罗扁角树蜂

Tremex sepulcris Maa 黄斑扁角树蜂

Tremex serraticostatus Xiao *et* Wu 缘齿扁角树蜂

Tremex simplicissimus Maa 单齿扁角树蜂

Tremex simulacrum Semenov-Tian-Shanskij 窄胸扁角树蜂

Tremex temporalis Maa 黑胸扁角树蜂

Tremex violaceus Maa 褐翅扁角树蜂

Trepidariinae 躁蝇亚科

Trhypochthoniidae 礼服甲螨科

Trhypochthonius Berlese 礼服甲螨属

Trhypochthonius japonicus Aoki 日本礼服甲螨

Trhypochthonius tectorum (Belese) 顶礼服甲螨

Triaenodella rufescens (Martynov) 红棕叉长角石蛾

Triaenodes medius (Navás) 庸三歧长角石蛾

Triaenodes unanimis MacLachlan 广三叉长角石蛾

Trialeurodes Cockerell 粉虱属

Trialeurodes bicolor Singh 海南蒲桃双色粉虱

Trialeurodes packardi Morrill 草莓粉虱 strawberry whitefly

Trialeurodes vaporariorum (Westwood) 温室粉虱 greenhouse whitefly, glasshouse whitefly

Triancyra Baltazar 三钩姬蜂属

Triancyra galloisi (Uchida) 黑脸三钩姬蜂

Triaspidinae 三盾茧蜂亚科

Triaspis caledonicus Marshall 卡莱敦三盾茧蜂

Triaspis pallipes (Nees) 白足三盾茧蜂

Triaspis rimulosus (Thomson) 裂缝三盾茧蜂

Triaspis thoracica Curtis 胸三盾茧蜂

Triaspis vestiticida Viereck 花象甲三盾茧蜂

Triatoma Laporte 椎猎蝽属

Triatoma braziliensis 巴西锥猎蝽

Triatoma dimidiata (Latreille) 分析锥猎蝽

Triatoma infestans (Klug) 侵扰锥猎蝽

Triatoma rubrofasciata (De Geer) 广椎猎蝽

Triatoma sanguisuga (Leconte) 吸血锥猎蝽 bloodsucking conenose

Triatoma sinica Hsiao 华椎猎蝽

Triatominae 椎猎蝽亚科

Tribalinae 齿胫阎虫亚科

Tribelocephala Stål 绒猎蝽属

Tribelocephala walkeri China 瓦绒猎蝽

Tribelocephalinae 绒猎蝽亚科

Tribolium MacLeady 拟谷盗属

Tribolium anaphe Hinton 欧洲拟谷盗

Tribolium audax Halstead 美洲黑拟谷盗

Tribolium brevicornis (LeConte) 短角拟谷盗

Tribolium castaneum (Herbst) 赤拟谷盗 red flour beetle, rust-red flour beetle

Tribolium confusum Jacquelin duVal 杂拟谷盗 confused flour beetle

Tribolium destructor Uyttenboogaart 褐拟谷盗 dark flour beetle

Tribolium freemani Hinton 弗氏拟谷盗

Tribolium madens (Charpentier) 欧洲黑拟谷盗

Tribolium parallelus (Casey) 平行拟谷盗

Tribolium thusa Hinton 南非拟谷盗

Tricalamus Wang 三栉毛蛛属

Tricalamus albidulus Wang 微白三栉毛蛛

Tricalamus longimaculatus Wang 长斑三栉毛蛛

Tricalamus menglaensis Wang 勐腊三栉毛蛛

Tricalamus meniscatus Wang 月牙三栉毛蛛

Tricalamus papilionaceus Wang 蝶斑三栉毛蛛

Tricalamus papillatus Wang 乳突三栉毛蛛

Tricalamus tetragonius Wang 方斑三栉毛蛛

Tricca Simon 毛狼蛛属

Tricca kansuensis Schenkel 甘肃毛狼蛛

Tricentrus Stål 三刺角蝉属

Tricentrus acuticornis Funkhouser 尖三刺角蝉

Triceratopyga Rohdendorf 叉丽蝇属

Triceratopyga calliphoroides Rohdendorf 叉丽蝇

Trichagalma serratae Ashmead 栎轮瘿蜂 quercus gall wasp

Trichides sinae Chevr. 青带郭公虫

Trichiidae 斑金龟科 May beetles

Trichiocampus Hartig 毛怪叶蜂属

Trichiocampus cannabis Xiao *et* Huang 大麻毛怪叶蜂

Trichiocampus irregularis (Dyar) 无则毛怪叶蜂

Trichiocampus popli Okamoto 日本杨毛怪叶蜂 Japanese poplar sawfly

Trichiocampus pruni Takeuchi 樱桃毛怪叶蜂 cherry sawfly

Trichiocampus pseudoviminalis Huang *et* Wong 拟枝毛怪叶蜂

Trichiocampus viminalis (Fallén) 青杨毛怪叶蜂 poplar sawfly

Trichionotus japonicus (Uchida) 稻苞虫弧脊姬蜂

Trichiosoma Leach 毛锤角叶蜂属

Trichiosoma anthracinum Fors. 炭色毛锤角叶蜂

Trichiosoma bombiforme Takeuchi 熊毛锤角叶蜂

Trichiosoma latreillei Leach 拉氏毛锤角叶蜂

Trichiosoma lucorum Linnaeus 狼毛锤角叶蜂

Trichiosoma pseudosorbi Huang 拟花楸毛锤角叶蜂

Trichiosoma sericeum Kônow 丝毛锤角叶蜂

Trichiosoma sibiricum Gussakovskij 西伯毛锤角叶蜂

Trichiosoma triangulum Kirby 棱角毛锤角叶蜂

Trichiosoma villosum Motschulsky 多毛毛锤角叶蜂

Trichiosoma vitellinae Linnaeus 卵黄毛锤角叶蜂

Trichisia cyanea Schaum 青毛步甲

Trichispa sericea (Guèrin) 非洲铁甲 rice hispid

Trichiura sanwenensis Hou *et* Wang 三纹枯叶蛾

Trichius Fabricius 斑金龟属

Trichius abdominalis Mulsant 见 *Trichius fasciatus*

Trichius bifasciatus Moser 双斑金龟

Trichius bowringi Thomson 绿绒斑金龟

Trichius dubernardi Pouillaude 十点绿斑金龟

Trichius elegans Kano 金绿斑金龟

Trichius fasciatus (Linnaeus) 束带斑金龟 small tiger flower chafer

Trichius kuatunensis Tasar 挂墩斑金龟(紫黑斑金龟)

Trichius orientalis Reitter 东方斑金龟

Trichius trilineatus Ma 三带斑金龟

Trichoacanthocinus rondoni Breuning 毛长角天牛

Trichoaspididae 毛盾螨科

Trichoaspis Gu, Wang *et* Li 毛盾螨属

Trichoaspis julus Gu, Wang *et* Li 马陆毛盾螨

Trichobaris LeConte 茎船象属

Trichobaris mucorea (LeConte) 烟茎船象 tobacco stalk borer

Trichobaris trinotata (Say) 马铃薯茎船象 potato stalk borer

Trichoceratidae 冬大蚊科 winter crane flies

Trichochermes bicolor Kuwayama 冬青尖翅木虱 ilex sucker

Trichochrysea Baly 毛叶甲属

Trichochrysea imperialis (Baly) 大毛叶甲

Trichochrysea japana (Motschulsky) 银纹毛叶甲 brownish leaf beetle

Trichochrysea nitidissima (Jacoby) 合欢毛叶甲

Trichochrysea similis Chen 扁角毛叶甲

Trichocladius Kieffer 刚毛突摇蚊属

Trichocladius bicinctus (Meigen) 二带刚毛突摇蚊

Trichocladius effusus (Walker) 散布刚毛突摇蚊

Trichocladius exilis Johannsen 流放刚毛突摇蚊

Trichocladius fugax (Johannsen) 疾逝刚毛突摇蚊

Trichocladius glabricollis (Meigen) 光颈刚毛突摇蚊

Trichocladius tibialis (Meigen) 胫刚毛突摇蚊

Trichococcus Borchs. 轮毡蚧属

Trichococcus filifer Borchs. 刚毛轮毡蚧

Trichocoedomea rondoni Breuning 斑翅天牛

Trichodectes Nitzsch 嚼虱属

Trichodectes bovis L. 牛嚼虱

Trichodectes canis (De Geer) 狗嚼虱 dog biting louse

Trichodectes cervi L. 鹿嚼虱 deer biting louse

Trichodectes equi (L.) 马嚼虱 horse biting louse

Trichodectes ovis (L.) 绵羊嚼虱 sheep biting louse

Trichodectes pilosus Giebel 欧洲马嚼虱 pilose biting horse louse, European horse biting louse

Trichodectes pinguis Nitzsch 熊嚼虱

Trichodectes subrostratus Nitzsch 猫嚼虱 cat biting louse

Trichodectidae 嚼虱科(兽鸟虱科) mammal chewing lice, cattle biting lice

Trichodes Herbst 食蜂郭公虫属

Trichodes apiarius L. 蜂形郭公虫

Trichodesma cristata (Casey) 白褐黑毛窃蠹

Trichodesma gibbosa (Say) 襄黑毛窃蠹

Trichodezia Warren 毛漆尺蛾属

Trichodezia kindermanni Prout 双白毛漆尺蛾

Trichodoridae 毛刺线虫科

Trichodorus Cobb 毛刺线虫属 stubby root nematodes

Trichodorus aequalis Allen 水生毛刺线虫

Trichodorus altaicus Waele *et* Brzeski 阿尔泰毛刺线虫

Trichodorus aquitanensis Baujard 阿基坦毛刺线虫

Trichodorus borai Rahman, Jairajpuri *et* Ahmad 博尔毛刺线虫

Trichodorus borneoensis Hooper 婆罗州毛刺线虫

Trichodorus californicus Allen 加利福尼亚毛刺线虫

Trichodorus carlingi Bernard 卡兰毛刺线虫

Trichodorus castellanensis Arias Delgado, Jiménez Millán *et* Lopéz Pedregal 卡斯特利翁毛刺线虫

Trichodorus cedarus Yokoo 雪松毛刺线虫

Trichodorus clarki Yeates 克拉克毛刺线虫

Trichodorus complexus Rahman, Jairajpuri *et* Ahmad 复合毛刺线虫

Trichodorus coomansi Waele *et* Carbonell 库氏毛刺线虫

Trichodorus cottieri Clark 科氏毛刺线虫

Trichodorus cylindricus Hooper 圆筒毛刺线虫

Trichodorus dilatatus Rodriguez *et* Bell 扩张毛刺线虫

Trichodorus eleffohnsoni Bernard 约翰逊毛刺线虫

Trichodorus elegans Allen 华美毛刺线虫

Trichodorus flevensis Kuiper *et* Loof 弗赖乌毛刺线虫

Trichodorus giennensis Decraemer *et al.* 日安毛刺线虫

Trichodorus granulosus (Cobb) 谷物毛刺线虫

Trichodorus hooper Loof 胡氏毛刺线虫

Trichodorus intermedius Rodriguez *et* Bell 间型毛刺线虫

Trichodorus kilianae Decraemer *et* Marais 基利安毛刺线虫

Trichodorus kurumeensis Yokoo 久留米毛刺线虫

Trichodorus litchi Edward *et* Misra 荔枝毛刺线虫

Trichodorus longistylus Yokoo 长针毛刺线虫

Trichodorus loosi Loof 卢氏毛刺线虫

Trichodorus lusitanicus Siddiqi 葡萄牙毛刺线虫

Trichodorus magnus Decraemer *et* Marais 大毛刺线虫

Trichodorus minzi Waele *et* Cohn 敏济毛刺线虫

Trichodorus mirabilis Ivanova 奇异毛刺线虫

Trichodorus musambi Edward *et* Misra 姆赛布毛刺线虫

Trichodorus nanjingensis Liu *et* Cheng 南京毛刺线虫

Trichodorus obesus Razzhivin *et* Penton 强壮毛刺线虫

Trichodorus obscurus Allen 暗毛刺线虫

Trichodorus obtusus Cobb 钝毛刺线虫

Trichodorus orientalis Waele *et* Hashim 东方毛刺线虫

Trichodorus pakistanensis Siddiqi 巴基斯坦毛刺线虫

Trichodorus paracedarus Xu *et* Decraemer 异雪松毛刺线虫

Trichodorus paucisetosus Bernard 少毛毛刺线虫

Trichodorus persicus Waele *et* Sturhan 波斯毛刺线虫

Trichodorus philipi Waele, Meyer *et* Mieghem 菲利浦毛刺线虫

Trichodorus primitivus (de Man) 原始毛刺线虫 Cobb's stubby root nematode

Trichodorus proximus Allen 最近毛刺线虫

Trichodorus rinae Vermeulea *et* Heyns 瑞那毛刺线虫

Trichodorus sanniae Vermeulen *et* Heyns 逊尼毛刺线虫

Trichodorus similis Seinhorst 相似毛刺线虫

Trichodorus sparsus Szezygiel 少见毛刺线虫

Trichodorus taylori Waele *et al.* 泰氏毛刺线虫

Trichodorus tricaulatus Shishida 三茎毛刺线虫

Trichodorus vanderbergae Waele *et* Lilian 万代伯毛刺线虫

Trichodorus variopapillotus Hooper 变突毛刺线虫

Trichodorus velatus Hooper 缘膜毛刺线虫

Trichodorus viruliferus Hooper 具毒毛刺线虫

Trichodorus yokooi Eroshenko *et* Teplyakov 尤氏毛刺线虫

Trichodrymus majusculus (Distant) 披毛长蝽

Trichoecius Canestrini 毛癣螨属

Trichoecius romboutsi (van Fyndhovan) 罗氏毛癣螨

Trichoecius tenax (Michael) 抓毛癣螨

Trichoferus Wollaston 茸天牛属

Trichoferus campestris (Faldermann) 家茸天牛

Trichoferus guerryi (Pic) 灰黄茸天牛

Trichogalumna Balogh 毛大翼甲螨属

Trichogalumna nipponica (Aoki) 日本毛大翼甲螨

Trichogomphus Burmeister 瘤犀金龟属

Trichogomphus martabani (Guèrin) 马瘤犀金龟

Trichogomphus mongol Arrow 蒙瘤犀金龟

Trichogramma Westwood 赤眼蜂属

Trichogramma achaeae Nagaraja *et* Nagarkatti 暖突赤眼蜂

Trichogramma agriae Nagaraja 旋花天蛾赤眼蜂

Trichogramma agrotidis Voegele *et* Pintureau 地老虎赤眼蜂

Trichogramma artonae Chen *et* Pang 斑蛾赤眼蜂

Trichogramma aurosum Sugonjaev *et* Sorokina 金色赤眼蜂

Trichogramma australicum Girault 澳洲赤眼蜂

Trichogramma bennetti Nagaraja *et* Nagarkatii 宽突赤眼蜂

Trichogramma brasiliensis (Ashmead) 巴西利亚赤眼蜂

Trichogramma brassicae Voegele 甘蓝夜蛾赤眼蜂

Trichogramma brevicapillum Pinto *et* Platner 短毛赤眼蜂

Trichogramma cacoeciae Marchall 卷蛾赤眼蜂

Trichogramma californicum Nagaraja *et* Nagarkatti 加州赤眼蜂

Trichogramma cephalciae Hochmut *et al.* 扁叶蜂赤眼蜂

Trichogramma chilonis Ishii 螟黄赤眼蜂

Trichogramma chilotraeae Nagaraja *et* Nagarkatti 小蔗螟赤眼蜂

Trichogramma closterae Pang *et* Chen 舟蛾赤眼蜂

Trichogramma confusum Viggiani 拟澳洲赤眼蜂

Trichogramma cordubensis Vargas *et* Cabello 科尔多瓦赤眼蜂

Trichogramma dendrolimi Matsumura 松毛虫赤眼蜂

Trichogramma embryophagum (Hartig) 食胚赤眼蜂

Trichogramma euproctidis (Girault) 拟暗黑赤眼蜂

Trichogramma evanescens Westwood 广赤眼蜂

Trichogramma exiguum Pinto *et* Platner 拟暗褐赤眼蜂

Trichogramma fasciatum (Perkins) 暗褐赤眼蜂

Trichogramma flandersi Nagaraja *et* Nagarkatti 范氏赤眼蜂

Trichogramma forcipiformis Zhang *et* Wang 铗突赤眼蜂

Trichogramma fuzhouense Lin 福州赤眼蜂

Trichogramma hesperidis Nagaraja *et* Nagarkatti 弄蝶赤眼蜂

Trichogramma ivalae Pang *et* Chen 毒蛾赤眼蜂

Trichogramma japonicum Ashmead 稻螟赤眼蜂 trichogramma egg parasite of rice borer

Trichogramma jezoensis Ishii 札幌赤眼蜂

Trichogramma leucania Pang *et* Chen 粘虫赤眼蜂

Trichogramma lingulatum Pang *et* Chen 舌突赤眼蜂

Trichogramma longxishanense Lin 龙栖山赤眼蜂

Trichogramma maidis Pintureau *et* Voegele 见*Trichogramma brassicae*

Trichogramma maltbyi Nagaraja *et* Nagarkatti 负泥虫赤眼蜂

Trichogramma marylandense Thorpe 马里兰赤眼蜂

Trichogramma minutum Riley 微小赤眼蜂 minute egg parasite

Trichogramma mwanzai Schulten *et* Feijen 姆万扎赤眼蜂

Trichogramma nagarkattii Voegele *et* Pintureau 纳氏赤眼蜂

Trichogramma nubilale Ertle *et* Davis 欧洲玉米螟赤眼蜂

Trichogramma ostriniae Pang *et* Chen 亚洲玉米螟赤眼蜂(玉米螟赤眼蜂)

Trichogramma pallidiventris Nagaraja 腹白赤眼蜂

Trichogramma pangi Lin 庞氏赤眼蜂

Trichogramma papilionis Nagarkatti 凤蝶赤眼蜂

Trichogramma parkeri Nagarkatti 帕克赤眼蜂

Trichogramma parnarae Huo 稻苞虫赤眼蜂

Trichogramma perkinsi Girault 伯氏赤眼蜂

Trichogramma pintoi Voegele 暗黑赤眼蜂

Trichogramma plasseyensis Nagaraja 印度赤眼蜂

Trichogramma poliae Nagaraja 蔗二点螟赤眼蜂

Trichogramma polychrosis Chen *et* Pang 杉卷蛾赤眼蜂

Trichogramma pretiosum Riley 短管赤眼蜂

Trichogramma principium Sugonjaev *et* Sorokina 基突赤眼蜂

Trichogramma raoi Nagaraja 微突赤眼蜂

Trichogramma retorridum (Girault) 窄突赤眼蜂

Trichogramma schuberti Voegele *et* Russo 见 *Trichogramma semblidis*

Trichogramma semblidis (Aurivillius) 显棒赤眼蜂

Trichogramma semifumatum (Perkins) 疏毛赤眼蜂

Trichogramma sericini Pang *et* Chen 中国凤蝶赤眼蜂

Trichogramma shaanxiensis Huo 陕西赤眼蜂

Trichogramma sibiricum Sorokina 西伯利亚赤眼蜂

Trichogramma sorokinae Kostadinov 索氏赤眼蜂

Trichogramma tielingensis Zhang *et* Wang 铁岭赤眼蜂

Trichogramma turkeiensis Kostadinov 土耳其赤眼蜂

Trichogrammatidae 赤眼蜂科 minute egg parasites

Trichogrammatoidea Girault 分索赤眼蜂属

Trichogrammatoidea armigera Nagaraja 棉虫分索赤眼蜂

Trichogrammatoidea bactrae Nagaraja 卷蛾分索赤眼蜂

Trichogrammatoidea nana (Zehntner) 爪哇分索赤眼蜂

Tricholaelaps Vitzthum 毛厉螨属

Tricholaelaps myonysognathus Grochovskaya *et* Nguen-Xuan-Hoe 鼠颚毛厉螨

Tricholaelaps typhlomydis Gu *et* Shen 猪尾鼠毛厉螨

Tricholochmaea semifulva Jacoby 日半红黄豆象

Trichomachimus Engel 三叉食虫虻属

Trichomachimus angustus Shi 狭三叉食虫虻

Trichomachimus basalis Oldroyd 基三叉食虫虻

Trichomachimus conjugus Shi 联三叉食虫虻

Trichomachimus dontus Shi 齿三叉食虫虻

Trichomachimus elongatus Shi 长三叉食虫虻

Trichomachimus grandis Shi 大三叉食虫虻

Trichomachimus lobus Shi 突叶三叉食虫虻

Trichomachimus maculatus Shi 粉斑三叉食虫虻

Trichomachimus marginis Shi 缘毛三叉食虫虻

Trichomachimus nigricornis Shi 黑角三叉食虫虻

Trichomachimus nigritarsus Shi 黑跗三叉食虫虻

Trichomachimus nigrus Shi 黑三叉食虫虻

Trichomachimus obliquus Shi 斜三叉食虫虻

Trichomachimus rufus Shi 红三叉食虫虻

Trichomachimus tenuis Shi 细三叉食虫虻

Trichomachimus tubus Shi 管三叉食虫虻

Trichomalopsis Crawford 灿金小蜂属

Trichomalopsis shirakii Crawford 负泥虫灿金小蜂

Trichomatidae 毛蛉科

Trichomimastra Weise 毛米萤叶甲属

Trichomimastra gracilipes Gressitt *et* Kimoto 软鞘毛米萤叶甲

Trichomma cnaphalocrocis Uchida 纵卷叶螟小毛眼姬蜂

Trichomma enecator (Rossi) 梨小毛眼姬蜂

Trichomma nigricans Cameron 黑小毛眼姬蜂

Trichomyiinae 真毛蠓亚科

Trichoparia blanda Fallén 裸额毛颜寄蝇

Trichoparia cepelaki Mesnil 黑色毛颜寄蝇

Trichoparia continuans Strobl 筒腹毛颜寄蝇

Trichoparia gracilipes Mesnil 长角毛颜寄蝇

Trichoparia maculisquama Zetterstedt 黄瓣毛颜寄蝇

Trichophaga Ragonot 囊衣蛾属

Trichophaga tapetzella Linnaeus 毛毡衣蛾 carpet moth, white-tip clothes moth, tapestry moth

Trichophilopteridae 嚼羽虱科 mouse biting lice

Trichophoroncus Reuter 白纹盲蝽属

Trichophoroncus albonotatus Jakorler 白纹盲蝽 four-spotted leaf bug

Trichophya Mannerheim 毛角隐翅虫属

Trichophya rudis Cameron 粗点毛角隐翅虫

Trichophya tenuis Zheng 细点毛角隐翅虫

Trichophyinae 毛角隐翅虫亚科

Trichoplites Swinhoe 脊尺蛾属

Trichoplites albimaculosa Inoue 珠脊尺蛾

Trichoplites cuprearia (Moore) 铜脊尺蛾

Trichoplites ingressa Prout 台湾脊尺蛾

Trichoplites intermedia Xue 间脊尺蛾

Trichoplites latifasciaria (Leech) 侧带脊尺蛾

Trichoplites tryphema Prout 雅脊尺蛾

Trichoplusia McDunnough 粉夜蛾属

Trichopothyne rondoni Breuning 老挝毛驴天牛

Trichopsideinae 缺吻网虻亚科

Trichoptera 毛翅目

Trichopterigia Hampson 洱尺蛾属

Trichopterigia adorabilis Yazaki 花莲洱尺蛾

Trichopterigia cerinaria Xue 蜡黄洱尺蛾

Trichopterigia consobrinaria (Leech) 联洱尺蛾

Trichopterigia dejeani Prout 迪洱尺蛾

Trichopterigia hagna Prout 哈洱尺蛾

Trichopterigia illumina Prout 暗绯洱尺蛾

Trichopterigia kichidai Yazaki 缘点洱尺蛾

Trichopterigia miantosticta Prout 红星洱尺蛾

Trichopterigia pulcherrima (Swinhoe) 美洱尺蛾

Trichopterigia rivularis (Warren) 沟洱尺蛾

Trichopterigia rubripuncta Wileman 红点洱尺蛾

Trichopterigia rufinotata (Butler) 绯洱尺蛾

Trichopterigia yoshimotoi Yazaki 妖洱尺蛾

Trichopteryx Hübner 毛翅尺蛾属

Trichopteryx carpinata (Borkhausen) 柳毛翅尺蛾

Trichopteryx fastuosa Inoue 傲毛翅尺蛾

Trichopteryx fusconotata Hashimoto 明毛翅尺蛾

Trichopteryx germinata (Püngeler) 蕾毛翅尺蛾

Trichopteryx grisearia (Leech) 灰毛翅尺蛾

Trichopteryx hemana (Butler) 双斑毛翅尺蛾

Trichopteryx polycommata (D.et Sch.) 饰毛翅尺蛾

Trichopteryx rivularia (Leech) 溪毛翅尺蛾

Trichopteryx terranea (Butler) 陆毛翅尺蛾

Trichopteryx ustata (Christoph) 栎毛翅尺蛾

Trichoregma Takahashi 毛角蚜属

Trichoregma bambusifoliae Takahashi 竹毛角蚜 bamboo woolly aphid

Trichoribates Berlese 毛甲螨属

Trichoribates heteroporosus Wen 异孔毛甲螨

Trichoribates novus (Sellnick) 新毛甲螨

Trichoribates tianshanensis Wen 天山毛甲螨

Trichoridia Hampson 耻冬夜蛾属

Trichoridia albiluna Hampson 月耻冬夜蛾

Trichoridia cuprescens Hampson 光耻冬夜蛾

Trichoridia dentata (Hampson) 锯耻冬夜蛾

Trichoridia hampsoni (Leech) 汉耻冬夜蛾

Trichoridia herchatera (Swinhoe) 耻冬夜蛾

Trichorondibilis laosica Breuning 缨方额天牛

Trichorondonia hybolasioides Breuning 毛郎氏天牛

Trichoscapa Emery 鳞毛蚁属

Trichoscapa membranifera (Emery) 节膜鳞毛蚁

Trichoscelidae 锯翅蝇科 chyromiid flies

Trichosea Grote 镶夜蛾属

Trichosea champa (Moore) 镶夜蛾

Trichosea funebris Berio 阴镶夜蛾

Trichosea zhangi Chen 张镶夜蛾

Trichoserixia rondoni Breuning 毛小楔天牛

Trichosetodes Ulmer 毛姬长角石蛾属

Trichosetodes insularis Schmid 岛毛姬长角石蛾

Trichosetodes lasiophyllus Yang *et* Morse 叶毛姬长角石蛾

Trichosia trapezia Yang, Zhang *et* Yang 梯鞭毛眼蕈蚊

Trichosiphonaphis Takahashi 皱背蚜属

Trichosiphonaphis polygoni van der Goot 蓼皱背蚜

Trichosiphonaphis polygoniformosanus Takahashi 银花皱背蚜 lonicera longhorned aphid

Trichostichus 列毛步甲属

Trichostigma Gerber 三点瘿螨属

Trichotheca Baly 齿股叶甲属

Trichotheca annularis Tan 斑腿齿股叶甲

Trichotheca dentata Tan 大齿股叶甲

Trichotheca flavinotata Tan 顶斑齿股叶甲

Trichotheca fulvopilosa Chen *et* Wang 西藏齿股叶甲

Trichotheca fuscicornis Chen 褐角齿股叶甲

Trichotheca nodicollis Chen *et* Wang 瘤胸齿股叶甲

Trichotheca parva Chen *et* Wang 小齿股叶甲

Trichotheca variabilis Gressitt *et* Kimoto 纹鞘齿股叶甲

Trichotheca ventralis Chen 华西齿股叶甲

Trichothrombium muscarum (Riley) 蝇刷毛绒螨

Trichothyas Viets 三盘狂水螨属

Trichotocepheus Aoki 多毛耳盖甲螨属

Trichouropoda Berlese 毛尾足螨属

Trichthonius Hammer 长毛缝甲螨属

Triciosoma himalayana Malaise 喜马锤角叶蜂

Triclistus Förster 弓脊姬蜂属

Triclistus aitkini (Cameron) 黄足弓脊姬蜂

Tricondyla Latreille 缺翅虎甲属

Tricondyla gestroi Fleutiaux 驼缺翅虎甲

Tricondyla macrodera Chaudoir 光端缺翅虎甲

Tricondylomimus Chopard 虎甲螳属

Tricondylomimus coomani Chopard 虎甲螳

Tricorythidae 毛蜉科

Trictena argentata Herrich-Schäffer 南澳根蝙蝠蛾

Tricycleopsis Villeneuve 鬃腹丽蝇属

Tricycleopsis paradoxa Villeneuve 投撞鬃腹丽蝇

Tridactylidae 蚤蝼科 pigmy mole crickets

Tridactylophagus Subramanian 蚤蝼捻翅虫属

Tridactylophagus sinensis Yang 中华蚤蝼捻翅虫

Tridactyloxenos Yang 拟蚤蝼捻翅虫属

Tridactyloxenos coniferus Yang 拟蚤蝼捻翅虫

Tridactylus Olivier 蚤蝼属

Tridactylus japonicus de Haan 日本蚤蝼 Japanese flea cricket

Tridesmodes ramiculata Warren 榄仁树窗蛾 Emire shoot borer

Tridiscus Ferris 脐粉蚧属

Tridiscus connectens (Bazarov) 帕米尔脐粉蚧

Tridiscus distichlii (Ferris) 碱草脐粉蚧

Tridrepana Swinhoe 黄钩蛾属

Tridrepana adelpha Swinhoe 双斑黄钩蛾

Tridrepana albonotata Moore 淡斑黄钩蛾

Tridrepana crocea (Leech) 仲黑缘黄钩蛾

Tridrepana emina Chu *et* Wang 暗月黄钩蛾

Tridrepana flava (Moore) 双斜线黄钩蛾

Tridrepana hainana Chu *et* Wang 叔黑缘黄钩蛾

Tridrepana hypha Chu *et* Wang 波纹黄钩蛾

Tridrepana leva Chu *et* Wang 光黄钩蛾

Tridrepana marginata Watson 白斑黄钩蛾

Tridrepana rubromarginata (Leech) 肾斑黄钩蛾

Tridrepana rubromaryinta Leech 圆斑黄钩蛾

Tridrepana unispina Watson 伯黑缘黄钩蛾

Tridymidae 长盾金小蜂科

Trifidaphis Del Guercio 三根蚜属

Trifidaphis phaseoli Passerini 菜豆三根蚜

Trifurcula Zeller 三微蛾属

Trifurcula oishiella Matsumura 樱桃三微蛾 cherry nepticulid

Triglyphus Löw 寡节食蚜蝇属

Triglyphus primus Löw 长翅寡节食蚜蝇

Trigomphus Bartenef 棘尾春蜓属(棘尾箭蜓属)

Trigomphus agricola (Ris) 野居棘尾春蜓

Trigomphus beatus Chao 黄唇棘尾春蜓

Trigomphus carus Chao 亲棘尾春蜓

Trigomphus citimus (Needham) 吉林棘尾春蜓

Trigomphus lautus (Needham) 净棘尾春蜓

Trigomphus nigripes (Selys) 黑足棘尾春蜓

Trigomphus succumbens (Needham) 斜纹棘尾春蜓

Trigomphus sven-hedini Sjoestedt 斯氏棘尾春蜓

Trigona Jurine 无刺蜂属

Trigonalidae 钩腹蜂科 trigonalid wasps, trigonalids

Trigonaspis Hartig 大翅瘿蜂属

Trigonaspis megaptera Panzer 牡蛎大翅瘿蜂 kidney gall wasp, pink wax gall wasp

Trigonidiidae 吉蛉科

Trigonocolus brachmanae Faust 紫檀菱象

Trigonocyttara clandestina Turner 金合欢桉松木蠹蛾

Trigonoderus Westwood 长体金小蜂属

Trigonoderus fraxini Yang 水曲柳长体金小蜂

Trigonoderus longipilis Yang 松小蠹长体金小蜂

Trigonodes hyppasia (Cramer) 短带三角夜蛾

Trigonodiplosis fraxini Rubsaamen 花梣三籽瘿蚊

Trigonogaster recurvispinosa Forel 见 *Recurvidris recurvispinosa*

Trigonogenius Solier 竖毛蛛甲属

Trigonogenius globulum Solier 珠形竖毛蛛甲 globular spider beetle

Trigonolaspis Vitzthum 三角螨属

Trigonophora Hübner 红衫夜蛾属

Trigonophorinus Pouillaude 拟唇花金龟属

Trigonophorinus riaulti Fairmaire 铜绿拟唇花金龟

Trigonophorus Hope 唇花金龟属

Trigonophorus gracilipes Westwood 短体唇花金龟

Trigonophorus hookeri White 钩唇花金龟

Trigonophorus ligularis Ma 舌唇花金龟

Trigonophorus nepalensis Hope 墨绿唇花金龟

Trigonophorus rothschildi Fairmaire 绿唇花金龟

Trigonophorus rothschildi varians (Bourgoin) 苹绿唇花金龟

Trigonophorus saundersi Westwood 草绿唇花金龟

Trigonophorus scintillans Arrow 荫唇花金龟

Trigonophorus xisana Ma 西双唇花金龟

Trigonophorus xizangensis Zhang *et* Ma 藏唇花金龟

Trigonoptila Warren 三角尺蛾属

Trigonoptila latimarginaria (Leech) 三角尺蛾 whitetipped looper moth

Trigonoptila straminearia (Leech) 蒿杆三角尺蛾

Trigonoscelis Sol. 胖漠甲属

Trigonoscelis holdereri Reitt. 何氏胖漠甲

Trigonoscelis sublaevigata Reitt. 光滑胖漠甲

Trigonotoma 三角步甲属

Trigonotylus Fieber 赤须盲蝽属

Trigonotylus coelestialium Kirkaldy 稻叶赤须盲蝽 rice leaf bug

Trigonotylus fuscitarsis Lammes 棕跗赤须盲蝽

Trigonotylus pallescens Golub 黄赤须盲蝽

Trigonotylus pilipes Golub 短角赤须盲蝽

Trigonotylus procerus Jorigtoo *et* Nonnaizab 长角赤须盲蝽

Trigonotylus pulchellus (Hahn) 丽角赤须盲蝽

Trigonotylus ruficonis Geoffroy 赤须盲蝽

Trigonotylus yangi Tang 杨氏赤须盲蝽

Trilocha ficicola Westwood 见 *Ocinara ficicola*

Trilochana Moore 土蜂透翅蛾属

Trilochana caseariae Yang *et* Wang 红花土蜂透翅蛾

Trilophidia Stål 疣蝗属

Trilophidia annulata (Thunb.) 疣蝗

Trimalaconothrus Berlese 三盲甲螨属

Trimalaconothrus tardus (Michael) 缓三盲甲螨

Trimenoponidae 毛羽虱科 biting bird lice

Trimeracarus Farkas 三节瘿螨属

Trimeroptes Keifer 三峰瘿螨属

Trimeroptes aleyrodiformis Keifer 双粒三峰瘿螨 sweet gum leaf mite

Trinervitermes biformis Wasmann 杧果幼树叶鼻白蚁

Trinodes hirtus Fabricius 小软毛皮蠹 minute pubescent skin beetle

Trinodinae 多毛皮蠹亚科

Trinophylum descarpentriesi Gressitt *et* Rondon 老挝直胫天牛

Trinoton Nitzsch 巨羽虱属

Trinoton anserinum (Fabricius) 鹅巨羽虱 goose body louse

Trinoton lituratum Nitzsch 小鹅巨羽虱

Trinoton querquedulae (L.) 鸭巨羽虱 large duck louse

Trionymus Berg. 条粉蚧属(葵粉蚧属,长粉蚧属)

Trionymus aberranoides Tang 变异条粉蚧

Trionymus aberrans Goux 黑麦条粉蚧 Aberrant mealybug

Trionymus angustifrons Hall 苦苣条粉蚧

Trionymus artemisiarum (Borchs.) 蒿类条粉蚧

Trionymus bambusae Green 竹条粉蚧

Trionymus calamagrostidis (Borchs.) 吉斯条粉蚧

Trionymus cambodiensis Takahashi 柬埔寨条粉蚧

Trionymus cantonensis Ferris 见 *Moirococcopsis cantonensis*

Trionymus ceres Williams 马来亚条粉蚧

Trionymus chalepus Williams 榕树条粉蚧

Trionymus circulus Tang 白草条粉蚧

Trionymus copiosus (Borchs.) 看麦娘条粉蚧

Trionymus dilatatus Danzig 羊茅条粉蚧

Trionymus diminutus (Leonardi) 兰麻条粉蚧(甘蔗小长粉蚧)

Trionymus elymi (Borchs.) 欧洲条粉蚧 Borchsenius's mealybug

Trionymus esakii Kanda 日本条粉蚧

Trionymus ferganensis (Borchs.) 拂子茅条粉蚧

Trionymus formosanus Tak. 台湾条粉蚧(台湾长粉蚧)

Trionymus gracilipes (Borchs.) 草茎条粉蚧

Trionymus graminellus (Borchs.) 禾茎条粉蚧

Trionymus hamberdi (Borchs.) 苏联条粉蚧 Hamberd's mealybug

Trionymus implicatus (Borchs.) 哈萨克条粉蚧

Trionymus isfarensis (Borchs.) 塔吉克条粉蚧 Tadahik mealybug

Trionymus kayashimai Tak. 马来条粉蚧

Trionymus kirgisicus (Borchs.) 野麦条粉蚧

Trionymus kobotokensis Kanda 狗尾草条粉蚧

Trionymus kurilensis Danzig 邓氏条粉蚧(拂子茅条粉蚧)

Trionymus latus Takahashi 芒蒿条粉蚧(芒葵粉蚧,芒长粉蚧)

Trionymus levis Borchs. 高加索条粉蚧

Trionymus lumpurensis Tak. 吉隆坡条粉蚧

Trionymus luzensis Komosinska 波兰条粉蚧 Komsinska's mealybug

Trionymus mongolicus Danzig 蒙古条粉蚧

Trionymus multisetiger (Borchs.) 多毛条粉蚧

Trionymus multivorus (Kir.) 见 *Dysmicoccus multivorus*

Trionymus orientalis (Maskell) 见 *Mirococcopsis orientalis*

Trionymus palauensis Beardsley 帕劳岛条粉蚧

Trionymus parvaster Danzig 乌苏里条粉蚧

Trionymus perrisii (Signoret) 古北条粉蚧 Perris' grass mealybug

Trionymus phalaridis (Green) 鬲草条粉蚧 canarygrass mealybug

Trionymus phragmitis (Hall) 芦苇条粉蚧 Hall's reed mealybug

Trionymus placatus (Borchs.) 乌克兰条粉蚧 pleasant

grass mealybug

Trionymus plurostiolatus Borchs. 见 *Allotrionymus plurostiolatus*

Trionymus singularis Schmutterer 孤独条粉蚧 solitary mealybug

Trionymus subradicum Danzig 苔草条粉蚧

Trionymus swelanae (Bazarov) 巴氏条粉蚧(拂子茅条粉蚧)

Trionymus thulensis Green 北方条粉蚧 northern mealybug

Trionymus tomlini Green 短柄草条粉蚧 guernsey grass mealybug

Trionymus townsesi Beardsley 雀稗条粉蚧

Trionymus turgidus (Borchs.) 芦叶条粉蚧

Trionymus vaginatus Matesova 菊类条粉蚧

Trionymus williamsi Ezzat 威廉氏条粉蚧

Trioxys asiaticus Telenga 亚洲三叉蚜茧蜂

Trioxys communis Gahan 广三叉蚜茧蜂

Trioxys complanatus Quilis 扁平三叉蚜茧蜂

Trioxys indicus Subbo Rao *et* Sharma 印三叉蚜茧蜂

Trioxys orientalis Star *et* Schlinger 东方三叉蚜茧蜂

Trioxys pallidus (Haliday) 白三叉蚜茧蜂

Trioxys sinensis Mackauer 中华三叉蚜茧蜂

Trioxys utilis Muesebeck 见 *Trioxys complanatus*

Trioza Förster 个木虱属

Trioza auratilaterlis Li 黄边个木虱

Trioza bifasciaticeltis Li *et* Yang 二带朴个木虱

Trioza camphorae Sasaki 樟个木虱 camphor sucker

Trioza camphoricola Li 天竺桂个木虱

Trioza celastrae Li 南蛇藤个木虱

Trioza diospyri (Ashm.) 柿个木虱 persimmon psylla

Trioza erytreae (Del G.) 柑个木虱 citrus psyllid

Trioza eugeniae (Froggatt) 尤真个木虱

Trioza fletcheri Crawford 番氏个木虱

Trioza gardneri Laing 卡德个木虱

Trioza jambolanae Crawford 海南蒲桃个木虱

Trioza macromalloti Li *et* Yang 大粗糠菜个木虱

Trioza magnicamphorae Li 樟大个木虱

Trioza magnisetosa Log. 沙枣个木虱

Trioza magnoliae (Ashm.) 木兰个木虱

Trioza micromalloti Li *et* Yang 小粗糠菜个木虱

Trioza nigricamphorae Li 樟黑个木虱

Trioza pilatifolia Li *et* Yang 垂珠花个木虱

Trioza pseudocinnamomi Li 拟阴香个木虱

Trioza quercicola Shinji 栎个木虱 quercus sucker

Trioza remota Förster 橡个木虱 oak sucker

Trioza rhamnisuga Li 鼠李个木虱

Trioza salicivora Reueter 柳个木虱 willow sucker

Trioza syzygii Li *et* Yang 蒲桃个木虱

Trioza tripunctata Fitch 三点个木虱

Trioza wumingensis Li *et* Yang 武鸣个木虱

Trioza zayuensis Li 察隅个木虱

Triozinae 尖翅木虱亚科

Triozocera macroscyti Esaki *et* Miyamoto 土蟓捻翅虫

Tripetalocera Westwood 三棱角蚱属

Tripetalocera tonkinensis Günther 越南三棱角蚱

Triphaena Hübner 彩毛夜蛾属

Triphaena pronuba (Linnaeus) 黄毛夜蛾 large yellow underwing moth

Triphaena semiherbida Walker 桑绿毛夜蛾 greyish yel-low-hirdwinged noctuid

Triphleps sauteri Poppius 桑小花蟓 mulberry flower bug

Triphosa Stephens 光尺蛾属

Triphosa aequivalens Prout 海光尺蛾

Triphosa albirama Prout 结光尺蛾

Triphosa amdoensis Alphéraky 安多光尺蛾

Triphosa dubitata (Linnaeus) 双齿光尺蛾

Triphosa expansa (Moore) 展光尺蛾

Triphosa largeteauaria (Oberthüer) 盛光尺蛾

Triphosa lugens Bastelberger 庐光尺蛾

Triphosa luteimedia Prout 杂光尺蛾

Triphosa pallescens Warren 颠光尺蛾

Triphosa praesumtiosa Prout 暗光尺蛾

Triphosa rantaizanensis Wileman 归光尺蛾

Triphosa rubrodotata (Walker) 霓光尺蛾

Triphosa salebrosa Prout 凸光尺蛾

Triphosa scelerata Xue 污光尺蛾

Triphosa sericata (Butler) 丝光尺蛾

Triphosa tersa Xue 净斑光尺蛾

Triphosa tumidula Xue 膨光尺蛾

Triphosa umbraria (Leech) 长须光尺蛾

Triphosa vashti (Butler) 波纹光尺蛾

Triphosa venimaculata (Moore) 维光尺蛾

Triphysa Zeller 蟾眼蝶属

Triphysa phryne (Pallas) 蟾眼蝶

Triplectidinae 岐长角石蛾亚科

Tripteroides Giles 杆蚊属

Tripteroides aranoides (Theobald) 蛛形杆蚊

Tripteroides bambusa (Yamada) 竹生杆蚊

Tripteroides cheni Lien 兰屿杆蚊

Tripteroides indicus (Barraud) 印度杆蚊

Tripteroides similis (Leicester) 似同杆蚊

Tripteroides tarsalis Delfinado *et* Hodges 毛跗杆蚊

Triptognatha Berthoumieu 损齿姬蜂属

Triptognatha amatoria (Müller) 恋损齿姬蜂

Triptognathus amatoria (Müller) 松毛虫损齿姬蜂

Trirachys Hope 刺角天牛属

Trirachys bilobulartus Gressitt *et* Rondon 老挝刺角天牛

Trirachys gloriosus Aurivillius 齿胸刺角天牛

Trirachys orientalis Hope 刺角天牛

Trirachys sphaericothorax Gressitt *et* Rondon 皱胸刺角天牛

Trirogma Westwood 三节长背泥蜂属

Trirogma caerulea Westwood 蓝三节长背泥蜂

Trischalis subaurana (Walker) 耳晦苔蛾

Trisetacus Keifer 三毛瘿螨属

Trisetacus alborum Keifer 松鞘三毛瘿螨 pine needle sheath mite

Trisetacus campnodus Keifer *et* Saunders 延胡索三毛瘿螨

Trisetacus ehmanni Keifer 松针三毛瘿螨 pine needle mite

Trisetacus grosmanni Keifer 云杉三毛瘿螨 spruce big-bud mite

Trisetacus juniperinus (Nalepa) 桧三毛瘿螨 juniper bud mite

Trisetacus pini (Nalepa) 松三毛瘿螨 pine bud mite

Trisetacus pseudotsugae Keifer 黄杉三毛瘿螨 Douglas fir big bud mite

Trisetacus quadrisetus (Thomas) 四刺三毛瘿螨 juniper berry mite

Trisetacus sequoiae Keifer 红杉三毛瘿螨 redwood bud mite

Trisetica Traub *et* Evans 三毛恙螨属

Trisetica asiaticus Zhao *et* Qiu 亚洲三毛恙螨

Trisetitriota Li 三毛个木虱属

Trisetitrioza clavellata Li 棒突三毛个木虱

Trisetoidea 三毛瘿螨总科

Trishormomyia crataegifolia (Felt) 北美山楂叶瘿蚊

Trissolcus Ashmead 沟卵蜂属

Trissolcus alpestris Kieffer 阿沟卵蜂

Trissolcus cultratus Maryr 刀形沟卵蜂

Trissolcus mitsukurii Ashmead 蟓沟卵蜂

Trissolcus semistriatus Nees 麦蟓沟卵蜂

Trissolcus vassiljevi Mayr 瓦沟卵蜂

Tristomus Hughes 三口螨属

Tristria Stål 梭蝗属

Tristria guangxiensis Li et al. 广西梭蝗

Tristria pisciforme (Serv.) 梭蝗

Tristria pulvinata Uv. 细尾梭蝗

Tristrophis Butler 扭尾尺蛾属

Tristrophis rectifascia (Wileman) 扭尾尺蛾

Tristrophis veneris (Butler) 郁扭尾尺蛾

Trisuloides Butler 后夜蛾属

Trisuloides bella Mell 洁后夜蛾

Trisuloides c-album Leech 白斑后夜蛾

Trisuloides catocalina (Moore) 淡色后夜蛾

Trisuloides coerulea Butler 黑后夜蛾

Trisuloides cornelia (Staudinger) 角后夜蛾

Trisuloides entoxantha (Hampson) 内黄后夜蛾

Trisuloides luteifascia Hampson 黄带后夜蛾

Trisuloides sericea Butler 后夜蛾

Trisuloides subflava Wileman 黄后夜蛾

Trisuloides variegata (Moore) 异后夜蛾

Trisuloides zhangi Chen 张后夜蛾

Trithemis Brauer 褐蜻属

Trithemis aurora Burmeister 晓褐蜻

Trithemis festiva Rambur 庆褐蜻

Tritneptis Girault 翠金小蜂属

Tritneptis macrocentri Liao 长距茧蜂翠金小蜂

Tritominae 异大覃甲亚科

Tritoxa Löw 斑蝇属

Tritoxa flexa (Wiedemann) 洋葱斑蝇 black onion fly

Trixagidae 粗角叩甲科

Trixalis nasuta Linnaeus 印巴乔松蝗

Trixomoropha indica Brauer-Bergenstamm 印度三色奇蝇

Trizetidae 三奥甲螨科

Trochanteriidae 转蛛科

Trochorhopalus humeralis Chevrolat 甘蔗细平象

Trochosa C.L. Koch 獾蛛属

Trochosa aquatica Tanaka 水獾蛛

Trochosa bannaensis Yin *et* Chen 版纳獾蛛

Trochosa menglaensis Yin *et al.* 勐腊獾蛛

Trochosa robusta Simon 壮獾蛛

Trochosa ruricola (Degeer) 奇异獾蛛

Trochosa ruricoloides Schenkel 类奇异獾蛛

Trochosa spinipalpis (Cambridge) 刺獾蛛

Trochosa terricola Thorell 陆地獾蛛

Trochosa wuchangensis (Schenkel) 武昌獾蛛

Trocnadella fasciana Li 带纹缺突叶蝉

Trocnadella fuscipennis Li 褐翅缺突叶蝉

Trocnadella testacea Li 褐盾缺突叶蝉

Troctomorpha 书虱亚目

Trogidae 皮金龟科

Trogiidae 见 Atropidae

Trogiomorpha 窃虫亚目

Trogium Illiger 书虱属

Trogium pulsatorium Linnaeus 书虱 larger pale booklouse

Trogoderma glabrum (Herbst) 黑斑皮蠹

Trogoderma granarium Everts 谷斑皮蠹 khapra beetle

Trogoderma inclusum LeCont 肾斑皮蠹 warehouse beetle

Trogoderma teukton Beal 条斑皮蠹

Trogoderma variabile Ballion 花斑皮蠹

Trogoderma varium Matsumura *et* Yokoyama 红斑皮蠹

Trogoderma versicolor Creutzer 拟肾斑皮蠹

Trogositidae 谷盗科 ostomid beetles, gnawing beetles, bark gnawing beetles

Trogoxylon impressum Comolli 方胸粉蠹

Trogoxylon parallelopipedum (Melsheimer) 平胸粉蠹

Trogus Panzer 深沟姬蜂属

Trogus bicolor Radoszkowski 两色深沟姬蜂

Trogus lapidator lapidator (Fabricius) 黑深沟姬蜂指名亚种

Trogus lapidator romani Uchida 黑深沟姬蜂黄脸亚种

Trogus mactator (Tosquinet) 凤蝶深沟姬蜂

Troides Hübner 裳凤蝶属

Troides acacus (Felder *et* Falder) 金裳凤蝶

Troides helena (Linnaeus) 裳凤蝶

Troides magellanus (Felder *et* Felder) 荧光裳凤蝶

Troilus Stål 耳蝽属

Troilus luridus (Fabricius) 耳蝽

Tromatobia Förster 聚蛛姬蜂属

Tromatobia flavistellata Uchida *et* Momoi 黄星聚蛛姬蜂

Trombellidae 小绒螨科

Trombellinae 小绒螨亚科

Trombicula Nerlese 恙螨属

Trombicula longwuensis Zhao *et* Wen 龙武恙螨

Trombiculidae 恙螨科 chigger mites, harvest mites

Trombiculinae 恙螨亚科

Trombiculindus Radford 叶片恙螨属

Trombiculindus acanthosphenus Wang *et al.* 棘楔叶片恙螨

Trombiculindus alpinus Yu *et* Yang 高山叶片恙螨

Trombiculindus bambusoides Wang *et* Yu 竹叶片恙螨

Trombiculindus cardiosetosus Hsu *et* Chen 心毛叶片恙螨

Trombiculindus chilie Wen *et* Xiang 齿列叶片恙螨

Trombiculindus cuneatus Traub *et* Evans 楔形叶片恙螨

Trombiculindus duoji Wu *et* Wen 多棘叶片恙螨

Trombiculindus foliaceus Traub *et* Evan 树叶叶片恙螨

Trombiculindus fordi Womersley 福氏叶片恙螨

Trombiculindus forgi Wang *et* Yu 猪猬叶片恙螨

Trombiculindus guangdongensis Zhao *et* Zhang 广东叶片恙螨

Trombiculindus hastata Gater 戟形叶片恙螨

Trombiculindus heishuiensi Zhao *et al.* 黑水叶片恙螨

Trombiculindus hunanye Wen 湖南叶片恙螨

Trombiculindus jilie Wen *et* Xiang 棘列叶片恙螨

Trombiculindus kansai Jamesom *et* Sasa 县西叶片恙螨

Trombiculindus kuanye Wen *et* Xiang 宽叶叶片恙螨

Trombiculindus manis Schluger 美尼叶片恙螨

Trombiculindus nanlingensis Zhao 南岭叶片恙螨

Trombiculindus nujiange Wen *et* Xiang 怒江叶片恙螨

Trombiculindus ochotonum Wang *et al.* 鼠兔叶片恙螨

Trombiculindus plumosa Radford 羽叶片恙螨

Trombiculindus pruthi Sinha 菠萝叶片恙螨

Trombiculindus qianye Wen *et al.* 签叶叶片恙螨

Trombiculindus quanzhouensis Liao *et al.* 泉州叶片恙螨

Trombiculindus sanxiaensis Wang *et al.* 三峡叶片恙螨

Trombiculindus shaoye Wen *et al.* 勺叶叶片恙螨

Trombiculindus spinifoliatus Wang *et al.* 刺叶叶片恙螨

Trombiculindus squamifera Womersley 鳞叶片恙螨

Trombiculindus stenosetosus Liao 狭毛叶片恙螨

Trombiculindus traubi Womersley 屠氏叶片恙螨

Trombiculindus yunnanus Wang *et* Yu 云南叶片恙螨

Trombiculindus yushuensis Yang *et* Wu 玉树叶片恙螨

Trombidiformes 绒螨亚目

Trombidiidae 绒螨科 trombidiid mites

Trombidiinae 绒螨亚科

Trombidioidea 绒螨总科

Trombidium Fabricius 绒螨属

Trombidium auroraense Vercammen-Grandjean *et al.* 亮绒螨

Trombidium hyperi Vercammen-Grandjean *et al.* 肥绒螨

Trombidium mediterraneum (Berlese) 地中海绒螨

Trombidium trigonum Hermann 三角绒螨

Tropacme cupreimargo Hampson 铜转苔蛾

Tropaea luna L. 月红天蚕蛾 luna moth

Tropeauia Zacher 特罗螨属

Trophithauma Schmitz 喙蚤蝇属

Trophithauma gastroflavidum Liu 黄腰喙蚤蝇

Trophomermis Johnson *et* Kleve 大索线虫属

Trophomermis itascensis Johnson *et* Kleve 艾塔斯卡大索线虫

Tropicomyia theae Cotes 茶南潜蝇 tea leafminer

Tropidacris Scudder 排点褐蜢属

Tropidacris latreillei Pt. 巴西排点褐蜢 dotty row grasshopper

Tropideres Schoenherr 长鞭象属

Tropideres nodulosus Sharp 微小长鞭象 smallest longhorned weevil

Tropidocephala Stål 匙顶飞虱属

Tropidocephala andunna Kuoh 暗盾匙顶飞虱

Tropidocephala brunnipennis Signoret 二刺匙顶飞虱

Tropidocephala festiva (Distant) 额斑匙顶飞虱

Tropidocephala flavovittata Matsumura 翅斑匙顶飞虱

Tropidocephala formosana Matsumura 台湾匙顶飞虱

Tropidocephala jiawenna Kuoh 肩纹匙顶飞虱

Tropidocephala serendiba (Melichar) 锈黄匙顶飞虱

Tropidocephala touchi Kuoh 透翅匙顶飞虱

Tropidomantis Stål 透翅螳属

Tropidomantis gressitti Tinkham 海南透翅螳

Tropidomantis tenera Stål 柔嫩透翅螳

Tropidophryne melvillei Compere 葡粉蚧巨角(蟾形)跳小蜂

Tropidosteptes amoenus Reuter 梣蝽 ash plant bug

Tropidothorax Bergroth 脊长蝽属

Tropidothorax autolycus Distant 半脊长蝽

Tropidothorax beloglowi Jakovlev 比脊长蝽

Tropidothorax cruciger (Motschulsky) 斑脊长蝽(大斑脊长蝽)

Tropidothorax elegans (Distant) 红脊长蝽

Tropidothorax fimbriatus (Dallas) 纤脊长蝽

Tropiduchidae 扁蜡蝉科

Tropilaelaps Delfinado *et* Baker 热厉螨属

Tropilaelaps clareae Delfinado *et* Baker 小蜂螨

Tropilichus Fain 弯线螨属

Tropilichus aframericanus Fain 非美弯线螨

Tropinota Mulsant 脊花金龟属

Tropinota hirta (Poda) 毛脊花金龟

Tropobracon jokohamensis (Cameron) 蔗螟热茧蜂

Tropobracon schoenobii (Viereck) 三化螟热茧蜂(三化螟茧蜂)

Trouessartia Canestrini 特鲁螨属

Trouessartia corvina (Koch) 鸦特鲁螨

Trouessartiidae 特鲁螨科

Troupeauia Zachvatkin 特鲁普螨属

Trox Fabricius 皮金龟属

Trox scaber Linnaeus 粗皮金龟

Truljalia Gorochov 片吉蛉属

Truljalia bispinosa Wang *et* Woo 双刺片吉蛉

Truljalia hibinonis (Matsumura) 梨片吉蛉

Truljalia hofmanni (Saussure) 霍氏片吉蛉

Truljalia prolongata Wang *et* Woo 长突片吉蛉

Truljalia tylacantha Wang *et* Woo 瘤突片吉蛉

Truncopes Grandjean 树穴甲螨属

Truncopes montanus Wen 山地树穴甲螨

Truxalis Fabricius 荒地蝗属

Truxalis guangzhouensis Liang 广州荒地蝗

Trychosis 耗姬蜂属

Trygodes Guenée 绿斑尺蛾属

Trygodes divisaria Walker 金鸡纳绿斑尺蛾 cinchona looper

Trypanaeinae 蛀阎虫亚科

Trypanea Agassiz 端实蝇属

Trypanea amoena von Frauenfeld 蒿苣端实蝇 lettuce fruit fly

Trypanophora semihyalina Kollar 沙罗双透点黑斑蛾

Trypeta trifasciata Shiraki 菊花实蝇 chrysanthemum fruit fly

Trypeticinae 拟阎虫亚科

Trypetidae 见 Tephritidae

Trypetimorpha Costa 笠扁蜡蝉属

Trypetimorpha japonica Ishihara 日本笠扁蜡蝉

Tryphaena pronuba Linnaeus 见 *Noctua pronuba*

Tryphocaria Carter 壳天牛属

Tryphocaria acanthocera Macleay 布氏壳天牛 Bull's-eye borer

Tryphocaria mastersi Pascoe 桉壳天牛 eucalypt ringbarker

Tryphocaria solida Blackburn 桉树壳天牛 eucalyptus longhorn beetle

Tryphon satoi Uchida 麦叶蜂柄卵姬蜂

Tryphoninae 柄卵姬蜂亚科

Trypodendron Stephens 条木小蠹属

Trypodendron aceris Niijima 槭条木小蠹 maple timber beetle

Trypodendron bivittatum Kirby 云杉条木小蠹 spruce timber beetle

Trypodendron lineatum (Olivier) 黑条木小蠹 striped ambrosia beetle

Trypodendron retusum (LeC.) 凹端条木小蠹

Trypodendron scabricollis (LeC.) 细皱条木小蠹

Trypophloeus Fairmaire 长角小蠹属

Trypophloeus populi (Hopkins) 杨长角小蠹

Trypophloeus salicis (Hopkins) 柳长角小蠹

Trypophloeus striatulus (Mannerheim) 条纹长角小蠹

Trypophloeus thatcheri Wood 宽肩长角小蠹

Tryporyza Common 蛀禾螟属

Tryporyza incertulas (Walker) 三化螟 yellow paddy stem borer, white paddy stem borer, yellow rice borer, paddy borer

Tryporyza innotata (Walker) 淡尾蛀禾螟 yellow paddy stem borer, white paddy stem borer

Tryporyza intacta (Snellen) 红尾蛀禾螟

Tryporyza nivella (Fabricius) 黄尾蛀禾螟

Trypoxylidae 短翅泥蜂科 mud daubers, spider wasps

Trypoxylon Latreille 短翅泥蜂属

Trypoxylon bicolor Smith 双色短翅泥蜂

Trypoxylon errans Saussure 黄跗短翅泥蜂

Trypoxylon fronticorne Gussakowskij 突额短翅泥蜂

Trypoxylon petiolatum Smith 黑角短翅泥蜂

Trypoxylon takasago Tsuneki 黑腹短翅泥蜂

Trypoxylus Minck 见 *Allomyrina* Arrow

Tsaitermes ampliceps (Wang *et* Li) 扩头蔡白蚁

Tsaitermes hunanensis Li *et* Ping 湖南蔡白蚁

Tsaitermes mangshanensis Li *et* Ping 莽山蔡白蚁

Tsaitermes oocephalus (Ping *et* Li) 蛋头蔡白蚁

Tsaitermes oreophilus Ping *et* Li 喜山蔡白蚁

Tsaitermes yingdeensis (Tsai *et* Li) 英德蔡白蚁

Tsugaspidiotus Tak. *et* Takagi 杉圆盾蚧属

Tsugaspidiotus piceae Tang 云杉圆盾蚧

Tsugaspidiotus pseudomyeri (Kuwana) 日本杉圆盾蚧

Tsugaspidiotus tsugae (Marlatt) 松杉圆盾蚧 hemlock scale

Tuberculatus Mordvilko 侧棘斑蚜属

Tuberculatus capitatus (Essig *et* Kuwana) 钉侧棘斑蚜

Tuberculatus fulviabdominalis (Shinji) 黄腹侧棘斑蚜

Tuberculatus quercicola Matsumura 栎大侧棘斑蚜 quercus spined aphid

Tuberculatus stigmatus (Matsumura) 痣侧棘斑蚜

Tuberculoides Van der Goot 棘斑蚜属

Tuberculoides annulatus (Hartig) 栎环棘斑蚜 oak aphid

Tuberculosodus transversefasciatus Breuning 绒带突象天牛

Tuberocephalus Shinji 瘤头蚜属

Tuberocephalus higansakurae (Monzen) 樱桃瘿瘤头蚜

Tuberocephalus jinxiensis Zhang *et* Zhong 欧李瘤头蚜

Tuberocephalus liaoningensis Zhang *et* Zhong 樱桃卷叶蚜

Tuberocephalus momonis (Matsumura) 桃瘤头蚜

Tuberocephalus sakurae (Matsumura) 樱桃瘤头蚜

Tuberocephalus sasakii Matsumura 莎氏瘤头蚜

Tuberocephalus tianmushanensis Zhang 天目山瘤头蚜

Tuberocorpus Shinji 轮管刺蚜属

Tuberocorpus juglandicola Takahashi 胡桃轮管刺蚜 Juglans aphid

Tuberolachnus Mordvilko 瘤大蚜属

Tuberolachnus salignus (Gmelin) 柳瘤大蚜 large willow aphid, giant willow aphid

Tuberolachnus viminalis Boyer de Fonscolombe 见 *Tuberolachnus salignus*

Tuberomembrana Fan 疣麻蝇属

Tuberomembrana xizangensis Fan 西藏疣麻蝇

Tubiferinae 管蚜蝇亚科

Tubulifera 管尾亚目

Tuckerella Womersley 杜克螨属

Tuckerella knorri Baker *et* Pritchard 诺尔杜克螨

Tuckerella ornata (Tucker) 丽杜克螨

Tuckerella pavoniformis (Ewing) 孔雀杜克螨

Tuckerella xiamenensis Lin 厦门杜克螨

Tuckerellidae 杜克螨科

Tumescoptes Keifer 突角瘿螨属

Tumescoptes trachycarpi Keifer 棕榈突角瘿螨

Tumidiclava Girault 肿棒赤眼蜂属

Tumidiclava minoripenis Lin 小茎肿棒赤眼蜂

Tumidiclava simplicis Lin 简基肿棒赤眼蜂

Tumidiclava tenuipenis Lin 细茎肿棒赤眼蜂

Tumidifemur Girault 肿腿赤眼蜂属

Tumidifemur ramispinum Lin 枝刺肿腿赤眼蜂

Tumor Huang 胀须金小蜂属

Tumor longicornis Huang 长角胀须金小蜂

Tunga Jarocki 潜蚤属

Tunga caecigena Jordan *et* Rothschild 盲潜蚤

Tunga callida Li *et* Chin 俊潜蚤

Tunga penetrans (Linnaeus) 穿皮潜蚤

Tungidae 潜蚤科 jiggers and sticktights

Tunginae 潜蚤亚科

Tunicamermis melolonthae Schuurmans Stekhoven Mawson *et* Couturier 鳃角金龟膜索线虫

Tunicamermis Schuurmans Stekhoven, Mawson *et* Couturier 膜索线虫属

Tuomueria Chen *et* Jiang 托萤叶甲属

Tuomueria tibialis Chen *et* Jiang 黄胫托萤叶甲

Tuponia guttula Matsumura 甜菜盲蝽 sugarbeet leaf bug

Tur Baker *et* Wharton 图螨属

Turanogonia Rohdendorf 土蓝寄蝇属

Turanogonia chinensis Wiedemann 夜蛾土蓝寄蝇

Turanogonia klapperichi Mesnil 黄毛土蓝寄蝇

Turanogryllus cous Bei-Bienko 白面纺锤蟋

Turbinococcus Beardsley 陀粉蚧属

Turbinococcus pandanicola (Tak.) 伯劳陀粉蚧

Turbinoptidae 锥痒螨科

Twinnia 吞蚋属

Tyana Walker 角翅夜蛾属

Tyana callichlora Walker 角翅夜蛾

Tyana chloroleuca Walker 碧角翅夜蛾

Tyana falcata (Walker) 绿角翅夜蛾

Tyana monosticta Hampson 一点角翅夜蛾

Tyana pustulifera (Walker) 疹角翅夜蛾

Tychius Germar 籽象属

Tychius crassirostria Ksw. 草木樨籽象

Tychius femoralis Briss. 苜蓿红褐籽象

Tychius flavus Becker 苜蓿黄籽象

Tychius haematopus Herbst 黄金籽象

Tychius medicaginis Briss. 苜蓿籽象

Tychius quinquepunctatus L. 五点籽象

Tychius stephensi Schoenherr 红三叶草籽象 red clover seed weevil

Tychius tomentosus Herbst 车轴籽象

Tydeidae 镰螯螨科 tydeid mites

Tydeoidea 镰螯螨总科

Tydeus Koch 镰螯螨属

Tydeus californicus (Banks) 加州镰螯螨

Tydeus interruptus Thor 破镰螯螨

Tylenchidae 垫刃线虫科

Tylenchorhynchidae 矮化线虫科

Tylenchorhynchus Cobb 矮化线虫属 stunt nematodes, stylet nematodes

Tylenchorhynchus aerolatus Tobar Jiménez 网纹矮化线虫

Tylenchorhynchus agri Ferris 农田矮化线虫

Tylenchorhynchus alatus (Cobb) 具翼矮化线虫

Tylenchorhynchus allii Khurma *et* Mahajan 葱矮化线虫

Tylenchorhynchus amgi Kumar 阿姆格矮化线虫

Tylenchorhynchus ancorastyletus Ivanova 锚针矮化线虫

Tylenchorhynchus annulatus (Cassidy) 饰环矮化线虫

Tylenchorhynchus antarcticus Wouts *et* Sher 对北方矮化线虫

Tylenchorhynchus ascicaudatus Chang 斧尾矮化线虫

Tylenchorhynchus aspericutis Knobloch 糙皮矮化线虫

Tylenchorhynchus badliensis Saha *et* Khan 巴德拉矮化线虫

Tylenchorhynchus bicaudatus Khakimov 双尾矮化线虫

Tylenchorhynchus bohrrensis Gupta *et* Uma 博尔矮化线虫

Tylenchorhynchus botrys Siddiqi 串生矮化线虫

Tylenchorhynchus brassicae Siddiqi 菜蔬矮化线虫

Tylenchorhynchus brevilineatus Williams 短纹矮化线虫

Tylenchorhynchus browni (Kreis) 布氏矮化线虫

Tylenchorhynchus bryobius Sturhan 沼地矮化线虫

Tylenchorhynchus bucharicus (Tulaganov) 布恰矮化线虫

Tylenchorhynchus canalis Thorne *et* Malek 导管矮化线虫

Tylenchorhynchus caricae Kapoor 番木瓜矮化线虫

Tylenchorhynchus chirchikensis Maviyanov 奇尔奇克矮化线虫

Tylenchorhynchus chonai Sethi *et* Swarup 乔那矮化线虫

Tylenchorhynchus clarus Allen 清亮矮化线虫

Tylenchorhynchus clavus Khan 棒形矮化线虫

Tylenchorhynchus claytoni Steiner 克莱顿矮化线虫 tobacco stunt nematode

Tylenchorhynchus coffeae Siddiqi *et* Basir 咖啡矮化线虫

Tylenchorhynchus colombianus Siddiqi 哥伦比亚矮化线虫

Tylenchorhynchus contractus Loof 短窄矮化线虫

Tylenchorhynchus cristatus Ivanova 冠毛矮化线虫

Tylenchorhynchus cuticaudatus Ray *et* Das 角尾矮化线虫

Tylenchorhynchus cylindricus Cobb 柱形矮化线虫

Tylenchorhynchus dactylurus Das 指尾矮化线虫

Tylenchorhynchus delhiensis Chawla *et al.* 德里矮化线虫

Tylenchorhynchus depressus Jairajpuri 凹陷矮化线虫

Tylenchorhynchus dewaelei Kleynhans 德渥尔矮化线虫

Tylenchorhynchus digitatus Das 指状矮化线虫

Tylenchorhynchus dubius (Büetschli) 不定矮化线虫

Tylenchorhynchus ebriensis Seinhorst 伊布里矮化线虫

Tylenchorhynchus elegans Siddiqi 华美矮化线虫

Tylenchorhynchus eremicolus Allen 沙漠矮化线虫

Tylenchorhynchus erevanicus Karapetjan 伊端万矮化线虫

Tylenchorhynchus eroshenkoi (Eroshenko) 伊氏矮化线虫

Tylenchorhynchus estherae Kleynhans 埃斯特矮化线虫

Tylenchorhynchus ewingi Hooper 尤因矮化线虫

Tylenchorhynchus fujianensis Chang 福建矮化线虫

Tylenchorhynchus gadeai (Arias Delgado, Jiménez Millán *et* López Pedregal) 盖氏矮化线虫

Tylenchorhynchus georgiensis Eliashvili 佐治亚矮化线虫

Tylenchorhynchus goffarti Sturhan 高法特矮化线虫

Tylenchorhynchus goldeni Raski *et* Singh 戈氏矮化线虫

Tylenchorhynchus gossypii Nasira *et* Maqbool 棉矮化线虫

Tylenchorhynchus graciliformis Siddiqi *et* Siddiqui 细型化线虫

Tylenchorhynchus granulosus (Cobb) 粒状矮化线虫

Tylenchorhynchus hordei Khan 霍德矮化线虫

Tylenchorhynchus huesingi Paetzold 休赛矮化线虫

Tylenchorhynchus ibericus Mahajan *et* Nombela 西班牙半岛矮化线虫

Tylenchorhynchus imitans Kapoor 类似矮化线虫

Tylenchorhynchus impar Ray *et* Das 不等矮化线虫

Tylenchorhynchus indicus Siddiqi 印度矮化线虫

Tylenchorhynchus irregularis Wu　参差矮化线虫

Tylenchorhynchus kashmirensis Nahajan　卡什米尔矮化线虫

Tylenchorhynchus kegenicus Litvinova　格嘉恩矮化线虫

Tylenchorhynchus kidwaii Rashid *et* Heyns　基德瓦矮化线虫

Tylenchorhynchus kirjanovae Karapetjan　基氏矮化线虫

Tylenchorhynchus latus Allen　偏侧矮化线虫

Tylenchorhynchus leucaenus Azmi　银合欢矮化线虫

Tylenchorhynchus leviterminalis (Siddiqi, Mukherjee *et* Dasgupta)　滑端矮化线虫

Tylenchorhynchus madrasensis Gupta *et* Uma　马德拉斯矮化线虫

Tylenchorhynchus malinus Lin　苹果矮化线虫

Tylenchorhynchus mangiferae Luqman *et* Khan　杧果矮化线虫

Tylenchorhynchus manubriatus Litvinova　具突矮化线虫

Tylenchorhynchus martini Fielding　马氏矮化线虫　sugarcane stylet nematode

Tylenchorhynchus marudharensis Lal, Mathur *et* Rajan　马鲁德赫矮化线虫

Tylenchorhynchus mashhoodi Siddiqi *et* Basir　马舒德矮化线虫

Tylenchorhynchus maximus Allen　最大矮化线虫

Tylenchorhynchus mexicanus Knobloch *et* Laughlin　墨西哥矮化线虫

Tylenchorhynchus microcephalus Siddiqi *et* Patel　小头矮化线虫

Tylenchorhynchus microconus Siddiqi, Mukherjee *et* Dasgupta　小锥矮化线虫

Tylenchorhynchus minutus Karapetjan　微小矮化线虫

Tylenchorhynchus musae Kumar　芭蕉矮化线虫

Tylenchorhynchus namibiensis Rashid *et* Heyns　纳米比亚矮化线虫

Tylenchorhynchus natalensis Kleynhans　纳塔尔矮化线虫

Tylenchorhynchus neoclavicaudatus Mathur, Sanwal *et* Lal　新棒尾矮化线虫

Tylenchorhynchus nordiensis Khan *et* Nanjappa　诺德矮化线虫

Tylenchorhynchus novenus Nobbs　新矮化线虫

Tylenchorhynchus nudus Allen　裸矮化线虫

Tylenchorhynchus obscurisulcatus Andrássy　暗沟矮化线虫

Tylenchorhynchus oleae (Cobb)　齐墩果矮化线虫

Tylenchorhynchus oleraceae Gupta *et* Uma　蔬菜矮化线虫

Tylenchorhynchus ornatus Allen　装饰矮化线虫

Tylenchorhynchus pachys Thorne *et* Malek　肥胖矮化线虫

Tylenchorhynchus palustris (Merny *et* Germani)　沼泽矮化线虫

Tylenchorhynchus paracanalis Khan　异导管矮化线虫

Tylenchorhynchus paranudus Phukan *et* Sanwal　异裸矮化线虫

Tylenchorhynchus paratriversus Brzeski　异三纹矮化线虫

Tylenchorhynchus paucus Kirjanova　稀少矮化线虫

Tylenchorhynchus penniseti Gupta *et* Uma　刺毛矮化线虫

Tylenchorhynchus phallocercus Chang　棒茎矮化线虫

Tylenchorhynchus pini Kulinich　松矮化线虫

Tylenchorhynchus projectus Khan　凸突矮化线虫

Tylenchorhynchus pruni Gupta *et* Uma　李子矮化线虫

Tylenchorhynchus punensis Khan *et* Darekar　彭矮化线虫

Tylenchorhynchus purvus Allen　微细矮化线虫

Tylenchorhynchus queirozi Monteiro *et* Lordello　奎若兹矮化线虫

Tylenchorhynchus robustoides Thorne *et* Malek　拟强壮矮化线虫

Tylenchorhynchus rosei Zarina *et* Maqbool　玫瑰矮化线虫

Tylenchorhynchus sacchari Sivakumar *et* Muthukrishman　甘蔗矮化线虫

Tylenchorhynchus sanwali Kumar　桑氏矮化线虫

Tylenchorhynchus sexamammilatus (Kirjanova)　六突矮化线虫

Tylenchorhynchus siccus Nobbs　旱地矮化线虫

Tylenchorhynchus silvaticus Ferris　树林矮化线虫

Tylenchorhynchus solani Gupta *et* Uma　茄矮化线虫

Tylenchorhynchus spinaceai Singh　菠菜矮化线虫

Tylenchorhynchus stabilis Kapoor　稳定矮化线虫

Tylenchorhynchus striatus Allen　具纹矮化线虫

Tylenchorhynchus styriacus Micoletzky　施蒂里亚矮化线虫

Tylenchorhynchus sulcaticeps Kapoor　畦头矮化线虫

Tylenchorhynchus swarupi Singh *et* Khera　斯氏矮化线虫

Tylenchorhynchus swatiensis Nasira, Shahina *et* Maqbool　斯瓦特矮化线虫

Tylenchorhynchus symmetricus (Cobb)　对称矮化线虫

Tylenchorhynchus tarjani Andrássy　塔氏矮化线虫

Tylenchorhynchus teeni Hashim　蒂恩矮化线虫

Tylenchorhynchus tener Erzhanov　带状矮化线虫

Tylenchorhynchus tenuicauda Wouts *et* Sher　细尾矮化线虫

Tylenchorhynchus tenuis (Micoletzky)　窄细矮化线虫

Tylenchorhynchus thermophilus Golden, Baldwin *et* Mundo-Ocampo　嗜热矮化线虫

Tylenchorhynchus tobari Sauer *et* Annells　图氏矮化线虫

Tylenchorhynchus trilineatus Timm　三纹矮化线虫

Tylenchorhynchus tuberosus Zarina *et* Maqbool　结节矮化线虫

Tylenchorhynchus usmanensis Khurma *et* Mahajan　乌斯曼矮化线虫

Tylenchorhynchus valerianae Kapoor 缬草矮化线虫

Tylenchorhynchus variannus Mavlyanov 变环矮化线虫

Tylenchorhynchus varicaudatus Singh 变尾矮化线虫

Tylenchorhynchus velatus Sauer *et* Annells 缘膜矮化线虫

Tylenchorhynchus ventrosignatus Tobar-Jiménez 侧标矮化线虫

Tylenchorhynchus vulgaris Upadhyay, Swarup *et* Sethi 普通矮化线虫

Tylenchorhynchus wilskii Kornobis 沃斯基矮化线虫

Tylenchorhynchus zeae Sethi *et* Swarup 玉米矮化线虫

Tylenchulus Cobb 小垫刃线虫属

Tylenchulus furcus van den Berg *et* Spaull 有叉小垫刃线虫

Tylenchulus graminis Inserra *et al.* 禾草小垫刃线虫

Tylenchulus palustris Inserra *et al.* 沼泽小垫刃线虫

Tylenchulus semipenetrans Cobb 半穿刺线虫 citrus nematode, citrus root nematode

Tylenchuulidae 小垫刃线虫科

Tylidae 见 Micropezidae

Tylococcus Newst. 瘤粉蚧属

Tylococcus fici (Takahashi) 榕树瘤粉蚧

Tylococcus formicarii Green 蚁窝瘤粉蚧

Tyloderma Say 环根颈象属

Tyloderma fragariae (Riley) 草莓环根颈象 strawberry crown borer

Tylolaelaps Gu *et* Wang 疣厉螨属

Tylolaelaps rhizomydis Gu *et* Wang 竹鼠疣厉螨

Tylonotus Schaum 瘤天牛属

Tylonotus bimaculatus Hald. 桙褐瘤天牛 ash and privet borer

Tyloptera Christoph 洁尺蛾属

Tyloptera bella (Butler) 洁尺蛾

Tylopyge Klapalek 瘤石蝇属

Tylopyge planistyla Wu 扁突瘤石蝇

Tylopyge transversa Wu 横形瘤石蝇

Tylorida Simon 隆背蛛属

Tylorida striata (Thorell) 条斑隆背蛛

Tylorida ventralis (Thorell) 腹隆背蛛

Tylotropidius Stål 棒腿蝗属

Tylotropidius varicornis Walker 异角棒腿蝗

Tylotropidius yunnanensis Zheng *et* Liang 云南棒腿蝗

Tympanistes Moore 膜夜蛾属

Tympanistes yuennana Draudt 云膜夜蛾

Tympanococcus Williams 鼓粉蚧属

Tympanococcus gardeniae Williams 栀子鼓粉蚧

Tympanophorinae 鼓盉亚科

Tympanota Warren 鼓尺蛾属

Tympanota patefacta (Prout) 径鼓尺蛾

Tyndarichus Howard 角缘跳小蜂属

Tyndarichus navae Howard 苹毒蛾跳小蜂

Tyndarichus scaurus (Walker) 山槐卷蛾跳小蜂

Typhaea pallidula Reitter 淡毛蕈甲

Typhaea stercorea (Linnaeus) 毛蕈甲 hairy fungus beetle

Typhloctonus Muma 盲杀螨属

Typhlocyba Germar 小叶蝉属

Typhlocyba aglaie (Anufriev) 安小叶蝉

Typhlocyba arborella Zhang *et* Chou 四斑小叶蝉

Typhlocyba babai Ishihara 贝小叶蝉

Typhlocyba cruenta Herrich-Schäffer 见 *Fagocyba cruenta*

Typhlocyba fumapicata (Dlabola) 褐小叶蝉

Typhlocyba quercussimilis Dworakowska 斑纹栎小叶蝉

Typhlocybinae 小叶蝉亚科

Typhlodromella Muma 小盲走螨属

Typhlodromina Muma 似盲走螨属

Typhlodromus Scheuten 盲走螨属

Typhlodromus acacia Xin, Liang *et* Xu 相思盲走螨

Typhlodromus agilis (Chaudhri) 敏捷盲走螨

Typhlodromus ailanthi Wang *et* Xu 椿盲走螨

Typhlodromus bakeri (Garman) 巴氏盲走螨

Typhlodromus bambusae Ehara 竹盲走螨

Typhlodromus bifurcutus Wu 二叉盲走螨

Typhlodromus borealis Ehara 北方盲走螨

Typhlodromus brevimedius Wu, Lan *et* Liu 短中毛盲走螨

Typhlodromus cannabis Ke *et* Xin 大麻盲走螨

Typhlodromus caudilans Schuster 尾腺盲走螨

Typhlodromus cervix Wu *et* Li 颈盲走螨

Typhlodromus changi Tseng 张氏盲走螨

Typhlodromus chinensis Ehara *et* Lee 中国盲走螨

Typhlodromus concavus Wang *et* Xu 凹胸盲走螨

Typhlodromus corticis Herbert 树木盲走螨

Typhlodromus coryli Wu *et* Lan 毛榛盲走螨

Typhlodromus coryphus Wu 头状盲走螨

Typhlodromus cucumberis Oudemans 胡瓜盲走螨

Typhlodromus dasiphorae Wu *et* Lan 金露梅盲走螨

Typhlodromus datongensis Wang *et* Xu 大通盲走螨

Typhlodromus eleglidus Tseng 长形盲走螨

Typhlodromus fujianensis Wu *et* Lan 福建盲走螨

Typhlodromus gracilentus Tseng 细小盲走螨

Typhlodromus guangdongensis Wu *et* Lan 广东盲走螨

Typhlodromus gulingensis Zhu 牯岭盲走螨

Typhlodromus hibernus Wang *et* Xu 冬盲走螨

Typhlodromus higoensis Ehara 肥厚盲走螨

Typhlodromus hui Wu 胡氏盲走螨

Typhlodromus insularis Ehara 峡盲走螨

Typhlodromus jackmickleyi De Leon 杰氏盲走螨

Typhlodromus lanyuensis Tseng 兰屿盲走螨

Typhlodromus lateris Wu, Lan *et* Liu 侧膜盲走螨

Typhlodromus lieni Tseng 利氏盲走螨

Typhlodromus linzhiensis Wu 林芝盲走螨

Typhlodromus loricatus (Wainstein) 甲胄盲走螨

Typhlodromus luensis Lao *et* Liang　鲁盲走螨

Typhlodromus lushanensis Zhu　庐山盲走螨

Typhlodromus macroides Zhu　类瘦盲走螨

Typhlodromus macrum Ke *et* Xin　瘦盲走螨

Typhlodromus marinus Wu *et* Liu　沿海盲走螨

Typhlodromus monosetus Wang *et* Xu　单毛盲走螨

Typhlodromus neocrassus Tseng　新厚盲走螨

Typhlodromus obesus Tseng　肥胖盲走螨

Typhlodromus occidentalis Nesbitt　西方盲走螨

Typhlodromus orientalis Wu　东方盲走螨

Typhlodromus pineus Wu *et* Li　松盲走螨

Typhlodromus platycladus Xin, Liang *et* Ke　侧柏盲走螨

Typhlodromus pseudoserrulatus Tseng　拟锯胸盲走螨

Typhlodromus pyri Schent　梨盲走螨

Typhlodromus qianshanensis Wu　千山盲走螨

Typhlodromus qinghaiensis Wang *et* Xu　青海盲走螨

Typhlodromus reticulatus Oudemans　小网盲走螨

Typhlodromus ribei Ke *et* Xin　茶藨子盲走螨

Typhlodromus rickeri (Chant)　立氏盲走螨

Typhlodromus ryukyuensis Ehara　琉球盲走螨

Typhlodromus serrulatus Ehara　锯胸盲走螨

Typhlodromus soleiger (Ribaga)　苏氏盲走螨

Typhlodromus taishanensis Wang *et* Xu　泰山盲走螨

Typhlodromus talbii Athais-Henriot　塔氏盲走螨

Typhlodromus ternatus Ehara　三孔盲走螨

Typhlodromus tiliae Oudemans　椴盲走螨

Typhlodromus tridentiger Tseng　三齿盲走螨

Typhlodromus trisetus Wu, Lan *et* Zhang　三毛盲走螨

Typhlodromus ulmi Wang *et* Xu　榆盲走螨

Typhlodromus verenae Wu *et* Lan　马鞭草盲走螨

Typhlodromus vulgaris Ehara　普通盲走螨

Typhlodromus xianensis Chen *et* Zhu　西安盲走螨

Typhlodromus xingchengensis Wu *et* Lan　兴城盲走螨

Typhlodromus xini Wu　忻氏盲走螨

Typhlodromus xiningensis Chen *et* Chu　西宁盲走螨

Typhlodromus xinjianensis Wu *et* Li　新疆盲走螨

Typhlodromus yinchuanensis Liang *et* Hu　银川盲走螨

Typhlodromus zhangensis Wang *et* Xu　张掖盲走螨

Typhlodromus zhaoi Wu *et* Li　赵氏盲走螨

Typhlomyopsyllus Li *et* Huang　盲鼠蚤属

Typhlomyopsyllus bashanensis Liu *et* Wang　巴山盲鼠蚤

Typhlomyopsyllus cavaticus Li *et* Huang　洞居盲鼠蚤

Typhlomyopsyllus esinus Liu, Shi *et* Liu　无窦盲鼠蚤

Typhloseiella Muma　小盲绥螨属

Typhloseiopsis De Leon　似盲绥螨属

Typhloseius Muma　盲绥螨属

Typodryas callichromoides Thomson　绿矛瘦天牛

Typodryas cambodianus Villiers　柬矛瘦天牛

Typodryas trochanterius Gahan　转刺矛瘦天牛

Typophorus nigritus viridicyaneus (Crotch)　甘薯蓝绿叶甲　sweetpotato leaf beetle

Tyreophagus Rondani　鼹卡螨属

Tyreophagus entomophagus Laboulbene　食虫鼹卡螨

Tyria jacobaeae (Linnaeus)　红棒球灯蛾　cinnabar moth

Tyroborus Oudemans　嗜酪螨属

Tyroborus lini Oudemans　线嗜酪螨

Tyroglyphopsis Vitzthum　裂酪螨属

Tyrolichus Oudemans　向酪螨属

Tyrolichus casei Oudemans　干向酪螨　cheese mites

Tyrophagus Oudemans　食酪螨属

Tyrophagus brevicrinatis Robertson　短毛食酪螨

Tyrophagus dimidiatus (Hermann)　裂腐食酪螨

Tyrophagus fungivorus Oudemans　菌食酪螨

Tyrophagus jingdezhenensis Jiang　景德镇食酪螨

Tyrophagus lintneri (Osborne)　蘑菇食酪螨　mushroom mite

Tyrophagus longior (Gervais)　长食酪螨

Tyrophagus neiswanderi Johnston *et* Bruce　尼氏食酪螨

Tyrophagus palmarum Oudemans　阔食酪螨

Tyrophagus perniciosus Zachvatkin　速食酪螨

Tyrophagus putrescentiae (Schrank)　腐食酪螨　mould mite

Tyrophagus similis Volgin　似食酪螨

Tyrophagus tropicus Robertson　热带食酪螨

Tyrrelliidae　替莱水螨科

Tyspanodes Warren　黑纹野螟属

Tyspanodes hypsalis Warren　黄黑纹野螟

Tyspanodes striata (Butler)　橙黑纹野螟

Tytthaspis Crotch　纵带瓢虫属

Tytthaspis trilineata Ws.　纵带瓢虫

U

Uchidastygacaridae　内田水螨科

Udara Toxopeus　妩灰蝶属

Udara alocaerulea (Moore)　白斑妩灰蝶

Udara dilecta (Moore)　珍贵妩灰蝶

Udaspes Moore　姜弄蝶属

Udaspes folus (Gramer)　姜弄蝶

Udaspes stellata (Oberthüer)　小星姜弄蝶

Udea Guenée　缨突野螟属

Udea ferruginalis Hübner　锈黄缨突野螟

Udea testacea Butler　壳缨突野螟　celery leaftier

Udinia De Lotto　乌盉蚧属

Udinia psidii (Green)　南亚乌盉蚧

Udonga Distant　突蝽属

Udonga spinidens Distant　突蝽

Udonomeiga vicinalis South　楤木螟　aralia leafroller

Uenoa lobata (Hwang)　双叶乌石蛾

Uenoidae 乌石蛾科

Ufens Girault 宽翅赤眼蜂属

Ufens acuminatus Lin 细突宽翅赤眼蜂

Ufens anomalus Lin 异形宽翅赤眼蜂

Ufens cupuliformis Lin 杯状宽翅赤眼蜂

Ufens rimatus Lin 折脉宽翅赤眼蜂

Ufens similis (Kryger) 相似宽翅赤眼蜂

Uga digitata Qian *et* He 指突膨胸小蜂

Uga hemicarinata Qian *et* Li 半脊膨胸小蜂

Ugandatrichia Mosely 乌干达小石蛾属

Ugandatrichia navicularis Xue *et* Yang 舟形乌干达小石蛾

Ugandolaelasps Radford 乌厉螨属

Ugyops Guèrin-Méneville 五脊飞虱属

Ugyops vittatus (Matsumura) 斑点五脊飞虱

Ugyops zoe Fennah 条纹五脊飞虱

Uhlerites Drake 角肩网蝽属

Uhlerites debilis (Uhler) 褐角肩网蝽 chestnut lace bug

Uhlerites latius Takeya 黄角肩网蝽 walnut lace bug

Uhlerites piceus Jing 黑角肩网蝽

Ula cincta Alexander 系带尤拉大蚊

Ula fungicola Nobuchi 松带菌尤拉大蚊 pine agaric crane fly

Ula shiitakea Nobuchi 稀他克尤拉大蚊 shiitake crane fly

Ulesanis L. Koch 舞勒蛛属

Ulesanis minschana Schenkel 明斯舞勒蛛

Ulesta Cameron 武姬蜂属

Ulesta agitata (Matsumura *et* Uchida) 弄蝶武姬蜂

Ulidiidae 小金蝇科 picture-winged flies

Uliginotylenchus Siddiqi 泽垫线虫属

Uliginotylenchus bifasciatus (Andrássy) 双带泽垫线虫

Uliginotylenchus cylindricaudatus Liu, Duan *et* Liu 柱尾泽垫线虫

Uliginotylenchus palustris (Merny *et* Germani) 沼泽泽垫线虫

Uliginotylenchus papyrus (Siddiqi) 芦苇泽垫线虫

Uliginotylenchus rhopalocercus (Seinhorst) 锤角泽垫线虫

Uliginotylenchus uliginosus (Siddiqi) 泥沼泽垫线虫

Uloboridae 蚬蛛科

Uloborus Latreille 蚬蛛属

Uloborus guangxiensis Zhu *et al.* 广西蚬蛛

Uloborus walckenaerius Latreille 草间蚬蛛

Ulochaetes Thomson 狮天牛属

Ulochaetes leoninus LeConte 狮天牛 lion beetle

Ulodemis tridentata Liu *et* Bai 三齿卷蛾

Ulodemis trigrapha Meyrick 多齿卷蛾

Ulonemia Drake *et* Poor 狭网蝽属

Ulonemia assamensis (Distant) 狭网蝽

Ulopidae 窄颊叶蝉科

Ulopinae 窄颊叶蝉亚科

Ulotrichopus Wallengren 蜗夜蛾属

Ulotrichopus macula (Hampson) 斑蜗夜蛾

Ultracoelostoma japonica (Oguma) 见 *Xylococcus japonicus*

Ultratenuipalpus Mitrofanov 外细须螨属

Ultratenuipalpus filicicola (Wang) 蕨外细须螨

Ultratenuipalpus hainanensis (Wang) 海南外细须螨

Ummeliata Strand 沟瘤蛛属

Ummeliata insecticeps (Boes. *et* Str.) 食虫沟瘤蛛

Ummeliata tokyoensis (Uyemura) 东京沟瘤蛛

Una de Nicéville 纯灰蝶属

Una usta (Distant) 纯灰蝶

Unachionaspis MacGillivray 釉盾蚧属

Unachionaspis bambusae (Cockerell) 毛竹釉盾蚧 bamboo scurfy scale

Unachionaspis signata (Mask.) 箬竹釉盾蚧

Unachionaspis tenuis (Maskell) 紫竹釉盾蚧 bamboo fiorinia scale

Unaspidiotus Macg. 变圆盾蚧属

Unaspidiotus cedricola (Takagi *et* Kawai) 见 *Unaspidiotus corticis-pini*

Unaspidiotus corticis-pini (Lindinger) 松杉变圆盾蚧

Unaspis MacGillivray 尖盾蚧属

Unaspis acuminata (Green) 苏铁尖盾蚧

Unaspis aei Takagi 台湾尖盾蚧

Unaspis aesculus Takahashi 七叶树尖盾蚧

Unaspis citri (Comstock) 柑橘尖盾蚧 citrus snow scale, orange snow scale, orange chionaspis

Unaspis emei Tang 峨眉尖盾蚧

Unaspis euonymi (Comstock) 卫矛矢尖盾蚧 euonymus scale

Unaspis mediformis (Chen) 云南尖盾蚧

Unaspis pseudaesculus Tang 拟七叶尖盾蚧

Unaspis turpiniae Takahashi 香圆尖盾蚧

Unaspis yanonensis (Kuwana) 矢尖盾蚧 Yanon scale, arrowhead scale

Uncifer Jordan 钩长角象属

Unguizetes Sellnick 爪甲螨属

Unguizetes curypterus Wen *et* Zhao 宽翼爪甲螨

Ungulaspis MacGillivray 爪蛎盾蚧属

Ungulaspis ficicola (Takahashi) 无花果爪蛎盾蚧

Ungulaspis pinicolous (Chen) 松爪蛎盾蚧

Unionicola Haldoman 蚌螨属

Unionicola crassipes (Müller) 厚蚌螨

Unionicola marginata Jin 宽边蚌螨

Unionicola setipes Sokolow 毛蚌螨

Unionicola ypsilophora (Bonz.) 丫纹蚌螨

Unionicolidae 蚌螨科

Unionicolinae 蚌螨亚科

Uniunguitarsonemus Beer *et* Nucifora 单爪跗线螨属

Unkanodes Fennah 白脊飞虱属

Unkanodes sapporona (Matsumura) 白脊飞虱

Uracanthus pallens Hope 苍白双刺天牛

Uracanthus triangularis Hope 角斑双刺天牛 triangular-marked longhorn beetle

Uraecha Thomson 泥色天牛属

Uraecha angusta (Pascoe) 樟泥色天牛

Uraecha ochreomarmorata Breuning 大理纹泥色天牛

Uraniidae 燕蛾科

Uranioidea 燕蛾总科

Uranotaenia Lynch Arribalzaga 蓝带蚊属

Uranotaenia abdita Peyton 迭名蓝带蚊

Uranotaenia alboannulata (Theobald) 白环蓝带蚊

Uranotaenia annandalei Barraud 安氏蓝带蚊

Uranotaenia bicolor Leicester 双色蓝带蚊

Uranotaenia edwardsi Barraud 爱德蓝带蚊

Uranotaenia enigmatica Peyton 迷洞蓝带蚊

Uranotaenia hebes Barraud 罕培蓝带蚊

Uranotaenia jacksoni Edwards 香港蓝带蚊

Uranotaenia koli Peyton et Klein 科利蓝带蚊

Uranotaenia leiboensis Chu 雷波蓝带蚊

Uranotaenia lui Lien 吕氏蓝带蚊

Uranotaenia lutescens Leicester 贫毛蓝带蚊

Uranotaenia macfarlanei Edwards 麦氏蓝带蚊

Uranotaenia maxima Leicester 巨型蓝带蚊

Uranotaenia nivipleura Leicester 白胸蓝带蚊

Uranotaenia novobscura Barraud 新糊蓝带蚊

Uranotaenia obscura Edwards 暗糊蓝带蚊

Uranotaenia sombooni Peyton et Klein 素蓬蓝带蚊

Uranotaenia spiculosa Peyton et Rattanarithikul 细刺蓝带蚊

Uranotaenia testacea Theobald 钻色蓝带蚊

Uranotaenia unguiculata Edwards 长爪蓝带蚊

Uranotaenia yaeyamana Tanaka Mizusawa et Saugstad 八重山蓝带蚊

Urocerus Geoffroy 大树蜂属

Urocerus albicornis Fabricius 白角大树蜂 white-horned horntail

Urocerus antennatus (Marlatt) 异角大树蜂

Urocerus brachyrus Maa 短胫大树蜂

Urocerus californicus Norton 加州大树蜂

Urocerus cressoni Norton 克森大树蜂 black and red horntail

Urocerus dongchuanensis Xiao et Wu 东川大树蜂

Urocerus flavicornis (F.) 黄角大树蜂 yellow-horned horntail

Urocerus fushengi Xiao et Wu 复生大树蜂

Urocerus gigas gigas (Linnaeus) 云杉大树蜂 giant woodwasp

Urocerus gigas taiganus Benson 泰加大树蜂 giant woodwasp

Urocerus gigas tibetanus Benson 西藏大树蜂 giant woodwasp

Urocerus helvolus Xiao et Wu 黄翅大树蜂

Urocerus japonicus Smith 日本大树蜂 Japanese horntail

Urocerus koshunus (Sonan) 高雄大树蜂

Urocerus lijiangensis Xiao et Wu 丽江大树蜂

Urocerus linitus Xiao et Wu 暗腹大树蜂

Urocerus multifasciatus Takeuchi 扁柏大树蜂

Urocerus niger Benson 黑色大树蜂

Urocerus niitakanus (Sonan) 长胫大树蜂

Urocerus serricornis Xiao et Wu 多刺大树蜂

Urocerus sicieni Maa 陈氏大树蜂

Urocerus similis Xiao et Wu 类台大树蜂

Urocerus tsutsujiyamanus (Sonan) 翠山大树蜂

Urocerus tumidus Maa 顶胀大树蜂

Urocerus xanthus (Cameron) 藏黄大树蜂

Urocerus yasushii (Yano) 安士大树蜂

Urochela Dallas 壮异蝽属

Urochela caudatus (Yang) 拟壮异蝽

Urochela distincta Distant 亮壮异蝽

Urochela elongata Blöte 窄壮异蝽

Urochela falloui Reuter 短壮异蝽

Urochela flavoannulata (Stål) 黄壮异蝽

Urochela guttulata Stål 扩壮异蝽

Urochela longmenensis Chen 龙门壮异蝽

Urochela luteovaria Distant 花壮异蝽 pear stink bug

Urochela pollescens (Jakovlev) 无斑壮异蝽

Urochela punctata Hsiao et Ching 褐壮异蝽

Urochela quadrinotata Reuter 红足壮异蝽

Urochela rubra Yang 黑足壮异蝽

Urochela rufiventris Hsiao et Ching 膜斑壮异蝽

Urochela siamensis Yang 宽壮异蝽

Urochela tunglingensis Yang 黄脊壮异蝽

Urochela yangi Maa 见 *Urostylis yangi*

Uroctea 11-maculata Schenkel 十一斑壁钱蛛

Uroctea Dufour 壁钱蛛属

Uroctea compactilis L. Koch 华南壁钱蛛

Uroctea lesserti Schenkel 北国壁钱蛛

Urocteidae 壁钱蛛科

Urodiaspidae 尾双盾螨科

Urodinychidae 尾双爪螨科

Urodiscella Berlese 尾盘螨属

Urodonta Staudinger 娓舟蛾属

Urodonta arcuata Alphéraky 卵斑娓舟蛾

Urodonta viridimixta (Bremer) 绿斑娓舟蛾

Uroiphis Berlese 尾伊螨属

Urolabida Westwood 盲异蝽属

Urolabida callosa Hsiao et Ching 奇突盲异蝽

Urolabida concolor Hsiao et Ching 乳突盲异蝽

Urolabida grayi White 扩边盲异蝽

Urolabida histrionica Westwood 橘盾盲异蝽

Urolabida khasiana Distant 黑角盲异蝽

Urolabida lineata Hsiao et Ching 棕带盲异蝽

Urolabida marginata Hsiao et Ching 淡边盲异蝽

Urolabida nigromarginalis (Reuter) 黑边盲异蝽

Urolabida pulchra Blöte 美盲异蝽

Urolabida septemdentata Maa 七齿盲异蝽

Urolabida spathulifera Blöte 剑突盲异蝽

Urolabida subtruncata Maa 带盲异蝽

Uroleucon Mordvilko 指网管蚜属

Uroleucon formosanum (Takahashi) 见 *Dactynotus formosanum*

Uroleucon gobonis (Matsumura) 见 *Dactynotus gobonis*

Uroleucon sonchi (Linnaeus) 苦苣指网管蚜

Urophorus humeralis Fabricius 肩露尾甲

Uroplitella Berlese 尾派螨属

Uropoda fallax Vitzhum 小蠹坑食菌尾足螨

Uropodellidae 小尾足螨科

Uropodidae 尾足螨科

Uropodoidea 尾足螨总科

Uropyia Staudinger 美舟蛾属

Uropyia meticulodina (Oberthür) 核桃美舟蛾

Uroseius Berlese 尾绥螨属

Uroseius roseius acuminatus (C. L. Koch) 尖细尾绥螨

Urostylidae 异蝽科

Urostylinae 异蝽亚科

Urostylis Westwood 娇异蝽属

Urostylis chinai Maa 角突娇异蝽

Urostylis connectens Hsiao *et* Ching 过渡娇异蝽

Urostylis fici Ren 榕娇异蝽

Urostylis genevae Maa 绿娇异蝽

Urostylis guangdongensis Chen 广东娇异蝽

Urostylis immaculatus Yang 刺突娇异蝽

Urostylis insignis Hsiao *et* Ching 无斑娇异蝽

Urostylis lateralis Walker 侧点娇异蝽

Urostylis limbatus Hsiao *et* Ching 双突娇异蝽

Urostylis linguiformis Ren 舌突娇异蝽

Urostylis montanus Ren 高山娇异蝽

Urostylis pallida Dallas 苍白娇异蝽

Urostylis punctigera Westwood 具点娇异蝽 champ bug

Urostylis quadrinotata Reuter 见 *Urochela quadrinotata*

Urostylis spectabilis Distant 橘边娇异蝽

Urostylis striicornis Scott 匙突娇异蝽

Urostylis tricarinata Maa 斑娇异蝽

Urostylis venulosus Hsiao *et* Ching 褐脉娇异蝽

Urostylis westwoodi Scott 黑门娇异蝽 quercus stink bug

Urostylis yangi Maa 淡娇异蝽

Urosyrista mencioyana Maa 三加尾茎蜂

Urosyrista montana Maa 蒙岱尾茎蜂

Urothemis 曲钩脉蜻属

Urothemis signata Rambur 赤斑曲钩脉蜻

Urothripidae 尾蓟马科

Urozeron Berlese 尾蚖螨属

Uscana Girault 尤氏赤眼蜂属

Uscana callosobruchi Lin 豆象尤氏赤眼蜂

Uscana latipenis Lin 宽茎尤氏赤眼蜂

Uscana rugatus Lin 纹胸尤氏赤眼蜂

Uscana setifera Lin 毛角尤氏赤眼蜂

Uscanoidea Girault 异角赤眼蜂属

Uscanoidea apiclavata Lin 尖棒异角赤眼蜂

Uscanoidea ovata Lin 卵棒异角赤眼蜂

Usia xizangensis Yang *et* Yang 西藏乌蜂虻

Usilanus Distant 凹颊长蝽属

Usilanus burmanicus Distant 缅甸凹颊长蝽

Usilanus pictus (Distant) 斑驳凹颊长蝽

Usingerida Kormilev 尤扁蝽属

Usingerida carinata Hsiao 脊尤扁蝽

Usingerida hubeiensis Liu 湖北尤扁蝽

Usingerida pingbiena Hsiao 长头尤扁蝽

Usingerida tuberosa Hsiao 大尤扁蝽

Usingerida verrucigera ((Bergroth) 疣尤扁蝽

Ussuriana Tutt 赭灰蝶属

Ussuriana michaelis (Oberthür) 赭灰蝶

Ussuriana takarana (Araki *et* Hirayama) 藏宝赭灰蝶

Usta terpsichorina Westwood 见 *Usta wallengreni*

Usta wallengreni Felder 肯尼亚肖乳香大蚕蛾

Usuironus Ishihara 利叶蝉属

Usuironus limbifera (Matsumura) 白边利叶蝉

Utetheisa lotrix (Cramer) 拟三色星灯蛾

Utobium marmoratum Fall 宿干松材窃蠹

Uvaroviola B.-Bienko 尤蝗属

Uvaroviola multispinosa B.-Bienko 多刺尤蝗

Uzeldikra Dworakowska 乌小叶蝉属

Uzeldikra citrina (Melichar) 柠檬乌小叶蝉

Uzelothripidae 见 *Fanklinothripidae*

Uzucha Walker 皮木蛾属

Uzucha borealis Turner 皮木蛾

Uzucha humeralis Walker 肩皮木蛾

Uzuchidae 见Xyloryctidae

V

Vachiria Stål 枯猎蝽属

Vachiria clavicornis Hsiao *et* Ren 枯猎蝽

Vacuna dryophila Schrank 见 *Thelaxes dryophila*

Vagrans Hemming 彩蛱蝶属

Vagrans egista (Cramer) 彩蛱蝶

Valanga irregularis Walker 昆士兰南洋杉蝗

Valanga nigricornis Burmeister 东洋黑角蝗

Valentia Stål 锤胫猎蝽属

Valentia compressipes Stål 锤胫猎蝽

Valentia hoffmanni China 小锤胫猎蝽

Valentinia glandulella (Riley) 栎实遮颜蛾 acorn moth

Valeria Stephens 鹰冬夜蛾属

Valeria exanthema (Boursin) 巨肾鹰冬夜蛾

Valeria heterocampa (Mooer) 高鹰冬夜蛾

Valeria mienshani Draudt 绵鹰冬夜蛾

Valeria tricristata Draudt 碧鹰冬夜蛾

Valeria viridingra Hampson 褐绿鹰冬夜蛾

Valescus Distant 烟蝽属

Valescus jianhenansis Chen 剑河烟蝽

Valescus omeiensis Hsiao et Cheng 峨眉烟蝽

Valgidae 胖金龟科

Valgus Scriba 胖金龟属

Valgus hemipterus (Linnaeus) 短翅胖金龟

Valmontia Oudemans 凡尔螨属

Vamuna alboluteola (Rothschild) 黄黑瓦苔蛾

Vamuna albulate (Fang) 肖黄黑瓦苔蛾

Vamuna fusca (Fang) 褐瓦苔蛾

Vamuna maculata Moore 斑瓦苔蛾

Vamuna postalba (Fang) 后白瓦苔蛾

Vamuna remelana (Moore) 白黑瓦苔蛾

Vamuna sinensis (Leech) 中华瓦苔蛾

Vamuna stoutzneri (Draeseke) 峭瓦苔蛾

Vanapa oberthuri Pouillaude 南美杉象 hoop pine weevil

Vandicidae 脊鞘蝽科

Vanessa Fabricius 红蛱蝶属

Vanessa antiopa Linnaeus 安弟奥培杨榆红蛱蝶 camberwell beauty, mourning cloak butterfly, spiny elm caterpillar

Vanessa cardui (Linnaeus) 小红蛱蝶 painted lady

Vanessa indica (Herbst) 大红蛱蝶 Indian painted lady

Vanessa polychloros Linnaeus 大龟壳红蛱蝶 large tortoiseshell butterfly, willow butterfly

Vanessa xanthomelas Denis 东部大龟壳红蛱蝶 eastern tortoiseshell butterfly

Vangama Distant 弯头叶蝉属

Vangama albiveina Li 白脉弯头叶蝉

Vanhorniidae 离颚细蜂科

Vanhorniinae 离颚细蜂亚科

Varroa Oudemans 瓦螨属

Varroa jacobsoni Oudemans 大蜂螨

Varroidae 瓦螨科

Vasates Shimer 斜背瘤瘿螨属

Vasates cornutes (Banks) 角斜背瘤瘿螨 peach silver mite

Vasates jilinensis Kuang 吉林斜背瘤瘿螨

Vasates populivagrans Keifer 杨游移斜背瘤瘿螨

Vasates quadripedes Shimer 槭斜背瘤瘿螨 maple bladder gall mite

Vatidae 长颈螳科

Vecella Wu et Yang 缺室菌蚊属

Vecella guadunana Wu et Yang 挂墩缺室菌蚊

Veigaia Oudemans 维螨属

Veigaia cuneata Ma 楔形维螨

Veigaia kochi (Tagardh) 克氏维螨

Veigaia ochracea Bregetova 黄赫维螨

Veigaia sinicus Ma et Piao 中国维螨

Veigaia slonovi Bregetova 斯氏维螨

Veigaiaidae 维螨科

Velarifictorus aspersus (Walker) 长颚蟋

Velarifictorus beybienkoi Gorochov 贝氏斗蟋

Velarifictorus khasiensis Vasanth et Ghosh 拟斗蟋

Velarifictorus micado (Saussure) 斗蟋

Veliidae 宽黾蝽科

Velinus Stål 脂猎蝽属

Velinus annulatus Distant 革红脂猎蝽

Velinus apicalis Hsiao 小脂猎蝽

Velinus malayus Stål 黄背脂猎蝽

Velinus marginatus Hsiao 赭翅脂猎蝽

Velinus nodipes Uhler 黑脂猎蝽

Velinus rufiventris Hsiao 红腹脂猎蝽

Velitra Stål 委猎蝽属

Velitra incontaminata Bergroth 黑翅委猎蝽

Velitra melanomeris Distant 斑翅委猎蝽

Velitra sinensis Walker 黑胫委猎蝽

Velitra xantusi Horváth 褐胫委猎蝽

Velocipedidae 捷蝽科

Venonia Thorell 脉狼蛛属

Venonia spirocysta Chai 旋囊脉狼蛛

Venturia Schrottky 圆柄姬蜂属

Venturia canescens (Gravenhorst) 仓蛾姬蜂

Venusia Curtis 维尺蛾属

Venusia apicistrigaria (Djakonov) 小双角维尺蛾

Venusia balausta Xue 石榴维尺蛾

Venusia biangulata (Sterneck) 双角维尺蛾

Venusia blomeri (Curtis) 博维尺蛾

Venusia cambrica Curtis 康维尺蛾

Venusia conisaria Hampson 灰波维尺蛾

Venusia eucosma (Prout) 饰维尺蛾

Venusia kioudjrouaria Oberthüer 克维尺蛾

Venusia laria Oberthüer 拉维尺蛾

Venusia lilacina (Warren) 丽维尺蛾

Venusia maniata Xue 狂维尺蛾

Venusia marmoraria (Leech) 石纹维尺蛾

Venusia naparia Oberthüer 幽维尺蛾

Venusia nigrifurca (Prout) 红黑维尺蛾

Venusia obliquisigna (Moore) 斜维尺蛾

Venusia paradoxa Xue 奇维尺蛾

Venusia planicaput Inoue 平额维尺蛾

Venusia punctiuncula Prout 点维尺蛾

Venusia scitula Xue 纤维尺蛾

Venusia sikkimensis (Elwes) 锡金维尺蛾

Venusia szechuanensis Wehrli 四川维尺蛾

Venusia tchraria Oberthüer 查维尺蛾

Venusia violettaria Wehrli 紫维尺蛾

Veoperla han Stark 短叉新石蛾

Vepracarus Aoki 毛罗甲螨属

Vepracarus cruzae Corpus-Raros 库毛罗甲螨

Vepracarus hirsutus (Aoki) 密丛毛罗甲螨

Vepracarus punctatus Hu *et* Wang 点毛罗甲螨

Verania Mulsant 春红瓢虫属

Verania discolor (Fabricius) 稻春红瓢虫

Vermiophis ganquanensis Yang 甘泉潜穴虻

Vermiophis minshanensis Yang *et* Chen 岷山潜穴虻

Vermiophis taihangensis Yang *et* Chen 太行潜穴虻

Vermiophis taishanensis Yang *et* Chen 泰山潜穴虻

Vermiophis yanshanensis Yang *et* Chen 燕山潜穴虻

Vermipsylla Schimkewitsch 蠕形蚤属

Vermipsylla alakurt Schimkewitsch 花蠕形蚤

Vermipsylla asymmetrica asymmetrica Liu, Wu *et* Wu 不齐蠕形蚤指名亚种

Vermipsylla asymmetrica lunata Liu, Tsai *et* Wu 不齐蠕形蚤新月亚种

Vermipsylla ibexa Zhang *et* Yu 北山羊蠕形蚤

Vermipsylla minuta Liu, Chang *et* Chen 微小蠕形蚤

Vermipsylla parallela Liu, Wu *et* Wu 平行蠕形蚤

Vermipsylla parallela rhinopitheca Li 平行蠕形蚤金丝猴亚种

Vermipsylla perplexa centrolasia Liu Wu *et* Wu 似花蠕形蚤中亚亚种

Vermipsylla qilianensis Wu, Tsai *et* Liu 祁连蠕形蚤

Vermipsylla yeae Yu *et* Li 叶氏蠕形蚤

Vermipsyllidae 蠕形蚤科

Verrucoentomon xinjiangense Yin 新疆花腺蚖

Vertomannus Distant 细颈长蝽属

Vertomannus brevicollum Zheng 短头细颈长蝽

Vertomannus crassus Zheng 肿股细颈长蝽

Vertomannus emeia Zheng 峨眉细颈长蝽

Vertomannus ophiocephalus Zheng 广西细颈长蝽

Vertomannus validus Zheng 巨股细颈长蝽

Vesbius Stål 小猎蝽属

Vesbius hainanensis China 海南小猎蝽

Vesbius purpureus (Thunberg) 红小猎蝽

Vesbius sanguinosus Stål 红股小猎蝽

Vesciinae 曲胫猎蝽亚科

Vesiculaphis Del Guercio 烟管蚜属

Vesiculaphis caricis Fullaway 苔烟管蚜

Vespa Linnaeus 胡蜂属

Vespa affinis (Linnaeus) 黄腰胡蜂

Vespa analis nigrans Buysson 拟大胡蜂

Vespa analis parallela Andr 三齿胡蜂

Vespa basalis Smith 基胡蜂

Vespa bicolor bicolor Fabricius 黑盾胡蜂

Vespa binghami Buysson 褐胡蜂

Vespa crabro crabro Linnaeus 黄边胡蜂

Vespa crabro germana (Christ) 德国黄边胡蜂 giant hornet

Vespa magnifica Smith 大胡蜂

Vespa mandarinia mandarinia Smith 金环胡蜂

Vespa orientalis Linnaeus 东方胡蜂

Vespa tropica ducalis Smith 黑尾胡蜂

Vespa tropica haematodes Bequaert 小金箍胡蜂

Vespa tropica leefmansi van der Vecht 大金箍胡蜂

Vespa variabilis Buysson 变胡蜂

Vespa velutina auraria Smith 凹纹胡蜂

Vespa velutina nigrithorax Buysson 墨胸胡蜂

Vespa vivax Smith 寿胡蜂

Vespa xanthoptera Cameron 黄翅胡蜂

Vespacarus Baker 蜂螨属

Vespamima novaroensis (Hy. Edwards) 见 *Conopia novaroensis*

Vespamima pini (Kellicott) 松透翅蛾 pitch mass borer

Vespamima sequoiae (Hy. Edwards) 见 *Conopia sequoiae*

Vespidae 胡蜂科 hornets, yellow jackets, potter wasps

Vespoidea 胡蜂总科

Vespula Thomson 黄胡蜂属

Vespula arenaria arenaria (Fab.) 沙黄胡蜂

Vespula austriaca (Panzer) 澳黄胡蜂

Vespula flaviceps flaviceps (Smith) 细黄胡蜂

Vespula germanica (Fabricius) 德国黄胡蜂

Vespula koreensis koreensis (Radoszkowski) 朝鲜黄胡蜂

Vespula koreensis orbata (Buysson) 环黄胡蜂

Vespula maculata (Linn.) 白斑脸黄胡蜂 bald-faced hornet

Vespula maculifrons (Buysson) 额斑黄胡蜂

Vespula minuta arisana (Sonan) 台湾黄胡蜂

Vespula rufa rufa (Linnaeus) 北方黄胡蜂

Vespula rufa schrenckii (Radoszkowsky) 施黄胡蜂

Vespula structor (Smith) 绣腹黄胡蜂

Vespula vulgaris (Linnaeus) 常见黄胡蜂

Vestalis 细色蟌属

Vestalis gracilis Rambur 多横细色蟌

Vestalis smaragdina Selys 黑角细色蟌

Vexillariidae 旗羽螨科

Vianaididae 甲蝽科

Vibidia Mulsant 十二斑菌瓢虫属

Vibidia duodecimguttata (Poda) 十二斑褐菌瓢虫

Vibidia korschefskyi (Mader) 哥氏褐菌瓢虫

Vibidia luliangensis Cao *et* Xiao 陆良褐菌瓢虫

Vibrissina Rondani 髭寄蝇属

Vibrissina turrita Meigen 长角髭寄蝇

Viciria Thorell 巢跳蛛属

Viciria vijmi Proszynski 弗氏巢跳蛛

Vidia Oudemans 徽地螨属

Viedebanttia Oudemans 伟台螨属

Vietoppia Mahunka 越奥甲螨属

Vietoppia fujianensis Wang 闽越奥甲螨

Viidaleppia Inoue 俄带尺蛾属

Viidaleppia incerta Inoue 疑俄带尺蛾

Viidaleppia serrataria (Prout) 锯俄带尺蛾

Vilius Stål 爪盾猎蝽属

Vilius melanopterus Stål 爪盾猎蝽

Villanovanus Distant 文猎蝽属

Villanovanus nigrorufus Hsiao 黑文猎蝽

Villersia Oudemans 蓬毛螨属

Vindula Hemming 文蛱蝶属

Vindula dejone (Erichson) 台文蛱蝶

Vindula erota (Fabricius) 文蛱蝶

Vindusara Moore 雁尺蛾属

Vindusara metachromata (Walker) 金纹雁尺蛾

Vinsonia Signoret 星蜡蚧属

Vinsonia stellifera (Westwood) 七角星蜡蚧(七星蜡蚧)

Virachola Moore 浆果灰蝶属

Virachola bimaculata (Hew.) 咖啡浆果灰蝶 coffee berry butterfly

Virachola isocrates Fabricius 青浆果灰蝶 anar butterfly

Viridomarus Distant 角冠叶蝉属

Viridomarus capitatus Distant 角冠叶蝉

Vitellus Stål 芸蝽属

Vitellus orientalis Distant 芸蝽

Vitessa Moore 黄螟属

Vitessa suradeva Moore 黄螟

Viteus Shimer 葡萄根瘤蚜属

Vitruvius Distant 伟蝽属

Vitruvius insignis Distant 伟蝽

Vittacoccus Borchs. 维他蚧属

Vittacoccus longicornis (Green) 莎草维他蚧

Vittacus Keifer 纹瘿螨属

Volgothrombium 沃绒螨属

Vollenhovia Mayr 扁胸切叶蚁属

Vollenhovia donisthorpei F. Smith 方结扁胸切叶蚁

Vollenhovia emeryi Wheeler 埃氏扁胸切叶蚁

Vollenhovia pyrrhoria Wu et Xiao 褐红扁胸切叶蚁

Vollenhovia satoi Santschi 佐藤扁胸切叶蚁

Voria Robineau-Desvoidy 蜗寄蝇属

Voria ruralis Fallén 茹蜗寄蝇

Vrestovia Boucek 乌金小蜂属

Vrestovia querci Yang 栎乌金小蜂

Vulgarogamasus Tichomirov 常革螨属

Vulgarogamasus burchanensis (Oudemans) 布尔卡常革螨

Vulgarogamasus cordiformis Ye, Ma et Shen 心形常革螨

Vulgarogamasus dongbei Ma 东北常革螨

Vulgarogamasus gansuensis Ma 甘肃常革螨

Vulgarogamasus haiyuanensis Bai, Fang et Yin 海原常革螨

Vulgarogamasus multisetus Gu et Huang 多毛常革螨

Vulgarogamasus ningxiaensis Bai, Gu et Chen 宁夏常革螨

Vulgarogamasus oligochaetus Gu et Huang 贫毛常革螨

Vulgarogamasus oudemani Berlese 奥氏常革螨

Vulgarogamasus palmatus Gu et Huang 掌状常革螨

Vulgarogamasus plumosus Gu et Yang 羽常革螨

Vulgarogamasus qiangorlosana Ma 前郭常革螨

Vulgarogamasus qinghaiensis Gu et Wang 青海常革螨

Vulgarogamasus radialis Ye et Ma 放射常革螨

Vulgarogamasus remberti (Oudemans) 伦勃常革螨

Vulgarogamasus sinicus Ma 中华常革螨

Vulgarogamasus squarrosus Ma 粗糙常革螨

Vulgarogamasus stepposus Ma 草原常革螨

Vulgarogamasus trifidus Ma 三尖常革螨

Vulgarogamasus xinjiangensis Ye, Ma et Shen 新疆常革螨

Vulgarogamasus zhenningensis Gu et Wang 镇宁常革螨

Vulgichneumon Heinrich 俗姬蜂属

Vulgichneumon diminutus (Matsumura) 稻纵卷叶螟白星姬蜂

Vulgichneumon leucaniae (Uchida) 粘虫白星姬蜂

Vulgichneumon taiwanensis (Uchida) 台湾白星姬蜂

W

Wachtiella rosarum (Hardy) 蔷薇万叶瘿蚊 rose leaf midge

Wadicosa Zyuzin 哇蒂蛛属

Wadicosa venatrix (Lucas) 脉络哇蒂蛛

Wadotes Chamberlin 哇朵蛛属

Wadotes primus Fox 首哇朵蛛

Wadotes yadongensis Hu et Li 亚东哇朵蛛

Wagimo Sibatani et Ito 华灰蝶属

Wagimo sulgeri (Oberthüer) 华灰蝶

Wagnerina Ioff et Argyropulo 杆突蚤属

Wagnerina antiqua Scalon 古杆突蚤

Wagnerina changi Wu, Zhao et Li 常氏杆突蚤

Wagnerina liai Yu, 柳氏杆突蚤

Wagnerina sichuanna Wu Chen et Zhai 四川杆突蚤

Wagnerina subulispina Cai, Wu et Li 锥鬃杆突蚤

Walchia Ewing 无前恙螨属

Walchia acugastia Wen et al. 尖棒无前恙螨

Walchia acutascuta Chen 尖盾无前恙螨

Walchia chinensis (Chen et Hsu) 中华无前恙螨

Walchia chuanica Wen et Song 川无前恙螨

Walchia cordiopelta Wen et Xiang 心板无前恙螨

Walchia disparunguis Oudemans 异爪无前恙螨

Walchia enode Gater 无结无前恙螨

Walchia erana (Traub *et* Evans) 贡献无前恙螨

Walchia ewingi (Fuller) 攸氏无前恙螨

Walchia fanga Zhao 封无前恙螨

Walchia fragilis (Schluger) 脆弱无前恙螨

Walchia fulleri Vercamman-Grandjean 夫氏无前恙螨

Walchia globosensilla Chen 球感无前恙螨

Walchia huensis Wen 沪无前恙螨

Walchia isonychia Nadchatram *et* Traub 等爪无前恙螨

Walchia jiangxiensis Wang *et* Song 江西无前恙螨

Walchia koi (Chen *et* Hsu) 葛洪无前恙螨

Walchia kritochaeta (Traub *et* Evans) 辨毛无前恙螨

Walchia latiscuta Wang *et al.* 宽盾无前恙螨

Walchia lupella (Traub *et* Evans) 扇豆无前恙螨

Walchia masoni Asanum *et* Saito 马面无前恙螨

Walchia micropelta (Traub *et* Evans) 微板无前恙螨

Walchia minuscuta Chen 小盾无前恙螨

Walchia nanfangis Wen *et* Xiang 南方无前恙螨

Walchia neosinensis (Hsu *et* Wen) 新华无前恙螨

Walchia oligosetosa (Chen *et* Hsu) 贫毛无前恙螨

Walchia pacifica (Chen *et* Hsu) 太平洋无前恙螨

Walchia parapacifica (Chen *et al.*) 似太平洋无前恙螨

Walchia rustica (Gater) 乡野无前恙螨

Walchia senlina Wen *et* Xiang 森林无前恙螨

Walchia shanniui (Hsu *et* Chen) 山牛无前恙螨

Walchia sheensis Wen 歙无前恙螨

Walchia shui Wen *et* Song 蜀无前恙螨

Walchia sunweiensis Liang *et* Hwang 新会无前恙螨

Walchia szechuanica (Teng) 四川无前恙螨

Walchia tianguangshanensis Zhao *et al.* 天光山无前恙螨

Walchia turmalis (Gater) 队群无前恙螨

Walchia ventralis (Womersley) 腹无前恙螨

Walchia wuchihensis (Hsu *et* Chen) 五指山无前恙螨

Walchia xishaensis Zhao *et al.* 西沙无前恙螨

Walchia zangnanica Wu *et* Wen 藏南无前恙螨

Walchia zhongnanensis Wen *et* Jiang 终南无前恙螨

Walchiella Fuller 毫前恙螨属

Walchiella alpina Yu *et al.* 高山毫前恙螨

Walchiella jiaobana Wen *et* Xiang 胶板毫前恙螨

Walchiella kunmingensis Wen *et* Xiang 昆明毫前恙螨

Walchiella lacunosa (Gater) 凹盾毫前恙螨

Walchiella notiala Yu *et al.* 南方毫前恙螨

Walchiella wuyiensis Wang *et* Liao 武夷毫前恙螨

Walchiella xizangensis Wu *et* Wen 西藏毫前恙螨

Walchiella xui Wang 许氏毫前恙螨

Walchiella yingjiangensis Wen *et al.* 盈江毫前恙螨

Walchiella zangshui Wen *et* Wu 藏鼠无前恙螨

Walchiinae 无前恙螨亚科

Walckenaeria Blackwall 瓦蛛属

Walckenaeria antica (Wider) 前行瓦蛛

Walckenaeria clavicornis Emerton 丁角瓦蛛

Walckenaeria holmi Millidge 霍氏瓦蛛

Walckenaeria soundyoensis Saito 突褶瓦蛛

Walkeriana Signoret 花绵蚧属

Walkeriana cinerea Green 见 *Hemaspidoproctus cinerea*

Walkeriana compacta Green 锡兰花绵蚧

Walkeriana euphorbiae Green 见 *Hemaspisoproctus euphorbiae*

Walkeriana floriger (Walk.) 木姜花绵蚧

Walkeriana ovilla Green 含笑花绵蚧

Walkeriana pertinax Newst. 见 *Aspidoproctus pertinax*

Walkeriana polei Green 见 *Labioproctus polei*

Walkeriana senex Green 见 *Hemaspidoroctus senex*

Walkeriana xyliae Green 见 *Misracoccus xyliae*

Walshia Clemens 尖蛾属

Walshia miscecolorella (Chambers) 草木樨尖蛾 sweet-clover root borer

Walshiidae 见 Cosmopterygidae

Wandesia Schechtel 旺水螨属

Wandesiinae 旺水螨亚科

Warajicoccus corpulentus (Kuw.) 见 *Drosicha corpulenta*

Warajicoccus howardi Kuw. 见 *Drosica howardi*

Warajicoccus pinicola Kuw. 见 *Drosica pinicola*

Warodia Dworakowska 蜿小叶蝉属

Warodia biguttata Hu *et* Kuoh 赭点沃小叶蝉

Warodia hoso (Matsumura) 箭纹蜿小叶蝉

Wartookia 沃顿赤螨属

Waynerina tecta biseta Ioff 檐杆突蚤双鬃亚种

Weiseronyssus 维刺螨属

Weiseronyssus mirus Samsinak 奇维刺螨

Welchimermis Rubzov 韦尔奇索线虫属

Welchimormis pachysoma (Linstov) 粗韦尔奇索线虫

Wendilgarda Keyserling 温氏蛛属

Wendilgarda assamensis Fage 阿萨姆温氏蛛

Wendilgarda sinensis Zhu *et* Wang 华纳尔蛛

Westermannia Hübner 俊夜蛾属

Westermannia coelisigna Hampson 印榄仁俊夜蛾

Westermannia cuprea Hampson 榄仁苗俊夜蛾

Westermannia nobilis Draudt 佳俊夜蛾

Westermannia superba Hübner 使君子俊夜蛾

Whartonia Ewing 滑顿恙螨属

Whartonia acutigalae Wang *et* Lin 尖鞘滑顿恙螨

Whartonia caobangensis Schluger *et al.* 高平滑顿恙螨

Whartonia hainana Mo 海南滑顿恙螨

Whartonia mapaensis Chen *et* Hsu 马坝滑顿恙螨

Whartonia multisetose Goff *et* Eston 多毛滑顿恙螨

Whartonia prima Schluger *et al.* 原始滑顿恙螨

Whartonia recurvata Chen *et* Hsu 反曲滑顿恙螨

Wilemania nitobei Nitobe 新渡户滑顿恙螨

Wilemanus Nagano 威舟蛾属

Wilemanus bidentatus bidentatus (Wileman) 梨威舟蛾

Wilemanus bidentatus ussuriensis (Püngeler) 亚梨威舟

蛾

Wingia aurata Walker 桉织蛾

Winnertzia hudsonici Felt 缨杯瘿蚊

Winterschmidtia Oudemans 温特螨属

Winterschmidtidae 温特螨科

Winthemia Robineau-Desvoidy 温寄蝇属

Winthemia neowinthemioides Townsend 变异温寄蝇

Winthemia venusta (Meigen) 灿烂温寄蝇

Wohlfahrtia Brauer *et* Bergentamm 污蝇属

Wohlfahrtia atra Aldrich 黑污蝇

Wohlfahrtia balassogloi (Portschinsky) 巴彦污蝇

Wohlfahrtia bella (Macquart) 毛足污蝇

Wohlfahrtia cheni Rohdendorf 陈氏污蝇

Wohlfahrtia fedtschenkoi Rohdendorf 阿拉善污蝇

Wohlfahrtia intermedia (Portschinsky) 介污蝇

Wohlfahrtia magnifica (Schiner) 黑须污蝇

Wohlfahrtia meigeni (Schiner) 亚西污蝇

Wohlfahrtia pavlovskyi Rohdendorf 钝叶污蝇

Wohlfahrtia stackelbergi Rohdendorf 斯氏污蝇

Wohlfahrtiodes Villeneuve 拟污蝇属

Wohlfahrtiodes mongolicus Chao *et* Zhang 蒙古拟污蝇

Wolfella sinensis Zhang *et* Shen 华犀角杆蝉

Woolastookia Habeeb 异爪水螨属

Wormaldia chinensis (Ulmer) 中华蠕形等翅石蛾

Wormaldia longispina Tian *et* Li 长刺蠕形等翅石蛾

Wormaldia spinifera Hwang 粗刺蠕形等翅石蛾

Wormaldia spinosa Ross 具刺蠕形等翅石蛾

Wuiessa Hsiao 胡扁蜻属

Wuiessa spinosa Liu 刺颊胡扁蜻

Wuiessa tianmuana Liu *et* Zheng 天目胡扁蜻

Wuiessa truncata Liu 平截胡扁蜻

Wuiessa unica Hsiao 原胡扁蜻

X

Xandrames Moore 玉臂尺蛾属

Xandrames albofasciata Moore 细玉臂尺蛾

Xandrames dholaria Moore 黑玉臂尺蛾

Xandrames latiferaria (Walker) 折玉臂尺蛾

Xandrames xanthomelanaria Poujade 黄黑玉臂尺蛾

Xanthabraxas Warren 虎尺蛾属

Xanthabraxas hemionata (Geunee) 中国虎尺蛾

Xanthadalia hiekei Khnz. 黄丽瓢虫

Xanthandrus comtus Harris 同食蚜蝇

Xanthia Ochsenheimer 美冬夜蛾属

Xanthia ocellaris (Borkhausen) 白点美冬夜蛾

Xanthia togata (Esper) 黄紫美冬夜蛾

Xanthisthisa tarsispina Warren 辐射松尺蛾 pine looper

Xanthocampoplex Morley 黄缝姬蜂属

Xanthocampoplex hunanensis He *et* Chen 湖南黄缝姬蜂

Xanthochelus Chevrolat 大肚象属

Xanthochelus faunus (Olivier) 大肚象

Xanthochelus superciliosus Gyllenhal 见 *Xanthochelus faunus*

Xanthodes Guénée 黄夜蛾属

Xanthodes graellsii (Feisthamel) 焦条黄夜蛾

Xanthodes intersepta Guénée 翅果麻黄夜蛾

Xanthodes transversa Guénée 犁纹黄夜蛾 hibiscus caterpillar

Xanthodule semiochrea Butler 桉雌无翅灯蛾

Xantholininae 黄隐翅虫亚科

Xanthomantis Giglio-Tos 彩螳属

Xanthomantis bimaculata Wang 二斑彩螳

Xanthomantis flava Giglio-Tos 黄彩螳

Xanthonia Baly 黄叶甲属

Xanthonia collaris Chen 杉针黄叶甲

Xanthonia placida Baly 圆滑黄叶甲

Xanthonia signata Chen 斑鞘黄叶甲

Xanthopimpla Saussure 黑点瘤姬蜂属

Xanthopimpla brachycentra brachycentra Krieger 短刺黑点瘤姬蜂指名亚种

Xanthopimpla brevicarina Wang 短脊黑点瘤姬蜂

Xanthopimpla clavata Krieger 棒黑点瘤姬蜂

Xanthopimpla enderleini Krieger 黑痣黑点瘤姬蜂

Xanthopimpla exigutubula Wang 短管黑点瘤姬蜂

Xanthopimpla flavicorpora Wang 黄体黑点瘤姬蜂

Xanthopimpla flavolineata Cameron 无斑黑点瘤姬蜂

Xanthopimpla honorata honorata Cameron 优黑点瘤姬蜂

Xanthopimpla konowi Krieger 樗蚕黑点瘤姬蜂

Xanthopimpla latifacialis Huang *et* Wang 宽脸黑点瘤姬蜂

Xanthopimpla leviuscula Krieger 光盾黑点瘤姬蜂

Xanthopimpla minuta minuta Cameron 微黑点瘤姬蜂指名亚种

Xanthopimpla naenia Morley 蓑蛾黑点瘤姬蜂

Xanthopimpla nana aequabilis Krieger 相小黑点瘤姬蜂

Xanthopimpla nana brevisulcus Wang 短沟小黑点瘤姬蜂

Xanthopimpla nanfenginus Wang 南峰黑点瘤姬蜂

Xanthopimpla novemmacularis Huang *et* Wang 九斑黑点瘤姬蜂

Xanthopimpla pedator (Fabricius) 松毛虫黑点瘤姬蜂

Xanthopimpla pleuralis pleuralis Cushman 侧黑点瘤姬蜂指名亚种

Xanthopimpla punctata (Fabricius) 广黑点瘤姬蜂

Xanthopimpla reicherti reicherti Krieger 瑞黑点瘤姬蜂

Xanthopimpla reicherti separata Townes *et* Chiu 瑞氏黑点瘤姬蜂离斑亚种

Xanthopimpla seorsicarina Wang 离脊黑点瘤姬蜂

Xanthopimpla stemmator (Thunberg) 螟黑点瘤姬蜂

Xanthopimpla zhejiangensis Chao 浙江黑点瘤姬蜂

Xanthorhoe Hübner 潢尺蛾属

Xanthorhoe abraxina (Butler) 金星潢尺蛾

Xanthorhoe biriviata (Borhauson) 双流潢尺蛾

Xanthorhoe curcumata (Moore) 姜潢尺蛾

Xanthorhoe cybele Prout 弗潢尺蛾

Xanthorhoe deflorata (Erschoff) 雅潢尺蛾

Xanthorhoe elusa Prout 叉带潢尺蛾

Xanthorhoe hampsoni Prout 汉潢尺蛾

Xanthorhoe hortensiaria (Graeser) 花园潢尺蛾

Xanthorhoe hummeli (Djakonov) 胡潢尺蛾

Xanthorhoe kezonmetaria (Oberthüer) 小眼潢尺蛾

Xanthorhoe muscicapata (Christoph) 乌云潢尺蛾

Xanthorhoe obfuscata Warren 黑尖潢尺蛾

Xanthorhoe quadrifasciata (Clerck) 暗褐潢尺蛾

Xanthorhoe saturata (Guenée) 盈潢尺蛾 cruciferous looper

Xanthorhoe stupida Alphéraky 愚潢尺蛾

Xanthorhoe tristis (Djakonov) 郁潢尺蛾

Xanthorhoe ulingensis Yang 雾灵潢尺蛾

Xanthoteras forticorne (O. S.) 栎无花果瘿蜂 oak fig gall wasps

Xanthotryxus Aldrich 金粉蝇属

Xanthotryxus draco Aldrich 宽叶金粉蝇

Xanthotryxus melanurus Fan 黑尾金粉蝇

Xanthotryxus mongol Aldrich 反曲金粉蝇

Xanthotryxus uniapicalis Fan 单尾金粉蝇

Xenacanthippus Mill. 等跗蝗属

Xenacanthippus hainanensis Tink. 海南等跗蝗

Xenapates incerta Cameron 红胸异脉叶蜂

Xenicotela distincta (Gahan) 柿殷天牛

Xenillidae 小梳甲螨科

Xenillus Robineau-Desvoidy 小梳甲螨属

Xenillus tegeocranus (Harmann) 覆头小梳甲螨

Xenocastor Zachvatkin 海狸螨属

Xenocastor fedjushini Zachvatkin 费氏海狸螨

Xenocatantops Dirsh 外斑腿蝗属(异斑腿蝗属)

Xenocatantops brachycerus (Will.) 短角外斑腿蝗

Xenocatantops humilis (Serv.) 大斑外斑腿蝗

Xenocerus Schoenherr 横沟长角象属

Xenoclystia Warren 孔尺蛾属

Xenoclystia nigroviridata (Warren) 墨绿孔尺蛾

Xenoclystia unijuga Prout 淡黄孔尺蛾

Xenococcus Silvestri 宾粉蚧属

Xenococcus annandalei Silv. 印度宾粉蚧

Xenodaeria Jordan 厉蚤属

Xenodaeria angustiproceria Wu, Guo *et* Liu 窄突厉蚤

Xenodaeria laxipreceria Wu, Guo *et* Liu 宽突厉蚤

Xenodaeria telios Jordan 后厉蚤

Xenographia Warren 纫尺蛾属

Xenogryllus marmoratus (Haan) 金吉蛉

Xenohammus quadriplagiatus Breuning 四斑肖墨天牛

Xenohammus Schwarger 肖墨天牛属

Xenolea Thomson 小枝天牛属

Xenolea asiatica (Pic) 桑小枝天牛

Xenolea tomentosa asiatica (Pic) 桑枝小天牛

Xenolecanium Takahashi 圆片蚧属

Xenolecanium mangiferae Tak. 泰国圆片蚧

Xenolecanium rotundum Tak. 盘形圆片蚧

Xenomilia Warren 弓缘残翅螟属

Xenomilia humeralis (Warren) 弓缘残翅螟

Xenomimetes Wollaston 延翅象属

Xenopsylla Glinkiewica 客蚤属

Xenopsylla astia Rothschild 亚洲客蚤(亚洲鼠蚤)

Xenopsylla brasiliensis (Baker) 巴西客蚤

Xenopsylla cheopis (Rothschild) 印鼠客蚤(开皇客蚤,印度鼠蚤) oriental rat flea

Xenopsylla conformis conformis (Wagner) 同形客蚤指名亚种

Xenopsylla hirtipes Rothschild 粗鬃客蚤

Xenopsylla magdalinae Ioff 短头客蚤

Xenopsylla minax Jordan 臀突客蚤

Xenopsylla skrjabini Ioff 簇鬃客蚤

Xenopsylla tarimensis Yu *et* Wang 塔里木客蚤

Xenopsylla vexabilis hawiiensis Jordan 骚扰客蚤夏威夷亚种

Xenortholitha Inoue 黑点尺蛾属

Xenortholitha ambustaria (Leech) 焦黑点尺蛾

Xenortholitha corioidea (Bastelberger) 革黑点尺蛾

Xenortholitha dicaea (Prout) 啄黑点尺蛾

Xenortholitha euthygramma (Wehrli) 直线黑点尺蛾

Xenortholitha exacra (Wehrli) 凸黑点尺蛾

Xenortholitha extrastrenua (Wehrli) 折黑点尺蛾

Xenortholitha ignotata (Staudinger) 迷黑点尺蛾

Xenortholitha latifusata (Walker) 侧黑点尺蛾

Xenortholitha propinguata (Kollar) 甜黑点尺蛾

Xenoryctes Zachvatkin 芝诺螨属

Xenoryctes krameri (Michael) 克氏芝诺螨

Xenoseius Lindquist *et* Evans 无顶绥螨属

Xenotachina Malloch 客夜蝇属

Xenotachina angustigena Fan 狭颊客夜蝇

Xenotachina basisternita Fan 毛腹客夜蝇

Xenotachina busenensis Fan 赴战客夜蝇

Xenotachina chongqingensis Fan 重庆客夜蝇

Xenotachina dictenata Fan 双栉客夜蝇

Xenotachina flaviventris Fan 黄腹客夜蝇

Xenotachina fumifemoralis Fan 烟股客夜蝇

Xenotachina huangshanensis Fan 黄山客夜蝇

Xenotachina profemoralis Fan 前股客夜蝇

Xenotachina pulchellifrons Fan 彩额客夜蝇

Xenotachina subfemoralis Fan 亚股客夜蝇

Xenotachina yunnanica Fan 云南客夜蝇

Xenotachina zhibenensis Fan 知本客夜蝇

Xenotarsonemus Beer 奇跗线螨属

Xenotarsonemus belemnitoides (Weis-Fogh) 似标枪奇跗线螨

Xenotarsonemus ligula Lin et Zhang 小舌奇跗线螨

Xenotarsonemus sensus Lin et Zhang 感觉奇跗线螨

Xenotarsonemus uliginosus Willmann 潮湿奇跗线螨

Xenotarsonemus viridis (Ewing) 翠奇跗线螨 green tarsonemid mite

Xenotarsonemus wani (Tseng et Lo) 万氏奇跗线螨

Xenotemna pallorana (Rob.) 针叶树苗嫩梢卷蛾

Xenotingis Drake 怪网蝽属

Xenotingis horni Drake 怪网蝽

Xenozancla Warren 赞青尺蛾属

Xeris Costa 长尾树蜂属

Xeris morrisoni (Cresson) 莫氏长尾树蜂

Xeris spectrum himalayensis (Bradley) 喜马拉雅长尾树蜂

Xeris spectrum malaisei Maa 玛氏长尾树蜂

Xeris spectrum spectrum (Linnaeus) 黄肩长尾树蜂

Xeris tarsalis Cresson 跗长尾树蜂

Xerolycosa Dahl 旱狼蛛属

Xerolycosa miniata (C.L. Koch) 侏旱狼蛛

Xerolycosa nemoralis (Westring) 林间旱狼蛛

Xerophylaphis Nevsky 干蚜属

Xerophylaphis plotnikovi Nevsky 拐枣干蚜

Xerophylla Walsh 旱矮蚜属

Xerophylla devastatrix Pergande 美核桃旱矮蚜 pecan phylloxera

Xerostygnus binodulus Broun 黄杉根象

Xestia Hübner 鲁夜蛾属

Xestia agalma (Püngeler) 饰鲁夜蛾

Xestia albuncula (Eversmann) 漂鲁夜蛾

Xestia ashworthii (Doubleday) 亚鲁夜蛾

Xestia baja (Denis et Schiffermüller) 鲁夜蛾

Xestia bdlygma (Boursin) 丑鲁夜蛾

Xestia brunneago (Staudinger) 色鲁夜蛾

Xestia bryocharis (Boursin) 外鲁夜蛾

Xestia c-nigrum (Linnaeus) 八字地老虎 setaceous hebrewcharacter moth

Xestia cervina (Moore) 紫褐鲁夜蛾

Xestia consanguinea (Moore) 暗鲁夜蛾

Xestia costaestriga (Staudinger) 缘斑鲁夜蛾

Xestia descripta (Bremer) 杂绿鲁夜蛾

Xestia destituta (Leech) 贫绿鲁夜蛾

Xestia diagrapha (Boursin) 内灰鲁夜蛾

Xestia dilatata (Butler) 润鲁夜蛾

Xestia ditrapezium (Denis et Schiffermüller) 兀鲁夜蛾

Xestia efflorescens (Butler) 彩色鲁夜蛾

Xestia effundens Corti 展鲁夜蛾

Xestia exoleta (Leech) 冠鲁夜蛾

Xestia flavicans (Chen) 淡黄鲁夜蛾

Xestia fuscostigma (Bremer) 褐纹鲁夜蛾

Xestia hönei (Boursin) 盗鲁夜蛾

Xestia homochroma (Hampson) 同鲁夜蛾

Xestia junctura (Moore) 连鲁夜蛾

Xestia kollari (Lederer) 大三角鲁夜蛾

Xestia mandarina (Leech) 镶边鲁夜蛾

Xestia olivascens (Hampson) 霉鲁夜蛾

Xestia patricia (Staudinger) 裘鲁夜蛾

Xestia patriciodes (Chen) 眉斑鲁夜蛾

Xestia perornata (Boursin) 表鲁夜蛾

Xestia propitia (Püngeler) 和鲁夜蛾

Xestia pseudaccipiter (Boursin) 效鹰鲁夜蛾

Xestia renalis (Moore) 棕肾鲁夜蛾

Xestia semiherbida (Walker) 绿鲁夜蛾

Xestia stupenda (Butler) 前黄鲁夜蛾

Xestia tabida (Butler) 消鲁夜蛾

Xestobium Motschulsky 材窃蠹属

Xestobium rufovillosum (De Geer) 报死材窃蠹 deathwatch beetle

Xestomnaster Delucchi 凹缘金小蜂属

Xestomnaster brevis Huang 短柄凹缘金小蜂

Xestomnaster eucallus Huang 丽凹缘金小蜂

Xestomnaster lanifer Huang 毛室凹缘金小蜂

Xestomnaster obliquus Huang 斜缝凹缘金小蜂

Xestomyia Stein 亮黑蝇属

Xestomyia hirtifemur Stein 毛股亮黑蝇

Xianomias hohxilensis Zhang 可可西里西藏象

Xinella Ma et Wang 忻叶螨属

Xinella huangshanensis Ma et Wang 黄山忻叶螨

Xinjiangacris Zheng 新疆蝗属

Xinjiangacris rufitibis Zheng 红胫新疆蝗

Xinjiangsha Wen et Shao 新疆恙螨属

Xinjiangsha scutocularis Wen et al. 盾眼新疆恙螨

Xiphdria antennata Maa 离角长颈树蜂

Xiphdria insularis Rohwer 海岛长颈树蜂

Xiphdria kawakamii Matsum. 川上长颈树蜂

Xiphdria limi Maa 泥长颈树蜂

Xiphdria sauteri Mocsary 邵氏长颈树蜂

Xiphdria sulcata Maa 畦长颈树蜂

Xiphdria tegulata Maa 瓦长颈树蜂

Xiphidion Audinet-Serville 稻螽属

Xiphidion dimidiatum Matsumura et Shireki 稻草螽

Xiphidiopsis bifurcata Liu et Bi 歧突剑螽

Xiphinema Cobb 剑线虫属 dagger nematodes

Xiphinema abeokutae Luc et Coomans 阿贝奥库塔剑线虫

Xiphinema abrantium Roca et Pererra 阿布兰特剑线虫

Xiphinema algeriense Luc et Kostadinov 阿尔及利亚剑线虫

Xiphinema amarantum Macara 导管剑线虫

Xiphinema americanum Cobb 美洲剑线虫 American dagger nematode

Xiphinema arcus Khan 弓形剑线虫

Xiphinema arenarium Luc *et* Dalmasso 沙地剑线虫

Xiphinema attorodorum Luc 阿托洛剑线虫

Xiphinema australiae McLeod *et* Khair 澳洲剑线虫

Xiphinema bacaniboia Orton Williams 良姜剑线虫

Xiphinema bajaji Bajaj *et* Jarirajpuri) 巴氏剑线虫

Xiphinema bakeri Williams 贝氏剑线虫

Xiphinema barense Lamberti, Roca *et* Agostinelli 巴尔剑线虫

Xiphinema basilgoodeyi Coomans 巴兹尔古德伊剑线虫

Xiphinema basiri Siddiqi 拜氏剑线虫

Xiphinema belmontense Roca *et* Pereira 贝尔蒙特剑线虫

Xiphinema bergeri Luc̆ 伯氏剑线虫

Xiphinema bourkei Stocker *et* Kruger 伯克剑线虫

Xiphinema brasiliense Lordello 巴西利亚剑线虫

Xiphinema brevicolle Lordello *et* da Costa 短颈剑线虫

Xiphinema brevisicum Lamberti *et al.* 短剑剑线虫

Xiphinema brevistylus Jain *et al.* 布里阔剑线虫

Xiphinema bulgariensis Stoianov 保加利亚剑线虫

Xiphinema cadavalense Bravo *et* Roca 卡达瓦尔剑线虫

Xiphinema californicum Lamberti *et* Blove-Zacheo 加利福尼亚剑线虫

Xiphinema campinense Lordello 坎彭剑线虫

Xiphinema capense Coomans *et* Heyns 开普剑线虫

Xiphinema cavenessi Luc 开文尼斯剑线虫

Xiphinema chambersi Thorne 钱氏剑线虫 Chamber's dagger nematode

Xiphinema chothecolla Renubala, Gambhir *et* Dhanachand 管套剑线虫

Xiphinema christiae Bruin *et* Heyns 克氏剑线虫

Xiphinema citricolum Lamberti *et* Blove-Zacheo 柑橘剑线虫

Xiphinema clavatum Heyns 棒形剑线虫

Xiphinema cobbi Sharma *et* Saxena 柯氏剑线虫

Xiphinema cohni Lamberti, Castillo *et* Gomez-Barcina 阔氏剑线虫

Xiphinema colombiense Hunt 哥伦比亚剑线虫

Xiphinema conurum Siddiqi 锥尾剑线虫

Xiphinema coomansi Kruger *et* Heyns 库氏剑线虫

Xiphinema costaricensis Lamberti *et* Tarjan 哥斯达黎加剑线虫

Xiphinema coxi Tarjan 柯克斯剑线虫

Xiphinema cylindricaudatum Schuurmans Stekhoven *et* Teunissen 柱尾剑线虫

Xiphinema cynodontis Nasira *et* Maqbool 狗牙根剑线虫

Xiphinema denoudeni Loof *et* Maas 德氏剑线虫

Xiphinema dentatum Sturhan 有齿剑线虫

Xiphinema diannae Kruger *et* Heyns 黛氏剑线虫

Xiphinema diffusum Lamberti *et* Blove-Zacheo 弥散剑线虫

Xiphinema digiticaudatum Schuurmans Stekhoven 指尾剑线虫

Xiphinema dihysterum Lamberti *et al.* 双宫剑线虫

Xiphinema dimidiatum Loof *et* Sharma 回折剑线虫

Xiphinema dimorphicaudatum Heyns 双形尾剑线虫

Xiphinema diversicaudatum (Micoletzky) 裂尾剑线虫 European dagger nematode

Xiphinema diversum Roca, Lamberti *et* Santos 分裂尾剑线虫

Xiphinema dolichodorus (de Man) 长囊剑线虫

Xiphinema dolosum Bos *et* Loof 伪剑线虫

Xiphinema douceti Luc 道氏剑线虫

Xiphinema dracomontanum Hutsebaut, Heyns *et* Coomans 高山剑线虫

Xiphinema duriense Lamberti *et al.* 达奥剑线虫

Xiphinema ebriense Luc 伊布里剑线虫

Xiphinema elitum Khan, Chawla *et* Saha 杰出剑线虫

Xiphinema elongatus Schuurmans Stekhoven *et* Teunissen 移去剑线虫

Xiphinema ensiculiferoides Cohn *et* Sher 拟小剑剑线虫

Xiphinema ensiculiferum (Cobb) 小剑剑线虫

Xiphinema erriae Huntsebaut, Heyns *et* Coomans 伊瑞亚剑线虫

Xiphinema esseri Chitwood 伊氏剑线虫

Xiphinema exile Rooca, Lamberti *et* Santos 细弱剑线虫

Xiphinema fagesi Germani 山毛榉剑线虫

Xiphinema filicaudatum Loof *et* Maas 丝尾剑线虫

Xiphinema flagellicaudatum Luc 鞭尾剑线虫

Xiphinema floridae Lamberti *et* Blove-Zacheo 佛罗里达剑线虫

Xiphinema franci Heyns *et* Coomans 弗朗西剑线虫

Xiphinema georgianum Lamberti *et* Blove-Zacheo 佐治亚剑线虫

Xiphinema gersoni Roca *et* Bravo 格尔森剑线虫

Xiphinema globosum Sturhan 圆剑线虫

Xiphinema grandis (Steiner) 丰满剑线虫

Xiphinema guillaumeti Germani 纪尧姆剑线虫

Xiphinema guirani Luc *et* Williams 盖氏剑线虫

Xiphinema hallei Luc 哈氏剑线虫

Xiphinema hardingi Joubert, Kruger *et* Heyns 哈丁剑线虫

Xiphinema hayati Javed 哈亚特剑线虫

Xiphinema heynsi Siddiqi 海氏剑线虫

Xiphinema hispanum Lamberti, Castillo *et* Gomez-Barcina 西班牙剑线虫

Xiphinema hispidum Roca *et* Bravo 粗糙剑线虫

Xiphinema hunaniense Wang *et* Wu 湖南剑线虫

Xiphinema hydrabadensis Quraishi *et* Das 希德拉巴德剑线虫

Xiphinema hygrophilum Southey *et* Luc 嗜潮剑线虫

Xiphinema imitator Heyns 模仿剑线虫

Xiphinema inaequale (Khan *et* Ahmad) 不等剑线虫

Xiphinema incertum Lamberti, Choleva *et* Agostinelli 不定剑线虫

Xiphinema incognitum Lamberti *et* Blove-Zacheo 南方剑线虫

Xiphinema index Thorne *et* Allen 标准剑线虫 Califonia dagger nematode

Xiphinema indica Sharma *et* Saxena 印度剑线虫

Xiphinema ingens Luc *et* Dalmasso 强大剑线虫

Xiphinema insigne Loos 标明剑线虫

Xiphinema insulanum Lamberti *et al.* 海岛剑线虫

Xiphinema intermedium Lamberti *et* Blove-Zacheo 间型剑线虫

Xiphinema israeliae Luc, Brown *et* Cohn 以色列剑线虫

Xiphinema italiae Meyl 意大利剑线虫

Xiphinema itanhaense Carvalho 艾达荷剑线虫

Xiphinema jomercium Jonbert, Kruger *et* Heyns 相思树剑线虫

Xiphinema judex Hutsebaut, Heyns *et* Coomans 朱代克斯剑线虫

Xiphinema karachiensis Nasira, Firoza *et* Maqbool 卡拉奇剑线虫

Xiphinema kosaigudensis Quraishi *et* Das 科赛古德剑线虫

Xiphinema krugi Lordello 克鲁格剑线虫

Xiphinema lacrimaspinae Hutsebaut, Heyns *et* Coomans 泪棘剑线虫

Xiphinema laevistriatum Lamberti *et* Blove-Zacheo 滑纹剑线虫

Xiphinema lamberti Bajaj *et* Jairajpuri 兰氏剑线虫

Xiphinema lanceolatum Roca *et* Bravo 侧矛剑线虫

Xiphinema lapidosum Roca *et* Bravo 石地剑线虫

Xiphinema limbeense Brown, Luc *et* Saka 林贝剑线虫

Xiphinema limpopoensis Heyns 林波波剑线虫

Xiphinema llanosum Siddiqi *et* Lenne 亚诺斯剑线虫

Xiphinema longicandatum Luc 长尾剑线虫

Xiphinema longimarginatus Luc 长缘剑线虫

Xiphinema longistilum Lamberti *et al.* 长针剑线虫

Xiphinema loosi Southey *et* Luc 卢氏剑线虫

Xiphinema loteni Heyns 洛坦剑线虫

Xiphinema louisi Heyns 路氏剑线虫

Xiphinema luci Lamberti *et* Blove-Zacheo 卢克剑线虫

Xiphinema luponi Roca *et* Pereira 鲁波剑线虫

Xiphinema lusitanicum Sturhan 葡萄牙剑线虫

Xiphinema machoni Hunt 麦科恩剑线虫

Xiphinema macrogastrum Lamberti, Castillo *et* Gomez-Barcina 大食道剑线虫

Xiphinema macrostylum Esser 巨针剑线虫

Xiphinema madierense Brown *et al.* 梅德剑线虫

Xiphinema magaliesmontanum Kruger *et* Heyns 马加利剑线虫

Xiphinema majus Bos *et* Loof 大剑线虫

Xiphinema malagasi Luc 马达加斯加剑线虫

Xiphinema malawiense Brown, Luc *et* Saka 马拉维剑线虫

Xiphinema malutiensis Heyns 马卢梯剑线虫

Xiphinema mammatum Siddiqi 具突剑线虫

Xiphinema mammillocaudatus Khan 突尾剑线虫

Xiphinema mampara Heyns 玛帕剑线虫

Xiphinema manubriatum Luc 具柄剑线虫

Xiphinema maraisae Swart 马雷剑线虫

Xiphinema marsupilami Luc 襄咽剑线虫

Xiphinema mediterraneum Martelli *et* Lamberti 地中海剑线虫

Xiphinema melitense Lamberti, Blove-Zacheo *et* Arias 梅利特剑线虫

Xiphinema mesostilum Lamberti *et al.* 半矛剑线虫

Xiphinema michelluci Siddiqi 米切卢克剑线虫

Xiphinema microstilum Lamberti *et al.* 小矛剑线虫

Xiphinema mluci Heyns 咪卢克剑线虫

Xiphinema monohysterum Brown 单宫剑线虫

Xiphinema nagarjunensis Khan 纳加尔朱恩剑线虫

Xiphinema neoamericanum Sexena, Chhabra *et* Joshi 新美洲剑线虫

Xiphinema neobasiri Siddiqi 新拜氏剑线虫

Xiphinema neodimrphicaudatum Khan 新双形尾剑线虫

Xiphinema neoelongatum Bajaj *et* Jairajpuri 新移去剑线虫

Xiphinema neovuittenezi Dalmasso 新维特尼兹剑线虫

Xiphinema nigeriense Luc 尼日利亚剑线虫

Xiphinema nuragicum Lamberti, Castillo *et* Gomez-Barcina 努拉古斯剑线虫

Xiphinema occiduum Ebsary, Potter *et* Allen 没落剑线虫

Xiphinema opisthohysteum Siddiqi 后宫剑线虫

Xiphinema orbum Siddiqi 空剑线虫

Xiphinema ornativulvatum Kruger *et* Heyns 饰宫剑线虫

Xiphinema ornatizulu Hutsebaut, Heyns *et* Coomans 有饰剑线虫

Xiphinema orthotenum Cohn *et* Sher 直瘦剑线虫

Xiphinema oryzae Bos *et* Loof 水稻剑线虫

Xiphinema oxycaudatum Lamberti *et* Blove-Zacheo 锐尾剑线虫

Xiphinema pachtaicum (Tulaganov) 肥壮剑线虫

Xiphinema pachydermum Sturhan 厚皮剑线虫

Xiphinema pacificum Ebsary, Vrain *et* Graham 太平洋剑线虫

Xiphinema papuanum Heyns *et* Coomans 巴布亚剑线虫

Xiphinema paraelongatum Aliher 异移去剑线虫

Xiphinema pararadicicola Phukan *et* Sanwal 异根瘿剑线虫

Xiphinema parasetariae Luc 异狗尾草剑线虫

Xiphinema parasimplex Kruger, Kilain *et* Heyns 繁剑线虫

Xiphinema paritaliae Loof *et* Sharma 异意大利剑线虫

Xiphinema parvistylus Heyns 小针剑线虫

Xiphinema parvum Lamberti *et al.* 小剑线虫

Xiphinema peruvianum Lamberti *et* Blove-Zacheo 佩鲁

维剑线虫

Xiphinema phoenicis Loof　海枣剑线虫

Xiphinema pini Heyns　松剑线虫

Xiphinema pinoides Joubert,Kruger *et* Heyns　拟松剑线虫

Xiphinema porosum Roca *et* Agostinelli　茧皮剑线虫

Xiphinema pratensis Loos　湿草地剑线虫

Xiphinema pseudocoxi Sturhan　伪柯克斯剑线虫

Xiphinema pyrenaicum Dalmasso　比利牛斯剑线虫

Xiphinema radicicola Goodey　根瘿剑线虫

Xiphinema rarum Heyns　少见剑线虫

Xiphinema riocaquetae Hunt　若卡奎特剑线虫

Xiphinema riparia Chizhov *et al.*　溪岸剑线虫

Xiphinema ripogranum Hutsebaut, Heyns *et* Coomans　裂粒剑线虫

Xiphinema rivesi Dalmasso　里夫丝剑线虫

Xiphinema sahelense Dalmasso　萨赫勒剑线虫

Xiphinema saopaolense Khan *et* Ahmad　圣保罗剑线虫

Xiphinema savanicola Luc *et* Southey　草地剑线虫

Xiphinema seredouense Luc　塞雷杜剑线虫

Xiphinema setariae Luc　狗尾草剑线虫

Xiphinema sheri Lamberti *et* Blove-Zacheo　谢氏剑线虫

Xiphinema silvaticum Luc *et* Williams　树林剑线虫

Xiphinema simile Lamberti, Choleva *et* Agostinelli　相似剑线虫

Xiphinema simillimum Loof *et* Yassin　同类剑线虫

Xiphinema smoliki Luc *et* Coomans　斯莫利克剑线虫

Xiphinema spaulli Heyns *et* Vermeulen　斯氏剑线虫

Xiphinema sphaerocephalum Lamberti, Castillo *et* Gomez-Barcina　球头剑线虫

Xiphinema spinosum Swart　多棘剑线虫

Xiphinema spinuterus Luc　畸针剑线虫

Xiphinema stenocephalum Luc *et* Baujard　窄头剑线虫

Xiphinema stockeri Kruger *et* Heyns　斯托克剑线虫

Xiphinema surinamense Loof *et* Maas　苏里南剑线虫

Xiphinema swarti Stocker *et* Kruger　斯沃特剑线虫

Xiphinema tarjanense Lamberti *et* Blove-Zacheo　塔简剑线虫

Xiphinema tarjani Luc　塔氏剑线虫

Xiphinema taylori Lamberti *et al.*　泰氏剑线虫

Xiphinema tenue Joubert, Kruger *et* Heyns　细薄剑线虫

Xiphinema tenuicutis Lamberti *et* Blove-Zacheo　薄皮剑线虫

Xiphinema thorneanum Luc, Loof *et* Coomans　索恩剑线虫

Xiphinema thornei Lamberti *et* Golden　索氏剑线虫

Xiphinema trauskeiense Joubert, Kruger *et* Heyns　特劳斯克剑线虫

Xiphinema tropicale Zullini　热带剑线虫

Xiphinema truncatum Thorne　截形剑线虫

Xiphinema tugewai Darekar *et* Khan　图杰娃剑线虫

Xiphinema turcicum Luc *et* Dalmasso　土耳其剑线虫

Xiphinema uasi Edward *et* Sharma　沃斯剑线虫

Xiphinema umobae Heyns *et* Spaull　优莫巴剑线虫

Xiphinema utahense Lamberti *et* Blove-Zacheo　优他剑线虫

Xiphinema vanderlindei Heyns　范氏剑线虫

Xiphinema variabile Heyns　可变剑线虫

Xiphinema vitis Heyns　葡萄剑线虫

Xiphinema vuittenezi Luc *et al.*　维特尼兹剑线虫

Xiphinema vulgare Tarjan　普通剑线虫

Xiphinema xenovariabile Kruger *et* Heyns　异可变剑线虫

Xiphinema yapoense Luc　雅甫剑线虫

Xiphinema zulu Heyns　祖卢剑线虫

Xiphocentronidae　剑石蛾科

Xiphogramma Nowicki　刀管赤眼蜂属

Xiphogramma indicum Hayat　印度刀管赤眼蜂

Xiphydria Latreille　长颈树蜂属

Xiphydria camelus (Linnaeus)　驼长颈树蜂

Xiphydria camelus Linnaeus　赤杨长颈树蜂　alder wood wasp

Xiphydria palaeanarctica Semenov-Tian-Shanskij　古北长颈树蜂

Xiphydria plurimaculata Xiao *et* Wu　多斑长颈树蜂

Xiphydria popovi Semenov-Tian-Shanskij *et* Gussakovskij　波氏长颈树蜂

Xiphydriidae　长颈树蜂科　wood-wasps, horntails

Xiphydriinae　长颈树蜂亚科

Xoanodera Pascoe　棱天牛属

Xoanodera grossepunctata Gressitt *et* Rondon　粗点棱天牛

Xoanodera maculata Schwarzer　黄点棱天牛

Xoanodera marmorata Gressitt *et* Rondon　老挝棱天牛

Xoanodera regularis Gahan　橡胶棱天牛

Xoanodera striata Gressitt *et* Rondon　回纹棱天牛

Xoanodera vitticollis Gahan　淡纹棱天牛

Xoanon Semenov-Tian-Shanskij　斑树蜂属

Xoanon matsumurae (Rohwer)　松村氏斑树蜂

Xoanon praelongus Maa　浙江斑树蜂

Xorides Latreille　凿姬蜂属

Xorides sapporensis (Uchida)　北海道凿姬蜂

Xoridinae　凿姬蜂亚科

Xuthea Baly　沟顶跳甲属

Xuthea laticollis Chen *et* Wang　阔胸沟顶跳甲

Xuthea orientalis Baly　东方沟顶跳甲

Xyela Dalman　长节叶蜂属

Xyela alberta (Curran)　扭叶松长节叶蜂

Xyela cheloma Burdick　美西黄松长节蜂

Xyela concava Burdick　单叶松长节叶蜂

Xyela exilicornis Maa　细角长节叶蜂

Xyela lii Xiao　李氏长节叶蜂

Xyela linsleyi Burdick　林氏长节叶蜂

Xyela minor Norton　大果松长节叶蜂

Xyela radiatae Burdick　辐射松长节叶蜂

Xyela serrata Burdick　粗糙松长节叶蜂

Xyela sinicola Maa　中华长节叶蜂

Xyelidae　长节叶蜂科　xyelid sawflies

Xyeloidea　长节叶蜂总科

Xylariopsis Bates　木天牛属

Xylariopsis mimica Bates　拟态木天牛

Xyleborus Eichhoff　材小蠹属

Xyleborus abruptides Schedl　见　*Xylosandrus abruptoides*

Xyleborus adumbratus Blandford　棋盘材小蠹

Xyleborus affinis Eichh.　橡胶材小蠹

Xyleborus alluandi Schauf.　高林带桉材小蠹

Xyleborus ambasius Hag.　铁锈合欢材小蠹

Xyleborus amorphus Eggers　粗阔材小蠹

Xyleborus amputatus Blandford　秃尾材小蠹

Xyleborus andrewesi Blandford　尖尾材小蠹

Xyleborus apicalis Blandford　端齿材小蠹　apple ambrosia beetle

Xyleborus aquilus Blandford　狭面材小蠹

Xyleborus armiger Schedl　窝背材小蠹

Xyleborus armipennis Schedl　茸毛材小蠹

Xyleborus arquatus Sampson　见　*Xylosandrus arquatus*

Xyleborus artecomans Schedl　圆穴材小蠹

Xyleborus atratus Eichhoff　网纹材小蠹　mulberry ambrosia beetle

Xyleborus brevis Eichhoff　短翅材小蠹

Xyleborus camphorae Hag.　单坑一面合欢材小蠹

Xyleborus canus Niijima　灰色材小蠹

Xyleborus coffeae Wurth　见　*Xylosandrus morigerus*

Xyleborus collarti Egg.　鹧鸪花材小蠹

Xyleborus compactus Eichhoff　见　*Xylosandrus compactus*

Xyleborus confusus Eichh.　混乱材小蠹

Xyleborus conradti Hag.　高林带材小蠹

Xyleborus destruens Blandford　可可材小蠹

Xyleborus discolor Blandford　见　*Xylosandrus discolor*

Xyleborus dispar (Fabricius)　北方材小蠹　European shothole borer

Xyleborus eichhoffi Schr.　埃氏材小蠹

Xyleborus emarginatus Eichhoff　凹缘材小蠹

Xyleborus exesus Blandford　缘边材小蠹　castanopsis ambrosia beetle

Xyleborus ferrugineus Fabricius　栎白蜡材小蠹

Xyleborus fijianus Schedl　大叶桃花心木材小蠹

Xyleborus fornicatus Eichhoff　茶材小蠹

Xyleborus germanus Blandford　光滑材小蠹

Xyleborus gravidus Blandford　桃花心木材小蠹

Xyleborus indicus Eichh.　印材小蠹

Xyleborus interjectus Blandford　坡面材小蠹

Xyleborus lewisi Blandford　瘤粒材小蠹

Xyleborus lineatum Olivier　见　*Trypodendron lineatum*

Xyleborus mancus formosanus Eggers　台湾截尾材小蠹

Xyleborus mascarensis Eichh.　幼树边材小蠹

Xyleborus morigerus Blandford　见　*Xylosandrus morigerus*

Xyleborus morstatti Hagedorn　见　*Xylosandrus compactus*

Xyleborus mutilatus Blandford　削尾材小蠹　camphor ambrosia beetle

Xyleborus octiesdentatus Murayama　穴齿材小蠹

Xyleborus okinosensis Murayama　冲绳材小蠹

Xyleborus parvulus Eichhoff　弹洞材小蠹

Xyleborus pelliculosus Eichhoff　细点材小蠹

Xyleborus perforans Wollaston　对粒材小蠹

Xyleborus pfeili Ratzeburg　桤木材小蠹

Xyleborus pyri Peck　见　*Xyleborus dispar*

Xyleborus ricini Egg.　蓖麻材小蠹

Xyleborus rubricollis Eichhoff　瘤胸材小蠹

Xyleborus saxeseni (Ratzeburg)　小粒材小蠹

Xyleborus seiryorensis Murayama　塞利阿尔材小蠹

Xyleborus semigranosus Blandford　见　*Xyleborus semiopacus*

Xyleborus semiopacus Eichhoff　暗翅材小蠹　apple ambrosia beetle

Xyleborus seriatus Blandford　毛列材小蠹

Xyleborus sharpae Hop.　非洲楝材小蠹

Xyleborus similis Ferrari　四粒材小蠹

Xyleborus sobrinus Eichhoff　圆柱材小蠹　citrus ambrosia beetle

Xyleborus takinoyensis Murayama　塔琴材小蠹

Xyleborus testaceus Walker　见　*Xyleborus perforans*

Xyleborus tropicus Hag.　低地雨林材小蠹

Xyleborus truncatus Erichson　桉材小蠹

Xyleborus validus Eichhoff　阔面材小蠹

Xyleborus yakushimanus Murayama　条脊材小蠹

Xyleborus zimmermani (Hopk.)　齐氏材小蠹

Xylechinus Chapuis　鳞小蠹属

Xylechinus montanus Blackman　蒙大拿鳞小蠹

Xylechinus pilosus Ratzeburg　云杉鳞小蠹

Xylena Ochsenheimer　木冬夜蛾属

Xylena exoleta (Linnaeus)　木冬夜蛾

Xylena formosa (Butler)　丽木冬夜蛾　rape caterpillar

Xylena vetusta (Hübner)　老木冬夜蛾

Xyletinus fucatus LeConte　李树窃蠹

Xyletinus peltatus (Harris)　屋仓窃蠹

Xyleutes Hübner　斑木蠹蛾属

Xyleutes boisduvali Rothschild　桉大斑木蠹蛾　giant wood moth

Xyleutes capensis (Walker)　决明小茎斑木蠹蛾　castor stem borer

Xyleutes ceramica Walker　柚木斑木蠹蛾　bee-hole borer

Xyleutes leuconotus Walker　见　*Xyleutes persona*

Xyleutes mineus (Cramer)　闪蓝斑木蠹蛾

Xyleutes nebulosa Donovan　决明斑木蠹蛾

Xyleutes persona (Le Guillou) 白背斑木蠹蛾 bee-hole borer

Xyleutes sjoestedti Aurivillius 决明小枝斑木蠹蛾

Xyleutes strix (Linn.) 枭斑木蠹蛾

Xyleutes xanthitarsus Hua *et* Chou 黄跗斑木蠹蛾

Xylinada Berthold 粗角长角象属

Xylinophorus Faust 土象属

Xylinophorus guentheri Zumpt 宽领土象

Xylinophorus mongolicus Faust 蒙古土象

Xylinophorus pallidosparsus Fairmaire 北京土象

Xylinophrus opalescens Faust 帕米尔土象

Xylobates Jacot 木单翼甲螨属

Xylobates acutus Hammer 尖木单翼甲螨

Xylobates lophotrichus (Berlese) 冠毛木单翼甲螨

Xylobates magnus Aoki 巨木单翼甲螨

Xylobates tenuis Wen *et al.* 细条木单翼甲螨

Xylobates varisetiger Wen *et al.* 异毛木单翼甲螨

Xylobatidae 木单翼甲螨科

Xylobiops Casey 红肩长蠹属

Xylobiops basilace Say 山核桃红肩长蠹 red-shouldered hickory borer beetle

Xylococcinae 木珠蚧亚科

Xylococcus Löw 木珠蚧属

Xylococcus betulicola Borchs. 见 *Xylococcus japonicus*

Xylococcus filiferus Löw 椴树木珠蚧 linden pearl scale

Xylococcus japonicus Oguma 日本木珠蚧 Japanese alder xylococcus

Xylocopa Latreille 木蜂属

Xylocopa appendiculata Smith 黄胸木蜂

Xylocopa atenuata Perkins 长木蜂

Xylocopa caerulea Fabricius 蓝胸木蜂

Xylocopa collaris Lepeletier 领木蜂

Xylocopa latipes Drury 扁柄木蜂

Xylocopa nasalis Westwood 竹木蜂

Xylocopa phalothorax Lepeletier 灰胸木蜂

Xylocopa rufipes Smith 赤足木蜂

Xylocopa sinensis Smith 中华木蜂

Xylocopa tenuiscapa Westwood 圆柄木蜂

Xylocopa valga Gerstaecker 紫木蜂

Xylocopa virginica virginica (Linnaeus) 童女木蜂 carpenter bee

Xylocopidae 木蜂科

Xylocopinae 木蜂亚科

Xylocoris flavipes Reuter 仓花蝽

Xylodectes ornatus Lesne 双齿长蠹

Xylomyiidae 木虻科

Xylopertha crinitarsia Imh. 合欢长蠹

Xylopertha picea Oliv. 非洲箭毒木长蠹

Xyloperthoides orthogonius Lesne 稀树草原长蠹

Xylophagidae 食木虻科

Xylophylla Hampson 木叶夜蛾属

Xylophylla punctifascia (Leech) 木叶夜蛾

Xylopsocus acutispinosus Lesne 尖棘斜坡长蠹

Xylopsocus bicuspis Lesne 双尖斜坡长蠹

Xylopsocus capucinus (Fabricius) 电缆斜坡长蠹

Xylopsocus capucinus (Fabricius) 秫槽长蠹

Xylorhiza Castelnau 蓑天牛属

Xylorhiza adusta (Wiedemann) 石梓蓑天牛

Xylorictidae 见 *Xyloryctidae*

Xyloryctidae 木蛾科

Xylosandrus abruptoides Schedl 隔木小蠹

Xylosandrus arquatus Sampson 樟材小蠹

Xylosandrus brevis Eichhoff 短材小蠹

Xylosandrus compactus Eichhoff 棘枝小蠹 castanopsis ambrosia beetle

Xylosandrus discolor Blandford 杂色材小蠹

Xylosandrus germanus Blandford 桤材小蠹 alnus ambrosia beetle

Xylosandrus morigerus Blandford 印茄材小蠹

Xyloscia Warren 木尺蛾属

Xylota Meigen 齿转食蚜蝇属

Xylota florum (Fabricius) 黑颜齿转食蚜蝇

Xylota fo Hull. 云南食蚜蝇

Xylota ignava (Panz) 黄颜齿转食蚜蝇

Xylota vulgaris Yang *et* Cheng 普通食蚜蝇

Xylotachina Brauer *et* Bergenstamm 木蠹蛾寄蝇属

Xylotachina diluta Meigen 带柳木蠹蛾寄蝇

Xyloterinus politus Say 山毛榉

Xyloterus Erichson 木小蠹属

Xyloterus lineatus Olivier 见 *Trypodendron lineatum*

Xyloterus proximus Niisima 光亮木小蠹

Xyloterus signatus Fabricius 黄条木小蠹

Xylothrips cathaicus Reichardt 洁长棒长蠹

Xylothrips flavipes (Illiger) 黄足长棒长蠹

Xylothrips religiosus (Boisduval) 黄槿长棒长蠹

Xylotinae 木蚜蝇亚科

Xylotrechus Chevrolat 脊虎天牛属

Xylotrechus aceris Fisher 槭瘿脊虎天牛 gall-making maple borer

Xylotrechus albonotatus Casey 白斑脊虎天牛

Xylotrechus altaicus (Gebler) 松脊虎天牛

Xylotrechus annosus (Say) 长命脊虎天牛

Xylotrechus atronotatus draconiceps Gressitt 隆额脊虎天牛

Xylotrechus atronotatus Pic 北字脊虎天牛

Xylotrechus boreosinicus Gressitt 秦岭脊虎天牛

Xylotrechus brixi Gressitt *et* Rondon 布氏脊虎天牛

Xylotrechus buqueti (Castelnau *et* Gory) 叉脊虎天牛

Xylotrechus carinicollis Jordan 脊胸脊虎天牛

Xylotrechus chinensis Chevrolat 桑脊虎天牛

Xylotrechus clabauti Gressitt *et* Rondon 克氏脊虎天牛

Xylotrechus clarinus Bates 桦脊虎天牛

Xylotrechus clavicornis Pic 粗角脊虎天牛

Xylotrechus colonus (F.) 粗脊虎天牛 rustic borer

Xylotrechus contortus Gahan 核桃脊虎天牛

Xylotrechus cuneipennis (Kraatz) 冷杉脊虎天牛

Xylotrechus curtithorax Pic 短胸脊虎天牛

Xylotrechus dalatensis Pic 并点脊虎天牛

Xylotrechus daoi Gressitt et Rondon 道氏脊虎天牛

Xylotrechus deletus Lameere 印支脊虎天牛

Xylotrechus diversenotatus magdelainei Pic 麦氏脊虎天牛

Xylotrechus diversenotatus Pic 越南脊虎天牛

Xylotrechus diversepubens Pic 粒胸脊虎天牛

Xylotrechus diversesignatus Pic 连纹脊虎天牛

Xylotrechus gestroi laosensis Gressitt et Rondon 米纹脊虎天牛

Xylotrechus grayii White 咖啡脊虎天牛

Xylotrechus hampsoni Gahan 哈氏脊虎天牛

Xylotrechus imperfectus Chevrolat 长纹脊虎天牛

Xylotrechus incurvatus (Chevrolat) 胡桃脊虎天牛

Xylotrechus innotatithorax Pic 无斑脊虎天牛

Xylotrechus kuatunensis Gressitt 挂墩脊虎天牛

Xylotrechus latefasciatus latefasciatus Pic 黑头脊虎天牛

Xylotrechus latefasciatus ochroceps Gressitt 红头脊虎天牛

Xylotrechus lateralis Gahan 窄额脊虎天牛

Xylotrechus longithorax Pic 长胸脊虎天牛

Xylotrechus magnicollis (Fairmaire) 巨胸脊虎天牛

Xylotrechus magnificus Pic 大脊虎天牛

Xylotrechus multimaculatus Pic 多斑脊虎天牛

Xylotrechus multimpressus Pic 沟胸脊虎天牛

Xylotrechus multinotatus Pic 黄点脊虎天牛

Xylotrechus nauticus (Mannerheim) 栎捆材脊虎天牛 oak cordwood borer

Xylotrechus nigrosulphureus Gressitt 疏纹脊虎天牛

Xylotrechus nodieri Pic 诺氏脊虎天牛

Xylotrechus obliteratus LeConte 杨脊虎天牛 poplar butt borer

Xylotrechus paulocerinatus Pic 寡脊虎天牛

Xylotrechus polyzonus (Fairmaire) 四带脊虎天牛

Xylotrechus pyrrhoderus Bates 葡萄脊虎天牛 grape borer

Xylotrechus quadrimaculatus (Hald.) 山毛榉脊虎天牛 birch and beech girdler

Xylotrechus quadripes Chevrolat 灭字脊虎天牛

Xylotrechus robusticollis (Pic) 黑胸脊虎天牛

Xylotrechus rufobasalis Pic 红肩脊虎天牛

Xylotrechus rusticus L. 青杨脊虎天牛

Xylotrechus sagittatus (Germar) 箭脊天牛

Xylotrechus sciamai Gressitt et Rondon 西氏脊虎天牛

Xylotrechus semimarginatus Pic 西贡脊虎天牛

Xylotrechus signaticollis Pic 河内脊虎天牛

Xylotrechus subdepressus (Chevrolat) 一斑脊虎天牛

Xylotrechus tanoni Gressitt et Rondon 塔氏脊虎天牛

Xylotrechus trimaculatus Pic 三点脊虎天牛

Xylotrechus uniannulatus Pic 单环脊虎天牛

Xylotrechus unicarinatus Pic 勾纹脊虎天牛

Xylotrechus variegatus Gressitt et Rondon 老挝脊虎天牛

Xylotrechus villioni Villard 维氏脊虎天牛

Xylotrechus vitalisi Pic 红胸脊虎天牛

Xylotrechus wauthieri Gressitt et Rondon 窝氏脊虎天牛

Xylotrechus zanonianus Gressitt et Rondon 赞氏脊虎天牛

Xylotrupes Hope 木犀金龟属

Xylotrupes australicus Thomson 见 Xylotrupes gideon

Xylotrupes dichotomus (L.) 见 Allomyrina dichotoma

Xylotrupes gideon (Linnaeus) 橡胶木犀金龟(奇木犀金龟) forked-horn rhinocerus beetle

Xyphosia Robineau-Desvoidy 乳突实蝇属

Xyphosia punctigera Coquillett 黄乳突实蝇 yellow fruit fly

Xyrosaris lichneuta Meyrick 李喜巢蛾

Xysticus C.L. Koch 花蟹蛛属

Xysticus aletaiensis Hu et Wu 阿勒泰花蟹蛛

Xysticus alpinistus Ono 高山花蟹蛛

Xysticus alsus Song et Wang 高寒花蟹蛛

Xysticus atrimaculatus Boes. et Str. 斑孔花蟹蛛

Xysticus baltistanus (Caporiacco) 巴尔花蟹蛛

Xysticus bengalensis Tikader et Biswas 孟加拉花蟹蛛

Xysticus berlandi Schenkel 布氏花蟹蛛

Xysticus bifasciatus C.L. Koch 双簇花蟹蛛

Xysticus chui Ono 朱氏花蟹蛛

Xysticus conflatus Song et al. 膨花蟹蛛

Xysticus connectens Kulczynski 合花蟹蛛

Xysticus cribratus Simon 筛花蟹蛛

Xysticus cristatus (Clerck) 冠花蟹蛛

Xysticus croceus Fox 波纹花蟹蛛

Xysticus davidi Schenkel 大卫花蟹蛛

Xysticus denisi Schenkel 丹氏花蟹蛛

Xysticus dichotomus Paik 两歧花蟹蛛

Xysticus dolpoensis Ono 多尔波花蟹蛛

Xysticus elephantus Ono 象形花蟹蛛

Xysticus emertoni Keyserling 埃氏花蟹蛛

Xysticus ephippiatus Simon 鞍形花蟹蛛

Xysticus excavatus Schenkel 凹花蟹蛛

Xysticus fagei Schenkel 法氏花蟹蛛

Xysticus ferrugineus Menge 锈花蟹蛛

Xysticus ferruginoides Schenkel 拟锈花蟹蛛

Xysticus furcillifer Schenkel 叉花蟹蛛

Xysticus guangxicus Song et Zhu 广西花蟹蛛

Xysticus hainenus Song 海南花蟹蛛

Xysticus hedini Schenkel 赫氏花蟹蛛

Xysticus himalayaensis Tikader et Biswas 喜马拉雅花蟹蛛

Xysticus hotingchiehi Schenkel 华南花蟹蛛

Xysticus hui Platnick 胡氏花蟹蛛

Xysticus insulicola Boes. *et* Str. 岛民花蟹蛛

Xysticus jinlin Song *et* Zhu 金林花蟹蛛

Xysticus kansuensis Tang *et al.* 甘肃花蟹蛛

Xysticus kochi Thorell 科氏花蟹蛛

Xysticus kurilensis Strand 千岛花蟹蛛

Xysticus lesserti Schenkel 双孔花蟹蛛

Xysticus manas Song *et* Zhu 玛纳斯花蟹蛛

Xysticus mandili Tikader 马氏花蟹蛛

Xysticus mongolicus Schenkel 蒙古花蟹蛛

Xysticus nyingchiensis Song *et* Zhu 林芝花蟹蛛

Xysticus obtusfurcus Tang *et* Song 钝叉花蟹蛛

Xysticus parapunctatus Song *et* Zhu 似斑花蟹蛛

Xysticus piceanus Hu *et* Wu 云杉花蟹蛛

Xysticus pseudobliteus (Simon) 三斑花蟹蛛

Xysticus quadratus Tang *et* Song 方花蟹蛛

Xysticus roonwali Tikader 劳氏花蟹蛛

Xysticus saganus Boes. *et* Str. 斜纹花蟹蛛

Xysticus sibiricus Kulczynski 西伯利亚花蟹蛛

Xysticus sicus Fox 剑花蟹蛛

Xysticus sikkimus Tikader 锡金花蟹蛛

Xysticus simplicipalpatus Ono 简触花蟹蛛

Xysticus striatipes L. Koch 条纹花蟹蛛

Xysticus sujatai Tikader 苏氏花蟹蛛

Xysticus torsivoides Song *et* Zhu 似旋花蟹蛛

Xysticus torsivus Tang *et* Song 旋扭花蟹蛛

Xysticus ulmi (Hahn) 乌氏花蟹蛛

Xysticus vachoni Schenkel 瓦氏花蟹蛛

Xysticus wuae Song *et* Zhu 吴氏花蟹蛛

Xysticus xizangensis Tang *et* Song 西藏花蟹蛛

Xystrocera Serville 双条天牛属

Xystrocera festiva Thomson 咖啡双条天牛

Xystrocera globosa (Olivier) 合欢双条天牛

Y

Yaginumaella Proszynski 雅蛛属

Yaginumaella medvedevi Proszynski 梅氏雅蛛

Yaginumaella nepalica Zabka 尼泊尔雅蛛

Yaginumaella thakkholaica Zabka 萨克雅蛛

Yaginumia Archer 八氏蛛属

Yaginumia sia (Strand) 叶斑八氏蛛

Yamamotozephyrus Saigusa 虎灰蝶属

Yamamotozephyrus kwangtungensis (Förster) 虎灰蝶

Yamatarotes bicolor Uchida 色辅齿姬蜂

Yamatarotes nigrimaculans Wang 黑斑辅齿姬蜂

Yamatarotes undentalis Wang 无齿辅齿姬蜂

Yamatarotes yunnanensis Wang 云南辅齿姬蜂

Yamatocallis hirayamae Matsumura 枫桠斑蚜

Yamatocallis Matsumura 桠斑蚜属

Yamia Kishida 亚美蛛属

Yamia watasei Kishida 魏氏亚美蛛

Yangicoris Cai 杨猎蝽属

Yangicoris geniculatus Cai 粒杨猎蝽

Yangiella Hsiao 杨扁蝽属

Yangiella mimetica Hsiao 原杨扁蝽

Yangisunda Zhang 杨小叶蝉属

Yangisunda ramosa Zhang 杨小叶蝉

Yanocephalus yanonis Matsumura 日亚罗飞虱

Yasoda Doherty 桠灰蝶属

Yasoda androconifera Fruhstorfer 雄球桠灰蝶

Yasoda tripunctata (Hewitson) 三点桠灰蝶

Yasumatsua Togashi 安松三节叶蜂属

Yasumatsua albitibia Togashi 白胫安松三节叶蜂

Yemma Horváth 锤胁跷蝽属

Yemma exilis Horváth 小锤胁跷蝽

Yemma signatus (Hsiao) 锤胁跷蝽

Yemmalysus Stusak 刺胁跷蝽属

Yemmalysus parallelus Stusak 刺胁跷蝽

Yezoceryx Uchida 野姬蜂属

Yezoceryx fui Chao 傅氏野姬蜂

Yezoceryx wuyiensis Chao 武夷野姬蜂

Yiacris Zheng *et* Chen 彝蝗属

Yiacris cyaniptera Zheng *et* Chen 蓝翅彝蝗

Yisiona Kuoh 异小叶蝉属

Yisiona ziheina Kuoh 紫黑异小叶蝉

Yllenus Simon 树跳蛛属

Yllenus albocinctus (Kroneberg) 白树跳蛛

Yllenus auspex (O.P.-Cambridge) 利树跳蛛

Yllenus bajan Proszynski 坝树跳蛛

Yllenus bator Proszynski 巴特树跳蛛

Yllenus hamifer Simon 斑点树跳蛛

Yllenus robustior Proszynski 粗树跳蛛

Yolinus Amyot *et* Serville 裙猎蝽属

Yolinus albopustulatus China 淡裙猎蝽

Yolinus annulicornis Hsiao 环角裙猎蝽

Yoma Doherty 瑶蛱蝶属

Yoma sabina (Cramer) 瑶蛱蝶

Yoshiobodes Mahunka 吉步甲螨属

Yoshiobodes nakatamarii (Aoki) 中玉吉步甲螨

Yponomeuta Latreille 巢蛾属

Yponomeuta anatolicus Stringer 东方巢蛾

Yponomeuta bipunctellus Matsumura 双点巢蛾

Yponomeuta catharotis Meyrick 光亮巢蛾

Yponomeuta evonymellus Linnaeus 稠李巢蛾 full-spotted ermel moth

Yponomeuta griseatus Moriuti 冬青卫矛巢蛾

Yponomeuta kanaiellus Matsumura 瘤枝卫矛巢蛾

Yponomeuta malinellus Zeller 小苹果巢蛾 apple ermine moths, small ermine moth

Yponomeuta meguronis Matsumura 黑巢蛾 euonymus ermine moth

Yponomeuta padella Linnaeus 苹果巢蛾

Yponomeuta polystictus Butler 多斑巢蛾

Yponomeuta polystigmellus Felder 卫矛巢蛾

Yponomeuta rorella Hübner 柳巢蛾 few-spotted ermel moth

Yponomeuta tokyonellus Matsumura 东京巢蛾

Yponomeuta vigintipunctatus (Retzius) 二十点巢蛾 twenty-spot moth

Yponomeutidae 巢蛾科 ermine moths, yponomeutids, yponomeutid moths

Ypthima Hübner 矍眼蝶属

Ypthima balda (Fabricius) 矍眼蝶

Ypthima chinensis Leech 中华矍眼蝶

Ypthima ciris Leech 鸶矍眼蝶

Ypthima conjuncta Leech 幽矍眼蝶

Ypthima dromon Oberthüer 重光矍眼蝶

Ypthima esakii Shirôzu 江崎矍眼蝶

Ypthima formosana Fruhstorfer 台湾矍眼蝶

Ypthima imitans Elwes *et* Edwards 拟四眼矍眼蝶

Ypthima iris Leech 虹矍眼蝶

Ypthima lisandra (Cramer) 黎桑矍眼蝶

Ypthima medusa Leech 魔女矍眼蝶

Ypthima megalomma Butler 乱云矍眼蝶

Ypthima motschulskyi (Bremer *et* Grey) 东亚矍眼蝶

Ypthima multistriata Butler 密纹矍眼蝶

Ypthima nareda Koller 小矍眼蝶

Ypthima nikaea Moore 融斑矍眼蝶

Ypthima perfecta Leech 完壁矍眼蝶

Ypthima praenubila Leech 前雾矍眼蝶

Ypthima sakra Moore 连斑矍眼蝶

Ypthima tappana Matsumura 大波矍眼蝶

Ypthima yamanakai Sonan 山中矍眼蝶

Ypthima zodia Butler 卓矍眼蝶

Ypthima zyzzomacula Chou *et* Li 曲斑矍眼蝶

Yunkeracaridae 扬克螨科

Yunnanacris Chang 云秃蝗属

Yunnanacris wenshanensis Wang *et* Xiangyu 文山云秃蝗

Yunnanacris yunnaneus (Ramme) 云南云秃蝗

Yunnanites Uvarov 云南蝗属

Yunnanites coriacea Uv. 云南蝗

Yunnanitinae 云南蝗亚科

Yunnantettix Zheng 云南蚱属

Yunnantettix bannaensis Zheng 版纳云南蚱

Yunohespera Chen *et* Wang 云丝跳甲属

Yunohespera sulcicollis Chen *et* Wang 沟胸云丝跳甲

Yunonychus Ma *et* Gao 云爪螨属

Yunonychus daliensis Ma *et* Gao 大理云爪螨

Yupodisma Zheng *et* Xia 豫蝗属

Yupodisma rufipennis Zheng *et* Xia 红翅豫蝗

Z

Zabrotes Horn 宽颈豆象属

Zabrotes subfaciatus (Boheman) 巴西豆象

Zabrus Clairville 距步甲属

Zabrus molloryi Andrewes 模距步甲

Zadadra costalis (Moore) 肋扎苔蛾

Zadadra distorta (Moore) 褐鳞扎苔蛾

Zadadra fuscistriga (Hampson) 烟纹扎苔蛾

Zadadra plumbeomicans (Hampson) 铅扎苔蛾

Zagella Girault 广翅赤眼蜂属

Zagella chrysomeliphila Lin 叶甲广翅赤眼蜂

Zaglyptus Förster 盛雕姬蜂属

Zaglyptus divaricatus divaricatus Baltazar 宽叉盛雕姬蜂指名亚种

Zaglyptus formosus Cushman 台盛雕姬蜂

Zaglyptus glaber glaber Gupta 光盛雕姬蜂指名亚种

Zaglyptus iwatai (Uchida) 黑尾盛雕姬蜂

Zaglyptus multicolor (Gravenhorst) 多色盛雕姬蜂

Zaglyptus varipes varipes (Gravenhorst) 斑足盛雕姬蜂指名亚种

Zaglyptus wuyiensis He 武夷盛雕姬蜂

Zaira Robineau-Desvoidy 菱寄蝇属

Zaira cinerea Fallén 步行虫菱寄蝇

Zale duplicata Bethune-Baker 斑克松夜蛾

Zamacra Meyrick 褐翅尺蛾属

Zamacra excavata Dyar 桑褐翅尺蛾 mulberry looper

Zamacra juglansiaria Graeser 胡桃褐翅尺蛾

Zanchius vitellinus Zou 黄平盲蝽

Zangastra Chen *et* Jiang 瘤萤叶甲属

Zangastra nitidicollis Chen *et* Jiang 光胸瘤萤叶甲

Zangastra pallidicollis Chen *et* Jiang 黄胸瘤萤叶甲

Zangastra tuberosa Chen *et* Jiang 粗胸瘤萤叶甲

Zangentulus Yin 藏蚖属

Zangentulus sinensis Yin 中华藏蚖

Zangia latispina Chen 宽刺藏萤叶甲

Zanna Kirkaldy 鼻蜡蝉属

Zanna chinensis (Distant) 中华鼻蜡蝉

Zaomma eriococci (Tachikawa) 白胫短缘跳小蜂

Zaprochilinae 澳螽亚科

Zaraea Leach 查锤角叶蜂属

Zaraea akebiae Takeuchi 木通查锤角叶蜂

Zaraea fasciata (Linnaeus) 宽带查锤角叶蜂

Zaraea markamensis Xiao *et* Huang 芒康查锤角叶蜂

Zaraea metallica (Mocsary) 亮查锤角叶蜂

Zaranga Moore 窦舟蛾属

Zaranga pannosa Moore 窦舟蛾

Zatrephus longicornis Pic 球角胸突天牛

Zatypota Förster 多印姬蜂属

Zatypota albicoxa (Walker) 白基多印姬蜂

Zdenekiana Huggert 扁平金小蜂属

Zdenekiana yui Yang 松扁平金小蜂

Zegriades Pascoe 切缘天牛属

Zegriades aurovirgatus Gressitt 黄条切缘天牛

Zegriiades subargenteus Gressitt *et* Rondon 老挝切缘天牛

Zegris Boisduval 眉粉蝶属

Zegris pyrothoe (Eversmann) 赤眉粉蝶

Zeiraphera Treitschke 线小卷蛾属

Zeiraphera argutana (Christoph) 明暗线小卷蛾

Zeiraphera canadensis Mutuura *et* Freeman 云杉线小卷蛾 spruce bud moth

Zeiraphera corpulentana (Kennel) 丁香线小卷蛾

Zeiraphera demutana (Walsingham) 白色线小卷蛾

Zeiraphera destitutana (Walker) 放弃线小卷蛾

Zeiraphera diniana Guenée 松线小卷蛾 dingy larch bell moth, grey larch tortrix, larch bud moth, spruce tip moth

Zeiraphera fortunana (Kearfott) 黄线小卷蛾 yellow spruce budworm

Zeiraphera gansuensis Liu *et* Nasu 油松线小卷蛾

Zeiraphera griseana (Hübner) 灰线小卷蛾

Zeiraphera hesperiana Mutuura *et* Freeman 西国线小卷蛾

Zeiraphera improbana (Walker) 落叶松线小卷蛾 larch bud moth

Zeiraphera pacifica Freeman 和平线小卷蛾

Zeiraphera ratzeburgiana Saxesen 阿氏云杉线小卷蛾 Ratzeburg's bell moth, spruce bud moth, spruce tip tortrix

Zeiraphera rufimitrana (Herrich-schaffer) 冷杉线小卷蛾 cantab bell moth

Zeiraphera subcorticana (Snellen) 绿色线小卷蛾

Zeiraphera truncata Oku 干线小卷蛾

Zeliminae 细腹蚜蝇亚科

Zelleria haimbachi Busck 松鞘巢蛾 pine needle sheathminer

Zelleria hepariella Stainton 银鞘巢蛾 liver argent moth

Zelleria Stainton 鞘巢蛾属

Zelotes Gistel 狂蛛属

Zelotes altissimus Hu 高原狂蛛

Zelotes asiaticus (Boes. *et* Str.) 亚洲狂蛛

Zelotes atrocaeruleus Simon 黑铜狂蛛

Zelotes barkol Platnick *et* Song 巴里坤狂蛛

Zelotes beijiangensis Hu *et* Wu 北疆狂蛛

Zelotes bicolor Hu *et* Wu 两色狂蛛

Zelotes davidi Schenkel 大卫狂蛛

Zelotes exiguus Müller *et* Schenkel 小狂蛛

Zelotes foveolata (Simon) 蜂洞狂蛛

Zelotes hui Platnick *et* Song 胡氏狂蛛

Zelotes hummeli Schenkel 扈氏狂蛛

Zelotes joannisi Schenkel 焦氏狂蛛

Zelotes longipes (C.L. Koch) 长足狂蛛

Zelotes lutetianus C.L. Koch 巴黎狂蛛

Zelotes pallidipatellis (Boes. *et* Str.) 淡膝狂蛛

Zelotes pedestris C.L. Koch 黄足狂蛛

Zelotes potanini Schenkel 波氏狂蛛

Zelotes pseudoapricorum Schenkel 假阳狂蛛

Zelotes sanmen Platnick *et* Song 三门狂蛛

Zelotes subterraneus (C.L. Kock) 地下狂蛛

Zelotes vastus Hu 荒漠狂蛛

Zelotes wuchangensis Schenkel 武昌狂蛛

Zelotes yutian Platnick *et* Song 于田狂蛛

Zelotes zhengi Platnick *et* Song 郑氏狂蛛

Zelotypia staceyi Scott 达桉蝙蝠蛾 bent-wing moth

Zeltus de Nicéville 珍灰蝶属

Zeltus amasa (Hewitson) 珍灰蝶

Zelus exsanguis Stål. 舞毒蛾猎蝽

Zemeros Boisduval 波蚬蝶属

Zemeros flegyas (Cramar) 波蚬蝶

Zenarge turneri Rohwer 大果柏木三节叶蜂 cypress pine sawfly

Zengophora scutellaris Suffr. 黑腹杨叶甲

Zenillia Robineau-Desvoidy 彩寄蝇属

Zenillia dolosa Meigen 金黄彩寄蝇

Zenodoxus flavus Xu *et* Liu 黄珍透翅蛾

Zenodoxus fuscus Xu *et* Liu 褐珍透翅蛾

Zenodoxus meilinensis Xu *et* Liu 梅岭透翅蛾

Zenodoxus rubripectus Xu *et* Liu 红胸透翅蛾

Zenodoxus simifuscus Xu *et* Liu 拟褐珍透翅蛾

Zenodoxus tianpingensis Xu *et* Liu 天平透翅蛾

Zerconidae 蚧螨科

Zerconoidea 蚧螨总科

Zerconopsis Hull 似蚧螨属

Zermizinga indocilisaria Walker 荒地尺蛾 wild Irishman looper

Zerynthiinae 锯凤蝶亚科

Zethenia Motschoulsky 绶尺蛾属

Zethenia albonotaria Bermer 白斑绶尺蛾

Zethenia rufescentaria Motschulsky 三线绶尺蛾

Zethidae 长腹胡蜂科

Zethus Fabricius 长腹胡蜂属

Zethus dolosus Bingham 虚长腹胡蜂

Zetomotrichidae 毛跳甲螨科

Zetorchestes Berlese 跳甲螨属

Zetorchestes equestris Berlese 马跳甲螨

Zetorchestes saltator (Oudemans) 舞蹈跳甲螨

Zetorchestidae 跳甲螨科

Zetzellia Oudemans 寻螨属

Zetzellia beijingensis Wang *et* Xu 北京寻螨

Zetzellia congolensis (Gonzalez) 刚果寻螨

Zetzellia exserta (Gonzalez) 显现寻螨

Zetzellia fleschneri Summer 费氏寻螨

Zetzellia litchii Tseng 荔枝寻螨

Zetzellia longanae Tseng 郎氏寻螨

Zetzellia longiseta (Gonzalez) 长毛寻螨

Zetzellia lushanensis Hu *et* Chen 庐山寻螨

Zetzellia macromata (Gonzalez) 巨乳寻螨

Zetzellia mali (Ewing) 苹果寻螨

Zetzellia spinosa Tseng 刺寻螨

Zetzellia tucumanensis (Gonzalez) 图克曼寻螨

Zeugophora Kunze 瘤胸叶甲属

Zeugophora abnormis Leconte 杨瘤胸叶甲 poplar leaf-miner

Zeugophora ancora Reitter 锚瘤胸叶甲

Zeugophora cribrata Chen 棕瘤胸叶甲

Zeugophora cyanea Chen 蓝瘤胸叶甲

Zeugophora scutellaris Suffrian 盾瘤胸叶甲 cotton-wood leaf-miner

Zeugophora yunnanica Chen *et* Pu 云南瘤胸叶甲

Zeugophorinae 瘤胸叶甲亚科

Zeuxippus Thorell 长腹蝇虎属

Zeuxippus yunnenensis Peng *et* Xie 滇长腹蝇虎

Zeuzera Latreille 豹蠹蛾属

Zeuzera aesculi Linnaeus 见 *Zeuzera pyrina*

Zeuzera coffeae Nietner 咖啡豹蠹蛾 red borer

Zeuzera flavicera Hua *et* Chou 黄角豹蠹蛾

Zeuzera leuconotum Butler 六星黑点豹蠹蛾 oriental leopard moth

Zeuzera multistrigata Moore 多斑豹蠹蛾

Zeuzera nubila Staudinger 云纹豹蠹蛾

Zeuzera postexcisa Hampson 凹翅豹蠹蛾

Zeuzera pyrina (Linnaeus) 梨豹蠹蛾 leopard moth

Zeuzera qinensis Hua *et* Chou 秦豹蠹蛾

Zeuzera roricyanea Walker 见 *Zeuzera coffeae*

Zeuzera yuennani Daniel 云南豹蠹蛾

Zeuzeridae 豹蠹蛾科

Zeuzerinae Neumoegen *et* Dyar 豹蠹蛾亚科

Zicrona Amyot *et* Serville 蓝蝽属

Zicrona caerula (Linnaeus) 蓝蝽

Zilla C.L. Koch 宽肩园蛛属

Zilla astridae (Strand) 阿斯宽肩园蛛

Zilla conica Yin *et* Wang 锥宽肩园蛛

Zilla plumiopedella Yin *et* Wang 羽足宽肩园蛛

Zilla sachalinensis (Saito) 萨哈林宽肩园蛛

Ziridava Walker 渡尺蛾属

Ziridava kanshireiensis Prout 台湾渡尺蛾

Zizeeria Chapman 吉灰蝶属

Zizeeria karsandra (Moore) 吉灰蝶

Zizina Chapman 毛眼灰蝶属

Zizina otis (Fabricius) 毛眼灰蝶

Zizonia tibetana Chen 西藏紫萤叶甲

Zizula Chapman 长腹灰蝶属

Zizula hylax (Fabricius) 长腹灰蝶

Zodariidae 拟平腹蛛科

Zodarion Walckenaer 拟平腹蛛属

Zodarion chaoyangensis Zhu *et* Zhu 辽拟平腹蛛

Zodarium furcum Zhu 叉拟平腹蛛

Zographetus Watson 肿脉弄蝶属

Zographetus doxus Eliot 光荣肿脉弄蝶

Zographetus ogygioides Elwes *et* Edwards 龙宫肿脉弄蝶

Zographetus satwa (de Nicéville) 黄裳肿脉弄蝶

Zolotarewskya Risbec 消颊齿腿金小蜂属

Zolotarewskya longicostalia Yang 桑消颊齿腿金小蜂

Zolotarewskya robusta Yang 核桃消颊齿腿金小蜂

Zonocerus Stål 腺蝗属

Zonocerus elegans Thunberg 丽腹腺蝗 elegant grasshopper, stinking grasshopper

Zonocerus variegatus Linnaeus 臭腹腺蝗 variegated grasshopper

Zonoptereus corbetti Gahan 柯氏显带天牛

Zonoptereus flavitarsis Hope 黄跗显带天牛

Zonopterus Hope 显带天牛属

Zonosema Löw 棕实蝇属

Zonosema taelecta Say 辣椒棕实蝇 red pepper maggot

Zonosemata Benjamin 带实蝇属

Zonosemata electa (Say) 胡椒带实蝇 pepper maggot

Zoodes Pascoe 锐天牛属

Zoodes fulguratus Gahan 锯纹锐天牛

Zoodes quadridentatus Gahan 四斑锐天牛

Zootermopsis angusticollis (Hagen) 美古白蚁 Pacific dampwood termite

Zootermopsis laticeps (Banks) 宽头古白蚁

Zootermopsis nevadensis (Hagen) 内华达古白蚁

Zora C.L. Koch 佐蛛属

Zora lyriformis Song *et* Zhu 琴形佐蛛

Zora nemoralis (Blackwall) 森林佐蛛

Zora silvesitris Kulczynski 林佐蛛

Zora spinimana (Sundevall) 刺狼栉蛛

Zoraida Kirkaldy 长袖蜡蝉属

Zoraida hubeiensis Chou *et* Huang 湖北长袖蜡蝉

Zoraida pterophoroides (Westwood) 甘蔗长袖蜡蝉

Zoraptera 缺翅目

Zoridae 狼栉蛛科

Zorilispe seriepunctata Breuning 点列长柱天牛

Zoropsidae 逸蛛科

Zoropsis Simon 逸蛛属

Zoropsis markamensis Hu *et* Li 芒康逸蛛

Zoropsis pekingensis Schenkel 北京逸蛛

Zorotypidae 缺翅虫科

Zorotypus Silvestri 缺翅虫属

Zorotypus guineensis Silvestri 加纳缺翅虫

Zorotypus medoensis Huang 墨脱缺翅虫

Zorotypus sinensis Huang 中华缺翅虫

Zosis Walckenaer 腰蚖蛛属

Zosis geniculatus (Olivier) 结实腰蚁蛛
Zouicoris elegans Zheng 秀丽邹蟓
Zubovskia Dov.-Zap. 无翅蝗属
Zubovskia brachycercata Huang 短尾无翅蝗
Zubovskia dolichocercata Huang 长尾无翅蝗
Zubovskia koeppeni (Zub.) 柯氏无翅蝗
Zubovskia parvula (Ikonn.) 小无翅蝗
Zubovskia planicaudata Zhang et Jin 平尾无翅蝗
Zubovskia striata Huang 条纹无翅蝗
Zuleika Distant 凹额飞虱属
Zuleika nipponica Matsumura et Ishihara 茭白飞虱
Zurobata decorata (Swinhoe) 饰巧夜蛾
Zurobata vacillans (Walker) 漾巧夜蛾
Zygaena Fabricius 斑蛾属
Zygaena filtpendulae Linnaeus 珍珠梅斑蛾
Zygaena niphona Butler 红五点斑蛾
Zygaenidae 斑蛾科 leaf skeletonizer moths
Zygaenodes Pascoe 柄眼长角象属
Zygiella F.O.P.-Cambridge 楚蛛属
Zygiella calyptrata (Workman) 帆楚蛛
Zygiella guangxiensis Zhu et Zhang 广西楚蛛
Zygiella nadileri Heimer 纳氏楚蛛
Zygiella x-notata (Clerck) 丽楚蛛
Zygina Fieber 么叶蝉属

Zygina pallidifrons Edwards 温室么叶蝉
Zygina yamashiroensis Matsumura 日么叶蝉
Zygina alneti (Dahlbom) 果树么叶蝉
Zyginella Löw 塔叶蝉属
Zyginella citri Matsumura 小桔塔叶蝉 smaller citrus leafhopper
Zyginella mali (Yang) 苹果塔叶蝉
Zyginella minuta (Yang) 苹小塔叶蝉
Zyginella orla Dworakowska 奥塔叶蝉
Zyginella punctata Zhang 中斑塔叶蝉
Zyginoides Matsumura 丽小叶蝉属
Zyginoides taiwana (Shiraki) 台湾丽小叶蝉
Zygiobia carpini (F. Löw) 卡氏瘿蚊
Zygoptera 束翅亚目
Zygoribatula Berlese 合若甲螨属
Zygoribatula agaveae Aoki et Wang 剑麻合若甲螨
Zygoribatula eucalla Wen 美丽合若甲螨
Zygoribatula hailongensis Wen 海龙合若甲螨
Zygoribatula levigata Wen et al. 光滑合若甲螨
Zygoribatula longiporosa Hammer 长孔合若甲螨
Zygoribatula truncata Aoki 截合若甲螨
Zythos Fletcher 烤焦尺蛾属
Zythos avellanea (Prout) 烤焦尺蛾

中文名称索引拼音检索

A

a
阿 710
ai
哎 718
哀 741
埃 765
皑 790
矮 834
蔼 844
艾 666
爱 775
隘 821
嫒 828
瑷 842
嫒 840
an
安 675
桉 770
鞍 852
岸 719
按 744
暗 831
黯 858
ang
昂 721
ao
凹 650
坳 718
敖 768
鳌 855
拗 720
傲 804
奥 805
鳌 840
澳 849

B

ba
八 604
巴 632
芭 705
蚆 738
拔 720
菝 794
坝 695
霸 858
bai
白 661
百 682
柏 746
拜 744
稗 834
ban
班 775
斑 806
板 723
版 727
半 652
伴 693
扮 697
绊 731
瓣 857
bang
邦 691
帮 742
蚌 780
棒 810
棓 828
bao
包 651
枹 762
孢 719
苞 732
胞 757
宝 719
保 739
报 697
抱 720
豹 781
鲍 840
暴 848
爆 857
bei
卑 716
杯 721
悲 806
北 651
贝 640
背 756
倍 763
被 781
蓓 836

ben
奔 718
本 659
笨 791
beng
蹦 857
bi
荸 780
鼻 847
比 637
彼 720
笔 777
毕 681
闭 691
蓖 836
蕊 738
辟 838
碧 842
蔽 844
壁 853
篦 854
薜 854
臂 856
璧 857
bian
边 666
蝙 851
鞭 857
扁 743
便 739
变 712
辨 855
biao
杓 700
标 748
镖 855
表 733
bie
鳖 858
别 694
bin
宾 767
滨 833
缤 835
槟 841
摈 829
bing

冰 670
兵 694
秉 729
柄 745
饼 762
并 677
病 775
bo
波 726
玻 752
菠 794
播 848
伯 693
驳 711
帛 719
泊 725
勃 740
铂 782
博 804
渤 812
薄 854
跛 820
檗 855
卜 605
bu
捕 768
不 620
布 658
步 701
部 781

C

C 603
cai
材 700
裁 819
采 734
彩 785
菜 794
蔡 844
can
参 717
残 750
蚕 780
灿 703
cang
仓 626

沧 702
苍 706
藏 856
糙 854
cao
曹 787
漕 842
槽 848
螬 856
草 758
ce
册 649
侧 713
厕 717
策 816
箣 847
cen
岑 804
ceng
层 696
cha
叉 608
杈 699
插 806
查 746
茶 757
察 840
檫 857
岔 696
姹 742
差 742
chai
柴 769
chan
缠 835
蝉 844
潺 849
蟾 858
铲 796
颤 858
chang
昌 721
猖 789
长 641
肠 705
常 785
敞 806

chao
超 820
巢 785
朝 809
潮 849
che
车 641
彻 696
chen
郴 782
尘 677
臣 688
陈 711
晨 787
衬 733
cheng
柽 748
成 679
呈 695
承 720
城 741
乘 762
澄 849
橙 853
chi
鸱 783
魑 858
池 681
驰 691
迟 709
持 744
匙 784
尺 632
齿 737
耻 779
赤 708
翅 778
chong
充 669
冲 670
虫 689
崇 785
chou
愁 829
稠 834
丑 620
瞅 842

臭	780	粗	791	导	676	die		顿	782	反	631

fu	柑 746	躬 781	龟 712	何 693	**hua**
夫 631	竿 754	龚 804	闺 761	和 717	花 705
肤 731	秆 729	巩 677	瑰 834	河 725	华 671
麸 799	感 829	拱 744	鬼 762	核 769	哗 741
稃 816	橄 849	珙 775	贵 759	荷 780	滑 812
趺 820	绀 729	共 670	桂 770	盒 790	化 628
弗 659	赣 858	贡 708	**gun**	贺 760	划 670
伏 668	**gang**	**gou**	滚 833	褐 844	桦 771
孚 695	冈 627	勾 628	棍 810	赫 846	**huai**
扶 697	刚 671	沟 702	**guo**	翯 855	怀 697
拂 720	岗 696	钩 761	郭 781	鹤 852	淮 789
茯 757	肛 705	篝 854	国 718	**hei**	槐 833
浮 773	钢 761	狗 727	果 723	黑 822	踝 852
蜉 784	港 812	苟 732	蜾 844	**hen**	**huan**
桴 787	杠 700	枸 745	裹 844	痕 790	欢 681
符 791	**gao**	构 723	过 691	很 743	獾 858
幅 806	皋 775	垢 741		恨 743	环 727
福 834	高 782	**gu**	**H**	**heng**	桓 771
孵 837	缟 835	姑 718		亨 693	缓 818
辐 838	槁 841	孤 719	**ha**	恒 743	幻 632
蝠 851	藁 856	菇 794	哈 741	横 848	奂 695
抚 697	告 695	菰 794	**hai**	衡 855	涣 774
斧 721	**ge**	辜 820	海 773	**hong**	荒 758
釜 782	戈 633	古 653	亥 668	红 683	皇 752
腐 843	疙 728	谷 707	骇 762	宏 695	**huang**
付 649	哥 763	股 731	害 766	洪 750	黄 799
负 691	鸽 799	牯 751	**han**	虹 759	湟 812
附 711	割 804	骨 762	酣 821	鸿 799	潢 842
阜 735	歌 833	鼓 840	含 695	**hou**	篁 851
复 741	革 761	固 718	涵 788	侯 739	蝗 851
赴 760	格 769	故 744	寒 806	喉 804	磺 854
副 784	鬲 783	顾 782	韩 822	猴 813	**hui**
傅 804	葛 819	**gua**	罕 704	后 673	灰 681
富 806	蛤 819	瓜 660	汉 659	厚 741	晖 769
赋 820	隔 821	寡 840	旱 699	**hu**	辉 820
缚 835	镉 852	挂 744	悍 768	呼 717	徽 855
腹 835	个 608	**guai**	翰 854	忽 720	回 673
覆 857	**gen**	拐 720	**hang**	弧 720	洄 750
G	根 769	怪 720	杭 721	狐 727	茴 757
	geng	**guan**	航 780	胡 757	汇 659
ga	更 699	关 670	**hao**	壶 765	会 669
噶 847	庚 720	冠 739	蒿 836	湖 812	荟 759
尕 657	耕 779	管 843	毫 788	葫 819	桧 772
尬 692	耿 779	贯 738	豪 846	槲 848	彗 785
gai	梗 787	灌 858	壕 855	虎 733	晦 787
丐 620	**gong**	**guang**	好 675	琥 813	秽 791
盖 790	工 618	光 669	郝 760	互 626	喙 804
gan	弓 619	桄 770	浩 773	户 633	惠 806
干 618	公 627	胱 779	耗 779	护 697	毁 833
甘 660	功 650	广 618	皓 813	沪 702	**hun**
玕 712	宫 742	**gui**	**he**	戽 720	昏 721
杆 699	恭 768	归 659	禾 665	扈 786	浑 750
			合 672		

混 789	岬 719	矫 791	竞 777	笃 834	口 609
huo	荚 759	较 781	靖 840	俊 739	叩 653
活 750	戛 786	**jie**	静 847	峻 768	扣 679
火 639	铗 796	阶 691	镜 855		**ku**
惑 806	蛱 819	疖 703	**jiong**	**K**	刳 714
霍 855	甲 661	接 786	迥 734		枯 745
J	贾 781	揭 806	**jiu**	**ka**	堀 785
	槚 847	孑 612	九 603	咖 717	苦 732
ji	假 783	节 666	久 608	喀 804	库 696
机 680	**jian**	劫 694	韭 762	卡 652	酷 847
肌 688	奸 675	杰 721	酒 782	**kai**	**kua**
矶 703	尖 676	洁 750	旧 659	开 632	夸 675
鸡 711	坚 695	结 755	臼 688	凯 714	胯 779
迹 760	间 710	捷 786	厩 784	恺 743	**kuai**
楖 804	肩 731	睫 834	**ju**	铠 796	块 695
姬 765	兼 763	截 841	居 719	**kan**	快 697
积 777	俭 739	解 837	驹 737	堪 805	**kuan**
基 784	柬 747	介 626	疽 775	坎 695	宽 766
绩 792	茧 757	芥 705	局 696	看 753	**kuang**
畸 834	剪 784	界 752	桔 771	阚 847	狂 703
箕 843	简 834	疥 752	菊 794	**kang**	矿 687
激 853	碱 842	蚧 781	橘 853	康 785	旷 699
吉 672	建 720	**jin**	举 738	糠 856	眶 791
级 687	剑 739	巾 618	矩 753	抗 697	**kui**
极 701	健 763	今 626	榉 833	**kao**	亏 608
急 743	渐 789	金 734	句 653	考 688	盔 790
疾 775	箭 851	津 750	巨 645	拷 744	奎 741
棘 811	**jiang**	筋 816	苣 706	栲 769	葵 819
集 822	江 681	襟 857	具 714	烤 774	溃 812
蒺 836	姜 742	紧 778	距 796	靠 852	**kun**
瘠 850	将 742	堇 785	锯 839	**ke**	昆 721
几 605	浆 773	锦 839	聚 843	柯 747	困 695
己 618	豇 781	近 709	瞿 857	珂 752	**kuo**
脊 779	缰 854	晋 769	**juan**	科 753	扩 679
戟 806	疆 857	缙 818	娟 766	稞 834	括 744
嵴 828	桨 772	**jing**	涓 774	窠 834	蛞 819
麂 840	蒋 819	京 713	卷 717	颗 847	阔 821
纪 687	降 735	经 731	倦 763	壳 695	**L**
季 719	绛 755	茎 733	绢 778	可 653	
济 750	酱 838	荆 758	眷 791	克 694	**la**
继 778	**jiao**	惊 786	**jue**	刻 716	垃 718
寂 785	交 668	旌 787	决 670	客 742	拉 720
寄 785	姣 742	晶 809	掘 786	锞 838	喇 804
蓟 837	娇 742	精 843	蕨 851	**ken**	腊 818
冀 853	茭 757	井 626	蹶 858	肯 731	蜡 844
jia	骄 762	颈 798	嚼 858	垦 741	辣 846
加 650	胶 779	景 809	矍 858	恳 768	**lai**
夹 675	焦 813	警 858	**jun**	**keng**	来 701
佳 713	蕉 851	净 714	军 670	坑 695	徕 768
家 766	角 706	径 720	君 695	**kong**	莱 780
痂 775	狡 751	胫 757	均 695	空 729	棶 804
嘉 840	皎 790	痉 775	菌 794	孔 631	赖 837
				kou	

癞	857	理	790	邻	709	露	858	麻	799	昧	745
lan		力	605	林	723	卢	652	马	619	媚	806
兰	649	历	628	临	738	庐	696	玛	703	**men**	
婪	785	厉	653	鳞	858	芦	705	码	729	门	619
蓝	836	立	666	麟	859	泸	727	蚂	759	**meng**	
澜	849	丽	692	蔺	844	卤	694	**mai**		虻	759
榄	832	利	694	躏	858	鲁	822	埋	765	朦	855
懒	853	沥	702	**ling**		陆	711	霾	859	勐	763
烂	751	枥	724	灵	703	鹿	799	迈	691	猛	789
lang		隶	736	岭	719	碌	834	麦	712	蒙	835
郎	734	俪	739	柃	745	路	837	脉	757	蜢	844
狼	775	栎	748	玲	752	辘	852	**man**		蠓	858
榔	812	荔	759	凌	763	潞	853	蛮	819	孟	718
朗	769	栗	769	铃	782	璐	855	馒	847	梦	787
浪	773	砾	776	陵	782	鹭	857	鳗	858	**mi**	
lao		唳	784	绫	792	驴	711	满	833	咪	741
劳	694	笠	791	羚	794	闾	761	螨	854	弥	720
崂	768	粒	791	翎	794	桐	833	曼	787	迷	760
老	687	蛎	795	菱	794	吕	673	幔	841	猕	789
烙	774	**lian**		零	839	旅	769	漫	842	谜	796
酪	838	连	709	鲮	855	缕	818	蔓	843	侎	738
le		怜	720	领	798	褛	846	镘	855	米	683
乐	649	涟	774	令	649	履	847	**mang**		眯	791
勒	784	莲	780	**liu**		律	743	芒	689	宓	719
lei		联	818	溜	833	绿	793	杧	712	泌	725
雷	839	镰	857	刘	671	**luan**		盲	728	觅	733
垒	741	蠊	858	流	773	李	742	茫	757	秘	776
磊	850	脸	794	留	775	峦	742	莽	780	密	785
蕾	854	炼	751	琉	790	栾	770	**mao**		幂	806
肋	688	恋	768	硫	816	卵	694	猫	789	蜜	844
泪	727	链	821	榴	841	乱	693	毛	637	**mian**	
类	754	楝	832	瘤	850	**lue**		矛	665	绵	792
累	792	**liang**		镏	852	掠	786	牦	727	棉	809
leng		良	705	柳	747	**lun**		茅	733	免	694
棱	811	凉	763	六	627	伦	669	锚	838	黾	737
冷	694	梁	787	**long**		沦	702	茂	733	冕	784
li		踉	846	龙	666	纶	704	帽	806	缅	818
梨	772	两	692	泷	727	轮	734	貌	846	面	761
狸	775	亮	738	珑	752	**luo**		**me**		**miao**	
离	776	**liao**		笼	791	罗	731	么	608	苗	732
莉	780	辽	666	聋	794	萝	795	**mei**		眇	753
犁	789	廖	841	隆	797	箩	843	没	702	渺	812
璃	842	燎	853	陇	711	螺	856	玫	727	缈	818
黎	852	蓼	843	拢	720	裸	837	眉	753	藐	856
篱	854	橑	855	**lou**		洛	750	莓	780	妙	695
藜	857	**lie**		偻	784	络	755	梅	787	**mie**	
黧	858	列	670	娄	819	骆	762	媒	805	灭	659
礼	665	劣	671	楼	832	珞	775	湄	812	**min**	
李	699	烈	774	蝼	851	落	818	煤	833	民	659
里	710	猎	789	漏	842			霉	852	岷	719
俚	739	裂	819	镂	847	**M**		美	755	皿	664
娌	766	**lin**		**lu**		**ma**		妹	718	泯	727

酸	847		
蒜	836		
算	843		
sui			
绥	778		
髓	858		
遂	820		
碎	834		
隧	847		
穗	856		
sun			
孙	675		
损	768		
笋	777		
隼	782		
suo			
娑	766		
梭	787		
蓑	836		
缩	843		
所	720		
索	778		
琐	790		
锁	821		
T			
t	603		
ta			
塌	828		
塔	805		
鳎	857		
踏	852		
tai			
胎	756		
台	653		
苔	732		
太	631		
泰	772		
tan			
贪	733		
摊	829		
滩	833		
昙	721		
谭	846		
檀	855		
坦	718		
袒	781		
炭	750		
碳	842		
tang			
汤	681		
唐	764		

堂	785
塘	828
糖	854
螗	854
螳	856
tao	
绦	778
洮	750
桃	770
陶	782
淘	788
套	765
te	
特	775
teng	
疼	775
腾	835
藤	857
ti	
梯	788
提	806
蹄	855
体	693
悌	768
替	809
tian	
天	631
添	789
田	661
甜	790
tiao	
条	700
跳	837
tie	
贴	759
铁	782
帖	719
ting	
汀	659
亭	738
庭	742
蜓	819
tong	
通	781
同	672
彤	696
莔	758
桐	770
铜	796
童	816
瞳	855
统	755

桶	787
筒	816
tou	
头	657
投	697
透	781
tu	
凸	649
秃	703
突	754
图	718
涂	774
屠	785
土	609
吐	673
兔	714
菟	794
tuan	
团	673
tui	
腿	835
退	760
蜕	837
褪	846
tun	
吞	695
屯	632
豚	796
臀	856
tuo	
托	679
拖	720
脱	794
驮	691
陀	711
驼	737
酡	821
椭	811
拓	720
U-W	
u	603
v	603
w	603
wa	
哇	741
洼	750
蛙	819
瓦	640
袜	781
wai	
歪	749

外	657
弯	743
剜	763
蜿	844
豌	852
丸	608
纨	687
完	695
顽	782
宛	719
晚	783
莞	780
婉	834
碗	834
万	605
wang	
王	640
网	687
忘	697
旺	721
望	787
wei	
危	672
威	742
微	828
薇	854
韦	645
围	695
唯	784
帷	785
维	792
潍	842
伟	669
伪	669
尾	695
纬	703
苇	706
委	718
娓	766
娄	795
卫	608
味	717
畏	752
胃	756
渭	812
猥	813
蔚	844
蝨	857
魏	856
温	812
wen	
瘟	842

文	633
纹	704
蚊	780
吻	695
紊	777
稳	842
汶	702
榅	840
weng	
翁	778
嗡	828
蕹	854
wo	
倭	763
涡	774
莴	780
窝	816
蜗	837
沃	702
卧	717
渥	812
wu	
乌	623
污	681
邬	691
巫	712
巫	719
屋	742
无	633
蚣	783
吴	695
梧	772
鼯	858
五	668
伍	668
坞	695
妩	695
武	724
捂	768
舞	843
兀	608
勿	628
雾	839
X	
x	603
xi	
夕	609
西	689
吸	695
希	696
昔	721

析	723
奚	765
息	768
晰	809
犀	813
稀	816
溪	833
锡	838
熙	842
蜥	844
膝	851
歙	853
羲	854
蟋	856
曦	858
鼷	859
席	768
袭	795
隰	855
喜	805
系	703
细	729
隙	821
xia	
虾	759
匣	694
侠	713
峡	742
狭	751
瑕	833
霞	856
下	607
夏	765
厦	804
xian	
仙	649
先	669
纤	686
籼	755
鲜	847
暹	848
闲	710
咸	741
娴	766
显	745
蚬	781
藓	856
县	695
苋	706
线	729
馅	799
腺	835

xiang		信	739	雪	798	眼	791	移	791	颖	840
乡	608	xing		血	689	齃	859	遗	820	影	847
相	752	兴	670	xun		厌	672	颐	840	瘿	854
香	762	星	744	熏	842	砚	753	疑	842	硬	816
厢	784	猩	813	窨	842	艳	780	彝	857	yong	
湘	812	行	689	寻	676	焰	813	乙	603	庸	785
箱	851	醒	855	旬	679	雁	822	以	649	雍	839
镶	859	杏	700	驯	691	燕	853	蚁	759	永	659
祥	776	幸	719	询	733	yang		倚	763	甬	703
翔	818	xiong		枸	783	殃	749	旖	841	俑	739
响	741	凶	627	循	806	秧	777	义	608	勇	740
向	673	匈	671	迅	691	扬	679	弋	619	用	661
象	796	胸	779	逊	760	羊	687	艺	640	you	
橡	849	雄	822	蕈	851	阳	691	屹	677	优	668
xiao		熊	842	**Y**		杨	701	异	677	忧	697
枭	724	xiu				佯	713	易	721	攸	699
削	739	休	668	ya		洋	750	奕	741	幽	742
枵	745	修	739	丫	608	仰	668	益	776	悠	786
消	774	羞	778	压	672	恙	768	逸	796	尤	632
逍	781	朽	680	鸦	762	漾	842	意	829	犹	703
鸮	783	秀	703	桠	771	yao		溢	833	油	725
萧	795	绣	778	鸭	783	幺	618	缢	835	柚	746
霄	852	袖	781	牙	640	妖	695	翼	856	疣	752
魈	855	锈	821	芽	706	腰	835	翳	857	蚰	795
淆	788	溴	833	蚜	781	爻	640	yin		游	812
小	612	蜍	855	崖	785	姚	741	因	673	友	628
晓	769	xu		涯	788	摇	829	阴	691	有	680
筱	834	须	762	哑	741	瑶	842	茵	757	酉	710
肖	704	虚	795	雅	822	咬	741	荫	759	莠	780
效	768	墟	847	亚	667	窈	777	殷	772	黝	857
xie		徐	768	yan		药	759	愔	828	右	655
楔	832	许	691	烟	774	鹞	852	垠	741	幼	659
蝎	851	旭	679	胭	779	耀	858	银	796	蚴	795
协	672	序	696	淹	789	ye		尹	632	釉	821
胁	732	畜	775	菸	795	椰	812	蚓	780	鼬	857
斜	786	续	792	阉	797	耶	731	隐	797	yu	
谐	795	絮	818	腌	818	也	608	印	646	纡	683
携	829	xuan		延	677	冶	694	ying		于	608
缬	851	萱	818	严	692	野	796	应	696	余	693
鞋	852	玄	659	妍	695	叶	655	英	732	盂	728
屑	767	悬	786	芫	705	夜	718	瑛	813	鱼	737
谢	820	旋	787	岩	719	腋	818	缨	843	娱	766
懈	853	选	760	沿	725	yi		罂	843	隅	797
蟹	858	癣	857	盐	776	一	603	樱	849	雩	798
xin		炫	750	阎	797	伊	668	鹦	855	愉	806
心	632	绚	755	颜	852	衣	689	鹰	857	愚	829
忻	697	眩	776	檐	855	依	713	盈	752	榆	832
辛	709	xue		奄	718	漪	842	荧	759	虞	837
欣	724	靴	840	缣	847	夷	675	莹	780	蝓	851
锌	821	薛	854	衍	759	沂	702	萤	795	与	620
新	829	穴	665	偃	783	宜	719	营	795	宇	675
薪	854	蚬	804	掩	786			蝇	844	羽	687

伏	668	夙	674	毕	681	迁	691	匣	694	应	696
伐	668	多	674	汕	681	迅	691	卤	694	弃	696
休	668	夷	675	汝	681	过	691	卵	694	弄	696
众	668	夸	675	江	681	迈	691	县	695	弟	696
优	668	夹	675	池	681	那	691	君	695	张	696
会	669	夺	675	污	681	邦	691	吞	695	彤	696
伞	669	奸	675	汤	681	邬	691	否	695	彻	696
伟	669	好	675	灯	681	闭	691	含	695	忍	696
伤	669	如	675	灰	681	阮	691	启	695	志	697
伦	669	妃	675	牟	682	防	691	吴	695	忘	697
伪	669	孙	675	百	682	阳	691	吸	695	忧	697
充	669	字	675	祁	682	阴	691	吹	695	快	697
兆	669	守	675	竹	682	阶	691	吻	695	忻	697
先	669	安	675	米	683	驮	691	呆	695	怀	697
光	669	寻	676	纤	683	驯	691	呈	695	扭	697
全	670	导	676	红	683	驰	691	告	695	扮	697
共	670	尖	676	纤	686	齐	691	园	695	扰	697
关	670	尘	677	约	687	似	692	困	695	扶	697
兴	670	屹	677	级	687	尬	692	围	695	抓	697
再	670	巩	677	纨	687			均	695	投	697
军	670	帆	677	矿	687	**七　画**		坎	695	抗	697
农	670	师	677	纪	687			坐	695	折	697
冰	670	并	677	纫	687	两	692	坑	695	抚	697
冲	670	庄	677	网	687	严	692	块	695	护	697
决	670	庆	677	羊	687	串	692	坚	695	报	697
划	670	延	677	羽	687	丽	692	坝	695	拟	697
列	670	异	677	老	687	乱	693	坞	695	攸	699
刘	671	当	679	考	688	亨	693	声	695	旱	699
刚	671	戎	679	耳	688	伯	693	壳	695	旷	699
劣	671	成	679	肉	688	伴	693	夬	695	更	699
动	671	托	679	肋	688	伸	693	妍	695	杆	699
匈	671	扣	679	肌	688	低	693	妒	695	权	699
华	671	执	679	臣	688	住	693	妖	695	杉	699
协	672	扩	679	自	688	佐	693	妙	695	李	699
危	672	扫	679	臼	688	体	693	妩	695	杏	700
压	672	扬	679	舌	688	何	693	姊	695	材	700
厌	672	收	679	舟	688	佘	693	孚	695	村	700
合	672	早	679	色	689	余	693	宋	695	构	700
吉	672	旬	679	芋	689	佛	693	完	695	杜	700
吊	672	旭	679	芒	689	克	694	宏	695	束	700
同	672	曲	679	芝	689	兔	694	寿	695	杠	700
名	673	有	680	虫	689	兵	689	尾	695	条	700
后	673	朱	680	血	689	冶	694	局	696	来	701
吐	673	朴	680	行	689	冷	694	层	696	杨	701
向	673	朵	680	衣	689	冻	694	岐	696	极	701
吕	673	机	680	西	689	初	694	岔	696	步	701
回	673	朽	680	讴	691	判	694	岗	696	汶	702
因	673	杀	680	讷	691	利	694	岛	696	沁	702
囚	673	杂	680	许	691	别	691	希	696	沂	702
团	673	权	680	贞	691	助	694	序	696	沃	702
地	673	次	681	负	691	努	694	庐	696	沈	702
壮	674	欢	681	达	691	劳	694	库	696	沐	702

沙	702	芷	706	乳	713	妹	718	抱	720	沾	725
沟	702	芸	706	京	713	姆	718	拂	720	沿	725
没	702	芹	706	佩	713	始	718	担	720	泊	725
沤	702	芽	706	佯	713	姑	718	拉	720	泌	725
沥	702	苇	706	佳	713	委	718	拍	720	法	725
沧	702	苋	706	使	713	孟	718	拐	720	泡	726
沧	702	苍	706	侏	713	孢	719	拓	720	波	726
沪	702	苎	706	依	713	季	719	拔	720	泣	726
泛	702	苏	706	侠	713	孤	719	拖	720	泥	726
灵	703	苣	706	侧	713	宓	719	拗	720	泪	727
灶	703	虬	706	侨	714	宗	719	拙	720	泯	727
灿	703	角	706	兔	714	定	719	招	720	泷	727
牡	703	诈	707	具	714	宛	719	拢	720	泸	727
犹	703	谷	707	典	714	宜	719	择	720	泼	727
狂	703	豆	707	净	714	宝	719	放	720	泽	727
狄	703	贡	708	凭	714	实	719	斧	721	浅	727
玛	703	赤	708	凯	714	尚	719	旺	721	爬	727
甫	703	走	708	刿	714	居	719	昂	721	版	727
疖	703	足	708	刷	714	屈	719	昆	721	牦	727
皂	703	辛	709	刺	716	岩	719	昌	721	牧	727
矶	703	近	709	刻	716	岬	716	明	721	狍	727
社	703	远	709	卑	716	岭	716	昏	721	狐	727
秀	703	连	709	卓	716	岱	719	易	721	狒	727
秃	703	迟	709	单	716	岳	719	昔	721	狗	727
系	703	邱	709	卧	717	岷	719	昙	721	玫	727
纬	703	邵	709	卷	717	岸	719	朋	721	环	727
纭	703	邻	709	厕	717	巫	719	杭	721	瓯	728
纯	703	酉	710	参	717	帔	719	杯	721	疙	728
纱	703	里	710	叔	717	帕	719	杰	721	孟	728
纳	704	针	710	呢	717	帖	719	杵	721	盲	728
纵	704	钉	710	周	717	帚	719	松	721	直	728
纶	704	闲	710	味	717	幸	719	板	723	知	729
纷	704	间	710	呼	717	底	719	构	723	码	729
纸	704	阿	710	和	717	庚	720	枇	723	祉	729
纹	704	陀	711	咖	717	庞	720	析	723	秆	729
纺	704	附	711	哎	718	建	720	林	723	秉	729
纽	704	陆	711	固	718	弥	720	果	723	穷	729
罕	704	陇	711	国	718	弧	720	枝	723	空	729
羌	704	陈	711	图	718	彼	720	枞	724	竺	729
肖	704	韧	711	坡	718	征	720	枣	724	线	729
肘	705	驳	711	坦	718	径	720	枥	724	绀	729
肚	705	驴	711	坳	718	念	720	枪	724	组	729
肛	705	鸡	711	垂	718	忽	720	枫	724	细	729
肠	705	麦	712	垃	718	怕	720	枭	724	织	729
良	705	龟	712	夜	718	怜	720	欣	724	终	731
芥	705	巫	712	奄	718	怪	720	欧	724	绉	731
芦	705	玕	712	奇	718	怯	720	武	724	绊	731
芜	705	杜	712	奈	718	庐	720	歧	725	经	731
芬	705	**八　画**		奉	718	所	720	沫	725	罗	731
芭	705			奋	718	承	720	河	725	耶	731
花	705	变	712	奔	718	披	720	油	725	肃	731
芳	706	丧	713	妮	718			沼	725	股	731

肢 731	钓 735	勃 740	庭 742	柿 748	珊 752
肤 731	阜 735	勇 740	弯 743	栀 748	珍 752
肥 731	陌 735	匍 740	很 743	栅 748	珐 752
肩 731	降 735	南 740	律 743	标 748	珑 752
肪 731	陕 735	厚 741	怒 743	栋 748	界 752
肯 731	隶 736	咪 741	思 743	树 749	畏 752
育 731	隹 736	咬 741	急 743	歪 749	疣 752
肾 731	雨 736	咸 741	恒 743	殃 749	疥 752
肿 732	青 736	哀 741	恨 743	残 750	疮 752
胀 732	非 736	品 741	恰 743	毒 750	皇 752
胁 732	顶 737	哇 741	恺 743	毡 750	蛊 752
舍 732	饰 737	哈 741	战 743	泉 750	盆 752
苔 732	驹 737	哉 741	扁 743	洁 750	盈 752
苗 732	驼 737	哌 741	拜 744	洄 750	相 752
苘 732	鱼 737	响 741	括 744	洋 750	盼 753
苜 732	鸢 737	哑 741	拴 744	洒 750	盾 753
苞 732	鸣 737	哗 741	拷 744	洛 750	省 753
苟 732	黾 737	垒 741	持 744	洞 750	眇 753
若 732	齿 737	垠 741	挂 744	津 750	眉 753
苦 732	疟 738	垢 741	指 744	洪 750	看 753
英 732	苤 738	垣 738	按 744	洮 750	矩 753
苹 732	侏 738	垦 738	挠 744	洱 750	砂 753
苗 733	虱 738	垩 738	挪 744	洲 750	砌 753
茂 733		垫 741	故 744	活 750	砖 753
范 733	**九 画**	城 741	施 744	洼 750	砚 753
茄 733		复 741	星 744	洽 750	祖 753
茅 733	贯 738	奎 741	春 745	派 750	祚 753
茉 733	肺 738	奕 741	昧 745	浊 750	祝 753
茎 733	临 738	姚 741	昭 745	济 750	神 753
虎 733	举 738	姜 742	昼 745	浑 750	秋 753
虬 733	亭 738	姣 742	显 745	浓 750	种 753
表 733	亮 738	姪 742	枯 745	炫 750	科 753
衬 733	亲 738	姿 742	枳 745	炭 750	穿 753
觅 733	侯 739	威 742	枵 745	点 750	突 754
诗 733	侵 739	娆 742	枸 745	炼 751	窃 754
询 733	便 739	娇 742	柃 745	烁 751	竖 754
贪 733	促 739	娜 742	柄 745	烂 751	竿 754
贫 733	俄 739	孪 742	柏 746	牯 751	笃 754
贮 733	俊 739	客 742	柑 746	牲 751	类 754
转 733	俏 739	室 742	染 746	牵 751	籼 755
轭 734	俑 739	宫 742	柔 746	狡 751	籽 755
轮 734	俗 739	封 742	柘 746	狩 751	绒 755
软 734	俚 739	将 742	柚 746	独 751	结 755
迥 734	保 739	屋 742	柞 746	狭 751	绕 755
迪 734	信 739	屏 742	柠 746	狮 752	绚 755
迭 734	俪 739	峡 742	查 746	玲 752	绛 755
郁 734	俭 739	峦 742	枣 747	玳 752	络 755
郎 734	修 739	差 742	柯 747	玷 752	统 755
郑 734	兹 739	帝 742	柱 747	玻 752	美 755
采 734	冠 739	带 742	柳 747	珀 752	耐 756
金 734	削 739	帮 742	柽 748	珂 752	胃 756
	前 739	幽 742			肯 756
	剑 739				

字	页	字	页	字	页	字	页	字	页	字	页
胸	779	较	781	副	784	接	786	理	790	脸	794
胼	779	逍	781	勒	784	掩	786	琉	790	船	794
能	779	透	781	匍	784	措	786	琐	790	菇	794
脂	779	逐	781	匙	784	掷	786	甜	790	菊	794
脆	779	逗	781	厢	784	敏	786	畦	790	菌	794
脊	779	通	781	厩	784	斜	786	痒	790	菘	794
脏	779	速	781	唯	784	断	787	痔	790	菜	794
脐	779	造	781	唳	784	旋	787	痕	790	菝	794
臭	780	部	781	啄	784	旌	787	皎	790	菟	794
致	780	郭	781	商	784	晦	787	皑	790	菠	794
舐	780	郴	782	啡	785	晨	787	盒	790	菩	794
航	780	都	782	啤	785	曹	787	盔	790	菰	794
艳	780	配	782	崮	785	曼	787	盖	790	菱	794
荷	780	酒	782	啮	785	望	787	盗	790	菲	795
荸	780	釜	782	圈	785	桿	787	盘	790	菸	795
获	780	钱	782	培	785	桶	787	盛	791	萍	795
莆	780	铤	782	基	785	梁	787	眯	791	萎	795
莉	780	钳	782	堀	785	梅	788	眶	791	萝	795
莎	780	钻	782	堂	785	梓	788	眷	791	萤	795
莓	780	铁	782	堆	785	梗	788	眼	791	营	795
莞	780	铂	782	董	785	梦	788	矫	791	萧	795
莠	780	铃	782	婆	785	梭	788	硕	791	萨	795
莫	780	铅	782	娶	785	梯	788	移	791	著	795
莱	780	铍	782	宿	785	梳	788	秽	791	虚	795
莲	780	陪	782	寂	785	梵	788	章	788	蚯	795
茵	780	陲	782	寄	785	欲	788	笛	788	蚰	795
莹	780	陵	782	密	785	毫	788	笠	788	蚱	795
莽	780	陶	782	屠	785	涯	788	符	788	蚴	795
蚊	780	隼	782	崇	785	涵	788	笨	788	蛀	795
蚋	780	顽	782	崎	785	淆	788	第	788	蛆	795
蚌	780	顾	782	崔	785	淑	788	笼	788	蛇	795
蚍	780	顿	782	崖	785	淘	788	粒	788	蛋	795
蚓	780	预	782	巢	785	淡	788	粕	788	蛎	795
蚕	780	高	782	帷	785	淮	788	粗	789	袋	795
蚜	781	鬲	783	常	785	深	788	粘	789	袭	795
蚧	781	鸭	783	庶	785	混	788	累	789	谐	795
蚪	781	鸥	783	康	785	淹	788	绩	789	谜	796
蚬	781	鹆	783	庸	785	添	788	绫	789	豚	796
衰	781	枸	783	弹	785	清	788	续	789	象	796
袍	781	蚝	783	彗	785	淡	788	绮	789	趾	796
袒	781	蚝	783	彩	785	渐	788	绯	789	跃	796
袖	781			得	786	渗	789	绳	789	距	796
袜	781	**十一画**		悠	786	渠	789	维	789	逸	796
被	781	晚	783	悬	786	犁	789	绵	789	鄂	796
诹	781	偃	783	惊	786	猎	789	绥	789	野	796
诺	781	假	783	夏	786	猕	789	综	789	铗	796
调	781	偏	784	扈	786	猖	789	绿	793	铜	796
豇	781	偶	784	捷	786	猛	789	缀	794	铠	796
豹	781	偻	784	捻	786	猴	789	羚	794	铲	796
贾	781	兜	784	排	786	猪	789	翎	794	银	796
起	781	冕	784	掘	786	猫	789	聋	794	阈	797
躬	781	剪	784	掠	786	球	789	脱	794	阉	797

瑟	834	蜍	837	嫩	840	笋	843	遮	847	澜	849
瑰	834	蜕	837	察	840	箸	843	酷	847	澳	849
畸	834	蜗	837	寡	840	箸	843	酸	847	瘠	850
睕	834	蜈	837	幔	841	精	843	锷	847	瘤	850
睡	834	裟	837	廖	841	缫	843	锹	847	磊	850
睫	834	裸	837	彰	841	缩	843	镂	847	稻	850
矮	834	解	837	慕	841	缪	843	阑	847	箭	851
碌	834	触	837	截	841	罂	843	隧	847	箱	851
碎	834	詹	837	摘	841	罴	843	雌	847	篁	851
碗	834	赖	837	旗	841	翠	843	静	847	缫	851
福	834	路	837	榕	841	翡	843	颗	847	翩	851
稗	834	跳	837	榛	841	聚	843	馒	847	聪	851
稚	834	跷	838	槿	841	腐	843	鲜	847	膝	851
稞	834	辐	838	榨	841	膜	843	鼻	847	蔬	851
稠	834	辟	838	榴	841	舞	843	墟	847	蕃	851
窠	834	酪	838	槁	841	蓼	843	蜥	847	蕈	851
窦	834	酱	838	槟	841	蔓	843	缤	847	蕉	851
筠	834	错	838	槭	841	蔗	844	蓟	847	蕊	851
筷	834	锚	838	模	841	蔚	844	槛	847	蕨	851
签	834	锞	838	滴	841	蔟	844			蕴	851
简	834	锡	838	漂	842	蔡	844	**十五画**		蝎	851
缚	835	锤	838	漆	842	蔷	844			蝓	851
缝	835	锥	838	漏	842	蔺	844	僻	847	蝗	851
缟	835	锦	839	漕	842	蔼	844	儋	847	蝙	851
缠	835	锯	839	漪	842	蔽	844	噶	847	蝠	851
缢	835	雉	839	漫	842	蜀	844	增	847	蝻	851
缤	835	雍	839	漾	842	蜘	844	墨	847	蝶	851
罩	835	雏	839	潍	842	蜚	844	履	847	蝼	851
群	835	零	839	溃	842	蜜	844	影	847	蝥	852
腮	835	雷	839	熊	842	蜡	844	德	847	蝮	852
腰	835	雾	839	熏	842	蜢	844	憎	848	褥	852
腹	835	靖	840	熔	842	蜥	844	摩	848	豌	852
腺	835	靴	840	熙	842	蜱	844	撒	848	豫	852
腾	835	韫	840	獐	842	蜻	844	播	848	赭	852
腿	835	韵	840	瑶	842	蝶	844	撮	848	踏	852
蒙	835	颐	840	瑷	842	蜿	844	暮	848	踝	852
蒜	836	颖	840	璃	842	蝇	844	暴	848	辘	852
蒲	836	鹜	840	疑	842	蝉	844	逼	848	遵	852
蒴	836	鲍	840	瘟	842	裳	844	槲	848	醉	852
蒺	836	鹊	840	瘟	842	裴	844	槽	848	醋	852
蒿	836	鹏	840	瘦	842	裹	844	樗	848	镇	852
菁	836	麂	840	瞅	842	褐	844	樟	848	镉	852
蓑	836	鼓	840	碟	842	褛	846	横	848	镊	852
蓓	836	鼠	840	碧	842	褪	846	樱	849	镏	852
蓖	836	媛	840	碱	842	谭	846	橄	849	霄	852
蓝	836	楦	840	碳	842	豪	846	橡	849	震	852
蓟	837			稳	842	貌	846	潘	849	霉	852
蓬	837	**十四画**		窖	842	赘	846	潜	849	靠	852
虞	837	僧	840	端	842	赛	846	潮	849	鞋	852
蛾	837	嘉	840	箕	843	赫	846	潺	849	鞍	852
蜂	837	墙	840	算	843	踉	846	澄	849	鞑	852
蜉	837	嫡	840	管	843	辣	846	澎	849	颚	852

中 文 名 称 索 引

（按汉字笔画顺序排列）

台湾切叶蚁 354
台湾双洼姬蜂 55
台湾反颚茧蜂 56
台湾孔弄蝶 447
台湾木白蚁 285
台湾毛肩长蝽 362
台湾毛扁蝽 155
台湾毛唇潜甲 293
台湾毛管蚜 233
台湾长头网蝽 89
台湾长丽天牛 8
台湾长尾姬蜂 189
台湾长角沼蝇 496
台湾长粉蚧 554
台湾长绿天牛 108
台湾长腹土蜂 88
台湾半轮线虫 249
台湾叩甲 91
台湾叶角飞虱 466
台湾叶颊长蝽 279
台湾叶螨 537
台湾囚圆盾蚧 139
台湾四节叶蜂 484
台湾四齿隐翅虫 358
台湾巨股长蝽 322
台湾巨须隐翅虫 394
台湾巨蚊 546
台湾帅蛺蝶 496
台湾白灰蝶 427
台湾白星姬蜂 568
台湾白毡蚧 56
台湾白盾蚧 458
台湾白蛱蝶 242
台湾禾粉蚧 365
台湾艾蛛 147
台湾节腹泥蜂凹唇亚种 99
台湾伊绥螨 279
台湾伊蚊 12
台湾光姬蜂 474
台湾冲绥螨 382
台湾刚毛蚜 490
台湾华春蜓 502
台湾合眶蜂麻蝇 524
台湾地蛛 62
台湾多毛蚤云南亚种 276
台湾多毛蚤指名亚种 276
台湾多毛蚤秦岭亚种 276
台湾尖爪铁甲 261
台湾尖头瓢蜡蝉 545
台湾尖尾春蜓 520
台湾尖盾蚧 563
台湾异节光翅瘿蜂 405

台湾异翅尺蛾 257
台湾异蜕蚧 14
台湾异瘤象天牛 352
台湾曲钩姬蜂 363
台湾曲颊猛蚁 228
台湾灰粉蚧 178
台湾竹毒蛾 400
台湾竹链蚧 67
台湾红长标弄蝶 532
台湾芒粉蚧 348
台湾血蜱 236
台湾行军蚁 13
台湾衣鱼 299
台湾达缘蝽 152
台湾丽小叶蝉 583
台湾丽盾蚧 296
台湾似河花蜉 450
台湾别麻蝇 73
台湾坚绵蚧 296
台湾尾龟甲 541
台湾库蠓 145
台湾拟木蚜蝇 533
台湾拟毛蚁 460
台湾拟尖叶蜂 460
台湾拟花蝇 87
台湾拟扁蛛 494
台湾拟壁钱蛛 380
台湾束长蝽 326
台湾条异丽金龟 35
台湾条粉蚧 554
台湾牡蛎盾蚧 355
台湾秃蝗 444
台湾花蜱 24
台湾角尺蛾 312
台湾角血蜱 236
台湾角圆盾蚧 494
台湾赤茶小天蛾 149
台湾阿脉蜡蝉 34
台湾乳白蚁 130
台湾刺盲蝽 248
台湾单突叶蝉 312
台湾单蜕盾蚧 216
台湾卷叶野螟 522
台湾垃土蛛 295
台湾奇带尺蛾 258
台湾孟蝇 70
台湾弧丽金龟 449
台湾拢沟茧蜂 200
台湾斧螳 259
台湾松大蚜 116
台湾松猫蛛 422
台湾林虻 499

台湾果叶蜂 71
台湾油葫芦 234
台湾沼野蝇 230
台湾泡粉蚧 467
台湾泥盾蚧 371
台湾牦粉蚧 439
台湾环蛱蝶 368
台湾线盾蚧 288
台湾细胸蚁 301
台湾细颚姬蜂 185
台湾罗里螨 315
台湾肾圆盾蚧 40
台湾软蚧 122
台湾青尺蛾 437
台湾饰袖蜡蝉 498
台湾驼跷蝽 220
台湾齿足冠蜂 216
台湾齿股蝇 271
台湾举腹蚁 135
台湾垫跗螋 104
台湾弯尾姬蜂 160
台湾星弄蝶 96
台湾栉眼蚤大陆亚种 142
台湾栉眼蚤指名亚种 142
台湾栎片盾蚧 363
台湾栎链蚧 58
台湾树蟋 380
台湾洒灰蝶 487
台湾狭天牛 513
台湾狭姬蝽 514
台湾秋白尺蛾 191
台湾突角长蝽 385
台湾突额蜂麻蝇 342
台湾类食蚜蚜小蜂 121
台湾绒树蜂 196
台湾络盾蚧 485
台湾美毛蛛 84
台湾美片盾蚧 217
台湾美袖蜡蝉 332
台湾胖须茧蜂 125
台湾茶色金龟 11
台湾虻 526
台湾蚁蛛 354
台湾蚁蟋 354
台湾钝绥螨 26
台湾钩猛蚁 35
台湾革蜱 159
台湾飒弄蝶 487
台湾原鼻白蚁 455
台湾圆蛱长足姬蜂 359
台湾家蝇 352
台湾宽尾凤蝶 15

台湾峭腹蛛 544
台湾弱斑蛛 281
台湾扇蚧 404
台湾浪纹条小卷蛾 53
台湾涡蛛 379
台湾狼蛛 317
台湾益姬蜂 278
台湾真径茧蜂 198
台湾真绵蚧 206
台湾粉虱 161
台湾缺伪蚜蝇 232
台湾耙盾蚧 330
台湾脊尺蛾 551
台湾脊扁蝽 370
台湾艳青尺蛾 15
台湾蚋 500
台湾蚌蜡蚧 91
台湾铃腹胡蜂 483
台湾高缝姬蜂 88
台湾匙顶飞虱 557
台湾悬茧姬蜂 103
台湾球链蚧 296
台湾盗尺蛾 171
台湾盘盏蚧 441
台湾绿绵蚧 110
台湾绿绵蜡蚧 110
台湾菌瓢虫 239
台湾菱跗摇蚊 119
台湾菱瘤螨 26
台湾银斑舟蛾 530
台湾隐势瓢虫 140
台湾隐盾叶甲 11
台湾隐姬蜂 140
台湾隐猛蚁 140
台湾雪盾蚧 107
台湾领蚊 242
台湾麻虻 237
台湾黄金蚜小蜂 45
台湾黄毒蛾 450
台湾黄胡蜂 567
台湾喙扁蝽 342
台湾强柄姬蜂 135
台湾斑眼蝶 418
台湾斑螟 276
台湾棒角铁甲 479
台湾棒锤角叶蜂 118
台湾棘跳虫 385
台湾渡尺蛾 582
台湾焰尺蛾 182
台湾琴完眼泥蜂 319
台湾短足叶蜂 290
台湾硬蜱 283

优赛跳小蜂 209
会纹弧夜蛾 350
会泽污灯蛾 509
会泽新松叶蜂 361
会冥夜蛾 193
会理枯叶蛾 29
会理寡节瓢虫 532
伞异皮线虫属 79
伞弄蝶属 71
伞形花小斑蛾 55
伞形桉叶长足象 19
伞扁蜡蝉属 192
伞菌滑刃线虫 41
伞滑刃线虫属 79
伞蛱蝶属 19
伞裙追寄蝇 213
伞锥额野螟 316
伟氏雄尾螨 54
伟台螨属 567
伟白钩蛾 170
伟后叶尺蛾 190
伟梭长螨 396
伟蜓属 31
伟螨 568
伟螨属 568
伟蠊科 264
伤残短体线虫 452
伦勃常革螨 568
伪人虱 415
伪三节叶蜂属 115
伪叉麻蝇 482
伪小眼夜蛾属 461
伪小琼璎螨属 460
伪小赫甲螨 253
伪弓足花蛛 348
伪切叶蚁亚科 460
伪勾天牛 214
伪毛蚜属 503
伪毛颧家蝇 352
伪长须螨属 462
伪长筒天牛 458
伪叶甲科 290
伪叶甲属 290
伪尼等彩蝇 282
伪平盉水螨亚科 344
伪甘蓝麦叶蜂 171
伪甲螨属 90
伪白杨璎螨 196
伪白纹伊蚊 12
伪壮天牛 457
伪守瓜属 459
伪杂鳞库蚊 143

伪红头真长颈树蜂 211
伪沟跗地种蝇 155
伪花金龟属 460
伪角龟蜡蚧 100
伪足璎螨亚科 374
伪足璎螨属 374
伪卷绵蚜属 539
伪昏天牛 457
伪昏天牛属 457
伪油松梢小蠹 139
伪沼尺蛾属 373
伪环线虫属 373
伪苜蓿苔螨 78
伪软蚧属 296
伪青新园蛛 365
伪齿叶蜂 534
伪剑线虫 573
伪星天牛 460
伪星翅蝗 342
伪星翅蝗属 342
伪柯克斯剑线虫 575
伪标根毡蚧 476
伪突沼石蛾属 461
伪茶灰圆盾蚧 162
伪钝盲花蝽 47
伪钝绥螨 25
伪须螨属 460
伪原泉蝇属 461
伪姬白望灯蛾 297
伪盐库蠓 145
伪秦岭梢小蠹 139
伪脊翅天牛 214
伪蚊科 529
伪郭公虫科 160
伪掠蛛属 460
伪秽蝇属 459
伪粗野粉蝇 445
伪绵蚧亚科 461
伪绵蚧属 461
伪绿等彩蝇 282
伪鹿天牛 460
伪鹿天牛属 460
伪强盘旋线虫 484
伪斑足泉种蝇 416
伪普拉叶蜂 534
伪棍桑蓟马 460
伪短体线虫 451
伪短痣蚜属 18
伪跗线螨属 462
伪黑斑蚜属 459
伪楔天牛属 55
伪简哈摇蚊 240

伪腺绵蚧属 458
伪蜂跗线螨属 457
伪裸蝗属 128
伪缨象天牛 458
伪蜻科 131
伪褐飞虱 371
伪瘤姬蜂属 461
伪稻水象 310
伪稻蝗属 462
伪额花蝇属 460
伪瓢虫科 184
伪璎螨属 373
伪鞘天牛 374
伪默林线虫 338
伪镰螯螨属 462
伪鳗线虫属 373
伪霸叩甲 164
伪伙天牛 460
伪伙缘螨属 460
充满钝绥螨 25
兆宁蒙古小蜂 349
先地红螨 468
光叉突尺蛾 412
光土蜂亚科 494
光土蜂科 494
光小叶蝉属 44
光尺蛾属 555
光无脉扁螨 33
光毛缘叶螨 421
光水虻亚科 294
光水蝽属 317
光爪等距姬蜂 275
光叶甲 504
光叶甲属 504
光头长针线虫 314
光头丝跳甲 254
光头伊土螨 14
光皮桦斑蚜 70
光闪夜蛾 152
光全狭腹胡蜂 262
光华异螨 535
光壮头蛛 112
光红螨属 165
光衣鱼亚科 325
光尾游盾线虫 417
光尾螺旋线虫 244
光纹同缘蝽 263
光纹根结线虫 335
光角胸叶甲 68
光角翅同蝽 31
光刺蓟马 278
光卷蛾属 43

光夜蛾属 518
光怪象 93
光怪象属 93
光明夜蛾 358
光泽龙头螳 360
光泽栎链蚧 58
光泽狭跗线螨 513
光肩星天牛 37
光肩跷螨 341
光顶负泥虫 297
光亮木小蠹 577
光亮平腹蛛 228
光亮异丽金龟 35
光亮丽甲螨 306
光亮举腹蚁 135
光亮哑蟋 230
光亮巢蛾 579
光亮额蚤 218
光带弧丽金龟 449
光柄行军蚁 13
光柄赘须金小蜂 239
光注象属 221
光盾反颚茧蜂 529
光盾弧丽金龟 449
光盾齿腿姬蜂 453
光盾黑点瘤姬蜂 570
光盾寡索赤眼蜂 383
光穿孔尺蛾 132
光背大小蠹 157
光背虫寄跗线螨 279
光背刺姬蜂 162
光背奇螨属 515
光背姬蜂属 6
光背隐盾叶甲 11
光背锯角叶甲 120
光背蔗龟 20
光背蔗犀金龟 20
光脉赤眼蜂属 44
光荣肿脉弄蝶 582
光钩尾春蜓 385
光面长针线虫 314
光姬蜂属 474
光宽胸步甲 130
光翅星吉丁 112
光翅璎螨科 309
光耻冬夜蛾 552
光胸山丝跳甲 389
光胸负泥虫 306
光胸库蠓 144
光胸线距叶蜂 69
光胸细蜂属 423
光胸突肩叶甲 119

七　画

八　画

变叶木短体线虫 451
变幼须螨 293
变皮头索线虫 89
变伊土螨 14
变异库蚊 143
变异条粉蚧 553
变异单突叶蝉 312
变异栎链蚧 58
变异革蜱 159
变异涡蛛 379
变异温寄蝇 570
变色毛腹瘤天牛 96
变色节腹泥蜂 99
变色华蕨螨 501
变色夜蛾 186
变色夜蛾属 186
变色孟蝇 70
变色圆角蝉 221
变色淡脉隧蜂 293
变色植种蝇 74
变色滑刃线虫 43
变色等彩蝇 282
变色额凹萤叶甲 496
变丽蝇属 402
变尾伪环线虫 374
变尾拟盘旋线虫 483
变尾滑刃线虫 43
变尾短体线虫 452
变尾矮化线虫 561
变形针线虫 411
变形轮线虫 136
变形真扇毛螨 199
变足蜡蛹叶蜂 82
变侧异腹胡蜂 406
变环矮化线虫 561
变型根毡蚧 476
变突毛刺线虫 550
变胡蜂 567
变圆盾蚧属 563
变翅矛丽金龟 84
变通草蛉 114
变眼锹甲 13
变斑阳蝇 246
变斑蚓蝇 385
变斑隐势瓢虫 140
变棕异丽金龟 36
丧粉蚧属 419
乳汉甲螨属 328
乳白蚁 131
乳白蚁属 130
乳白格灯蛾 51
乳色荫眼蝶 363

乳果螨 91
乳点伊蚊 12
乳突三栉毛蛛 548
乳突反颚茧蜂 253
乳突长针线虫 314
乳突尖头叶蝉 68
乳突异啮虫 255
乳突尾斯氏线虫 512
乳突库蚊 143
乳突纯缘蜱 390
乳突实蝇属 578
乳突盲异螨 564
乳突离脉纹石蛾 269
乳突寄螨 408
乳突等索线虫 281
乳突管巢蛛 120
乳突瘤蟹蛛 431
乳突默林线虫 338
乳翅长鬃秒蝇 160
乳翅卷野螟 467
乳翅锦斑蛾 427
乳绿小丝螳 300
乳黄竹飞虱 67
乳斑长大叶蝉 508
乳斑黄毒蛾 205
乳源彩丽金龟 346
乳瘤叶甲 108
京弗叶甲中华西亚种 430
京夜蛾 284
京夜蛾属 284
京松癞蛎盾蚧 404
京都库蚊 143
京都稀蠊 411
京绿彩丽金龟 346
京槭多态毛蚜 420
京豌豆蚜 10
佩氏伊蚊 12
佩氏特尖卵端草蛉 282
佩纳得滑刃线虫 43
佩里颚头等长草蛉 77
佩夜蛾 394
佩夜蛾属 394
佩姬蜂属 421
佩莱格里尼锥线虫 172
佩顿库蚊 143
佩普西胃索线虫 222
佩鲁维剑线虫 574
伴平盔螨属 19
伴软滑水螨属 437
伴盔水螨属 326
伴越蝗属 409
佳尺蛾属 211

佳玫灯蛾 26
佳盾螵蠃属 203
佳眼尺蛾 454
佳蛛属 223
使君子俊夜蛾 569
侏长蟥亚科 55
侏长蟥属 55
侏卡夜蛾 105
侏皮夜蛾 356
侏地土螨 224
侏红小螨 357
侏旱狼蛛 572
侏粉晶钩蛾 159
侏粉蝶 66
侏粉蝶属 66
侏斑蛛 203
侏儒木鼻白蚁 521
侏儒绵粉蚧 427
侏儒散白蚁 472
侏儒蛛属 332
依氏乳白蚁 130
依灯蛾属 180
依帕绢蝶 413
依拉等彩蝇 282
依姬蜂属 281
依敏峭腹蛛 544
依蝇狮蛛 328
依蝇属 277
侠冬夜蛾 142
侧刀肋甲螨 145
侧弓针线虫 410
侧孔血厉螨 238
侧毛尾秒蝇 467
侧毛草种蝇 429
侧爪跗线螨 530
侧凸短体线虫 452
侧叶榆绿木安纽夜蛾 39
侧叶雕翅摇蚊 228
侧头长针线虫 314
侧白伊蚊 11
侧矛剑线虫 574
侧边尾尺蛾 393
侧多食跗线螨 447
侧异腹胡蜂属 406
侧行寄蝇属 408
侧尾拟短体线虫 451
侧条斑粉蝶 156
侧条橘眼蝶 285
侧纹反颚茧蜂 152
侧花阳蝇 246
侧角矩胸金小蜂 524
侧角楹白蚁 278

侧刺蚁 447
侧刺短角花蝇 105
侧刺跳甲属 45
侧刺赫刺螨 261
侧刺螨 32
侧刺螨属 32
侧坦蛛 53
侧环斑金龟 409
侧线孟蝇 70
侧金盏花尾尺蛾 393
侧齿反颚茧蜂 56
侧齿角潜蝇 100
侧齿真菌蚊 353
侧带中索线虫 339
侧带内斑舟蛾 420
侧带脊尺蛾 551
侧带瘤虻 268
侧带褐尺蛾 209
侧带螺旋线虫 244
侧扁弓背蚁 87
侧柏上三脊瘿螨 82
侧柏小分啮虫 289
侧柏少毛蚜茧蜂 414
侧柏片盾蚧 413
侧柏牡蛎盾蚧 355
侧柏盲走螨 562
侧柏球坚蜡蚧 296
侧柏新上瘿螨 362
侧标矮化线虫 561
侧点伊缘螨 479
侧点娇异螨 565
侧狭腹胡蜂属 412
侧突池蝇 308
侧虹瘿木虱 434
侧食道六索线虫 258
侧圆棘蝇 423
侧皱异丽金龟 35
侧真蚧螨 211
侧翅皱蝗 111
侧胸反颚茧蜂 200
侧脊角胸叶甲 68
侧脊茧蜂 19
侧蚜外茧蜂属 406
侧匙同螨 182
侧基举肢蛾 512
侧密斯克里亚平索线虫 504
侧斜反颚茧蜂 56
侧隆长足大蚜 116
侧喙丽金龟 11
侧斑叶蜂 533
侧斑异丽金龟 35

九　画

十 画

十一画

十二画

英 文 名 称 索 引

C

cabbage aphid 76
cabbage armyworm 326
cabbage bug 207
cabbage cyst nematode 255
cabbage flea beetle 239,463
cabbage moth 443
cabbage sawfly 59,60
cabbage webworm 247
cacao beetle 513
cacao pruner 102
cacao thrips 495
cactus cyst nematode 81
cactus moths 103
cactus scale 162
cactus spine scale 476
caddisflies 515
cadelle 533
caerulescens flea beetle 239
calico scale 202,296
Califonia dagger nematode 574
California fivespined ips 280
California flatheaded borer 333
California maple aphid 420
California meadow nematode 451
California oakworm 431
California prionus 453
California red scale 40
California root-lesion nematode 451
California saltmarsh mosquito 12
California tortoiseshell 376
California willow beetle 334
Californian scale 469
camarade knot-horn moth 7
camberwell beauty 566
camel crickets 514
camellia bud mite 133
camellia flower moth 522
camellia fruit fly 512
camellia leafminer 486
camellia mining scale 177
camellia parlatoria scale 413
camellia scale 355,413,466
camellia webworm 486
camellia whitefly 20
camphor ambrosia beetle 576
camphor aphid 502
camphor lace bug 516
camphor leafhopper 401
camphor longicorn beetle 468

camphor scale 457
camphor sucker 288,554
camphor thrips 309
camphor tree borer 425
campodeids 168
canaceid flies 89
canarygrass mealybug 554
cane aphid 315
cane leaf scale 177
cane long bug 126
cane root borer 161,283
cane round scale 63
cantab bell moth 581
cape gooseberry budworm 245
cape jasmine spiny whitefly 20
capsid bugs 347
capua tortrix 90
carabid beetles 90
caragana plant bug 315
cardamon hairy caterpillar 206
Caribbean pod borer 218
Caribbean fruit fly 31
carker worms 73
carl moths 544
carmine spider mite 537
carnation bud mite 5
carnation pin nematode 410
carnation twist moth 80
carnation worm 235
Carolina grasshopper 169
Carolina mantid 511
carpenter 46
carpenter ant 88
carpenter-ants 87
carpenter bee 577
carpenter moths 134,275
carpenter worm 453
carpenterworm moth 134
carpet moth 551
carpet moths 292
carpinus aphid 361
Carrion beetles 499
carrot aphid 39,95
carrot budworm 189
carrot bug 14
carrot cyst nematode 255
carrot root aphid 418
carrot sawfly 534
case-bearing clothes moth 543
casebearer moths 126
casebearers 125
casemaking clothes moth 543

cashew borer 443
cashew bud mite 196
cashew leaf mite 480
cashew stem girdler 405
cashew weevil 329
cassava hawk moth 194
cassava mealybug 426
cassava scale 40
castanopsis ambrosia beetle 576,577
castanopsis gall thrips 296
castanopsis thrips 311
castor-bean tick 283
castor hairy caterpillar 546
castor semi-looper 387
castor stem borer 576
cat biting louse 549
cat flea 141
cat follicle mite 156
cat louse 214
catalpa leafminer 17
catalpa midge 167
catalpa sphinx 98
cattail billbug 81
cattle biting fly 236
cattle biting lice 549
cattle follicle mite 156
cattle itch mite 486
cattle poisoning sawfly 315,441
cattle tail louse 236
cattleya midge 404
cattleya scale 413
cave and camel crickets 233
ceanothus silk moth 266
cecropia moth 266
cedar borer 301
cedar leafhopper 336
cedar looper 282
cedar seed fly 332
cedar tussock moth 153
cedartree borer 495
celery aphid 495
celery leaftier 381,562
Central American fruit fly 31
cephaloid beetles 97
ceratinid bees 98
cereal leaf aphid 479
cereal leaf beetle 393
cereal root nematode 71
cerophytid beetles 100
Chafer 336
chaff scale 413
chain-spotted geometer 117

clouded plant bug 369
clouded slender moth 86
clouded winter shade moth 545
clove leaf weevil 273
clover aphid 358
clover cyst nematode 256
clover gelechiid 163
clover hayworm 276
clover head caterpillar 232
clover looper 81
clover mite 78
clover root borer 272
clover root scale 63
clover springtail 74
clover stem borer 292
clover stem erotylid 292
clover stem nematode 170
clover weevil 504
club-footed tarsonemid mite 530
clusiid flies 120
clusiids 120
cluster caterpillar 511
cluster fly 445
coakroach mite 437
coarse-writing engraver beetle 280
coastal stalk borer 106
Cobb's awl nematode 172
Cobb's lance nematode 265
Cobb's meadow nematode 452
Cobb's root lesion nematode 452
Cobb's spiral nematode 244
Cobb's stubby root nematode 550
cocklebur weevil 477
cockroaches 72,139,391
cocksfoot aphid 266
cocksfoot moth 227
cocktailed ants 135
cocoa capsid 485
cocoa flea beetle 365
cocoa mealybug 440
cocoa pod weevil 259
cocoa round scale 458
cocoa stem borer 202
coconut beetle 519
coconut black-jaded caterpillar 367
coconut bug 462
coconut earwig 104
coconut flat moth 16
coconut leafroller 384
coconut longridged scale 162
coconut male flower weevil 159
coconut mealybug 371

coconut palm nematode 79
coconut red ring nematode 79
coconut scale 57,532
coconut skipper 259
coconut stump beetle 321
codling moth 294
coenomyiids 124
coffee atlas beetle 102
coffee bean weevil 48
coffee berry butterfly 568
coffee berry moth 455
coffee capsid 291
coffee crispate thrips 472
coffee fly 541
coffee fruit fly 98
coffee hopper 358
coffee lacebug 235
coffee leaf skeletonizer 306
coffee leaf-rolling thrips 264
coffee locust 433
coffee meadow nematode 451
coffee mealybug 215,440
coffee red spider mite 383
coffee root knot nematode 335
coffee root-lesion nematode 451
coffee stag beetle 208
coffee thrips 162
coffee tip borer 200
coffee tree cricket 112
coffee yellow-headed borer 363
colletid bees 126
Colorado beetle 299
Colorado maple aphid 420
Columbia lance nematode 265
Columbian timber beetle 132
columbine aphid 313
comb-clawed beetles 117
comma butterfly 446
common African tussock moth 389
common alder pigmy moth 518
common anopheles mosquito 36
common beech midget moth 311
common birch aphid 81
common birch pigmy moth 518
common blow fly 83
common cabbageworm 436
common cattle grub 274
common clothes moth 543
common cup moth 173
common cutroot beetle 477
common cutworm 511
common evening brown 333

common froghopper 427
common hide beetle 159
common lackey moth 325
common malaria mosquito 36
common mealybug 439
common migrant butterfly 94
common Mormon swallowtail 401
common moth ear mite 164
common North America chigger 210
common North American water
   strider 474
common oak midget moth 311
common oriental tussock moth 389
common pine shoot beetle 545
common rodent mite 238
common spittlebug 45
common stilleto fly 540
common swift moth 252
common vapourer moth 389
common white butterfly 436
common wood cockroach 411
common yellow swallowtail 401
common yellow-underwing moth 372
commongnat 143
composite thrips 343
comrade midget moth 310
Comstock mealybug 459
conchuela 109
cone beetles 128
cone moth 163
cone scale midge 129
confluent-barred slender moth 86
confused flour beetle 548
confused tarsonemid mite 530
Congo floor maggot 62
conifer mealybug 467
conifer root aphid 477
conifer sawflies 168
conifer sawyer 349
conifer scale 215
conifer spinning mite 383
coniferous fiorinia scale 215
coniopterygids mealy-winged
   Neuroptera 128
conspicuous felt scale 476
constricted spined beetle 151
convergent lady beetle 260
cooley spruce gail aphid 225
coppers 317
coppery click beetle 132
copra beetle 358
coque soleil 325

grass mealybug 206
grass nematode 33
grass pearl scale 362
grass scale 195
grass semi-looper 349
grass sheath nematode 251
grass sheathminer 100
grasshopper bee fly 525
grasshoppers 391
grassthrips 30
gray darners 422
gray forest looper 91
gray sugarcane mealybug 178
gray willow leaf beetle 468
grayling butterfly 260
great ash sphinx 508
Great Basin wireworm 141
great black water beetle 271
great capricorn beetle 98
great chequered twist moth 399
great Mormon butterfly 401
great Mormon swallowtail 401
greater Antillean fruit fly 31
greater pumpkin fly 151
greater rice weevil 504
greater wax moth 220
greedy scale 248
green abietis aphid 544
green blow fly 316
green bottle flies 83
green bottle fly 316
green budworm 242
green buprestid 102
green cochlid 295
green coffee scale 122
green flatid planthopper 223
green fruitworm 311
green geometrids 252
green-headed spruce sawfly 396
green hemlock looper 368
green June beetle 134
green lacewings 114
green larch aphid 110
green larch looper 495
green leaf weevil 431
green leafhopper 115
green-lined forest looper 376
green looper 109
green mugwort leafhopper 208
green oak caterpillar 356
green oak leaf-roller moth 546
green peach aphid 356

green pug moth 109
green rice caterpillar 357
green rice leafhopper 367
green rice moth 173,538
green rose aphid 477
green rose chafer 163
green round leafhopper 519
green scale 122
green scaly weevil 275
green shield scale 110
green spruce aphid 116,182
green spruce leafminer 191
green spruce looper 495
green stink bug 370
green stoneflies 109
green-striped longhorn beetle 441
green-striped mapleworm 34,525
green tarsonemid mite 572
green tomato bug 370
green tree cricket 87
green tree katydid 544
green vegetable bug 370
green velvet looper 191,388
green wheat mite 418
green willow leafhopper 323
Green's scale 379
greenbottle fly 423
greenbug 489
greenheaded spruce sawfly 432
greenhouse leaftier 381
greenhouse scale 390
greenhouse stone cricket 527
greenhouse whitefly 548
greenish chestnut moth 8
greenish delicate geometrid 252
greenstriped forest looper 333
gregarious gall weevil 520
gregarious oak leaf miner 310
gregarious phasmid 443
gregarious spruce sawfly 453
grey-banded leaf-roller 53
grey cedar scale 298
grey citrus blotch mite 81
grey citrus scale 122
grey cotton-leaf thrips 82
grey hawk moth 462
grey larch tortrix 581
grey pine aphid 116
grey pine looper 29,91
grey spruce tussock moth 153
grey stalk borer 536
grey willow leaf beetle 219

greyish longicorn beetle 514
greyish yellow-hirdwinged noctuid 555
gribble 308
ground beetles 90,95
ground mealybug 476
ground pearl 449
ground squirrel flea 172
ground squirrel fleas 98
groundnut aphid 44
groundnut hopper 259
grouse locusts 537
grylloblattids 391
Guava fruit fly 31,65
guelder-rose leaf beetle 220
guernsey grass mealybug 554
guests 535
guests of termites 535
gulf coast tick 24
gulf wireworm 128
gum emperor moth 64
gum leaf-roller 246
gum tree longhorn beetle 429
gum tree skeletonizer 482
gut-mine pigmy moth 518
gypsy moth 318

H

hackberry engraver 492
hackberry lace bug 133
hackberry-nipple-gall maker 397
hackberry star gall psyllid 397
hag moth 429
hairstreaks 317
hairy caterpillar 206
hairy flies 359
hairy fungus beetle 561
hairy fungus beetles 353
hairy mealybug 100
hairy mole cricket 233
hairy pine borer 547
hairy pine caterpillar 356
Hakone globular treehopper 221
Hall scale 371
Hall's reed mealybug 554
halticid beetles 239
ham beetle 358
ham mites 4
Hamberd's mealybug 554
handsome earwigs 289
handsome fungus beetles 184

oriental beetle 35
oriental carpenter moth 134
oriental chinch bug 95
oriental clouded yellow butterfly 126
oriental cockroach 72
oriental corn borer 392
oriental cotton stainer 178
oriental down beetle 37
oriental fir bark moth 148
oriental fir budworm 316
oriental fruit fly 65
oriental fruit moth 148,232
oriental garden fleahopper 239
oriental lappet 222
oriental larch bark moth 148
oriental latrine fly 113
oriental leopard moth 582
oriental migratory locust 312
oriental moth 121
oriental moths 341
oriental red mite 210
oriental silverfish 141
oriental strawberry leafroller 132
oriental tea tortrix 264
oriental tobacco budworm 245
oriental tussock moth 205
oriental whitefly 20
oriental woolly aphid 437
ormyrids 389
ortalids 393
osier aphid 443,464
osier midget moth 311
osier weevil 140
osmylid flies 392
ostomatid beetles 392
ostomid beetles 556
othniid beetles 181
otitid flies 393
ova-shaped beetles 76
oval bodied garden springtails 358
oval guineapig louse 235
oval mealybug 371
owl flies 55
owlet moths 372
ox tail mange mite 110
ox warble flies 274
oystershell scale 298,355
oystershell scales 298

P

Pacific beetle cockroach 167

Pacific dampwood termite 582
Pacific flatheaded borer 112
Pacific oak twig girdler 16
Pacific spider mite 537
Pacific tent caterpillar 325
Pacific willow leaf beetle 468
paddy armyworm 511
paddy borer 558
paddy bug 300
paddy cutworm 511
paddy hispid 164
painted acacia moth 389
painted apple moth 389
painted cup moth 173
painted grasshopper 444
painted hickory borer 330
painted lady 566
painted leafhopper 184
painted maple aphid 175
pale chrysanthemum aphid 127
pale-legged earwig 198
pale orange-spot shoot moth 479
pale palm dart 544
pale planthopper 156
pale rice-plant weevil 174
pale shining clay case-moth 125
pale-shouldered knot-horn moth 367
pale sugarcane planthopper 375
pale tussock moth 239
pale-underwinged purple moth 348
paler blue butterfly 283
pales weevil 272
palesided cutworm 18
palm fiorinia scale 215
palm leaf skeletonizer 263
palm longhorned grasshopper 497
palm moth 263
palm scale 113
palm scales 429
palm thrips 414
palm weevil 480
palmer worm 163
palmetto pill bug 480
Pandanuus scale 437
pandora moth 127
panicum planthopper 505
papaw scale 351
papaya fruit fly 546
papaya fruit rotting fly 242
papaya scale 458
parasitic gall wasps 103
parenthesis lady beetle 260

passalid beetles 414
passion-vine leaf-hopper 491
pasture leaf bug 391
pasture tick 159
patent-leather beetles 414
pavement ant 536
pea and bean weevil 504
pea aphid 10
pea beetle 78
pea blue butterfly 291
pea cyst nematode 256
pea-green oak curl moth 546
pea leaf weevil 504
pea moth 148
pea pod borer 198
pea thrips 285
pea tree scale 202
pea weevil 4,78
peach bark beetle 429
peach bud mite 531
peach chrysomelid 264,265
peach curculio 480
peach flower moth 532
peach fruit fly 65
peach fruit moth 92
peach geometrid 223
peach greenish geometrid 252
peach horn worm 328
peach leafminer 319
peach long-legged aphid 2
peach marble moth 140
peach mosaic vector mite 435
peach-potato aphid 356
peach scale 296
peach silver mite 10,566
peach slug 82
peachtree borer 486
peacock butterfly 278
peanut blister beetle 132
peanut root knot nematode 335
peanut stem borer weevil 329
peanut sting nematode 69
peanut thrips 527
pear and cherry slug 82
pear aphid 489
pear barkminer 511
pear borer 65
pear bryobia 78
pear cimbicid sawfly 398
pear fall cankerworm 23
pear fruit moth 367
pear fruit sawfly 264

primary wing beetles 75
primitive crane flies 529
primitive moths 344
primitive scorpionfly 374
primitive stoneflies 209
privet aphid 356
privet hawk moth 509
privet leafminer 232
proboscis vestigial moths 531
Promethea moth 85
prominent moth 154
prominents 374
prunus bud moth 278
prunus leafminer beetle 547
Pryer prominent 469
psocids 132,542
psoroptic mange mite 463
psyllids 463
pteris aphid 278
pubescent round bark beetle 507
Puerto Rico mole cricket 488
pug moths 292
Puget sound wireworm 141
pulse beetles 77
pumpkin beetle 98
pumpkin fly 151
pumpkin fruit fly 65,151
purple lamb's quarters mealy aphid 241
purple scale 355
purple stem borer 497
purplish cochlid 256
puss caterpillar 331
puss moth 101
pyemotid mites 467
pyralid moths 467
pyrethrum thrips 542
pyriform scale 456
pyrrhocorid bugs 468

Q

quackreass aphid 503
Queensland fruit fly 65
Queensland furniture beetle 86
Queensland pine beetle 87
quercus caterpillar 423
quercus gall midge 26
quercus gall wasp 32,71,548
quercus hornet moth 497
quercus lasiocampid 158
quercus leafminer 284

quercus spined aphid 558
quercus stink bug 565
quercus sucker 554
question-mark butterfly 446
quill mite 159
quince cottony scale 122
quince curculio 129
Quince mealybug 246
Quince scale 248
Quince treehopper 227

R

rabbit bots 146
rabbit ear mite 463
rabbit follicle mite 156
rabbit fur mite 105
rabbit louse 237
ragged spruce gall aphid 437
ragweed plant bug 108
rain insect 465
rain tree wax scale 471
rajgira weevil 275
Ramie caterpillar 50
Ramie pin nematode 410
Randall's pine weevil 438
range caterpillar 251
rape beetles 334
rape caterpillar 576
rape worm 211
raphidians 470
raspberry aphid 28
raspberry horntail 241
raspberry red mite 400
Ratzeburg's bell moth 581
raven-feather cose-moth 125
Ray's midget moth 311
red and black citrus leafminer 542
red and black froghopper 99
red and white patch moth 78
red-back froghopper 259
red-banded leaf roller 53
red-banded thrips 495
red-barred twist moth 50
red bollworm 167
red borer 582
red bud borer 541
red carpenter ant 87
red cedar tip moth 276
red clover gall gnat 88
red clover seed weevil 559
red clover thrips 240

red cotton bug 178
red cotton mite 537
red cotton stainer 178
red crevice tea mite 77
red cross bell moth 191
red date scale 429
red elm bark weevil 325
red elm gall aphid 229
red-feather carl moth 544
red flour beetle 548
red-haired bark beetle 273
red-hamped oakworm 523
red-headed jack pine sawfly 361
red-headed pigmy moth 518
red-headed pine sawfly 361
red Helen swallowtail 401
red-humped caterpillar 490
red-humped oak caterpillar 523
red-legged earth mite 239
red legged flea beetle 159
red-legged flea weevil 480
red-legged grasshopper 333
red-legged ham beetles 132
red locust 372
red milkweed beetle 537
red oak borer 183,482
red orange scale 40
red pepper maggot 582
red pine cone beetle 128
red pine gall midge 539
red-pine needle midge 539
red-pine sawfly 361
red-pine scale 329
red pumpkin beetle 63
red roller-moth 31
red scale 40
red-shouldered hickory borer beetle 577
red-shouldered plant bug 542
red-spotted leaf beetle 220
red-striped green moth 272
red-striped weevil 480
red tail wasp 91
red-tipped white butterfly 242
red turpentine beetle 157
red-undersided drepanid 276
red-undersided huge-comma moth 506
red water mites 271
red wax scale 100
redbellied clerid 186
redberry mite 2

silver-spotted tiger moth 238
silver-striped skipper 152
silver-stripped phalomid 276
silverfish 299
silverfish moths 543
silverfishes 299
silverfishes and their allies 299
simsim gall midge 57
simsim webworm 39
singleleaf pinon cone beetle 128
sinuate lady beetle 260
siris leaf-like moth 186
siris psylla 463
sisal weevil 494
Sitka gall aphid 225
Sitka spruce ips 280
Sitka spruce weevil 438
six-spotted buprestid 112
six-spotted spider mite 187
six-yellow-spotted leaf beetle 220
sixspined ips 280
sixspotted thrips 491
skimmers and their allies 306
skin moth 351
skipjacks 182
skipper flies 438
skippers 254,298
slave-making ant 217
Slavonic mealybug 417
slender-bodied moth 223
slender burnished-brass moth 443
slender flies 331
slender guineapig louse 226
slender lacewings 376
slender mealybug 61
slender pigeon louse 127
slender red weevil 475
slender seed-corn beetle 119
slender turkey louse 394
slender wasps 350
slenderhorned flour beetle 228
slickers 543
sloe bug 173
slug caterpillar moths 307
slug mite 481
small aspen pigmy moth 367
small bamboo borer 317
small bean bug 103
small beetles 371
small birch pigmy moth 367
small black-specked groundling moth 213

small blue cattle louse 505
small brown planthopper 292
small cabbage bug 207
small carl moth 544
small carpenter 98
small carpenter bees 98
small cedar-bark borer 60
small cerarian mealybug 416
small chrysanthemum aphid 127
small cotton bug 178
small eggar moth 186,195
small engrailed moth 180
small ermine moth 579
small flattened bark beetles 351
small fruit flies 175
small garden swift moth 252
small gifu butterfly 317
small grape plume moth 515
small-headed froghopper 187
small hydrophilid 270
small larch sawfly 37
small leaf psyllose 415
small-leafed oak scale 107
small oriental cotton stainer 178
small oriental moths 394
small pigeon louse 87
small pit scale 58
small poplar borer 486
small psocids 298
small rice casebearer 376
small rice froghopper 120
small sal buprestid 7
small soft beetles 248
small soldier fly 201
small spruce bark-beetle 446
small staffs 65
small stoneflies 301
small sugarcane borer 162
small tiger flower chafer 549
small two-banded prominent 227
small wasps 98
small white butterfly 436
small white-farded geometrid 252
small willow-aphid 44
smaller brown planthopper 83
smaller citrus dog 401
smaller citrus leafhopper 583
smaller diving beetle 147
smaller European elm bark beetle 492
smaller flea beetle 239
smaller fourspotted leafhopper 197
smaller green wood moth 103

smaller long-headed locust 223
smaller mountain froghopper 422
smaller pear aphid 267
smaller refuse beetle 241
smaller swamp ash bark beetle 272
smaller western pine engraver beetle 385
smaller yellow-tipped prominent 474
smallest longhorned weevil 557
smalleyed flour beetle 398
smeared dagger moth 9
Smilax scale 63,333
smoky marbled piercer moth 294
smoky stoneflies 89
smokybrown cockroach 420
smooth felt scale 233
smooth-headed nematode 451
smooth sugarcane beetle 257
snake mite 386
snakeflies 370,470
snout beetles 146
snow fleas or springtails 126
snow mealybug 247
snow scorpionflies 73
snow-white linden moth 186
snowball aphid 361
snowy tree cricket 380
soft bamboo scale 58
soft-bodied plant beetles 152,199
soft brown scale 122
soft green scale 122
soft scales 121
soft ticks 51
soft winged flower beetles 154,325
softwood powder-post beetle 249
Solander's bell moth 191
solanum flea beetle 463
solanum fruit fly 65
soldier beetles 89
soldier flies 107,519
soldier fly 253
solitary mealybug 554
solitary oak leaf-miner 311
Sonoran tent caterpillar 325
sorghum midge 129
sorghum plant bug 515
sorghum shoot fly 60
sorghum webworm 96
sorrel cutworm 9
South African common brown tick 476
South American cucurbit fruit fly 31

T

tabby knot-horn moth 211
tachina flies 527
tachinid flies 475
Tadahik mealybug 554
tailed caterpillar 189
tailed geometrid 393
tailed moth 182
Taiwan lettuce aphid 151
Taiwan mole cricket 233
Taiwan rice stem borer 106
Takahashi false cottony scale 247
Takahashi lasiocampid 494
Takahashi weevil 544
tanbark borer 433
tangle-veined flies 359
tanypezid flies 529
tanypezids 529
tapestry moth 551
tapioca scale 40
Tarjan's sheath nematode 250
tarnished plant bug 318
tarsi z-segmented parasites 182
tarsonemid mites 530
tassar silkworm 38
tawny cockroach 180
tea bagworm 234
tea black scale 413
tea cochlid 430
tea flush worm 294
tea geometrid 283,330
tea green leafhopper 109
tea Kanaya nematode 249
tea leaf maggot 392
tea leaf weevil 162
tea leafminer 232,557
tea root weevil 40
tea scale 216,413
tea shoot borer 405
tea thyridid 520
tea tortrix 264
tea tussock moth 205
tea unmon geometrid 529
tea white scale 437
teak skeletonizer 468
telegeusid beetles 532
ten-spotted stink-bug 297
tenderfoot leafhopper 174
tenlined June beetle 447
tent caterpillar moth 530

tent caterpillar moths and allies 293
tent caterpillars 325
terminalia borer 172
terminalia leaf-miner 8
termite 535
termite seekers 535
terrapin scale 296
tessellated scale 199
tethind flies 535
Texas citrus mite 210
Texas leaf-cutting ant 62
Thame's root-knot nematode 336
thatch slender moth 8
thick-legged plant bug 239
thickheaded flies 129
thimbleberry aphid 328
thin strawberry weevil 473
thistle aphid 89
thorn-limb borer 486
Thorne's meadow nematode 452
Thorne's needle nematodes 314
thread-legged bugs 183
thread-tailed stoneflies 360
threadwaisted wasps 507
three-cornered alfalfa hopper 511
three-lined fig-tree borer 364
three-striped powdered geometrid 80
threespotted flea beetle 169
threespotted plusia 443
thrips 543
throat bot fly 221
thuja aphid 117
thuja bark beetle 429
thuja borer 24
thuja torymid 332
thyme leafhopper 375
thyme moth 229
thyme pit scale 100
thysanurans 543
ticks and mites 4
tiger beetles 116
tiger mosquito 11
tiger moth 262
tiger moths 311
tiger moths and allies 50
tiger swallowtail 401
tile-horned prionus 453
timber beetles 319
timothy thrips 108
timothy billbug 82
timothy grass fly 357
timothy mite 383

timothy plant bug 515
tintack gall mite 435
tiphiid flies 542
tiphiid wasps 542,544
tiphiids 542
toad bugs 369
toba bamboo scale 497
tobacco beetle 293
tobacco budworm 245,247
tobacco cricket 75
tobacco cyst nematode 227
tobacco elephant-beetle 310
tobacco flat beetle 94
tobacco leaf bug 149
tobacco leaf worm 121
tobacco leafhopper 538
tobacco moth 155,189
tobacco semi-looper 454
tobacco stalk borer 549
tobacco striped caterpillar 468
tobacco stunt nematode 559
tobacco whitefly 70
tobacco wireworm 128
todo fir aphid 117
Tokyo scale 355
tomato aphid 323
tomato grub 245
tomato mirid 149
tomato moth 162
tomato pinworm 286
tomato russet mite 5
tomentose gall midge 489
Tomlini's mealybug 206
toothed earwigs and their allies 289
toothneck fungus beetles 160
top borer 491
torsalo 159
tortoise beetles 93
tortoise-shaped scale 199
tortricid moths 545
tortricids 545
torymids 546
tracheal mite 4
tree cricket 380
tree crickets 380
tree fungus beetles 116
tree lecanium 202
tree locust 30
tree of heaven eligma 182
treehoppers 319,336
treehoppers and their allies 336
triangle-marked slender moth 86

triangular-marked longhorn beetle 564

trigonalid wasps 553

trigonalids 553

trombidiid mites 557

tropical bed bug 116

tropical citrus aphid 546

tropical fowl mite 390

tropical grass cricket 264

tropical mite 447

tropical rat louse 265

tropical rat mite 390

tropical rice bug 300

tropical rough-headed powder-post termite 141

tropical scale 73

true army ants 174

true armyworm 110

true lice 37

true scorpionflies 400

tsetse flies 227

tsetse fly 227

tube-forming spittle insects 319

tubular thrips 428

tulip aphid 177

tulip bulb aphid 177

tuliptree scale 546

tumbling flower beetles 351

tumid spider mite 537

tupelo leaf miner 39

turf sting nematode 69

turkey wing louse 394

turnip aphid 309

turnip moth 18

turpentine borer 79

tussock moths 319

twelve-thorned knot-horn moth 166

twenty-eight-spotted ladybird 252

twenty-spot moth 580

twice-stabbed lady beetle 106

twig girdler 384

twig mealybug 215

twisted-winged parasites 238

two-banded fruit weevil 38

two-lined chestnut borer 17

two-marked treehopper 184,199

two-spotted cricket 233

two-spotted lady beetle 10

two spotted pumpkin fly 151

two spotted spider mite 537

two-striped grasshopper 333

two-striped sweetpotato beetle 93

two-striped walkingsticks 34

two-toothed longhorn beetle 24

two-toothed pine beetle 439

two-wavy-lined geometrid 485

two-winged elm leafminer 17

two-year budworm 110

twobanded fungus beetle 23

twolined larch sawfly 37

tydeid mites 559

U

udo aphid 546

uglynest caterpillar 50

ulmus Sappopro aphid 486

ulmus woolly aphid 229

Ume bark beetle 491

Ume globose scale 202

underwings 372

unibanded leafhopper 208

unicorn caterpillar 490

unspotted leaf miner 84

upland click beetles[adults] 132

upland wireworms [larvae] 132

V

valley grasshopper 380

variable oakleaf caterpillar 255

varied carpet beetle 39

variegated carpet beetle 39

variegated cutworm 420

variegated grasshopper 582

vegetable mite 537

vegetable weevil 310

velvet ants 352

velvet mite 22

very remarkable guests 539

very small mayflies 66

vetch aphid 332

Viburnum cottony scale 427

viceroy butterfly 307

Viennese pit scale 58

vilis plume moth 158

vine cane weevil 391

vine thrips 175

vine zygaenid 540

vinegar flies 175

violet gall midge 435

violet ground beetle 90

violet leaf midge 153

violet sawfly 290

violet seed midge 154

Virginia creeper sphinx 152

W

Walker's euonymus twist moth 191

Walker's mealybug 178

walking-stick 161

walkingsticks 391,425

walnut aphid 112

walnut bark beetle 138

walnut blister mite 5,196

walnut caterpillar 154

walnut lace bug 133,563

walnut leaf beetle 222

walnut leaf gall mite 196

walnut leafhopper 385

walnut meadow nematode 452

walnut scale 469

walnut sphinx 135

wanderers 208

warble flies 274,381

warehouse beetle 556

Warren's shoot moth 459

warted knot-horn moth 8

wasp flies 129

wasps 119,201

wasps and allies 273

waste grain beetle 23

water beetles 178,238

water boatmen 132

water bugs 271

water chestnut beetle 219

water creepers 357

water dropwort aphid 270

water dropwort long-tailed aphid 313

water mites 268

water scorpions 367

water striders 225

waterlily aphid 479

waterlily leaf beetle 220

Waters midget moth 311

wattle bagworm 141

wattle looper 5

wattle moth 154

wattle pig weevil 301

wattle-stem borer 140

wavy huge-comma moth 506

wavy-marked looper moth 118

wavy-striped white geometrid 85

wawa borer 547

wax lanternflies 117